国学经典文库 图文珍藏版

中华传世家训

邹 博◎主编

线装書局

图书在版编目（CIP）数据

中华传世家训／邹博主编.--北京：线装书局，
2011.10（2021.6）
　ISBN　978-7-5120-0372-9

　Ⅰ.①中… Ⅱ.①邹… Ⅲ.①家庭道德－中国 Ⅳ.
①B823.1

中国版本图书馆CIP数据核字（2011）第113117号

中华传世家训

主　　编：邹　博
责任编辑：高晓彬　张嫒嫒
出版发行：**线 装 書 局**
　　　　　地　址：北京市丰台区方庄日月天地大厦B座17层（100078）
　　　　　电　话：010-58077126（发行部）010-58076938（总编室）
　　　　　网　址：www.zgxzsj.com
经　　销：新华书店
印　　制：北京彩虹伟业印刷有限公司
开　　本：710mm×1040mm　1/16
印　　张：112
字　　数：1360千字
版　　次：2021年6月第1版第2次印刷
印　　数：3001-9000套

定　　价：598.00元（全四卷）

线装书局官方微信

周公诫子伯禽

曾参杀猪示子

颜之推《颜氏家训》

诸葛亮《诫子书》

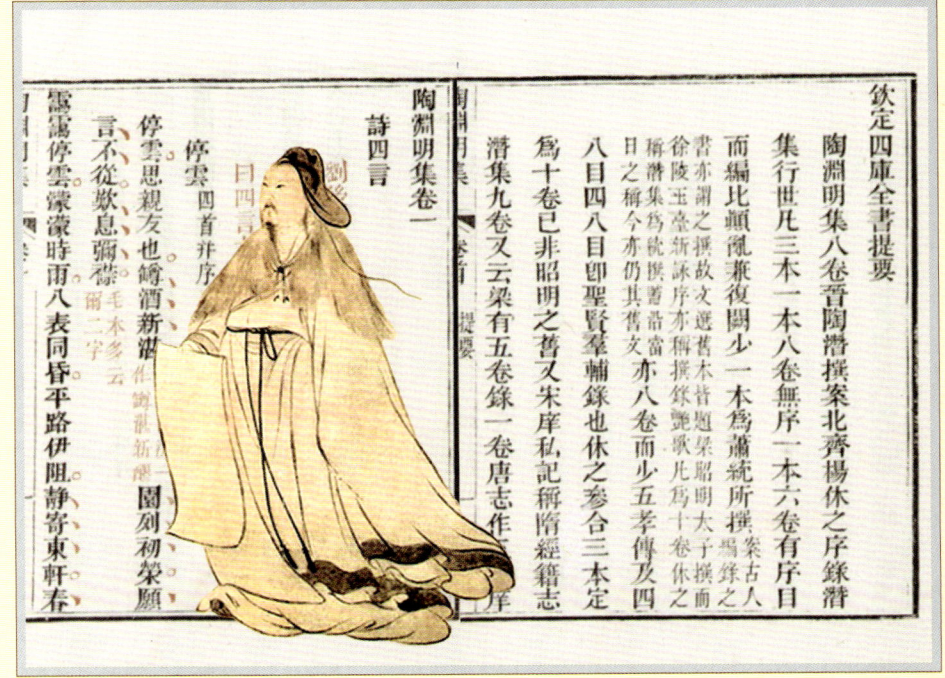

田园诗人陶渊明

包拯训子为官清廉

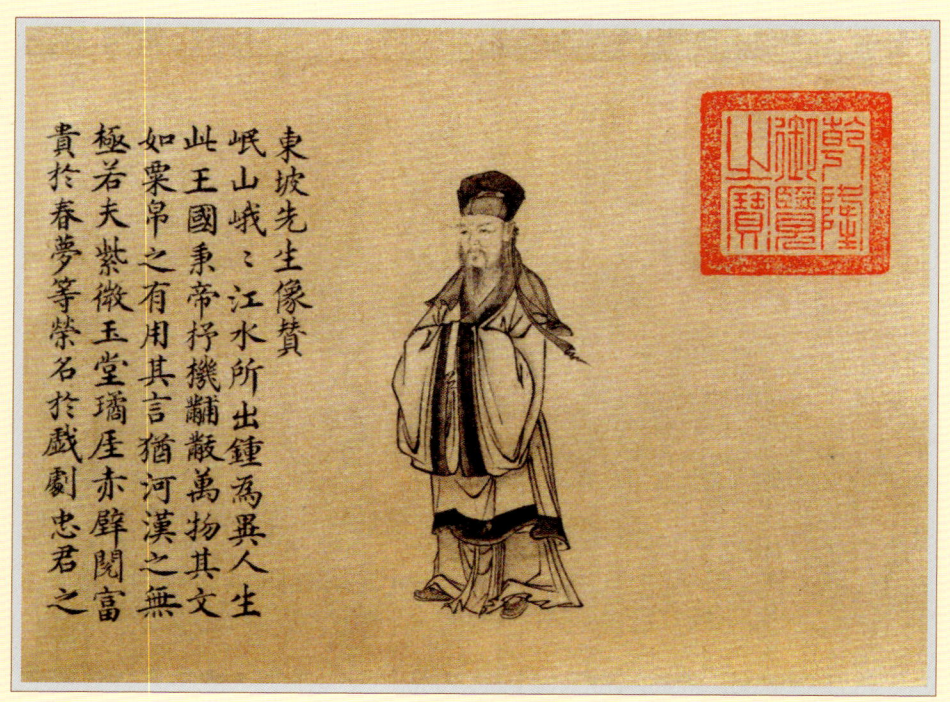

東坡先生像贊

岷山峨之江水所出鍾為異人生
此王國秉帝抒機繡嶽萬扬其文
如粟帛之有用其言猶河漢之無
極若夫紫微玉堂璀崖赤壁閬富
貴於春夢等榮名於戲劇忠君之

北宋文学家苏轼

民族英雄郑成功

《四库全书》总纂官纪晓岚

禁烟功臣林则徐

曾国藩家书

毛泽东家书

前　言

　　家训是我国古代用以规范家人行为、处理家庭事务的一种行为准则，也是我国传统文化遗产的重要组成部分，它以其深厚的内涵、独特的艺术形式真实地反映了各个时代的风貌和社会生活。它既是中华民族传统文化在家庭这个社会细胞的特殊体现，又是中华民族传统文化的历史渊源；它是古今人生实践经验的总结，是人们长期社会实践中逐渐积累起来的教育思想的精华所在，是中国家庭教育思想发展史的真实写照。批判继承五千年中华民族传统思想，剔除其封建性的糟粕，吸收其科学性的精华，把家训史上一些科学、合理的家庭教育观念和方法，借鉴到我们今天的家庭教育中，会进一步丰富和发展我们的教育思想，更有效地把我们的家庭教育观念、主张和方法贯彻到下一代的教育上，使他们真正成为社会所需要、他人所尊重、对社会有贡献的人才。这对于家庭的幸福、社会的稳定与进步，以及建设社会主义和谐社会具有深远的意义。

　　所谓"家训"就是中国古人进行家教的各种文字记录，包括诗歌、散文、格言、书信等。家训是古人留给我们的一大笔宝贵的文化遗产。学习研究并利用这些知识，对提高我们每个人的文化素质，品德修养，一定会起到不可磨灭的作用。在古代，家训是古人向后代传授修身、治家、为人处世的基本方法。帝王将相、达官显贵、文人雅士和名门望族往往都有教子和治家的文字流传于世。尽管古代家训有一些内容带有封建伦理色彩，但其中不乏真知灼见。如修身励志、持家治学、敬业报国等，这些家训为后人留下的成果，极富有形象性、哲理性和针对性。对于今天的人来说，仍有不可忽视的借鉴意义。

　　家训的发展经历了跌宕起伏的几个阶段，经历了家言、家训专论、家训专著、家书几种形式。正如该书每一编分述的那样，自先秦至现当代，每个阶段也各有其特点。先秦时期。即自西周初至战国末800多年间。今存的家训文字多是后人对当时有关人士教子言行的记录和整理。这个历史时期的家训大多以言论为主、因事施教。如杞梁母勉子行道义、周公诫子重修身、曾参杀猪示子等均属因事生教。其中晏婴临终"凿楹纳书"，留以示子，虽说可算是中国家训史上最早一篇由作者自己写成文字的教子遗书，并综论了持家、治生、用人、治国的最基本原则，但也终究属于先秦时期家训的特点。汉魏六朝。这个时期是我国家训的发展期。从家教的概念上，"家训""家诫""女训""家戒""女戒"等已常被人使用。依其体裁看，已经多种多样，涉及专论、诗歌、家书、遗令（遗命）、故事、专著等多种形式。著为专论的，有班昭《女戒》、嵇康《家诫》、班固《论嫁娶》、诸葛亮《诫子书》等；写成家书的，有刘向、马援等人之作；留为遗令（遗命）的，有范冉、张融、曹操、刘备之言；咏为诗歌的，有东方朔《诫子诗》、韦玄成《诫子孙诗》；编做故事的，有"孟母断织""孟母三迁""孔融让梨""卞皇后不因爱子坏国法"等;著为专著的,当推"古今家训之祖"颜之推的《颜氏家训》。隋唐时期。这个时期的家训现存较少,但已比较成熟。现有的主要有房玄龄的家法、柳玭的家诫著称于史,杜甫、韩愈、白居易等人的教子诗歌,均有借鉴之处。李世民的《帝范》,则是身居高位者如何教子为政之道的典范。宋元明清。这个时期是我国家训发展的全盛期。无论从观念到内容,从体裁到形式,家训作品的问世是空前的。其特点之一,是以弟侄子孙为教育对象的诗歌书信箴铭短文连篇累牍,同时创作出了大量的家训专著,出现了许多名作名篇。特点之二,是重视家训成为许多家族世代相沿的传统。如以宋代范仲淹、元代郑涛、明代袁黄、清代张英等所代表的家族,世代均有家训之文传世。特点之三,是形成了地区文化特色。近现当代。随着历史的发展,家训在这个时期已在成熟的基础上随着时代的发展表现出了思变、改良与革命的家庭教育思想,给后人留下了深刻印象。近代曾国藩、胡林翼、左宗棠、彭玉麟,均为家训大家。李鸿章、吴汝纶、严复的家训作品中均表现出改良思想。其他如甘树椿《甘氏家训》、邹岐山《启后留言》等也都属于体系完整的家训作品。现当代的如徐特立、陶行知、毛泽东、傅雷是教育子孙方面的大家,主要以书信形式,反映了当代教育家、革命家的风范与情怀,更易为当代人所接受。一代革命的志士仁人,无产阶级的领袖人物和进步民主人士,继承传统思想精华,使家训创作达到了一个全新的思想境界,以先进的思想教育子女已成为社会风尚。

纵观古今历代家训,通过各种形式的家诫、家规、家约、家范、家书等,我们可以透视出中国历代家训所论及的主要内容和中华民族理想人格的清晰形象。为了更好地继承与发扬中华几千年被认为在教育与惩戒过程中行之有效的圭臬,我们坚持传统文化与时代精神相结合的原则,努力适宜于现代生活节奏,并力图全面系统地精选、汇编历代富有影响的家训作品。在体例上,按内容的针对性共分励志、勉学、修身、处世、治家、为政、慈孝、婚恋、养生九编,每编以朝代为序,分为先秦、秦汉、魏晋南北朝、隋唐五代、宋辽金元、明清、近代、现当代八篇分别介绍。汇编了两千多年来富有影响的400多位作者的2000多篇家训作品。其人物涉及政治家、思想家、教育家、著名学者、时代贤达等士农工商医艺各阶层人士。这样纵横交织,既可以让读者看到历代家训的全貌,又可以了解某一作者在不同方面的观点和论述。在每一篇家训的安排上,以精简的题解让读者首先了解该篇家训的主旨;具体内容则以导读、原文、注释、译文排序,让读者能尽快掌握家训内容的主体。译文力求文辞优美,贴切顺畅。使我们从中体会到从皇室宗亲、权贵重臣到大师名流、乡野庶民的各种体例的家训家书中所散发的浓浓的关爱之情与殷殷之意,更能体会到古人在处理复杂家庭关系和教诲子女弟侄方面的不辞劳累,呕心沥血之深义。总之,希望通过这样的整理、编排与加工,能让读者更全面、更系统、更深刻地了解中国历代家训的家教观念、详细内容、教育价值,便于在家庭教育研究和实际的子女教育方面,获得更有价值的参考资料。

编委会

目　录

第一编　励志

第二编　勉学

国学经典文库

中华传世家训

目录

图文珍藏版

第三编 修身

第四编　处世

国学经典文库

中华传世家训

目录

图文珍藏版

第五编 治家

第六编　为政

第七编　慈孝

第一编 励志

导　读

　　"志不立，天下无可成之事，虽百工技艺，未有不本于志者。"这是明代思想家王守仁（1472～1528）对其学生们的教诲。为什么做任何事情首先都要"立志"呢？孟子曰："夫志，气之帅也。"（《孟子·公孙丑上》）意思是说"志"是指挥人行动的精神统帅。可见立志是成事、成才的首要前提。

　　中国古代思想家、教育家都很重视"志"，把立志当作修养、成功的第一步。孔子说："吾十有五而志于学"（《论语·为政》），即反映了这一点。孔子又说："三军可夺帅也，匹夫不可夺志也"，认为一个人在立定志向之后就要坚定不移，永远不能丧失志向。北宋著名理学家张载说："人若志趣不远，心不在焉，虽学无成"，"志大则才大事业大，志小则易足，易足则无由进"（《张子语录》）。他讲求志趣对学习的关键意义，讲志大与事业大的密切关系，都是符合现代心理学与教育学观点的。

　　所谓"励志"，就是教育子女确立远大而崇高的志向和目标，这是教子治学成才的首要前提。孔子、孟子及后来大多数思想家、教育家所说的"志"，就其内容而言，主要是志于学、志于道、志于仁义、志于成圣成贤。但随着人类社会的发展和人生价值观的演变，不同历史时期和不同行业的远大志向有着不同的内涵。孔子讲"志于学"，张载讲"志学然后可与适道"（《张载学·正蒙·正中》），诸葛亮讲志存高远，应"慕先贤"。封建中期的王安石则"慨然有矫世变俗之志"（《宋史·王安石传》），治学的目的在于"有补于世而已"，是为了励志图强、改革封建制度的弊端。而到了封建社会末期，面对列强的侵略，林则徐、龚自珍、魏源等人提出"师夷长技以制夷"的口号，以挽救民族危亡为职志。南朝范缜以维护真理为己志，坚持"不卖论取官"，终于写成《神灭论》，成为伟大的无神论哲学家。

　　教子立志成才，就是要启发和帮助他充分认识他所处的社会历史的客观条件，顺应社会历史前进的方向，从而努力去解决社会所需要解决的各种问题，同时根据他的主观条件确定治学和努力的目标和方向。就志学而言，首先志要笃，即求学的意志要坚定，不可半途而废；然后志要大，志小则容易自满，不求上进，志大则学无止境。目前，教育受到越来越多的重视，同时市场经济对教育的冲击也越来越大。社会呼唤新世纪高素质的建设者和接班人，家庭渴望培养出新时期出类拔萃的下一代。起先导作用的家庭教育是正规学校教育的根基。因而，励志在家庭教育中有其特殊的意义。

一、先秦篇

（一）重耳妻姜氏

勉夫求及

【题解】

骊姬（晋献公宠妾）之乱后，晋国诸公子逃亡在外，重耳也不例外。当他到齐国时，齐桓公把宗女姜氏嫁给了他。本篇讲姜氏勉励丈夫晋文公重耳四海为家，重振晋国。晋文公重耳是春秋五霸之一，他的成就实际上是从"如丧考妣"的流亡者生活开始的。姜氏陈述当时晋国形势，劝勉丈夫不要贪图一时的安逸，而要把握时机、卧薪尝胆，一举登上国君宝座。

【原文】

（桓公卒，孝公即位。诸侯叛齐。）子犯知齐之不可以动，而知文公之安齐而有终焉之志也，欲行而患之，与从者谋于桑下。蚕妾在焉，莫知其在也。妾告姜氏，姜氏杀之，而言于公子曰："从者将以子行，其闻之者吾以除之矣。子必从之，不可以贰①，贰无成命。《诗》云：'上帝临女，无贰尔心。'先王其知之矣，贰将可乎？子去晋难而极于此。自子之行，晋无宁岁，民无成君。天未丧晋，无异公子，有晋国者，非子而谁？子其勉之！上帝临子，贰必有咎。"

公子曰："吾不动矣，必死于此。"姜曰："不然。《周诗》曰：'莘莘②征夫，每怀靡及。'夙夜征行，不遑③启处，犹惧无及。况其顺身纵欲怀安，将何及矣！人不求及，其能及乎？日月不处，人谁获安？《西方之书》有之曰：'怀与安，实疚大事。'《郑诗》云：'仲可怀也，人之多言，亦可畏也。'昔管敬仲有言，小妾闻之，曰：'畏威如疾，民之上也。从怀如流，民之下也。见怀思威，民之中也，畏威如疾，乃能威民。威在民上，弗畏有刑。从怀如流，去威远矣，故谓之下。其在辟④也。吾从中也。《郑诗》之言，吾其从之。'此大夫管仲之所以纪纲齐国、裨辅先君而成霸者也。子而弃之，不亦难乎？齐国之政败矣，晋之无道久矣，从者之谋忠矣，时日及矣，公子几矣。君国可以济百姓，而释之者，非人也。败不可处，时不可失，忠不可弃，怀不可从，子必速行。吾闻晋之始封也，岁在大火，阏伯之星也，实纪商人。商之飨国三十一王。《瞽史之纪》曰：'唐叔之世，将如商数。'今未半也。乱不长世，公子唯子，子必有晋。若何怀安？"公子弗听。

——《国语·晋语四》

【注释】

①贰：疑虑。

②莘莘：众多貌。

③遑：闲暇。

④辟：罪。

【译文】

（齐桓公死了，孝公即位。诸侯都背叛了齐国。）狐偃（重耳的舅舅）确信已不可能依赖齐国派遣军队护送重耳返回晋国，并了解到重耳有安居于齐国，并在那里终老一生的念头，便决心离齐国，但对重耳的这种念头深感为难。狐偃与诸从者在桑树下商讨对策。重耳的养蚕侍妾恰在树上，但无人察觉。侍妾将暗中的所见所闻告诉给重耳之妻姜氏，姜氏将侍妾杀了，对重耳说道："您的随从决心与您离开此地，得知这一消息的人我已除掉。你一定要听从众人之议，不可心怀疑虑；否则，就将废弃上天之命。《诗经》上说：'上帝临女，无贰尔心。'——上天在监视着您，您不得存有异心。先王认为做番事业必须矢志不渝。您如果心怀二念，能行得通吗？您逃避晋难来到此地，自您离晋，晋国无一年安宁，臣民至今没有一位成熟可靠的君主。上天还没有灭亡晋国的意思，而晋国又再没有其他公子健在，将获得晋国的，不是您还会是谁？您要为此努力奋斗！上帝监临于你，您如果还心怀疑虑，必然会有灾咎。"

重耳说道："我不想再奔波忙碌，决心老死在这个地方。"姜氏说道："不要这样。《周诗》讲道：'莘莘征夫，每怀靡及。'——为数众多的征人，往往因贪恋不舍、留连迟疑一事无成。迟睡早起，仆仆于道，无暇安息，还怕误失时机，何况您屈从于身体的舒适要求，放纵一时的奢欲，留恋安逸的生活，那将怎么能做成大事！自己如果不力求成功，怎么能够创立功业呢？日月运行不停息，人们谁能获得平安生活的情况下而不想有所作为呢？《西方之书》这样讲道：'留恋不舍和安于逸乐，就会贻误大事。'《郑诗》说道：'仲可怀也，人之多言，亦可畏也。'——仲子非常值得留恋，但那将使得人们议论纷纷，更为可怕。从前管敬仲有这样的话，小妾我亲耳听到过。他说道：'对不可触犯的权威要怕他像怕疾病一样，这是人中上品；随心所欲，没有科学预见和果断精神，是人中下品；贪欲萌发，但敬畏权威的惩罚，这样的人是人中中品。敬畏权威像害怕疾病一样，这样才能以权威治民，威加于民，对不服顺者则刑罚相加。如果随心所欲，则与前者相差悬殊，故称为下品。下品之人则在治罪、施刑、受罚之列。我还是从中品为妥。《郑诗》所讲，我将奉为借鉴。'这是大夫管仲用以治理齐国、辅佐先君而创立霸业的指导方针。您如弃置不取，不将导致灾难吗？齐国大政已经衰败，晋君胡作非为已很久，您随从的计谋正确可取，创建伟业之机已来到，返回晋国为君的时日临近。做一国之君可以拯救百姓，如果弃君位不取，则不是人之所为。败政之国不可以久呆，良机不可以误失，忠谋不可以拒绝，留恋之心不可以顺从，您必须迅速离开齐国。我听说晋初封之年，岁星在火星次。大火星次中的'火星'，是阏伯主掌观察而借以确定农时季节，并由阏伯主掌祭祀的星宿。后商祖相士继任火正，'火星'被商奉为族星。它决定商人的祸福兴衰。商在位国王三十一位。《瞽史之纪》说道：'唐叔的世系，将于殷商相同。'晋君世系至今不及殷商之半。乱世不会长久，晋公子只有您一人在，您必将获得晋国。如今怎么能够贪恋安逸呢？"重耳对此置若罔闻。

▲重耳像

（二）杞梁母

勉子行道

【题解】

　　杞梁是春秋时代齐国的一位大夫，齐庄公攻打莒国时，杞梁未受重用，情绪低落，杞梁的母亲用话语激励儿子立志行道，扬名后世，杞梁后来果然牢记母训，为国杀敌，牺牲在战场上。抛开政治方面的观点不谈，如果只从立志的角度而论，杞梁母亲的言行是值得人们赞许的。

【原文】

　　齐庄公且伐莒，为五乘之宾①，而杞梁、华舟独不与焉，故归而不食。其母曰："汝生而无义，死而无名，则虽五乘，孰不汝笑也？汝生而有义，死而有名，则五乘之宾，尽汝下也。"趣②食乃行。杞梁、华舟同车，侍于庄公而行至莒。

——《说苑·立节》

国学经典文库

中华传世家训

第一编　励志

图文珍藏版

【注释】

①宾：侍从。

②趣：催促。

【译文】

齐庄公将要攻打莒国，建立了享受五乘爵禄的侍卫队伍，（其中许多人有幸选中），但只有杞梁与他的好朋友华舟不被列入其中，因此杞梁回到家后不想吃饭。杞梁的母亲说："你活着如果不奉行道义，死了也没有名声，即使成为享受五乘待遇的侍从，谁不嘲笑你呢？你活着如能奉行道义，死后又有好名声，就是那些享受五乘爵禄的侍从，也都比不过你了。"于是催促他吃完饭后动身。杞梁、华舟两人同乘一辆战车，侍卫着庄公一起到达莒国。

（三）赵鞅

苦心立嘱

【题解】

赵鞅即赵简子，曾为春秋时期晋定公的执政，后为赵国国君。当时，晋国的邻国代国一派政通人和的景象，赵简子临终前立下遗嘱，让儿子赵无恤（即赵襄子）在他死后登上晋、代两国边境的夏屋山，以便让太子看到代国欣欣向荣的可喜局面。赵简子的遗嘱当在激励儿子有所作为，可谓用心良苦。至于赵襄子后来采取侵略代国的行为，而不是向人家学习，则可能有悖于赵简子遗嘱的原意。当然，对于这一点又另当别论了。

【原文】

赵简子病，召太子而告之曰："我［则］死，已葬，服①衰②而上夏屋之山以望。"太子敬诺。简子死，已葬，服衰。召大臣而告之曰："愿登夏屋以望。"大臣皆谏曰："登夏屋以望，是游也。服衰以游，不可。"襄子曰："此先君之命也，寡人弗敢废③。"群臣敬诺。襄子上于夏屋以望代俗，（其）［甚］乐甚美，于是襄子曰："先君必以此教之也。"

——《吕氏春秋·孝行览》

【注释】

①服：穿上。

②衰：麻布丧。

③废：废除，违背。

【译文】

赵简子病重，召见太子嘱咐他说："等我死了，安葬完毕，你穿着孝服登上夏屋山去观望。"太子恭恭敬敬地答应了。简子死了,安葬完毕以后,太子穿着孝服,召见大臣们并且告诉他们说:"我想登上夏屋山去观望。"大臣们都劝阻说:"登上夏屋山去观望,这就是出游啊。穿着孝服出游,不可以。"襄子说:"这是先君的命令,我不敢废除。"大臣们都恭恭敬敬地答应了。襄子登上夏屋山观看代国的风土人情,看到代国一派欢乐景象,于是襄子自言自语地说:"先君必定是用这种办法来教诲我啊!"

(四) 王孙贾母

励子成事

【题解】

王孙贾是齐闵王的臣子,服侍闵王时才十五岁。淖齿之乱造成齐闵王出逃,王孙贾的母亲对他没有寻到闵王而回家感到失望和气恼。这番话便是其母的激励和训斥之词。

【原文】

王孙贾年十五,事闵王。王出走,失王之处。其母曰:"汝朝出而晚来,则吾倚门而望;汝暮出而不还,则吾倚闾而望。汝今事王,王出走,汝不知其处,汝尚何归?"王孙贾乃入市中,曰:"淖齿乱齐国,杀闵王,欲与我诛者,袒右!"市人从者四百人,与之诛淖齿,刺而杀之。

——《战略策·齐策六》

【译文】

王孙贾十五岁时就为齐闵王服务。齐闵王出逃以后,王孙贾不知道他逃到哪里去了。王孙贾的母亲说:"你早出晚归,我就倚着家门张望,你晚出不归我就倚着里巷的大门张望。现在你侍奉君王,君王出逃,你却不知道他逃到哪里去了,你还何必回来?"王孙贾就跑到集市上呼喊道:"淖齿扰乱齐国,杀害了闵王,想跟我一起讨伐淖齿的,袒露右臂!"集市上有四百人起来响应,随王孙贾讨伐淖齿,杀死了淖齿。

(五) 无名氏

责夫立志

【题解】

本篇故事中的马车夫之妻无名氏以齐国宰相晏婴其貌不扬却功成名就为典范,激励自己的丈夫努力摆脱那种庸碌无为而不知羞愧的处境,可谓见识独到，发人深思，促人奋进。

【原文】

晏子为齐相，出，其御①之妻从门间而窥②其夫。其夫为相御，拥大盖，策驷马，意气扬扬，甚自得也。既而归，其妻请去③。夫问其故。妻曰："晏子长不满六尺，身相齐国，名显诸侯。今者妾观其出，志念深矣，常有以自下者。今子长八尺，乃为人仆御，然子之意自以为足，妾是以求去也。"其后夫自抑损，晏子怪而问之，御以实对。晏子荐以为大夫。

——《史记·老子韩非列传》

▲晏子使楚

【注释】

①御：车夫。

②窥：偷看。

③去：离开。

【译文】

晏婴做齐国宰相，一次外出时，晏子马车夫的妻子从门缝里偷看她的丈夫。她的丈夫给宰相驾驶车马，坐在车盖下，鞭打着四匹马，意气扬扬，甚为得意。当他驾完车回家，他的妻子请求离婚。丈夫问原因，妻子说："晏子身高不到六尺，却能担任齐国的宰相，名声显扬各国。今天我看他出行，抱负显得很深远，总有那么自谦的风度。现在你身高八尺，却给人驾车马，然而你还得意扬扬，自以为满足，我因此请求离开。"从此以后，这位丈夫自我克制。晏婴感到奇怪而问他，车夫以实情相告。晏婴推荐他做了大夫。

二、秦汉篇

（一）刘　邦

手敕太子

【题解】

这是刘邦临终给太子的遗训。刘邦本来不学无术，于马上得天下，渐渐明白了读书的好处，因此着重对连自己都不如的太子提出劝诫。另外还要求太子尊重老臣，这是出于巩固刘家王朝的考虑。又托付赵王如意母子，既有人情的一面，又显出了偏心。

【原文】

吾遭乱世，当秦禁学，自喜谓读书无益。洎^①践阼以来，时方省书乃使人知作者之意。追思昔所行，多不是。

尧舜不以天下与子而与他人，此非为不惜天下，但子不中立耳。人有好牛马尚惜，况天下耶！吾以尔是元子，早有立意，群臣咸称汝友四皓^②，吾所不能致^③，而为汝来，为可任为事也。今定汝为嗣。

吾生不学书，但读书问字而逐知耳。以致故不大工。然亦足自辞解。今视汝书犹不如吾。汝可勤学习，每上疏宜自书，勿使人也。

汝见萧、曹、张、陈诸公侯，吾同时人，倍年于汝者皆拜。并语于汝诸弟。

吾得疾逐困，以如意母子相累。其余诸儿，皆自足立，哀此儿犹小也。

——《全汉文》

【注释】

①洎：jì至。
②四皓：汉初商山的四位隐士。
③致：招来。

【译文】

我小时遭逢乱世，当秦始皇禁书之时，自己还很高兴，认为读书没有益处。自从即位以来，开始读书，才省悟书可以使人知悉作者的用意。反思自己过去的所作所为，很多方面实在是做得不好。

尧舜不将天子的地位传给自己的儿子而传给别人，这不是不珍惜天下，只是因为自己的儿子不适合继位罢了。人们有了好牛好马尚且爱惜，更何况天下呢？我因为你是嫡长子，早有立你为继承人的意图，大臣们都说你同商山四皓友善。我不能招他们来，而他们却能为你而来，因为你可以胜任国家大事啊。现在决定以你为继承人。

我生平没有学过认字，只是读书时，问字该怎么读，才渐渐明白了的。因此不大工巧。但也足够用了。现在看你的书法，还比不上我。你要努力学习，每次上疏，最好自己写，不要请别人。

你见到萧、曹、张、陈诸位公侯，这些我同时代的人，他们都比你年长一倍，一定要拜揖。并且要把这点告诉诸位弟弟。

我得病，看来没救了，愿把赵王如意母子托付给你。其余各个孩子，都足以自立，我只是悲哀这孩子太小。

（二）淳于意

上书救父

【题解】

这是一则发生在西汉时期的脍炙人口的故事：太仓公淳于意无辜遭人诬害，情急之中慨叹生女不如生男；小女儿缇萦领悟父言深意，立志解救父亲，最终实现了自己的心愿。两千多年前的女子缇萦用自己的实际行动打破了"女不如男"的传统观念，可以说是激励所有后来女性不甘于庸碌的榜样。

【原文】

太仓公者，齐太仓长，临菑人也，姓淳于氏，名意。少而喜医方术。高后①八年，更受师同郡元里公乘②阳庆。庆年七十余，无子，使意尽去其故方，更悉③以禁方予之，传黄帝、扁鹊之脉书，五色④诊病，知人死生，决嫌疑，定可治，及药论，甚精。受之三年，为人治病，决死生，多验。然左右行游诸侯，不以家为家，或不为人治病，病家多怨之者。

文帝四年中，人上书言意，以刑罪，当传⑤西之长安。意有五女，随而泣。意怒，骂曰："生子不生男，缓急⑥无可使者！"于是少女缇萦伤父之言，乃随父西，上书曰："臣父为吏，齐中称其廉平，今坐法⑦当刑。妾切痛死者不可复生，而刑者不可复续，虽欲改过自新，其道莫由，终不可得。妾愿入身为官婢，以赎父刑罪，使得改行自新也。"书闻，上悲⑧其意，此岁中亦除肉刑法。

——《史记·扁鹊仓公列传》

【注释】

①高后：即吕雉，刘邦妻。

②公乘：汉代爵位。

③悉：都。

④五色：神色。

⑤传：放逐。

⑥急：遇上危急。

⑦坐法：犯法。

⑧悲：感动。

【译文】

太仓公，是齐国都城管理粮仓的长官，临菑人，姓淳于，名意。淳于意年轻时，喜爱医术。高后八年（公元前180年），再拜同乡元里的公乘

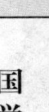

阳庆为师。阳庆已有七十多岁，没有子嗣能够继承他的医道，于是让淳于意完全丢掉以前所学的医方，再将自己全部秘藏医方给他，传授黄帝、扁鹊的脉书，教淳于意根据人的神色诊断疾病，以此判断病人的死生，决断疑难病症，确定是否可以治愈，并有论述药理的书，十分精妙。淳于意学了三年，为人治病，决断死生，大多有效。然而，他在各诸侯国四处行医、求学，很少安居在齐国的老家，有时又不肯为人治病，很多病人怨恨他。

汉文帝四年，有人写信给朝廷控告淳于意，根据他所犯的罪应当用专车押到齐国西边的长安去。淳于意有五个女儿，追着他哭泣。淳于意发怒，骂道："生孩子不生男孩，到紧急关头就没有可以使用的人！"于是小女儿缇萦伤感父亲的话，就随父亲西行。她上书朝廷说："我的父亲当官，齐国的人称赞他廉洁、公正，现在犯法自该处以刑罚。我深深痛心那些被处死的人不能复生，而受刑残废的人不能再复原，他们虽想改过自新，却无路可走，终究得不到自新的机会。我愿意没入官府充当奴婢，用以赎父亲的罪，使得他有机会改过自新。"这封信汇报上去，皇上怜悯她的心意，在这一年中废除了肉刑法。

（三）司马谈

嘱子承业

【题解】

司马迁的父亲司马谈是西汉有名的史官，因各种原因在他自己生前没能完成修史大业。在告别人世之前，司马谈对儿子司马迁谆谆教导，告诉他修史的非凡使命与重大价值，勉励儿子献身于修史事业，其眼光不能不说长远过人。后来司马迁不辜负父亲厚望，完成了不朽历史巨著《史记》，扬善贬恶，弘扬正义，为后世万人所景仰。

【原文】

是岁天子始建汉家之封①，而太史公留滞周南，不得与从事，故发愤且卒。而子迁适②使反，见父于河、洛之间。太史公执迁手而泣曰："余先周室之太史也。自上世尝显功名于虞夏，典天官事。后世中衰，绝于予乎？汝复为太史，则续吾祖矣。今天子接千岁之统，封泰山，而余不得从行，是命也夫，命也夫！余死，汝必为太史；为太史，无忘吾所欲论著矣。且夫孝始于事亲，中于事君，终于立身。扬名于后世，以显父母，此孝之大者。夫天下称诵周公，言其能论歌文、武之德，宣周、邵之风，达太王、王季之思虑，爰及公刘，以尊后稷也。幽、厉之后，王道缺③。礼乐衰，孔子修④旧起⑤废，论《诗》《书》，作《春秋》，则学者至今则之。自获麟以来四百有余岁，而诸侯相兼，史记放绝。今汉兴，海内一统，明主贤君忠臣死义之士，余为太史而弗论载，废天下之史文，余甚惧焉，汝其念⑥哉！"迁俯首流涕曰："小子不敏，请悉论先人所次⑦旧闻，弗敢阙⑧。"

——《史记·太史公自序》

【注释】

①封：封禅典礼。

②适：刚好。

③缺：残缺。

④修：整修。

⑤起：振兴。

⑥念：牢记。

⑦次：编。

⑧阙：遗漏。

【译文】

这一年，天子开始举行汉朝的封禅典礼，而太史公被留在周南，不得参与这件事，所以心中愤懑，以至于生了一场大病，快要死了。儿子司马迁恰巧在这时出使返回，拜见父亲于黄河、洛水之间的一个地方。太史公握着司马迁的手，哭着说："我们的祖先是周朝的太史。远在上古之世便曾显扬功名于虞夏时代，职掌天文之事。后世中衰，会在我这里中断吗？你继为太史，那就会接续我们祖先的事业了。现在天子继承汉朝千年一统大业，在泰山举行封典，而我不得随行，这是命中注定的啊，命中注定的啊！我死之后，你一定会当太史；当上太史，可不要忘记我生前想撰写的论著啊！再说孝道始于事亲，中间表现在事君，最终落实在立身上。传扬名声于后世，以显耀父母，这是孝道中最主要之点。天下称道歌颂周公，说的是他能够写文章论述歌颂文王、武王之德，宣扬周、邵之风，使人懂得太王、王季的心思，包括公刘的功业，以尊崇始祖后稷。周幽王、厉王以后，王道残缺，礼乐衰颓，孔子研究整理旧有的典籍，振兴被废弃破坏了的礼乐，论述《诗经》《书经》，写作《春秋》，学者至今以孔子做学习的榜样。自'获麟'以来四百多年，诸侯互相兼并混战，史书丢散断绝。现在汉朝兴起，海内统一，明主贤君忠臣和死义之士的感人事迹，我作为太史而不给评论记载，放弃写作历史著作，我感到惶恐不安，你可要记在心里啊！"司马迁低着头流着眼泪说："小子愚笨，请让我详述先人所编史实掌故，不敢有所遗漏。"

（四）翟 义

为国讨贼

【题解】

西汉末年，王莽篡夺了汉朝皇位，实行复辟制度，赋役繁重，法令苛严，引起了百姓的强烈不满，统治阶级内部矛盾也日益激化，许多人兴兵声讨王莽。在这种情势下，西汉大臣翟义也做好了兴兵讨伐的积极准备，并希望得到内侄陈丰的支持。下面这段话是翟义对陈丰说的，言辞慷慨激昂，充满建功立业的豪情，很能鼓动人心。

▲王莽画像

【原文】

新都侯①摄②天子位，号令天下，故择宗室幼稚者以为孺子③，依托周公辅成王之义，且以观望，必代汉家，其渐可见。方今宗室衰弱，外无强蕃④，天下倾首服从，莫能亢捍国难。吾幸得备宰相子，身守大郡，父子受汉厚恩，义当为国讨贼，以安社稷。欲举兵西诛不当摄者，选宗室子孙辅而立之。设令时命不从，死国埋名，犹可以不惭于先帝。今欲发之，乃肯从我乎？

——《汉书·翟方进传》

【注释】

①新都侯：王莽。

②摄：代理。

③孺子：儿童。

④蕃：屏障。

【译文】

新都侯王莽代理天子，号令天下，选择皇族幼儿作孩子皇帝，假托周公辅佐成王的名义，来观望、试探天下人的心意。他一定会取代汉王朝，渐渐就可以看清楚了。现在皇室衰弱，京城之外又没有强大的屏障，天下都低头服从，没有人能捍卫国家。我有幸能够作为宰相的儿子，坚守大郡，父子都受到汉王朝的大恩，按照道义应当为国讨贼，来使国家得到安定。现在我打算举兵向西诛伐不该代理王位之人，再选择皇室子孙，辅佐他，立他做皇帝。假设时命不从，为国捐躯，虽然姓名隐没，不为人知，然而面对先帝的魂灵也不会感到惭愧了。现在我打算举兵起义，你肯跟从我吗？

（五）王霸妻

勉夫守节

【题解】

王霸是东汉时期的一名隐士，少年时代就节操高洁，无意于仕途，而他的好友令狐子伯及子伯的儿子都当了官。后来王霸会见子伯的儿子时，为对方的衣饰、动作、气派所倾倒，自惭形秽，并对自己当初的志向产生了怀疑。在这关键时刻，王霸的妻子勉励丈夫固守当初的志向与高尚节操，使王霸解除了思想的困惑，重新坚定了洁身自好、不与世俗同流合污的人生追求。王霸妻能够不慕荣华富贵，看重一个人的道德情操，可谓深明大义，值得后人效法。

【原文】

太原王霸妻者，不知何氏之女也。霸少立高节，光武时，连征①不仕。霸已见《逸人传》。妻亦美志行。初，霸与同郡令狐子伯为友，后子伯为楚相，而其子为郡功曹。子伯乃令子奉书于霸，车马服②从③，雍容如也。霸子时方耕于野，闻宾至，投耒而归，见令狐子，沮怍不能仰视。霸目之，有愧容，客去而久卧不起。妻怪问其故，始不肯告，妻子请罪，而后言曰："吾与子伯素不相若，向见其子容服甚光，举措有适，而我儿曹蓬发厉齿，未知礼则④，见客而有惭色。父子恩深，不觉自失耳。"妻曰："君少修清节，不顾荣禄。今子伯之贵孰与君之高，奈何忘宿志而惭儿女乎！"霸屈起而笑曰："有是哉！"遂共终身隐遁。

——《后汉书·列女传》

【注释】

①征：召。

②服：穿着。

③从：随从。

④礼则：礼节。

【译文】

太原人王霸的妻子，不知是哪户人家的女儿。王霸年轻时就拥有高尚的节操，汉光武时期，朝廷派人来屡次召他做官都被他拒绝了，事迹已经收入《隐士传》。王霸妻子的志向、操行也很高尚。当初，王霸与同郡的令狐子伯成了好朋友，后来子伯到楚国担任宰相，而子伯的儿子在王霸所在的郡担任功曹的官职。子伯便叫儿子捎信给王霸，车马侍从，一副严整、气派的景象，王霸的儿子这时正在田野里耕作，听说来了客人，扔下犁在田里就回家了，一见到令狐子的儿子，他就神色沮丧，内心发虚，不敢抬头仰视。王霸看着儿子，脸有愧声，客人离开后，王霸卧在床上很久不起。他的妻子奇怪地询问原因，他始终不肯说出来，直到妻子以为冒犯了他，向他请求宽恕过失，他才开口说道："我与子伯历来不差上下，刚才看到他儿子容貌、服饰都光彩照人，举止彬彬有礼，而我的儿子头发蓬乱，露出牙齿，不知礼节，见到客人脸有愧色，父子之间恩情深厚，（看见儿子这个样子）我自己不自觉地感到失意。"妻子回答说："你年轻时候就修身养性，追求高尚的节操，不贪图荣华富贵。现在拿子伯的富贵与你高尚的节操相比，哪个更有价值呢？怎么忘了过去的志向而为儿女感到惭愧！"王霸从床上坐起来笑着说："说得对呀！"于是一家人终身隐居。

（六）祭肜

抱恨遗志

【题解】

祭肜（zhài róng）受骗无功，可悲可叹。临终要儿子赴军效死，又可歌可泣。人世间往往有不如意事，英豪之气却能激励后人。

【原文】

十六年，使肜以太仆将万余骑①与南单于左贤王信伐北匈奴，期至涿邪山。信初有嫌②于肜，行出高阙塞九百余里，得小山，乃妄言以为涿邪山。肜到不见虏而还，坐③逗留畏懦下狱免。肜性沈毅内重，自恨见诈无功，出狱数日，欧④血死。临终谓子曰：

"吾蒙国厚恩，奉使不称，微绩不立，身死诚惭恨。义不可以无功受赏，死后，若悉簿上所得赐物，身自诣兵屯，效死前行，以副吾心。"

——《后汉书·祭肜列传》

【注释】

①骑：骑 qí 兵。

②嫌：嫌隙。

③坐：因犯……罪。

④欧：通"呕"。

【译文】

［建武］十六年（公元 40 年），朝廷派祭肜以太仆的身份，率领一万多骑兵和南单于左贤王信讨伐北匈奴，约好到达涿邪山。信过去和祭肜有

15

猜嫌，行军出高阙塞九百多里，抵达一座小山，便欺骗说就是涿邪山。祭彤在那里没有见到匈奴人，就回师了，被判逗留畏懦罪，关进监狱，又获免释。祭彤生性沉毅自重，后悔被骗，没有立功，出狱后不几天，呕血而死。临终时对孩子说：

"我蒙受国家的大恩，奉使命率兵出征北匈奴，却不能称职，一点小小的功绩都不曾建立，至死都感到惭愧和遗憾。按理不可以无功而受赏。我死了以后，你要将功劳簿上所记得到的全部奖品，亲自带往兵营，拼死前行，这样才符合我报效国家的心意。"

（七）王　修

诫子家书

【题解】

王修在这封家书里提出了珍惜光阴，读书与做人并重，做人要向高人善人学习等嘱咐。短短的信，寄托了做父亲的人望子成龙——做个善人的殷切希望。最后说出"唯不能杀身，其余无惜"的话，千古天下父母心，跃然纸上。立志成材的孩子，能木然无所动吗？

【原文】

自汝行之后，恨恨不乐。何者？我实老矣。所恃①汝等也，皆不在目前，意遑遑②也。人之居世，忽去便过，日月可爱也。故禹不爱尺璧而爱寸阴，时过不可还，若年大不可少也。欲汝早之未必读书，并学做人。汝今逾郡县、越山河、离兄弟，去③妻子者，欲令见举动之宜，效高人远节，闻一得三，志在善人，左右，不可不慎。善否之要，在此际也。行止与人，务在饶④之。言思乃出，行详⑤乃动，皆用情实⑥道理。违斯败矣。父欲令子善，唯不能杀身，其余无惜也。

——《全后汉文》

【注释】

①恃：依靠。

②遑遑：慌张不安。

③去：离开。

④饶：宽容。

⑤详：详细知晓。

⑥实：事实。

【译文】

自从你走了以后，我有些恨恨不乐。为什么呢？我实在是老了啊。只能依靠你们了，可都不在眼前，我感到惶惶不安。人活在世上，倏然便过去了，日月真是可爱。大禹不爱一尺长的玉璧，却珍惜一寸长的光阴，是因为时间流逝不复还，就像年纪大了不能小。早先时候希望你不一定只是读书，还要兼学做人。你现在跨郡越县、翻山淌河、背兄离弟、去妻别子，我想要叫你见见适宜的举止，学习高人远节，闻一知三，立志处于善人左右，不可不谨慎为之。好坏的关键，就在这个地方。待人处世，一定要宽容才好。话，想好了才说；事，明白了才做，都要讲事实，有道理。违背了这一点，就会坏事。为父想要孩子学好，除了不能自杀，其他一切，都在所不辞。

（八）赵岐

遗令励侄

【题解】

东汉经学家赵岐一度为官，以廉洁正直，疾恶如仇而为人称赞，但因此也得罪了一些达官权贵。赵岐三十多岁时得了重病，在家休养了七年，他担心自己会很快死去，就给自己的侄子写了一篇《遗令》。《遗令》中虽然充满了牢骚之语，但赵岐显然是用自己怀才不遇的感叹激励侄子立志奋进，用意是良好的。

【原文】

大丈夫生世，遁无箕山之操，仕无伊、吕之勋，天不我与，复何言哉！可立一员①石于吾墓前，刻之曰："汉有逸人，姓赵名嘉。有志无时，命也奈何！"

——《后汉书·赵岐列传》

【注释】

①员：通"圆"。

【译文】

大丈夫活在世上，想隐居却没有许由那样的节操，想出仕却不能建立伊尹、吕尚那样的功勋，老天爷不祐助我，还有什么话好说呢！我死了以后，可立一块圆石在我的墓前，在上面刻写："汉代有一位遁世隐居的人，姓赵名嘉。空有远大的志向，却没有遇上时机，命中注定，无可奈何！"

国学经典文库

中华传世家训

第一编 励志

图文珍藏版

（九）杨 震

饮鸩自杀

【题解】

  杨震疾恶如仇，连皇帝的过失也不放过，因而受到多方迫害。这是他被解职后，对孩子、门徒说的话。他那深切的痛心，集中表现于"何面目复见日月"当中。而奸臣嬖女的祸国乱民，却不是他的责任。说完下面这番话后，他就饮鸩自杀了。这是动乱时代的一次无可奈何的牺牲。

【原文】

  死者士之常分。吾蒙恩居上司，疾[1]奸臣狡猾而不能诛，恶嬖女倾乱而不能禁，何面目复见日月！身死之日，以杂木为棺，布单被裁[2]足盖形，勿归冢次，勿设祭祠。

        ——《后汉书·杨震列传》

【注释】

  [1]疾：痛恨。

  [2]裁：通"才"。

【译文】

  死是士人永恒的本分。我蒙受皇上恩惠，身居高位，痛恨奸臣狡猾却不能诛灭他们，憎恶受宠幸的妃妾倾乱朝纲却不能禁止她们为非作歹，有什么面目再见到朗朗日月！我死的那天，你们用杂木做成棺材，布单只要能盖住身体就行了，不要把我的尸体送到坟地，不要设祭祀我的祠堂。

（十）赵苞母

临危励子

【题解】

  忠孝矛盾的时候，古人一般以选择前者为正。但人之天性，岂能轻易割舍。赵苞母亲临危勉子，不要顾惜磨炼自己，要痛击敌人，为国立功，这种精神，现在看来仍然激动人心。

【原文】

  迁远西太守，抗厉威严，名振边俗。以到官明年，遣使迎母及妻子，垂当[1]到郡，道经柳城，值鲜卑万余人入塞寇钞，苞母及妻子遂为所劫质，载以击郡。苞率步骑二万与贼对阵。贼出母以示苞，苞悲号谓母曰："为子无状，欲以微禄奉养朝夕，不图为母作祸。昔为母子，今为王臣，义不得顾私恩，毁忠节，唯当万死，无以塞罪。"母遥谓曰："威豪，人各有命，何得相顾，以亏忠义！昔王陵母对汉使伏剑，以固其志，尔其勉之。"苞即时进战，贼悉摧破，其母妻皆为所害。

——《后汉书·赵苞列传》

【注释】

　　①垂当：即将。

【译文】

　　[赵苞]升为辽西太守。他坚决抵抗外侵，威风凛凛，名振边陲。到任后的第二年，派使者去迎接母亲和妻儿。就快抵达辽西郡了，路过柳城，正好遇上万余名鲜卑人，闯进塞内抢劫，抓住赵苞母亲和妻儿做人质，载着他们来攻打辽西郡。赵苞率领两万步兵和骑兵，与敌军对阵。敌军押出赵母让赵苞看，赵苞悲号着对母亲说："孩儿不孝，本想以微薄的俸禄奉养母亲，让母亲朝夕在身边，不料竟给母亲带来了灾祸。过去我们是母子，现在我身为朝廷大臣，按大义不能顾惜私恩，败坏忠臣大节，只是我虽死万次，也难以抵消罪孽！"赵母远远地对赵苞说："威豪！人各有命，哪里能顾念为母，亏败忠义！从前王陵的母亲面对汉使引剑自决，好使王陵下定决心，你应该明白我的心思，好好努力。"赵苞立即挥军进攻，敌人被消灭了。母亲和妻子也被敌人杀害。

（十一）范滂母

范滂别母

【题解】

　　范滂年轻时便有大名，登车揽辔，慨然有澄清天下之志。临死别母，依依难舍。范母深明大义，指出"既有令名，复求寿考"，不可兼得。这对赴死的范滂无疑是一个鞭策。

【原文】

　　建宁二年，遂大诛党人，诏下急捕滂等。……其母就与之诀。滂白母曰："仲博①孝敬，足以供养，滂从龙舒君②归黄泉，存亡各得其所。惟大人割不可忍之恩，勿憎感戚。"母曰："汝今得与李③、杜④齐名，死亦何恨！既有令名，复求寿考，可兼得乎！"滂跪受教，再拜而辞。顾谓其子曰："吾欲使汝为恶，则恶不可为；使汝为善，则我不为恶。"行路闻之，莫不流涕。时年三十三。

——《后汉书·党锢列传》

【注释】

①仲博：范滂弟弟。

②龙舒君：范滂父亲。

③李：李膺。

④杜：杜密。

【译文】

建宁二年（公元 168 年），朝廷开始大诛党人，下诏迅急逮捕范滂等人…范母与范滂诀别。范滂告诉母亲："弟弟仲博孝敬，足以赡养母亲。我将追随父亲，命归黄泉。存亡各得其所。望母亲割弃难舍的恩情，不必为我悲伤。"范母说："你现在能与李膺、杜密这样的人齐名，死又有什么可遗憾的呢？既有好名，又求长寿，哪里能够兼得！"范滂跪着接受教诲，两拜之后告辞。回过头来，对他的孩子说："我想叫你为恶，恶却不可为；要叫你为善，那么我今天并没有为恶。"路边的人听了，没有不落泪的。其时范滂三十三岁。

（十二）傅燮

乱世忠臣

【题解】

东汉末年，傅燮抵抗"叛军"，临阵战死。这是死前的一段史实。朝廷已混乱不可收拾，"叛军"又铺天盖地，一个被贬谪的大臣，面临上有忠心不能报国，下有赤胆不能平乱的现实，只好以死守节，真是无所诉、无所逃于天地之间，令人掩卷长叹。

【原文】

时北地胡骑随贼（指王国、韩遂）攻郡，皆夙怀燮恩，共于城外叩头，求送燮归乡里。子幹年十三，从在官舍。知燮性刚，有高义，恐不能屈志以免，进谏曰："国家昏乱，遂令大人不容于朝。今天下已叛，而兵不足自守，乡里羌胡先被恩德，欲令弃郡而归，愿必许之。徐至乡里，率历①义徒，见有道而辅之，以济天下。"言未终，燮慨然而叹，呼幹小字曰："别成，汝知吾必死邪？盖'圣达节，次守节'。且殷纣之暴，伯夷不食周粟而死，仲尼②称其贤。今朝廷不甚殷纣，吾德亦岂绝伯夷？世乱不能养浩然之志，食禄又欲避其难乎？吾行何之，必死于此。汝有才智，勉之勉之！主簿杨会，吾之程婴③也。"

——《后汉书·傅燮列传》

【注释】

①历：激励。

②仲尼：孔子。

③程婴：古代义士，舍己子，抚养赵氏孤儿。

【译文】

当时北地的羌人骑兵跟着王国、韩遂攻打汉阳郡。匈奴人一直怀念傅燮的恩情，一齐在城外叩头，恳求护送他回故乡。傅燮的儿子傅幹十三岁，跟着父亲在官邸里。他知道父亲性情刚烈，有崇高的节义，恐怕不能屈志免身，就进谏说："国家昏乱，遂使父亲不容于朝廷。现在天下四处叛乱，而军队不足以自卫，乡里的羌人曾受父亲的恩德，想叫您弃郡归乡，希望你一定听从他们。慢慢回到故乡，率领激励忠义之士，遇见有道的人便辅佐他，再来拯救天下。"话没说完，傅燮慨然长叹，叫着傅幹的小名说："别成，你知道我一定会死吗？也许'最好的节操是达节，其次是守节。'况且殷纣王那样暴虐，武王灭商后，伯夷还是不食周粟而死，连孔子都称赞他是贤人。今天的朝廷，还没到殷纣王暴虐的程度，我的德行难道就比不上伯夷？世道混乱却不能保持正气和节操，拿着朝廷的俸禄却又想临难而逃吗？我还往哪里去，一定死在这里！你有才智，你自己努力吧！主簿杨会，就是我们家的程婴啊。（他会抚养你的。）"

（十三）陈惠谦

诚兄子伯思

【题解】

陈伯思好道求仙，姑姑陈惠谦劝他追求美好的名声，不要去追求荒诞不实的成仙长寿。

【原文】

君子疾没世而名不称，不患年不长也。且夫神仙愚惑，如系风捕影，非可得也。

——《全后汉文》录《华阳国志》

【译文】

君子痛心的是碌碌终身，没有名声，不担心寿命不久长。况且那神仙之类，愚人惑人，像系风捕影一样缥缈，哪里能够实现。

（十四）孔 臧

与子琳书

【题解】

孔臧这封信，有两层意思。一是劝学；二是光学习还不够，需要实践。劝学方面，讲到了"渐"——循序渐进，还有勤奋。可以和荀子的《劝学》比较一下，都是金玉良言。实践问题的提出，难能可贵。只是满腹诗书，却把为皇上掌唾壶的事情看成荣幸，在今天就不可取了。

【原文】

告琳：顷来①闻汝与诸友生讲肄②书传，滋滋昼夜，衎衎③不怠，善矣！人之进道，唯问其志，取必以渐，勤则得多。山溜④至柔，石为之穿；蝎虫至弱，木为之弊。夫溜非石之凿，蝎非木之凿，然而能以微脆之形，陷坚刚之体，岂非积渐之致乎？训曰："徒学知之，未可多。履而行之乃足佳。故学者，所以饰百行也。侍中子国⑤，明达渊博，雅好绝伦，言不及利，行不欺名，动遵礼法。少小及长，操行如故。虽与群臣并居近侍，颇见崇礼，不供亵事，独得掌御唾壶。朝廷之士莫不荣之。此汝亲所见也。诗不云乎？""无念尔祖，聿修厥德。"又曰："操斧伐柯，其则不远。"远则尼父，近则子国。于以立身，其庶矣乎！

——《孔丛子·连丛上》

【注释】

①来：最近。

②肄：学习。

③衎衎：kànkàn 和乐的样子。

④溜：liù 滴水。

⑤国：人名。

【译文】

近来听说你与同学们在讲习《尚书》《左传》，孜孜不倦，侃侃而谈，昼夜不息，这实在太好了。人的进退关键看他的志向，循序渐进，勤奋不已就会收获很多。山涧水滴是极其柔弱的，时间一长却可以穿破石头；蝎虫是极其柔弱的，时间一长却可以破坏树木。山涧水滴不是石头的凿子，蝎虫也不是树木的钻子，却能用微弱的身体，攻破坚硬刚强的东西，难道不是日积月累，慢慢达到的吗？古训曾经说："只从书本上学习而增长知识，还不如多把它们运用到实践中去而身体力行。"因此学习是用来修饰各种行为的。侍中子国，聪明通达，渊深广博，爱好不同凡响，言不及利，行为符合名声，举动遵守礼法，从小到大，操行不变。虽然和群臣并居近侍之位，却很受特别礼遇，不做猥亵之事，一个人得到了掌持皇上唾壶的任务。朝廷上的人没有不认为他荣耀。这是你亲眼见到的。《诗经》里不是说过吗？"继承你祖先的事业，增修你祖先的道德"。又说："拿着斧头砍伐树枝，取法的原则并不远"。远学孔子，近学子国，由此立身，那也差不多了。

三、魏晋南北朝篇

（一）曹 操

1. 诚子植

【题解】

"少壮不努力，老大徒伤悲。"曹操少壮起事，戎马一生，终成大业，他希望儿子也能像自己一详奋发努力。

【原文】

太祖征孙权，使植留守邺，戒之曰："吾昔为顿邱令，年二十三。思此时所行，无悔于今。今汝年亦二十三矣，可不勉与！"

▲曹操像

【译文】

太祖征伐孙权时，派曹植留守邺，并告诫他说："我从前做顿邱县令时，年仅二十三岁。回想当时做的事，至今无所悔恨。现在你也已二十三岁，还能不努力吗？"

2. 问子彰

【题解】

曹彰是魏太祖曹操的儿子，他作战勇敢，颇饶气血之勇。然而曹彰不喜读书，没有听从父亲的教诲，所以他虽然身份尊贵，但最终也不过是一介武夫而已，无怪乎曹操听了他那自以为是的为将之道后要大笑了。

【原文】

任城威王彰，字子文。少善射御，膂①力过人，手格猛兽，不避险阻。数从征伐，志意慷慨。太祖尝抑之曰："汝不念读书慕圣道，而好乘汗马击剑，此一夫之用，何足贵也！"课②彰读《诗》《书》，彰谓左右曰："丈夫一为卫、霍，将十万骑驰沙漠，驱戎狄，立功建号耳，何能作博士邪？"太祖尝问诸子所好，使各言其志。彰曰："好为将。"太祖曰："为将奈何？"对曰："被坚③执锐④，临难不顾，为士卒先；赏必行，罚必信。"太祖大笑。

——《三国志·魏书·任城陈萧王传》

【注释】

①膂：lǚ 体力。

②课：督责。

③坚：坚固的盔甲。

④锐：锐利的武器。

【译文】

任城威王曹彰，字子文。年轻时擅长射箭骑马，体力过人，敢赤手空拳格斗猛兽，不畏险阻。屡次跟随太祖曹操征伐，斗志昂扬。太祖曾经批评他说："你不惦念读书仰慕圣道，反而好骑马击剑，这只是一个武夫的本领，有什么值得宝贵的。"督促他读《诗》《书》。曹彰不服，对左右人说："大丈夫就应当像卫青、霍去病一样，率领十万骑兵驰骋沙漠，驱逐戎狄，建立功勋，得到封号，怎么能作博士呢？"太祖曾经问他的几个儿子喜好什么，他们各自说出了自己的志向。曹彰说："喜欢做将帅。"太祖说："将帅应该怎么做呢？"回答说："身披盔甲手持利器，面临危难也不害怕，身先士卒；有功一定要奖赏，有罪一定要惩罚。"太祖大笑。

（二）王广妻诸葛氏

大丈夫应自勉

【题解】

王广的父亲王凌和岳父诸葛诞都名震当世、德高望重。他不知道自己与父辈看齐，而对妻子求全责备。他的妻子诸葛氏很委婉地勉励丈夫成就更大的事业。

【原文】

王公渊娶诸葛诞女，入室，言语始交，王谓妇曰："新妇神色卑下，殊不似公休^①。"妇曰："大丈夫不能仿佛彦云^②，而令妇人比踪事迹相当英杰！"

——《世说新语·贤媛》

【注释】

①公休：诸葛诞字公休。

②彦云：王凌字彦云。

【译文】

王公渊娶诸葛诞的女儿为妻，进入新房，夫妻刚开始交谈，王公渊就对妻子说："新妇神态卑下，很不像你父亲公休。"他妻子说："大丈夫不能像你父亲彦云，却要求妇人和英雄豪杰并驾齐驱！"

——《世说新语·贤媛》

（三）李通

不徇私情

【题解】

李通是一个刚正廉明的君子，不因为妻子的求情而饶恕她犯罪的伯父，留下了好的名声。

【原文】

通妻伯父犯法，郎陵长赵俨收治，致之大辟。是时杀生之柄，决于牧守，通妻子号泣以请其命。通曰："方与曹公^①勠力，义不以私废公。"嘉俨执宪不阿，与为亲交。

——《三国志·魏书·李通传》

【注释】

①曹公：曹操。

【译文】

李通妻子的伯父犯法，郎陵县长赵俨逮捕审理他，并判他为死刑。当时生杀大权掌握在州牧郡守手中，李通的妻子于是大哭着请求李通饶恕她伯父。李通说："我正和曹公努力完成大业，绝不能因私情而废弃公法。"反而嘉奖赵俨执法不阿，并和他结为好友。

（四）诸葛亮

诚外甥书

【题解】

这是诸葛亮给外甥写的一封短信。诸葛亮在信中从正反两个方面指出一个人必须立下高远的志向。信中言辞慷慨激昂，说理透彻，极富人生哲理。对于当今所有不甘心碌碌无为的年轻人来说，都能从诸葛亮这番激励外甥的言辞中获得精神动力。

【原文】

夫志当存高远，慕先贤，绝情欲，弃疑滞，使庶几①之志揭然有所存，恻然有所感；忍屈伸，去细碎，广咨问，除嫌吝，虽有淹留，何损于美趣？何患于不济？若志不强毅，意不慷慨，徒碌碌滞于俗，默默束于情，永窜伏②于凡庸，不免于下流③矣。

——《诸葛亮集》

【注释】

①几：好学成才。

②伏：埋没。

③下流：卑贱而没有出息。

【译文】

人的志向应当又高又远，仰慕古哲先贤，断绝低下的情欲，抛掉犹豫和呆板。使好学成才的大志，高高扬起，历久长存，感慨奋发，恻然动心；能屈能伸，不拘小节，广泛请教，免除嫌隙，即使长处卑下，又何损于美好的志趣？又担心什么不能成就大业？假如心志不坚强刚毅，意气不慷慨激昂，徒自庸庸碌碌，凝滞于世俗，默默无闻，束缚于情欲，那就会永远埋没在凡夫庸才之中，不免做个下三烂的人物。

（五）姚信

诚子

【题解】

本篇列举两种做好事的人，前者表里如一，心甘情愿，后者则是内外不同，为名利所驱使，最后他们的结果是大不相同的，姚信希望自己的子弟能明白贵贱与善恶相互关系的大道理。

【原文】

古人行善者，非名之务^①，非人之为，心自甘之，以为己度。险易不亏，始终如一；进合神契，退同人道，故神明佑之，众人尊之，而声名自显，荣禄自至，其势然也。又有内折外同，吐实怀诈，见贤则暂自新，退居则纵所欲，闻誉则惊自饰，见尤则弃善端。凡失名位，恒多怨而害善，怨一人则众人疾之，害一善则众人怨之，虽欲陷人而进己，不可得也，只所以自毁耳！顾真伪不可掩，褒贬不可妄。舍伪从实，遗己察人，可以通矣；舍己救人，去否适泰，可以弘矣。贵贱无常，唯人所速，苟善，则匹夫之子可至王公；苟不善，则王公之子反为凡庶，可不勉哉？

——《全三国文》录《艺文类聚》卷二三

【注释】

①务：追求。

【译文】

古代做善事的人，不是为了求名，或为人所使，而是自己心甘情愿去做的，认为这是自己的标准。有困难无困难都不懈怠，自始至终都一个样。进取则合神灵的符契，引退则同于为人之道，所以神明保佑他，大家尊重他，而名声自然显赫，荣禄自然到来，形势就是这样的。另外有一种人，内心曲折而外表雷同，口出实言而心怀诡诈，见到贤人就暂时自我更新，回到居所就放纵欲望，听到赞誉就惊奇地自我掩饰，见到埋怨就抛弃善端。大凡失去名声地位的人，常常多埋怨且怨恨好人。埋怨一个人则大家都疾恨他，陷害一位好人则大家都埋怨他，即使想陷害别人来使自己升迁，也不可能得逞，只会因此而自我毁灭！看来真假不可掩饰，褒贬不可乱加。舍弃虚假顺从真实，抛开己见而细察别人，就可以通达了；舍弃自我接近别人，去除坏的顺适好的，可以弘远了。尊贵下贱没有常法，都是人们自己促成的，假如能为善，就连老百姓的子弟也可以贵为王公；假如不为善，那么王公的子弟最终也会变成平民百姓，（你们）怎能不以此自勉呢？

（六）孟仁母

孟母教子

【题解】

孟仁本名孟宗，后因避归命侯孙皓的讳字而改。他的成长和成熟与他的母亲息息相关。孟母教儿子勉力成才，以德行光宗耀祖。后来孟仁官至吴国司空，位显名著。

【原文】

（仁）少从南阳李肃学。其母为作厚褥大被，或问其故，母曰："小儿无德致客，学者多贫，做为广被，庶可得与气类①接也。"其读书夙夜不懈，肃奇之，曰："卿宰相器也。"初为骠骑将军朱据军吏，将母在营。既不得志，又夜雨屋漏，因起涕泣，以谢其母，母曰："但当勉之，何足泣也？"据亦稍知之，除为监池司马。自能结网，手以捕鱼，作鲊寄母，母因以还之，曰："汝为鱼官，而以鲊寄我，非避嫌也。"

——《三国志·吴志·孙皓传》注引《吴录》

【注释】

①气类：气味相投的人。

【译文】

（孟仁）小的时候跟随南阳李肃学习。他的母亲为他织做了一床棉絮厚重的大被子，有人问这是什么原因，母亲说："小孩子没有什么德行可以招待宾客，学者又多贫困，所以织床大被子，大概可以和气味相投的朋友多接触。"他读起书来早晚不懈怠，李肃认为他是奇才，于是说："你是做宰相的料子。"起初他做骠骑将军朱据军吏的时候，携母亲留在军营中。当时既不得志，夜晚又下雨，屋顶漏水，于是流着眼泪向母亲道歉，母亲说："你只要努力，有什么值得哭泣的呢？"朱据也略微知道这事，于是任用他当监池司马。他自己能织结渔网，亲手去捕鱼，做成腌鱼寄给母亲，母亲却把它寄回给他，说："你当鱼官，却拿腌鱼寄给我，不能避开损公肥私的嫌疑。"

▲陆逊像

（七）陆 逊

诫子弟

【题解】

陆逊是三国时期吴国名将，屡建功勋，他根据自己的深切体验告诫子弟们努力奋发，做到有真才实学，这样就不愁无用武之地。陆逊的这种观点确实能够给当今一些家长教育子女立志成材提供不少思想启发。

【原文】

逊以为子弟苟有才，不忧不用，不宜私出以为荣利；若其不佳，终为取祸。

——《三国志·吴书·陆逊传》

【译文】

我认为子弟如果真有才华，就不用担忧不被任用，不应当私自外出为自己谋求荣誉和利益；如果子弟不成才，这种做法终究只会给他带来祸害。

（八）陶渊明

癸卯岁十二月中作与从弟敬远

【题解】

这是陶渊明诗歌中比较凄凉的一首。但后面部分又流露出"君子固穷"的坚定思想。贫穷的滋味，是对隐逸生活的一个巨大挑战，陶渊明从古代贤哲那里汲取了精神力量，并希望陶敬远能够理解他内心的这一番斗争。

【原文】

寝迹衡门下，邈与世相绝。
顾眄莫谁知，荆扉昼常闭。
凄凄岁暮风，翳翳经日雪。
倾耳无希声，在目皓已洁。
劲气侵襟袖，箪瓢谢屡设。
萧索空宇中，了无一可悦。
历览千载书，时时见遗烈。
高操非所攀，谬得固穷节。
平津苟不由，栖迟讵为拙！
寄意一言外，兹契谁能别？

【译文】

让踪迹停留在衡门之下，远远与尘世隔绝。
顾盼张望没有人是我的相知，大白天柴门也常常关闭。
岁暮刮起凄凄寒风，整天不停地大雪遮蔽了天宇。
侧耳倾听，悄无声息，目力所及，一片皎洁。
劲峭的寒气钻进襟袖，粗茶淡饭也不能经常陈设。

空荡荡的房中一派凄凉，竟没有一件事值得欢悦！

——阅览千年留存的古书，时时可以看到古人的义烈。

高尚的德操不是我所能追攀，只想坚守"君子固穷"的高节。

假如不能走那坦途大道，隐居生涯何尝是笨拙的选择！

寄托心意在固穷这句话之外，这种体会除了你，谁还能辨别？

（九）颜之推

名实

【题解】

《颜氏家训》号称"古今家训之祖"，共七卷二十篇。名理精义，举目皆是。在这篇训诫中，他讨论了名与实的问题，从观察时弊出发，指出许多人不学无术，但又喜欢卖弄和炫耀自己，贪图一时虚名。对于这些恶劣行径给予了无情的嘲弄和批评。他从修身、处世的角度告诫子女们应做到德才兼备，树立美好名声。

【原文】

名①之与实②，犹形之与影也。德艺周厚，则名必善焉；容色姝③丽，则影必美焉。今不修身而求令名于世者，犹貌甚恶而责妍影于镜也。上士忘名，中士立名，下士窃名。忘名者，体道合德，享鬼神之福佑，非所以求名也；立名者，修身慎行，惧荣观之不显，非所以让名也；窃名者，厚貌深奸，干浮华之虚称，非所以得名也。

人足所履，不过数寸，然而咫尺之余，必颠蹶于崖岸，拱把之梁④，每沉溺于川谷者，何哉？为其旁无余地故也。君子之立己，抑亦如之。至诚之言，人未能信，至洁之行，物或致疑，皆由言行声名，无余地也。吾每为人所毁，常以此自责。若能开方轨之路，广造舟之航，则仲由之言信，重于登坛之盟，赵熹之降城，贤于折冲之将矣。

吾见世人，清名登而金贝入，信誉显而然诺亏，不知后之矛戟，毁前之干⑤橹⑥也。虑⑦子贱云："诚于此者形于彼。"人之虚实真伪在乎心，无不见乎迹，但察之未熟耳。一为察之所鉴，巧伪不如拙诚，承之以羞大矣。伯石让卿，王莽辞政，当于尔时，自以巧密；后人书之，留传万代，可为骨寒毛竖也。近有大贵，以孝著声，前后居丧，哀毁逾制，亦足以高于人矣。而尝于苫⑧块⑨之中，以巴豆涂脸，遂使成疮，表哭泣之过，左右童竖，不能掩之，益使外人谓其居处饮食，皆为不信。以一伪丧百诚者，乃贪名不已故也。

有一士族，读书不过二三百卷，天才钝拙，而家世殷厚，雅自矜持，多以酒犊珍玩，交诸名士，甘其饵者，递共吹嘘。朝廷以为文华，亦尝出境聘。东莱王韩晋明笃好文学，疑彼制作，多非机杼^⑩，遂设宴言，面相讨试。竟日欢谐。辞人满席，属音赋韵，命笔为诗，彼造次即成，了非向韵。众客各自沉吟，遂无觉者。韩退叹曰："果如所量！"韩又尝问曰："玉斑杼上终葵首，当作何形？"乃答云："斑头曲圈，势如葵叶耳。"韩既有学，忍笑为吾说之。

治点子弟文章，以为声价，大弊事也。一则不可常继，终露其情；二则学者^⑪有凭，益不精励。

邺下有一少年，出为襄国令，颇自勉笃。公事经怀，每加抚恤，以求声誉。凡遣兵役，握手送离，或赍^⑫梨枣饼饵，人人赠别，云："上命相烦，情所不忍；道路饥渴，以此见思。"民庶称之，不容于口。及迁为泗州别驾，此费日广，不可常周，一有伪情，触途难继，功绩遂损败矣。

或问曰："夫神灭形消，遗声馀价，亦犹蝉壳蛇皮，兽远^⑬鸟迹耳，何预于死者，而圣人以为名教^⑭乎？"对曰："劝也，劝其立名，则获其实。且劝一伯夷，而千万人立清风矣；劝一季札，而千万人立仁风矣；劝一柳下惠，而千万人立贞风矣；劝一史鱼，而千万人立直风矣。故圣人欲其鱼鳞凤翼，杂沓参差，不绝于世，岂不弘哉？四海悠悠，皆慕名者，盖因其情而致其善耳。抑又论之，祖考之嘉名美誉，亦子孙之冕服墙宇也，自古及今，获其庇荫者亦众矣。夫修善立名者，亦犹筑室树果，生则获其利，死则遗其泽。世之汲汲者，不达此意，若其与魂爽^⑮俱升，松柏偕茂者，惑矣哉！"

——《颜氏家训》

【注释】

①名：名称。

②实：实际。

③姝：shū 美好。

④梁：桥。

⑤干：小盾。

⑥橹：大盾。

⑦虑：fú 孔子的弟子。

⑧苫：shān 古人居住时睡的草垫子。

⑨块：居时枕的土块。

⑩杼：构思。

⑪学者：读书学习的子弟。

⑫赍：jī 送。

⑬兽远：háng 兽迹。

⑭名教：以正名定分为中心的封建礼教。

⑮魂爽：魂魄。

【译文】

名和实的关系，好比形和影。德才齐备，那名声就一定好；容貌美丽，那身影就一定美。如今不修身而想在世上求得好名声，就好比容貌很丑而要求镜子里现出美丽身影。上士忘却了名声，中士立功成名，下士欺世窃名。忘名，就是体察道义、合乎美德，享受鬼神的福祐，而不是故意去求得美名；立名，就是修养自身、谨慎行事，生怕光荣会被湮没，而不是为了辞让名声的；窃名，就是貌似忠厚、内心奸邪，谋求浮华的虚名，而不是真能得名的。

一个人的脚在地面上所踩的宽度不过几寸而已，然而在很短的路途中，却总是在山崖、堤岸边跌倒，一根木头长的桥上，却总是跌入江水河谷之中，是什么原因呢？这是由于路途旁边没有余地的缘故。君子的立身处世，也是这个道理。最诚恳的言辞，人家反而不能相信，最高尚的行为，人家反而感到怀疑，这都是由于你的言语行为和名声，都不留余地。我每次受人诽谤，便常常用这一点来自责和反省。如果能开辟平坦的道路，增广船只的航道，那么，孔子弟子子路的言而有信，比起诸侯会盟的事情显得更有价值，东汉赵熹劝降守城将领，胜过单枪匹马击退敌人的将军。

我目睹世上的人，清名播扬就开始贪财取利，信誉昭显就开始背信弃诺，却不知前后的行为，大相矛盾。虙子贱说过："在这件事上做得真诚，就给另件事树立了榜样。"人的虚或实，真或伪固然在于心，但没有不在行动上表露出来的，只是观察得不细致罢了。一旦观察得真切，那种巧于作伪就还不如拙而诚实，虚伪招来的羞辱也够大的。伯石的辞让卿位，王莽的辞谢政权，在当时自以为巧妙缜密，可是被后人记载下来，留传万世，就叫人看了肉麻得很。近来有个大贵族，以孝顺著称，先后居丧，哀痛伤身过度，这足以显示高于一般人了；可他睡在茅草石枕之中，还用巴豆来涂脸，有意使脸上成疮，来显示他哭泣得多么厉害，但这种做作不能蒙过身旁童仆的眼睛，反而使外边人说他丧中的居处饮食都在伪装。由于一次作伪毁掉了百次真诚，就是贪名不止的结果啊！

有一个士族子弟，读的书不超过二三百卷，天分笨拙，但家里殷实富足，他向来矜持，多用牛酒珍玩来结交那些名士。名士中对牛酒珍玩感兴趣的，一个接一个给他吹嘘，使朝廷也认为他有文采才华，使他曾出境聘用。齐东莱王韩晋明深爱文学，怀疑他的作品，多数不是他本人所命意构思，于是设宴叙谈，当面研讨探试，当时整天欢乐和谐，坐满了诗人文士，属音赋韵，提笔作诗，这个人很快就写成，可全然没有原有的韵味，好在客人们各自在沉思吟味，没有发觉。韩晋明宴会后叹息道："果真不出我所料。"韩晋明曾经又这样问他说："把玉笏上端削薄成为椎头的样子，是什么形状呢？"他回答道："玉笏上端弯而圆，形如葵叶。"韩晋明很有学问，他忍着笑为我谈起这件事情。

修改子弟的文章，来抬高他们的声价，是一大流弊。一则不可能经常这样做，终究要露出实情来；二则正在学习的子弟有了依赖，更加不肯专心努力。

邺下有个少年，出任襄国县令，很能勤勉。公事经手，常加抚恤，来谋求声誉。每派兵服役，都要握手相送，有时还拿出梨枣糕饼，赠别每一个人，说："上边有命令要麻烦你们，我感情上实在不忍，路上饥渴，送这些以表思念。"老百姓对他称道，不绝于口。到迁任泗州别驾，这种费用一天天增多，不可能经常办到。可见一有虚假，就到处难以相继，原先的功绩也随之而毁失。

有人这样问我："人死后，精神与形体都消失了，遗留的名声再大，也如蝉壳蛇皮，鸟兽足迹，与死者有什么关系，而圣人却要建立正名定分的礼教？"我回答说："圣人是要用此来勉励，勉励人们树立好的名声，从而取得实在效果。况且如果用一个伯夷来勉励，那么清廉的风气会在千万人当中形成；用一个季札来勉励，那么仁爱的风气会在千万人当中形成；用一个柳下惠来勉励，那么忠贞的风气会在千万人当中形成；用一个史鱼来勉励，那么正直的风气会在千万人当中形成。所以圣人希望这样的人层出不穷，代代不绝，前后相继，难道不是气势壮观足以鼓舞人心吗？悠悠天下，都是追求美好声名的人，（圣人）就是根据这个实情来引导人们向善。退一步来说，祖辈名声美好，也为子孙富贵发达提供了机会，从古到今，从名声美好的祖辈那里获得福荫的后代子孙也为数不少了。一个人修身向善，树立美名，就好像建筑房屋栽种果树，生前本人获得利益，死后为子孙造福。世上汲汲于声名的人，如果不明白这个道理，而又幻想死后坟上松柏茂盛，长久地受到后人的奠祭与赞誉，那可真是令人不解的事情。"

四、隋唐五代篇

（一）许善心母

"能死国难，我有儿矣"

【题解】

许善心忠君而死国难，其母深明大义，二人一般的刚毅果决，忠愤激烈。千年之后读其事，犹令人慷慨流涕，叹惋不已。

【原文】

隋许善心不肯从宇文化及，被害。母范氏年九十三，临丧不哭，抚柩曰："能死国难，我有儿矣。"因卧不食，后十有余日，亦终。

——《续世说·贤媛》

【译文】

隋朝许善心不肯跟从宇文化及叛乱，被其杀害。他的母亲范氏93岁了，出丧的那天并不哭泣，抚摸着灵柩说："能为国难而死，我有个好儿子啊！"躺着不吃东西，十几天后也去世了。

（二）平阳公主

娘子军

【题解】

平阳公主生于隋末乱世，英风奇气，多谋善断，不愧将门虎女。她对丈夫柴绍所说的那寥寥数语之中，包含着极大的勇气与智慧，令人感佩。

【原文】

唐高祖①第三女，微时嫁柴绍。高祖起义兵，绍与妻谋曰："尊公欲扫清多难，绍欲迎接义旗，同去则不可，独行恐惧后害，为计若何？"妻曰："公宜速去。我一妇人，临时别自为计。"绍即间行赴太原。妻乃归鄠县，散家资，起兵以应高祖，得兵七万人，与太宗俱围京城，号曰"娘子军"。京城平，封平阳公主。葬时，特用鼓吹，以赏军功。

——《续世说·贤媛》

【注释】

①唐高祖：李渊。

中华传世家训

【译文】

唐高祖的第三个女儿，在她身份还并不显赫的时候，嫁给柴绍为妻。高祖起义兵反隋，当时在长安的柴绍与妻子商量道："您的父亲打算扫清多灾多难的世道，我想去迎接义军，但同你一道去又不太方便，我独自前往又怕你日后遭难，应该怎么办呢？"他的妻子说："你应该赶快去。我一个妇人，临时会另外替自己打算。"柴绍当即悄悄地奔赴太原，他的妻子就回到鄠县，散尽家中资产，起兵响应高祖，共募集士兵七万人，与唐太宗会师，一起包围京城，号称"娘子军"。京城平定后，她被封作平阳公主。安葬时，特地用乐队奏吹鼓乐，以赏赐她的军功。

（三）赵武孟母

教子勤学

【题解】

赵武孟的母亲深明大体，知道读书上进是男儿的第一要务，所以当儿子用四处游荡驰骋而获得的猎物来向她进孝心时，她并不因此而感到高兴，反而明智地看到，长此下去，儿子是不会有成就的，自己也就没有了希望。她的悲哀警醒了赵武孟，使之勤学上进。赵母确实可以成为母亲的典范。

【原文】

赵武孟初以驰骋田猎为事，尝得肥鲜以遗母。母泣曰："汝不读书而田猎，如是，吾无望矣。"竟不食其膳。武孟感激勤学，遂博通经史，举进士，官至右台御史。

——《续世说·贤媛》

【译文】

赵武孟起初专门骑马游猎，曾经将捕获的肥美新鲜的猎物送给母亲。他的母亲哭着说："你不读书而打猎，像这样下去，我没有希望了。"竟然不吃赵武孟提供的膳食。赵武孟因此深受震动，激发出上进心，勤奋学习，最终博通经史，中进士，官至右台御史。

（四）郑善果母

阁内听政

【题解】

古人主张女子不理政事，而这里却又赞扬干预儿子处理政务的翟氏，

这是为什么呢？恐怕是因为翟氏的决断比她儿子还要贤明正确吧！有这样一位母亲严厉监督，儿子自然会努力追求清正廉明，不也是一件美事吗？

【原文】

郑善果母翟氏，贤明晓政道。每善果理务，翟氏常于阁内听之，闻其剖断合理，归则大悦；处事不允，母则不与之言，善果伏于床前，终日不敢食。善果由此厉①己为清吏。

——《续世说·贤媛》

【注释】

①厉：通"励"。

【译文】

郑善果的母亲翟氏，贤明而又通晓政道。每当郑善果处理政务时，翟氏常常在楼阁里静听，如果听到分析裁断合理，儿子进来后就大为高兴；如果听到处理事情不公允，她就不和儿子说话，郑善果伏在母亲床前，整天不敢吃东西。郑善果由此激励自己做一个清官。

▲元稹雕像

（五）元稹

诲侄等书

【题解】

作为文学家的元稹，在贫贱的环境中长大，又在朝廷遭受打击，所以常为此而感叹不已。这篇诲侄书就是讲如何做人。他认为做人的首要事情就是"佩服诗书以求荣达"。他希望他的侄子能够立志学业，扬名于后世。

【原文】

告嵩等：吾谪窜①方始，见汝未期，粗以所怀，贻诲于汝。汝等心志未立，冠岁行登②。古人讥十九童心，能不自惧？吾不能远谕他人，汝独不见吾兄之奉家法乎。吾家世俭贫，先人遗训常恐置产怠子孙，故家无樵苏③之地，尔所详也。吾窃见吾兄自二十年来，以下士之禄持窘绝之家，其间半是乞丐羁游以相给

国学经典文库

中华传世家训

第一编 励志

图文珍藏版

36

足，然而吾生三十二年矣，知衣食之所自始。东都为御史时，吾常自思：尚不省受吾兄正色之训，而况于鞭笞诘责首！呜呼！吾所以幸而为兄者，则汝等又幸而为父矣！有父如此，尚不足为汝师乎？

吾尚有血诚将告于汝：吾幼乏歧嶷④，十岁知文，严毅之训不闻，师友之资尽废，忆得初读书时，感慈旨一言之叹，遂志于学。是时尚在凤翔，每借书于齐仓曹家，徒步执卷就陆姊夫师授，栖栖勤勤。其始也如此，至年十五，得明经及第，因捧先人旧书于西窗下，钻仰沉吟，仅⑤于不窥园井矣。如是者十年，然后粗沾一命，粗成一名，及今思之，上不能及乌鸟之报复，下未能减亲戚之饥寒，抱衅终身，偷活今日。故李密云："生愿为人兄，得奉养之日长。"吾每念此言，无不雨涕。汝等又见吾自御史来，效职无避祸之心，临事有致命之志，尚知之乎？吾此意，虽吾兄弟未忍及此。盖以往岁忝职谏官，不忍小见，妄干朝听，谪弃河南，泣血西归，生死无告。幸余命不殒，重戴冠缨，常誓效死君前，扬名后代，殁⑥有以谢先人于地下耳。呜呼！及其时而不思，既思之而不及，尚何言哉！今汝等父母天地，兄弟成行，不于此时佩服诗书以求荣达，其为人耶？其曰人耶？

吾又以吾兄所识易涉悔尤。汝等出入游从亦直切慎，吾诚不宜言及于此。吾生长京城，朋从不少，然而未尝识倡优之门，不曾于喧哗纵观，汝信之乎？吾终鲜姊妹，陆氏诸生，念之倍汝，小婢子等既抱吾殁身之恨，未有吾克己之诚，日夜思之，若忘生次。汝因便录吾此书寄之，庶其自发，千万努力，无弃斯须。稹付岽、郑等。

——《全唐文》

【注释】

①谪窜：贬谪流窜。
②登：即将到来。
③樵苏：打柴割草，泛指日常生计。
④嶷：幼年聪慧。
⑤仅：几乎。
⑥殁：mò 死。

【译文】

告岽等：我被贬官外调刚刚开始，不知何时能见到你们，现将粗略所想到的，给你们留作教导。你们至今还没确立志向，可都快到二十岁的成年人了。古人曾讥笑鲁昭公，已经十九岁了还有取闹嬉戏的顽童之心，你们怎能不因此恐惧？我不能远说别人，你独不见我兄长是怎样遵奉家法的吗？我们家庭世代都很贫困节俭，前辈传下遗训，常怕置办家业会使子孙后代懒惰，所以家里连打柴取草的土地也没有，这是你们知道的。我私下

看到我哥二十年来，以最低的俸禄来维持困苦之极的家庭，其中有一半时间外出奔波乞讨以弥补不足，但是我已经三十二岁了，知道衣食的来之不易。我调回东都洛阳任监察御史的时候，常常自想：还不懂得接受兄长严肃的教训，何况鞭打斥责呢！哎呀！我很幸运有这样的兄长，你们则幸运地有这样的父亲！有这样好的父亲，还不足以做你们的师长吗？

　　我还有发自内心的诚意要告诉你们：我幼年很少聪明见识，十岁时才略知文学，父亲严厉刚毅的训导听不到，师友的帮助全然没有，回想开始读书的时候，母亲的一句话令我感叹，于是就立志于学业。这时还在陕西凤翔县，往往向郡刺史的粮草官曹家去借书，拿着书来到陆姊夫处受教，勤勤恳恳。开始时就是这样，到了十五岁，明经考试中选，因而在西窗下拿着先辈的旧书，深入钻研和思考，只是专心苦读，从不外出。这样又过了十年，才勉强做了一名小官，并稍有一点名气，现在想起来，上没来得及奉养父母，以报抚养之恩，下不能减免亲人的饥寒之苦，负罪终身，苟且到今天。晋人李密曾说："生愿为人兄，得奉养之日长。"我每想到这句话，没有不泪如雨下的。你们还看到我自任监察御史以来，效命职守而从无避祸的想法，遇到大事便有献出生命的决心，还知道那事吗？我这意思，即使我们弟兄间也不忍谈到此事。因为往年担任谏官一职，不忍非正式朝见，妄自干预朝廷的政闻，因而被贬到河南东都洛阳，悲泣着向西归去，生死都很难说。倘幸我命不该绝，重新担任了官职，常自发誓尽死效力于君前，扬名于后代，死后就可以不愧对地下的前辈了。哎！能做到的时候没有想到，想到的时候却没法做到，还能说什么呢？如今你们的父母都健在，兄弟成群，不在这时候牢牢掌握诗书以求位高显达，怎么做人呢？又怎么说是人呢？

　　我又认为我哥的见识容易和悔恨相关。你们与人交往也应该谨慎，我实在不该说到这件事。我生长在京城里，朋友不少，但是不曾到倡优之处，没有在喧哗之地放眼观望过，你们相信吗？我也没有姐妹，陆家的各位后生，想来都超过你们一倍了。小婢子等既然心中存有我死后的恨事，又没有像我克制自己的诚意，所以便日夜思虑，好像忘记了生处。你就便抄录我的这封书信寄发出去，希望你们能自己奋发起来，千万要努力，不要舍弃片刻时间。穑付苍郑等。

（六）李存审

百锻诫子

【题解】

　　李存审由普通一兵积累军功而升至将帅，他身经百战，九死一生，身中箭百余处。他将这些箭镞拿出来告诫子孙，让他们明白创业维艰，富贵来之不易。

先人披荆斩棘，历尽艰辛而有之，后人暴殄天物，浪荡不才而失之，这样的例子太多了。李存审虽然明智，也最终无法对抗这自然盛衰之理，惜哉！

【原文】

后唐李存审，近代良将也，常谓诸子曰："予本寒家，少小携一剑而违乡里，四十年间，位极将帅。其间屯危患难，履锋冒刃，入万死而无一生，身方及此，前后中矢仅①百余。"乃出镞，以示诸子，因以奢侈为戒。

——《续世说·俭啬》

【注释】

①仅：几乎。

【译文】

后唐李存审是近代一名良将，常对儿子们说："我原本贫寒人家，年轻时带着一把宝剑离开家乡，经过四十年的奋斗，一直升到将帅的位置。在以往岁月里历经艰难困苦，出入于刀剑丛中，九死一生，我才有今天，全身上下被利箭射中的就有一百多处。"于是拿出箭头给儿子们看，使他们懂得以奢侈浪费为戒。

五、宋辽金元篇

（一）苏轼

与千之侄

【题解】

苏轼是北宋著名文学家，多才多艺，于学无所不窥。写这封信时，苏轼正处在被贬谪时期，内容主要是勉励千之多多读史书，钻研史学。处逆境而能旷然对之，不忘教侄，这是苏轼人格力量、胸怀洒脱的反映。

【原文】

独立不惧者，惟司马君实①与叔兄弟②耳。万事委命，直道而行，纵以此窜逐，所获多矣。

因风寄书，此外勤学自爱。近年史学凋废，去岁作试官，问史传中事，无一两人详者。可读史书，为益不少也。

——《苏轼文集》

【注释】

①司马君实：司马光。

②叔兄弟：苏轼、苏辙。

【译文】

目前对王安石新法能有独立见解而无所畏惧的，只有司马君实公和为叔的兄弟二人了。万事付之天命，自己坚持走正道就行了。纵然因此被贬谪、被放逐，我们在精神上得到的也已经很多了。

因想对你微言劝告而寄这封信，希望你发愤求学和爱惜自己。近年来史学凋落、废弃，去年我作为主持科举考试的官员，问一问史传中的事，没有一两个人能讲得详细清楚的。你可多读一些史书，将会得益不少！

（二）袁 采

《袁氏世范》论励志

【题解】

《袁氏世范》在同类作品中号称仅次于《颜氏家训》。它的特点是平实、细致。一共分为《睦亲》《处己》《治家》三卷，每一卷的每一则前面有个小标题。

收在本书《励志篇》的两则，是从《世范》中选录的。在《治家》《慈教》《婚恋》等部分，还收有《世范》的其他内容，读者可以参考。

（1）悔心为善之几

【题解】

人们由于知识及道德方面的欠缺而常常做出后悔的事情，袁氏从这一角度出发，勉励世人增进才能，日益进步，用意甚嘉！

【原文】

人之处事能常悔往事之非，常悔前言之失，常悔往年之未有知识，其贤德之进，所谓长日加益而人不自知也。古人谓"行年①六十而知

▲《袁氏世范》书影

五十九之非"者，可不勉哉！

【注释】

①行年：经历年岁。

【译文】

人们待人处事能够常常后悔往事之非，常常后悔前言之失，常常后悔往年没有知识，那么他的才德的增进，就是所谓经常地进步而自己却不知道。古人说："度过了六十年才知道前五十九年错了"。岂可不自加勉励！

（2）居官居家本一理

【题解】

袁氏在这里提出：为官应爱惜财力，应严守法令，这种见解是很可取的。

【原文】

居官当如居家，必有顾藉①；居家当如居官，必有纲纪。

——《袁氏世范》

【注释】

①顾藉：顾念，顾惜。

【译文】

做官时就像住在家里时，一定要有所顾惜；住在家里时要像做官时，一定要有法度纲纪。

六、明清篇

（一）王守仁

赣州书示四侄正思书

【题解】

王阳明提倡心学，讲究自己内心的验证。在这篇示侄书中，又提出了仁爱、礼义。看来两者是可以统一的。

【原文】

近闻尔曹学业有进，有司①考校，获居前列，吾闻之喜而不寐。此是家门好消息，继吾书香者，在尔辈矣。勉之，勉之！吾非徒望尔辈但取青

紫，荣身肥家，如世俗所尚，以夸市井小儿。尔辈须以仁礼存心，以孝弟为本，以圣贤自期，务在光前裕后，斯可佑。吾惟幼而失学无行，无师友之助，迨今中年，未有所成。尔辈当鉴吾既往，及时勉力，毋又自贻他日之悔，如吾今日也。习俗移人，如油渍面，虽贤者不免，况尔曹初学小子能无溺乎？然惟痛惩深创，乃为善变。昔人云："脱去凡近，以游高明。"此言良足以警，小子识之！

吾尝有《立志说》与尔十叔，尔辈可从抄录一通，置之几间，时一省览，亦足以发。方虽传于庸医，药可疗夫真病。尔曹勿谓尔伯父只寻常人尔，其言未必足法；又勿谓其言虽似有理，亦只是一场迂阔之谈，非吾辈急务；苟如是，吾末如之何矣！读书讲学，此最吾所宿好，今虽干戈扰攘中，四方有来学者，吾亦未尝拒之，所恨牢落尘网，未能脱身而归。今幸盗贼稍平，以塞责求退，归卧林间，携尔曹朝夕切磋砥砺，吾何乐如之！偶便先示尔等，尔等勉焉！毋虚吾望。正德丁丑四月三十日

——《王阳明全集》

【注释】

①司：官吏。

②青紫：官服颜色，代指官位。

【译文】

近来听说你们的学业有所进步，主考官去考试时，你们名列前茅，我听说后高兴得难以入睡，这是我们家里的好消息。继承我读书家风的，就在你们这一辈了。努力啊，继续努力！我并非只希望你们取得高官显爵，荣耀自身，家庭得福，像流俗所崇尚的那样，用以向市井小儿夸耀。你们必须把仁爱、礼仪放在心上，讲究道德和礼节，以孝敬父母、友爱兄弟为根本，用以前的圣贤来自勉，务必为前代增光，为后代造福，这样就可以了。我幼年时没有学习，行为不好，没有老师和朋友的帮助，到现在已是中年，也没有什么成就；你们应当以我的过去为借鉴，要及时努力，不能再给自己留下将来的后悔，就像我今日后悔莫及一样啊！风俗习惯改变人的性情，就像食油浸渍面粉，虽是有德才的人，也在所难免，何况你们这些初学的后生，能免于渍染吗？这样的话，只有狠狠地惩治自己所受的恶劣影响，才是善于改变自己。前人曾说："远离凡庸浅薄之人，来同高明之人交往。"这话很可以让人警悟，后生们记住它吧！

我曾有一篇《示弟立志说》，是写给你十叔的，你们可以抄录一份，放在桌边，时常浏览一下，也足以受到启发。药方虽是庸医开的，药剂却可以治疗那真病。你们不要说你的伯父只是一个平常的人，他的话不一定值得效法；也不要说他的话虽然好像有道理，也只不过是一些迂腐而不合实际的谈论，不是我们的当务之急；如果这样，我就不知道该怎么办了！

读书讲学，这是我一向所最爱好的，现在虽然处于战乱之中，四面八方凡是来学习的人，我也不曾拒绝过他们，遗憾的是在尘世中无所寄托，却又不能脱身归去。现在所幸的是盗贼稍为平息，用搪塞责任的办法来求得退休，归隐于山林之间，领着你们早晚切磋磨砺道德和学问，我还有什么比这更快乐的呢！我用这个偶然的机会，顺便先告诉你们，你们要努力啊！不要让我的希望落空。

正德十二年四月三十日

（二）沈　炼

谕子（节录）

【题解】

沈炼是明朝有名的忠臣，在这封写给儿子的信中，责备他们只知死读书，而不能在国家危难之时出谋划策。沈炼希望儿子能以范仲淹为榜样，忧国忧民，奋发有为，并现身说法，叙述了自己与朝中权奸进行斗争的情景。一股忠愤之气，充斥于字里行间，让人油然而生敬意。

【原文】

范仲淹做秀才时，即以天下事自任。况今南北告警，旱魃①连年，天灾人变，四方迭见，当此之时，不可为无事矣！汝等不能出一言，道一策，以为朝廷国家，只知寻章摘句，雍容于礼度之间，答谓责任不在于我。因循岁月，时至而不为，事失而胥溺，则汝等平生之所学者，更亦何益！南方风气秀拔，岂无雄俊才杰之士耶？吾愿汝亲之敬之。其阿庸无识之徒，愿汝疏之远之。

天降烈祸，殿廷灰烬，旬日之内，宫殿继烧。此乃贼臣擅权肆恶，以致阴阳失节。而祸固起于朝廷。土木大兴，而害则延于百姓矣。宣、大臣僚，与敌通和，私相纳贿，无复人理。吾以中心耿郁，有事必直言于当道，彼等亦稍畏缩。但廊庙之中，欺君之计通行，而鬻②官之声大震，不能不动汝父之忧耳。

——《青霞集》

【注释】

①旱魃：bá 造成旱灾的鬼怪。属迷信说法。

②鬻：yù 卖。

【译文】

范仲淹在做秀才的时候，就把天下的忧乐兴亡作为自己的责任。况且现在南北边境不断传来警报，旱灾连年不断，天灾人祸，四面八方多次出现，在这种时候，不可说天下太平无事啊！你们不能为朝廷国家献出一句有益之言，说出一个救时的计策，只知道在书本中寻章摘句，从容不迫地讲求繁琐礼节，还回答说国家弄到这个地步，责任不在自己。照这样年复一年月复一月，就是时机到了也不能有所作为，大事完成不了而陷于疏忽沉迷，那么你们平生所学的东西，又有什么益处呢！南方的风气好，难道没有英雄俊士才人杰士吗？我希望你亲近他们，敬爱他们。对那些阿谀奉迎以及平庸的、没有见识之人，希望你疏远他们。

上天降临下来的大祸，使官殿廷堂变成灰烬，十日之内，宫殿相继烧毁。这是奸贼大臣擅权作恶，使阴阳失去了平衡。而祸害起源应该在于朝廷。重新兴建又要大兴土木，受害的还是老百姓啊！宣府、大同一带的地方官僚，竟与敌人暗中勾结，接受贿赂，没有一点做人的道理。我因心地直率且常常郁郁不欢，有事就向当权者直言不讳，他们也渐渐有所畏缩。但现在朝廷之中，欺骗君王的计策通行无阻，而卖官的事情到处传闻，不能不使你父亲感到忧虑啊！

（三）杨继盛

谕应尾、应箕两儿

【题解】

明朝嘉靖年间，奸臣严嵩把持朝政。杨继盛上疏弹劾其"十大罪、五大奸"，被下到监狱，关了几年，判了死刑。这封信写于被杀之前。与此同时，杨继盛还写下了"丹心照千古"的诗句。一身浩气，一缕忠魂，在这封遗书里化作绕指柔情、谆谆教诲。

【原文】

人须要立志。初时立志为君子，后来多有变为小人的；若初时不先立下一个定志①，则中无定向，便无所不为，便为天下之小人，众人皆贱恶你。你发愤立志要做个君子，则不拘做官不做官，人人都敬重你。故我要你第一先立起志气来。

心为人一身之主，如树之根，如果之蒂，最不可先坏了心。心里若是存天理，存公道，则行出来便都是好事，便是君子这边的人。心里若存的是人欲，是私意，虽欲行好事，也是有始无终；虽欲外面做好人，也被人看破你。如根衰则树枯，蒂坏则果落。故我要你休把心坏了。心以思为职，或独坐时，或夜深时，念头一起，则自思曰："这是好念？是恶念？"若是好念，便扩充起来，必见之行；若是恶念，便禁止勿思。方行一事，则思之：以为"此事合天理，不合天理？"若是不合天理，便止而勿行；

若是合天理，便行。不可为分毫违心害理之事，则上天必保佑你，鬼神必保佑你，否则天地鬼神必不容你。

你读书若中举中进士，思我之苦，不做官也是。若是做官，必须正直忠厚，赤心随分报国。固不可效我之狂愚，亦不可因我为忠受祸，遂改心易行，懈了为善之志，惹人父贤子不肖之笑。

我若不在，你母是个最正直不偏心的人，你两个要孝顺她，凡事依她。不可说你母向哪个儿子，不向哪个儿子；向哪个媳妇，不向哪个媳妇。要着她生一些儿气，便是不孝。不但天诛你，我在九泉之下也摆布你。

你两个是一母同胞的兄弟，当和好到老。不可各积私财，致起争端；不可因言语差错，小事差池②，便面红耳赤。应箕性暴些，应尾自幼晓得他性儿的，看我面皮，若有些冲撞，担待③！应箕敬你哥哥，要十分小心，和敬我一般的敬才是。若你哥哥计较你些儿，你便自家跪拜与他赔礼；他若十分恼不解，你便殃及你哥相好的朋友劝他。不可他恼了，你就不让他。你大伯这样无情的摆布我，我还敬他，是你眼见的，你待你哥，要学我才好。

应尾媳妇是儒家女，应箕媳妇是宦家女，此最难处。应尾要教导你媳妇，爱弟妻如亲妹，不可因他是官宦人家女，便气不过，生猜忌之心。应箕要教导你媳妇，敬嫂嫂如亲姊，衣服首饰休穿戴十分好的，你嫂嫂见了，口虽不言，心里便有几分不耐烦，嫌隙自此生矣。四季衣服，每遇出入，妯娌两个是一样的，兄弟两个也是一样的。每吃饭，你两个同你母一处吃，两个媳妇一处吃，不可各人和各人媳妇自己房里吃，久则就生恶了。

你两个不拘有天来大恼，要私下请众亲戚讲和，切记不可告之于官。要是一人先告，后者把这手卷送之于官。先告者即是不孝，官府必重治他。殃及你两个，好歹与我长些志气。再预告问官老先生，若见此卷，幸怜我苦情，教我二子，再三劝诱，使争而复和，则我九泉之下，必有衔接之报。

你堂兄燕雄、燕豪、燕杰、燕贤，都是知好歹的人。虽在我身上冷淡，却不干他事。俗语云："好时是他人，恶时是家人。"你两个要敬他、让他。祖产分有未均处，他若是爱便宜，也让他罢。切记休要争竞，自有旁人话短长也。

你两个年幼，恐油滑人见了，便要哄诱你，或请你吃饭，或诱你赌博，或以心爱之物送你，或以美色诱你，一入圈套，便吃他亏，不惟荡尽家业，且弄你成不得人。若是有这样人哄你，便想我的话来识破他；和你好是不好的意思，便远了他。拣着老成忠厚，肯读书、肯学好的人，你就

与他肝胆相交，语言必信，逐日与他相处。你自然成个好人，不入下流也。

读书见一件好事，则便思量，我将来必定要行；见一件不好的事，则便思量，我将来必定要戒。见一好人则思量，我将来必要与他一般；见一个不好的人则思量，我将来切休要学他。则心地自然光明正大，行事自然不会苟且，便为天下第一等好人矣。

习举业，只是要多记多作。《四书》④本经记文一千篇，读论一百篇，策一百问，表五十道，判语八十条。有馀⑤功，则读《五经》⑥白文，好古文读一百篇。每日作文一篇。每月作论三篇，策二问。切记不可一日无师傅。无师傅则无严惮、无稽考⑦，虽十分用功，终是疏散，以自在故也。又必须择好师，如一师不惬意，即辞了另寻，不可因循迁延，致误学业。

▲严嵩像

又必择好朋友，日日会讲切磋，则举业不患其不成矣。

与人相处之道，第一要谦下诚实。同干事则勿避劳苦，同饮食则勿贪甘美，同行走则勿择好路，同睡寝则勿占床席。宁让人，勿使人让我；宁容人，勿使人容我；宁吃人之亏，勿使人吃我之亏；宁受人之气，勿使人受我之气。人有恩于我，则终身不忘；人有仇于我，则即时丢过。见人之善，则对人称扬不已；闻人之过，则绝口不对人言。有人向你说某人，感你之恩，则云："他有恩于我，我无恩于他。"则感恩者闻之，其感益深。有人向你说某人恼你谤你，则云："彼与我平日最相好，岂有恼我谤我之理?"则恼我者闻之，其怨即解。人之胜似你，则敬重之，不可有傲忌之心；人之不如你，则谦待之，不可有轻贱之意。又与人相交，久而益密，则行之邦家可无怨矣。

我一母同胞，见在者四人：你大伯、二姑、四姑及我。大伯有四个好子，且家道富实，不必你忧。你二姑、四姑俱贫穷，要你常看顾她，你敬她和敬我一般。至于你五姑、六姑，亦不可视之如路人也。房族中人有饥寒者、不能葬者、不能嫁娶者，要你量力周济，不可忘一本之念，漠然不关于心。

我家系诗礼士夫之家，冠昏丧祭，必照家礼行。你若不知，当问之于人，不可随俗苟且，庶子孙有所观法。你姊是你同胞的人，他日后若富贵便罢，若是穷，你两个要老实供给照顾她。你娘要与她东西，你两个休要违阻；若是有些违阻，不但失兄弟之情，且使你娘生气，又为不友，又为不孝。记之！记之！

杨应民是我自幼抚养他成人，你日后与他村里庄窠⑧一所，坟左近地与他五十亩。他若公道便与他，若有分毫私心，私积钱财，房子地土都休要与他。曲越他若守分，到日后亦与他地二十亩，村宅一小所。若是生事心里要回去，你就和你两个丈人商议告着他。原×××银子买的他，放债一年银一两得利六钱，按×年问他要，不可饶他。恐怕小厮们照样儿行，你就难管。福寿儿、甲首儿、杨爱儿，都是监中服侍我的人，日后都与他地二十亩，房一小所。以上各人，地都与他坟左近的，着他看守坟墓，许他种，不许他卖。

复奏本已上，恐本下急，仓促之间，灯下写此，殊欠伦序。然居家做人之道，尽在是矣。拿去你娘看后，做一个布袋装盛，放在我灵前桌上，每月初一、十五，合家大小灵前拜祭了，把这手卷从头至尾念一遍，合家听着；虽有紧事，也休废了！

——《杨忠愍公遗笔》

【注释】

①志：坚定的志向。

②差池：差错。

③担待：原谅。

④《四书》：《大学》《中庸》《论语》《孟子》。

⑤馀：通“余”。

⑥《五经》：《诗》《书》《礼》《易》《春秋》。

⑦考：考核。

⑧窠：kē 现成格式。

【译文】

为人必须要立下志向。一些初时立志要成为君子之人，后来多有变为小人的。如果初时不先立下一个坚定的志向，那么心里就没有一个准则，便会无所不为，便会成为天下之小人，大家都会鄙视憎恶你。你发愤要立定志向做个君子，则不论做官或者不做官，人人都会敬重你的。所以我要求你第一先要立起志气来。

心主宰人的思想和行为，有如树木之根，花果之蒂，最不能先就坏了心。心里如果是存着伦理纲常、公道正直，那么做出来的便是好事，便是君子。心里如果是存着个人欲望、个人私心，即使想做好事，也会有始无终；即使想表面上做个好人，也终究会被人看破的。这就有如根衰则树木枯死，蒂坏则瓜果落地。所以我要求你不可坏了心。心的职责是思想，或一人独坐时，或夜深人静时，念头一起，就要想想"这是好的念头？还是坏的念头？"如果是好的念头，便要想法使它扩大充实，一定还要见之于行动；如果是恶念头，便要马上禁止而不去想它。正做一件事时，便要想想"这件事是合天理，还是不合天理？"合就做，不合就不做。不可做一分一毫违心害理的事，这样则上天一定保佑你，鬼神一定恩惠你；否则天地鬼神决不会容你。

你读书如若中举中进士，想我现在这样受苦，不做官也罢了。如果做官，必须正直忠厚，赤胆忠心，尽职报国。固然不可像我一样的狂愚，也不可因我一片忠心而受祸，就改变心思，转换行为，松懈做善事的志向，惹人讥笑我们父贤子不肖。

我若不在了，你母亲是个最正直、最不偏心的人。你们两个一定要孝顺她，什么事情都要依她。决不可以说你母亲向着哪个儿子，不向着哪个儿子；向着哪个儿媳妇，不向着哪个儿媳妇。如果你们使她生一些儿的气，不但天诛你们，就是我在九泉之下也会要处置你们。

你们两个是一母同胞的两兄弟，一定要一辈子和好。不可以各自攒积私财，导致争端；不可以因言语上的不合，一点小事上的不对，便面红耳赤。应箕性格暴躁些，应尾从小就知道他的性格的，看我的脸面，如果有些矛盾冲突，就原谅他吧！应箕尊敬你哥哥，要十分小心，应该和尊敬我一般。如果你哥哥计较你的某些不是，你便自己跪拜向他赔礼；他若十分恼而不释解，你便可央求你哥相好的朋友来劝劝你哥哥。决不可以他恼了，你就不让他。你大伯这样无情的处置我，我还是敬重他，这是你亲眼看到的。应箕你待你哥，要学我这样子才好！

应尾的媳妇是读书人家的女孩子，应箕媳妇是官宦人家的女孩子，这个最难相处。应尾要教导你的媳妇，爱弟妻如对亲妹妹一样，不可因她是官宦人家之女，便不服气，生猜忌之心。应箕也要教导你的媳妇，敬嫂嫂有如对亲姐姐一样，衣服首饰不要穿戴得特别好，因为你嫂嫂见你穿戴得很好，口虽不言，心里便有几分不耐烦，嫌隙也就从此产生了。四季衣服，每遇出入，妯娌两个应是一样的，兄弟两个也应是一样的。每逢吃饭，你兄弟两个就同你母亲一处吃，两个媳妇一处吃，决不可各人和各人的媳妇在自己房里吃，不然的话久而久之便要生出嫌恶了。

你们兄弟即使碰上十分恼火的事，都要私下请众亲戚讲和，千万不可以告到官府。要是其中有一人先告，另一个就把我这手卷送去官府，先告者即是不孝，官府必重重地惩治他。央求你们两个，好歹与我长些志气。再预告问官老先生，若看见这手卷，请可怜我的苦心，教我二子，再三劝诱，使他们由争执而复归和好，则我在九泉之下，一定报答您的大恩。

你们的堂兄燕雄、燕豪、燕杰、燕贤，都是知好歹的人，虽然对我冷淡绝情，却不干他们的事。俗话说："好的时候各是各的，碰上不好的事毕竟还是一家人"。你们两兄弟要敬重他们，在他们面前表示谦让。分祖宗产业的时候可能有未均匀之处，他们若是爱便宜，也就让一让他们吧！切记不要去同他们争竞，自然会有别人评论是非的。

你们兄弟两个都很年少，只怕油滑世故的人见了，便要哄诱你，或者请你吃饭，或者诱你赌博，或者以心爱之物送给你，或者以美色诱惑你，一进了他的圈套，便吃他亏，不只是荡尽家业，而且会使你做不成有出息的人。如果真有这样的人来哄骗你们，便想起我的话来识破他们；如果有人同你们好，不怀好意，便立即疏远他们。要选择结交那些老成忠厚、肯读书、肯好学的人，与他们肝胆相照，言必守信，天天与他们相处。这样，你们自然就成了好人，就不会成为社会的败类了！

读书读到一件好事，就心里想想，自己将来必定要做；见一件不好的事，就想着自己将来必定要戒备。同样，见到一个好人则考虑我将来一定要与他一般；见到一个不好的人则考虑，我将来一定不要学他。真能这样，则心地自然就光明正大，做事自然就不会勉强敷衍，你们于是便可成为天下第一等好人了。

你们研习科举之业，只是要多记多做。《四书》本经研究文章记1000篇，读论文100篇，策问100条，50道表文，判语80条。有余功，则读《五经》不加注释的原文，好古文读100篇。每日作文一篇。每月作论三篇，作策问二篇。切记不可一日没有老师。没有老师就没有严格要求，就无所畏惧，就无从考核。即使你十分用功，但终究会变得懒散，因为是太随意、太自由自在的缘故。这是你们应该警惕的。同时，你们又必须注意择好师，如果遇上一个老师不甚称心如意，即可辞掉另外寻找，不可守陈规旧法而任意迁延，以致耽误和影响自己的学业。此外，还必须择交好朋友，日日互相讨论加以切磋，那么科举之业不必担心其不成了。

与人相处的道理，第一要谦虚诚实。一同干事则不要避劳苦，一同饮食则不要贪美味，一同行走则不要择好路，一同睡觉则不要占床席。宁愿我让人，不要让别人让我；宁愿我容人，不要别人容我；宁愿我吃别人的亏，不要别人吃我的亏；宁愿我受别人的气，不要别人受我的气。别人有恩于我，则应终身不忘；别人有仇于我，则应即时淡忘。见到别人的优点长处，则应在别人面前称赞颂扬不已；听到别人有错误过失，则应绝口不对他人讲。有人向你说某人感谢你的恩德，则应当说"他有恩于我，我并无恩于他"；那么感恩的人听说了，他的感激更深。有人向你说某人恼你谤你，你应当说"他与我平日最相好，岂有恼我谤我的道理？"那恼恨我的听说了，他的怨恨就会消解。别人胜过自己，就敬重他，不可有傲慢妒嫉之心；别人不如自己，也要谦待他。不可有轻视低贱之意。另外与别人

相交，时间越久而越发亲密，那么走到哪里也无怨了。

我一母同胞兄弟姊妹，现在还有四人：你大伯、二姑、四姑和我。大伯有4个好儿子，而且家道富裕殷实，不必你们担忧。你二姑、四姑都较贫穷，要求你们常常去看顾她们，你们敬重她们就同敬重我一般。至于不和我一母同胞所生的你们五姑、六姑，也不可把她们当作陌生人看待。就是房族中的人有贫苦饥寒的，有死了人而无力埋葬的人，有儿子，女儿大而无法嫁娶的，都要求你们量力周济，不可忘记我们彼此是一个宗族，不可漠不关心。

我家乃诗礼士大夫之家，冠、婚、丧、祭必须遵照家礼去做。你如果弄不懂应当向他人请教，不可随世俗做法而马虎草率从事，应使子孙后代有所看头，有所遵循。你姐姐是你们同胞所生，她日后如果富贵就更好，如果贫穷，你们兄弟两个要老老实实供给照顾她们全家。你娘要是给予她一些东西，你们兄弟两一定不要违阻；若是有些违阻，不但有失兄弟姊妹之情，且使你娘生气，又是不友，又是不孝。你们记住、记住啊！

杨应民是我自幼抚养他成人的，你们日后给予他村里一栋房子，祖坟左边的田地给予他50亩。他如果正直公道便给予他；他如果有分毫私心，私积钱财，房子和土地都不要给予他。仆人曲越如果守本分，到日后也给予他田地20亩，村宅一小所。若是在这里呆着不安生，心想着要回老家去，你们就同你们两个岳丈商议告着他。我原本是花×××银子买他的，放债一年银一两可得利六钱，按×年问他要，不可饶他。我担心奴仆们仿照他的样去做，你们就难管了。福寿儿、甲首儿、杨爱儿，都是在狱中服侍过我的人，日后都分别给予他们的地各20亩，一小所房。所上各人，地都给予他们坟左侧附近的，派他们看守坟墓，允许他们耕种，不许他们变卖。

奸相严嵩等人要杀我的复奏本已经奏上，恐这个复奏本批下来甚快，因而仓促之间，在灯下草草写下这封遗书，颇欠条理顺序。然而，居家做人的道理全在这里面了。这封遗书拿去给你娘看后，做一个布袋装着，放在我的灵堂前桌子上，每月初一、十五合家大小到灵堂前拜祭时，把我留下的这封遗书从头至尾念一遍，合家听着；即使遇上什么要紧的事儿，也不要把这规定废除了。

（四）任环

示儿书

【题解】

任环是明代抗击倭寇的名将，他写给儿子的这封信，简捷明快，气概豪迈，表现了为国杀敌，死而后已的豪情壮志，令人钦佩不已。

【原文】

　　我儿细细叨叨，千言万语，只欲乃父回衙，何风霜气少，儿女情多耶！

　　你老子领兵不能讨贼，多少百姓不得安家？啮毡裹革，此其时也，安能学楚囚①对儿等相泣帏榻②耶？以后世事不知若何，幸而承平，则爷子享太平之乐；不幸而战不胜，则夫死忠，妻死节，子死孝，咬定牙关，大家成就一个"是"而已！

　　可与汝母言之，不必多言。

——《备倭始末》

【注释】

　　①囚：指被囚禁或处于困窘之境。

　　②帏榻：指床。

【译文】

　　我的儿子，你来信絮絮叨叨，千言万语，只想让你父亲回到衙门，怎么如此的英雄气短，儿女情长呢！

　　你父作为领兵之将，如果不能讨伐倭贼，那么就会有多少百姓不能安家乐业？像汉朝苏武那样用雪和毡毛充饥，以苦守国节；像后汉马援那样发誓战死边野，以马革裹尸还乡，现在正是时候。哪里能够学习那战败被囚的人，躺在床上与儿女相对哭泣呢？以后的事情不知道会怎么样，如果有幸天下太平，那我们父子就可以同享太平之乐；如果不幸战争没有打胜，那我们家就丈夫为忠诚而死，妻子为贞节而死，儿子为孝顺而死，大家一起成就一个"是"字罢了！

　　这些话可以告诉你妈妈，不要再对我说些多余的话。

（五）庞尚鹏

务本业

【题解】

　　舍本逐末为古人历来所不齿。庞尚鹏所言"孝、友、勤、俭"四字，就是所谓的本。父兄子弟应当互相勉励，以学耕读为本业，去努力施行。

【原文】

　　孝、友、勤、俭四字，最为立身第一义。必真知力行，奉此心为严师，就事质成，反躬体验，考古人前言往行，而审其所从，必思有所持循，无为流俗所蔽。若残忍骄奢，百行裂矣。他复何望哉？然为父母者，尤当身任其责。《易》曰："家人有严君焉，父母之谓也。"盖父母视家人，势分①本为独尊，事权②得以专制，使挈其纲领，内外肃然，谁敢不从令？若仁柔姑惠，动多愆违，以致纷纷效尤，谁执其咎哉？必父兄勉自克责，严守章程，使诸弟子承风凛然，更相申饬，不敢坠先贤之明训，庶几能世其家。若父兄以为难，则贤子弟羽翼而佐之。予论著乃曲为防检，故屑屑不惮烦。

学贵变化气质，岂为猎章句、干利禄哉？如轻浮则矫之以严重，褊急则矫之以宽宏，暴戾则矫之以和厚，迂迟则矫之以敏迅。随其性之所偏，而约之使归于正，乃见学问之功大。以古人为鉴，莫先于读书。

子弟从师问业，本有课程。尤当旦暮间察其勤惰，验其生熟，使知激昂奋发，有所劝惩，乃不负责成之志。

——《庞氏家训》

【注释】

①势分：权势辈分。

②事权：做事的权宜。

【译文】

孝顺、友爱、勤恳、节俭四字，当推为立身第一义。一定要真正知晓努力施行，崇奉这种想法为严明的规范，做事正成，反身体验，参考古人过去的言行，而审视它来自哪里，一定要做到你的想法有可以遵循的东西，不要被流俗所蒙蔽。假使残忍骄奢，百种品行也都有丧失了。他又期望什么呢？然而做父母的，尤其应当自己担当责任。《易经》说："家里有严厉的君长，是说父母。"父母看家里人，势力身份本来是独特尊贵的，职事权责得以专门管制，使总其纲领，内外整肃，哪个敢不听从命令？假使仁慈温柔太放纵，行动会多些罪恶，以至于纷纷故意效仿这种过错，哪个可以执纠过失？父兄一定要勉励自己、能够负责，严守章程，使众位子弟严肃承袭家风，互相要求约束，不敢毁坏先贤的圣明训示，这样便可以使家庭世代相传。假使父兄做事感到困难，那么贤能的子弟像羽翼一样辅佐他。我的论说意思委婉，既具预防作用又有验证效果，因此说得琐碎些，也不嫌麻烦。

学习贵在变换气象，难道是为了调文辞、去做官吗？如果轻浮就用严肃庄重来矫正，褊急就用宽大恢宏来矫正，暴戾就用温和厚道来矫正，迂迟就用敏捷迅速来矫正。随着他心性的偏向，而约束使它回归到正道上来，才可见学问的功用大。用古人作为借鉴，没有比早读书更好了。

子弟跟从老师质询学业，本来是有课程的。尤其应当早晚都观察他的勤奋懒惰，检验他对学业的熟悉情况，激励他奋发向上，对他有所规劝和警告，才不至于违背督促他日臻进步的意愿。

（六）袁　黄

训子言

【题解】

这一篇训子的家训以自传的形式，向儿子阐明了"祸福是由自己求来的，而不是命中注定的"这样一个道理。作者袁黄年轻时遇上了一个会算卦的老者，二十年间竟无一事不被他算定，于是认为富贵寿夭，自有天定，在本该努力奋发的壮年时期，竟然终日静坐，一无所为。后来经云谷禅师点拨，才明白主宰人的"命"，并不是真正来源于上天，而是由自己的心所产生的，是可以把握的。他由此彻底改变了自己的生活，奋发努力，多为善行，最终冲破了算命老者的预言，得子得官得高寿。虽然袁黄经过一生的实践，最终获得了正确的人生道理，但在这个过程中，他并没有真正认识到客观世界的内在规律，而只是由一种唯心论陷入另一种唯心论。因此，他的理论和实践中的那些行善积德、因果报应的思想，是占了重要地位的，在今天自然早已是不可取的了。

最后一段，袁黄要儿子居安思危，谦虚谨慎、努力进取，这是文章中最精粹的格言理论部分，值得仔细研读、借鉴。

【原文】

余童年丧父，老母命弃学业举业学医，谓可以养生，可以济人，且习一艺以成名，尔父夙心也。

后余在慈云寺，遇一老者，修髯①伟貌，飘飘若仙。余敬礼之，语余曰："子仕路中人也，明年即进学②矣，何不读书？"余告以故，并叩老者姓氏里居。曰："吾姓孔，云南人也。得邵子③皇极数正传，数该传汝，故万里相寻耳。"余引之归，告母。母曰："善待之。"试其数，纤悉皆验，余遂起读书之念。孔为余起数④：县考童生，当十四名；府考七十一名；提学考第九名。明年，赴考三处，名数皆合，复为余卜终身，言某年当补廪，某年当贡，某年当选大尹⑤，在任三年半即宜告归，五十三岁八月十四日丑时当终，惜无子。余备录识之。自后遇考，名数先后，皆不出所悬定。独算余食廪米九十一石五斗当出贡，及食米七十余石，屠宗师⑥即批准补贡，余窃疑之，后为署印杨公所驳，直至丁卯殿秋，滇宗师见余场中备卷，叹曰："五策即五篇奏议也，岂可使博洽淹贯之儒老于窗下乎？"遂依县申文准补贡，连前食米计之，实九十一石五斗。余因此益信进退有命，迟速有时，淡然无求矣。

贡入燕都⑦，留京一年，终日静坐，不阅文字。归游南雍⑧，未入监。

先访云谷，会禅师于栖霞，对坐一室，三昼夜不瞑。云谷问曰："凡所以不得作圣者，只为妄念相缠耳。汝坐三日，不见起一妄念。"曰："吾为孔先生算定，荣辱死生皆有定数，即要妄想，亦无处可妄想。"云谷笑曰："我待汝是豪杰，原来只是凡夫。"余问其故，曰："人未能无心，终为阴阳⑨所缚，安得无数？但惟凡人有数，极善之人，数固拘他不得；极恶之人，数亦拘他不得。汝二十年来被他算定，不曾动转一毫，岂不是凡夫。"余曰："然则数可逃乎？"曰："命自我作，福自己求。诗书所称，确为明训。我教典中说：求功名得功名，求富贵得富贵，求男女得男女，求长寿得长寿。夫妄语，乃释迦大戒，诸佛菩萨岂诳语欺人？"余曰："孟子言'求则得之'，是'求在我者也'。道德仁义可以力求，功名富贵如何求得？"云谷曰："孟子之言不错，汝自错解了。六祖⑩说：'一切福田，不离方寸⑪。从心而觅，感无不通。'求在我，不独得道德仁义，亦得功名富贵，内外双得，是求有益于得也'。若不反躬内省，而徒向外驰求，则'求之有道'，而'得之有命'矣，内外双失，故无益。"因问："孔公算汝终身若何？"余以实告。复问曰："汝自揣应得科第否？应生子否？"余追省良久，曰："不应也。科第中人，类有福相。予薄福，又不能积功累行以基厚福，兼不耐烦剧；不能容人，时或以才智骄人；直心直行，或轻信而妄谈。凡此皆薄福相也，岂宜科第哉？地之秽者多生物，水之清者常无鱼，予好洁，宜无子者一；和气能育万物，予善怒，宜无子者二；爱为生生之本，忍为不育之根，予矜惜名节，常不能舍己求人，宜无子者三；多言耗气，宜无子者四；善饮茶铄精⑫，宜无子者五；好彻夜长坐，而不知葆元毓神⑬，宜无子者六。其余过恶尚多，不能悉数。"云谷曰："岂惟科第哉！世间享千金之产者，定是千金人物；享百金之产者，定是百金人物；饿死者，定是饿死人物。天不过因材而笃，几曾加纤毫意思？即如生子，有百世之德，定有百世子孙保之；有十世之德，定有十世子孙保之；有三世二世之德，定有三世二子孙保之；其斩然无后者，德至薄也。汝今既知前非，将向来不登科第、不生子之相，尽情改刷，务要积德，务要包荒⑭，务要和爱，务要惜精神。从前种种，譬如昨日死；从后种种，譬如今日生，此义理再生之身也。夫血肉之身，尚然有数，义理之身，岂不能格天？太甲⑮曰：'天作孽，犹可违；自作孽，不可活。'孔公算汝不登科第，此天之孽，犹可违也。汝今克广德性，力行善事，多积阴德，此己作之福，安得不受享乎？《易》谓君子趋吉避凶。若言天命有常，则吉何可趋、凶何可避？开章第一义便说'积善之家，必有余庆；积不善之家，必有余殃。'汝信得及否？"余信其言，拜而受教。因将往日之罪，佛座前尽情发露，为疏一通，先求科第，誓行善事三千条。云谷出功过格示余，令所行之事，逐日札记，善则记数，恶则退除。又语余曰："凡祈天立命，都要从无思无虑处感格⑯。孟子论立命之学而先曰：'夭寿不二'。夫夭与寿，至二者也。当其不动念时，孰为夭？孰为寿？细分之，丰歉不二，然后可以立富贵之命；穷通不二，然后可以立贵贱之命；夭寿不二，然后可以立死生之命。人生世间，惟死生为重，曰'夭寿'，则一切顺逆皆该之矣。至'修身以俟之'，乃积德祈天之事。曰'修'，则身有过恶，皆当治而去之；曰'俟'，则一毫觊觎⑰，一毫将迎⑱，皆当斩绝之矣。至此地位，纤毫不动不离，有欲之中，直造先天之境，即此便是实学。"

予初号学海，取百川学海、至海之义。是日改号了凡，盖悟立命之说而欲不落凡夫窠臼也。从此后终日兢兢，便觉与前不同，前日只是悠悠放任，到此自有战兢惕励景象。在暗室屋漏⑲中，常恐得罪天地鬼神。遇人憎我毁我，自能恬然容受。

明年庚午，礼部考科举，以孔先生算数应考第三，忽考第一，其言不验，而秋闱中式⑳矣。然行义未纯，检身多误，或见义而行不勇，或救人而心常疑，或勉为善而口有过言，或醒时操持而醉后放逸。以过折功，日常虚度。自己巳发愿，至己卯历十余年，而三千善行始完。庚辰南还，遂起求子之念，欲行三千善行。辛巳生汝。天启余行㉑一事，随以笔记，汝母不能记，每行一事，辄用鹅毛管印一朱圈于历日。或施食贫人，或买放鱼虾，一日有多至十余圈者。至癸未八月，三千之数满。九月十五日又起中进士之念，欲行善事一万条。及丙戌登第㉒，授宝坻知县。余在任所，所行善恶纤悉毕记于功过格上。汝母见善事不多，辄颦蹙曰："我前在家相助为善，故三千之数得完。今许一万，衙中无善可行，何时得满。"忽夜梦见一神人来，余告以善事难完之苦，神曰。"只减粮一节，万行俱完矣。"盖宝坻之田，每亩二分三厘七毫，余为区处㉓，减至一分四厘六毫。委㉔有此事，心颇疑惑。适幻余禅师自五台来，余以梦告之，且问："此事宜信否？"禅师曰："善心真切，即一行可当万善，况合县减粮，万民受福乎！"

孔先生算余五十三岁八月十四日当终，是日竟无恙，今六十九矣。余于是知：称祸福自己求之者，乃圣贤之言；若谓祸福为天所命，则世俗之论矣。汝之命未知若何，即命当显荣，常作落寞想；当顺利，常作拂逆想；即现颇足食，常作贫窭想；即人相爱敬，常作恐惧想；即家世望重，常作卑下想；即学问颇优，常作浅陋想。远思扬祖宗之德，近思盖父母之愆㉕；上思报国之恩，下思造家之福，外思济人之急，内思闲㉖己之邪。务要日日知非，日日改过。凡一日不知非，即一日安于自是；一日无过可改，即一日无步可进。天下聪明俊秀不少，所以德不加修、业不加广者，只为"因循"二字耽搁一生。云谷禅师所授立命之说，乃至精至邃至中至正之理，熟玩而勉行，毋自旷也。

——《碑乘》

【注释】

①髯：长须。

②进学：指考上秀才。

③邵子：指邵雍，北宋哲学家，著有《皇极经世书》。

④起数：用术数推算。

⑤大尹：指县令。

⑥屠宗师：明代对提学的尊称。

⑦燕都：指北京。

⑧南雍：明代自成祖后，在北京、南京均设圈子监，后者称南雍。

⑨阴阳：天地造化。

⑩六祖：指禅宗第六代祖师慧能。

⑪寸：指心。

⑫铄精：耗损精液。

⑬葆元毓：保护元气，育养精神。

⑭包荒：宽容。

⑮太甲：商王名。

⑯感恪：感悟。

⑰觊觎：非分之想。

⑱迎：送往迎来。

⑲暗室屋漏：房子的西北角。这一句是说个人独处的时候。

⑳中式：指考中举人。

㉑天启余行：上天启示我做。

㉒登第：考中进士。

㉓处：安排。

㉔委：委实，确定。

㉕愆：过错。

㉖闲：防御。

【译文】

　　我童年丧父，老母亲命令我放弃举业，改为学医，说："学医可以养生，可以救济人民，而且学习一种技艺成名，这也是你父亲的凤愿啊。"

　　后来我在慈云寺遇见一个老者，长长的须髯，俊伟的容貌，神采飘飘就像仙人一般。我恭敬地以礼待他，他对我说："你是要做官的人哪，明年就会考取秀才，为什么不去读书呢？"我把其中缘故告诉了他，并叩头请问老者的姓氏和籍贯住所。他说："我姓孔，是云南人。我得到了邵雍皇极数的真传，命数中应该传给你，所以不远万里来找你。"我把他领回家，把经过都禀告了母亲。母亲说："你要好好待他。"我试验他的术数卦算，连极细微的小事都无不应验，我于是就起了读书的念头，孔老人为我用术数推算：在县里参加童生考试，应该是第十四名；府试考第七十一名；在提督学政主持的院试上，考第九名。第二年，我一连参加了这三次考试，所得名次都完全符合。他又为我预卜终身，说我某年会补廪，某年会当上贡生，某年会被选为县令，在任三年半后应该告老归家，在五十三岁那年八月十四日丑时应该会寿终正寝，可惜没有儿子。我全都把它们抄录，记了下来。从那以后，我每次遇到考试，其名次的先后，都不出孔老人的预定。独有他计算我在享有廪米九十一石五斗的时候应该出贡，但我还只享有七十余石的时候，提学屠宗师就批准我补为贡生了。我私下里对这件事很怀疑。后来被代理巡抚杨公驳回，一直到丁卯年的深秋，溟宗师看了我在考场中的卷子，叹息着说："他写的这五篇策论其实是五篇奏议啊，哪里能够让这样博学贯通的儒者在窗下终老呢？"于是依照县里的申请书准许我补为贡生，连前面我所吃掉的廪米计算，确实是九十一石五斗，我因此更加相信人的荣辱进退都有天命，事业的迟速都有定时，于是也就超然淡泊，不再有什么追求。

我补贡生进入北京，居留在北京一年，终日静坐，一点书都不看。我南归游历去南京的南国子监，还没有入监。我先访问云谷禅师，在栖霞寺会见了他，与他对坐于一室之中，一连三昼夜没有合眼。云谷禅师问我："凡人之所以不能成为圣人，只因为被虚妄的念头所纠缠。你坐了三天，不见你起了一个虚妄的念头。"我说："我被孔先生所算定，荣辱死生都已有了定数，即使我要妄想，也没有什么可以妄想的。"云谷禅师笑着说："我还以为你是个豪杰，原来也只是一个凡夫。"我问他缘故，他说："人不可能没有心，却终究被天地造化所束缚，哪里会没有命数呢？但只有凡人有命数，极好的人，命数固然拘束不了他；极恶的人，命数也拘束不了他。你二十年来被他算定，不曾能向数外动转一分一毫，难道不是凡夫吗？"我说："照您这么说，命数是可以逃脱的吗？"他说："命是自我创造的，福是自己求得的。诗书中所说的话，确实是高明的训导。我们的佛经中说：'求功名得功名，求富贵得富贵，求男女得男女，求长寿得长寿。'胡言妄语，是我佛祖释迦牟尼的大戒。诸佛菩萨哪里会诳语欺人？"我说："孟子说'求则得之'，是指'追求在我自己身上的东西'。道德仁义可以努力去求取，功名富贵又如何能追求得到？"云谷说："孟子之言并不错，是你自己理解错了。禅宗六祖慧能说：'一切的福田，不离开方寸之心。从心里去寻觅，则感应无所不能。''追求所谓在我自己身上的东西'，不仅仅是求得道德仁义，也求得功名富贵，这样内外双得'可见追求是有益于得到的'。但如果不对自己的内心进行严格的自我省视，而只是向外驰骛追求，那么'追求有追求的方法'，而能否'获得就要归之于天命了'。

那样内外双失，所以没有好处。"他于是问我："孔公预算你的终身是个什么样子？"我都据实以告。他又问："你自己认为应该得到科第吗？应该生儿子吗？"我追问自己的内心，思考了很久，说："不应该。中了科第的人，都是有福相的。我的福气很薄，又不能积累功德善行来作为求得厚福盼基础，更兼不耐烦事物丛杂；我不能容人，时常以自己的才华智慧去骄慢别人；我心性秉直，行动也是直来直去，但又有时轻信别人，喜欢说些虚妄的话。以上这一些都是薄福之相，哪里适宜于中科第呢？地上污秽的地方能够生长很多的生物，而水太清了常常就没有鱼。我喜欢洁净，这是应该没有儿子的第一个原因；一团和气能够化育万物，可是我却容易发怒，这是应该没有儿子的第二个原因。爱是产生生命的根本，而坚忍是不育的根本，我矜持爱惜自己的名节，常常不能够丢下自己的面子去央求人家，这是应该没有儿子的第三个原因；说话多了损耗神气，这是应该无子的第四个原因；我喜欢喝茶，消损精液，这是应该无子的第五个原因；我喜欢彻夜长坐，却不知道保护元气，育养精神，这是应该无子的第六个原因。我其余的过错恶行还有很多，不能全都数过来。"云谷说："哪里只是科第呢！世间享有千金的财产的，一定是千金人物；享有百金的财产的，一定是百金人物；那些饿死的，也一定是该饿死的人物。上天只不过是厚待那些有材质的人，哪里曾经加上过自己的一点点意思呢？就像生儿子，有百世的功德，一定有百世的子孙去保有它；有十世的功德，一定有十世的子孙去保有它；有三世二世的功德，也就一定有三世二世的子孙去保有它。那些断然没有了后代的人，一定是品德太为衰薄了。你现今已经知道了以前的过错，将向来不应该登科第，不应该生子的种种原因，尽情地改掉，一定要积德，一定要宽容，一定要和爱，一定要惜精养神。从前的种种事情，就像在昨天都已死了；以后的种种事情，就像从今天诞生，这是精神上、义理上再生的一个身子。那血肉之身，尚且还有命数；这义理之身，难道不能感动上天吗？商王太甲说：'上天造成的灾祸，还可以避开，自己造成的灾祸，就不可逃脱了。'孔公预言你不能登科第，这是上天造成的灾祸，是仍然可以避开的。你现在如果能够修广德性，努力去做善事，多多积累阴德，那这就是自己创造的福气，哪里能够不去享受呢？《易经》说君子趋向吉祥，躲避凶灾。如果真的说天命是有不变的道理的，那么吉祥哪里可以趋向，凶灾哪里可以躲避呢？开章第一义就说：'积累善行的人家，必有不尽的吉祥；积累恶行的人家，必有不尽的灾殃。'你信得过来吗？"我相信了他的话，向他下拜，受他教诲。我于是将自己往日的罪过，在佛座前尽情揭发暴露出来，写了一篇条陈，先祈求科第，发誓行善事三千条。云谷拿出功过格出示给我，令我将所做的事情，逐日地记录下来，做了善行则向上记数，做了恶行则向下倒扣数。他又对我说；

"凡是向上天祈祷立命，都要从无思无虑处去感悟。孟子论修身立命之学就先说：'短命和长寿都是一回事'。短命与长寿，是完全不同的两种事物。当人不动念头的时候，什么是短命，什么又是长寿呢？仔细地去分析，丰收与荒歉是一回事，然后才可以立富贵之命；穷困与通达是一回事，然后才可以立贵贱之命；短命与长寿是一回事，然后可以立死生之命。人生在世间，只有死生是最重要的，所以说"短命和长寿"，就把一切的顺逆正反之理全都包括进去了。孟子再说到'修炼自身去等待'，是说积累德行，向天祈祷的事。说'修'，意思是自身有过失恶行，都应当治理而除去；说'等待'，意思是一丝一毫的非分之想，一丝一毫的送往迎来，都应该彻底地断绝。到了这个地步，纤微丝毫也不动不离，在有欲求之中，径直创造出一种先天的境界，这便是实在的学问。"

我最初号"学海"，取的是百川向海学习，奔向大海的意思。这一天我改了号，叫作"了凡"，就是领悟了修身立命的学说而想不落入凡夫俗子套成规之中。从此以后我每天兢兢业业，就觉得与从前不同了。以前的日子只是悠悠荡荡地放任自己，到了这时才有了恐惧戒慎。心存警惕的景象。即使是一个人独处于暗昏之中，我也常常害怕会得罪天地鬼神。遇见旁人憎恨我、诽谤我，我也能够安然容忍接受。

第二年，礼部进行科举考试，按照孔先生的算计，我应该是考第三名，但是我忽然却考了第一，孔先生的话没有应验，我考上了举人。然而我履行道义还不纯粹，检查自身发现还多有错误，有时见到了义愤的事情而行动不勇敢，有时救助别人心里却常怀疑虑，有时勉力为善而口中却说出了错误的话，有时清醒着能够把持自己，喝醉了却行为放诞。这些过错折损了我的功德，使我的日子常常虚度。我自己已经发下了誓愿，过了十余年，到了己卯那一年，我许下的三千件善行才完成。在第二年庚辰年我南归，就起了求子的念头，想要再做三千善行。再下一年，辛巳年就生了你。上天启示我干的每一件事，我都随时用笔记录下来。你妈妈不能用笔记，每做一件事，就用鹅毛管在日历上划一个红圈。或是施舍食物给穷人，或是买来鱼虾放生，有时一天划上的圈竟有十余个之多。到癸未年八月，三千之数满了。九月十五日我又起了想中进士的念头，想行善事一万条。到了丙戌那一年，我中进士登第，被授予宝坻知县之职。我在任所，所做的善行恶事都细细地全部记在功过格上。你母亲见善事不多，就皱起眉头说："我以前在家中帮助你一起做善事，那三千之数才得以完成。现在许了一万的愿，衙门中又没有善事可做，何时才得做满啊！"有一天夜里，我忽然梦见一个神人来，我告诉他自己善事难以完成的苦恼。神说："只需做削减粮税一件事，一万件善行便都算作完了。"原来宝坻县的田地，是每亩收税二分三厘七毫，我重新做了安排，把粮税减至一分四厘六毫。确实有了这样的事，我心里颇为疑惑。正好幻余禅师从五台山来，我把这个梦告诉他，并且问他："这件事应该相信吗?"禅师说："只要善心真切，就一件善行可以抵得上万件。更何况全县减粮，万民都由此受到了福泽呢!"

孔先生预言我在五十三岁那年八月十四日那天会死，但我那一天竟平安无恙，现在我已六十九岁了。我从这件事得知：说祸福是自己求来的，那是圣贤之言；如果说祸福是天命所为，那就是世俗之论了。你的命运不知道会是什么样，即使是命中该当显贵尊荣，也要常常作落魄寂寞的设想；即使是该当顺利，也要常作拂逆不顺的设想；即使是现在颇为丰衣足食，也要常作贫困的设想；即使别人都敬爱你，也要常作恐惧的设想；即使家族世代的威望都很重，也要常作很卑下的设想；即使是学问颇为优秀，也要常作很浅陋的设想。远一点，思谋弘扬祖宗的功德；近一点，思谋弥补父母的过错；在上，思谋报效国家的大恩；在下，思谋为家族造福；在外，思谋救济别人的急难；在内，思谋防范自身的邪恶。一定要日日知道自己的过非，日日改正自己的错误。只是一日不知自己之过非，就是一日安于自以为是；一日没有错误可改，就是一日没有进步。天下聪明俊秀的人不少，之所以德行不加修，事业不加广，只是为"因循"两个字耽搁了一生。云谷禅师所授予我的修身立命的学说，乃是至为精粹、至为深邃、至为正直的道理，你应该深入研习和体会，勉力地去施行，不要荒废了自己。

（七）汤显祖

智志咏

【题解】

这首诗是明代著名的戏曲家汤显祖写给自己儿子的。他在诗中阐明了志向和智慧对于一个人都是至为重要的，也是相辅相成的，勉励儿子能够早立大志，做出一番大事业来。

【原文】

有志方有智，有智方有志。惰士鲜明体，昏人无出意。兼兹庶①其立，缺之安所诣②。珍重少年人，努力天下事。

——《玉茗堂集》

【注释】

①庶：差不多。

②诣：到达。

【译文】

有了志向才会有智慧，有了智慧才会有志向。懒惰之人很少有识得大体，昏庸的人很少有创新之意。

兼有了"志""智"这两样差不多就可以立身，缺乏了它们又能在哪里容身？自己珍重啊少年人，努力去干天下的事业。

（八）孙奇逢

1. 耕读并重

【题解】

古来耕读并重，然而毕竟应当先有耕。孙氏针对当时社会现实指出：只会追求功名，连自己都无法养活自己，有何资格来谈治国平天下呢？

【原文】

汝三人学稼，吾虑不明习此事而小视之也。舜耕历山，伊尹耕莘野，孔明耕南阳，此是何等勋业①！孔子于樊迟，何鄙而小之，此中道理甚活，正不相悖。舜、尹躬耕时，浑身备礼义信之用，故能升闻发迹。孔子大道为公，正欲偕及门，共兴东周，纳斯世斯民于凿井耕田，家给人足，岂区区以百亩之不治为忧哉！今日寄居苏门，不耕无以为养，且无以置吾躬也。不有耕者，无以佐读者，况负薪挂角，古人何尝不兼尽于一身？吾老矣，此躬不力，望汝等并耕不怠。

【注释】

①勋业：伟大功业。

【译文】

你们三个人学习耕种，我担心你们不明白学习这件事的道理而小看它。帝舜在历山耕种，伊尹在有莘部落的原野上耕种，诸葛亮在南阳耕种，这些是多么伟大的业绩啊！孔子对樊迟，为什么很鄙视而看不起他，这中间有道理的灵活性，不与前面的道理相违背。帝舜、伊尹亲治农事的时候，浑身具备礼法、仁义、信用的功用，因此能声名远扬。孔子讲究天下为公的最好境界，当时想偕同他的受业弟子共同振兴东周，将当世的人民纳入凿井耕田之中，使家家丰裕，人人富足，难道会因区区百亩之地没有治好而担忧吗！现在寄住在苏门这个地方，不耕种就没有东西可以养活自己，而且没有地方安身。没有耕田的，就没有办法来帮助读书，况且负薪识字，挂角读书，古人何曾不是耕读兼备于一身呢？我老了，亲自耕作已没多大力气，希望你们齐心耕读，不要懒怠。

2. 抵挡流俗

【题解】

立身要有气量，孙氏作为明遗民，颇能砥砺名节，反抗媚俗，其不少观点，即使在今天看来，也具有现实价值。

【原文】

些小得意与些小失意而遂改其常度①者，固是器识之小，正缘不知学之故。不学墙面，人生不幸，莫大于是。尔今日立身之始，须有一段抵挡流俗之志。

【注释】

①度：平时气度。

【译文】

一点点得意与一点点失意，就改变他平时度量的人，固然是由于度量见识小，但主要是由于不懂得学习的缘故。人生再没有比不学无术更为不幸的事情了。你现在是树立自身的开始，必须有一股抵挡流俗的志气。

3. 生于忧患，死于安乐

【题解】

"生于忧患，死于安乐"，这是战国时期孟子的千古名言。孙氏更进一步提出"自得"说，认为自得方能平衡忧患与安乐的生活。

【原文】

风波之来，固自不幸，然要先论有愧无愧。如果无愧，何难坦衷当之。此等世界，骨脆胆薄①，一日立脚不得。尔等从未涉世，做好男子，须经磨炼。生于忧患，死于安乐，千古不易之理也。孟浪不可，一味愁闷，何济于事？患难有患难之道，自得二字，正在此时理会。

——《孝友堂家训》

【注释】

①骨脆胆薄：喻没有骨气和胆识。

【译文】

患难风波的到来，固然是一件不幸的事情，但是首先要看自己是有愧还是无愧。如果无愧，那么坦然面对它又有什么难的呢？这个世界上，如果骨头太脆弱，胆子太小，那一天都站不住脚。你们从来没有经历过世面，要做个好男子，必须经受磨炼。在忧患中生存，在安乐中死去，这是千古不变的道理。轻率、放纵是不行的，一味地忧愁烦闷，又何济于事？

处在危险艰苦的处境中自会有度过危险艰苦处境的办法，"自得"这两个字，正好在这个时候可以加以深切理解。

（九）温璜

励志三则

【题解】

贫苦的人最需立志，这样才能倒转乾坤，使家道兴隆、事业发达。

【原文】

其　一

贫人未能发迹，先求自立。只看几人在坐，偶失物件，必指贫者为盗薮①；几人在坐，群然作弄，必持贫者为话柄。人若不能自立，这些光景，受也要你受，不受也要你受。

其　二

作家的，将祖宗紧要做不到事，补一两件；做官的，将地方紧要做不到事，干一两件，才是男子结果。高爵多金，不算是结果。

其　三

问世间何者最乐？

不放债、不欠债的人家，不大丰、不大歉的年时，不奢华、不盗贼的地方，此最难得！

免饥寒的贫士，学孝弟的秀才，通文义的商贾，知稼②穑③的公子，旧面目的宰官，此尤难得也！

——《温氏母训》

【注释】

①薮：sǒu 比喻人物集中的地方。

②稼：种谷。

③穑：收获。

【译文】

其　一

贫苦的人们在没有发家之前，应该立定志向，自力更生。只要看一看几个人坐在一起，偶然丢失物件，必然会指贫苦的人为盗贼；几个人坐在一起，大家开玩笑，必然会拿贫苦的人作话柄。因此，一个人如果不能自立，这些情况，你愿意接受也要你接受，你不愿接受也要你接受。

其 二

治家的人，将祖宗紧要而又做不到的事，补做一两件；做官的人，将地方紧要而又做不到的事，干一两件，像这样干实事才算是真正的男子汉。爵位高俸金多，并不算是真正的目标。

其 三

你问世间最快乐的事是什么？

我可以告诉你：不放债、不欠债的人家，不太丰、不太歉的年景，不奢侈豪华、不出盗贼的地方，这是最难得的！

能够避免饥寒的贫苦之士，能够学习孝顺父母、友爱兄长的秀才，能够通晓文章的内容和含义的商人，能够懂得农业劳动艰难的贵家子弟，能够保持着没有做官以前的本色的官吏，这些是尤其难得的！

（十）傅山

甲子夏书示孙

【题解】

　　傅山为激发孙子刻苦读书、写好诗文的志向，巧妙而又顺理成章地运用了孙子的父亲来做例证，这样就使这篇文字具有了极大的感染力，也在教育方法上为我们提供了启示。

【原文】

　　吾家自教授翁以来，七八代皆读书，解为文。至参议翁著下至吾，奉禹垢君教，不废此业，然大半为举业拘系，不曾专力，至三十四五始务博综，乱后无所为，益放言自恣矣。尔父秉有异才，而我教之最严。自七八岁以后，风期日上，至十七八遂闳肆。既遭乱，患难奔驰，实无处无时不读书作诗。淋漓感慨，见事风生，大有"见贼惟多身始轻"之胆之识，真横槊才也。所为诗文，皆可以年谱之，实吾家异人，你亲见其纵笔直书，前无强敌之概者。于今已矣！尔颇有细才，亦能为摩研抄撮，吾家文种，全在尔一身承之。凡我与尔父所为文诗，无论长章大篇、一言半句，尔须收拾无遗，为山右傅氏之文献可也。至于尔早承吾与尔父之教，亦慧而能文，吾数有问尔，尔能记忆，议论亦有先后，切不可自弃。残编手泽，穷年探讨，益当精进自得。粗茶淡饭，布衣茅屋度日，尽可打遣。如求田间舍①，非尔之才，即当安命安分，不可妄想。人无百年不死之人，所留在天地间，可以增光岳之气，表五行之灵者，只此文章耳。念之！念之！苍头小厮，供薪水之劳者，一人足也。观其户，寂若无人；披其帷，其人斯在。吾愿尔为此等人也。尔颇好酒，切不可滥醉，内而生病，外而取辱，关系不小。记之！记之！"韬（隐蔽）精日沈饮，谁知非荒宴！"尔解此意，便再无向尔诔诸者。吾自此绝笔可也。

——《霜红龛文·家训》

【注释】

①求田问舍：寻求、经营田产房产。

【译文】

我们家从老祖宗教授翁以来，七八代人都读书，会做文章。到参议翁以下，再到我，尊奉禹垢君的教诲，没废弃这番事业。但大半都是被科举考试束缚住，不曾专心用力，直到三十四五岁才开始追求广博兼综。世乱之后，无所作为，就越发任性而言，图个畅快了。你父亲具有出众的才能，而我对他的教导最严格。他从七八岁以后，文章风度越来越好，到十七八岁，就宏大恣肆了。既遭丧乱，饱经患难，真是无处无时不读书作诗。文章慷慨淋漓，触事生情，笔下风生，大有"见贼惟多身始轻"的胆略才识，真有曹操横槊赋诗的大才。他所写的诗文，都可以按年代排列，实在是我们家的异人，你也亲眼见过他奋笔疾书、无敌不摧的气概。现在他已去了！你还算有点小才，也能摩墨写字，抄抄写写，我们家的文章种子，都靠你来承担了。凡是我和你父亲所写的诗文，无论是长文大篇还是一字半句，你都必须全部收拾整理，可以作为山右传家的文献。至于你早先接受我和你父亲的教诲，那时你也显得聪慧能文，我还多次问过你话，你能记住，（就写下来。）谈论也有前后浅深的差别，切不可弃掉。父祖的残编手泽，应该多费时间钻研，学问文章就会精进，有自己的心得。平时粗茶淡饭，布衣茅屋度日，也尽可以打发了。如果还想置办田产房产，这就不是你的才干能办到的了。应当安于天命，安于本分，不可妄想。世间没有百年不死的人，能留在天地之间，可使山岳增光添气，表明五行神灵的，只有这文章罢了。记住！记住！打柴挑水的小厮，一个就够了。别人看家门，寂静得仿佛没有人；拉开帷幕，那人却在读书作文。我希望你做这一类人。你很嗜好喝酒，切不可滥饮大醉，身体里会生病，身体外又会自取其辱，关系不小。慎记！慎记！"韬精日沉饮，谁知非荒宴！"如果你懂得这话的意思，我就再没有向你啰唆的了。我从此绝笔，也心满意足了。

（十一）王夫之

立志脱俗

【题解】

王夫之是明末清初著名思想家。在这篇训言中，他提出"个人要想有所作为，首先要摆脱庸俗习气"的观点，这对于力求上进的青年朋友来说，是很有启发意义的。

【原文】

立志之始，在脱习气。习气薰人，不醪①而醉。其始无端，其终无谓。袖中挥拳，针尖竞利，狂在须臾，九牛莫制。岂有丈夫，忍以身试！彼可怜悯，我实惭愧。前有千古，后有百世。广延九州，旁及四裔②。何所羁络，何所拘执？焉有骐驹，随行逐队？无尽之财，岂吾之积。目前之人，皆吾之治。特不屑耳，岂为吾累。潇洒安康，无君无系。亭亭鼎鼎③，风光月霁。以之读书，得古人意；以之立身，踞豪杰地；以之事亲，所养惟志；以之交友，所合惟义，唯其超越，是以和易。光芒烛天，芳菲匝④地。深潭映碧，春山凝翠。寿考⑤维祺⑥，念之不昧。

——《姜斋文集》

【注释】

①醪：láo 醇酒。

②四裔：四边极远之地。

③鼎鼎：高洁得体。

④匝：zā 遍地。

⑤寿考：年高，长寿。

⑥维祺：维持吉祥。

【译文】

一个人若想立志有所作为，首先要摆脱庸俗习气。旧习气对于人的熏陶，使人像闻到醇厚的酒气，不饮就醉了。开始时没有头绪，到了最后又不知结果。挥舞拳，为针尖大的小利争斗，一时的疯狂，九头牛也莫想制住。哪有真正的男子汉，甘心去试做这种事。说起来这些人实在值得可怜，我实在为他们感到惭愧。从时间上看，上有几千年，下要传延百世，从空间上看，广至全中国，旁及四边极远之地。有什么羁绊，有什么拘束，使人受到束缚呢？哪有志在千里的人，而愿意和一般的人混在一起？天下那些无穷无尽的财富，哪里能成为我自己的积蓄呢？眼前这些人，都是我律己的反面教员，只是不屑一顾罢了，为的是不让这些人这些事拖累自己。为人要清高脱俗，潇洒安康，心无拘束，高洁适中，如雨过天晴，一片明净景象。这样去读书，就能领略到古人的深意；这样去立身处世，能成为英雄豪杰；这样去侍奉父母，能仰承父母之志；这样去交结朋友，能合于道义。因为志趣高超，就能谦和平易。如灯烛辉煌，光芒照人，花草遍地，香气沁人心脾。像深潭映着碧波，春山凝成翠色。高寿多福，吉祥长久。希望你们切记不要忘了。

（十二）郑 燮

潍县寄舍弟墨第三书

【题解】

贫贱子弟，心怀大志，亦有成功之日。郑板桥，担心自己这个小官，使孩子成为"富贵子弟"，于是对选择老师特别慎重。信末又附了几首小诗，是想孩子从小就知道播种收获的艰难，知道同情劳苦人民。

【原文】

富贵人家延师傅教子弟，至勤至切，而立学有成者，多出于附从贫贱之家，而己之子弟不与焉。不数年间，变富贵为贫贱：有寄人门下者，有饿莩乞丐者。或仅守厥家，不失温饱，而目不识丁。或百中之一亦有发达者，其为文章，必不能沉著痛快，刻骨镂心，为世所传诵。岂非富贵足以愚人，而贫贱足以立志而浚慧乎！我虽微官，吾儿便是富贵子弟，其成其败，吾已置之不论；但得附从佳子弟有成，亦吾所大愿也。

至于延师傅，待同学，不可不慎。吾儿六岁，年最小，其同学长者当称为某先生，次亦为某兄，不得直呼其名。纸笔墨砚，吾家所有，宜不时散给诸众同学。每见贫家之子，寡妇之儿，求十数钱，买川连纸钉仿字簿，而十日不得者，当察其故而无意中与之。至阴雨不能即归，辄留饭；薄暮，以旧鞋与穿而去。彼父

▲郑板桥塑像

国学经典文库

中华传世家训

第一编 励志

图文珍藏版

母之爱子，虽无佳好衣服，必制新鞋袜来上学堂，一遭泥泞，复制为难矣。

夫择师为难，敬师为要。择师不得不审，既择定矣，便当尊敬之，何得复寻其短？吾人一涉宦途，即不能自课其子弟。其所延师，不过一方之秀，未必海内名流。或暗笑其非，或明指其误，为师者既不自安，而教法不能尽心；子弟复持藐忽心而不力于学，此最是受病处。不如就师之所长，且训吾子弟之不逮。如必不可从，少待来年，更请他师；而年内之礼节尊崇，必不可废。

又有五言绝句四首，小儿顺口好读，令吾儿且读且唱，月下坐门槛上，唱与二太太、两母亲、叔叔、婶娘听，便好骗果子吃也。

二月卖新丝，五月粜新谷；

医得眼前疮，剜却心头肉。（唐代诗人聂夷中《咏回家》诗）

耘苗日正午，汗滴禾下土；

谁知盘中餐，粒粒皆辛苦。（唐代诗人李绅《悯农》诗）

昨日入城市，归来泪满巾；

遍身罗绮者，不是养蚕人。（宋代诗人张俞《蚕妇》诗）

九九八十一，穷汉受罪毕；

才得放脚眠，蚊虫虼蚤出。（明清时期谚语）

——《板桥家书》

【译文】

有钱有势的人家请老师教育子弟，十分殷勤十分恳切，可是能立志求学并且有成就的，却大多出在随从读书的贫穷低贱的人家，自家的子弟是不在其中的。要不了多少年，有钱有势变成贫穷低贱：有的寄人篱下，有的饿倒街头、讨乞为生。也有勉强守住家业，能够吃饱穿暖，可是目不识丁。有时一百个中也有一个能够显贵的，但他写的文章，肯定不能深沉切实淋漓酣畅，深思熟虑感受真切，被世人广泛传诵。这难道不是有钱有势能够使人愚笨，贫穷低贱能够激励志向启发智慧吗！我虽然是个小官，我的儿子便是富贵人家的子弟，他有成就没有成就，我已经放在一边不去说它了；只要随从读书的优秀子弟能有所成就，也就是我最大的愿望了。

说到聘请老师，对待同学，不可以不谨慎，我的儿子六岁，年龄最小，他的同学年龄大的应当称作某先生，比先生小一些的也得称作某兄，不能直接叫他们的名字。纸笔墨砚，我们家里有的，应该随时分送给同学们。常常见到穷人家的孩子、寡妇家的儿郎，要十几个铜钱，买川连纸钉一本仿字簿，可是十天半月都不能办得到。应当注意这些情况并在无意之间送给他们。阴天下雨时不能马上回去，就留他们吃饭，直到黄昏［不能不回去］时，再把旧鞋子给他们穿了走。他们做父母的爱惜儿子，即使没有体面的衣裳，也一定做了新鞋袜让儿子穿了上学堂，一旦被烂泥弄脏，再要做新的就困难了。

选择老师很困难，尊敬老师更重要。选择老师不能不仔细，然而老师已经选定了，就应当尊重他，恭敬他，如何能再挑他的缺点？我们读书人一进入官场，就不能亲自教育自己的子弟。聘请的老师，最多是某个地方的优秀人物，不可能是全国的知名人士。如果有时暗中嘲笑他的不是，有时当面指摘他的错误，做老师的既然内心不安，对教育的方法也就不能尽心尽意；子弟又抱着轻视怠慢的心理不肯努力学习，这是危害最大之所在。还不如以老师的长处，姑且教诲我们子弟的不足。如果确实不合适为师，不妨等到明年，重新聘请别的老师；可是本年内的礼节和敬重，一定不能忽略。

这里还有四首五言绝句诗，小孩子很容易顺口念读，教我的儿子一边读一边唱，月光下坐在门槛上，唱给二太太、两位母亲、叔叔、婶娘听，就可以骗点儿果子吃了。

二月卖新丝，五月粜新谷；
医得眼前疮，剜却心头肉。
耘苗日正午，汗滴禾下土；
谁知盘中餐，粒粒皆辛苦。
昨日入城市，归来泪满巾；
遍身罗绮者，不是养蚕人。
九九八十一，穷汉受罪毕；
才得放脚眠，蚊虫咬蚤出。

（十三）纪　昀

训三儿

【题解】

玩物丧志，历来为仁人志士所不耻。纪氏教训他的三儿子不要沉溺于狩猎之事，而应发奋读书，趁着年轻干一番事业。

【原文】

尔好射猎，前已诰诫，可曾遵改否？尔须知无端残杀生物，终必偿命。余同年申铁蟾为陕西试用知县，前月忽寄一札与余，词意恍惚迷离，殊难索解，绝不类其平日之手笔。知其改常，必有变端，未几讣果至。既而邵二云赞善告我云：铁蟾在西安，病后入山射猎，归而见目前二圆物，旋转如轮，瞑目亦见之。忽然圆物爆裂，跃出二小婢，称仙女奉邀，魂即随之往。琼楼贝阙中，一绝代丽姝，通词自媒。铁蟾固辞，女子老羞成怒，挥之出，霍然而醒。越月余，睡后又见二圆物，如前爆出二小婢，邀之往一幽深宅第。问此何地，邀我何为，曰："佛桑，请题堂额。"因为八分书"佛桑香界"四字。前女子又来自媒，谢以不惯居此。女怒，强捧其首而吮其脑。痛极而醒，遂大病。请方士李某诊治，进以赤丸呕逆而卒，人皆谓其好猎之报。尔在青年，正当发奋求学，猎兽之事，非尔所为。兼之铁蟾之前车可鉴，岂不殆哉！

——《纪文达公遗集》

【译文】

你喜欢射箭狩猎，我以前已经告诫，可曾遵照改过？你必须知道无缘无故残杀动物，最终一定要偿命。我的同年进士申铁蟾做陕西试用知县，前一个月他突然寄一封信给我，词意模糊迷离，特别难以求解，绝对不像他平日的手笔。知道他改变常规，一定有变因，很快讣告果然来了。不久邵晋涵告诉我说：铁蟾在西安，病后进山狩猎，回来看到眼前两个圆圆的东西，旋转得像车轮，闭上眼睛也看到了。忽然圆东西爆炸开裂，跳出两个婢女，声称仙女有请，他的魂灵随即跟她们去了。在琼楼贝阙中，有一位绝代佳人，扬言自己和他定媒妁。铁蟾坚决辞谢，女子恼羞成怒，挥手而走，他猛然醒来了。过一个多月，睡觉后又见到两个圆东西，就像以前爆裂出的两个婢女，邀请他去一座幽深的房子。他问这是什么地方，为什么邀我来，她们说："佛桑之地，请你题写堂前匾额。"于是他用八分体写了"佛桑香界"四个字。以前的女子又来自请媒妁，他就拿不习惯住这里来辞谢。女子大怒，强行捧起他的头而吮吸他的脑髓。他痛得厉害而醒来，就得了重病。请来方术家李某诊治，给他吃赤丸却呕吐而死，人家都说这是他好狩猎的报应。你还处在青年阶段，正应该发奋求学，狩猎的事情不是你应去做的。加上申铁蟾前车之鉴，难道不危险吗！

（十四）邓　淳

端立志向

【题解】

这是邓淳所编《家范辑要》的第一部分。《家范辑要》汇集了邓淳以前尤其是宋代以来很多精彩、深邃的言论，对家庭教育来说，无疑是一个丰富的宝藏。再加上邓淳选录的一些资料，现在已属仅见，因此弥足珍贵。他按照类别来编排、整理，眉目清晰，意思连贯。编者除删掉个别重复之处外，大致上保留原貌，并在每一小则前加了题目，以方便读者。最后两条，选自《辑要》的第四部分"懋勤职业"。

（1）七尺男儿应有为

【原文】

七尺昂昂，有为即至。惟圣与贤，先立厥①志，志趣不坚，中道颠坠。凡我宗亲，穷达弗贰②。

【注释】

①厥：通"其"。

②贰：动摇，生二心。

【译文】

男子汉七尺身材，堂堂正正，来到这个世界上应有所作为，只有圣人与贤哲，首先确立自己的志向，如果志向与兴趣不坚定，在半途之中就会受挫失败。凡是我的宗族亲戚，不管是穷困，凡是发达，在人生志向方面，都应有坚定不贰之心。

（2）善恶分明

【原文】

陈忠肃公曰："幼学之士，先要分别人品之上下，何者是圣贤所为之事？何者是下愚所为之事，向善背恶，去彼取此，此幼学所当先也。颜子孟子，亚圣也。学之虽未至，亦可为贤人。今学者若能知此，则颜孟之事，我亦可学。言温而气和，则颜子之不迁，渐可学矣。过而能悔，又不惮改，则颜子之不贰，渐可学矣。知埋鹭①之戏，不如俎豆；念慈母之爱，至于三迁，自幼至老，不厌不改，终始一意，则我之不动心，亦可以如孟子矣。若夫立志不高，则其学皆常人之事，语及颜孟，则不敢当也。其心必曰："我为孩童，岂敢学颜孟哉！"此人不可以语上矣。先生长者，见其卑下，岂肯与之语哉！先生长者不肯与之语，则其所与语，皆下等人也。言不忠信，下等人也；行不笃敬，下等人也；过而不知悔，下等人也；悔而不知改，下等人也。闻下等之语，为下等之事，譬如坐于房舍之下，四面皆墙壁也，虽欲开明，不可得矣。"（《小学》）

【注释】

①埋鹭：埋死人，做买卖，参见本书"孟母三迁"条。

【译文】

陈忠肃公说："年幼求学者，首先要分别清楚人品的上与下，什么事情是圣哲贤明者所做的事情，什么事情是低下愚蠢者所做的事情。一心向往善而背弃恶，远离后者，只做善事，这都是年幼求学者首先应该明白的事情。颜渊、孟子，都是亚圣之人。学习他们虽然不一定能成为圣人，但也可以成为贤人。现在的学者假若能懂得这些，那么像颜渊、孟子亚圣之事，我们也可以学得到。说话温柔，气量平和，那么颜渊那种不迁怒的品行也可以渐渐学到手了。虽有过失而能悔恨，又不怕去改正，那么颜渊那种不重复犯错误的优点，也慢慢可以学到了。懂得埋土买卖之类的游戏，还不如设立祭祀祭品一类的雅致。顾念慈母的爱心，以至于三次迁动家庭，从少到老，既不厌烦也不改变，自始至终一心一意，那么我也可以像孟子一样志念如一不变了。假若志向不高，那么所学的都是平平常常的事情，说到颜渊、孟子，则不敢言及心里一定会说："我是一个小孩，怎么敢向颜渊、孟子学习？"这个人就不可以与他谈高尚之事了。先生一辈及长辈，看到他是一位低卑志下的人，怎么愿意和他一起说话？而不愿意和他谈话，那么和他一起说话的人都只能是下等之人。说话不可靠，不诚信，这是下等人的常有做法。行为不忠实不敬重他人，也是下等人的常有做法。有过失而不懂得后悔，也是下等人的行为表现；后悔做错了事情而不去改正，也是下等人的行为表现。听的是下等人的话，干的是下等人的事，这就好比是坐在房屋里面，四面都是墙壁，即使想放开眼界、明白世事，也不可能办得到了。"

（3）学习圣贤

【原文】

古之学者一，今之学者三，异端不与焉。一曰词章①之学，二曰训诂②之学，三曰儒者之学。欲趋道，舍儒者之学不可，言学便以道为志，言人便以圣为志。（《二程遗书》）

【注释】

①词章：诗词，散文。

②训诂：古代小学的一个门类，以解释字词为主。

【译文】

古代人学习的只有一类，现在的学习包括三个方面，但异端邪说是不属于里面的。一类是作诗写文之学，一类是解说字、词的学问，一类是学习儒术。如果想要走上正道、舍弃对儒术的学习是不可能的，而讲学习，就应该以求得正道作为志向，讲做人就应该以做圣人为努力的志向。

（4）如何学圣贤

【原文】

学者学圣贤之所为也，欲为圣贤之所为，须是闻圣贤所得之道，若只要博通古今，为文章忠信愿懿，不为非义之士而已，则古来如此等人不少。然以为闻道则不可，学而不闻道，犹不学也。志学之士，当知天下无不可为之理，无不可见之道。思之宜深，毋使心支①而易昏，守之宜笃，毋使为浅而易奇。要以以身体之，以心验之，则天地之心，自陈露于目前。古人之大体已在我矣。不然，未免口耳之学。古之学者，以圣人为师，其学有不主，故德有差焉。人见圣人之难为也，故凡学以圣人为可至，必以狂而窃笑之。夫圣人固未易至，昔舍圣人而学，是将何所取则乎？以圣人为师，犹学射而立的然，的立于此，然后射者可视之而求中，若其射不中，则在人而已，不立之的，何以为准。（《龟山全集》）

【注释】

①支：分散。

【译文】

　　学者学习圣贤的做法，想要做圣贤所做的事情，必须首先了解圣贤所得的道术。假若只是要博通古今，做做文章，忠义诚信可靠，不做一个受人非议的人便罢了，那样的人自古以来就已不少了。然而有人并不满足于只是听到"道术"，学习而不知道"道术"，还不如不学习。有志于学习的人，应当懂得天下什么事情不可以去做的道理，也应该懂得天下什么事情不可以去了解的道理。思考应该深刻，不要使心思不集中，那样容易糊涂。守身一定要诚实，不要让人感到没什么资历而容易被夺易，应当用自己的身体去实现它，用心思去检验他，那么天地之间的大道理，自己便表露在人们眼前。古代人的一切基本上都为我所掌握了，不然的话，就未免流于皮毛之学了。古代的学者把圣人作为自己的老师，他们所学的并没有赶上圣人，所以在品德上有所差距。人们以为圣人是很难做到的，所以凡是认为学习圣人就可以成为圣人，一定会被人以为疯狂而遭到讥笑。圣人固然不容易达到，但是假若舍弃圣人而不去学习，那么又仿效什么呢？把圣人当成自己的老师，就像学习射击时要树立一个目标一样，目标确立了，然后射击的人才可以看准目标并力求射中它。假若射不中，那问题就在于射击的人了。不树立一个目标，凭什么作为标准？

（5）立志做好人

【原文】

　　书不记，熟读可记；义不精，细思可精，惟有志不立，直是无著①力处。而今人贪利禄而不贪道义，要做贵人而不要做好人，皆是志不立之病。直须反复思量，究见病痛起处，勇猛奋跃，不复做此等人，见得圣贤所说千言万语，都无一字不是实语，方始立得此志。（《朱子语类》）

【注释】

①著：着。

【译文】

没能记诵的书，熟读之后就能记诵了。没有精通的意义，细细思索就可以精通，只有志向不立，才是有力却无处着落。而现在的人贪图利禄而不追求道义，想做贵人而不做好人，都是志向不确立的毛病。应该反复思考掂量，弄清楚毛病之所在，并勇敢地努力，不再去做这一等人。读圣贤所述的千言万语，没有一个字不是实实在在的话。这样才开始立得大志。

（6）常常反省悔悟

【原文】

为学须有阶渐，然合下立志，亦须略见义理大概规模，于自己方寸间，若有惕然愧惧，奋然勇决之志，然后可以加之讨论玩索①之功，存养省察之力，而期于有得。（《朱子语类》）

【注释】

①索：深思，钻研。

【译文】

学习应该循序渐进，但应该确立志向，也应该知道义理的大概规模程度。在自己方寸心地之中，假若有警觉和担忧之心、勇猛果敢之志，这样才可以更进一步增加讨论玩味的功夫，保持省思体察的毅力，最终才可以期望有所收获。

（7）真正去做不空谈

【原文】

世俗之学所以与圣贤不同者，亦不难见，圣贤直是真个去做，说正心，直要正心，说诚意，直要意诚，修身齐家，皆非空言。今之学者，说正心，但将正心吟咏一饷①，说诚意，又将诚意吟咏一饷，说修身，又将圣贤许多说修身处讽诵而匕。或掇拾言语，缀缉时文。如此为学，却于自家身上有何交涉。今之朋友，固有乐闻圣贤之学，而终不能去世俗之陋者，无他，只是志不立尔。

【注释】

①饷：xiǎng 一会儿。

【译文】

世上习俗之人的学问之所以和圣贤有所不同，是不难知道的。圣贤们就是真正地去做。说到要端正心思，就真正去端正心思；说到要诚心诚意，就真的做到诚心诚意。修养身性，整齐家庭，都不是什么空话。而现在的学者，说到正心，只是把"正心"放上嘴上说上一顿，讲到诚意，也不过是把"诚意"放在嘴上说一顿。说到修养身性，又把圣贤许许多多讲到修身的地方讽咏吟诵罢了。有的捡起些言论，点缀一些时文，如此为学，对于自己有何关系。现在的朋友，确实有喜欢听圣贤之学的，但最终不能抛弃世俗的陋习，没有别的原因，只不过心志没有确立与坚定罢了。

（8）追求至理

【原文】

圣人设教，无非因人固有之理而品节①之，使由是而学焉，则德无不明，身无不修矣。今之学者，有气高者，则驰骛于空无玄妙之域，明敏者，类以该博为尚，科名为心，又其下者，不过终于诗句浮词，以媚世取容而已，未尝知有圣贤之学也。夫圣贤之学，得之于己，可以成善治、美风俗、兴教化。三代可复也。或者以为圣人之道，高远难至，非后学之敢及。殊不知有生之类，其性本同，但圣人不为物欲所昏耳。今学者诚能存养省察，使本心常明，物欲不行，则天性自全，圣人可学而至矣。圣人岂隐其易者，仅使人由于艰难阻绝之域哉！又有以为道学固美，但非也俗所尚，不利行耳，殊不知日用之问，无非此道之流行，近自洒扫应对事亲接物之间，推而至于公民爱物，无所用而不周，无所施而不利，特由教养无方，人不自察耳。居仁不揆愚陋，窃有志于斯焉。于是不敢自私，将欲与有志之士，讲明而践之，故为此规以告同类，必先开发此志，然后进于有为也。（《胡敬斋集》）

【注释】

①品节：标准节度，作动词用。

【译文】

圣人设教立学，无非是根据人所本来具有的"理"而进行安排节制，让人从这些安排规定中去学习那些道理，那样品德就没有不高超，身心就没有不修治的。现在的学者，气势高超的，则追求玄妙空虚的学问领域，明白敏捷的，则大致以追求知识渊博为时尚，以获得科举功名为用心。在他们之下的，则只不过一辈子守着诗句浮词，用来恭维讨好别人罢了，他们从来不知道有什么"圣贤之学"的存在。所谓圣贤之学，如果自己悟得了，就可以治理世道，美化风俗，兴办教育弘扬正道。夏、商、周三代盛世就可以再现了。有的人认为圣人之道，既高且远，难以达到，不是后来的人敢期望达到的。难道不知道有生命的人，他们的禀性本是相同的，只

国学经典文库

中华传世家训

第一编 励志

图文珍藏版

不过圣人们不被物欲弄昏头脑而已。现今的学者若真正能够自己坚持，并且省思体察，使自己的内心一直是洞明的，不会被物欲所困扰，那么美好的天性自然得以保全，也可以圣人学习并达到目的，难道圣人们会隐藏那些容易的方面，反而让人走一条艰难困苦的险途吗？又有的人认为道学固然很美，但并不是世俗之人所应崇尚的，因为那样不利于行动。这些人竟不知道平常的生活中，只不过就有"圣道"流行。近至洒水扫地应酬接待之事，远至仁爱民众事物，没有一事不是普通地实施圣道，也没有一处不是因圣道施行而获利。只不过是由于教育无方，人们自己又不琢磨罢了。我以为仁不揣愚蠢固陋，私下地有志于此。于是自己不敢私心守着，而想和有志向的人一道，讲述明白并且去认真地做，所以立此规章，用来告谕同道者，一定要先开发这种志向，然后才能达到有所作为。

（9）志不立，事不成

【原文】

志不立，天下无可成之事，虽百工技艺，未有不本于志者。志不立，如无舵之舟，无衔之马，漂荡奔逸，何所底乎？昔人有言，使为善，而父母怒之，兄弟怨之，宗族乡党①恶之，如此而不为善可以。为善则父母爱之，兄弟悦之，宗族乡党敬信之，何苦而不为善；使为恶，而父母爱之，兄弟悦之，宗族乡党敬信之，如此而为恶可以。为恶则父母怒之，兄弟怨之，宗族乡党贱恶之，何苦而必为恶，诸生念此，可以知所立志矣！

【注释】

①乡党：同乡人。

【译文】

志向不确立，天下就没有可以办成的事情。即使是普通的工匠技人，没有一个不确立自己的志向。志向不确立，就像没有舵手的航船，又如没有衔头的奔马，它们或在水上漂游，或在地上奔走，但能达到什么目的？从前的人说，让他做好事，那么父母亲对他发怒，兄弟对他怨恨，同宗亲戚及同村的人厌恶他，这样的话，不去做善事是可以的；而如果你去做好事，父母亲痛爱，兄弟对此高兴，同宗、亲戚、同乡敬仰信赖，那你为什么不去做善事？让他去做恶事，而父母亲爱怜他，兄弟为此感到高兴，同宗、亲戚、同乡敬仰信赖他，那样的话专干恶事也是可以的。而做了恶事使父母发怒，兄弟怨恨，宗族亲戚同乡厌恶，那何苦一定要去做恶事？学生们想到这些，就可以明白立志的道理了。

（10）有志者事竟成

【原文】

吴献臣先生《立志说》曰：君子所就之大，未有不由于志之大者，志也者，所以期其所至，而求必至焉者也。志之所至，气必至焉。有毅然必至之志，而终身不能至焉得，天下未尝有也。有不能至者，必其志之未定也。志之未定者，汎然①而思，率然而行，忽然而罢，茫然而无所执者也。夫志贵乎定，而尤不可不审乎其初；志于富贵，则所以终其身者富贵也；志于功名，则所以终其身者功名也；志于道德，则所以终其身者道德也。是三者志一异于初，而终身人品之高下，邈乎不相及。故曰：志不可不审也。昔者伊尹耕于有莘之野也，其志固欲使君为尧舜之君，民为尧舜之民也。颜渊之居于陋巷也，其志固欲以圣人为归也。是故尹卒为王者之佐，渊卒为亚圣②之徒。古人之其所志者大，故其所就者大也。吾观程伯淳：自十五六时，慨然有求道之志，宁学圣人而未至，不欲以一善成名，宁欲以一物不被泽为己病。不欲以一时之利为己功，其志之大有如此者，而其所就为天下完人，为龙德正中。范希文③自做秀才时便以天下为己任，先天下之忧而忧，后天下之乐而乐。其志之大有如此者。一旦仁宗大用之，而事业显于天下。呜呼伯淳者，岂颜氏之徒之欤？希文者，岂伊尹之徒欤？岂所谓豪杰之士，旷百世一见者欤。伯淳何人也？希文何人也，予何人也？有为者亦若是，吾何畏彼哉！其志愈坚，则其为之也愈力。其为愈力，则其齐之也不难。故志乎二公者，则亦终为二公而已矣！《书》曰：功崇惟志。传曰：有志者竟成。此之谓也。（《东湖集》）

【注释】

①汎然：浮泛的样子，汎通"泛"。

②亚圣：仅次于圣人孔子。

③范希文：范仲淹。

【译文】

吴献臣先生《立志说》：君子所以成就大，没有人不是因为立志高远。志向是希望作为达到成功的标志，并且努力一定要达到的目标。志向一旦树立起来，气势也就一定到达那里。毅然立下志向表明一定要实现却终身没能实现，天下从来没有这样的事情。有不能达到目的的，一定是由于志向没有做到坚定不移。志向一旦摇摆不定，所想到的就会十分多，做时就会随随便便，有时突然中断，糊里糊涂地没有什么固定的目标。立志最可贵的是要确定，而且尤其不可以不对立志之初加以认真的审度。立志要求得富贵，那么终其一生必会得到富贵。立志要求博得功名，那么终其一生

国学经典文库

中华传世家训

第一编 励志

图文珍藏版

77

必会获取功名；立志于道德学说，则终其一生必会成就其道德。这三者之间，在立志之初产生歧义，那么一生的人品高下之分，相差就会很远。所以说：选定志向不可以不慎重。从前伊尹在有莘的野外耕种，他的志向是想使君王能成为尧舜那样的君王，人民成为尧舜时代的人民。颜渊住在简陋的小巷中，他的志向就是要使自己成为圣人。所以伊尹终于成了王者的辅佐之臣。颜渊最终成了仅次于孔子一类的圣贤人物。古代的人志向远大，所以他们所成就的事业很伟大。我看到程伯淳，从十五六岁时，就立志于求道。宁愿学习圣人即使不能达到目的，也不想因为做了一点点好事而成名。宁愿因为一个人没有得到自己的恩泽而看作是自己的过失，也不想因为把一时之利作为自己的功劳。立志如此远大的人，他们最终成为天下的完人，其大德如龙，光照天下。范希文从做秀才时起，就以天下为己任，先天下之忧而忧，后天下之乐而乐。志向是如此广大高远。后来一旦被宋仁宗所用，他的事业功勋就闻名于天下。哎呀！程伯淳这个人，难道不是颜渊一类的人物吗？范希文这个人，难道不是伊尹一类的人物吗？程伯淳是什么样的人？范希文又是什么样的人？我又是什么样的人？有所作为的人也是这样的，我又害怕担心什么？人的志向越是坚定，那么他为此就越是用功用力。他做事越是用力，那么他达到预期目标也就不难了。所以立志像程伯淳、范希文二公的人，那他一生终会成为他们两位那样的人。《书经》上讲：品德的崇高只是由于志向远大。《传》上讲：有志者事竟成。讲的就是这个意思。

（11） 立志要心诚

【原文】

张郿西训子曰：人生天地间，只要卓然立志，努力向前，做个好人，又不可在外面装饰，须从心地上用功，朝朝暮暮，操存①此心，不会放逸，心为一身之主，操存不余，则一切物欲，乌能引之。日积月累，庶几心地光明，动作中节，不问穷达，不论大小，所存皆是好事，始得成个好人。生死受用，皆在于此。若心无所主，而使声色货利反入而夺我主位，则动作云为，皆是贼做主，邪僻放恣，何所不至，即使偶得名位，适足为长欲导淫，做过损德之资，上寿祖宗，下毒子孙，其害可胜道哉！（《全人矩矱》）

【注释】

①操存：坚持、固存。

【译文】

张郿西训子曰：一个人活在世界上，只要有超常的志向，努力地向前奋斗，做一个好人，而且又不在表面上装饰，应该从内心里用功，朝朝暮暮，心里总是挂念着这件事，不会放纵。心是人全身之主宰，保持立志而不舍弃，那么一切的物欲，怎么能够诱惑？如此日积月累，就近乎心地光明、做事举止符合规矩，不过问穷贱或贵达。不论大大小小的事情，所关心、所做的都是好事，这样就能成为一个好人了。生死及享用安排，都在于此。假若心中没有什么主意，就会使艳声美色得利求财之心反而夺走我求道之心的主位。那样，人的举止言行，都是由贼心在做主。奸邪古怪放纵之事无所不做。即使偶然得到一点名誉地位，也正好帮助增加欲望，导致淫念，并成为做坏事、有损德行的资本。对上有辱祖宗，对下毒害子孙，其危害程度说也说不尽啊！

（12）逆水行船，破釜沉舟

【原文】

仲舒不窥园门，倪宽带经锄耘。前人焚舟尘甑，志上进也。为士者首先立志，须要抖擞精神，一意寻向上去，如撑水上船，如赶军中期，直到大休歇处，方肯息肩息，则志超者品亦超，方成宇宙奇男子。（《人事通》）

【译文】

董仲舒三年不出门，连菜园也没有去看，倪宽在田里耕耘还随身携带着经书，前人把舟焚烧了，把煮饭锅砸烂，为的是立志求得上进。作为士人首要的是确立志向，然后应抖擞精神，一心一意向上进步，就像在河中撑船，就像赶赴军队的定期，直到大的休息之地，才肯停顿休息，这样，志向超群的人，品德也会超人，才会成为天下的奇男子。

（13）圣贤之道离人不远

【原文】

圣贤之道，原非高远，不外纲常伦纪，日用常行之事，不为不肖，则可以为圣贤。孟子曰：人之所以异于禽兽者几希，学者但存一不为禽兽之心，则禹汤文武周公，亦皆与我不异，此不为不肖，不为禽兽，亦敢曰我不能乎？科举之学，固是人生不可少之一端，虽孔孟生于今日，不能不应科举，但以科举文章，遂尽一生之事业，则醯①鸡蜗牛，渺乎小耳。科名为止境，富贵相汩没，而无欲为圣贤之一念，以提撕②警觉，其流断有不可胜言者。取法于上，仅得其中，学圣不成，犹可以为贤人；学贤人不成，犹可以为善士，学科名富贵之庸人而不成，则怨尤斗号，徼幸万一，必将无所不至；或人于不肖，流于禽兽而后止，非自暴自弃之甚乎？前圣已往，后圣未来，先王之道，孰与为开，我不敢为圣贤，谁当肩③斯位者。程子曰：言学便以道为志，言人便以圣为志，自谓不能者，自贼④者也。学者立志圣贤，则一举一动，自不敢与圣贤相违悖。日积月累，由粗而精，由勉强而自然，何圣贤之不可几及哉！（《棉杨学准》）

【注释】

①醯：xī 醋。醯鸡是一种小虫。

②提：提醒。

③肩：承担。

④贼：败坏。

【译文】

圣贤之道，原来离普通人并不高远，只不过是人间的纲常伦理及日常生活事宜罢了，不去做不贤不肖的事情，那么就可以成为圣贤了。孟子说过：人和禽兽的差别是很小的。学者心中只要具有一点点不做类同于禽兽的事情或想法，那么禹汤文武周公，也都和自己没有什么差别了。一个人不做不好的事情，不做禽兽之事，难道这一点也敢说自己做不到吗？科举之学，本来是人生不可缺少的一件事情，即使像孔子孟子生活在今日，也不能不去应付科举，不过仅为了科举文章，就舍弃一生事业，那么此人就像醯鸡蜗牛，是十分渺小的了。以中科名为最终目的，被富贵所埋没，却无意以圣贤的一点点观念，用来提醒警觉自我，那样的话，后果将不可胜言。向最上的人学习，仅会取得中等的成就，学习做圣人，即使不成功，仍然可以做成一个贤人。学习做贤人不成功，仍然可以做成一个好人。想得到富贵功名的平人庸人没有获得成功，就会怨恨、哭丧、闹嚷，企图幸运于万一，一定无所不至。有的就变成不肖之人，一直到类同于禽兽之流才停止，这不是最典型的自暴自弃吗？前代的圣人已经作古，后代的圣人还没有出现，先王之道，谁去持守，我不做圣贤，谁又去担当这个责任？程子说：讲学就要以求道为志向，讲做人就要以圣人作为立志的标准。自己说不能够的，是自己在害自己。学者立志要做圣贤，那么一举一动，自然不敢和圣贤所做所言相违背。日积月累，从粗的发展到精的方面，从勉强发展到自然，又有什么样的圣贤不可企及？

（14）读尽天下有用之书

【原文】

王问字子裕，无锡人，尝愿屏居三十年，读尽天下有用之书。擢第①后，归里读书六年，然后廷试，历仕至广东佥事，即投劾归，杜门却扫者四十年，卒酬其志。尝书屏曰：训吾以道德者，拜而师之，授我以文艺者，敬而爱之，贻我清言者，洗耳而听之，求我以书画者，量己以应之，告我以家事及时事者，厌闻之，语我以公府事，隐几②不应，绝之。（《常州志》）

【注释】

①第：考中。

②几：倚着几案。

【译文】

王问字子裕，无锡人，曾经发愿屏居三十年，要读尽天下有用之书。中举后，回到家里读书六年，然后才应廷试，后曾升官至广东佥事，然后就弃官归家，关起门来读书四十年，终于实现了自己的志愿。他曾经在屏风上写道：能教给我道德的，就拜他为师，能教授我文学艺能的人，就敬仰和爱慕他。能讲给我好话的，就洗耳恭听，而向我索要书画的，考虑安排再答应，告诉我家事及时事的，我讨厌听到这些，告诉我公务之事的，我会倚着几案不答应，并和他从此断绝往来。

（15）寸金难买寸光阴

【原文】

魏文帝①曰：古人贱尺璧而贵寸阴，惧乎时之过己，而人多不强力，贫贱则慑于饥寒，富贵则流于逸乐，遂营目前之务，而遗千载之功，日月逝于上，体貌衰于下，忽然与万物迁化，斯志士所大痛也。（《文章正宗宋真德秀编》）

【注释】

①魏文帝：曹丕。

【译文】

魏文帝说：古代人把一尺大的玉璧看得很贱而对每一寸光阴却很珍贵，害怕时间过得太快，而人们大多不能尽力。贫贱的人则害怕饥饿寒冷，富贵者则流于享乐安逸。于是只去顾眼前的事情，而遗失千载的功业，时间日子一天天过去了，形象容貌也慢慢衰老了，突然之间和自然万物一起变化并归于灭亡，这是有志之人的一大痛苦。

（16）不可自暴自弃

【原文】

长沙陶公①曰：大禹圣人，乃惜寸阴，至于众人，当惜分阴，岂可逸游荒醉，生无益于时，死无益于后，是自弃也。（《读书乐趣》）

——《家范辑要》

【注释】

　　①陶公：东晋陶侃。

【译文】

　　长沙陶公说：大禹作为圣人，尚且珍惜每寸光阴，至于普通的民众，更应当珍惜每一寸光阴，怎么可以安逸游玩醉生梦死？如果生前对时代没什么帮助，死了对后人也没什么益处，这便是自暴自弃了。

七、近代篇

（一）林则徐

致夫人书

【题解】

　　这封信写于林则徐禁烟的关键时期。当年的内忧外患，禁烟的成败与否，大战的迫在眉睫，栩栩如生，令人心悬。林则徐自剖肝胆，分析时局，不计个人死生，但求福国利民，一百多年过去了，仍然能激起人们一腔热血。

▲林则徐像

【原文】

　　外间悠悠众口，都谓我激启夷衅①，殊不知实出圣躬②独断，屡颁严旨，谓不诸臣操之过切，只悉诸臣畏之过甚耳。次此英吉利夷船逗留外洋，久不进口③，旋据探报，各船都满装鸦片，进口恐货物充公，人须正法，故逗留外洋，诱引汉奸驾船往购。银洋一圆，可买鸦片一斤。其值一贱，仍属骇人听闻。盖因新例颁行，兴贩吸食者同罹④死罪。苟于中无巨利可图，谁肯舍生忘死，做此犯法买卖？当此禁令森严，各国商船皆已遵令具结，改营正当贸易，唯有英夷阳奉阴违，依旧载运毒物来华。据云夷埠积存鸦片数百万箱，若不运华，势必付之一炬。血本攸关，殊不情愿。故与该国领事义律密商诡计，私招土贩，驾船运赴各地销售。苟不从严查禁，烟害将弥漫中国矣。遂密饬⑤各将弁，于黄昏时带领兵船火药及一切引火之物，乘夜驶近夷船停泊处，纵火烧毁夷船三只，余船逃遁一空。纵此一炬，英夷贸易顿绝。该夷目⑥遂扬言国王将派兵船多只，即日来粤保护。旋⑦据文武禀报，望见九洲外洋来有英国兵船十二只，或泊九洲，或赴磨刀，或赴三角外洋，东停西窜，皆未敢驶近口门，彼知各口俱有炮台及利炮，故畏葸⑧不前耳。按粤海要口，只有虎门为最，次即澳门与尖沙咀，其余外海内洋相通之处，虽不可胜数，然皆系浅水暗礁，夷船不能飞越。虎门各炮台，现已添置大炮。水陆各要隘，亦添兵把守，该夷兵船谅已探悉有备，故只在外洋漂泊游弈，别无动静。第⑨恐其在粤无可乘之隙，趁此南风盛发，窜越闽、浙、苏、鲁等省，业已飞咨⑩各该省督抚，严查海口，协力筹防矣，夫余生逢盛世，明知禁烟妨碍英夷大利，必有困难，而毅然决然，不敢稍存畏葸之心者，盖以身许国，但求福国利民，与民除害，自身生死且尚付诸度外，毁誉更不计及也。夫人向不过问政事，而于禁烟一事，谅因外间啧有烦言，谓余一世令名，将断送于售私奸夷之手，用是深抱殷忧。而今英夷兵船来华，既不能在粤思逞，必然改窜他省。他省海口，皆无设备，苟有疏失，则该督抚必然诿⑪罪于余之惹启夷衅焉，则是非亦只可听之公论而已。

——《林则徐家书》

【注释】

　①衅：灾祸。

　②圣：皇上。

　③口：港口。

　④罹：lí 遭受。

　⑤饬：chì 令。

　⑥目：头目。

　⑦旋：不久。

　⑧葸：xǐ 畏惧。

　⑨第：但。

　⑩咨：告。

　⑪诿：wěi 推托。

（二）曾国藩

1. 与弟谈励志

【题解】

　与别人对儿子谈励志稍有不同的是，曾氏以下这几封家书将志向的确立和平实地做人、踏实地努力提了出来。"真心"去做，尽自己最大的努力，像这些说法，都是让人比较容易接受的；另外，他还提出要"立志猛进"，可谓刚柔相济，深得一文一武、有张有弛之道。

（1）应当各有专守之业

【原文】

写至此，接得家书，知四弟、六弟未得入学怅怅然①。科名②有无迟早，总由前定，丝毫不能勉强。吾辈读书，只有两事：一者进德之事，讲求乎诚正修齐③之道，以图无忝④所生；一者修业之事，操习乎记诵辞章之术，以图自卫其身。进德之事，难于尽言，至于修业以卫身，吾请言之：

卫身莫大于谋食⑤。农工商，劳力以求食者也；士，劳心以求食者也。故或食禄于朝⑥、教授于乡，或为传食之客⑦，或为入幕之宾⑧，皆须计其所业，足以得食而无愧。科名者，食禄之阶⑨也，亦须计吾所业，将来不至尸位素餐⑩，而后得科名而无愧。食之得不得，穷通由天作主，予夺由人做主；业之精不精，则由我做主，然吾未见业果精而终不得食者也。农果力耕，虽有饥馑⑪，必有丰年；商果积货，虽有壅滞⑫，必有通时；士果能精其业，安见其终不得科名哉？即终不得科名，又岂无他途可以求食者哉？然则特患业之不精耳。

求业之精，别无他法，曰专而已矣。谚⑬曰，艺⑭多不养身，谓不专也。吾掘井多而无泉可饮，不专之咎⑮也。

诸弟总须力图专业。如九弟志在习字⑯，亦不必尽废他业，但每日习字工夫，不可不提起精神，随时随事，皆可触悟⑰。四弟、六弟，吾不知其心有专嗜否？若志在穷经⑱，则须专守一经；志在作制义⑲，则须专看一家文稿；志在作古文，则须专看一家文集；作各体诗亦然，作试帖亦然，万不可以兼营并骛⑳，兼营则必一无所能矣。切嘱切嘱，千万千万。

此后写信来，诸弟各有专守之业，务须写明。且须详问极言，长篇累牍，使我读其手书，即可知其志向识见。凡专一业之人，必有心得，亦必有疑义。诸弟有心得，可以告我，共赏之；有疑义，可以问我，共析之。且书信既详，则四千里外之兄弟，不啻㉑晤言一室，乐何如乎？

（道光二十二年九月十八日）

【注释】

①然：失意貌。

②科名：科举功名。

③诚正修养：诚意、正心、修身、齐家。

④忝：辱没。

⑤谋食：求得有饭吃。

⑥朝：在朝廷做官。

⑦客：为人供养的人。

⑧宾：军中书记、参谋。

⑨阶：阶梯。

⑩尸位素餐：居位而不做事。

⑪饥馑：饥荒。

⑫壅滞：壅闭停带。

⑬谚：谚语。

⑭艺：技能。

⑮咎：过错。

⑯习字：练书法。

⑰触悟：触发领悟。

⑱穷经：穷究经典。

⑲义：八股文。

⑳鹜：通"务"，追求。

㉑啻：chì 仅仅。

（2）自问立志之真不真

【原文】

观四弟来信甚详，其发愤自励之志溢于行间，然必欲找馆①出外，此何意也？不过谓家塾离家太近，容易耽搁，不如出外较清净耳。然出外从师，则无甚耽搁；若出外教书，其耽搁更甚于家塾矣。且苟能发奋自立，则家塾可读书，即旷野之地热闹之场亦可读书，负薪牧豕②皆可读书；苟不能发奋自立，则家塾不宜读书，即清净之乡神仙之境皆不能读书。何必择地？何必择时？但自问立志之真不真耳！

六弟自怨数奇，余亦深以为然。然屈于小试③，辄发牢骚，吾窃笑其志小而所忧之不大也。君子之立志也，有民胞物与之量，有内圣外王之业，而后不忝于父母之生，不愧为天地之完人。故其为忧也，以不如舜④不如周公⑤为忧也，以德不修学不讲为忧也。是故顽民梗化⑥则忧之，蛮夷猾夏⑦则忧之，小人在位贤才否闭则忧之，匹夫匹妇不被己泽则忧之，所谓悲天命而悯人穷，此君子之所忧也。若夫一身之屈伸，一家之饥饱，世俗之荣辱得失贵贱毁誉，君子固不暇忧及此也。六弟屈⑧于小试，自称数奇，余窃笑其所忧之不大也。

（道光二十二年十月二十六日）

【注释】

①馆：学馆。

②负薪牧豕：背柴养猪。

③小试：科举小考试。

④舜：五帝中的帝舜。

⑤周公：西周武王之弟。

⑥梗化：阻碍教化。

⑦猾夏：扰乱华夏。

⑧屈：屈从。

（3） 自立应当务其大者远者

【原文】

吾所望于诸弟者，不在科名之有无，第一则孝弟为瑞①，其次则文章不朽。诸弟若果能自立，当务其大者远者，毋徒汲汲②于进学也。

（道光二十四年五月十二日）

【注释】

①瑞：比喻凭证。

②汲汲：心情急迫。

（4） 志在进德修业

【原文】

吾人只有进德、修业两事靠得住。进德则孝弟仁义是也；修业则诗文作字是也。此二者由我做主，得尺则我之尺也，得寸则我之寸也。今日进一分德，便算积了一升谷；明日修一分业，又算馀了一分钱。德业并增，则家私日起。至于功名富贵，悉由命定，丝毫不能自主。昔某官有一门生①为本省学政，托以两孙，当面拜为门生。后其两孙岁考临场大病，科考丁艰②，竟不入学。数年后两孙乃皆入，其长者仍得两榜。此可见早迟之际，时刻皆有前定，尽其在我，听其在天，万不可稍生妄想。六弟天分较诸弟更高，今年受黜③，未免愤怨，然及此正可困心横虑，大加卧薪尝胆之功，切不可因愤废学。

（道光二十四年八月二十九日）

【注释】

①门生：旧时学生。

②丁艰：遭逢父母丧事。

③黜：chù 贬退。

（5）必须立志猛进

【原文】

人苟能自立志，则圣贤豪杰，何事不可为？何必借助于人？"我欲仁，斯仁至矣。"我欲为孔孟①，则日夜孜孜②，惟孔孟之是学，人谁得而御③我哉？若自己不立志，则虽日与④尧⑤舜⑥禹⑦汤同住，亦彼自彼我自我矣，何与于我哉？

（道光二十四年九月十九日）

【注释】

①孔孟：孔子，孟子。
②孜孜：勤勉貌。
③御：阻挡。
④与：唐。
⑤尧：虞。
⑥舜：夏。
⑦禹：商。

（6）志于道义身心之学

【原文】

季弟有志于道义身心之学，余阅其书，不胜欣喜。凡人无不可为圣贤，绝不系乎读书之多寡。吾弟诚有志于此，须熟读《小学》及《五种遗规》二书。此外各书能读固读固佳，不读亦初无所损。可以为天地之完人，可以为父母之肖子①，不必因读书而后有所加于毫末也。匪但四六②古诗可以不看，即古文为吾弟所愿学者，而不看亦自无妨。但守《小学》《遗规》二书，行一句算一句，行十句算十句，贤于记诵辞章之学万万矣。

（咸丰元年八月十九日）

【注释】

①肖子：贤能的子女。
②四六：骈文。

（7）讲求将略与品学

【原文】

吾湖南近日风气蒸蒸日上，凡在行间①，人人讲求将略，讲求品行，并讲求学术。温弟与沅弟既在行间，望以讲求将略为第一义，点名看操等粗浅之事必躬亲之，练胆料敌等精微之事必苦思之。品学二者，亦宜以馀力自励。目前能做到湖南出色之人，后世即推为天下罕见之人矣，大哥岂不欣然②哉！

（咸丰十年六月二十七日）

【注释】

①行间：军队中。

②欣然：欣喜的样子。

（8）成就功名之道

【原文】

然古来成大功大名者，除千载一郭汾阳①外，恒有多少风波，多少灾难，谈何容易！愿与吾弟兢兢业业，各怀临深履薄②之惧，以冀免于大戾。

（同治元年七月二十八日）

【注释】

①郭汾阳：即唐代名将郭子仪。

②临深履薄：比喻小心翼翼。

（9）但求尽吾心力之所能及

【原文】

究竟弟所成就者，业已卓然不朽。古人称立德、立功、立言为三不朽。立德最难，而亦最空，故自周、汉以后，罕见以德传者。立功如萧①、曹②、房③、杜④、郭⑤、李靖、韩⑥、岳⑦，立言如马⑧、班⑨、韩⑩、欧阳⑪、李⑫、杜⑬、苏⑭、黄⑮，古今曾有几人？吾辈所可勉者，但求尽吾心力之所能及，而不必遽⑯希千古万难攀跻之人。弟每取立言中之万难攀跻者，而将立功中之稍次者一概抹杀，是孟子钧金舆羽、食重礼轻之说也。乌乎可哉？不若就现有之功，而加之以读书养气，小心大度，以求德亦日进，言亦日醇⑰。譬如筑室，弟之立功已有绝大基址，绝好结构，以后但加装修工夫，何必汲汲皇皇，茫茫无主乎？

（同治三年八月初五日）

【注释】

①萧：何。

②曹：参。

③房：玄龄。

④杜：如晦。

⑤郭：子仪。

⑥韩：世忠。

⑦岳：飞。

⑧马：迁。

⑨班：固。

⑩韩：愈。

⑪欧阳：修。

⑫李：李白。

⑬杜：杜甫。

⑭苏：苏轼。

⑮黄：黄庭坚。

⑯遽：急忙。

⑰醇：通"纯"，纯粹。

（10）但愿代代有秀才

【原文】

吾不望代代得富贵，但愿代代有秀才。秀才者，读书之种子也，世家之招牌也，礼义之旗帜也。谆①嘱瑞侄从此奋勉加功，为人与为学并进，切戒骄奢二字，则家中风气日厚，而诸子侄争相濯②磨也。

（同治四年五月二十六日）

【注释】

①谆：教诲不倦的样子。

②濯：洗。

2. 与儿子谈励志

【题解】

有了坚定出群的志向，才能读好书，才谈得上改变气质；圣贤难做，但全看自己的努力，这并非天命所决定的——曾国藩的这番见解，实际上把人的主观努力，激昂奋发推到了难以取代的地位上。

（1）学做圣贤全由自己

【原文】

凡富贵功名，皆有命定，半由人力，半由天事；唯学做圣贤，全由自己做主，不与天命相干涉。吾有志学为圣贤，少时欠居敬①工夫，至今犹不免偶有戏言戏动。尔宜举止端庄，言不妄发，则入德之基也。

（咸丰六年九月二十九日）

【注释】

①居敬：居处恭敬。

（2）求变须立坚卓之志

【原文】

人之气质，由于天生，本难改变，唯读书则可变化气质。古之精相法①者，并言读书可以变换骨相。欲求变之之法，总须先立坚卓之志。即以余生平言之，三十岁前，最好吃烟，片刻不离，至道光壬寅②十一月廿一日立志戒烟，至今不再吃；四十六岁以前做事无恒，近五年深以为戒，现在大小事均尚有恒。即此二端，可见无事不可变也。尔于厚重二字，须立志变改。古称"金丹换骨"，余谓立志即丹也。此嘱。

（同治元年四月二十四日）

【注释】

①相法：相人之术。

②道光壬寅：即1842年。

3. 与纪瑞侄书

【题解】

在这封写给侄子的信中，曾国藩从曾家祖先的勤俭谈起，指出后辈不可忘却先世之艰难，接着切实为"勤""俭"定出细则，最后勉励侄子趁着年轻立定志向。王侯将相、圣贤豪杰，人肯立志就能做到，是曾国藩的正面意思，背后却隐含着一点——你不这样做，曾家的富贵显赫就可能被人取代。这封信可谓字字入木三分。

立定志向，何事不可成

【原文】

吾家累世以来孝弟勤俭，辅臣公①以上吾不及见，竟希公②、星冈公③皆未明即起，竟日无片刻暇逸。竟希公少时在陈氏宗祠④读书，正月上学，辅臣公给钱一百为零用之需，五月归时，仅用去二文，尚余九十八文还其父，其俭如此。星冈公当孙⑤入翰林之后，犹亲自种菜收粪。吾父竹亭公⑥之勤俭，则尔等所及见也。

今家中境地虽渐宽裕，侄与诸昆弟切不可忘却先世之艰难，有福不可享尽，有势不可使尽。

勤字工夫：第一贵早起，第二贵有恒。俭字工夫：第一莫华丽衣服，第二莫多用仆婢雇工。凡将相无种，圣贤豪杰亦无种，只要人肯立志，都可做得到的。侄等处最顺之境，当最富之年，明年又从最贤之师，但须立定志向，何事不可成，何人不可作，愿吾侄早勉之也。

（同治二年十二月十四日）

——《曾国藩全集·书信》

【注释】

①辅臣公：曾氏高祖父。

②竟希公：曾氏曾祖父。

③星冈公：曾氏祖父。

④宗祠：宗族庙堂。

⑤当孙：曾氏自指。

⑥竹亭公：曾氏父亲

（三）左宗棠

家书三通

【题解】

"大一岁须立一岁志气，长一岁学问"，左宗棠这句话完全可以作为孩子生日或新年之际父母的箴言。无奈世俗中人，往往大一岁却减一岁志气，忘掉一岁学问，这难道不令人深思吗？

（1）与孝威书

【原文】

孝威知之：

三十日过湖，曾一信寄回，想已接阅。自二月初一入荆河口，至廿四日始抵荆州①。五百余里，竟行兼旬②之久，实苦迟滞。今日已雇小车八辆，轿二乘，马两匹，向襄阳③前去，大约须闰月初始抵都④也。尔在家须用心读书，断不可如从前悠忽，是所切嘱。大一岁须立一岁志气，长一岁学问，勿贻我忧。余俱详前谕，不多及也。

二月二十四日

【注释】

①荆州：今属湖北。

②兼旬：两旬。

③襄阳：今属湖北。

④都：即北京。

（2）与孝威书

【原文】

孝威、孝宽知之：

所寄信件均到。尔等今岁读书如何？昨见孝宽与我禀①，字画略有进境，尔母来书，亦渐夸之，或者真知立志学好耶。长一岁须长一岁志气，刻刻念念以学好为事，或免为下流②之归。家用虽不饶③，却比我当初十几岁时好多些，但不可乱用一文，有余则散诸宗亲之贫者，唯崇俭乃可广惠也，识之！刘先生向颇专勤，待之宜厚。我曾教小学生，知先生之难且苦。学俸三节致送，或时其缓急送之。尔母药饵④不可少。尔辈衣无求华，食无求美，则当用之钱，可不致缺矣。此时尚我外事分心，可勤苦学问，勿悠忽度日，最要最要。

【注释】

①禀：禀告。

②下流：卑下之辈。

③饶：丰饶。

④药饵：药物。

（3）与孝勋孝同书

【原文】

谕勋、同知之：

前接孝宽禀，知孝勋夫妇有赴浙①祝寿之说。嗣接若农观察②来信，知已由鄂③搭坐轮船赴宁④，不久仍可同归，殊为悬系。数千里夫妇同行，途间许多不便。又搭坐轮船航海，无可倚信亲丁护送，何能放心。汝辈安坐家中，但知轮船迅便，不知近日轮船失事之案层见叠出，甚可耽心⑤。祝寿非紧要典礼，不必夫妇同行。数千里航海宁亲⑥，尤非稳便。事前并不禀告老父，候示遵行，又与礼大有不合。勋性柔暗，宜其不明道理，宽亦听之，何也？此信到湘⑦，计⑧勋已回家，嗣后不准任意妄行，并传谕三媳妇知之。宽信云三月底来甘肃，并言过鄂时再由鄂台寄信。见已四十余日，未接只字，或三月底尚未动身耶？抑沿途阻滞耶？同在家潜心读书为要，今岁未延师训课，尤宜检束自勉，不可放肆废学。吾老矣，军事羁身，去家万里，儿曹成败非能预知，亦实不暇管教，尔等成人与否亦不在意，只好听之。丰孙辈当渐有知晓，尔等能以身作则，庶耳濡目染，日有长进，不至流入纨绔恶少一派，否则相习成风，不知所底矣。吾所望于儿孙者，耕田识字，无忝门风，不欲其俊达多能，亦不望其能文章取科第。

小时听惯好话，看惯好榜样，长大或尚留得几分寒素书生气象，否则积代勤苦读书世泽日渐销亡，鲜克⑨由礼，将由恶终矣。

丁丑五月初四夜肃州

——《左宗棠全集》

【注释】

①浙：江。

②观察：清代对道员的尊称。

③鄂：湖北。

④宁：南京。

⑤耽心：担心。

⑥亲：省亲。

⑦湘：湖南。

⑧计：估计。

⑨鲜克：很少能够。

（四）胡林翼

报国振家，不计功名

【题解】

以下五封信，时间跨度较大，但可以比较清晰地看出胡林翼一贯的思想。把志向和勤学积累结合起来，把自己的入世立功与功名得失不足挂怀统一起来，显示出胡林翼的一腔热诚。不过，他在历史上留下的污点也是洗刷不掉的。

（1）致墨溪公

【原文】

王二来，获手谕。敬悉大人已安抵家中，无任快慰。此间人士，咸从大人学术湛深，文章渊茂①，乃仅膺鹗荐，未获鹏搏②，深为扼腕③。然侄深知大人取青紫如拾芥，暂时蠖④屈，又何足介介耶？考试制度创自明祖，其用意所在，姑置不论，唯以一日之短长，定万人之高下，沧海遗珠，势安能免？士之怀才而不售者，岂果文章之劣，非命运之舛⑤？即主试者知才之匪易，风檐寸晷⑥中，殆不知有多少才人，因挫折而抑郁，而穷愁，而颓放，或且至于老死而默默无闻。其狡黠者，不甘岑寂，则更别出奇途，以求遂其富贵功名之欲望。而天下事遂不堪问。呜呼！此又岂创者之本意哉？侄年少，言未能合于理，聊抒所怀，尚望叔父纠绳⑦而训导之。

双亲均康健，侄精神亦佳，足慰远念。

十二月初三日

【注释】

①渊茂：渊博美善。

②鹏搏：比喻重用。

③扼腕：痛心之状。

④蠖：即尺蠖。

⑤舛：jié 难也。

⑥晷：guǐ 时光，时间。

⑦纠绳：纠正。

（2）致墨溪公

【原文】

奉手谕盥①诵再四，其所以嘉勉侄者，至感且惭。至谓士先器识，而后文艺，唯庸人乃斤斤于功名之得失数语，尤足见大人之怀抱，迥异常流，钦佩何可言宣！父亲近亦告诫侄，读书当旁搜远览，博通天人，庶几知上下古今之变，而卓然成家。若仅仅以辞句相夸耀，非所以励实学也。侄迩来读书所得，录奉数则，稚子识见，幸大人勿哂②。

三月十四日

【注释】

①盥：guàn 洗手。

②哂：shěn 笑。

（3）致枫弟

【原文】

吾人生于两仪①之间，果何为乎？兄常冥冥以思，而苦未能得解。然人生决不当随俗浮沉，生无益于当时，死无闻于后世，可断言者也。唯然，吾人当求所以自立，勉为众人所不敢为、不能为之事，上以报国，下以振家，庶不负此昂藏②七尺之躯。夫今日最要之图，首在有所养。蒙庄③有言："水之积焉不厚，则其负大舟焉无力。"养者，即积之谓也。积之道如何？亦唯勤敏悦学而已。举凡切合于政治民生之学，穷原竟委，专心研贯，一事毕更治一事，如是则他日出而用世，庶不致折足覆𫗧④之诮⑤，而愚妄之讥自可免。两弟阅之以为何如？愿各自勉。

五月十九日

【注释】

①两仪：阴阳二气。

②昂藏：气宇不凡。

③蒙庄：蒙城庄周。

④悚：sù 喻前功尽弃。

⑤诮：讥笑。

（4）致仪弟

【原文】

吾弟以盛壮之年华，忽作弃世之议论，此大不可者也。吾家世受国恩，固不容不力图保称。即以吾弟而论，寡母在堂，其所希冀者，唯吾弟之腾达，有以慰藉之耳。倘竟离尘绝世，决然遁迹①，又将何以对寡母？抑亦计之左者矣。

十二月十五日

【注释】

①遁迹：隐居。

（5）致彦生侄

【原文】

接来书，知悉一切。吾侄志在自立，宁愿自谋生计，不肯依靠祖父余荫，此志殊可嘉尚。唯此事须细加考虑，不可一味蛮针瞎灸①，反使事难转圜。人不幸生而贫乏，则父兄亦难于教养，斯亦已耳。若吾侄处境，虽不十分宽裕，要亦不十分窘迫，若能循规蹈矩，则依食无忧，一面专心读书，为光前裕后计，亦非无理。倘一味恃②其忿忿之气，必欲脱离家庭，并不顾及父母之恩德，高飞远扬，自树一帜，此岂志在自立者所应尔耳？吾侄既有信来，则我为侄计，万勿做此谬想，年方盛壮，前程无限，勿执成见，勿徇浮言③，至要，至要，汝父处，我当另托人转述，俾④一场小小风波，从此结束。

十二月十五日
——《胡林翼家书》

【注释】

①蛮针瞎灸：jiǔ 比喻胡乱处理。

②恃：依仗。

③浮言：虚浮的话。

④俾：bǐ 使得。

（五）彭玉麟

家书十通

【题解】

不管是青年时期求学还是壮年时期带兵，彭玉麟都有一番慷慨大志，为国为家，为自己的建功立业。他提出为人当"为正义作前驱"，"不可为名所驱"，不可"为利所驱"，"尤不可为势所驱"；要不畏强佞，不顾身家性命来"为国尽忠"，所谓一息尚存，岂容懈怠！这些都是比较激励人心的。当然，彭玉麟镇压人民起义，这一点也必须正视。

（1）禀母

【原文】

迩际①结茅衡山②，则课经而柔课史。处心冥穆③，常谨守大人督励之训：要期为龙之腾云，蛟之出壑。《礼记》全部，已浏览数遍，不敢云熟谙，而心得亦不少。《鉴》④读至东汉明帝尊孔之章，觉至圣文明，究不可磨灭；邪说忘形，清谈泯志，都非牖世经纶之术。此间幽寂，大好用功。木鱼清磬中，发人妙悟。然不敢因是亲禅寂之徒，入虚无之境以自误。盖粤⑤地烽烟方炽，正男儿立功卫国时也。

【注释】

①迩际：近来。
②衡山：今属湖南。
③冥穆：宁静。
④《鉴》：《资治通鉴》。
⑤粤：广东省的简称。

（2）禀母

【原文】

吾家清苦，无期功强近之亲攀援附引。唯其如此，乃与男①以刻苦自励之阶。丈夫立身，本耻蝇营狗苟②。有一艺自植，足慰堂上甘旨，于愿未足，于心无疚矣。科名两字，太觉酸腐，但藉此羁束身心，使勿懒散，亦一法也。年来主考，辄少伯乐，男不敢怨天尤人，总觉自己学问粗疏耳。

【注释】

①男：古代儿子自称。

②蝇营狗苟：到处钻营，苟且偷生。

（3）谕子

【原文】

余近日以军务倥偬①，寝食不安，幸得汝母贤能，可无内顾忧。尝谓士贵立志，何患令名之不彰？何患家运之不兴？曩昔②风灯夜读，齑③粥自励，何尝忘怀！汝勿邀承余荫，便而骄纵。读书当有恒心，切勿得新厌故。可将每月功课，写明告我：作诗几首？作文几首？点经几卷？点史几卷？须要详细勿漏，则我心欢喜也。写字每晨至少须临帖百字。自五月初一起，天气渐热，早起为佳。早起一小时，便多学一分。晨气清，神志亦清，此时做事，处处易得天籁④。吾家本诗礼门阀，岂容有不肖之子？勤与朴，为余处世立身之道，有恒又为勤朴之根源。余虽在军中，尚日日写字十页，看书二十页。看后，用石朱笔圈批，日必了此功课为佳。偶遇事冗，虽明日补书补看亦不欢，故必忙里偷闲而为之。然此策尚下，故必早起数时以为之，决不肯今日耽搁，谓有明日可补。亦不肯以明日有事，今日预为。如是者数年，未尝间断，亦无所苦。要汝将余方法试习之，牢记"有恒"两字，则陶侃"运甓"⑤何为可以悟。望汝刻刻留心。

【注释】

①倥偬：kōng zǒng 急迫。

②昔：过去。

③齑：jī 菜粉。

④天籁：自然的声气。

⑤运甓：搬运砖块来自我勉励，甓音 pì。

（4）致蛰蛟弟

【原文】

闻钊侄今春入泮①，大佳。犹忆数年前，同乡罗子俊，与钊侄同读。当时钊侄巍然②露头角，老辈先生交口称誉。子俊见誉不及己，背后出丑语。此人至今，尚未青一衿。究竟恃才傲物是大忌，可嘱钊侄得勿自满。帖括外，当一志从事于前辈大家之文。科名尚不及文章。文章不朽，传之久而学之难，则当有恒。婺源③汪双池先生，三十年前为人佣，三十年后发奋读书，卒成本朝有数名儒，亦不过有恒立志而已。况侄辈有良师可问难，有益友可规摹④，读书无成，愧对婺源⑤矣。

【注释】

①泮：pàn 泮宫，古代的学校。

②巍然：少年聪明的样子。

③婺源：今属浙江。

④摹：仿效。

⑤婺源：古人常以地望称人。

（5）谕玉孙

【原文】

吕坤语①："贫不足羞，可羞是贫而无志；贱不足恶，可恶是贱而无能。"是以立言立行之外，尚须立德立功。人有一技之长以自养，不求人以取辱，便是大丈夫。依赖成性，仰人鼻息，最可耻。童子鸿不肯因人而炊，便可敬。寥寥此数语，在汝信中见之，使我欢喜。稚年②已悟道，他日必能光吾门楣。今特寄汝白银十两，作买书佐读之需。《昌黎文集》全部，每日须看二十页，勿间断。近来世道人心大变，深似《货殖传》③所云：富者土木被文锦，犬马余肉粟；而贫者短褐不完，噙菽④饮水，那得不乱？但是经此浩劫之后，贫者行素而易活，富者暴落而难生，嗷嗷⑤之态，更觉可怜。汝必有所警惕矣。

【注释】

①吕坤语：《呻吟语》。

②稚年：幼年。

③《货殖传》：《史记·货殖列传》。

④噙菽：口含豆类品。

⑤嗷嗷：áo 哀鸣声。

（6）致弟

【原文】

夫人不可为名所驱，为利所驱；尤不可为势所驱；终须为正义作前驱。

（7）谕子

【原文】

强凌弱，众暴寡，势利之天下，岂自今日始？唯有坚毅卓立之精神足敌之。从古跻①帝王卿相之尊者，有是精神，为圣贤豪杰者；有是精神，临难不畏，逢敌不惧，故能不亢不卑而成大事业。余性素刚强，每喜与京都名公钜卿之作威作福者寻仇，亦未尝无卓立坚毅之精神，不畏强御，务使欲心敛迹而后已。近来入世稍深，觉天地间刚柔不可偏废，太刚则易折，太柔则易靡。刚非暴戾恣睢②之谓也，强矫可已；柔非卑弱懦下之谓也，谦退可已。创家业则刚，乐守成则柔；与名公钜卿论国事则刚，与兄弟父子论享受则柔。若名已立而功已成，广置田园，大兴土木，劳工而疲财，乃自满之象，非谦退之道也。其业易隳③，其名易裂，非吾所乐闻也。

【注释】

①跻：jī 升登。

②暴戾恣睢：放纵。

③隳：huī 败落。

（8）谕子

【原文】

汝祖母年高，衣帛食肉，余尚愧孟子孝养之心。特汝方稚，不宜耽逸乐而嗜温饱，宜苦其身心，励其志气。屋后有苗圃三畦①，可种菜。苏耆味菜根而甘，其冲淡养俭之趣，未知汝能辨得否？

【注释】

①畦：土埂所围田地。

（9）禀叔

【原文】

满招损、谦受益，日中则昃①、月盈则亏，此定理也。侄以戎马仓皇，膺②圣上殊恩拔擢，可谓盛矣。每有章奏，倚宠而一吐骨鲠③，则朝廷侧目。此虽尽忠报国，不敢习脂韦唯阿④之风。威仪棱棱，不畏强佞，不顾生命之私，每得圣慈含容，适与大臣以难堪。深恐亢悔，而无以对老母在天之灵。乃叔父来书，嘱我公而忘私，国而忘家，一心以戡⑤乱为主，而勿以升擢为念。侄心安之，窃恐太刚则折，而太软犹忧其废也。希教诲之。

【注释】

①昃：zè 太阳西斜。

②膺：yīng 受到。

③骨鲠：忠言。

④唯阿：唯唯诺诺。

⑤戡：kān 用武力平定（叛乱）。

国学经典文库

中华传世家训

第一编 励志

图文珍藏版

（10）致弟

【原文】

兵凶战危，人人见而趋避之，唯带勇①之人，不可存此心。吾自率一营，吃尽千辛万苦，受怕担惊之念亦渐消。不过现在想脱身营伍②，万不能。一则受国厚恩，自当尽心竭力，训练水师③；一则贼氛未靖，一息尚存，岂容志懈！所谓涓埃④未报，寸心难安即在是。吾弟尚未食禄，虽有忧天下之心，尚可不闻理乱，养晦待时也。

——《彭玉麟家书》

【注释】

①勇：兵勇。

②伍：军队。

③水师：海军。

④涓埃：一点一滴。

（六）俞樾

与次女绣孙书

【题解】

大学问家俞樾教女，指出人在中年时碰碰壁，经一番小小挫折，对晚年大有好处。俞樾还引用彭雪琴的诗"欲除烦恼须无我，历尽艰难做好人"来勉励孩子，这句诗确实值得人玩味。

【原文】

得正月二十七日书，知汝无恙①，为慰。

吾于正月二十八日，在钱塘江首途，由严州、金华、处州、温州②而至福宁③。祖母今年八十有七，惟步履艰难，及重听④较甚耳，饮食起居，与前年无异，期颐⑤可望也。伯父之病，仍未脱体，幸公事清闲，颇足养病。吾在彼小住二十七日，仍由原路而还，水陆兼程，行殊不易。然泉声山色，颇足娱情；已于三月之末至西湖精舍，笔墨丛杂，宾客纷繁，远不如福宁太守之清闲自在矣。汝南旋之计，闻又不果。在都⑥固无佳况，还南亦乏良图，触藩⑦之叹，诚有如汝所言者。眼前既不成行，宜随时排遣，勿郁结成病。汝有生以来，尚无大拂逆之境，此日稍尝辛苦，亦文章顿挫之法。昨得彭雪琴侍郎书，有诗云："欲除烦恼须无我，历尽艰难好作人。"此言有味，故为汝诵之。

吾尝言人生须分三截：少年一截，中年一截，晚年一截。此三截中无一毫拂逆，乃是大福全福，未易得也。三截中有两截好，已算福分矣。但此两截好，须在中晚方佳。若晚年不好，便乏味也。必不得已，中一截不好，犹之可耳。汝少年总算顺境，但愿以中年之小不好，博⑧晚年之大好，仍不失为福慧楼中人。善自保重，深思吾言。

——《近代名人尺牍》

【注释】

①恙：yàng 疾病。

②严州、金华、处州、温州：以上今属浙江。

③福宁：今属福建。

④重听：耳聋。

⑤期颐：百年寿诞。

⑥都：即北京。

⑦触藩：羊用角抵篱笆，比喻碰壁，进退两难。

⑧博：博得。

（七）甘树椿

《甘氏家训》论励志

【题解】

甘树椿，民国时人，号"花隐老人"，学识渊博，阅历丰实。他认为学习只有对国家和民众有益，学习才有价值，倘若人品道德不足取，只凭科名提高身价也没有什么意义。因此他勉励后代要立志于社会，对我们现代人有重要的现实意义。

（1）从小律己

【原文】

我少而孤露，长历艰屯。每届隆冬败絮自拥，屡遭荒岁，但啖糜粥，所处之境，极人世之所不堪。然我固坦然自若也，时以闵仲叔、陶渊明自励，从不肯乞怜于人，以为士何患穷？唯穷然后见君子。若戚戚于贫贱而不免求人，则人品隳矣。孔子曰："君子求诸己，小人求诸人。"我之所以处贫者在此，我之所以立品者亦在此。穷达有命，求人而不求己，是为不知命，非君子所为也。汝其戒之。

【译文】

我小时候父母双亡，历尽艰难。每到寒冬，只披一块破棉絮，几次遭灾荒年，只能吃稀粥，其处境是世人所难以忍受的。但是我心地坦然，常常用闵仲叔、陶渊明等人勉励自己，从不向人乞求怜悯，认为士人并不怕什么穷困，只有经过穷困才能看出君子的节操。如果为贫贱而忧愁，免不了会求人，那么人品就坏了。孔子说："有德者严格要求自己，磨炼自己，小人才事事依赖他人。"我之所以安贫出于这种思考，我之所以树立自己的人格也在这里。贫穷和通达是命中注定的，只去求人而自己不努力，这是不懂天命，不是有德行的人应做的。你们要警戒。

（2）做事不拖延

【原文】

人之做事，切戒因循，因循最害事，今日应办之事，即应于今日了之，断不可推至明日。盖明日又有明日应办之事，若推至明日，势必至于积压。积压愈多，了结愈难，而事之延搁迟误者不少矣。故曰：需者，事之贼也。戒之，戒之。

【译文】

人们做事情要切戒拖延，拖延是最误事的。今天应该办的事情，就应该在今天办完，千万不可推到明天。因为明天还有明天要办的事，如果推到明天，势必造成事情的积压。积压的越多，就越难办完，使更多的事情耽误。所以说拖延是事情的大敌，要引以为戒。

（3）学有所用

【原文】

汝入应乡举，今始获隽，吾心为之喜，平生亲故亦无不为汝喜者。在他人之意，以为既得科名，可为门户之幸，可作宗族交游光宠。我意则不尔也。我惟望汝读有用之书，为有用之学，行古人之行，事古人之事耳。人之学行果能有补世教，有益于国家天下，则科名将以人重，人岂必以科名重哉！若人不足取，但藉科名增重，则非我之所敢知矣。

【译文】

你应考乡试，今天终于考中举人，我从心里为你高兴，亲戚朋友们也都为你高兴。在别人看来，认为既已中举，便可光宗耀祖。而我却不是这样认为的。我只希望你读有用的书，做有用的学问，以古人高尚的操守规范自己的行为，做古代贤人所做的事。只要你的学问真能有益于国家与民众，那么科名就会因人而贵重，人不必以科名为重。倘若人品道德不足取，而只凭科名提高身价，这又有什么价值呢？

（4）磨励意志

【原文】

汝信来谓边塞奇冷，八月即雪，寒荒甫辟，居人鲜少，汝以为苦，我不谓然也。自古伟大人物未有不从吃苦来者，如明之王文成、孙高阳、史道邻，本朝之汤文正、于清端，皆极耐得苦，故能身任艰巨，卓为一代名臣。驰驱于冰天雪窖之中，正可籍以锻炼我之骨性，增长我之精神，激发我之志气。若住惯三吴两浙繁盛之区，适足养成膏粱安逸之身，他日如何能担当大事。

——《甘氏家训》

【译文】

你来信说边疆天气寒冷，人烟稀少，八月份便飞雪满天，你感觉很艰辛，我却不以为然。自古伟人均历尽艰辛，如明代的王文成、孙高阳、史道邻，本朝的汤文正、于清端，都能吃苦耐劳，所以能身负重任，成为一代名臣。在冰天雪地中奔波，才能锻炼筋骨，磨砺意志。如住惯繁华的闹市，过惯了安逸享乐的生活，日后怎能肩负重任。

（八）严 复

1. 与甥女何纫兰书信三封

【题解】

这三封信均写于1906年。严复的外甥女有心创办女子学校，使女子得以享受教育的权利与机会，严复在这三封信中对于外甥女的这一志向深表理解与支持，鼓励外甥女克服困难，为女同胞们争一口气，同时表示自己愿意到外甥女创办的学校担任一个普通教员，并为外甥女的办校提供了具体的指导及参考意见，以此激励外甥女为振兴女子教育做出勇敢的奉献。严复的这种思想、态度值得我们高度肯定与赞赏。

其 一

【原文】

星期眛来，极承甥以图立完全女学见勖①，舅老矣，岂堪汝曹②如此责望？虽然一息尚存，不容稍懈，当为吾儿勉成盛业。月望前后，拟赴秣陵③，掉此謇舌，以完全女学一说南洋端午帅④。事若果成，皆吾甥之功矣。然尚有一二节目待与儿商榷者，不审十六仍能乞假一眛否？若能，吾当于十八行；必不能，吾当于十五、六行也。近同乡郑太夷⑤及高子益⑥、梦旦⑦兄弟暨魏季渚等，皆深以此事为然，盼阿舅勉成此业也。儿常怪吾草书难识，此数行学文待诏，他日流传，一段佳话也。

光绪三十二年丙午

十月十四日以前作于上海

【注释】

①勖：xù 勉励。

②曹：你们。

③赴秣：今属江苏南京。

④午帅：两江总督端方。

⑤郑太夷：名孝胥。

⑥高子益：名而谦。

⑦梦旦：名凤谦。

其　二

【原文】

望晨信即于午间接到。吾儿病向系罗医治疗，乃今医病，而一时又难即愈，殊令我悬悬①也。北京回头之信，望眼欲穿，总未接到，姑再延两日，若十七不到，便无法矣。老史事毋庸挂意。字帖，今送去赵松雪兰亭十三跋及文待诏千字文两种，但勤习之。久后自有进步也。吾每见儿劬学，辄深感叹。盖使他人为此，其目的为择对耳，屈正则所谓两美必合也；独儿自修弥勤，则去对弥远，岂彼苍不仁，果好畸而恶偶如是耶？虽然，无怠。他日诚能自立，为女界吐气，阿舅教汝，岂徒与有荣施？盖所以娱桑榆②、慰迟暮者，亦赖汝而已矣。

光绪三十二年丙午

十月十六日作于上海

【注释】

①悬悬：牵挂之状。

②桑榆：喻晚年。

其　三

【原文】

本早得见端午桥①，以宾师之礼相推挹②，外貌极客气，又下贴请我明午在渠③处同饭。此近来督抚待虚名人通法，不足称异。晨间客座，座中有藩台继昌及吴剑泉等，藩台极守旧，最怕花钱。吾提及两事：一是复旦公学须得彼提倡，肯助开头及后此常年经费，吾乃肯为彼中校长；又劝此老兴办上海女学有完全国粹教育者。此二呈渠④皆乐从，且云为费有限，总可出力云云。属吾将详细章程各上禀帖，俾其斟酌。看来女学总有几分可望也。谈间，见其第二子，欲令拜我为师；且云自己年太长了，不然，当行北面之礼⑤，其甘言如此。女学一事，此间开者亦多。顷遇沈次裳，正约我明早十点钟到彼女校演说也。沈办之外，本地绅办者尚有数处，大都借此为交接官场之具，醉翁之意殊不在酒，其程度、成效可想而知。风潮尚少，而谣诼⑥则随地而兴，故舅虽发此宏愿，为女界出一臂之力，然而每念人言，未尝不畏，他日事成，吾但愿充一国文教员，每日两小时足矣。至于校政，须得聪明强干又正派女人相助为理，不识儿朋友中有此人否。叔宜表嫂足当一面，但恐伯玉家政渐繁，不能舍此内助耳。此事正经提议，须在明年，又须与关道瑞澂接洽，方有边际。具俟归日会面，乃与吾儿细谭⑦也。汝同学中不乏文明闺秀，不妨与之深商办法。大抵吾辈于此等事，不办则已，既办则虽千辛万苦，总须于社会著实有益，可与后来人取法。若不能如是，则无宁不办也。汝亦以吾言为然乎？今将开校宗旨略疏如下：

一、此校目的，要裁成头等女师数百人。

二、校地设在上海附近，以其为南北中点，且教员易觅。

三、此校重汉文、科学、卫生、美术，而西文则兼习。

四、此校管理员用女，教员用男。西学则用西妇，或用本国女子。管理员权最重。

五、此校两年预备，而三年正斋。

六、学生选未嫁者，其身家必须细查清白。其已嫁者，设立小小专班，别定规则。

七、学生程度须有识字根柢，又学费月约十元，不住宿者减半。

大略吾意如此，汝更细思。吾明晚即赴下关候船，廿三天明向皖，因中丞有电来催也。

光绪三十二年丙午
十月廿一日作于金陵

【注释】

①端：即端方。

②推挹：yì 推让。

③渠：他也。

④渠：第三人称。

⑤礼：古时敬师之礼。

⑥谣诼：造谣诽谤。

⑦谭：同"谈"。

2. 勤学敬人

【题解】

在这封写给外出求学的儿子的信中，严复向儿子解释了为何要让他外出求学，并在为人、处世、治学等方面给予了谆谆教导。关切之情，跃然纸上。

【原文】

吾儿初次出门就学，远离亲爱，难免离索之苦，吾与汝母亲皆极关怀；但以男儿生世，弧矢四方①，早晚总须离家入世，故令儿就学唐山耳。尚幸有鋈哥一家在彼，而伯曜、季炽兄弟又系世交熟人，当不至如何索寞。现开学伊始，功课宜不甚殷，暇时仍当料理旧学，勿任抛荒。闻看《通鉴》，自属甚佳；但《左传》尚未卒业，仍应排日②点诵③，即不能背，只令遍数读足亦可。文字有不解处，可就近请教伯曜或信问先生，庶无半途废业之叹。校中师友，均应和敬接待，人前以多见闻默识而少发议论为佳；至臧否④人物，尤宜谨慎也。改名一节，若校长执意不肯，可暂置之，但告鋈哥于得便时仍须做到也。校长若问理由，则告以因犯亲族尊长先讳之故。名字原以表德，定名、改名，各从微尚，无取特别充足理由也。秋风戒寒，早晚起居，格外谨慎，脱有小极，可告鋈哥早些想法，勿俟已成大病，方求治疗也。儿来信书字颇佳，此后可以书帖；日作数纸，可代体操。

——《严复集·书信》

【注释】

①弧矢四方：到外面建功立业。

②排日：连日。

③点诵：标点和诵读，也可作选读解。

④臧否：品评，褒贬。

（九）邹岐山

《启后留言》论励志

【题解】

邹岐山，是清末民初的一位商人。他强调，人要有志气，他认为证明一个人是否有能力的重要标志是"能不能发奋自立，能不能白手起家"。至于几个人合伙经商，聘请人任事，首先要看其人品行如何，性情怎样。

作者对经商的艰难体会颇深，然而经商最难的则是"与素不相识的人初次打交道，难以分辨对方的用心是否叵测，或把你诱引到赌博的场所，神出鬼没难以逃脱别人的诈骗的阴谋；或被诱引到妓院里，让你花天酒地，坠入昏迷之乡。只要一时把握不住自己，就会酿成终身的懊悔"。所以作者认为遇到类似的诱惑，必须"早拿主意，坚定意志，才能免入歧途"。这些体会给人的启示是多方面的。

（1）人为万物之灵

【原文】

天地万物，人为最贵。因为人能用其灵心，把事业创成，把家产造就，得到名利兼全的效果，所以称为万物之灵。要是不肯用其灵心，空长了七尺身躯，到老一事无成。活着是衣架饭囊，死了不过臭污一块土地，倒不如物类之大者，牛能耕田，马能拉车，狗能守夜，鸡能司晨。物类之小者，蚕能吐丝，蜂能酿蜜，尚各有一技之长，不负为天之所生。吾愿后起的青年，及早努力，方不负为人一世啊！

【译文】

天地万物之中，人是最高贵的，因为人会思维，有灵气，能建立家业，成就事业，能使预想成为现实，故人被称为万物的灵长。如果人不会运用自己的智慧，徒有七尺之躯，必将一生无成。活着是酒囊饭袋，死了也只会玷污一块土地。反倒比不上动物。动物中大的如牛能用来耕地，马能帮人拉车，狗能为人守夜，鸡会替人报晓。动物中小的如蚕能吐丝供人织布，蜂能酿蜜强人身体。这些动物都还各有一技之长，不辜负上天把他们降生到这个世界，所以我希望青年要快快努力，才不会白白做人一场！

（2）男居夫妇之首

【原文】

古人说：夫为妻纲。虽是句陈腐的话，其中确有至理。盖妇人之贫富贵贱，全视其男子而定，可见男子的责任是非常重大的。既为妇人之夫，总得用其灵心，劳其筋力，兴家立业。功成名就。教他的女人衣食丰足，安居度日，这才能夫唱妇随，成一个快乐的家庭。要是不肯用心劳力，不但自己没有进步，连祖宗遗下的产业，也都馋懒花尽，致使室人交谪，儿女啼饥。反不如终身不娶，免连累人家的好女子啊。

【译文】

古人曾说：丈夫是妻子的主宰。这话虽然陈腐，但也确实说出了一个深刻道理。因为妻子的贫富或贵贱，都取决于丈夫，所以做丈夫的责任重大。既然做了丈夫，就必须用心劳力，去创立家业，让妻子儿女丰衣足食，安居乐业。否则，不仅自己没有发展，就连祖先留下的遗产，也会因你懒、馋而荡尽，以致使家庭不和。这样不如一辈不娶妻，免得拖累别人家的女儿。

（3）士农工商皆为生计，然必因人处宜

【原文】

天地之大，人类之繁，除了士农工商而外，别无生活之路。为士者朝夕苦学，预备应时之用。为农者时刻勤苦，盼望秋之果。为工者各逞其技巧之能，为商者各尽其应变之才。无非是求衣食，谋生计而已。为父兄者，必须先考察其子弟的性质，作何职业最为适当，量材酌用，是为至要。

【译文】

天地广大，人口众多，就谋求职业而论，除了士农工商而外，别无谋生之路。读书人日夜苦学，为的是日后应时而用。农民辛勤劳作了为盼望秋天丰收的果实。工匠们竞相显示自己技巧的高明与娴熟，商人们各自施展自己的应变才能，无非都是为了谋生而已。作为父兄的，要首先了解子弟的性格禀赋特点，适应于哪种职业，才可量材而用，这是至关重要的事。

（4）立志向期比高人

【原文】

从古以来，大有作为的人，能奏特出之功，立无疆之业者，必先立定志向。不肯以庸人自居，才能煊赫一世，流芳千古。盖男儿无志。如铁无钢，又如无舵之船。无衔之马，漂荡奔逸，何所底止。《孟子》有言："志者，气之帅。"古诗有云："将相本无种，男儿当自强。"可见圣贤豪杰，全在有志竟成，万不可泄泄沓沓，颓靡不振，悠悠忽忽，甘居下流也。

【译文】

自古以来，真正大有作为的人，能取得显赫的功绩，能立下无边的伟业，必定首先立下雄心壮志。只有不愿以庸人自居，才能显身扬名，流芳千古。所以说男儿如果没有志向，就好像是铁里不含钢的成分，就像没有舵的船，像没有戴上缰绳的马一样，四处飘荡，没有目标。《孟子》说："所谓志向，是精神的主宰。"古诗也说："将相不是天生的，好男儿应当发奋自强。"可见圣贤豪杰，都是有志而后才能成事，万万不能拖拖沓沓，无精打采，没有志向，不求进取，自甘堕落。

（5）少壮努力大有可为

【原文】

人当少壮之时，血气方刚，脑力充足，诚能刻苦用心，为所当为，将来的造就，自然不可限量。但是一般少年，多有不知自爱，不是游手好闲，就是胡作非为。论武则好勇斗狠，论文则雪月风花，致将大好光阴，消磨于无用之地。要知青春难得，来日方长。与其好勇斗狠而逞强，何如振起精神而治家；与其风花雪月而快心，何如努力向前而荣身。后生可畏，回头是岸，那可不及早猛醒呢？

【译文】

人在青年时，精力充沛，如真能努力去做应该做的事，将来的前途必定远大。然而一般的年轻人，大多不懂怎样爱惜自己，把大好时光白白浪费，或用在一些无聊的事情上。要明白青春是不会再来的，你们还年轻，未来的日子还很长。与其把精力用在那些无聊的事情上，哪如把精力放在治家或追求一种事业上。晚辈的进步是令人生长的，只要你肯回头就能重新做人，怎么可以不快快觉醒呢？

（6）老大伤悲，后悔何补

【原文】

人必先有少壮，而后才有老大。虽说光阴迅速，也不是顷刻即过的。溯其自少至老，经过多少岁月。果能破釜沉舟，埋头苦干，何事不可成，何事不可就？到得事成业就，名利兼收，那时人尽钦仰，方不负老大之实。若在少年时，精神白白消磨，岁月空空错过，一到老大之年，百无一成。古人说："少壮不努力，老大徒伤悲"，虽悔复何及呢？

【译文】

人一定是先有少年，然后才达到老年。虽然说时间过得很快，但也不是一下子就过去的。回想从小到老，要经历多少年年月月。如真能不顾一切地去干一番事业，什么事情做不成呢？到了功成名就时，受到人们的敬重，这才不妄活一生。如果年轻虚度年华，到老时便一事无成。古人说："年轻时不发奋努力，老了只有空悲伤而已"，到那时后悔就晚了。

（7）强壮至衰老，直如转瞬

【原文】

光阴似箭，日月如梭，浮生若梦，转眼就过。所以人当强壮之时，正宜及早努力，无论求学做事，总要寸阴是惜，急起直追，怕的是日月逝矣，岁不我与。若在少年时代，不知自爱，纵情风月，任意行乐，曾几何时，而视茫茫，鬓苍苍，齿牙摇动，血气既衰，年龄已高。终于一事未成，一业未就，清夜自思，岂不虚度此生吗？

【译文】

时间像箭一样飞驰，人生像梦一样短暂。所以人在年富力强时要努力奋进，珍惜时间。如果年轻时不懂得爱惜自己，纵情于物马声色之中，转眼成了个头白眼花的老翁，最后一事无成。夜晚睡不着时自己好好想想，难道不是白白浪费了这一生吗？

（8）一技一艺，足保衣食

【原文】

俗语说：匹夫而致万金，必有过人之才。又说，积财千万，不如薄技在身。试看世上，丰衣足食的人，其事业广大，其门庭显赫，莫有一个不是多才多艺的。但是人之天性不同，巧拙各异，人人都想多才多艺，也是难事。只要能守定，一技之长，一艺之能，循规蹈矩，尽心竭力，也可保他一生吃着不尽。最怕是一无所长，那就难保饥寒了。

【译文】

俗话说：匹夫能拥有万金，一定是有过人的才华。还有一种说法：家有万贯，不如掌握一种卑微的技能。请看社会上，凡是丰衣足食事业恢宏，门庭显赫的，没有一个不是多才多艺的人。然而人的天赋禀性不同，巧拙也有差别，不可能人人达到多才多艺的程度。但只要能立定志向，掌握一种特长或技艺，并能坚持不懈地做下去，也可保他一生衣食没问题。最可担心的是没有一点特长，那就难保是否会受饥寒了。

（9）继承家业，不为己能

【原文】

人惟能发奋自立，赤手起家，才是个人的能力。再或承先人遗业，努力经营，扩充而光大之。这种人虽有所凭藉，其能力也高人一等。独有一种人，本身一技未有，一艺不能，因为继承先业，坐拥巨资，衣必锦，食必美味，诗张子酒楼、妓馆之地，而自以为豪，装模作样，自己能。那知祖宗遗业虽厚，其子孙惟知销耗，不思保守，尚能长享富贵吗？

【译文】

一个人只有发奋自立，白手起家，才真正是自己有能力。还有的人在继承先辈基业的基础之上去努力经营，不断扩充家产也是有能力的标志。单有一种人，本身没有一技之长，没有一艺之能，仅仅是继承了先辈的遗产，不劳而获，过着奢侈豪华、花天酒地的生活，却自以为得意，自以为有能耐。岂不知祖宗遗产虽然丰厚，而子孙只知挥霍，不考虑守业，怎么能长时间享受这种富贵呢？

（10）谄富贵者，无志之士

【原文】

从来有志之士，远大相期，立无疆之业，成不世之功，其于寻常之富贵，犹不屑一顾，何谄云乎哉。即其次者，见人富贵，则立志前进，用力勤俭，不数年间，富贵将为我有，又何用谄彼为富贵呢？惟不等者流，见彼富贵者，衣文箫而食膏粱，不免生欣羡之心，遂露摇尾乞怜之态。亦曾思富贵当自致，将相本无种，男儿当自强。已不自立，而颜谄人，究有何益呢？

【译文】

自古以来立下雄心壮志的人，抱负远大，气魄宏伟，追求不朽的功业，所以对寻常人眼中的富贵根本不屑一顾，更何况去做那种谄媚巴结奉承的事呢。另有一种层次低一些的人，看到别人富贵荣华，便立志奋发，克勤克俭，用不上几年，就获得了富贵，何必靠巴结人去求富贵呢？唯有下贱卑俗的人，见别人富贵有权势，穿着华丽吃山珍海味，便垂涎三尺羡慕不已，于是便做出摇尾乞怜的丑态。我早就想，富贵要靠自己的努力去获得，将相本来就没有天生的，作为男子汉大丈夫应当自立自强。倘若不能自立，去低三下四地谄媚人，又会带来什么好处呢？

（11）骄贫贱者，无仁人心

【原文】

艰难困苦，颠沛流离，甚惟贫贱之人乎？故见贫贱之人，大抵皆怜之悯之，周之恤之。何也？盖恻隐之心，人皆有之之故也，乃偏有见贫贱者，若不严厉拒绝，何以免其厌之求呢。噫，若而人者，不但无仁人心，直谓之无人心可也。

【译文】

世上并不仅仅是贫贱的人才遭遇艰难困苦、颠沛流离的挫折。所以一般人见到贫贱的人，都倒产生怜悯之心，伸出手来帮助他们。因为恻隐之心人皆有之。但社会上还有一种人，见到贫贱的人，不仅不予怜悯，反而显出骄横的神气，认为对待贫贱的人，如不严加拒绝，怎么能消除他一再的乞求呢？这种人不仅没有仁义之心，简直连人心也没有啊。

八、现当代篇

（一）孙中山

▲孙中山像

家事遗嘱

【题解】

孙中山是伟大的革命先驱者，一生倡导天下为公，为中华民族的幸福事业鞠躬尽瘁。在这篇遗嘱中，孙中山说明自己并没有什么财产留给子女，勉励子女自立自爱，继承他的遗志，将革命事业进行到底，充分体现了孙中山先生大公无私的高尚情怀。

【原文】

余因尽瘁国事，不治家产。其所遗之书籍衣物住宅等，一切均付吾妻宋庆龄，以为纪念。余之儿女已长成，能自立，望各自爱，以继余之志。此嘱。

（二）张　澜

1. 喜次子堮自欧洲归

【题解】

张澜是威望很高的革命先驱者之一。这首诗写于次子张堮从欧洲留学归来之际，当时张澜与儿子已有十年时间没有见面，人们误传张堮已经死在国外。张澜在诗中表达了见子归来的喜悦心情，同时不忘勉励儿子为艰难的时代做出一番贡献，这种情怀非常高尚。

【原文】

游子音书断羽鳞，重瀛一旦作归人。

老亲乍睹惟双泪，异国远离已十春。

消息误传忧物化，瞻依如昔见天真。

时艰正是需才切，爱汝应知善立身。

2. 自励并勖诸儿女

【题解】

这是张澜教育他的子女一起立志奋斗的诗篇。张澜在诗中勉励子女不要去追求荣华富贵，而应该立功立德，成为愚公式的人物，这种勉励十分难能可贵。

【原文】

立德立功在汝为，浮云富贵亦何奇。
山移志定无愚智，水落痕残识盛衰。
老大虚生常自儆，忧患久处是良师。
蒲簟未有黄金界，此语长书座右宜。

——《张澜文集》

（三）沈钧儒

题女儿筱婵与范君长江结婚纪念册

【题解】

沈钧儒是一位德高望重的革命前辈，1940 年女儿筱婵结婚时，他在纪念册上题下了四首短诗，叮嘱小俩口要亲密恩爱，同时更强调在国难当头时应以民族解放事业为重，不惜为国献身。此种爱国精神值得我们学习。

【原文】

人生旅途长，伴侣良难得。
祝吾婿与女，黾勉同心结。
人生有真爱，快乐在贞一。
愿吾婿与女，善葆金石质。
挽手赴前路，艰巨如山积。
鸡鸣怀古训，毋恋衾枕热。
河山共举目，战鼓犹如雷。
行俟胜利日，轰饮合欢杯。

右四首，十月间，一夕兴奋不寐，枕上所作，曾醒以语长江，今日为长江与吾女筱婵结褵之辰，特重录以志吾心观愉，并祝汝二人百年偕老。民国二十九年十二月十日，钧儒。

——《沈钧儒文集》

（四）廖仲恺

诀醒女承儿

【题解】

　　1922 年，广东军阀陈炯明发动叛变，在叛变之前拘留了廖仲恺，并对廖仲恺进行严刑拷打，廖仲恺做好了牺牲准备，并在这时给女儿廖梦醒、儿子廖承志写了这首诀别诗，勉励儿女勤奋学习，继承父志，追求崇高的精神境界。

【原文】

　　女勿悲，儿勿啼，阿爹去矣不言归。
　　欲要阿爹喜，阿女、阿儿惜身体！
　　欲要阿爹乐，阿女、阿儿勤苦学。
　　阿爹苦乐与前同，只欠从前人躯壳。
　　躯壳本是臭皮囊，百岁会当委沟壑。
　　人生最重是精神，精神日新德日新。
　　尚有一言须记取：留汝哀思事母亲。

——《万金家书》

（五）任振声

嘱儿学习屈原

【题解】

　　任振声是新中国缔造者之一任弼时的父亲。任振声从小就注意培养子女的志向，下面这则故事叙述任振声利用赛龙船的机会，让儿子任弼时讲述屈原的感人事迹，进而激励儿子向屈原学习，做一名爱国主义者。任弼时父亲对于子女的这种教育值得我们高度肯定。

【原文】

　　赛龙船结束了，弼时气喘吁吁地跑回到任振声的身边，小脸因兴奋涨得通红："爸，看见了吗？咱们唐家桥的船得了第一呢。真棒！"

　　任振声掏出手绢，擦了擦弼时额头上的汗水，又招呼其他几个孩子在一片青草地上坐下来，慢悠悠地说："弼时，歇一会儿，吃个粽子，下边该听你的啦！"

　　弼时爽快地回答说："我不饿，我这就给你们讲。"说着，便在小伙伴们中间坐了下来。任振声作为"听众"，坐在孩子们的身后边。

任弼时非常有感情地叙述了屈原的故事，小伙伴们听得都入了神，任振声也满意地不住点头。

任弼时讲完故事之后，任振声深沉地对孩子们说："咱们是生长在汨罗江边的人，更应该把屈原的故事牢牢地记在心里。屈原坚贞不屈的性格和热爱祖国的精神都值得我们学习。二南①，你能记住爸爸的话吗？"

"我会记住的。我是喝汨罗江水长大的，我不会给屈原的故乡丢脸的。"弼时庄重地回答着，不由自主地把拳头攥得紧紧的。

——《任弼时》

【注释】

①二南：任弼时的乳名。

（六）徐特立

徐乾三十初度

【题解】

1945 年徐特立儿媳徐乾过三十岁生日时，徐老写了这首诗作为贺礼。徐老在此诗中劝勉儿媳珍惜国内大好形势，刻苦学习，积极工作，充分发挥自己的潜力，成为一名模范党员。

【原文】

三十初度日，一九四五年。屈指党大会，正当三日前。旧金山会议，厥后念二天。空前历史期，你已是党员。学习在延安，置之庄岳间。图书和报纸，满架满几筵。无限师与友，朝夕与周旋。科学与政治，小说与诗篇。有意或无意，谈论出自然。无衣食牵累，无儿女纠缠。此境非绝后，却已是空前。天赋你良质，又遇好机缘。前途之远大，客观具条件。主观将如何，我为进一言。工作极积极，学习缺中坚。读书好涉猎，尚欠若钻研。瑕瑜相互见，历史有渊源。九岁离初小，识字刚满千。四载治家政，柴米与油盐。夫死无所归，舍家而来延。学习兼疾病，合计仅一年。其病又在脑，劳心是所嫌。矛盾怎解决，计划是在先。养脑忘兴奋，时起居睡眠。生活守铁则，学习贵精专。政治作中心，其他置边缘。计划百分完，纪律万分严。此诗置座右，一日读一遍。武装其头脑，作一好党员。

——《古今家训新编》

（七）黄炎培

给外孙的信

【题解】

　　黄炎培是德高望重的老一辈革命家，对后代要求从高从严。在信中，黄炎培勉励外孙将自己的青春献给人民，献给党和国家，表现了黄老崇高的人生追求。

【原文】

亲爱的永华孙儿：

　　想我还是第一次写信给你嘛！为了你被批准参军，参加集体训练而第一次写信给你。好孙儿，这确是光荣。但这是光荣的开始。包括我和我们全家，你的爸爸、妈妈、妹、哥、弟，大家都感觉是光荣的开始。

　　光荣在哪里？你已经走上一条大道，将身献给人民，献给国家，献给党，你已经走上这样一条大道了。你已经知道的了，你今后受到的中心要求是"纪律性"。

　　好孙儿！你知道吗？像我过去几十年，只是暗中摸索，左一弯、右一曲，跌一跤、爬起来，想走上这条将身献给人民、献给国家的大道。希望你努力！不已的努力！

黄炎培

1961 年 8 月 12 日

——《万金家书》

（八）吴玉章

致孙子书

【题解】

　　吴玉章是一位深受人们尊敬的革命前辈，在这封家信中，吴玉章教育孙子在大好形势之下当努力学习，加强修身，不要过早谈恋爱，以便成为社会主义祖国的合格人才，这种教育值得我们认真参考和借鉴。

　　该信未署明写信日期，据信中提供的线索，可以断定这是写于 1964 年或 1964 年以后。

【原文】

　　你信上说"回校以后指导员同志找我谈了好几次话，鼓励我要努力学习和工作，争取更大进步。总的看来，我是按指导员同志的要求做了，但是还做得不够，还存在一些问题。"下面你自己检查了学习上、思想上的缺点，和同志们的团结问题等等，做了自我批评。又说"尤其看了《年青的一代》后，受教育很大，要力求进步"等等。这些都使我很高兴。

你又说"立志在没有给祖国、给人民做出一点贡献之前，坚决不谈恋爱问题。"这很好。青年不分心去想谈恋爱问题和实行晚婚，不论对个人进步或是对革命事业都有好处。事实上，现在国内外都是大好形势，真是青年大有可为的时候。你们这一代要负起革命事业接班人的责任。路子要靠自己去走，不能因为干部后代就骄傲自满。不然，就可能像林育生一样，甚至更坏。这是要时刻警惕的。

不知你妈妈有没有给你寄过什么东西。我认为除了学习用品以外，如果要寄生活用品，可不要收，并委婉地写信回来谢绝，使她知道这样做不好。因为你在学校，一切都有供给，如再寄食用品，就显得特殊，对党对自己影响都不好。

今年《中国青年》第一期有我一篇文章，寄去几本可分给同志们一看，我想讲的一些意见上面已有，此信就不多讲了。

——《万金家书》

（九）冰心父

1. 为弱女指点人生路

【题解】

下面这段文字叙述了冰心父女之间一场关于人生道路的一论。出于对黑暗现实的厌倦，冰心想去看守灯塔，做一个逃避社会的隐士，父亲却持反对态度，循循教导女儿要能忍受社会的黑暗，用自己的意志和努力创造出宽广、光明的人生之路来。

这段文字选自冰心回忆亲人文章中的一篇。

【原文】

是除夜的酒后，在父亲的书室里。父亲看书，我也坐近书几，已是久久的沉默——

我站起，取手支颐，并倚在几上，我唤："爹爹！"父亲抬起头来。"我想看守灯塔去。"

父亲笑了一笑，说："也好，整年整月的守着海——只是太冷寂一些。"说完仍看他的书。

我又说："我不怕冷寂，真的，爹爹！"

父亲放下书说："真的便怎样？"

这时我反无从说起了！我耸一耸肩，我说："看灯塔是一种最伟大，最高尚。而又最有诗意的生活……"

父亲点头说："这个自然！"他往后靠着椅背，是预备长谈的姿势。这时我们都感着兴味了。

我仍旧站着，我说："只要是一样的为人群服务，不是独善其身；我们固然不必避世，而因着性之相近，我们也不必避'避世'！"

父亲笑着点头。

我接着："避世而出家，是我所不屑做的，奈何以青年有为之身，受十方供养？"

父亲只笑着。

我勇敢地说："灯台守的别名，便是'光明的使者'。他抛离田里，牺牲了家人骨肉的团聚，一切种种世上耳目纷华的娱乐，来整年整月地对着渺茫无际的海天。除却海上的飞鸥片帆，天上的云涌风起，不能有新的接触。除了骀荡的海风，和岛上崖旁转青的小草，他不知春至。我抛却'乐群'只知'敬业'……"

父亲说："和人群大陆隔绝，是怎样的一种牺牲，这情绪，我们航海人真是透彻中边的了！"言次，他微叹。

我连忙说："否，这在我并不是牺牲！我晚上举着火炬，登上天梯，我觉得有无上的倨傲与光荣。几多好男子，轻侮别离，弄潮破浪，狎习了海上的腥风，驱使着如意的桅帆，自以为不可一世，而在狂飙浓雾，海水山立之顷，他们却蹙眉低首，捧盘屏息，凝注着这一点高悬闪烁的光明！这一点是警觉，是慰安，是导引，然而这一点是由我燃着！"

父亲沉静的眼光中，似乎忽忽地起了回忆。

"晴明之日，海不扬波，我抱膝沙上，悠然看潮落星生。风雨之日，我倚窗观涛，听浪花怒撼崖石。我闭门读书，以海洋为师，以星月为友，这一切都是不变与永久。"

"三五日一来的小艇上，我不断地得着世外的消息，和家人朋友的书函；似暂离又似永别的景况，使我们永驻在'的的如水'的情谊之中。我可读一切的新书籍，我可写作，在文化上，我并不曾与世界隔绝。"

父亲笑着："灯塔生活，固然极其超脱，而你的幻像，也未免过于美丽。倘若病起来，海水拍天之间，你可怎么办？"

我也笑道："这个容易——一时虑不到这些！"

父亲道："病只关你一身，误了燃灯，却是关于众生的光明……"

我连忙说："所以我说这生活是伟大的！"

父亲看我一笑，笑我词支，说："我知道你会登梯燃灯；但倘若有大风浓雾，触石沉舟的事，你须鸣枪，你须放艇……"

我郑重地说："这一切，尤其是我所深爱的。为着自己，为着众生，我都愿学！"

父亲无言，久久，笑道："你若是男儿，是我的好儿子！"

我走近一步，说："假如我要得这种位置，东南沿海一带，爹爹总可为力？"

父亲看着我说："或者……但你为何说得这般的郑重？"

我肃然道："我处心积虑已经三年了！"

父亲敛容，沉思地抚着书角，半天，说："我无有不赞成，我无有不为力。为着去国离家，吸受海上腥风的航海者，我忍心舍遣我唯一的弱女，到岛山上点起光明。但是，唯一的条件，灯台守不要女孩子！"

我木然勉强一笑，退坐了下去。

又是久久的沉默——

父亲站起来，慰安我似的："清静伟大，照射光明的生活，原不止灯台守，人生宽广的很！"
…………

1923年8月28日，太平洋舟中

2. 勉励女儿立志学医

【题解】

冰心在青年时代择业时，出于为母亲治病的动机，打算将来做一名医生，父亲鼓励了冰心的这一志向与选择，并提升到洗涮东亚病夫耻辱的高度来看待女儿的择业，显出他的胸襟广阔。

这段文字也是出自冰心的一篇纪念性文章。

【原文】

……那时知识女子就业的道路很窄，除了当教师，就是当医生，我是从入了正式的学校起，就选定了医生这个职业，主要的原因是我的母亲体弱多病，我和医生接触得较多，医生来了，我在庭前阶下迎接，进屋来我就递茶倒水，伺候他洗手，仔细地看他诊脉，看他开方，后来请到西医，我就更感兴趣了，他用的体温表、听诊器、血压计，我虽然不敢去碰，但还是向熟悉的医生，请教这些器械的构造和用途。我觉得这些器械是很科学的，而我的母亲偏偏对于听胸听背等诊病方法，很不习惯，那时的女医生又极少，我就决定长大了要学医，好为我母亲看病。父亲很赞成我的意见，说："古人说，'不为良相，必为良医'，东亚病夫的中国是需要良医的，你就学医吧！"

——《冰心选集》（第三卷）

（十）鲁迅

致许广平

【题解】

1925 年，正是军阀混战时期，鲁迅思想情绪处于极端苦闷状态。他在信中将当时中国的黑暗现实与自己的感受告诉许广平，表示自己决不向丑恶社会、黑暗的现实妥协与屈服，决心抗争到底，并劝勉许广平勇敢面对社会与人生。

【原文】

广平兄：

今天来信收到，有些问题恐怕我答不出，姑且写下看——

学风如何，我以为是和政治状态及社会情形相关的。倘在山林中，该可以比城市好一点，只要办事人员好，但若政治昏暗，好的人也不能做办事人员。学生在学校中，只是少听到一些可厌的新闻，待到出了校门，和社会相接触，仍然要苦痛，仍然要堕落，无非略有迟早之分。所以我的意思，以为倒不如在都市中，要堕落的从速堕落罢，要苦痛的诉诉苦痛吧，否则从较为宁静的地方突到闹处，也须意外地吃惊受苦，而其苦痛之总量，与本在都市者略同。

学校的情形，也向来如此，但一二十年前，看去仿佛较好者，乃是因为足够办学资格人们不很多，因而竞争也不猛烈的缘故。现在可多了，竞争也猛烈的了，于是坏脾气也就彻底显出。教育界的称为清高，本是粉饰之谈，其实和别的什么界都一样，人的气质不大容易改变，近几年大学是无甚效力的。况且又有这样的环境，正如人身的血液一坏，体中的一部分决不能独保健康一样，教育界也不会在这样的民国里特别清高的。

所以，学校之不甚高明，其实由来已久，加以金钱的魔力，本是非常之大，而中国又是向来善于运用金钱诱惑法术的地方，于是自然就成了这现象。听说现在中学校也有这样的了。间有例外，大约即因年龄太小，还未感到经济困难或花费的必要之故罢。至于传入女校，当是近来的事，大概其起因，当在女性已经自觉到经济独立的必要，要借以获得这独立的方法，则不外两途，一是力争，二是巧取。前一法很费力，于是就堕入后一手段去，就是略一清醒，又复昏睡了。可是这情形不独女界为然，男人也多如此，所不同者巧取之外，还有豪夺而已。

我其实那里会"立地成佛"，许多烟卷，不过是麻醉药，烟雾中也没有见过极乐世界。假使我真有指导青年的本领——无论指导的错不错——我决不藏匿起来，但可惜我连自己也没有指南针，到现在还是乱闯。倘若闯入深渊，自己有自己负责，领着别人又怎么好呢？我之怕上讲台讲空话

者就为此。记得有一种小说里攻击牧师，说有一个乡下女人，向牧师历诉困苦的半年，请他救助，牧师听毕答道，"忍着罢，上帝使你在生前受苦，死后定当赐福的。"其实古今的圣贤以及哲人学者之所说，何尝能比这高明些。他们之所谓"将来"，不就是牧师之所谓"死后"么。我知道的就是这样，我不相信，但自己也并无更好的解释。章锡琛先生的答话是一定要模糊的，听说他自己在书铺子里做伙计，就时常叫苦连天。

我想，苦痛是总与人生连带的，但也有离开的时候，就是当熟睡之际。醒的时候要免去若干苦痛，中国的老法子是"骄傲"与"玩世不恭"，我觉得我自己就有这毛病，不大好。苦茶加糖，其苦之量如故，只是聊胜于无糖，但这糖就不容易找到，我不知道在那里，这一节只好交白卷了。

以上许多话，仍等于章锡琛，我再说我自己如何在世上混过去的方法，以供参考罢——

一，走"人生"的长途，最易遇到的有两大难关。其一是"歧路"，倘是墨翟先生，相传是恸哭而返的。但我不哭也不返，先在歧路头坐下，歇一会，或者睡一觉，于是造一条似乎可走的路再走。倘遇见老实人，也许夺他食物来充饥，但是不问路，因为我料定他并不知道的。若遇见老虎，我就爬上树去，等它饿得走去了再下来，倘它不走，我就自己饿死在树上，而且先用带子缚住，连死尸也决不给他吃。但倘若没有树呢？那么，没有法子，只好请它吃了，但也不妨咬它一口。其二便是"穷途"了，听说阮籍先生也大哭而回，我却也像在歧路上的办法一样，还是跨进去，在刺丛里姑且走走。但我也并未遇到全是荆棘毫无可走的地方过，不知道是否世上无所谓穷途，还是我幸而没有遇着。

二，对于社会的战斗，我是并不挺身而出的，我不劝别人牺牲什么之类者就为此。欧战的时候，最重"壕堑战"，战士伏在壕中，有时吸烟，也唱歌，打纸牌，喝酒，也在壕内开美术展览会，但有时忽向敌人开他几枪。中国多暗箭，挺身而出的勇士容易丧命，这种战法是必要的罢。但恐怕也有时会逼到非短兵相接不可的，这时候，没有法子，就短兵相接。

总结起来，我自己对于苦闷的办法，是专与袭来的苦痛捣乱，将无赖手段当作胜利，硬唱凯歌，算是乐趣，这或者就是糖罢。但临末也还是归结到"没有法子"，这真是没有法子！

以上，我自己的办法说完了，就不过如此，而且近于游戏，不像步步走在人生的正轨上（人生或者有正轨罢，但我不知道）。我相信写了出来，未必于你有用，但我也只能写出这些罢了。

鲁迅

三月十一日

——《鲁迅书信集》

（十一）冯玉祥

1. 给吾儿洪国

【题解】

这是一首勉子杀敌报效祖国的"示儿诗"，冯玉祥将军在诗中讲述了抗日救国的道理，鼓励儿子勇敢地为国捐躯，显示出冯玉祥将军高度的爱国主义激情，值得人们尊敬和学习。

【原文】

> 儿在河北，父在江南。
> 抗日救国，责任一般。
> 恢复失地，保我主权。
> 谁先战死，谁先心安。
> 牺牲小我，求民族之大权。
> 奋勇杀敌，方是中国好儿男。
> 天职所在，不可让人占先。
> 父要慈，子要孝，
> 都须为国把身捐！
>
> 　　　　　1937 年 8 月 5 日

2. 给儿子的诗

【题解】

1946 年 6 月 14 日，冯玉祥将军给儿子冯洪国画了一幅图，在上面题写了这首诗，冯玉祥将军在此诗中劝勉儿子要有忍辱负重的坚强毅力，不懈地追求，到达光明的人生境界。这种劝勉饱含人生哲理，值得人们引为自勉。

▲冯玉祥像

【原文】

> 背负甚重，压的腰痛，
> 咬紧牙关，硬不出声。
> 坚决忍耐，向前进行，
> 目的达到，轻松光明。

3. 训子书

【题解】

这是冯玉祥为教育儿子怎样立身处世而写的一封家书。冯玉祥在信中告诫儿子应正确对待家长的批评，应慎重交友，要能明辨是非，不为表面现象所迷惑，最后要求儿子严格要求自己，努力进取，成为一个杰出的人才。冯玉祥对儿子的这番告诫值得我们学习。

【原文】

洪国爱儿：

前天得你来禀，知你已到北平，你在伯母家住了。你信中说父亲责罚之后，面子上觉得难看，似是无颜见人……。我曾告诉你过古时辕门斩子之故事，当时若非佘太君以母子之情迫之，恐宗保不免一死。于此可见先贤之先公而后私，又可见非如此不能使大家都知道国法人情不能不兼顾之道，绝非宗保之父无父子之情，更非宗保之父不给宗保留脸也。此中重要之点，尚希吾儿于读史之时，看戏之时，得些深的教训，以其有益于你的为人和立身也。你觉得无颜面见人，便是你"知耻近乎勇"的好关键。希望你时时刻刻知道要做错了事，人家便要看不起你，如此则不可不谨慎不小心也。你的生性是很纯很厚，只是读书的根基太浅，又加上近十年来，你日日过的逃难生活，所以不免学些"一瓶不满半瓶摇"的东西。你把这几年所遇见的事一条一条的写出来，则知道一切欺骗、幼稚、虚伪、自哄等等，真是不对了。谁无父母？若一切不讲，直是乱说乱来，结果则成为今日不堪设想局面。张先生对我说，他本是革命的，后来在北平被抓获，当中坐审案的就是曾负责任的同党，而今转变了的，抓人的亦是陪审的。于是他才知道昔骂人不革命的假革命，而到了紧急关头，反倒出卖了革命。此点关系太大，你能留心于此则对人对己就有了准备了。你喜欢周济苦朋友，我是最喜欢不过的。但是须要认清他是真正贫苦真有危难方可助之，不可帮任意胡为的人为要。你能在北平找点小事很好，可是你要特别小心。北方多数军官，曾为我的旧友，你如果能约束你自己，勤朴好学，诚实可靠，则必无一人不愿助你成功。然你若不自检束，放荡起来，则不但你的事难成，反之代我买许多骂名。国儿！国儿！你要切实记念此语！为你能升陆大起见，你能在北平抽暇补习功课为最好。只要你立一个坚决志向，定然有成功之一日。你父亲年过半百，尚每日到陆大听课，吾儿能升陆大读书，可算雪父之未入陆大之耻矣。国儿！国儿！盼你努力上进！你的婚姻的事，为父向来主不干涉主义，然而至今已悔之不及。深愿吾儿念及为父老矣，两鬓斑白，行将就木之人跟你也跟不了几年，还有什么希望，只希望你做一个忠于国家民族的大人物，而对于你的本身的事，有个确定的打算。至于你的几个弟弟妹妹，虽然是个人许他自立，但是不能不望做哥哥一面给他些好样子看，一面还不能不希望你处处留心帮他们的忙呢！此语亦很重要，望你留心！以上各条拉杂书之，盼你好好记着，余不多属。

——《古今家训新编》

（十二）谢觉哉

与儿女等谈红色接班人

【题解】

谢老在这首诗中劝勉儿女掌握马列主义真理，学好本领，为社会主义祖国建设贡献力量，表现了老一辈革命家的高尚情怀。

【原文】

学文学武学贸易，接班今日有吾儿。
潜心马列分真伪，觌面工农尽有师。
后乐先忧宜立志，大关小故要深思。
乃翁八十衰颓甚，红色神州处处旗。

一九六五年九月二十日

——《万金家书》

（十三）董必武

1. 今年除日罕儿适满二十二周岁为诗祝之

【题解】

这是董必武为小儿子二十二岁生日写的贺诗。

董老在诗中回顾了自己一生的革命历程，勉励儿子向父辈们学习，树立坚定的革命意志，努力奋斗，在新中国的建设中建立一番不朽的功业。其殷切期望，跃然纸上。

【原文】

汝年二十二，我将倍三九；
三九白傅叹，时随岁暮走。
我与之异趣，斗生长抖擞；
老去自然理，不因谁愿否。
忆昔少年日，意气冲牛斗；
易视天下事，反映仅肤受。

壮岁驰四方，到处见纷纠。
辛亥覆清廷，失败于癸丑。
行行去日本，大战世界踩。
社会有问题，必须细密剖。
剥削人制度，存在实已久。
民生困苦甚，改革事非偶。
役心从头学，渐乃窥户牖。
十月革命胜，始祝马列酒。
尽弃其所学，无复珍敝帚。
中共党成立，加入那敢后；
党在斗争中，选择毛为首。
领导路线正，反左兼反右。
蒋匪肆暴虐，招来日寇掊。
人民抗日功，窃取蒋群丑。
四十年代末，工农大声吼；
推倒三座山，挺腰出指拇。
革命更深入，生产制公有。
阻力虽云多，解决尚顺手。
红旗举三面，建设握枢纽。
幸运际昌明，如麟游效薮；
瑞乐奏黄钟，焉用鸣土缶。
记汝生西安，颇曾苦汝母；
汝母慈惠人，未言弗克负。
做人与求学，母训谨遵守；
小学到大学，读书辰及酉；
纺绩诸女红，仍须屈伸肘。
遇事莫逞性，责己严于友。
青春难再得，植根宜深厚；
同群众前进，立功自不朽。
聊吟三六韵，藉以为汝寿。

一九六二年十二月二十一日

2. 勉翮儿

【题解】

这是董必武为儿子董良翮遵照自己的号召奔赴河北农村工作时写的一首诗。董必武勉励儿子努力提高政治修养，为社会主义农村建设贡献力量。这种思想行为是非常可贵的。

【原文】

> 父母皆望儿女智，我希尔学愚公愚。
> 大山三座虽移去，穷白形存敢自娱？
> 毛选文章认真读，一心革命赴前途。

一九六五年十一月

3. 给羽儿的信

【题解】

董必武在此信中首先对儿子在学习上的进步给予肯定，然后指出儿子身上存在的毛病，勉励儿女立志学好本领，成为社会主义中国的有用人才。

【原文】

羽儿：

在广州动身来武汉的前一天，接到你本月十四日的信。到武汉后，妈妈又告诉我关于你最近学习的情形，知道了你有决心不贪玩，要认真学习，你短期内学习的成绩已有进步。这很好。你过去毛病不少，贪玩，不好学，是主要的毛病，这两点改好，逐渐把其他的毛病，如自满自夸，说泄气话等等都改掉，争取成为校中的三好学生。你应当立大志、树雄心，准备在社会主义社会成为一个不可缺少的人。你改掉了毛病才能进步。

羊城晚报登有苏联文学家法捷耶夫给他儿子写的三封信，很有意思，特寄给你们一看。

祝你好！

父字
2月25日

4. 绍新孙两岁生日时在广州

【题解】

在这首写给小孙子生日的贺诗中，董老希望自己的小孙子将来长大后能跟随父母到农村去，磨炼意志，为建设社会主义新农村做出一份贡献。董老对于后代的严格要求是值得赞扬的。

【原文】

> 绍新小孙子，随予来广州。
> 今春两周岁，记得父母不？
> 孙学咿呀语，答问清音吐。

问良翮为谁？答曰墩的父。
问芸芸是谁？答曰墩的母。
屡试不一爽，喜见天性厚。
父母在晋县，农忙事田亩。
望尔速长大，协作左右手。
吾意亦云然，世为农人好。
孙身颇苗壮，天逸符大造。

一九七二年三月三十一日
——《万金家书》

（十四）柳亚子

1. 致柳无非

【题解】

　　这是柳亚子先生于 1930 年写给大女儿柳无非的一封信，当时柳无非思想上十分苦闷，柳亚子在这封回信中告诫女儿不要相信所谓的命运，应该用理智来战胜个人的情感问题，以此劝勉女儿振作精神，迎接新的人生。这种教育对于青年人来说是很有益处的。

【原文】

非：

　　来信收到。知道你不怪我，那是很好。不过光是"不怪我"是不能使我满意的，你总须诚意的听我的话才好！

　　你说"我不愿意你们任何人因我而产生麻烦"。然而为你而产生的麻烦已经不少了。在你没有彻底的觉悟而改变办法以前，我们是无论如何不能避免麻烦的。这一层要请你绝对的注意才好！

　　我是不相信命运的，虽然在玩意儿讲着算命。好好的一个人，为什么要听支配于命运呢？假使真有命运，还是应该去反抗它，何况世界上根本没有命运的一回事，而祸福会仗着自己的创造呢？在小资产阶级苟延旦夕或者还有三四十年的局面，我们应该积极的从学问方面找出一条康庄大道来，不应该消极的自陷于绝路呀！

　　一个人要把理智来克服感情，不应该让理智为感情所克服，这是我最后的忠告，请你注意呀！要绝对的注意，要绝对地服从忠告才好。翻复地细想而到底不能容纳，不能服从，这和当作耳边风又有何分别呢？

　　祝你彻底的觉悟！

亚
四月廿三夜

你伤风已好了吗？望一切保重！

2. 致儿女们

【题解】

这是抗战时期柳亚子先生预先留给女儿们的一份遗书。柳亚子表示自己坚决不离开他当时的居住地，誓死与日军抵抗，直到取义成仁。遗嘱充满凛然正气，令人肃然起敬。

【原文】

余以病废之身，静观时变，不拟离沪。敌人倘以横逆相加，当誓死抵抗。成仁取义，古训昭垂，束发读书，被衾具在。断不使我江乡先哲吴长兴、孙君昌辈笑人于地下也。

> 中华民国二十八年十月，亚子书付儿辈
> 二十九年六月二十八日再录
> ——《柳亚子文集·书信辑录》

（十五）杨杰

给儿子的信

【题解】

杨杰字耿光，云南大理人，曾担任北伐军的高级将领。在这封信中，杨杰勉励儿子们要依靠自己的奋斗寻求出路，立志成材，父亲对于儿辈的殷切期望从诚恳的言辞里深切地体现出来。

【原文】

兆虎继儿青览：

十月十八日来禀诵悉。

世道艰苦，奋斗才是出路。幼年不努力，老大徒伤悲。好运气总是落在有本钱人的身上①。汝逾而立，奔驰蹀躞②，或者有相当的觉悟。今后做事，要立定脚跟，敦品卖力，要谨慎奋发，或可有成。

我来月返滇，省视老亲，届时可以良晤，再为详加指导。我是厚望下辈之人个个争气，个个成才。若是不自弃自暴，当然可以提携，一切望自发为要，余容续告。专复即询时佳！

> 父 光手泐
> 十、廿六
> ——《万金家书》

【注释】

①本钱人：本钱者，有技术、有学问、有能力之谓。

②蹀躞：dié xuè 徘徊。

（十六）萧乾母

嘱子为母争气

【题解】

萧乾是现代著名作家，翻译家，在他小时候家里却非常穷困。萧乾的母亲却含辛茹苦积攒一笔钱送儿子上学，并反复叮嘱儿子用功学习，为母亲争气。慈母望子成龙的殷切心情，通过朴实无华的语言折射出来。

下面这段文字出自萧乾本人的回忆录。

【原文】

她决定把我送进九道湾一家私立的"新式"学堂。这是一个路西高台阶的宅子——现在已成了个大杂院。妈妈替我买了新式的教科书。第一课是"人手足刀尺"，还有图画。上学那天，她让我穿上特意为我新缝制的蓝布大褂，亲自把我送去。那个胡同弯来弯去，好象不止九道。每拐一个弯，她就抻抻我的大褂，生怕身上有个褶子。一路反复叮嘱我："咱们这房就你一个，可得给妈争口气！"

——《未带地图的旅人——萧乾回忆录》

（十七）刘愿庵

给妻子的遗书（节录）

【题解】

刘愿庵原名刘孝友，四川省成都市人，早年投身革命，曾担任中共四川省委代理书记等职，1930 年由于叛徒告密而被捕，不久英勇就义。刘愿庵在这封遗书剖析了自己立志于革命事业的心愿，期望妻子理解并支持他的志向，继承他的志愿继续前进。信中文字充满理性，又洋溢深情，足以感动人心。

【原文】

我最亲爱的：

久为敌人所欲得而甘心的我，现在被他们捕获，当然他们不会让我再延长我为革命致力的生命，我亦不愿如此拘囚下去，我现在是准备踏着我们先烈们的血迹去就义。我已经尽了我一切的努力贡献给了我们的党，我个人的责任算是尽了。所不释然于心的是此次我的轻易，我的没有注意一切技术，使我们的党受了很大的损失。这不仅是一种错误，简直是一种对革命的罪恶（过），我虽然死［了］，但对党还是应该受处罚的。不过我的身体太坏，在这样烦剧而受迫害的环境中，我的身体和精神，表现非常疲惫，所以许多地方是忽略了。但我不敢求一切同志原谅，只是你——我的最亲爱的人，你曾经看见我一切勉强挣扎的困苦情形，只有希望你给我以原谅，原谅我不能如你的期望，很努力的、很致密的保护我们的阶级先锋队，我只有请求你的原谅。

对于你，我尤其是觉得太对不住你了。你给了我的热爱，给了我的勇气，随时鞭策我前进、努力；然而毕竟是没有能如你的期望，并给予你以最大的痛苦。我是太残酷地对你了。我唯一到现在还稍可自慰的，即是我曾经再四地问过你，你曾经勇敢地答应我，即使我死了，你还是——并且加倍的为我们的工作努力。惟望你能够践言，把儿女子态的死别的痛苦丢开，把全部的精神，全部爱我的精神，灌注在我们的事业上，不要一刻的懈怠、消极。你必须要像《士敏土》中的黛莎一样，"有铁一样的心"。

我如此算了，我偶然想起，觉得有点可惜，我的某部分过人的精神和智能，若是不死，对于我们的工作，是有许多贡献（虽然我一方面有许多弱点）。然而现在是不可能了。我饱受了一切创痛，我曾经希望我们有一个小宝宝，我当以我的一切经验教育他，指导他，使他成为一个模范的"布尔什维克"，现在也尽成虚愿了。所唯一希望的，只是你，我唯一亲爱的人，我的同志，希望你随时记着我的一切，记着我某一些精神和处理工作的作风，继续我的工作，同时也随时记着我的一切弱点，我俩共同的弱点，努力去纠正——挽救我的罪过。

关于你的今后，必须要努力做一个改革的职业家，一切去教书谋生活等个人主义的倾向，当力求铲除，这才算真正的爱我。假如我死后有知，我俩心灵唯一的联系，是建筑在你能继续我们的工作与事业，而不是联系在你为我忧伤和忠贞不贰上面。这是我理性的自觉，绝不是饰词，或者故意如此说，以坚你的信爱，望你绝不要错认了！

对于我的家庭，难说，难说，尤其是贫困衰老的父亲。整个社会无量数的老人在困苦颠连中，我的家庭，我的父亲，不过无量数中之一份子而已。我的努力革命，也何尝不是为此。然而毕竟对于家庭、对于父亲是太不孝了。社会是这样，又复何说。此后你如有力，望于可能时给父亲以安慰和孝养，尤其是小弟妹，当设法教之成立，这是我个人用以累你的一件事。不过对于我死的消息，目前对家庭，可暂秘密不宣，你写信去说我已到上海或出国去了，你随时捏造些消息，去欺骗父亲好了；不过可怜的父亲，是有两个儿子的生或死，永远不能知道了。

望你不要时刻想起我，尤其两年来一切同居的快乐，更不要无谓的思量留恋，这样足以妨害工作，伤害身体，只希望你时时刻刻记起工作，工作，工作。

我被捕是在革命导师马克思的诞生（日）晨九点钟。我曾经用我的力量想销毁文件，与警察殴斗，可恨我是太书生了，没有力量如我的期望，反被他们殴伤了眼睛，并按在地下毒打了一顿，以致未能将主要的文件销毁，不免稍有牵连，这是我这两日心中最难过的地方。只希望同志们领取这一经验，努力军事化，武装每个人的身体。

我今日审了一堂，我勇敢的说话，算是没有丧失一个布尔什维克主义者的精神，可以告慰一切。在狱中许多工人对我们很表同情，毕竟无产阶级的意识是不能抹杀的，这是中国一线曙光，我们的牺牲，总算不是枉然的，因此我心中仍然是很快乐的。

再，我的尸体，千万照我平常向你说的，送给医院解剖，使我最后还能对社会人类有一点贡献，如亲友们一定要装殓费钱，你必须如我的志愿与嘱托，坚决主张，千万千万，你必须这样，才算了解我。

我在拘囚中与临死时，没有［留给］你一点纪念物，这是心中很难过的一件事。但是你的心是紧紧系在我的心中的，我最后一刹那的呼吸，是念着你的名字，因为你是在这个宇宙中最爱我、最了解我的一个。

别了，亲爱的，我的情人，不要伤痛，努力工作，我在地下有灵，时刻是望着中国革命成功，而你是这中间一个努力工作的战斗员！

你的爱人死时遗言

五月六日午后时

——《革命烈士书信集》

（十八）陶行知

1. 致陶文渼书信二封

【题解】

陶行知终身致力于平民教育事业，且取得了巨大的成就。在第一封信中，他对妹妹诉说了创办平民教育事业的愿望与理想，表示要挽救国家的厄运；在第二封信中，陶行知告诉妹妹，他要乘母亲六十大寿来到之际，做出一番非凡的成绩，以实际行动为母亲的生日献上一份别致的礼物。这两封信，陶行知既在对妹妹倾诉自己的生平大志，也在间接鼓励妹妹理解与支持自己从事的事业，不庸庸无为地度过自己的一生。

第一封信写于1923年，第二封信写于1926年。

其 一

【原文】

渼妹：

前在安庆接到家书，承嘱于修改后奉还，此事拟于到武昌后办理，一、二日之内即可寄出。家中所需物品可以带京，请函冬弟购办。

知行一句钟头内可以抵汉，拟于二十三日回安庆，二十四日赴芜湖。回京日期当在十二月初。

知行近日买了一件棉袄，一双布棉套裤，一顶西瓜皮帽，穿在身上，戴在头顶，觉得完全是个中国人了，并且觉得很与一般人民相近得多。

我本来是一个中国的平民。无奈十几年的学校生活，渐渐地把我向外国的贵族的方向转移。学校生活对于我的修养固有不可磨灭的益处，但是这种外国的贵族的风尚，却是很大的缺点。好在我的中国性、平民性是很丰富的，我的同事都说我是一个"最中国的"留学生。经过一番觉悟，我就像黄河决了堤，向那中国的平民的路上奔流回来了。

▲ 陶行知像

平民教育的宗旨是要叫种种人受平民化。一方面我们要打通层层叠叠的横阶级。如贫富、贵贱、老爷小的、太太丫头等等，素来是不通声气的，我们要把他们沟通。又一方面我们要把深沟坚垒的纵阶级打通。纵阶级的最昭著的是三教九流七十行，江南江北、浙东浙西、男男女女等等都有恶魔把他们分得太严。这种此疆彼界也非打通不可。民国九年，南京高师办第一次暑期学校的时候，胡适之、王伯秋、任鸿隽、陈衡哲、梅光迪诸先生和我几个人在地方公会园里月亮地上彼此谈论志愿，我说我要用四通八达的教育，来创造一个四通八达的社会。我这几年的事业，如开办暑期学校、提倡教职员学生之互助、提倡男女同学、服务中华教育改进社，都是实行这个目的。但是大规模的实行无过于平民教育。我深信平民教育一来，这个四通八达的社会不久要降临了。

我这一个多月来随便什么地方都去传平民教育。四天前，我到南昌监狱里去对四百个犯人演讲，我说人间也有天堂地狱。若存好的念头，心中愉快，那时就在天堂；若存坏的念头，心里难过，那时就在地狱。我说到这里，忽然得到一个意思。这个意思就是天堂地狱也得要把它们打通。后来我想了一句上联送自己："出入天堂地狱"。下联没有想出来，请你给我对起来吧！

这次在轮船上觉得很安逸。记得前年我们到牯岭去，轮船上一夜数惊。我们生在此时，有一定的使命。这使命就是运用我们全副精神，来挽回国家厄运，并创造一个可以安居乐业的社会交与后代，这是我们对于千万年来祖宗先烈的责任，也是我们对于亿万年后子子孙孙的责任。

这时我在汉口南洋宝酒楼，这是个徽州馆。我在这里吃牛肉面，吃的饱得很，只费了一角五分钱。

再过半点钟，我就要渡江到武昌去了。我现在康健快乐。敬祝你和全家康健快乐。

知行

十二年十一月十二夜写起

十三日早晨写了

其 二

【原文】

文渼吾妹：

九月二十三夜的信收到了，读着令人乐而忘忧。关于母亲寿辰一层，您所陈述意见，十分圆满，我完全赞成。你说寿辰是自家亲人的大志喜，这句话初看很平常，骨子里最有精彩。我反复涵咏，而后领会此中意味之深厚。志喜之法，您说是要做母亲喜欢的事情。这是喜上加喜，我们能照这样做去，才算是真的做寿。今人做寿又只限于一两日之热闹，您却要时时常常的为母亲做寿，所以说："总期母亲今后时时刻刻多得新快乐。"这三层意思可当作做寿的金科玉律看，请大家就照这话进行，我当然是遵办的。我为事业所拘，不能常侍膝下，母亲一切起居、饮食、娱乐只得付托吾妹、纯宜及四个蟠桃好好侍奉。我虽在千里之外而无内顾之忧，已立志要乘母亲六秩荣庆之年，为国家教育创一不可磨灭之事业，以作吾母寿人寿世之纪念。

秋节后两天，收到母亲饲蜜桃绿豆图，看着不愿放手，真是好一幅天伦大乐图啊！我要想把母亲爱蜜桃的心，本着"幼吾幼以及人之幼"的精神，推而远之，使凡如蜜桃的都能得蜜桃之爱护，享蜜桃之幸福。小孩子从能走路、能说话的时候起到进小学止是最可爱、最要教导的时期。爱护幼儿的人创设幼稚园，就是要培养四五岁的小孩子，使他们的生活可以丰富。但是国内一般幼稚园有几种流弊：第一，他们仿效外国，不合国情；第二，他们灌输宗教，制造成见；第三，他们费钱太多，非有钱的地方不能办；第四，他们学费太重，非富贵的子弟不能进。有了这几种流弊，所以不易推行。吾国以农立国，人民百人中有八十多个住在乡村里。要想把幼稚教育推广，必须把这些流弊除得干干净净，使他们可以下乡，然后才能收普遍的效果。照现在情形，幼稚园下乡好比是骆驼穿针眼。所以我想打破外国的、成见的、费钱的、富贵的幼稚园，而要创造一个省钱的、合理的、平民的、适于国情的幼稚园，使他可以下乡去为农民子弟谋幸福。此事已经筹有头绪。开办费由江苏省长陈陶遗先生拨。经常费由改进社及明陵小学担任。地点已外定燕子矶。主事已请定陆慎如女士。现在就要兴工建筑，明春即可开办。奉上宣言书一纸，原理办法都可一目了然。我深信，此举可为幼儿教育开一新纪元。且等到建筑完工，筹备就绪，办法有了把握，就要进一步谋普遍推广之法。那时已有具体成绩供人观摩，自能得到相当信用。预备借重吾母寿期，为全国幼儿教育募集百年基金。平日与我发生关系的当在万人以上，拟与诸同志共成盛举。

母亲前不以公开做寿为然，为子女者应当体贴她的意思。一，父亲已经去世，单独做寿要引起无限悲感。二，亲友应酬，杀生必多，母亲不愿为其生日杀生，用心至为仁厚。这两层意思，都是我们亲自晓得的，断不能违背。但为全国幼儿教育募集百年基金，使一切寿礼尽归训练幼儿师资及开设模范乡村幼稚园之用，事为善举，似属可行。尚望代为委婉请示。我拟于寿辰前四五日进京。近来身体精神都好，请全家放心。母亲、纯妻、大桃、小桃、三桃、蜜桃请代报平安。

敬祝康乐！

知行

十五年十月五日

2. 致陶晓光书信二封

【题解】

陶行知二儿子陶晓光在中年及大学时代思想上感到苦闷，陶行知总是及时写信加以劝勉。第一封信中，陶行知劝告儿子不要心浮意躁，应该根据自己的才干与信念坚定朝前走；第二封信中，陶行知告诫儿子生活上的困难不要看得太重，应向圣贤看齐，为着追求真理和为人类服务的目标，就可以克服一切暂时的困难。陶行知对儿子的这些教诲是值得人们学习的。

这两封信分别写于1937年和1941年。

其 一

【原文】

晓光：

好久没有接到你的信，忽然接到你十一月十六日的信，我是非常高兴，但是信里的内容使我十分担忧。蜜桃现在最好不必离上海。你如果要到别的地方去，把他托付给张先生和鹤琴先生。倘使你要到别处去，南通、扬州，也不妥当，还是要改。关于你自己的事，我的指导是：根据自己的信念和才干向前做。不要轻听别人的话。自己的信念未建立以前，则最重要的工作是虚心的热忱地把自己的信念树立起来。我对你的观察是你对于科学有自然的兴趣，也有一些才干。在这方面继续努力，是有贡献。你干别的事情是不自然。只要大目的不错，科学也是重要的工作。我不赞成你东跑西跑。张先生的观察是不错的。乱跑的结果只是失望。在我未回来之前，你在上海暂时休养，把那悲观的倾向改正过来，才是正路。祝你努力！

爸爸

十二月七日

其 二

【原文】

晓光：

二月三日信收到了，知道你在成都工作学习都相当满意，甚慰。你到金大听课，万望不要超过体力之限度。依我看来，还是集中精神，先在研究室及厂中充分学习，等到告一段落，再到大学上课，这样便不致把身体弄坏。健康第一！你的身体并不甚强壮。学校工厂两处奔跑，颇感体力不济，务必慎重考虑。

学校经济自是非常困难。你知道我是欢迎困难的一个人。一切困难都以算学解决之。不但经济困难是如此解决，别的困难也如此解决。所以我没有忧愁，仍旧是吃得饱，睡得着。我的身体比你离碚时好了些。虽然没有从前胖，但瘦如梅花，骨子里有力量，为何不可。孔子说，仁者不忧，智者不惑，勇者不惧。唯其不惑所以不忧、不惧。我们追求真理，抱着真理为民族人类服务，有什么疑惑呢？所以我无论处境如何困难，心里是泰然自在，这是可以告慰的。

现托南高同学赵吉士带上无线电零件数样。这些放在家里无用，你可拿去给倪厂长看看，如果他有用处，就放在研究室里用好了。

并托赵先生带上百元，为你买书之用。内拨二十元，吴先生托你买

"成都出品可以送礼之银制心链、扁针及他项小巧价廉物美之礼品数样，以便送某女友出嫁"。祝你

康健！

衙

三〇、二、五

3. 致陶晓光、陶城

【题解】

这是陶行知写给二儿子与四儿子的信，写作时间为1937年，其时正值日本大举侵犯中国领土之际。陶行知在此信中教育两个儿子应追求民族解放，要敢于用自己的生命为民族解放事业做出努力与牺牲。全信言辞慷慨激昂，充满爱国激情，足可鼓舞人心。

【原文】

晓光、蜜桃：

昨接张先生电，知道你们已在汉口。但电文简略，是否已在汉口，抑动身到汉口去，不得而知。望你们接到这信后，即来一飞信，说明沿途经过、现在生活、最近计划。永久通信处也望寄来。民族解放的大道理要彻底地明白。遇患难要帮助别人。勇敢地活才是美的活，勇敢的死才是美的死。晓光应当根据自己的才干，参加在民族解放的大斗争中。你在无线电已有了相当基础，希望你在这上面精益求精，到最需要的地方，最有组织的地方，最信仰民为贵的地方去做最有效的贡献。把生命的火药装在大炮里，对准着日本帝国主义轰炸。倘若把生命的火药，放在爆竹里玩掉或是放在盘里浪费掉，那是太可惜了。你若知道宏的住址，把上面的意思写给他。日新处我已写了。一月又要到加拿大十七个地方去演讲。我身体很好。

白桃、力涛、昌实、铭勋，见面时代我致念。

爸爸

十二月十四日

——《陶行知家书》

（十九）冯顺弟

1. 示胡适信函二封

【题解】

这是胡母写给儿子的两封信。第一封写于1910年9月，其时胡适刚刚

获得赴美留学的机会，胡母要求儿子珍惜这一机会，努力求学，期望他将来成为国家有用之才，以此激发胡适立下雄心壮志；第二封写于1917年2月11日，其时胡适即将学成回国，面临择业问题，胡母支持儿子接受北京大学校长蔡元培先生的聘任，从事教育事业，告诫儿子不要进入互相之间钩心斗角的政界，以便为社会做出一些切实的贡献。上述两信可以见出胡母为人很有志气且深明大义。

其 一

【原文】

糜儿知悉：

汝自入京考试以后，所发各信均已收到，藉知一切。由日本寄汝二兄之信，汝二兄亦将原信寄来。昨日又接由横滨寄来安禀，一切旅情详细叙明，阅之甚为欣慰。刻下想已抵美京入学。余心无他虑，唯恐汝身体素不强壮，舟车数万里，辛苦异常，兼之风俗人情与吾中国必多隔阂，恐初至之时，心中必多不适。汝能体余心，时加保护身体，则余心慰矣。汝此次出洋，乃汝昔年所愿望者，今一旦如愿以偿，余心中甚为欣幸。从此上进有阶，将来可望出人头地。但一切费用皆出自国家，则国家培植汝等甚为深厚，汝当努力向学，以期将来回国为国家有用之材，庶上不负国家培植之恩，下有以慰合家期望之厚也。大禹圣人乃惜寸阴，至于后人当惜分阴，矧出洋留学期只数年，其光阴又甚迫乎？汝当勉之！

至于家中诸事，余自有布置，毋劳挂念。余之身体历年为家计所迫，颇觉不舒。今年以来汝二兄得海城之差，汝得偿出洋夙愿，吾家家声从此可期大振，心境为之泰然。刻下身体极健，饮食亦佳，较之旧年，大有天渊之别。惜乡间无照相者，若照一相片寄汝，当知余言之非虚诳也。家用虽紧，幸可勉强支持。汝二兄来信，亦曾言及可以相助，汝尽可不必记念。至于每月之学资，即承国恩优给，若有羡余，则寄家用；若实不能抽寄，当即禀明，不必勉强，余当另行设法也。

汝到美后，学中功课及美国风俗当随时禀告，不可懒笔为要。汝岳家余亦有信告知。汝前信谓当作书寄予岳母，当即书寄可也。此嘱。

母示

其 二

【原文】

糜儿知悉：

久未接尔家报，未悉近况何似，至以为念。虽尔归期伊迩，然久远未得来禀，心旌终觉悬悬，此情尔当体念也。

顷有人自都门来，道尔明年将受蔡元培先生之聘，担任京师大学文科教务。此说想自有因，谈者又谓尔与二兄信道及此事。果系如此，自属的确，予极为赞成。予意尔回国后，当以置身教育界惟最佳，以尔平日志行，万不可居政界。因近来政界龌龊特甚，且党同伐异，倾轧之风若出一辙，故也。尔出处事，本非妇人所能谋，不过摅耳目所及，以备采择耳。至京中传来之言，是否确实，来信务希道明，以免挂怀，是所至要。

再：前寄尔之茶、枣并洋字信，未卜收到否？心殊念念。又下次可寄信封数个，余俟后谕。家内人口均好，希放怀。

母字

一月二十日

——《胡适家书》

2. 胡母嘱子承父志

【题解】

胡适的母亲很年轻的时候就守寡，生活极端辛苦，但她把全部希望寄托在儿子的成材上，不时以胡适父亲为榜样，殷切期望儿子能继承父志，为父母争光。胡适后来果然不负母望，成为一代著名学者。

下面这段文字摘自胡适本人的自传。

【原文】

每天天刚亮时，我母亲就把我喊醒，叫我披衣坐起。我从不知道她醒来坐了多久了。她看我清醒了，才对我说昨天我做错了什么事，说错了什么话，要我认错，要我用功读书。有时候她对我说父亲的种种好处，她说："你总要踏上你老子的脚步。我一生只晓得这一个完全的人，你要学他，不要跌他的股。"（跌股便是丢脸，出丑。）她说到伤心处，往往掉下泪来。到天大明时，她才把我的衣服穿好，催我去上早学。

——《胡适自传》

（二十）胡 适

1. 致江冬秀

【题解】

胡适夫人江冬秀自幼裹足，胡适在与江冬秀结婚之前多次鼓励她冲破封建礼教的束缚，这封信中，胡适对江冬秀肯于放脚表示满意，指出缠足是最愚昧残酷的一种社会习气，鼓励未婚妻成为打破这种不良社会习气的榜样。

此信写于 1914 年，当时胡适在美国留学。

【原文】

冬秀贤姊如见：

前由家母转交照片三种（一大二小，小者乃六月内所寄），想皆已收到。适留此邦已四载，已于去秋毕业，今已决计再留二年，俟得博士学位时始归，约归期当在民国五年之夏矣。适去家十载，半生作客他乡，归期一再延展，遂至今日，吾二人之婚期，亦因此延误，殊负贤姊。惟是学问之道，无有涯涘。适数年之功，才得门径，尚未敢自信为已升堂入室，故不敢中道而止。且万里游学，官费之机会殊不易得，尤不敢坐失此好机会。凡此种种不能即归之原因，尚乞贤姊及岳母曲为原谅，则远人受赐多矣。

适去家日久，家慈倚闾之思，自不容已。幸贤姊肯时时往来吾家，少慰家慈思子之怀、寂寞之况，此适所感谢不尽者也。

前曾得手书，字迹清好。在家时尚有工夫读书写字否？如有暇日，望稍稍读书识字。今世妇女能多读书误字，有许多利益，不可不图也。前得家母来信，知贤姊已肯将两脚放大，闻之甚喜，望逐渐放大，不可再裹小。缠足乃是吾国最残酷不仁之风俗，不久终当禁绝。贤姊为胡适之之妇，正宜为一乡首倡，望勿恤人言，毅然行之，适日夜望之矣。适在此起居如意，名誉亦好，可慰远念。姊归江村时，望代问岳母起居及令兄嫂、令叔暨诸人安好。匆匆不尽欲言，即祝

无恙！

适手书

三年七月八日

2. 谕胡思杜

【题解】

这是 1940 年胡适写给小儿子胡思杜的信。胡适劝告儿子离开环境舒适的上海，前往昆明求学，借此了解内地人民生活的实况，指出儿子二十年来从未脱离家庭并不是一件好事，以此鼓励儿子能勇敢走上社会，尝试独立生存。胡适对儿子的劝诫是值得人们借鉴的。

【原文】

小三：

我刚写信给你妈妈，说我颇想叫你到昆明去上学。你心上有何意见？我此时不能叫你来。美国，因为一来我没有钱，二来我要减轻身上的累赘，使我随时可以辞职。你是有心学社会科学的，我看国外的大学在社会

科学方面，未必全比清华、北大好。所以我劝你今年夏天早早去昆明，跟着舅舅，预备考清华、北大。上海的大学太差，你应该明白。学社会科学的人，应该到内地去看看人民的生活实况。你二十年不曾离开家庭，是你最不幸的一点。你今年二十了（十八岁）半，应该决心脱离妈妈，去尝尝独立自治的生活，你敢去吗？你把意见告诉妈妈。决定之后，不宜迟疑。望早早做预备。

爸

廿九年三月廿一日

——《胡适家书》

（二十一）江冬秀

致胡适

【题解】

这封信写于1915年春，此前胡适因推迟回国而给江冬秀写信表示道歉之意，江冬秀写此信作为答复。她在信中对胡适推迟婚期一事表示毫不在意，认为丈夫在外求学，机会难得，不要注重儿女情长，鼓励丈夫立下壮志，为自己创造美好的前程。这种见识与胸襟令人感佩。

【原文】

适之郎君爱照：

顷于婆婆处得接十二月十三日赐函，捧读欣悉秀小影已达左右，而郎君玉照亦久在秀之妆台，吾两人虽万里阻隔，然有书函以抒情悃，有影片以当晤对，心心相印，乐也何如。所云婚约一再延误等语，在郎君固引咎之词，但何薄视秀耶？秀虽一妮子，然幼受姆训，颇闻古人绪余，男子生而张弛悬矢，志在四方。今君负笈远游，秀方私喜不暇，宁以儿女柔情绊云霄壮志耶？此后虽荣归不远，请君毋再作此言，令秀增忸怩也。秀去年正月来绩，后因家母病甚，故于三月间令秀回旌。自是以后，家母之恙时甚时轻。秀本意欲代君侍奉高堂，并伸妇职，奈母病未克久离，两地心悬，只抱歉仄而已。

家母今年入春以来，病又陡甚。秀因久未来绩，故于阴历元月十六日至绩，婆婆因闻秀母病增甚，拟于二月初旬令秀暂行回旌侍母，俟稍痊可再来。秀此时区区之心，唯有顶祝两老人康健如恒，俾吾两人他日长罄爱日私忱。再，家母今年五十有八，系三月十七日诞生，附笔谨告。

再，放足一事，自君在上海时手谕及此，即奉命放大。但骨节包惯，虽放之数年，较天足者仍未达一间，此为可恨耳！后此仍当加意进行，以

副郎君以身作则之意。纸短情长，书不尽言。肃此敬复，并颂

幸福无量！

待年妇江端秀三肃

——《胡适家书》

（二十二）郭沫若

1. 给侄孙的题字

【题解】

1939 年，郭沫若回到家乡为父奔丧，在此期间他抽空给侄女郭琦的儿子朱怀章题了词，勉励他珍惜时光，少年立志，以实际本领为社会做出贡献。郭沫若对后辈的精神鼓励是值得赞扬的。

【原文】

少年时代最当努力，一切知识技能的学习，须有确实的本领才能有所作为，亦才能有所贡献于世。

2. 致魏庸芳书信二封

【题解】

魏庸芳是郭沫若的侄媳。在第一封信中，郭沫若劝解侄媳不要为失去的亲人过于悲伤，应教育好子女，使他们将来成为有用人才；第二封信里，郭沫若对侄媳因阶级成分不好而忧虑重重极力劝慰，鼓励侄媳严格要求自己，以更好的工作成绩争取入团入党。两封信均写于 1963 年。

其 一

【原文】

七月八日信接到。五哥去世，已收到电报。你经重重变故，自不免悲痛，但望你以工作为重，宽心自解。五哥已属高龄，瞑目无憾。培谦因公殉职，是光荣的事。侄孙男女，望好好抚育他们。要念到中国之有今日，是无数烈士们的鲜血凝成的。望他们学习无数先烈，都成为于国有用的人。不问成就大小，螺蛳钉总要不生锈。

八叔 沫若手字

七月十二日

其　二

【原文】

庸芳：

九月八日信收到。

中央的政策是要看现在的表现，成分在其次。努力做好当前的工作，严格要求自己，做出成绩来。争取入党入团是好的，入党入团也为的是做到更好的成绩，不是为了名誉。教育孩子们加倍忘我地努力吧。

八叔　手书

（六三年）九月十四日

——《万金家书》

（二十三）毛泽东

1. 激励二弟毁家兴邦

【题解】

毛泽东身为一代革命领袖，不仅本人终身献身于中国人民的解放事业，还动员他的亲人投身其中。下面这则故事叙述毛泽东于 1921 年返故乡时怎样做二弟毛泽民思想工作的过程。毛泽东激励弟弟舍小家为大家，投身革命，这种思想境界与宏伟抱负至今具有鼓舞人心的作用。

【原文】

由于毛泽东很早便离家外出求学，毛泽民只读了几年私塾就辍学在家务农，帮助父亲持家理财。在精明能干的父亲身边，他十几岁就学会了多种农活，而且能写会算。1919 年 10 月、1920 年 1 月，父母相继去世后，他便挑起了家庭生活的重担，学会了勤俭持家的本领。

1921 年正月初七，毛泽东回到故乡韶山。第二天晚上，毛泽东将泽民、泽建、王淑兰等召在一起，一边烤火，一边叙家常。毛泽东对毛泽民、王淑兰夫妇说："这几年我不在家，泽覃也到长沙读书，家里只有你们两口子撑着。母亲死了，父亲死了，都是你们安葬的，我没有尽孝，你们费了不少心。"泽民说："费心倒莫讲，我们在屋里当然要尽力。只是这些年日子不好过。民国六年修房子，母亲开始生病；民国七年，败兵几次来屋里出谷要钱，强盗还来抢了一次；民国八年娘死，不久爹死；民国九年安葬父母，还有给泽覃订婚。这几年钱用得太多，20 亩田的谷只能糊口。"

"是不是欠人家钱啊？"毛泽东问。"别人欠我们的有几头牛；我们欠人家的，就是义顺堂的几张票子。牛，别人家在喂；可欠人家的票子，总得还钱呀！"毛泽民回答。

"能抵销的有么子东西？"毛泽东又问。

毛泽民说："能抵销的是家里还有两头肉猪和仓里两担谷。"

毛泽东沉默了一会，说："你讲的都是实际情况。但是，败兵抢东西，日子不好过，不是我们一家的事，国乱民不安生嘛！"毛泽东建议弟弟把家里收拾一下，到长沙去学习。毛泽东说："我的意思是把屋里收拾一下，田也不要作了，这些田你们两口子也做不了，还要请人。我在学校里找了个安生的地方，润莲小时候在家里搞劳动，没读多少书。现在跟我出去学习一下，连做些事，将来再参加一些有利于我们国家、民族和大多数人的工作。"

毛泽民对哥哥的这个安排感到很突然。他对这所房子、这个家、种过的田、喂过的牛有着依依的深情。他舍不得这个家。毛泽东看出了弟弟的心思，开导说："你不要舍不得离开这个家。为了建立美好的家，让千千万万百姓都有一个好家，我们就得离开这个家，舍小家为大家、为国家嘛！"

2. 致杨开智夫妇

【题解】

杨开智夫妇是毛泽东夫人杨开慧的兄嫂，新中国成立以后，杨开智曾经写信，要求毛泽东给他安排职位，但被毛泽东婉言拒绝。后来，杨开智通过自己的努力在湖南省政府工作，而且取得了很好的成绩。毛泽东趁儿子毛岸英回湖南为外婆祝寿并为母亲扫墓的机会，给杨开智夫妇写了这封简短的信，勉励内兄嫂努力工作，再接再厉。

【原文】

子珍、崇德同志：

来信收到。你们在省府工作，甚好，望积极努力，表现成绩。小儿岸英回湘为老太太上寿，并为他母亲扫墓，同时看望你们，请你们给他以指教为荷。

此问

近佳！

毛泽东

一九五〇年四月十三日

3. 致刘松林信函二封

【题解】

　　这是毛泽东于 1959 年与 1960 年写给儿媳刘松林（刘思齐）的两封短信。第一封信中，毛泽东劝刘松林看点古典文学作品，借以消愁解闷，含蓄地勉励儿媳要从失去丈夫毛岸英的长久悲痛之中摆脱出来，重新创造新的生活；第二封信中，毛泽东则直接勉励儿媳要立下雄心壮志，广泛学习，为亲人们争光，也为那些中伤她的人（比如江青）争一口气。毛泽东勉励儿媳立志时语气诚恳，以情动人，足以为人们所借鉴。

【原文】

其　一

娃：

　　你身体是不是好些了？妹妹考了学校没有？我还算好，比在北京时好些。登高壮观天地间，大江茫茫去不还。黄云万里动风色，白波九道流雪山。这是李白的几句诗。你愁闷时可以看点古典文学，可起消愁破闷的作用。久不见甚念。

爸爸
八月六日

其　二

思齐儿：

　　不知道你的情形如何，身体有更大的起色没有，极为挂念。要立雄心壮志，注意政治、理论。要争一口气，为死者，为父亲，为人民，也为那些轻视、仇视你的人们争这口气。我好，只是念你。

　　祝你
　　平安！

父字
一月十五日

4. 致儿书信二封

【题解】

　　这是毛泽东于 1946 年、1947 年写给儿子毛岸青和毛岸英的两封信。在第一封信中，毛泽东直接鼓励在苏联求学的儿子学好本领，将来为国出力，为人民服务；在第二封信中，毛泽东则勉励从苏联归来的儿子在学习和工作中不要害怕困难，要有恒心和毅力战胜困难，以此鼓励儿子日益进步，充分体现了毛泽东对后代健康成长的关切之情。

其　一

【原文】

岸青，我的亲爱的儿：

岸英回国，收到你的信，知道你的情形，很是欢喜。看见你哥哥，好像看见你一样，希望你在那里继续学习，将来学成回国，好为人民服务。你妹妹（李讷）问候你，她现已五岁半。她的剪纸，寄你两张。

祝你进步，愉快，成长！

毛泽东
一九四六年一月七日

其　二

【原文】

岸英：

告诉你，永寿回来了，到了哈尔滨。要进中学学中文，我已同意。这个孩子很久不见，很想看见他。你现在怎么样？工作，还是学习？一个人无论学什么或做什么，只要有热情，有恒心，不要那种无着落的与人民利益不相符合的个人主义的虚荣心，总是会有进步的。你给李讷写信没有？她和我们的距离已很近，时常有信有她画的画寄的，身体好。我和江青都好。我比上次写信时更好些。这里气候已颇凉，要穿棉衣了。再谈。

问你好！

毛泽东
一九四七年十月八日

5. 致邵华

【题解】

邵华是毛岸青的妻子。六十年代初期，邵华身体状态不好，工作、学习方面都跟不上来，思想上比较苦闷。毛泽东及时给她写了这封短信，勉励儿媳用毅力与疾病做斗争，怀着豪情壮志战胜一切困难。

此信写于 1962 年。

【原文】

你好！有信，拿来，想看。要好生养病，立志奔前程，女儿气要少些，加一点男儿气，为社会做一番事业，企予望之。《上邪》一篇，要多

国学经典文库

中华传世家训

第一编 励志

图文珍藏版

读。余不尽。

父亲

六月三日上午七时

6. 致李讷书信二封

【题解】

这是毛泽东写给小女儿李讷的二封信，分别写于1958年与1963年。第一封信针对李讷在疾病面前表现出来的悲观情绪，毛泽东鼓励女儿意志上要坚强起来，用意志战胜疾病，并引用一首豪情洋溢的唐朝边塞诗激励女儿的斗志；在第二封信中，毛泽东对于女儿能改正自己身上的缺点大加赞赏，并亲切鼓励女儿在各方面都取得进步，以图将来的大有作为。

其 一

【原文】

李讷：

念你。害病严重时，心荡神摇，悲观袭来，信心动荡。这是意志不坚决，我也常常如此。病情好转，心情也好转，世界观又改观了，豁然开朗。意志可以克服病情。一定要锻炼意志。你以为如何？妈妈很着急，我也有些。找了小员、院长计苏华、主治大夫王历耕、内科大夫吴洁诸同志今天上午开了一会，一致认为大有好转。你昨夜睡了九小时，你跑出房门在小廊上看画报。白血球降下来了，特别是中性血球，已恢复正常。他们说不成问题，确有把握，你可以放心。这点发烧，应当有的，完全正常。妈妈很不放心，打了电话给她，她放心了。李讷，再熬几天，就可以完全痊愈，怕什么？我的话是有根据的。为你的事，我此刻尚未睡，现在我想睡了，心情舒畅了。诗一首：青海长云暗雪山，孤城遥望玉门关。黄沙百战穿金甲，不斩楼兰誓不还。这里有意志，你知道吗？你大概十天后准备去广东，过春节。愿意吧。到那里休养十几天，又陪伴妈妈。亲你，祝贺你胜利，我的娃！

爸爸

二月三日上午十二时

半睡状态执笔，字迹草率，不要见怪。有话叫小员来告我。

其 二

【原文】

李讷娃：

信收到，极高兴。大有起色，大有雄心壮志，大有自我批评，本有痛苦、伤心，都是好的。你从此站立起来了。因此我极为念你，为你祝贺。读浅，不急，合群，开朗，多与同学多谈，交心，学人之长，克己之短，大有可为。

爸爸

一月十五日

——《毛泽东家世》

（二十四）林语堂二姐

勉弟

【题解】

林语堂是著名的现代作家，然而在青少年时代因为家里子女较多，父母供不起他与二姐同时上学，在这种情况下，二姐把上学的机会让给了林语堂，并且许配了人家。下面这段文字出自林语堂自传中的一篇文章，讲述姐姐在出嫁前恳切地劝导弟弟珍惜这个来之不易的学习机会，勉励着弟弟成为一个有出息的人，这是很令人感动的。

【原文】

那年，我就要到上海圣约翰大学。她也要嫁到西溪去，也是往漳州去的方向。所以我们路上停下去参加她的婚礼。在婚礼前一天的早晨，她从身上掏出四毛钱对我说："和乐，你要去上大学了。不要糟蹋了这个好机会。要做个好人，做个有用的人，做个有名气的人。这是姐姐对你的愿望。"

——《林语堂自传》

（二十五）续范亭

念续磊

【题解】

续范亭是资望很深的革命家，女儿续磊也参加革命工作，1945 年 9 月，续磊准备随部队远征，临行前拍了一张单人照，托人转交父母留念，这首诗是续范亭见到女儿照片后写下的。在这首诗中，续范亭对女儿投身革命事业极力支持，并勉励女儿做好长期的思想准备，为革命事业做出贡献。

【原文】

阿爷无大儿，续磊无长兄，

愿随工作队，从此替爷征。

革命事业大，非可期速成，

临行拍此照，聊以慰双亲。

——《万金家书》

（二十六）徐悲鸿

给女儿丽丽的信

【题解】

1939 年 8 月，徐悲鸿应印度大诗人泰戈尔的邀请，从新加坡动身去印度，临行之前特地给女儿写了这封信，叮嘱女儿在国难当头之时一定要用功学习，为国家尽一份责任。徐悲鸿的这种爱国主义精神值得我们学习。

【原文】

丽丽爱儿：

你的信甚好……你做的手工甚有趣，我谢谢你这可爱的礼物。我现在没有什么赏给你玩，但你能好好用功，你将来玩的东西一定很多……在国家大难临头之际，各人须尽其可能尽的任务。事变之后，我们不见得会比人家更不幸福的。

父字

八月廿五日

——《万金家书》

（二十七）徐志摩

1. 致陆小曼（节录）

【题解】

这是 1928 年 6 月 25 日徐志摩写给妻子陆小曼的信。徐志摩在信中以他一个商人朋友为榜样，劝勉妻子不要沉溺于上海那种舒适的生活环境，避免饱食终日，而应该立志干出一番事业来。其用意是很可嘉的。

【原文】

我和文伯谈话，得益很多。他倒是在暗里最关切我们的一个朋友。他曾出主意，你是知道的。但他这几年来单身人在银行界，最近在政界怎样地地做事，我也才完全知道，以后再讲给你听。他现在背着一身债，为要买一个清白，出去做事才立足得住。在一般人看来，他是一个大傻子；因为他放过明明不少可以发财的机会不要，这是他的品格，也显出他志不在小，也就是他够得上做我们朋友的地方。他倒很佩服娘，说她不但有能干而有思想，将来或许可以出来做做事。在船上是个极好的反省的机会。我愈想愈觉得我俩有赶快 Wake up 的必要。上海这种疏松生活实在是要不得，我非得把你身体先治好，然后再定出一个规模来，另辟一个世界：做些旁人做不到的事业，也叫爸娘吐气。我也到年纪了，再不能做大少爷，妈[马]虎过日。近来感受种种的烦恼，这都是生活不上正轨的缘故。曼，你果然爱我，你得想想我的一生，想想我俩共同的幸福；先求养好身体，再来做积极的事。一无事

▲陆小曼像

做是危险的，饱食暖衣无所用心，绝不是好事。你这几个月身体如能见好，至少得赶紧认真学画和读些正书。要来就得认真，不能自哄自，我切实的希望你能听摩的话。你起居如何？早上何时起来？这第一要紧——生活革命的初步。

摩亲吻你

2. 致陆小曼

【题解】

陆小曼爱好绘画，且表现出一定的天赋，徐志摩在此信中恳切勉励妻子立志于美术事业，以图有所作为，同时指出妻子毅力不足的缺点，敦促妻子努力改之。

此信写于 1931 年。

【原文】

贤妻如吻：

多谢你的工楷信，看过颇感爽气。小曼奋起，谁不低头。但愿今后天佑你，体健日增。先从绘画中发现自己本真，不朽事业，端在人为。你真能提起勇气，不懈怠，不间断的做去，不患不成名。但此时只顾培养功力，切不可容丝毫骄矜。以你聪明，正应取法上上，俾能于线条彩色间见

真性情，非得人不知而不愠，未是君子。展览云云，非多年苦工以后谈不到。小曼聪明有余，毅力不足，此虽一般批评，但亦有实情。此后务须做到一毅字，拙夫不才，期相共勉。画快寄来，先睹为幸。此祝。

　　进步！

摩　四月一日

——《徐志摩书信集》

（二十八）张鼎丞

回答女儿的问题（节录）

【题解】

　　张鼎丞是老一辈无产阶级革命家，长期担任党的高级领导干部。1952年6月，女儿写信给父亲提了几个问题，张鼎丞于同年7月份写了这封回信。他在信中针对女儿的提问作了直接而简洁的回答，勉励女儿立下壮志，苦练本领，成为新中国的有用人材。

【原文】

　　第一个问题，你说"爸爸希望我做什么？我一定会做到"的问题，我想我对你有很大的希望！即：（一）要身体精神健康，不发生疾病；（二）要有高深的学问和有坚强的才能；（三）现在要做好学生和好少先队员，将来要做模范的青年团员，再做模范的共产党员。这三件大事，我想你会愿意做的。……请你写一道志愿书，就按照你的志愿书去实行吧！第二个问题。"爸爸十一岁的时候为什么把辫子剪掉？"的问题，这是我当时的一种革命行动——满清封建主义皇帝把人民当作奴隶牛马看待，要人民留头发打辫子（如牛马的尾巴一样），要妇女缠小足，用各种各样的办法来欺负和侮辱人民，我十一岁的时候，正是推翻满清，打倒皇帝专制制度的革命时候，同时在这个时候也积极提倡剪辫子、放小足并禁止缠小足，所以我即剪辫子表示响应革命。我简单地答复就是如此。

——《万金家书》

（二十九）冷少农

给苍儿的信

【题解】

　　冷少农，贵州瓮安人，中共党员，1932年牺牲于南京雨花台，这封信写于1931年。在这封信中，冷少农从时代飞速发展的角度出发，勉励儿子刻苦学习，锻炼身体，怀抱远大理想，成为社会的有用之材，对儿辈的这种鼓励是值得我们充分肯定的。

【原文】

苍儿：

收到你的信，使我无限的欢欣！使我无限的惭愧。你居然长这样大了，你居然能读书写字，并且能写信给我了。我频年奔走，毫无建树，却得你这个后继希望，这使我是多么的欢欣啊！然而你的长大和你的教养，我都未负一些责任，同时却有累了你的祖母、伯父、母亲。虽然是社会和时代所造成，我的内心实不免万分惭愧，在惭愧中还要你为我向你的祖母、伯父、母亲们深深致谢。

时代的车轮不息的旋转，你生在中产的家庭，得饱食暖衣的读书写字，这种机会是非常难得的，希望你好好的努力，以期无负于家庭，无负于社会。同时你要时常留心到远的或近的人们，有许多是没有法子读书写字，有些更是没有法解决衣食。你就要想到你读书写字的目的，是要为这一批人求一个适当的解决。这一层我更望你朝斯夕斯的不要轻轻放过。

一个人，除解决自身的问题而外，还须顾及，社会人类，而且个人问题须在解决社会人类整个的问题中去求解决。你除好好地努力读书写字，养成能力而外，还须健全你的身体，每天除读书写字而外，还须作有计划，有益健康之运动与游戏，使知识与体力同时并进，预备着肩负将来之艰巨。

你的祖母、伯父、母亲是十分钟爱你。我虽然离得远，不能向你作切实的表示，但是也不能说我不爱你。我之爱你，是望你将来为一极平凡而有能力为一般劳苦民众解决不能解决之各项问题，铲除社会上一切不平等之人物。苍儿，社会之新光在照耀着你，希望你猛进。

至于你对我所说的一切，我当然能领会的，我既以这样的远大期许你，我为完成我的期许，我为一般被压榨穷苦无靠的人们而期许你。对于你的要求，我将尽力地站在正确的立场而允许你，而设法为你实现。苍儿再会。

在新年的晨光中为你祝福

农

元月八日

——《万金家书》

（三十）李木庵

儿女离延北征诗以壮之

【题解】

李木庵是早期中共党员，1959 年病逝于北京。1945 年冬天，他的子女

作为延安的干部开赴东北，李木庵便写下这首诗为子女送行。他在诗中勉励子女努力工作，干出一番不凡的成绩，为他做父亲的争光。

【原文】

辞家万里赋联翩，塞上因依又六年。
客邸犹能存定省，老身何用计周全。
铙歌响彻上元运，俊步踏翻燕北天。
解放途中齐努力，杖头伫听捷音传。

（三十一）周恩来

致邓颖超

【题解】

这是周恩来于 1959 年写给邓颖超的一封家书，周恩来在信中不仅表达了他对伴侣的牵挂之情，更为可贵的是，周恩来并没有陶醉于对过去光荣业绩的回忆中，而是勉励邓颖超与他一起向前看，向青年学习，不断进取，这种精神值得我们学习。

【原文】

超：

等了几天没接到你来电话，今天听说你又病了，甚为惦念。明天当与你通话，希望你能提早回京。我大约可迟到 23 日再走。这几天为报告忙起来了，而国内外又有些文电和事情要办，睡眠便又少了起来。现已夜深，听说明午琼英去穗，写此短笺，聊表怀念。"三八"之日虽未通话，即签了一个贺片，而且还是 30 年前的笔名，你看了也许引起一些回忆。老了，总不免有些回忆。但是这个时代总是要求我们多向前看，多为后代着想，多向青年学习。偶一不注意，便有落后的危险，还得再鼓干劲，前进再前进啊！

问好。

翔字

1959 年 3 月 18 日夜

——《古今家训新编》

（三十二）闻一多

1. 致五哥、驷弟及全家

【题解】

这封信写于 1923 年，当时闻一多在美留学，业余坚持诗歌创作，获得了意料之外的巨大成功。此信即表达了他立志于文学创作的心愿，以此鼓励五哥与四弟莫庸碌无为，当奋发图强。

【原文】

五哥、驷弟转呈
阖室公鉴：

十哥代寄来的《创造》与《小说月报》都已收到。第二次寄回的钱不知收到否？今接实秋来函称诗稿将寄予泰东承印，版利归他们，可以得到一点稿费，到底不知多少。成仿吾（《创造》底编辑）并允代为帮忙。稿费底事，在我们本不好太执着，还价是讲不到的，只好随便一点，落得出版以后，销行可望广一点。初出头的作家本来是要受点委屈的。《冬夜草儿评论》除了结识了郭沫若及创造社一般人才外，可说是个失败。我埋伏了许久，从来在校外的杂志上姓名没有见一回，忽然就要独立的印出单行本来，这实在是有点离奇，也太大胆一点。但是幸而我的把握当真拿稳了，书印出来，虽不受普通一般人底欢迎，然而鉴赏我们的人倒真是我们眼里的人。实秋信中又讲到郁达夫（小说家，也是创造社底中坚人物）曾到清华园来拜访了他一次。他又讲我的批评《女神》的文章将在下期的《创造》里登出了。总之，目下我在文坛上只求打出一条道来就好了。更大的希望留待后日再实现吧。近来作了一首写清华生活的长诗，寄给此邦各处的朋友看了，都纷纷写信来称赞，其中浦薛凤尤其像发狂似的赞许我。我觉得名誉一天天的堆上我身来了，从此我更要努力。

近来人事很好。功课虽忙，却也有趣。家中近来都好否？二哥近况如何？乡间近来安静否？请祈示知，是为至荷！寄归各款如今当然可移作他用。下月恐怕再有贰十元寄回。

此敬请

父母亲大人　福安，并问

全家安好！

骅　谨启

十四、十六两妹及孝贞再写封信来看看你们的进步如何。

又及

2. 致五哥

【题解】

这封给五哥的信写于1924年。闻一多在信中叙述了留美中国学生关心国家的政局、准备组建革命团体的有关情况，然后勉励兄长应为家庭、社会、国家承担一份责任，可谓志存高远。

【原文】

五哥转阖家大鉴：

宁字第一、二号均先后收到。久不闻家音，信到，徒益增人魂魄悸动。宿常援哲学思想，揣测人生意义，已定为悲观多于乐观。近客处异国，目击身受，凡涉于国家、社会、家庭以及个人之经验，莫不证明所谓生活，乃不断之悲哀而已。知生活为悲哀，为苦痛，而犹不能自弃绝，悲之尤大者也。

我近状如常。无善可述。学校大考已毕。此校今年中国人得学位者六人。我亦得毕业证书，习美术者不以学位论也。前月举行成绩展览会，以我之作品为最佳，颇得此地报纸之赞美，题意可译为"中国青年的美术家占展览会中重要部分云云"。

驷弟久无信来。想此书到时，当届暑假。望将本年学业进境作书为我述之。忠勋两侄信均收到。忠侄之作文胜于书信。二侄似不知书札为何物。书札不仅为道平安、叙寒暄，千篇一律之刻板文字。书札中可以发议论，亦可以记事迹。如此则其内容可以有变化，且可以增篇幅。望教二侄以此法，令其再各做一长书来。且各信中所报告之消息不当雷同。为侄辈之教育起见，我亦当早日回国，惟观目下情形，恐难如愿。美术之为学，其功难就而无穷，唯有宽以岁月以俟效耳。我辈定一身计划，能为个人利益设想之机会不多，家庭问题也、国家问题也，皆不可脱卸之责任。若徒为家庭谋利益，即日归国谋得一饭碗，月得一二百金之入款，且得督率子侄为学做人，亦责任中事。惟国家糜巨万以造就人才，冀其能有所供献也。今粗得学问之毛，即中途而废，问之良心，殊不安也。近者且屡思研究美术，诚足提高一国之文化，为功至大，然此实事之远而久者。当今中国有急需焉，则政治之改良也。故吾近来亦颇注意于世界政治经济之组织及变迁。我无干才，然理论之研究、主义之鼓吹，笔之于文，则吾所能者也。客岁同人尝组织大江学会，其性质已近于政治的，今又有人提议正式改组为政党，其进行之第一步骤则鼓吹国家主义以为革命之基础。今夏同人将在芝加哥、波士顿两处开年会，即为讨论此事也。

我辈得良好机会受高深教育者当益有责任心。我辈对于家庭、社会、国家当多担一分责任。诸侄暑假归家时，驷弟当教其读报纸，且将社会种种不平等情形，政治现状如何腐败，用浅近语言告之。在品行方面，家长犹当严责。如说谎、自私等恶习当严禁其滋长。

家中近来平安否？二哥往江西后有何发展消息？望细告我为盼。

忠侄作文用钢笔墨水誊写。此有二弊，一不能长进书法，二近于洋习气也，此当禁止。诸侄当令其每日习大字一纸，小字一纸，一如我辈往日在家时做工夫之惯习。又当教其读诗作诗。忠侄喜作画，只当鼓励，不当禁止。每日又当有讲经一课，讲四书（不可讲五经）只须明其意义，不必背诵。尤当择其易于实行者鼓励诸侄实行之，如"有事弟子服其劳，有酒食先生馔……"等等是也。奉此敬请

双亲大人及全家福安！

一多

阳六月十四日

——《闻一多家书》

（三十三）夏明翰

就义前给妻子的信

【题解】

夏明翰，湖南衡阳人，五四运动时期即投身革命。1928 年 2 月英勇就义。这封给妻子郑家均的家书是夏明翰于牺牲前几天写的。夏明翰在信中叮嘱妻子不要悲伤，要好好抚养后代，将来继承他的遗志，为共产主义事业努力奋斗。

【原文】

亲爱的夫人钧：

同志们曾说世上唯有家钧好，今日里才觉得你是巾帼贤。我一生无愁无泪无私念，你切莫悲悲凄凄泪涟涟。张眼望，这人世，几家夫妻偕老有百年。抛头颅，洒热血，明翰早已视等闲。"各取所需"终有日，革命事业代代传。红珠留着相思念，赤云孤苦望成全，坚持革命继吾志，誓将真理传人寰！

——《古今家训新篇》

（三十四）郭亮

就义前给妻子的遗书

【题解】

这是郭亮烈士于 1928 年写给妻子的遗书，嘱咐妻子抚养孩子，继承他的遗志。全信寥寥数字，但意气坚定，颇能鼓动人心。

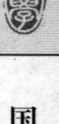

【原文】

灿英吾爱：

亮东奔西走，无家无国。我事毕矣。望善抚吾儿，以继余志！此嘱。

郭　亮

——《革命烈士书信集》

（三十五）王任叔

给儿子的题嘱和题诗

【题解】

王任叔笔名巴人，是现代著名的文艺理论家和作家。王任叔在儿子王克平一周岁相片后面题下了一段话和一首诗，勉励儿子长大后，选择能为社会造福的职业，做一名普通的劳动者。王任叔对于儿子的这种期望朴素而又实在，可谓独具一格，值得人们参考和借鉴。

（1）题嘱

【原文】

平儿：

你一周年了。我祝愿你日后百病消散，健康活泼。你自三月底来香港后，常常发热，多病，叫我非常担心。因为你的上面二位哥哥——阿基，阿东，都在周岁之前，得病死亡，使我常常想起他们。现在在你周岁时，我只有一个愿望——望你长大成人。且为天下的孩子们着想，有可能时，学习医理，拯救穷苦无靠的孩子们。使他们都得保天年，造福社会！

你的爸爸妈妈题嘱

（2）题诗

【原文】

生成一副和尚相，
愿尔莫作地行仙。
不劳动者不得食，
辛苦勤劳共着鞭。

——《万金家书》

国学经典文库

中华传世家训

第一编 励志

图文珍藏版

（三十六）陈毅

1. 示丹淮，并告昊苏、小鲁、小珊

【题解】

　　1961 年，国家处于经济困难时期，不少年轻人意志比较消沉。陈毅及时给子女们写下这几首诗，教导子女学好马列，掌握技术本领，才德兼修，全面发展，迎着困难而上，立志做出一番非凡的事业，表现了老一辈革命家对于后代的殷切期望。

其 一

【原文】

　　小丹赴东北，升学入军工。
　　写诗送汝行，永远记心中。
　　汝是党之子，革命是吾风。
　　汝是无产者，勤俭是吾宗。
　　汝要学马列，政治多用功。
　　汝要学技术，专业应精通。
　　勿学纨绔儿，变成百痴聋。
　　少年当切戒，阿飞客里空。
　　身体要健壮，品德重谦恭。
　　工作与学习，善始而善终。
　　人民培养汝，报答立事功。
　　祖国如有难，汝应作前锋。
　　试看大风雪，独立有青松。
　　又看需严寒，篱边长忍冬。
　　千锤百炼后，方见思想红。

其 二

【原文】

　　深夜拂纸笔，灯下细沉吟。
　　再写几行诗，略表父子情。
　　儿去靠学校，照顾胜家庭。
　　儿去靠组织，培养汝成人。
　　样样均放心，为何再叮咛？

只为儿年幼，事理尚不明。
应知天地宽，何处无风云？
应知山水远，到处有不平。
应知学问难，在乎点滴勤。
尤其难上难，锻炼品德纯。
人民培养汝，一切为人民。
革命重坚定，永作座右铭。

2. 示儿女

【题解】

这首诗也写于 1961 年。陈毅回顾了历史的发展过程，勉励儿女珍惜时光，努力学习，树立远大的共产主义理想。

【原文】

宇宙无穷大，万国共一球。
展望天外天，想做逍遥游。
后羿夸射月，羲和逐光流。
人类百万年，实为地之囚。
生命世代续，知识无尽头。
科学重实践，理论启新猷。
应知重实际，平地起高楼。
应知重理想，更为世界谋。
我要为众人，营私以为羞。
人人能如此，世界即自由。
所恨剥削辈，坐食汗不流。
所恨压迫者，役人如马牛。
更恨说教者，实为强暴侔。
铲除旧制度，革命志勿休。
嗟余一老兵，六十去不留。
接班望汝等，及早作划筹。
天地最有情，少年莫浪投。

——《万金家书》

（三十七）沈从文

致张兆和

【题解】

新中国成立后，沈从文的思想和生活都面临一个新的转折。在这封信中，沈从文表示自己要努力进行自我改造，以跟上时代前进的步伐，同时勉励妻子理解和支持自己，一起为新中国作点力所能及的事情。

这封信写于 1951 年。

【原文】

三姐，孩子们上学了，灯还亮着。我在小房间桌子边来写个信给你，不免稍微有点儿感伤。我们今天下午五时集中，七时上车。闻约有一礼拜方可到重庆。像是三十年前第一次出门，和十四年前离京上云南一样，心相当衰弱。到群里，会健康起来的，你放心。昨天二姊来坐了坐。常风、占元等来坐坐。我还为学校写了点锦绢说明。等等还得去博物馆看看。许多事还做不了，走得太急。这次之行，是我一生重要一回转变，希望能好好地在领导下完成任务。并希望从这个历史大变中学习靠拢人民，从工作上，得到一种新的勇气，来谨谨慎慎老老实实为国家做几年事情，再学习，再用笔，写一两本新的时代新的人民作品，补一补二十年来关在书房中胡写之失。你放心，我一定要凡事好好做去。和龙龙虎虎也做了保证，要来为国家作几年事情，不至于使他们失望的。

你要稍微注意一下体力，莫拖倒，可以多为国家为人民做点事！

如过清华去，见到王逊，可以告他，午门办事处存有甲一副，琐子金锦——一个全份，相当好，约价五十万，值得留下。我来不及告他了，他如去常家，可以看看，要即带去，给西湖营同顺利号曲子猷一信，告说已要即成，款系本月或下月付，不妨事。只要说明即成。

望你好好保重，不要为我担心。我一定要从乡村生活中使健康回复过来的。刚得宠平先生电话，声音中如同二十多年前和我说话一样。我一定要为国家，为人民，为你们而健康起来，把事情好好做下去！回来时，希望你和我一样，都健康得多！

二哥

十月二十五日

上午九时

——《从文家书》

（三十八）刘英

给妻子的题词

【题解】

刘英，江西瑞金人，1929年入党，1942年英勇就义。这两篇题词均写于1939年，他在题词中勉励妻子坚定革命立场，坚定革命意志，准备为革命牺牲一切。

【原文】

一

站稳自己的立场，把握住事件的真理，任何麻醉、欺骗与利诱，均不能丝毫动摇我们的斗志与决心！

魁梅战友

群 题于廿八年北场

二

抛开一切动摇，准备一切牺牲，集中一切力量，一切的一切都应该服从于革命与战争！

魁梅战友

群 廿八年录于温永

——《革命烈士书信集》

（三十九）陈觉

就义前给妻子的遗书

【题解】

陈觉是湖南醴陵市人，1923年加入中国共产党。1928年9、10月间，他与他的妻子赵云霄相继被捕。在这封遗书中，陈觉回顾了他的革命过程，并激励妻子一起为革命理想奋斗到底。全信写得慷慨激昂，情理兼备，很能打动人心。

【原文】

云霄我的爱妻：

这是我给你的最后的信了，我即日便要处死了，你已有身，不可因我

死而过于悲伤。他日无论生男或生女，我的父母会扶［抚］养他的。我的作品以及我的衣物，你可以选择一些给他留作纪念。

你也迟早不免于死，我已请求父亲把我俩合葬。以前我们都不相信有鬼，现在则唯愿有鬼。"在天愿为比翼鸟，在地愿为并蒂莲，夫妻恩爱永，世世缔良缘"。

回忆我俩在苏联求学时，互相切磋，互相勉励，课余时闲谈琐事，共话桑麻，假期中或滑冰或避暑，或旅行或游历，形影相随。及去年返国后，你路过家门而不入，与我一路南下，共同工作。你在事业上学业上所给我的帮助，是比任何教师任何同志都要大的，尤其是前年我病本已病入膏肓，自度必为异国之鬼，而幸得你的殷勤看护，日夜不离，始得转危为安。那时若死，可说是轻于鸿毛，如今之死，则重于泰山了。

前日父亲来看我时还在设法营救我们，其诚是可感的，但我们宁愿玉碎却不愿瓦全。父母为我费了多少苦心才使我们成人，尤其我那慈爱的母亲，我当年是瞒了他出国的。我的妹妹时常写信告诉我，母亲天天为了惦念她的远在异国的爱儿而流泪，我现在也懊悔此次在家乡工作时竟不曾去见她老人家一面，到如今已是死生永别了。前日父亲来时我还活着，而他日来时只能看到他的爱儿的尸体了。我想起了我死后父母的悲伤，我也不觉流泪了。云！谁无父母，谁无儿女，谁无情人，我们正是为了救助全中国人民的父母和妻儿，所以牺牲了自己的一切。我们虽然是死了，但我们的遗志自有未死的同志来完成。"大丈夫不成功便成仁"，死又何憾。此祝

健康并问

王同志好

觉　手书

一九二八，一〇，一〇

——《革命烈士书信集》

（四十）陈毅安

1. 给未婚妻的信（节录）

【题解】

陈毅安是湖南省湘阴县人，1924 年加入中国共产党，1930 年在长沙战斗中壮烈牺牲。在这封信中，陈毅安回复了妻子提出的各个问题，表明自己投身反帝、反封建的国民革命事业是正确和自觉的选择，勉励未婚妻理解并支持他所从事的革命事业。全信语气诚恳，具有较强的感染力和说服力。

【原文】

六妹爱鉴：

如金似的光阴，一瞬都不能放弃，但才接上了你上月二十五日的信，看了之后，发生许多感想，故不得不牺牲一部分时间，来做一个答复。一方面可早些解释你的疑团，使你的脑筋不致作无（谓）的思想；一方面可以促使你作（做）实在的工作，不致空谈。我的脑筋受了如此冲动，故以又同你开始谈话了。

我们学校里虽是一日当两日的工作，形式上好似痛苦，其实也觉愉快。因为是有系统的课程，天天讲的努力杀贼的方法。天将明时一点钟的游运体操，身体更觉强健，衣食住也非常安适，并无什么经济问题，同学也同德同心，精诚亲爱，这样的学校为什么不好？你说我骗你的话，我实在没有骗你。黄埔的革命军人，没有虚伪，这个声浪已震动了全世界，帝国主义与军阀的耳朵都要震聋了，你未必还没有听见吗？

我要你做我一个真实的同志，你这次来信已表示愿意，使我喜出望外。

我与你的婚姻，已不成问题了，只预备将来结婚，再没有把脑筋去死死来想的价值，我上次同你说，爱情固然是要好，但不能成为痴情，换句话说，就是不要牺牲一切专来讲爱情……最可笑的就是我去学炮科，你恐怕我去打战（仗）而死了，没有什么价值；你又说你毕业后出来当教员，把一些青年子弟要教成爱国化，来为国家流血。你不愿你的爱人流血，而要别人去流血，这真是笑话了。你的学生将来他没有爱人吗？父母吗？兄弟吗？他不是中国人吗？他就应该去血战吗？假若他的爱人死死地不要他去流血，那中国就无可救药了。只要在革命路上做工作，不限定到战场上去流血，这固然不错；但是要把学问求精，再来为社会出力，这是不成功的。因为学问要说个精字，恐怕老死都难得精，就是精了也只能做文学家、书呆子、空谈者，这又（有）什么用处呢！你看看章太炎、熊希龄等，他们不正在做光棍政客及军阀的走狗吧！我们从此可以知道，学问不都是在书本上得来的，在事实上得的经验，也就是学问。列宁先生的唯物史观，不是由科学才证明出来的吗？譬如现世的资本主义形成了帝国主义，才发生社会革命；总理（指孙中山）看见满清不行，才发生民族革命；没有帝国主义，断不致有社会革命；中国人民能安居乐业，断不致有民族革命。所以有原因，才发生事实出来，并不是空空洞洞的东西。如耶稣（稣）的什么天堂地狱，我看世界上十五万万人，没有那个看到天堂地狱是什么样子，恐怕要世界大同才是天堂，现在就是地狱了。

你说不能糊糊涂涂地死了，这也不错，但是为革命而死、为民众谋利益而死，是不是糊糊涂涂呢？假若是的，那中国一定没有烈士，革命也永远不能成功。

你又要想，我为什么要到广东来呢？你也可以知道，是为革命而来的。我又是革哪个的命呢？你也可以知道，是革帝国主义和军阀的命。你既知道这个原因，牺牲我俩的一切乐趣，去打倒他们，还死死地困在情场上做什么呢？你说要爱国，这是不错，不过眼睛要看远点，中国不是在世界独存的，是与世界各国有关系的。所以中国的革命，就是世界革命的一部分。世界上只有压迫阶级与被压迫阶级，我们中国是被压迫阶级之一，所以要联合世界上被压迫阶级，来反抗压迫阶级。这样，就不能把国界分得明明白白，要看做（作）压迫阶级与被压迫的阶级的两条战线，你看帝国主义的诺迦诺会议及大沽八国通牒就可证明压迫阶级的联合。

现在我进了学校，老实不客气对你不起了，也已经同别人又发生恋爱了，这个人不是我一个人喜欢同他恋爱，世界上的人恐怕没有人不钟情于他，这个人是世界上的怪物，也是帝国主义者的敌人，就是列宁主义，你若明了他的意义，恐怕你也要同他恋爱了，若是你真能同他恋爱，就是我同你恋爱的真精神，请你早些下个决心吧！上课去了，这点钟是帝国主义侵略中国史，研究帝国主义的侵略史，以便来复仇。不同你说闲话啦，祝你保养身体，千万万并希

努力！

你的亲爱毅安

一九二六年四月十四日

2. 给未婚妻的信（节录）

【原文】

志强爱妹：

你一次二次来信要我莫去打仗，我倒会要去试试看呀！革命不打仗，又算什么革命呢？革命的战争，就是要实现世界永久的和平，绝不同于军阀争权夺利的战争。因此有感聊作几句以答复你：

寄生者治人，

享受世界上一切权利；

生产者治于人，

所得的代价只有无期的冻饿。

唉！这是圣人孔孟的道德吗？

这是上帝耶苏（稣）的博爱吗？

这是南无阿弥陀佛的慈悲吗？

什么道德、博爱、慈悲，都是一些骗人的鬼话。

创造世界的工农们，

我们赶快的团结起来呀！

死气沉沉的黑暗世界，

要用我们的热血染它过（个）鲜红。

我们要冲破压迫阶级束缚我们的藩篱，

我们唯一的法门——勇敢奋斗！

只要我们努力，胜利终究要属于我们的，

让我们高呼预祝世界革命成功的口号啊！

亲爱的妹妹：你忘记了你要去做宣传队的勇气吗？

——《革命烈士书信集》

（四十一）丁　玲

给儿子、儿媳的一封信（节录）

【题解】

丁玲当时下放在农村，政治上遭受歧视，生活条件也颇低劣，但她对于事业的追求从不松懈。在这封信中，丁玲向儿子、儿媳透露了自己的写作计划，表示要在风烛残年做出一些于社会、于人生有益的事情，以此激励自己的后代不要甘于庸碌无为的生活，这种精神及用心是十分可嘉的。

【原文】

祖林、小灵：

……其次，谈我这几年想得最多的。你们知道我曾有过一个长篇小说的计划，这部书，后来由于没有写作条件，只好搁置在那里，没有写下去，但在农场时，也几次自己审查过，推敲过，设想过，这几年在北京，我更仔细思索，有些地方我要修改，有些地方须要从头设计，另打基础。有些地方我要保留，要发展。我自己

▲丁玲像

反复思索，认为我可以完成这本著作。我也估计了许多困难的条件，但从各方面估量，还是觉得有把握的。我一定要精心地把写它出来，二十年脱离了书中的人物，书中的环境等，但这二十年我不是白过的，我有另外许多收获，可以弥补我的一些不足。实际上，这些人物，这些事件，这里的一山一水，并没有脱离我，而是在我脑子中生根。虽然有一些只是我的旧

友。但由于我朝思暮想，萦回脑际，每天都要去丰富他们一下，提高他们一下，观察他们，研究他们，做了许多"提纯复壮"的工作，这些人很自然的成长、成熟、变高、变大、变活、变得有血有肉，但这些人绝不是我脑子中的人物，我的空想或理智硬把他安置在那里的，这些人是在各种必然的条件下，非生长出来不可的人物。我决不向读者详加说明，讲清楚这些人物的好坏、伟大和渺小。我只是要读者同书中人物生活在一起，和他们"四同"：同艰苦，同生活，同斗争，同欢乐；爱他们，恨他们，津津乐道，不能忘怀。写作最忌把读者的水平想得太低。总以为自己是教育者，读者是受教育者。作者应该把读者看作知己，要把他们看作是一些不讲自明的人。要少说废话，两个朋友在一起谈话，有许多是不讲自明的。彼此用几个字，就能把要讲的话讲出来。而听的，靠领会就能把听到而没有说出来的全部明白。这才有味道咧！因此文章要含蓄，不要叫读者只坐在那里死读，死听，上初级课，而是要读者有想象的境界，有思索的余地，有回味并且能在其中得到启发，要叫他动感情……。但反过来说，这一切仍是由作者去设计，去安排的，只是叫你看不出来。

这本书发表过四万多字，还有五万字的原稿（全书约八十一万至一百万字），一九六七年春天，为了怕遗失散落，把它整理包好交给了当时农场的公安局。最近我已提出要求，索还这份稿子。估计还在那里，至少没有丢掉。我要把它写出来，一不为名誉地位，二不为自己翻身，也不是一本书主义，不打算出版。如果能作为后人的参考资料也就行了，何况是可以给你们浏览的。叔叔怕我计划太大，不易完成，不十分赞成，他倒是赞成我写读书札记，认为可以把它写好。我的注意力当然是读书札记居次要地位，总之，我认为我还有精力，生活条件也可以，没有做工作，脑子里没有别的事打扰，拚一点老命，留下一点东西。

妈妈　一九七五年七月十二日于老顶山

——《丁玲文集》（第十卷）

（四十二）赵一曼

就义前给儿子的遗书

【题解】

赵一曼是著名的抗日女英雄，1935 年 11 月不幸被捕，1936 年 8 月 2 日英勇就义。这封遗书写于赴刑场的途中。赵一曼在信中告诉了她受害的原因，叮嘱儿子长大成人后继承母志，做出一番事业来告慰母亲。深情厚谊，流动在字里行间。

【原文】

宁儿：

母亲对于你没有能尽到教育的责任，实在是遗憾的事情。

母亲因为坚决地做了反满抗日的斗争，今天已经到了牺牲的前夕了。

母亲和你在生前是永久没有再见的机会了。希望你，宁儿啊，赶快成人，来安慰你地下的母亲！我最亲爱的孩子啊！母亲不用千言万语来教育你，就用实行来教育你。

在你长大成人之后，希望不要忘记你的母亲是为国而牺牲的！

一九三六年八月二日

你的母亲赵一曼于车中

——《革命烈士书信集》

（四十三）赵云霄

1. 给女儿的遗书

【题解】

赵云霄是河北省阜平县人，陈觉的爱人，陈觉牺牲后不久，她也壮烈就义。这封信是留给刚刚出世的女儿的。在这封遗书中，赵云霄告诉了女儿她的不幸身世，勉励女儿长大后好好读书，立志成材，不辜负父母期望。这封遗书饱蘸血泪，哀而不伤，具有激励人心的作用。

【原文】

启明我的小宝贝：

启明是我们在牢中生了你的时候为你起的名字，这个名字是很有意义的。因为有了你才四个月的时候，你的母亲便被湖南清乡督办署捕于陆军监狱署来了。当时你的母亲本来立时死的罪，可是因为有了你的关系，被督办署检查了四、五次，方检查出来是有了你！所以为你起了个名字叫启明（与你同样同生一个叫启蒙）。小宝宝：你是民国十八年正月初二生的，但你的母亲在你才有一个月十几天的时候便与你永别了。小宝宝你是个不幸者，生来不知生父是什么样，更不知生母是如何人！小宝宝你的母亲不能扶养你了，不能不把你交与你的祖父母来养你，你不必恨我！而恨当时的环境！

小宝宝，我很明白地告诉你，你的父母是个共产党员，且到俄国读过书。（所以才处我们的死刑。）你的父亲是死于民国十七年阳历十月十四日，即古历九月初四日。你的母亲是死于民十八年阳历三月二十六日，即古历二月十六日。小宝贝，你的父母你是再不能看到，而［且］也没有相

片给你，你的母亲所给你的记（纪）念只有相片和衣物，及一金戒指，你可作一生的唯一的记（纪）念品！

小宝宝我不能扶（抚）育你长大，希望你长大时好好的读书，且要知道你的父母怎样死的。我的启明，我的宝宝，当我死的时候你还在牢中。你是个不幸者，你是个世界上的不幸［者］！更是无父母的可怜者。小明明，有你父亲在牢中给我的信及作品，你要好好的保存！小宝宝，你的母亲不能多说了。血泪而成。你的外祖母家在北方，河北阜平县。你的母亲姓赵。你可记着，你的母亲是二十三岁上死的。小宝宝望你好好长大成人，且好好读书，才不负你父母的期望。可怜的小宝贝，我的小宝宝！

你的母亲于长沙陆军监狱署

泪涕三月二十四日

2. 遗墨

【原文】

十余载受苦奔波，秉春秋笔，执教士鞭，仗剑从军，矢忠为党，有志未能伸，此生空热心中血。

一家人悲伤哭泣，求父母恕，劝兄弟忍，温语慰妻，负荷属子，含冤终可白，再世当为天下雄。

——《革命烈士书信集》

（四十四）罗瑞卿

示儿诗四首

【题解】

1974年，罗瑞卿的儿子参军入伍，罗瑞卿在欣喜激动之余写下了这四首短诗，勉励儿子工作、学习、思想上要过硬，在军队中建功立业，勇攀高峰，体现了对后代的殷切期望。

其 一

【原文】

父儿参军巧同龄，时代各异主义真。

父战蒋日确困苦，儿斗两霸更艰辛。

马列主义指方向，主席思想比日明。

盼儿鼓起冲天劲，一代更比一代能。

其 二

【原文】

我儿年幼有胆见，挫折迫害只等闲。

正确错误分辨好，虚心待人最为先。

自我傲气须当改，群众关系即不难。

单枪匹马怎胜敌？万众一心能擎天！

其 三

【原文】

军中注意事虽稠，抓住关键即自由。

三大纪律时遵守，八项注意永不丢。

官兵团结如兄弟，军民一致鱼水投。

儿曾观天驱孤愤，望为阶级擒敌酋。

其 四

【原文】

我儿去参军，模范要力争。

政治成熟后，做个党之人。

标准有五条，党章载得明。

达到虽非易，创造凭自身。

思想最高峰，有志也能登。

父母殷切意，愿儿切实行。

——《万金家书》

（四十五）杜永瘦

就义前给妻子的遗书

【题解】

杜永瘦是湖北荆门市人，1925 年加入中国共产党。1927 年被国民党逮捕。在这封遗书中，杜永瘦表示他为革命理想献身感到无比快乐，劝勉妻子不要悲伤，继续勇敢地寻找人类的出路，这种乐观态度与激昂斗志是令人钦佩的。

【原文】

这是最后的谈话了！我在写这封信的时候，我含着满眶的热泪，可是

这宝贵的泪珠，我不愿意使他夺眶而出，因为我觉得流泪是一件极可耻的事，所以我始终是含笑着，文妹！请你用笑来答复我吧！

我的命运的决定，不是在今日的堂讯，而是在平时，我对于我自己命运的估量，亦早知有今日。我不是时常对你说过吗？这就是乐园，是我最后的归宿，光荣的死。我含笑，我更望你含笑。我快乐，我愿你比我更快乐！文妹，欢忻（欣）鼓舞的来欢送我吧！

你觉得太孤寂吗？人世上多的是革命的伴侣！你悲苦吗？人世上多的是寡妇孤儿！时代的牺牲者多着呢！

你的前途应当是"干"！你的责任应当是"干"！你的命运更使你不得不"干"！干呵！只有干才是你的出路——人类的出路！勉之！

你的一切，我都相信得过，然而你的痴情，我觉得是你前途的障碍，快乐的恶魔！不要痴想着我吧！

母亲的爱我，恐怕比你还要利（厉）害吧！她孤苦一身，只剩我这个活宝贝，现在失掉了！是何等的伤感呵！你应当设法隐瞒她，混得一时是一时，这是你主要的责任。别的话不愿说而且不忍说，你自己去想吧！

我觉得我现在已是一个很清闲的人，身上千斤的担子，已经卸了！快乐呵！我的许多朋友，你应当告知他们我是怎样怎样快乐，叫他们不要悲悼！

我万没有料到今天还能与你做最后的通信，这封书是如何的宝贵呀！然而我不愿意你保存这一点墨迹，使你烦恼终身，我愿你如看浮云般的一眼便过，文！听我的话呀！

几乎忘却了！还有我的小宝宝——我们爱的结晶，可怜他未出娘胎先失掉了父亲，无父之儿，将来谁人关照！我的意见是弃掉了，以免你的拖累，你自己斟酌行事吧！不说了！

母亲！文妹！小宝宝！一切的朋友们！别了！明晨拍拍的枪声，是我们最后一刹那诀别的标志！听着吧！再见！

S·一九二八年三月二十七日

——《革命烈士书信集》

（四十六）缪忠

遗嘱

【题解】

缪忠，湖南醴陵人，中共早期党员，1928 年英勇牺牲。在这封遗书中，缪忠嘱咐儿辈继承父志，忠诚于革命事业，表现出百折不回的斗争意志。

【原文】

吾儿知悉：

为父这次参加革命，精神并非倭寇之背，实系是负有国家、为社会、为人民谋幸福及利益之责。现为吾党幼稚，遭此不幸之失败。吾志未成，而革命事业未获效果，皆因是土劣之摧残，故被拘入狱，余命难存。吾虽死，而共党未亡，尚望幼子成人，毋入异党。翻身有期，热血继起，愿子子孙孙尽忠职守，勿忘此嘱。吾儿密执。

父　忠　于泗汾狱中谕

民国十七年三月五日

——《万金家书》

（四十七）林正良

狱中勉诸儿

【题解】

林正良于 1938 年加入中国共产党，1941 年英勇牺牲，他在这首诗中以古代爱国英雄的感人事迹教育子女们继承父志，为民族的解放事业贡献力量。

【原文】

国仇家难恨重重，责在儿身莫放松。

学艺克家跨灶子，读书救国主人翁。

歌成正气文相国，冰结坚甲史阁公。

千古英雄承母教，圣贤事业盼追踪。

——《万金家书》

（四十八）傅雷

1. 致傅聪书信二封

【题解】

第一封信写于傅聪在波兰举行的国际钢琴大赛获得较高名次之后，傅雷在此信中勉励儿子戒骄戒躁，朝着更完美的艺术境界奋进，勇敢地战胜来自生活和学习方面的各种困难；第二封信则写于傅聪二十二岁生日之际，傅雷在信中鼓励儿子克服大大小小的毛病，努力学好真本领，赶上飞速发展的时代，从中见出傅雷对后代成材的殷切之情。

其 一

【原文】

　　早预算新年中必可接到你的信，我们都当作等待什么礼物一般的等着。果然昨天早上收到你（波10）来信，而且是多么可喜的消息。孩子！要是我们在会场上，一定会禁止不住涕泪横流的。世界上最高的最纯洁的欢乐，莫过于欣赏艺术，更莫过于欣赏自己的孩子的手和心传达出来的艺术！其次，我们也因为你替祖国增光而快乐！更因为你能借音乐而使多少人欢笑而快乐！想到你将来一定有更大的成就，没有止境的进步，为更多的人更广大的群众服务，鼓舞他们的心情，抚慰他们的创痛，我们真是心都要跳出来了！能够把不朽的大师的不朽作品发扬光大，传布到地球上每一个角落去，真是多神圣，多光荣的使命！孩子，你太幸福了，天待你太厚了。我更高兴的更安慰的是：多少过分的谀辞与夸奖，都没有使你丧失自知之明，众人的掌声，拥抱，名流的赞美，都没有减少你对艺术的谦卑！总算我的教育没有白费，你二十年的折磨没有白受！你能坚强（不为胜利冲昏了头脑是坚强的最好的证据），只要你能坚强，我就一辈子放了心！成就的大小、高低，是不在我们掌握之内的，一半靠人力，一半靠天赋，但只要坚强，就不怕失败，不怕挫折，不怕打击——不管是人事上的，生活上的，技术上的，学习上的——打击；从此以后你可以孤军奋斗了。何况事实上有多少良师益友在周围帮助你，扶掖你。还加上古今的名著，时时刻刻给你精神上的养料！孩子，从今以后，你永远不会孤独的了，即使孤独也不怕的了！

　　赤子之心这句话，我也一直记住的。赤子便是不知道孤独的。赤子孤独了，会创造一个世界，创造许多心灵的朋友！永远保持赤子之心，到老也不会落伍，永远能够与普天下的赤子之心相接相契相抱！你那位朋友说得不错，艺术表现的动人，一定是从心灵的纯洁来的！不是纯洁到像明镜一般，怎能体会到前人的心灵？怎能打动听众的心灵？

　　音乐院长说你演奏像流水，像河；更令我想到克利斯朵夫的象征。天舅舅说你小时候常以克利斯朵夫自命；而你的个性居然和罗曼·罗兰的理想有些相像了。河，莱茵，江声浩荡……钟声复起，天已黎明……中国正到了"复旦"的黎明时期，但愿你做中国的——新中国的——钟声，响遍世界，响遍每个人的心！滔滔不竭的流水，流到每个人的心坎里去，把大家都带着，跟你一块到无边无岸的音响的海洋中去吧！名闻世界的扬子江与黄河，比莱茵的气势还要大呢！……黄河之水天上来，奔流到海不复回！……无边落木萧萧下，不尽长江滚滚来！……有这种诗人灵魂的传统的民族，应该有气吞牛斗的表现才对。

　　你说常在矛盾与快乐之中，但我相信艺术家没有矛盾不会进步，不会演变，不会深入。有矛盾正是生机蓬勃的明证。眼前你感到的还不过是技巧与理想的矛盾，将来你还有反复不已更大的矛盾呢：形式与内容的枘凿，自己内心的许许多多不可预料的矛盾，都在前途等着你。别担心，解决一个矛盾，便是前进一步！矛盾是解决不完的，所以艺术没有止境，没有 perfect〔完美，十全十美〕的一天，人生也没有 perfect〔完美，十全十美〕的一天！唯其如此，才需要我们夜以继日，终生的追求、苦练；要不然大家做了羲皇上人，垂手而天下治，做人也太腻了！

一九五年一月二十六日

其 二

【原文】

你去南斯拉夫的日子，正是你足二十二岁生日。大可利用路上的时间，仔细想一想我每次信中所提的学习正规化，计划化，生活科学化等等，你不妨反省一下，是否开始在实行了？还有什么缺点需要改正？过去有哪些成绩需要进一步巩固？总而言之，你该做个小小的总结。

我们社会的速度，已经赶上了原子能时代。谁都感觉到任务重大而急迫，时间与工作老是配合不起来，所以最主要的关键在于争取时间。我对你最担心的就是这个问题。生活琐事上面，你一向拖拖拉拉，浪费时间很多。希望你大力改善，下最大的决心扭转过来。

爸爸的心老跟你在一块，为你的成功而高兴，为你的烦恼而烦恼，为你的缺点操心！在你二十二岁生日的时候，我对你尤其有厚望！勇敢些，孩子！再勇敢些，克服大大小小的毛病，努力前进！

一九五六年三月一日晨

2. 致傅敏

【题解】

六十年代初期，国内遭受了自然灾害，人民生活水平普遍下降，许多青年人意志变得消沉，傅敏也是其中之一。傅雷在这封信中以过去年代自己的艰苦经历为例子，告诫儿子不要害怕物质生活的艰苦，并因此而对自己的前途失去信心，极力鼓励儿子蔑视物质上的困难，树立起远大的人生理想。傅雷对儿子的精神激励值得今日的家长们效法。

【原文】

宿舍的情形令我想起一九三六年冬天在洛阳住的房子，虽是正式瓦房，厕所也是露天的，严寒之夜，大小便确是冷得可以。洛阳的风刮在脸上像刀割。去龙门调查石刻，睡的是土墙砌的小屋，窗子只有几条木栅，糊一些七穿八洞的纸，房门也没有，临时借了一扇竹篱门靠上，人在床上可以望见天上的星，原来屋瓦也没盖严。白天三顿吃的面条像柴草，实在不容易咽下去。那样的日子也过了好几天，而每十天就得去一次龙门尝尝这种生活。我国社会南北发展太不平衡，一般都是过的苦日子，不是短时期所能扭转。你从小家庭生活过得比较好，害你今天不习惯清苦的环境。若是棚户出身或是五六个人挤在一间阁楼上长大的，就不会对你眼前的情形叫苦了。我们绝非埋怨你，你也是被过去的环境，教育，生活习惯养娇了的。可是你该知道现代的青年吃不了苦是最大的缺点（除了思想不正确之外），同学，同事，各级领导首先要注意到这一点。这是一个大关，每个年轻人都要过。闯得过的比闯不过的人多了几分力量，多了一重武装。以我来说，也是犯了太娇的毛病，朋友中如裘伯伯（复生），仑布伯伯都比我能吃苦，在这方面不知比我强多少。如今到了中年以上，身体不好，谈不到吃苦的锻炼，但若这几年得不到上级照顾，拿不到稿费，没有你哥哥的接济，过去存的稿费用完了，不是也得生活逐渐下降，说不定有朝一日也得住阁楼或亭子间吗？那个时候我难道就不活了吗？我告诉你这些，只是提醒你万一家庭经济有了问题，连我也得过从来未有的艰苦生活，更说不上照顾儿女了。物质的苦，在知识分子眼中，究竟不比精神的苦那样刻骨铭心。我对此深有体会，不过一向不和你提罢了。总而言之，新中国的青年决不会被物质的困难压倒，决不会因此丧气。你几年来受的思想教育不谓不深，此刻正应该用到实际生活中去。你也看过不少共产党员艰苦斗争和壮烈牺牲的故事，也可以拿来鼓励自己。要是能熬上两三年，你一定会坚强得多。而我相信你是的确有此勇气的。千万不能认为目前的艰苦是永久的，那不是对前途，对国家，对党失去了信心吗？这便是严重的思想错误，不能不深自警惕！解放思想固是根本，但也得用实际生活来配合，才能巩固你的思想觉悟，增加你的勇气和信心。目前你首先要做好教学工作，勤勤谨谨老老实实。其次是尽量充实学识，有计划有步骤地提高业务，养成一种工作纪律。假如宿舍四周不安静，是否有图书阅览室可以利用？……还有北京图书馆也离校不远，是否其中的阅览室可以利用？不妨去摸摸情况。总而言之，要千方百计克服自修的困难。等你安排定当，再和我谈谈你进修的计划，最好先结合你担任的科目，作为第一步。

　　身体也得注意，关节炎有否复发？肠胃如何？睡眠如何？健康情况不好是事实，无须瞒人，必要时领导上自会照顾。夜晚上厕所，衣服宜多穿，防受凉！切切切切。

　　千句并一句：无论如何要咬紧牙关挺下去，堂堂好男儿岂可为了这些生活上的不方便而消沉，泄气！抗战期间黄宾虹老先生在北京住的房子也是破烂不堪，仅仅比较清静而已。你想这样一代艺人不过居于陋巷，墙壁还不是乌黑一片，桌椅还不是东倒西歪，这都是我和你妈妈目睹的。

为××着想，你也得自己振作，做一个榜样。否则她更要多一重思想和感情的负担。一朝开始上课，自修课排定，慢慢习惯以后，相信你会平定下来的。最要紧的是提高业务，一切烦恼都该为了这一点而尽量驱除。

……你该想象得到父母对儿女的牵挂；可是时代不同，环境不同，父母也有父母的苦衷，并非不想帮你改善生活。可是大家都在吃苦，国家还有困难，一切不能操之过急。年轻时受过的锻炼，一辈子受用不尽。将来你应付物质生活的伸缩性一定比我强得多，这就是你占便宜的地方。一切多望远处想，大处想，多想大众，少顾到自己，自然容易满足。一个人不一定付了代价有报酬，可是不付代价的报酬是永远不会有的。即使有，也是不可靠的。

望多想多考虑，多拿比你更苦的人作比，不久就会想通，心情开朗愉快，做起工作来成绩也更好。千万保重！保重！

一九六二年十二月五日

——《傅雷家书》

（四十九）陶铸

赠斯亮

【题解】

这是陶铸在"文革"期间遭受林彪"四人帮"一伙迫害时写给女儿陶斯亮的一首诗。陶铸在诗中慷慨述志，鼓励女儿不畏艰险，立下雄心壮志，继续革命事业。全诗气势豪迈，充分显示了一代革命家的高尚情怀。

【原文】

指点江山，有无数英雄豪杰。鼓风云，斗争深入，凯歌声烈。螳臂挡车终被碎，铁轮滚雷即成辙。看全球到处展红旗，莫疑择！伤往事，何悲切？女长成，能班接。喜风华正茂，豪气千叠。不为私情萦梦寐，只将贞志凌冰雪。羞昙花一现误人欢，谨防跌。

1967 年 8 月 27 日

——《万金家书》

（五十）朱梅馥

致傅聪

【题解】

这封信写于傅聪刚刚赴波兰留学的时期，朱梅馥在信中叙述了国内防台防汛中许多同胞做出的努力及付出的牺牲，指出儿子此时在波兰学习钢琴所获得的舒适而优越的环境，从而勉励儿子珍惜来之不易的学习机会，努力进取，表达了一位母亲望子成龙的热切心愿。

【原文】

　　……这几天这里为了防台防汛，各单位各组织都紧张非凡，日夜赶着防御工程，抵抗大潮汛的侵袭。据预测今年的潮水特别大，有高出黄浦江数尺的可能，为预防起见，故特别忙碌辛苦。长江淮河水患已有数月之久，非常艰苦，为了抢修抢救，不知牺牲了多少生命，同时又保全了多少生命财产。都是些英雄与水搏斗。听说水涨最高的地方，老百姓无处安身，躲在树上，大小便，死尸，脏物，都漂浮河内，多少的党员团员领先抢救。筑堤筑坝，先得打桩，但是水势太猛，非有一个人把桩把住，让另外一个人打下去不可；听说打桩的人，有时会不慎打在抱桩的身上、头上、手上或是水流湍急就这么把抱着桩的人淹没了；光是打桩一件事，已不知牺牲了多少人，他们都是不出怨言的那么无声无息地死去，为了与自然斗争而死去。许多悲惨的传闻，都令人心惊胆战。牛家的大妹，不久就要出发到淮河做卫生工作，同时去有上千的医务人员，这是困苦万状的工作，都是冒着生命的危险去的。你想先是饮水一项，已是危险万分，何况疟疾伤寒那些病菌的传染，简直不堪设想。我看了《保卫延安》以后，更可以想象得出大小干部为了水患而艰苦的斗争是怎么一回事。那是一样的可怕，一样的伟大。（好像楼伯伯送你一部，你看过没有？）我常常联想起你，你不用参加这件与自然的残酷斗争。幸运的孩子，你在中国可说是史无前例的天之骄子。一个人的机会，享受，是以千千万万人的代价换来的，那是多么宝贵。你得抓住时间，提高警惕，非苦修苦练，不足以报效国家，对得住同胞。看重自己就是看重国家。不要忘记了祖国千万同胞都在自己的岗位上努力，为人类的幸福而努力。尤其要想到目前国内生灵所受的威胁，所做的牺牲。把你个人的烦闷，小小的感情上的苦恼，一齐割舍干净。这也是你爸爸常常和我提到的。我想到爸爸前信要求你在这几年中要过等于僧侣的生活，现在我觉得这句话更重要了。你在万里之外，这样舒服。跟着别人跟不到的老师；学到别人学不到的东西；感受到别人感受不到的气氛；享受到别人享受不到的山水之美，艺术之美；所以在大大小小的地方不能有对不起国家，对不起同胞的事发生。否则艺术家的慈悲与博爱就等于一句空话了。爸爸一再说你懂得多而表现少，尤其是在人事方面；我也有同感。但我相信你慢慢会有进步的，不会辜负我们的。我又想到国内学艺术的人中间，没有一个人像你这样，从小受了那么多的道德教训。你爸爸花的心血，希望你去完成它；你的成功，应该是你们父子两人合起来的成功。我的感想很多，可怜我不能完全表达出来。

一九五四年八月十六日
——《傅雷家书》

（五十一）任锐

1. 重庆赴延安途中口占寄儿

【题解】

任锐是革命烈士孙炳文的夫人。40 年代中其女儿孙维世从苏联学习归来，任锐即作此诗，劝勉女儿继承父志，为革命事业矢志奋斗。

【原文】

儿父临刑曾大呼："我今就义亦从容"。
寄语天涯小儿女，莫将血恨付秋风。

2. 送儿上前线

【题解】

1945 年秋，任锐的第三个儿子孙名世从前线回延安来看望母亲，党组织本想让孙名世留下来照顾他母亲，任锐却没有答应，写下了这首诗，回顾了她与丈夫的革命历程，勉励儿子重上前线，继承父志，继续战斗。

【原文】

送儿上前线，气壮情亦怆。
五龄父罹难，家贫缺衣粮。
十四入行伍，母心常凄伤。
烽火遍华夏，音信两渺茫。
昔别儿尚幼，犹著童子装。
今日儿归来，长成父模样。
相见泪沾襟，往事安能忘?
父志儿能继，辞母上前方。

——《万金家书》

（五十二）陈云凤

训女诗

【题解】

陈云凤是烈士夏明翰的母亲，为了革命事业贡献了她毕生心血。其长女夏明纬曾被国民党逮捕，出狱后给母亲写了一首诗，表达了她的离愁别恨，夏母便回写了这首诗，劝勉女儿抛弃儿女情长，出谋划策，为革命事业建立功勋。

【原文】

宁为雁断添烦忧？已健羽翩逞颈猷。

好护瑶琴弹旧曲，莫将凤纸写离愁。

——《古今家训新篇》

（五十三）邓拓

与妻诀别书

【题解】

　　邓拓原名子建，笔名马南邨，是我国著名的新闻工作者和杂文作家，1966 年因林彪"四人帮"一伙制造文字狱而遭受残酷迫害。在当时的险恶形势下，邓拓的妻子和儿女不得不与邓拓脱离关系。邓拓在这封家书中忍受着巨大的心灵伤痛，勉励妻子和儿女追求进步，将无产阶级革命事业进行到底。

【原文】

一岚：

　　你和孩子们离开我是对的，同样，我不能让你们再跟我一起了。

　　盼望你们永远做党的好儿女，做毛主席的好学生，高举毛泽东思想的伟大红旗，坚持革命到底，为社会主义的伟大事业奋斗到底。

　　我因为赶写一封长信给市委，来不及给你们写信。此刻，心脏跳得很不规律，肠炎又在纠缠，不多写了。

　　你们永远不要想起我，永远忘掉我吧，我害得你们够苦了。今后你们永远解除了我所给予你们的精神创伤。

　　永别了，亲爱的。

大云

五月十七日夜

——《邓拓文集》

（五十四）高捷成

家书

【题解】

　　高捷成，福建厦门人，1932 年加入中国共产党，1943 年在抗日战争中壮烈牺牲。这封信写于 1937 年，具体写给谁不得而知，高捷成在这封家书中叙述了自己抗日救国的志向，讲解了抗日救国与抗日宁家的道理，表现出一名爱国军人长远的眼光与宽阔的胸襟。

【原文】

民国二十一年三月离漳，倏忽至今已有六年了。在这六年中东西奔波，南北追逐，历尽千辛万苦，雪山草地，万里长征，在所不辞！无非是为挽救国家的危亡！志向所赴，海浪风波在所难阻！

我还记得将临走的时候，曾留一信给你转交我的父亲云："我要和你们离别了，或者是永远离别了，我不挂念家庭，希望家庭也无须挂念于我！这是我从戎的决心，这是救国抗战为国牺牲坚决的立志！救国才能有家，国亡家安在？这不是断绝人伦的无条件的弃家而不顾，想或可有以原谅我吧！"

民国二一十六年四月十日

—— 《革命烈士书信集》

（五十五）萧华

儿女下乡嘱语

【题解】

1968 年冬，萧华将军的女儿响应党中央提出的知识青年上山下乡的号召，准备奔赴太行山区进行锻炼，临别之前，萧华给女儿写下了这首诗，勉励女儿继承革命先烈遗志，艰苦奋斗，为建设社会主义新农村做出自己的贡献。

【原文】

草鞋银锄添行装，送女下乡去太行。
离家不是别亲日，更有人民胜爹娘。
太行之山革命山，哺女金谷红高粱。
太行之水英雄水，育女体坚志刚强。
登山方见天地宽，烈火锻炼才成钢。
莫忘先辈流血地，常看红叶傲风霜。
躬身汗浇丰收花，艰苦奋斗莫彷徨。
步步都是长征路，府首如牛精神扬。

—— 《古今家训新编》

（五十六）朱学勉

给哥哥的信（节录）

【题解】

朱学勉原名应端贤，浙江宁海人。1944 年在与日军作战中壮烈的牺牲。在这封信中，朱学勉跟哥哥共同探讨人生的意义，表明自己决不打算做官发财，而是去追求精神生活的充实和愉快，以此他劝勉哥哥追求有意义的人生，这种不以"做官发财"为念的思想，至今促人猛醒。

【原文】

我现在虽然仍旧闹穷，但生活是有意义的，精神是愉快的！其实穷又算什么？现在难道还是闹穷与否的时候吗？做人的意义难道〔是〕在金钱上吗？不！绝对不！故做官发财的念头，在弟的心灵上，这一生是不会存在的了！

一九三八年六月十七日

——《革命烈士书信集》

（五十七）钱志申

给哥哥的遗书

【题解】

钱志申烈士是湖南湘潭县韶山冲人，1928 年被捕入狱。钱志申在这封给哥哥的遗书中嘱咐哥哥照顾好家人，并教育他的孤儿继承其遗志。言辞慷慨，毫无悲伤之态。

【原文】

志炎、志刚二兄：

我的案子突然变得严重，可能无出狱希望，这并不可怕。当我入党之时，就抱定视死如归的意志。我认定，共产党一定会胜利，革命一定会成功。我牺牲生命，把一切贡献于革命，是为了寻找自由，为了全国人民求得解放。我知道我的牺牲，不会白牺牲，我血不会白流。因为血债须用血来还。党会给我报仇，你们会给我报仇。要记住：共产党是杀不绝的啊！

你们接到这封信时，可能我已不在人世了。我死不足惜，但继母在堂，子女年幼，周氏不聪，全赖你们维持、抚育，安慰他们不要悲痛。桃三成人，可继我志，我无念。

民国十七年三月十日
志申笔

——《革命烈士书信集》

（五十八） 查茂德

给妻子的信

【题解】

查茂德，安徽霍山县人，12 岁参加红军，1933 年加入中国共产党，1947 年在战斗中壮烈牺牲。在这封书信中，查茂德给妻子讲述为革命事业虽死犹荣的道理，勉励妻子及子女完成他未竟的事业，为共产主义事业奋斗终生。

【原文】

喜如妹：

我两（俩）又要短期之分开了，这是我们的敌人给我们的分开之痛苦，只有消灭了我们［的］敌人，才能消除这个痛苦。

我的病暂时也没有什么要仅（紧），因病得很长，一时亦难完全除根。我很高兴在党和上级爱护之下给我这五个月的时间休养，很不错。我这次决心到前方要与我们当前的敌人搏斗，拿出最大决心和牺牲精神与（为）人民立功。

我第二个高兴是你很好，特别是对我尽到一切的关心和爱护。同时我有两个很天真活泼的小孩，又有男又有女，你想这一切都使我很满足，永远是我高兴的地方。

战斗是比不得唱戏，不是开玩笑，是要有牺牲的精神才能打垮和消灭敌人。趟（倘）若这次到前方或负伤牺牲都不要难过，仅（谨）记我以下之言：

无产阶级的革命一定是会成功的，只是时间之长短，但也不是很长的，穷人一定要翻身，要求民主与独立，这是全世界劳苦大众都走革命这条道路，苏联革命成功是我们的好榜样。

就是我牺牲了，也是很光荣的，是为革命而牺牲，是有价值的，在任何情况下，我是不屈不挠［地］坚决指挥自己部队与敌人战斗到底，一直把敌人消灭尽为止。

望你好好地保重身体，多吃饭，不生病，我就在前方放心。同时希你好好扶养丰丰小儿，小女雪，长大完成我未完之事［业］，一直完成社会主义革命到共产主义社会，仅（谨）记仅（谨）记。

茂德

一九四七、四、二二夜

于魏县临别之写

——《革命烈士书信集》

（五十九）陈洛平

临终遗嘱

【题解】

陈洛平早年参加革命工作，是一位出生入死、久经考验的共产党员。后来担任过军分区司令员职务。在这篇遗嘱中，陈洛平要用自己身上的三块弹片分送给自己的三个儿女，意在激励儿女们继承父辈的奋斗精神，通过他们自身的努力去开创未来美好的生活。

【原文】

你们不要指望我有什么财产留给你们，只有日本鬼子和国民党留在我身上的三块弹片，以后分给你们一人一块留作纪念，看到它就应该艰苦奋斗，努力工作。

——《万金家书》

（六十）金方昌

给哥哥的遗书

【题解】

金方昌是山东聊城人，回族。中学时参加革命工作，1940年英勇就义，年仅19岁。在这封遗书中，金方昌要求哥哥们及弟弟、侄儿们继承他的遗志，为无产阶级革命事业奋斗到底，其为理想百折不回的坚强意志是值得我们肯定的。

【原文】

永昌、默生胞兄：

我于二十九年十一月二十三号在代县大西庄村被敌捕。临捕时以手枪向敌射击，弹尽将枪埋藏后拼命北跑，敌有骑兵追上被捉。我高呼中华民族解放万岁，并向敌伪讲演。

我在敌人的牢狱里、法庭上、拷打中、利诱中始终没有半点屈服、惧怕。我在被捕后，没有丝毫悲伤。我只有仇恨和斗争。我知道我是为了民族的解放、全人类的解放而牺牲。我在牢狱里向这些罪人工作着。我没有想过我再会活，也决不会活，我只有死。不过我在死前一分钟都要为无产阶级工作。

我要求哥哥们：

一、能坚决为无产阶级革命奋斗到最后胜利的时候（刻）。这不仅是你们要有这种人生观，能为这种事业干，并且得把自己锻炼成像列宁、斯大林、毛泽东一样会运用马列主义到实际中去。这样才能使自己坚持到无产阶级革命成功的时候。这里边还有这样的希望，就是希望你们能在快乐的幸福的共产主义社会里生活。最后希望到那时候你们还存在。

二、要求哥哥们能把咱们弟弟侄侄们能培养成无产阶级的革命战士。尤其是把七弟尔昌能培养成坚强的革命伟大人物。

哥哥们永别了！祝你们健康，致最后敬礼！

你的弟弟写于敌人的木牢

十二·二

——《革命烈士书信集》

（六十一）陈振先

狱中给母亲与弟妹们的遗书

【题解】

陈振先，福建福清人，学生时期即投身革命，1947年10月英勇就义。在这封遗书中，陈振先以文天祥"人生自古谁无死，留取丹心照汗青"的诗句表达自己的远大志向，鼓励亲人们相信未来是光明而美好的。

【原文】

亲爱的母亲与弟妹们：

我知道你们为了我的缘故是洒下不少辛酸之泪滴了，但，这完全是多余，而且是不应该的了。"人生自古谁无死，留此（取）丹心照汗青"。我觉得这当是我们无上光荣与慰安。目前虽是黑暗重重，然这正是黎明前的象征，请你们安心地等待着吧：度过了这冷的严冬，春天一定就会来到人间了！

心妹的小宝宝可好？我很爱他哩！愿上帝祝福他，聪明的孩子！那么再见了！

我亲热地握紧了你们的手！

细哥

于道山路羁押所

——《革命烈士书信集》

（六十二）张茜

1. 临别赠言

【题解】

张茜是老一辈无产阶级革命家陈毅的夫人。这番临别赠言是张茜生了重病以后召集儿女们到她病床前的讲话，实际上成了她的遗嘱。张茜回顾了自己的人生历程，勉励子女珍惜时光，勤奋学习，继承父亲遗志，追求崇高的人生目标。张茜对子女的这种教导与鼓励是值得人们学习的。

【原文】

姗姗要专心专意地把外文学到手。学习的机会太不容易了，一定要珍惜，决不要受我的病情影响。

人总是要死的。我这一辈子我自己觉得过得很幸福。我是穷家小户出生的女孩子，那时候要读点书很不容易，每个月为了交学费，老人尝尽了艰难。在旧社会我没有被毁灭，没有堕落，保持了清白，参加了革命。在党的培养下，我才学到了一点知识，能够担负一点工作，能够有一点作为。你们比我幸运，生长在新中国成立以后，环境太顺利了。

我这个人一辈子都是理想主义的，总追求一个很高的境界，但总觉得自己的力量不足，达不到理想的境界，非常苦恼。我跟你们爸爸结婚时，距离相差很大。我总想缩小这个差距，使自己能和你们的爸爸相称。这成了鞭策我自己前进的力量。我在现实生活和家庭生活里追求的不是安逸和享受，而是孜孜不倦的苦学上进。我几乎没有什么娱乐。……遗憾的是我的时间太少了，方法也不大对头，所以结果就不那么好。……

你们爸爸活着的时候，我和他不很懂得怎样互相帮助，错过了时机。等他去世之后，我才感觉到，失去的一切太可贵了，失去的一切太可贵了！……

我原来想只要有三五年时间，就可以把你们爸爸留下来的东西整理出一个头绪来，现在不行了。希望你们能继续下去。你们要懂得那些纷扰的争斗和虚浮的颂辞都不过是过眼的云烟，不值得计较和迷恋。在你们爸爸的文章、讲话和诗词作品中却有一些真正价值崇高的东西，你们不要等闲置之啊！

2. 送珊珊出国

【题解】

1972 年，陈毅与张茜同志的小女儿珊珊出国留学，张茜为女儿写了一首赠别诗，她在诗中叙述了陈毅同志一生的光荣革命历程，勉励女儿向父亲学习，继承父志，永远为人民服务。这种思想境界极为可贵。

【原文】

丹淮昔离家，父写送行诗。
儿今出国去，父丧母孤凄。
临别意怆恻，翻检父遗篇。
与儿共吟诵，追思起联绵。
汝父叮咛语，句句是真知。
情义最深沉，尽述平生志。
父年十八岁，漂泊赴异域。
志在强中华，勤工俭学去。
求学愿难遂，谋生历苦辛。
惴惴忧国运，愤愤嫉世情。
斗争为群益，干犯当政者。
反抗遭迫害，中道返回国。
一旦真觉悟，入党意志坚。
从不畏难险，革命五十年。
冀将不平除，奋斗入红军。
南征复北战，沙场炼真金。
井冈旧山川，淮海新日月。
受命不懈怠，艰难创大业。
全国庆解放，建设工作勤。
外交负重任，国际访问频。
关山千万重，送往迎来人。
横槊之游草，随处发歌吟。
坦荡人胸襟，为人重刚直。
真知与灼见，一吐无嫌忌。
平生宣马列，口播并笔耕。
真理唯坚守，政策能阐明。
知错即改正，从善如水流。
责己以奉公，甘为孺子牛。
平生重团结，气度同广宇。
恩怨非所计，牺牲全大局。
工作是第一，休息乃其次。
服务为人民，直到病危时。
劳绩长不没，遗爱在人间。

▲陈毅像

文稿盈数尺，诗词三百篇。
名标丹青史，诗传千百春。
遗风留天地，化育后来人。
父丧永默默，诗教仍旦旦。
寥寥虽数言，根源于实践。
写诗送儿行，吟罢泪涟涟。
汝父平生事，愿儿记心间。
一九七二年三月

——《万金家书》

（六十三）蓝蒂裕

示儿

【题解】

蓝蒂裕是一位革命烈士，被关押在重庆"中美特种技术合作所"集中营。这首诗是蓝蒂裕临刑之前写给儿子的，他勉励儿子不要惧怕任何艰难险恶的环境，要用不屈的奋斗精神，为建设一个美丽的祖国而努力。蓝蒂裕的爱国主义精神至今仍然值得我们高度肯定。

【原文】

你——耕荒，
我亲爱的孩子；
从荒沙中来，
到荒沙中去。
今夜，
我要与你永别了。
满街狼犬，
遍地荆棘，
给你什么遗嘱呢？
我的孩子！
今后——
愿你用变秋天为春天的精神，
把祖国的荒沙
耕种成为美丽的园林！
1949 年 10 月就义前夜

——《万金家书》

（六十四）王孝和

就义前给妻子的信

【题解】

王孝和，浙江宁波人，1941 年加入中国共产党，1948 年英勇就义。王孝和在这封遗书中劝勉妻子保重身体，叮嘱她孝敬双亲，教养好孩子，将来继承他的志向。

【原文】

瑛妻：

我很感激你，很可怜你，你的确为我费尽心血，今天这心血虽不能获得全美，但总算是有收获的。我的冤还未白，而不讲理的特刑庭就决定了我的命运，但愿你勿过悲痛。在这个世界上，不是有成千成万的人在为正义而死亡，为正义而子离妻散吗？不要伤心！应好好地保重身体！好好地抚养二个孩子！告诉他们，他们的父亲是被谁杀害的！嘱他们刻在心头，切不可忘！对我的双亲，你得视如自己亲父母一般。如有自己看得中的好人，可作为你的伴侣，我决不会怪你，而这样我才放心！

但愿你分娩顺利！未来的孩子就唤他叫佩民！身体切保重，不久还可为我申冤、报仇！……特刑庭不讲理！乱杀人，秘密开庭，看它横行到几时？

> 你的夫王孝和血书
> 三七，九，二七，二时

第二编　勉学

导 读

"少而好学，如日出之阳；壮而好学，如日中之光；老而好学，如秉烛之明。"这是西汉刘向《说苑·建本》所载春秋晋国大臣师旷回答晋平公的话。今天我们说年轻人好像八九点钟的太阳，盖出于此。因此，子女有了远大志向，只是成才的起点，要真正成才，还须勉励他以顽强的精神去学习，也即"好学。"

"好学"不仅是提高修养、实现大志的前提，还可以防止品格修养中的弊病。孔子说："好仁不好学，其蔽也愚；好知不好学，其蔽也荡；好信不好学，其蔽也贼；好直不好学，其蔽也绞；好勇不好学，其蔽也乱；好刚不好学，其蔽也狂。"意思是说，爱好仁德却不爱好学问，它的弊病是使人变得愚笨；爱好（卖弄）小聪明却不爱好学问，它的弊病是放纵无止境；爱好诚实却不爱好学问，它的弊病是容易受人利用反害了自己；爱好直率却不爱好学问，它的弊病是尖刻而不通情理；喜欢勇敢却不喜欢学问，它的弊病是容易酿成乱子；喜欢刚强却不喜欢学问，它的弊病是狂妄自大。"可见，有志还须好学，才能达到成功的彼岸。

中国历代思想家、教育家都十分注重"为学"，即治学之道，其内容主要包括好学、博学、慎思、笃行等方面，涉及了学的态度、内容与方法等问题。虽然随着社会历史的发展，治学的内容与方法不尽相同，但治学的态度与方面，却是有规可循，可法可效。在治学态度方面，首先面对无限的知识，必须勤奋，战国时人宁越，发奋读书，"人将休，吾将不敢休；人将卧，吾将不敢卧"，终于学成，以致"周威公师之"（《吕氏春秋·不苟论·当赏》）。有了正确的方向，必须坚韧不拔，持之以恒。东汉王充写《论衡》，明朝李时珍写《本草纲目》，均用了三十多年。遇到挫败和逆境，必须坚持不懈。屈原放逐，著《离骚》；韩非囚秦，著《说难》《孤愤》《诗三百篇》；司马迁遭腐刑，著《史记》巨著。凡此均属典型。

勉励子女治学成才，就是要教育他们树立坚定的人生信念和正确的学习态度，使他们养成一种志学、好学、勤学的良好习惯，并尽可能在学习方法上给予科学的指导。本编所辑，都是历代家训中著名的、富有影响的有关治学、勉学故事和言论。如：孟母"断机教子"，张绪"训子改过"的故事，颜之推讲究"文章三易"、韩愈"达者为师"、焦循"学习朋友之长处"、张英"文章要精读多思"、甘树椿读书当"择要而读""循序渐进"等言论，都可谓是寓意深刻，见解独到，催人猛醒，值得我们好好效法和学习。

一、先秦篇

（一）孔　丘

勉子治学

【题解】

孔子是儒家学派的创始人，也是中国历史上最伟大的教育家。孔子本人一生孜孜不倦地追求知识，从不中断学习，为后世学者树立了光辉榜样。不仅如此，孔子还非常重视后代的治学求知。下面摘录的三个言论片断，孔子从一个人立身处世来强调学习的极端重要性，以此告诫和劝勉他的儿子孔鲤（又字伯鱼）立志求学，这种深刻的见解今天仍然值得我们重视，并努力付诸实践。

其　一

【原文】

孔子曰："鲤，君子不可以不学，见人不可以不饰，不饰则无根①，无根则失理②，失理则不忠，不忠则失礼，失礼则不立。夫远而有光者饰也，近而逾明者学也。譬之如污池③，水潦注焉，菅蒲生之，从上观之，谁知其非源也。"

——《吕氏春秋·建本》

▲孔子像

【注释】

①根：引申为容貌。
②理：理性。
③污池：低洼水田。

【译文】

孔子对他的儿子孔鲤说："鲤，品德高尚的人不能不学习，接见别人时不能不修饰，不修饰就没有好的容貌，没有好的容貌就会失去理性，丧失理性就会不忠诚，不忠诚就会丧失礼仪，丧失礼仪就不能立身处世。那在远处就光彩焕发的，是修饰过的，越接近就越加清楚明白的，是通过学习获得的。比如那低洼的下等田，雨水倾注在里面，菅茅、菖蒲生长在里面，从上面观看它，谁又知道它并不是水源呢！"

<h2 style="text-align:center">其　二</h2>

【原文】

子谓伯鱼曰："女为《周南》《召南》①矣乎？人而不为《周南》《召南》，其犹正墙面而立也与。"

——《论语·阳货》

【注释】

①《周南》《召南》：《诗经》十二国风中的前两风。

【译文】

孔子对伯鱼说道："你研究过《周南》和《召南》了吗？人假若不研究《周南》和《召南》，那会像面对墙壁而站立，什么也看不见，一步也行不通。"

<h2 style="text-align:center">其　三</h2>

【原文】

陈亢问于伯鱼曰："子亦有异闻①乎？"

对曰："未也。尝独立，鲤趋而过庭。曰'学《诗》②乎？'对曰：'未也。''不学《诗》，无以言。'鲤退而学《诗》。他日，又独立，鲤趋而过庭。曰：'学《礼》③乎？'对曰：'未也。''不学《礼》，无以立。'鲤退而学《礼》。闻斯二者。"

陈亢退④而喜曰："问一得三，闻《诗》、闻《礼》，又闻君子之远其子也。"

——《论语·季氏》

【注释】

①异闻：不同的传授。

②《诗》：我国最早的诗歌总集《诗经》。

③《礼》：即专门阐发礼制的经传《礼记》。

④退：回去。

【译文】

陈亢问孔鲤说："您在老师那里，也得到过与众不同的传授了吗？"

孔鲤回答说："没有。只是有一次，他一个人站在院子里，我快步走

着从院子里经过，他叫住了我，问：'你学过《诗经》没有？'我连忙回答说：'没有。'他教训我说：'不学习《诗经》，就不会说话。'我回去以后就去学习《诗经》。过了几天，他又一个人站在院子里，我遇见了他。他问我：'学习《礼》了没有？'我回答说：'还没有。'他教训我说："不学习《礼》，就无法立足于社会。'我回去以后就去学习《礼》，只碰到这两件事。"

陈亢听了高兴地说："我问了一件事，却知道了三件事：知道了学习《诗经》、学习《礼》，又知道老师对他的儿子并不特别亲近，没有什么特殊传授。"

（二）孟轲母仉氏

断机教子

【题解】

孟母断机教子的故事可以说是有口皆碑的。孟子日后的成材与当初孟母的循循善诱、苦心劝学无法分开。从孟母身上我们可以领悟到家庭教育的极端重要，这是当今所有望子成龙的家长所应严肃对待的问题。

【原文】

孟子之少也，既学而归，孟母方绩[1]，问曰："学何所至矣？"孟子曰："自若也。"孟母以刀断其织。孟子惧而问其故。孟母曰："子之废学，若我断斯织也。夫君子学以立名，问则广知，是以居则安宁，动则远害。今而废之，是不免于斯役，而无以离于祸患也。……"孟子惧，旦夕勤学不息，师事子思，遂成天下名儒。君子谓孟母知为人母之道矣。

——《列女传·母仪传》

【注释】

①绩：织布。

【译文】

孟子小的时候，放学回家，他的母亲正在纺织，见他回来，就问："学习怎么样了？"孟子回答说："还不是和过去一样？"孟母用剪刀把织好的布剪断。孟子十分害怕，就问母亲为什么，孟母说："你荒废学业，就像我剪断这布一样。有德行的人学习是为了树立名声，问是为了增长知识。所以平时能平安无事，做起事来就可以避开祸害。你现在荒废了学业，就不免于做下贱的劳役，而且难于避免祸患。"孟子听后吓了一跳，从此由早到晚勤学不止，拜子思为老师，终于成了天下有名的大儒。有德行的人认为孟母懂得做母亲的道理。

二、秦汉篇

（一）邓皇后

下诏勉励贵族勤学

【题解】

　　邓绥是汉章帝的皇后。下这封诏书的时候，已做了太后，是举国敬仰的人物。她想通过教育贵族子弟学习儒家经书的途径，来挽救日益衰惫的国运和世风。历史证明这只是一厢情愿，但劝学的深意也不妨参考。

【原文】

　　[元初] 六年，太后诏征和帝弟济北、河间王子男女五岁以上四十余人，又邓氏近亲子孙三十余人，并为开邸每第，教学经书，躬自监试。尚幼者，使置师保，朝夕入宫，抚循诏导，恩爱甚渥。乃诏从兄河南尹豹、越骑校尉康等曰：

　　"吾所以引纳群子，置之学官者，实以方今承百王之敝，时俗浅薄，巧伪滋生，《五经》《诗经》《书经》《礼记》《易经》《春秋》衰缺，不有化导，将遂陵迟，故欲褒崇圣道，以匡失俗。传不云乎：'饱食终日，无所用心，难矣哉！'今末世贵戚食禄之家，温衣美饭，乘坚驱良，而面墙术学，不识臧否，斯故祸败所从来也。永平中，四姓小侯皆令入学，所以矫俗厉薄，反之忠孝。先公既以武功书之竹帛，兼以文德教化子孙，故能束修，不触罗网。诚令儿曹上述祖考休烈，下念诏书本意，则足矣。其勉之哉！"

　　　　　　　　　　　　　　　　　——《后汉书·皇后纪》

【译文】

　　元初六年（公元 119 年），邓太后下诏征汉和帝的弟弟济北王、河间王子女五岁以上者四十多人，加上邓家近亲子孙三十多人到洛阳，为他们开设房屋，教他们学习经书。太后亲自监督考试。其他幼小的孩子，让人给他们安排师保，早晚进宫，亲自加以教导爱抚，恩爱很是深厚。太后于是下诏给堂兄河南尹邓豹、越骑校尉邓康，说：

　　"我所以收引接纳群子，把他们安置在学校，实在是因为如今处于百王凋敝之后，时俗浅薄，弄巧作伪的事情滋长蔓延，《五经》衰败残缺，如果不加以教化和引导，将会导致衰颓，因此打算嘉奖和推崇圣道，来纠正时俗的过失。经传上不是说吗？'一个人整天吃饱了饭，却不用心于道义，想有所成就，难啊！'如今末世那些吃着国家俸禄的贵戚之家，穿得温暖，吃着美食，乘着坚固的车子，驾着良马，却好像面对着墙壁，一无所见，不知道好坏，这就是祸败产生的原因。永平年间，樊、郭、阴、马四姓外戚子弟都被送进学校，这样做是要矫正时俗，激励薄行之人，返回忠孝。先祖父邓禹既凭着武功被记载于史册，又能用文德来教化子孙。因此能够自我约束修整，不触犯法律。如果能让儿孙辈上继承祖宗传下来的盛美事业，下体念这篇诏书的本意，这就够了。努力吧！"

（二）周 磐

先师圣典伴归魂

【题解】

周磐教授门徒，常常同时有上千人，一生诵习讲论儒家经典。这是他临终前不久说的一番感人至深的话。他崇奉的《尧典》的意义在今天比不上当时了，但周磐对学问的崇敬却仍有积极意义。

【原文】

建光元年，年七十三，岁朝会集诸生，讲论终日，因令其二子曰："吾日者梦见先师东里先生，与我讲论于阴堂①之奥②。"既而长汉："岂吾齿③之尽乎！若命终之日，桐棺足以周身，外椁足以周棺，敛形悬封，濯衣幅巾。编二尺四寸简，写《尧典》一篇，并刀笔各一，以置棺前，示不忘圣道。"

——《后汉书·周磐列传》

【注释】

①阴堂：幽暗的屋子。

②奥：东南墙角。

③齿：年龄。

【译文】

建光元年（公元 121 年），周磐七十三岁了。岁日这天会集弟子们，讲学议论了一整天。这时对两个儿子说："我昨天梦见了先师东里先生，他和我在暗屋的东南角讲论。"接着长叹一声道："只怕是我的生命快到尽头了！假如到了我命终那天，桐木棺足以放进全身，外椁足以容下内棺，尸衣能盖住形体，直接挖坑不要修墓道，用洗过的衣服、头上包张帕子就够了。用二尺四寸长的竹简编成册，写上一篇《尧典》，加一刀一笔，放在棺前，表示我不忘圣人之道。"

（三）郑 玄

诫子益恩书

【题解】

　　郑玄是东汉时期著名的学者，在儒家经典研究方面做出了卓越贡献，至今仍受推崇。这封信是在他病重时，写给孩子郑益恩的。信中深情地回忆了自己一生求学钻研的经历，又充满着老年人放心地把一切交给后辈的豁达。有志学问的人，可从中领略这位经学大师的风范，激发上进之心。

【原文】

　　吾家旧贫，不为父母群弟所容，去厮役之吏，游学周、秦之都，往来幽、并、兖、豫之域，获觐①乎在位通人、处逸大儒，得意者②咸从捧手，有所受焉。遂博稽《六艺》，粗览传记，时睹秘书纬术之奥。年过四十，乃归供养，假田播殖，以娱朝夕。遇阉尹擅势，坐党禁锢，十有四年，而蒙赦令，举贤良方正有道，辟③大将军三司府，公车再召，比牒并名，早为宰相。惟彼数公，懿④德大雅，克⑤堪王臣，故宜式序。吾自忖度，无任于此，但念述先圣之元意，思整百家之不齐，亦庶几以竭吾才，故闻命罔从。而黄巾为害，萍浮南北，复归邦乡。入此岁来，已七十矣。宿素衰落，仍有失误，案之礼典，便合传家。今我告尔以老，归尔以事，将闲居以安性，覃思以终业。自非拜国君之命、问族亲之忧、殿敬坟墓、观省野物，胡尝扶杖出门乎！家事大小，汝一承之。咨尔茕茕一夫，曾无同生相依。其勖求君子之道，研钻勿替，敬慎威仪，以近有德。显誉成于僚友，德行立于己志。若致声称，亦有荣于所生，可不深念邪！可不深念邪！吾虽无绂冕⑥之绪，颇有让爵之高。自乐以论赞之功，庶不遗后人之羞。末所愤愤者，徒以亡亲坟垄未成，所好群书率皆腐敝，不得于礼堂写定，传与其人。日西方暮，其可图乎！家今差多于昔，勤力务时，无恤饥寒。菲⑦饮食，薄衣服，节夫二者，尚令吾寡恨。若忽忘不识，亦已焉哉！

　　　　　　　　　　　　　　　　——《后汉书·郑玄传》

【注释】

　　①觐：jìn 进见。
　　②得意者：中意的人。
　　③辟：被……征召。
　　④懿焘：美好。
　　⑤克：能。
　　⑥绂冕：官带和官帽，绂音 fú。

⑦菲：微薄。

【译文】

　　我从前因为家里贫困而不被父母和各位弟弟相容，于是辞去执劳役、做仆人的差事，游学于从前周、秦两代的都城，往来于幽、并、兖、豫一带，有幸见到了那些在位的学识渊博贯通古今的人和有才德但隐居不仕的大学者，谁的学问符合我的志向，我就拜他为师，接受他们的教诲。于是我广泛地考核六经，粗略地阅览传记，时时窥察到秘书、纬术的奥妙。年过四十，才回家侍养父母，租赁田地，播种耕耘，聊以打发时日。碰上宦官专权，由于我列名党人中而被禁止出任官职，过了14年，才蒙皇上颁发赦令，荐举"贤良方正有道"，被征召到大将军三司府为幕僚。官署两次用公车征召，几位当年连牒齐名的人，都早早地做了宰相。只有这几个人，具有美德和高才，能够胜任大臣之职，因此应该担当重任。我自己估量，在这方面没有能力，但是想到顺行先圣的本意，整齐百家在学术上观点的不一致，这件事也许可以施展、用尽我的才华，因此听到官府征召的命令也没有听从。碰上黄巾军为害地方，我像浮萍一样，飘荡南北，后来才复归故乡。今年以来，已经七十岁了。我平素的志愿衰落了，多次出现失误，根据礼典，我现在就应当把家事交付子孙。现在我告诉你我已经老了，把家事交给你，我自己将闲居来安适情性，凭借深思来完成自己的学业。除了接受国君的命令，问候族中亲人的疾病，察看祖先的坟墓和观看乡野风物之外，我何曾拄着拐杖出门啊！大大小小的家事，一切由你来承当。你孤独无依一个人，没有同母兄弟可以相依为命。你一定要努力探求君子之道，刻苦钻研，不要止歇，使自己的容止庄严敬肃，亲近那些有德行的人。显贵的名誉是靠同僚和朋友助成的，德行的树立却在于一个人的立志。如果能够得到好的声望，对父母也能带来荣耀，怎能不好好考虑呢？怎能不好好考虑呢？我虽然没有佩印绶、戴礼帽的功业，却很有屡征不就、辞官让爵的清高。自己乐于凭借着论述、赞明经典的功绩，希望不给后人带来羞辱。我最后感到心中不平的，只是因为死去的亲人的坟墓还没有建成，我所喜好的书籍大都破敝腐烂，不能在礼堂把它重新写好，传给那些好学的人。我年已垂暮，但还可以再努力啊！我家现在比从前好一点了，你只要辛勤劳作，不误农时，就不必担忧饥寒。粗食布衣这种境况，还可以让我减少些遗憾。如果忽略淡忘，不再记得我的训诫，那就算了吧。

（四）孔融

与宗从弟书

【题解】

孔融为"建安七子"之一，富有才学，这与他平日的刻苦好学分不开。在这封写给堂弟的短信中，孔融对堂弟自觉求学的精神表示赞赏，以此勉励堂弟进一步努力，对于今天的人们来说也不无教益。

【原文】

知晚节豫学，既美大弟困而能寤①，又合先君加我之义。岂惟仁弟，实专承之，凡我宗族，犹或赖焉。

——《全后汉文》

▲孔融像

【注释】

①寤：通"悟"。

【译文】

你知道在晚年之前而预先刻苦学习，我赞赏你这种感到困惑但却能醒悟的态度，这又符合祖先交付与我的责任。难道只是仁弟你一个人得到这种学习的好处，凡是我们同族的人都还要依赖于它啊！

三、魏晋南北朝篇

（一）钟会母

教子有方

【题解】

钟会是三国时期魏国的名臣，其足智多谋广受赞誉，这是与他母亲早期对他严格的教育分不开的。钟母懂得根据孩子不同的年龄阶段传授不同的学习内容，做到循序渐进，循循善诱，而且能够从立身处世的角度鼓励儿子精心治学，可以说是教子有方，深明学理，值得后人效法。

【原文】

其母传曰："夫人性矜严，明于教训，会虽童稚，勤见规诲。年四岁授《孝经》，七岁诵《论语》，八岁诵《诗》，十岁诵《尚书》，十一诵《易》，十二诵《春秋左氏传》《国语》，十三诵《周礼》《礼记》，十四诵成侯《易记》，十五使入太学问四方奇文异训。谓会曰：'学猥①则倦，倦则意怠；吾惧汝之意怠，故以渐训汝，今可以独学。'雅好书籍，涉历众书，特好《易》《老子》，每读《易》孔子说'鸣鹤在阴'、'劳廉君子'、'籍用白茅'、'不出户庭'之义，每使会反复读之，曰：'《易》三百余爻，仲尼特说此者，以谦恭慎密，枢机②之发，行己至要，荣身所由故也，顺斯术已往，足为君子矣。'……"

——《三国志·魏书·钟会传》注

【注释】

①猥：杂多。

②枢机：关键。

【译文】

钟会母亲的传记中这样写道："钟夫人性格矜持严肃，善于教导，钟会当时虽然年幼，钟夫人对他却加以严格教诲。钟会四岁时钟夫人就给他讲授《孝经》，七岁时让他诵读《论语》，八岁让他诵读《诗经》，十岁让他诵读《尚书》，十一岁让他诵读《周易》，十二岁让他诵读《春秋左氏传》《国语》，十三岁让他诵读《周礼》《礼记》，十四岁让他诵读成侯的《易记》，十五岁让他进入太学向有识之士询问天下非凡的文章和格言。钟夫人这样告诫钟会说：'短时间内学得太多就会厌倦，厌倦了学习精神上就会松懈下来，我担心你精神松懈，所以我循序渐进地教导你，现在你可以独立地学习了。'钟夫人喜爱书籍，遍览群书，特别喜爱《周易》和《庄子》，每次读到《周易》上孔子解释的'鸣鹤在阴'、'劳廉君子'、'籍用白茅'、'不出户庭'的含义，她就让钟会反复诵读，告诫钟会说：'《周易》上共有三百余爻，孔子特意为它们做出解释，因为它们可以教导一个人为人谦恭慎重，这是处事的关键，对于一个人的立身至关重要，而且常常能因此获得荣华富贵的机会。你按照这些方法去行事，就完全可以成为一个受人器重的君子了。'……"

（二）诸葛亮

诫子书

【题解】

诸葛亮不但精心治理国家大事，他对于后代的健康成长也非常关心。在这则写给儿子的家书中，诸葛亮着重谈论了学习的重要性以及如何学习的问题，并从修身立志，珍惜时光的角度劝勉儿子投入到求知当中去，可以说警策人心，富有鼓动性，其劝学艺术值得今人认真借鉴。

【原文】

夫君子之行，静以修身，俭以养德；非淡薄无以明志，非宁静无以致远。夫学须静也，才须学也；非学无以广才，非静无以成学。淫①慢则不能研精，险躁则不能理性。年与时驰，意与日去，遂成枯落，多不接世，悲守穷庐，将复何及！

——《诸葛亮集》

【注释】

①淫：过度。

【译文】

君子的行为，以宁静来修养身心，以卑谦来培养品德；不恬淡寡欲就难以显明自己的志向，不静心安神就无法达到远大的目的。学习需要内心宁静，才能需要通过学习获得。不学习就没有办法扩大自己的才能，内心不宁静就不能成就自己的学问。游乐过度、急慢偷懒就不能进行精深的研究，内心急躁就不能理顺自己的性情。年华随着时光驰去，意志随着日子一天天衰退，就如同枯黄的落叶，失去了济世的能力，只能悲哀地坐守在破旧的房屋里面，那时再要后悔，还怎么来得及！

（三）甄皇后

不爱女工爱读书

【题解】

甄皇后先做袁绍的儿媳，后来成了曹丕的皇后。在历史上，尤其在小说中，是一个不大好的典型。但她小时候与哥哥的一番对话，倒是有理有据，敢于发表不同意见。

【原文】

年九岁，喜书，视字辄识，数用诸兄笔砚，兄谓后曰："汝当习女工。用书为学，当作女博士邪？"后答言："闻古者贤女，未有不学前世成败，以为己诫。不知书，何由见之？"

——《三国志·魏书·后妃传》注引《魏书》

【译文】

甄皇后九岁的时候，喜欢读书，看见生字，很快就记住了，常常用哥哥们的笔和砚。哥哥对她说："你应该学做女工。女孩子读书，想做女博士吗？"甄皇后回答："我听说自古以来贤淑的女子，没有不学习前代的成功与失败，来作为对自己的告诫的。不懂书，从哪里去学习这些呢？"

（四）曹 丕

父子勤学

【题解】

曹操、曹丕父子，一个雄才大略，一个文质彬彬，他们不但是三国政治的核心人物，也都写出过水平很高的诗文。成就的取得，与刻苦勤奋分不开。曹操"虽在军旅，手不释卷"，曹丕"靡不毕览"，难分高低，共传佳话。

【原文】

上雅好诗书文籍，虽在军旅，手不释卷，每每定省从容，常言："人少好学则思专，长则善忘。长大而能勤学者，唯吾与袁伯业耳。"余是以少诵《诗》《论》，及长而备历五经、四部，《史》《汉》、诸子百家之言，靡不毕览。

——《典论·自序》

【译文】

父亲喜好诗书文籍，即使在军旅之中，也手不释卷。每每胸怀大志，从容不迫。经常说："人如果从小就好学，那么精神会很专一；大了以后，就健忘了。长大以后还能勤奋学习的，只有我和袁遗。"因此我从小就诵读《诗经》《论语》，到长大以后，从五经、四部之书，到《史记》《汉书》，以及诸子百家的言论，无所不读，全部看完。

（五）司马越

敕世子毗

【题解】

东海王司马越教子学习，不像其他宗室贵族只读书本，以至于孤陋寡闻、隔靴搔痒。他强调体验生活的重要性，认为只有在生活观察和体会中才能真正学到东西。

【原文】

太傅东海王镇许昌，以王安期为记室参军，雅相知重。敕世子毗曰："夫学之所益者浅，体之所安者深。闲习礼度，不如式瞻①仪形；讽味②遗言，不如亲承音旨。王参军人伦之表，汝其师之。"

——《汝说新语·赏誉》

【注释】

①瞻：瞻仰。

②讽味：背诵和体味。

【译文】

太傅东海王司马越镇守许昌的时候，任用王安期做记室参军，并且非常赏识看重他。东海王告诫儿子司马毗说："学习书本的效益浅，体验生活所保留的感受深。熟习礼制法度，就不如去观看礼节仪式；背诵并体味前人的遗训，就不如亲自接受贤人的教诲。王参军是人们的榜样，你还是学习他吧。"

（六）王僧虔

诫子书

【题解】

王僧虔在齐代以研究书法出名。在这篇《诫子书》中，不留情面地批评了孩子读书见异思迁、浅尝辄止的毛病。

王僧虔自己读书，是从小到老，手不释卷，没搞懂绝不妄发议论。他还谈道，学问的获得有途径，一切从自身上来。这对那些幻想投机取巧、偷工减料的人，无疑是当头棒喝。

在这封信中，王僧虔明确地提出，他死后不能给孩子提供什么，需要孩子们自己努力。这一点在今天，应该是为人父母，为人子女者深思的课题。

【原文】

知汝恨吾不许［汝］学，欲自悔厉，或以阖棺自欺，或更择美业，且得有慨，亦慰穷生，但亟闻斯唱，未睹其实。请从先师听言观行，冀此不复虚身。吾未信汝，非徒然也，往年有意于史，取《三国志》聚置床头，百日许，复徙业就玄，自当小差于史，犹未近仿佛，曼倩①有云："谈何容易②。"见诸玄③，志为之逸，肠为之抽，专一书，转诵数十家注，自少至老，手不释卷，尚未敢轻言。汝开老子卷头五尺许，未知辅嗣④何所道，平叔⑤何所说，马、郑何所异，指例何所明，而便盛於麈尾，自呼谈士，此最险事。设令袁令命汝言《易》，谢中书挑汝言《庄》，张吴兴叩汝言？《老》，端可复言未尝看邪？谈故如射，前人得破，后人应解，不解即输赌矣。且论注百氏，荆州八帙⑥，又才性四本，声无哀乐，皆言家口实，如客至之有设也。汝皆未经指点耳瞥目。岂有庖厨不脩，而欲延大宾者哉？就如张衡思侔⑦造化，郭象言类悬河，不自劳苦，何由至此？汝曾未窥其题目，未辨其指归⑧；六十四卦，未知何名；庄子众篇，何者内外；八帙所载，凡有几家；四本之称，以何为长。而终日欺人，人亦不受汝欺也。由吾不学，无以为训。然重华⑨无严父，放勋⑩无令子，亦各由己耳。汝辈窃议亦当云："何日不学？在天地间可嬉戏，何忽自课谪？幸及盛时逐岁暮，何必有所减？"汝见其一耳，不全尔也。设令吾学如马、郑，亦必甚胜；复倍不如今，亦必大减。致之有由，后身上来也。汝今壮年，自幼数倍许胜，劣及吾耳。世中比例举眼是，汝足知此，不复具言。

吾在世，虽乏德素，要复推排人间数十许年，故是一旧物，人或以比数汝等耳。即化之后，若自无调度，谁复知汝事者？舍中亦有少负令誉弱冠越超清级者，于时王家门中，优者则龙凤，劣者犹虎豹，失荫之后，岂龙虎之议？况吾不能为汝荫，政应各自努力耳。或有身经三公，蔑尔无闻；布衣寒素，卿相屈体。或父子贵贱殊，兄弟声名异。何也？体尽读数百卷书耳。吾今悔无所及，欲以前车诫尔后乘也。汝年入立境，方应后官，兼有室累，牵役情性，何处复得下帷如王郎时邪？为可作世中学，取过一生耳。试复三思，勿讳吾言。犹捶挞志辈，冀脱万一，未死之间，望有成就者，不知当有益否？各在尔身己切，（身）岂复关吾邪？鬼唯知爱深松茂柏，宁知子弟毁誉事！因汝有感，故略叙胸怀矣。

【注释】

①曼倩：东方朔。

②谈何容易：谈论哪有那么容易。

③玄：玄宗著作。

④辅嗣：王弼字辅嗣，哲学家。

⑤平叔：何晏字平叔，哲学家。

⑥帙：zhì 量词。

⑦思侔：匹。

⑧指归：宗旨。

⑨重华：舜。

⑩放勋：尧。

【译文】

知道你们怨我不满意你们的学问，有的想要悔改发愤；有的认为盖棺方能论定，以此自欺；有的想要另外选择好的专业。我生出一番感慨，也使我的余年稍得宽慰。但是乍一听说你们的想法，却还没见到是否属实。希望你们听从先师孔子的教导，"父在观其言"，"父没观其行"，不要虚度此生。我不相信你们，并非平白无故。往年我有意读史书，就取了《三国志》堆放在床头。过了百来天，又转而搞玄学。比起读史书当然好了一点，但还没有入门。东方朔曾说过"谈何容易"，见到各种各样的玄学书籍，心志为之放逸，肝肠为之牵动。专读一本，翻来覆去诵习几十家注解，从小到老，手不释卷，还不敢轻易谈论。你们打开《老子》书才一点点，不知道王弼说了些什么，何晏说了些什么，马融和郑玄观点有什么差别，《老子指略》《周易略例》说清了什么，便装模作样拿起了清谈时用的麈尾，自称谈士，这是最危险的事情。假如《周易》的专家袁令叫你说说《周易》，《庄子》的专家谢朓叫你谈谈《庄子》，《老子》的专家张吴兴偏要你议议《老子》，那时候还能说自己没有看过吗？清谈就像赌射箭，前人射中靶的，后人必须将它打下来，打不下来，就赌输了。而且论者注家上百家，荆州学派的《八帙》，三国魏的《才性四本》，嵇康的《声无哀乐论》，都是清谈家口中常挂的话题，好比客人来了，必设的酒食。你们都不曾听过，都没有见过。哪有厨房里不做准备，就想大宴宾客的呢？即使是像张衡那样思侔造化、像郭象那样口若悬河的人，如果不是刻苦努力，又怎能达到这种境界？你们还不曾了解谈论的题目，不能分辨谈论的指归；六十四卦，不知道卦名是哪些；《庄子》各篇，分不清内篇外篇；《八帙》上记载的，不知道一共有几家几派；《才性四本》，搞不懂哪一种观点最恰当。却整天大言欺人，别人也不是那么好欺的。因为我自己没有学好，所以也没什么好说的。但是舜没有严父，尧也没好儿子，靠的都是自己。你们私下议论时也许会说："哪一天不能学习？人生天地之间，不妨嬉戏，何必自作自受？趁着盛年，逍遥一生，哪里就一定不行了？"你们只知其一，不知其二。假如我能像马融、郑玄那样刻苦学习，就一定会更好；如果连现在的一半努力都比不上，那就一定不行了。学问的获得有途径，全是从自身上来。你们现在正值壮年，只要自己再加倍努力，差不多可以赶上我。世中的例子举目皆是，你们完全能知道这点，我就不多说了。

我在这个世界上，虽然没有什么德行，总算还在人间混了几十年，算是一个旧人物，别人或许拿你们来和我比。等我死了以后，如果你们自己不会处理，谁还来管你们的事情？家族中也有少年时期声名大振，二十来岁做上清散高官的。当时我们王家，优秀的人为龙为凤，差一点也是豹是虎。失掉祖先的荫护之后，还谈什么龙虎？何况我不能提供给你们荫护，正需要你们自己努力。也有人做过三公高官，却留不下名字；布衣寒素，却能使卿相尊敬。也有父子贵贱悬殊，兄弟声名各异的，为什么呢？成功的人都是读破了几百卷书的啊。我现在后悔莫及，想要以我的前车之覆，作你们的后车之鉴。你们快入而立之年，即将做官，再加上有家室的拖累，牵绊疲役了性情，到哪生才能又像王郎那样放下帷幕，刻苦学习？大致只好学一些入世的东西，虚度此生罢了。请再三思，不要回避我的话。现在我还打王志他们几个小的，趁我没死，希望他们万一能够学有所成，不知道有没有好处？你们几个的事，自身关切，难道还和我有关？做鬼之后，只知道爱深茂的松柏，哪里知道子弟们在世上的毁誉！因为你们有些想法，所以略略谈了谈我心中所想。

（七）张绪

训子改过

【题解】

张充年轻时不务正业，四处游荡。他的父亲张绪回到家中，只用一句很微妙的话，就令儿子愧悔改过，折节读书，最终成了器。张绪固然是一个善于训导的父亲，而张充更是一个资质颇佳的年轻人，易于从善，非寻常纨绔子弟可比也。

【原文】

齐张充，绪之子也。绪归吴，逢充猎，右臂鹰，左牵狗。曰："一身两役，毋乃劳乎？"充拜曰："充闻三十而立，今充二十九矣，请至来岁。"绪曰："过而能改，颜氏①有焉。"及明年，便修改，多所该②通，尤明《易》《老》，能清言，有令誉。

——《续世说·自新》

【注释】

①颜氏：孔子弟子颜回。
②多所该：详备地知晓。

【译文】

南齐时的张充是张绪的儿子。张绪有一次回到苏州老家，正碰上张充在游猎，只见他右臂架着鹰，左手牵着狗。张绪说："你一个身体同时背着这两个负担，难道不觉得累吗？"张充跪拜道："我听孔子说大丈夫三十而立，我今年二十九岁了，请让我明年开始努力进取吧！"张绪说："有了过错能改正，颜回就具有这样的美德啊！"到了第二年，张充果然一改旧习，博览群书，尤其通晓《周易》《老子》，善于清谈，有很好的声誉。

（八）萧纲

诫当阳公大心书

【题解】

"立身之道与文章异，立身先须谨重，文章且须放荡"，是梁简文帝的著名言论。后人对"文章且须放荡"提出了批评。其实这里的"放荡"倒是说要把文章写得自由、动人一些。

【原文】

汝年时尚幼，所缺者学。可久可大，其唯学欤。所以孔丘言："吾尝终日不食，终夜不寝，以思，无益，不如学也。"若使墙面而立①，沐猴而冠②，吾所不取，立身之道与文章异，立身先须谨重，文章且须放荡。

——《全梁文》

【注释】

①墙面而立：面对墙壁，目无所见。

②沐猴而冠：猕猴戴帽子，虚有其表。

【译文】

你现在年龄尚小，所缺少的东西是学习。然而，可以长久存在的，可以博大无边的，只有学习了。所以孔子说："我曾经整天不吃饭，整夜不睡觉，去思考，结果还是没有收益，不如去学习。"但如果对学习采取"面墙而立""沐猴而冠"的态度，那也是我所不能赞同的。立德修身的道理与写文章是不同的，立德修身首先必须谨慎、自重，写文章不妨放纵恣肆、感心荡耳。

（九）王 褒

幼训

【题解】

珍惜光阴、始终如一、兼容并包，是这篇《幼训》的主题。王褒在南北朝后期以诗出名，从梁被俘到北周之后，颇有变节的嫌疑。但是我们不必以人废言。

【原文】

陶士行①曰："昔大禹不吝尺璧而重寸阴。"文士何不通书？武士何不马射？若乃玄冬修夜，朱明永日，肃其居处，崇其墙仞，门无糅杂，坐阙②号呶，以之求学，则仲尼之门人也；以之为文，则贾生③之升堂也。古者盘盂有铭，几杖有械，进退循焉，俯仰观焉。《文王》之诗曰："靡不有初，鲜克有终。"立身行道。终始若一。"造次必于是。"君子之言欤。儒家则尊卑等差，吉凶降杀，君南面而臣北面，天才之义也。鼎俎奇而笾豆偶，阴阳之义也。道家则堕肢体，黜聪明，弃义绝仁，离形结智。释氏之义，见苦断习，证灭明道，明因辨果，偶凡成圣。斯虽为教等差，而义归汲引。吾始乎幼学，及于知命，即崇周孔之教，兼循老释之谈。江左以来，斯业不坠。汝能修之，吾之志也。

——《全后周文》

【注释】

①陶士行：东晋名臣陶侃。

②阙：通"缺"。

③贾生：汉初贾谊，擅长为文。

【译文】

陶侃曾说："过去大禹不吝惜尺璧而珍惜寸阴"，而现在文士为何不努力读书，武夫为何不发奋骑马射箭呢？冬季的长夜，夏季的长昼，使住处肃静，使院墙加高，使门庭无噪音，座边无喧闹，用这种方式来求学，就可以算得上孔子的门徒了；用这种方式写文章，就可以赶得上贾谊的水平了。古时人们在盘盂上刻铭文，在案几手杖上刻诫言，一进一退，处处遵循；抬头低头，时时观览。文王作诗说："不是没有好的开端，而是很少能坚持到底。"立身修行，始终坚持如一，没有片刻懈怠，正如《论语》所言："无论多么艰难困苦，都应坚持如一。"这是君子告诫的话啊。儒家讲的是尊卑等级、吉礼凶礼的各种礼仪变化，君主南面，臣北面，这是天地之义啊。祭祀中各种器具祭品的奇数偶数，这是阴阳之义啊。道家讲的是忽略身体，放弃聪明，不要虚伪的仁义，忘掉外形和理智。佛家的大义，是看清了人生的苦难，割断从前所习，体证万物归于寂灭，明了大道，辨别因果的循环，使凡人和所谓圣人归于平等。这些，作为教化的工具有好有坏，但大义都归于引导人。我幼年就开始为学，到如今已经五十岁了，既崇尚周公孔子的学说，也同时依循老庄佛家的言谈。自任官江东以来，这种努力一直没有停止，你如能像我一样修行学业，那就是我的最大愿望了。

（十）颜之推

1. 勉学

【题解】

《勉学》是《颜氏家训》中篇幅最长的一篇。本篇内容相当丰富，线索清晰，作者先从立志的角度谈论学习的重要性，然后从立身、处世、求知、修行等角度进一步强调学习的重要性与必要性；随后又探讨了学习的目的与作用，联系实际批评了当时存在的夸夸其谈的不良社会风气；最后着重强调了一个人对待学习应具有的品质、态度与方法问题，勉励子女们勤奋好学，养成广闻多识、追根究底的良好习惯，最终成为一个受人尊敬的有用之材。作者议论说理言辞恳切，而且善于以先贤事迹以及自己亲身经历作为论理根据，既做到了循循善诱，又做到了言传身教，极具说服力与感染力。作为一千四百多年前的一名封建官员，颜之推对于学习能达到这样深刻、精辟的认识与见解，值得我们认真借鉴并努力效法奉行。

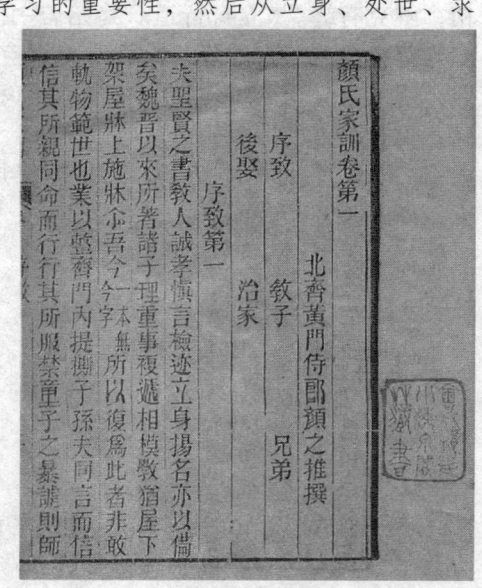

▲ 《颜氏家训》书影

【原文】

自古明王圣帝，犹须勤学，况凡庶乎！此事遍于经史，吾亦不能郑重。聊举近世切要，以启寤①汝耳。士大夫子弟，数岁已上，莫不被教，多者或至《礼》《传》，少者不失《诗》《论》。及至冠婚，体性②稍定，因此天机，倍须训诱。有志尚者，遂能磨砺，以就素业③；无履立④者，自兹堕慢，便为凡人。人生在世，会当有业：农民则计量耕稼，商贾则讨论货贿，工巧则致精器用，伎艺则沈思法术，武夫则惯习弓马，文士则讲议经书。多见士大夫耻涉农商，差务工伎，射则不能穿礼，笔则才记姓名，饱食醉酒，忽忽无事，以此销日，以此终年。或因家世余绪，得一阶半级，便自为足，全忘修学；及有吉凶大事，议论得失，蒙然张口，如坐云雾；公私宴集，谈古赋诗，塞默低头，欠伸而已。有识旁观，代其入地。何惜数年勤学，长受一生愧辱哉！

梁朝全盛之时，贵游子弟，多无学术。至于谚云："上车不落则著作，体中何如则秘书。"无不熏衣剃面，傅粉施朱，驾长檐车，跟高齿屐，坐棋子方褥，凭斑丝隐囊，列器玩于左右，从容出入，望若伸仙。明经求第，则顾人答策；三九公宴，则假手⑤赋诗。当尔之时，亦快士也。及离乱之后，朝市⑥迁革，铨衡选举，非复曩⑦者之亲；当路秉权，不见昔时之党。求诸身而无所得，施之世而无所用。被褐而丧珠，失皮而露质，兀⑧若枯木，泊若穷流，鹿独⑨戎马之间，转死沟壑之际。当尔之时，诚驽材也。有学艺者，触地而安。自荒乱已来，诸见俘虏。虽百世小人，知读《论语》《孝经》者，尚为人师；虽千载冠冕，不晓书记者，莫耕田养马。以此观之，安可不自勉耶？若能常保数百卷书，千载终不为小人也。

夫明《六经》之指，涉百家之本，纵不能增益德行，敦厉风俗，犹为一艺，得以自资。父兄不可常依，乡国不可常保。一旦流离，无人庇荫，当自求诸身耳。谚曰："积财千万，不如薄伎在身。"伎之易习而可贵者，无过读书也。世人不问愚智，皆欲识人之多，见事之广，而不肯读书，是犹求饱而懒营馔，欲暖而惰裁衣也。夫读书之人，自羲、农已来，宇宙之下，凡识几人，凡见几事，生民之成败好恶，固不足论，天地所不能藏，鬼神所不能隐也。

有客难主人曰："吾见强弩长戟，诛罪安民，以取公侯者有矣；文义习史，匡时富国，以取卿相者有矣；学备古今，才兼文武，身无禄位，妻子饥寒者，不可胜数，安足贵学乎？"主人对曰："夫命之穷达，犹金玉木石也；修以学艺，犹磨莹雕刻也。金玉之磨莹，自美其矿璞；木石之段块，自丑其雕刻。安可言木石之雕刻，乃胜金玉之矿璞哉？不得以有学之贫贱，比于无学之富贵也。且负甲为兵，咋笔为使，身死名灭者如牛毛，角立杰出者如芝草；握素披黄，吟道咏德，苦辛无益者如日蚀，逸乐名利者如秋荼，岂得同年而语矣。且又闻之：生而知者上，学而知者次。所以学者，欲其多知明达耳。必有天才，拔群出类，为将则闇与孙武、吴起同术，执政则悬⑩得管仲、子产之教，虽未读书，吾亦谓之学矣。今子即不能然，不师古之踪迹，犹蒙被而卧耳。"

人见邻里亲戚有佳快⑪者，使子弟慕而学之，不知使学古人。何其蔽也哉？世人但见跨马披甲，长稍强弓，便云我能为将；不知明乎天道，辩乎地利，比量逆顺，鉴达兴亡之妙也。但知承上接下，积财聚谷，便云我能为相；不知敬鬼事神，移风易俗，调节阴阳，荐举贤圣之至也。但知私财不入，公事夙办，便云我能治民；不知诚己刑⑫物，执辔如组，反风灭火，化鸱为凤之术也。但知抱令守律，早刑晚舍，便云我能平狱；不知同辕观罪，分剑追财，假言而奸露，不问而情得之察也。爰及农商工贾，厮役奴隶，钓鱼屠肉，饭牛牧羊，皆有先达，可为师表。博学求之，无不利于事也。

夫所以读书学问，本欲开心明目，利于行耳。未知养亲者，欲其观古人之先意⑬承颜，怡声下气，不惮劬劳，以致甘腝，惕然惭惧，起而行之也。未知事君者，欲其观古人之守职无侵，见危授命，不忘诚谏，以利社稷，恻然自念，思欲效之也。素骄奢者，欲其观古人之恭俭节用，卑以自牧⑭，礼为教本，敬者身基，瞿然自失，敛容抑志也。素鄙吝者，欲其观古人之贵义轻财，少私寡欲，忌盈恶满，赒穷恤匮，赧然悔耻，积而能散也。素暴悍者，欲其观古人之小心黜⑮己，齿弊舌存，含垢藏疾，尊贤容众，茶人然⑯沮丧，若不胜衣也。素怯懦者，欲其观古人之达生委命，强毅正直，立言必信，求福不回，勃然奋厉，不可恐慑也。历兹以往，百行皆然，纵不能淳，去泰去甚。学之所知，施无不达。世人读书者，但能言之，不能行之，忠孝无闻，仁义不足；加以断一条讼，不必得其理；宰千户县，不必理其民；问其造屋，不必知楣横而梲竖也；问其为田，不必知稷早而黍迟也。吟啸谈谑，讽咏辞赋，事既优闲，材增迂诞，军国经纶，略无施用，故为武人俗吏所共嗤诋，良⑰由是乎！

夫学者所以求益耳。见人读数十卷书，便自高大，凌忽长者，轻慢同列。人疾之如仇敌，恶之如鸱枭。如此以学自损，不如无学也。古之学者为己，以补不足也；今之学者为人，但能说之也。古之学者为人，行道以利世也，今之学者为己，修身以求进也。夫学者犹种树也。春玩其华，秋登其实。讲论文章，春华也；修身利行，秋实也。

人生小幼，精神专利⑱，长成已后，思虑散逸，固须早教，勿失机也。吾七岁时，诵《灵光殿赋》，至于今日，十年一理，犹不遗忘。二十之外，所诵经书，一月废置，便至荒芜矣。然人有坎壈⑲，失于盛年，犹当晚学，不可自弃。孔子云："五十以学《易》，可以无大过矣。"魏武、袁遗，老而弥笃，此皆少学而至老不倦也。曾子七十乃学，名闻天下；荀卿五十，始来游学，犹为硕儒；公孙弘四十余，方读《春秋》，以此遂登丞相；朱云亦四十，始学《易》《论语》；皇甫谧二十，始受《孝经》《论语》：皆终成大儒，此并早迷而晚寤也。世人婚冠未学，便称迟暮，因循面墙，亦为愚耳。幼而学者，如日出之光，老而学者，如秉烛夜行，犹贤乎瞑目而无见者也。

学之兴废，随世轻重。汉时贤俊，皆以一经弘圣人之道，上明天时，下该人事，用此致卿相者多矣。末俗⑳已来不复尔，空守章句，但诵师言，施之世务，殆无一可。故士大夫子弟，皆以博涉为贵，不肯专儒。梁朝皇孙以下，总卯㉑之年，必先入学，观其志向，出身已后，便从文史，略无卒业者。冠冕为此者，则有何胤、刘瓛、明山宾、周舍、朱异、周弘正、贺琛、贺革、萧子政、刘绍等，兼通文史，不徒讲说也。洛阳亦闻崔浩、张伟、刘芳，邺下又见邢子才。此四儒者，虽好经术，亦以才博擅名。如此诸贤，故为上品，以外率多田野间人，音辞鄙陋，风操蚩拙，相与专固，无所堪能，问一言辄酬数百，责其指归，或无要会。邺下谚云："博士买驴，书券三纸，未有驴字。"使汝以此为师，令人气塞。孔子曰："学也，禄在其中矣。"今勤无益之事，恐非业也。夫圣人之书，所以设教，但明练经文，粗通注义，常使言行有得，亦足为人；何必"仲尼居"即须两纸疏义？燕寝㉒讲堂，亦复何在？以此得胜，宁有益乎？光阴可惜，譬诸逝水。当博览机要，以济功业。必能兼美，吾无间焉。

俗间儒士，不涉群书，经纬之外，义疏而已。吾初入邺，与博陵崔文彦交游，尝说《王粲集》中难郑玄《尚书》事。崔转为诸儒道之，始将发口，悬见排蹙，云："文集只有诗赋铭诔，岂当论经书事乎？且先儒之中，未闻有王粲也。"崔笑而退，竟不以《粲集》示之，魏收之在议曹，与诸博士议宗庙事，引据《汉书》，博士笑曰："未闻《汉书》得证经术。"收便忿怒，都不复言，取《韦玄成传》，掷之而起。博士一夜共披寻㉓之，达明，乃来谢曰："不谓玄成如此学也。"

夫老、庄之书，盖全真养性，不肯以物累己也。故藏名柱史，终蹈流沙；匿迹漆园，卒辞楚相，此任纵之徒耳。何晏、王弼，祖述玄宗㉔，递相夸尚，景附草靡，皆以农、黄之化，在乎己身，周、孔之业，弃之度外。而平叔以党曹爽见诛，触死权之网也；辅嗣以多笑人被疾，陷好胜之阱也；山巨源以蓄积取讥，背多藏厚亡之文也；夏侯玄以才望被戮，无支离拥肿之鉴也；荀奉倩丧妻，神伤而卒，非鼓缶之情也；王夷甫悼子，悲不自胜，异东门之达也；嵇叔夜排俗取祸，岂和光同尘之流也；郭子玄以倾动专势，宁后身外己之风也；阮嗣宗沈酒荒迷，乖畏途相诫之譬也；谢幼舆赃贿黜削，违弃其余鱼之旨也。彼诸人者，并其领袖，玄宗所归。其余桎梏尘滓㉕之中，颠仆名利之下者，岂可备言乎！直取其清谈雅论，剖玄析微，宾主往复，娱心悦耳，非济世成俗之要也。泊于梁世，兹风复阐㉖，《庄》《老》《周易》，总谓《三玄》。武皇、简文，躬自讲论。周弘正奉赞大猷，化行都邑，学徒千余，实为盛美。元帝在江、荆间，复所爱习，召置学生，亲为教授，废寝忘食，以夜继朝，至乃倦剧愁愤，辄以讲自释。吾时颇预末筵，亲承音旨，性既顽鲁，亦所不好云。

齐孝昭帝侍娄太后疾，容色憔悴，服膳减损。徐之才为灸两穴，帝握拳代痛，爪入掌心，血流满手。后既痊愈，帝寻疾崩，遗诏恨不见山陵之事。其天性至孝如彼，不识忌讳如此，良由无学所为。若见古人之讥欲母早死而悲哭之，则不发此言也。孝为百行之首，犹须学以修饰之，况余事乎！

梁元帝尝为吾说："昔在会稽，年始十二，便已好学。时又患疥，手不得拳，膝不得屈。闲斋张葛帏避蝇独坐，银瓯贮山阴甜酒，时复进之，以自宽痛。率意自读史书，一日二十卷。即未师受，或不识一字，或不解一语，要自重之，不知厌倦。"帝子之尊，童稚之逸，尚能如此，况其庶士，冀以自达者哉。

古人勤学，有握锥投斧，照雪聚萤，锄则带经，牧则编简，亦为勤笃。梁世彭城刘绮，交州刺史勃之孙，早孤家贫，灯烛难办，常买荻尺寸折之，然明夜读。孝元初出会稽，精选寮宷㉗，绮以才华，为国常侍兼记室。殊蒙礼遇，终于金紫光禄。义阳朱詹，世居江陵，后出扬都。好学，家贫无资，累日不爨，乃时吞纸以实腹。寒无毡毛毛被，抱犬而卧。犬亦饥虚，起行盗食，呼之不至，哀声动邻，犹不废业，卒成学士，官至镇南录事参军，为孝元所礼。此乃不可为之事，亦是勤学之一人。东莞臧逢世，年二十余，欲读班固《汉书》，苦假借不久，乃就姊夫刘缓乞丐客刺书翰纸末，手写一本，军府服其志尚，卒以《汉书》闻。

齐有宦者内参田鹏鸾，本蛮人也。年十四五，初为阉寺，便知好学，怀袖握书，晓夕讽诵。所居卑末，使彼苦辛，时伺闲隙，周章㉘询请。每至文林馆，气喘汗流，问书之外，不暇他语。及睹古人节义之事，未尝不感激沈吟久之。吾甚怜爱，倍加开奖。后被赏遇，赐名"敬宣"，位至侍中开府。后主之奔青州，遣其西出，参伺动静，为周军所获。问齐主何在，绐㉙云："已去，计当出境。"疑其不信，欲捶服之，每折一支，辞色愈厉，竟断四体而卒。蛮夷童卯，犹能以学成忠，齐之将相，比敬宣之不若也。

邺平之后，见徙入关。思鲁尝谓吾曰："朝无禄位，家无积财，当肆筋力，以申供养。每被课笃，勤劳经史，未知为子，可得安乎？"吾命之曰："子当以养为心，父当以教为事。使汝弃学徇财，丰吾衣食，食之安得甘？衣之安得暖？若务先王之道，绍㉚家世之业，藜羹缊褐，我自欲之。"

《书》曰："好问则裕。"《礼》云："独学而无友，则孤陋而寡闻。"盖须切磋相起㉛明也。见有闭门而读书，师心自是，稠人广坐，廖误差失者多矣。《谷梁传》称公子友与莒挐相搏，左右呼曰"孟劳"，"孟劳"者，鲁之宝刀名，亦见《广雅》。近在齐时，有姜仲岳谓："'孟劳'者，公子左右，姓孟名劳，多力之人，为国所宝。"与吾苦诤。时清河郡守邢峙，当世硕儒，助吾证之，赧然而伏。又《三辅决录》云："灵帝殿柱题曰：'堂堂乎张，京兆田郎'。"盖引《论语》，偶以四言，目京兆人田凤也。有二才士，乃言："时张京兆及田郎二人皆堂堂耳。"闻吾此说，初大惊骇，其后寻愧悔焉。江南有一权贵，读误本《蜀都赋》注，解"蹲鸱，芋也，"乃为"羊"字。人馈羊肉，答书云："损惠蹲鸱。"举朝惊骇，不解事义，久后寻迹，方知如此。

元氏之世，在洛京时，有一才学重臣，新得《史记音》，而颇纰缪，误反"颛顼"字，顼当为许录反，错作许缘反，遂谓朝士言："从来谬音'专旭'，当音'专翾②'耳。此人先有高名，翕然信行。期年之后，更有硕儒，苦相究讨，方知误焉。《汉书·王莽传》云："紫色蛙声，余分闰位。"谓以伪乱真耳。昔吾尝共人谈书，言及王莽形状，有一俊士，自许史学，名价甚高，乃云："王莽非直鸱目虎吻，亦紫色蛙声。"又《礼乐志》云："给太官挏马酒。"李奇注："以马乳为酒也，挏挏乃成。"二字并从手，挏挏③，此谓撞捣挺挏之，今为酪酒亦然。向学士又以为种桐时，太官酿马酒乃熟，其孤陋遂至于此。太山羊肃，亦称学问，读潘岳赋："周文弱枝之枣。"为杖策之杖；《世本》："容成造历。"以历为碓磨之磨。

谈说制文，援引古昔，必须眼学，勿信耳受。江南闾里间，士大夫或不学问，羞为鄙朴，道听途说，强事饰辞：呼徵质为周、郑，谓霍乱为博陆，上荆州必称陕西，下扬都言去海郡，言食则糊口，道钱则孔方，问移则楚丘，论婚则宴尔，及王则无不仲宣，语刘则无不公干。凡有一二百件，传相祖述，寻问莫知缘由，施安时复失所。庄生有乘时鹊起之说，故谢朓诗曰："鹊起登吴台。"吾有一亲表，作《七夕》诗云："今夜吴台鹊，亦共往填河。"《罗浮山记》云："望平地树如荠。"故戴暠诗云："长安树如荠。"又邺下有一人《咏树》诗云："遥望长安荠。"又尝见谓矜诞为夸毗，呼高年为富有春秋，皆耳学之过也。

夫文字者，坟籍④根本。世之学徒，多不晓字：读《五经》者，是徐邈而非许慎；习赋诵者，信褚诠而忽吕忱；明《史记》者，专徐、邹而废篆籀；学《汉书》者，悦应、苏而略《苍》《雅》。不知书音是其枝叶，小学乃其宗系。至见服虔、张揖音义则贵之，得《通俗》《广雅》而不屑。一手之中，向背如此，况异代各人乎？

夫学者贵能博闻也。郡国山川，官位姓族，衣服饮食，器皿制度，皆欲根寻，得其原本；至于文字，忽不经怀⑤，己身姓名，或多乘舛，纵得不误，亦未知所由。近世有人为子制名：兄弟皆山傍立字，而有名峙者；

兄弟皆木傍立字，而有名机者；兄弟皆水傍立字，而有名凝者。名儒硕学，比例甚多。若有知吾钟之不调，一何可笑。

吾尝从齐主幸并州，自井陉关入上艾县，东数十里，有猎闾村。后百官受马粮在晋阳东百余里亢仇城侧。并不识二所本是何地，博求古今，皆未能晓。及检《字林》《韵集》，乃知猎闾是旧㹲余聚，亢仇旧是馣飖亭，悉属上艾。时太原王劭欲撰乡邑记注，因此二名闻之，大喜。

吾初读《庄子》："蹢，二首"。《韩非子》曰："虫有蹢者，一身两口，争食相龁，遂相杀也"，茫然不识此字何音，逢人辄问，了无解者。案：《尔雅》诸书，蚕蛹名蹢，又非二首两口贪害之物。后见《古今字诂》，此亦古之虺字。积年凝滞，豁然雾解。

尝游赵州，见柏人城北有一小水，土人亦不知名。后读城西门徐整碑云："洦流东指。"众皆不识。吾案《说文》，此字古魄字也。洦，浅水貌。此水汉来本无名矣，直以浅貌目之，或当即以洦为名乎？世中书翰，多称匆匆，相承如此，不知所由，或有妄言此匆匆之残缺耳。案：《说文》："勿者，州里所建之旗也，象其柄及三游者之形，所以趣民事。故匆遽者称为匆匆。"

吾在益州，与数人同坐，初晴日晃，见地上小光，问左右："此是何物？"有一蜀竖就视，答云："是豆逼耳。"相顾愕然，不知所谓。命取将来，乃小豆也。穷访蜀士，呼粒为逼，时莫之解。吾云："《三苍》《说文》，此字白下为匕，皆训粒，《通俗文》音方力反。"众皆欢悟。愍楚友婿窦如同从河州来，得一青鸟，驯养爱玩，举俗①呼之为鹖。吾曰："鹖出上党，数曾见之，色并黄黑，无驳杂也。故陈思王《鹖赋》云：'扬玄黄之劲羽'。"试检《说文》："鸩雀似鹖而青，出羌中。"《韵集》音介。此疑顿释。梁世有蔡朗者讳纯，既不涉学，遂呼莼为露葵。面墙之徒，递相仿效。承圣中，遣士大夫聘齐，齐主客郎李恕问梁使曰："江南有露葵否？"答曰："露葵是莼，水乡所出。卿今食者绿葵菜耳。"李亦学问，但不测彼之深浅，乍闻无以覆究。

思鲁等姨夫彭城刘灵，尝与吾坐，诸子侍焉。吾问儒行、敏行曰："凡字与咨议名同音者，其数多少，能尽识乎？"答曰："未之究也，请导示之。"吾曰："凡如此例，不预研检，忽见不识，误以问人，反为无赖所欺，不容易也。"因为说之，得五十许字。诸刘叹曰："不意乃尔！"若遂不知，亦为异事。校定书籍，亦何容易？自扬雄、刘向，方称此职耳。观天下书未遍，不得妄下雌黄。或彼以为非，此以为是，或本同末异，或两文皆欠，不可偏信一隅也。

【注释】

①寤：觉醒。

②体性：体格性情。

③素业：从事的学业。

④履立：操守。

⑤假手：请人代笔。

⑥朝市：朝廷。

⑦复襄：从前。

⑧兀：茫然无知。

⑨鹿独：流离颠顿。

⑩悬：预先。

⑪佳快：优秀。

⑫刑：模范。

⑬先意：揣摩父母心意。

⑭牧：修养。

⑮黜：贬抑。

⑯苶：nié 疲倦的样子。

⑰良：确实。

⑱专利：专一。

⑲坎壈：困顿，不得志。

⑳末俗：末世的风俗。

㉑丱：古时儿童束发成两角的样子。

㉒燕寝：休息的内室。

㉓披寻：打开书卷。

㉔玄宗：道教。

㉕尘滓：污秽。

㉖阐：开辟。

㉗寮案：同僚，同事的官员。

㉘周章：周游。

㉙绐：欺骗。

㉚绍：继承。

㉛起：启发。

㉜翾：xuān。

㉝捵捔：上下搅动。

㉞籍：书籍。

㉟经怀：经心。

㊱举俗：众人。

【译文】

　　自古以来，圣贤帝王尚且需要勤奋学习，更何况凡夫俗子！这类例子在书籍中俯拾即是，兹不复赘。这里只举近代以来重要事例，以启悟你辈。士大夫子弟，从几岁开始，都要接受教育，读书多的读到《礼经》和《春秋》三传，少的也读过《诗经》《论语》。到成年结婚之时，身体已经长成，性情也已稳定，必须顺着自然，加倍地训诫诱导。志向远大的人，能够刻苦磨炼，终就清素之业；操行不佳之辈，便从此堕落怠慢，成为一芥凡人。人生在世，应当有专门职业：农民用心于耕稼之事，商贾关注的是金银玉帛，工匠潜心于器物的精致，杂技艺人钻研的是种种巧法妙术，习武之人平常就练习拉弓骑马，文人学士则以宣讲讨论经史子集为能事。但是士大夫当中，很多人以从事农业商业为耻辱，又不屑于手工业者和杂技艺人的雕虫小技，但他们本身射箭穿不透铠甲的叶片，写字只会自己的名姓，饱食终日，饮酒作乐，无所用心，消磨时日，终致虚度一生。有的人或许会因为前辈余荫获得一官半职，便自满自足，修身学习之事一概抛诸脑后，等有祸福大事急需决断时，木然张口，如坠云里雾中。他们在遇到宴集宾客之时，别人谈古论今，赋诗唱和，而他们自己只能默然低头，口塞无语，只好打打哈欠，伸伸懒腰。有识之士看到这种情景，总是很不好意思，恨不能代他钻入地缝。这些人又何必吝惜几年的勤奋学习，而终生受人侮辱并使自己懊悔不已呢！

　　梁朝鼎盛时期，贵族子弟，大多不学无术。致使当时谚语云："上车不落即著作，体中何如则秘书。"这些人身上穿着香喷喷的衣服，脸上的胡须刮得干干净净，搽脂抹粉，驾着长辕车，脚登高齿屐，坐着方格绮罗之坐垫，斜倚在丝线缀成的靠枕之上，身旁陈放着日用玩赏之器物，从容地出出进进，远远看去，宛若神仙下凡。可是遇到科举经义考试，则雇人代答；每月三日九日两次公宴，则请人代作诗赋。在那种时候，看上去也还算个佳士。侯景之乱以后，北齐朝廷变易法度，以才选官，从前用人唯亲的情况没有了；朝廷上的当政者中，过去的党徒再也见不到了。这些昔日的贵族子弟，他们本身一无所学，出来做事则一无所长。此时，他们身着粗布衣里面并没有玉璧，像是失掉了虎皮露出绵羊的本质，人如枯木，呆若木鸡，有如浅水将尽，颠沛流离于兵士之中，尸体在沟壑中随处可见。到那时候，又诚然地地道道的傻瓜模样。而有艺在身之人，则能随地而安。自侯景之乱以来，到处可见掳掠之事。但那些代代为人奴仆的人，只要知道读读《论语》《孝经》，此时即可为人之师；而那些千年士族豪门之人，若不知读书写字，最后便只有去耕田养马。这样看来，你们怎么能不自我勉励，发奋读书呢？如果能饱读百卷书，则永远不会受人奴役。

　　明了《诗》《书》《礼》《易》《乐》《春秋》六经的要旨，涉猎诸子百家的本意，即使不能增加德行，使风俗敦厚淳朴，至少还能作为一项本事，好歹也可用它谋身。父兄不可能永远依赖，家乡也不可能常呆。一旦流离失所，没有人来保护，那就只能靠自己了。谚语说："积蓄千万家财，不如一技在身。"容易学到，本身又很可贵的技艺，没有什么比得上读书。世上的人，不管是贤是愚，总想多认几个人，多经一些事，却不愿读书，这就好比想吃饱却又懒得做饭，想温暖却又懒得裁衣。读书的人，从伏羲、神农以来，古今上下，四面八方，不知能认多少人，能见多少事，且不说政治人生的成败好恶了，天地鬼神，在他面前也不能隐藏秘密。

有人对我辩解说："我曾见过有人因为长于刀枪弓箭，能除暴安良而成为公侯；有人因为熟悉经史，能救时富国而做上卿相；但学贯古今、文武双全而未能做官，妻子儿女仍然在挨冻受饿的，却数不胜数。这难道能说只要学习就能富贵吗？"我回答说："不能把有学问的人的贫贱与没有学问的人的富贵相比较。更何况穿甲的士兵与捉笔的小吏中身败名裂之人多如牛毛，真正出类拔萃的又如深山芝草。手捧书卷，口谈道德的人中，甘愿辛苦读书而没有结果的人象日蚀一样少见，而贪图名利与安逸的人却非常多，这又怎么能同日而语呢？我又听说：天生就有知识的为上，通过学习获取知识的为下。因此，学习，只不过是想更多地获取知识以求明白通达而已。如果真有天才出类拔萃，做将帅的所采用的兵法与孙武、吴起不谋而合，掌政权的能预知管仲、子产的计谋，他虽未读书，我也说他是很有学问了。如今你们既然不能如此，又不学古人的业绩，当然就一无所知了。"

有的人一见亲朋邻居中有嘉人快士，便教子弟们羡慕他并向他学习，而不知向古人学习。这是多大的错误啊！有的人只会骑马穿甲、舞长矛挽硬弓，便说我可以作将军；而不知通晓天文、辨别地理、明察顺利与否、窥知国家兴亡的关键所在。有的人只知道上级下级，能积财收粮，便说我可以做宰相；而不知祭祀鬼神、变革社会风俗、使万物变化皆有章法，并向帝王推荐贤人智士是至为重要的。有的人只知清正廉明、尽职尽责，便说我可以驾驭百姓；而不知整合事物、管理百姓、唤风降雨、以德化民等权术。有的人只知律令，早晨定罪晚上释放，便说我可以做法官；而不知同罪惩处、分剑追财、巧言而使奸诈暴露，不审犯人即可抓奸一类的事情。至于农、工、商、奴隶、钓鱼、宰牲、养牛、放牧等各行各业，都有先代贤达可以学习。你们若能以他们为楷模，一定有百利而无一害。

读书学习研究问题，原本是为了使人明智，以便贯彻于行动之中。不知孝敬父母的人，读书就是要使他们学习古人听命于父母，对父母和颜悦色，当父母有过错时能好言规劝而不怕劳累，使父母吃上甘美烂熟的食物，并对以前的不孝行为感到惭愧，然后下决心改正。不知忠君的人，读书就是要使他们学习古人尽职尽责、不做违背礼义的事情，能受命于危难之际，又不忘记忠心进谏以使国家昌盛，自我勉励，仿效古人。向来骄奢淫逸之人，读书就是要使他们知道恭敬、勤俭、朴素、节用，要求自己谦卑，以礼为教化的根本，以敬为立身的基础，对以前的行为悔过自新，不再骄狂。原来吝啬之人，读书就是要他们看到古人重义轻利、清静寡欲，不过分富裕、能拯济穷困等品德，然后自知后悔与耻辱并以财济贫。向来强暴蛮悍之人，读书就是要他们学习古人谨慎小心、甘愿屈就，如舌头之柔弱，而不像牙齿那样刚硬，对人对事应当有容忍的器量，尊重容纳贤能之士，然后对自己以往的所作所为深感悔恨并变而温柔待人。向来胆小懦弱之人，读书就是要他们像古人那样洞察人生，知晓天命，并且刚毅正直、言必有信、祈福时不搞邪术，然后自我奋起、无所畏惧。以此类推，各种各样事情都是如此，纵然达不到纯粹像古人那样，但只要认真读书，结果也会相差不远。学习所获的知识用之于实践就会无往不胜。当今世上的读书人，他们只能说，不能做，对忠孝仁义之类或全然不知，或一知半解。让他们去断案，不一定能公允；让他们治理最小的县，不一定管理得好；向他们询问建房盖屋中的事情，不一定知道梁横柱竖的道理；问他们耕田之事，不一定明白穈子比谷子成熟得早。这些人平日里长吁短叹，乱开玩笑，吟诗作乐，行事如此悠闲自在，才略更加荒诞无稽，对军国之事、文武之道，一概不知，半点不会，所以被文武官员所嗤笑，这都是因为他们学而无实。

学习应该越多越好。我曾见过有人刚读了几十卷书，就自高自大，傲慢长者，蔑视同辈。这样的人，人们对他恨得如同仇敌，讨厌得如同鸱鸮。像这样因学习而损害自己德行的人，不如不学。古代人学习为自己，目的是补己之不足；现在的人学习为别人，只能是夸夸其谈。古代人学习为别人的，是为了行天道以济世事；现代人学习为自己的，是为了通过修身以便升官。学习就像种树，春天繁花似锦，秋天才结果实。谈论文章是春天的繁花，而通过修身以改善自己的行为才是秋天的果实。

人在年轻时精力集中，长大以后则渐趋分散，因此教育本应越早越好，勿失良机。我7岁时，就能背诵《鲁殿灵光殿赋》，时至今日，10年一温习，仍然牢记未忘。20岁以后，所背诵的书籍，只要一月不看，便忘得差不多了。但人生坎坷，壮年时或有来不及学习的，晚年还可以补上，绝不可自暴自弃。孔子说："五十岁研读《易》，可以避免大的过失。"曹操、袁遗都是老当益壮，从小学到老仍不倦怠的。曾子70岁开始学习，终于名扬天下；荀子50岁开始游学，最后还是成为大儒；公孙弘40多岁开始读《春秋》，最终登上丞相的位置；朱云也是40岁才开始学习《易》和《论语》；皇甫谧20岁开始学习《孝经》《论语》。这些人最后都成为鸿学硕儒，他们无不是早年迷茫晚年才醒悟的。当今的人们到了弱冠之年，该要娶妻了，还没有开始学习，就说自己老了，来不及了，并有意使自己面墙而立不能前进，这实在是太愚蠢了。少年学习就像早上的太阳，老年始学就像夜间掌灯行路，但这总比闭起眼睛什么都看不见的好。

学习风气的兴盛与衰败，随着时代的变化而变化。汉代的贤人俊士，大都从一部经书出发就天时、人事各方面弘扬圣人之道，以此而位及卿相的人非常多。但自末世以来，风俗不复如此，儒士们只能空谈章句、背诵先师成言，要他们就先人教诲用之于时世，则没有一人可以胜任。所以士大夫子弟，都以广泛涉猎为高贵，不肯专攻一经。梁朝则从王侯之子以下所有士子，皆从少年之时入学从师，以考察其志向，等长大成人入仕为官之后，便学习文史，但大多不能从一而终。士族之中像这种情况的人就有何胤、刘瓛、明山宾、周舍、朱异、周弘正、贺深、贺革、萧子政、刘绍等人，他们兼通文史，不只是善于清谈。听说洛阳的崔浩、张伟、刘芳，邺下的邢子才四位儒士虽然好学经术，也只是以博学闻名的。像这些儒士，尚可看作上流，其他的则大多是乡间粗人，语言粗俗，操行拙劣，与之交往则发现其专断顽固，一无所长，往往问一句即答几百句，请教其议论的主旨，则不得要领。邺下有句谚语："博士买驴，写满三页，尚不见驴字。"假如让你向这些人学习，一定能气你个半死。孔子说："学习，也就是获取俸禄。"现在若勤奋于无用之事，恐怕不是办法。所以圣人的书籍，是用来教诲人的，只要把握经义、粗通注疏，经常使自己的言行有所得，也足以为人了；又何必一定要就"孔子所居之地"详加考证、写满两页的注释疏义呢？如果这样的话，孔子的闲居之处与讲习之所又在哪里呢？以此考证疏义取胜别人，难道真有好处吗？光阴如水，瞬间即逝。你们应当博览群书、明其旨要，以有用于功业。如果你们一定能同时做到博学与精通，那我当然就没有什么可说的了。

世俗中的儒士们，一般并不广泛涉览各种书籍，他们对书籍的选择，除了经书、纬书以外，就是注释与疏义。我初到邺的时候，与博陵人崔文彦往来，曾向他说起《王粲集》中王粲非难郑玄对《尚书》注释的事情。崔文彦转而向儒士们阐述。刚想开口，就遭到反对，理由是："文集中只有诗、赋、铭、诔，怎么又讲起经书来了？更何况先儒当中，也没听说过叫什么王粲的呀。"崔文彦只好笑着离开，也没有拿出《王粲集》让他们看看。魏收在作郡守属官议曹时，曾与经学博士议论国家的事情，并摘引《汉书》中的语言证明自己的观点，经学博士嘲笑说："我还没有听说过《汉书》可以为经术作证的。"魏收听后十分气愤，沉默片刻之后，他取出《韦玄成传》扔给这位博士然后离而去。之后，博士一夜未眠，阅读探讨《韦玄成传》，天明之后，他来向魏收道歉说："想不到玄成竟有这么高的学问。"

老子、庄子的书，都是养人气质以保全真性、不使人为身外之物所牵累的书籍。所以老子隐名做周朝管理藏书的史官柱史，最后浪游沙漠；庄周匿迹漆园，最后拒绝在楚国为相，这是放纵任性的人罢了！何晏、王弼师法前人，陈述玄宗，人们奔走夸赞，从者如流，何、王也以为神农、黄帝的教化在自己身上，而对儒者宗师周公、孔子却置之度外。但是何晏因依附曹爽而被杀，死在了权力之争中，王弼因嘲笑他人而遭嫉恨，就栽倒在了争强好胜的陷阱之中；山巨源因蓄财过度而遭讥讽，就是犯了财多招怨的大忌；夏侯玄因才气和名望而招致杀身，就是没有借鉴支离身残志坚的榜样；荀奉倩丧妻后悲痛过度以致身死，正是因为没有庄子的鼓盆而歌的情怀；王夷甫追悼儿子悲不自胜，与东门吴的豁达迥然不同；嵇叔夜因不合群而遭祸，怎能与随波逐流之辈同日而语；郭子玄为权势所动，哪有置身事外以求身存的风骨；阮嗣宗沉醉于酒，正是违背了危险的路上应该相互告诫的劝言；谢幼舆因窝藏官物而被罢官，是抛弃了庄子弃鱼以鄙薄惠施的旨意。像这些人，都是法宗道德者中的表率者，道学之士纷纷归附。其他的残渣余孽之流，匍匐于名利之下，哪里说得完呢?! 单就他们高谈阔论、剖析细微，一对一答来说，听起来动听赏心，但对改变社会风俗无济于事。到了梁朝，这一风气更趋蔓延，《庄子》《老子》《周易》被合称为《三玄》。梁武帝、简文帝，都曾亲自讲论著作。周弘正解释，讲述治国的大道理，教化于都城，学徒达一千余人，堪称规模盛大。梁元帝在江州、荆州之间，重新研读经书，招收学生，亲自讲学，废寝忘食，夜以继日，实在疲乏至极时，往往以讲经来轻松轻松。我当时也参与听讲，亲自领教了帝王的言谈旨意，虽然自感愚顽鲁钝，但也对此种虚谈并不欣赏。

齐孝昭帝高演侍奉生病的娄太后，面容憔悴，胃口大减。徐之才给太后针灸，孝昭帝握紧拳头希望代替母亲受痛，指甲掐进掌心，血流了一手。太后痊愈后，孝昭帝却很快因病驾崩，死时遗诏说后悔没有看到为太后修造陵寝。像这样孝顺却又不知忌讳的行为，就是不学无术的恶果。他如果读到过古人讥笑要母早死以便痛哭的故事，恐怕就不会说这种话了。孝排在所有行为的前面，还需学习以便修行，更别说其他事情了。

梁元帝萧绎曾对我说："过去我在会稽的时候，才12岁，就已十分好学。当时我正患疥疮，手不能握笔，膝不能弯曲。为了避免蚊蝇侵扰，我往往在屋子里放下纱帐独坐其中，旁边放一只装有山阴甜酒的银瓯，不时地喝一口，以镇定疼痛。我自己决心自学史书，一天20卷。因为没有老师，有时碰到一个生字或一句话看不懂的，就反复阅读，从来不知疲倦。"以帝王的尊严、孩童的贪玩，尚做到这样，更何况希望以勤学来使自己通达的一般士人呢？

古人勤奋学习的故事很多，比如苏秦用锥刺股、文党投斧决定外出求学、孙康映雪读书、武子捉萤火虫照明苦学、常林携带经书耕地、路舒温牧羊读书等，都是勤苦可嘉的。梁时彭城人刘绮，是交州刺史刘勃的孙子，早年丧父，家境贫寒，购置灯烛的钱财没有着落，便常常截取一种叫荻的草本植物点燃而夜读。梁元帝萧绎初为会稽太守时选拔官员，刘绮以其才华超众，被选为常侍官兼起草文书的记室，很受优待，后来终于赢得了金紫光禄大夫的头衔。义阳的朱詹，先辈住在江陵，后来来到扬都。他十分好学，但家境贫苦，缺少起码的生活条件，达到连续几天揭不开锅而吃纸充饥的地步。冬天寒冷异常，由于没有衣被，他不得不抱着狗睡觉。狗也又饥又饿，起来偷吃别人家的东西，朱詹唤也唤不回来，哀哭声惊动四邻。即使这样，他仍然不放弃学习，终于成为学士，官至镇南录事参军，受到了梁元帝的厚待。当然这类事情并不是要你们去学习，只是说其勤奋学习的精神实在感人。东莞的臧逢世，20多岁时想读班固的《汉书》，苦于不能较长时间的借阅，便向姐夫刘缓讨来别人投寄的信纸，在边上抄写《汉书》一本，大将军府听到这个事情非常敬佩，而臧逢世后来也因为研究《汉书》闻名。

齐有一位太监田鹏鸾，本是南蛮之人。十四五岁为人看门时，就知道认真学习，整日间手捧书卷，诵读不已。他所任的官职虽然十分卑微，但却非常辛苦。即使这样，他也一有空闲，就到处找人询问问题。每次到文林馆，他都气喘吁吁、汗流浃背，除了询问问题以外，闲话一句也不说。等看到古人节操与义行感人之处，他都感慨万千、咏叹良久。我看到他这种情形时非常同情、喜欢他，对他也甘愿多加开导奖励。果然，他后来倍受帝王青睐，被赐名"敬宣"，官至侍中开府。齐后主逃到青州时，叫他到西边去窥探动静，结果被周的军队俘获。周人问他齐后主在哪里，他欺骗说："早都走了，现在估计已经逃出境外。"周军不相信，便捶打他，使他说出实情，每打断一只胳膊，他的声色更加坚强，最后打断了四肢死去。像他这样的蛮夷之人，小小年纪，就能因学习做到对君主忠诚，齐的将相，与敬宣相比，就差远了。

北周平定邺城以后，我被送往长安。儿子思鲁曾对我说："我们家在朝中没有禄位，家里也没有积累的财富，我本应辛苦劳作，以负供养双亲的责任。现在每当我勤奋学习经史、积极思考的时候，就忘了自己做儿子的责任，这叫我怎么安心呢？"我听后对他吩咐说："儿子应当以供养父母为本分，父亲应当以教导儿子为职责。但如果你放弃学习去赚钱养家，我即使衣食丰足，吃着怎么能感到香？穿着怎么能感到暖？如果你能精通先王的大道，继承家业，我即使吃糠穿烂，那也是我情愿的。"

《尚书》中说："只要好问，学识就会渊博。"《礼》中说："一个人学习而没有朋友在一起，就会孤陋寡闻。"这些都明确地说明需要相互切磋，互相启发。我看到有人闭门读书，因循自己的固有思想，自以为是。到了大庭广方众中间，谬误差错就会很多。《谷梁传》中记载公子友与莒拿搏击，旁边的人大叫"孟劳"。"孟劳"是古时鲁国宝刀的名字，《广雅》中也有记载。最近在齐时，有一位名叫姜仲岳的人说："孟劳是公子友的手下之人，姓孟名劳，力大无比，鲁国因此视他为宝。"并与我苦苦争辩。当时清河郡的郡守邢峙是当世的大儒，经他替我作证，姜仲岳才表示信服。另外还有一事，《三铺决录》中说："灵帝在殿上题柱道：'堂堂乎张，京兆田郎。'"这句话的前四字出自《论语》，后四字与前四字对偶成句，说的是京兆人田凤。有一位才士却这样说："当时张京兆与田郎两个人都相貌堂堂。"他听了我的解释，开始时颇为吃惊，继而深感愧疚，不好意思。江南有一名权贵之士，在读误本《蜀都赋》注时，把注解"蹲鸱，芋也"中的"芋"字当成了"羊"字。有人在向他馈赠羊肉时，他答谢道："多谢您惠赐蹲鸱。"结果全朝人士大为惊讶，不明其义。事后追溯原委，才知道原来如此。

拓跋魏建都于洛京时，有一位很有才学的大臣，新拿到一部《史记音》，其中错误很多，比如将"颛顼"中的"顼"字错注为读"翾"，而不是"旭"。这位大臣对其他的京官说："人们向来把颛顼二字错读为'专旭'，实际上应该读作'专翾'才对。"由于这位先生素负盛名，结果大家都信以为真并跟随仿效。一年以后，另有大儒苦苦研究，发现"专翾"读音确是错的。《汉书·王莽传》中记载："紫色蛙声，余分闰位。"这说的是以假乱真。过去我曾与人交谈，说起王莽的长相，有一位才学出众的人，自己称许自己擅长史学，名声也很大，他曾说："王莽不只是虎狼相貌，而且脸色难看，声如蛙叫。"还有一事：《礼乐志》中说："给太官挏马酒。"李奇注道："以马乳为酒也，挏挏乃成。"挏挏二字都是提手旁。挏挏，这里的意思是搅拌之意，现在做酪酒也是这样。向来文人误作"种桐树时，太官所酿的马酒也就好了"。孤陋寡闻，竟到了这种地步！太山的羊肃也号称富有学问，他读到潘岳所写的赋中"周文弱枝之枣"时将枣当成了杖策的杖；《世本》中有"容成造历"的说法，他却把历字误作碓磨的磨。

谈话写文章，援引典故时，必须是自己亲眼所见的，而不是要轻易地相信耳朵听来的。在江南民间有一种风气，即士大夫不认真学习，又不崇尚简洁朴素的文风，便道听途说，牵强附会，如把交换人质说成周郑，叫霍乱为博陆，到了荆州便说是到了陕西，把下扬都说成去海郡，说吃饭为糊口，把钱名为孔方，叫迁移为楚丘，将谈论婚姻说成宴尔，提到王姓都要谈谈王粲，言及刘氏必要说起刘桢。像这样滥用典故的例子有一二百件，他们互相传说，人云亦云，若追问其典故出处，则难以对答，这样到再用时仍然会用之失当。庄子有乘时鹊起的说法，所以谢朓就有诗云："鹊起登吴台。"我有一位表亲，作了一首《七夕》诗，其中也有这样一句："今夜吴台鹊，亦共往填河。"《罗浮山记》中有言："望平地树如荠菜遍地。"所以戴暠也有诗句："长安树如荠。"邺下还有一人在《咏树》诗中写道："遥望长安荠。"除此之外，我还见过有把形容骄傲自大的矜诞一词用成了谄媚卑屈之意，将年龄大说成是春秋富，这些都是以耳听学习的过错。

文字是书籍的根本。当今学子，大多不重视对字的理解。比如读《五经》的人，崇尚徐邈而瞧不起许慎；学习赋诗吟诵的人，信奉褚诠而忽视吕忱；研读《史记》的人，专于徐野民、邹诞生的著作而不讲篆书的字体。这些人都是不知道：字音为末节，文字训诂才是根本。对于服虔、张揖的音义之书看得很贵重。而对《风俗通义》《广雅》之类的书籍不屑一顾。出自同一作者的作品，遭遇如此不同，范何况在不同朝代的不同读者面前呢！

学习贵在博学多闻。郡国山川一类的地理概念，官职族姓一类的名称级别，衣服式样，饮食习俗与制度，器用的礼制等，都要刨根问底，搞清其来龙去脉。至于文字，稍不经心，即使自己的名姓，也可能闹出许多差错，偶然取对或写对了，也不知道其中的根由。近代有人为儿子取名字：因兄弟们的名字都是山字旁，便取名峙字；因都是木字旁，便取一机字；水字旁的，取名凝字。像这些峙、机、凝字都是字典中没有或偏旁上搞错了的。名儒鸿学之士当中，犯此类错误的例子太多了。如果有行家察觉到了这些错误，该是多么可笑啊。

我曾跟随北齐文宣帝巡访并州，从井陉关进入上艾县。在上艾县以东几十里有一猎闾村。后来百官接受粮草的地方在晋阳城东百多里的亢仇城一侧。当时，我们并不知道猎闾、亢仇两地名称的历史沿革，便博览古今书籍寻求答案，但都一无所获。等到翻查《字林》《韵集》，才知道猎闾就是旧时的㹎余聚，亢仇原为馻䶂亭，都归上艾县管辖。当时，太原人王劭想编撰乡邑方志，听说我们查到了两地的地理沿革，非常高兴。

我曾游历赵州，在柏人城以北见到一条小溪，当地人也不知道叫什么名字。后来我读到城西门的徐整碑时，发现上写："洦流东指。"人们均不解其意。我翻查《说文》，发现"洦"字即古魄字，洦的意思是水浅的样子。这条小溪从汉朝以来本没有名字，人们只觉得它水极浅，那么，是否可以用"洦"为它命名呢？在书籍中，经常可以见到"勿勿"两字，人们习用如故，却不知道它的来由，有人臆测它讲的是失意、残缺的意思。

按：《说文》中讲："勿为州里竖起的旗子，形状像是一根旗杆，上有3个飘带，是用来催促民事的。所以后来引申把事情匆促称为勿勿。"

我曾在益州与几个人同坐聊天，当时天刚放晴，阳光忽明忽暗，我偶然看到地上有一亮点，便问旁边的人："这是什么东西?"有一位四川籍的仆人蹲下身子看了看回答说："是颗豆逼。"我们互相对视，甚感茫然，不知他说的什么，便叫他取过来看看，拿来一看原来是一颗小豆。于是我遍问四川籍的文人学士，何以把粒说成逼，结果是仍然不得其解。我说："《三苍》《说文》中，逼字都是白字下一个匕字，都解说为粒，《通俗文》中注明读方力反。"到此，大家才高兴起来。愍楚的连襟窦如同从河州来，拿了一只青鸟，便把它驯养起来并特别喜欢与它逗玩，大家都叫它为鹖。我说："鹖产自上党，我曾见过几回。它的颜色有黄的也有黑的，没有其他杂色，所以陈思王的《鹖赋》中说：'鹖扬起了黑黄色强健有力的翅膀。'"试查《说文》，其中写道："鹖雀像鹖而颜色为青，产自羌地。"《韵集》中鹖读作介。至此，一切疑团瞬间逝去。梁代有一位叫蔡纯的人，因不学无术，而叫莼为露葵。此后，其他腹无点墨之徒争相仿效。梁元帝承圣年间，曾派一使臣到齐国访问，齐国的主客李恕问梁使道："汇南有没有露葵?"梁使回答说："露葵即莼，产于水乡。你今天所吃的就是绿葵菜。"李恕也是有学问的人，但因不知对方的学问深浅，听了回答之后便没有再追问什么。

思鲁等的姨夫彭城人刘灵，曾在几个儿子的侍候下与我同坐交谈。我当时问儒行、敏行说："凡与你父亲的名字同音的字共有多少？你们都能认得吗?"儒行、敏行回答说："未曾注意，请予以指教。"我说："像这类字，平时不多注意，偶尔碰到时发现不认识再去找人问，便会被那些奸诈小子所欺骗，可要慎重呀。"于是替他们数说，一共发现了50多个字。儒行、敏行慨叹说："真没想到啊!"像这类字如不知道，那就是怪事了。校勘书籍，岂是轻而易举的事情？恐怕只有扬雄、刘向才能算称职的吧！所有的书没有全看，就不能信口雌黄，乱下断语。说那个不对这个对，或者说两个字原本相同后来才有区别，或者认为两种说法都欠妥，这些都是不能偏信一家之言的。

2. 文章三易

【题解】

《文章三易》是《颜氏家训》中关于作文的一篇论述。在这篇论述中，颜之推批评当时为文轻义理重修辞的"趋末弃本"的风气，认为应当理辞兼备，不可偏废，并引有沈约的观点，提倡"文章当从三易"，即用易懂的典故、用易认的字和易诵读的音韵。这些见解都颇为精当，至今读来，仍受益不浅。

【原文】

　　文章当以理致①为心胸，气调②为筋骨，事义为皮肤，华丽为冠冕。今世相承，趋末弃本，率多浮艳。辞与理竞，辞胜而理伏；事与才争，事繁而才损。放逸者流宕而忘归，穿凿者补缀而不足。时欲如此，安能独违，但务去泰去甚③耳。必有盛才重誉、改革体裁者，实吾所希。

　　古人之文，宏材逸气，体度风格，去今实远；但缉缀疏朴，未为密致耳。今世音律谐靡④，章句偶对，讳避精详，贤于往昔多矣。宜以古之制裁为本，今之辞调为末，并须两存，不可偏弃也。

　　沈隐侯⑤曰：文章当从三易：易见事，一也；易识字，二也；易读诵，三也。邢子才⑥常曰：沈侯文章，用事不使人觉，若胸臆语也，深以此服之。祖孝征，亦尝谓吾曰：浓诗云"崖倾护石髓"，此岂似用事耶？

　　江南文制⑦，欲人弹射⑧，知有病累，随即改之。陈王得之于丁廙也。山东风俗，不通击难，吾初入邺，遂尝以此忤人，至今为悔，汝曹必无轻议也。

　　　　　　　　　　　　　　　　　　——《颜氏家训》

【注释】

　　①理致：思想感情。
　　②气调：气韵才调。
　　③去泰去甚：去掉过分的时俗习气。
　　④谐靡：和谐靡丽。
　　⑤沈隐侯：即沈约。
　　⑥邢子才：名邵，北魏学者。
　　⑦文制：写文章。
　　⑧弹射：批评。

【译文】

　　古人的文章，以思想感情为心脏，气韵才调作筋骨，使用典实作皮肤，文字华丽作外表的冠冕。如今的人们一代承接一代，只在属于最末的修辞上下功夫，而对最根本的东西即义理情致却置之不理，为文大都轻浮艳丽。辞藻与义理相竞，文辞胜过思想内容；用典与才气相争，典多而才气不足。放恣飘逸的，只顾文章的起伏多姿；穿凿附会的，补葺联缀不够。风气已经这样了，怎能单独违反，只求去掉过分的时俗习气呢。将来必有很有才干和声望很高的人出来方持改革，这是我所希望的。

　　古人的文章，其才华与气度、体态风标各方面，要远胜今人，但章法不够严密细腻。如今的文章，音调格律和谐靡丽，章句偶配对称，讲究四声五音的配合禁忌，这和过去相比强多了。应以古人的制裁为本，今人的辞调为末，理辞兼备，古今并用，不可偏废。

沈约曾说过：文章应当顺从三点：用易懂的典故，这是第一；易认的字，这是第二；易诵读的声韵，这是第三。邢邵常说：沈约写文章用典故时不让人觉得在用典，似乎就是用他自己的话，我非常佩服他这一点。祖珽也曾对我说过：沈约的诗云"崖倾护石髓"，这难道像用典故吗？

江南人写文章，喜欢别人批评，发现文章有毛病，立即改正。陈思王曹植也从丁廙那里获得启发，做文章喜欢别人批评，以便及时改正。山东风俗，则不喜欢相互批评，我初到邺，因此得罪了人，至今仍觉得后悔，你们一定不要随便议论别人的文章啊！

四、隋唐五代篇

（一）李世民

论尊敬老师

【题解】

为教育太子、诸王，李世民可谓费尽了心机。一个人读书、学习，没有老师的引导是很困难的。有了老师，不尊敬他，也往往造成师生之间的隔阂，使教与学两个环节不能很好地统一起来。李世民既以身作则，又对孩子们尊师的礼节做了具体规定，这些做法值得人学习。

【原文】

贞观三年，太子少师李纲有脚疾，不堪践履。太宗赐步舆①入东宫，诏皇太子引上殿亲拜之，大见崇重。纲为太子陈君臣父子之道，问寝视膳之方，理顺辞直，听者忘倦。太子尝商略古来君臣必教、竭忠尽节之事，纲懔然曰："托六尺之孤，寄百里之命，古人以为难，纲以为易。"每吐论发言，皆辞色慷慨，有不可夺之志。太子未尝不耸然礼敬。

贞观十一年，以礼部尚书王珪兼为魏王师。太宗谓尚书左仆射房玄龄曰："古来帝子，生于深宫，及其成人，无不骄逸，是以倾覆相踵，少能自济。我今严教子弟，欲皆得安全。王珪我久驱使，甚知刚直，志有忠孝，选为子师。卿宜语泰，每对王珪，如见我面，宜加尊敬，不得懈怠。"珪亦以师道自处，时议善之也。

贞观十七年，太宗谓司徒长孙无忌、司空房玄龄曰："三师以德道人者也。若师体卑②，太子无所取则。"于是诏令撰太子接三师仪注：太子出殿门迎，先拜三师，答拜，每门让；三师坐，太子乃坐；与三师书，前名惶恐，后名惶恐再拜。

——《贞观政要》

【注释】

①步舆：轿。

②体卑：身份地位。

【译文】

贞观三年，太子少师李纲的脚有病，不能穿鞋行走。太宗皇帝就赐他乘坐轿子进入东宫，并下诏让皇太子挽扶着他上殿亲自拜见，显得十分尊崇敬重。李纲给太子讲述君臣父子的伦常道理，以及问寝视膳的礼节，其道理中肯，言辞恳切，使听讲的人忘记了疲倦。太子曾经与他讨论自古以来君臣必须遵循的原则，以及尽忠尽节的事情，李纲严肃地说："接受托孤，辅佐幼君，代理国政，古人认为这很困难，我却认为很容易。"他每当发表言论时，言辞态度都慷慨激昂，有其志不可夺的气概，太子没有不肃然起敬的。

▲李世民像

贞观十一年，任命礼部尚书王珪兼任魏王李泰的老师。太宗对尚书左仆射房玄龄说："自古以来帝王们的儿子，在深宫中长大，到他们成人后，没有不骄奢淫逸的，所以，他们一个接一个地灭亡，很少有能够自救的。我如今要严格教育子弟，希望他们都得到安全。王珪这个人，我曾长期任用他，非常了解他是刚毅正直、有忠孝之心的人，所以我选他做李泰的老师。你应该告诉李泰，叫他每次拜见王珪时，就像拜见我一样，应当对师傅恭恭敬敬，不可懈怠。"王珪也以做老师的准则严格要求自己，当时人们的议论都称赞他。

贞观十七年，唐太宗对司徒长孙无忌、司空房玄龄说："太子太师、太傅、太保这三师是以德行来教导太子的人。如果三师的身份太低，太子就没有学习、效法的榜样。"于是，太宗下令制定太子接待三师的礼节：太子出殿门迎接三师时，要先行礼拜见，三师行礼时太子要回礼，每逢进门出门时，太子要让三师先行；三师坐下后，太子才可坐；太子给三师写信，前面要称"惶恐"，后面还称"惶恐再拜。"

（二）韩愈

1. 师说

【题解】

《师说》是韩愈的一个名篇，千百年来广为流传。

韩愈给老师下的定义是"师者，传道、授业、解惑也"，从此成为人们的口碑。但是要全面地实现三个职责，恐怕值得每一位老师深思，并付诸实践。

这篇文章对"爱其子"的人，提出了告诫，即自己也要尊重老师，善于向老师学习。否则就是"惑矣"。这一点，应该成为每一个为人父母者的座右铭。否则，希望孩子成材的一腔热情，极有可能付诸东流。

【原文】

古之学者必有师。师者，所以传道、授业、解惑也。人非生而知之者，孰能无惑？惑而不从师，其为惑也，终不解矣。生乎吾前，其闻道也，固先首吾，吾从而师之。生乎吾后，其闻道也，亦先乎吾，吾从而师之。吾师道也，夫庸知其年之先后生于吾乎？是故无贵无贱，无长无少，道之所存，师之所存也。

嗟乎！师道之不传也久矣，欲人之无惑也难矣。古之圣人，其出人也远矣，犹且从师而问焉。今之众人，其下圣人也亦远矣，而耻学于师。是故圣益圣，愚益愚。圣人之所以为圣，愚人之所为愚，其皆出于此乎？

爱其子，择师而教之；于其身也，则耻师焉，惑矣！彼童子之师，授之书而习其句读者也，非吾所谓传其道、解其惑者也。句读之不知，惑之不解，或师焉，或不焉，小学而大遗，吾未见其明也。巫医、乐师、百工之人，不耻相师；士大夫之族①，曰师曰弟子云者，则群聚而笑之。问之，则曰："彼与彼年相若也，道相似也，位卑则足羞，官盛则近谀。"呜呼！师道之不复，可知矣！巫医、乐师、百工之人，君子不齿，今其智乃反不能及，其可怪也欤！

——《韩昌黎全集》

【注释】

①族：类。

【译文】

古代求学的人一定要有老师。老师，是给人传授道理、讲授学业、解除疑难问题的。人不是一生下来就有知识的，谁能够没有疑难困惑问题呢？有困惑疑难而不向老师请教，他的疑难问题就永远不可能得到解决。那些出生在我前面的人，他懂得道理自然比我早，我就跟他学习；出生在我后面的人，如果懂得道理也比我早，我也跟他学习。我学习的是道理，哪里还去管他是出生在我前面还是出生在我后面呢？所以，无论是贵是贱，是年长还是年少，道理所在的地方，就是老师所在的地方。

唉！求师好学的风尚已经失传很久了，而想要人没有疑难问题实在是不容易啊。古代的圣人，他们超出普通人很远，尚且向老师请教问学；现在的普通人，他们低于圣人很远，却耻于向老师学习。因此圣人更加圣明，愚人更加愚昧。圣人之所以成为圣人，愚人之所以成为愚人，大概是由于这儿造成的吧。

一个人爱护自己的孩子，就选择老师来教育他，而自己却耻于向老师学习，这真是太糊涂了！那些教小孩的老师，是教孩子如何写字和读书断句的，不是我上面所说的那种传授道理、解除疑难的老师。读书不知道断句，有疑难问题得不到解决，有的向老师学习，有的就不向老师学习，在小事上学习而大事却遗弃，我不觉得这是明智的做法。那些巫医、乐师和各种手工艺者，不耻于相互为师、相互学习；士大夫这种读书知礼的人，在说到"老师弟子"这种话的时候，反有许多人聚集起来嘲笑他。问他们为什么嘲笑别人，他们就说："他们年龄差不多，懂得道理也差不多，如果称比自己地位低的人为老师实在是羞耻，称比自己官职高的人为老师就近似谄谀。"唉！求师好学的风气再也不能恢复由此就可知了！巫医、乐师和各种手工艺者，是君子们瞧不起的下等人。现在那些君子们的智慧反而比不上他们，真是令人奇怪啊！

2. 人之为人

【题解】

在这篇言论中，韩愈认为，人在孩童时期并没有贤愚高下之分，及至后来之所以会"一龙一猪"，相差巨大，其根本原因就在于"学与不学"，从而勉励后辈努力进学，可谓说理透辟，寓意深远。

【原文】

木之就①规矩，在梓匠②轮舆③。人之能为人，由腹有诗书。诗书勤乃有，不勤腹空虚。欲知学之力，贤愚同一初。由其不能学，所入遂异同。两家各生子，提孩巧相如④。少⑤长聚嬉戏，不殊同队鱼。年至十二三，头角稍相疏。二十渐乖张⑥，清沟映污渠。三十骨骼成，乃一龙一猪。飞黄腾踏去，不能顾蟾蜍。一为马前卒，鞭背生虫蛆。一为公与相，潭潭府中居。问之何因尔？学与不学欤。金璧虽重宝，费用难贮储。学问藏之身，

身在即有馀。君子与小人，不系父母且。不见公与相，起身自犁锄。不见三公后，寒饥出无驴。文章岂不贵，经训乃菑畲⑦。潢潦⑧无根源，朝满夕已除。人不通古今，马牛而襟裾。行身陷不义，况望多名誉。

————《戒子通录》

【注释】

①就：按。

②梓匠：木工。

③轮舆：造车的人。

④相如：一样聪明。

⑤少：稍。

⑥乖张：指差别大。

⑦菑畲：zī yú 耕耘，开荒。

⑧潢潦：huáng liáo 积水池和积水沟。

【译文】

木材能圆规曲尺做成器具，在于木工和轮匠、舆匠的辛勤劳动；人之所以能成才，在于他饱读了诗书。诗书中的千般知识唯有勤奋才能获得，不勤奋肚子里就会空空的。人之初生学习的能力是完全一样的，并无贤愚高下之分。由于有的后来不能勤学，所走的门径也就不一样了。两家各自生下来的小孩，小时是一样的聪明。年岁稍大一点在一起玩耍游戏，就像一个鱼群队里的鱼群一样没有什么不同。到了十二三岁的时候，各人表现出来才智就稍有不同了。到了二十岁的时候，差别就很大了，就像污渠与清沟对映一样泾渭分明。到了三十岁的时候，人已完全长成，更大的区别就有如龙和猪一样了。像神马一样飞驰而去的人，就不能照顾像癞蛤蟆一样飞不动、跳不快的人。一个为马前卒，被人驱使；一个为三公或宰相，居住在宽深的府第。倘若问如此大的差别是什么缘由的话，就是学与不学的缘故。黄金璧玉尽管是贵重的珍宝，花费用度却难以储藏；学问藏在自己身上，身在就用之不竭、用之有余。君子与小人这两种人，全是他们自己的努力不努力的结果，不关系到他们的父母。难道不见有这样的公与相吗？他们就是出身于农家；难道不见有这样的三公后代吗？他们饥寒交迫外出连坐骑也没有。文章是很可贵的，经籍的解说也是耕耘、开荒的工作。积水池、积水沟里的水是没有源头的，早晨还是满满的，到了晚间就干涸了。人不懂得古今之事，就好比马牛穿着人的衣服一样。倘若将自身陷于不义之地，还想得到什么名誉呢！

五、宋辽金元篇

（一）苏轼

1. 付迈

【题解】

这是苏轼写给长子苏迈的一封信，教导他要勤奋为学，虚怀若谷，修进品德，保养身体。

【原文】

古人有言："有若无，实若虚。"况汝实无而虚者耶？使人谓汝庸人，实无所能，闻于吾者，乃吾之望也。慎言语，节饮食，晏寝早起，务安其形骸①为善也。临书以是告汝。付迈②。四月十五日。

【注释】

①形骸：指人的身体。

②付迈：苏迈。

【译文】

古人有言道："有学问像没有学问一样，满腹知识像空无所有一样。"何况你本来就是腹中空虚、没有学问的人呢？如果有人说你是平庸的人，实在一无所能，能够被我听见，那正是我的希望啊！慎重地说话，节制饮食，晚睡早起，一定要保证身体安康，这是最好的。临要写信，把这些告诉你。此致。四月十五日。

2. 与元老侄孙

【题解】

这封书简是在海南写的。主要是勉励侄孙苏元老读史书和韩愈、柳宗元的文章。东坡自称"海外老人"，既有被贬谪后的一点寂寞，更有一种放达。

【原文】

侄孙①近来为学何如，恐不免趋时，然亦须多读书史，务令文字华实相副②，期于实用乃佳。勿令得一第后，所学便为弃物也。海外③亦粗有书籍，六郎亦不废学，虽不解对义，然作文极峻壮，有家法。二郎、五郎见说亦长进，曾见他文字否？侄孙宜熟先后汉史及韩柳文。有便寄旧文一两首来，慰海外老人意也。

——《苏轼文集》

国学经典文库

中华传世家训

第二编 勉学

图文珍藏版

【注释】

①侄孙：苏元老。

②相副：符合。

③海外：时东坡在海南岛。

【译文】

侄孙你近来学习怎样？恐怕也避免不了赶潮流，即使这样也必须多读书史，务必使所作文章的文采和实际内容相符合，能有实用价值才算好文章。不要一旦得到科名以后，便认为平日所学的东西就再没有用了。我在儋州也略有一些书籍。六郎苏过在我身边，他没有放弃学习，虽然还不会写对策方面的文章，但所作文章峻伟雄壮，有家传的法度。二郎苏迈、五郎苏迨，听说在做学问方面均有长进，你曾见过他们所写的文章没有？你要熟读《汉书》《后汉书》和韩愈、柳宗元的文章。如果方便的话，寄你所作文章一两篇来，以安慰我这个远居海外的老人。

（二）叶梦得

勉子力学

【题解】

叶梦得是南宋文学家，其《石林家训》精要而深刻，内容涉及勉学、治家、慈孝等方面。此处为勉励二儿子读书。

古语云："学而优则仕"，其实学习最大的好处却在于可以修身。叶梦得认为圣人虽有天资，但仍要靠学习而成就事业，何况凡人呢。如果不每天读书，就会离根远本，不仅谈不上修身治家，连做一个庸俗之人也难以做到。

【原文】

盖人之资性得之天也，学问得之人也。资性由内出者也，学问由外入者也。自诚明，性也；自明诚，学也。颜子不迁怒，不贰过者，皆情也，非性也。不至于性命，不足以谓之好学。若夫自满者，则止也。故禹不自满，假所以为圣。吾观汝天性岐嶷①，而不加恒懋，时敏之功，先有干禄②之念。噫，"学而优则仕，仕而优则学。"将见有时而仕，无时而不学。虽仲尼天纵，而韦编三绝；周公上圣，而日读百篇。汝当常若不足，不可临深以为高也。更不观汝兄学至而始仕，汝何不笃志以希贤圣，自相期负，而置功名于度外，自今而后，当以吾言修省，而造就大成，以慰吾之望乎？

　　旦须先读书三五卷，正其用心处，然后可及他事，暮夜见烛亦复然。若遇无事，终日不离几案。苟善于此，一生永不会向下，作下等人。汝见吾事，自知不妄。吾二年来，目力极昏，看小字甚难，然盛夏帐中，亦须读数篇书，至极困乃就枕，不尔胸次歉然。若有未了事，往往睡亦不美，况昼日乎！若凌晨便治俗事，或兀然闲坐，日复一日，与书卷渐远，岂复更思问学？如此不流入庸俗人，则著衣吃饭，一骙③子弟耳。况复博弈饮酒，追逐玩好，寻求交游，任意所欲。有一如此，近二三年，远五六年，未有不丧身破家者。此不待吾言而知也。

——《石林家训》

【注释】

　　①岐嶷：峻茂的样子。

　　②干禄：出仕为官。

　　③骙：痴，愚。

【译文】

　　人的资质心性是上天赋予的，而学问是各人自己获得的。资质心性是从内心涌出的，而学问是从外面引入的。自己诚心明智是天生有的心性；自己明智诚心是后天学来的。颜回不转移愤怒给别人，不重复犯错误，都是人之常情而不是天生有的心性。不穷尽到心性天命，不足以叫做好学。假如自我满足，那么就会停止不前。所以夏禹不自我满足，得之于为圣人的原因。我看你天性聪慧，但不经常自我勉励，这种敏捷的功劳先是做官的想法。哎，"学习优秀就做官，做官做得好就学习。"将看到你既有时间想做官，又没有时间不去学习。尽管孔子天生纵意，也要读破群书；周公最优圣人，也要日读百篇。你应当经常比比自己的不足，不可以临近深渊还自以为站在高处。更要看看你哥哥学到家而开始做官，你为何不专心致志来希求圣贤，自己期待殷负，而放置功名于度外。从今以后，应当用我的话来修身反省而成就大业，来慰藉我的期望呢？

　　早上必须先读三五卷书，端正他所思考的地方，然后可以去做其他事情，晚上点烛也反复这样。假使遇到没事的时候，一整天可以不离开书桌。如果善于这样，一辈子就永远不会走下坡路，做低等的人。你看到我的情况，自然知道不是虚妄。我两年以来，眼睛视力极为模糊，看小字很困难，然而盛夏季节在蚊帐里也必须读几篇，到极为困倦方睡觉，不那样胸中便有歉意。假使有没完的事情，经常睡觉也睡不好，何况白天呢！假使早上便做鄙俗的事，或者昏昏闲坐，一天又一天，和书卷渐渐疏远，难道再会更想学问吗？像这样即使不成为庸俗之人，也只会穿衣吃饭，做一个愚蠢的子弟罢了。何况又下棋饮酒，追求所玩所好，寻求去交游众人，放任自由，随心所欲。只要一这样，近的两三年，远的五六年，没有不家破人亡的。这是不用我说就可以知道的。

（三）朱 熹

训子帖

【题解】

朱熹是南宋著名思想家和教育家，他对儿子的教导仔细而全面。这封家信就是在遣子远游之后，希望他能广闻见、悉世事、慎交友、讲长幼的训教。信中以勉学为核心，把儿子在远游中可能出现的问题做了很好的解释和指导。后世诗书、达贵之家常以此为准绳，各类学校也选择某些内容作为校规使用，可见它影响之深远。

▲朱熹像

【原文】

过州县市井，择旷僻清净店安泊①。闭门静坐，不得出入离店，虽店中亦不必行，勿妄与人接。酒食之肆，博戏之场，皆不可辄入，不得妄费钱财，买饮食杂物。

事师如事父，凡事咨而后行。朋友年长以倍，丈人行也。十年以长，兄事之。年少于己，而事业贤于己者，厚而敬之。

初到，便禀先生合做甚工夫。自写一节目，逐日早起晏②眠，遵依攒③趁，日间勿接闲人、说闲话，专意办自己工夫，则自然习熟进益矣。

早晚受业请益，随众例不得怠慢。日间思索有疑，用册子随手札记，候见质问，不得放过。所闻诲语，归安下处，思省要切之言，逐日札记，归日要看。见好文字，亦录取归来。

不得自擅出入，与人往还。初到问先生，有合见者见之，不合见则不必往。人来相见，亦启禀，然后往报之。此外不得出入一步。居处须是恭敬，不得倨④肆惰慢。言语须要当，不得嬉笑喧哗。

凡事谦恭，不得尚气凌人，自取耻辱。不得饮酒，荒思废业，亦恐言语差错，失己忤人，尤当深戒。不可言人过恶，及说人家长短是非。有来告者，亦勿酬答。于先生之前，尤不可说同学之短。

交游之间，尤当审择。虽是同学，亦不可无亲疏之辨，此皆当请于先生，听其所教。大凡敦厚忠信，能攻吾过者，益友也；其谄谀轻薄，傲慢亵狎⑤，导人为恶者，损友也。推此求之，亦自合见得五七分。更问以审之，百无所失矣。但恐志趣卑凡，不能克己从善，则益者不期疏而日远，损者不期近而日亲。此须痛加检点而矫革之，不可荏苒渐习，自趋小人之域。如此，则虽有贤师长，亦无救拔自家处矣。

见人嘉言善行，则敬慕而纪录之。见人好文字胜己者，则借来熟看，或传录之，而咨问之，思与之齐而后已。

以上数条，切宜谨守，其所未及，亦可据此推广，大抵只有"勤谨"二字。循之而上，有无限好事，吾虽未敢言，而窃为汝愿之；反之而下，有无限不好事，吾虽不欲言，而未免为汝忧之。盖汝若好学，在家足可读书作文，讲明义理，不待远离膝下，千里从师。汝既不能如此，即是自不好学，已无可望之理。然今遣汝者，恐汝在家汩于俗务，不得专意。又父子之间，不欲昼夜督责，及无朋友闻见，故令汝一行。汝若到彼，能奋然勇为，力改故习，一味勤谨，则吾犹有望。不然，则徒劳费，只与在家一般。他日归来，只有旧时伎俩人物，不知汝将何面目归见父母亲戚乡党故旧耶？念之！念之！"夙兴夜寐，无忝⑥尔所生！"⑦在此一行，千万努力！

——《训子帖》

【注释】

①泊：停留。

②晏：晚迟。

③攒：zǎn，快走。

④倨：傲慢。

⑤亵狎：xiè xiá 轻慢。

⑥忝：辱没。

⑦尔所生：出自《诗经·小雅·小宛》。

【译文】

经过每个地方，选择空旷僻远、清心洁净的客店安歇，关上门坐下来，不要随意出入客店，即使是在客店里，也不要随便走动，更不要乱与人交往。酒店、赌博等场所，都不能进去，不要随便花钱买酒食杂物一类的东西。

对待老师要像对待自己的父亲那样，做事要先请教后再干。朋友的年纪比自己大一倍，要像对待长辈那样恭敬。年长自己十岁的，要像对待兄长那样尊敬。比自己年龄小却在事业上胜过自己的，也要对人家尊敬。

刚到，要先请教老师应该做些什么功课，自己写一个计划，每天早起晚睡，按照老师的话去做。白天不要与闲散之人交往、说闲话，一心一意

地做自己的功课，那么自然而然地就会熟悉功课，学业上就会有所长进。

每天接受教诲，请教知识，随大家平时的惯例不要松懈。平时学习有疑问的地方，用小本子随时记下来，等见到老师之后再请教，不要放过去。听了老师教导的话语以后，回到宿舍，要思考其中最确切、最主要的话，每天记下来，回去之后要看。看到好的文章，也要抄录回来。

不要随便出入，与人来往。刚到时请教老师，有应该拜见的就去拜见，不该见的就不必往来。别人来跟你见面，也应该先禀告老师，然后再去回访。除此之外，不要走出一步。待人处事一定要端庄而有礼貌，不能傲慢放肆。说话一定要谨慎而中肯，不应该嬉笑喧哗。

任何事情都要谦虚谨慎，不要盛气凌人，免得自己给自己难堪。不要饮酒，以免荒废学业；也要注意说话失言，以免损害自己又伤害了别人，对于这一点，尤其要防止。不要说人家的过失，谈人家的长短是非，有人来告诉自己，也不要酬对。在老师面前，尤其不要说同学的坏话。

与人交往的时候，应当慎重地选择，虽然是同学，也不能没有亲近和疏远的区别，这些都要向老师请教，听从他的教诲。凡是那些敦厚老实，能指出自己缺点的人，都是好朋友；那些阿谀奉承、言行轻佻、粗野傲慢、放荡下流、教人干坏事的人都不是朋友。仅仅通过这些来推知，只能看准五七分。如果进一步通过接触来考察，就万无一失了。只怕你志趣平常，不能克制自己的私欲，不乐于接受别人意见，那么好友就会不知不觉地疏远你，而那些小人就会不知不觉地亲近你，对于这一点一定要严加警惕，不断改正，不能放任自流，使自己滑到小人的圈子里。如果这样，即使有贤明的老师，也不能把自己拯救出来。

见到别人有好的言行，就要怀着倾心敬慕之情把它记录下来。看到了比自己优秀的文章，那么就借来仔细阅读，或者把它抄录下来，向人家求教，要和他看齐。

以上这几条，千万要记住，凡是上面所没有涉及的方面，也可据此举一反三。总的说起来就是"勤谨"两个字。如果遵循这个信条，会有很多好处的。我虽然不愿说，但只为了你能接受；反过来，则有很多坏处，我虽然不想说，但未免为你担忧。假如你能在家用功学习，读书做人，通情达理，本来就不必远离父母到千里之外求学了。你既然不能做到这样，那是因为自己不好学，没什么可指望。之所以如今把你送到外面学习，是担心你待在家里陷在家务之中，不能专心读书。再加上父子之间，不能昼夜督促责备，也没有良友接触，因此，让你出去学习。你如果到了那儿发愤读书，改掉老习惯，一门心思用在勤学上，那我还有所指望。不然，就白白浪费了时间，和待在家里一个样。以后返回家乡，本领跟原来一样，依然如故没有长进，不知你还什么脸面去见父母亲戚、乡邻故友呢？千万要记住：一定要早起晚睡，兢兢业业，不要因为自己不争气而使父母感到耻辱。此次出行，一定要加倍努力！

（四）袁 采

1. 子弟不可废学

【题解】

袁氏提出富贵人家须教育子弟读书，不能让他们沉浸于吃喝玩乐之中，这是很有警世意义的。

【原文】

大抵富贵之家教子弟读书，因欲其取科第及深究圣贤言行之精微。然命有穷达，性有昏明，不可责其必到，尤不可因其不到而使之废学。盖子弟知书，自有所谓无用之用者存焉。史传载故事，文集妙辞章，与夫阴阳、卜筮、方技、小说，亦有可喜之谈，篇卷浩博，非岁月可竟。子弟朝夕于其间，自有资益，不暇他务。又必有朋旧业儒者，相与往还谈论，何至饱食终日，无所用心，而与小人为非也。

【译文】

大抵富贵人家教育子弟读书，本来是想要他们在科举考试中得第，并能深刻地探究圣贤言行的精深微妙。但是命运有困穷有显达，本性有昏聩有明智，不能要求子弟们一定做到，尤其不可因为不能做到就让他们废弃学业。因为子弟们通晓书本知识了，自然会有所谓无用之用在那里。历史、传记中记载有过去的事情，诗文集中有精妙的辞章，以及阴阳、卜筮、方技、小说当中，也有令人可喜的谈论，但篇卷浩繁，非一朝一夕可读完。子弟们朝夕阅读它们，自有好处，至少没有闲暇做其他事情。而且必然还有同学朋友，大家相互往来谈论。又何至于整天吃饱了饭，无所用心，而去与小人为伍做坏事呢。

2. 子弟当习儒业

【题解】

袁氏从立身、养家的角度劝告士大夫的子弟勤习儒业，避免成为社会上无所事事的人。他认为乞丐和盗贼是最无耻的，即使不能勤习儒业也应当做些谋生之事。

【原文】

士大夫之子弟，苟无世禄①可守，无常产可依，而欲为仰事俯育之计，莫如为儒。其才质之美，能习进士业者，上可以取科第致富贵，次可以开门教授，以受束修之奉②。其不能习进士业者，上可以事笔札，代笺简之役，次可以习点读，为童蒙之师。如不能为儒，则巫医、僧道、农圃、商贾、伎术，凡可以养生而不至于辱先者，皆可为也。子弟之流荡，至于为乞丐、盗窃，此最辱先之甚。然世之不能为儒者，乃不肯为巫医、僧道、农圃、商贾、伎术等事，而甘心为乞丐、盗窃者，深可诛也。凡强颜于贵人之前，而求其所谓应副；折腰于富人之前，而托名于假贷；游食于寺观而人指为穿云子③，皆乞丐之流也。居官而掩蔽众目，盗财入己，居乡而欺凌愚弱，夺其所有，私贩官中所禁茶、盐、酒、酤之属，皆窃盗之流也。世人有为之而不自愧者何哉！

——《袁氏世范》

【注释】

①世禄：喻世袭官位。

②奉：学生们送给教师的报酬。

③穿云子：专往各种庙宇讨饭吃的人。

【译文】

士大夫的子弟，假如没有世袭的俸禄可以守成，也没有固定的产业可以依凭，而又想仰事双亲，俯育子女，那就最好习儒业。才能素质好，能够修习进士举业的人。上呢可以考中科举获得富贵，其次呢可以开门教书，来接受孩子们交的学费。那些不能修习进士举业的，上可以从事写字作书的工作，帮人写信之类，其次可以学习句读，做童蒙的教师。如果不能习儒业，那么巫医、和尚、道士、农民、商人、技艺之士、方术之士等等，凡是可以谋生而又不至于辱没祖先的职业，都可以从事。可如果子弟放荡不检，以至于沦为乞丐、盗贼，这是最辱没祖先的事情。但是世上有的人不能习儒业，却又不肯作巫医、和尚、道士、农民、商人、技艺之士、方术之士等，而甘心做乞丐、盗贼，这就尤其应该批判。凡是厚着脸皮在达官贵人面前，求他们照顾的；弯腰于富人面前，假称借贷的；游食于寺庙道观里，被别人指为"穿云子"的，都属于乞丐之流。做官却欺上瞒下，盗公家之财，入自己腰包，住在乡里，欺凌弱小，巧夺豪取别人财物，私下买卖官府禁止的茶、盐、酒、酤之类，都属于盗贼一流。世上有的人这么做了却不感到惭愧，到底为什么？

（五）许衡

与子师可

【题解】

许衡平生极信《小学》、四书，所以希望他儿子也能将这几本书读好，而其余的书不读也没有多大关系。元学承南宋朱、陆之学的余绪，偏重义理、内省，而不注重广闻博采，学问已渐趋空疏。身为学界领袖的许衡都只要求自己儿子读几本书，则当时学界空气可见一斑。

许衡还要求儿子居安思危，不要因为今日的富贵而骄惰，这却是很有远见的。

【原文】

《小学》①、四书，吾敬信如神明。自汝孩提，便令讲习，望于此有得，他书虽不治，无憾也。今殆十五年矣，尚未成诵，问其指意，亦不晓知，此吾所以深忧也。高凝来，闻汝肯自勉励，胜于前日，我心甚喜，未识其果然乎？韩遵道今在此，言论意趣多出《小学》、四书，其注语②、或问③与先生格言④，诵之甚熟，至累数万言犹未竭。此亦笃实自强，故能尔尔。我生平长处，在信此数书；其短处，在虚声⑤牵制，以有今日。今日之势，可忧而不可恃也。汝当继我长处，改我短处，汝果能笃实，果能自强。我虽贵显云云，适足祸汝，万宜致思。比见且专读《孟子》，《孟子》如泰山岩岩⑥，可以起人偷惰无耻之病。凝也相与辅导之。至元三年十二月二十九日。

——《许鲁斋集》

【注释】

①《小学》：理学的重要著作，为南宋朱熹、吕祖谦编辑周敦颐、程颢、程颐、张载等理学家的言论而成。

②注语：指《四书集注》。

③或问：指《四书或问》。

④先生格言：指《朱子语类》。

⑤虚声：虚名。

⑥岩岩：高峻的样子。

【译文】

《小学》、四书，我敬仰信奉它们，就像神明一样。从你的孩提时代开始，我便命你攻读学习它们，希望你能在这上面有所心得，即使其他的书没有能去好好研读，也没有遗憾。现今你快十五岁了，这些书还不能背诵下来，我问你篇中的旨归大意，你也不知道，这是我所深深忧虑的。高凝到我这里来，我从他那儿听说你能够自己勉励向学，更胜于前些日子，我心中十分高兴，不知道是不是真的这样？韩遵道现在在这里，他言谈中的意趣大多出自《小学》、四书，他对《四书集注》《四书或问》与《朱子语类》，背诵得十分精熟，能够连续背诵几万字，记忆还没有枯竭。他这也是因为淳厚踏实，自强不息，才能达到这个境界。我生平的长处，在于信赖这几本书；而我的短处，在于为虚名所牵累，才成为今天这个样子。现在我的这种情势，只让人担忧，而毫不值得依仗。你应该继承我的长处，改掉我的短处。你如果真能够踏踏实实地进取，也就一定能够自强。现在我家虽然官位高贵，声势显赫，但这却也是以给你招来祸患，你千万应该多想想这一点。上次见面你正在专读《孟子》，《孟子》像泰山一样高峻，可以治人的偷懒怠惰无耻的毛病。高凝也会帮忙辅导你。至元三年十二月二十九日。

（六）陈 栎

与子勋

【题解】

　　陈栎是由南宋入元的大学问家、大教育家，这封信是他写给在外教书的儿子，教他为师之道的。他特别强调"教人便是自学"，强调教师要严格要求自己，不要一知半解就去教导别人，要在教书的过程中自己也同时努力刻苦，以求精进。

　　另外，陈栎还提醒儿子，在寄人篱下的时候要注意的各种事项，要严守"勤""谨"二字，少惹是非，方可无虞。

【原文】

　　我本来欲遣汝出，偶遇机会，故如此。汝须是自卓立，自争气，自求长进，自做取成人。不可如前日悠忽，见笑于人。今幸遇亲家执敬老师，重厚典刑，可以亲炙取法。姊夫子静先生，博淹①修洁，可以资问请益。好文字、好说话，随手录取，归日要观。仲文非特益友，实足为汝师。渠之言，一一谨守之，不可一毫违之，按渠之言而力行之，永永无失。

　　今受人子弟之托，须是且以教人为急。自己事，且放缓。然教人读，即是我读；教人做文字，即是如我自做；教人解书，即是我自解；教人熟而记得，即是我熟自记得，教人便是自学。如此力行，不特人有长进，我亦自有长进。又教人读书，今虽不必与尽解，然我却不可不自晓得。须是每日随人所上之书，逐段自检看，解得晓得。不可徒读其句读，而不晓

其道理，如和尚念经也。

　　每日早起晏眠，除登厕外，莫妄出一步，并与人闲说一句，惹是非。待学生必正色端庄，如此决不遭侮。夏楚②人家多不乐，此不宜施，须是勤而有常，谨审而不敢轻易。能守得勤与谨二字，万万无失。言语要简而当，从容而分明，最不要夸张妄诞。学生事业，与主人商量。各人具一日程，而日日谨守之。

——《定宇集》

【注释】

　　①博淹：知识广博淹通。

　　②夏楚：杖责。

【译文】

　　我本来没想让你出去，只是偶然遇到了机会，所以才会这样。你应该自己独立，自己争气，自求长进，自己努力成材。不可再像以前的日子那样轻忽放荡，消磨岁月，被别人所耻笑。现今你有幸到了亲家那里做老师，他十分重视平常规范，你可以亲身从他那儿取法。姐夫子静先生，知识广博淹通，品行高洁，你可以多多向他问学请教。那些写得好的文章，说得好的格言，你应该随手把它们抄录下来，归纳好每一日的主要读书观摩所得。仲文非只仅仅是你的益友，其实也足以做你的老师。他的话，你要一一谨慎地遵守，不可有一丝一毫的违背。你按照他的话努力实行，就永远不会有过失。

　　现在人家把子弟托付给你，你就应该以教书育人为急务。自己的私事，先放在一边缓一缓。然而教人读书，也就是我自己读书；教人做文章，也就像是我自己做文章；教人理解书本上的意思，也就是我自己理解，教人熟读而记得，也就是我自己学习，自己记得。教人就是自学。像这样努力实行，不仅是别人有长进，我自己也有长进。还有，教别人读书，现在虽然还不必跟他详尽地解释，然而我自己却不能不清楚地知道。应该每一天随着学生所交上来的功课，一段一段地自己检看，自己都要能理解明白。不可仅仅只知道标点断句，却不通晓其中的道理，就像和尚念经一般。

　　每天要早起晚睡，除上厕所以外，不要随便乱走一步，不要与人闲说一句，那样会惹来是非。对待学生一定要严肃端庄，这样就决不会遭到他们的欺侮。责打学生，人家大多不高兴，这个方法不宜使用，只应该勤勉而有常规，严谨审慎而不敢轻浮怠慢。如果能守得住"勤"与"谨"这两个字，就万无一失。说话要简练而精当，从容而分明，最最不可夸张虚妄怪诞。关于学生的事情，要和家长商量。每个人指定出每一天的计划。而日日谨守这个计划。

（七）唐　元

舟　喻

【题解】

　　唐元为元代名儒，家教甚严，此文通过自己一次在水上两条船中不同的遭遇，看出了一个道理，那就是真正器大涵深的人，并不显露炫耀自己的大；而那些器小浅薄的人反而自以为是，不知掩饰。他用这件事来比喻为学的道理，告诉儿子唐桂芳，要他深自涵养，切忌浮露。唐桂芳后来不负父望，成了一方名儒。

【原文】

　　日游吴会，买舟江浒①，篙师嗜利而好招人也，逼仄②委琐，坐卧弗舒，炎燠③上压，浸气下蒸，不呕则泄，同舟之人惧焉。晚泊马目山下，贷舟老叟，大可容千斛，深房高榻，枕簟悉安。余始知善用大者不知其为大，而器小者自不可掩也。汝由是而知务学矣！浮躁浅露，其量几何？深藏不市而恢乎有容者，君子之道也。作舟喻，示第五儿桂芳，且将以自箴焉。

　　　　　　　　　　　　　　　　　　　　——《筠轩集》

【注释】

　　①江浒：水边。
　　②逼仄：狭窄。
　　③炎燠：烈日。

【译文】

　　有一天我在吴县游历，在江边租船，撑船的水手贪图利益，不断招揽乘客，致使狭窄的船舱拥挤不堪，坐着躺着都不舒服。炎炎的烈日从天上压下来，不祥的水汽从下面蒸上来，使得船中的人不是呕吐，就是拉肚子，大家都害怕起来。晚上在马目山下，又坐了一次船，租船的是个老头，他的船舱大得可以容下一千斛米，深深的舱房，高高的卧榻，枕头和竹席都让人感到很安适。我这才开始知道真正善于用大器的人，似乎并不知其为大；而那些器小浅薄的人，却自己都不知道掩饰。你由这件事就该知道求学的道理了！那些浮躁浅露的，又能有多少容量呢？外表深藏不露而实际上恢宏深广，涵容极深，这才是君子之道啊！我做了这样一篇《舟喻》，出示给第五个儿子桂芳，并且也将用它来箴规自己。

六、明清篇

（一）唐顺之

与二弟正之书

【题解】

唐顺之写给弟弟的这封信，阐明了两个道理：一、人的读书并不真正受环境多大影响，只要内心向学，勤苦努力，则出行在外和居住家中都并没有什么区别；二、人应该多找自己的过失，而不要老是找别人的过失。唐顺之这封信很短，却十分精炼隽永，凝聚他多年读书、为人的经验。

【原文】

行者居者，行迹各别，然理无二致也，日用工夫无二致也。汝兄在山中若不能谢遣世缘，彻澄此心，或止游玩山水，笑傲度日，是以有限日力作却无力糜费，即与在家何异？汝在家若能忍节嗜欲，痛割俗情，振起十数年懒散气习，将精神归并一路，使读书务为心得，则与在山中何异？艰哉！艰哉！各自努力。

居①常只见人过，不见己过，此学者切骨病痛，亦学者公共病痛。此后读书做人，须苦切点检自家病痛。盖所恶人许多病痛，苦真知反己，则色色有之也。

——《荆川先生文集》

【注释】

①居平时。

【译文】

出家远行的人和足不出户的人，他们的行踪各不相同，但道理却没有什么不同的，与平时大小事情对自己的磨炼也没有什么两样。我在山中，如果不能与世俗隔绝，彻底的使自己的心脑清静下来，或者只是在山水之间游逛玩乐，嬉笑轻慢地虚度时日，这样用自己生命里有限的光阴和体力作无端的浪费，与在家里闲着有什么木同呢？而你在家里如果能节制各种嗜好和欲望，忍痛割舍各种世俗人情，抖擞掉已经养成了十多年的懒散气习，将精力集中在一处，使得自己读书务必做到心领神会，那跟在山中有什么不同呢？难啊！难啊，都必须各自努力呀！

平常只看到别人的过错，看不到自己的过错，这是读书人最大的毛病，也是读书人共同的毛病。今后你读书做人，必须深刻检讨自己的毛病。大概厌恶别人有许多毛病的人，如果竭力地真正认识到反省自己，那么就会发现自己各色各样的毛病都有。

（二）孙奇逢

1. 真学问

【题解】

学问不是虚幻的思辨，孙氏主张学问要做到具体的人事中去，这样学问与经世便融二为一了。

【原文】

学问须验之人伦事物之间，出入食息之际。试思尔等此番，何为而来，能无愧于所来之意，便是学问实际。诗文经史，皆于此中著落；身心性命，皆由此中发皇①。省得此理，随时随处，皆有天则，便无虚过之日。

【注释】

①发皇：启发。

【译文】

学问必须在人伦事物之间，出入吃睡之际得到验证。试想想你们这次是为什么而来到世上，能够对来这里的本意不感到惭愧，就是学问的实在之处。诗文经史，都在学问中有了着落；身心性命，都由学问中受到启发。省察到了这个道理，随时随地都有自然的法则，这样就不会虚度光阴了。

2. 读书先识字

【题解】

从识字的思想层面来讲读书修身，孙氏恐怕算是找到了一个恰当的隐喻。真正要识字，当然离不开"知行合一"，没有实际行动就不能说体会到了良知的意义。

【原文】

尔等读书，须求识字。或曰：焉有读书不识字者？余曰：读一孝字，便要尽事亲①之道；读一弟字，便要尽从兄之道。自入塾时，莫不识此字，谁能自家身上一一体贴，求实致于行乎？童而习之，白首不悟，读书破万卷，只谓之不识字。王汝止讲良知，谓不行不算知。有樵夫者，窃听已久，忽然有悟，歌曰："离山十里，柴在家里；离山一里，柴在山里。"如樵夫者，乃所称识字者也。

【注释】

①事亲：事奉双亲。

【译文】

你们读书，必须力求认识字。有的人说：难道有读书却不认识字的人吗？我说：读一个"孝"字，就要竭尽侍奉父母的道义；读一个"弟"字，就要竭尽服从兄长的道义。自从进入私塾时起，没有不认识这两个字的，但是有谁能在自己身上一一体现，求得实在的东西用在行动中呢？孩童时就开始学习它，到老了还没有领悟到它的含义，即使他读书很多，也只能说他是不识字的人。明代思想家王汝止在讲授良知这个问题时，说不去行动不能算是知道了。有一个砍柴的人偷偷地听了很久，忽然有所领悟，便唱道："离山十里，柴在家里；离山一里，柴在山里。"像这个砍柴的人，才是称得上识字的人。

3. 治学与治家

【题解】

学问与理家不应被当作对立的事，孙氏举陆九渊的例子说明学问实际上也是以理家而充实的。

【原文】

汝幼年理家务，吾虞其废业也。然陆象山①当家三年，自谓学问长进。米盐零杂，至细碎矣，综理有道，便是学问。至长幼尊卑，内外男妇，惰性不同，好恶各异，黾勉②有无，能得其帖心输意，此非仁至义尽者不能。志气从此立，学问从此充。虚心实体，当自得之。

——《孝友堂家训》

【注释】

①陆象：宋代思想家陆九渊。

②黾勉：努力。

【译文】

你幼年就料理家务，我担心你会荒废学业。但是宋代思想家陆九渊当了三年家，自己认为在学问方面很有长进。对于柴米油盐之类的细碎事情，综合料理有办法，这就是学问。至于年长的、年幼的，地位高的、地位低的，里里外外，男男女女，情感性格各不相同，喜好厌恶各有差异，勤的勤，懒的懒，能使得他们安心遂意，这是不对他们表示爱护、关怀、帮助并尽心尽力就不能做到的。志气也从此立下了，学问也从这里得到充实。使自己更虚心，使身体更结实，这应当是自己所能得到的东西。

（三）何伦

读书写字

【题解】

读书在于敬与不敬，有敬便能收拢放心。要特别强调的是，何氏所训提到了读书二法即"熟嚼"和"讲贯"，这对于指导今天的读书也不无价值。至于书法的重要也是不应忽视的。

【原文】

欲知子弟读书之成否，不必观其气质，亦不必观其才华，先要观其敬与不敬，则一生之事来，概可见矣。凡开蒙之后，能渐渐收敛，一唯师教之是从，亲言之是听；敬重经书，爱惜纸笔，洁净几案，整肃身心；开卷如亲对圣贤，熟读精思，沈潜玩索，反来就自己身上体认，眠存梦绎，念念不忘，如婴儿之恋慈母，饥渴之慕饮食，无一刻之敢离，无一时之敢怠；但遇紧要辞语，留意佩服，即思此一句，可以用在某处，我当谨守此行，此一句正中我之病根，我当即为拔去，不使蔓延滋长。如此为学，虽愚必明。纵不能尽忠于朝廷，亦可以尽孝于父母；纵不能建功业于天下，亦可以自善乎一身。若乃不庄不敬，鲁莽忽略，未学先能，未讲先厌；或讲读之际，目视他所，手弄他物，心想他事；于书读其前则污其后，读其后则毁其前；或自恃聪明，不肯用力；或专务外驰，不肯内究。如此为学，白首无成，虽成必败。居官则坏国家之事，处己则无保身之谋。所以古之圣贤，教人先在洒扫应对时着力，引诱提撕，惓惓①以持敬为本。

读书以百遍为度，务要反复熟嚼，方始味出。使其言皆若出于吾之口，使其意皆若出于吾之心，融会贯通，然后为得。如未精熟，再加百遍可也。仍要时时温习，若功夫未到，先自背诵，含糊强记，终是认字不真，见理不透，徒敝精神，无益学问。

学问之功，全在讲贯。而讲书之要，必须讲后自己细看，着意研究，潜思默究，逐句绅绎②，逐章理会，方才得其旨趣。略有疑惑，即为质问，不可草草揭过。俟一本通贯，仍听先生，摘其难者而挑问之，或不能答，即又思之，思之不通，然后复讲。真境一开，如得时雨之化，后来作文，随意运用，信手发挥，自然成章，无再窒碍。若泛泛而讲，泛泛而听，原不留心佩记，徒费唇舌，不入肺腑，今日讲过，明日忘之，此章未达，又讲别章，今年未明，复待来岁，虽讲至百年，诚何益也？

凡写字务要庄重，端楷有骨骼，有锋芒，有棱角，不得潦草歪邪，微眇软弱。古人云：用笔在心，心正则笔正矣。吾以为用笔固在心正，又在手活。手活则笔势奇妙，如走龙蛇，否则若胶柱鼓瑟，而剔画不开也。是以小儿初学字时，先要教其执笔圆活，如写小字，止令手指运笔，而手腕不动也。若小时失教，大来难转者，令学草书，庶几可改。抄书认字真切，则无鲁鱼亥豕之弊，既要快捷，又要不差。此乃日用常行，第一急切之务。况考试之日，苟或字之不佳，涂注粗拙，纵是锦绣文章，亦不动观览矣。岂可谓字不要紧而不习也？

——《何氏家规》

【注释】

①惓惓：恳切的样子。

②紬绎：寻究。

【译文】

想要知道子弟读书会不会成就事业，不必观察他的气质，也不必观察他的才华，先要观察他恭敬还是不恭敬，那么一辈子的事业大体可以见到了。大凡发蒙以后，能够慢慢收起玩心，一律只顺从老师的教导，聆听父母的话语；敬重经书，爱惜纸和笔，弄干净书案，端正身心；打开书本就像亲身面对圣贤，熟读精思，潜心玩味思索，反过来用自身去体会认识，睡觉时存留在梦中，念念不忘，就像婴儿眷恋慈母，饥渴时想吃喝一样，没有片刻敢离开，没有一时敢懈怠；只要碰到重要话语，就留意佩服，随即想这一句话，可以用在哪个地方，我应当谨慎持守这种操行，这一句话正击中了我的病根，我应当立即拔除，不要使它蔓延滋长。像这样去学习，即使愚昧也一定会聪明。纵然不能做官来效忠朝廷。也可以对父母竭尽孝顺；纵然不能建功立业于天下，也可以独善其身。假使是不庄重不恭敬，鲁莽疏忽，没有学习就先逞能，没有听讲就先厌烦；或者听讲读书之时，眼睛看着别的地方，手在拨弄别的东西，心里想着别的事情；对于书而言读书在前却玷污在后，读书在后却毁坏在前；或者自己依仗聪明，不肯努力；或者专门去做外在的驰骋，不肯去内心推究。像这样学习，等到老了也没有成就，即使成就了也一定会失败。做官就会败坏国家大事，为人就没有保护自身的谋略。所以古代圣贤，教诲别人先在洒水扫地应对交际上用力，诱导提醒，恳切而以守持恭敬作为根本。

读书以百来遍为限度，一定要反复读熟，才开始有韵味出来。使书中的话都像出自我的嘴，使书中的意思都像出自我的心，融会贯通，这样以后才能有收获。如果没有精思熟读，再加一百遍就可以了。所读之书仍然要时时温习，假使功夫没有到家，先要自己背诵，含糊死记，最终是认字不真切，发现道理不透彻，白白地耗费精神，对学问没有好处。

学问的用功，全在讲解贯通。而讲解书本的要领，必须讲解后自己仔细看，着意研读穷尽，潜心思考默默探究，逐字逐句地寻究，逐章逐节地

领会，才能获得它的意旨情趣。稍微有点疑惑。随即提出质疑，不能草率地掀过。等待一本书贯通以后，仍然要听老师摘出难点来有选择地提问，如或不能回答，随即再思考，思考后不能贯通，这样以后再讲解。真实的境界一打开，就像久旱逢甘霖一样，以后做文章，随意运用，信手发挥，自然成篇，不再有窒息障碍。假使泛泛而讲，泛泛而听，原本没有留心记住，白费唇舌，不能深入心中，今天讲过的，明天就忘了，这一章没有达到目的，又讲别的章节，今年没有明白，再等到明年，即使讲到一百年，又有什么用处呢？

大凡练书法一定要庄重，正楷要有骨骼，有锋芒，有棱角，不能潦草歪邪，轻飘软弱。古人说过：用笔在心，心思端正那么笔法便端正。我认为用笔固然在于心思端正，但又在手法灵活。手法灵活那么笔势奇妙，象龙蛇走步，否则就像粘胶在柱而弹瑟，而挑画不能散开。所以小孩刚学书法时，先要教他执笔圆活，如果写小字，只让手指运笔，而手腕可以不动。假使小时候没有受教导，长大了就难以扭转过来，叫他学写草书，几乎可以改换。抄书认字真真切切，那么就没有"鲁鱼""亥""豕"的误弊，既要快捷，又要不错。这是日常要用到的第一急要之事。况且考试之时，倘若字写得不好，涂改注解粗心拙劣，即使是优秀文章，也不引人观赏。难道可以说字不要紧而不练习吗？

（四）傅　山

《训子侄》及其他

【题解】

本则是将傅山《霜红龛文·家训》中的《训子侄》和其他勉励学习、谈诗论文的文字汇在一处，以飨读者。傅山才气过人，性情真率，以书法闻名，因此这一部分的内容很能给人以美的享受，启发文学艺术方面的兴趣。

（1）训子侄

【原文】

眉、仁素日读书，吾每嫌其驽钝，无超越兼人之敏。间观人有子弟读书者，复驽钝于尔眉、仁，吾乃复少恕尔。两儿以中上之资，尚可与言读书者。此时正是精神健旺之会，当不得专心致志三四年。记吾当二十上下时，读《文选》京①、都②诸赋，先辨字，再点读③三四，上口则略能成诵矣。戊辰会试卷出，先兄子由先生为我点定五十三篇。吾与西席马生较记

性，日能多少。马生亦自负高资，穷日之力，四五篇耳。吾栉沐毕诵起，至早饭成唤食，则五十三篇上口不爽一字。马生惊异叹服如神。自后凡书无论古今，皆不经吾一目。然如此能记，时亦不过六七年耳。出三十则减五六，四十则减去八九，随看随忘，如隔世事矣。自恨以彼资性，不曾闭门十年读经史，致令著述之志不能畅快。值今变乱，购书无复力量，间遇之，涉猎之耳。兼以忧抑仓皇，蒿目世变，强颜俯首，为蠹鱼终此天年。火藏焰腾，又恨咕哗大坏人筋骨。弯强跃马，呜呼已矣！或劝我著述，著述须一副坚贞雄迈心力，始克纵横。我庾开府萧瑟极矣！虽曰虞卿以穷愁著书，然虞卿之愁可以著书解者，我之愁，郭瑀之愁也，著述无时亦无地。或有遗编残句，后之人误以刘因辈贤我，我目几时瞑也！

尔辈努力自爱其资，读书尚友，以待笔性老成、见识坚定之时，成吾著述之志不难也。除经书外，《史记》《汉书》《战国策》《左传》《国语》《管子》、骚、赋，皆细读。其余任其性之所喜者，略之而已。廿一史，吾已尝言之矣：金、辽、元三史列之载记④，不得作正史读也。

【注释】

①《文选》：张衡《二京赋》等。

②都：左思《都赋》等。

③读：dōu 标点句读。

④载记：古代正史记少数民族"伪"政权的篇目名称，往往叫载记。傅山是明遗民，不把清政权当正统，因此有这番见解。

【译文】

傅眉、傅仁平时读书，我常常嫌你们迟笨，没有超过他人一倍两倍的聪敏。偶尔看到别人家读书的子弟，又比你俩个更迟笨，于是我就稍稍原谅了你们。凭着你们中上的资质，尚可和你们谈谈读书的事。这个时期正是精神旺盛的当儿，应该专心致志读他个三四年。记得我二十岁上下时，读《昭明文选》里的《两京赋》《三都赋》等等赋作，先认字，再标点个三四回，开口一读，就基本上能背诵了。戊辰年会试的答卷发出来后，先兄傅子由先生为我确定了五十三篇。我和同窗马生较量记性，看每天能背多少。马生也自负资质高，费了一整天的功夫，才背了四、五篇。我从梳头洗脸后背起，到早饭做好唤我吃饭的时候，五十三篇，朗朗上口，一个字也没背错。马生惊呆了，叹服我背书如神。从此以后只要是书，不论今古，都经不得我看上一眼，（全被记住）但是能像这样记东西，时间也不过六七年罢了。过了三十岁，记性就减弱五六成，过四十，就减弱八九成，边看边忘，书上的东西就像隔世的事情一样了。自己后悔凭着那样的资质天性，却没能闭门十年读经书史书，使得著述的志向不能畅快地实现。碰上现在社会变乱，不再有钱买书，偶尔碰上，也只能匆匆涉猎。加上忧郁压抑，仓仓皇皇，社会变乱触目惊心，厚着脸皮低眉俯首，也只能翻几页书，过完此生罢了。心中火藏焰腾，却又恨絮絮叨叨，叽叽咕咕，会大大损坏自己的筋骨。弯强弓、跃骏马的豪气，已没有了，呜呼！有人劝我著书，著书必须有一副坚贞雄迈的心力，才能纵横驰骋。我却像由南朝进入北朝的庾信，暮年萧瑟到极点！虽然说从前的荀子能在穷困忧愁中著书，可是荀子的穷困忧愁可以用著书来消解，我的忧愁，却是郭瑀那样的忧愁，著书无时亦无地。偶尔有一点遗编残句，后来的人却错把我当成刘因那样的"贤才"，我死之后，不知何时瞑目！

你们要努力珍惜自己的资质，读好书，交贤友，等到笔力老成、见识坚定的时候，成就我这番著书的志向就不难了。除经书以外，《史记》《汉书》《战国策》《左传》《国语》《管子》《离骚》、汉赋，都必须细细诵读。其余可凭着性之所好，浏览一下就行了。对二十一史，过去我已经说过了：《金史》《辽史》《元史》这三种只能列入载记，不能当成正史来读。

（2）文训

【原文】

凡人养性做人，皆有一安身立命之所，即文章小技亦然。尔两小子皆读《左氏春秋》，其中犯教伤义，大节目一眼便知，不待讲解也。至于文章之妙，大段大段，细曲细曲，铺张组织，补缉波澜，前人多少评论，总不能尽。尔小子若有眼色，读之既久，自得悟入，别生机轴，依傍不依傍，熏习变化，全非我所得与尔拈出者。以后凡遇古人用此法论此义者，莫要置之，皆须留心分析。明经处到不甚难，以其是非邪正，显然易见，而文心掂播謽①谵，实鏖糟②所难得窥测。你们便将此书作一安身立命之所，做人、养性、学文，都向此中求之。每事相与辩论。所谓"奇文共欣赏，疑义相与析"也。

文者，情之动也；情者，文之机也。文乃性情之华。情动中而发于外，是故情深而文精，气盛而化神；才挚而气盈，气取盛而才见奇。

文章未有高而不简、简而不挚者。

【注释】

①謽：wèi 称赞坏人。

②鏖糟：固执的人。

【译文】

凡是人养性做人，都有一个安身立命的地方，即使文章小技，也是这样。你们两位都读《春秋左氏传》，其中记载的触犯儒教、损伤仁义的大纲大节，一眼便知，不需我来讲解了。至于文章的精妙，一个一个大的段落，一点一点小的曲折，铺张组织，前后的照应补充，情节、气势的波澜，前人已有很多评论，但总是意犹未尽。你们如有眼力，读得久了，自然能领悟进去，自成一家见解。依傍不依傍前人，在长期的学习中会有什么变化，这些都不是我所能够拈出来指给你们看的。以后凡是遇到古人用这个方法，论述出类似见解来的，不要丢过不看，都必须留心分辨明晰。明白经义倒不很困难，因为其中的是非邪正，明确易懂，而古人作文那一番神出鬼没的用心，实在是固执己见的人很难窥测到的。你们可以将《春秋左氏传》作为一个安身立命的地方，做人、养性、学文的方法，都可以到里面寻求。里面每一件事，都可以一起辩论。这就是陶渊明所说的"奇文共欣赏，疑义相与析"了。

文章，是情感的激动；情感是文章的枢机。文章是人性情绽出的鲜花。情感在心里激动并发泄出来，因此能够感情深远而且文字精妙，气势充沛而且出神入化；能够才华出众而且气势充盈，从气势中可看出情感的充沛，而从才华中可以看出个性的独特。

文章中没有高妙却不简洁、简洁却不深挚的。

（3）诗训

【原文】

杜诗不可测之才人。振古一老，亦不得但以诗读。其中气化精微，极文士心手之妙，常目在之。

韦公[1]诗多清言。李肇《国史补》云："韦性高洁，鲜食无欲，所居常焚香扫地而坐。"观其《逢杨开府》诗，清静者固如此耶？公与陶公[2]，皆知其不可奈何而安之者也。

谢道韫《登山》诗，如"气象尔何物？遂令我屡迁"十字，今古词人能有此几句？唐之辋川翁[3]、浣花老[4]，往往得此妙境。偶见谢林风此首"气象"二句，男子未必能道此句也。尔看之，可造词入微。

辋川诗，全不事炉锤，纯任天机，淡处、静处、高处、简处、雄浑处，皆有不多之妙。道情真语，人不能似者，以其一诗之心在无诗，而心平气和，不骂人，不自己占地步，不傍刚寻事，不隐刺讥，不急急怨望，不骋辩才。连犿[5]造语，却非一意雕琢，在理明义惬，天机适来，不刻而工。杜诗之"惬当久忘筌"，最妙。

【注释】

①韦公：韦应物。
②陶公：陶渊明。
③辋川翁：王维。

④浣花老：韦庄。

⑤连犿：fān 随和。

【译文】

　　杜甫是难以窥测其涯际的一位大诗人。自古以来只有这么一个老杜，他的诗也不能只当成诗来读。其中鬼斧神工、精妙细微的地方，达到了文士心手灵妙的极致。应当常常读它。

　　韦应物的诗有很多清静的句子。唐李肇在《国史补》中说："韦应物品性高洁，吃饭很少，欲望不多，平时常常焚了香，扫了地端坐。"看韦应物《逢杨开府》诗，清静的人从来都是这样清静吗？他和陶渊明，都是知其无可奈何而安之若命啊。

　　南朝宋谢道韫《登山》诗，像"气象尔何物？遂令我屡迁"十个字，古往今来的诗人，能够写出几个这样的句子？唐代的王维、韦庄，往往能达到这个妙境。偶然见到谢道韫这首诗中"气象"二句，即使是男子也未必能写出来啊。你们仔细揣摩，就可以在遣词造句时，写出深微的东西来了。

　　王维的诗，一点也不雕琢，纯任自然，淡处、静处、高处、简处、雄浑处，都有以少为胜的妙处。他能说出真实自然的话，别人不能模仿，原因是他每一首诗的旨趣都在无诗处，又能在诗中心平气和，不骂人，不自己先入为主，不逞强寻事，不故意隐藏讥刺，不怨气满腹，不驰骋辨才。写下情辞宛转的诗句，却不是一意雕琢，只在道理明确，意义恰当，灵感突发，不需雕琢，自然工巧。杜甫诗"惬当久忘筌"，最妙。

（4）学问与志气

【原文】

　　有志气无学问，至欲用学问时，往往被穷，始知志气不可空抱。古今之兴亡成败，时事之坚瑕难易，眼明胆定而辨才足以指画前筹，始成得一佳士。

【译文】

　　有志气却没有学问，等到要用到学问的时候，往往黔驴技穷，这才知道空抱一腔志气是没用的。古今的兴亡成败，时事的急缓难易，只有眼光明、胆子大而且辨才足以指点筹划的，才能成为一位贤能之士。

（5）"家"训

【原文】

　　昔人云：好学而无常家。家，似谓专家之家，如儒林《毛诗》《孟易》

之类。我不作此解。家即家室之家。好学人那得死坐屋底！胸怀既因怀居卑劣，闻见遂不宽博。故能读书人亦当如行脚阇黎^①，瓶钵团杖，寻山问水，既坚筋骨，亦畅心眼。若再遇师友，亲之取之，大胜塞居不潇洒也。底著滞淫，本非好事，不但图功名人当戒，即学人亦当知其弊。

【注释】

①阇黎：和尚。

【译文】

过去的人说：好学的人没有固定的"家"。"家"，好像是指专家的"家"，比如儒学里的"毛诗""孟氏易"之类。我不这样理解。"家"就是人要居处的那个家。好学的人哪能死坐在一家屋底！自己的心胸既会因为留恋一家而卑劣起来，见闻于是就不会广博。因此会读书的人也应当像云游和尚那样，拿着净瓶、饭钵、蒲团、禅杖，寻山问水，即使筋骨坚强，又使心眼舒畅。若再能遇上好老师好朋友，与之亲近，向之求取，就会远远胜过居住闭塞而不能潇洒的人。粘着不放，故步自封，本来就不是好事，不但追求功名的人当戒，即使问学的人也应当知道它的害处。

(6) 书不亏人

【原文】

明经取青紫，此大俗话。苟能明经，则青紫又何足贵！修其天爵，而人爵从之。从，犹从他之从。有也可，不有也可。"学也禄在其中"，亦非死话。对"馁"字说，则禄犹食。有食则饱，故学可作食，使充于中。圣贤之泽，润益脏腑，自然世间滋味，聊复度命，何足贪婪者！几本残书，勤谨收拾在腹中，作济生糇^①粮，真不亏人也。

【注释】

①生糇：hóu 干粮。

【译文】

明经取官位，这是句大俗话。假如能够明经，那么官位又有什么值得宝贵的！修好上天赐给的爵位，人间的爵位跟从着就来了。"从"，也是"听从他"的"从"。人间的爵位，有也可，没有也可。"学习吧，俸禄就在学习中"，这也不是一句死话。对"饿"字来说，"俸禄"就好比食物。有食物就能吃饱，因此学习可作食物，使其在心中充实。圣贤留在书中的恩泽，滋润补益着人的脏腑，自然地，世间食物的滋味，只是聊以活命罢了，哪里值得贪婪求取？几本残书，勤奋、恭谨地收拾在肚皮里，作为度过此生的粮食，这真是没有一点亏待人的。

(7) 训儿

【原文】

字与文不同者，字一笔不似古人，即不成字。文若为古人作印板，尚得谓之文耶？此中机变，不可胜道，最难与俗士言。

苏读书已有闻见，可语文事矣。宝亦不必远求，只向苏问之，便有进益。我家读书种子，要在尔两兄弟上责成。凡外事都莫与，与之徒乱读书之意。世事精细杀，只成得个好俗人，我家不要也。血气未定，一切喜怒不得任性，尤是急务。看此加敬，无作常言。

诗赋你都作将来了，可常读陶先生诗。如"山气日夕佳，飞鸟相与还。此中有真意，欲辩已忘言"。"此中"一作"此间，"然不如"中。""四体诚已疲，庶无异患干。盥濯息檐下，斗酒散襟颜。""日入群动息，归鸟趋林鸣。啸傲东轩下，聊复得此生。"其诗不使才，而句句皆高才；不见学，而无篇非学，学极博大。此等诗真足千古，须熟读之。吾病至此，而犹谆谆与汝言诗者，因汝为诗，欲汝为诗日引月长，以续吾家文种故也。

——《霜红龛文·家训》

【译文】

书法和做文章不同的地方，在于书法如果任何一笔都不像古人，就不成其书法。而做文章如果只是翻印模仿古人，还能够叫做文章吗？这当中的机关变化，不能说尽，最难和俗士一起谈论。

傅苏读书已有了些见识，可以和你谈文章方面的事情了。傅宝不必去远求他人，只向傅苏请教，就会有进步。我家的读书种子，要在你们兄弟两个身上成就。凡外面的事都不要参与，参与只会扰乱读书的专心致志。对世间的事情精明透顶，只能做个好俗人，我们家是不要的。少年血气未定的时候，一切喜怒哀乐不要任性放纵，这是尤关紧要的事情。你们看到我这些话要加倍恭敬，不要当作普通议论来看。

诗和赋，你都写得来了，从此可以常常读陶渊明先生的诗。比如"山气日夕佳，飞鸟相与还。此中有真意，欲辨已忘言。""此中"两个字另外一个版本作"此间"，然"间"字不如"中"字。还有"四体诚已废，庶无异患干。盥濯息檐下，斗酒散襟颜。""日入群动息，归鸟趋林鸣。啸傲车轩下，聊复得此生。"他的诗不故意运用才能，但句句都是高才；不显示学问，但无一篇不是学问，而且学问极博大。这一类是真值得千古流传，必须熟读。我病到了这个地步，却还要谆谆与你们谈诗，是因为你在作诗了，我希望你作诗天天向上，来接续我们家中的文种。

（五）张英

1. 诗分唐宋

【题解】

这是张英《聪训斋语》中的一则，题目为编者所加。分析了唐诗和宋诗的区别，基本上是公认的见解。读者可由此去领会一下，两个朝代诗歌风气的不同。

【原文】

唐诗如缎如锦，质厚而体重，文丽而丝密，温醇尔雅，朝堂之所服也。宋诗如纱如葛，轻疏纤朗，便娟适体，田野之所服也。中年作诗，断当宗唐律。若老年吟咏适意，阑入于宋，势所必至。立意学宋，将来益流而不可返矣。五律断无胜于唐人者，如王孟[1]五言两句，便成一幅画。今诗作五字，其写难言之景，尽难状之情，高妙自然，起结超远，能如唐人否？苏[2]诗五律不多见，陆[3]诗五律太率，非其昕长。参唐宋人气味，当于五律见之。

▲《聪训斋语》书影

【注释】

①王孟：王维，孟浩然。

②苏：苏轼。

③陆：陆游。

【译文】

唐代的诗好像绸缎锦绣一样，质地厚实而有分量，纹理华丽而严密，温和淳厚，亲切雅致，大多像百官早朝议事所穿的朝服。宋代的诗好像纱布，好像葛布轻便宽疏而又纤细明朗，秀美轻便又恰到好处，大多像民间一般人所穿的衣服。一个人到中年时作诗，绝对应当遵循唐诗的法度。如果老年时吟咏诗文，变人到宋诗的法度中，这是必然的事情。如果打定主意专心学宋诗，那么将来就会流荡下去而不可收拾了。五言律诗绝对没有胜过唐代的，比如唐代诗人王维和孟浩然所写的五言诗，一两句就能成一幅画。当今所做的五言律诗，写出难言的景象，倾诉难以形容的感情，高

深美妙很自然，没有一点做作勉强之意，起结超远胜过一般人，能够做到如唐代诗人那样吗？宋代诗人苏轼的五言律诗不太多见，陆游的五言律诗又过于直率，并不是他们的长处。如果要领悟唐宋两代诗人的神理趣味，就应当从五言律诗方面去观察。

2. 学书法

【题解】

现在的人，对毛笔书法已渐渐疏远了。它的复兴还有希望吗？但张英所谈，对写字、做人，总会有一些帮助。

【原文】

学字当专一，择古人佳帖，或时人墨迹，与己笔路相近者，专心学之。若朝更夕改，见异而迁，鲜有得成者。楷书如端坐，须庄严宽裕，而神采自然掩映。若体格不匀净，而遽讲流动，失其本矣。汝小字可学《乐毅论》，前见所写《乐志论》，大有进步，今当一心临仿之。每日明窗净几，笔精墨良，以白奏本纸，临四五百字，亦不须太多，但工夫不可间断，纸画乌丝格，古人最重分行布白，故以整齐匀净为要。学字忌飞动草率，大小不匀，而妄言奇古磊落，终无进步矣。行书亦宜专心一家，赵松雪①珮玉垂绅，丰神清贵，而其原本，则出于《圣教序》《兰亭》，犹见晋人风度，不可訾议之也。汝作联字，亦颇有丰秀之致，今专学松雪，亦可望其有进，但不可任意变迁耳。

【注释】

①唐代书法家赵孟頫。

【译文】

学习写字应专心一致，选择古人好的字帖或当代人的墨迹，与自己书法路子相近的，专心地学习。如果经常更改字帖，见异思迁，很少能够成功。楷书就像人端端正正地坐着，一定要庄严宽裕，神采自然地互相映照、衬托。如果字体风格不匀称利落，却急于讲究速度，就失去了它的根本。你的小字可以学《乐毅论》，早先看到你所写的《乐志论》，大有进步，现在应当一心一意地临仿。每天窗明几净，毛笔精致、墨汁优良，用白奏本纸临写四五百字，不一定要太多，但工夫不可以间断。写前在纸上画上格子，古人最讲究字的布局和结构，所以整齐匀净很是紧要。学字禁忌自以为龙飞凤舞草率运笔，大小不匀称，却胡说自古罕见，洒脱俊伟，这样最终没有什么进步。行书也应当专心学一家，赵孟頫的字如玉珮随身，绅带下垂，有君子风度，丰姿神态显得清秀华贵。但他的根基则出自《圣教序》和《兰亭》，可以从他的字里看得到晋代书法家的风度，不可以随便非议他。你作的对联字，也很有丰姿秀丽的意境。现在专门学习赵孟頫也有希望进步，只是不可以随意改换。

3. 字如其文

【题解】

这一则讲书法。对古代字帖和文章的协调，对书法的较高境界，都很有见地。

【原文】

楷书如坐如立，行书如行，草书如奔。人之形貌虽不同，然未有倾斜跛侧为佳者。故作楷书，以端庄严肃为尚，然须去矜束拘延之态，而有雍容和愉之象，斯晋书之所独擅也。分行布白，取乎匀净，然亦以自然为妙。《乐毅论》如端人雅士，《黄庭经》如碧落仙人，《东方朔像赞》如古贤前哲，《曹娥碑》有孝女婉顺之容，《洛神赋》有淑姿纤丽之态，盖各像其文，以为体要，有骨有肉。一行之间，自相顾盼，如树木之枝叶扶疏，而彼此相让；如流水之沦漪杂见，而先后相承。未有偏斜倾侧，各不相顾，绝无神采步伍，连络膜带，而可称佳书者。细玩《兰亭》，委蛇生动，千古如新。董文敏书，大小疏密，于寻行数墨之际，最有趣致。学者当于此参之。

【译文】

楷书就像人端坐和站立，行书就像人在行走，草书就像人在飞跑。人的形象面貌固然不同，但没有把身体倾斜、走路跛侧当做好看的。所以写楷书以端庄严肃为好，但不应拘谨不自然，而应该大方和谐，这是晋代书法所独自擅长的。字的布局和结构，取其匀称利落，但也要以显得自然为妙。《乐毅论》如同端庄优雅的人士，《黄庭经》如同天上的仙人，《东方朔像赞》如同古代的圣贤和哲人，《曹娥碑》具有孝女婉丽柔顺的容貌，《洛神赋》具有温柔的姿容、纤巧秀丽的体态。因为它们的字体就像各自文章的风格，把文章风格作为字体的大致特点，有骨有肉。一行之间，互相顾盼，如同树木的枝叶那样繁茂，却又彼此相让；如同流水的波澜那样变幻出现，却又先后承接有致。那些写得偏斜倾侧。字行之间没有呼应，没有一点神采、章法、前后关联的字，根本称不上是好书法。细细地玩味《兰亭序》，委曲生动，历经千古仍然清新；董其昌的书法，大小疏密，在认真地欣赏玩味的时候，是最有趣味情致的。学习的人应当在这方面参悟。

4.《四书》为天地间至文

【题解】

　　《四书》是宋代以后读书人的"圣经",几乎人人都读。张英凭着自己对《四书》的体会,亲切议论,倍加推崇。

【原文】

　　《论语》文字,如花工肖物,简古浑沦,而尽事情。平易函蕴,而不费辞,于《尚书》《毛诗》之外,别为一种。《大学》《中庸》之文,极闳宽精微,而包罗万有。《孟子》则雄奇跌宕,变幻洋溢。秦汉以来,无有能有此四种文字者,特以儒生习读而不察,遂不知其章法字法之妙也,当细心玩味之。

【译文】

　　《论语》的文字,如大自然的杰作,单纯古朴,浑然一体,而说尽了一切。于平和简易中包含道理,而无须过多的言语。在《尚书》《毛诗》之外另是一种风格。《大学》《中庸》的文字,极其宏大广阔,精辟微妙,包罗了所有的道理;《孟子》则雄奇跌宕,变幻洋溢。自秦汉以来,没有能比得上这四种文字的书了。只是因为读书人学习阅读时并没有体会得出,不懂得其章法和字法的精妙,所以,你们应当细心地体会其中的意味。

5. 文章要精读多写

【题解】

　　这是张英对孩子讲如何写好时文——八股文的训言,可以用来指导现在其他文体的写作。一个"简"字,包蕴了万千道理。

【原文】

　　时文①以多作为主,则工拙自知,才思自出,蹊径自熟,气体自纯。读文不必多,择其精纯条畅,有气局词华者,多则百篇,少则六十篇,神明与之浑化,始为有益,若贪多务博,过眼辄忘。及至作时,则彼不相涉,落笔仍是故吾。所以思常窒而不灵,词常窘而不裕,意常枯而不润,记诵劳神,中无所得,则不熟不化之病也,学者犯此弊最多。故能得力于简,则极是要诀。古人言:"简练以为揣摩,是最立言之妙,勿忽而不察也"。治家之道,谨肃为要。《易经·家人卦》,义理极完备,其曰:"家人嗃嗃,悔厉吉;妇子嘻嘻,终吝"。嗃嗃近于繁琐,然虽厉终吉;嘻嘻流于纵轶,则始宽而终吝。余欲于居室自画一额曰:"惟肃乃雍",常以自警,亦愿吾子孙共守也。

【注释】

①文：八股文。

【译文】

文章以多写为主，是精巧还是笨拙自己就会知道，才思就会自然流露，门径就会自然熟悉，气度和风格就会自然纯正。阅读文章不必太多，选择其中精美纯粹、条理通畅、有气度、词语华丽的，多则一百篇，少则六十篇，把自己的精神与文章浑然化成一体，这才是有益的。如果贪图繁多、追求广博，看过之后总是容易忘记，而到了自己写文章时，写出来的和看过的是两回事，下笔仍跟原来一样。所以才思常常阻滞而不敏捷，词语常常贫乏而不丰富，命意常常枯涩而不润泽。记忆、背诵劳神，没有心得，这是不熟知就不消化的毛病，学习的人犯这种弊端的最多。所以能够得力于简练，才是最重要的诀窍。古人说："简练就是反复思考推求，是著书立说的奥妙，大家不要对此忽视不觉察。"治家的道理以谨慎严正为要。《易经·家人卦》所讲的道理极其完备，其中有这样的话："治家严厉，家人不免有恐惧感，这是有悔且厉，然而能刚能正，所以虽厉也吉利；如果违背这个原则，妇人子女不庄雅，喜欢嘻嘻哈哈，最终归于鄙吝。"严厉近于麻烦琐碎，但虽严厉却最终吉利。而嘻嘻哈哈会发展为纵容好逸恶劳，虽然开始宽容最终却鄙吝。我想在住房里自己写一幅匾额，写上："只有严正才能和谐"，经常用来警醒自己，也希望我的子孙后代共同遵守这一原则。

6. 幼年读书法

【题解】

这一则对读书人是一声警钟。年幼者当记住，壮年者不妨反省。亡羊补牢，为时未晚。

【原文】

凡读书，二十岁以前所读之书，与二十岁以后所读之书迥异。幼年知识未开，天真纯固，所读者，虽久不温习，偶尔提起，尚可数行成诵。若壮年所读，经月则忘，必不能持久。故《六经》、秦汉之文，词语古奥，必须幼年读，长壮后，虽倍蓰其功，终属影响，自八岁至二十岁，中间岁月无多，安可荒弃？或读不急之书，此时时文固不可不读，亦须择典雅醇正，理纯辞裕，可历二三十年无弊者读之。若朝华夕落，浅陋无识，诡僻失体，取悦一时者，安可以珠玉难换之岁月，而读此无益之文？何如诵得《左》《国》一两篇，及东西汉典贵华腴之文数篇，为终身受用之宝乎？且更可异者，幼龄入学之时，则父师必令其读《诗》《书》《易》《左传》

《礼记》、两汉、八家文。及十八九，作制义，应科举时，便束之高阁，全不温习，此何异衣中之珠，不知探取，而向途人乞浆！且幼年之所以读经书，本为壮年扩弃才智，驱驾古人，使不寒俭，如畜钱待用者然，乃不知寻味其义蕴，而弁髦①弃之，岂不大相刺谬乎？我愿汝曹将平昔已读经书，视之如拱璧，一月之内，必加温习。古人之书，安可尽读，但我所已读者，决不可轻弃，得尺则尺，得寸则寸，毋贪多，毋贪名，但读得一篇，必求可以背诵，然后思通其义蕴，而运用之于手之腕之下，如此则才气自然发越。若曾读此书，而不能举其词，谓之画饼充饥；能举其词，而不能运用，谓之食物不化。二者其去枵腹②无异。汝辈于此，极宜猛省。

【注释】

①弁髦：长大后不再用的帽。

②枵腹：空腹。

【译文】

凡是读书，二十岁以前读的书与二十岁以后读的书完全不同。幼年的时候见识还没有打开，天真幼稚、纯正朴实、见闻不广。所读的书，即使许久不温习，偶然提起来，还可以一行一行地背诵下来。如果是壮年所读的书，过了一个月，就忘记了，肯定不能保持很久的时间。所以《六经》和秦代、汉代的文章，词语古老深奥，必须在幼年时读。而长大后，即使下了数倍的功夫，终究会受到影响。从八岁到二十岁，这一段时间不多，怎么能够荒废舍弃？这一段时间或者阅读一些不急于用的书，八股文固然不可不阅读，但也须选择那些典雅醇正、道理纯朴，词语丰富、能够经历二三十年不会有弊病的书来阅读。而有些书像早上开花晚上就谢落，浅陋没有见识，奇异古怪、违背礼节只能取悦一时，怎么可以用比珠宝还珍贵的岁月去阅读这样没有什么好处的文章呢？哪里比得上用这段时间背诵《左传》《国语》中的一两篇文章，以及几篇两汉典雅珍贵、华丽丰富的文章，来作为终身受益的珍宝呢？况且更令人奇怪的是，人幼年入学的时候，父亲、塾师必定要自己读《诗经》《尚书》《易经》《左传》《礼记》、两汉文和唐宋八大家的文章。而到了十八九岁写作文章、参加科举考试的时候，反把所读的东西束之高阁，全都不温习，这和衣服中有珍珠不知道去探取，而去向路上行人讨酒喝有何区别呢？而且幼年之所以阅读经书，本来是为了壮年时扩大充实才智，驱使驾驭古人的东西，使不至于贫乏，就像积蓄钱财等待花费一样，而不明探索它的含义，把它作为多余的东西抛弃掉，这难道不是与读书的目的大相径庭吗？我希望你们把平时已经阅读过的经书，看作是稀世珍宝一样，一个月之内，一定要加以温习。古人的书虽然不能读完，但自己已经读过了的，就决不要轻易地抛弃，得到一尺就算一尺，得到一寸就算一寸，不要贪多，不要贪名，只要阅读了一篇，就一定要求可以背诵，然后再思考明白其含义，把它运用到自己写作文章中去，这样才气就能发挥出来。如果曾经读过这本书，但完全不能举出它里面的词语，就叫作画饼充饥，有名无实；能够举出书里的词语，但不能运用，就叫作吃了东西不消化。这两种情况与腹中空空没有什么差别。你们对于这个问题，最是应当猛然省悟。

7. 文章如何才有光彩

【题解】

张英要求文章要有光彩。办法还是精读、多写。那么读法、写法又是如何？下面是张英的体会。

【原文】

凡物之殊异者，必有光华发越于外。况文章为荣世之业，士子进身之具乎？非有光彩，安能动人？闱中之文，得以数言概之，曰："理明词畅，气足机圆。"要当知棘闱①之文，与窗稿房行书不同之处。且南闱之文，又与他省不同处，此则可以意会，难以言传，唯平心下气，细看南闱墨卷，将自得之，即最低下墨卷，彼亦自有得手，亦不可忽。此事最渺茫，古称射虱者，视虱如车轮，然后一发而贯。今能分别气味，截然不同，当庶几矣！汝曹兄弟叔侄，自来岁正月为始，每三六九日一会，作文一篇。一月可得九篇，不疏不数，但不可间断，不可草草塞责。一题入手，先讲求书理极透彻，然后布格遣词，须语语有着落，勿作影响语，勿作艰涩语，勿作累赘语，勿作雷同语。凡文中鲜亮出色之句，谓之"调"。"调"有高卑。疏密相间，繁简得宜处，谓之"格"。此等处最宜理会。深恼人读时文累千累百，而不知理会，于身心毫无裨益。夫能理会，则数十篇百篇已足，焉用如此之多？不能理会，则读数千篇，与不读一字等。徒使精神愦乱，临文捉笔，依旧茫然，不过胸中旧套应副，安有名理精论，佳词妙句，奔汇于笔端乎？所谓理会者，读一篇则先看其一篇之格，再味其一股之格，出落之次第，讲题之发挥，前后竖义之浅深，词调之华美，诵之极其熟，味之极其精，有与此等相类之题，有不相类之题，如何推广扩充。如此，读一篇有一篇之益，又何必多，又何能多乎？每见汝曹读时文成帙，问之，不能举其词；叩之，不能言其义，精者不能，况其精者乎？自诳乎？诳人乎？此绝不可解者。汝曹试静思之，亦不可解也，以后当力除此等之习。读文必其有用，不然，宁可不读。故人有言："读生文，不如玩熟文。必以我之精神，包乎此一篇之外；以我之心思，人乎此一篇之中。"噫嘻！此岂易言哉？汝曹能如此用功，则笔下自然充裕，无补缀寒涩支离冗泛草率之态。汝每月寄所作九首来京，我看两会，则汝曹之用心不用心，务外不务外，了然矣！作文决不可使人代写，此最是大家子弟陋习。写文要工致，不可错落涂抹，所关于色泽不小也。汝曹不能面奉教言，每日展此一次，当有心会。幼年当专攻举业②，以为立身根本。诗且不必作，或可偶一为之。至诗余，则断不可作，余生平未尝为此，亦不多看，苏辛尚有豪气，余可靡靡，何可近？

——《聪训斋语》

【注释】

①棘闱：用荆棘拦考场，后来用以称考场。

②举止：准备，科举考试的学业。

【译文】

凡是事物中出类拔萃的，必有光泽华彩散发在外面。何况文章繁荣世道，且是读书人获取功名的工具呢？没有光彩，怎么能够打动人？考试中的文章，可以用几句话来概括，就是："道理透彻，词语通畅，气势很足，立旨圆整。"重要的是应当了解考场的文章与平时写的文章不同之处，以及江南乡试的文章与其他省的不同之处。这是可以意会难以言传的。只有平心静气，仔细地看看江南乡试的那些文章，才会自己体会到。就是最差的中式文章，它也自然有自己的长处，不可以忽视。这件事最难以预料。古代称射虱的人，看虱子如同车轮那么大，然后一射就中。现在如能分别文章的意趣，觉得它们截然不同，就差不多了！你们兄弟叔侄从明年正月开始，每逢三、六、九日就聚会一次，写一篇文章，这样一个月就可以写九篇，不算少也不算多，但不能间断，不能草率敷衍了事。着手写一个题目，首先要讲求文章的道理透彻，然后是布局用词，必须做到每句话落到实处，不要写无根据的话，不要写难懂的话，不要写多余的话，不要写与别人相同的话。凡是文章中鲜亮出色的句子，就叫作"调"。"调"有高低之分。疏密相间、繁简得当的地方，就叫作"格"，最应当理解领会。我很恼恨有的人虽阅读文章几千几百篇，却不知去理解体会，这样对身心毫无好处。而能够理解领会，那么几十篇或一百篇就已经足够了，哪里用得着这么多呢？不能理解领会，那么读几千篇与不读一个字是一样的。只白白地使精神糊涂混乱，临到写作时，依旧不知所措，只不过用自己的老一套去应付，这样怎么会有出色的道理和精辟的见解以及美好词语和奇妙的句子很快地汇集在笔下呢？所谓理解领会，就是指读一篇文章要先看这一篇的"格"，再体会每一段的"格"，表现的顺序，中心思想的发挥，文章前后阐明义理的深浅，词调的华美，批把它背得极熟，把它体味得极精。有与这样文章相类似的主题，有不相类似的主题，怎样去推而广之扩大充实等等，这样读一篇就有一篇的收益，又何必读得太多，又怎么能读得太多呢？经常看到你们成卷成册地读时文，而向你们提问，却不能举出其中的词语；进一步询问，却不能说出它们的意义。精略一点的都不能回答，

何况精深的呢？自己骗自己吗？骗别人吗？这是绝不可理解和解释的。你们试着冷静地思考一下，也不能解释得清楚。所以以后应当尽力戒除这样的习惯。阅读文章必定期望有用处，不然的话，宁可不读。古人有句话说："阅读生疏的文章，不如玩味熟悉的文章。必定用我的精神，在外包含着这一篇文章，用我的心思，深入这篇文章中去领会。"哎呀！这难道是容易说的吗？你们如果能这样用功，那么笔下自然会充实丰富，不会有修改、贫乏、支离破碎，冗长草率的情况。你每月把你写的九篇文章寄到京城来，我看两遍，你们到底用心不用心，是否分了心，就清清楚楚了！写文章决不可让人代写，这最是大户人家子弟的坏习惯。写文章要工整细致，不可到处涂改，随意涂改对文章的色彩光泽影响不小。你们不能当面接受我的教诲，但如果每天把我以上所写的展读一次，应当有心得体会。幼年应当专心攻读举业，作为修身的根本。诗暂且不必去写，或可以偶然写一写。至于词，就决不能写。我有生以来不曾写过，也不多看。苏东坡和辛弃疾的词还有豪壮之气，其他的就是软绵绵的了，怎么能够接近呢？

（六）爱新觉罗·玄烨

《庭训格言》论勤学

【题解】

　　康熙是清朝的第二位皇帝，他全面接受了汉族的先进文化，从很小的时候就开始努力研读儒家经典，并把其中的道理当作治理天下的准则。他还教导子弟，读书要以经学为主，对修身、处世都大有好处。这在今天看来，自然是过时的了。但康熙的一些关于读书的具体方法的经验之谈，往往附和孔子、朱熹的见解而加以演绎，对我们仍然有着不少的启发。

【原文】

　　圣祖《庭训》曰："朱子云：'读书之法，当循序而有常，致一而不懈。从容乎句读文义之间，而体验乎操存践履之实，然后心静理明，渐见意味。不然，则虽广求博取，日诵五车，亦奚益于学哉？'此言乃读书之至要也。人之读书，本欲存诸心、体诸身，而求实得于己也。如不然，将书泛然读之何用？凡读书人皆宜奉此以为训也。"

　　《训》曰："为学之功，不在日用之外。检身则谨言慎行，居则事亲敬长，穷理则读书讲义。至近至易，即今便可用力；至急至切，即今便当用力。用一日之力，便有一日之效。至有所疑，寻人问难，则长进通达，自不可量。若即今全不用力，蹉过少壮时光，即使他日得圣贤而师之，未必能有益也。"

《训》曰："朱子云：'读书须读到不忍舍处，方是得书真味。若读之数过，略晓其义，即厌之，欲别求书者，则是于此一卷书，犹未得趣也。'此言极是。朕自幼亦尝发愤读书看书，当其读某一经之时，固讲论而切记之，年来翻阅其中，复有宜详解者。朱子斯言，凡读书者皆宜知之。"

《训》曰："凡人进德修业，事事从读书起。多读书，则嗜欲淡；嗜欲淡，则费用省；费用省，则营求少；营求少，则立品高。读书之法，以经为主。苟经术深邃，然后观史。观史则能知人之贤愚，遇事得失，亦易明了。故凡事可论贵贱老少，唯读书不论贵贱老少。读书一卷，则有一卷之益；读书一日，则有一日之益。此夫子所以发愤忘食，学如不及也。"

《训》曰："朕自幼好看书，今虽年高，万机之暇，犹手不释卷。诚以天下事繁，日有万机，为君者一身处九重之内，所知岂能尽乎？时常看书，知古人事，庶可以寡过。故朕理天下事五十余年，无甚差忒者，亦看书之益也。"

《训》曰："朕八岁登极，即知黾勉①学问。彼时教我句读者，有张、林二内侍，俱系明时多读书人。其教书唯以经书为要，至于诗文，则在所后。及至十七八，更笃于学。逐日未理事前，五更即起诵读。日暮理事稍暇，复讲论琢磨，竟至过劳，痰中带血，亦未少辍。朕少年好学如此，更耽好笔墨。有翰林沈荃，素学明时董其昌字体。曾教我书法。张，林二内侍，俱及见明时善于书法之人，亦常指示。故朕之书法，有异于寻常人者以此。"

圣祖《庭训》曰："子曰：'吾十有五而志于学。'圣人一生只在志学一言，又实能学而不厌，此圣人之所以为圣也。千古圣贤，与我同类，人何为甘于自弃而不学？苟志于学，希圣希贤，孰能御之？是故志学乃作圣之第一义也。"

《训》曰："凡人养生之道，无过于圣人所留之经书。故朕惟训汝等熟习五经、四书、《性理》，诚以其中凡存心养性立命之道，无所不具故也。看此等书，不胜于习各种杂学乎？"

《训》曰："读书以明理为要，理既明，则中心有主，而是非邪正自判矣。遇有疑难事，但据理直行，得失自可无愧。《书》云：'学于古训乃有获。'凡圣贤经书，一言一事，俱有至理。读书时便宜留心体会，此可以为我法，此可以为我戒。久久贯通，则事至物来，随感即应，而不待思索矣。"

《训》曰："朱子云：'圣贤立言，本自平易。而平易之中，其旨无穷。今必推之使高，凿之使深，是未必真能高深，而已离其本指，丧其平易无穷之味矣。'此最要处也。自汉以来，儒者世出，将圣人经书多般讲解，愈解而愈难解矣。至宋时，朱子辈注四书、五经，发出一定不易之理，故便于后人。朱子辈有功于圣人经书者，可谓大矣。是以朕训尔等，但以经书为要者，亦此故也。"

——《庭训格言》

【注释】

①勉：勉励。

【译文】

圣祖《庭训格言》说："朱熹说：'读书的方法，应当循序渐进而有常规，抓住一个目标而不松懈。在句读和文章的义理中间从容探求，而在实际生活中行为实践中去进行体验，然后就能心灵沉静，义理明了，渐渐地见出了学问的意味。不然的话，则即使是去广博地求取，每天背诵五车书籍，又对学问有什么益处呢？'这句话是读书的极致的精要。人们读书，本来就是想要将学问存于心中，体验于自身，而为自己求得实在的好处。如果不是这样，将书泛泛而读又有何用处？凡是读书人，都应该奉行这些话，以作为训导。"

《庭训格言》说："做学问的功夫，并不在日常生活之外。检点自身就要谨慎对待自己的言行，居住在家中就要事奉双亲、尊敬长者，穷究事理就要读书籍、讲义理，这些功夫是最近便、最容易的，从今天开始就应当努力；它又是最急需、最痛切的，从今天开始就应当努力。用一日的力气，就会有一日的成效。到了有所怀疑的时候，去寻找别人，互相问难，那就会大有长进，学问通达，自然不可限量。如果在今天全然不用力气，蹉跎庸碌地度过了少壮的时光，即使日后得以拜圣贤之人做老师，也未必能有益处。"

《庭训格言》说："朱熹说：'读书应该读到不忍心放下的地步，才是得到了书的真正味道。如果读了几遍，大略地知晓了其中的意义，就感到厌倦了，想要再去找别的书读，那么他对眼前这一本书，仍然没有得到它的旨趣。'这句话说得极为正确。朕自幼年开始也曾经发愤读书看书，当读到某一部经典的时候，固然就已经讲习讨论而深切地记了下来，近年来翻阅其中的一些部分，又有一些需要详细解释的。朱夫子的这句话，凡是读书的人都应当知道。"

《庭训格言》说："凡人修进品德和学业，事事都从读书开始。多读书，别的嗜好欲望就会很淡；嗜好欲望淡，费用就会节省；费用节省，去钻营追求的就会少；钻营追求得少，立下的人品就高。读书的方法，以读五经为主。如果经学治理得精深，然后再去读史书。读史就能够知道人的贤良和愚昧，遇到事情，其中的得失也很容易明了。所以一般的事情都可以论人的贵贱老少，唯有读书不论贵贱老少。读一卷书，就会有一卷的好处；读一天的书，就会有一天的好处。这就是孔夫子之所以要发愤读书、

国学经典文库

中华传世家训

第二编 勉学

图文珍藏版

废寝忘食，学习就像总害怕跟不上一样的原因。"

《庭训格言》说："朕自幼就喜欢看书，现在虽然年龄高了，但在日理万机的闲暇之中，仍然手不释卷地勤奋阅读。诚然，天下的事情太繁复了，每天都要发生无数的事件，做君主的一个人身处九重深宫之内，世上的事哪里能知道得穷尽呢？经常看看书，知道古人做过的事，才差不多可以少一点过错。所以朕治理天下五十多年，没有很大的差错，也是由看书得来的好处。"

《庭训格言》说："朕八岁登基即位，就知道要勤勉地做学问。那时教我句读的，有张、林两名内侍，都是明朝时读书很多的人。他们教书只以经书为主，至于诗文，则排在次要的地位。朕到了十七八岁时，更加勤奋地学习。每天在还没有处理政事之前，五更就起来诵读。到了晚上处理政事稍有闲暇了，就又讲习讨论，反复琢磨，竟然过于劳累，痰中带血，也不稍微停息。朕少年时好学到了这个地步，还更加沉迷于书法。有一个翰林叫沈荃的，一直学习明代董其昌的字体，曾教我书法。张、林两位内侍，也都得以见过明朝时善于书法的人，他们也常常指示我。所以朕的书法，与一般的人不同，就是因为这个原因。"

圣祖《庭训格言》说："孔子说：'我十五岁就立志做学问。'圣人的一生只在于立志做学问这句话，又确实能够学习而不厌倦，这就是圣人之所以成为圣人的原因。千古以来的圣贤，都与我们是同类，人为什么甘心于自暴自弃，而不去学习呢？如果立志做学问，希望成为圣人和贤人，又有谁能抵御呢？所以立志做学问是成为圣人的第一要义。"

《庭训格言》说："凡是人的养生之道，没有超过圣人所留下来的经书。所以朕唯独训导你们熟练地修习五经、四书、《性理大全》，确实是因为在其中凡是存心养性、安身立命的道理，没有不具备的这个缘故啊！看这样的书，难道不胜过修习各种杂学吗？"

《庭训格言》说："读书以明白道理为要务，道理已经明白，心中就会有主见，而是非、正邪自然就能判别了。遇到有疑难的事情，只需根据道理正直地去做，不管是得是失，心中自然都可以无愧了。"《尚书》说："学习古人的训导，就会有收获。"凡是圣贤的经书，每一言每一事，都包含有最高的道理。读书时应该随时留心体会，这一个地方值得我效法，这一个地方又可以让我引以为戒。久而久之，各种道理贯通了，就会不管什么事情来到，马上随着感觉就能产生反应，用不着再仔细思索了。

《庭训格言》说："朱熹说：'圣贤创立学说，本来是很平易的。而在这平易之中，其旨趣是无穷深远的。现在一定要拼命把它们往上推，让它们显得高；拼命把它们往里凿，使它们显得深，其实未必真的能够高深，而已经离开了它们本来的意思，丧失了它们平易无穷的趣味了。'这是最

紧要的地方。从汉代以来，儒者世世代代出现，把圣人的经书作了多种多样的讲解，结果是越解而越难解了。到了宋代，朱熹先生他们注解四书、五经，阐发出绝对正确，不可改易的道理，所以对后人十分方便。朱子他们为圣人的经书立下的功劳，可以说是很大的了。所以朕训导你们，只以经书为主去学习，也是因为这个原因。"

（七）唐彪

刻苦攻读

【题解】

本篇援引自清人唐彪《人生必读书》，篇中强调读书应当刻苦深入，追求"身心德业"，不应该读一点书就急于求得功名。

【原文】

何士明曰："功名富贵，固自读书中来，然其中有数，非人力所能为。苟人力可为，将尽人皆贵显矣。尝见人家子弟，一读书就以功名富贵为急，百计营求，无所不至。求之愈急，其品愈污，缘此而辱身破家者多矣。至于身心德业，所当求者，反不能求，真可惜也。"吾谓读书者，当朝温夕诵，好向勤思，功名富贵，听之天命。

——《人生必读书》

【译文】

何士明说："功名富贵固然是从读书中获得的，但其中有定数，这是人力以外的事。如果人可把握命运，那么人人都能成为达官贵人了。曾见有人刚读一点书就为获得功名利禄四处奔波，不择手段。其实，越是急于求得功名，品德越卑下，甚而有许多人因此而身败名裂。而对应当追求的身心德业却不去追求，实在可惜。"我认为读书人应当刻苦攻读，好问勤思，对功名富贵则抱听天由命的态度。

（八）史典

专心读书

【题解】

清人史典著有家训《愿体集》，大多讲怎样与人相处的道理，此篇主张读书的目的在于了解世务，不可因世事而影响读书，不可不读书而恣意妄为。

国学经典文库

中华传世家训

第二编 勉学

图文珍藏版

【原文】

子弟少年，不当以世事分读书，但令以读书通世务。切勿顺其所欲，须要训之以谦恭，鲜衣美食，当为之禁。淫朋匪友，勿令之亲，则志趣自然朴实近理。其相貌不论好丑，终日读书静坐，便有一种文雅可亲，即一颦一笑，亦觉有致。若恣肆失学，行同市井，列之文墨之地，但觉面目可憎，即自亦觉置身无地矣。

——《愿体集》

【译文】

子弟少年时，不要因世事而影响读书，只令其读书以了解世务。切不可依他的性子行事，要教育他们谦虚恭敬，不可讲究吃穿，不可结交坏朋友，那么其所作所为自然就朴实近理。其相貌不论丑俊，只要终日安静读书，就会有一种文雅可亲的感觉。即使一皱眉、一笑，也让人感觉很雅致。如果不读书而任意妄为，行为如同市井无赖一般，即使列在文墨之地，也会觉得面目可憎，自己也会觉得无地自容。

（九）郑 燮

1. 仪真县江村茶社寄舍弟

【题解】

文章的风格能够决定文人的命运吗？郑板桥是赞成这个观点的，他还给堂弟举了很多例子。其目的，在于劝诫郑墨走寄情山水、明哲保身的路子。但郑板桥却推崇韩非子、商鞅、贾岛、孟郊、李贺等人的诗文，他认为单从文章来看，这些都不错。因此，郑板桥的矛盾，只是封建时候文人的无可奈何。同时，如果我们仔细玩味第一段，也可悟出一些人生的真意来。

【原文】

江雨初晴，宿烟收尽，林花碧柳，皆洗沐以待朝暾[①]；而又娇鸟唤人，微风叠浪，吴、楚诸山，青葱明秀，几欲渡江而来。此时坐水阁上，烹龙凤茶，烧夹剪香，令友人吹笛，作《落梅花》[②]一弄，真是人间仙境也。

嗟乎！为文者不当如是乎！一种新鲜秀活之气，宜场屋，利科名，即其人富贵福泽享用，自从容无棘刺。王逸少、虞世南书，字字馨逸，二公皆高年厚福。诗人李白，仙品也，王维，贵品也，杜牧，隽品也。维、牧皆得大名，归老辋川、樊川，车马之客，日造门下。维之弟有缙，牧之子有荀鹤，又复表表后人。惟太白长流夜郎，然其走马上金銮[③]，御手调羹，贵妃侍砚，与崔宗之著宫锦袍游遨江上，望之如神仙。过扬州未匝月，用

朝廷金钱三十六万，凡失路名流、落魄公子，皆厚赠之，此其际遇④何如哉！正不得以夜郎为太白病。先朝董思白⑤，我朝韩慕庐⑥，皆以鲜秀之笔，作为制艺⑦，取重当时。思翁犹是庆、历规模，慕庐则一扫从前，横斜疏放，愈不整齐，愈觉妍妙。二公并以大宗伯归老于家，享江山儿女之乐。方百川⑧、灵皋⑨两先生，出慕庐门下，学其文而精思刻酷过之；然一片怨词，满纸凄调。百川早世，灵皋晚达，其崎岖屯难亦至矣，皆其文之所必致也。吾弟为文，须想春江之妙境，挹先辈之美词，令人悦心娱目，自尔利科名，厚福泽。

或曰：吾子论文，常曰生辣，曰古奥，曰离奇，曰淡远，何忽作此秀媚语？余曰：论文，公道也；训子弟，私情也。岂有子弟而不愿其福贵寿考者乎！故韩非、商鞅、晁错之文，非不刻削，吾不愿子弟学之也；褚河南⑩、欧阳率更⑪之书，非不孤峭，吾不愿子孙学之也；郊⑫寒岛⑬瘦，长吉鬼语，诗非不妙，吾不愿子孙学之也。私也，非公也。

是日许生既白买舟系阁下，邀看江景，并游一凼港。书罢，登舟而去。

【注释】

①朝暾：朝日。

②《落梅花》笛子曲名。

③金銮：金銮殿。

④际遇：遭遇。

⑤董思白：明代大画家董其昌。

⑥韩慕庐：清人韩菼。

⑦制艺：八股文。

⑧百川：方舟。

⑨灵皋：杨城派古文开创者方苞。

⑩褚河南：唐代书法家褚遂良。

⑪欧阳率更：唐代书法家欧阳询。

⑫郊：孟郊。

⑬寒岛：贾岛。

【译文】

江上雨过天晴，隔夜的雾气完全消散。林中红花、碧绿杨柳，都经过洗涤后等待朝阳升起。加上有小鸟啼声婉转，勾人心魄，微风吹起千层细浪，吴、楚两地的群山，青翠葱茏鲜明秀丽，几乎像要越江扑面而来。此时此刻坐在水边的楼阁上，煮一壶龙凤茶，焚一炉夹剪香，再请朋友吹起笛子，奏《落梅花》一曲，真是人间的仙境啊。

唉，文人不也应当像这样吗？这种清新秀丽，轻松活泼的气息，适宜

国学经典文库

中华传世家训

第二编 勉学

图文珍藏版

267

于科举考场，有利于取得功名，而且这样的人享受富贵福禄，安定逸乐没有坎坷。王羲之、虞世南的书法，每个字都流香飘逸；二位先生都长寿厚福。诗人李白，有仙人的品格；王维，有贵人的品格；杜牧，有才子的品格。王维、杜牧都有很大的名望，即使晚年退居辋川、樊川，坐车骑马的客人，也天天登门拜访。王维的弟弟王缙，杜牧的儿子杜荀鹤，又都是才华出众的后辈。只有李白远远流放夜郎，然而他骑马上金銮殿，玄宗亲手为他调羹，杨贵妃亲手为他捧砚，他还和崔宗之穿着宫中锦袍在长江上遨游，望去像神仙一样。滞留扬州不到一个月，他们用去朝廷的金钱三十六万，凡是不得志的名人、落难的贵族子弟都给他们丰厚的馈赠，那么李白的遭遇究竟算好算坏呢！完全不能把流放夜郎看作是李白不幸。明朝的董思白，本朝的韩慕庐，都以一支清新秀美的笔，写八股文，来获得当时人的尊重。思白老先生其文还是隆庆、万历年间的格局，韩慕庐却完全改变了前代的文风，纵横挥洒不拘一格，越不求整齐，越使人觉得美好精巧。二位先生都由礼部尚书的高位告老归家，享受山水之情、天伦之乐。方百川、方灵皋两位先生，都是韩慕庐的学生，学习老师的文章而思想之周密深刻又超过了老师，可是文辞哀怨，情调凄伤。所以方百川早年就去世，方灵皋晚年才发达，他们遭遇的曲折艰难也算达到极致，这都是他们文章所导致的必然结果。吾弟写文章，一定要想象春天江上的美妙景色，选取前辈的秀美词语，使人读来赏心悦目，如此就必然有利功名，增添福禄。

有人说，你先生评论文章，常讲生辣，讲古奥，讲奇崛，讲淡远，怎么突然说出这种秀媚的话呢？我说，评论文章，是谈公正的道理；教导子弟，是出于私人的感情。难道家有子弟却不愿意他富贵长寿的吗？所以，韩非、商鞅、晁错的文章不是不精雕细刻，但我不愿意自家子弟学他们；褚遂良、欧阳询的书法不是不自成一家，但我不愿意自家子孙学他们；孟郊清峭，贾岛愁苦，李贺鬼斧神工，他们的诗不是不美好，但我不愿意自家子孙学他们。这是私情，不是讲公正的道理。

这一天，许既白雇了船停在水阁下面，邀我观赏江上景色，同时游览一戗港。写完这封信，我就上船离去了。

2. 范县署中寄舍弟墨第三书

【题解】

这封信主旨是告诉郑墨"书中有书，书外有书"，要不"为古人所束缚"，要有主见。郑板桥为说明这个道理，对先秦经典中记载的情况提出了大胆的怀疑，给人以石破天惊的感觉。虽然他的看法还可商讨，但这种精神实为读书人所应具备。这也就是孟子说的，如果全部相信书上的东西，则不如没有书。

【原文】

禹会诸侯于涂山，执玉帛①者万国。至夏、殷之际，仅有三千，彼七千者竟何往矣？周武王大封同异姓，合前代诸侯，得千八百国，彼一千余国又何往矣？其时强侵弱，众暴寡，刀痕箭疮，薰眼破胁，奔窜死亡无地者，何可胜道。特无孔子作《春秋》，左丘明为传记，故不传于世耳。世儒不知，谓春秋为极乱之世，复何道？而春秋已前，皆若浑浑噩噩②，荡荡平平，殊甚可笑也。以太王③之贤圣，为狄所侵，必至弃国与之而后已。天子不能征，方伯④不能讨，则夏、殷之季世，其抢攘淆乱为何如，尚得谓之荡平安辑哉！至于《春秋》一书，不过因赴告之文，书之以定褒贬。左氏乃得依经作传。其时不赴告而悖理坏道乱亡破灭者，十倍于《左传》而无所考。即如"汉阳诸姬，楚实尽之"，诸姬是若干国？楚是何年月日如何殄灭他？亦寻不出证据来。学者读《春秋》经传，以为极乱，而不知其所书，尚是十之一，千之百也。

嗟乎！吾辈既不得志于时，因守于山椒海麓之间，翻阅遗编，发为长吟浩叹，或喜而歌，或悲而泣。诚知书中有书，书外有书，则心空明而理圆湛，岂复为古人所束缚，而略无张主乎！岂复为后世小儒所颠倒迷惑，反失古人真意乎！虽无帝王师相之权，而进退百王，屏当千古，是亦足以豪而乐矣。

又如《春秋》，鲁国之史也。如使竖儒为之，必自伯禽起首，乃为全书，如何没头没脑，半路上从隐公说起？殊不知圣人只要明理范世，不必拘牵。其简册可考者考之，不可考者置之。如隐公并不可考，便从桓、庄起亦得。或曰：《春秋》起自隐公，重让也；删书断自唐、虞，亦重让也。此与儿童之见无异。试问唐、虞以前天子，哪个是争来的？大率删书断自唐、虞，唐、虞以前，荒远不可信也；《春秋》起自隐公，隐公以前，残缺不可考也，所谓史阙⑤文耳。只是读书要有特识，依样葫芦，无有是处。而特识又不外乎至情至理，歪扭乱窜，无有是处。

人谓《史记》以吴太伯为《世家》第一，伯夷为《列传》第一，俱重让国。但《五帝本纪》以黄帝为第一，是戮蚩尤用兵之始，然则又重争乎？后先矛盾，不应至是。总之，竖儒之言，必不可听，学者自出眼孔、自竖脊骨读书可尔。乾隆九年六月十五日，哥哥字。

【注释】

①玉帛：外交场合用的礼吕。

②浑浑噩噩：淳朴浑厚的样子。

③太王周朝祖先古公亶父。

④方伯：诸侯首领。

⑤阙：通"缺"。

【译文】

　　夏禹在涂山大会诸侯，当时捧着美玉缣帛参与会盟的有上万个国家。到了夏末商初时期，只剩下三千国了，那其余的七千个国家究竟到哪儿去了呢？周武王大量分封同姓和异姓诸侯，加上前代的诸侯，共一千八百个国家，那另外的一千多个国家又到哪儿去了呢？那时候强大的侵犯弱小的，人多的欺侮人少的；人们身带刀伤箭疤，眼睛薰瞎，肢体伤残，到处奔逃死无葬身之地，这些情况哪里能说得尽！不过当时没有孔子制作《春秋》，没有左丘明为它作传记，所以未能流传下来罢了。世上的读书人不了解，这一点认为春秋时期已是混乱到了极点的世道，其余的还有什么可说的呢？而说到春秋时期以前，都像是民风淳朴、太太平平的，这真是十分可笑了。凭周太王的贤能圣明，被狄族所侵逼，一定要到把国土让给他们才罢休。统治全国的天子不能惩罚，一方诸侯的领袖不能讨伐，那么可想而知，夏代和商代的末年，那时的纷扰混乱该到了什么程度，还能说它是太平安定的吗？至于《春秋》这部书，只不过是凭借诸侯国通报鲁国的文书，写下来作为赞美和抨击标准的，左丘明也才能够依照《春秋》写成传记。那时候没有通报的违背天理、败坏道义、祸乱逃亡、破国灭家的事件，实际上要十倍于《左传》所记载的，却已无法查考了。就像《左传》上说"汉阳诸姬，楚实尽之"，"诸姬"究竟有多少国家？楚国又是何年何月何日怎样消灭他们的？这些也都寻找不到根据了。求学的人读《春秋》和《左传》后，认为已当时混乱至极顶，却不了解书上记载的，还只是十中之一、千中之百啊！

　　唉，我们这类人既然不能得志于今世，穷居在偏僻的山林海边，阅读古代传下来的书籍，为此感动得高声吟诵，深沉叹息，或喜欢得歌唱，或悲伤得哭泣。然而，只要了解到书中有书，书外有书，就会内心空明，道理融会贯通，哪里还会受古人观念的局限，而失去自己的主见呢？哪里还会被后代浅陋的读书人的曲解所迷惑，而丧失了古人的真实含意呢？即使没有帝王宰相的权力，可是可以衡量历代君王的得失，评判千百年来的是非，这也足以令人自豪和快乐的了。

　　再譬如说《春秋》，是鲁国的史书。要让鄙陋的读书人写它，一定会从伯禽写起，认为这才算完整的书，哪里会没头没脑半中间从鲁隐公说起呢？他们根本不了解孔子不过要借此阐明道理，规范世道，故完全没有必要拘泥于传统套路。有文献可以查考的就查考它，无法查考的就放在一边。假如隐公的事迹也无法考查，就是从桓公、庄公写起也可以。有人说，《春秋》从隐公开始，是为了推重让国啊；删《尚书》而从唐尧、虞舜时代起首，也是为了推重让国啊。这就跟小孩子的见识一样，幼稚可笑。请问，唐尧、虞舜以前的天子，有哪个是争夺得来的？大体说来，删

《尚书》而从唐尧、虞舜时代起首，是因为唐尧、虞舜以前时代遥远不能确知；《春秋》从隐公写起，是因为隐公以前文献残缺无法稽考，常说的史官有疑问就空缺不记即是如此。因此，总的说来读书要有独立的见解，不假思索人云亦云，就不会有收获。而独立的见解又离不开合乎情理，任意曲解窜改，是不会有收获的。

有人以为《史记》把吴太伯列为《世家》的第一篇，把伯夷列为《列传》的第一篇，都是意在推重让国。可是《五帝本纪》把黄帝列为第一篇，是杀蚩尤用武力的开端，那么这是在推重争斗吗？前后矛盾，不应该到这种地步。总而言之，鄙陋的读书人的话，一定不能听，求学的人自己应有眼光，并拿定主张去读书就是了。乾隆九年六月十五日，哥哥写。

3. 范县署中寄舍弟墨第五书

【题解】

这一篇谈做文章选题命意为难。像杜甫、陆游那样忧国忧民、人格高尚的人，才能做出好文章。而风花雪月，无病呻吟之类，不值得推崇。

【原文】

作诗非难，命题为难。题高则诗高，题矮则诗矮，不可不慎也。少陵诗高绝千古，自不必言，即其命题，已早据百尺楼上矣。通体不能悉举，且就一二言之：《哀江头》《哀王孙》，伤亡国也；《新婚别》《无家别》《垂老别》《前后出塞》诸篇，悲戍役也；《兵车行》《丽人行》，乱之始也；《达行在所》三首，庆中兴①也；《北征》《洗兵马》，喜复国望太平也。只一开卷，阅其题次，一种忧国忧民、忽悲忽喜之情，以及宗庙丘墟，关山劳戍之苦，宛然在目。其题如此，其诗有不痛心入骨者乎！至于往来赠答，杯酒淋漓，皆一时豪杰，有本有用之人，故其诗信当时，传后世，而必不可废。

放翁②诗则又不然，诗最多，题最少，不过《山居》《村居》《春日》《秋日》《即事》《遣兴》而已。岂放翁为诗与少陵有二道哉？盖安史之变，天下土崩，郭子仪、李光弼、陈元礼、王思礼之流，精忠勇略，冠绝一时，卒复唐之社稷。在《八哀》诗中，既略叙其人；而《洗兵马》一篇，又复总其全数而赞叹之，少陵非苟作也。南宋时，君父幽囚，栖身杭越，其辱与危亦至矣。讲理学者，推极于毫厘分寸，而卒无救时济变之才；在朝诸大臣，皆流连诗酒，沉溺湖山，不顾国家之大计。是尚得为有人乎！是尚可辱吾诗歌而劳吾赠答乎！直以《山居》《村居》《夏日》《秋日》，了却诗债而已。且国将亡，必多忌，躬行桀、纣，必曰驾尧、舜而轶汤武。宋自绍兴以来，主和议，增岁币，送尊号，处卑朝，括民膏，戮大将，无恶不作，无陋不为。百姓莫敢言喘，放翁恶得形诸篇翰以自取戾乎！故杜诗之有人，诚有人也；陆诗之无人，诚无人也。杜之历陈时事，寓谏诤也；陆之绝口不言，免罗织也。虽以放翁诗题与少陵并列，奚不可也！

近世诗家题目，非赏花即宴集，非喜晤即赠行，满纸人名，某轩某园，某亭某斋，某楼某岩，某村某墅，皆市井流俗不堪之子，今日才立别号，明日便上诗笺。其题如此，其诗可知，其诗如此，其人品又可知。吾弟欲从事于此，可以终岁不作，不可以一字苟吟。慎题目，所以端人品，厉风教也。若一时无好题目，则论往古，告来今，乐府旧题，尽有做不尽处，盍不为之。哥哥字。

【注释】

①庆中兴：唐肃宗时期，平定了安史之乱。

②放翁：陆游。

【译文】

作诗并不难，选取题目才困难。题目高明，诗也高明，题目卑下，诗也卑下，对此不能不谨慎呵。杜甫的诗高出古今诗人，自不必言，就是他选取题目，其位置就早在百尺高楼上了。不可能详细列举他全部的诗，姑且就少量的几首来说吧：《哀江头》《哀王孙》，是悲痛国家灭亡；《新婚别》《无家别》《垂老别》《前后出塞》几篇，是怜悯百姓被征兵役；《兵车行》《丽人行》，是写祸乱的发端；《达行在所》三首，是庆祝国家中兴；《北征》《洗兵马》，是欣喜国家重建，期望天下太平。只要打开诗卷，看到他题目的顺序，一种忧国忧民，忽悲忽喜的感情，以及国家破败朝廷毁灭，百姓流离失所服役作战的痛苦，仿佛就在眼前。题目是这样，他的诗还有不写得悲痛入骨的吗？就是和朋友往来赠答，豪饮痛快的作品，也都是写当时的杰出人物，讲原则有才干的人，所以他的诗信服于当代，流传于后世，决不会湮灭的。

陆游的诗却又不是这样，诗写得最多，题目用得最少，不过《山居》《村居》《春日》《秋日》《即事》《遣兴》罢了。难道陆游写诗跟杜甫有不同的途径吗？原来安史之乱爆发，国家土崩瓦解，郭子仪、李光弼、陈玄礼、王思礼这些人，忠心耿耿有勇有谋，远远胜过同时代的人，最终恢复了唐朝江山。杜甫在《八哀》诗中，已经大致地记叙了这些人物，而在《洗兵马》一篇中，又再次把他们全数加以赞颂，杜甫不是随便写作的。南宋时候，徽钦二帝被囚禁在金国，朝廷暂栖于越地的杭州，那种屈辱和危难也可说到了极致了。讲理学的人，推究性命理气的学说细微到了令人难以想象的程度，可是到底没有挽救时局应付动乱的才能；朝廷上的诸位大臣，又都流连于诗酒，沉湎于湖光山色，不考虑国家大事。这还能说南宋有出色的人物吗？这还值得委屈我的诗歌并劳费我的心力赠答吗？不过用《山居》《村居》《夏日》《秋日》等题目，了结掉别人索诗的债务罢了。况且国家快要灭亡时，一定多所忌讳，干着夏桀、商纣的暴行，还一定要别人说自己是高出唐尧、虞舜，胜过商汤、周武王。南宋从绍兴年间以后，主张议和，增加每年交纳给敌国的财物，尊金国为王，自甘附庸国地位，搜刮民财，杀戮大将，可以说是无恶不作，无陋不为。老百姓不敢说话喘气，陆游又怎么能把它写在诗篇中来自招灾祸呢！所以杜甫诗中有人物，是当时的确有人物；陆游诗中没有人物，是当时确实没有人物。杜甫诗中详细地述说时事，是含有直言规劝的意思，陆游一句不谈时事，是避免遭到陷害呀。即使把陆游的诗题与杜甫相提并论，有什么不可以！

近代诗人的诗题，不是赏花就是宴会，不是会面欢乐就是送别人远行，满纸是人的名字，某某轩某某园，某某亭某某斋，某某楼某某山，某某村某某墅，都是市场商贩庸俗不堪的人，今天刚立了个别号，明天就写上诗笺。题目是这样，诗也就可想而知了，其诗这样，其人品更是可想而知。兄弟要想学诗，可以整年不写一首，但不可以随便吟咏一个字。谨慎选择诗题，在于端正人品，推进风俗教化。如果一时没有好题目，那就议论过去，讲说未来，乐府诗中的命题，也大有做不完的地方，何不写写这些呢！哥哥字。

4. 潍县署中寄舍弟墨第一书

【题解】

读书能过目成诵，是很多读书人向往的本事。郑板桥偏偏认为，光是背得，不努力钻研其中的微言精义，也就跟走马观花差不多，不是好办法。

【原文】

读书以过目成诵为能，最是不济事。眼中了了，心下匆匆，方寸无多，往来应接不暇，如看场中美色①，一眼即过，与我何与也。千古过目成诵，孰有如孔子者乎？读《易》至韦②编③三绝④，不知翻阅过几千百遍来，微言精义，愈探愈出，愈研愈入，愈往而不知其所穷。虽生知安行之圣，不废困勉下学之功也。东坡读书不用两遍，然其在翰林院读《阿房宫赋》至四鼓，老吏苦之，坡洒然不倦。岂以一过即记，遂了其事乎！惟虞世南、张睢阳⑤、张方平，平生书不再读，迄无佳文。且过辄成诵，又有无所不诵之陋。即如《史记》百三十篇中，以《项羽本纪》为最，而《项羽本纪》中，又以巨鹿之战、鸿门之宴、垓下之会为最。反复诵观，可欣可泣，在此数段耳。若一部《史记》，篇篇都读，字字都记，岂非没分晓的钝汉！更有小说家言、各种传奇恶曲，及打油诗词，亦复寓目不忘，如破烂厨柜，臭油坏酱悉贮其中，其龌龊亦耐不得。

【注释】

①美色：戏台上的美女。

②韦：熟牛皮。

③编：捆用来写字的竹木简。

④三绝：断。

⑤张睢阳：唐代名将张巡。

【译文】

读书把看过一遍就会背诵当作能耐，是最没有用处的了。眼前清清楚楚，心中匆匆忙忙，人的思维能力有限，如何来得及深思熟虑。就像看戏台上的美女，一闪眼就过去了，和自己有什么关系呢！从古到今过目即能背诵的人，有谁能像孔子的呢？而孔子读《易经》还多次把穿竹简的牛皮绳磨断，真不知翻读了几百几千遍，微妙的语言深奥的道理，愈探求愈有发现，愈研究愈有收获，愈深入就愈不了解它难以穷尽的内容。即使是不学习即能通晓、不求索就能理解的圣人，也不放弃刻苦勤勉、虚心求教的辛劳啊！苏轼读书虽然不必两遍，可是他在翰林院读《阿房宫赋》直到四更天，侍候的吏役都觉得劳苦，苏轼却精神健旺不知疲倦。难道因为一过目即记得，就完全了解文章中的内容吗？只有虞世南、张巡、张方平，一生中书绝不读两遍，结果他们始终没有出色的文章。而且书看过就能背诵，又会产生无所不诵的弊病。就像《史记》一百三十篇当中，数《项羽本纪》写得最好，在《项羽本纪》中，又数钜鹿大战、鸿门宴和垓下会战写得最好。再三诵读观览，令人欢欣令人感泣，也就在这几段而已。如果一部《史记》，每一篇都读，每一字都记，岂不成了不会分辨的笨人！还有道听途说的小说，各种各样的传奇和俗恶的曲本，以及打油诗词，如果也同样看过就牢记不忘，那就像破烂的厨房食柜，臭油坏酱全藏在里面，其脏乱不堪也叫人忍受不了。

5. 潍县署中与舍弟第四书

【题解】

读书的目的只是升官发财吗？郑板桥认为不对，人生不能不读书，读书是使精神"富贵"的良方。

【原文】

凡人读书，原拿不定发达。然即不发达，要不可以不读书，主意便拿定也。科名不来，学问在我，原不是折本的买卖。愚兄而今已发达矣，人亦共称愚兄为善读书矣，究竟自问胸中担得出几卷书来？不过挪移借贷，改窜添补，便尔钓名欺世。人有负于书耳，书亦何负于人哉！昔有人问沈近思①侍郎，如何是救贫的良法？沈曰：读书。其人以为迂阔②。其实不迂阔也。东投西窜，费时失业，徒丧其品，而卒归于无济，何如优游书史中，不求获而得力在眉睫间乎！信此言，则富贵，不信，则贫贱，亦在人之有识与有决并有忍耳。

【注释】

①沈近思：清康熙时人。

②迂阔：不切实用。

【译文】

一般人读书，本来不一定会中举做官。可是即使不能中举做官，总归是不应该不读书，由此主意便拿定了。科举功名虽没能获得，可学问在我身上，本来就不是蚀本的交易。我做哥哥的现在已经中举做官了，别人也都称赞我善于读书，可是自问自己心胸中到底能捧得出几本书来？只不过东挪西借，改头换面，添添补补，就用来沽名钓誉欺瞒世人。只有人亏待书的，书却哪里会亏待人呢！以前有人问过沈近思侍郎，怎样才是救助贫穷的好法子？沈侍郎说：读书。那个人认为这个回答不切实际。其实不是不切实际啊。东奔西投地钻营，浪费时间，抛弃学业，白白地丧失自己的人品，结果还是落得个毫无用处，哪里比得上悠闲地沉浸在经史典籍里，不求收获却能在眼前就得到助益呢！相信这番话，就会富裕尊贵；不相信这番话，就会贫穷低贱，这也取决于一个人有见识有决心并且能坚持罢了。

6. 潍县署中与舍弟第五书

【题解】

郑板桥认为写文章一定要实在，要写得痛快，要反映社会现实。这一篇论文学创作的家信对提高文学修养很有益处。

【原文】

无论时文、古文、诗歌、辞赋，皆谓之文章。今人鄙薄时文，几欲摒诸笔墨之外，何太甚也？将毋丑其貌而不鉴其深乎！愚谓本朝文章，当以方百川制艺为第一，侯朝宗①古文次之；其他歌诗辞赋，扯东补西，拖张拽李，皆拾古人之唾余，不能贯串，以无真气故也。百川时文精粹湛深，抽心苗，发奥旨，绘物态，状人情，千回百折而卒造乎浅近。朝宗古文标新领异，指画目前，绝不受古人羁绁；然语不遒，气不深，终让百川一席。忆予幼时，行匣中惟徐天池②《四声猿》、方百川制艺二种，读之数十年，未能得力，亦不撒手，相与终焉而已。世人读《牡丹亭》而不读《四声猿》，何故？

文章以沉着痛快为最，《左》③、《史》④、《庄》⑤、《骚》⑥、杜诗⑦、韩文⑧是也。间有一二不尽之言，言外之意，以少少许胜多多许者，是他一枝一节好处，非六君子本色。而世间娓娓纤小之夫，专以此为能，谓文章不可说破，不宜道尽，遂訾⑨人为刺刺不体。夫所谓刺刺不休者，无益之言，道三不着两耳。至若敷陈帝王之事业，歌咏百姓之勤苦，剖析圣贤之精义，描摹英杰之风猷，岂一言两语所能了事？岂言外有言、味外取味者，所能秉笔而快书乎？吾知其必目昏心乱，颠倒拖沓，无所措其手足也。王⑩、孟⑪诗原有实落不可磨灭处，只因务为修洁，到不得李⑫、杜⑬沉雄。司空表圣⑭自以为得味外味，又下于王、孟一二等。至今之小夫，不及王、孟司空万万，专以意外言外自文其陋，可笑也。若绝句诗、小令词，则必以意外言外取胜矣。

"宵寐匪祯，札闼洪麻。"以此訾人，是欧公⑮正当处，然亦有浅易之病。"逸马杀犬于道"，是欧公简炼处，然《五代史》⑯亦有太简之病。高密单进士烺曰："不是好议古人，无非求其至是。"。

写字作画是雅事，亦是俗事。大丈夫不能立功天地，字养⑰生民，而以区区笔墨供人玩好，非俗事而何？东坡居士刻刻以天地万物为心，以其余闲作为枯木竹石，不害也。若王摩诘、赵子昂辈，不过唐、宋间两画师耳！试看其平生诗文，可曾一句道着民间痛痒？设以房、杜、姚、宋在前，韩、范、富、欧阳在后，而以二子厕乎其间，吾不知其居何等而立何地矣！门馆才情，游客伎俩，只合剪树枝、造亭榭、辨古玩、斗茗茶，为扫除小吏作头目而已，何足数哉！何足数哉！愚兄少而无业，长而无成，老而穷窘，不得已亦借此笔墨为糊口觅食之资，其实可羞可贱。愿吾弟发愤自雄，勿蹈乃兄故辙也。古人云："诸葛君真名士。"名士二字，是诸葛才当受得起。近日写字作画，满街都是名士，岂不令诸葛怀羞，高人齿冷？

——《板桥家书》

【注释】

①侯朝宗：侯方域。

②徐天池：明代文人。

③《左》：《左传》。

④《史》：《史记》。

⑤《庄》：《庄子》。

⑥《骚》：《离骚》。

⑦杜诗：杜甫诗。

⑧韩文：韩愈文。

⑨訾：zǐ 诋毁。

⑩王：王维。

⑪孟：孟浩然。

⑫李：李白。

⑬杜：杜甫。

⑭司空表圣：司空图。

⑮欧公：欧阳修。

⑯《五代史》：《新五代史》。

⑰养：养育。

【译文】

不论八股文、古文、诗歌、辞赋，都叫做文章。现在人们轻视八股文，几乎要把它从文章范围中排斥出去，为什么这样过分呢？莫不是因为它的形式简陋就不赏识它内容的精深吗！我认为本朝的文章，应当把方百川的八股文列为第一，侯朝宗的古文列为第二；而其他歌诗辞赋，东边扯到西边，拖张三拉李四，都捡拾古人的现成话，不能融会贯通，这是因为没有真实才气的缘故呵。方百川的八股文精纯深沉，发自内心深处，阐明深奥的道理，描绘物态，摹写人情，委婉曲折而能进入平易近人的境界。侯朝宗的古文则标新立异，抒写当今的事物，丝毫不受古人的拘束；然而语言不够强劲有力，文气不够深沉，终究要差方百川一步。回想我年轻时，出门的行李中只有徐渭的《四声猿》、方百川的八股文两种，读了它们几十年，虽然没有得到很大帮助，也还是不想丢开，和他们终身做伴就是了。世上的人专读《牡丹亭》却不读《四声猿》，是什么缘故呢？

文章要数深沉切实淋漓酣畅为最高境界，《左传》《史记》《庄子》《离骚》、杜甫的诗、韩愈的文章就是这样的。其中偶尔有一些不尽之言，言外之意，用少量的文字胜过长篇大论的，这是他们极次要的长处，不是六位作家最重要的本质。可是世上有些人思想拘谨目光狭隘，还专门把这些当作能耐，认为文章的含义不能说透，不应讲彻底，攻击别人啰唆得没个完。所谓啰唆得没个完，是指无用的废话，颠三倒四不着边际罢了。而像述说帝王的功业，歌咏百姓的勤苦，阐明圣经贤传的精深含义，描写英雄豪杰的风采功绩，难道一言两语就能够说清楚？难道是那些主张话外有话、味外有味的人，能够提起笔来立即顺利书写的吗？我知道他们一定会眼睛发花，思想混乱，上下倒置，拖泥带水，手忙脚乱不知怎么办了。王维、孟浩然的诗本来有真诚切实不可磨灭之处，就是因为追求修饰整洁，比不上李白、杜甫的深沉雄浑。司空图自以为领会到诗的味外之味，又比王维、孟浩然低一二等。至于今天目光窄小的人物，还远远不如王维、孟浩然、司空图，而专门用"意外""言外"之说来粉饰自己的浅陋，可笑啊！如果是绝句诗、小令词［因为文字限制］，那才一定要靠"意义"

"言外"才能取得成功。

"宵寐匪祯，札闼洪麻。"用它来批评别人，是欧阳修正确的地方，可是也有肤浅简易的毛病。"逸马杀犬于道"，是欧阳修文字简练的表现，可是《五代史》也有过分简易的毛病。（高密的单烺进士说："并非喜欢议论古人，不过为了探求真理。"）

写字作画是雅事，也是俗事。大丈夫不能在人世间建功立业，安抚教养百姓，却以不值一提的字画字供别人赏玩，这不是庸俗的事情是什么？苏轼心中时时刻刻关怀天地万物，而用空闲的时间画枯树、竹子、石块，还没有什么妨害。至于王维、赵子昂这些人，不过是唐、宋时代两个画师罢了！不妨看看他们一生写作的诗文，何尝有一句说到百姓生活的苦难？假如把房玄龄、杜如晦、姚崇、宋璟放在前面，韩琦、范仲淹、富弼、欧阳修放在后面，再把这两个人安放在中间，我真不知道他们属于什么等级，处于什么地位了！塾师的才华，清客的本领，只配修剪树枝，建造亭台，辨古董，品茗茶，给打扫庭园的吏役做总管罢了，哪里值得称道呢！哪里值得称道呢！我做哥哥的年少时未能认真学习，中年没有成就，老年生活窘迫，没有办法才用写字作画作为混饭吃的手段，实在是令人羞耻令人轻视。希望兄弟发愤自强，不要走你哥哥的老路。古人说："诸葛君真名士。""名士"两个字，只有诸葛亮才能当之无愧。而近来只要能写字作画，满街的人便都成了名士，这怎么不让诸葛亮感到羞耻，被高尚的人讥笑？

（十）纪 昀

1. 寄秀岚弟

【题解】

做学问不能各执一端，而是力求实在。纪氏给其弟弟所提的这一点对学习和研究都很有意义。如果偏离事实，而光凭好恶而攻击别人是很不可取的。

【原文】

吾弟有志研究经学，甚善。来书询问汉儒以训诂专门，宋儒以义理相尚，二说究以何者为优。夫泛言之，似觉汉学粗而宋学精，实则不明训诂，义理何自而明？溯自孔子删定群经，垂教万世，大义微言，递相授受。汉代诸儒，去古未远，训诂笺注，类能窥先圣之心；又淳朴未漓，无植党争名之习，故能各传师说，笃溯渊源。沿及北宋，勒为注疏，研穷玩索，各抒心得。平心而论，《尚书》《三礼》《三传》《毛诗》《尔雅》诸注疏，皆根据古义，断非宋儒所能。
《论语》《孟子》，宋儒积一生精力，字斟句酌，亦断非汉儒所及，此谓各有所长。汉儒或执旧文，过于信传；宋儒或凭臆断，勇于改经，此谓各有所短。计其得失，正复相当。若藐视汉儒，不加探讨，概用诋排，视犹土苴，未免既成大辂[1]，追斥推轮，得济迷川，遽焚宝筏。莫怪后世饱学之士，代汉儒抱不平，又纷起而攻宋儒之短矣。按宋儒之攻汉儒，非为说经起见，特求胜于汉儒而已。后人之攻宋儒，亦非为说经起见，特不服宋儒之诋汉儒而已。总而言之，汉儒之学深奥，非读书稽古，不能下一语；宋儒之学浅近，人人皆可以空谈。其间兰艾同生，诚有不尽餍人心者。吾辈说经，只求实在，攻击之词，概置弗论，获益多矣。

▲纪晓岚像

【注释】

①大辂：古代的一种大车。

【译文】

　　我弟弟有志于研究经学，太好了。来信询问汉代儒生拿训诂作专门学问，宋代儒生拿义理相互崇尚，两种说法究竟哪个为好。泛泛地说，似乎觉得汉学粗放而宋学精细，实际上不明训诂，义理以从哪里明了呢？溯源自孔子删定群经，教育后世，微言大义，递相授受。汉代的儒生们，离开上古不远，训诂笺注，大体能够窥得先圣的想法；而且又淳朴不浅薄，没有培植党羽、争执名声的习气，所以能够各自传播师说，忠实地追渊源。沿袭到北宋，刻作注疏，研究探索，各自抒发自己的心得。平心而论，《尚书》《三礼》《三传》《毛诗》《尔雅》各注疏，都根据古义，的确不是宋儒所能做的。《论语》《孟子》，宋代儒生积集一辈子的精力，一字一句地斟酌，也不是汉代儒生所能达到的，这就叫各有各的长处。汉代儒生或秉执旧文，过于相信经传；宋代儒生间或凭借臆断，勇于改变经文，这就叫各有各的短处。计算他们的得失，正好又相当。假如看不起汉代儒生，不加探讨，一律诋毁排斥，把他们当作地上的死草，不免就像做成了大车之后，倒过来排斥推轮，已经渡过迷失的江河，立即焚烧珍贵的筏子。不要责怪后世学问好的人，替汉代儒生抱不平，又纷纷起来攻击宋代儒生的短处。按宋代儒生攻击汉代儒生，不是为说经的方便，而只是想超过汉代儒生罢了。后人攻击宋代儒生，也不是为说经的方便，只是不顺服宋代儒生诋毁汉代儒生罢了。总而言之，汉代儒生的学问深奥，不读书考古，不可下一断语；宋代儒生的学问浅近，人人都可以空谈。这中间好坏并生，确有不全为人心所享用的。我们这些人说经，只求实实在在，攻击的言论一律放置不论，收获就大了。

2. 寄从弟次良

【题解】

古人写诗文，做学问都喜欢引经据典，但有些人却不加鉴别，任意引用，纪氏认为这是不对的。说话学问都要有依据，而且应当是可靠的依据，否则不仅荒谬可笑，还会贻误后人。

【原文】

《香奁诗》都标"无题"，歌咏美人者固多，然亦有别寓深意，而假托艳体者，譬如前朝遗老怀念故主，遂假托"无题"，抒写念旧之情。同年申铁蟾，好以香奁体，写不遇之感。尝见其因谒某巨公未见，戏为《无题诗》曰："垩粉围墙罨画楼，隔窗闻拨细筝筷。分无信使通青鸟，枉遣游人驻紫骝。月姊定应随顾兔，星娥可止待牵牛。垂随疏处雕椵近，只恨珠帘不上钩。"殊有玉溪生风致。我弟来书云，无题诗中往往引用神仙以比例，未免拟不与伦。则我弟初见此诗，又将曰不应疑及织女，诬蔑仙灵。然而李义山诗云："海客乘槎上紫氛，星娥罢织一相问。只应不惮牵牛妒，故把支机石赠君。"更觉有辱织女矣。其实义山之意，在于令狐。文人掉弄笔墨，恒喜借神仙做比喻，初与织女无涉。铁蟾此语，亦犹义山之志也。夫诗人引用，渔猎百家，原不能一一核实。至于《灵怪集》所载郭翰遇织女事，则悖妄之甚矣。盖自庄、列寓言，借以抒意；战国诸子，杂说弥多。由是后人穿凿锻炼，益复肆无忌惮。如《汉书·贾谊传》，有"太守吴去爱幸"之语，是例长沙为娈童。《史记·高帝本纪》，称母媪在大泽中，太公往视，见有交龙其上，故晁以道诗云："杀翁分我一杯羹，龙种由来事冥杳。"是诬高帝为龙交所生，非太公子，诚属荒谬。学者引用典故，是当考校真妄，诚不可炫博矜奇，任意引用也。

【译文】

《香奁诗》都标有"无题"，歌咏美人的固然很多，但也有别含深意而假托香艳体裁的。譬如前朝遗老怀念旧君王，就假托"无题"，抒发自己的怀旧之情。同年进士申铁蟾，喜欢以香奁体来写怀才不遇的感受。曾经见到他由于谒见某大臣而没被召见，戏写《无题诗》说："垩粉围墙罨画楼，隔窗闻拔细筌篌。分无信使通青鸟，枉遣游人驻紫骝。月姊定应随顾兔，星娥可止待牵牛。垂随疏处雕栊近，只恨珠帘不上钩。"特别有李商隐的风格情致。弟弟你来信说，无题诗中往往引用神仙有一定的比例，不免比拟不伦不类。那么弟弟你初次看到这首诗，又会说不应怀疑到织女，诬蔑神仙。然而李商隐诗云："海客乘槎上紫氛，星娥罢织一相问。只应不惮牵牛妒，故把支机石赠君。"更会觉得辱没织女了。其实李商隐的意思，在于令狐楚。文人舞弄笔墨，常喜欢借神仙做比喻，本来和织女没有关系。申铁蟾这句话，也像李商隐的志趣。诗人的引用，涉及各家，原本就不能一一核实。至于《灵怪集》所记载郭翰遇织女的事，则是悖理妄乱得太过分了。大体从庄子、列子寓言，借以抒发胸臆；战国诸子，杂说更多。从此后人穿凿锻炼，更加肆无忌惮。例如《汉书·贾谊传》，有"太守吴去爱幸"的话，这个例子长沙为娈童。《史记·高帝本纪》，说母媪在大湖中，太公去看，见到有交龙在上，所以晁以道诗说："杀翁分我一杯羹，龙种由来事冥杳"。这是诬告汉高帝为蛟龙交合所生，不是太公的儿子，实在是荒谬。学者引用典故，这应当考校真假，真是不能炫博矜奇，任意引用。

3. 训次儿

【题解】

书本知识虽然可靠，但毕竟不是唯一的。读书学习还得注意其他材料，比如别人的经验之谈、散失的文物等等。纪氏以石砚的题诗和落款告诉他的二儿子，要认真考察书本以外的东西。

【原文】

余平生最爱古砚，少时蒙姚安公见赠小砚一方，背有铭曰："自渡辽携汝，伴草军书恒夜半，余之心唯汝见"，款题"芝冈铭"，盖为熊廷弼公军中之砚也。余家旧藏一小砚，左侧有"白谷手琢"四字，当是孙傅庭公所亲制。二砚大小相近，遂合为一匣，久藏汝佶儿处。汝佶死后，被婢妪所窃。此乃前代遗物，岂容散失，尔宜留意，时往古董肆及旧货摊上物色，务求完璧归赵。余新得一琴砚，乃张柱岩所赠，斑驳剥落，古色黝然。右侧下端镌"西涯"二篆字，中镌行书五绝诗曰："如以文章论，公原胜谢刘。玉堂挥翰手，对此忆风流。"款曰"稚绳"，乃高阳孙相国字，确系怀麓堂故物。左侧镌小楷七绝诗："草绿湘江叫子规，茶陵青史有微词。流传此砚人犹忆，应为高阳五字诗。"款曰："不凋"，乃太仓崔华之字。华为渔洋山人门人，渔洋论诗绝句曰："江南肠断何人会，只有崔郎七字诗。"即指华也。而二诗皆不载本集，岂以语涉诋词前辈，编集时自删之欤？曾质之刘石庵参知，因诗不见本集，颇疑其伪。然而古人诗不载于本集，而散见于他人笔记中者，往往有之。石庵之言。不足信也。因得此砚，而忆及汝佶死后之失砚，嘱尔注意物色。勿懈。

【译文】

我平生最喜爱古砚，小的时候承蒙姚安公赠送给我一方小砚，背面铭文为："自渡辽携汝，伴草军书恒夜半，余之心唯汝见"，落款题为"芝冈铭"，这是明代熊廷弼军中的石砚。我家过去藏有一方小砚，左边有"白谷手琢"四个字，应当是明代孙傅庭亲手所作。两方石砚大小相近，于是整合为一个盒子，长期藏在汝佶那里。汝佶死了以后，被婢女、老妈子偷了。这是前朝留下来的，哪里容得散失，你应当留意，时常到古董店及旧货摊上物色，务必求得完璧归赵。我新近得了一方琴砚，是张柱岩所送。混杂剥落，古色黯淡。右侧下端镌刻"西涯"两个篆字，中间镌刻行书五绝诗"如以文章论，公原胜谢刘。玉堂挥翰手，对此忆风流。"落款为"稚绳"，是高阳孙相国的字，确实是怀麓堂过去的东西。左侧镌刻小楷七绝诗曰："草绿湘江叫子规，茶陵青史有微词。流传此砚人犹忆，应为高阳五字诗。"落款为"不凋"，是太仓县崔华的字。崔华是王渔洋的门人，王渔洋论诗绝句："江南肠断何人会，只有崔郎七字诗"。即是指崔华。而两首诗都不载在他的专集里，难道因为用语涉及前辈，编纂集子时自己删了吗？我曾经质问过刘石庵参知，因为这些诗不见于他的专集，很是怀疑它们的作伪。然而古人的诗不载于他的专集，而散见于别人笔记中的，往往有这种情况。李石庵的话，不足相信。因为得了这个石砚，叮嘱你注意去物色，不要松懈。

4. 寄族侄贻孙

【题解】

纪昀善于讲鬼的故事，而其以古人咏鬼的诗句结合鬼故事来指导族侄作诗的方法，亦可谓是独特的了。

【原文】

来书云：李义山诗，有"空闻子夜鬼悲歌"句，李昌谷诗，有"秋坟鬼唱鲍家诗"句，类于此者甚伙，何古人都闻鬼吟不为怪，今人偶闻鬼叫，便为不祥。按义山诗中之"鬼悲歌"，并非真闻鬼歌，乃用晋时"鬼歌子"夜事也。昌谷诗中之"秋坟鬼唱"，亦非亲聆鬼吟鲍家诗，乃用鲍参军"蒿里行"之典，幻窅其词耳。唯今世却实有其事：同年田香亭，尝读书别业。新秋之夜，月白风清，耳畔忽闻有度昆曲者，亮折清圆，凄心动魄，乃《牡丹亭·叫画》一出也。谛听出神，不辨其声自何来。迨至曲终，忽省墙外皆断港荒陂，人迹罕至，此声究自何来，殆友人来此戏吾乎？则秋宵苦寂，正好剪烛共话。亟启户视之，唯月光皎皎，芦荻瑟瑟而已。此可改易昌谷诗曰"秋宵鬼唱《牡丹亭》"，以状其景也。

——《纪文达公遗集》

【译文】

　　来信说：李商隐的诗中有"空闻子夜鬼悲歌"句，李贺谷的诗中有"秋坟鬼唱鲍家诗"句，和这相似的太多了，为何古人都听到鬼神呻吟而不以为怪，今人偶尔听到鬼叫，便认为不吉祥。按李商隐诗中的"鬼悲歌"，并非真听到鬼歌，只是运用了晋代时"鬼歌子"的夜事。李贺诗中的"秋坟鬼唱"，也不是亲耳听到鬼吟鲍家诗，只是运用了鲍照"蒿里行"的典故，其词幻渺窅远罢了。唯有现在却实有其事：同年进士田香亭，曾在别墅读书。初秋的夜晚，月亮洁白、惠风清朗，耳边忽然听到有唱昆曲的，响亮的回折、清幽的圆润，惊心动魄，是《牡丹序·叫画》中的一出。听得入神，不能辨清声音从哪里来。等到曲子结束，忽然发现墙外都是断壁荒坡，荒无人烟，这声音究竟从哪来的，大概是友人来这里戏弄我吧？那么秋夜苦寂，正好可以通宵闲谈。多次开窗户看，只有月光闪亮，芦荻飘动罢了。这可以改换李贺诗为"秋宵鬼唱《牡丹亭》"，来描绘其景色了。

（十一）汪辉祖

1. 读书以有用为贵

【题解】

　　"经世济民"一直是中国读书人的优良传统。但清初大兴文字狱，许多读书人开始埋头古籍和考据，对读书"经世致用"的功能不再亲睐。汪辉祖却能力排众议，主张读有用之书，学有用之智，的确勇气可嘉。虽然他的说法带有程朱理学色彩，但对于读书人的要求却超过了同时代的一些学者文人。

【原文】

　　所贵于读书者，期应世经务也。有等嗜古之士，于世务一无分晓。高谈往古，务为淹雅①。不但任之以事，一无所济；至父母号寒，妻子啼饥，亦不一顾。不知通人云者，以通解情理，可以引经制事。季康子问从政，子曰："赐也达，于从政乎何有？"达即通之谓也。不则迂阔②而无当于经济，诵《诗三百》虽多，亦奚以为？世何赖此两脚书厨耶！

【注释】

①淹雅：渊博雅正。

②迂阔：迂远不实际。

【译文】

比读书要贵重的是期望适应社会干一番事业。有一些喜好古代的人，对于时务一点也不知道。大谈古代，致力于渊博高雅。不但把事情交他做，没有一件能成功的；而且父母因寒而哭，妻子儿女因饿而啼，也一点不顾及。不知道学识渊博的人，以通解人情事理，可以引用经典之籍来做事情。季康子公孙肥问如何从政，孔子说："子贡通达，在从政方面又有什么呢？"达就是说通。不通达世务，就只会高谈阔论而对国家的治理毫无益处，诵读《诗经》尽管很多，又能做什么呢？社会怎么能依靠这些读书虽多而不能实际运用的迂腐书生！

2. 读书求于己有益

【题解】

读书原本就是寻求有益于自己的东西，如果不能做到这一点，学到的东西就不会很多。

【原文】

书之用无穷。然学焉，而得其性之所近，当以己为准。己所能勉者，奉以为规；己所易犯者，奉以为戒；不甚干涉者，略焉。则读一句，即受一句之益。余少时，读《太上感应篇》①，专用此法。读"四子书"，惟守"君子怀刑"及"守身为大"二语，已觉一生用力不尽。

【注释】

①《太上感应篇》：道教经典。

【译文】

书的用处不能穷尽。然而从书中学习，而能得接近其本质，应当以自己为准绳。自己能勉力做到的，崇奉为规范；自己容易触犯的，崇奉为鉴戒；没有多大关系的，忽略不计。那么读一句话，就受一句话的好处。我小的时候，读《太上感应篇》，专门运用这种方法。读"四子书"，只要持守"君子想着的法度"及"持守自身最重要"两句，已经觉得一生都受用无穷。

3. 须学为端人

【题解】

读书不仅是学知识，更为主要的是学做人。一个品德优秀的人本身就是一种"经世济民"。

【原文】

希贤希贤，儒者之分。顾圣贤品业，何可易几？既禀儒术，先须学为端人。绳趋尺步，宁方毋圆。名士放诞之习，断不可学。

【译文】

希望有贤能、希望能圣明，这是读书人的本分。但是圣贤品行事业，哪有那么容易达到？既然领受了儒术，先必须学会做正直的人。像规行矩步一样举动遵守法度，宁可正直不要圆滑。名士放纵不守礼法的习气，千万不要去学。

4. 作文字不可有名士气

【题解】

读书虽不一定要科举成名，但也不可做夸夸其谈的"名士"。

【原文】

父兄延师授业，皆望子弟策名成务，无责其为名士者。士人自命宜以报国兴宗为志，功令自童子试至成进士，必由四书文①进身。钟鼎勋猷，皆成进士后为之。能早成一日进士，便可早做一日事业：可以济物，可以扬名。好高骛远者，嘐嘐然以名士自居，薄场屋文字，不足揣摩，误用心力，与寒畯②角胜，迨白首无成，家国一无所补。刊课艺炫鬻虚声，颜氏所讥诃痴符也。抑知前明以来，四书文之传世者，类皆甲科中人。苦志青衿，仅仅百中之一。何去何从，其可昧所择欤？

【注释】

①四书文：八股文，明清科考所规定的文体。
②寒畯：同"寒俊"。

【译文】

父亲兄长请进老师教授学业，都是想子弟做官而成就事业，没有要求他做名士的。读书人自命应当以报效国家兴旺宗族为志向，功令从童子考试到做进士，一定要经由八股文而进迁。在钟鼎上记载功勋，都是做进士以后要做的。能够早日做成一天进士，就能早做一天事业：可以助人，可以扬名。好高骛远的人，夸夸其谈而以名士自居，轻视科举文章，不足以揣摩推敲，误用心力，和贫寒的读书人争强比胜，等到老了也一无所成，于国于家都没有一点帮助。修正考核技能、炫耀卖弄虚名，颜之推所讽刺无才学而好夸耀的人。抑或知道前明以来，八股文传世的人，大都是甲科中人。苦苦追求的落第文人，仅仅占百分之一。该作何种选择呢，在这一点上难道可以态度含糊暧昧吗？

<h3 style="text-align:center">5. 文字勿涉刺诽</h3>

【题解】

写文章可以批评人家，但切不可诽谤，这样带来的祸患会使人无法保全自己。

【原文】

言为心声，先贵立诚。无论作何文字，总不可无忠孝之念。涉笔游戏已伤大雅，若意存刺诽，则天遣人祸未有不相随属①者。"言者无罪，闻考足戒。"古人虽有此语，却不可援以为法。凡触讳之字，讽时之语，临文时切须检点。读乌台诗案，坡公非遇神宗，安能曲望矜全。盖唐宋风气不同，使杜少陵、李义山辈，遇邢、章诸人，得不死文字间乎？士君子守身如执玉，慎不必以文字乐祸②。

——《双节堂庸训》

【注释】

①属：zhǔ 随从。
②乐祸：自招祸害。

【译文】

言论是心思的声音，首先贵在树立诚心。无论做哪种文章，总不能没有忠孝观念。动笔游戏已经有伤大雅，假使心存指责诽谤，那么上天造成的人祸没有不相随相从的。"说话的人没有罪，听话的人值得警戒。"古人尽管有这样的话，却不能援引作为规范。凡是触及忌讳、讽刺时事的话，撰写文章时切切必须检查约束。读到乌台诗案，苏轼要不是碰到神宗皇帝，怎能迂腐地期望受人爱惜而保全自身。大概唐宋风气不同，如果让杜甫、李商隐等人，遇到邢恕、章惇等人，能不死在文章下吗？士君子持守自身如手执玉石，慎重而不必因文字招来祸患。

（十二） 焦循

《里堂家训》谈读书

【题解】

　　焦循作为著名的经学大师，他教育子弟读好书的见解值得重视。这里将《里堂家训》有关这方面的内容汇在一处，可以比较完整地看出焦循的"读书法"以及对种种弊端的极力反对。当然，焦循勉励孩子该读的书和今天的书籍相比已有内容、性质上的不同，不可照搬。为方便读者阅读，编者为每一条加了小标题。

（1）读书人不用讲究穿着

【原文】

　　读书之士至以鲜衣美履夸耀于人是惑也；至曰在外应酬不得不如此，益可笑。士以课徒为业，何用应酬？

【译文】

　　读书人竟然到了要以鲜艳美丽的服饰来向人夸耀，这真是一种迷惑；以至于说这是为了在外面应酬不得不如此，就更可笑了。读书人以教书学习为职业，为什么要有应酬呢？

（2）教子读书要专要严

【原文】

　　家之不幸，莫如不肯教子弟；教子弟读书，不可不专，不可不严。人於他事，或有不能至，读书未有不能者。不必问资质①之清浊，只以读书一途尊之、驱之、未有不能者也。其读之不专成者，皆教之不专不严之咎也。

【注释】

　　①资质：天赋，素质。

【译文】

　　家庭中的不幸，没有再超过不愿教子弟读书的；教子弟读书，不可不专一，也不可不严格。人对于其他事情，也许会有不能达到目的的，而读书却没有什么做不到的。不必考虑天资禀赋的清浊高下，只要以读书为唯一的途径来引导，教育他，就没有什么做不到的。如果读书不能专一、没有成效，那都是教育不专一、不严格的过失。

（3）读书要讲次序

【原文】

　　幼时先使之识字，即愚，一日识四字不难也。自六岁至十二岁可识万字矣。至此，便为之解说字义，分析平仄，徐徐使习时文[①]，使习诗，使习书法。此三者有可观，庶可入学；入学庶可以训蒙谋食，此根本也。根本立，则必使之知经学、史学，及典章制度、六书九数、天文地理，以渐而博洽贯通。若资质过人，则习时文时，便可博览，然究以时文为主。

【注释】

　　①时文：科举考试要求的文体，八股文。

【译文】

　　年幼时，就先让子弟识字，即使是不聪明，一天识四个字也不困难。从六岁到十二岁，就能够认识一万字了。到了这时，就可以为他解说字的意义，分析音调的平仄，接着再慢慢地让他学习科举应试的文章，学习作诗，学习书法。这三者稍稍可观后，差不多就可以入学了；入了学差不多也就能够以教育儿童来为自己谋食，这是根本所在。具有了这个根本，接着就必须让他知晓经学、史学，以及典章制度，六种造字条例，九章算术和天文地理，以逐渐达到博学贯通的程度。如果是天资禀赋过人，那么在学习科举应试文章的同时，就可博览群书，然而终究要以学习科举应试文章为主。

（4）读书注重根本

【原文】

　　所谓根本者：习时文、习诗、习字，少有可观。也不必定在入学后。总之，习一事必期于实有所得，最忌虚名假托。风云月露之诗，无题目之束缚，无规矩绳尺，易於作伪，故子弟学诗，必以试帖[①]，或使之咏物，只以工稳和谐切题期之。

【注释】

　　①试帖：唐代以来科举考试中采用的一种诗体。

【译文】

　　所谓根本，就是学习科举应试的文章，学习作诗、学习书法，这三者稍有可观之处，也不必一定要在入学后才开始。总之，学习一件事情，一定要期望真正学有所得，最忌讳无中生有，自我欺骗。那种风花雪月的诗，没有题目的束缚，也没有一定的规矩和标准，很容易流于虚假。所以子弟们学诗，一定要让他们用科举考试中的诗体作诗，或者让他写点咏物诗，只要求能对仗工稳、音韵和谐、诗义切题就行了。

（5）历经崎岖无险境

【原文】

天下之学，患乎不深；深矣，患乎不博；深且博矣，患乎无规矩绳墨以定其是非；既深且博又有规矩绳墨以定其是非者，唯天文历算①耳。其义深奥难明，而其条理度数又出於自然而不容臆造。然此学唯性质沈厚者能为之，虚浮妄动之人不能入也。於此学能明，天下无难明之学矣，譬犹历过崎岖，自无险境。且性质浮动之人，果能耐心为此，知识既通，气亦宁静。吾友汪孝婴亦如是言。

【注释】

①天文历算：日历推算之学。

【译文】

天下的学问，只担忧不深入；深入了，又担忧不广博；既深入又广博了，又担忧没有一定的规矩标准来判定它的是非；既深入又广博，又有一定的规矩标准来判定它的是非的，只有天文历算而已。它的意义深奥难懂，而它的条理度数又出于自然，不容许臆想和杜撰。这门学问，只有性格沉稳的人才能学习，浮躁好动的人难以深入。能明白这门学问天下也就没有不能明白的学问了，这就好像经历过崎岖坎坷，自然就不存在险境了。而且性格浮躁的人，如果真的能耐心学习这门学问，那么知识就会贯通，而心气也能宁静。我的朋友汪孝婴也这么说过。

（6）日新

【原文】

圣贤之学，以日新为要。三年前闻其人之谈如是，三年后闻其人之谈仍如是，其人可知矣。越五年、十年，而其学仍如故者，知其本口耳剽窃，原无心得，斯亦不足议也矣。孔子曰："当仁不让於师。"宜有味乎斯言也。

【译文】

学习圣贤的经典，每天都要有新的进步，三年前听这个人所谈的是这些，三年后听这个人所谈的还是这些，就可知道这个人了。过了五年、十年，这个人的学问依旧和过去一样，就可知道他本来只是道听途说，剽窃别人，本来就没有什么心得，这种人不足以谈论他。孔子说："以仁为己任，即使对老师也不要谦让。"这句话真是很有意味。

（7） 不要墨守陈法

【原文】

说经不能自出其性灵，而守执一说以自处蔽，如人之不能自立，投入富贵有势力之家，以为之奴。乃扬扬得意，假主之气以凌人。受其凌者，或又附之，则奴之奴也。既为奴之奴，则主人之堂阶户牖①且未尝窥见，猥曰："吾述而不作也，吾好古敏求也。"此类依草附木最为可憎。

【注释】

①户牖：yǒu 窗户。

【译文】

解说经文不能出自自己的性灵，而只是固守一派学说用以遮掩自己，这就好比一个人不能自立，投到富贵有势力的人家做了奴才。于是便洋洋得意，借主人的气势来欺侮别人。受他们欺凌的人，有的又依附他们，就成了奴才的奴才。既然作了奴才的奴才，那么连主人家的堂阶门窗都没能看见，只能卑下地说："我转述成说而不创立新义，我热爱古人，勉力以求达到。"这类依草附木之徒最为可恨。

（8） 学习朋友的长处

【原文】

吴玉松太史谓余不名一物，汪孝婴谓余大公无我，沈凫林谓余从善如流。此三者，余何敢当？而志实如此。余生平与朋友交，必求其胜我处而学之，自髫龄①以至于今，皆如是也。

【注释】

①髫龄：童年，髫音 tiáo。

【译文】

吴玉松太史说我不名一物，汪孝婴说我大公无私，沈凫村说我从善如流。这三者，我怎么敢当？而志向确实如此。我平生与朋友交往，必定学习他们所超过我的地方，从小时候至今，都是如此。

（9） 文章有规矩

【原文】

时文自有时文之绳尺，不可入于卑俗，亦不可入于孤高；不可入于拙滞，亦不可入于放纵。余别有论诗文之书，守之可也。

时下的文章自有其自身的标准，而不能流于卑俚俗套，也不能流于孤芳自赏，不可流于笨拙凝滞，也不可流于放纵无绪。我另有论文章的书，固守我书中所论就可以了。

（10）五可恨

【原文】

生一子，必曰资质蠢，不能读书，一可恨也；既入学，便以为已成，不复穷究经史，二可恨也；生质稍可读书，便以虚名夸饰於人，不使实有进益，三可恨也；府县试稍能前列，岁科试间列高等，便自诩为名士，四可恨也；夤①缘奔走，以求仕路，不顾生计，不实力读书，五可恨也。

——《里堂家训》

【注释】

①夤：yín 攀附。

【译文】

生了个儿子，就说他天资愚蠢，不能读书，这是第一可恨的；才刚入了学，就以为已经学成了，不再钻研经书史籍，这是第二可恨的；孩子稍能读点书，就虚张声势在人面前炫耀，不让他实实在在有进步，这是第三可恨的；府县的考试稍能排在前列，每年科举考试偶尔列在高等，就自我吹嘘为名士，这是第四可恨的；四处奔走，巴结权贵，以求当官，不顾生计，不努力读书，这是第五可恨的。

（十三）邓 淳

《家范辑要》二则

【题解】

这是从《家范辑要·懋勤职业》中选出的两条。一条讲任末好学的故事，一条讲要珍惜光阴。

其 一

【原文】

任末年十四时，学无常师，负笈①不远险阻。或依林木之下，编茅为庵，削荆为笔，蘸树汁为墨。夜则映星望月，暗则缚麻蒿以自照。观书有合意者，题其衣裳，以记其意，门徒悦其勤学，更以净衣易之，临终戒

曰："夫人好学，虽死若存，不学者虽存，谓之存尸走肉耳。"（《拾遗记》）

【注释】

①负笈：背着书籍求学，笈音 jí。

【译文】

任末十四岁时，学习起来没有固定的老师，背负着行囊不怕艰难困阻，有时靠在林木的下面，用茅草编成房子，拿荆草作笔，刮树汁作墨。晚上就借着星星月亮之光看书，黑暗了就用麻草蒿草捆起来点燃照明。看到书上有合自己心意的，就写在衣服上，用来记载事情。他的学生喜欢他的勤奋好学，就用干净衣服换下写过字的脏衣服。任末临死之前告诫说："一个人喜欢学习，虽死若生。不学习的人即使活着，则可以说是行尸走肉了。"

其　二

【原文】

学问不进，只是因循姑待，优游孟浪，浮生有限，如奔电逝波，试看四五十年前，人物澌灭①安在；后之视今，犹今之视昔。贪恋无益之虚名，耽误有为之实事。古人惜及分阴，为过一刻，即抛却一刻也。（《臆说》）

——《家范辑要》

【注释】

①澌灭：渴尽灭绝。

【译文】

学问没有长进，只是由于因循守旧，优哉优哉，轻浮随意。一个人一生有限，就像电闪波逝一样，试看一看四五十年前的人，他们又还在哪里？而以后看今天，就如果同今天看过去一样。贪恋没有用处的虚名，就会耽误一生的作为，古代的人爱惜每一寸光阴，因为过了一刻，就抛弃了一刻。

（十四）张居正

切忌好高骛远

【题解】

张居是明朝一代名相，从一寒士起家，亦为不易。在这篇训言中，他以自己的切身经历，告诫儿子切不可好高骛远，自负自足，否则不但一无所得，反而会使自己原有的本领都丢掉了。恨铁不成钢之心情，溢于言表。同时也值得我们每个人深思。

【原文】

汝幼而颖异，初学作文，便知门路。居尝以汝为千里驹，即相知诸公见者，亦皆动色相贺，曰："公之诸郎，此最先鸣者也。"乃自癸酉科举之后，忽染一种狂气，不量力而慕古，好矜己而自足，顿失邯郸之步①，遂至匍匐而归。丙子之春，吾本不欲汝求试，乃汝诸兄咸来劝我，谓不宜挫汝锐气，不得已黾勉②从之，遂至颠蹶③。艺本不佳，于人何尤？……又意汝必惩再败之耻，而颎首④以就矩矱⑤也。岂知一年之中，愈作愈退，愈激愈颓。以汝为质不敏耶？固未有少而了了⑥，长乃愦愦者；以汝行不力耶？固闻汝终日闭门，手不释卷。乃其所造尔尔，是必志骛于高远，而力疲于兼涉，所谓之楚而北行也，欲图进取，岂不难哉！

夫欲求古匠之芳躅⑦，又合当世之轨辙，唯有绝世之才者能之。明兴以来，亦不多见。吾昔童稚登科，冒窃盛名，妄谓屈、宋、班、马，了不异人；区区一第，唾手可得，乃弃其本业，而驰骛古典。比及三年，新功未完，旧业已芜。今追忆当时所为，适足以发笑而自点⑧耳。甲辰下第，然后揣己量力，复寻前辙，昼做夜思，殚精毕力，幸而艺成，然亦仅得一第止耳。……今汝之才，未能胜余，乃不府寻吾之所得，而蹈吾之所失，岂不谬哉！

……但汝宜加深思，毋甘自弃，假令才质驽下，分不可强。乃才可为而不为，谁之咎与？己则乖谬，而徒诱之命耶？惑之甚矣。且如写字一节，吾呶呶⑨谆谆⑩者几年矣，而潦草差讹，略不少变，斯亦命为之耶？区区小艺，岂磨次岁月乃能工耶？吾言止此矣，汝其思之。

——《张江陵集》

【注释】

①邯郸之步：比喻仿效别人不成，反丧失原有本领。

②勉：尽力，勉强。

③颠蹶：倾跌。

④颎首：低头。

⑤矩矱：yuē 尺度，规则。

⑥了了：聪明伶俐，明白事理。

⑦芳躅：指前代贤哲的行迹。

⑧点：小黑点，指污辱。

⑨呶呶：多言，唠叨。

⑩谆谆：教诲不倦。

【译文】

你自小就异常聪明，初学作文，便知门路。我曾认为你是我家的千里驹。就是一些要好的朋友诸公见到的，也都动色向我祝贺，并且说："你的几位公子当中，这个当最先闻名。"但你自癸酉科举之后，忽染一种狂气：不量力而慕古，自负贤能而自足，反而连自己原有的本领都丢掉了，遂至伏行低头而归。丙子年的春天，我本不想让你再去求试，只因你的几位老兄都来劝我，都说不能挫伤你的锐气，我不得已勉强从之，遂至再次倾跌。艺本不佳，于人何怨？……我心想你必惩再败之耻，而低头以就规则法度。谁知道一年之中，愈作愈退步，愈鼓劲就愈衰败。是由于你的禀性不聪敏吗？本来就没有少而聪明伶俐、明白事理，而长大以后反而无知的；是你在实行过程中不努力吗？本来就听说你整天闭门，手不释卷。那么，之所以收效如此，肯定是你好高骛远，贪多务进而用力不专，所谓本来要到南边的楚国去，可是老是往北走，这样一来欲图进取，难道不是很难的吗？

想追溯前代文豪巨匠的足迹，又符合当世的法则要求，唯有绝顶聪明的人才能做到。自明朝开国以来，这样的人还不多见。我过去年少登科，窃取盛名，错误地认为屈原、宋玉、班固、司马迁等人，没有什么了不起；区区一进士及第，唾手可得。因此就抛弃原来的学业而去搞古典。等到三过年去，结果新功未成，旧业已废。现在回忆当年的所作所为，的确是使人发笑、令己自污了。甲辰年我科考落榜以后，我忖度并估量自己的力量，复寻前车之迹，昼作夜思，用尽全身力气，幸好艺成，然而亦仅仅得一进士及第而已。……今天你的才学，并未超过我，可是不去俯寻我之所得，而去重蹈我之所失，难道不是荒谬吗？……但你应加以深思，不可自暴自弃。假如是材质低劣，则天分不可勉强。倘若是其才可为而不为，那又是谁的罪过呢？自己行为荒谬，而一定要委之于命，太使人不解了。就拿写字一节来说吧！我唠唠叨叨、教诲不倦已有好年了，而你仍写得潦草差谬，并无多少变化，这难道也是命中注定的吗？像写字这样的小事，难道也要拖延多少年月才能写得工整吗？我的话就说到这里，你去好好想一想吧。

七、近代篇

（一）曾国藩

1. 与父母谈勉学

【题解】

　　曾国藩到京城读书为官，很关心家中子弟的读书情况，希望父母尽可能给弟弟以良好的读书环境。另外，他还强调缓于写文章而重在看书。

（1）文章以看书为急

【原文】

　　我境惟彭薄墅先生看书略多，自后无一人讲究者，大抵为考试文章所误。殊不知看书与考试全不相碍，彼不看书者，亦仍不利考如故也。我家诸弟，此时无论考试之利不利，无论文章之工不工，总以看书为急。不然，则年岁日长，科名[1]无成，学问亦无一字可靠，将来求为塾师[2]而不可得。或经或史，或诗集文集，每日总宜看二十页。

（道光二十四年九月十九日）

【注释】

　　①科名：科举功名。
　　②塾师：家塾老师。

（2）发愤自立，结实用功

【原文】

　　家中诸务浩繁，四弟可一人经理[1]。九弟季弟必须读书，万不可耽搁他，九弟季弟亦万不可懒散自弃。去年江西之行，已不免为人所窃笑，以后切不可轻举妄动，只要天不管，地不管，伏案用功而已。男在京时时想望者，只望诸弟中有一发愤自立之人，虽不得科名，亦是男的大帮手。万望家中勿以琐事耽搁九弟季弟，亦望两弟鉴我苦心，结实[2]用功也。

（道光二十七年正月十八日）

【注释】

　　①经理：经营管理。
　　②结实：扎实。

2. 与弟弟谈学习

【题解】

　　曾国藩以自己"学而优则仕"的阅历，尽力劝勉弟弟们既要努力学习，又要知道如何学习。当时的学习包括经史、诗文、书法、八股之类，曾氏强调以读经史、做诗文为主，反对读八股文，这是很有见地的。在学习方法方面，他提出读书应求涵泳而又不失速点速读。要做到这些，很重要的一条便是持之以恒。至于学诗，他主张以一家专集为主，选本不足以学好。尽管有些内容到现在早已不可学了，但其学习方法却很有价值。

（1）读书先需格物诚意

【原文】

　　盖人不读书则已，亦既自名曰读书人，则必从事于《大学》（原为《礼记》的一篇，后被宋代朱熹抽出为四书之一）。《大学》之纲领有三：明德①、新民②、止至善③，皆我分内事也。若读书不能体贴到身上去，谓此三项与我身了不相涉，则读书何用？虽使能文能诗，博雅自诩，亦只算得识字之牧猪奴④耳，岂得谓之明理有用之人也乎？

　　朝廷以制艺⑤取士，亦谓其能代圣贤立言，必能明圣贤之理，行圣贤之行，可以居官莅民⑥整躬率物也。若以明德、新民为分外事，则虽能文能诗，而于修己治人之道实茫然不讲，朝廷用此等人做官，与用牧猪奴做官何以异哉？然则既自名为读书人，则《大学》之纲领皆己身切要之事明矣，其条目有八。自我观之，其致功之处，则仅二者而已：曰格物⑦，曰诚意⑧。

　　格物，致知之事也；诚意，力行之事也。物者何？即所谓本末之物也。身、心、意、知、家、国、天下，皆物也；天地万物，皆物也；日用常行之事，皆物也。格者，即物而穷其理也。如事亲定省，物也；究其所以当定省之理，即格物也。事兄随行，物也；究其所以当随行之理，即格物也。吾心，物也；究其存心之理，又博究其省察涵养以存心之理，即格物也。吾身，物也；究其敬身之理，又博究其立齐坐尸⑨以敬身之理，即格物也。每日所看之书，句句皆物也；切己体察。穷究其理，即格物也：此致知之事也。所谓诚意者，即其所知而力行之，是不欺也，知一句便行一句：此力行之事也。此二者并进，下学在此，上达亦在此。

　　　　　　　　　　　　　　（道光二十二年十月二十六日）

【注释】

　　①明德：彰明美德。

②新民：使民众自新。

③止至善：达到最善境界。

④牧猪奴：养猪的人。

⑤制艺：八股文。

⑥莅民：统治民众。

⑦格物：研究事物来穷理。

⑧诚意：诚正心意。

⑨立齐坐尸：站如齐正，坐如直尸。

（2）勉励自立课程

【原文】

诸弟在家读书，不审每日如何用功？余自十月初一日立志自新以来，虽懒惰如故，而每日楷书写日记，每日读史十叶①，每日记茶余偶谈一则，此三事未尝一日间断。十月廿一日立誓永戒吃水烟，洎②今已两月不吃烟，已习惯成自然矣。予自立课程甚多，惟记茶余偶谈，读史十叶③，写日记楷本，此三事者誓终身不间断也。诸弟每人自立课程，必须有日日不断之功，虽行船走路，须带在身边。予除此三事外，他课程不必能有成，而此三事者，将终身以之。

故予从前限功课教诸弟，近来写信寄弟，从不另开课程，但教诸弟有恒而已。盖士人读书，第一要有志，第二要有识，第三要有恒。有志则断不甘为下流④。有识则知学问无尽，不敢以一得自足；如河伯⑤之观海，如井蛙之窥天，皆无识者也。有恒则断无不成之事。此三者缺一不可。诸弟此时，惟有识不可以骤几，至于有志有恒，则诸弟勉之而已。

课程：主敬⑥。静坐⑦。早起⑧。读书不二⑨。读史⑩。写日记⑪。日知其所亡⑫。月无忘所能⑬。谨言⑭。养气⑮。保身⑯。作字⑰。夜不出门⑱。

（道光二十二年十二月二十日）

【注释】

①叶：同"页"。

②洎：等到。

③叶：同"页"。

④下流：低劣。

⑤河伯：黄河之神。

⑥主敬：整齐严肃，无时不惧。无事时心在腔子（腹中空处）里，应事时专一不杂。

⑦静坐：每日不拘何时，静坐一会，体验静极生阳来复之仁心。正位凝命，如鼎之镇。

⑧早起：黎明即起，醒后勿沾恋。

⑨读书不二：一书未点完断不看他书。东翻西阅，都是徇外为人。

⑩读史：廿三史每日读十页，虽有事不间断。

⑪写日记：须端楷，凡日间过恶，身过、心过、口过，皆记出，终身不间断。

⑫知其所亡：每日记《茶余偶谈》一则，分德行门、学问门、经济门、艺术门。

⑬每月作诗文数首，以验积理之多寡，养气之盛否。

⑭无忘所能：刻刻留心。

⑮养气：无不可对人言之事。气藏丹田（脐下腹部一寸处）。

⑯保身：谨遵大人手谕，节欲、节劳、节饮食。

⑰作字：早饭后作字，凡笔墨应酬，当作自己功课。

⑱夜不出门：旷功疲神，切戒切戒。

（3）讲读经史的方法

【原文】

至于家塾读书之说，我亦知其甚难，曾与九弟面谈及数十次矣。但四弟前次来书，言欲找馆出外教书。兄意教馆之荒功误事，较之家塾为尤甚，与其出而教馆，不如静坐家塾。若云一出家塾便有明师①益友，则我境之所谓明师益友者我皆知之，且已夙夜②熟筹之矣，惟汪觉庵师及阳沧溟先生，是兄意中所信为可师者。然衡阳③风俗，只有冬学要紧，自五月以后，师弟皆奉行故事而已。同学之人，类皆庸鄙无志者，又最好讪笑④人。（其笑法不一，总之不离乎轻薄而已。四弟若到衡阳去，必以翰林之弟相笑，薄俗⑤可恶。）乡间无朋友，实是第一恨事，不惟无益，且大有损，习俗染人，所谓与鲍鱼⑥处，亦与之俱化也。兄尝与九弟道及，谓衡阳不可以读书，涟滨⑦不可以读书，为损友太多故也。

今四弟意必从觉庵师游，则千万听兄嘱咐，但取明师之益，无受损友之损也。接到此信，立即率厚二到觉庵师处受业。其束修⑧，今年谨具钱十挂，兄于八月准付回，不至累及家中。非不欲从丰，实不能耳。兄所最虑者，同学之人无志嬉游，端节⑨以后放散不事事，恐弟与厚二效尤⑩耳，切戒切戒。凡从师必久而后可以获益。四弟与季弟今年从觉庵师，若地方相安，则明年仍可从游；若一年换一处，是即无恒者见异思迁也，欲求长进难矣。

六弟之信，乃一篇绝妙古文，排奡⑪似昌黎⑫，拗很似半山⑬。予论古文，总须有倔强不驯之气、愈拗愈深之意，故于太史公⑭外，独取昌黎、半山两家。论诗亦取傲兀不群者，论字亦然。每蓄此意而不轻谈，近得何子贞意见极相合，偶谈一二句，两人相视而笑。不知六弟乃生成有此一支妙笔，往时见弟文亦无大奇特者，今观此信然后知吾弟真不羁才也，欢喜无极，欢喜无极！凡兄所有志而力不能为者，吾弟皆可为之矣。

信中言兄与诸君子讲学，恐其渐成朋党^⑮，所见甚是，然弟尽可放心。兄最怕标榜，常存阖然^⑯𬭸^⑰之意，断不至有所谓门户自表者也。信中言四弟浮躁不虚心，亦切中四弟之病，四弟当视为良友药石^⑱之言。信中又言"弟之牢骚，非小人之热中^⑲，乃志士之惜阴"读至此，不胜惘然，恨不得生两翅忽飞到家，将老弟劝慰一番，纵谈数日乃快。然向使诸弟已入学，则谣言必谓学院^⑳做情，众口铄金，何从辨起？所谓塞翁失马，安知非福，科名迟早实有前定，虽惜阴念切，正不必以虚名萦怀耳。

来信言"看《礼记疏》^㉑一本半，浩浩茫茫，苦无所得，今已尽弃，不敢复阅，现读《朱子纲目》^㉒日十余页"云云，说到此处，兄不胜悔恨，恨早岁不曾用功，如今虽欲教弟，譬盲者而欲导人之迷途也，求其不误难矣。然兄最好苦思，又得诸益友相质证，于读书之道，有必不可易者数端：穷经必专一经，不可泛骛^㉓。读经以研寻义理为本，考据^㉔名物为末。读经有一耐字诀：一句不通，不看下句；今日不通，明日再读；今年不精，明年再读——此所谓耐也。读史之法，莫妙于设身处地。每看一处，如我便与当时之人酬酢^㉕笑语于其间。不必人人皆能记也，但记一人，则恍如接其人；不必事事皆能记也，但记一事，则恍如亲其事。经以穷理，史以考事，舍此二者，更别无学矣。

盖自西汉以至于今，识字之儒约有三途，曰义理之学，曰考据之学，曰词章之学，各执一途，互相诋毁。兄之私意，以为义理之学最大，义理明则躬行有要，而经济^㉖有本；词章之学，亦所以发挥义理者也；考据之学，吾无取焉矣。此三途者，皆从事经史，各有门径。吾以为欲读经史，但当研究义理，则心一而不纷。是故经则专守一经，史则专熟一代，读经史则专主义理。此皆守约之道，确乎不可易者也。

若夫经史而外，诸子百家，汗牛充栋。或欲阅之，但当读一人之专集，不当东翻西阅。如读昌黎集，则目之所见耳之所闻无非昌黎，以为天地间除昌黎集而外更无别书也。此一集未读完，断断不换他集，亦专字诀也。六弟谨记之。读经、读史，读专集，讲义理之学，此有志者万不可易者也，圣人复起，必从于言矣。然此亦仅为有志者言之，若夫为科名^㉗之学，则要读四书文^㉘，读试帖、律赋，头绪甚多。四弟、六弟、厚二弟天资较低，必须为科名之学。六弟既有大志，虽不科名可也，但当守一耐字诀耳。观来信言读《礼记疏》似不能耐者，勉之勉之。

（道光二十三年正月十七日）

【注释】

①明师：英明的老师。

②夙夜：早晚。

③衡阳：今属湖南。

④讪笑：讥笑。

⑤薄俗：风俗浅薄。

⑥鲍鱼：典出《孔子家语》：与不善人居，如入鲍鱼之肆，久而不闻其臭。

⑦涟滨：今湖南涟源。

⑧束修：从师的学费。

⑨端午：端午节。

⑩效尤：学习恶行。

⑪奰：ào 矫健。

⑫昌黎：此处指唐代文学家韩愈。

⑬半山：此处指宋代文学家政治家王安石。

⑭太史公：西汉文学家、史学家司马迁。

⑮朋党：小团体。

⑯阇：同"暗"隐晦貌。

⑰纲：文章昭显。

⑱药名：规劝。

⑲热中：热衷做官。

⑳学院：即学台，管理学政的长官。

㉑《礼记疏》：清乾隆间敕撰的书。

㉒《朱子纲目》：宋代思想家朱熹仿司马光《资治通鉴》作的《纲目》。

㉓泛骛：不专攻。

㉔考据：考核论证。

㉕酬酢：应对。

㉖经济：治国。

㉗科名：科举功名。

㉘四书文：八股文。

（4）学诗写字之法

【原文】

香海言时文须学《东莱博议》①，甚是。尔先须过笔圈点②一遍，然后自选几篇读熟，即不读亦可。无论何书，总须从首至尾通看一遍，不然乱翻几页，摘抄几篇，而此书之大局精处茫然不知也。

学诗从《中州集》入亦好，然吾意读总集不如读专集。此事人人意见各殊，嗜好不同。吾之嗜好，于五古则喜读《文选》③，于七古则喜读《昌黎集》，于五律则喜读《杜集》④，七律亦最喜杜诗，而苦不能步趋⑤，故兼读《元遗山集》⑥。吾作诗最短于七律，他体皆有心得，惜京都无人可与畅语者。尔要学诗，先须看一家集，不要东翻西阅；先须学一体，不可各体同学，盖明一体则皆明也。凌笛舟最善为律诗，若在省，尔可就之求教。

习字临《千字文》⑦亦可，但须有恒。每日临帖一百字，万万无间断，则数年必成书家矣。陈季牧最喜谈字，且深思善悟。吾见其寄岱云信，实能知写字之法，可爱可畏。尔可从之切磋⑧，此等好学之友，愈多愈好。

（道光二十三年六月初六日）

【注释】

① 《东莱博议》南宋吕祖谦所撰。

② 圈点：古书句读一。

③ 《文选》：南朝梁昭明太子萧统所编。

④ 《杜集》：唐代诗人杜甫所著。

⑤ 步趋：相随。

⑥ 《元遗山集》：金元好问所著。

⑦ 《千字文》：唐代周兴嗣所著书帖。

⑧ 切磋：商榷受益。

（5）书法尚有换笔、结字二事

【原文】

九弟来书，楷法①佳妙，余爱之不忍释手。起笔收笔皆藏锋，无一笔撒手乱丢，所谓有往皆复也。想与陈季牧讲究，彼此各有心得，可喜可喜。然吾所教尔者，尚有二事焉。一曰换笔，古人每笔中间必有一换，如绳索然，第一股在上，一换则第二股在上，再换则第三股在上也。笔尖之着纸者仅少许耳。此少许者，吾当作四方铁笔用，起处东方在左，西方向右，一换则东方向右矣。笔尖无所谓方也，我心中常觉其方，一换而东，再换而北，三换而西，则笔尖四面有锋，不仅一面相向矣。二曰结字有法，结字之法无穷，但求胸中有成竹耳。

六弟之信文笔拗而劲，九弟文笔婉而达，将来皆必有成。但目下不知各看何书？万不可徒看考墨卷②，汩没③性灵。每日习字不必多，作百字可耳。读背诵之书不必多，十页可耳。看涉猎之书不必多，亦十页可耳。但一部未完，不可换他部，此万万不易之道。阿兄数千里外教尔，仅此一语耳。

（道光二十四年三月初十日）

【注释】

①楷法：楷书。

②考墨卷：考卷。

③汩没：湮没。

(6) 不要为时文所误

【原文】

五月十一日接到四月十三家信，内四弟六弟各文二首，九弟季弟各文一首。四弟东皋课文甚洁净，诗亦稳妥，"则何以哉"一篇亦清顺有法，第词句多不圆足，笔亦平沓①不超脱。平沓最为文家所忌，宜力求痛改此病。六弟笔爽利，近亦渐就范围，然词意平庸，无才气峥嵘②之处，非吾意中之温甫也。如六弟之天姿不凡，此时作文，当求议论纵横，才气奔放，作为如火如荼之文，将来庶有成就。不然一挑半剔，意浅调卑，即使获售③，亦当自惭其文之浅薄不堪，若其不售，则又两失之矣。

（道光二十四年五月十二日）

【注释】

①平沓：平淡沓远。

②峥嵘：高峻貌。

③获售：得中。

(7) 看书要有恒心

【原文】

学问之道无穷，而总以有恒为主。兄往年极无恒，近年略好，而犹未纯熟。自七月初一起，至今则无一日间断：每日入帖百字，钞书百字，看书少须满二十页，多则不论。自七月起，至今已看过《王荆公文集》①百卷，《归震川文集》②四十卷，《诗经大全》二十卷，《后汉书》③百卷，皆硃笔加圈批。虽极忙，亦须了本日功课，不以昨日耽搁而今日补做，不以明日有事而今日预做。诸弟若能有恒如此，则虽四弟中等之资，亦当有所成就，况六弟、九弟上等之资乎？

（道光二十四年十一月二十一日）

【注释】

①《王荆公文集》：北宋王安石所撰。

②《归震川文集》：明代归有光所撰。

③《诗经大全》：南朝宋范晔所撰。

（8） 不可因考试而不读完手边之书

【原文】

十一月信言现看《庄子》并《史记》，甚善。但做事必须有恒，不可谓考试在即，便将未看完之书丢下。必须从首至尾，句句看完。若能明年将《史记》看完，则以后看书不可限量，不必问进学与否也。贤弟论袁诗、论作字亦皆有所见，然空言无益，须多做诗多临帖①乃可谈耳。譬如人欲进京，一步不行，而在家空言进京程途，亦何益哉？即言之津津②，人谁得而信之哉？

（道光二十四年十二月十八日）

【注释】

①帖：字帖。

②津津：有味道。

（9） 读书重在立志有恒

【原文】

家塾读书，余明知非诸弟所甚愿，然近处实无名师可从。省城如陈尧农、罗罗山皆可谓明师，而六弟九弟又不善求益。且住省二年，诗文与字皆无大长进，如今我虽欲再言，堂上大人亦必不肯听。不如安分耐烦，寂处里闾，无师无友，挺然特立，作第一等人物，此则我之所期于诸弟者也。昔婺源①汪双池先生一贫如洗，三十以前在窑②上为人佣工画碗，三十以后读书，训蒙③到老，终身不应科举，卒著书百余卷，为本朝有数名儒，彼何尝有师友哉？又何尝出里闾哉？余所望于诸弟者，如是而已，然总不出乎立志有恒四字之外也。

（道光二十五年二月初一日）

【注释】

①婺源：今属浙江。

②窑：烧陶处。

③训蒙：教授幼童。

（10） 学诗要看一家专集

【原文】

九弟诗大进，读之为之距跃三百，即和①四章寄回，树堂、筠仙、意诚三君皆各有和章。诗之为道，各人门径不同，难执一己之成见以概论。

吾前教四弟学袁简斋，以四弟笔情与袁相近也。今观九弟笔情，则与元遗山②相近。吾教诸弟学诗无别法，但须看一家之专集，不可读选本以汨没性灵，至要至要！

（道光二十五年三月初五日）

【注释】

①和：应和。

②元遗山：金代文学家元好问。

（11）教子读经

【原文】

纪泽儿读书记性不好，悟性较佳。若令其句句读熟，或责其不可再生，则愈读愈蠢，将来仍不能读完经书也。请子值弟将泽儿未读之经每日点五六百字，教一遍，解一遍，令其读十遍而已，不必能背诵也，不必常温习也。待其草草点完之后，将来看经解①，亦可求熟。若蛮读蛮记蛮温，断不能久熟，徒耗日工而已。诸弟必以兄言为不然。吾阅历甚多，问之朋友，皆以为然。植弟教泽儿即草草一读可也。儿侄辈写字亦要紧，须令其多临帖。临行草字亦自有益，不必禁之。

（咸丰五年二月二十九日）

【注释】

①经解：注解经书的书。

（12）劝子不读八股文

【原文】

纪泽儿记性平常，不必力求背诵，但宜常看生书，讲解数遍，自然有益。八股文试帖诗皆非今日之急务，尽可不看不作。史鉴①略熟，宜因而加功，看《朱子纲目》一遍为要。纪鸿儿亦不必读八股文，徒费时日，实无益也。修身齐家之道，无过陈文恭公《五种遗规》一书，诸弟与儿侄辈皆宜常常阅看。

（咸丰五年三月二十日）

【注释】

①史鉴：即史书。

（13）教子听读《左传》《礼记》

【原文】

纪泽儿读书记性平常，读书不必求熟，且将《左传》《礼记》于今秋点毕，以后听儿之自读、自思。成败勤惰，儿当自省而图自立焉。吾与诸弟惟思以身垂范而教子侄，不在诲言之谆谆也。

（咸丰五年三月二十六日）

（14）读书应求涵泳

【原文】

凡读书有难能解者，不必遽①求甚解；有一字不能记者，不必苦求强记。只须从容涵泳，今日看几篇，明日看几篇，久久自然有益。但于已阅过者，自作暗号，略批几字，否则历久忘其为已阅未阅矣。

（咸丰五年五月二十六日）

【注释】

①遽：jù 急速。

（15）读书需大柴大火

【原文】

纪泽看《汉书》，须以勤敏①行之，每日至少亦须看二十页，不必惑于在精不在多之说。今日半页，明日数页，又明日耽阁间断，或数年而不能毕一部。如煮饭然，歇火则冷，小火则不熟，须用大柴大火乃易成也。甲五经书已读毕否？须速点速读，不必一一求熟。恐因求熟之一字，而终身未能读完经书。吾乡子弟未读完经书者甚多，此后当力戒之。诸外甥如未读完经书，当速补之，至嘱至嘱。

（咸丰六年十一月二十九日）

【注释】

①勤敏：勤恳敏思。

（16）应当留心读书之事

【原文】

家中读书事，弟宜常常留心。如甲五、科三等皆须读书，不失大家子弟风范，不可太疏忽也。

（咸丰九年六月初四日）

（17）写字须留心碑法

【原文】

科三之字大有长进，甚慰，甚慰！第不知甲五近尚读书否？问之刘

一、金二，皆云目疾①全愈。纵不能多读书应小试，亦须略听史鉴，能动笔写信为妙。不然，甲五后日必悔也。澄弟于此等若太松，则有愧父道矣。泽儿问横笔磔法。如右手掷石以投人，若向左边平掷则不得势，若向右边往上掷，则与捺末之磔相似，横米之磔亦犹是也。《化度寺碑》磔法最明，家中无之。《张孟龙碑》《同州圣教》磔法亦明，可细阅再禀。沅弟于字用功最深，曾留心磔法否？

（咸丰九年十一月二十四日）

【注释】

①目疾：眼病。

（18）书法须学欧阳询

【原文】

纪泽以油纸摹欧字非其所愿，然古今书家从欧公别开一大门径，厥后李北海及颜、柳诸家皆不能出其范围。学书者不可不一窥此宫墙也。弟作字大有心得，惜未窥此一重门户。如得有好帖，弟亦另用一番工夫，开一番眼界。纪泽笔乏刚劲之气，故令其勉强习之。

（咸丰十年七月二十三日）

（19）习字不可欠势与味

【原文】

沅弟之字，骨秀得之于天，手稳本之于习，所欠者势与味耳。此二信写瘦硬一路，将来必得险峭之势。尝见旧拓《颜家庙碑》，圭角峭厉，转折分明，绝类欧书，不似近日通行本之痴肥也。季弟所作润帅挽联，"载"字改"年"，即叶韵①。通首妥惬，不必多改。

（咸丰十一年九月初六日）

【注释】

①叶韵：平一反二。

（20）以为学四事勖儿辈

【原文】

吾见家中后辈体皆虚弱，读书不甚长进，曾以为学四事勖儿辈：一曰看生书宜求速，不多阅则太陋；一曰温旧书宜求熟，不背诵则易忘；一曰习字宜有恒，不善写则如身之无衣、山之无木；一曰作文宜苦思，不善作则如人之哑不能言、马之跛不能行。四者缺一不可，盖阅历一生而深知之、深悔之者，今亦望家中诸侄力行之。两弟如以为然，望常以此教诫子佺为要。

（同治十年十月二十三日）

3. 与儿子谈学习

【题解】

　　曾国藩虽然贵为公卿，但却希望儿子以读书为本业，不要学官家子弟那样靠父辈吃饭。古人学习往往读书和练字双管齐下，曾氏也是并重不废。读书方面，他强调先要窥得门径，求个明白才能有心得有体会，然后根据各人情况扬长补短，边熟读边作札记，当然这里也包括曾氏自己的读书经验，比如以王念孙父子的学问为追求目标，以《文选》为切入点等等，最后使自己做文章或有气势、或有识度、或有情韵、或有趣味。练字方面，曾氏在强调入门的同时区分了南北书法之差异，从用笔、结体具体到换笔的妙处，使儿子明白练字的基本道理和关键操作。所有这些，都为今人读书练字提供不可多得的指导。

（1）读《汉书》之法

【原文】

　　接尔安禀，字画略长进，近日看《汉书》。余生平好读《史记》《汉书》《庄子》《韩文》[①]四书，尔能看《汉书》，是余所欣慰之一端也。看《汉书》有两种难处：必先通于小学、训诂之书，而后能识其假借奇字；必先习于古文辞章之法，而后能读其奇篇奥句。尔于小学、古文两者皆未曾入门，则《汉书》中不能识之字、不能解之句多矣。欲通小学，须略看段氏《说文》[②]、《经籍纂诂》[③]二书。王怀祖[④]先生有《读书杂志》，中于《汉书》之训诂极为精博，为魏晋以来释《汉书》者所不能及。欲明古文，须略看《文选》及姚姬传[⑤]之《古文辞类纂》二书。班孟坚[⑥]最好文章，故于贾谊、董仲舒、司马相如、东方朔、司马迁、扬雄、刘向、匡衡、谷永诸传，皆全录其著

▲曾国藩像

作；即不以文章名家者，如贾山、邹阳等四人传、严助、朱买臣等九人传、赵充国屯田之奏、韦元成议礼之疏以及贡禹之章、陈汤之奏狱，皆以好文之故，悉载巨篇。如贾生⑦之文，既著于本传，复载于《陈涉传》《食货志》等篇；子云⑧之文，既著于本传，复载于《匈奴传》《王贡传》等篇，极之充国《赞酒箴》，亦皆录入各传。盖孟坚于典雅瑰玮文辞华丽之文，无一字不甄采⑨。尔将十二帝纪阅毕后，且先读列传。凡文之为昭明⑩暨姚氏所选者，则细心读之；即不为二家所选，则另行标识之。若小学、古文二端略得途径，其于读《汉书》之道思过半矣。

（咸丰六年十一月初五日）

【注释】

①《韩文》：韩愈的文章。

②《说文》：清代段玉裁《说文解字注》。

③《经籍纂诂》：清代阮元所撰。

④王怀祖：即王念孙，清代膏韵训诂学家。

⑤姚姬传：即姚鼐，清代散文家。

⑥班孟坚：东汉史学家班固。

⑦贾生：即贾谊。

⑧子云：即扬雄。

⑨甄采：甄别文采。

⑩昭明：南朝梁太子萧统。

（2）读书写字之方法

【原文】

读书之法，"看、读、写、作"四者，每日不可缺一。

看者，如尔去年看《史记》《汉书》《韩文》《近思录》①，今年看《周易折中》之类是也。

读者，如《四书》《诗》《书》《易经》《左传》诸经，《昭明文选》，李杜韩苏②之诗，韩欧曾王③之文，非高声朗诵则不能得其雄伟之概，非密咏恬吟则不能探其深远之韵。譬之富家居积，看书则在外贸易，获利三倍者也；读书则在家慎守，不经花费者也。譬之兵家战争，看书则攻城略地，开拓土宇者也；读书则深沟坚垒，得地能守者也。看书与子夏④之"日知所亡"相近，读书与"无忘所能"相近，二者不可偏废。

至于写字，真⑤、行、篆、隶，尔颇好之，切不可间断一日，既要求好，又要求快。余生平因作字迟钝，吃亏不少。尔须力求敏捷，每日能做楷书一万，则几矣。

至于做诗文，亦宜在二三十岁立定规模；过三十后，则长进极难。作四书文，作试帖诗，作律赋，作古今体诗，作古文，作骈体文，数者不可不一一讲求，一一试为之。少年不可怕丑，须有狂者进取之趣。过时不试为之，则后此弥不肯为矣。

（咸丰八年七月二十一日）

【注释】

①《近思录》：北宋思想家朱熹所撰。

②李杜韩苏：唐代李白、杜甫、韩愈和北宋苏轼。

③欧曾王：此宋欧阳修、曾巩、王安石。

④子夏：孔子弟子。

⑤真：即楷书。

（3）读书宜乎求心得

【原文】

汝读《四书》无甚心得，由不能虚心涵泳①，切己体察。朱子②教人读书之法，此二语最为精当。尔现读《离娄》③中的一篇，即如《离娄》首章"上无道揆④，下无法守"，吾往年读之，亦无甚警惕；近岁在外办事，乃知上之人必揆诸道，下之人必守乎法，若人人以道揆自许，从必而不从法，则下凌上矣。"爱人不亲"章，往年读之，不甚亲切；近岁阅历日久，乃知治人不治者，智不足也。此切己体察之一端也。

涵泳二字，最不易识，余尝以意测之曰：涵者，如春雨之润花，如清渠⑤之溉稻。雨之润花，过小则难透，过大则离披，适中则涵濡而滋液。清渠之溉稻，过小则枯槁，过多则伤涝，适中则涵养而渤兴。泳者，如鱼之游水，如人之濯⑥足。程子⑦谓鱼跃于渊，活泼泼地；庄子言濠梁观鱼，安知非乐？此鱼水之快也。左太冲⑧有"濯足万里流"之句，苏子瞻⑨有夜卧濯足诗，有浴罢诗，亦人性乐水者之一快也。喜读书者，须视书如水，而视此心如花、如稻、如鱼、如濯足，则涵泳二字，庶可得之于意言之表。尔读书易于解说文义，却不甚能深入，可就朱子"涵泳""体察"二语悉心求之。

（咸丰八年八月初三日）

【注释】

①涵泳：深入体味。

②朱子：指朱熹。

③《离娄》：《孟子》。

④揆：以义理度量事物而行。

⑤靖渠：清池之水。

⑥濯：洗也。

⑦程子：南宋理学家程颐。

⑧左太冲：西晋文学家左思。

⑨苏子瞻：即北宋苏轼。

（4）学诗学字之方法

【原文】

尔七古诗，气清而词亦稳，余阅之欣慰。凡作诗最宜讲究声调，余所选钞五古九家，七古六家，声调皆极铿锵①，耐人百读不厌。余所未钞者，如左太冲、江文通②、陈子昂、柳子厚③这五古，鲍明远④、高达夫⑤、王摩诘⑥、陆放翁⑦之七古，声调亦清越异常。尔欲作五古七古，须熟读五古七古各数十篇，先之以高声朗诵以昌其气，继之以密咏恬吟以玩其味，二者并进，使古人之声调拂拂然⑧若与我之喉舌相习，则下笔为诗时，必有句调凑赴腕下，诗成自读之，亦自觉琅琅⑨可诵，引出一种兴会来。古人云，"新诗改罢自长吟"，又云"锻诗未就且长吟"，可见古人惨淡经营之时，亦纯在声调上下功夫。盖有字句之诗，人籁也；无字句之诗，天籁⑩也。解此者，能使天籁人籁凑泊而成，则于诗之道思过半矣。

尔好写字，是一好气习。近日墨色不甚光润，较去年春夏已稍退矣。以后作字，须讲究墨色。古来书家，无不善使墨者，能令一种神光活色浮于纸上，固由临池⑪之勤染翰⑫之多所致，亦缘于墨之新旧浓淡，用墨之轻重疾徐，皆有精意运乎其间，故能使光气常新也。

余生平有三耻：学问各途，皆略涉其涯涘⑬，独天文算学，毫无所知，虽恒星五纬⑭亦不认识，一耻也；每做一事，治一业，辄有始无终，二耻也；少时作字，不能临摹一家之体，遂致屡变而无所成，迟钝而不适于用，近岁在军，因作字太钝，废阁⑮殊多，三耻也。尔若为克家之子，当思雪此三耻。推步算学纵难通晓，恒星五纬观认尚易。家中言天文之书，有十七史中各天文志，及《五礼通考》⑯中所辑《观象授时》一种，每夜认明恒星二三座，不过数月，可毕识矣。

凡作一事，无论大小难易，皆宜有始有终。作字时先求圆匀，次求敏捷。若一日能做楷书一万，少或七八千，愈多愈熟，则手腕毫不费力。将来以之为学则手钞群书，以之从政则案无留牍公文，无穷受用皆从写字之匀而且捷生出。——三者皆足以弥吾之缺憾矣。

（咸丰八年八月二十日）

【注释】

①铿锵：金石声。

②江文通：南朝梁江淹。

③柳子厚：唐代文学家柳宗元。

④鲍明远：南朝宋鲍照。

⑤高达夫：唐代文学家高适。

⑥王摩诘：唐代诗人王维。

⑦陆放翁：南宋诗人陆游。

⑧拂拂然：抖动的样子。

⑨琅琅：金石相击声。

⑩天籁：自然的声响。

⑪临池：练习书法。

⑫染翰：染于翰墨之中。

⑬涯涘：水边，喻穷尽。

⑭恒星五纬：金、木、水、火、土五星的总名。

⑮废阁：废止搁置。

⑯《五礼通考》：清秦蕙田所撰。

（5）必读之书须涉猎大略

【原文】

　　自《五经》①外，《周礼》《仪礼》《孝经》《公羊》《谷梁》六书自古列之于经，所谓十三经也。此六经宜请塾师口授一遍。尔记性平常，不必求熟。十三经外所最宜熟读者莫如《史记》《汉书》《庄子》《韩文》四种。余生平好此四书，嗜之成癖，恨未能一一诂释笺疏，穷力讨治②。自此四种而外，又如《文选》《通典》③、《说文》《孙武子》《方舆纪要》、近人姚姬传所辑《古文辞类纂》、余所抄十八家诗。此七书者，亦余嗜好之次也。凡十一种，吾以配之《五经》《四书》之后，而《周礼》等六经者，或反不知笃好，盖未尝致力于其间，而人之性情各有所近焉尔。吾儿既读《五经》《四书》，即当将此十一书寻究一番，纵不能讲习贯通，亦当思涉猎其大略，则见解日开矣。

（咸丰八年九月二十八日）

【注释】

　　①《五经》：《诗经》《尚书》《礼记》《周易》《春秋左氏传》。

　　②讨治：研讨专攻。

　　③《通典》：唐杜佑所撰。

（6）治经学赋习字法

【原文】

　　尔信内言读诗经注疏之法，比之前一信已有长进。凡汉人传注①、唐

人之疏②，其恶处在确守故训，失之穿凿③，其好处在确守故训，不参私见。释"谓"为"勤"，尚不数见，释"言"为"我"，处处皆然，盖亦十口相传之诂，而不复顾文气之不安。如《伐木》为文王④与友人入山，《鸳鸯》为明王交于万物，与尔所疑《螽斯》章解同一穿凿。朱子《集传》⑤，一扫旧障，专在涵泳神味，虚而与之委蛇；然如《郑风》诸什篇也，注疏以为皆刺忽者固非，朱子以为皆淫奔者亦未必是。

尔治经之时，无论看注疏，看朱传，总宜虚心求之。其惬意⑥者，则以朱笔识⑦出；其怀疑者，则以另册写一小条，或多为辩论，或仅着数字，将来疑者渐晰，又记于此条之下，久久渐成卷帙⑧，则自然日进。高邮王怀祖先生父子，经学为本朝之冠，皆自札记得来。吾虽不及怀祖先生，而望尔为伯申氏⑨甚切也。

尔问时艺⑩可否暂置，抑或他有所学？余唯文章之可以道古、可以适今者，莫如作赋。汉魏六朝之赋，名篇巨制具载于《文选》，余尝以《西征》《芜城》及《恨》《别》等赋示尔矣；其小品赋则有《古赋识小录》；律赋则有本朝吴榖人、顾耕石、陈秋舫诸家。尔若学赋，可于每三、八日作一篇，大赋或数千字，小赋或仅数十字，或对或不对，均无不可。此事比之八股文略有意趣，不知尔性与之相近否？

尔所临隶书《孔宙碑》，笔太拘束，不甚松活，想系执笔太近毫之故，以后须执于管顶。余以执笔太低，终身吃亏，故教尔趁早改之。《元教碑》墨气甚好，可喜可喜。郭二姻叔嫌左肩太俯，右肩太耸，吴子序年伯欲带归示其子弟。尔字姿于草书尤相宜，以后专习真草二种，篆隶置之可也。四体并习，恐将来不能一工。

（咸丰八年十月二十五日）

【注释】

①传注：汉儒注经的书。

②疏：疏通注解之书。

③凿：强求说通。

④文王：西周周文王姬昌。

⑤《集传》：即《诗集传》。

⑥惬意：满意。

⑦识：标识。

⑧卷帙：书也。

⑨伯申氏：清代王引之，王念孙之子。

⑩时艺：八股文。

（7） 应该研究天文之学

【原文】

尔看天文，认得恒星数十座，甚慰甚慰。前信言《五礼通考》中《观象授时》二十卷内恒星图最为明晰，曾缮①阅否？国朝大儒于天文历数②之学，讲求精熟，度越前古。自梅定九、王寅旭以至江③、戴④诸老，皆称绝学，然皆不讲占验，但讲推步。占验者，观星象云气以卜吉凶，《史记·天官书》《汉书·天文志》是也。推步者，测七政⑤行度，以定授时，《史记·律书》《汉书·律历志》是也。秦昧经先生之《观象授时》，简而得要，心壶既肯究心此事，可借此书与之阅看。（《五礼通考》内有之，《皇清经解》内亦有之。）若尔与心壶二人能略窥二者之端绪⑥，则足以补余之缺憾矣。

（咸丰八年十月二十九日）

【注释】

①缮：同"翻"。

②历数：历运之数，与朝代更替相关。

③江：即江永。

④戴：即戴震。

⑤七政：明五星。

⑥绪：头绪。

（8） 应该先看胡刻文选

【原文】

日来接尔两禀，知尔《左传注疏》将次看完。《三礼注疏》，非将江慎修《礼》书纲目识得大段，则注疏亦殊难领会，尔可暂缓，即《公》《谷》①亦可缓看。尔明春将胡刻②《文选》细看一遍，一则含英咀华，可医尔笔下枯涩③之弊；一则吾熟读此书，可常常教尔也。

沅叔及寅皆先生望尔作四书文，极为勤恳。余念尔庚申④、辛酉⑤两下科场，文章亦不可太丑，惹人笑话。尔自明年正月起，每月作四书文三篇，俱由家信内封寄营中。此外或做得诗赋论策，亦即寄呈。

写字之中锋者，用笔尖着纸，古人谓之"蹲锋"，如狮蹲虎蹲犬蹲之象。偏锋者，用笔毫之腹着纸，不倒于左，则倒于右；当将倒未倒之际，一提笔则成蹲锋。是用偏锋者，亦有中锋时也，此谕。

（咸丰八年十二月二十三日）

【注释】

①《公》《谷》：《春秋公羊传》《春秋谷梁传》。

②胡刻：明胡克家所刻印。

③枯涩：枯萎晦涩。

④庚申：咸丰十年（1860）。

⑤辛酉：咸丰十一年（1861）。

（9）须学高邮王氏之学

【原文】

余前有信教尔学作赋，尔复禀并未提及。又有信言涵养二字，尔复禀亦未之及。嗣后我信中所论之事，尔宜一一禀复。余于本朝大儒，自顾亭林之外，最好高邮王氏之学。王安国以鼎甲①官至尚书，谥文肃，正色立朝；生怀祖先生念孙，经学精卓；生王引之，复以鼎甲官尚书，谥文简；三代皆好学深思，有汉韦氏、唐颜氏之风。余自憾学问无成，有愧王文肃公远甚，而望尔辈为怀祖先生，为伯申氏，则梦寐之际，未尝须臾片刻也忘也。怀祖先生所著《广雅疏证》《读书杂志》，家中无之。伯申氏所著《经义述闻》《经传释词》，《皇清经解》②内有之，尔可试取一阅，其不知者，写信来问。本朝穷经者，皆精小学，大约不出段、王两家之范围耳。

（咸丰八年十二月三十日）

【注释】

①鼎甲：科举进士甲等。

②《皇清经解》：清阮元所选刻。

（10）用笔结体的两端

【原文】

大抵写字只有用笔、结体两端。学用笔，须多看古人墨迹；学结体，须用油纸摹古帖。此二者，皆决不可易之理。小儿写影本，肯用心者，不过数月，必与其摹栖字相肖。吾自三十时，已解古人用笔之意，只为欠却间架工夫，便尔作字不成体段。生平欲将柳诚悬①、赵子昂②两家合为一炉，亦为间架欠工夫，有志莫遂。尔以后当从间架用一番苦功，每日用油纸摹帖，或百字或二百字，不过数月，间架与古人逼肖而不自觉，能合柳赵为一，此吾之素愿也。不能，则随尔自择一家，但不可见异思迁耳。

不特写字宜模仿古人间架，即作文亦宜模仿古人间架。《诗经》造句之法，无一句无所本。《左传》之文，多现成句调。扬子云③为汉代文宗，而其《太玄》摹《易》，《法言》摹《论语》，《方言》摹《尔雅》，《十二箴》摹《虞箴》，《长杨赋》摹《难蜀父老》，《解嘲》摹《客难》，《甘泉赋》摹《大人赋》，《剧秦美新》摹《封禅文》，《谏不许单于朝书》摹

《国策·信陵君谏伐韩》，几于无篇不摹。即韩④、欧⑤、曾⑥、苏⑦诸巨公之文，亦皆有所模拟，以成体段。尔以后作文作诗赋，均宜心有模仿，而后间架可立，其收效较速，其取径较便。

（咸丰九年三月初三日）

【注释】

①柳诚悬：唐代柳公权。

②赵子昂：元代赵孟頫。

③扬子云：即扬雄。

④韩：即韩愈。

⑤欧：即欧阳修。

⑥曾：即曾巩。

⑦苏：即苏轼

（11）南北书法的派别

【原文】

廿二日接尔禀并《书谱叙》，以示李少荃、次青、许仙屏诸公，皆极赞美，云尔钩联顿挫，纯用孙过庭草法，而间架纯用赵法①，柔中寓刚，绵里藏针，动合自然等语，余听之亦欣慰也。

赵文敏集古今之大成，于初唐四家内师虞永兴，而参以钟绍京，因此以上窥二王②，下法山谷③，此一径也；于中唐师李北海，而参以颜鲁公、徐季海之沉着，此一径也；于晚唐师苏灵芝，此又一径也。由虞永兴以溯二王及晋六朝诸贤，世所称南派者也；由李北海以溯欧④、褚⑤及魏北齐诸贤，世所称北派者也。

尔欲学书，须窥寻此两派之所以分：南派以神韵胜，北派以魄力胜。宋四家，苏⑥、黄⑦近于南派，米⑧、蔡⑨近于北派，赵子昂欲合二派而汇为一。尔从赵法入门，将来或趋南派，或趋北派，皆可不迷于所往。我先大夫竹亭公，少学赵书，秀骨天成。我兄弟五人，于字皆下苦功，沅叔天分尤高。尔若能光大先业，甚望甚望。

制艺一道，亦须认真用功。邓瀛师，名手也。尔作文，在家有邓师批改，付营⑩有李次青批改，此极难得，千万莫错过了。付回赵书《楚国夫人碑》，可分送汪、易、葛三先生及二外甥暨尔诸堂兄弟。又旧宣纸手卷、新宣纸横幅，尔可学《书谱》，请徐柳臣一看，此嘱。

（咸丰九年三月二十三日）

【注释】

①赵法：即赵孟頫的书法。

②窥二王：东晋王羲之、王献之父子。

③下法山谷：北宋黄庭坚。

④欧：即欧阳询。

⑤褚：即褚遂良。

⑥苏：即苏轼。

⑦黄：即黄庭坚。

⑧米：即米芾。

⑨蔡：即蔡襄。

⑩付营：回军营。

（12）读书应当先窥门径

【原文】

前次于诸叔父信中，复示尔所问各书帖之目。乡间苦于无书，然尔生今日，吾家之书，业已百倍于道光中年矣。买书不可不多，而看书不可不知所择。以韩退之①为千古大儒，而自述其所服膺之书不过数种，曰《易》，曰《书》，曰《诗》，曰《春秋左传》，曰《庄子》，曰《离骚》，曰《史记》，曰相如②、子云。柳子厚自述其所得，正者曰《易》，曰《书》，曰《诗》，曰《礼》，曰《春秋》；旁者曰《谷梁》，曰《孟》《荀》，曰《庄》《老》，曰《国语》，曰《离骚》，曰《史记》。二公所读之书，皆不甚多。

本朝善读古书者，余最好高邮王氏父子，曾为尔屡言之矣。今观怀祖先生《读书杂志》中所考订之书，曰《逸周书》，曰《战国策》，曰《史记》，曰《汉书》，曰《管子》，曰《晏子》，曰《墨子》，曰《荀子》，曰《淮南子》，曰《后汉书》，曰《老》《庄》，曰《吕氏春秋》，曰《韩非子》，曰《扬子》，曰《楚辞》，曰《文选》，凡十六种，又别著《广雅疏证》一种。伯申先生《经义述闻》中所考订之书，曰《易》，曰《书》，曰《诗》，曰《周官》，曰《仪礼》，曰《大戴礼》，曰《礼记》，曰《左传》，曰《国语》，曰《公羊》，曰《谷梁》，曰《尔雅》，凡十二种。王氏父子之博，古今所罕，然亦不满三十种也。

余于《四书》《五经》以外，最好《史记》《汉书》《庄子》《韩文》四种，好之十余年，惜不能熟读精考；又好《通鉴》《文选》及姚惜抱③所选《古文辞类纂》，余所选《十八家诗钞》四种，共不过十余种。早岁笃志为学，恒思将此十余书贯串精通，略做札记，仿顾亭林、王怀祖之法。今年齿④衰老，时事日艰，所志不克成就，中夜思之，每自悔愧。泽儿若能成吾之志，将《四书》《五经》及余所好之八种，一一熟读而深思之，略做札记，以志所得，以著所疑，则余欢欣快慰，夜得甘寝，此外别无所求矣。

学问之途，自汉至唐，风气略同；自宋至明，风气略同；国朝又自成一种风气。其尤著者，不过顾⑤、阎⑥、戴⑦、江⑧、钱⑨、秦⑩、段⑪、王⑫数人，而风会所扇，群彦⑬云兴。尔有志读书，不必别标汉学之名目，而不可不一窥数君子之门径。凡有所见所闻，随时禀知，余随时谕答，较之当面问答，更易长进也。

（咸丰九年四月二十一日）

【注释】

①韩退之：即韩愈。

②相如：西汉文学家司马相如。

③姚惜抱：即姚鼐。

④齿：年龄。

⑤顾：即顾亭林。

⑥阎：即阎百诗。

⑦戴：即戴东原。

⑧江：即江慎修。

⑨钱：即钱辛楣。

⑩秦：即秦味经。

⑪段：即段懋堂。

⑫王：即王怀祖。

⑬群彦：指众多名士。

（13）应当分类手钞词藻

【原文】

尔作时文，宜先讲词藻①；欲求词藻富丽，不可不分类钞撮体面话头。近世文人，如袁简斋、赵瓯北、吴穀人，皆有手钞词藻小本，此众人所共知者。阮文达公②为学政时，搜出生童夹带③，必自加细阅。如系亲手所钞，略有条理者，即予进学；如系请人所钞，概录陈文者，照例罪斥。阮公一代宏儒④，则知文人不可无手钞夹带小本矣。昌黎之记事提要，纂言钩元⑤，亦系分类手钞小册也。

尔去年乡试之文，太无词藻，几不能敷衍成篇。此时下手工夫，以分类手钞词藻为第一义。尔此次复信，即将所分之类开列目录，附禀寄来。分大纲子目，如伦纪⑥类为大纲，君臣、父子、兄弟为子目；五道⑦类为大纲，则井田、学校为子目。此外各门，可以类推。尔曾看过《说文》《经义述闻》，二书中可钞者多；此外如江慎修之《类腋》及《子史精华》《渊鉴类函》，则可钞者尤多矣，尔试为之。此科名之要道，亦即学问之捷

径也，此谕。

（咸丰九年五月初四日）

【注释】

①词藻：文采。

②阮文达公：即阮元。

③夹带：八场应考所夹文字。

④宏儒：大学者。

⑤钧元：避康熙玄烨之讳，即玄妙。

⑥伦纪：伦理。

⑦五道：治国

（14）读书应求明白

【原文】

尔读书记性平常，此不足虑。所虑者第一怕无恒，第二怕随笔点过一遍，并未看得明白，此却是大病。若实看得明白了，久之必得些滋味，寸心若有怡悦之境，则自略记得矣。尔不必求记，却宜求个明白。

（咸丰九年六月十四日）

（15）书法须寻门径

【原文】

尔前用油纸摹字，若常常为之，间架必大进。欧①、虞②、颜③、柳④四大家是诗家之李⑤、杜⑥、韩⑦、苏⑧，天地之日星江河也。尔有志学书，须窥寻四人门径，至嘱至嘱！

（咸丰九年七月十四日）

【注释】

①欧：即欧阳询。

②虞：即虞世南。

③颜：即颜真卿。

④柳：即柳公权。

⑤李：即李白。

⑥杜：即杜甫。

⑦韩：即韩愈。

⑧苏：即苏轼。

（16）作字须得换笔之法

【原文】

尔问作字换笔之法，凡转折之处，必须换笔，不待言矣。至并无转折形迹，亦须换笔者：如以一横言之，须有三换笔（初入手，所谓直来横受也；中折而下行，所谓波也；末向上挑，所谓磔也）；以一直言之，须有两换笔（首横入，所谓横来直受也；上向左行，至中腹换而右行，所谓努也）；捺与横相似，特末笔磔处更显耳（直入；波；磔）；撇与直似，特末笔更撇向外耳（横入；停；掠）。凡用笔，须略带欹斜之势：如本斜向左，一换笔则向右矣；本斜向右，一换笔则向左矣。举一反三，尔自悟取可也。

（咸丰九年八月十二日）

（17）看《文选》之法

【原文】

尔所论看《文选》之法，不为无见。吾观汉魏文人，有二端最不可及，一曰训诂精确，二曰声调铿锵。《说文》训诂之学，自中唐以后，人多不讲，宋以后说经，尤不明故训。及至我朝巨儒，始通小学，段茂堂[①]、王怀祖[②]两家，遂精研乎古人文字声音之本，乃知《文选》中古赋所用之字，无不典雅精当。尔若能熟读段、王两家之书，则知眼前常见之字，凡宋唐文人误用者，惟《六经》不误，《文选》中汉赋亦不误也。即以尔禀[③]中所论《三都赋》言之，如"蔚[④]若相如，皭[⑤]若君平[⑥]"，以一蔚字该括相如之文章，以一皭字该括君平之道德，此虽不尽在乎训诂，亦足见下字之不苟矣。至声调之铿锵，如"开高轩以临山，列绮窗而瞰江"，"碧出苌宏[⑦]之血，鸟生杜宇[⑧]之魄"，"洗兵海岛，刷马江洲"，"数军实[⑨]乎桂林之苑，飨戎旅乎落星之楼"等句，音响节奏，皆后世所不能及。尔看《文选》，能从此二者用心，则渐有入理处矣。

（咸丰十年闰三月初四日）

【注释】

①段茂堂：名念孙。

②王怀祖：名玉裁。

③禀：禀告。

④蔚：文章深密的样子。

⑤皭：洁白。

⑥君平：即汉代严遵。

⑦苌宏：周灵王时人。

⑧杜宇：鸟名。

⑨军实：车马、兵器、士卒之类。

（18）写文章贵在珠圆玉润

【原文】

无论古今何等文人，其下笔造句，总以珠圆玉润四字为主。无论古今何等书家①，其落笔结体，亦以珠圆玉润四字为主。故吾前示尔书，专以一重字教尔之短，一圆字望尔之成也。

世人论文家之语圆而藻丽②者，莫如徐③庚④，而不知江⑤鲍⑥则更圆，进之沈⑦任⑧则亦圆，进之潘⑨陆⑩则亦圆，又进而溯之东汉之班⑪张⑫崔⑬蔡⑭则亦圆，又进而溯之西汉之贾⑮晁⑯匡⑰刘⑱则亦圆；至于马迁、相如、子云三人，可谓力趋险奥，不求圆适矣，而细读之，亦未始不圆；至于昌黎，其志意直欲陵驾子长、卿、云三人，戛戛⑲独造，力避圆熟矣，而久读之，实无一字不圆，无一句不圆。

尔于古人之文，若能从鲍、江、徐、庚四人之圆步步上溯，直窥卿、云、马、韩四人之圆，则无不可读之古文矣，即无不可通之经史矣，尔其勉之！余于古人之文用功甚深，惜未能一一达之腕下，每歉然不怡耳。

（咸丰十年四月二十四日）

【注释】

①书家：书法家。

②藻丽：文饰雅正。

③徐：即徐陵。

④庚：即庚信。

⑤江：即江淹。

⑥鲍：即鲍照。

⑦沈：即沈约。

⑧任：即任昉。

⑨潘：即潘岳。

⑩陆：即陆机。

⑪班：即班固。

⑫张：即张衡。

⑬崔：即崔骃。

⑭蔡：即蔡邕。

⑮贾：即贾谊。

⑯晁：即晁错。

⑰匡：即匡衡。

⑱刘：即刘向。

⑲戛戛：介然独立貌。

（19）读书就不怕没饭吃

【原文】

　　银钱田产，最易长骄气逸气。我家中断不可积钱，断不可买田。尔兄弟努力读书，决不怕没饭吃，至嘱！

　　　　　　　　　　　　　　　　　　　（咸丰十年十月十六日）

（20）读书要求目录

【原文】

　　目录分类，非一言可尽。大抵有一种学问，即有一种分类之法；有一人嗜好，即有一人摘钞之法。若从本原论之，当以《尔雅》为分类之最古者。

　　　　　　　　　　　　　　　　　　　（咸丰十一年九月初四日）

（21）文章雄奇之道

【原文】

　　尔问文章雄奇之道：雄奇以行气①为上，造句次之，选字又次之。然未有文不古雅而句能古雅，句不古雅而气能古雅者；亦未有字不雄奇而句能雄奇，句不雄奇而气能雄奇者。是文章之雄奇，其精处在行气，其粗处全在造句选字也。余好古人雄奇之文，以昌黎②为第一，扬子云③次之。二公之行气，本之天授。至于人事之精能，昌黎则造句之工夫居多，子云则选字之工夫居多。

　　尔问叙事志传之文难于行气？是殊不然。如昌黎《曹成王碑》《韩许公碑》，固属千奇万变，不可方物（识别），即卢夫人之铭、女挈之志，寥寥短篇，亦复雄奇崛强。尔试将此四篇熟看，则知二大二小，各极其妙矣。

　　　　　　　　　　　　　　　　　　　（咸丰十一年正月初四日）

【注释】

　　①行气：气势运行。

　　②昌黎：即韩愈。

　　③扬子云：即扬雄。

（22）读书要扬长补短

【原文】

尔看书天分甚高，作字天分甚高，做诗文天分略低。若在十五六岁时教导得法，亦当不止于此。今年已廿三岁，全靠尔自己扎挣发愤，父兄师长不能为力。做诗文是尔之所短，即宜从短处痛下功夫；看书写字尔之所长，即宜拓而充之。

（咸丰十一年正月十四日）

（23）应当经常吟诗作字

【原文】

和张邑侯诗，音节近古，可慰可慰。五言诗若能学到陶潜、谢朓一种冲澹之味、和谐之音，亦天下之至乐[①]，人间之奇福也。尔既无志于科名禄位，但能多读古书，时时哦诗作字，以陶写性情，则一生受用不尽。第宜束身圭璧[②]，法王羲之、陶渊明之襟韵潇洒则可，法嵇[③]、阮[④]之放荡名教则不可耳。

（同治元年七月十四日）

【注释】

①至乐：最大的快乐。
②束身圭璧：比喻自尊自重。
③嵇：康。
④阮：籍

（24）读书须作札记

【原文】

尔读书有恒，余欢慰之至。第所阅日博，亦须札记一二条，以自考证。

（同治二年二月二十四日）

（25）学文章须手抄熟读

【原文】

尔于小学训诂颇识古人源流，而文章又窥见汉魏六朝之门径，欣慰无已。余尝怪国朝大儒如戴东原、钱辛楣、段懋堂、王怀祖诸老，其小学训诂实能超越近古[①]，直逼汉唐，而文章不能追寻古人深处，达于本而阂于末，知其一而昧其二，颇所不解。私窃有志，欲以戴、钱、段、王之训诂，发为班^②、张^③、左^④、郭^⑤之文章，久事戎行，斯愿莫遂。若尔曹能成我未竟之志，则至乐莫大乎是，即日当批改付归。尔既得此津筏^⑥，以后更当专心壹志，以精确之训诂，作古茂之文章，由班、张、左、郭，上而扬、马，而《庄》《骚》，而《六经》，靡不息息相通；下而潘^⑦、陆^⑧，而任^⑨、沈^⑩，而江^⑪、鲍^⑫、徐^⑬、庾^⑭，则词愈杂，气愈薄，而训诂之道衰矣。至韩昌黎出，乃由班、张、扬、马而上跻^⑮《六经》，其训诂亦甚精当。尔试观《南海神庙碑》《送郑尚书序》诸篇，则知韩文实与汉赋相近；又观《祭张署文》《平淮西碑》诸篇，则知韩文实与《诗经》相近。近世学韩文者，皆不知其与扬、马、班、张一鼻孔出气，尔须要参透^⑯此中消息。

（同治二年三月初四日）

【注释】

①近古：宋元明时期。

②班：固。

③张：华。

④左：思。

⑤郭：璞。

⑥津筏：迷津的宝筏。

⑦潘：岳。

⑧陆：机。

⑨任：昉。

⑩沈：约。

⑪江：淹。

⑫庾：照。

⑬徐：陵。

⑭庾：信。

⑮跻：登也。

⑯参透：心有所感而悟透。

（26）劝读颜、张教家之书

【原文】

颜黄门^①《颜氏家训》作于乱离之世，张文端^②《聪训斋语》作于承平^③之世，所以教家者极精。尔兄弟各觅一册，常常阅习，则日进矣。

（同治四年闰五月十九日）

【注释】

①颜黄门：即颜之推。

②张文端：即张英。

③承平：即承太平。

（27） 须读古人绝好文字

【原文】

尔写信太短。近日所看之书，及领略古人文字意趣，尽可自摅①其见，随时质正。前所示有气则有势，有识则有度，有情则有韵，有趣则有味——古人绝好文字。大约于此四者之中必有一长。尔所阅古文，何篇于何者为近？可放论而详问焉。

（同治四年六月初一日）

【注释】

①摅：shū 抒发

（28） 不可妄求兼采众长

【原文】

又问"有一专长，是否须兼三者，乃为合作"，此则断断不能。韩①无阴柔之美，欧②无阳刚之美，况于他人而能兼之？凡言兼众长者，皆其一无所长者也。

鸿儿言此表范围曲成，横竖相合，足见善于领会。至于纯熟文字，极力揣摩，固属切实工夫；然少年文字，总贵气象峥嵘③。东坡所谓，蓬蓬勃勃，如釜④上气。古文如贾谊《治安策》、贾山《至言》、太史公《报任安书》、韩退之《原道》、柳子厚《封建论》、苏东坡《上神宗书》，时文如黄陶庵、吕晚村、袁简斋、曹寅谷，墨卷如《墨选观止》《乡墨精锐》中所选两排三叠之文，皆有最盛之气势。尔当兼在气势上用功，无徒在揣摩上用功。大约偶句多，单句少，段落多，分段少，莫拘场屋⑤，喻科举文章之格式，短或三五百字，长或八九百字千余字，皆无不可。虽系《四书》题，或用后世之史事，或论目今之时务，亦无不可。总须将气势展得开，笔仗使得强，乃不至于束缚拘滞⑥，愈紧愈呆。

（同治四年七月初三日）

【注释】

①韩：即韩愈。

②欧：即欧阳修。

③峥嵘：高峻貌。

④釜：一种锅。

⑤场屋：科举考场，喻科举文章。

⑥拘滞：拘泥呆滞

（29）再谈读《聪训斋语》

【原文】

张文端公①所著《聪训斋语》，皆教子之言，其中言养身、择友、观玩山水花竹，纯是一片太和②生机，尔宜常常省览。鸿儿身体亦单弱，亦宜常看此书。

吾教尔兄弟不在多书，但以圣祖③之《庭训格言》、张公之《聪训斋语》二种为教，句句皆吾肺腑所欲言。以后在家则莳④养花竹，出门则饱看山水，环金陵⑤百里内外，可以遍游也。算学书切不可再看，读他书亦以半日为率，未刻以后即宜歇患游观。古人以惩忿窒⑥欲为养生要诀，惩忿即吾前信所谓少恼怒也，窒欲即吾前信所谓知节啬也。因好名好胜而用心太过，亦欲之类也。药虽有利，害亦随之，不可轻服。切嘱。

▲《聪训斋语》书影

（同治四年九月晦日）

【注释】

①张文端：即张英。

②太和：阴阳冲和。

③圣祖：清康熙皇帝玄烨。

④莳：种植。

⑤金陵：今江苏南京。

⑥窒：塞也。

（30）三谈读《聪训斋语》

【原文】

张文端公《聪训斋语》，兹付去二本，尔兄弟细心省览，不特于德业有益，实于养身有益。余身体平安，惟精神日损，老景逐增，而责任甚重，殊为悚惧。

（同治四年十月十七日）

（31） 为文不可徒有虚名

【原文】

余不能文而微有文名，深以为耻；尔文更浅而亦获虚名，尤不可也。

（同治五年六月十六日）

（32） 君子贵于自知

【原文】

渠既迥绝群伦矣，而后人读之，不能辨识其貌，领取其神，是读者之见解未到，非作者之咎①也。尔以后读古文古诗，惟当先认其貌，后观其神，久之自能分别蹊径。今人动指某人学某家，大抵多道听途说，扣槃扪烛②之类，不足信也。君子贵于自知，不必随众口附和也。

（同治五年十月十一日）

【注释】

①咎：过错。

②扣槃扪烛：比喻不经实践，不得真知。

（33） 读书是寒士本业

【原文】

读书乃寒士①本业，切不可有官家风味。吾于书箱及文房器具，但求为寒士所能备者，不求珍异也。家中新居富垞②，一切须存此意，莫作代代做官之想，须作代代做士民之想，门外但挂"宫太保第"一匾而已。

（同治五年十二月二十三日）

【注释】

①寒士：贫寒之人。

②富垞：hào 富地。

——《曾国藩全集·书信》

（二） 左宗棠

论读书

【题解】

这里汇集了左宗棠八封家书中的关于读书学习的片段。他强调的"眼到"、"口到"、"心到"，在今天已成为普遍赞同的好方法——关键还在干，做到了吗？此外，左宗棠还希望家人通过读书改变气质，在勤读中渐渐领悟，少些交游等等，无不切理餍心。

（1）与霖儿书

【原文】

字谕霖儿知之：

阅尔所写请安帖子，字画尚好，心中欢喜。尔近来读《小学》否？《小学》一书，是圣贤教人做人的样子，尔读一句，须要晓得一句的解，晓得解，就要照样做。古人说：事父母，事君上，事兄长，待昆弟、朋友、夫妇之道，以及洒扫、应对、进退、吃饭、穿衣，均有现成的好榜样。口里读著者一句，心里就想著者一句，又看自己能照者样做否。能如古人，就是好人；不能就不好，就要改，方是会读书。将来可成就一个好子弟，我心里就欢喜，者就是尔能听我教，就是尔的孝。早眠早起，读书要眼到（一笔一画莫看错），口到（一字莫含糊），心到（一字莫放过），写字（要端身正坐，要悬大腕，大指节要凸起，五指爪均要用劲，要爱惜笔墨纸），温书要多遍数想解，读生书，要细心听解。走路、吃饭、穿衣、说话，均要学好样（也有古人的样子，也有今人的样子，拣好的就学）。此纸可粘学堂墙壁，日看一遍。

二十三夜四鼓

（2）与孝威孝宽书

【原文】

孝威、宽知之：

我于廿八日开船，是夜泊三汊矶。廿九日泊湘阴县①城外，三十日，即过湖抵岳州②。南风甚正，舟行顺速，可勿念也。我此次北行，非其素志。尔等虽小，当亦略知一二。世局如何，家事如何，均不必为尔等言之。唯刻难忘者，尔等近年读书，无甚进境，气质毫未变化，恐日复一日，将求为寻常子弟不可得，空负我一片期望之心耳。夜间思及，辄不成眠。今复为尔等言之，尔等能领受与否，我不能强③，然固不能已于言也。读书要目到、口到、心到。尔读书不看清字画偏旁，不辨明句读，不记清首尾，是目不到也。喉舌唇牙齿五音，并不清晰伶俐，蒙胧含糊，听不明白，或多几字，或少几字，只图混过就是，是口不到也。经传精义奥旨，初学固不能通，至于大略粗解，原易明白，稍肯用心体会，一字求一字下落，一句求一句道理，一事求一事原委，虚字审其神气，实字测其义理，自然渐有所悟。一时思索不得，即请先生解说，一时尚未融释，即将上下文或别章别部义理相近者，反复推寻，务期了然④于心，了然于口，始可

放手。总要将此心运在字里行间，时复思绎，乃为心到。今尔等读书，总是混过日子，身在案前，耳目不知用到何处，心中胡思乱想，全无收敛归着之时。悠悠忽忽，日复一日，好似读书是答应人家工夫，是欺哄人家、掩饰人家的耳目的勾当。昨日所不知不能者，今日仍是不知不能，去年所不知不能者，今年仍是不知不能。孝威今年十五，孝宽今年十四，转眼就长大成人矣。从前所知所能者，究竟能比乡村子弟之佳者否？试自忖之。读书做人，先要立志，想古来圣贤豪杰，是我者般年纪时，是何气象？是何学问？是何才干？我现在哪一件可以比他？想父母送我读书，延师训课，是何志愿？是何意思？我哪一件可以对父母？看同时一辈人，父母常背后夸赞者，是何好样？斥詈⑤者是何坏样？好样要学，坏样断不可学，心中要想个明白，立定主意，念念要学好，事事要学好。自己坏样，一概猛省猛改，断不许少有回护，断不可因循苟且，务期与古时圣贤豪杰少小志气一般，方可慰父母之心，免被他人耻笑。志患不立，尤患不坚，偶然听一段好话，听一件好事，亦知歆动⑥羡慕，当时亦说我要与他一样，不过几日几时，此念就不知如何销歇去了。此是尔志不坚，还由不能立志之故。如果一心向上，有何事业不能做成。陶桓公⑦有云："大禹惜寸阴，吾辈当惜分阴。"古人用心之勤如此。韩文公⑧云："业精于勤而荒于嬉。"凡事皆然，不仅读书。而读书更要勤苦，何也？百工技艺及医学、农学，均是一件事，道理尚易通晓。至吾儒读书，天地民物，莫非己任，宇宙古今事理均须融彻于心，然后施为有本。人生读书之日，最是难得。尔等有成与否，就在此数年上见分晓。若仍如从前悠忽过日，再数年依然故我，还能冒读书名色、充读书人否？思之，思之！孝威气质轻浮，心思不能沉下，年逾成童而童心未化，视听言动，无非一种轻扬浮躁之气，屡经谕责，毫不知改。孝宽气质昏惰，外蠢内傲，又贪嬉戏，毫无一点好处。开卷便昏昏欲睡，全不提醒振作，一至偷闲玩耍，便觉分外精神。午已十四，而诗文不知何物，字画又丑劣不堪，见人好处，不知自愧，真不知将来作何等人物！我在家时常训督，未见悛⑨改。今我出门，想起尔等顽钝不成材料光景，心中片刻不能放下。尔等如有人心，想尔父此段苦心，亦知自愧自恨，求痛改前非以慰我否？亲朋中子弟佳者颇少，我不在家，尔等在塾读书，不必应酬交接，外受傅训，入奉母仪可也。读书用功，最要专一，无间断。今年以我北行之故，亲朋子侄来家送我，先生又以送考耽误功课，闻二月初三四始能上馆。所谓"一年之计在于春"者，又去月余矣！若夏秋有秋考，则忙忙碌碌，又过一年，如何是好？今特谕尔自二月初一日起，将每日工课，按月各写一小本寄京一次，便我查阅。如先生是日未在馆，亦即注明使我知之。屋前街道，屋后菜园，不准擅出行走。如奉母命出外，亦须速出速归，出必告，反必面，断不可任意往来。同学之友，如果诚实发愤，无妄言妄动，固宜引为同类。倘或不然，则同斋割席，勿与亲昵为要。家中书籍，勿轻易借人，恐有损失。如必须借看者，每借去，则粘一条于书架，注明某日某人借去某书，以便随时向取。

庚申正月三十日

【注释】

①湘阴县：今属湖南。

②岳州：今湖南岳阳。

③强：勉强。

④了然：明白。

⑤斥詈：呵斥训骂。

⑥歆动：欣喜而心动。

⑦陶桓公：即陶侃。

⑧韩文公：即韩愈。

⑨悛：quān 改过。

（3）与孝威书

【原文】

孝威知之：

接腊月初十日禀，知家中清吉，尔兄弟姊妹均好，甚为欣然。尔年已渐长，读书最为要事。所贵读书者，为能明白事理，学作圣贤，不在科名①一路。如果是品端学优之君子，即不得科第，亦自尊贵。若徒然写一笔时派字，作几句工致诗，摹几篇时下八股，骗一个秀才举人进士翰林，究竟是什么人物？尔父二十七岁以后，即不赴会试，只想读书课子，以绵②世泽，守此耕读家风，做一个好人，留些榜样与后辈看而已。生尔等最迟，盼尔等最切。前因尔等不知好学，故尝以科名歆③动尔。其实尔等能向学做好人，我岂望尔等科名哉？来书言每日作文一篇，三六九日作文两篇，虽见尔近来力学，远胜从前，然但想赴小试，做秀才，志趣尚非远大。且尔向来体气薄弱，自去春病后，形容憔悴，尚未复元④，我与尔母每以为忧，尔亦知之矣。读书能令人心旷神怡，聪明强固，盖义理悦心之效也。若徒然信口诵读，而无得于心，如和尚念经一般，不但毫无意趣，且久坐伤血，久读伤气，于身体有损。徒然揣摩时尚腔调，而不求之于理，如戏子演戏一般，上台是忠臣孝子，下台仍一贱汉，且描摹刻画，钩心斗角，徒耗心神尤于身体有损。近来时事日坏，都由人才不佳，人才之少，由于专心做时下科名之学者多，留心本原之学者少。且人生精力有限，尽用之科名之学，到一旦大事当前，心神耗尽，胆气薄弱，反不如乡里粗才，尚能集事，尚有担当。试看近时人才，有一从八股出身者否？八股愈做得入格，人才愈见庸下，此我阅历有得之言，非好骂时下自命为文人学士者也。读书要循序渐进，熟读深思，务在从容涵泳，以博其义理之趣。不可只做苟且草率工夫，所以养心者在此，所以养身者在此。府试、院试如尚未过，即不必与试，我不望尔成个世俗之名，只要尔读书明理，将来做一个好秀才，即是大幸。军中事多不及详示，因尔信如此，故略言之。李贵不耐劳苦，来营徒多一累，其人不能学好，留之家中，亦断不可。我写信与郭二叔，求他转荐地方可也。家中大小事件，亦宜留意，家有长子曰"家督"，尔责非轻。长一岁年纪，须增一岁志气，须去尽童心为要。

辛酉正月二日四更梅源桥行营

【注释】

①科名：科举功名。

②绵：绵延。

③歆：xīn 欣喜激动。

④复元：复原。

（4）与孝威书

【原文】

家中除尔母药饵、先生饮馔外，一切均从简省，断不可浪用，致失寒素①之风，启汰侈②之渐。惜福之道，保家之道也。阅尔屡次来禀，字画均欠端秀，昨次字尤潦草不堪！意近来读书少静专两字工夫，故形于心画者如此，可随取古帖细心学之。年已十六，所学能否如古人百一，试自考而自策之。古人云："少时不学老时悔。"此语可常玩味，勿虚掷韶光③为要。读书不为科名，然八股试帖小楷，亦初学必由之道，岂有读书人家子弟，八股试帖小楷事事不如人，而得为佳子弟者？勉之，勉之！勿使我分心忧尔。亲旧家佳子弟极少，尔此时在塾读书，亦非讲交游结纳之日，一切往来应酬，可省则省，万勿效时俗子弟，专在外面作工夫也。切记，切记。

五月十二夜景镇大营

【注释】

①寒素：贫寒素朴。

②侈：奢侈。

③光：光阴

（5）与孝威书

【原文】

尔两试幸取前列，然未免占寒士进取之路，须自忖诗、文、字三者真比同试之人何如，不可因郡县刮目，遂自谓本领胜于寒士也。院试过后，又须赴乡试，过考日多，读书日少，殊为无谓。我欲尔等应考，不过欲尔等知此道辛苦，发愤读书。至科名一道，我生平不以为重，亦不以此望尔等。况尔例得三品荫生①，如果立志读书，亦不患无进身之路也。世事方艰，各宜努力学好为属。

五月十七日衢州云溪行营谕

【注释】

①荫生：庇荫而得的读书人。

（6）与霖儿书

【原文】

阿霖知之：

得尔场后书，知尔初预秋试，诸免谬误，心殊喜慰。榜已发矣，不中是意中事，我亦不以一第望尔。尔年十六七，正是读书时候，能苦心力学，作一明白秀才，无坠门风，即是幸事。如其不然，即少年登科，有何好处？且正古人所忧也。

闰月十七日父谕

（7）与霖儿书

【原文】

霖儿知悉：

许久未接尔信，颇为悬念。尔往小淹后，何日回家？今年夏、秋、冬三季，应酬奔走之日多，读书静坐之日少，不知如何荒废矣！学问不日进，则日退，殊可虑也。此间战事尚顺，十一月十四日克复严州府①城，徽郡之贼，亦经击退，克复绩溪、祁门。唯龙游、汤溪两城，尚未能下，殊为烦闷之至。浙江全省之贼，均来金华，已经四仗打退，或者援尽食绝，两城克复可期，而以后大局较易收拾，唯饷事②则实无打算耳。尔母病体需人侍奉，尔明岁既须入山读书，润儿恐未必能照料，每两月可回省一次视之。若农观察处，拨付一百二十金，为尔外祖母及文官妇请旌表，前信未及详载。忆吾族中尚有应旌者，请尔母一查为要。吴都司所附各信件，均已收到矣。

十二月初四日父谕

【注释】

①严州府：治所在今浙江建德。

②饷事：军饷。

（8）与霖儿书

【原文】

霖儿知悉：

郭叔处递到尔前后两书，一切俱悉。所论重经济①而轻文章，亦有所见，然文章亦谈何容易。且无论古之所谓文章者何若，即说韩②、柳③、欧④、苏⑤之古文，李⑥、杜⑦之诗，皆尽一生聪明学问，然后得以名世。古今能几及者，究有凡人？又无论此等文章，即八股、排律诗，若要做得妥当，语语皆印心而出，亦一代可得几人？一人可得几篇乎？今之论者，动谓人才之不及古昔，由于八股误之，至以八股人才相诟病⑧。我现在想寻几个八股人才，与之讲求军政，学习吏事，亦了不可和。间有一二曾由八股得科名者，其心思较之他人尚易入理，与之说几句《四书》，说几句《大注》，即目前事物，随时指点，是较未读书之人，容易开悟许多。可见真作八股者，必体玩书理，时有几句圣贤话头，留在口边，究是不同也。小时志趣要远大，高谈阔论，固自不妨。但须时时返躬，自问我口边是如此说话，我胸中究有者般道理否？我说人家做得不是，我自己做事时又何如？即如看人家好文章，亦要仔细去寻他思路，摩他笔路，仿他腔调。看时就要着想，要是我做者篇文字，必会是如何，他却不然，所以比我强。先看通篇，次则分起，节节看下去，一字一句，都要细心体会，方晓得他的好处，方学得他的好处，亦是不容易的。心思能如此用惯，则以后遇大小事到手，便不至粗浮苟且。我看尔喜看书，却不肯用心。我小来亦有此病，且曾自夸目力之捷，究竟未曾仔细，了无所得，尔当戒之。子弟之资分，各有不同，总是书气不可少。好读书之人自有书气，外面一切嗜好，不能诱之。世之所贵读书寒士者，以其用心苦⑨，境遇苦⑩，可望成材也。若读书不耐苦，则无所用心之人；境遇不耐苦，则无所成就之人。如朱表兄、黎姊丈即前鉴也，尔当远之。我在军中，作一日是一日，作一事是一事，日日检点，总觉得自己多少不是，多少欠缺，方知陆清献公诗"老大始知气质驳"一句，真是阅历后语。少年志高言大，我最欢喜，却愁心思一放，便难收束，以后恃才傲物，是己非人，种种毛病，都从此出。如学生荒疏之后，看人好文章，总觉得不如我，渐成目高手低之病。人家背后讪笑⑪，自已反得意也，尔当识之。

癸亥正月六日龙游城外大营

——《左宗棠全集》

【注释】

①经济：经世济民。

②韩：即韩愈。

③柳：即柳宗元。

④欧：即欧阳修。

⑤苏：即苏轼。

⑥李：即李白。

⑦杜：即杜甫。

⑧诟病：指责。

⑨用心、苦：读书。

⑩境遇苦：寒士。

⑪讪笑：讥笑。

（三）胡林翼

读书治世

▲胡林翼像

【题解】

　　胡林翼和同时代的曾国藩、左宗棠等人一样反对专做八股文，而重视经世济民之学。他认为不仅秦始皇焚书坑儒使儒学遭到厄运，而且明太祖八股取士也使儒学遭到厄运。正因为如此，他主张多读史书，这样便能切中实事，不虚空谈。另外，他也强调读点唐宋八大家古文，可以给写文章以神助。

（1）致保弟枫弟

【原文】

　　兄信刚发，弟书适至，家中大小平安，至为快慰。二弟近日读书，偏重时艺①，兄意殊不谓然。兄尝独居，私念秦始皇焚书坑儒，而儒学遭厄，明太祖以八股取士，而儒学再遭厄。始皇之意，人咸知其恶，焚固不能尽焚，坑又未能尽坑，且二世即亡，时间甚暂，其害尤浅。独明祖之八股取士，外托代圣立言之美名，阴为消弭②枭雄之毒计，务使毕生精力，尽消磨于咿唔咕哔③之中，而末由奋发有为，以为家国尽猷谟之献，此其处心积虑，以图子孙帝王万世之业，诚不失为驾驭天下之道。而戕贼④人才，则莫此为甚。怀宗有言："朕非亡国之君，诸臣皆亡国之臣。"则明祖以私学取士之制，亦且贻其子孙忧，此其制度之必须变革，诚有不容缓者矣。夫学问之道，当先端趋向，明去取。今之为时艺者，意果何所居哉？简练揣摩，无非借此以为进身之具，干禄⑤之阶，作终南之捷径耳。使世主不由此以取士，则又将遁而之他，彼之心目中何尝知圣人之微言大义哉？兄意时艺既为风会所趋，诚不妨一为研究，唯史学为历代圣哲精神之所寄。凡历来政治、军事、财用、民生之情状，无不穷源竟委，详为罗列，诚使人能细细披阅，剖解其优劣，异日经世之谟即基于此。二弟其勿仅虚掷精神于无用之地，而后置根本之文学于不顾也。龙门笔法眼力，迥异常人，兄前研读时，曾亲加丹黄⑥，并有批注。兹乘海郎来益之便，托其面交，幸二弟一读之。

十月初八日

【注释】

①时艺：八股文。

②消弭：消除。

③呫哔：象声词，指读书声。

④戕贼：戕杀。

⑤干禄：为官。

⑥丹红：红黄标记。

（2）致保弟

【原文】

读手书，知不以兄言为谬，且肯尽力研究史学，闻之快甚。唯读史第一须有判断，第二须有抉择。判断所以定古人之优劣、古事之正否，详察当日之情形，扫去陈腐之议论，而后判断斯不误。抉择所以定史书之价值，盖史书甚多，而皆各就本人之见解以发挥，或失之偏，自所难免，非加抉择，易为人欺。至《史记》一书，有敏锐之眼光，具高超之玄想，文笔又极其变幻不可捉摸，并足以鼓荡人之志气。彼蓄其郁勃之气，借此一泄①，宜乎磅礴广大，非余子所可望尘以及者也。宜细玩之，宜细玩之。

二月十四日

【注释】

①泄：发泄

（3）致枫弟等

【原文】

今之风化，每况愈下。朝多谄谀①之臣，野有钻营之举，士不悦学，教失其绪，正有贼民兴丧无日之叹。盖士习为民风之本，文章亦道德之华。世变循生，所以维礼教于不衰，扶廉耻于既敝者，皆赖读书明道之功。文教昌明，则士气蒸蒸日上，风俗所由纯焉。夫士先器识而后文艺，固不徒以宏博争长。然穷义理之精微，考古今之事变，所为文章可通政事，使非豫养于平时，胡能致用于一朝？弟等强毅有为，幸努力于学，勿为世习所化，而反有以树乡里之先声也。

十月初五日

【注释】

①谄谀：谄媚阿谀。

（4）致敏弟

【原文】

久不接来信，正驰念间，黄安来，始悉近状佳胜。义学①之设，尤惬吾意。大凡人生最苦者，莫苦于欲学而无从。富贵家子弟，藏书万卷，而不肯读，寒苦者有志研求，而无力以致书，此亦不平事也。吾弟悯念寒畯②，特设义学，聘请名师，分给书本，予以知识，而不责其偿。每季之末，试列前茅者，并奖以膏火。此其用心，可谓周挚。吾家自乡贤公以下，无不竭力提倡读书，弟今又推己及人，能继先志矣。尤望持之以恒，行之以毅，使功效不仅在一时也。

一月十二日

【注释】

①义学：义塾。

②寒畯：同"寒俊"。

（5）致仪弟

【原文】

宝甥近日来函，颇有志于读书，此殊可喜。渠①在家乡办事，甚为顺手，何以忽欲转移治事之精神，为蠹鱼之生活，夫岂感于中有所不足耶？果如是，则其前途难以限量。大凡吾人治事，其始也，往往以为易与，志高气敖，不可一世。对于他人措施，辄视为不满，迨至躬自与闻，则束手缚脚，扞格②殊甚，平日之理想，几乎无一可用，于是乃恍然于事之不易。苟非有真实之学问以副之，决不能有为，而渐有趋于求学之一念矣。宝甥此举，殆亦若是。吾弟近日身体如何？万事须放开眼光，切勿狃于见，小蒙庄③之达，实亦有至理寓其中，郁郁殊不值得也。署中近稍闲，唯除夕将至，例有一番忙碌矣。

十二月二十四日

【注释】

①渠：他。

②扞格：hàn 相抵触。

③庄：即庄子。

（6）致叔华侄

【原文】

　　侄读书以不得其法，来问于余。读书如攻贼，非可侥幸得果者也。多读乃是根本之图，六经无论矣，余如老庄、如《史记》、如前后《汉书》、如《通鉴》、如韩①、柳②、欧③、苏④等集，均为不可不读之书。多读则气盛言宜，下笔作文，便仿佛有神助。否则干枯拙塞，勉强成篇，亦索索⑤无生气，不足登于大雅堂也。每作一文，首须打定一主意，然后正反旁侧，随笔而书，使有众星以拱北辰之概。次须联想，联想者因此而写及彼事也。其中关键，至为重要，譬如因笔而思及造笔者为何人，笔之进步如何，又思及笔与纸墨有何关系，与人之文思又何关系。照此联想，则文必畅达而无格格不吐之弊。总之有主意，则文不散漫；能联想，则文不拙滞；而又多读以运用其思想，则于为文之道亦庶几近矣。抑有欲为吾侄告者，读书须勤，然亦须有分寸。吾侄身体本不甚健硕，若再焚膏继晷，孜孜矻矻，则损害其身，殊非浅鲜。身体一弱，则虽有志进取，而亦苦于精力不继，读亦不能记忆，有何益哉？余年未老，而已觉衰弱，曩时⑥读书不慎，亦为一因。故甚望吾侄之勿再蹈余覆辙焉。

　　五月初十日

【注释】

　　①韩：愈。
　　②柳：宗元。
　　③欧：阳修。
　　④苏：轼。
　　⑤索索：枯寂。
　　⑥曩时：以前。

——《胡林翼家书》

（四）彭玉麟

勉学二十一则

【题解】

　　下面这些信，集中记载了彭玉麟从青年时期开始的一些读书问学的态度和方法。他所强调的读书，不只是应付考试，立身处事的涵养也要从中获得。给人印象很深刻的，是他多次强调的"专"字。既要专心，又要专一，不要心有旁骛，也不可贪多务得。

（1）禀母

【原文】

读慈训，谓"课经^①当穷一经，一经已通，而后再穷一经，不可兼营并骛，使散漫无所得。"又谓"考试得不足喜，失不足忧，只要发愤读书，对得起自己，于心无愧，于人本又何尤也！"至论名言，谨当铭之座右。

【注释】

①课经：儒家经书。

（2）致族弟

【原文】

悉近从质庵师读，慧眼可贺。质庵为人朴讷^①，学问经济^②，比关^③闽^④濂^⑤洛^⑥。弟当听兄嘱咐，明师之益，三复白圭^⑦，三绝韦编^⑧庶可已。若徒一刺赘见，用以标榜门第，兄所深恶痛恨者也。来书喜作排算文字，佶屈聱牙，得昌黎^⑨之形似，而尚有人间烟火气。予近读何子贞文，酷爱其拗，很似半山，有傲兀不群之慨，亦足觇其为人矣。弟之一枝笔，非无倔强不驯之气，犹当戒其浮躁，宜多读史迁文字而力摹之，则病处可医矣。承询读经秘诀，无他，兄但知攻苦能耐耳。堂上有训，嘱"勿兼营并骛"，兄常奉为圭臬^⑩。一字未悟，深思之；一句未通，明辨之。以研寻义理为本，考据名物为末。偶有不洽于心，能穷年累月而为之，务使一经通后再读他经。初生厌倦，近觉醇然。弟能仿我所为，当有所妙悟耳。

【注释】

①朴讷：质朴少言，讷音 nè。

②经济：经邦济国的才干。

③关：张载。

④闽：朱熹。

⑤濂：周敦颐。

⑥洛：程颐、程灏。

⑦三复白圭：形容言行十分谨慎。

⑧三绝韦编：读书十分刻苦。

⑨昌黎：即韩愈。

⑩圭臬：准则。

（3）致蛰蛟弟

【原文】

读书当如刺绣，细针密缕处，方见工巧。若一编在手，随意乱番几叶，抄摘几章，则此书之大局精处，茫然不知也。走马看花，骚雅①不取，即此意也。为学又不可求速效，能困心横虑，便有郁积思通之象。愚公移山，非讥其愚，直喻其智。是以聪明多自误，庸鲁②反有为耳。徐穆堂、王心庐两君，虽少晋接③，闻名已久，大约为尔之师，尚不辱没。盖两君不徒博雅能文，其淳实宏通，已非弟能窥其堂奥者矣，宜常存敬畏之心，不可甘自暴弃，慢亵尊长。于师道上尽一分，便是一分学；尽十分，便是十分学。日课不可间断，遵照定例以限制之，亦复得益。师课之严便是。进功之阶，因循苟且，非愿闻也。

【注释】

①骚雅：喻文采精华。

②庸鲁：平庸粗笨。

③晋接：见面。

（4）禀母

【原文】

近闻科场将近，焚膏继晷①，有破釜沉舟之誓。夜读空山，空山猿语，亦若促男奋勉然。深念师言："场屋之中，只有文丑而侥幸者，断无文佳而埋没者"，益自刻苦。

【注释】

①继晷：夜以继日勤奋攻读。晷音 guǐ，日光。

（5）禀母

【原文】

梅花深处，夜读弥欢。天降雪，几迷人境，乃有洛川高明经翩其莅止。空山謦欬①，相见恨晚。明经问科名已售否？曰："潦倒一生，愧无寸进。"彼乃痛诋科场帘官之丑，专以迎合已意为进退，而无真是非。且谓"以君雄迈荦卓之文，犹作韫椟之璧②，沉渊之珠③，使人生憾"。男闻言，第觉汗流之浃背耳。自陈不敢庸俗之有傲气，一衿未青，便骂试官。宁反求诸已，力戒自满焉。明经深许吾言，但谓"禄仕不远"而退。此人来得奇特，男窃疑之。

【注释】

①謦欬：qǐng kài 指谈笑。

②韫椟之璧：藏在匣里的玉璧。

③沉渊之珠：沉在深渊的宝珠

（6）致弟

【原文】

帖括①为进身之阶，吾深耻之。第以承堂上欢，求禄所以养亲也，竟优为之。今吾得之矣，当求为人之学，决不愿再扶墙摩壁，役役于考卷截搭小题之中。弟素英俊，能绍②叔之箕裘。文气近乃清爽异常，诗亦稳安，但词句中间有平沓不超脱，为文家所忌者，宜痛改之。云读史迁文，日有心得，可贺，可贺。盖史迁叙事，纵横辟阖，奔放峥嵘，各极其妙，愿弟勿以一知半解，沾沾然自喜，当领悟文中奥旨，务使神与体会，则他日下笔，气势充畅，才情横溢，有如火如荼之概，成就可期。切不可安于庸鄙，排剧敷衍，专求媚世炫俗，觍颜③于吊渡映带之间，以考卷误终身如兄也哉！蛰蛟前亦泥余改小考文，兄实快快。总之吾所望于族中子弟，当务其大者远者，勿徒汲汲于进学以自慰。文章不朽，传之名山者多矣。闱墨试帖，趋时之技艺，必固求之，抑未矣。

【注释】

①帖括：科举应试的文章。

②绍：继承。

③觍颜：面带愧色。

（7）致弟

【原文】

闻弟酷爱吟咏，诗才清逸，笔与元遗山①近似。但不可乱翻各家集，汩没性灵，须先学一体，不可各体同学。兄学诗，五古则规摩《文选》，七古则祖述昌黎，五七律喜读杜②作，兼求苏黄③，自不敢谓功夫深，门径捷，要亦求吾之所嗜，随性之所近耳。对于选本，万不敢读，以其不专，看之反无把握耳。所寄近作，迩来以事极繁冗，祗批十之二三，然弟之旨趣，已为兄窥测，愿再勉于暗然尚尚絅④之意，少年人大忌牢骚也。

【注释】

①元遗山：名好问。

②杜：杜甫。

③苏黄：苏轼黄庭坚。

④絅：悄悄然，谦虚不表露于外。

（8）谕子

【原文】

文章一道，能谦退虚怀者，而后能猛进，得实益，切忌自满。以后作文，需求简当（简洁恰当）。读书功夫，不可抛荒片刻也。

（9）谕子

【原文】

为文忌支蔓。汝摇笔辄求冗长，拖泥带水，益觉其无为，可见近日读书之不力。文有意，意尽则止；文有气，气充则止；文有辞，辞足则止。画蛇而添足，不为世笑者几希①！

【注释】

①希：同"稀"，很少。

（10）致弟

【原文】

余前遇曾帅①，尝语用功譬若掘井，与其多掘数井，而皆不及泉；何若老守一井，力求及泉而用之不竭乎？吾弟之病，病在掘井太多，而皆不及泉。此后勿求博杂，当求专一。况读书之道，只有两件事：一为进德，一为修业。进德以诚正修齐为归宿，修业以谋生自卫为正鹄。农人竭耕之勤，虽岁荒必有所获；商贾尽运输之谋，虽积滞必有所通。士果能黾勉②其所学，何患不食禄于朝、教授于乡哉？所患者：但冀丰年，而不知稼穑之苦；但冀居奇，而不知贸迁之理。是与士之尸位素餐而无实学者，何以异？是以学戒旁骛③，学戒虚伪，吾弟知之。务必打起精神，专攻一经，专治一学，随时随地，以艺多不养身自勉，以曾帅掘井太多炯戒④，则事无不成矣。

【注释】

①曾帅：曾国藩。

②黾勉：勤勉。

③旁骛：好高骛远。

④炯戒：明鉴。

（11）谕子

【原文】

弓待檠①而后能调，剑待砥②而后能利。玉坚无敌，镂以为兽；木直中绳，揉以为轮。此淮南《淮南子》，汉淮南王刘安组织编写之谕学，汝须牢记。汝天分本低，譬之钝锋，必施磨砺；譬之珷玞③，必加雕琢。慎勿求其速，速则刃角折觖④，良工致憾，旷功疲神而美不彰。

【注释】

①檠：qíng 矫正弓的工具。

②砥：磨刀石。

③珷玞：wǔ fū 玉石。

④觖：缺。

（12）致弟

【原文】

弟以醉心考据之学，对于前函，有所责难。我恨不生双翅，飞回家乡，与吾弟当面恺切劝导一番。夫考据之学，未尝不可炫世骇俗，自命淹博，无奈不切实用何？西汉迄今，儒生各趋一途，义理、考据、辞章，三者互相诋毁。吾则专主义理，以为学问在乎修齐①，修齐在乎经史。经史之习学，但当研究义理，专一而不纷。所谓明者独见，不惑于朱紫；听者独闻，不谬于清浊。故离朱②不为巧眩移目，师旷不为新声易耳，窃愿意焉。尝读《韩集》，则目之所见，唯《韩集》，耳之所闻，唯韩文。诸子百家，汗牛充栋而无所欲，非韩之外无文章，乃守约而求其专耳。一集已读完，然而再读他集，行之数年，乃惜处世立身之道，而叹赵普以半部《论语》辅赵宋，非无因也。乃弟计不出此，文喜点染，章取堆砌。艳妆华服非不美，庸脂俗粉，益形其丑耳。即渊博宏深，亦不过为雕龙，为绣虎，非廊庙之器，非栋梁之材也。是犹农，稼穑朴野而尚质。纨绔膏粱都丽而尚文，一为民福而一为国蠹③也。弟其熟思之。

【注释】

①修齐：修身齐家。

②故离失：古代人名，眼睛明亮。

③蠹：duò 蛀虫。

（13） 谕玉孙

【原文】

汝父以不羁之性，误军令而论斩。吾宗有后，血胤^①在尔。汝父少不学，督率过严，辄跅弛^②。余切诫之，以其凶终恐覆吾祚。今幸老朽可保首领，而令名未为渠伤，足可慰已。汝年虽稚，有跨灶之誉。接尔安稟，觉字体骨秀得之天，文法高迈疑素习。吾祖孙间，何不可曲致其情，乃类孔氏，道不垂伯鲤^③而及子思^④耶？今后但求汝不应科举，不习刀马，隐于穷荒，读破万卷书为通儒，于愿已奢。噫！缅怀杀戒，令吾悾忡^⑤。

【注释】

①血胤：宗族香火。
②跅弛：tuò chí 放荡。
③伯鲤：孔子之子。
④子思：孔子之孙。
⑤悾忡：犹伤惘怅。

（14） 谕玉孙

【原文】

富不学奢而奢，贫不学俭而俭，习于常也。吾家素清贫，今虽致高爵，而余未能忘情于敝袍，跨马巡行，芒鞵^①一双辄相随。每见世家子弟，骄奢淫逸，恨不一一擒而置之法。乃读《老子》"运夷"云："富贵而骄，自遗其咎"，则又付之浩叹而已。汝来书，不愿锦衣玉食，良足与语俭德。然颐指气使，饱食暖衣而无所事者，犹觉奢。小婢一人，用供汝祖母驱使，老仆司门户。彼亦人子。以贫而来依，不宜妄加呼叱。犯过温喻之，蒲鞭示责，仁者为之。能如是，彼未必不乐为之用。尔其慎守余言。

【注释】

①芒鞵：草鞋。

（15） 谕玉孙

【原文】

为学之道，须克己，尽心养性，保全天之所以赋于我者，黾勉求之，事半功倍，切不可轻率评讥古人。尝见朋侪^①中有恃才傲物者，动辄以人不如己而骄恣，到底潦倒一生，没齿而无闻。其讲理学者，动好评贬汉士；其讲汉学者，动好评贬宋儒。自积者观之，彼其所造，曾无几何？故吾人力学，当除傲气，当戒自满，庶几有进步。于古人书，一一虚心涵泳②，而不妄加评骘③，则沽名钓誉之念可以息，徇外为人之私可以消。

【注释】

①朋侪：chái 朋辈。

②涵泳：沉潜体会。

③骘：zhì 评论。

（16）致弟

【原文】

玉孙读书，大有进境。近闻喜阅《史》①、《汉》②，老怀弥觉欣慰。但看《汉书》，须通小学训诂之书，则假借奇字，可以识得。又必须略看段氏《说文》，入门较易。吾弟对于小学《说文》，两者素多心得，敢烦从中指点。王念孙③先生《汉书训诂》极详博，著有《读书杂志》，可嘱玉孙常置案头参考之。每日圈点二十页，二十页后勿再贪。读时设身处地，如与古人坐一室中，酬酢笑语，冥思默索，与目今时势相参照，穷其事理，庶得读《汉》之能事矣。

【注释】

①《史》：《史记》。

②《汉》：《汉书》。

③王念孙：清代大学者。

（17）谕玉孙

【原文】

做诗须从心坎中发出，风花雪月，一味胡诌，是小家气派。《太平御览》中有几句话，很切做诗之法：虚无之谈，尚其华藻，无异春蛙秋蝉，聒耳①而已，便是无病而呻之概例。诗者言志，古人已经说及。袁子才②先生亦云"骨里无诗莫浪吟"，都是一般意思。汝来书说近日文会风流，颇形萧索，正可及时自读，学杜学韩，总是学不坏。发为音声，句句要有着落方好，万不可看选本，杂方最害正理也。余近来体气虚弱，看书写字，便觉耳鸣手颤。军务之余，尚不肯偷懒，自知老境弥增，恐怕古人尚有许多好书好句，此生看不到也。

【注释】

①聒耳：guō 嘈杂乱耳。

②袁子才：即袁枚。

（18）致弟

【原文】

前日微行书肆，购得《归震川①文集》②四十卷、《后汉书》百卷、《诗经大全》二十卷，价银只数两。归而展读，都有硃笔圈点，眉批旁注，想见书主人从前一番好学之心，必有子孙不肖，盗窃出售。于是慨念子弟之贤顽，处处惹祖宗忧虑，莫说家藏黄白③，诲盗贻贼，即此数卷心血，亦不能为之保存。吾今虽为之保存，又不知吾之子孙，能永世勿替，代我保存否？古人诗"贫不卖书留教子"，亦难矣哉！

【注释】

①归震川：归有光。

②《归震川文集》：明归有光撰。

③黄白：黄金白银。

（19）谕玉孙

【原文】

夫子有言："上智与下愚不移①"，凡事皆然。前喻字体，生而笔姿秀挺者，上智也；屡学而拙如姜芽者，下愚也。此外皆相近之姿，视乎教者何如。教者钟王②，则家习于钟王矣；教者苏米③，则众习于苏米矣。推而至于作文围棋亦然，打仗亦然。故在上必以身作则，身似碑帖，人则临写者也；身似棋谱，人则博奕者也；身似古文，人则雏诵者也；身如利器，人则挥舞者也。作则有未善，下焉者未可与语也。作则而确为良碑帖、良棋谱、良古文、良利器，而有临写不工，博奕不佳，雏诵不熟，挥舞不精者，此犹非朽木之不可雕，乃乏良教者以导之也。汝非下愚，漫矜上智，还须下一番苦工也。

【注释】

①移：动摇。

②钟王：即书法家钟繇、王羲之。

③苏米：即苏轼、米芾。

（20）谕子

【原文】

偷懒则事无长进，习勤方有为耳。汝今年十九岁，乃读书尚未成名。想方心园姻伯家萍垞，小考时便洋洋洒洒千言立就，赋帖诗亦清逸可诵，学中诸友，自叹不敢望其项背，即房师亦惊为奇才。察其平日好学不倦，刚日课经，柔日课史，初无劳师之督促。其年尚小汝两岁，何汝乃若朽木之不可雕耶？今后当痛自改悔，锐志向学，慎勿享余荫，以为衣食饱暖无所忧，便学走马王孙故态。盖自堕落之不足，而堕落其家风也。新妇①来吾家，当晓以顺从之义。入厨洗手做羹后，还宜纺织习劳。此是祖母遗训，汝母以余之荣显，尚不避绩麻续缕之辛勤，新妇虽为富家子，则吾家即不能以其富而长其骄懒也。

【注释】

①妇：媳妇。

（21）致弟

练兵如行文，训练即揣摩，落笔即布阵。轻车熟路以迎敌，何异诵百篇夙构①，有左右逢源之妙也。

——《彭玉麟家书》

【注释】

①夙构：平素构思。

（五）吴汝纶

大学者教子读书

【题解】

这几封信，都是吴汝纶写给在日本求学、养病的儿子，为儿子的学习出谋划策，指点迷津。概括起来，有几方面的内容值得重视：1. 要读好书首先要有一个健康的身体；2. 选定一个专业，不要贪多务得；3. 重视西方科技文化；4. 所学专业要和自己的性情接近，这样才能专心、有兴趣；5. 读书要"得意"才会兴致勃勃。不难看出，这几点都没有过时。

其 一

【原文】

吾日记久未写寄儿，今自保定取来格纸，始抄往。迭①接儿书，具知在彼情状。所寄二文，不似前时，但知閟②达，笔端有斩截，味在文外，往往句势雄远，似常读《史记》，故文笔大进。文如此，乃能入高古，又当时有纵肆③处乃佳。汝但求身强，学文当不难，吾不愿汝贪学伤身。近虽无病，若中文日语两途并进，脑筋不能胜任，则病易入，故必以养身为主义。东语以优游入之，勿拘急，苦自厉，非养身之道也。汝到日本无多

日，不能作日语，何伤！何为自怨恨形于言色乎？既学日语，即中文当且搁置④，身王⑤则学易进，何取两途并骛⑥！故余见汝文字进，反不乐也。吾年前恐不能还保定，正月再归，料理行装南归，当与李宅偕行也。腊月二十六日，挚翁书。

【注释】

①迭：连连。

②鬯：chàng 通"畅"。

③纵肆：纵横潇洒。

④搁置：淡然忘之，不介意。搁音 jiá。

⑤王：通"旺"。

⑥骛：奔驰。

其 二

【原文】

汝为科举欲归，吾意汝文自可中，倘不中则命也。汝祖高文，一生不中，我乃徼幸得之，吾家恐难世得科第。今改策论，而考官无学，阅八股尚不知高下，策论则向所未学，可能定其佳恶，不过胡乱取中而已。《九通》①数百卷，谁能悉读，以此考人，直是谬妄。上海近印此书，吾已为汝兄弟各购一部，考时须携此入场。其余外国政艺各学，亦非怀挟不可，中不中听之，不足为轻重。吾料科举终当废，汝若久在日本学一专门之学，由学堂卒业为举人、进士，当较科举为可喜。以其用实学得之，非幸获也。但通日本语便可入专门学堂，不必学普通。若英语并学，甚费脑力。能通两国语文自佳，但无专门之学，尚不为有用之大才。或但求读英文，不求能语，尚较易也。化、电、格致②，恐性不相近。若政治、法律、理财、外交，吾疑读其书便可通，然用处甚大。理财、外交，尤吾国急务，或择执一业，汝自酌之，学成一门，便足自立也。吾不愿汝强学，但愿汝身健，宜体吾意。二月五日，挚翁书。

【注释】

①《九通》：《通典》《通志》《文献通考》《续通典》《续通志》《续文献通考》《清通志》《清文献通考》《清通典》的合称。

②格致：物理。

其 三

【原文】

吾所称专门学，不过臆想，究竟志愿由汝自定。去年，山根武亮谓吾国人人欲学宰相，语谲而论自精。阅西师意所记阁龙、牛董[1]、芙兰克林[2]、华德[3]诸人，皆由格致成名。汝所记 X 光镜等艺，皆中国所短，但为学当择性之所近，若性不相近，徒劳而鲜获。汝可时时访问通人，内度本性何者与己相近，既习专门，则他事即暂废阁[4]。《庄子》云："用志不纷，乃凝于神"[5]者是也。此事恐须归应科举后再定。至养身则时时可行，勿一日忘也。大学堂开办决无效，吾决不愿就，但张尚书已奏奉谕旨。昨与陈伯平言，尚书知爱如此，岂有不感激图报之理，但鄙意学堂当以西学[6]为重，重西学则中学[7]不必探索深处，止求文理通畅足矣，故自揣生平微长，学堂实无用处。若聚高才生与之研究中学，彼等必尽废阁西学而相从问中学，是直守旧而已，无开化之效也。仆退闲十余年，今为尚书再出，出又无益于时，则何敢不自量乎！惟张尚书垂爱至殷，亦不敢恝然相忘。自择一事，稍答知己，则拟为尚书往游日本，一访各学校规制，归告尚书，以备采择，则可为也。至学堂教习，则实不敢承命。若尚书恐无以上陈，则东归后以病谢可也。二月初五日，挚翁又作。

【注释】

① 牛董：今译牛顿。

② 芙半克林：今译富兰克林。

③ 华德：今译瓦特。

④ 废阁：废置。

⑤ 凝于神：心思志向专一，精神凝聚。

⑥ 西学：西方科学文化。

⑦ 中学：中国传统学术文化。

其 四

【原文】

汝所论大学多设专门，用翻译讲授，甚有见。汝信多以学无进境为歉，此殊不必。为学当有得意时兴会乃高。吾近日诸事未定，先寄书答汝，余俟迟日续告。二月十八日，挚翁作。

——《吴汝纶尺牍·谕儿书》

（六）甘树椿

论读书

【题解】

《甘氏家训》中有些篇章专门论述了读书问题，包括读书目的、读书方法与途径。他提倡无论学什么，都应找几本先哲的格言放在桌上，经常翻阅，以作为自己的行为准则。他认为读书先要打好基础，务必专一，应有满腔的热忱，学业的长进要像春夏之际的草木那样生机勃发。而正确的读书方法是"务必择其切要处记之"，古书不可不了解，有用的书不可不读，专门之书不可不熟。至于读书目的，他认为学习只要有益于国家与民众，那么科名就会因人而贵重，倘若人品道德不足取，只凭科名提高身价，又有什么价值呢？

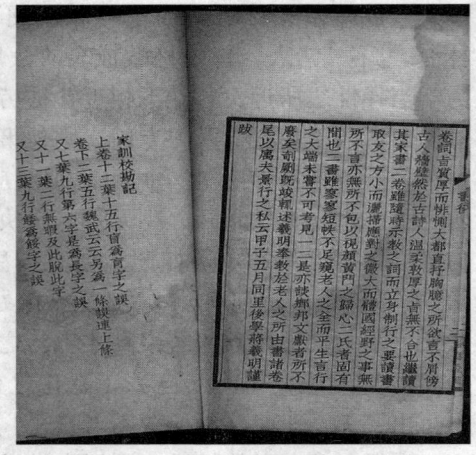

▲《甘氏家训》书影

（1）读书当勤勉

【原文】

汝等读书当以早起为第一义。盖早起则神志清明，读书则易读熟，讲解则易入。不徒爱惜光阴而已，推之治事亦然。能早起，则事皆速办，不至迟误，否则，废事多矣。语曰："一年之计在于春，一日之计在于寅。"不可忽也。

汝等当习劳苦而戒安逸。兴家之事多途，未有不自勤劳始者也。故曰："民生在勤，勤则不匮。"败家之事多途，未有不自安逸始者也。故曰："宴定鸩毒不可怀也。"以此卜人家之兴衰，无或爽者。

【译文】

你们读书首要一点是能够早起床。因为起得早使人的神志清晰，读书能够记得住，而且容易理解，不仅仅是为了珍惜时间。把这个方法推及到办事上也是一样的。如能早早起床，那么事情都会快速办完，而不至于耽误，否则的话，很多事情便荒废了。俗话说："一年之计在于春，一日之计在于晨。"不可轻视。

你们应当善于吃苦耐劳，而力戒贪图安逸。使家业兴旺的方法很多，但没有不是从勤劳开始的。所以说："人民的生计在于勤劳，勤劳衣食就不会匮乏。"使家业衰败也是多方面的，但没有不是从贪图安逸开始的。所以说："宴乐安逸就像毒酒一样，不可贪图"用这个方法去预测家庭的兴衰，是没有差错的。

（2）循序渐进

【原文】

现在学僮务求速化五经，未卒业即开笔作文。先生以此愚其居停子弟，以此欺其长老，吾殊不以为然也。务先讲求根柢之学，多读经史古文，义理既充，储积既富，以之作文，自汩汩乎来，沛然莫御矣。何苦枵腹从事，徒耗日力为也。

【译文】

现在教儿童读书专门讲求在短期内学完易、书、诗、礼、春秋五种儒家经典，在没能好好消化之前就令孩子练习作文，当老师的用这个办法蒙骗学生及家长，我认为是不应该的。读书应首先打好基础，先教学生多读经史古文，及至能明辨义理，根底厚实，然后作文，则文思自然勃发，一发而不可收。何苦腹中空空，白费功夫。

（3）效法先哲

【原文】

汝等无论为何种学问，而先哲之格言至论，不可不觅取数种置之案头，时时阅之，以约束其身心。否则，胸无所主，必至轶出范围之外，德日远，过日积，而不自知矣。生平最喜阅吕新吾《申吟语》，圣祖《庭训格言》，张文端《聪训斋语》三书，其痛切处足以针我病痛，起我沈痼者不少。我之所以得免于罪戾，而不为小人之归者，此三书之力也。汝曷不时取读之。

【译文】

你们无论学什么，都应找几本先哲的格言放在桌上，经常翻阅，以作为自己的行为准则。否则，心中无主，做事必越出规范之外，背离道德，铸成大错，而自己还不知道。我平生最爱读吕新吾的《呻吟语》、康熙皇帝的《庭训格言》和张文端的《聪训斋语》三种书，书中阐述的深刻道理治愈了我身上不少毛病，我之所以能够少犯错误，没有成为一个小人，都是这三本书的作用。你何不拿来时时读一读。

（4）言行一致

【原文】

人苦不知学，既知学矣，当思所以行之。若知而不行，即与未知无异。我尝见今之讲学者矣，仁义道德、孝悌忠信，未尝不津津而乐道之，及逆考其行，乃与所谈绝远。是谓能言而不能行，君子耻之。子思谓：

"言顾行，行顾言。"又曰："笃行之明，为学当以行为重也。"朱子有知行相须之论，阳明有知行合一之说。明知为行之始，事行则知之究竟也。自此义不明，而曲学伪儒，遂接迹于天下后世矣。汝等既从事学问，总以躬行为要，慎毋行与言违，致见弃于君子也。

【译文】

人苦于不懂得学习的重要，已经知道学习的重要，就应当想想怎样去做。如果知道而不去做，就和不知道一样。我曾看到现在讲学的人，对"仁义道德，孝悌忠信"无不津津乐道，到反过来考察他们的行为时，就同他们所谈的相差很远。这是能说而不能做，君子以此为耻。子思说："言行要相一致。"又说："读书学习应当以做为主。"朱熹有知行相关的说法，王阳明有"知行合一"的理论。清楚地知道是行为的开始，事情只有做了才知道结果。如不明白这个道理，而成为假学伪儒，于是就会被后人指责。你们既然搞学问，总应该以努力实践为首要，千万不要言行不一，以免被有道德的人所鄙视。

（5）学求长进

【原文】

人之为学，务须有满腔生意，有生意方有进步。吾窗前喜种花木，非独爱其扶疏之致，亦取其有生意耳。汝等试观春夏之交，草木滋长甚速，发芽之初不过分许，不数日，则寸许矣，再数日则尺许矣。人之为学，如不力求长进，对草木亦有愧也。

【译文】

做学问应有满腔的热忱，人有了激情才能有进步。我喜欢在窗前栽种花木，并非只爱其枝叶繁茂的样子，也是为了观赏花草树木那盎然的生机。你们可观察一下，在春夏之际，草木生机勃发，发芽时不超过一分左右，但不几天就长到一寸左右，再过不几日又长到一尺左右。人们做学问如不求长进，就是草木你也对不起，更何况其他。

（6）切己体察

【原文】

儿童读书，先求逐字讲解，次求通晓大义，终则切己体察。如此，读一书得一书之用矣。能逐字讲解，方无扦格之虞；能通晓大义，方可得古人旨趣。切己体察，方亲切有味，不至书自书，我自我。

【译文】

教儿童读书，首先要一字一字讲解，然后求明白书的大义，最后要结合自身加以体察。这样，才能读一本有一本的收获。能一个字一个字地讲解，才能理解文章的内容；能够明白书中大义，才可以学得古人的旨趣；能够切身去体察，才能领略书中的含义，而不至于只读书却没有收获。

（7）学有主次

【原文】

近见汝作书，忽而颜柳，忽而欧虞，忽而六朝，忽而汉魏，胸无所主，泛滥无归，欲望长进，不可得也。初学作书，最忌庞杂，须专学一家持久不懈，乃易长进。作文作诗亦然。诗如选体，如李杜韩白、如苏黄范陆、如明七子、如近代梅村、渔洋、竹垞，文如唐宋八家、如明之震川，近代之方、姚、任择一家学之，均无不可。于一家学之，果有所得，再博涉众家不难也。荀子曰："行衢道者不至，事两君者不容。目不两视而明，耳不两听而聪，蛇无足而飞，鼫鼠五技而穷。"言为学，忌躁而贵专也。至于做人之道，亦宜专学一古人，或得今人之贤者而师法之，则进德自速。此非我一人之私言，乃曾文正公之言也。文正为一代名臣大儒，其所言者，皆其生平用功有得之语，最为亲切有味，故乐与汝辈言之。

【译文】

最近看你写的字，一会儿学颜真卿，一会儿学欧阳修、虞世南，一会儿学六朝时的书贴，一会儿又学汉魏时的碑刻，心中没有目标，泛泛地学去而无主次，想有进步，是不可能的。刚开始学习书法，最忌讳学得太杂，要坚持不懈专心学习一家的字体，才能有所进步。写文章作诗的道理也是一样。学诗歌就像选字体一样，如李白、杜甫、韩愈、白乐天，如苏东坡、黄庭坚、范成大、陆游，再如明七子，及近代的吴梅村，王渔洋、朱竹垞。文章如唐宋八大家，明代的归有光，近代的方苞、姚鼐等，任意选择一家去学习，都可以。专学一家如真有收获，再博学众家也就不困难了。《荀子》说："走上歧路，永远达不到目的地，同时事奉两个主人的谁也不会容他。眼不能同时看清两个目标，耳朵不能同时清楚地听两种声音。传说中的龙没有脚而能飞，鼫鼠有五种技能，但没有一样精通能用得上的。"用这个道理来谈学习，就是忌讳浮躁而贵专心致志。至于说做人的方法，也应专门学习一位古人，或者学习当今的有德行的人，那么德行提高的自然就快。这并不只是我的见解，是曾文正公说的。曾文正公是一代名臣大儒，他所说的，都是他生平经验的总结，亲切而含义深刻，所以要讲给你们听。

（8）欲速不达

【原文】

学人第一通病，在求速。化根柢之学不肯深求，专猎皮毛，妄希弋获。而不知求化愈速者，其收效愈微；致力愈浅者，其为用愈寡。与其希图近功，何若专心致志于大者、远者之为愈也。司马温公《迁书》曰："夫树木树之一年而伐之，足以给薪苏而已；三年而伐之，则足以为桶；五年而伐之，则足以为楹；十年而伐之，则足以为栋，岂非收功愈远，而为利愈大乎？"譬喻至为透彻。然则浅尝辄止者，亦可以知所返矣。

【译文】

做学问的人有一个最大的通病，就是求速成。不肯下功夫打深厚的基础，只涉猎一些皮毛，便奢望有所收获。不知道越是急于求成，收效也就越少；用功少根底越浅的，能用上的也就越少。与其贪图眼前的功效，哪如把目标放得更远大一些。司马光在《迁书》中说："长了一年的树便砍掉，只能做烧柴用；长了三年的树伐掉后，可以做制桶的材料；生长五年的树，可以做房屋的柱子；生长十年的树，可以用做栋梁。可见功夫下得越大，其益处也就越大。"这一比喻十分透彻。那么喜欢浅尝辄止的人，读到这里也应当有所觉悟了。

（9）学以致用

【原文】

我肫肫勉励汝等读古人之书，为古人之学者，盖欲汝等效法古人之所为耳。非欲汝等老死作书蠹也。朱子《论语注》曰："学之为言效也。"后觉者必效先觉之所为，意即如此。《颜氏家训》曰："夫所以读书学问，本欲开心明目，利于行耳。未知养亲者，欲其观古人之先意承颜，怡声下气，不惮劬劳，以致甘暖，惕然惭惧，起而行之也。未知事君者，欲其观古人之守职无侵，见危授命，不忘诚谏，以利社稷，恻然自念，思欲效之也。素骄奢者，欲其观古人之恭俭节用，卑以自牧，礼为教本，敬者身基，瞿然自失，敛容抑志也。素鄙吝者，欲其观古人之贵义轻财，少私寡欲，忌盈恶满，周穷恤匮，郝然悔耻，积而能散也。素暴悍者，欲其观古人之小心黜己，齿敝舌存，含垢藏疾，尊贤容众，恭然沮丧，若不胜衣也。素怯懦者，欲观其古人之达生委命，强毅正直，立言必信，求福不回，勃然奋励，不可恐慑也。历兹以往，百行皆然。"示人为学之法，切近如此。愿汝等求古人之所学，即效古人之所为，慎毋冒读书之名，贻能言而不能行之讥也。

我真诚鼓励你们读古人的书，研究古人的学问，其原因是想要你们学习古人的行为，并不是要你一生只当个书虫。朱子在《论语注》中说："学习的目的是效法古人的行为。"后觉醒的人要效法先觉醒的人的行为，也是这个意思。《颜氏家训》中说："读书做学问的目的，就是开启心智，增长见识，以指导自己的行为。不懂得赡养父母的人，要他看看古人是怎样揣摩父母的心意，看父母脸色行事的，以及如何说话低声下气，不怕劳苦，以使父母衣食饱暖的，如感到惭愧，就应照古人的样子去做。不知道怎样侍奉君主的，要让他看看古人忠于职守，在国家危难时挺身而出，以真诚之心劝谏君王，以利于国家等行为，能够反省自己，就应向古人学习。平时骄横奢侈的人，要他看看古人是怎样节俭，谦虚谨慎，恭敬守礼的，能感到自己的过失，就应变得庄重起来。一向吝啬的人，要他们看看古人的重道义而轻钱财，没有私心和欲念，以满为戒，帮助抚恤贫苦人，使他们知道悔悟，做到积财而又能散财。一向脾气暴烈态度傲慢的人，应学习古人小心退让，容忍等美德，使他们懂得该怎样尊重别人。一向胆小的人，要让他看看古人是怎样为国献身，刚强正直，从而使他们得到激励，无所畏惧。纵观历史，古人的言行无不如此。"颜氏这种教人如何做学问的方法是理论联系实际的方法。希望你们探求古人的学问，学习古人的行为，不要虚有读书之名，招致只能说不能做的讥讽。

（10）居敬持志

【原文】

凡人做事，第一要有耐久性。所谓耐久性者何？即恒心也。人若无耐久性，而厌故之心中之，即不免见异而思迁；或畏难之心中之，即不免浅尝而辄止，凡此皆谓之无恒心，未有能成事者也。故曰："人无恒，不可以为卜筮。"又曰："不恒其德，或承之羞。"但就读书论，未有不期其成者，而其切要方法，仍不外有恒而已。绳锯木断，水滴石穿，果有恒心，岂尚有废于半途之患乎？

【译文】

人做事最重要的是有耐久性，所谓的耐久性就是指恒心。人没有耐久性，难免喜新厌旧，见异思迁，畏惧困难，学习、办事情就会浮光掠影，浅尝辄止，这都是没有恒心的表现，而没有恒心结果是一事无成。所以说："人无长性，都没办法为他占卜。"又说："人没有长性，会招来羞辱。"只就读书来说，没有不期望能有所成就的，而最主要的方法之一，不外乎要有恒心。有恒心绳子可以锯断木头，水滴可以穿透石头。如真有

恒心，哪里还会有使事业半途而废的担忧？

（11）择要而读

【原文】

汝喜聚书不下万卷，可谓富矣。必欲遍读，虽皓首不能竟其业，此可以断言者。然则读之之法将奈何？曰："非择其要而读之不可。"朱竹垞曰："世岂有一览不忘，一字不遗者？但须择其切要处记之耳。"曾文正曰："书籍之浩浩如江海，然非一人之腹所能尽饮也，要在慎择焉而已。"张南皮曰："天下书老死读不可遍，博之为道，将如何？曰在有要而已。"古事不可不解，有用之书不可不见，专门之书不可不详，考贯如是，则有涯涘可穷矣。然则"择要"二字，固先辈读书之法也。先博后约，《语》《孟》通义；泛滥无归，终身无得。愿汝笃守三先生之言，慎择之而归本于有要。慎毋徒侈博涉，蹈博而寡要之讥也。

【译文】

你喜欢藏书，已不下万卷，真可为丰富了。但想读遍这些书，即使白头到老也是不可能的。那么究竟应该怎样读书呢？朱竹垞说："世上没有过目不忘，一字不漏的人，因此读书务必择其切要处记之。"曾文正公说："书籍浩如海，谁也无法遍读，关键在于审慎选择。"张之洞说："天下书到死也读不遍，在有要点的基础上博览。"古时的事不可不了解，有用的书不可不读，专门之书不可不熟，能如此读书，书海可谓有边了。所以"择要"二字，可说是前辈哲人的读书方法了。先博览后精读，是《论语》《孟子》共同的法则。如只知漫无边际地滥读，不能由博归精，必将终身一无所得。希望你记住以上三位先生的话，审慎选择，最后要有重点，千万不可追求虚浮，只知博涉而没有重点。

（12）由博返约

【原文】

曾文正有《圣哲画像记》，其言曰："观四库全书，其富过于前代所藏远甚，而存目之书数十万卷尚不在此列。虽有生知之资，累世不能竟其业，况其下焉者乎？余既自度其不逮，乃择古今圣哲三十余人，图其遗像，藏之家塾，后嗣有志读书，取足于此，不必广心博鹜，而斯文之传，莫大乎是矣。于浩如烟海中，但择取三十二家之书读之，而深以广心博鹜为戒。"此曾文正读书之法也。

【译文】

曾国藩在他所著的《圣哲画像记》中说："《四库全书》内容极其丰

富，超过以往各朝代，还不算存目中的几十万卷，尽管有天资绝顶聪明的人，连续几代也读不完，更何况天资一般的人呢？因而我估计了自己的能力达不到，于是选择古今圣哲三十多人，画下他们的遗像，以便使有志于读书搞学问的后辈有所遵循，避免贪多求博，用心不专一。在浩如烟海的书籍之中，精心选择三十二家名家的书来读，以避免贪多求博，而不能由博归精。"这是曾国藩的读书之法。

（13）从小努力

【原文】

子弟读书，自八岁至二十岁最不可忽。盖幼小之时，精神专一，所读之书，可以至老不忘。若二十以后，知识渐开，嗜好渐多，随读随忘矣。盖精力渐衰，记性也随之而减也。我今年已六十矣，幼时所读五经尚能背诵一字不遗。至现在所读之书，掩卷辄忘，时时温习，仍苦不能精熟，殆由于脑力衰弱故耳。近日以来，我逐日读《老子》，胸中颇觉有所得，其文辞亦能背诵，一月以后不复温寻，竟不能举其词，其显证也。夫《老子》不过五千言耳，犹不能记，况钜帙鸿篇乎？此我阅历之言，子弟读书务须及幼小时努力为之。时乎时乎不再来，慎毋虚掷光阴，贻后时之悔也。

——《甘氏家训》

【译文】

子弟读书的最佳年龄为八岁到二十岁。因少年时代精神专一，记忆力强，所读过的书，可以到老不忘。及至二十岁以后随着知识的增长，爱好也不断多起来，读书就会随读随忘。因为精力衰减，记忆力也会随之减退。我今年已年逾花甲，但小时候所读易、书、诗、礼、春秋五种儒家经典还能背得一字不漏。而现在所读的书，放下书就会忘记书中内容，虽然时时复习，仍苦于不能精熟，恐怕是记忆力衰退的原因。近来天天读《老子》，感到受益匪浅，书中文句也能背诵，但是一月之后如不再温习，印象就十分模糊了，这是一个明显的例证。一部《老子》不过五千字，都记不住，何况去记住鸿篇巨制呢？这是我的经验之谈，你们读书切记从小努力。时光不再来，万勿虚度光阴，免得日后追悔莫及。

（七）林纾

与琼子

【题解】

这是林纾七十二岁时写给儿子林琮的一封信。林琮读书心不在焉，所

处的环境也不利于学习。林纾深盼孩子早早回头，静心攻读，以自己"未尝一日偷闲"为教，痛陈光阴流逝之可惜，令人想起"少壮不努力，老大徒伤悲"的古训。

【原文】

　　字谕①琼儿知之：天下最难之事为收放心②，而最易之事，则为提醒精神。精神一提醒，则后来艰难之状，历历布在眼前，放心不敛则自敛矣。凡血气未定之人，容易为人诱骗。你之朋友亦不是有心陷害，不过同是青年之人，阅历不深，毫无后顾之忧，一日畅快便过了一日，不知不觉将堂堂岁月积渐抛荒。一日抛荒，便种一月一年之根株。心情渐渐疏懒，以为凡事都有明日，不知不靠明日便失之今日，逐日如此，不知不觉又度一月。一月不过三十日，试问一年有几个三十日？岂不可惜！而翁今年七十有二，未尝一日偷闲，正以来日无多，格外秘惜。汝年仅二十，如能如我勤勉，将来岂复可量。譬如商家，我之资本无多，能俭能勤，亦足支撑过日。汝年富力强，本钱充足，更能勤俭，发财便无限量。须知为人必先苦而后甜，不宜先甜而后苦。我在一日，汝便有一日之安饱，此不是甜境，是未来之苦境。汝若昧昧③视为甜境，则苦境之来，正算不到是何时日。吾为汝计，方汲汲顾景④，汝反偷闲往观电影，有何益处？不是作骗，便是狙劫，至侦探等等，全是教人为恶，毫无阅历之可言，观之殊眼光。汝言夜间睡不着，必是课后与同学闲谈，不能就枕，率⑤性出塾游玩，此即不能收敛放心处。放心一萌，则眼前便起一道愚云，将一身事业全行遮蔽。如道士炼丹，时时着魔，令汝七颠八倒，你当早早回头，习一静字，便是安心之法。由静生明，由明看到家境，则志气奋发矣。勉之勉之。癸亥⑥四月二日父字。此书留观，不可抛弃。

——转引自《万金家书》

【注释】

　　①谕：上告下。

　　②放心：放纵、遗失之心。

　　③昧昧：糊里糊涂。

　　④顾景：顾惜光阴。

　　⑤率：任。

　　⑥癸亥：一九二四年。

（八）严　复

书信四则

【题解】

　　严复是近代著名翻译家和教育家，"科学""民主"思想的倡导者之一。由于长期从事教育工作，故其对家都也有精辟的见解。在下面所录的几封书信中，严复在读书、写字、交友等方面给四弟及儿子以细心的指导与勉励，并希望他们珍惜青少年时光，努力进取，字里行间，亲情洋溢。

（1）要珍惜青少年时光

【原文】

　　四弟①诚可爱，不但笃实勤俭，不自满假，如汝所言，且其人孝悌。金先生每为其少子所气，则必称吾家老四，其语不差，子弟如璿，于社会中真不数觏也。且他日必以书法名世。此吾于七八岁时，即已云然，今乃益显。他日所造，谁能限之。落笔虽去古法远，不为病也，长大自能改耳。仲永二诗早以见示，叕庵来亦见之，以为有笔。儿言其滑，固然，但请问诗如何然后为滑。夫滑者，徒唱虚腔，而无作意之谓也。诗有真意，便不为滑；使无真意，学东坡固滑，学山谷亦滑，江西派乃更多不可耐恶调也。

　　五律三首，略加评骘②寄去，可细观之。看《近思录》甚好，但此书不是胡乱看得，非用过功夫人，不知所言著落也。廿四史定后尚寄在商务馆，因未定居，故未取至。欲将此及英文世界史尽七年看了，先生之击则大矣。苟践此语，殆可独步中西，恐未必见诸或实耳。但细思之，亦无甚难做，俗谚有云：日日行，不怕千万里，得见有恒，则七级浮图，终有合尖之日。且此事必须三十以前为之，四十以后虽铸亦无用，因人事日烦，记忆力渐减。吾五十以还，看书亦复不少，然今日脑中，岂有几微存在？其存在者，依然是少壮所治之书，吾儿果有此志，请今从中国前四史起。其治法，由《史》而《书》而志，似不如由陈而范，由班而马，此固虎头③所谓倒啖④蔗也，吾儿以为何如？

【注释】

　　①四弟：指四子严璿。

　　②骘：zhì 评定。

　　③固虎头：晋顾恺之小字。

　　④啖：dàn 吃。

357

（2） 唯有读书高

【原文】

我近来因不与外事，得有时日多看西书，觉世间唯有此种是真实事业，必通之后而后有以知天地之所以位[1]、万物之所以化育，而治国明民之道，皆舍之莫由。但西人笃实，不尚夸张，而中国人非深通其文字者，又欲知无由，所以莫复尚之也。且其学绝驯[2]实，不可顿悟，必层累阶级，而后有以通其微。及其既通，则八面受敌，无施不可。以中国之糟粕方之，虽其间偶有所明，而散总之异、纯杂之分，真伪之判，真不可同日而语也。近读其论《教训幼稚》一书，言人欲为有用之人，必须表里心身并治，不宜有偏。又欲为学，自十四至二十间决不可间断；若其间断，则脑脉渐痼[3]，后来思路定必不灵，且妻子仕官财利之事一诱其外，则于学问终身门外汉矣。学既不明，则后来遇惑不解，听荧[4]则妄，而施之行事，所谓生心窖政，受病必多，而其人之用少矣。

【注释】

①所以位：使安于其所，此处作"形成"解。

②驯：顺服，渐进。

③痼：久病。

④荧：疑惑不明。

（3） 笔墨功夫

【原文】

凡学书，须知五成功夫存于笔墨，钝刀利手之说万不足信。小楷用紫毫，或用狼毫水笔亦可，墨最好用新磨者。吾此书未佳，正缘用壶中宿墨也。至于大字，则必用羊毫，开透用之。市中羊毫多不合用，吾所用乃定制者。

第二须讲执笔之术，大要不出"指实掌虚"四字，此法须面授为佳。

再进则讲用笔，用笔无他谬巧，只要不与笔毫为难，写字时锋在画中，毫铺纸上，即普贤表弟所谓不露笔屁股也。

最后乃讲结体，结体最繁，然看多写多自然契合[1]，不可急急。邓顽伯[2]谓密处不可通风，宽时可以走马，言布画也。

【注释】

①契合：相符，融合。

②邓顽伯：即清代书法家邓石如，真、草、隶、篆皆精。

【原文】

汝堂课分数极佳，可慰。至于国文，教员所为，乃一时风气所成，与昔贤规矩，及儿在书房者，大不相侔①，我们既入学校，而国文分数，又有升班关系，自不得不勉强从俗，播弄②些新名词之类，依教员所言，缴卷塞责，至于真讲文字，固又是一宗事，后来从汝所好为之，不关今日之事也。孟子云："鲁人猎较，孔子亦猎较。"正是此意。夫孔子尚有时随俗，况吾辈乎？考试原求及格，但人事专尽③之后，即亦不必过于认真，转生病痛。总之，为学须有自得之趣，用力既外，自然成熟，一时高低毁誉，不足关怀也。

——《严复集·书信》

【注释】

①侔：móu 相等，齐。

②播弄：随意使用。

③专尽：专心尽力。

（九）邹岐山

读书即是谋业之基

【题解】

邹岐山作为商人非常看重商人的应变才能，本篇强调尚不学则无术，没有谋取一项职业的技能，就无以成就大业。

【原文】

不学无术这句话，就是说人不读书，便无谋业善术的意思。从古以来，无论士农工商，凡能成大业的，哪一个不是从学问得来的呢？如今海运大开，文化日进，商医农工，各有专学，莫不精益求精，巧益求巧。若不用心勤读，不但不能发达事业，就是谋业的根基，恐怕也要受到天演的淘汰了。

【译文】

不学无术这句话，意思是说人如果不读书，就没有可以谋取一项职业的技能。从古到今，无论士农工商，凡是能成就一番大业的，哪一个不是从学问中得来的呢？如今海禁大开，文化的发展日新月异，各种职业都有专门的学问，而且无不更加精巧。如不专心勤奋读书，不仅事业不可能发展，就连谋生的根基恐怕也不稳固，甚至有被淘汰的可能。

八、现当代篇

（一）徐特立

致徐乾书信二封

【题解】

　　徐特立是老一辈无产阶级革命家、教育家，一生好学不辍、诲人不倦。这里辑录了他写给儿媳徐乾的两封信。第一封信中，徐老赠给儿媳《联共（布）党史》一书，勉励儿媳订下读书计划，好好掌握该书的内容；第二封信中，徐老指出儿媳文化低的事实，勉励儿媳珍惜时光，养成读书习惯，持之以恒，必有收获，从中见出徐老对儿媳学习方面的严格要求。

▲徐特立像

其 一

【原文】

乾儿：

　　四年前你还是一个落后的家庭妇女，而今成了一个共产党员，实出我意料之外。

　　希望你真能继承我的革命事业，我从现在你的行动看有很大的可能性。

　　我爱读《联共（布）党史》，曾在长沙精读一次，你是知道的。这书包括革命理论、策略、组织原则和工作方法。你当随时阅读，把它当党的经典。

　　本书共四百三十页，日读二页，二百五十日可读完。我今年已六十五岁，有似风中之烛，不知能否眼见你读完此书，了解此书，且能实行书中的原则。如果我能看得见的话，我虽无子，也还快慰。

其　二

【原文】

徐乾：

我为什么这样对你多心自找麻烦呢？我不是以为你不行，而是认为你有远大的前途。可是文化太低，政治理论没有，又处在被人推尊你的环境，你的缺点不易被人发现，因为你还不负主要的责任，不会犯什么大错误。一天环境变化，你也有可能做妇女中的负责工作，尤其是与有学识经验的人们交往，就会发现自己的不足。我每一分钟都发现自己学问不够，写文章不敢下笔。过去替《解放日报》写文章半日可写一篇，现在一月还写不出一篇。我读书和工作整整五十年了，还只一个半通。你比之我还有一个距离，但你的学习机会百倍于我。我希望你从今日起把学习列为正式时间，不缺一分一秒。但可把时间减到最少，哪怕一日从一刻到半点，只要有恒。一经决定决不中断，把它当作吃饭、睡觉，除非有病决不中断。你在一月就决定写日记，你试查你的日记在这五个月中读了多少时间的政治书。你一查就会知道在学习上无计划性。我认为你应该下最后的决心学一个字，即是一个"恒"字。你是否还能进步到应到可能到的地步，是靠你自己下决心，兼能接受他人的批评。我完全没有把你当一个没有无大前途的人，如果是这样看你，我也就不必这样多心。我已感觉不易向你进言，所以言词特别严厉。听否，还是你的问题。

特立

一九四四年六月二日

——《万金家书》

（二）谢觉哉

家信四则

【题解】

谢觉哉是德高望重的老一辈革命家，不仅自己刻苦求学，对子女的学习也抓得很严。这四则家信实际上是从谢觉哉写给子女的一些信中摘录出来的。在这四封信中，谢老着重给子女介绍了学习方法问题，提供了非常具体的指导意见，也谈到了端正学习态度的问题，对于今日的家长指导子女学习仍具有不小的参考与借鉴作用。

（1）关于说话作文

【原文】

会说会写，是做任何事情的工具，一定要学会掌握这个工具。

话是说给人家听的，要人家听得清，就需要口音正确，要人家听得懂，就需要语句清楚。这需要练：练习讲普通话，青年人口音善变，一学就会；练习讲话，先想清要讲的意义，没有意义的话，可以不讲；有了意义，要想如何讲才能使意义表达得好，使听的人好懂。

你说：在小学时还会讲演，现在"说两三句腹内就空了，说得多了，就变得翻来覆去……"这并不全是坏事。也许是你比以前老练了些，没有必要的话就不想说；也许是为了说明一个道理，让对方明白，对方总是不明白或不全明白，需要翻来覆去的说。这是好的。如果你真是腹内空空的，没有说的，或者不是腹内没有，而是没去分析哪些应说哪些不应说，于是只好不说；更或者是无意义地翻来覆去，使听的人讨厌，连自己也不知道为什么要这样说，这是不好的。总之，说话要打"腹稿"，即先想清；也要"藏得话"，即心里有话不随便说，成熟了的话也要在有效的时候说；但也要爱说，不可做"泥菩萨"和"闭口道士"。

写文章写信，是给人家看的，要人家看得清，需要字迹分明；要人家喜欢看，还得字写得美（印刷的在外）。如果人家看起来费力，自然就会忽视写的里面的意义了。有些人写的东西，文既不佳，字又潦草。恐不只老年人感到难看，年轻人也不见得欢迎。

写，是把要说的话写在纸上，但并不会也不应该完全像说的一样。说是面对面，听不清可问，说不清可再来一遍。写就不同，定要人一看就懂。所以写，更要练习。首先是想要写什么，如何才能写得好，这也是打"腹稿"；然后再写出来，边写边想，使写的比原来想的更好；写出来后，再仔细看看，把不明了和粗浅的字和句子改掉，有时甚至不惜把全文丢掉另写。

××你说："在中学时喜欢作文，因为我那时写起来不费什么气力。"这是好处，表现你还有点聪明；也是不好处，是没有费什么气力。世界上没有不费力可以做好的便宜事。你们的病就在这里。写字不肯费气力，作文、写信、记笔记不肯费气力，写出来人家不欢迎，自己也未必满意；以至讲话也不肯费气力，"当了班长更感到不行"。"书到用时方恨少"，这已经或将要成为对你们的考验。

××说得对，"由于几年来没有练"，那就练起来吧！早练早成功，迟练迟成功，不练不成功。

××说："我也不知道是怎么回事，人大了，这些事情反不如小时候了"。可见说话和写并不难，小时候就能做，大了应该也能够更好，因此你们也不要着急。练就前进，不练就后退，就是这么一回事。我希望我的信像针，能刺着你们的痛，你们就会前进了。

（2）要善于向别人请教

【原文】

××说："我想爸爸还是尽可能给我们多讲一些，我感到父母的话，孩子是最能接受的；别人讲的虽对，自己接受起来，却不那么服气。"你妈妈常怪我没和你们多讲，的确我讲的太少，可是今后也不可能对你们多讲，连长的信也不会多写。你们现在主要的不是望人家多教，而是在自己如何学；不是看来教的是什么人，而是自己如何计算去学。

父母的话，孩子们易于接受，这是很自然的。"别人讲的虽对，自己接受起来，却不那么服气"，这都是极错误的观点。毛主席常说，不懂就得学，对高于我的人学，也对低于我的人学；"放下臭架子、甘当小学生"；"这些干部、农民、秀才、狱吏、商人和钱粮师爷，就是我的可敬爱的先生……"（见《农村调查》的序言和跋）。这些话你们须找出看看。这可证明你们读《毛泽东选集》，体会还差。何况你们接触的多是你们的老师或者同学，应该向他们请教，有什么不服气？这是极要改正的错误。

我对你们讲得不多，但是我讲的却不少，有的登在报上，有的出了小册子，你们的箱子里有没有，看过没有？要你们自己答复。

总之：父母教导是重要的，但主要是靠自己学，靠向老师及其他的人学。目前你们学好学校的各项课程，做到身体好、学习好、工作好，这是你们对做父母的极大安慰。

（3）一定要学好语文

【原文】

我再一次告诫你们。必须把语文学好，要顶好、至少是相当好，绝不允许不好。

有的青年学生或青年工作人员，只是基本上而不是完全地脱离了文盲状态，因而他们的工作、学习，都或多或少地受到了限制。

他们看书、看报、听戏文，常常遇到字、词、成语等"拦路虎"。他们不肯去翻字典，翻词典，或笔记着问人，把"虎"啃掉，而是"绕"了过去，致使看的听的，总是似懂非懂。"虎"呢，这次拦路，下次仍然拦路。

写信写文章，常常"词不达意"，不是"干巴巴"的语言无味；就是胡扯一顿，文不对题。有意见说不清楚，因而其意见也不会发展。

字，写得清楚，人家容易看；写得美，人家喜欢看。常常有些来信或文稿，不只潦草而且怪形怪状，看起来是灾难。是不是我已老得成了"文盲"？还是他们写的"天书"？我们是人，绝不能写"天书"。

（《水浒传》：宋江得了天书，只宋江和吴用认得，遇着困难，就翻天书，看天书上怎么说的。）

近来报纸上常有讲作文写字的文章，不知你们注意没有？十一月十日《人民日报》有一篇讲写字的文章，讲到"笔顺"，即每一个字下笔的次序；讲到"间架"，即字的结构。这些你们都没有好好学习，应该补习。又最近《人民日报》凡难认的字都注了音，为的是纠正人们的错误。你们不会汉语拼音的要补学，几个钟头就可学会了。

语文不好，其他功课也必不会很好；本国语文不好，外国语文也不会很好。

语文不好的人，思想也不会发展，做工作也必会遇到困难，因为他不会善于解决困难。

你们都不大蠢，甚至还有点聪明，为什么语文学不好？你们小时候写文章还受到人称赞，为什么大了却不进步？没有别的，是没有练，不用心。

替你们立个条约：

一、看东西一定要看懂，遇到难懂的字或句子，即"拦路虎"，一定要啃掉。

二、写信写文章，写完了要看几次，句子不好的要改，不惜改一次以至改几次，字写得不好或不清楚的要重写，绝对不许躲懒。

限你们几个月或者半年，一定要做到词句通顺，字迹清楚。

（4）爱护书报

【原文】

爱护书籍、图画、报刊，是一件很重要的事。对书籍、图画、报刊等，损坏、乱丢、散失，是一种很不好的习惯，你们必须注意。

大的孩子要教导小的孩子，见有不爱护书报的事，就要互相批评，帮助改正。

教科书、作业书、课外看的书，必须好好收拾，不要丢失，不要弄坏；不可进了中学就丢了小学的，进了高年级就丢了低年级的。

我书架上的书籍、图画、报刊，希望你们能看，但也希望你们爱护。

顺便讲点故事：

宋朝的大学者司马光——就是那个打破水缸救落水小孩的人——他家里的书很多，不管看过多少次，书还是像新的一样，整整齐齐地放在书架上。

你们读历史，知道赵括"徒读父书"的故事吗？赵括读了父亲的书，不知道用，是一个教条主义者。但从"读父书"的字面上，知道父亲的书儿子读，儿子读后孙子又读，书是何等被爱护。

赵括是战国时代的人，那时候还没有纸，书是写在竹板上的。我小的时候读的书是木版印的，线装的，我读的书，很多是我父亲——你们的祖父读过的，我读了以后，也没有损坏。

我象××这样大的时候，把书乱七八糟塞在屉子里，被你们的祖父看见了，把我骂了一顿，并亲手给我整理。从此以后，我注意了，读的书不乱丢，放在一定地方，坏了就补。

在延安，我对书报是注意的。几年的《新中华报》《解放日报》没有丢掉一张（退出延安时埋在真武洞，被胡匪挖出毁了）。到北京，我没工夫亲自管了，这个工作，现在需要你们做。

望你们注意并学会做！

——《万金家书》

（三）董必武

1. 给晕儿的信

【题解】

这是董必武写给小儿子的一封劝学信。董老在信中对儿子如何学好语文课提出非常细致的指导意见。堪称行家经验之谈。

该信未署明具体年份。

【原文】

翚儿：

今日接到你本月十日信，得知京寓情况，甚慰！

……自上海回广州后，到的地方都是短期居住，携带的东西没有打开，你的日记本也在没有打开的东西之内，所以这次的诗，通通没有写上去，只好做一笔债欠下来，以后找时间补。

酉酉能把韩先生指出的缺点改正过来就好了。不切实纠正错误，哭也无益。先生说他贪玩，听课不注意，有时自满，说俏皮话、泄气话，都是事实，有几点是我曾指出过的。他要注意从不贪玩、听课注意开始改，才有进步的希望。

你想学文学，对于国文和外国文要多注意一些，高中各科都是常识，都应注意，我这里只叫你多注意一些语文课，不是说其他可以不注意也。

一切课都要聚精会神地听，下课应抓紧时间复习，作业要按日做完；不懂的要问先生和同学，语文每课至少读十遍，有些课要背诵。每日练习写二百字左右的日记，写完了日记再睡觉。这样干，开始当感到有些困难，勉强个把月，就习惯了。日记如觉得没有什么东西可记，就把学过的语文课复述一段也可以。这些方法我以前告诉你们过的，再说一遍，你能试一试，并督促××试几次，督促他聚精会神地听课，按日做完作业，也算是帮助他改过了。

我们经常有电影看，但我想看的文件和书籍每天总是看不完，连写字的时间也挤掉了。我身体还好，吃饭睡觉都好，咳嗽有一点，不算厉害。别人穿单衣，我还是着丝棉袄，因此保持了身上的温度。

你把这信读给妈妈听，让西西看，我不另外写信给他们了。顺问

近好！

父字

2月14日

2. 给羽儿的信

【题解】

与徐特立、谢觉哉一样，董必武对于子女的学习也极端重视与关心。这里辑录了写给儿子董良羽的四封书信，后两封信没有署名具体年份，估计是在 1958 年之后。董老在这四封信中既教给儿子的具体知识，又从学习方法、学习态度予以耐心、细致的指导，有不少深刻见解，值得我们借鉴。

其 一

【原文】

羽儿：

你拜年的明信片和信，是在去年最后一天收到的，我们很高兴地看你的信。你已经入校了，穿起军衣、戴起军帽了，你算是军事性质学校的一个学员。说是当兵，还应该入伍，当一个短时期的入伍生，那才真正取得"兵"的资格。入伍和入学并不是一回事，入伍后的生活是"兵"的生活，那比学校生活要严格得多。你校学员是否还要入伍，你们学校负责人会告诉你们的，你自己和你的朋友都应当有精神准备。

你有兴趣写诗，这很不错。你写的诗，有意境。这是诗的骨干，非有不可。诗要有韵律，这点你还没有研究。我国旧体诗还要押韵。韵分平、上、去、入四声，四声又分备部。旧书中的诗韵，就是说明这些东西的。你的诗"见""健"二韵可押，但"进""安"不押，和"见""健"更

不押。我为你改了几处，就成一首可念的诗了。

父母去南方，儿独东北遣，

路远空相忆，只能梦中见。

旬日是新岁，片纸表心愿，

发白青春在，颜红步履健。

红圈记号是押的韵。"遣"和"见"在去声"十七霰"部，"愿"和"健"在去声"十四愿"部，"愿"部韵和"霰"部韵古时通用，因就你用的"见""健"两韵，改掉了"进""安"两韵。若是作新体诗，只要押相近的韵，不必这样讲究。字数也可以不拘，你如果喜欢诗，还是学新体诗，较少拘束。唐诗三百首念念是必要的。《诗刊》杂志可以买来常看。祝你愉快地进入新年！

父字

1958 年元月 2 日广州

其　二

【原文】

羽儿：

你已升科，定了所学的科目，这很好。你学习的科目是最新的科目。估计其中有困难，但也不会是不可克服的困难。这就是说，普通人只要有决心是学得到的。学习中是会遇到一些困难的，循序渐进（也讲"渐进"二字与你的口味不合，但我想学习科学的基本原理渐进也不算坏），掌握所学科目的基本原理，应手脑并用，敢于创造，这样，在社会主义建设中，一定能成为一个积极分子。这里还要提醒你一下，你在学习专科时，必须常常学习政治，必须服从共产党和共青团的领导。要学习辩证唯物主义。学政治要看《人民日报》，要学习毛泽东的著作（毛主席的著作中应先学哪几篇，可请学校政治课教员指导）。我所以特别提到这一点，因你在中学时是不很注意政治的（你到东北后有进步）。不仅是你，你们几个熟朋友也有同样的情形。××最近两年有进步，他已成为正式党员了。

必武手书

1958 年 9 月 15 日

其　三

【原文】

羽儿：

今日正想回你三月六日的信，又接你十日信，知道你已报名长期下放，这很好。既已报名，就要准备领导上会批准你的意见。下放后，对你想在学校学点什么的志愿是没有达到的，但在实际工作中仔细体验，也是一种学习，不过不是自己原来打算学的那一门路而已。中苏友谊农场是国营农场，是机械化的农业，能下放到那里，你会学到很多东西。你在学到工作上必需的知识以后，你还可以钻研你原来打算学的一门学问。你希望我们提意见，我同意你报名愿意下放，也同意你自愿下放到的地方。如果再要问还有什么意见的话，那就是领导上决定下放你到什么地方去，你就愉快地踊跃地到什么地方去。

顺问你好！

父字

3 月 17 日

其 四

【原文】

羽儿：

因庆节后你回校去写来北京的信有些看到了，有些是妈妈和妹妹弟弟告诉我的，一句话，我都知道了。知道了，为什么不写信给你呢？这有一点和你的情况相同"忙"。大跃进的年代，不"忙"的人是少有的。……你的情况有一点比我强，看了很喜欢，就是"健"。希望你经常保持这个"健"吧！我不"健"，国庆节陪匈牙利道比主席去西南访问，刚由成都到昆明就感冒，体温增高了。躺在床上吃药三天多才好，道比主席由别人陪着经西南回北京。我在昆明住了十天，才飞贵阳，贵阳住了三晚飞北京。原来打算在北京呆几天就到武汉去住几天，再到广州去。参加苏联国庆节祝贺会后本可以动身，医院要检查身体，说我胆结石，找医生看，吃中药。检查后，寒流来了，犯了感冒，体温没有什么，咳嗽大增，不敢出门了，原定昨日动身的，只好改到咳嗽恢复正常才走。到月底，大概可以离北京。

你前几天给妹妹的信中说"忙"，习题多，开夜车还赶不完，心里"躁"得很，要我们狠狠地批评你。"躁"是要不得的，党早已号召我们戒"骄"戒"躁"，你是预备党员，知道"躁"不好就戒掉它，"躁"不能帮助人解决任何问题，反而会把人赶上错误的道路去。军人要沉着，学理科要精细，这些都是与"躁"不相容的。道理你当然也会讲，但习题多，开夜车还赶不及怎么办？这种情况是否是你一个人的，或其他的学员也有类似情况？如果是你个人的，那就只有丢一部分较容易做的习题，每次难题都要克服它。开夜车要控制在身体受得住的范围内，超过了身体忍受的范围，次日上课就成问题了。这点你必须注意！如果不只你一人如此而有几个人或较多的人如此，那就要报告教务处或在班务会议上提出来研究。有些学校设有专员指导学生作业，我不知道你校是否应设，你们考虑一下可以向学校建议。每次作业先看题目，难的题目找同学分担，担任的人把所担的题目中的关键何在指出来，大家分头去做较省事。这点当然有毛病，我想比搁起来或开夜车把许多人弄得精疲力尽要好些。这只供你个人参考。因你要我狠狠地批评，只是批评，不想点克服困难的办法不好，所以写了点意见，不行就算了。在西南短时间内写了几首诗，这次赶不及抄，以后再寄给你。妈妈最近也是"忙"，身体还耐得住。弟妹绍简们都好。

　　顺问近佳

　　父字

　　11 月 22 日夜

——《万金家书》

（四）柳亚子

致柳无非、柳无垢

【题解】

　　柳亚子先生是近现代著名文学团体兼革命团体"南社"的领导成员，擅长诗词。在这封给两位女儿的信中，柳亚子给女儿们写的诗作提出了具体、细致的批评指导意见，充分表现了柳亚子对子女学习、写作方面的关切之情。

　　该信写于 1930 年。

【原文】

非、垢：

　　去的信没有发出，来的信却送到了。差一点，便是"对穿过"。

　　你们的几首诗都不差，费去几个钟头很值得。律诗第二联似乎不对，改正如下：

激昂还慷慨，不似女儿身。

意气云中翼，才华席上珍。

一朝魂已逝，百岁恨犹新。

夜夜梁溪月，年年梦里人。

　　"激昂慷慨"四个字是平用的，加一"多"字不妥，还是"还"字为好。第二联改它成功对句。第三联因"返魂"有"反生""复活"之意，所以改做"逝"字；"百载"似生硬，故改"百岁"了；"百岁"或作"九死"，不知好不好？[①]"恨无垠"三字本来很好，我嫌它"垠"与"恨"声音相近，读不大响，所以又改为"犹新"。你们以为好吗？末两句很自然！"人生"一首极好，可惜太颓丧了，似乎不甚合宜。无垢的三首都可以。"谁"字失粘，应改"孰"字②。第三首末句也不差，"记"字改做"好"字，好吗？再会！

亚

五月廿八日下午五时

良英的诗，非已做了，垢似乎不好意思不做。也做一首五律，我来替你改，好吗？

——《柳亚子文集·书信辑录》

【注释】

①不知好不好：因为"百岁"和"年年"有点重复。

②应改"孰"字：第二首

（五）胡绍之

致胡适信函三封

【题解】

胡绍之是胡适的二哥（同父异母），是除胡母以外对胡适帮助与影响最大的人。第一、二封信分别写于1910年初冬和1911年夏天，当时胡适在美国留学。胡绍之在这两封信中跟胡适谈到取得公费留学的机会颇不容易，要求胡适安心学业，刻苦求知，精益求精，并告诫胡适不要为尽孝道而中断学业，可谓见识深远，值得今人学习。

第三封信写于1919年夏，当时胡适写成了名噪一时的学术专著《中国哲学史大纲》，胡绍之对该书给予了极高的评价，并对自己得不到良好的学习机会而表示悔恨、遗憾，言辞委婉地劝勉兄弟再接再厉。胡兄对于胡适学习方面的关心、鼓励与帮助的精神值得我们效法。

其 一

【原文】

季弟左右：

江干握别，情深难割。顾念此行于吾弟前途有莫大之幸福，则又翻然自慰，置离愁二字于脑后。自别至今，计得七书及诗数章，知己安抵彼邦，见闻日广；且可入康奈耳大学专习农业，欣慰无既。吾弟天资超卓，宜可大成，频年为家境所限，中途废学，又无名师益友以相砥砺，故所成未广。今幸得此机会，此实先灵之默佑。万望从此矢志向上，专心力学，以收桑榆之效。至家中各事，有余力任，尽可不必置怀。堂上薪水之奉，已照来信代寄，以后按年当照此办理，毋庸弟之分心。以后弟经费如有所余，或暂存银行，积成巨资，以为日后要需；或置购图书仪器，以资学问之研究，不必急于还债，亦不必兼顾家中。总以全付精神，贯注于学问之上，务求达此目的然后已。其余均不紧要，一概抛之九霄云外，所谓智者急先务也。

余自申返奉后，任事如故。刻以所办和各事颇为上峰所激赏，由度支司札委本局一等收支员，薪水加增，略可自敷。改奖之水实已售去，得价一千四百钱，除择要账先行归债外，当留五百番存于殷实商号生息，以备不时之需。似此布置，目下将来两能兼顾，心中较前稍为宁贴。想弟闻之，亦当甚慰，且信阿兄之力当足相助，决不为难也。

弟临行寄家之信及照片一纸，堂上阅之，有宽慰而无责备。盖堂上原系明白识大体之人，非寻常女流可比，弟于此尽可放心。

大兄久无信来，风闻尚足支持。家中来信，大小平安，惟望弟远处海外，以爱身守身为事亲之大，念兹在兹，则堂上及余虽远隔万里之程，犹相接于一室之内也。手此，即颂体学双进。

兄　绍之手启

学问固当勤求，然太急进而无从容涵养之功，久则锐进锐退。余平生实犯此病，望弟留意为要。

其　二

【原文】

适弟左右：

屡得手书，迄未一复，以懒与病之故。余至辽康后，见龙蛇混杂，搀然不可一日处，故决计辞差请假南旋。三月底至申，即欲返里一行，以湿毒留治，久而未愈，归兴为之一阻。后又以冯子久君来函，嘱在申相待，一商进退之宜，上月始至。一再蹉跎，于是归家之念遂成虚想。可见天下事皆有一定，丝毫不能勉强。本月仍拟往奉天，约一枝之寄尚不难图。所苦者政界廉俸自经度支部与资政院一再裁减，所入不足以自养耳。弟劝余舍东北而往西北，此固白圭氏人弃我取之意，然势有所格，则事难如愿。西北情形，大异东北，路途遥远，交通困难。以新疆言之，由京前往陆路八千余里，按站而行，非半岁不能达，川资既需数百金，家用亦当筹足一年。否则待远方之接济至，而全家已成饿莩矣。若云借贷，世态炎凉，只有锦上添花，安肯雪中送炭。故余为目前计，不得不择稳途而行。若少年之壮志，无论忧患之余销磨已尽，即使百折不回，亦不过徒抛心血，丝毫无所补益，先人之故辙可引为鉴也。况今日之情形，又更远不如前乎？弟年轻阅历尚浅，不知中国之情形，事事惟尚皮毛，全无实际，不论如何热

心之人，一入官场，未有不变热心为灰心者，真无可如何也。

弟来函谓第一年学期已满，甚以为慰。所嘱代决一层，自愧学浅，无以副弟之望，只有任弟自行决择耳。文学在西洋各国固为可贵而难能，然在中国则明珠暗投，无所见长，以实际言，似农学校为切用，且于将来生计，亦易为力。惟弟天性于文学为近，此则事难两全，鱼与熊掌之择，固非隔膜者所能代为妄断也。至弟谓西洋农学利用机器，非千亩百亩不为功，因谓中国地多零畸，不甚合宜，此乃拘于家乡山僻之情形，未见黄河以北及关外蒙古等处之沃野千里，一望无际，地旷人稀，正需机器乃始有济也。中国腹地人多地窄，生齿日繁，难以自养，故竞争愈烈而愈穷，非人力之过，实为地势所限，故至如斯。若能以腹地之人力财力，移注于边荒旷废之区，则地藉人以辟，人藉地以养，天地旷与人满之患，生计可纾，国力自富，诚莫大之利益。近日上下有见于此，故亟亟以移民殖边为务，所惜徒腾口舌，全无实际，此则由来之通病，非仅一事为然也。

余频年阅历之余，深见办事不可无权位，无界限，无责任。又谓欲事之有成，不可无一定之宗旨、不挠之精神。而中国则只图表面之文章，蒙蔽敷衍，事事与之相反，安能有所为哉！

弟来函有明年暑假拟返回一行之说，此足征天性之敦厚，然余甚不为然。何则？数万里出洋求学，学未成而归，岂不有负初志？纵使仍可重往，然往返之间，耗金钱几许，耗光阴几许，弟岂全未思耶！乐羊子之妻所以处其夫者，其勇决为何如，此真可为弟法。古人入山修学，有置家书而不阅者；日本维新志士出外游学，有学若无成死不还之句。弟之志气岂不如人！愿务其大者远者，毋效妇人女子之所谓孝也。

又弟家书中有购买守焕兄家藏《图书集成》之说，此更见弟阅历之浅，全不知经济艰难。此书杂乱无绪，无甚可取，而价非数百番不可得，是所益者少而所损者大，与其出此价购书，不如移而多购有用之西籍，其功当胜此倍蓰。况弟此时身在外洋，购之作何布置？将邮寄美国乎，抑仍搁置家中也？左右无一是，故余深怪弟行事太无计较，愿此后更勿有此举动，致贻笑于有识也。

余与弟离别已久，极愿一睹弟之颜色，以解客中之寂寞。弟如有影片，可寄一张与余，千万勿忘。家中来书大小平安，惟堂上时以弟孤身海外为虑。愿常体堂上之心，自知保身爱身，莫大之幸也。手此布复，并候旅祉

兄 绍之手启

【原文】

适之四弟：

几日没有见面，本想来看看你。因你日前说起，要腾出些工夫，来做一篇文章，恐怕扰了你的文思，耽误了你的光阴，故而作罢。现在北京大学的风潮已经平静，不知你打算几时动身，我很盼望你于动身之前到我寓中一谈。南京的事有把握否？望与许君切实订定，以免我牵肠挂肚。因我怕像从前一样，初起谈得好听，到后来总是脱空，实在误我不浅。我前日看见你的面色又黑又瘦，一些没有精彩，想因太劳之故。以后望你总要爱惜精神，那种不相干的笔墨，尽可谢绝，这是最要紧的。

你前日送我的《中国哲学史大纲》，我看了一遍，觉得这部书，实是中国数千年来一部很有价值的书。周秦诸子的学术，从前也有许多人去研究过的，但是总不过在那字面上用功夫，且跳不出古人的窠。但像老弟这样说得原原本本，各家均替他寻出一个统系，编出许多条理，真是没有第二个的了。内中对于孔墨二家的说教，尤为独具只眼。我读了之后，我的思想大为变迁，觉得我从前所有的见解，均是偏驳，而不完全的。皆因没有得到读书的方法，全靠自己一点小聪明去胡测乱想；就使有一二处见得到的地方，总不能像老弟这样的透彻，这样的有条有理，实在惭愧得很。导言一篇，替学者开出许多求学的法门，将来中国的学风，必然为之一变。老弟这个功劳，实在不在禹下。我从前看见老弟所做的《诸子学不出于王官》那篇文章，很为赞成，现在看见这部书中许多议论，更加满意。觉得老弟的学问，实在是有心得的，比那班东抄西摘杂凑影戏的朋友大不相同。大约老弟所以能够做得出这一部好书，全得力于方法二字，更将各种科学拿来做许多帮忙的伙计，故能互相印证，融会贯通，成就这个大事业。我因此深悔从前不曾好好地去学习西文，直到今日，好像瞎子一般，真是遗憾终身。

再，现在中国人所著的哲学书，及将西文翻成中文的哲学书，共有几种，望你开一张单子与我，让我好去买来看看，长些见识。千万不要忘了。英文自修的书，以那一种为最好，望你告我。我现在很想温习英文，可惜记性一些没有。幼时不努力，老大徒伤悲，又怨谁呢？

兄　觉手书

——《胡适家书》

（六）陶行知

1. 致母亲、汪纯宜等

【题解】

陶行知是现代著名的教育家，一生教书育人，追求知识与真理。这封信写于1923年，是写给母亲、妻子、妹妹及他的三个孩子的。陶行知在信中详细叙述了自己办学计划的推行过程，最后建议由妹妹教母亲学他所编的教材《平民千字课》，可谓勉母学习，用心甚嘉，值得今人学习与效法。

【原文】

母亲、纯宜、文渼、大小三桃：

昨夜由沪回宁，今晨又将赴皖，因招商船未到，在迎春楼吃点心等候，乘暇将在上海已办和到安庆拟办之事，撮要报告如下：

前日十时，许隽人、柏烈武二先生约集旅居上海安徽各界领袖，会商推广平民教育进行方法，并公电本省官厅、社会合力提倡。下午三时，承余鲁卿老先生之招，出席徽宁同乡会，演讲平民教育。公决由干事部向评议部建议，赠送旅沪不识字同乡《平民千字课》，使一年之内旅沪同乡无不识字。同时划

▲陶行知像

分一部分收入，为推广徽宁两属平民教育之用。前次报告歙县试馆收入作为推广歙县平民教育之用，现在从县而府而省，均已稍有头绪，以后可以为全国效力了。

昨日车上遇旧友祁暄兄。彼现任久大精盐公司及协和贸易公司经理。知行与谈平民教育，彼甚为注意。已决定限一年之内，厂中一千余人不许一人不识字。即时托知行为之代定课本一千部。祁君并表示，可能设法减少工人作工钟点，俾能求学，尤为难能可贵。

明日到皖，先与各界领袖开会，继开全体教职员、学生会议，继开私

塾会议，继开店主会议，继开牧师会议，最后开平民教育教师会议，定二十三日回宁，然后再到芜湖及武昌去。

现尚未得熊太太信。安庆一行，大约是由知行孤军直入了。昨日省长已来电表示欢迎。社会方面亦已接洽妥帖，进行当能顺利。知行近来精神十倍于前，虽千军万马不能与知行抗衡！

知行希望母亲抽空学这部《千字课》，可由文渼教。一来当作娱老之法，二来可以有提倡之效，三来知行写信，母亲自己也会看了。岂不好吗？

十二年十月十七日

2. 致陶晓光

【题解】

这封信写于1924年，陶行知表扬儿子信写得不错，同时教导儿子教奶奶读书识字，可谓对老少的学习同样的关心，这种精神实属难能可贵。

【原文】

小桃：

你的信，我收到了，谢谢。这封信写得很好，可惜没有写日子，也没有写自己的名字。你如果写了日子，我就晓得这封信是什么时候寄的；你如果写了名字，就用不着我费力猜谜了。

万孚叔叔送你的洋画，我要恭喜你。他一共送了你几张？有那几张是你最喜欢的？请你告诉我。

我回来的时候，一定要带几件好玩的东西来送你，送桃红，送三桃。桃红一天很忙吗？他没有写信给我，大概是忙得很。太太好吗？妈妈好吗？阿姑好吗？桃红、三桃都好吗？舅公的事体，你没有告诉我。他老人家也好吗？请你代我请安，请安。

老太太已经读到《除三害》，我听了很快乐。你还要用心教她才好。这封信你读过之后也教老太太读读，好不好？

我很欢喜读你的信，你一礼拜写一封给我，可以吗？妈妈、阿姑、桃红好久没有写信给我了，你能请他们写信给我吗？老太太如果能写一封信给我，我更加喜欢了。你教她写，好不好？

知行

十三年四月十三日

3. 致陶宏

【题解】

这是1927年陶行知写给大儿子的一封信。陶行知在信中不仅要求儿子学好书本知识，同时勉励儿子要把书本知识与实际人生结合起来，做到学以致用，这种见解与主张是很高明的。

【原文】

桃红：

接读你三月十一日的信和《世界进化论》一篇，晓得你进步得多，我非常欢喜。国文长进全靠多做多读，你照这样干去，以后的进步必定格外迅速。

试验乡村师范已经开学，学生虽然只有十六名，但是精神真好。他们自己扫地、抹桌、弄饭、洗碗、打补丁。他们还脱了鞋袜，穿着草鞋种田地。昨天和今天，他们还为乡下小学生种牛痘，医秃头疮。

我很希望你和小桃多学做事。我的主张是：有书读的要做事，有事做的要读书。先生不应该专教书，他的责任是教人做人。学生不应当专读书，他的责任是学习人生之道。我要你们做有知识、有实力、有责任心的国民；不要你们做书呆子。

我平安、康健。现在已经组织两个救护队，为的是要救南京附近的人民。

爸爸

十六年三月十七日

4. 致陶晓光、陶刚

【题解】

这是 1931 年秋天陶行知写给二儿子、三儿子的一封信。陶行知在信中鼓励两个儿子努力学习科学知识，做科学的孩子，足可反映陶行知教育思想的开明与先进程度。

【原文】

问真、探真两位小宝宝：

你们知道现在是一个科学的世界。科学的世界里应该有一个科学的中国，科学的中国要谁去创造呢？要小孩子去创造！等到中国的孩子都成了科学的孩子，那时候，我们的中国便自然而然地变为科学的中国了。

我希望你们俩从今天起，立刻变为科学的孩子。你们或者要问"这科学的孩子是怎样的变法呀？"

你们要攀上科学树去摘几个科学果子，一吃，便会变成两个可爱的科学的孩子。我现在送你们两种书：一是小朋友书店出版的《儿童生活》，一是儿童书局出版的《儿童科学丛书》。这些书会教你们怎样攀上科学树，怎样去摘科学果子，怎样交个科学的孩子。

——《陶行知家书》

（七）胡 适

1. 致江冬秀信函二封

【题解】

胡适是现代著名学者，其夫人江冬秀却是一位读书甚少的村姑，可佩的是胡适对他当时的未婚妻并未采取听之任之的消极态度，而是多次在信函当中勉励江冬秀用心识字、读书，且对她的点滴进步给予及时的表扬。

这两封书信，前者写于1912年，后者写于1915年，当时胡适在美国留学。

其 一

【原文】

冬秀贤姊如见：

此吾第一次寄姊书也。屡得吾母书，俱言姊时来吾家，为吾母分任家事，闻之深感令堂及姊之盛意，出门游子，可以无内顾之忧矣。吾于十四岁时，曾见令堂一次，且同居数日，彼时似甚康健，今闻时时抱恙，远人闻之，殊以为念，近想已健旺如旧矣。前曾于吾母处得见姊所作字，字迹亦娟好可喜，惟似不甚能达意，想是不多读书之过。姊现尚有工夫读书否？甚愿有工夫时，能温习旧日所读之书。如来吾家时，可取聪侄所读之书，温习一二；如有不能明白之处，即令侄辈为一讲解，虽不能有大益，然终胜于不读书坐令荒疏也。姊以为如何？

吾在此极平安，但颇思归耳。草此奉闻。

即祝

无恙

胡适手书

四月二十二日

其 二

【原文】

端秀姊如见：

顷得手书，喜慰无限！来书词旨通畅，可见姊近来读书进益不少。远人读之，快慰何可言喻。岳母病状，闻之焦思不已，不知近已稍愈否？适另有一函问岳母安好，乞姊转致为盼。令兄嫂及令叔处，均代为寄声问好。

来书言及放足事，闻之极为欣慰！骨节包惯，本不易复天足原形，有时时行走，以舒血脉，或骨节亦可渐次复原耳。

近来尚有工夫读书写字否？识字不在多，在能知字义；读书不在多，在能知书中之意而已。

新得姊之照片（田间执伞之影），甚好，谢谢。

匆匆奉复，即祝

无恙

适白

四月二十八日

2. 谕胡祖望

【题解】

胡祖望是胡适的大儿子。胡适在这封信中对于儿子学习成绩的不如人意很表气愤，严辞训斥儿子，要他用心学习，提高成绩，尽管言说方式上显得人情味不足，但对儿子严格要求的心意则应该充分肯定盼。

信末署明的年份是按民国纪年，十九年即是一九三〇年。

【原文】

祖望：

今天接到学校报告你的成绩，说你"成绩欠佳"，要你在暑假学校补课。

你的成绩有八个"4"，这是最坏的成绩。你不觉得可耻吗？你自己看看这表。

你在学校里干的什么事？你这样的功课还不要补课吗？

我那一天赶到学堂里来警告你，叫你用功做工课，你记得吗？

你这样不用功，这样不肯听话，不必去外国丢我的脸了。

今天请你拿这信和报告单去给倪先生看，叫他准你退出旅行团，退回已缴各费，即日搬回家来，七月二日再去进暑期学校补课。

这不是我改变宗旨，只是你自己不争气，怪不得我们。

爸爸

十九年六月廿九日 3. 谕胡思杜

【题解】

胡思杜是胡适的小儿子。胡适在这封信中对儿子学习上的用功、进步给予了及时的表扬，言辞亲切，容易为小孩子接受。

【原文】

小三：

谢谢你的信。

今天是二月十二日，是林肯的生日，全国都有庆祝会。

妈妈说你近来用功，我听了很高兴。你写的字也有进步了。最好是不要写草字，先写规矩字，带一点"行书"，不可太草。

我积了一些邮票，积多一点再寄给你。

请你代我问候应小姐。

爸爸

二十七年二月十二日

——《胡适家书》

（八）毛泽东

1. 致毛岸英、毛岸青

【题解】

毛岸英、毛岸青于 1937 年初次到达苏联的莫斯科，开始了他们正式的求学生涯，毛泽东非常关心兄弟俩的学习情况。在这封信中，毛泽东勉励兄弟俩珍惜来之不易的学习机会，努力求知，发展向上。

【原文】

岸英、岸青二儿：

你们上次信收到了，十分欢喜！

你们近来好否？有进步否？

我还好，也看了一点书，但不多，心里觉得很不满足，不如你们是专门学习的时候。

为你们及所有的小同志，托林伯渠老同志买了一批书，寄给你们，不知收到否？来信告我。

下次再写。

祝你们发展、向上、愉快！

毛泽东

一九三九年八月二十六日

▲毛岸英像

2. 致毛岸英书信二封

【题解】

　　这两封信写于毛岸英从苏联学成回国之后，毛泽东在信中对于毛岸英的学习作了具体的指导，要求儿子列出读书计划，多读一些历史小说，使儿子的学习有具体的针对性。毛泽东指导儿子如何读书的做法值得人们借鉴。

其 一

【原文】

岸英儿：

　　来信两封收到。第二封信写得很好，这表示较之你初回国时不但文字有进步，思想品质也有进步。你的那些工作是好的。坚持读文章计划，很有必要，再读一年也是好的。我身体比你走时更好些了，江青、李讷都如常。祝你进步！

　　毛泽东

　　一九四六年十二月二十六日

其 二

【原文】

岸英儿：

　　别后，晋西北一信，平山一信，均已收到。看你的信，你在进步中，甚为喜慰。永寿这孩子有很大进步，他的信写得很好。复他一信，请你译成外国语，连同原文，托便带去。我们在此很好，我的身体比在延安要好得多，主要是脑子休息了。你要看历史小说，明清两朝人写的笔记小说，（明以前笔记不必多看），可托周扬同志设法，或能找到一些。我们这里打了胜仗，打得敌人很怕我们。

　　问你好！

　　毛泽东

　　一九四七年九月十二日

3. 致李敏、李讷

【题解】

　　毛泽东在一生中不仅刻苦学习，而且也可以说是善于学习。在这封写给两个女儿的信中，毛泽东针对女儿们游览的地方，给她们讲解与此相关的历史及文学知识，并要求她们趁机学习，以获得知识，这种做法是值得大力宣扬与推广的。

【原文】

李敏、李讷，我亲爱的女儿：

你们的信都收到了，很欢喜。北戴河、秦皇岛、山海关一带是曹孟德（操）到过的地方。他不仅是政治家，也是诗人。他的竭石诗是有名的，妈妈那里有古诗选本，可请妈妈教你们读。我好，勿念。

亲你们！

爸爸

一九五四年七月廿三日

4. 致刘松林

【题解】

1957 年，刘松林利用暑假回国探亲的机会，以在苏联学习理工科压力太重为由，写信给毛泽东，要求回到国内转学文科。毛泽东复信答应了刘松林的这一要求，并鼓励她排除不良言论的干扰，集中精力学习，从精神上给予儿媳以极大的支持。

【原文】

思齐儿：

信收到。我在此间有事，又病，不要来。你应当遵照医生、党支部、大使馆的意见，下决心在国内转学文科。一切浮言讯笑，不要管它。全部精力，应当集中在转学后几年的功课上，学成为国服务。

此嘱

父亲

八月九日

——《毛泽东家世》

（九）顾颉刚

给女儿顾湲的信

【题解】

顾颉刚是我国著名的历史学家，学识宏富。这里辑录了他写给女儿顾湲的四封家书。在这四封信中，顾颉刚给女儿细致地讲解了一些古代诗词作品及历史人物的思想性格，介绍了一些古代社会的文化知识，并对女儿的学习及写作给予了具体的指导，表现了顾颉刚对女儿求学上进的殷切之情。

其　一

【原文】

湲儿：

昨天寄你李白、杜甫两首诗，为了怕超过了重量，所以没有写信。今天再抄一首汉代的诗寄给你。

你能看到老子这书，又能用这书的话来勉励自己，使我非常高兴。古代文化里有不少可为今用的话，可惜很少人能搜剔出来。你将来很可以做这工作。只要你住在北京，我就可以随时供给你资料。例如古代的寓言和神话（愚公移山一类的），就是一个丰富的仓库。

这回寄给你的《陌上桑》，是古代的一出喜剧。采桑养蚕原来是自古相传的妇女田野劳动，可是这位罗敷却打扮得这样华丽，害得见她的男子个个涎着脸看，舍不得走开。就中有一位大官，驾着五匹马的车来，看她这样美，想抢她归家，派人问她的年龄和家世，想不到碰到的乃是一位官太太，她的丈夫已经做到"专城居"（大概是一郡的太守）的大官了。这个好色的官吏只得无精打采地走开了。如果她是贫家女子，那就被他拉上车了。这可见古代妇女被掠夺者之多。然而这究竟是一个故事。丈夫官做得这么高，这位夫人哪会来采桑？即使去采桑，又何必打扮得这么华丽，成为采桑队里的一个特殊人物，来引诱男子的挑逗？

这诗的用韵并不严格，有些句子简直没有韵。"不"就是"否"。该读的诗太多了，只要我的手不太颤，就陆续抄给你。

父刚

72. 11. 8 日

其　二

【原文】

湲儿：

你来信要我隔一两星期寄给你一两首诗词，但我兴致一来就按捺不住，好象一天不抄就欠你一笔债似的。我要你明白中国诗的历史，就要上起诗经、楚辞，中历汉、魏、六朝，下迄唐、五代、两宋，直到近世。你既懂得它的格律和思想，我家多的是这方面的资料（大半是我的父亲所搜集），你将来如有兴趣，又有空闲，就可把这部分书留了下来，供你的欣赏或编选了。我的父亲是酷好文学的，我曾把他的写作保存下来，不幸碰到七七事变，我只身离京，这些稿子就没有着落了。我从幼年到二十五岁也是喜欢文学的，自从五四运动后，我的兴趣转向到史学，把原来的爱好丢了。现在你既爱好文学，又勾引起我的旧兴。但是，这些诗的形式你可以选取，这些诗的技巧你也可以模仿，可是它的思想感情你必须加以批判和扬弃，这是因为时代前进了，社会变质了，一切的精神和面貌都改变了，不可能再来这一套了。新近看到《人民日报》（七二·十一·十七，第四版）赵朴初写的一篇"现代诗中应有铁"，他引胡志明主席在广西狱中做的一首汉文诗："古诗偏爱天然美：山、水、烟、花、雪、月、风。现代诗中应有铁，诗家也要会冲锋"。赵先生和了他一首："卷地破关飞怒焰，人民呼吸起雄风。诗中自有铮铮铁，好教凶顽识刃锋"。溪儿，你如因读了古诗而发生创作欲时，你也须得有这样的气概！匆此，即祝安好！

父刚手笔

72. 11. 21 日

其 三

【原文】

溪儿：

你在我抄给你诗词中，独爱李后主，可以看出你的眼力。这真是用血泪写成的。他天分本好，加上他的父亲也是一个名作家，有了家庭渊源。他的一生开头是个割据一方的皇帝，后来是个国破家亡的俘虏，他的生活高到了尽头，忽然跌到了地狱，他的感情从最欢乐到最苦痛，他的才华又能把感情尽量地发挥出来，所以成了中国文化里最宝贵的遗产，和曹雪芹的《红楼梦》一样，和屈原的《离骚》也一样。

唐末五代是中国历史上最混乱的一个时代，中央政府是高级军官抢做皇帝的一个场所，成了所谓"五代"；地方政府也是高级军官割据称王的许多场所，成了所谓"十国"。南唐占了江苏、安徽的大部分和江西全部，称作皇帝，建都建业（即今南京），共历三主，不到四十年。因为这一区是文化中心，所以诗、词、书、画各有很高的成就。可是宋朝起于北方，武力强于江南，所以后主虽对宋"称"臣，把"皇帝"降为"国主"，还是给宋军灭了，他们把后主俘虏到汴梁（即今开封），封为"违命侯"，监禁了起来，这就逼得后主做了些"慷慨悲歌"的作品。

宋太祖赵匡胤统一中国。他还厚道，对一班降王还好。但他偶尔卧病，他的弟弟赵光义在探病时就把他杀了，他即了皇帝位，是为宋太宗。这回宫廷政变，表演在京剧里就是《驾后骂殿》。

这位太宗是极端残忍的人物。亲兄尚不在话下，何况几个惹厌的降王。他派南唐旧臣徐铉去探访李后主，讨他的口气。后主是一个老实人，对徐说："此中岁月，只是用眼泪洗面耳！"徐回报后，他就想下后主的毒手。有一天，正值后主的生辰，唤乐工在家歌唱，太宗借这机会，赐他一瓶酒，里面放了"牵机药"，所谓牵机是服后痛得厉害，身子会上下起伏，象机械的升降似的，他当时就死了。估计他只活了四十多岁。

他是一个文学家，平生作品一定不少，可是在这专制魔王的统治之下，哪有容它存在的道理，也许在他死后就一把火烧了。可是人民是爱惜这位天才作家的，互相把他们记得的作品写在笔记本上，后人加以凑集，于是存留这二十八首，还有些不成篇的零句。

真正的文学必须有充沛的感情和表现这感情的技巧。我所以给你看《会真记》，就是要你看看崔莺莺是何等忠实于爱情，而元稹则是怎样玩弄女性，但求快意于一时，既经进京后取得宰相的器重，愿把女儿嫁给他，他就一脚把莺莺踢开，作《会真记》时又文过饰非，把以前竭力追求的女子看作"妖孽"！南唐二主固然政治上是个封建统治者，但他们父子对女性具有同情，决不象元稹的《会真记》里所追求满足于自己肉欲的满足。至于后主在亡国后所作之词，简直是一字一泪，对于宋帝专制的控诉。

妈妈一方面要你准备考大学，温习数、理、化，不要分心于文学，一方面又怕我抄写过劳，要我停止这工作。我知道这是她对我和你的好意。但我这人是空闲不下的，如果不抄诗词，就是研究经史，复我旧业，那就会比现在紧张起来，而在你这方面，也只埋头科学，没有陶冶性情的东西，也不是两条腿走路的办法。为了安妈妈的心，此后还是少抄一些吧，你说呢？

祝你保重身体！

父刚

72. 12. 4 日

其 四

【原文】

湲儿：

你要我抄诗词你读，今先抄欧阳修的词七首给你。

词起于唐，盛于宋。欧阳是北宋人，所以他随着时代的需要，作的词有三卷之多。

词是当时的妓女唱的小调，那时的法律，官吏请客吃饭，许他们呼妓陪饮，就在席上唱出当时流行的小调，但不许同宿，否则有罪。男女之情本是一切生物所同有，但自战国以来，矫揉造作，定出了许多封建礼仪，不许青年社交公开，结婚权于父母和媒人，以致诗歌中也不提到恋爱。唐代诗号极盛，然而恋爱诗还极少，例如杜甫集中只敢提到夫妻离别的痛苦。自从词兴起之后，它是由妓女唱的，妓女是被压迫阶级的最下层人物，她们有深重的被压迫的痛苦，可以借着小调来发泄。一方面，她们是陪着士大夫们吃喝玩乐的，两方的接近的机会既多，自然引起了士大夫们的同情，一方面要模仿她们的调子作词，一方面要表达他们双方的感情，于是词就代替了诗来发泄两性的情爱和不能达到目的的痛苦，于是词就在文坛上树起一面大旗，写出诗所不能表达的人民生活。到了南宋，中国受少数民族的压迫太沉重了，于是又有人用词的方式表达出自己的爱国心，例如辛弃疾、岳飞，从此词的境界又扩展开来，不限于儿女之情了。等到词为发泄任何感情之后，于是多写儿女之情的又转移到南北曲，而为传奇和杂剧，有《西厢记》《牡丹亭》的名戏出现。到了今天，时代变了，然而男女这情是生物的必然要求，想接近而在事实上不能接近，想结婚后同居而在事实上不能同居的一定还有，所以欧阳修们的无可奈何的心境也可作为参考。你说这话对不对？

为了我身体不好，不能过度集中注意力，所以写到这里为止。

祝你在农村好好地干。如要换地方，望即来信告知。

父刚

1976. 11. 30 日

——《万金家书》

（十）车耀先

给女儿的信

【题解】

车耀先是一位革命烈士，于 1946 年英勇牺牲。这封信写于 1939 年，在当时的险恶环境中，车耀先仍然教导女儿致力于自然科学知识的学习，以图立足于社会，这种精神是非常可贵的。

【原文】

崇英：

抗战又踏上较严重的阶段，就是投降派以反共口号来掩饰他们的由破坏团结，而中途投资的阴谋。因之，专门有人制造摩擦，扩大摩擦。我们在此时期，宜表面沉寂，充实自己；切勿太惹人注意。我呢？就正在这样做呵！

你的诗，是进步了；但有些字句欠熟练。我改了些。诗大体是不错的，今天《新民报》已登出。不过有些错字和看不清楚罢了。

现在你在新繁，当然救亡工作较少了。应当乘此机会致力于自然科学。为将来升学、应世，打下一个良好的基础。我以为英、数、理、化是应当弄明白的。我的缺点就在于此。不要单注意社会科学。

成都警报频来，但我愈跑愈健！勿虑！勿虑！

愿你努力进步！

父字

七月十五午后

——《万金家收》

（十一）向警予

给侄女的信

【题解】

向警予在1921年留法期间，写给侄女向功治一封信。信中，向警予分析了当时国内如火如荼的革命形势，勉励其侄女多向有识有志之士请教学问，同时要关心国家大事，而不能读死书。向警予的见解至今仍具有一定的参考价值。

【原文】

功侄：

我来法年余接得你两封信，第二次信文字思想迥异于前，几疑不是你写的。这样长足的进步，真是"一日万里"，不禁狂喜！

科学是进步轨道上唯一最重要的工具，应当特别注意。你现在初级师范，程度与中学相当，所习的是普通科学①，应当门门有点常识。你于英算文理能加以特别研究固好，但不要把别的抛弃了。

你不愿做管理家业的政治家，愿发奋作一改造社会之人，有思想有能力，真是我的侄侄！现在正是掀天揭地社会大革命的时代，正需要一般有志青年实际从事。世界潮流社会问题都可于报章杂志中求之，有志做改造社会的人不可不注意浏览。毛泽东陶毅这一流先生们，是我的同志，是改造社会的健将。我望你常在他们跟前请教！环境于人的影响极大，亲师取友，问道求学，是创造环境改进自己的最好方法。你们于潜心独研外，更要注意这一点；万不要一事不管、一毫不动，专只关门读死书。

熊先生与我同在蒙台女学，人甚好。范先生住距巴不远之科伦坡，间与我通信，亦好。

你要的明信片，有钱即买寄。以后如能将你的一切状况时常告我，我最欢喜！近拟与熊先生们组织一通信社，以通全国女界之声气。此事如成，你们于立身修学，亦可得一圭臬矣。

九　姑

四月二十九日午后

——《革命烈士书信集》

【注释】

①普通科学：即基本科学

（十二）任弼时

写给女儿的一封信

【题解】

这是任弼时写给女儿任远志的一封信，在信中任弼时鼓励其女儿刻苦学习、珍惜时光，掌握广泛的科学知识，学成为新中国的建设出力，充分显示了老一辈无产阶级革命家的爱国情怀。

【原文】

远志儿：

你前后来信四次均收到。我们曾寄你一信，并附旧棉衣一套，你是否收到。据瑞华阿姨说，你患泻肚病，不知已经好了没有。甚念！特差邵昌和妹妹来看看你，望详细回信告我们。

你虽然没有插上二年级，这也不要紧。但绝不要因为许多功课已经学过就不必用心了。以前对你说过，学习要靠自己努力，要善于掌握时间去学习。你们这辈学成后，主要是用在建设事业上，即是经济和文化的事业，需要大批干部去进行。建设事业就是要有科学知识。学好做一个工程师或医生，必须先学好数学、物理、化学，此外要学通本国文并学会一国外国文，有了文学的基础，又便利你去学科学。学外国文，如果你们学校将来只有英文，那你只好随着也学习英文。

你妈妈身体比你在家时要好些，有时有些头晕疼。我的身体最近又不甚好，因为开了一个时期的会，引起血压又高涨，现正由医生检查，可能要休息一时期，其他尚好，勿念。弟弟已经在本村上学，他读书还算用心有进步，身体也还算好。远征妹前天到张阿姨处打电话来说身体很好，上月考试成绩平均是八十五分。

送来半磅毛线，你一定要自己打好两双毛袜，以备你自己冬天用。这里不比南方，也没有延安住窑洞那样温暖，要自己好好保重。

祝你努力学习

你的爸妈

南·英

一九四九年十月十六日

——《万金家书》

（十三）徐悲鸿

给儿女的信

【题解】

　　徐悲鸿是我国现代著名的画家、美术教育家，他自幼刻苦学习，终成大器。这封信写于 1939 年，正值日寇侵华、国家危难之际，徐悲鸿仍反复叮嘱儿女用功学习，这种行为实属难能可贵。

【原文】

伯阳丽丽两爱儿同鉴：

　　我因要尽到我个人对于国家之义务，所以想去南洋卖画，捐与国家，行未到半路（香港）便遭封锁，幸能安全出国，但因未曾领得护照，又多耽搁了近两个月，非常心焦，亦无别法可行。兹已定今夜①乘荷兰船赴新加坡。在路上有四日，如能一切顺利，二月中定能返到重庆。国难日亟，要晓得刻苦用功。……我虽在外，工作不懈，身体不好亦不坏。可勿念。你二人须用功算学及体操。旧邮六张两人分之。外祖父前代我请安，母亲代我问安。

　　　父字
　　　一月四日

　　　　　　　　　　　　　　　　　　　——《万金家书》

【注释】

　　　①今夜：一月四日。

（十四）郁达夫

致郁华、陈碧岑

【题解】

　　郁华、陈碧岑即郁达夫的兄嫂。此信写于 1916 年，当时郁达夫在日本留学。他在此信中诉说自己的贫困之境，然而仍然表示要专心学问，而且专门跟嫂子探讨作诗问题，提出自己对古代各位诗人的看法，勉励嫂子广读好诗，以写出更好的作品来。这种对于长辈勉学的行为是十分难能可贵的。

【原文】

亲爱之兄嫂：

来书敬悉。此番冬假，为迁居梅林事忙煞，欲稍读书，终不可得。今日往永坂处，交兄来信。午后微雨，陌上泥泞积将寸许，在道上遥思北京路中，当积雪如泥也。一切妄想已抛去矣，此后当少加谨饬耳。迩每读 Smiles 司马候耳氏《自助论》及富兰克林 Frankling《自叙传》等，防闲居为不善也。诗并不多作，大约于校课有余暇时为之，然大抵皆得来全不费工夫者也。梅林中二层楼，本为日本诗人片桐——为铃木总兵卫之友人——氏别邸。现片桐氏死，唯梅花开日，纵人观览。故此宅但于旧历正月中热闹，平时深锁不开者也。弟访得后，月以租金四元租得之。能俯瞰大海，回视名古屋全市，风景也不逊孤山放鹤亭，唯四面梅花，无近邻入眼，似稍觉寂寞耳。然弟每欲学鲁滨孙之独居荒岛，不与人世往来，因弟已看破世界，尽为恶魔变相——如饮食男女——故亦不厌凄凉，反对松竹之清坚，鹤梅之洁厉，别具一种幽趣，所谓曾经沧海，百物皆虚，荒野寒林，犹堪友吾（退泥生诗）者也。南方乱党，犹欲操戈，鲍郭空争，何年能已（鲍郎当筵笑郭郎）。然弟能生存一日者，即读一日书，天下大事，非白面书生之所当言，所耿耿于怀者，恐乱事丛生，资釜不继耳。然天生我才，当不令我饿死，此种穷境，想亦有破除术在也。吾嫂学诗，盛唐不及中唐，中唐不及晚唐，与其失之粗俗，宁失之纤巧，女人究竟不应作欲上青天揽日月语。弟意李杜诗竟可不读，入手即应诵李义山、温八义诸人诗，在宋则欧阳永叔、曾南丰、陆剑南诸家诗可诵。元明人诗弟未曾披读，故不敢言，然如王世贞、李东阳诸家究不合使闺阁中人模仿。吴梅村诗风光细腻，唐宋诗之集大成者，家中有全集在，可取读之。不必半年，见吾嫂之诗句较香菱更敏丽矣。清朝诗唯王渔洋全集可诵，赵瓯北、袁子才诸家诗瑕不掩瑜。近人樊樊山、陈伯严诸人诗则大抵为画虎不成之狗矣，沈归愚尚书最喜用好看字面，昔人之所谓至宝丹也。然女流诗人，正不可少此至宝丹，究竟堂上夫人，较庵中道姑为愈耳。弟诗虽尚无门径，然窃慕吴梅村诗格，有人赞"乱离年少无多泪，行李家贫只旧书"为似吴梅村者，弟亦以此等句为得意作也。曼兄再三戒弟以勿骄，前年弟曾有百钱财主笑人之习，近且欲对黄狗亦低头矣。前次狂言，唯向我亲爱之兄嫂言之，以示得意，决不至逢人乱道也。知念故及，余后告。

文顿首

九日午后十时

——《郁达夫家书》

（十五）曹靖华

给曹修铃的一封信

【题解】

　　曹靖华是现代著名作家、翻译家，一生好学不倦、积累了许多宝贵的学习经验。在这封写给侄女曹修铃的短信中，曹老着重给侄女介绍了治学方法，他先从一个人应如何讲话谈起，然后顺理成章地导入学习问题，提出了学习要善于抓重点、取精华的独到见解，值得我们认真借鉴。

【原文】

修玲：

　　半月来，时想给你信，奈心境实在不好，迟未动笔。顷得来函，不得不动笔了。……

　　讲话切记，勿面面俱到，俱到实际是什么也到不了。给人以催眠之感。应从其中抓住有心得的重点，简明、扼要、深入一谈。这样才能集中、凝练，不致四平八稳，面面俱到，给听者以"不知所云"之感。此法由长期经验而来，好多人摸多少年得不到，也无人教（没有这样书）。你宜切记、细玩味，力行。至于选重点等等，那是个人学力、眼光问题，即所谓认识、思想性问题了，也一言难尽。治学亦如此。应"沙里淘金"，千万勿把一大堆"沙子"交给听众，识别"金""沙"，即眼力。金沙不辨者，难与语此。辨金沙之眼力，在于思索、分析，认真苦学。长期事也！以上所云，望牢记、细玩、力行。

　　伯父

　　七四、七、廿六

——《曹靖华书信集》

（十六）张炽

给华生侄的信

【题解】

　　张炽，云南路南人，是牺牲于旧中国的一名革命烈士。在这封写给侄子的信中，张炽鼓励侄子学习医学等现代自然科学，嘱其潜心研究这一方面的学问，张炽的这种见识是很可取的。

　　该信没有署名具体年份，但可以推断写于1933年4月（张炽牺牲之期）以前。

【原文】

华生我侄：

如晤，来信早已收到，并知悉一切矣！吾侄前此（次）来书，不知是否邮误或则（另）有原因以至未能收到。我故以为此或侄事务太忙，故一时不能作书与我，我实非有所疑于吾侄也。吾侄因秀侄病而决心研究医学，并已得到经验，而且已开设药房，尚望再悉心研究，多番试验，且佐以西学，日后定当可以深造。至于业农更为有益，非仅所获农产为吾人所必需之品，而相土布种，计时施料等之经验尤为可贵，无怪乎今日世界各国将农学列为专门而设大学，以从事研究农学也。我时与侄互相讨论尤为妙极。暇时望多觅农学一类之书阅之，其裨益当更不浅也。我如何时回滇，当与侄等到田中去领略此中况味也。侄等其能信吾言乎？我决不欺人也。我暑假本拟回家，后因汇水太贵，遂不果。我目前因不忍家中负担太重，欲求一半做事，一半造学问之机会等原因，已决然离京过沪来此。在此已觅获一事，日薪颇可维持生活，且可以于暇研究学问。侄闻之想必为我一庆也。惟是居此仅月余，恐不日将入赣，不日又要作浔阳客矣。回家一节恐又须待之明年也。我为欲求学问与将我造成一有用之人，故东奔西驰，忽南忽北，尝尽世味，受尽痛苦，特别是今年出关数月又复返京，返京后复过申来此，不久又将入赣，风尘仆仆，劳顿异常，但我愈困志愈坚，决不因此而灰心也。余系（俟）再叙。

顺问近佳！

叔昌于广州

二月廿日

—— 《万金家书》

（十七） 闻一多

1. 致父母亲

【题解】

这封书信写于闻一多与高孝贞女士新婚之后。闻一多在信中希望父母不要让媳妇在家呆得太久，而要督促尽快返回她原来的学校念书。他还力劝父母破除封建观念，支持并鼓励儿媳立志求学，显示出闻一多超人的见识及勇气。

【原文】

父母亲大人：

出家后，不知家内均好否。念念。我们到汉，当即渡江到高家。二哥尚未晤及。驷弟曾来此两次。冯孝章已入文学中学，驷弟想已有信回来。我拟后日搭晚车北上，因尊公渡江，迄未返家，不得不相候一见。二哥曾为弄半票一晤孝辑，但未说及位置事。前任第一科长已经传见，想不日即可赴任。观此，二哥事亦非遥遥无期。驷弟并未误取半票，此系遗失无疑。我的车费同半票已备好了。我媳妇定住半月即归。届时务请五舅来接。千万千万。此关系伊的学业，即伊的终身大事。请两位大人勿循俗套必住二十八天，致误伊光阴。我之此次归娶，纯以恐为两大人增忧。我自揣此举，诚为一大牺牲，然为我大人牺牲，是我应当并且心愿的。如今我所敢求于两大人者只让我妇早归求学一事耳。大人爱子心切，当不致藐视此请也。如非然者，则两大人但知爱俗套而不知爱子也。我妇自己亦情愿早归求学，如此志向，为大人者似亦不当不加以鼓励也。如两大人诚必固执俗见，我敢冒不孝之名谓两大人为麻木不仁也。不多渎，肃此敬请福安。

　　男　多
　　十四日（即 1922 年 3 月 14 日）

2. 致立雕

【题解】

　　这是闻一多于 1938 年写给儿子闻立雕的一封短信，闻一多在信中两处强调儿子要用心读书，充分反映出闻一多对后代学习方面的深切关心。

【原文】

雕儿知悉：

　　我在家时曾嘱你特别要多写信来。难道我一出门，你们就把我忘记了吗？但我并没有忘记你们，尤其是你们读书的事。你尤其要用心，也不要和小弟大妹吵闹。一切要听爹爹说话。乡里暂时平安，一切我都放心，所不放心的，就是怕你们不用心读书。我今天上船，三天后到常德，再写信回。

　　父多字
　　二月十九日

3. 致闻家驷书函三封

【题解】

　　这是现代著名学者、诗人闻一多写给四弟闻家驷的三封劝学信。第一封信里，闻一多劝四弟多读经书、史书，并以自己这一方面根底的浅薄勉励他珍惜学习机会；第二封信里，闻一多主要与弟弟探讨中国画与西洋画的优劣比较，告诫弟弟要重视中国美术，显示出闻一多的独到见识；第三封信里，闻一多则着重跟弟弟谈论读书方法，具体指导着弟弟的学习，颇多可取之处。

其 一

【原文】

驷弟如面：

前书计已入览。朔风多厉，家中大小均吉否？颇念。上星期，五哥曾来清华园，晤谈多时，傍晚始去。渠白门之行，当在兼旬内外。二哥佐戎边徼，甚蒙当道殊遇，视越昔滇居之邅①蹇，自有霄壤之悬。然而碌碌风尘，跋涉千里，得此寒官，内顾之艰莫纾，亦堪冷齿。闻迩来颇见礼于道尹，邀充秘书，且甚相倚重，穷途得此，堂上二老人之心庶差可慰耳。前寄归诸题，均有所拟作否？为选古文二首有领略否？经、史务必多读，且正湛思冥鞫②以通其义，勿蹈兄之覆辙也。兄近每为文，非三四日稿不脱，此枯涩之病，根柢脆薄之故尔。今课程冗杂，惟日不足，尝求闲暑稍读经、史，以补昔之不逮，竟不可得，因动私自咎悔，呜呼，亦何及哉！弟腹病近发否？摄生不可不讲，然亦不可以此自馁。病者身也，心志则不能病。起居以时，饮食惟适，立心坚确，向学不懈，阴阳亦退而听命唉。勉旃！（附：近作三首评退日再寄）（注古文一首）《周刊》二份，望察收。

兄多上言

阳十一月廿五日（1918年）

【注释】

①邅：zhān 困顿不得志。

②鞫：jū 审问。

其 二

【原文】

驷弟：

我答应你星期前回信，直到现在才实行，真对不起。

我现在可以批评你的笔记了。

王光祈所讲外国人居室陈设华丽的原因未必尽实。这些只是相对的说法，未必是绝对的。你说外国的社会经过艺术化，更不实在。你又说中国美术向来不发达，"向来"当改为"近来"。唐宋之美术之发达据西人之考据真是无可比伦。江浙人宁饿着肚皮穿好衣服，他们这一点确乎是比较的可取一点。若说中国人十分轻美术也不对。诗在各种艺术之中所占位置很

高。（依我的意见比图画高），但诗之普遍诚未有如中国者。在中国几乎无处没有诗。穷家小户至少门联是贴得起的，门联上写的不是诗是什么？至于从前科举时代凡是读书过考，谁不要会做几句诗！至于读诗更是普遍了。《唐诗三百首》《千家诗》一类的课本西方是找不出的。

东方之具形美术（即图画雕刻、建筑）所以比较的不发达，而文学反而发达——这亦非偶然。图画等艺术须耗费物料甚多，然后才能完成。中国人物质文明不发达，故多费物料即成奢侈，盖物质不发达，不能浪费也。文学或诗之创造可以绝对不依赖于物质。我能作一首诗，口里念出来，我的诗就存在了。（连写都不必写）但图画必依赖笔墨纸等物而后存在。仅一概念不成图画也。中国人穷，花不起钱，诗却可以尽量地做，毫无消耗。诗是穷人的艺术，故正合物质穷困的中国人。

还有一个原因就是中国人贱视具形美术，因为我们说这是形式的，属感官的，属皮肉的。我们重心灵故曰五色乱目，五声乱耳。这种观念太高，非西人（物质文化的西人）所能攀及。

我现在着实怀疑我为什么要学西洋画，西洋画实没有中国画高。我整天思维不能解决。那一天解决了我定马上回家。

有一个多月没有作诗。上星期作了一篇批评郭译莪默底文，寄回国来了。我希望第五期的《创造》可以登出。

听说《清华周刊》底文艺增刊要登我的《忆菊》，你看见过否？这是我的一篇得意之作，朋友们懂诗与否莫不同声赞赏。你爱读否？

寄钧弟底看见否？草此，便问

近好！

兄多

二月十日（1923年）

其　三

【原文】

驷弟：

沪字第四号顷收到。我既云移居，何以来信又寄旧处？糊涂至此，前函已告你新住址，兹再列如下，望注意：

Mr, T, Wen

5601 Blackstone Ave,

Chicago, Ill

U, S, A,

前函称《创造》二卷一号已出版，何以至今不见寄来？我嘱你办的只此一事，尚不能应时照办乎？十哥若在沪，望速函请寄一本来，不然，有朋友在沪，亦当托办。因我拟在此杂志中多投稿，必欲先睹新出各期以为快。俟你到沪后，则再订一全年，由该书局直接寄美，以免你们自寄容易忘却也。你若再忘办此事，则我将直接寄钱与书局订购，但我想该不致必出于此举！从前各期皆十哥经手寄来，此款已付清否？计自第二期至四期（二本）共四本，实合洋一元六角，望查清付还为要。二卷一号请火速寄来，千万，千万，千万！

美校今日毕课，本年成绩已开展览会，其中我颇有作品。暑假学校在两星期后。

札记以后当停作。因为此时间读书，获益更多也。札记之用乃在：（一）养成批评精神，（二）练成作文。据我看来，你近来写信及札记中，文辞畅达，间亦有美丽之词句。如此，则作文之练习并非你的亟务。至于所谓批评精神者，无非就是"学而不思则罔"的"思"之意耳。据我又看来，你已经会"思"了。于今你的缺点乃差近于"思而不学则殆"。读书甚少，仅就管窥蠡①测之智识"思来思去"，则纵能洋洋大篇，议论批导，恐终于万言不值一杯水耳。例如本次札记所谈老子哲学，固见思力，但此种问题，我尚望之却步，况吾弟之初学，岂能必其言之成理乎？此种见解存之脑中可也，笔之于书则不值得。故目下为弟之计当保存现有之批评精神以多读书史，所谓"学"与"思"并进也。至于"述而不作"，孔圣犹然，吾辈则第当"思"而不"述"耳。

前函又言读书甚慢，此非好习惯，当求打破。凡读文学书，如小说、诗词等，不妨细读、反复吟咏，再四绌②绎，以深领其文辞之美。若读哲史或科学，则当速读，但观大意，不求甚解，即把捉其思想而不斤斤于字句之穿凿也。此办法本并行不悖，但弟所切需者速读耳。

来书又问读旧书从何下手。《清华周刊》中有梁任公先生一文，论此甚详，参看可也。

杂志除《创造》外，若《学艺》《东方杂志》《民铎》《改造》亦宜多看，以求得普通知识。从舒弟学英文及社会科学甚佳，当努力。

泽霖、努生二友今日来芝，书毕即往晤谈。草此并问近好，兼请双亲大人暨全家福安！

乡间又恐旱，确否？

兄一多 覆言

六月十四日（1923 年）

支字第五号

——《闻一多家书》

【注释】

①蠡：lí 即范蠡。

②绅：chōu 引出。

（十八）冰心、吴文藻

致吴青

【题解】

　　吴青是现代著名女作家冰心和吴文藻教授的二女儿，这封信写于1983年，当时吴青在美国进修访学。冰心、吴文藻夫妇要在国内任教外语的女儿多看些中国书，珍惜这段学习时间，多学点东西，反映了一代知识分子对于后代的无比关切。

　　后半部分括号内的文字是吴文藻教授写的。

【原文】

亲爱的小老二：

　　得到你五月三日和九日的信，知道你华盛顿之行和回来后暑假之前的情况，你不知道得了多少学问，但倒是到了不少地方，见了不少的人，你的见闻广了，但不知你能写出多少？昨天同姐姐对了半天她的翻译，觉得她的汉文还是可以的，但是词汇还是太少了。都是中国书看得太少的缘故，我看你们将来还应该多读点中国书，否则没有太大的用处，除了教外语之外。我最近还好，写了几篇文章，每天看许多书。姐姐、哥哥也好。至于第三代，就得看他们自己，无论有多好的外因，内因是最重要的。现在的社会，如学校里也会使他们受影响，哥哥什么时候去科威特还没定。二舅舅去医院检查了，还未回来，他是气管炎，心脏也不太好，年老了，都会这样。（你说张光直要来看我，现在访问日期已经过了，没有打电话来。我精神不怎么好，没有去打听。最近我忙着写一篇民族学中的新进化论，看了不少书，正在写评介。目前，心有余力，宁可读些书，少开会，在知识更新的前提下，写些学术文章，供中年人阅。你近来多看些书，有益身心，要慎思、明辨、笃行，才能得实惠。回国以后，忙忙碌碌，要想静心看书，就不易得，所以我再三提醒你，要珍惜时间，安排好生活。）

　　三月廿一日

　　　　　　　　　　　　　　　　　　　　——《冰心全集》（第七卷）

（十九）沈从文

致张兆和、沈龙朱、沈虎雏

【题解】

沈从文是现代著名作家，文学修养极深。这封信写于 1952 年 1 月 25 日，当时他被下放在农村进行自我改造。在这封信中，他跟夫人及孩子谈了他读《史记》的体会和心得，以此勉励他的家人向优秀传统学习。沈从文同时提出传统具有优点和弱点两个方面，结合时弊揭示出了盲目模仿和机械抄袭的坏处，倡导弘扬传统的精华部分，活学善用，这是很有见地的。

【原文】

叔文、龙、虎：

这里工作队同人都因事出去了，我成了个"留守"，半夜中一面板壁后是个老妇人骂她的肺病痰咳丈夫，和二十多岁孩子，三句话中必夹入一句侯家兄弟常用话，声音且十分高亢，越骂越精神。板壁另一面，又是一个患痰喘的少壮，长夜哮喘。在两夹攻情势中，为了珍重这种难得的教育，我自然不用睡了。古人说挑灯夜读，不意到这里我还有这种福气。看了会新书，情调和目力可不济事。正好月前在这里糖房外垃圾堆中翻出一本《史记》列传选本，就把它放老式油灯下反复来看，度过这种长夜。看过了李广、窦婴、卫青、霍去病、司马相如诸传，不知不觉间，竟仿佛如同回到了二千年前社会气氛中，和作者时代生活情况中，以及用笔情感中。记起三十三四年前，也是年底大雪时，到麻阳一个张姓地主家住时，也有过一回相同经验。用桐油灯看列国志，那个人家主人早不存在了，房子也烧掉多年了，可是家中种种和那次做客的印象，竟异常清晰明朗的重现到这时记忆中。并鼠啮木器声也如回复到生命里来。换言之，就是寂寞能生长东西，常是不可思议的！中国历史一部分，属于情绪一部分的发展史，如从历史人物作较深入分析，我们会明白，它的成长大多就是和寂寞分不开的。东方思想的唯心倾向和有情也分割不开！这种"有情"和"事功"有时合而为一，居多却相对存在，形成一种矛盾的对峙。对人生"有情"，就常和在社会中"事功"相背斥，易顾此失彼。管晏为事功，屈贾则为有情。因之有情也常是"无能"。现在说，且不免为"无知"！说来似奇怪，可并不奇怪！忽略了这个历史现实，另有所解释，解释得即圆到周至，依然非本来。必肯定不同，再求所以同，才会有结果！过去我受《史记》影响深，先还是以为从文笔方面，从所叙人物方法方面，有启发，现在才明白主要还是作者本身种种影响多。《史记》列传中写人，着笔不多，二千年来还如一幅幅肖像画，个性鲜明，神情逼真。重要处且常是三言两语即交代清楚毫不粘滞，而得到准确生动效果。所谓大手笔是也。《史记》这种长处，从来都以为近于奇迹，不可学，不可解。试为分析一下，也还是可作分别看待，诸书诸表属事功，诸传诸记则近于有情。事功为可学，有情则难知！中国史官有一属于事功条件，即作史原则下笔要有分寸，必胸有成竹方能取舍，且得有一忠于封建制度中心思想，方有准则。《史记》作者掌握材料多，六国以来杂传记又特别重性格表现，西汉人行文习惯又不甚受文体文法拘束。特别重要，还是作者对于人，对于事，对于问题，对于社会，所抱有态度，对于史所具态度，都是既有一个传统史家抱负，又有时代作家见解的。这种态度的形成，却本于这个人一生从各方面得来的教育总量有关。换言之，作者生命是有分量的，是成熟的。这分量或成熟，又都是和痛苦忧患相关，不仅仅是积学而来的！年表诸书说是事功，可因掌握材料而完成。列传却需要作者生命中一些特别东西。我们说得粗些，即必由痛苦方能成熟积聚的情——这个情即深入的体会，深至的爱，以及透过事功以上的理解与认识。因之用三五百字写一个人，反映的却是作者和传中人两种人格的契合与统一。不拘写的是帝王将相还是愚夫愚妇，情形却相同。近年来，常常有人说向优秀传统学习，这种话有时是教授专家说的，有时又是政治上领导人说的。由政治人说来，极容易转成公式化。良好效果得不到，却得到一个不求甚解的口头禅。因为说的既不甚明白优秀伟大传统为何事，应当如何学，则说来说去无结果，可想而知。到说的不过是说说即已了事，求将优秀传统的有情部分和新社会的事功结合，自然就更不可能了。这也就是近年来初中三语文教科书不选浅明古典叙事写人文章，倒只常常把无多用处文笔又极芜杂的白话文充填课内原因。编书人只是主观加上个缴卷意识成为中心思想，对于工作既少全面理解，对于文学更不甚乐意多学多知多注意。全中国的教师和学生，就只有如此学如此教下［去］了。真的补救从何做起。即凡提出向优秀传统学习的，肯切切实实的多学习学习，更深刻广泛理解这个传统长处和弱点。必两面（或全面）理解名词的内容，和形成这种内容的本质是什么，再来决定如何取舍，就不至于如当前情形了。近来人总不会写人叙事，用许多文字，却写不出人的特点，写不出性情，叙事事不清楚。如仅仅用一些时文作范本，近二三年学生的文卷已可看出弱点，作议论，易头头是道，其实是抄袭教条少新意深知。作叙述，简直看不出一点真正情感。笔都呆呆的，极不自然。有些文章竟如只是写来专供有相似经验的人看，完全不是为真正多数读的。

——《从文家书》

（二十）胡　风

致梅志

【题解】

　　这是胡风在秦城监狱里写给他夫人梅志的一封信，当时胡风在政治上被剥夺了自由，在监狱里已被关押了十年时间，胡风在这封信中着重跟夫人梅志讨论了读书问题，不仅谈论了读书方法问题，更多地谈论了读书、学习与做人之间的关系。胡风认为一个人应从读书、学习中坚定自己高尚的信念，完善自己的人格，使读书不仅仅成为一种纯粹的求知活动，而达到修身处世的高妙境界。全书洋洋万言，并无任何空洞的说教，而融入了胡风本人真切的人生体会，读之颇使人受益。

▲胡风像

【原文】

M：

　　书还没有发下来，但由于下面写到的原因，我想早点把见面以来的情况告一个段落，对你做一点消极的补过。

　　（一）对我所提的关于接见时间的要求，你批评我脱离实际，完全从自己出发，不顾别人。这是对的，特别是由现在的你这样提，更是完全对的。我没有想到。你来一次要由一个工作同志陪着；更完全没有想到，接见一次会给你怎样大的精神负担（第一次见面后我本就应该从我的感觉上明确地懂得这种情况的），而且，由于见面后对我的失望重新挑起了你怎样大的悲痛！——我是多么无知，因而是，多么罪过！更可叹的是，我提那个请求，反而是因为你说"脑子不能用了"（这次你又说到一句），因而想和你多谈谈读书（特别是举例子谈谈读书方法之类）的经验，也许可以"帮助"你精神更单纯起来，使你的神经机能早些恢复健康（这在未给你的第一次信里写了的）。你看，我的感情是多么会欺骗自己！这样落后的我怎么能够有益于精神已经解放了的你呢？这除了增加你的麻烦以至痛苦，何益之有呢？更何况你还有生活上的艰难，我绝对不应该再增加你一丝一毫的负担。至于对孩子们的关心（这在那封信上也写了的），这也暴露了我的不自量，更不合于我十年多以来一直完全信任党的本心。所以，我请你从现在起停止提接见的要求——完全停止提接见的请求，完全从见

面以前的你的情况出发，处理你自己和孩子们的生活，把两次见面时扰乱了你的那些渣滓排除掉。把对我的情况的关心完全信托党吧。请相信我这点诚意。十年多以来我没有提过接见的要求，从这也该可以了解的。

（二）那只表，工作人员同志说在城里。打一个收条便从城里主事单位直接取去吧。

（三）衣服，不必要了。手头的还可以穿，可以御寒，够了。千万不要麻烦。

（四）我用的皮大衣皮鞋之类，如果还在，给晓谷他们穿罢。如他们能穿，趁早给他们穿罢。衣服或者改一改给他们穿（我大约瘦了四分之一，我自己现在穿横竖也得改的）。物化劳动应该尽早利用，否则也是一种罪过。而且，物价会一天天便宜起来，随时可以再置。

（五）书，麻烦一点。你到主事单位的时候，也把这件事问一问：可否把书送交那里，麻烦那里下乡的便车带来？或者，取得组织上的同意后直接由邮局寄到乡下来；这应该更简单，邮费也应该比人来的交通费便宜。另纸附加点说明的书单子。

（六）下面几点，我写些解释：

①前天见面最后，我说了几种我觉得译文较好的作品，因时间匆促，话没有说完。这还是提接见要求的那点意思的继续。读文学作品有两种态度：一是主点在研究；一是主点在欣赏，在吸收营养。绝大多数的情形为后者，你现在的情形更应该是后者（我也是后者）。我想，读的时候，应该避免求快，求多，求全面吞下。求快，求多，是从追求故事情节来的，大多数读者难免这样，但实际上常常是说不上读懂了内容的。求全面吞下，是所谓"死读"。这些，有一个说法：脑子让别人跑马。我觉得，初读一遍（由于难于克服追求情节的旧习惯，大都是读得快的），分别好坏或喜欢不喜欢。不好的断然抛开，觉得好的就再读。这次要慢读，自己觉得特别好的地方就又揣摩又思索地细读；如果还有留恋的感情，那就读三遍四遍都可以，这就是毛主席所说的要和着唾液细细咀嚼，再掺和胃液和肠液消化它，吸收它（大意）。这样读，应该在书上打记号，写批语等，而且，顶好把自己觉得特别好的地方（或应特别批评的地方）另纸写些摘录、感想之类。不这样做，一定感受不深，也就是神经活动不集中，过后会逐渐忘掉，大部分忘掉的。因为爱惜书，似乎你过去不在书上打记号写字（我读作品也不这样做），但这是得不偿失的。应该做，即古人所谓的"读破"它。特别好的地方，可以片段地随时重读。甚至，如果真是好书，你读时这样做；晓风或晓山也觉得真好，那就再买一本由他们各人凭自己的意思去画去写去。这样，感觉才能深入对象（作品情节氛围和人物的内心状态），达到感情的集中和深化，那么，神经机能的活动就会逐渐由杂

乱而集中起来，单纯起来，也就是健康起来。比如，一个月甚至两个月这样地读两本甚至一本书，那也比匆匆地快读十本书有益得多。初读时，不好的书没有读它的必要（《鲁迅全集》里《思想·山水·人物》中有一篇或两篇谈读书方法的文章，可以参考）。不要以为这样就没有把一本书全面地读。看列宁摘录《神圣家族》，他就只摘录自己觉得必要的，其余大部分是关于一部小说的内容，他甚至没有花时间去读明白那情节。——我觉得，由于你现在的情况，这样的读书方法才可以避免脑子读书跑马，弄得神经不集中的毛病。

但读翻译作品，有一个关键：译文不好，那就一切都谈不上，甚至使人无法了解，为什么这作品不但当时而且直到现在还具有那么强大的精神力量。例如，我就无法了解，在1921年那样生死存亡的繁忙而严重的斗争时期，列宁还特别写条子给秘书替他从图书馆员那里要来德文原本《浮士德》和《海涅诗集》，这只有从他要的是德文原本而不是译本也能够想象一二。又例如，被叫作"野兽"的女共产党员埃森（列宁夫人描写她"有着饱满的热情"，"愉快情绪感染了周围的同志"，"没有丝毫疑虑和犹豫的痕迹"），出狱后住在列宁夫妇那里的时候，有一次列宁问她会不会背诵《俄罗斯妇女》，她回答："会，但是只能默诵，因为泪水哽住我的喉咙，读不出来。"（见《列宁论艺术与文学》P，894）我记得这诗有孟十还译本，我读过（家里大概还在），内容还有点模糊的记忆，但就想象不出这诗会具有那么大的力量。而列宁自己，据不止一个人的回忆，就几乎背得出全部涅克拉索夫的诗，当然也包含这一篇。我们无法理解的原因，当然只有从译文没有能够传达出原作的精神内蕴这一点上去找。

新中国成立前有些翻译（甚至是名作名译），那文字之坏（陈词滥调）是会使人产生某种精神上的败血病的，例如傅东华译的荷马（公认为欧洲一切伟大作家都从他吮吸过奶浆的活源）。新中国成立后，就我近年读过的看，进步多多了；这是可嘉的。但要说译文文字能具有透出内容的精神美的风格，文字本身有能够吸引并启发读者感觉的美点，使人恋恋不舍地一读再读，却还是很少见的。前天我提到的几种，在我看来，那译文是质朴的，有风格的。另外，过去读过余振译的《列孟托夫①诗选》，我以为那译文是难得的，我当时曾不费力地记住了几首短诗。那里面有似童话似传说的叙事诗。我的一本被家康借去了，现在不知还能买到否？再，《彼得堡的故事》《教育诗篇》（这里只有第一部，不知续出了没有？）、《杜甫仁科选集》，译文都是比较可读的。我还以为傅雷的译文是难得的，巴尔扎克小说不知续出了没有？朱生豪译的莎士比亚，也应该是较好的，但记忆模糊。

我提到这些，都是在内容值得读而译文好或较好这一点上着眼的。译文的语言朴实，健康，能够使读者通过语言的感觉去透入作品的精神内蕴。也就是说，能培养读者的感觉力。至于"内容值得读的"那内容，是说有可吸取甚至应该吸取，有可征服甚至应该征服过来的东西。也就是说，那只算得是一些食物，不但有应该被排泄的糟粕，那精华也得经过改造和消化才能成为血肉，并不是纯粹的维他命 A—N。我忍不住向你提一提这些，是因为我花费了一些代价：读了几十本的耐心和时间。这些里面可能有你读了也觉得好的，可以透过健康的语言感觉去深入内容，一读再读，因而感情得到真正的集中，反转来使感觉健康化，由这达到神经活动逐渐排除杂乱而趋向单纯起来的结果。总之，是为了想帮你治病。创作方面不提了。但如果单纯地就语言说，溥仪的回忆录，我在《光明日报》上读过一篇，那道地的活语言（北京话？）真不坏，还有金受申的采录北京民间语言的书。读这些活的民间语言，可以说是一种享受。我还以为，特别会心的词儿和表现法，值得随手用小卡片之类记下来，使自己的感觉常常有高兴集注在那上面的对象，这应该可以使神经机能健康起来的。

近几年，我经常想到语言（书面语言，即汉字）问题。从几套文学史的引例中，从几本诗选和论文集的引例中，读了一些诗词和散曲，当时背诵了几百首。又重读了几部重要的章回小说之类。《光明日报》还有《文字改革》特刊。因而痛感到汉字问题的严重性。去年又重读了鲁迅有关汉字和文字改革的文章，引起了某些混乱的感慨。但我相信，现在一定集中了不少人在做研究工作（也实在值得进行紧张的研究工作），经过若干时候（例如一个五年计划期）的"清理"以后，中央一定会正面解决问题的。从一些情况似乎可以这样判断。在这一点上，我向你建议：如果你还没有学汉语拼音字母，应该学好它。晓山一定学过而且学得好，从他学就更方便了。顶好学了就马上用，在记读书笔记的时候用。一些多音节的词儿，例如"明明白白""光明的""正确的""大大方方"等等，例如地名人名，都用拼音字母连写，逐渐加多去。做起来会觉得有趣的。家用账也可以用它。和孩子们通信也可以用它。这和学一种手艺一样，会很有意思的。总之，能使感觉活泼起来。

其次，关于语言，联系到文风问题，也常常使我混混沌沌，觉得问题不少。文风问题，从那形式来说，又是一个语言问题。这，只要读毛主席关于整风的文章，就知道问题的严重性的。

"语言是思想的实现"（马克思）。这就是说，有思想一定表现为语言，语言一定表现思想。那么，思想是怎样来的呢？毛主席说："任何知识的来源，在于人的肉体感官对客观外界的感觉；否认了这个感觉，否认了直接经验，否认亲自参加变革现实的实践，他就不是唯物论者。"毛主席又引用斯大林的话强调了"对于新鲜事物有锐敏的感觉，因而有高度的热情和积极性。"黑格尔说："所以人总是在思想的，即当他在感觉时，他也是在思想。"马克思就更提得高了："感觉在自己的实践中成了理论家"。（着重点原有的）那么，像常见的把感觉和思想分为二事的说法，只有在极限定的意义上才可以用。至于语言，它所表现的既是思想也是感觉，二者为一物的两面，恐怕连抽象的逻辑语言都可以这样说的。人对某些语言（文字）所以没有感觉，是因为那语言所表现的事物和运动他没经验过。没有注意过哲学问题或读过哲学书的人，"哲学"这个词就对他是无感觉的，神秘的，正如热带没有见过雪的人对"雪"和"下雪"这类词一样。

所以，从基本性格上说，语言是极老实、极诚恳的东西。没有被客观事物所引起的感觉（思想），人怎么会创造某一个词呢？又怎样创造得出来呢？没有火这个客观事物，人怎样会创造"火"这个词，又怎样创造得出来呢？（表现非实有的词，例如"神"，它在表现者本人是有被客观事物引起的错觉的）那么，语言是什么呢？那是普通劳动者在劳动中在生活中彼此表现他们的理解和需要等等的感觉（思想），那是还没有受到有害的旧思想的腐蚀的纯朴天真的儿童表现他们的欲望和印象的感觉（思想），那是在流汗流泪以至流血中爱过、劳动过、痛苦过的我们的老母亲们表现她们为儿孙作马牛的对生活的忧虑和祷告的感觉（思想），那也是即使带着阶级的时代的限制和错误，但却呕心沥血地体验大地之子人民的苦难和爱恨悲欢，从这里梦想和追求人类幸福前途的文艺大师们表现他们对人对生活的感觉（思想），那更是掌握着历史轨道的来龙去脉，透入社会内容的错综联系，从人民深处吸收爱恨悲欢的战斗力量的革命导师们表现他们的深谋远虑和放射着乌金似的智慧光芒的感觉（思想），但后者已经是以透入事物全面内在规律的逻辑性为主导的高度理性的语言了。

那么，为什么又出现了极不老实，极不诚恳的语言，像，"错误的""糊涂的""低能的""欺骗的""无耻的""丑恶的""黑暗的""凶恶的"等等语言呢？这些由于两个根源：认识论的根源和阶级根源。语言是工具，本无好坏可言，由于使用者的立场和目的不同，于是，它的作用分裂为二了。原始人，由于认识幼稚，对外界事物发生了许多错觉（思想），当然也就同时创造了表现它们的语言，例如"神"，这就是认识问题。但第一，这只是错误而已，这谈不到善恶（善恶是以人与人的关系为坐标的）可言；第二，原始人与人的关系，那道德品质，恩格斯在《家庭、私有制与国家的起源》里有叙述，《思想·山水·人物》里面也有一篇写到美洲印第安人实在令人惊叹。但到了原始公社分化为阶级社会，统治阶级的剥削者就利用那些错误的认识（例如"神"）来统治人民，而且进而千方百计地捏造了许多东西来残酷地愚弄人民，统治人民，当然也就捏造了表现那些东西的语言，例如"圣人"，"天命"等等。另一方面，尽力驱使表现实际事物和运动的语言为愚弄人民的统治目的服务。在统治阶级利用下的这种语言，有的原来就没有实际事物和运动的感觉（例如"圣人""天命"），有的在这样使用中失去了具体事物和运动的感觉，即所谓陈词滥调。这就反转来加深了认识的错误。剥削阶级的思想文献，绝大部分是这种东西。这种东西，除了以思想内容本身毒害人以外，更可怕的是，它使人的感觉伪化，因而使人的思想力虚化，也就是，完全拒绝新鲜的具体的事物和运动进入受害者的主观世界。这就是所谓"非礼勿视，勿听，勿言，勿动。"两千多年来圣贤之徒所做的，就是这个工作。

用革命的人民的要求推翻了这个传统，在语言（文字）上说，于是出现了表现新鲜活泼的具体事物和运动的感觉（思想）的语言，反映革命的思想内容的语言，新的文风。但反映革命思想的语言，如果脱离了具体事物和运动，从语言本身说，那同样也可以成为陈词滥调，那就是所谓教条主义、公式主义、新八股、庸俗社会学的语言即文风，像毛主席在关于整风的文章中所痛切斥责的。这种东西，同样会使人的感觉力伪化，思想力虚化，具有点金成石、化神奇为腐朽的"本事"，也就是"祸国殃民"。

（上略）如果占主导地位的是使人的感觉力伪化，思想力虚化的文风，即令它打的是堂皇的大原则的旗子，或者不如说，尤其因为它打的是堂皇大原则的旗子，到时机一转，那些原则话（空洞话）和过头话（积极话或漂亮话）所造成的如花似锦的大戏场，即刻出现全是假象的本质，变成最卑污的东西。

（上略）例如，我记得你谈过小时候读《红楼梦》的事，我就想到从《红楼梦》举一两个例子谈些感想。曹雪芹是一个感觉敏锐的人，但无论如何，他已是两百年以前的人了，但可叹的是，虽然他把他感觉到了的东西写得明明白白，但今天社会主义时代的人却依然视而不见，甚至以自为贵！这除了说是使人感觉力伪化、思想力虚化的圣贤之道在新装下面起作用以外，无法解释（当然，在个别问题上，我也看到了有人表现了对他的诚恳了解）。在这一点上，我佩服俞平伯还敢于打破将近两百年的传统，敢于把别人强栽在已经丧失了"发言权"的曹雪芹的血肉之身上的高鹗那具死尸的臭尾巴扯掉了，而且还争取到了出版。例如，我的问题发生以后，你在读《静静的顿河》，我就想从那里举一两个例子。等等，当然也想听你的看法，互相对照一下。这样，每一个话题得二、三以至三四个小时，也就是三、四次。——人，一糊涂起来，可以糊涂到没有止境的！作这点说明，你就可以理解一点我犯错误的实况，有助于拂去由这搅起的渣滓罢。

②我说了一句托尔斯泰，你急躁地喊出托尔斯泰是唯心主义。我后来想，你这句话可能含有受了委屈的情绪。第一次你提到送日译《马恩选

集》来的话，不用说你这是希望我好好研究一点马列主义，改造自己的。事实上，前年去年之交罢，我曾起意过要求从家中取来这选集，以及日译莎士比亚全集，中译契诃夫小说集等，但觉得多一事不如少一事，终于没有提。那次接见最后我向管理员同志提出你送书的问题，意思也是指的日译《马恩选集》。过后又想到，正在读《战争与和平》，不如趁这个机会把能有的托氏作品再读一读，重新学习一次列宁论托氏的文章罢。在那封没有给你的信里就是这样写的。这里面还有点历史感情。《复活》是在中学读的，是震动过我的少数作品之一，当时拟了写十篇互相函接的感想，也写了一篇，还发表了，但没有续写下去。这可以说是我的第一篇"批评"论文。后来看了两个《复活》影片，也写了文章，也发表了。再后来在日本读了列宁论托氏的文章，这是我最早接受的马列主义文献之一。56年到公安部之初，我曾要求过从家中取些书来，因为估计理论书一定读不进，开的都是小说，其中有《复活》和《约翰·克利斯朵夫》。取《复活》，是想同时回忆一个中学时期和日本时期的精神状态。取《约翰·克利斯朵夫》，是想同时回忆一下从桂林回重庆那一时期的精神状态，在从桂林到重庆，这书是给了我支持的。因此，现在想再一次和学习列宁的文章结合起来总复习一下，所以在转给了你的那封信里说告一个段落。这是一个机会，如果不是在现在的情况下，没有可能用三四个月的时间做这种事的。至于《马恩选集》，我信上没有说确定，因为我记得有十七卷，也许同时拿太累，所以留给你决定。还有一点，中译《马恩全集》出了十八卷，我初读过前两卷。读日译选集顶好和全集已有的译文对照读。这里有几套全集，但不便拖着借，托你买一套，那得五、六十元，数目太大，踌躇着不愿说出口。但在不知道这情况的你那一面，当然会觉得好意地提到《马恩选集》，而我却要的是托尔斯泰，当然要隐隐地感到失望和委屈的。

③我提到一句鲁迅的话，（下略），在我说来，读鲁迅不是为向后看，反而是为了吸取向前看的力量。对于大多数党员文化战士和进步文化人，鲁迅是过时了，应该被跨过去，或已被或正被跨过去，这是不用说的。但像我这样的人，还绝无资格把鲁迅埋掉。前年去年重读的时候，发现了有不少地方从前并没有读懂，有不少地方从前的理解不是不足就是有误，还有不少的地方还不理解或不大理解。当然，读鲁迅，并不是向他取理论；如他自己所说，他没有什么理论，能有的一些具体论点之类也大半过时了或已成为常识了（除了文艺上的）。读鲁迅，是为了体验反映在他身上的人民深重的苦难和神圣的悲愤；读鲁迅，是为了从他体验置身于茫茫旷野、四顾无人的大寂寞，压在万钧闸门下面的全身震裂的大痛苦，在烈火中让皮肤烧焦、心肺煮沸、决死对敌奋战的大沉醉；读鲁迅，是为了耻于做他所慨叹的"后天的低能儿"，耻于做他所斥责的"无真情亦无真相"

的人，耻于做用"欺瞒的心""欺瞒的血"作卖廉耻、出卖人血的人，耻于做"搽了许多雪花膏，吃了许多肉，但一点什么也不留给后人"的人；读鲁迅，是为了学习他的与其和"空头文学家"同流合污，不如穿红背心去扫街的那一份劳动者的志气，是为了学习他的绝不拉大旗作虎皮或借刀杀人的那一点大勇者的谦逊，是为了学习他的为了原则敢于采用表现上和原则正相反的反击法（例如说和某某斗争是为了"报私仇"），置身败名裂于不顾的那一腔战斗者的慷慨；读鲁迅，是为了学习他对敌人要做一个二六时中抛着如怨鬼的怨鬼，纠缠如毒蛇的毒蛇，对人民、对友人、对爱人要做一个"吃的是草，挤的是奶和血"的"牛"和"别有烦冤天莫问，仅余慈爱佛相亲"的"佛子"；读鲁迅，是为了学习他耻于占用任何堂皇的招牌，但却全心全意地、始终如一地、大小不改地，用反语，用"伪装"以至敢于站在"假想敌"的地位，在个人"孤军作战"的形势下，也要做一个没有任何杂质的真正的集体主义者；——毛主席所说的"骨头最硬"等等，等等。当然，读鲁迅，也是为了从他吸收那些从苦痛的、黑暗的、肮脏的、罪恶的平凡生活，也从战斗的、光明的、但依然是平凡的生活拾来的或炼成的纯金似的智慧的小颗粒（他自己就把他的书比作夜市上的小地摊）。当然，读鲁迅，也是为了从他学习怎样运用语言——这个做人的工具，怎样选择语言，识别语言，组织语言，极端诚恳地对待语言的劳动精神，学习他的语言的血肉的感觉力：学习他的语言的钢针似的敏锐，明镜似的清澈，毒箭似的残酷，母亲的温手似的慈爱；学习他的语言轻如肉眼难辨的游丝，重如突然压下的盖顶的千钧；学习他的语言的冷如坚冰，热如烈火……。对我说来，这一些是永不会过时的。而且我还觉得，对于我们的下一代，也还是有用的，可以使他们心脏炼得坚强一点，血液炼得纯净一点，感觉炼得锐敏一点，这样才会更好地追求真理，更好地学习、劳动和战斗，更好地消化马列主义、毛泽东思想。因此，在学习语言这一点上，我反而建议你把读鲁迅当作重点之一，放在手边随时翻一翻，觉得喜欢的就一读再读（当然，不喜欢的不必读）。我以为，这在你是有基础的；你虽然写了点什么，但你不是以什么作家身份写，而是以一个青年母亲的身份写的。（下略）。你的语言是青年母亲的语言，是儿童和老母亲之间的语言，幼稚一点，但没有存心骗人，存心唬人，或存心媚人的感觉，你只是想凭单纯的愿望向你用血肉喂养的孩子们诉说一点平凡的单纯的欢喜或悲哀，希望他们少点苦难，多点纯洁、聪明和坚强。这是你到入监为止地做人历史中仅有的一点点可怜的素质（我是连和这相当的东西都没有的），如果连你自己都污蔑它以至毁灭它，我以为是对历史的一种罪过。世界虽其大无边，但连本人也没有权利随便斩尽杀绝。所以我说，你是有学习语言的基础的。但我这样建议，并不是为了你非分地去做什么作家，不，完完全全不是这意思。我的意思是，语言是做人的工具；要做一个真诚的人，非有对语言的真诚的感情不可。什么是做人？做人是人与人的交往和互助关系，那工具就是语言，口头的和根据口头的书面的文字。我近来常常想（过去也常常想），人，如果和别人谈过话以后，不会使别人觉得像毛主席所说的"语言无味"或"装腔作势"，或如鲁迅所说的"媚态可掬"，反而留下一点不虚伪（虽然即令有错误）、明丽、干净、愉快的印象，使别人增加一点对人生要认真的感情，那也就应该算得是一种功德。更何况你是三个孩子的母亲，有分开时的通信和相聚时的谈心；母亲和儿女们的毫无虚伪的思想感情交流，这是一种最美的幸福。这次闹出了问题，而且拖累了你的是我而不是你的一个儿子，这对你应该是不幸中的可感谢的恩惠。而你的孩子们是每天在前进中，因而你和孩子们的思想感情交流也必然会一天一天深化下去，对语言的要求也就要一天一天地高。否则，他们对你的感情会减弱下去的。

记得新中国成立前（？）你读过奥列格母亲写的《我的儿子》，我相信那是一本好书（可惜当时我没有读）。前几年在报上读过一篇一个古巴母亲（儿子牺牲了）写的短信，不知是答复慰问她的奥列格的还是卓娅的母亲的。很短，说儿子参加秘密团体时她多么不愿意，多么担心害怕，二儿子跟着学样她更加害怕，更加不愿意，但大儿子终于牺牲了，她也没有法子再阻拦二儿子了，只好代之以对革命工作的关心，像关心儿子一样。很短，文字很朴实。完全没有革命话，然而，真是感动人！关于这，我有许多小感触，然而，不说了罢。总之，我建议你也向鲁迅学学语言，帮助你的神经机能趋向集中起来。

④你建议我学外文，这很好。从前不大方便，现在不同了。把托尔斯泰打发了以后，我具体计划一下，一面开始读日文书，一面学一种外文。顶好是俄文，但在现在的情况下，完全自学很困难。或者再把英文提起来，一面学一面看点书。计划立起了以后，那时请你和晓山帮助我张罗书。案子如能解决，我就决心学俄文去。

⑤（下略）。

写得太长，决定停止了。总之，希望你把两次见面所受到的失望以至烦恼完全扫除掉，回到从见面以前的你的情况出发，对我不做任何顾虑（当然，希望我的案子早些解决这关心是不可能也不必勉强去打消的），处理你自己和孩子们的生活和学习。千万千万这样做罢。原谅我这两次见面给你的打扰罢。

至于我，把这信交出以后，就能回到见面以前的心境去，而且一定更好。因为，十多年来，虽然我在心情上把你和孩子们的问题完全放在对党的信任上，但感情深处总隐隐地潜伏着一缕牵挂；他们怎样了呢？现在好

了，知道你们果然都是走在党的忠实的子民的路上，那我在这个世界上还有什么不能完全消除的牵挂呢？七、八年来，我已经能够随时把自己放在无思想状态里面，至于无欲望状态，那是经常的。十多年了，对我好象不过几个月一样（但最初两年，每一天都是难过的）。近年来，更是常常觉得每天一眨眼就完了，奇怪在监狱外的人为什么一天能做那么多的工作，真是佩服得很。列宁给他妹妹的信说，在监狱里，时间很容易过；这实在是经验之谈。我觉得，这两方面的情况都值得心理学家作认真的对比研究。更奇怪的是，六十多岁了，在理智上也明明知道身体在加快衰老下去，但在精神感觉上总是觉得像三十多岁的人一样。这大概是一种宿命式的主观主义者的性格之故罢。但因此，感觉力也就很粗，很钝，应该即刻感觉到的事要到一两天以后才能领悟。对于这次见面的情况就是这样。——总之是，请放心，千万不要挂虑我什么。

（下略）。

最后，祝福你和孩子们在毛泽东思想的阳光下面好好地生活、学习和工作！

（下略）。

B、

1965 年 9 月 9 日上午——11 日上午

在公安部监狱

——《胡风书信集》

【注释】

①列孟托大：令译为莱蒙托夫。

（二十一）罗荣桓

写给儿子的信

【题解】

在这封家书中，罗荣桓元帅对儿子考试不及格提出了批评，同时勉励儿子珍惜时光，加倍努力学习，而不能只是空谈政治。这些告诫对于当今的年轻一代仍具有很大教益。

【原文】

东进：

我们已于五日从广州坐火车经过武汉休息一天，八日回到北京。

上学期系科给你的评语甚好，决不能满足，丧失自知之明。你上学期电工课考试不及格，亦不是偶然的，是否分散心事，学习受了影响或学习

▲罗荣桓像

方法没有重点呢？空谈政治的倾向你要再三记住，力加避免。你们学不成专业，你们就没有实现党和国家的期望，有负党和国家的期望。

你们这一学期新增加八项专业基础课，是否因为上几学年的耽搁，现在要赶进度？你要加倍努力，集中精力学习，不要纠缠于一些生活小节，耗费自己时光。

荣桓

一九六二年三月十二日于北京

——《万金家书》

（二十二）丁玲

1. 给儿子、儿媳的一封信（节录）

【题解】

这封信写于"文革"末期，当时丁玲被下放到山西省长治市老顶山公社嶂头村定居，可以说是遭遇不幸，但是丁玲从未放松过学习。在这封信中，丁玲着重与儿子、儿媳谈了她阅读马列著作的感受与体会，自觉地把马列主义真理与自己的人生追求结合起来，以此来勉励儿子、儿媳多多学习马列著作，通过这种方式来进一步充实和丰富自己的精神生活。丁玲对儿子、儿媳的劝学动机是值得肯定的。

【原文】

祖林、小灵：

再过一个星期，我就到老顶山两个月了。在这两个月之中，我每天想到要给你们写一封信。这是我最乐意做的，我要把我最想同你们说的话说出来，尽管我一次说不全，也不可能说得透彻。今天我下决心，打扫出一片心情，坐下来安安稳稳，尽情地说一下。

从哪里说起呢？先说读书吧！1971年夏天起，我就一心一意全部精力放在读马、恩、列、斯的原著上。几年来，我几乎通读了（有些是熟读）马恩全集和部分列宁斯大林的著作，自然我更反复熟读了毛主席选集。这对我真打开了眼界，使我受益不浅。我每天，成天和他们相处，跟着他们走，分析他们那个时代的背景，社会思潮，了解他们的思想和来龙去脉，以及他们无时无地的斗争情况，并且领会着他们雪亮似的个人生活和高尚

的情操。这些书，真是最完整的社会史、革命史、党史，更是一部分最崇高的，优美的英雄史。从来没有一部文学作品能像他们的作品吸引过我，也从来没有，也不可能有什么神仙英雄之类的人物这样使我倾心。恩格斯在伦敦海德公园参加"五一"节以后，他说，他当走下那作为讲坛的货车时，觉得自己高了几寸。我也是，在我与他们相处时，总是也感到自己高了几寸。这些日子，真值得回味啊！

　　根据我的社会经历和科学知识的水平，资本论对我是不容易读懂的，特别是第三卷。我也就反复地去读它，一遍看不清楚，就再看一遍，务使弄懂。即使那些不易使人懂得的资产阶级的谬论，也勉强去读懂它，如果不懂得那些历史上曾有过的各种各样卫护资产阶级利益的所谓权威学者的学说，以及后来那些既剽窃而又歪曲了马克思的反动的经济学家的东西，是不能透彻了解马克思的唯物主义辩证法的。是的，到现在我也仍然不能说我已经真正懂得了，但是至少我在这里得到了许多东西。马克思写这本书，化了几十年的力气，在这几十年中，他历尽了贫困与疾病的生活，特别难受的是各个国家的警察的迫害，以及卑鄙阴险的各种小人物给他的污蔑陷害。他的家庭生活中也发生了一些不幸的事，他死了三个孩子，他最心爱的那个孩子死时，他的妻子燕妮和他自己几乎被击倒了，他伤心透了。他给恩格斯写信说这孩子是他们全家的灵魂。他说："我只有想到你（恩格斯），想到还要和你一同在世界上做几十年的工作，才抑制住无比的悲痛。"（大意）而且疾病终于使他不能完成这本书。他为这本书所做的艰苦的努力和斗争，和他这本书的本身可谓万世明灯，给了我无穷的力量，不管我的生活怎样，我是一定要读它的，我决心一定要真正读懂它。

　　过去我对恩格斯，可以说一无所知，在延安读过他的《社会主义从空想到科学》，但那时对这本极容易读，而又使人感兴趣的书，却未引起我的注意和爱好，但现在我连他的片纸只字都不愿放过。列宁在他逝世时说："一颗伟大的心停止了跳动。"列宁对他所有的评价也是最切合的。拉法格在他给丹尼尔逊的信中说恩格斯的学问是极为渊博的，他极为热情，要同许多国家的共产主义者通信，运用各种文字，也就是用与他通信的人国家语言写信，都写得非常好。拉法格说，想着他花了二十多年在商业上，就真不容易理解从哪里来的时间去获得那么多学问？他对政治、经济、哲学自不待说，而对历史、语言、自然科学也无不精通，他对军事也写了许多天才的论文，他对游击战，对人民战争，对街垒战等等都发挥了许多创见。列宁曾说他是伟大的军事学家。当他二十几岁时，写了不少文艺论文，对伟大的作家歌德也写了极为英明的评论，恩格斯的伟大，固然由于他和马克思共同创作了马克思主义，但他最使人感动的还在于他的品德的高尚。列宁说他对马克思生前是无限热爱，死后是无限尊敬。恩格斯去到他父亲的有限公司当办事员的事，是他向来最讨厌的，但他为了马克思写资本论也就是他们两人的学说，他去了，一去二十年。中间多次想离开，无法离开。马克思在资本论第一卷出版时，写信给恩格斯说：这本书能出版，主要因为是有你，有你为我做出无私的牺牲。马克思死后，他继承马克思担起世界共产主义领导的事务。可是他无论何地何时对任何人总是说，共产主义的学说，是马克思的功劳，一切荣誉应该属于马克思。每当他受到荣誉时他总是说这是应该属于马克思，他只不过代替他的亡友来接受而已，他是多么谦虚啊！

关于列宁，那就更不必多说了。他创立俄国党，同各种保皇派，孟塞维克，修正主义、马克思主义的叛徒做不疲倦的斗争。多多少少人，今天是战友，明天又成为敌人，而且这些少数派还长期盘踞在党内，他们也有群众，他们要阴谋。列宁把党引向十月革命，引向苏维埃的胜利，是多么的不易啊！我总是用一颗热烈的心去读他的大的论文和小的传单。在读这些原著时，我也反复读了毛主席选集。从这里越感到毛主席发展到了马列主义，把马克思主义与中国实际相结合，深感自己能理解到这作用的幸福。

每天每天我都要谈论他们，真想有几部原作在手头啊！现在只好等着，我希望今年能配齐这些心爱的书籍。

关于读书，我就说到这里。当我知道你们读过一些什么书时，我就要同你们专门谈它，一本书，或是一个问题，也许我能写出几篇读书札记。一要手头有书，二只给你们看……

妈妈
一九七五年七月十二日于老顶山

2. 致蒋祖慧

【题解】

蒋祖慧是丁玲的女儿，一贯对舞蹈艺术很感兴趣，并在 1955 年获得去苏联进修、学习的机会。丁玲在女儿赴苏联之前写下了这封信，信中着重谈到了如何学习西方舞蹈艺术的问题，强调要活学活用，不要盲目崇洋，以此勉励女儿自学成材。丁玲对女儿的这番劝学言论颇有眼光，值得我们借鉴。

【原文】

亲爱的祖慧：

你看到叔叔后来的信我收到了。你总担心我寂寞，我告诉你我不寂寞。我同我小说中的人成天在一道，怎么会寂寞呢。有时就看书，同书里面，同一些很好的人在一道，也很有趣。有时候一个人住，没有打扰，心

里能多想些事，也想得深刻些。你自然是不能像我这样住的，你还没有受过锻炼呢。

你去苏联我是赞成的，那里艺术水平高，艺术气氛浓，对你有很大的好处。你能掌握理论，有学问了，回来后才谈得上整理中国东西，只是像现在这样当普通演员又缺乏导演那是谈不上什么创作的，不过我担心你考不取。因为你只有五分之二的希望。他们在政治上、文化上不一定比你差。去考恐怕还是看你的政治与艺术理论水平，这又都不是一时可以补救的。不过准备了，考不取也不吃亏，用最大的努力准备考取，同时也用最大的党性准备考不取，因为只有那样在考不取后才不会难受。我想你都能做到。你是一个有毅力有理想的乖孩子，你会愉快的和不颓废的，你只要好好注意身体，千万不要把身体搞垮了，什么事都好办。

你们大约可以（叔叔同你）很愉快地过一个星期天，我很羡慕叔叔，不过以后你又要一个人留在北京了，你一个人时一定要好好注意生活，不要拼命，否则妈妈不放心。

写到这里我又想到一件事，就是你总是怕学了芭蕾，学了外国就不能搞中国东西，你不是看过格林卡电影片子吗？格林卡是搞民间音乐的，他把民间音乐运用在大歌剧上，他是俄罗斯第一个搞大歌剧的，那时俄国都崇拜西洋、意大利音乐，但是他是重视民族音乐的，他能吸收民间的东西。开始创造大歌剧，还是在意大利回来之后，西洋音乐还是帮助了他的。他好的就是不死崇拜外国的，而是学他们的方法来整理本国的。外国的好的东西也还是要懂得的。我实在希望你懂得这点道理才这样说，不一定是要你非去不可。就是不能去，也还是可以靠自学的，妹妹！你相信奇迹么，奇迹总有的，奇迹总是人创造出来的。天下无难事，只怕有心人，人就是要"有心"。好，不说了，等你来信。亲你。

妈妈

三月二十三日

3. 致李延

【题解】

李延是丁玲的孙女，蒋祖林的女儿。丁玲对孙女的学习非常关心，在这封长信中，丁玲给孙女详细地讲述了她当初的求学经历，介绍了她的学习经验与教训，叙述了她的思想发展过程，最后特别指出她那时学习条件的欠缺，如今学习环境的优越，勉励孙女刻苦学习，珍惜今天来之不易的学习机会。丁玲在此信中语气诚恳，列举许多人与事，生动、有趣，可谓循循善诱，值得今日望子成龙的家长们从中借鉴。

亲爱的孙女：

许久没有给你写信。你考取了上海市重点中学，学习好，有上进心，我心里非常喜欢。我现在讲点奶奶上中学的故事给你听。

一九一八年，我满十四岁的那年，小学毕业了。暑假中，我的妈妈亲自送我到桃源县考第二女子师范学校。桃源离常德约九十里，是乘轮船（小火轮）去的。学校校舍很整齐，临沅江，风景很好，运动场也大，我非常高兴。我妈妈住了一天，把我托给学校的一个女管理员（像现在学校里的生活指导员），并且交给她一个金戒指，妈妈说没有钱交保证金（如果我考取了就要交十元保证金，这个保证金要到毕业时才能退还），这个戒指留下，如果我考取了，开学时，妈妈有钱就寄来；如果没有，就请这位女管理代卖代交；如有多的，就留给我零用。我难受了两天，因为我妈妈只剩我一个女儿，这年春天我弟弟死了，妈妈是很伤心的。我怕她一个人时想我弟弟，心里很难过，但学校里很热闹，我同几十个等待考试的新生同住一个大屋子，所以很快就不那么忧愁了。

住了一个月才考试。在等待考试时，同学们都很用功地准备功课，只有我比较爱玩。我常常在楼上寝室的窗口一站半天，从疏疏密密的树影中看沅江上过往的帆船，听船工唱着号子，拉纤的，撑篙的船夫都爱唱，那歌声伴着滔滔的江水和软软的江风飘到窗口，我觉得神往，感到舒畅。我又喜欢在大运动场上散步。这个运动场周围都是参天大树，运动场的远端还有一个分隔开了的晒衣场，我们洗的衣服也都晒在那里。我同几个年龄差不多的同学常在这一带，坐在分隔两个场子的短墙上谈天，各人讲各人家乡的故事。有两个溆浦县的年龄较大的同学，因为溆浦县小学的校长向警予同志是我妈妈的好朋友，我们也就好像有点沾亲带故，彼此关切多些。她们常叫住我，要我复习功课，她们说我自信心太强，要小心些，要努力些，并且拿我妈妈的希望来勉励我。这两个同学我至今记得她们，感谢她们对我的好意。其实，我就是自信心很足。因为我从七岁就读书，我妈妈亲自教我读《古文观止》，什么《论语》《孟子》在十来岁时就读过了，很小的时候，还从我妈妈的口授中背得下几十首唐诗。古典小说也不知看了多少部，比一般同学要懂得多，在小学时，又经常是考头名的。所以我信心十足，不把考试放在心里。又因为我过去生活都只在一个狭小的圈子里，常常在家规很严的舅父家里或者同我妈妈住在一个古庙改用的小学校里。现在在一个风景很好，建设在乡间的大学校中，实在觉得自由。同学们又都是沅江上游各县来的人，比较直率开朗，所以我就尽情享受这悠然自得的新生活。

不久就考试了，果然我取得了第一名。同乡，几个常德人的高年生都庆贺我，别的同学也为我高兴。那位管理员给了我三元多钱，叮嘱我不要乱花，说我妈妈生活很艰苦。我拿着这三元多钱（我以前从来没有拿过这么多钱），想着我们母女困苦的生活，眼眶都红了，我小心地把它放在小木箱子里，用换洗衣服压着，小木箱就放在我的床下。这钱，我一直没有花，在寒假回常德时才用了几角钱作路费。

我在桃源省立女子第二师范念了一年书。我在这里是非常快乐的，我是常常受鼓励的学生，我的功课比较全面，我好像什么都爱好，各种功课都得百分，只有语文和写字常常只有八十多分。我的同学们作文为什么比我得分多？因为她们常抄那些什么作文范本，所以文章条理好，字句通顺，之乎者也用得都是地方。我不愿抄书，都是写自己的话，想的东西多，联想丰富，文章则拉杂重叠，因此得分少，也不放在玻璃柜内展览。可是老师总喜欢在我的文章后边加很长很长的批语，这是那些得百分的人所羡慕而且不易得到的。特别是学校的校长，一位姓彭的旧国会议员代课时，常常在我的文章后边写起他的短文来。他分析我的短文，加批，加点，鼓励很多，还经常说我是学校的一颗珍珠，但也总是说我写得拉杂的原因是太快，字又潦草，要我多用心。他对我批评，即使到现在我看仍然是有用的。

我喜欢画画。我的每幅画都要放在玻璃柜里的。有些同学常常找我代画，我很愿意，画了一张又一张，而且把每张画画得稍微不同点，好使老师看不出来是出于我的手笔。因此常常玻璃柜里摆的五六张，七八张画，名字虽不同，其实都是我画的。我看到后，心里可得意咧！

我也喜欢唱歌和体育。我们班每天早晚都操点柔软体操，都是我喊口令，有时是别人值班，常常托我代喊。开运动会时，也是我带队喊口令。我妈就曾当过体育教员，我对喊口令的事，看得很平常。

算术，（现在叫数学）是我最喜欢的课，作文得八十分，我不怎样，但数学如果得了九十八分，我就得流眼泪，恨自己疏忽了，至于其他的功课，那就不花什么脑子，随随便便就过去了，学期考试，也总是第一名。

那时候的师范学校是政府供给，除了十元保证金以外，一切食、宿、书籍纸张都不花钱。学生大半是中产阶级的子女。因为富有的人家，认为女子不需要读书，能找个有钱的丈夫就行。真正贫苦人家又连小学也进不去，这些中产人家的子女，学师范也是只想有一个出路，可以当小学教员。同学中有发奋的人，但那时所谓人生观，革命等等，头脑里都是没有的。我个人的思想，受我妈的影响，比较复杂一点。对封建社会、旧社会很不满意。有改造旧社会的一些朦胧的想法，但究竟该怎样改，怎样做都没有一定的道路。我妈的好朋友向警予常常路过常德，每次都住在我妈那里，两个人彻夜深谈，谈论国家大事，社会，时事。她常向我妈介绍一些新书，新思想，我妈对她很佩服。因此对我也有影响。我妈常同我讲秋瑾的故事，也讲法兰西革命的女杰罗兰夫人的事迹。所以我常常对旧社会不满，对革命的新社会憧憬。我是一个乐观的孩子，但由于我小时生活太受压迫（我舅舅的家给的），有时我又伤感。常感母女相依为命，孤苦伶仃。我特别对别人要包办我的婚姻不满。我在很小的时候，就由外祖母把我订给我表哥，而我却百分不愿在他家做媳妇，苦于无法摆脱。这件事在我幼小的心灵中，就像一根刺扎得很深，即使在快乐的时候也会忽然感到。所以我虽读书的成绩很好，但常常要为挣脱这些枷锁而烦恼。

正是我这一年的学习快结束时，"五四"运动爆发了，学校里卷入这一运动，本科三年级二年级的同学发起成立了学生会。学生会天天集合讲时事，宣传爱国，反对帝国主义，封建主义，到街上游行，在学校讲演，有全校的，也有各班自行组织的。我也投入了这场斗争，在同一天，我们同学就有五六十人剪了发辫，我也剪了。学生会又办了贫民夜校，向附近贫苦妇女宣传反帝反封建，给她们上识字课等等。我在夜校里教珠算。因为我年龄最小，学生们都管我叫"崽崽先生"。我们那位当国会议员的校长，很不赞成这些，他有时也在会上讲话，可是都被那时几个长于辩论的同学，如三年级的杨代诚（后来的王一知，新中国成立后在北京一〇一中学当校长），二年级的王淑璠（又名王剑红，是瞿秋白的爱人，早死）所驳倒。彭校长看见我这个她最喜欢的学生也跟着她们跑，就对我摇头叹气。可是爱国的热潮，反帝反封建的"逆"流是不可阻挡的，他只有用提前放假劝我们回家的办法来破坏这个运动。学校放假了，年轻的女孩子们回家了，学校里纵留得少数学生，也闹不出什么名堂。我也就回常德来了。

首先我看到舅父舅母，他们家离码头较近，离我妈的学校较远。他们一看见我剪了发，就怒火冲天。我舅父哼了一声："哼！你真会玩，连个尾巴都玩掉了！"我舅妈冷冷地说道："身体发肤，受之父母，不可毁伤"。这时我已经不像过去温顺了，我直对舅父答道："你的尾巴不是早已玩掉了吗？你既然能剪发在前，我为什么不能剪发在后？"又对我舅母说："你的耳朵为何要穿一个眼，你的脚为什么要裹得像个粽子？你那是束缚，我这是解放。"他们夫妇气得两个眼睛瞪得很大，不敢打我，只是哼哼不已，我就走出他们的家直看我妈去了。

我妈听我说我们学校的各种新鲜事儿。她也告诉我她领着学生游行喊口号的各种活动。她除了去年暑假创办的俭德女子小学以外，又在东门外为贫苦女孩办了一个小小的"工读互助团"。学生虽不多（限于校舍），却可以不交学费学文化，学手艺，还可以得点工资补家用。我妈看见我有头脑，功课好，不乱花钱，不爱穿等等，非常喜欢。我看见她热心公益，为

公忘私，向往未来，年虽四十出头，一生受尽磨难，却热情洋溢，青春饱满，也感到高兴，放心。这年暑假我们住在我妈的好朋友蒋毅仁家里，过了一个月的舒服日子。

这时我向我妈提出一个要求，希望转学到省城长沙周南女子中学去。这个女子中学是湖南有名的学校，向警予、蔡畅都是这个学校出来的。"五四"运动期间，这所学校的活动也很出名。周南女中的校长朱剑凡是我妈在长沙念书时，第一女师的校长。现在周南的管理员陶斯咏是我妈在长沙第一女师的同学，也是新学家。这个要求提出来，我妈自然同意，只是这所学校要学费，膳宿费、书籍纸张费，这在我母亲微薄的薪金中，自然是问题，但她考虑后仍然答应了我。并且又亲自送我去长沙。

我们到长沙后，径直到了周南学校，见到了陶斯咏。她是一个极为热情的阿姨。当天就把我送到寝室，我妈住在她那里。最使我惊奇的是当晚我就进行考试，我是插班生，只有一个人考。主考的是中学二年级的语文老师陈启明，又名陈书农。考试地点就在二年级课堂，考试题目是："试述来考之经过"。在一盏煤油罩子灯下，我坐在这边写文章，他坐在那边看报。我没有写经过，只写了我对周南女中的希望。我是为求新知识而来，写了我的志愿，要为国家而学习，要寻找救国之路。他当场看了，批准我在二年级学习，并且问我过去学习的情况，我简直高兴极了，我认定了这是个好老师。当晚我就把这些印象、经过都告诉我妈了。我妈高高兴兴地把我托给陶阿姨，第二天就匆匆忙忙赶回常德，为她的学校开学的事忙去了。我在周南又学了一年。

我是一个插班生，同学们，她们彼此都是从小学就在一道升上来的，非常熟稔。只有我是一个新来的，又是一个外地来的，没有省城人那样会说，功课也不显得突出，我不为同学们所重视。她们看见我没有辫子，剪了发，还奇怪地问："啊！你们桃源第二女师也有剪发的呀！"好像这种新现象，只有省城的人才能有。我的同班中只有两个剪了发的，那些能言善道的人却仍然把辫子盘在头上。最使我讨厌的人是数学老师，据说他是一个有经验的老师，但他对待学生不公平，怕硬欺软。我是一个新生，他不但不照顾，反而先是诧异，好像哪里来了一个"丑小鸭"，后是歧视，对我冷淡极了。我也就不大理他，常常在上课时看小说，他发现后，狠狠地批评我，我就装没听见。因此我一时在这里很不得意。只有语文老师对我很好，他要我去他宿舍，我便同几个同学一道去看他。他说我那篇把陶渊明写的《桃花源记》改为白话文的作文很好，说我有《红楼梦》的笔法，问我要不要借书看，他说他的书架里的书都可以借给我读。我看了他书架上的文学书、古典小说，都是我看过了的。只有一本《二十年目睹之怪现状》一书未读，我就借了这一本。他惊奇我读书之多，便劝我道："你可以读梁启超的《饮冰室文集》，和吴稚晖的《上下古今谈》，这样你的文章将会比较雄浑。"因此我后来又向他借了这两本书。可惜我那时年幼，对这两本书还不能理解，没有看完又退还给他了。我却常常读他划了红圈圈的一些报头文章和消息，这都是外边和省城的一些重要的社会活动。他鼓励我多写，因此，我第一学期就写了三本作文，五薄本日记。还有两首白话小诗，他拿走了，说要放在什么报上发表，我不记得到底是什么报纸了。陈启明是第一师范毕业，与毛泽东同志同过学，当时他是他们一派，是新民学会会员，是一名思想先进的教师，后来他留法了，思想大约也变了。他留法回国时在上海来看过我，我已在写文章，是一个有点小名气的作家。一九五四年我回湖南时，他在湖南大学教课，还在文物研究所任职，捎信给我说想来看我。我就到他家里去看望他。他提到《太阳照在桑干河上》一书。我说我的语文还是不够好，请他指教。再说我念书的时候，因他常在班上公开鼓励我，这样那几个高傲的同学也嘻嘻哈哈宣扬我是本班的八大文豪之一，我对她们的假推崇并不在意，不过我对功课却有了偏爱。我对文学发生了真正的兴趣，而对数学却敷衍了事。

我的最好的朋友叫吴绍芳，她没有父亲，只有母亲，而母亲患神经病。虽有哥哥弟弟，但只像是为了管束她。她非常聪明，感觉敏锐，爱好文学，常为我吟诵宋人词曲，她特别爱读李后主、李清照的词。我们两人常于月下坐在学校的石桥边，汩汩的流水，伴着悠扬的低吟，使我如醉如痴。但她孤芳自赏，不愿与流俗为伍，也不愿在人前显示自己，班上几乎无人知道她的能耐。她愿向我吐露她的孤寂的身世，倾泻她对文学作品的评论与欣赏。她是很有见地的。只是她是一个悲观者，年纪只十七岁，可是好像有载不动的幽怨。不过从她的外表来看，只像是一个不太有心计的、戆直而冷漠的姑娘。我们性情不一样，彼此却很容易理解。星期天，我常常在她家里、她的卧室里度过半天，看一点小说，读几首诗，谈谈别人或个人的心情，偶尔也听几张唱片，大半是梅兰芳的《天女散花》《黛玉葬花》。这个半天是我们文艺的享受，我们两个人都能静静地等待时光消逝。后来，一九二四年，我从上海回家时，绕路到长沙看她，她已毕业，没有升学，待嫁闺中，极端苦闷。我们约好我再出去时，再绕道她家，设法让她逃走，同我一同去上海，但不慎我的信被她兄长发现，将她幽禁在家，不准外出，且嘱咐看门人，不准我去她家，她设法通知了我，这次出走只好作罢。新中国成立后，她找到全国文联宿舍来看我。几乎相隔三十年，彼此相见，仍似当年一般，知道她也参加了一九二七年的大革命，在武汉活动，结识了她现在的爱人，是一个医生，她自己也是医生。但后来她再也没来了，我们又失去了联系，但我一直是关怀着她的。

还有另一朋友叫王佩琼，她对我极为照顾，直到后来一九二四年、二五年在北京时仍对我一片赤诚。由于我对她不十分满意，说不出的，大概是气质上不是十分相投，所以一般虽很亲近，在精神上却有疏远之感，反不如同吴绍芳的关系密切。

第二学期或是第二年，就是一九二〇上半年或下半年我记不准了，我在学校里更为寂寞，因为陈启明被解职，换来一位冬烘先生，教室里那种溶溶之气没有了，想起陈启明老师教我们读都德的《最后一课》，秋瑾的"秋风秋雨愁煞人"等时的光景，和他在宿舍谈《今古奇观》，《儒林外史》《红楼梦》，以及当时《新潮》上的一些时兴的白话文小说等的情趣一点也没有了。经常对我的作文日记的鼓励也没有了。我虽然常写点日记，却只压在宿舍桌子的抽屉里，而不上交了。同学间的气氛也换了，据说校长朱剑凡的思想又有点反过来了，他原是比较进步的，现在忽然对学生的要求变了，很不同意同学参加社会活动，把两个在学生中有威信，常常宣传"五四"新精神的好老师都解聘，而换了两个不管国家大事，咬文嚼字的老先生。同学们都在底下嘀咕，但周南是私立的，一切都由校长做主。校长是有名人物。我们的校址是他家的花园，亭台楼阁，大厅长廊，小桥流水，富丽堂皇，曲折多姿，应有尽有，难道这样热心公益的名流，是容易反对的吗？因此我就更沉湎于小说之中，而吴绍芳对这方面的供应是不发愁的，她有能力去买一点书。

"五四"之后有股复旧的逆流。朱剑凡原是向着新的道路走的，但这时他又回过头来。学生中不满者多。（关于朱剑凡校长，他的确是一个新人物。）他参加了大革命。他的子女都参加了革命。在抗日战争时期，他的次女朱仲芷，他的排行第七的儿子，都在延安参加工作。他的最小的女儿，我在周南时她还很小，约五岁样子，大家都叫她八八的，就是朱仲丽同志，也在延安做医务工作，她的爱人就是王稼祥同志。于是暑假中（一九二〇或一九二一年）一些比较要求进步的学生，自己组织，由男子第一师范的部分教员和毕业生协助办了一个多月的暑期补习班。补习班设在王船山先生书院。还说毛润之先生也要来给我们讲课。我是这时知道毛泽东同志的。但他始终未来讲课，而补习班也是在毛泽东同志支持之下办起来的，杨开慧，杨开秀（开慧的堂妹）都在这里，也都在暑期班学习，我也参加了。暑期班结束之后，一部分人又都转读岳云中学。岳云是男子中学，这次接受女生在湖南是革命创举。我也进入岳云中学。一一道去的有许文煊、周毓明、王佩琼、杨开慧、杨没累、徐潜等。

在岳云的这几个人中，杨、许、周比较接近。她们是直接和毛泽东同志联系的。许文煊与那时协助毛泽东同志工作的易礼容结了婚，周也同一个姓戴的结婚。杨开慧在这学期结束前也同毛泽东同志结婚，婚后就少来了，许、周似乎也很忙。我那时忙于功课，因为岳云的功课要比周南紧些，特别是英文课完全用英语讲授、课本是《人类如何战胜自然》，是书，而不是普通课本，文法也较深。那时，我对学习的前途，学什么走什么道路，总是常常思考，愿意摸索前进，而且也仍然感到有些彷徨和苦闷。那时文化书社卖一些翻译书，有唯物辩证法的译著，也有郭洁若等的著作。但对理论书因读不懂，畏难，没有读下去。

岳云这学期读完后，我回家看我妈妈了。在年底我看到了原来在桃源第二女师的王剑虹从上海回来，我们一见如同久别的挚友（过去并不十分接近），谈起社会革命，谈起文学，谈到理想，我们无所不谈，特别相投。因此我又停止去岳云继续读书，放弃可以得到的毕业文凭，而和她，还有另外几个人，一同远去上海，开始我自由飞翔的生活了，感谢我妈对我的信任和支持。不管我以后有什么成就，走了多少曲折的道路，但我妈的信任是永远对我的鼓励，我永远为她战斗不息，不敢自怠。

小延！我的这段故事就讲到这里。也许你看起来很无意思，没有兴趣。或许还不理解。但我总算讲完了，我总结一下：

我的中学学习是不好的，是没有成绩的。其中有很多原因。第一，我们那时的客观条件差，中学的教育就不好，不能使学生学得有趣。第二，我们学习的目的不明确。第三，缺少正确的指导。学校教师既不能，我妈虽对我有热切的希望，但她囿于狭小的环境，我苦于找不到明确的指导。第四，我个人也有很大的缺点。刻苦、坚持都不够，闯劲也差，比如，当时毛泽东同志离我那么近，我就未能直接取得他的指导和帮助。你现在的客观条件不知比奶奶那时好多少倍，你一定会有成绩的。奶奶不能给你许多帮助，奶奶只能学习她的妈妈，给你以无限的信任与支持。你有什么需要，我将尽力为之，完了。

奶奶

一九七八年中秋节写完于太行山麓

——《丁玲文集》（第十卷）

（二十三）郑复他

狱中给妻子的信（节录）

【题解】

郑复他烈士是浙江诸暨市人，1924 年入党，1928 年六月壮烈牺牲。在这封信中，他对当时黑暗现实作了无情揭露，嘱咐家人不要为他难过，一再劝勉妻子在家好好读书，以提高、充实自己，郑复他烈士的这种思想行为值得我们学习。

【原文】

毓秀妹妹：

此次被捕，何日得能出，这是不能预料的，现在尚在生死未卜中，那（哪）里管他何日出来呢？我希望你在家好好读书，不要悲哀，并望劝慰。

在现在的世界，坐狱本不算什么，就是枪毙，也是很平常的事。本来一个人有生亦有死的，只不过怎样死法罢了。如果你能认得清，当然不会悲哀的了。不过，你的父母兄嫂一定要为我着急，其实在数百里外着急有什么用呢！我也不多写劝慰的话了，望你自己劝慰自己吧！父亲我尚未写信告知，最好不告诉他，省得着急，如果知道了，也不要紧，横竖迟早要晓得的，不过希望不要过于认真。总之，我什么时候能够释放，或许永远不释放了，现在都不知道。在我没有判决而未得释放时，你只好好读书，在家用功好了，千万不要到上海来。祝你平安。

你的亲爱的哥

三月十六日于上海狱中

——《革命烈士书信集》

（二十四）巴金

致祝云立

【题解】

巴金是闻名国内外的现代作家，他所取得的成就主要得益于他自己平目的刻苦自学。这封给外孙女的信写于八十年代。巴金在信中勉励孙女珍惜学生时代，刻苦学习，话语非常诚恳，显示出对于后代学习方面的关怀之情。

【原文】

端端：

你好，外公很想你，也想念小咺咺。在这里比在家里忙，看见不少的人，不过我很高兴，我回到了久别的故乡，闻到了家乡的泥土味，听到了那么熟习的声音。这感情你不会理解，因为你还太小。你面前有那么宽广的世界，你应当朝前看，你也只会朝前看，你不会像我那样常常回顾过去。但将来有一天你也会想到你妈妈丢开你去杭州工作的那些日子。不过那是将来的事情，目前你还是做一个好学生吧。勤奋地学习最重要，但还需要适当的休息，也少不了跳跳蹦蹦地玩耍，年轻的孩子嘛，应当有一个快乐的童年和快乐的少年时代。……

你看，我又在发议论，写文章了。这样写下去，就会没完没了，不但我自己弄得精疲力尽，连一封信也无法寄出，废话太多，你也不会有耐心看下去，那么我还是在这里打住吧。其他的话以后再谈。现在我只告诉你我在成都，在这里过得愉快，过得很好。我想你妈妈会告诉你我们在这里怎样生活。万一她没有时间写长信，她回上海后也一定要讲个滔滔不绝！

祝

好。

老外公十月十三日

问候九姑婆、太娘、五外公，还有舅舅一家。

——《巴金书信集》

（二十五）彭雪枫

给妻子的三封信

【题解】

彭雪枫是著名的新四军、八路军将领，终身好学不倦，他不仅本人这要做，也常常督促与勉励他的妻子林颖投入到学习当中去。

这里所辑录的三封信，第一封写于1942年3月4日，第二封写于1942年3月13日，在这两封信中，彭雪枫正面劝勉妻子抓紧学习，加强修养，并将具体的学习及写作方法告诉妻子，可谓劝学有方。第三封信写于1943年1、2月间，彭雪枫在信中要求与妻子订立"读书比赛条约"，以此劝诫妻子珍惜光阴，激发其学习兴趣。彭雪枫同志的好学精神至今仍值得我们学习。

其 一

【原文】

玉琼：

送上《战略与策略》，《抗日民族统一战线指南》，《各种政策》，《列宁主义问题》（最美丽的精装）各一本。关于战略与策略的最基本参考书即为《左派幼稚病》，《季米特洛夫报告》以及斯大林报告之《列宁主义问题》第八十五页之战略与策略。此外，为了时间可以不去看它。但最最基本的最现实的还是党目前的各种政策及统战中策略之运用。因此，特将去年收到之毛主席在延安高级干部会上之关于统战策略问题的报告提纲送来，这是最宝贵的最实际的同时又是最机密的材料。因为华中局已经油印供高级学习组阅读了，故将我们收到之原电稿供你们一阅。希即与瑞龙张彦同志商量，倘若必要则可向县以上干部公开（区级干部可以不必）。为

国学经典文库

中华传世家训

第二编 勉学

图文珍藏版

421

了避免闹意气，此事你不必直接去管，由组织统一去规定就无人讲闲话了。

也还有另一个原因：被单子昨天洗而未干，故今天送来。我已经调了，小的给你携带方便些。

鲁迅的书均是珍本和孤本，那些借书同志的这种"打游击"的坏习气，是不能饶恕他们的，尚希继续的"追"。

现在是重新又过学生生活了，这是人生过程的黄金时代，盼你在学习、生活，与同学相处各方面做人之模范，切向实人家学习。

枫
4日9时

其　二

【原文】

裕群：

昨夜读了你的"妇女干部修养问题"，曾为之仔细品味了一下，在内容与行文方面，都无甚可以疵议之处，因为是记录，自然未便在结构布局上多为着眼，但大体上是有结构的。不过其中有一句"力争上级对女同志的大胆提拔与培养"，在"力争""大胆"这一类字眼上似乎尚欠慎重，易于使人"吹毛"。至于标题，我意以"妇女干部的修养"或"女干部的修养"要简洁些，不知你们以为如何？

在写作上努力，这是我俩的互勉之词，也是中央的号召，近读解放社论，关于反党八股问题，说到毛主席拟的"宣传指南"，第一是列宁的宣传方法，第二是季米特洛夫报告中之宣传问题，第三是六中全会扩大会议（即新阶段）中之文章中国化，第四是鲁迅的论创作。我们准备印成本小册子，但鲁迅的论创作则找不到，只找到了拾零集中之"答北斗杂志社问""创作要怎样才会好？"特为抄给你，作为你今后写作的"指针"——

（一）留心各样的事情，多看看，不看到一点就写。（即调查研究，不主观的片面的了解问题。）

（二）写不出的时候不硬写。（这是指文艺作品而言，至于我们则写的东西太多了，只怕不肯写，不是写不出。）

（三）模特儿不用一个一定的人，看得多了，凑合起来的。

（四）写完后至少看两遍，竭力将可有可无的字、句、段删去，毫不可惜。可将可作小说的材料缩成 Sketch，决不将 Sketch 材料拉成小说。（这一条对你特别有意义，"竭力将可有可无的字、句、段删去，毫不可惜！" Sketch 这个字我不懂，请你告诉我，如你也不懂，则可请教别人，之后告诉我。）

（五）看外国的短篇小说，几乎全是东欧及北欧作品，也看日本作品。

（六）不生造除自己之外，谁也不懂的形容词之类。

（七）不相信"小说作法"之类的话。

（八）不相信中国的所谓"批评家"之类的话，而看看可靠的外国批评家的评论。（此点似颇偏激，尤其是今天，已不同于昔日了。）

反主观主义，有一篇外国文章——"爸爸错了"，这是一篇国际名文，曾译登于各国的报章杂志上，前曾嘱拂晓转载，谅你已读过了，兹再付上，希望你重新阅读，并将它剪下来贴在本子上。

前天浏览《大阪每日》，一首诗颇好，写给你：

"极目天涯望远人，天涯尽处有黄云，君行更在天涯外，只见黄云不见君！"盖别愁之作也。

问好！

雪枫　3月13日晨于风雨中

午饭后接电话，始知才开完会。书送上，共三本。

其　三

【原文】

玉琼：

三天来做了不少的事，心里颇为愉快。15日，读书三小时，16日读书四小时，《左派幼稚病》读完了，待着做笔记，另外读两本理论性的小册子，还加上一本曹禺的《原野》剧本。昨天会客之外，为《拂晓报》写一篇社论，《论精兵主义》。人到不如意的时候，谈话之外，最好还是读书。

我要向你挑战了，向你提出订立"读书比赛条约"，不知你有气勇气应战否？时间你比我多，因为你今天是"闲员"了。读书之外，尚有何事？我们应该一星期做一次清算，看谁读的页数多，质量强，理解得透彻？这里各有其优劣条件，我的优势是水平似较你高些，你的优势则为时间比我多多。各不吃亏。

我不希望你东跑西跑，将时间浪费在笑谈之中，但也不愿你长期的深居简出，像一个封建之家的"闺秀"。我要求你在星期六、星期日可以外面走动走动（不是一定要到半城来），星期一至星期六则应埋头，埋头！第三个埋头！苦读，苦读！第一百个苦读！

左回与谈，我代你担忧，但由它去吧，"听天由命"好了！

雪枫　18日上午

我希望下次晤面，是我去找你。

——《彭雪枫家书》

（二十六）邓发

给堂弟的信（节录）

【题解】

邓发，广东云浮人，1925年加入中国共产党，1946年1月赴重庆参加政治协商会议，1946年4月由重庆返回延安途中因飞机失事而不幸遇难。这封信写于他在重庆参加政治协商会议期间。邓发在信中展望了新中国的美好前景，鼓励堂弟刻苦学习，广泛求知，为中国未来的伟大前途出力。邓发对堂弟的这番劝学言论境界很高，值得我们学习。

【原文】

碧群：

抗战八年，我虽未死于战场，但头发却已斑白了，但我比起遭难的同胞，战场牺牲之英雄，不但算不得什么，而且感到无限惭愧！国家所受破坏是惨重的，人民的牺牲，房舍的被蹂躏，这一切固然付出了巨大的代价，然而中华民族不但在东方而且在全世界站立起来了。倘若国内和平建设十年八年，中国就会成为世界头等强国，人民生活文化将大大的（地）提高。国家未来的伟大前途都寄托在你们青年一辈的身上。现在你在高中肄业当然很好，如果可能的话，我希望你能进大学。同时希望你除功课以外，应多阅些课外书籍和文学著作，以增加一些课外知识。

宏贤叔父在努力办学，这是个好消息，你若有暇，应帮助叔父，一则可以锻炼办事本领，二则可予叔父一些鼓励。我不敢对你有所指教，只提供一点意见作你参考而已。

兹附上照片两张以作纪念！在不妨碍你功课条件下，望常来信为盼！

顺祝学习进步！

元 钊

一月廿一日草于渝市

——《革命烈士书信集》

（二十七）傅雷

致傅聪书信二封（节录）

【题解】

傅雷是现代著名的翻译家，知识渊博，修养全面，与他的刻苦好学密不可分。他对儿子们的学习一贯极端重视。这里辑录了他给儿子傅聪劝学书信二封。在第一封信中，傅雷要求儿子在赴波兰学习钢琴之前努力把乐理知识学好，这样到了国外以后学习起来就省时、省力，并指导儿子学习俄语的方法问题；第二封信中，傅雷要求儿子多学习中国古代诗词及古代音乐，增加学识，对自己提高艺术水平有好处。傅雷对儿子的这些教导都是很好的有关学习的经验之谈。

▲傅雷像

其 一

【原文】

记得我从十三岁到十五岁，念过三年法文；老师教的方法既有问题，我也念得很不用功，成绩很糟（十分之九已忘了）。从十六岁到二十岁在大同改念英文，也没念好，只是比法文成绩好一些。二十岁出国时，对法文的知识只会比你的现在的俄文程度差。到了法国，半年之间，请私人教师与房东太太双管齐下补习法文，教师管读本与文法，房东太太管会话与发音，整天的改正，不用上课方式，而是随时在谈话中纠正。半年以后，我在法国的知识分子家庭中过生活，已经一切无问题。十个月以后开始能听几门不太难的功课。可见国外学语文，以随时随地应用的关系，比国内的进度不啻一与五六倍之比。这一点你在莫斯科遇到李德伦时也听他谈过。我特意跟你提，为的是要你别把俄文学习弄成"突击式"。一个半月之间念完文法，这是强记，决不能消化，而且过了一晌大半会忘了的。我认为目前主要是抓住俄文的要点，学得慢一些，但所学的必须牢记，这样才能基础扎实。贪多务得是没用的，反而影响钢琴业务，甚至使你身心困顿，一空下来即昏昏欲睡。——这问题希望你自己细细想一想，想通了，就得下决心更改方法，与俄文老师细细商量。一切学问没有速成的，尤其是语言。倘若你目前停止上新课，把已学的从头温一遍，我敢断言你会发觉有许多已经完全忘了。

你出国去所遭遇的最大困难，大概和我二十六年前的情形差不多，就是对所在国的语言程度太浅。过去我再三再四强调你在京赶学理论，便是为了这个缘故。倘若你对理论有了一个基本概念，那么日后在国外念的时候，不至于语言的困难加上乐理的困难，使你对乐理格外觉得难学。换句话说：理论上先略有门径之后，在国外念起来可以比较方便些。可是你自

中华传世家训

国学经典文库　图文珍藏版

线装书局

邹博◎主编

第三编　修身

导 读

"自天予以至于庶人，一是皆以修身为本。"（《礼记·大学》）就是说，从最高统治者到普通老百姓，都要以提高自身道德修养为根本。修身为本，讲的是"齐家、治国、平天下"，皆要把"修身"当作根本，从自身的道德修养开始才能实现，这是中国传统伦理学，尤其是儒家伦理思想的集中体现。通过历代家训，我们可以明晰地透视出这一点。历代家训所体现出来的以家族血缘关系为本位的伦理道德和个人修养观念正是中国传统道德社会化的渊源。

我国大多数政治家、思想家和教育家们都十分重视家庭道德的教育和道德的修养。家庭教育是社会实施道德教育的一个十分重要的环节，而道德修养又被认为是个人实现志向与抱负，走向成功的基础。在古代汉语中，"修"有"修饰""整治""修正"之义，"养"有"养育""存养"之义。战国时孟子把道德的修养叫作"存养"，即"存其心，养其性"之义。宋明时期一般又称作"涵养"，包括养心、存心、正心、诚意、养气、持敬、主敬等道德修养方法。儒学家们，尤其是后来的理学家们，又特别重视主敬的功夫，提出"涵养须用敬"的思想。这说明道德修养不仅包括培养自己的道德品质，提高道德自觉性，而且包括提高自己的道德情操和道德境界。孟子所讲"吾善养吾浩然之气"，即是达到了一种"富贵不能淫，贫贱不能移，威武不能屈"的高尚道德境界。

基于我国传统的修养观，随着社会的发展，形成了公忠、仁爱、中和、慈孝、诚信、宽恕、谦敬、礼让、自强、持节、知耻、明智、勇毅、节制、廉洁、勤俭等一系列修身的基本规范。与之相适应，还形成了一些职业道德规范、家庭伦理规范、文明礼仪规范等等。这些规范在本编都有不同程度的体现。

加强自身修养不仅是自我发展和家庭幸福的需要，也是建立和谐的社会关系和良好的社会风气的需要。在我们今天的社会主义市场经济条件下，加强自身修养，加强道德教育，努力使每个人都养成一种高尚的品德和节操，显得尤其必要，这也是社会主义精神文明建设的一项重要内容和必然要求。因此，家庭作为培养人才的摇篮，继承并发扬我国家训史上重德教、重修身的优良传统，批判地继承和吸收我国传统的优良道德，具有十分重要的社会意义和现实意义。

一、先秦篇

（一）姬旦

周公诫子重修身

【题解】

周公的儿子伯禽赴任鲁国国君前，周公担心儿子难以胜任国君之职，对儿子进行谆谆教导。在周公的现身说法中，他虽然对儿子谈到了为政之道，但侧重点在于强调修身的重要性，尤其指出儿子应该拥有谦虚、谨慎的品质。周公的这番诫子修身言论，无论对于有志于从政还是无心于从政的人来说，都具有普遍的道德训诫意义。

【原文】

▲周公像

昔成王封周公，周公辞不受，乃封周公子伯禽于鲁。将辞去，周公诫之曰："去矣，子其无以鲁国骄士矣！我，文王之子也，武王之弟也，今王之叔父也，又相天子，吾于天下亦不轻矣。然尝一沐而三握发，一食而三吐哺，犹恐失天下之士。吾闻之曰：'德行广大而守以恭者荣，土地博裕而守以俭者安，禄位尊盛而守以卑①者贵，人众兵强而守以畏②者胜。聪明睿智而守以愚者益，博闻多记而守以浅者广。'此六守者，皆谦德也。夫贵为天子，富有四海，不谦者，失天下，亡其身，桀纣是也。可不慎乎？故《易》曰：'有一道，大足以守天下，中足以守国家，小足以守其身，谦之谓也。夫天道毁满而益谦，地道变满而流谦，鬼神害满而福谦，人道恶满而好谦。是以衣成则缺衽衣角，宫成则缺隅③，屋成而加错④，示不成者，天道然也。'《易》曰：'谦，亨：君子有终，吉。'《诗》曰：'汤降⑤不迟⑥，圣敬日跻。'其诫之哉！子其无以鲁国骄士矣！"

——《说苑·敬慎》

【注释】

①卑：谦卑。

②畏：谨慎。

③隅：墙角。

④错：涂抹。

⑤汤降：谦卑。

⑥迟：懈怠。

【译文】

　　从前周成王要分封周公，周公推辞不接受，于是就把周公的儿子伯禽封在鲁国。伯禽即将告辞去鲁国，周公告诫他说："你去了之后，不要仗恃自己是鲁国国君而对士人傲慢！我是周文王的儿子，周武王的弟弟，当今成王的叔父，又辅佐天子，我的地位在天下来说也不算低了。但是我曾经在洗头时几次握着头发见客人，在吃饭时几次吐出口中的食物去见客人，这样还担心漏掉天下的贤士。我听说：'道德品行宽广博大却又坚守恭谨的人才会获得荣耀；土地广阔富饶却又坚守节俭的人才会享受安乐；俸禄多爵位高却又坚守谦卑的人才会显贵；兵员众多武备精良却又坚守谨慎的人才会获胜；聪敏机智却又坚守愚拙的人才会多得益；博闻强记却又自认为浅陋的人才会更加广博。'这六种操守，都是谦虚的美德。贵为天子，富有四海，不谦虚的会失去天下，败亡自身，桀、纣就是这样的人。难道能不谨慎吗？所以《易》上讲了一个道理，它的用途大能保住天下，中能保住国家，小能保住自身，这道理就是谦虚。上天的规律是亏损盈满的增益不足的；大地的规律是使水从盈满处流向空虚处；鬼神也是要损害盈满者保佑谦退者；人世的规律也是厌恶自满而喜好谦虚。因此衣服做成缺一块、宫舍修成缺一角、房屋修成使它表面粗糙，来表示不圆满，那是由于自然的规律就是这样。《易》上说：'谦卦亨通，君子有好结果，吉祥。'《诗》上说：'商汤谦卑不怠，圣明恭敬谨慎之德日益增高。'你都要引以为戒啊！你一定不能凭着鲁国国君的身份就傲慢地对待士人"

（二）士　匄

观子之行

【题解】

　　士匄即范宣子，世代为晋国卿大夫。他希望自己的儿子能齐家、治国以继承家业，但根据平日的观察却发现儿子缺少这方面的能力。献子虽然一再表明自己的修养和才智程度，他的父亲并不满意，认为这种修身之道仅够免于灾祸。

【原文】

訾祏①死，范宣子谓献子曰："鞅乎！昔者吾有訾祏也，吾朝夕顾焉，以相②晋国，且为吾家。今吾观女也，专则不能，谋则无与也，将若之何？"对曰："鞅也，居处恭，不敢安易，敬学而好仁，和於政而好其道，谋於众不以贾好，私志虽衷③，不敢谓是也，必长者之由。"宣子曰："可以免身。"

　　　　　　　　　　　　——《国语·晋语八》

【注释】

①訾祏：宣子家臣。

②相：治理。

③衷：善。

【译文】

訾祏病逝，范宣子对儿子献子说道："鞅啊，过去我有訾祏的时候，常常征询他的意见，来治理晋国和家邑。现在根据我的观察，你缺乏独立主持国政、家政的才干，与他人谋划则缺少这样的贤臣，今后将怎么办呢？"献子答道："我呀，言行举措恭谨，不敢安逸怠惰，敬重有德和有识的人，谋决国事家政以和谐为准则，并尊重正确的主张，与众人谋是为求得善断，而不以讨取他人欢心为目的。即使坚信自己的主张正确无误，也不要冒昧地首肯，一定要遵从长者的意见。"宣子说道："能够做到这些，则可使自身免于祸难。"

（三）曾　参

吾得正而毙焉

【题解】

曾子一贯以孝著称，然而他教儿子如何去爱人却又有一番新意。在弥留之际，他仍旧没有忘记绝不越礼的规定，这便是他所说的道理。在批判等级制的礼仪的同时，我们还得玩味曾子死前"爱人以德"一句的深刻含义。

【原文】

曾子寝疾，病。乐正子春坐于床下，曾元、曾申坐于足。童子隅坐而执烛。

童子曰："华①而睆②，大夫之箦③与？"子春曰："止！"曾子闻之，瞿然曰："呼！"曰："华而睆，大夫之箦③与?" 曾子曰："然。斯季孙之赐也，我未之能易也。元起易箦!" 曾元曰："夫子之病革矣，不可以变。幸而至于旦，请敬易之。" 曾子曰："尔之爱我也不如彼。君子之爱人也以德，细人之爱人也以姑息。吾何求哉? 吾得正而毙焉，斯已矣!" 举扶而易之。反席未安而没。

——《吕氏春秋》

【注释】

①华：华彩。

②睆：huàn 明亮。

③箦：zé 床席。

【译文】

曾子卧病在床，后来病严重起来，他的弟子乐正子春坐在他的床边，他的儿子曾元、曾申坐在他的脚旁，他的童仆坐在屋角而举着烛火。童仆说道："您的席子华美而莹亮，是大夫所用的吗?" 子春回应道："不要再说了。" 曾子听了这些话，惊骇道："啊!" 童仆又说道："你的席子华美而莹亮，是大夫所用的吗?" 曾子回复道："是的。这是季孙赐给我的，我没有换掉。元儿起来换一下席子!" 曾元答道："夫子您的病很重了，不能翻动身体。有幸到第二天天亮时，敬请换席。" 曾子说："你爱我还不如他（童子）。君子要凭借品德去爱人，小人却凭借姑息非礼去爱人。我想求得什么呢? 我要得正道而死去，就这样吧!" 于是他举起手，扶着床而换席，但拿来的席子还没铺好他就死了。

（四）无名氏

齐家修身

【题解】

儒家常讲"修身、齐家、治国、平天下"，其中齐家之功便是归于修身。一个人的修身一旦推及于家人，可以使家庭得到大治，这是因为人们往往容易受自己家人的影响。

【原文】

所谓齐其家在修其身者：人之其所亲爱而辟①焉，之其所贱恶而辟焉，之其所畏敬而辟焉，之其所哀矜而辟焉，之其所敖惰而辟焉。故好而知其恶，恶而知其美者，天下鲜矣。故谚有之曰："人莫知其子之恶，莫知其苗之硕。"此谓身不修不可以齐其家。

——《礼记·大学》

【注释】

①辟：排斥。

【译文】

所谓治理好家庭要先修养自身的德行，这是因为，人们对于自己所亲近喜爱的人往往过于偏爱，对于自己所轻视厌恶的人往往过于厌弃，对于自己所畏惧敬佩的人往往过于崇拜，对于自己所同情的人往往过于怜悯，对于自己所傲视怠慢的人往往过于蔑视。所以，喜欢一个人却又能知道他的缺点，厌恶一个人却又能知道他的优点，这种人天底之下太少太少！所以，有谚语说："人们都不了解自家孩子的缺点，都不知道自家禾苗的肥壮。"这就是说自身品德没有修养好就不能治好自己的家庭。

二、秦汉篇

（一）欧阳地余

死后不接受僚属赠物

【题解】

欧阳地余生于西汉著名的《尚书》学世家，做到九卿。他临死时对孩子表示不接受僚属的赠物，是为了维护清廉的名声，同时也避免别有用心的人乘虚而入。这对做官的人及其后人是个提醒。

【原文】

我死，官属即送汝财物，慎勿受。汝九卿儒者子孙，以廉洁著，可以自成。

——《汉书·儒林传》

【译文】

我死之后，僚属们即使送给你财物，也绝对不要接受。你是九卿儒者的后代，若凭着廉洁显名，可以成就事业。

（二）杨王孙

裸葬

【题解】

杨王孙裸葬，是西汉时期的一段公案，后人评说纷纷。其要点，一在以裸葬矫时俗厚葬之弊，二在追求返回自然的境界。前者认为，至今仍有一些人，或者以孝为名而铺张浪费，或者迫于风气硬撑面子，杨王孙的裸葬至少比这类人高明。后者认为，人死归于自然，不必虚耗生人钱财。今人火葬之后，骨灰撒于大海高山，与两千年前的杨王孙遥相会心，值得提倡。

【原文】

杨王孙者，孝武时人也。学黄老之术，家业千金，厚自奉养生，亡①所不致。及病且终，先令其子，曰："吾欲裸葬，以反吾真，必亡易吾意。死则为布囊盛尸，入地七尺，既下，从足引脱其囊，以身亲土。"其子欲默而不从，重废父命，欲从（之），心又不忍，乃往见王孙友人祁侯。

祁侯与王孙书曰："王孙苦疾，仆②迫从上祠雍，未得诣③前。愿存精神，省思虑，进医药，厚自持。窃（闻）王孙先令裸葬，令死者亡知则已，若其有知，是戮尸地下，将裸见先人，窃为王孙不取也，且《孝经》曰'为之棺椁衣衾'，是亦圣人之遗制，何必区区独守所闻？愿王孙察焉。"

王孙报曰："盖闻古之圣王，缘④人情不忍其亲，故为制礼，今则越之，吾是以裸葬，将以矫世也。夫厚葬诚亡益于死者，而俗人竞以相高，靡财单⑤弊，腐之地下。或乃今日入而明日发，此真与暴骸于中野何异！且夫死者，终生之化，而物之归者也。归者得至，化者得变，是物各反其真也。反真冥冥，亡形亡声，乃合道情。夫饰外以华众，厚葬以鬲⑥真，使归者不得至，化者不得变，是使物各失其所也。且吾闻之，精神者天之有也，形骸者地之有也。精神离形，各归其真，故谓之鬼，鬼之为言归也。其尸块然⑦独处，岂有知哉？裹以弊帛，鬲以棺椁，支体络束，口含玉石，欲化不得，变为枯腊，千载之后，棺椁朽腐，乃得归土，就其真宅。系是言之，焉用久客！昔帝尧之葬也，款木为椟，葛藤为缄，其穿下不乱泉，上不泄殠⑧。故圣王生易尚，死易葬也。不加功于亡用，不损财于亡谓，今费财厚葬，留归鬲至，死者不知，生者不得，是谓重惑。于戏⑨！吾不为也。"

——《汉书·杨胡朱梅云传》

【注释】

①亡：通"无"。
②仆：对自己的谦称。
③诣：来。
④缘：因为。
⑤单：通"殚"。
⑥鬲：通"隔"。

⑦然：孤独的样子。

⑧殠：chòu 朽腐之气。

⑨戏：通"呜呼"。

【译文】

杨王孙，是孝武帝时候的人。学习黄老的方术，家资积累到千金，自奉丰厚，希望养生长寿，无所不至。等到生病快死的时候，遗令孩子说："我想要裸葬，以归返自然，一定不要变改我的想法。死了就用布口袋装尸体，埋入地下七尺，埋下后，从脚上扯掉布口袋，让我的身体亲近土地。"他的孩子想默不作声，暗地不听从，却又难于违背父命，想听从吧，又不忍心，于是去见杨王孙的朋友祁侯。

祁侯写信给杨王孙说："王孙苦于疾病，我迫于跟从皇上到雍地祭祠，不能来见。希望你保精护神，节省思虑，勤进医药，深自保重。窃闻王孙遗令裸葬，假如死人不知便罢了，如果有知，就跟戮尸一样，被抛在地下，将要赤裸着去见先人，私下里认为王孙不会这样。而且《孝经》里说（死后）置办棺椁衣裳，这也是圣人的遗制。何必拘于区区己见？希望王孙仔细思考。"

王孙回信说："听说古代的圣王，由于人情不忍心死去的亲人（赤裸），因此定下了制度，现在已越过了礼制，风行厚葬，因此我要裸葬，来矫正社会上厚葬的风俗。浪费大量钱物厚葬死人的做法实在对死者没有什么益处，可是世人却都以能厚葬相互夸耀，为此铺张浪费，用尽钱财，结果却在地下白白烂掉。有的今天埋下尸体，第二天就被人挖掘出来，这和原来就将尸体暴露在荒野有什么差别？况且，死不过是一生终了时的物化，属万物的归宿。归宿是到了尽头，物化是得到转化，这属于物类各自回归到原本状态。物的本然状态（真），渺渺茫茫，无形，无声，这才合乎天道的真实情况。把外表装饰得富丽堂皇，以此向人夸耀，结果因葬而阻隔了本真，使回归者不能回归到本然状态，物化者不能够转化，这是使物类各自失去它的本然状况啊！我还听说，精神是上天赋予的，形骸是大地赋予的。精神和形骸相分离而各自回到本来状态，所以就叫鬼。鬼的意思就是归。那尸体本来就是孤立地单独存在，哪会有什么知觉呢？现在人们却用钱裹着尸体，用棺椁隔开，肢体被束缚，口里含着玉石，想要转化却不行，成为枯腊，千年之后，棺椁腐朽了，才能归于土地，回到本真的住宅。从这个角度说，哪里用得着久寄人间！从前，埋葬尧的时间，用空木头当棺材，用葛藤捆绑棺材；所挖的坑，下不到水源，上面以不泄露臭气为标准。因此，圣人在世时容易受人崇拜，死了以后也容易埋葬，不给活着的人增加无谓的负担，不损失不该浪费的钱财。现在却浪费大量财物厚葬死人，死人不知道，活人又不能使用这些钱财，真是太荒谬了啊！呜呼！我不做这样的事情。"

（三）刘 奭

敕谕东平王宇玺书

【题解】

东平王刘宇，与奸猾之人交结，触犯了王法。由于太后的保驾和皇帝的呵护，才平息下来。这封玺书倒是能够抓住刘宇的缺点，但没有拿出多少实际措施。从中我们也可以看出封建时代的皇亲国戚，实际上没有什么严格的约束。

【原文】

皇帝问东平王。盖闻亲①亲之恩莫重于孝，尊②尊之义莫大于忠，故诸侯在位不骄以致孝道，制节谨度以翼③天子，然后富贵不离于身，而社稷可保。今闻王自修有阙，本朝不和，流言纷纷，谤自内兴，朕甚憯④焉，为王惧之。诗不云乎？"毋念尔祖，述修厥德，永言配命，自求多福。"朕惟王之春秋方刚，忽于道德，意有所移，忠言未纳，故临遣太中大夫子硺谕王朕意。孔子曰："过而不改，是谓过矣。"王其深惟孰思之，无违朕意。

——《汉书·宣元六王传》

【注释】

①亲：亲近。

②尊：尊重。

③翼：辅佐。

④憯：通"惨"，残酷，狠毒。

【译文】

皇帝问候东平王。我听说亲近亲人的恩情没有什么比孝更重，尊重尊者的道义没有什么比忠更大，因此诸侯在位，不骄傲才能达到孝道，制定礼节、谨遵法度才能辅佐天子，然后才能富贵不从身边溜走，社稷才能保住。最近听说你自修有阙失，王国朝廷又不和，流言纷纷，诽谤从内部产生，我很痛心，为你忧惧。《诗经》里不是说过吗？"牢记祖德永不忘，继承祖德发荣光，常顺天命不相违，要求幸福靠自强。"我想你血气方刚，忽略了道德，心意有所转移，忠言不能采纳，因此亲自派太中大夫子娇转告我的旨意。孔子说："过而不改，这就是真正的过错了。"你还是深思内省一番吧，不要违背了我的旨意。

（四）丙　吉

诫子显

【题解】

丙吉为西汉大官，当过丞相，为人宽厚礼让，尊敬祖先。他的儿子丙显却与之相反，在祭祀祖先的事情上显得怠慢无礼。于是丙吉告诫儿子要端正对待祖先的态度。这种事情实际上也牵涉到一个人的品德修养问题，确实不能草率从事。

【原文】

宗庙至重，而显不敬慎，亡吾爵者必显也。

——《汉书·丙吉传》

【译文】

祭祀祖先的事情至关重要，但是显儿却对这个却极不敬肃慎重，将来丧失我家爵位的一定是显。

（五）崔　瑗

何地不可藏形骸

【题解】

人死后厚葬重奠，灵柩归乡，是古代多数人追求的最后的理想。崔瑗的遗命，以通达的态度，提出了"何地不可藏形骸，勿归乡里"的观点，比起斤斤计较身后事宜的人，高明了不知多少。他的话，是对儿子崔寔说的。

【原文】

夫人禀天地之气以生，及其终也，归精于天，还骨于地。何地不可藏形骸，勿归乡里。其赗赠之物，羊豕之奠，一不得受。

——《后汉书·崔骃列传》

【译文】

人禀受天地之气而生，等到他死的时候，将精气和尸骨归还给天地。什么地方不能埋藏形骸？不必还归故乡。那些吊唁的物品，羊豕之类的祭奠，我是统统不会接受的。

（六）张 奂

诫兄子书

【题解】

　　这封信主要是批评侄子张仲祉，同时称赞张叔时。张奂反复强调"过而能改"的可贵。字里行间，又流露出对哥哥的怀念，对侄子的关心，可谓一往情深。

【原文】

　　汝曹薄祐，早失贤父。财殚①艺尽，今适喘息。闻仲祉轻傲耆②老，侮狎同年，极口恣意。当崇长幼，以礼自持。闻敦煌有人来，同声相道，皆称叔时宽仁，闻之喜而且悲。喜叔时得，悲汝得恶论。经言孔子乡党，恂恂如也。恂恂者，恭谦之貌也。经难知，且自以汝资父为师，汝父宁轻乡里邪？年少多失，改之为贵。蘧伯玉年五十，见四十九年非。但能改之，不可不思吾言。不自克责，反云张甲谤我，李乙怨我，我无是过。尔亦已矣。

——《全后汉文》

【注释】

　　①殚：dān 竭尽。

　　②耆：qí 六十岁以上的人。

【译文】

　　你们福薄，早早就失去了贤父。财产用完，事业终止，现在才刚刚喘过气来。我听说仲祉轻傲老人，欺侮戏狎同年人，口无遮拦，肆无忌惮。应当尊老爱幼，保持礼节。听说敦煌来的人，异口同声称道叔时宽厚仁爱。我知道后，既喜又悲。喜叔时得到了美好的名声，悲仲祉得到了糟糕的议论。经书上说孔子在乡里，一副恂恂然的样子。恂恂，形容的是恭敬谦让的状貌。经书是很难明了的，那么你们以父亲为师，你们的父亲难道会在乡里放肆吗？年轻难免有很多过失，改了就很可贵。蘧伯玉五十岁了，才知道以前四十九年都错了。重要的是能够改正。不可不多想想我的话。若不能自责，反倒说张三诽谤我，李四怨恨我，那你就不可救药了。

（七）陈寔

梁上君子

【题解】

汉末灾荒。一夜，有个小偷潜入陈定家，伏在屋梁上。陈寔暗中瞧见了，起床，整理好衣装，叫醒子孙，严肃地对大家说了下面一番话。"梁上君子"的典故就出自这儿。这番话既机智又很有道理，对不幸为盗的人具有"喝破"的功效。

【原文】

夫人不可不自勉。不善之人未必本恶，习以性成，遂至于此。梁上君子者是矣！

——《后汉书·陈定列传》

【译文】

一个人不可以不勉励自己。而不善良的人不一定本性就是恶劣的，而是由于习惯而养成了这种不好的品性，才能到了如此地步。那个"梁上君子"就是这样的啊。

（八）蔡　邕

女　训

【题解】

这是东汉文学家、著名学者蔡邕告诫女儿蔡琰（蔡文姬）的短文。蔡邕针对女子天性爱美的特点，教育女儿不仅应注重外表美，更要注意心灵美，强调女子加强自身品德修养的重要性。蔡邕对女儿的劝诫不仅合乎情理，而且循循善诱，值得后人效法、学习。

【原文】

心犹首面也，是以甚致饰焉。面一旦不修饰，则尘垢秽之；心一朝不思善，则邪恶入之。人咸知饰其面而不修其心，惑矣。夫面之不饰，愚者谓之丑；心之不修，贤者谓之恶。愚者谓之丑犹可，贤者谓之恶将何容焉？故览照拭面，则思其心之洁也；傅脂则思其心之和也；加粉则思其心之鲜也；泽发则思其心之顺之；用栉则思其心之理也；立髻则思其心之正也；摄鬓则思其心之整也。

——《蔡中郎集》

【译文】

人的心就好像人的头和脸一样，因此必须要很用心地修饰它。脸面一天不修饰，就被灰尘弄脏；心一天不想着善，那么邪恶之念就进去了。人们都知道要修饰面容却不知道要修饰他的心，这是多么糊涂啊！面容不修饰，连愚笨的人会说她（他）丑；心不修饰，却会被贤人称为恶。愚人说丑还情有可原，被贤人说恶将怎么容身呢？所以，当你照镜洗脸的时候，就要想到心的纯洁；当你擦胭脂的时候，就要想到心的柔和；当你抹粉的时候，则要想到心的鲜明；当你洗发的时候，要想到心的和顺；用梳子时，就要想到心的条理；结发髻的时候，就要想到心的端正；整顿鬓发的时候，就要想到心的严整。

▲蔡邕像

（九）杜泰姬

教　子

【题解】

人的性情能否改变？人们有不同的意见。杜泰姬在这则《教子》里提出了"检"——检点的办法，用以矫正不好的性情。与"检"相对的态度是"放"——放纵。放纵性情有时候是个性的展现，更多的时候则是扩大错误。值得思考。

【原文】

中人情性，可上下也，在其检耳。若放而不检，则人恶也。昔西门豹佩韦以自宽，宓子贱带弦以自急，故能改身之恒，为天下名士。

　　　　　　　　　　——《全后汉文》录《华阳国志》

【译文】

普通人的性情，可以上下矫正，就看他能否检点。如果放纵而不加检点，人们就会厌恶他。过去西门豹佩上韦带来使自己由急躁变为宽缓，宓子贱带上弓弦来提醒自己由缓慢变为敏急。因此他们都能矫正自己的性情，成为闻名天下的人。

（十）孔 融

让 梨

【题解】

孔融让梨的故事可谓家喻户晓。让梨虽是一件小事，然而孔融在兄长面前表现出来的谦虚礼让、自我克制的精神，对于当今的年轻人加强自我修养，具有很大的借鉴意义。

【原文】

兄弟七人，融第六。幼有自然之性。年四岁时，每与诸兄共食梨。融辄引小者。大人①问其故，答曰；"我小儿，法②当取小者。"由是宗族奇之。

——《后汉书·孔融传》

【注释】

①大人：父亲。

②法：规矩，道理。

【译文】

孔家兄弟七个人，孔融排第六。他自小就有天然的好性情，在他四岁那一年，常和哥哥们一起吃梨，孔融每次都拿最小的吃。父亲问他为什么？他回答说："我是小孩子。按礼来说，应该吃小的。"从此孔氏家族的人都对他刮目相看。

三、魏晋南北朝篇

（一）刘 备

册封鲁王策命

【题解】

刘备封庶子刘永为鲁王，在策命中告诫他要勤政爱民，遵奉礼义。

【原文】

刘永字公寿，先主子，后主庶弟也。章武元年六月，使司徒靖立永为鲁王，策曰："小子永，受兹①青土。朕承天序，继统大业，遵修稽②古，建尔国家，封于东土，奄有③龟蒙，世为藩④辅。呜呼，恭朕之诏！惟彼鲁邦，一变适⑤道，风化存焉。人之好德，世兹懿美。王其秉心率⑥札，绥⑦尔士民，是飨⑧是宜，其戒之哉！"

——《三国志·蜀书·二子妃主传》

【注释】

①兹：这块。

②稽：考查，效法。

③奄有：占有。

④藩：藩国。

⑤适：达到。

⑥率：表率。

⑦绥：安定。

⑧飨：享用祭品。

【译文】

刘永，字公寿，先主刘备的儿子，后主刘禅的庶出弟弟。章武元年六月，刘备派遣司徒许靖册封刘永作鲁王。策命中称："我的儿子刘永，接受这块青州土地的封赠。我秉承了帝王的世系，继承并管理着天下大业，学习和遵循着古代帝王的经验，建立了你的封国，把你册封在东方的国土上，占在龟山、蒙山，世世代代作为藩国，辅佐皇帝。呜呼！恭敬地听从我的诏命吧！在那个鲁国的土地上，只要一步变化就达到了道德礼义的标准。好的风俗教化始终在那里保存着。人们喜爱仁义道德，世世代代都有纯真的美德。鲁王你要保持正直的心地，带头遵奉礼义，使你的官员和百姓平定安乐，使祖先和社稷的神灵得到祭祀享用，你要用这些话来告诫自己啊！"

（二）诸葛亮

诫子书

【题解】

诸葛亮在这封短信中谈论了饮酒问题，告诫儿子饮酒要把握分寸，注意礼节，不要出现放纵无礼的局面。诸葛亮在这一问题上对儿子的告诫显得合情合理，决不应该把它看作封建教条。今天的家长遇到子女邀集朋友聚餐，饮酒时，参照诸葛亮对儿子的这番忠告，还是很适合的。

【原文】

夫酒之设，合礼致情，适体归性，礼终而退，此和之至也。主意未殚，宾有余倦，可以至醉，无致于乱。

——《诸葛亮集》

【译文】

酒的设置，是为了符合礼节，表达情意，适应身体的需要，使人返回自己的本性。礼仪完毕就结束酒宴，这就是和的顶点了。主人的意致未尽，宾客也还有余兴，可以尽情痛饮，喝到极醉，但不要出现乱性的场面。

（三）曹　丕

箴　弟

【题解】

曹彰立了军功，哥哥曹丕教他要谦虚谨慎，不要骄矜自夸。曹彰依言行事，果然受到了曹操的夸奖。

【原文】

时太祖在长安，召彰诣①行在所。彰自代过邺，太子谓彰曰："卿新有功，今西见上，宜勿自伐，应对常若不足者。"彰到，如太子言，归功诸将。太祖喜，持彰须曰："黄须儿竟大奇也！"

——《三国志·魏书·任城陈萧王传》

【注释】

①诣：到。

【译文】

当时太祖在长安，召曹彰到他的住所。曹彰从代郡路经过邺，太子曹丕对他说："你刚立功，现在西行见父王，一定不要自夸，回答时要谦称还有很多不足之处。"曹彰到长安后，按太子说的去做，把功劳全归属于众将领。太祖听后非常高兴，摸着曹彰的胡须说："黄须小子竟然如此出人意料！"

（四）沐并

预作终制诫子

【题解】

沐并生在杨王孙之后，对杨王孙裸葬的做法有契于心，死前反复告诫子孙们要依照杨王孙的办法来埋葬他。看来对死亡采取一种超然的态度，对下葬采取节俭的做法，已成为贤人哲士追求的高尚目标。

【原文】

　　告云、仪等：夫礼者，生民之始教，而百世之中庸①也。故力行者则为君子，不务者终为小人，然非圣人莫能履其从容也。是以富贵者有骄奢之过，而贫贱者讥于固陋，于是养生送死，苟窃非礼。由斯观之，阳虎玙璠，甚于暴骨，桓魋②石椁，不如速朽。此言儒学拨乱反正、鸣鼓矫俗之大义也，未夫穷理尽性、隐冶变化之实论也。若能原始要终，以天地为一区，万物为刍狗，该览玄通，求形景之宗，同祸福之素，一死生之命，吾有慕于道矣。夫道之为物，惟恍惟忽，寿为欺魄，夭为凫没，身沦有无，与神消息，含悦阴阳，甘梦太极。奚以棺椁为牢，衣裳为缠？尸系地下，长幽桎梏，岂不哀哉！昔庄周阔达，无所适莫；又杨王孙裸体，贵不久容耳。至夫末世，缘生怨死之徒，乃有含珠鳞柙，玉床象衽，杀人以徇；圹穴之内，甸以苣絮，藉以蜃炭，千载僵燥，托类神仙。于是大教陵迟，竞于厚葬，谓庄子为放荡，以王孙为戮尸，岂复识古有衣薪之鬼，而野有狐狸之豢乎哉？吾以材质滓浊，污于清流。昔忝国恩，历试宰守，所在无效，代匠伤指，狼跋首尾，无以雪耻。如不可求，从吾所好。今年过耳顺，奄忽无常，苟得获没，即以吾身袭于王孙矣。上冀以赎市朝之逋罪，下以亲道化之灵祖。顾尔幼昏，未知臧否，若将逐俗，抑废吾志，私称从令，未必为孝；而犯魏颗听治之贤，尔为弃父之命，谁或矜之！使死而有知，吾将尸视。

　　　　　　　　　　——《三国志·魏书·常林传》注

【注释】

　　①中庸：无过与不及的中和之道，为儒家基本碌则之。

　　②魋：tuí 即桓魋。

【译文】

　　我现在告诫儿子云、仪等：礼，是人最初的教育，百代最高的道德标准。所以能够努力实行礼的人就成了君子，而不讲求礼的人终究变成了小人。然而除了圣人，是没有谁能够完全将礼实践的。因此富贵者有骄奢的过错，而贫贱者则被讥笑为固执鄙陋，于是赡养活着的人，替死去的人送终，是苟且窃取非礼的做法。由这可看出，阳虎用玙、璠这两种美玉给季平子下葬，比让季平子暴露自己的骨骸还要过分；桓魋花三年时间为自己造石椁，他这样浪费，死了还不如快点腐烂好。这说的是儒学拨乱反正、鸣鼓矫俗的根本道理，还不是那种穷理尽性、陶冶变化的实际理论。如果能够推究事物发展的起源和结果，以天地为一区，万物为争刍狗，博览玄通，去探求形影的根源，等同祸福的本色，同一死生的命运，那么我对于这种道是很羡慕的。

道作为一种事物，是模模糊糊，不易捉摸，隐隐约约，不可辨认的。所谓长寿的人也不过像鬼怪状的木偶，短命也不过像野鸭子一样消失罢了。一个人死了，身体淹没在有无之中，与神灵一起生灭，含悦于阴阳之间，甘心梦幻着太极，哪用得着以棺椁作为牢笼，用衣裳来缠绕自己的身体呢？人死了，尸体埋在地下，长期幽禁在这些桎梏之中，难道这不是悲哀的吗！从前庄周豁达大度，对死生一视同仁；杨王孙死后裸葬，看重的是躯体不会长久存在。到了末世，才有了死后口含珠玉，用带鳞甲的动物装饰笼子，用玉做成床，象皮做成床席，并且杀人来殉葬的现象；墓穴之内，填过时塞着苎麻的棉絮，再衬垫上蜃灰，希望千年以后，躯体依然僵硬枯燥，并期望通过这种做法使自己死后成为神仙。于是祖先的教导开始衰颓，人们竞相争着厚葬，说庄子的行为是放荡，王孙的做法是砍截死尸，他们哪里又知道古代就有身披柴草的鬼，郊野还有着肉还没有烂尽的狐狸的骨殖呢？

我因为材质低劣，勉强厕身于那些负有时望的士大夫行列。以前愧受国家的恩惠，多次担任宰守的职务，但所在任所都没有什么大的政绩效，代作他人份内之事却帮了倒忙，要想辞职又不可能，实在是进退两难，无法洗除自己留下的耻辱。如果实不可强求，你们就顺从我的爱好。现在我已经过了六十岁，随时都可能死去。如果我万一死去，你们就按照杨王孙裸葬的办法安葬我好了。希望上以赎回我在逃离人群的罪责，在地下能亲近那些得道升天的祖先。顾念到你们年幼昏惑，不知辨别好坏，如果用去追逐时俗的做法来安葬我，这就便是违背、废弃了我的志愿。虽然你们私下声称听从我的指令，但未必算得上孝顺，而不能做到像魏颗那样听从他父亲头脑清醒时的遗命。你们做出违反父命的行为，谁又会同情你们！假使一个人死去而有知觉的话，我死了以后，也将看着你们怎么办。

（五）王　昶

诫子侄书

【题解】

王昶用道家玄默冲虚的意思为子侄命名，并写了这篇文章告诫他们要谦虚谨慎，修身自持，不要追名逐利，行恶蹈伪，自致祸端。当时政治斗争严酷，保全身家性命十分不易，只有小心而又小心，这就是王昶教诲的用意。

【原文】

其为兄子及子作名字，皆依谦实，以见其意，故兄子默字处静，沈字处道，其子浑字玄冲，深字道冲。遂书戒之曰："夫人为子之道，莫大于宝身全行，以显父母。此三者人知其善，而或危身破家，陷于灭亡之祸者，何也？由所祖习非其道也。夫教敬仁义，百行之道①而立身之本也。教敬则宗族安之，仁义则乡党②重之，此行成于内，名著于外者矣。人若不笃于至行，而背本逐末，以陷浮华焉，以成朋党焉；浮华则有虚伪之累，朋党则有彼此之患。此二者之戒，昭然著明，而循覆车滋众，逐末弥甚，皆由惑当时之誉，昧目前之利故也。夫富贵声名，人情所乐，而君子或得而不处，何也？恶不由其道耳。患人知进而不知退，知欲而不知足，故有困辱之累，悔吝之咎。语曰：'如不知足，则失所欲。'故知足之足常足矣。览往事之成败，察将来之吉凶，示有干名要利，欲而不厌，而能保世持家，永全福禄者也，欲使汝曹立身行己，遵儒者之教，履③道家之言，故以玄默冲虚为名，欲使汝曹顾名思义，不敢违越也。古者盘杆有铭，几杖有诫，俯仰察焉，用无过行；况在己名，可不戒之哉！夫物速成则疾亡，晚就则善终。朝华之草，夕而零落；松柏之茂，隆寒不衰。是以大雅君子恶速成，戒阙④党也。若范匄对秦客而武子⑤击之，折其委笄，恶其掩人也。夫人有善鲜不自伐，有能者寡不自矜；伐则掩人，矜则陵人。掩人者人亦掩之，陵人者人亦陵之。故三郤为戮于晋，王叔负罪于周，不惟矜善自伐好争之咎乎？故君子不自称，非以让人，恶其盖人也。夫能屈以为伸，让以为得，弱以为强，鲜不遂矣。夫毁誉，爱恶之原而祸福之机也，是以圣人慎之。孔子曰：'吾之于人，谁毁谁誉；如有所誉，必有所试。'又曰：'子贡方⑥人。赐也贤乎哉，我则不暇。'以圣人之德，犹尚如此，况庸庸之徒而轻⑦毁誉哉？

"昔伏波将军马援戒其兄子，言：'闻人之恶，当如闻父母之名；耳可得而闻，口不可得而言也。'斯戒至矣。人或毁己，当退而求之于身。若己有可毁之行，则彼言当矣；若己无可毁之行，则彼言妄矣。当则无怨于彼，妄则无害于身，又何反报焉？且闻人毁己而忿者，恶丑声之加人也，人报者滋甚，不如默而自修己也。谚曰：'救寒莫如重裘⑧，止谤莫如自修。'斯言信矣。若与是非之士，凶险之人，近犹不可，况与对校乎？其害深矣。夫虚伪之人，言不根道，行不顾言，其为浮浅较可识别；而世人惑焉，犹不检之以言行也。近济阴魏讽、山阳曹伟皆以倾邪败没，荧惑当世，挟持奸慝，驱动后生。虽刑于钺钺⑨，大为炯⑩戒，然所污染，固以众矣。可不慎与！

"若夫山林之士，夷、叔之伦，甘长饥于首阳，安赴火于绵山，虽可以激贪励俗，然圣人不可为，吾亦不愿也。今汝先人世有冠冕，惟仁义为名，守慎为称，孝悌于闺门，务学于师友。吾与时人从事，虽出处不同，然各有所取。颍川郭伯益，好尚通达，敏而有知。其为人弘旷不足，轻贵有余；得其人重之如山，不得其人忽之如草。吾以所知亲之昵之，不愿儿子为之。北海徐伟长⑪，不治名高，不求苟得，淡然自守，惟道是务。其有所是非，则托古人以见其意，当时无所褒贬。吾敬之重之，愿儿子师之。东平刘公幹⑫，博学有高才，诚节有大意，然性行不均，少所拘忌，得失足以相补。吾爱之重之，不愿儿子慕之。乐安任昭先，淳粹履道，内敏外恕，推逊恭让，处不避污，怯而义勇，在朝忘身。吾友之善之，愿儿子遵之。若引而伸之，触类而长之，汝其庶几举一隅⑬耳。及其用财先九族，其施舍务周急，其出入存故老，其论议贵无贬，其进仕尚忠节，其取人务实道，其处世戒骄淫，其贫贱慎无戚，其进退念合宜，其行事加九思，如此而已。吾复何忧哉？”

——《三国志·魏书·王相传》

【注释】

①道：行之。
②乡党：乡里。
③履：实践。
④阙：其。
⑤武子：范匄父亲。
⑥方：评论。
⑦轻：轻易。
⑧重裘：厚厚的皮毛衣服。
⑨铁钺：fūyuè 铡刀，大斧。
⑩炯：明。
⑪徐伟长：徐干，建安七子之一。
⑫刘刘桢，建安七子之一。
⑬几举一隅：举一反三。

【译文】

　　王昶给他哥哥的儿子和自己的儿子起名字，全都依照谦虚诚实的含义，用来表现他自己的意志。所以他哥哥的儿子名默，字处静；又一个名沈，字处道。他的儿子浑，字玄冲；深，字道冲。王昶就写文章告诫他们说：

　　“人做儿子的道理，没有比珍重自己的身体，完善自己的德行，用来使父母尊显更大的了。这三件事人们都知道它的好处。但还有人危害了自身，破败了家庭，陷入了灭亡的灾祸中，这是为什么呢？由于他们遵奉和学习的不是正确的道理。那孝敬仁义，是在各种品行中处于首位的，实行它们就能站得住，那是立身的根本。孝敬就能让宗族安定，仁义就能被乡亲邻里看重。这是在家里培养起品行，使名声显耀在外面的做法。人如果不在这些至高的品行上做到纯正笃厚，而背离根本，追逐末节，就会因此陷入浮华，就会因此形成朋党。浮华就会有虚伪的牵累，形成朋党就会有彼此争斗的危害。这二者的借鉴，表现得十分昭著。但是沿着这条旧辙翻的车越来越多，追逐末节越来越厉害，这全是由于人们被当时的名誉所迷惑，被眼前的利益所蒙蔽的缘故。那富贵名声，是人性情中所喜爱的，但有的君子虽然能够得到它却并不沉溺其中，为什么呢？因为他们厌恶这些富贵名声不是从正道得来的。担心的是人们知道前进不知道后退，知道索取却不知道满足，所以才有了困窘侮辱的牵累，有了感到悔恨的过失。有古话说：'如果不知足，就会失去他要得到的东西。'所以知足就可以让人常得到满足。浏览过去世事的成败，察看将来形势的吉凶，还没有过争名夺利，欲望无穷，索取不止而能够保全自己的家庭世系，永远享受福禄的。我想让你们在立身行事时遵守儒学的教诲，履行道家的言论，所以用玄默冲虚这样的词语作你们的名字，想要让你们顾名思义，不敢违背和超越名字的意义。古代人在盘子和浴盆上都刻有铭文，案几和手杖上都写有诚言，平时抬头低头都可以看得到它们，因此没有过分的行动；何况铭戒是在自己名字中呢？能够不时刻警戒着吗？事物形成得迅速就会灭亡得快，成就得晚就会有善终。早上开花的小草，晚上就凋零了。松柏的茂盛，在隆冬严寒中也不会衰减。因此修养高的君子都厌恶事物速成，并以此告诫他的亲族。像范匄接待秦客时抢先回答，范武子去打他，折断了他的簪笄，是厌恶他遮挡了别人。人有好处很少能不自夸，有能力很少能不自以为是。自我夸耀就会遮掩别人，自以为是就会欺凌别人。遮掩别人的人，人也要去遮掩他；欺凌别人的人，别人也会去欺凌他。所以却氏三个人被晋国杀戮，王叔在周朝蒙受了罪名，不就是自以为优秀，自我夸耀，喜欢争强的灾害吗？所以君子不自己称赞自己，这并不是以此来向别人表示谦让，而是厌恶它遮盖住了别人。那些能够把弯曲作为伸展，谦让当作取得，软弱当作刚强的人，很少有不成功的。那诋毁和称誉，是喜爱和憎恶的根源，也是福和祸转变的机缘，因此圣人对它十分慎重。孔子说：'我对待人，批评谁称赞谁，（总有个根据，）；如果我赞誉谁，我一定要考察他。'又：'子贡是在评论人。赐是个贤人啊！我就没有这个功夫。'以圣人的德行，还这样说话，何况平常庸俗的人们轻率地诋毁或赞誉呢？

"过去，伏波将军马援告诫他哥哥的儿子，说：'听到别人的坏话，应该像听到父母的名字一样，耳朵可以听到，嘴里却不可以说出来。'那个告诫太对了。如果有人诋毁自己，应该退回来自己检查。如果自己有可被指责的行为，那个人的话就说对了。如果自己没有可被指责的行为，那个人的话就错了。说对了就不要怨恨那个人，说错了也对自己本身无害，又何必返回去报复他呢？而且听到别人诋毁自己就愤怒的人，用厌恶难听的话加到人身上，人家报复得更厉害，不如不出声而修养自身。谚语说：'拯救受冻的人，没有什么能比得上厚毛皮袍子；制止诽谤，没有什么能比得上自己加强修养。'这句话确实不错。如果碰上好惹是非的人，凶险的人，和他接近都不可能，何况和他们对面辩解呢？那个危害就太大了。那些虚伪的人，言论不遵从道理，做事不顾自己说过的话，他们做事浮浅是比较容易识别的，但是世人被他们迷惑，还不知道用他们的言行来检验他们。近来济阴的魏讽，山阳的曹伟全是用邪怪的、没落败坏的言论去迷惑鼓动世人，胁迫拉拢奸邪罪恶的人，驱赶煽动年轻人。虽然他们受到斧子大刀砍头的刑罚，大大地给世人一个告诫，然而受他们影响污染的人已经非常多了。能够不谨慎吗？

"至于那些山林中的隐士、伯夷、叔齐之类的人，他们甘心在首阳山长期挨饿，安然地在绵山被火烧死。他们虽然可以抨击贪心的人，鼓励风俗向好的方向发展。但是这样的圣人不可能去做，我也不愿意你们那样去做。现在你们的祖先世代有官职，只把仁义作为美名，标举谨慎守持的美德，在家门里面孝顺父母，兄弟亲爱和睦，在老师和朋友中间努力学习。我和当时的人一同做事，虽然出身不同，但能从每个人那里学到东西。颍川郭伯益，为人通达，喜爱高尚，聪颖而有智慧。他的为人在宽宏大量和疏旷上不足，轻视尊贵上有余，他喜欢的人看重得像大山一样，不喜欢的人忽视得像对一棵小草。我因为了解他，所以就亲近他，但不愿意我的儿子像他那样做。北海徐伟长，不去追求高尚的名誉，不寻求苟且得到的东西，淡然地保持自己的本性，只追求天地中的正道。他如果有所肯定或否定，就假托古人的言行来表现他的意思，对当时的人没有什么褒贬。我就去敬重他，愿意让儿子把他当作老师。东平刘公干，博学而且有出众的才能，真诚有节度而且有大的志向，然而他的性情和行动不均衡，很少有拘束顾忌，得和失足可以互相弥补。我就喜欢他，看重他，但不愿意我的儿子倾慕他。乐安任昭先，品德淳朴精粹，履行道义，内心聪敏，对外宽恕，谦逊恭敬，遇事推让，居处不避开污浊的地方，平时好像胆怯，但却见义勇为，在朝迁中忘掉了自身。我就把他当作朋友，赞赏他，愿意儿子遵循他的榜样。如果你们能把它引申开去，接触到同类而能有所提高，你们就或许可以在一个方面站住脚，有所领悟了，至于做到使用财产时先尽让九族亲友，施舍钱财时务必周济有急难的人，出人心中都存念着故人和老年人，议论评议时以不贬斥别人为贵，到朝廷做官时提倡忠诚节义，取人时看重道义诚实，处世警惕骄纵淫侈，就算贫贱了也并不悲哀，进退都考虑合乎时宜，行事时加以多次思考等，能够这样做就足够了。我还有什么可忧虑的呢？"

（六）王经母

诚子

【题解】

　　王经的母亲深知满盈则溢，物极必反的道理，所以劝儿子追求富贵要适可而止。王经身为名士，对福祸相倚之理反而没有她母亲理解得深刻，这都是利欲迷住了他的心智啊！

【原文】

　　清河王经亦与允俱称冀州名士。甘露中为尚书，坐高贵乡公事诛。始经为郡守，经母谓经曰：“汝田家子，今仕至二千石，物太过不祥，可以止矣。”经不能从，历二州刺史、司隶校尉，终以致败。

　　　　　　　　　　　　　　　　——《三国志·魏书·诸夏侯曹传》

【译文】

　　清河的王经与许允都曾被称扬为冀州的名士。甘露年间曾做过尚书，但由于与高贵乡公的事有牵连而被诛杀。开始时王经为郡守，他的母亲曾对他说：“你是种田人的孩子，如今做官做到郡守二千石了。物事繁盛太过就会不吉祥，你可以就此停止了。”王经官欲太重，没能听从他母亲的劝告，后来又历任两个州的刺史和司隶校尉。最终还是导致了身家性命遭毁。

（七）谯周

临终嘱子熙

【题解】

　　谯周是三国时期蜀国一名德高望重的大臣，生活方面一贯比较俭朴。在这篇遗嘱中他告诫儿子谯熙不要贪受国家的赏赐物品，应努力做到洁身自好，这种崇尚清廉的思想作风在今天也是值得肯定的。

【原文】

　　久抱疾，未曾朝见，若国恩赐朝服衣物等，勿以加身。当还旧墓，道险行难，豫作轻棺。殡敛已毕，上还所赐。

　　　　　　　　　　　　　　　　——《三国志·蜀书·谯周传》注

【译文】

　　我生病很久了，不曾去参加朝见，我死了以后，如果蒙受国家的恩典赐给我朝服衣物等，不要用来加在我的身上。应当把我的尸体归葬祖先的旧墓，但道路险要，运行艰难，要预先做好轻便的棺材，殡敛完毕以后，就归还朝廷赏赐的朝服和衣物。

（八）羊祜

诚子书

【题解】

"恭为德首，慎为行基"，羊祜的谆谆教诲无疑是以修身作为最基本的前提。只有身修方能谈及交友处世，为官为父。

【原文】

吾少受先君之教，能言之年，便召以典文；年九岁，便诲以《诗》《书》，然尚无乡人之称，无清异之名。今之职位，谬恩之加耳，非吾力所能致也。吾不如先君远矣！汝等复不如吾。咨度弘伟，恐汝兄弟未之能也；奇异独达，察汝等将无分也。恭为德首，慎为行基，愿汝等言则忠信，行则笃敬，无口许人以财，无传不经之谈，无听毁誉之语。闻人之过，耳可得受，口不得宣。思而后动，若言行无信，身受大谤，自入刑论，岂复惜汝？耻及祖考，思乃父言，纂①乃父教，各讽诵之。

——《全晋文》录《艺文类聚》卷二三

【注释】

①纂：继承。

【译文】

我小的时候便接受先父的教导，到能说话的时候便给我看经典文章；年龄到九岁便拿《诗》《书》来教诲我，但还没有得到本乡人的称赞，没有高尚不凡的名望。我现在的官位，是皇上错给的恩惠，并不是我自己的功力所能达到的。我不如先父太远了，你们又不如我。考察估计的气魄之大，恐怕你们兄弟都不能做到；才华出众，我看你们会没有缘分。恭敬是品德之首，谨慎是行为的基石，希望你们说话忠诚有信誉，做事专注敬业，不说许诺别人财物的话，不传播奇谈怪论，不听诋毁名誉的话。听到别人的过错，耳朵可以接受，嘴巴却不要宣扬，想清楚了再做；假若言语行为不守言义，自己受到别人的强烈指责，甚至受刑判论，难道再去惋惜你？耻辱牵涉到你的祖父、父亲，想想你父亲的话，继承你父亲的教诲，各自背诵吧。

（九）韩伯母殷氏

教孙

【题解】

《晋书·韩伯传》上说："母殷氏，高明有行"。卞鞠是她的外孙，生活奢靡，常以富贵骄人。殷氏对外孙的一贯作风十分不满，借换旧桌子来讽刺他。

【原文】

韩康伯母隐古几毁坏，卞鞠见几恶，欲易之。答曰："我若不隐此，汝何以得见古物！"

——《世说新语·贤媛》

【译文】

韩康伯母亲平日靠着的那张旧小桌子坏了，卞鞠看见小桌破旧了，就想换掉它。韩母回答说："我如果不倚着这个，你又怎么能见到古物！"

（十）李充

起居诫

【题解】

起居是指日常生活，本篇就是对日常生活行为举止的训诫。孔子说过"温、良、恭、俭、让"的儒家规范，另外慎行、慎言、慎独等也是这种规范的核心部分。本篇还列举了流俗的误解，使修身回归到儒家本意上来。

【原文】

温、良、恭、俭，仲尼所以为贵；小心翼翼，文王所以称美。圣德周达无名，斯亦圣中之目也。中人而有斯行，则亦圣人之一隅矣。而末俗谓守慎为拘郄，退慎为怯弱，不逊以为勇，无礼以为达，异乎吾所闻也。

——《全晋文》录《艺文类聚》卷二三

【译文】

温和、善良、恭敬、节俭，是孔子认为珍贵的东西；小心谨慎，是周文王所称颂为美德的东西。圣人的德行难以言说，这也是圣人的窗口。普通人有这种德行，那么也算是圣人的一个角落。然而流俗以谨守慎行为拘泥吝惜，以退避慎行为胆怯柔弱，以没有拘束为勇敢，以没有礼节为臻达，这不同于我所听到的。

（十一）刘义隆

诫刘义恭书

【题解】

江夏文献王刘义恭，是南朝宋文帝刘义隆的弟弟，他只二十来岁便已独镇一方，权势甚重。他脾气偏狭急躁，骄奢不节，宋文帝怕他难堪重任，便写了这封信告诫他，教他清心寡欲，进德修业，改掉性格上的毛病，学习治理国家的技能。全篇举出诸多事体，细加阐述，循循善诱，亲切平易，圣上之威少见，而兄弟之情殷殷。

【原文】

汝以弱冠，便亲方任。天下艰难，家国事重，虽曰守成，实亦未易。隆替①安危，在吾曹耳，岂可不感寻王业，大惧负荷。今既分张，言集无日，无由复得动相规诲，宜深自砥砺，思而后行。开布诚心，厝②怀平异，新礼国士，友接佳流，识别贤愚，鉴察邪正，然后能尽君子之心，收小人之力。

汝神意爽悟③，有日之美，而进德修业，未有可称，吾所以恨之而不能已已者也。汝性褊急，袁太妃亦说如此。性之所滞，其欲必行，意所不在，徒物回改，此最弊事。宜应慨然立志，念自裁抑。何至丈夫方欲赞世成名而无断者哉。今粗疏十数事，汝别时可省也。远大者岂可具言，细碎复非笔可尽。

礼贤下士，圣人垂训；骄佚矜尚，先哲所去。豁达大度，汉祖之德；猜忌褊急，魏武之累。《汉书》称卫青云："大将军遇士大夫以礼，与小人有恩。"西门、安于，矫性齐美；关羽、张飞，任偏同弊。行己举事，深宜鉴此。

若事异今日，嗣子幼蒙，司徒便当周公之事，汝不可不尽祗顺④之理。苟有所怀，密自书陈。若形迹之间，深宜慎护。至於尔时安危，天下决汝二人耳，勿忘吾言。

今既进袁太妃供给，计足充诸用，此外一不须复有求取，近亦具白此意。唯脱应大饷致，而当时遇有所乏，汝自可少多供奉耳。汝一月日自用不可过三十万，若能省此，益美。

西楚殷旷，常宜早起，接封宾侣，勿使留滞。判急务讫，然后可入问讯，既觐颜色，审起居，便应即出，不须久停，以废庶事也。下日及夜，自有余闲。

府舍住止，圆池堂观，略所谙究，计当无须改作。司徒亦云尔。若脱於左右之宜，须小小回易，当以始至一治为限，不烦纷纭，日求新异。

凡讯狱多决，当时难可逆虑，此实为难，汝复不习，殊当未有次第。讯前一二日，取讯簿密兴与刘湛辈共详，大不同也。至讯日，虚怀博尽，慎无以喜怒加人。能择善者而从之，美自归己。不可专意自决，以矜独断之明也。万一如此，必有大吝⑤，非唯讯狱，君子用心，自不应尔。刑狱不可拥滞，一月可再讯。

凡事皆应慎密，亦宜豫敕左右，人有至诚，所陈不可漏泄，以负忠信之款⑥也。古人言"君不密则失臣，臣不密则失身"。或相谗构，勿轻信受，每有此事，当善察之。

名器深宜慎惜，不可妄以假人。昵近爵赐，尤应裁量。吾於左右难为少恩，如闻外论，不以为非也。

以贵陵物物不服，以威加人人不厌⑦，此易运事耳。

声乐嬉游，不宜令过，蒲酒渔猎，一切勿为。供用奉身，皆有节度，奇服异器，不宜兴长。汝嫔侍左右，已有数人，既始至西，未可匆匆复有所纳。

——《宋书·武三王列传》

【注释】

①隆：兴隆、衰败。

②厝：通"措"。

③悟：聪颖。

④祗顺：恭敬顺从。

⑤吝：耻辱。

⑥款：真诚。

⑦厌：压，压住。

【译文】

你刚到弱冠之年，便亲领一方重任。天下的事业十分艰难，国家的事情担子很重。虽说我们是守成，其实也十分不容易。国家的盛衰安危，在我们这些人身上，哪里可以不感奋地追寻帝王之业，怀着很大的恐惧来负担这个重任！现在我们已经分开，不容易常有见面的日子，因此我也就再没有机会对你进行规劝教诲，你就应该自己好好磨炼，三思而后行。开诚布公，对待旁人均平妥当，对国士要亲近礼遇，对名流要友好交接，识别贤愚，鉴察邪正，然后才能尽君子之心，收小人之力。让他们都为你效力。

你聪明伶俐，悟性奇高，有日日更新之美，但在修进品德和事业方面，却没有什么可值得称道的地方，这是让我遗憾不已的事情。你的性格偏狭急躁，你母亲袁太妃也是这么说。性格迟滞的地方，欲望必定横行，没有一个确定的主意，做事就会因为外物而回改。这是最大的弊端。你应该慨然立志，记着自己控制自己。何至于大丈夫正要济世成名却没有决断呢！我现在大致给你指出十余件事，你以后可以自省。远大的事哪里能够具体地言说，而细碎的事情也不是笔可以写尽的。

礼贤下士的人，连圣人都会前来垂训；而骄侈矜尚的人，先贤哲人都离他们而去，豁达大度，这是汉高祖的品德；猜忌褊急，成了魏武帝的拖累。《汉书》称赞卫青说："大将军对士大夫接遇以礼，对小人则施以恩惠。"西门豹、董安于因为矫正了自己的性情而齐名称美；关羽、张飞，都一任偏狭而犯了同样的弊病。不管是为私行还是奉大事，都应该深深以此为鉴。

如果事情异于今日，我发生了不测，嗣位的太子年幼，司徒就会像当年周公那样行事，摄政以辅佐劝君，你不可不对他尽恭顺之理。如果心里有看法，可以秘密地上书陈说。但在表面上的形迹之间，你则应该多多对他谨慎护卫。至于那个时候天下的安危，就取决于你们二人了。不要忘记我的话。

我今世奉给袁太妃的供给之物，算来已足够充于各种用途，此外一点也不需要再求取了。近来她也曾把这个意思仔细地说了。我本来应该大大地供给她各种财物，但当时正好遇上有点紧张，你自己可以稍微多向母亲供奉一点。你一个月的日用不可超过三十万，如果能再减省一点，那就更好了。

西楚地方，殷富平旷，你应该常常早起，接待宾客朋友，不要使他们留滞。以裁决急务去拜访他们，然后可以进去询问，看了他们的颜面，审查了起居情况之后，便应该即刻出来，不用久停，以免耽误其他的事。下面的半天和晚上，自然会有余闲。

你所住的府舍，园池堂观，我大略有点熟悉研究，估计不需改作，司徒也这么说。如果觉得与左右环境有点不适宜，须作小小的改易，也应当以刚到一处治所的身份为限度，不要烦扰纷纭，每天都寻求新异。

大凡讯狱，有很多决断，当时难以考虑清楚，这实在是为难，你对此又不娴习，很可能会找不到次序，在讯问前的一两日，先取讯簿秘密地与刘湛等人共同参详，这就会大不相同了。到了审讯的那一天，虚心地听取所有的意见，千万不要把自己的喜怒加之于人。能择善者而从之，那美德自然会归于你。不可一意孤行，自作主张，来矜夸自己独断的英明。万一你这样做了，就一定会犯大错误。不仅是讯狱如此，君子用心，本就不应该那样。刑狱不可滞塞，一个月后可再次讯问。

凡做事都应该谨慎严密，也可以预先敕告左右的人。人家有出于至诚而向你陈说的事，你不可以泄漏，以辜负人家的忠信之心。古人言"君不密则失臣，臣不密则失身。"有人互相进谗诋毁，不要轻易地相信他们，每每碰到这种事，你应好好地考察。

名贵的器物应该谨慎地爱惜，不可随便借给别人。自己爱用的爵赐器物，尤其应该仔细度量。我对左右的人虽然较少恩惠，但如听到有外人议论，我也不以为非。

以富贵欺凌别人，别人不会服从；以威风加之于人，别人也不会被压服，这是很容易明白的道理。

声乐游戏，不可过分。赌博、酗酒、钓鱼、打猎，这一切都不要去做。供养自身，应有节度。奇怪的服饰、奇异的器物，不宜大兴增长。你左右侍奉的嫔妾，已很有几个人了，现在刚刚到西边，不宜匆匆忙忙地又纳妾。

（十二）贺若敦

诫子慎口

【题解】

"祸从口出"，"言多必失"，贺若敦以怨言被杀，就是一个典型的例子，欲全身远害者，不可不以之为鉴。他临死前嘱咐儿子的两件事，一为军国大事，遗志相托；一为持身戒律，现身说法，皆语少而意深，令人感发肺腑。古人云："鸟之将死，其鸣也哀；人之将死，其言也善。"此之谓也。

【原文】

周贺若敦以有怨言，为宇文护所杀。临刑，呼子弼谓曰："吾欲平江南，然尽不果，汝当成吾志。吾以舌死，汝不可不思。"因引锥刺弼舌出血，诫以慎口。后弼果平陈。

——《续世说·言语》

【译文】

北周贺若敦因为有怨言，被宇文护所杀。临刑前，他把儿子贺若弼叫到面前，对他说："我想平定江南，但是这个心愿未能实现，你应当完成我的志愿。我是因口舌惹祸而死的，你不可不思以为戒。"便举起锥子把贺若弼的舌头刺出了血，以此告诫他说话要谨慎。后来贺若弼果然平定了陈朝。

（十三）韦夐

乘旧马以归

【题解】

韦夐的弟弟韦孝宽在北周曾作大司空、上柱国的高官，当然讲究富贵排场。韦夐很想劝谏弟弟保持家风，于是借与弟弟相见之机讲了一番"舍旧录新，亦非吾志"的道理，希望他能严守操行。

【原文】

韦复至延州，见弟孝宽。孝宽以所乘马及辔勒与夐。夐恶其华饰，心弗欲之。笑谓孝宽曰："昔人不弃遗簪坠履者，恶与之同出，不与同归。吾之操行，虽不逮前烈，然舍旧录新，亦非吾志也。"乃乘旧马以归。

——《南北史续世说·风度》

【译文】

有一次韦夐到延州，去与弟弟孝宽相见。孝宽将自己所乘的坐骑以及驾驭牲口用的马缰绳与嚼子送给韦夐。但韦夐讨厌这些华丽的装饰，心里不想要。笑着对孝宽说道："过去的人不丢弃落下来的簪子和掉下来的鞋子，是因为不愿意带着它们一同出门，却不一同回去。我的操行，虽然赶不上前辈的贤人，但要舍弃旧的而受用新的，也不是我的志向。"于是仍然乘旧马回去。

（十四）魏收

枕中书

【题解】

魏收写《枕中书》，是想子侄们将它放在枕中，常常阅览。他曾经撰写后来被列入正史的《魏书》，有相当丰富的历史、人生经验。这篇作品以优美，抒情的笔调，对为人处世的方方面面提出了自己的看法。

【原文】

收以子侄少年，申以戒厉，著《枕中篇》。其词曰：

吾曾览管子之书，其言曰："任之重者莫如身，途之畏者莫如口，期之远者莫如年。以重任，行畏途，至远期，惟君子为能及矣。"追而味之，喟然长息。若夫岳立为重，有潜①戴而不倾；山藏称固，亦趋负而弗停；吕梁独浚②，能行歌而匪惕③；焦原作险，或跻踵而不惊；九陔④方集，故

渺然而迅举；五纪当定，想窗窗乎而上征。

苟任重也有度，则任之愈固；乘危也有术，盖乘之而靡恤⑤。彼其远而能通，果应之而可必，岂神理之独尔？亦人事其如一！

呜呼！处天壤之间，劳生死之地，攻之以嗜欲，牵之以名利，梁肉不期而共臻⑥，珠玉无足而俱致，于是乎骄奢乃作，危亡旋至。然则上知⑦大贤，唯己唯哲，或出或处，不常其节⑧。其舒也济世成务，其卷也声销迹灭。玉帛子女，椒兰律吕，谄谀无所先；称肉度骨，膏唇挑舌，怨恶莫之前。勋名共山河同久，志业与金石比坚，斯盖厚栋不挠，游刃若⑨然。

逮于厥德不常，丧其金璞，驰骛人世，鼓动流俗。兵汤日而谓

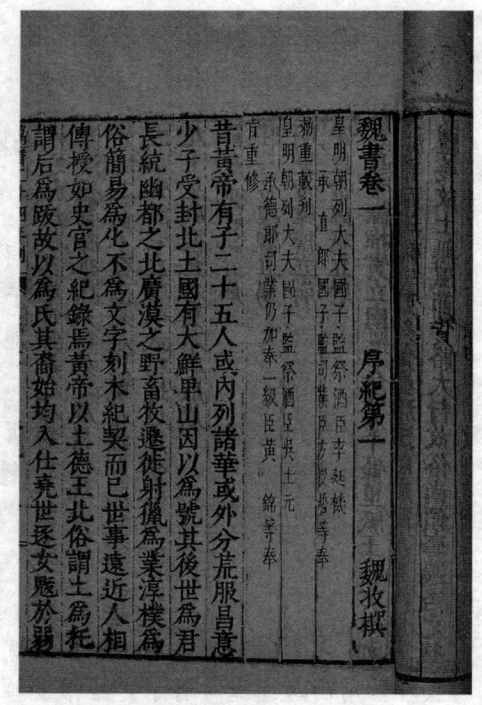

▲魏收《魏书》书影

寒，包溪壑而未足。源不甮而流浊，表不端而影曲。嗟乎，胶膝谓坚，寒暑甚促，反利而成害，化荣而就辱，欣戚更来，得丧仍继，至有身御霆魅，魂沉狴狱，岂非足力不强，迷在当局，孰可谓车戒前倾⑩？

人师先觉，闻诸君子；雅道之士，游邀经术，厌饫文史，笑有奇锋，谈有胜理，孝悌之至，神明通矣。审道而行，量路而止，自我及物，先人后己，情无系于荣悴，心靡滞于愠喜，不养望于丘壑，不待价于城市，言行相顾，慎终犹始，有一于斯，郁为羽仪。

恪⑪居展事，知无不为。或左或右，则髦士攸宜，无悔无咎，故高而不危。异乎勇进忘退，苟得患失，射千金之产，邀万钟之秩，投烈风之门，趋炎火之室，载蹶而坠其贻宴，或蹲乃丧其贞吉。可不畏欤！可不戒欤！

门有倚祸，事不可不密；墙有伏寇，言不可或失。宜谛其言，宜端其行。言之不善，行之不正，鬼执强梁，人囚径廷，幽夺其魄，明夭其命。不服非法，不行非道。公鼎为己信，私玉非身宝，过缃为绀，逾蓝作青；持绳视直，置水观平。时然后取，未若无欲；知止知足，庶免于辱。是以为心察其几，举必慎于微。知几虑微，斯亡则稀；既察且慎，福禄攸归。昔蘧瑗识四十九非，颜子几三月不违。跬步不已，至于千里；覆一篑⑫进，

及于万仞。故云行远自迩，登高自卑。

可大可久，与世推移。月满如规，后夜则亏；槿荣于枝，望暮而萎。夫奚益而非损，孰有损而不害？益不欲多，利不欲大。唯居德者畏其甚，体真者惧其大。道遵则群谤集，任重而众怨会。其达也则尼父栖遑；其忠也而周公狼狈。无曰人之我狭，在我不可而覆；无曰人之我厚，在我不可而咎；如山之大，无不有也；如谷之虚，无不受也。能刚能柔，重可负也；能信能顺，险可走也；能知能愚，期可久也。周庙之人，三缄⑬其口；漏卮在前，欹器留后；俾诸来裔，传之坐右。

——《北齐书·魏收传》

【注释】

①潜：传说中奂山的鳌鱼。

②浚：jùn 深。

③惕：tì 恐惧。

④九陔：九重天，天空极高远处。

⑤恤：此处指顾虑。

⑥臻：zhēn 至。

⑦知：通"智"。

⑧节：节度。

⑨舋：xū 皮骨相离的声音。

⑩前倾：即前车之覆，后车之鉴。

⑪恪：kè 恭敬。

⑫篑：kuì 盛土竹器。

⑬缄：闭。

【译文】

我有感于儿子侄子们年岁尚幼，想对他们陈述我的训诫与勉励，所以写下了《枕中书》。全文如下：

我曾读管仲的书，书中说："责任再重大，也没有比保重自身的事更大，道路再艰辛可怕，也没有比自己的言语更可怕，希望传之久远没有比岁月更长远。担当重大的任务，走艰险可怕的道路，又让它传得久远。这只有君子才能做到。"追忆此话并仔细体会它，不禁让我喟然长叹。山岳虽然沉重，鳌鱼却能背负着而不倒塌；山的土石虽然坚固，愚公却能担运不停；大禹独疏吕梁洪水，还唱着歌并不害怕；焦原山如此险峻，有人却能走在上面并不胆怯；九重青天方就，就有想飞升迅速上天的；时律刚定，就有想探溯其源的。

假如担任重大事务而有一定法度，就会承担得更加稳固；假如处在危险境地而有计谋，就能在险境中行走无患。如目标远大又有途径可达，那

么果真是承诺了又还可以实现。这哪是神明们的理论所独有？普通的人事也是一样的道理！

啊！人处在天地之间，劳作在生死之地，内有嗜欲，外有名利，福禄无须苦盼便一应到来，钱财不够时自然而然就补足，这样养成骄奢淫逸的习性，得以产生危亡的时刻紧跟着也就到来了。但是大智大贤的人，了解自己，又深谙哲理，不论出仕还是独处，他都能随遇而变，不凝滞于一定的节度。舒展开来时治理天下，成就伟业；卷藏起来时声名不闻，形迹不现。财物美色，奸佞淫声，献媚求宠从不占先；挑肥拣瘦，搬乱是非，怨恨憎恶从不近前。其功勋名声可以与山川河流一样长久，志向事业可以与金玉磐石一样坚固。这就像厚实的栋木不会弯曲，高明的屠夫游刃有余一样。

后来像这样的德行没能长期保持丧失了金玉一般的品行，在人世间趋炎时势，追求名利，随俗逐流。怀抱着沸开水和太阳却仍说自己寒冷，囊括了溪谷还不满足。因为水源不清所以水流浑浊，因为仪表不端正所以影子弯曲。哎！如胶似漆可谓坚固，但随着时间的飞逝，不成利反而成害。荣耀化为耻辱，欢喜离去而悲戚随之到来，得之后便是失，以至于有身子被扔给山神水怪，冤魂沉入监牢的人。他们哪里是能力不够呢，关键是当局者迷的缘故；哪里是前车倒了，后车就引以为鉴呢？

那些可为人师的先知先觉者，耳朵里听到的是君子的话语；高有道之士，遨游在经典学术的大海里。饱学文史，下笔有奇锋，谈话有胜理，孝顺友爱无以复加，他们已经与神明相通了。观察道路后才行走，揣度路途后便停止，从我而推及他物，先替别人着想然后才轮到自己，情不系于荣盛衰败，心不耽于怒怒欢喜，不退居于山林以沽名钓誉，不奇货自居待价于朝市，言行一致，善始善终。有其中的一点，便可做表率。

恭敬谨慎地处世行事，则掌管的事没有不可以做的。能左右逢源，这样的俊杰之士，就能顺性自得；能无悔无恨，所以位高而无险。他们完全不同于那些只知勇猛前进而不知退却的人，后者一有所得就担心失去，他们追求千金产业，谋取万钟官禄，投靠有功名之人，趋炎附势，一旦受挫折便失去了使子孙安吉祥的环境，有的卑躬屈膝而丧失了坚贞的德操的人，这难道不可怕吗！不值得引以为戒吗！

家门有灾祸，事情不能不保密；墙外有暗敌，说话就要慎重，不可有失。应该谨慎自己的言语，端正自己的行为。不好的言论，不端正的行为，会得到鬼和人的共同处分，鬼会抓住凶暴的，人会自困于偏激，暗里魂魄被摄，明里死于夭折。不做非法之事，不行不正之道。为公众谋福利威信自来，为私人敛财不会有好处，黑得过分便成天青色，蓝得过分反成青色；拿绳时要观看它的直，置水时要学习它的平。审视以后还去获取，不如没有私欲；懂得适可而止，知足常乐，就能够避免受辱。所以做事时必须洞察秋毫，行动时必须谨小慎微，连细枝末节都要考虑到，这样失败的次数就少了；既洞察又慎重，福禄自然就来。过去蘧瑗五十岁时知道自己四十九年都做错了，颜回也能够任何时候都不违背仕义。一步一步地不停地走下去，终会到达千里之途；一筐一筐不停地搬运下去，最终会堆成万仞之山。所以说远大目标是从近处开始的，高处攀登是从低处开始的。

能否达到远大目标，流布可否长久，都将随着时世的变化而变化。月圆时如圆规，到后来的夜晚就会变残缺；木槿花早晨开得繁茂，一到晚上就枯萎了。哪里有满没有亏，有亏而没有毁呢？不求过多的满足，不求过大的好处。只有那些有德之人才害怕过多，体味到真理的人才担心过大。如果你的道德很高尚，就会有诽谤云集；你承担的任务很重大，就会怨怒丛生。若仕途通达，即使你有孔子一样的学识，你也会胆颤心惊；忠贞不贰，即使你有周公一样的德行，你也会遭谗而狼狈不堪。无论别人是否对我狭劣，在我自己则不能伺机报复；无论别人是否对我宽厚，在我自己则不能以牙还牙的。像山那样宽阔，做到无所不能容；像谷那样虚心，做到无所不能受。能刚能柔，则可以承担重任；能忠信能顺从，则言语之险途可以通过；能智慧能糊涂，则可以期望传之久远。周庙里的金人，三缄其口，就是为了警戒多言惹祸啊。把漏酒器放在面前，要经常学着它虚怀若谷；把易倾器放在背后，应时刻提防自己自满招败。我把这些赠给后代，你们要把它当作座右铭。

（十五）颜之推

归心

【题解】

这里讲的"归心"是指"归心佛教"，即信仰佛教的意思。颜之推先从人们对佛教的五种责难谈起，然后做出正面回答，宣扬佛教教义。客观地讲，在颜之推所有的家训当中，这一篇家训思想糟粕相对来说所占成分最多。我们今天完全应持批判的态度来看待颜之推为佛教辩护的一系列观点，其中许多见解及言论确实是错误与荒诞的。然而颜之推在其中告诫儿子们应修身向善，对世界怀有爱心，这一点还是应该给予肯定的。

【原文】

三世之事，信而有征①，家世归心，勿轻慢也。其间妙旨，具诸经论，不复于此，少能赘述；但惧汝曹犹未牢固，略重劝诱尔。

原夫四尘②五荫③，剖析形有；六舟三驾，运载群生：万行归空，千门入善，辩才智惠，岂徒《七经》、百氏之博哉？明非尧、舜、周、孔所及也。内外两教④，本为一体，渐积为异，深浅不同。内典⑤初门，设五种禁；外典⑥仁、义、礼、智、信，皆与之符。仁者，不杀之禁也；义者，不盗之禁也；礼者，不邪之禁也；智者，不酒之禁也；信者，不妄之禁也。至如畋狩⑦军旅，燕享刑罚，因民之性，不可卒除，就为之节，使不淫滥尔。归周、孔而背释宗，何其迷也！

俗之谤者，大抵有五：其一，以世界外事及神化无方为迂诞也；其二，以吉凶祸福或未报应为欺诳也；其三，以僧尼行业多不精纯为奸慝也；其四，以縻费金宝减耗课役为损国也；其五，以纵有因缘如报善恶，安能辛苦今日之甲，利益后世之乙乎？为异人也。今并释之于下云。

释一曰：夫遥大之物，宁可度量？今人所知，莫若天地。天为积气，地为积块，日为阳精，月为阴精，星为万物之精，儒家所安也。星有坠落，乃为石矣；精若是石，不得有光，性又质量，何所系属？一星之径，大者百里，一宿首尾，相去数万；百里之物，数万相连，阔狭从⑧斜，常不盈缩。又星与日月形色同尔，但以大小为其等差；然而日月又当石也？石既牢密，乌兔焉容？石在气中，岂能独运？日月星辰，若皆是气，气体轻浮，当与天合，往来环转，不得错违，其间迟疾，理宜一等；何故日月、五星、二十八宿各有度数，移动不均？宁当气坠，忽变为石？地既淬浊，法应沉厚，凿土得泉，乃浮水之上，积水之下，复有何物？江河百谷，从何处生？东流到海，何为不溢？归塘尾闾，渫⑨何所到？沃焦之石，何气所然？潮汐去还，谁所节度？天汉悬指，那不散落？水性就下，何故上腾天地初开，便有星宿；九州未划，列国未分，剪疆区野，若为躔次？封建⑩已来，谁所制割？国有增减，星无进退，灾祥祸福，就中不差；乾象之大，列星之夥⑪，何为分野，止系中国？昴为旄头，匈奴之次；西胡、东越、雕题、交阯⑫独弃之乎？以此而求，迄无了者，岂得以人事寻常，抑必宇宙外也？

凡人之信，唯耳与目；耳目之外，咸致疑焉。儒家说天，自有数义：或浑或盖，乍宣乍安。斗极所周，管维所属，若所亲见，不容不同；若所测量，宁足依据？何故信凡人之臆说，迷大圣之妙旨，而欲必无恒沙世界、微尘数劫也？而邹衍亦有九州之谈。山中人不信有鱼大如木，海上人不信有木大如鱼，汉武不信弦胶，魏文不信火布；胡人见锦，不信有虫食树吐丝所成；昔在江南，不信有千人毡帐，及来河北，不信有二万斛船：皆实验也。

世有祝师⑬及诸幻术，犹能履火蹈刃，种瓜移井，倏忽之间，十变五化。人力所为，尚能如此；何况神通感应，不可思量，千里宝幢，百由旬座，化成净土，踊出妙塔乎？

释二曰：夫信谤之征，有如影响；耳闻目见，其事已多，或乃精诚不深，业缘⑭未感，时傥差阑⑮，终当获报耳。善恶之行，祸福所归。九流百氏，皆同此论，岂独释典为虚妄乎？项橐、颜回之短折，伯夷、原宪之冻馁，盗跖、庄蹻之福寿，齐景、桓魋之富强，若引之先业，冀以后生，更为通耳。如以行善而偶钟⑯祸报，为恶而傥值福征，便生怨尤，即为欺诡，则亦尧、舜之云虚，周、孔之不实也，又欲安所依信⑰而立身乎？

释三曰：开辟以来，不善人多而善人少，何由悉责其精洁乎？见有名僧高行，弃而不说；若睹凡僧流俗，便生非毁。且学者之不勤，岂教者之为过？俗僧之学经、律，何异世人之学《诗》《礼》。以《诗》《礼》之教，格⑱朝廷之人，略无全行者；以经、律之禁，格出家之辈，而独责无犯哉？且阙行之臣，求禄位；毁禁之侣，何惭供养乎？其于戒行，自当有犯。披法服，已堕僧数，岁中所计，斋讲诵诗，比诸白衣，不啻⑲山海也。

释四曰：内教多途，出家自是其一法耳。若能诚教在心，仁惠为本，须达、流水，不必剃落须发；岂令馨⑳井田而起庙，穷编户以为僧尼也？皆由为政不能节之，遂使非法之寺，妨民稼穑，无业之僧，空国赋算，非大觉之本旨也。抑又论之：求道者，身计也；惜费者，国谋也。身计、国谋，不可两遂。诚臣徇主而弃亲，教子安家而忘国，各有行也。儒有不屈王侯高尚其事，隐有让王辞相避世山林；安可计㉑其役，以为罪人？若能偕化黔首㉒，悉入道场，如往妙乐之世，穰佉㉓之国，则有自然稻米，无尽宝藏，安求田蚕之利乎？

释五曰：形体虽死，精神犹存。人生在世，望于后身似不相属；及其殁后，则与前身似犹老少朝夕耳。世有魂神，示现梦想，或降童妾，或感妻孥，求索饮食，征须福佑，亦为不少矣。今人贫贱疾苦，莫不怨尤前世不修功业；以此而论，安可不为之作地乎？夫有子孙，自是天地间一苍生耳，何预㉔身事？而乃爱护，遗其基址，况于己之神爽㉕，顿欲弃之哉？凡夫蒙蔽，不见未来，故言彼生与今非一体耳；若有天眼㉖，鉴其念念随灭，生生不断，岂可不怖畏邪？又君子处世，贵能克己复礼，济时益物。治家者欲一家之庆，治国者欲一国之良，仆妾臣民，与身竟何亲也，而为勤苦修德乎？亦是尧、舜、周、孔虚失愉乐耳。一人修道，济度几许苍生？免脱几身罪累？幸熟思之！汝曹若观俗计，树立门户，不弃妻子，未能出家；但当兼修戒行，留心诵读，以为来世津梁。人生难得，无虚过也。

儒家君子，尚离庖厨，见其生不忍其死，闻其声不食其肉。高柴、折像，未知内教，皆不能杀，此乃仁者自然用心。含生之徒，莫不爱命；去杀之事，心勉行之

——《颜氏家训》

【注释】

①征：验证。

②四尘：色香味触。

③五荫：色受想行识。

④两教：佛教为内教，儒教为外教。

⑤内典：佛书。

⑥外典：儒书。

⑦畋狩：tián shòu 打猎。

⑧从：通"纵"。

⑨渫：同"泄"。

⑩封建：封土建国。

⑪夥：huǒ 多。

⑫交阯：四个国家地区。

⑬师：巫师。

⑭业缘：佛教指善业有善报，恶业有恶报的因缘。

⑮阑：晚。

⑯偶钟：适逢。

⑰依信：依凭信奉。

⑱格：衡量。

⑲啻：chì 只。

⑳罄：qìng 尽。

㉑计：其赋。

㉒首：老百姓。

㉓穰佉：转轮圣王。

㉔预：关。

㉕神爽：精魂。

㉖天眼：佛教所说五眼之下，能透视时空。

【译文】

　　佛教认为一个人存在往世、现世、来世，这种教义能够让人相信而且可以用事实来验证，我们一家应诚心归附佛教，不应该心存怀疑、怠慢从事。佛教的精妙论述，已经见之于许多经书之中，在这里我只能颂扬一番，只是担心你们没有把佛教教义记牢，所以再次劝导你们。

　　我来探讨"四尘"（色、香、味、触）和"五荫"（形相、情欲、意念、行为、心灵）的含义，以此来解释世间万事万物的道理；"六舟"（布施、持戒、忍辱、精进、静虑、智慧）和"三驾"（声闻、缘觉、菩萨）这些佛教内容与手段，可以指导芸芸众生的生活了：万事终归空虚，所有的修炼途径都是要达到善的境界，佛门中的雄辩之才充满了智慧，难道只有《七经》（《诗》《书》《礼》《乐》《易》《春秋》《论语》）和诸子百家的著作博大精深吗？佛教的最高境界可以说就是尧、舜、周公、孔子等古代圣贤也达不到。

内外两教，本来是一样东西，积久才变得不一样，有深与浅的不同。内典初入门，提出了五禁，外典的仁、义、礼、智、信，都和这五种禁相符合。仁，是不杀生之禁；义，是不偷盗之禁；礼，是不邪恶之禁；智，是不饮酒之禁；信，是不妄言之禁。至于像打猎作战，宴飨刑罚，则是顺随人的本性，不能急忙废除，只好就此加以节制，使不过于沉溺。归心周公、孔子而背离佛教，是何等的糊涂啊！

世俗之人诽谤佛教，大概有五条理由：其一，他们认为佛教所宣扬的事迹离奇古怪，没有根据，荒唐而不合事理；其二，他们认为吉凶祸福没有一一兑现和报应，算是欺骗行为；其三，他们认为许多僧人不精通佛理，道德不高尚，心术邪恶；其四，他们认为佛事浪费财物，而且佛教徒不缴税，不服役，损害了国家利益；其五，他们认为即使存在善恶报应的事情，怎么能让今天的某人受苦，让后世的另外一个人得益呢？因为他们是两个不同的人呀。对于这些问题现在我一概来做解答。

对第一个问题的解释是：庞大无比的东西，怎么可以量度呢？当今人们了解得比较清楚的，莫过于天地了。天是由气体积聚而成的，地是由泥土等块状物积聚而成的，太阳由阳精凝结而成，月亮由阴精凝结而成，星辰由万物之精凝结而成，这是儒家所普遍信奉的观点。在这里我要提出反驳意见：星星坠落下来就变成了石头；精气如果是石头，就不能发光，而且石头又有重量，怎么能悬挂在天空中呢？一颗星球的直径，大一点的有百里之长，一座星宿的前端与末端，相距几万里；一颗直径为百里的星球，在几万里的距离中与其他星球相连，有宽有窄，纵横交错，体积保持不变。再者，星与日月，形状与颜色看上去相同，只是以体积大小而分出等级次序，那么说日和月也是石头垒积成的吗？石头是很牢固光滑的，传神中的乌和兔怎么能分别呆在太阳和月亮里呢？石块在空气中，怎么能够独自运转？日月星辰，如果都是气体凝聚而成，气体密度小，容易上浮，应当与天合在一起，往来运转，不能互相错位，它们的运行速度，按理应该完全相同；为什么日月、金木水火土五大行星以及二十八个星宿各有自己的运行规律，移动的速度不相同呢？难道说是气体坠落在地上就变成了石头？地面既然是由尘土等物积成，自然应该沉积增厚，凿开地面，就可以得到泉水，一些细微的尘土就浮在水面上，水面下又有什么东西呢？

江河百谷，是怎样产生的？水东流到大海，为什么不溢出来？归塘尾闾（传说中的海水归泄之处），它们又把海水流泻到哪里去？传说中东海南部的沃焦石山，是由哪种气体凝聚而成呢？潮汐来来去去，是听从谁的安排？银河悬挂在天空，怎么不散落下来？水的本性是朝下滴落，为什么翻腾上升？天地刚刚分开，就有了星宿，九州没有被划分前，各国也没有被分开，一旦划分疆界，怎么像日月星辰的运行轨迹那样清晰可辨呢？自从建立封建制度以来，国土都是由谁来控制与分割？国家有增有减，星辰却无变化，灾祥祸福，降临人间，没有偏差；天象广阔，星辰众多，为什么根据星辰位置来划分地面，只在中原地区存在？昴星形状如方旄头，在它下面的地盘上居住着匈奴；西胡、东越、雕题，交趾等地方怎么不归于昴星的管辖范围呢？要探求上述问题，至今还没有人全部弄明白，难道只能询问普通人事的道理，而不能去探询宇宙的奥妙吗？

人们一般只相信自己的耳目，耳目以外的东西都抱着怀疑的态度。儒家论天，有几种见解：或者宣传浑天说，或者宣传盖天说，有时信奉宣天说，有时信奉安天说。北斗星、北极星所环绕的，归属于"管维"这个斗枢所辖范围，如果是自己亲眼目睹，那就不能不赞同这些观点；如果是猜想推测，又怎么可靠呢？为什么要相信庸人的随意猜测而对佛祖的美妙旨意迷惑不解，而一定要对佛教加以排斥呢？况且战国时哲学家邹衍也有关于九州的玄妙议论。生活在深山里的人不相信有什么鱼会大如树木，生活在海边的人不相信会有什么树木大如鱼的。汉武帝不相信有一种可以粘合断刀的"连金泥"，魏文帝不相信有一种经火烧可以除掉污垢的布匹；北方与西方的少数民族看见织锦，不相信它是蚕食树叶吐丝后编织而成，我以前在江南，不相信会有可容千人的毡制帐篷，来到北方后，我又不大相信有可以装载二万斛物品的大船：这都是事实而且可以验证的。

世上有男巫师，通晓许多魔术，能够在火中行走，用脚踩在刀口，可以做到种下的瓜立刻成熟，将水井随意搬动，眨眼之间，千变万化，人力所做的，尚且能达到这种地步，何况有神灵感应，那么连绵千百里的佛经石柱与宝座化成净土，忽而又升起形成美妙佛塔，这样的事情难道就不能有吗？

对第二个问题的解释是：证明可信与不可信的事情，有如想抓住影子和声响一样，很难行得通；人们耳闻目睹的事情也多了，或许由于诚心不深，未受到佛的感应，获得报应的时间往后推迟，但是终究会做到善有善报，恶有恶报。诸子百家及其九个学术流派（儒家、道家、阴阳家、法家、名家、墨家、纵横家、杂家、农家）都赞同上述论点，难道说只有佛经是虚妄不可信的吗？项橐、颜回遭短命，伯夷、原宪受冻饿，盗跖、庄屏享福寿，齐景公、醒桓魋得富强，如果把他们前生的功德与来世报的道理宣讲一番，寄希望于后来人，那么他们的遭遇会更为通达如意一些。如果因为行善而偶然遭受灾祸，做恶反而遇到福佑，便心生怨恨指责佛教欺骗人，那么尧、舜、周公、孔子等圣人也显得虚妄，不可信赖了，又怎么能够信仰什么而立身处世呢？

第三，天地开辟以来，不善的人多而善的人少，怎么能都要求纯净清洁呢？而世人看到了著名僧人的高尚行为，都放开不说，看到了凡庸僧人之同于流俗，就非议谤毁。况且学习者不认真，难道是教授者的过错？凡俗僧人的学习经、律，和世俗学习《诗》《礼》没有什么不同。用《诗》《礼》之教，去度量朝廷的官员，大体上找不出一个各项行为都够格的；用经、律之禁，去度量出家的僧徒，而独独要求他们一点不违反吗？况且行为有缺点的官员，还照样求得俸禄职位；犯了禁的僧徒，受供养又有什么羞惭呢？他们在戒行上，自然有所违犯，而披上了法衣，已经算入僧人之数，一年里做个统计，所斋讲诵持，比那些普通世人，还不止像山那样高像海那样深啊！

第四，佛教认为：信佛有多条途径可以达到，出家为僧只是其中一条方法。如果能做到真诚、教敬，以仁慈友爱为本，成为须达、流水那样的高僧，那么也不必剃掉胡顺与头发；谁想要毁掉井田而建寺庙，让所有的在籍平民都削发为僧呢？主要原因在于执政者不能加以有效控制，于是使得寺庙大量地非法建造，妨碍农业生产，无非游荡的僧人，使国家税赋遭受损失，这不是佛教的本来用意。然而换个角度来说：求道，是为自身考虑；爱惜钱财，是为国家谋利。自身与国家的利益不可能同时照顾与满足。忠臣为君主殉身而抛弃了双亲，孝子为了家庭的安乐而顾不上国家，各人有各人的行为选择。读书人中有不屈于王侯而坚持其高尚气节者，也有拒绝做王侯将相而隐居山林者，哪里有把拿人逃避赋税与服役看作罪人的道理呢？如果能感化百姓使他们都进入修道的地方，到印度妙乐，穰佉之国去，那么就有不用耕种而自然托出来的粮食，以及无尽宝藏，哪里还用得着耕田养蚕呢？

第五，佛教认为：形体即使死去，精神依然存在。人生在世之时，看着后身，好像不相连接；到了死后，则和前身相比好似老少朝夕了。世上有死者的灵魂，会在活人梦中出现，有的托梦给童妾，有的托梦给妻儿，讨求饮食，需索福佑，也很不少了。而今人贫贱困苦，也没有不抱怨前身不修功德的。由此可见，怎可不预先留地步呢？人有子孙，只是天地之间的一个生灵而已，和自身有什么关系？尚且还要加以爱护，留给产业。何况对自己的精神，难道能一旦抛弃吗？世俗人蒙昧蔽塞，见不到未来，所以说来生和今生不是一体。如果佛祖借给他一双能透视远近与未来的眼睛，可以看到他的念头随起随灭，连续不断，岂不让他本人感到恐惧？再说君子处世，把能克制自己，使言行合乎礼节看得很重，拯救时局助益于人。治家者希望一家人得福，治国者希望全国的人都贤良，仆人、妻妾、臣子、百姓，互相之间非常亲近，还用得着勤苦修身立德吗？这也是尧、舜、周公、孔子白白失去欢乐的地方。一人修道可以救济多少百姓？解脱

多少罪过？你们若从世俗观念考虑，可以成家立业，不抛弃妻子儿女，不能出家为僧，但应当努力修行，用心诵读佛经，作为来世的功德。人生难得有一次，不要虚度光阴。

儒家君子，希望远离厨房，他们是看见动物活着就不忍心看到它们死去，听到它们死前的叫声不吃它的肉。高柴、折像，这两位古代君子并不懂得佛教，然而他们不忍心杀生，这是仁爱之人的自然本性。具有生命的动物，没有不爱惜自己性命的；不杀生的事情你们应当自我勉励，努力做到这一点……

四、隋唐五代篇

（一）房彦谦

清白

【题解】

房玄龄是唐初一代名相，他的成长和父亲房彦谦的教导分不开。房彦谦本人曾在北齐及隋朝任官，一身清贫、两袖清风，然而名声极好。他对儿子最大的忠告便是留下清白于人间。

【原文】

房彦谦自少及长，一言一行，未尝涉私。虽致屡空，怡然自得。尝从容谓子玄龄曰：“人皆因禄富，我独因以官贫。所遗子孙，在清白耳。”

——《南北史续世说·德行》

【译文】

房彦谦从小到大，一言一行，从不牵涉个人私利。尽管家境多次陷于贫困，还是怡然自得。有一次，他安详地对儿子房玄龄说：“别人做官，得到俸禄，都富了起来。唯独我因为做官而致使家境贫寒。我能留给子孙的，是清白啊。”

（二）杨 坚

诫太子勇

【题解】

隋文帝杨坚废掉太子杨勇，另立杨广（后来的隋炀帝），这件事情后来的人评说纷纷。下面这一段话，是杨坚看到杨勇装饰蜀州贡来的铠甲，怕他从此走向奢侈，因而提出的告诫。字字警人耳目，也字字情深意长。分析起来，有三个层次。一是古来帝王，奢侈浮华便不能长久；二是杨坚本人，不忘贫贱之时；三是杨勇也曾吃过苦头，也不该忘记。

【原文】

我历观前代帝王，未有奢华而能长久者。汝当储后，若不上称帝心，下合人意，何以承宗庙之重，居兆人之上？吾昔衣服，各留一物，时复看以自警戒。又拟分赐汝兄弟。恐汝以今日皇太子之心，忘昔时之事，故令高颎赐汝我旧所带刀子一枚，并菹酱一合，汝昔作上士时所常食如此。若存忆前事，应知我心。

▲隋文帝杨坚像

——《北史·隋宗室诸王列传》

【译文】

我一个一个地看前代的帝王，没有一个奢侈浮华而能够长久的。你身为太子，如果上不称我心，下不合人意，用什么来承担宗庙社稷的重任？用什么来高居万民之上？我过去穿的衣服，总要留下一两件，时不时再看看，来自我警戒。还准备分别赐给你们兄弟。我担心你今天做皇太子称心如意，忘掉了过去的事情，因此让高颎带给你一把我过去所带的刀子，还有一盒腌菜酱，是你过去任上士时常常吃的东西。如果你还记着以前的事，就应该知道我的心意。

（三）李世民

1. 诫吴王恪书

【题解】

这篇短短的诫书，表达了李世民对爱子李恪的殷切希望，对李恪的修身问题提出了很多简洁而切实的意见。

【原文】

吾以君临兆庶，表正万邦。汝地居茂亲，寄惟藩屏。勉思桥梓之道，善偅闲平之德。以义制事，以礼制心。三风十愆，不可不慎。如此，则克固磐石，永保维城。外为群臣之忠，内有父子之孝。宜自励志，以勖日新。汝方违膝下，凄恋何已？欲遗汝珍玩，恐益骄奢。故诫此一言，以为庭训。

【译文】

我以君主的身份统治着天下百姓，为全国各地树立好表率。你身为皇帝的嫡亲，我所托付你的是捍卫领地的大任。希望你能努力思考君臣父子的道理，好好谋求道德修养的规范。以正义来裁断事物，以礼教来统治民心。各种坏毛病，要小心地加以避免。如果能做到这些，那就能像坚固的磐石，永远捍卫着国家。在外面应尽大臣对君主的忠诚，在家里应尽儿子对父亲的孝道。还应当激励意志，努力天天向上。现在你就要离开我了，悲伤依恋之情充满内心。我本想送你一些珍宝古玩，又恐怕你会因此更加骄傲奢侈，所以就给你留下一席诚言，作为我对你的训诲。

2. 赐皇太子手诏

【题解】

这是唐太宗李世民在一次出猎时给新策立的太子李治的手诏，用怜悯獐鹿而不再射猎的方式，向太子传授治国之道，要怀有仁义之心，推己及人，普爱众生，才能天下归心。

【原文】

吾昨见獐鹿，怀孕者多；纵有空身，其子甚小。母亡而子存者，未之有也。吾与汝虽复不射，无仁心之人，得便，终无放理。昆虫无知，须推己以及也。推己之孝于父母，以及此类，则天下有识者怀之，推己之恶死，以及虫豸，含生之属，何有不赖？所以明日不行。

——《唐太宗集》

【译文】

我昨天打猎时看见那些獐鹿，怀孕的有很多；即使是那些没怀孕的，它们的崽子也还很小。母亲死去而子女存活，这是从来没有的事。我和你后来虽然都不再射了，但没有仁爱之心的人，得到方便的时机，最终也不会放过它们。昆虫野兽是没有智慧的，我们应该从自己身上推及它们。把自己对父母的孝心也推广到这些物类身上，那么天下的有识之士便都会感怀景仰。把自己厌恶死亡的心情推广于虫豸，那么所有有生命的东西，又有什么会不依赖于你呢？所以明天不再去打猎了。

(四) 李 华

与弟莒书

【题解】

　　怀才不遇，自古以来就有。李华却是从"不患无位，患所以立"的角度来告诫弟弟，希望他立志进取，不必埋怨没有出人头地的机会。文人多喜愤世嫉俗，而不能自省言行才德，李华的诫弟便是要求注重个人修养，这种说法独到而有针对性。

【原文】

　　三兄报汝：吾疹①疾一定，汝忧吾疾，令吾将息，一一用汝语，念汝知之。且作判官，事中丞叔父，小心戒慎，不离使司。昔田仁、任安俱为大将军舍人，卧马厩中。无何，诏大将军出征匈奴，遣大夫赵禹选大将军官属，舍人衣服鲜明，二子冠带憔悴。赵禹独与二子言论于禁中，即日召见，皆拜二千石。汝有二子之实，未遇赵公之举。马厩高眠，古今一也。又仲尼尝为委吏②，叹曰："富贵如可求，虽执鞭之士，吾亦为之"。魏舒为郎官，时属沙汰，乃袚被而出，自言曰："当自我始。"大才当大用，如时人不识，何为叹愤哉！先师曰："不患无位，患所以立。"汝能自修，况事叔父。吾之休废，永无荣耀于伯仲之间。自非深仁高义，长才厚德，又焉肯惠于朽壤枯木哉？莒省吾意，当努力也！不次。三兄报。

　　　　　　　　　　　　　　　　　　　　——《全唐文》

【注释】

　　①疹：chèn 病。
　　②吏：小吏。

【译文】

　　三哥告诉你：我的病已痊愈，你担心我的病，要我多多休息，我一一照你所说去做，想必你知道了。将任判官，事奉叔父御史中丞李岘，小心谨慎，不敢出离职守。过去田仁、任安二人都是大将军卫青的舍人，睡在马房里。没多久，皇上诏令大将军征伐匈奴，并派大夫赵禹挑选大将军的属官，其他舍人的穿着都很打眼，独田、任二人衣着寒酸。赵禹单独和二人在官中谈话，皇上当天就召见了他们，并任用为二千石的官。你有二人的才能，却没有遭遇赵公一类的荐举。在马房里安睡，古今都一个样。又如，孔子曾经做了小官吏，感叹道："富裕尊贵如果可以求得，即使当市场守门人我也会干。"魏舒当了侍郎，当时属于被淘汰之列，于是包上衣被而出官府，自言自语说："淘汰应是从我开始"。才能博大应当官职也高，如果当时的人不能看出来，为什么要感叹愤激呢！至圣先师孔子说："不担心没有官位，而担心有没有立志。"你已能自己注意提高修养，何况事奉叔父。我因安禄山之事而遭贬，在兄弟之中永远没有荣耀了。自己并没有深厚的仁慈很高的信义，长久的才智敦厚的美德，又怎么能施恩于我这样的腐朽土木呢？你要体会我的意思，应努力奋进！此致，三哥。

（五）李翱

寄从弟正辞书

【题解】

李翱堂弟李正辞科场失意，自然郁郁不得志。李翱以儒家"仁义"去开导他，指出外在的穷达，不是一个人所能把握的，而仁义和文章却是一个人可以追求达到的。这篇训诫是失意者振奋的良药，很有现实价值。

【原文】

知尔享兆府取解，不得如其所怀，念勿在意。凡人之穷达所遇，亦各有时尔，何独至于贤丈夫而反无其时哉？此非吾徒之所忧也。其所忧者何？畏吾之道未能到于古之人尔。其心既自以为到，且无谬，则吾何往而不得所乐？何必与夫时俗之人同得失忧喜，而动于心乎？借如用汝之所知，分为十焉，用其九学圣人之道，而知其心，使有余以与时世进退俯仰。如可求也，则不啻①富且贵矣；如非吾力也，虽尽用其十，只益劳其心矣，安能有所得乎？汝勿信人号文章为一艺。夫所谓一艺者，乃时世所好之文，或有盛名于近代者是也；其能到古人者，则仁义之辞也，恶得以一艺而名之哉？仲尼、孟子殁②千余年矣，吾不及见其人，吾能知其圣且贤者，以吾读其辞而得之者也。后来者不可期，安知其读吾辞也而不知吾心之所存乎？亦未可诬也。夫性于仁义者，未见其无文也。有文而能到者，吾未见其不力于仁义也。由仁义而后文者，性也；由文而后仁义者，习也。犹诚明之必相依尔。贵与富，在乎外者也，吾不能知其有无也，非吾求而能至者也。吾何爱而屑屑于其间哉？仁义与文章，生乎内者也，吾知其有也，吾能求而充之者也。吾何惧而不为哉？汝虽性过于人，然而未能浩浩其心，吾故书其所怀以张汝，且以乐言吾道云尔。

——《全唐文》

【注释】

①啻：chì 不仅仅。

②殁：mò 亡。

【译文】

知道你到京城长安参加科举考试，却没能如你所想达到目的，望你不要太在意。大凡每个人所遭遇到的困穷和腾达，也各有各的时候，为何独独贤明之人反而没有这种时遇呢？这并不是我们这些人的忧虑。所忧虑的是什么呢？担心我的思想行为没能达到古代人的水平。如果心中自以为已经达到而且没有谬误，那么我到哪个地方不能自得其乐呢？何必和当今世俗之人一起因得失而忧喜，使自己的心为外物而动呢？假如以你所知道的，分为十成，那么九成学习圣人的思想行为而能知道他的想法，让其余的时间精力去随世俗而进退。如果能够去求得，那么不仅仅是富裕和尊贵；如果不用自己的时间精力，即使竭尽全部所学，也只是使自己的心力更加劳累，怎能有所得呢？你不要相信别人说文章是一门技艺。所谓一门技艺，是世俗所喜欢的文章，有的在近世以来负有盛名；能够达到古人水平的，却是仁义的言辞，怎么能以一门技艺来称它呢？孔子、孟子过世已有一千多年，我没来得及见到他们，却能知道他们圣明和贤能，因为我读到了他们的言辞而了解这些的。以后的人不要有什么期待，怎能知道他们读我的言辞而不知我想法在哪里呢？并没有诬陷他们。有仁义心性的人，没有不有文章的。有文章而又能做到家的人，我没有见到他们不致力于仁义的。经由仁义而再有文章，天性也；经由文章而再有仁义，人习也。诚心和明智一定是相互依赖的。尊贵和富有，是外在的东西，我无法知道它有没有，并不是我追求了而又能达到的。我是喜爱什么而想用心于富贵呢？仁义和文章，产生于内心，我知道它有，也能追求而充实。我担心什么而不去做呢？你尽管心性超过常人，但没有能心胸宽广，所以我写出我的想法来开阔你的胸怀，而且使你乐于讲仁义之道。

（六）皮日休

1. 原亲

【题解】

皮日休为晚唐著名文人，好发高论，然而字字珠玑，有较强的穿透力和思想深度。本篇专谈父母教育孩子时的体罚和大义灭亲。他反对用体罚来教育孩子，同时对孩子教育的严厉也是必不可少。当孩子的行径直接危害到社会和国家时，惩罚便是大仁大德。如果一味包庇，将会造成无穷的恶果。

【原文】

能嗣其亲，不曰子乎？吾观夫今之世，诲其子者，必槚[①]肌箠[②]骨，伤爱毁性以为教。呜呼！孟子所谓古者易子而教，诚有旨欤？不能教其子者，是遗其身者也；不能得其亲者，是舍其族者也。古之妄臣，爱人之贵，过于其亲，必舍而事之，公子开方是也。爱人之权，过乎其子，必杀而徇之，易牙是也。自兹以降，为夫强臣者，将欲夺人之宗，必先杀己子矣。噫！教尚不可，况其杀欤？或曰："均是亲也，均是害也，则周公诛管、蔡，石碏杀石厚，叔向戮叔鱼，汉文流淮南，可乎？"曰："均是亲也，贤则能嗣，亲凶则能覆族。均是害也，周公不诛，则他人诛之，石碏不杀，则他人杀之，叔向不戮，则他人戮之，汉文不流，则他人流之，己刑则及一人，他刑则及其族，此圣贤所以惜其族也。刑也者，仁在其中矣。"

【注释】

①槚：山楸树。

②筹：一种竹。

【译文】

能够为父母传宗接代，不可以说是儿子吗？我看当今之世，教诲自己孩子的人，一定是用槚木抽打肌体、用筹竹笞打骨头，把伤害亲情、毁灭人性当作教育。啊！孟子所说过的古代互换孩子来教育，果真有这么美好吗？不能教育自己孩子的，这种人只是留给孩子身体；不能得到亲人所爱的，这种人会离弃自己的家人。古代的奸邪之臣，喜爱别人的富贵超过了喜爱自己的父母，一定会离弃父母而事奉富贵之人，公子开方就是这样。喜爱别人的权势超过喜爱自己的孩子，一定会杀死孩子来顺从有权有势的人，易牙就是这样。从此以后，想做势力强大的臣子，要想削夺别人的宗族一定要先杀掉自己的孩子。哎！教诲尚且不能，何况要杀掉孩子呢？有人说："权衡这种亲人，权衡这种危害，于是周公诛杀了弟弟管叔、蔡叔，石碏诛杀了儿子石厚，叔向戮杀了儿子叔鱼、汉文帝刘恒流放了弟弟淮南王刘安，这样做可以吗？"（我会）答道："权衡这种亲人，贤能就可以传宗接代，凶残就可以覆灭家族。权衡这种危害，周公不诛杀（管叔、蔡叔），那么别人会诛杀他们，石碏不诛杀石厚，那么别人会诛杀他，叔向不戮杀叔鱼，那么别人会戮杀他，汉文帝不流放刘安，那么别人会流放他，自己施刑罚只牵涉一个人，如果别人施刑罚就会牵涉到自己的家族，这就是圣明贤能的人珍惜自己家族的原因。刑罚，仁德就在这中间。"

2. 鄙孝议（上）

【题解】

本篇着重谈到了"孝"的流弊，对于为人称道的虞舜、曾参的孝顺表示了不同的意见。子女的身体来自父母，损坏自身也就是对父母的不孝。皮氏的反论可以说惊世骇俗，非常独到。

【原文】

有天地来，言乎孝者，大曰舜，小曰参。舜承顺父母之道，无不为也。虽俾①食于亵器，寝于厕窦，犹将顺之，况夫修廪②浚③井哉？然犹避乎大杖也，虽掌以小杖为顺。则舜修廪可也，浚井可也，设死于大杖，谁养瞽叟哉？参承顺父母之道，无不至也。锄瓜伤根，曾皙杖之，几至于死，是以仲尼不以为孝也。何哉？有参则皙安，无参则皙孤，参顺锄瓜之罪，设死于杖，谁养夫皙哉？夫以二孝之不受重责，恐夫糜骨节，隳肢体，有辱于先人也。岂有操其刃，刉己肉以为孝哉？夫人之身者，父母之遗体也。刉己之肉，由父母之肉也。言一不顺，色一不怡，情尚以为不孝，况刉④父母之肉哉？故乐正子春伤足不下堂，汉景不吮孝文之癰⑤，二贤卒成大孝。犹伤足不下堂，吮癰有难色。何者？伤己之足，伤父母之足也；吮父之癰，吮己之癰也。伤之者不敬，吮之者过媟⑥，是以圣贤不为也。今之愚民，谓己肉可以愈父母之病，必刉而饲之。大者邀县官之赏，小者市乡党之誉。讹风习习，扇成厥俗，通儒不以言，执政不以禁。昔墨氏摩顶至踵，断指存胫，谓之兼爱。今之愚民如是，其兼爱邪？设使虞舜糜骨节，曾参隳肢体，乐正子春伤足不尤，汉景吮癰无难，今之有是者，吾犹以为不可，况无是理哉？或执事者严令以禁之，则天下之民，保其身，皆父母之身也。欲民为不孝也难矣哉！

【注释】

①俾：使。

②廪：仓库。

③浚：疏理。

④刉：割。

⑤癰：毒疮。

⑥媟：xiè 狎，轻慢。

【译文】

自开天辟地以来，说到孝子，大孝为虞舜、小孝为曾参。虞舜秉承孝顺父母之道，没有什么不做的。即使被迫从便溺用具中吃东西，睡在厕所的坑里，他还会孝顺父母，何况修整粮仓、疏通井道呢？然而还是避开粗大棍棒的抽打，虽然曾经顺服细小棍棒的抽打。所以虞舜修整粮仓还好，疏通井道还好，假如死于粗大棍棒之下，那么谁来供养瞽叟呢？曾参秉承孝顺父母之道，没有做不到的。锄刀挖瓜时弄坏了瓜根，其父曾皙用棍子打他，差点死掉，像这样孔子不认为是孝，为什么呢？有曾参在那么其父曾皙就能安享度日，没有曾参了那么曾皙就会孤身一人，曾参顺服锄瓜之罪，假设死于棍棒之下那么谁来供奉曾皙呢？两位孝子不接受严重的责罚，还怕会使骨节糜烂、肢体毁败，对不起自己的先祖。哪有操持着刀，剜割自己的肉当作孝的呢？一个人的身体，是父母的遗存。剜割自己的肉，这肉是从父母那儿来的。说话一不顺服，脸色一不和悦，从情感上说尚且被当作不孝，何况剜割父母的肉呢？所以乐正子春弄坏了脚就不下堂拜问父母，汉景帝刘启不吮吸父亲文帝的毒疮，两位贤人最后却成了大孝子。像这样弄坏了脚就不下堂拜问父母，吮吸毒疮脸色为难，为什么呢？弄伤了自己的脚，就是弄伤了父母的脚；吮吸父亲的毒疮就是吮吸自己的毒疮。弄伤了脚是对父母不恭敬，吮吸毒疮是对父母太不敬，所以圣明贤能的人不这样做。当今愚顽的人，说自己的肉可以治愈父母的病，一定要剜割来喂给父母吃。影响大的邀得皇帝的奖赏，影响小的博得乡里的好评。歪风盛行，泛滥成这样的习俗，学问通达的人不说几句话，当朝掌权的不加以禁止。过去墨子从头顶摩掌到脚跟，切断指头留下胫踝，叫作兼爱。当今愚顽的人也像这样，是不是兼爱呢？假使虞舜烂了骨节，曾参毁了肢体，乐正子伤了脚而不忧虑，汉景帝吮吸毒疮而没有为难之色，现在有这样的事我还认为不可以，何况没有这种道理呢？如有掌权的人严格法令来禁止，那么天下的老百姓保护他们的身体，都是父母的身体。想要老百姓不孝顺都困难了！

3. 鄙孝议（下）

【题解】

本篇接着谈到了施孝越礼的现状。过度的孝行往往没有节制，以致对人们的身心造成了损伤。皮氏把这种孝行视之为愚钝，它不仅没有达到礼法的要求，反而是对礼法的亵渎。可见，孝行应是合乎人道的表现。

【原文】

人之心也，仁者孝有余；凶者暴不足。故圣人之制礼，非所以惩其不足，抑亦戒其有馀。由是节之以哀戚，定之以封域，制之以斩衰。仁者之丧满，其哀也不足于心，而不能有馀于礼；凶者之丧满，其怠也有馀于心，而不能不足于礼。此由民之心，必有嗜欲，必知饥渴，自开辟而至于今，未能改也。"鲁人有朝祥而暮歌者，子路笑之。夫子曰：'由，尔责于人终无已夫。三年之丧，亦以久矣。'"又"孔子既合葬于防，曰：'吾闻之，古也墓而不坟。今丘，不西南北之人也，不可以弗识矣。'于是封之，崇四尺。孔子先反，门人后，雨甚，至，孔子问焉，曰：'尔来何迟也?'曰：'防墓崩'，孔子不应，三。孔子泫然①流涕曰：'吾闻之，古不修墓。'"以三年之丧，天下之通制也。古不修墓，圣人之格言也。以朝祥而暮歌，圣人尚不笑之；以经雨而防墓崩，圣人尚泣而修之，况庐之于其侧，朝夕而哭哉？故合葬于防，孔子先反者，尚修虞事也。今之愚民，既葬不掩，谓乎不忍也；既掩不虞，谓乎庐墓也。伤者必过毁，甚者必越礼，上者要天子之旌表②，次者受诸侯之褒赞。自汉、魏以降，厥风逾甚。愚民蚩蚩③，过毁者谓得仪；越礼者谓大孝。奸者凭之，以避征徭；伪者扇之，以收名誉。所在之州鄙，砮石峨然。问所从来，曰："有至孝也，庐墓三年，孝感至瑞，郡守闻于天子，天子为之旌表焉。"呜呼！夫古之庐墓，至畜妻子于宅兆之前，其波流弊，至今褒慢焉。有守正者，虽大孝不录；为非者，虽小道必旌。则圣人之制，后何法焉？或曰："子贡居于夫子墓侧，六年乃去，非庐墓之自邪？"曰："子贡之罪大矣，口受圣人之言，身违圣人之礼，噫！甚矣。"夫子曰："事师，无犯无隐，左右就养无方，服勤至死，心丧三年。"又曰："师，吾哭诸寝。"是师之丧也，心丧止于三年，哭泣至于寝室，未有倍其年而哭于行矣。苟若是。则隳④教之风息，毁制之道壅⑤。传曰："辛有适伊川，见被发而祭于野者。"今之有是被发而哭于野者，几何不为戎之于宅兆乎？有心于是道者，得斯说而存之。禁之可也，令之可也。

——《全唐文》卷七九八

【注释】

①泫然：泪涌的样子，泫音 xuán。
②表：表彰。
③蚩蚩 chī chī 敦厚。
④隳：通"毁"。
⑤壅：堵住。

【译文】

人的心性，仁慈的人孝顺太多，凶恶的人残暴不足。所以圣明的人制定礼仪，不是用来惩罚残暴不足，或者警戒孝顺太多。因而节制悲哀，安定封地，制定斩衰的丧服。仁慈的人服丧完满，他的悲哀虽不足以表达他的感情，却不可能超越礼法；凶恶的人服丧完满，他的倦怠虽不能表达他的想法，却也不是没有合乎礼法。从这里可知，人们的心性，一定是有嗜好欲望才知道饥饿口渴，从开天辟地到如今，没有能够改变过。鲁国有个早上服丧完晚上便唱歌的人，子路耻笑他。孔子说："由，你对人求全责备终究不停息。三年服丧，也是有很久了。"又"孔子已把父母合葬在防这个地方，说：'我听说，古代建造墓地却不起坟丘。现在的我，已是到处流浪的人，不可以不认识到这一点。'于是封掉墓地，高达四尺。孔子先返回去，弟子跟在后面，雨下得很大，返回后孔子问弟子说：'你怎么回来这么迟呢？'弟子答道：'防墓塌掉了。'孔子没有回应，这样连续了三次。孔子泪如泉涌说：'我听说，古代不重修墓地。'因为三年服丧，是天下通行的礼制。古代不重修墓地，是圣明之人的格言。早上服完丧晚上便唱歌，圣人尚且不耻笑他；经雨冲刷而防墓塌掉，圣人尚且哭泣而重修墓地，何况住在墓边，早晚哭泣呢？所以合葬父母于防地，孔子先返回，是崇尚修造树木之事。当今愚钝的人，已经埋葬而不掩盖墓地，说是不忍心；已经盖墓而不种树木，说是要在墓边结庐而居（守孝）。哀伤的一定自毁过度，哀伤过度的一定超出礼法，最上要天子树他为表率，其次要受到诸侯的褒扬称赞。从汉魏以来，这种风气越来越过分。愚钝的人忠厚，把自毁过度叫作礼仪得体；超越礼法叫作大孝。奸邪的人凭借它来逃避征兵徭役；作假的人煽动它，来收取名声赞誉。所在的州府乡鄙，像磨石一样挺立。问这种威望从哪来，答道："孝顺至极，住在父母墓边三年，孝行感动天瑞，郡守告诉了天子，天子便树他为表率。"哎呀！古代住在墓边，到养妻子和儿女于宅墓之前，它的余波流弊，到如今还是亵渎轻漫。持守正道的人，即使大孝也不录用；不守正道的人，即使小德行也一定表扬。那么圣人的礼制，后来的人如何效法呢？有人说："子贡住在孔夫子墓地旁边，六年以后才离开，这不是住在墓边吗？"答道："子贡的罪过很大，嘴巴上接受了圣人的话语，身行上却违背圣人的礼法，哎！太过分了。"孔子说："事奉老师，不触犯不隐瞒，门人弟子奉养无方，老师勤勉到死，弟子心中念师三年。"又说："老师，我在他睡过的地方哭丧"。这是为老师服丧，心中念师只要三年，哭丧只在他的卧房，没有两倍于三年而在墓边哭丧的。这是子贡的罪过。当今执政者看到愚钝之人有这种举动的，应当斥责而不应抬高他，鄙视而不表扬他。那么人们一定会按礼行事。如果像这样，那么毁坏礼教的风气就会平息，毁坏制度的途径堵塞。《春秋左氏传》上说："辛有到伊川去，见到了披发在野外祭祀的人"。当今这样披发而在野外哭丧的人，有多少不是像王戎一样在宅墓哭丧呢？有想法致力于此道的人，得到这种说法而保留。禁止可以，命令也可以。

（七）宋若莘

1. 立身

【题解】

　　这一篇《立身》是唐代才女宋若莘所做的《女论语》的第一章，教导女子容止端庄，洁身自好。女子以清静娴雅为美，行为过于豪放就会有失淑女风范。篇中也有一些限制妇女行动的教条，在今天看来自然早已是不合时宜的了。

【原文】

凡为女子，先学立身。立身之法，惟务清贞。清则身洁，贞则身荣。行莫回头，语莫掀唇，坐莫动膝，立莫摇裙，喜莫大笑，怒莫高声。内外各处，男女异群。莫窥外壁，莫出外庭。男非眷属，莫与通名。女非善淑，莫与相亲。立身端正，方可为人。

【译文】

凡是作为女子的，首先都要学习怎样立身。立身的方法，只是要追求清白贞节。清白就会使自身洁静，贞节就会使自身荣显。走路的时候不要回头，说话的时候不要掀翻嘴唇，坐着的时候不要摆动膝盖，站立的时候不要摇动裙衫，高兴起来不要放声大笑，愤怒之下也不要高声叫骂。家庭内外的各种处所，男女不可同群。不要从墙壁向外窥视，也不要走出外面的庭院。男人如果不是自己的家属亲戚，就不要告诉他自己的名字。女人如果不是善良贤淑的，就不要和她亲密。立身端正，才可以做人。

2. 训男女

【题解】

本篇论述为母之道。宋若莘似乎侧重于"严"，而不太注重"慈"，强调要掌握对子女的绝对支配权，不纵容他们学坏，不允许他们反抗。这是一种典型的"人治"方式，得其人则教育成功，不得其人则仍恐有失。母亲的慈爱对子女是重要的，而且在今天，那种绝对权威的驾驭方式也早已不能被人所接受，"晓之以理，动之以情"已成为新一代父母在教育方法上的共识。但是，宋若莘的这篇文章，对那些溺爱子女的人仍然是一记警钟，到今天也还是颇有其积极意义的。

【原文】

大抵人家，皆有男女。年已长成，教之有序。训诲之权，亦在于母。男入书堂，请延师傅。习学礼义，吟诗作赋。尊敬师儒，束脩①酒脯。女处闺门，少令出户。唤来便来，唤去便去。稍有不从，当加叱贬。朝暮训诲，各勤事务。扫地烧香，纫麻缉苎。若在人前，教他礼数。莫纵娇痴②，恐他啼怒。莫纵跳梁③，恐他轻侮。莫纵歌词，恐他淫污。莫纵游行，恐他恶事。堪笑今人，不能为主。男不知书，听其弄齿④。斗闹贪杯，讴歌习舞。官府不忧，家乡不顾。女不知礼，强梁言语。不识尊卑，不能针黹。辱及尊亲，有玷父母。如此之人，养猪养鼠。

——《女论语》

【注释】

①脩：干肉。

②痴：撒娇作痴。

③梁：强横。

④弄齿：搬弄是非。

【译文】

一般的人家，都生男育女。他们的年纪渐渐长大，要有顺序地教诲他们。教诲训导的权力，也在于母亲身上。把男孩送进书堂，请老师教育他。让他学习礼法仁义的道理，学会吟诗作赋。要他尊敬爱戴老师，常向他赠送干肉酒水。让女儿守在闺中，少要她出门。喊她来她就应该来，喊她离去她就应该离去。她只要稍微有一点不服从，就应当加以叱责。每天从早到晚不懈的训诲，让子女各自勤于他们的事务。扫地烧香，纫麻缉苎。如果在外人面前，要教他施行礼数。不要因为他们撒娇作痴就放纵他们，怕他们哭啼恼怒就纵容他们。不要姑息他们蛮横无理的行为，因为那样做恐怕他们以后会轻视侮辱你。不要放纵他们去唱那些市井俗曲，因为那样做恐怕他们会沾染淫荡污秽的习气。不要听任他们成天四处游荡，因为那样做恐怕他们会干出凶恶邪僻的事来。可笑今天的人们，不能成为子女的主宰。生下男孩不会读书，听任其搬弄是非，让他到处去斗狠胡闹，好吃贪杯，哼唱小调，学习跳舞，对官府都不忧惧，对家族乡里更是毫不顾及；生下女儿不知礼数，强横无礼，拌嘴顶撞，不懂尊卑之别，不懂女工针线，辱及了尊长亲人，玷污了父母的声誉。生出这样的后代，就像养猪养鼠一般。

（八）郑　氏

夫人

【题解】

封建社会多讲男主外、女主内，所以对妇女修身的要求也就多在家事。本篇讲处于尊位的家庭妇女应该知书达礼，施行圣贤之道。从现在而言，妇女当然不应被压制做些家务琐事，而是有文化、有知识，不仅能在家里做子女的表率，也能在社会上有事业、有所追求的东西。

【原文】

居尊能约，守位无私。审其勤劳，明其视听。诗书之府，可以习之。礼乐之道，可以行之。故无贤而名昌，是谓积殃；德小而位大，是谓婴害，岂不诚钦？静专动直，不失其仪，然后能和其子孙，保其宗庙，盖夫人之孝也。《易》曰："闲邪存其诚，德博而化"。

——《女孝经》

【译文】

处于尊位要能俭约，持守妇位没有私心。详知勤恳劳累，阐扬所见所闻。诗书知识汇聚之地，可以去学习揣摩。礼乐圣贤之道，可以去施行。所以没有贤能却名声很大，这叫作积累祸殃；美德不多却居高位，这叫作纠缠祸害，难道可以不慎戒吗？娴静时专一，行动时直身，不失去应有的礼仪，这样以后可以协同她的子孙，保护她的宗庙祭祀不绝，这是夫人的孝顺。《易经》说："懒散邪辟中存在诚意，待美德广博后便能转化"。

▲《女孝经》图（局部）

（九）赵光逢

玉界尺

【题解】

赵光逢为人循规蹈矩，一丝不苟，就是与自己的亲弟弟来往，也坚守尺度，毫不逾越。其行似过迂，然其正直如尺，清静如玉，亦足有可观之处。

【原文】

后唐赵光逢幼嗜①坟典，动守规检，人目为"玉界尺"②。弟光允为平章事，时谒问于私第，语及政事。它日，光逢署其户曰："请不言中书事。"清净寡欲端默如此。

——《续世说·方正》

【注释】

①嗜：喜好。

②玉界尺：玉制标准尺。

【译文】

后唐赵光逢从小就嗜读古代典籍，一举一动都循规蹈矩，人们视之为"玉界尺"。赵光逢的弟弟赵光允担任平章事，有时来赵光逢的私宅拜访，谈话中涉及政事。过了些日子，赵光逢在门上写道："请不要谈中书省的事。"赵光逢就是这样清净寡欲庄重沉静。

五、宋辽金元篇

（一）耶律隆绪

诫诸侄

【题解】

辽圣宗耶律隆绪是辽代颇有作为的皇帝，他这番训诫诸侄的话，很明显地受到汉族儒家文化的影响，这是与圣宗习汉法、宗儒学的政治努力密不可分的。

【原文】

汝勿以材能陵物，勿以富贵骄人。惟忠惟孝，保家保身。

——《契丹国志》

【译文】

你们不要以为自己才能卓越就盛气凌人，不要因为自己出身富贵就骄矜看不起别人。你们只应该忠诚孝顺，保卫家族，保养自身。

（二）江端友

诫子数事

【题解】

江端友是南宋学者，经常训子读书做人之道。本篇文字提出了五件需要戒备的事情。其口谈得最多的，是要知道播种收获的艰难、杀生取肉的残忍，从而反躬自问，不劳而食，不应当再不满足。

【原文】

夜卧不眠，常须息心定志，勿妄筹画①无益之事及起邪思。

凡饮食知所从来：五谷则人牛稼穑之艰难，天地风雨之顺成，变生做熟，皆不容易；肉味则杀生断命，其苦难言。思之令人自不欲食，况过择好恶又生嗔恚乎？……门外穷人无数，有尽力辛勤而不得一饱者，有终日饥而不能得食者。吾无功坐食，安可更有所择？若能如此，不惟少欲易足，亦进学之一助也。

食已无事，经史文典谩读一、二篇，皆有益于人，胜别用心也。

与人交游，宜择端雅之士，若杂交②终必有悔，且久而与之俱化，终身欲为善士不可得矣。

谈议勿深及他人是非，相与意了，知其为是为非而已。棋弈雅戏犹曰无妨，毋及妇人嬉笑无节，败人志意，此最不可也。

既不自重，必为有识所轻。人而为人所轻，无不自取之也。汝等志之！

——《戒子通录》

【注释】

①筹画：筹划。

②杂交：胡乱结交朋友。

【译文】

当夜晚躺在床上不能入眠的时候，常常需要平息心念，安定心志，不要胡乱去思考一些无益的事和产生不正当的想法与念头。

凡是我们需要的饮食必须知道它是怎么来的：人们所需的谷物经过了人们的努力、耕牛的拉犁、耕种收割等农业劳动的艰苦困难，经过天地风雨等自然条件的帮助而丰熟，由初生变为成熟，都不容易。人们所需的禽肉是经过宰杀动物，断送许多生命，再加工烹制而成，对动物来说，真是苦不堪言。想起这些，会让人没有食欲，更何况过于选择好的厌恶差的又会生嗔怒怨恨呢？……门庭以外的穷人多到不计其数。有的一年到头尽力辛勤劳动而得不到一顿饱饭，有的一天到晚饿着肚皮而无法弄到吃的东西。我没有做出什么成绩却不劳而食，怎么可以挑剔、选择呢？如果人们真能如此，不但可以减少贪欲而容易满足，就是对学有进益也是一大帮助。

饭后没有什么事，经史文章典籍应随便阅读一、二篇，对于人们都是有益的，胜过在别的地方使用心力。

结交朋友，最好选择端严高雅的人，如果不分良莠、不加选择地结交朋友总有一天会要后悔的，而且时间长了就会发生变化同他一样了，一辈子再想成为善良的人也就不可能了。

谈论一些事情的时候，不要随便深入地评论他人的是与非，只要彼此心里明白，知道别人是对是错就行了。爱好围棋、雅戏还可以说没有妨碍，不要涉及与妇人戏乐而没有节制的事，那样会败坏人的志气和意趣，这是最不可以的。

自己不尊重，自己的人格，必然会被一些有识之士轻视。一个人被他人所轻视，没有不是自取的。你们一定要记住这些！

（三）袁 采

1. 穷达自两途

【题解】

　　袁氏认为，人的操行与做官是两码事，不能因为没有做官而放松了对操行的修炼，这是很有见地的。不过其中宣扬宿命论的观点，则还需后人鉴别。

【原文】

　　操履与升沉自是两途。不可谓操履①之正，自宜荣贵，操履不正，自宜困厄。若如此，则孔、颜应为宰辅，而古今宰辅达官不复小人矣。盖操履自是吾人当行之事，不可以此责效于外物。责效不效，则操履必怠，而所守或变，遂为小人之归矣。今世间多有愚蠢而享富厚，智慧而居贫寒者，皆自有一定之分，不可致诘。若知此理，安而处之，岂不省事。

【注释】

　　①操履：品行。

【译文】

　　人的操行高低和仕途的状况本是两件事情。不能说操行端正，就应该荣华富贵，操行不正，就应该困苦窘迫。如果是这样，那么孔子、颜回就应该做宰相，而自古以来的宰相高官就不会有小人了。其实操行本来是我辈应当履行的事情，不应该从外面去追求它的效果。追求外面的效果却没有，操行就会懈怠，而自己坚持的东西就可能改变，于是竟落个小人的结局。当今世上有很多人，愚蠢却享受富贵荣华，智慧却贫困微贱，这都有一定的缘分，不可以刨粮究底。如果知道这个道理，泰然处之，岂不省事。

2. 性有所偏在救失

【题解】

　　袁氏指出，一个人并非十全十美，都存在各自的缺点，关键是要努力克服这些缺点，尽量做到十全十美。这里，他举了许多实例加以证明，很有说服力。

【原文】

　　人之德性出于天资者，各有所偏。君子知其有所偏，故以其所习为而补之，则为全德之人。常人不自知其偏，以其所偏而直情径行，故多失。

《书》①言九德，所谓宽、柔、愿、乱、扰、直、简、刚、强者，天资也；所谓栗、立、恭、敬、毅、温、廉、塞、义者，习为也。此圣贤之所以为圣贤也。后世有以性急而佩韦、性缓而佩弦者，亦近此类。虽然，己之所谓偏者，苦不自觉，须询之他人乃知。

【注释】

① 《书》：《尚书》。

【译文】

人的德性与生俱来，各有偏失。君子认识到自己的偏失，就通过后天的所作所为来努力补救，而成为德性良好的人；而平常人不能够认识到自己的偏失，由着自己的性情任意行事，因而多有过失。《尚书》的《皋陶谟》篇所说的九德中，宽宏大量、温和柔顺、谨慎怕事、精明强干、优柔驯顺、正直耿介、豁达大度、刚正不阿、强悍勇猛，就是指的先天的资质；与之相对的严肃恭谨、自强自立、庄重不苟、认真负责、坚毅果断、温和机变、廉洁俭朴、考虑周详、与人为善等，则是后天努力做到的，这也就是圣贤之所以区别于一般人的地方。后代类似的还有，战国时魏国的西门豹为了克服自己性急的毛病，就随身佩带一块皮革时常提醒自己遇事宽缓；春秋时晋国的董安于改掉性子慢的缺点，就佩带一条弓弦来提醒自己遇事麻利一些。不过，大多数人难以觉察自己禀性的偏失，必须询问别人后才能知晓。

3. 人不可怀慢伪妒疑之心

【题解】

袁氏看到许多人怀有骄傲、虚伪等不良的心理品质，以及给自身带来的害处，忠告世人加强修养，将那些不良的品质统统抛掉，确实值得后人努力奉行。

【原文】

处已接物，而常怀慢心、伪心、妒心、疑心者，皆自取轻辱于人，盛德君子所不为也。慢心之人自不如人，而好轻薄人。见敌己以下之人，及有求于我者，面前既不加礼，背后又窃讥笑。若能回省其身，则愧汗浃背矣。伪心之人言语委曲，若甚相厚。而心中乃大不然。一时之间人所信慕①，用之再三则踪迹露见，为人所唾去矣。妒心之人常欲我之高出于人，故闻有称道人之美者，则忿然不平，以为不然；闻人有不如人者，则欣然笑快，此何加损于人，祇厚怨耳！疑心之人，人之出言未尝有心，而反复思绎曰："此讥我何事？此笑我何事？"……则与人缔②怨，常萌于此。贤者闻人讥笑若不闻焉，此岂不省事！

【注释】

①信慕：信奉爱慕。

②缔：缔结。

【译文】

处己接物，而常怀着骄慢之心、虚伪之心、嫉妒之心、多疑之心的人，被别人轻视侮辱，都是自取的。有大德的君子不这么做。怀着骄慢之心的人，自己不如人，却喜欢看轻别人。见到比不上自己的人，以及有求于自己的人，当面既不礼貌相待，背后又偷偷讥笑。如能回头反省自身，会惭愧得汗流浃背。怀着虚伪之心的人，说话委婉周到，好像对人很亲近，而他内心却大不以为然。一时之间别人信奉爱慕他，这么做了两次三次就露出了马脚，将为人所唾弃。怀着嫉妒之心的人常常希望自己高出于人，因此听到称赞别人好的话，就忿忿然不平，认为不是这样；听到某人不如某人时，就欣欣然欢快，这对别人又能减损什么？只不过加深怨恨罢了。怀着怀疑之心的人，别人说话本没有什么机心，自己却反复思索道："这是在讥讽我的什么事情？这是在笑话我的什么事情？"……那么和人结怨，常常是由此萌芽的。贤者听到别人讥笑自己，像是没有听到似的，这岂不省事！

4. 人贵忠信笃敬

【题解】

袁氏推崇重义气、守信用、待人真诚、对人谦虚而有礼节的修身之道，劝勉家人及外人以此作为修身目标，值得后人效法。

【原文】

言忠信，行笃敬，乃圣人教人取重于乡曲之术。盖财物交加，不损人而益己，患难之际，不妨人而利己，所谓忠也。有所许诺，纤毫①必偿，有所期约，时刻不易，所谓信也。处事近厚，处心诚实，所谓笃也。礼貌卑下，言辞谦恭，所谓敬也。若能行此，非惟取重于乡曲，则亦无人而不自得。然"敬"之一事于己无损，世人颇能行之，而矫饰假伪，其中心则轻薄，是能敬而不能笃者，君子指为谀佞，乡人久亦不归重也。

【注释】

①纤毫：喻细微的事和物。

【译文】

口言忠信力行笃敬，是圣人教导人们博取乡邻敬重的办法。涉及财物分配时，不损害他人来使自己获利；遇到危难时，不妨害他人来保全自己，这就是所说的忠。对别人许下的诺言，再琐细的事也要兑现；与他人约定的时间，一时一刻也不改变这就是所说的信。处理事务时严肃认真，心怀诚实，就是所说的笃。待人彬彬有礼，语言谦虚恭谨，就是所说的敬。如果能做到这几条，不仅能得到乡邻的敬重，而且自身也会感到舒适安泰。不过，尊敬他人这一条对自己无损，一般人都能做到，但有的人故意造作，虚情假意，其内心轻浮浅薄，这就叫能敬而不能笃，君子把这叫作诌谀邪佞，乡邻也永远不会对这样的人推重。

5. 厚于责己而薄于责人

【题解】

　　袁氏在这里提出了做到"忠信笃敬"的一条重要原则，那就是"严于律己，宽以待人"，认为只有这样才真正具有修养。

【原文】

　　忠、信、笃、敬，先存其在己者，然后望其在人。如在己者未尽，而以责人，人亦以此责我矣。今世之人能自省其忠、信、笃、敬者盖寡，能责人以忠、信、笃、敬者皆然也。虽然，在我者既尽，在人者亦不必深责。今有人能尽其在我者固善矣，乃欲责人之似己，一或不满吾意，则疾之已甚，亦非有容德者，只益贻怨于人耳！

【译文】

　　忠信笃敬，先要体现在自己身上，然后才希望别人做到。如果自己都没有做到便要求别人做到，那么别人也必然会要求你先做到。当今之人，能够自己省察自己忠信笃敬的很少，而要求他人做到忠信笃敬的很多。尽管如此，只要自己做到了，对别人也不必去过分要求。有的人自己做到了固然很好，却也要求别人像自己一样；一时不能中自己心意，便大加怨恨，也不是具有宽容品德的人，只会更引起他人的怨恨！

6. 为恶祷神为无益

【题解】

　　袁氏认为一个人做恶事向神祈祷是毫无益处，尽管这是一种带有迷信成分的说法，但他以此劝诫人们修身养性的心意是寸嘉的。

【原文】

　　人为善事而未遂，祷之于神，求其阴①助，虽未见效，言之亦无愧。至于为恶事而未遂，亦祷之于神，求其阴助，岂非欺罔！如谋为盗贼而祷之于神，争讼无理而祷之于神，使神果从其言，而幸中，此乃贻②怒于神，开其祸端耳。

【注释】

①阴：暗中。

②贻：给予。

【译文】

人做善事还没有成功，向神祷告，求神暗中相助，虽然没见到效果，说出来也问心无愧。至于做恶事还没有成功，也向神祷告，求神暗中相助，岂不是欺罔神灵！如果计划做盗贼也向神祷告，争执诉讼没有道理也向神祷告，假使神真的听从了他的话，而侥幸实现，这是让神愤怒的事情，开启了自己的祸端罢了。

7. 公平正直人之当然

【题解】

袁氏认为，公平正直是一个人必备的品质，要想全身远祸也需要它。古人多谈"敬畏"二字，因为这才是君子之德，公正之源。

【原文】

凡人行己公平正直者，可用此以事神，而不可恃此以慢神；可用此以事人，而不可恃此以傲人。虽孔子亦以敬鬼神，事大夫，畏大人为言，况下此者哉！彼有行己不当理者，中有所慊，动辄知畏，犹能避远灾祸，以保其身。至于君子而偶罹于灾祸者，多由自负以召致之耳。

【译文】

凡是人的所作所为能够公平正直的，可以用此来侍奉神灵，而不可仗着这点对神傲慢；可以用此来待人，却不可仗着这点对人傲慢。即使孔子，也以"敬鬼神""事大夫""畏大人"作为谈论的话题，何况不如孔子的人呢！那些所作所为不符合道理的人，心中有所遗憾，一举一动就知道畏惧，还有可能避免灾祸，来保全自身。至于身为君子而偶然遭遇灾祸的，多是因为自负而招致。

8. 君子有过必思改

【题解】

"人非圣贤，孰能无过？"袁氏信奉这一觅解，而且认为即使圣贤本身也不免犯下过失。因此他主张一个人有了过失要勇敢地改正，而不能像小人一样强为之辩，甚至"大打出手。"

【原文】

圣贤犹不能。无过，况人非圣贤，安得每事尽善！人有过失，非其父兄，孰肯诲责；非其契爱①，孰肯谏谕。泛然相识，不过背后窃议之耳。君子唯恐有过，密访人之有言，求谢而思改。小人闻人之有言，则好为强辩，至绝往来，或起争讼者有矣。

【注释】

①契爱：投合相爱。

【译文】

圣贤尚不可能没有过失，何况不是圣贤的一般人，怎能够每件事都做到尽善尽美？人有了过失，除非是其父亲兄弟，一般人谁愿意教诲他训责他呢？除了其相好的朋友亲人，一般人谁肯劝谏他说服他呢？大家属泛泛之交，不过在私下议论一下罢了。君子只怕自己有什么过失，千方百计寻访陈说自己过错的人，向人家道谢并下决心改过；小人听到别人批评自己，则喜欢强词辩解，甚至断绝来往，以至于引起纷争诉诸官府的也有。

9. 觉人不善知自警

【题解】

许多人对不善的人完全持排斥态度，袁氏却独具慧眼，主张有德行的人应从不善之人的身上得到反面教训，引以为戒，努力使自己的行为趋于高尚，这是很有启发意义的。

【原文】

不善人虽人所共恶，然亦有益于人。大抵见不善人则警惧，不至自为不善，不见不善人则放肆，或至自为不善而不觉。故家无不善人，则孝友之行不彰；乡无不善人，则诚厚之迹不著。譬如磨石，彼自销损耳，刀斧资之以为利。老子云："不善人乃善人之资。"谓此尔。若见不善人而与之同恶相济及与之争为长雄第一英雄，则有损而已，夫何益？

【译文】

不善的人虽然是人们共同厌恶的，但也对人有益。大略见到不善的人就会警戒、畏惧，不至于自己也做不善的事情。见不到不善的人就会放肆，甚或自己做了不善的事情还不自知。因此家里如没有不善的人，那么孝顺友爱的行为就不明显；乡里没有不善的人，那么忠诚厚道的事迹就不显著。譬如磨刀石，它自己消耗罢了，刀斧却也靠着它才磨锋利。老子说："不善的人，是善人的借鉴。"说的就是这个道理。如果见到不善的人，却与他狼狈为奸，还与他争长斗雄，那就只有损害自己，又有什么好处？

10. 正己可以正人

【题解】

不少人劝别人行善，自己却常常忘了检点自己的言行。袁氏劝勉家人及世人努力从自己做起，为不善之人树起一个好榜样，这是明智的见解。

【原文】

勉人为善，谏人为恶，固是美事。先须自省：若我之平昔自不能为人，岂唯人不见听，亦反为人所薄。且如己之立朝①可称，乃可诲人以立朝之方；己之临政有效，乃可诲人以临政之术；己之才学为人所尊，乃可诲人以进修之要；己之性行为人所重，乃可诲人以操履之详；己能身致富厚，乃可诲人以治家之法；己能处父母之侧而谐和无间，乃可诲人以至孝之行。苟惟不然，岂不反为所笑！

【注释】

①立朝：指在朝为官。

【译文】

勉励他人行善，劝谏他人勿作恶固然是好事，但必须先省察自身。如果自己平时不注意为人处事，则不但别人不会听你的，自己还会遭到鄙薄。只有自己掌理朝政受人称道，才能够教诲别人掌理朝政的方法；只有自己处理政事功效显著，才可以教导别人如何处理政事；只有自己的才干学识受人尊敬，才能教诲别人增长才干修习学业的诀窍；只有自己的品性行为受人推重，才可以向别人传授修身养性的详细步骤；只有自己能够发家致富了，然后才能教别人治家理财的方法；只有自己能够侍奉父母身边彼此亲密无间，才有资格教别人恪行孝道。如果自己这些做不到，岂不是反被他人耻笑！

11. 老人当受敬重

【题解】

对于老人，袁氏主张晚辈应充分尊重他们，即使个别老人出言不逊，也不要加以计较。我国历来养老与敬老并重，袁氏的主张仍可为当世之鉴。

【原文】

高年之人，乡曲所当敬者，以其近于亲也。然乡曲有年高而德薄者，谓刑罚不加于己，轻詈①辱人，不知愧耻。君子所当优容而不较也。

【注释】

①詈：lì 骂人。

乡里年高的人，对他要敬重，因为他们的年岁和自己的双亲等老人接近。但乡里也有年高德薄的人，自以为自己不再受法律限制，随便谩骂侮辱人，不知道惭愧羞耻。君子应当对他们优待宽容，不要计较。

12. 才行高人自服

【题解】

一个人怎样才能让别人佩服呢？袁氏认为，品行高，自然就让别人服气了，这是很有见地的。

【原文】

行高人自重，不必其貌之高；才高人自服，不必其言之高。

【译文】

品行高的人，别人自然尊敬，不必相貌出众；才能高的人，别人自然佩服，不必出语不凡。

13. 居官居家本一理

【题解】

古代的士大夫阶层常常彼此攻击对方，挑剔对方的不足，袁氏认为双方都应保持自我反省的态度，言行举止不要表现出道德败坏，应努力加强修身。

【原文】

士大夫居家能思居官之时，则不至于请把持而挠时政；居官能思居家之时，则不至狠愎暴恣而贻人怨。不能回思者皆是也。故见任官每每称寄居官之可恶，寄居官亦多谈见任官之不韪[1]，并与其善者而掩之也。

【注释】

①韪：wěi 对或是。

【译文】

士大夫住在家中，如果能想到做官时的情况，就不至于四处请谒、把持一方而干扰地方政事；做官时如能想到住在家中时的情况，就不至于凶狠、刚愎、暴虐、恣肆而使人怨恨。不能回头反思的人，都会走向反面。因此地方上现任官员常常称居住家中的官员可恶，居住家中的官员又常常说地方现任官员的不是，连带着把对方的优点也掩盖了。

14. 诚货假药

【题解】

俗话说："人命关天。"然而世上有许多人昧着良心抛卖假药，骗财害命，袁氏在这里告诫人们应加强自身的道德修养，不要做伤天害理的事情。

【原文】

张安国舍人①知抚州日，以有卖假药者，出榜戒约曰："陶隐居、孙真人因《本草》《千金方》济物利生，多积阴德，名在列仙。自此以来，行医货药，诚心救人，获福报者甚众。不论方册②所载，只如近时此验尤多，有只卖一真药便家资巨万，或自身安荣，享高寿；或子孙及第，改换门户，如影随形，无有差错。又曾眼见货卖假药者，其初积得些小家业，自谓得计，不知冥冥之中，自家合得禄料都被减克。或自身多有横祸，或子孙非理破荡，致有遭天火，被雷震者。盖缘赎药之人多是疾病急切，将钱告求卖药之家，孝子顺孙只望一服见效，却被假药误赚，非惟无益，反致损伤。寻常误杀一飞禽走兽犹有果报③。况万物之中人命最重！无辜被祸，其痛何穷！……"词多更不尽载。舍人此言岂止为假药者言之，有识之人自宜触类。

【注释】

①舍人：对显贵家庭子弟的尊称。

②方册：记载和论述药方的书。

③果报：因果报应。

【译文】

张孝祥主管抚州的时候，当地有人卖假药，于是他发布榜文告诫约束，说：

"陶弘景、孙思邈凭《本草》《千金方》救人利生，积累了很多阴德，名字写进了仙籍。从此以后，行医卖药，诚心救人，获得了好报应的人很多。且不说医药书籍上记载的，只看最近，这方面的证据尤其多。有只卖了一副真药，家里的资产就增加成千上万的。有自己安乐、荣耀，得享高寿的；有子孙考中科举，改变了家庭地位的。救人获报，如影随形，没有一点差错。也曾见到卖假药的人，开始积累了一点小家业，自以为得计，不知冥冥之中，自己应得的利禄都已被上苍减少。有的自身便多飞来横祸，有的子孙好端端的却破家荡产，以至有遭到天火烧屋、电打雷劈的。大概是由于买药的人常常是病急求医，拿着钱请求卖药的人，病人的孝子顺孙只望一药服下，立即见效，却被假药骗了钱，误了病，不但无益，反而有害。平常误杀一只飞禽走兽尚且有因果报应，何况万物之中人命最为贵重！无辜受害，痛苦无穷！……"

榜文很长，不全部录下。张孝祥的这些话哪里只是对卖假药的人说的，有识之士，自己应该触类旁通。

15. 礼义制欲之大闲

【题解】

人有七情六欲，且常常在欲念面前难以控制自己。袁氏强调以礼义节制欲望的重要性，总体上是很可取的。

【原文】

饮食，人之所欲，而不可无也，非理求之，则为饕为馋；男女，人之所欲，而不可无也，非理狎之，则为奸为淫；财物，人之所欲，而不可无也，非理得之，则为盗为贼。人惟纵欲，则争端起而狱讼兴。圣王虑其如此，故制为礼以节人之饮食、男女，制为义以限人之取与。君子于是三者①，虽知可欲而不敢轻形于言，况敢妄萌于心！小人反是。

【注释】

①三者：上文中的"饮食""男女"和"财物"。

【译文】

饮食，是人的欲望需求，不可或无，但不按道理去追求它，就成为贪吃馋嘴；男女之事，是人的欲望需求，不可或无，但不按道理狎亵，就成为奸污淫乱；财物，是人的欲望需求，不可或无，但不按道理去获得，就成盗贼。人只要放纵自己的欲望，就会起争端甚至打官司。圣主明王考虑到这一点，因而制定了礼来限制人们的饮食和男女之事，制定了义来限制人们的收取和给予。君子对于饮食、男女、财物这三种东西，虽然知道可能引起欲念，却不敢轻易地说出来，更何况让它们在心里任意萌动！小人则与此相反。

16. 见得思义则无过

【题解】

人见了挑动欲念的东西就忍不住骚动不安，袁氏主张用道义来压制欲念，不可胡作非为，这是一条行之有效的修身之法。

【原文】

圣人云：不见可欲，使心不乱，此最省事之要术。盖人见美食而必咽，见美色而必凝视，见钱财而必起欲得之心，苟非有定力者，皆不免此。惟能杜其端源①，见之不顾，则无妄想，无妄想则无过举矣。

【注释】

①端源：源头。

【译文】

圣人说，眼不见可以挑起贪欲的东西，内心就不会因贪欲而迷乱。这是最能避免烦人之事缠身的办法。一般人见到美味的食物就要咽口水，见到美好的颜色就要凝目注视，见到钱财就要产生要据为己有的心思。如果不是具有超人的意志的人，都不可能避免。只有杜绝根源，见到了却像没有看见，就不会萌生非分之想，没有非分之想就不会有错误的举动。

17. 人为情感则忘返

【题解】

有些人家的子弟沉溺情欲，开始只是想尝试一下，后来却弄到不堪设想的严重地步，袁氏以此告诫年轻人应节制欲望，尽量做到洁身自好。

【原文】

子弟有耽于情欲，迷而忘返，至于破家而不悔者，盖始于试为之。由其中无所见，不能识破，遂至于不可回。

【译文】

子弟中有一些人沉溺于情欲，迷途而不知返，直到破家荡产还不后悔，大概他们一开始只是想试一试。由于他们胸中缺乏见识，不能看破，于是到了死不回头的地步。

18. 荒怠淫逸之患

【题解】

袁氏根据自己丰富的阅世经验，指出一个人如果懒惰无聊，贪图淫逸，最终没有好下场，以此告诫家人端正自己品行，养成良好习惯。

【原文】

凡人生而无业，及有业而喜于安逸不肯尽力者，家富则习为下流，家贫则必为乞丐。凡人生而饮酒无算，食肉无度，好淫滥①，习博弈者，家富则至于破荡，家贫则必为盗窃。

——《袁氏世范》

【注释】

①淫滥：放荡淫乱。

【译文】

大凡人如果生而无职业，或者有职业却喜欢安逸享乐、不肯尽力劳动，那么遇上家庭富裕就会养成下流习气。遇上家里贫穷就一定会沦为乞丐。大凡人生而饮酒无度、吃肉无度、喜欢放荡淫乱、习惯赌博下棋的，遇上家庭富裕就会落到破家荡产的地步，遇上家里贫穷就一定会做盗贼。

（四）叶梦得

修身三则

【题解】

修身三则分别有"修身要略以戒诸子""性善说喻子弟"和"不贰过说喻诸子"三个题目。修身要略列举了五条基本要求；性善说通过性与物相遇的两种结果来比较而得；如果说性善说是学孟子，那么不贰过说则是学颜回。这三则基本上反映了修身所应注意的地方。

【原文】

君子贫穷而志广，隆仁也；富贵而体恭，杀势也；安燕而气血不惰，循理也；劳倦而容貌不枯，好交也；怒不过夺、喜不过与，法胜私也。此数者，修身之切要也。汝曹以吾言书诸绅而铭之心，以修身焉，虽非至善，而亦不失于不善。汝曹其无怠诸。

夫性之于人也，可得而知之，不可得而言也。遇物而后形，应物而后动。方其无物也，性也，及其有物也，则物之报也。唯其与物相遇，而物不能夺，则行其所安，而废其所不安，则谓之善。若夫与物相遇而物夺之，则置其所可，而从其所不可，则谓之恶。皆非性也，汝等以孟氏性善之说及吾言，心体而力行之，勿外之可也。

夫圣人抱诚明之正性，根中庸之至德，苟发诸中，形诸外者，不惟思虑莫匪规矩，不善之心无自人焉，可择之行无自加焉，故惟圣人无过。所谓过者，非为发于行，彰于言，人皆谓之过而后为过也，生于其心则为过矣。故颜子之过，此类也。不贰者，盖能止之于始萌，绝之于未形，不贰之于言行也。汝曹当以不贰为鉴，而心颜子之心，学颜子之学，是吾之素望矣。汝曹勖之哉！

——《石林家训》

【译文】

君子贫苦穷困而心志宽大，这是崇仁；富有尊贵而身心恭敬，这是谦逊；静养闲居而气血顺畅，这是遵循天理；劳累倦怠而容貌完好，这是好的交往；发怒时不可过度地剥夺别人，高兴时不可过分地赐予别人，这是礼法胜过私心。这几条，是修身至关重要的。你们拿我的话写在腰带上铭记于心来修身，即使不是最善良，也不至于陷于不善良。你们不要懈怠。

本性对于人而言，可以获取而知晓，不可以获取而言说，和物相遇便有了形体。和物相应便会活动。当没有物时便是人性，等到有物就是物的报应。和物相遇而物又不能侵夺它，那么施行其所安适，而废弃其所不安适，这叫善。假若和物相遇而物侵夺它，那么安置其所可置，而顺从其所不可置，这叫恶。以上都不是人性，你们当以孟子性善论和我的话，全身心尽力施行，不要疏远它就可以了。

圣明的人怀抱诚心和明智的中正心性，以中庸的最好美德为根本，如果抒发于内心，表现于外行，不只考虑没有不是规则准绳，不善的心思无法进来，可有可无的举动无法增加，所以圣明的人没有过失。过失，并非是表现在行为、著显在话语上。人都叫它过失而才是过，产生于心的就是过失。所以颜回的过失，就是这一类。不重复，就是能在开始萌发时停止，没有成形时中绝，不在其说话行为中重复。你们应当以不重复犯错为借鉴，而且以颜回的想法为想法，以颜回的所学为学，这是我向来的期望。你们以此勉励吧！

（五）吕本中

《童蒙讲》选

【题解】

吕本中是南宋文学家，他的《童蒙训》是旧时十分流行的童蒙读本。吕本中用本朝著名人物的事迹为例，说明做人、为政的道理，他非常强调品德的修养，强调要诚实、谦恭、正直、无私，做一个真正的君子，才能对国家、对社会有用。

【原文】

荥阳公尝言：世人喜言"无好人"三字者，可谓自贼①也。包孝肃公尹京时，民有自言："有以白金百两寄我者死矣，予其子，其子不肯受，愿召其子与之。"尹召其子，其子辞曰："亡父未尝以白金委人也。"两人相让久之。公因言："观此事而言无好人者，亦可以少愧矣。"人皆可以为尧舜，盖观于此而知之。

刘公待制器之②尝为本中言：少时就洛中师事司马公，从之者二年。临别，问公所以为学之道，公曰："本于至诚。"器之因效颜子之问孔子曰："请问其目。"公曰："从不妄语始。"器之自此专守此言，不敢失坠。

近世故家，惟晁氏能以道训诫子弟，皆有法度。群居相处，呼外姓尊

长，必曰某姓第几叔若兄。诸姑尊姑之夫，必曰某姓姑夫，某姓尊姑夫，未尝敢呼字也。其言父党交游，必曰某姓几丈，亦未尝敢呼字也。当时故家旧族，皆不能若是。

李君行先生自虔州入京，至泗州，其子弟请先往。君行问其故，曰："科场近，欲先至京师，贯开封户籍取应。"君行不许，曰："汝虔州人，而贯开封户籍，欲求事君而先欺君，可乎？宁缓数年，不可行也。"

正献公为枢密副使，年六十余矣，尝问太仆寺丞吴公传正安诗，己之所宜修，传正曰："毋敝③精神于塞浅。"荥阳公以为传正之对，不中正献之病。正献清净不作为，患于太简也。本中后思得正献问传正时，年六十余矣，位为执政，当时人士皆师尊之；传正，公所奖进，年才三十馀，而公见之犹相与讲究，望其切磋，后来所无也。荥阳公独论其问答当否，而不言下问为正献公之难，盖前辈风俗纯一，习与性成，不以是为难能也。

荥阳公与诸父自少官守处，未尝干人举荐，以为后生之戒。仲父舜从，守官会稽，人或讥其不求知者，仲父对词甚好，云勤于职事，其他不敢不慎，乃所以求知也。

韩魏公④留守北京，尝久使一使臣，求去参选，公不遣，如是数年，使臣怨公不遣，则白公："某参选方是做官，久留公门，只是奴仆耳。"公笑屏人谓曰："汝亦尝记某年月日，私窃官银数十两，置怀袖中否？独吾知之，他人不知也。吾所以不遣汝者，正恐汝当官不自慎，必败宫尔。"使臣愧谢。公之宽宏大度服人如此。

唐充之广仁每称前辈说，后生不能忍诟⑤，不足以为人；闻人密论，不能容受而轻泄之者，不足以为人。

明道先生尝语杨丈中立云：某作县处，凡坐起等处，并贴"视民如伤"四字，要时观省。又言某常愧此四字。

荥阳公尝言朝廷奖用言者，固是美意，然听言之际，亦不可不审。若事事听从，不加考核，则是信谗用潜，非纳善言也。如欧阳叔弼最为静默，自正献为国，常患不来，而刘器之乃攻叔弼，以为奔竞权门。器之号当世贤者，犹差误如此，况他人乎？以此知听言之道，不可不审也。

崇宁初，荥阳公谪居符离。赵公仲长讳演，公之长婿也，时时自汝阴来省公。公之外弟杨公讳瑰宝，亦以上书谪监符离酒税。杨公事公如亲兄，赵公事公如严父。两人日夕在公侧，公疾病，赵公执药床下，屏气问疾，未尝不移时也，公命之去然后去。杨公慷慨独立于当世，未尝少屈；赵公谨厚笃实，动法古人，两人皆一时之英也。

范文正公⑥爱养士类，无所不至，然有乱法败众者，亦未尝假借。尝帅陕西日，有士子怒一厅妓，以磁瓦伤其面，涅⑦之以墨。妓诉之官，公即追士子致之法，杖之曰："尔既坏人一生，却当坏尔一生也。"人无不服

公处事之当。

绍圣、崇宁间，诸公迁贬相继，然往往自处不甚介意。龚颜和夬^⑧贬化州，徒步径往，以扇乞钱，不以为难也。张才叔庭坚贬象州。所居屋才一间，上漏下湿，屋中间以箔^⑨隔之，家人处箔内，才叔躞屐端坐于箔外，日看佛书，了无厌色。凡此诸公，皆平昔绝无富贵念，故遇事自然如此；如使世念之忘，富贵之心尚在，遇事艰难，纵欲坚忍，亦必有不怿之容，勉强之色矣。邹志完侍郎尝称才叔云：是天地间和气熏烝所成，欲往相近，先觉和气袭人也。

《左传》亦言：民生在勤，勤则不匮。以此知勤劳者立身为善之本，不勤不劳，万事不举。今夫细民能勤劳者，必无冻馁之患，虽不亲人，人亦任之；常懒惰者，必有饥寒之忧，虽欲亲人，人不用也。

太宗、真宗朝，睢阳有戚先生者，名同文，字同文，有至行，乡人皆化之。睢阳初建学、同文实主之，范文正与嵇内翰颖之父，皆尝师事焉，戚纶其后也。所居门前有大井，每至上元夜^⑩，即坐井旁，恐游人坠井，守之至夜深。……范文正公初从戚先生学，志趣特异。初在学中，未知己实范氏子，人或告之，归问其母，信然。曰："吾既范氏子，难受朱氏资给。"因力辞之。贫甚，日籴^⑪粟米一升，煮熟放冷，以刀画四段，为一日食。有道人怜之，授以烧金法，并以金一两遗之，又留金一两，谓之曰："候吾子来予之。"明年道人之子来取金，文正取道人所授金法，并金二两，皆封完未尝动也，并以遗之，其励行如此。后登科，封赠朱氏父，然后归姓。

——《戒子通录》

【注释】

①自贼：害伤者。

②制器之：刘安世，字器之，官得制。

③敝：疲敝。

④韩魏公：韩琦。

⑤诟：污辱。

⑥范正文公：范仲淹。

⑦涅：浸染。

⑧夬：guài 六十四卦的一个卦名。

⑨箔：帘子。

⑩上元夜：农历正月十五夜。

⑪籴：dí 买入粮食。

【译文】

我的祖父荥阳公曾经说过：世人喜欢讲"无好人"三字的，可以说是自己伤害自己。包孝肃公（包拯）做开封府长官的时候，老百姓当中有自己跑到开封衙门来说："有人曾经以白金百两寄存于我，可这个人已经死了。我把这白金还给他的儿子，他的儿子不肯接受，希望官府把他的儿子找来，我好把这百两白金还给他家。"包拯真的派人把他的儿子找来了，可他的儿子却推辞说："我死去的父亲并不曾以白金托付与人呀！"于是两人相互推让了很久。包拯因这件事而发表感慨说："看到这件事，那些说'无好人'的人，也可以多少感到一点点惭愧了。人人经过自己努力都可以成为尧舜，从这件事就可以知道了。"

刘安世曾经对我说过：他年少的时候曾去洛阳拜司马光为师，追随他达两年之久。临别的时候，曾向司马光问过为学的道理，司马光说："最根本的是要诚实。"安世因而效法古时颜渊问孔子的话再问司马光说："请问其细目。"司马光回答说："从不说瞎话开始。"安世自此专门奉守这句话，不敢忘记。

近世的世家大族，只有晁家能以道义训诫自己的子弟，有一套方法制度。他们大家族聚居一起，称晁姓以外各姓的长辈和年长的人，一定要说某姓第几叔和第几兄。称同辈妇女和长辈妇女的丈夫，一定要说某姓姑夫，某姓尊姑夫，从不敢称呼人家的名与字。就拿父辈交往的朋友来说吧，也一定要称某姓第几丈人，也不敢称呼人家的名与字。当时其他的世家旧族，都不能做到这样。

李君行先生从江西虔州前往京师，到达安徽泗州这个地方的时候，他的子弟请求先走。君行问是什么缘故，子弟回答说："科举考试的地点到了，我们想先到京师，把世代居住地改为开封户籍以便应试。"君行不许，并且说："你们是虔州人，而要把籍贯改为开封，想求得侍奉君王而先欺骗君王，可以吗？宁可缓几年应试，也不可做这样的事。"

我的曾祖父吕公著任枢密副使时，年纪已经是六十多岁了，还曾经问过当时任太仆寺丞吴传正，自己应该修养什么，传正回答说："不要让自己的精神疲敝于蹇涩浅薄的事情中。"我祖父荥阳公认为传正之回答，并没说中我曾祖父正献公之弊病。正献公主张清静无为，缺点在太过简要。我后来想起正献公问传正时，年纪已六十多了，官位做到了执政，当时各方面的人都像对老师一样尊敬他；而传正是正献公所引进，年纪才三十多岁，正献公见到他还与他讲究礼节，互相研讨，是后来的人所没有的。荥阳公独论及传正没有说中正献公之弊病，而不言下问为正献公之难能可贵，因为前辈风度纯正，习惯与本性生成，不以这个为困难的。

我祖父荥阳公与同宗族伯叔辈从小居官守职之处，从不求人举荐，并以此作为后辈的警戒。我叔父舜从，曾在会稽这个地方任官，有人讥笑他是不求闻达的人，我叔父回答得很好，说只知勤于分内应执掌之事，至于其他就不敢不谨慎从事，这就叫作求闻达了。

韩魏公琦在留守北京大名府时，曾经长期使用一个品级低下的武阶官，这个武阶官曾要求到主管的官府去注授差遣，韩魏公不愿意让他离去，这样过了几年，这个武阶官怨恨公不放他离去，就禀告韩魏公说："我只有求得注授差遣才算是真正的做官，如果久留衙门，只能算是一个奴仆了。"韩魏公笑着屏退其他在场的人然后对他说："你还记得某年、某月、某日，盗窃官银数十两，放在身上藏起来吗？唯独我知道，他人不知道。我之所以不放你离去，正是怕你当官以后不谨慎，必然会丢掉官职的。"这一武阶官听了以后惭愧谢罪不已。韩魏公的宽宏大度使人心服口服到了这个程度。

唐充之广仁经常称赞前辈的话说：后生之辈不能忍受耻辱，不足以成为真正的人；听到了别人的秘密议论，不能宽容忍耐而随便泄漏出去的，也称不上是一个真正的人。

理学家程颢曾对杨丈中立说：我过去作县官的时候，凡经常活动的地方，都贴上"视民如伤"四字，希望时刻看到它。又说我常愧对此四字。

荥阳公曾经说过，朝廷奖励进言者，固然是美意，然而听这些进言人讲话的时候，也不可不加以审察谨慎。如果事事都听从进言人的，不加以考查核实，那么是相信别人说的坏话和诬陷，不是接纳善言了。如欧阳叔弼最为沈静缄默，当正献公主持国政时，常常忧虑他不来做官；而刘安世却攻击叔弼，认为他是奔竞执政的权臣。刘安世号称当时的贤者，尚且失识到这个地步，更何况他人呢？根据这个就可以知道听言的道理，是不可不审察谨慎的。

宋徽宗崇宁初年，荥阳公因受了降级处分而谪居到符离这个地方。赵仲长公是荥阳公的长婿，常常从汝阴前来看望。荥阳公的表弟杨瑰宝公，也因上书朝廷得罪权臣而降级来监管符离酒税。杨公侍奉荥阳公如亲兄，赵公侍奉荥阳公如严父。两人白天晚上都守候在荥阳公身边，荥阳公患病，赵公执汤药于床前，屏住呼吸问候疾病，一刻也不曾间断，荥阳公命他走他才离开。杨公这个人慷慨独立于当世，对人对事未曾稍有屈服；赵公这个人谨厚笃实，常常效法古人，两人都是一个时期里的英杰。

范文正公仲淹很重视培养读书人，帮助无所不至，然而一旦发现有乱法败众的，也一定不会原谅。范文正公与韩琦同任陕西经略安抚副使的时候，有一读书人向一官妓发怒，用磁瓦伤损了官妓的面部，用墨涂在上面，这个官妓向官府告发了他，文正公立即传来这一读书人按法律施了杖刑，对他说："你既坏了别人的一生，现在也应当坏你一生。"人们没有不叹服文正公这一公正的处理的。

宋哲宗绍圣、宋徽宗崇宁年间，一些有名望的大臣升迁和贬降相继不

断，然而他们对自身的处境不怎么放在心上。龚彦和贬谪化州，步行前往贬所，沿途以在扇上题字乞求盘费，不以为难。张庭坚贬谪象州，所居房屋仅只一间，且上漏下湿，屋中间以帘隔开，家人住在帘子隔开的里间，庭坚自己脚踩木屐端坐在帘外，整天看佛经，完全没有厌倦的神情。所有这些先生，都是在平时心中杜绝了富贵之念，所以碰上什么事情自然清淡到这种程度。如果忘不了世俗之念，富贵的心还在，遇到艰难和困境，即使想要坚强地忍耐，也必然会有不快活的面容和勉强的神情了。邹志完侍郎曾称赞张庭坚说：他这个人是天地间和气熏炙所成，想去与他接近，先就感觉到一团和气迎面袭来。

《左传》上也说：平民的生计在于勤劳，勤劳就不会匮乏，根据这个就可以知道勤劳是立身为善的根本；不勤不劳，万事都是不成的。现在百姓只要勤劳的，必然没有挨冻受饿的忧患，虽不亲近别人，人们亦信任他们；懒惰成性的那些人，必然会有忍饥受寒的忧虑，想亲近别人，人们也不会任用他们。

宋太宗、真宗时代，睢阳这个地方有一位戚先生，名同文，字同文，有极高的德行，乡人都受了他的感化。睢阳开始建学校，是由同文主持的，文正公与秬颖的父亲稽适，都曾经师事文同。戚纶是同文的次子。居处门前有一口大井，每到正月十五夜，因为庆祝元宵节玩灯，热闹异常，游人很多，于是他坐在井旁，担心游人跌落人井中，守到夜深。……。范仲淹最初跟从戚先生学习，志趣广泛而与众不同。开始学习时，并不知自己是范家子弟，当有人告诉他以后，他回到家来问自己的母亲，确实如此。于是说："我既然是范家子弟，就不好再接受朱家的资助。"于是对朱家的资助就力辞不受。因没有人资助，生活十分贫困，每天买粮食一升，煮熟放冷，用刀划为四块，作为一天的饭食。有一个道士见了，对他产生怜悯之心，教他烧金的方法，并送给他一两金，又留下一两金对他说："等到我的儿子来取的时候就给予他。"第二年，道士的儿子来取金，范仲淹把道士的授金法，连同金二两，皆封好不曾动过，全部还给了他。文正公勉励自己的品行行为竟达到了这个程度。后来文正公参加科举考试中了进士，封赠继父朱氏，然后归宗，恢复范姓。

（六）完颜雍

诫太子

【题解】

金世宗完颜雍是金朝的一代名君，对选择继承人也别有见地。他不顾传统礼法，立了贤良的次子完颜允恭做太子。他告诫太子勤勉向学，勿生骄慢之心，也是颇能见出为君为父的苦心的。

【原文】

在礼贵嫡，所以立卿，卿友于兄弟，接百官以礼。勿以储位生骄慢，日勉学问，非有朝命，不须侍食。

——《金史·世纪补》

▲金世宗召见丘处机问其养生之法

【译文】

按照礼法，应以嫡长子为贵。我之所以立你这个次子为太子，是因为你对兄弟友爱，对文武百官以礼相待。不要因为身居储居之位就滋生出骄奢怠慢之情，而要每天勤勉于学问。如果不是有朝上的命令，你不必进宫侍候。

（七）吕祖谦

《少仪外传》节选

【题解】

吕祖谦是南宋理学家，《少仪外传》是他为训课幼学而设，集录了很多旧文，涉及前贤往哲的精彩言论和有借鉴意义的事迹，谈到了修身、处世、做官等方面的道理。这是节录的一小部分，主要是有关修身处世方面的内容。

【原文】

温公幼时患记问不若人，群居讲习，众兄弟既成诵游息矣，独下帷①绝编②，迨能背讽乃止。用力多者，其所诵乃终身不忘矣。

发人私书，拆人信物，深为不德。甚者遂至结为仇怨。余得人所附书物，虽至亲卑幼者，未尝辄留，必为附至。及人托于某处问迅干求，若事非顺理，而己之力不及者，则可至诚而却之；若已诺之矣，则必须达所欲言，至于听与不听，则在其人。凡与宾客对坐，及往人家，见人得亲戚书，切不可往观及注目偷视。若屈膝并坐，目力可及，则敛身而退，候其收书，方复进以续前话。若其人置书几上，亦不可取观，须俟③其人云："足下可观"，方可一看。若书中说事无大小，以至戏谑之语，皆不可于他处复说。

凡借人书册器用，苟得己者，则不须借。若不获已，则须爱护过于己物。看用才毕，即便归还，切不可以借为名，意在没纳，及不加爱惜，至

有损坏。大率豪气者于己物多不顾惜，借人物岂可亦如此？此非用豪气之所，乃无德之一端也。

凡与人同坐，夏则己择凉处，冬则己择暖处；及与人共食，多取先取，皆无德之一端也。

文正范公子纯仁娶妇将归，传闻以罗为帷幔者，公闻之不悦，曰："罗绮岂帷幔之物耶？吾家素清俭，安得乱吾家法？持至吾家，当火于庭。"

韩公为陕西招讨时，尹师鲁④与夏英公⑤不相与。师鲁于公处即论英公事，英公于公处亦论师鲁，公皆纳之，不形于言，遂无事。不然不静矣。

——《少仪外传》

【注释】

①独下帷：放下帷幕读书。
②绝绵：书上用来装订的绳子断了。
③须俟：等待。
④尹师鲁：尹洙。
⑤夏英公：夏竦。

【译文】

司马光小的时候，曾担心自己的记忆力不如别人，大家在一起听老师讲授，师兄师弟们已经能背诵就到外边游玩休息去了，唯独司马光一个人回到自己住所放下帘子，刻苦学习，直到能够背诵为止。比别人花了更多的气力所能背诵的东西，一辈子也不会忘记了。

打开别人的私人书信，拆开别人的信物，实在是不道德的行为，甚至会因此结下仇怨。因此，我得到捎给别人的书信和物品，即使收主是至亲好友或者是后生晚辈，我也没有稍微停留，而是设法替他们马上捎去。别人委托你于某处问讯求取，如果这事不合情理，自己又无能为力，那么就可以开诚布公地拒绝；如果自己答应了别人，那就必须把一切都明白地告诉人家，至于接受不接受，那就随他了。凡是与客人坐在一起，以及到别人家里，看见人家收到亲戚来的书信，千万不要走近去看或注目偷视。倘若与人家促膝并坐，一眼就可以瞧见，那也要退身远离，等人家收好了书信，才可以再上前去继续谈话。如果人家把书信放在桌上，也不要拿来看，而要等人家说："您可以看看"，这时你才可以看。假如书信中说话不知轻重，以及一些戏谑的话，都不能在别处再向他人说起。

凡是向别人借用书籍器具，如果想随便据为己有，那就不必借了。如果迫不得已要借，那也必须比自己的东西更加爱护。书籍看完，器具用毕，就要立即归还给人家，千万不能以借为名，有意吞没；或者不加爱惜，以致损坏。一般来说豪放的人对自己的东西多半不加珍惜，但借别人的东西难道也可以这样吗？那不是豪放的举动，而是不讲道德、没有教养的一种表现。

凡是与人同室而坐，夏天自己选择最凉爽的地方，冬天则选择最温暖的地方；凡是与别人同桌共食，自己多吃、先吃，这些都是不讲道德、没有教养的一种表现。

范仲淹的儿子纯仁结婚的时候，听说女方的嫁妆有用丝织品做的帷幕。范仲淹知道了很不高兴地说："丝织品难道是做帷幕的材料吗？我家向来清廉节俭，怎么能让这事乱了我的家法？这样的奢侈品拿到我家来，就应当在庭院里烧了。"

韩琦当陕西经略招讨使的时候，尹师鲁与夏英公两人之间很少交往，关系不很融洽。师鲁在韩琦面前说了英公的事情，英公在韩琦跟前也谈论师鲁，韩琦都耐心地听取他们的议论，自己的意见没有在言谈中表露出来，于是大家相安无事。不然的话，他们之间就会不得安宁了。

（八）许衡

训子

【题解】

许衡是一位由金入元的大儒，颇受元朝统治者重用。他对自己能够苟全性命于乱世已感到十分满足，仕于新朝后并不去追名逐利，还写了这首诗来训诫儿子，希望他们保持像古人那样"淳""真"的本性，勤恳诚实，吃苦耐劳，忠君爱民，襟怀磊落。

【原文】

干戈恣烂漫，无人救时屯①。中原竟失鹿②，沧海变飞尘。我自揣何能，能存乱后身？遗芳藉远祖，阴理出先人。俯仰意油然，此乐难拟伦。家无儋石储，心有天地春。

况对汝二子，岂复知吾贫。

大儿愿如古人淳，小儿愿如古人真。

平生乃亲多苦辛，愿汝苦辛过乃亲。

身居畎亩思致君，身在朝廷思济民。

但期磊落忠信存，莫图苟且功名新。

斯言殆可书诸绅③。

——《许鲁斋集》

【注释】

①屯：艰难。

②鹿：指政权。

③书诸绅：写在衣带上。

【译文】

　　兵戈恣肆地漫天飞舞，没有人能救济那艰难的时世。中原的故国争夺天下的战争中竟然失败，茫茫沧海瞬间化作弥漫的飞尘。我自问有何能耐，竟能在这战乱之后保存余生？大概是凭借着远祖留下的遗泽，依靠先人留下的庇荫！做官随人的意志行事，这种不拿主见的心思自然而然地产生，其中的乐趣难以拿其他的事情来比拟。家里并无储备的粮食，心中却饱蕴着天地间的春色。何况对着你们两个孩子，哪里知道我的贫困？大儿子啊我希望你能像古人那样淳厚，小儿子啊我希望你能像古人一样纯真。你们的双亲平生经历了太多的辛苦，但愿你们担当的辛苦能超过你们的双亲。身居田亩之间要想到为君王效力，身在朝廷之中要常思救济万民。只期望光明磊落，忠信之心长存；莫图谋苟且钻营，唯欲功名日新。这些话大概可以写在衣带上，以求牢记永不忘。

（九）朱　右

戒子箴

【题解】

　　朱右的这则《戒子箴》，一个中心的思想，就是要标举人格精神，谨守仁义道德，不因外物的诱惑而丧失操守。而要修养自己的品德，就须从日常小事做起，一言一行，都要符合规范。文中"物莫人贵"这句话是说得极好的，它指出人是世间最高贵的，任何事物都不能和他比拟，而人之所以为人，就是因为有仁义道德。如果过分地追逐情欲名利而忘记了为人的根本，那么就与禽兽无异了。在商业社会的今天，朱右的这些话对我们仍然是有教育意义的。

【原文】

　　求而必得，舍之自失。是求我有，仁义道德。求之有道，得失由命。矧①求在外，曷胜天定？

　　日用常行，饮食男女。有正有邪，审几精取。夙兴夜寐，入孝出恭。动静作息，靡不有中。

　　情欲利害，民日浸淫。戕仁贼义，沦胥兽禽，於乎小子，物莫人贵。知性知天，不亵不弃。改过迁善，惩忿窒欲。先哲有言，是用渎告。

——《白云稿》

【注释】

①矧：况且。

【译文】

世上的万事万物，追求它便可以得到，放弃它自然也就失去了。但是我所致力追求的，只是仁义道德。至于其他的东西，我只是以正道求之，不为苟得，它的得失也委之于天命来决定。况且对外物的追求，有什么胜得过天定的呢？

日常的用度和行为，饮食男女等等事情，有正直的也有邪僻的，应该仔细地观察，精密地取舍。每天早起晚睡，在家对父母孝顺，出门对别人恭敬。动静作息等各种行为，都应符合规范。

现在的世人，逐渐喜欢追求情欲和私利，如果为了这些而去残害仁义的道理，那么也就沦落为禽兽了。啊，小子们！外物是没有人尊贵的。知道本性，知晓天命，不要猥亵，不要放弃。改正过错，修求良善，惩治私愤，窒息私欲。这些都是先代哲人说过的道理，如果你们不牢记而需要我反复强调，那就是对先哲的亵渎。

六、明清篇

（一）徐皇后

《内训》论女子修身

【题解】

徐皇后是明朝开国功臣徐达的长女，明成祖朱棣的皇后，她母仪天下，亲自撰写了《内训》二十篇，全面论述封建社会中妇女的道德规范，其中前九篇是论述女子修身的问题。徐皇后强调妇女的品德比容貌更为重要，所以最重要的事情就是要修德修身。她教导妇女应该谨慎自己的言行，勤劳节俭，努力向善，有错就改。她还专门标举出明太祖的马皇后，连同历史上其他的贤妃贞女，作为妇女们学习的楷模。这些篇章中有很多地方概括了中国妇女的传统美德，但也包含着不少的封建糟粕，如要求妇女谨守妇德，自觉地居于男人的从属地位，居于社会中较卑下的地位等等，相信读者们是能够鉴别的。

（1）德性章第一

【原文】

　　贞静幽闲，端庄诚一，女子之德生也。孝敬、仁明、慈和、柔顺，德性备矣。夫德性原于所禀而化成于习，匪由外至，实本于身。

　　古之贞女理性情，治心术，崇道德，故能配君子以成其教。是故仁以居之，义以行之，智以烛^①之，信以守之，礼以体之。匪礼勿履，匪义勿由。动必由道，言必由信。匪言而言，则厉阶成焉；匪礼而动，则邪僻形焉。阈^②以限言，玉以节动，礼以制心，道以制欲，养其德性，所以饬^③身，可不慎乎？无损于性者乃可以养德，无累于德者乃可以成性。积过由小，害德为大。故大厦倾颓，基址弗固也；己身不饬，德性有亏也。美璞无瑕，可为至宝；贞女纯德，可配京室。检身制度，足为母仪；勤俭不妒，足法闺阃。

　　若夫骄盈嫉忌、肆意适情以病其德性，斯亦无所取矣。古语云："处身造宅，黼^④身建德。"《诗》云："俾尔弥尔性，纯嘏^⑤尔常矣。"

【注释】

　　①烛：照。

　　②阈：yù 门槛。

　　③饬：治。

　　④黼：fǔ 古代礼服上的花纹，黑白相间，斧形。

　　⑤嘏：jiǎ 福。

【译文】

　　贞洁文静、深处贤淑、端正庄重、心志专一，这都是女子的品德心性。孝顺恭敬、仁爱明智、慈祥和乐、温柔和顺，品德心性就齐全了。品德心性原本属于天赋，但要通过习惯才能养成。它不是从外面来的、确确实实存在于人的自身。

　　古代的贞洁女子能理顺性情、整治心术、崇尚道德，因而能够匹配君子来成就教化。因此，以仁爱来居处，以道义去行为，以智慧做指导，以信誉来持守，以礼仪去规范。不合礼的事不去做，不合义的事不跟随。行动必须遵循道义，说话必须严守信用。不该说的话说了，祸乱的阶梯就形成了；不合礼的事做了，邪恶就现形了。用门槛限制语言，用佩玉节制行动，用礼仪制约想法，用道义制服欲望，这样就可以修养品性了。因此修身正己能不谨慎吗？

　　不损害心性，才能够修养德行；不累及德行，才能够培养心性。积下过失的起由虽然小，但对德行的损害却很大。因此，大厦败倒是基址不牢

国学经典文库

中华传世家训

第三编 修身

图文珍藏版

固的缘故；自身不能修正，是德性太小的缘故。美玉没有瑕玼，可以成为
至宝；贞女有纯洁德行，能够匹配王室。能以法度检束自身，足以成为母
亲的典范；能勤俭持家，不忌妒别人，足以成为女子中的楷模。

至于骄傲自满、忌妒贤能、恣肆放荡、随心所欲而损害一个人的德
性，也是不可取的。古话说："要使身体有地方居处，就要建造房子；要
能穿上黑白相间如斧形花纹的礼服，就必须树立德行。"《诗经》上说：
"假使你能够充实你的品性，使你自己弥补秉性中的不足，那么幸福就是
常事了。"

（2）修身章第二

【原文】

或曰："太任①目不视恶色，耳不听淫声，口不出傲言。若是者，修身
之道乎？"曰："然，古之道也。"夫目视恶色则中眩焉，耳听淫声则内褫②
焉，口出傲言则骄心侈焉，是皆身之害也。

故妇人居必以正，所以防慝也；行必无陂。所以成德也。是故五彩盛
服不足以为身华，贞顺率道乃可以进妇德。不修其身以爽厥德，斯为邪
矣！谚有之曰："治秽养苗，无使莠骄；划③荆剪棘，无使涂塞。"是以修
身所以成其德者也。

夫身不修则德不立，德不立而能成化于家者盖寡矣，而况于天下乎？
是故妇人者，从人者也；夫妇之道，刚柔之义也。昔者明王之所以谨婚姻
之始者，重似续之道也。家之隆替，国之废兴，于斯系焉！于乎闺门之
内，修身之教，其勖④慎之哉！

【注释】

①太任：周文王妻。
②褫：chǐ 夺去。
③划：chǎn 铲除。
④勖：xù 勉励。

【译文】

有人问："太任眼睛不看邪恶性的颜色，耳朵不听淫乱的声音，口里
不说傲慢的话语。像这样就是修养身心的方法吗？"回答道："对，这是自
古就有的方法。"眼睛看了邪恶性的颜色，心中就会迷惑；耳朵听了淫乱
的声音，内心就会迷乱；口中说出傲慢的话语，内心就会骄纵。这些都是
对身心有害的。

所以说妇人居处必须符合正道，才能防止邪恶；行为必须没有奸佞，
才能修成德行。所以五彩绘绣的华丽衣服不足以为身心增添光彩，秉承贞

顺、遵循正道才可以长进妇德。不修养其身心而使其德行有所失，这就是邪恶性了。有一句谚语说："整治污秽培养禾苗，不要使杂草滋长；铲除丛生荆棘，不要使路途堵塞。"这就是修养身心能够养成良好德性的原因。

身心不加以修养那么品德不能树立，品德不能树立而能教化家庭的真是太少了，更何况教化天下呢？因此妇人就是跟从男人的。夫妇之道也就是刚柔相济的意思。过去贤明的君主之所以对婚姻之初很谨慎，是因为婚姻关系到继祀宗庙、传宗接代。家庭的兴隆更替，国家的没落兴盛，都关系到这一点。因此对于在闺门之内修养身心的教化，是应该劝勉慎行的啊！

（3）慎言章第三

【原文】

妇教有四，言居其一。心应万事，匪言曷宣？言而中节，可以免悔；发不当理，祸必随之。谚曰："闇闇謇謇，匪石可转；訿①訿譞②譞，烈火燎原。"又曰："口如扃，言有恒；口如注，言无据。"甚矣！言之不可不慎也。况妇人德性幽闲，言非所尚，多言多失，不如寡言。故《书》斥牝鸡之晨，《诗》有厉阶之刺，《礼》严出捆③之戒。善于自持者，必于此加慎焉，庶乎其可也。

然则慎之有道乎？曰："有。学南宫绦可也。"夫缄口内修，重诺无尤。宁其心，定其志，和其气，守之以仁厚，持之以庄敬，质之以信义，一语一默，从容中道，以合乎坤静之体，则谗慝不作，家道雍穆矣。

故女不矜色，其行在德。无盐虽陋，言用于齐而国安。孔子曰："有德者必有言，有言者不必有德。"

【注释】

①訿：zǐ 诋毁。
②譞：xuān 多言。
③捆：kǔn 门槛。

【译文】

妇女的教化有四种，说话是其中之一。人的内心反映着万事万物，没有语言如何能表现出来呢？说出的话符合礼节，可以避免后悔；说出的话不合乎情理，祸害一定会随之而来。谚语说："和悦正直之言，连石头都不能转动它；诽谤造谣的话，会像烈火一样迅速燃遍。"又说："嘴像上了闩，那么说的话永远可信；说话像放水，那么说的话没有根据不可信。"说话不可不谨慎，这太重要了！况且妇人的品德心性深处贤淑，言语并不是她们所崇尚的。多说话多有失当之处，还不如少说。所以《尚书》上斥责母鸡司晨预示着家道没落，《诗经》上讽刺长舌之妇为祸害的阶梯，《礼记》上严肃告诫人们说话可以要内外有别。妇人善于持守身心的，一定会在这个方面很谨慎，大概就没有多言之失了。

既然如此，那么言语谨慎有方法吗？答道："有。学习南宫绦就可以了。"沉默少语，注重内心的修养，重视自己的承诺，就可以没有过失。宁静自己的心境，坚定自己的意志，平和自己的心气，恪守仁爱、厚道，保持庄重、恭敬，纯正信誉、义气，说话或沉默之间，从容不迫，合乎礼仪之道、地静之体，那么谗言邪语兴不起来，家道也极其和睦安乐了。

因此女子不要矜持于自己的外貌，指导言行的在于自己的品德。无盐虽然丑陋，但她的话却能被齐王采纳而使国家安定。孔子说："有德的人一定能说，能说会道的人不一定有德。"

（4）谨行章第四

【原文】

甚哉！妇人之行不可以不谨也。自是者，其行专；自矜者，其行危；自欺者，其行矫以污。行专则纲常废，行危则嫉戾兴，行矫以污则人道绝。有一于此，鲜克终也。

夫干霄之木，本之深也；凌云之台，基之厚也；妇有令誉，行之纯也。本深在乎栽培，基厚在乎积累，行纯在乎自力。不为纯行，则戚疏离焉，长幼紊焉，贵贱淆焉。是故欲成其大；当谨其微；纵于毫末，本大不伐；昧于冥冥，神鉴孔明；百行一亏，累及全德。

体柔顺，率贞洁，服三从之顺，谨内外之别，勉之敬之，终始唯一，由是可以修家政，可以和上下，可以睦姻戚，而动无不协矣。《易》曰："恒其德，贞，妇人吉。"此之谓也。

【译文】

妇人的行为不能不谨慎，这太重要了！自以为是的，行为专横；骄傲自满的，行为危险；自欺欺人的，行为狡诈污浊。行为专横就会使纲常废止，行为危险就会使嫉妒、凶暴产生，行为狡诈污浊就会使为人之道灭绝。凡行为有其中之一的，很少有能够善终的。

直插云霄的树木，是因为它的根深；直达云端的高台，是因为它的根基厚实；妇人有美好的名声，是因为行为纯正。根扎得深在于栽培，根基厚实在于积累，行为纯正在于自己尽力。如果不能纯正行为，那么无论亲疏都会离去，长幼次序就会紊乱，贵贱地位就会混淆不明。因此，如果想要成就大事，应当在细微处谨慎。如果在细微处放松一点，树木即使长大也成不了材；幽暗之处什么也看不到时，要想到神灵的光照很明亮；如果一百个品行有一个不好，最终也会累及全部品德。

做到温柔和顺，遵循忠贞纯洁，顺服三从的古训，谨守内外的区别，勉力去做并恭敬对待，始终如一，由此可以齐家治国，可以使上下关系和睦，可以使姻亲间友好相处，而行动没有不和洽协调的。《易经》上说："长久地保持良好的德行，坚贞不移，那么妇人会吉利。"说的就是这个啊。

（5）勤励章第五

【原文】

怠惰恣肆，身之殃也；勤励不息，身之德也。是故农勤于耕，士勤于学，女勤于工。农惰则五谷不获，士惰则学问不成，女惰则机杼空乏。

古者后纪亲蚕，躬以率下；庶人之妻，皆衣其夫。效绩有制，愆则有辟。夫治丝执麻以供衣服，幂①酒浆、具菹醢以供祭祀，女之职也。不勤其事以废其功，何以辞辟？

夫早做晚休可以无忧，缕积不息可以成匹。戒之吉，毋荒宁！荒宁者，刿②身之镰刃也。虽不见其锋，阴为其所戕③矣。《诗》云："妇无公事，休其蚕织。"此怠惰之慝也。

於乎！贫贱不怠惰者易，富贵不怠惰者难。当勉其难，毋忽其易。

【注释】

①幂：mì 覆盖。

②刿：guì 刻伤，割伤。

③戕：qiāng 杀。

【译文】

松懈懒惰、肆无忌惮，是自身的祸殃；辛勤劳作、勉励不止，是自身的福气。因此农夫勤于耕种，读书人勤于学习，女子勤于做织工。农夫懒惰，五谷就没有收获；读书人懒惰，学问就不会成就；女子懒惰，织机上就会空缺。

古时候后妃亲自养蚕，以亲身去做作为妇人的榜样；平民之妻，都给自己的丈夫做衣服。有了功绩就有奖励制度，有了过失则有法律来治罪。纺丝织麻用来供应做衣服，蒸酒、做腌菜和肉酱用来供祭祀用，这些都是女子的职责。如果这些事情不勤劳而荒废了工作，怎么能逃避惩治呢？

早起劳作，夜晚休息，可以没有忧虑；一缕一缕地不停地织，久了就可以成为丝织品。以此为戒，不要荒废啊！如果荒废，就好比是刺伤身体的镰刀刃。虽然不能够看见它的锋芒，但不知不觉中已被它伤害了。《诗经》上说："妇人本来就没有公家的事，怎么可以舍弃养蚕织布的事呢？"这就是松懈懒惰的邪恶所在。

啊！贫贱的时候不松懈懒惰容易做到，富贵时不松懈懒惰却难以做到。应当努力克服困难，同时又不忘记容易的时候。

（6）警戒章第六

【原文】

妇人之德，莫大乎端己；端己之要，莫重乎警戒。居富贵也，而恒惧乎骄盈；居贫贱者，而恒惧乎放失；居安宁也，而恒惧乎患难。奉卮①于手，若将倾焉；择地而旋，若将陷焉。

故一念之微，独处之际，不可不慎。谓无有见乎，能隐于天乎？谓无有知乎，不欺于心乎？故肃然警惕，恒存乎矩度，湛然纯一，不干于匪僻。举动之际，如对舅姑；闺房之间，如临师保。不惰于冥冥，不矫于昭昭，行之以诚，持之以久，隐显不贰，由是德宜于家族，行通于神明，而百福咸臻②矣。

夫念虑有常，动则无过；思患预防，所以远祸。不然，一息不戒，灾害攸萃，累德终身，悔何追矣！

是故鉴古之失，吾则得焉；惕厉未形，吾何尤焉！《诗》曰："相在尔室，尚不愧于屋漏。"《礼》曰："戒慎乎其所不睹，恐惧乎其所不闻。"此之谓也。

【注释】

①卮：zhī 酒器。

②臻：到。

【译文】

妇人的品德，没有比端正自己更重要的了；端正自己的关键，没有比警戒更重要的了。处于富贵之时，要经常担心骄傲自满；处于贫贱之时，要经常担心放纵失德；处于安宁之时，要经常担心经历灾难。拿酒器在手里，担心好像要倒了一样；选择了地方作为安身之所，担心好像地要塌陷一样。

因此即使是一个念头那样微小的事情，当一个人独处的时候都不能够不慎重。虽说没有人看见，能隐瞒得了上天吗？虽说没有人知道，不是欺骗了自己的良心吗？因此，必须是恭敬而怀警惕之心，常常记着规矩、法度；心境澄澈纯净，不去做不合礼节的事情。一举一动，就好像面对着公公婆婆；在闺房里，就好像在女师保面前一样。不在幽暗处懒惰，不在明亮处矫情。按照诚实的要求行动，长久坚持，无论在阴暗处或明亮处行动都一致，由此你的品德会使整个家族共享好处，你的行动会通达神明，而各种各样的福分自然都会聚集到你这里来了。

警戒常存于思虑之中，行动就会没有过失；常常思虑预防灾祸的办法，就能够远离灾祸。如果不是这样，稍冒出一个不良念头，不加戒备，灾害就会聚集，而且会终身连累你的德行，到时候即使后悔也来不及了。

因此借鉴古人的过失，我则得到很多的教训；在祸害未形成之前予以戒备，我又会有什么过错呢！《诗经》上说："看你一个人在屋子里时，也许可以无愧于屋漏。"《礼记》上说："对没有看见的事情要戒备、谨慎，对没有听到的事情要加以警惕。"说的就是这个道理。

（7）节俭章第七

【原文】

戒奢者，必先于节俭也。夫泊素养性，奢靡伐德，人率知之而取舍不决焉。何也？志不能帅气，理不足御情，是以覆败者多矣。

《传》曰："俭者，圣人之宝也。"又曰："俭，德之共也；侈，恶之大也。"若夫一缕之帛出工女之勤，一粒之食出农夫之劳，致之非易，而用之不节，暴殄天物，无所顾惜，上率下承，靡然一轨，孰胜其敝哉！

夫锦绣华丽，不如布帛之温也；奇羞美味，不若粝粢之饱也。且五色坏目，五味昏智，饮清茹淡，祛痰延龄，得失损益，判然悬绝①矣。古之贤妃哲后深戒于此，故絺绤无致②，见美于《周诗》；大练粗疏，垂光于汉史。敦廉俭之风，绝侈丽之费，天下从化，是以海内殷富，闾阎足给焉。

盖上以导下，内以表外。故后必敦节俭以率六宫，诸侯之夫人以至士庶人之妻皆敦节俭以率其家，然后民无冻馁，礼义可兴，风化可纪矣。

或有问曰："节俭有礼乎？"曰："礼。'与其奢也，宁俭'。"然有可约者焉，有可腆③者焉。是故处己不可不俭，事亲不可不丰。

【注释】

①悬绝：悬殊。

②致：yì 厌倦。

③腆：丰盛。

【译文】

要戒除奢侈，必须从节俭开始。淡泊、质朴可以培养品性，奢侈、糜烂可以败坏德行，人们都知道这个道理，但选取谁、舍弃谁却不能决断。为什么呢？因为志向不能引导精神，理智不足以控制感情，因此颠覆败亡的人就多了。

《左传》上说："俭朴，是圣人的宝贝。"又说："节俭，是天下人应共同履行的品德；奢侈，是天下最大的罪恶。"一缕丝织品，出自做工女子的辛勤；一粒粮食，出自农夫的辛劳；把它们生产出来不容易，而用起来

513

不节约，暴殄天物，无所顾惜，且上行下效，都一样的浪费，谁能忍受这样的败坏呢！

鲜艳华丽的衣服，不如粗布衣服温暖；奇异珍贵的美味，不如粗米饭饼饱肚。而且五颜六色会损坏眼睛，味道杂乱会昏乱才智，吃些清茶淡饭，能祛除疾病，延长寿命，这两者的得与失，损害与受益，显然相差很大。古代贤良的妃子、明哲之皇后对这点深为警戒，因而治葛织布做的衣一点不厌弃，在《周诗》中被予以赞美；穿着粗布衣服上朝，在汉代史书上留下光辉。敦促廉洁俭朴的风气，杜绝奢侈靡丽的浪费，天下的人顺从向化，从而四海之内殷实富裕、里巷之间丰衣足食。

上面的引导下面的，内廷的做外官的表率。因此王后一定要注重节俭来带动六官，诸侯们的夫人乃至官吏和平民百姓的妻子都要注重节俭来带动家中其他人。这样民众就不会忍饥挨冻，礼义就会兴盛，风俗教化就有准则了。

或许有人问道："节俭在礼的方面有要求吗？"答道："有礼的要求。'与其奢侈，宁愿节俭'。"但是也有可以节俭的方面，也有可以丰盛的方面。因此对待自己不能够不节俭，侍奉亲人不能够不丰盛。

（8）积善章第八

【原文】

吉凶灾祥，匪由天作，善恶之应，各以其类。善德攸积，天降阴骘①。昔者成周之先世累忠厚，暨于文武，伐暴救民，又有圣母贤妃善德内助，故上天阴骘，福庆悠长。

我国家世积厚德，天命攸集；我太祖高皇帝顺天应人，除残削暴，救民水火；孝慈高皇后好生大德，助勤于内，故上天阴骘，奄有天下，生民用乂②。天之阴骘，不爽于德，昭若明鉴。夫享福禄之报者，由积善之庆。妇人内助于国家，岂不可以积善哉！

古语云："积德成王，积怨成亡。"荀子曰："积土成山，风雨兴焉；积水成渊，蛟龙生焉；积善成德，神明自得。"自后妃至于士庶人之妻，其必勉于积善，以成内助之美。

妇人善德：柔顺、贞静、温良、庄敬。乐乎和平，无乖戾也；存乎宽弘，无忌嫉也；敦乎仁慈，无残害也；执礼秉义，无纵越也；祗率家训，无愆违也。不厉人适己，不以欲戕物，以是而内助焉，积而不已，福禄萃焉。《易》曰："积善之家必有馀庆。"《书》曰："作善，降之百祥。"此之谓也。

【注释】

①阴骘：阴德，暗中的恩德。

②乂：yì 治理，安定。

【译文】

吉祥、凶灾，不是由天造成的，善恶的报应，因不同种类的行为而相应。善德积累久了，上天就默默地降下了福分。过去周代的先世都忠诚厚道，累积起来，到了文王、武王又讨伐暴君、拯救黎民，再又有贤圣的母后和王妃以善良德行内助国政，因而上天默默地安定下民，周朝的福庆绵远悠长。

我们国家世代都积聚了厚德，天命所归；我们太祖高皇帝顺从天意、应承民心，清除残暴，拯救百姓于水火之中；我们孝慈高皇后天生品德极好，在内廷勤勉相锄。因此上天降福，施及天下，人民得到安定。上天的默默降福，与人的德行的感召彼此应合，道理明白得像镜子照出来的一样。凡是享受福禄报答的，都是由于积善的缘故。妇人在内帮助国家，难道不能够积善吗？

古话说："积累善德可以成为帝王，积累怨恨将会走向灭亡。"荀子说："堆积土而成为山丘，风雨就兴起来了；积聚水而成为深渊，蛟龙就产生了；积累善事而成为自己的品德，神明庇佑自然就得到了。"从王后王妃到官吏和平民百姓的妻子，一定要在积善方面勤勉努力，以实现内助的美德。

女人的优良品德，是轻柔和顺、贞洁文静、温文善良、庄重恭敬。乐于和平相处，不与别人抵触；心中宽宏大量，没有嫉妒心理；注重仁厚慈爱，不去伤害人家；谨遵礼义之道，不放纵越轨；敬守先代训言，不敢有所违背。不去虐害别人以方便自己，不为满足私欲而去损害他物，用这些来实践内助，积累下去不停息，福禄就会聚集。《易经》上说："积累了善事的人家，一定会有后福。"《尚书》上说："做善事，很多吉祥就会降临。"说的就是这个道理。

（9）迁善章第九

【原文】

人非上智，其孰无过？过而能知，可以为明；知而能改，可以跂圣。小过不改，大恶形焉；小善能迁，大善成焉。

夫妇人之过无他：惰慢也，嫉妒也，邪僻也。惰慢则骄，孝敬衰焉；嫉妒则刻，蓄①害兴焉；邪僻则佚，节义颓焉。是数者，皆德之弊而身之殃也。或有一焉，必去之如螽蟊②，远之如蜂虿③。蜂虿不远则螫身，螽蟊不去则伤稼，己过不改则累德。

若夫以恶小而为之无恤，则必败；以善小而忽之不为，则必覆。能形小善，大善攸基；戒于小恶，终无大庆。故谚有之曰："屋漏迁居，路纡改途。"《传》曰："人谁无过？过而能改，善莫大焉。"

【注释】

①菑：zāi 通"灾"。
②蟊蟘：máo tè 虫，吃庄稼。
③虿：chài 蝎子等毒虫。

【译文】

人并不都具有很高的才智，谁又能够没有过失呢？有了过失自己能知道，可以说是个明白人；知道了过失并能去改正，就可以企望圣人了。小小的过错不去改正，大恶就会出现；能改正过失并去做小小的善事，大的善德就可以形成。

妇人的过失没有别的：无非懒惰傲慢，嫉贤妒能，乖戾不正。懒惰傲慢就会态度骄矜，孝敬就会衰退；嫉贤妒能就会心地刻薄，祸害就会兴起；乖戾不正就会行为放荡，贞节礼义于是败坏。这几点都是德行的弊病、自身的灾殃。如果有其中之一，必须像赶走蟊蟘那样的害虫一样赶走它们，像躲避蜂虿那样的毒虫一样躲避它们。蜂虿不躲避就会螫痛身体，蟊蟘不赶走就会伤害庄稼，自己的过失不改正，就会损害品德。

如果以为一事之恶很小而去做，以为不值得担忧，那么一定会失败；如果认为一事之善很小而忽视它，不去做，那么必定会倾覆。能去做一些很小的善事，大的善德就有了基础；能对一些很小的恶行予以提防，最终一定没有大的过错。因此有一句谚语说："房屋漏雨，就换一个地方；路途曲折，就改走另一条道路。"《左传》上说："谁没有过失呢？有了过失而能改正，没有比这更好的了。"

（10）崇圣训章第十

【原文】

自古国家肇①基，皆有内助之德垂范后世。夏商之初，涂山、有莘皆明教训之功；成周之兴，文王后妃克广《关雎》之化。

我太祖高皇帝受命而兴，孝慈高皇后内助之功至隆至盛。盖以明圣之资，秉贞仁之德，博古今之务，初则同勤开创，平治之际则弘基风化，表壸②范于六宫，著母仪于天下。验之往哲，允莫与京。譬之日月，天下仰其高明；譬之沧海，江河趋其浩博。然史传所载什裁一二，而微言奥义，若南金焉，铢两可宝也；若谷粟焉，一日不可无也。贯彻上下，包括巨细，诚道德之至要，而福庆之大本矣。后遵之，则可以配至尊、奉宗庙、化天下、衍庆源；诸侯大夫之夫人与士庶人之妻遵之，则可以内佐君子长保富贵，利安家室而垂庆后人矣。《诗》云："太姒嗣徽③音，则百斯男。"

敬之哉！敬之哉！

【注释】

①肇：开始。

②壸：kǔn 宫中道路，代指内宫。

③徽：美好。

【译文】

　　自古以来，每个国家刚刚创下基业时，都有内室协助的美德留传示范后世。夏、商开始时，徐山妃、有莘妃都有明白教化、古训的功德；周朝兴起时，文王的后妃都能发扬《关雎》所表述的美德。

　　我太祖高皇帝受天命而兴国，孝慈高皇后协助的功劳非常隆盛。她凭借其理解古训的资质，秉持贞洁仁厚的节操，博览古今的事情，在起初艰难创业之时，与帝王一同勤劳开创；太平治世之时，则弘扬风俗教化，在六宫之内做榜样，在普天之下显露出母亲风范。往古的贤明后妃与她相比，相信没有能超过她的。就像天上的日月，天下人民都仰望它的高远和明亮；就像苍茫大海，江河都因它浩大而向往投入其怀抱。但是史书、传记上所记载的，仅只十分之一二，精微的语言包含有极其深奥的含义，就像荆扬之金，一点点都很宝贵；就像稻谷粟米，一日都不能够缺少。古训贯彻上上下下，包括大大小小，确实是培养道德最紧要的和享受福庆的本源。王后遵循它，就可以匹配至尊无上的王位、秉承宗庙、教化天下、延续福庆。诸侯士大夫的夫人以及平民百姓的妻子遵循它，就可以在内辅佐丈夫和儿子、长保富贵，使家室顺利安定、把福庆留给后人了。《诗经》上说："太妃能承继美德之音，则子孙众多。"一定要崇敬啊！一定要崇敬啊！

（11）景贤范章第十一

【原文】

　　诗书所载贤妃贞女，德懿行备，师丧后世，皆可法也。夫女无姆教，则婉娩何从？不亲书史，则往行奚考？稽往行，质前言，模而则之，则德行成焉。

　　夫明镜可以鉴妍媸，权衡可以拟轻重，尺度可以测长短，往辙可以轨新迹。希圣者昌，蹈弊者亡。是故修恭俭莫盛于皇、英①，求贞顺莫备于太姜②，效诚庄莫降于太任③，行孝敬莫纯于太姒。仪式刑之，齐之则圣，下之则贤，否亦不失于从善。

　　夫珠玉非宝，淑圣为宝，令德不亏，室家是宜。诗云："高山仰止，景行仰止。"其谓是与！

——《内训》

【注释】

①皇、英：娥皇，女英，舜的二妃。

②太姜：周太王妃姜氏。

③太任：周文王后。

【译文】

诗书上所记载的贤良王妃、贞洁女子，其品德美好、性行完备，为后世的师表，都可以学习和效法。女子没有女师的教诲，那么柔顺的品德跟谁学呢？不亲自去读古书史传，那么过去的德行又到哪里去考证呢？考察过去的品行，求证以前的训言，把它作为规范并予效法，那么德行就能养成了。

明镜可以照出美和丑，秤锤、秤杆可以称量轻重，尺度可以量出长短，旧的车辙可以规范后来车辆的行迹。向圣贤之人看齐的就会兴旺，跟随坏样子的就会灭亡。因此修炼恭敬、俭朴没有比娥皇、女英更好的了，追求忠贞、柔顺没有比太姜更完备的了，仿效诚实、庄重没有比太任更隆重的了，履行孝义、敬重父亲没有比太姒更纯粹的了。如果能取法于此，与之靠齐就可以成为圣人，稍微差一点就可以成为贤人，否则也不失为一个追求善行的人。

珠宝玉器都不是宝贝，学习圣贤才是宝贝；美好的德行没有受到损害，就可以有宜于室家了。《诗经》上说："高高的山啊，人们仰望它；美好的德行啊，人们仰望它。"这句话说的就是这些啊！

（二）方孝孺

谨 行

【题解】

方孝孺是中国历史上有名的耿介正直之士，因不愿为篡权的燕王朱棣起草诏书而被处死。他一生态行高洁，从这篇教训家族子弟的《谨行》中也得以清晰地体现。他极端推崇德行，而视富贵如粪土。他在篇中说："无行而富贵，无益其为小人；守道而贫贱，无损其为君子。"他这种崇尚气节的人格精神充分体现了中国知识分子的优良传统。但他把精神修养和物质享受对立起来，提倡禁欲，这就未免有些矫枉过正了。物质享受容易导致人格上的堕落，所以在这方面应该慎之又慎，但这绝不是说每个追求道德高尚的人都应该"蔽衣藿食"，过着苦行僧式的生活，那样就未免因噎废食了。

方孝孺这篇文章气势充沛，具有极强的情感力量和逻辑力量，他那高大峻洁的人格凸现于其中，具有很大的道德感召力，令人感奋不已。

【原文】

士之为学，莫先于慎行①。行之于人，犹室之有栋柱也，帛之有丝缕也，木之有本也，马之有足也，鸟之有翼也。圣得之而后为圣，贤得之而后为贤。君子修是而为善，小人失是而陷于夷狄禽兽之归，夫焉可忽哉？积之如升高之难，而或败于谈笑；为之于阃阈②之内，而或播于四海九州。才极乎美，艺极乎精，政事治功极乎可称，而行一有不掩焉，则人视之如污秽不洁，避之如虎狼，贱之如犬

▲方孝孺像

豕。并其身之所有，与其畴昔竭力专志之所为者，而弃之矣！可不慎乎？夫口之便于甘肥，体之便于华美，耳目之耽于所思，所志之趋于所乐，家欲富而身欲尊者，人之同情，圣贤之所不能无也。然而学道之士，禁制克节，唯恐是念之萌于中。蒯衣藿食，黜好寡欲，终身而不敢怠者，诚知轻重之分也。

人之身不越乎百年，善爱其身者，能使百年为千载；不善爱其身者，忽焉如蚊蚋之处乎盎缶之间。夫蚊蚋之生，亦自以为适矣。而起灭生死，不逾乎旬月。当其快意于所欲，以盎缶为天地，而不知其所处之微。昧陋之民，亦若是矣。迷溺于声色势利，以身为之役，而不以为劳其心；以为至乐也，而不知其可悲；甚适也，而不知其为污辱也。均之为身也。圣贤之尊荣若彼，而众人之污辱若此，曷为而然哉？慎行与否致之耳。难成易毁者，行也；难立易倾者，名也；得之不能久于身，乐未既而忧继之者，人之欲也。以富贵利达，易污辱之名，犹食乌喙③而易死也，况倏忽接于耳目者之不足恃乎？

故人有杀身而徇君亲者，非不爱身。爱其身甚而欲纳之于礼义，其为虑甚远矣！宁死而不肯以非义食，知义之重于死也；宁无后而不敢以非礼娶，知失礼之重于无后也。侥幸苟冒于一时，而蒙垢被污于万世，小则闾里识之以为訾④；大则册书著之，天下笑之，闻其名则唾咢不欲入于耳。计其所得，曾不若秋毫；而贱辱其身，使孝子羞以为父，正士羞以为友，遗裔远胤羞以为祖，不亦惑哉？且人不患不富贵，而患不能慎行。无行而富贵，无益其为小人；守道而贫贱，无损其为君子。吾家自始迁祖至于余

身，十五世矣。以言乎资产，则不逾于中家；以言乎爵禄，则未有以位乎朝者。然而不愧于人，见推于世者，以先人世有积德，蓄学操行异乎恒人焉耳。远者余不足知之，若曾大父西洲府郡之纯厚悫大，先君太守贞惠公之廉介方正，视古之贤者，岂有间⑤哉？吾族之人暨将来而未至者，乌可不效也？

　　人莫不喜为名人之子孙，而不知其尤难于众人。盖德大则难继，行高则难称。有善过于人，人未之取也。曰其祖之贤，不但如斯而已。有恶未著，人已责之，以为不肖。曰若之祖何人也，而为此哉？故生于微宗庸族者，过易隐而善易著，以其特出，掩于其先，人皆异之，故不求其备也；生于世家者，过易闻而善难昭，以其先多显人而不可企也。呜呼！方氏之嗣人，奈何而不慎乎！君臣、父子、兄弟、夫妇、朋友五者，天伦也。致⑥天伦者，天之所诛，人之所弃。生不齿，死不服，葬不送，主不入祠，谱不书其名。行和于家、称于乡，德可为师者，终则无服者，为服缌麻，有服者，如礼祭。虽已远，犹及：虽无主祭者，犹祭。如是而不能为君子，则非方氏之子孙也。告于祠而更其姓，不列谱。

——《逊志斋集·宗仪》

【注释】

　　①慎行：谨慎地对待自己的德行。

　　②阃阈：门槛。

　　③乌喙：乌头，一种有毒植物。

　　④訾：说坏话。

　　⑤间：区别。

　　⑥致：dù 败坏。

【译文】

　　士人进行学习，没有先于谨慎地对待自己的德行的。德行对于人来说，就像房屋有栋柱，绸帛有丝缕、树木有根本、马匹有蹄足、飞鸟有双翼一样重要。圣人拥有了它然后才成其为圣人，贤人拥有了它然后才成其为贤人。君子努力修行它而做善事，小人失去了它而沦落为夷狄禽兽的同类，哪里可以忽视它呢？积累它就像登高那样难，但有时在谈笑之间就败坏了。在家门之内努力实行它，又有时传播到了四海九州。文才十分华美，技艺十分精熟，在政治上的功绩十分值得称赞，然而一旦德行上暴露出一点缺失，别人就会把他当作污秽不洁的东西一样看待，象避虎狼一样避开他，象轻贱猪狗一样轻贱他。连他身上所有的美德，与他从前专心竭力所做出的成就，都一并抛弃了！难道不应该慎重吗？口喜欢吃甘肥的食物，身体喜欢穿华美的衣服，耳目沉迷于所思念的人和物，心态趋向于所喜爱的东西，希望家里富贵，希图自身尊显，这些都是人人都具有的情感，即使是圣贤也不可能没有。然而学道之士，努力禁约、节制自己，唯恐这些偏差萌发于心中。于是穿草衣，吃豆叶，杜绝爱好，清心寡欲，终身都不敢怠慢，他们确实知道轻重之分。

人的生命不超过一百年，善于爱惜自身的人，能使这一百年象千载一样。而那些不善于爱惜自身的人，生命快得像居处于盘盎之间的蚊蚋那样，那蚊蚋生长在世上，也自以为很舒适了。而它们从生到死，不会超过旬月。当它们为满足自己的欲望而快意，以为盘、盎这样的小器皿就是整个天地时，它们根本就不知道自己所居处的地方是那样的微小。那些愚昧鄙陋的人，也是这样。他们沉溺迷恋于声色势利之中，让自身受这些欲望的役使，而不以为这操劳了自己的心；以为那是至高无上的欢乐，而不知道那是可悲的；感到十分舒适，却不知道那是对自己的污辱。同样都是一个人，但圣贤是那样的尊荣，而众却是这样的污辱，为什么会这样呢？这只不过是慎于德行与否导致的。难于成就，易于败毁的，是德行；难于树立，易于倾覆的，是名声；得到了却又不能持久地拥有，欢乐还没有完忧患就跟上来了的，是人的欲望。即使是富贵利达、容易被污辱的名声，都像是吃有毒的乌头一样容易死，更何况那些在倏忽之间与耳目相接的东西更是不可凭借的呢？

所以有人放弃生命而为君主、双亲献身，并不是不爱惜自身。正是太爱惜自身了，而想让它容纳于礼义之中，这种考虑也真是够深远的！宁肯饿死也不肯用不合道义的方法获得食物，这是知道道义比生死还要重要；宁肯绝后也不敢用不符合礼法的方式娶妻，这是知道礼法比无后还更重要。以不正当的手段而侥幸苟得于一时，却在万世蒙上污垢，小则被邻近认识的人说东道西，大则被书于史册，为天下人所耻笑，人们一听到名字就会向地上吐唾沫，不愿让那名字入耳。计算他所得到的东西，还比不上秋天鸟兽长的毫毛；可是他却为此而贱辱了自身，使孝子羞于认他做父亲，正直之士羞于与他交朋友，子孙后代羞于以他作祖先，他的行事不是很迷惑了吗？况且一个人并不怕不能富贵，而是怕不能谨慎德行。如果没有德行而富贵，对他小人的身份并没有丝毫的增益；如果守护道义而贫贱，对他君子的品格也没有丝毫的减损。我们方家从第一个迁居此处的祖先到我，已经经历了十五代人。以资产而论，没有超过一个中等之家；以爵禄而论，没有以官位列于朝廷的。然而我们家无所愧对于别人，长被世人所推重，只是因为我们的先人世代积累了品德，积蓄了学问，节操志行不同于常人。太远的祖先我也不足以知晓了，就说我曾祖父西洲府君的诚挚正大，先父太守贞惠公的廉洁方正，与古代的贤者相比，有什么区别吗？我们家族的人以及将来的子孙后代，哪里能够不效法他们呢？

人们没有不喜欢做名人的子孙的，都不知道那比做普通人要难得多。

德大则难以为继，行高则难以再和它相称。有好的方面超过了别人，别人并不赞赏，而说"你祖先的贤能，可不止就是这个样子。"有一点点过恶，还没有彰显出来，别人就已经开始责难，认为这是不肖，说："你的祖先是何等样的人物，你却做出这样的事来？"所以出生于平庸的宗族的人，他们的过错容易消隐，而善行容易显著，因为他独立特出，超过了他的祖先，人们皆认为他奇异，也就不对他求全责备了；而出生于世家大族的人，他们的过错容易被传闻而善行难以昭明，因为他们的祖先中有很多声名显赫的人，令后代不可企及。啊！方氏的后人，你们哪里能够不谨慎呢！君臣、父子、兄弟、夫妇、朋友这五者，都是天伦。败坏天伦的人，是要被上天所诛伐，为旁人所唾弃。活着的时候为人所不齿，死了以后别人也并不按礼法穿上丧服，出葬的时候没人送葬，神主牌位入不了祠堂，族谱上也不写他的名字。而那些德行和睦于家中，称颂于乡里，品德可以做别人的老师的人，在死后，如果不够别人为他穿丧服的级别，别人也会为他穿缌麻的丧服；达到别人为他穿丧服级别的，人们会按照礼法规定去祭祀他。即使他已古远了，人们还会祭祀到他；即使没有主祭者，仍然会祭祀。这样说来，不能做一个君子，就不是方氏的子孙。告于宗祠，改掉他的姓，不将他列于族谱之内。

（三）高攀龙

家训

【题解】

明代著名的东林党人高攀龙的这篇家训，是对儒家忠孝仁义思想的具体发挥。他强调要多读圣贤之书，修养出高尚的品德，心怀仁爱，济世济民。他教导子弟要慎于言语，慎于交友，不要放纵自己的欲望，不要获取不正当的财物。文风亲切生动，颇有感化力，时出警句妙语，令人难忘。

【原文】

吾人立身天地间，只思量做得一个人是第一义，余事都没要紧。做人的道理，不必多言，只看《小学》①便是，依此做去，岂有差失？从古聪明睿智，圣贤豪杰，只于此见得透，下手早，所以其人千古万古不可磨灭。闻此言不信，便是凡愚，所宜猛醒。

做好人，眼前觉得不便宜，总算来是大便宜；做不好人，眼前觉得便宜，总算来是大不便宜。千古以来，成败昭然，如何迷人尚不觉悟，真是可哀。吾为子孙发此真切诚恳之语，不可草草看过。

吾儒学问主于经世，故圣贤教人，莫先穷理，道理不明，有不知不觉堕于小人之归者。可畏可畏！穷理虽多方，要在读书亲贤。《小学》《近思录》②、四书、五经、周程张朱语录、《性理》③、《纲目》④所当读之书也。知人之要，在其中矣。

取人要知圣人取狂狷⑤。之意。狂狷皆与世俗不相人，然可以人道，若憎恶此等人，便不是好消息。所与皆庸俗人，己未有不入于庸俗者。出而用世，便与小人相昵，与君子为仇，最是大利害处，不可轻看。吾见天下人坐此病甚多，以此知圣人是万世法眼⑥。

不可专取人之才，当以忠信为本。自古君子为小人所惑，皆是取其才，小人未有无才者。

以孝弟为本，以忠义为主，以廉洁为先，以诚实为要。

临事让人一步，自有余地；临财放宽一分，自有余味。

善须是积，今日积、明日积、积小便大。一念之差，一言之差，一事之差，有因而丧身亡家者。岂可不畏也？

爱人者人恒爱之，敬人者人恒敬之；我恶人人亦恶我，我慢人人亦慢我；此感应自然之理。切不可结怨于人。结怨于人，譬如服毒，其毒日久必发，但有小大迟速不同耳。人家祖宗受人欺侮，其子孙传说不忘，乘时遭会，终须报之。彼我同然，出尔反尔。岂可不戒也？

言语最要谨慎，交游最要审择。多说一句，不如少说一句；多识一人，不如少识一人。若是贤友，愈多愈好，只恐人才难得，知人实难耳。语云：要做好人，须寻好友，引醇若酸，那得甜酒。又云：人生丧家亡身，语言占了八分。皆格言也。

见过所以求福，反己所以免祸。常见己过，常向吉中行矣。自认为是，人不好再开口矣，非是为横逆之来，姑且自认不是。其实人非圣人，岂能尽善？人来加我，多是自取，但肯反求，道理自见。如此则吾心愈细密，临事愈精详，一番经历、一番进益，省了几多气力，长了几多识见。小人所以为小人者，只见别人不是而已。

人家有体面崖岸⑦之说，大害事。家人惹事，直者置之，曲者治之而已，往往为体面立崖岸，曲护其短，力直其事，此乃自伤体面，自毁崖岸也。长小人之志，生不测之变，多由于此。

世间惟财色二者最迷惑人，最败坏人。故自妻妾而外，皆为非己之色。淫人妻女，妻女淫人，夭寿折福，殃留子孙，皆有明验显报。少年当竭力保守，视身如白玉，一失脚即成粉碎；视此事如鸩毒，一入口即立死。须臾坚忍，终身受用；一念之差，万劫莫赎。可畏哉！可畏哉！古人甚祸非分之得，故货悖⑧而入亦悖而出。吾见世人，非分得财，非得财也，得祸也。积财愈多，积祸愈大，往往生于异常，不肖子孙，做出无限丑事，资人笑话，层见叠出于耳目之前而不悟，悲夫！吾试静心思之，净眼

观之，凡宫室饮食，衣服器用，受用得有数，朴素些有何不好，简谈些有何不好？人心但从欲如流，往而不返耳。转念之间，每日当省不省者甚多，日减一日，岂不潇洒快活？但力持勤俭两字，终身不取一毫非分之得，泰然自得，衾影无怍⑨，不胜于秽浊之富百千万倍耶？

人生爵位，自是分定，非可宦求，只看得义命二字透，落得做个君子。不然，空污秽清净世界，空玷辱清白家门。不如穷檐蔀屋，田天牧子，老死而人不闻者，反免得出一番大丑也。

士大夫居闲得财之丑，不减于室女⑩逾墙从人之羞。流俗滔滔，恬不为怪者，只是不曾立志要做人。若要做人，自知男女失节总是一般。

人身顶天立地，为纲常名教之寄，甚贵重也。不自知其贵重少年，比⑪之匪人，为赌博宿娼之事，清夜瞑而自视，成何面目？若以为无伤而不羞，便是人家下流子弟。甘心下流，又复何言？

捉人打人，最是恶事，最是险事。未必便至于死，但一捉一打，或其人不幸遭病死，或因别事死，便不能脱然无累，保身保家。戒此为要！极不堪者，自有官法，自有公论，何苦自蹈危险耶？况自家人而外，乡党中与我平等，岂可以贵贱贫富强弱之故，妄凌辱人乎？家人违犯，必令人扑责，决不可拳打脚踢，暴怒之下有失。戒之戒之！

古语云：世间第一好事，莫如救难怜贫，人若不遭天祸，舍施能费几文。故济人不在大费己财，但以方便存心。残羹剩饭，亦可救人之饥；敝衣败絮，亦可救人之寒。酒筵省得一二品，馈赠省得一二器，少置衣服一二套，省去长物一两件，切切为贫人算计，存些赢余，以济人急难。去无用，可成大用；积小惠，可成大德。此为善中一大功课也。

少杀生命，最可养心，最可惜福。一般皮肉，一般痛苦，物但不能言耳。不知其刀俎之间，何等苦恼，我却以日用口腹，人事应酬，略不知为彼思量，岂复有仁心乎？供客勿多馐品，兼用素菜，切切为生命算计，稍可省者便省之。省杀一命，于吾心有无限安处，即此仁心慈念，自有无限妙处，此又为善中一大功课也。

有一种俗人，如傭书、作中、作煤、唱曲之类，其所知者势利，所谈者声色，所就者酒食而已。与之绸缪⑫，一妨人读书之功，一消人高明之意，一浸淫渐渍，引人于不善而不自知。所谓便辟侧媚也，为损不小，急宜警觉。

人失学不读书者，但守太祖高皇帝圣谕六言："孝顺父母，尊敬长上，和睦乡里，教训子孙，各安生理，毋作非为。"时之在心上转一过，口中念一过，胜于诵经，自然生长善根，消沉罪过。在乡里中做个善人，子孙必有兴者，各寻一生理，专守而勿变，自各有遇。于"毋作非为"内，尤要痛戒嫖、赌、告状，此三者，不读书人尤易犯，破家丧身尤速也。

——《高子遗书》

【注释】

①《小学》：古代启蒙读本，南宋朱熹、刘清之编。

②《近思录》：理学重要著作，南宋朱熹、吕祖谦编，辑集周敦颐、程颢、程颐、张载等理学家的言论。

③《性理》：指《性理大全》，明胡广等编。

④《纲目》：指《通鉴纲目》，宋朱熹所著的编年体史书。

⑤《论语·子路》：《论语·子路》记载：孔子认为可以和狂者、狷者交往。狂者指激进的人，狷者指守节无为的人。

⑥万世法眼：佛教五眼之一，借指卓越精深的眼力。

⑦崖岸：外表高傲的样子。

⑧悖：不正当地。

⑨衾影无怍：指私生活严谨没有什么值得羞愧的事。

⑩室女：未出嫁的女子。

⑪比：亲近。

⑫绸缪：殷勤交往。

【译文】

我们立身于天地之间，只应考虑怎样去做好一个人，这是第一要紧的事，其余的事都没什么要紧。关于做人的道理，不必多说，只看《小学》这本书就行了。依照它做下去，哪里还会有什么差错过失？自古以来的聪明睿智之人，圣贤豪杰之士，只是因为把这个道理理解得透，动手得早，所以他们的声名业绩万古流芳，不可磨灭。听了我的这些话而不相信，便是平庸愚蠢，是应该猛醒的。

做一个好人，眼前虽然觉得占不了便宜，但总的算来是占了大便宜；做不好的人，虽然眼前觉得占了便宜，但总的算来却是不大便宜。千古以来，成败之迹是如此明显，为什么那些受迷惑的人还不觉悟，真是可悲啊！我为子孙们说出这样真切诚恳的话，你们可不能草草地就看过去了。

我们儒家的学问以治理世事为主，所以圣贤教育人民，没有先于穷究事理的。对大道理不明白，就会有不知不觉地堕入小人那一路的危险。可怕呀可怕！穷究事理虽然有很多方法，但主要在于多读书，亲近贤人。《小学》《近思录》《四书》《五经》、周敦颐、程颐、程颢、张载、朱熹等人的语录、《性理大全》《通鉴纲目》，这些都是应该读的书。

评判别人，要知道圣人选择狂狷之人的用意。狂傲激进的人与狷介保守的人都与世俗不相容，但都可以进入正道。如果憎恶这样的人，并不是一件好事情。如果所结交的都是一些庸俗的人，那自己也没有不落入庸俗一类的。出去处理世事，就与小人相亲密，与君子为仇敌，这是利益、祸害之间最大的关节，不可轻看。我看见天下的人犯这个毛病的特别多，由此知道圣人是具有卓越精深的眼力的。

不可专门选取人家的才华，应当以忠信为本。自古以来的君子为小人所迷惑，都是因为只选取他们的才华。小人没有无才华的。

以孝悌为根本，以忠义为主干，以廉洁为先务，以诚实为大要。

碰上具体事情，让人一地，自然就会有余地；在财货面前，放宽一分，自然就会有余味。

善行需要积累。今天也积累，明天也积累，积累小善，便成了大善。有时一念之差，一言之差，一事之差，就有因此而家破人亡的。难道可以不畏惧吗？

爱惜别人的人，别人也会永远爱惜他；尊敬别人的人，别人也会永远尊敬他。我厌恶人家，人家也厌恶我；我怠慢人家，人家也怠慢我。这些都是自然感应的道理。切不可与人结下怨仇。与人结下怨仇，就像服食有毒的东西，日子久了那毒性必然会发作，只不过是有大小迟速的不同罢了。人家的祖先受到别人欺侮，他们的子孙一代代传说下来，不忘世仇，找到一定的机会，最终一定会报仇。别人和我自己都会这样做，这叫作自食其果。难道可以不戒备吗？

说话最要谨慎，交游最要审慎选择。多说一句话，不如少说一句好；多结识一个人，不如少结识一个人为好。但如果是贤良的朋友，当然交得越多越好。怕只怕人才难得，要认识一个人确实很难罢了。俗语说："要做好人，必须寻找好的朋友。如果所用的酵母是酸的，那又哪里能得到甜酒吗？"俗语又说："人生丧家亡身，说话不谨慎占了其中八分原因。"这些都是很有教育意义的格言啊！

看见自己的过错是为了求得多福，反省自己是为了免除祸患。能够常常看见自己的过错，就是常常向吉利中行走了。自以为正确，人家也就不好再开口说什么了。即使人家对自己无礼，尚且要自己反思是否有什么做得不对的地方。其实人又不是圣人，哪里能做得尽善尽美呢？别人来对我施加横逆，多半是我咎由自取，只要肯自己反思，那么其中的道理自然就会显现出来，像这样做，我的心就越来越细密，遇到事情也就能考虑得越精详，每经历一件事，就多了一分进益，这样省了多少力气，长了多少见识！小人之所以成为小人，是因为他只看见别人的不对而已。

有些人家有保住体面，使外表高傲严正的说法，这是大大的坏事。自己家里的人惹了事，理直者置之不问，理屈者惩治他而已。人们往往为保住体面而装出一副高傲严正的样子，回护自己家人的短处，努力把自家的道理说得很直，这其实是自伤体面，自毁尊严罢了。助长了小人的志气，将来生出不可预测的变乱，多半由于这个原因。

人世间只有财、色这两件东西，最迷惑人，最败坏人。所以除了妻妾以外，都不是自己的女色。淫污人家妻女的人，自己的妻女也会被人所淫，这样做会短寿折福，把灾殃留给子孙，这都是有明显的报应作为例子的。少年的时候应该竭力保守自身，将自己的身子看成是一块纯洁的白玉，一不小心失手就会把它打成粉碎；应该把这事情看作是鸩羽的剧毒，一入口中就会立即死去。在色利关头，片刻的坚忍，可以使人终身受用，而一念之差，死一万次也不能赎回来。可怕啊！可怕啊！古人特别将非分得来的东西当作祸害。所以财货如果不以正道得来，也会被人不以正道地夺走或浪费而尽。我看到世人非分得到了财物，并不是得到了财物，而是得到了祸患啊！这样积累的财物越多，积累的祸患也就越大，往往生出异乎寻常的不肖子孙，做出了无穷无尽的丑事，成为别人笑话的资料，这样的例子层见叠出于耳目之前却还不醒悟，可悲啊！我试着静下心来去思考，擦净眼睛去观察，大凡宫室饮食、衣服器用，享受的有一定的数额，朴素一些有什么不好呢？简淡一些有什么不好呢？人们的心只是跟从自己的欲望，像流水一样没有阻碍，去了就不返回罢了。这样一转念之间，每天应当节省而没有节省的太多了。每天减省一点，难道不潇洒快活吗？只需努力操持"勤""俭"二字，终身不取一丝一毫非分之财，泰然自得，光明磊落，独居无愧，这不胜于用污秽浊恶的方法得来的富贵几百、几千、几万倍吗？

人生的爵禄官位，是命分中已定下来的，不是可以去钻营求取的。只要把"义""命"两个字理解得透，便可做个君子，不然的话，白白污秽了这个清净的世界，白白地玷辱了自己清白的家门。还不如住在茅草屋里，做个田夫牧子，直到老死人家也不知道你这个人，这样反而还免得去出一番大丑了。

士大夫没有做事而获得财物的丑恶，不亚于未出嫁的女子越过围墙以身许人的羞辱。流俗滔滔，竟安然不以此为怪的原因，只是因为都不曾立志要做人。如果真要做人，自然会知道男人和女人的失节，都是一样的丑恶耻辱。

人身顶天立地，是伦理纲常、名分礼教的寄托，是十分贵重的，不知道自己的贵重的少年，却去亲近坏人，去做那一些赌博嫖娼之类的事情，在清静的夜晚斜眼观察自己，会看到自己已经成了个什么样子！如果还认为这没有什么损害而并不感到羞耻，那便是家中最下流的子弟。自己甘心下流，那还有什么说的呢？

捉人打人，这是最凶恶的事，是最危险的事。虽然对方未必就会死，但一捉一打，或者那个人不幸得了病死去，或者因为别的事情死去，便使你不可能超然世外，毫无拖累，保住自己和家庭。警戒这件事非常重要！实在无法忍受的事情，自有官法在，自有公论在，何若自己去担当危险呢？更何况自家人以外，乡党中的人都和我们一样是平等的，哪里可以因为贵贱贫富强弱不同的缘故，去胡乱地凌辱别人呢？家里的人违犯了家规，一定要令人杖打责罚，但决不可对他拳打脚踢，暴怒之下，恐有失手，戒之，戒之！

古语云："世间第一件好事，没有比得上救助危难中的人们，怜惜贫苦的人的。人如果不是遭到了天降的灾祸，施舍人家又能费得了几文钱？"所以周济别人并不在于大大地破费自己的钱财，只要是心里存着与人方便之心，就是残羹剩饭，也可以救人的饥饿；就是破旧的衣服，残败的棉絮，也可以救人的寒冷。酒筵可以省下一两道菜，馈赠可以省下一两件器物，少置衣服一两套，省去多余的东西一两件，切切要为那些贫苦的人算计，存下一些盈余去救济别人的急难。去掉无用的东西可以成就大用，积累小恩小惠可以成就大恩大德，这是善行中的一大功德啊！

少杀生命，最可以颐养人心，最可以珍惜福泽。同样是长着皮肉，同样是有着痛苦，只是那些动物不能说出来罢了。不知道它们在菜刀和砧板之间，有着多么大的痛苦，我们却因为日常用度、口腹之欲和人事上的应酬去杀害它们，一点儿也不为它们考虑，哪里还有什么仁爱之心呢？招待客人不要用太多的荤肴，同时兼用素菜，切切为生灵们算计思虑，稍微可以减省的就省去。少杀一条生命，对于我的心有无限的安慰的地方。积累这种仁心慈念，自然有无限的好处，这又是善行中的一大功德啊！

有一种俗人，如那些为人抄书的人、买卖交易的中间人、做媒的、唱曲的等等，他们所知道的只有权势利益，他们所谈论的只有声乐女色，他们所喜爱的只不过是酒菜食物而已。与他们殷勤交往，一则妨碍人的读书之功，二则消亡人的高明之意。一旦陷进去，就会逐渐被那些人引入不善的歧途而自己还不知道，这也就是所谓的逢迎谄媚，讨好别人，带来的损害不小，应该及早警觉。

那些失了学没有读书的人，只应该谨守我大明太祖高皇帝的六句圣谕："孝顺父母，尊敬长辈上级，与同乡的人和睦相处，教训好子孙，个个安于自己的谋生之道，不要胡作非为。"把这些话时时在心上转一遍，在口中念一遍，其效果更胜于诵读佛经，自然会生长善根，消沉罪过。在乡里做一个好人，子孙一定会有兴旺的，各自找一个谋生的职业，专心守业，不要轻易改变，自然也就会各自遇上好运。在"不要胡作非为"这一句中，尤其要痛戒嫖、赌、告状这三桩错误，不读书的人尤其容易犯，破家丧身也尤其的快速。

（四）温璜

修身三则

【题解】

身不修无以尽职，性情要好、要常思量、要勤劳，这些虽琐细但操作性强。

【原文】

凡人气盛时，切莫说道，我性子定要这样的，我今日定要这样的。蓦①直做去，毕竟有搕②撞。

人当大怒大忿之后，睡了一晚，还要思量。

少寡不必劝之守，不必强之改，自有直捷相法。只看晏③眠早起，恶逸好劳，忙忙地无一刻丢空者，此必守志人。身勤则念专，贫也不知愁，富也不知乐，便是铁石手段。若有半晌偷闲，老守终无结果。吾有相法要诀，曰寡妇勤，一字经。

——《温氏母训》

【注释】

①蓦：mò，突然的意思。

②搕：è，打击。

③晏：晚，迟。

【译文】

大凡人们气势很盛时，千万别说什么"我的性情、脾气定要这样的，我今日定要这样的"。如果一味做去，最终会遭受挫折的。

一个人在极度愤怒、极度怨恨之后，即使睡了一晚，还应该要好好思量。

年少丧夫的寡妇，不必劝她守节不嫁，也不必强制她改嫁他人，自有最直接最快当的观察之法。只要看她如果是睡得晚起得早，讨厌安逸而喜爱劳动，忙忙碌碌地一刻也不空闲的，这一定是有守节之志的人。如果身体能勤劳，那么守节念头必定专一，贫穷也不会忧愁，富裕也不会快乐，这便是最过硬的占视办法。如果有片刻工夫都偷闲的话，那么，老是强调守节最终也不会有结果的。我有观察之法的要诀，叫作"寡妇勤"，可说是一字经。

（五）孙奇逢

1. 朴拙

【题解】

　　朴拙是守身固本的自然老师，孙氏强调外在的智勇辩力可以少一些，但朴拙的美德却要多一些，因为它能铸成孝子孝孙。

【原文】

　　知[1]勇辩力，尔等不足；谨厚朴拙，尔等有余。夫知勇辩力四者，皆民之秀杰，然不能恶衣食耕凿以自养，反不如谨厚朴拙之安分而寡过也。吾家先祖百年颂佛，儿不衰者，正谓[2]其谨厚朴拙耳。多一分智巧，损一分元气。尔等培此朴拙之心，便是真能守祖之孝子顺孙。

【注释】

　　①知：通"智"。

　　②谓：通"为"，因为。

【译文】

　　智识、勇敢、巧辩、气力，你们都很不够；谨慎忠厚、率直质朴，你们却都绰绰有余。智识、勇敢、巧辩、气力这四个方面，都是老百姓优秀杰出之处，但不能够懂得怎么耕田、凿井取得吃的、穿的来养活自己，反而不如谨慎忠厚、率真质朴的人安守本分而少有过失。我们家的祖先百年来赞颂佛祖，子孙不败坏，正是因为他们谨慎忠厚、率直质朴啊。多一分智识巧令，便减掉一分本来的心气。你们如果能培养这种率真质朴之心性，就是真正能守住祖业的孝子孝孙。

2. 修身

【题解】

　　"圣功全在蒙养"，孙氏沿袭了许多年来中国知识分子教子的基本想法，对我们也有启发。

【原文】

　　尔等未离孩提，稍长之时，正在知爱知敬之日。吾家自高祖以来，忠厚开基，今孝友堂尚依依如新也。尔为兄者宜爱其弟，为弟者宜爱其兄，大家和睦，敬听师言，行走语笑，各循规矩。程明道谓洒扫应对，皆精义入神之事，莫谓此等为细事也。圣功全在蒙养，从来大儒都于童稚时定终身之品，尔等勉之。

【译文】

你们没有脱离孩童时代，稍微长大之时，正是懂得敬爱人、懂得敬重人的时候。我们家从高祖以来，以忠诚厚道创业，到现在孝友堂仍然像亲的一样。你们作为兄长的应当爱护自己的弟弟，作为弟弟的应当敬爱自己的兄长，大家和睦相处，恭敬地听取老师的教诲。走路、跑步、说话、说笑，分别遵循各自的规矩。程颢说洒扫庭院、对答文章，都是精研微义到了出神入化地步的事，不要说这些都是细小之事。圣明的功德全靠孩提时的启蒙教育，从古以来的大学问家，都是在小时候就定下了一生的品德，你们要勉励自己啊。

3. 读书明理做好人

【题解】

读书是否只为求功名？孙氏的回答是否定的。做人与读书现在似乎难以统一了，但在古代像孙氏这样不断警醒世人明确读书目的的人却不在少数。

【原文】

古人读书，取科第犹第二事，全为明道理、做好人。道理不明，好人终做不成者，惰与傲之气未除也。洒扫应对，先儒谓所以折其傲与惰之念。盖傲惰除而心自虚，理自明，容色词气间，自无乖戾舛①错，事父、从兄、交友，各有攸当，岂不成个好人！日用循习，始终靡间，心志自是开豁，文采自是焕发，沃根深而枝叶自茂。尔等今日辨一虚心。实实务除其傲与惰之念，下学在是，上达在是，先后本末，一以贯之。不知者，只见为洒扫应对而已。

【注释】

①舛：chuǎn 不平、不顺遂。

【译文】

古人读书，获取科举登第还是第二位的事，完全是为了明白道理、做个好人。道理没能明白，好人最终没有做成的，是由于懒惰和傲慢的习气没有去除。洒扫庭院，应对文章，过去的学问家认为这是折去了个人的傲慢和懒惰想法的原因。排除傲慢与懒惰的习气，内心自然就会谦虚，道理自然就会明白，脸色、语气之间，自然就没有急暴错乱等表现。侍奉父母、顺从兄长、结交朋友，分别能顺其性而得当，这样难道不会变成个好人吗！每天运用，遵循习惯，自始至终，从不间断，心胸自然就豁然开朗，文采自然就焕发，肥沃的根扎得深那么枝叶自然就很茂盛。你们现在分辨清虚心这件事，就是确实务必要去除傲慢与懒惰的想法，向人家学习

是这样，要求上进也是这样，前前后后自始至终一直坚持这一点。不知道的人，把这只看成是洒扫庭院、应对文章罢了。

4. 安贫贱

【题解】

贫贱是人所不愿得的，但它却造就了一代又一代仁人志士。孙氏认为不论富贵者还是贫贱者，只要能真正体会贫贱，就可以走上成就圣贤之路。

【原文】

颜子裕①为邦之略，而箪②瓢陋巷；原宪釜甑生尘，而辞禄九百。总因富贵是人之性命，紧说着不处，人只是欲；贫贱是人之仇敌，紧说着不去，人只是恶。贫贱原与道近，做圣贤全在此处体验。孔颜造下这局面，要入此门，嫌贫贱不得。

【注释】

①颜子裕：颜回，孔子弟子。

②箪：dán 食器。

【译文】

颜回很懂得治理国家的谋略，却一箪饭、一瓢饮住在陋巷里；原宪家中的锅上积满了尘土，却辞掉九百禄金的官。都是因为富贵是人的性命，总是说着而不能处在富贵之中，人们只是想着；贫贱是人的仇敌，总是说着不能甩掉贫贱，人们只是嫌恶。贫贱原本与道相近，要做圣贤的人全都必须在这里体验。孔子、颜回他们造成了这个局面，想要成为这一类人，就不能嫌弃贫贱。

5. 看到别人长处

【题解】

要看到别人的长处，孙氏仿佛在向社会呼吁。人非圣贤，孰能无过？只看到别人的短处是造成人伦不正、社会动荡的重要原因。

【原文】

人生第一吃紧，只不可见人有不是。一见人之不是，便只是求人，则远近，以及童仆鸡犬，到处可憎，终日落坑堑中矣。臣弑①君，子弑只是见君父有不是处耳，可畏哉！

杀。

【译文】

人生中最重要的，只是不能看到人家的不是。一看到人家的不是，就会老是要求人家，就会无论是亲近的、疏远的人，还是小孩、仆人甚至鸡狗之类，到处都觉得可恨，整天陷在仇人的泥坑中了。大臣杀害君王，儿子杀害父亲，也就是他们只看到君王、父亲有不是之处罢了。这真可怕啊！

6. 守本分

【题解】

本分是人作为社会成员的职责，孙氏强调人们不仅要能尽职责，还要能向圣贤学习，在本分外再多一些职责。

【原文】

本分二字殊难尽。子臣弟友而求其能，皆本分也。谁能尽此本分者？尧舜周孔。于本分内不能增得一毫。增一毫于本分内，便多一毫于本分外。

【译文】

本分这两个字很难说尽。子女、臣子、弟弟、朋友能做到他们能做的事，都是本分。谁能够完全尽到他的本分呢？只有尧、舜、周公、孔子。在本分之内不能增加一点点。在本分内增加一点点，就在本分外多了一点点。

7. 约

【题解】

"约"字的确一言难尽，孙氏认为在做事上也应注意"约"，用现代语言来说就是"大处着眼，小处着手"。

【原文】

眼界欲宽，胸襟欲廓，而得力着手处，却要枯寂收敛。约则鲜失，愿尔曹共讲求此义。大得却须防大失，多忧原只为多求。此语可作约字注脚。

【译文】

眼界想要放宽，胸襟想要开阔，但在着手，用力的地方，却要耐得住寂寞，有所收敛约束。有了约束就会很少失误，希望你们都讲求这个意义。得到很多却必须防止失去很多，过多的忧虑原本只是因为求得的东西太多。这句话可以作为"约"字的注解。

8. 虚心

【题解】

人能敬畏，方能虚心。孙氏提出虚心才能长学问，修德行，这是非常有价值的说法。

【原文】

学不长进，病在不虚己。以舜禹之圣，而好察、乐善、拜善；孔子之圣，四友、六侍。颜子之贤，而问不能、问寡人。人之取善，岂有定方？善之所在，虽路人之言，臧获之智，皆当取之，取诸人乃所以与诸人也，故君子莫大乎与人为善。曲士①俗学，只喜闻誉，恶闻过，遂自闭取善之门，而阻人乐生之路，德何由进？业何由修？所谓自暴自弃也。尔等以文会友，便是进德修业之时，莫只作书生雕虫小技也。以文会友，以友辅仁，文与仁有本末，而非二事。与胜己者友，须无虚心。至听其言，与吾有未安处，宜平心思之；思之而未安，又须平心定气，与之相商，唯恐我见未克，未能尽其所长，则无不收师友之益矣，便是进德修业实际功夫。

【注释】

①曲士：孤陋寡闻的迂曲之人。

【译文】

学业没有长进，弊病在于自己不虚心。像舜、禹那样的圣人，仍然注意观察，乐做善事，拜谢善意的指教；像孔子这样的圣人，仍有四个师友，六个侍从；像颜回这样的贤人，仍能向无能之人、寡德之人请教。人们要获得善行，难道有什么确定的方法吗？善行在的地方，即使是路上行人的话语，奴婢这类人的智慧，都应当吸收，从别人那里获取又施与别人，因此作为君子再没有比与人为善更伟大的了。乡曲之人以及庸俗学者，都只喜欢听别人的赞誉，不喜欢听别人指出过失，于是自己关闭了获取善行的大门，也阻断了别人乐于告诉自己的道路，德行从哪里长进？学业从哪里修养呢？这就是所谓自暴自弃。你们通过文章结交朋友，正是长进德行修养学业的时候，不要只是做些书生才做的雕虫小技。通过文章结交朋友，通过朋友辅佐仁义，文章与仁义有主有次，而不是两码事。与胜过自己的人交朋友，必须首先要虚心。等到听到他说的话，与自己的情况有不对的地方，应当静下心来仔细思考；思考后仍不对，又必须平心静气，与他互相商量，唯恐自己的看法没有节制，不能充分发挥他的长处，那么就不会不受到良师益友的好处的了。这才是长进德行修养学问的实际功夫。

9. 知耻

【题解】

知耻源于敬畏，孙氏承继孟子"四端说"而强调知耻勿忧，应该说带有明代"心学"的气息。

【原文】

行已有耻，对无耻而言也；狷①者有所不为，对无所不为而言也。贤不贤之分，岂相远哉？夫无所不为，正是其无耻处。故孔孟每提一耻字，以激励人。知所用耻，则不及人不为忧矣。

【注释】

①狷：juàn 褊急。

【译文】

做事情有羞耻心，是相对于没有廉耻心而言的；拘谨的人有些事情不敢去做，是相对于没有什么不敢去做而言的。贤能与不贤能的区别，难道相距很远吗？没有什么不敢去做，正是他不知羞耻的地方。因此孔子、孟子每提及一个"耻"字，用来激励大家。知道羞耻的地方，就用不着担心有什么忧虑了。

10. 清廉

【题解】

廉洁奉公既是为政以德的表现，又是安守本分在做官上的反映，孙氏告诫家人只有效法祖上美德才能立身成家。

【原文】

尔祖宰武城，归里之日，仍以馆谷偿负债，尔祖母尔父，俱不免于饥寒。闻者见者，莫不怜之。鹿忠节公独爱而起敬，谓非古之廉吏不至此。吾家沐阳公，以廉吏起家，尔祖能绳①其武②，我辈俱得为清白吏子孙，较以金帛田宅遗后人者荣多矣！尔祖常语余曰："沐阳公一任，止受新生公宴轴二匹，弟今日仍觉于先德有愧也！"惟自觉有愧，始无愧耳。留余忌尽，天之道也。当常处其不足，以为可增可加之地，若增无可增，加无可加，立刻索然矣。为尔计，要安分耐穷，教子弟读书，不失礼于宗族乡党，法祖在此，立身在此。

【注释】

①绳：继续。

②武：足迹。

【译文】

你祖父主管武城县，任满回家乡的时候，仍然用学馆收入来偿还所负债务，你祖母、你父亲都不免受饥挨冻。听说和看见的人，没有不同情的。鹿忠节公独独喜爱并肃然起敬，说不是像古代的廉洁的官吏是不会到这种地步的。我们家的沐阳公，以做廉洁的官吏起家，你祖父能够严循他的事迹，我们都能成为清白官吏的子孙，比起那些以金银、帛匹、田地房屋留给后代的人来荣耀多了！你祖父常告诉我说："沐阳公在任时，仅只接受了新生公两匹宴轴，我到今天仍觉得有愧于祖先的德行。"唯有自己觉得有愧，才能开始无愧。做事要留有余地，不可做绝，这是自然的法则。应当常常处在不满足、认为可以增加的地步，如果增没什么可增，加没什么可加，立刻就会索然无味了。为你考虑，要安守本分，耐住贫穷，教育子弟读书，不要对宗亲乡人们失礼，效法祖先在这里，树立己身也在这里。

11. 不要自暴自弃

【题解】

如何做到不自暴自弃？孙氏提出从日常生活的一举一动、一言一行做起，这样不断积累便可臻达礼义之道。

【原文】

孟子深戒暴弃者，谓非人暴之，乃自暴之也；非人弃之，乃自弃之也。暴弃不在大，亦不在久，一言之不中礼义，一事之不合仁义，即一言一事之暴弃也。行庸德，谨庸言，终身慥慥[①]，方得免于自暴自弃。

【注释】

①慥：zào 诚恳貌。

【译文】

孟子对言非礼义、背弃仁义等行为非常警戒，他认为不是别人糟蹋自己，而是自己糟蹋自己；不是别人背弃自己，而是自己背弃自己。糟蹋、背弃不在于事情大，也不在于时间久，一句话不符礼义，一件事不合仁义，就是对一句话、一件事的糟蹋和背弃。施行日常的道德，谨慎日常的话语，一辈子诚实，才能够做到不自暴自弃。

12. 知足

【题解】

人往往都不知足，孙氏的描绘非常仔细深刻。无论自己处于什么位置都要退一步去想，这才是聪明人的做法。

【原文】

甚矣，人心无足时也！逐日营营，总是愿外，不知富不可以求得。越分妄求，余殃在后。贪人之有，有则为人所贪。如欲千百年富贵，此必不得之数也。昔有人自称为富贵之家，客曰："富贵如何便成家也？富贵如以我为家，不应走向他家矣；既走向他家，是以我为逆旅耳"。昔郭进建第成，坐诸匠于子弟右曰："此造屋者。"指子弟曰："此卖屋者。"识者谓为名言。今人为卑官，则恨不享大位，及位高而颠踬倾危，回想卑官而受清宁之福，天上矣！布衣粝①食，妻子相保，则恨不富贵，一旦祸患及身，骨肉离散，回想布衣粝食、妻子相保时，天上矣！人聪明强建，则恨欲不称心，一朝疾病纠缠，呻吟痛苦，回想聪明强健时，天上矣！古今来，无人不犯此病。若能先见一步，早退一步，必也明哲之士。

【注释】

①粝：粗粮。

【译文】

人心不足的时候太多了！每日忙忙碌碌，却总是在意愿之外，却不知富贵是不可以追求得到的。越过自己的本分而胡乱去追求，留下的灾祸在后面。贪心别人所有的东西，一旦自己有了又会被别人所贪。如果想要有千百年的富贵，这样做必不会得到几年。过去有个自称为富贵之家的人，外来的人对他说："富贵怎么会成家呢？富贵如果以我家为家，就不应该走向别人家里了；既然走向别人家里，那就是把我家当作旅馆了。"过去郭进建造房子落成后，叫各位工匠坐在子弟的右面，说："这是建房子的。"又指着子弟说："这是卖房子的。"有识之人都认为是名言。现在的人，当了个小官，就遗憾自己没有能当大官，等到地位高了摇摇欲坠时，又回想起官位低微却享受清闲、宁静之福的时候，简直是在天上了！穿着粗布衣服，吃着粗糙食物，妻子、儿女相依为命，就遗憾自己不富贵，一旦灾祸来了，骨肉分散不能团聚，回想起穿粗布衣服，吃粗糙食物，妻儿相依为命的时候，简直是在天上了！一个人在耳聪目明，身体强健时，却遗憾愿望不能实现，不能称心如意，一旦患上了疾病，呻吟不已，痛苦不堪，回想起身体强健时，简直是在天上了！古往今来，没有人不犯这个毛病的。如果能够先看到一步，早些退后一步，就一定是个明智的人了。

13. 宽大平和

【题解】

人应多自责，不能责人以严而责己却宽。孙氏强调一个人的气量非常重要，只有多自责才能顺圣贤之道。

【原文】

规模①宜宽大，处事宜平和。凡事有不得者，皆求诸己。先儒有言：母氏圣善，我无令人，孝子宜以此自责；臣罪当诛兮，天王圣明，忠臣宜以此自责；宁人负我，勿我负人，交友宜以此自责。即此推之，圣贤原无求人之理。故夫子于子臣弟友，曰：我无能一矣。盖原是不能尽的，一见为己能，则其亏缺多矣。尧舜犹病，到底只是犹病；文王未见，到底只是未见；开之未能信，到底只是未能信。道理无尽头处，故学亦无歇手处。只一自满，便全盘放下矣。

——《孝友堂家训》

【注释】

①规模：心量、气概。

【译文】

心胸气概应当宽广，做事情应当心平气和。凡事有不对的地方，都要从自身追究责任。先辈学者说过：母亲聪明善良，我不是品德善良的人，孝子应当以这两句话自责；为臣有罪应当诛杀，君王是英明神圣，忠臣应当以这两句话自责，宁肯别人背负我，我不要背负别人，结交朋友应当以这两句话自责。从这里推广开去，圣贤之人原来没有苛求别人的道理。因此孔子对于子、臣、弟、友这几个方面，说：我不能做到其中一个了。追究根源是没有穷尽的，一有见解就认为自己有能，那么他亏缺的就很多了。尧、舜尚且以百姓是否安稳为忧虑，到底只是尚且忧虑：文王没有看见，到底只是没有看见；开导别人而不能做到诚实，到底也只是不能做到。道理是没有尽头的，因此学习也没有穷尽的地方。只要一旦自满，就全部都放松下来了。

（六）李应昇

谕 子

【题解】

李应昇刚直不阿，与魏忠贤阉党进行了不屈不挠的斗争，最终被阉党杀害。这封信就是他遇害前在狱中写给儿子的，告诫他做人要俭朴、谦虚、孝顺、无私、恩义、勤学，摆脱纨绔子弟懒惰骄奢的坏毛病，努力做一个好人。文章纵横一气，极具感召力、说服力。

【原文】

吾以直贾①祸，自分一死以报朝廷，不复与汝相见，故书数言以告汝。

汝长成之日，佩为韦弦②，即吾不死之日也。

汝生于官舍，祖父母拱璧视汝，内外亲戚以贵公子待汝，衣鲜食甘，嗔喜任意，骄养既惯，不肯服布旧之衣，不肯食粗粝之食，若长而弗改，必致穷饿。此宜俭以惜福，一也。汝少所习见，游宦赫奕，未见吾童子秀才时低眉下人，及祖父母艰难支持之日也，又未见吾今日囚服逮及狱中幽囚痛楚之状也。汝不尝胆以思，岂复有人心者乎！人不可上，物不可陵。此宜慎以守身，二也。祖父母爱汝，汝狎而忘敬；汝母训汝，汝傲而弗亲。今吾不测，汝代吾为子，可不仰体祖父母之心乎？至于汝母更倚何人？汝若不孝，神明殛之矣。此宜孝以事亲，三也。吾居官爱名节，未尝贪取肥家，今家中所存基业，皆祖父母苦苦积累，且吾此消费太半。吾向有誓，愿兄弟三分，必不多取一亩一粒，汝视伯如父，视寡婶如母，即有祖父母之命，毫不可多取，以负吾志，此宜公以承家，四也。汝既鲜兄弟，止一庶妹，当待以同胞，倘嫁于中等贫家，须与妆田百亩。至妹母侍奉吾有年，当足其衣食，拨与赡田，收租以给之。内外出入，谨其防闲。此桑梓之义，五也。汝资性不钝，吾失于教训，读书已迟，汝念吾辛苦，厉志勤学，倘有上进之日，即先归养；若上进无望，须做一读书秀才，将吾所存诸稿简籍，好好诠次。此文章一脉，六也。吾苦生不能尽养，他日俟祖父母千百年后，葬我于墓侧，不得远离。哀哉！

——《碧血录》

【注释】

①贾：gǔ 招致。

②韦弦：韦，牛皮；弦，弓弦。古人佩上牛皮，来提醒自己像牛皮那样柔韧；佩上弓弦，来提醒自己像弓弦那样绷紧。这里指将父亲的话看作警戒。

【译文】

我因为刚直不阿而招致杀身之祸，自己甘愿以一死来报效朝廷，不能再与你见上一面，因此写上几句话来教导你。待到你长大成人的时候，用来告诫自己，那就等于我还没离开人世，仍然能教导你一样了。

你生长在官宦之家，祖父母把你看成稀世宝贝似的，里里外外的亲戚也把你当成贵公子来对待。你衣着华丽，饮食甘美，喜怒哀乐都随心所欲，已经习惯于这种骄奢的生活，不肯穿破旧的布衣，不肯吃粗糙的饭食，如果长期如此而不加以更改，终究会导致贫穷与饥饿。这就应该依靠节俭来珍惜幸福。这是一。你从小所经常见到的，都是达官贵人耀武扬威、不可一世的场面，却没看到我当年做童子秀才时在人家面前低眉折腰，以及祖父母为一家人艰难支撑岁月的情景，又没看到我现在身着囚服，陷于囹圄的痛苦情状。如果你不想刻苦砺志，哪里还有人的灵魂呢！

对别人，不可以用高高在上的姿态，不可以随心所欲地去欺凌人家。这就是说应该依靠谨慎来修身养性，这是二。祖父母都疼爱你，你跟他们很亲昵却忘记了要尊敬他们；你母亲教育你，你却傲气得很而不亲近她。现在我一旦有所不测，你就要代替我做儿子了，能不敬仰而体谅祖父母的心情吗？至于你的母亲又去倚靠哪一个人呢？你如果不孝顺，神明就会诛杀你了！这就是说应该孝顺地对待亲人，这是三。我做官爱护自己的名誉和节操，不曾贪取钱财，中饱私囊，现在家中所保存下来的基业，都是祖父母辛辛苦苦积累下来的，况且为我的这件事情已经花费了一大半。我早就立下誓言，愿兄弟三人平分，决不多得一亩地一粒粮，你要将伯父当作父亲一样对待，把已经守寡的婶母当作母亲一样对待，即使有祖父母的吩咐，也丝毫不能多得，多得了就辜负了我的夙愿。这就是应该公平地继承家业，这是四。你兄弟姐妹很少，只有一个庶出的妹妹，应当把她作为同胞妹妹看待，如果将她嫁到中等的贫寒家庭，必须给她百亩妆田。至于她的母亲已经侍奉我许多年了，应当让她丰衣足食，拨给她赡田，让她通过收租来保证自己的给养。一切内外用度收入，应当是谨慎地限制。这就是说恩义地对待身边的人，这是五。你本来天资并不迟钝，只是我没好好教导你，读书已经迟了。你要是念及我一生的辛苦，能砺志勤学，如果有晋升为官的那一天，首先就要归养亲人；如果为官无望，就必须老老实实做一个读书秀才，将我所保存下来的各种书稿典籍好好进行选择和编辑。这就是读书作文的一条途径，这是六。我苦于有生之时不能尽我奉养亲人的义务，只能在你祖父母逝世以后，把我葬在他们的墓旁，不要远离。悲哀啊！

（七）吴麟徵

家诫要言

【题解】

吴麟徵是明末朝廷重臣，他的《家诫要言》是一个格言集，明显地打着封建地主阶级的烙印。全篇的前半部分主要论述修身立志、交友求学，文气纵横，锐意进取，见解高拔，倜傥有奇气，令人感奋不已，是篇中的精华部分，可能是吴氏的早期作品，后半部分应该做于晚年，颇多亡国之前的悲苦之音。崇祯时李自成、张献忠等各地起义军声势浩大，北面满族强横，侵凌中原，朝廷腐败，天灾连连。在这种沉重的打击之下，明朝国势衰颓，日趋式微，地主阶级对自己的统治也已逐渐地失去了信心。为了全身免祸，他们小心翼翼，如履薄冰，减轻对劳动人民的盘剥，力图缓和阶级矛盾，为自己留下后路。他们戒骄寡欲，惨淡经营，希望能在乱世中保住那一份越来越菲薄的家业。所有这一切都清晰地表现在本篇之中，后半部分是明末社会动荡的一面镜子，在思想上糟粕也较多，多不可取。

【原文】

进学莫如谦，立事莫如豫，持己莫若恒，大用莫若畜蓄积。

毋为财货迷，毋为妻子蛊，毋令长者疑，毋使父母怒。

争目前之事，则忘远大之图；深儿女之怀，便短英雄之气。

多读书则气清，气清则神正，神正则吉祥出焉，自天祐之；读书少则身暇，身暇则邪间①，邪间则过恶作焉，忧患及之。

通三才②之谓儒，常愧顶天立地；备百行而为士，何容恕己责人。

知有己不知有人，闻人过不闻己过，此祸本也。故自私之念萌，则铲之；谄谀之徒至，则却之。

邓禹十三，杖策于光武，孙策十四为英雄，所忌行步殆③不能前。汝辈碌碌事章句，尚不及乡里小儿。人之度量相越，岂止什伯而已乎？

师友当以老成庄重、实心用攻为良，浮薄好动之徒，无益有损，断断不宜交也。

方今多事，举业之外，更当进所学。碌碌度日，少年易过，岂不可惜？

秀才本等，只宜闇修积学，学业成后，四海比肩④。如驰逐名场，延揽声气，爱憎不同，必生异议。

秀才不入社，做官不入党，便有一半身份。

熟读经书，明晰义理，兼通世务。世乱方殷⑤，八股生活，全然冷淡。农桑根本之计，安稳著数，无如此者，诗酒声游，非今日事。

才能知耻，即是上进。

鸟必择木而栖，附托匪⑥人者，必有危身之祸。

见其远者大者，不食邪人之饵，方是二十分识力。

男儿七尺，自有用处，生死寿夭，亦自为之。

语云：身贵于物。汲汲为利，汲汲为名，俱非尊生⑦之术。

人心止此方寸地，要当光明洞达，直走向上一路。若有龌龊卑鄙襟怀，则一生德器坏矣。

立身无愧，何愁鼠辈。

打扫光明一片地，囊贮古今，研究经史。岂可使动我一念，此七字真经也。

功名之上，更有地步，义利关头，出奴入主，间不容发。

少年作迟暮经营，异日绝无成就。

少年人只宜修身笃行，信命读书，勿深以得失为念。所谓得固欣然，败亦可喜。

对尊长全无敬信，处朋侪一味虚悁⑧，习惯既久，更一二十年，当是何物？

交游鲜有诚实可托者，一读书则此辈远矣。省事省罪，其益无穷。

人品须从小做起，权宜苟且诡随之意多，则一生人品坏矣。制义一节，逞浮藻而悖理害道者比比，在抵皆是年少，姑深抑之。吾所取者，历练艰苦之士。

多读书达观今古，可以免忧。

立身作家⑨读书，俱要有绳墨规矩，循之则终身可无悔尤。我以善病，少壮懒惰，一旦当事寄，虽方寸⑩湛如，而展拓无具，只坐空疏鲁莽，秀才时不得力耳。

迩来圣明向学，日夜不辍，讲官蒙问，虽多不能支，东宫⑪亦然。一日宫中有庆暂假，皇上语阁臣曰：“东宫又荒疏四五日矣。”汝辈一月，潜心攻苦，能有几日，欲望学问之成，难矣。

士人贵经世，经史最宜熟，工夫逐段做去，庶几有成。

器量须大，心境须宽。

切须鼓舞作第一等人句当⑫。

真心实作，无不可图之功。

竹帛青史，岂可让人？

不合时宜，遇事触忤，此亦一病，多读书则能消之。

忠信之礼无繁，文惟辅质；仁义之资不匮，俭以成廉。

海内鼎族，子姓繁多，为之督者，其气象宽衍疏达，有礼法而无形⑬畛，有化导而无猜刻。故一人笃生，百世苯郁，以酝酿深而承藉厚也。水清无鱼，墙薄亟⑭裂，车鉴不远，尚其慎旃⑮！

莫道做事公，莫道开口是，恨不割君双耳朵，插在人家听非议；莫恃筑基牢，莫恃打算备，恨不凿君双眼睛，留在家堂看兴废。

家之本在身，佚荡者往往取轻奴隶。

家用不给，只是从俭，不可搅乱心绪。

四方兵戈云扰，离乱正甚，修身节用，无得罪乡人。

疾病只是用心于外，碌碌太过。

家门履运，正当塞剥，跬步须当十思。

处乱世与太平时异，只一味节俭收敛，谦以下人，和以处众。生死路甚仄，只在寡欲与否耳。

水到渠成，穷通自有定数。

治家舍节俭，别无可经营。

待人要宽和，世事要练习。

四方衣冠⑯之祸，惨不可言，虽是一时气数，亦是世家习于奢淫不道，有以召之。若积善之家，亦自有获全者，不可不早夜思其故也。

忧贫言贫，便是不安分，为习俗所移处。

孤寡极可念者，须勉力周恤。

近来运当百六，到处多事。行过东齐，往往数百里绝人烟，缙绅衣冠之第，仅存空舍。河南尤惨，一省十亡八九。江南号为乐土，近亦稍稍见端，所忧患更不可测。凡事循省^⑰，收敛节俭，惜福惜财，多行善事，勿苟图利益，勿出入县门，勿为门客家奴所使，勿饱食安居晏寝，自鸣得意。

厚朋友而薄骨肉，所谓务华绝根非乎。戒之戒之！

世变日多，只宜杜门读书，学做好人，勤俭作家保身为上。

早完钱粮，谨持门户。

儿曹不敢望其进步，若得养祖宗元气，于乡党中立一人品，即终身村学究，我亦无憾。浮华鲜实，不特伤风败俗，亦杀身亡家之本。文字其第二义也。

人情物态，日趋变怪，非礼义法纪所能格化，宜早自为计。

若身在事内，利害不容预计，尽我职分，馀委之天而已。

陈白沙先生云：吾侪生分薄于福，敢求全？三复斯言，自可不肉而肥。

家业事小，门户事大。

人心日薄，习俗日非，身入其中，未易醒寤。但前人所行，要事事以为殷鉴^⑱。

恶不在大，心术一坏，即入祸门。

姻事只择古旧门坊，守礼敦实之家，可无后患。

本根厚而后枝叶茂，每事宽一分，即积一分之福。揆之天道，证之人事，往往而合。

遇事多算计，较利悉锱铢，其过甚小，而积之甚大，慎之慎之！

茹荼历辛，自是儒生本色，须打清心地以图大业，万勿为琐琐萦怀。

世变弥殷，只有读书明理，耕织治家，修身独善之策。即仕进二字，不敢为汝曹愿之，况好名结交，嗜利召祸乎？

游谈损德，多言伤神，如其不悛，误己误人。

官长之前，止可将敬，不可逐膻^⑲。

居今之世，为今之人，自己珍重，自己打算，千百之中，无一益友。

俗客往来，劝人居积，诳人老成，一字入耳，亏损道心，增益障蔽，无复向上事矣。

——《家诫要言》

【注释】

①邪间：乘虚而入。

②三才：天、地、人。

③殆：懈怠。

④比肩：并肩。

⑤殷：深重。

⑥匪：通"非"。

⑦尊生：保重生命。

⑧虚憍：虚伪骄矜。

⑨作家：治家。

⑩方寸：指心。

⑪东宫：古时太子居东宫。

⑫句当：事情。

⑬形：通"刑"。

⑭亟：急速。

⑮旃：语助词。

⑯四方衣冠：指缙绅之家。

⑰循省：反省。

⑱鉴：戒鉴。

⑲逐膻：追逐别人的丑行。

【译文】

　　求学没有什么比得上谦虚的，做事没有什么比得上事先有所准备的。修持自身没有什么比得上持之以恒的，充分发挥作用没有什么比得上有丰厚的蓄积的。

　　不要为财货所迷，不要为妻子所蛊惑，不要令长者生疑，不要让父母生气。

　　争夺于眼前的小事，就会忘记远大的谋略；沉溺于男女的深情，便会短缺英雄的气概。

　　多读书就会心气清爽，心气清爽就会精神端正，精神端正就会有吉祥出现，从天上降下来保佑你；读书少就会身体松散，身体松散邪念就会乘虚而入，邪念介入就会使人犯下过错，做出恶行，这样忧患的事也就会找上门来了。

　　将天、地、人三者贯通的人，才能叫作儒，应该常常惭愧自己不能顶天立地地修身做人；具备了各种善行的人，才能称作士，哪里能容许常常宽恕自己，却多多责备他人呢？

　　只知道有自己而不知道有别人，只听得见别人的过失却听不进自己的过失，这是祸患的根本，所以一旦萌生了自私的念头，就应该立即铲除它；一旦见到了谗谄阿谀之徒，就应立即离开他们。

邓禹十三岁就能驱马求见汉光武帝，为他出谋划策，孙策十四岁就成为名扬天下的英雄，他们最害怕自己懒惰懈怠，行步不前。你们这些人庸庸碌碌，日日以注析句读几部经书为务，还比不上乡里的小儿。人与人之间气度相差的距离，哪里只有十倍、百倍呢！

拜师交友，应当以老成庄重，诚实用功的人为最好。像那些轻浮浅薄、喜欢游荡的人，结交了对人没有增益，只有损害，断断不易愈合他们交好。

当今天下多起事端，除了攻读与科举有关的学业之外，更应该使学习进一步深入。如果庸庸碌碌地过日子，少年的时光很容易地就滑过去，这岂不是很可惜吗？

秀才的本分，只应该默默地修身养德，积累学问，在学业成就后，可与四海之内的著名学者并肩齐名。如果在名利场中奔逐钻营，交接同党，互相延揽，互能声气，人们的爱憎不同，一定会对此生出异议。

作为秀才不入文社，作为官员不入朋党，就有了一半的身份了。

要熟读儒家经典书籍，明白地辨析其中的义理，同时也要通晓世务。现在国家灾乱深重，专攻八股文的生活，全然冷淡下来。努力发展农桑之业，才是国家的根本之计，让世道安稳的招数，没有比得上它的。而吟诗纵酒，纵情声色，四处游荡，不是今天应该做的事。

能够知道耻辱，就是一种上进。

鸟类都一定要选择好树木去栖息，而一个人如果依靠附托的人不适当，就必定会有危及自身的祸乱。

见识深远广大的人，不吃邪僻的人抛出的诱饵，这才是二十分的判断力。

男儿七尺之躯，自然会有用处，人的生死和寿命的长短，也随其自然。

有言道："身体比外物尊贵。"急急忙忙地去追求利益，急急忙忙地去追求名声，都不是保重生命的方法。

人的心只占有这么一小块方寸之地，应该光明正大，调鉴通达，直走向上进取的一路。如果怀有肮脏卑鄙的心胸，就会把一生的品德全都败坏了。

立身端正，问心无愧，哪里会怕那些鼠辈呢？

"打扫光明一片地"，保持心胸的光明磊落，让它贮存古今的各种学问道理，用它来研讨探究经史典籍。外物岂能使我动一动念头呢？这句话真是七字真经啊！

在功名之上，还有更高的境界，在大义和利益相矛盾的关头，从何取舍，真是间不容发。

在少年时就忙于自己的暮年谋划，这样的人以后决不会有成就。

少年人只应该修身积德，笃实言行，相信天命，勤奋读书，不要在个人得失方面思虑得过多过深，也就是所谓成功了固然值得高兴，失败了也同样可喜。

对尊者长辈全没有敬爱和信用，对待朋友同辈也只是一味地虚伪骄矜，久而久之，成为习惯，再过一二十年，那还会成为什么东西？

喜爱交游的人中，很少有诚实可以信托的，一读书就会远离这些人，又省事，又省得犯错误，其好处是无穷的。

培养好的人品应该从小事做起，如果见风使舵，苟且诡诈的主意多了，则一辈子的人品也就败坏了。

做八股文的，炫耀浮华的辞藻而背离正理，伤害道义的情况比比皆是，他们大多数都是年轻人，应该要多多地抑制这种情况。我所赞赏的，是艰苦地磨炼自己的士人。

多读书可以洞达地观察古今历史的经验教训，可以免除许多忧患的事。

立身、治家、读书，都要有一定的规矩，遵循它们就可以终身没有什么后悔的事。我因为多病，在少壮之时非常懒惰，一旦担当重任，继承了家业，虽然心地纯厚清醒，却没有发展和开拓的才能，只好坐在家里，干些空疏鲁莽的事情，这都是因为做秀才时不努力啊！

近来圣上诚心向学，日夜都不停息，讲习的官员虽多，也不能应付皇上频频的垂问。东宫太子也是这样。有一天宫中有喜庆，暂时放假，皇上对内阁大臣们说："太子荒废学业又有四五天了。"你们这些平凡之辈在一个月中，能够潜心苦苦攻读的，能有几天？这样还想学问有成就，太难了！

作为一个士人，贵在治理世事，特别是对于经史典籍，最应该熟悉，把这种功夫一段一段踏实地做下去，大概会有成就吧！

一个人的气量应该广大，心胸应该宽敞。

一定要鼓舞起来去做第一等人的事情。

用真心，实实在在地去做，没有做不到的事情。

在青史上留名这样伟大的事业，岂可轻易让给别人去做！

不合时宜，遇上事情往往触起愤怒，这也是一种弊病。多读书就能把它消解掉。

忠诚、信义的礼节，不需要繁琐、藻饰，文采仅仅是用来辅助内容、实质的。人的仁爱、正义的资质并不匮乏，只要俭约就可以成就廉洁。

因为那些显赫的家族，子孙众多，督导他们的家长，气概宽厚通达，有礼法的讲求而无刑罚的约束，有教化引导而没有猜忌苛刻。所以一个人得天独厚地降生，使子孙百代都能兴旺发达，这是因为酝酿得很深，凭借得很厚啊！水太清了就不会有鱼，墙太薄了就会很快地坏裂。将前人失败的教训作为借鉴，一定要谨慎啊！

不要以为自己做事公道，不要以为自己一开口就正确，我恨不得割下您的双耳，插在别人的家里，听他们对你的非议。不要自恃基础打得牢，不要自恃打算得很周备，我恨不得凿下您的一双眼睛，留在家里厅堂中，看后世的兴废。

家庭的根本在人的自身，放荡的人往往被奴隶所轻视。

如果家里的日常费用不充足，只能自己生活从俭，不可搅乱心绪，去想别的解决办法。

四方战乱频仍，人民乱离正甚，应该自己修身积德，节约用度，不要得罪同乡的人。

染上疾病，只是因为用心于外务，碌碌操劳太过度了的缘故。

如果家门遭逢的运数，正当不顺利的时候，每走一步之前都应该仔细思量。

在乱世的处世之道与太平之时是不同的，只需一味地节俭，收敛起骄侈之心，谦虚地对待下人，和气地与众人相处。

生路与死路中间的距离很狭窄，只在于一个人是否能够清心寡欲罢了。

水到渠成，人的穷困与通达，在冥冥之中自有定数。

治家之道，舍去节俭之外没有什么可用的。

待人要宽和，世事要洞悉。

四方衣冠缙绅之家遭到的祸乱，惨不可言，虽然是一时气数尽了，但也是由于这些世家久习于骄奢淫侈，不行道义，才招来祸乱。像那些积累了善行的家族，自然也有获得保全的。不可不早晚仔细思量这其中的缘故。

忧于贫困，念念不忘贫困，就是不安分，是为时俗所改移了自己的志向的地方。

孤儿寡母这些极可怜念的人，须勉力周济他们。

近来运数正当百六阳九的灾变、厄运之年，到处多事。走路经过东齐，往往一连数百里灭绝了人烟，那些缙绅衣冠的豪门高第，往往只剩下空空的房舍。河南情况尤其悲惨，一个省的人死了十之八九。江南号称乐土，最近也渐渐地现出了衰败的端倪，其后患更是难以预测，凡事多多自我反省，收敛私欲，节俭持家，爱惜福祉，爱惜财物，多行善事，不要贪图苟得的利益，不要出入县衙门，不要被门客家奴所煽动指使，不要饱食终日，安居晚起，自鸣得意。

厚待朋友而薄待亲戚骨肉，这就是所谓致力于花朵而断绝了树根，不是吗？千万千万不能这样做！

世上的变乱越来越多，只宜于关起门来读书，学做好人，勤俭持家，以明哲保身为上策。

早早地做完交钱纳粮的事，谨慎地把持门户。

儿子一辈我不敢希望他们能有进步，如果他们能够养得祖宗的元气，在乡里独立一个高尚的人品，即使后来一辈子只是布衣书生，以一个学究终老，我也没有什么遗憾。华而不实，不仅仅会伤风败俗，而且也是杀身亡家的本源。读书作文，求取功名，这是第二位的东西。

人情物态，日益变得怪异起来，不是礼义法纪所能够匡正感化得了的了，应该早早自己做好打算。

如果自身参与在某件事情里，即使其中的利害无法预计，也要尽到自己的职责，其余的只有委托给上天来决定了。

陈献章先生说："我们这一辈人生下来就没有福分，哪里还敢事事求全呢？"反复地品味这句话，自然可以不吃肉也长肥。

家业的贫富是小事，但家族门第的名誉却是大事。

人心日益菲薄，习俗也慢慢不是原来的样子，自己身处其中，不容易醒悟过来。但前人的行为，要事事拿来作自己的借鉴。

恶行并不在于很大，人的心术一旦坏了，就进入了祸害之门。

婚姻只去选择那些古老世族、谨守礼义的敦厚诚实的家庭，这样可以没有后患。

树的根本厚实，然后枝叶才能茂盛。每件事情上，对人宽松一分就积累了一分福气。用天道来考察它，用人事来证明它，往往能够符合。

遇到事情，多多算计，比较厉害都从很小的方面算起。过错即使很小，而积累起来也会很大，谨慎啊，谨慎！

吃苦耐劳，历尽艰苦，自然是儒生的本色，应该把心灵打扫清静，集中精力图谋大业，千万不要为琐事萦怀。

一个念头不谨慎，败坏身家已经绰绰有余了。

世事的变乱越来越厉害，只有读书，多明白道理，努力耕田织布，辛苦持家，修身独善这一条策略。即使是"仕进"两个字，我也不敢为你们祝愿，何况爱好声名，互相结交，贪嗜利益，所有这些都会招来祸患呢！

虚浮不实的议论会损害德行，话说得过多会有伤神气，如果不自悔改过，那么不但误了自己，而且也误了别人。

在上级官长的面前，只可以顺从恭敬，不能追逐效法别人的丑行。

活在当今这个世上，作为今天的人，只有自己珍重，自己为自己打算，在于百个人之中，没有一个是益友。

有些俗人与别人往来，总是劝人家囤积居奇，阿谀人家办事老成，如果这些话中有一个字进入耳中，就会亏损道德之心，更增加了见识上的障碍遮蔽，使人不再去做向上进取的事了。

（八）袁 衷

庭帏杂录

【题解】

《庭帏杂录》是袁衷兄弟记录父亲袁参坡、母亲李氏的话而编成的一部家训作品。李氏磊磊有大丈夫气概，其言不可小视。这里所选的八则，或论读书、作文，或论人品，或论如何克制不合理的欲望，都有精义。尤其第一则搬出孟"求其放心"的说法，对宋明两代大儒的偏差提出了修正，值得人玩味。《庭帏杂录》在清、民国两个时期有一定影响。

【原文】

宋儒教人专以读书为学，其夫也俗；近世王伯安尽扫宋儒之陋，而教人专求之言语、文字之外，其失也虚。观子路曰："何必读书然后为学"，则孔门亦尝以读书为学。但须识得本领工夫，始不错耳。孟子曰："学问之道无他，求其放①心而已矣。"求放心是本领，学问是枝叶。

作文句法、字法要当皆有源流，诚不可不熟玩古书，然不可蹈袭，亦不可刻意模拟，须要说理精到，有千古不可磨灭之见；亦须有关风化，不为徒作，乃可言文。若规规模拟，则自家生意索然矣。

近世操觚②习艺者往往务为艰词晦语，或二字三字为句，以自矜高古，甚或使人不可句读。而味其理趣，则漠然如嚼蜡耳。此文章之一大阨也。

士之品有三：专于道德者为上，志于功名者次之，志于富贵者为下。近世人家生子，禀赋稍异父母，师友即以富贵期之；其子幸而有成，富贵之外不复知功名为何物，况道德乎！伊周勋业、孔孟文章皆男子常事，位之得不得在天，德之修不修在我，毋弃其在我者，毋强其在天者。欲洁身者必去垢，欲愈疾者必求医。昔曹子建文字好人讥弹，应时改定。岂独文艺当尔哉？进德修业皆当如此。

语云"斛满人概③之，人满神概之"，此良言也。智周万物，守之以愚；学高天下，持之以朴；德服人群，莅之以虚。不待其满而常自概之，虽鬼神无如吾何矣。

见精始能为造道之言，养盛始能为有德之言。其见卑而言高，养薄而徒事造语者，皆典谟风雅之罪人也。

余幼学作文，父书八戒于稿簿之前，曰：毋秒袭，毋雷同，毋以浅见而窥，毋以满志而废，毋以作文之心而妄想俗事，毋以鄙秽之念而轻测真诠，毋自是而恶人言，毋倦勤而怠己力。

野葛虽毒，不食则不能伤生；情欲虽危，不染则无由累己，问：何得不染？曰：但使真心不昧，则欲念自消，偶起即觉，觉之即无，如此而已。

——《庭帏杂录》

【注释】

①放：遗失。

②觚：执木简，指写文章。

③概：限。

【译文】

宋代的儒士教导人们专门通过读书来学习，其失误在于庸俗；近世王阳明先生一改宋儒的陋习，教育人们专从语言文字之外追求学问，其失误在于虚幻。从子路所说的"何必读书才叫作学问"来看，孔子师徒也曾将读书作为学习。但必须知道什么是真正的本领工夫才不算错。孟子说："做学问的目的不在别的，是寻找遗失的良心而已。"寻求遗失的良心是本领，做学问是末节。

写文章遣词造句用字，都有一定源流章法，这就要求熟读古书，细心体味，但却不能循规蹈矩地抄袭，也不能费尽心思去模仿，一定要说理精辟透彻，有千古不变的道理蕴含其中；还必须有助于风气教化，不至于为作文而作文，这才谈得上做文评。如果一味模仿，则失去了自家的风格。

当今做文章的人常常喜欢用艰涩而隐晦的词语，有的以二字三字为一句，以炫耀自己的高深古奥，甚至达到令人难以断句的地步。然而体味其中道理意趣，则索然寡味味同嚼蜡。这是做文章的一大弊病。

做人的品行有三等：有志于增进道德的是上等，有志于求取功名的在其次，有志于求取富贵的为下等。如今人家生下儿子，天资稍微高于父母亲，老师朋友便期望他将来大富大贵；孩子侥幸取得一些成就，除了富贵之外不知功名为何物，何况道德呢！伊尹，周公的功业，孔子、孟子的文章都是男子汉的本业，禄位得不得在于机遇，而道德修养高不高则在我本人努力，切莫放弃属于自身的东西，也不必强求听天由命的东西。要使身体清洁就得去除污垢，要使疾病痊愈就得去就医。当年曹植做了文章便让别人品评，随时改正，岂止是做文章应当如此？修养道德和做其他学问都应该如此。

人言说"斛要装满了人就会控制其进入，人要骄傲自满神明就会来限制他的进步"，这是一条真理。智慧超群通晓万物，仍然要表现出愚钝的样子；学问超过天下的学者，仍然要保持质朴粗拙的作风；德行使众人信服，仍要以谦虚的态度待人。不等自己产生自满情绪就时常加以鞭策，这样就连鬼神也无可奈何。

见识精辟才能说出独到的话语，修养精湛才能说出令人钦敬的话语。如果见识很卑下而出言却很高，修养浅薄却偏说些荒诞无稽的话语，无疑是辱没先贤经典的罪人。

我小时候学习作文，父亲在稿子前面写了八条戒律：不抄袭，不与别人雷同，不借着肤浅的见解而发议论，不因骄傲自满而中途废学，不一边作文心里却想着世俗琐事，不用卑劣污秽的念头轻率去推断高深的论断，不自以为是而反感别人的言论，不偷懒而放松学习。

野葛虽然有毒性，不去吃它就不会有生命的危险；庸俗的感情和贪欲虽然很危险，不去沾染则不会累及自身。要问怎样才能不去沾染恶行呢，回答是：只要纯真的心灵不蒙蔽，则一切欲心杂念自然消失，偶尔萌生马上引起警觉，有所察觉就能克服，不过就是如此罢了。

（九）傅　山

1. 十六字格言

【题解】

傅山挑出十六个字，作为子孙修身、勤学的宝鉴。这种做法，古已有之。只是傅山给予了这十六字自己的理解，是他一生经验、学问的浓缩，很精辟。不过在用它们来指导自己时，需要联系起来，成一个整体。

【原文】

十六字格言

已未七月二十日书教两孙

静　不可轻举妄动。此全为读书也，街门不辄出。

淡　消除世外利欲。

远　去人远、无匪人之比。此有二义。又要往远里看，对近字求之。

藏　一切小慧不可卖弄。

忍　眷属小嫌，外来侮御，读《孟子》"三自反"章自解。

乐　此字难讲。如般乐饮酒，非类群嬉，岂可谓乐？此字只在闭门读书里面。读《论语》首章自见。

默　此字只要谨言。古人戒此，多有成言矣。至于讦①直恶口，排毁阴隐，不止自己不许犯之，即闻人言，掩耳急走。

谦　一切有而不居，与骄傲反。吾说《易·谦》卦②有之。

重　即"君子不重则不威"之重。气岸峻嶒，不恶而严。

▲傅山像

审　大而出处，小而应接，虑可知难。至于日间言行，静夜自审，又是一义。前是求不失其可，后是又改革其非。

勤　读书勿怠，凡一义一字不知者，问人检籍。不可一"且"字放在胸中。

俭　一切饭食衣服，不饥不寒足矣。若有志，即饥寒在身，亦不得萌干求之意。

宽　为肚皮宽展，为容受地窄，则自隘自蹙，损性致病。

安　只是对"勉"字看。"勉"岂不是好字，但不可强不能为能、不知为知，此病中者最多。

蜕　《荀子》"如蜕之脱"。君子学问，不时变化，如蝉蜕壳。若得少自锢，岂能长进！

归　谓有所归宿，不至无所着落，即博后之约。

偶列此十六字，教莲苏、莲宝，牫③令触目，略有所警。载籍如此话，说不胜记。尔辈渐渐读书寻义，自当遇之。魏收《枕中篇》最周匝，不可以人废言④。于《元魏书》⑤中有之。

【注释】

①讦：jié 发人隐私。

②《易·谦》满招损，谦受益。

③牫：通"粗"。

④废言：史称魏收品行不好。

⑤《元魏书》：即《魏书》。

【译文】

1. 静：不可轻举妄动。这全都是为读书着想。不轻易出门上街。

2. 淡：消除世间各种名利欲望。

3. 远：离人远远地，没有狐朋狗友。"远"字有两个意义，另一个意义是要往远处看，是相对于浅近而言的。

4. 藏：各种各样的小智慧，不可卖弄。

5. 忍：亲戚间的小小嫌疑，外来的侮辱，读《孟子》"三自反"一章自然明了。

6. 乐：这个字很难讲。如果是游乐酗酒，杂七杂八的一起嬉戏，岂能称之为"乐"？这个字只能在闭门读书里寻求。读了《论语》首章后自然明白。

7. 默：这个字只是要求人言语谨慎。古人以默为戒的话，已很多了。至于粗鲁地批评人，恶口伤人，诋毁别人，发人隐私等等，不只自己不许触犯，即使听见别人这么说，也要掩着耳朵赶紧走开。

8. 谦：再多的功劳、再大的本事也不要以此自居。与骄傲相反。我说《易经》谦卦里就有这个意思。

9. 重：即"君子不庄重就没有威严"的"重"。这就是要气度非凡，不凶恶，但是有威严。

10. 审：大到人的做官与隐居，小到平时的应接，都要考虑可否，知道困难。至于白天的言行，静夜的自审，这是"审"的另一个意义。做事前要审慎，以求不出错；事完后要审慎，以求改正错误。

11. 勤：读书不要懈怠。凡是一个字一个意思不明白的，一定要问人或翻检书籍。不能在心里想着"姑且放过"。

12. 俭：一切饮食穿着，只要不饥不寒就足够了。如果是有志气的人，即使饥寒迫人，也不能萌动去请求别人帮助、施舍的念头。

13. 宽：要肚量广大，不要心眼狭小，否则就是自己限制了自己，会损伤生命，导致疾病。

14. 安：这个字只是与"勉强"对照着看才有意义。勉强也有它的好处，但不能强不能为能，不知为知。犯这个病的人最多。

15. 蜕：《荀子》里写道："就像蝉脱壳一样。"君子读书学习，应当常有变化进步，就像蝉蜕壳一样。如果稍微有点故步自封，又怎能使学问长进！

16. 归：说的是学问最后有个归宿，不至于漫无边际无所着落，也就是博学之后归于简约。

偶然列出这十六个字，来教育莲苏、莲宝，粗略地让你们看看，稍微有所警戒。书籍中像这样的话，说也说不完。你们在读书过程中渐渐去找寻这一类意思，自己就会遇到。北齐魏收的《枕中篇》写得最周密，不可因为他的人品就废弃他的话。

2. 修身训言

【题解】

傅山关于修身的家训言论，可以说每一条都与众不同而又合情合理。比如做人是以真诚直率为好，可用到政治上，就不一定适合；读书不如接受当面的教诲，学问还需要亲自的体证；君子成名，是因为有些人甘做小人，从而衬托出了君子等等，都极有哲理，耐人寻味。

【原文】

一生为客不为主，是我少时意见欲尔。故凡事颇能敝屣①遗之，遂能一生无财帛之累。子弟亦须知我此意，师之可省经营烦恼。

凡过耳之言，触之惊心者，皆吾之道师医药，即须刻之于心，不可忘之。至诚格天，当下即应，不须岁月。

无耳性人，不但讽劝著不解，即大骂詈亦不觉。只记得个谁骂我来，却不记骂得我是我那一桩短处。若于此有醒，骂我者是我大恩人。

名也者，响也；身也者，影也。能克己，乃能成己；能胜已，乃能成物。

无至性之人不知哀乐；有至性之人，哀乐皆伤之。有至性之人多妨于道，无至性之人又不可入道，所以道难。幽独始有美人，淡泊乃见豪杰，热闹人毕竟俗气。

自贵莫如忍辱，忍辱莫如远人，远人莫如亲书。

小人不必群聚，但两人共处，即有异常之谋矣。可堪一笑。

不会要会，固难；会了要不会，尤难也。吾儿时得一概不会耶！

凡好诋毁人，于人无纤毫之损，而其奴气自足，惹人贱厌。

君子之名何由成？亦多亏不肖者，以其下流之行衬起之耳。若人人有少廉隅愧悔，君子之名何自而归？况居下流而恶皆归之，君子遂为好做。惜乎，无知之人不解此旨，以不肖自居，而以君子送人。

学之所益者浅，体之所安者深。闲习礼度，不如式瞻仪型；讽味遗言，不如亲承音旨。吾尝三复斯言。恒愿两郎之勤亲正人，遇之莫觌面失也。

"改"之一字，是学问人第一精进工夫，只是要日日自己去省察。如到晚上，把这一日所言所行底想想。今日那一句话说得不是了，那一件事做得不是了，明日便再不说如此话，不做如此事了，便是渐渐都是向上熟境。若今日想，明日又犯，此等人活一百年也没个长进。吃紧底是小底往大里改，短底往长里改，窄底往宽里改，躁底往静里改，轻底往重里改，虚底往实里改，摇荡底往坚固里改，龌龊底往光明里改，没耳性底往有耳性里改。如此去读书行事，只有益，绝无损，久久自觉受用。

"直情径行"②四字甚好，只是入道使得，若是以之家国，全使不得。所以世上人受许许委曲，以此告诸后生，非陈万年告戒之意。读书法古，经久自知。将四字放在榔栗头，为破魔军主帅，终来用著。

尔两人皆能读书。苏志高心细而气脆，教之使纯气。宝颜疏快，而傲慢处多，当教之使知礼。谆谆言之，皆以隐德为家法。势利富贵，不可毫发根于心。老到了，自知吾言。

——《霜红龛文·家训》

【注释】

①敝履：破烂的鞋子。

②"直情径行"：凭着真诚，直接去做。

【译文】

人的一生犹如过客，不必以主人自居。这是我少年时的意见就欲如此的。因此凡事都能像对烂鞋一样丢到一边，遂能一生当中不受钱财的拖累。子弟们也应当知道我这番心意，照着去做，可以减少苦心经营的烦恼。

凡是传进自己耳朵的话，想起来惊心动魄的，都是我们读书人的良师良药，就应当刻之于心，不可忘记。精诚所至，上达苍天，当下便心有响应，不须拖延岁月。

没耳性的人，不但劝说他无效，就是大骂他他也不会觉悟。他只记得谁骂过他，却不记得别人骂他是骂他哪一桩。如果在这个问题中能警醒，那么骂我的人，是我的大恩人呢。

名，就像是声音的回响；身，就像是事物的影子。能够克己的人，才能成为自己；能够战胜自己的人，才能忘却自己，与物同化。

没有真情至性的人不知道哀乐；有真情至性的人，又往往受到哀乐的伤害。有真情之人常与道抵触，没有真情至性的人又不能入道，所以得道非常困难。幽独之中，始有美人；淡泊处，方见豪杰。喜欢名利热闹的人，毕竟俗人。

洁身自好不如能忍受侮辱，能忍受侮辱不如远离人群，远离人群不如热爱读书。

小人不一定会聚在一处。但只要有两个小人呆在一起，就会有阴谋诡计产生。值得一笑。

不会的东西要学会，固然困难；会了之后要达到不会的境界，尤其困难。

凡是好诋毁别人的人，对别人没有丝毫损伤，而他那副奴气十足的样子，倒惹人生厌。

君子的名声又是怎么成就的？也多亏了那些坏人，以他们的下流行径来衬托出了君子的高尚。如果人人都少些棱角，少些愧悔，君子的名声施加给谁呢？何况有了坏人，邪恶都归给他们了，君子于是也就好做了。真是可惜啊，无知的人不懂这个道理，以坏人自居，却把君子的大名送给别人。

读书学习给人的教益来得浅，自己亲身去体验的好处来得深。熟练地掌握了礼仪制度的条文，不如亲眼去看实际的操作；诵读先贤留下的文字，不如亲身去接受他们的当面教诲。我曾经多次说过这样的话。很希望

两个儿郎能多多亲近正人君子，不要当面错过。

"改"这一个字，是读书问学的人最好的获得进步的方法，只是需要自己每天去反省和详察。比如到了晚上，把这一天所说所做的想想。今天哪一句话说得不对了，哪一件事做得不对了，明天就不再说这样的话，不再做这样的事，这就渐渐地，言行都走向成熟、正确。如果今天想到了，明天又违犯，这种人就是活上一百年也没有个长进。最重要的是小的往大里改，短的往长里改，窄的往宽里改，躁的往静里改，轻的往重里改，虚的往实里改，摇荡的往坚固里改，龌龊的往光明里改，没耳性的往有耳性里改。这样去读书做事，只有收益，绝无损害，时间久了，自会觉得受用。

"直情径行"四个字很好，但只是人道方面用得，如果是用来齐家治国，就全使不得了。所以世上的人受了很多挫折后，把上面这句话告诉后辈，并不是老生常谈的意思。读书效法古人，过久了自会明白此理。把这四个字放在心头，可作为破除歪心邪念的主帅，终究会有用处的。

你两个都会读书。傅苏志向高、心思细可是性格脆弱，我想教你性格坚定纯一。傅宝很疏朗明快，可是傲慢的时候居多，应该教你知道礼节。我这么不厌其烦地说，都是要你们以隐居修德为家法。势利富贵，不能有一丝一毫种在心里。等你们成熟了，自会懂得我的话。

（十）张英

1. 省钱赈济贫寒

【题解】

这是张英《聪训斋语》中的一则，题目为编者所加。富贵人家省出钱去救济贫寒，本来无济于事。但于自己的良心，慈悲心，多少有个安顿。

【原文】

予性不爱观剧，在京师一席之费，动逾数十金，徒有应酬之劳而无酣适之趣。不若以其费济困赈急，为人我利溥也。予六旬之期，老妻礼佛①时，忽念诞曰：例②当设梨园③，宴亲友，吾家既不为此，胡不将此费制绵衣裤百领，以施道路饥寒之人乎？次日为余言，笑而许之。予意欲归里时，仿陆梭山居家之法，以一岁之费，分为十二股，一月用一分，每日于食用节省，月晦之日，则总一月之所馀，别作一封，以应贫寒之急。能多作好事一两件，其乐逾于日享大烹之奉多矣，但在勉力而行之。

【注释】

①礼佛：礼拜菩萨。

②例：按惯例。

③梨园：唐代设梨园，略似今天剧团，后用来指戏班子。

【译文】

我的本性不喜爱看戏剧，在京城一桌酒席的费用，动不动就超过几十金，只有应酬的劳累，没有尽兴舒适的趣味。不如把这笔费用拿去救济贫困急难的人，做到别人和我普遍分享其利。在我六十岁生日到来之时，老妻在敬神拜佛时，忽然想到诞辰之日例当雇请戏班唱戏，设宴款待亲戚朋友，我们家既然不注重这方面，何不把这笔费用用作做成丝棉衣库许多件，施舍给行走在道路上的忍饥挨寒的人们？第二天老妻对我谈了这想法，我笑而赞同。我想在辞官归乡时，依照陆梭山居家的方法，以一年的费用分为十二股，一月用一股，每天予食用方面尽力节省，月末那一天，就总计一月所剩余的钱财，另外放在一处保存，用来接济贫寒的人所急需。能够多做一两件好事，其乐趣比每天享受丰厚食物多得多，只在于尽力去做了。

2. 虽有命运，也要做君子

【题解】

人和自己的命运，有矛盾，有抗争，也有和谐。张英对此中的关节看的是很清楚的。他提出要努力去"为"君子，这就难能可贵。

【原文】

《论语》云："不如命无以为君子。"考亭①注："不如命则见利必趋，见害必避，而无以为君子。"予少奉教于姚端恪公，服膺斯语，每遇疑难踌躇之事，辄依据此言，稍有把据。古人言居易以俟命，又言行法以俟命。人生祸福荣辱得丧，自有一定命数，确不可移。审此则利可趋而有不必趋之利，害宜避而有不能避之害。利害之见既除，而为君子之道始出。此为字甚有力，既知利害有一定，则落得做好人也。权势之人，岂必与之相抗以取害，到难于相从处，亦要内不失己，果谦和以谢之，宛转以避之，彼亦未必决能祸我。此亦命数宜然，又安知委曲从彼之祸，不更烈于此也。使我为州县官，决不用官银媚上官，安知用官银之祸不甚于上官之失欢也。昔者米脂令萧君，掘李贼之祖坟，贼破京师后，获萧君置军中，欲甘心焉。挟至山西，以二十人守之，萧君夜遁，后复为州守，自著《虎吻余生》记其事。李贼杀人数十万，究不能杀一萧君，生死有命，宁不信然耶？予官京师日久，每见人之数应为此官，而其时本无此一缺，有人焉竭力经营，干办停当，而此人无端值之，或反为此人所不欲，且滋诉詈，如此者不一而足。此亦举世之人共知之，而当局往往迷而不悟。其中之求速反迟，将求得反失，彼人为此人而谋，此事因彼事而坏，颠倒错乱，不可究诘。人能耳目闻见之事，平心体察，亦可消许多妄念也。

【注释】

①考亭：朱熹。

【译文】

《论语》一书中说："不知命就不能成为君子。"宋代思想家朱熹对这句话解释说："不知命见到利益必然会追逐，见到祸害必然迅速避开，从而不能做一个正人君子。"我少年时受教于姚端恪公，衷心信服这句话，每当遇到疑难犹豫的事，总是依据这句话来做，心里感到稍有把握。古人说安于平易以等待天命的安排，又说执行法度、法则以等待天命的安排。又说做与不做也凭借天命。人生祸福荣辱得失，自然有一定命运，这是不可改变的。知道了这个道理之后就会做到见利可求，而又不必追求；祸害应当避开，但还有不能避开的祸害。有关利害的趋避既已明了，那么为正人君子的方法就开始产生。这个"为"字很有力量，既然知道利害得失自有定数，那么也就可以落得做一个好人了。有权有势的人，难道一定要与他相抗衡以至招来祸害吗？到了难于相随的时候，也要做到内心不丢失自己，果真能做到谦和以相迎谢，宛转迂回以避开，别人也未必一定要加害于自己。这也是命运决定的缘故，又怎么知道委屈忍从别人的祸害，不比与他相抗所招致的祸害更严重呢！假使我作为州县官吏，一定不会用官府的钱财去献媚取悦于上级。因为谁知道用官府的钱财献媚带来的祸害，不比不献媚而使上级对自己的不满所招来的祸害更严重呢？过去陕西米脂县知县萧某曾经派人掘开李自成的祖坟，李自成率领的农民起义军攻占京城之后，捕获了萧某关押在军中，萧某甘心等死。李自成把他押解到山西，派二十个士兵加以看守，但萧某趁夜色逃跑，后来又当了州官，写了《虎吻余生》一书记述他所亲身经历的事。李自成杀人几十万，终究没能杀掉萧某，可见生死有命，对此难道人们还不信服吗？我在京城当官的时间很长，往往见到有很多次某某人应当当这个官，而当时本来就没有这个空缺的官位，于是有人竭尽全力奔走筹划，事情办妥之后，而这个人根本不适合这个官职，或者反不被这个人所感激，而且招至这个人的辱骂，诸如此类的事情是很多的。这也是众所周知的，而当事人却往往执迷不悟。这其中的求速反迟，求得反失，那个人为这个人谋划，这件事因那件事而破坏，颠倒错乱，不可追问究竟。如果人人能够将听到见到的事，都加以平心体察一番，也可消除许多非分之想。

3. 知命与安命

【题解】

命运是困扰古人的一大问题，今天的人也时时思考。张英采取了儒家圣贤的传统做法，既要真切地知道命运，又要安于命运。历史的局限性在于：那么人可以抗争吗？如果能又如何抗争？相信这方面的思考将会永远继续下去。

【原文】

世人只因不知命、不安命，生出许多劳扰。圣贤明明说与曰："君子居易以俟命"，又曰："君子行法以俟命"，又曰："修身以俟之"。不知命无以为君子，因知之真，而后俟之安也。予历世故颇多，认此一字颇确，曾与韩慕庐宿斋天坛，深夜剧谈，慕庐谈当年乡会考时，乡试则有得售之想，场中颇得意，至会试殿试，则全无心得会、状。会试场大风吹卷欲飞，号中人皆取石坚押，韩独无意祝曰："若独中则自不吹去。"亦竟无恙。故其会试殿试文，皆游行自在，无斧凿痕。予谓慕庐："足下两掇巍科①，当是何如勇猛。以此言告人，人决不信，余独信之。"

——《聪训斋语》

【注释】

①巍科：科举考试名列前茅。

【译文】

世界上的人只因为不懂得命运、不安于命运，才产生出许多辛苦和烦扰。圣贤明明告诉我们说："君子安于平易以等待着天道的命运"，又说："君子遵行法度以等待命运"，还说："修身养性以等待着命运。"不知道命运就不能成为君子。因为只有真切地知道命运，而后才能安心地等待命运。我经历的处世经验很多，认识这一个"知"字很确切。我曾经与韩慕庐吃住在天坛，深夜畅谈，慕庐谈到当年乡、会考时，乡试则有考中的想法，在考场中很用心，到了会试和殿试的时候，就全没有心思去得会元、状元了。会试考场中大风吹来，把试卷都要吹走了，参加考试的人都用石头把试卷牢牢地压着，韩慕庐独独没有这样做，他祈祷似的说："如果独自考中就自然不会被吹走。"结果竟然什么事也没有发生。所以他在会试、殿试中的文章，都是游笔行文自如，没有斧凿痕迹。我对慕庐说："您会试和殿试两次名列前茅，该是多么勇敢顽强！把这句话告诉别人，别人决不会相信，只有我一人相信。"

（十一）刘德新

《余庆堂十二戒》论修身

【题解】

刘德新的《余庆堂十二戒》，以类似随笔杂文的形式畅谈人生，善用比喻、托物咏志，以史实典故喻照今人，十分引人入胜。

（1）戒妄念

【原文】

海岛有信天翁者，拙而不能攫鱼以食，但食诸他鸟唼啄之余。夫他鸟之唼啄者，日所余几何，而乃待以为命，吾为信天翁惧矣。然卒不闻海上有饿死之信天翁，何也？君子曰：观此可以悟境法焉。贵贱、贫富、死生、有司其权者曰天，天不可以人为也。有定其分者曰命，命不可以力竞也。吾顺吾天，吾安吾命，知止知足之间，自有不殆不辱之理。岂必形逐逐，意营营，以与天较，与命衡，而卒无如此天与命何哉。夫实地莫负于现在，悬思莫牵于将来。现在者，可据之地也；未来者，难知之乡也。诸快乐之观，从实地出也。诸苦恼之况，从悬思成也。衣不过被体已耳，虽目前之鹑衣缊袍，亦自若也，奚必为他年谋千金之裘。食不过充腹已耳，虽目前之箪食瓢饮，亦自乐也，奚必为他年计万钱之奉。居不过容膝已耳，虽目前之蓬户瓮牖，亦自安也，奚必为他年筹千万间厦。古人有言曰：非无足财也，心不足也；非无安居也，心不安。夫有可足财而心不足，有可安之居而心不安，舍可据之地而向难知之乡，弃快乐之乡而耽苦恼之况，知者固当如是耶？盖吾人之道德品谊，当向胜于我者思之，则希圣齐贤，而奋励之心自起。吾人之居处服食，当向不如我者思之，则随缘安分，而觊觎之念自消。苟非然者，不以不如人之道德品谊为耻，而以胜于我之居处服食为羡。身在今日，心在他年，欲根不断，愁火常煎。势将多病易老，无益有损。吾窃叹衡命之人，终不如信天之鸟也。

【译文】

海岛有种鸟叫信天翁，笨拙而不会捉鱼吃，只得吃其他鸟吃剩的东西。其他鸟每天吃剩的东西能有多少呢？而信天翁就是以吃这些东西维持性命，我真替信天翁担心。但从未听说海上有饿死的信天翁，什么原因呢？君子说：由此可以悟出适应环境的道理。贵贱、贫富及生死，都是老天安排的，人对此无能为力。命中早已注定一切，是不可改变的。我们只有顺天安命，知止知足，才不会有危险。不必与天命抗争，因最终人还是战胜不了天命。要着眼于现实，不要悬想将来如何。现在是实实在在的，而未来难于知晓。各种快乐都出自现实，而苦恼多从悬想中形成。衣服不过为蔽身而已，虽然眼下穿着简朴，也很安然，何必去为将来谋求千金之裘而忧烦呢？食不过为饱腹而已，虽然眼下粗茶淡饭，也自有乐趣，何必为奢望将来的美酒佳肴而苦恼呢？居住不过是为容身而已，虽然眼下住的是茅草房，也自能安身，何必为将来筹措高楼大厦而劳碌呢？古人说：不是财产不足，而是心里不满足；不是没有安居之所，是心神不安宁。有了足够的财产但心里不满足，有了安寝的居室但心神不安宁，这就是在舍弃现实生活而幻想将来的虚无缥缈的东西。舍弃快乐而沉溺于苦恼之中，聪明人是不该这样做的。人在道德品行上，应向比自己强的人学习，这样才能激起赶超圣贤奋发向上的心志。在衣食住方面，应想想那些不如自己的人，这样自然会安分守己，消除那些不切实的念头。假如不这样，就不会因自己的道德品行不如人而感到耻辱，总是将在衣食住方面比我强的人作为欣羡与追求的目标。身在今天，心却在将来，欲望太盛，被忧愁煎熬，这样的人必然多病而容易衰老，有百害而无一益。我感叹与命相争的人，不如信天翁聪明。

（2）戒骄傲

【原文】

予尝读《易》，至"谦卦"而有感也。《易》之为卦，六十有四。其吉凶悔吝，错见于六爻者，比比是也。独谦则六爻皆吉焉。谦之时义，诚大矣哉。夫和谦之吉，则反乎谦之悔吝凶，可无问也。世之人昧于此义，乃故存一自先自上之心，而发之以不肯后人，不肯下人之气，而恣睢睥睨之态出焉。此其为类有二，一则以势自雄，谓人即在吾后，吾自宜先之。人即在吾下，吾自宜上之。此所谓富贵者骄人，以尊傲卑者也。一则以才自命，谓我虽在彼后，而有所以先之者；我虽在彼下，而有所以上之者。此所谓贫贱者骄人，以卑傲尊者也。吾以为是二者皆过也。以势自雄，此非善居其势者也。以才自命，此亦非善用其才者也。吾且不述三代以后之为骄傲败者，而述三代以前之为骄傲败者。今之人，孰不知丹朱为不孝子耶，孰不知鲧为凶人耶？然亦知丹朱与鲧之所以为不肖子，为凶人耶。尧咨若时而放齐以朱对，咨俾乂而四岳以鲧对，是朱与鲧之在当日，必皆具有绝人之才，为众所推许者也。然朱终当嚚讼不获嗣位，而鲧终以方命圮族，绩用弗成见殛，遂得不肖子凶人之名，使后世传之，几不知其为何如恶劣人。然则骄傲之为害，一至而是耶。嘻！谦受益，满招损，此不易之理也。人奈何甘受其损，而不自求其益也。

【译文】

　　《周易》有六十四卦，其吉凶祸福，在六爻中到处可见，唯独谦卦的六爻全是吉象。和顺谦逊就能带来吉祥，骄横傲慢就会招来凶与祸。世人不懂这个道理，争强好胜，骄狂之态百出。这类人有两种表现，一种以势力称霸，自以为不可一世，仗财势傲人；另一种以才能而自命不凡，认为我虽然地位在你之下，但我比你有能力，恃才傲人。我认为以上两种人都大错特错。以势傲人，这是不善驾驭权势；以才能自命不凡，也是不善于运用才能。且不说夏、商、周以后因骄傲而失败的人，我只举夏、商、周以前的例子。现在的人们谁不知丹朱是不孝之子，谁不知道禹的父亲鲧是凶残的人。但这两个人在当时都是少有的奇才。丹朱因诈讼而没有得到帝位，鲧因违背帝命而被杀。一个得了不孝之子的恶名，一个得了凶残之人的恶名。骄傲的结果就是如此之惨。满招损、谦受益，这是至理名言。那么人为什么宁愿受损而不愿受益呢？

<h3 align="center">（3）戒放荡</h3>

【原文】

　　子夏曰："大德不逾闲，小德出入可也。"儒者犹病其言，以为观人则可，自律则非。盖圣贤之道，谨小慎微，以求寡过。虽一举足，一启口，亦不敢轻且易，而谓何事可荡轶于礼法之外耶。不谓世之恣纵者，匪惟小有出入，抑且大闲罔顾焉。厌为绳尺所拘，耽习夫猖狂不羁之行，往往曰：礼非为吾辈设也，吾游方之外也。揆其意，岂不以昔之七贤八达辈为口实耶。然亦思此七贤八达辈，为何如人耶。虽其中不无因世之变，有托而逃，为混迹尘埃以自匿者，而要其越闲败检，得罪名教者，固比比矣。或以废君臣之义，或以绝母子之恩，或以溃男女之防，而且诩诩然相推曰：此贤也达也。因之一倡万和，而天下之风俗，由是坏，而天下之纪纲，由是隳，晋室败亡之祸实出于此。君子深痛其祸而究其为厉之阶，谓其罪浮于桀纣。而顾可真以是为贤且达耶？或曰：晋人即不可学，则必师宋人矣。清谈之放，道学之迂，一间耳。放差能乐，迂徒自苦，亦何必舍此取彼为？予曰："苦乐固别，祸福亦殊。礼者，古所制也；法者，今所守也。尔弃礼，不惧败矩度；尔蔑法，不惧罹罪辜耶？"楚子将出师，入告夫人邓曼曰："余心荡。"曼曰："王禄尽矣。盈而荡，天之道也。"子果率于师。夫荡于心，为死亡之兆，则荡于身者，又当何如也？然则儒者主敬之学，固养心之道，而实保身之道也欤。

【译文】

　　子夏说："人在大的方面不越出法度，小的方面也不必求全责备。"儒家学者对这句话多有责难，认为倘若用来对待别人还可以，如果用来要求自己就不对了。圣贤做人的准则是谨小慎微，以求减少过失。就连一举一动都不敢大意，又有什么事可以越出礼法之外呢？那些放纵的人，胡作非为，往往为自己开脱说：礼法不是为我而设的。看他们的意思，似乎是以魏晋时代的"七贤""八达"作为借口。然而这七贤八达是些什么人呢？尽管其中有因世变而隐居的，而大多是伤风败俗违背礼法的人。有的不讲君臣之义，有的弃绝母子之恩，有的男女私奔，并且以此称作贤达。以此乱纲纪，坏风俗，晋朝败亡的原因就在这里。君子把诸如此类看作是祸根，认为这罪恶大于桀、纣。有人说晋朝人既然不可学，就必须学宋朝人了。其实清谈放纵与道学的拘泥是一样的，放纵勉强能自乐，迂腐徒自受苦，又何必舍此取彼呢？我认为苦乐固然不同，福祸也不一样。礼是古人制定的，法是现在应遵守的。如果放弃了礼，难道不怕败坏了道德；如果蔑视法律，难道不怕获罪吗？楚武王在即将出兵伐齐国时对夫人登曼说："我的心散了。"登曼说："那么你的死期就要来临了。满而后散，这是自然规律。"后来楚武王果然死于军中。心散是死亡的征兆，那么身体如果失去自控能力又会怎样呢？儒家主静的学问，是道德修养的方法，也是保身之道。

（4）戒豪华

【原文】

语云："德过百人曰豪。"是豪之为名，以德称也。又云："和顺积中，英华发外，是华之为义，亦以德著也。洵如是，亦何恶于豪华而为之戒哉。而不知此古人性分之谓也，非今人势分之谓也。今人所矜为豪，多在驾高车，驱驷马，意气扬扬自得之间，而所艳为华，亦不过崇轮奂，美裘裳，以照耀于闾阎市井中已耳。此非范质所讥为"纵得儿童怜，还为诚者鄙"者耶？吾且不论此虎皮羊质，至外珉中，见铠于有道长者，而窃为若人瞿瞿有祸福之惧焉。何以见其然也，人心好胜，天地忌盈，豪过则灭，华甚则竭，此必至之势也。不思古人宫成缺隅，衣成缺衽之义耶。试取从来之最豪华者论、富莫过于石季伦、李赞皇。季伦以人臣，与贵戚斗富，虽以天子助之犹为诎。赞皇饮食珠玉之奉，过于王者。然一则为孙秀所收，一则有岭南之窜，卒不克以免其身焉。岂非暴殄之行，有干天道故耶。夫以季伦之文章，赞皇之勋业，犹且至是，况在区区辈耶。诸葛武侯云：淡泊以明志，宁静以致远。吾于其言有感。

【译文】

《礼记》上说："德行超过百人的人才称得上为豪。"这是说豪是指德行而言。又说："和顺在内，英华表面在外。"这是说英华是德行的外在表现。既然如此，为什么要戒豪华呢？这是因为古人以德性作为评断豪华的标准，而现在的人却以势力作为评断豪华的尺度。现在一般人都误将驾高车，赶驷马洋洋得意的情状称为豪华。这不正是范质所讥讽的那种人吗？且不说这些金玉其表的人，早已为深沉内涵的人所不齿，我却私下里为他们的灾祸所忧虑。因为人性的弱点是好胜，而天最忌讳的是盈满。过于豪华则易破灭，这是规律。请再来看看历史上最豪华人的命运，富贵没有能超过石季伦、李赞皇的。石季伦作为臣子和皇族斗富，就是天子相助也不如他。李赞皇衣食胜过王族。但到头来一个被孙秀所抓获，一个逃到岭南，终不能幸免于难。这难道不是暴殄天物，有犯天道的结果吗？以季伦的文章，赞皇的功业尚且如此，更何况我们这些普通人。诸葛亮说：淡泊以明志，宁静以致远。我很有同感。

（5）戒轻薄

【原文】

尝读苏子瞻传，有云："嬉戏笑骂，皆成文章。"在作传者，盖以是为之称也，而不知其一生受祸之本正此。何则？苏子以雄视百代之才，不能沉潜静默，以养成真远大之器，顾以笔墨为玩弄。当时之人，撷拾其"九泉蛰龙"之辞，而必置之死也。安知非受其侮辱者，而假此以为报复耶？此亦不厚重之祸也。予即以是类，着之为世之轻薄子诚焉。虽轻薄之事，予亦不能举，而所最忌者三，一则勿以己之少，慢人之老也。无论近父近兄，礼宜尚齿，即以人生百年计之。自少至老，旦暮事耳。今日红颜之子，不即他日白头之翁耶？况寿夭不齐，安知不老者犹存，而少者或没耶？杨亿少入禁掖，每侮其同官之老者，一人曰："老终留与君。"一人曰："莫与他，免为人侮。"杨后未艾而卒。此以少慢老，轻薄之可戒者也。一则勿以己之长哂人之短也。天下事，吾所知能者，不胜所不知不能者，顾于人所不知不能者哂之，曷亦自反而计吾所知能者几何耶？温庭筠竭时相，相询以故实。温曰："事出南华，非僻也。冀相公燮理之暇，姑宜稽古。"时相薄其人而恶之，温卒不获一第。此以长哂短轻薄之可戒者也。一则勿以己之全，笑人之缺也。大凡形体不全之人，其讳护为最重。我故为玩其所不足，以中其所忌，鲜有不深激其怒者。郤克与鲁卫诸臣使于齐，其形各有所缺，齐以其类为迎，且令妇人帏观之。克大怒，誓以必报，后卒有鞍之师。此以全笑缺轻薄之可戒者也。若引而伸之，触类而长之，其于轻薄之行，不思过半哉。

【译文】

曾读苏轼传中有这样一句话："嬉笑怒骂，皆成文章。"作传的人以此称赞他，而不知这正是他一生招祸的根源。苏轼具有卓越的才华，却不能以沉静沉默而养成大器，却热衷于玩弄笔墨文章。结果被人搜集了有违当世的辞句，定要置他于死地。这是因不厚重而招来的祸患。所以我举此类事，告诫世上轻薄的人。轻薄的事很多，最忌讳的有三条：基一，不要以年少而轻慢老者。因为人生很快就会过去，今日的红颜少年，不久即成白发老者。况且常有老者还健在，而少者却已早夭。其二，不要以自己的长处笑别人的短处。世上的事我们不懂得的太多了。笑别人等于笑自己。比如大诗人温庭筠拜谒当时的丞相，丞相问他一个典故，温回答说："这事出自南华经，不是生僻的典故，希望相公于理政的余暇，不妨研究点古代的史实。"丞相为此十分忌恨他，使他终未及第。其三，不要因自己身体健全而取笑别人的残疾。形体不全的人最忌讳别人揭短。如故意拿人家的不足开玩笑，很少不激怒他人的。古时的郤克与鲁卫诸臣出使齐国，因为他们各有残疾，齐国便找了些有残疾的人欢迎他们，并让妇女在帷后观看，郤克大怒，发誓要报这一笑之仇，后来便造成了出兵鞍地的军事行动（即著名的鞍之战）。这种因自己有健全身体而取笑别人残疾的轻薄之人，应引以为戒。

（6）戒赌博

【原文】

事之有益于人者，虽古凶人之所遗，吾亦有取焉，若鲧之城、桀之瓦是也。事之无益于人者，虽古圣人之所遗，吾亦无取焉，如尧之奕，老之摴蒱是也。夫以无益而不取，况乎其有害耶。旧事相沿，新机递创，浸假而有掷骰、打叶之戏，浸假而有混江、马吊之名。且昔人以之适性情者，今人以之规财贿，而赌博之事纷出焉。予尝曰：小人而赌博，盗之谋也。君子而赌博，贪而囮也。曷言之？夫赌博不输之方也。乃负矣，而必求一胜。再负矣，而又必求一胜。再三再四之不已，卒之有负无胜。则吾赀以罄，吾债以积，而吾心益以热，则凡苟可以得财贿者，将何所不至哉。吾故曰：此盗之媒，贪之囮也。而世之人，或有甚吾言者曰：吾辈之为此也，虽不无金钱之注，然岂真以规财贿耶，不过为适性情故耳。纵百万一掷，曾何芥蒂于胸中。而乃一以为盗媒，一以为贪囮，且君子与小人同讥耶。而不知更不然，事不可以或废也，时不可以或失也。孔子之贤博弈，所以甚言不用心之不可耳，岂真以为贤耶。以可用之心，而用之不可用之物，则误用之心，与不用正相等。况身列士大夫之林，而可为此牧童小人之事耶。而且心术以此坏焉。何也，觊觎之念一动，则必弄机关，而且体貌以此亵焉。何也，计效之心太明，则必起争竞，而且身以此轻焉。何也，胜负之情正切，则必忘饮食，废寝眠。以是而言，非所谓不德无益，而又害之者耶。夫不为其有益而无害者，而为其无益而有害者，适足以见其人之愚，而自贻伊戚也。噫！

——《余庆堂十二戒》

【译文】

只要是有益于人的事，尽管是恶人留下的，我也吸取，比如鲧的城墙，桀的瓦片。无益于人的事，即使是古圣人留下的，我也不要，比如尧的棋，老子的骰子。现在社会上流行掷骰、打叶等赌博的游戏，还有混江龙、马吊子等赌博的新名堂。古人以此来调节性情，而今人却用来赌钱。我曾说，平民赌博是偷盗的开始，而有一定权力的人赌博是贪污的引子。为什么这么说呢？因为想靠赌博获利是不可能的。胜的人十个当中只有一人，输的人却占了九个。输的人千方百计想赢回来，结果一输再输，一赌再赌，弄得债台高筑，以至去诈骗、偷窃，不择手段地去弄钱。所以说赌博是偷盗、贪污的开始。有的人认为我是在小题大做，辩解道，我们虽以金钱下注，但不是真以财产相赌，而是游戏，不过是为调节性情而已。甚至说，即使以百万钱一掷，也从不往心里去。这些人不知道赌博不仅误事，而且费时。把可用之心用到了不可用之物上，是误用其心荒废了正事。何况以士大夫的身份，而做牧童小人的营生，由此而败坏了节操。为何这样说呢？因为非分之心一起，便打邪主意，以至丢掉了自己的体面。再加上因胜负心切，以致废寝忘食，结果自轻自贱。由此看来，这种游戏，噫！不仅无益，而且有害，甘愿去做无益而有害之事的人，难道不是愚蠢之极吗？

（十二）张廷玉

《澄怀园语》论修身

【题解】

张廷玉，清康熙进士，官至保和殿大学士，雍正年间军机大臣。《澄怀园语》是张廷玉闲暇时，训诫子侄的语录，其内容主要涉及立身处世，很值得今人的研读。

（1）戒骄戒躁

【原文】

古人以盛满为戒，《尚书》曰："世禄之家，鲜克由礼。"盖席丰履厚，其心易于故逸，而又无端人正士、严师益友为之督责匡救，无怪乎流而不返也。譬如一器，贮水盈满，虽置之安稳之地，尚虑有倾溢之患。若置之欹侧之地，又从而摇撼之，不但水至倾覆，即器亦不可保矣。处盛满而不知谨慎者，何以异是。

【译文】

古人把骄满看作大戒，《尚书》中说："世代做官的人家，很少有能遵守礼法的。"因为衣食富足，就容易放任自流，再加上没有正人君子及良师益友予以纠正，难怪任性惯了，没法加以约束。如器皿装满水，虽然放在安稳的地方，还担心水有流出的危险，如放在倾斜的地方，再摇晃它，不但水会流出，器皿也难保。骄满而不知谨慎，与这种情况没有区别。

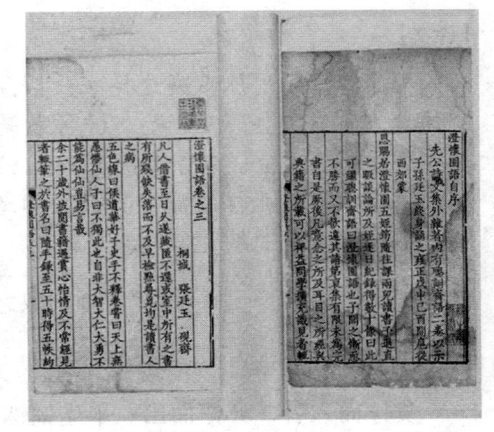

▲张廷玉《澄怀园语》书影

（2）沉默吉祥

【原文】

《周易》曰："吉人之辞寡。"可见多言之人，即为不吉，不吉则凶矣。趋吉避凶之道，只在失口间。朱子云："祸从口出。"此言与《周易》相表里。黄山谷曰："万言当不如一默。"当终身诵之。

一言一动，常思有益于人，唯恐有损于人。不惟积德，亦是福相。

【译文】

《周易》说："吉祥的人话少。"由此可见话多的人不吉祥，不吉祥就会遭祸患，吉祥与遭祸的主要原因，就在一张嘴上。朱熹说："祸从口出。"这句话与《周易》中所说道理相同。黄庭坚说："说一万句话也不如保持沉默。"这句话值得终身记取。

一言一行要考虑到对人有益处，凡事只担心对人有损害。这不仅是积德，也是保福。

（3）适而可止

【原文】

邵康节尝通希夷之语曰："得便宜事不可再作，得便宜处不可再去。"又曰："落便宜处是得便宜。"故康节诗云："珍重至人常有语，落便宜事得便宜。"无遗山诗曰："得便宜处落便宜，木石痴儿自不知。"此语常人皆能言之，而实能领会其意者，非见道最深之人，不足以语此也。余不敏，终身诵之。

【译文】

　　邵康节曾引用陈希夷这样一段话："得了便宜的事不能再做，占了便宜的地方不能再去。"又说："吃亏就是占便宜。"所以康节有诗说："去了便宜便是得了便宜。"元遗山有诗说："得了便宜的地方正是在哪里丢了便宜，木疙瘩石块儿样的痴子自然不知道。"这些话人们都说，但真能领会的人不多。我不聪敏，所以终身诵读。

（4）取之有道

【原文】

　　货悖而入者，亦悖而出。平生锱铢必较，用尽心计以求赢余，造物忌之，必使之用，若泥沙以自罄其所有。夫劳苦而积之于平时，欢欣鼓舞而散之于一旦，则贪财果何所为耶。所以古人非道非义，一介不取。

【译文】

　　钱财若不是正道来，必然不会正道去。平生斤斤计较，不择手段地积攒钱财，老天最忌讳这么做，到头来肯定也会像泥沙散去一样，一无所有。即使是平日劳苦所积攒的，也会散于一旦，那么贪不义之财究竟为什么呢？所以古人对不合乎道义得来的钱财，一分一毫也不要。

（5）宽恕待人

【原文】

　　凡人看得天下事太容易，由于未曾经历也。待人好为责备之论，由于身在局外也。"恕"之一字，圣贤从天性中来；中人以上者，则阅历而后得之；姿秉庸暗者，虽经阅历而梦梦如初矣。

——《澄怀园语》

【译文】

　　凡是把一切事情看得太简单的人，是因为他阅历太浅。对别人喜欢责备的人，是因为自己没有处在事物之中。"恕"这个字是有德行人自然表现出来的；中等资质以上的人，经历后才能认识到；资质差的即使经历，也是照样懵懵懂懂的。

（十三）唐彪

《人生必读书》论修身

【题解】

　　以下两篇修身之说援引自唐彪《人生必读书》，"反求诸己"篇阐明了圣贤之"贤"与恶人之"恶",读来使人幡然自省。"喜怒自持"篇告诫人们,或喜或怒都应当把握好自己。

(1) 反求诸己

【原文】

圣贤无他长,只是见得己多未是,所以孜孜悔过迁善,而为圣贤。凶恶之所短,只是见得自己是,而人多不是。所以刻刻怨物尤人,而为凶恶。语云:"世人皆言人心难测,而不知己之心更难测。世人皆言人心不平,而不知己之心更不平。"苟非细察,安得知之。

【译文】

圣贤的优点,只是善于发现自己的缺点,因而能孜孜不倦地改过从善;恶人的缺点,只是总认为自己正确,别人都不对,因而常常怨天尤人。俗话说:"人们都说人心叵测,而不知道自己的心更难测;人们都说人心不公平,而不知道自己的心更不公平。"倘若不细心揣摩是很难领悟这一道理的。

(2) 喜怒自持

【原文】

人情盛喜时,必率略于约信,轻易于许人,后日不能践言,多至债事为人轻鄙,故喜极莫多言也。盛怒时与人言语,颜色必变,词气必粗。知我者谓我因怒而气暴,不知我者,谓我怒彼而发嗔,启人仇怨矣。

——《人生必读书》

【译文】

人在特别高兴时,容易轻许诺言,结果不能实现诺言,往往把事情搞坏,被人所轻视。所以特别高兴时不要多言。发怒时说话,面色一定反常,用语粗鲁。了解我的人知道我生气了才这样,不了解我的人,以为我对他有怨仇而发脾气。所以发怒时也应少说话。

(十四) 郑 燮

1. 焦山双峰阁寄舍弟墨

【题解】

郑板桥不相信风水,并认为即便地方风水不好,也可以通过去掉刻薄,保存厚道来改变。这是一种道德上的自信心。

【原文】

郝家庄有墓田一块，价十二两，先君曾欲买置，因有无主孤坟一座，必须刨去。先君曰："嗟乎！岂有掘人之冢以自立其冢者乎！"遂去之。但吾家不买，必有他人买者，此冢仍然不保。吾意欲致书郝表弟，问此地下落，若未售，则封去十二金，买以葬吾夫妇。即留此孤坟，以为牛眠①一伴，刻石示子孙，永永不废，岂非先君忠厚之义而又深之乎！夫堪舆家言，亦何足信。吾辈存心，须刻刻去浇存厚，虽有恶风水，必变为善地，此理断可信也。后世子孙，清明上冢，亦祭此墓，卮酒、只鸡、盂饭、纸钱百陌，著为例。雍正十三年六月十日，哥哥寄。

【注释】

①牛眠：葬地的别称。

【译文】

郝家庄有一块墓地，售价十二两银子，先父曾经想把它买下来，因为地中有一座无主的孤坟，得挖掉。先父说："唉，难道有掘别人的坟墓来建造自家坟墓的道理吗！"于是就放弃了它。可是，我家如果不买，肯定有别人买的，这座坟墓还是不能得以保存。我的意思是想写信给郝家表弟，询问这块地现在怎样了。如果还没有卖掉，就送去十二两银子，买下来准备埋葬我们夫妻。即留此孤坟，作为葬地的一个伴侣，并刻一块石碑告诉子孙，永远不许毁掉它，这难道不是先父诚实厚道的心意而又更加深了一层吗！谈到阴阳先生的话，又哪里值得相信。我们的存心是，要时时刻刻去掉刻薄保存厚道，这样即使有不好的风，水也一定会变成吉祥的地方，这个道理是完全可以相信的。后代的子孙，清明节上坟时，也要祭扫这座坟墓，一杯酒、一只鸡、一碗饭、纸钱一百串，写下来作为规例。雍正十三年六月十日，哥哥寄。

2. 范县署中寄舍弟墨第四书

【题解】

在这封信中，郑板桥首先描绘出一幅田园生活的美景，令人神往。他将农民和读书人相比，认为农民是第一等的。农民勤劳苦干，很多读书人却满脑子的高官厚禄，差别大了。实际上，郑板桥是要通过这封信使郑墨注重品德上的修养。

【原文】

十月二十六日得家书，知新置田获秋稼五百斛，甚喜。而今而后，堪为农夫以没世矣！要须制碓，制磨，制筛罗簸箕，制大小扫帚，制升斗斛。家中妇女，率诸婢妾，皆令习舂揄蹂簸之事，便是一种靠田园长子孙气象。天寒冰冻时，穷亲戚朋友到门，先泡一大碗炒米送手中，佐以酱姜一小碟，最是暖老温贫之具。暇日咽碎米饼，煮糊涂粥，双手捧碗，缩颈而啜之，霜晨雪早，得此周身俱暖。嗟乎！嗟乎！吾其长为农夫以没世乎！

我想天地间第一等人，只有农夫，而士为四民之末。农夫上者种地百亩，其次七八十亩，其次五六十亩，皆苦其身，勤其力，耕种收获，以养天下之人。使天下无农夫，举世皆饿死矣。我辈读书人，入则孝，出则弟，守先待后，得志泽加于民，不得志修身见于世，所以又高于农夫一等。今则不然，一捧书本，便想中举、中进士、做官，如何攫①取金钱、造大房屋、置多田产。起手便错走了路头，后来越做越坏，总没有个好结果。其不能发达者，乡里作恶，小头锐面，更不可当。夫束修自好者，岂无其人；经济自期，抗怀千古者，亦所在多有。而好人为坏人所累，遂令我辈开不得口；一开口，人便笑曰：汝辈书生，总是会说，他日居官，便不如此说了。所以忍气吞声，只得捱人笑骂。工人制器利用，贾人搬有运无，皆有便民之处。而士独于民大不便，无怪乎居四民之末也！且求居四民之末而亦不可得也！

愚兄平生最重农夫，新招佃地人，必须待之以礼。彼称我为主人，我称彼为客户，主客原是对待之义，我何贵而彼何贱乎？要体貌他，要怜悯他；有所借贷，要周全他；不能偿还，要宽让他。尝笑唐人七夕诗，咏牛郎织女，皆作会别可怜之语，殊失命名本旨。织女，衣之源也，牵牛，食之本也，在天星为最贵；天顾重之，而人反不重乎！其务本勤民，呈象昭昭可鉴矣。吾邑妇人，不能织绸织布，然而主中馈，习针线，犹不失为勤谨。近日颇有听鼓儿词，以斗叶为戏者，风俗荡轶，亟宜戒之。

吾家业田虽有三百亩，总是典产，不可久恃。将来须买田二百亩，予兄弟二人，各得百亩足矣，亦古者一夫受田百亩之义也。若再求多，便是占人产业。莫大罪过。天下无田无业者多矣。我独何人，贪求无厌，穷民将何所措足乎！或曰：世上连阡越陌，数百顷有余者，子将奈何？应之曰：他自做他家事，我自做我家事，世道盛则一德遵王，风俗偷②则不同为恶，亦板桥之家法也。哥哥字。

——《板桥家书》

【注释】

①攫：jué 搜刮。

②偷：衰败。

【译文】

十月二十六日接到家里的信，得知新买的田地收获秋粮五百斛，很高兴。从今以后，能够做农民过一辈子的了。只是为此要置办石碓，制办石

磨，制办筛罗和簸箕，制办大大小小的扫帚，制办升、斗、斛等量器。家里的妇女，应做女仆们的表率，都要学会舂米、簸米等活计，这就有了一种靠田地养育子孙的样子。天寒地冻时，穷亲戚朋友来家访问，先用开水泡一大碗炒米送到他们手里，再佐以一小盘酱生姜，便是温暖老人抚慰穷人最好的食物。冬闲时日吃碎米粉做的饼子，煮一锅糊涂粥，两只手捧着碗缩着脖颈喝，霜冻下雪天的早晨，有了这些浑身都会暖和。唉！唉！我真的要永远做个农民过此一生哩！

我想世界上列入第一等的人，只能是农民，这读书人应该排在农民、工人、商人的后面为最末等。农民富裕的种一百亩田，差一些的种七八十亩田，再差一些的种五六十亩田，都苦其身躯，劳其体力，耕地栽种收获粮食，来养活天下之人。假使世界上没有农民，所有的人早都饿死了。我们这些读书人如能做到在家孝顺父母，出门尊敬兄长，谨守先圣的道德并传之后人，为官就造福于百姓，不能为官就修养品行做人之楷模，所以便能够高出农民一等。现在的读书人却不是这样，一捧起书本，就想中举人，中进士，做官，以及如何掠夺钱财，盖造高大的房屋，购买大量的田地。一开头就走到了邪路上，后来也就越做越坏，最后总没有个好结果。那些不能飞黄腾达的，在家乡为非作歹，凶形恶相，更是谁都惹不起。至于洁身自好的读书人，怎么会没有呢；以经国济民作为自己的志愿，高尚的情操能和古人并比的人，也是到处都有。可是好人被坏人连累，使得我们这类人开不得口，一开口说话，别人就会嘲笑说：你们这些读书人，就是会说漂亮话，有朝一日做了官，就不会这样说了。所以只好忍气吞声白挨人家的笑骂。工人制造器物便利使用，商人调剂物品余缺，都有方便百姓的地方。可是唯独读书人对百姓大有害处，怪不得地位居于四民之末了，即使想排在农民、工人、商人的后面也还不够格哩！

我这位做哥哥的一生最看重农民，新招来的佃户，一定以礼相待，他称呼我叫主人，我称呼他叫客户，主人与客户本来是互相平等的关系，我有什么高贵，他又有什么低贱呢？要按礼节对待他，要同情照顾他；有时商借钱物，要尽量周全他；不能归还时，要宽容忍让他。我曾经嘲笑唐代诗人写的七夕诗，歌咏牛郎织女，都写些男女相会分离的哀怜话，完全失去了"牛郎""织女"得名的本意。织女，是衣服的来源；牵牛，是食物的根本，在上天的星宿中它们最为尊贵；上天都这样看重它，世人反而能不看重吗？上天期望百姓致力农业，星象明明白白地显示出来这一点。我们家乡的妇女，不会织绸织布，可是主持家务，熟练针线活计，仍不能说不勤劳谨慎。近来很多人以听鼓儿词，玩纸牌作为消遣的，风气如此放荡，应该赶快制止这类事。

我家中的田产虽然有三百亩，但都是抵押的产业，不能作为长久的依靠。将来一定要买二百亩田，我们兄弟二人，每人有一百亩就足够了，也是古时候一个男人分一百亩田的意思呀。假如再要贪多，就是侵占别人的产业，没有比这罪过更大的了。世上没有田地、没有产业的人多得很，我是何等样人，如果还贪心不足，穷苦的百姓又该用什么办法活下去呢？有人说，世界上有些人的田地看不到边际，超过几万亩，你对此该怎么说呢？我回答说：他只管做他家的事业，我只管做我家的事业，世道兴盛时共同遵守法令，风气败坏时不一起作恶，这也是我板桥的治家规矩啊！哥哥写。

（十五）白云上

求实

【题解】

白云上，乾隆朝武进士，官至漕标中军副将。白云上的《白公家训》篇幅短小，不时有精辟之论，因是官宦人家的家训，自然涉及"功名"等问题，但作者提倡"人贵自立"，对今天的人也是很有启发的。

【原文】

人生不愁无功名，只要真功夫；不患无福寿，只要常积德。报应循环之理，丝毫不爽也。

——《白公家训》

【译文】

人只要有真学问，就不愁求取不到功名；只要能常常积德做好事，就不必担心没有福寿。善有善报，恶有恶报，一点不差。

（十六）纪　昀

1. 寄兄晴湖

【题解】

做事须讲品德，不能以承包诉讼来陷害忠良。纪氏在这封信中劝谏兄长不要做"刀笔吏"，避免造成冤孽。尽管信中有报应思想，但劝兄为善却是可以借鉴的。

【原文】

余此次获谴谪戍，窃尝清夜扪心，自省平生未曾为人裁状，构陷善良；又未曾好色乱人闺闼，何以干此天怒？苦思久久，始恍然大悟：余生

平最喜泄漏狐鬼之阴私，作董狐之直笔，致触狐鬼之怒，使我以漏言获谴，果报昭然。盖信天理循环，不爽毫忽也。日昨梦征母舅来信，言我哥喜弄刀笔，下文却未明言。按"刀笔"二字有三解：一、古书以竹简，误则以刀削改之，称谓"刀笔"；二、黄山谷名其尺牍曰"刀笔"，已非本义；三、今人称裁写状词者曰"刀笔"，言其笔锋锐利如刀，能杀人也。母舅所言殆①耶？则非阿兄所宜为。缘此事不仅造孽，并且犯法。曾记弟督学福建时，办一生员，以导人诬告戍边。其自陈谓"得钱为人裁诬告状，手中笔爆裂如刀劈"，恬不知警，卒及祸。又尝闻王岳芳言：其乡有构陷善类者，方草状底，字皆作赤色。细视笔尖，见血自毫端沥出，遂投笔不作。阅三日，左右邻居皆遭回禄，唯其家幸免于火。两邻居皆系县署书吏，专以包揽词讼为业者也。观此二事，可不惧哉！弟以漏言获谴，由是深自儆惕。愿我哥修德立行，勉为善人，以为子弟表率为幸。

【注释】

①言殆：指写状词。

【译文】

我这次遭贬戍边，私下里曾经整夜扪心自问，自己反省一辈子不曾做给别人写状子，陷害善良的事；又不曾好女色而扰乱人家的闺房，为什么干犯这等上天的愤怒呢？苦苦地想了很久，开始恍然大悟：我一辈子最喜欢泄漏一些狐鬼的隐私，写了董狐直笔所书的东西，以至于触怒狐鬼，使得我因为说漏嘴而遭惩罚，果报昭显。大概相信天理循环，不放过一丝一毫。昨日梦到母舅来信，说我哥哥喜欢摆弄刀笔，下文却没有明确说。按"刀笔"两个字有三种解释：一，古书以竹简作载体，写错了就用刀削除改掉，叫作"刀笔"；二，黄庭坚称他的尺牍为"刀笔"，已经不是本义；三，现在的人称裁写状词的人叫"刀笔"，是说他笔锋锐利像刀一样，能杀死别人，母舅所说大概是指写状词吗？这不是我哥所应当做的。因为这件事不仅仅造成冤孽，而且还触犯法律。曾经记得弟弟我督学福建的时候，查办了一个生员，来指导别人诬告戍边。他自己说"得了钱财替别人诬陷告状，手中的笔爆裂得像刀劈一样"，安然而不知道警醒，最后招致祸患。又曾听王岳芳说：他们乡里有陷害善良人的，刚写完状词，字都作红颜色。仔细看笔尖，见到血水从笔头流出来，于是扔笔不写了。过了三天，左右邻居都遭到回禄，只有他家在火灾中幸免。两个邻居都是县署书吏，专门以承包诉讼为职业的。看看这两件事，能不恐惧！弟弟我因说漏嘴而遭惩罚，因此深深警惕。希望我哥哥修养品德树立善行，勉力做个好人，作为子弟的表率为妙。

2. 寄族侄贻孙

【题解】

"疑心生暗鬼"，纪氏认为怕鬼在于善行不修、心气不正。所以他告诫族侄，即使鬼神也不会去害好人。这种思想尽管过于抽象，但谨修善行的确是每一个人应该去做的。

【原文】

吾侄前在潼关，曾见两女鬼，今在河间，又遇溺死鬼，何鬼物多乐与我侄恶作剧耶？缘愚叔喜谈狐鬼，来函询捉鬼之法，无如余只作鬼界之董狐，有闻必录。不是钟进士，罔知捉鬼术。窃思古老遗言："疑心生暗鬼"，例如怕鬼人夜行，闻自己衣裳窸窣，疑为鬼；回首反顾无所见，心益恐怖。急步前行，窸窣之声愈振，狼狈还家，步止而声亦止，犹以为鬼见家人，始行避匿，殊堪发噱。吾侄前在潼关，敢手持鸟铳击鬼，绝非胆怯心疑者流。果然时常见鬼，则系阳气衰弱，只有养生行善为避之，鬼自不敢相扰。乌鲁木齐称鬼曰"呼图"，有一旷野曰"呼图壁"，译言"有鬼"也。尝有商人夜经其地，忽于月下见树间有人影，疑为鬼，呼问："在此做什么生？"答曰："吾日暮抵此，畏鬼不敢前，待结伴耳。"商人遂与之偕行。渐渐款洽，询问商人有何急事，冒冻夜行，商人曰："吾夙负一友钱二十千，今日得信，知友夫妇均病，势在危急，催我先偿若干，以作医药之资。缘是连夜借款送还，稍迟恐误两人性命。而呼图壁为必经之要道，不得不冒险而行。"其人闻言，惶遽退步而言曰："余为缢鬼，本欲崇公以求代，今闻公言，乃仁义君子，不敢犯，愿为前导。"商人惶急辞谢。其人曰："公岂不闻此地为鬼窟乎？前途多厉鬼，恐将不利于公，故愿为引导，实无他意。"商人姑允之。凡道路险阻，皆预告。至东方既白，始辞去。于此可知一念之善，能辟免鬼崇。吾侄幸勿以斯言为河汉，谨修善行，鬼物自然退避三舍矣。

【译文】

我侄儿以前在潼关，曾经见到两个女鬼，如今在河间，又遇到淹死鬼，为什么鬼怪大多喜欢和我侄儿弄恶作剧？因为叔叔我喜欢谈论狐鬼，来信询问捉鬼的办法，不如我只当鬼界的董狐，听到什么就记录下来。不是钟馗，就不知道捉鬼的办法。私下里想起古老的遗言："疑心生暗鬼。"例如怕鬼的人晚上出门，听到自己衣服窸窸窣窣的响声，怀疑是鬼；回过头去看又没有看到，心中更加恐惧。快步往前走，窸窣响声更大，狼狈地回到家，脚步停下来响声也就停了下来，还认为鬼见到家里人，才自行逃避，却能令人恐惧。我侄儿以前在潼关，敢于手持鸟铳打鬼，绝不是胆小心疑的人。果真时常见到鬼，那么是阳气衰弱，只有养生行善来避开，鬼自然不敢打扰你了。乌鲁木齐称鬼为"呼图"，有一片旷野叫"呼图壁"，译过来就说"有鬼"。曾经有一个商人晚上路过这个地方，忽然在月光下看到树林里有人影，怀疑是鬼，叫道："在这里做什么？"答道："我晚上到这里，怕鬼而不敢往前走，等到结伴而行。"商人就和他一起走。渐渐相互融洽，于是询问商人有什么急事，冒着寒冻晚上行走，商人说："我一直欠一个朋友两万钱，今天收到信，知道朋友夫妇都病了，情况危急，催我先偿还部分，来做医药的费用。因此连夜筹款送还，稍微迟了担心误了两条性命。但呼图壁是必经的交通要道，不得不冒着危险而走。"这个人听了，惶恐退步而说："我是吊死鬼，本想在您身上作祟来求得替身，如今听你的话，是仁义君子，不敢侵犯，愿意做前行向导。"商人急忙辞谢。这个人说："你难道没有听说这个地方是鬼窝吗？前面路上多暴厉鬼怪，担心将对您不利，所以愿意做引导，实在没有其他意思。"商人姑且应允了。凡是道路险阻，他都一一预告。到东方已经亮了，这人才辞别而走。从这里可以知道一个想法是善良的，能够避免鬼怪作祟。我侄儿希望不要以这话为无关紧要，谨慎地修养善行，鬼怪自然会退避三舍了。

3. 训次儿

【题解】

纪氏好谈鬼神，教子正心诚意也常以此作依据。他认为只有鬼怕人，没有人怕鬼的道理。读书人多注重修身，更应该不怕鬼。心定神全后才能真正做到这一点。

【原文】

北村别墅中，守门者前言见狐，今言见鬼，以致家人裹足不敢入。昔年尔伯本拟售去，余因祖宗创建之屋，不忍舍弃，立梗其议，始得保存。尔因今岁逢大比，特挈一仆，岸然往别墅读书。居处两月，安然绝无闻见，壮哉！儿志可嘉焉。本来只闻鬼畏人，未闻人畏鬼，读书人犹其不畏鬼。尝闻曹司农之弟菊存言，客夏自歙赴扬州，因事往友人家。时当盛夏，延坐书室，甚觉凉爽，至夜深不忍去。友曰："本拟下榻相留，奈房屋窄小，此室又有鬼，不可居人。"曹胆素壮，强居之。至夜半，有物自门隙蠕蠕动，入室变为女子，曹若无睹。鬼忽披发吐舌作缢鬼状，曹大笑曰："犹是发，犹是舌，何足畏哉！"鬼忽自摘其首置于案，曹又笑曰："有首尚不畏，况无首耶！"鬼技穷而倏灭。夫世人被鬼祟者，大抵畏鬼之人。畏则心乱，心乱则神涣，神涣则鬼得乘之；不畏则心定，心定则神全，神全则衰戾之气不能干，鬼必退避。吾儿之不见鬼，殆亦心定神全之理欤！可嘉，可嘉。

【译文】

　　北村别墅里，守门人以前说见到狐狸，现在说见到鬼，以至于家人不敢进去。过去你伯父本打算卖掉，我因为祖宗创建的房屋，不忍心舍弃，立即阻止他的提议，方得以保存，你因今年遇到大考试，特地携带一个仆人，高傲地到别墅读书。住了两个月，安安静静绝对没有听到看到，了不起啊！我儿心志可嘉。本来只听说鬼怪怕人，没有听说人怕鬼怪，读书人尤其不怕鬼怪。曾经听曹司农的弟弟曹菊存说过，去年夏天从歙县到扬州去，因为有事去友人家中。这时正当盛夏，友人邀他坐在书房里，深感凉爽，到夜深人静还不忍心离开。友人说："本来打算留你在这里睡，无奈房屋又窄又小，这个书房又有鬼怪，不能住人。"曹菊存胆子一向很大，强求住下了。到半夜，有东西从门缝慢慢地动，进书房而变作女子，曹菊存象没有看到一样。鬼怪忽然披头散发、吐出舌头作吊死鬼样子，曹菊存大笑道："还是头发，还是舌头，有什么可怕呢！"鬼怪忽然自己摘下头胪放在书案上，曹菊存又笑道："有头颅还不怕，何况没有头呢！"鬼怪技艺穷尽就不见了。社会上被鬼作祟的人，大多是怕鬼的人。怕就心里乱，心里乱就精神涣散，精神涣散那么鬼怪就乘虚而入；不怕就心安定，心安定就精神完备，精神完备邪暴之气不能侵犯，鬼怪一定会退回避开。我儿没有见到鬼，大概也是心定神全的道理吧！很好，很好。

4. 训三儿

【题解】

　　不要杀生虽是佛家戒语，但纪氏用来告诫儿子少生冤报。从现在的观点而言，爱护动物也是修身正心的一种形式。

【原文】

　　新春游戏之事，亦多矣。猜灯谜、放纸鸢，皆属有益无损之举。偏尔不为，而喜入山林旷野，张弓布网，猎取班鸠野兔，以供大嚼。夫生前口腹造孽，死后罚转轮回，投作猪、羊、鸡、鸭，任人宰割烹调。故嗜食家畜，厥罪轻而不罹孽报，因系罚转轮回之物，当罹宰割者也。至于鸠焉、兔焉，并非供人口腹之物，食之岂不罪过。若为游玩计，则载酒听鹂，登山观瀑，尽足消遣；若为馋吻计，则鱼肉荤腥，尽可大嚼，何必为一饭之微，而残杀禽兽之生命耶？戒之，戒之。

【译文】

　　新春游戏的事情也有很多。猜灯谜、放纸鸽，都是属于有用无害的举动。偏偏你不做，而喜欢到山林旷野，打开弓布下网，猎取班鸠野兔，来供自己大吃大喝。生前口腹造了孽，死后受罚而转轮回，投胎作猪、羊、鸡、鸭，听凭人家宰割烹调。所以好吃家畜，其罪轻而不会招致冤孽报应。于是属受罚而转轮回的东西，是应遭宰割的人。至于鸠、兔之类。并不是供人口腹的东西，吃它们哪里没有罪过。假若为游玩算计，那么喝酒听鹌叫，登上山看瀑布，尽可以消遣；假若为馋嘴算计，那么鱼肉荤菜，尽可以大吃，何必为一餐饭的微小来残杀禽兽的生命？千万别再这样做了。

5. 训次儿

【题解】

这篇强调什么是真正的"自重"。"事能知足心常惬，人到无求品自高"，是标出了"自重"本质的，境界颇高。

【原文】

当世宦家子弟，每盛气凌轹，以邀人敬，谓之"自重"。不知重与不重，视作自为。苟道德无愧于贤者，虽王侯拥彗不为荣，虽胥縻版筑不能辱。可贵者在我，在外者不足计耳。如必以在外为重轻，待人敬我，我乃荣，人不敬我我即辱，则舆台仆妾，皆可以自操荣辱，勿乃自视太轻耶。先师陈白崖先生，尝手题于书言曰："事能知足心常惬，人到无求品自高。"斯真标本之论，尔当录作座右铭，终身行之，便是令子。

【译文】

当今富贵子弟，每每盛气凌人来邀请别人来敬重他，说是"自我敬重"。他们不知道敬不敬重，要看自己的所作所为。如果道德不愧为贤良，即使是拥彗的王侯也不以为荣耀，即使是做工的胥縻也不能受侮辱。可贵的在我自己，外在的不足以计较。如果一定要以外在的作为轻重，等别人敬重我我才荣耀，别人不敬重我我就屈辱，那么官宦奴仆都可以自己掌握荣辱，不要自己看得太轻巧了。我的先师陈白崖先生，曾经在信中题词说："凡事能知足心里就经常满意，人到了无所企求的地步品德自然就高尚了。"这真是标准的言论，你应当抄作座右铭，一辈子这样做，就是好儿子。

6. 训三儿

【题解】

这篇从爱护生命的角度谈了不杀生的善报，中肯而有深度。他明确地表示，并非动物有什么全智全能，但那种情感反应甚至不祥预感却是存在的。最后他希望儿子不再肆无忌惮地杀生，贪一时的口福而祸及自身。

【原文】

一念之善，必获厚报，无故杀生，必受巨殃，何苦以口腹之欲，而危及生命耶？余居官数十年，家厨非逢节忌不杀生。昨尔兄来禀云：尔自病后，日食童鸡一头。纵有补身之功，太觉造孽矣。病后调理，宜服开胃、健脾、补血、益气之剂，则身体容易复原；只食童鸡，有何益哉！昔昌平有老妪，畜鸡众，只卖卵得钱购食料，苟向其买鸡充饥，虽十倍其值不肯售。由是繁殖日盛，住屋三楹，尽作鸡坍。将曙时，群鸡喔喔，声振四野。会届麦熟，其子媳刹麦曝于门外，群鸡忽从屋中飞出，十百成群，齐向晒麦处围绕啄食。妪及子媳各持竹竿，自室内奔出，驱散群鸡。忽闻訇然一声，住屋摧圮，鸡即惊飞四散。若非群鸡争麦，全家皆葬于坍屋中矣。夫鹤知夜半，鸡知将旦，气之相感，精神动焉，非其真有知时之能，则万物成毁之数，更非禽鸟所能知，何以聚族而来，能脱主人于厄乎？此必有鬼神鉴其存心之善，暗使群鸡引其外出，以避祸欤！莫谓羽族无知，既能报德，必能报仇，戒之哉！勿再日杀一鸡，以重口孽。

——《纪文达公遗集》

【译文】

一个想法善良，一定会获得丰厚的报答，没有原因去杀生，一定会遭到巨大祸殃，何苦由于口腹的欲望，而危害生命呢？我做官几十年，厨房不是遇到节日忌日不杀生。昨天你哥哥来信告诉我：你从病了以后，每天吃小鸡一只。即使它有补养身体的功效，也让人大感制造冤孽了。病后的调补护理，应当服用开胃、健脾、补血、益气的药剂，那么身体容易复原；只吃小鸡，有什么好处呢！过去昌平有个老太太，养了很多鸡，只卖掉鸡蛋来的钱买吃的东西，如果向她买鸡下肚，即使十倍价格也不肯出售。从此繁殖一天天丰盛，住房一排，都做了鸡场。将要天亮时，这些鸡都喔喔叫，声音响振四野。正当小麦成熟，她的儿媳撒麦子在门外晒，这些鸡忽然从屋中飞出来，十只百只成群结队，一齐向晒麦的地方围绕啄食。老太太和儿媳各持竹竿，从房子里奔跑出来，驱散了这些鸡。忽然听到訇然一声响，住房坍塌，鸡随即惊吓得四处逃散。假使不是群鸡争着啄麦，全家人都会葬身于倒了的房子中了。鹤知道半夜来了，鸡知道快要天亮了，心气相互感应，精神触动，不是它们真有知时的能耐，那么万物成毁的命数，更加不是禽兽鸟类所能知道的，何以能聚族而来，能够使主人脱离厄运吗？这一定有鬼神鉴别了他们心中所有的善，暗地里使群鸡引他们到外面，来避开祸患吗！不要说鸟类没有知觉，既然能够报答恩德，一定能报仇，鉴戒！不要再每天杀一只鸡，来加重嘴巴的冤孽。

（十七）刘 沅

《寻常语》《家言》论修身

【题解】

刘沅，清祥符人，善画山水人物，工书，造诣非凡。其《寻常语》《家言》编者自谓浅近明白，如能遵照力行，就不怕德行不修。现在读来，更觉编者自谓并不为过。

（1）豫诚堂家训

【原文】

天理良心，人之所以为人，宽仁厚德，覆载所以长久。昧良悖理，不得为人，褊心小量，安能合天。得天理以为人，天地故为父母。有父母才有我身，父母故同天地。欺堂上父母易，欺头上父母难。一念欺天，即为不孝，一念欺亲，得罪于天。修道以谕亲，尊父母如天地也。尽性而参赞，事天地如父母也。孝在修德，德在修心。移孝可以做忠，只为不欺不肆。静存始能动察，必须无怠无荒。犯了邪淫，便是禽兽；喜欢势利，定成鄙夫。保养作善，即守身诚身之义。知非改过，为希贤希圣之门。人生如梦，修善修福，方长大道，难逢父教，师教为本。自心抱愧，说甚夫纲父纲？做事不真，怎样为臣为子。治天下无多术，养教周全。学圣贤有何难，恕道便好。勤职业修心术，何患饥寒。贪财色乱人伦，必戕身命。弟兄以仁让为主，正家以夫妇为先。饱暖平安，是为清福。温良恭俭，到处香风。读书要读好书，凡事必宗孔孟。做人要做好人，时刻敬畏神天。善为儿孙积财，不如积德。多行巧诈害己，安能害人。先代格言甚多，在乎身体。圣人事业何在，必先正心。私欲去而聪明始开，致知故先格物。念头好而是非分明，实践乃为诚意。养心养气，小效亦可延年，成己成人，功夫全在《大学》。道须深造，功在返求。在上不正其趋，人才从何而出，伦常本于心性，故曰一以贯之。学业骛于浮华，所以万事堕矣。戒之勉之，庶乎不替祖训。

【译文】

只因有天理良心，人才配称作人，有了宽厚的仁德，天地才会长久。否则昧着良心，违背天理，便不配做人。人心如褊私气量小，怎能合于天理？人得到天理才成为人，所以天地就是父母。有了父母才生有我的身体，所以父母如同天地。欺骗自己家中的父母容易，但欺骗上天很难。有一点欺骗上天的想法就是不孝顺，有一点欺骗父母的想法，就会得罪上天。孝在于修德，德来自内心的修养。从对父母的孝，推论到对君主的忠，都在于不欺骗、不放纵。宁静才能思动，必须不懈怠、不荒疏。做邪淫之事便是禽兽；喜欢贪图势利就是卑鄙小人。能不断修养自己。多做善事，就是守身诚身；知错能改，就不失圣贤之道。人生短暂，积善修福可成大德。做事如不真诚，怎能做人臣人子？治理天下关键在于养教齐备，圣贤之道主要在于宽恕。勤于职业，心术端正，就不会受饥寒；贪财贪色，败坏人伦，定然是性命难保。弟兄要以仁让为主，端正家风关键在于夫妻。饱暖平安是人的福分，温良恭俭可使家庭祥和。要读好书，做好人。为儿孙多积财不如多积德。多行敲诈只能是害自己。历代格言很多，关键在于体验。做人最要紧的是修养德性。是非分明而又身体力行，才算是真正达到了意志的真诚。养心养气，只少可以延年益寿。要想完善自己同时完善他人，须学好《大学》，要想深刻体会"道"。功夫在于身体力行上。如在学业上只是赶时髦图浮华，则将一事无成。

（2）谕教也

【原文】

世人好言命，一切俱谓命已生成，不能解脱，此大惑也。气数不齐，生质各异，命何尝无之。但命定于有生之初已然者，不可知，全赖今生崇德修慝、变化气质，挽回造化。而父母则人子性命之本也，精气神者人所以生。能善养则气强固，多为善则天性来复。圣人尽其性，而尽人物之性，参赞化育皆由乎此。区区却疾延年，其小效耳。父母以此自修，即以此教子，虽愚必明，虽柔必强。明者，明理；强者，寿康。先儒不知学圣可以延年，颜子未全仁圣，而以其短命之，故谓学道只是修己。至于贫贱困苦，生而已然，无可如何。故人遂以圣人之道，竟不能挽气数，而夫子余庆余殃，禄位、名寿必得等言，皆为妄矣。愚幼羸善病濒死者数，三十始知修身，毫无善状，不过不敢毁身、不敢为恶，而今倖至耄年，况圣人全体大用，与天合德者乎？

【译文】

人都喜欢谈论命运，将一切都看作是命中早已注定了的，这是十分愚蠢的想法。尽管父母先天授予的命分怎样是不可知的，但只要注重后天的修身积德，使气质发生变化，也是可以改变命运的。人的生命由精、气、神组成，父母就是儿子性命的本源。善于修养的人气就壮，多行善事的人就不会失去善良的本性，圣人保全人与万物的本性，使万物得以生长发育，使人能免去疾病而健康长寿，只是其中很小的一部分。父母用这种方法修身教子，虽天资愚笨也会变得聪明，虽柔弱也会变得强壮。所谓聪明是指明事理，所谓强壮是指健康长寿。古时的大儒不懂得修身养性可以延

年益寿，颜回未能达到仁圣，是因为他的命短，所以说学道的目的在于修养自身。至于贫贱困苦，是生下来就已注定了的。因此人们就以圣人之道不能改变命运为由，认为孔夫子所说的"积善有余庆，积恶有余殃"，"有德性的人得禄位、名寿"等话只不过是妄言而已。我幼时多病，几经濒临死亡，直到三十岁才懂得修身，虽然毫无改善，但我并没有自暴自弃，从不做坏事，而今已活到八九十岁，更何况圣人睿智通达，与天地合德呢？

（3）同情心

【原文】

富人要怜念穷人也。凡有衣食，银钱丰足之人，或是祖上积下，或是自己创业，一定是前世做了多少好事，今生方才享福。但而今贫穷人太多，有乱说乱为自取贫困之人，亦有厚道勤俭，自来穷困之人。我们有穿有吃，一家饱暖，要想那莫穿莫吃、饥寒之人，何等悽惨。自己凡事节俭，若有余钱，便周济贫苦。从兄弟家门亲戚起，以次而推，不要吝惜。古人有言：你怜悯贫苦之人，天地神灵怜念于你。断无因周济贫苦，子孙至于饥寒者，勉之勉之。

——《寻常语》

【译文】

富人要同情穷人。大凡衣食富足的人，有的是有祖辈的积蓄，也有的是自己创业所得。但是今天的穷人太多了，有的人是行为不端自我穷困，也有的勤俭厚道，但生来就穷。我们吃穿不愁。全家饱暖，要想到那些没吃没穿遭受饥寒的人，处境是多么凄惨。自己要节俭一些，如有剩余，就接济一下贫苦的人。首先从家里亲戚开始，然后旁及外人，不可吝啬。古人说：你同情穷苦人，天地神明也会顾念你。绝不会因帮助穷人，而使子孙挨饿受冻的。

（4）是非标准

【原文】

是非者，天下之公理也。民之秉彝，好是懿德，忠臣孝子、义夫节妇，属在旁观，虽恶人亦知其美。及身亲之，而是非颠倒，昧其天良。小则为乡愿，大则紊刑赏。故圣人必慎辨之也。

修身只是全其为人之理，岂因知人美恶而然。但人之美恶不明，取友则比匪，用人则误世。故孔子曰："不患人之不己知，患不知人。"

【译文】

是非，是判断事物的标准。人们循着常理崇尚美德，如忠臣孝子，义夫节妇，即使道德低下的人也知道这是人的美德。但是一旦涉及自身的利益就把是非颠倒了。小而言之是个欺世盗名的人，大而言之则要干犯刑罚。因此，有德性的人总是小心加以辨别。

修身只是为了完善做人的道理，不是为了辨别他人的好坏。然而不能识别他人的好坏，交友就容易交上坏人，而用人就会误世。所以孔子说："不担心别人不了解自己，而担心自己不了解他人。"

（5）集益之法

【原文】

孔子于教弟子，即曰："泛爱众，而亲仁。"二言可以终身矣。至集益之法，择其善者而从之，其不善者而改之。见贤思齐，见不贤自省。无处无友，无时不可以有裨，唯在虚心力行之。若以滥交为戒，必择贤者而与，则风裁过峻，视己高而视人卑，不特无益亦易贾祸。不曰坚乎，磨而不磷，不曰白乎，涅而不淄。人心自果有真得，则虽交满天下，而不失己也。

——《家言》

【译文】

孔子教育他的弟子说："要爱众人接近有仁德之人。"这两句话可使人终身受益。至于得到益处的方法，他说：看到别人有美德美行要努力学习，看到别人不好的行为要反躬自省引起警惕。这样处处都会有朋友，以朋友那里时时都可以有所裨益。关键是要有虚心的态度，努力去实践。如果择友过严，容易自视过高而瞧不起人，这样不仅与己无益，而且往往会招惹是非，甚至引来祸患。非常坚硬的东西磨不薄，非常白的东西染不黑。个人的修养得到真知的话，即使朋友满天下，也不会改变自己高尚的品德。

（十八）汪辉祖

1. 尽心

【题解】

凡事要尽心，这是一个人修身的根本。尽心才能尽职尽责，才能符合社会道德。

【原文】

心宰万事，人之成人，全恃①此心。为此一事，即当尽心。于此一事所谓尽者，就此一事筹其始，以虑其终而已。人非圣贤，乌能念念皆善？

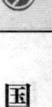

全在发念时将是非分界辩得清楚，把握得定，求其可以见天、可以见人，自然去不善以归于善。不特名教纲常大节所系，断断②差不得念头，即细至日用应酬，略一放心，便有不妥帖处。亡友孙迟舟③尝语余曰："朱子言：人同此心，心同此理。今竟有事出理外者，心有不同乎？"余应之曰："同此理方为心，同此心方为人。若在理外，昔人谓之全无心肝，即孟子所云禽兽也。"我辈总当于同处求之，故惟事事合于人心，始能自尽其心。

【注释】

①恃：凭借，依仗。

②断：确定。

③孙迟舟：辰东。

【译文】

心主宰着万事万物，人之所以成为完美的人，全凭这颗心。为这件事，随即应当竭尽心思。对这件事所谓竭尽，就这件事筹划它的开始，来考虑它的结局罢了。人不是圣贤，怎能每一个想法都善良呢？全在刚产生想法时，把是非对错分辨得清清楚楚，把握能确定的，求得可以见上天、可以见人的地方，自然就会除去不善良来归入善良。不只名教礼法、三纲五常等大关节所关系的，确实闪失不得想法，即使细到日常生活、应对酬答，稍微一放纵心思，就会有不妥当不贴切的地方。死去的朋友孙迟舟（辰东）曾对我说："朱熹说过：人与人的心是相同的，想的也是同一个天理。如今竟然有出离天理之外的事，人心难道有不同吗？"我回答道："同一天理才可以是人心，同一人心才可以做人。假若在天理之外，过去的人叫作完全没有心肝，也即孟子所说的禽兽。"我们这些人总应在相同的地方求得，所以唯有事事符合人心，才可能自己竭尽心思。

2. 人须实做

【题解】

不管做什么，都要实干。人只有在实干中方成其为人。

【原文】

具五官，备四肢，皆谓之人。曰①君臣、曰父子、曰夫妇、曰兄弟、曰朋友，是人之总名。曰士、曰工、曰农、曰商，是人之分类。然臣不能忠，子不能孝，便不成为臣、子。士不好学，农不力田，便不成为士、农。欲尽人之本分，全在各人做法。谚有云："做宰相，做百姓，做爷娘，做儿女。"凡有一名，皆有一"做"字。至于无可取材，则直斥曰"没做"，以痛绝之。故"人"是虚名，求践其名，非实做不可。

【注释】

①曰：句首语助。

【译文】

具备五官和四肢的，都叫作人。君主大臣、父母子女、丈夫妻子、兄长弟弟、朋友，这是人的总名。读书人、手工业者、农民、商人，这是人的分类。然而大臣不能忠心，子女不能孝顺，就不能成其为大臣、子女。读书人不喜欢读书，农民不致力耕田，就不能成其为读书人、农民。想要竭尽人的本业、职分，完全在于每个人的做法。谚语说："做宰相，做百姓，做爹娘，做儿女。"凡是一个名称，都有一个"做"字。至于没有办法获取人才，就直接斥责道"没做"，来痛加杜绝。所以"人"是个虚幻的名称，求得实现这个名，非得实干不可。

3. 人从本上做起

【题解】

做人根本之处在于从本职工作做起，否则就没有着手的地方了。

【原文】

俗曰"做人"，即有子曰"为人"。尝读《论语》开端数章，"圣功""王道"次第井井。圣人以学不厌自居。只一"学"字，已该①千古人道之全。学者，所以成其为人，记者，恐人之为学无下手处，故紧接其"为人"也。"孝弟"一章，虑有干誉之学，次以巧令鲜仁，一贯之。传②曾子以鲁得之，记曾子为学人榜样，而圣功备矣。"道千乘"一章，王道也。"圣功""王道"基于"弟子"。故"弟子"一章，孝弟信仁俱于前数章见过，此即弟子务本之学。以"行"不以"文"。如以文为学，则子夏列文学之科，何以言学只在君亲朋友实地？故做人须从本上起，方有著力处。

【注释】

①该：通"赅"。

②传：zhuàn 古贤人的记载。

【译文】

世俗说"做人"，也即有子说的"为人"。曾经读《论语》开头几章，"圣德之功""仁政之道"比比皆是。圣明的人以学习而不厌倦自居。只是一个"学"字，已经具备千百年来做人道理的全部。学习，使一个人成其为人，审记所学内容，是担心人的学习找不到落实的地方，所以紧接着引入如何做人的道理。"孝弟"一章，担心有追求名誉的学习，其次以巧言令色者很少讲仁爱，这种意思贯穿篇中。文字记载曾子凭借鲁国而得为

人，记载曾子为学习做人的榜样，而圣德之功具备了。"道千乘"一章是仁政之道。"圣德之功""仁政之道"以"弟子"为基础。所以"弟子"一章，孝父尊兄、信义仁慈都在前面几章出现过，这就是弟子做从事本业的学习。以实际行动而不以诗文六艺。如果以诗文六艺为学业，那么子夏排在文学一科，如何说学习只在君主、父母、朋友中实践呢？所以做人必须从本业上做起，才有尽力的地方。

4. 做人先立志

【题解】

立志是做人的指导，不立志就会碌碌无为，谈不上修齐治平了。

【原文】

做人如行路，然举步一错，便归正不易。必先有定志，始有定力。范文正做秀才时，即天下为己任。文信国为童子时，见学宫所祠乡先生欧阳修、杨邦乂、胡铨像皆谥"忠"，即欣然慕之曰："没不俎豆①其间非夫也。"卒之范为名臣，文为忠臣。亦有悔过立志如周处，少时无赖，闻父老三害之言，杀虎斩蛟，折节厉学，终以忠勇著名，皆由志定也。故孟子曰："懦夫有立志。"盖不能立志，则长为懦夫而已矣。

【注释】

①俎豆：两种古代祭祀用品。

【译文】

做人好像走路，然而提步一错就回归正道不容易。一定要先有确定的志向，才会有确定的心力。范仲淹做秀才的时候，就以天下为自己的任务。文天祥做童子生时，看到学宫所祭祀乡人前辈欧阳修、杨邦乂、胡铨像都赐谥号"忠"，就高兴地钦慕道："没有不祭祀这里的不是大丈夫。"最后范仲淹做了有名的大臣，文天祥做了忠毅的臣子。也有悔过自新而立志成方的像周处，小时候是无赖，听到父老乡亲说三类害人精的话，杀死老虎斩掉蛟龙，改变节行勉励学习，最终以忠心勇敢而著称，都是由于志向确定了。所以孟子说："懦弱的人更需树立志向。"如果不能树立志向，就会长期做懦夫了。

5. 须耐困境

【题解】

逆境出人才，如果能耐得住困难，就会一步步走向成功。

【原文】

番禺庄滋圃先生①抚②浙时，手书客座楹贴曰："常觉胸中生意满，须知世上苦人多。"识者已知为宰相之器。人生自少至壮，罕有全履泰境者。惟耐的挫磨方成豪杰。不但贫贱是玉成之美，即富贵中亦不少困境。此处立不定脚跟，终非真实学问。

【注释】

①滋圃先生：有恭。

②抚：巡抚。

【译文】

番禺庄滋圃先生（有恭）做浙江巡抚（当为福建巡抚）时，亲手在客厅楹贴上写了一联："常觉胸中生意满，须知世上苦人多。"有识之士已经知道他是做宰相的人才。人的一辈子从少年到壮年，很少有完全经历安宁境界的。唯有耐

▲范仲淹像

得挫折才能成为豪杰。不但贫苦低贱是成功的美境，即使富有尊贵中也有不少困境。这一处站不住脚，最终不是真实的学问。

6. 常有退一步想

【题解】

知进不知退历来为人所不齿，古人强调的是"达则兼济天下，穷则独善其身"的风范。

【原文】

存一进念，不论在家、在官，总无泰然之日；时时做退一步想，则无境不可历，无人不可处。天下必有不如我者，以不如我者自境①，未有心不平、气不和者。心平气和，君子之所由坦荡荡也。

【注释】

①境：借鉴。

【译文】

心存进身的想法，不论在家里还是做官，总没有平安之日；经常做退一步想，那么没有什么境地不能越过，没有什么人不能相处。天底之下一定有比不过我的人，用比不过我的人来自我借鉴，没有心不平、气不和的。心平气和，君子泰然自得的原因。

7. 时日不可虚度

【题解】

逝者如斯，时间不等人，只有不虚度光阴才能得益。

【原文】

非仅"时不可失"之谓也。穿一日暖衣吃一日饱饭，费几多织妇农夫心力？得能安享便是非常福分。此一日中各事其事：男则读书者读书，习艺者习艺；女则或纺、或绩、浣汲①、缝纫，不敢怠惰偷安，是为衣食无愧。不然，人以劳奉我，我以逸耗人，享福之时，折福已多。富贵子弟或致衣食无觅处，职是之由。

【注释】

①浣汲：打水洗衣。

【译文】

不仅仅是说"时机不可失去"。穿一天暖和的衣服、吃一天饱足的饭菜，要费多少织女农民的心力啊？能够得以安然享受就是非同寻常的福分。这一天中各做各的事；男子则读书的读书，学习技艺的学习技艺；女子则或纺线、或搓线、或打水洗衣、或缝纫，不敢懒惰偷安，这样就穿衣吃饭不觉得惭愧。否则，别人用劳动来奉养我，我却用安逸来消耗人家的劳动，享用福分的时候折损福分已经很多。富贵子弟有的到了衣食没法找到的地步，主要是这个缘由。

8. 做事要认真

【题解】

投机取巧总是没有好下场的，认真做事才是正道。

【原文】

"世事宜假不宜真"，此有激之谈，非庄语也。毕竟假者立败，真者撼扑不破。虽认真之始，未必不为取巧者讥笑，然脚踏实地，事无不成。即成之后，谤疑冰释矣。

【译文】

"世事宜假不宜真"，这是过激的言论，不是庄重的语言。毕竟假的东西即刻败露，真的东西打倒也不会破坏。虽然认真的开始，未必不被投机取巧的人讥笑，然而脚踏实地，事情没有不成功的。到成功之后，诽谤怀疑就会像冰块融化一样立即消除了。

9. 做事要有恒

【题解】

持之以恒，是做任何事的先决条件，否则半途而废，一事无成。

【原文】

能认真于始而不免中辍①，断断不可。谚曰："扳罾②守店"，言罾不必得鱼，手不离罾，必可得鱼。店不必获息，身不离店，必可获息。贵有恒也。又曰："磨得鸭嘴尖鸡贱。"言变计未必逢时，以无恒也。故作事欲成，全以有恒为主。

【注释】

①辍：chuò 废止。

②罾：zéng 渔网。

【译文】

能够在开始认真而不免中途废止，万万不能这样。谚语说："扳罾守店"，说渔网中不必有鱼，手不离开渔网，一定可以得到鱼。商店不一定获得利息，自身不离开商店，一定可以获得利息。贵在有恒心。又说："磨得鸭嘴尖鸡贱。"是说改变计划未必遭遇好的时机，因为没有恒心。所以做事想成功，完全得以有恒心为主。

10. 事必期于有成

【题解】

善始善终，这是千百年来的古训。没有成事的信念，哪里会有收获。

【原文】

做事之成与不成，即一事而可卜终身。福泽有首无尾，其人必无收束。尝历历验之，颇不甚爽①。"不为则已，为则必要于成。"朱子所以垂训也。"靡不有初，鲜克有终。"诗人所以示诫也。念之哉，毋为有识者目笑。

【注释】

①爽：差错。

【译文】

做事成不成功，只要一件事就可以预测一辈子的事。福利恩泽有开始而没有终结，这个人一定没有收获。我曾经清晰地得到过证实，颇没有太大的差错。"不做就算了，一做一定要做成。"这是朱熹留给后人训诫的原因。"没有不有开始，但很少能到最后的。"这是诗人示意训诫的原因。想想它吧，不要被有识之士看到笑话。

11. 要顾廉耻

【题解】

没有廉耻就会失去本心，一定要约束自己。

【原文】

事之失其本心，品不齿于士类，皆从寡廉鲜耻而起。顾廉耻乃忌惮，有忌惮乃能检束，能检束自为君子而不为小人。

【译文】

做事失掉了他的本心，品德不能和读书人同列，都是从没有节操不知差耻开始的。顾及羞耻方会有所顾虑而不敢乱做，有所顾虑才能约束自己。能约束自己自然会做君子而不做小人。

12。贵慎小节

【题解】

不拘小节是针对全盘考虑而言，贵慎小节却是从实际做起的良言。

【原文】

著新衣者，恐有污染，时时爱护；一经垢玷^①，便不甚惜；至于浣亦留痕，则听其敝矣。儒者，凛凛清操，无敢试以不肖之事。稍不自谨，辄为人所持，其势必至于逾闲败检。故自爱之士，不可有一毫自玷，当于小节先加严慎。

【注释】

①玷：diàn 玷污。

【译文】

穿新衣服的人，担心有污染，经常爱护它；一旦染上脏东西，就不太可惜了；至于洗了也留下痕迹，就会听凭破旧下去。儒雅的人，威严而清高的节操，不敢试着做不正派的事。稍微不谨慎自己，就立即被人挟制，这样势必会到不守礼法越出规矩的地步。所以爱护自己的人，不能有一点点玷污自己，应当在小事情上首先严格谨慎。

13. 当爱名

【题解】

爱护名声但不能徒有虚名，所以爱名取决于自己的实际言行。

【原文】

圣贤为学，以实不以名。然君子疾没世而名不称焉。实至名归，亦学者所尚。谓名不足爱，将肆行无忌。故三代以下患无好名之士。好孝名，断不敢有不孝之心。好忠名，断不敢为不忠之事。始于勉强驯致，自然事事皆归实践矣。第务虚名而不敦实行，斯名败而诟讪①随之，大为可耻。

【注释】

①诟讪：gòu shàn 耻辱和诽谤。

【译文】

圣贤学习，重视学习内容不重名声。然而君子害怕一辈子名气得不到张扬。做出实际成绩，就会获得应得名誉，也是读书人所崇尚的。这叫名声不足够爱护，就会肆无忌惮。所以夏商周三代以下担心没有爱护名声的人。喜好孝顺的名声，确实不敢有不孝顺的想法；喜好忠心的名声，确实不敢做不忠心的事。开始时就勉力而渐进达到，自然事事都归于实践。只管致力于虚有的名声而不勉力做实际的事，那么就会身败名裂而耻辱诽谤随之而来，这是非常可耻的。

14. 勿好胜

【题解】

争强好胜不合"温柔敦厚"的古训，而且最终将给自己带来祸患。

【原文】

夫爱名非好胜也。唯恐失名，自能求以实副；专以好胜为念，必至心驰于外务；胜人之虚名，忘修己之实学，则人以虚名相奉，势且堕①人之术，受人之愚，而不自知其弊，终至失己而后已。

【注释】

①堕：duò 落下。

【译文】

爱护名声不好争强。唯恐失去名声，自己能求得实际的相称；专门以好强为想法，一定会心神向往外面的事务；超过人家的虚名，忘记了修养自己实际的学问，那么人家就把虚名送给你，情势将是陷害别人的办法，遭受人家的愚弄，而自己不知道弊病，最终到了失去自己才收场的地步

15. 财色两关尤当著力

【题解】

做事最忌拦路虎，钱财美色便是其中最难过的难关，汪氏的两句规劝

至今都可以为鉴。

【原文】

世言累人者曰："酒色财气。"然酗酒斗狠，乡党自好者尚知儆①戒。唯"财色"二字，非有定识、定力，鲜不移其所守。昔人言："道有黄金不动心，室有美人不炫目，方是真正豪杰。"余独有要箴二则，能临境猛醒，便百魔俱退。财箴②曰："货悖而入者，亦悖而出。"色箴曰："淫人妻女者，妻女亦被人淫。"天道好还，相在尔室矣。

【注释】

①儆：jìng，敬畏的意思。

②箴：zhēn 规劝的话。

【译文】

世俗谈使人受害的东西时说："酒色财气。"然而酗酒斗殴，乡里洁身自好的人尚且还知道戒备。唯有"财色"两个字，没有确定不移的见识、心力，少有不改变操守的。过去有人说"路上放着黄金却不动心，房里坐着美女却不炫目，才是真正的豪杰。"我独独有两则重要的规劝话，能使人到那境地而猛然省悟，使各种妖魔都会退却。财箴说："以不正当手段弄来的财物，也将以不正当手段败掉。"色箴说："奸淫人家妻子女儿的，妻子女儿也会被人家奸淫。"天道报应，显现在你的家室。

16. 因果之说不可废

【题解】

虽然因果报应带有明显的唯心色彩，但在传统道德构成中的地位却不可忽视，值得批判吸收。

【原文】

因果虽二氏之言，然《易》六十四卦皆言吉凶祸福；《书》四十八篇皆言灾祥成败；《诗》之《雅》《颂》，推本福禄寿考之故。"无所为而为善，无所畏而不为不善"，唯贤者能之，降而中才不能无藉于惩劝。余年十五，检败簏①得先人旧遗《太上感应篇图释》半部。诵其词，绎其旨，考其事，善不善之报，捷如桴②鼓。自念少孤多病，惧以身之不修，废坠先祀，怵然默誓。日晓起礷③洗讫，庄诵《感应篇》一过，方读他书。有一不善念起，辄用以自儆。比在幕中，率以为常，日治官文书，唯恐造孽，不敢不尽心竭力。从宦亦然，历五十年，幸不为大人君子所弃，盖得力于经义者犹鲜，而得力于《感应篇》者居多。故因果之说，实足纠绳④。夙夜为中人说法，断不可废。

【注释】

①篚：用竹柳编成的筐箦。

②桴：fú 鼓槌。

③靧：huì 洗脸。

④纠绳：督察纠正。

【译文】

因果虽然是释道的话，然而《易经》六十四卦都说吉凶祸福；《尚书》四十八篇都说灾祥成败；《诗经》的《雅》《颂》就是推导本源福禄长寿的原因。"不为什么而能做善事，不怕什么而不做坏事"，唯有贤人能够做到，降至普通人就不可能不借助于惩罚劝谏。我十五岁那年，翻检旧书籍时获取了先人所留下的《太上感应篇图释》半部。读它的话，寻究它的意旨，考察它的事实，善恶的报应，很快就相应了。自己想着少年丧父多病，害怕自身得不到修养，使祖先祭祀停废，因此心怀恐惧地默默发誓。每天拂晓起来洗完脸，庄重地念一遍《感应篇》，才读其他书。有一个不善的念头萌发，就用它（《感应篇》之言）来警诫自己。等到在幕府里，完全习以为常，每天处理公务，唯恐造成冤孽，不敢不全心尽力。做官也是这样，历经五十年，有幸不被德高望重的人所抛弃，大体得益于经书旨义的很少，而得益于《感应篇》的较多。所以因果之说，实际上足够督察纠正。早晚给普通人说法，的确不能废止。

17. 不可责报于目前

【题解】

有句俗话："善有善报，恶有恶报，不是不报，时辰未到"，善良必将战胜邪恶。

【原文】

"惠迪吉，从逆凶。"理之一定，然亦有不可尽凭者。阴骘①文所云："近报在自己，远报在儿孙"也。为善必报，君子道其常而已。不当以他人恶有未报，中道游移，以致为善不终。

【注释】

①骘：zhì 劝人阴德。

【译文】

"遵循道就吉利，跟从恶就不吉利。"道理是确定的，然而也不能全部应验。劝人积阴德之文所说："近的报应在自身，远的报应在儿孙"。做善事一定会得到回报，君子说的常法罢了。不应当以别人做恶有没有报应，就中途改变，以至于做善事做不到最后。

18. 少年富贵须自爱

【题解】

少年富贵不能肆无忌惮，否则不仅失财丧家，连自己的性命也可能要搭上。

【原文】

世上辛苦一生不得一垅①，皓首穷经不得一第者。或袭祖先余荫，或藉②文字因缘，少年时号素封跻眹仕，此非常之福也。幸履福基，时存惜福之心，行修福之事，福自无量。不然，禄算绵长，良不易易。

【注释】

①垅：同"垄"。

②藉：同"借"。

【译文】

世上有辛苦一辈子得不到一垄的田地。读书读到老却得不到科举一第的人。有的承袭祖先遗留的恩荫，有的凭借文字的关系，少年时就号称无冕的富人、升迁高官厚禄，这是非同寻常的福分。有幸遇到福分的开始，时常要有珍惜福分的想法，做造福的事，福分自然会无法估量。不这样的话，俸禄绵绵延长，的确不那么容易。

19. 处丰难于处约

【题解】

富足得意须处处警戒，倘若纵容自己，品行不端，往往酿成大祸。

【原文】

处约固大难事。然势处其难，自知检饬，酬应未周，人亦谅之。至境地丰亨，人多求全责备，小不称副，便致愆①尤。加以淫佚骄奢，嗜欲易纵，品行一玷，补救无从。覆舟之警，常在顺风。故快意时，更当处处留意。

【注释】

①愆：qiān 罪过。

【译文】

居于困穷固然是头等的困难事。然而形势虽处在困难阶段，自己知道约束整治，酬答应对不周全，人家也会谅解他。到处境富厚亨通，人家多会求全责备，小处不相称，就会导致罪过。外加淫逸骄奢，嗜好欲望容易纵容，品行一有缺点，没有补救的办法了。翻船的警戒，经常在顺风航行的时候。所以在得意满足的时候，更加应当处处小心注意。

20，欲不可纵

【题解】

常人有欲，但切不可纵容。一旦随心所欲，贻害将会无穷无尽。

【原文】

纵欲败度，立身之大患，当于起手处力防其渐。凡声、色、货、利，可以启骄奢淫佚之弊者，其端断不可开。

【译文】

放纵欲望会败坏礼法，是立身的大祸患，应当在事情开始时就防微杜渐。凡是音乐、色相、财物、利益，可以引发骄奢淫逸弊病时，先例的确不能开。

21. 贫贱当厉气节

【题解】

"贫贱不能移"，既不要做无赖，也不要唯唯诺诺。要以气节为重。

【原文】

气节与肆慢不同。肆慢者，以贫贱骄人，以至恃贫无赖。位卑言高，皆获罪之道也。不湮涩以乞怜，不唯阿以附势，固穷厉志，守义不移。富者，余而自傲；贵者，莫不敬其有守，谓之气节。

【译文】

节操和放肆不同。放肆傲慢，就是以贫困下贱来骄横，一定会到依仗贫困而撒无赖行为。地位卑下而谈高位，都是招致罪过的途径。不污浊而乞求怜悯，不唯唯诺诺而依附权势，安于穷困而磨炼意志，守住道义而不改变。富有的人，以富有而自傲；尊贵的人，没有不敬慎操守，这就叫操行。

22. 择稳处立脚

【题解】

凡事要有立足点，不能游离不定，否则就只会去钻营附势。

【原文】

如行军然，出奇制胜，危道也。仁人之师，堂堂正正，胜固万全，负亦不至只轮不返。两利相权，取其重；两害相形，取其轻。宁按部而就

班，不行险以侥幸。是为隐处立脚。

【译文】

　　像行军打仗那样，出奇制胜，是险诈的办法。仁义的军队，光明正大，胜利固然是万全之策，打败也不至于全军覆没。两种利益相权衡，选取其中重要的；两种害处相对比，选取其中轻微的。宁可按部就班，也不施行险事以得侥幸。这是在稳当的地方立足。

23. 居官当凛法纪

【题解】

　　为官需廉洁，尤其要遵守法律，虽是老调重弹却也能给人以警醒。

【原文】

　　职无论大小，位无论崇卑，各有本分。当为之事，少不循分即干功令。凡用人、理财、事上、接下，时存敬畏之心，庶几身名并泰。

【译文】

　　职务不论大还是小，地位不论高还是低，各有各的本分。应当做的事。稍微不依本分就会冒犯功令。凡是任用人才、理顺家产、事奉上级、接洽下级，时时有敬畏的心思，几乎可以自身和名声一样的好。

24. 宦归尤当避嫌

【题解】

　　在朝为官不能干涉家乡政府的事，否则有不廉的嫌疑。

【原文】

　　幸而宦成归里，当以谨身立行，矜式乡党。一切公事不宜干预，地方官长无相往还。遇有知交故旧，更宜引嫌避谢，稍可指摘，即为后进揶揄①。

【注释】

　　①揶揄：yé yú 嘲弄。

【译文】

　　有幸官居高位而荣归故里，应当小心谨慎地树立品行，敬重乡里。一切公事不应当去干预，地方官长也不要相互往来，遇到知交故旧，更应当回避推辞，稍微可以被指责，即可被后辈嘲笑。

25. 守身

【题解】

守身不易，只有修身进德到一定程度才能做得到。

【原文】

《大学》《中庸》《论语》言身甚详。诚身为始事，致身为终事。而孟子独言"守身为大。"盖知所守，则穷通、寿夭无一敢轻。战陈①无勇，亦为非孝。杀身成仁。未为亏体，极守之能事矣！然圣贤甚爱此身，不肯轻掷，曰免于刑戮，曰隐，曰危行言逊，无一非守身之义。《诗》云："既明旦哲，以保其身。"终以保身为守身之正。能立身扬名，以显其亲，尚已；其次，莫如夙夜匪懈，常凛怀刑之思，全受而全归之，盖棺论定，得称善人，庶可见先人于九原②。嗟乎！穷而在下，尺步绳趋，犹易自主；幸而通显，地愈高势愈危。此义不可一日忘也。

——《双节堂庸训》

【注释】

①陈：zhèn 同"阵"。
②原：黄泉。

【译文】

《大学》《中庸》《论语》说修身说得很详细。真诚地修身为开始的事，致身为官是最终的事。而孟子独独说"守持自身最重要。"大体知道所持守的，就贫困显达、长寿夭折没一个敢轻视的。交战对阵没有勇气，也不是孝顺。杀身成仁，不会损毁身体，最大持守所能做到的！然而圣贤很爱惜自身，不肯轻易扔弃，有免于刑法处死，有隐居，有正直行为、言语谦逊，没一个不有持守自身的道义。《诗经》说："即聪明又睿智，可以保护自身。"最终把保护自身作为持守自身的正道。能够立身扬名，以显耀父母，为上等；其次，不如早晚不懈怠，经常畏惧刑法，身体来自父母而归之父母，盖棺论定，可以称得上是完美无缺的人，大概可以到黄泉见到自己的先人。哎哟！因穷而卑下，一切循规蹈矩，还改换自己的主子；有幸亨通显达，地位愈高形势愈危险。这种道义也一天不能忘记。

（十九）魏源

读书吟示儿耆

【题解】

魏源这首诗两段，分两层意思。第一层人生短暂，如白驹之过隙，不

可受名利的役使，需及早脱身。第二层花木重在根本，人生亦需有一个安身立命的所在。

【原文】

君不见，猩猩嗜酒知害身，且骂且尝不能忍。飞蛾爱灯非恶灯，奋翼扑明甘自陨。不为形役为名役，臧谷亡羊复何益！月攘[①]一鸡待来年，年复一年头雪白。得掷且掷即今日，人生百岁驹过隙。试问巫峡连营七百里，何如蔡州雪夜三千卒。

君不见，华时少，实时多，花实时少叶时多，由来草木重干柯。秋花不及春花艳，春花不及秋花健。何况再实之木花不繁，唐开之花[②]春必倦。人言松柏黛参天，谁知铁根霜干蟠九泉。

——《魏源集》

【注释】

①攘：偷。

②唐天之花：在暖室里培育开放的花。

【译文】

君不见猩猩爱酒，又知道酒对自己有害。可还是边骂边尝，难以忍耐。飞蛾爱灯，奋翼扑向火中，甘心自己毁灭自己。一个人不是受形体的奴役，就是受功名的奴役，奴仆、牧童丢失羊却不修羊圈，那又有什么补益！由一天偷一只鸡改为一个月偷一只鸡，以待来年再洗手不干，年复一年，头发已变得雪白。一天得过且过，人生百年，像小驹倏然跃过空隙。刘备在巫峡连营七百里，怎比得上李愬雪夜取蔡州的三千兵卒。

君不见草木开花时候少，结实时候多；开花结实时候少，而有叶子的时候多，只有枝干长存才是最重要的。秋天开的花不如春天里开的花鲜艳，而春天里开的花又不及秋天里开的花壮健。多次结果的树花不繁盛，密室加温提早开出的花，在春天里必定会凋谢。只有参天挺立的松柏才会一片青翠，谁又知道它的铁根霜干盘曲在地下九泉。

（二十）王师晋

《资敬堂家训》论修身

【题解】

王师晋，清代人，其《资敬堂家训》大约在咸丰、同治年间形成，上卷是写给养子的信，主要关于处家、立身、读书、做人的道理。下卷是作者自己的人生感悟和从日常生活中领悟的处世之道。

（1）为人之道

【原文】

为人之道，内则尽其孝悌，外则须择交。正人君子必爽直，必诚实，平居必好学，与之交庶得其益。若轻浮小人，必做事消沮闭藏，虽文彩足观，断不可与之定交。见富贵者，奉承不遗余力；见贫寒者，即轻薄之，此等小人，亦不可近。更有一等貌为君子，术险狠，一堕其术，丧身亡家，孔子所谓乡愿是也。当远之如鸩酒毒蛇，以不见为幸。师长品学兼优，尽心教读，当事之如父。倘家有正事，竭力相助，得其欢心，一切侍奉皆须虔洁。子弟成人以后，心存利济。观圣贤一生总要，斯世斯人同归乐，利老安少，怀何等心肠。吾人学问渊深，出而为官，存心教养，伏而在下，著书立说，可法天下。后世居家，保守先业，持己以俭，待人以宽。时存悲悯之心，目击老幼残疾，穷民无告，皆当救援。一切飞走动植之物，亦须护持。天地之心好生，人当常体此意。至于亲族之孤寒者，更宜格外扶持。如遇年荒，米珠薪桂，穷人难以存活，当仗义疏财，人我一体为念。

言语须要谦和，不可凌人。试观谦卦，六爻皆吉言语。尖酸刻薄，妄自尊大，既亏人品，复干天和，寻至破家辱身，非细故也。诗云："白圭之玷，尚可磨也。斯言之玷，不可为也。"须日日讽诵，以戒口过。

【译文】

为人之道，在家应尽孝悌，在外应审慎交友。品德高尚的人一般都率直、爽快、诚实、正直，平时勤奋好学，与之交往必有益处。轻薄小人，必定行为乖戾，虽然表面看上去颇有文彩，但也绝不能与之交往。有的人对有钱有势的人竭尽阿谀奉迎，而对位卑贫寒的人则不屑一顾，这类小人也不可接近。还有一种伪君子，心狠手辣，一旦落入他的手中，便有丧身亡家的可能，要像遇见毒蛇那样远远地躲开他。对品学兼优的师长应像待父亲那样待他，如他家中有事也尽力相帮，以得到他的欢心，一切侍奉都应诚心诚意。总观圣贤一生中最大的特点，就是与世人同甘苦共命运，安抚老人爱护小孩。倘若我们学问渊博，做官就应真心教育培养民众。如果著书立说，也可为天下典范。后人居家则应继承家业，能勤能俭，待人应宽怀大度，应常有怜悯恻隐之心，遇到老弱病残穷困潦倒无处诉苦的人，要尽力救援，对一切飞禽走兽、花草树木，都应保护珍视。至于亲属之中有孤寡贫寒的人，更应格外扶持帮助，如遇灾年，缺米少柴，穷人难以生存，应当仗义疏财。

说话应谦和，不可盛气凌人。看《周易》中的谦卦，六爻中所讲的都是吉利话。言语尖酸刻薄，妄自尊大，既亏人品，又易伤和气，甚至还会招致辱身破家的后果，因此不是小事一桩。《诗经》说："白璧的污点还可以磨去，说话有了污点，永远不能磨掉。"这话应每天诵读以此勉励自己，谨防失言。

（2）个人感叹

【原文】

予夫妇花甲已周，老而多病。近来于天人感应之理，似稍有得，看下辈作一循天理事，心生欢喜；作一伤天理事，心中便懊恼。吾最喜看五经四子书，奉为圭臬，本不待言。

【译文】

我们夫妇俩已年过花甲，年迈多病。近来对天人感应的道理有所领悟。看到后辈做了一件合乎天理的事情，心中就十分高兴；看到后辈做了一件伤害天理的事，心中便觉烦恼。我最喜欢读《四书》《五经》，把它奉为行为准则。

（3）人之修养

【原文】

黎明时睡醒，思为人之道与种树同。修德存心如根本，积功累行譬之培植壅护，科名富贵譬之开花结果，愈培植则花果愈密。然繁荣灿烂不过一时之盛，桃李荣于春，荷花盛于夏，桂香于秋，梅艳于冬，其余零落摧残之时多。惟根本不伤，可应时而发。人家亦然，事权在手，作福作威，如花树之或用火烘，或用硫磺等发热之药渗于本根，一时繁荣茂盛倍于寻常，而根本既伤，非枯即萎，可不惧哉。

【译文】

黎明醒来，想到为人之道与种树相同。修养德性就像培育树的根本，长期做好事就像为树木培土浇灌，功名富贵就像开花结果，越是辛勤培育，花开得越旺盛，果实结得也越多。然而鲜花只能盛开一时，如桃李花开于春天，荷花开在夏天，桂花秋天发出馨香，梅花娇艳于隆冬，而其他时节多为凋零。但只要花的根本不受损伤，只要时节一到，又会发芽。居家也是这样，当权柄在手时，作威作福，就像用火烘烤花树，用硫磺等发热的药物渗入根部一样，虽然一时繁荣无比，但根本受到损伤后就会枯萎，这是十分可怕的啊！

（4）未雨绸缪

【原文】

晚间密雨，见庭中鹊巢因之有感焉。本月上旬天气颇好，两鹊终日衔树枝以成此巢。尔日天寒密雨，可以住巢中休息。昔周公以王室比鹊巢，孔子诵此诗而叹美之，孟子又述之。天下国家总以忧勤而得，怠荒而失。先君以家寒未读诗书，常诵未雨绸缪之句，深有合于古昔圣贤之旨。

语云：由俭入奢易，由奢入俭难。思未雨绸缪之计，不能不置恒产，以养其恒心。然冬季收租，过宽则慢，钱漕何著；过紧则伤德，天怒人怨，又恐破家。至于钱漕多出胥吏之手，过软弱为胥吏鱼肉，过硬劲又防闯事贾祸。随机应变，全在措置得宜。能有俭处即省俭，俭以养廉，俭为美德。若济人利物之处，而亦啬于用，则为吝。吝与俭不同，有公私之分。去奢华，捐粉饰，留有余以补不足，是真俭也。若一味鄙啬是守财奴所为，又为人所轻贱也。俭之一守诸美毕备，非独钱已也。俭于嗜欲，可以保元育神；俭于言语，可以息是非养精气；俭于饮食，可以养脾胃；俭于思虑，可以一心静志；俭于交游，可以省酬应；俭于愤怒，可以免怨尤。诸如此类不可枚举，推类以思天下事，无二事不当俭者。三复斯言，可以守身保家矣。

【译文】

晚间下着密密的细雨，望着庭院里的喜鹊窝产生了联想。本月上旬天晴气爽，两只喜鹊成天衔着树枝忙忙碌碌做成了这个窝。今天天气寒冷阴雨连绵，喜鹊安乐地在窝中休息。昔日周公以王室比作喜鹊的窝，孔子一边诵读这首诗一边赞美不绝，后来孟子又叙述了这件事。天下国家都是以忧患勤勉而得以巩固发展，以懈怠荒疏而丧失破败。先辈因家境贫寒没能读到诗书，却常常诵读"未雨绸缪"这句诗，恰与古时圣贤所阐发的思想相合。

常言说：由节俭变奢侈容易，由奢侈回到节俭就难。想着凡事要事先做好准备，不能不置办恒产，用以培养起恒心。然而冬季收租，过于宽收得就慢，所要上交的钱粮就没有着落，过于紧就会有损德性，引起人家的怨恨，而导致败家。而上交的粮食大多经过胥吏之手，如果你过于软弱就会被胥吏欺侮勒索，如果过于强硬又怕惹出祸患。所以应随机应变，全靠措置得当。能够节俭的地方就要节俭，节俭可以培养廉洁的节操，节俭是一个人的美德。但如果在周济别人的时候，也舍不得钱财物品，那叫吝啬。吝啬与节俭不一样，有公私之分。不奢华，去粉饰，日用留有余地以弥补不足，才是真正的节俭，如果一味吝啬是守财奴的行为，是为人所鄙视的。能做到一个俭字好处很多，不仅仅是钱财的问题。在嗜欲上节俭，可以养元气和精神；在言语上节俭，可以少生是非养精气；在饮食上节俭，可以滋养脾胃；在思虑上节俭，可以静心守志；在交游上节俭，可以省下许多应酬化销；在恼怒上节俭，可以免除许多怨愤。诸如此类不可枚举，以此类推天下的事情，没有一件事情是不应当遵守节俭的原则来办理的。再三重复这句话，身体力行这句话，可以守身保家啊。

（5）警策自己

【原文】

余至书塾，与张欣木兄论栽培倾覆之理，不爽分毫。有目前是利，日后是害，日前是害，日后是利，惟明者作事能合乎天理，近虽不见，远则可知也。灯下有感，书此以自警。

【译文】

我到书塾，与张欣木兄读论栽培成败的道理，俩人的体会不差分毫。有些事情，眼下有利益，日后便会有害；有的眼下是害，日后有利。只有聪明睿智的人做事能符合规律，眼下虽见不出利害来，但随着时间的流逝事物的利害便愈来愈清楚。在灯下颇有感慨，故录下用来警策自己。

（6）检点自身

【原文】

昨今两日天气晴朗，丰年之象，深为心喜。然人生在世，值离乱惊惶，则恐惧修省；一遇时世平安，则易生逸乐，此常人之心皆然。士君子有志于圣贤，当不以时之安危变其节操。财色最足昏人志气。财非必贪墨无厌也，有一念厚己薄人，即当除之于念。色非必耽于花柳也，即雇媪侍婢有一念不正，其何以对天地神祇，何以对祖宗，何以对子孙。予初起看书，亦就其浅近者时相则效，身心性命之地毫无觉察，反身多愧。近则绳之幽居独处之地，觉一念不正，即多罪过。然欲心之正，念之纯凛乎？若朽索之驭六马，难之甚，然人不可不勉其难。至工夫纯熟，熙熙暤暤同曾点之游春，以视夫子饭疏食饮水，乐以忘忧。此中工夫，层级相去又远。吾之言此，诚知精粗不类，然心之所欲言，不暇细较也。

——《资敬堂家训》

【译文】

连日来天气晴朗，这是丰收的征兆，心中感到十分高兴。人生在世，就常人而言，往往在处于乱离逆境之时能谨慎小心，注意检点自己的行为，而处于平安顺利时，就容易沉溺于安逸享乐之中。德行高尚的人有远大的抱负，所以不因境遇的不同而改变自己的操行。钱财与女色最能消磨人的意志。贪财不一定仅指贪得无厌，即使偶尔产生厚己薄人的念头，也应即刻消除；贪色不一定指沉溺于寻花问柳，哪怕是对女佣或婢女产生一丝邪念也属贪色的范畴，怎能对得起天地、祖宗、与子孙。我过去读书时，只能就浅显处模仿，而于至关重要之处却毫无察觉和体会，所以想起来感到惭愧后悔的地方很多。近来因独处幽居之地，所以只要有一个念头不正当，就立即能意识到。要想心术端正，澄净、高尚，怎能允许念头不纯呢？这就好像用腐朽的绳索驾驭六匹马一样，岂不是难乎其难。但人又不能知难而退。至于修养的高深程度与孔夫子"饭疏食饮水，乐以忘忧"的境地实在相去尚远。尽管以上所说多有言不及意之处，但还是说出了我心中所要说的话。

七、近代篇

（一）曾国藩

1. 与父母谈修身

【题解】

曾国藩与父母谈修身的书信较多，大体有两类：一则申明自己的修身原则；二则希望父母多教弟弟们。这里选了三封，谈了静心、不自满、心胸开阔等问题，可备今人参用。

（1）谨守保身之训

【原文】

迩际[1]男身体如常，每夜早眠[2]，起亦渐早。惟不耐久思，思多则头昏，故常冥心[3]于无用，优游涵养[4]，以谨守父亲保身之训。

（道光二十一年五月十八日）

【注释】

①迩际：近来。

②眠：卧也。

③冥心：静心。

④涵养：存养心性。

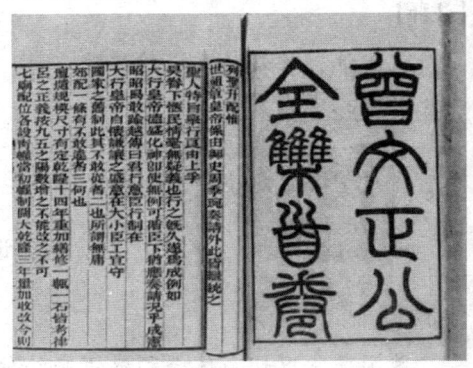

▲《曾国藩家书》书影

（2）求教六弟不自满

【原文】

六弟今年正月信，欲从罗罗山处附①课，男甚喜之，后来信绝不提及，不知何故？所付来京之文，殊不甚好，在省读书二年，不见长进，男心实忧之，而无如何，只恨男不善教诲而已。大抵第一要除骄傲气习，中无所有，而夜郎自大②，此最坏事。四弟九弟虽不长进，亦不自满，求大人教六弟，总期不自满足为要。

（道光二十四年七月二十日）

【注释】

①附：归附。

②夜郎自大：比喻自以为是。

（3）考场不中应当散心

【原文】

今年考试，想四位老弟中必有入泮①者。然世事正难逆料，万一皆不得售②，则诸弟必牢骚抑郁愤懑不平，此亦人之情也。如果郁忧，则问四弟、六弟、九弟三人中或有愿进京者，不妨来京一游。可以广耳目，豁③心胸，可以叙兄弟之乐，亦男所甚望也。如诸弟不愿来，则不必强，恐其到京而急于思归也。如有一位入学者，则亦不必，恐家中既办印卷，又办途费，银钱艰窘④也。如皆不进，而诸弟又甚愿来，则望大人张罗途费，毋阻其愤发之志，而遏其抑郁之气，幸甚。如季弟愿来；则须有一兄同来乃妥。

（道光二十五年七月初一日）

【注释】

①入泮：此处指考进翰林院。

②售：考中。

③豁：使…开阔。

④艰害：艰难窘迫。

2. 与弟谈修身

【题解】

曾国藩常以切身体会和感悟来给他的弟弟们总结修身经验。前期的书信谈得比较抽象，如订立"五箴"等；后期因为他的弟弟们都有了丰厚的生活经验，所以信中谈得要具体、切用些，如恒心、戒骄、心胸开阔等。他的修身原则有一个总结，那就是同治六年所说的"悔"和"硬"，这体现一种中庸之道，曾子所说的"日参省乎吾身"和孟子所说的"养浩然之气"在此得到了很好的结合。总之，曾氏的修身原则不愧为古代仕宦修身的浓缩。

（1）修身五箴

【原文】

五箴并序（甲辰春作）

少不自立，荏苒①遂洎②今兹，盖古人学成之年，而吾碌碌尚如斯也，不其戚矣！继是以往，人事日纷，德慧日损，下流之赴，抑又可知。夫疢疾③所以益智，逸豫所以亡身，仆以中材而履安顺，将欲刻苦而自振拔，谅④哉其难之欤，作《五箴》以自创云。

立志箴

煌煌⑤先哲，彼不犹人？藐⑥焉小子，亦父母之身。聪明福禄，予我者厚哉，弃天而佚，是及凶灾。积悔累千，其终也已，往者不可追，请从今始。荷道⑦以躬，舆之以言，一息尚活，永矢弗谖⑧。

居敬箴

天地定位，二五胚胎，鼎焉作配，实曰三才⑨。俨恪斋明，以凝女⑩命，女之不庄，伐生戕⑪性。谁人可慢？何事可弛？弛事者无成，慢人者反尔。纵彼不反，亦长吾骄，人则下女，天罚昭昭⑫。

主静箴

斋宿日观，天鸡一鸣，万籁俱息，但闻钟声。后有毒蛇，前有猛虎，神定不慑⑬，谁敢余侮？岂伊避人，日对三军，我虑则一，彼纷不纷。驰骛半生，曾不自主，今其老矣，殆扰扰以终古。

谨言箴

巧语悦人，自扰其身，闲言送日，亦搅女神。解人不夸，夸者不解，道听途说，智笑愚骇。骇者终明，谓女实欺，笑者鄙女，虽矢犹疑。尤悔既丛，铭以自攻，铭而复蹈，嗟女既耄。

有恒箴

自吾识字，百历洎兹，二十有八载，则无一知。曩之所忻，阅时而鄙，故者既抛，新者旋徙。德业之不常，曰为物牵，尔之再食，曾未闻或愆。黍黍⑭之增，久乃盈斗，天君司命，敢告马走。

（道光二十四年三月初十日）

【注释】

①荏苒：时间过得很快。

②遂洎：到也。

③疢：chèn 疾病。

④谅：确实。

⑤煌煌：炽盛貌。

⑥藐：幼小貌。

⑦荷道：负道。

⑧谖：xuān 欺诈。

⑨三才：天、地、人的总称。

⑩女：通"汝"，你也。

⑪戕：qiǎ 杀也。

⑫昭昭：明显的样子。

⑬慑：害怕。

⑭黍：粮食也。

（2）切不可恃才傲物

【原文】

吾人为学，最要虚心。尝见朋友中有美材者，往往恃才傲物，动谓人不如己，见乡墨①则骂乡墨不通，见会墨②则骂会墨不通，既骂房官③，又骂主考，未入学者，则骂学院④。平心而论，己之所为诗文，实亦无胜人之处；不特无胜人之处，而且有不堪对人之处。只为不肯反求诸己，便都见得人家不是，既骂考官，又骂同考而先得者。傲气既长，终不进功，所以潦倒一生，而无寸进也。

余平生科名极为顺遂，惟小考七次始售。然每次不进，未尝敢出一怨言，但深愧自己试场之诗文太丑而已。至今思之，如芒⑤在背。当时之不敢怨言，诸弟问父亲、叔父及朱尧阶便知。盖场屋之中，只有文丑而侥幸者，断无文佳而埋没者，此一定之理也。

三房十四叔非不勤读，只为傲气太胜，自满自足，遂不能有所成。京城之中，亦多有自满之人，识者见之，发一冷笑而已。又有当名士者，鄙科名为粪土，或好作诗古文，或好讲考据，或好谈理学，嚣嚣然⑥自以为压倒一切矣。自识者观之，彼其所造曾无几何，亦足发一冷笑而已。故吾人用功，力除傲气，力戒自满，毋为人所冷笑，乃有进步也。

诸弟平日皆恂恂⑦退让，第累年小试⑧不售，恐因愤激之久，致生骄惰之气，故特作书戒之，务望细思吾言而深省焉，幸甚幸甚。

（道光二十四年十月二十一日）

【注释】

①乡墨：乡试中式的墨卷。

②会墨：会试中式的墨卷。

③房官：助理阅卷官。

④学院：即学台。

⑤芒：芒刺。

⑥嚣嚣然：无欲自得之貌。

⑦恂恂：忠厚老实。

⑧小试：童生应试。

（3）常存敬畏之心

【原文】

诸弟能常进箴规，则弟即吾之良师益友也。而诸弟亦宜常存敬畏，勿谓家有人做官，而遂敢于侮人；勿谓己有文学，而遂敢于恃才傲人。常存此心，则是载福之道也。

（道光二十五年五月初五日）

（4）力劝去除牢骚

【原文】

温弟天分本甲于诸弟，惟牢骚太多，性情太懒。前在京华①不好看书，又不作文，余即心甚忧之。近闻还家以后，亦复牢骚如常，或数月不搦管②为文。吾家之无人继起，诸弟犹可稍宽其责，温弟则实自弃，不得尽诿③其咎于命运。吾尝见友朋中牢骚太甚者，其后必多抑塞④，如吴枟台、凌获舟之流，指不胜屈。盖无故而怨天，则天必不许；无故而尤人，则人必不服。感应之理，自然随之。温弟所处，乃读书人中最顺之境，乃动则怨尤满腹，百不如意，实我之所不解。以后务宜力除此病，以吴枟台、凌获舟为眼前之大戒。凡遇牢骚欲发之时，则反躬自思：吾果有何不足而蓄此不平之气？猛然内省，决然去之。不惟平心谦抑⑤，可以早得科名，亦且养此和气，可以消减病患。万望温弟再三细想，勿以吾言为老生常谈，不直一哂⑥也。

（咸丰元年九月初五日）

【注释】

①京华：京城。

②搦：执笔。

③尽诿：假辞而推却。

④抑塞：郁闷。

⑤谦抑：谦虚自抑。

⑥哂：笑也。

（5）谈没有恒心的弊病

【原文】

凡人作一事，便须全副精神注在此一事，首尾不懈①。不可见异思迁，做这样想那样，坐这山望那山。人而无恒，终身一无所成。我生平坐犯无恒的弊病，实在受害不小。当翰林时，应留心诗字，则好涉猎它书，以纷其志；读性理书时，则杂以诗文各集，以歧其趋；在六部②时，又不甚实力讲求公事；在外带兵，又不能竭力专治军事，或读书写字以乱其志意。坐是垂老而百无一成。即水军一事，亦掘井九仞③而不及泉，弟当以为鉴戒。现在带勇④，即埋头尽力以求带勇之法。早夜孳孳⑤，日所思，夜所梦，舍带勇以外则一概不管。不可又想读书，又想中举，又想作州县，纷纷扰扰，千头万绪，将来又蹈我之复辙，百无一成，悔之晚矣。

（咸丰七年十二月十四日）

【注释】

①懈：松懈。

②六部：中央吏、户、礼、兵、刑、工部的总称。

③仞：一仞为七尺。

④勇：兵勇。

⑤孳孳：勤勉。

（6）平生之失在于志大才疏

【原文】

余生平之失，在志大而才疏，有实心而乏实力，坐是百无一成。李云麟之长短，亦颇与我相似，如将赴湖北，可先至余家一叙再往，润公近颇综核名实，恐亦未必投洽无间也。

近日身体略好。惟回思历年在外办事，愆咎甚多，内省增疚。饮食起居，一切如常，无劳廑①虑。今年若能为母亲大人另觅一善地，教子侄略有长进，则此中豁然畅适矣。弟年纪较轻，精力略胜于我，此际正宜提起全力，早夜整刷。昔贤谓宜用猛火煮、漫火温，弟今正用猛火之时也。

（咸丰八年正月十一日）

【注释】

①廑：qín 勤劳。

608

(7) 向平实处用心

【原文】

弟书自谓是笃实一路人，吾自信亦笃实人。只为阅历仕途，饱更事变，略参些机权作用，把自家学坏了。实则作用万不如人，徒惹人笑，教人怀恨，何益之有？近日忧居猛醒，一味向平实处用心，将自家笃实的本质还我真面、复我固有。贤弟此刻在外，亦急须将笃实复还，万不可走入机巧一路，日趋日下也。纵人以巧诈来，我仍以浑含应之，以诚愚应之。久之，则人之意也消。若钩心斗角，相迎相距，则报复无已时耳。至于强毅之气，决不可无。然强毅与刚愎①有别。古语云自胜之谓强。曰强制，曰强恕，曰强为善，皆自胜之义也。如不惯早起，而强之未明即起；不惯庄敬，而强之坐尸立斋；不惯劳苦，而强之与士卒同甘苦，强之勤劳不倦。是即强也。不惯有恒，而强之贞恒，即毅也。舍此而求以客气胜人，是刚愎而已矣。二者相似，而其流相去霄壤②，不可不察，不可不谨。

(咸丰八年正月初四日)

【注释】

①愎：bì 自以为是。

②霄壤：天壤之别。

(8) 去骄去惰

【原文】

弟于世事阅历渐深，而信中不免有一种骄气。天地间唯谦谨是载福之道，骄则满，满则倾矣。凡动口动笔，厌人之俗，嫌人之鄙，议人之短，发人之覆，皆骄也。无论所指未必果当，即使一一切当，已为天道所不许。吾家子弟满腔骄傲之气，开口便道人短长，笑人鄙陋，均非好气象。

贤弟欲戒子侄之骄，先须将自己好议人短、好发人覆之习气痛改一番，然后令后辈事事警改。欲去骄字，总以不轻非笑人为第一义。欲去惰字，总以不晏起为第一义。弟若能谨守星冈公之八字、三不信，又谨记愚兄之去骄去惰，则家中子弟日趋于恭谨而不自觉矣。

(咸丰十一年正月初四日)

(9) 不应当轻易非议别人

【原文】

弟言家中子弟无不谦者，此却未然。凡畏人不敢妄议论者，谦谨者也；凡好讥评人短者，骄傲者也。谚云："富家子弟多骄，贵家子弟多

傲。"非必锦衣玉食①、动手打人而后谓之骄傲也，但使志得意满，毫无畏忌，开口议人短长，即是极骄极傲耳。

余正月初四日信中言戒骄字，以不轻非笑人为第一义，望弟常常猛醒，并戒子侄也。

（咸丰十一年二月初四日）

【注释】

①锦衣玉食：比喻衣食富贵。

（10）应当注重清、慎、勤

【原文】

余家目下鼎盛之际，余忝①窃将相，沅所统近二万人，季所统四五千人，近世似此者曾有几家？沅弟半年以来，七拜君恩，近世似弟者曾有几人？日中则昃②，月盈则亏，吾家亦盈时矣。管子云：斗斛满则人概之，人满则天概之。余谓天之概无形，仍假手于人以概之。霍氏盈满，魏相概之，宣帝概之；诸葛恪盈满，孙峻概之，吴主概之。待他人之来概而后悔之，则已晚矣。吾家方丰盈之际，不待天之来概，人之来概，吾与诸弟当设法先自概之。自概之道云何，亦不外清、慎、勤三字而已。吾近将清字改为廉字，慎字改为谦字，勤字改为劳字，尤为明浅，确有可下手之处。

沅弟昔年于银钱取与之际不甚斟酌，朋辈之讥议菲薄，其根实在于此。去冬之买犁头嘴、栗子山，余亦大不谓然。以后宜不妄取分毫，不寄银回家，不多赠亲族，此廉字工夫也。

谦之存诸中者不可知，其著于外者，约有四端：曰面色，曰言语，曰书函，曰仆从属员。沅弟一次添招六千人，季弟并未禀明径招三千人，此在他统领所断做不到者，在弟尚能集事，亦算顺手。而弟等每次来信，索取帐棚子药等件，常多讥讽之词，不平之语。在兄处书函如此，则与别处书函更可知已。沅弟之仆从、随员，颇有气焰。面色言语，与人酬接时，吾未及见，而申夫曾述及往年对渠③之词气，至今饮憾。以后宜于此咽端痛加克治，此谦字工夫也。

每日临睡之时，默数本日劳心者几件，劳力者几件，则知宣勤王事之处无多，更竭诚以图之，此劳字工夫也。

余以名位太隆，常恐祖宗留贻之福自我一人享尽，故将劳、谦、廉三字时时自惕④，亦愿两贤弟之用以自惕，且即以自概耳。

（同治元年五月十五日）

【注释】

①忝：谦词。

②昃：zè 太阳西斜。

③渠：他也。

④惕：警惕。

（11）必须自立自强

【原文】

从古帝王将相，无人不由自强自立做出，即为圣贤者，亦各有自立自强之道，故能独立不惧，确乎①不拔。余往年在京，好与有大名大位者为仇，亦未始无挺然特立不畏强御之意。

近来见得天地之道，刚柔互用，不可偏废，太柔则靡②，太刚则折③。刚非暴虐之谓也，强矫④而已；柔非卑弱之谓也，谦退而已。趋事赴公则当强矫，争名逐利则当谦退；开创家业则当强矫，守成安乐则当谦退；出与人物应接则当强矫，入与妻孥⑤享受则当谦退。若一面建功立业，外享大名，一面求田问舍，内图厚实，二者皆有盈满之象，全无谦退之意，则断不能久。此余所深信，而弟宜默默体验者也。

（同治元年五月二十八日）

【注释】

①确乎：的确。

②靡：倒下。

③折：折断。

④强矫：强貌。

⑤妻孥：妻子。

（12）学得恬淡冲融之趣

【原文】

弟读邵子①诗，领得恬淡冲融之趣，此是襟怀长进处。自古圣贤豪杰文人才士，其志事不同，而其豁达光明之胸襟大略相同。以诗言之，必先有豁达光明之识，而后有恬淡冲融之趣。如李白、韩退之、杜牧之则豁达处多，陶渊明、孟浩然、白香山②则冲淡处多。杜③、苏④二公无美不备，而杜之五律最冲淡，苏之七古最豁达。邵尧夫⑤虽非诗之正宗，而豁达、冲淡二者兼全。吾好读《庄子》，以其豁达足益人胸襟也，去年所讲"生而美者，若知之若不知之，若闻之若不闻之"一段最为豁达，推之即舜禹之有天下而不与，亦同此襟怀也。

（同治二年三月二十四日）

【注释】

①邵子：北宋邵雍。

②白香山：即白居易。

③杜：甫。

④苏：轼。

⑤邵尧夫：名雍。

（13）常存宽舒、敬慎

【原文】

弟此次两信，胸怀颇宽舒，心志颇敬慎。以后须常存此意，总觉得人力虽尽到十分，而成功纯是天意，不可丝毫代天主张。至嘱至嘱。

（同治二年十二月二十六日）

（14）心胸浩大最受用

【原文】

弟近来气象极好，胸襟必能自养其淡定之天，而后发于外者有一段和平虚明之味。如去岁初奉不必专折奏事之谕，毫无怫郁之怀，近两月信于请饷请药毫无激迫之辞，此次于莘田、芝圃外家渣滓悉化，皆由胸襟广大之效验，可喜可敬。如金陵①果克，于广大中再加一段谦退工夫，则萧然无与，人神同钦矣。富贵功名皆人世浮荣，唯胸次浩大是真正受用。余近年专在此处下功夫，愿与我弟交勉之。闻家中内外大小及姊妹亲族无一不和睦整齐，皆弟连年筹画之功。愿弟出以广大之胸，再进以俭约之诚，则尽善矣。

（同治三年正月二十六日）

【注释】

①金陵：今江苏南京。

（15）倔强而不忿激

【原文】

弟近年于阿兄忿激之时，辄以嘉言劝阻；即弟自发忿激之际，亦常有发有收。以此卜弟之德器不可限量，后福当亦不可限量。大抵任天下之大事以气，气之郁积于中者厚，故倔强之极，不能不流为忿激。以后吾兄弟动气之时，彼此互相劝诫，存其倔强，而去其忿激，斯可耳。

（同治三年六月十三日）

（16）再谈倔强之气

【原文】

"难禁风浪"四字璧还，甚好甚慰。古来豪杰皆以此四字为大忌。吾家祖父教人，亦以"懦弱无刚"四字为大耻。故男儿自立，必须有倔强之气。唯数万人困于坚城之下，最歇暗销锐气，弟能养数万人之刚气而久不销损，此是过人之处，更宜从此加功。

（同治三年六月十六日）

（17）应当从修身处求强

【原文】

凡国之强，必须多得贤臣；凡家之强，必须多出贤子弟。此亦关乎天命，不尽由于人谋。至一身之强，则不外乎北宫黝、孟施舍、曾子三种，孟子之集义而慊①，即曾子之自反而缩也。惟曾、孟与孔子告仲由之强，略为可久可常，此外斗智斗力之强，则有因强而大兴，亦有因强而大败。古来如李斯、曹操、董卓、杨素，其智力皆横绝一世，而其祸败亦迥异寻常。近世如陆、何、萧、陈，皆予知自雄，而俱不保其终。故吾辈在自修处求强则可，在胜人处求强则不可。若专在胜人处求强，其能强到底与否尚未可知。即使终身强横安稳，亦君子所不屑道也。

（同治五年九月十二日）

【注释】

①慊：不满。

（18）所得唯有一个"悔"字

【原文】

弟求兄随时训示申儆，兄自问近年得力唯有一悔字诀。兄昔年自负本领甚大，可屈可伸，可行可藏，又每见得人家不是。自从丁巳、戊午大悔大悟之后，乃知自己全无本领，凡事都见得人家有几分是处。故自戊午至今九载，与四十岁以前迥不相同，大约以能立能达为体，以不怨不尤为用。立者，发奋自强，站得住也；达者，办事圆融，行得通也。

吾九年以来，痛戒无恒之弊，看书写字，从未间断，选将练兵，亦常留心，此皆自强能立工夫。奏疏公牍，再三斟酌，无一过当之语、自夸之词，此皆圆融能达工夫。至于怨天本有所不敢，尤人则尚不能免，亦皆随时强制而克去之。

弟若欲自儆惕，似可学阿兄丁戊二年之悔，然后痛下箴砭①，必有大进。立达二字，吾于己未年曾写于弟之手卷中，弟亦刻刻思自立自强，但于能达处尚欠体验，于不怨尤处尚难强制。吾信中言皆随时指点，劝弟强制也。赵广汉本汉之贤臣，因星变而劾魏相，后乃身当其灾，可为殷鉴②。默存一悔字，无事不可挽回也。

（同治六年正月初三日）

【注释】

①箴砭：规过之词。

②鉴：借鉴。

（19）"悔"字外另有一个"硬"字

【原文】

朱子尝言：悔字如春，万物蕴蓄初发；吉字如夏，万物茂盛已极；吝字如秋，万物始落；凶字如冬，万物枯凋。又尝以元字①配春，亨字配夏，利字配秋，贞字配冬。兄意贞字即硬字诀也。弟当此艰危之际，若能以硬字法冬藏之德，以悔字启春生之机，庶几可挽回一二乎？

（同治六年三月初二日）

【注释】

①元亨：元、亨、利、贞为《周易·乾卦》之首句四字

3. 与儿子谈修身

【题解】

曾国藩教子修身不像对弟弟的劝诫，因为他寄希望于儿子能把他的想法传之永久。鉴此，他总是有系统地提出修身原则。比如，做人在"敬""恕"二字，在外以谦谨为主、修身有八德、以不忮不求为重等等。最后，曾氏在自己病得不轻时给他的儿子规定了"慎独""主敬""求仁""习劳"。与别人不同的是，他在修身中加了"习劳"一条，反映了他本人对多年戎马生涯的认识。光有优游、静心、为善还不行，要有竭尽心力、不畏劳苦的精神，方可为完备的修身。

（1）担心儿子过于安逸

【原文】

尔幸托祖父余荫，衣食丰适，宽然无虑，遂尔醕醲①佚②乐，不复以读书立身为事。古人云：劳则善心生，佚则淫心生；孟子云：生于忧患，死于安乐。吾虑尔之过于佚也。

（咸丰六年十月初二日）

【注释】

①酣豢：吃喝之事。

②佚：安逸。

（2）做人不外"敬""恕"二字

【原文】

至于做人之道，圣贤千言万语，大抵不外敬恕二字，"仲弓问仁"一章，言敬恕最为亲切。

自此以外，如"立则见其参于前也，在舆则见其倚于衡①也"；"君子无众寡，无小大，无敢慢"，斯为"泰而不骄"；"正其衣冠，俨然人望而畏"，斯为"威而不猛"：是皆言敬之最好下手者。

孔言"欲立立人，欲达达人"；孟言"行有不得，反求诸己"，"以仁存心，以礼存心"，"有终身之忧，无一朝之患"：是皆言恕之最好下手者。

尔心境明白，于恕著字或易功，敬字则宜勉强行之。此立德之基，不可不谨。

（咸丰八年七月二十一日）

【注释】

①衡：车前横木

（3）应从有恒心处下功夫

【原文】

余生平坐①无恒之弊，万事无成，德无成，业无成，已可深耻矣。逮②办理军事，自矢靡他，中间本志变化，尤无恒之大者，用为内耻。尔若稍有成就，须从有恒二字下手。

余尝细观星冈公仪表绝人，全在一重字。余行路容止③亦颇重厚，盖取法于星冈公。尔之容止甚轻，是一大弊病，以后宜时时留心，无论行坐，均须重厚。

早起也，有恒也，重也，三者皆尔最要之务。早起是先人之家法，无恒是吾身之大耻，不重是尔之短处，故特谆谆戒之。

（咸丰九年十月十四日）

【注释】

①坐：触犯。

②逮：等到。

③容止：容颜举止。

（4）言行举止要稳重

【原文】

"举止要重，发言要訒①"，尔终身须牢记此二语，无一刻可忽也。家中大小，总以早起为第一义。

（咸丰十年十一月初四日）

【注释】

①訒：rèn 出言难貌。

（5）再谈言行举止要稳重

【原文】

走路宜重，说话宜迟，常常记忆否？

（咸丰十一年正月十四日）

（6）在外以谦谨为主

【原文】

尔在外以谦谨二字为主。世家子弟，门第鼎盛，万目所属。临行时教以三戒之首末二条及力去傲惰二弊，当已牢记之矣。

（同治三年七月初九日）

（7）体会"八德"

【原文】

余近年默省之"勤、俭、刚、明、忠、恕、谦、浑"八德，曾为泽儿言之，宜转告与鸿儿。就中能体会一二字，便有日进之象。泽儿天资聪颖，但嫌过于玲珑剔透，宜从浑字上用些工夫。鸿儿则从勤字上用些工夫。用工不可拘苦，须探讨些趣味出来。

（同治五年三月十四日）

（8）从劼刚、闲适用功

【原文】

尔禀气太清，清则易柔，惟志趣高坚，则可变柔为刚；清则易刻，惟襟怀闲远，则可化刻为厚。余字汝曰劼刚，恐其稍涉柔弱也；教汝读书须具大量，看陆诗以导闲适之抱，恐其稍涉刻薄也。尔天性淡于荣利，再从此二事用功，则终身受用不尽矣。

（同治六年三月二十八日）

（9）多吃辛苦，少享清福

【原文】

余尝谓：享名太盛，必多缺憾，我实近之；聪明太过，常鲜福泽，尔颇近之；顺境太久，必生波灾，尔母近之。余每以此三者为虑。计唯力行孝友，多吃辛苦，少享清福，庶几挽回万一。家中妇女近年享福，而全不辛劳，余深以为虑也。

（同治七年十二月十七日）

（10）修身以不忮不求为重

【原文】

余生平略涉儒先之书，见圣贤教人修身，千言万语，而要以不忮不求为重。忮者，嫉贤害能，妒功争宠，所谓"怠者不能修，忌者畏人修"之类也。求者，贪利贪名，怀土怀惠，所谓"未得患得，既得患失"之类也。忮不常见，每发露于名业相侔、势位相埒之人；求不常见，每发露于货财相接、仕进相妨之际。将欲造福，先去忮心，所谓"人能充无欲害人之心，而仁不可胜用也"。将欲立品，先去求心，所谓"人能充无穿窬之心，而义不可胜用也。"忮不去，满怀皆是荆棘；求不去，满腔日即卑污。余于此二者常加克治，恨尚未能扫除净尽。尔等欲心地干净，宜于二者痛下功夫，并愿子孙世世戒之。附作《忮求诗二首》录后。

附忮求诗二首
善莫大于恕，德莫凶于妒。妒者妾妇行，琐琐奚比数。
己拙忌人能，己塞忌人遇。己若无事功，忌人得成务。
己若无党援，忌人得多助。势位苟相敌，畏逼又相恶。
己无好闻望，忌人文名著。己无贤子孙，忌人后嗣裕。
争名日夜奔，争利东西骛。但期一身荣，不惜他人污。
闻灾或欣幸，闻祸或悦豫。问渠何以然，不自知其故。
尔室神来格，高明鬼所顾。天道常好还，嫉人还自误。
幽明丛诟忌，乖气相回互。重者灾汝躬，轻亦减汝祚。
我今告后生，悚然大觉悟。终身让人道，曾不失寸步。
终身祝人善，曾不损尺布。消除嫉妒心，普天零甘露。
家家获吉祥，我亦无恐怖。（右不忮）
知足天地宽，贪得宇宙隘。岂无过人姿，多欲为患害。
在约每思丰，居困常求泰。富求千乘车，贵求万钉带。
未得求速偿，既得求勿坏。芬馨比椒兰，磐固方泰岱。
求荣不知厌，志亢神愈忕。岁燠有时寒，日明有时晦。

时来多善缘，运去生灾怪。诸福不可期，百殃纷来会。
片言动招尤，举足便有碍。戚戚抱殷忧，精爽日凋瘵。
矫首望八荒，乾坤一何大。安荣无遽欣，患难无遽憝。
君看十人中，八九无倚赖。人穷多过我，我穷犹可耐。
而况处夷途，奚事生嗟忾？于世少所求，俯仰有余快。
俟命堪终古，曾不愿乎外。（右不求）

（同治九年六月初四日）

——《曾国藩全集·家书》

（二）左宗棠

清苦淡泊，处高思危

【题解】

　　这几封家书中，前面几封主要是在孩子读书考试时期写的，中之前左宗棠要求他们安于清苦淡泊，中之后要求孩子不要骄傲。他还回顾自己的一生，希望给后代以真切的教育。在其他一些家书中，左宗棠对子孙的品德修养亦多有匡正。他指出不要看淫书，这是对的；不过举的例有《红楼梦》等，在今天看来就有些不妥了。

（1）与霖儿书

【原文】

霖儿知悉：

　　六月十七日，吴都司兰桂因病假归，曾以一缄①寄尔，并付今年薪水银二百两归，未知接得否？今家中拮据，未尝不思多寄，然时局方艰，军中欠饷七个月有奇，吾不忍多寄也。尔曹②年少无能，正宜多历艰辛，练成材器，境遇以清苦淡泊为妙，不在多钱也。尔幸附学籍，人多以此贺我，我亦颇以为乐。然吾家积代以来，皆苦读能文，仅博一衿③，入学之年，均在二十岁以外，唯尔仲父十五岁，得

▲左宗棠像

冠县庠，为仅见之事。今尔年甫十七，亦复得此，自忖文字能如仲父及而翁十七时否？家太冲④诗云："以彼径寸根，荫此千尺条。"盖慨世胄之致身，易于寒峻⑤也。尔勿以此妄自矜宠，使人轻尔。辰下正乡试⑥之期，想必与试，三场毕后，不必在外应酬，仍以闭户读书为是。此心一放，最难收捉，不但读书了无进益，并语言举动，亦渐入粗浮轻佻一路，特人不当面责备，自己不觉耳。吾家向例⑦子弟入学，族中父老必择期迎往扫墓拜祠，想此次尔与丁弟亦必有此举。到乡见父老兄弟，必须加倍恭谨，长辈呼尔为少爷，必敛容退避，示不敢当。平辈亦面谢之，分明昆弟，何苦客气。自带盘费，住居祠中，不必赴人酒席，三日后仍即回家。祠中奖赏之资，不可索领，如族众必欲给尔，领取后仍捐之祠中，抵此次祭扫之费可也。浩斋先生处送谢敬五十两，不为多。先生不知我之所以自处，以为带勇⑧之人，例有余财，非五十金不足慰其意，且先生境遇亦实苦也。

八月初九夜龙游县潭石望行营

【注释】

①缄：书信一封为缄。

②尔曹：你。

③一衿：一件青衣，比喻未能考中。

④家太冲：西晋文学家左思。

⑤寒竣：同"寒俊"，出身贫寒而才能杰出之人。

⑥乡试：科举县一级考试。

⑦向例：向来。

⑧勇：兵勇

（2）与孝威书

【原文】

孝威知悉：

前日寄一函由郭二叔转递，甫①发数时，即接中丞及郭二叔书，知闰月初六日榜发，尔竟幸中三十二名，且为尔喜，且为尔虑。古人以早慧早达为嫌，晏元献②、杨文和③、李文正千古有几？其小时了了，大来不佳者，则已指不胜屈。吾目中所见，亦有数人。唯孙芝房侍讲，稍有所成。然不幸中年赍志④，亦颇不如当年所期，其他更无论也。天地间一切人与物，均是一般。早成者必早毁，以其气未厚积而先泄也。即学业亦何独不然？少时苦读玩索而有得者，皓首犹能暗诵无遗，若一读即上口，上口即不读，不数月即忘之矣，为其易得，故易失也。尔才质不过中人，今岁试，辄高列，吾以为学业顿进耳。顷阅所呈试草，亦不过尔尔，且字句间亦多未妥适，岂非古人所谓暴得大名不祥乎？尔宜自加省惧，断不可稍涉骄亢，以贻我忧。朱卷⑤自宜刻印，分呈宗族亲友。有送贺仪者，无论轻重，一概受之，写簿确记，遇有庆吊之事，照数酬答。诗文均请伯父改正，免人批评。此信到时，想已见过主考⑥、房师矣。主考、房师别号姓名可问明告知，以便作信谢之。我家虽寒薄，然外人必不体谅，太涉菲薄，似不近情，只好勉强应付，一切问郭二叔、李仲云便得主意。朱卷履历，自须刻之，自我曾祖仁乡公以下至我父母均已咨请封典，京官任内加一级，则从二品也。本支名字，亦宜详载。新例中式后必赴京复试，尔年尚小，难受北道风霜之苦，且学业平平，明岁仍不须赴都会试。查京官二三品以上子弟得举，应具折谢恩，但未知外官何如？如必须具折，我拟即将暂不能赴都，随侍军营以便教训之意入告，或邀俞允。尔昨抄录闱作，字画潦草太甚，且多错落，又未习行书，随意乱写，至难认识，殊不喜之。嗣后断宜细心检点，举笔⑦不可轻率也。谒祠扫墓之礼，自不可缺。族间光景甚苦，公项已无存留，一切可自备之，以数十缗⑧为度。祠中可贴一挥："奉到浙江大营来谕，明岁且缓北上，凡宗族亲党惠赠程仪者，概不敢领。孝威敬白。"庶免人家预备。谒祠展墓，礼毕即赴湘潭外家谒外祖母及各尊长，来往以十日为度。长沙诸亲友处，亲送朱卷，数日了之，此外可无须酬应。朱卷以数十本为度（官场不必送卷）。同年须酬应者自宜周到，但非其人不可亲昵。近来习俗最重同年，其实皆藉⑨以广结纳耳，我素不取。当得意时，最宜细意检点，断断不准稍涉放纵！人家当面奉承你，背后即笑话你。无论稠人广众中，宜收敛静默。即家庭骨肉间，一开口，一举足，均当敬慎出之，莫露轻肆故态，此最要紧。今年秋初吴都司归，曾寄薪水银二百两，此次未免又增一番用度。除却应用各项，不宜太省，此外衣服等事，概宜节之又节，免我远地牵挂。如实不敷，亦只准再寄百两。兵已缺饷七月，我岂可多寄银归耶。尔母病体稍愈否？衰老之年，药饵不可缺。近因省钱，故不服补剂，尔等当亦有所窥，省却闲钱，或可供药饵之资耳。

闰八月二十一日父谕

【注释】

①甫：刚刚。

②晏元献：殊。

③杨文和：亿。

④贵志：jī 怀志向心。

⑤朱卷：考官红笔所评的试卷。

⑥主考：主持考试的长官。

⑦举笔：提笔。

⑧缗：mín 一千文为一缗。

⑨藉：jí 凭借。

（3）与霖儿书

【原文】

尔少年侥幸太早，断不可轻狂恣肆，一切言动，均宜慎之又慎。凡近干名士气、公子气一派，断不可效之，勿贻我忧。

九月十日龙游城西书

（4）与孝威书

【原文】

孝威知之：

二十日接尔前月晦日一书，得悉一切。试卷刷印一千五百本，未免太多，履历多未详确。我保同知衔知县后，曾保同知直隶州，非虚衔①也。特旨以四品京堂襄办军务，后又曾奉特旨以三品京堂补用；并特赏多珍。然后补授太常寺卿，督办浙江军务，补授浙江巡抚，凡此履历，皆应详载。数典不可忘祖，岂可忘乃父乎？又吾父母之得四品封，是奉旨赏给，与寻常覃恩②例得者不同，应载明"特恩诰赠朝议大夫、诰赠恭人"，方昭核实，国恩家庆，未可忽也。吾以婞直③狷狭之性，不合时宜，自分长为农夫以没世。遭际乱离，始应当事之聘，出深山而入围城。初意亦只保卫桑梓④，未敢侈谈大局也。文宗显皇帝⑤以中外交章论荐，始有意乎其为人，凡两湖之人及官于两湖者入见，无不垂询及之，以未著朝籍之人，辱荷恩知如此，亦稀世之奇遇。骆、曾、胡之保，则已在圣明洞鉴之后矣。官文因樊燮事，欲行构陷之计，其时诸公无敢一言诵其冤者。潘公祖荫，直以官文有意吹求之意入告，其奏疏直云：天下不可一日无湖南，湖南不可一日无某人。于是蒙谕垂询，而官文乃为之丧气，诸公乃敢言左某果可用矣。咸丰六年，给谏宗君稷辰之荐举人才，以我居首。咸丰十年，少詹潘君祖荫之直纠官文，皆与吾无一面之缘，无一字之交。宗盖得闻之严文仙舫，潘盖得闻之郭仁先也。郭仁先与我交稍深，咸丰元年，与吾邑人公议，以我应孝廉方正制科。其与潘君所言，我亦不知作何语。宗疏所称，则严仙舫丈亲得之长沙城中及武昌城中者，与吾共患难之日多，故得知其详。两君直道⑥如此，却从不于我处道及只字，亦知吾不以私情感之，此谊非近人所有。而宗、潘之留意正人，见义之勇，亦非寻常可及矣。吾三十五岁而生尔，尔生七岁，吾入长沙居戎幕，虽延师课尔，未及躬亲训督，我近事尔亦不及周知，宜多谬误，兹略举一二示之。二伯所言，不愿侄辈有纨袴⑦气，此语诚然。儿等当敬听勿违，永保先泽。吾家积代寒素，先世苦况，百纸不能详。尔母归我时，我已举于乡，境遇较前稍异，然吾

与尔母言及先世艰窘之状，未尝不泣下沾襟也。吾二十九初度时，在小淹馆中，曾作诗八首；中一首述及吾父母贫苦之状，有四句云："研田终岁营儿铺，糠屑经时当飱。乾坤忧痛何时毕？忍属儿孙咬菜根。"至今每一讽咏及之，犹悲怆不能自已。自入军以来，非宴客不用海菜，穷冬犹衣缊袍⑧，冀与士卒同此苦趣，亦念享受不可丰，恐先世所贻余福，至吾身而折尽耳。古人训子弟以"咬得菜根，百事可做"，若吾家则更宜有进于此者，菜根视糠屑，则已为可口矣。尔曹念之，忍效纨绔所为乎？更有一语属尔：近时聪明子弟，文艺⑨粗有可观。便自高位置，于人多所凌忽，不但同辈中无诚心推许之人，即名辈居先者，亦貌敬而心薄之。举止轻脱，疏放自喜，更事日浅，偏好纵言旷论；德业不加进，偏好闻人过失；好以言语侮人，文字讥人，与轻薄之徒，互相标榜，自命为名士，此近时所谓名士气。吾少时亦曾犯此，中年稍稍读书，又得师友箴规之益，乃少自损抑。每一念及从前倨傲之态，诞妄之谈，时觉惭赧⑩。尔母或笑举前事相规，辄掩耳不欲听也。昔人有云："子弟不可令看《世说新语》，未得其隽永，行习其简傲⑪。"此言可味，尔宜戒之，勿以尔父少年举动为可效也。至子弟好交结淫朋逸友，今日戏场，明日酒馆，甚至嫖赌、鸦片，无事不为，是为下流种子。或喜看小说传奇，如《会真记》《红楼梦》等等，诲淫长惰，令人损德丧耻。此皆不肖之尤，固不必论。吾以德薄能浅之人，忝窃高位，督师十月，未能克一郡，救一方，上负朝廷，下孤民望，尔辈闻吾败固宜忧，闻吾胜不可以为喜。既奉抚浙之命，则浙之土地人民，皆责之我。既奉督办之命，则东南大局，亦将与有责焉，有见过之时，无见功之日。每咏韦苏州⑫"自惭居处崇，未睹斯民康"之诗，不知何时始释此重负也。尔辈若稍存一矜夸之心，说一高兴之话，只增我耻，亦当知之。明年既定负笈入山，从伯父读书，可将此帖别、写一通，携⑬之案头，时加省览，如日与我对，庶免我忧。此帖亦宜与润儿及癸叟、世延传观，并各抄一分，俾悉我意。

十月二十三日夜龙游城外行营

【注释】

①虚衔：虚妄的头衔。

②覃梓：tán 广布恩惠。

③婞直：刚愎自用。

④桑梓：借指家乡。

⑤文宗显皇帝：即清咸丰帝。

⑥正道：正道。

⑦纨袴：wánkù 借指富家。

⑧缊袍：以乱麻为絮的袍子。

⑨文艺：文章制艺。

⑩赧：nài 害羞。

⑪简傲：傲慢。

⑫州：庄。

⑬携：携放。

（5）与孝威书

【原文】

孝威知之：

日昨送我，舟中人客嘈杂，未及一一详示。然究不知儿之能遵吾教否，又不能已于言。今日至富阳①，酬应较少，乃书此寄之。儿此来原拟令同住数月，始遣北上，不意闽中事急，不能不舍儿以去。吾既去杭②，儿亦宜及早北上。道途多险，游勇③剽掠为患，苏、常、镇、扬一带，时有戒心。儿未知远行之难，世事之坏，一切皆宜详慎，不宜粗率鲁莽，以贻余忧。近日察儿举止，多有轻率之处，多由阅历未深。如由弋阳至广信时，正值湖州④余孽败窜，儿放胆径过，虽幸无事，然尔父亦数夕不能安卧矣。藉使在长沙时，少缓行期，俟予信至就道，岂不安稳耶？尔抵杭后，闲谈多日，读书日少，言动之间，童心未化，虽无大谬可指，却无佳处可夸。窥其心之所存，不免有功名科第之念。此在寻常子弟亦不为谬，然吾意却不以此望儿也。自古功名振世之人，大都早年备尝辛苦，至晚岁事权⑤到手，乃有建树，未闻早达而能大有所成者。天道非翕聚⑥不能发舒，人事非历练不能通晓。《孟子》"孤臣孽子"一章，原其所以达之故，在于操心危、虑患深，正谓此也。儿但知吾频年事功之易，不知吾额年涉历之难；但知此日肃清之易，不知吾后此负荷之难。观儿上尔母书，谓闽事当易了办一语，可见儿之易视天下事也。《书》曰："思其艰以图其易。"又曰："臣克艰厥臣。"古人建立丰功伟绩，无不本其难其慎之心出之，事后尚不敢稍自放恣，则事前更可知矣。少年意气正盛，视天下无难事。及至事务盘错，一再无成，而后爽然自失，岂不可惜？顷于舟中见李去麟奉旨撤去四品京堂，益用儆惕⑦。以李雨苍质地之美，何事不可为？只缘言之易，行之乐，遂致草草结局，假令潜心数载，俟蕴蓄既裕而后见诸设施，亦岂遽止于此？儿当引以为鉴也。至科第一事，无足重轻。名之立与不立，人之传与不传，并不在此。儿言欲早得科第，免留心帖括，得及早为有用之学。如其诚然，亦见志趣之不苟，然吾不能无疑。科第之学，本无与于事业，然欲求有以取科第之具，则正自不易，非熟读经史，必不能通达事理，非潜心玩索，必不能体认入微。世人说八股人才毫无用处，实则真八股人才，亦极不易得。明代及国朝乾隆二三十年以前，名儒名臣，有不从八股出者乎？罗慎斋先生以八股教人，其八股亦多不可训，然严乐园先生从之游，卒为名臣。尝言"得力于先生在一'思'字"，盖以慎斋教人作八股，必沉思半日，然后下笔，其识解必求出寻常意见之外，乃首肯也。今之作者，但知涂泽敷衍，揣摩腔调，并不讲题中实理虚神，题解题分，章法股法，与僧众诵经念佛何异？如是而求人才出其中，其可得哉？儿从师学时俗八股，尚未有成，遽望以此弋取科第，所见差矣。至谓"俟得科第后再读有用之书"，然则从前所读何书？将来更读何书耶？如果能熟精传注，则由此以窥圣贤蕴奥，亦复非难。不然，则书自书，人自人，八股自八股，学问自学问，科第不可必得，而学业迄无所成，岂不可惜？试细思之。至交游必择胜我者，一言一动，必慎其悔，尤为切近之图。断不可旷言高论，自蹈轻浮恶习，不可胡思乱作，致为下流之归。儿当谨记吾言，不复多告。

十月二十九日富阳舟中谕

【注释】

①富阳：今属浙江。

②杭：今浙江杭州。

③游勇：游荡盗贼。

④湖州：今属浙江。

⑤事权：掌事的权势。

⑥翕：xī 收闭。

⑦儆惕：警惕。

(6) 与孝威书

【原文】

谕孝威知之：

日间潜心读书、写字、作试帖，须自立功课，有恒无间，自有益处。意念宜沈静收敛，所有妄言妄动，须日一检点。能自知有过，则过亦少，知有过而渐知愧改，则业自进。吾家积代寒素，至吾身而上膺国家重寄，忝窃至此，尝用为惧。一则先世艰苦太甚，吾虽勤瘁半生，而身所享受，尝有先世所不逮者。惧累叶余庆将自吾而止也。二则尔曹学业未成，遽忝科目，人以世家子弟相待，规益之言，少入于耳，易长矜夸之气，惧流俗纨绔之习，将自此而开也。爵赏之荣，两疏固辞，未蒙鉴允，自不敢再有陈渎。然忧患之念，日积怀来矣。

乙丑正月初八日延平行营封发

（7）与孝威书

【原文】

孝威知之：

尔去后只接得途次一信，计腊①前可以抵都，未审能服水土否？芝岑兄处能容下榻否？复试何日？考荫何日？得尔母书，知荫照已托徐八兄同年带京，想亦接到。会试后在寓读书写字，勿时出外。尔年尚幼，正立志读书之时，非讲交游结纳时也。同人燕②集时，举动议论，切勿露轻浮光景，勿放浪高兴③，时时提起念头检点戏言戏动，内重则外轻，而过自寡矣。辞伯爵第二疏，未蒙俞允，不敢不谢恩。然自惭德薄能浅，无以仰承恩眷。析薪未克，负荷更难，正恐渐流入纨绔一类，隳吾家寒素耕读之风。即如闽省泉州一郡，五等之封均有，今之能世其家，号称无忝者，曾几人耶？言及此，尔当引以为惧，不可高兴以重吾过。

正月二十八日父字

【注释】

①腊：阴历十二月。

②燕："燕"通"宴"，宴会聚众。

③勿放浪高兴：少应酬为要。

（8）与孝威书

【原文】

孝威兄弟同览：

连接尔等来信，知眷集平安，尔母病体尚能如常，甚慰我意。新添两孙，大者命曰念恂，小者命曰念恕，丰孙即易曰念谦可也。恂呼毅孙，以八月师进灵武，大申马逆之讨，除隐匿，决大疑，卒动天鉴也。恕呼恩孙，以十一月驻节平凉，洗冤泽物，宣扬朝廷仁泽，民以为恩也。此吾诒之谷也。丰孙模本字甚秀劲可爱，闻其喜读书，天性亦厚，尤为欢慰。但年齿尚小，每日工课断不可多，能吟两百字只令吟一百字，能写百字，只令写五十字。起坐听其自由，不可太加拘束，饮食宜淡泊，衣冠宜朴洁，久久自然成一读书子弟，便是过望。吾家积世寒素，吾骤致大名，美已尽矣。须常时酝酿元气，再重之积累，庶可多延时日也。先生品既端，即是难得。勋、同性分本不高，难于开晓，不能怪先生不善教诱也。最怕是轻儇①刻薄之流，一经延致，便令子弟不成好样也。慎之。

腊月十六夜平凉大营

【注释】

①儇：xuān 轻佻

（9）与孝威孝宽等书

【原文】

威、宽、勋、同览：

所寄禀函均到。前侯名贵回湘交一函，并尼山研与丰孙，想已收到。丰孙读书写字随便而已，只要有恒，无须峻督也。西宁大致可冀肃清。肃州已加马步队二十前往助攻，并发后膛大炮，想可克矣。甘、凉一带间有游匪零骑，自易料理。我昨上乞休疏内原请仍留此间以备咨访，意盖在此。屡有京信说，西事报捷后当有恩命。吾意使相两江，非我所堪。临时辞逊，未能如愿，不若先时自陈为得也，数月后必可一律澄清。关陇事幸而后济，亦非始愿所到。器忌盈满，功名亦忌太盛，不独衰朽余生不堪负荷已也。关外无劲军健将，又事权不一，为时太久，必启戎心，故有须预为调度之说。然若不于乞休疏中陈及，又似揽事。如蒙垂询，当毕其愚耳。湖南诸老友有《楚军纪事本末》之议，意在表彰，实则赘说：且令同时之人多议论，不如其已。南屏年伯性情敦挚，又善为古文，有书复之。尔等须时常亲敬，见父执当以所事诸父者事之，于心亦安也。二伯葬事已定局否？童太守大畇向无交情，唯闻其做官甚好。兹既散讣，当以祭幛伴函送去。江幼陶以道员羁都中，周荇农为其作书，请为保举，幼陶亦有两书奉恳，我不敢应，此固非可请托者也，以四百金寄之。胡文忠堂弟裘翼求假数百金捐知府，则不应也。子弟不好读书，只想做官，不明义理，只想富贵，可叹耳。族间建总祠、修谱之议，如可行亦宜图之。实则支祠已建，谱修未久，暂缓兴办亦未尝不可。吾总以世泽之兴隆要多出勤耕苦读子弟，家祚之昌盛总在忠孝节义，他不足贵也。遇有相知世旧，可与共勉之。仲肃书来，欲以两子来陇，此不相宜。此间非仕国，且我不久即当离此。何必远道相从。季和已奏补宁朔，或能安静下去耳。二伯遗集已嘱杨庆伯校订作序。此间刻手太劣，只好寄回开雕。腹泻之疾饮河水少减，唯腰腿酸痛，健忘异常，此实衰老本病。曾服人参两许，气略旺耳。孝威书来言咳嗽，腰痛已痊愈。季和言得家信云并未曾痊愈，殊为忧之，见尚服药否？节饮食，简思虑，读书自乐延年，娱我足矣。

小除前夕兰州节署

——《左宗棠全集》

（三）胡林翼

有过贵能改，偏要与命争

【题解】

　　胡林翼给侄子胡雄的信，宽容大度而又绝不回避问题；给弟弟胡枫的信，则揭示不与命运争斗的虚妄，以期弟弟知道凭自己的努力，也能做成事业。

（1）致雄侄

【原文】

　　近闻侄渐知所为之非，痛自改革，并有误交匪友，致为所累云云，足见侄所秉之佳。人非圣贤，谁能无过？贵在能改耳。侄能自稔①其过，亦吾家积德之所致也。今而后敛才就范，勿尚意气，事事必衷于是，事事不自以为是，则前程远大，正未可限量也。企予望之。

一月十九日

【注释】

　　①稔：rěn 熟知。

（2）致枫弟

【原文】

　　命运之说，兄最不信。安分以待天时，不可与命争也，此乃枭雄安抚人心之语耳。天下事诚不当不度德，不量力，而一味盲进，然使委心任运，泄杳①因循，何处寻场外举子②，不可训也。敏弟近来颇犯此病，祈深戒之。

五月十二日
——《胡林翼家书》

【注释】

　　①泄杳：泄露深远之思。
　　②举子：中举之人

（四）彭玉麟

家书十三通

【题解】

彭玉麟对弟侄子孙要求严格，这首先在于他能以身作则。他不强调科举功名，而强调进德修业。功名有跌下来的可能，而道德的修养则能自足自立，自身圆满。他接受曾国藩"清、慎、勤"三个字，并引申了它们的意义，作为自己和家人的行为、品德的准则，包含着封建时代有作为、比较正直的官员的真诚。

（1）谕子

【原文】

知汝性桀傲，塾中辄顽嬉①，深以为忧。兹后先生要敬，同学要睦，读书要熟。已禀明汝叔祖，严加约束，汝恪②遵之。

▲彭玉麟梅花扇面

【注释】

①顽嬉：顽皮嬉戏。
②恪：严格。

（2）致弟

【原文】

闻弟近置田园，将修养身心：趋柳阴而钓，识濠上①之趣；赴桑陌而蚕，知衣帛之贵。非特可耕有砚，临写有池也。大佳，大佳！吾人处世，身常劳苦，心常安逸，最善。衡阳雁至，每念故乡。子侄辈肯读书向上，宜时加奖劝。前办乡塾，乃思转移风气，造就人才，使一乡于耕耘贸易之余，处处敦品立行；亦使我之子弟，随在观感，敬恭桑梓耳。五舅来书，还嫌客气，请暗中探访用途，资竭时周济之。吾每恨入世太晚，致贵太迟，不能见以前诸尊长提携捧抱我时之欢容笑貌，到此亦按时馈赠，以慰吾心。只剩几位鬓②萧齿豁之老年人，虽时供养，殆润③等勺水，而感④甚晨霜者矣。

①濠上：庄子曾与好友惠施在濠上观鱼。

②鬠：鬠毛。

③润：恩泽。

④感：感激。

（3）谕子

【原文】

汝性日疏懒，乃不知作家书，骨肉之情何其疏！忆余少年时，盼家书之至，若获万金；汝祖母书不来，则惊甚于风鹤。不敢云孝，第觉挚爱之心盎然也。处境略优，即当思来处不易，朱柏庐先生《治家格言》，汝岂未之见耶？乃厌粗砺而饫肥甘，御锦绣而弃杼轴，此即趋凶躅吉、自取堕落之道。君子固穷。穷者《剥》之境，而《复》之几也，小人则时时求逸乐，逸乐乃凶神恶煞之饵，所以杀庸俗者。吾起身贫窭，近跻①高位，但知守缺而不敢求全，常引日中则昃、月盈则亏之理以自警。奈何汝竟骄满，悖逆其长上哉！曾帅②尝名其所居曰"求缺斋"，诏其子孙曰："宁求缺于一生，而求全于堂上"。汝可将此语，时时反复忆诵之。

【注释】

①跻：jī 登上。

②曾帅：即曾国藩。

（4）致弟

【原文】

钊侄书来，以未入学为忧，余心窃不以为然。吾人只有进德修业是分内事，科名①两字乃是身外事。分内事由我做主，得尺，则我之尺也，得寸，则我之寸也。进德至何等地步，便算我之地步；修业至何等光景，便算我之光景。至于科名，由命中注定，丝毫不能自主。便算得了科名，德可以不进、业可以不修否？抑科名两字，是进德修业之止境耶？若定要拘拘于科名，则所修学业，非为自己学，乃为科名学，吾未见其成。今侄年轻，迟早之数，则可谈，终身无望，即不可说。若以此次小试不售，遽发牢骚，骂主考，骂学院，即自认是才学好，有了限止，便无进益。若以此次小试不售②，遽生忧闷，则窃叹其所志者小，而所忧者不大也。君子先天下之忧而忧，乃忧不能继内圣外王之业，乃忧不能尽修齐平治之心。德不进，业不修，则足忧之；贪不廉，懦不立，则足忧之；贤否不明，仁惠不施，悲天命而悯人穷，此皆天下之隐忧，我宜独先其忧者也。若夫微名之得失，世俗之荣辱，君子固未暇及此也。请弟将此意转谕之。

【注释】

①科名：科举功名。

②不售：不成功。

（5）谕子

【原文】

人生而有欲，欲而不得，则不能无求，求而无度量分界，则不能不争。吾家近来宽裕，乃从分内得来，分外之物，得之不祥。非义之财，悖入则悖出，此皆不可轻易收受。人能自知所欲为正当，则饥唯思食，寒唯思衣，渴饮而倦眠庶可已。食而必肥甘，已非分，失饱之旨矣。衣而必锦绣，已非分，失暖之旨矣。烹龙井雀舌①，卧锦茵华褥，亦不过解渴安神而已。思此可以省却许多贪心，息不少无谓争执。必也受之无愧，磊落光明，乃能使鬼服神钦。否则似吾家声，授受多，或且疑暮夜之苞苴②；请托众，或且视亲善似营苟③者矣。关起两扇墙门，不问叫鸡骂狗事，又何尝失了宦家子弟身分？读破万卷书，可销千般虑，尔偏不为，乃欲妄议乡里是非黑白耶？妄议之不足，乃欲逐无度量分界耶？宜深改其过恶，勿惮。

【注释】

①龙井雀舌：名茶。

②苞苴：bāo jū 包裹。

③营苟：钻营。

（6）谕子

【原文】

汝能以余切责之缄，痛自养晦①，蹈危机而知惧，闻善言而知守，自思进德修业，不长傲，不多言，则终身载福之道，而吾家之幸也。历观名公钜卿，或以神色凌人者，或以言语凌人者，辄遭倾覆。汝自恃英发，吐语尖刻，易为人所畏忌。余少时，颇病执拗，见事之不平者，辄心有所恃，片语面折。如此未尝不可振衰纲，伸士气，然多因是遭尤怨。官场，更险途也。吾非贪仕禄而屈节、自抑，所以保身也。汝宜慎之。

【注释】

①养晦：隐居待时。

（7）致弟

【原文】

友朋中郁郁不得志者，每发牢骚，一吐其胸中抑塞之气以为快；或且形于颜色，盛气凌人，怨尤满腹，百不如意，遂更为人所厌恶，潦倒莫由振拔①，殊可惜也。袁槿斋、张蓼洲辈，多犯是病。盖无过而怨天，天心默感降之戾；无故而尤人，人必不服而痛诋之。吾弟处顺境久矣，偶遇失意事，幸引袁槿斋、张蓼洲为鉴，平心谦抑以反省，力自镇压忿激斯可已。

【注释】

①振拔：提拔。

（8）致弟

【原文】

前日与曾帅往复讨论行慊于心之道，曾帅复函，谓欲求行慊于心，不外"清、慎、勤"三字。且谓壬戌九月，尝就《日记》，将此三字引申其义："清"字曰："无贪无兢，省事清心；一介①不苟，鬼伏神钦。"慎"字曰："战战兢兢，死而后已：行有不得，反求诸己"。"勤"字曰："手眼俱到，心力交瘁；困知勉行，夜以继日。"嘱垂训军中，余乃终身谨守，觉遇大忧患大拂逆；可免世俗不少尤悔。吾弟来书，谓朝野间对我舆论翕然②无微词，京中都道彭玉麟处事明断。几句话或恐未实，唯分独冀③学古人之居上位而不骄耳。

【注释】

①一介：小事。

②翕然：一致的样子。

③冀：希望。

（9）致弟

【原文】

读李白、韩退之、杜牧之诗，则胸襟豁达处多，读陶渊明、孟浩然、白香山诗，则胸襟冲淡处多。杜老苏髯，无美不备，邵尧夫亦领略豁达冲淡之趣者，此等诗吾最喜读之，以其能使人襟怀长进，不让庄子专美于前也。然欲得恬淡冲融之趣，必先有光明豁达之识。舜之殛①四凶，耕历山时，早具有烈风雷雨不迷之概，是舜之襟怀。禹之平洪水，过家门时，早具民胞物与无私之概，是禹之襟怀。此等襟怀，又高超一等。余从豁达冲淡处着想，从舜禹立功处规摩，务使整饬军务，处功利场中，无官僚习气。还望肃清朝野金壬^②，救济民生疾苦。做一分，便心上受用一分，做十分，便心上受用十分，所以养身却病在此，所以持盈保泰^③亦在此。

【注释】

①殛：jí 杀。

②金壬：小人。

③持盈保泰：处理好，满盈安泰。

（10）谕玉孙

【原文】

连接两书，具论事理甚透辟，胸怀颇宽舒，心志颇谨慎，以后还须于静字工夫上着力。大程夫子，是三代以下人，能跻圣贤之域者，无他，只是静字工夫足。能静则心志不烦，省身处能自窥所病，见理处能剖析毫末而不惑。其省身不密，见理不明，类多浮躁轻狂，虽有偏见，溺^①焉既深，忠告者辄逆耳矣。尔能静，则神明如日之升，业必有大进者矣。

【注释】

①溺：沉溺。

（11）致弟

【原文】

人而谦退，便是载福之道。然而谦退者，历古来能有几人？不谦退则贪欲日炽，而常不知足。居堂厦矣，轮奂巍然^①，而尚思亭榭池台之胜；食肥甘矣，鼎鼐和调而尚思驼峰象白之嗜^②。衣必极锦绣之奇，饰必炫珠翠之珍。养尊而处优，骄纵不自敛束，皆覆亡之道也。方望溪先生谓汉文帝身为九五之尊，常念小民之疾苦，忧廑^③宵旰^④，自奉俭约，此其所以为明君也；此亦知足不辱之象。人处家庭间，能以父母之待我过慈，而愧对之，则不失其孝；能以兄弟之待我过爱者，而愧对之，则不失其悌。处社会中，能以友朋之待我过惠者，而愧对之，则不失其信；以君臣间之待我过厚者，而愧对之，则不失其忠。孝悌忠信之道，亦何尝不从知足中得来？反是，则嫌父母之待我不慈，兄弟之待我太奇；于友朋则启衅隙^⑤，于君臣则生怨望，自恃无愧无怍，怨人太啬太薄。德以满而损，福以骄而折，可不慎乎？吾自随戎幕而绾兵符，位尊得君恩独优，日常以此自悚愧，恐居高自危，处处谨慎，未知能免殒蹶^⑥否也？特以此意告弟，请代约束子侄，居乡党中，诚勿藉势逞骄，害我官声也。

【注释】

　①巍然：高大巍峨。

　②嗜：滋味。

　③廑：通谨。

　④宵旰：早晚。

　⑤隙：嫌隙。

　⑥殒蹶：颠覆。

（12）谕子

【原文】

　　庭植千年运，近闻蓬勃茂盛，已非昔比，此即一家生意渐趋佳境。前嘱种菜，要从富丽中求朴野；或则栽竹数畦，一以期气象葱郁，一以其直节取警身心。其他兴土木之举，切勿妄动。存心须趋厚道，勿长骄奢之风。

（13）致弟

【原文】

　　道高一尺，魔高一丈，不经崄峨①，焉知康庄②？是以知世事多反复，而见危则思齐焉。

　　　　　　　　　　　　　　　　　　——《彭玉麟家书》

【注释】

　①崄峨：不平之路。

　②康庄：宽平大道。

（五）张之洞

致子书

【题解】

　　张之洞的儿子自幼爱武不爱文，根据这一点，张之洞送他进了日本士官学校。这封信就写于儿子走后约半个月时。他对孩子的贵公子作风深有体察，因此一面痛加警诫，一面又激发孩子成为国家"有用之才"的志气。尤其给人深刻印象的，是他要儿子从此"自视为贫民，为贱卒"，磨炼身心。

【原文】

吾儿知悉：汝出门去国①，已半月余矣。为父未尝一日忘汝。父母爱子，无微不至。其言恨不一日离汝，然必令汝出门者，盖欲汝用功上进，为后日国家干城②之器、有用之耳。

方今国是③扰攘，外寇纷来，边境屡失，腹地亦危。振兴之道，第一即在治国。治国之道不一，而练兵实为首端。汝自幼即好弄，在书房中，一遇先生外出，印跳掷嬉笑，无所不为。今幸科举早废④，否则汝亦终以一秀才老其身，决不能折桂探杏⑤，为金马玉堂中人物也。故学校肇开，即送汝入校。当时诸前辈犹多不以为然。然余固深如汝之性情，知绝非科甲中人，故排万难以送汝入校。果也除体操外，绝无寸进。余少年登科，自负清流⑥。而汝若此，真令余愤愧欲死。然世事多艰，习武亦佳，因送汝东流，入日本士官学校肄业⑦，不与汝之性情相违。汝今既入此，应努力上进，尽得其奥⑧。勿惮劳，勿恃贵，勇猛刚毅，务必养成一军人资格。汝之前途，正亦未有限量。国家正在用武之狱秋，汝纵患不能自立，勿患人之不已知。志⑨之志之，勿忘、勿忘！

抑余又有诫汝者，汝随余在两湖，固总督大人之贵介子也，无人不恭待汝。今则去国万里矣。汝平日所挟以傲人者，将不复可挟。万一不幸肇祸，反足贻堂上⑩以忧。汝此后当自视为贫民，为贱卒，苦身戮力⑪，以从事于所学。不特得学问上之益，且可藉是磨练身心。即后日得余之庇，毕业而后，得一官一职，亦可深知在下者之苦，而不致予智自雄⑫。

余五旬外之人也，服官一品，名满天下，然犹兢兢也。常自恐惧，不敢放恣。汝随余久，当必亲炙⑬之，勿自以为贵介子弟，而漫不经心。此则非天之所望于尔也，汝其慎之。

寒暖更宜自己留意，尤戒有狭邪⑭赌博等行为，即幸不被人知悉，亦耗费精神，抛荒学业。万一被人发觉，甚或为日本官吏拘捕，则余之面目，将何所在？汝固不足惜，而余则何如？更宜力除，至嘱、至嘱！

余身体甚佳，家中大小，亦均平安，不必系念，汝尽心求学，勿妄外鹜。汝苟竿头日上，余亦心广体胖矣。父涛示。

五月十九日
——《张之洞家书》

【注释】

①去固：离开。

②干城：捍卫城池。

③国是：国事。

④早废：1989年戊戌变法废科举。

⑤探杏：中举。

⑥清流：清高有名望的士大夫。

⑦业：学习。

⑧奥：深意。

⑨志：记住。

⑩堂上：父母。

⑪力：努力。

⑫自雄：妄自尊大。

⑬亲炙：亲承教诲。

⑭狭邪：此指嫖娼。

（六）吴汝纶

《谕儿书》谈修身

【题解】

吴汝纶下面的两封信，第一封是批评孩子不和堂姐搞好关系。从而引出了"孝"不只是对父母，也对伯叔父、伯叔母的敬爱；"友"不只是对亲生兄弟姊妹，也是对亲戚中同辈人和气、谦让等说法。第二封短简，希望孩子在和别人很难相处时，要磨炼自己，不要自寻烦恼。

【原文】

其 一

凡为官者，子孙往往无德，以①习于骄恣浇薄故也。吾昨闻汝骂苓姐②，说伯父不配做官，汝父做官有钱，欲逐出苓姐，不令食汝父之钱等语，伤天伦、灭人理莫此为甚！世人常说长兄当父，长嫂当母，子有钱财，当归于父，弟有钱财，当归于兄。吾与尔伯父终身未尝分异③，岂有分别尔我有无之理！伯父在时，吾不能事之如父，今亡已八年，不可再见矣。吾常痛心，故令汝兼继④伯父。望汝读书明道理，岂知汝幼稚之年，居心发言已如此骄恣浇薄哉！伯父才学十倍胜我，其未仕⑤乃命也，何不配之有⑥！做官之钱，皆取之百姓，非好钱也，故好官必不爱钱。吾虽无德，岂愿以此等钱豢⑦养汝曹、私妻子哉！兄弟之子，古称犹子，言与子无异。苓姐，吾兄之子也，与汝何异。我若独私⑧汝逐苓姐不与食，尚为非人，况汝耶？且汝亦为伯父继子，若尽逐诸侄，则汝亦在当逐之内矣。凡为人先从孝友起。孝，不但敬爱生父，凡伯父、叔父，皆当敬爱之；不但敬爱生母，凡嫡母⑨、继母、伯叔母，皆当敬爱之，乃谓之孝。友，则同父之兄弟姊妹，同祖之兄弟姊妹，同曾祖、高祖之兄弟姊妹，皆当和让。此乃古人所谓亲九族也。读书不知此，用书何为！童幼有时争言，吾亦不禁。独令人伤心之言，不得出诸口。校量钱财有无，悖理行私之事，不可存于心。将吾此书熟读牢记，以防再犯，并令诸兄弟姊妹各写一通。

<h3 style="text-align:center">其 二</h3>

忍让为居家美德，不闻孟子之言"三自反"⑩乎？若必以相争为胜，乃是大愚不灵，自寻烦恼。人生在世，安得与我同心者相与共处乎？凡遇不易处之境，皆能长学问识见。孟子"生于忧患"，"存乎疢⑪疾"，皆至言也。

——《吴汝纶尺牍·谕儿书》

【注释】

①以：因为。

②苓姐：吴汝纶侄女。

③分异：分家。

④继：继嗣。

⑤仕：做官。

⑥何不配之有：哪有什么不配的。

⑦豢：huàn，豢养的意思。

⑧独私：偏爱。

⑨嫡母：妾生的子女，对父亲正妻称嫡母。

⑩"三自反"：反躬自问，是否有理。

⑪疢：chèn 热病。

（七）甘树椿

<h3 style="text-align:center">《甘氏家训》论修身</h3>

【题解】

在《甘氏家训》里，甘树椿告诫儿女，读书贵在明理懂义修行养性，而绝非只求功名。治学的修养在于反复玩味，不可妄加评论，要多读圣贤之书，使自己德行从善，志趣高雅。

<h3 style="text-align:center">（1）读书为做人</h3>

【原文】

我欲汝等读书，并非要汝等猎取高官厚禄，为宗族交游光宠。但欲汝等学道理，识礼义，为乡里善人耳。谨身节用，以养父母，方可谓之佳子弟。世习诗书，不坠先绪，方可谓之老世家。若性情乖僻，行检有亏，虽猎高科、跻肮仕，吾不取也。

汝晚间读书，动至彻夜不寐，此最于养身有碍。人之精神，只有此数，夜间久坐，日间必不能早起。俾昼作夜，阴阳颠倒，非所宜也。人生全靠精神干事，如精神不旺，学问必不能成，事业必不能就。夙兴夜寐，动止以时，此爱养精神之良法也。汝其试之。

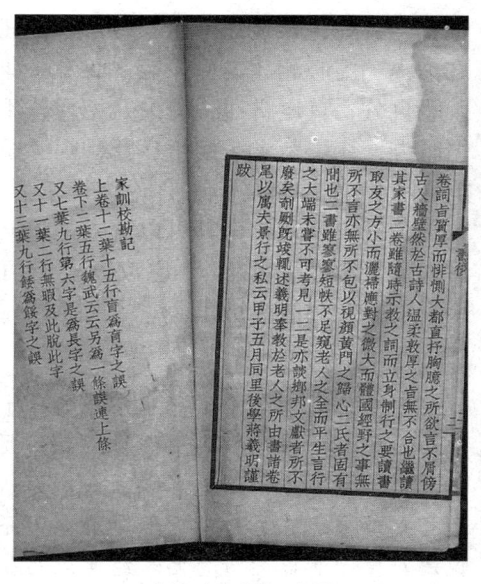

▲《甘氏家训》书影

【译文】

我要你们读书，并不是要求你们得高官厚禄，为家族增加光彩，只是希望你们学得做人的道理，懂礼义，做一个好人。能够提高自己的修养品德，赡养父母，才能成为优秀的儿女；能世代读诗书，不使祖先开创的家风失落，才能称作"老世家。"如果性情古怪，品行不端，即使猎取了功名，做了高官，我也不赞成。

你晚上读书，常常通宵达旦，这最伤身体。人的精神是有限的，夜晚坐时间长了，白天肯定不能早起。把白天当作晚上，使阴阳颠倒，是不好的。人们一生全靠精神支撑，如果精神不旺盛，做学问也一定不能成功，也不能成就事业。白天读书，晚上休息，按规律去工作学习，这是保养精神的好方法。你可以试一试。

（2）修学在玩味

【原文】

汝近来专治经学，闻之甚慰。但古人通经以致用，不能致用不足言经学也，乾嘉以来，学者多以训诂考据言经，以为治径之途径则可，以言致用之学则去之远矣。务博而不专，亦非治经之法。昔唐镜海语曾文正言治经宜专一经，一经果能通，则诸径可旁及。若遽求兼精，则万不能通一径。汝欲通径，当以唐氏此语为法。

阅汝史论数篇，非不特之有故，言之成理，然余终惜其蓄德之不宏，所养之未粹也。曾文正有言："为学之道，不可轻率讥评古人。唯堂上乃可判堂下之曲直，惟仲尼乃可等百世之王；唯学问远过古人乃可评讥古人，而等差其高下。今人讲理学者，动好评贬汉唐诸儒，而等差之；讲汉学者，又好评贬宋儒，而等差之，皆狂妄不知自量之习。善学者，于古人之书——虚心涵泳，而不妄加评骘，斯可哉。"南皮先生云："事实详确，善恶自分，首尾贯通，得失乃见。若不详年月，不考地理，不明制度，不惴时势，妄论苛求，横生褒贬，则舜误颠倒，徒供后人讪笑耳。读史者贵能详考事迹，古人作用言论，推求盛衰之倚伏，政治之沿革，时势之轻重，风气之变迁，为其可以益人神智，遇事见诸设施耳。古人往矣，岂劳后人为之谳狱注考哉。"愿汝读史以两先生之言为法，慎勿妄加评骘，致蹈狂妄不知自量之讥也。

【译文】

听说你近来潜心研究儒家经典，十分欣慰。然而古人学经是为了达到用的目的，如果达不到用的目的就不足以谈经学。乾隆、嘉庆以来，学者多从训诂考据方面研究经学，这作为研究经学的途径还可以，但离达到用还相差得很远。另外考据经典求博而不求专，也不是正确的方法。以前唐镜海对曾国藩说，研究儒家经典应当先专攻一经，一部经典精通了，就能触类旁通。如果想一下子都精通，反而可能一经也不通。你要想精通儒家经典，要以唐氏的话为准绳。

读了你的几篇史论，感到并非论据不足、不能自圆其说，而是包容的思想内容不够博大，学问的修养不够精纯。曾国藩曾说过："钻研学问不能轻率地评价、讥讽古人，只有判官可判堂下的是非曲直，只有孔子能与百世之王相提并论，只有学问远远超过古人的人才能对古人作评价。现在讲理学的，动辄褒贬汉唐时代的学问家。讲汉学的，又好评论宋代的学问家，都是狂妄不知量力的行为。善于做学问的，潜心攻读古人的书，细心体会，以致玩味到很深的境界而不随意评论。"张子洞先生说："只需全面了解事实，前后贯通，优劣得失自明。倘若对著作的历史背景、社会制度、地理环境及时势都不清楚，而妄加评论，横加褒贬，必然会错误百出，让后人讥笑。读历史书的人，可贵之处在于能详细考察历史事迹。从古人所发的言论中，研究当时社会盛衰的内在联系，政治变迁的缘由、当时时势的变化、社会时尚的变化，因为这样可以益人神智，遇事才能有所借鉴。古人于今已很遥远了，哪里用得着后人为之注考定罪？"希望你读史应以两位先生的话为准则，不可随意妄加评论，以免被人讥笑。

（3）博学以修身

【原文】

我平居，颇喜阅先哲格言，如朱子《小学》，幼时曾读一过，至今尚能背诵。生平立身行己，得力于此书者不少。此外，则《颜氏家训》、张文端《聪训斋语》、陈文恭《五种遗规》，吾常置之案头，时时阅之。又朱子《近思录》、吕新吾《呻吟语》、刘念台《人谱类纪》、圣祖皇帝《庭训格言》、李二曲《四书反身录》、陈文恭《手札撮要》、梁茞林《古格言》，皆我所常阅者。我生平所处多困境，时取诸书展阅，增进多少阅历，消除多少妄想。我今年已六十有二矣，抚躬自问，仰无所愧，俯无所怍，皆得力于此也。今特写示汝等。诸书常置案头，可以束身，可以寡过。虽不能遽臻圣贤之域，而不流于不肖也决矣。

【译文】

我平时很喜欢涉猎古代哲人学士的格言，如朱子的《小学》，孩提时读过一遍，至今仍能背诵。平生立身行事得益于此书的地方很多。另外，《颜氏家训》、张文端的《聪训斋语》、陈文恭的《五种遗规》，我也常放在书桌上，经常阅读。又如朱子的《近思录》、吕新吾的《呻吟语》、刘念台的《人谱类纪》、圣祖皇帝的《庭训格言》、李二曲的《四书反身录》、陈文恭的《手札撮要》、梁茞林的《古格言》，我也经常浏览。我一生屡遭坎坷磨难，忧烦时翻阅诸书，心绪豁然开朗，增长了不少见识，消除了不少疑虑和妄想。我今年六十二岁，扪心自问，没有什么感到惭愧和遗憾的，都是得力于这些书。愿你们也将这些书常放在书桌上，经常阅读可以约束和规范自己的行为，减少过失。虽然不能一下子达到古圣贤的境地，但决不会流于无德之人。

（4）苦乐在内心

【原文】

人之境遇无论如何，总要胸中超然，有优游自得之趣。孔子饭疏饮水，乐在其中；颜子箪瓢陋巷，不改其乐；孟子以不愧不怍为乐；程朱教人寻孔颜乐处。处古之君子，盖无日而不乐也。若庸人则不然，不知命不守分，戚戚于贫贱，汲汲于富贵，而其心苦矣。不求诸己而求诸人，违道而干进，患得而患失，而其心更苦矣。机械藏于心，是非荣辱毁誉，戕其真行，险而徼幸，仰不能不愧，俯不能不怍，其心之苦乃更不可思议矣。孔子曰："小人长戚戚。"非虚言也。我辈安身立命之学，约有数端，曰：无欲也。无求也。知足知止也。居易以俟命也。下学而上达也。如此则无入而不自得矣。苏东坡云："但胸中廓然无一物，即天壤间山川草木虫鱼之类，皆吾作乐事也。"至哉言乎！吾生平酷爱花木，怡清风月，亦不过自寻乐趣而已。尝有一联云："是乐即是神仙，何必远寻方外去，多情唯有风月，似曾相识故人来。"此言虽俚，然亦可见我之素志也。

【译文】

人不管境遇怎样，但心里都要超然，有悠然自得的乐趣。孔子吃粗食喝白水，而能乐在其中；颜回生活清苦，身居陋巷也不改变他的乐趣；孟子以无愧和不欺诈为乐；程子和朱熹教导弟子追寻孔子、颜回的乐趣。古人有德行的人，无时不充满乐趣。但那些平庸的人就不这样，他们不知天命、不安守本分，为贫贱而忧烦，为追求富贵而苦恼，自己不肯发奋图强，而去找门路谋求做官的阶梯，整天患得患失，内心更是痛苦。他们心怀机诈，让虚荣心损坏了德行，怀着侥幸心理铤而走险，结果上对不起天，下对不起地，他们内心的痛苦更是难以言说。孔子说："无德之人常常忧烦。"这话一点不假。我的安身立命的观点有几个方面：如，没有欲望，不妄求，知道满足等等。这样就会处处自觉得意。苏东坡说："只要心里无私无欲，那么自然界的一切，都能引起我的乐趣。"我的一生中酷爱花草树木，寄情于风月之中，不过是自找乐趣罢了。我曾写过一副对联：这个欢乐就是神仙，不必到遥远的地方去寻找。寄托感情的只有风花雪月，面对它总像是面对曾相识的老朋友。对联虽然写得粗俗，但却表达了我的情操和志趣。

（5）陶冶性情

【原文】

　　人生不能无所适，以寄其意。预平生别无所好，惟酷好花竹。昔游鄂，垣寓砚坛花林，亦取其花木葱蔚，足以怡情悦性耳。闻有名园，必约朋好往游，或至流连竟日。宅旁古寺辟地半亩，遍莳花木时课，园丁殷勤灌溉。里人之养花者知我所好在此，时以花木赠我，故园中水陆草木之花特蕃。循环赏玩，可以忘忧，可以忘老，偶有佳客庌止，必共饮花下，以领其澹荡清幽之趣。平生颇喜与人同乐，我既好之，亦愿友朋好之也。花晨月久，我未尝不与花为缘，自始开至零落，无不穷极其趣。我之卧榻距花木甚近，睡梦之中时觉清香倩影扑我襟袖，沁我心腑，真不啻置身华胥国也。我观古之高人，爱花者多。王子猷爱竹，陶渊明爱菊，林和靖爱梅，周濂溪爱莲，而我则四时之花无不爱之。盖性情之所寄，惟花而已矣，晚年自号花隐老人者。以此尝有一联云：风月无边，此间稍得佳趣；林园可乐，间者便是主人。此言虽俚，于我之情事恰合。江山风月本无常主，富贵人驰名逐利，贫贱人奔走饥寒，多无暇及，惟胸次高旷、神间务暇者，始得管领之耳。

——《甘氏家训》

【译文】

　　人生总得有点爱好，以寄托自己的情怀。我平生没有别的爱好，只是酷爱花竹。以前游湖北，那里城寓到处都是砚坛花林，置身于花木丛中，足以陶冶人的性情。凡听说哪里有名花园，就一定约朋友前往游园，往往流连一天才回来。我在住宅旁边古寺那里开辟了半亩地，根据节气适时移栽各种花卉，请园丁辛勤培植浇灌。乡邻中有养花的人，知我爱好养花，常常送给我花木，因而园中的各种花木争相斗艳。四季赏玩，可以使人忘记忧愁，忘记年老。偶有好朋友光临，一定相邀一同在花下饮酒，领略这优雅恬静美妙的情趣。我一生喜欢同人一起享受欢乐，我喜欢花，也希望我的朋友们也喜欢花。无论是百花盛开的季节，还是十五月圆时，我总是与花为伴，从花开到花落，从中得到了无穷的乐趣。我的卧室离花木十分近，睡梦中常常感到缕缕花香扑鼻而来，婀娜多姿的鲜花浮现在眼前，真是沁人心脾，令我陶醉，犹如梦游华胥氏之国。古代贤人爱花的很多，王子猷爱竹子，陶渊明爱菊花，林和靖爱梅花，周濂溪爱莲花，而我则四季的花无所不喜爱。因为只有花可以寄托我的情怀，所以晚年自称花隐老人。我曾经写过一副对联：风花雪月没有边际，在这里我找到了乐趣；园林给人带来欢乐，身处其中的就是主人。词句虽然俗了一点，但却是我的真情实感。江山风月本来就没有长久的主人，富贵的人争相去追名逐利，贫贱的人为衣食温饱而辛劳奔走，因此大多数人没有闲暇时间去顾及大自然的美景，只有胸襟开阔，情趣高雅、淡泊宁静的人，方能做这大自然美景的主人。

（八）严 复

与夫人朱明丽书

【题解】

这封信写于1909年，除了劝告夫人治家应节俭之外，严复特别告诫夫人不要贪图私利，激起别人的反感与埋怨。严复要求夫人注重品德修养，大公无私，这种家训值得我们学习。

【原文】

接廿五日快信，读悉一切。知九月家用四百元托柯大夫往支者，尚未收到，想这时候必已回申矣。兹特寄回家用四百九十元，今开如左：

一、伙食、用人辛工等二百五十元；

一、房租七十五元，又冬天煤炉诸费二百元；

一、马车费三十五元；

一、普贤、细宝由姨太寄四月用卅元。

此票须由商务印书馆托其往支，别人不能支也。汝信言省节家用甚好，但大家冬寒烘用煤炉已惯，似未便全行不装，但节省可耳。故今更寄百元与汝，可搏①节动用。汝甚畏寒，而大小姐及普贤兄弟房中亦须上也。

车务麻烦，可想而知。世间求财，皆系如此，所以人要节俭，但万万不可贪私不公，惹人怨谤，则所失更大也。

我在此间责任颇重，且赶数月成书，故甚忙迫，幸精神尚支得住，除却五更咳喘、早起肠滑即无病也。药膏每日尚须半匙，所用即汝夏间寄由嘉井者，计两罐，可敷过年，不知觳否？姨太在此甚佳。我学部编订名词馆，仅二百金，仅敷寓用，所恃者北洋薪水尚存三百耳。前寄一信，想已收到，余俟下信续言。华严姊弟在念。

十月初四日泐

——《严复集·书信》

【注释】

①撙：zǔn 节制。

（九）邹岐山

《启后留言》论修身

【题解】

以下诸篇引自近代商人邹岐山所写的家训。他注重商人的德性与信用，认为证明一个人是否有能力的重要标志是"能不能发奋自立，能不能白手起家"。其家训《启后留言》主题鲜明，语言质朴，含意深远。

（1）顽懒馋猾虽是生性，然必随时警戒

【原文】

人之禀赋不同，好恶名异，虽是天性，亦由学习。譬如，其父作室，其子必能涂丹；其父耕田，其子必能播种。盖其自少而壮，耳濡目染，习惯自然，所以能继父之业，成父之志。此等佳子佳孙，虽非尽由管教，要不能无赖于指导。至于顽懒馋猾，不务正业者，亦不能因其生性顽劣而不加惩戒。为父兄的，总宜随时规劝之，开导之，化其劣性，以渐臻于善道。《孟子》曰："中也养不中，才也养不才"，就是这个道理。

【译文】

人的天赋不一样，好恶也各有差异，尽管与天性相关，但也是由后天的学习造成的。比如父亲会建造屋宇，儿子必能涂颜色；父亲会耕田，儿子也一定会播种。这是因为从小到大，耳濡目染，不知不觉中自然而然继承了父业。这类好样的子孙，尽管不都是靠管教，也决不能不加以指导。至于对那种奸懒馋猾，不务正业的儿孙，也不能因其生性顽劣而对他不加惩罚警戒。作父兄的，应当随时规劝、引导，逐渐使他克服性格的弱点，

不断培养起好的品格。《孟子》中说："道德品质好的人来教育熏陶那些品德不好的人；有才能的人来教育熏陶那些没有才能的人"。就是这个道理。

（2）依赖成性必无长进

【原文】

凡是父母养子，稍长以后，莫有不盼他长进的。但是长进与否，须视其禀性如何。要是能专心读书，立志创业，将来的进步，是不可限量的。若是依赖成性，不思自立，仗着祖遗的田产，成吃坐穿，纵情任性，以求名求利作笑谈，以劳心劳力为无用，读书不过挂名，创业又谓多事。生性若此，不惟难望长进，恐将江河日下了。

【译文】

天下父母抚养孩子，渐渐长大后，没有不盼望他能求上进有出息的。然而究竟能不能有长进，要看他的禀性如何。如孩子能专心读书，立志开创一番事业，那么日后的进步是不可限量的。如是依赖成性，毫无独立自主的意识，仰仗祖上遗下的田产，吃喝玩乐，任性妄为，视人生为儿戏，既不想干体力活又懒得动脑筋，读书只是装装样子，把立家业当作多余的事。天生这样，不仅不可能盼他有何长进，恐怕还要一天不如一天地坏下去。

（3）游荡自甘，实速消亡

【原文】

饱食暖衣，逸居无教，圣人尚且忧之，况盘乐怠傲，流连荒亡，那能够望长久远呢？尝见一般游荡子弟，聪明才智，亦自高于常人。乃不专心正业，以图久远的生活，镇日花街柳巷，放浪形骸，精神耗尽而不知，身体损伤而不觉。竟将父母遗体，甘心坠入酒色之中，驯至身败名裂，家破财尽，游荡无路，可发一叹。

【译文】

整天过着饱食暖衣，闲荡又不学习的生活，即使是圣人都会担忧，何况沉迷于田猎宴饮，且又怠惰傲慢，这样的生活怎么能够长久呢？曾经见过一些游荡子弟，其聪明才智本来要高于普通人，但他们心思没用在正业上，不考虑日后久远的生活，整日寻花问柳，放浪不羁，耗尽了心血与精力，身心毁坏在酒色之中，以至身败名裂，家破财尽，弄得走投无路，真是可叹可悲。

（4）居身务求立名地

【原文】

　　人生所最重要的，首在立名，所以说名誉，是第二生命。若是专心读书，立名在士；竭力耕田，立名在农；研究精巧、筹划经营，立名在工商。无论士农工商，若能振刷精神，谨慎勤劳，自然人人称羡。倘若不务正业，游手好闲，必将受人下视。或称为懒蛋，或混名猾鬼，或直叫白瞎废物。如此则父母受辱，妻子受累，空披人皮，不尽人事，岂不可惜。

【译文】

　　人生在世至关重要的是一个好名声，因而可以说名誉是人的第二生命。专心读书的可在读书人中获得好名声，勤勉耕耘的可在农民中获得好名声，潜心制作筹划经营的可在工商界获得好名声。无论从事哪个职业，只要能振奋精神，兢兢业业，谨慎执着，自然会受到人们的称誉。如果不务正业，成天游手好闲，必然为人瞧不起，或被人叫作懒蛋，或被人骂作猾鬼，或干脆被人骂为废物。这样不仅父母跟着受耻辱，妻子受到连累，空披一张人皮，不能尽人生的责任，多么可怜可悲。

（5）谋事切勿拘年节

【原文】

　　人生在世，不可一日无事，又不可一日不尽心竭力，以谋其事。尝见有一种人，每遇一事，今日推明日，明日推后日，不是说过节再办，就是说过年定规。要知何月无节，何岁无年，光阴似箭，日月如梭，黑发少年，转眼变成老翁。若不及早努力，创成家业，恐一旦年力颓衰，蹉跎无成，到那时仰屋兴嗟，悔之无及。古人有言：宜勤勿懒，宜急勿缓，迟延一日，悔之已晚。诚哉是言。

【译文】

　　人活在世上，不可一天没事做，而且不能有一天不尽心竭力地去做事。曾看到有一种人，无论做什么事，今天推到明天，明天推到后天，不是说过了节以后再办，就是说过了年再决定。要知道哪个月份没有节日，哪一年不过年。时间飞快流逝，黑发少年，转眼即变成白头老翁。如果不及早努力，创下家业的基础，唯恐一旦精力不支，以至虚度年华；一事无成，到那时仰天兴叹，已悔之晚矣。古人说：人生一世，平日应勤快不懒惰，应只争朝夕不拖延耽搁，有的事拖延一天，就会错过时机，铸成终生悔恨。这是至理啊。

（6）做事不可畏难

【原文】

    人生在世，惟畏难二字最足误事。盖无论何事，若想到前途茫茫，无有底止，精神上便容易发生阻力，事业上也就要费于半途。唯有不计艰难，勇往直前，自有达到目的之一日。就像我们，对于仰事父母，俯畜妻子，读书力田，习艺经商种种事情，其中都不免有许多的困难。唯有不屈不挠，向前迈进，不到成功，决不撒寻。俗话说：世上无难事，就怕心不专。就是这个道理。

【译文】

    人的一生中唯有一遇事便产生畏难心理最误事。因为不管遇到什么事，首先在心理上给自己造成压力，犹豫担心，自认前程渺茫，精神上振奋不起来，往往导致事业上半途而废。应当是不管遇到什么困难，不管道路多么艰险，朝着目标勇往直前，自会有达到目的的一天。我们在家侍奉父母，照顾妻子，在事业上读书耕田，学艺经商都会遇到各种各样的阻力与困难。只有不被困难所屈服，百折不挠，事业的目标不达到，决不罢手。俗话所说的：世上无难事，就怕心不专。就是这个道理。

（7）起早能增岁月

【原文】

    人生至多不过百年，每日工作不过十小时，总计起来，工作时间，尚不及有生之半。如果能每日早起，就可增加二三小时的工作。天长日久，岂不和增加寿数一样吗。曾文正公有言，百种弊病皆从懒生；百般好处，皆自勤来。身勤则强，佚则病；家勤则兴，懒则衰。国勤则治，怠则乱。军勤则胜，惰则败。而欲做勤字工夫，必须从早起始。

【译文】

    人一生最多不过能活百年，每天的工作时间不过十小时，总计起来，一生的工作时间还不到人生的一半时间。如果每天能早早起床，就可以增加两三个小时的工作时间。天长日久，不就等于增加了寿命吗？曾文正公说，人的各种恶习坏品行都是从懒惰生出来，任何好事包括人的优良品格、习惯都从勤劳中获得。身体勤勉则强健，身体安逸反会得病；治家勤勉家业就兴旺，懒散怠惰家业就衰败。治国勤勉国家就安宁，政务荒疏就会引起大乱；治军勤勉就能在战争中取胜，军纪松弛惰于练兵必遭失败。然而想要在勤勉上下功夫，必须从早起开始做起。

（8）有恒可夺天权

【原文】

世间无论何事，要能拿着恒心去做，莫有不成功的道理。若是一味地怠勿从事，遇难辄止，家居坐困，徒思妄想，身惯安闲，希图自在，其人必无发达的希望。这并不是天有意困他，实缘自己无恒心，所以诸事无成。果能朝夕不倦，努力前进，远之穷者，必可转而为通；命之乖者，亦可转而为享。上天之权，必为斯人所夺，人定胜天，就是这个道理。

【译文】

对待世上任何事情，都要具有坚韧不拔的恒心，才能将事情办成。如果缺乏意志力，遇难而退，松松垮垮，只会过安闲的日子，凭空妄想，遇到困难束手无策，这种人必定不能成就事业。并不是老天有心难为他，实在是因为他自己没有恒心，所以什么事情也做不成。如果能矢志不移，孜孜不倦，努力向前，做到这些，即使命运多难，也会有转机，命运之神就会掌握在自己的手中，所说的人定胜天，就是这个道理。

（9）欲成事业，先坚常性

【原文】

有志者，事竟成，这是自古圣贤豪杰，立定脚跟做事的基本观念。盖凡人做事，必须有坚定的常性。若是朝行夕改，昨是今非，忽东忽西，如猱升木，顾左顾右，似狼行途，事业断没有成功的。孔子说："人而无恒，不可以作巫医。"巫医之道虽微，若无常性，亦不能作，何况大事呢？

【译文】

有志气的人，一定能成就事业，这是自古英雄豪杰之所以能成全事业所抱定的基本信念。凡人做任何事情必须要坚持不懈，如果朝令夕改，朝三暮四，昨是今非，忽东忽西，像猴子爬上树左顾右盼，像狼行走在道上东奔西窜，没有一个既定的目标，所以事业绝不能成功。孔子说："人若没有恒心，就不能当巫医。"巫医的职业虽然卑微，如果没有恒心，也不能当，更何况要做其他的大事。

（10）欲积资财，先戒奢费

【原文】

凡人食不足以糊口，衣不足以蔽身，大多是因为平日浪费过度，不知俭约的缘故。当其奢侈浪费，自以为钱财系觉来之物，何必过于悭吝，哪知入少出多，就会使手中空乏呢。试想人生在世，没有钱财，便遭人白眼轻视；多积钱财，便受人欢迎优待。是资财一项，是万不可不积的。而欲积资财，先戒奢费，这是一定的道理。

【译文】

　　凡人之所以弄到食不果腹，衣不遮体的境地，大多是因为平时浪费挥霍，不懂得节俭的缘故。人在奢侈浪费之时，往往将钱财看作是无意中获得的东西，何必吝啬呢。岂不知入不敷出，长此以往，就会使两手空空。想想看，人活在世上如没有钱财，就会受人轻视，遭人白眼；家有万贯，便受人尊敬令人羡慕，所以钱财不可不积蓄。然而想要积蓄贱财，应先戒奢侈浪费，这是根本的道理。

（11）处贫应思贫如何去

【原文】

　　孔子说："贫与贱，是人之所恶也。"既是恶贪，便想去贫而就富，这也是人之常情。无乃世之处贫者，往往家无斗筲，室如悬磬，仍不肯劳心劳力，以谋生活，要想免去贫穷，那不是痴心妄想吗？去贫之法，唯有先戒懒惰，再学节俭，克勤克俭，劳心努力，断没有长贫穷的道理。最怕是人穷不挣，马瘦不吃，那就无法可办了。

【译文】

　　孔子说："贫穷与卑贱，是人人都厌恶的。"所以追求富贵是人之常情。但是社会上却有不少贫穷的人，尽管家中一贫如洗，仍不愿吃苦耐劳，千方百计去谋求怎样改善生活，这样的人想脱贫致富，那不是痴心妄想吗？所以脱贫的方法，首先是戒除懒惰，再学习节俭，只要能勤俭节约，努力去做事情，就不会永远贫寒。最可怕的是人穷又不争气，像瘦马却不想吃料一样，那就没有办法了。

（12）处富当知富所自来

【原文】

　　人有生来即穷，要能用心劳力，到反转穷为富的。也有生来即富，偏偏不务正业。狐朋狗友，当着知交；花天酒地，视同故乡。以烟赌为作乐，以妓馆为散心，挥金如土，毫不顾惜。所花的钱，也不知从何处而来。像这种人，还能长保其富么。要是回头一想，家产之来源，如何艰难，祖宗之缔造，如何困苦，创业非易，守业尤难。自能务质朴而戒繁华，守节俭而忌奢侈，才是保富之道啊。

【译文】

　　有的人一生下来就贫穷，但只要肯劳动，完全可以变穷为富。也有的

人一生下来家中就富有，但却不务正业。整天聚集一些狐朋狗友，吃喝嫖赌，挥霍浪费，不懂得花的钱是从哪儿来的。这和人不可能保住富裕的家境。如果能回头想想，祖上费尽了千辛万苦，创下了这份家业，作为子孙的应守住。这样想才能俭朴而戒除浮华，才是保住家业的方法。

（13）处己莫作自欺

【原文】

掩目而捕燕雀，这句话是比方人之自欺的意思。但此虽自欺，不过是一种无意识的妄想，其害于己者尚小。唯心存鬼蜮，自欺而复欺人，这种人瞒心昧己，其害于己者实大。盖人所以能尽职分，而成事邺者，唯赖此一点诚心。若不求心之诚，惟便己之私，自以为巧诈欺人，哪知究其结果，实为自欺之尤。此等人棋居心不正，求学必不成，求财必无望，故《大学》"诚意"章首言勿自欺也。圣贤之言，所宜三复。

【译文】

遮掩着自己的眼睛去捕捉燕子麻雀，这句话是在形容那种自欺的人。然而尽管这是自欺，仅仅是一种无心的妄想，对自己的危害毕竟很小。唯私心怀鬼胎，不仅自欺而且欺人的人，这种人昧着良心做事，对自己的危害极大。因为一个人之所以能尽职责，能成就事业，全凭着一颗诚心。如果没有诚心，只图私利，自以为能以巧诈欺人，结果是欺骗了自己。这种人心地不正，求学一定不能成功，求财也一定没有指望。所以《大学》中"诚意"一章的第一句话就是，不要自己欺骗自己。对圣人的话，应好好深思才好。

（14）世有往来，吃亏不为损我

【原文】

古人曾说：能吃亏便是福。这是教人要养成纯厚天真，莫做刻薄小人的意思。试想交易往来，只有一个便宜，若一味专想据为己有，则他人之吃亏者，必将避之而不肯再与往来。这不是为图眼前的快意，致贻后日之隐忧么。古人还曾说：人有苦处，天有补处。可见抱定吃亏主义，也不算损我呀。

【译文】

古人曾说：能吃亏的人有福。这是教人要养成纯厚天真的品性，不要做刻薄狭隘的小人。互相交易往来，只有一个便宜，如果你一心要想自己独占，让别人吃了亏，吃亏的人以后必将避开你，不肯再和你往来。这不是在图眼前的满足而给以后留下了隐患吗。古人还曾说：人有苦处，天有补处。可见如能抱定吃亏主义，实质并不算损害自己。

（15）事有交涉，得理须当让人

【原文】

有理走遍天下，无理寸步难行，这是说处世非理不可。人之与理，是不可须臾离的。然而世态鬼蜮，人情反复，往往自知理亏，倒反恚羞成怒，结怨日深，各走极端，致成无可转环之势。何如遇事逊让，养我和平；就是理直气壮，也要少留余地。岂不闻老人常说：让人不算痴，过后是便宜。这最是有阅历的话，不可不牢记在心呀。

【译文】

有理走遍天下，无理寸步难行，这是说在社会上立身处世必须要遵理。人和理，一刻也分不开。然而社会风气腐败，人情多变狡诈，有些人往往明知自己理亏，反而恼羞成怒，没理辩三分，结果与人结怨日深，各不相让走上极端，以致形成无可挽回的僵局。这样做哪里如遇事能谦让三分，使自己心情平和；即使自己有理，也应留有余地。难道没听到老年人常说：让人不算痴，过后是便宜。这才是阅历丰富有涵养人的话，应当将此话牢记在心啊。

（16）见人要恭，尊人即是尊己

【原文】

有子曰："恭近于礼，远耻辱也。"这是说见人总须恭敬，且要合乎礼节，则自然远去耻辱了。若是与人相见时，衣不周、冠不正，举动轻狂，任意非薄，不知尊敬旁人，旁人见你如此，又哪能尊敬你呢？要知我以礼往，人以礼来，我能正手拱立，以施诸人，人亦必和顺谦恭，以投诸我，这不是尊人即是尊己吗？

【译文】

有子说："恭敬合乎礼仪，能避开耻辱。"这是在说待人应恭敬，并且要合乎礼节，这样就能免除耻辱了。如果与人相见。衣着不整齐，帽子戴不正，举止轻狂，随意贬损他人，不懂得尊敬别人，别人看你这样待人，又怎么会尊敬你呢？要懂得你对人彬彬有礼，别人也会以礼待你，你能正手拱立以礼待人，别人也会和顺谦恭作回报，实际上你尊敬别人等于在尊敬自己。

（17）出言要慎，能言不如慎言

【原文】

言由口出，祸由言生。圣人曾说："一言可能兴邦，一言可以丧邦。"言之与人，关系重矣。若是亲邻斗争，为之排难解纷，既可息事，又可宁人，这是不能无赖于言。除此而外，或在大庭广众之下，高谈雄辩；或在下流杂居之地，信口雌黄，这都是贾祸的媒介。闲谈莫论人非，无事休谈国政，只说了几句闲话，倒惹出无数实祸，所以说，与其多言获咎，何如默而缄口为的是。出口兴戎，多言必失。

【译文】

话是从嘴里说出来的，祸也是从嘴里生出来的。圣人曾经说过："一句话可以使国家振兴，一句话也可以使国家灭亡。"言语对人来说，关系重大。如果亲戚邻里争斗，为他们解忧排难，既可以平息事端，又可以劝慰人安定，这都有赖于语言的威力。除此之外，或在大庭广众面前高谈阔论，或在小市民杂居的地方胡说八道，这都是引起祸患的引子。闲谈不要讲人的不是，没事不要谈论国家的政事，只说了几句闲话，反而惹出许多的祸患，所以说，与其多说话而遭难，不如缄口不语为好。话说出口会引起争斗，话说多了一定有失误。

（18）留心世故，是达人亲之近之，益我知识

【原文】

一人之知识有限，众人之知识无穷。既知一人之知识有限，则必亲近众人，留心世故，采人之长，补己之短，以益我之知识可也。若夫乡党往来，邻里集合，其中或有调明世事，通情达理者，我必心悦诚服，亲之近之，聆其言论，会其意见，渐染熏陶，识见自广，其受益何啻良师益友哉。

【译文】

一个人的知识是很有限的，把大家的知识汇总起来就无穷无尽了。明白了这个道理，就必须多与人交往，注意世故人情，学习别人的长处以补自己的不足，用以增长我自己的知识。如果乡亲们互相来往，或者邻居们相聚，当中有通晓事理的人，一定要心悦诚服地去接近他，听他的高论，慢慢接受这些熏陶，见识自然就会广博，所受到的益处是相当大的。

（19）成家败家皆为我师

【原文】

凡事不能有成而无败，然其成也必有其所以成，其败也必有其所以败。成者可以为法，败者可以为戒。反观互证，其成其败，皆足为我之师资。若反师其成，而不参观其败，特恐守成不易，而流败无底也。由是言之，师成之功或小，师败之功尤大。是故欲治家者，择其成者而法之，其败者则戒之，这不是成败皆我师么。

【译文】

凡人做事不能只有成功而没有失败，然而之所以能成功，之所以招致失败各自有它的原因。成功的原因可以为人所效法，失败的教训可以引起人们的警戒。如此看来，不管是成功还是失败，都可以从中得到应有的借鉴。如果只效法成功的经验，而不接受失败的教训，恐怕难以在日后的事业中不断获得成功，相反可能会屡遭失败。由此看来，效法成功的经验收获不一定大，而吸取失败的教训得益或许更大。因此想好好治理家业的人，不仅要吸取成功的经验，而且要反思失败的教训，这样就可以从成功与失败这两个老师中受到教益。

（20）无求极乐，得意须思失意

【原文】

俗语说：乐极生悲。这是劝人逢极乐之时，无忘悲境也。大凡人有一种嗜好，其初皆为寻乐，其后反因以生悲。好酒者一杯在手，豪兴云飞，卒至沉湎无度，正业抛尽。好赌者呼卢喝雉，一掷千金，一旦身罹法网，小则枷锁套肩，大则倾家荡产，好色者，入青楼，见彼颜，花言巧语，相逢恨晚。金钱尽，漏声残，海棠睡去，被底生寒。身疲力倦是谁怜，金钱有往而无还。从此看来，在行乐之时，洋洋得意，而失意之事，亦紧紧相随，可不慎诸？

【译文】

俗话说：乐极生悲。这是劝人在踌躇满志极其得意的时候，不要忘记还有悲痛的境地。一般人都有一种嗜好，起初寻欢作乐，后来乐极生悲。嗜好饮酒的一杯在手，眉飞色舞，畅怀豪饮，沉湎于其间，以致将正业置之脑后。嗜好赌博的呼唤划拳，一掷千金，一旦坠入法网，小则关上几年牢狱，大则倾家荡产。好色之徒，出入妓院，被妖艳的美色所迷惑，滥施威情，自以为与娟妓举水相逢、相逢恨晚，结果弄得钱财抛尽，声名狼藉，有去无还。由此看来，凡在行乐欢愉，洋洋得意之时，已经预示着失

意的到来，得意与失意紧紧相随，对这样的道理不能不明白，对自己的行为举止不能不谨慎。

（21）无图自在，闲时莫忘忙时

【原文】

窃思人生在世，无论居何职业，万不可希图自在。若一图自在，则今日如此，明日复然，日日自在，将荒废终身，纵眼前不愁吃穿，也须防老来遭罪。试看世之常求安逸者，不转眼间，弄得一无所有，存身无地，飘荡异乡，终日奔波，尚不能充饥而止饿。当日不图自在，焉有今日呢？朱子有言："宜未雨而绸缪，勿临渴而掘井。"此亦闲时莫忘忙时之戒也。

【译文】

我想人的一生，无论从事什么职业，万万不可贪图享乐自在。如果一旦贪图自在，那么今天自在，明天还想自在，以至天天都想享福，虚掷了一生的光阴，即使眼前不愁吃穿，也应防老来遭罪。社会上有多少只想长年享乐的，转眼间，变得一无所有，甚至没有立锥之地，漂泊他乡，四处奔波都不能果腹遮体。当年如不贪图自在，今天怎么会落到这般地步呢？朱子曾说："做人办事应做到有备无患，不要等到口渴了才想起打井。"这也是告诫人们闲的时候，不要忘了还有忙的时候。

（22）大言惭，莫增人厌

【原文】

世上有一种人，胸中毫无实学，惯为大言以欺人；身上并无特长，喜为大言以骇人。坐谈立论，无人可及，浑身能干，满口经济，及至设身处地做去，便显出言行相违。要知你有斯言，兼有斯行，则人皆佩服而敬重。若徒有斯言，而无斯行，则人且摈斥而厌恶之矣。在好大言者，还自觉得意，而闻之者，早已掩耳腹非，大言究竟何益呢？

【译文】

社会上有一种人，胸中毫无点墨，却惯于大言不惭地骗人；身上并没有什么专长，却装腔作势吓人。夸夸其谈没有能赶上他，似乎很有才干，满口经营之道，一旦让他到实际中去做，就显出他不过是空谈的伟人，行动的矮子。所以做人既然有这样的话语，就要兼有这样的行动，言与行相符，人人才会佩服你敬重你。如言行不一，自以为得意，而听话的人早已厌烦透了。

（23）小恶不悛，终是心病

【原文】

　　凡人有身病，有心病。身病者，疾痛是也；心病者，过恶是也。人有身病，必追医调治，求其速愈。及有心病，则往往因循敬安，不肯悛改。此何故呢？其意总以为些小微过，原无害于大节，小德出入，这有何妨？哪知一次为过，再次为恶，小恶不悛，必且愈积愈深，方寸之间，终为藏之府。汉昭烈戒其子曰："勿以恶小而为之，勿以善小而不为"。此言确有大道理。

【译文】

　　一般人都患有二种疾病，即心病和身病，所谓身病就是肌体上的病患，所谓心病，就是做了错事。凡人身体得了疾病，必然去请医生看病，希望早日康复。但一旦做了错事，往往因循为安，不肯悔改，抱着侥幸心理蒙混过去，这是什么原因呢？自以为仅仅是些微小的过失，并不有伤大节，又有何妨呢？岂不知先是犯小的过失，后来逐渐过失越来越大，毛病愈积愈深，变得道德品质恶劣，心术大坏。汉昭烈告诫他的儿子说："不要因为是坏事小而去做，不要因为好事小而不去做。"这真是至理名言啊。

（24）邪神妖道，徒乱心意

【原文】

　　从来人能修身齐家者，端赖乎正心诚意，人能正心诚意则决不为邪神妖道所惑。乃世人不察，往往迷信于此，以为邪神妖道可免祸致福，奉之可益寿延年。殊不知旁门左道，纯系惑世诬民，倘崇奉不疑，以之免祸求福，特恐福未得，而祸转生矣。况人心之灵，莫不有知，天下之事，莫有不理。尽心力而为之，尚恐不能身修家齐，若一味迷信妖邪，则徒乱心意，于事复何济乎？

【译文】

　　大凡人能做到修身齐家的，关键在于他心正意诚。人既然心能正，意能诚就不会被邪神妖道所迷惑。然而世上一些人不懂得这一道理，往往相信迷信，误以为邪神妖道可以免祸招福，敬奉鬼神可以延年益寿，殊不知这类歪门邪道纯粹是招摇撞骗，你如深信不疑，为了免祸求富，结果反而是福没求来，灾祸已降临。况且人的心灵，对任何事物都能感知，天下的事情，都有一个规律在其中，尽管人们尽心尽力去做，还担心不能实现修身齐家的抱负，如一味迷信妖邪，只会扰乱了自己的心神，又会对事情带来什么好处呢？

（25）评命相士，无益身家

【原文】

世有一种愚鲁人，不肯劳力以治其家，不肯劳心以修其身。但以富贵贫贱关乎命相，非人力所能转移，是真下愚之尤也。试想家虽贫，若肯劳心竭力，即可转贫为富。倘一味诿之命相，说其命应富，即不事劳动，可以坐致万金。说其命应贵，即不思读书，可以立致卿相，试问有是理乎？然则富贵贫贱，皆在人为，命相之说，那足为凭呢？

——《启后留言》

【译文】

社会上有一种愚蠢的人，不肯出力治理家业，不肯动脑筋修养自己的德性。误以为富贵贫贱是由命定，不是由人力所能左右的，实在愚蠢的观点。试想尽管家贫，如肯尽心竭力，就可转贫为富。倘若一味信命，说某人命中注定应该富，于是不去劳作，在家等着老天送来万金；说某人命中注定是贵人，即不必读书求学，立即就能当上卿相，哪有这种道理？可见富贵贫贱，事在人为，命相的说法，有什么根据呢？

八、现当代篇

（一）徐特立

致徐乾

【题解】

徐特立对于共产党员的理论及道德修养于己于人都要求甚严。在这封信中，徐老不留情面地指出儿媳修养不足的事实，勉励儿媳在与各种人和事的广泛交往中提高自己的思想水平与工作能力，成为一个真正的"布尔什维克"。

【原文】

徐乾：

你只算是半布尔什维克，真正的布尔什维克还要掌握马克思主义的理论。你所亲近的人、所称赞的人多是不大好学的，你的见解多是经验的、凭天性的。在这一方面是比人们好，因此就不能看出自己的缺点，因此前进就受着限制。我时刻感到你难接受真正有益于你的批评。由于你的周围的人有些比你弱，你就不知不觉降低自己应有的水平。我是全面关心你的，主要是你的身体和学问。不只是希望你读书，即使不拿书本只要每日有十分钟与好学的人接近，耳朵中也能听一些。你看书的能力还极弱，我想帮助你找不到机会，是非常奇怪。

你的自信力强是对的，但过强至于不接受批评，前途是暗淡的。接近一切人，不放弃一切，对落后也给帮助是对的，但还要把自己提高一步，才能提高工作效能。

一个共产党员应当什么都知，什么都能，什么都学，什么都干，什么人都交，什么生活都过得下去。在革命的复杂艰难困苦中，这种无条件的工作态度、无条件的生

▲徐特立像

活方式是必要的。革命的另一相反方面是严格地选择，毫不妥协和动摇，把握原则。如果没有自己的终身志愿，忘记了自己的政治立场，在意识上无中心思想，在学习上无最后的目的，在工作上无专门技能，广交无基本群众，无得力干部，无崇拜的革命导师，肯干而无策略路线，无工作方法，只凭主观经验而无原则，而不了解情况，那么前面的一切都成为无效了。

我想和你详谈一次又没有机会，短短谈几句又易引起误会。这里我把几点意见再写给你，请你仔细想一次。我看你还是没有做党员的整个计划，只是看见眼前，抓不到做人的中心。我经常对你留心的只有两个问题：

一是养病。养病第一是休息和饮食，你对于这两项一点没有注意。你自己反省一次看是否应该改正。今天一个整天没有休息，并且把吃中餐也放弃了。不止今日如此，素来如此。

二、你对于政治全不注意，所注意的只是工作。这样下去，将来只是一个事务主义者。昨天毛主席与记者谈话，载在今天报上，我估计你是不能真正了解的，我也无法和你谈。近来有些重要问题我圈下交给你看，你都没有好好地看。忙到这样，只能说你是一个事务主义者。我和你一谈你就要哭，更使我难以向你说话。

你的工作无论如何要解放一部分。你如果想通了我再提办法。合作社的工作不是非如此忙不可的。

我所提的都是你的终身问题，应该抽一时间和我谈。

特立

1946 年 6 月 13 日

——《万金家书》

（二）谢觉哉

1. 谈艰苦朴素

【题解】

　　这是谢老教育子女的一篇谈话录音，由他的女儿谢瑷记录整理成文章。谢觉哉通过今昔生活的变迁和对比，告诫子女们应永远保持艰苦朴素的思想与生活作风，至今仍具有教育意义。

【原文】

　　……

　　年纪大的孩子：你们住过延安的房子（定定、飘飘），住过乡里老家的房子（瑷），到北京住过大四眼井的房子，内务部的房子，虽然都不坏，但哪里比得上现在住的房子！论吃与穿也要看过去。我家是地主，我又是有职业的人，我到北京才穿绸内衣，还是人家送的。手表我以前没有。现在你们穿绸内衣了，戴手表了，七七没有表，可能也会要了。皮鞋，我记得一九三七年去兰州搞统战工作，公家给我买了一双皮鞋，到北京为了接待外宾才买第二双皮鞋。那时我快七十岁了。你们小小年纪就穿皮鞋，而且穿过不止一双。我国出牛皮并不多，皮鞋供应怎能不紧张？

　　我们的吃，尚不大好，但已比过去好。

　　我的老家是地主，吃得饱但并不那么吃得好。至于你妈妈的老家，靠替人推磨，靠做小生意，靠捡人家红薯地里遗下的小红薯，有一顿，没一顿。你舅舅不是因没饭吃，小时就跑到军队当勤务吗？你妈妈也不是因为穷才参加革命的吗？那样的生活，你们是难以想象的。你妈妈要经常对你们谈谈。

　　总之，看过去，我们现在的生活，已经是我们预想不到的了。

　　说到看别人，你们应知道现在还有成千上万的人吃不饱、穿不暖、没有房子住。北京的生活，你们是看到了的：有的人一家子住在一间房子里，农村中的老百姓有的一年吃不到油，北京市的居民也只分到四两油。鸡蛋、肉很难买到。你们舅舅那个院子里就是这样。

　　我们是共产党人，你们是共产党的子女。共产党人是人民的勤务员，要帮助广大人民能过好日子，要工作在先，享受在后，当广大人民还十分困难的时候，我们过着这样的生活，应该感到不安，而绝不应该感到不足。

我在某省招待所的房子里写的诗，有：

"愿速化为千广厦，

九州男妇尽欢颜。"

因为住在那样好的房子里，不能不想起许多人民住的破烂，甚至还没有房子。"广厦""欢颜"字眼，是杜诗上的，杜甫诗：

"安得广厦千万间，

大庇天下寒士俱欢颜"。

杜甫思念的是"天下寒士"，我们思念的是"九州男妇"只有范围的不同而已。

还有这样的两句唐诗：

身多疾病思田里，

邑有流亡愧俸钱。

有点像我的现在：老了，身体不健康，应该退休还乡了（上句）。现在人民还有不能安生的，我们每月却领高的工资。这都是人民身上来的，因而不能不有点惭愧。

你们妈妈给我做新衣服、搞吃的，总说："你快八十岁了，还不穿点吃点？"我说：我们的吃穿已很好了，再好就要过分。意思是指此。

你们好些是大人了，应该懂得道理：一、看看自己，看看广大人民，做个比较；二、人民培养了你们，你们将来怎样报答人民，即学习好本事，能做个好的人民勤务员。

2. 给飘飘的信

【题解】

飘飘是谢觉哉的女儿，在这封家书中，谢老告诫女儿一定要谦虚待人，戒除骄傲，加强修身，谢老的这些告诫至今仍值得我们学习。

【原文】

飘飘：

九月二十日信收到了。

你立志读书并有计划地读书，能动脑子想问题，都是值得称许的。但"骄傲"的帽子，一定戴不得。要牢牢记住毛主席"虚心使人进步，骄傲使人落后"的话。

切不可以认为自己正确就可以骄傲或者人家说我骄傲也不要紧。要知道正确不正确，在没有经过实践证明以前，谁也不能做最后的结论。就是你的见地比别人高明一点，但总还有不足之处，应该向人请教——对高于自己的人请教、也要对不如自己的人请教。这叫作"集思广益"。即令自己真的是对，那你就要说服人，说服人要"和风细雨"，要表示谦虚。否则人家是不会信你的。

你可能哪一点上比别人强，在另一点又比别人弱。弱要谦虚，强也要谦虚。要注意你的态度，可能言语生硬，样子难看，于是结果不是使人家对你信服，而是说你骄傲。

你必须克服这一弱点。

你四五岁，我写过一首打油诗：

"忽然嬉笑忽号咷，

绝顶顽皮绝顶娇；

顽则要嫌娇要惜，

最难对付是飘飘。"

是否还有点幼时气态、还没有"老炼"。要对此注意！

父 九月二十七日〔一九六二年〕

你说我讲过"不怕得罪人"，这句话如简单化起来，那就要坏事。人家不对，要和和气气同人家说，而不是得罪他：人家始终不听，要等待他，再和他说，说服他，也不是可以得罪他。只是人家要做坏事，你就要拒绝他以至揭发他，而不怕得罪他。

——《万金家书》

（三）胡绍之

致胡适（节录）

【题解】

这是胡适的二哥于1915年春天写的一封信。在这封信中，胡兄先谈论了国家局势的复杂险恶，最后告诫弟弟要加强修身，不要骄奢纵欲，胡作非为，以免事业失败。胡兄认为凡成大事业的人，须以德行为本，这种见解可以说极其深刻。

【原文】

适弟左右：

……

弟近日学问进步如何？身体康健否？以后望于道德二字尤加致意。近日党人所以不满于人意，大失民望者，非其才不足、功不伟，实以得志之后，其私德多逾越轨范，一味骄奢纵欲，以致为人所指摘，此固无可讳者，愿弟勉之。凡成大事建大功者，必以德行为本，才具为辅，然后为人心所归，可以立于不败之地。清之曾、胡辈，其识见固不足道，然其德行固卓然有以自立，非近日党人之所能及。世固不可以成败论英雄，然自返果无遗憾，成败本无所关，否则岂能逃后世之责备哉！余之哓哓言此，实有所感而云然，愿勿以为老生常谈，置之于脑后也。匆匆书此，不尽欲言，诸惟自爱，毋任厚望。后有函件，可仍寄瑞生和，托其转交，又嘱。

胞兄　骅手启
——《胡适家书》

（四）陶行知

1. 致陶晓光书信二封

【题解】

陶晓光乳名小桃，是陶行知的二儿子。这两封信分别写于 1937 年、1941 年。在第一封信里面，陶行知针对儿子对社会与自身前途悲观失望的心理状态，勉励儿子应对生活持乐观态度，尽量放宽自己的心胸；在第二封信中，陶行知要求儿子持真实的学历证明去报考大学，决不能弄虚作假，勉励儿子"追求真理做真人"，决不要变得虚伪庸俗，与社会上的不良风气同流合污。陶行知对于后代思想品质方面的这一种教育值得我们学习。

其　一

【原文】

晓光：

接到你二月二十一日的信，我很高兴。你的人生观太悲观，应当改正过来。世界上一切困难都要用冷静的计划去克服。忧愁伤心是双倍的牺牲，于事并无补。你们不是孤零零的孩子。在你们的周围有着几百、几千、无数的孩子，都是你们的朋友，你们的同伴，你们的服务的对象。从家庭的小世界里把自己拔出来，投入大的社会里去，你不久就会乐观、高兴，觉得生活有意义。大学不必赶，依着学力的长进自然升入，否则考不上，你又要悲观起来。寄来三百元华币，收到时，专为家用，预算可敷用到何时，告诉我。请冬叔并告桃红、三桃、蜜桃，随时写信给我。我望你们来信也如你们望我来信。现在夜深了，我还要跑半小时才能送到总局赶上顾利支的船。愿你听我的话，将胸襟扩大，生活将要自得多。

祝你和大家平安！

爸爸
三月二十三日

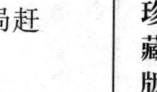

其 二

【原文】

晓光：

最近听说马肖生寄了一张证明书给你。他擅自做主，没有经我看过，我不放心。故即于当晚电你将该件寄回，以便审核有无错误，深信你已经遵电照办。现恐你急需文件证明，特由我亲自写了一张，附于信内寄你。你可根据这样证明，找尚达弟力保。我们必须坚持"宁为真白丁，不作假秀才"之主张进行。倘使这样真实的证明不合用，宁可自己出钱，不拿薪水，帮助国家工作，同时从尚达弟及各位学术专家学习。万一竟因证明不合传统，而连这样的工作学习亦被取消，那么，你还是回到重庆。这里有金大电机工程，也许可去，或与陈景唐兄商量，径考成都金大。总之"追求真理做真人"，不可丝毫妥协。万一金大也不能进，我愿筹集专款，帮助你建立实验室，决不向虚伪的社会学习与妥协。你记得这七个字，终身受用无穷，望你必须努力朝这方面修养，方是真学问。

我近来为学校经费困难所逼，驻渝筹款，而重庆天易令人咳，这两天才愈，因此不能早日写信给你，至为歉然。

育才有戏剧、绘画两组驻渝见习，进步甚快。今吾十七日动身，日内可望抵渝，大致担任指导部主任。来信寄重庆村十七号。

一月二十五日

2. 致陶宏

【题解】

在这封信中，陶行知对儿子的进步给予了充分的肯定和勉励，并教导儿子，作为教师，不仅要教人读书，更重要的是要教人做人，全信充满着乐观主义精神，也体现了作者忧国忧民的思想。

【原文】

桃红：

接读你三月十一日的信和世界进化论一篇，晓得你进步得多，我非常欢喜。国文长进全靠多做多读，你照这样干去，以后的进步必定格外迅速。

试验乡村师范已经开学，学生虽然只有十六名，但是精神真好。他们自己扫地、抹桌、洗碗、打补丁。他们还脱了鞋袜，穿着草鞋种田地。昨天和今天他们还为乡下小学生种牛痘，医秃头疮。

我很希望你和小桃多学做事。我的主张是：有书读的要做事；有事做的要读书。先生不应该专教书；你的责任是教人做人。学生不应当专读书；他的责任是学习人生之道。我要你们做有知识、有实力、有责任心的国民；不要你们做书呆子。

我平安，康健。现在已经组织两人救护队，为的是要救南京附近的人民。

爸爸
一九二七年三月十七日

3. 致陶晓光

【题解】

对于儿子的进步，陶行知总能给予肯定和鼓励，"书只是工具"，可谓得书之真味，"不要做书呆子"，可谓语重心长。

【原文】

小桃：

你的三月九日的信，已经收到了。知道你已经考取四年甲，我很欢喜。恭喜，恭喜。现在一般学校只是把小学生一个个的化成书呆子。你可要学做事，学做人，不要做书呆子。做事的时候要读什么就读什么书。书只是工具，和锄头一样，都是为做事用的。

爸爸
一九二七年三月十七日

4. 致陶城

【题解】

陶行知教儿子"做一个孩子要知道"的"三件事"，可以说是作为一个真正的人所应该奉行的三个基本准则。其"教子做人"的教育思想，在自己孩子的身上可谓表露无遗。

【原文】

蜜桃：

你的十一月四日的信收到了，我很高兴。从你的信中，我知道三桃已到屯溪。我今天也写了一封信给他，告诉他我已学会《大路歌》，并且教了许多人。现在做一个小孩子要知道三件事。第一，做人的大道理要看得明白。第二，遇患难要帮助人。肚子饿让人先吃。没饭吃时，要想法子找出饭来大家吃。第三，勇敢。勇敢地活才算是美的活。小桃均此。

祝你们努力前进！

爸爸
一九三七年十一月廿九日

5. 致陶晓光、陶城

【题解】

在这封信中，陶行知对儿子的立身、行事进行了谆谆教导，同时充分体现出了老一辈教育家高尚的爱国主义情怀。

【原文】

晓光、蜜桃：

昨接张先生电，知道你们已在汉口。但电文简略，是否已在汉口，抑动身到汉口去，不得而知。望你们接到这信后即来一飞信，说明沿途经过，现在生活，最近计划。永久通信处也望寄来。民族解放的大道理要彻底地明白。遇患难要帮助别人。勇敢地活才是美的活，勇敢的死才是美的死。晓光应当根据自己的才干，参加在民族解放的大斗争中。你在无线电已有了相当基础，希望你在这上面精益求精，到最需要的地方，到最有组织的地方，最信仰民为贵的地方去做最有效的贡献。把生命的火药装在大炮里，对准着日本帝国主义轰炸。倘若把生命的火药，放在爆竹里玩掉或者放在盘里浪费掉，那是太可惜了。你知道宏的住址，把上面的意思写给他。日新处我已写了。一月又要到加拿大十七个地方去演讲。我身体很好。

白桃、力涛、铭勋，见面时代我致念。

爸爸

一九三七年十二月十四日

6. 致陶晓光

【题解】

俗话说："字如其人"。所以说字写得好坏可以说是小事，也可以说是大事。从对儿子字写得不好进行批评和教育一事，可以看出陶行知对儿子要求之严。

【原文】

晓光：

现在有一件事要和你讨论。你的字是写得太野了，使人认不得而且写信的纸张不规则，这是必须改正的。同志中的字，洞若的最令人头痛，其次是自俺的，再其次就是你的。你们的信总有一部分令人看不懂。就是看得懂也是叫看信人十分难过，甚至头痛。这点小事，如不痛改，将来必有一天，要给人把信摔到纸篓里去。快点改吧！也把这事告诉洞若。

祝你们健康！

爸爸

一九三九年二月四日

7. 致陶晓光、陶城

【题解】

"知子莫如父。"在这封信中，陶行知根据儿子的性格特长对其学习进行指导，望子成龙之心，跃然纸上。

【原文】

晓光、蜜桃：

接读晓光九月一日及蜜桃八月十五的信，我很高兴。蜜桃那封信是表现了一些进步。晓光的俄文有这样好的进步，是可以庆幸。每一个青年都要擅长一种外国语。无论是学习社会科学、自然科学或是艺术文学都得要至少一种外国语。晓光要精益求精地把俄文学到最高的境界。蜜桃也要风雨无阻地把一种外国语学好，不可间断。晓光的才干依我看来是专攻自然科学来得有成效。你的性情不适合复杂的环境，因此研究自然科学是对的。苏联的科学进步、发明介绍到中国来很少。你可以把这个岗位站稳。为着达到你要达到的目的，只要于民族人类有益。我总是支持的。

钱可向王省三同志取一百元，我收到通知，即付研究所北碚办事处。如此可以双方省一些汇费。蜜桃是以进中学为是。

我很为三桃担忧。六个月没有得到他的信。我给他的信是退回来了。子云也没有信来，你有所闻否？有病即须快医。病后要养。不要爱惜钱。祝你们健康！

爸爸

一九三九年九月九日

8. 致陶晓光

【题解】

"健康第一"，陶行知在信中谆谆嘱咐儿子要注意身体。对自己所面临的困难，陶行知表现出一种乐观主义的态度，并在经济困难之际，竭力关照儿子的学习、生活，可谓父子情深。

【原文】

晓光：

二月三日信收到了，知道你在成都工作学习都相当满意，甚慰。你到金大听课，万望不要超过体力之限度。依我看来，还是集中精神，先在研

究室及厂中充分学习，等到告一段落，再到大学上课，这样便不致把身体弄坏。健康第一！你的身体并不甚强壮。学校工厂两处奔跑，颇感体力不济，务必慎重考虑。

学校经济自是非常困难。你知道我是欢迎困难的一个人。一切困难都以算学解决之。不但经济困难是如此解决，别的困难也如此解决。所以我没有忧愁，仍旧是吃得饱，睡得着。我的身体比你离碚时好了些。虽然没有从前胖，但瘦如梅花，骨子里有力量，为何不可。孔子说，仁者不忧，智者不惑，勇者不惧。唯其不惑所以不忧、不惧。我们追求真理，抱着真理为民族人类服务，有什么疑惑呢？所以我无论处境如何困难，心里是泰然自在，这是可以告慰的。

现托南高同学赵吉士带上无线电零件数样。这些放在家里无用，你可拿去给倪厂长看看，如果他有用处，就放在研究室里用好了。

并托赵先生带上百元，为你买书之用。内拨二十元，吴先生托你买"成都出品可以送礼之银制心链、扁针及他项小巧价廉物美之礼品数样，以便送某女友出嫁"。祝你

健康！

行知

一九四一年二月五日

——《陶行知家书》

（五）郭沫若

致培谦

【题解】

这是郭沫若于新中国成立后写给侄子郭培谦的一封信，在信中，郭沫若勉励侄儿在新形势下，努力修身，改正缺点，达到较高的思想与道德境界，以赶上时代的步伐。这种教导有其可取之处。

【原文】

培谦：

你四月十四日信接到，以前的信也接到。

拥护党、拥护社会主义，尽自己的力量做应做的事。你既是政协无党派的副主席，就尽力做好团结工作，这是很要紧的。这一次人大和全国政协的大会，把知识分子的地位提得很高，在工人农民之次，知识分子作为脑力劳动者，或劳动人民的知识分子。但作为知识分子，自己还要更加努力，务使名实相符。如果没有多的事务工作做，就好好读书，读毛主席的

著作。

中央是坚决强调民主集中制的，在高度的民主基础上进行集中，在高度的集中指导下发扬民主。以前有些偏差和错误，已加以改正或正在改正，错误是在所难免的，有错误就及时改正，这正是党的伟大处。个人的错误尤其难免，因此必须经常注意改正或改造。有的人听到改造就觉得逆耳，其实任何事物都经常在改造。生理的新陈代谢也就是改造，特别精神上的改造总是自觉地有计划地进行的。这比起生理上的新陈代谢来，可贵的就在有计划和自觉。我们都要争取明确地做到。

我近来倒有心回乐山和沙弯去看看，我走动起来比较容易。你父亲和么叔听说身体不大好，长途跋涉，不是容易的事。增加了劳累，反而有损身体，千万不要轻易远行。

我在各方面都有津贴，儿女多，都长大了，开支很大。事实上，我每月是入不敷出的。我的版税都完全捐献了。有时候实在也感觉着心有余而力不足。

八叔

四月二十四日

——《万金家书》

（六）毛泽东

1. 致李讷

【题解】

这封信写于 1963 年，毛泽东针对李讷身上存在的不少缺点，告诫女儿不要因为自己是干部子弟就可以娇生惯养，骄傲自大，看不起别人，否则只会给自己带来害处。毛泽东对自己子女在修身方面的严格要求足以成为人们普遍学习的典范与榜样。

【原文】

李纳娃：

刚发一信，就接了你的信。喜慰无极。你痛苦、忧伤，是极好事，从此你就有希望了。痛苦、忧伤，表示你认真想事，争上游、鼓干劲，一定可以转到翘尾巴、自以为是、孤僻、看不起人的反面去，主动权就到了你的手里。没人管你了，靠你自己管自己，这就好了，这是大学比中学的好处。中学也有两种人，有社会经验的孩子；有娇生惯养的所谓干部子弟，你就吃了这个亏。现在好了，干部子弟（翘尾巴的）咋不开了，尾巴翘不成了，痛苦来了，改变态度也就来了，这就好了。读了秋水篇，好，你不

▲毛泽东和女儿李讷在一起

会再做河伯了，为你祝贺！

爸爸

一月四日

2. 致毛岸英

【题解】

身为革命领袖，但毛泽东的书信却并不缺乏人情味，在信中，毛泽东告诫儿子要去掉无益的虚荣心，有热情、有恒心地投入学习、工作。信虽短，但却亲情洋溢。

【原文】

岸英：

告诉你，永寿回来了，到了哈尔滨。要进中学学中文，我已同意。这个孩子很久不见，很想看见他。你现在怎么样？工作，还是学习？一个人无论学什么或做什么，只要有热情，有恒心，不要那种无着落的与人民利益不相符合的个人主义的虚荣心，总是会有进步的。你给李讷写信没有？她和我们的距离已很近，时常有信有她画的画寄来，身体好。我和江青都好。我比上次写信时更好些。这里气候已颇凉，要穿棉衣了。再谈。

问你好！

毛泽东

一九四七年十月八日

——《毛泽东家世》

（七）车耀先

先说几句（遗书节录）

【题解】

车耀先，四川大邑人，1929年加入中国共产党，1946年在重庆中美合作所遭杀害。他在遗书中对子女们提出了几点希望，要求子女们做到谦虚、节俭、勤劳、戒骄、戒奢、无逸，从而成为一个人格健全的人。

【原文】

民国二十九年三月，余因政治嫌拟［疑］被拘重庆，消息不通，与世隔绝。禁中无聊，寝食外辄以曾文正公家书自遣。遂引起写作与教子观念。因念余出世劳碌，磨折极多；奋斗四十年，始有今日。儿女辈不可不知也。故特将一生之经过写出，以为儿辈将来不时之参考。使知余：出身贫苦，不可骄傲；创业艰难，不可奢华；努力不懈，不可安逸。能以"谦""俭""劳"三字为立身之本，而补余之不足；以"骄""奢""逸"三字为终身之戒，而为一个健全之国民。则余愿已足矣。夫复何恨哉！？

——《革命烈士书信集》

（八）徐志摩

致陆小曼（节录）

【题解】

徐志摩妻子陆小曼身上存在许多缺点，在 1930 年 12 月 23 日的信中，徐志摩以高超的说话技巧，先充分肯定陆小曼的性格优点，然后指出她的缺点，劝勉妻子加强修身，用意甚好。

【原文】

Darling：

…… ……

眉，愿你多多保重，事事望远处从大处想，即便心气和平，自在受用。你的特长即在气宽量大，更当以此自勉。我的话前晚说的，千万常常记得，切不可太任性。盼有来信。

汝摩　星期五

爸娘前请安，临行未道别为罪。

——《徐志摩书信集》

（九）罗荣桓

示儿子

【题解】

这封信是罗荣桓元帅的回复儿子罗东进的一封家书，罗荣桓在信中告诫儿子要保持艰苦朴素的生活和思想作风，戒除高干子弟身上的种种缺点与不良习气，保持优秀的思想品质。这种教育至今仍具有很强的现实针对性，值得人们深思。

【原文】

东进：

你四月八日来信收到。你提出的问题我简略答复如下：

理论学习必须联系实践，因为理论是来自实践，而又去指导实践，再为实践所证实，所补充。如果理论脱离实践，就会成为空谈，成为死的东西。学习毛主席著作，也不要只满足于一些语句或教条，最重要的是了解其实质与精神。所谓带着问题去学毛主席著作，决不能只是从书本上找现成的答案。历史是向前发展的，事物是多样的，因此也就不可能要求前人给我们写成万应药方。

你同同志们对问题的看法有些不一致，也是很自然的。个人看问题方法没有一致的基础——唯物辩证的基础，还缺乏实践生活，因此，同志间交换意见，交换不同的看法，甚至必须经过争论，才愈有可能求得一致。但不要在同志间，无论对谁存在成见用事。

你在引用我的话，"要依靠自己吃饭"，看在什么问题上讲的，不要把个人与集体对立起来。干部子弟有些不争气，需要互相帮助改正自己，不要轻易给人戴上帽子"腐化"，干部子弟中有特殊优越感，在同学中，生活表现突出，不艰苦朴素，应该劝导要保持革命的光荣传统。

对同志是互相信任的，要互相听取不同的意见，决不能只信自己，不相信人家排斥人家意见。同志们有错误，不仅要批评，还着重在帮助改正。对基层组织干部，老干部，更应虚心向他们学习。要经常记着毛主席的话："虚心使人进步，骄傲使人落后"。

> 罗荣桓
> 一九六一年四月十四日
> ——《万金家书》

（十）黄克诚

家训

【题解】

黄克诚是我党我军的高级领导干部，他在生前为子女立了一条家训，告诫子女们不要沾染以权谋私的不良习气，而应该追求思想进步，依靠自己的努力奋斗成为有用之才。

【原文】

你们要靠自己的努力奋斗成才，不要靠我的什么"关系""后门"，我黄克诚是没有什么"后门"可走的。

你们要革命，不要学世故，千万不可不学革命，却把世故学会了。

——《古今家训新编》

（十一）彭雪枫

致林颖

【题解】

彭雪枫的爱人林颖出身于小资产阶级家庭，尽管她本人思想要求进步，但短时间内难以成为一个名副其实的共产主义者。彭雪枫在这封信中，用诚恳的态度勉励妻子早日摆脱各种非无产阶级的思想习气，严于律己，刻苦学习，达到道德与知识水准都较高的生命境界。可谓语重心长，用意甚嘉。

该信写于1942年。

【原文】

常常惦念着的颖：

前晚草信一封，无便人未发出，几天来的生活情况，想告诉你，我知道你会像我一样的在惦念着。

昨晚陪张茜到操场看踢足球，黄昏又杂着众人回到我房里漫天乱谈，不久来了冯，正是张给你写信的时候，大家于沉默中各人想各人的心事。张的信托我寄给你，当然不能不为之代劳，字里行间，颇为幽默，这即是所谓"少女的心"吗？张走后，与冯长谈三小时，不外"谅解"之类，又告诉我她近来的心情，终于借了几本书戴着月光回去了。近来表面看我似乎很空闲，所以才座上客常满吧？其实却苦了我夜间11时之后，一切文件挤得你不得不在这个时候看，直到下一点，或者更多些。冯说我的精神不如路西了，我不知究何所指？为了能够写点文章和读点书，我决心找一个所谓"密室"，而且已经找妥了，很僻静，每逢读书或写东西，我要躲到"密室"里去。最近，在桌上的备忘纸片上写着准备要写的文章题目，都是人家逼着要的：（一）关于军事教育问题，（二）论"宁为鸡头不为牛后"，（三）旧式武器之使用问题。谁知道那一天才能完工呢？中央近对各高级学习组发出电令，指定读八十三种党内文件，外加《左派幼稚病》，《论持久战》诸小册子，我想我应该努力。

颖，我说的是你呀，在对我的学习上，党性锻炼上，待人接物上，领导方式上，应该"主动"的帮助我，你不能假想我会比谁更完整些，只需我批评你，而不需你批评我，在这一方面，我恳切希望，你能更坚强些，更直接些，更主动些，更男性些，难道你有所顾虑吗？对于你，我盼望在今后的生活上更艰苦些，更刻苦些，更少在物质上讲求些，更有力的截击你那小资产阶级的享受欲的萌芽的生长！一时一刻都不应忘记你是在呼奴喊婢的楼房里产生出来的"小姐"，你不会怪我吧！我知道，如今，你已经脱离了小姐气，而成为一个共产主义者了，然而你不能否认你的家庭环境所培养出来的非无产阶级的意识和习性，如若不能咬牙打破这一关，你将不能更坚强起来，像你主观的要求那样。写至此，忽然想起前天翻阅唐诗中元稹追悼亡妻的《遣悲怀》那三首长诗，因为我爱它，所以抄给你："谢公最小偏怜女，自嫁黔娄百事乖！（嫁给他这个穷光蛋后就百事不顺心了）顾我无衣搜荩箧，泥他沽酒拔金钗，（想买酒只有从她头上拔下首饰来）野蔬充膳甘长藿，（吃的是野菜）落叶添薪仰古槐，今日俸钱过十万，与君营奠复营斋，（如今做官阔起来了，为妻只能修修坟墓了）。"第二首是："昔日戏言身后事，今朝都到眼前来，衣裳已施行看尽，针线犹存未忍开，尚想旧情怜婢仆，也曾因梦送钱财，诚知此恨人人有，贫贱夫妻百事哀！"第三首："闲坐悲君亦自悲，百年多是几多时？邓攸无子寻知命，潘岳悼亡犹费词，同穴窅冥何所望？他生缘会更难期！唯将终夜长开眼，报答平生未展眉！"最后两句更妙，只有终夜悲痛的睡不着而长开眼来报答她的平生为穷困忧患所扰而没有展过眉头！旧诗词你比我读的多；这三首诗你也喜欢吗？

前曾面托李斌同志代为搜罗古书，首先是《资治通鉴》，近又电请代向上海订购各种报章杂志，为了调查研究，中央及华中局亦曾数次来电广为搜集，请便时面询李张两同志，如到手，则即托人寄来。

带去之书，读了几本了？关于鲁迅的东西，更应多多浏览，鲁迅的文章简洁尖刻，极有骨气，多读不仅在文字之技巧上有益处，更可加强自己之修养。1932年以前的鲁迅的文章小说几乎每篇我都读过，彼时虽为大兵生活，但对我在写作的锻炼和意志的修养上帮助实多，告诉你，可怜得很，我现在这一点点"文化水平"，多半是自修得来的。一个共产党员，应该要能说会讲，而又善于写作，下笔千言，倚马立待。你的天资颇高，倘在这方面留心，不难成为一个作家，这不是"奢望"，而是革命过程中所必须具备的一种才能，自然主要还要依靠现实生活的充实。

《社会科学基本教程》读完否？不要以为书多，翻了这本丢了那本，硬着头皮，攻完一部再攻其他，读书是要有一种像出兵进攻敌人那样精神才行的，否则你永远也得不到胜利！因为我有这种毛病（近年来略好）所以想到你或者也有？到底有没有？

近接家信否？念念！

顺笔写来，不知说了些什么？时间已经子夜之后两点了，鸡鸣第一遍过去了，全半城的人们，怕只剩我一个人在孤灯之下给你写信吧？警卫员催我睡觉了，就此停笔。

祝你安眠！

枫

12月6日（7日2时）

——《彭雪枫家书》

（十二）赵树理

给女儿赵广建的信

【题解】

这是赵树理于1957年写给女儿的一封信。赵树理在这封信中谆谆教导女儿应保持劳动人民的朴素本色，戒除干部子弟的优越心理，自觉地到乡下去锻炼，改造自己的思想。这种从严要求子女的行为是值得人们学习的。

【原文】

广建：

多日不见你的来信，不知近来有何进步。

你离开学校已经一年了。在这一年中，你换了三个工作岗位，最后总算"接近"了劳动人民。我想在现在的条件下，你的思想应该有所开展，因而我又想对你一年来的生活、思想情况做一点分析，作为你今后调整生活的参考。

去年你要到新疆，我同意了。在商量这件事的过程中，你驳回了我好多建议：我要你回原籍参加农业社，你根本不愿考虑；我让你在北京参加服务业，并具体提出当售票员、售货员、理发员等职务，你调皮地说售票、售货只售给爸爸，理发也只给爸爸理，其实自然还是根本不愿考虑。

从这一件事来看，当时我说你是看不起劳动人民，你不服气，现在我想你应该能够认识这一点了吧！自然你当时的心情是复杂的，不过不论如何复杂，其主导思想只是一种，那就是"看不起劳动人民"。你有两个小小包袱：一个是高中生，另一个是干部子弟。从旧社会传来一些社会职业评价，认为读了书或当了干部就应该高人一等，认为参加生产或服务业的人是干粗活的，俗人。这种与社会主义极不相容的旧观点，偷偷地流传到很多学生和干部子弟的头脑中，而你不幸也是接受了这份坏遗产的一个人。我相信你的头脑不太笨，学售票或售货还不至于连钱钞也查点不清，学理发也不至于削了顾客的耳朵，而你所以不愿干者是怕碰上你的老师、

同学或和我同事的老前辈；要是回原籍参加农业生产，你也要比从来没有见过庄稼的城市青年好得多，而你所以不愿去者，也是怕亲戚们和小朋友们，也从要不得的旧观点出发，说你一声"没出息"。同样的中学生，在生产就业问题上，劳动人民的子女们要比干部子弟好接受得多——他们尽管也接受过对职业评价的旧观点，可是一到了真找不到所谓"高等职业"或升不了学的时候，农民的子女很自然地会去种地，理发师的子女很自然地会去学理发，即使思想上没有真通了，在行动上也会真做了；即使有点不满，也不至于见不得人。而干部子弟则往往不能那样开朗，总以为爸爸当干部儿子就不能理发，其实那有什么坏处呢？我当作家你理发，我的头发长了请你理，我写出小说来供你读，难道不是合理的社会分工吗？平等的道理，每一个中学毕业生不但能懂而且会说，干部子弟说得会更周全些，只是要让他们选择一种事业作为终身业务，他们往往偏不选择最大多数人参加的劳动生产，这除了说是"看不起劳动人民"还能再有什么解释呢？

从新疆带病回来以后，我仍动员你不论回原籍、不论到永济，最好是参加农业社直接生产，你说那是"不现实的"。你所谓"不现实"，似乎是指你的身体不强，又缺乏锻炼，这理由是站不住的。任何劳动生产的组织中，成员们的体力条件都不是非常平衡的，每个人都有一些强弱的差别，因而每人分到的工作和应得的报酬也都有差别。每个农业社中，每个工厂中，都有体力和你相等和比你还弱的人，他们都很现实地参加在生产之中；至于没有锻炼，那只是时间问题，参加进去就是锻炼的开始，这难道还能成为什么不应参加生产的理由吗？

我和你哥哥后来答应你到永济找生产以外的工作，都是因为说不服你，而暂时对你的迁就，实际上你是不能当干部的。干部者，群众之骨干也。干部一定要比群众坚强，要有生产斗争和阶级斗争的锻炼。毛主席说过，世界上的知识只有两门，一门是生产斗争知识，一门是阶级斗争知识。你和一般中学生都恰巧是缺这两门知识，所以都不适宜于当干部。你前次来信说你现在的任务是动员毕业生参加生产，而你自己却正是应该被动员的对象，难道不成了侯宝林先生说相声的材料了吗？

我相信你在这几个月农村工作中认识了好多劳动人民，懂得了一些生产中的事情，而在感情方面也应该更向劳动人民靠近一些，但我以为应该进一步在一个社里落户，当一个有文化的青年社员。只有真正参加了生产，凭工分过日子，才能深刻体会到我们的社会主义生产建设现在是个什么阶段，在现有的基础上如何前进，才能深刻体会到生产中任何问题都与自己有直接关系——即与广大群众有直接关系。只要你在生产中真有所建树，你是会感到生产本身就有快乐的。

听你的同学说，你近来写了几篇文章（内容我没有打听），我不反对，但也不敢贸然鼓励。我是从二十多岁起就爱好文艺，而且也练习过，但认真地写还是三十八岁以后的事。业余可以写作，今后的作家大部分仍会从业余中产生，但一定要认识什么是"业"，什么是"余"，爱业余的精神应该超过爱写作的精神好多倍。你知道我也爱吹笛子，而且吹得很蹩脚；我不因为吹得不好而不吹，但也永远不争取登台独奏（在家自然只能"独奏"），这就叫业余。业余的文艺爱好者对写作应抱这种态度——写得好了自然也可以发表，特殊好了也可以转业，也像我的笛子假如吹好了也可以登台演奏或参加乐队一样。有好多参加农业社的青年知识分子给我来信说，我们立志要当个作家，我不同意。农业社可以产生作家，只是把当作家放在第一位，而生产就成了"业余"。农业社参加的这种人多了，也许会把社变成了小的作家协会，只是不容易把社办成个模范社。

不写了！希望你参加生产，把主要兴趣放在主要业务上。

父示
九月十四日
——《万金家书》

（十三）傅雷

1. 致傅聪

【题解】

傅聪于一九五五年在波兰举行的国际钢琴大赛中取得第三名的优良成绩，但是他本人仍感到不满意。傅雷在这封信中分析了儿子学习时间短、艺术功底尚不深厚的事实，告诫儿子应该对此次比赛的成绩感到满意，不应有任何过高估计自己的骄傲、自负情绪，以此勉励儿子加强修身，谦虚谨慎，努力追求完美的境界。

【原文】

聪，亲爱的孩子！

期待了一个月的结果终于揭晓了，多少夜没有好睡，十九晚更是神思恍惚，昨（二十日）夜为了喜讯过于兴奋，我们仍没睡着。先是昨晚五点多钟，马太太从北京来长途电话；接着八时许无线电报告（仅至第五名为止），今晨报上又披露了十名的名单。难为你，亲爱的孩子！你没有辜负大家的期望，没有辜负祖国的寄托，没有辜负老师的苦心指导，同时也没辜负波兰师友及广大群众这几个月来对你的鼓励！

也许你觉得应该名次再前一些才好，告诉我，你是不是有"美中不

足"之感？可是别忘了，孩子，以你离国前的根基而论，你七个月中已经作了最大的努力，这次比赛也已经 do your best（尽力而为）。不但如此，这七个月的成绩已经近乎奇迹。想不到你有这么些才华，想不到你的春天来得这么快，花开得这么美，开到世界的乐坛上放出你的异香。东方升起了一颗星，这么光明，这么纯净，这么深邃；替新中国创造了一个辉煌的世界纪录！我做父亲的一向低估了你，你把我的错误用你的才具与苦功给点破了，我真高兴，我真骄傲，能够有这么一个儿子把我错误的估计全部推翻！妈妈是对的，母性的伟大不在于理智，而在于那种直觉的感情；多少年来，她嘴上不说，心里是一向认为我低估你的能力的；如今她统统向我说明了。我承认自己的错误，但是用多么愉快的心情承认错误，这也算是一个奇迹吧？

回想到一九五三年十二月你从北京回来，我同意你去波学习，但不鼓励你参加比赛，还写信给周巍峙要求不让你参加。虽说我一向低估你，但以你那个时期的学力，我的看法也并不全错。你自己也觉得即使参加，未必有什么把握。想你初到海滨时，也不见得有多大信心吧？可见这七个月的学习，上台的经验，对你的帮助简直无法形容，非但出于我们意料之外，便是你以目前和七个月以前的成绩相比，你自己也要觉得出乎意料之外，是不是？

今天清早柯子歧打电话来，代表他父亲母亲向我们道贺。子歧说：与其你光得第二，宁可你得第三，加上一个玛祖卡奖的。这句话把我们心里的意思完全说中了。你自己有没有这个感想呢？

再想到一九四九年第四届比赛的时期，你流浪在昆明，那时你的生活，你的苦闷，你的渺茫的前途，跟今日之下相比，不像是做梦吧？谁想得到，五一年回上海时只弹 Pathetique Sonata（悲怆奏鸣曲）还没弹好的人，五年以后会在国际乐坛的竞赛中名列第三？多少迂回的路，多少痛苦，多少失意，多少挫折，换来你今日的成功！可见为了获得更大的成功，只有加倍努力，同时也得期待别的迂回，别的挫折。我时时刻刻要提醒你，想着过去的艰难，让你以后遇到困难的时候更有勇气去克服，不至于失掉信心！人生本是没穷尽没终点的马拉松赛跑，你的路程还长得很呢：这不过是一个光辉的开场。

回过来说：我过去对你的低估，在某些方面对你也许有不良的影响，但有一点至少是对你有极大的帮助的。唯其我对你要求严格，终不至于骄纵你，——你该记得罗马尼亚三奖初宣布时你的愤懑心理，可见年轻人往往容易估高自己的力量。我多少年来把你紧紧拉着，至少养成了你对艺术的严肃的观念，即使偶尔忘形，也极易拉回来。我提这些话，不是要为我过去的做法辩护，而是要趁你成功的时候特别让你提高警惕，绝对不让自

满和骄傲的情绪抬头。我知道这也用不着多嘱咐，今日之下，你已经过了这一道骄傲自满的关，但我始终是中国儒家的门徒，遇到极盛的事，必定要有"如临深渊，如履薄冰"的格外郑重、危惧、戒备的感觉。

说到"不完整"，我对自己的翻译也有这样的自我批评。无论译哪一本书，总觉得不能从头至尾都好；可见任何艺术最难的是"完整"！你提到 Perfection（完美），其实 perfection（完美）根本不存在的，整个人生，世界，宇宙，都谈不上完美。要就是存在于哲学家的理想和政治家的理想之中。我们一辈子的追求，有史以来多少世代的人的追求，无非是perfection（完美）；但永远是追求不到的，因为人的理想、幻想，永无止境，所以 perfection（完美）像水中月、镜中花，始终可望而不可即。但能在某一阶段求得总体的"完整"或是比较的"完整"，已经很不差了。

比赛既然已经过去了，我们希望你每个月能有两封信来，尤其是我希望多知道：（1）国外音乐界的情形；（2）你自己对某些乐曲的感想和心得。千万抽出些功夫来！以后不必像过去那样夜以继日的扑在琴上。修养需要多方面的进行，技巧也得长期训练，切勿操之过急。静下来多想想也好，而写信就是强迫你整理思想，也是极好的训练。

乐理方面，你打算何时开始？当然，这与你波兰文程度有关。

一九五五年三月二十一日上午

2. 致傅敏

【题解】

傅敏是傅雷的小儿子，傅聪的弟弟。傅雷在这封信中告诫儿子对待别人不要过分的挑剔与苛刻，应该看到自己身上也存在许多缺点，以此教育儿子努力加强自身道德方面的修养。傅雷对于儿子的这种教育值得今天的家长们认真学习。

【原文】

敏，亲爱的孩子，……有理想有热情而又理智很强的人往往令人望而生畏，大概你不多几年以前对我还有这种感觉。去年你哥哥信中说："爸爸文章的每一字每一句都充满了热情，很执着，almost fanatic（近乎狂热）。"最后一句尤其说得中肯。这是我的长处，也是我的短处。因为理想高，热情强，故处处流露出好为人师与拼命要说服人的意味。可是孩子，别害怕，我年过半百，世情已淡，而且天性中也有极洒脱的一面，就是中国民族性中的"老庄"精神：换句话说，我执着的时候非常执着，摆脱的时候生死皆置之度外。对儿女们也抱着说不说由我，听不听由你的态度。只是责任感强，是非心强，见到的总不能不说而已。你哥哥在另一信中还提道："在这个 decadent（颓废的）世界，在国外这些年来，我遇见了不

675

少人物 Whom I admire and love, from whom I learn（一些我仰慕喜爱、值得学习的人物），可是从来没有遇到任何人能带我到那个 at the same time passionate andserene, profound and simple, affectionate and proud, subtle and straightforward（同时又热烈又恬静，又深刻又朴素，又温柔又高傲，又微妙又率直）的世界。"可见他的确了解我的"两面性"，也了解到中国旧文化的两面性。又热烈又恬静，又深刻又朴素，又温柔又高傲，又微妙又率直：这是我们固有文化中的精华，值得我们自豪的！

当然上述的特点我并没有完全具备，更没有具备到恰如其分的程度，仅仅是那种特点的倾向很强，而且是我一生向往的境界罢了。比如说，我对人类抱有崇高的理想与希望，同进也用天文学地质学的观点看人类的演变，多少年前就惯于用"星际"思想看待一些大事情，并不把人类看作万物之灵，觉得人在世界上对一切生物表示"唯我独尊"是狂妄可笑的。对某个大原则可能完全赞同，抱有信心，我可照样对具体事例与执行情况有许多不同意见。对善恶美丑的爱憎心极强，为了一部坏作品，为了社会上某个不合理现象，会愤怒得大生其气，过后我却也会心平气和的分析，解释，从而对个别事例加以宽恕。我执着真理，却又时时抱怀疑态度，觉得死抱一些眼前的真理反而使我们停滞，得不到更高级更进步的真理。以上也是随便闲扯，让你多体会到你爸爸的复杂心理，从而知道一个人愈有知识愈不简单，愈不能单从一二点三四点上去判断。

很高兴你和她都同意我前信说的一些原则，但愿切实做去，为着共同的理想（包括个人的幸福和为集体贡献自己的力量两项）一步步一步步相勉相策。许多问题只有在实践中才能真正认识，光是理性上的认识是浮表的，靠不住的，经不住风狂雨骤的考验的。……从小不大由父母严格管教的青年也有另外一些长处，就是独立自主的能力较强，像你所谓能自己管自己。可是有一部分也是先天比后天更强：你该记得，我们对你数十年的教育即使缺点很多，但在劳动家务，守纪律，有秩序等等方面从未对你放松过，而我和你妈妈给你的榜样总还是勤劳认真的，……我们过了半世，仍旧做人不够全面，缺点累累，如何能责人太苛呢？可是古人常说：取法乎上，得乎其中；取法乎中，得乎其下。而我对青年人、对我自己的要求，除了吃苦（肉体上，物质上的吃苦）以外，从不比党对党团员的要求低；这是你知道的。但愿我们大家都来不断提高自己，不仅是学识，而尤其是修养和品德！

一九六二年三月十四日

——《傅雷家书》

（十四） 朱梅馥

致傅聪

【题解】

傅聪在波兰与英国女子弥拉结婚以后，暴露了其身上存在的固执、任性，以自我为中心的性格弱点，从而致使妻子弥拉很受委屈。朱梅馥在这封信中教导儿子要改掉上述弱点，努力替他人着想，克制自我。她在信中以丈夫傅雷为"反面"的例子，让儿子以之为戒，可谓教子有法。

【原文】

孩子，你跟爸爸相似的地方太多了，连日常生活也如此相似，老关在家里练琴，听唱片，未免太单调。要你出去走走，看看博物馆，无非是调剂生活，丰富你的精神生活。你的主观、固执，看来与爸爸不相上下，这个我是绝对同情弥拉的，我决不愿意身受折磨会在下一代的儿女身上重现。——你是自幼跟我在一起，生活细节也看得多，你是最爱妈妈的，也应该是最理解妈妈的。我对你爸爸性情脾气的委曲求全，逆来顺受，都是有原则的，因为我太了解他，他一贯的秉性乖戾，疾恶如仇，是有根源的，当时你祖父受土豪劣绅的欺侮压迫，二十四岁上就郁闷而死，寡母孤儿（你祖母和你爸爸）悲惨凄凉的生活，修道院式的童年，真是不堪回首。到成年后，孤军奋斗，爱真理，恨一切不合理的旧传统和杀人不见血的旧礼教，为人正直不苟，对事业忠心耿耿，我爱他，我原谅他。为了家庭的幸福，儿女的幸福，以及他孜孜不倦的事业的成就，放弃小我，顾全大局。爸爸常常抱恨自己把许多坏脾气影响了你，所以我们要你及早注意，克制自己，把我们家上代悲剧的烙印从此结束，而这个结束就要从你开始，才能不再遗留到后代身上去。

> 一九六一年十月五日夜
> ——《傅雷家书》

（十五） 张兆和

致沈从文

【题解】

这封信写于 1937 年 10 月。当时沈从文奔赴昆明，在武昌作短期停留。张兆和则暂留北平（即北京）。在这封信中，张兆和除告诫丈夫应懂得生活节俭外，特别提到丈夫爱面子、讲虚荣的思想作风，告诫丈夫及早改掉身上的这些缺点，努力加强内部修养，并劝勉他在国难当头之时多为民族做点实事。张兆和的这种思想境界值得我们学习。

【原文】

二哥：

昨晚得你快信，今天上午接杨先生由石坦安转来一信，仍有希望我们南来的话。梁先生梁太太已不打算南下，樊先生已到，今天杨小姐同我商量，是否应同他一起走。前几天只听到这里炸那里炸，好像随便走到哪里，随时都会有炸弹从头上掉来，因此大家已决定不走。

▲沈从文像

这几天仿佛情形又转好一点，虽说樊先生是由广东来的，但此去听说拟由济南走。我仍然不打算走。我好像算定这场战事不久就会了结，非常乐观，我希望到明年春暖以后，再从从容容地上路，或者欢迎你们北来。杨小姐也不想走，但要等杨起决定，因为他读书问题在首要。他们若走，为时一定很匆忙，他们不走，汪也会把杨先生的衣物送到珞珈山来。我捡了一下箱子。也想请他为你带点衣服来，捡来捡去，你实在没有什么衣服。一件衬绒，一件驼绒，一条厚呢裤，若不付邮，此时由他带来，或者还可以赶得及穿。家里只剩下一件丝绵袍、一件厚驼绒袍了，而且脏的脏，破的破，实在见不得人。我本想给你换过面子的，一来舍不得钱，二来时间来不及，送到时你自己换吧。汪同樊先生同行，大概是什么书也带不了的，你要的《小寨》与《神巫之爱》我怕遗失，暂时不寄。教科书已托正仪请人由天津寄出，不知能否收到。包裹第一次九月十五寄出，第二次十月八日，若不能得到，实在可惜，因里面有你心爱的那块缎子。听卓先生说，他们寄上海的包裹，居然可以收到，但为时亦在两月，也许你不久也就可以收到。大姐寄的钱既收到，应先还给之琳，我在这里收了他百二十元，另外由八姐处取五十，你置一点衣服吧。家里钱连之琳祖春等稿费足可以支持到阴历年后，煤已买了三吨，预备只生两个炉子，九妹同朱干对调，我房烟筒通过去就行了。厨子我预备过了阴历年再辞，可是看到他近来做事极负责，处处小心的样子，心里不忍，存了心要不用他，见了他总觉得有点抱歉；但若用下去实在是浪费。将来我们若不住北平，在别处安家，一定力求简单，不多用人，什么事自己动动手，顶多用两个女工，一个看孩子，一个烧饭打杂足了。黄先生钱已还来，她一定要还我，我把杨先生的一半已交给杨小姐，我这一半暂存这里，等她需用时再借给她，我知道她收到钱不多。一时又走不掉，将来仍然很窘的我并没有写信家去要爸爸寄钱来。你晓得我家那位令堂的脾气的，为什么给爸爸找气受？再说，自己能挨总想挨过去不求人好，我平常未雨绸缪原因即在此，我最怕开口求人，即或是自己的父亲，但现在不似从前了。你平常总怪我太刻苦自己，因小失大，现在该知道我不错了。家里谁都不懂节俭，事情要我问，我不省怎么办!？就以现在说，再省再省也迟了。你那边能自己供应，能办到不借钱更好，万不得已也只能以极小度借贷，杨先生钱亦不多，而况他用处较广，由他给杨小姐信可知。你万万不可再向他借了。我很奇怪，为什么我们一分开，你就完全变了，由你信上看来，你是个爱清洁，讲卫生，耐劳苦，能节俭的人，可是一到我一起便全不同了，脸也不洗了，澡也不洗了，衣服上全是油污墨迹，但吃东西买东西越讲究越贵越好，就你这些习惯说来，完全不是我所喜爱的。我不喜欢打肿了脸装胖子外面光辉，你有你的本色，不是绅士而冒充绅士总不免勉强，就我们情形能过怎样日子就过怎样日子，我情愿躬持井臼，自己操作不以为苦，只要我们能够适应自己的环境就好了。这一战以后，更不许可我们在不必要的上面有所奢求有所浪费。我们的精力，一面要节省，一面要对新中国尽量贡献，应一扫以前的习惯，切实从内里面做起，不在表面上讲求，不许你再通我穿高跟鞋烫头发了，不许你因怕我把一双手弄粗糙为理由而不叫我洗东西做事了，吃的东西无所谓好坏，穿的用的无所谓讲究不讲究，能够活下去已是造化，我们应该怎样来使用这生命而不使他归于无用才好。我希望我们能从这方面努力。一个写作的人，精神在那些琐琐外表的事情上浪费了实在可惜，你有你本来面目，干净的，纯朴的，罩任何种面具都不会合式。你本来是个好人，可惜的给各种不合适的花样给 Spoil 了，这只是就一点而言，以后我们还得谈，还有许多浪费精神的事，是我所深知的，也是你所深知的，可是说过多少遍你不听，我还得说，不管你嫌烦不嫌烦，还得说。你看，我一写起信来，总是絮絮不休，你一定不喜欢这样的信，为什么我就那么不会写，我原想同你亲亲热热说点体己话的，不知不觉就来了这一套，像说教的老太婆，带住了，下次谈好一点的，原谅我。

三妹

十月廿五晚

——《从文家书》

（十六）柳 青

送给女儿的诗

【题解】

　　柳青是现代著名作家，"文革"期间受到"四人帮"的迫害，但他泰然处之。女儿刘可凤结婚时，柳青写下这首诗作为礼物，他在诗中教导女儿要胸怀宽广，志向远大，努力达到崇高的思想与道德境界。这种对子女的勉励是相当难能可贵的。

【原文】

　　襟怀纳百川，志越万仞山。

　　目极千年事，心地一平原。

——《万金家书》

第四编　处世

导　读

　　孔子说："有朋自远方来，不亦乐乎！"（《论语·学而》）又说："己所不欲，勿施于人。"（《论语·卫灵公》）孟子说："天时不如地利，地利不如人和。"（《孟子·公孙丑下》）荀子说："当择良友而友之"（《荀子·性恶》）。这些话在我国古今都有深远的影响，因为它们从不同的角度反映了人们为人处世的基本准则和协调人我关系的方法。

　　为人处世，一则讲求做人的修养，二则讲求处事的艺术。前者是与人打交道，后者是与事打交道。这要讲究"人"道与"事"道。与人打交道，讲究"择其善者而从之"，"见贤思齐"，"君子上交不谄，下交不渎"，"君子和而不流"，"言忠信，行笃敬"等；与事打交道讲究"小不忍则乱大谋"，"人无远虑，必有近忧"，"以公义胜私欲"，"出污泥而不染"，"天行健，君子以自强不息"，等等。

　　处事方面首先是"公忠""正义"。儒家尤其重视公忠，讲"忠恕"，墨家主张"举公义"，法家强调"公平无私"，"公正为民"，道家提出"圣人无心，以百姓心为心"。孟子把义作为人的行为准则，认为"义，人之正路也"。"正义"作为道德行为规范，所包含的"见利思义""见得思义""义然后取""义以为上"等思想在现实生活中仍应继承和发扬。"中和"是处事的一大要则，要求人们处事要坚守正道，合乎礼义，不偏不倚，力避过与不及的偏激行为。"明智"是人们处事行为中的重要概念和规范。《中庸》把智与仁、勇并称为"天下之达德"。明智在于自知知人，自知知事，行为审慎，见微达变。这还包括：为家知过，量力而行，居安思危等。职业道德行为规范是衡量个人日常处事行为的重要标准。因为每一个人在某一段时期总是从事某种职业，因此，官、吏、将、士、农、工、商、师、艺、医等各种职业其具体处事艺术是我们当今必须拥有的，只有各行各业的处事行为合乎其职业道德规范，富于社会责任感，才会使人民安其居，乐其业，尽其职，使社会安定，国家富裕。

　　为人父母者，应当结合中国传统的为人、交友、处世之道，教育、帮助子女树立健康、正确的人生观与价值观，处理好私与公、个人与社会、物质生活与精神生活等重大关系，使他们懂礼义、知苦乐、知荣辱、审择友，把握好机遇，通过自己的修养与主观努力，实现自身的人生价值。

一、先秦篇

（一）孙叔敖

临终惠言诫子

【题解】

孙叔敖是春秋时期楚国的一代名相，阅世经验丰富，智慧过人，他临死前告诫儿子的一番话，虽然表面上看是讲他如何关心后辈的利益，但从中也完全可以领悟出做任何事情须计谋长久、勿贪求眼前利益的处世秘诀，对于今天的人来说也极有启发。

【原文】

古之人非无宝也，其所宝者异也。孙叔敖疾，将死，戒其子曰："王数①封我矣，吾不受也。为我死，王则封汝，必无受利②地。楚、越之间有寝之丘者，此其地不利，而名甚恶。荆人畏鬼，而越人信礼③。可长有者，其唯此也。"孙叔敖死，王果以美地封其子，而子辞④，请寝之丘，故至今不失。孙叔敖之知⑤，知⑥利为利矣，知以人之所恶为己之所喜，此有道者之所以异乎俗⑦也。

——《吕氏春秋·孟冬纪》

【注释】

①数：多次。

②利：肥沃。

③礼：jī 鬼神和灾祥。

④辞：谢绝。

⑤知：zhì 通"智"。

⑥知：不以，以不。

⑦俗：世俗。

【译文】

古代的人不是没有宝物，只是他们看作宝物的东西与今人不同。

孙叔敖病了，临死的时候告诫他的儿子说："大王多次赐给我土地，我都没有接受。如果我死了，大王就会赐给你土地，你一定不要

▲楚相孙叔敖铜像

接受肥沃富饶的土地。楚国和越国之间有个地方名叫寝丘，这个地方土地贫瘠，而且地名十分凶险。楚人怕鬼，而越人迷信鬼神和灾祥。所以，能够长久占有的，恐怕只有这块土地了。"孙叔敖死后，楚王果然把肥美的土地赐给他的儿子，但是孙叔敖的儿子谢绝了，请求赐给寝丘，所以这块土地至今没有被他人占有。孙叔敖的智慧在于懂得不把世俗心目中的利益看作利益。懂得把别人所厌恶的东西当作自己所喜爱的东西，这就是有智慧的人之所以不同于世俗的原因。

（二）伯宗妻

防难及子

【题解】

伯宗贵为晋国贤大夫，喜好慷慨陈词，缺乏良好的处世原则。他的妻子很担心他终究会难容于众，于是早早地准备保护儿子。本篇为后人提供了一种经验：凡事不宜锋芒毕露，否则有灾祸降临。

【原文】

伯宗朝①，以喜归。其妻曰："子貌有喜，何也？"曰："吾言於朝，诸大夫皆谓我智似阳子。"对曰："阳子华而不实，主言而无谋，是以难及其身。子何喜焉？"伯宗曰："吾饮诸大夫酒，而与之语，尔试听之。"曰："诺。"既饮，其妻曰："诸大夫莫子若也。然而民不能戴其上久矣，难必及子乎！盍②亟③索士憖④庇⑤州犁⑥焉。"得毕阳。及栾弗忌⑦之难，诸大夫害伯宗，将谋而杀之。毕阳实送州犁于荆。

——《国语·晋语五》

【注释】

①朝：上朝。

②盍：何不。

③亟：qì 赶快。

④憖：整。

⑤庇：保护。

⑥州犁：伯宗的儿子伯州犁。

⑦弗忌：晋国大夫，伯宗的朋友。

【译文】

伯宗上朝，面露喜色而归。妻子说道："您面有喜色，什么原因呢？"伯宗答道："我在朝中发论，众大夫都说我善于智辩，如同阳子。"妻子说道："阳子言辩，华而不实，喜欢高论，但胸无谋略。因此祸难及身。对于智比阳子的赞许，您又有什么可喜的地方呢？"伯宗说道："我在家中宴请众大夫，席间我和他们交谈，请您听我的言谈如何？"妻子说道："好吧。"宴饮结束后，伯宗的妻子说道："您的谈吐多智善辩，众大夫无人可比。但是长期以来朝中同僚就不能容纳这种才智超己之人，灾难必定降临到您的身上！何不赶快寻找一位贤士，希望他来保护我们的儿子州犁呢？"最后找到毕阳。及至栾弗忌之难发生时，众大夫乘机谗言陷害伯宗。正当策划之际，毕阳护送州犁逃奔到了楚国。

（三）士 会

1. 杖子说谦让

【题解】

本篇主要讲"让父兄"的谦让之礼。士会（即范武子）、士燮（即范文子）是父子俩，同为晋国重臣。正因为如此，父亲训子谦让实际上是一种保全自己和家庭的良策。

【原文】

范文子暮①退于朝。武子曰："何暮也？"对曰："有秦客廋辞②于朝，大夫莫之能对也，吾知三焉。"武子怒曰："大夫非不能也，让父兄也。尔童子，而三掩人于朝。吾不在晋国，亡无日矣。"击之以杖，折委③笄。

——《国语·晋语五》

【注释】

①暮：迟。

②辞：隐语。

③委：委帽帽子。

【译文】

范文子退朝很迟，其父武子问道："怎么回家这么晚呢？"文子答道："有位秦客在朝中卖弄隐语，大夫们没有一人能应对，我解释了其中的三条。"武子听了便大怒道："大夫们并非不能解释，是谦让于父兄长辈。你这个小孩子，却三次在朝中表现自己，掩压别人。我死以后，将家亡无日了！"说完便杖击文子，打坏了他的委貌冠和头上的簪子。

2. 知子免祸

【题解】

范文子作为凯旋之将并不大张其鼓、沾沾自喜，而是想着全身远祸。

晋国六大夫之争，一直是春秋时期内部争斗的聚焦。范武子对其子的处世之道颇为欣赏，他也认为只有少出头才能免于灾难。

【原文】

靡笄①之役，郤献子②师胜而返。范文子后入，武子曰："燮③乎，女亦知吾望尔也乎？"对曰："夫师，郤子之师也。其事臧④。若先，则恐国人之属⑤耳目于我也，故不敢。"武子曰："吾知免矣。"

——《国语·晋语五》

【注释】

①靡笄：今山东济南的千佛山。
②郤献子：即晋国名将郤克。
③燮：范文子名燮。
④臧：zāng 克敌制胜。
⑤属：zhǔ 倾注。

【译文】

靡笄之役，郤献子出师得胜而回，上军副佐范文子最后进入国都。他的父亲武子说道："燮啊，你也知道我盼你归来吗？"文子答道："军队是由郤子统领。这次东征胜利凯旋，我如先入国都，恐怕国人的注意力都集中在我的身上，这无疑是夺人之美，所以不敢先入国都。"武子说道："我确信你的做法可使你免于灾难了。"

（四）晏 婴

遗书诫子

【题解】

晏婴是春秋时代齐国的一代名臣，世人都尊称他为晏子。晏子在朝廷为官，阅历、经验都很丰富，他在临死前写了一封遗书，作为儿子长大后给他的训诫。晏子的遗诫虽寥寥数语，但他敦告儿子做事不能狂夺豪取，应给自己留有余地，不失为一条值得人们借鉴的处世经验。

【原文】

晏子病，将死，断楹①内②书焉。谓其妻曰："楹也语，子壮③而视之。"及壮发④书，书之言曰："布帛不穷，穷不可饰。牛马不穷，穷不可服⑤。士不可穷，穷不可任。穷乎穷乎穷也。"

——《说苑·反质》

【注释】

①楹：柱子。

②内：通"纳"，放入。

③壮：成人。

④发：取出。

⑤服：使用。

【译文】

晏子病重，就要死了，凿开厅柱将遗书放在里边。对他的妻子说："楹柱里的遗嘱，等儿子长大后给他看。"儿子长大后取出遗书，见遗书上这样写道："布帛不可穷尽，穷尽了就没有穿的。牛马不可穷尽，穷尽了就没有用的。士不可穷尽，穷尽了就没有可任用的。要记住这三'穷，啊！"

（五）孔丘

劝子节哀

【题解】

孔子是儒家礼教杰出的卫道者与宣传家。孔子不仅把礼教作为教授弟子的课堂讲义，而且贯彻到他的日常生活细节之中。下面这则小故事，讲述孔子的妻子去世后，孔子的儿子孔鲤因想念母亲而哭泣不止，孔子却用礼教之言劝止儿子这样做。故事很富有意味，它形象而生动地反映了孔子为人处事的原则，初初一看似乎显得有些迂腐刻板、不近人情，然而细细思之，也有它可借鉴的地方。

【原文】

伯鱼之丧母也，期①而犹哭。夫子闻之，曰："谁也？"门人曰："鲤也。"孔子曰："嘻！其甚②也，非礼也。"伯鱼闻之，遂③除④之。

——《孔子家语》

【注释】

①期：jī 服丧一年。

②甚：很，过分。

③遂：于是。

④除：停止。

【译文】

伯鱼的母亲去世，伯鱼为母亲服丧，过了规定的服丧之期，仍然哭泣

不止。孔子听见有人在哭，就问道："是谁（在哭）？"门人回答道："是孔鲤（在哭）。"孔子叹道："哎！（你这样做）太过分了，不符合礼的要求呀。"伯鱼听到父亲这样说，于是就停止哭泣了。

（六）范　蠡

"陶朱公"泰然议失子

【题解】

　　"陶朱公"就是春秋时代功成身退、因做生意而致富的越国名臣范蠡。本篇故事说明的道理，在于托人办事要以诚信为主。范蠡对大儿子的看法是很深刻的。需要注意的是，这里并不是要教人花钱大方。

【原文】

　　朱公居陶，生少子。少子及壮①，而朱公中男杀人，囚于楚。朱公曰："杀人而死，职②也。然吾闻千金之子不死于市③。"告其少子往视之。乃装黄金千溢，置褐器中，载以一牛车，且遣④其少子。朱公长男固⑤请欲行，朱公不听⑥。长男曰："家有长子曰家督，今弟有罪，大人不遣，乃遣少弟，是吾不肖⑦。"欲自杀。其母为言曰："今遣少子，未必能生⑧中子也，而先空⑨亡长男，奈何？"朱公不得已而遣长子，为一封书遗⑩故所善庄生，曰："至则进⑪千金于庄生所，听其所为，慎无与争事。"长男既行，亦自私赍⑫数百金。

　　至楚，庄生家负郭，披藜藿到门，居甚贫。然长男发书进千金，如其父言。庄生曰："可疾去矣，慎毋留！即弟出，勿问所以然。"长男既去，不过⑬庄生而私留，以其私赍献遗楚国贵人用事者。

　　庄生虽居穷阎⑭，然以廉直闻⑮于国，自楚王以下皆师尊之。及朱公进金，非有意受也，欲以成事后复归之以为信耳。故金至，谓其妇曰："此朱公之金。有如病不宿诫，后复归，勿动。"而朱公长男不知其意，以为殊无短长也。

　　庄生间时入见楚王，言"某星宿某，此则害于楚。"楚王素⑯信庄生，曰："今为奈何？"庄生曰："独以德为可以除之。"楚王曰："生休⑰矣，寡人将行之。"王乃使使者封三钱之府。楚贵人惊告朱公长男曰："王且赦。"曰："何以也？"曰："每王且赦，常封三钱之府。昨暮王使使封之。"朱公长男以为赦，弟固当出也，重千金虚⑱弃庄生，无所为也，乃复见庄生。庄生惊曰："若不去邪？"长男曰："固未也。初为事弟，弟今议⑲自赦，故辞生去。"庄生知其意欲复得其金，曰："若自入室取金。"长男即自入室取金持去，独自欢幸。

庄生羞为儿子所卖[20]，乃入见楚王曰："臣前言某星事，王言欲以修德报之。今臣出，道路皆言陶之富人朱公之子杀人囚楚，其家多持金钱赂王左右，故王非能恤[21]楚国而赦，乃以朱公子故也。"楚王大怒曰："寡人虽不德耳，奈何以朱公之子故而施惠乎！"令论杀朱公子。明日，遂下赦令。朱公长男竟持其弟丧归。

至，其母及邑人尽哀之，惟朱公独笑，曰："吾固知必杀其弟也！彼非不爱其弟，顾有所不能忍[22]者也。是少与我俱，见苦，为生难，故重[23]弃财。至如少弟者，生而见我富，乘坚驱良逐狡兔，岂知财所从来，故轻弃之，非所惜吝。前日吾所为欲遣少子，固为其能弃财故也。而长者不能，故卒以杀其弟，事之理也，无足悲者。吾日夜固[24]以望其丧之来也。"

——《史记·越王勾践世家》

【注释】

① 壮：成年。
② 职：本分。
③ 市：闹市。
④ 遣：派遣。
⑤ 固：坚持。
⑥ 听：答应。
⑦ 肖：贤。
⑧ 生：使……活。
⑨ 空：白白。
⑩ 遗：wèi 给。
⑪ 进：献上。
⑫ 赍：jī 携带。
⑬ 过：拜访。
⑭ 闾：里巷。
⑮ 闻：出名。
⑯ 素：向来。
⑰ 休：放心。
⑱ 虚：白白。
⑲ 议：商议。
⑳ 卖：作弄。
㉑ 恤：体恤。
㉒ 忍：舍不得。
㉓ 重：不轻易。
㉔ 固：本来。

【译文】

朱公住在陶地，小儿子出生了。小儿子长到壮年时，朱公的二儿子杀了人，囚禁在楚国。朱公说："杀人偿命，这是本分。但是我听说，富贵人家的子弟，不会被杀在闹市之中示众。"朱公就叫他的小儿子到楚国去看看。于是派人搬出一千镒黄金，装在粗布袋中，用一辆牛车载着。将要派小儿子上路，朱公的大儿子坚决要求去，朱公不答应。大儿子说："家中有长子，就叫'家督'，现在弟弟犯了罪，父亲不派我去，却派小弟弟去，那就是我不贤了。"大儿子想要自杀。他的母亲帮他说："现在派小儿子去，未必能救活二儿子，先白白死了大儿子，那怎么好呢？"朱公不得已，只好派大儿子去。写了一封信要大儿子送给他的老朋友庄先生，嘱咐大儿子说："到了那里，把这千镒黄金送到庄先生家里，听凭他去办理，遇事千万不要和他争论。"大儿子走时，也私自带了几百镒黄金。

到了楚国。看见庄先生的住房靠着外城，拨开一大片野菜，才能到他家门前，庄先生家显得十分贫穷。于是朱公的大儿子拿出书信送上千金，如他父亲吩咐的做了。庄先生说："你可以赶快离开了，千万不要停留！即使你弟弟从监牢里放出来，也不要去打听原因。"大儿子离开庄家，不再探望庄先生，而私自居留，把他私自带来的黄金送给了楚国那些当权的贵族。

庄先生虽然住在贫民窟中，但是他的廉洁正直，却在全国出了名，从楚王以下，都把他当老师一样尊重。至于朱公送给他的金子，并不是有意接受，只是想在事情办成之后再还给朱公作为信用罢了。所以金子送到后，他对妻子说："这是朱公的金子。如果我病死了，来不及提前交代你，记着以后归还他。不要动它。"朱公的大儿子不知道他的意思，认为送他黄金不会别有作用。

庄先生找了个适当的时机进宫去见楚王，说："天上某星的位置移动了某处，这对楚国不利。"楚王向来信任庄先生，就问："现在该怎么办呢？"庄先生说："只有做好事，才可以消除它。"楚王说："先生只管放心吧，寡人这就照办。"于是楚王就派遣使者，封闭了储存三钱的库房。楚国受赂的贵族惊讶地告诉朱公的大儿子说："国王就要大赦天下了。"朱公的大儿子问："何以见得？"回答说："国王每次大赦的时候，常要先封闭储存三钱的库房。昨天晚上，国王又派使者把三钱库房封闭了。"朱公的大儿子认为：既然大赦，弟弟本当得到释放。他很吝惜那千镒黄金，认为白送给庄先生，毫无意义。就又去见庄先生。庄先生吃了一惊，说："你还没有离开吗？"大儿子说："确实没有离开。当初是为了弟弟的事情来的，现在听说商议大赦，弟弟自然就会得到释放，所以来向先生辞行。"庄先生明白他的意思是想又拿回他的黄金，就说："你自己进屋去取金子

吧。"大儿子就自己进屋取出金子走了，还私自高兴。

庄先生被小儿辈出卖感到羞恼，就再次进宫去见楚王，说："我上次说了某星的位置移动那件事，君王说要用做好事来报答它。现在我在外面，听路人纷纷传说陶地的富人朱公的儿子杀了人囚禁在楚国，他家拿了很多金钱贿赂大王身边的人，所以大王并不是为了体恤楚国人民而实行大赦，而是为了朱公的儿子的缘故。"楚王大怒说："寡人虽然无德，又何至于因为朱公的儿子的缘故而施恩大赦呢！"就下令判决，杀了朱公的儿子。到了第二天，才下达赦令。朱公的大儿子终于只带着他弟弟的尸首回家了。

大儿子带着二儿子的尸体回到家以后，他母亲和街坊邻里的人都很悲痛，只有朱公一个人笑着说："我本来知道他一去一定会致弟弟于死地的！他不是不爱他的弟弟，只不过是他有些舍不得花钱。他小时候和我在一起，受过苦，知道谋生的艰难，所以不轻易花钱。至于小弟弟，出生以来就看到我富有，只知乘好车、骑良马，出外打猎赶兔子，哪里知道钱财的来处，所以随便花费，毫不吝惜。原来我要派小儿子去，就是因为他舍得花钱的缘故。而大儿子却做不到，结果使他弟弟被杀。这是事情的常理，没有什么可悲痛的。我本来就日日夜夜等着二儿子的尸体运回来啦。"

（七）斗　辛

是孝父还是忠君

【题解】

自古忠孝难两全，斗辛、斗怀两兄弟的争执实际上陷入了这个矛盾之中。作为兄长的斗辛晓之以理，指出国君、国家的利益，才是保持家庭声誉的前提，切不可因弑父之仇而弄得身败名裂。斗怀是个意气用事的人，要不是兄长帮助楚昭王避开弟弟的杀机，恐怕斗氏的声名便从此一蹶不振。

【原文】

吴人入楚，昭王奔郧。郧公之弟怀将弑王，郧公辛止之。怀曰："平王杀吾父，在国则君，在外则雠①也。见雠弗杀，非人也。"郧公曰："夫事君者，不为外、内行，不为丰约举。苟君之，尊卑一也。且夫自敌以下则有雠，非是不雠。下虐上为弑，上虐下为讨，而况君乎？君而讨臣，何仇之为②？若皆雠君，则何上下之有乎？吾先人以善事君，成名於诸侯，自斗伯比以来，未之失也。今尔以是殃之，不可。"怀弗听，曰："吾思父，不能顾矣。"郧公以王奔随。

王归而赏及郧、怀，子西谏曰："君有二臣，或^③可赏也，或可戮也。君王均之，群臣惧矣。"王曰："夫子期^④之二子耶？吾知之矣，或礼於君，或礼於父，均之，不亦可乎？"

——《国语·楚语下》

【注释】

①雠：通仇。

②为：通有。

③或：有的。

④夫子期：斗辛、斗怀之父。

【译文】

　　吴兵攻入郢都，楚昭王奔逃到郧邑。郧公斗辛的弟弟斗怀要杀掉昭王，被斗辛制止。斗怀说道："从前楚平王杀害了我的父亲。他的儿子身在首都，我还视为君主；今逃亡在外，我便视作杀父仇敌。见到仇敌不杀，那便是枉自为人。"郧公斗辛说道："作为侍奉君主的臣子，不能根据君主在国都之内还是在乡野之外，不能根据君主势盛还是势衰，而改变对国君的义务和态度。只要他是国君，不管暂时势盛还是势衰，臣子都应一如既往。再说在与自己地位、身份相匹的人之下，方有仇敌，除此之外，不可视他人为仇敌。下残害上为弒，上残害下称为讨，又何况对于君主呢？身为国君如诛杀臣子，又有什么仇敌可言？如人们都因此仇恨君主，那还有什么上下之序呢？我们的先祖以善美之行侍奉君主，在诸侯中久享美誉。自斗伯比以来，这种美好的声誉从没丧失。如你以弒君主之行损害这种家族荣誉，万万不可。"斗怀不听，说道："戎思念父亲，已不能顾及这些了。"郧公斗辛便护送昭王逃往随邑。

　　昭王返回郢都，赏及斗辛、斗怀。令尹子西劝阻说："国君的这两位臣子，一位可赏，一位可杀。君王等同视之，群臣对此将会感到惊惧不安。"昭王说道："你指的是蔓成然的两个儿子吗？我知这事。一位对国君遵君之礼，一位对先父尽父子之礼。我对二人都予以奖赏，不也可以吗？"

（八）鲁阳文子

辞封

【题解】

　　鲁阳文子与楚惠王是叔伯兄弟。惠王赐梁邑给他，他却辞而不受，因为他担心自己的子孙会凭梁邑之险而反叛，最后落得个祭祀中断、家族毁亡的地步。乍一看，这种担心只不过是虑及子孙，实际上则是绝妙的处世全身之道。

【原文】

惠王以梁与鲁阳文子，文子辞，曰："梁险而在境，惧子孙将有贰①者也。夫事君无憾，憾则惧逼，逼则惧贰。夫盈而不逼，憾而不贰者，臣能自寿②，不知其他。纵臣而得全其首领③以没，惧子孙之以梁之险而乏臣之祀也。"王曰："子之仁，不忘子孙，施④及楚国，敢不从子！"与之鲁阳。

——《国语·楚语下》

【注释】

①贰：二心。

②寿：保。

③首级：脑袋。

④施：rì 延续。

【译文】

楚惠王将梁邑赐给鲁阳文子，文子辞谢不接收，说道："梁邑地势险要，而且位置在北部边境，我唯恐后代子孙据此会对楚国怀有二心（因此不敢接受为封邑）。事奉国君，深得恩宠，踌躇满志就可能权势膨胀，威胁君主；势重威君恐怕心生叛逆。深得君宠，志得意满而无威君之势，心怀不满之时也无不臣之念，我能自保；至于后代子孙，却难以预断。即使我毕生忠君爱国，得以善终，我也担心子孙会依恃梁邑的险要而生叛逆之心，遭到诛灭，使我在天之灵断绝了祭祀。"惠王说道："您如此仁德，考虑到子孙命运，顾及楚国未来。我还哪能不接受您的意见呢？"便改将鲁阳赐封文子。

（九）孟轲

交友之道

【题解】

对于交友这件事情，孟子特别强调交友者本人应重视道德修养，要平等、谦虚、诚恳地对待朋友，主张以德取友。孟子的这些告诫，在今天看来仍不失为一种交友原则和箴言。

【原文】

不挟①长②，不挟贵③，不挟兄弟而友……友也者，友其德也，不可以有挟也。

——《孟子·万章（下）》

【注释】

①挟：倚仗。

②长：zhǎng。

③贵：权势，官位。

【译文】

交友不能倚仗自己年岁大，不能倚仗自己官职高，也不能倚仗自己有钱有势的兄弟……所谓交朋友，就是看重对方的品德而与对方结交成朋友，不可倚仗其他东西。

（十）庄 周

不受不知己者的赠物

【题解】

这是《庄子》中的一个寓言故事。面有饥色的人，自然渴望帮助，但若赠物来得不明不白，最好斟酌一番。因为，像子阳那样的人，听人说到列子有道，便立即送东西；一旦听人说列子的坏话，只怕又会立即加罪。列子面对妻子的"抱心"仍保持清醒，可资借鉴。

【原文】

子列子穷，容貌有饥色。客有言之于郑子阳者曰："列御寇，盖有道之士也，居君之国而穷，君无乃为不好士乎？"郑子阳即令官遗之粟。子列子见使者，再拜而辞。

使者去，子列子入，其妻望之而抱心曰："妾闻为有道者之妻子，皆得佚①乐，今有饥色。君过而遗先生食，先生不受，岂不命邪！"子列子笑谓之曰："君非自知我也。以人之言而遗我粟，至其罪我也又且以人之言，此吾所以不受也。"其卒②，民果作难而杀子阳。

——《庄子·让王》

【注释】

①佚：通"逸"。

②卒：最后。

【译文】

列子生活贫困，面容常有饥色。有人对郑国的上卿子阳说起这件事："列御寇，是个有道之人，住在你治理的国家，他却如此贫困，你恐怕不喜欢贤达的士人吧？"子阳立即派官吏送给列子米粟。列子见到派来的官吏，再三辞谢，不接受子阳的赠品。

官吏走后，列子进到屋里，列子的妻子埋怨他，并拍着胸脯伤心地说："我听说有道之人的妻子儿女，都能够享尽逸乐，可是如今我们却面有饥色。人家瞧得起先生才会把食物赠给先生，可是先生却拒不接受，这难道不是命里注定要忍饥挨饿吗？"列子笑着对她说："郑相子阳并非亲自了解我。他因为别人的谈论而派人赠予我米粟，等到他想加罪于我时必定仍会凭借别人的谈论，这就是我不愿接受他赠予的原因。"后来，百姓果真发难而杀死了子阳。

（十一）苏秦

和颜讽家嫂

【题解】

苏秦未功成名就之前，嫂子对待叔子傲慢、冷淡；苏秦功成名就之后，嫂子在叔子面前又改成一种讨好、奉承的态度。苏秦委婉讽刺嫂子的一番话，对那种因别人处于富贵和穷贱地位而采取不同态度对待的为人之道表示批评，其意义不仅仅限于兄弟亲戚之间，也适用于一般的社会成员人际关系之间，值得人们引以为戒。

【原文】

北报赵王，乃行过洛阳，车骑辎重，诸侯各发使送之甚众，疑①于王者。周显王闻之恐惧，除②道，使人郊劳③。苏秦之昆弟妻嫂侧目不敢仰视，俯伏侍取食。苏秦笑谓其嫂曰："何前倨④而後恭⑤也？"嫂委蛇蒲服⑥，以面掩地而谢⑦曰："见季子⑧位高金多也。"苏秦喟然叹曰："此一人之身，富贵则亲戚畏惧之，贫贱则轻易⑨之，况众人乎！且使我有洛阳负郭田二顷，吾岂能佩六国相印乎？"于是散千金以赐宗族朋友。

——《史记·苏秦列传》

【注释】

①疑：通"拟"。

②除：打扫。

③劳：慰劳。

④倨：傲慢。

⑤恭：恭敬。

⑥蒲服：通"匍匐"。

⑦谢：谢罪。

⑧季子：小叔子。

⑨轻易：怠慢。

【译文】

苏秦北上向赵王汇报，中途经过洛阳，有着大量的车辆马匹和行装，各国诸侯派使者护送他的很多，那气派比得上国王。周显王听到这情况感到惊恐，便清扫道路，派人到郊外慰劳他。苏秦的兄弟、妻子和嫂子，斜着眼不敢抬头看他，都俯伏在地上，侍候他用饭。苏秦笑着对他的嫂子说："你怎么先前那么傲慢，而现在却这么恭顺呢？"嫂子弯曲着身子匍匐而进，把脸贴着地面谢罪说："因为我现在看到小叔地位尊贵，财物很多。"苏秦深有感慨地叹息道："同样是我这么一个人，富贵了，亲戚就敬畏我；贫贱时，就怠慢我。何况是其他一般的人呢？假如我当初在洛阳近郊有良田两顷，我难道能够佩上六国的相印吗？"于是他当场便施散千金，赐给族人和朋友。

二、秦汉篇

（一）陈婴母

诚子慎行

【题解】

陈婴是楚霸王项羽手下的一员将领，因不满秦始皇的残暴统治而起兵造反。有人想拥立陈婴为王，陈婴母亲及时劝阻儿子。陈婴母亲的言论虽然包含一些迷信观念，但她告诫儿子莫贪功急利、做事慎重、为自己留有余地的见解至今仍有借鉴意义。

【原文】

陈婴者，故东阳令史，居县中，素①信谨，称为长者。东阳少年杀其令，相聚数千人，欲置长，无适用，乃请陈婴。婴谢②不能，遂强立婴为长，县中从者得二万人。少年欲立婴便为王，异军苍头③特起。陈婴母谓婴曰："自我为汝家妇，未尝闻汝先古之有贵者。今暴④得大名，不祥。不如有所属，事成犹得封侯，事败易以亡，非世所指名也。"

——《史记·项羽本纪》

【注释】

①素：一贯。

②谢：推辞。

③苍头：用青巾裹头。

④暴：突然。

【译文】

陈婴这个人，原是东阳县令手下的幕僚，住在县城，素来诚实谨慎，人们称他为品行可敬的人。东阳的年轻人杀死县令，聚集几千人，想推举首领，没有适宜的人，就敦请陈婴。陈婴以没才能为借口来辞谢，于是大家就强立陈婴为首领，县里跟随起义的有两万人。年轻人想拥立陈婴称王，用青巾裹头，标明他们是新起的军队。陈婴的母亲对他说："自从我做你们家的媳妇，没有听说你家祖先有过显贵人物，现在突然获得大名，不是什么好兆头。不如归属别人，事情成功了还能封侯，事情失败了容易逃亡，因为不是社会上惹人耳目的知名人物。"

（二）东方朔

诚子诗

【题解】

东方朔在西汉以机智多谋、幽默诙谐而著名。这首诚子诗是东方朔人生经验的一次全面总结，东方朔从明哲保身的处世哲学出发，告诫儿子要识时务，避祸害，用心可谓良苦，但其中的消极成分我们应加以鉴别。

▲东方朔像

【原文】

明者处世，莫尚于中①；优哉游哉，于道相从。首阳为拙，柱下为工；饱食安步，以仕代农；依隐玩世，诡时不逢；才尽身危，好名得华；有群累生，孤贵失和；遗馀不匮，自尽无多；圣人之道，一龙一蛇；形见神藏，与物变化；随时之宜，无有常家。

——《全汉文》

【注释】

①中：中庸之道。

【译文】

聪明人处世，没有不崇尚中和之道的。他优哉游哉，遵循自然规律而生活。伯夷、叔齐隐居首阳山，不食周粟而死，只是一种笨拙的表现；老子为周柱下史，朝隐而终身无害，才是聪明的行为。吃饱了饭，缓缓步行，以做官来代替务农。若即若离，玩世不恭，违反时势而直言正谏的人，富贵与他不相逢。才华耗尽导致的是自身危亡。爱好虚名，得到的只是浮华。和人群一起生活，连累了自身；孤芳自赏，又失去了和人们之间的和谐。留给后世的不缺乏，自己享受不要太多。圣人处世的方法有时如蛇一样显露在外面，有时又犹如蛟龙一般隐藏起来。形体暴露，精神内藏，随万物一起变化。他们随时机择地而处，没有固定的地方。

（三）刘　向

诫子歆书

【题解】

祸福相倚的说法，包含着深刻的生活哲理。刘向引用齐顷公的故事，告诫刘歆要有忧患意识，对待官职、事业要持"战战兢兢、如履薄冰"的态度。做到了这些之后，才能在生活中处于不败之地。这封诫子书体现着中国古老的智慧。

【原文】

告歆无忽：若未有异德，蒙思甚厚，将何以报？董生有云："吊者在门，贺者在闾。"言有忧则恐惧敬事。敬事则必有善功，又福至也。又曰："贺者在门，吊者在闾。"言受福则骄奢，骄奢则祸至，故吊随而来。齐顷公之始，藉①霸者之余威，轻侮诸侯，跛蹇之容，故被②鞍之祸，遁服而亡。所谓"贺者在门，吊者在闾"也。兵败师破，人皆吊之，恐惧自新，百姓爱之，诸侯皆归其所夺邑，所谓"吊者在门，贺者在闾"也。今若年少，得黄门侍郎，要显处也。新拜皆谢，贵人叩头，谨战战栗栗，乃可必免。

——《全汉文》

【注释】

①藉：凭借。
②被：遭受。

【译文】

告诫歆不要忽略：如果没有非常的品德，而承受的恩惠很丰厚，那将怎样去报答呢？董仲舒曾有过这样的话："吊丧的人在家门口，贺喜的人在巷里头。"这是说有忧患便会恐惧而谨慎地做事，恐惧而谨慎地做事就必定有大功，福运就会降临。又说："贺喜的人在家门口，吊丧的人在里巷头。"这是说有了福运就会骄横奢侈，骄横奢侈便会有大祸降临，因此吊丧的就会随而来。齐顷公即位之始，借助齐桓公称霸有余威，轻视欺负诸侯小国，嘲笑晋国使臣跛足，因此遇到了大败于鞍、遁衣而逃的灾难。这就是所谓贺喜的人在家门口，而吊丧的人在里巷头啊。兵败师破，人们都来吊丧，他在恐惧中努力改过自新，重新赢得了百姓的爱戴，诸侯国也都把掠夺的城邑归还给他，这就是所谓"吊丧的人在家门口，而贺喜的人在里巷头"啊。如今你还这样年轻，就做上了黄门侍郎的官，真是显要的职位啊。新官初任，全要感谢贵人的提携，向贵人叩头。时刻带着恐惧感而谨慎从事，才能避免灾难。

（四）马　援

诫兄子严、敦书

【题解】

马援抗击匈奴、乌桓时，曾唱出"男儿要当死于边野，以马革裹尸还葬"的豪言，千古之下，铿锵作响。这封信针对马严、马敦两个侄子喜欢讥刺别人，交结轻薄侠客的毛病，痛下针砭，提出要学习龙伯高的敦厚、谨慎，最好不要学杜季良，因为一旦学不到他的"忧人之忧，乐人之乐"，就容易流于轻薄。马援用的"刻鹄""画虎"两个比喻，也富含哲理，耐人寻味。

【原文】

吾欲汝曹闻人过失，如闻父母之名，耳可得闻，口不可得言也。好议论人长短，妄是非①正法，此吾所大恶也，宁死不愿闻子孙有此行也。汝曹知吾恶之甚矣，所以复言者，施衿结缡②，申父母之戒，欲使汝曹不忘之耳。

龙伯高敦厚周慎，口无择言，谦约节俭，廉公有威。吾爱之重之，愿汝曹效之。杜季良豪侠好义，忧人之忧，乐人之乐，清浊无所失，父丧致客，数郡必至。吾爱之重之，不愿汝曹效也。效伯高不得，犹为谨敕之士，所谓'刻鹄不成尚类鹜③'者也；效季良不得，陷为天下轻薄子，所谓'画虎不成反类狗'者也。迄今季良尚未可知，郡将下车辄切齿，州郡以为言，吾常为寒心，是以不愿子孙效也。

——《后汉书·马援传》

【注释】

①妄是非：评论对错。

②施衿结缡：解开衣领，结上佩巾。

③鹜：野鸭。

【译文】

我想要你们听见了别人的过失时，就好像听见自己父母的名字一样，耳朵可以听，但嘴里却不要传扬。喜好议论别人的长短，随便评价法令，这是我最厌恶的。宁死也不愿听到子孙中有这样的行为。你们知道我是最厌恶这种劣行的，之所以再次强调这一点，就好像嫁女儿时，陈述父母的告诫一样，是想你们不要忘记罢了。龙伯高为人敦厚，做事周密慎重，口无二言，谦逊而能约束自己，廉洁奉公很有威望，我爱戴他、敬重他，并希望你们学习他；杜季良豪爽仗义，以别人的忧愁为自己的忧愁，以别人的快乐为自己的快乐，无论好人坏人都不疏远，轻重合宜，因父亲逝世而喑招宾客，好多郡的人都接踵而来。我也爱戴他敬重他，但不愿你们学习他。学龙伯高如果学不像，仍不失为一个能约束自己言行的人，正如人们所说的雕刻天鹅不成倒还像只野鸭。但如果学杜季良而学不像，就会沦为天下的轻佻浮薄之人，正如人们所说的画虎不成反而像只狗。至今不知杜季良如何，而郡里官员到任总是切齿指责他，州郡的人们都在议论这件事。我常常为此担心，因此不愿你们学习他。

（五）疏 广

功成身退

【题解】

　　疏广在东汉宣帝时曾任太子少傅，其哥哥的儿子疏受也同时受聘为太子太傅。任职五年后，疏广决定功成告退。下面这番告诫就是针对他侄子疏受而言的，体现了疏广行为谨慎、知足常乐的人生态度。

【原文】

　　吾闻"知足不辱，知止不殆"，"功遂①身退，天之道也"，今仕官至二千石，宦成名立，如此不去，惧有后悔。岂如父子相随出关，归老故乡，以寿命终，不亦善乎？

　　　　　　　　　　　　　　　　——《汉书·疏广传》

【注释】

　　①遂：成。

【译文】

　　我听老子说过："一个人知道满足就不会遭受耻辱，知道适可而止就不会有危险"。"功业建立以后，便及时引退，这符合客观的规律。"现在我做到俸禄二千石的官，官也做大了，名声也树立了，像这个样子还不辞官离去，恐怕以后会要悔恨。哪里比得上我们叔侄相随出了函谷关，回到故乡去安享晚年，终老而死，不也很好吗？

（六） 樊宏

诫子

【题解】

樊宏在汉光武帝时期被拜为光禄大夫，后来又被封为长罗侯、寿张侯，可谓官运亨通，但是樊宏为人谦虚谨慎，不过分追求荣华富贵，而且结合自己的人生经验告诫儿子不要追求权势，恪守"明哲保身"的处世哲学。樊宏对儿子的训诫，总体上来看还是可取的。

【原文】

宝贵盈溢，未有能终者。吾非不喜荣势也，天道恶满而好谦，前世贵戚皆明戒也。保身全已，岂不乐哉！

——《后汉书·樊宏传》

【译文】

太过于富贵的人，没有能善终的。我并非不喜欢荣华富贵和权势地位，只是天道憎恨骄傲自满而喜好谦虚谨慎，前世帝王亲族由盛而衰的命运都是对后人的明白的警告。能够保全自身，难道不是一件乐事吗？

（七） 樊鯈

诫弟

【题解】

樊鯈一家，富雄天下。弟弟樊鲔的儿子，将要娶楚国王女敬乡公主。樊鯈不同意，说出了下面一番话。富而知道贬抑、谦退，是有警诫意义的。

【原文】

建武时，吾家并受荣庞，一宗五侯。时特进一言，女可以配王，男可以尚主，但以贵宠过盛，即为祸患，故不为也。且尔一子，奈何①弃之于楚乎？

——《后汉书·樊鯈列传》

【注释】

①奈何：为什么。

【译文】

光武帝建武年间，我们一家都得到荣耀恩宠，一族之中被封五侯。当

时只要我们父亲说一句话，女孩可以嫁给王做妃，男孩可以娶公主为妻，只是因荣耀富贵太过分了，就会成为祸端，因此没有这样做。况且你只有一个儿子，为什么要把他遗弃在楚地呢？

（八）朱 晖

一面之交，不忘托付

【题解】

好友之间托付妻儿，为人间友情的一种表现。朱晖与张堪一面之交，却暗中答应了张堪的请求，没有其他人知道。朋友死后，朱晖本可以不闻不问，却在这关键时刻挺身而出，雪中送炭，这便是朋友之间真正的情谊。

【原文】

初，晖同县张堪素有名称①，尝于太学见晖，甚重之，接以友道。乃把晖臂曰："欲以妻子托朱生。"晖以堪先达，举手未敢对，自后不复相见。堪卒，晖闻其妻子贫困，乃自往候视，厚赈赡之。晖少子颉怪而问曰："大人②不与堪为友，平生未曾相闻，子孙窃怪之。"晖曰："堪尝有知己之言，吾以③信于心也。"

——《后汉书·朱晖列传》

【注释】

①名称：名声。

②大人：父亲。

③以：通"己"。

【译文】

当初，朱晖的同乡张堪素有好名声，曾经在太学里见到朱晖，很器重他，以朋友之道和他交往，握着朱晖的手臂说："我想把妻儿子女托付给你。"朱晖因为张堪是前辈，举着手不敢回答。从此两人没再见面。张堪死后，朱晖听说他的妻儿子女很贫困，于是自己去探望问候，给予了丰厚的馈赠。朱晖的小儿子朱颉奇怪地问道："爸爸好像和张堪不是朋友吧，我从来不曾听说过，孩子们私下里都觉得怪异。"朱晖说："张堪曾经对我说过只有知己才说的话，我早已铭记在心里了。"

（九）王 丹

交友之难

【题解】

王丹的儿子，想去参加同学家的丧礼。路途遥远，孩子还找了伙伴，准备出发。王丹不许孩子去，而且非常生气，打了孩子五十大板。最后叫人送去缣帛两匹。人们很不理解，问王丹为什么要这样？王丹就说了下面这番话。原来他并不反对结交朋友，只是看到世上有很多生死之交，最终反目成仇，担心孩子与朋友交不能自始至终。他举的例子，都是历史上有名的人物。

【原文】

交道之难，未易言也。世称管、鲍，次则王、贡。张、陈凶其终，萧、朱隙其末，故知全之者鲜①矣。

——《后汉书·王丹传》

【注释】

①鲜：xiǎn 少。

【译文】

结交朋友的难处，是不容易说清楚的。世人称道管仲和鲍叔牙的交情，其次就是王吉和贡禹的交情。张耳和陈馀开始刎颈之交，最后陈馀还是被张耳杀了。萧育和朱博起先是挚友，最终因一点小小的矛盾而反目成仇。因此可以知道，能自始至终保全交情的人很少。

（十）张奂

遗命

【题解】

张奂为东汉一代名臣，为官很有政绩，受到老百姓的拥戴。他为人正直，洁身自好。在这篇遗命中，张奂告诫子女操办他的丧事要合乎他本人的心意，不能奢华，也不宜过于节俭，反映了张奂顺乎自然的人生态度，对于今天的人们来说也还是有它可借鉴的地方。

【原文】

吾前后仕进，十要①，银艾②，不能和光同尘。为谗邪所忌。通塞命也，始终常也。但地底冥冥，长无晓期，而复缠以纩绵，牢以钉密，为不喜耳。幸有前窀，朝殒夕下，措尸灵床，幅巾而已。奢非晋文，俭非王孙，推情从意，庶无咎吝。

——《后汉书·张奂传》

【注释】

①要：通"腰"。

②银艾：银白色、绿色的官带。

【译文】

我前后出仕做官，多次更换官职，由于不能顺从时俗，同流合污，因此被谗邪小人忌恨。宦途显达或乖蹇，这是命运；一个人有生就有终，这是常规。只是地底昏暗，永远没有天亮的时期，又再给我的尸身裹上丝绵，将我的棺椁牢牢地钉密，这倒是我不高兴的。幸好有预先挖下的墓穴，我早上死了，傍晚就葬下去，把我的尸体安放在灵床上，只要用一幅绢束住头发就行了。丧事既不要办得像晋文公那样奢华，也不能像杨王孙那样节俭，只要合情合意，希望不要给子孙带来灾祸和耻辱。

（十一）钟皓

不昭人过

【题解】

钟皓的侄子钟瑾，喜欢批评别人。当时的名士李膺，认为钟瑾有是非之心，与孟子相似。钟瑾有些自得，告诉了钟皓。钟皓讲了国武子的故事，来劝侄子不要张扬别人的过失以致招怨。国武子的事迹见《左传》，因为显扬齐君母亲的私情，遇谮被逐。

【原文】

昔国武子好昭①人过，以致怨本，卒保身全家，尔道为贵。

——《后汉书·钟皓列传》

【注释】

①昭：张扬。

【译文】

从前国武子喜欢张扬别人的过失，因此导致了别人的怨恨。最终能保身全家的做法，才是最可贵的。

（十二）赵 咨

遗书子胤论薄葬

【题解】

这是赵咨写给儿子赵胤的一篇家训，专门探讨殡葬的问题。赵咨身为东汉一代名臣，为官清廉，反对奢侈铺张，平日生活极其节俭。在这篇家训中，赵咨叙述了历代丧礼变革的情况，阐发生命的意义，要求人们重新认识殡葬的真正含义与目的所在。因此，赵咨告诫儿子对他的丧事操办一定要尽量从简，不使它失去质朴的面貌，生动地反映了赵咨崇尚自然，恬淡无欲的处世态度，确实令人钦佩，赵咨对当时盛行的讲究排场、追求形式的殡葬风气也提出了明确的批评意见，至今仍具有现实针对性。

【原文】

夫含气之伦①，有生必终，盖天地之常期，自然之至数。是以通人达士，鉴兹性命，以存亡为晦明，死生为朝夕，故其生也不为娱，亡也不知戚。夫亡者，元气去体，贞魂游散，反素复始，归于无端。既已消仆，还合粪土。土为弃物，岂有性情，而欲制其厚薄，调其燥湿邪？但以生者之情，不忍见形之毁，乃有掩骸埋窆之制。《易》曰："古之葬者，衣②以薪，藏之中野，后世圣人易之以棺椁。"棺椁之造，自黄帝始。爰自陶唐，逮于虞、夏，犹尚简朴，或瓦或木，及至殷人而有加焉。周室因③之，制兼二代。复重以墙翣④之饰，表以旌铭之仪，招复合敛之礼，殡葬宅兆之期，棺椁周重之制，衣衾称袭之数，其事烦而害实，品物碎而难备。然而秩爵异级，贵贱殊等。自成、康以下，其典稍乖。至于战国，渐至颓陵⑤，法度衰毁，上下僭杂。终使晋侯请隧，秦伯殉葬，陈大夫设参门之木，宋司马造石椁之奢。爰⑥暨⑦暴秦，违道废德，灭三代之制，兴淫邪之法，国资靡于三泉，人力单于郦墓，玩好穷于粪土，伎巧费于窀穸。自生民以来，厚终之敝，未有若此者。虽有仲尼重明周礼，墨子勉以古道，犹不能御也。是以华夏之士，争相陵尚⑧，违礼之本，事礼之末，务礼之华，弃礼之实，单⑨家竭财，以相营赴。废事生而营终亡，替所养而为厚葬，岂云圣人制礼之意乎？《记》曰："丧虽有礼，哀为主矣。"又曰："丧与其易也宁戚。"今则不然，并棺合椁，以为孝恺，丰资重襚，以昭恻隐，吾所不取也。昔舜葬苍悟，二妃不从。岂有匹配之会，守常之所乎？圣主明王，其犹若斯，况于品庶，礼所不及。古人时同即会，时乖则别，动静应礼，临事合宜。王孙裸葬，墨夷露骸，皆达于性理，贵于速变。梁伯鸾父没，卷席而葬，身亡不反其尸。彼数子岂薄至亲之恩，亡忠孝之道邪？况我鄙

暗，不德不敏，薄意内昭，志有所慕，上同古人，下不为咎。果必行之，勿生疑异。恐尔等目睹所见，耳讳所议，必欲改殡，以乖吾志，故远采古圣，近揆行事，以悟尔心。但欲制坎，令含棺椁，棺归即葬，平地无坟。勿卜时日，葬无设奠，勿留墓侧，无起封树。于戏小子，其勉之哉，吾蔑复有言矣！

——《后汉书·赵咨列传》

【注释】

①伦：类。

②衣：穿。

③因：继承。

④翣：shà 棺饰。

⑤颓陵：衰颓、式微。

⑥爰：于是。

⑦暨：jì 到了。

⑧陵尚：攀比，崇尚。

⑨单：通"殚"。

【译文】

一切有生命的东西，有生就一定有死，这是天地间永恒不变的限数，自然界最根本的道理。因此通人达士，鉴察性命，认为存亡不过是一暗一明，死生也就如同朝夕，所以他们活着不贪图欢娱，死了也不知道悲伤。死亡，不过是精气离开人的身体，正魂游散，交归于质朴，恢复到本初，不再有端际罢了。一个人的灵魂已经消失，躯体最终成了粪土。粪土作为被遗弃的东西，哪里有什么性情，人死了，却去谈什么厚葬薄葬，调和什么干燥湿润呢？只是按照一个人活着时的情感，不忍心见到自己死了以后形体被毁坏，才有了掩藏尸骨埋入坟墓的制度。《易经》上说："古时候人死了，给他掩上茅草，埋藏在旷野之中，后代圣人才改用棺椁。"棺椁的制造，从黄帝开始。从唐尧时代到虞、夏，还是崇尚简朴，人死了，或用瓦棺，或用木棺，到了殷商时代才逐渐隆重。周代加以继承，兼有两代的风俗特点。又加上墙翣一类的饰物，灵柩前竖着表识死者姓名的旗幡，还有招魂复魄、含玉殓衣等礼节，殡葬墓穴的期限，棺椁周重讲究，衣衾称袭的套数，丧事显得繁琐，不利于实行，物品琐碎，很难齐备。而官吏的俸禄、爵位的品级各不相同，身份和地位的贵贱也不等，故其殡葬制度有所差别。自周成王、周康王以后，这些典章制度才逐渐走入歧途。到了战国，更渐渐地趋于颓废衰微，法度衰毁，上下等级混乱。终于出现了晋文侯请求周襄王允许他死后挖掘墓道，秦穆公死后用子车奄息、子车仲行、子车针虎三个人殉葬，陈大夫死后陈设参门之木，宋司马桓魋花三年时间

为自己制造石椁等现象。到了暴虐的秦代，违道废德，抛弃夏商周三代的制度，大兴淫邪的搞法，国家资财浪费于熔、甸、锢三泉，人力弹尽于修建骊山陵墓，玩好之物穷尽在粪土之中，技巧浪费于修建墓穴之上。自有人类以来，因过分重视丧事所形成的弊端，还没有像这样严重过。即使有孔子重新来明正周礼，墨子用古代的丧制来勉励人们，还是不能禁止人们死后葬礼的奢侈。因此华夏人士，竞相崇尚奢华仿效的人，违背了礼的根本道理，而去注重礼的末节；专务丧礼的奢华，却抛弃了丧礼的实质，倾家荡产，争相攀比。不事奉活着的人却去经营死后之事，丢弃该抚养、赡养的人却去大搞厚葬，难道可以说这是圣人制礼的本义吗？《礼记》上说："丧事虽然有礼，但以悲哀为主。"孔子也说："就丧礼说，与其仪文周到，宁可悲哀过度。"今天就不是这样，人死后并棺合椁，把这当成亲人之间的孝道与和乐；花大量的资财操办丧事，给死人穿上重重的衣衾，用这来表达自己对死者的悲哀；这些都是我所不赞成的。从前舜葬在苍梧，他的两个妃子娥皇和女英没有和他葬在一起。哪有匹配之人死后的会合，要固守一个恒定所在呢？圣主明王还这样，何况是不用讲究礼制的老百姓呢！古人时遇相同，死后就葬在一处来会合，时遇乖戾，死后就各葬一处。他们的一动一静都适应礼的要求，办事如何合宜就如何做。杨王孙死后裸葬，墨夷下葬露出骨骸，都能明达性理，贵在速变。梁鸿的父亲死了，卷席而葬，梁鸿后来死了，也没有葬在他父亲的墓旁。这几个人难道都轻薄至亲之恩，忘掉了忠孝之道吗？何况我鄙陋愚昧，既没有德行，又不聪敏；只是自己心里有些想法，情志有所仰慕，希望上同古人，下不带来灾祸。一定这样去做，不要再产生疑义。恐怕你们眼睛满足于所见，耳朵避讳于所议，一定想要改殡，因而违背了我的志向，因此远采古代圣人的事迹，就近揣度人们的行事，来使你们领悟。我死后，只要挖一个圹穴，使它能容下棺椁。棺材回到东郡就下葬，只要平地，而不要起坟堆。不要占卜选择安葬的时日，葬时不要设灵堂祭奠，不要留下墓侧，不要堆土为坟，也不要种树做标记。呜呼！小子们，你们努力吧，我没有话要说了！

（十三）孔　融

临终诗

【题解】

　　这首诗是乱世的一曲悲歌。既有明哲保身大不容易的感叹，又有世风不古的惋惜，更有对社会不稳定的痛心。孔融一生恃才放旷、直言不讳、"怪论"百出，从这首诗又可看出一些后悔。这些都是后人的"家业"。

【原文】

　　言多令事败，器漏苦不密。河溃蚁孔端，山坏由猿冗。涓涓江①汉流，天窗通冥室。谗邪害公正，浮云翳②白日。靡辞无忠诚，华繁竟不实。人有两三心，安能台为一？三人成市虎，浸渍解胶漆。生存多所虑，长寝万事息。

——《先秦汉魏晋南北朝诗》

【注释】

　　①江：长江。

　　②翳：yì 遮蔽。

【译文】

　　话说多了会坏事，容器漏水因不密。河堤溃决从蚁穴开始，山陵崩坏从猿猴奔散可看出。涓涓细流，汇成汉江长江；屋顶开窗，照彻幽户暗室。谗言邪恶危害公正，浮云遮蔽了白日。华丽的言辞却没有忠诚之心，繁花似锦却没有果实。人心朝三暮四，怎么能合而为一！三人说市上有虎，人们就信而不疑；牢固的胶漆浸了水，天长日久也会脱离。人生在世，忧虑多集；长眠之后，万事宁息。

三、魏晋南北朝篇

（一）太史慈母

教子救孔融

【题解】

　　"受人滴水之恩，当以涌泉相报。"太史慈母就是这样做的，算是一个知大体的人。

【原文】

　　慈从辽东还，母谓慈曰："汝与孔北海未尝相见，至汝行后，赡恤①殷勤②，过于故旧，今为贼所围，汝宜赴③之。"慈留三日，单步径至都昌……融既得济④，益奇贵慈，曰："卿吾少友也。"事毕，还启⑤其母，母曰："我喜汝有以报孔北海也。"

——《三国志·吴书·太史慈传》

【注释】

　　①恤：体贴。

②殷勤：照顾周到。

③赴：前去帮忙。

④济：救援。

⑤启：禀告。

【译文】

太史慈从辽东回家，他母亲对他说："你和孔北海不曾相识，在你走了以后，他诚心诚意地赡养体恤我，胜过老友故交。现在他被强盗包围，你应当去帮助他。"太史慈在家里住了三天，就单人步行直接奔往都昌……孔融得救以后，越发器重太史慈，他说："您是我的忘年之交啊。"事情结束后，太史慈回家禀告他的母亲，母亲说："我很高兴你有机会报答孔北海。"

（二）曹 植

惧祸

【题解】

历来争权夺位，以至兄弟相残的事屡见不鲜。曹植在与曹丕争夺太子位的斗争中失败，险些被杀，因此杯弓蛇影，忧谗惧祸，不敢再沾惹事端。

【原文】

彰至，谓临菑侯植曰："先王召我者，欲立汝也。"植曰："不可。不见袁氏兄弟乎！"

——《三国志·魏书·任城陈萧王传》

【译文】

曹彰到了，对临菑侯曹植说："当年先王召见我去商议，是想立你做太子啊。"曹植说："你不可这样说。你难道没有看见袁谭、袁尚兄弟为争夺继承权而自相残杀吗？"

▲曹植像

（三）卞皇后

不贪不伪

【题解】

卞皇后选曹操给的"美玉"，选了一个中等的。她想要既不显得贪心，又不显得虚伪，走了一条中间道路。聪明睿智，用心良苦。

【原文】

后性约俭，不尚①华丽，无文绣珠玉，器皆黑漆。太祖常得名珰②数具，命后自选一具，后取其中者，太祖问其故，对曰："取其上者为贪，取其下者为伪，故取其中者。"

——《三国志·魏书·后妃传》注引《魏书》

【注释】

①尚：崇尚。

②珰：玉器。

【译文】

卞皇后生性节俭，不喜欢华丽，没有文绣珠玉，用具都涂黑漆。太祖（曹操）曾经获得几块美玉，叫皇后自己选一块。皇后选了质量中等的那一块。太祖问为什么？她回答说："选上等的，贪心；选下等的，又显得虚伪，因此我选中等的。"

（四）曹 衮

遗 令

【题解】

魏中山恭王曹衮临死前遗命他的世子，要他遵循法度，谨防骄奢，亲睦九族，修身避祸。这是一篇很普通的遗训。

【原文】

"汝幼少，未闻义方①，早为人君，但知乐，不知苦；不知苦，必将以骄奢为失也。接大臣，务以礼。虽非大臣，老者犹宜答拜。事兄以敬，恤弟以慈；兄弟有不良之行，当造膝谏之。谏之不从，流涕喻之；喻之不改，乃白②其母。若犹不改，当以奏闻，并辞国土。与其守宠罹祸，不若贫贱全身也。此亦谓大罪恶耳，其微过细故，当掩覆之。嗟尔小子，慎修乃身，奉圣朝以忠贞，事太妃以孝敬。闺闱之内，奉令于太妃；阃阈③之外，受教于沛王。无怠乃心，以慰予灵。"

——《三国志·魏书·中山恭王衮传》

【注释】

①义方：道理，规矩。

②白：禀告。

③阃阈：kǔn yù 门槛。

【译文】

"你还年轻，不懂得规矩法度，早早就要做人君，只知道欢乐，不了解痛苦；而不了解痛苦，必将因骄傲奢侈犯下过失。因此，接待大臣，一定要依照礼节。即使不是大臣，对老年人还是应当回拜。事奉哥哥要尊敬，体恤弟弟要仁慈；兄弟有不好的行为，应当促膝谈心规劝他。如规劝他不听从，就应流着眼泪给他讲道理；如给他讲道理仍不悔改，就告诉他的母亲。如果还不改正，就应当向皇上举奏，并请求削除国土来请罪。与其身处尊宠遭遇大祸，还不如身处贫贱而保全性命。这只是说有大罪恶才这样做，他们的小过小失，应当为他们隐瞒。唉，你这个小子，要慎重修身养性，用忠贞侍奉圣朝，用孝敬服侍太妃。在内室要遵奉太妃的命令，在宫外要接受沛王的教导。你不要懈怠，以此来安慰我的灵魂。"

（五）赵母

慎勿为好

【题解】

古代教女子时，往往要求不表现出做好事来，因为这样会招来坏人的妒忌。赵母告诉她的女儿，既不要做好事，更不要做坏事。这并非禁止女儿做好事，而是学会处世之道。

【原文】

赵母嫁女，女临去，敕①之曰："慎勿为好！"女曰："不为好，可为恶邪？"母曰："好尚不可为，其况恶乎！"

——《世说新语·贤媛》

【注释】

①敕：令。

【译文】

赵母嫁女儿，女儿临出门时，她告诫女儿说："千万不要做好事！"女儿问道："不做好事，可以做坏事吗！"母亲说："好事尚且不能做，何况坏事呢！"

（六）王经母

母敕

【题解】

王经曾任魏国尚书，他的母亲经常教导他如何为政、如何为人。一则做官要适可而止、知足常乐，这样可以避免灾祸；二则为政要能忠孝两全，不可以朝三暮四。

【原文】

王经少贫苦，仕至二千石①，母语之曰："汝本寒家子，仕至二千石，此可以止乎！"经不能用。为尚书，助魏，不忠于晋，被收②。涕泣辞母曰："不从母敕，以至今日！"母都无戚容，语之曰："为子则孝，为臣则忠；有孝有忠，何负吾邪！"

——《世说新语·贤媛》

【注释】

①二千石：相当于太守一级的官。
②收：收捕。

【译文】

王经年少时家境贫苦，后来做官做到二千石的职位时，他母亲对他说："你本来是贫寒人家的子弟，现在做到二千石这么大的官，这就可以止步了吧！"王经不采纳母亲的意见。后来担任尚书，帮助魏朝，对晋司马氏不忠，被逮捕了。当时他流着泪辞别母亲说："没有听从母亲的教导，以至落到今天这样的地步！"他母亲一点悲容也没有，对他说："做儿子就能够孝顺，做臣子就能够忠君；现在你有孝有忠，有什么对不起我呢！"

（七）许允妻阮氏

1. 勿忧夫还

【题解】

许允的妻子阮氏很有才德，知道自己的丈夫可以免祸。她劝诫丈夫以理服人，让皇帝知道他任用同乡并非由于故交的原因。如果只会向皇帝求情，也许他就不能回来了。

【原文】

许允为吏部郎，多用其乡里，魏明帝遣虎贲①收之。其妇出诫允曰："明主可以理夺，难以情求。"既至，帝核问之。允对曰："'举尔所知'，臣之乡人，臣所知也。陛下检校为称职与不，若不称职，臣受其罪。"既检校，皆官得其人，于是乃释。允衣服败坏，诏赐新衣。初，允被收，举家号哭，阮新妇②自若，云："勿忧，寻③还。"作粟粥待。顷之，允至。

【注释】

①虎贲：护卫王宫的官。
②妇：此指妻子。
③寻：不久。

【译文】

许允担任吏部侍郎的时候，大多任用他的同乡，魏明帝知道后，就派虎贲去收审他。许允的妻子跟出来劝诫他说："英明的君主只可以用道理去说服，很难用感情去求告。"押到后，明帝审问他。许允回答说："孔子说'提拔你所了解的人'，臣的同乡，就是臣所了解的人。陛下可以审查、核实他们是称职还是不称职，如果不称职，臣愿受应得的罪。"待查验以后，知道各个职位都用人得当，于是就把他释放了。许允的衣服破旧，明帝就赏赐他新衣服。起初，许允被收审时，全家都大哭不已，他妻子阮氏却神态自若，说："不要担心，不久就会回来的。"并且煮好小米粥等着他。过一会儿，许允就回来了。

2. 嘱子免祸

【题解】

许允为晋景王司马师所杀，他的妻子告诫几个孩子不要表现出才气过人，这样就可以免于祸患。

【原文】

许允为晋景王所诛，门生走入告其妇。妇正在机中，神色不变，曰："蚤①知尔耳！"门人欲藏其儿，妇曰："无豫诸儿事。"后徙居墓所，景王遣钟会看之，若才流及父，当收。儿以咨母，母曰："汝等虽佳，才具不多，率胸怀与语，便无所忧。不须极哀，会止便止。又可少问朝事。"儿从之。会反，以状②对，卒免。

——《世说新语·贤媛》

【注释】

①蚤：通"早"。

②状：实情。

【译文】

许允被晋景王诛杀了，他的门生跑进来告诉他的妻子。他妻子正在织机上织布，听到消息后神色不变，说："早就知道会这样的呀！"门生想把许允的儿子藏起来，许允妻子说："不关孩子们的事。"后来举家迁到许允的墓地里，景王派大将军府记室钟会去看他们，并吩咐说，如果儿子的才能流品比得上他父亲，就应该逮捕他们。于是许允的儿子去和母亲商量，母亲说："你们虽然都不错，但才能不大，可以怎么想就怎么和他谈，这样就没有什么可担心的。也不必哀伤过度，钟会不哭了，你们就不哭。又可以少去问及朝廷的事。"她儿子照母亲的吩咐去做。钟会回去后，把情况回报景王，许允的儿子终于免祸。

（八）殷褒

诫子书

【题解】

《周易》多讲"卦位"，推之于人事就是"本位"。孔子曾说："不在其位，不谋其政"，否则会招来祸难。殷褒诫子就是强调"思不出其位"，做到这一点便可以在世间游刃有余、无灾无害。

【原文】

夫道也者，易寻而难穷，易知难行也。故京房之徒，考步吉凶之变，而不能自见其祸，更为姚平所诫，此道之难知也。省尔之才，不及于房，而吾言，过于平矣。昔正考父三命滋恭，晏平仲久而敬之。曾颜之徒，有若无，实无虚也。况尔析薪之智，欲弹射①世俗，身为谤先，怨祸并集，使吾怀朝父之忧，为范武子所叹，亦非汝之美也。若朝益暮习，先人后己，恂恂如也。则吾闻音而识其曲，食旨而知其甘，永终吾余年矣，复何恨②哉！古人有言，思不出其位，尔其念之，尔其念之。

——《全三国文》录《艺文类聚》卷二三

【注释】

①射：讥弹。

②恨：遗憾。

【译文】

道，容易找寻却难以穷尽，容易认识却难以施行。所以京房一类人察测吉凶的变化，而不能够自己见到自己的祸难，尤其为姚平所慎诫，这是道难以知晓。省察你的才性赶不上京房，而我的话又超过了姚平。过去宋国正考父三次受命而更加恭敬，晏婴久而久之便敬重他。曾参颜回一类人，若有若无，若实若虚。况且你以砍柴的智慧想弹射世俗，自身却成了诽谤的优先对象，怨恨祸难一并集聚，使我心怀朝父的忧虑发出范武子的叹息，也不是你的美德。假若早晚学习，先人后己，恭顺的样子，那么我可听音调而识别曲名，吃佳肴而知晓甜美，可以长久地终了我的余生，又有什么遗憾呢？古人这样说："所想不要出离自己的名位"，你还是记住吧。

（九）向　朗

遗言诫子

【题解】

　　向朗是三国时期蜀国的一名大臣，学识渊博，善于处世。在这篇临终遗言里，向朗从天地、君臣、九族三个方面说明了"和"的重要作用，这是一种典型的儒家处世观念与处世态度，其中自然包含消极因素。但如果运用它来搞好同事、邻居、上下级以及家庭之间的关系，就仍然要充分肯定它所具有的作用。

【原文】

　　《传》称"师克^①在和不在众"，此言天地和则万物生，君臣和则国家平，九族和则动得所求，静得所安，是以圣人守和，以存以亡也。吾，楚国之小子耳，而早丧所天^②，为二兄所诱养^③，使其性行不随禄利以堕。今但贫耳；贫非人患，惟和为贵，汝其勉之！

　　　　　　　　　　　　　　　——《三国志·蜀书·向朗传》

【注释】

　　①克：胜。

　　②天：父母。

　　③诱养：诱导抚养。

【译文】

　　《左传》上说军队克敌制胜在于将士能团结一心，而不在于士卒的众多。这是说的天地和治，风调雨顺，就能化生万物；君臣上下团结一致，国家就安定太平；九族之间能和睦相处，那么做事就能达到目的，闲居时也能平安无事。因此圣人守住一个"和"字，用"和"来处理存亡。我是楚地的一个普通人，早年就失去了父母，由两位兄长教导和抚养，使我的品性和行为不被利禄引诱而堕落。现在不过是贫困罢了；贫困并不值得担忧害怕，只有和睦才是最可贵的。你们自己努力去做吧！

（十）嵇康

家诫

【题解】

嵇康是西晋非常有名的文学家，最终因得罪权贵钟会而被晋武帝司马昭所杀。这篇家诫是他在狱中给自己年方十岁的儿子写的。诫中教他儿子做人要小心，与人交往要谨慎，只有这样才能全身远祸。像嵇康这么高傲的人，身陷囹圄后似乎有些担心儿子长大会和自己一样。其实，在当时那种乱世之中，他的处世训诫又是对自己以往的骇世行为的追悔。

【原文】

人无志，非人也。但君子用心，所欲准行，自当量其善者，必拟议而后动。若志之所之，则口与心誓，守死无二，耻躬不逮①，期于必济。若心疲体懈，或牵于外物，或累于内欲，不堪近患，不忍小情，则议于去小；议于去就，则二心交争；二心交争，则向所以见役之情胜矣！或有中道而废；或有不成一篑②而败之。以之守则不固，以之攻则怯弱，与之誓则多违，与之谋则善泄；临乐则肆情，处逸则极意。故虽荣华熠耀，无结秀之勋；终年之勤，无一旦之功。斯君子所以叹息也。若夫申胥之长吟，夷齐之全洁，展季③之执信，苏武之守节，可谓固矣。故以无心守之，安而体之，若自然也，乃是守志之盛者耳。

所居长吏，但宜敬之而已矣；不当极亲密，不宜数④往，往当有时。其有众人，又不当独在后，又不当宿。所以然者：长吏喜问外事，或时发举，则怨者谓人所说，无以自免也。宏行⑤寡言，慎备自守，则怨责之路解矣。其立身当清远⑥。若有烦辱，欲人之尽命，托人之请求，当谦言辞谢："某素不预此辈事"；当相亮⑦耳。若有怨急，心所不忍，可外违拒，密为济之。所以然者：上远宜适之几；中绝常人淫辈之求；下全束修⑧无累之称。此又秉志之一隅⑨也。凡行事先自审其可，若于宜、宜行此事，而人欲易之，当说宜易之理，若使彼语殊佳者，勿羞折遂非也；若其理不足，而更以情求守人，虽复云云，当坚执所守，此又秉志之一隅也。不须行小小束修之意气，若见穷乏而有可以赈济者，便见义而作。若人从我有所求欲者，先自思省：若有所损废多，于今日所济之义少，则当权其轻重而拒之；虽复守辱不已，犹当绝之。然大率人之告求，皆彼无我有，故来求我，此为与之多也；自不如此，而为轻竭，不忍面言，强副⑩小情，未为有志也。

夫言语，君子之机。机动物①应，则是非之形著矣，故不可不慎。若于意不善了，而本意欲言，则当惧有不了之失，且权忍之。已后视向不言此事，无他不可，则向言或有不可；然则能不言全得其可矣。且俗人传吉迟，传凶疾，又好议人之过阙，此常人之议也。坐中所言，自非高议；但是动静消息，小小异同；但当高视，不足和答也。非义不言，详静敬道，岂非寡悔之谓？人有相与变争，未知得失所在，慎勿预之也。且默以观之，其是非行自可见：或有小是不足是，小非不足非；至竟可不言以待之。就有人问者，犹当辞以不解；近论议亦然。若会酒坐，见人争语，其形势似欲转盛，便当亟舍去之：此将斗之兆也！坐视必见曲直，傥⑫不能不有言，有言必是在一人，其不是者方自谓为直，则谓："曲我者有私于彼"，便怨恶之情生矣。或便获悖辱之言，正坐视之，失见是非，而争不了，则仁而无武，于义无可，故当远之也。然大都争讼者小人耳，正复有是非，共济汗漫。虽胜，何足称哉？就不得远，取醉为佳。若意中偶有所讳，而彼必欲知者，若守不已，或劫⑬以鄙情，不可惮此小辈而为所挽引，以尽其言；今正坚语，不知不识，方为有志耳。自非知旧邻比，庶几以下，欲请呼者，当辞以他故勿往也。外荣华则少欲。自非至急，终无求欲，上美也。不须作小小卑恭，当大谦裕；不须作小小廉耻，当全大让。若临朝让官，临义让生，若孔文举⑭求代兄死：此忠臣烈士之节。

凡人自有公私，慎勿强知人知。彼知我知之，则有忌于我；今知而不言，则便是不知矣。若见窃语私议，便舍起，勿使忌人也。或时逼迫，强与我共说，若其言邪险，则当正色以道义正⑮之。何者？君子不容伪薄之言故也！及一旦事败，便言某甲昔知吾事；是以宜备之深也。凡人私语，无所不有，宜预以为意；见之而走。或偶知其私事，与同则可，不同则彼恐事泄，思害人以灭迹也。非意所钦者，而来戏调蚩笑友人之阙者，但莫应从小共转至于不共，亦勿大冰矜，趋以不言答之，势不得久，行自止也。

自非监临，相与无他宜适，有壶榼⑯之意，束修之好，此人道所通，不须逆也；通此以往，自非通穆，匹帛之馈，车服之赠，当深绝之。何者？人皆薄义而重利，今以自竭者，必有为而作：鬻⑰货徼⑱欢，施而求报：其俗人之所甘愿，而君子之所大恶也。又慎：不须离楼，强劝人酒。不饮自己。若人来劝，己辄当为持之，勿稍逆也；见醉熏熏便止，慎不当至困醉，不能自⑲制也！

——《全晋文》录本集

【注释】

①逮：达到。

②篑：功亏一篑。

③展季：柳下惠。

④数：多。

⑤行：多做。

⑥清远：清高远大。

⑦亮：谅解。

⑧修：赠、赂。

⑨隅：方面。

⑩副：满足。

⑪动物：指人。

⑫傥：假如。

⑬劫：要挟。

⑭孔文举：孔融。

⑮正：纠正。

⑯榼：kē 酒具。

⑰鬻：yù 卖。

⑱徼：yāo 通"邀"。

⑲裁：制。

【译文】

　　一个人没有志向，就不能算是人。但是君子考虑，用一个准则衡量自己的行为时，自然应当鉴别出那好的，也一定在深思熟虑之后才付诸行动。如果是心所向往的，就要口里所讲的和心里所想的完全一致，至死也不改变，唯恐亲身做不到，期望向往的一定能成为现实。如果精神疲惫、体力懈怠，或者是因为受外物的牵连，或者是因为受累于情欲，不能忍受近边的祸患，不能克制小小的冲动，就容易彷徨于何去何从的十字路口；不知何去何从，内心就有矛盾斗争；内心发生了矛盾斗争，那么平时控制自己的那种欲望就取胜了！在通向志向或理想的道路上，或者因意志不坚而中途废弃；或者事业就要成功却功亏一篑。这种人，同他据守一处却不牢靠，同他一道去进攻，他又那样胆怯而软弱，同他一起发誓他又常常违背自己的誓言，和他商量问题却很容易被他泄露出去；碰到快乐的事情就放纵情性，处在安逸的环境就随心所欲。所以这种人虽然表面上光彩照人，却是华而不实；虽然看上去终年勤劳，却又一事无成。这是君子之所以常常叹息的原因。像那申包胥的哭泣呻吟，伯夷、叔齐的保全贞洁，柳下惠的坚守信用，苏武的坚守节操，都可以说是志向坚定的人。对于这些人来说，并不存心守志，却习惯地去实行它，像自然本身一样，这才称得上是守志者中的楷模呀。

　　管自己的上司，只要对他保持尊敬就行了；不要和他太亲密，不要经常向他那儿跑，就是去也要在个适当的时候。当上司有很多客人的时候，又不应当一个人落在后面，更不应当留宿在上司家中。之所以要这样做的原因是：一般上司总喜欢了解情况、问这问那，有时处罚一些人，那被处罚的就认为一定是别人的告发，于是你就没有办法洗雪自己了。多做少说，安分守己，那么被怨受责的道路也就堵住了。一个人处世立身应当清高远大。假使有人碰到了麻烦或受到了侮辱，想叫别人为他尽力，而当你受人之托或被人请求的时候，应当婉言谢绝，就说："我一向不参与他们的事情"；人家也会相信的。如果碰到那十分急迫而又令人气愤的事体，不答应帮忙确实于心不忍的时候，可以表面上拒绝他，暗地里接济他。之所以要这样做的原因是：讲得好一点，可以规避助非其人、好心反而不得好报的危险；讲得一般化一点，可以断绝俗人与那些贪得无厌之徒的求扰；退一万步，也可以免受那接受了馈赠或贿赂的无谓的讥笑。这也是守志的一个方面。大凡要做一件事，先要自己事先斟酌可做不可做，如果认为合适，应当做这件事，但别人却要改变它，那就应当讲清要改变的理由，如果他的话确实很有道理，就不要因为接受了别人意见感到难为情于是便否定他；假使他的道理不充分，却又向你的亲近求情，虽然反复申说，你也还是应当坚持己见，这又是守志的一个方面呢。不需要做那些请客送礼的人情，如果见到穷苦急迫、告贷无门而自己又有力量可以周济他的，就要见义勇为。如果有人对我有所求，先要自己思忖考虑：因为帮助他而损失太多，但对现在的道义却救助得很少，那就应当权衡轻重加以拒绝；即使他反复纠缠甚至侮慢不已，也还是要坚决拒绝他。然而大略人有所求，都是因为他自己没有而我有的，所以才来求我，这就是他希望我给他的要多多益善的原因；如果你自己不知道这种情况，就随便地竭尽了自己的所有，不忍当面拒绝，勉为其难地满足他的愿望，这也不能说是有志。

　　语言，是君子的心声。话一讲出去便会引起各种各样的反应，于是乎是非之情就了了分明，所以不能不格外慎重。如果对于那意思的表达自料不容易讲清讲尽，但是本来又想讲，就应当考虑到可能讲不清讲不尽，便暂时容忍着不要讲。后来回过头看早先未讲这件事，感到当时即使讲了也没有关系，这时就该考虑到早先讲了或者大有关系，那么能够不讲就完全是对的了。况且俗人一向是"好事不出门，坏事传千里"，又喜欢议论别人的过失，这都是一般人的议论。一般人座中所谈的，自然不是高论，只是一些外界动静、往来消息，大同小异；对这些，只需傲视，不值得和他们应答啦。不义的话不讲，安详、肃静、恭谨、守道，这难道不就是"寡悔"的代名词？当有人在相互争辩，而你又不知道谁是谁非的时候，切记不要参预。暂且静静地一旁观察，他们的是非自然会表露出来：或者有小是不值得肯定，或者有小错又不值得否定；在这种情况下，尽可以不置一词继续等待事情的结果。即使有人征求你的意见，还应当说"不了解情况"来推辞；当你处在别人公然议论人的是非的情况下也应该像这个样子。假使适逢你赴宴，席间有人争论，看那形势很像越来越激烈，这时你就应当赶快离开：因为这是将要斗殴的征兆！如果你继续呆在那里，一定就会看到是非曲直，而且又不能不说话，一说话就势必肯定其中的一个，那么被否定的正自以为对，就会说："讲我不是的和他有私交"，于是怨恨的情感也就产生了。或者，这当中，即使你受到了忤逆和侮辱，坐在原处注意观察，但一时无法分清是非，双方又争吵得无休无止，这时你也就无能为力，于义无补，所以还是应当远离这样的场所为妙。然而爱争吵的大多数都是小人，即使再有什么是非，对他们来说也是没有是非标准之司言的，因此，虽然明确了是非，又有什么值得称道的呢？此时此地，即使你不得远离，那就以一醉为好。如果这时你思想中偶然有什么要保密的，但是有人却一定要知道内情，如果他喋喋不休，或者显出一副要挟你的鄙相，你切不可害怕这些小人，让他牵着鼻子走，完全讲出了隐情；其时正该坚定不移，守口如瓶，才称得上是有志呢。不是亲友邻居，属于贤人以下的，打算请你做客，应当以别的借口辞谢而不去。把富贵荣华看轻了，欲望也就少了。不是窘迫到了极点，始终无求于人，这是上等的品德呢。不需要讲究小礼貌，要于大处虚怀若谷。不需要计较小名誉和小耻辱，应当维护大节的尊严。就好像在朝廷中让官，面对着正义情愿献出生命，像孔融要求替代哥哥去死一样：这才是忠臣烈士的气节。

　　大凡人自己都有可以公开的和需要保密的，你切不要一定知道他所知道的。他晓得我知道他的秘密，就会对我有所忌恨；如果现在知道了却不说，那么就等于不知道。如果见到有人交头接耳、窃窃私语，便立即离开，不要让人对自己产生猜忌和怨恨之情。假使有人有时逼迫我，硬要同我议论，如果他的话偏邪险恶，就应当十分严肃地用道义去纠正他。为什么呢？这是因为君子不能容忍虚伪和刻薄的语言的缘故呢。这种人，一旦丑事败露，便说：某某人以前知道我这个事情；因此对这类人要十分戒备呢。凡人在窃窃私语，所涉内容就会无所不有，应当预先给以示意；见到他们正谈着，可以抽身就走。因为有时偶然知道他的私事，和他意见相同当然无事，如果不相同，他怕事情泄漏出去，于是就想害人灭迹啦。不是自己所敬重的人，却来调侃笑话朋友的缺陷时，你不要从意见小同转至于意见相左，但也不要过于严峻，最好的办法是逐渐用不言不语回答他，他一人势必讲不下去，于是就会自动停止下来的。

　　如果自己不是他的上司，彼此相处又没有别的纠纷，他有时邀我喝一杯，或者赠送点土特产之类，这是人之常情，是没必要拒绝的。除了这种情况，既不是通家友好，有人却赠送你整匹的帛、车辆和衣裳，那就应当坚决拒绝他。为什么呢？一般人都鄙薄义而看重利，现在他却主动地竭尽自己的所有，一定是为了某种目的：卖货买欢，有给必有求，这是一般人心甘情愿，却是君子深恶痛绝的啦。还要注意：不要学那种八面玲珑，硬是劝人饮酒。不喝了，就算了。如果人来劝你酒，你也应当常常把杯子端着，不要露出哪怕是稍微地为难的表情；感到醉醺醺的时候就要立即停饮，千万不能烂醉如泥，以至到了自己也无法控制自己的地步呀！

（十一） 王敬弘

处不争之地

【题解】

对功、名、利、禄的求取，无可厚非。但也有一种人生态度，以淡泊处之。王敬弘希望儿子做个散官，处在不争的地方，这是在特定历史环境、特定时期的一种明智的态度。

【原文】

子恢子被召为秘书郎，敬弘为求奉朝请，与恢之书曰：“秘书有限，故有竞。朝请无限，故无竞。吾欲使汝处于不竞之地。”

——《宋书·王敬弘列传》

【译文】

王敬弘的儿子王恢之受召将要出任秘书郎。王敬弘为他求朝廷改派为奉朝请。他写信给王恢之说：“秘书郎名额有限，因此会有竞争。奉朝请名额不限，因此没有竞争。我想使你处在不争的地方。”

（十二） 谢　瞻

同生不同行

【题解】

谢氏家庭在东晋煊赫一时，到刘宋时已渐衰败。谢瞻对局势有很清醒的认识，因此一直劝弟弟谢晦不要热心富贵权势。但是谢晦一心要在政治斗争中操持大权，并图谋造反，最终被无情杀掉。

一个英年而死，却在史书上留下了美好的声名；一个谋反被杀，却在史书上留下不善处世的记载。本是同根生，相差何太远？

【原文】

弟晦时为宋台右卫，权遇已重，于彭城还都迎家，宾客辐辏①，门巷填咽。时瞻在家，惊骇谓晦曰："汝名位未多，而人归趣乃而。吾家以素退为业，不愿干豫时事，交游不过亲朋，而汝遂势倾朝野，此岂门户之福邪？"乃篱隔门庭，曰："吾不忍见此。"……晦或以朝廷密事语瞻，瞻辄向亲旧陈说，以为笑戏，以绝其言。晦遂建佐命之功，任寄隆重，瞻愈忧惧。

永初二年，在郡遇疾，不肯自治，幸②于不永。晦闻疾奔往，瞻见之，曰："汝为国大臣，又总戎重，万里远出，必生疑谤。"时果有诉告晦反者。临终，遗晦书曰："吾得启体幸全，归骨山足，亦何所多恨。弟思自勉励，为国为家。"遂卒，时年三十五。

——《宋书·谢瞻列传》

【注释】

①辐辏：fú còu 车辐集中于车轴心，比喻人或物聚集。

②幸：希望。

【译文】

谢瞻的弟弟谢晦做了宋台右卫，权势宠遇已经很重了。从彭城回到都城建康家中，宾客四面赶来，巷口家门都填满堵塞了。当时谢瞻在家里，惊骇地对谢晦说："你的声名地位还不算极高，可人们已如此趋炎附势。我们家以谦素退让为传统，不愿意干预时事，交游不越出亲戚朋友的范围，而你倒势倾朝野，这难道是家门之福吗？"于是用篱笆分隔了门户。说："我不忍心见到这种样子。"……谢晦有时候把朝廷的机密告诉谢瞻，谢瞻就向亲戚朋友述说，当成玩笑似的，用这种办法来断绝谢晦漏嘴。谢晦不久建立了佐命大功，朝廷对他的委托信任更重了。谢瞻却越发忧惧。

永初二年（公元421年），谢瞻在郡里染病，不肯治疗，希望不久就死去。谢晦听说哥哥生病，赶去看望，谢晦见了他，说："你是国家大臣，又总领着军权重任，离朝廷万里而远出，一定会导致怀疑诽谤。"不久，果然有人告谢晦谋反。……谢瞻快死时，留下遗书给谢晦："我侥幸能够全身而死，归骨于山脚之下。哪还有更多的遗憾。希望你要自我勉励，既为国，又为家庭。"于是死去。时年三十五岁。

（十三）陶季直

独不取银

【题解】

陶季直四岁便深谙礼法，确为神童；不为金银所动，更已持身谨慎，他长大以后成为清官，也就不奇怪了。

【原文】

宋陶季直年四岁，祖愍祖尝①以银四函列置于前，令诸孙各取其一。季直独不取，曰："若有赐，当先父伯，不应度及诸孙，故不取。"愍祖奇之。

——《续世说·夙慧》

【注释】

①尝：曾经。

【译文】

宋人陶季直四岁时，他的祖父愍祖曾以四小箱银子放在面前，叫孙子们每人各拿一箱。唯有陶季直不拿，说："爷爷如果有赏赐，应该先赏给父亲和伯父，不应该越过父亲、伯父而先赏给孙子们，所以我不拿。"愍祖对此十分惊奇。

（十四）王僧孺

让冬李

【题解】

"人看则小，马看蹄爪。"幼时便聪颖超拔，举止不群的人，若能努力不辍，后来成器的可能性是很大的。在这个过程中，外在的环境、家庭的诱导就是很重要的了。王僧孺不受别人私赠之物，说明他的家教是非常好的。

【原文】

宋王僧孺，年五岁便机警。有馈其父冬李者，先以一与之，僧孺不受，曰："大人未见，不容先尝。"

——《续世说·夙慧》

【译文】

宋人王僧孺五岁的时候就显得相当机智灵敏。有人送些冬李给他父亲，先拿一个给他吃，王僧孺不肯接受，说："大人不知道，我不能先吃。"

（十五）宋　隐

诫子本分

【题解】

　　一个人能够做到本分，就可以知足常乐，这是我们民族传统的处世哲学。宋隐希望自己的儿子孝顺父兄、友爱乡人、忠于职守，而不要去攀求高位，以免给家族带来祸患。

　　宋隐临终时，对儿子宋经说："你们如果能够做到：在家顺从父兄，在外友爱乡里，在郡中任职做到功曹史，以忠正清廉之心去对待自己的官职，就足够了。不用远远地去拜见尚书，谋求高位。恐怕你得不到富贵，徒然为家族带来祸患。"

【原文】

　　宋隐临终，谓子经曰："汝等苟能入顺父兄，出悌乡党，仕郡幸而致功曹史，以忠清奉之足矣。不劳远诣台阁，恐汝不能富贵，徒延①门户累耳。"

——《南北史续世说》

【注释】

　　①延：招致。

（十六）颜之推

1. 涉务

【题解】

　　南北朝后期，门阀制度在南方日益显出它的腐朽性质，那些士族子弟除了摆摆空架子外干不了任何实事，颜之推就是针对这种情况写了这篇《涉务》，"涉务"的意思就是专心致力。颜之推在这篇家训中明确提倡一个人应该以能够办实事为处世的根本原则，戒除夸夸其谈。颜之推举了不少反面例子来告诫子女们追求务实精神，应该说是针砭时弊的，时至今天仍有很大的启发意义。

【原文】

　　夫君子之处世，贵能有益于物耳，不徒高谈虚论，左琴右书，以费人君禄位也。国之用材，大较①不过六事：一则朝廷之臣，取其鉴达②治体，经纶博雅；二则文史之臣，取其著述宪章③，不忘前古；三则军旅之臣，取其断决有谋，强干习事；四则藩屏之臣，取其明练风俗，清白爱民；五则使命之臣，取其识变从宜，不辱君命；六则兴造之臣，取其程功节费，开略有术。此则皆勤学守行者所能辨也。人性有长短，岂责具美于六涂^④哉？但当皆晓指趣，能守一职，便无愧耳。

君见世中文学之士，品藻^⑤古今，若指诸掌，及有试用，多无所堪。居承平之世，不知有丧乱之祸；处庙堂之下，不知有战陈之急；保俸禄之资，不知有耕稼之苦；肆吏民之上，不知有劳役之勤：故难可以应世经务也。晋朝南渡，优借士族，故江南冠带有才干者，擢为令、仆已下，尚书郎、中书舍人已上，典掌机要。其余文义之士，多迂诞浮华，不涉世务，纤微过失，又惜行捶楚。所以处于清名，盖护其短也。至于台阁令史、主书、监帅，诸王签省，并晓习吏用，济办时须，纵有小人之态，皆可鞭杖肃督，故多见委使，盖用其长也。人每不自量，举世怨梁武帝父子^⑥爱小人而疏士大夫，此亦眼不能见其睫耳。

梁世士大夫皆尚褒^⑦衣博带，大冠高履，出则车舆，入则扶侍，郊郭之内，无乘马者。周弘正为宣城王所爱，给一果下马^⑧，常服御之，举朝以为放达。至乃尚书郎乘马，则纠劾之。及侯景之乱，肤脆骨柔，不堪行步，体羸气弱，不耐寒暑，坐死仓猝者，往往而然。建康令王复性既儒雅，未尝乘骑，见马嘶歕陆梁^⑨，莫不震慑，乃谓人曰："正是虎，何故名为马乎？"其风俗至此。

古人欲知稼穑之艰难，斯盖贵谷务本之道也。夫食为民天，民非食不生矣。三日不粒，父子不能相存。耕种之，莸锄^⑩之，刈获之，载积之，打拂之，簸扬之，凡几涉手而入仓廪，安可轻农事而贵末业哉！江南朝士，因晋中兴，而渡江，卒为羁旅，至今八九世，未有力田，悉资俸禄而食耳。假令有者，皆信童仆为之，未尝目观起一坺^⑪土，耘一株苗，不知几月当下，几月当收，安识世间余务乎？故治官则不了，营家则不办，皆优闲之过也。

世有痴人，不识仁义，不知富贵并由天命。为子娶妇，恨其生资不足，倚作舅姑之尊，蛇虺^⑫其性，毒口加诬，不识忌讳，骂辱妇之父母，却成教妇不教己身，不顾他恨。但怜己之子女，不爱己之儿妇。如此之人，阴纪其过，鬼夺其算。慎不可与为邻，何况交结乎？避之哉！

【注释】

①大较：大致。

②鉴达：明白通晓。

③章：效法。

④涂：通"塗"。

⑤藻：评论。

国学经典文库

中华传世家训

第四编　处世

图文珍藏版

⑥梁武帝父子：萧衍、萧纲。

⑦襃：宽大。

⑧下马：小马，可于果树下行走。

⑨陆梁：跳跃。

⑩茠鉏：hāochú 除草。鉏同"锄"。

⑪坺：fá 耕地起土。

⑫虺：huǐ 毒蛇。

【译文】

君子处世，贵在有益于事情，而不只是高谈阔论，沉湎于琴棋书画，以至浪费国君的俸禄和官位。国家选择人才，大致上无非有六个方面：一是选拔朝廷官员时，要挑那些通晓治国之方，胸中深谋远虑之人；二是挑选文史官员时，要找那些熟悉前朝的书籍和各种典章制度的人；三是提拔军事人才时，要以果敢有谋略和能干并熟悉军务为条件；四是安排地方官员时，应以熟知当地风俗、清正廉明、爱民如子为前提；五是选拔外交人才时，则要以能见机行事，不辱使命为前提；六是挑选土木建造方面的官员，要以能通过衡量功效、节约支出，又在规划设计方面多有才学为其基本素质。这些都只有勤奋学习、行为严谨的人才可以达到。但人的资质有长有短，怎么能强求其在六个方面都符合条件呢？故只要能明白其职事意旨，谨守于六职之一，就已经问心无愧了。

我看世间文人学士，论起古今之事来头头是道，但若真用他们做事，则大多数人难胜其职。他们处太平之世，想不到动乱的祸患；居朝廷之中，不知道战争中的紧急；有足够的俸禄保证，便全忘了耕田的痛苦；踞老百姓的头上，则不知有力役的辛劳。所以这些人都是难以顺应时势经国处事的。晋朝南渡之后，采取优待和奖拔士族的政策，所以江南的士大夫中凡有才干的人，都被封给了尚书令、中书令、仆射以下，尚书郎、中书舍人以上的官职，掌管机密要事。其他的文人士子，大多语言荒诞、虚浮不实，不接触实际生活，即使犯了些小过失，也没有人杖罚他们。他们之所以处在名声清高的地位，是因为官府总是尽力掩盖其弱点。至于尚书之下的令史、主书、监帅和诸王手下的签帅、省事之类卑微小官，他们熟悉职责，能办好当办之事，纵然有不到之处，也尽可以杖责或严厉地督促他们，所以多数人被委以任务，这是用其长处。有许多人不自量力，起而抱怨梁武帝父子爱用小人而疏远士大夫，这是他们没有自知之明的表现。

梁时，士大夫崇尚身着宽衣阔带，头戴大冠，脚登高齿展，出门一定要乘车轿，进门一定要有人在旁扶持，所以外城以内，见不到骑马之人。周弘正颇得宣城王宠爱，被赐一匹小马。周便经常骑着，全朝上下便都认为他狂放旷达，无拘无束。以至于有尚书郎骑马，被人告发到了皇帝那里之事。到侯景之乱发生时，士大夫们已经皮肤娇嫩、骨骼发软，难以走路，而且体弱多病，气息奄奄，不耐寒暑，常常只有坐以待毙了。建康令王复性情文雅，从未骑过马，当他见到马嘶鸣跳跃时，大为惊讶，便对人说："这是老虎，为什么要叫马呢？"当时的风俗竟到了这种地步！

古人想要知道耕作的艰难，所以亲身实践，看重粮食强调务本之道。民以食为天，老百姓没有饭吃就会饿死，三天不吃饭，父子则均不能保全生命。耕种、除草、收获、拉运、碾打、簸扬，要经很多道手才能把粮食运进仓库，怎么能轻本业之农去重视末业的工商呢？江南的士大夫，因晋的中兴而渡过长江，最终寄居他乡，至今八九代人已经过去。他们从不耕地，全靠俸禄生活。即使有耕地的，也是交由奴仆去做，自己从来没有亲眼目睹过别人挖一堆土，种一棵苗，也不知道几月下种，几月收获，这样，他们又怎么能了解人世间的其他事务呢？所以这些人治官不行，治家无能，这全是悠闲惯了的罪过啊！

世界上有不少父母脑瓜愚痴，不识仁义，不知富贵在天，为自己的儿子娶媳妇，总为儿媳嫁妆不足而愤慨，倚仗自己做公公、婆婆的尊严，性格变得像蛇一样凶恶，对儿媳毒言相骂，不顾任何忌讳，辱骂媳妇父母，结果迫使媳妇对他们自己不孝顺，顾不上恨其他人了。只怜爱自己的子女，不爱自己的儿媳。这样的人，阴间会记下他（她）的罪过，鬼将夺去他（她）的寿命。这样的人要尽量不与他们做邻居，更何况说结交呢？避开他们吧！

2. 省事

【题解】

颜之推在这一篇家训中明确表示，他反对钻营，反对贪图虚名，不去主动追求荣华富贵，主张清静无为，多一事不如少一事（这就是"省事"的含义）。颜之推的这种处世态度有其消极成分，但与当时那些贪图私利而又不学无术的人相比起来，有它值得肯定的地方，而且，颜氏在该篇家训中提供的许多人生经验，也有一定的借鉴意义。

【原文】

铭金人①云："无多言，多言多败；无多事，多事多患。"至哉斯戒也！能走者夺其翼，善飞者减其指，有角者无上齿，丰后者无前足，盖天道不使物有兼焉也。古人云："多为少善，不如执一；鼫②鼠五能，不成伎术。"近世有两人，朗悟士也，性多营综，略无成名，经不足以待问，史不足以讨论，文章无可传于集录，书迹未堪以留爱玩，卜筮射六得三，医药治十差五，音乐在数十人下，弓矢在千百人中，天文、画绘、棋博、鲜卑语、胡书、煎胡桃油、炼锡为银，如此之类，略得梗概，皆不通熟。惜乎，以彼神明，若省其异端，当精妙也。

上书陈事，起自战国，逮于两汉，风流弥广。原其体度：攻人主之长短，谏诤之徒也；讦③群臣之得失，讼诉之类也；陈国家之利害，对策之伍也；带私情之与夺，游说之俦也。总此四途，贾诚以求位，鬻言以干④禄。或无丝毫之益，而有不省之困，幸而感悟人主，为时所纳，初获不赀⑤之赏，终陷不测之诛，则严助、朱买臣、吾丘寿王、主父偃之类甚众。良史所书，盖取其狂狷一介，论政得失耳，非士君子守法度者所为也。今世所睹，怀瑾瑜而握兰桂者，悉耻为之。守门诣阙，献书言计，率多空薄，高自矜夸，无经略之大体，咸秕糠之微事，十条之中，一不足采，纵合时务，已漏先觉，非谓不知，但患知而不行耳。或被发奸私，面相酬证，事途回穴⑥，翻惧愆尤；人主外护声教，脱加含养，此乃侥幸之徒，不足与比肩也。

谏诤之徒，以正人君之失耳，必在得言之地，当尽匡赞之规，不容苟免偷安，垂头塞耳；至于就养有方，思不出位，干非其任，斯则罪人。故《表记》⑦云："事君，远而谏，则谄也；近而不谏，则尸利也。"《论语》曰："未信而谏，人以为谤己也。"

君子当守道崇德，蓄价待时，爵禄不登，信由天命。须求趋竞，不顾羞惭，比较材能，斟量功伐，厉色扬声，东怨西怒；或有劫持宰相瑕疵，而获酬谢，或有喧聒时人视听，求见发遣；以此得官，谓为才力，何异盗食致饱，窃衣取温哉！世见躁竞得官者，便谓"弗索何获"；不知时运之来，不求亦至也。见静退未遇者，便谓"弗为胡成"；不知风云不与，徒求无益也。凡不求而自得，求而不得者，焉可胜算乎？

齐之季世，多以财货托附外家⑧，喧动女谒。拜守宰者，印组光华，车骑辉赫，荣兼九族，取贵一时。而为执政所患，随而伺察，既以利得，必以利殆，微染风尘⑨，便乖肃正，坑阱殊深，疮痏⑩未复，纵得免死，莫不破家，然后噬脐⑪，亦复何及。吾自南及北，未尝一言与时人论身分也，不能通达，亦无尤焉。

王子晋云："佐饔⑫得尝，佐斗得伤。"此言为善则预，为恶则去，不欲党人非义之事也。凡损于物，皆无与焉。然而穷鸟入怀，仁人所悯；况死士归我，当弃之乎？伍员⑬之托渔舟，季布之入广柳，孔融之藏张俭，孙嵩之匿赵岐，前代之所贵，而吾之所行也，以此得罪，甘心瞑目。至如郭解之代人报仇，灌夫之横怒求地，游侠之徒，非君子之所为也。如有逆乱之行，得罪于君亲者，又不足恤焉。亲友之迫危难也，家财己力，当无所吝；若横生图计，无理请谒，非吾教也。墨翟之徒，世谓热腹⑭，杨朱之侣，世谓冷肠⑮；肠不可冷，腹不可热，当以仁义为节文耳。

前在修文令曹，有山东学士与关中太史竞历，凡十余人，纷纭累岁，内史牒付议官平之。吾执论曰："大抵诸儒所争，四分并减分两家尔。历象之要，可以晷景测之；今验其分至薄蚀，则四分疏而减分密。疏者则称政令有宽猛，运行致盈缩，非算之失也；密者则云日月有迟速，以术求之，预知其度，无灾祥也。用疏则藏奸而不信，用密则任数而违经。且议官所知，不能精于讼者，以浅裁深，安有肯服？既非格令所司，幸勿当也。"举曹贵贱，咸以为然。有一礼官，耻为此让，苦欲留连，强加考核。机杼⑯既薄，无以测量，还复采访讼人，窥望长短，朝夕聚议，寒署烦劳，背春涉冬，竟无予夺，怨诮滋生，赧然⑰而退，终为内史所迫：此好名之辱也。

【注释】

①铭金人：金属人，上刻铭文。

②鼫：shí，鼫鼠的意思。

③讦：jié，发人阴私。

④干：求。

⑤赀：zī，计量。

⑥穴：邪僻。

⑦《表记》：《礼记》篇名。

⑧外家：皇帝后妃之家。

⑨风尘：不洁之事。

⑩痏：wěi，殴伤。

⑪噬脐：自咬肚脐，喻悔之莫及。

⑫饔：yōng，早餐。

⑬伍员：伍子胥。

⑭热腹：墨家兼爱。

⑮冷肠：杨朱只为己。

⑯杼：才思。

⑰赧然：羞貌，赧音nǎn。

【译文】

刻在金人身上的铭文说："不要多话，多话会多失败；不要多事，多事会多祸患。"这个训诫太对了！会走的不让生翅膀，善飞的减少其指头，长了双角的没有上齿，后部丰硕的没有前足，大概是天道不叫生物兼而有之吧！古人说："做得多而做好的少，还不如专心做好一件；鼫鼠有五种本事，可都成不了技术。"近代有两位，都是聪明人，喜欢各种技艺，可没有一样成名，经学禁不起人家提问，史学够不上和人家讨论，文章不能入选流传，字迹不堪存留把玩，卜筮六次才有三次猜对，医治十人才有五人痊愈，音乐水平在专家之下，弓箭技能在常人之中，天文、绘画、棋博、鲜卑语、胡书、煎胡桃油、炼锡为银，诸如此类，只懂个大概，都不精通熟练。可惜啊！凭这两位的灵气，如果不去弄那些异端，应该很精妙了。

上书朝廷议论时事，从战国到两汉，可以说蔚成风气，现在我来推究它的本来用意：指出君主的优点与不足，它在性质和内容上属于直言规劝一类；揭发群臣做事的得失，它在性质和内容上属于诉讼一类；陈述国家目前的形势与利害关系，它在性质和内容上属于对策一类；夹带私情劝谏君主，它在性质和内容上属于游说一类。想通过在君主面前显示忠诚以获取职位，用语言去奉承以谋求利禄，大概只有上面提及的四条途径吧。这样做也许一点好处也没获得，反而碰上自己也弄不明白怎么回事的麻烦，即使有幸打动了君主，所进献的意见因合乎当时的需要而被采纳，一开始获得了不计其数的赏赐，可是到头来却遭遇到无常的灾祸，像严助、朱买臣、吾丘寿王、主父偃等两汉大臣先受重用后被诛杀的例子就多了。优秀的史官所发表的言论，只是要显示他性格的狂狷耿直，大胆议论历朝政治的得失，这不是士大夫、君子遵守法度的所作所为。在当今之世，才德兼备的人士都会为这样的言行感到羞耻。现在很多钻营者，无论是在家献书，还是去拜见皇上时提供计谋，大多数都是浅薄无知的见解，而又显得自高自大，实际上并没有能够治国安邦的大计谋，所说的都是一些秕糠一样毫无意义的琐事，十条意见中很难采纳一条，所提意见纵然合乎时务，但它们早就被人们所觉察和认识到了，人们对此不是不知道，只是担心即使预先知道了实施起来也行不通。那批钻营者中，有人被揭发奸诈营私，告发者当面对证，事情变化不定，令被告发者为自己的罪过恐惧不已；如果君主对他加以庇护，包涵姑息，这算是侥幸的人，不值得向他看齐。

至于直言规劝者，他的职责是匡正君主的过失，应该在可以进言的地方，尽量发挥匡正辅佐的作用，决不应该苟且偷安，塞耳闭听；至于养生有方，考虑问题只从保住自己的职位着想，才干不能胜任其职，这种人就要算作罪人了。因此《礼记》中《丧记》一篇里这样写道："侍奉君主，疏远君主而劝谏，就有诬陷的嫌疑；亲近君主而不劝谏，就像尸体一样只享受利禄而无所事事。"《论语》中说："还没取得信任就去劝谏，人们会以为你在诽谤他呢。"

君子应当恪守道德，积累声望，等待时机，不刻意追求爵位利禄，一切听天由命。如果人们追求权力而相互争斗，完全不顾羞耻，比较才能，就以武功来衡量，声色俱厉，到处怨恨别人；倘若有人以宰相的缺点为要挟条件，因此获得丰厚的报酬；倘若有人哗众取宠，被皇上召见并安排职位，凭借这些手段而得到官职，说成是自己的才华和本领，那么这与偷食品填饱肚子、盗衣服温暖身体又有什么差别。世上的俗人们看到奔走钻营的人做了官，便说"不去索取哪来收获"；他们不知时运来到你身上时，不去追求也能得到。世上的俗人们看见习惯安静、甘于退隐的人没有获得官职，便说"不去进取怎么能得到成功"；他们不知道时势未到，追求无益。凡是不去追求因而获得，或者主动追求却又不能获得，这些谁能预料得到呢？

北齐灭亡前夕，善于钻营的官僚，往往把财物送往帝王的母族、妻族等外戚家，通过宫廷里得宠的女子向皇上进言而谋求官职。被委任为地方长官的人，他所携带的官印上的丝带光彩照人，跟随的车队声势显赫，可以说为整个家族都带来了荣誉，显贵一时。然而这样必然引起上级执政者的关注，随时都在暗中监督以抓到治罪的把柄，他们既然是通过行贿而谋得官职的，必然会因为贪求钱财而最终失去官职，因为自己是通过贿赂别人而发迹的，办起事来就缺少严肃公正的态度，官场人世险恶，到处都布满了很深的陷阱，一旦掉进去了，创伤就难以平复，即使能逃脱一死，整个家庭却破败了，到了那个时候再来后悔，已经是悔之太晚了。我从南到北，从来没有跟人们计较身份与地位，在官场上不能通达，也不会犯什么过失。

传说是周灵王的太子王子晋说过："帮助厨师烹调菜肴可以获得品尝，帮助人家争斗就只能得到伤害与损失。"这句话的意思是说对于善事就进行参与，对于恶事则避开它，不要卷入宗派团体中不讲信义的事情。凡是有损于人的事，一概不要参与。不过当遭受困境的鸟儿扑入你怀中，仁爱的人士都会为之怜悯，更何况有性命危险的人士前来投奔我，我能抛开他不管吗？伍子胥被渔夫搭救，季布被好心人藏在广柳车里，孔融把张俭藏在自己家里，孙嵩把赵岐藏在家里的墙壁中，这些仁义之举在前代就受人推崇与赞誉。如果我也是因为解救别人而遭受惩罚，那么我是心甘情愿，死也瞑目的。但是像郭解替人报仇，灌夫为别人田地之事怒骂权贵，这些都是侠客行为，不是君子所应该做的。假如存在不忠不孝的行径，得罪了君主和双亲，更不值得人同情和怜悯。如果亲友遭受危难，倾尽自己家的财产，也毫不吝啬；假如说是想出一些计谋，毫无道理地在别人面前搬弄是非，这是我所反对的。墨翟之类的人，当时的人称他们热心肠，杨朱之类的人，人们称他们冷心肠。心肠不可冷漠，也不可过于热情，应当以仁义对它们进行节制。

从前我做修文令曹官时，山东学士与关中太史争论历法问题，一共十多个人，争论了几年时间相持不下，后来内史下文书命令议官来对此事做决判。我发表意见说："各位学者所争论的历法问题，不过是采用'四分'还是'减分'这两种观点之间的分歧，天文星象是可以用日影来测算它的；现在对从春分、秋分、夏至、冬至这四个节气到日蚀、月蚀这一阶段

进行考察验证，就会发现采用"四分"法不精确而采用"减分"法相对要精确。赞同"四分"法的人说国家政令有宽松也有严苛，岁星运行起来会出现超前退后等盈缩现象，并不是推算方面的过失；赞同"减分"法的人则说日月运行有快有慢，用正确的方法去探求，预知日月运行的规律，可以避免灾祸。采用"四分"法就包含不精确因素因而不可信，采用"减分"法则又显得合乎事实但又违背常识。况且议官的知识并不会比争论历法的人要精深，用浅薄的知识来对深刻的见解做出裁决，大家怎么愿意表示信服呢？既然不是法令所规定的，最好不要让议官来裁决这件事情。各官署不同级别的官员，都同意我的看法与建议。有一个礼官，不甘心在这件事上让步，反复考虑历法问题，勉强对它进行考查。然而他缺少这一方面的心计和才华，无法推测和计算，只得还来采访参与过争论历法问题的人士，指望能从中发现缺口，他召集一批人早晚都讨论这个问题，历经春夏秋冬，不辞辛苦，最终仍然拿不出决断的方案来，于是招致人们的讽刺责骂，他便羞愧地退出这件事情，最终还是受到了内史的处分：这就是贪图虚名而给自己带来的屈辱。

3. 止足

【题解】

　　与前一篇"省事"比较起来，这一篇名为"止足"的家训就更加明白无误地表明了颜之推本人的处世态度。"止足"即"知足"的意思。颜之推在这篇家训中极力宣扬做任何事情都要适可而止，知足常乐的儒家中庸观念，这种思想显得比较消极，似乎不思进取，但联系到颜之推在动乱时代的遭遇及经历，我们就能够完全理解他了。从一个积极的角度来看，知足常乐的处世态度还是应该肯定的。

【原文】

　　《礼》云："欲不可纵，志不可满。"宇宙可臻①其极，情性不知其穷，唯在少欲知足，为立涯限②尔。先祖靖侯戒子侄曰："汝家书生门户，世无富贵；自今仕宦不可过二千石，婚姻勿贪势家。"吾终身服膺，以为名言也。

　　天地鬼神之道，皆恶满盈；谦虚冲损，可以免害。人生衣趣以覆寒露，食趣以塞饥乏耳。形骸之内，尚不得奢靡，己身之外，而欲穷骄泰邪？周穆王、秦始皇、汉武帝，富有四海，贵为天子，不知纪极，犹自败累，况士庶乎？常以二十口家，奴婢盛多不可出二十人，良田十顷，堂室才蔽风雨，车马仅代杖策，蓄财数万，以拟吉凶急速。不啻③此者，以义散之；不至此者，勿非道求之。

　　仕宦称泰，不过处在中品，前望五十人，后顾五十人，足以免耻辱，

无倾危也。高此者，便当罢谢，偃仰私庭。吾近为黄门郎，已可收退；当时羁旅④，惧罹谤讟⑤，思为此计，仅未暇耳。自丧乱已来，见因托风云，侥幸富贵，且执机权，夜填坑谷，朔欢卓、郑⑥，晦泣颜、原者，非十人五人也。慎之哉！慎之哉！

——《颜氏家训》

【注释】

①臻：至。

②限：限度。

③啻：chì 只。

④旅：寄居做客。

⑤讟：dú 怨言。

⑥卓、郑：蜀卓氏、程郑，富比人君。

【译文】

《礼》上说："欲望不可放纵，意志不可满盈。"宇宙还可到达边极，情性则没个尽头。只有少欲知足，才能给它立个限度。先祖靖侯告诫子侄说："你家是书生门户，世代不曾富裕尊贵，从今做官不可超过二千石，婚姻不能贪图权势之家。"我终身顺服，认为是至理名言。

天地鬼神之道，都厌弃满盈。谦虚冲损，可以免除祸害。人穿衣服的目的是在覆盖身体以免寒冷，吃东西的目的在填饱肚子以免饥饿乏力而已。形体之内，尚且无从奢侈靡费，自身之外，还要极尽骄泰吗？周穆王、秦始皇、汉武帝富有四海，贵为天子，不懂得适可而止，还招致败累，何况普通人呢？常认为二十口之家，奴婢最多不可超出二十人，有十顷良田，堂室才能遮挡风雨，车马仅以代替扶杖。积蓄上几万钱财，用来预备婚丧急用。拥有的不只是这些，要合乎道理地散掉；达不到这些，也切勿用不正当的办法来求取。

做官的最合适位置，不过是处在中等而已，不在人前也不在人后，这就可以避免遭受耻辱，没有罢官败家的危险。官职超过中级以上的，就应当谢绝上任，安居在自己家中。我最近担任黄门郎的官职，可以告退了；当初我远离家乡客游异方，害怕辞官会引起别人的诽谤，脑子里老想着这件事应如何妥善处置，然而一直得不到机会。自动乱以来，因为时势变幻的原因，侥幸获得富贵，早晨执掌重要权力，晚上便尸填山谷，月初欢乐，因为富裕得如同古时的蜀卓氏和程郑，月底又悲哀哭泣，因为落到像孔子弟子颜回、原思那样的境地，这样的人不是十个五个，而是为数众多。因此千万要谨慎啊，千万要谨慎啊！

四、隋唐五代篇

（一）杨智积

恐子致祸

【题解】

鹤立鸡群，往往招来祸患。杨智积不希望自己的儿子才气过人，因为这样可能祸患无穷。

【原文】

蔡王智积每惧祸自损，或劝为产业，智积曰："昔平原露朽财帛，苦其多也。吾幸无可露，何更营乎？"有五男，止教《论语》《孝经》而已，亦不令通宾客，曰："恐儿子有才能以致祸也。"

——《南北史续世说·赏誉》

【译文】

隋朝的蔡王杨智积总是害怕遭祸，自己裁损自己。有人劝他置产业，智积说："过去平原君把财帛堆积在露天，以致朽坏，因为财帛太多。我幸而没有什么东西可以露，何必再去经营？"他有五个儿子，只教他们读《论语》和《孝经》，也不让他们和宾客应酬交际，说："我害怕儿子有才能而招来祸患啊。"

（二）娄师德

有容人之量

【题解】

娄师德为人谦冲平静，荣辱皆安，处处不与人争。他的容忍功夫十分出名，甚至到了令人吃惊的地步。他劝弟弟逆来顺受，如被人唾了脸连揩都不要揩，更以笑脸相迎。这样的容人"雅量"可能连懦夫都会不齿于拥有，而这样的家训也足以博天下人一笑了。

【原文】

李昭德、娄师德同秉政，俱入朝。师德体肥行缓，昭德屡待之不至，怒骂曰："田舍夫。"师德徐笑曰："师德不为田舍夫，谁当为之！"

其弟除代州刺史将行，师德曰："吾备位宰相，汝复为州牧，宠荣过盛，人所疾也，将何以自免？"弟长跪曰："自今虽有人唾其面，某拭之而已，庶不为兄忧。"师德愀然曰："此所以为吾忧也。唾汝面，怒汝也，汝拭之，乃逆其意，所以重其怒。夫唾，不拭而自干，当笑而受之。"

后讨吐蕃，兵败，师德坐贬原州员外司马，因署移牒[1]，惊曰："官爵尽无耶！"既而曰："亦善，亦善。"不复介意。

——《续世说·雅量》

【注释】

①移牒：调任文书。

【译文】

李昭德与娄师德共同掌管朝政，他俩一道上朝。娄师德身体肥胖，走路迟缓，李昭德等他好多次，他却总是跟不上，于是就气呼呼地骂道："乡下人"娄师德微笑着说："娄师德不做乡下人，那么谁应当去做呢？"

娄师德的弟弟被授予代州刺史一职，赴任前，娄师德对他说："我处在宰相地位，你又做州牧，如此过分的宠幸尊荣，是人家所妒忌的，今后要怎样做才能免祸？"弟弟双膝跪地，回答道："从今以后，即使有人朝我的脸吐唾沫，我自己揩掉罢了，决不使兄长担忧。"娄师德满脸愁容地说："这正是我所担忧的。别人朝你的脸吐唾沫，就是因为恨你。你揩了，就是顶撞他的意愿，只会加重他的怨气。唾沫，不用揩也会干的，你应该笑着接受才是。"

娄师德后来领兵讨伐吐蕃，打了败仗，他因此被降职为原州员外司马。娄师德签署调职文书时，吃惊地说："官爵全都没有了！"接着又说："也好，也好。"不再把这事放在心上。

（三）宋若莘

1. 和柔

【题解】

自古言："清官难断家务事。"作为家庭主妇，处理好与公婆、妯娌之间的关系，实在不是一件很容易的事。学会容忍，不争长斗气，以善意对人，是能够润滑家庭的空气的，当然这要在没有那种得寸进尺、贪婪无耻的亲戚的情况下才能顺利实现。处理与四邻的关系也是一门艺术，宋若莘提出的行为准则是值得效法的。

【原文】

处家之法，妇女须能。以和为贵，孝顺为尊。翁姑嗔责，曾如不曾。上房下户，子侄宜亲。是非休习，长短休争。从来家丑，不可外闻。东邻西舍，礼数周全。往来动问，款曲盘旋①。一茶一水，笑语忻然。当说则说，当行则行。闲是闲非，不入我门。莫学愚妇，不问根源。秽言污语，触突尊贤。奉劝女子，量后思前

【注释】

①盘旋：应酬周旋。

【译文】

处理家庭关系的方法，妇女应该懂得。家中以和睦为贵，以孝顺为尊。受到了公公婆婆的嗔怪责骂，就像没有受到过一样。对家中上房下户的子侄们应该努力和他们亲善。不要介入是非争吵，不要斤斤计较，争长论短。家中的丑事，从来不可让外人知道。对左邻右舍要礼数周全，经常和他们走动往来，互相问候，殷勤应酬。互相赠送一些小品物，大家笑语连连，高高兴兴。应该说的就说，应当做的就做。不招惹那些闲是闲非进入自己的家门。莫要学那些愚蠢的妇人，不问根源瞎说乱说，污言秽语，冒犯尊长和贤良的人。奉劝各位女子，要经常仔细思量后再行动。

2. 学礼

【题解】

这一章主要是阐明女子待人接客应有的礼节。处处应该小心谨慎，恭俭退让。还要求女子常守在家中，不要四处游荡，给自己留下不好的名声，甚至连累到父母。

【原文】

凡为女子，当知礼数。女客相过，安排坐具。整顿衣裳，轻行缓步。敛手低声，请过庭户。问候通时，从头称叙，答问殷勤，轻言细语。备办茶汤，迎来递去。莫学他人，抬身不顾。接见依稀，有相欺侮。如到人家，当知女务。相见传茶，即通事故①。说罢起身，再三辞去。言若相留，礼筵待遇。酒略沾唇，食无父箸②。退盏辞壶，过承推拒。莫学他人，呼汤呷醋。醉后颠狂，招人怨恶。当在家庭，少游道路。生面相逢，低头看顾。莫学他人，不知朝暮。走遍乡村，说三道四。引惹恶声，多招骂怒。辱贱门风，连累父母。损破自身，供他笑具。如此之人，有如犬鼠。

【注释】

①事故：事情原委。

②箸：碰筷子，指争食。

【译文】

凡是身为女子的，都应当知道礼数。如果有女客前来拜访，要先安排

好坐具。整理好衣裳，轻轻地行走，缓缓地行步。把手收敛起来，放低声音，把客人请进庭院门户。互相问候，通报时日，从头称呼叙问起来。殷勤地与客人对答，注意说话轻言细语。备办好茶水，亲热地递给客人。不要学习他人，抬起身子不回头。接见客人依稀怠慢，有时还欺侮人家。如果到别人家去，应该知道妇女的事务。宾主相见，传上茶水之后，就马上通报事情的缘由起因。把话说完就起身，再三地告辞离开。如果主人发话苦苦相留，并且以礼用酒宴款待的话，喝酒也只沾一沾嘴唇，吃菜也不要将筷子与人家的相碰。人家要给添饭加酒，一定要尽力推拒。不要学习他人，呼汤喝醋的。喝醉了酒以后疯疯癫癫，招人厌恶。女子应当守在家中，少到道路上去游玩走动。如果碰上陌生的脸孔，连忙低下头去。莫要学习他人，不知早晚地在外游玩，走遍乡里村邻，到处说三道四的，招惹来凶恶的声音和愤怒的责骂。这样就有辱门风，连累了父母。败坏了自身的形象，成为别人的笑料。像这样的人，就如犬鼠一般。

3. 待客

【题解】

本章是一篇主妇待客经，写得生动形象，颇饶风味，令人忍俊不禁。看来从古到今，除了妇女的地位提高了以外，人情人性并没有多大改变，古人日常生活中发生的那些有趣的情景，今天仍一样地在发生着。

【原文】

大抵人家，皆有宾主。洗涤壶瓶，抹光橐子。准备人来，点汤递水。退立堂后，听夫言语。细语商量，杀鸡为黍。五味调和，菜蔬齐楚①。茶酒清香，有光门户。红日衔山，晚留居住。点烛擎灯，安排卧具。钦敬相承，温凉得理。侵晓②相看，客如辞去，酒饭殷勤，一切周至。夫喜能家，客称晓事。莫学他人，不持家务，客来无汤，慌忙失措。夫若留人，妻怀嗔怒。有筋无匙，有盐无醋。打男骂女，争啜争哺。夫受惭惶，客怀羞惧。有客到问，无人在户。须遣家童，问其来处。当见则见，不见则避。敬待茶汤，莫缺礼数。记其姓名，询其事务。等待夫归，即当说诉。奉劝后人，切依规度。

——《女论语》

【注释】

①齐楚：整齐鲜明。

②晓：拂晓。

【译文】

一般的人家，都有接待宾客的事情。预先洗涤好壶瓶碗筷，擦光桌椅。准备客人来了，为他端茶递水。退立到堂屋后，听丈夫讲话。轻声细语地进行商量，杀鸡做饭殷勤准备。做出的菜五味调和，各种菜肴整齐鲜明，有条不紊。茶酒都很清香，于门第都有光。红日衔山，天色将晚，留客人在家中居住。点燃蜡烛，擎着油灯，妥善地为客人安排卧具。对客人态度钦敬，卧具处理得温凉得理。第二天早上起来看，客人如果要告辞而去，便置酒备饭送行，一切都安排得很周到。这样丈夫就会很高兴自己的妻子会持家，而客人也会称赞主妇明晓事理。切莫学习那些不会修持家务的人，客人来了连茶水都没有准备，弄得惊慌失措的，丈夫若留客人住下，妻子嗔怪恼怒。吃饭时找着筷子找不着汤匙，找着了盐找不着醋。当着客人对孩子又打又骂，任凭他们在饭桌上抢吃抢喝。这样会使丈夫感到惭愧惶恐，客人也会感到羞辱厌惧。有时有客人前来拜访，而男方人又没人在家，就应该派遣家童前去问那人的来处。论理该当见他就见，不当见他就回避。尊敬地招待来人茶水，不要在礼数上有所亏缺。记下他的姓名，询问他来要办的事情。等到丈夫回来，就应当马上告诉他。我用上面这些话来奉劝后人，切切要依从我所定下的规矩尺度。

五、宋辽金元篇

（一）范仲淹

诫诸子及弟侄

【题解】

范仲淹在《岳阳楼记》中留下了"先天下之忧而忧，后天下之乐而乐"的千古名句。在这篇家诫中，倒是说出了心底里面的另外一些想法。由此我们也可看到一个比较完整的、有血有肉的范仲淹。

【原文】

吾贫时，与汝母养吾亲，汝母躬执炊，而吾亲甘旨①、未尝充也。今得厚禄，欲以养亲，亲不在矣。汝母已早世，吾所最恨者，忍令若曹享富贵之乐也。

▲岳阳楼

吴中宗族甚众，于吾固有亲疏，然以吾祖宗视之，则均是子孙，固无亲疏也。苟祖宗之意无亲疏，则饥寒者吾安得不恤也。自祖宗来积德百余

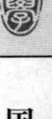

年，而始发于吾，得至大官，若享富贵而不恤宗族，异日何以见祖宗于地下？今何颜以入家庙乎？

京师交游，慎于高议，不同当言责之地。且温习文字，清心洁行，以自树立平生之称。当见大节，不必窃论曲直，取小名招大悔矣。

京师少往还，凡见利处，便须思患。老夫屡经风波，惟能忍穷，故得免祸。

大参到任，必受知也。惟勤学奉公，勿忧前路，慎勿作书求人荐拔，但自充实为妙。

将就大对，诚吾道之风采，宜谦下兢畏，以副士望。

青春何若多病，岂不以摄生②为意耶？门才起立，宗族未受赐，有文学称，亦未为国家用，岂肯循常人之情，轻其身汨其志哉！

贤弟请宽心将息，虽清贫，但身安为重。家间苦淡，士之常也，省去冗口可矣。请多著工夫看道书，见寿而康者，问其所以，则有所得矣。

汝守官处小心不得欺事，与同官和睦多礼，有事只与同官议，莫与公人商量，莫纵乡亲来部下兴贩，自家且一向清心做官，莫营私利。

——《戒子通录》

【注释】

①旨：美味。

②生：养生。

【译文】

我过去贫贱的时候，与你们的母亲共同奉养你们的老祖母，你们母亲亲自烧火而祖母口中的美味未曾充足过。现在得到厚禄，想用来好好地奉养祖母，祖母早已不在世了。你们的母亲也已经去世。我最感遗憾的，就是忍心看着你们享富贵之乐。

苏州这个地方范氏宗族甚多，于我固然有亲有疏，然而从我们共同祖先的角度看，则都是范氏子孙，当然就没有亲疏可分了。如果祖宗之意是不分亲疏，那么对饥寒者，我怎能不周济呢？自祖宗以来，积德百余年，开始在我这里发迹，使我得做高官。但如果我独享富贵而不周济宗族，将来有何面目见祖宗于地下？今天又有何面目进入家庙？

京师交游，不要随便发表高论，你们现在所处的地位不同于当言官、居言责之地。只需温习文字，清心洁行，以树立自己平日的形象。一个人当见大节，不必私下里议论是非曲直，不可因得小名而招致大大的悔恨。

在京师生活要少和别人往来。凡见到有利的地方，便要想到后患。我这一生虽然屡经风波，只因为能够忍受贫穷，才得以免祸。

大参到任之后，一定会为人所知。只需勤奋学习，奉公守法，不必担心自己的前途。切切不要写信求人荐拔，还是以自己充实为妙。

将将就就大致正确，确实是吾道之风采，要谦虚谨慎，以符合士人的期望。

年纪轻轻的为什么会这样多病，难道是平时没有留意于养生吗？家门才刚刚立起，而宗族未得到好处；个人有文学修养，并未为国家效力。难道你们愿意遵循平常人的情理，不注重身体而使自己泯灭抱负志向么。

至于弟弟，请放心休息。家虽清贫，但身体安康要紧。家庭间的苦与淡，是士人的常事，省去多余人口就行了。多下功夫看道家的书，遇到长寿而又健康的人，请教他原因，一定会有收获的。

你在外做官要小心谨慎不得有欺心之事，与同事要和睦多礼，有事只与同事议论，不要与衙役商量。不要放纵乡亲来所辖之下兴贩取利，自己一辈子要清廉做官，不要去谋取私利。

（二）叶梦得

乱生于言语

【题解】

古语云："言多必失"，原因何在，叶梦得告诫他子弟的这段话便详细地加以分析。他从说者和听者两个角度分析了六类人及其过失，认为克服损失的首要问题在于择友要择好，另外自己也要不轻信别人，不轻信"谣言"。所以说来说去，言多不一定会失，关键是要会听、会说。

【原文】

《易》曰："乱之所由生也，言语以为阶。君不密则失臣，臣不密则失身。"庄子曰："两喜多溢美之言，两怒多滋恶之言。"大抵人言多不能尽实，非喜则怒。喜而溢美，犹不失近厚；怒而滋恶，则为人之害多矣。孟子曰："言人之不善，当如后患何？"夫己轻以恶加人，则人亦轻以恶加己，以是自相加也。吾见人言，类不过有四：习于诞妄者，每信口纵谈，不问其人之利害，唯意所欲言。乐于多知者，并缘形似，因以增饰，虽过其实，自不能觉。溺于爱恶者，所爱虽恶，强为之掩覆；所恶虽善，巧为之破毁。轧于利害者，造端设谋，倾之唯恐不力，中之唯恐不深。而人之听言，其类不过二：纯质者不辩是非，一皆信之；疏快①者不计利害，一皆传之。此言所以不可不慎也。今汝曹前四弊，吾知其或可免，若后二失，吾不能无忧。盖汝曹涉世未深，未尝经患难，于人情变诈，未能尽察，则安知不有因循陷溺者乎！故将欲慎言，必须省事。择交每务简静，无求于事，会则自然不入是非毁誉之境。所与游者，皆善人端士，彼亦自己爱防患，则是非毁誉之言亦不到汝耳。汝不得已而有闻纯质者，每致其思而无轻信；疏快者，每谨其戒而无轻传，则庶乎其免矣。

——《石林家训》

【注释】

　　①疏快：粗疏而嘴快。

【译文】

　　《易经》说："变乱产生的途径，以说话为阶梯。君主不保密那么就会失去忠臣，臣子不保密那么会丧身。"庄子说："太高兴就会多过分夸奖的话，太愤怒就会多过分指责的话。"大抵一个人的话大多不能完全符合实际，不是高兴就是愤怒。高兴就过分夸奖，还不会丧失接近厚道；愤怒而过分指责，对别人产生的害处就会很多了。孟子说："说别人的不好，后患来了怎么办？"自己轻易地把坏话加在别人身上，那么别人也会轻易地把坏话加在自己身上，用这个互相强加。我见到别人说话，有四类：习惯于荒诞虚妄的，每每随口乱说，不问及人家的利害，只想所要说的。自以为知识丰富的人，全都源自形相似，因此增加装点，即使言过其实，自己也不觉得。沉溺于喜爱恶习的人，所喜爱的尽管是恶习，还勉强为它掩饰；所讨厌的尽管是善行，也巧妙地使它破毁。倾心于利害关系的人，制造事端、设计阴谋、倾轧人家还唯恐不得力，中伤人家还唯恐不深。而一个人听人家的话，有两类：纯洁质朴的人不能辨别是非，一律全部相信；粗疏嘴快的人不能算计人家的利害，一律全部传播。因此这些话不能不谨慎。现在你们前面四个弊病，我知道也许可以不犯，象后两个过失，我却不能不担心。你们涉世不深，不曾经历患难，对于人情变异欺诈，不能观察穷尽，那么哪里知道没有因循而陷进去的人呢？所以将要想谨慎说话，必须省事。选择交友每每务必简约静默，不求有事发生，有的话也就自然不会误入是非毁誉的地步。一起交游的人，都是好人良士，他也自己喜欢防止祸患，那么是非毁誉的话也到不了你耳边。你不得已而有听到纯洁质朴的人，每每想一想而不要轻易相信；粗疏嘴快的人，每每谨慎戒具而不要轻易传播，那么几乎可以免祸了。

（三）李邦献

《省心杂言》论处世

【题解】

　　李邦献，北宋末年"浪子宰相"李邦彦的弟弟，他所著《省心杂言》以格言形式讲述人生哲理，简洁、深邃、含蓄。

一

【原文】

　　勉强为善，胜于因循为恶。

　　责人者不全交，自恕者不改过。

　　自满者败，自矜者愚，自贼者忍。

　　多言获利，不如默而无害。

　　寡言省谤，寡欲保身。

　　行坦途者肆而忽，故疾走则蹶；行险途者畏而谨，故徐步则不跌。然后知安乐有致死之道，忧患为养生之本，可不省诸。

　　广积聚者，遗子孙以祸害；多声色者，残性命以斤斧。

　　以众资己者，心逸而事济；以己御众者，心劳而怨聚。

　　自信者人亦信之，胡越犹弟兄。自疑者人亦疑之，身外皆敌国。

　　薄于所亲，而责人重者，不可与言交。好名欲速者，不可与共谋。贪而喜诈者，不可与同利害。忍而好胜者，不可与同逸乐。

　　以忠沽名者讦，以信沽名者诈，以廉沽名者贪，以洁沽名者污。忠信廉洁，立身之本，非钓名之具也。有一于此，乡原之徒又何足取哉。

　　为己重者不仁，好广积者不义，足恭者无礼，贪名者无智。

　　功名官爵、货财声色皆谓之欲，俱可以杀身。或问之曰："欲可去乎？"曰"不可。"饥者欲食，寒者欲衣，无后者欲子孙，是甘于自杀也。然知足而不贪，知节而不淫，无沽名之心而不求功，亦庶几乎欲可窒也。

　　立身之道内刚外柔，治家之道上逊下顺。不和不可以接物，不容不可以驭下。

【译文】

　　勉强做善事，也比总做坏事好。

　　喜欢责备人的人交不下朋友，自己宽恕自己的人不能改正错误。

　　自满的人必败，自大的人愚蠢，自己伤害自己的人残忍。

　　为讨便宜多说话，不如沉默无害处。

　　少说话可以避免诽谤，少欲望可保身心。

　　走平道的人往往粗心大意，所以快走就容易摔倒。走险路因怕摔倒而小心谨慎，所以走得慢就不会跌跤。由此可悟出安乐会导致丧生，忧患是养生之本的道理。

　　广积财物，是留给子孙灾祸；放纵淫欲，是伤害生命的刀斧。

　　许多人来帮你做一件事，不用操心事情就办妥了；而以一个人的力量去做需要众人才能完成的事，不仅会受劳累忧烦而且还会积怨。

　　自信的人别人也信任你，塞外江南的两地人皆可成为兄弟。自疑的人

别人也会怀疑你，身外都是敌人。

待亲近的人薄情并好指责人的人，不能与他交朋友。急于成名的人，不能同他一起做事。贪婪而狡诈的人，不能和他发生利害关系。残忍而好胜的人，不能与他同享安乐。

以忠猎取名誉的人，多靠揭人隐私；以诚信猎取名誉的人多靠欺诈；以廉洁自我标榜的人一般多贪婪；以洁净获取名誉的人一般多肮脏。忠信廉洁是人的立身之本，不是沽名钓誉的工具。欺世盗名的小人哪有什么可取之处？

过于为自己着想的人不仁，喜欢广积财物的人不义，过分恭敬的人无礼，贪图名声的人不明智。

功名爵禄，财物声色都是人的欲望，都可以丧失人的性命。有人问："欲望可以去掉吗？"回答说："不能去掉，贪欲的人作恶时就像饥饿的人要吃东西，寒冷发抖的人想穿衣，没有后代的渴望要有子孙那样迫不及待，这是甘心自杀。但如果能做到知足而不贪求，懂得节制而不过分，没有猎取名誉之心，这样或许可以抑制私欲。"

立身的方法是要内刚外柔，治家的方法是做家长的应谦虚，而做晚辈的是恭顺。与人交往不能不和睦相处，不能容人就不能驾驭手下的人。

二

【原文】

有过能悔者，不失为君子。知过遂非者，其小人欤。

事亲有隐而无犯，事君有犯而无隐，事师无犯无隐，圣人不易之论也。古之所谓犯者，以己所见而陈之于君，不以犯上为犯也。后世所谓犯者，处卑位而言非其职，徒以沽名之心务行其说。直前底讦，无益于世。愚以谓，若能以事师之道事君，无隐则不敢逢君之恶，无犯则不忍暴君之失。谏可行，言可听，膏泽可下于民，不亦美欤。

欲去病则正本，本固则病可攻，药石可以效。欲齐家则正身，身端则家可理，号令可以行。固其本端其身，非一朝一夕之事也。事亲孝者，事君必忠。何以知之，良知固存，虽妻子不能移其爱。推此以尽为臣之道，则爵禄安能易其守。子唯知有亲，焉得不孝。臣唯知有君，安得不忠？所以良知者，其可忘乎？

父慈子孝，兄友弟恭，相须之理也。然子不可待父慈而后孝，弟不可待兄友而后恭。譬犹责人以信，然后报之以诚。所以立身之道，非求备于人也。

【译文】

有错能改的是君子，知错还要去做的是小人。

侍奉双亲，应隐匿他们的过失不直说，侍奉君主，应直谏而不隐瞒。事奉老师则应既不直谏也不隐瞒。古时所说的"犯"，是指向君主陈述自己的见解，后世所说的"犯"，指的是越职行事而猎取名声。以此我说：假如能以侍奉老师的态度侍奉君主，不隐瞒就不会逢迎君主的恶行，不直谏是不忍心暴露君主的过失。你的建议能被君主接受，有益于民，不是很好的事情嘛。

治病必须从根上治，根本坚固了药才有效。要治家必须先正身，自己行为端正了说话才有人听，然后家才能得以治理。然而要想使根本坚固，行为端正，不是一朝一夕就能做到的事情。

孝敬父母的人定能忠于君主。怎么知道呢？因为有良知的人，就是妻子也不能改变他的爱。推及到为臣之道上，那么官禄也不会改变他的操守。在儿子心里父母占有重要位置，怎会不孝；在大臣的心里君主占有重要位置，怎会不忠呢？

父亲慈爱，儿子孝敬，兄爱弟，弟敬兄，这是人伦的道理。但做儿子的不能要求父亲先慈爱然后自己才孝，做弟弟的不可要求哥哥先友爱而后再尊敬他。这就像先要求别人讲信用，然后自己再以诚相待一样，行不通。作为立身处世之道，就是不该要求别人样样先做好。

三

【原文】

强辩者饰非，不知过之可改。谦恭者无诤，知善之可迁。

与善人交，有终身无所得者。与不善人交，动静语默之间，亦从而似之。何耶？人性如水，为不善如就下，交友之间，安可不择。

【译文】

强辩的人为的是掩饰自己的错误，这种人不知道错误是可以改正的。谦恭的人不与人争辩，因为懂得向善的道理。

与好人交往，一生中可能什么也不会得到，而与恶人交往，一举一动都会像他。什么原因呢？这是因为人性像水一样，做坏事就像水往下流。所以交友要十分谨慎。

四

【原文】

以言伤人者，利如刀斧。以术害人者，毒如虎狼。言不可不择，术不可不择也。

诚无悔，恕无怨，和无仇，忍无辱。

为子孙作富贵计者，十败其九。为人作善方便得，其后受惠。

为善不求人知者，谓之阴德。故其施广，其惠博，天报必丰。是故圣人恶要誉，君子耻姑息。

知过之为过者，恐惧不敢为。不知过之为过者，杀身而后已。

攫金于市者，欲心胜而不知有羞恶。求珠于渊者，利心专而不顾其沉溺。

昼之所为，夜必思之，有善则乐，有过则惧，君子人也。昼之所为，夜不敢思，行险蹈祸，以苟侥幸，其小人之徒欤。沽虚誉于小人，不若受之于天；遗货财于子孙，不若周人之急。

私心胜者可以灭公，为己重者不知利物。

礼仪廉耻可以律己，不可以绳人。律己则寡过，绳人则寡合，寡合则非涉世之道。是故君子责己，小人责人。

德有余而为不足者谦，财有余而为不足者鄙。

愚胜智，拙胜巧，讷胜辨，知此者全身，昧此者蹈祸。

合天地者，或不能周人情；图近利者，必知其无远虑。

块土不能障狂澜，匹夫不能振颓俗。

人性如水，曲直方圆随所寓，善恶邪正随所习，富贵声色皆就下，不劳习者也。若非见善明，用心刚，强忍力行，则决堤坏防，不流荡者几希。

责越人以鞍马，强胡人以舟楫，其犹询民瘼于贵游，索宝玩于寒士，艰哉。

【译文】

用言语伤人，如刀斧一样锋利；用心机害人，如虎狼一样狠毒。所以说话要谨慎，心机要正派。

诚实的人不会有遗憾，宽容的人不会引来怨恨，和善的人不会与人结仇，能容忍的人不至于受欺辱。

只为子孙富贵着想的，十个有九个失败。只有与人为善给人方便的，子孙才能受益。

做好事不求报答的，叫作积阴德。尽量帮助别人，老天必然会报答你。因此，圣人厌恶只为捞取名誉而做好事，君子以姑息助长这种行为为耻。

知道什么是过错的人，就不敢做坏事；不知道什么是过错的人，错误发展到害死自己才算了结。

在市场上偷人钱的人，是因为利欲熏心而忘了羞耻和罪恶；在深水中捞珍珠的人，贪欲之心使他顾及不了被淹死的危险。

白天做的事情，晚上要反省，做好事心里高兴，有过失心中忧惧，这是君子。白天做事晚间不敢去想，冒险越祸凭侥幸而逃脱罪责，这是小人。从小人那里捞取虚名，不如得之于天；留财物给子孙，不如帮人解决急需。

私心大的人可以损公利己，过于为自己着想的人不知道帮助别人。

礼义廉耻可以用来约束自己，但不可去衡量别人。约束自己可以减少过失，衡量别人就不能与众多人相处，不能与众人多相处，这不是处世的正确方法。所以君子律己，而小人则对人求全责备。

德行高而自己还认为不足的人高尚，财富多而还认为不足的人卑鄙。

愚比智好，拙比巧强，不善言辞胜于强辩，懂得这个道理可以保身，不明白此理者招祸。

行事合乎天地道义的人，有时不能尽人情；贪图眼前利益的人，肯定没有远虑。

一块土堵不住狂涛巨浪，一个人改良不了坏风俗。

人的性情像水一样，善恶邪正会随着环境的不同而变化，对富贵声色的追求像水往下流，不用学习自会。如果不是善恶分明，心地刚正，意志力坚强去努力向善，就会像决堤的河水一样，没有几个不失败的。

苛求南方人骑术，强求北方人的驾船，就如同向没有官职的贵族询问民间疾苦，就像跟穷读书人要珍宝一样难。

五

【原文】

利可共而不可独，谋可寡而不可众。独利则败，众谋则泄。

盖棺能定之贤愚，临事能见人之操守。

食能止饥，饮能止渴，畏能止祸，足能止贪。

猛虎能食人，不幸而遇之必疾走以避。小人能媚人，喜与之亲，不幸而同利害，必巧为中伤，毒人而人不知。然机关之设，未若天网之勿漏也。

以巧得者，不肯以拙守，巧过则失。以力进者，不肯以谦退，力穷则坠。

人欲有所为，不必谋于人，当谋于心。一人之心，千万人之心也。若我心为可，则人亦必以为可。或人心有不可为者，我岂可为耶？

事无大小，理在其中。当理者必能践其言，而卒于成理。不当者虽词穷力竭，而终于有画。

——《省心杂言》

【译文】

利益可共享而不可独得，谋事时人要少而不可多。好独贪利益的往往失败，谋事时人多往往容易泄露。

人死后才能断定他是贤是愚，遇事时才能看出一个人的节操。

吃饭能充饥，喝水能止渴，畏惧能免祸，知足能止贪。

猛虎会吃人，人不幸遇上了必快躲开；小人善于谄媚，人们往往愿意和他相处，不幸一旦共同做利害相关的事，必受他的暗算伤害，还觉察不到。然而机关算尽，天网恢恢，小人终会被人识破的。

用乖巧的手段得到的，不肯用朴拙的办法保持。所以，乖巧一过就会失去一切。用势力争得的，不肯以谦逊退让，结果，势力用尽，终究会垮下来。

人要做某件事，不必和别人商量，只要问问自己的良心就可以了。因为人心是相通的，我认为可以做的事，在别人看来也一定可以做，如果心中认为不应该做的事，又怎么能去做呢？

事情无论大小，都有个理在其中。合理的必能在实践中行得通，不合理的，尽管强词夺理，费尽心力，最终还是行不通。

（四）陆 游

绪训

【题解】

《绪训》是陆游写来训诫子孙的。陆游年轻时曾立志要奋发有为，恢复中原，干一番伟大的事业，但南宋统治者贪图苟安，不思复国，陆游壮志难酬，终于心灰意冷。所以他在《绪训》中反复鼓吹要在家中务农读书，不要去追求功名富贵。这既是盛衰转换之理的深刻体察，也是政治上极度失望之后的愤激之言、无奈之语。陆游还告诫子孙要勤俭守礼，谦虚谨慎，恬退自安，操持节义，这都是很有道理的。

【原文】

昔唐之亡也，天下分裂，钱氏崛起吴越之间。徒隶乘时，冠屦易位。吾家在唐为辅相者六人，廉直忠孝，世载令闻。今后世不可事伪国苟富贵，以辱先人，始弃官不仕，东徙渡江，夷于编氓①。孝悌行于家，忠信著于乡，家法凛然，久而弗改。宋兴，海内一统，祥符中天子东封泰山，于是陆氏乃与时俱兴。百余年间，文儒继出，有公有卿；子孙宦学相承，复为宋世家，亦可谓盛矣。然游于此切有惧焉，天下之事，常成于困约，则败于奢靡。

呜呼，仁而至公卿，命也，退而为农，亦命也。若夫挠节以求贵，市道②以营利，吾家之所深耻，子孙戒之。

吾平生未尝害人，人之害我者，或出忌嫉，或偶不相知，或以为利，

其情多可谅，不必以为怨，谨避之可也。若中吾过者，尤当置之。但能寡过，勿露所长，勿与贵达亲厚，则人之害己者自少。吾虽悔已不可追，以吾为戒可也。

禍有不可避者，避之得祸弥甚。既不能隐而仕，小则谴斥，大则死，自是其分。若苟逃谴斥而奉承上官，则奉承之祸，不止失官；苟逃死而丧失臣节，则失节之祸不止丧身。人自有懦而不能蹈祸难者，固不可强。惟当躬耕，绝仕进，则去祸自远。惟顾念子孙，不能无老妪态。吾家本农也，复能为农，策之上也；杜门穷经，不应举，不求仕，策之中也；安于小官，不慕荣达，策之下也。舍此三者，则无策矣。

……

气不能不聚，聚亦不能不散。其散也或邃过久，莫或致诘。而昧者置欣戚于其间，甚者祈延而避促，亦遇矣。吾年已八十，更寿亦不过数年，便终固不为夭，杜门俟死尚复何言！且夫为善自是士人常事，今乃规后身福报，若市道然，吾实耻之；使无祸福报应。可为不善耶！

吾承先人遗产，家本不至甚乏，亦可为中人之产。仕宦虽龃龉，亦不全在人后。恒素不闲生事，又赋分薄，俸禄入门旋即耗散。今已悬车，目前萧然，意甚安之。他人或不谅，汝辈固不可欺也。

……

吾少年交游，多海内名辈，今多已零落。后来佳士不以衰钝见鄙，往往相从；虽未识面而无定交者亦众，恨无由遍识之耳。又有道途一见，心赏其人，未暇从容旋即乖隔。今既屏居不出，遂不复有邂逅之期。吾于世间万事悉不贮怀，独此未能无遗恨耳。

人生才固有限，然世人多不能克尽其实，至老必抱遗恨。吾虽不才，然亦一人也，人未四十未可著书，过四十又精力日衰，勿便衰老。子孙以吾为戒可也。

人与万物同受一气，生天地间，但有中正偏驳之异尔，理不应相害。圣人所谓"数罟③不入洿池"，"弋不射宿"，岂若今人畏因果报应哉！

世之贪夫，欲壑无厌，固不足责。至若常人之情，见他人服玩，不能不动，亦是一病。大抵人情慕其所无，厌其所有。但念此物若我有之，竟亦何用？使人歆艳④，于我何补？如是思之，贪求自息。若夫天性淡然，或学问已到者，固无待此也。

人士有与吾辈行同者，虽位有贵贱、交有厚薄，汝辈见之当极恭逊。己虽官高，亦当力请居其下，不然则避去可也。吾少时见士子有与其父之朋旧同席而剧谈大噱⑤者，心切恶之，故不愿汝曹为之也。

吾惟文辞一事，颇得名过其实。其余自勉于善而不见知于人，盖有之矣，初无愿人知之心，故亦无憾。天理不昧，后世将有善士，使世世有善士，过于富贵多矣。此吾所望于天者也。

诉讼一事最当谨始。使官司公明可恃，尚不当为，况官行关节，吏取货贿。或官司虽无心，而其人天资阘弱⑥，为吏所使，亦何所不至？有是而后悔之，固无及矣。况邻里间所讼，不过侵占地界，逋欠钱物，及凶悖陵犯耳。姑徐徐谕之，勿遽兴讼也，若能置而不较尤善。

子孙才分有限无如之何，然不可不使读书。贫则教训童稚，以给衣食，但书种不绝足矣。若能布衣草履从事农圃，足迹不至城市，弥是佳事。关中村落有魏郑公庄，诸孙皆为农。张浮休过之，留诗云："儿童不识字，耕嫁郑公庄。"仕宦不可常，不仕则农，无可憾也。但切不可迫于衣食，为市井小人事耳，戒之戒之！

后生才锐者最易坏，若有之父兄当以为忧，不可以为喜也。切须常加简束，令熟读经子，训以宽厚恭谨，勿令与浮薄者游处。如此十许年，志趣自成。不然，其可虑之事盖非一端。吾此言后人之药石⑦也，各须谨之，毋贻后悔。

——《放翁家训》

【注释】

①编氓：编户之民。
②市道：出卖道义。
③罟：gǔ 渔网。
④歆艳：美慕。
⑤噱：jué 大笑。
⑥阘弱：懦弱。
⑦药石：药物的总称。

【译文】

唐王朝灭亡后，天下四分五裂，吴越王钱镠崛起于两浙一带。布衣仆隶乘机纷纷起事，高贵与低贱发生了根本变化。我陆氏一门在唐朝担任宰相的有6人，个个廉洁、正直、忠君、孝亲，世世代代负有盛名。后来不愿苟且贪图富贵而向伪政权称臣，辱没祖先，才弃官不做，举家向南迁徙渡过长江，渐渐沦为一般平民。尽管如此，但孝敬父亲、友爱兄弟的家风从未丢弃，素来以忠诚守信著称于乡里，家法威严不容冒犯，这种状况长久不曾改变。大宋朝建立后，天下实现了统一，大中祥符年间，真宗天子封禅于东方的泰山，也就在这个时候，陆氏家族也就乘着时运重新振兴。此后百余年间，文豪与学者层出不穷，或位列三公或官拜九卿，子孙也都或致力于仕途或潜心于治学，代代相承，又成为宋朝的名门望族，也算得上是繁盛无比了！但我却对此感到深切的忧惧，天下的事情，都是困苦俭约而成功，又因奢侈而失败。

　　可叹啊！做官做到三公九卿，是命运的安排；隐退而务农，也是命运的安排。如果折屈节操来换取高官显位，背弃道义来牟取私利，是我们家所深恶痛绝的，后代子孙应当引以为戒。

　　我一生未曾伤害过他人。别人之所以伤害我，有的是出于嫉妒，有的是偶然无意识情况下所为，有的是受利益的诱惑，其动机大多可以原谅，没有必要去怨恨他们，只要小心谨慎地避免与其打交道就是了。对于那些中肯地指出了我的过错的人，尤其应当宽容相待。只有能少犯过失，轻易不显露自己的长处，不与达官显贵过分亲近，则打算加害于自己的人自然会减少。我现在尽管后悔但已经来不及了，后代子孙应当吸取我的教训。

　　有的祸患不可以逃避，一旦逃避就会招致更大的祸患。既然不能够退隐而出来做官，那么好一些的有遭受责难和贬黜之祸，严重的还会有杀身之祸，这都是必然难免的。如果为了逃避责难和贬黜而逢迎巴结上司，那么由逢迎巴结引起的祸患，就不仅仅是丢掉官职了；如果为了逃避杀身之祸而丧失做臣子的节操，那么由丧失臣节引起的祸患就不仅仅是丢掉身家性命了。人们中间有的天性怯懦不堪经受祸难打击，固然不可勉强，只是既如此就应当一心务农，断绝做官的念头，自然就可以远离灾祸了。为子孙后代考虑，他们不能不效法一些乡村老太婆的处世哲学。我家本来就是农家出身，重新回家务农，是最上的打算；闭门谢客，苦读经典，不去应科举考试，不去做官，是中策；担任微贱的官职而安心守分，不羡慕荣华富贵，可以说是下策。除了这三种情况外，此外再无出路。

　　人的生命是气的聚合，既有聚合就不可能不消散。其消散有快有慢，无人能够究其原委。而糊涂的人把自己的欢乐和忧愁与生命的长短连在一起，更有甚者祈求延年益寿而生怕短命早死，实在太愚蠢了。我现在已经八十岁了，再长寿也不过只有几年的活头，即使是马上就死也算不上短命了，关起门来等死还有什么可说的呢！为人行善事本来就是贤士应当经常做的，当今有人却拿这来换取来世的福禄好报，就像是做生意一样，我对这种做法深恶痛绝；假如没有祸福因果报应，难道就可以不行善了吗！

　　我继承了先人的遗产，家境本来不至于十分贫寒，起码也算得上中等小康人家。官场上尽管不很顺利，但也并非样样不如人。平生不善于料理家事，加上天资驽钝，俸禄一拿回家马上就消耗完了。如今告老还乡，眼前空旷寂寥，心中很是坦然。别的人或许不能谅解我，你们却一定不能迁怒于我。

　　我少年时结交的大多是各地的名士，到现在他们大多数已经作古，后起的名士不因我衰朽驽钝而鄙薄我，常常与我相互来往；从未见过面而神交已久的也有不少，遗憾的是没有机会全部结识。也有的在旅行途中见过一面，心中十分倾慕，还没来得及详细谈叙就匆匆分别。现在既然闭门不

现，也就再也不会有碰面的时候了。我对于世间的一切都不放在心上，唯独这一点不能没有遗憾。

人的才能固然有限，但世上的人大多数都没有尽到自己的最大努力，到了垂暮之年必定要悔恨万端。我虽然没有本事，但也同样是世间一个人。人没有到四十岁就不能够著书立说，过了四十岁精力又一天不如一天，一下子就衰老了。后代子孙千万要汲取我的教训。

人与世间万物同样呼吸着空气，生活在天地之间，只不过有着中正与偏邪的区别罢了，按照天理良心来讲也不应当相互残害。圣人所说的"细密的渔网不入池塘"，"不用带丝线的箭射杀归巢的鸟禽"，难道像当今人们一样是惧怕因果报应吗！

世上的贪婪之人，欲望的谷壑难以满足，本来就不值得去责难。至于一般人的性情，见了别人的华服珍玩，不由自主地怦然心动，就是一大毛病了。大概人之常情就是羡慕自己所没有的，而厌弃自己已有的。不过也应该想一想这件东西归我所有，究竟有什么用处？让别人都羡慕我，对我又有什么好处呢？这样一想，贪得无厌的心思自然就平息了。至于那些天性淡泊清高，或者学问已臻化境的人，当然就不用我来说这些了。

对于与我辈分相同的人，不论其地位高低，与我们家交情厚薄，你们见了都应当十分地谦恭逊让。尽管自己做了高官，也应当极力坚持居于他们的下位，不然就宁可躲避到别处也行。我早年看见有的人与自己父亲的朋友故旧同席宴饮，高谈阔论大声嬉笑，心里十分反感，因而不希望你们也学他们的样子。

我一生只有在诗文方面，名声胜过实际水平。其他还有一些努力去做好而不为人知的事，本来也就没有希望别人知道的想法，所以也不感到遗憾。天理如果不曾迷乱，那么就让我家后代中多出现行善之士，世世代代有行善之士出现，比让他们身居富贵强多了。这就是我所寄希望于上天的。

与他人打官司一事最应当谨慎。即使办案官员公正廉明可以依赖，也不要轻易与人打官司，何况主事官那儿要打通关节，底下属吏还要索取贿赂。有的主事官倒没有舞弊的打算，但他却为人昏庸懦弱，被手下属吏所驱使，什么事做不出来呢？到那时候再后悔就来不及了。况且邻居之间的纠纷，大不了就是侵占地界，拖欠财物，或是恃强欺弱之类小事。姑且慢慢地劝谕对方，不要轻率就打起官司。如果能抛到脑后不去计较就更好了。

子孙的才华和天赋平常是没有办法改变的，然而不能不让他们读书学习，如果生活贫困就教授孩童读书，来解决穿衣吃饭问题。只要读书的传统不断绝就可以了。如果能够穿着粗布衣服和草鞋从事农耕，永远不沾都

市的边，更是大好事。陕西关中有个村子叫魏郑公庄，庄中的儿童都从事农作。我朝张舜民路过时作诗说："儿童不识字，耕嫁郑公庄。"宦海无常，不做官就务农，没有什么遗憾。但千万不能为衣食所迫而干出市井无赖之流所做的勾当，切记、切记！

子弟之中才气过人的最容易变坏，如果有这样的人父兄应当感到忧虑，而不应该感到欣喜。一定要经常加以管教约束，让他们熟读儒家经典和诸子文集，教育他们待人处事宽厚恭敬，谦虚谨慎，不许他们与轻浮浅薄的小人在一起厮混。这样过上十年时间，他们的远大志向和高尚情趣就会自然形成。否则，令人忧虑的事情就不止一件了。我这番话是向后代奉告的金玉良言，各人一定要认真对待，不要在将来后悔。

（五）陆九韶

正本末

【题解】

陆九韶，与其弟陆九龄、陆九渊并称"三陆子之学"，陆氏家族十世同居，家法极严，高风笃信，可敬可仰。陆九韶所著《居家正本制用篇》即讲居家先要正本的道理。

【原文】

夫事有本末，智、愚、贤、不肖者本，贫富贵贱者末也。得其本则末随，趋其末则本末俱废，此理之必然也。今行孝悌，本仁义，则为贤为智。贤智之人，众所尊仰，箪瓢为奉，陋巷为居，己固有以自乐，而人不敢以贫贱而轻之，岂非得其本而末自随之？夫慕爵位，贪财利，则非贤非智。非贤非智之人，人所鄙贱。虽纡青紫、怀金玉，其胸襟未必通晓义理。己无以自乐，而人亦莫不鄙贱之，岂非趋其末而本末俱废乎？

——《居家正本制用篇》

【译文】

凡事都有本末之分，智和愚、贤与不肖是人的根本，而贫与富、贵与贱则是枝叶。有了根本，枝叶自然就带起来了。如果一味追求枝叶那么本末都会被毁弃。这是一条定律。现在孝敬父母、友爱兄弟，重仁义的人就是贤人智士，这样的人能受到众人的敬仰，即使住在陋巷也能自得其乐，而别人也不敢因他贫穷和地位低下而轻视他。这难道不是有了根本枝叶自然就能带起来吗？如追求高官，贪图财利，就不会是贤人智士，人们都会鄙视这种人，即使他得到了高官厚禄，但他的心中也不会明白义理，不仅自身不能自得其乐，人们也无不鄙视他，这难道不是追逐枝叶而本末俱废吗?

（六）袁　采

《袁氏世范》论处世

【题解】

　　待人处世的方式方法，是《袁氏世范》谈论的一个重心。很多提法，实为不刊之论。

　　这一部分的内容，主要是从《世范》中《睦亲》和《处几》两卷中选出的。

（1）人贵能处忍

【题解】

　　忍耐，是人与人之间保持和谐关系的优良品质。袁氏极力提倡为人须持忍耐之心，阐明其重要性，值得后人效法而行。

【原文】

　　人言"居家久和者，本于能忍。"然知忍而不知处忍之道，其失尤多。盖忍或有藏蓄之意。人之犯我，藏蓄而不发，不过一再而已。积之既多，其发也，如洪流之决，不可遏矣。不若随而解之，不置胸次①，曰："此其不思尔！"曰："此其无知尔！"曰："此其失误尔！"曰："此其所见者小尔！"曰："此其利害宁几何！"不使之入于吾心，虽日犯我者十数，亦不至形于言而见于色。然后，见忍之功效为甚大，此所谓善处忍者。

【注释】

　　①胸次：胸间。

【译文】

　　人们常说"在家里能长久和气，根本在于能忍。"但是知道该忍却不知道如何是真正的忍，失误就会更多。因为忍也许有掩藏、蓄积的意思。别人侵犯了我，隐藏蓄积而不发作，不过能一次两次罢了。蓄积多了，爆发起来，就像洪水决堤，不可遏止。不如遇上侵犯随时消解，不要放在心里，可以说："这是他没有思考罢了！"或者说："这是他无知罢了！"或者说："这是他失误罢了！"或者说："这是他见识短浅罢了！"或者说："这又有多少利害关系！"等等，总之不要让这些进入心里，即使每天侵犯我上十次，也不至于形于言而见于色。如此之后，才知道忍的功效很大。这才是善于真正的忍的人。

（2）亲戚不可失欢

【题解】

亲戚朝夕相处，不可能不发生矛盾，袁氏主张一方应先冷静下来，向另一方主动言和，用意甚嘉。

【原文】

骨肉之失欢，有本于至微而终至不可解者。止由失之后，各自负气，不肯先下①尔。朝夕群居，不能无相失。相失之后，有一人能先下气，与之话言，则彼此酬复，遂如平时矣。宜深思之。

【注释】

①下：态度恭顺，让步。

【译文】

亲戚骨肉间失去和睦，有时由于很小的事情，最终却闹得以至于不能解决。这只是由于失去和睦后，各自赌气，不肯先让步。亲戚间朝夕相处，不可能没有一点摩擦。摩擦之后，如果有一个人能先平心静气，和对方说话，就会彼此应答，和好如初。应该深思这个问题。

（3）同居贵怀公心

【题解】

家庭成员间为一些小事而闹矛盾的事情经常发生，对于这一点，袁氏认为关键是家庭成员每人应怀有一颗公平之心，无论大、小事情上做到公平无私，则可以避免家庭内部的不和，这是一种宝贵的处世经验。

【原文】

兄弟子侄同居至于不和，本非大有所争。由其中有一人设心不公，为已稍重，虽是毫末，必独取于众，或众有所分，在己必欲多得。其他心不能平，遂启争端，破荡家产。驯①小得而致大患。若知此理，各怀公心，取于私则皆取于私，取于公则皆取于公。众有所分，虽果实之属，直②不数十文，亦必均平，则亦何争之有！

【注释】

①驯：习惯于。

②直：通"值"。

【译文】

兄弟子侄同住一处闹得不和睦的，本来并不是有什么大的争执。只是由于其中有一个居心不公，为自己想得稍多，即使是毫末那么小的利益，也一定要独自占取。或者众人分什么东西，自己一定要多得一点。其他人心不能平，于是开启了争端，以至破家荡产。习惯于贪小利而导致大祸患。如果知道这个道理，都怀着公心，这是只取用私人的东西则大家都取用私人的东西，取用公有的东西则大家都取用公有的东西。大家分什么东西，即使是瓜果之类，只值几十文钱，也一定要公平，那么还有什么好争执的呢？

（4）同居长幼贵和

【题解】

兄弟子侄同住一块，怎样才能保持关系和谐呢？袁氏认为，关键是大要谦让小的，小应尊重大的，遇事互相商量，彼此尊重，就能达到和睦相处的目的。

【原文】

兄弟子侄同居，长者或恃其长，陵轹①卑幼。专用其财，自取温饱，因而成私。簿书出入不令幼者预知。幼者至不免饥寒，必启争端。或长者处事至公，幼者不能承顺，盗取其财，以为不肖之资，尤不能和。若长者总持大纲，幼者分干细务，长必幼谋，幼必长听，各尽公心，自然无争。

【注释】

①轹：欺压

【译文】

兄弟子侄同住一处，大的有时依仗自己尊贵年长，欺负地位低、年纪小的。一个人花钱，自顾自个的温饱，因而养成自私。账目开支，不让幼小者参与知晓，以至幼小者不免于饥寒，这一定会开启争端。有时年长者办事至公，幼小者不能尊敬顺从，盗取钱财，作为做坏事的花费，这就尤其不能和睦了。如果年长者主持全局，年幼者分担小事，年长者有事一定和年幼者商量，年幼者一定听从年长者，各自尽到公心，自然没有了争执。

（5）兄弟贫富不齐

【题解】

兄弟子侄之间肯定有贫有富，那么该怎样处理好这一矛盾呢？袁氏提出，富者应常常接济贫者，而贫者又不依赖于富者，大家都能做到知足、体谅，就能维持好家庭内部的团结。

【原文】

兄弟子侄贫富厚薄不同，富者既怀独善之心，又多骄傲；贫者不生自勉之心，又多妒嫉，此所以不和。若富者时分惠其余，不恤^①其不知恩；贫者知自有定分，不望其必分惠，则亦何争之有！

【注释】

①恤：忧虑

【译文】

兄弟子侄之间，贫富厚薄不同，富裕者既怀着独善其身的心思，又往往骄傲；贫穷者不生自勉的想法，又往往妒嫉，这样就会造成不和睦。如果富裕者时常分给贫穷者一些余财，不愁对方不知恩；贫穷者知道贫富各有定分，不期望富裕者分一杯羹，那还有什么好争执的！

（6）亲戚不宜频假贷

【题解】

人活在世上免不了向亲朋好友借东西度日，袁氏反对借贷频繁，认为这样必然破坏与债主的关系。袁氏分析了其中原因，应该说是很有道理的。

【原文】

房族、亲戚、邻居，其贫者才有所阙^①，必请假^②焉。虽米、盐、酒、醋计钱不多，然朝夕频频，令人厌烦。如假借衣服、器用，既为损污，又因以质钱。借之者历历在心，日望其偿；其借者非惟不偿，又行行^③常自若，且语人曰："我未尝有纤毫假贷于他。"此言一达，岂不招怨怒。

【注释】

①阙：同缺。

②假：借。

③行行：hàng hàng 刚强的样子

【译文】

同房、亲戚、邻居，其中贫困者刚刚缺少什么东西，往往都会向别人请求借贷。即使米、盐、酒、醋算起来钱不多，但早晚之间，频频相借，令人厌烦。如果是借衣服、器具，不但弄脏了，又拿去抵押钱。债主对借出的东西一样一样，历历在心，每天都盼着偿还；借的人不但不还，又一副刚直不阿的样子，若无其事，还对人说："我不曾向他借过丝毫东西。"这话一传到借出的人耳朵里，怎会不招来怨怒。

（7）亲旧贫者随力周济

【题解】

袁氏提出，借给亲朋好友东西应量力而行，同时应尽量注意礼节问题，不说"借"而说"给"，这样借主不但会及时偿还东西，心情还非常愉快。袁氏的见解可说十分高明。

【原文】

应亲戚故旧有所假贷，不若随力给与之。言借，则我望其还，不免有所索。索之既频，而负偿"冤主"反怒曰："我欲偿之，以其不当频索，则姑已之。"方其不索，则又曰："彼不下气问我，我何为而强还之！"故索亦不偿，不索亦不偿，终于交怨而后已。盖贫人之假贷，初无肯偿之意，纵有肯偿之意，亦由何得偿？或假贷作经营，又多以命穷计绌[①]而折阅。方其始借之时，礼甚恭，言甚逊[②]，其感恩之心可指日以为誓。至他日责偿之时，恨不以兵刃相加。凡亲戚故旧，因财成怨者多矣。俗谓"不孝怨父母，欠债怨财主。"不若念其贫，随吾力之厚薄，举以与之。则我无责偿之念，彼亦无怨于我。

【注释】

①绌：不足。

②孙：谦逊

【译文】

亲戚朋友来借贷了才答应，不如根据自己的财力给予他们。说借，那我就希望他还，不免要向他讨取。讨取的次数多了，负偿的"冤主"反倒怒气冲冲地说："我本来想还给他，就因为他常常来讨取，所以暂且不还。"借出的人不来讨取时，就又说："他不低声下气来问我要，我为什么硬要还给他！"因此讨取也不还，不讨取也不还，终至结下仇怨才罢了。贫穷的人来借贷，一开始就没有要偿还的意思，即使有要偿还的意思，又拿什么来偿还？有时候借贷了去经营，又往往因为时运不佳、计谋不足而降价出售。当他刚开始借的时候，礼节很恭敬，说话很谦逊，感恩戴德的心情，可以指天发誓。到将来向他要还的时候，则恨不得以兵刃相加。亲戚朋友间，因为钱财而结怨的很多。俗话说"不孝怨父母，欠债怒财主。"不如考虑到别人的贫困，根据自己财才的厚薄，要给多少就全部给（不说借）。这样我没有要债的念头，他也不会对我怨恨。

（8）养子长幼宜异

【题解】

领养孩子是人们常遇到的事情，袁氏认为穷人领养孩子要在他年幼不懂事时，富人领养孩子应在他懂事时，并对此做了合理的分析，可谓深谙处世之道。

【原文】

贫者养他人之子当于幼时。盖贫者无田宅可养暮年，唯望其子反哺①，不可不自其幼时衣食抚养以结其心；富者养他人之子当于既长之时。今世之富人养他人之子，多以为讳故，欲及其无知之时抚养，或养所出至微②之人。长而不肖，恐其破家，方议逐去，致有争讼。若取于既长之时，其贤否可以粗见，苟能温淳③守己，必能事所养为所生，且不敢破家，亦不致兴讼也。

【注释】

①反哺：喻报答亲恩。

②微：最贫穷。

③淳：朴实

【译文】

贫穷的人领养别人的孩子应当在孩子幼小的时候。因为贫穷的人没有田宅可以养老，只有盼望他的孩子回报，那就不能不从孩子幼年时便给吃给穿，抚养爱护，来获得孩子的心。富裕的人领养别人的孩子就当在孩子长大以后。现在世上的富人领养别人的孩子，大多因为忌讳的缘故（不愿孩子知道自己不是亲生的），想要在孩子尚无知时抚养，或者去领养出身十分寒微的孩子。孩子长大又不成器，养父养母又怕他破坏家业，这才讨论赶走，导致吃官司。如果领养孩子在他长成以后，可以粗略地见到他是否贤才。假如孩子能够温顺淳朴安守本分，就一定能侍奉养父养母像亲生父母一样，而且不敢破坏家业，也不至于打官司。

（9）子多不可轻与人

【题解】

家庭贫穷而又子女很多的人家难免想送几个给别人抚养，袁氏主张待子女稍微大一些再送与别人，因为这样就能了解子女的品格，避免日后的麻烦，可谓见识独到。

【原文】

多子固为人之患，不可以多子之故轻以与人。须俟①其稍长，见其温淳守己，举以与人，两家获福。如在襁褓，即以与人，万一不肖，既破他家，必求归宗，往往兴讼，又破我家，则两家受其祸矣。

【注释】

①俟：等待。

【译文】

孩子多固然成为人的忧患，却不可以因为多子的缘故轻易把孩子让给别人。须等到他渐渐长大，见他温顺淳朴安分守己，才拿来给别人，这样两家都得到福祉。假如还在襁褓中，就拿他给人，万一不成器，别人一定会要求归还本家，往往导致官司，又破败了自己家庭，这样两家都遭受灾祸。

（10）收养亲戚当虑后患

【题解】

收养无法自食其力的亲戚是人之常情，但袁氏却告诫人们在这一件事情上尽慎重对待，考虑要周全，以防后患。他的见解绝不是故作惊人之语，是吸取了他自己或别人的经验与教训的。

【原文】

人之姑、姨、姊、妹及亲戚妇人，年老而子孙不肖，不能供养者，不可不收养。然又须关防，恐其身故之后，其不肖子孙却妄经官司，称其人因饥寒而死，或称其人有遗下囊箧之物。官中受其牒①，必为追证，不免有扰。须于生前令白之于众，质之于官，称身外无余物，则免他患。大抵要为高义之事，须令无后患。

【注释】

①牒：呈文，此处指讼辞。

【译文】

人有姑姑、姨母、姐姐、妹妹及其他亲戚中的妇人，年纪老了子孙又不成器，自家不能够供养的，不可不收养。但又必须提防。担心的是她身死之后，那些不肖子孙却妄想通过官府，谎称她是因饥寒而死，或者谎称她留下的珍宝，藏在箱子袋子里。官府接受了那些家伙的起诉书，一定会来追查验证，不免受其干扰。必须在收养的亲戚生前，让她向大家说明白，由官府验证，声明身外没有其他东西，这才能免除其他祸患。大致上，想要做高节大义的事情，一定要使其无后患。

（11）人之智识有高下

【题解】

袁氏根据一个人智慧见识的高下确立人的交往原则，主张尽量平等交往，以互相得益。尽管有可商议之处，但大体上是可取的。

【原文】

人之智识固有高下，又有高下殊绝者。高之见下，如登高望远，无不尽见；下之视高，如在墙外欲窥墙里。若高下相去差近犹可与语；若相去远甚，不如勿告，徒费口颊尔。譬如奕棋，若高低止较三五著①，尚可对弈，国手与未识筹局之人对弈，果何如哉？

【注释】

①著：zhāo 下一步棋叫一著。

【译文】

人的智慧见识本来就有高低的区别，有的甚至相差极为悬殊。智慧见识高的人看智慧见识低的人，好比登高望远，无不一收眼底；智慧见识低的人看智慧见识高的人，就像站在高墙处却想窥视墙里。如果高低的差别不太大，还可以和他谈论；如果相去甚远，不如不去教诲他，不过是徒费口舌罢了。譬如下围棋，如果水平高低只相差三五子，还可以对弈；如果是国手和不知道围棋是何物的人对弈，结果会怎样呢？

（12）处富贵不宜骄傲

【题解】

当人处于富贵境地时就在别人面前显示骄傲，这是袁氏所反对的。他认为无论凭自己才能还是由于父辈功业得到富贵，均应谦虚谨慎，这是很有眼光的。

【原文】

富贵乃命分偶然，岂宜以此骄傲乡曲！若本自贫窭①，身致富厚，本自寒素，身致通显，此虽人之所谓贤，亦不可以此取尤②于乡曲。若因父祖之遗资而坐享肥浓，因父祖之保任而驯致通显，此何以异于常人！其间有欲以此骄傲乡曲，不亦羞而可怜哉！

【注释】

①窭：jù 贫穷。

②尤：过错。

【译文】

富贵是人生命运偶然所致，岂可因此在乡人面前骄傲？如果本来贫穷，自己努力变为富贵；本来地位不高，自己努力变为显达，这虽然是人们所说的有才能，也不可因此在乡人面前骄傲，以至得咎。如果因为父亲祖父遗留下来的资产，坐享美味丽服，因为父亲祖父的担保而渐渐显达，这又有什么和常人不同！这些人中也有想以此在乡人面前骄傲的，真是可羞而又可怜！

（13） 礼不可因人轻重

【题解】

在以礼待人的问题上，袁氏主张不分穷富贫贱，一视同仁。袁氏的这种处世态度很能反映传统道德的仁义观念。

【原文】

世有无知之人，不能一概礼待乡曲，而因人之富贵贫贱设为高下等级。见有资财有官职者则礼恭而心敬。资财愈多，官职愈高，则恭敬又加焉。至视贫者、贱者，则礼傲而心慢，曾①不少顾恤。殊不知彼之富贵，非我之荣，彼之贫贱，非我之辱，何用高下分别如此！长厚有识君子必不然也。

【注释】

①曾：竟。

【译文】

世上有无知的人，不能对乡里的人一视同仁地加以礼待。却根据人们的富贵贫贱，设立高下不同的等级。看见有钱人、做官的人就礼节谦恭而且心里尊敬。钱越多，官职越高，其恭敬的程度又跟着加深。一旦看见穷人、地位低的人，那就礼节傲慢心里也瞧不起，竟然一点也不顾念体恤。殊不知别人的富贵，并不是自己的荣耀；别人的贫贱，也不是自己的污辱，哪里用得着如此这般地区别高下！德高望重的有识之士一定不会这样。

（14） 世事更变皆天理

【题解】

袁氏认为世界上的事情有兴有衰有盛有败，主张人们顺应天命，泰然处之。这种观念虽带有消极成分，然而对人们的思想也有一定的启发意义。

【原文】

世事多更变，乃天理如此。今世人往往见目前稍稍荣盛，以为此生无足虑，不旋踵①而破坏者多矣。大抵天序十年一换甲，则世事一变。今不须广论久远，只以乡曲十年前、二十年前比论目前，其成败兴衰何尝有定势！世人无远识，凡见他人兴进及有如意事则怀妒，见他人衰退及有不如意事则讥笑。同居及同乡人最多此患。若知事无定势，则自虑之不暇，何暇妒人笑人哉！

【注释】

①旋踵：比喻极短的时间。

【译文】

　　世事变化不定，是有着其内在客观规律的。当今的人们看到眼下的处境稍微有些好转，便以为这一辈子都不用发愁了，事实上其境况却往往在转眼之间陷于破败！大概自然界的规律是十年一变，人世间的事情也随之变化。现在且不上溯得很远，只拿乡里10年前或20年前的情形与目前相比，成功和失败、勃兴和衰落，哪里有什么固定的态势？世人没有远见，凡看到别人兴隆及有称心如意的事就心怀嫉妒，看到他人衰败及有不顺心的事就讥讽嘲笑。住在一起的或同乡的人最容易犯这种毛病。如果明白了世事没有定势的道理，则自顾还来不及呢，哪有闲工夫嫉妒别人讥笑别人呢！

（15）人生劳逸常相若

【题解】

　　袁氏在这则家训中反对好逸恶劳、贪图享受的人生态度，提倡"吃苦在前，享受在后"的处世哲学，是很难能可贵的。

【原文】

　　应高年享富贵之人，必须少壮之时尝尽艰难，受尽辛苦，不曾有自少壮享富贵安逸至老者。早年登科及早年受奏补之人，必于中年龃龉①不如意，却于暮年方得荣达。或仕宦无龃龉，必其生事窘薄，忧饥寒，虑婚嫁。若早年宦达，不历艰难辛苦，及承父祖生事之厚，更无不如意者，多不获高寿。造物乘除之理类多如此。其间亦有始终享富贵者，乃是有大福之人，亦千万人中间有之，非可常也。今人往往机心巧谋，皆欲不受辛苦，即享富贵至终身，盖不知此理，而又非理计较，欲其子孙自少小安然享大富贵，尤其蔽惑也，终于人力不能胜天。

▲《袁氏世范》书影

【注释】

①龃龉：jǔ yǔ 喻人生道路坎坷不平。

【译文】

寿命很长而且晚年享受荣华富贵的人，一定在青壮年时吃尽了苦头，受尽了磨难；不会有整个一生自始至终都大富大贵生活安逸的人。早年科举及第或被委以重任的人，必定到中年时仕途坎坷不如意，而到晚年才又荣耀显达。有的人官场得意，必然生计窘迫资财微薄，担心受冻挨饿，为嫁娶之事发愁。如果早年就得到高官厚禄，从不曾经历艰难困苦，继承了父祖的巨额家产，没什么不如意的事，则多半不会长寿，造物主的增损机制就是这样的。即使有人一生始终安享富贵，也是千万人中挑一，不是常能出现的。当今人们常常挖空心思巧谋划，想不经磨难就终身大富大贵，大概是尚不明白这个道理；而又超越常理作非分之想，希望子孙从小就安享荣华富贵，更是糊涂之极，终将落得个人力不能胜天的结局。

（16）贫富定分任自然

【题解】

袁氏认为，一个人是贫穷还是富贵在于命运，不可强求，这种见解尽管迷信色彩很浓，但他提倡的淡泊名利的人生态度还是有其值得肯定的地方。

【原文】

富贵自有定分。造物者既设为一定之分，又设为不测之机，役使天下之人朝夕奔趋，老死而不觉。不如是，则人生天地间全然无事，而造化之术穷矣。然奔趋而得者不过一二，奔趋而不得者盖千万人。世人终以一二者之故，至于劳心费力，老死无成者多矣。不知他人奔趋而得亦其定分中所有者。若定分中所有，虽不奔趋，迟以岁月，亦终必得。故世有高见远识超出造化机关之外，任其自去自来者，其胸中平夷，无忧喜，无怨尤。所谓奔趋及相倾①之事，未尝萌于意间，则亦何争之有！前辈谓："死生贫富，生来注定；君子赢得为君子，小人枉了为小人。"此言甚切，人自不知耳！

【注释】

①相倾：相互倾轧。

【译文】

富贵与否自有一个定分。造物主既然设置了这个一定之分，又设置了神秘莫测的机关，致使天下的人，朝朝夕夕奔走趋避，直到老死，还不能

觉醒。如果不这样，那么人生天地间就完全无事了，而创造化育的方法也就穷尽无遗。但是奔走趋避而得到富贵的人只不过一两个而已，奔走趋避而没有获得的人只怕是千千万万人。世上的人终究因为有一两个成功的机会，以至于劳心费力，老死而毫无所得，这种人很多。不知道别人奔走趋避而获得的，是他定分中应有之物。假如是定分中应该有，即使不奔走趋避，延缓一些时日，也终究会得到。因此世上有一些具备远见卓识的人，超出于造化机关之外，任由它自来自去，他们胸中平静无忧，没有忧喜，没有怨恨。所谓奔走趋避和相互倾轧的事情，从来没有在心意中萌动过，那么还会有什么争夺！前辈说："死生贫富，生来注定；君子在世间赢得做君子，小人在世间枉自做小人。"这句话很深切，只是人们自己不理解罢了。

（17）忧患顺受则少安

【题解】

人生有许多不如意的事，袁氏认为对此应采取顺其自然的态度。这种态度不能说消极，实际上却很有可取之处。

【原文】

人生世间，自有知识以来，即有忧患不如意事。小儿叫号，皆其意有不平。自幼至少，至壮，至老，如意之事常少，不如意之事常多。虽大富贵之人，天下之所仰羡以为神仙，而其不如意处各自有之，与贫贱人无异，特其所忧虑之事异尔。故谓之缺陷世界，以①人生世间无足心满意者。能达此理而顺受之，则可少安。

【注释】

①发：因，由。

【译文】

人生世上，自从有了智慧有了见识以后，就有了忧患不如意的事情。小儿哭叫，都是因为他们的心意有所不平。从幼年到少年，到壮年，再到老年，如意之事常少，不如意之事常多。即使是大富大贵的人，天下人羡慕他们，认为是神仙，可他们也各有各的不如意，如贫穷位低没有差别，只是他们所忧虑的事情不同罢了。称这个世界为缺陷世界，是因为人生世上没有完全称心如意的事情。能通达这个道理而能顺意接受它，那就可以稍微安宁了。

（18）人行有长短

【题解】

一个人怎样才能与人长期和谐相处呢？袁氏认为多想别人的优点，少想别人的不足，这种劝诫至今仍具极大的借鉴作用。

【原文】

人之性行虽有所短，必有所长。与人交游，若常见其短，而不见其长，则时日不可同处；若常念其长，而不顾其短，虽终身与之交游可也。

【译文】

人的性情品行虽然有缺陷，却也必定有其优点。与他人相处，如果只看到他的缺点而看不到优点，那么一时一天也共处不下去；如果经常想着他人的优点而忘掉其缺点，那么一辈子都能够和睦相处。

（19）谋事难成则永久

【题解】

人们做事总是喜易畏难，袁氏反其道而行之，认为做任何事情应经历坎坷才可获取最可靠的成功。这是袁氏深刻体察事物的结果，可谓醒世恒言。

【原文】

凡人谋事，虽日用至微者，亦须龃龉而难成，或几成而败，既败而复成。然后，其成也永久平宁，无复后患。若偶然易成，后必有不如意者。造物微机不可测度如此，静思之则见此理，可以宽怀。

【译文】

人们计划要做一件事，即使是日常最细小的事，也应该历经坎坷却难以成功，或者是快要成功时又失败了，经过失败再取得成功。这样的成功才能保持长久，不再留有后患。如果偶然之间轻易便取得成功，以后必然有不如意的事发生。造物主的微妙机宜就是这样难以推测，人们冷静地思考一下即可明白这一道理，心胸自然也就宽舒了。

（20）恶事可戒而不可为

【题解】

袁氏反对人们做任何恶事，以此告诫家人多行善。他在这里宣传善恶有报的思想，恐怕不能看作一种纯粹的迷信，而表现出他的道德信念。

【原文】

凡人为不善事而不成，正不须怨天尤人，此乃天之所爱，终无后患。如见他人为不善事常称意者，不须多羡，此乃天之所弃。待其积恶深厚，从而殄①灭之。不在其身，则在其子孙。姑少待之，当自见也。

【注释】

①殄：tiǎn 消灭。

【译文】

凡是人做不善的事情没有做成，不必怨天尤人，这正是上天所爱的人，终究没有后患。如果看见别人做坏事常常称心如意，也不必过多羡慕，这正是上天所抛弃的人。等到他恶贯满盈，上天随着就会消灭他。报应不在他身上，就在他子孙。姑且稍稍等待，到时自会出现。

（21）善恶报应难穷诘

【题解】

一个人作恶，他的家庭就昌盛不衰，袁氏对这种现象做出了难以令人信服的唯心解释，甚至有些荒谬，但其用意在劝善惩恶，这是值得充分肯定的。

【原文】

人有所为不善，身遭刑戮，而其子孙昌盛者，人多怪之，以为天理有误。殊不知此人之家，其积善多，积恶少。少不胜多，故其为恶之人身受其报，不妨福祚延及后人。若作恶多而享寿富安乐，必其前人之遗泽①将竭，天不爱惜，恣其恶深，使之大坏也。

【注释】

①泽：恩泽。

【译文】

人的所作所为不善，自身遭到刑戮，可他的子孙后代却是很昌盛的，人们往往感到奇怪，以为天理有错误。殊不知是这人的家庭，积善较多，积恶较少。少敌不过多，因而为恶的人自身受到报应，却不妨碍福祚延续到后人。如果作恶多却享受着富贵长寿平安快乐，一定是他祖先遗下的恩泽将要终竭，上天对他不再爱惜，任他罪孽深重，使他一败涂地。

（22）人能忍事则无争心

【题解】

袁氏一贯提倡忍耐，把它当作一个维持人际关系和谐的处世法宝。这里他进一步阐明忍耐使人不争，也就身心安宁了。

【原文】

人能忍事，易以习熟，终至于人以非理相加，不可忍者，亦处之如常。不能忍事，亦易以习熟，终至于睚眦①之怨，深不足较者，亦至交詈②争讼，期于取胜而后已，不知其所失甚多。人能有定见，不为客气所使，则身心岂不大安宁！

【注释】

①睚眦：yá zì 极小。
②詈：lì 骂人。

【译文】

人能对事忍耐，渐渐习惯，最终到对于别人的无理相待，达到了实在不可忍受的境地，也能处之如常。对事不能忍耐，渐渐也成习惯，终至于即使一点点怨恨，很不值得计较的，也弄到相互谩骂争辩，一定要取胜才停止，岂不知道他失去的已很多。人如果能有自己坚定的见解，不被外界的干扰所驱使，那么身心岂不大大安宁。

（23）小人当敬远

【题解】

人类当中有君子也有小人，君子有利于自身的立身处世，小人则对自己的立身处世产生不良影响。鉴于这点，袁氏告诫家人及世人疏远小人，至今仍给人以教益。

【原文】

人之平居，欲近君子而远小人者，君子之言多长厚端谨，此言先入于吾心，及吾之临事，自然出于长厚端谨矣；小人之言多刻薄浮华，此言先入于吾心，及吾之临事，自然出于刻薄浮华矣。且如朝夕闻人尚气好凌人之言，吾亦将尚气好凌人而不觉矣；朝夕闻人游荡、不事绳检①之言，吾亦将游荡、不事绳检而不觉矣。如此非一端，非大有定力②，必不免渐染之患也。

【注释】

①绳检：标准，规矩。
②定力：指把握自己的意志力。

【译文】

人在闲居时，想要接近君子而疏远小人，原因是君子之言，往往慈祥、厚道、庄重、谨慎，他们的话先进入我的心里，待我处理事情时，自

然就会流露出慈祥、厚道、庄重、谨慎；小人之言往往刻薄浮华，他们的话先进入我的心里，到我处理事情时，自然会流露出刻薄浮华来。而且假如早晚听到的都是恶声恶气，非要压倒别人的话，我也将会恶声恶气非要压倒别人却觉察不到；早晚听到人游手好闲、不讲规矩的话，我也将会游手好闲不讲规矩却觉察不到。像这样不止一样两样，除非有极大的把握自己的意志力，否则一定难免渐渐受到污染的祸患。

（24）老成之言更事多

【题解】

俗话说："不听老人言，吃亏在眼前"，这是讲老年人阅历丰富，而且言之有据的。袁氏在下面的那段论述也是这种意思，这对后世的年轻人提供了有益的借鉴。

【原文】

老成之人，言有迂阔①，而更事为多。后生虽天资聪明，而见识终有不及。后生例以老成为迂阔，凡其身试见效之言欲以训后生者，后生厌听而毁诋者多矣。及后生年齿渐长，历事渐多，方悟老成之言可以佩服，然已在险阻艰难备尝之后矣。

【注释】

①迂阔：指不切合实际。

【译文】

年高有德的人，说话是有些高调，不切实际，但是他们经历的世事很多。年轻人即使天资聪明，可见识方面终究赶不上。年轻人照例因为年高有德的人说话不切实际，凡是他们将自己亲身试过，见出成效的话拿来训诫年轻人时，很多年轻人总是厌烦听到而且对他们加以诋毁。等年轻人年龄渐大，经历的事渐多，才醒悟从前年高有德的人所说的话有道理，但已经在备尝了艰难险阻之后了。

（25）言语贵简寡

【题解】

俗话说："言多必失。"袁氏深谙此理，因此劝人言语慎重，少说为好，这对当今的青年仍有不小的参考价值。

【原文】

言语简寡，在我，可以少悔；在人，可以少怨。

【译文】

说话得简略、稀少，在我自己，可以少一些后悔；在别人，可以少一些怨恨。

（26）小人为恶不必谏

【题解】

世上确有一些人品行恶劣而不愿悔改，对于这种小人，袁氏主张有德行的人，尽量不要当面指出他们的过失，以免遭受侮辱。这是符合实际的，但完全采取回避态度也不是一个好办法。

【原文】

人之出言举事，能思虑循省，而不幸有失，则在可谏可议之域。至于恣其性情，而妄言妄行，或明知其非而故为之者，是人必挟其凶暴强悍以排人之议己。善处乡曲者，如见似此之人，非惟不敢谏诲，亦不敢置于言议之间，所以辱侮远也。尝见人不忍平昔①所厚之人有失，而私纳忠言，反为人所怒，曰："我与汝至相厚，汝亦谤我耶！"孟子曰："不仁者，可与言哉？"

【注释】

①平营：平时，平日。

【译文】

人们说话做事，能够思考反省，而不幸有些过失，则在可以劝谏可以议论的范围内。至于那些放纵性情，而又乱说乱做的人，有些是明知其不可却故意要那么做的，这些人一定会怀着凶暴强悍之心来排斥别人议论自己。善于在乡里和人相处的，如果见到和这类人相似的人，非但不敢劝谏教诲，也不敢将他们放入自己的言谈当中，原因是要避免侮辱。曾见到有人不忍心平时亲近的人有过失，而暗中向其进忠言，反倒被那人怨怒，说："我和你交情那么深厚，你也来诽谤我了！"孟子说："对不仁的人，难道可以和他说话吗？"

（27）浮言不足恤

【题解】

诚恳的话语值得听取，虚浮的语言则不足为训。袁氏认为浮言不足畏，这是包含着深刻的人生经验的。

【原文】

人之出言至善，而或有议之者；人有举事至当，而或有非之者。盖众心难一，众口难齐如此。君子之出言举事，苟揆①语心，稽之古训，询之贤者，于理无碍，则纷纷之言皆不足恤。亦不必辩。自古圣贤，当代宰辅，一时守令，皆不能免，况居乡曲，同为编氓②，尤其无所畏，或轻议己，亦何怪焉！大抵指是为非，必妒忌之人，及素有仇怨者。此曹③何足以定公论，正当勿恤勿辩也。

【注释】

①揆：kuí 估量。

②氓：méng 老百姓。

③曹：辈，类。

【译文】

人的言语再好，也有人提出异议；人的行为处理再妥当，也有人会指责。也许是众人的心思难以统一，众人的言语难以一致吧。君子说话办事，先在自己内心权衡一番，再同先圣遗训相对照，然后请教贤能之士，假若都合情合理，那么众人的话就都不值得顾虑，也无须辩解。自古以来的圣贤、当代的宰相辅臣、太守县令都难免遭人非议，何况是远居乡里的普通人，大家都是庶民百姓，有什么值得害怕的！有人随便议论自己，不足为怪；至于颠倒是非的人，必然是出于妒嫉或平素结下怨仇，这些人又怎么能代表公众舆论呢？应该对此不屑一顾，不加辩驳。

（28）谀巽之言多奸诈

【题解】

有些人喜欢奉承别人，而且言辞巧妙，令人难以觉察其不良用心，袁氏主张对于这些"高明"的奉承者应慧眼识破，不要蒙受欺骗，实在是发人深省。

【原文】

人有善诵我之美，使我喜闻而不觉其谀者，小人之最奸黠者也。彼其面谀我而我喜，及其退与他人语，未必不窃笑我为他所愚也。人有善揣人意之所向，先发其端，导而迎之，使人喜其言与己暗合者，亦小人之最奸黠者也。彼其揣我意而果合，及其退与他人语，又未必不窃笑我为他所料也。此虽大贤亦甘受其侮而不悟，奈何！

【译文】

有人善于述说我的好处，使我喜欢听却觉察不到他的奉承，这是小人中最奸诈狡猾的。他当面奉承我而我很喜欢，等到他背过身去和其他人说话时，未必不窃笑我被他愚弄。有人善于揣摩人的心意所向，首先提出我想说未说的话头，引诱着我又逢迎我，使我喜欢他的话和自己心里所想暗合，这也是小人中最奸诈狡猾的。他揣摩我的意向，果然又暗合，等到他转过身去和别人说话时，又未必不窃笑我早为他所预料。这种人，即使大贤之人也甘心受他侮辱而不醒悟，真是无可奈何。

（29）凡事不为己甚

【题解】

与人论理争辩时，袁氏主张适可而止，不要炫耀自己，要有自知之明，因为对方往往不是平庸之辈，只不过表面上不跟你计较罢了。袁氏这些独特的处世经验值得人们认真吸取。

【原文】

人有詈人而人不答者，人必有所容也。不可以为人之畏我而更求以辱之，为之不已。人或起而我应，恐口噤而不能出言矣。人有讼人而人不校①者，人必有所处也。不可以为人之畏我，而更求以攻之，为之不已。人或出而我辩，恐理亏而不能逃罪也。

【注释】

①校：同"较"，计较。

【译文】

有人骂别人而别人不回答，这一定是别人有所容忍。不要认为是别人怕我，还想进一步侮辱别人，闹个不休。如果别人起而回应我，恐怕我张口结舌，说不出话来。有人喜欢和人争辩而别人并不计较，这一定是别人有自己的见解态度。不要认为是别人怕我，还想进一步攻击人家，无休无止。如果别人出来和我辩论，恐怕自己理亏而不能逃避罪责了。

（30）言语虑后则少怨尤

【题解】

与人相处，应严格保守别人的秘密，口头上不能随便暴露别人的隐私和忌讳，否则终将给自己带来麻烦。袁氏的这些劝诫可谓是忠言逆耳利于身。

【原文】

亲戚故旧，人情厚密之时，不可尽以密私之事语之，恐一旦失欢，则前日所言，皆他人所凭以为争讼之资。至有失欢之时，不可尽以切实之语加之，恐忿气既平之后，或与之通好结亲，则前言可愧。大抵愤怒之际，最不可指其隐讳之事，而暴其父祖之恶。吾之一时怒气所激，必欲指其切实而言之，不知彼之怨恨深入骨髓。古人谓"伤人之言，深于矛戟"是也。俗亦谓"打人莫打膝，道人莫道实"。

【译文】

亲戚朋友之间，感情亲密的时候，不可把隐秘的事情告诉对方，担心

的是一旦失和，那么以前所说的话，都成了别人的凭借来作为争辩的材料。到了失和的时候，也不可完全向对方说出大实话，担心的是大家怨恚之气平息以后，或者双方又通好结亲，那么以前所说的话，就令人羞愧了。大概在愤怒的时候，最不能指出人家忌讳的事情，或者暴露人家祖先的丑恶。我受一时怒气所激，一定要指出别人的实际存在的隐私，却不知人家对我的怨恨已深入骨髓。古人说："伤人之言，甚于矛戟"就是这个意思。俗话也说"打人莫打膝盖，道人莫道实情"。

（31）与人言语贵和颜

【题解】

袁氏认为，一个人说话，有时得罪亲朋好友，并非话语本身的内容，而是由于说话者的脸色语气所致，由此告诫家人及外人平时应养成自我克制的习惯，这样才不会惹人反感。

【原文】

亲戚故旧，因言语而失欢者，未必其言语之伤人，多是颜色辞气暴厉，能激人之怒。且如谏人之短，语虽切直，而能温颜下气，纵不见听，亦未必怒。若平常言语，无伤人处，而辞色俱厉，纵不见怒，亦须怀疑。古人谓"怒于室者色于市"，方其有怒，与他人言，必不卑逊。他人不知所自，安得不怪！故盛怒之际与人言语尤当自警。前辈有言："诫酒后语，忌食时嗔①，忍难忍事，顺自强人。"常能持此，最得便宜。

【注释】

①嗔：怒。

【译文】

亲戚朋友间，因为说话而失和的，未必是说的内容本身伤人，大多是脸色、语气粗暴严厉，激起了别人的愤怒。即便是劝谏别人的过错，话说得痛切直率，而能够和颜悦色，语气平和，别人就是听不进，也未必发怒。要是本来平平常常的话，没有伤人的地方，可脸色语气都很严厉，别人就是不发怒，也一定会怀疑。古人说"在家里爱发怒的人到市场上去也会怒形于色"。正当他怒气冲冲时，和别人说话，一定不会谦逊。别人不知这是从何说起，怎会不奇怪！因此盛怒时和别人说话尤其要自我克制。前人说过："警惕酒后失言，忌讳吃饭时发怒，忍难忍的事情，对自强的人恭顺。"常常能坚持这几点，很有好处。

（32）与人交游贵和易

【题解】

　　与人交往是最普通的事情，袁氏主张与人交往态度要平易、诚恳，不要摆架子、露丑态，这对当今年轻人如何与人交往也提供了有益的借鉴。

【原文】

　　与人交游，无问高下，须常和易，不可妄自尊大，修饰边幅。若言行崖异①，则人岂复相近！然又不可太亵狎，樽酒会聚之际，固当歌笑尽欢，恐嘲讥中触人讳忌，则忿争兴焉。

【注释】

　　①崖异：高傲，不随欲。

【译文】

　　和人交往，不要管对方（地位、学识、品德……）是高是低，一定要经常保持和蔼、平易，不可妄自尊大、摆臭架子。如果自己说话做事标新立异，那别人哪还会和你接近！但又不可过分的轻浮戏狎。喝酒聚会的时候，固然应当歌笑尽欢，要注意嘲笑讽刺中触痛了别人的忌讳，那样会引发愤怒和争执。

（33）小人作恶必天诛

【题解】

　　袁氏历来对作恶之人、作恶之事深恶痛绝，在下面这段训诫中，袁氏对于官府纵恶行为也没有过多指责，反而相信上天的报应，这是不足取的，但他的动机应给予高度评价。

【原文】

　　居乡曲间，或有贵显之家，以州县观望而凌人者；又有高资之家，以贿赂公行而凌人者。方其得势之时，州县"不能谁何"，鬼神犹或避之，况贫穷之人，岂可与之较！屋宅坟墓之所邻，山林田园之所接，必横加残害，使归于己而后已。衣食所资，器用之微，凡可其意者，必夺而有之。如此之人，惟当逊而避之，逮其稔恶之深，天诛之加，则其家之子孙自能为其父祖破坏，以与乡人复仇也。乡曲更有健讼之人，把持短长，妄有论讼，以致追扰，州县不敢治其罪。又有恃其父兄子弟之众，结集凶恶，强夺人所有之物。不称意，则群聚殴打，又复贿赂州县，多不竟①其罪。如此之人，亦不必求以穷治，逮其稔恶之深，天诛之加，则无故而自罹于宪网，有计谋所不及救者。大抵作恶而幸免于罪者，必于他时无故而受其

报。所谓"天网恢恢，疏而不漏"②。

【注释】

　　①竟：追究。

　　②"天网恢恢，疏而不漏"：出自《老子》也。

【译文】

　　居住在乡里，有时会有权贵显达的家庭，凭着自家在州县里的地位而欺凌别人；又有大富的家庭，凭着贿赂官府而欺凌别人。当他们得势的时候，州县也不能询问盘查，鬼神只怕也要避而远之，何况贫穷的人，岂可和他们较量！屋宅、坟墓相邻的地方，山林田园相接的地方，他们一定会横行霸道，加以迫害，一定要使贫穷人家的地盘归于自己才罢休。吃饭穿衣所凭靠的东西，一器一物这些小玩意，只要合了他们的心意，一定要夺而归为己有。对这样的人，只好退让远避。等到他们恶贯满盈，上天加诛，恶子恶孙破坏了祖先的家业，这才给受欺负的乡人复了仇。乡里还有善打官司的人，把持着谁对谁错的大权，随意地评论诉讼，以至于追逐扰乱乡人，州县也不敢治他的罪。又有仗着父兄子弟人多势众，聚集了凶恶之人，强行掠夺别人所有的财产。一不称意，则群起殴打，又还贿赂州县，往往没有治罪，不了了之。这样的人，也不必强求穷治其罪，等到他的恶贯满盈，上天加诛，就会无缘无故，自陷法网，即是诡计多端，也无济于事。大致作恶而又幸免于治罪的人，一定会在将来无缘无故受到报应。这就是所谓"天网恢恢，疏而不漏"。

（34）小人难责以忠信

【题解】

　　君子遵守"忠信"，小人却常加违背。袁氏在这里表示了对于小人道义上的谴责，并提倡君子对于小人的宽容，这是可取的。

【原文】

　　"忠信"二字，君子不守者少，小人不守者多。且如小人以物市于人，敝恶①之物，饰为新奇；假伪之物，饰为真实。如绢帛之用胶糊，米麦之增湿润，肉食之灌以水，药材之易以他物。巧其言词，止于求售，误人食用，有不恤也。并不忠也类如此。负人财物久不尝，人苟索之，期以一月，如期索之，不售。又期以一月，如期索之，又不售。至于十数期而不售如初。工匠制器，要其定资②，责其所制之器，期以一月，如期索之，不得。又期以一月，如期索之，又不得。至于十数期而不得如初。其不信也类如此，其他不可悉数。小人朝夕行之，略不之怪。为君子者往往忿懥③，直欲深治之，至于殴打论讼。若君子自省其身，不为不忠不信之事，而怜小人之无知。及其间有不得已而为自便之计，至于如此，可以少置之度外也。

【注释】

①恶：破旧。

②定资：即定金。

③愇：zhì 愤怒。

【译文】

"忠信"两个字，君子不遵守的少，小人不遵守的多。比如小人卖东西给别人，破旧粗糙的，把它装饰新奇；虚假的东西，装饰得像真的一样。比如往绢、帛里加入胶水浆糊，往米、麦里加水添湿润，肉里加水，药材换成其他相似的东西。话说得美妙动听，只要卖得出去，误了别人的食用，根本不顾及。他们的不忠，大多如此。欠人的财物很久不还，别人如果来讨，就定下一月的期限，到期去讨吧，他又不兑现。再延期一月，到期又去讨吧，还是不兑现。以至于拖了十几次，仍然不解决。有的工匠给人制造器具，索要了定金。去要他做的器具，就定下一月期限，到期去要吧，得不到。又延期一月，到期去取吧，又不得。以至于拖了十几次，总之取不到。他们不守信用，大致如此，其他情况不能一一列举。小人天天这么做，自己一点也不认为奇怪。君子常常愤怒，只想重重地处罚他们，以至于殴打争论，闹出官司。如果君子反省自身，自己没做不忠不信的事情，又怜悯小人们无知，是因为他们在生活中有迫不得已才这样偷懒耍滑，到如此地步的。那就可以稍稍地置之度外了。

（35）言貌重则有威

【题解】

品行好的人怎样才能保证为人尊重呢？袁氏认为，应特别注意自己的言辞、神情的严肃庄重，这样就不会遭受别人的侮辱。他的这种忠告值得后人听取。

【原文】

市井街巷，茶坊酒肆，皆小人杂处之地。吾辈或有经由，须当严重其辞貌，则远轻侮之患。倘有讥议，亦不必听，或有狂醉之人，宜即回避，不必与之较可也。

【译文】

市井街巷，茶坊酒肆，都是小人杂处的地方。我辈如果经过，言辞和姿态，一定要严肃庄重，那就会避免受轻薄和污辱。倘若那些人有讥讽和议论，也不必去听；或者碰上喝醉发酒疯的人，应该立即回避，不必和那样的人计较。

（36）居乡曲务平淡

【题解】

古代的富贵者居住在乡间时也爱摆阔气，袁氏在此反对浮华，提倡生活简朴，以便容易让亲友亲近。

【原文】

居于乡曲，舆马衣服不可鲜华。盖乡曲亲故，居贫者多，在我者揭然①异众，贫者羞涩必不敢相近，我亦何安之有！此说不可与口尚乳臭者言。

【注释】

①然：显露的样子。

【译文】

居住在乡间，车、马、衣服不能太鲜艳华丽。因为乡里的亲戚朋友，处于贫穷的居多。如果我穿着打扮，与众不同，那么穷亲戚、穷朋友会感到羞涩，一定不敢来接近，我怎么还能安心？这个问题不可与那些乳臭未干的家伙讨论。

（37）事贵预谋后则时失

【题解】

袁氏在这里提出了人们做事应事先谋划的问题，并依据事实做了分析，使人们明白凡事预谋的重要性，值得人们重视。

【原文】

中产之家，凡事不可不早虑。有男而为之营生，教之生业，皆早虑也。至于养女，亦当早为储蓄衣衾、妆奁之具，及至遣嫁，乃不费力。若置而不问，但称临时，此有何术？不过临时鬻田庐及不恤女子之羞见人也。至于家有老人，而送终之具不为素办，亦称临时，亦无他术，亦是临时鬻田庐及不恤后事之不如仪①也。今人有生一女而种杉万根者，待女长，则鬻杉以为嫁资，此其女必不至失时也。有于少壮之年置寿衣、寿器、寿茔者，此其人必不至三日五日无衣无棺可敛，三年五年无地可葬也。

【注释】

①如仪：符合礼仪。

【译文】

中等产业的人家，凡事不可不早做考虑。有了儿子，为他谋求生计，

第四编　处世

图文珍藏版

776

教给他求生的本事，这都是早做考虑。至于养了女儿，也应该提前给她们储蓄衣服、妆奁之类，等到出嫁时，才不费力。假如置之不理，只说临时再想办法，这又有什么办法？不过临时卖掉田土、住房以及不顾惜女儿无嫁妆羞于见人罢了。至于家里有老人，而送终的用具平时不给他们准备好，也说临时再想办法，到时候也没有其他办法，只得临时卖掉田土、住房以及不顾及办理丧事不符合礼仪罢了。现在有人生了女儿，种下万根杉树，等到女儿长大，就卖掉杉树来办嫁妆，这样女儿就不会因没钱被耽误。有人在少壮之年就置办寿衣、寿器、坟地，这人一定不会落到三天五天无衣无棺可以入殓的地步，更不用说三年五年没有地方下葬了。

（38）周急贵乎当理

【题解】

周济患难之人也要讲合理不合理，如果随便去怜惜别人，有时会遭来祸害。袁氏告诫子孙要依他人的品行和实情去周济、帮助。

【原文】

人有患难不能济，困苦无所诉，贫乏不自存，而其人朴讷怀愧不能言于人者，吾虽无余，亦当随力周助。此人纵不能报，亦必知恩。若其人本非窭乏，而以干谒为业，挟持便佞①之术，遍谒贵人富人之门，过州干州，过县干县，有所得则以为己能，无所得则以为怨仇。在今日则无感德之心，在他日则无报德之事。正可以不恤不顾待之，岂可割吾之不敢用以资人之不当用。

【注释】

①佞：花言巧语，阿谀奉承。

【译文】

人遇上困难不能度过，困窘痛苦却无处诉说，贫穷缺乏难以维持，而如果这人质朴少言，心中羞愧，对人难以启齿的话，我即使没有余力，也要视自己的力量帮助他。这人即使不能回报，也一定知道怀恩。如果这人本来并不困窘缺乏，却以请求诉说为职业，倚仗着花言巧语、阿谀奉承的本事，走遍了富贵人家的大门请求诉说，过州访遍全州，过县访遍全县，得了点东西，以为是自己才能所致，没得到东西，就怀恨在心。在得到东西时没有感恩戴德的心思，在将来就绝无报恩报德的行为。对这种人，正可用不可怜、不顾惜的态度对待他，怎可割舍连我自己都不敢用的钱财，去帮助这等人，让他们花不该用的钱！

（39） 不可轻受人恩

【题解】

　　一个人应怎样对待别人的赐恩呢？袁氏认为不要轻易接受别人的恩惠，假如轻易接受了，那么接受者本人就难以做到人格上的独立，并且也影响到自己的前途与发展。袁氏的劝诫至今仍然值得我们接受。

【原文】

　　居乡及在旅，不可轻受人之恩。方吾未达之时，受人之恩，常在吾怀，每见其人，常怀敬畏。而其人亦以有恩在我，常有德色。及我荣达之后，遍报则有所不及，不报则为亏义。故虽一饭一缣①，亦不可轻受。前辈见人仕宦而广求知己，戒之曰："受恩多则难以立朝"。宜详味此。

【注释】

　　①缣：jiān 丝织品。

【译文】

　　住在乡里或在外旅行，不可轻易接受别人的恩惠。当我还未得志的时候，受了别人的恩惠，常常记在心中，每次见到那人，总是怀着敬畏之情。而那人也因为有恩于我，老是露出做了好事的自得之色。等到我荣耀显达之后，对施恩于我的人一一报答，则难以做到，不报答吧，则很亏知恩图报、有恩必报的大义。因此，即使是一餐饭、一段绸，也不可轻易接受。前辈看到人做官后多方寻求知己，便告诫说："受别人的恩惠多了，则很难立于朝廷"。不妨仔细体味这话。

（40） 受人恩惠当记省

【题解】

　　袁氏在这里换了一个角度谈接受恩惠的问题，他从知恩不报非君子的传统观点出发，告诫受惠者不要忘记别人的恩惠，这是应该加以肯定的。

【原文】

　　今人受人恩惠多不记省，而有所惠于人，最微物亦历历在心。古人言"施人勿念，受施勿忘。"诚为难事。

【译文】

　　现在的人受了别人恩惠常常记不住，而对别人有了恩惠，则即使是一点点东西，也历历在心。古人说：施惠于人不要老记着，受惠于人不要忘却。这真是难以做到的事情。

（41）人情厚薄勿深较

【题解】

生活中，人们往往习惯于投桃报李，以牙还牙，袁氏却主张对于别人的薄情不须计较，反而要以德报怨，为的是防止以怨报怨的恶性循环，袁氏这种主张值得赞赏。

【原文】

人有居贫困时，不为乡人所顾；及其荣达，则视乡人如仇雠①。殊不知乡人不厚于我，我以为憾；我不厚于乡人，乡人他日亦独不记耶！但于其平时薄我者，勿与之厚，亦不必致怨。若其平时不与我相识，苟我可以济助之者，亦不可不为也。

【注释】

①雠：chóu 仇人。

【译文】

人有处于贫困的时候，或许不被乡里的人所顾恤；等到他荣耀显达了，则将乡里的人看得像仇人一样。殊不知乡里的人待我不厚，我对此不满；如果我又待他们不厚，难道将来他们就记不得了吗？只要对那些从前轻视我的人，不与他们亲近就好了，也不必结下怨仇。如果有人平时和我并不相识，只要我有能力帮助他，就不可不帮助。

（42）报怨以直乃公心

【题解】

这一段言论与上一节的"人情厚薄勿深较"一样，强调以德报怨的必要性和重要性，颇多可取之处。

【原文】

圣人①言："以直报怨"。最是中道②，可以通行。大抵以怨报怨，固不足道，而士大夫欲邀长厚之名者，或因宿仇纵奸邪而不治，皆矫饰不近人情。圣人之所谓"直"者，其人贤，不以仇而废之；其人不肖，不以仇而庇之。是非去取，各当其实。以此报怨，必不至递相酬复，无已时也。

【注释】

①圣人：这里指孔子。

②中道：不偏不倚，中正的道理。

【译文】

孔子说："以公平正直来回报怨恨"。这是最为中正的道理，而且普遍

实行。大致以怨恨来回报怨恨，本来不值一提，可士大夫中想要追求宽仁厚道的声名的，有时即使是积蓄很久的仇恨，也要放纵奸邪之人不加追究，这都是虚伪矫饰、不近人情的做法。圣人所说的"公平正直"，是说怨恨的对象如果贤能，不要因为自己怨恨就废弃他；对象如果很坏，也不要本来有仇想图好名声而包庇他。是非对错，去取与夺，都要与实情相符。以这种态度来回报怨恨，就一定不会导致冤冤相报、循环不止的情况。

（43）失物不可猜疑

【题解】

家里丢失东西也是常事，袁氏认为不能随便猜疑，并对猜测带来的不良后果作了种种估计，告诫失主宜慎重从事，切莫草率为之。

【原文】

家居或有失物，不可不急寻。急寻，则人或投之僻处，可以复收，则无事矣。不急，则转而出外，愈不可见。又不可妄猜疑人，猜疑之当，则人或自疑，恐生他虞；猜疑不当，则正窃者反自得意。况疑心一生，则所疑之人揣其行坐辞色皆若窃物，而实未尝有所窃也。或已形于言，或妄有所执治①，而所失之物偶见，或正窃者方获，则悔将若何！

——《袁氏世范》

【注释】

①执治：实行惩罚。

【译文】

家里有时丢了东西，不可不赶紧寻找。赶紧寻找，那么偷的人也许将东西丢到偏僻的地方，可以找回来，就没事了。不抓紧，东西就会一转再转，愈来愈没有找到的可能。也不可胡乱猜疑别人。猜疑正确，偷的人就有可能警觉，恐怕要发生其他不测之事；猜疑不正确，那么真正的盗贼反倒自以为得计。何况疑心一生，则看见怀疑的那人，揣摩他的一举一动、说话、脸色，都像偷了东西似的，而实际上别人不曾偷过。如果将怀疑表现在语言中，或者没搞清楚就抓来惩罚，那么一旦失物偶然发现，或者真正的盗贼被抓获，不知将如何后悔。

（七）郑　涛

《旌义编》论处世

【题解】

郑涛，其家族自宋建炎初年至编写《旌义编》时代，已十代同居，郑家的诗书礼义闻名于世。

（1）同情

【原文】

宗族之无所归者，量拨房屋以居之。更劝勿用火葬，无地者听埋义塚之中。

立义塚一所，乡邻死亡，委无子孙者，与给槽椟埋之。其鳏寡孤独果无以自存者，时赒给之。

里党或有缺食，裁量出谷借之，后催元谷归还，勿收其息。其产子之家，给助粥谷二斗五升。

桥圮路淖，子孙倘有余资，当助修治，以便行客。或遇隆暑，又当于通衢设汤茗一二处，以济渴者，自六月朔至八月朔。

里党之疴瘵疾痛，吾子孙当深念之。彼不自给，况望其馈遗我乎？但有一毫相赠，亦不可受，违者必受天殃。

【译文】

宗族中有无家可归的，应酌量拨出房屋安顿他。死后无墓地的，可埋在义冢之中，不用火葬。

建立义冢一所，作为没有子孙的乡邻的墓地，并给他们棺木予以埋葬。族人应照料鳏寡孤独无法生活的人，时常周济他们。

宗族人中有受饥寒的，应深加怜悯，如确有衣不遮体，食不果腹的，子孙应当量力资助他们。

邻里中有缺乏粮食的，要借给他们一定数量的谷子，到时原数还谷子即可，不收其利息。有生孩子的人家，接济他们谷子二斗五升。

子孙如有剩余的钱，可帮助家乡修桥铺路，以便利行人。如遇酷暑，要在路口处设一两个茶站，以供路人解渴，从六月一日至八月一日期间。

邻里的疾病痛苦，子孙都应放在心上。他们贫困尚不足自给，怎能期望他们馈赠物品给我们呢？所以不得接收他们的一点礼物，违者必受天罚。

（2）礼义

【原文】

子孙不得谑浪败度，免巾徒跣。凡诸举动，不宜掉臂跳足，以蹈轻儇。见宾客，亦当肃行祇揖，不可参差错乱。

【译文】

子孙不得戏谑不敬，光头赤脚。举止要庄重，以免蹈于轻浮。会见宾客，也要庄重行礼，不可手忙脚乱。

（3）宽容

【原文】

子孙当以和待乡曲，宁我容人，毋使人容我，切不可先操忽人之心。若屡相凌逼，进进不已者，当理直之。

——《旌义编》

【译文】

子孙待乡亲要和善，宁可我宽容别人，而不要让人宽容我，千万不可有轻视别人的心理。如果有人对我进行威逼，没完没了的纠缠，应当同他讲明道理。

六、明清篇

（一）徐皇后

《内　训》

【题解】

亲疏内外，唯有爱人才能和睦。古语云："家和万事兴"，不仅家和如此，宗族和睦、乡邻和睦、国家和睦、天下和睦也是同样的道理。

【原文】

仁者无不爱也。亲疏内外，有本末焉，一家之亲，近之为兄弟，远之为宗族，同乎一源矣。

若夫娣姒姑姊妹，亲之至近者也，宜无所不用其情。夫木不荣于干，不能以达支；火不灼乎中，不能以照外。是以施仁必先睦亲，睦亲之务，必有内助。

　　凡一源之出，本无异情，间以异姓，乃生乖别。《书》曰："敦叙九族。"《诗》曰："宜其家人。"主乎内者，体君子之心，重源本之义，敦《颊弁》之德，广《行苇》之风，仁恕宽厚，敷洽惠施。

　　不忘小善，不记小过。录小善则大义明，略小过则谗慝息，谗慝息则亲爱全，亲爱全则恩义备矣。疏戚之际，蔼然和乐，由是推之，内和而外和，一家和而一国和，一国和而天下和矣，可不重与？

——《内训》

【译文】

　　仁义志士没有不爱人的。亲疏内外，有根本有末节。一个家庭的亲戚，最近的是兄弟，最远的则是同宗，它们都出于同一个源头。

　　至于妯娌、姑嫂、姐妹，是亲人中最接近的，应当没有不尽自己的感情的。树木如果主干不荣壮，那么枝叶不会茂盛；火光如果燃烧得不旺盛，就不能照亮外面。因此，要施行仁义，必须先要和睦亲人，和睦亲人的要务，一定是有贤内助。

　　凡是同出一源的人，本来就没有不同的感情，只有间杂有异姓在内，才会产生分离。《尚书》上说："按九族的次第顺序去亲和。"《诗经》上说："一家人和乐安顺。"在家里主事的人要体会君子仁义之心，重视源头根本的含义，加深《颊弁》中所表现的厚待亲戚的品德，推广《行苇》中所表现的和蔼忠厚的风尚，这样仁厚宽恕就会遍及四周，惠施八方。

　　不要忘记别人很小的好处，不要记住别人小小的过失。记住很小的好处，那么大的道义就会昭明，忽略小小的过失，那么谗言邪恶就会消失。谗言邪恶消失了，亲和友爱就会齐全；亲和友爱齐全了那么恩情道义都有了。远亲近戚之间，和睦相处，融洽曳乐。由此推而广之，家里和睦则家外和睦，一个家庭和睦则一个国家和睦，一个国家和睦则整个天下都和睦了，这难道可以不重视吗？

（二）温璜

处世七则

【题解】

　　温母训子以厚道处世，本篇选择了与同处者、亲戚、至亲、邻居、乡人、朋友及陌生人的相处共七则，大体为我们提供了一幅处世缩微图。

【原文】

　　凡人同堂、同室、同窗多年者，情谊深长。其中不无败类之人，是非自有公论，在我当存厚道。

周旋亲友，只看自家力量，随缘答应。穷亲穷眷，放他便宜便宜一两处，才得消谗免谤。

世间轻财好施之子，每到骨肉，反多恚①者。其说有二：他人蒙惠，一丝一粒，连声叫感；至亲视为固然之事，一不堪也。他人至再至三，便难启口；至亲引为久常之例，二不堪也。他到此处，正如哑子吃黄连，说苦不得。或兄弟而父母高堂，或叔侄而翁姑尚在，一团情分，利斧难断。稍有念头防其干涉，杜其借贷，将必牢拴②门户，狠作声气，把天生一副恻怛③，心肠盖藏殆尽，方可坐视不救。如此，便比路人仇敌，更进一层。岂可如此？汝深记我言。

汝大父赤贫，曾借朱姓者二十金，卖米以饷口。逾年，朱姓者病且笃。朱为两槐公纪纲，不敢以私债使闻主人，旁人私幸以为可负也。时大父正客姑熟，偶得朱信，星夜趱④，归，不抵家，竟持前欠本利，至朱姓处，朱已不能言，大父徐徐出所持银，告之曰：前欠一一具奉，乞看过收明。朱姓蹶⑤起颂言曰：世上有如君忠信人哉！吾口眼闭矣，愿君世世生贤子孙。言已气绝，大父遂哭别而归。家人询知其还欠，或骇⑥之。大父曰：吾故骇，所以不到家者，恐为汝辈所惑也。如此盛德，汝曹可不书绅？

凡寡妇不禁子弟出入房阁，无故得谤；妇人盛饰容仪，无故得谤；妇人屡出烧香看戏，无故得谤；严刻仆隶，菲薄乡党，无故得谤。

受谤之事，有必要辩者，有必不可辩者。如系田产钱财的，迟则难解，此必要辩者也。如系闺阃⑦的，静则自销，此必不可辩者也。如系口舌是非的，久当自明，此不必辩者也。

汝与朋友相与，只取其长，弗计其短。如遇刚鲠⑧人，须耐他戾⑨气；遇骏逸人，须耐他阔气；遇朴厚人，须耐他滞气；遇佻达人，须耐他浮气。不徒取益无方，亦是全交之法。

——《温氏母训》

【注释】

①恚：huì 怨恨。

②拴：shuān 结绑。

③恻怛：cèchá 忧伤。

④趱：zǎn 赶快。

⑤蹶：急遽貌。

⑥骇：sì 愚。

⑦阃：kǔn 妇女居住的内室。

⑧鲠：gěng 正直。

⑨戾：lì 凶暴。

大凡同居一家、同居一室和同学多年的人，感情与友谊必定深厚长久。然而这中间也不是没有品行不好的人，是与非自然会有公论，在自己呢，当行忠厚之道。

应酬和关照亲友，要看看自家力量，根据具体情况来答应。那些穷亲戚穷眷属，给予他们一点好处，才可以消除谗言免去谤语。

世界上那些轻财好义、喜欢施舍的人们，常常是对自己骨肉至亲，反而不客气和舍不得。原因有两种说法：别人蒙受恩惠，哪怕是一丝一粒，都连声说感谢；可是至亲却把受到恩惠看作是当然的事情，这是第一个受不了的。别人第二次、第三次要求给予恩惠，便难以开口；可是至亲却要过一次就没完没了，这是第二个受不了的。轻财好施的人们到了这步田地，正如哑巴吃黄连，有苦说不得。因为前来要求给予恩惠的至亲，有时是亲兄弟，这时候父母还在高堂，有时是亲叔侄而公公婆婆尚在，一团亲友间的情感，就是利斧也难以砍断。如果稍微动一点念头防止他们干涉，拒绝向他们施舍借贷，那么必须牢牢关紧家门，做出与平日不同的声音和气息，把天生一副忧伤怜恤的心肠盖藏得一点也不露，只有这样才可以坐视不救。但如果这样，那么比起彼此无关的人和仇敌来说，关系还更恶劣一些，怎么可以这样呢？你必须牢牢记住我的话！

你的祖父过去十分贫困，曾经借了姓朱的二十两银子，做米生意以维持生活。到了第二年，姓朱的病倒了而且病势很严重。这个姓朱的本是两槐公的仆人，他不敢把私人放债的事让主人知道，旁边的人竟私自庆幸认为可以不必偿还了。这个时候你祖父正客居在姑熟这个地方，偶然得到姓朱的病重的音信，便星夜赶回来，没有先回到家里，而是拿着一年前所欠的本金和利息，到姓朱的住处·这时候姓朱的已经不能说话了，你祖父慢慢地拿出带来的银两，告诉他说：一年前所欠的本金和利息现在一一备办奉上，请你看过查收明白。姓朱的急忙坐起，赞叹着说："世界上竟有像你这样忠厚守信的人么！我的口和眼已经快要闭上了，愿你世世代代有贤子贤孙。"话刚说完就断气了。你祖父哭别后回到家里。家里的人询问之后知道你祖父去姓朱的家里还债，有的就说你祖父太愚蠢了。你祖父说：我本来愚蠢，之所以不先回家来，就是怕受你们所蛊惑而迷了心窍。你祖父这样的美德，你们可以不牢牢记住吗？

大凡寡妇都不禁子弟出入房阁，往往无缘无故就会受到指责；妇人过于修饰自己的容貌与仪表，无缘无故就可能会受到指责；妇人经常外出烧香看戏，无缘无故就可能会受到指责；严厉刻薄对待仆人，轻视乡里邻人，无缘无故就可能受到指责。

对于受人诽谤之事，有一些是必须要辩解的，而有一些是不必辩解的。如果是属于田产钱财方面的诽谤，时间久了，难以说清，这就必须要辩解了。如果是属于女性闺房内的什么秘密之类，平静下来了自然就会消失，这些一定不能作辩解。如果是属于口舌是非方面的，时间长了自然就明白，这也就没有必要作辩解了。

你同朋友交往，只择取他的长处，而不要计较他的短处。如果遇到刚正耿直的人，要忍受他的乖张之气；如果遇到不同凡俗的人，要忍受他的欺罔之气；如果遇到朴实厚道的人，要忍受他的凝滞之气；如果遇到喜欢戏谑的人，要忍受他的轻浮之气。这不仅是获益的多种方式，也是保全友谊和交际的方法。

（三）庞尚鹏

处世二要

【题解】

和人相处要注意崇尚厚德，并端正自己的喜好。如果只知道一些具体的处世之道是没有多大用处的，因为你的本性决定着和人交往的性质和程度。千万要注意修养对处世的作用。

（1）崇尚厚德

【原文】

骨肉天亲，同枝连气。凡利害休戚，当死生相维持。若因财产致争，便相视如仇敌，及遭死丧患难，反面不相顾，甚于路人。祖宗有灵，岂忍见此良心灭绝、马牛而襟裙衣领和前后襟？人祸天刑，其应如响，愿子孙以此言殷鉴。

处宗族、乡党、亲友，须言顺而气和。非意相干，可以理遣，人有不及，可以情恕。若子弟僮仆与人相忤，皆当反躬自责，宁人负我，无我负人。彼悻悻然怒发冲冠，讳短以求胜，是速祸也。若果横逆难堪，当思古人所遭，更有甚于此者。惟能持雅量而优容之，自足以潜消狂暴之气。

……

论人惟称其所长，略其所短，切不可扬人之过。非惟自处其厚，亦所以寡怨而弭祸也。若有责善之义，则委曲道之，无为已甚。

【译文】

骨肉至亲天然亲爱，同胞兄弟血气相连。大凡利害、休戚，应当生死相维系。假使因为财产导致争执，便相互视为仇敌，等到遭受死丧祸患时，翻脸不相互照顾，比过路人还要厉害。祖宗有灵魂，怎么容忍见到这种良心灭绝、衣冠禽兽呢？人遭祸患、天遭刑法，其反应像这样警响，希望子孙以这句话作为鉴戒。

和宗族、乡人、亲友相处，要说话柔顺而心气平和。不想干预，可以凭道理贬谪，人家没有达到的，可以依人情而宽恕。假使子弟仆隶和别人有矛盾，都应当反身自责，宁愿别人辜负我，不愿我辜负别人。他怒发冲冠，讳言短处来求得获胜，这招致祸患。假使果真倒行逆施，应当想想古人的遭遇，还有比这要厉害的。唯有能持守大度而容忍他，自然足以渐消狂妄暴躁的怒气。

……

议论人家只有你赞他的长处，忽略他的短处，切忌不能张扬人家的过失。不只可以自己为人厚道，也可以用来减少怨恨消除祸患。假使有劝勉从善之道义，就委婉曲折地说出来，不要太没有休止。

（2）端正喜好

【原文】

子弟立身，非惟颠狂灭义，淫纵伤生，当刻骨痛戒。即嗜好之偏，如广交延誉、避事耽闲、溺琴棋、聚宝玩、购字画、乐歌舞，此皆丧志之具。彼自谓放达清流，岂知其为身家之蠹①哉！

家族、亲戚、乡党，有素重名义，及多才识，为人尊信者，须亲就请教，不时问候。如有家事缓急，可倚以相济，且常闻药石治病用的药方砭石之言，阴受夹持之益。若交游非类，济恶朋奸，是自窬其身也。媢嫉正人，厌闻正论，直待亡命破家而后悔，已无及矣。

士、农、工、商，各居一艺。士为贵，农次之，工商又次之。量力勉图，各审所尚，皆存乎其人耳。予家训首著士行，馀多食货农商语，皆就人家日用之常，而开示途辙，使各有所持循。若该载未尽，当就善言而推广之。

处身固以谦退为贵，若事当勇往而畏缩深藏，则丈夫而妇人矣。古人言若不出口，身若不胜衣，及义所当为，虽孟贲不能夺，此以义为尚者也。事有权衡，其审图之。

粗宗遭家多难，因邻人曲售其诬词，复有落井下石，阴嗾而中之者，乃竟负讼，卒于家。嗟嗟！吾祖饮恨九泉，每一念之，肝肠摧袭。今首祸及助虐之人，曾不再传，皆已灭门矣。予言及此，岂欲修怨哉？示后人知家衅所从起，哀思不能忘耳。

——《庞氏家训》

【注释】

①蠹：duò 害虫。

【译文】

子弟修身，不只是狂妄灭义，淫荡伤生，应当铭记痛戒。即嗜好的偏颇，如广交朋友而播扬美誉、回避繁事而耽于悠闲、溺受琴棋、聚敛古玩、购买字画、热衷歌舞，这都是丧失志向的东西。他自称豪放达观、清高名流，哪知这是自身家庭的祸害。

家族、亲戚、乡人，有素来重视名义，兼及多才广识，为人尊敬而有信义的，要亲自去请教，时不时去问候。如果家中有急事，便可以倚靠相互周济，而且要经常听规诫的话语，暗受扶持的好处。假使交游不是同类，周济恶人、以奸人为友，这是自己掘井而藏身。嫉妒正直的人，讨厌听到正义的话，只等待家破人亡而后悔，已经来不及了。

处世固然要以谦虚退让为珍贵，假使事情应当勇敢前往而畏缩深藏，那么男子汉大丈夫便成了小女子了。古人话语好像不出口，身上好像许多衣，等到道义应当做的时候，即使孟贲这样的勇士也不能侵夺，这是崇尚道义。权衡这些事，还是审慎地考虑吧。

祖宗家中曾遭遇多难，由于邻居隐秘地提供诬陷之词，又有落井下石，暗中教唆而中伤的人，于是竟然输了官司，死在家中。哎哟！我祖宗含恨黄泉，每一想到这一点，肝肠都要受到摧残、袭击。如今生祸的首犯及助纣为虐的人，早已不再传留，都已灭绝门户了。我说到这里，难道想修好前怨吗？我只是示意后人知道家庭遭衅的缘起，哀思不能够忘记罢了。

（四）姚舜牧

《药言》论处世

【题解】

姚氏论处世虽杂多，但基本上可归为三条：第一，处理好同亲友乡邻的关系；第二，不要随便评判别人；第三，处世要能方正能圆融。

【原文】

凡居家不可无亲友之辅。然正人君子，多落落①难合；而侧媚小人，常倒在人怀，易相亲狎。识见未定者遇此辈，即倾心腹任之，略无尔我，而不知其探取者悉得也，其所追求者无厌也，稍有不惬，即将汝阴私攻发于他人矣。名节身家，丧坏不小，孰若亲正人之为有裨哉？然亲正远奸，大要在"敬"之一字。敬则正人君子谓尊己而乐与，彼小人则望望而去耳，不恶而严，舍此更无他法。

交与宜亲正人。若此之匪人，小则诱之佚以荡其家业，大则唆之交构②以戕其本支，甚则导之淫欲以丧其身命。可畏哉！

亲友有贤且达者，不可不厚加结纳，然交接贵协于礼。若从未相知识者，不可妄援交结，徒自招卑谄之辱。且与其费数金，结一贵显之人，不为所礼，孰若将此以周贫急，使彼可永旦夕，而怀感于无穷也。

睦族之次，即在睦邻。邻与我相比日久，最宜亲好。假令以意气相凌压，彼即一时隐忍，能无愤怒之心乎？而久之缓急无望其相助，且更有仇结而不可解者。

尝见有势之家，不独自行暴戾于家，偶乡邻有触于我者，辄加意凌轹③，此大非理。吾家小人家，自无此事或后稍有进焉，亦宜愈加收敛。不独不可凌于乡，即家有豪奴悍仆，但可送官惩治，切勿自逞胸臆，取不可测之祸也。

吾祖居田畔，邻人有占过多尺者，初不与较而自止，若与较鸣官，人必谓我使势矣。今旁近去处或有来售，应买者宁略多价与之，使渠可无后言。或其不然，即切近处视之，若官地军地，自可息欲火矣。天下大一统，尚东有倭，北有卤，不曾方圆得。况百姓家，何必求方圆，费心思，而自掇其扰害哉。

吾子孙但务耕读本业，切莫服役于衙门；但就实地生理④，切莫奔利江湖。衙门有刑法，江湖有风波，可畏哉！虽然，仕宦而舞文而行险，尤有甚于此者。

世称清白之家，匪苟焉而可承者，谓其行已唯事乎布素⑤，教家克尚乎简约，而交游一本乎道义。凡声色货利，非札之干，稍有玷于家声者，戒勿趋之；凡孝友廉节，当为之事，大有关于家声者，竞则从之。而长幼尊卑聚会时，又互相规诲，各求无忝于贤者之后，是为真清白耳。

讼非美事，即有横逆之加，须十分忍耐，莫轻举讼。到必不可已处，然后鸣之官司。然有从旁劝释者，即听其解已之可也。《讼》卦辞"中吉""终凶""不克"等语，最宜三复。然究之做事谋始一语，则绝讼之本也。

……

凡有必不可已的事，即宜自身出，斯可以了得。躲不出，斯人视为懦，受欺受诈，不可胜言矣。且事亦终不结果，多费何益？语云：畏首畏尾，身其余几。可省已。

……

凡闻人过失，父子兄弟私会时，或可语以自警，切不可语之外人。招尤取祸，所关不小。

凡与人遇，宜思其所最忌者，苟轻易出言，中其所忌，彼必谓有心讥讪，痛恨切骨矣。《书》云："睢口出好兴戎。"《诗》云："善戏谑兮，不为谑⑥兮。"戏谑尤所宜慎。

听言当以理观，一闻辄以为据，往往多失。

……

余性太直戆，一时气愤所终言行，多有过当处。虽旋即追悔，已无及矣，是儿曹所宜深戒者。

余闻一善言，无一不绅绎，无一不牢记。向在京遇一好修老人家，偶见余恼发，徐解曰："恼要杀人。"余闻此一语，知好亦杀人，不独恼也。又尝对余言："天平上针是天心，下针是人心，下针须合着上针。"极为善喻。又尝与余言："狮子乳，唯玻璃盏可以盛得，金银器亦能渗漏。"此事虽不试见，然闻人善言，不以宽心承受，能如玻璃盏乎？是语亦有禅几不可不牢记者。

经目之事，犹恐未真，闻人暧昧⑦，决不可出诸口。一句虚言，折尽平生之福。此语可深省也。

……

澹泊二字最好。澹，恬淡澹也；泊，安泊也。恬淡安泊，无他妄念，此心多少快活。反是以求浓艳，趋炎附势，蝇营狗苟，心劳而日拙矣，熟与澹泊之能日休也。

人要方得圆得，而方圆中却又有时宜。在《易》论圆神方知，益以"易贡"二字最妙，变易以贡，是为方圆之时。棱角峭厉非方也，和光同尘非圆也，而固执不通非易也，要认得明白。

——《药言》

【注释】

①落落：孤独的样子。

②交构：互相构陷。

③轹：欺压。

④生理：做买卖。

⑤布素：贫寒之士。

⑥谴：害。

⑦暧昧：隐私。

【译文】

大凡在家居住不能没有亲戚朋友的帮助。然而正直有德的君子，大多孤独难以合群；而侧身谄媚的小人，经常倒靠别人的怀抱，互相亲昵亵渎。见识还没有经验不多的人遇到这种人，会竭尽诚心去相信他，丝毫不分你我，却不知道他想获得的全到手了，想追求的不能满足了，或稍微有不满意的，随即把你的隐私向别人发布。名声节操、自己家庭，损失不小，哪里有比去亲近正直有德的人更有好处呢？然而亲近正人君子，远离奸邪小人，主要在一个"敬"字。恭敬正人君子称许尊重自己而乐意与你来往，小人就会远远望着而离去，不凶恶就能严肃，舍弃这点更加没有其他办法了。

交往应当亲近正人君子。假使与行为不正的人亲近，损失小则引诱你放弃而倾家荡产，损失大则教唆你互相陷害来根杀你的家族，更严重的则诱导你淫乱而失去身家性命。可怕啊！

亲戚朋友中有贤能通达的，不能不多加结交，然而交接贵在符合礼节。假使从不认识的人，不能随便去结交，白白地自己招来卑下谗陷的侮辱。而且与其花费很多钱去结交一个尊贵显要的人，不被他以礼相待，还不如拿这些钱来周济贫穷急困，使他可以维持一天而心怀无穷的感激。

和好宗族以后，就是和好邻居。邻居与我紧靠而居日子很久，最应该亲近相好。假使意气用事而欺压邻居，他即使一时间暗地容忍，难道没有愤怒的心思吗？久而久之，有急事就不能期望他的帮助，而且更加有仇结不能解开了。

曾经见到有势力的家庭，不只是自己施展暴行于家中，偶尔乡人邻居触犯到自己，就会加倍欺压，这很没有道理。我家是小户人家，自然没有这样的事，如或后来稍微进展发达了，也应当更加收敛。不只是不能欺凌乡人，即使家里有强悍的奴仆，只能送到官府惩办，切忌自己快意于胸，得来难以预料的祸患。

我祖父在田边居住，占地超过很多尺寸的邻居，起初不和他们计较却自己停止了。假使和他们计较而惊动官府，人家一定说我家仗势欺人。如今旁边附近的地方有人来买，卖地的人宁可稍微多点价给他，使他可以以后没有话说，如或不这样，随即到很近的地方观察，假使官家军队的田土，自然可以平息欲望了。天下虽大一统，但东边有日本人，北边有蒙古人，不曾完完整整。况且老百姓家里，何必求得完整，大费心机，却自取干扰祸害呢。

我家子孙只从事耕种、读书本职工作，切忌到政府任职；只实际地做买卖，切忌为利奔忙于五湖四海。政府里有刑法，江湖上有风波，可怕啊！虽然这样，做官而玩弄法律而行走险恶，还有比这更厉害的。

世代号称清白人家，不是随便就可以继承的，是说做事能做到贫寒士人，教家能崇尚简朴节约，而与人交往一律源于道义。大凡娱乐利禄，不是礼节的关系，稍微会玷污家庭名声的，警戒不要去做；大凡孝友谦节，应做的事，与家庭名声大有关系的，要争着去做。而尊长和卑幼的人聚会时，又互相规劝教诲，各自求得不辱没了贤人之后，这才是真正的清白。

打官司不是好事，即使有意外逆施加在你头上，必须十分忍耐，不要轻易提出诉讼。到了逼不得已的时候，然后再报告官府。然而如有在旁边劝解的，随即听他化解也可以。《讼》卦辞"中吉""终凶""不克"等

话，最应当多次反复。然而寻究做事谋始一句，则是断绝打官司的根本。

……

大凡有逼不得已的事，随即应当自己出来，这才可以了结。躲着不出来，这样的人会被当作懦弱，受人欺诈，而不能道尽。而且问题也终究没有结果，多费时间又有什么用呢？谚语说："畏首畏脚，自己还剩多少"。可以自省了。

……

大凡听到人家的过失，父子兄弟私下会面时，或可说些自我警醒的话，切忌不能说给外人听到。招致埋怨和祸患，关系非同小可。

大凡和人家相遇，应当想想人家最忌讳什么，如果轻易说出来，中伤了人家的忌讳，他一定会认为你有心讥笑，痛报得刻骨。《尚书》说："唯有说话赏善伐恶"。《诗径》说："善于开玩笑，而不为害吗"。开玩笑尤其应当慎重。

听人家说话应当用道理去看，一听到就拿它作证据，往往多犯错误。

……

我的性情太直爽憨厚，一时间气愤而说完的话，做完的事，大多有过分的地方。即使马上追悔，也来不及了，这是孩子们应当深加警戒的。

我听到一句好话，没有不仔细推究，没有不牢记在心。过去在京城遇到一个喜好修身的老人家，偶尔见到我烦恼发作，他慢慢地向我解释："烦恼会杀人"。我听了这一句话，知道喜好也杀人，不单单烦恼。他又曾对我说："天平的上针是天心，下针是人心，下针必须与上针相合"。这是很好的比喻。又曾经对我说："狮子的乳汁，只有玻璃杯可以盛，金银器也会渗漏"。这事虽然没有尝试见过，然而听人好话，如果不宽心接受，能像玻璃杯吗？这句话也有禅机，不能不牢记在心。

目睹的事情，还怕不真实，听人隐蔽的事，决不能传出去。一句假话，会折尽一生的福气。这句话可以深深反省。

……

淡泊两个字最好。淡是恬恬的淡；泊是安泊的意思。恬淡安泊，没有其他虚妄念头，这颗心多么快活。反过来求得浓艳，趋炎附势，到处去钻营，身心劳累而一天天笨拙，怎比淡泊之能天天休憩。

人必须能方正圆融，而方圆中却又有适宜。在《易经》论圆神方知，更以"易贡"两个字最好，变易卖告。这是方圆的时候。稜角尖厉不方正，和光同尘不圆融，而固执不通不变易，要认识得明白。

（五）吕 坤

《吕新吾闺范》论处世

【题解】

　　吕坤，明万历二年进士，历任山西巡抚，擢刑部侍郎，后来遭小人嫉妒而辞官。他在《闺范》中告诫子孙要诚恳待人，至今还是我们每个家庭父母对孩子教育的基本要求。

【原文】

　　子孙处事接物，当务诚朴，不可置纤巧之物，务以悦人，以长华丽之习。

　　子孙不得与人眩奇斗胜，两不相下。彼以其奢，我以吾俭，吾何害哉！

——《吕新吾闺范》

【译文】

　　子孙待人接物，应诚恳朴实，不可以精巧之物取悦他人，以助长浮华作风。

　　子孙不可同别人炫奇斗胜，互不服气。他奢侈他的，我节俭我的，对我又有什么害处呢？

（六）孙奇逢

1. 容让

【题解】

　　容忍别人历来是为人称道的美德，孙氏从这里找到了以此成功的例子，不能不说是处世的最高回报。

【原文】

　　与人相与①，须有以我容人之意，不求为人所容。颜子犯而不较，孟子三自反，此心翕聚处，不肯少动，方是真能有容。一言不如意，一事少拂心，即以声色相加，此匹夫而未尝读书者也。韩信受辱胯下，张良纳履桥端，此是英雄人以忍辱济事。静修②之言曰：误人最是娄师德③，何不春生未睡前？学人当进此一步。

【注释】

　　①相互：相互结交。

②静修：元朝刘因。

③娄师德：唐武则天时人，事迹见前。

【译文】

与人相处，必须有我来容忍别人的想法，不必要求被别人所容忍。颜回被别人侵犯而不计较，孟子每天多次自我反省，这种心思集中不轻易波动，才真正能够容人。一句话不如自己的意，一件事稍微不顺自己的心，就给人以严厉的声音脸色，这是普通人，没有读过书的人。韩信能忍受从别人胯下钻过去的耻辱，张良能在桥头替人穿鞋，这是英雄用忍受耻辱来求得事业成功。刘因说过：最误人的是娄师德，为什么不教人在别人没有撕破脸皮之前就与人交好呢？读书人应当在这个问题上更进一步。

2. 谏诤

【题解】

谏诤是国人称颂的美德。孙氏从被谏者的角度提出"诚"的重要性，如果你没有诚心那么就不可能有人来劝谏你。

【原文】

朋友谏诤，须求有济，不可自谓直谅，令人有难受之实，徒贻①拒谏之名。忠告善道犹后，积诚而动，自令人不忍负。不信，未可轻言谏也。

【注释】

①贻：留下。

【译文】

在朋友直言劝谏时，必须从中求得补助，不能够自认为正直、诚实，使别人有难受的感觉，白白留下拒绝别人劝谏的名声。朋友的忠诚劝告、善良引导还是其次的，积下了诚心以后再行动，自然会使人不忍心背负你。如果不诚实，就不能够随便说劝谏的话。

3. 不"尽"

【题解】

"物极必反"，孙氏提出说话、聪明、好事三者不能全部占尽，否则会带来祸患。

【原文】

言语忌说尽，聪明忌露尽，好事忌占尽。不独奇福难享，造物恶盈，即此三事不留，余人便侧目矣。

——《孝友堂家训》

【译文】

　　说话切忌把话全说完了，聪明切忌全部露出来了，好事切忌一个人全占尽。不只是奇特的福气难以享受，造化不圆满，这三件事不存在，其他人就会侧目而视了。

（七）陈龙正

《家矩》论处世

【题解】

　　陈龙正，明崇祯进士，历官礼部郎。他以仕途为轻，闭户著书，所著《家矩》告诫子孙，要善于处世，既不乘人之危也不乱交朋友，言行要得体，以免遭灾祸。

（1）不乘凶荒之利

【原文】

　　太平不享豪华，乱离可免兵革，此一理也。又须不乘凶荒之利，方可度兵火之运。只如粜米一事，近年米贵每至两，外富者皆安然粜价。此虽无利人死亡之心，然实乘众之急，而我享其赢，不脱寻常人之态也。人家至举世乱离，独得晏然，是极不寻常之福运，岂累代寻常之人所可致哉。豪华者，世俗认为享太平之乐，而我不肯享。贵卖者，世俗相与行乱离之事，而我未尝行。则虽当乱离之世，其家应长有太平气象。翁大善其言，因曰："每岁于青黄不接之际出米数百，减价十之二三，以济饥贫，所得价值使只与康年相似。所捐虽少，然幸灾乐祸之意消除略尽。"人家累世能然，真可谓脱寻常矣。

【译文】

　　太平年代不奢侈，乱离年代才可免遭兵祸。还要不乘凶荒之机牟取暴利，才可度过兵火的厄运。比如粜米这件事，近年来米价暴涨，这是乘人之危，发国难财，是小人之举。在举世离乱中，家庭能独得安全，是天大的好运，绝不是世代平庸之人所能达到的。世俗认为奢侈是享太平之乐，但我不肯这样。乘机抬价，世俗争相而为，我从不做这种事。虽处乱世之中，家中应保持太平气象。家父同意我的做法，因此说："每年在青黄不接时卖米几百担，减价百分之二十到三十，以帮助饥民，所得利润可同好年成一样。所捐助的虽少，但尽了自己的心意。"家庭世世能这样，就可以说脱去了庸俗人的习气。

（2）馆规

【原文】

　　良朋至戚，同堂共学，君子乐之。然不谈不亲，不方不久。日间接见，笑语各有常度。午前气清，观书索理。午后神倦，静以息之。薄暮与阴俱敛，简点一日所为。凡此三时，并不宜剧谈多笑，洩越神气，招尤致疾，有损无益。惟中饭甫毕，此时饮食在中，浊气薰于上，颇宜动荡手足，发舒言语，使宣通而不滞。知己相对，随意疏散，可以发明义理，条畅血脉，浃洽情意，不亦善乎。自治所以治人，全交乃在好学。芝兰之士，易远难亲；怀安习非，则正人望而却之，所宜切戒。

【译文】

　　与亲朋好友同堂共学，是件值得高兴的事。然而不在一起交谈关系就不会亲密，为人不正直，交往也不会长久。白天相见，说话要以适度为宜。午前空气清新，应认真学习，探求义理；午后精神疲劳，要好好休息；傍晚或阴天时，要复习功课和检查一天的行为。早、中、晚三时，不宜畅谈大笑，容易伤神气，以致患病，有害无利。只有午饭后这段时间，刚吃饱饭，胃中浊气上升，如果活动一下手脚，适当说笑，可使肠胃通畅而不滞。与朋友交谈，无拘无束，可以研讨义理，融洽感情，是件值得高兴的事。自己做得好，才能要求别人，保全友谊的关键在于好学。才德高的人，一般不容易与之接近；而贪图安逸，为非作歹之辈，正直的人是不会与之交往的。

（3）勿竟客言

【原文】

　　听人语言，务令毕遂，勿遏以已见，勿挠以他端。惟谈及市井淫媒者，则宜引古人嘉言，或举目前正事以阻绝之，勿令得竟其说，庶几养童蒙于至正，匡客过于未终。盖仓猝之间，子弟不及避，偶行此权以当塞违之道。或曰择人而交不亦善乎，使此辈得至子弟前，禁其末流晚矣。曰：固也，世衰道微，虽世俗所称雅客良朋，未免有不择言之病。必欲微疵俱绝，则交道穷矣。

【译文】

　　听人说话，一定要让人家把意思表达完全，不可用自己的意见加以阻止，或用其他事干扰。只有谈到市井淫秽事时，则可引用古人良言，或举出当前发生的正经事阻止他，不要让他说完。这样可以教子弟走正道，并且也及时纠正了客人的过错。因为仓促之间，子弟来不及回避，偶尔这样做，也是阻止恶语的权宜之计。有人说，选择正经人交往不更好吗，如果让孩子们接触这种人，再进行教育训戒就晚了，的确，世道衰败，即使是世俗认为的高雅之士，也免不了口出恶语的毛病。然而如果一味求全责备，那么能交往的朋友也就没有了。

（4）事有速了有不了

【原文】

可为之善事，有未及行者；以前之过举，有未及改者；一家之事宜，有未及清妥者，凡此皆人生未了之心愿，当及时了之。大抵亏己一分，饶人一分，无不可也。其有极难处者，便全亏全饶，亦与了断。即使心中轻快，又免贻子孙煎烦，是大便宜也。若居官职业随分尽之，势难行而几可缓者，置之。其义必当为而阻于势，则委职而去可也。亦须早其见，微其辞，若后时讦激，虽去犹殃。此数者皆以完得速、放得下为是。惟修身穷理，有进无已，与此生相终始。

——《家矩》

【译文】

该做的善事没来得及做，从前的过失没来得及纠正，家中的事又没来得及办妥的，这些都是人生的未了心愿，应及时了结。凡事宁可吃亏，让人一分，什么事情都会过去。纵使有极难处理的事，如抱着吃大亏的态度，事情也就好办了。这样不但自己心中畅快，又不会给子孙留下麻烦，所以实际上是占了大便宜。如果做官，要尽心处理事务，有难行的事情可以暂缓，有些事情从道义上讲必须去做，而又碍于强权势力，则可弃官而去，但要早些，否则也会遭殃。以上所养之事皆宜做得快、放得下才对。只有尽毕生的精力，努力提高自己的品德修养，努力进取，才可以做到。

（八）吴麟徵

《家诫要言》论处世

【题解】

吴麟徵之《家诫要言》是其儿子节辑而成的，其中有许多警策之语掷地有声，值得千古传诵。

（1）铲私念却谗诐

【原文】

知有己不知有人，闻人过不闻己过，此祸本也。故自私之念萌，则铲之；谗谀之徒至，则却之。

邓禹十三，杖策于光武，孙策十四为英雄，所忌行步殆不能前。汝辈碌碌事章句，尚不及乡里小儿。人之度量，相越岂止什佰而已乎。

师友当以老成庄重、实心用功为良。若浮薄好动之徒，无益有损，断断不宜交也。

方今多事，举业之外，更当进所学，碌碌度日，少年易过，岂不可惜！

秀才本等，只宜暗修积学，学业成后，四海比肩。如驰逐名场，延揽声气，爱赠不同，必生异议。

【译文】

只知有自己不知有别人，只看到别人的过错而看不到自己的过错，这是祸根。所以自私的念头刚生出，要立即铲除；狡诈阿谀之徒一来，拒绝接待。

邓禹十三岁时，开始辅佐光武帝，孙策十四岁时，已经成了英雄，人就怕看到路途艰险而不敢前进。你们整天忙于书本注释，还赶不上乡村里的小孩子。人的度量气魄，相差真是太大了。

老师、朋友以老成庄重、真心用功的为好。如与轻浮浅薄之徒结交，没有益处反而有害。

眼下是多事的年代，除了科举进士以外，更要努力学习，如虚度时光，转眼就会变老，难道不可惜吗？

秀才都是一样的。只有刻苦学习增长知识，学成之后，才能达到更高的境界。如果争名夺利，广求名声，由于人们好恶不同，评价也会不同。

（2）正身

【原文】

秀才不入社，做官不入党，便有一半身份。

熟读经书，明晰义理，兼通世务，世乱方殷，八股生活，全然冷淡。农桑根本之计，安稳著数，无如此者。诗酒声游，非今日事。

才能知耻，即是上进。

鸟必择木而栖，附托匪人者，必有危身之祸。

见其远者大者，不食邪人之饵，方是二十分识力。

语云：身贵于物，汲汲为利，汲汲为名，俱非尊生之术。

【译文】

秀才不加入社团，当官而不结党，就算有了一半身份。

熟读儒家经典，可以通晓义理，了解人情世故。现在世道正乱，对科举进士要淡漠。农耕是生活的根本，没有比这更可使人安稳的人。至于作诗饮酒交游等事，已不合时宜。

耻于自己的才能的不是，这是进步了。

连鸟也懂得择木而栖居的道理，所以依附坏人，定会有杀身之祸。

见识远大的人，不受奸邪人的利诱，才是真正地见识过人。

常言说：人比任何物都珍贵，如果只追逐身外之物的名和利，绝不是养生之道。

（3）多行善

【原文】

四方衣冠之祸，惨不可言，虽是一时气数，亦是世家习于奢淫不道，有以召之。若积善之家，亦自有获全者，不可不早夜思其故也。

忧贫言贫，便是不安分，为习俗所移处。

孤寡极可念者，须勉力周恤。

近来运当百六，到处多事。行过东齐，往往数百里绝人烟，缙绅衣冠之第，仅存空舍。河南尤惨，一省十亡八九。江南号为乐土，近亦稍稍见端，后忧患更不可测。凡事循省，收敛节俭，惜福惜财，多行善事，勿苟图利益，勿出入县门，勿为门客家奴所使，勿饱食安居晏寝，自鸣得意。

厚朋友而薄骨肉，所谓务华绝根非乎？戒之戒之。

——《家诫要言》

【译文】

各地很多官宦人家遭祸，情状十分悲惨，虽说是命定，也是大户人家惯于骄奢淫逸所招致。如是积善的人家，也有得以保全的，不可不时时深思其中的道理。

为贫穷而烦恼，就是不安分的表现，是受世俗影响所致。

对孤寡可怜的人，要尽力帮助。

近来时运不好是多事之秋。路过东齐等地，往往几百里地没有人烟，官宦绅士之家，只剩下空房子。河南更惨，一省之中，失去十之八九。江南号称安乐的地方，最近已可看出端倪，以后灾难难测。凡事要好好想想，谨慎节俭，珍惜自己的福分和财产，多做好事，不要贪图利益，不可进出县衙门，不要被门客及家奴所驱使，不要吃饱了没事干，自以为得意。

（九）何伦

1. 待人接物

【题解】

古人很注重待人接物，因为这关系到一个人、一个家的社会交往乃至于生存环境。何伦在这方面规定了一个"敬"字。并且分君子和小人而言之，这些话切中要害，是很有分量的处世之道。

【原文】

凡与宾客及尊卑长幼、君子小人相接，仪节固有不同，咸不外乎敬而已矣。若待尊长，必须言温而貌恭，情亲而意洽。尊长或不我爱，益加敬谨可也。待卑幼又在自敬。其身苟能尊严正大，肃矩整规，则为卑幼者修饰畏慎之不暇，孰得而上犯之耶？一或琐碎亵狎①，便无忌惮矣。待君子之敬根于心，百凡相见往来，交际之礼，俱宜从厚，其敬始伸，稍簿则为慢矣。待小人则不然。外若敬而内则疏，包容退让，宁受亏一分，使之自满自愧，于我亦无所损。若与之争竞较量，一旦弃绝，或发其阴私，斥其过恶，彼必终身怀忿，不至中伤而不止耳。此乃一生所验之良方，以为后人应世之药石。

凡客至家，长或宗子出迎，久不相见者则拜。或留饭，家长宗子奉陪。如系子弟中之旧师友，新姻眷，只是此子弟同陪，其余不必见也。留饭之意，既得尽话，又得尽欢，且能尽敬，况路遥者，不使受馁而还。馔贵快便精洁，不贵多品庶②。亲近教益，常可往来。若一丰厚，后来难继也。

【注释】

①亵狎：亵渎轻慢。

②品庶：种类。

【译文】

大凡和宾客及长辈、晚辈、君子、小人相接触，礼节固然有不同，都不外乎一个敬字。假若对待长辈，必须说话温和而样子恭敬，情感亲和而意气融洽。长辈有我不喜欢的，更加敬慎才可以。对待晚辈又在于自我尊重。他自身如果能尊严正大，整肃规矩，那么为晚辈修饰敬畏谨慎而没有空闲，哪个可以触犯他呢？一旦有人琐碎傲慢，便会没有顾及害怕了。对待君子的敬畏根植于内心，大凡相互见面和往来，交际的礼节，都应当采用厚待的办法，敬畏开始表现，稍微薄礼就是傲慢了。对待小人就不这样。表面像是恭敬而内心疏远，容忍退让，宁可吃亏一点。使他自我满足，自我惭愧，对我也没有多少损害。假如与他争强好胜，一旦关系中断，或者揭发他的隐私。痛斥他的缺点，他一定会一辈子怀恨在心，不到中伤诽谤你就不会罢休。这是我一生中所应验的良药，拿它作为后人应付世俗的灵丹妙药。

大凡客人到家里，家长或嫡长子出来迎接，很久没有见面的就互相拜稽。如或挽留吃饭，家长嫡长子一定要奉陪。如果是子弟过去的老师朋友，新来的姻亲家眷，只要这个子弟同陪即可，其余的人不必拜见。挽留吃饭的意愿，既能尽兴畅谈，又可玩得开心。而且还能表达至深的敬意，对于路远的客人，不能让他挨饿而回去。饭菜贵在又快捷方便又精致洁净，而不在于种类是否繁多。亲近和能受教益的，经常可以来往。假使一味丰厚，后来就难以继续了。

2. 出处进退

【题解】

人一辈子中有穷困，也有显达，如何对待这些，何伦为我们提供了一种思考的角度。想要免除杀身之祸的人，无疑要学会进退自如，这样才能真正保身处世。

【原文】

人生天地间，智愚贤不肖，固有不齐，或出或处，或进或退，要当皆以古人为鉴，斯无咎矣。昔伊尹、傅说、吕望、孔明之处也，一耕于有莘之野，一佣于版筑之间，一垂钓渭滨，一高卧南阳。此四公者，不出则寥寥无闻，一出则立业建功，以安天下。向非天子梦卜求而用之，终于农工渔隐之流而已，何尝急急自出，抑何尝以农工渔隐之事为卑鄙而不为也？今人知出而不知处，知进而不知退。凡读书不遂，即鄙农工商贾之事，而不屑为，所以有济世之才，而无资生之策者，多矣。如张齐贤以布衣而条当世之务，艺祖留之以相太宗；范仲淹以秀才而怀天下之忧，君子称之为分内事。今初学之士，就欲妄事，希觊干求，岂二公之俦耶？又留侯、疏广①，功成身退，知止知足，成万世之美名。今之既明且哲，以保其身者几人？吾人能知此四事，于所行所止之间，审己量时，见几而作，则庶几免夫失身之患。

——《何氏家规》

【注释】

①疏广：汉宣帝时的太傅。

【译文】

人生活在世界上，聪明愚蠢、贤能不贤，本来就不齐一，或者出仕做

国学经典文库

中华传世家训

第四编 处世

图文珍藏版

官，或者在家为人，或者进至朝廷，或者退居乡里，都应当以古人作为借鉴，这样就没有过失了。过去伊尹、傅说、姜太公、诸葛亮的处境，一个在有莘部落的野外耕田，一个在修筑工程时作劳工，一个在渭水边垂钓，一个在南阳高卧。这四位，不出仕为官就默默无闻，一出仕为官则建功立业来安定天下。如果不是天子占梦求取而任用，他们就会以农民、劳工、渔民、隐士的身份而终老，哪里曾着急出仕为官，或者把农民、劳工、渔民、隐士之事当作卑贱而不做呢？现在的人知道出仕为官而不知道在家为人，知道进于朝廷却不知道退居乡里。大凡读书没有完成，随即就鄙视农工商贾之事而不屑于去做，有可以用来经营天下的才能却没有生存凭资的策略，这样的人很多。象张齐身为老百姓却有贤能，能够理顺当时事务，宋太祖留用他以辅佐太宗；范仲淹身为读书人却能心怀天下的忧虑，君子称这些为分内之事。当今刚刚学习的人，就想着胡乱之事，希求做官，哪里是两位先生一类的呢？再有张良、疏广，功成身退，知止知足，成就了万世的美好名声。现在的聪明圣哲之人，有几个能守身如玉？我们可以知道这四件事，在行动与不动之间，审视自己衡量时机，看到可以了就出山，那么几乎可以免除杀身之祸。

（十）王夫之

和睦之道

【原文】

　　和睦之道，勿以言语之失，礼节之失，心生芥蒂①。如有不是，何妨面责，慎勿藏之于心，以积怨恨。天下甚大，天下人甚多，富似我者，贫似我者，强似我者，弱似我者，千千万万。尚然弱者不可妒忌强者，强者不可欺凌弱者，何况自己骨肉。有贫弱者，当生怜念，扶助安生；有富强者，当生欢喜心，吾家幸有此人撑持门户。譬如一人左眼生翳②，右眼光明，右眼岂欺左眼，以皮屑投其中乎？又如一人右手便利，左手风痹，左手岂妒忌右手，愿其同瘫痪乎？

　　　　　　　　　　　　　　　　　　——《姜斋文集》

【注释】

　　①芥蒂：梗塞的东西，喻心里不快或有嫌隙。

　　②翳：yì 因眼疾引起的障膜。

【译文】

　　彼此之间和和气所相处得融洽的道理，在于不因言语上的过失、礼节上的过失而心生嫌隙。对方若有不对的地方，不妨当面批评，不要藏在心

里而积成怨恨。天下是很大的，天下的人也是很多的，像我这般富裕的人，像我这般贫穷的人，像我这般强大的人，像我这般弱小的人，千千万万很多很多。弱小的人尚且不可以妒忌强大的人，强大的人不可以欺凌弱小的人，何况自己的骨肉兄弟。对于贫穷弱小的人，理应怀有怜悯关切之情，全力扶助他得以平安生存；对于富裕强大的人，应当对他怀有欢喜之心，感到我们这样的家庭幸而有这样的能人撑持门户。譬如一个人左眼因病引起障膜，右眼光明，右眼怎么能欺负左眼，把灰屑投进去呢？又如一个人的右手很灵便巧利，左手却患风湿麻木，难道左手妒忌右手并且愿意右手一起瘫痪吗？

（十一）毛先舒

顺境逆境

【题解】

毛先舒，清初著名文学家，他所著《家人子语》有关顺境逆境与立身的道理，很有见地，可为今人借鉴。

【原文】

处顺境易，处逆境难，处人伦盘错之逆境尤难。此天地鬼神以此事人，而练之也。处此者稍有蹉跌，则被以大恶之名，而不敢辞。圣贤禽兽之关于此乎，判能善以济之，而不失其正，而可谓读书难字过矣。当如行丛棘，如度危桥、如立万仞之巅，而趾二分垂在外，倚伏进退，喜怒啼笑，总弗轻用，而此中一主于中正，毋稍诡移也。庶手获济，而可以告无罪。又当观古圣贤之善处此者，以通其穷，当死则死。诗云："我思古人，俾无讹①兮。"

——《家人子语》

【注释】

①讹：同"尤"，过失，罪过。

【译文】

人处在顺境中自然事事容易，处在逆境中就非常艰难，尤其是处在人际关系复杂的逆境中就更加窘迫难受，这是造物主对人的考验和磨炼。处在这种逆境中，如稍有差失，便会被加上大恶名，甚至难以洗刷。在决定是圣贤还是禽兽的紧要关头，能毅然渡过去，而不失为正派人，可说是过了难关。就好像走在荆棘丛生的路上，走在残破危险的桥上，或站在陡峭高耸的万仞之巅上，一半脚站在外边，想找个东西依靠，或想走过去退回来都不可能。唯有心中正直，谨慎从事，才能得到帮助，得以摆脱困境。

古代善处逆境的人，具有大无畏精神，需要献身时义不容辞，挺身而出。《诗经》上说："想想古人的言行，就可以使自己减少差错。"

（十二）张习孔

择友

【题解】

张习孔，清顺治进士，他所写《家训》是为留给子孙以勉励他们安分守己、勤俭持家、继承家业，"不至失坠"。这里所选其中几段关于处世择友，可供我们现代父母教育子孙所借鉴。

【原文】

吾人防患，首在择交。所交非人，未有不为其所累者。小人之昵人，如脂饴；而小人之祸人，如毒药。一入喉吻，虽欲悔之而不能矣。然有不知其为小人，而误交者，有明知其为小人，因气味相合而乐交者。呜呼！明知而乐交，忘祖父之训，而甘为匪类，吾不享共祀矣。子孙苟有此者，吾尚望其幡然猛醒，速为改悔，则吾亦回笑于九泉也。至于识见闾陋，无知人之明，唯有寡交谨守，庶无大误。孔子曰："以约失之者鲜矣。"此万金良方也。

人家稍温裕，未有不用人者。然知人实难，有泛交则温美可亲，而共事则奸狡始露者，有听其方则肝胆可沥，当其行则面目尽更者。凡此皆因我无知人之明，为其所愚也。又有始正而终邪，先亲而后背。有遇他人则驯，而遇我则骜。有他人用之则成，我用之则败。若此者，又因处势有盛衰之异，彼我有器识之殊，其类甚多，不能皆举。吾子孙当知己知彼，随时善防。苟无良心迹，少露几微，即当留心防之，善为疏远。其有难遽绝者，唯弗与密狎，敬而远之，斯防患之大端也。

末世人心险诈，一切字迹，不可轻易。与人书札稍涉关系，便须浑融，勿犯形迹。文契券约，当字字检点，不可粗心滥笔，致开问隙。若他人契墨，需我名字花押者，当仔细推详，日后无累否。至于无故托我批一语，要我画一押，即当辞之。总以少写为主。实告以守先人之戒可也。

——《家训》

【译文】

预防灾祸，首先在交友。如果所交的人不适当，没有不受其牵累的。小人亲昵人像蜜糖，而害人如毒药，一入口悔之晚矣。有不知他是小人而误交的，也有明知小人而臭味相投的。后一种人族中弃子。子孙如有甘为匪类之人，我还望其改悔。如见识浅，不善于识别好坏人，就要少交友，才可避免大失误。孔子说："少则不会有失。"这是万金良方。

富裕的人家，都使用仆佣。但知人太难，有的人平日里温和可亲，但事一临头就会暴露出奸诈的本性。有些人听其言肝胆相照，办起事来则面目全非。也有的人开始正派而后奸邪，先亲近而后背叛。有的人别人用他则驯服，而一旦我用他时则桀骜不驯；又有的人别人用他能成事，而我用他则败事，如此等等，不可列举。知己知彼，随时防范，如发现有不良行迹，要疏远他，如很难做到一下子弃绝的，只有敬而远之。

现在人心险诈，一切字迹，不可大意。给人的信若稍涉干系，便须撕毁，不要留下把柄。文书契约要字字检查，不可粗心乱写，以致造成麻烦。如别人契约，需我签字画押的，要仔细推想，看日后有无牵累。无故求我批语等事，要推辞掉。以少写为主，告诉他我这是遵守先人训诫就行了。

（十三）王士晋

《王士晋宗规》论处世

【题解】

王士晋，清初人，所著《王士晋宗规》中关于尊老爱幼、应有同情心等观点，也是现代处世的一些基本准则。

（1）尊老爱幼

【原文】

又有四务：日矜幼弱，曰恤孤寡，曰周窘急，曰解忿竞。幼者稚年，弱者鲜势，人所易欺，则矜之。一有矜悯之心，自随处为之效力矣。鳏寡孤独，王政所先，况乎同族，得于耳闻目击者乎？则恤之。贫者恤以善言，富者恤以财

▲王士晋刻编宗规十六条的《严家祠堂》

谷，皆阴德也。衣食窘急，生计无聊，命运亦乖，则周之。量己量彼，可为则为，不必望其报。不必使人知，吾尽吾心焉。人有忿则争竞，得一人劝之，气遂平，遇一人助之，气愈激，然当局而迷者多矣。居间解之，族人之责也，亦积善之一事也。此之谓四务，引申触类，为义田，为义仓，为义学，为义。教养同族，使生死无失所，皆豪杰所当为者。善乎陶渊明之言曰："周源分流，人易世疏。慨焉寤叹，念兹厥初。"范文正公之言

曰："宗族于吾，固有亲疏，自祖宗视之，则均是子孙，固无亲疏。"此先贤格言也。人能以祖宗之念为念，自知宗族之当睦矣。

【译文】

还有四务：怜悯幼小及弱者，抚恤孤寡人，周济有特殊困难的人，消解争斗。幼者年小，弱者势单，容易被人欺负，应怜悯他们。有怜悯之心，自然会随时随地为他们效力。鳏寡孤独者，国家尚且抚恤，何况同族，能坐视不管吗？要抚恤他们，穷的可用好话宽慰他们，有钱的要给以财谷，都是积阴德。无衣无食的人，生活无着，命运也背，要周济他们。可根据自己的情况，能给就给，不要望人报答，也不必让人知道，尽心而已。人愤怒时就易争斗，如有人相劝，气就可平息，如有人怂恿、相助，气就更大，但当事者多迷。从中化解，是同族人的责任，也是积善的一方面。这叫作四务，引而申之，为义田、义仓、义学、义塚。教养同族人，使其生死有着落，都是豪杰之士当作的。陶渊明说得好："虽是同族，但人渐渐都疏远了，想想祖宗当初的情形，令人感叹。"范文正公说："宗族人对我来说，本来有亲有疏，但从祖宗的角度去看，就都是子孙，本无亲疏远近。"这是先贤的格言。人如能从祖宗的角度出发，自然会懂得同宗族人应当和睦。

（2）姻里当厚

【原文】

姻者，族之亲；里者，族之邻。远则情义相关，近则出门相见。宇宙茫茫，幸而聚集，亦是良缘。况童蒙时，或多同馆，或共游嬉，比之路人迥别。凡事皆当从厚，通有无，恤患难。不论曾否相与，俱以诚心和气遇之。即使彼曾待我薄，我不可以薄待，久之且感而化矣。若恃强凌弱，倚众暴寡，靠富欺贫，捏故占人田地风水，侵山林疆界，放债违例，过三分取息，此皆薄恶凶习。无道好还，尤宜急戒，毋自害儿孙也。

——《王士晋宗规》

【译文】

姻亲，指的是宗族的亲眷；里者，指的是宗族的邻居。远则情义相关，近则出门相见。茫茫宇宙，大家有幸相聚一处，也是缘分。况且从童年时就在一起学习，在一起游玩，比起路人来截然不同。所以，大家在一起凡事都应宽厚，以诚相待，要同甘苦、共患难。若是恃强凌弱，倚众欺少，仗富欺贫，以及占人田产，侵入山林疆界，或是高利放债等，都是凶恶的习俗，是不可饶恕的。应马上戒止，不要遗留灾害给子孙。

（十四）钟于序

和乡党

【题解】

《宗规》是钟于序向子孙传述立身治家的准则，《宗规》共十则。下面这则"和乡党"告诫家人处世应崇尚仁义、和睦向上，很有现实意义，可为今人借鉴。

【原文】

客滞他乡，每忆榆地胜。人羁异国，惟思桑梓情深。怀此故都必曰：先人之敝庐在是。安于末俗亦谓，此中之风土如斯。但既共井而同方，尤贵行仁而尚义。从来狱讼之滋起，多由乡党之不和。或以口角讥评，积为怨府。或以儿童嬉戏，酿厥祸胎。或此姓显荣，彼姓忌同藜刺。或一家殷富，他家疾甚仇雠。或田亩连畴，混于前而夺于后。或婚姻致寇，好以始而隙以终。总之角胜争长，舟中谁非敌国。倘其平情合理，宇内尽若阳春。念此父母之邦，奚容秦越之视。务解纷而排难，远近共藉其干掫。且济困而扶蕳，彼此交资为筦库。鸡豚芋栗，极岁时暇豫之欢；灯火桑麻，尽里社团圞之乐。南翁北叟，啸咏年年；西陌东阡，徜徉日日。何必彦方，始称君子之乡；岂独嘉贞，乃号鸣珂之里？愿与古为徒，自吾族而始。

——《宗规》

【译文】

每当身处异国他乡，自然会怀念自己的家乡。既然同居一地、同吃一井水，就要崇尚仁义。历来打官司，多因邻里之间不和睦所引起。有的因吵架，积怨在心。有的因孩子打闹而种下祸根，有的看人家富贵，因嫉妒而成仇。有的因田地相连，互相争夺。有的因婚姻成仇，开始好而最后破裂。总之争强斗胜，就会处处与人为敌。如果心平气和，天下再大也会和睦。想想这生我养我的地方，怎可以互相仇视。一定要消除矛盾，同心协力，互相帮助，共建君子之乡。愿向古人学习，从我们宗族内作起。

（十五）张英

1. 训子四语

【题解】

这是张英《聪训斋语》中的一则，题目为编者所加。张英在本条中提

出了四个关键问题：读书、守田、积德、择交。在择交方面，反复叮嘱。

【原文】

予之立训，更无多言，只有四语：读书者不贱，守田者不饥，积德者不倾，择交者不败。尝将四语律身训子，亦不用烦言夥①，说矣。虽至寒苦之人，但能读书为文，必使人钦敬，不敢忽视，其人德性，亦必温和，行事决不颠倒，不在功名之得失，遇合之迟速也。守田之法，详于《恒产琐言》。积德之说，《六经》《语》《孟》，诸史百家，无非阐发此议，不须赘说。择交之说，予目击身历，最为深切。此辈毒人，如鸩之入口，蛇之螫肤，断断不易，绝无解救之说，尤四者之纲领也。余言无奇，正布帛菽粟，可衣可食，但在体验亲切耳。

【注释】

①夥：huò 多。

【译文】

我立家训，没有什么好多说的，只有四句话：认真读书的人一定不会贫贱，谨守田产的人永远都不会受到饥饿的威胁，为了求福而做好事的人一辈子都不至于覆灭，善于选择朋友的人永远立于不败之地。我曾从这四个方面律己训子，也不用烦言多说了。虽然是贫寒穷苦的人，只要是能够读书作文，必然会受到别人的钦佩敬重，不敢对他稍微轻视。这样的人在品性方面也必定是温和的，做事一定不会颠倒错乱，不会在乎功名的得失，机遇的迟早。谨守田产的方法，我已详述于《恒产琐言》。有关积德那一部分，古代儒家典籍《六经》《论语》《孟子》等书及诸史百家，无非都是阐发这一方面的内容，我就不必多说了。选择朋友、交际往来这一方面，我看到的和亲自经历过的，最为深切。那些阴险毒辣的人如毒酒入口，如蛇蜇人的皮肤，千万不要轻易和他们结交，一与他们交上朋友就很难脱身、无法挽救，更是这四个方面最重要的问题。我说的话没有什么特殊的，正像布帛菽粟一样，可以当衣穿也可以做饭吃，只在于各人亲身体验得法才有收益。

2. 立身行己四件事

【题解】

在家训中反复叮嘱的四件事情，是张英一生经验的总结。像不怕别人笑自己节俭，不要希望占尽便宜等，都能起到使人警醒的作用。

【原文】

人生必厚重沉静，而后为载福之器。王谢①子弟，席丰履厚，田庐仆役，无一不具。且为人所敬礼，无有轻忽之者。视寒畯之士，终年授读，远离家室，唇燥吻枯，仅博束脩数金，仰事俯育，咸取诸此。应试则徒步而往，风雨泥淖，一步三叹。凡此情形，皆汝辈所习见。仕宦子弟，则乘舆驱肥，即童仆亦无徒行者，岂非福耶？乃与寒士一体怨天尤人，争较锱铢得失，宁非过耶？古人云："予之齿者去其角，与之翼者两其足。"天道造物，必无两全，汝辈既享席丰履厚之福，又思事事周全。揆之天道，岂不诚难。唯有敦厚谦虚，慎言守礼，不可与寒士同一般感慨欷歔，放言高论，怨天尤人，庶不为造物鬼神所呵责。况父祖经营多年，有田庐别业，身则劳于王事，不获安享。为子孙者，生而受其福，乃又不思安享，而妄想妄行，宁不太可惜耶？思尽人子之责，报父祖之恩，致乡里之誉，诒后人之泽，唯有四事：一曰立品，二曰读书，三曰养身，四曰俭用。世家子弟，原是贵重，更得精金美玉之品，言思可道，行思可法，不骄盈、不诈伪、不刻薄、不轻佻，则人之钦重，较三公②而更贵。予不及见祖父赠光禄公恂所府君，每闻乡人言其厚德，邑人仰之如祥麟威凤。方伯公己酉登科，邑人荣之，赠以联曰："张不张威，愿秉文文名天下；盛有盛德，期可藩藩屏王家。"至今桑梓以为美谈。父亲赠光禄公拙菴府君，予逮事三十年，生平无疾言遽色，居身节俭，待人宽厚。为介弟，未尝以一事一言，干谒州县，生平未尝呈送一人。见乡里煦煦以和，所行隐德甚多，从不向人索通欠，以故三世皆祀于乡贤。请主入庙之日，里人莫不欣喜，道盛德之报，是亦何负于人哉？予行年六十有一，生平未尝送一人于捕厅，令其呵谴之，更勿言笞责。愿吾子孙，终守此戒勿犯也。不足则断不可借债，有余则断不可放债。权子母③起家，惟至寒之士稍可，若富贵人家为之，敛怨养奸，得罪招尤，莫此为甚。乡里间荷担负贩，及佣工小人，切不可取其便宜。此种人所争不过数文，我辈视之甚轻，而彼之含怨甚重。每有愚人，见省得一文，以为得计，而不知此种人心忿，口碑所损实大也。待下我一等之人，言语辞气，最为要紧，此事甚不费钱，然彼人受之，同于实惠，只在精神照料得来，不可惮烦，《易》所谓"劳谦"是也。予深知此理，然苦于性情疏懒，惮于趋承，故我唯思退处山泽，不见要人，庶少斯过，终日懔懔耳。读书固所以取科名，继家声，然亦使人敬重。今见贫贱之士，果胸中淹博，笔下氤氲，自然进退安雅，言谈有味，即使迂腐不通方，亦可以教学授徒，为人师表。至举止乃朝廷取士之具，三年开场大比，专视此为优劣。人举业高华秀美，则人不敢轻视。每见仕宦显赫之家，其老者或退或故，而其家索然者，其后无读书人也；其家郁然者，其后有读书之人也。山有猛兽，则藜藿为之不采；家有子弟，则强暴为之改容。岂止掇青紫、荣宗庙而已哉？予尝有言曰："读书者不贱。"不专为场屋进退而言也。父母之爱子，第一望其康宁，第二冀其成名，第三愿其保家。《语》曰："父母唯其疾之忧。"夫子以此答武伯之问孝，至哉斯言！安其身以安父母之心，孝莫大焉。养身之道，一在谨嗜欲，一在慎饮食，一在慎愤怒，一在慎寒暑，一在慎思索，一在慎烦劳。有一于此，足以致病，以贻父母之忧，安得不时时谨凛也？吾贻子孙，不过瘠田数处耳，且甚荒芜不治，水旱多虞。岁入之数，仅足以免饥寒畜妻子而已。一件儿戏事做不得，一件高兴事做不得。生平最喜陆梭山过日治家之法，以为先得我心，诚仿而行之，庶几无鬻产荡家之患。予有言曰："守田者不饥"，此二语足以长世，不在多言。凡人少年德性不定，每见人厌之曰："悭"，笑之曰："啬"，诮之目："俭"，辄面发热，不知此最是美名。人肯以此诮之，亦最是美事，不必避讳。人生豪侠周密之名，至不易副。事事应之，一事不应，遂生嫌怨；人人周之，一人不周，便在形迹。若平素俭啬，见诮于人，省无穷物力，少无穷嫌怨，不亦至便乎？四者立身行己之道。已有崖岸，而其关键切要，则又在于择友。人生二十内外，渐远于师保之严，未跻于成人之列，此时知识大开，性情未定，父师之训不能入，即妻子之言亦不听，惟朋友之言，甘如醴而芳如兰。脱有一淫朋匪友，阑入其侧，朝夕浸灌，鲜有不为其所移者。从前四事，遂荡然而莫可收拾矣，此予幼年时知之最切。今亲戚中倘有此等之人，则踪迹常令疏远，不必亲密；若朋友，则直以不识其颜面，不知其姓名为善。比之毒草哑泉，更当远避。芸圃有诗云："于今道上揶揄鬼，原是尊前妩媚人。"盖痛乎其言之矣。择友何以知其贤否？亦即前四件能行者为良友，不能行者为非良友。予暑中退休，稍有暇晷，遂举胸中所欲言者，笔之于此，语虽无文，然三十余年涉历仕途，多逢险阻，人情物理，知之颇熟，言之较亲，后人勿以予言为迂，而远于亭情也。

【注释】

①王谢：南北朝时期两大家族。

②三公：太师、太傅、太保。

③子母：放出本钱，收取利息，犹如母亲生子。

【译文】

　　人的一生必须宽厚慎重、沉着冷静，然后才能成为享受幸福的人。出身于高门望族的子弟，吃喝丰盛、穿戴厚实，田地房屋、仆人差役，没有不具备的，而且被人们所敬重礼遇，没有人敢轻视忽略他们。看看那些贫穷的读书人，一年到头教书，远远地离开自己的妻子儿女，口干舌燥地讲授，只获得微薄的报酬，侍奉父母，养育儿女，都靠这么一点收入。参加科举考试就要步行前往，冒着风雨，踩着烂泥，一步三叹。所有这些情形都是你们经常看到的。做官人家的子弟，却坐着轿子，骑着肥马，即使是童仆也没有步行的，难道不幸福吗？他们还与穷苦读书人一样怨天尤人，争夺计较极其微小的得失，难道不是太过分了吗？古人说："给了它锋牙

就不给它利角，给了它两翼就只给它两脚"。大自然创造万物，一定没有两全齐美的。你们既然享受吃喝丰盛、穿戴厚实的福分，又想每件事情都很周到全面。用天道来推测，难道不是真正困难的吗！只能敦实宽厚，谦虚谨慎，言语小心，遵守礼仪，不可与贫苦的人一样感慨叹息，说话随便，高谈阔论，怨天尤人，也许不会被创造万物的鬼神所呵斥责骂。何况祖辈父辈经营多年，有田地、房屋、别墅，身子却为公事而劳碌，没有得到过安宁和享乐。作为子孙，生来就享受这样的福分，却又不想安分地享受，只是瞎思考、轻率地行动，难道不是很可惜吗？考虑好做儿子的职责，报答祖辈的恩德，给家乡带来荣誉，给后人留下恩泽，只有做好四件事：一是树立品德，二是读书，三是保养身体，四是勤俭节约。世代做官的人，其子弟原本就尊贵显著，如更具有像精金那样纯良、像美玉那样温和的人品，对自己的言语考虑是否值得人们称道，对自己的行为考虑是否值得人们效法，不骄傲自满，不狡诈虚伪，不刻薄，不轻佻，那么人们对他们的钦佩和看重，比起三公来更显得尊贵。我没赶上看到祖父被赐封为"光禄公恂所府君"时的荣耀，常常听到家乡人提到他的厚德，同邑的人敬仰他就如同吉祥的麒麟和凤凰。方伯公已酉年考中了进士，同邑的人都以他为荣，赠给他一副对联，写道："张不张威，愿秉文文名天下；盛有盛德，期可藩藩屏王家。"至今家乡还把这事作为美谈。父亲被赐封为"光禄公拙菴府君"。我赶上侍奉他三十年，见他一生中没有说话急躁、脸色难看过，居住穿着节俭，待人宽厚。为兄弟没有以一件事一句话去麻烦过州官和县官，生平没有硬塞过一人到官府。

见到乡亲热情和蔼，暗暗做很多好事，从不向人索取讨还拖欠的钱财，所以三代都被祭祀在乡贤祠里。把他的神主牌迎进祀庙的那一天，家乡的人们无不欣喜，都说是对盛德的报答，他们究竟还有什么会有负于人的呢？我快要满六十一岁了，有生以来从没有送一人到捕厅去，使其受呵责，更不用说打过人家。希望我的子孙们始终遵守这个戒条，不要违犯。没钱用的时候决不要去借债，有余钱的时候决不能放债。用借贷生息的方法起家，只有最贫困的人勉强可以，富贵的人家去做，就会招惹怨恨，助长奸恶，得罪别人招惹怨恨没有比这更厉害的了。乡下的挑夫、小贩以及做工的那些人，千万不要去占他们的便宜。这种人所争的不过是几文钱，我们把它看得很轻，但他们却为了这几文钱便自以为得计，却不知这种人心中有怨，口碑上所损失的实在很大。对待比自己低一等的人，说话的口气最为要紧，这件事不花什么钱，但那些人听了，就像受了实惠一样。只要在精神顾得上就不要怕麻烦，这正是《易经》上所说的"勤劳、谦恭"的意思。我深深地懂得这个道理，但苦于性情粗疏懒散，害怕趋势奉承，所以我只考虑隐退居处在山林与川泽，不见重要人物，希望会少一些这样的过错，整日担心害怕啊。读书固然是为了取得科名，继承家世的名声，但也是为使自己受人敬重。现在看到贫贱的人，如真是胸中渊博，笔下有才气，自然会感到进退安雅，言谈有趣味，即使迂腐不通晓为政之道，也可以教学传授门徒，成为人们的榜样。至于科举考试的诗文，是朝廷取士的依据，三年开场大比，专以诗文来判断优劣。一个人如果应试的诗文高华秀美，那么别人就不敢轻视他了。经常看到当官的显赫家庭，他们当中年老的要么退下来，要么去世了，而他们的家庭因此衰落的，其后代必没有读书的人；而家庭兴盛的，其后代必有读书的人。山中有猛兽，那么就野菜都不敢太有光彩；家里有贤能子弟，那么强暴的人就会改变态度。难道仅仅为了拾取高官、荣耀宗庙了吗？我曾经说过这样的话："读书的人不低贱"。不专门是指科举考试的成功与否而言。父母爱子女，第一希望子女健康安宁，第二希望子女功成名就，第三希望子女保守家业。《论语》说："子女唯恐父母有疾病而担忧。"孔夫子用这句话来回答孟武伯怎样孝顺父母的问题，这句话说得多么精辟啊！保重自己的身体来安慰父母的心，没有比这更孝顺的了。保养身体，一在于嗜好欲望方面要严谨，一在于饮食要慎重，一在于不要随便生气发怒，一在于注意寒冷暑热，一在于注意思考问题，一在于注意不要烦躁劳累。有一个方面没有注意到，就足以致病，并给父母带来忧虑，怎么能不时时小心谨慎呢？我留给子孙的，不过是几处瘠薄的田地罢了，而且荒芜得没去管理它了，水灾旱灾多有威胁。每年收成的数目，仅仅够免除饥饿、寒冷，养活妻子儿女而已。一件轻率的事做不得，一件高兴的事做不得，一生中最喜欢陆梭山过日子治家的方法，认为他的方法首先符合我的心思，真心实意地仿效并予以实行，也许不会有倾家荡产的忧患。我有句话说道："守着田地的人不会挨饿。"这句话足以绵续久存，无须多言。大概人在少年时代，自然禀性尚没有定型，每当遇到别人讨厌他说"小气"、笑话他说"吝啬"、讥诮他说"节俭"的时候，总是觉得脸上发烧，却不知道这是最好的美名。别人能够用这样的话来讥诮他，也是最好的美事，没有必要避讳。人豪爽侠义、周到细致的一世名声，很不容易名实相符。每件事情都答应下来，有一件事没答应就会产生嫌隙怨恨；每个人都想要周全到，有一个人没周全到便留下了行动上的迹象。如果平常节俭省用，谅解别人，省得无穷的物力，减少无穷的嫌隙，不是最方便的事吗？这四方面是做人做事的方法。已经有了一定的修养，而关键紧要的就又在于选择朋友。人的一生在二十岁左右渐渐地疏远了家庭教育，却还没有进入成年人的行列，这个时候见识大大地开阔，自然禀性没有定型，父辈师长的教诲听不进去，即使是妻子的话也不会听，只有朋友的话就像甜酒那么甘美，像兰花那么芳香。假如有一个狐朋狗友到了他身边，从早到晚地侵蚀灌输，本人很少有不被带坏的。以前所学的"立品、读书、养身、俭用"四件事，于是丢得干干净净，到了不可收拾的地步。这是我幼年时候所体会的最深切的事情。现在亲戚中如果有这样的人，就疏远他们，不必亲密；如果是朋友，那就干脆以不认他的脸面、不识他的姓名为好，与毒草哑泉相比，对他们更应当远远地避开。芸圃有一首诗中说："于今路上作弄人的鬼，原来是尊长面前讨欢心的人"。这真让人感到痛心。那么，选择朋友怎么知道他贤良不贤良呢？前面说的四件事能够实行的就可是良友，不能实行的就不是良友。我于炎热时节退休，稍有闲暇，于是把心中要说的话提出来，写了以上这么一些。所说的话虽然没有文采，但三十多年涉历做官的路途，遇到很多的险阻，人间实情，事物道理，懂得很熟了，说起来比较亲切，后人不要认为我的话迂腐而远离实际。

3. 人生以择友为第一事

【题解】

这一则，是从前面两则中，专门提出"择友"来讨论，请参考体会。

【原文】

人生以择友为第一事，自就塾①以后，有室有家，渐远父母之教，初离师保之严，此时乍得友朋，投契缔交，其言甘如兰芷，甚至父母兄弟妻子之言，皆不听受，惟朋友之言是信。一有匪人厕于间，德性未定，识见未纯，断未有不为其所移者，余见此屡矣。至仕宦之子弟尤甚。一入其彀中，迷而不悟，脱有关尊长诫谕，反生嫌隙，益滋乖张。故余家训有云："保家莫如择友"，盖痛心疾首其言之也。汝辈但于至戚中，观其德性谨厚，好读书者，交友两三人足矣。况内有兄弟，互相师友，亦不至岑寂。且势利言之，汝则饱温，来交者，岂能皆有文章道德之切劘，平居则有酒食之费，应酬之扰。一遇婚丧有无，则有资给称贷之事，甚至有争讼外侮，则又有关说救援之事。平昔既与之契密，临事却之，必生怨毒反唇。故余以为宜慎之于始也。况且嬉游征逐，耗精神而荒正业，广言谈而滋是非。种种弊端，不可纪极。故特为痛切发挥之。昔人有戒"饭不嚼便咽，路不看便走，话不想便说，事不思便做"。洵为格言。予益之曰："友不择便交，气不忍便动，财不审便取，衣不慎便脱。"

【注释】

①塾：书塾，学校。

【译文】

人的一生应把选择朋友作为第一要事，自从读完书以后，有了妻室、有了家庭，渐渐远离了父母的教诲，刚刚离开塾师的管束，这个时候初次交了朋友，情投意合，建立了交情，朋友的话像兰花、白芷那样甘美，甚至连父母、兄弟、妻子的话都听不进去，而只听信朋友的话。但一有行为不端的人插入进来，因为本人本性没有定型，见识还不纯净，绝没有不被这样的人带坏的。我看到这样的事多着呢。至于当官人家的子弟尤其严重。一旦上了坏人的圈套，迷惘而不会觉悟。如果有长辈告诫晓谕，反而产生嫌隙，更加滋长古怪的脾气和行为。所以我的家训有这样的话："保持家业不如选择朋友。"这是痛心疾首才说这件事的。你们只要在最条的亲戚中间，观察他们的本性是否恭谨厚道，是否喜欢读书，结交两三个就足够了。何况家里有兄弟，互相取长补短作为师友，也不至于寂寞。而且从势利的角度说，你们不愁吃穿，来结交的人，哪里能都有文章道德切磋呢？与朋友交往平时还有喝酒吃饭的花费，应酬的烦扰。一旦遇到婚事丧事有所短缺，就有资助借贷的事情；甚至有争吵诉讼和外来欺侮，就又有通关节、说人情，给予救护援助的麻烦。平时既然与他情投意合，关系密切，遇到有事却推脱。必然产生仇恨，反唇相讥。所以我认为交友应当在一开始就慎重，况且嬉戏游玩，互邀宴饮，耗费精神，荒废正业，谈论的东西多了就会滋生是非。各种各样的毛病，没完没了。所以特意沉痛深切地阐发出来，过去的人特别警戒的是："饭不嚼碎就下咽，路不看清就想走，话不琢磨就乱说，事不思考就去做。"这确实是格言。我补充几点要戒除的就是："朋友不选择就结交，气难忍耐就冲动，钱财不仔细想想就获取，衣裤不慎重就脱掉。"

4. 一言一行，有益于人

【题解】

与人交往，说一句话，做一件事，对别人有益，对自己无损，何乐而不为？

【原文】

与人相交，一言一事，皆须有益于人，便是善人。余偶以忌辰父母祖先逝世的日子，著朝服出门，巷口见一人，遥呼曰："今日是忌辰！"余急易之。虽不识其人，而心感之。如此等事，在彼无丝毫之损，而于人为有益。每谓同一禽鸟也，闻鸾凤之名则喜，闻鸺鹠之声则恶。以鸾凤能为人福，而鸺鹠能为人祸也；同一草木也，毒草则远避之，参苓则共宝之，以毒草能鸩毒杀人，而参苓能益人也。人能处心积虑，一言一动，皆思益人，而痛戒损人，则人望之若鸾凤，宝之如参苓，必为天地之所佑，鬼神之所服，而享有多福矣。此理之最易见者也。

【译文】

与人交往，每说一句话、每做一件事，都要对别人有益处，这样的人就是善人。一次我偶尔在忌日那天,穿了朝服出门去,在巷口看见一个人,远远地喊道:"今天是忌日!"我急忙回去换下朝服。虽不认识那个人,心里却很感激他。诸如此类的一些事情,在对方没有丝毫损失,但对别人却有益处。人们经常说到,同是鸟类,听到鸾鸟和凤凰的名字就欢喜,听到猫头鹰的声音就讨厌。因为鸾鸟和凤凰给人带来幸福,而猫头鹰给人带来灾祸;同是草木,对毒草就远远地躲避,对人参茯苓就都当作宝贝。因为毒草毒害人,而人参茯苓有益于人。一个人能处心积虑对自己的一言一行都考虑有益于人,彻底戒除有损于人的事情,那么人们就会看他如同盼望鸾鸟、凤凰,珍爱他就像珍爱人参茯苓。这样的人必定受天地保佑,使鬼神佩服,享有诸多的福分。这种道理是最明显的。

5. 富贵子弟如何处世

【题解】

这一则是张英《聪训斋语》篇末的总结。对子弟交友、读书、做人等方面的殷切希望,贯穿在这则最长的文字中,可谓一篇之中三致意焉。

【原文】

余久历仕途,日在纷扰、荣辱、劳苦、忧患之中,静念解脱之法,成此八章。自谓于人情物理,消息盈虚,略得其大意。醉醒卧起,作息往来,不过如此而已。顾以年增衰老,无田自适,二十余年来,小斋仅可容膝,寒则温室拥杂花,署则垂帘对高槐,所自适于天壤者,止此耳!求所谓烟霞林壑之趣,则仅托于梦想,形诸篇咏,皆非实境也。辛已①春分前一日,积雪初融,霁色回暖,为三郎廷璐书此,远寄江乡,亦可知翁针砭气质之偏,浏览造物之理,有此一知半见,当不至于汩没本来耳。古称仕宦之家,如再实之木,其根必伤,旨哉斯言!可为深鉴。世家子弟,其修行立名之难,较寒士百倍,何以故?人之当面待之者,万不能寒士之古道,小有失检,谁肯面斥其非?微有骄盈,谁肯深规其过?幼而骄惯,为亲戚之所优容;长而习成,为朋友之所谅恕。至于利交而谄,相诱以为非;势交而谀,相倚而作慝者,又无论矣!人之背后称之者,万不能如寒士之直道,或偶誉其才品,而虑人笑其逢迎;或心赏其文章,而疑人鄙其势利。甚且吹毛索瘢,指摘其过失,而以为名高。批枝伤根,讪笑其前人,而以为痛快,至于求利不得,而嫌隙易生于有无;依势不能,而怨毒相形于荣悴者,又无论矣!故富贵子弟,人之当面待之也恒恕,而背后责之也恒深,如此则何由知其过失,而显其名誉乎?故世家子弟,其谨饬②如寒士,其俭素如寒士,其谦冲小心如寒士,其读书勤苦如寒士,其乐闻规劝如寒士,如此则自视亦已足矣。哪此则自视亦已足矣。而不知人之称之者,尚不能如寒士,必也谨饬倍于寒士,俭素倍于寒士,谦冲小心倍于寒士，读书勤苦倍于寒士，乐闻规劝倍于寒然后人之视之也，仅得与寒士等。今人稍稍能谨饬俭素，谦下勤苦，人不见称，则曰："世道不古，世家子弟难做。"此未尝明于人情物理之故者也。我愿汝曹常以席丰履盛为可危可虑、难处难全之地，勿以为可喜可幸，易安易逸之地。人有非之责之者，遇之不以礼者，则平心和气，思年处之时势，彼之施于我者，应该如此，原非过当，即我所行十分全是，无一毫非理，彼尚在可怒，况我岂能全是乎？古人有言："终身让路，不失尺寸。"老氏③以"让"为宝，左氏曰："让，德之本也"。处里闲之间，信世俗之言，不过曰："渐不可长"，不过曰："后将更甚"，是大不然。人孰无天理良心，是非公道，揆之天道，有满损虚益之义；揆之鬼神，有亏盈福谦之理。自古只闻忍与让，足以消无穷之灾悔；未闻忍与让，翻以让后来之祸患也。欲行忍让之道，先须从小事做起。余曾署刑部事五十日，见天下大讼大狱，多从极小事起。君子谨小慎微，凡事只从小处了。余行年五十余，生平未尝多受小人之侮，只有一善策，能转湾早耳。每思天下事受得小气，则不至于受大气；吃得小亏，则不至于吃大亏，此生平得力之处。凡事最不想占便宜。子曰："放于利而行多怨。"便宜者，天下人之所共争也，我一人据之，则怨萃于我矣。我失便宜，则众怨消矣。故终身失便宜，乃终身得便宜也。汝曹席前人之资，不忧饥寒，居有室庐，使有臧获④，养有田畴，读书有精舍，良不易得。其有游荡非僻，结交淫朋匪友，以致倾家败业，路人指为笑谈，亲戚为之浩叹者，汝曹见之闻之，不待余言也。其有立身醇谨，老成俭朴，择人而友，闭户读书，名日美而业日成，乡里指为令器，父兄其远大者，汝曹见之闻之，不待余言之也。二者何去何从，何得何失，何芳如芝兰，何臭如腐草，何祥如麟凤，何妖如鸺鹠，又岂俟予言哉？汝辈今皆年富力强，饱食温衣，血气未定，岂能无所嗜好？古人云："凡人欲饮酒博弈。"一切嬉戏之事，必皆觅伴侣为之。独读快意书、对山水，可以独自怡悦。凡声色货利一切耆欲之事，好之，有乐则必有苦，唯读书与对山水、只有乐而无苦。今架有藏书，离城数里有佳山水，汝曹与其狎无益之友、听无益之谈、赴无益之应酬，曷若珍重难得之岁月，纵读难得之诗书，快对难得之山水乎？我视汝曹所作诗文，皆有才情、有思致、有性情，非梦梦全无所得于中者，故以此谆谆告之，欲令汝曹发分省事，则心神宁谧，而无纷扰之害。寡交择友，则应酬简而精神有余，不闻非僻之言，不致陷于不义，一味谦和谨饬，则人情服而名誉日起。制义者，秀才立身之本根。本固则人不敢轻，自宜专力攻之。余力及诗字，亦可怡情。良时佳辰，与兄弟姊夫辈，一料理山庄，抚问松竹，以成余志，是皆于汝曹有益无损，有乐无苦之事，其尚聪听之义。

——《聪训斋语》

【注释】

①辛巳：指1701年。

②谨饬：严谨、守规矩。

③老氏：老子。

④臧获：奴婢。

【译文】

我在世途上经历已久，每天处在纷乱、荣辱、劳苦、忧患之中，冷静地思考解脱的办法，写成了这样八章。自认为对人世的事情和事物的道理，略为懂得一个大概。醉、醒、睡、起、动、静，也不过像这样罢了。但是因为年岁增加，日趋衰老，没有田地来养活自己，二十多年来，住处只有立足之地，极其狭小，冬天在温暖的房间里簇拥着杂花，夏天就靠帘子和高大的槐树遮荫避暑，我在世上用来养活自己的，仅仅就是这些罢了。追求所谓游山玩水的乐趣，仅仅是寄托在梦想里，描绘在文字中，都不是亲临其境。辛巳年春分的前一天，积雪刚刚融化，天气转晴变暖，我为三儿廷璐写下这些，远寄乡下，也可知道以我爱好针砭的较偏气质，浏览万事万物的道理，有这样的一知半解，应当不至于埋没了自己。古人声称仕宦之家就像再结实的树木，其根也还是会受到伤害，这句话真是意味深长啊！可以引以为鉴。世家子弟，他们修身实践、树立名声的难度比贫穷的读书人更要难上百倍，是何原因？因为人们对待他们，决不会用对待贫穷读书人的办法一，他们稍微有不检点的地方，谁愿意当面批评斥责呢？他们稍微有点骄傲自满，谁愿意深刻地规劝他们改正呢？幼年的时候，他们娇生惯养，被亲戚所优待宽容；长大后养成了习惯，被朋友所谅解宽恕。至于有人为了利益相交而巴结，用做坏事来引诱，有人为了势利相交而去奉承，相互依靠去做坏事，更没有什么好说的了。而在背后称许他们的人，决不会像对待贫苦读书人那样直截了当，或者偶然赞誉他们的才能品德，却担心别人讥笑自己是在逢迎；或许心里时欣赏他们的文章，却疑心别人鄙视自己为势利眼。甚至有的人吹毛求疵，指责他们的过失，人们却认为这些人是名气很大。有的人批枝伤根，讥笑他们的前辈，人们却以为是件痛快的事。至于有些人追求私利不得，嫌隙就容易产生在有利和无利之中；有些人依仗其势力不能，怨毒就形成在兴盛衰败之间，更没有什么好说的了。所以富贵人家的子弟，别人当面对待他们总是宽恕，但背后指责他们总是尖刻，这样又怎么能够知道他们的过失，而显示出他们的名誉呢！所以世家子弟谨慎像贫穷读书人，俭朴像贫穷读书人，谦虚小心像贫穷读书人，读书勤奋刻苦像贫穷读书人，乐闻别人的规劝像贫穷读书人，自认为这样已足够了。但不知道别人称许他们并不能像对待贫穷读书人那样，富家子弟必须比贫穷读书人更加倍谨慎、加倍俭朴、加倍谦虚小心、加倍勤奋刻苦读书、加倍乐闻规功，这样做了以后，在别人看来才仅仅做得和贫穷读书人一样。现在有些出身世家的子弟稍微谨慎俭朴、谦虚勤苦，别人不称许的话，自己就会说："社会风气变了，世家弟子难做！"这是对人世之情和事物之理没有深刻地理解明白的缘故。我希望你们，常常把丰衣足食作为有危机感，值得忧虑、难于相处、难于保全之处，而不要认为是值得欣喜、荣幸、容易安适、容易休闲之处。别人有说自己不是或责难自己的，如这个人又是个不讲礼貌的，那么，自己就应平心和气，考虑到在当时所处的情况和环境下，对方施加给自己的只能如此，并不过分。即使自己做得完全对，没有一点无道理的地方，还是可以原谅对方，何况自己哪里能够做得十全十美呢？古语有句话："即使一辈子为别人让路，也不会失去一尺一寸之地。"老子以"让"为处世之宝。左丘明说："礼让是德行的根本。"处在乡里之间，相信世俗的言论，不过说："苗头不可助长"，不过说："以后会更严重"，实际上，事实完全不是这样。人谁没有天理良心，是非公道！从天道来看，有盈满亏损的、谦虚增益之义；用鬼神来度，有亏损过于盈满的，而福佑谦让之理。自古以来，只听说"忍"与"让"足以消除无穷的灾祸与悔恨，而没听说过"忍"与"让"反而导出了后来祸患的。要想实行忍让之道，首先必须从小事做起。我曾代理刑部的事务五十天，看到天下大的官司和大的罪案，很多都是由极小的事情引发的。所以君子谨小慎微，遇到什么事只从小的地方去了结。我已五十多岁了，一生中不曾多受小人的侮辱，只仗一条好的计策，就是能及早转弯子罢了。我经常想，对天下的事情受得了小气，就不至于受大气；吃得了小亏，就不至于吃大亏，这是我一生从中得到最有力帮助的地方。对所有的事最不应想去占便宜。孔子说："专向对自己有利益的方面追求，必然招惹许多仇怨。"便宜的事情，天下的人都想争取，我一个人占据了，那么大家的怨恨都集中在我身上。我主动放弃便宜，那么众人对我的怨恨就会消失。所以终身得不到便宜，实际上就是终身得便宜。你们依仗前人的资财，不愁饥寒，住有好房屋，使唤有奴婢，供养有田地，读书有学舍，这些都是得之不易的。也有那么一些人游手好闲，不务正业，结交不正当朋友，结果自己弄得倾家荡产，连路上行人都指责，成为讥笑和议论的对象，连亲戚都为他大声叹息，这些例子你们都看到听到，就不用我来说了。而另有一些修养自身，朴实谨慎，老成俭朴，选择良友，闭门读书，他们的名声一天天好起来，学术事业一天天有成就，被乡亲们认为是优秀人才，父亲兄弟都对之寄予远大期望的，对此你们都看到听到，就不用我来说了。这两种人你们选择哪一种？哪一种人是得，哪一种人是失？哪一种人芳香如芝兰，哪一种人发臭如腐草？哪一种人吉祥如麒麟凤凰，哪一种人邪恶如不吉不利的猫头鹰？这些又怎么用得着我来说呢？你们现在都年富力强，丰衣足食，个性尚未定型，怎么能没有什么嗜好呢？古人说："所有的人都想饮酒下棋。"但一切娱乐游戏的事情，都要寻找伙伴来做，只有读称心的书、欣赏山水，才可以独自一人就可以从中得到乐趣。凡是靡靡之音、女色、金钱、私利等一切嗜好欲望的事情，对之爱好和追求，则有乐必有苦。唯有读书和欣赏山水，有乐而无苦。现在书架上有藏书，离城几里远有美好的山水，你们与其亲近无益的朋友，听无益的闲谈，赴无益的应酬，还不如珍惜这难得的岁月，多读些难得的诗书，愉快地欣赏难得的山水呢！我看你们所作的诗和文章，都有才华，有思想意趣，有气质天赋，不是糊里糊涂完全没有什么收获，所以用这些话来谆谆告诫你们，就是想让你们安分懂事，心神就会宁静，没有骚扰混乱之害。减少交往，选择良友，应酬就会简单，精力就会充足，不去听不正的言谈，就不会陷于不义之中。一心做到谦虚谨慎，别人就会信服，自己的名誉就会一天天建立起来。八股文是秀才立身的根本。这个根本很牢固，别人不敢轻视，故自然应专心致力地钻研。如还有余力，可以在做诗和书法上花些功夫，也能使精神愉快。良时佳辰，与兄弟和姐夫他们一起料理山庄，以松竹为友，来实现自己的志向。这些都是对你们有益而无害、有乐而无苦的事情。希望你们懂得耳聪善听的真意。

（十六）张廷玉

《澄怀园语》论处世

【题解】

张廷玉，清康熙进士，雍正年间为军机大臣，他政务繁忙，处世缜密，在朝中德高望重。《澄怀园语》是张廷玉暇时训诫子侄的语录，尤其是对怎样对待具体环境，极有见地，值得研读。

（1）经验之谈

【原文】

偶因奏事小憩内监直房，见壁间有祝枝山墨刻曰："喜传语者，不可与语；好议事者，不可图事。"余叹曰，此阅历之言也。归语儿辈识之。

【译文】

我偶尔因上奏的事，在内监直房休息。看见壁上挂有祝枝山的一幅字："喜欢传话的人，不能与他言谈；喜欢议论事的人，不可同他办事。"看过之后我深有感触。这真是至理之言啊！讲给你们听，并要记住这经验之谈。

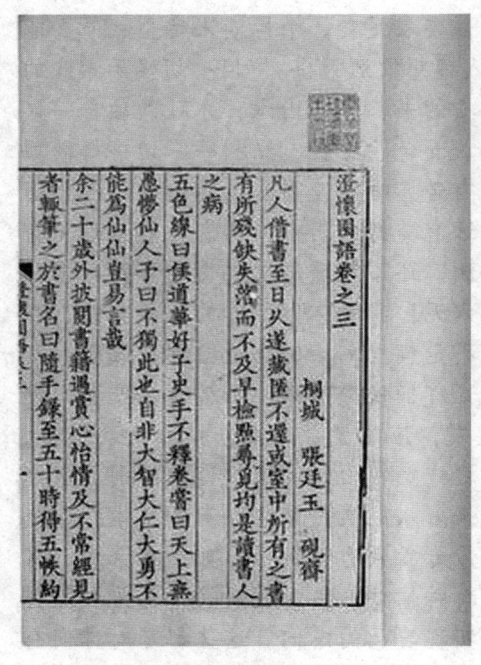

▲《澄怀园语》书影

（2）直言有益

【原文】

人以必不可行之事来求我，我直指其不可而谢绝之，彼必怫然不乐。然早断其妄念，亦一大阴德也。若犹豫含糊，使彼妄生觊觎，或更以此得罪，此最造孽。人之精神力量，必使有余于事，而后不为事所苦。如饮酒者，能饮十杯，只饮八杯，则其量宽然有余。若饮十五杯，则不能胜矣。

——《澄怀园语》

【译文】

如有人求我帮他做一些不应该做的事，我若直言不讳地谢绝他，他肯定会不高兴。但这样早早断了他的妄想，也是积了一大阴德。如含糊其辞，使他产生非分之想，或因此而获罪，就是造孽。凡事首先应在思想上有所准备，才不至于被困扰。这就好比喝酒，有喝十杯的酒量而只喝八杯，那么酒量绰绰有余，喝十五杯就醉了。

（十七）唐彪

学圣贤胸怀坦荡

【题解】

唐彪在《人生必读书》中论及立身处世，认为要做一个品德高尚的人，应当善于原谅宽恕别人，坦诚相待，而不应自私自利。

【原文】

人之过端，得于传闻者，十有九伪。安可故意快我谈锋，增加分数，便其人小过成大，负玷终身。他日与人有讼，人即据传为口实。或官府闻之，令其受殃，是我害之，罪莫重矣。故传闻人过，增加分数，关系已之阴骘尤大也。

盛德者，其心和平，见人皆可交；德薄者，其心刻傲，见人皆可鄙。观人者，看其口中所许可者多，则知其德之厚矣。看其人口中所未满者

多，则知其德之薄矣。人生涉世，有忽略之事，有过激之言，二者皆不自知。若知之，必不施之于人矣。宜代为推原，以为彼之过端，彼不自知也。勿置芥蒂于心，恶怒可释矣。若不能，则当直言以告，令其知之，息必知过而谢罪矣。乃世之人，缄口不言，他日乘其有隙。搜索过端以报之。若受报之人能自反者，心思曰：彼如是加我，或我平日有怨于彼，虚心下气，问其所以，彼将开诚言我之过，怨可由此两忘矣。无如亦不能也，于是怨毒相加，至于展转反覆，而无休息。若更有谗人交构于中，则报复益烈。嗟乎！忽略之事，过激之举，人孰无之。既不能推情宽恕，复不能坦怀直告，至令展转报复而无休息，岂非自成其衅乎！

凡人立身，断不可做自了汉。人生顶天立地，万物皆备于我。范文正做秀才时，便以天下为己任，便有宰相气象。如今人，岂能即做宰相？但设心行事，有利人之意，便是圣贤，便是豪杰，为官可也，为士民亦可也。无如人只要自己好，总不知有他人。一身之外，皆为胡越，志既小，安能成大事哉。

——《人生必读书》

【译文】

从传闲话的人那里听到的某人的过错，十之八九是假的。因而不应该夸大其辞，添油加醋，使人小过成大，终身受辱。一旦与人发生纠葛，对方就会以听来的闲话作为把柄，如告到官府，被告者就会遭殃，是我害了他，罪孽深重。所以乱传人的过失，甚至添枝加叶的事，关系到自己的品德。

品德高尚的人，善良豁达，认为世人皆可交；品德低下的人，刻薄傲慢，认为世人皆可鄙。考察一个人，如他对人或事物的赞许多，说明他的品德高尚，品质低下的人往往贬损责怪多。人生活在社会中，言行难免有失当之处，自己却又觉察不到。如能设身处地谅解别人的过错，怨恨与不快必能消释。如果做不到这一点，就应当直截了当告诉对方，对方知道了自己的过失定然会表示歉意的。然而社会上的人往往缄口不言，一旦有了报复的机会便极力攻击。倘若被报复的人善于反省，能醒悟到是由于过去自己的过失引起的，并能虚心探究原委，而对方又能开诚布公，结怨便可消解。否则，怨恨相加，以牙还牙，永无休止，再加上坏人挑拨，怨仇更烈。人既难免言行失当，如果既不能原谅宽恕别人，又不能坦诚直抒胸臆，结果弄得互相报复，仇恨加深，这不是自己造成灾祸吗？

为人处事，绝不能自私自利，应顶天立地，心胸博大。范仲淹做秀才时，便以天下为己任，已有宰相气概。像现在的人怎能做宰相？做事不患得患失，总考虑他人的利益，就是圣贤、豪杰，做官能当好官，为民能当良民。一事当前，只顾自己，不顾他人，将自身束缚在狭小的天地，志小

气短，怎能成大事。

（十八）史典

宽以待人

【题解】

　　史典，生长在扬州繁华之地，饱经世故，曲体人情。他的家训《愿体集》主要讲怎样与人相处的道理。他教导孩子要"有礼貌，懂礼义""不违背诺言，不苟言笑"，对朋友不能"轻出恶语，随意怪罪"，对小人"虽应远避，但不能明显地将其划为仇敌"等等，有现代处世的现实意义。

【原文】

　　朋友即甚相得，未有事事如意者，一言一事之不合，且自含忍，不得遂轻出恶言，亦不必逢人诉说。恐怒过心回，无颜再见。且恐他友闻之，各自寒心。

　　小人固当远，然亦不可显为仇敌。君子固当亲，然亦不可曲为附和。

　　交之初也，多见其善。及其久也，多见其过，未必其后之逊于前也，厌心生焉耳。人之生也，但念其过，及其死也，但念其善，未必其后之逾于前也，哀思动之耳。人能以待死者之心待生人，则其取材也必宽，人能以待初交之心待故旧，则其责备也必恕，宜思之。

　　古人云："有一人知，可以不恨。"以明知己之难也。逢人班荆，到处投辖。然则知己若是其多乎？不过声气浮慕，以为豪举耳。一事不如意，怨谤丛起，不如慎交择友，自然得力。

　　友先贫贱而后富贵，我当察其情，恐我欲亲而友欲疏也。友先富贵而后贫贱，我当加其敬，恐友防我疏而我遂处其疏也。

　　人固不可多事，然亲友有义不容辞者，以事重托，理宜委婉力行。行至必不能行，我心已尽，而亲朋自亦见谅。近见一种自了汉，止知自吃饭、自穿衣，若人稍有所托，即沉吟推诿；生平未尝代人挑一担，解一事。及到有事，未必不求人，若人人似我，又当何如？

　　　　　　　　　　　　　　　　　　　　　　——《愿体集》

【译文】

　　朋友再好，也不可能事事都合心意。偶有一事不合心意，不能轻出恶语伤人，也不可逢人诉说，因而怪罪朋友。因为一旦怒气消了，就不好意思再见面。何况其他朋友听了，也会寒心。

　　小人固然应当远避，但不能明显地将其划为仇敌。君子应当多接近，但也不可曲意逢迎。

交友往往在开始时看到对方优点多，时间长了，就会多发现对方的缺点，这未必是朋友后来的行为不如当初，而是你产生了厌烦之心的缘故。人活着的时候，只看到他的过错，死后人们便想到他的好处。并不是他死后反而会比生前更有利于人，而是哀思之情所致。人如能以对死者之心对待活人，那么用人就不会求全责备，取才必定就宽；人若能以待初交之心待故友，那么就不会斤斤计较于一言一行，就会以宽厚之心待人。这是值得我们深思的。

古人说："得一知己，死而无憾。"说明得一知己太难。如逢人便是朋友，知己哪有这么多？不过是一时意气相投，便以为是豪侠之举。仅仅为一点小事不满意，就怨恨诽谤，不如谨慎择交，得益长久。

如朋友先贫贱而后来富贵，我应体察他的心理，以防出现这种情况：我想与他接近，而他则想疏远我。如果朋友先富贵而后贫贱，我应更加敬他，唯恐朋友担心我疏远他。

人固然不可多管闲事，但亲友有托，理当尽力而为。如能尽心尽力，即使事没办成，亲戚朋友也能谅解。近来看到一种自私鬼，只知自己吃饭、穿衣，如果有人稍有所托，便百般推诿，生平不曾帮人挑过一担水，办过一件事。等到这类人自己有事，不可能全不求人。如果别人都像他一样，又会怎样呢？

（十九）蔡世远

宽厚仁义

【题解】

蔡世远，康熙进士，他认为天下事坏就坏在懒惰和自私上，怎能指望懒惰和利欲熏心的人有器量、有见识，成就一番大事业呢？因为一有私心，就会产生嫉妒刻薄之心，就是对自己的同胞兄弟、亲戚朋友也可以弃之不顾。

【原文】

凡行事，揆之情理，裁之以义，切不可为人所愚。宵小之辈，动以利，不听，则协以名，欺诳于初，后则去：不可中止。须自主张，不拘何人，守义要切，父命当遵。

待人最要从厚，人待我不循理，我以薄施之，是我无以异于彼也。只循我分，尽我心。

在家事叔父，当如父。事两叔母，如母。凡事如己事，不可推诿。凡藉端避嫌者，皆孝友之心不挚也。我在家时，由亲及疏，应为谋者，必悉

心力，人亦相谅，汝所见也。

——《蔡梁村示子弟帖》

【译文】

　　凡事要依据情理和道义处置，切不可被人愚弄。坏人往往先施小利，再以名誉进行要挟欺诈以致胁迫。所以办事一定要有主见，无论与什么人都应以道义作为相处的原则。

　　待人要宽厚，如果别人对我无理，我也同样对他无理，那么我就与他没什么两样了。凡事应尽到自己的责任，做自己应该做的事。

　　在家对叔叔要像对父亲一样，对婶母就像母亲一样。凡有事情，要像对待自己的事情一样，不可推诿。凡是找借口避嫌，都是孝友之心不真挚的表现。我在家时，从亲近的到疏远的人，应该为人办的事，总是尽心大力相助，人也体谅我，这是你所看到的。

（二十）郑燮

1. 雍正十年杭州韬光庵中寄舍弟墨

【题解】

　　郑板桥在这封信里主要论述贫富贵贱往往都是暂时的，不必以富贵欺人的道理。他要求堂弟郑板默要心存忠厚，不可处心积虑算计别人。

【原文】

　　谁非黄帝尧舜之子孙，而至于今日，其不幸而为臧获①，为婢妾，为舆台、皂隶②，窘穷迫逼，无可奈何。非其数十代以前即自臧获婢妾舆台皂隶来也。一旦奋发有为，精勤不倦，有及身而富贵者矣，有及其子孙而富贵者矣，王侯将相岂有种乎！而一二失路名家③，落魄贵胄，借祖宗以欺人，述先代而自大。辄曰："彼何人也，反在霄汉；我何人也，反在泥涂。天道不可凭，人事不可问！"嗟乎！不知此正所谓天道人事也。天道福善祸淫，彼善而富贵，尔淫而贫贱，理也，庸何伤？天道循环倚伏，彼祖宗贫贱，今当富贵，尔祖宗富贵，今当贫贱，理也，又何伤？天道如此，人事即在其中矣。愚兄为秀才时，检家中旧书簏，得前代家奴契券，即于灯下焚去，并不返诸其人。恐明与之，反多一番形迹，增一番愧恶。自我用人，从不书券，合则留，不合则去。何苦存此一纸，使吾后世子孙，借为口实，以便苛求抑勒乎！如此存心，是为人处，即是为己处。若事事预留把柄，使入其网罗，无能逃脱，其穷愈速，其祸即来，其子孙即有不可问之事、不可测之忧。试看世间会打算的，何曾打算得别人一点，直是算尽自家耳！可哀可叹，吾弟识之。

国学经典文库

中华传世家训

第四编 处世

图文珍藏版

824

【注释】

①臧获：男女奴隶贱称。

②皂隶：地位低贱的人。

③名家：名门子弟。

【译文】

谁不是黄帝、唐尧、虞舜的子孙，可是到了今天，有人不幸做了奴仆，沦为贱人，受苦受穷走投无路，毫无办法。可他们几十代以前并不是奴婢贱人。有些人有朝一日奋发起来有所作为，专心致志勤劳努力，在自己这一代就富贵起来了，有的到儿辈孙辈就富贵起来了。王侯将相难道是天生的贵种吗！但是有这么一两个不得志的名门后代，败落了的贵家子弟，依靠祖宗来欺压别人，夸耀上代自大自狂，动不动就说："他是何等样人，反而青云得志；我是何等样人，反而沦陷污泥。天理不能作准，人事莫可究诘！"唉！他们不懂得这正是所说的天理和人事啊。天理就是对好人赐福，对恶人降祸。他行善就富贵，你作恶就贫贱，就是这个道理？有什么可伤心的呢？天理是周而复始互相依存的，他的祖先贫贱，现在就应富贵；你的祖宗富贵，现在就应贫贱，就是这个道理了，又有什么可伤心的呢？天理是这样，世事人情也就包含于其间了。愚兄做秀才的时候，翻检家中的旧书箱，找到前代家奴的卖身契，就在灯下烧掉，并不送还给他本人。怕的是明着还给他，反而多了一番痕迹，增加他一番羞愧。自从我用人以来，从不写契约，合适的就留下，不合适的就打发走。何必要保留这一张纸，让我的后代子孙，以此作为借口，来苛求、压迫别人呢！这样的用心，是为别人着想，同时也是为自己着想。假如每一件事都预先留着一手，让别人落入他的圈，无法逃避，那么他的穷困来得更快，他的灾难随即降临，其子孙就会发生不堪问闻的事、不可预料的忧患。不妨看看世上那些精于算计的人，实际上哪里算计得到别人的一星半点，不过是算计尽了自己罢了！可悲可叹啊！希望我弟弟记住这一点。

2. 焦山读书寄四弟墨

【题解】

这封信主要讲和尚多是贫寒子弟走投无路才做的，不可"深恶痛绝"。倒是有些读书人，满嘴仁义礼智，实际上不仁不智，无礼无义。

【原文】

僧人遍满天下，不是西域送来的。即吾中国之父兄子弟，穷而无归，入而难返者也。削去头发便是他，留起头发还是我。怒眉瞋目，叱为异端而深恶痛绝之，亦觉太过。佛自周昭王时下生，迄于灭度①，足迹未尝履中国土。后八百年而有汉明帝，说谎说梦，惹出这场事来，佛实不闻不晓。今不责明帝，而齐声骂佛，佛何辜乎？况自昌黎辟佛以来，孔道大明，佛焰渐患，帝王卿相，一遵《六经》《四子》之书，以为齐家治国平天下之道，此时而犹言辟佛，亦如同嚼蜡而已。和尚是佛之罪人，杀盗淫妄，贪婪势利，无复明心见性之规。秀才亦是孔子罪人，不仁不智，无礼无义，无复守先待后之意。秀才骂和尚，和尚亦骂秀才。语云："各人自扫阶前雪，莫管他家屋瓦霜。"老弟以为然否？偶有所触，书以寄汝，并示无方师一笑也。

【注释】

①灭度：僧人去世称灭度。

【译文】

遍布全国的和尚，并不是西方国家送来的。都是我们中国的父老兄弟，由于贫穷没有依靠，出家而无法还俗啊。剃掉头发是和尚，留起头发仍是我辈。人们横眉竖眼地斥责为"异端"因而极端仇视他，未免显得太过分。佛祖释迦牟尼在周昭王时出生，直到他去世，一步也不曾踏过中国的土地。八百年以后有个汉明帝，说是梦中遇见佛后，才有佛教传入中国的事来，佛祖本人对此完全不清楚，不了解。现在人们不去责备汉明帝，却异口同声地骂佛祖，佛祖有什么罪过呢？何况从韩愈排斥佛教以来，孔子的学说大为发扬，佛教的势力日渐消失，皇帝和朝廷大臣全都遵守《六经》《四书》的教导，并以此作为整肃家庭，治理国家，安定天下的原则，此时仍扬言排斥佛教，也实在没有味道了。和尚是佛祖的罪人，杀人偷盗，淫乱越轨，贪求财物，势利待人，不再有破除迷误，悟彻本性的规矩。但是秀才也是孔子的罪人，不讲仁德智慧，不守礼节道义，不再有遵守先王礼教并传之后人的志向。秀才叱骂和尚，和尚也叱骂秀才。俗话说："各人自扫阶前雪，莫管他家屋瓦霜。"老弟认为对不对呢？我偶然有所感触，写下来寄给你，可以给无方大师看看，博他一笑吧。

3. 淮安舟中寄舍弟墨

【题解】

世上没有不好的人吗？当然是有的。但郑板桥在这里强调的是要爱人，不要老认为别人可恶，那样的话，自己也可恶了。这封信讲的道理很明白，可惜人们难以做到。

【原文】

以人为可爱，而我亦可爱矣；以人为可恶，而我亦可恶矣。东坡一生觉得世上没有不好的人，最是他好处。愚兄平生漫骂无礼，然人有一才一技之长，一行一言之美，未尝不啧啧称道。橐中数千金，随手散尽，爱人故也。至于缺厄欹危之处，亦往往得人之力。好骂人，尤好骂秀才。细细想来，秀才受病，只是推廓不开，他若推廓得开，又不是秀才了。且专骂秀才，亦是冤屈，而今世上那个是推廓得开的？年老身孤，当慎口过①。爱人是好处，骂人是不好处。东坡以此受病，况板桥乎！老弟亦当时时劝我。

【注释】

①口过：言语上的过失。

【译文】

认为人们可爱，那么我也就可爱了；认为人们可恶，那么我也就可恶了。苏轼一辈子以为世界上没有不好的人，这是他最大的优点。我做哥哥的平生虽然随意骂人不讲礼节，但是别人有一点才华、有一技之长，一件事、一句话的好处，没有不赞不绝口地加以宣扬的。积蓄的几千两银子，随手赠送完毕，这是爱别人的缘故呵。在遇到困顿危难的时候，我也往往得到别人的帮助。我喜欢骂人，尤其喜欢骂秀才。但细细地想起来，秀才受人责难，只不过因为其心胸狭隘，他如果豁达大度，就已经不是秀才了。况且专门辱骂秀才，也是冤枉他们的，现在世界上哪有豁达大度的人呢？我年纪大了，孤身生活，应当谨慎言语有失。爱别人是好事，爱骂人是不好的事。苏轼因此受到祸害，何况我呢！老弟也应当时常规劝我。

4. 范县署中寄舍弟墨

【题解】

做了官之后，要厚待同族，亲近亲戚，关心老朋友。不过，郑板桥没有指出的是：在不忘本的同时，也要廉洁、守法。

【原文】

刹院寺祖坟，是东门一枝大家公共的，我因葬父母无地，遂葬其傍。得风水力，成进士，作宦数年无恙。是众人之富贵福泽，我一人夺之也，于心安乎不安乎！可怜我东门人，取鱼捞虾，撑船结网；破屋中吃秕糠，啜麦粥，搴取荇叶蕰头蒋角煮之，旁贴荞麦锅饼，便是美食，幼儿女争吵。每一念及，真含泪欲落也。汝持俸钱南归，可挨家比户，逐一散给。南门六家，竹横港十八家，下佃一家，派虽远，亦是一脉，皆当有所分惠。麒麟小叔祖亦安在？无父无母孤儿，村中人最能欺负，宜访求而慰问之。自曾祖父至我兄弟四代亲戚，有久而不相识面者，各赠二金，以相连续，此后便好来往。徐宗于、陆白义辈，是旧时同学，日夕相征逐者也。犹忆谈文古庙中，破廓败叶飕飕，至二三鼓不去；或又骑石狮子脊背上，

论兵起舞，纵言天下事。今皆落落未遇，亦当分俸以敦夙好。凡人于文章学问，辄自谓己长，科名唾手而得，不知俱是侥幸。设我至今不第，又何处叫屈来，岂得以此骄倨朋友！敦宗族，睦亲姻，念故交，大数既得；其余邻里乡党，相周相恤，汝自为之，务在金尽而止。愚兄更不必琐琐矣。

——《板桥家书》

【译文】

剎院寺的祖坟，本是东门一房各家公有的，我因为没有墓地安葬父母，就把他们安葬在祖坟旁边。得到坟地风水的相助，我中了进士，太太平平地做了几年官。这本是大家的富贵福分，被我一个人独占了，能心安理得呢还是于心不安呢！可怜我族东门一房的人，捕鱼捞虾，撑船织网；住在破旧的房屋中，吃秕糠，喝麦粥。采摘荇叶、蕴头、茭白煮熟，锅旁贴几块荞麦饼，就算是美好的食物，小孩子们为此争抢吵闹。每当想到这情景，真是满眶泪水忍不住要落下来。你拿着我的俸钱回南方，可以挨家挨户，一一地分送。南门的六家，竹横港的十八家，一佃的一家，宗派虽然相隔远了，也是一个祖先传下来的，都应当分得一点好处。麒麟小叔祖也不知在哪里？没有父母的孤儿，最容易受村里的人欺负，应该仔细寻访点并且慰问他。从曾祖父到我们兄弟这四代的亲戚，有长久不来往见面认不得的，每家送二两银子，用来连续情谊，以后就好来往了。徐宗宇、陆白义他们，是过去的同学，曾早晚相聚一处。还记得从前我们在古庙中谈论文章，破败的廊檐下落叶飕飕作响，聊到二更天仍不离开；有时又骑在石狮子背脊上，意气风发地谈论兵法，毫无拘束地议论天下事。如今他们都落寞不得志，也应当分点俸银给他们用来增厚旧日的交情。所有的人对于文章学问，总认为自己高明，科举功名容易获得，不了解获得它们都是偶然的机会。假使我到现在没有考取，又该到哪里叫冤枉呢，怎么能因此高人一等，并向朋友夸耀！厚待同族，亲近亲戚，关心老朋友，大体上就是如此；此外的邻居同乡，如何救济如何慰问，你自己去处理，一定要用完俸钱为止。我做哥哥的对此就不再一一详细说了。

（二十一）纪　昀

1. 训大儿

【题解】

纪晚岚在信中主要讲涉世不深的年轻人应如何选择朋友的问题。他指出有两种人——真小人和伪君子。交真小人为朋友，他们的好处、害处一望可知，容易摆脱；交伪君子为朋友，他们就各有各的"伪"法，害人不浅，必须谨慎对待。

【原文】

尔初入世途，择交宜慎：友直、友谅、友多闻益矣；误交真小人，其害犹浅；误交伪君子，其祸为列矣。盖伪君子之心，百无一同：有拗拨者；有偏倚者；有黑如漆者；有曲如钩者；有如荆棘者；有如刀剑者；如蜂虿者；有如狼虎者；有现冠盖形者；有现金银气者。业镜高悬，亦难照彻。缘其包藏不测，起灭无端，而回顾其形，则皆岸然道貌，非若真小人一望可知也。并且此等外貌麟鸾中藏鬼蜮之人，最喜与人结交，儿其慎之。

【译文】

你刚刚走入社会，选择朋友应当慎重：选择正直的人做朋友，选择诚信的人做朋友，选择见闻广博的人做朋友才有好处；错误地交上小人为友，危害还浅；错误地交上伪君子为友，祸患就大得多了。大体伪君子的心思，没有一个相同的。有执拗的，有偏执的；有心黑如油漆的，有弯曲如钓钩的；有像荆棘的，有像刀剑的；有像蜂虫的，有像虎狼的；有衣冠禽兽的，有金银满身的。明镜高高地悬挂，也难以照得彻底。源自包藏祸心，起息无由，而回顾他的样子，却都道貌岸然，不像真小人一看就知道。并且这种外表端正如麒麟、鸾鸟却心藏魔鬼的人，最喜欢和别人结交，我儿还是慎重吧。

2. 寄胞兄晴湖

【题解】

这封信讲述的很像《聊斋志异》里面的故事。在纪昀那个时代，信狐信鬼不足为奇。纪昀的特殊之处，在于认识到即便有鬼狐，你礼敬它，它也比一些"俗人"更能知恩报德。这里面体现了纪昀对人情世故的深刻洞察。

【原文】

北村别墅，是我昆季夏日读书之所。自弟寄旅京华，兄亦宦游浙水，十余年来，鲜有人居，遂为狐鬼盘踞，亦属恒有事。而仲侄信守屋奴之报告，言书楼通年锁闭，而楼窗以时启闭，遥望之有幢幢人影，目为鬼窟，拟廉价脱售。弟意大不为然。盖此屋乃先祖购地创建，架山凿池，栽花种竹，凡亭台楼阁间，那有亲题联额。苦费经营数十年，始有如斯之结构，虽无金谷之大观，而幽雅精致，鬼狐亦艳羡而借居之，其佳妙可不言而喻矣。一旦售去，岂不可惜。即使守屋奴所见是实。狐既占据我别墅，只需子弟仆妇莫去谩骂他，则狐亦讲理，必不祟人。苟示以宽大，狐必知恩图

报。同年刘馨亮曾亲见一世家，屋舍连云，后楼三楹，久为狐居，绝示相扰。而家奴辈恒假借狐名窃物，主人不察，戟指詈狐罪恶，触怒于狐，遂祟其子。阅数月，形容枯槁，行将与鬼为邻。其父出重金延聘术士，来家劾治，狐果被擒。将烹诸油釜，狐目泪农家子，泪发泉涌。子心不忍，遂向术士叩首乞免，并语其父曰："如杀之，我必以身殉。"遂纵狐去。哪知农家子日夜思狐，病益加剧，医不能疗，一息奄奄，已为之整备后事矣。狐仍化少女复来，就榻慰问。农家子悲喜交集。唯已不能言，紧握狐手而垂泪。狐即于怀中取出仙草一茎，纳入己口，咀啐而喂之。既毕，低语曰："君忆我者，悦我幻形之美色耳；见我真形，恐惶骇欲绝矣"。语毕，忽扑地化为狐，苍毛修尾，睒睒如炬，向农家子长嗥数声，跳掷上屋而去。农家子骇汗淋漓，其病旋得痊愈，身躯反倍壮于前。此狐可谓能报德矣。所以弟生平敬礼狐鬼，即重其能知恩不忘，有仇必报，胜于俗多矣。现别墅中既有狐居，譬如常人挈眷出，家屋亦须招人居住；比及还家，租户自当迁让。我知狐亦然明白此理，不必虚其久假不归也。不知晴哥以为均之言然否？

【译文】

北村别墅，是我们兄弟夏天读书的地方。自从弟弟我寄居京城，哥哥也到浙江做官，十多年来很少有人居住，于是被狐狸鬼怪盘踞，也是常有的事。而二侄儿听主守屋仆人的报告，主藏书楼整年关闭，而楼中窗户有时开有时关，远远望去隐约有人影，把它看成鬼藏之地，拟定贱价出售。弟弟我的意思不大以为然。我幢房子是先祖买地创建，架设假山开凿池塘，栽花又种竹，凡是亭台楼阁之间，都有亲笔题联。苦心经营几十年，才有像这样的结构，即使没有金谷那样壮观，而幽雅精致，鬼狐也艳羡而一起居住，妙处不言而喻。一旦卖掉，岂不可惜。即便守屋仆人所看到的是实情，狐既然上住我们的别墅，只需要子弟仆人不去漫骂他，那么狐鬼也讲道理，一定不会作祟害人。如果表示出宽大胸怀，狐狸一定会知恩图报。同中进士的刘馨亭曾经亲眼见到一户世家，屋舍相连到云边，后楼有三排房子，长久地被狐鬼占住，绝对不扰他家。但家中仆人常借狐鬼的名义偷东西，主人没有省察，用戟矛指骂狐鬼的罪恶，触怒了狐鬼，于是施祟出于他的儿子。过了几个月，儿子身体容貌衰弱枯竭，几乎要和鬼神相同了。做父亲的拿出重金聘请术士，到家里除治，狐鬼果然被擒住。正要把它放到油锅里煮。狐鬼眼泪盯着这个农家子弟，眼睛像泉水一样涌了出来。他心中不能忍受，于是向术士磕头乞求赎免，并对父亲说："如果杀了它，我一定以自身为它殉死。"说完就把狐鬼放走了。哪知他日日夜夜思念狐鬼，病更加重了，医生治不了，已到了奄奄一息的地步，家里已经为他准备后事了。狐鬼多次化作少女而来，到他床前慰问。他悲喜交集，只是已经不能说话，紧紧握住狐鬼的手而流下了眼泪。狐鬼随即从怀里拿出仙草一根，放入自己口中，嚼碎而喂给他吃。喂完后，低声地说："你想起我，是喜欢我们�"化形体的美丽；见到我的真形，恐怕惶惶惊骇而要命绝了。"说完就转眼扑倒在地变成了狐狸，黑毛长尾，闪烁像火炬，对着农家子弟长叫几声，跳上屋顶而离开了。农家子弟吓得汗流浃背，病很快就好了，身体反而比以前强壮一倍。这只狐狸以此回报恩德了。所以弟弟我生平对狐鬼礼遇有加，就是看重了它能知恩不忘，有仇必报，超过一般。如今别墅中既然有狐狸居住，就像普通人携带家眷外出，家里也必须招来别人来居住；等到返家，这个房客自然应当迁移让出的。我知道狐狸也明白这个道理，没必要担心它久借不归返。不知道晴哥认为我的话对不对？

3. 寄内子

【题解】

　　纪昀曾著有《阅微草堂笔记》，专写奇闻逸事。这封信记了两个关于强盗的故事，强盗的身份和目的都神秘莫测，结论是"天下事无奇不有"，不可单从道理上去推断。这实际上是教人处理事情要讲实际，不能臆断。

【原文】

　　来书言三姨此次归宁，舟行遇盗，未失物，亦未伤人，忽然呼啸而去。余以为非盗也，或系豪杰之士，误认仇人眷属，扮盗而来复仇。见面始知误认，遂哄然而散。然而饱受虚惊，亦云险矣。天下事往往有令人百思而不解者，尝闻门人邱芹生言：其戚赴任，舟泊滩河。夜半忽有数盗，执炬露刃跃入舱，众毕战栗慑伏。一盗拽女主人起曰："愿乞夫人一物，不必惊怖。"即拨刃割一左耳，鲜血淋漓。盗即于怀中出刀伤药敷之，并告语曰："七日勿洗去，自能结疤痊愈"。言下，相率呼啸去。女主人怖几失魂，其创处果觉血止面痛亦减，旋即平复。此事殊与三姨稍有异同：以为盗耶，未劫一物；以为仇耶，又不杀不淫。既非仇非盗矣，又何为而割耳？既割其耳又赠以止血良药，是专为取耳来也。即使耳能配药炼丹，世间妇女如恒河沙数，何必定取此妇之耳？千思万索，终不得其所以然。邱生又曰："苟得其盗，自必有其所以然，亦必在情理之中。"余曰："尔戚何不询盗以割耳将何用？则闷葫芦自可揭破矣。"总之世事无奇不有，万不可据理以断有无也。

【译文】

　　来信说到三姨子这次回娘家，船行时遭遇盗贼，没有失东西，也没有伤人，忽然长吁而走。我认为不是盗贼，或者是豪杰之士，误认为仇人眷属，装成盗贼来报仇。见面才知道认错人了，于是吵闹而散去。然而饱受虚惊，也叫遇险了。天底之下往往有令人百思而不解的，曾听门人邱芹生说：他的亲戚去上任，船停在河滩上。半夜忽然有几名强盗，手执火炬、露出刀刃一跃而进了船舱，大家都吓得爬伏着，一名强盗把女主人提起来说："希望求得夫人一样东西，没必要惊恐。"随即拔刀割下了一只左耳，鲜血淋漓。强盗随即从怀里拿出刀伤药敷上去，并且告诉她道："七天内不要洗掉，自然能够结疤痊愈。"说完相互长吁而去。女主人怕得几乎掉了魂。受伤的地方果然觉得血流停止而疼痛也减轻，不久就恢复平常了。这事还和三姨稍微有不同：以为是盗贼，却没有抢一样东西；以为是仇家，又不杀人不淫掠。既然不是仇家不是盗贼，又为什么要割耳朵呢？既然割她的耳朵又赠给她止血的良药，这是专门为取耳朵而来的。即使耳朵能够配药炼丹，世界上妇女多得像恒河的沙粒，何必一定要取这名妇女的耳朵呢？想了很久很多，最终不能知道其原因的。邱生又说道："如果得到了所盗的东西，自然一定有其原因，也一定在情理之中。"我说："你亲戚为什么不问强盗拿割耳将干什么呢？那闷葫芦自然可以揭破了。"总之，世界上的事无奇不有，万万不能根据情理来判断有没有。

4. 寄弟秀岚

【题解】

纪昀的弟弟纪秀岚帮地方官厅捕匪，纪昀劝他考虑有没有后患，这虽然表现出纪家并不是真心要维持地方平安，但从策略上讲，亦不无启发。

【原文】

陆虎南为吾乡巨匪，今已被擒，扫其巢穴，从此乡人皆得高枕而卧矣。直隶为皇都接壤之区，该匪竟敢目无法纪，犯案累累，宜乎制军震怒，誓欲灭之而朝食。第巨匪羽党必多，现只擒其首，不可不防其党羽报复。我弟所办民团，既敢协助县差擒厥巨匪，则团中必多好身手，弟宜以忠义之言，时加激励，并勖其勤加操练，以防匪党之衔恨报复。此次吾弟因县差之求助，毅然命团众拔刀相助，为地方除害，急公好义，其志可嘉。唯吾弟系文弱书生，少与亡命之徒结怨为是。若辈憨不畏法，并且心肠之狠毒，直不足以言语形容。尝闻从叔梅阉公言：闽中有巨盗曹四麻子者，党羽甚众，专以杀人越货为生涯。官厅悬赏缉拿，咸畏犷悍，不敢逮捕。会有书生孙某，所居村与匪巢接壤，遂与村人密约：招曹来春宴，醉以酒而擒之，献于县，领得赏银与众共之。众皆曰："诺。"正值新正，特邀曹四春宴，中计被擒，由阖村壮男驾舟献于县。匪党守至天明，不见首领还归，知必有异。旋悉为孙某所害，衔恨如刺骨。待至夜半，各执硫磺烟硝，潜至孙村放火。全庄三十余家，尽成焦土。孙某自火焰中逸出，仍为匪党所执，缚而投诸火。余众得逃生命者，亦仅十之二三耳，可不畏哉！以后我弟对于公益之事，只宜量力而行，苟有后患者，还是远避为宜。

【译文】

　　陆虎南是我们家乡的大土匪，如今已经被擒住，扫平了他的巢穴，从此乡人都可以高枕无忧了。直隶是京城接壤的地区，这个土匪竟敢目无法纪，多次作案，大概制军震动恼怒，发誓要灭掉他才罢休。只是这个大土匪党羽一定很多。如今只擒住了头头，不能不防备他的党羽报复。我弟所创办的民团，既然敢于在协力县差擒差大土匪，那么团中一定有很多身手很好的人，弟弟你应当以忠义的话语，时常激励，并且勉励他们勤奋操练，来防范土匪们的含恨报复。这次弟弟你由于县差的要求帮助，坚决命令团员们拔刀相助，替地方除害，急公家之所急、好仁义之所好，心志可嘉。只是弟弟你是个文弱书生，少和亡命之徒结下仇怨才是对的。他们那些人可怜而不怕国法，并且心肠狠毒，简直不能用言语来形容。曾听堂叔梅庵公说过；福建有个大强盗曹四麻子，党羽很多，专门以杀人劫财为生。官府悬赏缉拿，都怕他们粗暴强悍，不敢逮捕。正好有一个姓孙的书生，所住的村子和匪窝接壤，于是和村里人秘密约定：请曹四麻子来赴春社宴会，用酒把他灌醉再抓他，献给县府，领得赏银和大家分享。大家都说："好"。这时正值新年正月，特地邀请曹四来赴宴，使他中计被抓，由全村力壮的男子驾船进献给县府。匪党们把守到天亮，没见到首领回来，知道一定有其他情况。不一会儿知道被姓孙的所害，含恨刻骨。等到半夜，各自挟持硫磺烟硝，偷偷地到姓孙的所在村子放火。全村庄三十多家，都成了焦土。姓孙的从火中逃出来，仍旧被匪党所抓住，绑住就投到了火中。其他得以逃走幸免于难的人，也仅仅十分之二、三罢了，能不怕吗！以后弟弟你对于公益事业，只应当量力而行，如果以后有难的，还是远远避开为好。

5. 寄弟秀岚

【题解】

　　这封信劝弟弟秀岚在发救济粮时，不要让官府插手，因为官府那帮人往往利用这个机会中饱私囊。这从一个角度提出了捐赠钱物应如何切实发放到需要的人手里的问题，具有一定现实意义。

【原文】

　　淫雨兼旬，暴风助虐，吾乡秋收已无望矣。陆地成江，舍南舍北，蛙游鱼戏，几无一片干净土。宦家富室，安居城市，依然席丰履厚，不过稍受田产上之损失耳。至于农民，终岁勤劳，唯望秋成之大有，而今一望汪洋，禾田尽成泽国，悬釜无炊，章身无具，转瞬西风陡起，遍野哀鸿，将何以过此三冬乎！若不散放急赈，灾民不甘坐以待毙，蜂起而为走险之谋，则城市中之宦家富室，亦难高枕而卧矣。愚兄已函致直拨款赈济，无如灾区过广，仅恃公款，断难藏事。吾弟宜就商各绅士，如刘省吾、陶季梅辈，素为乡人所推重，当举为急赈发起人，募集捐款，自可集腋成裘。一面分段设立施继厂，一面赶制棉衣，散给办事员。须由各绅士指派热心公益之人，督率夫役，施粥施衣，不宜假手地保胥吏，盖若辈不顾灾黎先死，只顾私囊饱满。莫怪世人不甘解囊相助善举，只恐徒供中饱，灾民难得实惠耳。务望吾弟留意，若辈得闻放赈，必然争揽经手，能少用一公役，可多活灾民数十，至嘱，至嘱。再者灾荒之后，必连疫疠，推原其故，由于灾民国冻饿而死者众，酿成疫疠，传染极速。特录寄治疫方一纸，系曹慕堂宗丞所赠，颇有奇效，宜速照言配置药丸，苟灾区发现疫疠，即可散给，其功德更大于散赈也。

【译文】

　　雨下了二十天之久，狂暴的大风也来助战，我们乡的秋收已经没有希望了。陆地成了江河，村舍的南北，青蛙和鱼儿在游戏，几乎没有一片干净的土地。官家富人，平安地住在城市，依然是床席丰足、鞋子厚实，不过稍微遭到田产上的损失罢了。至于家民，勤劳了一年，唯有盼望秋收的所得，但如今却一眼望去一片汪洋，稻田都成了水地，弄饭吃没有米，弄穿的没有衣，一时间西风突起，遍野都是哀鸿，将拿什么过这三伏严冬！假使不散放粮食紧急救助，灾民不甘心坐以待毙，蜜蜂一样起而想着铤而走险，那么城市里官家富人，也难以高枕无忧了。我已经写信给直隶都督调拨粮款赈济灾民，不想灾区太广，仅仅依恃公款，的确难以了事。弟弟你应当去和各位绅士商议，如刘省吾、陶季梅等人，素来为乡里人所推重，应当推举他们为紧急救助发起人，募捐集款，自然可以集腋成裘。一边分阶段设立施粥厂，一边赶到棉衣，散发给办事员。必须由各位绅士指派热心公益事业的人，领导挑夫仆役，施舍米粥、衣服，不应为借地方保长、小小官吏之手，他们不顾灾民先死，只顾自己囊中饱满。不要责怪人们不甘心解囊相助的行善之举，只是怕白白地让中间人饱满私囊，灾民难以得到实惠罢了。务必希望我弟留意，他们听说散放赈灾，必然争着揽来经手，能够少用一个公家办事员，就可以多使几十个灾民活命，记住，记住。再者灾荒之后，一定会紧接着瘟疫，推究原因，由于灾民因冻又饿而死得太多，酿成了瘟疫，传染非常迅速。这里特地抄寄治瘟疫的药方一张，是曹慕堂宗丞所送，很有奇特的效果，应当迅速照着药方配置药丸，如果灾区发现瘟疫，随即可以散发供给，它的功德更加大于散放赈灾。

6. 寄族侄起凡

【题解】

纪晓岚因为当时帮人写诉状、打官司的人多颠倒是非，以白为黑，劝侄子纪起凡不要作那种人。这在今天固然已不成问题，但可引发我们对律师道德问题的思考，从而探寻对律师的法律限制问题。

【原文】

讼之为害大矣哉！有含冤不得伸，衔恨而觅死者，有缠讼多年，因而破家者。其故皆由讼师暗中把持，以曲作直，捏造讼牒，官长误认为真，是非颠倒，沉冤莫白。讼师之造孽，擢发难数矣。近闻人言吾侄恒为人草书讼牒，余却不信，盖吾侄深得令先严衣钵，学问优长，欲谋温饱，何事不可为，而甘做此不道德之事。但愿有则改之，无则加勉。盖凡为刀笔吏者，自身侥幸不受桎梏之苦，其子孙必不昌，余所见不鲜，吾侄岂独无闻见耶？

【译文】

打官司造成的祸害太大了！有含冤而不能伸张的，含恨而寻短见死的，有纠缠官司多年的，由于这个而毁坏家庭的。其原因都是由于律师暗地里把持，把歪曲事实，捏造供词，长官错误地认为是真的，是非颠倒，沉积的冤屈没法说明。律师的造孽，撩发难以胜数了。近来听人说你常常替别人写供词，我却不大相信，大概你深得你父亲的家传，学问优秀，想图个温饱，什么事不能做，而甘愿这种不道德的事。但愿你有则改之，无则加勉。凡是做律师的，自身侥幸不受刑法的痛苦。他的子孙一定不会昌盛，我见到了不少，你难道独独没有听说或看到过吗？

7. 训三儿

【题解】

纪昀的三儿文章出众，有些自傲。针对这一点，纪昀痛下针砭，讲三儿的出名靠了老子的威望，讲尚有文章比三儿高出十倍百倍的，最后还讲了一个有趣的故事。主要的看法是人越谦虚，别人就越敬重你；越狂妄，别人就越轻视你。

【原文】

尔之诗文，果然语语珠玑，绝无瑕疵可摘，人皆赞美之不遑。乌有人指摘一字。尔莫谓登贤书是尔学问优长，有以致之，乃是赖余之微名，始得侥幸成名，莫怪士林中啧有烦言。文才较尔高出十百倍，依旧青衿一领，屡困场屋，不得脱颖而出者何可胜数哉。以后勿再傲岸自大，愈谦

抑，则人愈敬重，愈狂妄，则人愈轻视。尝闻刘东堂言：有同学葛生，性悖妄，诋訾今古，高自位置，有指摘其诗文一字者，衔之如刺骨。会住河间岁试，同寓十余人，散坐庭中纳凉。葛生纵意狂谈，众皆缄口。忽闻树后一人抗词争辩，连低其隙。葛生理屈词穷，怒问："子为谁？"暗中应曰："我河间宿儒焦王相也。"葛生骇问曰："闻子于去冬作古矣。"答应曰："不死焉敢捋虎须，与君争辩耶？"葛生跳掷叫号，沿墙寻觅，卒无所见。尔勿蹈葛生之覆辙，戒之，戒之。

【译文】

你的诗文，果然字字珠玑，绝对没有缺点可以指摘，人家赞美都来不及，哪有人指摘一个字。你不要说选贤的文章是你学问专长，造成这种局面的原因却是依靠我的小名气，你才得以侥幸成名，不要奇怪读书人中赞誉的话太多。文才比你高出十倍百倍，依旧青衣一件，多次没能中科考，不能脱颖而出的哪里能数得清呢。以后不要再傲慢自大，愈是谦慕节制，那么就愈受人敬重，愈是狂妄自大，那么就愈受人轻视。曾听刘东堂说：有位姓葛的同学，性情悖逆狂妄，诋骂古今，自以为高明，有指摘他诗文一个字的他都恨之入骨。正当住在河间参加岁考，同住的有十多个人，零零散散地坐在庭院中乘凉。姓葛的纵情瞎乱说，大家都闭口沉默。忽然听到树后一个人出言争辩，连连抵中他的漏洞。姓葛的理屈词穷，愤怒地问道："你是谁？"那人暗地里应对道："我是河间名儒焦王相"。姓葛的惊骇地问道："听说你在去年冬天就死了。"他笑着应道："不死哪敢抓老虎的胡子，和你争辩呢？"姓葛的边跳边叫，沿着围墙寻找，最终没有见着。你不要蹈葛生的覆辙，戒鉴，戒鉴。

8. 寄琳妹

【题解】

这封信是劝琳妹对下人仁厚一点。纪昀说"谁非人女？谁无父母？"，体现了他的平等意识。

【原文】

婢女亦属父母养育之爱女，只因家贫，无以糊口，不得已忍痛鬻为婢。年小者七八，大者十二三，久依母膝，一旦别离，其中心之痛苦，诚非楮墨所能形容者。主妇宜矜惜之，爱护之，使其渐忘思亲之念，则执役自少遗误。若一味以严厉待之，闻唤稍迟，即加斥责，失手坠盏，即施鞭筓，谁非人女？谁无父母？使将爱女易地以处之，其苦楚为何如耶？日昨大甥来京，愚兄下榻留之。夜灯对语，偶尔谈及吾妹待婢过严，去年一逃一死，现在仅留一婢。既有女佣足供呼唤，不必添婢矣。兄且举实事相告，度妹闻之，必起悚栗。一为维扬某巨室①眷属连胪之任，傍晚泊江口。俄一巨舰来同泊，门灯樯帜，赫然官舫也。旋见二十余彪形大汉，露刃跃登己舟，尽驱妇人出舱外。邻舟一靓妆女子探首船窗，指巨室之妇曰："此即是矣。"群盗应声曳之去，一盗大呼曰："我即尔家逃婢之父！我因贫鬻女，供尔供唤，理也，何得横施酷虐，鞭箠炮烙，身无完肤？幸逃出遇我，今已嫁作豪杰妇。尔追捕不获，衔恨如刺骨，今来报复，特劫尔妇去，尝遍我女身受之鞭箠炮烙，便任其逃遁。"言讫，扬帆而去。室县重赏缉捕，卒无踪迹。夫贫至鬻女，岂复有所能为，不料其父能为盗也。婢受惨毒，岂复能图报，不料其能为盗妇也，蜂虿有毒，可不慎乎！又一富室主妇，御婢残忍，偶以小过，将婢褫衣楚闭空房。时值严冬，次日即冻死。婢父投县控告，官因验无伤痕，讼不得直，反受笞责，冤愤莫泄，遂于深夜挟刃

▲婢女图

逾垣入富室，并其母女手刃之。缉捕多年，亦未弋获。此系李受公在任亲办之事，并非愚兄造言耸听。更有无父之婢，被虐图报，其祸更烈，今春京师前门外，陆姓失火，夫妇夫五口俱遭焚死，独二婢未葬火窟，亦因主妇虐待过甚，二婢冤愤莫白，下此放火毒手，一无显证，并未追究。更有被虐已死之婢，亦能报冤。某部员之妻，日以鞭笞婢女为儿戏，一婢备受酷虐而死。越十余日，有黑气一团，自檐际堕地，旋转如风，有声啾啾，直入内室。次日主妇疽发于背，如粟颗。日久四溃，首断而命绝，宛如刀斩。是为人所不能报，而鬼报之也。不有人祸，必有天刑，望吾妹勿以斯言为河汉，至嘱，至嘱。

【注释】

①世室：现在犹任要职，姑隐其名。

【译文】

　　婢女也是父母养育的爱女，只因家庭贫困，没办法养活，不得不忍痛卖给别人做婢女。年纪小的七八岁，大的十二三岁，长期依偎母亲膝下，一旦别离，其心中的痛苦，真不是笔墨可以形容的。主人的妻子应当怜悯她，爱护她，使她渐渐忘记思念父母的想法，那么做事自然会少些贻误。假使一味地严厉地对待她，听人使唤稍微迟一点就加以斥责，不小心掉了杯盏就加以鞭打，哪个不是别人的女儿？哪个没有父母？使你将爱女调换来对待，其苦楚会怎么样呢？昨天大外甥来京城，我留他过夜。夜里挑灯聊天，偶尔谈及你对待婢女太严厉，去年是一个逃走一个死亡，现在只剩下了一个。既然有女仆能供使唤，没必要添加婢女。我将列举事实告诉你，猜想你听了一定会惊骇不已。一件是扬州某富贵人家（现在还担任要职，姑且隐瞒他的姓名）带着家眷乘船赴任，傍餐停在江边，一会儿一艘大船开来一起停着，门上有灯檐桅有旗，显然象官船。不久见二十多个健壮大汉，执刀跳上他的船，把妇女全部赶到舱外。邻船一位打扮俊俏的女子把头探出窗外，指着富贵人家的妻子说："这个就是。"这群强盗应声而拖她走，一名强盗说："我就是你家逃走的婢女的父亲！我因贫困卖了女儿，供你们使唤，这是天理。为何乱施残酷的虐待，鞭打火烧，体无完肤？幸而逃出来遇到我，如今已经嫁给豪杰做妻子。你追捕而没有收获，恨之入骨，如今来报复，特地抢走你的妻子，尝遍我女儿身受的鞭打火烧，就任她逃走。"说完，开船而走。这位富贵人家悬重赏缉拿，最终没有踪影。贫困到卖女儿，难道还能做什么，到他父亲能强盗。婢女遭到惨毒，哪还能企图报复，没料到她能为强盗的妻子，蜂虿有毒，可以不慎重吗！又有一个富家妻，御使婢女十分残忍，偶尔因为小过失就把她剥掉衣服禁闭在空房中。这时正值严寒的冬天，第二天她就冻死了。婢女的父亲到县府投诉控告，官吏因为查验没有伤痕，诉讼不能得公道，反而遭到鞭责，冤屈悲愤没地方发泄，于是在深夜持刀跳墙而进了这户富家，把母女二人一并杀死。官府缉拿多年，也没有抓获。这是李受公在任亲自办的事，并非我危言耸听。更有没有父母的婢女，被虐待企图报复，其祸患更加厉害。今年春天京城前门外陆家失火，夫妻子女五口人，全都被烧死，唯独两个婢女没有葬身火海，也是因为主妇虐待太厉害，两个婢女冤屈悲愤无法抢白，下此放火毒手，事情没有明显的凭证，并没有追究。更有被虐待已死的婢女，也能报冤。某部办事员的妻子，每天以鞭打婢女为儿戏，一个婢女遭受残酷虐待而死。过了十多天，有一团黑气，从屋檐边落到地上，旋转像风，声音啾啾，直接进入内室。第二天主妇背部发疽，象粟粒一样。日子久了四处溃烂，脑袋断了而生命绝灭，宛如被刀砍的。但是人不能报复而鬼报复。没有人祸一定会遭上天的刑杀，希望你不要对这些话不以为然，记住，记住。

9. 寄秀岗弟

【题解】

这封信亦谈交友。纪晓岚要弟弟结交患难朋友，不要结交势利朋友。最让人欣赏的是，纪晓岚提出做人的朋友，要古道热肠，不可因保全自身，见义不为。

【原文】

交友之道，贵乎患难相扶助，缓急可通商；若以势利相攀援，酒食相征逐，一朝失势，便视同陌路矣。古人友直、友谅、友多闻，今世士大大，都以不谈人过为君子，不计其人之亲疏，不度其事之利害，一概守口如瓶，只因怕报嫌；喜博忠厚之名，见友受人引诱，被人诈欺，不肯直言忠告，则亦何贵乎交友哉！吾所知者，当世交友，能矫时俗，而有古道热肠之风者，有同年朱学竹，因见其谱兄赵牧亭为群仆剥削，至衣食不给，奋然代为驱逐。牧亭生计，遂得稍苏。又有同年曹慕堂，见其挚友陈裕斋殁后，孀妾孤子，为长婿所凌逼，遂奋然鸠率旧好，代为驱逐，其子乃得以自存。当时清议，称古道者，百不二二；称多事者，十恒八九也。又尝见崔总宪应阶娶孙妇，凭彩轿亲迎，仆人与六礼互相钩贯，非三百金不能得，众喙一音。至吉前期一日，轿仍未赁，而索价更昂。崔公恚甚，自求贺喜友人代赁，皆避怨不肯应，反助仆为虐，谓彩轿本无定价，随各人贫富贵贱以消长，并称惯例，非他人所可代赁。余闻之，愤不能平，即密告崔公，将己之乘轿，结彩缯用之。一时清议，谓不肯代任赁为非理者，百不一二；称美善体下情者，亦十恒八九也。吾弟与人交，宜力矫时俗，独尚古道，庶乎不差矣。

【译文】

交友的道义，贵在患难时相互扶助，有急事时可以互相商谈；假使依靠权势利益相互攀援，依靠喝酒吃饭相互追逐，一旦失去权势，便被看成不认识的人了。古人和正直的人、诚实的人、见多识广的人做朋友，现在的士大夫，都把不谈及别人的过失当作君子，不计较其人是亲近还是疏远，不忖度其事有利还是有害，一律守口如瓶，只因为担心报复嫌疑；喜欢博得忠厚的名声，见到友人受到别人的引诱，被别人欺诈，不肯直言忠告，那么如何贵在交友！我所知道的，现在的交友，能够矫正时俗而有古道热肠风格的，有同年进士朱学竹，因为见到族兄赵牧亭剥削众奴仆，以至于衣服饮食都不供给，便奋然代为驱逐。赵牧亭定出计策，才得以稍微复苏。又有同年进士曹慕堂，见到他的挚友陈裕斋死后，孤儿寡母被大女婿凌辱逼迫，于是奋然召集过去的好友，代为驱逐，其儿子才得以有立足之地。当时清议称颂古道的，一百个中没有一两个；说别人多事的，十个中常有八九个。又曾见崔总宪应阶娶孙媳妇，依靠彩轿迎亲，仆人和六礼士互相勾结，没有三百金不能抬动，众口一词。到婚期前一天，彩轿仍旧没有租到，而索价更高了。崔公非常愤怒，自己请求贺喜友人代为租轿，这些人都回避怨恨不肯答应，反而帮助仆人为所欲为，说彩轿本来没有定价，随各人贫富、贵贱而多少不同，并且说是惯例，不是别人所能代为租赁的。我听了，愤愤不平，随即暗地告诉崔公，将自己所乘轿子，结上彩绸使用。一时间清议，说不肯代为租赁是不合理的，一百个中没有一两个；说别人美善而体恤民情的，也是十个中常有八九个。你和人交往，应当尽力矫正时俗，独自崇尚古道，大体没有闪失了。

（二十二）汪辉祖

1.《双节堂庸训·应世》论处世

【题解】

　　清代汪辉祖在他的家训著作《双节堂庸训》中，专门用了一卷的篇幅来论述处世的道理，这就是第四卷《应世》。作者是一名封建文士，受儒家中庸思想的影响极深，然而他又缺乏儒家圣人们所推崇的那种以天下为己任、舍身取义的责任感和斗争精神，而只是强调明哲保身、圆滑处世，不敢挺身与恶势力作坚决的斗争，不敢为正义的事业忘我奋战。所以这一卷的有些相关的小节我们没有收录。另有一些在今天意义不大的小节也删除了。但作者有很多思想还是颇为可取的，如强调诚信待人，宽容退让，注意斗争策略、坚守独立人格、安贫乐道、谦虚谨慎等等，都是凝聚了我们民族的聪明才智和作者丰富的人生经验的。

（1）勿　欺

【题解】

　　人际交往，以诚为先。如果待人诚恳，就会有良好的信誉，做什么事情都方便；如果总想通过欺诈蒙骗的手段来损人利己，则谎言一旦被戳穿，就再难取信于人，以后的日子就举步维艰了。所以眼光长远的人，是不轻易欺骗人的。

【原文】

　　天下无肯受欺之人，亦无被欺而不知人。智者，当境即知；愚者，事后亦知。知有迟早，而终无不知。既已知之，必不甘再受之。至于人皆不肯受其欺，而欺亦无所复用；无所复用，其欺则一步不可行矣。故应世之方，以勿欺为要，人能信我勿欺，庶几①利有攸往。

【注释】

①庶几：大概，差不多。

【译文】

天下没有肯受欺骗的人，也没有被人欺骗了还不知道的人。那些明智的人，当时就知道了；而那些愚钝的人，事后也会知道。知道的时间有迟早，但最终没有不知道的人。既然已经知道自己受了骗，就一定不甘心再受骗。如果到了所有的人都不肯再受他的欺骗的时候，他的欺骗也就没有地方再用了；没有地方再用，他的欺骗也就一次都行不通了。所以应付世事的方法，以不要欺骗别人为要求。人家都能相信我不欺骗，那就差不多可以对长远的将来有利了。

（2）处世宜小心

【题解】

养成谨慎小心的习惯，就要少犯错误，少吃后悔药，这也是处世的一个基本原则。

【原文】

事无大小，粗疏必误。一事到手，总须慎始虑终，通筹全局，不致忤①人累己，方可次第施行。诸葛武侯万古名臣，只在小心谨慎。吕新吾先生坤《吕语集粹》曰："待人三自反，处事两如何。"小心之说也。余尝书以自儆，觉数十年受益甚多。

【注释】

①忤：wǔ 触犯。

【译文】

事情无论是大是小，如果粗疏地去对待，就一定会有失误。一件事情到了手里，总应该从始到终谨慎考虑，统筹全局，估计不至于触犯别人，连累自己，才可以按照次序一步步地施行。诸葛亮之所以成为万古名臣，只是在于处处小心谨慎。新吾先生吕坤在他的《吕语集粹》中说："对待别人时，要多多仅躬自问；处理事情时，要从正反两个方面去考虑该怎么办。"这就是一种强调小心的说法。我曾经把这两句话写下来以自我告诫，觉得几十年以来受益甚多。

（3）大节不可迁就

【题解】

　　每个人立身处世都有自己的原则和基本立场。在不影响这些原则和立场的情况下，与人打交道时也不妨互相通融忍让，但在关系到大节的问题上，是决不能有一点含糊的，必须立场明确坚定，绝不改变退让。

【原文】

　　一味头方①亦有不谐②，时处些小通融，不得不曲体人情。若于身名大节攸关，须立定脚跟，独行我志。虽蒙讥被谤，均可不顾。必不宜舍己徇人，迁就从事。

【注释】

　　①头方：头脑方正，也就是正直不阿的意思。
　　②谐：成功。

【译文】

　　一味地刚正不阿有时会不成功。平时处理一些小事情通融通融，不得不委婉地体谅别人的情况。但如果事情与自己的名声大节相关的话，就应当立定脚跟，独立地按照自己的意志行事。即使是遭到人家的讥讽、谴责，也都可以置之不顾。一定不能舍弃自己的立场，屈从别人，迁就从事。

（4）宁吃亏

【题解】

　　所谓"退一步海阔天空"，处处与人争强，一点亏也不肯吃，未必就是真正的精明；而学会容忍退让，却往往能收到意想不到的效果。

【原文】

　　俗以"忠厚"二字为"无用"之别名，非达话也。凡可以损人利己之方，力皆能为而不肯为。是谓宅心忠，待物厚。忠厚者，往往吃亏，为儇薄①人所笑。然至竟不获大咎。林退斋先生遗训曰："若等只要学吃亏。"从古英雄只为不能吃亏，害多少事？能学吃亏充之，即是圣贤克己工夫。

【注释】

　　①儇薄：轻薄浮滑。

【译文】

　　世俗上把"忠厚"两个字当作"无用"一词的别名，这不是一句通达世理的话。凡是那些可以损人利己的方法，都是凭能力能够做到却不肯去做的。这就是所谓居心忠诚，待物宽厚。忠厚的人，往往吃亏，被那些轻薄而有点小聪明的人所笑话，然而毕竟不会招来大的灾祸。林退斋先生遗训说："你们只要去学会吃亏。"从古以来的英雄只因为不愿意吃亏，坏了多少事？能学会吃亏以充实自己，就是圣贤克制自己的功夫。

（5）勿图占便宜

【题解】

贪图眼前的利益，违背道义去占人家的便宜，虽然可能暂时获得一点好处，但到最后往往会丧失掉更大、更长远的利益，这样的人也就最多只能算是有点小聪明，是成不了大事的。

【原文】

譬如路分三条，中为公，甲行其左，乙行其右，各相安也。甲跨中之左半，乙犹听之。跨至中之右半，乙纵无言，见者诧矣。若并乙之右一条而涉足焉，乙虽甚弱，不能忍也。倘遇两强，安能不竞？至相竞而曲直判，是非分，甲转无地可容。"占便宜者失便宜。"千古通论。

【译文】

譬如有一条路，把它按宽度平均分为三条，中间一条公用，甲走左边，乙走右边，大家各自相安无事。如果甲跨过了中间一条的左半部，乙仍然能够听任他。如果甲跨到了中间一条的右半部的话，纵使乙不说话，旁边看见的人也都会感到诧异了。如果甲连本来属于乙的右边的那一条也涉足的话，那么即使乙很懦弱，也不能够忍耐了。倘若是两强相遇，哪里能够不相争呢？到了相争的时候，是非曲直就分别清楚了，这样甲反而会无地自容。"占便宜的人反而会失便宜。"这是千古通论。

（6）勿任性

【题解】

这一节讲人的涵养问题。任性使气，往往使人不能冷静思考，而只是凭着感情冲动去行动，最后往往造成失误；而如何谦和退让，则可以妥善地解决好很多问题。这是儒家中庸之道在人际交往上的具体体现。

【原文】

不如意事常八九。事之可以竞气者，多矣。原竞气之由，起于任性。性躁则气动，气动则忿生，忿生则念念皆偏。在朝、在野，无一而可。到气动时，再反身理会一番，曲意按奈，自认一句不是，人便气平；让人一句是，我愈得体。

【译文】

世间不如意的事情常常占了十分之八九。那些可以让人去怄气的事情，太多了。推寻那争强斗气的原因，多是由于任性而起。性格暴躁则心气浮动，心气浮动则愤怒产生，愤怒产生则每一个念头都会有偏差。不论是在朝还是在野，没有一处会是顺利的。到了心气浮动之时，再反过来自我反省一会，委曲自己的意念，按捺心头的火气，自认一句不是，人家就气平了。再让人家，说他一句是，自己就显得更加得体。

（7）遇横逆尤当忍耐

【题解】

碰上蛮横不讲理的无赖，不必跟他一般计较，免得带来许多麻烦。当年韩信甘受胯下之辱，正是以退为进的策略；而杨志卖刀杀了牛二，立即陷入一场官司。作为一个正派人，去与那些亡命之徒赌命，是十分不合算的，自己能忍则忍，对方则迟早会有别人治他。

【原文】

凶狠狂悖之徒，或乎不干己无故侵陵，或受人唆使借端扰诈，孟子所谓"横逆"也。此等人廉耻不知，性命不惜，稍不耐性，构成衅端，同于金注，悔无及矣。须于最难忍处，勉强承受，则天下无不可处之境。曩①馆②长洲时，有丁氏无赖子，负吴氏钱，虑其索也，会妇病剧，负以图赖，吴氏子斥其无良，吴氏妇好语慰之，出私橐③赠丁妇，丁妇属夫急归，遂卒于家。耐性若吴氏妇，其知道乎？

【注释】

①曩：nǎng 从前。

②馆：寓居。

③橐：tuó 袋子。

【译文】

那些凶狠残暴狂悖理之徒，或者是事情与己无关而无缘无故地侵犯欺凌别人，或者是受人唆使凭借事端对别人进行侵扰欺诈，这就是孟子所说的"横逆"。这样一种人不知廉耻，不惜性命，如果你稍一没有耐性，与他构成争端，那就同用黄金作赌注一样，后悔也来不及了。应该在最难忍耐的时候，勉强承受下来，那么天下就没有不能相处的境地了。以前我在长洲寓居时，有一个姓丁的无赖，欠了吴家的钱，害怕人家来追索，正好他妻子病得厉害，他就背着妻子到吴家去，妄图抵赖所欠的钱。吴家的儿子斥责他不是好人，而吴家的媳妇则用好语劝尉他，并拿出自己的私房钱赠给姓丁的妻子，丁妻就要丈夫急急回去，丁妻就死在了家里。象吴家媳妇这样有耐性的人，大概算是知晓大道理的人吧！

（8）让人有益处

【题解】

对横逆的人容忍退让，也有可能化敌为友，不也是一件好事吗？

【原文】

且横逆者未尝无天良也，让之既久，亦知愧悟。遇有用人之处，渠① 未必不能出力。

【注释】

①渠：他。

【译文】

况且那些横逆的人也未尝完全没有天理良心，忍让他很久之后，他也会知道悔悟。有时遇到需要用人的时候，他未必不能为你出力。

（9）勿斗争

【题解】

出手打人是很凶恶的事，不但容易伤人，更是一种品德败坏的表现，万不可为。

【原文】

逞一朝之忿，忘其身以及其亲。圣训切著①，有理不在高声。争且不必，况斗乎？会阅事数十年，凡官中命案，不必多伤，亦不必致命也，偶然失手，但为正凶。故争兑之时，万万不可举手挞人。

【注释】

①切著：非常深刻。

【译文】

如果逞一时之愤，那就会忘记了自身与亲人。圣人的教诲说得非常深刻：如果有道理，并不在于高声争辩。争辩况且不必，更何况打斗呢？我经历世事数十年，凡是官府处理的牵涉人命的案件，不一定是伤口很多，也不一定是致命的打击，有时偶然一失手，就成了主要的凶手。所以在与别人相争的时候，万万不可出手打人。

（10）言语宜慎

【题解】

说话是一门很艰深的艺术。如果说得不恰当，很容易得罪人，即使是对朋友的忠告，也要注意说活的技巧。汪辉祖的理论以明哲保身、不得罪人为核心，虽然未免过于世故，但确实是很有道理的。

【原文】

多方宜戒，即直言亦不可率发。惟善人能受尽言①，善人岂可多得哉！朋友之分，忠告善道。善道云者，委婉达意与直言不同，尚须不可则止。余素恋直，往往言出而悔。深知直言未易之故。若借沽直之名，冷语尖言，讦②人私隐，心不可问，贾祸亦速，又不在此例。古云"出口侵人要算人受得"。又曰："伤心之语，毒于阴兵。"非阅历人，不能道也。

【注释】

①尽言：无保留的话。
②讦：jié 攻击别人短处或揭发别人隐私。

【译文】

话多的毛病本来就该戒，即使是耿直的话也不能轻率地说出。只有好人能够接受那些没有保留的话，但好人哪里可以多得呢？作为朋友的职分，是要进行忠告，也要善于道说。所谓善于道说，是指言辞委婉把意思表达清楚了就行，与直说是不同的，而且还需要在不适宜再说的时候就停止。我素来很憨直，往往一句话说出去之后就后悔了。所以我深深地知道，说真话是不容易的。如果假借正直的名义，用冷漠尖刻的言语，攻击别人，揭发人有的隐私，其用心是不可问的，同时也会给自身很快地招来祸患，这又不在说真话的例中。古语说："出口侵犯别人也要计算别人能否受得了。"又说"伤害心灵的话语，比从暗处杀出的兵器更要狠毒。"不是有阅历的人，是说不出这样的话的。

（11）勿苛人所短

【题解】

严于待己，宽以待人，这是自古以来君子所应有的美德。"金无足赤，人无完人"，认识到自己有很多不足之处，大概也就可以原谅别人的缺点了吧！

【原文】

此即使人以器①之道也。人无全德，亦无全才。鸡鸣狗盗之技，有时能济大事。但悉心自审，必有能、有不能，自不敢苛求于人。故与人相处，不当恃己之长。先宜谅人之短。

【注释】

①器：才器，资质。

【译文】

这就是根据每个人的才能资质去合理使用他们的方法。人没有品德全面的，也没有才能全面的。即使是那些学鸡叫、学狗偷东西一类的雕虫小技，也有时能够助成大事。只要尽心地自我审查，必定有能干的地方，也有不能干的地方，这样自然也就不敢去苛求别人。所以与人相处，不应当凭恃自己的长处，先应该原谅别人的短处。

（12）勿过刚

【题解】

作者从中庸之道出发，指出刚而易折的道理。而且刚硬的言行也会大大损害对方的自尊心，如果对方是邪恶的人，那也罢了；如果对方只是观点与本人不一样，伤害他就不应该了。

【原文】

刚为阳德。正人之性，大概多刚。然过刚必折，总非淑①世淑身之道。千古君子为小人诬陷，率由于此。当为受者层层设想，使其有以自容，则宽柔以教，原不必全露锋棱。

【注释】

①淑：善，这里作动词用。

【译文】

刚强是阳德。正直人的性格，大多数都很刚硬。然而过于刚硬就必定折断，总不是改善世界，改善自身的好方法。千古以来，那些君子被小人说坏话陷害，大都由于这个原因。应当为那些接受自己态度的人层层设想，要让他们有自容的地方，则宽厚温和的教导，原本就不一定要全部露出自己的锋芒。

（3）遇事宜排解

【题解】

站在中正的立场上，为乡民排难解纷，又不要使自己卷入事端，这是于人于己都有利的。

【原文】

乡民不堪多事，治百姓当以息事宁人为主。如乡居，则排难解纷为睦邻要义。万一力难排解，即奉身而退，切不可袒帮激事。如见人失势，从而下石，尤不可为。为者，必遭阴祸。

【译文】

乡民承受不起太多的事端，治理百姓也应该以平息事端，安宁人心为主。如果在乡下居住，则排难解纷是睦邻友好的要义。如果万一凭自己的力量难于排解，就应该守身而退，切不可偏袒一方，激起事端。如果见到别人失了势，就从而落井下石，这是尤其不可去做的。这样做的人，一定会遭到阴间的灾祸。

（14）势力不可恃

【题解】

得势时不要得意忘形，应该居安思危，时刻警惕地约束自己的行为，这样才会减少后患。

【原文】

恃势逞力，必有过分之事，损福取祸，万万不可。谚云："有一日太阳晒一日谷。"又云："有尺水行尺船。"皆刻薄语也。有太阳时，须算到阴云霖雨①；有水时，须算到河流浅涸，自不敢恣所欲为。能以礼下人，全在有势力时，若本无势力可倚，不得不畏首畏尾，非让人也。天道恶盈，凛之哉！

【注释】

①霖雨：连绵大雨。

【译文】

依凭权势，炫耀强力，就一定会做出过分的事，减损福气，自取祸端，万万不可，谚语说："有一日太阳晒一日谷。"又说："有一尺深的水就行一尺深的船。"这都是些很刻薄的话。有太阳的时候，就应该预计到阴云霖雨；在有水的时候，就应该预计到河流变浅甚至干涸，这样就自然不敢放纵自己，为所欲为了。能够以礼貌谦恭地待人，全都在于有势力的时候，如果本来没就有势力可以倚仗，那也就不得不畏首畏尾的，并不是礼让别人了。上天之道，憎恶自满，要凛然畏惧啊！

（15）信不可失

【题解】

待人接物，诚信为本。如果享有讲信用的美名，人们就会乐于和你交往，你办各种事情也都会方便得多。

【原文】

以身涉世，莫要于信。此事非可袭取，一事失信，便无事不使人疑。

果能事事取信于人，即偶有错误，人亦谅之。吾无他长，惟不敢作诳语。生平所历，愆尤不少，然宗族姻党，仕宦交游，幸免龃龉。皆曰某不失信也。古云："言语虚花，到老终无结果。"如之何弗惧！

【译文】

身处于世上，没有比信义更重要的。失信的事情是不可以沿袭取用的。在一件事情上失去了信用，就没有哪一件事情不让人怀疑。果真能事事取信于人的话，即使偶然有了错误，别人也会谅解你。我没有其他的长处，只是不敢说欺诳的话。我生平经历的事情，错误尤其不少，但宗族中人和有姻亲关系的人们，以及我的官场上的交游朋友，幸而免于和我发生很大的矛盾，他们都说我不失信。古语云："言语虚浮花哨，到老了最终不会有结果。"哪里能够不畏惧呢！

（16）勿傍人门户

【题解】

"男儿当自强"，岂可仰人鼻息，屈事权贵？大丈夫贫贱不能移，在任何时候都应该励志奋进。

【原文】

他人位高多金，与我何涉？依门傍户，徒为识者所鄙。且受恩如受债，一仰人鼻息，便终身不能自振。惟竖起脊骨，忍苦奋厉，方为有志之士。

【译文】

他人官位高，拥有很多金钱，这和我又有什么关系呢？依傍他人而生活，只能被有见识的人所轻视。况且受人恩惠，就像借了债一样，一旦依赖他人，看人脸色行事，就终身不能够再自我振作了。只有竖起脊梁骨，忍受困苦，振奋激励，才是有志之士。

（17）勿贪受赠遗

【题解】

贪图人家赠送的财物，往往会断送两人的交情，因小失大，万不可为。

【原文】

势当穷迫无路，亦不得不藉人援手。无论姻亲、朋友，望其提携，切不可受其遗赠。盖品题[1]作佳士，在人不费，在我有益。世无乐于解橐[2]者。至靳我以言，酬我以资，以情分尽矣。断不能再为发棠[3]之复。是受一人惠，既绝一人交，不可误贪近利。

【注释】

①品题：评论注物，定其品次高下。

②橐：tuó 袋。

③发棠：指赈济

【译文】

形势到了穷迫无路的时候，也不得不借助于别人的援手。无论是姻亲还是朋友，希望他们提携，但切不可接受他们的馈赠。品评我为优秀的士人，在人家来说并没有耗费什么，在我来说却是有益的。世上没有乐于解囊相助的人。至于舍不得用语言来品评我，却用钱资助我，我们的情分也就尽了。断断不能再去请求别人接济。如此看来，受了一个人的惠赠，也就绝了一个人的交情，不可错误地贪图眼前的利益。

（18）须予人可近

【题解】

和气待人，会让对方心中也感到温暖，这样容易拉近双方之间的距离，使大家都相处得很融洽。所以要让人感到你是容易亲近的，而不要拒人于千里之外。

【原文】

春夏发生①，秋冬肃杀，天道也。唯人亦然。有春夏温和之气者，类多福泽；专秋冬严凝之气者，类多枯槁。固要岩岩特立，令人不可干犯，亦须有蔼然气象②，予人可近。孤芳自党，毕竟无兴旺之福。

【注释】

①发生：萌发生长。

②蔼然气象：和气的样子。

【译文】

春夏生长，秋冬肃杀，这是自然规律。人也是这样。有像春天夏天一样温和的气息的人，大都会享有很深的福泽；而独有秋天冬天一样严厉凝重之气的人，大都会穷困潦倒。人固然要凛然独立，让别人不敢侵犯，同时也应有和气的姿态，让人可以亲近。如果只是孤芳自赏，毕竟不会有兴旺起来的福气。

（19）失意人当礼遇

【题解】

作者幼年丧父，少小孤贫，深知人间冷暖，对那些失意困苦之人的心

境体会得尤其深切，所以在这里专门强调要去礼遇他们。广播仁爱之心，助人一臂之力，是一种品德高尚的表现，而受恩的人也会永铭在心。也许一句勉励的话，就能鼓舞一个人的自尊心、自信心，助成他的事业呢！何乐而不为？

【原文】

趋炎附势，君子不为。然热闹场中遇落寞人，多不暇照应。不知我目中无彼，而彼目中有我，淡泊相遭即似有心倨[1]侮。余年十四、五时，身孤貌寝[2]，家难多端，几不为宗亲齿；数山阴李惟一先生，族姑夫也，一见相赏，谓"孺予不凡"，辄有知己之感，益自奋励，至今犹常念之。故生平遇失意人及孤儿、寒士，无不加意礼遇，亦有无意中得其力者。俗传："锦上添花，不如雪中送炭。"言近指[3]远，当百复也。

【注释】

①倨：jù 傲慢。

②寝：丑陋。

③挡：通"旨"，旨义，含义。

【译文】

趋炎附势，是君子不屑于干的。然而在热闹的场合中遇到了一些落魄寂寞的人，却往往来不及去照应他们。且不知自己的眼中虽然没有他，而他的跟中却是有自己的，对人家态度冷淡，就像是有心去对他傲慢轻侮一般。在我十四、五岁的时候，没有了父亲，孤苦无依，相貌丑陋，家中的困难也很多，几乎不为同宗的亲属所重视。相比之下，只有山阴县的李惟一先生，我的族姑夫，一见面就十分欣赏我，说我"孺子不凡"，我就有了被人知遇的感觉，于是更加自己发奋努力，直到今天我还在怀念他。所以我生平遇上那些失意的人和孤儿、贫寒之士，没有不着重注意礼遇他们的，也有在无意中获得他们帮助的时候。俗话相传："锦上添花，不如雪中送炭"。语言浅近而含义深远，应当反复地去体味它。

（20）保全善类

【题解】

锄恶扶善，是每一个有正义感的人都应该做的事。汪辉祖主张明哲保身，并不敢提倡与恶势力作坚决的斗争，但仍然知道要保护善良的人，这也是一种曲折的斗争方式吧！

【原文】

浇薄之徒，恶直丑正，非其同类，多被谤毁，受摧折。专赖端人君子为之调护扶持。遇此种事务，宜审时察势，竭力保全；切勿附和随声，致善类无以自树。事之关人名节者，更不可不慎。

【译文】

那些刻薄的人，厌恶陷害正直的人，如果不是他们的同类人，往往就会遭到他们的诽谤，受到他们的摧残。只有依赖正派的君子在其中加以协调保护，扶持那些被害的人。遇上这样的事情，应该审察当时的形势，竭力加以保全；切不要随声附和，致使那些善良的人没有办法自己有所建树。有些事情关系到人的名节，更加不可不谨慎。

（21） 睦邻有道

【题解】

和邻居搞好关系，大家可以互相帮助，对各自都有好处。但大家住在一起，也难免会有利益相冲突的地方，如果都能互相容忍一点，互相以礼相待，也就能够维持和睦的局面了。

【原文】

望衡①对宇②，声息相通，不惟盗贼、水火呼援必应，即间有力作之需，亦可借侪将伯③。基非平是辑睦，则如秦人视越人之肥瘠矣。辑睦之道：富，则用财稍宽；贵则行己尽礼；平等则宁吃亏，毋便宜。忍耐谦恭，自于物无忤。虽强暴者，皆久而自格④。

【注释】

①衡：指门。

②宇：屋檐。

③借侪将伯：指互相帮助。

④格：纠正。

【译文】

邻居间互相可以看见屋门，声息相通，不仅仅是盗贼、水灾火灾等事情呼唤救援就一定会有回应，即使是偶尔有出力劳作的需要，也可以互相帮忙。如果不是平常很和睦的话，那就像陕西人看浙江的土地是否肥沃一样，大家互相不关痛痒了。和睦地对待邻居的方法是，如果自己较富，用钱出手就较大方一点；如果自己较显贵，那自己的行为就多讲究礼貌。如果大家都是平等的，则宁肯吃点亏，也不要去占人家的便宜。如果态度忍耐谦恭，自然就不会触犯别人。即使是一些强暴的人，日子久了也都会自己改正。

（22）受恩不可不报

【题解】

"受人滴水之恩，必当涌泉相报"，方为大丈夫。

【原文】

士君子欲求自立，受恩之名，断不可居。事势所处，不得不受人恩，即当刻刻在念，力图酬报。如事过辄忘，施者纵不自功，亦问心有愧。

【译文】

士君子如果想要求得自立，那么受人恩惠这个名头，是万万不可以担当的。如果事情的形势到了那个地步，不得不接受别人的恩惠，就应当时时刻刻都记在心上，力图酬报人家。如果事情一过去就忘记了的话，即使施恩者不以功自居，自己也问心有愧。

（23）索债毋太急

【题解】

借钱欠债一类的事情，最是麻烦。去追债的时候，往往债主比借钱的还要不好意思。索债不急，对方容易赖账；而索债太急，又容易造成不愉快的事，看来还是不要轻易借钱出去的好。

【原文】

负债须索，常情也。其人果力不能偿，亦勿追求太急。迫之于穷懦者，典男鬻①女，既获罪于天；强者，征②色发声，亦取怨于人；甚有抱惭无地酿成他故者，不可不虑。

【注释】

①鬻：yù 卖。

②征：表露。

【译文】

人家欠了自己的债，就应当去追索，这是人之常情。但那人如果确实力量不足以偿还，也不必对他追索得太急。逼迫到了那些穷困懦弱的人身上，弄得人家典卖子女，这既然已得罪于上天了；而碰上了那些强悍的人，还会怒形于色，恶语相加，这又取怨于人了。甚至还有的人心中惭愧，无地自容，以至于酿成其他事故的，这也不可不忧虑。

（24）贷亲不如贷友

【题解】

"向亲戚借钱，不如向朋友借钱"，这个提法是很有趣的。汪辉祖自有他的一番道理。然而亲戚中自然也不缺乏乐于助人的，朋友中也有吝啬刻薄的，什么事都不好一概而论。借钱借多了，不管是谁都不会很高兴，所以不到万万不得已，还是别去借钱为好。

【原文】

炎凉之见起于至亲。倘境处贫困，向富戚告贷，我原意在必偿，彼先疑我必赖。以必偿之债，被必赖之名，无论未必肯贷，即肯贷矣，其声音笑貌总有一种夷然①不屑光景。自爱之士，谁能堪此？且十年消长不一，他日有求于我，稍不遂意，辄以前事相苛。余为童子时，闻邻家有先世叨②亲戚之助，至其子孙尚若訾议③者，故向当奇穷之日，每从朋友通融，不烦亲戚假借。盖朋友通财之义，果称相知，自关休戚。既偿之后，无他口实。故存必偿之念者，贷于亲，不若贷于友。

【注释】

①夷然：鄙视的样子。

②叨：承受。

③訾：非议。

【译文】

世态炎凉的变化，往往起始于最亲的人。如果家境处于贫困，去向富有的亲戚借钱，自己原来的意思本是一定要偿还的，但对方首先就怀疑我必定会抵赖。以一项必定偿还的债务，却背上必定抵赖的恶名，无论如何都未必肯借给你。即使肯借了，那声音笑貌之中总有一种鄙夷不屑的神态。自重自爱的人，谁能忍受得了这些呢？况且十年之内，盛衰不一，如果日后对方又反过来有求于自己的话，稍一不顺意，他就会拿以前的事情有来相苛求。我还是小孩子的时候，听说邻居家有祖先承受了亲戚的帮助，到了子孙还在为非议所苦恼，所以以前每发穷得要命的时候，常常从朋友那里通融，不去麻烦向亲戚借钱。朋友有互相通财的义气，果真称得上是相知的，自然会忧喜相关。偿还了之后，不会再有其他的口实。所有存在一定偿还的念头的人，与其向亲戚借，不如向朋友借。

（25）宜谅友力

【题解】

这一节是接着上一节写下来的。向朋友借钱，势必会造成人家流动资金短缺，手头不方便。所以应该为人家着想，能不借尽量不借，如果不得不借，也要尽量压缩数额，切不可狮子大开口，把人吓坏了。如果上一笔钱还没还，又跟人家开口借新的，那也就未免太"不够哥们儿"了。

【原文】

然竭人之忠，尽人之欢^①，则又不可。虽密友至交，前逋^②未偿，必不宜再向饶舌。即我处必代之势，亦先须权友之是否能贷。倘友实力有不及，而我必强以所难，安得不取憎于人？

【注释】

①欢：友爱。

②逋：bū 拖欠。

【译文】

然而用尽别人的忠诚，竭尽别人的友爱，就又不可以了。即使是最亲密的朋友、最过硬的交情，以往所拖欠的还没有偿还，就不应该再向人家借贷。即使是自己处在非借钱不可的情况下，也应该先权衡一下朋友是否有能力借出。倘若朋友确实凭能力也难以办到，而我却硬要强人所难，怎么会不招来别人的憎恶呢？

(26) 讳贫伪贫皆不必

【题解】

贫困并不是一件好事，但如果不幸身处其中，只应该凭自己的努力去脱贫致富，没有必要去掩饰自己的贫困。至于装穷的人就比较可耻了，大可不必去做那种人。

【原文】

富少贫多，古今一致，故士以安贫为贵。然非佚居^①无事也，特^②不肯为悖理远天之事耳。有道而贫，儒者所耻，自当劬躬循分，求可免于长贫。若以贫为讳，将饰虚为盈，必致寡廉不顾。至实已不贫，而伪为贫状，此在居家则欲疏亲简友；在居室官则图亏帑^③婪赃。鄙哉！不足道也。

【注释】

①佚居：安居。

②特：只不过。

③帑：tǎng 国库。

【译文】

富人少，穷人多，这在古今都是一样的。所以士人应该以安于贫困的生活为贵。然而并不是闲居着无所事事，只不过是不肯做那些背离正理，远于天道的事情罢了。有才能而贫困，这里儒者所引以为耻的，自然应当勤劳苦干，安守本分，以求免于长期贫困。如果以贫困为忌讳，就将要把虚亏掩饰为盈满，一定会导致不顾廉耻。至于自己实在已经不贫困，却要伪装出一副贫困的样子，这种人居住在家就想疏远亲戚，怠慢朋友；做官就图谋挪用公款、贪污受贿。可鄙啊！不值得说他了。

（27）爱怜受忌皆不可

【题解】

做人既要有骨气，不受人怜悯；也要收敛锐气，才能不为人所忌恨。汪辉祖所标榜的，是一种典型的中庸的处世之道。

【原文】

我丈夫也，何事可不如人而下气低头、乞人怜我，耻乎不耻？若才智先人①，事事欲求出色，则锋棱太露，为人所忌，必至获咎。故受怜不可，受忌亦不可。

【注释】

①先人：先于别人，比别人强。

【译文】

我是一个大丈夫，怎么可以比不上别人就下气低头、乞求别人怜悯呢？可耻不可耻？如果才能智慧高于别人，每一件事情就想追求出色，那就会锋芒太露，被人所忌恨，一定会招来麻烦。所以受人怜悯是不可以的，受人忌恨也是同样不可以的。

（28）与人共事不可不慎

【题解】

"物以类聚，人以群分"，与君子为伍者为君子，与小人为伍者为小人。与君子共事可以减少过失，与小人共事麻烦多多。选择合作者，不可不谨慎。

【原文】

不幸与君子同过，犹可对人；幸与小人同功，已为失己。况君子必不诿过，小人无不居功。与人共事，何可不慎？故刚正若难逢时而坚守不移，终为人重；唯阿①似易谐俗，而得中无主②，卒受人愚。欲处处讨好，必处处招尤。乡愿③固不可为，亦不易为也。

【注释】

①唯阿：唯唯诺诺，阿谀奉承。

②中无主：内心没有主张。

③乡愿：伪善欺世的人。

【译文】

不幸与君子一同犯了过失，还可以面对众人；但如幸而与小人一同成功，已经是丧失了自己。况且君子必定不会推卸过失，而小人没有不居功自夸的。与人共事，怎么可以不谨慎呢！所以刚正的人如果难遇上时机也坚守气节不转移，最终会被人所看重；只是一味迎合别人的人，似乎是容易与时俗相谐和，而自己内心没有主张，最终会受到别人的愚弄。想要处处讨好，结果一定会处处遭罪。那种伪善欺世的人固然不可以去做，同时也是不容易做的。

（29）知受侮方能成人

【题解】

"自古英雄多磨难，从来纨绔少伟男。"痛苦和侮辱能激起人的志气，磨砺人的能力，最终使人成才。

【原文】

为人所侮，事最难堪。然中人①质地，快意时，每多大意，不免有失。无端受侮，必求所以远侮之方；遇事怕错，自然无错；逢人怕尤，自然寡尤；事事涵养气度，即处处开扩识见，至事理明彻，终为人敬礼。余向孤寒时，未知自立，幸屡丁家衅，受一番侮，发一回愤，愈侮愈愤，黾勉有成，故知受侮者方能成人。

【注释】

①中人：中等的人。

【译文】

被人欺侮，这种事情是最难以忍受的。然而一般人的素质，在快意的时候，如果稍有大意，这就不免会有过失。无缘无故地受了侮辱，必然会去寻求远离侮辱的方法；遇见事情怕出错，自然就会没有错误；逢上别人怕被责怪，自然就会少受责怪；每一件事情上都有涵养气度，也就处处都能开阔见识。到了能够彻底地明白事理的时候，最终会受到别人的尊敬礼待。我以前做孤儿贫寒的时候，不知道要自立，幸亏多次碰上家里出事，受一番侮辱，就发一回愤，越侮辱就越发愤，勤勉努力，终于有了成就。所以知道受侮辱者才能够成人。

（30）老成人不可忽

【题解】

老成人指那些社会经验很丰富的年长的人。他们有深厚的阅历，对事情的认识往往比年轻人要透彻。多听听他们的意见，会少犯错误。

【原文】

少年之人惟天分颖异者，见理早彻，处事能周。如非过人之质，类多血气用事，壮往致悔。涉历一番，则精细一番。故持重之说，专归老成。不独学问中人，即野叟鄙夫，阅事既多，识议亦时中肯綮①。谚云："若要好，问三老。"大舜之察迩言②，诗人之询刍荛③，非务乎其名也。言出老成人，须反覆寻绎，不可以其易而忽之。

——《双节堂庸训·应世》

【注释】

①中肯綮：切中要害。

②迩言：近言，浅近之言或左右亲近者的话。

③刍荛：割草打柴的人。

【译文】

年轻的人只有那些天资聪颖，异于常人的人，才能够较早地透彻地洞见道理，处事事情能够周全。假如并不是有过人的才智的，往往喜欢意气用事，到了壮年时往往会后悔。在社会上经历一番，处理事情也就会更加精细一番。所以谨慎稳重的说法，独独归于那些老成的人。不仅仅是读书做学问的人，即使是那些村野老人、市井鄙夫，由于事情经历的多，所以见解也时常能够切中要害。谚语说："如果想要事情做得好，就去问乡中掌管教化的三老。"舜帝考察浅近的或左右亲近者的话，《诗经》作者去询问割草打柴的人，并不是为了博取虚名。老成人说出的话，应该反复去推敲，不可因为它们说得简易就忽略他们。

2.《双节堂庸训·蕃后》论处世

【题解】

汪辉祖在《双节堂庸训·蕃后》中有很多关于怎样处世的议论，其中不乏见解透彻、发人深省的段落。汪辉祖主张为人处世的基础是要有节操，特别是在义利关头要能把握住自己。他还强调要谦虚谨慎，要靠自己的努力去打天下，要博爱天下之人，要明晰盛衰转换之理，执节持中，等等。虽然也有很多道理是老生常谈，但与作者丰富的人生阅历融合在一起，读来十分平易可亲，有时妙思隽语，也颇足解颐。

（1）择友有道

【题解】

汪辉祖提倡选择朋友要以德为主，而才华次之，这是很有道理的。有才德双全的人做朋友固然最好，然而这样的人毕竟不多，当你必须做出选择的时候，不妨考虑汪辉祖的建议。

【原文】

人不易知，知人亦复不易。居家能伦纪周笃①，处世能财帛分明，其人必性情真挚，可以倚赖。若其人专图利便，不顾讥评，纵有才能，断不可信。轻与结纳，鲜不受累。或云"略行取才"，亦是一法，然千古君子之受害于小人，多是"怜才"二字误之。

【注释】

①伦纪周笃：人伦纲纪周全笃厚。

【译文】

人是不容易了解的，要了解别人更是不容易。如果一个人居住在家里能够使家庭成员之间道德关系通达厚道，处在世上对待财帛能有分明的立场，那么这个人必定性情真挚，是可以依赖的。如果一个人专门贪图利益，而不顾别人的讽刺评论，那么他即使有才能，也不可以相信。轻易地与这种人结纳，很少有不受连累的。有的人说"不计较一个人的品行而取他的才干"，这也是一个方法，然而千古以来君子受害于小人，大多"怜才"两个字误了他们。

（2）艺事无不可习

【题解】

人只要不残废，就有能力自己养活自己。不管是操什么职业，只要能正当的自食其力，都是好的。而那种好吃懒做的人，则饿死活该。

【原文】

人惟游惰，必致讥寒。其余一名一艺，皆可立业成家。但须行之以实，持之以恒。有一事昧已瞒人，便为人鄙弃。昔仁和张氏，以说书艺花①为生，得有辛工，随手散去。有劝其为子孙计者。曰："吾福子孙多矣。"诘之。曰："若辈生具耳、目、手、足，尽可自活。"真达识哉！

【注释】

①艺花：种花。

【译文】

人只要放纵懈怠，必然会导致饥寒。其余的任何一种技艺，都可以立业成家。只要能够以实际行动来施行，并持之以恒就行了。只要有一件事情昧了自己良心，欺瞒了别人，就会被人所鄙弃。当年仁和县的张氏，以说书、种花为生，辛辛苦苦工作得到了报酬，就随手把它们散了出去。有些人劝他为子孙打算打算。他说："我为子孙造的福够多了。"人家问为什么。他说："他们一生下来就具备耳朵、眼睛、双手、双脚，尽可以自己养活自己。"这真是透彻的见识啊！

（3）做事须专

【题解】

人的精力和财力都是有限的，所以不管干什么都需要专注，这样才会成功。

【原文】

无论执何艺业，总要精力专注。盖专一有成，二三鲜效。凡事皆然。譬以千金资本专治一业，获息必夥①。百分其本，以治百业，则不特无息，将并其本而失之。人之精力亦复犹是。

【注释】

①夥：huǒ 盛多。

【译文】

无论是干什么行业，总需要精力专注。专一就会有成就，而三心二意就很少有效果。所有的事情都是这样。就好像用一千两银子的资本专门去经营一种产业，就一定会获得很多利润。如果将资本分散到多处，去经营多种产业，那么不仅仅没有利润，反而会连老本都亏损掉。人的精力也如此。

（4）临财须清白

【题解】

钱财是人人都想要的，但不能为了它而争夺，弄得不清不白。所以一定要用妥善的措施，妥善地对待。

【原文】

财利交关，最足见人真品。天下无不能计利之人，其不屑屑较量、甘于受亏者，特大度包荒①耳。显占一分便宜，阴被一分轻薄。故虽至亲、密友，簿记必须清白。

【注释】

①包芜：宽容。

【译文】

在与钱财利益相关的时候，最足以看出一个人真正的品质。天下没有不能计算利益的人，而那些不去琐屑计较、甘于吃亏的人，只不过是宽容大度罢了。在明处占一分便宜，就会在暗中随一分轻视。所以即使是最亲的亲戚、最亲密的朋友，钱财簿上的记录也必须清白。

（5）勿自是

【题解】

自以为是最容易蒙蔽人的智慧，使人不能冷静的思考，从而做出错误的行为。不可不戒。

【原文】

事到恰好之谓"是"。读书应世大率"是"处少，"不是"处多。常恐"不是"，则必精求其"是"，可以为学，可以淑①身。一有"自是"之念，便觉"不是"在人，争端易起。穷则忤人，达则病国，可勿慎诸？

【注释】

①淑：善。

【译文】

事情做到恰到好处就叫"是"。读书、处世，大概都是"是"的地方少，而"不是"的地方多。常常害怕"不是"，就一定会精心地去追求"是"，这就可以做学问，可以使自身善美。一旦有自以为是的念头，就会觉得"不是"在于人家的那一方面，这样争端就容易起来。这样的人如果不得志就会触犯别人，如果得志显达就会危害国家。难道可以不谨慎吗？

（6）勿自矜

【题解】

俗话说："山外有山，人外有人。"我们一般的人，即使取得了一点小成绩，其实也都是微不足道的。没有任何值得骄傲的地方。况且骄傲使人失败，就更要小心犯这种错误了。

【原文】

读书中状元，从宦为宰相，皆儒者分内事。况状元、宰相尚是空名。循名责实，大惧难副①。又况不能为状元、宰相乎？恃才而狂，挟贵而骄，昔人所谓"器小易盈"，非惟不直一钱，且有从而获祸者。《易》曰："谦受益；满招损。"万事皆然。举一隅，余可类推。

【注释】

①副：相符。

【译文】

读书中状元，当官做宰相，这都是儒者分内的事。何况状元、宰相还只是一个空名。就其名声而求其实际，大都恐怕难于相符。更何况那些不能做状元、宰相的呢？凭恃自己的才华而狂傲，倚仗自己的显贵而骄矜，这就是以前的人所说的"容器小就容易满盈"，非但值不了一个钱，还有从此而招来祸端的。《易经》说："谦虚就会受到益处，自满就会招致损害。"所有的事情都是这样。我在这里只举其一隅，其余的都可以依此类推。

▲《伏羲八卦》书影

（7）当明知止知足之义

【题解】

利益是无穷无尽、永远追求不完的，而一个人生于天地之间，是那样的渺小，真正能够占用的东西又有多少呢？知止、知足，不但可以省事，还可以免灾。这是老子早就说过的道理。

【原文】

致显宦、号素封①，皆由祖宗积累。承庥②食报，当念国恩家庆酬称③两难。刻刻矜持，尚防蹉跌；一意进取，必致肆行无忌。日中则昃，月盈则亏，将有噬脐无及④者。"知止不殆""知足不辱"二语，当铭之座右，时时深省。

【注释】

①素封：无官爵封邑而拥有资财的富人。

②庥：庇荫。

③酬称：酬报别人应与别人施与我的恩惠相称。

④噬脐无及：就像咬自己肚脐一样难以企及，比喻后悔莫及。

【译文】

做到显赫的官职，或者虽无官爵却拥有巨额资财，这都是由祖宗功德积累而来的。承袭祖先的庇荫，应该以相应的行动来报答。但是又应当考虑到报国恩与报先人是难以两全的。时时刻刻庄重拘谨，尚且还要防止失足；如果一意向前进取，必然会导致放肆地行动，毫无忌惮。太阳到了天的中央就会开始向西斜落，月亮盈满了就会开始亏缺，将会有后悔不及的事情发生。"知道适可而止就不会危殆""知道满足就不会受到侮辱"两句话，应该铭刻在座位的右边，自己时时深深地反省。

（8）门阀不可恃

【题解】

生于富贵的家庭之中，本来是一件好事，只要肯努力，做官赚钱都十分容易。但如果不争气，反而又会成为门庭的拖累，为人所笑话。父母不能保孩子一辈子，所以最重要的，还是要孩子早日自立成人。

【原文】

幸踵^①祖宗门阀，席丰履厚，得所凭依，进身之途，治生之策，诸比常人较易。然必克自树立，则延誉有人，汲引^②有人，在在事半而功倍。若穿衣吃饭之外，曾无寸长足录，虽门阀清华，于身无补，适足为鄙弃，玷辱家声。所谓银匠之后有节度使，不足耻；节度使之后为银匠，乃足耻也。尝闻人言：会稽陶堰陶氏，当前明时，甲科鼎盛，郡邑鲜与伦比。同里陈氏有成进士者，乘轿拜客，陶氏无赖子见而揶揄^③之曰："小家儿，何遽学官样？"进士下轿谢曰："惶恐惶恐。寒族无奈兄辈人多，小家名不敢辞，贵族大家只是弟辈一流人多。"耳闻者哑然。进士固器小，然陶氏子当前受辱，可为恃门阀者炯戒。

【注释】

①踵：因袭。

②汲引：引荐。

③揶揄：嘲弄。

【译文】

如果有幸因袭了祖宗贵盛的门第，成了有功勋的世家，福禄丰厚，得以有所凭依，那么做官仕进的路途，治理生计的策略，各方面都会比平常人要容易得多。然而必须能够自己树立成材，才会有人称誉、有人引荐，处处都费力少而功效大。如果在穿衣吃饭之外，却没有一点点长处可取，那么即使有清高华贵的门第，对自身也是没有帮助的，自身反倒足以被人所鄙弃，玷辱了家族的声誉。所谓银匠的后代出了节度使，这并不值得羞耻；但节度使的后代做了银匠，这就足以羞耻了。我曾经听见别人说：会稽县陶堰的陶氏家族，在前化明朝时，科举鼎盛，郡县之中，很少有能和他们相比的家族。他们同乡陈氏有一个人中了进士，乘着轿子去拜会客人，陶氏的无赖子弟看见了，就嘲笑他说："小家之子，为什么竟学起做官的样子来了？"那进士走下轿来，告诉他说："惶恐惶恐。我们这个贫寒的家庭无奈象老兄你这样的人太多了，所以小家的名分不敢推拒，你们家族是大家高门，只因为像老弟我这样的人多。"听到这话的全都哑然说不出话来。那进士固然器量狭小，然而陶氏子弟当着人家面前受到侮辱，这可以作为那些依恃门第的人的昭明借鉴。

（9）穷达皆以操行为上

【题解】

人的穷困显达，这是各有不同的，也不是完全能由自己来决定的，但品德的修养是每个人都能做到的，也是颇为有益的。富贵是身外之物，而品德才是一个人本质的体现，所以人不可不勤修操行。

【原文】

士君子立身行世，各有分所当为。俗见以富贵子孙，光前耀后；其实操行端方，人人敬爱，虽贫贱终身，无惭贤孝之目。若陟①高位、拥厚资，而下受人诅，上干国纪，身辱名裂，固玷家声；即幸保荣利，亦为败类。古人所以崇令名也。余尝持此论，励官箴②、规士行，识者不以为非。故所言蕃后诸条，多安贫守分之事，不专望子孙富贵。且富贵何可多得？苟能富贵，愿日诵"思贻父母令名"之句。

【注释】

①登上。
②规劝之词。

【译文】

士君子立身处世，各有其职分之内所应当做的事。世俗都只看见那些给子孙带来富贵的人，给先辈和后代带来荣耀；其实那些操行端正方直的人，人人都敬爱他，即使贫贱终身，也不会羞愧于贤良孝顺的名目。如果登上高高的官位，拥有雄厚的资产，而在下受到众人的诅咒，在上冒犯国家的纲纪，身体遭到侮辱，名声最终败裂，这固然玷辱家族的声誉；即使是有幸保有了名位利禄，也是败类。这就是古人之所以崇尚美名的原因。我曾经持有这种观点，厉行对官吏的劝诫，规范读书人的行为，有智识的人不认为我不对。所以我所说的使后代繁盛的这些条目，有很多安于贫贱、坚守本分的事，不专门指望子孙能够富贵。况且富贵哪里可以多得呢？

如果能够富贵，甘愿每天都念诵"想要给父母带来美好的名誉"这句话。

（10）人当于世有用

【题解】

孟子说："穷则独善其身，达则兼济天下。"这两句话长期成为儒家士人处世的准则。但汪辉祖在这里所提倡的却有所不同，是一种"穷则力善一乡，达则兼济天下"的情怀，似乎比孟子的说法更为积极一些。

【原文】

"有用"云者，不必在得时而驾也。即伏处草野，凡有利于人之事，知无不为；有利于人之言，言无不尽。使一乡称为善士，交相推重，皆薰其德而善良，是亦为朝廷广教化矣。硁硁然画地，以趋求为自了汉①，尚非天地生人之意。

【注释】

①为自了汉：只顾自己的人。

【译文】

所谓"有用"云云，不必一定要在得意走运的时候才施行。即使是屈身处于民间，凡是有利于别人的事情，只要知道就没有不做的；凡是有利于别人的言语，只要去说就没有不把意思说透的。使一乡的人都称他为善士，交口赞美推重，都被他的德行所熏染而变得善良，这也是为朝廷推广教化啊！画地为牢，把自己局限在狭小的天地里，只求自保其身，这不是天地生育人类所赋予人的使命的本意。

（11）恶与过不同

【题解】

作者努力区分开罪恶与过错的用意，在于警醒世人：不要坏了心术，有意去做不好的事，这样的事情再小，也是罪恶的。

【原文】

"恶"与"过"迹多相类，只争有心无心之别。过出无心，犹可对人；若有心为恶，则举念时干造物之诛①，行事后致世人之怒。不必其在大也，大事多从小事起，必不可为。

【注释】

①造物之诛：上天的谴责。

【译文】

"罪恶"与"过错"的表面迹象大多相类似，只分有心与无心的差别。过错是出于无心的，仍然可以见人；但如果有心去做罪恶的事，那么念头萌发的时候就会受到上天的谴责，事情做完之后就会招致世人的愤怒。这罪恶不一定要很大，大事往往都是从小事做起的，一定不可以去做它。

（12）清议不可犯

【题解】

群众的眼睛是雪亮的，谁做了坏事都逃不过去，虽然不一定会遭到惩罚，但名声已蒙上了耻辱，难以做人了。所以不要做那些会招人非议的事。

【原文】

常人谗口势固不能尽弭①，然不授之以隙，亦未必无端生谤。至为士君子清议所不容，则真有靦②面目矣。故事之有干清议者，虽有小利，断不可忍耻为之，流为无所忌惮之小人。

【注释】

①尽弭：消弭，消灭。

②靦：tiǎn 惭愧。

【译文】

平常人说的坏话固然不可能全部消灭，然而不给予别人漏洞可乘，也未必就会无缘无故地生出诽谤来。至于被士君子公正的评论所不容，那就脸面上真的很羞愧了。所议凡是那些会招来公众非议的事情，即使有小利益，也断断不可忍着羞耻去做，流为无所忌惮的小人。

（13）宜知盈虚消长之理

【题解】

盛极必衰，否极泰来，这是自然运动的规律。人们如果能够深切地认识到这一规律，居安思危，小心谨慎，在盛时知道谦退，就可以防止、至少是延续衰败的到来。而如果得意忘形，放纵自己的欲望，那么离失败也就不远了。本节用种花做比喻，新奇而又贴切，生动可喜。

【原文】

谚云："十年富贵轮流做。"庚金①伏于盛夏。暑气方炎，凉飚旋起。处极盛时，非刻刻存敬畏之心，必不能持盈保泰。艺花者，费一年辛力，才博三春蕊发，花开满足，转眼雕零甚矣。兴之难，而败之易也。梅之韵幽而长；桂之香艳而短；千叶之花无实。故发泄不可太尽，菁华不宜太露。余自有知识迄于今兹，五、六十年间所见，戚友兴者什之二；败者什之八。大概谨约者兴久，放纵者败速。匪惟天道，有人事焉。知此义者，可以蕃后。

【注释】

①庚金：指秋天。

【译文】

谚语说："十年富贵轮流做。"秋天埋伏在盛夏之后。在暑气正盛的炎热时候，阴凉的秋风顷刻就会刮起。处在极盛的时候，如果不是时时刻刻存着敬畏之心，就一定不能够保持盈满安宁的局面。那些种花的人，费了一年辛苦的力气，才博得春天花蕊初绽，在鲜花盛开之后，转眼间就凋萎零落了。兴起难，而摧败容易。梅花的风韵幽雅而长久；桂花的芳香艳丽而短暂；瓣儿太多的花不会有果实。所以发泄不可太彻底，最精美的部分不可显露过多。我自从懂事一直到现在，五六十年间所见到的，亲戚朋友中兴盛起来的占十分之二，而衰败下去的却占了十分之八。大概是细心谨慎而有节制的人能够兴盛得久，而放纵无度的人衰败得快。这不仅仅是天道运行的结实，还有人为的成分在里面。知道这个道理的人，可以使子孙兴旺发达。

（14）听言不可不察

【题解】

与人谈话，要善于听出人家的弦外之音，考察自己是不是犯了错误，或从中学到可作为经验教训的东西，使自己的人格向着更加完美的方向发展。

【原文】

人有失误，惟祖若①父可以厉色严词，明白教诲。伯叔兄长，色稍和，词稍缓矣。朋友之规谏，旁引曲喻而已，全在自家留心体察。闻有谈他人得失者，总须反观自照。必待实指本身，已成笨伯。若饔袖如充耳②，先圣所谓吾未如之何也已矣。其他种种世事，亦毕生学习不尽。惟听一事解一事，触类引申，便无地非矣。至祖父、家庭，叙述亲友盛衰、贤否，原想子孙知所法戒，更不可作闲话听过，方不负教诲苦心。

【注释】

①若：或者。
②充耳：语出《诗经》，今引申为"充耳不闻"的意思。

【译文】

人如果有了失误，只有祖父和父亲可以厉色严词地对他明白教诲。而伯伯、叔叔和兄长，脸色就稍微和气，词语也缓和一些了。而朋友的规劝，只不过是引用别的事例和道理，委婉地说明而已，全靠自己去留心体会。听到谈别人言行得失的，总应该反过来观察自己以相对照。一定要等到别人切实指责到自身了，那这个人就已经是个蠢笨的家伙了。如果对这一切充耳不闻，那就像从前圣人所说的我拿他也没有办法了。其他种种世事，一辈子也学不完。只有听到一件事，就理解一件事，触类旁通，引申开去，就没有什么地方不能学习了。至于祖父、父亲、家庭中的人，叙述亲友的盛衰和贤良与否等事情，原本就是想要子孙知道取法或借鉴，更不可当作闲话随便听过，这样才能不辜负长辈教诲的苦心。

（15）圣贤实可学而至

【题解】

每个人对自己的亲人、朋友都是有爱心的，如果能够把这种爱心加以扩展，对天下所有的人都能一样地去爱他们，那么整个天下就会像一个大家庭一般融洽和睦。这种博爱之心，就是圣贤之心啊！

【原文】

孟子谓"人皆可以为尧舜"，止在"孝""弟"二字，原非强人所难。读孔子"老安"数语，益知圣贤之道，事事切近。人未有不欲安我之①老，信我之友，怀我之幼者。特②我之外不暇计耳。去一"我"字，扩而充之，便是天下一家气象。圣贤何尝不可学而至哉！

【注释】

①我之：指自己。

②特：只不过。

【译文】

孟子说："人人都可以成为尧舜"，只在于"孝顺父母"和"敬爱兄长"两件事，原本就不是强人所难。我读孔子"老者安之，朋友信之，少者怀之"这几句话，更加知道圣贤的道理，是事事切近生活的。人们没有不愿意使自己家的老者安逸、信赖自己的朋友，关心自家年龄小的人的。只不过是除了与自己有关的之外就来不及再考虑别的罢了。去掉一个"自己"，把这种感情扩而充之，就是天下都成为一家的大气象。圣贤又何尝不可以通过学习来达到呢？

（16）人在自为

【题解】

一个人能否成就，关键都在于自己努力与否，而所有外界的因素都是次要的。有的人自己不努力，却说先辈没有给自己留下资产，这样的人是极为可耻的。

【原文】

天之生人，原不忍令其冻饿，虽残废无能，尚可名一技以自活，况官体具备乎？上之可为圣、为贤；下之至为奸、为慝①；贵之可为公、为卿；贱之至为乞、为隶。在人之自为，而天无与焉。父母之于子亦然。流俗妄人乃谓祖、父未有资产，以致子孙穷困。此大悖之说也。必有资产而后可为祖、父，则成家②多在中年以后，娶妇生子非五、六十岁不可。有是理乎？不能为祖、父光大门闾，而以不肖之身归罪祖、父。为此说者，全无心肝，觍然人面。而袭其说以自宽，吾知其能为祖、父者罕矣。

——《双节堂庸训·蕃后》

【注释】

①慝：邪恶。

②成家：成就家业。

【译文】

上天生育人类，原本就不忍心令他们挨冻受饿，即使是残废无能的人，都尚且可以掌握一项出色的技艺以自我养活，更何况那些器官肢体都完备的人呢？上之可以成为圣人、贤人；下之可以成为奸佞、邪恶的人；贵之可以成为公卿大夫；贱之可以沦为乞丐、奴隶。这都在于人自己去做，上天并没有参与。父母对于子女也是这样。而世俗上那些无知的人竟然说祖父、父亲没有资财产业，以致子孙穷困。这真是极为荒谬的说法。一定要有资产然而才能成为祖父、父亲，那么兴起家业多在中年以后，而娶妻、生子就非等到五六十岁不可。有这样的道理吗？不能为祖辈、父辈光大门户，而以自己的不肖之身去将罪过归之于祖辈、父辈。说这样话的人，全然没有心肝，厚着脸皮，恬不知耻。而因循这种说法来宽容自己的人，我知道他们中能够做祖父、做父亲的一定很少了。

（二十三）焦循

借出不追，借入必偿

【题解】

借债的讨与还是生活中困扰人们的一大问题。除了依据法律之外，不妨借鉴一下焦循所推崇的方法。他所提倡的，是良心，是道德。

【原文】

人负我债，而其人力不能偿，我因不索而毁其券，此盛德事，尚非难也。唯我负人债，而势可以不偿，而竭力以偿之，则仁者事矣。先君子病时，於债负之可以不还者，恐身后循等负之，阴援以良田而返其券。越半月，先君子即逝①，逝后乃知其事。后人识之。

——《里堂家训》

【注释】

①逝：去世。

【译文】

别人欠我的债，凭他的能力不能偿还的，我就不去索要而毁了债券，这是积盛德的事，还不是很难做到。我如果欠别人的债，视情况可以不还的，而竭力去偿还，这就是仁者所做的事了。先父生病时，欠了别人的债而可以不还，他唯恐身后我们赖账，私下里用良田去还债，而索回了债券。过了半个月，先父就去世了，去世后我才知道这件事。后人应该牢记。

（二十四）邓淳

谨慎言语

【题解】

这是邓淳《家范辑要》的第三部分，主要是讲与人交往时说话的艺术问题。从他选录的言论来看，有一个明确的趋向：少说、谨慎。排除掉其中畏首畏尾、明哲保身的消极成分，还是可以学到很多待人处世方面的办法，应该是下面这些言论体现了较高的人生智慧。编者为每一则都加了个小标题，以方便读者。

（1）称善议失

【原文】

称人之善，宜就迹上言，议人之失，宜就心上言。盖人之初心，本身无恶，特以利欲驱之，故失正理。其始甚微，其终至于不可救，仁人虽恶其去道之远，然亦未尝不悯其昏暗无知，误至此极也。故议之必从始失之地言之，使其人闻之，足以自新而无怨。而吾之言，亦自为长厚切要之言。善迹既著，即从而美之，必更求隐微，主为一定之论，在人闻则乐而自勉，在我则为有实验，而又无他日之弊也。（《许鲁斋集》）

【译文】

说别人的好话，应该从行动方面去说，议论别人的得失，应该从心理上去讲。大概人的最初动机，本来是没有恶意的，只不过是受到利益欲望的驱动，所以才有失正当之理。这种悖理在开始的时候很轻微，但发展到后来就不可救药了。仁义之人虽然恶其远离正道，但是也很可惜怜悯他们的昏庸无知，以至于错到这种地步。所以议论别人过失一定要从犯过错的开始议论，让那个人听到议论后，能够自我更新而没有什么怨恨，并且我的话也被看成是长者忠厚切实且重要的话。好的行迹既然明显，便跟从它，赞美它。没有必要更进一步求得隐讳微妙之言。主人讲出了有分量的话，他人听起来便十分高兴，而且为之自勉，对我自己来说也就很有实际效果，并且没有日后弊端。

（2）言不妄发

【原文】

切不可随众议论前人长短。在古人之后，议古人之失则易；处古人之位，为古人之事则难。又曰：一言不妄发，则言出而人信服之。（《读书录》）

【译文】

切不可跟随众人议论前人的长短，生在古人的后面，议论古人的过失是很容易的事情。处在古人的位置上，做他们所做的事情就很难了。又说：一句话也不应随便讲，这样讲出的每一句话别人都会信服。

（3）不多言

【原文】

有道德者，必不多言，有信义者，必不多言，有才谋者，必不多言。唯见夫细人①狂人佞人②，乃多言耳。明道③曰：德则言自简。（《蔡虚斋集》）

【注释】

①细人：小人。

②佞人：花言巧语的人。

③明道：宋代理学家程颢。

【译文】

有道德的人，一定不会说多余的话，讲信义的人，一定不会说多余的话；有才华谋略的人，一定不会说多余的话；只有那些小人、狂妄及谗佞者，才喜欢讲多余的话。程明道说：德行提高，那么人说话自然就简洁。

（4）蝉噪招患

【原文】

凡一事而关人终身，纵实见实闻，不可著口。凡一语而伤我长厚，虽闺谈酒谑，慎勿形言。

（6）澄心定气方发言

【原文】

自非生知之圣，未有言而不思者，貌深沉而言安定，若謇若疑，欲发欲留，虽有失焉者寡矣。神奋扬而语急速，若涌若悬，半跲半晦，虽有得焉者寡矣。简而当事，曲而当情，精而当理，确而当时，一言而济事，一言而服人，一言而明道，是谓修辞之善者。其要旨有二，曰澄心，曰定气。（《新吾粹语》）

——《家范辑要》

【译文】

只要不是天生的圣人，没有说话而不加思考的，形象深沉而说话平缓，象很流畅又很犹豫，想要阐发又有所保留，即使有所失误，也很少了。神情激奋而又说话急躁，象喷水、象悬河，半明半暗，即使有时正确，也是很少的事情。简洁而切中事理，曲折而符合情感，精明而合乎道理，确切而又适时，那么一句话就管一句的用，说一句话就能服一个人，一句话就可让人明白了道理。这就叫作讲究言辞的人，关键之处在于二点：清静心态，安定气息。

七、近代篇

（一）曾国藩

1. 与父母谈处世

【题解】

曾国藩极重处世之道，本着不麻烦别人的原则，反对与人争吵，情愿自己吃亏，不想让亲族时常应酬而累。这与现在好争、好应酬的风气形成鲜明对比。

（1）不可与人构讼

【原文】

严丽生取九弟置前列，男理应写信谢他，因其平日官声不甚好，故不愿谢，不审大人意见何如？我家既为乡绅，万不可入署说公事，致为官长所鄙薄。即本家有事，情愿吃亏，万不可与人构讼①，令官长疑为倚势凌人，伏乞慈鉴。

（道光二十五年五月二十九日）

【注释】

①构讼：造成争讼

（2）恐亲族难于应酬

【原文】

诸弟考试，今年想必有所得。如得入学，但择亲属拜客，不必遍拜，亦不必请酒，盖恐亲族难于应酬也。

（道光二十五年六月十九日）

2. 与叔父谈借钱

【题解】

曾国藩与叔父谈借钱收取一事，语虽平常，却深含处世之道，可为参考。

家中不必收取借银

【原文】

又黄麓西借侄银二十两，亦闻家中已收。侄在京借银与人颇多，若侄不写信告家中者，则家中不必收取。盖在外与居乡不同，居乡者紧守银钱，自可致富；在外者有紧有松，有发有收。所谓大门无出，耳门亦无入，全仗名声好，乃扯得活；若名声不好，专靠自己收藏之银，则不过一年，即用尽矣。以后外人借侄银者，仍使送还京中，家中不必收取。去年蔡朝十曾借侄钱三十千，侄已应允作文昌阁捐项，家中亦不必收取。盖侄言不信，则日后虽有求于人，人谁肯应哉？侄于银钱之间，但求四处活动，望堂上大人谅之。

（道光二十五年十月初一日）

3. 与弟谈处世

【题解】

从下面所拟的题目中可以看到，曾国藩是不喜欢空谈的。人之处世择友，趋利避害，涉及的方面很多，曾国藩总是因事立论，务求打动人心，让其自觉实行。

（1）求友以匡己之不逮

【原文】

京师为人文渊薮^①，不求则无之，愈求则愈出。近来闻好友甚多，予不欲先去拜别人，恐徒标榜虚声。盖求友以匡己之不逮^②，此大益也；标榜以盗虚名，是大损也。天下有益之事，即有足损者寓乎其中，不可不辨。

（道光二十二年十二月二十日）

【注释】

①渊薮：比喻人物聚集之所。
②逮：达到

（2）求师友须专心

【原文】

凡事皆贵专，求师不专，则受益也不入；求友不专，则博爱而不亲。心有所专宗，而博观他途，以扩其识，亦无不可；无所专宗，而见异思迁，此眩彼夺，则大不可。

（道光二十四年正月二十六日）

（3）仁心之发必一鼓作气

【原文】

凡仁心之发，必一鼓作气，尽吾力之所能为，稍有转念，则疑心生，私心亦生。疑心生则计较多，而出纳吝^①矣；私心生则好恶偏，而轻重乖矣。使家中慷慨乐与，则慎无以吾书生堂上之转念也。使堂上无转念，则此举也，阿兄发之，堂上成之，无论其为是为非，诸弟置之不论可耳。

（道光二十四年三月初十日）

【注释】

①吝：吝啬

（4）泛爱宗族姻党

【原文】

宗族姻党，无论他与我家有隙无隙，在弟辈只宜一概爱之敬之。孔子曰"泛爱众而亲仁"，孟子曰"爱人不亲反其仁，礼人不答反其敬"。此刻未理家事，若便多生嫌怨，将来当家立业，岂不个个都是仇人？古来无与

国学经典文库

中华传世家训

第四编 处世

图文珍藏版

875

宗族乡党为仇之圣贤，弟辈万不可专责他人也。

（道光二十四年十二月十八日）

（5）不可占人半点便宜

【原文】

发卷所走各家，一半系余旧友，惟屡次扰人，心殊不安。我自从己亥年①在外把戏，至今以为恨事。将来万一作外官，或督抚，或学政，从前施情于我者，或数百，或数千，皆钓饵也。渠若到任上来，不应则失之刻薄，应之则施一报十，尚不足以满其欲。故兄自庚子②到京以来，于今八年，不肯轻受人惠，情愿人占我的便益，断不肯我占人的便益。将来若作外官，京城以内无责报于我者。澄弟在京年余，亦得略见其概矣。此次澄弟所受各家之情，成事不说，以后凡事不可占人半点便益，不可轻取人财，切记切记。

（道光二十七年六月二十七日）

【注释】

①己亥年：即道光十九年（1839）。

②庚子：即道光十二年（1840）

（6）不贪财、不失信、不自是

【原文】

澄侯在县和八都官司，忠信见孚于众人，可喜之至。朱岚轩之事，弟虽二十分出力，尚未将银全数取回；渠若以钱来谢，吾弟宜斟酌行之，或受或不受，或辞多受少，总以不好利为主。此后近而乡党，远而县城省城，皆靠澄弟一人与人相酬酢①。总之不贪财，不失信，不自是，有此三者，自然鬼服神钦，到处人皆敬重。

（道光二十八年六月十七日）

【注释】

①酬酢：应酬

（7）不为一家逞势张威

【原文】

澄弟办贼①，甚快人心。然必使其亲房人等知我家是图地方安静，不是为一家逞势张威，庶人人畏我之威，而不恨我之太恶。贼既办后，不特面上不可露得意之声色，即心中亦必存一番哀矜②的意思，诸弟人人当留心也。

（道光二十八年十二月初十日）

（8）不必爱小便宜

【原文】

庙山上金叔不知为何事而可取腾七之数？若非道义可得者，则不可轻易受此。要做好人，第一要在此处下手，能令鬼服神钦，则自然识日进气日刚。否则，不觉坠入卑污一流，必有被人看不起之日，不可不慎！诸弟现处极好之时，家事有我一人担当，正当做个光明磊落神钦鬼服之人，名声既出，信义既著，随便答言，无事不成，不必爱此小便宜也。

（道光三十年正月初九日）

（9）凶年赈助乡里

【原文】

乡里凶年赈助①之说，予曾与澄弟言之；若逢荒歉之年，为我办二十石各，专周济本境数庙危乏之人。自澄弟出京之后，予又思得一法，如朱子社仓之制，若能仿而行之，则更为可久。朱子之制：先捐谷数十石或数百石贮一公仓内，青黄不接之月借贷与饥民，冬月取息二分收还②，若遇小歉则蠲③其息之半④，大凶年则全蠲之⑤，但取耗谷三升而已。朱子此法行之福建，其后天下法之，后世效之，今各县所谓社仓谷者是也。其实名存实亡，每遇凶年，小民曾不得借贷颗粒；且并社仓而无之，仅有常平仓谷，前后任尚算交代，小民亦不得过而问焉。盖事经官吏，则良法美政后皆归于子虚乌有。国藩今欲取社仓之法而私行之我境：我家先捐谷二十石，附近各富家亦劝其量为捐谷，于夏月借与贫户，秋冬月取一分息收还⑥，丰年不增，凶年不减。凡贫户来借者，须于四月初间告知经管社仓之人。经管量谷之多少，分布于各借户，令每人书券一纸，冬月还谷销券。如有不还者，同社皆理斥，议罚加倍。以后每年我家量力添捐几石。或有地方争讼，理曲者罚令量捐社谷少许。每年增加，不过十年，可积至数百石，则我境可无饥民矣。盖夏月谷值昂贵，秋冬价渐平落，数月之内，一转移之间，而贫民已大占便宜，受惠无量矣。吾乡昔年有食双谷者，此风近想未息。若行此法，则双谷之风可息。前与澄弟面商之说，我家每年备谷救地方贫户。细细思之，施之既不能及远，行之又不可以久，且其法止能济于贫乞食之家，而不能济中贫体面之家。不若社仓之法，既可以及于远，又可以贞于久，施者不甚伤惠，取者又不伤廉，即中贫体面之家，亦可以大享其利。本家如任尊、楚善叔、宽五、厚一各家，亲戚如宝田、腾七、宫九、荆四各家，每年得借社仓之谷，或亦不无小补。澄弟务细细告之父大人，叔父亲大人，将此事于一二年内办成，实吾乡莫大之福也。我家捐谷，即写曾呈祥、材双名。头一年捐二十石，已后每年或三石，或五石，或数十石。地方每年有乐捐者，或多或少不拘，但至少亦须从一石起。吾思此事甚熟澄，弟试与叔大人细思之，并禀父亲大人，果可急于施行否？近日即以回信告我。

（咸丰元年四月初三日）

【注释】

①赈助：救助。

②二分收还：每石加二斗。

③蠲蜀：juān 去除。

④半：每石加一斗。

⑤全蠲：借一石还一石。

⑥一分息：每石加一斗。

（10） 不可倚势骄人

【原文】

名者，造物上天所珍重爱惜，不轻以予人者。余德薄能鲜，而享天下之大名，虽由高曾祖父累世积德所致，而自问总觉不称，故不敢稍涉骄奢。家中自父亲、叔父奉养宜隆外，凡诸弟及吾妻吾子吾侄吾诸女侄女辈，概愿俭于自奉，不可倚势骄人。古人谓无实而享大名者，必有奇祸，吾常常以此儆惧[①]，故不能不详告贤弟，尤望贤弟时时教戒吾子吾侄也。

（咸丰四年十一月二十三日）

【注释】

①儆惧：戒惧。

（11） 直在我不怕别人讥议

【原文】

洪家之事，是非曲直，可一言而决。先茔葬在夏家卖契之内，则我直而洪曲。若系我直，则国藩长子也，断不要弟与澄、季独当其事，当由我挺身出来任之。有祸我当，有谤我受，决不出一分一厘与洪。若系洪直，则从容当谋一妥善之法。谚云"一家饱暖千家怨"，况吾家显宦，岂能免于讥议？

（咸丰十年十月二十五日）

（12）不可与小人为缘

【原文】

自古君子好与小人为缘，其终无不受其累者。如日相暨胡某、彭某，虽欲不谓之邪不可得，借鬼打鬼，或恐引鬼入室，用毒攻毒，或恐引毒入心，不可不慎也。

（咸丰十年十二月初七日）

（13）吊唁须亲往

【原文】

舅母弃世，纪泽往吊后，弟亦往吊唁否？此等处吾兄弟中有亲往者为妙。从前星冈公之于彭家，并无厚礼厚物，而意甚殷勤，亲去之时甚多，我兄弟宜取以为法。

大抵富贵人家气习，礼物厚而情意薄，使人多而亲到少。吾兄弟若能彼此常常互相规戒，必有裨益。

（咸丰十一年六月十四日）

（14）求人不可开大口

【原文】

凡与人交际，当求其诚信之素孚①；求其协助，当谅其力量所能为。弟每求人，好开大口，尚不脱官场陋习。余本不敢开大口，而人亦不能一一应付，但略亮②我之诚实耳。

（同治元年三月初八日）

【注释】

①素孚：素来诚信。
②亮：显示。

（15）为兄者应当兼规其短

【原文】

来信言余于沅弟既爱其才，宜略其小节，甚是甚是。沅弟之才，不特吾族所少，即当世亦不多见。然为兄者，总宜奖其所长，而兼规其短。若明知其错，而一概不说，则非特沅一人之错，而一家之错也。

（同治元年九月初四日）

（16）杜小人之谗口

【原文】

末世好以不肖之心待人，欲媒孽老弟之短者，必先说与阿兄不睦。吾之常常欲弟检点者，即所以杜小人之谗口也。何铣①罚款断不放松，幸毋听谣言而生疑。

（同治二年九月二十二日）

【注释】

①铣：xiǎn 金之最有光泽的，比喻昭显。

（17）交际须省己之不是

【原文】

弟开罪于军机，凡有廷寄，皆不写寄弟处，概由官相转咨，亦殊可诧。若圣意于弟，则未见有薄处，弟唯诚心竭力做去。吾尝言："天道忌巧，天道忌盈，天道忌二。"若甫在向用之际，而遽萌前却之见，是二也。即与他人交际，亦须略省己之不是。弟向来不肯认半个错字，望力改之。

（同治五年十一月初七日）

4. 与儿子谈处世

【题解】

选择志趣高远的朋友，不容易；在疏远的亲戚和近邻之间重视后者，也不容易。曾国藩强调这两点，都是要儿子从切身处做起。

（1）择交须择志大者

【原文】

择交是第一要事，须择志趣远大者。

（同治三年七月二十四日）

（2）富贵之家不可敬远亲而慢近邻

【原文】

李申夫之母尝有二语云，"有钱有酒款远亲，火烧盗抢喊四邻"，戒富贵之家不可敬远亲而慢近邻也。我家初移富垞①，不可轻慢近邻，洒饭宜松，礼貌宜恭，或另请一人款待宾客亦可。除不管闲事，不帮官司外，有可行方便之处，亦无吝也。

（同治五年十一月二十八日）

——《曾国藩全集·书信》

【注释】

①垙：hào 富地。

（二）左宗棠

家书四通

【题解】

在这几封家书中，左宗棠从教子弟写信的格式到告诫他们不要放浪，摆脱富家习气，从要求子弟不要急着入世，需在寂寞中求学，到教子弟如何"知人"，无不耐心细致，恳恳切切。整个来看，他强调的是与人为善，严于律己。

▲《曾文正公杂著》书影

（1）与孝威书

【原文】

孝威知之：

接尔抵都①后两书，知尔途间安吉，抵都后用功如常，深慰我怀。芝岑兄勤慎持正，尔在寓可多受教益，诸凡请其指示，可少差误。酬应既繁，须时时留心检点，言动之间，断不可稍形纵肆。昨见福建折弁赍回②《致徐中丞书》，我以尔所寄家信在内，故径自拆视。见字画草率，多用行体，称谓款式，均不妥协，殊为不取。树人先生年已七十又四，较我长二十岁。我虽同官，尚时存谦逊之意，尔致信宜用红单小楷，外用全书，上写愚侄左△△。如照都中款式，即用大单片亦可（称"愚侄"上写。信面称"安禀"或"钧启"，字体宜小）。初次通信，尤宜加慎，岂可任意草率，失敬礼之意。岂唯致书督抚宜然，即凡同乡外省，与我同官者，有交情者，尔均宜执子侄之礼，不可稍形倨傲③。不独世故宜然，即论读书学礼，亦应如此。自卑以尊人，敬父执之道，尤所当讲也。尔昨次所写，字体带行，不用全书，不称安禀，不自称愚侄，词意间并无敬慎之意，殊为失之。幸此信经我拆阅，未及径寄，免致开罪尊长，否则惹人贱恶矣。此后遇有必须通信之处，均宜自降一格，断不可稍有亢踞。行书并未学习，即可不写，亦藏拙之道也。有人求写信寄当事者，都宜谢绝，以向无往来或奉严谕不准预闻外事谢之，人亦不怪。总之，一举笔即当十分敬慎，免留话柄，免招尤悔。从前周克生因致书石黼庭先生说湘潭公事，致干严谴，并累及石芳先生，由侍郎降编修，可为前鉴，切当慎之又慎。

五月二十一日漳州行营寄

【注释】

①都：京城。

②赍：jī 携回。

③倨傲：骄傲。

（2）与孝威书

【原文】

谕孝威知之：

许久不得尔书，颇为系念。闽事诸顺，全境肃清，现驻漳州调兵入粤，仍勒兵①境上，伺其窜入江西，则急起截之，兼防其窜湘之路。谅诸逆或诛或降，仅止汪逆一股，已不成气候，或可了也。尔榜后已分何部？少年新进，诸事留心考究，虚心询问，藉可稍资历练，长进学识。切勿饮食征逐，虚度光阴。每日读书习字，仍立功课，不可旷废间断。闻王老师清俭②耐苦，人品心术，甚为人所莫及，尔可时往请其教益。总要摆脱流俗世家子弟习气，结交端人正士，为终身受用，勿稍放浪以贻我忧。时政得失，人物臧否③，不可轻易开口。少时见识不到，往往有一时轻率，致为终身之玷者，最须慎之又慎。

闰月初七漳州大营

【注释】

①勒兵：统兵。

②清简：清简节俭。

③臧否：好坏。

（3）与孝威书

【原文】

孝威知之：

接闰月二十一日信，知已安抵家中，途间均顺，至为慰意。先两日甫得尔都中四月晦日书，正以尔盘费①少，直东军务正急，颇为悬系，今竟安然无它也。会试不中甚好。科名一事，太侥幸，太顺遂，未有能善其后者。况所寄文稿本不佳，无中之理乎。芝岑书来，意欲尔捐行走分部，且俟下次会试再说。我生平于仕宦一事，最无系恋慕爱之意，亦不以仕宦望子弟。谚云："富贵怕见开花。"我一书生，忝窃至此，从枯寂至显荣，不过数年，可谓速化之至。绚烂之极，正衰歇之征，唯当尽心尽力，上报国恩，下拯黎庶[②]，做完我一生应做之事，为尔等留些许地步。尔等更能蕴蓄培养，较之寒素子弟，加倍勤苦力学，则诗书世泽，或犹可引之弗替，不至一旦澌灭殆尽也。世俗中人，见人家兴旺，辄生忌嫉心，忌嫉无所施，则谀谄逢迎以求济其欲。为子弟者，以寡交游、绝谐谑[③]为第一要务，不可稍涉高兴，稍露矜肆[④]。其源头仍在"勤苦力学"四字，勤苦则奢淫之念，不禁自无。力学则游惰之念，不禁自无。而学业人品，乃可与寒素相等矣。尔在诸子中，年稍长，性识颇易于开悟，故我望尔自勉以勉诸弟也。都中景况，我亦有所闻，仕习人才，均未见如何振奋。而时局方艰，可忧之事甚多，外间方面，亦极乏才，每一思及，辄为郁郁。尔此后且专意读书，暂勿入世为是。古人经济学问，都在萧闲[⑤]寂寞中练习出来。积之既久，一旦事权到手，随时举而措之，有一二桩大节目事，办得妥当，便足名世。目今人称之为才子，为名士，为佳公子，皆谀词不足信。即令真是才子、名士、佳公子，亦极无足取耳。识之。六年不见尔母及尔曹兄弟姊妹，又两新妇两孙，亦时念之。

　　润儿今岁，原可不应试，文诗字无一可望，断不能侥幸。若因家世显耀，竟获侥幸，不但人言可畏，且占去寒士进身之阶[⑥]，于心终有所难安也。尔母于此等处，总不能明白，何耶？

七月初一日书于漳州城大营

【注释】

　　①盘费：路费。

　　②黎庶：黎民百姓。

　　③谐谑：开玩笑。

　　④矜肆：矜傲放肆。

　　⑤萧闲：萧条闲适。

　　⑥阶：阶梯。

（4）　与孝威书

【原文】

孝威览：

　　鄂台寄到三月十七日信，知已安抵鄂中，计月底可抵家矣。途间因受风寒，复患腰痛、咳嗽，甚为挂念。外感无甚紧要，然频患感冒，究由体质不佳，且多服表剂，亦耗元气。到家后可安息调养，务令元气渐充，荣卫渐实，不为客感所侵，以慰我念。曾侯之丧，吾甚悲之。不但时局可虑，且交游情谊亦难恝然[①]也。已致赙四百金，挽联云："知人之明，谋国之忠，自愧不如元，辅同心若金，攻错若石，相期无负平生。"盖亦道实语。见何小宋代悬恩恤一疏，于侯心事颇道得著，阐发不遗余力，知劼刚亦能言父实际，可谓无忝矣。君臣朋友之间，居心宜直，用情宜厚。从前彼此争论，每拜疏后即录稿咨送。可谓锄去陵谷，绝无城府。至兹感伤不暇之时，乃复负气耶？"知人之明，谋国之忠"两语亦久见章奏，非始毁今誉，儿当知吾心也。丧过湘干时，尔宜赴吊以敬父执牲醴肴馔自不可少，更能作诔哀之，申吾不尽之意，尤是道理。明杨武陵与黄石斋先生不协，石斋先生劾其夺情，本持正论。后谪戍黔中②，行过枉渚，惧其家报复，微服而行。武陵之子长苍③闻之，亟往起居，怡然致敬，呈诗云："乃者吾翁真拜赐，异时夫子直非沽。爽犹有意疑公旦，奚却由来举解狐。"（后两韵不复记忆，沅湘《耆旧集》中可取视之。），此可谓知敬其父以及父之执者。吾与侯所争者国事兵略，非争权竞势比，同时纤儒妄生揣拟之词，何直一哂耶？丁叟之事，家运不幸。吾悲其堪成大器，遽早夭折，非仅平常骨肉忧戚之比，暇或为文存之耳。轮船复奏已抄寄，想已得览，可见任事之难。少云一信寄去。

四月十四日

【注释】

①怼：jiá 无愁貌。
②黔中：今属四川。
③长苍：山松。

——《左宗棠全集》

（三）胡林翼

处世二则

【题解】

人不能脱离社会，远避人间，那么在战乱频繁，动荡不宁的时代如何与人交往？这两封信一谈对人的举荐，一谈如何对待人生的忧乐，为了说服弟弟，胡林翼很费了一番苦心。

（1）致枫弟

【原文】

前奉一书，力述说情之非。兹复对于荐人一事，有所感喟①。夫吾人欲于社会上有所建树，自不能离绝群众，独辟门户。倘确有一艺之长，而可为地方上尽力者，即当荐举，唯恐不及。曩②在益阳，与朋侪③偶谈邑事，辄苦无人可资臂助。唯现闻有某某者，歆于金钱之欲望，利于爪牙之散布，如淳于之日见七士，荐条纷纷，直令受者为难。兄意荐人非真正不可，然当审其一己之能力及夫四周之情势，而后所荐贤能，可免美锦学制之诮，地方亦可蒙其福。若不择人而滥举也，则鸡鸣狗盗，依附杂还，而自好之士反将避去，稍有气节稍有才能者，羞与哙伍，更入山唯恐不深，入林唯恐不密矣。此岂桑梓④之福哉？弟等在乡，幸勿滥作曹邱？致为人所吐骂。若有来干者，婉辞谢之可也。兄迩日稍有不适，服药数帖即瘳⑤。勿念。外附款若干，祈交鹤鸣兄，余不一一。

十二月四日

【注释】

①感喟：kuì 感慨。

②曩：nǎng 以前。

③朋侪：chāi 朋辈。

④桑梓：借指家乡。

⑤瘳：chōu 病愈。

（2）致敏弟

【原文】

吾弟来书，颇以家居不能快乐为恨。兄意快乐诚为人生要事，然亦须自己求之，非他人所能勉强而致者也。安乐之境至为无定，同一处境，而彼此之苦乐不同，其所感者异也。若族伯希凡者，衣罗绮①，醉肥鲜②，宜乎乐矣。然常终日戚戚，询其故，则身体太弱，且多病，不能游玩如意也。若许丈伯渊者，年高德劭，位尊金多，宜乎乐矣。然常终日郁郁，询其故，则生子不育，嗣续犹虚也。又若龙皋丞者，三代同堂，妻贤子顺，宜乎乐矣。而亦愀然常忽忽若有所失，询故，则年荒世乱，坐食其艰难也。又有马丈湘汉者，家计未必富裕，子女之担负尤匪轻，宜乎不乐矣。然试至其家，则熙熙皞皞，若登春台，是可知人苟常存知足之戒，自无不快之怀，否则人之所欲无穷，而物之可以足我欲者有尽，万恶之辩战乎中，去取之择交乎前，则可乐者常少，而可悲者常多，此亦不移之理也。吾弟父母俱存，兄弟无故，此乐已非易得。读书之余，栽花庭前，养鱼池内，又足以涵养心灵。偶逢春秋佳日，愚昧约二三知己，散步郊原，以游目而骋怀。虽遭时不造，中原时闻杀伐之声，而益阳僻处一隅，既无贼之警心，复鲜土匪之内扰，兄意若吾弟者，正神仙中人。此境殆非福薄者所能获，胡为而犹牢悉抑郁，忧心如捣耶？真令人大惑而不解者矣！或谓吾弟近颇思做官，未得官位，故神志浮越。兄以为又过矣！今之时世，非太平盛世可比，寇乱如毛，财用匮乏，身当其境者，辄感痛苦，洁己而退者，则有翰章、湘左、益生诸兄，彼岂薄富贵而敝屣尊荣哉？诚知时局之不易应付，与其跋前疐后，动辄得咎，不如深藏不市，在山泉清也。吾弟之学业，较翰章如何？吾弟之干才，较益生如何？吾弟之奥援，又较湘左如何？倘竟贸然出仕，兄实甚为担忧。吾弟如果有意宦途，则趁此闲暇，先将历代吏治得失，预为研究，又将近日政俗状况，细加考察。世变愈急，需材愈殷，脱颖而出，亦非难事。若无其实而尸其位，即不为清议所指摘，亦当内疚夫神明，吾弟其深思之，勿徒戚戚于心，有损身体也。兄爱吾弟，辄贡其愚直，望勿罪，鉴察为幸。保弟闻曾患恙，近日想已痊愈矣。

九月初五日

——《胡林翼家书》

【注释】

①罗绮：绫罗绸缎。

②肥鲜：美味佳肴。

（四）彭玉麟

家书十六通

【题解】

　　彭玉麟教育子弟为人处世，其思想除继承前人说法外，亦有他本人政治军事生涯中的经验，有一些独到之处。比如强调世间只有"笃实"这一路人跌不倒。说尽千言万语，用尽种种办法，还是需要自身立得住。这就有些以不变应万变的成分了，颇启人深思。

（1）谕玉孙

【原文】

　　近时交友大难，纵为晏平仲①，犹可共乐而不可同忧。汝当牢记昌黎②语：善不吾与③，吾强与之附；不善不吾恶，吾强与之拒。一生慎勿以势交，择士而游，可以辟凶。

【注释】

①晏平仲：晏子。

②昌黎：韩愈。

③不吾与：不赞同我。

（2）禀　叔

【原文】

大程先生①曰："以己之廉，病人之贪，取怨之道也"。然而叔向有语：君子之言，信而有征，故怨远于其身。僚属虽背后忌我毁我，奈自鉴其丑，畏吾之骨鲠何？

【注释】

①大程先生：宋代理学家程颐

（3）致　弟

【原文】

世间唯笃实一路人跌不倒，机巧变诈，徒自苦耳。吾向来自命是笃实人，自入世途后，觉处处艰危，多崭峨而少康庄。办事每跋前疐后①，一时想不出道理来。后悟人都趋诈，吾太率真，想亦参些机变，总觉苦恼万分，不徒精神上烦剧，便是心底里难安。乃悟笃实之好处，是良心安定妙法。逢到人家欺诈我，我唯把"忠诚"两字去抵制他。久而久之，人家欺诈用得太苦，自己也不愿意再来欺诈我。若然彼钩心斗角而来，我亦屈志违心去做，相迎拒，弄到无论若何地位，总无好结果，所谓心劳日拙者是已。吾弟亦是笃实人，万不可学人机变，把身心弄坏了。学得不像，还惹人讥笑，所谓东施效颦，益彰其丑耳。营弁某甲来，吾已知其近犯一事，有意督过之。看彼形色局蹐②不安，心中还想伪饰几句话，便东支西吾，汗流颜赤，愈想说话愈说不出，竟致木立若鸡。待余一一道破，彼乃泣下，此即良心发现时，懊悔作伪欺人、文过饰非之于前也。能悟此理，便省却许多烦恼。

【注释】

①跋前疐后：进退两难，疐通"踬"。
②局蹐：jújí 小心谨慎。

（4）谕　子

【原文】

古圣人之道，诲人善方，薰①人以善德，曰："善与人同。"其徒以善教人、以善养人者，善言善德或有限，则又贵取诸人以为善。人有善则取以益我，我有善则取以益人，彼此尽陶冶感化之功，故善端无穷，而善源不竭。君相之临朝抚元，师儒之诲人于不倦，莫大乎与人为善。方今剧寇猖狂，城邑墟邱，人民水火，苦无诲之以善薰之以善之人。鼓荡斯世之善机，挽回天地之生机也。善机既泯，恶流横溢，汤汤似洪水，非疏导之力所能遏止者矣。近以平贼有所感，录示数语，体会之。

【注释】

①薰：感染。

（5）谕钊侄

【原文】

前以习静居敬相勖，乃余之经验谈也。近闻为论学事与仲麓、定庵发生龃龉①事，甚致如庸俗子攘臂而争之情状，无乃不文。交友一道，至今日趋肤泛，君子之淡如水者，以其能戒不饴，鱼肉争逐，临难而卖友者，尤无耻之徒也。彼等心胸，只知己多是处，而友朋多不是处，于是今日管鲍，明日秦越②。仲麓、定庵以才傲人，闾阎间第多讥论之，其顺气不肯服人之态，余亦素稔③。但汝不当自贬其人格，亦与之同趋叫嚣齮龁④之境。处处能怀柔，便能服远，不是甘居于懦，却是涵养冲淡之功也。能涵养则虚怀而有容，能冲淡则静止而明物，虽有邪魔而不惑，虽有便佞而不迷，虽有诡谲而不陷，虽有觭悍而不畏。与人无争，于己则学锐进，格物致知以明辨于秋毫。处处觉得自己有不是，而求人之是，处处觉得自己胸襟有不广，而力求其广。以诚信待人，以恒敬为则，无谓之争执可以免。汝亦能修其旧时之睚眦，而互砺进德修业之域也欤？

【注释】

①龃龉：yǔ jǔ 抵触不合。

②秦越：相隔甚远。

③素稔：过去便知。

④齮龁：yíhé 毁伤。

（6）谕钊侄

【原文】

来书为与仲麓、定庵争论，都是自己不是处，可见反省有工夫。凡人以诚信待人，何致人不信我？以恒敬待人，何致人不礼我？一旦有怨隙，悻悻然①便竭其愤忿；愤忿之余，乃口出恶言，何忘亲辱身如是哉？今能锐改，即是进益可期矣。良慰良慰！

【注释】

①悻悻然：怨恨的样子。

（7）禀 叔

【原文】

　　侄最恨者，倚势以凌人。我家既幸显达，人所共知，则当代地方上谋安宁，见穷厄，则量力佽助以银钱；见疾苦，则温谕周恤无盛颜[1]。荣儿年日长，书不读，乃出入衙署作何事？恐其频数，而受人之请托以枉法；或恐官长，以侄位居其上，心焉鄙之，而佯示亲善。总觉惹人背后讥评，请大人默察其所为。

【注释】

　　[1]盛颜：骄傲神色。

（8）禀 叔

【原文】

　　忆自高曾来，累世积德，而显贵独及吾身。祖宗仁厚，子孙敢不勉之。乃入仕途，觉风波险恶，莫卜安危，即佐杂末秩[1]，下场鲜有好者。更环顾邑境，官声赫赫者，其昆季子孙，皆潦倒坎坷，无相继而起之人。此中或有因果，见之使侄畏悚，深恐累世之德，于吾身而没。是以任职之后，一切谨慎，治事以经分纬合、详思约守为本，用人以广收慎选、勤教严绳为主，尽力王事，鞠瘁以死亦所愿。抚爱子。

【注释】

　　[1]末秩：小官。

（9）谕 子

【原文】

　　汝于本邑父母官，当敬礼之，不宜频数出入衙署。贤，不必汝赞，恐世揶揄[1]其标榜；不贤，不必汝诋，惹民之阿附。宜于不亲不疏若远若近之间，处处避嫌，庆吊可以通，公务不可以与闻也。

【注释】

　　[1]揶揄：嘲讽。

（10）致 弟

【原文】

　　名位太高，易惹人之嫉忌。兄默察古近，处高爵显官而权势炫赫一时者，曾有几人能善其末路？而绾兵符、拥大纛[1]者，又鲜克善终。吾当静处，心潮起伏，辄兢兢业业，思得机会而引退，庶几能保全曩昔之雄名，免金壬②之倾陷，善始善终，以免蹈大戾者欤！或则谦退吐柔，取明哲保身之道。但军士气旺，恐其寓骄机而殡及吾身，则又悚然百思不得一妙策。

【注释】

①纛：dào 旗。

②金壬：小人，金音 qiān。

（11）致　弟

【原文】

精力渐衰，亟①思引退。盖有其恐殒厥身，日坐针毡，日受油煎，不如归耕十亩荒田，反得常享清福，或者心地未伤，为子孙留此余地。

【注释】

①亟：qì 屡次。

（12）致　弟

【原文】

居累卵之危地，而图太山之安；为朝露之得，而思传世之功。难矣哉！吾人作事，但求实浮于名，劳浮于赏；吾人居位，但求安以思危，高以思卑。其虚妄之心不可存，患得患失者，取辱之由也。

（13）谕　侄

【原文】

吾衰，幸及见侄之奋翮①云霄，但少年初出仕，切忌意气用事。宦途风波恶，不浮则溺；又如荆棘丛中走，牵衣挂襟，有寸步难行之概。侄能想及此，便能畏天而敬人，不失职而爱民勤政者矣。吾家运气，不能算佳，汝兄未能替吾得力，但看孙儿。吾恐于名位极盛时，不克善其始终，时时忧颠坠；又恐泄福泽太多，而累及子孙。乃今思之，或功过能相抵者欤！汝父育民得仁声，宜其有后也。

【注释】

①翮：hé 翅。

（14）致 弟

【原文】

薛敬轩曰：凡事当推功让能于人，不可有一毫自德自能之意。我自带勇，管领水师，初捷于衡州①，再捷于南康②，樟树吴城③，数遇大敌，幸经左右之谋画，将弁之忠勇，而得享虚名，新皇登极，进爵酬庸，竟谕为安徽巡抚。窃思习于圬④者，未尝不可为梓⑤；习于染者，未尝不可为髹⑥。特心非所近，而艺非夙谙，恐有画虎之诮耳。

【注释】

①衡州：治所在今湖南衡阳市。

②南康：府名，治所在江西庐山市。

③吴城：今属江西清江县。

④圬：泥瓦匠。

⑤梓：木匠。

⑥髹：xiū 漆。

（15）致 弟

【原文】

以势蛟者，势倾则绝；以利交者，利穷则散；唯道义之交，乃足与共患难，共安乐。

（16）谕 子

【原文】

我素不肯受人之周恤①，宁我之周恤人。受人之周恤者，一旦出仕得爵禄，其不思报者无论，而施人图报者，必意为有恩于我，而责我之报，于是请托也，炫恩也，踵相接。不应则忘恩负义这诮所不免，应则施一报十者，尚不足以满其欲。是以吾少贫娄，不敢妄受人之便益，视施情于者皆甘饵耳，出仕至今，因是少却许多麻烦事，不过吾今已贵，辄思施恩于人，故旧之贫困者，拟时时周恤之。在我施惠不思报，未知故旧中，亦有嗔为甘饵而拒绝我者耶？

【注释】

①周恤：周济体恤。

（17）谕　子

【原文】

　　闻汝于乡里中，喜受人之小便益，是忘余前言者也。取之在义，果无妨，取之而不义，以吾门第，人不讥为贪婪，亦必疑为苞苴①。交官场，是目今陋习，临署门而望见大堂者，出犹夸吾见某官某官，殊礼我。归乡里，则更颐指气使，谓官请我如何坐，谓官与我如何谈。

【注释】

　　①苞苴：行贿之物，苴音 jū。

（18）致　弟

【原文】

　　昔与我共患难者，无论生死，皆得令名。余以一儒生，而得虚名，最可愧。当今之世，退未必非福。阅历多年，见成功与名位，若由命焉，否则，如我者岂无人。

——《彭玉麟家书》

（五）吴汝纶

教儿在国外如何交友

【题解】

　　儿子到了国外，在一个新的环境中，该如何与人交往？下面两封信，主要就是围绕这个问题展开。吴汝纶要儿子不要与人产生猜嫌，不要与人争名头，对人的要求不可太高；要广取众长，不忌妒别人等。尤其是他提出了不要"喜同恶异"一点，对出国的人可以说是金玉良言，即使在今天，也还可作不同民族，不同国度，不同文化的人友好相处的一个原则。

其　一

【原文】

　　儿即在小石川，不必依人。交浅而累之过深，必将生隙。小川、宫岛、手岛等，皆勿深依。彼果倾心结交，吾随分应之可也。同留诸君，并在彼往还之中国诸贤，皆勿与之开嫌，不与人争名，不占人颜面，即可久好。责望人不必过深，有拂意者以大度处之。汉高帝能成大事，止是大度二字。史公①以"意豁如也"②四字形容之，极为得理。杜诗云："记忆细

故非高贤"，虽利害得失所关，尚可一笑置之，况如来书并无丝毫为难之类者耶？儿此行以养身为主，必求高医使之诊治。若须住伊豆山热海，即可自往居之，或得一二友同行，尤佳。身若改壮，病若良已，则年尚少稚，将来何事不可为！此时慎争脸伤身，吾所望在此。前托田中先生寄《史记》与汝，后甚悔之，恐汝又理旧业，忘医家所戒也。回銮③改期八月，并闻有在汴过太后万寿之说。大抵行在议论，俄约不定，不敢遽④归，要亦无近患也。吾因法兵未退，未还保定，今不久当归书院矣。

父书，七月十四日

【注释】

①史公：司马迁。

②意豁如也：心胸豁达。

③回銮：皇帝回驾。

④遽：迅速。

其　二

【原文】

昨稻叶来言，见《大阪日报》，知李相欲荐吾为帝师云云。吾前所记季高问答，或季高泛论，或傅相有此议，皆未可知。然未明言，岂可传播外国，使吾国人在彼者纷纷传述，致成谣言，此大不可！即宜使该馆自行更正，但云前闻不实可也。汝现同居诸君，以蒋君为最贤，名位才望，皆为时所重，汝宜敬之，勿与以琐事开隙为要。凡出门交友，须广取众长，不求人瑕疵①，不好人誉己，不争名，不忌胜己者，则自家器局②扩大，可以兼集众长。若喜同恶异，则量狭而多褊衷，非大器也。汝勿时时忧贫，吾力自可供汝此游。汝尚未涉事，何必以无用为歉，譬如在家衣食一般，今尚是用钱之时，非出而自食其力之时。不但此时为养身而出，即令身体渐健，血不再发，医家谓可自由矣，仍当为费财向学之时，不宜求博锱铢③，以饷父母，为此汲汲④小成计也。此养志养口体之分，童而习之，岂遽忘邪？汝到东京，从未一访名医，此非我遣汝出游之意也。宜求医家高手，为汝一诊，后可时与往来。即令肺疾真除，后当如何摄养，乃冀强壮，一切惟医之言是听。孟绶臣即能如此，所以如彼大病，不久良已。今汝时时多忧，一忧已不能自给，取资于父；一忧学不进，恐成浪游。此二忧皆与吾意相远。吾专求汝健壮，后可任艰重，汝所忧皆舍其大而谋其细。外国学堂以卫生为第一义，汝试访之。周玉山方伯昨电请我归莲池，吾已定于此月二十六日还保定。

七月二十四日，挚翁书
——《吴汝纶尺牍·谕儿书》

【注释】

①瑕疵：小缺点。

②器局：气度。

③锱铢：此处指一点点收入。

④汲汲：急切。

（六）甘树椿

《甘氏家训》论处世

【题解】

甘树椿，生活于清末民国初年，作者学识渊博阅历丰富，其《甘氏家训》更凝结甘老先生对人生的深刻悟悔。

（1）不轻易说话

【原文】

言人之短，容易招尤，最宜切戒。马援《戒子书》曰："吾欲汝曹闻人过失，如闻父母之名，耳可得闻，口不得言也。好议论人长短妄是非正法，此吾所大恶也，宁死不愿子孙有此行也。"马援为汉室懿亲，功最大，门第最高，而其训戒子侄乃谨饬如此，何也？盖他人过失，于已无与，谈之何益？我不过偶作快心之谈，岂知他人已引刻骨之恨耶，招尤取辱所必然矣。对人子弟，尤不宜谈其父兄之短，偶一不慎，召祸尤速也。惟口启羞，古有明训，戒之，戒之，莫忘吾言。

【译文】

评论别人的短处，最容易招来怨恨，最当引以为戒。马援《戒子书》写道："我希望你们听到别人的过失，犹如听到父母的名字，耳朵可以听，但嘴不可说。喜欢评论人的长短是非，是不道德的，我最厌恶这种行为，宁死也不愿意这样做。"马援是汉皇室宗亲，功劳最大，家庭地位也最高，而他却如此严格地训诫子侄，这是为什么呢？因为别人的过失，与自己没有任何关系，评论它有什么好处？在我来说只不过是以别人的短处来助谈兴，哪里知道这正是别人对你仇恨根由，招来灾祸和羞辱是必然的。当着别人的子弟，更不应谈论他父亲兄弟的缺点，如不小心，招祸就更快了。不要轻易说话，古代早有明训，要引以为戒。不要忘了我的话。

（2）谨交友

【原文】

汝今年拟解散学徒，游学鄂渚，此志甚可嘉。伏处乡僻，见闻孤陋，不惟无师，且无书，学问曷由长进，志气曷由激发。古人千里负笈，良以此也。武昌为人文渊薮，南皮学使之流风犹有存者，汝果能求名德而师之，求胜己而友之，学问文章不患无涂辙可循也。

汝今年拟出门求学，我心甚慰。但有最宜审慎者一事，择交是也。独学无友，则孤陋而寡闻。求益辅仁，惟友是赖，断未有无友而可成德者。虽然省会之地，人文所萃，益友虽多，损友不少，设或所交非人，受害匪浅。墨子曰："染于苍则苍，染于黄则黄。"荀子曰："蓬生麻中，不扶自直；白沙在泥，与之俱黑。"是故择交不可不慎也。孔子谓："毋友不如己者。"子夏谓："可者与之，其不可者拒之。"此即圣贤交人择友之法也。愿汝勉之矣。

我以择交之说告汝，汝深虑。知人不易，所虑亦是。帝尧尚以知人为难，况我辈中材以下乎？知人诚不易也。虽然有观察之法焉，孔子曰："视其所以，观其所由，察其所安，人焉瘦哉！人焉瘦哉！"此即孔氏教人观人之法也。魏文侯卜相，李克曰："居，视其所亲；富，视其所与；达，视其所举；穷，视其所不为；贫，视其所不取。"此虽卜相之法，亦取友之法也。汝若本此两说，以为择友之标准，则人之可交与否，可以十得八九矣。

【译文】

你今年准备到湖北等地拜师求学，有这样的志向是值得称道的。一直呆在偏僻的乡里，孤陋寡闻，不仅没有老师，也没有好书，不仅学问没法长进，而且抱负没法抒发。古人背着书外出求学原因就在这里。武昌是文化发达的地方，张子洞学使倡导的好学风犹存，你若真能拜德高望重的人为师，交人品才德高于自己的人为友，学问不怕不长进。

你今年打算外出求学，我感到很欣慰。但是有一件事应十分谨慎，这就是交朋友。自己独学而无友，就会孤陋而寡闻，若求进步，有赖于朋友的帮助。省会那个地方人文荟萃，益友虽多，但损友也不少，一旦交上不正派的人，定会受害不浅。《墨子》说："染什么颜色，就成什么颜色。"《荀子》说："蓬草生于麻中，不用扶自然就长得直；白沙混在泥中，便和泥一样黑。"所以交友不可不慎重。孔子说："不要与忠信不如自己的人交往。"子夏则说："与有长处的人交往，与没有长处的人拒交。"以上都是圣贤择友的原则与方法，愿你勉力去做。

我把怎样选择朋友的方法告诉你，望你深思。了解人并不容易，所担心的也正是这一点，连古时的圣贤也以了解人为难事，何况我们这些平凡的人呢，要真正了解一个人实在不容易。虽如此也有一些可行的了解人的方法。孔子说："考查一个人的作为是善还是恶，观察他为善的目的由来是否善良，了解他的心情是否安于或乐于他的为善，这一切，人怎能隐藏得住呢？"魏文侯卜相，李克说："看一个人要看他在家待父母怎样，富裕时是否能周济他人，显贵时举荐的是什么样人，贫穷时看他是怎样做人的。"你们要是能用以上两种说法作为选择朋友的标准，那么判断一个人可不可交，十有八九错不了。

（3）宽厚处世

【原文】

凡人立身处世，最宜崇厚而戒薄，厚则可以持久，薄则否也。刘向《新序》曰："墙薄则亟坏，缯薄则亟裂，器薄则亟毁，酒薄则亟酸，夫薄而可以旷日持久者未之有也。然则欲物之持久，非厚不可矣。"此言虽小，可以喻大。以予所见乡里富贵人家，不旋踵而败者，揆其原因，何？莫非薄之一字阶之厉也。凡我子弟，宜笃守祖宗忠厚家风，切不可染世俗浇薄习气，持久之道端在乎此。

　　　　　　　　　　　　　　　　　　——《甘氏家训》

【译文】

为人处世，应崇尚宽厚庄重，力戒刻薄轻浮。刘向所著《新序》说："墙薄了就容易倒，丝绸薄了容易撕裂，器皿薄了容易破损，酒薄了容易变酸，因此，凡轻薄的东西不能持久。"这虽然是些小事，却蕴含着深刻的大道理。我所见到的有些富贵人家，没过多久便衰败不堪，究其原因，刻薄是祸患的根源。愿我家子弟都要守祖辈忠厚淳朴的家风，万万不可沾染世俗的刻薄轻浮卑下的习气，居家持久的方法就在于此。

（七）严　复

1. 与长子严璩书

【题解】

这封信写于1905年，其时严复的长子严璩已经成年，很有名声，许多官员有意拉拢他，正可谓官运亨通之时，严璩本人也很得意，有时在办事方面便显得任性而为。严复在这封信中以自己几十年的人生经验作根据，告诫儿子办事要稳重，考虑问题要周全，待人接物应谦虚谨慎不可锋芒毕露，意气用事。严复教导儿子的这些处世经验至今对于人们仍有一定的参考作用。

【原文】

日者昭宸原办南洋公学，经改商部实业高等学校之后，昭宸月日以来，整顿不遗余力。然其意终不欲久居其局，早有卸肩于我之意；适会四大臣有出洋之命，载、端两公均有电招致之，渠即与监督杨老五杏城言其情愫，杨亦甚以为然。渠乃于月初赴京勾当者约半月有奇，至昨始行回沪。刻杨即将此情达之商部，商部中用意何若，则不可知。大抵玉苍甚以为然，闻振大爷则将奏留昭宸，昭宸不愿留也。此外尚有复旦公学一事，大家要我为之总教，然因主意之人太多，恐办不下，吾已辞之矣。再天津信来，言陈玉苍、严范孙皆在项城处极力荐我，项城则姑徐徐之；至吾之意，将一切听其自然。所幸谋生之路尚复宽绰，朋友中如菊生、穗卿、季廉等，皆极力相助，甚为可感。又周玉帅亦遣人劝驾，吾亦曰姑徐徐云尔。海上前数日抵制美禁华工之事甚剧，刻稍平静。拉杂写寄，十不达一。海上天气不时，一切努力自爱。

2. 与四子严璿书

【题解】

这封信写于1918年。四子严璿初次离开父母住在学校学习，家里人非常挂念。严复告诉儿子男子汉应志在四方，人情世故皆学问，应到实际生活中磨炼自己，言行要合乎道理，不可随波逐流，迎合世俗，要刻苦读书，博学致用，以提高自己的行为准则。

【原文】

儿年齿甚稚，初次离所新以入社会，吾与汝母，（经）极悬悬①，不但起居饮食，知儿必将觉苦而已。惟是男儿志在四方，世故人情，皆为学问，不得不令儿早离膝下，往后阅历一番，盖不徒堂课科学，为今日当务之急。

汝在堂中，既有月费，亦不必十分俭啬；如欲用时，可向鋆哥支取。

处世固宜爱惜名誉，然亦不可过于重外，致失自由。大抵一切言动，宜准于量，勿随干俗，旁人议论，岂能作凭？他人讥笑，听其讥笑可耳。

今日中国无论何等学样，皆非真正学习国文之地，要学习须在家塾。惜汝从前不知猛省用功，致今有半途而画②之叹，今已无可如何。

至于自己用功，则但肯看书，时至自成通品③，无庸虑也。

儿书，学赵文敏④及灵飞经等，固佳。但结体颇患散漫，如此学法，恐难进步。吾意须临欧、柳⑤或圭峰⑥之类，将字体打得苍劲、遒紧方佳。

——《严复集·书信卷》

【注释】

①悬悬：挂念。

②半途而画：中途停止。

③通品：达到博学多才的程度。

④赵文敏：即赵孟頫，宋末初大书画家，死谥文敏。

⑤柳：指唐代书法家欧阳询和柳公权，均善楷书。

⑥圭峰：指圭峰碑，即是慧禅师碑，裴休撰并书。

（八）邹岐山

《启后留言》论处世

【题解】

邹岐山，清末民初人，作为商人的著作，《启后留言》比一般家训多了一个新内容：从商经验谈，从商道德观，特别是在处世方面，注重诚信、忍让。这些言论很有现实教育意义。

（1）勿假势欺人

【原文】

豪者有威，贵者有势，这是不言而喻的了。但是豪者有威，也有其人虽豪，而自己不用其威的；也有人畏其豪，不触其威的。贵者有势，也有其人虽贵，而自己不用其势的；也有人畏其贵不撄其势的。所以最令人痛恨的，就是其人或和豪贵有点亲戚，借着人家的威势，来欺压乡人，自己还觉着非常的得意，非常的骄傲。试想就是有威势，也是人家的。即使你自己是豪是贵，又当如何呢？

（2）处世最贵容忍

【原文】

格言说：世事让三分，天宽地阔。又说：学一分退让，占一分便宜。退让二字，乃是处世良模。然欲学退让，必须先能容忍。试看如今世事风波，人情鬼蜮，是非熟辨，皂白何分。所贵吾养吾心，吾平吾气，不可因些须小事，便和人争论曲直。先哲云：必有容，德乃大，必有忍，事乃济。放开肚皮容物，立定脚跟做人。斯言可为处世之铁证也。

（3）合伙当知心性

【原文】

行商坐贾，先凭资本，发福生财，又藉人力。但是合伙经商，聘请执事，必先注意，其人之品行如何，心性如何。几经审慎，然后实行，庶不贻误于后日。若其人品行不端，心术不正，资本一经到手，非嫖即赌，胡作非为，买卖之经营，毫不关心，直到资本匮竭，生意倒闭，尚且影射挪移，作谎舞弊。其人之品行败坏，固不足论，亦缘我与合伙之初，昧于知人之明，自贻伊戚，尚谁咎哉？

（4）要做行商须远虑

【原文】

人有近来忧，是无远处虑，若云行商，殆有甚焉。作行商本是难事，道路跋涉，奸盗百出，栖身异域，人地两生，负资贸易，寄行理于人家，交游新订，情意区测。勾到赌博场中，神出鬼没，难逃诈伪之术；引到娼妓院内，花天酒地，如入昏迷之乡。心性一时把持不住，就演成终身之悔。这都是作行商的最难提防之事，必须早拿主意，免入歧途。

（5）要管闲事宜深思

【原文】

俗话说：闲事莫管，管了不闲。这真是阅历的话。然而人生在世，雀鼠之争，瓜李之嫌，是势所难免的。若有人从中调停，则其争可息，其嫌可破。故为和睦乡邻起见，闲事也有时不能不管。惟世事反复，人情变诈，无故生端，暗中起事。我若不察人，不度其事，冒然管之，轻则招怨惹气，重则生事受祸。于人无益，而于己有损，那可不深长思呢？

（6）交人先观其友

【原文】

古人有言：物以类聚，人以群分。可知君子聚处无小人，小人聚处无君子，决不相混相杂也。等而上之，即君臣之间，亦作如是观；等而下之，即禽兽之类，亦莫不如是。彼鸿雁群中，焉有枭鸟；獬豸队里，何来豺狼？欲交其人，先观其友，乃择交第一良法也。

（7）切勿拨弄是非

【原文】

凡乡党之中，日相往来，难保不有失和之时。若遇有长言短语，瞋目怒眉者，我则察其情、揆其理，从旁劝慰之，调解之，使其雪释冰消，重修旧好。不惟于人有益，在我亦心安而理得。乃世人偏有嫉妒其心，诡诈其行，专好挑间起事，拨弄是非。待至双方事起，再出面调停，以显己之长，此等奸险伎俩，神诛鬼责，其能免乎？

（8）邻里有事，争先莫后

【原文】

俗语说：有酒有饭款远亲，盗来火烧喊四邻。从这两句话看来，是远亲不如近邻，那是毫无疑义的了。夫近邻者，可以有无相通，亦可以缓急相救。平常度日，固可守望相助，一旦患难相侵，危险纷至，而能急来救援者，更莫不望诸近邻。故近邻有事，我当趋先恐后，迨我有事，邻人亦必感我之情，争先快来也。

——《启后留言》

八、现当代篇

（一）文七妹

劝夫不要"强子所难"

【题解】

这是一则关于少年毛泽东的故事：父亲毛顺生为了在客人面前炫耀一番，让毛泽东为客人斟酒，毛泽东对客人的职业不感兴趣，便不听从父亲的话，遂引起父子冲突，毛泽东的母亲文七妹从中调解，劝告丈夫不要固执从事，要尊重儿子的个性。这是很有见识的行为，可以成为今日家长们的借鉴。

【原文】

有一年，一家米店的老板到毛家来谈一笔生意，对这种送上门来的生意，毛顺生向来是来者不拒、笑脸相迎的。这天，客人到后，他精心安排了丰盛的酒席，殷勤款待。席间，他突然想起时时被私塾的老师们夸奖聪明伶俐的大儿子来，想在客人面前炫耀一番，以便取悦于人。于是便大声喊道："石三，快来给客人斟酒呀！"不想儿子不买他的账，不以为荣，反以为耻，坐在那里一动不动地看自己的书，嘴里还不耐烦地嘟哝着："我讨厌那些财迷心窍的买卖人，要斟，你自己斟嘛！"

暴躁的毛顺生一看儿子不吃这一套，让自己也大丢面子，顿时火冒三丈，放下筷子就要动手。文七妹见此情景急忙放下手中的活计，一把拉住已经站起来的丈夫说："我给你讲过多少次了，石三已经长大了，做事情他有他的主意，不要硬是要他去做他自己不愿做的事情嘛。"说完，她又连忙笑着向客人赔不是，并亲自斟了一杯酒，才使一场干戈化为玉帛。其实，像这样的"和事佬"，在毛氏父子之间，她已不知担当过多少次。

——《毛泽东家世》

（二）梁漱溟父

教子做事莫糊涂

【题解】

一代著名学者梁漱溟在小时候做事有时漫不经心，丢三落四。下面这则由梁漱溟本人讲述的小故事，即显示了他父亲对他这方面的教育，反映出梁父的教子有方，值得人们借鉴。

【原文】

还记得九岁时，有一次我自己积蓄底一小串钱（那时所用铜钱有小孔，例以麻线贯串之）忽然不见。各处寻问，并向人吵闹，终不可得。隔一天，父亲于庭前桃树枝上发现之，心知是我自家遗忘。并不斥责，亦不喊我看。他却在纸条上写了一段文字，大略说：

一小儿在桃树下玩耍，偶将一小串钱挂于树枝而忘之。到处向人询问，吵闹不休。次日，其父亲打扫庭院，见钱悬树上，乃指示之。小儿始自知其糊涂云云。

写后交与我看，亦不作声。我看了，马上省悟跑去一探即得，不禁自怀惭意。——即此事亦见先父所给我教育之一斑。

——《我的努力与反省》

（三）何叔衡

给儿子的信

【题解】

这是革命烈士何叔衡于1929年写给继子的一封家书，信中告诫儿子谋生处世，必须自力更生，不要贪求任何意外之财，从而鼓励儿子努力进取。这种思想教育是很难能可贵的。

【原文】

新九：

许久未发家信了，我亦未接得有家信，只有嗣妇转来数语，云你尚能负担侍养你老母的责任，这是非常欣幸的。前阅报章，云湖南夏秋又遭旱灾，并且非常普遍，到底情形怎样，颇难释念。我在外身体甚好，所学所行，均能如愿，毋烦挂念。你老母近况如何？全家大小怎样？各至戚家情形怎样？地方情形怎样？日用所需价格怎样？家中耕种畜牧情形怎样？务请你详细列表写告！我甚不愿意你十分闭塞，对于亲戚临近人家也要时常走谈一下，讨论谋生处世的事，一切劳力费财的事，总要仔细想想。要于现时人生有益的才做。幸福绝不是天地鬼神赐给的，病痛绝不是时运限定的，都是人自己造成的。此理苟不明白，碌碌忙忙，一生没有出头之日。我平生对于过去的失败，绝不懊悔；未来的侥幸，绝不是强求；只我现在应做的事，不敢稍为放松，所以免去许多烦恼。你能学得否？我知你大伯、三伯等，现在的齿发，怕不像从前了吧？你兄弟诸侄的能力，应比从前能独立了些吗？你如写信给我，应该要从有关系有意义的地方着笔，不要写些应酬话哩！我在外即写字也弄了几十元，但无法汇寄你老母及老伯用。又知此信到日，或在你老母生日左右，苟葆倩来，可以商量答复也。祝大小全吉！

旧历六月二十八日衡笔

——《万金家书》

▲何叔衡像

（四）廖仲恺

留诀内子二首

【题解】

这是廖仲恺于1922年6月在狱中写给妻子何香凝的二首诗。廖仲恺在诗中愤怒指责了陈炯明叛变革命、迫害革命志士的可耻行径，同时表示自己一身正气，对于生死已泰然处之。这种人生态度值得我们肯定。

一

【原文】

后事凭君独任劳，莫教辜负女中豪。
我身虽去灵明在，胜似屠门握杀刀。

二

【原文】

生无足羡死奚悲，宇宙循环活杀机。
四十五年尘劫苦，好从解脱悟前非。

——《古今家训新编》

（五）徐特立

致徐乾

【题解】

在这封信中，徐特立对儿媳不会合理地分配和利用时间提出了批评，告诫儿媳要善于安排时间，在工作中能抓住中心环节，分清轻重缓解，这既是善于学习，善于工作的问题，也是一种很好的处世经验。

【原文】

集中性和纪律性是党性之一，散漫、不集中和工作缺乏计划，尤其是作息时间不严格，是小资产阶级的劣根性征服了无产阶级的集中性和纪律性。

列宁的工作方法是把握中心一环，就是说不把精神平均使用，有时必须放弃次要的工作不做。

小生产社会没有时间观点，影响到无产阶级的先锋队来，而侵蚀党的工作纪律。我对于这一点是带有仇视的态度。鲁迅认为妨碍别人工作时间是谋财害命，我也以为自己浪费时间就是自杀，尤其是浪费休息的时间，直接威胁着生命。

徐乾，你是极努力的，其主要缺点是无所不做，而无工作中心。我早在一九四一年即向你提出，至今将近三年，丝毫未改。由于中国小资产阶级的劣根性，非短期能克服，但必须克服。

对于时间问题，无论什么阶级，凡是有作为的人们都是抓得很紧的。

鲁迅以妨碍别人的时间为谋财害命，我以为自己浪费时间只是自杀政策。

列宁的工作方法是把握中心的一环，平均主义的工作不会在工作中找到出路。

休息和工作是同样重要的，妨碍休息和一定的睡眠是直接自杀。

右上给徐乾同志做参考。

1945 年 8 月 15 日

——《万金家书》

（六）黄炎培

给儿子的座右铭

【题解】

这是黄炎培写给儿子黄大能的座右铭，他鼓励儿子做到追求真理，讲究信用，足踏实地，勤于事业、谦虚待人，这些经验之谈值得我们学习。

【原文】

理必求真，事必求是，言必守信，行必踏实。

事闲勿荒，事繁勿慌，有言必信，无欲则刚。和若春风，肃若秋霜，取象于钱，外圆内方。

——《万金家书》

（七）鲁迅

1. 致许广平（节录）

【题解】

鲁迅在给妻子许广平的这封家书中，以自己在厦门大学的教书经历为依据，告诫许广平做人不要太呆气，要认清别人的用意，否则吃力不讨好，做事应有分寸，否则帮了别人的忙，反而给自己增添麻烦。鲁迅的这些处世经验虽说有它的特殊背景，但至今也还有可借鉴之处。

【原文】

广平兄：

廿三日得十九日信及文稿后，廿四日即发一信，想已到。廿二日寄来的信，昨天收到了。闽粤间往来的船，当有许多艘，而邮递信件的船，似乎专为一个公司所包办，唯它的船才带信，所以一星期只有两回，上海也

如此，我疑心这公司是太古。

我不得许可，不见得用对付三先生之法，请放心。但据我想，自己是恐怕未必开口，真是无法可想。这样食少事繁的生活，怎么持久？但既然决心做一学期，又有人来帮忙，做做也好，不过万不要拼命。人自然要办"公"，然而总须大家都办，倘人们偷懒，而只有几个人拼命，未免太不"公"了，就该适可而止，可以省下的路少走几趟，可以不管的事少做几件，这并非昧了良心，自己也是国民之一，

▲鲁迅像

应该爱惜的，谁也没有要求独独几个人应该做得劳苦而死的权利。

我这几年来，常想给别人出一点力，所以在北京时，拼命地做，不吃饭，不睡觉，吃了药校对，作文。谁料结出来的，都是苦果子。一群人将我做广告自利，不必说了，便是小小的《莽原》，我一走也就闹架。长虹因为他们压下了投稿，和我理论，而他们则时时来信，说没有稿子，催我作文。我才知道牺牲一部分给人，是不够的，总非将你磨消完结，不肯放手。我实在有些愤怒了，我想至二十四期止，便将《莽原》停刊，没有刊物，看他们再争夺什么。

我早已有点想到，亲戚本家，这回要认识你了，不但认识，还要要求帮忙，帮忙之后，还要大不满足，而且怨愤，因为他们以为你收入甚多，即便竭力地帮了，也等于不帮。将来如果偶需他们帮助时，便都退开，因为他们没有得过你的帮助；或者还要下石，这是对于先前吝啬的罚。这种情形，我都曾一一尝过了，现在你似乎也正在开始尝着这况味。这很使人苦恼，不平，但尝尝也好，因为更可以知道所谓亲戚本家是怎么一回事，知道世事就更真切了，倘永是在同一境遇，不忽儿穷忽儿有点收入，看世事就不能有这么多变化。但这状态是永续不得的，经验若干时之后，便须斩钉截铁地将他们撇开，否则，即使将自己全部牺牲了，他们也仍不满足，而且仍不能得救……

1926 年 10 月 28 日

2. 遗　嘱

【题解】

这篇遗嘱，典型地反映了鲁迅的思想作风，尤其是他的为人处世，概

括而言，即鲁迅反对虚伪、世俗、不学无术，不要轻信许诺，应明辨是非，从鲁迅的遗嘱中，我们可以挖掘出更多的精神财富。

【原文】

我只想到过写遗嘱，以为我倘曾贵为宫保，富有千万，儿子和女婿及其他一定早已逼我写好遗嘱了，现在却谁也不提起。但是，我也留下一张罢。当时好像很想定了一些，都是写给亲属的，其中有的是：

一，不得因为丧事，收受任何一文钱——但老朋友的，不在此例。

二，赶快收敛、埋掉、拉倒。

三，不要做任何关于纪念的事。

四，忘掉我，管自己的生活。——倘不，那就真是糊涂虫。

五，孩子长大，倘无才能，可寻点小事情过活，万不可去做空头文学家或美术家。

六，别人应许给你的事物，不可当真。

七，损着别人的牙眼，却反对报复，主张宽容的人，万勿和他接近。

此外自然还有，现在忘记了。只还记得在发热时，又曾想到欧洲人临死时，往往有一种仪式，是请别人宽恕，自己也宽恕了别人。我的怨敌可谓多矣，倘有新式的人问起我来，怎么回答呢？我想了一想，决定的是：让他们怨恨去，我也一个都不宽恕。

——《鲁迅家书》

（八）冯玉祥

1. 女 戒

【题解】

冯玉祥将军的女儿冯弗伐出嫁时，做父亲的写下这首诗作为赠礼。冯玉祥告诫女儿要言行慎重，心地向善，待人真诚，勤俭度日，夫妇和睦，这些告诫对于当今的人们仍有很大的教育意义。

【原文】

爱女弗伐，今日出嫁。

要言几句，赠尔记下。

切戒性躁，免生悔恼。

次戒多言，免讨人烦。

凡事恭敬，有人尊重。

遇事谨慎，免人谈论。

真诚不虚，做人根基。

勤俭耐苦，天助自助。
有学有德，平民生活。
小姐太太，害人自害。
夫妇和睦，一生幸福。
国与社会，均得其惠。

1938 年 9 月

2. 送女婿赴美留学赠言

【题解】

这是冯玉祥将军送给女婿罗元铮赴美留学前的临别赠言。在赠言中，冯玉祥除了勉励女婿为革命事业尽心尽力外，还对女婿的为人处世提出了具体的指导意见，这些忠告是冯玉祥将军对自己一生经验的总结，对于今天的人们来说也不无教益。

【原文】

一，你已有点长处，我不必只是夸奖，免得你吃苦。

二，必须细心地、恒性地写日记，并且万不可间断，越详细越好。

三，把写日记当作性命根本学问。要忠实地把所见所闻的，有关系的事记出。

四，没有学问谁也看不起你，如没有真正学问更是无人看得起。

五，目前第一步，当然是特别努力于英文英语，此为木工的斧锯一样重大之事。

六，革命是为同胞、为国家、为人类谋最大幸福的，不是为自己的，这是人生最高哲学的根本。

七，有很多假革命党，专为自己打算，不为国家民族着想，这是错误的。

八，在唯心的哲学上，神即是真理，真理是道，是上帝。他们把一切都是动的变化的世界看为不动的，不变的，不进化的，这是极大的谬误，小心不可上他们的大当。

九，平民化生活，科学化生活，是革命者应当时时注意的，不可有一点大意。

十，利他主义即是法天法地法万物，时时事事都求有利于大多数人。

十一，自己勉励自己，自己教训自己，自己批评自己，写出来自己看看，这是根本工夫，不可马虎一点。能这样坚持实行下去，即是真正进步的工夫，靠别人说是不够的。

十二，喜欢人说好，不喜欢人说不好，说好即高兴，一听人说不然即发气，不问自己的良心到底对得过自己否，这样的人到头来一定糟糕。必须时时自问应该不应该这样做，在不在自己的良知上，看中山倒满，人人说他洪水猛兽，亲戚本家都不敢同他往来。在那时候还有无数人说君君臣臣呢！可是孙先生早看见了世上有民主国家，因此不怕人骂，并且人们越骂，他干的越有劲。

十三，不守时刻是最坏的习惯。起居有定时，言语动作有定规，这是好习惯，须日积月累把它养成。当然人不是机械，是有时变通的，可是自己的决心自己须坚守，不可无有缘故的任意改动。

十四，时时替别人想想，事事代他人打算打算，那便是恕人的学问。此项工夫很要紧，如能日日用功，一切都会进步。

十五，美国有长处，亦有很大的短处；反之，我国有缺点，也有特点，冷静去看，自然明白。

十六，年年防贼，夜夜防贼，能时时防备意外之事发生，自然危险即少。如以什么都不要紧，那意外的困难即能到来。

十七，至于忠于国家，孝于父母，友于兄弟，信于朋友，节约自己，帮助他人，则不必说，因为你都做得来。

十八，千言万语，真革命党不只是说的，乃是实行的，能刻刻不忘实作实践，日久天长定能为一个顶天立地、救世救民的大牺牲者，大革命党人。

以上十八条，因为你同我相处几个月的光景，明天你即去读书，我没有什么东西赠你，即用这几句老生常谈的话写出来向你建议，盼望你身体健康，一切快乐。

——《万金家书》

（九）马叙伦

遗　嘱

【题解】

马叙伦是著名的民主革命人士，1947 年因反对蒋介石打内战，被捕入狱，马叙伦自认为国民党会杀害他，便留下了这份遗嘱，他在遗嘱中告诫儿子们若他的遗体被毁坏，就不必寻找，如果没有被毁坏，就应及时火化，丧事尽量从简，不要为他树碑立传。马叙伦这种淡泊名利、为真理而视死如归的人生态度值得我们学习。

【原文】

余今遭逮捕，必无幸生。求仁得仁，无所归怨。余虽不见夫已之亡，汝曹必能见之，则犹吾见也。余之遗体，若为毁弃，不必寻求。皮囊盛血，本无足珍，苟得见归，即付诸火，期于应成灰烬，播散海陆。汝曹欲寓纪念，可于吾母墓前立石，仅足书姓名，勿事增华也。

余虽写我在六十岁以前×××册，已布于世，非吾志也。汝曹勿复求人作传志。余素无万有，名相已空，利他之怀，仍多阙憾，汝曹若能从志，胜从虚文也。

余离汝曹以后，勿讣告，勿举丧，薄赙赠，缠臂纱犹夫服哀径，服以表哀，无哀即已，勿为伪举。

余所欲于永诀时，为汝曹言者，大略具矣。此付龙潜、龙翔、龙瑞、龙琛、炳奎、龙章、龙珮。中华民国三十六年十月四日马叙伦并书。

——《古今家训新编》

（十）董必武

1. 偶成二绝句寄羽、翚、翮儿

【题解】

在这两首绝句中，董必武告诫儿子的做事要像老牛一样勤勤恳恳，不要炫耀自身，同时看问题不要被表面现象所迷惑，而应透过现象看本质。这是深刻的人生经验之谈。

【原文】

颇有聪明蚕作茧，
亦多能力鹊为巢。
老牛负重耕荒地，
斑豹韬文隐雾坳。
绕屋参差皆是树，
沿河荡漾若为瀛。
风来有迹叶微动，
潮退无声滩渐明。

一九六七年十一月二十五日

2. 给女儿的信

【题解】

在这封书信中，董老耐心地教导女儿应怎样与父亲处理好关系，同时也对女儿的学习提供了方法、原则方面的指导，希望女儿能日益成熟起来，有很多可取之处。

【原文】

女儿：

今天打算回你上月二十一日的和酉酉的信，正在回妈妈信时，接到你十一月三十日由北京女一中发来的信，当即拆读了。你这次信写得很好，把你对我的意见明白地讲出来了，无论如何，总比有意见不讲的好。你说我的性子太急，也说得很对。我不仅性子急，对人的态度也过于严厉，有使人不敢接近或接近而不能尽其词的地方。……参加共产党以后有些改变，但病根没有完全去掉，有时复发，你这次揭发我这毛病，我下决心改。你遇见我旧病复发时就提醒我，总会改掉的。至于你提到那次我病中和你们谈的话，是的，对你那两句话——不但没有把我们当父母看待，也没有把我们当朋友看待——可能重了些。但你自己再想一想，我们同在一所房子里住，同桌吃饭，告诉你学习的文件（《青年团的任务》）没有学完，你为着补考功课的事，一句话也不交代就走了，到北京写信也不提这桩事，这是什么态度呢？对父母可以这样吗？对朋友可以这样吗？我当时讲那两句话是就你做出的那件事说的，并不是说，你从来就没有把我当父亲待，当朋友待的意思。那次谈话的目的，主要是想使××印象深一点，说他的事较多。你的事是陪衬着说的。谈话以后，咱们父女关系还不是和从前一样亲热吗？你这次来信，只谈那次谈话使你伤心的一面，而没有分析我为什么要说那两句话的原因，所以再唠叨一番；你应从那次谈话的前因后果想，单说后果是不全面的。好了，这个问题就谈到这里。总的说，我欢迎你这封信。

你在这次信中，也谈了你们学校和你们学习的问题。你们学校怎样安排你们的学习，我还不清楚，我想过去安排是任务多了一点，课程紧了一点，没有很好注意劳逸结合，今后会好些。你的学习过去是战线扯得太宽，门门都想学。人的精力毕竟是有限的，各个人禀赋也不同，门门都学，很难门门都学好。中学是学普通知识，应当门门学好，但人的天分不同，有的学得好，有的学不好。你的天分是中等，我看中学课程门门学好有困难。你应当缩短战线打歼灭战，这是毛主席军事学中战术原则之一，你们学毛选四卷就会看得出来。我想还是我以前告诉你们学习的那个方法，即聚精会神地听讲课，除数学等课外，下堂后马上将课文看一遍，不懂的地方记下来问教师或同学，自己择重点课用 30—40% 的自习时间温习。这样就有时间和力量把自己认为重点课搞好，同时也不荒废学校规定的普通课。课外参考，以重点课有关的为限。这样的学习方法对你有用，对酉酉有用，对良羽也有用。

关于我的生活情形已在那封信里说了，不再述。做了几首诗，已寄了一份给你们看，旧体诗你们看了不会感到什么兴趣，当时寄的急，不及作

注，现将注了的一份寄给你，看了可能多了解一点。顺问
　　近佳！

父字

12 月 4 日

——《万金家书》

（十一）丰子恺

给我的孩子们

【题解】

　　丰子恺是现代著名作家、漫画家，一生都保持着一颗难得的赤子心。在这篇《给我的孩子们》的文章中，丰子恺对于他的孩子们表现出来的种种天真、纯洁无邪深表钦佩之情，并劝勉孩子们要珍惜和努力保持这些品质，表现了丰子恺极其崇尚真诚，反对虚伪的人生态度，不愧为一篇形式独特、耐人寻味的家训文章。

【原文】

　　我的孩子们！我憧憬于你们的生活，每天不止一次！我想委曲地说出来，使你们自己晓得。可惜到你们懂得我的话的意思的时候，你们将不复是可以使我憧憬的人了。这是何等可悲哀的事啊！

　　瞻瞻！你尤其可佩服。你是身心全部公开的真人。你什么事情都像拼命地用全副精力去对付。小小的失意，像花生米翻落地了，自己嚼了舌头了，小猫不肯吃糕了，你都要哭得嘴唇翻白，昏去一两分钟。外婆普陀去烧香买回来给你的泥人，你何等鞠躬尽瘁地抱他，喂他；有一天你自己失手把他打破了，你的号哭的悲哀，比大人们的破产，失恋，broken heart（心碎），丧考妣，全军覆没的悲哀都要真切。两把芭蕉扇做的脚踏车，麻雀牌堆成的火车，汽车，你何等认真地看待，挺直了嗓子叫"汪——"，"咕咕咕……"，来代替汽笛。宝姐姐讲故事给你听，说到"月亮姐姐挂下一只篮来，宝姐姐坐在篮里吊了上去，瞻瞻在下面看"的时候，你何等激昂地同她争，说"瞻瞻要上去，宝姐姐在下面看！"甚至哭到漫姑面前去求审判。我每次剃了头，你真心地疑我变了和尚，好几时不要我抱。最是今年夏天，你坐在我膝上发现了我腋下的长毛，当作黄鼠狼的时候，你何等伤心，你立刻从我身上爬下去，起初眼瞪瞪地对我端相，继而大失所望地号哭，看看，哭哭，如同对被判定了死罪的亲友一样。你要我抱你到车站里去，多多益善地要买香蕉，满满地擒了两手回来，回到门口时你已经熟睡在我的肩上，手里的香蕉不知落在哪里去了。这是何等可佩服的真

率，自然，与热情！大人间的所谓"沉默"，"含蓄"，"深刻"的美德，比起你来，全是不自然的，病的，伪的！

你们每天坐火车，做汽车，办酒，请菩萨，堆六面画，唱歌，全是自动的，创造创作的生活。大人们的呼号"归自然！""生活的艺术化！""劳动的艺术化！"在你们面前真是出丑得很了！依样画几笔画，写几篇文的人称为艺术家，创作家，对你们更要愧死！

你们的创作力，比大人真是强盛得多哩，瞻瞻！你的身体不及椅子的一半，却常常要搬动它，与它一同翻倒在地上；你又要把一杯茶横转来藏在抽斗里，要皮球停在壁上，要拉住火车的尾巴，要月亮出来，要天停止下雨。在这等小小的事件中，明明表示着你们的小弱的体力与智力不足以应付强盛的创作欲、表现欲的驱使，因而遭逢失败。然而你们是不受大自然的支配，不受人类社会的束缚的创造者，所以你的遭逢失败，例如火车尾巴拉不住，月亮呼不出来的时候，你们决不承认是事实的不可能，总以为是爹爹妈妈不肯帮你们办到，同不许你们弄自鸣钟同例，所以愤愤地哭了，你们的世界何等广大！

你们一定想：终天无聊地伏在案上弄笔的爸爸，终天闷闷地坐在窗下弄引线的妈妈，是何等无气性的奇怪的动物！你们所视为奇怪动物的我与你们的母亲，有时确实难为了你们，摧残了你们，回想起来，真介不安心得很！

阿宝！有一晚你拿软软的新鞋子，和自己脚上脱下来的鞋子，给凳子的脚穿了，划袜立在地上，得意地叫"阿宝两只脚，凳子四只脚"的时候，你母亲喊着"齷齪了袜子！"立刻擒你到藤榻上，动手毁坏你的创作。当你蹲在榻上注视你母亲动手毁坏的时候，你的小心里一定感到"母亲这种人，何等煞风景而野蛮吧！"

瞻瞻！有一天开明书店送了几册新出版的毛边的《音乐入门》来。我用小刀把书页一张一张地裁开来，你侧着头，站在桌边默默地看。后来我从学校回来，你已经在我的书架上拿了一本连史纸印的中国装的《楚辞》，把它裁破了十几页，得意地对我说："爸爸！瞻瞻也会裁了！"瞻瞻！这在你原是何等成功的欢喜，何等得意的作品！却被我一个惊骇的"哼！"字喊得你哭了。那时候你也一定抱怨"爸爸何等不明"吧！

软软！你常常要弄我的长锋羊毫，我看见了总是无情地夺脱你。现在你一定轻视我，想道："你终于要我画你的画集的封面！"

最不安心的，是有时我还要拉一个你们所最怕的陆露沙医生来，教他用他的大手来摸你们的肚子，甚至用刀来在你们臂上割几下，还要教妈妈和漫姑擒住了你们的手脚，捏住你们的鼻子，把很苦的水灌到你们的嘴里去。这在你们一定认为太无人道的野蛮举动吧！

孩子们！你们果真抱怨我，我倒欢喜；到你们的抱怨变为感谢的时候，我的悲哀来了！

我在世间，永没有逢到像你们样出肺肝相示的人。世间的人群结合，永没有像你们样的彻底地真实而纯洁。最是我到上海去干了无聊的所谓"事"回来，或者去同不相干的人们做了叫作"上课"的一种把戏回来，你们在门口或车站旁等我的时候，我心中何等惭愧又欢喜！惭愧我为什么去做这等无聊的事，欢喜我又得暂时放怀一切地加入你们的真生活的团体。

但是，你们的黄金时代有限，现实终于要暴露的。这是我经验过来的情形，也是大人们谁也经验过的情形。我眼看见儿时的伴侣中的英雄，好汉，一个个退缩，顺从，妥协，屈服起来，到像绵羊的地步。我自己也是如此。"后之视今，亦犹今之视昔"，你们不久也要走这条路呢！

我的孩子们！憧憬于你们的生活的我，痴心要为你们永远挽留这黄金时代在这册子里。然这真不过像"蜘蛛网落花"略微保留一点春的痕迹而已。且到你们懂得我这片心情的时候，你们早已不是这样的人，我的画在世间已无可印证了！这是何等可悲哀的事啊！

《子恺画集》代序，一九二六年耶延节作。

——《丰子恺文集》（文学卷一）

（十二）陶行知

1. 致母亲、汪纯宜、陶文渼

【题解】

这是写给母亲、妻子、妹妹的一封短信，信中讲述了他资助一对落难母子的事情，以此含蓄地劝勉家人宜养成助人为乐的良好习惯。

此信写于 1924 年。

【原文】

母亲、纯妻、渼妹：

知行深信我家定叨天祐为慰。今日，有一半老妇人携子跪于途，哭甚哀。其夫为军官，此次参与战事，不知下落。母子流落上海，无以归。知行闻其终日只得数枚铜圆，实不得了，就给了她一张车票价的钱，母方收泪；其儿已以笑容送我，我心里大乐。

知行

十三年十一月九日

2. 致陶宏、陶晓光

【题解】

　　在这封写给大儿子、二儿子的信中，陶行知告诫儿子为人应懂得礼节，去长辈家拜年时应注意仪表的整洁，注意言语的得体，陶行知就是这样，善于从琐事中教育孩子应如何为人处事。

　　此信写于1925年。

【原文】

桃红、小桃：

　　你们两个真正好，你们写给我的信都收到了。多谢得很。因为南京打仗，信在南京搁下了，到前天才收到。桃红问我为什么长胖了，我也不晓得清楚。大概是按良心做事，心里快乐，所以身体长胖。

　　孟禄夫人前天从美国到上海，送了两盒玩的东西给你们。大盒是送桃红的，小盒是送小桃的。大盒难玩些。小桃大些的时候，大桃可以借给他玩玩。你们每人都要写一封信谢谢孟禄夫人，收到了就写，要写你们心里的话。写好了寄来，我给你们翻成英语，一齐寄到斐利滨去给他。斐利滨是什么地方呢？请阿姑教你们。不晓得的就可以写信问问孟禄夫人。好不好？若是好，就问她。你们写给孟禄夫人的信，要自己写，写在好纸上，要写得干净。

　　新年我不在家里，请你们两个人代表我向太太拜年，向你们的母亲、阿姑恭贺。熊先生、熊太太、晏先生、晏太太都请你们两个人恭恭敬敬的代表我去拜年。不要忘记。拜年的时候，脸和手要洗得干干净净；衣服、帽、鞋、袜都要穿戴得整整齐齐；话不在多，却要说得得体，说得好听，请阿姑教你们。

爸爸

十四年一月十八日

3. 致陶文渼

【题解】

　　在这封信中，陶行知着重与妹妹探讨了如何追求平等和自由的问题，他本人认为每个人追求平等和自由应以不妨害别人为前提，提倡共同发展，和谐相处。陶行知的这种见解我们应给予高度肯定。

　　此信写于1927年。

【原文】

渼妹鉴：

你的九月二号，即第一号，信已经收到了。你的书法进步得多，我非常喜欢。你说要从此练字，我非常希望你成功。有志而能努力，是一定可以成功的。

大桃、小桃已经上学，甚好。三桃、四桃有你教导，我很放心。

前几天我陪张伯苓、凌济东、查勉仲诸先生到西湖去游了三天，精神格外振作了。我们在刘庄看了一副对联，大家都觉得好，现在写来与你看看：

山水有清音，且向烟波容我老；

春秋多佳日，莫教鱼鸟笑人忙。

你看好不好呢？我近来也做了一副联语，自信还好，也写来请你批评批评。

在立脚点要平等；

于出头处求自由。

上联是中山先生的意思，下联是我自己的意思。脚底要站得一样齐，便是真平等。最大的不平等就是这人的脚站在那人家头上。出头处要有自由：比如树木能长到百尺的，便让他长到百尺；只能长到十尺，便让他长到十尺。出头处有自由，才能进步，才能生存。不许人出头，或是把人家的头压下去，使得我的头看见似乎比他高些，便是侵犯人家的自由。我这副对联，得意的很。我想你一定是赞成我这个学说的。

桃红和小桃的八月廿七日的信也已经收到，请你代我谢谢他们。桃红还有九月二日的信也收到

我平安康健，请母亲、纯妻和大家放心。敬祝全家康乐！

知行

十六年九月十四日

4. 致陶城

【题解】

这封信写于1937年。陶行知在信中告诫小儿子要懂得三件事情，这都是很可贵的为人处世的品质，从中反映出陶行知对子女的严格要求。

【原文】

蜜桃：

你的十一月四日的信收到了，我很高兴。从你的信中，我知道三桃已到屯溪。我今天也写了一封信给他告诉他我已学会《大路歌》，并且教了许多人。现在做一个小孩子，要知道三件事。第一，做人的大道理要看得明白。第二，遇患难要帮助人；肚子饿让人先吃；没饭吃时，要想法子找出饭来大家吃。第三，勇敢。勇敢的活才算是美的活。小桃均此。祝你们

努力前进！

爸爸

十一月廿九日

——《陶行知家书》

（十三）胡适

1. 致江冬秀

【题解】

这封信是胡适于 1926 年取道西伯利亚经莫斯科赴伦敦参加中英庚子赔款咨询委员会全体会议的途中写的。胡适在信中对夫人江冬秀当着朋友的面不给他面子的做法表示委婉的批评，同时表明事后他并不对她的所作所为加以计较，以此劝告夫人以后遇上类似情况应妥善从事。可以说做到了动之以情，晓之以理。

【原文】

冬秀：

走了一半路了，还有三天半就到莫斯科了。

今早睡不着觉，想到我们临分别那几天的情形。我忍了十天，不曾对你说，现在想想，放在心中倒不好，还是爽快说了，就忘记了。

你自己也许不知道这临走那时候的难过。为了我替志摩、小曼做媒的事，你已经吵了几回了。你为什么到了我临走的下半天还要教训我？还要当了慰慈、孟禄的面给我不好过？你当了他们面前说，我要做这个媒，我到了结婚台上，你拖都要把我拖下来。我听了这话，只装作没有听见，我面不改色，把别的话岔开去。但我心里很不好过。我是知道你的脾气的；我是打定主意这回在家决不同你吵的。但我这回出远门，要走几万里路，当天就要走了，你不能忍一忍吗？为什么一定要叫我临出国还要带着这样不好过的影像走呢？

我不愿把这件事长记在心里，所以现在对你说开了，就算完了。你不怪我说这话吗？你知道我这个人最难过的是把不高兴的事放在心里，现在说了，就没有事了。

志摩他们的事，你不要过问，随他们怎么办，与我家里有什么相干？

有些事，你很明白；有些事，你决不会明白。许多旁人的话都不是真相。那回泽涵、洪熙的事，我对你说了，你不相信。我说你不明白实在的情形，你总不信。少年男女的事，你无论怎样都不会完全谅解。这些事，你最好不管。你赞成我的话吗？

我不是怪你。我只要你明白我那天心里的情形就够了。我若放在心里不说，总不免有点怪你的意思。所以我想想，还是对你说开的好。

适之

道中，十五年七月廿六日

2. 谕胡祖望

【题解】

胡适的大儿子胡祖望于 1929 年离开北京去杭州上学，临行前胡适给儿子写了一封信，除了勉励儿子用心读书外，着重教育儿子应如何为人处事，信中提供了具体的方案，意在鼓励儿子学会独立，用意甚好，值得当今的家长借鉴。

【原文】

祖望：

你这么小小年纪，就离开家庭，你妈和我都很难过。但我们为你想，离开家庭是最好办法：第一使你操练独立的生活；第二使你操练合群的生活；第三使你自己感觉用功的必要。

自己能照应自己，服侍自己，这是独立的生活。饮食要自己照管，冷暖要自己知道，最要紧的是做事要自己负责任。你功课做得好，是你自己的光荣；你做错了事，学堂记你的过，惩罚你，是你自己的羞耻。做得好，是你自己的负责任；做得不好，也是你自己负责任。这是你自己独立做人的第一天，你要凡事小心。

你现在要和几百人同学了，不能不想想怎么样才可以同别人合得来好。人同人相处，这是合群的生活。你要做自己的事，但不可妨害别人的事；你要爱护自己，但不妨害别人。能帮助别人，须要尽力帮助人，但不可帮助别人做坏事。如帮人作弊，帮人犯规则，都是帮人做坏事，千万不可做。

合群有一条基本规则，就是时时要替别人想想，时时要想想"假使我做了他，我应该怎样？""我受不了的，他受得了吗？我不愿意的，他愿意吗？"你能这样想，便是好孩子。

你不是笨人，功课应该做得好。但你要知道，世上比你聪明的人多得很，你若不用功，成绩一定落后。功课及格，那算什么？在一班要赶在一班最高一排，在一校要赶在一校最高一排。功课要考最优等，品行要列最优等，做人要做最上等的人，这才是有志气的孩子。但志气要放在心里，要放在功夫里，千万不可放在嘴上，千万不可摆在脸上。无论你志气怎样高，对人切不可骄傲；无论你成绩怎么好，待人总要谦虚和气。你越谦虚和气，人家越敬你爱你；你越骄傲，人家越恨你，越瞧不起你。

儿子，你不在家中，我们时时想念你。你自己要保重身体。你是徽州人，要记得"徽州朝奉，自己保重"。

你要记得下面的几件事：

（1）不要买摊头上的食物。微生物可怕！

（2）不要喝生水冷水，微生物可怕！

（3）不要贪凉。身体受了寒冷，如同水冰了不流，如同汽车上汽油冻住了汽车便开不动。许多病是这样来的。

（4）有病赶快寻医生。头痛是发热的表示，赶快试验温度表（寒暑表），看看有无热度。

（5）两脚走路觉得吃力时，赶快请医生验看，怕是脚气病。脚气病是学堂里常有的，最可怕，最危险。

（6）学校饮食里的滋养料不够，故每日早起须吃麦精一匙。可试用麦精代替糖浆，涂在面包上吃吃看。

这几条都是很要紧的，千万不要忘记。

你写信给我们，也须编号数，用一本簿子记了，如下式：

家信　苏州第一号　〇月〇〇日寄

苏州第二号　〇月〇〇日寄

你收的家信，也记在簿上：

爸爸　苏州第一号　八月廿七日收

爸爸　苏州第二号　〇月〇〇日收

妈妈　　　　第三号　〇月〇〇日收

儿子，不要忘记我们，我们不会忘记你。努力做一个好孩子。

爸爸

十八年八月廿六夜

——《胡适家书》

（十四）毛泽东

致刘松林

【题解】

1957年暑假，刘松林从苏联回国探亲，向毛泽东提出转学国内的要求，得到了毛泽东的许可，毛泽东在这封信中告诫儿媳做任何事情要自己做主，不要用家长的名义行事，以便免去不必要的麻烦，这种意见是非常可取的。

【原文】

思齐儿：

信收到。回来了，很高兴。

转学事是好的，自己做主，向组织申请，得允即可。如不得允，仍去苏联，改学文科，时间长一点也不要紧。不论怎样，都要自己做主，不要用家长的名义去申请，注意为盼。

祝你进步

父亲

八月四日

——《毛泽东家世》

▲刘松林像

（十五）郁达夫

致王映霞

【题解】

这封家书写于1932年，郁达夫在此信中教导妻子对一切世事当宽容对待，这种态度是很可取的。

【原文】

霞：

寄来杂志三本一包，都已收到，勿念。此后无事，拟不日日写信了，你们无事，也可以不必写。我正在聚精会神，写作《蜃楼》，大约有半月工夫，就能写完。

一切世事，当以宽大态度对之，而自己仍持一特立独行的决心。叶某处信已复，昨上一明信片，想已接读，余容后叙。

英生

十一月五日晨

——《郁达夫全集·书信卷》

（十六）茅盾

致陈瑜清

【题解】

这封书信写于1973年，当时茅盾体弱多病，他在这封信中与表弟聊叙家常，并表示自己喜欢逗弄小孙女，从中获得快乐，表现了茅盾晚年与世

无争，甘于淡泊的人生态度。

【原文】

瑜清表弟：

接上年十二月二十八日信，欣悉尊体健康，合家康乐，甚慰甚慰，我今冬身体较好，支气管炎尚未发过，约有半年，未到医院，惟每隔两旬，遣服务员往取安眠药而已。失眠已数十年，近十多年则每夜非服安眠药不可，有时半液醒来，不能再睡，则加服一枚。次日头脑昏昏，然亦无他异，医云亦不碍事。好在我休息在家，头晕固无妨也。承惠七三年杭州风景日历一套，谢谢，即以转赠我的孙女。上年春节，小女辈到杭，因只留一、二天，未遑走谒，殊为歉然。您儿子、孙儿女众多，十分热闹，想起来就羡慕。我的小孙女今已三岁半，活泼可爱，颇解人意，常日弄孙，亦一乐也。匆此。即颂

安好！

鸿　上

元月九日

——《茅盾书信集》

（十七）刘少奇

致刘允诺

【题解】

刘允诺是刘少奇的二儿子，五十年代赴苏联学习，但他对自己所学的专业不感兴趣，又与班上同学闹矛盾，并提出转学的要求，刘少奇得知这种情况及时给儿子写了这封长信。除了要求儿子安心学习外，刘少奇特别强调儿子要摆正个人与集体之间的关系，教导儿子应谦虚、诚恳、宽容大度，与同学搞好关系，成为守纪律有修养的社会主义事业接班人。这封信措辞严厉而又心平气和，情理兼备，具有很强的说服力，这种教子艺术是值得人们学习的。

【原文】

亲爱的允诺：

你三月二十六日、四月三日和四月二十五日的来信都收到。关于你的身体、学习、饮食和休息等问题应该如何处理，在我上次给你的信里和光美几次给你的信里都已着重地说到，我现在的看法仍然是和这些信中所说的一样，没有新的意见。关于学习、饮食、休息等问题，除了照那些办法处理以外，也不可能有更好的办法处理，你应照着这些办法去做。我们是

认真地向你说这些话的。你必须认真地听取。大使馆规定的作息时间和生活制度是正确的，是保证学生们的长时期内健康地完成学习任务所必需的条件，是同我的意见一致的。你不按大使馆的规定做，就是不听大使馆的话，也就是不听我的话。可以看出，我上次写给你的信，并没有得到它应该产生的效果，这是很不能令人满意的。由于你坚持你的错误的作法，你的健康状况日渐坏下去，这就足以证明你自己的做法是根本行不通的。我劝你从现在起坚决地照大使馆的规定执行，也就是按我们和你的同学们的劝告执行，使生活正确起来，保持身体健康，以便长期坚持学下去，只有这样，才能完成国家给你的五年学习任务。如果不这样做，你就不能长期坚持学下去，即使你这一年的学习成绩很好，最后你还是要失败的。我的意见和大使馆规定的主要意义，就是要保证你们能长期学下去。谁能坚持学到最后，谁就能胜利；谁不能长期坚持学习，谁就要失败。所以必须把长期坚持学习放到第一位，把现在得多少分放在第二位。你必须这样做，你才能真正完成学习任务。否则，如果你现在已经病倒，经过校医的证明和介绍，是可以在苏联医治和休养一个时期，再继续学下去，决不能半途而废，决不可以起"身体垮了可以回国"的念头。国家送学生到苏联去学习是很严肃的事情，决不可以随着你个人的意愿去对待，搞不好跑回来是要受处分的。

关于调换学校的问题，如果你有足够的理由，是可以向组织上提出请求调换的。但根据你的来信，你要调换学校的理由是错误的。你说："既不是因为功课重，又不是不喜欢学航空，而是和这一帮人处不下去。"这不能成为要求调换学校的理由。你同这个学校的同学关系搞不好，到另一个学校难道就能搞得好吗？再搞不好又怎么办？还能再调换？转学是要得到大家的谅解和同情的，但你的理由是不会得到任何人的谅解和同情的。而且我认为你现在的问题也不是转学可以解决的。所以，你最好不要请求转学。转学对组织对你自己都很麻烦，都要引起损失的。

关于你同屋的那位苏联同学，如果他真如你所说的那样，成夜赌钱，经常酗酒，吵闹得同屋同学们不能学习和休息，这是不好的。对他的这种行为，是不应该赞成的，而应该劝告他、批评他，使他改正。他不改正，你想报复是不对的。以后，你向直接领导你们学习的系主任反映是可以的，没有错误的。但是处理中国同学同苏联同学之间的纠纷，应该遵循更有组织的办法。你应该向自己所属的中国青年团组织或党组织反映，再由苏联的团组织或党组织去批评他、教育他。这样做，就不会影响你们学校内中苏同学之间的关系，而且可以加强中苏同学间的团结。你没有这样做，也是有一部分缺点的。你们的团组织在这件事的处理中，检讨经验教训是好的，但你却因此同中国同学们搞翻了，这是很难令人理解的。仅仅

　　为了这件事是不应该同许多中国同学搞不好的。关于这件事，我没有接到你的组织方面的信，仅仅由你的信我也可以看出，真理并不在你这方面。如果大家都不理你，一定是你有错误。因此，你应先去找同学谈，征求他们的意见，取得他们的帮助。

　　过去你常常同别人关系搞不好，主要的缺点或错误都是在你这方面。关于这点，我记得在你到延安中学读书以前，那就向你谈过，要你同先生们和同学们团结合作，在先生们和同学们面前不要怕自己吃了一点亏，不要去占别人的便宜，不要看不起别人。过去凡是你同家庭中或学校中的什么人搞不好时，我都是提出这个问题要你注意，屡次着重地向你讲过。虽然在你离京前一两年已有进步，在你去苏联我们告别时，我仍然提出这点要你牢记：不要骄傲，不要看不起人，要尊重大家的意见，要肯于为大家的事情吃一点亏，而且我还引用了鲁迅的名言"横眉冷对千夫指，俯首甘为孺子牛"。不知这些话，你是否记得？你的一贯错误，就是你在劳动人民面前，在同志们面前，不肯"俯首甘为孺子牛"。现在根据你的来信，你这个毛病不仅未改，而且有了发展。现在你应该向你的组织声明承认错误，请求同志们批评，虚心地接受大家的意见，使互相之间的关系正常起来。就是说，在你的同志们面前，你要"俯首甘为孺子牛"。当你同你的同学们、你的组织方面搞不好关系，而且真理又不完全在你这方面时，我是不会支持你的，我只能相信和支持你的组织方面。你必须改正你的错误，否则坚持下去，还会要犯更大的错误。

　　你必须学会虚心听取同志们的批评。你必须了解，同志们对你最重要的帮助，就是当面指出你的缺点和错误。拒绝同志们的批评，就是拒绝同志们的帮助，就不能做一个共产党员。

　　你总以为，你自己是对的，别人都是错误的；人家都对不起你，你却没有对不起别人；你没有替别人着想，你却要别人对你着想；你不肯为别人而有所牺牲，却要别人为你有所牺牲；你不去理别人，却要别人来理你。这是一种什么态度呢？在同志之间，这不是团结与合作的态度，而是同组织、同集体对立的态度，就是把自己个人放在同集体对立的地位，就是一种个人主义。而个人主义是一种资产阶级思想，只有集体主义才是无产阶级思想。你必须抛弃个人主义，接受集体主义，就是在任何时候，在任何问题上都要首先考虑集体的利益，把集体的利益摆在前面，把个人愿望、个人利益摆在服从的地位；当个人愿望和个人利益同集体利益发生矛盾时，应该肯于为集体利益而牺牲个人利益。你应该下决心成为这样一种人。决心改造自己，加强这方面的锻炼，经常注意个人与集体的关系，一有错误，立即改正，否则，你将不会成为一个真正对人民有用的人。

　　你现在正在学习技术，也就是准备学会一门本领以便为祖国服务。如

果你要对祖国有所贡献的话，仅只掌握了技术还是不够的，还要有为人民而学，为人民而工作的观点，还要取得人民对你的信任。而要取得人民的信任，首要就要取得你的组织和你的同学们、先生们以及一切同你熟悉的人民的信任，如果熟悉你的人都不信任你，不熟悉你的人更不会信任你，人民也就不会信任你，即使你学了什么本领也是没有用的。被集体被人民抛弃了的人，是最可耻的人。你无论如何也不应成为这样的人。但你必须立即警惕，改正错误，否则，你是有这种危险的。

组织上决定要派一个中国同学同你住在一个屋子，是应当接受而不应当拒绝的，即使是要监督你，也是不应当拒绝的。你拒绝了，并同小组长吵了一架，粗暴地坚持你的意见，是错误的。你应服从组织上的决定，欢迎搬进来的同学，努力争取他对你的帮助。每个共产党员，包括我自己在内，都是要受群众、受组织监督的，而且是应该欢迎别人监督的。记得去年你曾提出申请加入共产党的要求，你既希望成为一个共产党员，而现在已是一个共青团员，是不能拒绝组织监督的。一切拒绝群众和组织监督的人，都不能做共产党员。

你现在是在一个新的环境中生活和学习，你应想办法去适应新环境，要创造条件使生活过得更好一些，以保证身体健康。过去我们曾寄了一些中国食品给你，这在你初到苏联时是可以的，以后不准备再寄了，因为可能发生不好的影响。你应该知道你现在的生活是很幸福的，学习条件是很好的。一九二一年我在苏联学习，那时的生活条件确是很困难的，更没有什么人寄东西给我们，而我们都没有怨言，都是愉快地学习和生活着。如果你对你现在的生活还有什么怨言和牢骚，那是很不应该的，我是不会同情你的。

最后，希望接受我的意见，真正改正错误，与同学们搞好关系，长期坚持地学下去，经常注意克服个人主义的思想，培养自己成为国家的一个有用的人。希望你这样做，而且必须这样做，不要辜负祖国和我们对你的期望。

我给你写了两封长信是不很容易的。你必须认真对待我所讲的话，彻底抛弃你的错误思想，把思想转过来，你就会愉快的。

祝你健康、愉快、进步！

刘少奇
一九五五年五月六日
——《万金家书》

（十八）彭德怀

临终前的遗言

【题解】

　　彭德怀是深受人民尊敬的老一辈无产阶级革命家。因受"四人帮"残酷迫害，于 1974 年在北京含冤去世。在这篇遗嘱中，彭德怀告诫家人在他死后不要打扰乡亲，勉励子女不要追求名利，做一些委屈人格的事情，并对自己一生的为人作了自我总结，为自己行为的光明磊落，深感欣慰。这番遗言是一笔可贵的精神财富，值得我们进一步发掘。

【原文】

　　我死以后，把我的骨灰送到家乡，不要和人家说，不要打扰人家。你们把它埋了，上头种上一棵苹果（树），让我最后报答家乡的土地，报答父老乡亲。

　　我不能再工作了。在这样的黑屋里，我住一天嫌多，想到工作，我觉得再活上十年才好哩。你们年轻，要努力工作，要学一门本事，为人民添砖盖瓦，不要去追求名利，搞那些吹牛拍马、投机取巧的事。

　　我一生有许多缺点，爱骂人，骂错了不少人，得罪了不少人。但我对革命对同志没有两手，我从来没有搞过那种阴谋。这方面，我可以挺起胸膛，大喊百声：我问心无愧。

——《万金家书》

（十九）沈从文

致张兆和

【题解】

　　这是沈从文于 1934 年返归湖南凤凰县城老家途中写给新婚妻子张兆和的一封信。当时湖南境内军阀混战，百姓遭殃，沈从文却避开这些专门描叙故乡美丽的风景，并从清澈的河水、生命力顽强的纤夫身上获得对于历史的感悟，表达自己希望人与人之间充满友爱的美好愿望，极其含蓄而委婉地劝勉妻子也抱着广博的爱心为人处世，可谓用心极嘉。此外，这封家书文辞优美，语气诚恳，极具感动人心的艺术效果。

【原文】

　　我小船已把主要滩水全上完了，这时已到了一个如同一面镜子的潭

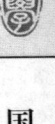

里，山水秀丽如西湖，日头已出，两岸小山皆浅绿色。到辰州只差十里，故今天到地必很早。我照了个相，为一群拉纤人照的。现在太阳正照到我的小船中，光景明媚，正同你有些相似处。我因为在外边站久了一点，手已发了木，故写字也不成了。我一定得戴那双手套的，可是这同写信恰好是鱼同熊掌，不能同时得到。我不要熊掌，还是做近于吃鱼的写信吧。这信再过三四点钟就可发出，我高兴得很。记得从前为你寄快信时，那时心情真有说不出的紧处，可怜的事，这已成为过去了。现在我不怕你从我这种信中挑眼儿了，我需要你从这些无头无绪的信上，找出些我不必说的话……

我已快到地了，假若这时节是我们两个人，一同上岸去，一同进街且一同去找人，那多有趣味！我一到地见到了有点亲戚关系的人，他们第一句话，必问及你！我真想凡是有人问到你，就答复他们"在口袋里"！

三三，我因为天气太好了一点，故站在船后舱看了许久水，我心中忽然好像彻悟了一些，同时又好像从这条河中得到了许多智慧。三三，的的确确，得到了许多智慧，不是知识。我轻轻地叹息了好些次。山头夕阳极感动我，水底各色圆石也极感动我，我心中似乎毫无什么渣滓，透明烛照，对河水，对夕阳，对拉船人同船，皆那么爱着，十分温暖地爱着！我们平时不是读历史吗？一本历史书除了告我们些另一时代最笨的人相斫相杀以外有些什么？但真的历史却是一条河。从那日夜长流千古不变的水里石头和砂子，腐了的草木，破烂的船板，使我触着平时我们所疏忽了若干年代若干人类的哀乐！我看到小小渔船，载了它的黑色鸬鹚向下流缓缓划去，看到石滩上拉船人的姿势，我皆异常感动且异常爱他们。我先前一时不还提到过这些人可怜的生，无所为的生吗？不，三三，我错了。这些人不需我们来可怜，我们应当来尊敬来爱。他们那么庄严忠实的生，却在自然上各担负自己那份命运，为自己，为儿女而活下去。不管怎么样活，却从不逃避为了活而应有的一切努力。他们在他们那份习惯生活里、命运里，也依然是哭、笑、吃、喝，对于寒暑的来临，更感觉到这四时交递的严重。三三，我不知为什么，我感动得很！我希望活得长一点，同时把生活完全发展到我自己这份工作上来。我会用我自己的力量为所谓人生，解释得比任何人皆庄严些与透入些！三三，我看久了水，从水里的石头得到一点平时好像不能得到的东西，对于人生，对于爱憎，仿佛全然与人不同了。我觉得惆怅得很，我总像看得太深太远，对于我自己，便成为受难者了。这时节我软弱得很，因为我爱了世界，爱了人类。三三，倘若我们这时正是两人同在一处，你瞧我眼睛湿到什么样子！

三三，船已到关上了，我半点钟就会上岸的。今晚上我恐怕无时间写信了，我们当说声再见！三三，请把这信用你那体面温和眼睛多吻几次！

我明天若上行，会把信留到浦市发出的。

二哥

一月十八下午四点半

——《沈从文家书》

（二十）李硕勋

给妻子的遗书

【题解】

　　李硕勋又名李陶，四川庆符人，五四运动时期即投身革命，1924 年成为中共正式党员，历任党的重要干部，1931 年 9 月在海南英勇就义。在给妻子赵君陶的遗书中，李硕勋嘱咐妻子好好教养儿子，要求她自力更生，话语朴实，充满了对妻儿的深情厚谊。

【原文】

陶：

　　余在琼已直认不讳，日内恐即将判决，余亦即将与你们长别，在前方，在后方，日死若干人，余亦其中之一耳。死后勿为我过悲，惟望善育吾儿，你宜设法送之返家中，你亦努力自立为要。死后尸总会收的，绝不许来，千嘱万嘱。

勋

九·十四

——《革命烈士书信集》

（二十一）史砚芬

就义前给弟弟妹妹的遗书

【题解】

　　史砚芬是江苏宜兴县人，1927 年加入共产主义青年团，1928 年壮烈牺牲。在这封遗书中，史砚芬叙说自己的志向，劝解弟妹不必悲伤，同时嘱咐弟妹自食其力，洁身自好，做一个正直的人。全信语气恳切，充满感情。

【原文】

亲爱的弟弟妹妹：

我今与你们永诀了！

我的死，是为着社会、国家和人类，是光荣的，是必要的。我死后，有我千万同志，他们能踏着我的血迹奋斗前进，我们的革命事业必底于成，故我虽死犹存。我的肉体被反动派毁去了，我的自由的革命的灵魂是永远不会被任何反动者所毁伤！我的不昧的灵魂必时常随着你们，照护你们和我的未死的同志，请你们不要因丧兄而悲吧！

妹妹：你年长些，从此以后你是家长了，身兼父母兄长的重大责任。我本不应当把这重大的担子放在你身上，抛弃你们，但为着了大我不能不对你们忍心些。我相信你们在痛哭之余，必能谅察我的苦衷而原谅我。

弟弟：你年小些，你待姊应如待父母兄长一样，遇事要和她商量，听她指导。家里十余亩田，作为你俩生活及教育费用。我死以后，不要治丧，因为这是浪费的，以后你能继我志愿，乃我门第之光，我必含笑九泉，看你成功。不能继我志愿，则万不能与国民党的腐败分子同流。

现在我的心很镇静，但不愿多谈多写。虽有千言万语要嘱咐你们，但始终无法写出。

好！弟妹！今生就这样与你们作结了！

你们的大哥砚芬嘱

——《革命烈士书信集》

（二十二）陈毅安

给未婚妻的信（节录）

【题解】

陈毅安烈士在这封信中告诫未婚妻应与同学处理好关系，明辨是非，对待朋友要耐心帮助，顾全大局，而不是凭主观感情任意行事。陈毅安的这些见解至今还有一定的参考价值。

【原文】

志强吾爱惠鉴：

接到了你的信，我的灵魂安慰极了，使我爱你的心头变成了一种不可思议和不可形容的状态。我自来到广东，已一载有奇了。我的言语，我的行动，都是革命的，都是光明磊落的。我不独不打牌，不喝酒，连纸烟都是不吸的。尤其现在我担任了党代表的工作，要为人家的模范，要去指导人家，一举一动都得特别的留心。革命党员先要革自己的命，然后才可以

把别人革命化。我不是一个糊涂虫，不是一个怪物，当然不要你来操心。不过你的规功，你的批评，我是以十二分的诚意欢迎和接受的。不接受规劝和批评的人，可以说不是一个革命党员了。

你说我们不要为个人的愉快，而要为一般受痛苦的群众着想。这话我非常的钦佩，希望你在实际的行动中表现出来。我们的地位可以说是一个小资产阶级，虽然受了许多的压迫，仍旧带了许多小资产阶级的性质，甚至还有资产阶级的行动。我们既明了世界的潮流，有了阶级觉悟，我们的言语行动就要无产阶级化，就要做一个为无产阶级的利益而奋斗的革命党员。这不过是将你所发表的意思补充一下，有不当之处，请不客气的批评。

你说你同你的同学发生冲突。这事我说你也有不当之处。你应当去寻找应得的教训。她们不是反革命，而是你的朋友。对于反革命当然是不客气的，不姑息的，要以革命的手段去对付他。她们即（既）是你的朋友，就要指导她们，规劝她们，使她们走上革命的大道。这样如果还不发生效力，就要用旁的方法去刺激她们，使她们知道不正当的事情是做不得的。你要指出她们的黑暗。因为她们羞耻的关系，所以就不顾一切要起来暴动了。我们当了一个革命党员，就要知道做革命工作的方法，就要看如何使得革命工作顺利，处处要从革命的利益出发。这点我是希望你要特别注意的。

顺祝
革命敬礼！

毅安草复
一九二七年一月十八日
——《革命烈士书信集》

（二十三）任弼时

给女儿任远芳的一封信（节录）

【题解】

这是任弼时于全国解放之际给远在苏联留学的女儿任远芳写的一封信，任弼时针对女儿提出回国学习的要求，帮女儿分析了留在苏联与回国学习的不同好处与弊端，劝告女儿办事情做决定时应慎重考虑，这种教导对于我们来说也很有参考价值。

【原文】

……关于回国还是留在苏联这个问题，我还想和你商量一下，然后我们再做决定。一、回国当然有有利的一面。第一，你作为中国姑娘可以尽快学会中国话，这对你今后来说是非常必要的；第二，你将更多地了解中国人民的生活和斗争，这也对你非常重要；第三，你将和父亲以及兄弟姐妹们生活在一起，这对你看来也是需要的。但也有不利的一面，那就是因为你不会讲中国话，你回国后第一年只能学中文，然后才能上学（当然也可以在学校里学中文），你将耽误一年的学习。

▲任弼时像

你如留在苏联学习，这也有好的一面：第一，你不会耽误一年的学习；第二，你大学毕业之后，你不仅完成了高等教育，而且将精通俄语。当然也有不好的一面，就是你无法学会中文，这对你今后来讲是莫大的困难。此外，你完全脱离国内的生活。

这就是供你选择的具体情况。我想你最好留在苏联继续学习，完成大学教育，然后带着专业知识回国，这就是你在这里的时候向我说的。

但这一意见绝不是最后决定，你完全可以自己考虑对你怎样更合适。如果你坚决要回国，并像你在最后一封信中所说的，如果我不带你回国，你将永远哭泣、思念，而且还会影响学习，那我将在莫斯科治疗后，带你一起回国。

——《任弼时》

（二十四）丁玲

致陈明

【题解】

这封信写于 1978 年，正是十年动乱刚刚结束的时候。丁玲在五十年代的"反右"斗争以及十年"文革"时期，不仅遭受了"四人帮"一伙的无情迫害，也遭受了文艺界内部成员的错误打击。丁玲在这封信中表示对那些过去打击过自己的文艺界同志不加计较，并嘱丈夫有空去看望他们，丁玲这种宽厚待人的思想作风是值得我们肯定与学习的。

【原文】

伯夏：

前天昨天这里都下雪，气温稍微下降了一点。今天停雪了。在电视中看见北京遍地也是白的，气温也明显下降，很担心你们的生活，怕你生病。你又一时不能回来，还要赶抄那些稿子。真够戗。那些害人精都是舒舒服服地在害人。我估计你能赶回来过元旦就不错了。

祖林来信，打算全家来过春节，我觉得也好。以后更难得全家来。

我想你把祖慧那个小录音机带来试试，也得学会使用科学呵！否则我真会觉得时间太不够用了。

我想你走前去看看周伯伯也可以，只说你去北京的目的和情况，说我身体还可以。糖尿病有些影响，还不十分重要。将来也还是要见面的。假如我去，也会看他的。反正他也受了四人帮的迫害，就表示一点对他的同情罢。荒煤那里也要去一次。你的问题也应同他谈谈，过去是他负责的。谈话时也可以看看他们的态度。

对老熟人，我认为除少数几个人外，都可以谅解，其实这些人都是迫不得已，对我们也还是怀念的。陈登科对于祖林是突出的好。这是个好人。我还是希望他能同你一道来住几天。都挨过打，坐过牢，又同害一样的病。不过我们比他多受几年罪，现在他总算出头了。我们还在这里等判决。

我现在旁的都不想，问题迟早要解决。前几天山西文联寄了一张调查表来，是为了明年文联开会的。总得把我划在山西代表团里吧。去了北京再说。明年不解决，后年总得解决。我要求去北大荒，有了中组部介绍信，王的介绍信，也可以说解决了一部分。山西省人民出版社来了一个编辑，拉稿。我想把散文集给他们，何必一定只看定严文井。他们也问了《桑干河上》。我以为也可以让地方出版。如果严不出版的话，再等几个月看看。我现在只想什么呢！还是上信所云。要发奋有为，要振作精神，要写。我有三篇稿子没有底稿，是否托张凤珠代找找：《中国的春天》《记游桃花坪》《粮秣主任》。

我可能不再给你写信了，等你回来，一切面谈。

菡

12 月 21 日

——《丁玲文集》（第十卷）

（二十五）巴金

致李济生

【题解】

八十年代中期，巴金弟弟李济生和巴金女儿李小林准备为巴金编一本《六十年文选》，要巴金本人写篇序言，巴金便给弟弟写了这封信（后来作为该书序言）。巴金在信中回顾了"文革"期间他迫于各种压力说了一些违心话，做了一些违心事的经历，对此深表悔恨和痛心。巴金在信中所提倡的说真话、做真人的处世态度，值得我们努力奉行。

【原文】

济生：

你要我为《六十年文选》写几句话，我不知道怎样写才好，因为说心里话，我不愿意现在出版这样一本书，过去我说空话太多，后来又说了很多假话，要重印这些文章，就应该对读者说明哪些是真话，哪些话是空话、假话，可是我没有精力做这种事。对我，最好的办法是沉默，让读者忘记，这是上策。然而你受了出版社的委托，编好文选，送了目录来，我不好意思当头泼一瓢冷水，我不能辜负你们的好意，我便同意了。为了这个，我准备在锅里受一次煎熬，接受读者严肃的批判。我相信有一天终于会弄清楚什么是真，什么是假。我到底说了多少假话。这是痛苦的事。但我也无法避免。

我近年常说我写《随想录》是偿还欠债，我记在心上的当然只是几笔大数。它们是压在我背上的沉重的包袱。写作时我感到压力。好不容易还清了一笔债，我却并不感到背上轻松多少，因为负债太多，过去从未想到，仿佛有人承担，不用自己负责。从前当惯了听差，一切由老爷差遣，用不着自己动脑筋，倒好办事。现在发觉自己还有一个脑子，这脑子又不安分，一定要东想西想，因此许多忘记了的事情又一件一件地给打了回来，堆在一处，这里刚刚还清一笔，那里又记一个数目。有时觉得债越还越多，包袱越背越重，自己实在支持不下去。由于这种想法，我几次下了决心：除了《随想录》外，我写过的其他文章一概停印。这样赖掉那些陈年旧债，单单用《随想录》偿还新债大债，我也许可以比较轻松地走完我的生活的道路。这个想法不知道你是否理解。

多说也没有用，你既然把其他不少文章都选入了，那么就让它去吧。我精力不够，因此只在这里讲一件事，讲一篇文章，那就是《法斯特的悲剧》。我希望收这篇文章和接着发表的那封简短的"检讨复信"，我当时不

曾对你说明我的想法。你可能也不明白。

　　法斯特的"悲剧"其实是我的悲剧。一九五八年三月《文艺报》上发表的我的文章和短信可以说明我最近几十年的写作道路。我对法斯特的事情本来一无所知，我只读过他的几部小说，而且颇为喜欢。刊物编辑来组稿，要我写批判法斯特的文章，说是某某人都写了，我也得写。我推不掉，而且反右斗争当时刚刚结束，我也不敢拒绝接受任务，就根据一些借来的资料，照自己的看法，也揣摩别人的心思，勉强写了一篇，交出去了。文章发表不久，编辑部就转来几封读者来信，都是对我的严厉批判。我有点毛骨悚然，仿佛犯了大错。编辑部第一次来信说这些读者意见只在内部刊物发表，以后又来信通知，读者意见太多，不得不选两篇刊出。我无话可说，只好写份检讨的短信，寄给编辑部。我不甘心认错，但不表态又不行，害怕事情闹大下不了台，弄到身败名裂，甚至家破人亡。所以连忙"下跪求饶"，只求平安无事。检讨信发表了，我胆战心惊地等待事态的发展，外表上却做出相当安静的样子，我估计《文艺报》上不会再刊登批判《悲剧》的文章。但是不到一个月，徐景贤却站出来讲话了，他的文章发表在上海《文汇报》上，还是那些论点！我这一次真是慌了手足，以为要对我怎样了，不加思索就拿起笔连忙写了一封给《文汇报》编辑部的信，承认自己的错误，再一次表示愿意接受改造。在那些日子有时开会回家，感到十分疲乏，坐在沙发上休息，想起那篇闯祸的文章，我并不承认"回头是岸"的说法有什么不对，但是为了促使自己，我只好不说真话，我只好多说假话。昧着良心说谎，对我来说，已经不是可悲、可耻的事了。

　　我的"改造"可以说是从"反胡风"运动开始，在反右运动中有大的发展，到了"文革"，我的确"洗心革面、脱胎换骨"给改造成了另一个人，可是就因为这个，我却让改造者们送进了地狱。这是历史的惩罚。

　　今天看来，我写法斯特的"悲剧"，其实是在批判我自己。我的"悲剧"是别人把我当作工具，我也甘心做工具。而法斯特呢，他是作家，如此而已。

　　别的话一年后再说。现在我只想躺下来休息。

巴　金

八六年十二月五日

——《巴金书信集》

（二十六）罗瑞卿

致女儿玉华

【题解】

罗瑞卿在"文革"期间曾遭到"四人帮"一伙的诬陷和攻击，他的女儿对此愤愤不平。在这封写给女儿的信中，罗瑞卿教育女儿如何做一个共产党员。他强调女儿要遵守党的纪律，要具有坚定的共产主义信念，相信党组织会公正地对待自己。这些教导对于我们仍有不少可参考和学习的地方。

【原文】

玉华儿：

来信收到。你要爸爸注意身体，不要写什么东西给上面，免引起某些人的误解或议论，散布流言蜚语，反而于解决问题不利。你的心是好的，但你的想法不妥，你的爸爸不能这样办。

一个共产党员，不问处在什么情况下，只要可能，就应同党联系，这是党性问题。爸爸现在经常写一点报告给主席、中央、中央军委，正是党性这样要求我，爸爸不这样做，心里是不安的，因为党性要责备我。

爸爸写报告，一没有什么埋怨情绪，二不讲任何违背党性的怪话，相反的只是写自己的检讨，向主席向党汇报自己的思想学习情况，感谢主席和党对自己的关怀，或者揭发和批判林贼的罪行……这是完全必要的，应该的。即令写这些东西，由于爸爸现在的情况，认识上有什么不妥？我想主席和党，定会洞察问题的性质，决不会引起什么误会。

诚然，你爸爸过去在工作中，由于自己方法方式上有不少缺点，得罪过一些人。我想很多都是好同志，他们会谅解我的，不谅解我也无法。至于某些个别人，由于他的不对，而对我怀恨在心，现在幸灾乐祸，甚至故意散布流言蜚语。第一，我要是正确的，我至今不悔，不管他们说什么，企图怎样？第二，我不怕，而且我相信：你的爸爸的问题解决与否，不管这种人怎么说，怎么做，他起不了决定作用。有主席的路线政策管住了，他比林彪还厉害？我就不信。

你的爸爸从一个破产的地主家庭分裂逃跑出来，跟主席几十年，出生入死，从不计及。虽有不少错误，但我从来不仅没有反对过毛主席，而且是衷心竭诚和一贯拥护主席的。我没有上林彪贼船，并因此受到欲置我甚至我的家人于死地的迫害，这些总不是假的，经得起考验的。所以我坚信党会查明，并对我做出结论。某些个别的不喜欢我，怀恨我的人，对上述那些大概也难于否定吧。何况这种人也并不能起到决定作用。

当然你爸爸也并不是没有可以被人抓着的弱点，从某种意义上说：也难于取得党的饶恕。但问题性质究竟怎样定？我坚决听主席和党的决定就是了。

不管情况怎样？我都坚信主席、坚信党，我都要做一个马列主义、毛泽东思想的竭诚拥护者，做一个共产主义者！这一些至死我也不会有丝毫动摇的。有同志替我做了一个概括，叫作两个坚信，一个决心。这就是你爸爸的誓言！你是我的大儿女，常平是我的大女婿，你们又都是党员，党的干部，你们同所有的弟妹，弟媳，妹夫（包括现在或将来的），看吧！看你们的爸爸是否始终如一吧，如果不是这样，你们完全应该不承认以至于鄙弃你们的这样的爸爸。爸爸今天有点感慨，给你写多了。

爸爸现在身体好一些，可以不要拐杖站起来了。只是时间不很长，也还不能开步，心绞痛从未再发。心情也比以前舒畅，望勿念！

猛儿和燕燕有信给你和常平，你们做老姐子和姐夫的，可以谅解她（他）们了。

小兵兵是我们第三代中最大的，你们一定要好好和用必要的严格要求教育他！要他好好学习，做一个能为党为国为毛主席也为我们家争光的好孩子！告诉他外公和姥姥知道他在不断前进，很高兴！做什么？由你们决定。不过我看有条件搞体育也没有什么不好。这不仅毛主席提倡，马克思一百多年前早就提倡过了。做什么都是为了革命。此信应给常平看，望你们要异常努力地工作，又要适当的注意身体！

爸爸

五月二十四日（75 年）

——《万金家书》

（二十七）陶铸

赠曾志（二首）

【题解】

陶铸在"文革"期间遭到"四人帮"一伙的残酷迫害，他在赠给夫人曾志的两首诗中，先是诉说了自己横遭诬陷折磨的不幸遭遇，然后重温夫妻之间的深厚情谊，表示自己对于这种非人处境将泰然处之，永不改变自己的信仰，体现了一位革命家光明坦荡的崇高情怀。

【原文】

身世浮沉只自扪，谁怜白发慰黄昏。

乾坤永照余肝胆，生死难忘负马恩。

纵使投荒能赎愆，不须酹酒为招魂。

每当梦醒难成哭，羞效王章有泪痕。

重上战场我亦难，感君情厚逼云端。

无情白发催寒暑，蒙垢余生抑若酸。

病马也知嘶枥晚，枯葵更觉怯霜残。

如烟往事俱忘却，心底无私天地宽。

——《古今家训新编》

（二十八）傅雷

致傅聪书信二封

【题解】

　　第一封信写于 1955 年，当时傅聪认为波兰的学习条件不够理想，想转学苏联，来信征求傅雷的意见，傅雷在此信中帮儿子耐心地分析了他的思想动态，并列出了十三个问题让儿子思考，权衡利弊，以此告诫儿子做事情须持慎重态度，考虑问题须周全。第二封信写于 1961 年，其时傅聪在波兰留学已经七年，生活上、学习上遇到不少困难，思想比较苦闷，傅雷在信中给儿子耐心地分析了中西方文化的不同特点，以及中国人对待人生的一贯态度，劝勉儿子怀着乐观态度对待生活，把愤世嫉俗的心态转化成热爱生命的感觉，傅雷的言论充满思想与人生的智慧，值得我们认真品味。

其 一

【原文】

　　今日接马先生（三十日）来信，说你要转往苏联学习，又说已与文化部谈妥，让你先回国演奏几场；最后又提到预备叫你参加明年二月德国的 Schumann［舒曼］比赛。

　　我认为回国一行，连同演奏，至少要花两个月；而你还要等波兰的零星音乐会以后方能动身。这样，前前后后要费掉三个多月。这在你学习上是极大的浪费。尤其你技巧方面还要加工，倘若再想参加明年的 Schumann（舒曼）比赛，他的技巧比肖邦的更麻烦，你更需要急起直追。

　　与其让政府花了一笔来回旅费而耽误你几个月学习，不如叫你在波兰灌好唱片（像我前信所说）寄回国内，大家都可以听到，而且是永久性的；同时也不妨碍你的学业。我们做父母的，在感情上极希望见见你，听到你这样成功的演奏，但为了你的学业，我们宁可牺牲这个福气。我已将

国学经典文库

中华传世家训

第四编 处世

图文珍藏版

此意写信告诉马先生，请他与文化部从长考虑。我想你对这个问题也不会不同意吧？

其次，转往苏学习一节，你从来没和我们谈过。你去波以后我给你二十九封信，信中表现我的态度难道还使你不敢相信，什么事都可以和我细谈、细商吗？你对我一字不提，而托马先生直接向中央提出，老实说，我是很有自卑感的，因为这反映你对我还是不放心。大概我对你从小的不得当、不合理的教育，后果还没完全消灭。你比赛以后一直没信来，大概心里又有什么疙瘩吧！马先生回来，你也没托带什么信，因此我精神上的确非常难过，觉得自己功不补过。现在谁都认为（连马先生在内）你今日的成功是我在你小时候打的基础，但事实上，谁都不再对你当前的问题再来征求我一分半分意见；是的，我承认老朽了，不能再帮助你了。

可是我还有几分自大的毛病，自以为看事情还能比你们青年看得远一些，清楚一些。

同时我还有过分强的责任感，这个责任使我忘记了自己的老朽，忘记了自己帮不了你忙而硬要帮你忙。

所以倘使下面的话使你听了不愉快，使你觉得我不了解你，不了解你学习的需要，那么请你想到上面两个理由而原谅我，请你原谅我是人，原谅我抛不开天下父母对子女的心。

一个人要做一件事，事前必须考虑周详。尤其是想改弦易辙，丢开老路，换走新路的时候，一定要把自己的理智做一个天平，把老路与新路放在两个盘里很精密地称过。现在让我来替你做一件工作，帮你把一项项的理由，放在秤盘里：

［甲盘］

（一）杰老师过去对你的帮助是否不够？假如他指导得更好，你的技术是否还可以进步？

（二）六个月在波兰的学习，使你得到这次比赛的成绩，你是否还不满意？

（三）波兰得第一名的，也是杰老师的学生，他得第一的原因何在？

（四）技术训练的方法，波兰派是否有毛病，或是不完全？

（五）技术是否要靠时间慢慢地提高？

（六）除了肖邦以外，对别的作家的了解，波兰的教师是否不太使你佩服？

（七）去年八月周小燕在波兰知道杰老师为了要教你，特意训练他的英语，这点你知道吗？

［乙盘］

（一）苏联的教授法是否一定比杰老师的高明？技术上对你可以有更

大的帮助？

（二）假定过去六个月在苏联学，你是否觉得这次的成绩可以更好？名次更前？

（三）苏联得第二名的，为什么只得一个第二？

（四）技术训练的方法，在苏联是否一定胜过任何国家？

（五）苏联是否有比较快的方法提高？

（六）对别的作家的了解，是否苏联比别国也高明得多？

（七）苏联教授是否比杰老师还要热烈？

［一般性的］

（八）以你个人而论，是否换一个技术训练的方法，一定还能有更大的进步？所以对第（二）项要特别注意，你是否觉得以你六个月的努力，倘有更好的方法教你，你是否技术上可以和别人并驾齐驱，或是更接近

（九）以学习 schumann［舒曼］而论，是苏联也有特殊优越的条件？

（十）过去你盛称杰老师教古典与近代作品教得特别好，你现在是否改变了意见？

（十一）波兰居住七个月来的总结，是不是你的学习环境不大理想？苏联是否在这方面更好？

（十二）波兰各方面对你的关心、指点，是否在苏联同样可以得到？

（十三）波兰方面一般的带着西欧气味，你是否觉得对你的学习不大好？

这些问题希望你平心静气，非常客观的逐条衡量，用"民主表决"的方法，自己来一个总结。到那时再作决定。总之，听不听由你，说不说由我。你过去承认我"在高山上看事情"，也许我是近视眼，看出来的形势都不准确。但至少你得用你不近视的眼睛，来检查我看到的是否不准确。果然不准确的话，你当然不用，也不该听我的。

假如你还不以为我顽固落伍，而愿意把我的意见加以考虑的话，那对我真是莫大的"荣幸"了！等到有一天，我发觉你处处比我看得清楚，我第一个会佩服你，非但不来和你"缠夹二"乱提意见，而且还要遇事来请教你呢！目前，第一不要给我们一个闷葫芦！磨难人要最厉害的莫如 unknown［不知］和 uncertain［不定］！对别人同情之前，对父母先同情一下吧！

一九五五年四月三日

其 二

【原文】

　　从文艺复兴以来，各种古代文化，各种不同民族，各种不同的思想感情大接触之下，造成了近代人的极度复杂的头脑与心情；加上政治经济和社会的急剧变化（如法国大革命，十九世纪的工业革命，封建社会与资本主义社会的交替等等），人的精神状态愈加充满了矛盾。这个矛盾中最尖锐的部分仍然是基督教思想与个人主义的自由独立与自我扩张的对立。凡是非基督徒的矛盾，仅仅反映经济方面的苦闷，其程度绝没有那么强烈。——在艺术上表现这种矛盾特别显著的，恐怕要算贝多芬了。以贝多芬与歌德做比较研究，大概更可证实我的假定。贝多芬乐曲中两个主题的对立，绝不仅仅从技术要求出发，而主要是反映他内心的双重性。否则，一切 sonata form ［奏鸣曲式］都以两个对立的 motifs ［主题］为基础，为何独独在贝多芬的作品中，两个不同的主题会从头至尾斗争得那么厉害，那么凶猛呢？他的两个主题，一个往往代表意志，代表力，或者说代表一种自我扩张的个人主义（绝对不是自私自利的庸俗的个人主义或侵犯别人的自我扩张，想你不致误会）；另外一个往往代表粗野的暴力，或者说是命运，或者说是神，都无不可。虽则贝多芬本人决不同意把命运与神混为一谈，但客观分析起来，两者实在是一个东西。斗争的结果总是意志得胜，人得胜。但胜利并不持久，所以每写一个曲子就得重新挣扎一次，斗争一次。到晚年的四重奏中，斗争仍然不断发生，可是结论不是谁胜谁败，而是个人的隐忍与舍弃；这个境界在作者说来，可以美其名曰皈依，曰觉悟，曰解脱，其实是放弃斗争，放弃挣扎，以换取精神上的和平宁静，即所谓幸福，所谓极乐。挣扎了一辈子以后再放弃挣扎，当然比一开场就奴颜婢膝的屈服高明得多，也就是说"自我"的确已经大大地扩张了；同时却又证明"自我"不能无限止的扩张下去，而且最后承认"自我"仍然是渺小的，斗争的结果还是一场空，真正得到的只是一个觉悟，觉悟斗争之无益，不如与命运、与神，言归于好，求妥协。当然我把贝多芬的斗争说得简单化了一些，但大致并不错。此处不能作专题研究，有的地方只能笼统说说。——你以前信中屡次说到贝多芬最后的解脱仍是不彻底的，是否就是我以上说的那个意思呢？——我相信，要不是基督教思想统治了一千三四百年（从高卢人信奉基督教算起）的西方民族，现代欧洲人的精神状态决不会复杂到这步田地，即使复杂，也将是另外一种性质。比如我们中华民族，尽管近半世纪以来也因为与西方文化接触之后而心情变得一天天复杂，尽管对人生的无常从古至今感慨伤叹，但我们的内心矛盾，决不能与宗教信仰与现代精神自我扩张的矛盾相比。我们心目中的生死感慨，从无仰慕天堂的极其烦躁的期待与追求，也从无对永堕地狱的恐怖忧虑；所以我们的哀伤只是出于生物的本能，而不是由发热的头脑造出许多极乐与极可怖的幻象来一方面诱惑自己一方面威吓自己。同一苦闷，程度强弱之大有差别，健康与病态的分别，大概就取决于这个因素。

中华民族从古以来不追求自我扩张，从来不把人看作高于一切，在哲学文艺方面的表现都反映出人在自然界中与万物占着一个比例较为恰当的地位，而非绝对统治万物，奴役万物的主宰。因此我们的苦闷，基本上比西方人为少为小；因为苦闷的强弱原是随欲望与野心的大小而转移的。农业社会的人比工业社会的人享受差得多，因此欲望也小得多。况中国古代素来以不滞于物，不为物役为最主要的人生哲学。并非我们没有守财奴，但比起莫里哀与巴尔扎克笔下的守财奴与野心家来，就小巫见大巫了。中国民族多数是性情中正和平，淡泊，朴实，比西方人容易满足。——另一方面，佛教影响虽然很大，但天堂地狱之说只是佛教中的小乘（净土宗）的说法，专为知识较低的大众而设的。真正的佛教教理并不相信真有天堂地狱；而是从理智上求觉悟，求超度；觉悟是悟人世的虚幻，超度是超脱痛苦与烦恼。尽管是出世思想，却不予人以热烈追求幸福的鼓动，或急于逃避地狱的恐怖；主要是劝导人求智慧。佛教的智慧正好与基督教的信仰成为鲜明的对比。智慧使人自然而然的醒悟，信仰反易使人入于偏执与狂热之途。——我们的民族本来提倡智慧。（中国人的理想是追求智慧而不是追求信仰。我们只看见古人提到彻悟，从未以信仰坚定为人生乐事［这恰恰是西方人心目中的幸福］。你认为亨特尔比巴哈为高，你说前者是智慧的结晶，后者是信仰的结晶；这个思想根源也反映出我们的民族性。）故知识分子受到佛教影响并无恶果。即使南北朝时期佛教在中国极盛，愚夫愚妇的迷信亦未尝在吾国文化史上遗留什么毒素，知识分子亦从未陷于虚无主义。即使有过一个短时期但在历史上并无大害。——相反，在两汉以儒家为唯一正统，罢斥百家，思想入于停滞状态之后，佛教思想的输入倒是给我们精神上的一种刺激，令人从麻痹中觉醒过来，从狭隘的一家一派的束缚中解放出来。在纪元二三世纪的思想情况之下这是一个可喜的现象。——对中国知识分子拘束最大的倒是僵死的礼教，从南宋的理学程子、朱子起一直到清朝末年，养成了规行矩步，整天反省，唯恐背礼越矩的迂腐头脑，也养成了口是心非的假道学、伪君子。其次是明清两代的科举制度，不仅束缚性灵，也使一部分有心胸有能力的人徘徊于功名利禄与真正修身养性，致知格物的矛盾中（反映于《儒林外史》中）。——然而这一类的矛盾也决不像近代西方人的矛盾那么有害身心。我们的社会进步迟缓，资本主义制度发展若断若续，封建时代的经济基础始终存在，封建时代的道德观、人生观、宇宙观以及一切上层建筑，到近百年中还有很大

势力，使我们的精神状态，思想情形不致如资本主义高度发展的国家的人那样混乱、复杂、病态；我们比起欧美人来一方面是落后，一方面也单纯，就是说更健全一些。——从民族特性，传统思想，以及经济制度等等各个方面看，我们和西方人比较之下都有这个双重性。——五四以来，情形急转直下，西方文化的输入使我们的头脑受到极大的骚动，正如"帝国主义的资本主义"的侵入促成我们半封建半资本主义社会的崩溃一样。我们开始感染到近代西方人的烦恼，幸而时期不久，并且宗教影响在我们思想上并无重大作用，西方宗教只影响到买办阶级以及一部分比较落后地区的农民，而且也并不深刻，故虽有现代式的苦闷，并不太尖锐。我们还是有我们老一套的东方思想与东方哲学，作为批判西方文化的尺度。当然以上所说特别是限于解放以前为止的时期。新中国成立以后情形不大相同，暇时再谈。但既是解放以前我们一代人的思想情况，你也承受下来了，感染得相当深了。我想你对西方艺术、西方思想、西方社会的反应和批评，骨子里都有我们一代（比你早一代）的思想根源，再加上新中国成立以后新社会给你的理想，使你对西欧的旧社会更有另外一种看法，另外一种感觉。——倘能从我这一大段历史分析不管如何片面，如何不正确，来分析你目前的思想感情，也许'能大大减少你内心苦闷的尖锐程度，使你的矛盾不致影响你身心的健康与平衡，你说是不是？

人没有苦闷，没有矛盾，就不会进步。有矛盾才会逼你解决矛盾，解决一次矛盾即往前迈进一步。到了晚年矛盾减少，即是生命将要告终的表现。没有矛盾的一片恬静只是一个崇高的理想，真正实现的话并不是一个好现象。——凭了修养的功夫所能达到的和平恬静只是极短暂的，比如浪潮的尖峰，一刹那就要过去的。或者理想的平和恬静乃是微波荡漾，有矛盾而不太尖锐，而且随时能解决那种精神修养，可绝非一泓死水：一泓死水有什么可羡呢？我觉得倘若苦闷而不致陷入悲观厌世，有矛盾而能解决（至少在理论上认识上得到一个总结），那么苦闷与矛盾并不可怕。所要避免的乃是因苦闷而导致身心失常，或者玩世不恭，变做游戏人生的态度。从另一角度看，最伤人的（对己对人，对小我与集体都有害的）乃是由passion［激情］出发的苦闷与矛盾，例如热衷名利而得不到名利的人，那一类苦闷便是与己与人都有大害的。凡是从自卑感自溺狂等来的苦闷对社会都是不利的，对自己也是致命伤。反之，倘是忧时忧国，不是为小我打算而是为了社会福利，人类前途而感到苦闷，因为出发点是正义的，是理想，是热爱，所以即有矛盾，对己对人都无害处，倒反能逼自己做出一些小小的贡献来。但此种苦闷也须用智慧来解决，至少在苦闷的时间不能忘了明哲的教训，才不至于转到悲观绝望，用灰色眼镜看事物，才能保持健康的心情继续在人生中奋斗，——而唯有如此，自己的小我苦闷才能转化为一种活泼泼的力量而不仅仅成为愤世嫉俗的消极因素；因为愤世嫉俗并不能解决矛盾，也就不能使自己往前迈进一步。由此得出一个结论，我们不怕经常苦闷，经常矛盾，但必须不让这苦闷与矛盾妨碍我们愉快的心情。

一九六一年二月七日

——《傅雷家书》

（二十九）张兆和

致沈从文

【题解】

这封信写于 1937 年。当时迫于日本侵略中国的严峻形势，沈从文离开北平（即现在的北京）南下，辗转奔赴云南昆明，夫人张兆和则带着孩子留居北平。张兆和在这封家书中除了对丈夫的行踪表示关切之外，着重谈论了丈夫的处事问题，张兆和指出丈夫做事缺乏长远谋划，考虑欠周密，轻易许诺，轻信别人，以致常常给自己带来麻烦。张兆和对丈夫处事方面的缺点了如指掌，并能坦率地加以指出，意在让丈夫早日改正，这种态度是很可取的。

【原文】

从文：

几件事情使我连日心乱如麻，不知如何是好：第一，不知道你行止如何，是向家乡走，还是上成都，还是留下不动？每一条路都似有问题；第二，杨小姐姊弟至今不得消息，发电至长沙，不见作复，昨又寄去一快信；第三，我们此后的生活问题。来信说，等杨小姐等到时，就同他们到沅陵家中住下，这在减轻杨先生担负上讲，自是合理的，但你是否顾虑到两点：一、历次据大姐来信谈，沅陵宅中居住外客颇多，前此九妹欲还乡，你们犹言不可，此次你带大批人马前去，是否应先写信通知一下大哥同三哥，勿给他们太多不便，不至事到临头，你把这一批人无处安插！二、你现经济来源完全枯绝，虽然杨家众人日常食用不需你筹办，但你手头无一钱，做主人实非易易，难道回去累着哥哥、兄弟吗？这也许是我的过虑，你也许全已想过，但我看你平时计划什么，往往所见不远，往往顾此失彼，因此常会轻诺寡信，不但事无结果，往往招致罪尤，这在你过去生活，正不乏这样的例，我不能不为你担忧。只是你那边如何决定，如何行事，应早已有定规，我信到时，殆已事过境迁，本属无用，不过我所见如此，不能不略向你一述罢了。杨小姐一行人至今不到，即令中途无险厄，久住香港，进退两难，也是非常讨厌的事。起弟南来，原为杨先生来信有"就父读书"之言，若到了武汉又得逃难，倒不如留此不动，在这里至少读书不会有妨碍，在生活方面也可减轻杨先生许多负担，若在香港久留，耗费必多，何时能到，犹不可言。总之他们此次走得太不凑巧，你也不必责这个怪那个，前些信你担心他们走胶济遇险，怪我单让他们上路，以为走香港较好，此来既得他们到港电报，又知道走胶济的人已安到，而他们仍无到达的消息，又怪樊先生人大胆小，不该走粤汉，其实身历其境的人，每一举一动，都是经过考虑的，正不同你高踞山中，单只运用脑子，以为这样好，那样不好，翻来覆去，覆去又翻来，别人把事情办好了，你无话可说，一遇别扭，就有你责难的了。我是同你在一起受你责难最多的一个人，我希望你凡看一件事情，也应替人想想，用一张口，开阖之间多容易啊，这是说你对日常事务而言，唯其你有这样缺点，你不适宜于写评论文章，想得细，但不周密，见到别人之短，却看不到一己之病，说得多，做得少，所以你写的短评杂论，就以我这不通之人看来，都觉不妥之处太多。以前你还听我的建议，略加修改，近一二年你写小文章简直不叫我看了，你觉得我是"不可与谈"的人，我还有什么可说！不过我觉得你的长处，不在这方面，你放弃了你可以美丽动人小说的精力，把来支离破碎，写这种一撅一撅不痛不痒讽世讥人的短文，未免太可惜。本来可以成功无缝天衣的材料，把来撕得一丝丝一缕缕，看了叫人心疼。我说得太直了，希望你不要见怪。说到我们此后生活问题，你所见较大较远方面，我都一一同意，但就较近较切身的跟前生活而言，虽然暂时可无问题，但若果真你的工作明年不能继续，我希望你要早一点想办法才好。固然，凌宴池答应你可以有你一年的饭吃，我这里要合肥家里接济总也不会遭拒绝，但我们就能安于此吗？我希望的是能不求人最好，即或是自家爸，你应该知道我的苦衷，假如我自己母亲活着，想想看，现在还待我开口求助吗？你懂得我这点心情，你写信到合肥时，无论是给大姐或宗弟，请不要提到要爸爸帮助我的话，到不得已时，等我自己写信，这话由你口中说出去，我不愿意。这不大妥当，你知道的。

曾到邮局问过，所寄包裹，据云不至遗失，因车皮缺乏，包裹至少要三个月始能到。我第一次寄包裹的日期是九月十五号，寄交陈通伯；第二次十月八号，交凌叔华；一大包书亦交通伯，为十一月五日寄，如你稍缓时日再他适，包裹当可收到。如必得他去，请一妥当人代收或请邮局一一为你转去。写信时应该把你所有的名字都写给邮局，因为我的信不一定写哪个名字。

葡萄架旁那一方地，夏天种茄子的，冬天泼水成冰，便成了家中大小孩子的溜冰场，你的冰鞋大妹妹穿得，四妹的小二妹穿正好，小龙穿着双棉鞋也到冰上去溜冰，大家常被三婶妈大嚷大骂叫回来。

三

十二月十七

——《从文家书》

（三十）邓　拓

给女儿小岚的信

【题解】

　　1958 年，邓拓的女儿小岚看了苏联著名芭蕾舞蹈演员乌兰诺娃的精彩表演后，便打算学习舞蹈，邓拓便及时给女儿写了这封信，告诫女儿办事、做决定时应慎重、周到地考虑，不要做出不切实际的选择，否则后悔就来不及了。邓拓对女儿的这些告诫值得我们借鉴。

▲邓拓像

【原文】

小岚：

　　接你第一封来信，实在像黑夜里盼见了星星那样地高兴啊！你初次远行，总算一切顺利……。

　　看来你在舞校考试大概已经得到最后的结果了，学校已经通知了吗？这是选择自己前途的极重要的时刻啊！我亲爱的孩子，你一定要以自己的聪明智慧，翻来覆去地从各个方面仔细考虑，正确地安排自己要走的道路……。你年纪很小，很多事情没有经验，你要知道，如果选择学习的时候不慎重，将来年纪大了要改行太苦恼了。我希望你能够选择一个在各方面

都比较适当的学习道路，使你的一生能走一条符合社会需要也符合你自己愿望的最好的道路，你说我这样的想法对不对呢？

　　祝你好

爸爸

七月十六日

——《万金家书》

第五编　治家

导 读

　　我国社会素有重家的传统，并以数世同堂为荣。然而"治家犹治国也"，要治理好一个几十人乃至几百人的大家庭，实在不是一件容易的事。唐代郓州人张公艺在回答其九代同堂的秘诀时，"但书百余'忍'字"（《续世说·言语》），其事迹足以感人。然而，大家大业，单一个"忍"字显然不能完全解决问题。由此，便产生了《宗规》《家规》《家范》《家训》《家戒》等各种明确的要求全家共同遵守的治家规章，我们一般把它统称为"家训"。这些家训在家庭伦理、邻里相处、德行修养、费用节度、饮食起居等生活的各个方面，对家人进行有效的规束。今天的情况虽然已发生了很大变化，但这些治家古训中的一些论述，却仍具有积极的现实指导意义。

　　"勤俭兴家，奢侈败家"，我国历代家训都把"勤俭"作为治家的根本。古人认为，"勤"是兴家兴业的前提，治家之则，当以勤学为先。所谓"勤以治生，世间事，未有不由于怠惰而废也。及时而为之，则事事不在下陈矣。"

　　孙奇逢说："齐家之难，难于治国平天下。"（《孝友堂家训》）诚哉斯言。而尤其难者，在于如何处理家庭关系与亲邻关系。对于家庭内部关系，历代家训都强调"治家贵和""家和万事兴"。而家和的基础，在于家庭成员应有统一的约束，各尽心力，互为体谅。《诗经·小雅·斯干》："兄及弟矣，式相好矣，无相犹矣。"就是说兄弟之间应相亲相爱，坦诚相待，而不能相互欺瞒。古人还认为治家赏罚宜统一，分财产务均平，否则都可能引导兄弟间的纷争。这些处理家庭关系的原则方法，足可以给我们以许多启发。

　　对亲友邻里，古人一方面强调择邻而居，以免子孙流于邪僻；另一方面强调"门第高者，可畏不可恃，"（柳玭《诫子弟书》）"当以和待乡曲，宁我容人，毋使人容我，切不可先操忽人之心。若屡相凌逼，……当理有之。"（《郑氏规范》）古人这种"睦邻""互助"的亲邻相处原则，至今值得我们效法。

　　传统家训中值得我们借鉴的治家方法和精神还有很多，如教子在幼、以德育儿、不偏爱子孙、处家宜宽容、量入为出、不轻易借债等等。只要我们本着"古为今用，批判吸收"的精神，取其精华，去其糟粕，传统家训必将会在家庭的治理方面给我们以极大的教益。

一、先秦篇

（一）姬　昌

文王治家之道

【题解】

周文王姬昌在周王朝建国史上声名赫赫，其德治用人也表现在治家方面，所谓"家齐则国治"就是这个道理。他以礼待妻、善于育才等对后世治家均有启发。

【原文】

思①齐大任，文王之母。

思媚周姜，京室之妇。

大姒嗣徽音②，则百斯男。

惠于宗公，神罔时怨，神罔时恫③伤心。

刑于寡妻，至于兄弟，双御于家邦。

雝雝在宫④，肃肃在庙。

不显亦⑤临，无射亦保。

肆⑥戎疾不殄，烈假⑦不瑕。

不闻亦式，不谏亦人。

肆成人有德，小子有造。

古之人无斁⑧厌倦，誉髦斯士。

　　　　　　——《诗经·大雅·思齐》

【注释】

①思：发语词。

②徽音：美誉。

③恫：tōng，伤心。

④在宫：上古时称家。

⑤亦：语助词。

⑥肆：所以。

⑦烈假：厉蛊的假借。

⑧斁：yì，厌倦。

▲周文王姬昌像

【译文】

太任端庄又严谨，文王之母有美名。

周姜美好有德行，太王贤妻居周京。

太姒继承好遗风，多子多男五室兴。

文王为政顺祖宗，祖宗观喜无怨容，祖宗放心不伤痛。

文王以礼待正妻，对待兄弟也相同，以此治国事事通。

和和睦睦一家好，恭恭敬敬在宗庙。

认真视察明显事，警惕阴暗不辞劳。

西戎祸患已断根，害人瘟疫不发生。

良计善策乐于用，忠言劝告记在心。

所以成人品德好，儿童个个可深造。

文王育才永不倦，人才济济皆英豪。

（二）石 碏

说教子

【题解】

卫国公子州吁依仗其父庄公的宠爱而非常好斗，可庄公并不劝阻他。卫大夫石碏劝谏庄公，比较具体地谈到了教子的方法。教子应当以正道引导，不能使他步入邪路，而宠爱过度就是恶习产生的重要原因。下面就是石碏对庄公的一席谈论。

【原文】

臣闻爱子，教之以义方①，弗不纳于邪。骄、奢、淫、泆，所自邪也。四者之来，宠禄过也。将立州吁，乃定之矣，若犹未也，阶②之为祸。夫宠而不骄，骄而能降，降而不憾，憾而能眕③者鲜矣。且夫贱妨贵，少陵长，远间③亲，新间旧，小加大，淫破义，所谓六逆也。君义，臣行，父慈，子孝，兄爱，弟敬，所谓六顺也。去顺效逆，所以速祸也。

——《左传·隐公三年》

【注释】

①义方：正义的道理。

②阶：引导。

③眕：为祸。

④远间：离间。

　　我听说一个爱护自己儿子的人，要教导他走正道，不可使他误入歧途。骄傲、奢侈、淫乱、放荡的行为，便是足以使人邪恶的祸根。这四种邪恶行为的产生，就是由于宠爱和禄位太丰厚的缘故。假如准备立州吁为太子，就请贤公赶紧决定，假如还没做决定，从此也不至于祸患不止。一个人受宠爱而不骄傲，骄傲而能控制，控制而能无憾，无憾而能自重，这种情形是很少的，况且低贱妨害尊贵，年少欺凌年长，疏远离间亲近，新人离间旧人，弱小侵凌强大，淫欲破坏道义，这就是所谓六种逆理的事。国君制命为义臣下奉行，父亲慈爱儿子孝顺，兄长爱护弟弟恭敬，这就是所谓六种顺理的事。去掉顺而效法逆，这是使祸害很快到来的原因。

（三）叔彭生

亲之道

【题解】

　　惠伯即叔仲，是鲁国宗室，他对襄仲不肯哭其兄弟公孙敖之丧而有些惋惜。他谈到对亲人的道义时强调"虽不能始，善终可也。"虽然丧事不可太奢侈，但为亲人哀伤实在是一种起码的道义。

【原文】

　　丧，亲之终也。虽不能始，善终可也。《史佚》有言曰："兄弟致美①。救乏、贺善、吊灾、祭敬、丧哀、情虽不同，毋绝其爱，亲之道也。"

　　　　　　　　　　　　　　　　　——《左传·文公十五年》

【注释】

　　①致美：美德。

【译文】

　　襄仲的堂弟公孙敖死了，襄仲不准备哭丧。叔仲对他说：丧事是亲人一生的最后大事，虽然不能开始就做得很好，只要能把最后这件大事做好就可以了。《史佚》上说："兄弟之间要各自尽自己的德行。遇有困乏要救济，遇有喜庆要祝贺，遇有灾祸要吊唁，遇有祭祀要恭敬，遇有丧事要悲哀，感情虽不同，不要断绝他们的友爱，这是对待亲人的道义。"

（四）敬姜

诫子之妻

【题解】

　　本篇讲服丧不必呼天抢地，只要心中有数就能昭示死者的美德。敬姜是孔门儒士常挂嘴边的贤妻良母，也是中国早期妇女治家的典范。周代服丧，礼节繁琐，敬姜的告诫实开丧礼改革之先，连孔子也不得不佩服她的智慧。

【原文】

公父文伯卒，其母戒其妾曰："吾闻之：好内①，女死之；好外，士死之。今吾子夭死，吾恶其以好内闻也。二三妇②之辱共先者祀，请无瘠色，无洵③涕，无掊膺④，无忧容，有降服⑤，无加服。从礼而静，是昭吾子也。"仲尼闻之曰："女知⑥莫若妇，男知莫若夫。公父氏之妇智也夫！欲明其子之令德。"

——《国语·鲁语下》

【注释】

①内：内宠。
②二三妇：众妻妾。
③洵：xún 通"泫"，流泪。
④掊膺：叩击胸口。
⑤降服：丧服。
⑥知：通"智"。

【译文】

公父文伯病逝，母亲敬姜告诫他的妻妾说道："我听说过这种话：男子贪恋女色，他的死便是妻妾所致；如果喜欢结交、任用外人，策谋极易外泄，就是士人置他于死地。现在我的儿子早离去，我担心外面传言他是因贪爱女色而绝。你们几位妻妾供奉他的祭祀，不要容貌毁损，不要默默流泪，不要叩胸顿足，不要面带忧容，丧服可轻于丧服制对妻妾为丈夫守丧的服饰规定，而不可超越。按礼守丧，但要保持静默，这便是昭显我儿子的美德。"孔子得知，说道："处女不如已婚之女多智，童男不如有妻之夫多智。公父氏的妇人非常多智啊！她这样做是想显示自己儿子的美德。"

（五）姬孙周

以公族大夫正膏粱之性

【题解】

公族大夫因管理国君近亲子弟的教诲工作而设，周代十分普遍。晋悼公孙周很重视这项育人工作，试图选择有德有识的人来指导这些富贵子弟的学习和生活。所择之人本身的互补性可以使子弟们得到全面的培养，成为"家天下"的人才基础。

【原文】

　　栾伯请公族大夫，公曰："荀家惇惠，荀会文敏，黡也果敢，无忌镇静，使兹四人者为之。夫膏粱之性难正也，故使惇惠者教之，使文敏者导之，使果敢者谂①之，使镇静者修之。惇惠者教之，则遍而不倦；文敏者导之，则婉而入；果敢者谂之，则过不隐；镇静者修之，则壹②。"使兹四人者为公族大夫。

——《国语·晋语七》

【注释】

　　①谂：告诫。

　　②壹：皆同。

【译文】

　　正卿栾武子奏请晋悼公任命公族大夫。悼公说道："大夫荀家敦厚和惠；荀会性情文静，头脑机警；栾黡处事果敢，魏无忌临事镇静，可以任命这四人充任此职。膏粱子弟性情骄横放纵，难以陶冶成才，因此要使敦厚和善者传授他们知识才艺，使文静机敏者诱导他们的心志，使果断勇敢者告诫他们各自的缺失，使镇静者陶冶他们的性情。敦厚和善者负责教授，就会竭尽全力，诲人不倦；文静机敏者负责诲导，就会方式灵活巧妙，委婉易于接受；果敢者负责告诫，对于他们的所犯过失就会直言不讳地指出和批评，不会掩饰回避；镇静者负责陶冶他们的性情，就会始终如一，不会忽冷忽热或中断。"于是任命这四个人为公族大夫。

（六）智　果

<h3>以谁为后</h3>

【题解】

　　智氏在晋国势力很大，家业十分发达。智宣子想确定哪一个儿子继承这份荣耀，族人智果把智瑶和智宵对比而论，以为心狠败国家而面狠并没有多大危害。可见在择子继承祖业时不能光看表面，应以心灵为重，这样才能家道兴隆。

【原文】

　　智宣子将以瑶为后，智果曰："不如宵也。"宣子曰："宵也很①。"对曰："宵之很在面，瑶之很在心。心很败国，面很不害。瑶之贤於人者五，其不逮者一也。美鬓长大则贤，射御足力则贤，伎艺毕给则贤，巧文辩惠②则贤，强毅果敢则贤。如是而甚不仁，以其五贤陵人，而以不仁行之，

其谁能待③之？若果立瑶也，智宗必灭。"弗听。智果别族於太史④，为辅氏。及智氏之亡也，唯辅呆在。

——《国语·晋语九》

【注释】

①佷：hěn 狠毒。

②惠：通"慧"。

③待：容忍。

④太史：太史掌管姓氏。

【译文】

　　智宣子想立智瑶为后，继承自己的家业。智果说道："立瑶为后不如立宵为好。"宣子说道："宵啊，——狠毒。"智果说道："宵的狠毒仅仅只在面孔，而瑶的狠毒却植根在心中。心狠手毒一定会毁败国家，面孔狠毒却没有多大危害。瑶胜过别人有五个方面，不及别人者仅仅一条。论鬂发美丽、身材高大，瑶胜过别人；论拉弓射箭、驾驭战车稳固有力，瑶胜过别人；论才艺兼具，瑶胜过他人；论巧手文辞、善于智辩，瑶胜过他人；论刚毅果敢，瑶胜过他人。身兼五美，却心地非常不仁。像这样有才干心却不仁，凭借五美欺凌他人，那谁能够容忍呢？果真立瑶为后的话，智氏宗庙一定会被夷灭。"智宣子不以为然。智果往掌管卿大夫姓氏的晋太史处登记备案，另立辅氏一族，从智氏中分离出来。及至智氏被韩、赵、魏三家翦灭，智氏旧族中只有辅果在晋留存下来。

（七）有　若

孝为仁之本

【题解】

　　有子是孔子的学生，所谓"有子之言似夫子"，就是说他和孔子的思想极为相像。下面是有子论孝的言论。有子从仁爱原则的高度来谈论孝道，可谓见解深刻，对后世为人子女者的孝行提供了理论依据。

【原文】

　　有子曰："其为人也孝弟，而好犯上者，鲜矣！不好犯上而好作乱者，未之有也。君子务本，本立而道生，孝弟也者，其为仁之本與！"

——《论语·学而篇》

【译文】

　　有子说："如果是孝顺父母、敬爱兄长的人，却喜欢顶撞上级，这是很少见的。不喜欢触犯上级却喜欢造反的人，更是从来没有的。有德行的人总是力求做好基本事体，基本事体做好了，才会产生最高原则。孝敬父母、敬爱兄长，大概就是仁爱原则的基本事体吧！"

（八）曾 参

曾子杀彘

【题解】

曾子之妻身为人母，以开玩笑的方式骗孩子回家，的确不应该。在教子的过程中，一定要以诚待子；否则正如曾子所言，你欺骗儿子实际上就是教儿子如何欺骗人。曾子深明大义，是个令人折服的好父亲。

【原文】

曾子之妻之市，其子随之而泣。其母曰："女①还，顾反为女杀彘②猪。"

妻适市来，曾子欲捕彘杀之。妻止之曰："特与婴儿戏③耳。"曾子曰："婴儿非与戏也。婴儿非有知也，待父母而学者也，听父母之教。今子欺之，是教子欺也，母欺子，子而不信其母，非所以成教也。"遂烹④彘也。

——《韩非子·外储说左上》

【注释】

①女：通"汝"。

②彘：zhì 猪。

③戏：开玩笑。

④烹：煮。

【译文】

曾子的妻子要上集市去，儿子哭着要随母亲一起去。妈妈哄劝孩子说："你赶快回家，等我回来后，给你杀猪吃。"

曾子的妻子从集市上回来刚进家门，曾子就要磨刀杀猪给孩子吃。妻子忙阻止说："你不要信以为真，我只不过是跟孩子说着玩的。"曾子说："小孩子是不可以随便和他开玩笑的。孩子年幼无知，处处学习爸爸妈妈的样子，听从爸爸妈妈的教诲，现在你欺骗他，实际上这是教孩子学骗人呀！妈妈欺骗孩子，孩子不相信妈妈，这不是教育孩子的好办法呀！"于是就把猪杀来煮了。

国学经典文库

中华传世家训

第五编 治家

图文珍藏版

954

（九）孟轲母仉氏

孟母三迁

【题解】

　　孟母通情达理，为后人所称颂。"孟母三迁"的故事历朝历代都脍炙人口，广为流传。孟母三次搬家的目的，都是为了给儿子提供一个良好的学习环境。孟母已经意识到环境对一个人的成长所起到的潜移默化作用，可以说是教子有方、治家有术，值得后人学习。

【原文】

　　邹孟轲之母也，号孟母，其舍近墓。孟子之少也，嬉游为墓间之事，踊跃筑埋。孟母曰："此非吾所以居处子也。"乃去①舍市傍。其嬉戏为贾人②衒卖之事。孟母又曰："此非吾所以居处子也。"复徙舍学宫之傍。其嬉游乃设俎豆揖让进退。孟母曰："真可以居吾子矣。"遂居之。及孟子长，学六艺③，卒成大儒之名。君子谓孟母善以渐化。

　　　　　　　　　　　　　　　　　——《列女传·母仪传》

【注释】

　　①去：离去。

　　②贾人：商人。

　　③六艺：六种技能。

【译文】

　　孟轲的母亲，人称孟母，家住墓地附近。孟轲年少的时候，到处游玩，看到人家抬死人，就欢跃着仿效做埋葬死人的游戏。孟母说："这不是你住的地方。"于是就把家搬到了一个集市附近。在这种环境里，孟子所看到的，就是商人的叫卖，于是，他做游戏也学着商人做买卖。孟母又说："这也不是你住的地方。"又把家搬到了一个学宫附近。在这里孟子所接触到的和见到的都是祭祀等活动，孟子所做的游戏也是学祭祀、礼节等。孟母说："真是我孩子居住的好地方。"于是就在那里长期居住下来。到孟子长大以后，就学习礼、乐、射、御、书、数，终于成为一个有名的大儒，有识之士都说孟母善于潜移默化。

（十）无名氏

宜其室家

【题解】

　　家庭的和睦同妻、母的关系很大，和和气气才能顺顺利利，这首诗的主旨便在这里。

【原文】

　　桃之夭夭，灼灼其华①。
　　之子于归②，宜③其室家。
　　桃之夭夭，有蕡④其实。
　　之子于归，宜其家室。
　　桃之夭夭，其叶蓁蓁⑤。
　　之子于归，宜其家人。

——《诗经·周南·桃夭》

【注释】

　　①华：同"花"。
　　②于归：出嫁。
　　③宜：善。
　　④蕡：肥大。
　　⑤蓁蓁：叶子茂盛的样子。

【译文】

　　茂盛桃树嫩枝丫，开着鲜艳粉红花。
　　这位姑娘要出嫁，和顺对待您夫家。
　　茂盛桃树嫩枝丫，桃子结得肥又大。
　　这位姑娘要出嫁，和顺对待您夫家。
　　茂盛桃树嫩枝丫，叶子浓密有光华。
　　这位姑娘要出嫁，和顺对待您全家。

（十一）无名氏

1. 兄弟相好

【题解】

　　古代兄弟分家而同住，亲密又和睦。如今兄弟各自为家，然而亲情应当时刻记住。这首诗提出兄弟不欺瞒，内容朴质而深刻。

【原文】

　　秩秩①斯干，幽幽南山。
　　如竹苞矣，如松茂矣。
　　兄及弟矣，式②相好矣，无相犹矣。
　　爰居爰处，爰笑爰语。

——《诗经·小雅·斯干》

【注释】

①秩秩：形容水清而流动的样子。

②式：发语词。

【译文】

流水清清小溪涧，林木幽幽终南山。

绿竹苍翠好形胜，青松茂密满山峦。

兄弟同住多和睦，相亲相爱心相关，胸襟坦白不欺瞒。

兄弟一家同居住，亲人团聚笑语欢。

2. 正　室

【题解】

自古以来就讲"家和万事兴"，其实家和的关键在于夫妻和睦互敬。一对吵闹的夫妻会使家庭环境恶化，这样如何能治好家呢？

【原文】

夫妻反目，不能正室也。

——《周易·象辞·小畜》

【译文】

夫妻发生口角，说明不能治理家庭。

3. 继承父业

【题解】

古代很重视父业子承，如果没有一个孝子继承父业，常让人觉得家道中衰，极为可惜。实际上，父亲的事业往往是儿子接触得多的东西，继承而发扬自然能使家业"更上一层楼"。

【原文】

干父之蛊①有子考②。无咎③，厉，终吉。

——《周易·蛊》

【注释】

①蛊：gǔ 事情。

②考：通"孝"。

③咎：过错，灾害。

【译文】

继承父业，有一个孝顺的儿子，固然没有灾害，即使遇到危险，最终也将吉利。

4. 治家杂训

【题解】

《家人卦》专讲家庭之事。父母兄弟、夫妻子女理应各居其位，这样家道才有序、兴旺。此外如防范意外、勤劳致富等都是对家庭的最好训鉴。

【原文】

《彖》曰：家人，女正位乎内，男正位乎外。男女正，天地之大义也。家人有严君焉，父母之谓也，父父，子子，兄兄，弟弟，夫夫，妇妇，而家道正。正家，而天下定矣。……

初九：闲有家，悔亡。

《象》曰：闲有家，志未变也。

六二：无攸遂，其中馈，贞吉。

《象》曰：六二之吉，顺以巽也。

九三：家人嗃嗃，悔，厉，吉。妇子嘻嘻，终吝。

《象》曰：家人嗃嗃，未失也。妇子嘻嘻，失家节也。

六四：富家，大吉。

《象》曰：富家大吉，顺在位也。

——《周易·家人》

【译文】

《彖辞》说：家人的爻象显示，六二阴爻居内卦的中位，妇女在内，以正道守其位，九五阳爻居外卦的中位，像男人在外，以正道守其位。男外女内，皆能以正道守其位，则是天地间的大义。家庭有尊严的家长，那就是父亲、母亲。父亲像个父亲，儿子像个儿子，兄长像个兄长，弟弟像个弟弟，丈夫像个丈夫，妻子像个妻子，家道就端正了。能够正其家，天下也就安定了。

初九：防范家庭出现意外事故，没有悔恨。

《象辞》说：防范家庭出现意外事故，就是警惕未然事变。

六二：妇女在家中料理家务，安排膳食，没有失误，这是吉利之象。

《象辞》说：六二爻辞之所以称吉利，因为六二阴爻居九三阳爻之下，像妇人对男人顺从而又谦逊。

九三：贫困之家，众口嗷嗷待哺，这是愁苦之事，但能辛勤劳作，可以脱贫致富。而富贵之家，骄奢淫逸，妻室儿女只知嬉笑作乐，终将败落。

《象辞》说：贫困之家，而能辛勤劳作，未失正派家风。富贵之家，一味嬉笑作乐，则有失勤俭之道。

六三：幸福家庭，大吉大利。

《象辞》说：幸福家庭，大吉大利，因为六四阴爻居于九五阳爻之下，像家人和顺而各守其职。

5. 训责小子

【题解】

小孩子天性顽皮，所以需要有长辈的调教，这样才能不至于遇险。

【原文】

小子之厉，义无咎也。

————《周易·象辞·渐》

【译文】

小孩顽皮遭遇危险，因为有家长呵责制止，理应不会有什么事故发生。

6. 巧言祸邻

【题解】

自家和邻里往往有较多共同利益，巧言令色则害己害人。

【原文】

翩翩①不富②，皆失实也。

————《周易·象辞·泰》

【注释】

①翩翩：借为"谝谝"，即说大话。

②富：借为"福"。

【译文】

巧言欺人，祸及邻人，是说同受损失。

二、秦汉篇

（一）萧何

治家箴言

【题解】

　　萧何是汉代开国丞相，权势极大，论理他及他的整个家族完全可以过一种奢华无度的生活，但萧何却节俭治家，且要求他的子孙效法他，这一点是非常难能可贵的。

【原文】

　　何置田宅必居穷处，为家不治垣①，曰："后世贤，师②吾俭；不贤，毋③为势④家所夺。"

　　　　　　　　　　　　　　——《史记·萧相国世家》

【注释】

　　①垣：围墙。
　　②师：学习，效法。
　　③毋：不。
　　④势：权势。

【译文】

　　萧何购置田地住宅，总是选择在贫穷偏僻的地方，住家的周围不筑围墙。他说："子孙后代如果贤能，就学习我的俭朴；如果不贤能，这样也不会被权势人家所强夺。"

（二）司马迁

简议治家之道

【题解】

　　司马迁曾在他的不朽历史著作《史记》中谈论过治家之道，虽然

▲萧何像

寥寥数语，却于平实中喊出了贫穷对人的巨大压力。读之可令人深思财富的重要。

【原文】

若至家贫亲老，妻子软弱，岁时①无以祭祀进②，赠送路费醵③，饮食被服不足以自通④，如此不惭耻，则无所比矣。

——《史记·货殖列传》

【注释】

①岁时：一年中的季节。

②进：同"赆"。

③醵：大家凑钱聚餐。

④自通：满足。

【译文】

如果有人弄得家中贫穷，双亲过早衰老，妻子儿女瘦弱不堪，过年过节无钱祭祀祖宗鬼神、赠人路费与参与聚餐，吃喝、穿戴都难以做到自足，到了这种地步还不感到惭愧羞耻（并想到重新振作起来），那可真是没什么好说的了。

（三） 何并

先令书

【题解】

"先令书"即是预先写好的遗嘱。何并，西汉人，为官清廉，两袖清风，为时人所称颂。在这篇写给儿子的遗嘱中，何并告诫儿子不要接受朝廷赠送的财物，丧事应尽量从简，深意在希望儿子养成节俭的生活作风，体现了何并一贯的治家方针。

【原文】

告子恢：吾生素餐①日久，死虽当得法赙②，勿受。葬为小椁，亶③容下棺。

——《汉书·何并传》

【注释】

①素餐：白吃。

②赙：fù 以财物助丧事。

③亶：dàn 通"但"。

告儿子恢：我活着无功而食禄的日子很久了，死了即使应当得到朝廷赠送的财物助办丧事，你也不要接受。安葬的时候做一个小椁，只要能容下棺材就可以了。

（四） 刘 向

胎 教

【题解】

孕妇的睡姿、坐姿、站姿、饮食，在古代很受重视。《胎教》所提出的音乐对胎儿的影响，到今天也没有过时。撇开不科学因素，还可看出本篇对孕妇品德的强调。对孩子寄予厚望的父母亲，可以思考一下这个问题。

【原文】

古者妇人妊子，寝不侧，坐不边，立不跸①，不食邪味，割不正不食，席不正不坐，目不视于邪色，耳不听于淫声，夜则令瞽诵诗。正事如此，则生子形容端正，才德过人矣。

——《胎教》

【注释】

①跸：bì 站立不正。

【译文】

古代的妇女怀孕的时候，睡觉不侧身，坐着不偏身，站着不倾斜，不吃味道不正的东西，不吃割得不方正的肉，座位不正不坐，眼睛不看邪恶的颜色，耳朵不听淫乱的声音，夜晚还请乐师朗诵《诗经》。按照这样正确地做了，生出的孩子，便容貌端正，才德超人。

（五） 平 当

诫子孙

【题解】

平当是汉哀帝时的丞相，身患重病卧家休养时，汉哀帝打算封他为关内侯，派使者来召他，平当没有应召，家人劝他为子孙考虑，于是平当当着家人表白自己心迹。平当的想法是，自己无功受禄，只能为子孙带来害处，子孙还得靠自己奋发图强。

【原文】

吾居大位，已负素餐①之责矣，起受侯印，还卧而死，死有余辜。今不起者，所以为子孙也。

——《汉书·平当传》

【注释】

①素餐：尸位素餐。

【译文】

我身居大位，已经承受素餐的责备了，勉强起来接受侯印，回到家中卧病死去，死了也有余罪。我今天不起来接受侯印，就是为子孙着想啊！

（六）张 纯

敕家丞

【题解】

张纯是东汉光武帝时期的大司空（相当于丞相），很有政绩，很受百姓拥戴，临终前他却告诫家丞（总管家务的官），要求他的子孙不能无功受禄，继承他的爵位与封地。张纯的临终遗嘱意在鼓励后代子孙走自食其力的道路，不要贪求父辈的福荫，是很有眼光的。

【原文】

司空无功于时，猥蒙爵土，身死之后，勿议传国。

——《后汉书·张纯传》

【译文】

我作为大司空无功于时代，反而辱蒙朝廷赐予的爵位和封土。我死了以后，子孙就不要议论传袭之事了。

（七）疏 广

诫子孙

【题解】

疏广曾任西汉宣帝太子太傅，后辞官归家，用二帝赏赐的金银与乡族同宗聚餐共乐，招致子孙的不满。于是疏广对他的子孙发表了一通训诫，表明他这样做的目的是希望子孙们自食其力，勤俭持家，而不要贪求意外的财富。疏广的这种见解仍然具有现实意义。

广既归乡里，日令家共①具设酒食，请族人故旧宾客，与相娱乐。数②问其家金舍尚有几所，趣③卖以共具。居岁余，广子孙窃谓其昆弟老人广所爱信者曰："子孙几及君时颇立产业基址，今日饮食费且尽，宜从丈人所，劝说君买田宅。"老人即以闲暇时为广言此计，广曰："吾岂老悖不念子孙哉？顾自有旧田庐，令子孙勤力其中，足以共衣食，与凡人齐。今复增益之以为盈余，但教子孙怠惰耳。贤而多财，则损其志；愚而多财，则益其过。且夫富贵，众人所怨也；吾既亡以教化子孙，不欲益其过而生怨。又此金者，圣主所以惠养老臣也，故乐与乡党宗族共飧④吃其赐，以尽吾余日，不亦可乎！"

于是族人说⑤服，皆以寿终。

—— 《汉书·疏广传》

【注释】

①共：通"供"。

②数：shuò 多次。

③趣：催促。

④飧：sūn 享受。

⑤说：通"悦"。

【译文】

疏广回家乡后，每天都叫家里摆下酒宴，请来族人、朋友为客，和他们娱乐。他多次问金银余下的还有多少，催促着卖了来摆酒。过了一年多，疏广的子孙们私下里对亲朋好友中疏广相信爱重的人说："子孙们希望趁着老人在世时稍微置办一些产业地基，现在吃喝花费快没了，希望先生能够劝说老人买下一些田宅。"那人趁着有机会时向疏广说了这个想法。疏广说："我难道是老糊涂了，不顾念子孙吗？因为考虑到家中本来就有田地房屋，让子孙在其间辛勤劳作，足够供他们穿的和吃的，可以和普通人一样了。现在再给他们增多田产使有剩余，这只是教子孙懈怠懒惰罢了。子孙如果贤明，可财产很多，就会有损他们的志向；如果愚笨而财产又多，就会增加他们的过错。况且富贵是众人所怨恨的；我既没有用来教育感化子孙的德行，也就不希望为他们购置田产以增多他们的过失，而使众人产生怨恨。再说这些金银，是圣明的君主赐给我的恩惠，让我用来养老的，因此我也就乐意和同乡同族的人共同来享受皇上的恩赐，以过完我剩下的日子，不也是可以的吗？"

这时候族人们心悦诚服，都长寿而终。

（八）马皇后

辞封舅氏诏

【题解】

马皇后在汉章帝时期作了太后。因此马家兄弟就成为皇帝的舅舅。皇帝想封舅舅们为王，下面的人趁机附和。马皇后的诏书，表明了自己的反对态度。其间对外戚横恣会招来倾覆之祸的忧虑，勤俭朴素而母仪天下的风范，发人深省。

【原文】

凡言事者，皆欲媚朕以要祸耳。昔王氏五侯，同日俱封，其时黄雾四塞，不闻澍雨①之应。又田蚡、窦婴，宠贵横恣，倾覆之祸，为世所传。故先帝防慎舅氏，不令在枢机②之位。诸子之封，裁③令半楚、淮阳诸国，常谓"我子不当与先帝子等"。今有司④奈何欲以马氏比阴氏乎！吾为天下母，而身服大练，食不求甘，左右但著帛布，无香熏之饰者，欲身率下也。以为外亲见之，当伤心自勉⑤，但笑言太后素好俭。前过濯龙门上，见外家问起居者，车如流水，马如游龙，仓头衣⑥绿褠⑦，领袖正白，顾视御者，不及远矣。故不加谴怒，但绝岁用而已，冀以默愧其心，而犹懈怠，无忧国忘家之虑。知臣莫若君，况亲属乎？吾岂可上负先帝之旨，下亏先人之德，重袭西京败亡之祸哉！

——《后汉书·皇后纪》

【注释】

①澍雨：及时的雨水。

②枢机：关键。

③裁：通"才"。

④司：官员。

⑤勒：整理。

⑥衣：穿。

⑦褠：gōu 单衣。

【译文】

凡是那些上奏要求分封舅氏的人，都是想要谄媚我来获取福禄罢了。过去的外戚王家，一天中同时封为五侯，当时黄雾四塞，却没有听说跟着就下雨。此外田蚡、窦婴，受宠骄贵，横行恣肆，倾覆的灾祸，至今在世间流传。因此先帝提防、谨慎着对待舅氏，不让他们处在关键的地位。对儿子们的分封，只让有楚、淮阳等国的一半，还常说"我的孩子不应当和先帝的孩子同等对待。"现在这些人怎么却想让马家人和阴家人相提并论！我为天下之母，却身穿大白布，吃饭不求甘美，左右的人只穿帛衣，没有香薰的饰物，这是为了以身作则。我以为娘家亲戚见了，会伤心，因而自己收敛整饬。大家却只是笑着说太后本来就喜欢俭朴！前不久经过濯龙门上，看见娘家来问候起居的人，车如流水，马如游龙，连仆隶都穿着绿色的单衣，领子衣袖纯白。回头看我的驾车人，远远不如他们。我有意不加谴谪，只是断绝了给他们的费用，希望使他们暗暗心愧。可是却仍然漫不经心，一点也没有忧国虑家的心思。知臣莫如君，何况那是我的亲属呢！我怎么能上负先帝的意旨，下亏先人的厚德，重新蹈袭西京长安败亡的祸乱呢！

（九）班　昭

和叔妹

【题解】

　　这是班昭《女诫》的第七篇。和其他六篇一样，这一篇也打上了深刻的封建时代的烙印。其中的积极意义，则在于提出了一些如何处理嫂嫂和小叔子小姑子关系的可供思考的意见。随着中国家庭结构的变化，这个问题将日渐成为历史。但班昭动之以情、晓之以理的一些话语，可以用作处理亲戚乃至朋友关系的借鉴。

【原文】

　　妇人之得意于夫主，由①舅姑之爱己也；舅姑之爱己，由叔妹之誉己也。由此言之，我臧否②誉毁，一由叔妹，叔妹之心，复不可失也。皆莫知叔妹之不可失，而不能和之以求亲，其蔽也哉！自非圣人，鲜能无过。故颜子贵于能改，仲尼嘉③其不贰，而况妇人者也！虽以贤女之行，聪哲之性，其能备乎！是故室人和则谤掩，外内离则恶扬。此必然之势也。《易》曰："二人同心，其利断金。同心之言，其臭如兰。"此之谓也。夫嫂妹者，体敌而尊，恩疏而义亲。若淑媛谦顺之人，则能依义以笃好，崇恩以结援，使徽美显章，而瑕过隐塞，舅姑矜善，而夫主嘉美，声誉曜于邑邻，休光延于父母。若夫蠢愚之人，于嫂则讬名以自高，于妹则因宠以骄盈。骄盈既施，何和之有！恩义既乖，何誉之臻④！是以美隐而过宣，姑忿而夫愠，毁訾布于中外，耻辱集于厥⑤身，进增父母之羞，退益君子之累。斯乃荣辱之本，而显否之基也。可不慎哉！然则求叔妹之心，固莫尚于谦顺矣。谦则德之柄，顺则妇之行。凡斯二者，足以和矣。《诗》云："在彼无恶，在此无射。"其斯之谓也。

——《全后汉文》

【注释】

①由：由于。

②臧否：zāngpǐ 好坏。

③嘉：称赞。

④臻：集。

⑤厥：其。

【译文】

女子受到丈夫的尊重怜惜，要通过公公婆婆疼爱；公公婆婆疼爱，又要通过小叔子和小姑子的称誉。因此可以说，我的好坏，受称誉还是受谤毁，完全要通过小叔子小姑子。他们的心，也不能失去啊。如果一点不知道不能失去他们的心，而且不能与他们和睦相处、亲亲近近，那就大错了！人非圣贤，谁能无过。因此颜回的可贵就在过而能改，孔子称赞他从不两次犯同样的错误，何况我们妇女呢！即使是贤惠女子的行为，聪明女子的性格，哪里能十全十美呢？因此家里人和气了，诽谤就会被掩藏，里里外外的人分了心，丑恶就会到处张扬。《易经》上说："两个人同心，好处金不换；同心人的话，气息如香兰，"说的就是这个道理。嫂子和小姑，分庭抗礼，都很尊贵，恩情上讲本来疏远，道义上讲却该亲近。如果是贤淑谦顺的人，就能够依道理来使相好加深，多施恩惠来结下强援，使自己的美德好行显扬，使自己的缺点错误掩藏，这样公公婆婆就会爱护表扬，丈夫也会称赞褒美，声誉流传于乡邑，好名连父母也沾光。如果是愚蠢的人，做嫂子便自以为尊贵高明，做小姑则恃宠而骄傲自满。如果骄傲自满，哪里还会和和气气！恩情义气一点没有，哪里还会得到称誉！因此就会好处不显，坏处宣扬，婆婆发怒丈夫恼，谤毁骂詈里外来，蒙受耻辱，进增父母的羞愧，退益丈夫的牵累。这是荣辱的根本，是好是歹的基础。难道可以不慎重吗？这样看来，求得小叔子小姑子的心，没有什么比谦虚和顺更重要的了。谦虚是妇德的关键，和顺是妇行的要求。做到这两者，足以相处和睦了。《诗经》上说："在彼无恶，在此无射。"说的就是这个道理。

（十）张 酺

敕 子

【题解】

张酺做过太子老师，后来又身为三公，已到人臣的极致。但他一生节约，并嘱咐孩子在他死后丧事祭事从简。这对今天做官的人，无疑是有借鉴意义的。

【原文】

显节陵扫地露祭，欲率天下以俭。吾为三公，既不能宣扬王化，令吏人从制，岂可不务节约乎？其无起祠堂，可作稿①盖庑，施祭其下而已。

——《后汉书·张酺列传》

【注释】

①稿：稻草。

【译文】

明帝遗诏他的墓地显节陵只在露天扫地而祭，是想要率领天下老百姓厉行节俭。我身为三公，虽不能宣扬君王的德化，让官吏和百姓遵从这一制度，难道自己可以不勉力从事节约吗？我死后，你们一定不要在我的墓地建造祠堂，造个用稻草秆盖顶的草屋，在草屋下举行祭祀就可以了。

（十一）梁　商

敕子冀等

【题解】

梁商是东汉大臣，他的姑母为汉和帝生母，他的女儿为汉顺帝皇后，梁商本人也官至大将军，可谓权势压人。可是梁商为人却谦让温和，而且生活俭朴。下面这段话是他的临终遗言，告诫儿子梁冀等人在他死后丧事从简。

【原文】

吾以不德，享受多福。生无以辅益朝廷，死必耗费帑臧①，衣衾饭唅②，何益朽骨。百僚劳扰，纷华道路，只增尘垢，虽云礼制，亦有权③时。方今边境不宁，道贼未息，岂宜重为国损！气绝之后，载至冢舍，即时殡敛。敛以时服，皆以故衣，无更裁制。殡已开冢，冢开即葬。祭食如存④，无用三牲。孝子善述父志，不宜违我言也。

——《后汉书·梁统列传》

【注释】

①帑臧：国库。

②饭唅：尸体口含玉匣珠贝之类。

③权：临时变动。

④存：活着。

【译文】

我的品德不怎样，却享受过多的福禄。活着对朝廷没有辅助和好处，死了还要耗费国库。收殓的衣衾、口含的珠贝、陪葬的玉匣之类，对朽骨有什么好处？死后弄得百官劳累忙扰，繁华富丽之道，只增多一些灰尘垢土。这样做虽然是礼制的要求，但也要权时度势。现在边境不安宁，盗贼没有平息，哪里能够再给国家造成损费呢？我断气之后，把我的尸体运到墓旁的房舍，就及时安葬。给我穿上衣服，都用我平时穿过的旧衣，不要再另外裁制。停葬完毕就开墓，墓开好以后就下葬。祭祀的食品如同我活着的时候，不要采用牛、羊、豕一类三牲。孝子要好好顺行我的意志，不应当违背我说的话。

（十二）张 霸

敕诸子

【题解】

张霸在东汉时期曾官至丞相，但他生活俭朴，反对奢侈浪费。张霸临终之前嘱咐儿子们在他死后，就地埋葬，丧事尽量从简。作为一个封建官吏，能够达到这样的思想境界，非常可贵。

【原文】

昔延州使齐，子死嬴、博，因坎路侧，遂以葬焉。今蜀道阻远，不宜归茔，可止此葬，足藏发齿而已。务遵速朽，副我本心。人生一世，但当畏敬于人，若不善加己，直为受之。

——《后汉书·张霸列传》

【译文】

从前吴季札出使齐国，他的儿子死在嬴、博之间，于是在路边挖了个洞，就葬在那里。现在回蜀的道路险阻遥远，不宜把我的尸骨运回去，可以就葬在这里，只要足够掩藏头发和牙齿就行了。你们一定要遵照孔子"速朽"的教导，这样才符合我本来的心意。人生一世，只应当的敬畏他人，如果不善于提高自己，只会身受其害。

（十三）许荆

谕兄弟

【题解】

许荆为东汉名臣，他下面有两个弟弟，弟弟们未长大成人之前，许荆分给弟弟们又少又差的家产。后来许荆把自己的家产全部让给两位弟弟，并当着弟弟们的面说了一番话，以表明自己的心迹。许荆当初的想法是鼓励两个弟弟勤劳自立、奋发图强，因此，许荆的行为既表达了为兄的爱弟之情，更说明治家有方。

【原文】

礼有分异之义，家有别居之道。

吾为兄不肖，盗声窃位，二弟年长，未豫荣禄，所以求得分财，自取大讥。今理①产所增，三倍于前，悉以推二弟，一无所留。

——《后汉书·循吏列传》

【注释】

①理：治。

【译文】

礼有分异的道理，家有别居的道理。

我这个做哥哥的不贤，盗取了声名和地位，两位弟弟年龄大了，还没有享受到荣耀和福禄，因此我希望与弟弟们分财，不担心自己受到天大的讥刺。今天清理所增加的家产，已经三倍于过去，我现在全部推让给两位弟弟，自己一无所留。

（十四）范冉

遗 令

【题解】

范冉遭汉末党锢之祸，推着鹿车，载着妻儿子女，流浪了十几年，以至于甑中生尘，穷困到了极点。下面是他临终前给孩子的遗令，表达了对习俗淫侈的痛恨，希望丧事从简。他没有想到的是，在他死后，参加他葬礼的竟有两千多人。

【原文】

吾生于昏暗之世，值于淫侈之俗，生不得匡世济时，死何忍自同于世①！气绝便敛，敛以时服，衣足蔽形，棺足周身，敛毕便穿，穿毕便埋。其明堂之奠，干饭寒水，饭食之物，勿有所下。坟封高下，令足自隐。知我心者李子坚、王子炳也。今皆不在，制之在尔，勿令乡人宗亲有所加也。

——《后汉书·独行列传》

【注释】

①世：世俗风尚。

【译文】

我生长在昏暗的时代，正逢习俗淫侈之时，活着不能挽救艰危的世道和时势，死了哪里忍心自同于这种时尚！我一断气就给我穿衣下棺。穿上平时所穿的衣服，衣服只要足够遮蔽身形，棺材只要足够容下身子。穿完衣服就挖墓，挖完墓就埋葬。明堂上的祭奠，干饭和冷水就可以了，其他饮食之物，都不要安放。坟堆高低，只要站着能隐蔽手肘就够了。知道我心迹的是李子坚和王子炳。现在他们都不在，决定如何去做，全在你们了，不要让乡人宗亲出于好意而增加仪式。

（十五）高　慎

以清名为子孙之基

【题解】

高慎不为子孙积蓄，想把清名作为子孙的基业，这在古代的官吏，是难能可贵的了。不过古人能做到的，今人却未必能做到。

【原文】

慎历二县令、东莱太守。老病归家，草屋蓬户，瓮缶①无储。其妻谓之曰："君累经宰守，积有年岁，何能不少为储畜②以遗子孙乎？"慎曰："我以勤身清名为之基，以二千石遗之，不亦可乎！"

——《三国志·魏书·韩崔高孙王传》注引《陈留耆旧传》

【注释】

①瓮缶：wèngfǒu 两种器皿。

②畜：通"蓄"。

【译文】

高慎做过两个县的县令以及东莱郡太守。老病之后，回到家里。家里草屋蓬户，瓮中缶中，没有储粮。妻子对他说："你多次做宰守，加起来年岁也不少了，怎能够不稍微积蓄一点留给子孙？"高慎说："我以一身勤劳、声名清白作他们的基业，把做两千石官员的廉洁留给他们，不也是可以的吗？"

三、魏晋南北朝篇

（一）曹操

训令二种

【题解】

曹操作为三国时期权倾天下的一代枭雄，按理完全可以过着豪华奢侈的生活，然而他在生活方面极其俭朴，而且把这种俭朴的习惯与作风用来治家。上面所题的"训令二种"包括《遗令》和《内诫令》，《遗令》是他临终前给大臣和他的家人的遗嘱，《内诫令》主要是他训诫他家人的片言只语的汇集缀合，不是一时一地的产物。在这两种训令中，曹操反对奢侈、节俭持家的思想作风显露得非常典型。对于今天以朴素度日为耻的一些人来说，不啻是一剂清醒头脑的良药。

（1）遗令

【原文】

吾夜半觉小不佳，至明日饮粥汗出，服当归汤。

吾在军中持法是也，至于小仇怒，大过失，不当效也。天下尚未安定，未得遵古也。吾有头病，自先著帻[1]。吾死之后，持大服如存时，勿遗。百官当临殿中者，十五举音，葬毕便除服；其将后屯戍者，皆不得离屯部；有司各率乃职。殓以时服，葬于邺之西冈上，与西门豹祠相近，无藏金玉珍宝。

吾婢妾与伎人皆勤苦，使著铜雀台，善待之。于台堂上安六尺床，施穗帐，朝晡上脯糒[2]之属，月旦十五日，自朝至午，辄向帐中作伎乐。汝等时时登铜雀台，望吾西陵墓地。余香可分与诸夫人，不命祭。诸舍中无所为，可学作组履卖也。吾历官所得绶，皆著藏中。吾余衣裘，可别为一藏，不能者，兄弟可共分之。

【注释】

①帻：zé 包头巾。
②脯糒：果品干粮。

【译文】

我在半夜里觉得身体不大舒服，第二天喝了粥，出了汗，又服当归汤。

我在军队中的法治是正确的，至于一些小的发怒，大的过失，你们就不要效法我了。天下还没安定、统一，不要遵守古代厚葬的制度。我有头痛的疾病，自然应先给我戴上包头巾。我死之后，身上穿的礼服应如同生前所穿的一样，不要忘记这一点，文武百官当中要来大殿中吊唁我的人，按礼哭十五声就行，把我安葬完便可以不穿丧服了；带兵驻扎防守者，都不得离开驻扎营地；各部门主管的官员要各自遵守你们的职务。入殓时，给我换上合乎时令的衣服，把我葬在邺城外的西岗上，与西门豹祠相接近，不要在墓中埋葬金玉珍宝。

我的婢女、妻妾与乐队歌舞艺人都很劳苦，把他们安置到铜雀台，好好对待他们。要在台堂上安置六尺灵床，罩上用麻木制成的灵幔，早晚供上干肉、干饭之类祭品，月初十五，从早晨到中午，要向灵帐歌舞。你们应时时登铜雀台，眺望我埋葬在西陵的墓地。剩余的熏香可以分给我的各位夫人，不使用香来做祭祀。内官中的各位妇女没有事情可以学织鞋，拿到外面去卖。我做官所得到的丝带，都放到仓库里，我剩余的衣服，可以格外放在一间仓库，放不完的话，可以拿给我的儿子们，让他们兄弟一起分掉。

（2）内诫令

【原文】

孤一不好鲜饰严具，所用杂新皮韦①笥，以黄韦缘中。遇乱事无韦笥，乃更作方竹严具，以皂②韦衣③之，粗布作里，此孤之平常所用者也。内中妇曾置严具，于时为之推坏。今方竹严具缘漆甚华好。

百炼利器，以辟不祥，摄服奸宄④者也。

吾衣被皆十岁也，岁岁解浣补纳之耳。

今贵人位为贵人，金印蓝绂⑤，女人爵位之极。

吏民多制文绣之服，履丝不得过绛紫金黄丝织履。前于江陵得杂彩丝履，以与家，约当著尽此履，不得效作也。

孤有逆气病，常储水卧头。以铜器盛，臭⑥恶。前以银作小方器，人不解，谓孤喜银器，今以木作。

昔天下初定，吾便禁家内不得香熏。后诸女配国家为其香，因此得烧香。吾不好烧香，恨不遂所禁，今复禁不得烧香，其以香藏衣著身亦不得允许。

房室不洁，听得烧枫胶及蕙草。

—— 《曹操集》

【注释】

①韦：熟皮。

②皂：黑。

③衣：罩在外面。

④奸宄：坏人。

⑤蓝绂：绶带。

⑥臭：气味。

【译文】

我不喜欢装饰美丽的箱子，我所用掺杂新皮制成的箱子，用黄皮镶在中间。碰上动乱的时候没有皮箱，就自己动手制作竹箱，用黑皮罩在外面，用粗布作里子，这是我平常所使用的箱子。我的夫人曾制作美丽的箱子，不久就用坏了。如今在竹箱子加上漆，看上去也很漂亮。

我多次铸炼兵器以消除凶恶，震慑坏人。

我身上盖的被子已经使用了十年时间，年年拆洗缝补然后收起再用。

如今我的几个女儿已经被皇上封为贵人，携带镶金的官印，披上蓝色的绶带，可以说达到了女人爵位的顶点。

官吏、百姓都喜欢制作刺绣衣服，现在我规定，用丝织成的鞋子，颜色不能超过绛紫金黄以上，我不久以前在江陵得到了一些印有各种花色的丝织品鞋子，就把它们带回了家，我约定家人要穿完这些鞋子，不得效法别人制作华贵的鞋子。

我患有气往上冲便出现头痛的病，经常准备好水浸浸脑袋。用铜器盛水，气味难闻。前不久我换成银器盛水，有人不理解我为什么这样做，便说我喜欢银器，现在我换成木器。

当初天下局势刚刚稳定时，我便禁止家里人不得熏香。后来我的几个女儿成为贵人，便为她们熏了香，因此就得烧香了。我不喜欢烧香，遗憾的是没实现我的禁令，现在再次禁止不得烧香，就是把香料放在衣内带在身上也不允许。

房屋里如果不干净的话，只允许烧枫树脂和香草。

（二）曹 丕

诫 子

【题解】

这篇《诫子》只是保存下来的一个片段。曹丕对父母为孩子掩盖过失的做法提出了严厉批评，到今天仍很切用。

【原文】

父母于子，虽肝肠腐烂，为其掩避，不欲使乡党士友闻其罪过。然行之不改，久矣人自知之，用此任官，不亦难乎。

——《全三国文》录《太平御览》

【译文】

父母对孩子，即使他们坏得肠肝肚肺都烂完了，也要为他们掩盖，不想让乡亲、邻里和朋友们知道他们的罪过。但是，孩子就这样错下去不改正，时间久了，人们自然就知道了。这些孩子长大后做官，那就不得了。

（三）郭皇后

1. 薄 葬

【题解】

魏国郭皇后提倡薄葬，她看到了厚葬只会招来盗墓者，所以不愿招摇自己的丧事。明智清俭，实为贤后。

▲曹丕

【原文】

明帝即位，尊后为皇太后，称永安官。太和四年，诏封表安阳亭侯，又晋爵乡侯，增邑，并前五百户，迁中垒将军。以表子详为骑都尉。其年，帝追谥太后父永为安阳乡敬侯，母董为都乡君。迁表昭德将军，加金紫，位特进，表第二子训为骑都尉。及孟武母卒，欲厚葬，起祠堂，太后止之曰："自丧乱以来，坟墓无不发掘，皆由①厚葬也；首阳陵可以为法。"青龙三年春，后崩于许昌，以终制②营陵，三月庚寅，葬首阳陵西。

【注释】

①由：因。

②制：遗令。

【译文】

魏明帝即位，尊郭后为皇太后，称作永安官太后。太和四年，降诏封郭表作安阳亭侯，不久，又升其封爵为乡侯，增加他的食邑，合并上以前已有的共五百户，还升迁他作中垒将军。另用郭表的儿子郭详做骑都尉。

那年，明帝追谥太后的父亲郭永为安阳乡敬侯，追谥郭后的母亲董氏为都乡君。又升迁郭表为昭德将军，另加金紫，列位特进，另封郭表的二儿子郭训为骑都尉。及至郭太后的姐姐，即孟武的母亲亡故时，明帝又想要为她厚葬，起盖祠堂，郭太后闻讯劝阻说："自从丧乱以来，四野的坟墓无一不被发掘，全是由厚葬引起的。先皇文帝首倡简葬的首阳陵，应可以作为后人效法的榜样。"青龙三年的春天，郭太后在许昌逝世。用郭皇后临终的遗命营造陵墓，并在当年三月的庚寅日把她埋葬在了魏文帝曹丕的首阳陵西边。

2. 诫诸兄

【题解】

魏国郭皇后深知前代外戚专横所带来的后果，所以不愿自己娘家的人重蹈覆辙，经常告诫他们要小心谨慎。

【原文】

后常敕戒表、武等曰："汉氏椒房①之家，少能自全者，皆由骄奢，可不慎乎！"

——《三国志·魏书·后妃传》

【注释】

①椒房：后妃所居。

【译文】

郭皇后常常敕令告诫兄弟郭表、郭武等说："汉代皇后的亲戚，很少有能够自我保全的，这全都是由于他们骄横豪奢的缘故。你们难道可以不慎重吗？"

（四）谢安

言传身教

【题解】

这是一则很有名的短故事。谢安贵为东晋太傅，教育儿子并非用专门讲解或各种说教的形式，而是言传身教。"有其父必有其子"，父母的言传身教对儿女影响最大。

【原文】

谢公夫人教儿，问太傅："那得①初不见君教儿?"答曰："我常自教儿。"

——《世说新语·德行》

【注释】

　　①得：怎么。

【译文】

　　谢安的夫人教导儿子时，追问太傅谢安说："怎么从来没见过您教导过儿子。"谢安答道："我经常以自身的言行来教导儿子。"

（五）刘义庆

两不失和乐

【题解】

　　华歆字子鱼，在汉桓帝时曾做过尚书令，入魏之后官至太尉，他治家的风格在于严守礼仪；陈元方、季方兄弟与他们的父亲陈寔以才德著称于世，他们治家的风格在于爱意融融。刘义庆把这两种风格都视为家庭和乐的不同表现，值得提倡。

【原文】

　　华歆遇①子弟甚整，虽闲室之内，严若朝典。陈元方兄弟恣②柔爱之道。而二门之里，两不失雍熙③之轨焉。

——《世说新语·德行》

【注释】

　　①遇：对待。
　　②恣：任凭。
　　③雍熙：和乐。

【译文】

　　华歆对待子弟很严肃，即便是在家里，礼仪也像在朝廷那样庄重严谨。陈元方兄弟却是尽量施行和柔友爱的办法。但是两个家庭内部，都没有失掉和睦康乐的治家准则。

（六）顾宪之

终　制

【题解】

　　《终制》是顾宪之为自己预先写下的遗嘱，几乎通篇都是教儿子如何埋葬自己,如何祭奠自己。他虽然在开篇故作达观说:"生既不知所从来,死亦安知所往",却在后面为自己的身后之事作了各种细致烦琐的规定,可见他对自己的死还是非常耿耿于怀的,希望子孙能一直不忘自己,按时按量祭祀自己。他主张薄葬、薄祭,大概也并非由于生性放达,而是由于晚年"不免饥寒"的家境迫使他不得不考虑子孙的经济承受能力吧!他在《终制》中也丝毫未提及要子孙如何修身上进之类的话,恐怕是子孙也都不争气吧!就对待死这件事来说,他确实对自己评价不失公允:"进不及达,退无所矫。"

【原文】

夫出生入死,理均①昼夜。生既不知所从来,死亦安识所往。延陵所云"精气上归于天,骨肉下归于地,魂气则无所不之",良有以也。虽复茫昧难征②,要若非妄。百年之期,迅若驰隙。吾今豫为终制,瞑目之后,念并遵行,勿违吾志也。

庄周、澹台,达生者也;王孙、士安,矫俗者也。吾进不及达,退无所矫。常谓中都③之制,允理惬情。衣周于身,示不违礼;棺周于衣,足以蔽臭。入棺之物,一无所须。载以辒车,覆以粗布,为使人勿恶也。汉明帝天子之尊,犹祭以于水脯糗;范史云烈士之高,亦奠以寒水干饭。况吾卑庸之人,其可不节衷也?丧易宁戚,自是亲亲之情;礼奢宁④俭,差可得由吾意。不须常施灵筵,可止只设香灯,使致哀者有凭耳。朔望祥忌,可权安小床,暂设几席,唯下素食,勿用牲牢。蒸尝之祠,贵贱罔替。借物难办,多致疏怠。祠先人自有旧典,不可有阙。自吾以下,祠止用蔬食时果,勿同于上世也。示令子孙,四时不忘其亲耳。孔子云:"虽菜羹瓜祭,必齐如⑤也。"本贵诚敬,岂求备物哉?

——《梁书·止足列传》

【注释】

①均:同。

②征:验证。

③中都:南朝人称西晋为中都。

④宁:宁可。

⑤齐如:恭敬貌。

【译文】

人的出生和死去,这道理就像白天与黑夜一样平均,出生既不知道从哪里来,死去又哪里知道要往何处去?季札所说的"精气向上归于天,骨肉向下归于地,魂气则无所不往",确实是有道理的啊。虽然茫昧得难于考稽,但又并不是虚妄的。百年之期,迅速得像白驹过隙一样。我现在预

先作了一篇《终制》，在我死后，希望你们一并遵照行事，不要违背我的意思。

庄周、澹台灭明，是不受世务牵累的达观的人。杨王孙、何士安是矫正世俗的人。我进不能做到达生，退又无所矫正于世。我常常说西晋的制度，公允于道理，惬意于人情。衣服包住身体，表示不违礼法；棺材包住衣服，足以遮蔽气味。放进棺中的陪葬品，我一件也不需要。用枢车装载我，上面覆以粗布，是为了不使人厌恶，汉明帝以天子之尊，尚且用盂汤、干肉、干粮来祭祀。范史云以烈士之高节，也不过是用冷水干饭来祭奠。何况我是卑琐庸碌之人，哪里能不节制自己呢？丧事简易，服丧哀戚，自然是亲爱父母亲的行为；丧礼豪奢，服丧俭淡，也尚可得到我的心意了。不用常施灵筵来祭奠我，可以只设置香灯，使来致哀的人有个凭借罢了。每逢初一、十五、祥祭、忌日，可以权且安一个小床，暂时设置几案席子，只摆下素食，不要用牲口荤菜。四个季节的祭礼，不管人的贵贱，都不要替换祭物。准备祭物非常难办，常常导致疏忽怠慢。祭礼先人自有旧的典章制度可以沿袭，不可有缺失。从我以下，祭奠只用蔬菜时果，不要与上世先人们相同。示令子孙，一年四季都不要忘记他们的父母亲。孔子说："即使只有青菜汤和刚熟的瓜来祭先人，也一定要恭恭敬敬的。"本来只以诚敬为贵，难道是求物品准备得丰盛吗？

（七）萧赜

敕庐陵王子卿

【题解】

庐陵王萧子卿是南朝齐武帝萧赜的第三个儿子，他在镇守地方时，生活骄奢，营造服饰，常常违背制度，超过了一个诸侯王所应有的规格。齐武帝对他这种僭越行为十分生气，便发了这通敕令警告他。车马服饰在古代是地位权力的象征，按尊卑等级加以严格的规定。王公贵族若在这方面越礼，便会被认为是冒犯了帝王的尊严，弄不好还会背上一个谋反的罪名。相比之下，萧赜对儿子还算是够客气的了。

【原文】

"吾前后有敕，非复一两过[①]，次，道诸王不得作乖体格[②]服饰，汝何意都不忆吾勑邪？忽作玳瑁乘具，何意？已成不须坏，可速送下。纯银乘具，乃复可尔，何以作镫亦是银？可即坏之。忽用金薄裹箭脚，何意？亦速坏去。凡诸服章，自今不启吾知复专辄作者，后有所闻，当复得痛杖。"又曰："汝比在都，读学不就，年转成长，吾日冀汝美，勿得勑如风过耳，使吾失气。"

【注释】

①过：回。

②体格：地位。

【译文】

我前后颁下敕令，已不止一两次，告诫诸王不得制作不符合自己身份地位的服饰，你为什么总是记不得我的敕令呢？忽然用玳瑁来做乘具，这是什么意思？已做成的不必毁坏它，可以速速把它取下。用纯银作乘具，是可以的，但为什么做马镫也用银呢？可以马上毁坏它。忽然用金箔来包裹箭尾，这又是什么意思？也马上毁掉它。凡属各种衣服文饰，从今往后如果不启奏我知道却私自制作的，一旦被我听闻，一定痛加杖责。……你在都城的时候，读书学习不肯用功，现在年龄渐渐大了，我日日希望你学好，不要把我的敕令都当作耳旁风，使我生气。

（八）萧嶷

遗　令

【题解】

豫章文献王萧嶷是南齐的贤相，虽位极人臣，仍谦恭自抑。本文是他临终时对儿子子廉、子恪的遗命，嘱咐丧事从简，令二子勤勉简素，守持家业。他这种提倡谦冲节俭的精神，在当时是很可贵的，也说明萧嶷是深谙盛衰消长之理的。

【原文】

"人生在世，本自非常，吾年已老，前路几何。居今之地，非心期所及。性不贪聚，自幼所怀，政①以汝兄弟累多，损吾暮志耳。无吾后，当共相勉励，笃睦为先。才有优劣，位有通塞，运有富贫，此自然理，无足以相陵侮。若天道有灵，汝等各自修立，灼然之分无失也。勤学行，守基业，治闺庭，尚闲素，如此足无忧患。圣主储皇及诸亲贤，亦当不以吾没易情也。三日施灵，唯香火、槃水、干饭、酒脯、槟榔而已。朔望②菜食一盘，加以甘果，此外悉省。葬后除灵，可施吾常所乘舆扇伞。朔望时节，席地香火、槃水、酒脯、干饭、槟榔便足。虽才愧古人，意怀粗亦有在，不以遗财为累。主衣所余，小弟未婚，诸妹未嫁，凡应此用，本自茫然，当称力及时，率有为办。事事甚多，不复甲乙。棺器及墓中，勿用余物为后患也。朝服之外，唯下铁环刀一口。作冢勿令深，一一依格，莫过

度也。后堂楼可安佛，供养外国二僧，余皆如旧。与汝游戏后堂船乘，吾所乘牛马，送二宫及司徒，服饰衣裘，悉为功德③。"

——《南齐书·萧嶷传》

【注释】

①政：通"正"。

②朔望：月初为朔，月满为望。

③功德：施给僧寺。

【译文】

　　人能够生于这个世上，本来已是一件非同寻常的事。我已经老了，前面还有多少路可走呢？我现在所处的地位，远远不是我期望能达到的。我生性不贪财聚敛，这是从幼年时便已确立的了。正因为你们兄弟太多，使我减损了暮年的志气。我死以后，你们要共相勉励，和睦亲笃，这是最重要的。每个人的才华有优劣，官位有通塞，命运有富贫，这种种不同都是自然的道理，并不足以因此而互相凌侮。如果天道有灵，你们各自修身立命，灼然明显的分寸不要丧失。勤于学业修行，守住祖宗基业，治理闺阁家庭，崇尚安闲简素，这样就没有什么足以忧患的了。圣上、皇储和诸位亲王贤臣，也就应该不会因为我的死去而不再宠爱你们。我死后三日施灵时，只用香火、浆水、干饭、酒脯、槟榔就可以了。每月的初一、十五祭奠时，只用菜食一盘，加以甘果，其余的也都省去。葬后除灵，可用我时常乘坐的车上的扇伞等物。朔望时节，在地上铺以香火、浆水、酒脯、干饭、槟榔便足。我的才干虽然比不上古人，但也大略还有点古人怀抱的志向，不以遗下的财物为牵累。主衣之外，你们的小弟还没有结婚，妹妹们也都没有出嫁，大凡应用于这些事的财物，我心中本就很茫然，你们应当都根据自己的能力及时办理。事情太多，我也就不复一一交代。我的棺木和坟墓中，不要设置多余的东西以为后患。在我的朝服之外，只埋下我的铁环刀一口。给我挖坟不要太深，一一依照规定，不要过度。家中的后堂楼可以用来安佛，供养外国的两位僧人，其余的皆如旧，我和你们游戏于后堂的船只车乘，还有我所乘坐的牛马，都送给二宫及司徒，我的服饰衣裘，也都发散出去，以积累功德。

（九）张 融

遗 令

【题解】

　　张融精通玄理，处世达观，安排后事也显得潇洒至极，有趣之极。但他也流露出了对妇女的蔑视情绪，只把她们当作玩物，丝毫也不尊重她们的人格。遗命把她们送回家，只是为了不让她们的哭声损坏自己的"风调"。

【原文】

吾生平所善，自当凌云一笑。三千买棺，无制新衾。左手执《孝经》《老子》，右手执小品、《法华经》。妾二人，哀事毕，各遣还家。……以吾平生之风调①，何至使妇人行哭失声，不须暂停闺阁。

——《南齐书·张融传》

【注释】

①风调：风流雅调。

【译文】

我生平所善，自当凌云一笑。用三千金买棺木，不要再制新的衾被。左手执《孝经》《老子》，右手执小品、《法华经》。两名小妾，在我的丧事完毕之后，各把她们遣送回家。……以我平生之风格才调，何至于使妇人在我死后行哭失声？不要使她们再在我家里有片刻停留。

（十）陈显达

烧麈尾诫奢侈

【题解】

东晋王谢两姓为权贵世族，后来因奢侈而败落。陈显达总结前朝大族的教训，借烧麈尾来训诫儿子俭约持家，千万别奢侈过度。

【原文】

陈显达谓其子休尚曰："凡奢侈者，鲜有不败。麈尾①蝇拂，是王谢家物，汝不须捉此。"遂取于前烧之。

——《南北史续世说》

【注释】

①麈尾：晋以来清谈用麈尾作道具。麈音zhǔ麈属动物。

【译文】

陈显达对他的儿子休尚说："凡是奢侈的人，很少有不失败的。麈尾蝇拂，是王谢家子弟使用的东西，你用不着拿它。"就拿到面前烧掉了。

（十一）徐勉

诫子崧书

【题解】

这是南梁名臣徐勉告诫长子徐崧的一封信。徐勉虽然官居显位，却从不经营产业，家里并没有多余的积蓄。他还把自己的俸禄分给穷乏的亲族。门客和朋友中有人不同意他的这种做法，给他提意见，他就说："别人遗留给子孙以财物，我却留给他们以清白。如果子孙有才干，那他们就可以自己挣得富贵。如果他们没有才干，所有的东西最终都会被他人所占有，我留给他们也没有用。"在他的这封家信中，我们可以更加细致具体地认识他的这些观点。他自幼便继承了先辈的美德，以清廉朴素为志。官至高位以后，他一次又一次地拒绝了别人要他经营家产的建议。但为了家族的生活，他不得不营造了几处屋第，这并算不上是聚财敛货，但已让他觉得是违背了自己的夙志，颇耿耿于怀。由于身无余财，他建房时被迫卖掉了自己钟爱的娱情养性的小园子。他感到自己年迈，更不愿去过问这些家庭琐事，而继续追求那种淡荡自得的生活。徐勉正是这样一个"富贵不能淫"的君子，他不但自己身体力行，而且还努力要把这种美德传给下一代。他的言行对于后世的位居高官者具有崇高的典范作用，即使是在今天，也还颇有其借鉴意义。

【原文】

吾家世清廉，故常居贫素，至于产业之事，所未尝言，非直①不经营而已。薄躬②遭逢，遂至今日，尊官厚禄，可谓备之。每念叨窃若斯，岂由才致③，仰藉先代风范及以福度，故臻此耳。古人所谓"以清白遗子孙，不亦厚乎。"又云："遗子黄金满籝④，不如一经。"详求此言，信非徒语。吾虽不敏，贯有本志，庶得遵奉斯义，不敢坠失。所以显贵以来，将三十载，门人故旧，亟荐便宜，或使创开田园，或劝兴立邸店，又欲舳舻运致，亦令货值聚敛。若此众事，皆距而不纳。非谓拔葵去织，且欲省息纷纭。

中年聊于东田间芝小园者，非在播艺⑤，以要利人，正欲穿池种树，少寄情赏。又以郊际闲旷，终可为宅，傥获悬车致事，实欲歌哭于斯。慧日、十住等，既应营婚，又须住止，吾清明门宅，无相容处。所以尔者，亦复有以，前割西边施宣武寺，既失西厢，不复方幅，意亦谓此逆旅舍耳，何事须华？常恨时人谓是我宅。古往今来，豪富继踵，高门甲第，连闼洞房，宛其死矣，定是谁室？但不能不为培塿⑥之山，聚石移果，杂以花卉，以娱休沐，用讬性灵。随便架立，不在广大，惟功德处，小以为好。所以内中逼促，无复房宇。近官东边儿孙二宅，乃藉十住南远之资，其中所须，犹为不少，既牵挽不至，又不可中途而辍，郊间之园，遂不办保，货与韦黯，乃获百金，成就两宅，已消其关。寻园价所得，何以至此？由吾经始历年，粗已成立，桃李茂密，桐竹成险，塍陌交通，渠畎相属。华楼迥榭，颇有临眺之美；孤峰丛薄，不无纠纷之兴。渎中并饶菰蒋，湖裹殊富芰莲。虽云人外，城阙密迩，韦生欲之，亦雅有情趣。追述此事，非有吝心，盖是笔势所至耳。忆谢灵运山家诗云："中为天地物，今成鄙夫有。"吾此园有之二十载矣，今为天地物，物元与我，相校几何哉！此吾所余，今以分汝，营小田舍，亲累既多，理亦须此，且释氏之教，以财物谓之外命；儒典亦称"何以聚人曰财"。况汝曹常情，安得忘此。闻汝所买姑孰田地，甚为舄卤，弥复何安。所以如此，非物竞故也。虽事异寝丘⑦，聊可仿佛。孔子曰："居家理治，可移于官。"既已营之，宜使成立。进退两亡，更贻耻笑。若有所收获，汝可自分赡内外大小，宜令得所，非吾所知，又复应沾之诸女耳。汝既居长，故有此及。

　　凡为人长，殊复不易，当使中外谐缉，人无间言，先物后己，然后可贵。老生⑧云："后其身而身先。"若能尔者，更招巨利。汝当自勖，风贤思齐，不宜忽略以弃日也。非徒弃日，乃是弃身，身名美恶，岂不大哉！可不慎欤？今之所敕，略言此意，正谓为家已来，不事资产，既立墅舍，以乖旧业，陈其始末，无愧怀抱。兼吾年时朽暮，心力稍殚，牵课奉公，略不克举，其中余暇，裁⑨可自休。或复冬日之阳，夏日之阴，良辰美景，文案间隙，负杖蹑屩⑩，逍遥陌馆，临池观鱼，披林听鸟，浊酒一杯，弹琴一曲，求数刻之暂乐，庶居常以待终，不宜复劳家间细务。汝交关既定，此书又行，凡所资须，付给如别。自兹以后，吾不复言及田事，汝亦勿复与吾言之。假使尧水汤旱，吾岂知如何；若其满庾⑪盈箱，尔之幸遇。如斯之事，并无后令吾知也。记云："夫孝者，善继人之志，善述人之事。"今且望汝全吾此志，则无所恨矣。

——《梁书·徐勉列传》

【注释】

① 直：只是。

② 躬：自己。

③ 致：带来。

④ 籯：yíng 箱笼。

⑤ 播艺：种植。

⑥ 塿：小土丘。

⑦ 寝丘：孙叔敖命子求寝丘恶地。

⑧老生：老子。

⑨裁：通"才"。

⑩屩：jué 麻鞋。

⑪庾：仓。

【译文】

我家世代清廉，所以一直贫寒朴素。至于置办产业的事情，连说都没有说起过，这还不仅仅是不去经营了。自身努力，才到了今天，尊贵的官位，丰厚的俸禄，可以算是齐备了。我每每念叨着，我们能够到今天这个样子，哪里是由才能所致，只是仰赖先人的风范和福庆庇佑，才能达到这一步。古人所谓"把清白遗留给子孙，不也是很厚重的吗？"又说："遗留给儿子黄金满箱，还不如留一部经书。"仔细考求这些话，确实不是平白无故地说出来的。我虽然不聪明，却确实有这个志向，基本上能够遵行这些道理，不敢坠失。所以自我显贵以来，已快三十年了，我的门人和老朋友们，经常劝我进行经营，有的建议开辟田园，有的劝我兴邸开店，又有的建议经营航运，也有的建议经营财货以聚敛。像这样一些事情，我都推拒而不接纳。并不是说要破坏产业，只是为了省息纷扰而已。

我中年权且在东田间经营了一个小园，并不是用来播种以求利，而是为了凿水池，种树木，稍稍作点观赏寄情之用。我在城郊有一块闲旷之地，最终可在那儿修宅第。如果我免官去职，真想在那里歌哭止息。慧日、十住等僧人，既然是应酬经营结婚的事情，也该有住处。我在清明门的宅第，简直没有能够相容的地方。之所以会这样，也是有道理的。我以前把家的西边一块施舍给了宣武寺，失掉了西厢，我家的宅院也就不再是方形的了。我也以为这不过是我们在人间匆匆旅居的客房罢了，要那么华丽有什么用呢？我时常为别人说这是我的宅第而感到遗憾。古往今来，豪富的人家不断地出现，高门甲第，连闼洞房，可一旦他们死去，又会成为谁人的家呢？只是不能不堆积小土山，将美石聚美在这里，将果树移栽到这里，中间杂以花卉，以用来在休闲时娱乐，寄托性情。各物在其中随便地架立，地方并不在广大，就功德而言，还是小一点为好。所以我家这内部的地方，实在是太狭促了，再没有房宇。我最近在东边给儿孙营建的两所宅子，乃是借了十住南还之资，其中所需要的，仍然不少，既四处搜罗不得，又不可半途而停工，我在郊外的园子，也就再也保不住，卖给了韦黯，得到百金。建成这两所宅子，已消耗了其中一半的钱。想我卖园的价格所得到的，哪里会这样少？我从最先开始到经营了这么多年，大概已经粗具规模了，桃李茂密，桐竹成荫，径路互相交通，水渠田亩互相连属。华美的楼台，回环的廊榭，颇有登高远眺之美；孤立的山峰，丛生的芳草，不无纠纷缠绕的兴致。水沟中生长着许多茭白菰米，湖里长着无数莲叶荷花。虽说在人群之外，离城阙却也很近。韦黯想要它，也算是很有情趣的了。我追述这件事，并不是有吝啬之心，只不过是笔势所至罢了。记得谢灵运的《山家诗》云："中为天地物，今成鄙夫有。"我拥有这个园子已经二十年了，现在成了天地之物，物之与我，相差有多少呢！我所余下的这些东西，现在分给你，营建小田舍，亲戚很多，也是理当如此。况且释迦牟尼的教诲，认为财物都是外命；儒家的经典也说："何以聚人？曰：财。"何况你辈以常人之情，哪里能忘记这些。听说你在姑孰所买的田地，十分舃卤，以后将怎样安生。之所以这样，并不是互相竞争的缘故。当年楚令尹孙叔敖在死前嘱咐儿子不要接受楚王赐予的肥美封地，而自请封于较为贫瘠的寝丘地方，那样就可以长保不失。我们这件事虽然与寝丘之事不同，但也可差相仿佛了。孔子曰："居家理治，可移于官。"既已经经营了，就应当使其成立起来。如果时退两失，只会更加招来旁人的耻笑。如果田地里有所收获，你可以自己用来分别赡养内外大小的家人，应该分配得各得其所，这就不是我所知道的了，你还应该给姊妹们也分享一些。你既然是长子，所以我提及这些事。

凡是为人之长，都确实不容易，应当使内外和谐，让人没有闲话可以说，先人后己，这才可贵。老子说："后其身而身先。"你如果能做到这样，就更能获得更大的利益。你应该自己勉励自己，看见贤能的人就要想到要和他有一样高尚的德行，不应该忽略修德，浪费光阴。这还不仅仅是弃置光阴，简直是弃置自身。身名的美恶，难道不是大事吗？难道可以不慎重吗？今天我写这封诫书，大略地说说这个意思，正好阐明为家以来，不从事经营资产之业，建造了别墅房舍之后，就已违背了我旧时的志业，我陈说这些事情的始末，于心中是没有愧疚的。而且我现在已衰老，心力也渐渐枯竭，又为公事所牵累，也不能一一都列举出来，其中有一点点剩余的空闲时间，才可以自己休息一下，有时在冬天温暖的日子，夏季阴凉的时候，趁着良辰美景，在文案工作的间隙之间，拄着拐杖，踩着麻草鞋，逍遥漫游于陋馆，在水池边观赏鱼儿嬉戏，在幽林中倾听鸟儿鸣唱，持浊酒一杯，操琴弹奏一曲，求得片刻的暂时欢乐，常居在家中以待终老，不宜于再为家中的琐事操劳。你的交通往来既已定下，我又发出这封信，凡你所需要的东西，我都像告别时一样尽数付给你，从此以后，我不会再谈到田间之事，你也不要再和我说这些。如果发生像尧帝时那样的大水和商汤时那样的大旱，我哪里知道该怎么办？如果丰收了，谷粒挤满了粮仓，那是你的幸运。像这样一些事，一并不要再让我知道。《礼记》说："所谓孝，就是善于继承先人的遗志，善于叙述先人的事业，现在我希望你让我的夙志得以周全，我就没有什么可以遗憾的了。"

（十二）颜之推

1. 序 致

【题解】

　　《颜氏家训》是我国最早的一部体例完备的家训，在我国古代社会中产生过深远的影响。所谓"古今家训，以此为祖"。此则为《家训》之序言，交代了作者做此训言的原因和目的，读来语重心长。

【原文】

　　夫圣贤之书，教人诚孝①，慎言检迹，立身扬名，亦已备矣。魏晋以来，所著诸子，理重事复，递相敩②，犹屋下架屋，床上施床耳。吾今所以复为此者，非敢轨物范世也，业以整齐门内，提撕③子孙。夫同言而信，信其所亲，同命而行，行其所服。禁童子之谑，则师友之诫，不如傅婢④之指挥；止凡人之斗阋⑤，则尧舜之道，不如寡妻之诲谕。吾望此书，为汝曹之所信，犹贤于傅婢寡妻⑥耳。

　　吾家风教，素为整密，或在龆龀⑦，便蒙诲诱，每从两兄，晓夕温清，规行矩步，安辞定色，锵锵翼翼⑧，若朝严君焉。赐以优言，问所好尚，励短引长，莫不恳笃。年始九岁，便丁荼蓼⑨，家涂离散，百口索然。慈兄鞠养，苦辛备至，有仁无威，导示不切，虽读《礼》《传》，微爱属文，颇为凡人所陶染，肆欲轻言，不修边幅。年十八九，少知砥砺，习若自然，卒难洗荡⑩。二十以后，大过稀焉，每常心共口敌，性与情竞。夜觉晓非，今悔昨失。自怜无教，以至于斯，追思平昔之指，铭肌镂骨，非徒古书之诫，经目过耳。故留此二十篇，以为汝曹后范耳。

【注释】

　　①孝：忠孝。

　　②敩：xiào 同"效"。

　　③提撕：提其耳而训之。

　　④婢：侍婢。

　　⑤阋：xì 争吵。

　　⑥寡妻：正妻。

　　⑦龆龀：tiáochèn 指童年。

　　⑧锵锵翼翼：毕恭毕敬的样子。

　　⑨荼蓼：喻指丧失父母。

　　⑩洗荡：清除。

【译文】

圣贤的书，教育人们要忠于国家，孝顺父母，做到言语谨慎，行为检点，立身扬名，内容已非常完备。魏晋以来，人们所写的各种著作，内容重复，相互模仿和抄袭，很像屋下建屋，床上架床。我如今之所以再写这本书，并不是想要示教于天下，而是要整肃家风，并以此提醒子孙注意。同样的话要让人们相信，人们最相信的是与他亲近的人；同样的命令要让人们照办，人们最愿意听从他所佩服的人。要制止小孩们喧哗吵闹，老师的训诫还不如侍婢的呼唤效果好；制止一般人的争斗，讲尧舜那些贤明君主如何如何的大道理还不如妻子的规劝作用大。我希望这本书会被你们所接受，我的话总比侍婢和做妻子的要高明一点吧。

我们家的家风家教，向来就是十分严格的。我在童年的时候，就受到良好的教育。常常跟着两个哥哥早晚向父母问候请安，走路规规矩矩，神色安定严肃，动作小心翼翼，就像朝见严厉的君主一样。父母对我们用好言劝导，问我们长大后的志向是什么，指出我们的不足，赞扬我们的优点，态度非常恳切。年纪才过9岁，我就不幸丧失了父母，家道离散，百余人的大家庭变得冷冷清清。是仁慈的兄长抚养了我，他们尝尽了艰辛。但他们对我只有慈爱而无威严，不能对我进行严格的教育。虽然我也读过《礼记》和《左传》这类儒家典籍，也喜欢做文章，然而因受周围那些平庸的人的影响和感染，放纵自己的性情，说话不知轻重，也不注意修饰仪容。到了十八九岁，才稍稍知道磨炼自己的品行，但长期形成的坏习惯，要一时清除干净则是极难的事情。二十岁以后，大的过失才很少发生，经常做到心与口相斗，性与情相争，夜里发现早上说错了话，今天后悔昨天做错了事。可怜自己从小失去了父母的教诲，才弄成了这个样子。追想起自己过去的人生道路，真有刻骨铭心之痛，不是像读古书上的教训那样，过目即忘的。因此我留下这二十篇家训文字，作为你们以后的行为准则。

2. 治 家

【题解】

颜之推对于如何治家有一整套观点，且精见迭出。他主张家庭成员应团结、和睦，生活上要养成俭朴、节约的优良习惯，待人以宽容为主，但又不能放纵无度，应做到宽严结合，赏罚分明。更为可贵的是，颜之推在当时就明确劝诫家人反对迷信，这种思想在当时是很超前的，即使到了今天有许多人还达不到这种境界，这种现象值得人们警醒！不过，在论及妇女参与治家的问题时，就显示出了颜氏的偏见，这又需要加以鉴别。

【原文】

夫风化者，自上而行于下者也，自先而施于后者也。是以父不慈则子

不孝，兄不友则弟不恭，夫不义则妇不顺矣。父慈而子逆，兄友而弟傲，夫义而妇陵，则天之凶民，乃刑戮之所摄①，非训导之所移也。笞怒废于家，则竖子之过立见；刑罚不中，则民无所措手足。治家之宽猛，亦犹国焉。

孔子曰："奢则不孙②，俭则固；与其不孙也，宁固。"又云："如有周公之才之美，使③骄且吝，其余不足观也已。"然则可俭而不可吝已。俭者，省约为礼之谓也；吝者，穷急不恤之谓也。今有施则奢，俭则吝；如能施而不奢，俭而不吝，可矣。

生民之本，要当稼穑而食，桑麻以衣。蔬果之畜，园场之所产；鸡豚之善，埘④圈之所生。爰及栋宇器械，樵苏⑤脂烛，莫非种植之物也。至能守其业者，闭门而为生之具以足，但家无盐井耳。今北土风俗，率能躬俭节用，以赡衣食；江南奢侈，多不逮焉。

梁孝元世，有中书舍人，治家失度，而过严刻，妻妾遂共货⑥刺客，伺醉而杀之。世间名士，但务宽仁。至于饮食馎⑦饦，童仆减损，施惠然诺。妻子节量，狎侮宾客，侵耗乡党，此亦为家之世蠹矣。

齐吏部侍郎房文烈，未尝嗔怒，经霖雨绝粮，遣婢籴⑧米。因尔逃窜，三四许日，方复擒之。房徐曰："举家无食，汝何处来？"竟无捶挞。尝寄人宅，奴婢彻屋，为薪略尽。闻之颦蹙，卒无一言。裴子野有疏亲故属饥寒不能自济者，皆收养之。家素清贫，时逢水旱，二石米为薄粥，仅得遍焉，躬自同之，常无厌色。邺下有一领军，贪积已甚。家童八百，誓满一千。朝夕每人肴膳，以十五钱为率，遇有客旅，便无以兼。后坐事伏法。籍⑨其家产，麻鞋一屋，弊衣数库，其余财宝，不可胜言。南阳有人，为生奥博，性殊俭吝。冬至后女婿谒之，乃设一铜瓯酒，数脔⑩獐肉。婿恨其单率，一举尽之。主人愕然，俯仰命益，如此者再⑪。退而责其女曰："某郎好酒，故汝常贫。"及其死后，诸子争财，兄遂杀弟。

妇主中馈⑫，惟事酒食衣服之礼耳。国不可使预政，家不可使干蛊。如有聪明才智，识达古今，正当辅佐君子，助其不足。必无牝鸡晨鸣，以致祸也。江东妇女，略无交游，其婚姻之家，或十数年间，未相识者。惟以信命赠遗，致殷勤焉。邺下风俗，专以妇持门户，争讼曲直，造请逢迎。车乘填街衢，绮罗盈府寺，代子求官，为夫诉屈。此乃恒、代之遗风乎？南间贫素，皆事外饰，车乘衣服，必贵整齐；家人妻子，不免饥寒。河北人事，多由内政；绮罗金翠，不可废阙；羸马顿奴，仅充而已；倡和⑬之礼，或尔汝之。河北妇人，织纴组紃之事，黼黻锦绣罗绮之工，大优于江东也。

太公曰："养女太多，一费也。"陈蕃曰："盗不过五女之门。"女之为累，亦以深矣。然天生蒸民，先人传体，其如之何？世人多不举女，贼⑭

行骨肉。岂当如此，而望福于天乎？吾有疏亲，家饶妓媵。诞育将及，便遣阍竖守之。体有不安，窥窗倚户，若生女者，辄持将去。母随号泣，使人不忍闻也。

妇人之性，率⑮宠子婿而虐儿妇。宠婿，则兄弟之怨生焉；虐妇，则姊妹之馋行焉。然则女之行⑯留，皆得罪于其家者，母实为之。至有谚云："落索⑰阿母餐"，此其相报也。家之常弊，可不诫哉！婚姻素对，靖侯成规。近世嫁娶，遂有卖女纳财，买妇输绢，比量父祖，计较锱铢，责多还少，市井无异。或猥婿在门，或傲妇擅室，贪荣求利，反扫羞耻。可不慎欤！

借人典籍，皆须爱护。先有缺坏，就为补治。此亦士大夫百行之一也，济阳江禄，读书未竟，虽有急速，必待卷束整齐，然后得起。故无损败。人不厌其求假⑱焉。或有狼藉几案，分散部帙，多为童幼婢妾之所点污，风雨虫鼠之所毁伤，实为累德。吾每读圣人之书，未尝不肃敬对之。其故纸有《五经》词义，及贤达姓名，不敢秽用也。

吾家巫觋⑲祷请，绝于言议。符书⑳章醮㉑，亦无祈焉，并汝曹所见也。勿为妖妄之费。

【注释】

①摄：通"慑"。

②孙：通"逊"。

③使：假使。

④埘：shí 鸡窝。

⑤樵苏：柴草。

⑥货：买。

⑦馋：同"馐"。

⑧籴：dí 买谷米。

⑨籍：没收。

⑩脔：luán 块。

⑪再：两次。

⑫馈：妇女在家离持饮食之事。

⑬倡和：夫唱妇和。

⑭贼：残杀。

⑮率：通"常"。

⑯行：出嫁。

⑰落索：萧索凄凉。

⑱假：借。

⑲巫觋：男巫。

⑳符书：符箓。

㉑醮：指道士设坛奏章祈祷。

【译文】

　　风气教化，是上行下效、先后承传的结果。所以父辈不慈祥则子女必定不孝敬，兄长不友爱则弟弟一定不恭顺，丈夫不讲道义妻子也必然不会柔顺。但如果父亲慈爱而儿子不孝敬，兄长友善而弟弟桀骜不驯，丈夫仁义而妻子不守礼节，那他们就是上苍的凶暴子民，只有等待刑法的震慑，而不能指望以训导改造他们。鞭笞怒责不行于家，那么童仆就会胡作非为；刑罚的处置不合情理，那么老百姓定会手足失措。治家有如治国，宽猛相济方能奏效。

　　孔子曾说："奢侈就会傲慢，俭朴则显得贫寒；号其傲慢，不如贫寒。"又说："如果有人像周公那样有完美的才能，假使他骄傲、吝啬，那他的才能就一概不值一提了。"所以应当节俭但不吝啬。节俭，即减少费用简约行事以遵行礼制；吝啬，即有人穷困潦倒仍不愿接济以保守财富。当今社会，乐善好施者则趋于奢侈，节俭朴素者则必定吝啬。若能善施而不奢侈，俭朴而不吝啬，就最好了。

　　老百姓生活之根本在于种植庄稼以获取粮食，种植桑麻以获取衣料。

▲梁孝元帝石像

蔬菜水果之类为果园菜场的产物，鸡猪之类的珍膳为鸡窝猪圈所生产。至于橡木农具、柴草脂烛，也无非是种植的结果。能够保守家业的人，就能闭门而居、自给自足，只缺少一口盐井罢了。现在北方民俗淳朴，大都能勤于生产、勤俭节约，衣食尚可自足。而南方奢侈之风盛行，比北方要相差甚远。

　　梁孝元帝在位之际，有一中书舍人，治家没有法度而过分严格、苛刻。于是，妻妾们商议共同买通刺客，乘其酪酊大醉之时将其杀死。人世间凡有名望之人，都讲求以宽宏、仁慈待人。至于日常的饮食送礼、增减仆人之类的事情，并不太多过问。妻子儿女不懂规矩、侮辱宾客、与乡里之间多有摩擦，这些都是居家度日的大祸患。

　　齐吏部侍郎房文烈，性情温顺，从不对人发怒。连日阴雨致使全家断粮，他便派一奴婢外出买米。岂料该奴婢一出即逃，三四天之后才被人带了回来。房文烈和缓地对他说："全家人无以为食，你去哪儿了？"只是轻责几句，未曾施以鞭笞的惩罚。他家曾借房给人寄住，奴婢们撤房为薪，差点撤光了房子。他听说后皱皱眉头，终究不发一言。裴子野乐善好施，远亲旧友之中因饥寒交迫而无以为继的，他都慷慨收养。而他家素来清贫，加之当时正逢水旱之灾，区区二石俸禄，本只够家人果腹，而他却招纳亲友、从不厌烦。邺城有一位领军，贪心不足，家仆已有800人，他还不满足，发誓要增加到千人。他家的伙食以每天每人15钱为标准，遇有宾客来访，便连饭菜也办不齐全。后来他因犯事伏法。没收其家产时，发现麻鞋一屋、衣服数库，其他的财宝更难计其数。南阳有一人，做生意十分精通，但却特别吝啬。冬至之后，他的女婿前来拜望岳丈，他拿出烧酒一壶、獐子肉一碟进行招待。女婿嫌其简单，便一口气将酒肉吃了个精光。他大为惊讶，叫人继续添酒加肉，一连加了两三次。女婿退席之后，此人责问女儿说："你丈夫这样贪酒，你家怎么能不穷呢？！"到他死了之后，儿子们为争家产相互仇杀，甚至有以兄杀弟的事情发生。

　　妇女持家，无非做饭、制酒、缝衣裳而已。国不能用妇人干涉政治，家不能让妇人参与事情的决定。如果真有聪颖才慧、博通古今的女人，那就应该让她去辅佐君子，以助其不足。但一定不能使母鸡打鸣报晓喧宾夺主，招致祸端。江东的妇女，一般很少社交活动，即使姻亲之家，经过十多年后，也有不相识的。她们平日里只是叫人代为问候或捎些礼物而已。邺城的风俗却与此相反，专以妇人掌家，诉讼争执，迎来关往。大街小道上车来车往，达官贵人的宅里绫罗飘逸，为儿子求官、为丈夫诉冤，几乎都是妇道人家。这难道不是拓跋魏的遗风旧俗吗？南方贫困的人，重视外表的装饰，车马衣服，更以整齐为贵。这样一来，他们的妻子儿女就不免要遭受饥寒。而北方人的社会交往，多由妇人掌管。因此，绫罗绸缎、金银翡翠，是不可或缺的东西，家中所有也只不过瘦马病奴而已。夫妇之间，也多有以你我相称，不讲礼节的。然而北方的女人，纺织之事和刺锦绣罗的工夫则要强出江东女人许多倍。

　　太公说："养女太多，是一大花费。"陈蕃也说："盗贼不光顾五女之家。"女子所带来的牵累，实在是太大了。然而天生众人，身体受之于父母，本人又能怎么样？世人多不愿要女儿，于是戕害骨肉之事屡见不鲜。难道这样做，就能指望得到上天的保佑吗？我有一远房亲戚，家里妻妾成群。每当有人生小孩时，他都要派仆人看守。产前阵痛一开始，便有人从窗户、房门往里偷看。如果生了女孩，往往强行抱走处理掉。做母亲的跟着就悲号哭泣，使人惨不忍闻。

女人的天性，大都溺爱儿子女婿而虐待儿媳。溺爱女婿，兄弟之间就会产生怨恨；虐待儿媳，姊妹们就会争进谗言。到自己女儿被夫家赶出，都是由于在自家里学坏，但这实在是母亲的罪过。故有谚语云："落索阿姑餐。"这也是女人自作自受的报应啊！此类家中常见的弊端早该戒了。关于婚姻之事，靖侯早有成规。但这几代以来，婚嫁中总有卖女收财、买媳交钱、攀比门第、计较小事、无端抱怨的事情发生，这与做买卖有什么两样！卑贱的女婿，桀骜的媳妇，他们贪荣求利，只能给全家招来耻辱。你们一定要谨慎啊！

借别人的书籍，一定要爱护。如果借来前已有损坏，则一定要补好后再读。这也是士大夫百种善行之一。济阳的江禄，读书未完而有急事需要离开时，一定要先卷好书轴，然后才起来做事。所以他借别人的书从不损污，人们也乐于借书给他。有的人书桌上狼藉一片，书籍散乱置放，往往被无知顽童或婢妾之流所污损，或者任凭其风吹雨淋和虫子、老鼠啃蛀而不顾，这实在是缺德的行为。我每读圣人书籍，无不恭恭敬敬对待。如果古籍中有《五经》内容或圣贤的姓名，就更不敢肆意亵渎了。

我们家从来不请男女巫师来做祈祷，也不请道士画符、给天帝上奏章（以求合家安康）：这都是你们有目共睹的，不要把钱花费在这些迷信虚妄的事情上。

3. 教 子

【题解】

欲治好家先应教好子，这是一个很朴素又很深刻的道理，因为子女的成材成器，直接关系到一户人家的兴旺发达。历朝历代有无数的父母望子成龙，然而常常不能如意，主要原因在于教子无方。颜之推在这一篇《教子》的训导中，提出了一系列的教子方法，比如从小教起，帮助孩子养成良好的习惯，不能溺爱、娇纵子女，杜绝偏爱子女的现象，等等。颜之推在教子方面的见解和观点在当时来说堪称超前，深刻、新颖、发人深省，时至今日，仍然可以给所有渴望子女成材、门户振兴的为人父母者提供极为有益的借鉴。

【原文】

上智不教而成，下愚虽教无益，中庸①之人，不教不知也。古者，圣王有胎教之法：怀子三月，出居别宫，目不邪视，耳不妄听，音声滋味，以礼节之。书之玉版，藏诸金匮，生子咳㖭②，师保固明孝仁礼义，导习之矣。凡庶纵不能尔，当及婴稚。识人颜色，知人喜怒，便加教诲，使为则为，使止则止。比及数岁，可省笞罚。父母威严而有慈，则子女畏慎而生孝矣。吾见世间，无教而有爱，每不能然；饮食运为，恣其所欲，宜诫翻奖，应呵③反笑，至有识知，谓法当尔。骄慢已习，方复制之，捶挞至死而无威，仇怒日隆而增怨，逮于成长，终为败德。孔子云："少成若天性，习惯如自然"是也。俗谚曰："教妇初来，教儿婴孩。"诚哉斯语！

凡人不能教子女者，亦非欲陷其罪恶；但重于呵怒。伤其颜色，不忍楚挞惨其肌肤耳。当以疾病为谕，安得不用汤药针艾救之哉？又宜思勤督训者，可愿苟虐于骨肉乎？诚不得已也。

王大司马母魏夫人，性甚严正，王在溢城时，为三千人将，年逾四十，少不如意，犹捶挞之，故能成其勋业。梁元帝时，有一学士，聪敏有才，为父所宠，失于教义：一言之是，遍于行路，终年誉之；一行之非，掩藏文饰，冀其自改。年登婚宦，暴慢日滋，竟以言语不择，为周逖抽肠衅④鼓云。

父子之严，不可以狎；骨肉之爱，不可以简。简则慈孝不接，狎则怠慢生焉。由命士以上，父子异宫，此不狎之道也；抑搔痒痛，悬衾箧枕，此不简之教也。或问曰："陈亢喜闻君子之远其子，何谓也？"对曰："有是也。盖君子之不亲教其子也，《诗》有讽刺之辞，《礼》有嫌疑之诫，《书》有悖乱之事，《春秋》有邪僻之讥，《易》有备物之象：皆非父子之可通言，故不亲授耳。"

齐武成帝子琅邪王，太子母弟也，生而聪慧，帝及后并笃爱之，衣服饮食，与东宫相准。帝每面称之曰："此黠儿也，当有所成。"及太子即位，王居别宫，礼数优僭⑤，不与诸王等⑥；太后犹谓不足，常以为言。年十许岁，骄恣无节，器服玩好，必拟乘舆；常朝南殿，见典御进新冰，钩盾献早李，还索不得，遂大怒，訽⑦曰："至尊已有，我何意无？"不知分齐，率皆如此。识者多有叔段、州吁之讥。后嫌宰相，遂矫诏斩之，又惧有救，乃勒麾下军士，防守殿门。既无反心，受劳而罢，后竟坐此幽薨。

人之爱子，罕亦能均；自古及今，此弊多矣。贤俊者自可赏爱，顽鲁者亦当矜怜。有偏宠者，虽欲以厚之，更所以祸之。共叔之死，母实为之。赵王之戮，父实使之。刘表之倾宗覆族，袁绍之地裂兵亡，可为灵龟明鉴也。

齐朝有一士大夫，尝谓吾曰："我有一儿，年已十七，颇晓书疏，教其鲜卑语及弹琵琶，稍欲通解，以此伏事公卿，无不宠爱，亦要事也。"吾时俯而不答。异哉，此人之教子也！若由此业⑧，自致卿相，亦不愿汝曹为之。

——《颜氏家训》

【注释】

　①中庸：中等，普通。

　②咳嗳：小儿笑啼，口是同"啼"。

③呵：责备。

④衅：xìn 用血涂器来祭祀。

⑤优僭：越位。

⑥等：同等。

⑦诇：同"之后"。

⑧业：本事。

【译文】

天资聪颖之人不教即能成器，天性愚钝之人再教也无济于事，智力平常的人，则非有教化不能明晓事理。古时候，圣贤之人有所谓胎教之法，即怀孕三月时，必须和丈夫分居，目不及邪恶之事，耳不听狂乱之言，耳之所及，口之所尝，均以礼乐加以规制。这种教诫写于纸上，藏于柜中。当儿子出生时，师保父母们就应以孝仁礼义对其训导培育。贫寒的人即使不能这样做，对孩子的管束，也应当从婴儿时期开始。在他能从大人的表情变化察知喜怒之时，即应进行教诲，要他做的事情一定要做，不要他做的就一定要严加制止。这样到几岁的时候，就可以少一些笞罚训诫了。父母有威严才有慈祥，子女只有敬畏父母、小心行事，来日才有孝敬可言。就我之所见，只爱不教的，总不会如愿；日常饮食、言谈举止，使其随心所欲，该训诫时反而奖励，应呵责时反而笑脸相待，待其成人时，他就为以为理所当然了。骄狂、傲慢已成习性，这时再来训导，即使棒打致死也难树父母威严，而愤怒之情日胜一日，只能徒增怨仇，等孩子长大成人时，总归还是道德败坏。孔子所说的"少年成天性，习惯成自然"即是指此而言。另有谚语云：

"教育妇人始自于娶进家门之时，训诫子女开始于婴幼无知之际。"此话说得太对了！

大凡不能成功地教育子女的人，也并非愿意看到他们陷于罪恶，只是不肯严责而已。有的或许能训斥一番，但绝不忍以拷打伤其皮肤。可以用生病来做比喻。如果子女身患疾病，父母哪有不请医送药为之针灸的道理？再想想那些常常督导训诫孩子的人，又哪里是想对亲生骨肉苛刻施虐呢？实在是不得不然啊。

王大司马的母亲魏夫人，性情严厉刚正。王大司马任职溢城时，手下统兵三千，并已年过四十。其母常因某事稍不如意，而对他拳棒相加。正是因为母亲的严厉管束，他才有了后来的卓著功勋。梁元帝时，有一位掌管文学撰述的学士，十分聪明也很有才气。其父亲对他非常宠爱，但却疏于教诫。当儿子有一句真知灼见时，他逢人便讲，终年赞不绝口；而当儿子做错某事时，他却百般掩盖，文过饰非，寄希望于儿子的改过自新。但这位学士结婚并为官之后，却残暴傲慢与日俱增。最终因为言语不慎，被周逖抽肠祭鼓。

父母对子女要威严而不要太亲近，要疼爱而不要图省事。图省事则会父母不慈，子女不孝；太过亲近，关系反会冷淡。从命士以上，父子分房而居，是为了避免太亲近；要子女为父母按摩痛痒、收拾床铺，为的是不简化教育的方式。有人问："陈亢在听说君子远离子女时感到高兴。这是为什么？"答："确有此事。君子之所以不亲自教导自己的子女读书，是因为《诗经》中有讽刺之辞，《礼经》中记有如此则令人生疑的训诫，《尚书》中记有这样会导致悖乱的事情，《春秋》中有如此则生邪僻的讥讽，《易》中有卦与万物的象征，所有这些都是父子之间不能畅言的事情，所以不亲自教授子女。"

北齐武成帝之子琅邪王高俨，为太子纬的同母弟弟，天生聪明伶俐，深受武成帝与明皇后之溺爱，其服装饮食，均与太子待遇相同。武成帝曾多次当着琅邪王之面，说："这孩儿真聪明，以后定会有所成就。"到太子纬即位之后，琅邪王另居别宫，在礼数优待方面多有僭越过分之处，显然与其他诸王不相平等。即使如此。明太后还嫌不足，常在后主纬面前有所抱怨。琅邪王十几岁时，骄横跋扈毫无节制，日常所用、所穿、所玩、所好均要与后主纬一比高下。在南宫，他看到典御运冰、钩盾献李，就伸手索要，求之不得便勃然大怒，大骂道："哥哥已有的东西，我为什么没有？"不知分寸竟至如此！了解情况的人都讥讽他是叔段、州吁一类自取灭亡之辈。更有甚者，因与宰相和士开之间发生摩擦，竟矫诏将其杀死。其间又怕和士开为人所救，又勒令手下士兵把守殿门以杜后患。琅邪王本来无背版之心，本应夺去职爵即可，后来竟然被后主纬密令杀死。

任何人都不可能把爱平均地分配给每个儿子。从古到今，因偏爱而造成的弊端祸事实在太多了。聪明俊俏的自然招人喜爱，然而愚钝之子也应该有人怜悯。如果在儿子中间有所偏爱，虽然本来是想厚爱，往往却使他受害。共叔的死，就是其母的罪过。而赵王之饮鸩毙命，实乃父亲的过错。其他如刘表的宗族覆灭、袁绍的地失人亡，都像灵龟可以卜事、明镜可用来照形一样，是你们应该时时注意对比的。

齐朝有位士大夫曾对我说："我有个儿子，今年已经17岁了，通晓书奏函札，教其以鲜卑语和弹奏琵琶，一点即通。他常向公卿们表演，深受宠爱。这也是很要紧的事情。"我当时俯而未答。像这样的教育子女，我实在不敢苟同！如果真能因为说几句鲜卑话弹几下琵琶而位极人臣之尊，我也不愿看到你们这么做。

四、隋唐五代篇

（一）李世民

黜魏王泰诏

【题解】

李泰是唐太宗的第四个儿子，被封为魏王。他天资聪颖，喜爱文学，文章写得很好，深得太宗宠爱。后来他的大哥、太子李承乾患有足疾，久久不愈，李泰就想夺取太子之位。他拉帮结党，制造舆论，暗里加紧各种准备，太子承乾也对他十分提防。李泰的所作所为被太宗觉察，就将他降为东莱郡王。贪恋权位而不择手段者，当深引以为戒。

【原文】

朕闻生育品物，莫大乎天地；爱敬罔①极，莫重乎君亲。是故为臣贵于尽忠，亏之者有罚；为子在于行孝，违之者必诛。大则肆诸市朝，小则终贻②黜辱。雍州牧、相州都督、左武侯大将军魏王泰，朕之爱子，实所锺心。幼而聪令，颇好文学。恩遇极于隆重，爵位穷于宠章。不思圣哲之戒，自构骄僭之咎，惑谗谀之言，信离间之说。以承乾虽居长嫡，久缠痾恙，有代立之望，靡遵义方之则。承乾惧其凌夺，泰亦日增猜沮，争结朝士，竞引凶人。遂使文武之官，各有托附。亲戚之内，分为朋党；朕志存公道，义在无偏，彰厥巨衅，两从废黜。非作则四海，亦乃贻③范百代。可解泰雍州牧、相州都督、左武侯大将军，并削爵士，降为东莱郡王。

——《唐太宗集》

【注释】

①罔：无。

②贻：受到。

③贻：留。

【译文】

朕听说生育万物，没有大于天地的；爱敬无极，没有超过君主和父母双亲的。所以为臣的贵在尽忠，谁亏缺了就要惩罚；为子的在于行孝道，违反的必然要遭到重惩。过错大的被斩杀示众于市朝，过失小的也最终会招来罢黜之辱。率领州牧、相州都督、左武侯大将军魏王李泰，是朕的爱子，实在是钟心宠爱于他。他自幼聪颖，十分爱好文学。他所受的恩遇极为隆重，爵位也尊崇显赫到了极点了。可他却不思圣哲的劝诫，自己构成了骄横僭越的过错，迷惑于谗谀之言，相信离间的邪说。因为承乾虽然位居长嫡子，但久为疾病所缠，李泰便以为自己有代立为太子的希望，一点也不遵循仁义方正的规则。承乾害怕他欺凌夺位，李泰的猜忌之心也日日增长，他们都争相勾结朝士，竞相秘养凶人死士。于是造成文武百官，各有托附。亲戚内部，竟然分裂为不同的朋党。朕心存公道，在道义上没有偏颇，彰显这巨大的争斗，把他们兄弟二人都废黜了。并非只是作为四海的准则，也是为了给百代后人垂下典范。可以解除李泰雍州牧、相州都督、左武侯大将军之职，并削夺他的爵士，降为东莱郡王。

（二）姚　崇

遗　嘱

【题解】

姚崇是唐初的名相，这份遗嘱反映了他很高的思想境界。做子女的，在慈父去世后，总是想把丧事办好，这是可以理解的。但按姚崇的说法，"死者是常"——死是很平常的事情，不必劳神费财，去做无益于死者的事情。

【原文】

古人云：富贵者，人之怨也。贵则神忌其满，人恶其上；富则鬼瞰①其室，虏利其财。自开辟已来，书籍所载，德薄任重而能寿考无咎者，未之有也。故范蠡、疏广之辈，知止足之分，前史多之。况吾才不逮②古人，而久窃荣宠，位逾高而益惧，恩弥厚而增忧。往在中书，遭疾虚惫，虽终匪匪懈，而诸务多缺。荐贤自代，屡有诚祈，人欲天从，竟蒙哀允。优游园沼，放浪形骸，人生一代，斯亦足矣。田巴云："百年之期，未有能至"。王逸少③云："俛仰之间，已为陈迹"。诚哉此言！

比见诸达官身亡以后，子孙既失覆荫，多至贫寒，斗尺之间，参商是竞，岂惟自玷，仍更辱先，无论曲直，俱受呐喊嗤毁。庄田水碾，既众有之，递相推倚，或致荒废。陆贾、石苞，皆古之贤达也，所以预为定分，将以绝其后争，吾静思之，深所叹服。

昔孔丘亚圣，母墓毁而不修；梁鸿至贤，父亡席卷而葬。昔杨震、赵咨、卢植、张奂，皆当代英达，通识千古，咸有遗言，属以薄葬。或濯衣时服，或单帛幅巾，知真魂去身，贵于速朽，子孙皆遵成命，迄今以为美谈。凡厚葬之家，例非明哲，或溺于流俗，不察幽明，咸以奢厚为忠孝，以俭薄为悭惜，至今亡者致戮尸暴骸之酷，存者陷不忠不孝之诮。可为痛哉！可为痛哉！死者无知，自同粪土，何烦厚葬，使伤素业。若也有知，神不在枢，复何用违君父之令，破衣食之资。吾身亡后，可殓以常服，四时之衣，各一副而已。吾性甚不爱冠衣，必不得将入棺墓，紫衣玉带，足便于身，念尔等勿复违之。且神道恶奢，冥涂④尚质，若违吾处分，使吾受戮于地下，于汝心安乎？念而思之。

且五帝之时，父不葬子，兄不哭弟，言其致仁寿、无夭横也。三王之代，国诈延长，人用休息。其人臣则彭祖，老聃之类，皆享遐龄。当此之时，未有佛教，岂抄经铸像之力，设斋施物之功耶？

且死者是常，古来不免，所造经像，何所施为？夫释迦之本法，为苍生之大弊，汝等各宜警策，正法在心，勿劳儿女子曹，终身不悟也。吾亡后必不得为此弊法。……不得辄用馀财，为无益之枉事；亦不得妄出私物，徇追福之虚谈。

汝等身没之后，亦教子孙依吾此法。

—— 《全唐文》

【注释】

①瞰：kàn 视。

②逮：及。

③王逸少：东晋大书法家王羲之。

④涂：通"途"。

【译文】

古人说过：富与贵，皆众人所怨。地位显贵，则神灵忌其太满，众人恨他高高在上；家中豪富，则鬼怪窥看其居室，盗贼贪图其钱财，自有人类以来，根据书上的记载，凡是德行浅薄、身负重任而能高寿无灾祸的，从来没有过。所以范蠡、疏广这些人知道及时满足，及早辞官而得免过失，前史多有称赞。何况我才能不及古人，而久受荣耀恩宠，地位越高越发感觉害怕，所受恩泽越厚越发增加忧虑。以前我在中书省，因患病身体虚弱，感到困倦，故虽然始终努力不懈，而各项公务仍多有缺失。我曾经多次推荐贤能的人来替代我，屡次真心请求，天从人愿，这次终于允许我辞去宰相职务。从此我可以悠游田园湖池，身体无拘无束，人生一世，也就可以满足了。田巴说过："百岁之寿，没有几个能达到的。"王羲之也说过："转眼之间，现实社会里许多东西就成了历史陈迹。"这话说得很对！

近来见到一些达官贵人死后，其子孙既失去了依靠和庇荫，多沦落贫寒，而且还为斗米尺布相争不已，不只是玷污了自己，而且更使先人蒙受耻辱，故不论是非曲直，都惹人笑骂。庄田水碾，属共有之物，则互相推诿，有时甚至导致农田荒废。贤达如陆贾、石苞，所以预先就把财产分好，以防子孙争产。我仔细考虑，深为叹服。

从前孔子孟子，母亲的坟墓毁坏了并不再修；梁鸿极为贤达，父亲死了他只用席子卷着安葬，东汉时代的杨震、赵咨、卢植、张奂，是当时的英才贤达，通今识古，他们都有遗言，嘱咐后代薄葬。下葬时他们或穿洗过的平时衣服，或着一层丝头巾；因为他们知道真魂离身，贵在速朽，子孙都照着其遗言办了，至今传为美谈。而那些厚葬之家，都非明哲之人，或是沉湎于流俗而不察是非，均以奢侈厚葬为忠孝，以节俭薄葬为吝啬，以致坟墓被盗、尸骨暴露，使死者受到摧残，生者反被人讥诮为不忠不孝。实在令人感到悲痛啊！死去的人没有感知，自同粪土一般，何必一定要厚葬使伤清业。如果真的死者有知，而其神灵不在柩，那又用不着违君父之命，破衣食之资。因此，我死后，入殓时可以穿着常服，四时之衣各准备一套就行了。我不喜爱的帽子和衣服，一定不得放进我的棺材坟墓里；象征我生前做官的紫衣玉带，合身即可。希望你们不要违背它。况且神明之道也厌恶奢侈，而阴间亦尚质朴，你们如果违背我的吩咐，使我受戮于地下，这样你们的心能安吗？你们考虑、考虑吧！

况且五帝在位的时候，人们父不葬子、兄不哭弟，说这样能使大家善终长寿，没有夭折横世。三王在位的时候，享国长久，人们得以休养生息。其人臣如彭祖、老聃之类，都得长寿。当时并无佛教，难道也是抄佛经铸佛像的效力、设斋布施的功用吗？

死是很平常的事，自古以来人人都不可避免，所造的佛经佛像对此又会有什么办法呢？释迦牟尼创造佛教本法，成为天下之大弊，你们务必要警惕自己，正法在心，不要为丧事操劳，不要终身不觉悟。我死后，一定不要去仿效此等弊法。……一定不要用钱去做那些无益的佛事，一定不要出私物去追求那些所谓福泽的空谈。

你们将来死了以后，也务必要教好你们的子孙依照我这个办法去做。

（三）张公艺

九代同居

【题解】

张公艺九代同堂，纷扰必多，但他却能够长久安处，其原因只在一个字"忍"字。忍、忍、忍，忍而又忍，一个"忍"字道出了多少数不尽的烦恼、辛酸和苦痛！人与人在家庭和社会中，都要长期共存，要想平和地共处，减少纷争，就必须学会宽容，互相容忍。这一个"忍"字，原来又是包含着大学问、大智慧的。

【原文】

张公艺，郓州人，九代同居。高宗有事泰山，亲幸其宅，问其义，居所以久。其人请纸笔，但①书百余"忍"字。高宗为之流涕，赐以缣帛。

——《续世说·言语》

【注释】

①但：只。

【译文】

张公艺，郓州人，全家九代人同堂共居。唐高宗赴泰山祭祀，经过郓州，亲自驾临张公艺家，问他为什么能够与家人长久共居的道理。张公艺请来纸笔，只是书写了一百多个"忍"字。唐高宗感动得流下了眼泪，赐给他丝帛。

（四）无名氏

太公家教

【题解】

《太公家教》是近代以来在敦煌石室中发现的，非常珍贵。这份《家教》四字一句，文字浅显易懂，有点像《三字经》的形式。但这份《家教》的内容却相当丰富，不乏真知灼见。

按照《太公家教》的次序，前前后后共论述了以下一些问题：1. 孝顺；2. 尊师；3. 尊敬长辈；4. 教子；5. 礼仪；6. 交友；7. 处世；8. 修养。各个部分里面又谈了不少相同的话题，只是各有偏重。

整体上看，《太公家教》不脱封建时代家庭教育的窠臼，有不少消极因素。但人们可以从中学到不少治家、为人的道理，很多东西像是说出了已经感受到，却还没有总结的经验，是一笔较宝贵的财富。

【原文】

得人一牛，还人一马，往而不来，非成礼也。知恩报恩，风流儒雅，有恩不报，岂成人也。事君尽忠，事父尽敬。礼闻来学，不闻往教。舍父事师，敬同于父。慎其言语，整其容貌；善能行孝，勿贪恶事，莫作诈伪，直实在心，勿生欺诳。孝心事父，晨省暮看；知饥知渴，知暖知寒；忧时共戚，乐时同欢。父母有疾，甘美不餐，食无求饱，居无求安；闻乐不乐，闻喜不看；不修身体，不整衣冠；得至疾愈，止亦不难。

弟子事师，敬同于父，习其道也，学其言语。黄金白银，乍可相与；好言善述，曼出口舌。忠臣无境外之交，弟子有束修之好。一日为师，终日为父；一日为君，终日为主。教子之法，常令自慎，言不可失，行不可亏。他篱莫越，他事莫知；他贫莫笑，他病莫欺；他财莫取，他色莫侵；他强莫触，他弱莫欺；他弓莫挽，他马莫骑，弓折马死；常他无疑。财能害已，必须畏之；酒能败身，必须戒之；色能招害，必须远之；忿能积恶，必须忍之；心能造恶，必须净之；口能招祸，必须慎之。见人善事，必须赞之；见人恶事，必须掩之。邻有灾难，必须救之，见人斗打，即须谏之。意欲去处，即须审之；见人不是，即须教之；非是时流①，即须避之。

罗网之鸟，悔不高飞；吞钩之鱼，恨不忍饥；人生误计，恨不三思；祸将及己，恨不忍之。其父出行，子须从后；路逢尊者，齐脚敛手；尊人之前，不得唾地；尊人赐酒，必须拜受；尊人赐肉，骨不与狗；尊者赐果，怀核在手，若也弃之，为礼大丑。对客之前，不得唾涕，亦不漱口。忆而莫忘，终身无咎。立身之本，义让为先。贱莫与交，贵莫与亲。他奴莫与语，她婢莫与言。衰败之家，慎莫为婚；市道接利，莫与为邻。敬上爱下，泛爱尊贤；孤儿寡妇，特可矜怜。乃可无官，不得失婚；身须择行，口须择言；恶人同会，祸必及身。

养儿之法，莫听诳言②；育女之法，不听离母。男年长大，莫听好酒；女年长大，莫听游走。丈夫好酒，揎拳捋肘，行不择地，言不择口，触突尊卑，斗乱朋友；女人游走，逞其姿首，男女杂合，风声大丑，惭耻尊亲，损辱门户。妇人送客，不出闺庭；行其言语，下气低声。出行逐伴，隐影藏形；门送前客，莫出齐厅。一行有失，百行俱倾。能于此礼，无事不精。新妇事父，音声莫听，形影不睹；夫之妇兄，不得对话；孝养翁家，敬事夫主，泛爱尊贤，教示男女。行则缓步，言必小语；勤事女功，莫学歌舞。希见今时，贫家养女，不解麻布，不娴针缕；贪食不作，好喜游走。女年长大，聘为人妇，不敬君家，不畏夫主；大人使命，说辛道苦；夫骂一言，反应十句；损辱兄弟，连累父母，本不是人，状同猪狗。

少为人子，长为人父，出财敛容，动则痒序，敬慎口言，终身无苦。含血损人，先恶其口；十言九中，不语者胜。居必择邻，慕近良友；侧立齐厅，厚待宾客；侣无亲疏，来者当受，合食与食，合酒与酒；闭门不看，还同禽兽。拔贫作富，事须方寸；看客不贫，古今实语。握发吐餐，先有常据，闭门不看，不如狗鼠。高山之树，苦于风雨；路边之树，苦于刀斧；当道作舍，苦于客侣；不慎之家，苦于官府；牛羊不圈，苦于狼虎；禾熟不收，苦于雀鼠；屋漏不覆，苦于梁柱。兵将不慎，败于军旅；人生不学，费其言语。

近朱者赤，近墨者黑；蓬生麻中，不扶自直；近佞者谄，近偷者贼；近愚者痴，近圣者明；近贤者德，近淫者色。贫人多力，勤耕之人，必丰谷食；勤学之人，必居官职。良田不耕，损人功力；养子不教，费人衣食。与人共食，慎莫先尝；与人同饮，莫先举觞。行不当路，坐不当壁。路逢尊者，侧立其旁，有问善对，必须审详。子从外来，先须省堂；未见尊者，莫入私房；若得饮食，慎莫先尝，飨其祖宗，始到爷娘，次沾兄弟，后及儿郎。食必先让，劳必先当；知过必改，得能莫忘。与人相识，先正容仪，称名道字，然后相知。陪年己长，则父事之；十年以上，则兄事之；五年以外，则肩随之。三人同行，必有我师焉，择其善者而从之，其不善者而改之。滞不择职，贫不择妻，饥不择食，寒不择衣。小人为财相杀，君以德相知。欲求其长，必取其短；欲求其圆，先取其方；欲求其强，先取其弱；欲求其刚，先取其柔；欲防外敌，先须自防；欲扬人恶，便是自扬。伤人之语，还是自伤。

凡人不可貌相，海水不可斗量。茅茨之家，必出公主；蒿艾之下，必有兰芳。助祭得食，助斗得伤。仁慈者寿，凶暴者亡。清清之事，为酒所伤。闻人善事，乍可称扬；知人有过，密掩深藏；是故少谈彼短，靡恃己长。鹰鹞虽迅，不能快于风雨；日月虽明，不照盆覆下；唐虞虽圣，不能化其明主；微子虽贤，不能谏其暗君；比干虽惠，不能自免其身；蛟龙虽猛，不杀岸上之人；刀剑虽利，不杀清洁之士；罗网虽细，不能执无事之人；非灾横祸，不入慎家之门。人无远虑，必有近忧。邪僻坏于良，谗言败于善。君子之怀，有如大海，博纳众川，宽则得众，敏则有功。以法治人，人即得治；治国信谗，必杀忠臣；治家信谗，家必败亡；兄弟信谗，分别异居；夫妇信谗，男女生分；朋友信谗，必致死怨。天雨五谷，荆棘蒙恩。抱薪救火，火必成灾；扬汤止沸，不如去薪。千人排门，不如一个人拔关；一人守隘，万人莫当。贪心害己，利口伤身。

瓜田不整履，李下不整冠。圣君虽渴，不饮盗泉之水；暴风疾雨，不入寡妇之门。孝子不隐情于父，忠臣不隐情于君。法不化于君子，礼不知于小人。君浊则用武，君清则用文。多言不益其体，日使不防其身。明君不爱邪佞之臣，慈父不爱无力之子。道之以德，齐之以礼。小人不择地而息，君子固穷，小人不择官而事。屈厄之人，不羞执鞭之事；饥寒在身，不羞乞食之耻。贫不可欺，富不可恃，阴阳相催，终而复始。太公未遇，钓鱼渭水；相如未达，卖卜于市。鲁连海水，义不受爵；孔明盘桓，候时而起。鹤鸣九皋，声闻于天，电里燃火，烧气成云。家中有恶，人必知之；身有德行，人必称传。孟母三移，为子择邻。

不患人不知己，唯患己不知人。己欲立身，先立于人，己欲达者，先达于人。立身行道，始于事亲；孝无终始，不离其身。修身慎行，恐辱先人；己所不欲，勿施于人。近鲍者臭，近兰者香；近愚者暗，近智者良。明珠不莹，焉放其光；人生不学，言不成章。小儿学者，如日出之光；长而学者，如日中之光；老而学者，如日暮之光；而老不学，冥冥如夜。柔必胜刚，弱必胜强；齿坚即折，弱柔则长。女慕贞洁，男效才良；行善获福，行恶得殃。行来不远，所见不长；学问不广，智慧不长。欲知其君，视其所使；欲知其父，先视其子。欲作其木，视其文理；欲知其人，先知奴婢。

病则无法，醉则无忧，饮人诳药，不得责人之礼。圣人避其酒客，君子恐其酒失。知者之子，多患不见之过；愚夫之子，多患小人之过。女无明镜，不知面上精丽。将军之门，必出勇夫；博学之家，必有君子。是以人相知于道行，鱼相忘于江湖。人无良友，不知行之得失，是以结朋交友，须择良贤。寄儿托孤，意重则密；荣则阿荣，辱则同辱；难则相救，危则相扶。勤是无价之宝，学是明月神珠。积财千万，不如明解一经；良田千顷，不如薄艺随身。慎是护身之符，谦是百行之本。香饵之下，必有悬钩之鱼；重赏之下，必有勇力之人。有功者可赏，有过者可诛。慈父不爱无力之子，只爱有力之奴。养男不教，为人养奴；养女不教，不如养狗。痴人思妇，贤女敬夫。恭行孝悌，行追贤圣。

——《鸣沙石室佚书》

【注释】

①时流：有才德有名气的人。

②诳言：假话。

【译文】

受人一头牛，还人一匹马，收礼不回赠，礼节说不通。受人恩惠当思报答，才算得上风流儒雅谦谦君子。如受人恩惠却不思报答，哪算得上是人！侍奉君主必须忠心耿耿，孝敬父母必须恭恭敬敬。礼节上只听说学生上门来求学，不曾见老师屈尊去施教。离开父亲去事奉老师，要毕恭毕敬就像侍奉父亲一样。言语要谨慎，仪表要整洁；心存良善恪尽孝道，切莫逞凶作恶多端；不要弄虚作假，心中保持正直诚实，勿生欺骗他人之念。怀着虔诚的孝心服侍父母，早晨问候，晚上看望；关心他们的饮食，体贴他们的寒暖；分担他们的忧愁，共享他们的欢乐。父母亲身体有病，孝子应当禁戒美味佳肴，吃饭不求饱足，睡觉不求安稳；听到高兴的事不欢喜，遇到喜庆的事情不去观看；不修饰容颜，不整饰衣冠；只要疾病能痊愈，就是把这些全部废止也不难。

弟子事奉老师，尊敬备至就像对待自己的父亲。学习老师的处世为人之道，及其说话的方式。黄金白银尽可一下子送人；好话忠告，却要斟酌再三，侃侃而谈。忠诚的臣子不与境外之人私交，虔诚的学生要向老师敬奉拜师礼品。一日做老师，终生如严父；一日为国君，终生是主人。教育子女时，要经常让他谦恭谨慎，出言无过失，行事理不亏。别家竹篱莫翻越，别家私事莫打听；他人贫穷莫取笑，他人患病莫欺侮；他人财物莫拿取，他家美女莫染指；遇到强者莫触犯，遇到，弱者莫欺凌；别人良弓莫去挽，别人良马莫去骑，弓折马死祸临头，只因不是自家物。钱财多了害自己，必须时常存畏惧；酒喝多了伤身体，必须戒掉莫沾唇；女色诱人常招害，必须远离莫近身；愤怒郁结会作恶，必须忍耐宽胸怀；人心难测罪恶起，必须净化莫松懈；祸从口出坏大事，必须三思而后言。见人行善事，必须勤赞扬；见人做恶事，应当掩而藏。邻居有灾难，必须去救援；见人打斗急，即应苦相谏。要去某地方，先要细思量；见人犯过失，苦苦旁相劝，即应苦相谏；不是有才有德人，趁早快躲避。

身陷罗网的鸟，悔恨飞得不高；吞了钓钩的鱼，悔恨没忍住饥饿；人生误入歧途，悔恨没有先三思；大祸即将临头，悔恨当初不能忍耐。父亲出门去，儿子应紧跟其后；路遇尊贵者，应齐脚敛手以示敬意；尊者在面前，不往地上唾；尊者赐予酒，应该拜受之；尊者赐予肉，骨头不能扔给狗；尊者给果品，果核不乱扔，若是随地抛，礼节大丢丑。有客当面谈，不唾不能擤，还不能漱口。谨记切莫忘。终身无过错。做人的根本，仁义礼让先。贫贱莫与交，显贵莫与亲。他家奴才莫搭腔，他家仆婢莫与言。破败衰颓之家，莫与之通婚；市井势利之家，不要与他为邻。尊敬长辈爱护下人，敬爱尊亲贤士；孤儿寡妇之家，尤其要怜悯关照。宁可丢官职，不可悔婚姻；为人处事要慎重，话未出口要三思；恶人共聚会，横祸必及身。

教养儿子的关键，是不要听他的谎言；教养女儿的关键，是别让她离开母亲。男孩长大成年，不要让他嗜酒；女孩长大成人，不要让她乱跑。男人嗜酒，动辄挥拳动手，做事不讲场合，说话不讲分寸，搞错尊卑贵贱，闹得朋友反目；女人到处乱跑，难免弄姿搔首，男女混杂一起，风气为之大败，亲友脸上难堪，自家名声受辱。妇女陪送客人，不出闺门一步；言语尤要谨慎，最好低声下气。出门结伴而行，不要显露行踪；送客送到门口，千万别出前厅。一种品行差失，百行都将受损。而谨守礼教，则无事不精。新妇侍奉公公，莫高喉大嗓，少抛头露面；弟媳与长兄，无事不搭声；孝敬公与婆，恭敬待丈夫，应酬众亲朋，教育子和女。行走迈碎步，说话要低声，勤做女红事，莫要习歌舞。很少见当今，贫家养女儿，有不会织麻布，不会做针线；贪吃不干活，东逛西游的。女儿长成人，嫁作他人妇，不敬公和婆，不惧自家夫；长辈让其劳作，喊累又叫苦；丈夫说一句，反以十句相还；辱没亲兄弟，连累娘家父母，此女不是人，何异猪和狗！

少时为人子，长大为人父，出门整仪容，举止要安详。语言恭敬审慎，终身无愁苦。恶言损辱他人，先污自己口舌；十句恶语九言中，不还口者才得胜。居家当择邻，隔墙有良友；垂手立厅前，诚心待宾客；礼节无亲疏，来者皆故旧，当食便给食，当酒也有酒；闭门不接纳，何异禽与兽。脱贫求富贵，问心要无愧；来客无贫穷，古语不欺人。周公握发吐哺，礼贤下士之首；闭门拒人在外，其行不如狗鼠。高山上的树木，备受风雨之苦；大路旁的树木，备受刀斧之苦；靠近道路筑舍，受尽旅客之苦；居家不能谨慎，受尽官府之苦；牛羊没有圈好，必受虎狼之苦；庄稼熟了不收，必受雀鼠之苦；房子漏了不补，要把梁柱烂朽；兵将不谨慎，战事要失败；人生不学习，言多亦无益。

近朱者赤，近墨者黑；蓬蒿生在麻丛中，不用扶自己也会直；接近佞邪者学会诌媚，跟着惯偷则学会做贼；跟着愚人变痴呆，跟着圣贤变聪明；接近贤士品德好，接近淫棍好女色。人穷力不穷，辛勤耕耘，则丰衣又足食；努力学习者，必定得官职。良田不勤耕，劳民又劳力；养子不勤教，白费衣食料。与人共进餐，千万别先尝；与人同饮酒，切记后举箸。行走不挡路，座席不靠墙。路途遇尊长，侧身立道旁，有问善答对，必须说周详。儿子自外归，先要拜长辈；未见尊长面，莫进自家房；若得好饮食，自己先别尝，首先祭祖宗，再敬爹和娘，其次众兄弟，最后到儿郎。吃饭要礼让，劳苦应先当；有错必改正，得意莫忘形。与人相结识，仪表先整洁，自报名和字，然后两相知。年辈高于己，尊敬如父子；年岁差十年，恭敬称兄长；年长三五年，乃可并肩行。三人同行路，必有我师焉，择其善者学，改正其缺点。潦倒时不择职业，贫贱时不择妻室，饥饿时不择食物，寒冷时不择衣服。小人为争财而残杀，君子靠德行觅知音。想要利用其长处，先得容忍其短处；想要利用其圆通，先要容忍其端方；想要利用其强悍，先得容忍其懦弱；想要利用其刚强，先得容忍其柔弱；想要防御外敌，先要内部布防；想要张扬他人的不是，实际也把自己搭上。出口伤人，等于自伤。

人不可貌相，海水不可斗量。茅屋草房之家庭，可以产生公主；蒿艾野草之下，也有芬芳的兰草。帮人祭祀可以得到饮食；帮人斗殴，只能使自己受伤。仁慈的人必长寿，凶暴的人必早亡。如意好事，常被美酒耽误。听到他人行善事，尽可四处传扬；知道他人有过失，却应遮掩盖藏；因此应少说他人过错，少夸耀自己长处。鹰鹞虽然迅疾，却快不过疾风暴雨；日月虽然光明，却照不到盆子底下；尧舜虽然圣明，却不能使君王贤能；微子虽然贤能，却不能谏阻他的昏君；比干虽然聪慧，却不能免掉杀身之祸；蛟龙虽然凶猛，却不能加害于岸上之人；刀剑虽然锋利，却不能用来杀清正廉洁之士；罗网虽然细密，却不能捕套无罪之人；意外的灾祸，不会降临谨慎人家。人无远虑，必有近忧。邪恶总要在高尚面前惨败；谗言终究要在善行面前破产。君子的胸怀，如滔滔大海，博纳百川，胸怀宽广者，赢得民心，勤奋敏捷者卓有成效。治理人民用法律，人民就会信服；治理国家若信谗言，忠臣也会被杀戮，治理家庭如果听信谗言，家庭必然会衰败灭亡；兄弟之间听信谗言；彼此就会分家；夫妇之间听信谗言，彼此就会产生隔阂；朋友之间听信谗言，相互就会结下死怨。雨水滋润五谷，荆棘也会蒙受恩泽。抱薪救火，火势蔓延成灾；扬汤止沸，不如釜底抽薪。千人推门，不如一人拔去门闩；一人把守关隘，万人别想攻克。贪心不足害自己，伶牙俐口反伤身。

瓜田里面不整鞋，李子树下不整帽。圣人虽然口渴，不饮盗泉之水；路遇狂风暴雨，不进寡妇家门。孝子不向父亲隐瞒真情，忠臣不向国君隐瞒真情。法律不用来教化君子，礼节不用来对待小人。国君昏庸则穷兵黩武，国君清明则弘扬文教。多嘴多舌无益于自己，每日劳动有利于身体。圣明的君王不宠爱奸佞之臣，慈祥的父亲不喜欢懦弱之子。诱导用道德，约束用礼仪。小人栖身不择地，君子身处穷困仍坚贞不渝，小人做官不择位。身处困境，哪怕执鞭开道；饥寒难忍，不以乞讨为羞。不可欺侮贫者，不可自恃富贵，阴阳相互交替，循环往复无穷。太公未遇文王，屈身垂钓渭水；相如成名之前，沿街替人占卜。鲁仲连远遁海上，不受齐王封爵；诸葛亮隐居山林，等待时来运转。仙鹤引颈长鸣，其声响彻长空；雷电燃起天火，雾气烧成浓云。家中有人作恶，外人必然知道；自己品行高洁，世人必然称颂传扬。孟子母亲搬家三次，只为儿子择佳邻。

不担心别人不了解自己，只着急自己不了解别人。自己要立足社会，先得使别人立足社会，自己要事事通达，先得使别人事事通达。立足社会开创事业，要先从事奉亲人开始；孝敬父母不能坚持，报应将来落在自身。修习道德谨慎行事，唯恐辱没先辈名声；自己不愿意的事，切勿强加于人。接近腥鱼必定臭，接近兰草自然香；接近愚昧人糊涂，接近智慧人贤明。明珠未经琢，哪得放光明；人生不学习，言语不成章。少小早学习，如旭日初升，希望灿然；年长始学习，如艳阳高照，为时不晚；老来方学习，如夕阳余晖，犹可照人；老死不学习，如冥冥长夜，一片黑暗。柔可克刚，弱可胜强；坚硬不挠易折断，柔韧灵活能图强。女子仰慕贞洁，男子钦敬贤良；行善得福荫，行恶遭祸殃。行路不多，见识不广；学问不多，智慧不高。要知君王，看其臣下；要知父亲，先看儿子。要对木料加工，先得看其纹理。要知主人如何，先得看其奴婢。

神智迷乱之人，不受法令约束；酩酊大醉之人，忘掉一切忧愁。让人喝下乱性之酒，就别要求他诸事合礼。圣人回避嗜酒之人，君子唯恐酒后有失。智慧之人，常犯不可预见的错误；愚昧之人，常犯庸俗势利的过错。美女若无明镜，不知道自己粉面花容。将军府中，必定出赳赳勇夫；博学人家，必然出正人君子。所以人们借助品行相互了解，鱼儿却在江湖中彼此相忘。人无良友，不知自己行为的对错，所以结交朋友必须选择贤良之士。寄养幼子托付孤儿，都是出于情意深重关系密切；应当共享荣耀，共担耻辱；遇难鼎力相救，遇危挺身相助。勤奋是无价之宝，好学是明月宝珠。积累千万家产，不如精通一部经典；拥有千顷良田，不如掌握一门技艺。谨慎是护身之宝，谦恭是品行之本。撒下香饵，必有大鱼上钩；悬下重赏，必有勇士出场。有功之人尽管奖赏，有过之人必受诛罚。慈父不喜爱懦弱的儿子，宁喜爱强干的奴才。养下男孩不调教，无异替别人豢养奴才；生下女孩不调教，还不如自家养只狗。痴情男儿，终日思念艳妇；贤惠女子，一心敬奉夫君。为人恭敬，孝双亲睦兄弟；德行比圣贤。

（五）李景让母

1. 郑氏性严明

【题解】

李景让的母亲郑铮，年轻守寡，却能清贫自守，苦心哺育三个儿子。更为难能的是她家教有方，最后竟使三个儿子都中了进士，这都来源于她志节高尚，以身作则。下面这个故事就充分表明了她"富贵不能淫，贫贱不能移"的崇高风范。

【原文】

唐常侍李景让母郑氏，性严明，早寡，居于东都。诸子皆幼，母自教之。宅后石墙，因雨陨①陷，得钱盈缸，奴婢喜，走奔告母。母往焚香祝之曰："吾闻无劳而获，身之灾也。天必以先君余庆，矜其贫而赐之，则愿诸孤它日学问有成，乃其志也，此不敢取。"遽②命掩③而筑之。三子皆进士及第。

【注释】

①陨：tuí 倒塌。

②遽：jù 赶快。

③掩：yǎn 通"掩"。

【译文】

唐右常侍李景让的母亲郑氏，性格严明。早年守寡，住在东都洛阳。几个儿子的年纪都很小，郑氏就亲自教育他们。李景让家住宅后面的石墙由于下雨而塌陷，得到的钱能装满一缸，奴婢们兴高采烈地跑来告诉郑氏。郑氏赶来，烧香祷告说："我听说不劳而获，是自身的灾祸。老天一定是因为孩子他爸积下了功德，怜悯我家贫困而赐给我们钱财，但愿几个孤儿将来学问有所成就，这才是我丈夫的志向，这些钱我不敢拿。"于是当即命人将钱在原处掩埋，并重新修筑好墙壁。郑氏的三个儿子后来都考取了进士。

2. 责子

【题解】

李景让的母亲性格严明果决，教子有方、李景让妄杀人命，激起公愤，她当众斥责李景让，还要鞭打他，一举两得：一方面教训了儿子，使他以后不再肆意妄为；另一方面又轻而易举地将一场兵变消弭于无形。老孺人真是智慧啊！

【原文】

景让来浙西观察使，左都押衙忤意，杖杀之，军中愤怒，将变。景让方视事，母出坐听事，立景让于庭而责之曰："天子付汝以方面，岂得妄杀？万一致一方不宁，岂唯上负天子，使垂老之母，衔羞入地，何以见汝之先人乎？"命左右褫①其衣坐之，将挞其背。将佐皆为之请，拜且泣。久乃释之，军中遂安。

——《续世说·贤媛》

【注释】

①褫：chǐ 剥夺。

【译文】

李景让担任浙西观察使时，部下中有一左都押衙违背了他的意旨，李景让竟将这个左都押衙用木杖打死，军队中群情激愤，眼看就要发生变乱了。李景让正在处理政事时，他的母亲出来坐在一旁听李景让理事，她叫李景让站在庭院中，责备说："天子付给你镇守一方的重托，难道能随便杀人吗？万一造成一方不安宁，岂止是上负天子，就是垂老的母亲也要带着羞愧进入坟墓，有什么脸去见你的祖先呢？"说完，命令左右家人脱去他的衣服，叫他坐在庭院中，而她自己举起鞭子就要抽打李景让的背，将佐们都为李景让求情，跪拜哭泣。李景让母亲过了很久才将李景让释放，军队于是才安定下来。

（六）卢承庆

临终戒子

【题解】

卢承庆官至相位，却躬行薄葬，其人之淡荡简易可知。

【原文】

卢承庆临终诫子："敛①以常服，不用牲牢；坟高可认，不须广大；事办即葬，不须卜择；墓中器物，瓷漆而已；有棺无椁，务在简要；碑志但记官号、年代，不须广事文饰。"

——《续世说·俭啬》

【注释】

①敛：敛盖尸体。

【译文】

卢承庆临终时告诫他的儿子说："我死后要穿上平常的衣服，不要用牲畜祭奠；坟墓的高度只要可以辨认就行，不必高广宽大；丧事办完就下葬。不必占卜选择日期；坟墓中随葬的器物，用瓷器和漆器就可以了；只用棺材，不要棺外加椁，一定要简单；碑文只记载官号和生卒年月，不需要说很多赞美粉饰的话。"

（七）杜甫

示从孙济

【题解】

本篇以自己的经历告诫侄孙杜济，让他明白家庭的重要性，并且进一步提出家庭和睦的关键在于"勿受外嫌猜"，这对于治家颇有益。

【原文】

平明跨驴出，
未知适谁门。
权门多噂沓，
且复导诸孙。'
阿翁懒惰久，
觉儿行步奔。
所来为宗族，
亦不为盘飧。
小人利口实，
薄俗难可论。
勿受外嫌猜，
同姓古所敦。

——《杜诗详注》

【译文】

天亮就骑毛驴出，

不知该往谁家门。

权贵门前是非多，

还是去找众儿孙。

爷爷好久不曾动，

只觉行走如飞奔。

全是为了咱家族，

并不只想饭菜吞。

小人总是口舌多，

轻薄世俗没法论。

不要蒙受外人疑，

家人古来多睦敦。

（八）柳玭

诫子弟书

【题解】

柳玭出身于名门世家，祖父柳公绰治家严谨，据《旧唐书》记载"子弟克禀诫训，言家法者，世称柳氏"。本篇承袭了柳氏家法，并且针砭时弊，可以说是治家的宝典。

【原文】

夫门第高者，可畏不可恃。可畏者，立身行己，一事有坠先训，则罪大于他人。虽生可以苟取名位，死何以见祖先于地下？不可恃者，门高则自骄，族盛则人之所嫉。实艺懿行，人未必信，纤瑕微累，十手争指矣。所以承世胄者，修己不得不愿，为学不得不坚。夫人生世，以无能望他人用，以无善望他人爱，用爱无状，则曰："我不遇时，时不急贤"。亦由农夫鲁莽而种，而怨天泽之不润，虽欲弗馁，其可得乎！

予幼闻先训，讲论家法。立身以孝悌为基，以恭默为本，以畏怯为务，以勤俭为法，以交结为末事，以气义为凶人。肥家以忍顺，保交以简敬。百行备，疑身之未周；三缄密，虑言之或失。广记如不及，求名如徻来①。去奢与骄，庶几减过。莅官则洁己省事，而后可以言守法，守法而后可以言养人。直不近祸，廉不沽名。廪禄虽微，不可易黎甿②之膏血；榎楚③虽用，不可恣褊狭之胸襟。忧与福不偕，洁与富不并。比见门家子孙，其先正直当官，耿介特立，不畏强御；及其衰也，唯好犯上，更无他能。如其先逊顺处己，和柔保身，以远悔尤；及其衰也，但有暗劣，莫知所宗。此际几微，非贤不达。

夫坏名灾己，辱先丧家。其失尤大者五，宜深志之。其一，自求安逸，靡甘澹泊，苟利于己，不恤人言。其二，不知儒术，不悦古道，懵前经而不耻，论当世而解颐，身既寡知，恶人有学。其三，胜己者厌之，佞己者悦之，唯乐戏谭，莫思古道，闻人之善嫉之，闻人之恶扬之，浸渍颇僻，锁刻德义，簪裾徒在，厮养何殊。其四，崇好慢游，耽嗜曲蘖④，以衔杯为高致，以勤事为俗流，习之易荒，觉已难悔。其五，急于名宦，昵近权要，一资半级，虽或得之，众怒群猜，鲜有存者。兹五不是，甚于痤疽。痤疽则砭石可瘳，五失则巫医莫及。前贤炯戒，方册具存，近代覆车，闻见相接。

夫中人已下，修辞力学者，则躁进患失，思展其用；审命知退者，则业荒文芜，一不足采。唯上智则研其虑；博其闻，坚其习，精其业，用之则行，舍之则藏。苟异于斯，岂为君子？

——《全唐文》卷八一六

【注释】

①傥来：偶然来。
②甿：méng 田民。
③榎楚：榎木荆条。
④蘖：酒曲子，指酒。

【译文】

出身门第高贵的人。应该心存畏惧，而不可依仗自己的高贵为所欲为。心存畏惧。因为他立身处世的言论行动，如有一件违背先贤的遗训，他的罪过就比别人大。虽然他活着勉强可以获得名誉地位，但是死后有什么面目去见他在地下的祖先呢？不可依仗，因为门第高贵的人，自己容易骄傲，骄傲了就要招损；而且，家族兴旺发达，别人也会嫉妒。往往有这样的情况，你有真才实学和美好的德行，别人未必肯相信；如果你有细小的缺点或过失，大家都会争着指责你。所以，凡承袭世家门第的人，自身修养不能不勤恳些，做学问的功夫不能不非常扎实。假如一个人活着，自己无能却要求别人重用他，自己无德却盼望别人尊敬他，倘若对他不用不敬就要埋怨："我真是生不逢时，时世不需要贤能的人"。这种人正像一个懒惰鲁莽的农夫，自己草率地耕作，却反而埋怨老天不下雨滋润禾苗。虽然也想不受饥挨饿，但如何能办得到呢？

我小的时候，曾经听先辈教训，讲论家法。一个人立身处世，要以孝敬父母友爱兄弟为基础，以恭敬和静默为根本，以办理就就业业为急务，以勤勉俭朴为原则。把拉关系搞派别，看作最没出息的事，把意气用事的人看成凶险的人。如果要想家中兴旺发达，全家人应该互相忍让和顺；如果要想和亲戚朋友保持友好的交往，互相之间的关系应该既简洁又敬重。

虽然自己具备各种美德，还应当常常想想自己待人接物是否还有不周到的地方；虽然再三要求自己说话要谨慎，还应该经常思虑自己可能仍有失言之处。虽然已经博闻强记，还须看到自己学得不够；虽然已经求得功名，还须看到这是偶然得来，不能长久，切莫把它看得太重。一定要去掉吝啬之心和骄傲情绪，这样就可以减少自己的过失。如果上任当官，应该洁身自好并省察公事。唯有这样，才谈得上守法。而只有自己守法，才可以教育人。同时，还应使自己正直而不接近那些肇事闯祸的人，廉洁而又不沽名钓誉。当官的俸禄虽少，但切不可搜刮黎民的钱财；公堂上的刑具虽然可以用，但不能胸襟狭窄泄私愤滥用刑。要知道，忧和福不会同时到来，廉洁和豪富并不同时存在。近来看到不少豪门子孙，他们的先辈为官正直，不畏强暴，很有骨气。待到门庭衰落，他们自己只知道一味地犯上作乱，没有其他能耐。或者他们的祖先谦逊和顺待人，和睦温柔洁身自好，既无悔恨又无过失，而到衰落时，他们自己就常干一些见不得人的丑事，丢光了祖先的传统，不知道自己应该怎么办才好。此中微妙，非贤能之人是不能通晓的。

可见，一个人的过失，很可能毁坏自己的名声，使自己蒙受祸殃，并且还会辱没祖先，败坏门庭。其中有五种过失危害特别大，你们一定要牢牢铭记，引以为戒。其一，自求安逸，不甘心淡泊名利。为了求得功名利禄，只要对自己有利，什么事都干，从不顾虑别人的议论。其二，不懂儒家学说，不喜古代圣贤之道术。对先贤的经典，懵懂无知也不觉得是耻辱，却喜欢高谈阔论当世时事，面上毫无愧色。自身才疏学浅，却厌恶别人有学问。其三，对于超过自己的人表示厌恶，对于那些巴结谄媚自己的人，非常喜欢。只知嬉戏和空谈，不肯钻研古代圣贤之道。听到别人做了好事便嫉妒。听到别人有了过失便到处宣扬。整个身心都被偏狭邪恶的思想和习惯浸泡透了。这种人，虽然也标榜仁义道德，但徒有显贵之虚名，和那些为人服役、地位卑微之人有什么两样呢？其四，爱好漫游，嗜酒贪杯，以饮酒为高贵雅致，视勤于工作为庸俗之辈，怠惰成性，自己也觉得积习难改，待到省悟时，已悔之晚矣。其五，急切地谋求高官，讨好权贵显要。这样的人，即使捞到一官半职，也要受到众人的埋怨和大过失，巫师和医师都是无能为力的。关于这点，前代圣贤昭著的训诫都在，近代人们因犯上列错误而跌跤翻车的教训，时常可以听到、看到，你们定要引以为戒。

一般讲，普通水平以下的人，注意修饰言辞努力学习的，容易急躁冒进患得患失，经常想着要施展才能，为朝廷重用。善于审视自己的命运知道引退的人，又往往学习和文章荒废，都不可取。只有那些优秀的人，能够审察并磨炼自己的思虑能力，广博自己的见闻，保持自己良好的习性，精通自己的学业。如果得到任用，就可行之有效，如果不用他，他就可以把才干收留起来，等待时机。如果不能这样，怎么能成为胸怀坦荡的君子呢？

（九）郑氏

胎教和母仪

【题解】

教子是父母义不容辞的责任，其中母亲又有特殊的职责。胎教和母仪两章集中反映了母亲教子的完整过程。胎教一章离不开一个"正"字，对于孩子的生理、性情和喜好都大有关系。母仪一章讲从孩子出生后的教育内容和要求，其中教导男孩读书知礼至今都有意义，当然那些教女孩三从四德的部分是应该加以批判的。

【原文】

大家①曰："人受五常之理，生而有牲习也。感善则善，感恶则恶。虽在胎养，岂无教乎？古者妇人姙子也，寝不侧，坐不边，立不跛。不食邪味，不履行走左道。割不正不食，席不正不坐。目不视恶色，耳不听靡声，口不出傲言，手不执邪器。夜则诵经书，朝则讲礼乐。其生子也，形容端正，才德过人。其胎教如此。"

大家曰："夫为人母者，明其礼也。和之以恩爱，示之以严毅。动而合礼，言必有经。男子六岁，教之数与方名。七岁，男女不同席，不共食。八岁，习之以小学。十岁，从以师焉。出必告，反必面。所游必有常，所习必有业。居不主奥，坐不中席，行不中道，立不中门。不登高，不临深，不苟訾②，不苟笑，不有私财。立必正方，耳不倾听。使男女有别，远嫌避疑，不同巾栉。女子七岁，教之以四德。其母仪之道如此。皇甫干安叔母有言曰：孟母三徙，以教成人，买肉以教存信，居不卜邻，令汝鲁钝之甚。《诗》云：'教诲尔子，式谷似之'"。

——《女孝经》

【注释】

①大家：曹大家班昭。这里是郑氏假托。

②訾：zǐ 诋毁。

【译文】

曹大家说："人接受了五行的天理，生下来就有性情习惯。感触到好的就会好，感触到坏的就会坏。即使在母胎静养，难道能没有教育吗？古代的妇女怀有孩子，睡觉时不侧身，安坐时不靠边，站立时不跛脚，不吃味道不正的东西，不走路不好的地方；砍的肉不正就不吃，坐的席子不正就不坐；眼睛不看不好的色彩，耳朵不听糜烂的声音，口里不说傲慢的话，双手不拿邪辟的器具；晚上就读经书，早上就讲礼乐。她所生的子女，形体容貌端正，才智美德超过他人，因为她的胎教就是这样。

曹大家说："做人母亲的，要知道为人母的礼节。用恩爱来和合子女，用严毅来教育子女。行为举止要合乎礼仪，言谈讲话要有常法。男孩六岁的时候，要教他数字和方剂的名称。七岁时，男女不同坐一席，不一起吃饭。八岁，学习文字。十岁时，让他跟从老师。出门一定要告诉父母，返回家中一定要面见父母。到哪里去要是常去的地方，学习什么要有固定的学业。居住不住尊长所居的里屋，坐下不坐尊长所坐的中席，走路不走中间，站着不站中门。不登临高处，不就近深渊，不随便诋毁别人，不随便就大笑，不能有私人财产。站立一定要正正方方，耳朵不要紧贴着听。要使男女有分别，远避不好的嫌疑，不要同用毛巾梳子等日用品。女孩七岁时，用妇女四德来教她。做母亲榜样的方法就是这样。皇甫士安叔母这样说过：孟子的母亲三次搬家以教育儿子成人，买肉给儿子吃以教育儿子有信义。居住不选择邻居，就会使你太鲁莽、愚蠢。《诗经》说：'教诲你的儿子，要用善道来教，使他为善。'"

五、宋辽金元篇

（一）司马光

1. 祖

【题解】

祖辈应该留给子孙什么？司马光的回答是：勤俭和道德。这篇文章分析了留给子孙丰厚的财产，却适足以使子孙懒惰，甚至招来祸患等等情况。这是一声警钟，足以发人深省，千年长鸣。

【原文】

为人祖者，莫不思利其后世，然果能利之者鲜①少矣！何以言之？今之为后世谋者，不过广营生计以遗，田畴连阡陌②。邸肆跨坊曲，粟麦盈仓囷③，金帛充箧笥④，慊慊然求之犹未足，施施然自以为子子孙孙，累世用之莫能尽也。然不知以义方训其子，以礼法齐其家。自于数十年中，勤身苦体以聚之，而子孙于时岁之间，奢靡游荡以散之，反笑其祖考之愚，不知自娱；又怨其吝啬无恩于我而厉虐之也。始则欺绐⑤，攘窃以充其欲，

不足则立约举债于人，俟其死而偿之。观其意，唯其考之寿也，甚者至于有疾不疗，阴行鸩毒，亦有之矣！然则向之所以利后世者，适足以长子孙之恶而为身祸也。

顷尝有士大夫，其先亦国初名臣也，家甚富而尤吝啬，斗升之粟，尺寸之帛，必身自出纳，锁而封之。昼则佩钥于身，夜则置钥于枕下，病甚困绝，不知人子孙窃其钥开藏室，发箧笥取其财，其人后苏，即扪⑥枕下，求钥不得，愤怒遂卒。其子孙不哭，相与争匿其财，遂致斗讼。其处女亦蒙首执牒，自诣⑦于府庭，以争嫁资，为乡党笑。盖由子孙自幼及长，唯知有利，不知有义故也。夫生生之资，固人所不能无，然勿求多余，多余希⑧不为累矣。使其子孙果贤耶？岂蔬粝布褐不能自营，至死于道路乎？若其不贤耶？虽积金满堂，奚益哉！多藏以遗子孙，吾见其遇之甚也。然则圣贤皆不子孙之匮乏耶？曰："何为其然也？昔者圣人遗子孙以德以礼，贤人遗子孙以廉以俭。舜自侧微，积德至于为帝，子孙保之，享国百世而不绝。周自后稷，公刘、大王、王季、文王，积德累功，至于武王而有天下，其诗曰："诒⑨厥孙⑩谋，以燕翼子。"言丰德泽、明礼法，以遗后世而安固之也，故能子孙承统，八百余年，其支庶犹为天下显，诸侯棋布于海内，其为利岂不大哉！

孙叔敖为楚相，将死，戒其子曰："王数封我矣，吾不受也。我死，王则封汝。必无受利地。楚越之间，有寝邱者，此，其地不利而名甚恶，可长有者，唯此也。"孙叔敖死，王以美地封其子，其子辞，请寝邱，累世不失。

汉相国萧何买田宅，必居穷僻处，为家不治垣屋⑪。曰："令后世贤，师吾俭；不贤，无为势家所夺。"

太子太傅疏广，乞骸骨归乡里，天子赐金二十斤，太子赠以五十斤。广日令家具设酒食，请族人、故旧、宾客相与娱乐。数问其家金余尚有几何，趣⑫，卖以共具。居岁余，广子孙窃谓其昆弟老人，广所爱信者曰："子孙冀及君时，颇立产业基址。今日饮食费且尽，宜从大人所劝，说君买田宅。"老人即以闲暇时为广言此计。广曰："吾岂老悖不念子孙哉！顾自有旧田庐，令子孙勤力其中，足以共衣食，与凡人齐。今复增益之，以为赢余，但教子孙怠惰耳。贤而多财，则损其志；愚而多财，则益其过。且夫，富者，众之怨也。吾既无以教化子孙，不欲益其过而生怨。"

涿郡太守杨震，性公廉，子孙常蔬食步行。故旧长者或欲为公开产业，震不肯。曰："使后世称为清白吏子孙，以此遗之，不亦厚乎？"

南唐德胜军节度使兼中书令周本，好施。或劝之曰："公春秋⑬高，宜少留余赀，以遗子孙。"本曰："吾系草屩⑭事吴武王，位至将相，谁遗之乎？"

近故张文节公为宰相，所居堂屋不蔽风雨，服用饮膳，与始为河阳书记无异。其所亲或规之曰：公月入俸禄几何？而自奉俭薄如此？外人不以公清俭为美，反以为有公孙布衣之诈。文节叹曰："以吾今日之禄，虽侯服王食，何忧不足？然而人情由俭入奢则易，由奢入俭则难。此禄安能常恃，一旦失之，家人皆习于奢，不能顿俭，必至失所，曷若无失其常。吾虽违世，家人犹如今日乎？"闻者服其远虑。此皆以德业遗子孙者也，所得顾不多乎！

晋光禄大夫张澄，当葬父，郭璞为占墓地曰："葬某处年过百岁，位至三司，而子孙不蕃⑮；某处年几减半，位裁卿校，而累世贵显。"澄乃葬其劣处，位止光禄，年六十四而亡，其子孙昌炽，公侯将相至梁陈不绝。虽未必因葬地，而然足见其爱子孙厚于身矣。先公既登侍从，常曰："吾所得已多，当留以遗子孙。"处心如此，其顾念后世，不亦深乎？

——《温公家范》

【注释】

①鲜：xiǎn 很少。

②阡陌：qiān mò 田间小路。

③囷：qūn 贮粮仓库。

④箧笥：qiè sì 指大大小小的箱子。

⑤绐：dài 欺骗。

⑥扪：mén 摸。

⑦讦：jié 攻讦。

⑧希：同"稀"。

⑨诒：通"贻"。

⑩孙：通"逊"。

⑪屋：高宅大院。

⑫趣：cù 催促。

⑬秋：年龄。

⑭屩：草鞋。

⑮蕃：fán 繁盛。

【译文】

为人的祖父，没有谁不想为后代子孙留下一点好处。但是真正能给后代带来好处的人真是太少了！为什么这样说呢？现在那些为后世着想的人，只不过是多做些生计留给子孙物质上的丰富：田土是一陇连一陇，房子是一片接一片，甚至跨过了几个村落，仓里的粮食满满的，钱、布也装满了箱子抽屉，即使这样也仍然感到不满足，继续积累聚敛，得意扬扬地，以为全是为了子子孙孙，并认为那些财富多少代都用不完了。却不知道用道义去教育训导他们的子孙，用礼法去治理家庭。自己在数十年中，辛辛苦苦地积聚起来的财富，子孙们却在几年之内，奢侈靡腐，游玩放荡，全部散尽了，反过来还讥笑他们的祖父是一些愚蠢之人，不知道自己享受；并且还抱怨他们小气，不大方，对自己没有恩情，只会用严厉的手段、方法。开始的时候还是用欺骗或盗窃的手段，以满足自己的欲望，如果仍然不能满足，就在外面立契约向人借债，等到祖父死了以后，再用遗产偿还。看他们的鬼念头，就只担心他们的祖父长寿。更有甚者，以至于有祖父生病不给治疗，暗地里放毒药的。然而那些过去想为后代谋利益的人，适足以助长子孙的恶习，甚至带来自身的祸患。

曾经有这么一位士大夫，他的祖辈也是本朝初年的有名大官，家里非常富有，但却十分吝啬，一斗一升的粮食，一尺一寸的布帛，一定要自己亲自经手收进或放出，并加锁封起来。白天就把钥匙佩在身上，晚上则把钥匙放在枕头下。有一次病得厉害，不省人事。他的儿子、孙子们就把钥匙偷了出来，打开收藏室，开了箱子柜子，取走了财物。这人后来醒过来了，就去摸头下面，钥匙找不到了，一阵愤怒，于是死去。他一死，儿子、孙子都没有哭泣，而是互相争夺藏匿财产，并且打起架来了，闹出官司。还没有出嫁的女儿也把面蒙起来，拿着牒文，自己在庭院里叫骂，以争得嫁妆，被同乡的人笑话。这是由于子孙从小到大，只知道有利必争，不知道讲究道义的缘故。生活上用的东西固然不能缺少，但是不要追求太多。多余了很少没有不产生累赘的。假使他的子孙后代是十分贤明，难道布衣粗饭还不能自己置办，以至于死在大路上吗？假若他的后代不贤明，即使为她聚积了满堂的金子，又有什么用？只知道多收罗些东西以便遗赠给子孙后代，我看他也算愚蠢透顶了。那么圣贤都不顾及子孙的贫穷困乏了吗？答曰：怎么会这样呢。从前的圣人留给子孙后代德义和礼法，贤人则教给子孙讲究廉洁、节俭。舜从微弱低下的地位，积德修行，后来还当上了帝王，子孙后代一直传承下来，享有国家百世不绝。周代从后稷、公刘、太王、王季、文王，积德累功，到了武王就得到了天下。《诗经》里记述这事的诗云："留给子孙后代谋略，用来辅翼帮助他们。"说的是增加德教润泽，明于礼法，留给子孙后代，就能使他们基业安定稳固，所以子孙后代能继承基业，达八百多年，他们的旁支小族都显达于天下，至于封为诸侯的星罗棋布于天下，这样所带来的利益难道不是很大吗？

孙叔敖作楚国的丞相，快死了，告诫他的儿子说："国王多次要封赐我，我不肯接受。我死了以后，国王就会封赐你，你一定不要接受好的封地。在楚国和越国之间，有一块叫'寝丘'的地方，这个地方的土地不好名字又难听，但是可以长期保有的只有这个地方。"孙叔敖死了，楚王想把好地封赐给孙叔敖的儿子，他的儿子拒绝了，请求封赐寝丘这个地方，结果数代享有，没有失掉。

汉代的相国萧何买田买房，一定要是贫穷、冷僻的地方，置家产不置有矮围墙的屋子，说："假若后代贤达，那么可以师法我的节俭。假若不贤达，也不会被有权势的人夺走了。"

太子太傅疏广年老了，请求退休回故里。皇帝送给他二十斤金子，太子送给他五十斤金子。疏广每天让家里摆酒席宴请同族的人、过去的朋友以及一些宾客一起娱乐。疏广多次问："家里的金子还有多少？"催着把剩下的拿去置办酒宴。过了一年多，疏广的子孙私下对疏广最亲近的一位兄弟说："我们这些子孙后代希望和您一样趁机置办些田产家业，现在每天请客吃喝都把财产用得差不多了，您适当地劝劝老人家，说服他置买一些田土。"这位老人就在空闲的时候和疏广谈及了这个计划。疏广说："我难道老糊涂了吗？不知道顾念子孙吗？反过来想，本来就有些旧的田产房屋，叫子孙后代在里面勤苦地劳动，足够吃、穿、住、用了，会过着和普通人一样的生活就行了。现在增加些财产作为富裕的补充，那只不过是教子孙懒惰罢了。贤达者富有，那么就会损害他的志向，愚蠢的人富有，反而会增加过失而产生怨恨。况且富贵是别人所怨恨的，我既然没有本事教育好子孙，也不想增加他们的过错，招致怨恨。"

涿郡太守杨震，秉性公正廉洁，子孙后代经常吃粗茶淡饭，自己走路步行。他的故交旧友甚至长辈中，有人想替他置办一些产业，杨震不答应，说：让后代人称我为清白官吏，子孙们得到这份遗产，不也是很丰厚了吗？

南唐的德胜军节度使兼中书令周本，喜欢施舍，有人劝他说：你年纪大了，稍微留一点钱财给子孙后代吧！周本说："我穿着草鞋跟随吴武王，当官当到将相，又是谁留下来给我的？"

新近故去的张文节公做宰相时，所住的地方不能挡住风雨，穿用吃喝，和开始做河阳书记没有什么差别。他所亲近的人有的规劝他说："您每月的俸禄是多少？您对自己却是这样的节约。外面的人不会认为您是清廉节俭的美行，反会认为您是装作一副公侯王孙犹布衣蔬食的奸诈之心。"文节叹息说："拿我今天的俸禄，即使穿得像王侯吃得像王公，哪里还担心办不到？但人的性情是由节俭变成奢侈容易，而由奢侈变成节俭就很难了。我这份俸禄怎能长期享用，一旦没有了，家人既然习惯于过奢侈的生活，就不能一下子变得节约了，那一定会手足无措？哪里比得上不改变正常生活，我现在即使死了，家里人以后也会过得像今天这样。"听了这话的人都佩服他的远见卓识，这些都是把道德品行留给子孙的人。子孙后代所得到的难道还不多吗？

晋代光禄大夫张澄，要埋葬他父亲的时候。郭璞为他选择墓地说：

"葬在某地年寿过百岁，官位到三司，但子孙不发达。葬某处就会寿命减少一半，做官也不过卿校一类，但后代世世贵显通达。"张澄于是就埋葬其父在较差的地方，他做官仅至光禄大夫，寿命也仅六十四岁就死了，他的子孙后代昌盛显达，公侯将相叠出其门，一直到梁陈两代都不绝。这些虽然未必真是由于他为父亲埋得是地方的原因。但从此足以看到张澄对子孙后代的厚爱比爱他自己深厚多了。我故去的父亲已经位至侍从，常说："我所得的已经很多了，应当留下来送给子孙后代。"他所虑的也是这样，他为后世着想，不也很深厚了吗？

2. 训俭示康

【题解】

《训俭示康》是古今家训中的一个名篇，千百年来，感染、教育过无数中华儿女。从传统道德的积极方面讲，"勤俭"可以说是中华民族的一个根基。在物质生活水平提高很快的今天，勤俭仍然是我们应该坚持的美德。

司马光批评的浮靡的社会风俗，似乎还可以在今天找出它的影子来。因此，这篇文字既是治家，也是治世的范文。

【原文】

吾本寒家。世以清白相承。吾性不喜华靡，自为乳儿，长者加以金银华美之服，辄羞赧弃去之。二十忝科名，闻喜宴独不戴花。同年曰："君赐不可违也。"乃簪①一花。平生衣取蔽寒，食取充腹，亦不敢服垢弊以矫俗干名，但顺吾性而已。

▲司马光画像

众人皆以奢靡为荣，吾心独以俭素为美。人皆嗤吾固陋，吾不以为病②，应之曰："孔子称'与其不逊也宁固。'又曰'以约失之者鲜矣。'又曰：'士志于道而耻恶衣恶食者，未足与议也。'"古人以俭为美德，今人乃以俭相诟病，嘻，异哉！

近岁风俗尤为侈靡，走卒类士服，农夫蹑丝履。吾记天圣中，先公为群牧判官，客至，未尝不置酒，或三行五行，多不过七行。酒酤于市，果止于梨、栗、枣、柿之类，肴止于脯、醢、菜羹，器用瓷、漆。当时士大夫家皆然，人不相非也。会数而礼勤，物薄而情厚。近日士大夫家，酒非内法，果、肴非远方珍异，食非多品，器皿非满案，不敢会宾友。常数月营聚，然后敢发书。苟或不然，人争非之，以为鄙吝。故不随俗靡者盖鲜矣。嗟乎！风俗颓弊如是，居位者虽不能禁，忍助之乎！

又闻昔李文靖公为相，治居第于封丘门内，厅事前仅容旋马。或言太隘。公笑曰："居第当传子孙，此为宰相厅事诚隘。为太祝、奉礼厅事已宽矣。"参政鲁公为谏官，真宗遣使急召之，得于酒家；既入，问其所来，以实对。上曰："卿为清望官，奈何饮于酒肆？"对曰："臣家贫，客至无器皿、肴、果，故就酒家觞之。"上以无隐，益重之。张文节为相，自奉养如为河阳掌书记时，所亲或规之曰："公今受俸不少，而自奉若此，公虽自信清约，外人颇有公孙布被之讥。公宜少从众。"公叹曰："吾今日之俸，虽举家锦衣玉食，何患不能？顾人之常情，由俭入奢易，由奢入俭难。吾今日之俸，岂能常有？一旦异于今日，家人习奢已久，不能顿俭，必致失所。岂若吾居位、去位、身在、身亡常如一日乎？"呜呼！大贤之深谋远虑，岂庸人所及哉！

御孙[3]曰："俭，德之共也；侈，恶之大也。"共，同也，言有德者皆由俭来也。夫俭则寡欲。君子寡欲则不役于物，可以直道而行；小人寡欲则能谨身节用，远罪丰家。故曰："俭，德之共也。"侈则多欲。君子多欲则贪慕富贵，枉道速祸；小人多欲则多求妄用，败家丧身。是以居官必贿，居乡必盗。故曰："侈，恶之大也。"

昔正考夫饘[4]粥以糊口，孟僖子知其后必有达人。季文子相三君，妾不衣帛，马不食粟，君子以为忠。管仲镂簋朱纮，山楶藻棁，孔子鄙其小器。公叔文子享卫灵公，史鰌知其及祸，及戌，果以富得罪出亡。何曾日食万钱，至孙以骄溢倾家。石崇以奢靡夸人，卒以此死东市。近世寇莱公，豪侈冠一时，然以功业大，人莫之非，子孙习其家风，今多穷困。其余以俭立名，以侈自败者多矣，不可徧数，聊举数人以训汝。汝非徒身当服行，当以训汝子孙，使知前辈之风俗云。

——《温国文正司马公文集》卷六十九

【注释】

①簪：插戴。

②病：缺点。

③御孙：春秋鲁大夫。

④饘：zhān 稠粥。

【译文】

我出生在清寒人家，世世代代都承继清白家风。我生性不喜欢豪华奢侈。当我还在母亲怀里吃奶的时候，长辈将装饰金银的华美衣服穿在我身上，我就感到害羞的脸红，因而脱掉它。二十岁时中了进士后，在闻喜宴这样的庆祝宴会上独有我一个人不戴花。同时考中的人对我说："这是皇帝赏赐的，不可违背。"于是我才在帽子上插了一枝花。我一生穿衣只求能挡寒，吃饭呢只求吃饱肚子，但是也不敢穿那些肮脏破烂的衣服来故意有别于时俗而猎取名誉，而只是顺着我的本性罢了。

众人都把奢侈华贵作为荣耀，我心底里却只把节俭朴素作为美德。人们都讥笑我固执迂腐，但我不认为这是缺点，回答他们说："孔子说过：'与其因奢侈而骄傲，倒不如因节俭被人视为固陋。'他还说：'因为节俭而有过失的，很少。'又说：'读书人中有志于追求真理却以穿破衣吃粗饭为耻辱的，不值得与他这种人谈论。'"古人把俭朴当作美德，现在的人竟然把俭朴作为缺点而予以讥讽，嘻，这真是怪事！

近年来社会习俗更加讲究奢侈华丽，那些当差的人穿得像士人，农民脚上穿着丝绸鞋子。我记得在仁宗天圣年间，父亲做群牧判官，客人来了也总备酒招待。可是每次宴会时，有时斟上三遍酒，有时斟到五遍，最多不过斟七遍。酒是从市场上买来的，果品只是梨、栗子、枣、柿子一类的东西，菜肴也只是干肉、肉酱、菜羹，器具只用瓷器、漆器。那时候士大夫家家如此，都不相非议。聚会次数多而礼节殷勤，食物单薄而情意深厚。而近来士大夫家请客则不同，酒不是用官廷秘方酿造的、果品不是远方来的珍奇之物、食物品种不多、器具不摆满桌子，便不敢邀请宾朋；常常要经营筹备几个月，然后才敢发请柬。如果不这样，别人便争相非议，认为鄙陋吝啬。因此，不随时俗而奢侈者是很少的。唉！风气败坏到这种地步，做官的人即使不能禁止，又怎么能忍心推波助澜呢？

我听说从前李沆做宰相的时候，在汴京封丘门内建造宅第，大厅前的空间仅仅能够让一匹马回旋。有人说这样太狭小了，李沆笑着说："住宅是传给子孙的。这要作为宰相办公的大厅实在是狭小了点，可是作为太祝、奉礼郎的厅堂已经很宽了。"参知政事鲁宗道担任谏官，真宗皇帝遣使臣紧急召见他，结果在酒店里找到了他。到了朝堂，皇帝问他从哪里来，鲁公按实际情况禀告了。皇帝说："您为清望官，怎么在酒店里饮酒？"鲁公回答说："为臣家庭贫穷，客人来了，却没有设宴用的器具、菜肴、果品，所以只好到酒店里招待客人。"皇上因为鲁公不隐瞒，更加看重他。张文节身为宰相，个人生活享受跟他做河阳节度判官时一样，亲近的人中有人规劝他说："您现在俸禄不少，自己的生活却这样，您自己虽然相信这是清廉节约，可是外面却有些人把您看成汉朝的公孙弘。您应该稍稍随时俗一些。"张公感叹说："以我现在的俸禄，即使全家人都锦衣玉食，何愁办不到？只是就人之常情来说，由俭朴到奢侈比较容易，由奢侈到俭朴就难了。我今天的俸禄，难道能够长久地保有吗？一旦情况变化和现在不同，家中人却已经习惯于过奢侈生活很久了，不能顿时学会节俭，一定会生活没有着落。哪比得上我不论在位、离位、活着、死去，始终都像同一天一样呢?"唉! 大智大德之人的深谋远虑，哪是一般人所能赶得上的呢!

春秋时期鲁国大夫御孙说:"俭，德之共也; 侈，恶之大也。"共，就是同，是说有德的人都是由于节俭所致。节俭会使人减少欲望。有道德的君子欲望少，便不会被外物所奴役，因此可以循正道为人行事。俗人减少欲望就能立身谨慎，节约用度，避免犯罪，使家庭富裕。因此说:"俭，德之共也。"奢侈就会增多贪欲。君子多欲就会贪慕富贵，导致违背正道，速召祸殃; 俗人多欲就会贪多妄用，导致家败身亡。人一旦多欲，做官必定贪受贿赂，住在乡野必定做强盗。因此说:"侈，恶之大也。"

从前，宋国大夫正考父用稠粥稀粥糊口，维持生活，鲁国大夫孟僖子推知他的后代一定会有显达的人。季文子做相，先后辅佐鲁国的三个国君，可是他的妾不穿绸缎衣服，马不喂粮食，君子认为他忠于国家。管仲使用的器物上雕有花纹，身上的帽带是大红的，房屋的梁柱还经精雕细琢，孔子为此而鄙视他，认为他器量狭小。公叔文子宴请卫灵公，史鳅就预知他要遭祸，到他的儿子公孙戌，果然因富有而获罪，逃亡国外。何曾每天饮食费用值万钱，到他孙子时因为骄奢狂妄而倾家荡产。石崇以奢侈向人夸耀，结果因此而被斩首于东市。近世的寇莱公，豪华奢侈为一时之冠，只因为他功劳大，人们不非议他，而他的子孙因习惯奢华的家风，现在大多穷困潦倒了。其他以俭朴而扬名，因奢侈而自行败落的人家多了，不可一一列举，姑且举出数人为例来训诫你。你不只自身应该履行节俭，还应当用它训诫你的子孙，使他们了解祖辈们的家庭传统习俗。

（二）黄庭坚

《家　戒》

【题解】

　　黄庭坚是北宋文学家，诗才盖世。这里他以一个世家大族的衰落作为引子，然后从远到近，以具体例证为主，对子弟们该如何守业、修身提出了告诫。这篇文字不空谈道理，生动形象，移人于不知不觉之间。但是有很多封建时代特有的局限——对黄巢的态度，宁愿弃妻也不愿伤害兄弟等等，需要鉴别。

【原文】

　　庭坚自角卯①读书，及有知识，迄今四十年。时态历观，谛见润屋封

君、巨姓豪右、衣冠世族，金珠满堂。不数年间，复过之，特见废田不耕，空囷不给。又数年复见之，有缧绁于公庭者，有荷担而倦于行路者。问之曰："君家曩时蕃衍盛大，何贫贱如是之速耶？"有应于予曰："嗟乎！吾高祖起自忧勤，噍类②数口，叔兄慈惠，弟侄恭顺。为人子者告其母曰：无以小财为争，无以小事为仇，使我兄叔之和也。为人夫者告其妻曰：无以猜忌为心，无以有无为怀，使我弟侄之和也。于是共厄而食，共堂而燕，共库而泉，共廪而粟。寒而衣，其幣同也；出而游，其车同也。下奉以义，上谦以仁，众母如一母，众儿如一儿，无尔我之辨，无多寡之嫌，无私贪之欲，无横费之财，仓箱共目而敛之，金帛共力而收之，故官私皆治，富贵两崇。逮其子孙蕃息，妯娌众多，内言多忌，人我意殊，礼义消衰，诗书罕闻，人面狼心，星分瓜剖，处私室则包羞自食，遇识者则强曰同宗，父无争子而陷于不义，夫无贤妇而陷于不仁，所志者小而所失者大。至于危坐孤立患害不相维持，此其所以速于苦也！"庭坚闻而泣曰："家之不齐遂至如是之甚，可志此以为吾族之鉴，因为常语以劝焉，吾子其听否？"

昔先猷以子弟喻芝兰玉树生于阶庭者，欲其质之美也；又谓之龙驹鸿鹄者，欲其才之俊也。质既美矣，光耀我族，才既俊矣，荣显我家，岂有偷取自安而忘家族之庇乎？汉有兄弟焉，将别也，庭木为之枯；将合也，庭木为之荣。则人心之所叶者，神灵之所祐也。晋有叔侄焉，无间者为南阮之富，好异者为北阮之贫，则人意之所和者，阴阳之所赞也。大唐之间，义族尤盛张氏，九世同居，至天子访焉，赐帛以为庆。高氏七世不分，朝廷嘉之，以族闾为表。李氏子孙百余众，服食器用，童仆无所异。黄巢、禄山大盗，横行天下，残灭人家，独不劫李氏，云："不犯义门也。"此见孝慈之盛，外侮所不能欺。虽然，皆古人陈迹而已。吾子不可谓今世无其人。德安王兵部，义聚百年至五世，诸母新寡，弟侄谋析财而与之，俾营别居。诸母曰："吾之子幼，未有知识，吾所倚赖犹子伯伯叔叔也，不愿他业。待吾子得训经意，知礼数足矣！"其后，侄子官至兵部侍郎，诸母授金冠章帔，人皆曰："诸母岂先知呼？有助耶？"鄂之咸宁有陈子高者，有腴田五千，其兄田止一千，子高爱其兄之贤，愿合户而同之。人曰以五千膏腴就贫兄，不亦卑乎？子高曰：我一房尔，何用五千？人生饱暖之外，骨肉交欢而已。其后兄子登第，仕至太中大夫，举家受荫。人始日子高心地吉，乃预知兄弟之荣。然此亦人之所易为也。吾子欲知其难者，愿悉以告。昔邓攸遭危厄之时，负其子侄而逃之，度不两全，则托子于人而宁抱其侄也。李充在贫困之际，昆季无资，其妻求异，遂弃其妻，曰："无伤我同胞之恩。"人之遭贫遇害尚能为此，况处富盛乎？然此予闻见之远者，恐未可以言人，又当告以耳目之尤近者。吾族居双井四

世矣，未闻公家之追负、私用之不给，泉粟盈储，金朱继荣，大抵礼义之所积，无分异之费也。其后妇言是听，人心不坚，无胜己之交，信小人之党，骨肉不顾，酒藏是从，乃至苟营自私，偷取目前之逸，恣纵口体而忘远大之计，居湖坊者不二世而绝，居东阳者不二世而贫。其或天欤？亦人之不幸欤！

吾子力道问学，执书册以见古人之遗训，观时利害，无待老夫之言矣，于古人气概风味，岂仿佛耶？愿以吾言敷而告之，吾族敦睦当自吾子起。若夫子孙荣昌世继无穷之美，吾言岂小补哉！志之曰《家戒》。时绍圣元年八月日书。

——《戒子通录》

【注释】

①丱：guàn 儿童束头发成两个角。

②类：活着的人。

【译文】

我从童年读书，到有知识，至今已四十年了。历观这数十年的时势变化，仔细审视那些家室富有的人家、受封邑的贵族、世家大族、豪强地主以及世代显贵的家族等等，他们无不是金玉满堂。可是，不过几年，再经过这些家族，只见农田荒废无人耕种，圆圆的粮仓没有足够的粮食可以堆放。又过了几年，还看见他们中有被抓到官署牢狱里坐牢的，有扛着担子有气没力地在路上行走的。我问他们："你们家过去人口众多、旺盛无比，为什么贫贱衰落得这么快呢？"他们当中有人回答说："唉！我们高祖从忧患勤劳起家，当时全家不过数口人，叔叔、哥哥慈爱宽厚，弟弟、侄儿谦恭和顺。做儿子地告诉自己的母亲说，不要因为小财而发生争执，不要因为小事而反目成仇。为的是使自己与兄弟叔父保持和睦。做丈夫地告诉自己的妻子说，心中不应有猜忌，胸中不要计较有无。为的是使自己与弟兄侄儿和睦。于是用共同的酒器餐具饮食，在同一个厅堂宴饮，在同一个金库里取钱，在同一个粮仓里用粮。天冷了，要缝制御寒的衣服，用的缯帛也是相同的；要外出游观或访友，用的车子也是相同的。晚辈侍奉长辈很讲究礼仪，长辈对待晚辈表现出仁爱。一家大小当中许多母亲有如同一个母亲，许多小儿有如一个小儿，没有你我彼此的分别，没有多寡的嫌隙，没有私贪的欲望，没有肆意挥霍的财产。仓库箱箧大家都看着才敛藏，金银丝帛大家同心协力收聚。所以官事与私事都得到了较好的治理，富与贵都有所增长。待到子孙繁殖增多，兄弟辈的妻子也多了起来，闺房所说的话多猜忌，别人和自己的意见不同，礼义逐渐消减衰落，诗书也搁置不读，一些人外貌像人、内心像狼一样狠毒，彼此之间如同星座的分布、瓜果的剖割。居住在家里则承受羞辱，外出遇到有识见的人则勉强说是同宗。做父亲的因为没有善于规谏父母的儿子而陷于不义，做丈夫的因为没有贤德的妻子而陷于不仁。这就叫作所得的少而所失的多。以至于出了危险，孤单无援，有了灾患也不相互支持，这就是我们家族迅速走向苦难的原因。"我听说后哭道："家庭不团结和睦竟造成了这样严重的后果，可以记下来作我们家族的前车之鉴，常常拿它来劝诫后代，你答应吗？"

过去，先贤们把子弟比作庭院里生长的芝兰玉树，希望子弟品质美好；又叫他们为龙驹鸿鹄，是想要自己的子弟才智出众。禀性变得完美，可以光耀我族；才智变得出众，可以荣显我家。哪里还会有偷取安闲而忘掉家族庇护的事情呢？在汉代，有两兄弟，他们将要别离的时候，堂前的树木就变得干枯了；他们将要聚合的时候，堂前的树木就变得繁茂了。这就说明，人心和，必得神灵的保佑。在晋朝，有叔侄二人，一个全家亲密无间成为南阮的富户，一个全家闹分离成为北阮的贫户。这就说明，人意和，阴阳也为之赞美。在唐朝，恩义之族以张氏最为有名，九代同居，以致得到天子的询问，赐缯帛等丝织品奖赏他们。高氏家族七代不分居，朝廷表彰，把他们树为族间的表率。李氏家族的子孙一百多人，吃穿用度，连僮仆都没有差别。黄巢、安禄山造反时，横行天下，杀害消灭了很多人家，单单不打劫李家。他们说："不侵犯义门。"可见慈爱孝顺做得好的家庭，外来的强盗也不会欺负。虽然这样，也还可说都只是古人的陈迹。但孩子你却不能说今世就没有这样的人了。德安的王兵部，一家人按大义聚居了上百年，传了五世，叔母刚成寡妇，弟侄们商量着分财产给她，使她能找到分开住的地方。叔母说："我的孩子还小，还没有懂事，我所依赖的，是侄子，以及孩子的叔叔伯伯，不愿意另谋他业。等到我的孩子能懂得经书大意，知书识礼就满足了！"后来，王兵部的侄子做到兵部侍郎，叔父也被授予命妇才有的凤冠霞帔。人们都说："叔母难道预先就知道吗？还是上天帮助呢？"湖北的咸宁有一个叫陈子高的人，有肥沃田产五千亩，他的哥哥只有田产一千亩，子高喜欢他哥哥德才兼备，愿意两家合起来同居。有人说：你以五千亩肥沃田地归于贫困的哥哥，你不感到低下吗？子高回答说：我只是一个家族的分支，哪里用得着五千亩肥沃田地？人生除了饱暖之外，就只有至亲之间互相得到欢心了。后来哥哥的小孩进士及第，官做到太中大夫，全家也因推恩而得到官爵。人们在这时候开始说子高心地好，因而能预知兄弟的兴盛。然而我所讲的这个情况也是人们容易做到的，我儿如想知其难度更大、更难做到的，我也愿意全部告诉你。过去有个叫邓攸的人在危难之时，背负着儿子和侄儿外出逃难，考虑无法将儿子和侄儿全带在身边，于是毫不犹豫地将自己的儿子托付与人而宁愿抱着侄儿逃难。过去有个叫李充的人在贫困的时候，他的兄弟也没有钱，他的妻子要求分居，于是他就遗弃自己的妻子，并且说："不要因为你而伤我同胞兄弟的感情。"人们在贫困和危难时尚且能够做到这样，更何况处于富盛之境呢？然而，这还是我听说、见到的比较远一些的，恐怕还不能用来说服人，还应当告诉你一些耳闻目睹的比较近一些的人和事。我们家族在双井这个地方居住已经四代了，没有听说过公家追索亏欠、私用之不足供应的情况，钱物和粮食堆满了储仓，官高位尊这一盛况代代相承，保持了荣誉。这大体上是由于礼义代代积聚，没有分居之类的消耗的缘故。可是到了后来，家人听信妇言，人心不坚定，所交结的朋友还不如自己，对结伙同党的小人深信不疑，至亲也不顾及，只顾吃喝玩乐，甚至只顾自己，偷取眼前的安闲，肆意讲求吃穿而忘记了远大的计划，因而居住在湖坊这个地方的不过两代就断绝了，居住在东阳这个地方的不过两代就贫困了。这是天注定的吗？恐怕也是家人自己不对带来的不幸吧！

我儿你致力于探索事物的道理和规律，勤于请问学业，努力阅读书本从中得见古人之遗训，注意观察时局的利益与损害，这就用不着做父亲的来说了，对于古人的气概与风味，哪能只是表面上类似、相像呢？希望你把我上面所说的这些话再扩展告诉家族中其他的人，使我们家族亲厚和睦从你这里开始。如果子孙荣昌世代相承以达到无穷无尽的美好，我的话难道只是小有补益么！所以我把它记下来就叫作《家训》。时绍圣元年八月日书。

（三）赵 鼎

治家三十项

【题解】

赵鼎在《家训笔录》中为家人开列了治家的三十项法规。文字简洁、思维严密，基本思想内容以孝悌为首要，以廉洁勤勉为根本，囊括了治家的方方面面，诸如婚丧嫁娶、祭祀、岁收支出、家财管理等。赵公身为宰相，按理可享尽荣华富贵，但从《家训笔录》中我们可以看到的是严谨治家、廉洁勤勉的风范。他说："人之才性，各有短长，固难勉强，唯廉勤二字，人人可至。廉勤所以处己，和顺所以接物，与人和则可以安身，可以远害矣。"

【原文】

第一项 闺门之内，以孝友为先务，平日教子孙读书为学，正为此事。前人遗训，子孙自有一书，并司马温公家范，可各录一本，时时一览，足以为法，不待吾一一言之。

第二项 凡在士宦，以廉勤为本。人之才性，各有短长，固难勉强。

唯廉勤二字，人人可至。廉勤所以处己，和顺所以接物，与人和则可以安身，可以远害矣。

第三项　诸位中以最长一人主管家事，及收支租课等事务，原令己人主管者，听须众议所同乃可。

第四项　子孙所为不肖，败坏家风，仰主家者集诸位子弟，堂前训饬，俾其改过。甚者影堂煎庭讽。再犯再庭训。

第五项　岁时享祀，主家者率诸位子弟协力排办，务要如礼，以其享祀酒食，合族破盘。

第六项　旦望酌酒献食，如平日，长幼毕集，不得懈慢。

第七项　远忌供养饭僧追荐，如平日，合族食素。

第八项　应本家田产等，子子孙孙，并不许分割。自有正条，可以俭照遵守。

第九项　岁收租课，诸位计口分给，不论长幼，俱为一等。五岁以上，给三之一；十岁以上给半；十五岁以上全给，止给骨肉，女虽嫁未离家，并婿甥并同。其女尔婢奴仆，并不理口数，不在分给之限。

第十项　宅库租课收支等，应具文历并收支单状。主管者与诸位最长子第一人，通行签押，其余非泛增损事务，亦须商议。

第十一项　甲年所收租课，乙年出粜收索，至丙年正月初，据所收之数，十分内椿留一分（约度有余即量增），以备门户缓急。内有官人到官支住，罢官到家，仍旧支给。

第十二项　椿留钱岁终有余。即拨入租课，历正初混同计数，分给椿留。

第十三项　田产既不许分割，即世世为一户，同处居住，所贵不远坟垅。

第十四项　士宦稍达，俸入优厚，自置田产，养赡有余，即以分给者均济诸位之用度不足或有余者，然不欲立为定式，此在人义风何如耳。能休吾均爱子孙之心强行之，则吾为有后矣。

第十五项　他日无使臣使唤，即于宣借内择一二人善于事、能书算者，令主管宅库租课等事，稍优其月给，庶或尽心。所给钱米，正初分给时拨出，或季给，或月给。

第十六项　主管宅库人，专管宅库应干事务，诸位不得私役及非理凌虐。

第十七项　罢官于他处寄居者，更不分给租课。

第十八项　每岁收索租课，预告报管田人，候见本宅诸位子孙同签头引，及主管宅库人亲身到彼方，方得交付。如诸位子弟，怀私取索，即不得应副。如辄支借来年计算，本宅并无认数。

第十九项　诸位子弟，不得于管田人处私取租课。如敢违者，重行戒约，及时私取钱物，于分给数内剜除外，更令倍罚。谓如私取十贯，已剜除十贯，更剜除十贯之类。

第二十项　每正初契勘当年内如有合赴官者，据缺期远近，展一季分给，如代者补填，俟接人到，据所展日月，于椿留贴支，契勘当年有任满者，即约度计口存留（在官者先以书报）。俟到家日，依旧分给，所留不即于椿留内贴支，有余拨入椿留历。

第二十一项　每正初合分给时即契勘，当年内诸位如有婚嫁，每分各给五百贯足，男女同。

第二十二项　增添人口、展修房户等，应有所费，并于椿留内支破。其余些小修造，诸位自办。

第二十三项　应婚嫁，主家者主之。有故，以次人主之。除资送礼物等已给钱诸位自行措置外，其筵会及应干费用，并于椿留内支破。主家者与本位子孙协办排办，务要如礼。

第二十四项　非泛支用，除婚嫁资送等已有定数外，如祭祀、忌日、旦望等，名色不一，难为预定，仰主家者公共商量，随事裁处，务要合中，两无妨阙。

第二十五项　应祭祀，忌日、旦望，供养之物及礼数等，吾家自祖父以来，相传皆有则例，人人能记，不具具载，也不必增损。

第二十六项　他日吾百年之后，除田产房廊不许分割外，应吾所有资财，依诸法分给（诸子公自有正条）。

第二十七项　三十六娘，吾所钟爱。他日吾百年之后，于绍兴府租课内，拨米二百石充嫁资，仍经县投状，改立户名。

第二十八项　同族义居，唯是主家者持心公平，无一毫欺隐，乃可率下。不可以久远不慎，致坏家法。

第二十九项　古今遗法，子弟固有成书，其详不可概举，唯是节俭一事，最为美行。司马温公《训俭文》，人写一本，以为永远之法。

第三十项　应该载不尽事件，并仰主家者公共相度，从长措置行之。

右三十项　恐太繁，更在临时择而行之。大应止是应田产不许分割，每岁计口分给约束，应本家所有田产，并不许分割，每岁据所入计口分给，其详在《私门规式》册中，可以检照遵守，子孙世守之，不得有违。绍兴十四年九月初七日。

——《家训笔录》

【译文】

第一项　家中以孝父母、友兄弟为首要。子孙要时时阅读先辈遗训及司马光的《家范》。

第二项　做官的要以廉洁勤勉为根本，这是每个人都可做到的。要求自己要廉勤，待人接物要和顺，这样可以安身避祸。

第三项　你们当中年龄最大的主管家事，及收支租税等事物。如果愿请自己下面的人做主管，必须大家公议认同才可以。

第四项　子孙有败坏家风的，请主持家务者召集子弟，在堂前训诫，使其改正。

第五项　每年祭祀，众子弟要同力办理，一定要遵守祭礼，祭品务须全族人一同享用。

第六项　初一、十五要供祭品。长幼全汇集祠堂，不可懈慢。

第七项　族中人的祭日，要请僧人念经，全族人吃素食。

第八项　凡本家田产，子孙不得将分为己有。明文规定，可参照遵守。

第九项　每年所收地租，按人口分配，不论大小，各为一份。但只给亲属，其他奴仆不在此例。

第十项　对库存及地租，要开列账单，主家政者各房长子签字画押。其他的事物，也要商量去办。

第十一项　第一年所收地租，第二年卖粮所得钱款，到第三年正月初，把所收总数分成十份，留一份备用作应急之需。如当官到任，罢官的回家，都从这里支给。

第十二项　留作备用的钱，年底要有剩余。

第十三项　田产既不许分割，就是要世世代代为一家。同处居住，相距不远于坟垄。

第十四项　做大官的俸禄优厚，自买田产，生活富足，可把家中分的那份钱，接济用度不够或稍有余的人，但不做正式规定，以各自的情义去做。如能体谅我均爱子孙的心，勉力去做，那么我就放心了。

第十五项　日后如无办事的人，可以借来帮忙的人中选能写能算的，让其主管库房地租等事。但每月要多加薪俸，这样他可以尽力。

第十六项　主管库房的人，专门从事库房的事务，各房不得随意差使或无理欺辱。

第十七项　罢官后在别处寄居的，就再也不分给他地租。

第十八项　每年收租，要先报告管田人，要见本家各子弟的签字，以及主管库房人亲自到场，才可交付，以防子弟中有人私取。

第十九项　子弟不准从管田人处私自取地租，违者不仅于分内剔除，还要加倍处罚。

第二十项　每年正月初考查能进官，及做官任满者，分别支给钱粮。

第二十一项　每年正月初快分钱粮时，考查年内各房有无婚嫁者，如有，每份各给五百贯。

第二十二项 生孩子、大修房屋等费用，可从椿留内支出，小修则各房自出。

第二十三项 婚嫁事由主持家政者办理，除送礼品各房自买外，宴会等费用从椿留内支用。

第二十四项 除婚嫁送礼的费用有定数外，其他像祭祀、忌日、初一、十五等所需费用不好预定，请主家者与各房一起商量，随时而定，但要适中。

第二十五项 各项祭祀用品及礼仪，我家自祖父以来，传有惯例，人人能记，所以不必开例，也不必增减。

第二十六项 将来我死后，除房子、田地不许分外，我所拥有的其他资产可以按诸子法分。

第二十七项 三十六娘（人名），我很喜欢她，我死后拨二百石米给她做嫁妆，通过县衙门，改立户名。

第二十八项 同族人在一起生活，只有主持家政的人公平，才可以和平相处。

第二十九项 节俭是最美的品德。将司马温公的《训俭文》每人抄一本，以作为节俭之法。

第三十项 其他未载于此的事情很多，请主家者与各房共同商讨行事。

以上三十条，最主要的是田产不许分，每年根据收入格人分给，其分配的详细办法见《私门规式册》中，可以照章遵守，希望子孙世代遵守，不得有违。绍兴十四年九月初七日。

（四）倪思

治家三计

【题解】

倪思著有《经锄堂杂志》，共有"岁计""月计""子孙计"三则，突出一个主题：要子孙懂得节俭是美德。无论为民还是为官，"俭则足用，俭则寡求，俭可以成家，俭则可以立身，俭则可以传子孙。"倪思认为节俭而能施舍才叫有仁德；节俭而不求于人，叫作有节气。用节俭作为家法合乎礼义，用节俭来教诲子孙，才称得上是明智。

有儿孙的为儿孙的幸福打算，这是人之常情，天底下的父母，谁不望子成龙，望女成凤？但是怎样才算真正为儿女打算，怎样才能使父母的美好愿望变成现实呢？倪思在"子孙计"中为天下父母列出八条教子孙立身的"处方"：一要积德；二要使家风清白；三要读书知义；四要引导子孙谋生的途径；五是治家要严；六是为子孙选择良师引导他交益友；七是要娶贤妻；八是治家要勤勉节俭。这八条对今天的人们同样适用，只是必须注入时代的新思想。

(1) 岁计

【原文】

俭者，君子之德，世俗以俭为鄙，非远识也。俭则足用，俭则寡求，俭则可以成家，俭则可以立身，俭则可以传子孙。奢则用不给，奢则贪求，奢则掩身，奢则破家，奢则不可以训子孙。利害相反如此，可不念哉！富家有富家计，贫家有贫家计。量入为出，则不至乏用矣。用常有余，则可以为意外横用之备矣。今以家之用，分而为二，令尔子弟分掌之。其日用收支为一，其岁计分支为一。日用以赁钱、俸钱当之，每月终白尊长。有余，则辇在后月；不足，则取岁计钱足之。岁计以家之薄产所入当之，岁终以白尊长。有余则来岁可以举事，不足则无所兴举，可以展向后者，一切勿为，以待可为而为之。或有意外横用，亦告于尊长，随宜区处。

人家至于破产，先自借用官物钱始。既先借用官物钱，至于官物催辇，不免举债典质，久而利重，虽欲存产业，不可得矣。故当先须留官物钱，则无此患。仆奋空拳，粗成家业，毫分积累甚难。诸子宜体念，各存公心管干，且为二十年计。日后则事难料，又在诸子从长区处，仆之智力有所不及矣。月河莫侍郎家甚富，兄弟同居亦三十余年，此可法也。盖聚居则百费皆省，析居则人各有费也，然须上下和睦。若能自奋飞，不藉父业，则听其挈出。不可将带父业，留以与不能奋飞者可也。

人家用度，皆可预计，惟横用不可预计。若婚嫁之事，是闲暇时，子弟自能主张，若乃丧葬，仓卒之际，往往为浮言所动，多至妄用，以此为孝。世俗之见，切不可徇，则当随家丰俭也。

【译文】

节俭是君子的美德，世俗人把节俭视为鄙陋，是没有远见卓识。节俭就会日用充足，节俭就会使人少欲，节俭可以使人成就家业，节俭可以使人在社会上占有适当的位置，节俭可以造福子孙。奢侈就会日用缺乏，奢侈就会使人贪欲，奢侈就会埋没自己，奢侈就会败家，奢侈不可以传给子孙。利益和害处的差异如此鲜明，能不认真考虑吗？富家有富家的计划，穷家有穷家的打算。如果能根据收入决定支出，就不至于日用匮乏。日用如常有剩余，就可蓄存起来作意外急需的蓄备。现在把家中用度分二部分，让你们分别掌管。日用收支为一部分，岁计分支为一部分。日用以收租钱和俸禄为主，每个月的月末向家长汇报。有剩余就放到下个月用，不够就拿岁计钱来补。岁计钱主要是指家中的产业收入，年末向家长汇报。有剩余来年可以办事情，不够来年就什么也办不了，可以向后拖，等到以后有财力办时再办。如有意外事需要用钱，也要报告家长，根据情况加以处理。

一个家庭的破产，大多是从借用官家钱物开始。如先借了官家钱物，等到官家催要，难免会负债和典当东西，时间长了利息更多，虽然想保存产业，也做不到了。所以应当先把欠官家钱留出来，就没有这个祸患。我赤手空拳，使家业初具规模，一分一毫地积累，十分艰难。希望孩子们能体念这一点，同心协力维持好这个家。今后的事情很难预料，要靠你们从长计议，我的精力已经不够用了。月河的莫侍郎家非常富有，兄弟在一起同住三十多年，这很值得学习。在一起住可以节省开支，分住就会各有花费，但同住必须上下和睦。如能够自己谋生路，不靠父亲产业，可以分出自己过。不可以带走父亲的产业，父业留给那些不能自谋生路的孩子。

家中用度都可预算出来，只是意外的事不能预计。像婚嫁这样的事，有时间孩子们自己也能操办准备。但像丧葬事来得突然，往往容易听信人言，以为多花钱才是尽孝。世俗之见不可听信，要根据家庭收入情况办理。

（2）月计

【原文】

士大夫家子弟，若无家业，经营衣食不过三端。上焉者，仕而仰禄；中焉者，就馆聚徒；下焉者，干求假贷。今员多缺少，待次之日常多。官小俸薄，即难赡给，远宦有往来道途之费，纵余无几。意外有丁忧论罢之虞，不可不备。又还家无以为策，则居官凡事掣肘。若有退步，进退在我，易以行志矣。就馆聚徒，所得不过数千。有一书馆，争者甚众。未娶就馆犹可，即娶之后，难远离家。在已为羁旅，在家则百事不可照嘱。或自有子，欲教不可。若稍有家业，则可免此患，纵不免就馆聚徒，亦不至若不可一日无馆者之窘也。至于干谒假贷，滋味尤恶。不惟趑趄嗫嚅，此状可恶，奔走于道途，见拒于阍人，情况之恶，抑又可知。纵有所得无几，久而化为辱吻。诘特之士，化为无廉耻可厌之人。若乃假贷亲故，至一至再，亦难言矣。谚云：做个求人而不成。此言有理。若自有薄产，无此恶况矣。吾家业虽不多，若自知节省，且为二十年计，可以使尔辈待缺，不至狼狈。既免聚徒就馆，又免干求假贷。谚曰：求人不如求己，此之谓也。已作岁计簿，复作月计簿。盖先有月计，然后岁计可知。若月之所用，多于其所入，积而至发，为大缺用矣。世间事固终归空，人固各有命，然可施智力处，亦不当不理会。又所求者在已，与夫不知义命妄求者，大异也。

【译文】

　　士大夫家的孩子，如没有家业，谋生主要靠三种途径。最好的是做官吃国家俸禄；中等的是到书馆以教书为生；最下的是求亲戚朋友以借贷为生。现在人多而官缺少，要等官缺需好长时间。如官职小俸禄少，同样难以养家糊口，加上在远地当官，往来于道上的花费很大，最后所剩无几。难免发生丧葬罢官等意外的事，不能不有所准备。到书馆教学生，所得的报酬不过数千钱。而竞争的人又非常多。未娶亲到书馆教书还可以，结婚以后，远离家门，对自己来说是羁旅，对家里来说什么事也管不上。一旦有了孩子，想教又做不到。如果稍有一点家业，就可避免这些。这样就是到书馆教书，也不至于有离开书馆就活不了的窘迫。至于求人借贷，就更不好受了。低三下四，终日奔走，常常被人拒绝，那种可怜的情景可想而知。即便有所得，也不会很多。时间一长也就花掉了。洁身自好的人，也会因此变成寡廉鲜耻之徒。如向亲朋借贷，一次二次还行，再多就难开口了。如自己稍有产业，就不会有这种惨状。我们家业虽然不多，如能知道节省，暂做二十年打算，可以使你们在等待官缺时不至于困窘。既不必去教书，又免得奔走求借。为此，现已作了岁计薄，再作个月计薄。因为一般先有月统计然后年统计可知。如果一个月的用度，超过了收入的数目，到了年底就会出现大亏空。世上的事固然终归于空，人固然各有命定，但可以通过智慧改变的地方，也不能不努力去做。这与不知天命而妄求是大不相同的。

（3）子孙计

【原文】

　　或曰：既有子孙，当为子孙计，人之情也。余曰：君子岂不为子孙计，然其子孙计，则有道矣。种德，一也。家传清白，二也。使之从学而知义，三也。授以资身之术，如才高者命之习举业，取科第；才卑者命之以经营生理，四也。家法整齐，上下和睦，五也。为择良师友，六也。为娶淑妇，七也。常存俭风，八也。如此八者，岂非为子孙计乎？循理而图之，以有余而遗之，则君子之为子孙计，岂不久利而父子两得哉。如孔子教伯鱼以诗礼，汉儒教子一经，杨震之使人谓其后为清白吏子孙，邓禹十子，人各授之一业。庞德公云："人皆遗之以危，我独遗之以安。"皆善为子孙计者，又何欠焉。

　　俭而能施，仁也；俭而寡求，义也；俭以为家法，礼也；俭以训子孙，智也。俭而悭吝，不仁也；俭复贪求，不义也；俭于其亲，非礼也；

俭其积遗子孙，不智也。

衣以岁计，食以日计。一日缺食，必至饥馁。一年缺衣，尚可藉旧。食在家者也，食粗而无人知；衣饰外者也，衣敝而人必笑。故善处贫者，节食以完衣。不善处贫者，典衣而市食。

——《经锄堂杂志》

【译文】

有人说：既然有子孙，就应当为子孙打算，这是人之常情。我认为：有德的人怎能不为子孙打算呢？但为子孙打算要有正确的观念。首先是要积德；第二是保证家风清白；第三是让他们读书而懂礼义；第四是教他们立身的办法，如才能高的让他求取功名，才浅地让他经营家业；第五是家法要严明完备，长幼和睦；第六是为他们选择良师益友；第七是替他们娶一个贤淑的媳妇；第八就是要使节俭的家风世代传下去。这八个方面，难道不是为子孙打算吗？按照事理去做，把有余的方法传给他们，那么君子为子孙打算，难道不是长久有利于子孙，而父子各有所得吗？如孔子用诗和礼教导儿子伯鱼，汉代学者教儿子通一经，杨震让人称他的后代为清白官吏的子孙，邓禹教十个儿子各通一业。庞德公说："人都把危害留给子孙，只有我把安全留给后代。"都是善于替子孙打算的人，对子女还有什么缺憾吗？

节俭而能施舍，说明道德高尚；节俭而不求于人，说明有道义；以节俭作为家法是在继统礼仪；用节俭来教诲子孙，能称得上明智。相反，节俭到吝啬的程度就是不仁，节俭到贪欲的程度就是不义；对亲友节俭就不合礼仪，把节俭攒下的钱留给子孙享用是不明智的做法。

穿着是以年计算的，吃饭是以日计算的。一天没饭吃，必然饥饿。一年没有新衣穿，还可以穿旧的。饭在家中吃，差点也没人知道；衣服穿在外表，破衣烂衫会让人耻笑。所以处在贫困境遇中的人，会过日子的，注意节食而使衣饰整洁，不会过日子的，往往典当衣物而买吃的。

（五）李邦献

治家杂言

【题解】

李邦献，南宋官员，著有《省心杂言》。这里援引其中关于治家两篇，主张嫉恶向善，教育孩子须用正道，不可容忍邪恶。

一

【原文】

为善者不云利，逐利者不见善，舜跖之徒自此分。舍生取义固不可得，见利思义圣人亦取之。"殆哉，不可言，况可为乎？"孟子答梁惠王之言至矣。

口腹不节，致疾之因；念虑不正，杀身之本。

骄富贵者戚戚，安贫贱者休休。所以景公千驷，不及颜子之一瓢也。

外事无大小，中欲无浅深。有断则生，无断则死。大丈夫以断为先。

人皆有好生恶死之心，人皆有舍生取死之道。何也？见善不明耳。

教子弟无他术，使耳目所闻者善言，目所见者善行。善根于心，则动容周旋无非善。

【译文】

行善的人不图利，图利的人不可能行善，舜和盗跖的不同就在于此。舍生取义的人固然难得，但能见利思义的人连圣人也钦佩。"利不可谈，更何况去取？"孟子回答梁惠王的话是十分正确的。

不知节制饮食，是得病的原因；念头不正，是杀身的根源。

以富贵而骄矜的人有忧惧之感，处于贫穷境遇的人安闲自得。由此可知齐景公虽然拥有四千匹马那样的富贵，却不能拥有颜回的一瓢白水的那种快乐。

身外的事无论大小，心中的欲望无论深浅，都要能把握好，有自制能力则生存，没有自制能力就会死亡。大丈夫首先要有自我控制力。

人都有愿意生存厌恶死亡的思想。然而人却能做出舍生求死的事。什么原因呢？就是不懂得什么是为善的道理。

教育子弟最好的方法就是让他们多听多看好的言行，让善在心中扎根之后，所作所为自然就善了。

二

【原文】

近世士大夫多为子弟所累，是溺于爱而甘受其谤。殊不知父当不义，圣人犹许子净。子弟不肖而不能令，是纳于邪而不知义方之训也。父兄之罪大矣。

——《省心杂言》

【译文】

近世当官的多受子弟的牵累，这是由于过分溺爱子弟而甘受指责的缘故。殊不知做父亲的如不义，圣人还允许儿子直言相劝呢！如子弟不好，父母不懂用正道教育孩子，就是容忍邪恶，这样的父兄罪过是很大的。

（六）陆游

诫子孙

【题解】

陆游的《放翁家训》涉及的内容包括节俭持家、宽厚待人，生前遗嘱及对几十年为官的感叹。陆游祖上在宋代百余年间出了不少知名文人，多是清廉之士，晚年归隐时，"旧官不曾多一椽木"。陆游继承了祖辈留下的

▲陆游像

高尚的节操，反对奢靡浮华，办事只为夸耀乡里，图一时虚崇。包括对自己的评价，叮嘱子孙在他死后可在墓碑上"记录生平大略"，绝不能"过分赞扬而欺骗后人"。"死后石人、石虎之类都不要做，为标识墓地，立一两个石柱就可以了。"陆游才学绝伦，但他说自己"只是诗文方面颇负盛名，而又名过其实。"家训中处处能反映出，陆游的旷达心胸与谦逊的品格。放翁先生到了八十岁回首往事时说：世间万物我都不往心里去，只是不能遍交天下的好友我深感遗憾。面对自身的著述诗文，他还感叹自己"人未到四十岁写不出好书来，过

了四十又精力日衰，很快就会衰忘，子孙应以我为戒"。这是何等的胸襟与气度。他告诫小辈不要结怨，说："我一生未曾伤害过他人，而他人加害于我的，或是出于嫉妒，或是由于不了解这个人，或是为了个人的某种利益，都是可以谅解的。你们不必以此为怨，谨慎回避就行了。"陆游对仕宦之途感叹颇多，晚年决意再不出来做官。告诫儿孙："能重新务农则为上策；若闭门读书，不应举，不求仕则为中策；若安于小官，不求荣达则为下策。""做官不能长久，不进仕则为农，这本没什么可遗憾的，但切不可迫于生存而去做那些只有市井小人才做得出的事。"他还告诫儿孙不要去亲近权势显贵。对于旧时官场的险恶，放翁先生体会实在悲凉！从家训中读者可受到好多启示。

一

【原文】

昔唐之亡也，天下分裂，钱氏崛起，吴越之间，徒隶乘时，冠屦易位。吾家在唐为辅相者六人，廉直忠孝，世载令闻。念后世不可事伪国苟富贵，以辱先人，始弃官不仕，东徙渡江，夷于编氓。孝悌行于家，忠信著于乡，家法凛然，久而弗改。宋兴，海内一统。祥符中，天子东封泰山，于是陆氏乃与时俱兴。百余年间，文儒继出。有公有卿，子孙宦学相承，复为宋世家，亦可谓盛矣。然游于此切有惧焉，天下之事，常成于困约，而败于奢靡。游童子时，先君谆谆为言太傅出入朝廷四十余年，终身未尝为越产。家人有少变其旧者，辄不怿。其夫人棺才漆，四会婚姻，不求大家显人。晚归鲁墟，旧庐一椽不可加也。楚公少时，尤苦贫，革带敝，以绳续绝处。秦国夫人尝作新襦积钱累月乃能就。一日覆羹污之，至泣涕不食。太尉与边夫人方寓宦舟，见妇至，喜甚。辄置酒，银器色黑如铁。果品数种，酒三行而已。姑嫁古氏，归宁，食有笼饼，亟起辞谢曰：昏耄不省是谁生日也。左右或匿笑。楚公叹曰：吾家故时数日乃啜羹，岁时或生日乃食笼饼，若曹岂知耶？是时楚公见贵显，顾以啜羹食饼为泰，愀然叹息如此。游生晚，所闻已略，然少于游者，又将不闻。而旧俗方以大坏，厌藜藿、慕膏粱，往往更以上世之事为讳，使不闻。此风放而不还，且有陷于危辱之地，沦于市井降于皂隶者矣。复思如往时父子兄弟相从，居于鲁虚，葬于九里，安乐耕桑之业，终身无愧悔可得耶。呜呼！仕而至公卿，命也；退而为农，亦命也。若夫挠节以求贵，市道以营利，吾家之所深耻。子孙戒之，尚无坠厥初。乾道四年五月十三日太中大夫宝章阁待制游谨书。

【译文】

昔日唐朝灭亡时，天下分裂，吴越王钱镠崛起，吴赵之间，徒隶们乘机改朝换代。我家唐朝时做过辅相的有六人，都廉直忠孝，史册上都有光辉记载。后来为了不使后人扶伪政权，苟且于富贵生活，而辱没先人，便弃官东渡，罢官为民。家庭内实行孝悌，在乡里有忠信的声誉，家法严格，长久不改变。宋祥符年间，太子东封泰山之后，陆家也随着时代兴旺起来，百余年间出了不少知名文人。有公有卿，子孙有做官的，有读书的，家族兴旺，可称为宋世家。然而，对此我却不免有所担忧。因为天下之事，多成于艰难而败于侈靡。我少年时，父亲曾谆谆教诲：太傅出入朝廷四十多年，终身廉洁清政，晚归故地是，旧宅不曾增建一间。楚公小时候尤贫苦，皮带断了用绳续断处。秦国夫人做一件新衣，要积钱数月才能做成，一天吃饭不小心弄脏了衣裳，秦国夫人心痛得哭泣不食。太尉与边夫人会面，不过是果品几种，斟酒三次而已，而且银器色黑如铁。姑嫁古氏后，一次回家中，见吃笼饼，马上站起说：老朽不知今日是谁生日？左右仆人都笑了，楚公感叹地说：我家早些时候一连几天只是喝粥，只有年节时或有人过生日时才吃笼饼。我陆游出生较晚，所以听祖辈上的这些事情不多，然而比我年少的人又不想听这些事情，加上风俗太坏，人们羡慕的是奢华的生活，往往讳避提起上世俭朴生活中的事情。若此风不改，长此以往必陷于危辱之地，沦为市井小人。回想起往日父子兄弟相从，安乐耕桑之业，是何等幽雅！官至公卿，是命；归乡为农也是命。若为求贵而变节，为营利而不惜沦为小人，是我陆家所痛恨的。望子孙戒之。乾道四年五月十三日太中大夫宝章阁待制游谨书。

二

【原文】

　　吾见平时丧家百废方兴，而愚俗又侈于道场斋施之事。彼初不知佛为何人，佛法为何事，但欲夸乡里，为美观尔。以佛经考之，一四句偈，功德不可称量。若必以侈为贵，乃是不以佛言为信。吾死之后，汝等必不能都不从俗，遇当斋日，但请一二有行业僧诵《金刚》《法华》数卷，或《华严》一卷，不啻足矣。如此为事，非独称家之力，乃是深信佛言，利益岂不多乎！又悲哀哭踊，是为居丧之制，清净严一，方尽奉佛之体。每见丧家张设器具，吹击螺鼓，家人往往设灵位，辍哭泣，辍哭泣而观之，僧徒衒技，几类俳优，吾常深疾其非礼。汝悲方哀慕中，必不忍行吾所疾也。且侈费得福，则贪吏富商兼并之家，死皆升天；清节贤士，无所得财，悉当沦坠，佛法天理，岂容如此？此是吾告汝等第一事也。此而不听，他可知矣。

　　升济神明之说，惟出佛经。黄老之学，本于清净自然，地狱天宫，何尝言及。黄冠辈见僧获利，从而效之。送魂登天，代天肆赦；鼎釜油煎，渭之炼度；交梨火枣，用以灰为修，可笑者甚多。尤无足议，聊及之耳。墓有铭，非古也。吾已自记平生大略，以授汝等，慰子孙之心，如是足矣。溢美以诬扣世，岂吾志哉！

——《放翁家训》

【译文】

　　眼下办丧事时，许多已经废弃了的做法又兴了起来，陋俗又讲究办道场、施斋等。其实人们不一定知道什么是佛、什么是佛法，只是为了夸耀乡里，图一时虚荣罢了。考证佛经一段四句唱词，知佛法功德无量。如果以奢侈为贵，岂不是违背了佛言？我死后，估计你们也不可能完全不随时俗，所以只希望每逢斋日，请一二名高僧前来诵讼几卷佛经即可。这样做，不仅适合我家财力的大小，而且更主要的是尊崇佛言。办丧事免不了悲哀哭嚎，但要庄重肃穆才能表达敬佛的心情。每当见到办丧事的人家张设器具，吹打锣鼓，僧徒、杂耍之人纷纷前来卖弄，我深痛其无礼。如奢侈可以得福的话，则贪官污吏、富商之家人死后都可以升天；而清节贤士，无资无财，只能入地狱。佛法天理，岂容如此？这是我要告诫你们的第一件事，如这件事你们不依我，其他的事便可想而知了。

普度众生脱离苦海之说，只见于佛经。道家之学讲求的是清净自然，而从未言及过什么地狱天堂。只是道家子弟见僧徒获利，便纷纷效仿，什么送魂上天，什么代天宽赦罪人等，真是可笑至极，不足谈论。

在墓碑上刻死者的身世、功绩以纪念死者的做法并不过时。我已将我的平生大略作以记录，并将传给你们，这样做不过是为了安慰子孙而已。若过分地赞扬自己而欺骗后人，则是我所痛戒的。

（七）陆九韶

正本与制用

【题解】

陆九韶，南宋哲学家。在治家方面，他认为家庭是否幸福，正心、孝悌是其根本；理财应量入为出，节约厨度。

（1）正本

【原文】

人孰不爱家、爱子孙、爱身，然不克明爱之之道，故终焉适以损之，一家之事，贵于安宁和睦悠久也，共道在于孝悌谦逊。仁义之道，口未尝言之。朝夕之所从事者，名利也；寝食之所思者，名利也；相聚而讲究者，取名利之言也。言及于名利，则洋洋然有喜色；言及于孝悌仁义，则淡然无味，惟思卧。幸其时数之遇，则跃跃以喜；小有阻意，则躁闷若无容矣。如其时数不偶，则朝夕忧煎，怨天尤人，至于父子相夷，兄弟叛散，良可悯也。岂非爱之适以损之乎？

【译文】

人谁不爱家、爱子孙、爱自己，但是不懂得怎样去爱的道理，往往由爱变成了害。一个家庭，贵在安宁和睦久远，而孝悌谦逊是家庭幸福的根本。有的家庭，从不讲仁义之道，早晚所忙碌的，都为追名逐利；睡觉吃饭时所想的是名利；相聚在一起共同探讨的，是追逐名利的方法途径。言谈只要一涉及名利，就洋洋得意面有喜色；言谈只要一涉及孝悌仁义，就

感到索然无味，打起瞌睡来。侥幸交上好运便沾沾自喜，稍微不如意便烦躁不安，一旦时运不好，则整天忧心忡忡，怨天尤人，以至于父子相互残害，兄弟背叛，反目为仇，实在可悲可怜啊！这种爱难道不正走向了它的反面吗？

（2）制　用

【原文】

古之为国者，冢宰制国用，必于岁之杪，五谷皆入，然后制国用。用之大小，视年之丰耗。三年耕，必有一年之食，九年耕必有三年之食。以三十年之通制国用，虽有凶旱水溢，民无菜色。国既若是，家亦宜然。故凡家有田畴，足以赡给者，亦当量入以为出，然后用度有准，丰俭得中，怨读言不生，子孙可守。

——《居家正本制用篇》

【译文】

古时冢宰管理国家经济，在年末收成后，制定国家下一年的用度。费用多少，要根据收成的好坏。三年的收成要留一年储备，九年就要留三年的储备。如果作长远打算，留足储备，虽然发生战乱或水旱灾害，就不会有饥民。治国这样，治家也是如此。所以有田地足以供给生活的人家，也应当量入为出，然后用度才有标准。无论多少，用度都要适中，这样做不仅不生怨谤，而且子孙也可以守业。

（八）袁采

1. 妇人不必预外事

【题解】

袁氏主张妇人不参预外事，只需搞好家务，这种观点在今天看来虽说显得有些保守与落后，但袁氏的分析仍然很有道理。与男人对比起来，妇人当然更善于料理家务，这也体现了家庭内部的不同分工，发挥各自不同的作用。

【原文】

妇人不预外事者，盖谓夫与子既贤，外事自不必预。若夫与子不肖，掩蔽妇人之耳目，何所不至？今人多有游荡、赌博，至于鬻田园，甚至于鬻其所居，妻犹不觉。然则夫之不贤而欲求预外事何益也！子之鬻产必同其母而伪书契字者有之。重怠以假贷而兼并之人，不惮于论讼，贷茶、盐以转货①，而官司责其必偿，为母者终不能制。然则子之不贤而欲求预外事何益也！此乃妇人之大不幸，为之奈何？苟为夫能念其妻子之可怜，为子能念其母之可怜，顿然悔悟，岂不甚善！

【注释】

①贷：做买卖。

【译文】

妇女不参与家庭以外的事情，是说丈夫和孩子既有才能，那么外事自然不必去参与。假如丈夫孩子不成器，遮掩了妇女耳目让她不知道外面的事，那还有什么做不出来？现在有很多人在外游荡、赌博以至于卖掉了田园、住宅，妻子还不知道。那么丈夫既已不争气，妻子参与家外的事情、于事何补！孩子卖掉产业，一定会在契约上一块写上母亲和自己的名字来造假，这种情况是有的。不怕高利息，借贷后又想侵吞的人，不怕打官司，贷来茶叶、盐做买卖，官府要求一定要偿还，这时候做母亲的终究不能制止。那么孩子既已不争气，母亲参与家外的事情，于事又有何补！这是妇女们的大不幸，有什么办法呢？假如丈夫能体谅妻子的可怜，孩子能体谅母亲的可怜，猛然悔恨醒悟，难道不是很好吗？

2. 父母不可妄憎爱

【题解】

这里涉及一个家庭教育的重要方面：即父母如何对待自己的子女。袁氏认为母亲偏向溺爱小孩子，以至孩子长大后又对孩子过分挑剔；同时又告诫做父亲的头脑应清醒，对孩子从小就要严格教管，这是很有见地的。

【原文】

人之有子，多于婴孺之时爱忘其丑。恣其所求，恣其所为。无故叫号，不知禁止，而以罪保姆。陵轹同辈，不知戒约，而以咎他人。或言其不然，则曰："小未可责。"日渐月渍，养成其恶，此父母曲爱之过也。及其年齿渐长，爱心渐疏，微有疵失，遂成憎怒，摭①其小疵以为大恶。如遇亲故，装饰巧辞，历历陈数，断然以大不孝之名加之。而其子实无他罪，此父母忘憎之过也。爱憎之私，多先于母氏，其父若不知此理，则徇其母氏之说，牢不可解。为父者须详察此。子幼必待以严；子壮无薄其爱。

【注释】

①摭：zhí 拾取。

【译文】

人有了孩子，常常在孩子小时忘掉他（她）的不好之处，放任他要这要那，放任他做这做那。因此孩子一叫一哭，不知道禁止他，反而认为保姆有过失。欺压同辈，不知道警告约束，反而责怪别人。有人说孩子不对，父母就回答："孩子太小，不能责怪。"日积月累，养成孩子的恶行，这是父母溺爱的罪过。等到孩子渐渐长大，父母的爱心渐渐淡薄，孩子小有过失，便憎恨厌恶他，挑出他的小毛病，以为是大恶。假如碰到亲朋好友，添油加醋，一一陈述，断然认为孩子大大不孝。而孩子实际上并没有其他的过失。这都是父母随便憎恶的过失啊。爱憎的私心，往往先从母亲那里发源，父亲如果不知道不可随便爱憎的道理，就会依着母亲的说法，固执成见，牢不可破。为父者必须仔细地思考这一点。孩子小时，一定要严格对待；孩子大了，不要减少对他的爱心。

3. 处家贵宽容

【题解】

袁氏先从每个人必然存在的缺点谈起，然后提出宽容治家的主张，可谓有理有据，行之有效，值得今人借鉴。

【原文】

自古人伦，贤否相杂。或父子不能皆贤，或兄弟不能皆令①，或夫流荡，或妻悍暴，少一家之中无此患者，虽圣贤亦无如之何。身有疮痍疣赘，虽甚可恶，不可决②去，惟当宽怀处之。能知此理，则胸中泰然矣。古人所以谓父子、兄弟、夫妇之间人所难言者如此。

【注释】

①令：美好。

②决：通"诀"。

【译文】

人自古以来，贤和不贤总是相杂。或者父和子不能都贤，或者兄和弟不能都好，有时是丈夫放荡，有的是妻子强横粗暴。很少有一家人中没有这种毛病的，即使是圣贤也无可奈何。身上有了伤疤脓疮，即使十分可恶，也不能一下去掉，只能以宽容的胸怀来对待。能知道这个道理，胸中就能泰然处之了。古人之所以说父子、兄弟、夫妇间的事，别人很难插嘴，就是因为这个缘故。

4. 教子当在幼

【题解】

有许多家长对孩子自幼放任，长大以后就为非作歹，无论对家庭还是对社会都带来危害。针对这一状况，袁氏极力劝诫家长对于孩子应从严教管，使其健康成长，不失为一条宝贵的家教经验。

人有数子，饮食、衣服之爱不可不均一；长幼尊卑之分，不可不严谨；贤否是非之迹，不可不分别。幼而示之以均一，则长无争财之患；幼而责之以严谨，则长无悖慢之患；幼而教之以是非分别，则长无为恶之患。今人之于子，喜者其爱厚，而恶者其爱薄。初不均平，何以保其他日无争！少或犯长，而长或陵少①，初不训责，何以保其他日不悖！贤者或见恶，而不肖者或见爱，初不允当②，何以保其他日不为恶。

【注释】

①陵少：欺压少年的人。

②允当：公平恰当。

【译文】

一个人有几个孩子，在吃饭、穿衣方面给他们爱护，不可不公平；长幼尊卑的分别，不可不严谨；行为、事情的好坏是非，不可不分别。在孩子小时就向他们表明父母的公平，那么等孩子们长大，就不会有争夺财产的后患；在孩子小时，就要求他们严谨，长大以后，就不会有悖逆傲慢的后患；在孩子小时，就教他们区别行为、事情的好坏是非，长大以后，就不会有为非作歹的后患。现在的人对待孩子，喜欢呢，对他的爱就深厚，讨厌呢，对他的爱就淡薄。当初就不公平，又怎么能保证将来没有争夺！年纪小的可能侵犯年龄大的，年纪大的可能欺凌年纪小的，当初就不训诫责备，又怎么能保证将来不悖逆！贤子有可能被厌恶，不肖子有可能被宠爱，当初就不公允恰当，又怎么能保证将来不为非作歹！

5. 子弟须使有业

【题解】

子弟不成器令家长痛心疾首的现象古今中外司空见惯。袁氏提出父母应使子女有一个职业，以戒除他们的不良习气，可以说是充满智慧的治家之道。

【原文】

人之有子，须使有业。贫贱而有业，则不至于饥寒；富贵而有业，则不至于为非。凡富贵之子弟，耽①酒色，好博弈，异衣服，饰舆马，与群小为伍，以至破家者，非其本心之不肖，由无业以度日，遂起为非之心。小人赞其为非，则有饷②啜钱财之利，常乘间而翼成之。子弟痛宜省悟。

【注释】

①耽：沉迷。

②饇：吃。

【译文】

人有了孩子，必须让他有个职业。贫贱却有个职业，就不至于饥寒；富贵而又有个职业，则不至于去干坏事。大凡富贵人家的子弟，沉迷于酒色，喜好赌博，奇装异服，车马华丽，与小人为伍，以至于败家的，并非他本心就不争气，是由于没有一个职业来打发时光，于是产生为非作歹的念头。小人们助他干坏事，就会获得吃喝消费的利益，于是常常钻个空子，为虎作伥。孩子们应该对此深刻反省。

6. 分析财产贵公当

【题解】

兄弟长大后自然面临分家的问题，对这个问题，许多人不能明智对待，存在贪图便宜的心思。袁氏劝告当事人应以公平之心参与财产的分配，做到克制、知足、内心平衡，这样才不至于把家庭矛盾闹大。

【原文】

朝廷立法，于分析一事非不委曲详悉，然有果是窃众营私，却于典卖契中称"系妻财置到"，或诡名置产，官中不能尽行根究。又有果是起于贫寒，不因父祖资产自能奋立，营置财业。或虽有祖宗财产，不因①于众，别自殖立私产，其同宗之人必求分析。至于经县、经州、经所在官府累十数年，各至破荡而后已。若富者能反思，果是因众成私，不分与贫者，于心岂无所慊②！果是自置财产，分与贫者，明则为高义，幽则为阴德，又岂不胜如连年争讼，妨废家务，及资备裹粮，资绝证佐，与嘱托吏胥③，贿赂官员之徒费耶！贫者亦宜自思，彼实窃众，亦由辛苦营运以至增置，岂可悉分有之，况实彼之私财，而吾欲受之，宁不自愧！苟能知此，则所分虽微，必无争讼之费也。

【注释】

①因：随顺。

②慊：遗憾。

③吏胥：办事员。

【译文】

朝廷立法，对分家一事规定得也不是不清楚详细，但遇上本来是盗取众人财物来谋求私利，却在买卖契约中称"是妻子的财产购置到的"，或者捏造假名购置资产，官府就不能够刨根问底，穷究其罪了。还有本来是出身贫寒，并不依靠父祖的资产，却能自己奋发立家，经营购置财产家业的；或者即使有祖宗的财产，却不靠众人的力量，独立发展创立了自己的资产，这些人的同宗亲戚，一定会要求分财产。闹到经过县、经过州、经过所在官府，连续十几年，一直到破家荡产才停止。如果富裕者能够反思，自己本来是靠公众财产成就私业，却不分给贫穷者，心里难道没有一点遗憾！本来是自己置办的财产，分给贫穷者，明送则算高义，暗送则积阴德，难道不胜过连年争执诉讼，妨碍废弃家务，还花钱准备打官司的吃住，花钱销毁证据，请托小吏、贿赂官员等等白白地浪费吗？贫穷者也要自我反思，富了的人虽然事实窃取了公共财产，却也经过了辛苦的经营才增值，哪能完全分而有之！何况本来是富裕者的私产，自己却想去接受，难道不自惭自愧！假如能够这样，那么即使分到的财产很少，也一定不会有争执诉讼的费用了。

7. 同居不必私藏金宝

【题解】

兄弟在未分家之前，往往有人想私藏现金，袁氏认为这是愚蠢之举，建议不妨用它多多购置田产或借贷给别人，这样将使家庭成员都能获益。袁氏的见解符合发家致富之道，值得肯定。

【原文】

人有兄弟子侄同居，而私财独厚，虑有分析之患者，则买金银之属而深藏之，此为大愚。若以百千金银计之，用以买产，岁收必十千。十余年后，所谓百千者，我已取之，其分与者皆其息也，况百千又有息焉！用以典质①营运，三年而其息一倍，则所谓百千者我已取之，其分与者皆其息也，况又三年再倍。……不知其多少，何为而藏之箧笥，不假②此收息以利众也！余见世人有将私财假于众，使之营家而止取其本者，其家富厚，均及兄弟子侄，绵绵不绝，此善处心③之报也。亦有窃盗众财，或寄妻家，或寄内外姻亲之家，终为其人用过，不敢取索及取索而不得者多矣。亦有作妻家、姻亲之家置产，为其人所掩有者多矣。亦有作妻名置产，身死而妻改嫁，举以自随者亦多矣。凡百④君子，幸详鉴此，止须存心。

【注释】

①典质：典当，抵押。

②假：凭借。

③处心：存心，用心。

④百：众人。

【译文】

有和兄弟子侄同住的人，只因自己的财产独独厚实而担心有别人来分财析产的祸患，于是买下金银之类深藏起来，这是很愚蠢的。假如用十万

金银来计算，用来购置田地产业，一年的增收一定有一万。十几年后，前面所说的十万金银，自己已经获得了，其他的如果分掉，也都是利息，何况自己留下的十万又会有利息呢！十万金银用来典当经商，三年后利息增加一倍，那么十万金银我已得到了，其余的如果分掉，也都是利息。何况再过三年又增加一倍。……不知道会有多少，为什么要将金银藏在箱子里，不借它来收利息而使大家获益呢？我看见世上的人中，有将私财借给兄弟子侄，使他们经营家业而只收取本钱的，他的家庭富厚，还平均地使兄弟子侄获益，绵绵不绝，这是他善于运用心思的回报啊。也有窃取盗用众人财产，或者寄存在妻家，或者寄存在其他亲戚家，最后被他人使用了，又不敢去索要，或者索要却得不到，这种情况很多。也有假称是妻家、亲家购置的资产，却被对方隐匿了的，也很多。也有以妻子的名分购置资产，自己死了，妻子改嫁，全部带走的也很多。诸位君子，请仔细引以为鉴，一定要留心。

8. 众事宜各尽心

【题解】

袁氏主张，大家庭成员做事时应尽心尽力。不要随意敷衍了事，彼此之间显得尊重，这样就能维持大家庭的团结、和睦。袁氏的意见无疑是正确而中肯的。

【原文】

兄弟子侄有同门异户而居者，于众事宜各尽心，不可令小儿、婢仆有扰于众。虽是细微，皆起争之渐。且众之庭宇①，一人勤于扫洒，一人全不之顾，勤扫洒者已不能平，况不之顾者又纵其小儿婢仆，常常狼籍，且不容他人禁止，则怒詈②失欢多起于此。

【注释】

①庭宇：庭院。

②詈：lì 骂。

【译文】

兄弟子侄有同门异户住在一块的，对于各种事情应该各尽其心，不要叫小孩、男女佣人干扰了大家。虽然是小事，也都会引起争端。而且大家的庭院，一个人勤于打扫，另一个人根本不管，勤于打扫的人心里已不平，更何况不管的人又放任孩子仆人，常常搞得乱七八糟，还不许别人禁止，那么愤怒责骂失和成仇的情况，往往会由此引发。

9. 子孙常宜关防

【题解】

这里提出了父亲、祖父如何管教儿孙的问题。往往会出现这种情况：儿孙在外干坏事，父亲、祖父完全一无所知。袁氏提出：父亲、祖父应时时关心、过问儿孙在外面所做的事情，这样就能有效地防止儿孙在外为非作歹。袁氏的劝告至今仍有不小的启发作用。

【原文】

子孙有过，为父祖者多不自知，贵官尤甚。盖子孙有过，多掩蔽父祖之耳目。外人知之，窃笑而已，不使其父祖知之。至于乡曲贵宦，人之进见有时，称道盛德之不暇，岂敢言其子孙之非！况又自以子孙为贤，而以人言为诬，故子孙有弥天之过而父祖不知也。间有家训稍严，而母氏犹有庇其子之恶，不使其父知之。富家之子孙不肖，不过耽酒、好色、赌博、近小人，破家之事而已。贵宦之子孙不止此也。其居乡也，强索人之酒食，强贷人之钱财，强借人之物而不还，强买人之物而不偿①；亲近群小，则使之假势以陵人；侵害善良，则多致饰词以妄讼；乡人有曲理犯法事，认为已事②，名曰"担当"；乡人有争讼，则伪作父祖之简，干恳州县，求以曲为直；差夫借船，放税免罪，以其所得为酒色之娱。殆③非一端也。其随侍也，私令市贾买物，私令吏人买物，私托场务买物……皆不偿其直；吏人补名，吏人免罪，吏人有优润，皆必责其报；典买婢妾，限以抵价，而使他人填赔；或同院子游狎，或干场务放税……其他妄有求觅亦非一端，不恤误其父祖陷于刑辟④也。凡为人父祖者，宜知此事，常关防，更常询访，或庶几焉。

【注释】

①偿：付款。

②已事：没有事。

③殆：大概。

④刑辟：刑事法律。

【译文】

子孙有了过失，做父亲祖父的往往自己不知道，做高官时这问题就更是严重。这是因为子孙有过失，就常常掩盖其父亲祖父的耳目。外人知道后，窃笑罢了，也不会让他的父亲祖父知道。至于乡里的达官贵人，别人进见他机会还不多，称道他的盛德已没有闲暇，哪里还敢说他子孙的不是！况且又总以自己的子孙为贤，而认为别人的话是诬蔑，因此即使子孙有弥天大罪，他的祖父父亲也不会知道。富人家的子孙不成器，不过耽

酒、好色、赌博、亲近小人，破败家庭而已。高官的子孙不止如此。他们住在乡里，强行索要别人的酒食，强行借贷别人的钱财，强行借了别人的东西却不归还，强行买了别人的东西却不付账；亲近各种小人，还让他们仗势欺人；侵害了善良老实人，还往往编造谎言，在公堂上反咬人一口；乡里人有违理犯法的，他却承认是自己做的，美其名曰"担当"；乡里人有什么争执诉讼，他就伪造父亲祖父的信函，干谒恩请州里县里，把错的判成对的；向差夫借船，逃税却没有罪，以其所得钱财寻欢作乐。恐怕不止一样两样。就是他的随从，也私下里叫商人买东西，叫官吏买东西，托场务买东西……都不付足该付的钱；官员补一回缺，官吏免一回罪，官吏发了财，都一定要求给予他回报；典押购买婢妾，以低价限制，却叫别人填补赔偿差额；或者和豪门贵族管理钱财的仆人游玩戏狎，或者干预场务的收税……其他肆意荒谬的求取也不止一样两样，不考虑这样做会误自己的父亲祖父陷入法网。所以，凡是做人父亲、祖父的，应该知道这类事情，要管教提防子孙们，经常询问访查他们，那或许也就差不多。

10. 子孙贪缪勿使仕宦

【题解】

袁氏主张：如果子孙品行恶劣，就不应该让他做官，以免辱没家庭名声。袁氏的分析合情合理，堪称远见卓识。

【原文】

子弟有愚缪①贪污者，自不可使之仕宦。古人谓"治狱多阴德，子孙当有兴者"。谓"利人而人不知所自②，则得福"。今其愚缪，必以狱讼事悉委胥③辈改易事情，庇恶陷善，岂不与阴德相反！古人又谓"我多阴谋，道家所忌"，谓"害人而人不知所自，则得祸"。今其贪污，必与胥辈同谋，货鬻④公事，以曲为直，人受其冤无所告诉，岂不谓之阴谋！士大夫试历数乡曲三十年前宦族，今能自存者仅有几家？皆前事所致也。有远识者必信此言。

【注释】

①缪：通"谬"。

②所自：来源。

③委胥：官府中的办事员。

④鬻：出卖。

【译文】

子弟中有愚蠢荒谬贪婪污秽的人，不可让他们去做官。古人说"审理案件时积点阴德，子子孙孙就会兴旺发达"；说"给了别人利益，而别人却不知道从哪里来的，自己就会得到福祚"。现在子孙的愚蠢荒谬，一定会把审理案件的事情全部推给下面的人，改变事实，包庇邪恶，诬陷善良，这难道不和积阴德的说法相反么！古人又说"我多阴谋，这是道家所忌讳的"，说"害了别人而别人却不知怎么受害的，自己就会得祸"。现在子孙贪婪污秽，一定会与下面的人同谋，以权谋私，以曲为直，别人受了冤枉却没有地方申诉，这难道不叫做阴谋！士大夫请试着一一细数乡里面三十年前的官宦人家，现在还能自存的有几家？都是上面所说的事情所导致的。有远识的人一定会相信这些话。

11. 家业兴替系子弟

【题解】

家道的兴盛与衰败取决于后世子孙的品行及能力，袁氏深谙此理，他在下面这番话中婉言地劝诫了为人父母者应该注重对子女严格管教，尽量不出败家子。

【原文】

同居父兄子弟善恶贤否相半，若顽很刻薄不惜家业之人先死，则其家兴盛未易量也；若慈善长厚勤谨之人先死，则其家不可救矣。谚云："莫言家未成，成家子①未生；莫言家未破，破家子未大。"亦此意也。

【注释】

①成家子：使家业兴旺的儿子。

【译文】

一家之中的父兄子弟，总是善与恶、贤与不贤各占一半左右。如果性情狠毒刻薄、不爱惜家业的人先就死了，那么这一家的兴盛不可限量；如果是慈爱、善良、忠厚、勤劳、谨慎的人先就死了，那么这一家就无可救药了。俗话说："不要说家业未成功，使家业成功的孩子还未出生；不要说家业未破落，是败家子还没长成。"也是这个意思。

12. 收养义子当绝争端

【题解】

袁氏在这里又提出了做父母的如何处理养子与亲子之间关系的问题。袁氏认为，对于养子应确立其名分，免得将来与自己的亲子为财产继承权问题发生矛盾纠纷。可谓经验丰富，治家内行。

【原文】

贤德之人见族人及外亲子弟之贫，多收于其家，衣食教抚如己子，而薄俗乃有贪其财产，于其身后，强欲承重，以为"某人尝以我为嗣矣"。故高义之事使人病①于难行。惟当于平昔别其居处，明其名称。若己嗣未立，或他人之子弟年居己子之长，尤不可不明嫌疑于平昔也。娶妻而有前夫之子，接脚夫②而有前妻之子，欲抚养不欲抚养，尤不可不早定，以息他日之争。同入门及不同入门，同居及不同居，当质③之于众，明之于官，以绝争端。若义子有劳于家，亦宜早有所酬。义兄弟有劳有恩，亦宜割财产与之，不可拘文而尽废恩义也。

【注释】

①病：忧虑。

②脚夫：旧指妇女丧偶后坐家再招的丈夫。

③质：对证，对质。

【译文】

贤德的人看见同族的人以及外亲的子弟贫困，往往收养到自己家，穿衣吃饭，教育抚养，像对自己的孩子一样。而浅薄庸俗的人，却有贪养父母家财产的，等他们死后，强要继承多数财产，认为"养父母曾经认定我为继承人"。因此高节大义的事情，让人担忧难于施行。因此，应当在平时就让养子和亲生子分别居处，明确他们的名分称呼。假如自己的继承人还没有立下，或者领养来的别人的孩子比自己孩子年长，尤其不可不在平时就明确名分称呼，以避嫌疑，取后妻而有前夫的孩子，嫁后夫而有前妻的孩子，是抚养还是不抚养，是住在一起还是不住在一起，应该当众对证，让官府明确，以断绝争端。假如义子对家庭有功劳，也应该早早给予酬谢。义兄义弟之间有功劳有恩情，也应该分割财产给他们，不要拘于已定的条文，完全抛弃恩情和义气。

13. 寡妇治家难托人

【题解】

寡妇治家的确有许多难处，袁氏认为，只有委托贤能而具公平正义之心的人来帮忙，才不会弄到倾家荡产的地步。袁氏对于寡妇治家提出的忠告，确实发人深省。

【原文】

妇人有以其夫蠢懦而能自理家务，计算钱谷出入，人不能欺者，有夫不肖而能与其子同理家务，不致破家荡产者，有夫死子幼而能教养其子，敦①睦内外姻亲，料理家务，至于兴隆者，皆贤妇人也。而夫死子幼，居家营生②最为难事。托之宗族，宗族未必贤，托之亲戚，亲戚未必贤。贤者又不肯预人家事。惟妇人自识书算而所托之人衣食自给，稍识公义，则庶几焉。不然，鲜③不破家。

【注释】

①敦：使厚道。

②营生：过日子。

③鲜：很少。

【译文】

妇女中有因为丈夫愚蠢懦弱而能够自理家务，计算钱谷出入的，别人不能欺骗她；有因为丈夫不成器而能够和孩子共同料理家务的，不至于破家荡产；有丈夫死了，孩子还小，却能教育抚养孩子，使内外姻亲敦厚和睦，料理家务，以至于使家业兴隆的。她们都是贤能的妇人。其中丈夫死了，孩子还小，需自家当家过日子最为困难。委托给家族里的人，家族里的人未必贤；委托给其他亲戚，其他亲戚也未必贤。贤能的人，又未必肯干预别人家的事。只有妇人自己识字知算，而且所委托的人衣食自理，又稍微知道一点公义，那恐怕差不多。不然很少有不破家荡产的。

14. 分给财产务均平

【题解】

祖父辈年纪大了以后就要为子孙分配家产，袁民主张力求平均分配，但对品行能力不同的子孙分配办法又应有差别，这样能避免祸端，保持家业的兴隆不衰。袁氏的意见值得我们参考。

【原文】

父、祖高年，怠于管干，多将财产均给子孙。若父、祖出于公心，初无偏曲，子孙各能戮力①，不事游荡，则均给之后，既无争讼，必至兴隆。若父、祖缘有过房之子，缘有前母后母之子，缘有子亡而不爱其孙，又有虽是一等子孙，自有憎爱，凡衣食财物所及，必有厚薄，致令子孙力求均给，其父、祖又于其中暗有轻重，安得不起他日争端！若父、祖缘其子孙内有不肖之人，虑其侵害他房，不得已而均给者，止可逐时均给财谷，不可均给田产。若均给田产，彼以为己分所有，必邀求尊长立契典卖，典卖既尽，窥觎他房，从而婪取，必至兴讼②，使贤子贤孙被其扰害，同于破荡，不可不思。大抵人之子孙或十数人皆能守己，其中有一不肖，则十数人皆受其害，至于破家者有之。国家法令百端，终不能禁；父、祖智谋百端，终不能防。欲保延家祚者，览他家之已往，思我家之未来，可不修德熟虑以为长久之计耶？

【注释】

①戮力：尽力。

②兴讼：打官司。

【译文】

父亲、祖父年纪大了，懒于管理，往往将财产平均分给子孙。如果父亲、祖父是出于公正之心，一点也没有偏袒，子孙们又各自能够尽力，不游手好闲，那么平均分给之后，既然没有了争执诉讼，就一定会使家业兴隆。如果父亲、祖父因为有过房的孩子、因为有前母后母的孩子，因为有儿子死了却不喜欢孙儿，又有虽然是同等的子孙，自己又区别爱憎，吃饭穿衣同度花费所涉及的，总要有个厚薄，致使子孙虽然力求平均分给，父亲祖父却又在暗中来分多少轻重，这样怎能不引起将来的争端！如果父亲、祖父因为子孙中有不成器的人，担心他侵害其他子孙，出于不得已，要平均分给他家产，那也只能逐渐分期付给他依平均该得的钱财谷物，而不能平均分给他田产。假如平均分给田产，他会以为这是自己分内所有，一定会邀求长辈立下契约，典卖出去，典卖完了，又会暗中打兄弟侄子的主意，从而贪婪求取，一定会闹到打官司，使贤子贤孙被他干扰陷害，同归于破家荡产，不可不深思。大概一个人的儿孙中，有时十几人都能够安分守己，其中只要有一个人不肖，那么其余十几人都受他的祸害，以至于破家荡产。国家的法令终使有千条万条，终究不能禁止。父亲、祖父的智谋再深远周到，终究不能提防。想要保住、延续家业的，借鉴别人家已往的事情，想想自己家的未来，能不修养品德深思熟虑、作长久之计吗？

15. 遗嘱公平绝后患

【题解】

袁氏在这里谈论祖父辈如何立遗嘱的问题时，同样强调"公平"二字，以免子孙之间产生争端，败坏家业，这些对于个人也许是小事，对于家庭却是大事。

【原文】

遗嘱之文皆贤明之人为身后之虑。然亦须公平，乃可以保家。如劫于悍妻黠①妾，因子后妻爱子中有偏曲厚薄，或妄立嗣，或妄逐子，不近人情之事，不可胜数，皆所以兴讼破家也。

【注释】

①黠：狡猾。

【译文】

遗嘱这类文字都是圣贤之人为死后考虑才产生的。但也必须公平，才可以保住家业。如果被凶悍的妻子和狡猾的小妾挟持，因而对后妻、爱子的财产分配有所偏私厚薄，或者随意立个继承人，或者随意赶走孩子，这些不近人情的事，多得数不胜数，都是导致打官司、破家荡产的原因。

16. 遗嘱之文宜预为

【题解】

俗话说："人无远虑，必有近忧。"涉及立遗嘱的时机问题，也是同样道理。袁氏主张遗嘱应趁本人神志清醒时写好，免得子孙之间发生争端，其见解看似普通，却是十分独到的。

【原文】

父、祖有虑子孙争讼者，常欲预为遗嘱之文，而不知风烛不常，因循不决，至于疾病危笃，虽心中尚了①然，而口不能言，手不能动，饮恨而死者多矣。况有神识昏乱者乎！

【注释】

①了：明了，明白。

【译文】

父亲、祖父有因为担心子孙争执诉讼的，常常想趁健在，预先立下遗嘱文字，却不知自己已是风烛残年，朝不保夕，拖延着不决定，等到疾病危重时，即使心中还明白，口中也已说不出来，手也动不了，由此饮恨而死的人很多。何况有时候还出现神智昏乱的情况呢？

17. 置义庄不若置义学

【题解】

袁氏在这里提出了祖父辈如何替子孙着想的看法：他认为置办公有田产不如用来办学，因为前者只会养成子弟的不良习气，后者却能催逼他们上进，至少可以留有退路，不致辱没家门。不过，袁氏所提倡的办学只是局限于维持家庭门面上，是有其局限性的。

【原文】

置义庄以济贫族，族久必众，不惟所得渐微，不肖子弟得之不以济饥寒。或为一醉之适，或为一掷①之娱……致有以其合得②券历预质于人，而所得不其半者，此为何益？若其所得之多，饱食终日，无所用心，扰暴乡曲，紊烦官司而已。不若以其田置义学及依寺院置度僧田，能为儒者择师训之，既为之食，且有以周其乏。质③不美者，无田可养，无业可守，则度以为僧。非惟不至失所狼狈，辱其先德，亦不至生事扰人，紊烦官司也。

【注释】

①掷：指赌博。

②合得：应得到的。

③质：天资。

【译文】

　　置办公有的田地房屋产业来周济宗族，宗族延续久了，人口必多，不但每人所得逐渐减少，而且不肖子弟得到了还不用来度过饥寒。他们或者用来喝酒，或者用来赌博……以至有把自己应得份额的券契预先抵押给别人，押金所得不及份额一半的，置办公有产业又有什么好处？如果子孙宗族得到的很多，只会整天吃饱了饭没有事做，便扰乱暴凌乡里的人，烦扰官府罢了。不如把这些田土房屋用来置义学，以及依凭寺院周围购置度僧田，为子孙中想读书的人选择老师来训导他们。既给了读书孩子吃的，又可周济他们缺少的东西。天资不好的子孙，无田可以养活自己，无业可以守护，就让他们剃度当和尚。非但不至于使子孙狼狈不堪、污辱先人的德行，而且不至于惹是生非，烦扰官府。

18. 子弟当谨交游

【题解】

　　古人为维持家庭声誉问题，习惯把自己的子女关在家里，不让他们外出。袁氏主张家长顺其自然，让子女外出交游，见多识广，辨别是非，即使沾染了一些不良习气，也不至于愚昧无知。袁氏的这种开明见解，值得今人虚心学习。

【原文】

　　世人有虑子弟血气未定，而酒色博弈之事，得以昏乱其心，寻不久至于失德破家，则拘之于家，严其出入，绝其交游，致其无所见闻，朴野蠢鄙，不近人情。殊不知此非良策，禁防一弛，情窦顿开，如火燎原不可扑灭。况拘之于家，无所用心，却密为不肖之事，与外出何异！不若时①其出入，谨其交游，虽不肖之事习闻既熟，自能识破，必知愧而不为。纵试为之，亦不至于朴野蠢鄙，全为小人之所摇荡②也。

【注释】

　　①若时：使以按时。

　　②摇荡：鼓动。

【译文】

　　世上有人担心子弟们血气未定，而贪杯好色赌博下棋之类的事情，会使他们意志昏乱，过不久甚至会道德败坏，破家荡产。于是将他们拘禁在家里，严格控制他们的出入，断绝它们结交朋友。以至于使子弟们见闻不广，粗野愚蠢，不近人情。殊不知这并非良策，禁止和防备一旦松弛，欲情顿时放开，如火燎原，难以扑灭。何况就是把他们拘禁在家里，他们无所事事，却暗中做坏事，这和放他们出去有什么差别！不如使他们按时出入，结交朋友谨慎一点，即使他们已习惯了做坏事，自己也能识破了。这样他们一定会知道惭愧，不再去做。即使试着去做，也不至于粗野愚蠢，完全被小人们鼓动、摆弄。

19. 家成于忧惧破于怠忽

【题解】

如何保持家业兴盛不衰呢？袁氏认为当家者应时时作长远考虑，而不能漫不经心，放纵自己。这是深谙治家之道的。

【原文】

起家之人，生财富庶，乃日夜忧惧，虑不免于饥寒。破家之子，生事日消，乃轩昂①自恣，谓"不复可虑"。所谓"吉人凶其吉，凶人吉其凶"，此其效验，常见于已壮未老，已老未死之前。识者当自默喻。

【注释】

①轩昂：高大的样子。

【译文】

兴家立业的人，财富增加，富庶起来，于是日夜忧惧，担心不免于饥寒。使家道败落的儿子，生活之计，一天天消减，却气宇轩昂、放纵自恣，说"没有什么好忧虑的。"所谓"吉利的人从吉利中看到了灾凶；受灾凶的人却把灾凶看成吉利用"，这话的证实，常常在人已到壮年还未衰老，已经衰老，还没死去之前见到。有识之士应当自己静默推知。

20. 兴废有定理

【题解】

袁氏在这里提出家业兴衰在于命运的见解带有浓厚迷信色彩，不足为训。不过后世之人应从中看到人在其中所起的重要作用，从而注重对子孙的严格培训。

【原文】

起家之人见所作事无不如意，以为智术巧妙如此，不知其命分偶然，志气洋洋，贪多图得。又自以为独能久远，不可破坏，岂不为造物者所窃笑！盖其破坏之人或已生于其家，曰"子"曰"孙"，朝夕环立于侧者，皆他日为父祖破坏生事之人，恨其父祖目不及见耳！前辈有建第宅，宴工匠于东庑曰："此造宅之人。"宴子弟于西庑曰："此卖宅之人。"后果如其

言。近世士大夫有言："目所可见者，谩①尔经营；目所不及见者，不须置之谋虑。"此有识君子知非人力所及，其胸中宽泰与蔽迷之人如何？

【注释】

①谩：同"慢"。

【译文】

兴家立业的人看见所做的事情无不顺心如意，便认为智慧、方法的巧妙，不过如此，不知道这只是他命运偶然所致。于是踌躇满志，得意扬扬，贪多务得，又自以为绝对能保持长久，不会被破坏，这岂不被造物主窃笑？因为破坏家业的人也许已出生于他家，叫作"子"，叫作"孙"，早早晚晚站在自己四旁，都是将来破坏父祖立下的生计的人。遗憾的是他的父祖眼睛来不及看到这一层罢了。有一位前辈建房屋，在东边走廊宴请工匠，说："这些是造房的人。"在西边走廊宴请子弟，说："这些是卖房子的人。"后来果如其言。近世有位士大夫说："眼睛能够看见的一切，都是徒然的经营；眼睛看不到的东西，又不必放到心里。"这是有识君子明白了兴废的定理，非人力所及。他们胸中的宽和安泰，和愚蒙迷惑的人相比，谁更高明？

21. 用度宜量入为出

【题解】

"勤俭兴家，奢侈败家"。袁氏深谙此理，并对此做了较细致的分析。这种节俭持家的作风至今仍值得人们发扬光大。

【原文】

起家之人易于增进成立者，盖服、食、器、用及吉凶百费规模浅狭，尚循其旧故。日入之数多于日出，此所以常有余。富家之子易于倾覆破荡者，盖服、食、器、用及吉凶百费规模广大，尚循其旧。又分其财产立数门户，则费用增倍于前日。子弟有能省用，远谋损节犹虑不及，况有不之悟者，何以支持乎！古人谓，由俭入奢易，由奢入俭难，盖谓此尔。大贵人之家尤难于保成。方其致位通显，虽在闲冷，其俸给亦厚，其馈遗亦多。其使令之人满前，皆州郡廪给①。其服、食、器、用虽极于华侈，而其费不出于家财。逮其身后，无前日之俸给、馈遗、使令之人，其日用百费非出家财不可。况又析一家为数家，而用度仍旧，岂不至于破荡！此亦势使之然。为子弟者各宜量节。

【注释】

①廪给：指官方供给。

兴起家业的人容易增加财产、成功事业，是因为穿、吃、器具、用品以及吉事凶事的花费，规模还小，还遵循过去的规矩。每天收入的数目超过支出，所以能长期有结余。富裕家庭的孩子容易倾家荡产，是因为前面所说的花费规模很大，也遵循过去的规矩。而且又分了财产，立起了几个门户，于是费用比以前成倍增加。子弟中有能省吃俭用、深谋远虑减损节制的，尚且担心不能挽救，何况有些人并不醒悟，那又靠什么来支持呢？古人说，由俭朴变成奢侈容易，由奢侈变成俭朴困难，说的就是这个道理。大富大贵之家尤其难以保业守成。当他们地位显达的时候，即使做闲官坐冷板凳，俸禄也很丰厚，别人的赠送也多。他们所使唤的人满布眼前，却都由州郡供给。他们的穿、吃、器具、用品以及吉事凶事的花费虽然极其华丽奢侈，可费用却不由家里出。等到他们死后，没有了从前的俸禄、赠物和使唤的人，日用百费非从自家里出不可。何况又把一家分成了几家，而用度跟从前一样，哪能不破家荡产！这也是形势变化所导致的。为人子弟者，都应该酌量节制。

22. 起家守成宜为悠久计

【题解】

有些家庭富裕的子弟生活放荡、挥霍无度，导致家业衰败。袁氏在这里恳切告诫那些不肖子孙应念父祖辈创业的艰难，从而检点自己的行为。这些对于当今的年轻人仍有很大的教育意义。

【原文】

人之居世有不思父祖起家艰难，思与之延其祭祀，又不思子孙无所凭藉则无以脱于饥寒。多生男女，视如路人。耽于酒色，博弈游荡，破坏家产，以取一时之快，此皆家门不幸。如此，冒干①刑宪②，彼亦不恤，岂教诲、劝谕、责骂之所能回！置之无可奈何而已。

【注释】

①冒干：冒犯。
②刑宪：法律。

【译文】

世上有些人不想想父祖起家艰难，该如何为他们延续好祭祀香火，也不想想后世子孙没有什么依靠的话，就无法摆脱艰难。倒是生了很多儿子女儿，却把他们视如路人。自己沉溺于酒色，赌博下棋，东游西荡，破坏了家产，来获取一时的快乐，这都是家门的不幸。像这样的话，即使冒犯刑法，他也不会忧虑。哪里是教诲、劝告、责骂所能拉回的？只好听凭他，无可奈何罢了。

23. 节用有常理

【题解】

袁氏在这里又提出了当家者应节俭持家的见解。袁氏强调节约应始终如一、事无大小，否则无法达到目的。他的这些言论是值得人们深思并贯彻到行动中去的。

【原文】

人有财物，虑为人所窃，则必缄縢扃镉①封识之甚严。虑费用之无度而致耗散，则必算计较量，支用之甚节。然有甚严而有失者，盖百日之严，无一日之疏，则无失；百日严而一日不严，则一日之失与百日不严同也。有甚节而终至于匮乏者，盖百事节而无一事之费，则不至于匮乏；百事节而一事不节，则一事之费与百事不节同也。所谓百事者，自饮食、衣服、屋宅、园馆、苑囿、舆马、仆御、器用、玩好……盖非一端。丰俭随其财力则不为之费；不量财力而为之，或虽财力可办而过于侈靡，近于不急，皆妄费也。年少主家事者宜深知之。

【注释】

①缄縢扃镉：jiān téng jiōngjué 缄：绳；縢：捆；扃：闩；镉：锁。

【译文】

人有了财物，担心被别人偷去，就一定会捆绳上锁加封打记，很严格。担心费用没有节度而导致消耗散失，就一定会计算衡量，支出用度很节约。但是也有管得很严最终还是失去的。因为如果百天严格，没有一天疏忽，就不会失去；百天严格，只有一天疏忽，那么这一天的损失就顶得上一百天的不严格了。有些人非常节约可最终还是缺乏，是因为百事节约，没有一事浪费，就不会导致缺乏；而百事节约，只要有一事不节约，那这一事的浪费就顶得上百事的不节约了。所说的百事，是指饮食、衣服、住房、花园、车马、仆人、器具、玩物……等，不只一件。宽裕还是节约，随自己财力而定，就不会浪费；不量财力而消费，或者虽然财力允许却过于奢侈，几乎不是需要的，这些都是乱花费。年轻人主持家务，应该深知这个道理。

24. 钱谷不可多借人

【题解】

家庭与家庭之间难免要借钱借物。袁氏告诫当家者钱财谷物不要多借给人，并对于一些无赖的心理作了较细致的分析。尽管显得过于谨慎或多疑，但还是有参考价值的。

【原文】

有轻于举债者，不可借也，必是无藉^①之人，已怀负赖之意。凡借人钱谷，少则易偿，多则易负。故借谷至百石，借钱至百贯，虽力可还，亦不肯还。宁以所还之资为争讼之费者多矣。

【注释】

①藉：凭依。

【译文】

有些人轻易就借债，这种人不可借给他。他一定是不可靠的人，早已怀着赖账的心思。凡是借别人的钱、谷，少呢就容易还，多呢就容易拖着。因此借谷到了一百石，借钱到了一百贯，即使有能力还，也不愿还。宁愿用该还的钱来做打官司费用的人太多了。

25. 债不可轻举

【题解】

对于当家者来说，借债在所难免，袁氏却反对轻易借债，认为尽量自己克服目前的困难。这种强调自力更生的持家精神，还是值得我们予以充分肯定的。

【原文】

凡人不敢于举债者，必谓他日之宽余可以偿也。不知今日无宽余，他日何为而有宽余。譬如百里之路，分为两日行，则两日皆办。若欲以今日之路使明日并行，虽劳苦而不可至。凡无远识之人，求目前宽余而挪积在后者，无不破家也。切宜鉴此。

——以上选自《袁氏世范》

【译文】

凡是敢于借债的人，一定认为将来有宽余可以偿还。却不知现在不宽余，将来又为什么会有宽余。比如走一百里路，分两天走，那么两天内能走到。如果想把今天该走的路放到明天一起走，虽然劳累痛苦，还未必能走到。凡是没有远见的人，只求眼前宽余而挪用了本该用于将来的积累，没有不破家荡产的。一定要引以为戒。

（九）家　颐

教子十章

【题解】

　　家颐的《教子十章》靠《戒子通录》保存下来。他的话很简洁明了，其教子之法，尤其注重对儿子德行的培养和学习的督促，认为"人生至乐，无如读书；至要，无如教子"，见解可谓精到。十章教子法，章章都可以实践。

【原文】

　　人生至乐，无如读书；至要，无如教子。

　　父子之间，不可溺于小慈，自小律之以威，绳之以礼，则长无不肖之悔。

　　教子有五：导其性，广其志，养其才，鼓其气，攻其病，废一不可。

　　养子弟如养芝兰：既积学以培植之，又积善滋润之。

　　人家子弟，惟可使觌①德，不可使觌利。

　　富者之教子，须是重道；贫者之教子，须是守节。

▲教子图

　　子弟之贤不肖，系诸人；其贫富贵贱，系之天。世人不忧其在人者，而忧其在天者，岂非误耶？

　　士之所行，不溷②流俗，一以抗节于时，一以诒训于后。

　　士人家切勤教子弟，勿令诗书味短。

　　孟子以惰其四支为一不孝，为人子孙游惰而不知学，安得不愧？

　　　　　　　　　　　　　　　——《戒子通录》

【注释】

　　①觌：dí 见。

　　②溷：hùn 同"混"。

　　人生最大的快乐，什么也比不上读书，最重要的事情，莫过于教育子女。

　　父与子之间，不可沉溺于小爱，从小用威严去约束他，用礼去要求他，那么长大以后，就没有孩子不成器的悔恨了。

　　教子有五条：引导他的性情；开阔他的志向；培养他的才能；鼓励他的气势；纠正他的过失。五者缺一不可。

　　培养子弟如同培养芝兰一样：聚积学问以培植他，又聚积善事以滋润他。

　　人家的子弟，只可以使他见德，不可以使他见利。

　　有钱的人教子，须要重道德；贫穷的人教子，须是坚守节操。

　　子弟的贤与不贤，在于人的主观努力；而他们将来的富贵贫贱，在于天命。世人不考虑主观方面而忧虑天命方面，岂不错了？

　　读书人的所作所为，不混同于流俗，是要在当时坚持高尚的气节，是要为后世留下榜样。

　　读书人家务必要抓紧对子弟的教育，不要使之缺乏读书的趣味。

　　孟子以四肢懒惰为不肖的一种表现，做子孙的只知道游玩，而不知道学习，为什么不觉得惭愧？

（十）郑太和

郑氏规范

【题解】

　　《郑氏规范》是浙江浦江郑氏的家规。郑氏家族自南宋郑绮到明初八世孙郑涛为止，一共有三百多年。这个家规是郑绮六世孙郑太和始创的，后来增至一百六十八则。此处选编大致反映了郑氏家族在治家、婚嫁、处世、慈孝等方面的所作所为，其中以治家规范为主体，一共二十则。

【原文】

　　一、家长专以至公无私为本，不得徇偏。如其有失，举家随而谏之。然必起敬起孝，无妨和气。若其不能任事，次者佐之。

　　二、为家长者，当以至诚待下。一言不可妄发，一行不可妄为，庶合古人以身教之之意。临事之际，毋察察而明，毋昧昧而昏，更须以量容人，常视一家如一身可也。

　　……

　　一、亲姻馈送，一年一度，非常庆吊，则不拘此。切不可过奢，又不可视贫而加薄，视富而加厚。

……

一、婚嫁必须择温良有家法者，不可慕富贵，以亏择配之义。其豪强逆乱，世有恶疾者，毋得与议。

……

一、子孙倘有出仕者，当夙夜切切，以报国为务。抚恤下民，实如慈母之保赤子。有申理①者，哀矜恳恻，务得其情，毋行苛虚②。又不可一毫妄取于民，若在任衣食不能给者，公堂资而勉之。其或廪禄有余，亦当纳之公堂，不可私于妻孥，竞为华丽之饰，以起不平之心。违者天实临之。

……

一、为人之道，舍教其何以先？当营义方一区，以教宗族之子弟，免其束修③。

……

一、子孙固当竭力以奉尊长，为尊长者，亦不可挟此自尊，攘拳奋袂，忿言秽语，使人无所容身，甚非教养之道。若其有过，反复谕戒之，甚不得已，会众箠之，以示耻辱。

……

一、子孙饮食，幼者必后于长者。言语亦必有伦，应对宾客，不得杂以俚俗方言。

二、子孙不得谑浪败度，免巾徒跣。凡诸举动，不宜掉臂跳足，以蹈轻儇④。见宾客，亦当肃行祇揖，不可参差错乱。

……

一、子孙不得从事交结，以保助闾里为名，而恣行己意，遂致轻冒刑宪，堕坏家业。故再申言之，切宜刻骨。

……

一、子孙为学，须以孝义切切为务。若一向偏滞辞章，深所不取。此实守家第一事，不可不慎。

……

一、子孙当以和待乡曲，宁我容人，毋使人容我，切不可先操忽人之心。若屡相凌逼，进进不已者，当理直之。

……

一、子孙不得惑于邪说，溺于淫祀，以邀福于鬼神。

……

一、子孙处事接物，当务诚朴。不可置纤巧之物，务以脱人，以长华丽之习。

二、子孙不得与人眩奇斗胜，两不相下。彼以其奢，我以吾俭，吾何害哉？

三、既称义门，进退皆务尽礼。不得引进倡优，讴词献技，娱宾狎客，上累祖考之嘉训，下教子孙以不善，甚非小失。违者家长箠之。

四、家业之成，难如登天，当以俭素自绳是准。惟酒器用外，子孙不得别造，以败我家风。

……

一、吾家既以孝义表门，所习所行，无非积善之事，子孙皆当体此。不得妄肆威福，图胁人财，侵凌人产，以为祖宗植德之累。违者以不孝论。

……

一、寿辰既不设筵，所以袜履亦不可爱。

……

一、家众有疾，当痛念之，延良医以救疗之。

——《郑氏规范》

【注释】

①申理：申告冤屈。

②苛虚：苛刻。

③束修：旧时学生给老师的学费常以干肉形式替代。

④轻儇：轻佻。

【译文】

一、家长单单以大公无私为根本，不能徇私偏向。如果他有失误，全家随时可以劝谏他。然而一定要兴起恭敬和孝顺，不要妨碍了和气。假使他不能胜任，地位次等的可以辅佐他。

二、做家长的，应当凭着至诚之心对待家小。一句话不能乱说，一件事不能乱做，也许可以符合古人言传身教的意思。遇到问题的时候，既不要在细小事上过分要求而显示精明，也不要在大事上糊里糊涂而显得昏聩，更需要的是以宽宏大量来容忍别人，时常把一个家看成自己一身就行了。

……

一、姻亲之间的赠送，一年一次，不同寻常的庆贺吊唁就不拘泥于一次。切忌不能太奢侈，又不能对穷人而少给，对富人而多给。

……

一、婚嫁必须选择温和善良有家法的人家，不能企慕富有尊贵以损伤选择配偶的道义。豪强叛乱的，世代有传染病的，不能和他们商议。

……

一、子孙如果有外出做官的，应当早晚勤恳，以报效国家为己任，抚慰体恤普通老百姓，就像慈母保养婴儿一样。有申述冤情的，要以哀愁怜悯之心对待他。要获取实情，不要随便敷衍。又不能从老百姓那里搜刮一分一毫，假使在任期内衣食不能自给，官府就会资助而勉励他。如或俸禄有余额，也应当交给官府，不能私自给妻子儿女，让他们竞相追求华丽的服饰，以使人家有不平之心。违背者老天爷会来临，为他的过错而可惜和惩罚。

……

一、做人之道，舍弃教导哪个为先呢？应当辟一方之地，来教导宗族子弟，免得他们到私塾交学费。

……

一、子孙固然应当竭尽全力来侍奉尊长，为尊长的，也不能依仗这点而自以为尊贵，打拳扬袖，怒骂脏话，使人没有容身的地方，太没有教养之道了。假使他有过失，反复告诫他，太不得已时，当众打他，以示耻辱。

……

一、子孙吃饭，幼小的一定在大的后面。话语也一定有常规，应酬宾客，不能杂加俚俗方言。

二、子孙不能戏谑放荡、败坏法度，除去头巾、赤脚步行。大凡这些举动，不应当摇臂舞足，以行轻佻。见到宾客，也应当严肃行走、恭敬作揖，不能错乱不齐。

……

一、子孙不能以保护帮助邻里乡亲为名去交朋结交，而实际上随心所欲、胡作非为，以至于轻易遭到刑法处罚，败坏家业。所以重申这一点，切应铭刻在心。

……

一、子孙学习，必须以孝顺仁义为要务。假使一直偏留于辞章，很不可取。这实际持守家庭第一件事，不能不谨慎。

……

一、子孙应当和气对待乡邻，宁愿我容忍别人，不要让别人容忍我，切忌不能先采取忽视别人的想法。假使多次欺凌逼迫，得寸进尺不中止的人应当说理整直他。

……

一、子孙不能被邪恶之说所诱惑，沉溺于不合礼的祭祀，来从鬼神那里请福。

……

一、子孙待人接物，应当诚退质朴。不能摆出花巧的东西，来使别人轻脱，助长华丽的习气。

二、子孙不能和别人炫耀奇货来争强斗胜，双方相持不下。别人以他奢侈，我以戒俭约，又损害什么呢？

三、既然号称仁义之家，进进出出都要竭尽礼节。不能引进娼妓戏子，唱歌献技，亵娱宾客，在上累及父祖的妙训，在下教导子孙不善良，并非小的过失。违反的人家长打他。

四、家业的成就，困难得像登上青天，应当以俭约、素朴、自律为准绳。

……

一、我家既然能凭借孝顺仁义来支撑门户，所操习所施行的，没有不是积累善行的事，子孙们都应当体会到这一点。不能肆无忌惮地作威作福，企图威胁别人的财物，侵夺欺凌别人的家产，来累及祖宗所树的美德。违反的人以不孝顺来论处。

……

一、生日寿辰既然不摆宴席，那么要用的鞋袜也可以不要。

……

一、家里人有病，应当痛心地念及，请好的医生来救治他们。

（十一）郑涛

《旌义编》论治家

【题解】

郑涛，元朝人，《旌义编》乃是郑氏世代家规的总汇。《旌义编》归纳起来，可分为"祭祀""家长""子孙""正家""理财""用度""家礼""宗族""孝悌""处世"共十个方面的内容，是一部典型的封建大家族的思想和行为的总则。从治家的角度来说，其中不乏可以借鉴的东西，也略有必当扬弃的东西，谅读者自会辨识。

一

【原文】

每旦，击钟二十四声，家众俱兴。四声，咸盥漱。八声，入有序堂。家长中坐，男女分坐左右，令未冠子弟朗诵男女训戒之辞。男训云："人家盛衰，皆系乎积善与积恶则已。何为积善？居家则孝悌，处事则仁恕，凡所以济人者皆是也。何谓积恶？恃已之势以自强，克刂人之财以自富，凡所以欺心者皆是也。是故能爱子孙者，遗之以善；不爱子孙者，遗之以恶。传曰：'积善之家，必有余庆；积不善之家，必有余殃，天理昭然，

各宜深省"。女训云："家之和不和，皆系妇人之贤否。何谓贤？事舅姑以孝顺，奉丈夫以恭敬，待娣姒以温和，接子孙以慈爱，如此之类是已。何为不贤？淫狎妒忌，恃强凌弱，摇鼓是非，纵意徇私，如此之类是已。天道甚近，福善祸淫，为妇人者，不可不畏。"诵毕，男女起向家长一揖，复分左右行会揖而退，无声。男会膳于同心堂，女会膳于安贞堂，三时并同。-其不至者，家长规之。

【译文】

每天早晨，敲钟二十四下，一家人都要起床。再敲四下，开始洗漱。再敲八下，一起进入有序堂。家长坐中间，按男女分别坐左右两边，然后让一少年子弟朗读有关对男女的训辞。男训辞是："家庭的兴衰，全取决于积善还是积恶。什么是积善？在家则孝父母爱兄弟，处事则讲仁义忠恕，凡有助于人的都是积善。什么是积恶？仗自己的势力以称霸，占据他人的财产以肥自己，凡有昧良心的事就是积恶。《书传》中说：'积善的人家，一定会有享不完的福；积恶的人家，会有受不尽的灾祸。'所以，爱子孙的留给子孙善行；不爱子孙的留给子孙祸根。天理昭昭，每人都要好好想想。"女训辞说："家庭和不和睦，取决于女人的贤和不贤。什么是贤？对公婆孝顺，对丈夫恭敬，待妯娌温和，对子孙慈爱，类似这些都是贤淑。什么是不贤？放荡妒忌，以强欺弱，制造是非，任性自私等都是不贤。天道不远，善得福，淫招祸，作为女人，不能不知畏惧。"读完之后，大家起立向家长行礼，再互相施礼而退。男子会餐于同心堂，女子会餐于安贞堂。有不到的，由家长处理。

二

【原文】

管谷麦，必当十分用心，及时收晒，免致黰烂。收支明白，不至亏折，关防勤谨。不至遗失，赏则及之。

【译文】

管理谷麦，一定要用心，及时收晒，以免霉烂。收进和支出要清楚，使之不至于亏损；防护更要小心谨慎，使之不至于丢失。

三

【原文】

子孙年未三十者，酒不许入唇。壮者虽许少饮，亦不宜沈酗杯酌，喧哗鼓午，不顾尊长，违者捶之。若奉延尊客，惟务诚悫，不必强人以酒。

——《旌义编》

【译文】

子孙年龄不到三十岁，不许喝酒。壮年可以少饮，但不能贪杯酗酒。不可借酒劲大喊大叫，不敬尊长。违者要处以体罚。如果宴请贵客，只要心诚即可，不要强劝人饮酒。

（十二）华惊韦华

治家忠言

【题解】

华惊韦华，元末明初人，著有《家劝》，他似以父亲与儿孙谈话的方式谆谆告诫。在治家方面，主张"切戒为取虚名而招惹实祸"，应当继承祖先的美德，勤俭行善，修行遵礼。

《家劝》以回顾九代先辈创业之艰难，畅述自己一生立志勤勉的体会，告诫子孙继承父辈家业，发扬门风作正人君子。

《家劝》的特点完全像父亲与儿孙的谈话录，由家世到自己的一生经历，针对儿孙的实际情形循循劝逸，谆谆告诫，只怕丢弃了祖辈崇高的德性，使俭朴敦厚的风尚，在小辈手中败坏掉。贞固先生不担心子孙日后在钱财方面会贫乏，只担心子孙无德性。深信"只要德效前贤，以义为利，衣食自然会充足"。

《家劝》文字中明显反映出作者是个诚挚善良而性格柔弱、处事小心谨慎的人。贞固先生颇有自知之明，分析自己一生之所以没能实现理想，"也因为性格柔弱，过于谨慎所至"。所以希望儿孙"凡遇事应当做的，就要奋力去做，争取达到目的，即使有错，退也虽悔无怨。"

贞固先生处理闲言碎语的方法值得提倡，他主张：先要弄清是从哪里来的，要当面问明，不要把疑虑藏在心中，以防积怨。在治家方面主张"切戒为取虚名而招惹实祸"。认为真正通达事理的人不站在危墙之下，不为天命所囿。

《家劝》实非为一家私言，天下有家者都可以从中吸取其精华，用以管理家业。

1. 继承传统美德

【原文】

我愿汝等继承上世一气所生慈善之性，纯良之德，务农济物之道。修之于躬，复用劝告于子子孙孙，俾人人相守，世世相传。笃信而力行之，则根本坚固，枝叶自然长茂，而可守其嗣祀矣。

【译文】

愿你们继承祖先的慈善之心、纯良的品德、辛勤务农、济世的传统，你们自己不仅要身体力行，而且要传给子孙，那么无论是治家还是立身处世的根本必然坚固，枝叶自然就茂盛，祖业也就会传下去。

2. 理财量力而行

【原文】

一切家务，互相照管，察其不备，毋得坐视。

取与之际，宁吃人亏，勿使人吃我亏。

冠婚丧祭，粗有成式。……量事度力而为之。简易者，惟取寒家之所宜耳。如更略之，则古礼将不能复矣。守之可也。

【译文】

家务事要互相照管，看到哪儿不妥帖，不能坐视不管。

在得失面前，宁可自己吃亏，不要让人吃亏。

冠礼、婚礼、丧礼、祭祀，大略有一个规则，……要根据情况量力而行。贫寡人家应以简便为宜，但不能简单到有失古礼的程度。按照这个准则去做就行。

3. 居家积德行善

【原文】

凡此皆居家之常事，人家成败，必有其由。为善则成，为恶则败，理之必然而无疑者。凡合理者谓之善，悖理者谓之恶，又何难见也。固不可以废兴归之于数，而怠为善之心。知命者则不立于岩墙之下，勿囿于数斯可矣。吾所以再三喋喋者，诚以成立甚难，复坠甚易故也。果能闻善必从，知过速改，见义勇为，则何善之不能行，亦何恶之不能去哉。成败所由，在人之所学习而已，书传所载甚多，所见亦不为少。苟能习与性成，则贤人君子之所同归，亦不外此。使后世称为良善家之子孙，不亦美乎？

——《家劝》

【译文】

凡此种种都是居家日常之事，家庭的成败，其中必有原因。做善事家业必然兴旺，做坏事家境必然衰败。凡是符合天理的就是善事，凡是违背天理的就是恶事，这是不难区分的。当然不能把家业兴衰成败的原因完全归结为天命，而怠惰了行善之心。知命的人不站在危墙之下，不要为天命所囿。我之所以再三唠叨，实在是因体会到要使家业兴盛的艰难，而使家业衰败则易如反掌。如真能闻善必从，知错就改，见义勇为，那么什么善事不能做，什么恶念不能去掉呢？成败的根本，在于人所学习的是什么东西而已，书传中记载了很多这方面的事例。日常生活中所能见到的事例也不少，如果能养成习惯并内化为品性，就能称之为贤人君子，让后人称之为善良人家的子弟，不也是一件美事吗？

六、明清篇

（一）许相卿

许云村贻谋（节录）

【题解】

许相卿在自己的这篇家训中，对教子、立身、治家、处世等方面都有较精当的论述。他把教育子弟当作一件很重要的大事，认为应该自始至终严加督导，半丝也松懈不得。所以他从胎教开始，对教育子弟要经历的各个阶段和要注意的各个重要事项都做了详细的阐述。他特别注重德育，主张用熏陶的办法教子弟在不知不觉之中向善。他并不要求子弟都去考科举，而是认为只要能掌握一门技艺，能老老实实地自食其力，做个好人，就可以了。另外，他强调生活要俭朴，立身要有独立的人格、正直的品质，要胸怀宽广，以诚待人，等等，都能以一种亲切平易的笔调，把道理说得深入浅出。

【原文】

古者教道贵预，今来教子宜自胎教始。妇妊子者，戒过饱，戒多睡，戒暴怒，戒房欲，戒跛倚①，戒食辛热及野味；宜听古诗，宜闻鼓琴，宜道嘉言善行，宜阅贤孝节义图画，宜劳逸以节，动止以礼，则生子形容端雅，气质中和。及婴孩怀抱，毋太饱暖，宁稍饥寒，则肋骨坚凝，气岸精爽，毋饰金银珠玉绮绣，以导炫侈、以召戕贼。及能言、能行、能食时，良知端倪发见，便防放逸。故孔子曰："蒙以养正，圣功也。"言常教毋诳，行常教后长②，食常教让美取恶，衣常教习安布素，禁羡华丽。及就傅时，知慧日长，须防诱溺，慎择严正童子师。检约以洒扫应对进退仪节，勿应虚文故事③，一皆身教躬习倡之，俾自有乐然趋命、跃然代劳意。

教子弟，必慎择师友。待师友当备尽诚敬，贤达远，必资遣游从；近，令恭勤延访。后生常亲礼法士，熟闻道义言，渐染熏蒸，日与之化，忽不自知其入于高明矣。非类④交游，痛惩严禁。

生子质敏才俊，可忧可喜，便思预加检防。痛抑文艺辩给⑤，只令学礼读书，陶习谦晦慎厚性情，禁绝浮夸傲诞者游处。如此十许年，庶成美器，否则取祸及亲，可惧之患非一。

士幼而绩学业，以尧舜君民为志。壮而入仕，固当不论崇卑，一以廉恕忠勤、报国安民为职，持此黜谪何愧。如或贪酷阿纵，负国辱家，贵显只重罪愆，合宗告祠削谱，勿齿于族。

子弟性资拙钝，莫将举业久担，早令练达公私百务。大都教子正是要渠他做好人，不是定要渠做好官。农桑本务，商贾末业，书画医卜，皆可食力资身。人有常业，则富不暇为非，贫不至失节。但皆不可不学，以延读书种子。惟不可入僧道，不可作书算手，毋充门隶，毋做媒人，毋作中保人，毋为赘婿，毋后异姓⑥。

谚有之曰："富贵怕见开花。"此语殊有意味，言已开则谢，适可喜，正可惧。尔今有方值丰亨，便生骄溢，喜筵庆赏，过饰婚丧，伎乐声容，沸腾倾动，仆器服食，珍丽整齐，胜绝乡邦，光映门户，盖是谓已。夫无德富贵，谓之不祥，宜急惧思，何暇夸侈？其他凡属逞炫，成此类耳。子孙有是，真恶消息，亟加敛抑，差缓败倾。又若约而为泰，时屈举赢⑦，则旦夕覆亡之道也。

平居寡欲养身，临大节当达生委命；治生量入节用，殉大义当芥视千金之产。

以吝为俭，以刻为严，以诌为让，以傲惰为厚重，以狙黠为聪明，以阘茸⑧为宽大，何啻千里？

暴慢危亲，干谒辱身。夸己长可耻，幸人灾不仁。能忍事乃济，有容德乃大。古言："大丈夫当客人，毋为人所容。"人有不及，可以情恕；非意⑨相干⑩，可以理遣。达识名言，书绅顾是可也。

韩魏公曰："内刚不可屈，而外处之以和，事无不济。"试思处事，著力全不在面皮上。

毋以小嫌而疏至亲，毋以新怨而忘旧恩。

宁人欺，毋欺人；宁人负，毋负人。

衰荣无常，彼此更共，本由天运如此。富贵在我，何足骄？在人，何可妒？妒与竞，于彼何损？徒自坏心术、长过恶耳。若夫处世为大丈夫，造道为圣贤，此则由我，不可让人。性，均一天也，当思与人同归于善；情，均一人也，当思使人同遂其欲。德与人同，福与人同，蘧伯玉耻独为君子，范希文先忧后乐：允矣，圣贤之徒与！

古称："三家村亦有小人。"当思处之之道。只勿与校，而渐以理屈之。张子韶谓："与小人居，常自检点。"司马温公曰："君子所以感人，其惟诚乎？"范文正公曰："言欲逊逊免祸，行欲严严远侮。"皆当三复力行。

古称："受恩多，难立朝。"居乡亦难立身。要须勤俭资身，以免求人。至于子弟，但未冠婚成材，勿容一钱尺帛，以惯浪费。

——《许云村贻谋》

【注释】

①倚：单足站立。

②后长：后于长者。

③虚文故事：虚浮的礼节，过时的制度。

④非类：行为不正经的人。

⑤辩给：能言善辩。

⑥毋后异姓：做异姓的后人。

⑦时屈举赢：在衰救之时，写奢侈之事。

⑧阘茸：愚驽懦弱。

⑨非意：意外地。

⑩相干：侵犯。

【译文】

古代教育的方法以预先为贵，今天教育子女应该从胎教开始。怀了孕的妇女，戒吃得过饱，戒睡得过多，戒暴怒，戒男女房事，戒一只脚站立，戒吃辛辣发热的食物和野味；应该听古诗，应该听弹琴，应该称道好的言语和善良的行为。应该阅览宣扬贤孝节义的图画，应劳逸有节度，行为举止都遵循礼法。这样生下来的孩子就会形体容貌端正高雅，气质中正和平。在他的婴孩时代，在母亲的怀抱中，不要让他吃得太饱、穿得太暖，宁肯让他稍稍饥饿寒冷一点，这样他就会肋骨坚实凝重，气宇轩昂、精神爽利。不要用金银珠玉和绮绣的衣服来装饰他，那会引导他去炫耀生活的奢侈，招来别人的伤害。到了他能说话，能行走，能吃饭的时候，能够分辨善恶的良知开始露出了头绪，就要防止他放纵自己。所以孔子说："孩子幼稚的时候就要培养他的正气，这是伟大的功绩。"在言语上要经常教他不要说谎，在行为上要常教他要后于长辈，在饮食上要常教他让出甘美的食物，择取较差的食物，在服饰上要常教他习惯安心地穿布做的，朴素的衣服，禁止他去羡慕华丽的服装。到了他要请老师教导的时候，他的智慧日日增长，必须防备他受到诱惑或溺爱，应该谨慎地选择一个端严正直的启蒙老师。用洒扫庭院、应对问答和进退的这些礼仪来检查约束他，不要应用那些虚浮过时的制度规定，所有的行动都要自己亲自做出表率来倡导，使孩子自然而然地产生乐于服从命令，踊跃地为你代劳的意愿。

教导子弟，必须为他们谨慎地选择老师和朋友。对待师友应当要极尽诚敬之意，那些贤明通达的人如果住得远，就一定要出钱让孩子去游访，跟从他学习；如果住得近的话，应该要孩子恭敬勤快地延请或访问他。如果后生小子能够经常亲近那些谙明礼法之士，熟悉地听闻有关道义的言语，这样渐渐地熏染，逐渐与他们相同化，在不经意之中，还不知道自己已经进入高明的境界了。如果他和那些行为不正的人交游的话，就要对他痛加惩罚，严加禁止。

如果生下的孩子资质聪敏，才华杰出，那只值得忧虑，不值得喜欢，就应该考虑对他预先加以检查防范。极力抑制他的文艺才华和能言善辩的本事，只让他学习礼仪、努力读书，熏陶习练谦虚、含蓄、谨慎、敦厚的性格、情操，禁绝他和那些浮夸、狂傲、放诞的人交游相处。像这样过了十多年，才大概可以使他成为美好的人才，否则的话，他会招来祸害，连累双亲，可忧惧的后患不止一项。

士人从幼年开始就治理学问，把让君主和人都达到尧舜时代那样的贤明安乐当作自己的志向。到了壮年，入仕做官，固然应当不论官位的尊崇还是卑下，都一概以廉洁宽恕、忠诚勤劳、报效国家、安定人民作为自己的职分，只要坚持这一点，即使是被贬官、被流放，心中又有什么愧疚呢？如果贪图钱财，待人民非常冷酷，对权贵却阿谀奉承，那只能是辜负祖国，有辱家门，如果贵盛显赫、只能更加重了他的罪过，应该告于宗祠，从族谱上削去他的名字，族人不与之同列。

如果子弟天性笨拙，资质鲁钝，就不要再久久担当修习科举考试的事业，应该尽早让他熟练明晓公家私人的各种事务。大多数人教儿子都正是要他做一个好人，而不是一定要他做一个好官。象农耕务桑这样的根本的事务，和商贾买卖这样的末端的职业，乃至于书法、绘画、行医、作卜，都可以用来自食其力，养活自己。一个人如果有固定的职业，就会富了也没有空闲去做坏事，贫穷也不至于丧失节操。但是不管干哪一行，都不可以不读书学习，以延续那读书的种子。只是不可以人于僧人、道士一流，不可以去做书记、账房先生，不要去做看门人，不要去做媒人，不要做中间保证人，不要做入赘的女婿，不要过继给异姓做儿子。

谚语有这样的话："富贵怕见开花。"这句话十分有意味，意思是说花已经开了就会要凋谢，适当可喜的时候，也正是可畏惧的时候。你今天正好到了贵盛显富的时候，就生出骄傲自满之心，喜筵、节庆、观赏大豪大奢；婚事丧事也过度地修饰；伎乐声容，闹得沸沸扬扬，惊动一方。奴仆、器用、服饰、膳食，珍奇美丽，光鲜整齐。那盛大美好的排场已经到了一乡甚至全国都罕有的地步，所谓光映门户，大概就是说的这些肥！然而那没有德行的富贵，叫作不祥，应该急忙畏惧地反思，还有什么闲暇来夸耀奢侈？其他凡是属于显露炫耀的，都是这一类。子孙如果有这些毛病，就是纯真消亡，罪恶萌生，必须急忙加以抑制，让他们收敛，这样才略微可以延缓一下败亡倾覆的到来。又如果在该俭约的时候去放纵欲望，在衰敝的时候行奢侈之事，那就是迅速招来覆亡的愚蠢行为了。

平时居住要注意清心寡欲，惜福养身，但到了大节关头，就不应该把性命看得太重，而只需听从命运的支配；平时生活花销要根据收入来节制用度，但为了大义应该视千金之产如草芥。

把吝啬当作俭朴，把刻薄当作严厉，把谄媚当作谦让，把骄傲懒惰当作厚实稳重，把机巧狡猾当作聪明，把愚蠢懦弱当作宽大，这其中的距离何止千里？

凶暴急慢会危及亲人，而托请求人会辱及自身。夸耀自己的长处是可耻的，对别人幸灾乐祸是不仁义的。能够忍耐，事情才会成功；能够宽容，德行才盛大。古语说："大丈夫应当宽容别人，而不要被别人所宽容。"别人有做得不够好的地方，可以按人情去宽恕他；意料之外有人来侵犯，可以用道理去谴责他。这种洞达的见识，有名的格言，把它们写在衣带上，牢牢记住，是可以的。

北宋魏国公韩琦说："内心的刚强是不可屈服的，而在外面用温和的态度来处理，事情就没有不成功的。"试试去想处理事情，用力全然不在脸皮上。

不要因为很小的嫌隙而疏远最亲的人，不要因为新结的仇怨而忘记旧时的恩德。

宁肯被人欺侮，不要欺侮别人；宁肯被人辜负，不要辜负别人。

衰败与繁荣是无常的，彼此更替，本来就是由天道运行而造成这样。富贵在我身上，哪里值得骄傲？在人家那里，又怎么可以嫉妒？嫉妒与争竞，对人家有什么损害呢？只不过是使自己坏了心术、增长过错恶行罢了。但像处在世上做一个大丈夫，开创道理成为圣贤人物，这样的事情就应该由自己来做，不可以让给别人。人性，都是来源于同一个天的，应当思考与别人一同归于善良；感情，都是属于同样的人类的，应当思考让人们一同实现自己的愿望。品德与别人同有，幸福有别人同有。春秋时蘧伯玉以自己独独一个人做君子为耻辱，北宋范仲淹主张"先天下之忧而忧，后天下之乐而乐"确实啊，他们真是圣贤一类的人啊！

古语说："即使是只有三户人家的村子，也会有小人。"应当考虑与这种人相处的方法，只用与他计较，而渐渐地用道理使他屈服。张子韶说："与小人在一起居住，应当经常检点自己的行为。"司马光说："君子用来感动别人的，大概只有真诚吧！"范仲淹说："话说应该谦逊谨慎，以免除灾祸；行为应该严峻独立，以远离侮辱。"这些话都应该再三地勉力实行。

古语说："受到别人的恩惠多，就难以立于朝堂之上。"居住在乡里也是这样难于立身。应该勤劳俭朴，自己养活自己以免于去央求慰人。至于对自己的子弟，只要是还没有结婚成人的，不要给他们一文线，一尺帛，以娇惯他们浪费。

（二）庞尚鹏

《庞氏家训》论治家

【题解】

奢靡和为所欲为从来是造成家破人亡的重要原因。庞尚鹏的训诫中特别强调要严禁这两种不良行径。不论贫富，都要禁奢靡，这样不至于倾家荡产；不论做什么，都要严加约束，有礼有节，决不能乱来，否则只会咎由自取，身败名裂。

（1）禁奢靡

【原文】

子孙各要布衣蔬食，惟祭祀宾客之会，方许饮酒食肉，暂穿新衣。幸免饥寒足矣，敢以恶衣食为耻乎？他如手持背负之劳，力能自举，不必倩人供使令之役。幸不为人役足矣，敢役人乎？尺帛、半钱不敢浪费，庶几不至于饥寒。

亲戚每年馈问，多不过二次，每次用银，多。不过一钱。彼此相期，皆以俭约为贵，过此者，拒勿受。其余庆吊，循俗举行，不在此限。

待客品物，本有常规。如亲友常往来，即一鱼菜亦可相留。司马温公曰："先公为群牧判官，客至未尝不置酒，或三行，或五行，不过七行。酒沽于市，果止梨栗枣柿，肴止脯、醢、菜羹，器用磁漆。当时士大夫皆然。会数而礼勤，物薄而情厚。"今后客至，肴不必求备，酒不必强劝，淡薄能久，宾主相欢，但求适情而已。本房人众，客至欲遍请，恐力不能及，听临时轮流请陪，以省繁费，各不得视彼此为厚薄，致相猜嫌。

【译文】

子孙各自都要穿布衣吃粗饭，只在因祭祀或来客而举行的宴会上，才许喝酒吃肉，暂时穿穿新衣服。有幸避免饥寒就该满足了，怎敢以衣服饮食不美为耻呢？搬搬扛扛之类的力气焉，凡属自己力所能及的，都要自己干，不必雇人代劳，供自己使唤。有幸不做别人的奴仆就该满足了，怎敢以别人为仆役呢？一尺帛、半文钱都不许浪费，希望不至于遭受饥寒。

亲戚间每年的馈赠问候，最多不过二次，每次最多不超过一钱银子的花费。彼此互相约会，都要以俭省节约为贵。超过以上标准的，要婉言谢绝，不许接受。其余有关庆贺或吊唁之类的事情，按照乡俗办理，不在这一限制之内。

招待客人的品级和东西，自然有它的规矩。如果亲戚朋友经常往来，即使只用鱼做一个菜，也可以招待客人吃饭。司马光说："父亲做群牧判官的那时候，客人来了也总是备酒招待。可是每次宴会时，有时斟上三遍酒，有时斟到五遍，最多不过斟七遍。酒是从市场上买来的，果品只不过是常见的梨、栗子、枣、柿子一类的东西，菜肴也只是干肉、肉酱、菜羹，器具只用瓷器、漆器。当时士大夫家家如此。聚会次数多而礼节殷勤，食物单薄却情意深厚。"今后客人来了，菜肴不必追求丰富，酒也不必强劝。淡薄能使交谊长久，宾主一起欢聚，只求适合情义罢了。本房的人很多，来客时如果全部宴请，恐怕力量不能达到，可以安排部分人临时陪客，大家轮流出席作陪，以便节约开支，也使本房人避免厚此薄彼的看法，不致相互猜疑。

（2）严约束

【原文】

子孙各安分循理，不许博弈、斗殴、健讼及看鸭、私贩盐铁，自取覆亡之祸。

田地财物，得之不以义，其子孙必不享。古人造"钱"字，一金二戈，盖言利少而害多，旁有劫夺之祸。其聚也，未必皆以善得之，故其散也，崩溃四出，亦岂能从善去？殃其身其子孙。"多藏必厚亡，"老子之名言，信矣。人生福禄自有定分，惟择其理之所当为，力之所能为者，尽其在我，俟命于天，此心知足。虽疏食菜羹，终身有余乐，苟不知分量，曲意求盈，虽欺天罔人而不顾，有不颠覆者乎？若能勉给岁月，不以饥寒遗子孙，此身之外，皆为长物，何自苦为？

傲，凶德也。凡以富贵学问而骄人，皆自作孽耳。即使功德冠古今，亦分内事，何与于人？天道恶盈，唯谦受益。予阅历中外，备尝之矣。

病从口入，祸从口出。凡饮食不知节，言语不知谨，皆自贼其身，夫谁咎？

……

观人家起卧之早晚，而知其兴衰，此先哲格言也。凡男女必须未明而起，一更后方许宴息，无得苟安放逸，终受饥寒。

内外房堂门巷及椅桌，俱每日黎明扫除拂拭。若门诞芜秽，几案纵横，此衰家之兆也。各令轮流打扫，不许推托有辞。

——《庞氏家训》

【译文】

　　子孙各自安于职分、遵循道理，不允许赌博、打架、好打官司及看鸭、私贩盐铁，自己招来覆亡的祸患。

　　田地财产，不凭借正义来获取，子孙一定不能享有。古人造"钱"字，一个"金"两把"戈"，大概是说利益少而害处多，外加抢劫的祸患。聚敛，不必都由善行而获得，所以散去，崩溃四起，哪能随善而散去？祸殃到自身到子孙。"多财产而不散财施众一定会损失更大"，这是老子的名言，的确是啊。人生福分利禄自有定数，只有选择可以做的道理，可以达到的力量。竭尽它在我身上的，待命于灭，这颗心便知道满足。即使蔬菜菜汤，终身有余乐，如果不知道分量，曲意求满，即使欺骗上天瞒过别人而不顾及，难道有不颠倒亡覆的吗？假使能够勉强度日，不用饥寒给子孙，自身亡外，都是多余的东西，何苦这样做呢？

　　傲慢是不好的品德。大凡凭借富贵、有学问在别人面前骄傲，都是自己为害。即使功德在古今之上，也是分内事。与别人何干？天道充满了坏恶，唯有谦逊才能受益。我经历了里里外外的事，这些事都尝遍了。

　　……

　　疾病是从口中进来的，祸患是从口中出来的。大凡饮食不知道节制，说话不知道谨慎，都会自己害自己，谁的过错呢？

　　……

　　看人家起床睡觉的早晚，而知道他家的兴盛衰亡，这是先辈哲人的格言。大凡男女一定要没天亮就起床，晚上八点以后才许就寝，不得随便安息、放纵安逸，这样终究会遭受饥饿寒冷。

　　……

　　里外的房屋、堂室、门扉、巷道及桌椅，都要每天早上打扫擦洗。假使门庭芜乱肮脏，桌案乱七八糟，这是败家的征兆。各自命令轮流打扫，不许有什么话来推托。

（三）吕　坤

妇人之道

【题解】

　　吕坤，明朝宁陵人，万历年间进士，著有《闺范》，辑历代有关妇女美德的故事，此篇所引为"妇人之道"。通过此类故事，我们可以看到，妇道更重要的不是守家，而是应教育好子女、辅助丈夫、和睦家庭，读来发人思索。

【原文】

敬姜者，鲁穆伯之妻，文伯之母，季康子之从叔祖母也。文伯相鲁，退朝，敬姜方绩，文伯曰："以歜之家，而主犹绩，惧于季孙之怒，其以歜为不能事主乎。"敬姜叹曰："鲁其亡乎，使僮子备官而未之闻耶。居吾语汝。昔圣王之于民也。择瘠土而处之，劳而用之，故长王天下。夫民劳则思，思则善心生；逸则淫，淫则忘善，忘善则恶心生。沃土之民不材，淫也；瘠土之民向义，劳也。是故天子公侯，王后夫人，莫不旦暮忧勤，各修其职业。今我寡也，尔又在下位，朝夕处事，犹恐忘先人之业，况敢怠耶？"

——《吕新吾闺范》

▲吕坤像

【译文】

敬姜是鲁穆伯的妻子，文伯的母亲，季康子的叔祖母。一天文伯退朝回家，看到敬姜正在纺麻，说："我们这样的人家，主母还要纺麻，恐怕引起季孙生气，以为我家业昌盛而不能侍奉母亲。"敬姜叹道："从前圣王治理百姓，选择那些不肥沃的土地，要他们经常劳累，然后使用他们，以便长久保有天下。人们劳苦就会去思考，经常思考就会产生善心。无所事事就会放荡，放荡就会忘掉善心，忘掉善心，恶念也就随之产生。肥沃地区的人多不成材，就是因为放荡。贫瘠地方的人无不向义，则是因为劳动。所以天子公侯等人，无不朝夕忧勤，各履行其职责。现在我是个寡妇，你又处在下大夫的职位，就是早晚勤奋做事，还怕忘了先人的事业，怎敢怠惰？"

（四）苏士潜

慎娶

【题解】

苏士潜，明，晋江人，著有《苏氏家语》。书中列举了许多孝行、义举的事例。北篇"慎娶",是写给舅姑的。

【原文】

舅姑:

范文正公之子纯仁,娶妇将归。或传妇以罗为帏幔者。公闻之不悦曰:"罗绮岂帏幔之物耶?吾家素清俭,安得乱吾家法。敢持至吾家,当火于庭。"

胡安定公云:"嫁女必须胜吾家者,娶妇必须不若我家者。"或闻其故,曰:"嫁胜吾家,则女之事人,必钦必戒。娶不若吾家,则妇之事舅姑,必执妇道。"

————《苏氏家语》

【译文】

范仲淹的儿子范纯仁,娶妻快回家时,有人传说其妻用丝绸做帏幔。范仲淹听后不高兴地说:"丝绸怎么可以做帏幔呢?我家一向清贫俭朴,怎可扰乱我们家法。如果谁敢把丝绸帏幔拿到我家,就当庭烧掉。"

胡安定公说:"嫁女儿一定嫁到比我家强的人家,娶儿媳一定要娶不如我家的。"有人问其原因,他说:"嫁到比我家强的人家,女儿对其家人必定会恭敬谨慎,娶不如我家之女,儿媳对公婆必守妇道。"

(五) 姚舜牧

《药言》论治家

【题解】

治家可以说是一件复杂而宏大的事。姚氏既说到教子创业,也谈到了关心家人、亲善乡邻,可谓一应俱全。值得注意的是姚氏很关心如何为子孙打算,他的原则在于"仁",这也是家业兴旺、子孙贤德的重要原因。

【原文】

蒙养无他法,但日教之孝悌,教之谨信,教之泛爱众亲仁。看略有暇馀时,又教之文学。不疾不徐,不使一时放过,一念走作,保完真纯,俾无损坏,则圣功在是矣。是之谓蒙以养正。

古重蒙养,谓圣功在此也,后世则易骄养矣。骄养起于一念之姑息。然爱不知劳,其究为傲为妄,为下流不肖,至内戕本根,外召祸乱,可畏哉!可畏哉!

凡处家不可不读《家人》卦。卦本风自火出,文王只系"利女贞"三字,周公初爻即系"闲"之一字。"闲"从门从木,门有揽木,内外始有关防。二爻系"无攸遂,在中馈。"申"利女贞"之意,然大纲却在男子身上。故三爻系"家人嗃嗃①，悔厉吉；妇子嘻嘻，终吝。"嗃嗃固似太严，而嘻嘻可称家节②哉？言妇则责夫，言子则责夫，是不可不身任其责者。如是始称有家。故四爻系"富家"以志顺，五爻系"假家"以志爱，然又须诚实而威严，可以常保得，故上爻系"是孚威如"之辞。《象》申之曰："反身之谓也。"反身者何？言有物、行有恒而已。圣人论家政纲纪节目曲折无遗盖如此，有家者尚三复于此哉！

……

人须各务一职业。第一品格是读书，第一本等是务农，外此为工为商，皆可以治生，可以定志，终身可免于祸患。惟游手放闲，便要走到非僻③处所去，自罹于法网，大是可畏。劝我后人，毋为游手，毋交游手，毋收养游手之徒。

凡势焰熏灼，有时而尽，岂如守道务本者，可常享其荣盛哉？一团茅草之诗，三咏煞有深味。

谚云：一日之计在于寅，一年之计在于春，一生之计在于勤。起家的人，未有不始于勤而后渐流于荒惰，可惜也。《书》曰："慎乃俭德，惟怀永图"。起家的人，未有不成于俭而后渐废于侈靡，可惜也。

居家切要，在勤俭二字。既勤且俭矣，尤在"忍"之一字。偶以言语之伤，非横之及，不胜一朝之忿，构怨结仇，致倾家室。可惜历年勤俭之苦积，一朝轻废也，而况及其身，并及其先人哉？宜切戒之！

惟清修可胜富贵，虽富贵不可不清修④。

家处穷约时，当念守分二字；家处富盛时，当念惜福二字。

……

凡亲医药，须细加体访，莫轻听人荐，以身躯做人情。凡请师傅，须深加拣择，莫轻信人荐，以儿子做人情。凡成契券，收税册，大关节，须详加确慎，莫苟信人言，轻为许可，以身家做人情。

人须自保养，不使有疾。或不幸有疾，当自反其所以致此者，弗讳以忌医。就既医治矣，宜宽心以俟其愈，内勿轻信妇人言，外勿轻信医师言，破费以倾其家产。

吾上世初无显达者，叨⑤仕自吾始。此如大江大湖中，偶然生一小洲渚耳。唯十分培植，或可永延无坏，否则夜半一风潮，旋复江湖矣。可畏哉！可畏哉！

创业之人，皆期子孙之繁盛，然其本要在于一"仁"字。桃梅杏果之实皆曰仁。仁，生生之意也。虫蚀其内，风透其外，能生乎哉！人心内生淫欲，外肆奸邪，即虫之蚀，风之透也。慎戒兹，为生子生孙之大计！

凡人为子孙计，皆思创立基业。然不有至大至久者在乎，舍心地而田地，舍德产而房产，已失其本矣。况唯利是图，是损阴骘，欲令子孙永享，其可得乎？

作善降祥，作不善降殃，古来之人试得多了，不消我复去试得。

祖宗积德若干年，然后生得我们，叨在衣冠之列。乃或自恃才势，横作妄为，得罪名教，可惜分毫珠玉之积，一朝尽委于粪土之中也。

——《药言》

【注释】

①嗃嗃：通"嗷嗷"，愁苦的样子。

②家节：家规。

③僻：邪而不正。

④清修：操守仁洁。

⑤叨：谦词。

【译文】

启蒙教育没有其他办法，只需每天教导他孝父尊兄，谨慎信用，广泛地仁爱众人而亲近仁德的人。看看稍微有闲功夫的时候，再教他文学。不快不慢，不使他一段时间放过，一转念走了神，把真挚纯洁保存完好，使它没有丝毫损坏，那么圣明的功德就在这里了。这就叫以蒙昧的态度修养正道。

古代重视启蒙教育，说圣明的功德在这里，后世却改变而娇生惯养。娇生惯养开始于一转念的纵容。然而宠爱不知劳动，终究会傲慢狂妄，下流不贤，直到对内戕杀本根，对外招致祸乱，可怕啊！可怕啊！

大凡处理家事不能不读《家人》卦。卦原本是风从火出，文王只作"利女贞"三字，周公初爻即作"闲"一个字。"闲"从门从木，门有阻拦的树木，内外开始有了关口防线。二爻作"无攸遂，在中馈"，申明"利女贞"的意思，然而大纲却在男子身上。所以三爻作"家人嗃嗃；妇子嘻嘻，悔厉吉；终吝。"嗃嗃固然似乎太严厉。而嘻嘻可以称得上家庭礼节吗？说起妻子便责备丈夫，说起子女就责备父亲，这是不能不身担责任的。像这样才开始叫作有家庭。所四爻作"富家"以表明和顺，王爻作"假家"以表明仁爱，然而又必须诚实而威严，这样可以经常保存所得，所以上爻作"是孚威如"的言辞。《象》中明道："反身之谓也。"反省自身如何？说话有内容、做事有恒心罢了。圣人论家政纲纪、节目曲折没有遗漏，大体是这样，有家规的还多次反复这样呢！

……

每人必须各自做一门职业。第一品味是读书，第一本根是从事农业劳动，除此以外做手工和生意，都可以维持生活，可以确定志趣，一辈子才能免除祸患。唯有游手好闲，就会走到邪恶的地方去，自己遭到法网，这样极为可怕。奉劝我的后人，不要游手好闲，不要与游手好闲的人交往，不要收留游手好闲的人。

大凡势强的火焰熏然而燃烧，到时而燃尽，难道像守正道务本业的，可以经常享受到繁荣昌盛吗？如一团茅草的诗，多次涵咏便极有深意。

谚语说："一天的打算在于早上四、五点，一年的打算在于春天，一辈子的打算在于勤奋。"创建家业的人，没有不开始于勤奋而后来逐渐流于懒惰，可惜啊。《尚书》说："慎行俭约的美德，怀着长久的计谋。"创建家业的人，没有不成功于节俭而后来逐渐荒废于奢侈，可惜啊。

处理家事主要在"勤俭"二字。既勤奋又节俭，尤其是"忍"一个字。偶尔用话语伤害别人，飞来横祸没有到，却不能克服一时的愤怒，结了冤家和仇家，导致倾家荡产。尚惜多年勤奋节俭的苦苦积累，一个早晨轻易荒废，何况累及自身，并连带上自己的先辈呢？

唯有清简治家才能战胜富贵，即使富贵也不能清简治家。

家里处在穷困简约时，应当想到"守分"二字；家里处在富有强盛时，应当想到"惜福"二字。

……

大凡要亲尝医方药物，必须仔细加以亲身访查，不要轻易听凭别人推荐，拿身体做人情。大凡请师傅，必须深入加以拣取挑选，不要轻易相信别人推荐，拿儿子做人情。大凡有了契约债券，收取税册，大事情上必须详细加以确定慎行，不要随便相信别人的话，拿自家性命做人情。

人必须自我保养，不让自己生病。如或不幸有病，应当自己反求导致疾病的原因，不要忌讳医生。去已医治了，应当宽慰自己的心来等病好，在家不要轻信妇女的话，在外不要轻信医生的话，破了费却倾家荡产。

我的上辈没有显要腾达的人，做官从我开始。在这宛如大江大湖之中，偶然产生了一座小洲。唯有加倍培植，或者可以长久延续而不坏死。否则半夜中一阵风潮，使江湖旋动反复了。可怕啊！可怕啊！

创建家业的人，都期待子孙繁盛，然而主要在于一个"仁"字。桃梅杏果的果实都叫仁。仁，不断繁生的意思。害虫侵蚀里面，狂风透涤外面，能够生长吗？人心里面产生淫欲，外面放肆奸邪，即就是虫蚀、风透。谨慎警戒它，为繁衍子孙的大打算！

大凡替子孙打算，都想着创业基业。然而不也有最大最久的吗，舍弃良心而留田土，舍弃遗德而留遗产，已失去了本意了。何况唯利是图，这是损坏阴德，想要叫子孙永远享用，恐怕不可以吧？

做好事就降下吉祥，做坏事就降下祸殃。后来的人试得多了，用不着我再去试。

祖宗积累功德若干年，然后繁衍了我们，居士大夫的行列。于是或者自己依仗才势，横行霸道、胡作非为，得罪了纲常名教，可惜所得一点钱

财的积累，一下子都掷进了粪土之中。

（六）何尔健

廷尉公训约

【题解】

此公训约因何尔健曾任廷尉而得名。原约共有十四条，全是对族人的要求，内容涉及家庭生活的各个方面如伦理、守身、节省等。除了丧葬、继嗣、伉俪以外都是治家的金玉良言，大多可为今人借鉴。

约之二

【原文】

吾族务要恪遵祖训，以伦理为纪纲。父慈子孝，兄友弟恭，夫妇和顺。一家雍穆，端由于此。即同宗相处，须要安分守己。尊莫凌卑，强莫欺弱。卑幼者不许干犯长上，富贵者宜怜穷困。凡遇卑幼，必讲说纲常，讨论文章，或谈祖先之仪型[1]，或讲忠孝之大节，循规蹈矩，做个好人。宗族称孝，乡党称弟，自足见重于世矣。

【注释】

[1]型：模范。

【译文】

我家族务必要恭敬地遵守祖训，以伦理为纪纲。父母慈爱子女孝顺，兄长友爱弟妹恭敬，夫妻之间和睦顺当。一家人和好安乐，萌端由这里开始。即使同宗族相处，必须安分守己。尊长不要欺凌卑下，强者不要欺凌弱者。卑下年幼的不允许触犯长辈。富有尊贵的应该怜悯穷困潦倒的。凡是遇到卑下年幼的，一定要讲纲常，讨论文章，或者谈谈祖先的仪表类型，或者讲讲忠孝的主要礼节，遵循规矩，做一个好人。家族称他孝顺，乡人称他恭敬，自己足以为世人所重。

约之三

【原文】

吾族务要恪遵祖训，以守身为良法。身体发肤，受之父母。为人莫重于一身，而身莫大于能守。欲守其身，必先严绝匪彝[1]。损己之友，且莫相交；无益之事，且莫妄作。交损己之友，即日日被其牵引，而入下流；作无益之事，则渐渐涉于荒淫，而忘正业。家必倾败，身随丧亡。为害不可胜言，须猛省之。

【注释】

①彝：常也。

【译文】

我家族务必要恭敬地遵守祖训，以守身作为处世的良方。身体头发皮肤，是从父母那里得来的。做人没有比自己一身重要的，而自身没有比能持守大的。想要持守自身，一定要先严格杜绝违反常规。损害自己的朋友，不要和他交往；没有好处的事，不要胡乱去做。交损害自己的朋友，随即一天天被他牵引，而入下品一类；做没有好处的事，就会逐渐涉及荒淫，而忘记了正当事业。家庭一定会破败，自己也随之而丧生。造成的祸害不能说尽，必须猛然反省。

约之四

【原文】

吾族务要恪遵祖训，以立志读书为正务。语云："读书志在圣贤。"又曰："见贤思齐焉。"圣贤虽不能齐，"日就月将，学有缉熙于光明。"人能日日诵读，玩索深求，虚心就正有道之君子，读遍典坟①，穷则为通儒，为正人；达则为忠臣，为义士。有济于国家，有光于祖宗。岂特邀一科，博一第而已也。人生八岁，授之以《小学》，父母固当教之以义，为儿孙的，亦当思光宗耀祖，仰答于万一。故曰："人生必读书"。幸共勉之。

【注释】

①典坟：三坟五典。

【译文】

我家族务必要恭敬地遵守祖训，以立志读书为正当要务。论语说："读书立志做圣贤。"又说："看到贤人就想和他看齐。"圣贤即使不能看齐，"一天天、一月月前往，学习就能朝着光明奋发前进。"一个人能够每天吟诵朗读，玩味深求，虚心地去质正有道的君子，读遍经典，困穷也可以做兼通的儒士，做正直的人；腾达就做忠毅的臣子，做仁义的士大夫。可以补助国家，光宗耀祖。岂能只求取一科，博得一次中第罢了。人长到八岁，教授他小学，父母固然应当教他道义，做子孙的也应当想到光宗耀祖，仰承应答许多问题。所以说："人一辈子应该读书。"希望共同勉励。

约之五

【原文】

吾族务要恪遵祖训，以教子为远图。人家有儿，为父母的，须要从小禁治，要他学好。若蒙养①时教导无方，督责不严，则纵其性而习于匪，后来那能望其成？故家虽贫，亦当勉力择端方老成君子，能通《孝经》《小学》大义，堪为师范者，训诲之。如此，则儿孙成就，家业可保。穷者不失为善士，达者定做为好官，定享无穷之福。幸共勉之。

【注释】

①蒙养：启蒙教育。

【译文】

我家族务必要恭敬地遵循祖训，以教育子女作为长远的打算。人家有子女，做父母的，必须从小规禁治整，要他往好的方面学习。假使启蒙教育时教导没有好的方法，督促要求不严格，就会放纵他的性情而习惯于行为不正，后来哪能期望他成才？所以家里即使贫穷，也应当尽力选择正直老成的君子，能通晓《孝经》，《小学》的主要意义，可以为人师表的人，去训导教诲他。像这样，那么子孙才可以成就事业，家业也可以保存下去。困穷时不会失掉做好人，腾达时一定会做个好官，必定享用无穷无尽的福禄。希望大家共同勉励。

约之六

【原文】

吾族务要恪遵祖训，以法戒为要道。勿论宗族乡党，如有老成忠厚，明道德，畏法度，行正事的，便当亲近取法。如有轻薄顽劣，弃礼义，损廉耻，趋势利，媚权贵，做歹事的，便要疏远为戒。如此，在宗族为一族之善人，在乡党，为一乡之善人，何致辱身败名，致为当世所鄙贱哉！

【译文】

我家族务必要恭敬地遵循祖训，以效法借鉴为主要途径。无论族人乡人，如果有老实忠厚，明晓道德，敬畏法律，做正直事的人，就应当亲近而效法他。如果有轻薄顽劣、抛弃礼义、损伤廉耻、趋炎附势、讨好权贵、做坏事的人，就要疏远而以他为借鉴。像这样，在宗族中做一族的好人，在乡里做一乡的好人，如何会导致辱没自身败坏名声，被当今之世所鄙视看贱呢？

约之七

【原文】

吾族务要恪遵祖训，以婚姻为大典。不可贪慕一时之富贵，致亏择配之大礼。凡有嫁娶，须择有家法积善之门第，男性纯良，女德柔嘉者。从俭行礼，毋贪重聘，毋计厚奁。妇之所关，宗祀系焉，子孙贤否，母教为先，所关甚重。曾见佳儿娶富贵之闺秀，以淑女嫁膏粱之子弟，下稍结局，苦不堪言者。若婿德贤良，妇非骄悍，虽与寒素①联姻，胜富贵者多矣。幸勿忽之。

【注释】

①寒素：门第卑微。

【译文】

　　我家族务必要恭敬地遵循祖训，以婚姻为盛大典礼。不能贪图企慕一时间的富有尊贵，以至于少了选择配偶的重要礼节。凡是嫁女娶妇，必须选择有治家之法、积累善行的人家，男子纯正善良，女子温和柔美。顺从俭约而完成礼节，不要贪图重金聘礼，不要计划厚重嫁妆。媳妇相关的是宗族祭祀。子孙贤不贤是以母亲的教导为优先，关系十分重大。曾经见到品行高尚的男子娶了富有尊贵的大家闺秀，拿贤淑的女子嫁给富家子弟，稍后的结局苦不堪言。假使女婿的德行贤能善良，媳妇不是骄横强悍，即使和贫苦家庭结亲联姻，胜过富贵人家的很多。希望大家不要忽视。

约之八

【原文】

　　吾族务要恪遵祖训，以勤俭为根本。或耕，或读，或仕宦，或营运，或方技，总要持心公平，不恃伪诈，不惜辛勤。凡一切度用，须要省约，不事奢华。自然衣食有资，日用无亏，家业隆起，不落人后。幸相勉之。

【译文】

　　我家族务必要恭敬地遵循祖训，以勤奋节俭为根本。或耕作，或读书，或做官，或做工商，或做方士，总要保持心境公道平和，不依仗假冒欺诈，要不惜辛苦勤恳。凡是一切支出费用，必须节省简约，不一味奢侈华丽。自然穿衣吃饭会有依靠，日常用品不会缺乏，家业会盛隆，不会落后于人。希望大家相互勉励。

约之十一

【原文】

　　吾族务要恪遵祖训，以利欲为鸩毒。倘命运蹇屯①，福分浅薄，不能进取功名，当训蒙耕织营生，不可东走西奔，无中生有，说长道短，诓骗赀财，小则图饱口福，大则诈银钱，唆争讼，从中取利。既坏心术，殃及子孙。人共疑其交煽而指斥，官府鄙其无籍而轻贱。廉耻尽丧，刑辱难逃。幸深戒之。

【注释】

①寒屯：艰难窘迫。

【译文】

我家族务必要恭敬地遵循祖训，以利禄私欲为毒酒。倘若命运艰难，福分浅薄，不能进取功名，应当启蒙耕织来维持生计，不能东奔西走，无中生有，说长道短，骗取钱财，小害则企图让口福饱满，大害则诈骗银两，教唆打官司，从其中获取利益。既然败坏心地，就会祸及子孙。人家一起怀疑他勾结招摇而指责。官府鄙弃他没有根据而轻视看低他。廉耻都丧失殆尽，刑法的屈辱也在劫难逃。希望大家深加警戒。

约之十二

【原文】

吾族务要恪遵祖训，以嫖赌为陷阱。莫近娟妓，莫亲赌棍。虽遇花朝月夕，亲朋招饮，亦须撙节，不可酗身濡首。虽至岁时伏腊，少长咸集，良朋满座，亦须检束。或招歌妓以侑酒①，或设赌局以耍钱，良贱不分。一入圈套，如身投陷阱，卒不能脱，膏腴美产，立见消磨；诗礼世家，沦为下贱；辱玷福宗，不齿人类。幸猛省之。

【注释】

①侑酒：劝酒。

【译文】

我家族务必要恭敬地遵循祖训，以嫖妓赌博为陷阱。不要亲近男娟女妓，不要亲近赌徒恶棍。即使遇到了风花雪月，亲戚朋友招呼畅饮，也必须克制，不要沉湎于酒而失去本性。即时到每年的大伏天和腊月里，上上下下都聚集一起，好人朋友都坐满厅堂，也必须检点约束。如或招来歌妓来劝酒，或设置赌局来赌钱，好坏就没有分别了。一旦跌入圈套，就像自投陷阱一样，最后不能脱身，肥田美产，很快可以见到它的消减；知书达礼的世家，沦为了下贱之家；辱没玷污祖宗，不同列于人类。希望诸位猛然反省。

约之十三

【原文】

吾族务要恪遵祖训，以防范为家法。治家须自内及外，谨守礼法。外言不入于阃，内言不出于阃。勿使三姑①六婆②，擅入门口。彼非张皇鬼神，则指验灾祥。以因果为机阱，以功德为网罟。或托言草药之灵验，或借言男女之姻缘。出入闺房，蛊惑厚利。是非高明冰玉之家，鲜有不受其煽乱者也。呜呼！诓骗财物其害小。因而摇唇鼓舌，煽惑多端，播弄机锋，败名丧节，耻莫大焉。愿吾族以清白为世守，以礼法为防范。凡此蛊惑之端，斩钉截铁而禁绝之，庶不为祸。幸深谨之。

【注释】

①三姑：尼姑、道姑和卦姑。

②六婆：牙婆、媒婆、师婆、虔婆、药婆和稳婆。

【译文】

我家族务必要恭敬地遵循祖训，以防范为治家之法。治家必须从内到外，谨慎地持守礼法。外面的议论不能进入家门，家里的议论不能出家门。不要让三姑六婆擅自进入家门。她们不是张狂鬼神，就是应验灾祥。以因果报应为陷阱，以功德无量为罗网。或者假托说是草药灵验，或者借机说男女姻缘。出入内房，蛊惑人心来牟取暴利。不是高明清白的人家，少有不受到煽动变乱的。哎呀！骗取财物的害处小，因而花言巧语，煽动诱惑，搬弄是非，败坏名节，没有比这要大的耻辱了。希望我家族以清白为世代持守，以礼法为防范。凡是这种蛊惑人心的萌端，下定决心来禁止杜绝它，大概才不致为祸害。希望大家非常谨慎。

约之十四

【原文】

吾族务要恪遵祖训，以争斗为恶习。须是存心和顺，律己谦恭。若遇宗族乡党，往来交际之际，和颜悦色，毋凌人。则爱人而人爱之，敬人而人敬之，暴戾之气自消矣。若自负勇力，而不降心抑气，势必出恶言而骂詈，旋至肆威猛以斗狠。若此者，忿以致祸，亡躯丧命，而危父母，非名门右族①之子弟也。幸深勖之。

——《廷尉公训约》

【注释】

①右族：豪族。

【译文】

我家族务必要恭敬地遵循祖训，把争斗当作不良习气。必须让心里存有和顺，用谦恭来约束自己。假使遇到了族人与乡人，来往交际之时，和颜悦色，不要欺凌人家，那么你爱别人而别人就爱你，你敬别人而别人就敬你，暴躁的血气就自然不见了。假使自己依仗有勇有力，而不平心静气，势必口出脏话而大骂不已，转眼到放纵威猛来打架斗狠。像这样的人，愤恨而招致祸患，丧身之命，并且危及父母，不是名门豪族的子弟。

希望诸位深加勉励。

（七）何伦

1. 鞠育教养之规

【题解】

常人一般对胎教和教读书之间的教育很少谈及，何伦却有一些规定。他强调生母哺育的重要性，对封建社会富贵家庭延聘乳母是一种反正；他反对小孩生日大操大办，认为这既对小孩子不利也对家庭无益。

【原文】

一、古有胎教，凡妇人妊子，寝不侧，坐不边，立不跂偏，不食邪味，割不正不食，席不正不坐，目不视邪色，耳不听淫声，此道也。今之妇人乌得而知之，夫当预与之言。

一、凡产子，须是为母者自哺，不可委之乳母。吾尝见人家用乳母者，雇值服食，稍不如愿，反令其子寒暖失时，饥饱无节，或跌扑惊伤，隐蔽不言，致疾莫知所自。且乳母中，端洁者寡，常生意外之虞，不可不谨。

一、子女初生，三朝满月，慎勿置酒张筵，多害生命。惟斋沐更衣，具酒果，抱子告祠堂①。其世俗催生送羹之礼，糜费无益，概宜谢绝。

【注释】

①祠堂：旧时祭祀祖先和贤人的地方。

【译文】

一、古代的胎教，大凡妇女怀了孩子，睡觉不侧身，安坐不靠边，站立不跂脚，不吃不正的味道，肉切得不正就不吃，席摆得不正就不坐，眼睛不看邪恶的颜色，耳朵不听淫乱的声音，这就是胎教之道。现在的妇女哪里知道这些，应当预先告诉她。

一、大凡生孩子，必须母亲自己哺育，不能把他委托给乳母。我曾经看到雇用乳母的人家，雇用值班、服侍吃饭，稍不如意，反而使自己的孩子冷热失时，饿饱没有节度，或者跌倒而受惊受伤，隐瞒而不说出来，以至于病都不知哪里产生的。而且乳母中间，端正洁净的少有，经常发意想不到的事故，不能不谨慎。

一、子女刚刚出生，第三禾或满月，尽量不要摆酒设席，以免过多地伤害动物生命。只要斋戒洗澡，换件衣服，摆点酒食、水果，抱着孩子告拜祖宗祠堂。那世俗催长生命而赠送汤羹的礼俗，滥花费却没有好处，全都应当谢绝。

2. 保守自家之规

【题解】

治家要有家法，这是众所周知的。何伦列举的保家八条规定，反映了一个家庭不至败落的鉴戒。总之说来，就是不欺、不淫、不傲、不贪，这样齐家才有希望。

【原文】

保守身家之道无他焉：第一，不可奸骗人家妻女。第二，不可赌博宿娼。第三，不可拖欠包揽，谋领侵欺钱粮。第四，不可炼药烧丹，攘窃诓骗。第五，不可强横健讼①，斗很逞凶及扛帮教唆，生事害人。第六，不可交接无藉之徒，花哄游荡，不务本等②生理，及纵容尼姑卖婆于内室往来。第七，不可傲人慢物，好胜夸能，逆理乱伦，骄侈淫佚。第八，不可为贪心所使，专行峻险之途。吾人能依得此诚，每日战战兢兢，循规蹈矩而行，则上不玷祖宗，辱父母，下不累妻子，害亲邻，明无人非，幽无鬼责，一家安乐，为何如哉！

——《何氏家规》

【注释】

①健讼：好打官司。
②本等：本来。

【译文】

保存守护自己与家人的办法没有其他：第一，不能奸诈欺骗别人的妻子女儿。第二，不能赌博、嫖娼。第三，不能拖欠包揽的东西，谋取侵吞欺骗的钱粮。第四，不能烧炼丹药，欺世骗人。第五，不能强横好打官司，斗狠逞凶及拉帮教唆，生事害人。第六，不能交际没有户口的人，花言哄骗游游荡荡，不做本来的为生之道，及纵容尼姑卖婆来往于卧房。第七，不能对人傲慢，好胜夸能，违理乱伦，骄奢淫荡。第八，不能为贪婪之心所驱使，独行危险之路。我们能依据这个训诫，每天小心翼翼，循规蹈矩而行事，那么对上不玷污祖宗，辱及父母，对下不累及妻子儿女，为害亲戚邻里，明处不遭人非议，暗处不受鬼责难，一家安居乐业，为什么不这样啊！

（八）宋 诩

治家之要

【题解】

这篇治家之要凡是涉及家庭管理的事情，大到道德思想，小到具体事宜均有规定。其中像治家应"不琐细""近有德"等都是很有见地的。另外对"周穷恤匮""抑强挟弱"的规定就是中华民族传统美德的体现。

【原文】

（1）宜正大

治家者自处正大，不宜狭隘。胸中若蒂芥①不能容人，非善作家翁者也。毋拘拘而事皆由之，足以仪刑乎一家，其器宇自有大过人处矣。

（2）无琐细

人之一身，精神有限，条分理析，事皆萃也。而欲事事而亲之，力岂能给？惟委托得人，总其大纲，往往成巨室者，顾为之何如耳。

（3）毋怠忽

缓于事则怠，急于事则忽。酌量其事之大小缓急，得宜而怠忽不至生焉。事之不济，鲜矣。

（4）毋纵肆

纵欲肆己，未有不遭忧虞患难者。能常加畏惧，以明则有人，幽则有神，又重则有国法，而谓家不昌盛，安享福禄，吾未之见也？
……

（5）防火盗

火与盗，家之患至为大也，俱生于废弛无法守之家。火萌于遗炷，盗窥其慢藏②。皆能谨密而预防之，二者之患，何至于吾家哉？

（6）勤

勤以治生。世间事，未有不由于怠惰而废也，及时而为之，则事事不在下陈矣。故曰："一生之计在于勤。"欲成家者，日复一日，视弹指之时光，岂不甚可惜邪？

（7）俭

俭以养德，非俭不能相继而有。况天地间所生之物，付之于人，自有分定限量，暴殄狼戾，必为天弃。故当俭以承之，是亦所以敬重天地养人之恩也。

（8）节妄费

成家之始，非积累无以致焉。宜用者会计已当，固不须吝而胶削③。但以有限之物，而为无经之费，不几于竭乎？故惟节之。

（9）戒贪欲

贪欲者，私己也，君子所戒。以我之贪，而人皆贪，谁将与贪？凡夺人所好，占己便宜，诛求无已，皆贪之类也。力以制之，自无不公而可以视身④矣。

（10）近有德

有德之人，常宜近之。聆其善言，观其善行，足以资吾之未逮，而甄陶为善士也。何患乎不高，出人头地，而为家之表率乎？

（11）须行冠婚丧祭之礼

文公先生四礼，世皆疑其高古，辄揶揄而莫之讲。不知为人之道，有家之本，非此四者，不能纪纲其始终。吾家一遵此礼，人力或未能，财物或未称，品节是书，亦不失大意，行而勿惰，自成表率矣。

（12）无失问遗往还之礼

《蓝田吕氏乡约》有礼俗相交之目，而问遗往还，尤人家交际之不可失者也。彼以礼来，而敬先之；此以礼往，而敬亦先之。人而无此，何以家为？

（13）延宾客

笑谈无佳宾者，非士大夫家也。宾客之至，礼貌饮食，务尽其诚，久则愈敬。少加侮狎，有志者则不屑与之处矣。

（14）明报施

张子曰："兄弟之间，施之不报则辍⑤，故恩不能终。一施一报，理之自然也。"治家者，明报施之道，而弗敢懈，何患乎人之责望于我也？

（15） 一赏罚

赏罚者，所以示其信于人，而欲人必从也。赏罚有不公，则人心不平，怨尤生焉。更欲人之从事之，济亦难矣哉！

（16） 周穷恤匮（视亲疏）

穷困匮乏者，视吾亲疏，皆当周恤，但有轻重之差耳。若一概而施生，则是博施济众之圣，非吾分力所任也。寒乞困乏，而为之救助赈贷焉，此亦仁人君子之用心也。（施生施恩于人，而生全之。）

（17） 抑强扶弱（审邪正）

人有强弱，皆非气禀之得中⑥也。虽然有邪有正，苟正而强则可矣，邪而强则不可矣，正而弱则可矣，邪而弱则不可也。抑之扶之，使得其中，亦吾直道之所行焉（陈元方曰：老父在太丘，强者绥之以德，弱者抚之以仁。）

——《宋氏家要部》

【注释】

①蒂芥：果蒂与草芥。

②慢藏：守护不谨。

③胶削：克扣。

④褆身：安身。

⑤辍：中止。

⑥中：中道。

【译文】

（1） 理应正大

治理家庭的人自己处于正直宽大，不应当心胸狭隘。胸中像有细小的梗塞物一样不能容纳别人，不是好的治家长者。不要拘泥而事事都通过他，足够做一家的榜样，他的气度大大超过别人。

（2） 不琐细

人只有一个身体，精神很有限度，条理清楚，事事都是精粹。如果想事事都亲自去做，精力哪能足够？只有委托得力之人，总括大纲。往往豪门望族都是这样做。

（3） 不要怠慢疏忽

做事太慢就会懈怠，做事太急就会疏忽。酌情衡量事情的轻重缓急，适当而懈怠疏忽不至于产生。事情不成功的很少。

（4） 不要放纵肆惹

放纵欲望放肆自己，没有不遭受担惊受怕、祸患困难的。能够经常怀有畏惧，明处便有人，在幽暗便有鬼神在监督，严重便有国法来约束你，如果按照以上几点去努力行事，而说家庭不昌明繁盛、不享受福贵利禄的，我没有见过。

（5） 预防火灾盗窃

火灾和盗窃，是家庭祸患中最大的，都产生于荒废松弛而没有家法可守的家庭。火灾萌生于剩余的烛烬，强盗偷看管理疏忽。都能谨慎保密而又事先预防，火、盗两个祸患，何至于到我家呢？

（6） 勤恳

勤恳来维持生计。世界上的事情，没有不是因为懈怠懒惰而荒废的，及时去做就事事不会是下等。所以说："一生中的谋划在于勤恳。"想要成就家庭的，一天又一天，看这飞逝的时光难道不很可惜吗？

（7） 节俭

节俭可以修养品德，没有节俭是不可能相继而有的。况且天地之下所萌生的万物，托付给人，自然有份额限量，凶暴残戾，一定会遭上天遗弃。所以应当节俭以秉承，这也是用来敬重天地供养人类的恩惠。

（8） 节约乱花费

组成家庭的开始，没有积累就无法达到。应当用的人算账适当，本来不需吝啬而克扣。但是凭着有限的财物去用作没有常法的花费，不会近于衰竭吗？所以唯有节约花费。

（9） 警戒贪欲

贪婪欲望。是用来满足自己，君子警戒这些。由于我贪婪而别人都贪婪。哪个会提供贪婪之所需？大凡侵夺别人所喜欢的，占据自己便宜的，诛杀求取没有停止，都是贪婪一类的。花大力气去制止它，自然没有不为公而可以安身了。

(10) 亲近有德的人

有道德的人，时常应去亲近他们。聆听他们的美言，观察他们的美行。足够作为我没有达到的凭资，而能培养成为具有善行的人。哪里要担心不高出一筹，出人头地，而为家庭的表率呢？

……

(11) 必须施行冠、婚、丧、祭之礼仪

朱熹所言四礼，世俗都怀疑它们高不可攀、古不可及，于是嘲笑而不讲究。不知道做人的道理，有家庭的根本，没有这四礼，便不能自始至终维持纲常。我家一贯遵从这种礼制，人力有时不能达，财产有时不相称，记载这些品行节操，也不失去大意，施行而不懈惰，自然便成了表率了。

(12) 不失掉互通有无的礼仪

《蓝田吕氏乡约》有礼俗相交往的条目，而互通往来尤其是家与家交际不可失掉的。他以礼来，便先施恭教；我以礼往，也先施恭敬。一个人没有这种礼节，家何以成为家？

(13) 延请宾客

笑谈没有贵客的，不是大夫的家庭。宾客来到，礼貌和饮食，务必竭尽诚意，时间长了便更加恭敬。稍微有点侮辱轻慢，有志气的人就会不屑于和他相处了。

……

(14) 明了报恩施恩

张载说："兄弟之间，施恩不回报就会中止关系，所以恩情不能终结。一个施恩一个回报，人理中很自然的东西。"治理家庭的人，明了报施之道而不敢懈怠，哪还担心别人对我的责备之期待呢？

(15) 统一赏罚标准

奖赏和惩罚，是用来表示对别人的信心而想要别人一定顺从。奖赏和惩罚如有不公正的，那么人心就会不平缓，埋怨就会从这里产生。更要想别人顺从惩赏罚，成功也是很困难的！

……

(16) 周济穷亲戚（看亲疏而定）

穷困匮乏的人，看与我的亲疏都应当周济，不过有轻重的差别罢了。

假使一概都施恩于人，那么是广博施恩周济众人的圣人，不是我分内之力可以胜任的。而寒天去乞讨而困乏，要救助他们并为他们赈财贷款，这也是仁人君子的用心。（施生施恩给人，于是生命可以保全）

（17）抑制强者扶助弱者（审视邪恶和正义）

人有强弱之分，都不是真气领受的正中。尽管有邪恶有正义，如果正义强大还可以，邪恶强大就不可以了。正义弱小还可以，邪恶弱小就不可以了。抑制强者扶助弱者，使他们处于中正，也是我所施行的正道（陈元方说：老父亲在太丘，强者绥靖他以美德，弱者抚慰他以仁义）。

（九）温璜

1. 治家八则

【题解】

温母治家有方，对每一个家庭成员的职责都有论述，甚至细节的礼数、理财也都谈及。

【原文】

凡爷子结媳，积成嫌隙，毕竟上人①要认一半过失。其胸中横竖道，卑幼奈我不得。

做人家，切弗贪富。……假若八口之家，能勤能俭，得十口赀②粮；六口之家，能勤能俭，得八口赀粮。便有二分余剩，何等宽舒！何等康泰！

懒记账籍，亦是一病。奴仆因缘为奸，子孙猜疑成隙者，繇③于此。

家庭礼数，贵简而安，不欲烦而勉，富贵一层，繁琐一层；繁琐一分，疏阔一分。

曾祖母告诫汝祖、汝父云：人虽穷饥，切不可轻弃祖基。祖基一失，便是落叶不得归根之苦。吾宁日日减餐一顿，以守尺寸之土也。……今各房基地，皆有变卖转移，岂容易得到今日，念之！

妇人不谙④中馈，不入厨堂，不可以治家。

使妇人得以结伴联社，呈身露面，不可以齐家。

贫人不肯祭祀，不通庆吊，斯贫而不可返者矣。祭祀绝，是与祖宗不相往来；庆吊绝，是与亲友不相往来。名曰独夫，天人不祐。

【注释】

①上人：长辈。

②赀：zī 同"资"。

③繇：yóu 通"由"。

④谙：ān 熟知。

【译文】

大凡父与子、婆与媳之间，由于猜疑而积成仇怨，究竟做父亲、做婆婆的应该承认一半过失。但他们胸中横竖想着，这些晚辈们也奈何我不得。

作为一个家庭，千万不可贪图发财。……如果是八口之家，能勤劳能俭朴，就可以得到十口之家的财货和粮食；六口之家，能勤劳能俭朴，可以得到八口之家的财货和粮食。这样，便有两分剩余的，那将是何等宽舒！何等康泰呀！

懒得登记出入款数的簿册，也是一大弊病。仆人们因此有干坏事的机会，子孙们互相猜疑而结成怨恨和相互纷争，都是由于这个弊病。

家庭礼仪的等级，贵在简要而安定，不希望烦琐而大家辛苦。富贵如果再上一级，礼数的庞杂烦琐也必然跟着上了一级；礼数的庞杂烦琐多了一分，那么不细致的地方也必然跟着多了一分。

你的曾祖母曾经告诫你的祖父和你的父亲说：一个人即使穷得没有饭吃，也切不可轻易抛弃祖宗基业。因为祖宗基业一丢失，便会有落叶不得归根的苦楚。我宁愿每天少吃一顿，以守护这一点点祖宗留给我们的土地。……现在，各房分到的祖宗基业都有变卖转移的情况，唯独我家分到的祖宗基业完好无损。难道是容易的吗？你们要记住这个啊！

妇人不熟悉在家主持饮食的事，不下厨房、不进堂屋的，不可以治理家庭。

如果让妇人结伴联社，抛头露面，不可以整治家庭。

贫穷的人家如果不肯祭祀，亲友之间该贺喜的不去贺喜，该吊丧的不去吊丧，那么这户贫穷人家就穷得不可救药了。不祭祀，是与自己的祖宗不相往来；不庆吊，是与自己的亲友不相往来。这就叫作众叛亲离的"孤家寡人"，其结果自然是得不到神明的佑助与别人的帮助。

2. 教子三则

【题解】

教子有方才能使子女成才，即使在环境险恶的地方也能持守自身。

【原文】

儿子是天生的，不是打成的。古云："棒头出孝子。"不知是铜打就铜器，是铁打就铁器。若把驴头打作马面，有是理否？

吾观陶侃运甓①习劳，乃知其母平日教有本也。……假如你念头要做好儿子，须外面实有一般孝顺行径；你念头要做好秀才，须外面实有一般勤苦行径。

闭门课子，非独前程远大，不见匪人，是最得力。

——《温氏母训》

【注释】

　　①甓：pì 砖。

【译文】

　　儿子能否成才是天资和通过教育自然形成的，不是用棍棒打成的。古人说："棍棒底下出孝子。"殊不知是铜只能打成铜器，是铁只能打成铁器。如果把驴头打成马面，有这样的道理吗？

　　我看西晋人陶侃运砖习劳，就知道他的母亲平日教子是有本原的。……假如你心中打算要做个好儿子，必须在外面确实有一副孝顺模样和行为；假如你心中打算要做个好秀才，必须在外面确实有一副勤奋苦学的模样和行为。

▲陶侃孝母勤廉

　　闭门对自己的儿子进行教导，其意义不只是前程远大。不见外界行为不正的人，才是最大的收获。

（十）孙奇逢

1. 重启蒙

【题解】

　　启蒙教育是教子的重点，孙氏认为这一阶段是孩子"习相远"的时候，必须正确引导成为正道之人，这样才能为日后家庭的昌盛提供条件。

【原文】

　　孩提知爱，稍长知敬，此性生之良也。知识开而习操其权，性失初矣。古人重蒙养正，以慎其习，使不漓①其性耳。今日孺子转盼便皆长成，此日蒙养不端，待习惯成性，始思补救，晚矣。家运盛衰，亦何常之有？父父子子，兄兄弟弟，元气固结，而家道隆昌，此不必卜之气数也；父不父、子不子、兄不兄、弟不弟，人人凌兢②，各怀所私，其家之败也，可立而待，亦不必卜之气数也。端蒙养，是家庭第一关系事，为诸孺子父者，各勉之。

【注释】

①漓：薄。

②凌兢：恐惧。

【译文】

一个人年幼时就知道敬爱别人，稍微长大后就知道敬重别人，这是天性生来就有的良知。当他开始学知识时就学会了操持权术，其天性就失去了当初时的良知。古人重视启蒙教育来养正气，以使其习惯谨慎，不致削弱他的天性。现在小孩转眼之间便都长大成人了，如果现在不能正确地进行启蒙教育，等到习惯成了天性，再开始考虑补救就晚了。家运的兴盛衰败，有什么永恒的常法呢？父子之间，兄弟之间，精诚团结，家道就会隆达昌盛，这不必用气数来占卜；父亲不像父亲、儿子不像儿子、兄长不像兄长、弟弟不像弟弟，人人都相互畏惧，各自都怀有私心，其家庭的衰败，也就指日可待了，这也不必用气数来占卜。端正启蒙教育，是关系到家庭盛衰的第一件事，作为这些小孩的父亲，各自以此自勉吧。

2. 教子弟

【题解】

教训子弟关键在于使之成为君子贤士，孙氏认为富家子弟要淡化他们的富贵观念，转而注重道德，从而避免富贵败家。

【原文】

士大夫教诫子弟，是第一紧要事。子弟不成人，富贵适以益其恶；子弟能自立，贫贱益以固其节。从古贤人君子，多非生而富贵之人，但能安贫守分，便是贤人君子一流人。不安贫守分，毕世经营，舍易而图难，究竟富贵不可以求得，徒自丧其生平耳。余谓童蒙时，便宜淡其浓华之念。子弟中得一贤人，胜得数贵人也。非贤父兄，乌①能享佳子弟之乐乎？

【注释】

①乌：怎么。

【译文】

士大夫教导、训诫子弟，是最为要紧的事。如果子弟不成器，富贵的生活正好助长他的恶习；如果子弟能自立，贫贱的环境更能使他固守节操。自古以来的贤人君子，大多数不是生下来就富贵的人，只要能甘于贫穷、安守本分，就是贤人，君子一类人。不能甘心于贫穷、安守本分的，一辈子苦心经营，舍弃容易得到的而追究难以得到的，结果富贵不能够追求到，只是白白地浪费一生罢了。我认为在子弟很小时，就应当淡化他的荣华富贵的念头。子弟中能够得到一个贤良之人，胜过得到几个富贵之人。不是贤良的父亲兄长，怎么能够享受拥有优秀子弟的乐趣呢？

3. 忠 实

【题解】

　　治家之道以心为上，用相互忠诚的心紧连在一起，比什么威仪都重要，孙氏抓住了成就家庭的这个根源。

【原文】

　　居家之道，须先办一副忠实心，贯彻内外上下，然后总计一家标本缓急之情形，而次第出之，本源澄澈，即有淤流，不难疏导。患在不立本而骛①末，浊其源而冀流之清也。得乎？一家中男子本也，父慈、子孝、兄友、弟恭，本之本也。本立矣，而末犹萎焉，必其立之之根本未固耳。立之之道，岂有已时！本分自尽者，并不见吾分有圆满之日。古人榜样，一一具在，只不听女人言，便有几分男子气。

【注释】

　　①骛：wù 追求。

【译文】

　　处理家庭的办法，必须先准备一副忠实的心肠，并贯彻到家庭内外上下，然后将全家根本的急需的事情总计起来，再一个一个地列出来，这样事物产生的根源清澈透明，即使有淤塞的地方，也不难疏导。令人担心的是不立下根本却追求末梢，浑浊了源头却希望水流清澈。要得吗？一个家庭中男子是根本，父亲慈爱、儿子孝顺、兄长友善、弟弟恭敬，则是根本的根本。根本立下了，但末梢还是枯萎的话，必定是使末梢存在的根本没有稳固。使根本立下的道义，难道有停止的时候吗？本分已自己结束的，并没有见到我的本分有圆满之日。古代的人做出的榜样，全都聚集在这里，只要不听女人的话，就有几分男子气。

4. 本分自守

【题解】

　　家道兴隆不在于财富的多少，而在于子孙的贤愚，孙氏奉劝治家的人多考虑"得一本分自守之子孙"。

【原文】

　　善诒谋者，得一本分自守之子孙，十年之家运，可保勿替。如其为贤人，为君子，则所以彰显其祖宗功德者，与山俱高，与水俱长。较之积财置产者，所得不既多耶？此等事，庸愚皆知之，贤知者不能也。

【译文】

善于为家产继承考虑的人，如果得到一个安守本分的子孙，则几十年的家运，能够保存而不会更替。如果这个子孙是一位贤人，一位君子，那么他用来彰扬其祖宗功德的，与山一样高，与水一样长。与积聚财物添置家产者相比较，所得到的不是更多些吗？这样的事，平庸愚蠢的人都知道，贤能智慧的人却反而不知。

5. 守业艰难

【题解】

"创业难，守业更难"，孙氏认为治家的前提就在固守成业。

【原文】

前人创业，后人守成。一茅片瓦，守而勿失，此方是承家令子①。至于可久之德，可大之业，最易知，最简能，却视为身外之物，非祖父所留遗，任其颓败废弃，绝不肯过而问焉。其余轻重大小之衡，颠倒实甚，度非仁人孝子之心所安也。凡我同人，俱有守业之责，幸先理此业，保而勿失，则安富尊荣，与天无极，其受享岂可以言语形容耶？

【注释】

①令子：好子孙。

【译文】

前辈人创下家业，后辈人保守成业。一根茅草、一片砖瓦，守住它不使丢失，这才是继承家业的好儿子。至于可以持久的德行，可以光大的事业，最容易知道，最简便能做，即被认为是身外之物。不是祖辈、父辈遗留下来的，任凭它衰败废弃，也绝对不肯去过问。其他轻重、大小的衡量，颠倒对错实在是太厉害了。恐怕这是仁人孝子不能安心的吧。我们这些人都有保守成业的责任，希望先治理这些家业，保住他们不要丢失，那么安稳、富足、位尊、荣耀，就会像天空一样没有尽头。这种享受难道可以用语言来形容吗？

6. 家运盛衰自操之

【题解】

家道盛衰完全是由自己造成的，孙氏认为"身无可型""家不足范"就会无法维持家庭的发展。

【原文】

家运之盛衰，天下不能操其权，人不能操其权，而己实自操之。父慈、子孝、兄友、弟恭，男正位于外，女正位于内，即贫窭①终身，而身型家范，为古今所仰，盛莫盛于此。如身无可型，而家不足范，当兴隆之时，而识者已早窥其必败矣。

【注释】

①贫窭：贫穷困乏。

【译文】

家运的兴盛与衰败，天下不能掌握其主动权，别人不能掌握其主动权，实际上主动权掌握在自己手里。父亲慈爱、儿子孝敬、兄长友善、弟弟恭顺，男子在外面摆正位置，女人在家里摆正位置，即使终身贫困，但其立身榜样、家庭风范，被古今的人所敬仰，家庭兴盛可说莫过于此了。如果立身不能做榜样，家风不能作典范，那么即使其家庭正是兴隆的时候，有识之人也早就看到了其必然衰败的命运。

7. 勤劳与俭朴

【题解】

"勤俭，勤俭"是人们经常挂在嘴边的话，但实际上很多人都各执一端，孙氏主张勤恳与节俭并重，当然如果不经意中总做到了勤和俭，就是最佳状态了。

【原文】

居家勤俭，孰为居要？博雅曰："勤非俭，终年劳瘁，不当一日之侈靡。《书》①曰：'慎乃俭德，惟怀永固。'子曰：'礼，与奢也，宁俭。'似俭尤要。"望雅曰："一生之计在勤，一年之计在春，一日之计在寅。治家、治国、治身、治心，道岂有先于此者乎？似勤尤要。"曰："二者皆要，尤要在克勤克俭之人耳。八年于外，三过门不入，方得地平天成，万世永赖，如非其人，胼手胝足，朝经夕营，何济乃事？宋仁宗夜半惜烧羊之费，恭已化成，几致刑措。若唐文宗举衫袖示群臣曰：'此衣已三浣矣，'虽云俭德，然受制家奴，自谓不如叛献，泣下沾襟，亦何益乎？勤俭一源，总在无欲。无欲自不敢废当行之事，自无礼外之费，不期②勤俭而勤俭矣。"

【注释】

①《书》：尚书。

②期：期望。

【译文】

治家方面，勤劳与节俭，哪一个最重要呢？博雅说："只勤劳而不节俭，则一年的辛勤劳累，还抵不上一日的奢侈浪费。《尚书》说：'谨慎小心是节俭之德，只有怀有这种品德家业才会永远牢固。'孔子说：'举行礼仪，与其奢侈，宁愿节俭'，似乎节俭更重要些。"望雅说："一生打算在于勤劳，一年的打算在于春天，一日的打算在清晨寅时。治家、治国、治身、治心，其道理难道还有比勤劳更为基本的吗？似乎勤劳更重要。"我说："这两者都很重要，但更为重要的是既能勤劳又能节俭的人。夏禹八年在外辛劳，三次路过家门口而不进去，这样才使地平了，天成了，万世万物永远赖以生存，如果不是这样的人，即使手、脚都磨得起了茧，早晚忙碌不停，对事业又有什么帮助呢？宋仁宗半夜起来惋惜烧羊肉的费用，严肃约束自己而使教化成功，几乎使刑法都搁置不用了。像唐文宗举起衣袖给各位大臣看并说：'这件衣服已经洗了三次了'，虽然有节俭之德，但受家奴制约，自以为不如红着脸去献祭、眼泪都打湿了衣襟，这有什么好处呢？勤劳、节俭的源头，总在于没有欲望。没有欲望自然不敢荒废应当做的事情，自然没有礼节之外的花费，并不有意要勤劳、节俭却又做到勤劳节俭了。"

8. 治家之难

【题解】

齐家才可以治国，实际上齐家比治国还要难。孙氏从亲情的限制谈到齐家的难处，的确很深刻。

【原文】

问：齐家之难，难于治国平天下。家迩天下远，家亲天下疏，何以难？曰：正惟迩则情易辟，正唯亲则法难用。夫家之所以齐者，父曰慈，子曰孝，兄曰友，弟曰恭，夫曰健，妇曰顺。反此则父子相伤，夫妻反目，兄弟阋墙。积渐而往，遂至子弑父，妻鸩夫，兄弟相仇杀，庭闱衽席间皆敌国。从来均平天下之人，每天此多动心忍性。盖法制所不能束，禁令所不能施，以此思难，难可知矣。

——《孝友堂家训》

【译文】

有人问：整治家庭的难度，比治理国家、平定天下还要难。家庭近而天下远，家庭亲而天下疏，为什么治家反而难些呢？我说：正因为近，感情就容易有所偏颇；正因为亲，法制就难以运用。家庭能整治好的原因，对父亲来说要慈祥，对儿子来说要孝顺，对兄长来说要友善，对弟弟来说要恭敬，对丈夫来说要强健，对妇女来说要柔顺。与此相反就会父与子互相伤害，夫妻间反目成仇，兄弟间不能和睦。这样积累发展下去，就会弄到儿子杀害父亲、妻子毒害丈夫、兄弟之间互相仇杀的地步，屋里屋外到处都成为仇敌。曾经平定过天下的人，每每到这时也只能心绪波动，忍着性子。因为法律制度不能约束，禁令不能施行，从这里来考虑这个"难"字，它的难度就可想而知了。

（十一）陈龙正

《家矩》论治家

【题解】

　　陈龙正，明崇祯甲戌科进士，历官礼部郎。所著《家矩》主要特点是论理充满辩证思想，在平凡质朴的语言中充满哲理。

（1）不悭贻后

【原文】

　　人性不悭，必不至大富。不贻子孙以大富，则不生侈心，不侈则又不至大贫，是贻子孙以善守者，不悭乃其本也。祖父累之如锱铢，子孙费之必如泥沙。子孙痴根，还从祖父愚性生下。

【译文】

　　人不吝啬，一定不能大富。不留巨额家产给子孙，就不会使他们产生奢侈之心，生活不奢侈人也不至于太穷。因此留给子孙守财的方法，以不吝啬为根本。祖父们从一文文小钱积攒起来的家当，子孙挥霍起来必如泥土。子孙痴愚的根子，在于祖上糊涂。

（2）遇大事能散财

【原文】

　　古者产属王朝，无生可治，士亦不治生。朝夕稻粱置之若遗，况储余财及后。故孔子居官则器服备具，失职则疏食或绝。后世如诸葛武侯，亦有桑田以给子孙。宋室官俸优渥，而温公犹于初命士，皆首问其世业，以为无衣食忧，则居职易廉，故以业遗子孙而守之。后世之势，亦后世之礼矣，致之有义利，守之有本末耳。先公廉俭，所遗与武侯"死日无负"之语不愧。吾辈遭逢知己，有如温公，将嘉我先公，贻谋得中，有养廉之资。子孙如殖货无厌者，则先公所恶也。勤俭则岁积有余，积久渐多，宜遇大事能散，然后非治生之俗子。

【译文】

古时奴隶制社会，没有私财可经营，读书人也不营家业。整天稻米随便放置，更谈不到储存余财留给后人。所以孔子做官时应有尽有，离职后便粗茶淡饭，甚至绝粮。后世开始有私产，如诸葛亮把田产留给子孙。宋代当官的俸禄十分优厚，而司马光还对初做官人首先问家有多少产业；认为没有衣食困扰，当官多会清廉，因此把产业传给子孙而望其持守。后人所能达到的，也是后人的福分，但要取之有道，守之有本。我先父为官清廉节俭，所留下的遗产无愧于诸葛亮"死日无负"之语。如果司马光再世，也会赞扬先父，为后代着想，使之有居官养廉之产。子孙贪图钱财不知满足，这是先父所讨厌的。勤俭就会年有积蓄，年久积累多了，当遇到吉凶等大事时，能把钱利用到正地方。这样才不会成为只会聚财守财的庸俗之辈。

（3）爱惜之误为暴殄

【原文】

爱惜、暴殄本是两意，愚者有时合成一病。如饮食剩余，宜趁鲜香之时分给于下。敝衣故履未至无用，宜散与仆从，或贫寒之人。每见妇人悭吝爱惜，将余食珍藏。夏不过一日，冬不过十日，皆腐败矣。衣履破敝，欲藏之箧笥，则不必欲与人，则不能堆阁闲处，听其朽烂。使人不得受其养，物不得伸其用，是皆以爱惜为暴殄者也。时时当讲解而提醒之，使晓此理，自无此失。

【译文】

爱惜和糟蹋东西原本是相反的两回事，但愚蠢的人往往将爱惜也变成了糟蹋。比如剩余食物应趁新鲜时给下人吃，旧衣旧鞋趁能穿时送给仆从用。但常见一些妇人过于爱惜以至吝啬，将剩余食物珍藏起来，结果是夏天超不过一天，冬天超不过十天，便腐坏变质。旧衣旧鞋藏在箱柜中，日久以致朽烂。如此看起来似乎是在爱惜东西，实际上是在糟蹋东西。要时时提醒家人，让他们懂得这个道理，不要再犯这个过失。

（4）子弟避恶客

【原文】

故者无失其为故，圣人之厚道。吾辈亲朋，诚有难谢绝者，但其开口淫秽，或泛滥市井，何可令幼稚见闻。与其得先入之言，而复洗濯之，不如无入之为愈也。凡遇此恶客在座，子弟自十五六以下，权词令之回避。

【译文】

我们亲朋中，实在有不好拒之门外的。但这类人张口就是淫秽、龌龊之语，或乱谈市井无聊之事，怎么可以让小孩子听到？与其使孩子受不良影响然后再设法消除这种影响，不如一开始就不让孩子受不良的影响。凡家中有这种不正派的客人在座，应叫十五六岁以下的子弟回避。

（5）收敛能免意外

【原文】

意外之虞最难免，惟时时收敛则可免。能使子侄僮仆人人谨慎，则无复意外。若其未能，则虽祸出意外，究竟只意内耳。

【译文】

意外的灾祸最难避免，只有时时收敛才能避免。如果能使家人做事谨慎，就不会有意外的事发生。如果平时做不到行为检点，小心谨慎，那么即使发生了意外的灾祸，实际上也是在意料之中的。

（6）开单以备遗忘

【原文】

或问："子遇婚丧，或公家利病大事，必置小经折于夹袋中，细书端绪，或造成册本，分派施行，岂其恐遗忘耶。伊川先生谓圣人惟不记事，所以能记事，何也？"曰："此言圣人不言常人。况举大事，条绪繁多，必因人分派，分派非预为斟酌，未必得宜。径与口语，彼庸众人一入耳之顷，亦难详事情之曲折。故面命之下，随开一单付之，彼便于奉行，我便于查验。"

——《家矩》

【译文】

有人问："你在遇到婚丧及有关国家利害大事时，一定准备个小本子放在夹袋中，详加记录，或者制成册子，分别派人去做，是怕有所遗忘吗？伊川先生说，圣人不记事，所以能记事，这是什么原因？"回答："这是指圣人而不是指一般人说的。何况操办大事情，头绪繁多，一定根据人而分派任务，分派如不预先考虑，不一定会合适。直接告诉他们，这些人听后，也不能马上理解事情的原委。所以当面告诉后，再开一单子给他，他便于依次去做，我便于检查核实。"

（十二）吴麟徵

节 俭

【题解】

吴麟徵，明海盐人，其儿子仲木节辑其语，题名"要言"。"要言"论及治家认为：治家须勤俭，用度须有节。

【原文】

莫道做事公，莫道开口是，恨不割君双耳朵，插在人家听非议。莫恃筑基牢，莫恃打算备，恨不凿君双眼睛，留在家堂看兴废。

家用不给，只是从俭，不可搅乱心绪。

四方兵戈云扰，乱离正甚。修身节用，无得罪乡人。

疾病只是用心于外，碌碌太过。

家门履运正当蹇剥，跬步须当十思。

处乱世与太平时异，只一味节俭收敛，谦以下人，和以处众。

生死路甚仄，只在寡欲与否耳。

治家舍节俭，别无可经营。

待人要宽和，世事要练习。

—— 《家诫要言》

【译文】

不要说自己办事是如何的公道，也不要开口就讲自己是如何的好，还是借双耳朵听一听别人的议论吧。不要以为家业是多么的稳固，也不要以为居家的计划是多么的周详，还是借双眼睛留意家中的兴衰吧。

家用如不足，只有注意节俭，不可因此而乱了心绪。

兵荒马乱的年代，更要注意修身节用，不得罪乡亲。

疾病往往因贪欲之心过重，心思烦劳过度引起的。

家门正处于背运时，每一举步都要反复斟酌。

处乱世和太平时不一样，要注意节俭谨慎，待人要谦恭和顺。

生与死的路非常窄，只在于欲望多还是少。

治家如不采取节俭的方法，就没有更好的经营方法。

待人要宽和，理社会事务要练达精熟。

（十三）陈碻

治家三训

【题解】

陈碻是明末清初海宁人，所著《新妇谱补》中关于谨慎、勤俭等对新婚媳妇的要求，亦是现代年轻人可借鉴的。

（1）失 物

【原文】

凡物自当谨守，防闲有法，毋令失所。万一有失，此自己不能谨守之过，且只忍着，不可猜人，及轻听人言，辄至仆婢房中搜索，搜出则丧其廉耻，搜不出则彼反有辞。若公家仆婢及他家人，尤不可妄指。每因失物，反若是切非，增添闲气，此不可不深思而切戒也。

【译文】

家中物品要看管好，防备应有法，不要乱放。万一丢失，是由于自己管理不好造成的过失，不能随意猜疑别人，或轻信别人的话，鲁莽地到仆婢房中去搜索。如搜出势必使仆婢的脸面没地方放，搜不出自己输了理，仆婢反有话可说。同时更不能随意猜疑公婆屋里的仆婢和别房里的人。要懂得日常生活中常常因为丢东西而惹是生非，徒生闲气。这是必须深思并招实戒除的。

（2）勤俭

【原文】

勤俭乃治家之本，为读书人妇，尤要讲究。每见人家丈夫姿禀绝胜，往往其妻好佚妄用；家计日落时，不胜内顾之忧，并学业亦废者有之。语云："家贫思贤妻。"此至言也。内外之事，并须细心综理，宽而不弛，方合中道。虽新妇无预外事，而今日房中之人，即他日受代当家之人，故须预习勤俭。为新妇贪懒好闲，多费妄用，养成习气，异日一时难变矣。戒之戒之。

凡家里要做事务，并须及早撵完。盖先时则暇豫，后时则忙促。忙促则难为力，暇豫则易为功。先之劳之，为国之经，亦治家之经也。无事切勿妄用一文，凡物须留赢余，以待不时之须。随手用尽，俗语所谓眼前花，此人大病也。家虽富厚，常要守分、甘淡泊、喜布素。见世间珍宝锦缯，及一切新奇美好之物，若不干我事，方是有识见妇人。

【译文】

勤俭是治家的根本，作读书人的妻子，更要注意节俭。常见有些人家，丈夫的禀赋极高，而妻子却往往好逸奢侈；也有的人家业日渐衰落之中，一旦家道衰落，就会受劳务负担忧烦、干扰而荒废了学业。俗话说："家贫思贤妻"。这是一句极有深意的话。家里家外的事，都需细心安排，富裕时也不能妄用。虽然新妇不干预外事，但日后总要当家，所以要先学会勤俭。如新妇好逸恶劳，养成习惯就很难改了。

　　家中需要做的事，要及早做完。提前做完则时间宽裕，拖后则匆忙，一旦匆忙则事难做成，时间充裕则事情可以做得精善。所以，凡事提前去做，是治国、治家的好办法。没事时不妄用一分钱，物品应使其有盈余，以备急用。如随手用尽，俗语称"眼前花"，是人的一大毛病。家境虽富有，但要守本分，甘于淡泊，生活简朴。对世上珠宝珍玩及新奇之物，如能做到视而不见，才是有见识的妇人。

（3）有料理有收拾

【原文】

　　凡物要有收拾，凡事要有料理，此又是勤俭中最吃紧工夫。苟无收拾，没料理，纵使极勤极俭，其实与不勤俭同。正如读书人，只读死书，了无用处也。但所谓收拾料理之法，亦非言说可尽，皆在新妇自己心上做出，唯用意深详者为得之。盖凡事虚心访求，只管要好，便有无穷学问。虽如日用饮食，煮粥煮饭，至庸至易，愚不肖咸与知能。苟求其至，亦自有精细工夫。况进而上之，道理原自无穷，而可鲁莽灭裂乎？亦如读书人作文，愈造愈妙，更无底止。新妇唯能不自是，而处处用心，则做人作家，俱臻上乘矣。

——《新妇谱补》

【译文】

　　凡物要收拾好，事情要安排好，这是勤俭中最要紧的事。否则与不勤俭没有什么两样。正如读书人，只读死书便无用处。所谓收拾料理，就是要用心去做。如日常生活，煮粥煮饭，谁都会做，但要做得好，还是须下功夫的。也像读书人做文章，越做越好，没有止境。新妇只有不自以为是，处处用心，无论做人还是治家，都会做得很好。

（十四）朱柏庐

治家格言

【题解】

　　朱柏庐的《治家格言》，人称"朱子家训"，在过去几乎是家喻户晓。它的长处在于切实、浅近。它没讲心性之类大道理，但在对日常行为的详细规范里，深受儒家思想影响，反映了中华民族特有的治家观念，收到了雅俗共赏的效果。集"一粥一饭，当思来之不易；半丝半缕，恒念物力为艰"这样的话，已成为和唐代李绅《悯农》诗一样的教诫格言，在社会上广为流传。

【原文】

　　黎明即起，洒扫庭除①，要内外整洁；即昏便息，关锁门户，必亲自检点。一粥一饭，当思来处不易；半丝半缕，恒念物力维②艰。宜未雨而绸缪③，毋临渴而掘井。自奉必须俭约，宴客切勿留连。器具质而洁，瓦缶胜金玉；饮食约而精，园蔬逾珍馐。勿营华屋，勿谋良田。三姑④六婆⑤，实淫盗之媒；婢美妾娇，非闺房之福。奴仆勿用俊美，妻妾切忌艳妆。祖宗虽远，祭祀不可不诚；子孙虽愚，经书不可不读。居身务期俭朴，教子要有义方。莫贪意外之财，勿饮过量之酒。与肩挑贸易，毋占便宜；见穷苦亲邻，须多温恤。刻薄成家，理无久享；伦常乖舛⑥，立见消亡。兄弟叔侄，须分多润寡；长幼内外，宜法肃辞严。听妇言，乖骨肉，岂是丈夫；重资财，薄父母，不成人子。嫁女择佳婿，毋索重聘；娶媳求淑女，勿计厚奁⑦。见富贵而生谄容者，最可耻；遇贫穷而作骄态者，贱莫甚。居家戒争讼，讼则终凶；处世戒多言，言多必失。

　　勿恃势力而凌逼孤寡，毋贪口腹而恣杀牲禽。乖僻自是，悔悟必多；颓惰自甘，家道难成。狎昵恶少，久必受其累；屈志⑧老成，急则可相依。轻听发言，安知非人之谮⑨诉？当忍耐三思，因事相争，安知非我之不是？须平心暗想，施惠无念。受恩莫忘。凡事当留余地，得意不宜再往。人有喜庆，不可生妒忌心；人有祸患，不可生喜幸心。善欲人见，不是真善；恶恐人知，便是大恶。见色而起淫心，报在妻女，匿怨而用暗箭，祸延子孙。家门和顺，虽饔⑩飧⑪不继，亦有余欢；国课早完，即囊橐⑫无余，自得至乐。读书志在圣贤，为官必存君国。守分安命，顺时听天；为人若此，庶乎近焉。

——《训俗遗规》

【注释】

　　①庭除：庭院。
　　②维：助词无义。
　　③缪：móu 计划、打算。
　　④三姑：尼姑、道姑、卦姑。
　　⑤六婆：牙婆、媒婆、师婆、虔婆、药婆、稳婆。
　　⑥舛：chuǎn 违背、错乱。
　　⑦奁：lián 嫁妆。
　　⑧屈志：谦恭。
　　⑨谮：zèn 诬蔑。
　　⑩饔：yōng 早饭。
　　⑪飧：sūn 晚饭。

⑫橐：tuó 口袋。

【译文】

天刚亮立即起床，洒水打扫庭院，做到内外整洁。天一黑便要止息，注意关门锁户，必须亲自检查。一碗粥一碗饭，应当想到来之不易；半根丝，半根麻，要常想到物力的艰难。趁天没有下雨时，就要把门窗系牢固；不要等到口渴时，才想到去掘井取水。自己的日常供养必须节约，宴请宾客千万不要忘乎所以。器具朴质清洁，瓦质用器胜过金玉用器；喝的吃的少而精，园中的蔬菜胜过山珍海味。不要营建华屋，不要谋求良田。不正派的三姑六婆，是诲淫诲盗的媒介；婢妾美丽娇媚，不是家里的福气。不要使用俊美的童仆，切忌不要让妻妾艳装。祖宗虽然遥远，祭祀时不可不诚心；子孙虽然愚笨，经书不可不勤读。立身处世务求朴实，教育子女要有规矩方法。不要贪图意想不到的钱财，不要喝超过自己酒量的酒。不要去占那些肩挑小贩者的便宜，看到贫苦的亲戚邻居多温存体恤。以刻薄手段治家，不可能长久安享；违背人伦道德，将会很快灭亡。兄弟叔侄之间，应该相互救济；长幼上下里里外外，必须家法整肃、义正辞严。轻听妻子的话，违背骨肉情意，算得什么男子汉；看重资财，薄待父母，算得什么儿子。嫁女要选择好女婿，不要索取丰厚的聘礼；取儿媳要求得好女子，不要计较有无丰厚的嫁妆。见到有钱有势的人，就表现出一副谄媚逢迎的样子，这样的人最可耻；见到没钱没势的人，就表现出一副盛气凌人的样子，这样的人最下贱。居家力戒争执，争执最终会导致凶祸；处事力戒多言，多言必多失。

不要依仗权势欺侮逼迫孤儿寡妇，不要因贪图口腹享受而任意杀害牲畜家禽。性情乖僻，自以为是，后悔和失误的事一定很多；散漫懒惰，自甘堕落，这样的人难以成家立业。过分亲近品行不端的少年，时间长了必然受到他们的连累；屈从老成的人，在危急的时候可以依靠他们的帮助。轻易听信别人的言谈，怎么知道不是有人故意中伤，应当耐着性子三思而行；由于某件事和别人发生争执，怎么知道不是自己的过错，应该平心静气地反思。给了别人好处不要老记在心上，得了别人的恩惠不要忘记报答。做一切事情要留有余地，志得意满时不应该继续下去。别人有喜事，不可生妒忌心；别人有坏事，不可幸灾乐祸。做点善事，总想别人看到，不是真善；做了坏事怕人知道，这就是大恶了。见到美色就起淫心，报应将在自己妻女；怀着怨恨而用暗箭伤人，祸患将会延及子孙。家门里和和顺顺，即使有上顿饭没下顿，也有富余的欢欣；早早交完赋税，即使囊中空空，自己也会感到极为快乐。读书要立志做圣贤，做官要忠心为国家。安于本分，静守命运，顺应时势。听从天道。这样做人，也就差不多了。

（十五）毛先舒

治家之难

【题解】

毛先舒，明末秀才，著名文学家，音韵学家，他所著《家人子语》，引用谚语及典籍中的明言阐明自己的伦理道德观。这里有关治家要言，很有现实意义。

【原文】

谚云："不痴不聋，难作家翁，"此言薄物细故，当从宽大也。又云："当家三年狗亦怪。"此言任家政者秉家法，当防萌剔弊，不得养奸，奸必治，毋姑息。小人恶法，故怪之者多也。二语亦互相济者也。充此义以治民，则痴聋之说，即《诗》"媚于庶人"是也。狗怪之说，即《书》"罔违道以干百姓之誉"是也。亦有因其时势，而偏重用之者。汉文帝之休息，曹参之请静重宽者也。子产教太叔之治郑，诸葛公之治蜀重法者也。

——《家人子语》

【译文】

有句谚语道："不装聋作傻，就很难当一家之主。"意思是对一些鸡毛蒜皮的事，不要管得太严，应当宽怀大度。还有句谚语说："谁当三年家，狗都会嫌他。"这句话的意思是当家的执法太严，注意防微杜渐，剔除弊端，不姑息养奸，小人讨厌法规，所以怪罪他的人就多。这两句话也可以互相补充。如推及至治理国家，那么前一句即同《诗经》中的"取悦于百姓"，后一句话即《尚书》中所说的"无违越正道，以求百姓之誉"。也有根据特定的形势，仅采用其中一种方法。

（十六）张习孔

礼义治家

【题解】

清顺治进士，早年家境贫寒，父亲早逝，母亲又在张习孔为官不久去世，使之深感立身治家的艰难，写下《家训》。其中认为要达到治家的理想目标，家庭成员均要："在内应和睦庄重，在外应谦恭温良"，有一定的现实指导意义。

【原文】

凡礼义之家，内而雍和肃穆，少长有序，外而谦谨温良，应务得宜。

久之而德行孚于乡，名望尊于众，祸患之来，或能免矣。然此非可易言也，循循然行之数十年，不见其益。一二事乖张已甚，遂失人心，慎毋忽斯言也。吾谆谆以此为训，吾子孙即不能尽然，苟有一、二人能遵而行之，众人当共相尊信，共相效法。大吾宗者，不外此道也。

尚礼义者，必不妄取。其道近贫，然德行素孚于人，当亦不至甚乏绝也。况乎积厚流光，每有可致丰享之理。君子第为其当然而已，不必觊也。违天致富，恐得之而生患。圣人甚祸无故之利，横财之来，未必是福。世间平人多，贵人少，科甲岂可常得乎。然书香不可绝，书香一绝，则家声渐埒于卑贱。家声既卑，则出入渐鄙陋。人既鄙陋，则上无君子之交，下无治生之智。其安于农樵负担者，犹为善也。甚至人既粗蠢，心复雄高。狎比下贱，冥行蹈险。呜呼，人生至此，不忍言矣。猛念及此，安可不教子读书。读书存乎资性，资性昏鲁者，实不能读。然勤苦读之，终身不能成，其生子必资质稍优于父矣。盖己之资性昏鲁者，由于父不读书也。

儒者以治生为急，岂能皆读书。如一家有数子，以其半读书，半治生可也。治生者，无读书者助其体面，则生计亦不成。读书者，无治生者资其衣食，岂能枵腹而读哉。两者恒相资，不可相厌。

世风不古，外患易生，横逆之来，时所常有。若我从来守正，事事周防，不失足于人，不失言于人，不失笔于人，虽有外侮，执理以应之，亦不能为大患也。所虑官民异体，力不能抗，未有不遭其鱼肉者。苟能身列青衿，尚可据理陈词，少当其锋。若在齐民，畏惧刑栲，有屈无伸，唯有择祸从轻一说耳。吾是以谆谆望子孙读书也。

——《家训》

【译文】

作为诺守礼义的人家，在家中应和睦庄重，少长在序，在外应谦恭温良处事合乎情理，时间长了便会受到乡人的信服，甚至可以免灾云难。但这不是几句话就可以做到的，甚至做了数十年还未见效果，而一两件事做错了，便前功尽弃，一下子就失掉人心。家中如有一二人能遵照我的话去做，那么众人就会一同尊信，共同学着去做，那么我们的宗族就可以兴旺起来。

崇尚礼义的人，不取不义之财。这样的人虽然贫穷，但德行使人敬佩，所以也不至于无生路可走。何况不断积德，也常有可使其富贵的机会。君子只做应当做的事，而不觊觎别人的富有。违背道德而达到的富有，恐怕得到了就有灾患。圣人最忌讳无缘无故得到的财利，因为意外得来的钱财，不一定就是好事。世上平庸的人多，而德才出众的人少，科举考试怎能人人都考中？但读书的家风不可绝，否则，家庭的风气就会毁于卑贱。家风一卑贱，人也就渐渐变得粗俗。这样一来，上不能结交君子，下没有谋生之策。如能安心务农还好，只是有的人，很是粗鄙愚蠢，但私欲却很大，与下贱的人为伍，甚至铤而走险。想到这些，怎么可以不教孩子读书呢？当然读书在于人的资质，资质差的人，确实读不好书。然而勤奋刻苦读下去，即使一生不能有成就，但他生的孩子将来资质一定比他强。所以说自己资质差的，多是因为父亲不读书。

读书人如果以谋生为重，就不能用心读书。如果一家有几个儿子，可以让一半去读书，一半去经营家业。经营家业的人，没有读书人相助，生计也做不成。读书人没有经营家业的人提供衣食，也读不好书。两者要互相帮助，不可互相厌弃。

世风日下，意外之事时有发生。所以我们要为人正派，事事谨慎，各方面不失信于人，谈吐不失言于人，文牍不失笔于人，虽有外来的侵害，据理力争，也就不会有大的危险。然而真正令人担心的是官与民之间的冲突，老百姓怎能抵挡得了官府的势力，怎能不被当官的欺凌？身为读书人，还可以据理争辩，抵挡一阵，如是平民百姓，害怕严刑拷打，有冤无处申。所以希望我的子孙们好好读书。

（十七）王士晋

《王士晋宗规》论治家

【题解】

王士晋所著《王士晋宗规》是王氏家族的法规，共分16节。我们用批判的眼光读这些封建家族的家法，对我们今天的家庭生活也有一些启示，其内关于立身治家几则，是今天我们读者可供借鉴的内容。

（1）乡约当遵

【原文】

孝顺父母，尊敬长上，和睦乡里，教训子孙，各安生理，毋作非为。这六句包尽做人的道理。凡为忠臣、为孝子、为顺孙、为圣世良民，皆由此出。无论圣愚，皆晓

▲王士晋刻编宗规十六条的《严家祠堂》

此文义，只是不肯著实遵行，故自陷于过恶。祖宗在上，岂忍使子孙辈如此。今于宗祠内，仿乡约仪节，每朔日族长督率子弟，齐赴听讲，各宜恭

敬体认，其成美俗。

【译文】

　　孝顺父母，尊敬长者，与邻里和睦相处，教育子孙，各安生理，不胡作非为。这六句话道尽了所有的做人道理，凡能称得上是忠臣、孝子、贤孙、善良百姓的，都是领悟并践行了这六句话。不论聪颖或愚钝的人，都懂得这六句话的含义，只是不肯切实照此去做，所以常犯错误。祖宗在上，怎能容忍子孙如此？所以今日于祠堂内定一规矩，每月的初一由族长率领众子弟一齐听讲有关内容，希望能自觉遵守，使之成为美俗。

（2）争讼当止

【原文】

　　太平百姓，完赋役、无争讼，便是天堂世界。盖讼事有害无利，要盘缠、要奔走，若造机关，又坏心术。且无论官府廉明何如，到城市便被歇家捉弄，到衙门便受胥吏呵斥。伺候几朝夕，方得见官。理直犹可，理曲到底吃亏。受笞杖，受罪罚，甚至破家、亡身、辱亲。冤冤相报，害及子孙。总之则为一念客气，始不可不慎。经曰："君子以做事谋始，始能忍，终无祸。"始之时义大矣哉。即有万不得已，或关系祖宗父母兄弟妻子情事，私下处不得，没奈何闻官，只宜从直告诉。官府善察情，更易明白，切莫架桥捏怪，致问召回，又要早知回头，不可终讼。圣人于讼卦云："惕中吉，终凶。"此是锦囊妙策，须是自作主张，不可听讼师棍党教唆。财被人得，祸自己当。省之省之。

【译文】

　　老百姓如能完纳国家赋税、差役，没有争讼等事，就是天堂世界。诉讼对人有害而无益。即要花路费，又要四处奔走求人；如若巧使阴谋手段，又自坏了心术。况且不管官府是否廉明，到城市就会被店家敲诈，到衙门就会受胥吏的呵斥。等好多天才能见到当官的，有理还好，无理非吃亏不可。受鞭打，受刑罚，甚至破家亡身，辱及父母。如冤冤相报，还会害及子孙。总之为一时的怨气，最初时不可不谨慎。经书说："君子做事开始要想好，如开始时能忍耐，最终无祸患。"即使有万不得已的事，如果关系到祖宗父母，兄弟妻子等事，只好告官，只可从实告诉，请官府查实。切不可添枝加叶，又要早知回头，不可一直打到底。《周易》讼卦说："打官司中间可能顺利，但最终都不好。"这是上策，要自作主张，不可听信诉师的教唆。最后费财得祸。

（3）宗族当睦

【原文】

《书》曰："以亲九族。"《诗》曰："本交百世。"睦族，圣王且尔，况凡众人乎？观于万石君家，子孙醇谨，过里必下车，此风犹有存者。末俗或以富贵骄，或以智力抗，或以顽泼欺凌。虽能争胜一时，已皆自作罪孽。况相角相仇，循环不辍。人厌之，天恶之，未有不败者，何若如此。尝谓睦族之要有三：曰尊尊，曰老老，曰贤贤。名分属尊行者尊也，则恭顺退逊，不敢触犯。分属虽卑，而齿迈众老也，则扶持保护，事以年高之礼。有德行族彦贤也。贤者乃本宗桢干，则亲炙之、景仰之，每事效法，忘分忘年以敬之。此之谓三要。

【译文】

和睦族人，是连圣王都努力去做的事情，况且乎百姓呢？汉代的石奋，所生四子均官至二千石，子孙都是厚道恭谨，路过街坊必下车，此风至今犹存。有人依富贵而高傲，有人依聪明而瞧不起别人，或以骄横霸道欺凌他人，虽能争胜一时，却都是自作罪孽。更何况互相争斗仇视，循环不止。人厌之、天恶之，没有不失败的。和睦族人的要点有三：尊尊，老老，贤贤。即对名分高的尊长恭顺退逊，不可触犯；对虽名分低但年龄大的人要扶持保护，礼貌谦让；对贤德的人，不仅要敬仰，而且还要应聆听他的教诲，事事效法，不论他年龄大小、名分如何，都要尊敬他。

（4）节俭当崇

【原文】

老氏三宝：俭居一焉。人生福分，各有限制，若饮食衣服，日用起居，一一朴啬，留有余。不尽之享，以还造化，优游天年，是可以养福。奢靡败度，俭约鲜过，不逊宁固，圣人有辨，是可以养德。多费多取，至于多取，不免奴颜婢膝，委曲徇人，自丧己志。费少取少，随分随足，浩然自得，是可以养气。且以俭示后，子孙可法，有益于家。以俭率人，敝俗可挽，有益于国。世顾莫之能行，何哉？其弊在于好门面一念始。如争讼，好赢的门面，则鬻产借债，讨人情钻刺，不顾利害。吉凶礼节，好富厚的门面，则卖田嫁女，厚赂聘媳，铺张发引，开厨设供。倡优杂逻，击鲜散帛，乱用绫纱。又加招请贵宾，宴新婿，与搬戏许愿，预修祈福，力实不支，设法应用，不知挖肉补疮，所损日甚。此皆恶俗，可悯可悲。噫！士者民之倡，贤智者庸众之倡，责有所属，吾日望之。

——《王士晋宗规》

【译文】

老子有三宝，慈、俭、不敢为天下先。其中"俭"居其一。人一生的福分厚薄各不相同，所以如果能在饮食、衣服、日用起居上注意俭朴，便会留有余份，悠闲自得享天年，所以说"俭"可以养福。奢靡总是要超过限度去享受，而只有做到节俭才能少过失，所以说"俭"可以养德。要多用必然要多取，要多取就不免奴颜婢膝，委曲于人；少用则少取，自己命份中有多少就享用多少而不必求人，浩然自得，所以说"俭"又可以养气。做家长的以节俭示范后代，使子孙有效仿和榜样，有益于家；提倡节俭的社会风气，可以挽救奢侈浪费的敝风陋习，有益于国。节俭有诸多好处，为什么人们又往往做不到呢？原因就在爱面子上。比如打官司，为了争个赢的面子，卖产借债，讨人情、拉关系，不顾利害，不惜倾家荡产。又如娶媳妇嫁闺女，为了争个富的面子，卖田嫁女，厚赂聘媳，请厨子摆筵席，请艺人摆戏台、宴新婿、请宾客，实际上没那么大的实力硬撑，事后再挖肉补疮。这些都是卑陋的习俗，我们读书人有责任移风易俗，带头倡导以节俭为荣的良好的社会风尚。

（十八）钟于序

《宗规》三则

【题解】

钟于序所著《宗规》是为其子孙传述的立身治家的准则，其内容中关于治家的准则，对现代的读者也有一定的意义，可供今人借鉴。

（1）饬女妇

【原文】

《诗》首河洲之咏，化始闺门。《易》占中馈之文，义垂壶内。历观彤管，咸诵女宗。载绎缃编，群推妇顺。但问室人之贤否，因知家道之废兴。盖丈夫志在四方，唯在细君良淑。即开门事有七件，孰非健妇撑持。奉舅姑而养志，承欢涤髓之中，助夫子以成名，戒旦鸡鸣之侯。内而诸姑伯姊，人人务得其心；外而姻娅宗亲，在宜将其礼。贫能安分，井臼自必晨操；火可乞邻，机杼何妨夜织。从古贤人，伉俪恒多憔悴。姬姜仲孺，床头卧牛衣而陨涕。伯鸾庑下，举鸿案以增悲。况乎集蓼茹荼，尤且和熊画荻。柔肠百结，方看兰芷之馨。劲质千磨，永矢柏舟之操。是则闺闱之艰苦，倍甚于夫男。所以女士之徽音，独隆于今古。若乃不谙操作，惟知饮啖为工，未解柔嘉，只以勃豀是尚，涂脂抹粉，年年寺院孤游；拍案搥胸，日日河东狮吼。似此承桃无状，必将嗣育非良。

【译文】

　　《诗经》首篇"关雎",讲教化始于闺门。《周易》"女主中馈"一段文字,可以垂范内室。历代诗词中都颂扬优秀女子,许多书传中皆赞美妇德。只问主妇是否贤惠,就可知其家道的兴衰。只有主妇支撑家务,才有男子志在四方。既要侍奉公婆,又要协助丈夫进取功名。家内要博得小姑大伯的欢心,家外还要礼待亲朋好友。家贫要能安分,打柴担水,织布裁衣,样样亲自去做。自古贤人,多因有贤淑妻子。在困难的条件下,既能辅佐丈夫,又能教育好孩子,可以说女子比男子付出的辛劳更多。只有历经困苦,才更能显出妇女的美德。如果好吃懒做,只是涂脂抹粉,动辄与丈夫打仗,这样便不可能养育出好儿子。

（2）崇节俭

【原文】

　　称豪爽于富人,定然色喜。劝省俭于贫士,畴不钦承。盖富者囊橐多余,骄奢难免。贫者饔飧不给,挥霍无从。故世胄之淫靡,宜大申其诰诫。若吾宗之寒素,亦奚用夫规箴。不知人情多厌朴而趋华,世俗每好奢而恶俭。在贯朽粟红之户,固未克持盈;即绳枢瓮之家,亦谁能安分?储无担石,偏思馔列珍羞;地少立锥,尚欲衣裁罗绮。微歌剧饮,不恤妻子啼饥。赛会迎神,罔念室家悬磬。似此浸淫莫极,势必俯仰依人。告亲戚以乞哀,不啻上山擒虎。向豪门而借贷,徒然剜肉医疮。岂如忍当前之淡泊,省不及之经营。留有限之脂膏,屏无涯之嗜欲。清贫立品,且图无辱无荣。勤俭持身,更可渐充渐裕。此日家徒四壁,不妨数米量柴;他年积有千箱,还必解衣推食。若效执筹钻核之贪夫,人将嫌其铜臭。如为局箧悭囊之鄙子,我亦笑其钱遇。

【译文】

　　称赞富人豪爽,他肯定高兴。劝贫寒人节约,也会使人接受。因为富人财多,难免骄奢;穷人衣食都供不上,不可能挥霍。所以世家子弟浪费,应特别告诫。像我家这样贫寒,就用不着规劝了。人情多好华丽而不喜欢朴实,世俗喜欢奢侈而不喜欢俭约。财物放得霉烂了的富家,也未必能满足,用绳子系着破窗户的穷人家,又未必能安守本分。家中存粮没有一石,偏想着美味佳肴;家无立锥之地,却想着穿绫罗绸缎。只顾歌楼豪饮,不管家中妻子儿女;迷信崇佛,不考虑家中一无所有。这样挥霍无度,必然要靠借债生活,向亲戚借,比上山捉虎还难。向有钱人家借,也只会拆东墙补西墙。哪如忍耐眼前的清贫,节省开支,把有限的一点钱省下,屏绝自己无边的欲望。清贫而有品行,可以使你不受耻辱。如能勤俭

国学经典文库

中华传世家训

第五编 治家

图文珍藏版

持家，就能够渐渐富裕起来。眼下家中一无所有，要节衣缩食；将来富有了，同样要保持节俭。如学习斤斤计较的贪财之人，人们会嫌恶你见利忘义。如果成了一个吝啬鬼，我也讥笑你是钱的奴隶。

（3）急冒粮

【原文】

国家惟正有供，敢不输将恐后。长吏考成修糸，能无悉索为先。士岂不爱功名，抚赋则随加褫夺。民谁不爱惜肢体，逋粮而动受鞭笞。是以石壕老妇之诗，实惊心呼吏。即如"风雨重阳"之句，亦败兴于催租。原夫有田出赋，本千古之常经。奉上急公，亦小人之恒分。征收有限，原非春而欲责秋粮。输纳宜勤，何故乙年而未完甲税。积逋贻累，有司按籍以求，追比逢期，虎役持牌而至。两足到门，先需酒食。肆言出口，还索苞苴。计欲朦胧，必匀包荒。于胥吏思图宽假，更求缓颊于乡绅。册上之挂欠仍悬，室内之脂膏已竭。因而张冠李戴，到于东家赔西舍之粮。甚至产在人亡，待使子孙受祖宗之累。向使年年清结，何为新旧交征。倘能限限依期，岂止身名俱败。莫若纳稼收禾之日，先计官租。且于仰事俯畜之先，早图国课。亲行投纳，免揽役役侵渔。收票分明，作已完之凭据。奉公守法，官府不得呼其名。乐业安居，差役无能扰其室。士可一意于诗书，民亦安心于矣。

——《宗规》

【译文】

国家赋税要及时完纳，免得官吏来找麻烦。士人岂能不爱惜功名，但抗税就会遭到剥夺。百姓谁不爱身体，拖欠税粮就会受鞭打。因此《石壕吏》诗中呼吏之声让人心惊。就像"风雨重阳"这样的句子，也因催租而使人败兴。有田必须交税，是自古就有的法规了。为国效力，也是老百姓的本分。征收有时间限制，应及早完纳，不要年年拖欠。如拖欠多了，征催官会按产来索。他们一进门，先要酒饭，再要礼物。你既要去求官吏宽限，又要求乡绅讲情。这样一来，账上所欠仍然欠着，而家中财物已被荡尽。然后东借西还，甚至拖累子孙。如能按期完纳，怎会弄得身败名裂？不如收成时，先把官租留出来。交纳时票据查清，免却日后麻烦。这样才能够安居乐业，官差不扰。安心读书，安心务农。

（十九）许汝霖

1.《德星堂家订》序

【题解】

许汝霖在《家订》序言里主要谈写作的动机。因为人心不古，生活艰难，奢侈浮华风气兴盛等等。这同时也是对自家人的现状产生了危机感。因此，《家订》以下几条，谈的都是在具体场合该怎么做的问题，比较切用。

【原文】

窃闻学贵治生，谊①先敦本，维风厉行，宁俭毋奢。方今物力维艰，人情不古，竟纷华于日用，动辄逾闲，勉追报于所生，事多违礼，习而不返，长此安穷？不揣迁疏，谬抒臆见，黜浮崇雅，敢云率俗于淳庞，慎始虑终，聊欲饬躬于轨物。爰陈数则，用质同心。

【注释】

①谊：通"义"。

【译文】

我听说学习贵在治理自身，合宜的道德行为要先抓住根本，维护良好的社会风气要雷厉风行。宁可节俭，不要奢侈。当今物力艰难，人情不如从前，在生活日用方面互相攀比繁华富丽，动不动就好逸恶劳，尽力追求生活上的享受，许多事情违背了礼仪，习惯形成了很难纠正，长期这样，什么时候能结束呢？我不考虑自己的迂腐和粗疏，提出自己不成熟的主张，废除浮华崇尚高雅，岂敢说能率领世俗走向淳朴高尚，只不过反复慎重地思量，姑且想要在道德规范和礼节方面整治自身，才陈述这些话语，与志同道合者商讨。

2. 宴 会

【题解】

酒宴中的浪费，醉酒后的失态，是生活中常见的事情，不足为怪。奇怪的是，清初的许汝霖甚至更早的人早已指出弊端并提出纠正办法，而现在很多人却执迷不悟。

【原文】

酒以合欢，岂容乱德！燕以洽礼，宁事浮文？乃风俗日漓，而奢侈倍甚。簋①则大缶旧瓷，务矜富丽；菜则山珍海错，更极新奇。一席之设，产费中人；竟日之需，瓶罄半载。不惟暴殄，兼至伤残。尝与诸同事公订：如宴当事，贺新婚，偶然之举，品仍十二。除此之外，俱遵五簋，继以八碟，鱼、肉、鸡、鸭，随地而产者，方列于筵。燕窝、鱼翅之类，概从禁绝。桃、李、菱、藕，随时而具者，方陈于席。闽、广、州、黔之味，悉在屏除。如此省约，何等便家！若客欲留寓，盘桓数日，午则二簋一汤，夜则三菜斤酒。跟随服役者，酒饭之外，勿烦再犒。

【注释】

①簋：guǐ 此处指盛酒肴的器具。

【译文】

酒是用来欢聚时喝的，怎能容忍扰乱德行！宴席是用来使礼节融洽的，难道是供人夸夸其谈的场所吗？风俗日益衰败，奢侈愈加严重。酒具是火瓦器和古瓷器，却要豪华富丽；菜更是山珍海味，更加新奇。设置一桌酒席，耗费了中产之家一年的收入；一天的需要，使人家瓶中半年空空。这不只是糟蹋了食物，还甚至于伤害了自己的身体。我曾与各位同事一起订立规矩：比如宴请当权者，比如祝贺新婚，偶然举行的宴会，菜只上十二种。除这以外，都只吃五簋，随后上菜八碟。鱼、肉、鸡、鸭一类，属于本地产的，才摆到宴席上来。燕窝、鱼翅一类珍贵食物，一概禁绝。桃、李、菱、藕一类，现在如有的才摆放到席上。福建、广东、四川、贵州的风味，全都要排除。这样节省俭约，是何等方便安然！如果客人要留宿，逗留几天，那么中午两碗菜一个汤，晚上三个菜加酒一斤。随从人员，除了喝酒吃饭以外，不需额外犒劳。

3. 衣 服

【题解】

虽然衣服各式各样，等级有别，但作为读书人，穿衣必须美观大方，以示高风亮节，用端庄的行为和品性永传后世。

【原文】

衣服之章，等威有别。寒暄之节，南北攸殊。然而流风易溺，积习难回。居官者，章身不惜夫重价；服贾①者，耀富亦羡乎轻裘。朱邸高朋，冠裳济济；青油幕客，裘马翩翩。习以相沿，归而不改。每见贵豪游子，返温和之地，虽暖如寒。致令当后少年，睹灿丽之陈，趋新忘故，金貂玉鼠，南服偏多，白狸青獭，炎乡不少，偶焉寓目，辄为惊心。亦思仆隶细人，衣逾绅士，优伶贱役，服拟公侯，适滋丑耳，又何慕焉？吾辈既已读书，自当毅然变俗。旧衣楚楚，素履可钦。补被萧萧，高风足式。传前人之清白，不坠家声；贻后嗣以廉隅，永遵世德。抚躬自较，所得孰多？

【注释】

①贾：gǔ 商人。

【译文】

衣服的质料与式样，等级庄重有区别。冬夏的季节，南方和北方就明显不同，然而流行的风气容易使人沉溺其中，久而久之便形成了难以改变的恶习。当官的人，为了穿得耀眼不惜花大价钱；经商的人，显示富有也羡慕轻便的毛皮衣服。权贵朱门里高朋满座；油头粉面的幕客，穿着毛皮衣服骑在马上风度翩翩。习俗相承，终究不改。常常看见富贵豪门远游而归的子弟，回到了温暖的家乡，虽然天气暖和，但他仍然穿着寒冷季节时穿的衣服。致使一些有钱的少年，见到自身灿丽衣服已经旧了，就喜新厌旧，追赶时髦，金貂玉鼠的衣服，在南方也偏多；白狸青猪的服装，在炎热的地方也不少。偶尔展现在眼前，总是让人触目惊心。再想想仆人、家奴等下人衣服的规格超过了绅士；戏子和差役，服装模拟公侯，只不过增加了丑陋，又有什么好羡慕的呢？我们这些人既然已经读书，自然应当毅然改变风俗。虽穿旧衣旧鞋，但美观大方的精神风貌值得人们钦佩。用包袱裹着的衣被发白了，但高风亮节足以为人楷模。继承前人的清白，不损害家族的名声；留给后代人以端正不苟的行为和品性，永远遵守世代留传的道德。不妨自己比较一下，看看得到的东西哪一个多呢？

4. 嫁 娶

【题解】

嫁娶中的浪费及其他不良的风俗气息，是许汝霖很痛恨的。他提出的办法，和今天的“婚事从简”一脉相通。可是当今社会上仍有一些不良现象存在，深为可叹。

【原文】

伦莫重于婚姻，礼尤严于嫁娶。古人择配，惟卜家声；今则不问门楣，专求贵显。因之真假难究，亦且晤对不伦。妇或反唇，婿且抗色，嫌滋妯娌，衅启弟昆……。种种不祥，莫可殚述。若既门户相当，原欲情文式协，而女家未嫁之先，徒争贿币，男家既娶之后，又责妆奁，彼此相尤，真可浩叹！亦思古垂六礼，文公家训，合而为三，可知事贵适宜，何烦缛节！但求冗问名，原无浮费。而请期纳聘，每有繁文，因与一、二同志，再三酌定。如职居四民，产仅百亩，聘金不过十二，绸缎亦止数端，上之六十、八十，量增亦可。下则十金、八金，递减无妨。度力随分，彼此俱安。而亲迎之顷，舟车鼓乐，仪从执事，一切从简，总勿徇时。乃近来妇家，或于扶轮奠雁之外，纵仆拦门，拉婿拜轿，此破落户之陋规，亦乡小人之鄙习。可骇可嗟，亟宜痛戒。若夫女家嫁赠，贫富虽殊，而荆布可风，总宜俭约。纵有厚资，不妨助以田产，资以生息，使之为久远之谋。切勿多随臧获，厚饰金珠，徒炫耀于目前，致萧条于日后。至于宗亲世胄，丰俭自有遵裁，赠遗岂敢定限，所贻于儿女亦多矣。不揣葑菲[①]，敢献刍荛。

【注释】

　　①莠菲：这里指浅陋。

【译文】

　　伦理没有比婚姻更重要的，礼在嫁娶方面尤其严格。古人选择配偶，只看家庭的门第名声；现在则不问门第，专门追求富贵显荣。因此真假难以探究，并且见面交谈也没条理。妻子有时反唇相讥，丈夫便厉声相对，妯娌之间滋生了嫌隙，兄弟之间开启了争端……。种种不详的事情，无法尽述。如果已是门当户对，原本要和睦相处，但女方的家庭在未嫁之前，只索要钱财；男方的家庭已经娶了媳妇之后，又责怪嫁妆太少。彼此相互指责怨恨，真令人大声叹息啊！我又想到古代流传下来的婚俗六礼，文公家训，合为三礼，可以知道事情贵在适宜，为何要讲究繁文缛节呢！男方只求使者送信给女方，问其姓名，原本没有不必要的开支。而男方行聘礼请女方同意婚期，常常遇到烦琐的仪节，这就应与一、二位志同道合的人再三斟酌议定。如果男方职业是在士农工商四民之内，田产仅有百亩，聘金可以不超过十二两银子，绸缎也只要几匹，最多达到六十、八十两，数量增加一点也是可以的。最少则十两、八两，减少一点也没有妨碍。这样量力而行，彼此都会平安无事。迎亲的那一刻，舟车鼓乐，随从和仪仗，一切从简，总的说不要追随世俗风气。但是现在的妇家，有的让迎亲的人手扶车轮站在旁边，等待新郎举行进雁之礼后才允许迎亲，并且听任仆人拦住大门，拉着夫婿拜轿，这是破落户的陋规，也是乡里小人的鄙俗，可怕可笑，很有必要引以为戒。如果女方的家庭赠送嫁妆，贫富虽然不同，而粗布便服值得赞扬，总之应该勤俭节约。即使有丰厚的资产，也不妨以田产相助，靠它来生利息，使这些成为新婚夫妇长久的生活来源。千万不要跟随很多的奴婢，身上饰戴丰厚的金钗珠宝，只炫耀于眼前，导致日后萧条。至于宗亲贵族子孙，嫁赠或丰或俭，自然由当事人裁定，赠送怎么敢确定限额呢？只求有典章有法则，可以效法可以流传。那么有益于风俗的东西多了，所留给儿女的也多了。我不揣浅陋，冒昧陈述自己的浅见。

5. 凶　丧

【题解】

　　如何办丧事？古往今来的人提出了种种办法。许汝霖强调了周密、节俭、真孝几点，亦可作今天的参考。当然，形式上已有很多不同了。

【原文】

　　人生大事，唯有送死。终天之痛在顷刻，罔极之恨在千秋。纤悉不周，贻悔何及？故凡父母年逾五十，察其精力，稍不同前，则寿器当密为

储备。脱或不讳，哀恸固不待言，而附于棺、附于身者，尤当凡事检点。衣衾之属，务求完整，金珠之类，勿带纤毫。周详无憾，然后盖棺。灰布宜密，油漆须真，经久之计，莫切于此。棺既盖矣，循例成服，男女有别，亲疏有序。哀痛哭泣，宁戚无文。成服之后，始议开丧，或三日，或五日，报知亲友，访确周详，但须素有往来，不可妄邀豪贵。丧期既定，亦勿多请陪客，徒滋浮费。止酌亲族数人，轮流分派，孰主送迎，孰司馈馔。吊唁者，祭无牲牢，幛无绫缎。款待者，飧无腥酒，送无犒程。志在从先，何妨违俗。至于寝苦枕块，禫①祥之后，似可从宽，歠②粥除荤，精力或衰，亦宜稍酌。表彰功德，则述行状以垂志铭。缅想音容，或侍几筵而庐坟墓，总须核实，勿在徇文。若世俗于殡殓之场，诵经礼忏，哀号之侧，鼓乐张筵，不惟悖礼，实为逆亲。凡有人心，所宜痛禁。而或者借读札之时，纵翱翔于山水，假谢孝之迹，辄干渎于交游，有面见③面目，可不戒哉？

——《德星堂家订》

【注释】

①禫：dàn 丧家除服时的辈犯。

②歠：chuò 喝。

③见：tiǎn 惭颜。

【译文】

人生的大事，恐怕只有送走死者的凶丧之礼了。终身的悲痛涌出在顷刻之间，无穷无尽遗憾的感觉在今后很长的时间不会消失。如当时有一丝一毫不周到，一旦人士留下的悔恨就来不及补救了。所以，凡是父母年龄超过五十岁，就要观察他们的精力，精力稍微不同以前，就应当悄悄地准备办理丧事的东西。老人去世后，哀痛固然不待说了，但放入棺材、放在死者身上的东西，尤其应当每一件事都要查看，是不是符合礼仪。衣服大被之类，务必要求完整；金银珠宝之类，不要带入丝毫。所有的事做到周密仔细，没有遗憾，然后才能盖棺。覆盖棺材的灰布要细密，油漆必须货真，作长期保存之计，最要紧的在此。棺已经盖上了，就应按照常例穿上丧服，男女有区别，亲疏按次序排列。大家都要哀痛哭泣，宁可只是悲伤，不要讲繁琐的仪式。穿上丧服后，开始商议办理丧事。或者三天，或者五者，报告亲友知道，访查要确切周详，但必须是平常有来往的，不可随便地邀请豪门显贵。丧期定下后，也不要多请陪客，白白增加不必要的花费。只酌情请亲戚族人数人，轮流分派，谁负责迎送客人，谁主管进食。吊唁的人，祭奠时不用供祭祀用的牧畜，庆吊时礼物只能用布帛而不能用绫缎；款待的人，吃饭没有酒肉，送客也没有物质酬谢。志在遵从先人，何妨违背习俗。至于安放好死者，在举行了除服的祭祀后，似乎可以放松一些，可以喝粥但要戒除荤腥，精力有些衰减的，也可以稍稍喝点酒。要表彰死者的功德，就述说他的行为功绩，刻下墓志铭。想缅怀死者，可以在墓旁搭小屋开地铺守墓。总之必须落到实处，不在于搞形式给别人看。至于入殓和停枢的场合，世俗的做法是诵经、按礼节忏悔，哀号的声音旁边，鼓乐齐鸣，大摆酒席，这不只是违背了礼义，实是违背了亲人的遗愿。凡是有尊重死者之心的人，应该痛加禁止这种做法。而有的人假借去诵读礼祭之文的时候，纵情游乐于山水之间，假借服满后向亲友谢孝的机会，就干衷渎谢孝的事而去从事交游，这样的人不感到惭愧吗，能不引以为戒吗？

（二十）张英

1. 蓄仆之方

【题解】

这一则论主仆关系，包含着用人方法。

【原文】

人家僮仆，最不宜多畜①，但有得力二三人，训谕有方，使令得宜，未守不得兼人之用。多则彼此相诿，恩养必不能周，教训亦不能及，反不得其力。且此辈当家道盛，则倚势作非，招尤结怨；家道替，则飞扬跋扈，反唇卖主。皆势所必至。予欲令家仆皆各治生业，可省游手游食之弊，不至于冗良为非也。且僮仆甚无取乎黠慧者，吾辈居家居室，皆简静守理，不为暗昧之事。至衙门政务，皆自料理，不烦干仆巧权门之应对，为远道之输将，打点机密，奔看病势利。所用者，不过趋将洒扫，负重徒步之事耳。焉用聪明才智为哉！至于山中耕田锄圃之仆，乃可为宝。其人无奢望，无机器，不为主人敛怨，彼纵不遵约束，不过懒惰愚蠢之小过，不必加意防闲，岂不为清闲之一助哉！

【注释】

①畜：通"蓄"。

【译文】

一个人家的仆人，最不宜多雇，只要有得力的二三就行了，如果教训吩咐他们有方，支使得当的话，不会不起到一人顶俩的效果。雇用仆人太多就会彼此把责任推给对方，恩惠供给必定不能周全，教训他们也不能收到效果，反而不能使他们尽力。而且这些仆人在主人家道兴盛之时，就会仗势使坏，招致过失结下怨仇；如果主人家道衰败，他们就会飞扬跋扈，翻脸不认，出卖主人。这都是很必然的事情。我要使家里的仆人都各自做好分内的事，这样可以戒除游手好闲的弊端，不至于不劳而食为非作歹。况且，对于仆人实在没有必要雇用那些聪明而又狡猾的人，我们这些人居家居官，都应当简静守理，不做那些阴暗糊涂的事。至于衙门政务，都要亲自料理，不需要衙门中办事的仆人巧借有权有势人家的对答，作为对自己长远的资助，从而送人钱财、请求告知机要秘密，到处投奔有权有势的人。雇用仆人，不过是为了让他们上下联络、做些洒水扫地的家务事，哪里需要用那些过于聪明、才智突出的人呢？至于山中耕田锄园的仆人，才可以称得上宝贵。这样的人没有奢望，没有心计，不给主人招来怨仇，他纵然不遵守主人约束，也不过是懒惰愚蠢的小小过错，不必对他们特别防备。这样一来，怎么不算是清闲自在的一种帮助呢！

2. 三乐三忧

【题解】

富贵多子孙，是古人的三大理想，三大适意的事情。但是乐中有忧，很难处理恰当。张英对此讲了很多通达睿智的体会。

【原文】

人生适意之事有三：曰贵、曰富、曰多子孙。然是三者，善处之则为福，不善处之则足为累，至为累而求所谓福者，不可见矣。何则？高位者，责备之处，忌嫉之门，怒尤之府，利害之关，忧患之窟，劳苦火薮，谤讪之的，攻击之场。古之智人，往往望而却步，况有荣则必有辱，有得则必有失，有进则必有退，有亲则必有疏，若但计邱山之得，而不容铢两[1]之失，天下安有此理。但已身无大遣过，而外来者平淡视之，此处贵之道也。佛家以货财为五家公共之物：一曰国家，二曰官吏，三曰水火，四曰盗贼，后来曰不肖子孙。夫人厚积，则必经营布置，生息防守，其劳不可胜言。则必有亲戚之请求，贫穷之怨望，僮仆之奸骗，大而盗贼之劫取，小而穿窬[2]之鼠窃，经商之亏折，行路之失脱，田禾之灾伤，抢夺之争讼，子弟之浪费，种种之苦，贫者不知，唯富者兼而有之。人能知富为累，则取之当廉，而不必厚积以招怨；视之当淡，而不必深忮以累心。思我即有此财货，彼贫穷者，不取我而取谁？不怨我而怨谁？平习息愤，庶不为外物所累。俭于居身，而裕于待物，薄于取利，而谨于盖藏，此处富之道也。至子孙之累尤多矣，少小则有疾病之虑，稍长则有功名之虑，浮奢不善治家之虑，纳交匪类之虑，一离膝下，则有道路寒暑饥渴之虑，以至由子而孙，展转无穷，更无底止。夫年寿既高，子息蕃衍，焉能保其无疾病痛楚之事，贤愚不齐，升沉各异，聚散无恒，忧乐自别。但当教之孝友，教之谦让，教之立品，教之读书，教之择友，教之养身，教之俭用，教之作家，其成败利钝，父母不必过于萦心，聚散苦乐，父母不必忧念成

疾。但视已无甚刻薄，后人当无倍出之愚。已无大偏私，后人自无抢夺之患。已无甚贪婪，后人自当元荡尽之患。至于天行之数，禀赋之愚，有才而不遇，无因而致疾，延良医慎调治，延良师谨教训，父母之责尽矣，父母之心尽矣。此处多子孙之道也，予每见世人，处好境而郁郁不快，动多悔吝忧戚，必皆此三者之故。由不明斯理，是以心褊见隘，未食其报，先受其苦。能静体吾方，于扰扰之中存荧荧之亮岂非热火坑中一服清凉散，苦海波中一架八宝筏哉！

【注释】

① 两：古代计量单位，较小。

② 窬：钻洞。

【译文】

人生最快意的事有三个方面：即显贵、富裕、多子多孙。然而这三个方面，能够妥善处理就是幸福，不能够妥善处理就足以成为拖累，到受了拖累而要去求得所谓的幸福，那是不多见的。为什么呢？身居高位的人，同时也是遭人责备的处所，忌恨嫉妒的根源，生气怨恨的地方，利害得失的关键，忧郁烦恼的渊窟，辛劳苦楚聚集的中心，诽谤讥讽的靶子，攻击诬陷的场所。古代那些聪明的人，对这些往往望而却步，何况有荣誉就必定有侮辱，有获得就必定有丢失，有进取就必定有退却，有亲近就必定有疏远，假如只计较土山的得到而不容轻微的失却，天下哪有这种道理！只要自己没有什么大的过错遭人谴责，对别人又能够以平和淡泊之心去对待，这就是安处显贵的方法。佛教以货财作为五家公共之物：一是国家，二是官吏，三是水灾，四是盗贼，五是不成器的子孙。一个人如想厚积钱财，就必定多方经营布置，增值防守，花去的辛劳是不能用言语说尽。这样一来，必定有亲戚的请求，贫穷人产生的怨望，仆人对他的奸骗，大的盗贼想方设法劫取他的资财，小的窃贼钻洞爬墙小偷小摸，经商方面的亏本折扣，转运过程中的损失，田地里禾苗方面的灾歉，与别人抢夺引起的官司，家中子弟奢侈浪费，各种忧虑苦难，贫穷的人是不知道的，只有富裕殷实的人什么都遇到了。一个人如果能够知道福裕的拖累弊害，那么就应当做到廉洁，而不一定要厚积钱财招来怨恨；把钱财应当看得淡薄，而不必深深嫉妒别人而拖累自己的身心。思考着自己有了这些财物，那些贫困穷苦的人不向自己索取向谁去索取呢？不怨恨自己去怨恨谁？做到心平气和，才不会为外物所困扰。自己居身节俭，而对待事物却要宽容大方；取利要微薄，而储藏却要谨慎，这就是对待富有的方法。至于子孙的牵连就更多了，小时候就有生了疾病如何医治的忧虑，年纪稍大一点就有他们的功名如何取得的忧虑，还有担心如果他们轻浮奢侈不善于治理家庭的忧虑，有担心他们结交地痞流氓、恶棍盗贼的忧虑，一旦他们离开自己，就会有他们在外边寒冷炎热、饥饿口渴如何应付的忧虑，以至于由忧虑儿子到忧虑孙子，往返无穷，忧虑更无止境。自己的年岁已经大了，子孙繁盛众多，怎能保证他们没有疾病痛楚的事，贤惠愚安参差不齐，升扬沉沦各不相同，聚集分散无二定准，忧伤和欢乐自然有区别。那就只应当教导他们懂得孝顺父母、友爱兄长，教导他们懂得谦逊退让，教导他们懂得树立良好的品行，教导他们懂得读书学习，教导他们懂得慎择朋友，教导他们懂得善养身心，教导他们懂得勤俭节约，教导他们懂得振作家庭。至于他们的成败利钝，父母不必过于挂怀；他们的聚散苦乐，父母不必忧虑成疾。只看自己没有过分刻薄地对待他们，子孙应当不会有更多更大的毛病，自己没有过分偏爱他们中的任何一个人，子孙自然没有抢夺的毛病。自己没有过分贪婪，子孙应当没有倾家荡产的危险。至于先天安排的命运，如禀赋的愚笨，有才华的没有机遇，无故生疾病，聘请良医为他小心调治，聘请良师谨严教训他，做父母的责任已经尽到了，做父母的心意已经尽到了。这就是做到了善待多子多孙的方法。我常常见到世上的人，处于好境况而郁郁不快，动不动就多产生后悔吝惜、忧郁戚戚之情，必定是由于上述这三个方面的缘故。由于不明白这些道理，于是就心胸偏颇见识狭窄，尚未得到事物的结果，就自己感受其苦。如果能够冷静体会我的方法，在扰扰纷纷之中存有一点点明亮乐观的胸襟，难道不是在热火坑中吃了一服清凉散，在苦涩海波中拥有一架到达彼岸的八宝筏吗？

3. 居家立身不要好奇

【题解】

平淡至极处，也神奇至极处。想要出奇，反而堕入平庸。

【原文】

人之居家立身，最不可好奇，一部《中庸》，本是极平淡，却是极神奇。人能于伦常无缺，起居勤作，治家节用，待人接物，事事合于矩度，无有乖张，便是圣贤路上人，岂不是至奇？若举动怪异，言语诡激，明明坦易道理，却自寻奇觅怪，守偏文过，以为不坠恒境，是穷奇、梼杌①之流，乌足以表异哉？布帛菽粟，千古至味，朝夕不能离，何独至于立身制行而反之也？

【注释】

①杌：传说中的两大怪兽。

【译文】

人们治家和修养身心，最不能够喜欢出奇。一部《中庸》，本来是极其平淡的，却是极为神奇。一个人能在伦常方面没有缺陷，日常生活中勤快劳作，治家节俭省用，待人接物，每一件事都合乎规矩法度，没有什么差错，就是圣贤一类的人，难道不是最奇妙的吗？如果举止怪异，说话诡异偏激，明明是平常的道理，却要牵强附会地找些古怪理由，来固守偏差、掩饰过错，自以为境界高、不落俗套、不坠常境，实际上这是穷奇、梼杌那样的神怪凶恶之流，哪里有可能真正表现什么奇异呢？布帛菽粟是千古以来最具意味的东西，从早到晚都离不开，为什么独独对于修身养性，约束行为同样重要的东西，却反而不认为"朝夕不能离"了呢？

4. 子弟当知田家之苦

【题解】

这一则可以和唐代诗人李绅的《悯农》诗："锄禾日当午，汗滴禾下土。谁知盘中餐，粒粒皆辛苦！"对照着读，至少在道理方面，张英是很清楚的。

【原文】

今人家子弟，鲜衣怒马，恒舞酣歌，一裘之费，动至数十金；一席之费，动至数金。不思吾乡十余年来，谷贱。竭十余石谷，不足供一筵；竭百余石谷，不足供一衣。安知农家作苦，终年沾体涂足，岂易得此百石？况且水旱不时，一年收获，不能保诸来年。闻陕西岁饥，一石价至六七两。今以如玉如珠之物，而贱价粜之，以供一裘一席之费，岂不深可惧哉！古人有言："惟土物爱，厥心臧①"，故子弟不可不令其目击田家之苦。开仓粜谷时，当令其持筹，以壮夫之力，不过担一石，四五壮夫之所担，仅得价一两，随手花费，了不见其形迹，而已仓庾空竭矣。使稍有知觉，当不忍于浪掷，奈何深居简出，但知饱食暖衣，绝不念物力之可惜，而泥沙委之哉。

【注释】

①臧：善良。

【译文】

现在有钱人家的子弟，穿着鲜艳的衣服，骑着高大的马匹，沉湎于歌舞之中，一件皮毛衣服的费用，动辄就是几十两银子；一桌酒席的花费，动辄几两银子。全不考虑我们家乡十多年来，稻谷的价钱很低。用尽十余石谷子，还不足以提供一桌酒席；用尽一百石谷子，还不足以买一件衣服。哪里知道农民耕作辛苦，终年汗流浃背、泥水满脚，哪里是容易获得这百石谷的？况且水灾旱灾经常发生，一年的收获，不能保证第二年的粮食。听说陕西每年饥荒，一石谷子价钱涨到了六七两银子。现在用像玉石像珍珠一般的谷物，贱价卖出去，用来作为一件皮衣和一桌酒席的开支，难道不足很可怕的事吗？古人有句话："只有爱惜土地所生长的东西，才是心善。"所以子弟不可不让他们亲眼看看农民们的辛苦。开仓卖谷的时候，应该让他们手持筹码算一算，用一个壮汉的力气，不过挑一石谷，四五个壮汉所挑的，只得卖一两银子，随手就花掉了，一下子不见它的影子，粮仓里却空了。要让人们稍微认识到这一点，就应当不忍心浪费东西。为什么富家弟子深居简出，只知道吃得饱穿得暖，绝不去想一想物资财力的可惜，而把他们像泥沙一样地抛弃呢？

5. 重 农

【题解】

张英的"重农"思想，有理。"轻商"思想，值得商榷。但治家注意根本，不会有错。

【原文】

予与四言之人从容闲谈，则必询其地土物产之所出以及田里之事。大约田产出息最微，较之商贾，不及三四，天下惟山右新安人善于贸易，彼性至悭啬，能坚守，它处人断断不能，然亦多覆蹶①之事。若田产之息，月计不足，岁计有余；岁计不足，世计有余。尝见人家子弟，厌田产之生息微而缓，羡贸易之生息速而饶，至鬻②以从事，断未有不全军覆没者。余身试如此，见人家如此，千百不爽一，无论愚弱者不能行，即聪明强干者，亦行之而必败。人家子弟，万万不可错此著也。

【注释】

①蹶：颠覆跌倒，喻赔本破产。

②鬻：卖。

【译文】

我与四面八方的人从容地闲谈，就一定要询问到他们那里土地生产的情况，以及田里的一些事情。大约田产的利润最低微，比起商人来，还不到三四成。天底下只有山西新安人善于做生意，他们本性最小气，能坚持守业，其他地方的人决不能像他们一样，但也有许多赔本破产的事。像田产的利润，以月来计算不很充足，以年来计划却有余；以年来计划不很充足，以人的一生来计划却有余。我曾看到有钱人家的子弟，讨厌田产得到的利润低微而且缓慢，羡慕做生意得到的利润快速而且丰厚，竟至变卖田产来做生意，绝没有不全军覆没的。我亲身尝试过是这样，看到人家也是这样，千百个里面不会错一个，且不说愚昧的人和懦弱的人不能成功，即使是聪明强干的人，做起来也必然失败。有钱人家的子弟万万不要走错了这一步。

6. 量入为出不借债

【题解】

对计划用钱的人，张英的话可以作为补充和验证，对不计划用钱的人，张英的话不妨参考，实践一下。

【原文】

余既言田产之不可鬻，而世之鬻产者，比比而然，聪明者亦多为之。其根源则必在乎债负。债负之来，由于用度不经，不知量入为出，至举患既多，计无所出，不得不鬻累世之产。故不经者，债负之由也；债负者，鬻产之由也；鬻产者，饥寒之由也。欲除鬻产之根，则断自经费始，居家简要可久之道，则有陆梭山量入为出之法在。其法，合计一岁之所入，除宗给公家而外，分为三分，留一分为歉年不收之用；其二分，分为十二分，一月用一分。若岁常丰收，则是古人"耕三余一"①之法。值一岁歉，则以一岁所留补给，连岁歉，则以积的所留补给，如此始无举债之事。若一岁所入，止给一岁之用，一遇水旱，则产不可保矣！此最目前可见之理，而人不入之察。陆梭山之法最祥，即百金之产，亦行此法，使必富饶而后可行，则大误矣！且其法于十二分，又分三十小分，余恐其大烦，故止作十二分。要知古人之意，全在处小节俭。大处之不足，由于小处之不谨；月计之不足，由于每日之用过多也。若能从梭山每月三十分之，更为稳实。一月之中，饱食应酬宴会，稍可节者节之，以此一月之所余，另置一分，以周贫乏亲戚些小之急，更觉心安意适。此专言费用不经，举债而鬻产之由。此外则有赌博狭邪侈靡，其为言费用不经，举债而鬻产之由。此外则有赌博狭邪侈靡，其为败坏者无论矣！更有因婚嫁而鬻业者，绝为可哂。夫有男女，则必有婚嫁，只当在丰年之所积，量力治装，奈何鬻累世仰事俯育之具，以图一时之华美，岂既婚嫁后，遂可不食而饱，不衣而温乎？呜呼，亦愚之甚矣！

【注释】

①耕三余一：三年耕种，拿出一年的粮食来。

【译文】

我已经说过田产不可以出卖的，但世上出变田产的人，到处都是，聪明的人也有很多这样做的。它的根源一定在于借了债。借债的原因是开销没有规划，不知道量入为出，以致负债的息钱多了，想不了什么办法，不得不出卖几世积下来的产业。所以没有规划地用钱是借债的原因；借债又是出卖田产的原因；出卖田产就导致饥饿寒冷。想要免除出卖产业的祸根，那么必须从计划开支开始。治家简明扼要可以长久坚持的办法，有陆九韶量入为出的办法可做参考。这个办法是：把一年的收入合计一下，除了尊奉给公家外，分为三份：留一份作为歉收年没有收成时使用，把其他两份又分成十二等份，一年中每月用一份。如果每年都丰收，就用古人"三年耕种、余一年粮"的办法。遇到一年歉收，就用一年的留存来补给，连年歉收，就用几年留存的来补给，这样，就没有借债的事发生。如果一年的收成只供一年使用，一旦遇到水灾旱灾，那么田产就不能够保全了。这是目前最容易看得清的道理，但人们却没察觉。陆九韶的办法最清楚，就是有值百两银子的田产，也应该用这个办法，假如等它一定富饶了然后可以实行，那就大错了！并且这个办法是在十二份的基础上，每分又分为三十小份作一个月三十天来用的。我恐怕这个办法太麻烦了，所以只作十二份。要知道古人的意思，完全在小的地方节俭。大的方面不充足，是因为小的方面不谨慎；每月合计不足，是因为每天用得过多。如果能按照陆九韶每月分为三十份的办法更为稳当、可靠。一个月之中，饮食、应酬、宴会稍可节约更为稳当、可靠。一个月之中，饮食、应酬、宴会稍可节约的就节约了，用这样每个月节余的另设置一份，用来周济贫乏的亲戚们小小的急需，更会觉得心安意适。这是专门说费用开支无计划，借债出卖田主的原因。除此之外，还有赌博、娼妓、生活奢侈糜烂者，这种道德败坏的人就不用说了！更有因为婚嫁而出卖产业的人，真是可笑。有男女就必定有婚嫁，只是应该用丰收年的积蓄，量力去添置东西，为什么要出卖几世几代赖以赡养父母、抚育儿女的东西来图一时的华丽美好？难道婚嫁之后，就可以不吃东西也会饱、不穿衣服也会暖吗？唉，真是愚蠢得很啊！

7. 耕读久长

【题解】

"耕读"二字，可谓深得传统思想之精髓。"无钱莫居城中，乡间自有其乐"，可谓见解独到，令人叹服。

【原文】

人家"富贵"两字，暂时之荣宠耳。所恃以长子孙者，毕竟是"耕读"两字。子弟有二三千金之产，方能城居。何则？二三千金之产，丰年有百余金之入，自薪炭、蔬菜、鸡豚、鱼虾、醯醢①之属、亲戚人情、应酬宴会之事，种种皆取办于钱。丰年则谷贱，歉年谷亦不昂，仅可支吾，或能不致狼狈。若千金以下之业，则断不可以城居矣。何则？居乡则可以课耕数亩，其租倍入，可以供八口。鸡豚畜之于栅、疏工畜之于圃、鱼虾畜之于泽、薪炭取之于山，可以经旬屡月，不用数钱。且乡居，则亲戚应酬寡，即偶有客至，亦不过具鸡黍。女子力作，可以治纺绩，衣布衣，策蹇驴，不必鲜华，凡此皆城居之所不能。且耕且读，延师训子，亦甚简静。囊无余蓄，何致为盗贼所窥？吾家湖上翁，甚得此趣。其所贻不厚，其所度日，皆较之城中数千金之产者，更为丰腴。且山水间优游俯仰，复有自得之乐，而无窘迫之忧，人苦不深察耳。

——《桓产琐言》

【注释】

①醯醢：xī hǎi 醋与肉酱。

【译文】

"富贵"两个字对于有钱人家，只不过是暂时的荣耀和宠爱罢了。所依赖来使子孙长久的，毕竟还是"耕读"两个字。子弟有二三千两银子的产业才能居住在城里。为什么呢？二三千两银子的产业，丰收年头有一百多银子的收入，从柴炭、蔬菜、鸡猪、鱼虾、醋肉之类的东西到亲戚人情、应酬宴会之类的事情，每一件都要用钱来置办，或者能够不至于狼狈地步。如果只有千两银子以下的产业，就决不应

▲耕读图

当居住在城里。为什么呢？住在乡下可以出租管理几亩耕地，租息有加倍收入，可以供养一家人生活。鸡和猪养在栏里、蔬菜种在园里、鱼虾养在池塘里、柴碳可在山上获取，可以在十多天甚至几个月里不用花几个钱。而且住在乡下，亲戚应酬就会少，即使偶尔有客人来，也不过准备杀鸡做饭来招待。女子尽力劳作，可以从事纺织，穿布衣服，骑毛驴，不必鲜美华丽，所有这些都是住在城里不可能的。边耕田、边读书、聘请老师教育子女，也很简单清静。口袋里面没有多余的积蓄，怎会被盗贼所注意？我们家的先辈'湖上翁'，很得这种乐趣。其所留下来的家业并不丰厚，可是所过的日子，都比城里有几千两银子产业的人更加丰足。而且在山水之间悠闲地活动，又有自得的乐趣，却没有处境艰难的忧虑。只是世人苦于不能深察这些罢了。

（二十一）爱新觉罗·玄烨

康熙治家

【题解】

清圣祖玄烨，就是有名的康熙大帝。他是一位文武全才，极有作为的皇帝。这里所选的，是他的《庭训格言》中有关治家的一些议论，而其中的大部分都是教育子弟的。他特别重视对子弟的教育，亲自对他们进行督导，要他们都朝文武全才的方向发展。他还以身作则，提倡生活俭朴，反对奢侈腐化；提倡修进品德，勇于改错。贵为一个封建帝王，能够做到这些，确实是很了不起的了。他说的很多话，在今天也仍然有借鉴的价值。

【原文】

圣祖《庭训》曰："朕自幼龄学步能言时，即奉圣祖母慈训，凡饮食、动履、言语，皆有矩度。虽平居独处，亦教以罔敢越轶。少不然，即加督过，赖是以克有成。八龄缵承大统，圣祖母作书训诫冲子①曰：'自古称为君难。苍生至众，天子以一身君临其上，生养抚育，无不引领而望。必深思得众则得国之道，使四海之内，咸登康阜，绵历数于无疆，惟休②。汝尚其宽裕慈仁，温良恭敬，慎乃威仪，谨尔出话，夙夜恪勤。以祗承乃祖考遗绪，俾予亦无疚于厥③心。'朕仰戴斯言，大惧弗克遵兹丕④训，惟日庶其自强不患，以日新厥德。益思学问者，百事根本。不能学问，则渐即于非几。以故自少读书，深见夫为学之要，在乎穷理致知⑤。天德王道，本末该贯。存心养性，非此无以立体；齐治均平，非此无以达用。于是孜孜焉日有程课，乐此忘疲。虽帝王之学，不专纂组章句，顾由博而约。往哲遗训，惟能网罗记载，搜讨艺文，斯足增长见闻，克益神智。朕机务之暇，讲诸经，参稽易学，于《太极》⑥《西铭》⑦之义，《河图》《洛书》之旨，往往潜心玩味。以次历观史乘，考镜得失，旁及古文诗赋、诸子百家。《说命》言：'念终始典于学'。《周颂》言：'学有缉熙于光明'。朕所以朝斯夕斯，至今弗辍者也。书亦六艺之一。朕每念心正笔正，作字自来未敢轻易。喜临摹古书法，考其源委。又《礼记·射义》称：'事之尽礼乐，而可数为，以德立行者，莫若射，故圣王务焉'。《易·大传》言：'弧矢之利以威天下'。朕自少习射，亦如读书作字之日有课程。久之心手相得，辄命中，用率虎贲羽林以时试肄。念祖宗以来，以武功定谳⑧乱，文德致太平，岂宜一日不事讲习？朕凡此既以自勉，还用督率汝曹。《周书》曰：'不学墙面，莅事惟烦'。孔子曰：'少年若天性，习惯如自然'。盖蒙以养正，盛年力学，如朝日舒光。元良⑨国之根本，支庶国之藩附。

朕深惟列后付托之重，谕教宜早，弗敢辞劳。未明而兴，身亲督课。东宫⑩及诸子，以次上殿，背诵经书，至于日昃⑪。还令习字习射，复讲犹至宵分⑫。自首春以及岁晚，无有旷日。每思进修之益，必提撕警诫，斯领受亲切。汝曹生长深宫，未离阿保，熏陶涵养，正在此时。尚其爱日惜阴，黾勉勿怠，故复谆谆，欲令汝曹皆知吾心也。木受绳则直，金就砺则利。穷理格物⑬，多识前言往行，是惟作圣之功。汝曹今日为子弟，他日为人父兄，取资匪远，当思吾言。"

《训》曰："尔等荷蒙朕恩，作王、贝勒、贝子，各自分家异居矣。但当谨遵国法，守尔等本分度日可也。尔等王职，惟朝会大典，除此凡外边诸事，不可干预。朕若命以事务，当视朕之所命，尽心竭意，方不负朕之所用，而贻人讥笑也。"

《训》曰："古史书载出宫女三千，以为大德。明时宫女至数千，脂粉钱至百万。今朕宫中计使女恰才三百，况朕未近使之宫女，年近三十者，即出与其父母，令婚配。汝等皆系朕子，如此等处，宜效法行之。"

《训》曰："孔子云：'君子有三戒：少之时，血气未定，戒之在色。及其壮也，血气方刚，戒之在斗。及其老也，血气既衰，戒之在得。'朕今年高，戒色戒斗之时已过，惟或贪得，是所当戒。朕为人君，何所用而不得，何所取而不能，尚有贪得之理乎？万一有此等处，亦当以圣人之言为戒。尔等有血气方刚者，亦有血气未定者，当以圣人所戒之语，各存诸心，而深以为戒也。"

《训》曰："人之一生，多由习气而成。盖自孩提以至十余岁，此数年间浑然天理，知识未判。一习学业，则有近朱近墨之分。及至成人，士农工商，各随其习。习以成风，虽父兄之于子弟，亦不能令其习好同也。故孔子曰：'性相近也，习相远也。'有必然者。"

《训》曰："尔等平日，当时常拘管下人，莫令妄干外事，留心敬慎为善。断不可听信下贱小人之语。彼小人遇便宜处，但顾利己，不恤恶名归于尔等也。一时不谨，可乎？"

《训》曰："为人上者，使令小人，固不可过于严厉，而亦不可过于宽纵。如小过误可以宽者，即宽宥之。罪之不可宽者，彼时即惩责训导之，不可记恨。若当不下惩责，时常琐屑蹂践，则小人恐惧，无益事也。此亦使人之要，汝等留心记之。"

《训》曰："吾人燕居之时，惟宜言古人善行善言。朕每对尔等多教以善。尔等回家，各告之妻子。尔之妻子，亦莫不乐于听也。事之美岂有逾此者乎？"

《训》曰："父母之于儿女，谁不怜爱？然亦不可过于娇养。若小儿过于娇养，不但饮食之失节，抑且不耐寒暑之相侵。即长大成人，非愚则痴。尝见王公大臣子弟中，每有痴呆软弱者，皆其父母过于娇养之所致也。"

《训》曰："凡人孰能无过？但人有过，多不自任为过，朕则不然。于闲言中偶有遗忘，而误怪他人者，必自任其过，而曰：'此朕之误也'。唯其如此，使令人等竟至为所感动，而自觉不安者有之。大凡能自任过者，大人居多也。"

《训》曰："《虞书》云：'宥过无大。'孔子云：'过而不改，是谓过矣'。凡人孰能无过？若过而能改，即自新迁善之机。故人以改过为贵。其实能改过者，无论所犯事之大小，皆不当罪之也。"

圣祖《庭训》曰："朕所居殿，见铺毡片等物，殆及三四十年而未更换者有之。朕生性廉洁，不欲奢于用度也。"

《训》曰："民生本务在勤，勤则不匮。一夫不耕，或受之饥；一妇不蚕，或受之寒。是勤可以免饥寒也。至于人生衣食财禄，皆有定数，若俭约不贪，则可以养福，亦可以致寿。若夫为官者俭，则可以养廉。居官居乡，只缘不俭，宅舍欲美，妻妾欲奉，仆隶欲多，交游欲广，不贪何从给之？与其寡廉，孰若寡欲？语云：'俭以成廉，侈以成贪。'此乃理之必然者。"

《训》曰："古人尝言：三年耕，必有一年之积；九年耕，必有三年之积。此先事豫防之至计，所当讲求于平日者。近见小民蓄积匮乏，一遇水旱，遂致难支。此皆丰稔之年粒米狼戾⑭，不能储备之故也。国计若是，家计亦然。故凡家有田畴足以赡给者，亦当量入为出，然后用度有准，丰俭得中，安分养福，子孙常守。"

《训》曰："老子曰：'知足者富。'又曰：'知足不辱，知止不殆，可以长久。'奈何世人衣不过被体，而衣千金之裘，犹以为不足。不知鹑衣绲袍⑮者，固自若也。食不过充肠，罗万钱之食，犹以为不足。不知箪食瓢饮者，固自乐也。朕念及于此，恒自知足。虽贵为天子，而衣服不过适体；富有四海，而每日常膳，除赏赐外，所用肴馔，从不兼味。此非朕勉强为之，实由天性自然。汝等见朕如此俭德，其共勉之。"

《训》曰："世之财物，天地所生，以养人者有限。人若节用，自可有余，奢用则顷刻尽耳，何处得增益耶？朕为帝王，何等物不可用？然而朕之衣服，毫无过费。所以然者，特为天地所生有限之财而惜之也。"

——《庭训格言》

【注释】

①冲子：幼童。

②休：美好。

③厥：其。

④丕：大。

⑤致知：获得知识。

⑥《太极》：指宋朝周敦颐《太极图说》。

⑦《西铭》：指宋朝张载《正蒙乾称篇·订顽》。

⑧虣：bào通"暴"。

⑨元良：指太子。

⑩东宫：指太子。

⑪昃：太阳开始偏西的时候，相当于今天的下午两点。

⑫宵分：夜半。

⑬穷理格物：探求事物的原理。

⑭狼戾：即狼藉，言其多。

⑮绳袍：指破旧的衣服。

【译文】

　　圣祖《庭训格言》说："朕自从幼年学走路、会说话的时候，就受到了圣祖母慈祥的训导，凡是饮食、行动、言语，都有规矩法度。即使是平常居住，一个人独处，圣祖母也教朕不敢越过礼法，放纵自己。朕稍微有做得不对的地方，圣祖母就加以督责，朕依赖祖母的教诲，才能够有成就。朕八岁时继承大统，圣祖母写信训诫幼童朕说：'自古以来都说做君王很难。天下苍生，最为众多，天子以一人之身君临于其上，对他们进行生养抚育，万民没有不引颈仰望的。必须深思那获得了民众的拥戴就获得了国家的道理，使四海之内的人民，都能过上康宁兴旺的生活，使我大清的国运绵延万代，以至于无疆，那样才好。你应该宽裕仁慈，温良恭敬，慎重你的威仪，谨慎地说话，从早到晚都恭敬勤勉。这样你才能恭敬地继承你祖先、父亲遗留下来的事业，使我也可以无愧疚于自己的心。'朕景仰地接受了这些话，十分畏惧自己不能遵守这伟大的训导，只能说大概能够自强不息，以每日都更新自己的品德。朕益发想到学问是所有事情的根本，如果不能做学问，就会渐渐地成不了什么事了。所以朕从小读书，深深地看出做学问的要点，在于穷究事理，获得知识。把上天的德行和帝王的治道，从本到末全都连贯起来。存心养性，没有这个就无以立大体。齐家治国，均平天下，没有这个就没有办法达到实际运用。朕于是孜孜努力，每天都有课程，乐于这读书之道，而忘记了自己的疲劳。虽然帝王的学问，不专门在于组织章句，但也要由广博返归简约。先哲们的遗训，只能够网罗各种记载，搜寻探讨文学艺术，这些足以增长见闻，能够对人的精神智慧有益。朕在处理国家机务的闲暇中，讲读儒家的各种经典，参证考稽易学，于周敦颐《太极图说》、张载《订顽》的义理、《河图》《洛书》的旨归，往往潜心地去体会玩味。还按照顺序一本一本地阅读史书，参考借鉴历朝的兴亡得失，另外兴趣还旁及了古文诗赋、诸子百家的著作。《尚书·说命》说：'自始至终念念不忘学习。'《诗经·周颂·敬之》说：'学习要由浅入深，逐渐积累，以至于通明事理。'这也就是朕之所以早晚都致力于学习，至今还没有停止的原因。书法也是六艺之一。朕每每想到心正笔才正，所以写字从来不敢轻易对待。朕喜欢临摹古代的书法，考证各派书法的源流。又《礼记·射义》说：'事情中间能够全面地表达礼乐的内容，而可以多次去做，用品德去树立行为的，没有比得上射的，所以圣王努力去做好它。'《周易·大传》说：'弓箭的锋利，可以威震天下。'朕自从少年的时候就开始练习射箭，就像读书写字一样，每天都有课程。久而久之，心与手之间达到了默契，一射就能命中。朕于是经常率领虎贲军、羽林军去操习。心想自祖宗以来，用武功平定天下的战乱，用文德将国家治理得太平安乐，哪里能够一天不从事讲文习武呢？凡是这些，朕既用它们来自勉，还用它们来督促你们。《尚书·周书·周官》说：'人如果不学习，就像面对着墙壁一样，什么也看不见，碰到事情就会烦乱。'孔子说：'少年时成就的就像天性长成的一样，习惯养成的就像自然而然的一样。'启蒙是用以培养正气的，在盛年时要努力学习，就像早上太阳放出光芒一样。太子是国家的根本，各支系王族是国家的屏藩附属。朕深深地思虑立后嗣、付托国家的重要，教导你们应该尽早，不敢推辞劳苦。天还没有亮就起来，亲自监督功课。太子及诸皇子，按照顺序上殿，背诵经书，直到太阳开始偏西的时候。我还让你们练习写字，练习射箭，重新讲课仍讲到夜半时分。从初春直到岁末，没有荒废的日子。朕每每想到进修的益处，必定耳提面命，反复警诫，让你们能够领会得亲切。你们生长于深宫，从来没有离开过保姆，对你们进行熏陶涵养，正应该在这个时候。你们应该爱惜光阴，勤勉努力，不要懈怠，所以我又一次对你们谆谆教诲，想要让你们都知道我的心意。木头受到绳墨的规范就会锯得直，金属放在磨石上就会变得更锋利。穷究事物的原理，多多地记下前人的言行，这是成为圣贤之人的功课。你们今天是子弟，日后将要成为别人的父兄，取来做榜样的并不远，应该思考我说的话。"

《庭训格言》说："你们蒙受了朕的恩惠，做了亲王、贝勒、贝子，各自分家，不住在一起了。你们只应当谨慎地遵行国法，守着你们自己的本身过日子就可以了。你们这些亲王的职务，只是参加朝会大典，除此以外，凡是外边的各种事务，都不可干预。朕如果命令你们去做什么事务，你们应当去处理朕所命令你们做的，要尽心竭意，才能不辜负朕的任用，而让人讥笑。"

《庭训格言》说："古代的史书记载皇宫放出宫女三千，认为这是莫大的功德。明朝时宫女人数达到了数千，脂粉钱达到了一百万之多。今天朕官中把使女计算进去恰恰才三百人，况且朕没有亲近使唤的宫女，年龄近三十岁的，就把她放出去交给她的父母，让她嫁人成婚。你们都是朕的儿子，像这样一些地方，应该效法朕去做。"

《庭训格言》说："孔子说：'君子有三戒：在少年之时，血气还没有稳定下来，应该戒贪图女色。到了壮年，血气方刚，应该戒与人争斗。到了老了的时候，血气已经衰弱了，应该戒贪多务得。'朕现今年事已高，戒色戒斗的时代已经过去了，只是或许会有些贪得，这是应当戒除的。朕身为君主，有什么需要用的得不到，有什么想取得而不能的呢？难道还会有贪得的道理吗？万一有这样的地方，也应当以圣人的话为戒。你们中间有血气方刚的，也有血气未定的，应当圣人所戒的这些话，个个记在心上，而深深地以之为戒。"

《庭训格言》说："人的一生，多是由习气所造成的。从孩提时代到十多岁，这些年中间浑然一片天真，智慧见识还没有多少分别。一旦操习学业，就会有了近朱者赤，近墨者黑的分别。到了成人的时候，做士人、做农民、做手工业者、做商人，就各随各自的习性而选定职业了。习惯成了风气，即使是父兄对于子弟，也不能让他们习惯爱好相同了。所以孔子说：'人的本性是相近的，但习惯是离得很远的。'必定是这样。"

《庭训格言》说："你们平时应该经常拘束管理下人，不要让他们胡乱介入外面的事情，要多留心、恭敬谨慎为好。断不可听信下贱小人的话。那些小人遇上自己可以占便宜的地方，只顾利己，不会在乎将恶名归到你们的头上。一时的不谨慎，难道是可以的吗？"

《庭训格言》说："位居别人之上的人，在使唤命令小人的时候，固然不可以过于严厉，但也不可以过于宽容放纵。如果下人犯的小错误是可以宽恕的，那就宽恕他。如果他犯的罪过是不可宽恕的，那么在当时就应该立即惩罚、责备、训导他，不可记恨在心。如果当时不加以惩罚责备，而是后来时常琐屑地去踩蹦践踏他，那么就会让小人感到恐惧，对事情没有好处。这也是使唤人的要着，你们应该留心记下来。"

《庭训格言》说："你们平日安居的时候，只应该谈论古人的好的行为和好的言语。朕每每对你们用善来教育。你们回家，又各自告诉你们的妻子儿女。你们的妻子儿女，也没有不乐于倾听的。事情之美好难道有超过这个的吗？"

《庭训格言》说："父母对于儿女，谁不怜爱呢？然而也不可过于娇生惯养。如果小孩子过于娇生惯养，那么不但饮食会丧失节度，而且受不了寒气暑气的侵犯。即使能够长大成人，也往往不是愚蠢，就是痴呆。朕曾经看见王公大臣的子弟中，每每有痴呆软弱的，这都是他们的父母亲过于娇惯他们而导致的。"

《庭训格言》说："凡人谁能没有过错呢？只是人们犯了过错，往往不承担自己错了的责任，朕却不是这样。朕在平常说闲话的时候偶然有所遗忘，而误怪了别人的，一定会自己承担过错，说：'这是朕的错误。'正因为这样，竟使得人们感动之极，还有的人自己觉得十分不安。大凡那些能自己承担过错的，伟大的人占了多数。"

　　《庭训格言》说："《尚书·虞书大禹谟》说：'无心而犯的过失，不管多大都可以原谅。'孔子说：'犯了过错而不悔改，这才是真正的过错啊！'凡人谁能没有过错呢？犯了过错，如果能够改正，那就是自新从善的机会。所以人以改正过错为贵。其实那些能改过的人，不论他们所犯的错误是大是小，都不应当降罪于他们。"

　　圣祖《庭训格言》说："朕所居住的宫殿，可以看见那些用于铺垫的毡片等东西，有用了三四十年还没有更换的。朕生性廉洁，不想在生活用度上奢侈。"

　　《庭训格言》说："人民生活的本务，在于勤劳，勤劳就不会匮乏。一个男子不耕地，就可能有人为此挨饿；一个妇女不养蚕，就可能有人因此而受寒。所以勤劳可以免除饥饿寒冷。至于人生的衣服、食物、财产、福禄，都是有定数的。如果勤俭节约，不贪婪，就可以养福，就可以达到高寿。如果做官的俭朴，那就可以修养廉洁。不管是做官还是居住在乡里，只因为不节俭，住宅房舍想要住漂亮的，大小老婆想要他们侍奉，奴仆想要得多，交游想要得广，如果不贪，又从哪里来供给呢？与其少廉耻，哪里比得上少欲望呢？有言道：'节俭会造成廉洁，奢侈会造成贪污。'这是必然的道理。"

　　《庭训格言》说："古人曾经说：耕种三年，必然会有够用一年的积蓄；耕种九年，必然会有够用三年的积蓄。这是事先作预防的最好的策略，应当讲求的是平日的功夫。最近看见小民缺乏积蓄，一遇上水旱灾害，就难以支撑。这都是在丰收的年份到处都是谷物的时候，不能够储备的缘故。国计是这样，家计也是这样。所以凡是家中拥有田地，足以自给自足的，也应当衡量收入来计算支出，然后用度有定准，丰盛俭朴得以适中，安分守己，颐养福禄，子孙得以常守产业。"

　　《庭训格言》说："老子说：'知道满足的人会富裕。'又说：'知道满足就不会受到侮辱，知道适可而止就不会危殆，这样就可以长久。'无奈世人的衣服本来只不过是用来遮盖身体，却有人穿着价值千金的皮裘，还仍然以为不足，殊不知那些穿着破破烂烂衣服的人，也一样的自如。食物只不过是用来充塞肠胃的，却有的人罗列着价值万钱的食物，还仍然以为不足。殊不知那些只能享用一箪之食、一瓢之饮的人，也一样的自得其乐。朕每每想到这些，就常常自己知道满足。虽然贵为天子，而衣服只不过是适合身体而已；虽然富有四海，而每天的日常膳食，除了赏赐以外，所用的菜肴，从来不吃两道。这并不是朕勉强地去做这些，实在是由于天性自然形成的。你们看见朕如此节俭的品德，应该共同勉励学习。"

《庭训格言》说："世上的财物，是天地所生的，用来供养人的实在有限。人如果节约用度，自然就可以有盈余，如果奢侈就会在顷刻之间就把它们用尽了，从哪里能够得到增加呢？朕身为帝王，有什么样的东西不能用呢？然而朕的衣服，丝毫也没有过多的耗费。之所以这样，只不过是因为天地只能产生有限的财物而珍惜它们啊！"

（二十二）张廷玉

《澄怀园语》论治家

【题解】

张廷玉在《澄怀园语》中的治家言论，大多取之前人，加之个人的体味，使前人的思想更加意义显明，能加深读者的认识。

（1）家庭关系之要言

【原文】

明儒吕叔简先生曰："家之害，莫大于卑幼各恣其无厌之情，而上之人阿其意，而不之禁。万莫大于婢子造言，而妇人悦之，妇人附会而丈夫信之。禁止二害，而家不和睦者鲜矣。"又曰："今人骨肉之好不终，只为看得尔我二字太分晓。"此二段语虽浅近，实居家之药石。

【译文】

明代学问家吕坤说："家中的祸患，没有比对孩子放任自流、不加限制地满足孩子的欲望更大的了。尤其是奴婢制造谣言，而妇人高兴，丈夫听信。能禁止这二害，家庭中就很少有不和睦的。"吕坤还说："现在兄弟之间感情出现裂痕，关键是把你的、我的分得太清楚了。"这两段话虽浅近，实在是处理家庭关系的药石之言。

（2）家法家规之意义

【原文】

程封翁汉舒曰："一家之中，老幼男女无一个规矩礼法，虽眼前兴旺，即此便是衰败景象。"又曰："小小智巧用惯了，便入于下流而不觉。"此二语乃治家训子弟之药石也。

——《澄怀园语》

【译文】

程汉舒说："一个家庭当中，如果从上到下没有个家法和家规，虽然暂时很兴隆，但终归会衰败。"又说："小聪明耍惯了，就会走向庸俗而不自觉。"这两句话是管理家庭、教育后代的金玉良言。

（二十三）唐彪

论治家理财

【题解】

唐彪，清初学者，博学宿儒。在《人生必读书》中，他告诫子孙，只有平心让财、敦孝之人，才能常享幸福。他认为"世人用财贵明义理，加厚于根本，虽千金不为妄用。"

（1）量力往来

【原文】

往来礼仪，量家贫富，以为丰俭，不可随欲胡行。待客宴客，当因人数多寡，新旧亲疏，以酌品物丰俭。

【译文】

礼尚往来应据家境而定，不能随时俗而乱来。款待宾客，应根据人数的多少、亲疏远近决定饮食的丰俭。

（2）礼仪教化

【原文】

齐家所以难于治国者，有故也，朝廷诸事，皆有一定之法度，令民遵守。家则不然，细民之家不必言，即绅士之家，礼法条款，平日多不讲求。即欲教子孙妻女而无其具，此家之所以不能齐也。齐家之法，宜摘取经史中近情可行之礼，及律例要款，又历代所传嘉言懿行。班氏《女戒》，陆氏《新妇谱》等篇，集成二册，四季请善讲者，在于讲堂。令男子依长幼坐于外，女子依长幼坐于内，遮以帘幕，静听讲解。诸般义礼，习闻既久，虽愚昧皆有所知。桀傲者，亦将渐变而循良矣。每岁须四季行之，然行此不能无费，讲师之酬金，讲时之饮食，必令有所取资。宜另设公田数亩，以为公产，取资于此，庶可垂永久而不废也。

【译文】

治理家庭之所以比治理国家还要困难，其原因是朝廷之事均有法规，明令百姓遵守。而家庭不同，平民不必说，即使绅士之家，平时也并不讲究家规，一时想教子孙妻女遵行家规，又缺乏依据，以此家不易治理。治家的方法，应摘取经史中能用得上的礼仪及律例要款，要加上历代流传的有关故事及格言。如班氏《女诫》，陆氏《新妇谱》等，集成二册，请善讲者，在讲堂一年四季给子孙妻女讲解。日久天长，耳濡目染，虽愚昧也会有所领悟，虽桀骜不驯的人，也会变得善良。但这种活动需要经费，讲师的酬金、伙食费，可设公田数亩，作为家族的财产，取资于此。这样教育子孙的事就可以永远持续下去。

（3）平心让财

【原文】

凡人治家，一切田野园圃之物，不能不为人盗窃，但不至太甚可耳。慈湖先生曰："先君尝步至蔬圃，谓园丁曰：'吾蔬每为人盗取，何计防之？'园丁曰：'须弃一分与盗者乃可。'先君大是之。叹曰：'此园丁吾之师也，尔等不可不谨记。'"

【译文】

大凡人治理家业，田野园圃之物难免有失窃现象，只要不过分就不必计较。慈湖先生说："先父曾在菜园散步，对园丁说：'我家菜园常被人盗取，有什么办法预防？'园丁说：'应当舍弃一些给盗者。'先父大为赞同，感慨地说：'园丁是我的老师，你们也应懂得这一点。'"

（4）节制利欲

【原文】

富贵者之理财也，其义有三：一在知足，我高堂大厦，冬温夏凉，绮罗轻暖不脱于身，肥甘膏粱不绝于口，岂知有草房茅舍，厨灶栏厕皆在一室者乎？岂知有寒无棉被，直卧于稻草中者乎？一日三餐薄粥，尚有不饱者乎？常以此自反于心，自然知足矣。二在明于道理，我虽积财如山，身既死则不能分毫带去，唯因财所造之孽，反种种随吾身也。三当知子孙富贵有命，彼命优，我不遗之财，而自然有之，彼命薄，虽以万金与之，亦终不能担受，不数年而败去矣。知此三者，慎勿争利而伤兄弟手足之天伦也。毋争利而令亲戚朋友，情谊乖绝也。毋因人借贷押典，而取过则之息也。毋因交易而斗斛权衡，入重出轻也。毋悭吝太过，而令诸礼尽废也，毋淡泊太过，而令婢仆怨恨也。此富贵者，以义制利之法也。

【译文】

富贵之人理财有三大要义：一是知足。自己住高堂大厦，冬温夏凉，穿绮罗轻暖，吃美味佳肴，可是还有草棚，厨灶、厕所都在一屋，冬无棉被以稻草为被，一日三餐吃稀粥都吃不饱的人。能如此反省比较，便能知足。二是明达事理。钱财再多的人，身后不能带走分毫，而因钱财所造之罪孽，却与自己紧密相连。三是要懂得子孙富贵有命。子孙命好，我不留遗产他也自会有；子孙命薄，虽留下万贯家财给他，他也无福承受，用不了几年就会败光。明白了以上三点，要注意不可为争利而伤了兄弟亲朋的情谊，不要因借贷典押而收他人过高的利息，不可与人交易斤斤计较，占人便宜，不可过于吝啬而废必要的礼仪；也不可过于节俭而使婢仆怨愤。这是富贵的人，用礼义来节制利欲的好办法。

（5）待客丰俭

【原文】

张庄简公书屏有云："客至留饭，四碗为程，简随便进，酒随量斟。"法何妙也。近世人情，余饰耳目，客至盛款，谓不露寒酸本色。及至贫乏逼身，寡廉鲜耻，全不顾惜，何止露出寒酸本色也。人之失算，莫此为甚。

【译文】

张庄简公书题屏风："留客吃饭，以四菜为限，有什么吃什么，酌量饮酒。"如此待客何其妙也。如今的风气，虚饰装假，丰盛无比，称此为不露寒酸本色。等到贫乏之时，却又寡廉鲜耻，全不顾惜，岂止是露出寒酸本色。人之失算，还有比这更大的吗？

（6）用财适当

【原文】

世人用财贵明义理，加厚于根本，虽千金不为妄费。浪用于无益，即一金已属奢侈，是以丰俭贵适其宜也。吾见有人，其待兄弟亲戚故旧也，丝毫必计，不肯少假锱铢，及争虚体面，为无益之事，以炫耀欲人耳目，则不惜无穷浪费。此全不知本末轻重，而丰俭倒施者也。人至于丰俭倒施，岂有善行足观也哉。

【译文】

用财贵在适当而合乎情理，用在正当处，虽千金不算多，用得不当，则一金已属奢侈。有的人对待自己的兄弟亲朋，斤斤计较，分文必争，但为虚荣体面，却不惜大肆挥霍。这是本末倒置，不通情理，哪里还有半点善的行为可见。

（7）"俭"有三益

【原文】

俭之一字，其益有三：安分于己，无求于人，可以养廉；减我身心之奉，以周极苦之人，可以广德；忍不足于目前，留有余于他日，可以福后。

【译文】

"俭"有三益：一是安分于己，不求于人，可以培养廉洁之品性；二是将节省下的钱财周济贫苦之人，可以积德；三是省吃节用留有积蓄以备日后所用，还可造福后代。

（8）早起家兴

【原文】

早眠早起，其家无有不兴盛者。夜间久坐，膏火费繁。日间早起，则早膳之前，已可经营诸事。较之晏起者，一旦如两昼焉。晏起之人，于紧要之事，每以日宴不及为而中止，百事废弛，皆由于此。又宴眠晚起，则门户失防，管理无人，窃物甚便。家多隙漏，衰败之根也。

——《人生必读书》

【译文】

早睡早起的人家没有不兴盛的。早起可料理许多事务，比起晚起的人，一天等于两天。晚起的人往往因时间不足而贻误大事，许多事办不成，都是这个原因。另外，晚睡晚起，无人看家，容易失窃。治家不严谨，是家境衰败的根源。

（二十四）史典

治家二则

【题解】

史典的家训《愿体集》认为，要重义理财，用财适当而合乎情理，应当勤俭持家，正直做人，给子孙后代创下一番家业和美好的家风。这部家训言语直朴，道理透辟，读后使人有感于心，从中获益。

（1）睦亲

【原文】

亲三党，睦九族，交朋友，和邻里，人生缺一不可。然睦族更宜讲求，从来帝王，尚敦天潢之派，况庶人，岂可薄视本支。每见人修寺塑像，蓄养歌妓，赌赛豪华，往往不惜千金。独宗族面上，争较厘忽，不肯错用一文，殊不知一族。我果出人头地，此祖宗积德所及，更宜培养厚道，以及后人。岂可漠视族中饥寒困苦，如同陌路。常见亲友贫富相形，终年而不一聚。即有庆吊大事，在贫者非袖短裙长，即相将无物。几回欲行欲止，纵使勉强登堂，足欲进而越趄，口将言而嗫嚅，甚至逢迎少人。此际即曲意周旋，尚增几许局蹐，况以傲慢临之乎？此骨肉所以日远日疏也。人当审己量力以周恤之，庶一本之谊全矣。

【译文】

亲近三党（父族、母族、妻族），和睦九族（上至高祖，下歪玄孙）及邻里，这些是人生不可缺少的大事。但其中最应讲究的则是和睦族人，历来帝王还亲皇族，何况普通人，怎能薄视怠慢了族内的人？常常见到有些人为了修寺塑像、蓄养歌妓、奢靡嫖赌而不惜抛掷千金，而对族人却不肯多花一文。这些人忘记了所谓族人即一脉相承，自己之所以能出人头地，是因为祖宗积德所至，所以更应注重培养自己的德性，以影响后人。又怎能轻视族中贫寒之人，将他们视为陌生人呢？常见亲友因贫富差距悬殊，终年不往来一次。即使有喜庆吊丧等大事，贫寒之家因处于窘迫的境地，无礼物携带，是否参与聚会？犹豫不决。即使勉强登堂，"真可谓欲进而越趄不前，口将言而嗫嚅不语"，在这种形状下尽管对他们态度异常热忱，他们仍有几分拘束，更何况对他们傲慢无礼。这是骨肉之间日益疏远的原因。所以族内富贵人家应量力周济谚贫寒之人，如此才能保全一族之情。

(2) 积善力行

【原文】

人每临终时，忧子孙异日贫苦，不思子孙贫苦从何处来，乃祖父积恶所至。平日事苛刻，讨便宜，损人利己，无所不为，是日日杀子孙也。平时杀子孙，至临终则忧子孙，自我杀之，复自我忧之，则惑之甚也。

主人为一家观瞻，我能勤，众何敢惰。我能俭，众何敢奢。我能公，众何敢私。我能诚，众何敢伪。此四者不独仆婢见之，上行下效，且为子侄之模范。语云：心术不可得罪于天地，言行要留好样与儿孙。

——《愿体集》

【译文】

大凡人在临终前，只是担心子孙日后会不会受贫受苦，而不想想子孙的贫苦是从哪里来的，其实正是祖、父等所作坏事而积下的结果。平时对人苛刻，占人便宜，损人利己，无所不为，是日后杀害子孙的因果报应。所以说平时在做杀子孙之事，到临终时却又为子孙日后的生活担忧；由自杀而复为自忧，不是太糊涂了吗？

主人的行为是对一家人无声的命令，主人勤快，家里人就不敢懒惰；主人节俭，家里人就不敢奢侈浪费；主人处事公道，家里人不敢图私利；主人诚信，家里人不敢虚伪。这四个方面不仅仅会影响仆人婢女，而对儿子侄子等小辈们也会起到楷模作用。俗话说：心术不可得罪于天地，言行要留好样与儿孙。

（二十五）白云上

自 省

【题解】

白云上，清武进士，其所著《白公家训》强调"自立""自省"，这样才能完善自身，无论身处顺境逆境都能顺利跨越过去，才能不断进取，对我们现在也很有启示。

【原文】

从来人家子弟，登巍科，居高官，众曰：祖宗功德之报。诚哉，是言也。官家子弟，又不发达，竟至落魄者，何也？大抵人居了官，权柄到手，纷华弦目，外物夺去天良。军也不知，民也不顾。只图佚乐，甚至贪淫败行，无所不为，辜负君恩，背忘先德，神鉴在兹而不知警。圣人云：为善必昌，为恶必灭，报应之速而不知畏。是以余兢兢业业，戒吾后人，视听言动，时切慎重，不可失错。一念之差，即入迷途，莫可救矣。其要在读圣贤书，近正道人，受得苦，耐得穷，时存善心而已。若出仕加民，不以文武缺之好歹为喜愠，只以尽取为根本，千万不可计及解组无衣食，子孙无产业。吾家四世游宦，总以不要钱、不枉费为家法。及退居林下，不过清风两袖耳。倏尔三五年后，又有继续而起者，可知报国孝亲，冥冥之中，自有鉴察也。子孙慎之勉旃。吾见财色两端，其快人也甚美，其损人也不浅，其害人也更甚。不但庸夫俗子，不能看开，即英雄豪杰，亦不免受此苦累。何以处之？见财思义，见色思礼。否则历想贪财，好色而受报应者，亦可怜，亦可痛，又可叹，又可畏。悖出悖人之祸，宜刻刻在意耳。

——《白公家训》

【译文】

如有谁家子弟中了进士，做了大官，人们都会说：这是祖宗积德的报偿啊。这话不错。但为什么有些官家子弟却没有发展，甚至落魄呢？多数的原因是，大凡人当了官，有了权力，受外界事物的影响，逐渐丧失了天良。整日沉湎于逸乐，不理军事、政事，甚至荒淫无度，无恶不作，将老百姓的疾苦置之脑后。辜负了皇上的信任，违背了先辈的德行，而不知警醒。就像圣人说的那样：做善事必能昌盛，做坏事必遭灭亡。所以我一直兢兢业业，不敢懈怠，常告诫后辈，不可有错失，一念之差往往误入迷途而无可挽回。这里的关键是要读圣贤书，接近正派人，要能吃得起苦，耐得住穷，时时存善心。如有机会做官统领百姓，不要因得到的官缺好而欢喜，官缺不好而气恼，只把恪尽职守作为根本。但千万不能考虑解任后没有衣食，家中的子弟没财产等事。我们家四代做官，都是以不贪财、不乱花费为家法。到了退休以后，都很清苦。但很快在三五年后，又有继起做官的人，由此可知，忠君报国、孝敬父母的人，自有神明保佑。子孙们对此要小心慎重。我对财色的看法有两点，它会使人特别快乐，但对人的损伤也很深，对人的危害更大。不仅凡夫俗子看不透，即便是英雄豪杰，也不免受到财色的苦累。怎样对待它呢？就是遇钱财要想到道义，遇到美色要想到礼。否则为财色而受惩罚的人，真是既可怜又让人痛心；既念人感叹，又让人畏惧。对于来自不合乎礼的灾祸，应认真注意多加小心才是。

（二十六）蔡世远

蔡梁村论治家

【题解】

蔡世远，清漳浦人，号梁村，曾讲学于鳌峰书院，所讲内容以孝悌为基，以伦是为重。

（1）治丧

【原文】

又有乡俗寡识，惑于房分之见者。夫风水之说，不可苟略，而房分之说，理所必无。有何所见而谓左为长房，中为二房，右为三房？不及生三子者，何以称焉。生子至十以上者，何所位置之。按之八卦方位，谓震为东方，震乃长子，则所葬之地，未必尽南向也。度之五行，揆揆五方，细求其说，卒无有合。考之郭璞《葬经》及《素书》《疑龙经》《撼龙经》诸书，亦无所谓房分者。此乃后来术家欲藉此使凡为子孙者，不敢不尊信而延请之。阴以诱其利，阳以得其奉迎，不知其遗害之深；至使死者不得归土，而生者不得相合，皆此说误之也。此亦如时日之说，古所不废，吉日良辰，经有明文，但不可过为拘忌。如袭敛入棺之时，有造为的呼重丧等名目。谓至亲不避，必有大凶，俗竟有不察而信之者，抑情坏性莫斯为甚。他省鲜有此说。即吾闽如诏安等县，但棺物具备，即入棺，无另寻日时之事，最为合礼。此亦术家藉以为获利之资与，风水房分之说，所当亟斥者也。读书识理之士，固无此患，其中有心实不信，而不能自拔于流俗者，曰宁可信其有。夫信无稽之说，至于启疑论而不葬；徇拘忌之失，至于将入棺而不临，斯何事也，而可信乎？惑之至矣。

【译文】

　　还有的乡俗缺乏见识，受"房分"之说的迷惑。风水的说法不能一概否定，但房分之说是决没有道理的。从哪看而说左边葬的是长房，中间是二房，右边是三房？如人没生三个儿子，又怎么办呢？生了十个以上儿子的，又往哪安葬呢？从八卦的方位看，"震"代表东边，震代表长子，那么所葬的位置，未必都是南向。再参考"五行""五方"，仔细研究，都不相合。查郭璞的《葬经》及《素书》《疑龙经》《撼龙经》诸书，也没有所谓房分之说。这是后来方术家想借此获利而编造的，危害很大；以致使死者不能入土，而活着的人不能团聚。这也像选吉日的说法一样，虽然经典上有明文规定，但也不要过于拘泥。比如在装棺时，有人编造出各种名堂，说至亲之人如不避开，一定有大祸，有的人竟盲目相信，损害人的性情没有比这更严重的了。别的省份很少有这种说法。即使我们福建省，如诏安等县，只要棺材及器物具备，即可入棺，没有另找吉日的事，是十分合礼的。这也说明房分之说是方术家借以获利的手段，足见风水"房分"之说应及时给予有力的驳斥。读书懂事理的人，不必担心。但也有的心中不信，但又不能不拘于流俗的人，说：宁信其有。相信无稽之谈，以至棺而不下葬；受迷信之说摆布，以至亲人入棺而不到场，这是什么道理？愚昧透顶也。

（2）忠厚

【原文】

　　世远窃谓伦理之亏，大抵由于自私自利。自私则忌刻之心起，虽同祖共宗之人不免；自利则止知有己，虽同气兄弟不顾。夫忌者，小人之尤，况施之于同祖共宗之人。利者，害德之物，乃至同气兄弟之间，因财业而生嫌隙，此真禽兽之不若也。尝见兄弟不和之人，其家必有死亡之忧。自古及今，无得脱者。人即不惧身入于禽兽，独不为祸患计耶？吾宗素奉祖宗之明训，凡所云云，皆不至是，然履霜坚冰，防其渐也。抑又闻之，人有常业，必兴其家，忠厚居心，天必福之。勿以气凌人，勿贪其非有，勿为赌荡不法之事，勿为游手无常之人。游手，则必入于匪类；赌荡，则将无所不至。古今来，未有好赌而不丧其品，破其家者。其事则卑污苟贱，贪鄙不堪。其归至为父母所不齿，妻子所厌恶。

【译文】

　　我以为有些人之所以不讲伦理道德，大多是因为自私自利。一有自私之心，即使对自己的亲属朋友也会产生忌妒刻薄之心。专为自己谋利的人只知道有自己，即使对自己的同胞兄弟也可以弃之不顾。忌妒是小人的品格，利己是败坏德性的起因。沾染上这两个毛病，兄弟之间也会生出嫌疑、矛盾与纠葛。凡是兄弟不和的人家，必定会遭到破家的后果。从古到今，没有例外。人即使不怕自己与禽兽为伍，难道也不担心会招致祸患吗？我家祖上有明训，虽然不至于达到这种地步，但还是要防患于未然。另外，人有固定职业，家业必定兴旺，人若存心忠厚，老天必然会保佑。待人不能盛气凌人，不要贪图不是正道来的东西，不做赌博淫荡等不法之事，不做游手好闲没有正当职业的人。因为游手好闲就会交上坏朋友，赌博淫荡就会无恶不作。古往今来，没有好赌博而不败坏德性毁掉家庭的。赌博这种行为卑污苟且而下流，贪得无厌，令自己父母所不齿，令妻子所厌恶。

（3）祖祠规条

【原文】

　　古家规十六条，乃世远所稽之于古，及闻之于今者。已正之父兄叔伯，以为可行，愿吾家长上，各以此勖其子弟，相规相劝，则人知尊祖敬宗，而相亲相睦之意，行乎其间矣。世远更推本平日父兄之训，以为众子弟勖曰：凡人之所以为人者，有笃于伦理，而绝其自私自利之心而已。薛文清公《戒子书》曰："人之所以异于禽兽者，伦理而已。何谓伦，父子、君臣、夫妇、长幼、朋友、五者之伦序是也。何谓理，即父子有亲，君臣有义，夫妇有别，长幼有序，朋友有信，五者之天理是也。于伦理明而且尽，始得称为人。苟伦理一失，虽有人之名，实禽兽之行。仰贻天地凝形赋理之羞，俯为父母一气流传之玷，将何以自立于人世哉。"文清公此言，极为亲切。

——《蔡梁村示子弟帖》

【译文】

　　上面家规十六条，我引自古今名言，经父兄们订正，认为可行。希各位家长以此来教育子弟，使大家能尊敬祖宗，彼此间相亲相爱、和睦友好。平时父兄应经常教育子弟：人之所以称为人，在于懂得并遵守伦理，不断克服自私自利之心。薛文清公《戒子书》上说："人之所以不同于禽兽，是因为人懂伦理。什么叫伦，是指父子、君臣、夫妇、长幼、朋友这五个方面的伦序。什么叫理，是指父子有亲，君臣有义，夫妇有别，长幼有序，朋友有信，这五个方面属天理。不仅通晓伦理而且身体力行，才能称之为人。如果失掉伦理，徒有人的名义，实如同禽兽。上对不起老天，下对不起父母，又怎能立身于人世间呢？"他的这段话，非常深刻。

（二十七）袁枚

与弟香亭书

【题解】

　　谁不望子成龙？可子女的天赋资质有高低，勉强去要求也没有用处。袁枚在这封信里，就表现了这种通达的态度。他引用马少游的话：才能不大，就在家中做个善人也行。比起有些成了"龙"却误国误民的人来，这不是强远了吗？

【原文】

　　阿通年十七矣，饱食暖衣，读书懒惰。欲其知考试之难，故命考上元以劳苦之，非望其入学也。如果入学，便入江宁籍贯。祖宗邱墓之乡，一旦捐弃，揆之齐太公五世葬周之义，于我心有戚戚焉。两儿俱不与金陵人联姻，正为此也。不料此地诸生，竟以冒籍控官。我不以为怨，而以为德。何也？以其实获我心故也。不料弟与纾亭大为不平，引成例千言，赴诉于县。我以为真客气也。

　　夫才不才者本也，考不考者末也。儿果才，则试金陵可，试武林可，即不试亦可。儿果不才，则试金陵不可，试武林不可，必不试废业而后可。为父兄者，不教以读书学文，而徒与他人争闲气，何不揣其本而齐其末哉！"知子莫若父"，阿通文理粗浮，与"秀才"二字相离尚远。若以为此地文风不如杭州，容易入学，此之谓"不与齐楚争强，而甘与江黄竞霸"，何其薄待儿孙，诒谋之可鄙哉！子路曰："君子之仕也，行其义也。"非贪爵禄荣耀。李鹤峰中丞之女叶夫人慰儿落第诗云："当年蓬矢桑弧①意，岂为科名始读书？"大哉言乎！闺阁中有此见解，今之士大夫都应羞死。要知此理不明，虽得科名做高官，必至误国，误民，并误其身而后已。无基而厚墉，虽高必颠，非所以爱之，实所以害之也。然而人所处之境，亦复不同，有不得不求科名者，如我与弟是也。家无立锥，不得科名，则此身衣食无着。陶渊明云："聊欲弦歌，以为三径之资"。非得已也。有可以不求科名者，如阿通、阿长是也。我弟兄遭逢盛世，清俸之余，薄有田产，儿辈可以度日，倘能安分守己，无险情赘行，如马少游所

云："骑款段马②，作乡党之善人"，是即吾家之佳子弟，老夫死亦瞑目矣，尚何敢妄有所希冀哉。

不特此也。我阅历人世七十年，尝见天下多冤枉事。有刚悍之才，不为丈夫而偏作妇人者；有柔懦之性，不为女子而偏做丈夫者；有其才不过工匠、农夫，而枉作士大夫者。有其才可以为士大夫，而屈作工匠、村民者。偶然遭际，遂戕贼杞柳以为桮棬，殊可浩叹！《中庸》有言"率性之谓道"，再言"修道之谓教"，盖言性之所无，虽教亦无益也。孔、孟深明此理，故孔教伯鱼不过学诗学礼，义方之训，轻描淡写，流水行云，绝无督责。倘使当时不趋庭，不独立，或伯鱼谬对以诗礼之已学，或貌应父命，退而不学诗，不学礼，夫子竟听其言而信其行耶？不视其所以察其所安耶？何严于他人，而宽于儿子耶？至孟子则云："父子之间不责善"，且以责善为不祥。似乎孟子之子尚不如伯鱼，故不屑教诲，致伤和气，被公孙丑一问，不得不权词相答。而至今卒不知孟子之子为何人，岂非圣贤不甚望子之明效大验哉？善乎北齐颜之推曰："子孙者不过天地间一苍生耳，与我何与，而世人过于珍惜爱护之。"此真达人之见，不可不知。

有门下士，因阿通不考为我怏怏者；又有为我再三画策者。余笑而应之曰："许由能让天下，而其家人犹爱惜其皮冠；鹓鶵愁凤凰无处栖宿，为谋一瓦缝以居之。诸公爱我，何以异兹？韩、柳、欧、苏，谁个靠儿孙俎豆者？箕畴五篇，儿孙不与焉。"附及之以解弟与纾亭之惑。

——《小仓山房集》

【注释】

①桑弧：少年用蓬箭桑弓射天地四方，表现大志向。

②骑款段马：骑劣马。

【译文】

阿通十七岁了，在家吃得饱穿得暖，读书却很懒惰。想要他知道读书考试的困难，要他到上元去读书，好让他受些劳苦，不一定希望他进学校。如果进学校，便要入江宁县籍了。世代祖坟所在地，一旦舍弃，和齐太公五世葬周比较，我心里的滋味就和那差不多。两个儿子都不同南京人结婚，正是为了这事。不料这个地方的许多入学的生员竟然用冒充江宁籍人的罪名控告到官府。我并不怨恨，而且认为这是一种好事。为什么呢？因为这件事很符合我的心愿。不料弟弟和纾亭大为不平，引了许多以前的例子，到县里起诉。我认为这样做是不必的。

一个人有才华和没有才华是他的根本所在，考学不考学是次要的。儿子如果有才华，那么在金陵考也行，在杭州考也行，即使是不去考也可以。儿子如果没有才华，那么在南京考不行，在杭州考也不行，一定不再考学，废弃学业之后才可以。做人父母、兄长的人，不教子女和幼弟读书学文的道理，而只是与别人争闲气，为什么不去揣度他的根本如何而让他勉强寻求次要的东西呢？"父亲是最知道儿子的"，阿通的文理太差，与"秀才"两个字相差还很远。如果认为这个地方的学风比不上杭州，容易进学校，这就叫不与强大的去争，而甘愿同弱小的去争，多么轻率地对待儿孙，这种贻害儿孙的做法实在是可鄙啊！子路说："有德行的人做官之道施行仁义。"不是贪图爵位、福禄和荣耀的。李鹤峰的女儿叶夫人在安慰她儿子考试不中时的诗中说："当年立下宏大志愿的用意，哪里是为了争取科名、出人头地才去读书的？"这话说得多好啊！一个女人都能有这样的见解，现在的这些士大夫们真该羞愧得死去。要知道不明白这个道理，虽然中了科名，做了高官，必然要贻误国家，贻误人民，并最后贻误自己。没有坚实的基础而去建筑高厚的城墙，虽然很高，但必然会倒塌。这不是爱他，实际上是害他。然而人所处的境况，也都是不同的，有的是不得不去求科名的，比如我和弟弟你就是这样。家里连一寸土地都没有，不求取科名，那么这一辈子的生活都没有着落。陶渊明说："闲时想要弹琴唱歌，家里就连修理花园的钱都没有，哪里还有心思去弹琴唱歌。"这是不得已的啊。也有可以不去求取科名的，比如阿通阿长就是这样。我们弟兄正好碰到好的世道，除了有朝廷的俸禄，还略有些田产，儿孙们可以不愁吃穿了，如果能安分守己，没有危险的情况和丑恶的行为，正像马少游所讲的："没有才能，就在家乡做一个大好人。"就算是我家的好子弟了，我死后也可闭眼睛了，哪里还敢有什么奢望。

不仅如此。我有70多年的人生阅历了，曾经看到天下有许多冤枉的事情。有刚劲强悍才能的人，不去做大丈夫而偏偏去做女人所做的事；有软弱畏怯性格的人，不去做女人所做的事，而偏偏要去做大丈夫。有的才能只能做工匠和农夫的，而莫名其妙当了官做了士大夫；有的才能可以做官当士大夫的，而只能委屈做一个工匠或村里的农民。偶然的遭遇，就使良材被砍伐做成了庸物，殊不知这是多么令人叹息的事啊！《中庸》这本书上说："遵循天命就叫作道，"又说："培养这个道就叫作教化。"都是说如果没有天生的才能，即使受了教育也是没有用的。孔子和孟子都深深懂得这个道理。所以孔子教他的儿子伯鱼不过是学《诗经》和学《礼记》，至于有关道义方面的训诫，只是轻描淡写，像流水行云一样一下就过去了，绝没有去监督责备的意思。假如当时伯鱼不承受父亲的教导，又不能独立，或者伯鱼谎报他已学诗学礼，或者伯鱼表面假装答应孔子的话，离开孔子后还是不学诗不学礼，孔夫子怎么能只听到他这样说就相信他已去做了呢？怎么能看到他做而不观察他是否真正安心做了呢？对自己的儿子宽容，又怎么能严格要求别人呢？至于孟子他这样说："父子之间不强求为善。"而且以强求为善为不好。好像孟子的儿子还不如孔子的儿子，所以不值得教育，教导了如果他不听反而伤了和气，被公孙丑一问，不得不权且以别的理由给予回答。而到了现在人们也不知道孟子的儿子是个什么人，这难道说圣贤就不希望自己的儿子能有大的成就吗？北齐的颜之推说得好："儿子、孙子不过都是天地间的一个生灵而已，与我有什么关系呢，而世上的人太过于珍惜爱护他们了。"这真是通达之人的见解，不可不知道。

我门下的人，有因为阿通不考学而为我不高兴的，又有替我一次又一次策划，想办法出主意的。我只是笑着回答说："许由尚且能让天下，而家里的人则那么爱惜象征王位的皮冠；小小的鹪鹩忧愁大的凤凰没有住的地方，替它谋求一片瓦缝来居住。各位大人怜爱我，和这有什么区别？韩愈，柳宗元，欧阳询，苏东坡，哪个是靠儿孙崇奉的？《洪范九畴》五篇，儿孙都不曾参与啊。附带说说这些，用来解释弟弟和纾亭不明白的地方。"

（二十八）纪昀

1. 寄内子（一）

【题解】

纪氏对子女的教育提出"四戒四宜"，既全面又具体，很有价值。值得注意的是，他还特地谈到母亲教子宠爱多于教育，这可以为后人提供借鉴。

【原文】

父母同负教育子女责任。今我寄旅京华，义方之教，责在尔躬。而妇女心性，偏爱者多，殊不知爱之不以其道，反足以害之焉。其道维何？约言之有四戒四宜：一戒晏起，二戒懒惰，三戒奢华，四戒骄傲。既守四戒，又须规以四宜：一宜勤读，二宜敬师，三宜爱众，四宜慎食。以上八则，为教子之金科玉律，尔宜铭诸肺腑，时时以之教诲三子。虽仅十六字，浑括无穷，尔宜细细领会，后辈之成功立业，尽在其中焉。书不一一，容后续告。

【译文】

父母一起担负教育子女的责任。如今我寄居京城，用好方法教育子女，责任就在你身上了。但妇女心性，偏爱子女的多，殊不知宠爱子女不依正道，反而足以危害他们。正道是什么样呢？简而言之有四戒四宜：第一戒迟起，二戒懒惰，三戒奢华，四戒骄傲。既要守住四戒，又必须规定四宜：一宜勤读，二宜敬师，三宜爱众，四宜慎食。以上八条，是教子的金科玉律，你应当铭记在心，经常拿此来教诲三个儿子。虽然只有十六个字，却囊括无穷，你应当仔细领会，后辈的成功立业都在这个中间了。

2. 寄内子（二）

【题解】

这封情真意切的家信，反映了纪氏在家事方面的许多观点。他认为没必要早婚、正值成年的孩子尤其要管教、家有大事少些应酬，在今天看来仍有意义。

【原文】

　　来书达千余言，家庭巨细，亲戚兴衰，事事叙述详明，阅之一目了然。仿佛身返家乡，使我三年余思乡之念，一旦为之消释。慰甚，慰甚！三儿年稍长，在早婚之家，固当及时订婚。而古礼以三十为男子成婚之期，则相差尚有十四年，尽可暂作缓图。并且世族之家，专尚虚荣，余现在谪戍，稍有声望者，岂肯以爱女偶戍臣之子。还是徐待时机，托赖祖宗余德，余得邀赐环之命，遄返故乡，料理儿辈婚姻，未为晚也。唯三儿值此成年之初，尔宜郑重管束，不正当之小说，莫许其寓目；解人事之婢女，莫令其伺应。出门务遣老仆跟随。二儿早经娶妻生子，阅历稍深，堪为雁行之导，宜嘱其加意防范，勿使其误交损友，引作狭邪游。盖外事非耳目所能及，父在外，应由长兄负责。即以此旨转训二儿，注意乃弟，苟有不规则举动，以言规劝，不从，则禀白堂上，尔可施以严责也。先严冥诞，不宜在家中做佛事，以防亲族闻知，相率送礼，又多一番酬应。戍臣之家，礼所不许。然而余漏言获谴，已觉愧对先灵，若因余谪戍，恝置冥诞于度外，益重我不肖之罪。只可择一幽僻禅院，届期诵一日普佛。至戚瞒不了，其余一概勿使闻知，至嘱，至嘱。

【译文】

　　来信有一千多字，家里大小事情，亲戚兴旺衰微，事事都叙述详细明了，看了就一目了然。仿佛自己返回家乡，使我三年多思乡的想法，一下子就消散释怀了。太令人安慰了，太令了安慰了！三儿子年纪稍大，在早婚的家庭，本应当及时订婚。但古礼以三十岁为男子成婚期限，那么相差还有十四年，尽可以暂缓打算。并且世族的家庭，专门崇尚虚荣，我如今在戍边，稍有声望的人，哪里肯以爱女匹配戍臣的儿子。还是慢慢等待时机，依托祖宗的余德，我得到皇上赐恩，迅速返归故乡，料理儿子们的婚姻，并不迟啊。唯有三儿子正值成年的开始，你应当认真管教，不正当的小说，不许他看；了解人事的婢女，不要她伺候。出门务必派老仆人跟随，二儿子早已经历了娶妻生子，阅历稍微深一点，可以做雁行的向导，应当叮嘱他加强防范，不要使他错误地交上了损害自己的朋友，引导他狭邪的地方去。大体外面的事不是耳目所能到达，父亲在外面，应当由长兄负责。即可以这次指令转训二儿子，注意他的弟弟，如果有不规矩的举动，用话去规劝，如果不顺从，就禀告你，你可以严加斥责。先父冥诞，不应当在家中做佛事，以免亲戚族人听说了，相互送礼，又多了一番应酬。戍臣的家庭，礼仪所不允许。然而我说漏嘴而受惩罚，已经感到愧对先辈的神灵，假使因为我被贬戍边，放置冥诞于度外，更加重我不肖的罪名。只能选择一间幽僻的禅院，到时念一天普贤菩萨。近亲瞒不过，其他人一概不要让他们知道，一定要记住，一定要记住。

3. 寄内子（三）

【题解】

古代主子对奴仆并不是那么善意，于是常常惹火烧身，自取其辱。纪氏建议以宽大为基准，不要太苛刻，以免招来不测。如今的管家、保姆之类，主人也切不可任意训斥，不仅不人道而且也可能造成自己家庭不幸。

【原文】

家主对待仆役，示以严威。不如施以宽大，盖若辈都属不知礼义道德。稍受斥责，便思报复。在彼罔知轻重，设计陷人，而蒙其害者，痛苦难堪矣。今儿辈习染宦家公子气，呼奴使婢，视若牛马。稍有延误，面斥不留余地。家庭间时闻叱奴骂婢之声，必非兴旺之兆；并且奴婢衔恨日深，必图报复。余门人李筱梅，以县令分发云南。家本寒素，仅携一子一仆赴滇。需次会城。久之得补一缺，处境渐宽。只因籍隶江南，兼之家居乡僻，竹报难通，故与妻子几断音问。旋因仆人购物舞弊，为子所悉，面数其罪。仆犹强辩，子益怒，奔告于父，杖而逐之，仆衔恨刺骨。主人家世，固所备悉，遂伪造凶信，谓主人父子相继染疫卒于任，二棺浮厝佛寺，当措资往迎，并述遗命处分家事颇详。李妻得信，大哭，拟即措款赴滇迎柩。无如世态炎凉，平日拮据，尚可向亲戚就商缓急，自得筱梅死耗，索逋者时来逼迫，遑论借贷。踏遍亲戚之家，饱受白眼，日唯以泪洗面耳。会有筱梅同寅兼同乡者，丁艰返里，遂托寄千五百金至家。其妻始知前函之受绐，不禁破涕为笑。前年筱梅来书云：世人忽贵忽贱者多矣，忽贫忽富者亦复不少，唯有忽生忽死，使夫妇相见如再世者，只有门生一人耳。只缘儿子一时愤怒，累及慈亲无伤悲，若无同寅返里，恐有危及生命者。其仆固罪有应得，其子亦难辞咎也。尔将此函给诸子阅看，勿蹈李子之覆辙。苟仆役舞弊，只宜辞歇，不可扑责，此亦治家之要道焉。

【译文】

一家之主对待仆人，显示威严还不如施行宽大。大体像这些人都属于不知礼义道德，稍微受到斥责，就想着报复。在他们不知轻重，设计陷害别人，而蒙受其害的，痛苦不堪了。如今子女一辈染上了宦家公子气息，呼唤奴婢，把他们当作牛马。稍微有延迟耽误，当面训斥不留余地。家庭里时常扣到训斥打骂奴婢的声音，一定不是兴旺的兆头；并且奴婢含恨一天天深刻，一定会图谋报复。我的门人李筱梅，因作县令而分配到云南。家里本来是贫寒人家，只携带一个儿子一个仆人到云南。需要驻扎会城，久而久之得以补一缺官，处境渐渐宽裕。只因户籍隶属江南，加之家居穷乡僻壤，书信难通，所以和妻子儿女几乎断了音讯。不久因为仆人买东西舞弊，被儿子知道了，当面数落他的罪过。仆人还要强为狡辩，儿子更加恼怒，跑去告诉父亲，用杖打而赶出去。仆人含恨刻骨。主人的家世，本来就全知道，于是伪造一封报丧信件，说主人父子相继在任内染上病疫而死，两口棺材停在寺庙里，应当措款去迎回，并且叙述遗命处置家事很详尽。李妻接到信大哭起来，打算立即措款到云南迎回灵柩。不如世态炎凉，平常拮据，还可以向亲戚商议急事，从得到筱梅死去的噩耗后，索取的人时时来逼迫，不论借贷。踏遍亲戚各家，饱受白眼，每天只有以泪洗面罢了。正好有一位筱梅的同年老乡，丧亲返回乡里，于是他托寄一千五百金到家里。他妻子才知道前封信受骗了，忍不住破涕为笑。前年筱梅来信说：世界上的人忽而尊贵忽而低贱的人很多，忽而贫穷忽而富有的人也不少，只有忽而生忽而死，使夫妇相见恍如再世的人，只有门生一个人罢了。只因为儿子一时愤翘，累及慈母失去亲人而悲伤，假使没有同年兄返乡，恐怕会危及生命。他的仆人固然罪有应得，他的儿子也难以推托过失。你把这封信给儿子们看，不要重蹈李家儿子的覆辙。如果仆人舞弊，只应当辞退，不能打骂，这也是治家的重要方法。

4. 训次儿

【题解】

风水术历来为国人所推崇，但有识之士却多是毁誉参半，纪氏就是持这种观点的。风水术讲究风向、湿度等也是现在建筑所关心的，当然有一定的科学性。但如果凡事都靠风水却是不对的。

【原文】

风水之说，虽非君子所尚，然而堂堂翰林院中，尚且诸多避忌。相传翰林院堂不启中门，启则不利于掌院。癸巳开《四库全书》馆于翰林院，质郡王临视，不得以启中门延之，俄而掌院刘文正公逝。又传原心亭中之西南隅，有父母之翰林，不可设座。坐则必有刑克。陆耳山学士素恶风鉴，毅然设座。时未两月，竟丁外艰。其余部院，亦各有禁忌。相传礼部甬道屏门，旧不加搭渡钱箪石前辈不信，偏设搭渡而行，以免旁绕，旋有天坛灯杆之事帝都部院尚如此，何况臣下门庭，尔因卧室中黑暗，拟将后墙拆去，改作窗户。既经风鉴相宅，力言东向不利，不宜改作，尔竟固执大寒无忌，竟置兄嫂之言若罔闻，顽固已极。古语云："暗房亮灶。"卧室愈暗愈妙，何竟独持异议？尔因夏令房中酷热，以致生子出痘而夭。然而此宅建自尔先高曾祖，在尔卧室中长大者，不下十余人。死生本属大数，岂能归咎于房屋耶？毕竟不愿居是室，尽可与兄嫂易室相居，勿许擅辟窗户，勿违特谕。

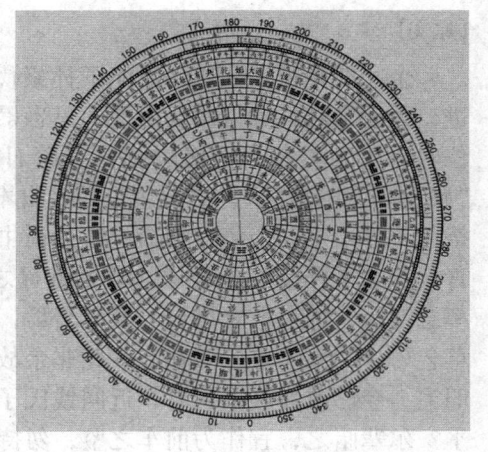

▲风水罗盘

【译文】

　　风水的说法，虽然不是君子所崇尚的，然而堂堂翰林院里，尚且还有那么多的避忌。相传翰林院堂不开中门，开门就不利于掌院者。癸巳（1761）年在翰林院里开《四库全书》馆，质郡王光临视察，不得不打开中门迎请他，不久掌院刘文正公就逝世了。又相传原心亭中的西南角，有父母的翰林，不能设座，落座就一定会遭刑杀。陆耳山学士历来厌恶风水家，坚决设座。时间不到两个月，竟遭父丧。其他各部院，也各有禁忌。相传礼部甬道关着门，旧例不加搭桥渡船。钱箨石前辈不相信，偏偏设搭桥渡船而走，以免从旁边绕道，旋即有天坛灯杆的事。帝都部院尚且如此，何况臣下的门庭。你因为卧室的黑暗，打算把后墙拆掉，改作窗户。既然经过风水家相宅，极力说东向不利，不应当改作窗户，你竟然固执大寒不怕，竟然放置哥嫂的言论象没听到，顽固到了极点。古语说："暗房亮灶"，卧室里愈暗愈好，为什么竟然独持不同的意见？你因为夏天房子里酷热，以至于所生孩子出痘子而夭折。然而这个房子从你先高曾祖建起，在你卧室中长大的，不下十多人。生死本来属于命数，岂能把错误归咎给房屋呢？的确不想住这间屋，尽可以和哥嫂换屋来住，不许擅自开辟窗户，不要违背特地的告谕。

5. 训诸子

【题解】

　　做官是末，务农是本，在古代社会还是要有自食其力的本领的。纪氏训诫儿子不仅会读书做官，更为重要的是还要会种田自养，否则真会沦为乞丐。

【原文】

余家托赖祖宗积德，始能子孙累代居官，唯我禄秩最高。自问学业未进，天爵未修，竟得位居宗伯，只恐累代积福，至余发泄尽矣。所以居下位时，放浪形骸，不修边幅，官阶日益进，心忧日益深，古语不云乎，"跻愈高者陷愈深"，居恒用是兢兢自奉，日守节俭，非宴客不食海味，非祭祀不许杀生。余年过知命，位列尚书，禄寿亦云厚矣，不必再事戒杀修善，盖为子孙留些余地耳。尝见世禄之家，其盛焉位高势重，生杀予夺，率意妄行，固一世之雄也。及其衰焉，其子若孙，始则狂赌滥嫖，终则卧草乞丐，乃父之尊荣安在哉？此非余故作危言以耸听。吾昔年所购之钱氏旧宅，今已改作吾宗祠者，近闻钱氏子已流为叫化，其父不是曾为显宦者乎？尔辈睹之，宜作为前车之鉴，勿持傲谩，勿尚奢华，遇贫苦者宜赒恤之，并宜服劳。吾特购粮田百亩，雇工种植，欲使尔等随时学稼，将来得为安分农民，便是余之肖子，纪氏之鬼，永不馁矣。尔等勿谓春耕夏苗，胼手胝足，乃属贱丈夫之事，可知农居四民之首，士为四民之末。农夫披星戴月，竭全力以养天下之人，世无农夫，人皆饿死，乌可贱视之乎！戒之，戒之。

——《纪文达公遗集》

【译文】

我家依靠祖宗所积功德，才能子子孙孙几代做官，唯有我的官位最高。自己寻思学业没有进展，天子爵位并没修养到，竟然位居公卿，只怕几代所积福分，到我就用完了。所以官小的时候，放肆不羁，不修边幅，官位一天天更高，心里的忧虑也一天天更深，古语不是说"爬得越高陷得越深"，做官常常以此小心奉公，每天都持守节俭，不是请客吃饭不吃海鲜，不是祭祀不允许杀生。我年纪已过了四十，官位列于尚书，俸禄也可以说丰厚了，没必要再去戒杀修善，只是为子孙留点余地罢了。曾经见到世代做官的家庭，繁盛时官位高权势重，放生夺杀，任意随行，本的确是一世枭雄。等到衰微时，子子孙孙开始是疯狂赌博，四处嫖妓，最后就躺在草地上做乞丐，他们父亲的尊贵荣耀到哪里去了呢？这不是我故意危言耸听。我过去一些年所买的钱家旧屋，如今已改作我们宗祠了。最近听说钱家子女已经沦为叫花子，他们的父亲不是曾经做过大官吗？你们看到这些，应当作为前车之鉴，不要持守傲慢，不要崇尚奢华，遇到贫苦人应当救助体恤他们，并且应当服役劳动。我特地买了粮田一百亩，雇了佃农种田，想使你们随时学种庄稼，将来得以做安分农民，就是我的好儿子，纪家的鬼神永远不会饿了。你们不要说春天耕作、夏天插秧，辛勤劳累，是属低贱男子的事。可曾知道农民在四民的首位，读书人为四民的末尾。农民起早贪黑，竭尽全力来供养天下的人，世上没有农民，人人都会饿死，哪能轻视他们！戒鉴，戒鉴。

（二十九）汪辉祖

1.《双节堂庸训·治家》论治家

【题解】

清代汪辉祖著有《双节堂庸训》一书，将儒家义理与自己坎坷的人生经历相结合，以朴实、平易的手法向子孙和世人训说做人的道理。书中第三卷专论治家，颇有教益。作者不空说大道理，而是将具体事项分成细目，各以小条阐说，显得十分亲切而有说服力。作者强调家庭要和睦；治家要勤俭，但又不能流入吝啬一路；要善于教育子弟；不可贪便宜；一族之人要互相帮助；要正确地处理好两代人之间的关系，等等，都不乏非常精辟的见解。但作者是一名封建文士，其思想中也有许多没落的东西，如迷信、歧视妇女等等，是不可取的，所以含有这些思想的小节我们没有收录。

（1）统于所尊则整齐

【题解】

古时往往一个家族聚居在一处，大家庭人口众多，人们的性情不同，利益也往往相冲突，极容易引起各种各样的矛盾，所以必须有一个绝对的权威来统一制约，协调各种关系。而这个家长须由位尊年长的人来担任，方可服众。汪辉祖的这几句话，典型地反映了人治社会中，社会的基本单位——家庭的人治情况。

【原文】

一家之中，天合人合①，气味不同，刚克柔克，性情亦异，惟受尊长约束，方能画一。不然，妯娌以贫富相耀，姑嫂以疏戚生嫌，馋②焉不可终日矣。

【注释】

①合：指家庭成员之间的关系。

②馋：chàn 纷扰不安的样子。

【译文】

一家之中的所有家庭人员的关系，各人的趣味和情调是不相同的；而以刚制胜或以柔治事，每个人的性情也都是相异的，只有受到尊长的约束，才能够整齐划一。不然的话，妯娌之间以贫富互相夸耀，小姑子与嫂

子之间因为亲戚关系的远近而产生嫌隙，家中就会纷扰不安，惶惶不可终日了。

（2）教子弟须权其才质

【题解】

这一节写对子弟进行教育的方法。作者主张因材施教，循循善诱，引导子弟发挥自己的特长而成材。文中所引胡安国的故事，颇为有趣。

【原文】

子弟才质，断难一致。当就其可造，委曲诲成；责以所难，必致偾①事。昔宋胡安国，少时桀骜不可制，其父锁之空室，先有小木数百段，安国尽取刻为人形。父乃置书万卷其中，卒为大儒。大氓②细桷③，大匠苦心，父兄之教子弟亦然。

【注释】

①偾：fèn 坏事。

②氓：máng 主梁。

③桷：jué 椽子。

【译文】

子弟的才能资质，绝对难以一致。应该在他可以被造就的那一个方面，努力地去教诲他有所成就；而如果在他很难被造就的那一个方面去苛求他，那么一定会坏事。当年北宋的胡安国，在年少之时凶暴倔强，不可制约，他的父亲把他锁在空屋子里，先在屋子放了几百段小木头，安国全都把他们刻成人的形状。他父亲就把很多书放进屋子里，故安国最后就成了一个大学者。很大的房梁和很精细的椽子，都要靠了不起的匠人苦心地做成，父兄教导子弟的情形也像这一样。

（3）子弟勿使有私财

【题解】

人在年轻的时候气血未定，自制力不强，容易受到花花世界的引诱而犯错误。汪辉祖提出不给子弟可支配的钱财，以避免他们有资本去挥霍，去学坏，这个方法用的是"釜底抽薪"之计，不失为一种有效的方法。

【原文】

爱子弟辄私以财，此大谬事。天下悖理之行，皆非徒手可为。向余自十六七岁，至三十岁，内外知识未坚，血气未定，凡目之所接、心之所萌，可以丧名、可以败俭者，无不可为。幸囊无一钱，煽诱之所不到，余亦不能与华奢子弟参错为伍，遂由强制以臻自然，得厉名节，不为大人君子所弃。欲求子弟自爱，先不可使有私财。

【译文】

爱自己的子弟，就让他们拥有能够自己支配的钱财，这是一个大大的错误。天下那些违反道理的行为，都不是一个人干成的。以前我从十六七岁到三十岁之间这一段时期，身内身外的知识没有坚牢，血气没有稳定，凡是那些眼睛一接触心中就会有所萌发的，可以让人丧失名誉、可以让人败坏俭朴的品德的事情，没有不可能去做的。幸好那时我口袋中没有一个钱，煽动诱惑到不了我的身上，我也不能去和那些豪华奢侈的子弟们参差交错为伍，于是由强制逐渐到达了自然，得以磨炼自己的名节，没有被大人君子们所厌弃。想要让子弟洁身自爱，先就不能让他们有私财。

（4）谨财用出入

【题解】

这一节论节约。浪费之风气不可开，即使浪费得很少，也会积少成多，给家中的财政带来损失；如果挥霍无度，往往会导致倾家荡产的结局。

【原文】

不惟寒素之家用财以节，幸处丰泰，尤当准入量出。一日多费十钱，百日即多费千钱，"不节若则嗟若"。富家儿一败涂地，皆由不知节用而起。

【译文】

不仅仅是那些家境贫寒的人家在使用钱财的时候要节约，即使是有幸处于家资丰厚的人家，也尤其应当依照收入的多少来控制支出情况。如果一天多浪费十钱，一百天就多浪费了一千钱，"不能节制，就会嗟叹后悔"。那些富家儿一败涂地，都是因为不知道节约用度而起。

（5）财贵能用

【题解】

钱是身外之物，生不带来，死不带去，所以既要节约地使用，又不可过于吝啬。守财奴斤斤计较，为人所笑，那万贯家财，在他生前既未得到有效利用，在他死后又被不肖子孙挥霍殆尽，还不如最先就没有的好。

【原文】

"节用"云者，非不用也。特不宜妄用耳。"钱"之义为"泉"，取其流，无取其滞。惟事必需用，故贵有财。若疾病而靳①医药，吉凶而断往来，无济于用，与无财何异？且有积之数十年而销之不过数年者，其祖父悭吝过甚，其子孙糜费必多。盈虚之道，历历不爽②。

【注释】

①靳：吝惜。

②爽：差错。

【译文】

所谓"节约用度"云云，并不是说要不用，只不过是说不应该乱用罢了。"钱"的意思是"泉"，取它流动的意思，而不是要它滞塞。做事情必需要用钱，所以才以有钱财为贵。如果生了疾病而又舍不得求医问药，有了吉凶的大事时却断绝与亲戚朋友的往来，那么对现实事务没有帮助，跟没有钱财有什么不同呢？而且有的家庭积累了数十年的钱财，却只不过用了几年就把它们消耗完了。爷爷、父亲太过于吝啬，他们的子孙就一定会浪费得很多。盈满和亏虚互相转换的道理，分明可数，没有差错。

（6）勿贪不义之利

【题解】

"君子爱财，取之有道。"在义与利中间该如何选择，该如何处理，孟子早已做了尽人皆知的精辟论断。汪辉祖在这里只是对孟子的理论进行了更为世俗化的说解，要求人们在获取钱财的时候要顾及"体面"。

【原文】

所贵乎有财者，以能为所当为，可得体面也。若义非当，取必越分①。悖礼而取之，当其取之之时，怨毒所丛②，诟及父母，诅及子孙，体面已伤。此等近利之徒，不过炫裘饰马饰妻妾，当为之事必不能为。即为父母营养葬，为子孙求田宅，庸人羡之，达人鄙之。不体面又孰甚焉？何如安贫守分，人人敬礼者之为有体面乎？

【注释】

①分：职分。

②丛：聚集。

【译文】

拥有财物，以能够去做那些应该做的事情为贵，这样才可以获得体面。如果不符合道义，获取钱财就一定会超越职分。违背礼法去获取，在他取得的时候，人们的怨毒都聚集到他的身上，连他们的父母和子孙都要遭到咒骂，这就已经伤了体面。像这样一些贪图利益的人，只不过是炫耀自己的衣裘车马，打扮自己的妻妾，应当做的事情他一定不能做。即使是为父母亲养老送终，为子孙买田地、营宅第，也只有庸俗的人才会去羡慕他，而通达事理的人是看不起他的。那么他的不体面又是多么地加重了啊！哪里比得上那些安于贫困，坚守本分，而人人都敬爱、都礼貌地去对待的那些人有体面呢？

（7）勿争虚体面

【题解】

所谓"争虚体面"，就是今天我们常说的"打肿脸充胖子"。汪辉祖指出这种死要面子的行为是极其有害的，弄不好会导致倾家荡产。今天有这种毛病的人，也可以引以为鉴。

【原文】

不顾体面，必不知自立，若虚饰体面，则又万万不可。盖体面之说，起于流俗，儒者唯知有心术而已。勉争体面，不得不诡①无为有。其弊也，假借子钱斥卖产业，不至水落石出不止流，至末路体面不能终保，将心术亦不能自固矣。是亦不可以已乎！

【注释】

①诡：欺诈。

【译文】

不顾及自己体面，也就一定不知道自立。但是如果去虚伪地装饰体面，则又万万不可。体面的说法，是从流俗中起来的，而儒者只知道有心术罢了。勉强地去争体面，就不得不将无诡称为有。它的弊病，是去借高利贷、变卖产业，使家中的钱财就像水一样往外流，不到水落石出地枯竭了，就不会停止流动。这样走到穷途末路，最终体面还是不能保住，而且连自己的心术也将不能稳固了。这难道不可以停止了吗？

（8）俭与吝啬不同

【题解】

这一节文章论述节俭与吝啬的不同。作者并指出虽然节俭有可能流为吝啬，但那也比奢侈要好。

【原文】

俭，美德也。俗以吝啬当之，误矣。省所当省曰俭；不宜省而省，谓之吝啬。顾吝与啬又有辨，《道德经》："治人事天莫如啬①"注云："啬者，有余不尽用之意。吝，则鄙矣。"俭之为弊，虽或流于吝，然与其奢也，宁俭。治家者不可不知。

【注释】

①啬：节省。

【译文】

节俭，是一种美德。今天的世俗以为它是吝啬，这就错了。节省那些应当节省的，这就叫节俭；本来不应当节省却又去节省，这就叫吝啬。而且吝和啬之间又有区别。老子《道德经》说："治理人民，侍奉上天，没有比得过节省的。"王弼注说："啬，是有盈余而不完全用掉的意思。吝，就很鄙陋了。"节俭的弊病，虽然有时也会流于吝的一路，然而与其奢侈，不如节俭。治家的人不可不知这个道理。

(9) 非俭不能惜福

【题解】

作者认为节俭有珍惜福分，益寿延年的好处，他的结论是较为正确的，但他的论证中却包含了较多的因果报应思想，这是不科学的。福祸相倚，应该像《老子》中说的那样，辩证地来看待这个问题，才是正确的方法。

【原文】

俭之为益，非仅省财而已，惜福必多。尝见富贵之家，子孙多不肖，或动与疾病相值；勤耕务织者，往往康强，后人亦知守分，暴殄与惜福之别也。昔吾浙有达官宠妾占熊①，属吏以珠补绣蟒为献，达官大悦。无识之吏闻风竞起，凡献蟒袍二百余件，皆定制顾绣②，其长不逾二尺。余曰："此儿必不育，不则必败其家。"闻者大诧。余曰："蟒袍非常服可比，计二十岁状元及第，三十岁作太平宰相，八十岁荣归，亦不能衣蟒至二百余件之多。今襁褓中遽受此数，恐福已消尽耳。"皆笑余迂阔。不数岁，达官贿败，此儿纳刑部狱。未几病殇。反是以观，则惜福者延龄。古人岂欺我哉！

【注释】

①占熊：梦见熊，古人认为这是生儿子的预兆，后来就用"占熊"来指代生男孩。

②顾绣：指用顾名世一家的技法所生产出来的刺绣品。

【译文】

节俭的益处，并不仅仅是节省财物而已，所珍惜下来的福分也必定很多。曾经看见那些富贵之家，子孙多不尚，有的动不动就犯上疾病；而那些勤于耕作、努力织布的人们，往往健康强壮，他们的后人也知道谨守本分，这就是任意浪费与珍惜幸福的区别。从前我们浙江有一个达官贵人的宠妾生了一个宝贝儿子，他的下属官吏献上一件绣有蟒蛇图案并缀有珍珠的小官服，达官见了十分高兴。那些没有见识的官吏闻风而动，意相效尤，总共献上了蟒袍两百多件，全都是定做的顾名世派技法的刺绣品，其长度没有超过二尺的。我说："这个小孩一定不会抚养成人，否则必定会败坏他们家。"听了这话的人都大为诧异。我说："蟒袍不是普通的衣服可以比拟的，就算这孩子二十岁状元及第，三十岁就做了太平宰相，八十岁才荣归故里，他所穿的蟒袍总计也不会有两百余件之多。现今他还在襁褓之中，就已享受了这个数目，恐怕他的福分已经消尽了。"他们都笑我迂腐。没有过几年，那个达官的贿赂行为败露了，这个小儿也被收容进刑部的监狱，没有过多久就病死了。把这件事情反过来看，那么那些珍惜福分的人就会延年益寿。古人难道会欺骗我吗？

（10）服用戒过奢

【题解】

享受凭自己的身份不配享有的东西，不仅仅是一种奢侈，更是一种浅薄的行为，必须会招来别人的谴责和鄙视，弄不好还会招来祸害，宜深戒之。

【原文】

服饰器用，俱视各人自家身分。不自审量，务为逾分之美，不但损福，并足招尤。同侪共耦①之中，人皆朴素，我独奢华，即不遭诮谲，亦莫与亲近，为轻薄子所诟，不可也；为长厚人所远，如之何其可。

【注释】

①耦：同"耕"，也就是同事的意思。

【译文】

每个人的服饰器用，都应该符合各人自己的身份。如果不自量身份，一定要去追求过分的享受，不但会损伤福分，而且足以招来别人的指责。在同辈之中，别人都很朴素，而唯独我很奢华，即使没遭到别人的指责和诮笑，也没有人会与自己亲近了。被那些轻薄的人所诟骂，这是不行的；被尊长厚道的人所疏远，又哪里可以呢？

（11）宾宴宜洁

【题解】

热情待客，茶饭清洁，这是对客人表示尊敬的好方法，也是日常社交所应该注意的。

【原文】

自奉不可不俭，以俭待宾，则断断不可。且不必主于丰也。不速之客，家常餐茗亦当以洁为敬。即一顿客饭，而中馈①之勤惰可见。

【注释】

①馈：本指妇女在家主持饮食之事，在这里指妻子。

【译文】

自己的日常生活不可不节俭，但以节俭来对待宾客，则断断不可。而且也不必光以丰盛为主。即使招待那些不请自来的客人，家常的茶饭也应当以清洁来表示尊敬。即使是一顿客饭，操持饮食的家庭主妇的勤劳或懒惰也就可以从中看见了。

（12） 酒最偾事

【题解】

喝酒误事，坏身体，尽人皆知，而古时家居中贪杯所带来的尴尬，汪辉祖在这里为我们描述得极为清楚，极为生动。

【原文】

酒以成礼合欢，原不可少，耽之必至偾事①。且好饮者，多在晚夕，一人衔杯未止，举家停镫②以俟。奴仆则伺隙滋弊，厨灶则遗火可虞。故饮酒不可无节，而居家为最。

【注释】

①偾事：坏事。
②镫：dèng 盛放熟食的器具。

【译文】

酒是用来助成礼节、合宾主之欢的，原本是不可少的，但如沉迷于其中就一定会坏事。而且喜欢喝酒的人，多在晚上，一个人对着杯子，喝起来没完没了，而全家都停着餐具等着他。奴仆就会窥伺可乘之机滋生弊病的事，厨灶里又遗留有火，令人担忧。所以饮酒不可没有节制，而以居住在家里为最要注意。

（13） 戏具不宜蓄

【题解】

俗话说："棋无功，戏无益。"又云："玩物丧志"。赌博最是败坏人，千万不可沾染。汪辉祖深明此理，在这一节文章中也对此做了很好的论述。

【原文】

赌博之事万不可犯，犯必破家。即一切赌具，亦不可蓄。尝有新年无事，偶尔消闲，子弟相习成风，因之废时荡产。即笙、箫、鼓、板之类，虽非骰、牌可比，然亦足荒正务，总以勿蓄为宜。

【译文】

赌博的事情万万不可去犯，犯了一定会要破家。即使是各种各样的赌具，也不可以收藏。曾经有的人家在过新年时无事可做，偶尔用它们来消闲，结果子弟相习成风，最后因此而荒废了时间，荡尽了家产。即使是笙、箫、鼓、板之类的乐器，虽然不是骰子，牌九可以比的，但也足以荒废正务，总以不要收藏为好。

（14）架上不可有淫书

【题解】

青少年自制能力不强，看了淫书容易导致思想混乱，想入非非，甚至走入迷途，干出邪僻的事来。所以对淫书的处理必须要小心谨慎。在传媒更加多渠道化的今天，就不仅仅是淫书的问题了，录像带、图片、光盘、杂志等等，都有可能被人输入淫秽内容以牟取暴利，扫黄的工作，就比古代难度更大，也就需要更多的努力了。如果所有的家长都能以身作则，不接触、不收藏这类黄色出版物，那么不但对扫黄工作有极大帮助，也更有利于自己孩子的身心的健康成长。

【原文】

淫词艳语，最足坏人心术。子弟成童，天性未漓①，尚不至为物欲所诱。日见淫书，必至目摇神荡，不能自制。间或蹈于匪僻，关系甚大。故书架之上，断不可存此等书籍。

【注释】

①漓：通"离"，消失。

【译文】

淫秽猥亵的言辞，最足以败坏人的心术。子弟中年龄较大的儿童，天性还没有消失，尚不至于被物欲所引诱。每天看到淫书，必定会眼花缭乱，神魂飘荡，不能自制。有时候会走上邪僻的道路，这中间的关系是很重大的。所以书架之上，万万不可以存放这一类的书籍。

（15）田宅交易须分明

【题解】

古时有钱人买卖田产，是常有的事。而进行这种交易也是一门学问，须得在交易之前细致调查，精心计算，把所有的隐患排除掉，在交易时一次性解决问题，否则会麻烦无穷。汪辉祖还特别提出不要占小便宜，因为那样会自食其果。

【原文】

典买田产，须确查户贯、字号、段落、四至、界址、佃人、租额，有无典买他处？一一分明。然后凭中立契。屋宅则间数、椽瓦、墙壁、门窗、正路、旁径，以及花木、砖石，凡宅中所有一切，均须注载清白。售主当面交割①，然后受产，自无后患。如或爱得些小便宜，必有余累。弱者累在及身；强者累贻后嗣。十常居其八、九矣。

【注释】

①交割：打移交时，双方交代有关事情。

【译文】

典买田产，必须确切地查清卖主的户籍、人名字号、田地所处的地段、位置、四周的界限、界址、租种该块田地的农民、租种的份额，有没有典卖给其他的人？这些都要一一弄个清楚。然后约请中间人，立定契约。如果是买屋宅，则房子的间数、椽瓦、墙壁、门窗、正中的大路、旁边的小径，以及花木、砖石，凡是房宅中所有的一切，都应该记载得清楚明白。卖主当面当移交，交代清楚有关事物，然后才接受那产业，自然就没有后患。如果爱占点小便宜的话，一定会有多余地拖累。弱者会拖累到自身；强者会把这拖累贻留给后代。这种情况往往占了十之八九。

（16）便宜产业不宜受

【题解】

"便宜没好货"，那些想贪便宜的人，往往最后丢得更多。按照市场正常价格买卖，便心安理得，少了不少麻烦。这是自古以来的通理。

【原文】

产业各有时价，正项交关无所谓便宜者。且得业者亏亦不当。妄想便宜，无端而价值比大众较廉，其中必有欺隐、影射、重卖、盗卖等弊。贪小承受，必致讼费不訾①。或乘人窘急，多方准折，自谓得计，此则巧取昧心，甚非治穀②之道。前室王宜人尝诵"吃亏时节便宜在；贵买家私受用多"二语，不知所本，义明理足。吾子孙能世世书为座右铭，必有食其报者。

【注释】

　　①訾：通"赀"，计算。

　　②穀：清代学者孙志祖的字。

【译文】

　　产业都各有时价，正式项目的买卖是无所谓什么便宜不便宜的。而且得到产业的人吃亏也不相当。如果妄想占便宜，所购产业没有原因地比大众市价要低廉，那么其中必定有欺瞒、蒙混、重复出卖、非法盗卖等等弊病。如果贪小便宜承受了，必然会导致诉讼，花费的钱财就难以估量了。也有人乘别人经济困窘急迫，用多种方法去折价，自以为得计，其实这种巧取的方法是昧了良心的，重重违背了孙志祖先生的道理。我的前妻王宜人曾经念诵过"吃亏时节便宜在，贵买家私受用多"两句话，不知道是从哪里出来的，但说的确实意思明确，道理充足。我的子孙如果能够世世代代用它来做座右铭，就必定有受到好处的。

（17）勿受来历不明之物

【题解】

　　来历不明而贱卖之物，多为赃物，切不可买，否则往往会吃官司。奉劝世人：还是以不贪便宜为妙。

【原文】

　　此种物事，大概皆过路人赍售①。亦有三姑六婆中转鬻②者。急于脱变，价直③视寻常稍轻，来历多不可问。草率成交，必贻后患。昔人有以数十文钱买一铜壶，已而官捕查起强盗正脏，辗转根讯，事幸得白，家已全破。故物良价贱，率系来历不明，断断不可贪小承受。

【注释】

　　①赍售：拿着出售。

　　②鬻：卖。

　　③价直：即"价值"。

【译文】

　　这种东西，大部分都是过路人拿在手里出售的，也有在三姑六婆这些闲杂人手中转卖的。由于急于脱手变换，价值比平常要轻一点，而它们的来历往往问不清楚。如果很草率地成交，一定会贻留下后患。从前有一个人只花了数十文钱就买了一个铜壶，不久官府捕快调查强盗的赃物，多次传讯，事情虽然幸而弄清楚了，但家也全破了。所以物品质量优良，却价格低贱的，都属于来历不明，断断不可贪小便宜去接受。

（18）债宜速偿

【题解】

借债本就是一件麻烦事，不到不得已的时候不可这样做。实在急需钱用，也应该尽快归还，否则不愉快的事情就会接踵而至。

【原文】

假债济急，即当先筹偿之之术。与人期约，不可失信。谚云："有借有还，再借不难"，真格言也。因循不果，至子大于母①，则偿之愈难，索之愈急。不惟交谊终亏，势且负累日重。

【注释】

①子大于母：指利息大于本钱。

【译文】

借债以救一时之急，就应当事先筹划好偿还的方法。与人约定归还的期限，不可以失信。谚语说："有借有还，再借不难"，真是一句格言啊！如果迟延拖欠，至于利息还大于本钱了，就会造成偿还更加困难，而人家的追索也就更加急迫。不仅仅是双方的交谊终于亏缺了，而且势必使自己的负累日益加重。

（19）析产宜酌留公项

【题解】

题目的意思是：给子孙分家产应该考虑留下公用的款项。世间不肖子孙太多，所以父母在分家产之时必须给自己留一手，以免到时候陷于经济拮据，晚景凄凉。人们往往只对自己的子女是慈爱不尽的，而子女对父母双亲的孝顺报答就怠慢得多了。代代如此。这难道是人类的天性吗？

【原文】

呜呼！是言也。余固有为言之也，使为子者皆能以事亲为心。为之亲者何必过虑及此？顾余尝见衰老之人，尽将产业分授诸男。遇有所需，向诸男索一文钱不可得。仰屋咨嗟①，束手饮泣。而不肖子孙且曰："老人已日受膳奉②，何有用钱之处？"茹苦莫诉。故既分产，必须自留公项。生则为膳，死则为祭，庶可不致看儿孙眉眼。呜呼！后世受产子孙，读是语而不恻然生孝亲之念者，其能邀福于祖宗乎？

【注释】

①嗟：叹息。

②膳奉：饮食的供奉。

国学经典文库

中华传世家训

第五编 治家

图文珍藏版

【译文】

　　唉！这句话啊！我这么说确实是有原因的，是想要使那些做儿子的都能够尽心地事奉双亲。作为父母亲的为什么一定要考虑过多，以至于想到这一点呢？只是因为我曾经看见一些衰老的人，尽数将自己的产业分给几个儿子。有时遇见有所需要，向几个儿子要一文钱都要不到，只有仰天对着屋顶叹息，束手无策，默默饮泣。而那些不肖子孙还说："老人已经每天得到饮食的供养，哪里还会有需要用钱的地方？"老人是满腹悲苦，无处诉说。所以既然要分家产，必须给自己留下公用款项。活着的时候管吃饭，死了以后管祭礼，这才大致可以不用看儿孙的眼色。唉！后世接受产业的子孙们，读了我的这些话，而不悲恻从而产生孝顺双亲的念头的人，还能够获得祖宗的福佑吗？

（20）有室有家之男女宜为曲谅

【题解】

　　子女结婚以后，对待父母就会与以前不同，因为他们也有了各自的家庭，他们的爱心也增加了新的对象。这是人之常情，并不是说子女就不再孝顺父母了，而做父母的也应该体谅子女的这种境况，不能过多地苛求他们，而造成两代人之间的矛盾。末尾两句关于"女生外向"云云的话，是含有封建糟粕的，在今天就不可取了。

【原文】

　　父母之爱其子，岂有穷期？男虽有室，犹若孩提；女虽有家，犹若在室。顾有室即有儿女之事，有家即有舅姑之奉，爱则维均，孝如有别。为父母者，须当曲为体谅，善自譬解，方可无失其慈。不然，鲜不郁而成愤，怒征①辞色矣。然女生外向，服且从降，义有专重，分不得齐父母于舅姑；男则何可厚儿女而薄父母哉！

【注释】

　　①征：表现出来。

【译文】

　　父母爱自己的子女，哪里会有穷尽的时候？儿子虽已聚了妻室，还当他是小孩子一般；女儿虽然嫁了婆家，仍然当她是在闺中一般。只是聚了妻室就会有男女情爱，嫁了婆家就会要事奉公婆。子女的爱要保持平均，孝顺就与结婚前有了区别。做父母的，应当对他们婉转体谅善于自我开解，这样才可以不失去慈爱。要不然的话，很少有不因为忧郁而积累为愤恨，怒气在言辞和脸色上表现出来的。然而女子生来偏重于丈夫一方，对父母的服从也会从而下降，礼义上也有了专门的侧重，从职分来说也不能将父母与公婆同等对待了；而儿子又怎么可以看重男女情爱而慢待父母呢？

（21）爱怜少子长孙之故

【题解】

汪辉祖此节专论父母亲疼爱小儿子，祖父母疼爱长孙的缘故，恐怕是从亲身体会出发，所以才有这么深切的感受。但他基本上是为这种疼爱的行为辩护的，认为这是人之常情，而并没有去区分这种疼爱与溺爱之间的差别，也没有去讨论这种疼爱给孩子的成长带来的后果，这就是作者的不足之处。

【原文】

成立之子日与亲远，少子常依膝下，爱所由钟也。父母于子，皆望见其成立。子尚少而身渐老，势恐不及庇之有成，怜所由起也。以怜生爱，以爱增怜，情也，亦理也。成立者以为父母偏爱，忌而疏之，则爱怜愈甚矣。至祖爱长孙，《袁氏世范》以为由少子而推之，此则未然。盖人之性情，大①衰老而渐宽，祖之见孙，多在中年以后。孙畏父严，而乐祖宽，常与祖近；祖亦藉以自娱。此其所以爱欤？

【注释】

①大：大多，大约。

【译文】

成家立业的儿子日益与父母亲疏远了，而小儿子还常依于父母膝下，父母的疼爱也就由此而集中在他的身上。父母对于儿子，都希望看见他成家立业。儿子仍然少小而自己已经渐渐老了，看势头总怕自己来不及庇护他成人，于是对他的怜惜也就由此而起。因为怜而生出了爱，因为爱而又增加了怜，这是合乎人情的，也是合乎事理的。那些成家立业的大儿子以为父母偏爱小弟弟，于是就对他猜忌，疏远，而父母对小儿子的怜爱也就更加加深了。至于祖父爱长孙，《袁氏世范》认为这是由爱少子而推及到长孙身上，这就不对了。人的性情，大多是老了以后就渐渐宽容，祖父见到孙子，多是在中年以后了。孙子害怕父亲的严厉，而喜欢祖父的宽厚，所以就常常与祖父亲近，而祖父也借此自娱。这大概就是爱长孙的原因吧？

（22）勿营多藏

【题解】

谋求不义之财，不但坏了自己的品德心性，而且对子孙后代也没有什么好处。很多人都讨论过这个问题，汪辉祖只不过是又重复了一遍而已。

【原文】

力求储积为子孙计，非不善也。然子孙之贤者，不赖祖父基业；苟其不肖，多财何益？天下总无聚而不散之理。苦求其聚，凡可以自利者，无所不至，阴谋曲构，鬼笑人诅。聚之愈巧，散之愈速。惟勤俭所遗，庶几久远耳。

【译文】

努力追求储积财物，为子孙作打算，并不是不好。然而子孙中贤良的人，并不依赖于祖辈父辈留下来的基业；而对那些不肖子孙来说，那么多财物又有什么好处呢？天下总没有聚而不散的道理。苦苦地去寻求聚集，凡是可以给自己带来私利的，就没有什么不去干的，以至于施行阴谋诡计，这样会招来神鬼的耻笑、别人的诅咒。积聚得越是投机取巧，那么散失得也就越快。只有通过勤俭积存下来的遗产，才差不多能传得久远。

（23）宜量力赡族

【题解】

汪辉祖从封建地主阶级的立场出发，提倡一个家族中的较富贵的支族要努力帮助、赡养较贫困的支族，认为这是"仁术"。亲戚之间互相帮助，这个优秀传统是应该发扬的，但汪辉祖这节文章中也存在着较多的封建意识，迷信思想，现在看来就早已过时了。

【原文】

同一祖系，一支富贵，必有数支贫贱，非祖荫有厚薄也。气之所行，盈虚相间，有损始有益，此盛则彼衰，理固然耳。我幸富贵，如之何不念贫贱者？顾富贵无止境，亦无定象。衣食有羡①，即为丰饶；俸禄有余，即为充裕。宜俭约自持，节损所赢，以广祖宗之庇。有服之亲无子者，或立后、或祔食②，使鬼不忧馁。极贫者，或给资、或分产，使人无失所。曾高以上，则置义田以恤之。昔宋范文正赡族义田，至今费替③。其规模宏远，虽万难几及，然自就己力，量赢筹办，为平地一篑④之基，何患无继起以成其美者？必待甚有余而后为之，则终于无为之之日矣。吾祖无百亩之户，公事动多掣肘，仁术一无可行。余凤锴于中，而佐幕食贫，窃禄未久有志焉，无能为也。后有贤达者，尚其念旃。

【注释】

①羡：盈余，剩余。

②祔食：让新死的人与祖先合享祭礼。

③费替：废弃。

④篑：筐。

【译文】

同一个祖先世系传下来的几个支族中，有一支富贵，也必定有几支贫贱，这并不是祖先的庇荫对各族有厚薄之分。气的运行，盈满和虚空相间隔地出现，有减损才有增益，这里繁盛那里就衰落，道理本来就是这样。自己有幸富贵了，为什么不顾念那些贫贱的亲族呢？不过富贵是没有止境的，也是没有定数的。衣食有剩余，就是丰饶；俸禄有剩余，就是充裕。应该节俭自持，将所盈余的生活之资腾出来，去扩展祖先的庇荫。宗族关系在五服之内的人们，那些没有儿子的，或为他立后人，或让他与祖先合享祭祀，使那些鬼魂不会忧愁饿馁。对于那些极端贫困的，或者给他们资用，或者分给他们产业，使他们不会流离失所。高祖，曾祖以上，就置办义田去供养他们。从前范仲淹购置几千亩义田来赡养族人，至今这种方法还没有废弃。他的义田规模宏远，虽然常人万万难以达到，但用自己的力量，计算自己的盈余去筹划办理，从平地上打下一个极小的基础，哪里怕会没有继起以成就这桩美事的人呢？如果一定要等到非常有盈余才去做这件事，则最终就没有去做这件事的那一天了。我的祖上没有田地超过一百亩的，处理宗族事务往往受到财力的牵制，仁义之术没有哪一件可以施行。我对这些早已铭刻在心中，而自己在官府的幕府中担任辅佐的职务，过着贫苦的生活，窃享国家俸禄以后不久就想完成这件事，但没有成功。我的后代如果有贤明显达的人，希望能够顾念到这一点。

（24）宜储书籍

【题解】

读书的好处，不仅仅是求取功名富贵一端，它还可以陶冶人的情操，增进人的修养，在各方面使人受益。读书多的人，会较少去做那些邪僻败家的事情。所以汪辉祖提出的这个家中多多藏书的建议，是颇具远见卓识的。

【原文】

"遗金满籝①，不如一经"，古人所以称书为良田也。暴发之户，非无秀彦，苦于无书可读，虚负聪明。为父兄者，早为储蓄，俾②知开卷有益之故。中人以上，固可望为通儒；中人以下，亦可免为俗物。或谓书非急需，急而求售，必亏原直。呜呼！是薄待子孙之说也。子孙至于售书，不才极矣。以购书之资置产，终归磬荡③。若其才者，则读家藏书籍，大用大效，小用小效，又岂必以资产为凭藉哉！

【注释】

①籝：yíng 竹筐。

②俾：使。

③磬荡：全部丧失掉。

【译文】

"遗留给子孙黄金满筐，还不如留给他们一部经书"，这就是古人称书为良田的原因。那些暴发起来的家庭中，并不是没有聪明杰出的人物，只是苦于无书可读，白白地辜负了聪明才智。作为父兄的人，应该早早储蓄书籍，使子弟知道"开卷有益"的道理。中等资质以上的人，固然可以有希望成为通儒；而中等资质以下的人，也可以由此而避免成为俗物。有人说："那些不是急需的书，在家里急需钱用的时候拿出去卖，一定会亏少于原来的价值。"唉！这是薄待子孙的说法啊！子孙如果到了要卖书的地步，那是无能到了极点了。用买书的钱去置办产业，终归会全部丧失掉。如果是那些有才能的后代，就会去读家藏的书籍，用得多效果就大，用得少效果就小，又哪里一定要用资产作凭借呢？

（25）造宅不宜过丽

【题解】

这一篇主要是讲如何建房。汪辉祖提出"坚实""朴素"两点，对今天的人或许有所启发。

【原文】

宅取安居，惟坚朴者可久。子孙贤才，自能别恢①基业。如系中人之质，必使力易葺治，方无倾圮之患。盖居是宅者，不必皆无力也。丁口繁多，有一、二人力不能齐，即难一律整顿。每见世家大族，其门户厅堂，往往剥落，以葺治之不易也。故造宅不宜过丽。乾隆十八年，武进布商张氏，承买藉没张藩司②（括）之青山庄别墅，毁拆花木亭台，得直缴官，而以庄地为蔬圃。当时群讶其俗。迨二十一年，总督尹公按部常州，欲至庄揽胜，闻庄废而止。假令别墅犹存，则为当道游观之所，转须时时葺治，重贻后累。知此义者，庶可治家。

【注释】

①恢：扩大。

②藩司：明、清两朝布政使的别称。

【译文】

　　住宅主要是要居住得安稳，只有那些坚实朴素的才能够持久。子孙中间如果有贤才，自然能够在别处扩大基业。如果只是中等人的资质，一定会用力去改易、修理，这才不会有倒塌的危险。居住在这样的宅子里的人，一定不会都不得力。一家中人口繁多，只要有一两人才力不能与众人相齐，就难以一律整顿。每每看见那些世家大族，他们宅第的门户厅堂，往往破旧剥落，因为要修葺治理太不容易了。所以营造宅第，不宜过于华丽。乾隆十八年，武进县的布商张氏，承买没收入官的布政使张括的青山庄别墅，拆除那些花木亭台，得到的价值上缴官家，而用庄子的地面作蔬菜园。当时的人们都对这个举动非常惊讶。到了乾隆二十一年，总督尹公巡查部属到了常州府，想到青山庄去饱览胜景，但听说庄子已经废了，就打消了这个念头。假如那别墅还存在的话，就会成为当权的达官贵人们游历观赏的地方，反而需要时时加以修葺治理，重新给后人留下了拖累。明白这个道理的人，差不多可以治家了。

2.《双节堂庸训·蕃后》论教子

【题解】

　　汪辉祖在《双节堂庸训》中专辟有《蕃后》一卷，专门讨论怎样才能使子孙后代繁盛，其中有些条目发表了对教导子弟所应采取的方法的一些意见。作者反对父母溺爱孩子，主张要培养孩子勤劳俭朴的习惯，让他们从小就在一种较艰苦的环境中得到磨炼。汪辉祖还强调要控制子弟交游的对象、强调父祖要为子孙做出表率。另外，他提出行行都可养活人，不一定要子弟都去读书的观点，在当时也是非常开明的，在今天也仍有其借鉴意义。

（1）济美不易

【题解】

　　要维护家庭的声誉，就必须防止出现不肖子孙。而要防止子孙不肖，就一定要花心思好好教育他们。

【原文】

　　世济其美①，昔贤所荣，不特名公钜卿也。业儒、力田之家，世世清白，相承亦复不易。数传十百人中，有一不肖子，即为门第之辱。固由积之不厚，亦因教之不先故。欲后嗣贤达，非教不可。

【注释】

　　①世济其美：世代都能继承先人美好的业绩。

【译文】

世世代代都能继承先人的业绩，这是从前的贤良之士所引以为荣的，并不仅仅只是有名望的公卿是这样。从事于儒学和农业生产的人家，世世代代都很清白，这样相继承下来，也是不容易的。一连数代的几十、上百个人中，只要有一个不肖子，就会成为全家的耻辱。这固然是由于德行积蓄得不够，也是因为没有把教育后代放在首要地位的缘故。想要后代贤良通达，非进行教育不可。

（2）宜令知物力艰难

【题解】

一衣一食，来之不易，只有知道这个道理，才会用度节俭，关心人民的疾苦，才能成为一个高尚的人，一个好官。

【原文】

巨室子弟，挥霍任意，总因不知物力艰难之故。当有知识时，即宜教以福之应惜。一衣一食为之讲解来历，令知来处不易。庶①物理、人情，渐渐明白。以之治家，则用度有准；以之临民，则调剂有方；以之经国，则知明而处当。

【注释】

①庶：庶几，差不多。

【译文】

那些豪门大户的子弟，任意挥霍钱财，都是因为不知道物产的得来十分艰难。当孩子有了智慧的时候，就应该教他们要珍惜幸福。为他们讲解一件衣、一粒食的来历，让他们知道来之不易。这样他们才能差不多对事物的常理、人之常情渐渐地认识明白。用这种方法来治家，用度就会有标准；用这种方法来统辖人民，就会调剂有方；用这种方法来治理国家，就会见解明智，处理得当。

（3）宜令习劳

【题解】

常言道："宝剑锋从磨砺出，梅花香自苦寒来。"娇生惯养的子女，没有能够成大器的。父母们应该明白：什么才是真正的慈爱？是让子女在劳苦中去磨炼，还是把他们娇养成温室里的花朵？

【原文】

爱子弟者动辄曰："幼小不宜劳力。"此谬极之论。从古名将相，未有以懦怯成功。筋骨柔脆，则百事不耐。闻之旗人教子，自幼即学习礼仪、骑射。由朝及暮，无片刻闲暇。家门之内，肃若朝纲。故能诸务娴熟，通达事理，可副①国家任使。欲望子弟大成，当先令其习劳。

【注释】

①副：符合。

【译文】

那些溺爱子弟的人动不动就说："他年纪还小，还不适合做劳动。"这是荒谬之极的说法。从古以来那些有名的将军宰相，没有一个是因而懦弱胆怯而成功的。如果筋骨柔软脆弱，那就任何事情都不能承担。我听说旗人教儿子，从小就学习礼仪、骑射。从早到晚，没有片刻时间是闲暇的。在家门之内，就像有朝廷的纲纪约束一般严肃。所以他们能够娴熟地应付各种事务，通达事理，可以担当国家交给的任务和使命。如果希望子弟大有成就，应当先让他们习惯劳苦。

（4）宜令勿游手好闲

【题解】

富家子弟游手好闲，往往不能守成，甚至会败家荡产，这责任有很大一部分是要由督责无方的父兄所承担的。对子弟进行教育，让他们远离那些不正经的人，确实是很重要的。

【原文】

此患多在富贵之家。盖贫贱者以力给养，势不能游手好闲。富贵子弟衣鲜齿肥，无所忧虑；又资财饶足，帮闲门客及不肖臧获①相与，淆其聪明，蛊②其心志，障蔽其父兄之耳目，顺其所欲，导之以非，庄语不闻，巽言③不入，舍嬉娱之外，毫无所长；一旦势去财空，亲知星散，求粗衣淡饭不可常得。岂非失教之故欤？小说家称："富家儿中落，持金碗行乞，知乞之可以得食，而不知金碗之可以易粟。"语虽恶谑，有至义焉。

【注释】

①臧获：奴婢的贱称。

②蛊：gǔ 迷惑。

③巽言：谦和婉转的言语。

【译文】

这种毛病大多产生在那些富贵人家。那些贫贱的人凭力气自己养活，势必不能够游手好闲。而富贵子弟穿着光鲜的衣服，吃着肥甘的食物，没有什么要忧虑的事；又资财丰足，有一大批帮闲的门客和不善良的奴仆与他相交游，混淆了他的聪明，迷惑了他的心志，遮蔽了他父兄的耳目，顺着他的欲望，引导他为非作歹，使他听不到严正的议论和谦和的言语，除了嬉笑娱乐之外，毫无擅长的事情；一旦家里权势失去，财产亏空，亲戚朋友像星星一样地散去，他就会连求取粗衣淡饭也不能常常得到。这难道不是有失教诲的缘故吗？小说家说："富家儿由于家道中落，手持金碗去乞讨，他只知道乞讨可以获得食物，而不知道金碗可以用来换饭吃。"这话虽然是带诋毁性的玩笑话，但却包含有极深远的用意。

（5）宜杜华奢之渐

【题解】

这一则是专门适用于那些富贵人家的，告诫他们在孩子小的时候不要轻易满足他的所有欲望，免得他长大后奢侈破家。

【原文】

略省①人事，无不爱吃、爱穿、爱好看。极力约制，尚虞其纵；稍一徇②之，则恃为分所当然。少壮必至华奢，富者破家，贵者逞欲。宜自幼时，即杜其渐，不以姑息为慈。

【注释】

①省：懂得。

②徇：曲从。

【译文】

孩子稍微懂得一点事的时候，没有不爱吃、爱穿、爱好看的。即使是极力约束压制他们，还怕他们会放纵；如果稍一曲从他们，他们就会认为那是本分所当然的而加以依恃。到了他们年轻力壮的时候必然会豪华奢侈，如果是在富裕人家就会破尽家财，如果是在权贵人家就会大肆放纵私欲。应该在他们幼年的时候，就杜绝最先微小的迹象，不要把姑息当作慈爱。

（6）浮薄子弟不可交

【题解】

俗话说："近朱者赤，近墨者黑"，子弟若与坏人结交，很少有不被拉下水的。做父兄的，不可不防备。

【原文】

血气未定时，习于善则善，习于恶则恶，交游不可不谨。与朴实者交，其弊不过拘迂而止；交浮薄子弟，则声色货利，处处被其煽惑。才不

可恃，财不可恃，卒至隳世业、玷家声，祸有不可偻指①数者。

【注释】

①指：曲指。

【译文】

人在年轻、血气还没有稳定的时候，学习善良的就会变得善良，学习丑恶的就会变得丑恶，所以交游不可不谨慎。与朴实的人相交，其弊病最多不过是拘泥迂腐而已；而如果交上了那些轻浮、浅薄的子弟，那就会在声乐、女色、财货、私利上，处处都被他们煽动蛊惑。才华不可凭恃，钱财也不可凭恃，最终会至于毁坏世代的家业，玷污家族的声誉，那灾祸就不可以逐一屈指而数了。

（7）勿慕读书虚名

【题解】

在古代，由于读书可以通过科举考试而达到仕进的目的，所以很多人趋之若鹜，有些人并无材质而勉强为之，结果终其一身仍一无所成，成为废物，十分可惜。现在的高考中也仍有这类情况，有的考生复读了一年又一年，书没读出来，人又读懒了，不想再劳动。做父母的应该灵活处理这类事情，子女不成器，也不可强求，早点让他谋一个职业养活自己，或许还能由此发家呢！

【原文】

然"业儒"二字须规①实效，若徒务虚名，转足误事。富厚之家，不论子弟资禀，强令读书：丰其衣食，逸其肢体，至壮岁无成，而强者气骄，弱者性懒，更无他业可就，流为废材。子弟固不肖，实父兄有以致之。故塾中子弟，至年十四、五不能力学，即当就其材质，授以行业。农、工、商、贾，无不可为。谚云："三十六行，行行出贵人。"有味乎其言之也。

【注释】

①规：规划，追求。

【译文】

然而"从事儒学"这几个字要追求实效，如果只去求一个虚名，反而足以误事。那些富裕厚实的家庭，不管自己子弟的天资禀赋怎么样，就强迫他读书，让他的衣服食物很丰足，而使他的四肢身体很闲逸，到了壮年仍然没有学成，而那些强硬的人神气骄横，那些懦弱的人又变得性格懒散，又没有其他的职业可以去做，最终流为废材。子弟本身固然不肖，但这中间实在也有很大一部分原因是由于父兄造成的。所以书塾中的子弟，年龄到了十四、五岁而不能努力学习的，就应当根据他的才能与资质，授予他适合的行业。务农、从工、经商、做买卖，没有不可以做的。谚语说："三十六行，行行出贵人。"这句话是值得玩味的。

（8）须作子孙榜样

【题解】

做祖父、父亲的，有教育子孙的责任。所谓"言传身教"，要教育好子孙，必须自己先做好表率，这样就会收到极好的教育效果。

【原文】

贤子孙，良①不易也。即欲为贤祖父，亦谈何容易！创业成家者，固非劳心劬力不可；即承先人余荫，小不勤饬，断不能守成善后。生之而无以为养、无以为教，便孤②祖父之名。"夫子教我以正，夫子未出于正"，子孙虽不敢显言，未尝不敢腹诽。无论居何等地位，一言一动，要想作子孙榜样，自然不致放纵。

——《双节堂庸训》

【注释】

①良：确实。

②孤：通"辜"。

【译文】

贤良的子孙，确实是不容易做的。即使是想做贤良的祖父、父亲，又谈何容易！那些开创家业、建成家族的人，固然是非劳心劳力不可；即使是继承先人遗留下来的庇荫，也是稍微一不勤劳谨慎，就断断不能守护现成的家业、妥善地安顿后人。生下了孩子却不能养育他们、不能教诲他们，就会辜负了作为祖父、父亲的名分。"老夫子教我做人要正直，可老夫子自己做人就不正直"。子孙虽然不敢明白地这么说，但未尝不在心中嘀咕。无论自己处于什么样的地位，一言一行，只要想给子孙做个榜样，自然就不至于放纵了。

（三十）焦循

《里堂家训》三则

【题解】

三则中，前后两则都谈孩子的职业，这也是今天为人父母者非常关心的问题。前一则讲不要让孩子游手好闲；后一则讲子孙的堕落失业，和父、祖的失误有关。至于焦循在那个时代轻视一些职业，不必深究。三则中第二则是一个让父母欢度晚年的故事，具体做法可以探讨，一片孝心不能抹杀。

（1）让孩子有个职业

【原文】

子弟必使之有业，士农工商四者皆可为。若不为，则闲民矣。闲民而后无收入；无收入，则饥饿，则无所不为。四民之中，执业一业，岁必有所入，有收入而量以为出，可不饿矣。

【译文】

子弟们一定要让他们有正当的职业，士农工商四种都可以去做。如果不去做，就成了无依靠的闲民。成了闲民以后就没有收入；没有收入，就会饥饿，就会做出任何事情来。士农工商四种，只要去做其中一种职业，每年就一定会有收人，有收入再按计划支付使用，就不会挨饿了。

（2）四子养老

【原文】

陆稼书先生撰《崇明老人记》云：崇明县中有吴姓老人者，年已九十九岁，其妇亦九十七岁。生四子，壮年家贫，鬻①子以自给，四子并为富家奴，及长，咸能自立，各自赎身娶妇，遂同居而其共养父母。卜室②於县治之西，列肆共五间。伯③开花米店，仲开布庄，叔开醢腊，季开南北杂货，四铺并列，其中一间为出入之所。四子奉养父母，曲尽孝道。始拟膳，每月一轮家，周而复始。其媳曰："翁姑④老矣，若一月一轮，则必历三月后方得侍奉颜色，太疏。"复拟每日一家，周而复始。媳又曰："翁姑老矣，若一日一轮，则历三日后方得侍奉颜色，亦疏。"乃以一餐为率，如早餐伯，则午餐仲，晚餐叔，则明日早餐季，周而复始。若逢五及十，则四子共设於中堂，父母南向坐，东则四子及诸孙辈，西则四媳及诸孙媳辈，分昭穆坐定，以次称觞献寿，率以为常。老人饮食之时，后置一橱，橱中每家各置钱一串，每串五十文。老人每食毕，反手於橱中随意取钱一串，即往市中嬉，买果饼啖之。橱中钱缺，则其子潜补之，不令老人知也。老人间往知交游，或博弈。或樗蒲。四子知其所往，随遣人密持钱二三百文，安置所游家，并属⑤其家佯输钱於老人。老人胜则踊跃持钱归，老人亦不知也，亦率以为常。盖数十年无异云。老人夫妇至今犹无恙，其长子年七十七岁，余子皆颁白，孙与曾孙约共二十余人。崇明总兵刘兆以联表其门曰："百龄夫妇，齐看五世儿孙绕膝。"洵^⑥不诬也。记之以告世之为人子者。

【注释】

①鬻：yù 卖。

②卜室：建房。

③伯：古代老大称伯，依次为仲、叔、季。

④翁姑：公公婆婆。

⑤属：通"嘱"。

⑥洵：xún 诚然。

【译文】

　　陆稼书先生撰写的《崇明老人记》里说：崇明县中有个姓吴的老人，年龄已经九十九岁了，他的妻子也已经九十七岁了。生了四个儿子，壮年时家中贫困，卖了儿子用以维持自己的生活，四个儿子都成了富贵人家的奴仆，等长大了，四个人都能自立时，便各自赎身，并且都娶了妻子，于是住在一起，共同赡养父母。在县城的西边盖了宅院，列了店铺共五间，老大开米店，老二开布店，老三开醃腊店，老四开南北杂货铺，四个店铺并列，中间一间作为出入休息的地方，四个儿子侍奉赡养父母，极尽孝道。开始计划老人吃饭，是每月轮一家，周而复始。老人的儿媳妇说："公公婆婆都老了，如果一月轮一家，那么要过三个月后，才得一次机会侍奉，时间太长了。"于是又商定每天一家，周而复始。老人的儿媳妇又说："公公婆婆都老了，如果每天轮一家，那么要过三天后，才得侍奉，还是太长。"于是就以一餐为标准，如果早餐在老大家，那么午餐就在老二家，晚餐在老三家，那么明天的早餐就在老四家，周而复始。如果逢五和十的日子，那么四个儿子共同设家宴在中堂，父母向南坐，四个儿子和孙子辈向东坐，四个儿媳妇和孙媳妇辈向西坐，分长幼次序坐定，依次向老人敬酒，这种家宴习以为常。老人吃饭时，后面放置一橱，橱中每家放一串钱，每串五十文，老人每次吃完饭，反手在橱中随意取一串钱，就往街市去游玩，买果子饼子吃。橱中钱缺了，儿子们就会暗中补上，不让老人知道。老人有时往知交朋友处玩，或者下棋，或者游戏赌钱。四个儿子知道了他所去的人家，随即就派人暗中携带二三百文钱，送给老人所去游玩的人家，并嘱咐那家人，赌玩就假装输给老人，老人赢了，兴高采烈地拿着钱回家，不知其中的原因，也就习以为常。老人夫妇至今没什么病，他们的大儿子已经七十七岁了，其余三个儿子已头发斑白，孙子与重孙子共有二十多人，崇明总兵刘兆作对联表彰这家人家说："百龄夫妇，齐看五世儿孙绕膝。"确实是真话。我记下这个故事，目的是劝告天下做儿子的人。

（3）子孙失业，父祖使之

【原文】

韩昌黎言，古之民也四①，今之民也六，六者四民之外，有僧与道士也。我谓六者之外，又有四民，曰："倡②、优③、隶④、卒⑤。此四者，人之所贱，然既失业，不为僧与道士，即将为倡、优、隶、卒。夫生一子，而终至於是，因祖若⑥父之所不顾也。而究之，皆祖若父致之，何也？不使之有业也。吾家有书可读，有田可耕，宜以读书为业，子孙当世世守之。吾见名人之后至於不识字，总由姑息，不使之习旧业。且儒者子孙失业有两端，一由作宦，一由娶妇于市井之家不知书为何物，姑息其子，遂至流为屠沽。作宦则所见闻皆浮萍而不实。此二者当慎之也。

——《里堂家训》

【注释】

①四：士农工商。
②倡：歌舞艺人。
③优：杂技艺人。
④隶：奴隶。
⑤卒：士兵。
⑥若：与。

【译文】

韩愈曾说过：古代的民有四种，现在的民有六种，六种指四民之外，还有僧人和道士。我说六者之外，还有四民，就是倡、优、隶、卒。这四者，是一般人所认为下贱的，然而既然没有正当职业，又不做僧人和道士，也只能作倡、优、隶、卒了。生下子女，而最终还是做倡、优、隶、卒，这是由于祖父或者父亲不认真对待的缘故。而深究原因，都是由于祖父或者父亲所造成的，为什么呢？就是因为不让他有正当的职业。我家有书可读，有田可耕种，应当以读书为业，子孙应当世世代代固守本业。我见有些名人的后代，竟然不识字，都是由于姑息放纵他们，不让他们学习家传旧业。而且读书人的子孙失去正当职业有两个原因，一是由于做官，二是由于在市井平民家娶妻。市井平民之家不知道书是什么东西，姑息放纵子孙，以至于沦落为屠夫酒徒。做官则所见所闻都是飘浮而不实在的东西。这二者应当慎重对待。

（三十一）邓　淳

懋勤职业·教训子弟

【题解】

本篇汇集邓淳《家范辑要》的两个部分，主要论及治家、教子。虽然不是邓淳的创作而主要是一种资料汇编，但编辑者的眼光很值得赞赏。相信读者会从中得到丰富有益的借鉴。本书编者为每一小则加了标题，以方便读者。

（1）让孩子做点家务

【原文】

黄氏曰：蠹①家莫甚于坐食，即童男女十许岁，即宜度力分授，洒扫纺绩之事，毋②令闲旷，期各食其力（《王氏家戒》）

【注释】

①蠹：腐蚀。

②毋：不要。

【译文】

黄氏说：没有比坐着白吃饭对破坏家庭更可怕的事了。在孩子十多岁的时候，就应该适当地根据能力安排事务，让做些打扫卫生、纺纱织布之类的事情，不要让他们闲着无事，希望能自食其力。

（2）勤字当头

【原文】

凡士农工商，勤则职业修，仰事俯育有赖，惰则职业失，资身无策，不免姗笑①姻里。然所谓勤者，非徒尽力，实要尽道，士先德行，次文艺，勿舞弄文法，颠倒是非。造歌谣，匿名帖，举贡勿出入公门，有玷行止。仕宦勿以贿败官，贻辱祖宗。农勿窃占田水，纵畜作践，欺赖佃租；工勿淫巧，售敝伪什器；商勿纨绔冶游，酒色浪费，至赌博一事，倾家荡产，招祸速衅，无不由此。犯者会族鸣官治之。（《王士晋宗规》）

【注释】

①姗笑：讥笑。

【译文】

凡士、农、工、商四大行业，人勤劳工作就干得好，事亲育儿就有所依靠；而懒惰就会丢失工作，没有办法来安排生活，还不免受到亲戚邻里的讥笑。然而所谓勤劳，并不是只尽力去做，而实在是要尽心尽意。士大夫首要的是道德品行，其次才是文章功夫，不要舞弄文法，颠倒是非，制造歌谣，匿为名帖。应科举不要在公门内走动，否则会对自己的行为有所玷污；做官不要接受贿赂、否则会给祖宗带来侮辱。务农就不要强行占领田土水源，放纵牲畜作践庄稼，欺侮佃农租人。务工则不要作巧，卖出伪劣家什，务商则不要摆阔气、贪图享受，耽于酒色，浪费东西。至于赌博这件事情倾家荡产，招祸致仇皆由它引起，对犯这些错误的人，应会合全族的人，请求官府来治他的罪。

（3）读书不是唯一出路

【原文】

子弟资性①拙钝，莫将举业②久担，早令练达③公私百务，大都教子要做好人，不定要做好官。农桑本务，商贾末业，书画医卜，皆可食力资生。人有常业，则富不为非，贫不失节，但不可皆不学，以延读书种子，尤不可入僧道，作书算手，充门隶，做媒人中保，为椎埋屠宰，并出嗣④异姓。（《许氏家则》）

【注释】

①性：天分，素质。

②举业：参加科举考试以图做官。

③练达：熟练明了。

④出嗣：过继。

【译文】

孩子如果天资禀性笨拙迟钝，就不要长久地在科举道路上下功夫，而应早早地让他练习熟知各种公事私活。一般要教育孩子做个好人，不一定要做好官，务农是本要之事，为商则是最末之业，书法、绘画、医生，占卜，都可以此为生。一个人有一份固定的工作，则富贵了也不会胡作非为。贫穷了也不失节守，但是不可以什么都不学习，以延续读书种子，尤其不可做僧人当道士，做一个算算写写的，或看门人、奴仆，或是去当媒人、中介人，作屠夫、埋尸人，也不要过继给异姓。

（4）亡羊补牢，为时不晚

【原文】

陶谦年十四，尚骑竹马儿戏，后举茂才，位至牧伯①。陈子昂年十八，从博徒游，后精经史，为唐大儒。苏洵三十始读书，为欧公所许，姚元崇少以射猎为娱，四十读书，后为贤相，欧公学书在半百外，王右军书至五十三乃成。凡少时中堕，而不终始成名，乃暮年不学，而以颓老自废者，当服此药。（《读书药》）

【注释】

①牧伯：地方长官。

【译文】

陶谦年十四岁，还在那儿玩骑竹马一类的儿童游戏，但后来中了茂才，官位到了牧伯。陈子昂年十八岁，还在跟着赌徒游玩，但后来精通经书史籍，成为唐代名儒。苏洵三十岁才开始读书，但后为欧阳修所称许。姚元崇少年时喜欢射击打猎，四十岁才开始读书，但后来做了贤明宰相，欧阳询五十以后才学书法，王羲之书法练习到五十三岁才成功。凡是少年时代中止，而最终不能成名成家的，是由于晚年不学习，而借口年老力衰、自我荒废，凡是这种人应当吃这剂药以此为鉴。

（5）痛改前非

【原文】

徐庶少时，任侠击剑，几死人手，折节学问，遂与卧龙齐名。胡安国少时，桀傲不可制；其父锁之空室，辄戏刻小木为人形。父乃置书万卷其中，三月览尽，为世大儒。张仲举少时，蹴鞠①走马，做音乐，父兄以为忧。一旦翻然易业，竟以诗文名海内。凡有豪气，不知学为文章，惮于自新者，当服此药。（《读书药》）

【注释】

①蹴鞠：cù jū 古代的踢球游戏，类似今天的足球赛。

【译文】

徐庶在少年时候，任侠击剑，几乎死在别人手上。后来改过读书，终于与诸葛亮齐名天下。胡安国小的时候，桀骜不驯，难以制服，他父亲把他锁在空房子里，他就刻小木头做人形来消磨时光。父亲改变方法，放上很多书在他房中，他三个月就读完了，终于成为一代大学者。张仲举少年时代，踢蹴鞠，玩骑马，弄音乐，父亲兄弟都为此忧虑不安，但他后来一下子觉悟改变了，结果诗名传扬海内。凡是有豪情壮志，但不知道学习、读书，害怕自我更新的人，应该吃这剂药，以此为鉴。

（6）注重家教

【原文】

子弟不谨，家教不先，欲养其质，训诲宜专，爱以其道，无禽犊然。

陶钧德器，世泽绵绵。（《读书药》）

【译文】

　　子弟的言行不检点，是因为家庭教育没有事先做好。想要培养子弟的资质，教训诱诲宜专一，爱护子弟要讲究方法，不要让其像家禽野兽一样，而应陶冶他的道德品质，使好品德世世代代传布下去。

（7）从小教起

【原文】

　　古人生子，能食能言而教之。大学之法，以豫为先。人之幼也，知思未有所至，便当以格言至论日陈于前，虽未晓知，且当熏窒，使盈耳充腹，久自安习；若固有之，虽以他言惑之，不能入也。若为之不豫，及乎稍长，私意偏好生于内，众口辨言铄①于外，欲其纯完，不可得也。（《二程遗书》）

【注释】

　　①铄：腐蚀。

【译文】

　　古代人有了儿子以后，在他会吃饭说话时就开始教育。《大学》里的教育办法，是以提前教育为准则，人在小的时候，智识和思考都不成熟，就应该用格言或要论每天摆在面前，虽然不一定懂得意义，还是应当熏陶感染，让他灌满耳朵，充盈腹腔，这样时间久了就会慢慢习熟了。如果格言要论已充盈于心化为己有，那么即使用别的话来诱惑他，也不可能听进去；假若不提早教育，等到长大一些了，私心及偏好已经在心中形成，即使大家不断地劝说、教育，想让他纯洁完美，也不可能办到。

（8）富贵家庭教子

【原文】

　　柳玭观念更尝戒其子曰：凡门第高，可畏不可恃也，立身行己，一事有失，则得罪重于他人，死无以见先人于地下。门高则骄心易生，族盛则为人所嫉，懿①行实才，人未信之，少有疵②累，众皆指之。（《小学》③）

【注释】

　　①懿：美好的。

　　②疵：小缺点。

　　③《小学》：北宋朱熹编。

【译文】

　　唐代柳玭曾经告诫他的儿子说：凡是门第高的人，应该感到害怕而不

【原文】

　　闺门之内，古人有胎教，又有能言之教，父兄又有小学之教、大学之教，是以子弟易于成材。今俗教子弟何如？上者教之作文，取科第功名止矣。功名之上，道德未教也。次者教之杂字柬笺，以便商贾书计。下者教之状词活套，以为他日刁猾之地。是虽教之，实害之矣。族中各父兄，须知子弟之当教，又须知教法之当正，养正之当豫，七岁便入乡塾，学字学书，随其资质，渐长有知识，便择端懿师友，将正经书史，严加训迪，务使变化气质，陶钧①德性。他日若做秀才做官，固为良士、为廉吏。就是为农、为工、为商，亦不失为醇谨君子。（《王士晋宗规》）

【注释】

　　①陶钧：陶冶。

【译文】

　　闺门之内，古代人有胎教，还有对说话的教育。父亲兄弟之间又有启蒙教育、成材教育，所以子弟容易成材。现在世俗之人教育子女又是用什么办法？最好的是教育子女作文，取得科举功名就行了。在功名之上的，做人的道德就没有对他教育了。其次的是教一些杂用文字，信简程式文字，以便于经商贩卖记账、计算。最末等的是教育一些套路遁词，以便作为日后刁难行奸的本钱。这种虽然是教育培养，其实是在害他。宗族中各位父老兄长，该知道子弟应接受教育，还该知道教育应得法，正确培养应从开始就进行。孩子七岁就进私塾、学习识字书法，根据他的天分资才，便渐渐长大有知识了，然后选择端正忠厚的老师朋友，并用正统经书历史典籍，严格地加以训导启迪，一定要让他改变气质，陶冶道德品性，这样孩子成人后有一天做了秀才，当了官，一定是个好人，也一定是个好官，即使做了农民、工人、商人，也不失为厚道的优秀之人。

（13）尊重师长

【原文】

　　养蒙之道，父兄则教育以隆师亲友，师长则教以事亲从兄，乃能入孝出弟，而学业为有造。若父兄于子弟之前，非议其师长，师长于弟子之前，诋毁其父兄，其不相率于不孝不弟①，而傲戾自贤者几希②矣。（《张杨园集》）

【注释】

　　①弟：同"悌"。

②几希：极少。

【译文】

　　教育孩子应该这样，父亲兄长教育孩子尊重老师、亲近朋友，老师长辈则教育孩子侍奉父母、顺从兄长，这样才能上孝下悌，并且学业上也有造就。假若父亲兄长在儿子弟辈面前非议他们的老师长辈，老师长辈在弟子面前诋毁他的父亲兄弟，那么子弟能走上孝弟之道，既骄傲乖戾且非常贤明的就很少了。

（14）胎教和婴儿教育

【原文】

　　教子宜自胎教始，妇妊①子者，戒过饱、多睡、房欲、暴怒、跛倚及食野味辛热，宜听古诗鼓琴，道嘉言善行，阅贤孝节义图画，劳逸以节，动止以礼，则生子形容端雅，气质中和，若婴孩怀抱，毋太饱暖，宁饥稍寒，则筋骨坚凝，气岑精爽，毋饬金玉绮縠，以导衡侈，以召蟊贼。及能言能行能食，良知端倪发见，便防放逸，言常教毋诳，行常教后长，食常教让美取恶，衣常教习布素，禁羡华丽；及就傅，智慧日长，须防诱溺，慎择严正塾师，检约以洒扫应对，进退仪节，勿虚文故事，一皆身教，躬习倡之，俾②自有忻然趋命。（《许氏家则》）

【注释】

　　①妊：rèn 怀孕。

　　②俾：bǐ 使。

【译文】

　　教育孩子应该从怀胎时就开始，妇女怀上孩子后，忌戒吃得过饱、睡得太多，满足房欲，无端发怒，歪歪斜斜坐着吃各种野味辛热的东西。而适宜于读古诗，弹琴，讲一些美言喜事，读一些贤良孝顺、守节行义的图画，劳逸结合，举止有礼，那么生下来的儿子，形象端庄而高雅，气质中正而平和。若婴孩还在母亲怀抱中时，不要过饱暖和，宁愿稍有饥饿寒冷，那样孩子就会长得筋骨坚强气清脉爽，不要装饰太多，导致炫目奢侈和贼害。等到小孩能说能走能吃了，本能天性初步发现，便应防止他放纵骄逸，讲话时要经常教他不要狂妄，行路时要经常教育他走在长者后面，吃饭要经常教育让出好的东西，拿差的东西，穿衣时要经常教育他习惯布衣素色，禁止羡慕华美之服。等到跟了老师，智慧一天天增长，就应当防止他诱惑沉溺，并谨慎选择严肃端正的家庭老师，检查约束他洒扫应酬接对，进出退让的仪式礼节，不要虚晃应付，样样都要亲身教育，亲自倡导，使孩子自己能高高兴兴地去做。

（15）十子未必兴家，一子破家有余

【原文】

宋倪公思有云：十贤子孙，未必能兴家，一不肖子孙，破家为有余。他事皆可区处，惟子孙不肖，无策①可治。人不知教子孙，而徒为营生，不为子孙积善，而为子孙积财，多积不义之财，以付不肖子孙。助纣为虐，其败尤速。予亲见姻戚家，子幼教之无素，稍长不授以习业，逐至一败不可救药，诵倪公此言，不禁为之三叹。（《王氏家戒》）

【注释】

①策：办法。

【译文】

宋代倪公思曾说过：十个贤明的子孙不一定能使家庭兴旺，一个子孙不贤，足以破家败业。其他事情都可以安排，只有子孙不肖，无法可治。人们不知道教育子孙，而白白地只知道谋生，不替子孙积善，却为子孙积聚钱财。多积聚不义之财，传给不肖子孙，助纣为虐，败家尤其迅速。我亲自看到亲戚家小孩从小没有教育好，等到长大了又不传授技业，以至于一败不可救药。现在读到倪公这句话，不禁再三为之叹息。

（16）书香不可绝

【原文】

世间平人多，贵人少，科甲岂可常得乎？然书香不可绝。书香一绝，则家声渐落于卑贱。家声既卑，则出入渐卑陋。人既鄙陋，则上无君子之交，下无治生之智。其安于农樵负担者，犹为善也。甚至人既粗蠢，心复雄高，狎比①下贱，冥行蹈险。呜呼，人生至此，不忍言矣。若敖之鬼，从此长馁矣，猛念及此，安可不教子读书。（《张氏家训》）

【注释】

①狎比：伙同。

【译文】

世界上平常人多，显贵人少，科举岂是一般人可以轻易就得到的？但是书香不可绝，书香一绝，那么家道声誉渐渐落于卑微低贱；家道声誉一卑微低贱，那么进进出出人就会慢慢卑微低贱。一个人一低鄙，那么就交不上什么正人君子，也不会有什么营生的办法。那些安于农耕负樵搬运的人，做的尚是好事，而有些人甚至粗鲁愚蠢，心性却很高远，和低下愚蠢的人相狎戏，暗暗走危险道路。人生至此，不忍心说他了。他的祖先的神

灵，从此就要长期挨饿了。突然念到这些，怎么能够不教儿子读书呢？

（17）十亩田不如读一年书

【原文】

　　《林文安公家训》，首嘱子弟读书。俗云：读书必登科甲。苟不能，不如早弃之，去营生理，免费了钱财，又惰了手脚。此俗见也。余谓多读一岁书，多一岁之受用，多读一月书，多一月之受用。下笔之际，腕如心转。理路既熟，出口成章，不至求人，言辞自然雅顺，礼节自然闲熟，然后知祖父多遗我十亩田，不如多送我读一岁书也。（《高氏熟铎》）

　　　　　　　　　　　　　　　　　　　——《家范辑要》

【译文】

　　《林文安公家训》，首先嘱咐子弟读书。俗语说："读书一定要中科举，假如不能，不如早早抛弃读书去做生意，免得破费了钱财，又懒惰了手脚。"这是世俗之见，我认为多读一年书，多一年的受用；多读一个月的书，多一个月的受用。下笔的时候，手腕跟着心转，理度路数熟悉以后，出口成章，不至于求人，说话自然高雅通顺，礼节自然而然很娴熟，然后才知道祖父多送给我十亩田，不如多送我读一年的书。

（三十二）王师晋

▲《资敬堂家训》书影

《资敬堂家训》论治家

【题解】

　　王师晋，清代人，其所著《资敬堂家训》上下两卷，文中多用事情打比喻来说明一个深刻道理，读来生动而实存哲理，很耐人寻味。

（1）处家之道

【原文】

　　处家之道，有余断不可放债，放债之弊不可枚举。一则己受盘剥之名，人受催迫之累，伤情面，结怨毒，莫此为甚。族谊亲情有过不去者，不如周恤之，人与己可以两忘。居家调度得宜，续置清白房产，收些花息最为稳妥。货殖一道，如资质不近，断不可勉强行之。事出勉强，必有破伤之祸。苟其才足经营，每年籴些稻米，丰年或稍亏折，凶年亦可济人。古人有经济之才，治家宽然有余，出仕亦可惠及黎民。

【译文】

　　处家之道，即使有盈余也不可放债，因放债的弊端不胜枚举。不仅自己名声不好，也叫人受逼迫之苦，既伤情面，又结怨仇。如亲戚朋友中有难以度日的，应该周济他，不可让对方感谢自己，而自己也不可想着有恩于人。如家庭管理的好，有余资，可购置一部分房产，以出租收花息为稳妥。如要经商，禀赋不高是不行的，勉强从事则会招来破家之祸。若经济上不仅宽绰而且有余富，可以买些稻米，凶灾年景时可以接济他人。观古人凡懂经济、会治家，当官也肯定是个惠及黎民百姓的好官。

（2）精打细算

【原文】

　　处家之道，既有产业，用度自宽。然必立一章程，方可永久不替。计一年之所入，均作十股。一年家用、先生束修、伏腊供给、置办衣服、一应杂费只用五股，有余而不可尽。其余三股作周济族中亲戚之困乏者，贤士之穷厄，乡里之饥寒者。余两股备凶荒意外，不虞之用，别置薄收储。予生平最爱陆梭山《正本制用篇》，须细心读之，不可一日忘也。

【译文】

　　治家最应精打细算。将一年的收入算作十股，一年中的日用、学费、冬夏祭祀费用、置办衣服及其他杂费至多只用五股，其余三股用作周济亲属中生活贫困、或贤士遭困厄、或乡里的饥寒之人。剩下两股以备凶荒灾年所用，另记在一本账上储蓄起来。我平生最喜欢陆梭山的《正本制用篇》，望你们也能细心阅读，一日也不可忘却。

（3）严守家规

【原文】

　　尔子祖锡已半岁，将来教育全在尔身。五六岁至十三四岁，须外严内宽，训之勤劳。贤师傅不计束修，十分恭敬。功课须密，不可间断。书中道理，常为讲解。诗亦要读，发其聪明。规矩礼貌，时时训诫。至十五六七，学问长进，只需好师傅、贤朋友朝夕诱掖，自能有成。不可一味严督，《大学》有"止慈"之训，子子孙孙教道均当如是。祖锡之姊今年才三岁，将来长成，教之和顺恭敬，择书香积德之家，为之择配。至于同曾

祖兄弟、叔侄均要伊学好，向善励学。自己如是，望诸兄弟子侄均如是。倘贫寒宜周济，远侄亦然，如匪僻不法，凶狠暴戾，禀知尊长，将伊惩治。不能一概周济，庶有劝惩。

【译文】

你儿祖锡现正六个月，将来教育的责任全在你。从小应养成勤劳的品格，五六岁至十三四岁须外严内宽。令其待师长要十分恭敬。功课不可间断，经常给他讲解书中的道理。教其读诗，培养他的灵气。及至十五、十六七岁时，不能一味督促检查管束太死，只需有好的先生、朋友，潜移默化引导扶植，自能有成。祖锡的姐姐今年三岁，将来应教她和顺恭敬，选择书香积德之家，为她择配。对曾祖兄弟、叔侄，都要勉励他们向善好学，对自己的孩子如此，对诸兄弟的孩子也应如此。对不守家规，目无法纪，凶狠暴戾的，要禀报尊长，严厉惩治，不能一概周济，这样规劝和惩罚才能起作用。

（4）训导子女

【原文】

思古人立师保傅，以训嗣君。师以圣学启迪其心，保以成其德、养其身，傅以辅相其德业学问。自天子至于庶民，其爱子之心同。所以期望之，保爱之无不同。则父母之心，无不欲子之成圣贤，享寿考。然而为子孙能体父母之心者，千而一焉，万而一焉。何则？天理之明，不能敌嗜欲之私，嗜欲之心日重，天理之明日暗。房帷燕溺之私，父母有不能言者，至父母所不能言，而父母之心伤矣。何则？幽恐其伤德，明恐其伤身。在父母之心，自怨自艾，而子之心能体父母之心否乎？闺门之内，自以为无人知，庸何伤，不知外面之传播若新闻。一人传十，十人传百，遍乡闾无不知之。

【译文】

古时设太师、太保、太傅等官职，用来训导皇太子。太师的任务是用圣人的学说启迪太子，太保使他们形成美德，太傅是辅助太子成就德业学问。可以说从天子到老百姓，爱子之心是一样的。父母都希望自己的子女成为圣人贤士，希望子女长寿。然而作为子女真正能体谅父母这种心思的一千一万人中只能有一人！这是什么原因呢？是因为道德法则敌不过人的贪欲，贪欲心日益严重起来。父母对子女学坏往往难于启口加以训导，然而愈是难以启口愈是感到痛心，既担心孩子道德败坏，又担心孩子身体受损伤。父母忧心忡忡，孩子又怎能体谅父母的心思呢。家里的人自以为别人不知道已经发生的伤风败俗的事，岂不知外面早就像新闻一样传播开了。一人传十，十人传百，整个乡里已无人不知，无人不晓啦。

（5）仁义慈善

【原文】

余家迁苏城后，因减赋漕粮轻，不致赔累，故以薄资改置田产。然后之子孙须知田间出息甚微，力作甚苦。惰农察实早早更换，良农恤其饥寒。倘有婚增大事，力不能完者，或免或减，酌其轻重。当与家人父子一体视之，断不可苛刻，以慰先人之心。子孙如发科甲，漕粮宜早完，勿染疲玩习气。张文端公恒产琐言，聪训斋语，不可不时时诵读，志于心中。无论居家做官，当奉为宝训。

【译文】

我家迁到苏城后，因减赋较轻没受多少亏损，用积攒下来不多的资金重新置买了田产。子孙应当懂得田中的收入十分微薄，而耕耘稼穑是非常辛苦的。要细心考察佃夫的勤惰，懒于农事的佃农及早更换，对勤于耕作的良农要关心他的饥寒，在婚丧大事上如有困难的，可根据情状予以减租或免租。要像对待亲人一样对待良农，绝不能刻薄，以告慰先辈的爱惜之心。子弟如中科举，纳粮更应早完纳，不要沾染懒怠玩忽的不良习气。张文瑞公的《恒产琐言》《聪训斋语》，不能不经常诵读，铭记在心中。无论乡居或当官，都要将这两本书视为宝训。

（6）忠良持家

【原文】

余今第一次登楼，登高望远，爽心豁目。前年迁居钮家巷，次年春添建祖祠，左右旁屋亦俱落成。拮据绸缪，因思土木之功，古人所戒，过分华美，足以破家。然妥祖宗之灵。植子孙之居，又不得不及时谋之。推之治国、治家无不皆然。后生小子，当及时读书勤学，如房屋之预备料物。其德业有成，如房屋之落成，至于得位行道，如房屋之为宾祭燕享。第一要立志，始终不易。心术一坏，如木料之出白蚁，不可修葺。苟居心忠良，修德不耀，如屋虽旧，后人起而润泽之，焕然一新，家声复振矣。

【译文】

我今天第一次登楼，眺望远处，令人赏心悦目。前年迁居到钮家巷，第二年增建了祖祠，左右两边的房子也落成。当时经济状况很紧张，因此想到大兴土木是古人所忌讳的，尤其过分追求华美，会导致家业破败。然而为了安置祖宗的亡灵，为了子孙今后能安居乐业，又不得不及时谋划这件事。以此类推，治国治家都是这样。后辈们应当及时勤苦读书，就像盖房屋准备材料一样；一个人德业上的成功，就像房屋的落成一样；至于说取得了官职，能为民做事，就如同房屋盖成后来宴请宾客一般。所以第一要立志，永远不改变自己的志向。人只要心术一坏，就如木材生了白蚁，无法修补。如果居心忠良，潜心修德，虽然不显达，就像房屋虽陈旧，后人还可以装修，使之焕然一新，重新振兴家声。

（7）济物利人

【原文】

歙县汪灿兄来说，伊戚李氏平时有数十万家赀，乱后老辈已故，小辈几不能自存。因思富贵功名，天之所以赏善人。幸而得此权势爵位，刻刻存忠君爱民之心。享富贵者，时时存济物利人之念，则富贵功名庶可常享。否则转眼即空，更有祸患随之。人亦常知保之难，失之易，家庭内侍父母一团和气，待妻子亦须肃雍，反是则倒行逆施矣。

【译文】

歙县的汪灿兄来说，他亲戚李氏平时有数十万家产，战乱后老辈已故世，而现在小辈几乎自己不能养活自己。所以想到富贵功名，是老天赏赐给善良之人的。侥幸获得这一权势爵位的，要时刻铭记忠君爱民的信条；荣享富贵的，要时时心怀济物利人的念头，这样才能长享富贵功名。否则，富贵功名转眼即逝，而且还会有祸患跟随其后。人们也都知道保全富贵难，丧失富贵易，所以，平日在家中侍奉父母要恭敬和顺，待妻子应庄重和睦，否则就是倒行逆施。

（8）积善传家

【原文】

乡间载泥来培壅树木，思树木非土不植，培之宜勤。人家安可不勤修，令德以培植子孙。思之惧，思之危，声色货利，戕身家之斤斧也，庶几慎独以立其基，积善以养其根。一团和气如春，令温和绵绵密密，不使乖戾之气中于身心，则人家可以悠久矣。

【译文】

乡里载泥土来培植树木，想到树木没有土就不能生长，就应常常培土。那么作为一个家庭怎能不勤于修整呢？应该用高尚的德性来培养教育子孙。最可怕的是声色与财物，它们好比是戕害性命和家庭的利斧。自我修养可以使家庭的基础坚固，像种树一样，积善可以养其根，家庭内部和睦如春，亲密无间，不使身上有一点暴戾之气，家庭才可以长久。

（9）宽厚家远

【原文】

有乡人来云：今年春花比上年好，农人春耕、夏耘、秋敛、冬藏，勤劳无一日休息。当炎蒸之候，富贵人纳凉广厦犹嫌暑热，乘早晚出门犹虞辛苦。家人披蓑荷笠，终日曝于烈日之中。年轻子弟怙侈灭义，不知所用银钱从农人汗血中来。为人能深体此意，屏绝奢华，待佃户存心宽厚，多方体恤，庶几可以多守几年。

——《资敬堂家训》

【译文】

有乡人来说：今年春花比上年好，农民春耕、夏耘、秋收、冬藏，成年劳碌没有一天休息。酷暑盛夏之时，富贵的人在高楼大厅里摇扇纳凉还嫌闷热，想要出门趁早晚启程还觉得辛苦。农民戴着草帽，穿着蓑衣整天曝晒在烈日炎炎之中。年轻人仰仗家里有钱奢侈浪费，不知钱财是从农民的血汗中获得。如能懂得这个道理，摒绝奢华，待佃夫仁慈宽厚，多加怜恤，家业或许可以多守几年。

七、近代篇

（一）曾国藩

1. 与祖父谈馈赠

【题解】

馈赠中有学问吗？曾国藩在这封信里谈的两点，集中起来，一是诚满盈，一是怜悯亲戚，稳固家族。

【原文】

孙所以汲汲①馈赠者，盖有二故。一则我家气运太盛，不可不格外小心，以为持盈②保泰之道。旧债尽清，则好处太全，恐盈极生亏；留债不清，则好中不足，亦处乐之法也。二则各亲戚家皆贫，而年老者，今不略为伙③助，则他日不知何如。自孙入都④后，如彭满舅曾祖、彭王姑母、欧阳岳祖母、江通十舅，已死数人矣。再过数年，则意中所欲馈赠之人，正不知何若矣。家中之债，今虽不还，后尚可还；赠人之举，今若不为，后必悔之。此二者，孙之愚见如此。

【注释】

①汲汲：急切的样子。

②盈：盈满。

③伙：cì 帮助。

④都：京城

2. 与父母谈治家

【题解】

两封家书，可以拿来和与弟、与儿子谈治家的内容参照着读。在父母面前，曾国藩充分表现了自己的孝顺，但同时又不放松对子弟的严格要求。

（1）和气则家道兴

【原文】

六弟实不羁①之才，乡间孤陋寡闻，断②不足以启其见识而坚其心志。且少年英锐③之气，不可久挫④。六弟不得入学，既挫之矣；欲进京而男阻之，再挫之矣；若又不许肄业⑤省城，则毋乃太挫其锐气乎？伏望堂上大人俯从男等之请，即命六弟、九弟下省读书，其费用，男于二月间付银廿两至金竺虔家。

夫家和则福自生，若一家之中，兄有言弟无不从，弟有请兄无不应，和气蒸蒸⑥而家不兴者，未之有也；反是而不败者，亦未之有也。

【注释】

①不羁：不可羁绊。

②断：的确。

③英锐：英俊锐利。

④挫：挫折。

⑤肄业：从师学习。

⑥蒸蒸：向上之意

（2）教弟竭尽心力

【原文】

诸弟在家不听教训，不甚发奋①，男观诸来信，即已知之。盖诸弟之意，总不愿在家塾②读书。自己亥年③男在家时，诸弟即有此意，牢不可破。六弟欲从男进京，男因散馆④。去留未定，故比时未许；庚子年⑤接家眷，即请弟等送，意欲弟等来京读书也。特以祖父母、父母在上，男不敢专擅，故但写诸弟，而不指定何人。迨⑥九弟来京，其意颇遂⑦，而四弟六弟之意尚未遂也。年年株守⑧家园，时有耽阁，大人又不能常在家教之，近地又无良友，考试又不利，兼此数者，怫郁⑨难申，故四弟六弟不免怨男。

其所以怨男者有故：丁酉⑩在家教弟，威克厥⑪爱，可怨一矣；己亥在家，未尝教弟一字，可怨二矣；临进京不肯带六弟，可怨三矣；不为弟另择外傅⑫，仅延丹阁叔教之，拂⑬厥本意，可怨四矣；明知两弟不愿家居，而屡次信回，劝弟寂守家塾，可怨五矣。惟男有可怨者五端，故四弟六弟难免内怀隐衷⑭，前此含意不申，故从不写信与男，去腊⑮来信甚长，则尽情吐露矣。

男接信时，又喜又惧。喜者，喜弟志气勃勃⑯，不可遏也；惧者，惧男再拂弟意，将伤和气矣。兄弟和，虽穷氓⑰小户必兴；兄弟不和，虽世家宦族⑱必败。男深知此理，故禀堂上各位大人，俯从男等兄弟之请。

男之意实以和睦兄弟为第一。九弟前年欲归，男百般苦留，至去年则不复强留，亦恐拂弟意也。临别时，彼此恋恋⑲，情深似海。故男自九弟去后，思之尤切，信之尤深，谓九弟纵不为科目中人⑳，亦当为孝弟中人。兄弟人人如此，可以终身互相依倚，则虽不得禄位㉑，亦何伤哉！

伏读手谕㉒，谓男教弟宜明言责之，不宜琐琐㉓告以阅历工夫。男自忆连年教弟之信，不下数万字，或明责，或婉劝，或博称㉔，或约指㉕，知无不言，总之尽心竭力而已。

（道光二十三年二月十九日）

【注释】

①发奋：努力用功。

②家塾：古代富贵人家为其子弟而设的学校。

③亥年：即道光十九年（1839）。

④散馆：清代翰林院庶吉士读书三年，期满举行解散考试以确定是否留在翰林院。

⑤庚子年：即道光二十年（1840）。

⑥迨：等待。

⑦遂：称心称意。

⑧株守：困守。

⑨郁：愤懑。

⑩丁酉：即道光十七年（1837）。

⑪厥：其。

⑫外傅：外地老师。

⑬拂：违逆。

⑭隐衷：难言之隐。

⑮腊：即十二月。

⑯勃勃：盛貌。

⑰穷氓：贫苦低贱人家。

⑱宦族：世代做官之家。

⑲恋恋：依依不舍。

⑳科目中人：科举中人。

㉑禄位：做官的俸禄爵位。

㉒手谕：父母所写之信。

㉓琐琐：细微。

㉔博称：广为称道。

㉕约指：约略指示

3. 与父母谈理财

【题解】

单讲"勤俭"，有流于空洞的危险。曾国藩的过人之处，是又要讲让父母安享晚年，少些劳累，又要让后辈勇挑重担。第一封信还指出少受人恩惠，以免难于报答，这些都堪称至理名言。

（1）受惠太多，恐难为报

【原文】

朱尧阶每年赠谷四十石，受惠太多，恐难为报，今年必当辞却。小斗四十石，不过值钱四十千，男每年可付此数到家，不可再受他谷，望家中力辞之。毅然家之银想已送矣，若未送，须秤元银三十二两，以渠来系纹银也。

（道光二十六年正月初三日）

（2）长辈只需总持大纲

【原文】

四弟九弟信来，言家中大小诸事皆大人躬亲之，未免过于劳苦。勤俭本持家之道，而人所处之地各不同。大人之身，上奉高堂①，下荫儿孙，外为族党乡里所模范，千金之躯，诚宜珍重。且男忝窃卿贰②，服役已兼数人，而大人以家务劳苦如是，男实不安于心。此后万望总持大纲，以细微事付之四弟，四弟固谨慎者，必能负荷③，而大人与叔父大人惟日侍祖父大人前，相与娱乐，则万幸矣。

（道光二十七年七月十八日）

【注释】

①高堂：祖父母。

②卿贰：公卿之位。

③负荷：担当。

4. 与妻谈治家

【题解】

居家是长久之计，居官不过偶然之举，这番话道出了封建时代官员的心里所想。长久与偶然，一重一轻，不过轻的一面，只是说为官不易，下台后萧条冷落而已，不可以之认为曾国藩大有私心。

【原文】

夫人率儿妇辈在家，须事事立个一定章程。居官不过偶然之事，居家乃是长久之计。能从勤俭耕读上做出好规模，虽一旦罢官，尚不失为兴旺气象；若贪图衙门之热闹，不立家乡之基业，则罢官之后，便觉气象萧索。凡有盛必有衰，不可不预为之计。望夫人教训儿孙妇女，常常作家中无官之想，时时有谦恭省俭之意，则福泽①悠久，余心大慰矣。

（同治六年五月初五日）

【注释】

①福泽：福份恩泽。

5. 与弟谈治家

【题解】

"勤、敬、和"三字，加上"省"，可以说是曾国藩治家思想的核心概念。这些概念如何理解？如何实践？是他在下面这些给弟弟的信中反复阐释的。最好的读法，是将信中提及的事实和这几个字联系起来，品味其中的深意。

（1）地仙害人

【原文】

地仙为人主葬，害人一家，丧良心不少，未有不家败人亡者，不可不力阻凌云也。

（道光二十三年六月初六日）

（2）和睦勤俭便能家业兴旺

【原文】

　　家中蒙祖、父厚德余荫，我得忝列卿贰，若使兄弟妯娌①不和睦，后辈子女无法则，则骄奢淫佚，立见消败，虽贵为宰相，何足取哉？我家祖父、父亲、叔父三位大人规矩极严，榜样极好，我辈踵而行之，极易为力。别家无好榜样者，亦须自立门户，自立规条；况我家祖、父现样②，岂可不遵行之而忍令堕落之乎？现在我不在家，一切望四弟做主。兄弟不和，四弟之罪也；妯娌不睦，四弟之罪也；后辈骄恣③不法，四弟之罪也。我有三事奉劝四弟：一曰勤，二曰早起，三曰看《五种遗规》。四弟能信此三语，便是爱兄敬兄；若不信此三语，便是弁髦④老兄。我家将来气象之兴衰，全系乎四弟一人之身。六弟近来气性极和平，今年以来未曾动气，自是我家好气象。唯兄弟俱懒，我以有事而懒，六弟无事而亦懒，是我不甚满意处。若二人俱勤，则气象更兴旺矣。

　　　　　　　　　　　　　　　　（道光二十七年七月十八日）

【注释】

　　①妯娌：zhóu lǐ 兄弟妻妾之间。

　　②现样：原样。

　　③骄恣：骄傲恣意。

　　④弁髦：比喻弃置无用之物。

（3）福人自葬福地

【原文】

　　我平日最不信风水，而于朱子所云"山环水抱""藏风聚气"二语，则笃信之。木兜①冲之地，予平日不以为然，而葬后乃吉祥如此，可见福人自葬福地，绝非可以人力参预②其间。家中买地，若出重价，则断断可以不必，若数十千，则买一二处无碍。

　　　　　　　　　　　　　　　　（道光二十九年三月二十一日）

【注释】

　　①兜：dōu 做成口袋形来承住。

　　②参预：参予。

（4）以勤敬二字为法

【原文】

　　家中兄弟子侄总宜以勤敬二字为法。一家能勤能敬，虽乱世亦有兴旺气象，一身能勤能敬，虽愚人亦有贤智风味。吾生平于此二字少工夫，今谆谆①以训吾昆弟子侄，务宜刻刻遵守。至要至要。家中若送信来，子侄辈亦可写禀来岳，并将此二字细细领会，层层写出，使我放心也。余俟②续布。

（咸丰四年七月二十一日）

【注释】

①zhūn 教诲的样子。

②等待。

（5）再谈勤敬

【原文】

诸子侄辈于勤敬二字略有长进否？若尽与此二字相反，其家未有不落者，若个个勤而且敬，其家未有不兴者，无论世乱与世治也。诸弟须刻刻留心，为子侄做榜样也。

（咸丰四年闰七月十四日）

（6）勤、敬、和

【原文】

余居母丧，并未在家守制，清夜自思，局蹐不安。若仗皇上天威，江面①渐次肃清，即当奏明回籍，事父祭母，稍尽人子之心。诸弟及儿侄辈务宜体我寸心，于父亲饮食起居十分检点，无稍疏忽，于母亲祭品礼仪，必洁必诚，于叔父处敬爱兼至，无稍隔阂。兄弟姒娣，总不可有半点不和之气。凡一家之中，勤敬二字能守得几分，未有不兴；若全无一分，无有不败。和字能守得几分，未有不兴；不和，未有不败者。诸弟试在乡间将此三字于族戚人家历历验之，必以吾言为不谬也。

诸弟不好收拾洁净，比我尤甚，此是败家气象。嗣后务宜细心收拾，即一纸一缕、竹头木屑，皆宜检拾伶俐②，以为儿侄之榜样。一代疏懒，二代淫佚，则必有昼睡夜坐，吸食鸦片之渐矣。四弟九弟较勤，六弟季弟较懒，以后勤者愈勤，懒者痛改，莫使子侄学得怠惰样子，至要至要。子侄除读书外，教之扫屋，抹桌凳、收粪、锄草，是极好的事，切不可以为有损架子而不为也。

（咸丰四年八月十一日）

【注释】

①江面：长江沿线。

②伶俐：利落。

（7）以习劳苦为第一要义

【原文】

甲三、甲五等兄弟，总以习劳苦为第一要义。生当乱世，居家之道，不可有余财。多财则终为患害。又不可过于安逸偷惰。如由新宅至老宅，必宜常常走路，不可坐轿骑马。又常常登山，亦可以练习筋骸。仕宦之家，不蓄积银钱，使子弟自觉一无可恃①，一日不勤，则将有饥寒之患，则子弟渐渐勤劳，知谋所以自立矣。

（咸丰五年八月二十七日）

【注释】

①可恃：依靠。

（8）家事须内省互勉

【原文】

自七月以来，吾得闻家中事，有数件可为欣慰者：温弟妻妾皆有梦熊①之兆，足慰祖父母于九原，一也；家中妇女大小皆纺纱织布，闻已成六七机，诸子侄读书尚不懒惰，内外各有职业，二也；阖境②丰收，远近无警，此间兵事平顺，足安堂上老人之心，三也。今又闻沅弟喜音，意吾家高曾以来，积泽甚长，后人食报，更当绵绵不尽。吾兄弟年富力强，尤宜时时内省，处处反躬自责，勤俭忠厚，以承先而启后，互相勉励可也。

（咸丰五年九月三十日）

【注释】

①梦熊：古代以梦中见熊为生男孩的征兆。

②阖境：全境。

（9）四事可见兴衰气象

【原文】

家中种蔬①一事，千万不可忽忽；屋门首塘中养鱼，亦有一种生机；养猪亦内政之要者；下首台上新竹，过伏天后有枯者否？此四事者，可以觇②人家兴衰气象，望时时与朱见四兄熟商。

（咸丰八年七月二十一日）

【注释】

①蔬：蔬菜。

②觇：chān 察看。

（10）家用须格外节省

【原文】

　　因忆先大夫往年支持之苦，自悔不明事理，深亏孝道。今先人弃养，余岂可遽改前辙①！余昔官京师，每年寄银一百五十两至家，只有增年更无减年。此后拟常循此规。明知家用浩繁，所短尚巨，求老弟格外节省。现虽未分家，而吃药、买布及在县、在省托买之货物，必须各房私自还钱，庶几可少息争尚奢华之风。

【注释】

　　①遽改前辙：马上改变以前的做法。

（11）子侄须以敬恕二字教之

【原文】

　　闻右九言纪梁右眼亦愈矣。子侄辈须以敬恕二字常常教之。敬则无骄气，无怠惰之气；恕则不肯损人利己，存心渐趋于厚①。

（咸丰八年九月二十八日）

【注释】

　　①厚：厚道。

（12）和气致祥

【原文】

　　去年我兄弟意见不合，今遭温弟之大变。和气致祥，乖气致戾，果有明征。嗣后我兄弟当以去年为戒，力求和睦。第一要安慰叔父暨六弟妇嫡、庶二人之心。命纪泽、纪梁、纪鸿、纪渠、纪瑞等轮流到老屋久住，五十、大妹、二妹等亦轮流常去。并请葛亦山先生常住白玉堂，安慰渠姊之心。二要改葬二亲之坟。如温弟之变果与二坟相关，则改葬可以禳①凶而迪吉②；若温弟事不与二坟相关，亦宜改葬，以符温弟生平之议论，以慰渠九泉之孝思。三要勤俭。吾家后辈子女皆趋于逸欲奢华。享福太早，将来恐难到老。嗣后诸男在家勤洒扫，出门莫坐轿；诸女学洗衣，学煮菜、烧茶。少劳而老逸犹可，少甘而老苦则难矣。至于家中用度，断不可不分。凡吃药、染布及在省在县托买货物，若不分开，则彼此以多为贵，以奢为尚，漫无节制。此败家之气象也。千万求澄弟分别用度，力求节省。吾断不于分开后私寄银钱，凡寄一钱，皆由澄弟手经过耳。

（咸丰八年十一月十二日）

【注释】

①禳：rǎng 消除。

②迪吉："惠迪吉"之省，即遵循道理就吉。

（13）洗心涤虑以求力挽家运

【原文】

然祸福由天主之，善恶由人主之。由天主者，无可如何，只得听之；由人主者，尽得一分算一分，撑得一日算一日。吾兄弟断不可不洗心涤①虑，以求力挽家运。

第一贵兄弟和睦。去年兄弟不和，以致今冬三河之变。嗣后兄弟当以去年为戒，凡吾有过失，澄沅洪三弟各进箴规之言，余必力为惩改；三弟有过，亦当互相箴规而惩改之。

第二贵体孝道。推祖父母之爱以爱叔父，推父母之爱以爱温弟之妻妾儿女及兰蕙二家。又父母坟域必须改葬，请沅弟做主，澄弟不可过执。

第三要实行勤俭二字。内间姃娌不可多写铺账。后辈诸儿须走路，不可坐轿骑马。诸女莫太懒，宜学烧茶煮菜。书、蔬、鱼、猪，一家之生气，少睡多做，一人之生气。勤者生动之气，俭者收敛之气，有此二字，家运断无不兴之理。余去年在家，未将此二字切实做工夫，至今愧恨，是以谆谆言之。

（咸丰八年十一月二十三日）

【注释】

①涤：dí 洗。

（14）家中不可说利害话

【原文】

沅弟信言家庭不可说利害话，此方精当之至，足抵万金。余生平在家在外，行事尚不十分悖谬，惟说些利害话，至今悔恨无极。

（咸丰八年十二月十六日）

（15）不求好地但求平安

【原文】

温弟之事，虽未必由于坟墓风水，而八斗冲屋后及周壁冲三处，皆不可用，子孙之心，实不能安。千万设法，不求好地，但求平安。洪夏之地，余心不甚愿。一则嫌其经过之处，山岭太多；一则既经争讼，恐非吉壤①。地者，鬼神造化之所秘惜，不轻予人者也。人力所能谋，只能求免水、蚁、凶煞三事，断不能求富贵利达。明此理，绝此念，然后能寻平稳之地；不明此理，不绝此念，则并平稳者亦不可得。沅弟之明，谅能了悟②。

（咸丰九年正月十三日）

【注释】

　　①吉壤：吉利之地。

　　②了悟：了解醒悟。

（16）于丰俭之间妥善行之

【原文】

　　起屋起祠堂，沅弟言外间訾①议，沅自任之；余则谓外间之訾议不足畏，而乱世之兵变不可不虑。如江西近岁，凡富贵大屋无一不焚，可为殷鉴。吾乡僻陋，眼界甚浅，稍有修造，已骇听闻。若太阔丽②，则传播招尤③；苟为一方首屈一指，则乱世恐难幸免。望弟再斟酌，于丰俭之间妥善行之。

　　改葬先人之事，将求富求贵之念消除净尽，但求免水蚁以安先灵，免凶煞以安后嗣而已，若存一丝求富求贵之念，则必为造物鬼神所忌。以吾所见所闻，凡已发之家未有续寻得大地者。沅弟主持此事，务望将此意拿得稳，把得定，至要至要。

（咸丰九年二月初三日）

【注释】

　　①訾：zǐ 诽谤。

　　②阔丽：宏大华丽。

　　③招尤：招来指责。

（17）内外勤劳可保家运

【原文】

　　我兄弟在外者，勤慎谦和，努力王事；在家者，内外大小，雍睦①习劳，庶可保持家运蒸蒸日上乎？

（咸丰九年八月二十三日）

【注释】

　　①睦：和睦安乐。

（18）讲求礼仪和庆吊

【原文】

我祖星冈公第一有功于祖宗及后嗣、有功于房族及乡党者，在讲求礼仪，讲求庆吊①。我父守之勿失，叔父于祭礼亦甚诚敬。你若能于礼字详求，则可以医平日粗率之气而为先人之令子；若于族戚庆吊时时留心，则更可仪型一方矣。若须酌送重礼者，则寄信来营，余当寄付弟手。余于军中之钱不愿寄回，而后辈婚嫁及亲族红白喜事之最要紧者，则当略寄。南五舅父处，余必寄贺信并寄薄礼。其他有应点缀之处，望弟付信来告。知家中用度日趋于奢，实为可怕，望弟时时存紧一把之心。其铺帐须各开各的，不可由大中开。兄并无私意见也。

（咸丰九年十月十八日）

【注释】

①庆吊：喜庆吊唁之事。

（19）看地总须将庇荫富贵之说丢开

【原文】

改葬祖父母，看地总须将庇荫富贵之说丢开。如今年改葬猫面脑，先看定夏家地面，临开穴时即占洪家地面，未始非主葬者以富贵之说相赠，以致临时移易。此次改葬祖父母，望将此层看破为要。

（咸丰九年十二月十三日）

（20）新居须详察湿气

【原文】

沅弟言新第不敢再求惬意，自是知足之言，但湿气一层，不可不详察。若湿气太重，人或受之，则易伤脾。凡屋高而天井小者风难入，日亦难入，必须设法祛散①湿气，乃不生病，至嘱至嘱。

（咸丰十年二月初八日）

【注释】

①祛散：消除。

（21）赠弟二语

【原文】

赠澄弟云："俭以养廉，誉洽乡党；直而能忍，庆流子孙。"赠沅弟云："入孝出忠，光大门第；亲师取友，教育后昆。"

（咸丰十年二月二十四日）

（22）以祖父八字诀为治家之法

【原文】

余与沅弟论治家之道，一切以星冈公为法。大约有八字诀，其四字即上年所称"书、蔬、鱼、猪"也，又四字则曰"早、扫、考、宝"。早者，起早也；扫者，扫屋也；考者，祖先祭祀，敬奉显考王考曾祖考，言考而妣可该也；宝者，亲族邻里，时时周旋，贺喜吊丧，问疾济急，星冈公常曰入待人无价之宝也。星冈公生平于此数端最为认真，故余戏述为八字诀曰"书蔬鱼猪，早扫考宝"也。此言虽涉谐谑，而拟即写屏上，以祝贤弟夫妇寿辰，使后世子孙知吾兄弟家教，亦知吾兄弟风趣也，弟以为然否？

（咸丰十年闰三月二十九日）

（23）家事不可奢华骄纵

【原文】

家中之事，望贤弟力为主持，切不可日趋于奢华。子弟不可学大家口吻，动辄笑人之鄙陋，笑人之寒碜①，日习于骄纵而不自知，至戒至嘱。

（咸丰十年四月二十四日）

【注释】

①寒碜：寒酸。

（24）居家乡之要诀总以俭字为主

【原文】

弟为余照产家事，总以俭字为主，情意宜厚，用度宜俭，此居家乡之要诀也。

（咸丰十年五月十四日）

（25）大乱之世起屋不可太大

【原文】

余所改规模太崇闳。当此大乱之世，兴造过于壮丽，殊非所宜，恐劫数①未满，或有他虑。弟与邑中诸位贤绅熟商。去年沅弟起屋太大，余到今以为隐忧。此事又系沅弟与弟做主，不可不慎之于始。弟向来于盈虚消长之机颇知留心，此事亦当三思。至嘱至嘱。

但恐黄金堂买田起屋，以重余之罪戾，则寸心大为不安，不特生前做人不安，即死后做鬼也是不安。特此预告贤弟，切莫玉成黄金堂买田起屋。弟若听我，我便感激尔；弟若不听我，我便恨尔。但令世界略得太平，大局略有挽回，我家断不怕没饭吃。若大局难挽，劫数难逃，则田产愈多指摘愈众，银钱愈多抢劫愈甚，亦何益之有哉？嗣后黄金堂如添置田产，余即以公牍②捐于湘乡宾兴堂。望贤弟千万无陷我于恶。

（咸丰十年十月初四日）

【注释】

①劫数：此处指大乱这一段时间。

②公牍：公文。

（26）宜以傲字诰诫子侄

【原文】

余家后辈子弟，全未见过艰苦模样，眼孔大，口气大，呼奴喝婢，习惯自然，骄傲之气入于膏肓①而不自觉，吾深以为虑。前函以傲字箴规两弟，两弟犹能自省惕。若以傲字诰诫子侄，则全然不解。盖自出世来，只做过大，并未做过小，故一切茫然，不似两弟做过小，吃过苦也。

（咸丰十年十月初十日）

【注释】

①膏肓：比喻无药可治。

（27）教训子弟以勤苦、谦逊为体用

【原文】

贤弟教训后辈子弟，总以勤苦为体，谦逊为用，以药佚骄之积习，馀无他嘱。

（咸丰十年十月二十日）

（28）子侄不可习于骄、奢、佚三字

【原文】

余在外无他虑，总怕子侄习于骄、奢、佚三字。家败离不得个奢字，人败离不得个逸字，讨人嫌离不得个骄字，弟切戒之。

（咸丰十年十月二十四日）

（29）子侄须教一勤一谦

【原文】

家中万事，余俱放心，唯子侄须教一勤字一谦字。谦者骄之反也，勤

者佚之反也。骄奢淫佚四字，唯首尾二字尤宜切戒。至诸弟中外家居之法，则以考、宝、早、扫、书、蔬、鱼、猪八字为本，千万勿忘。

（咸丰十年十一月十四日）

（30）不信医药、僧巫、地仙

【原文】

接弟手书，悉弟病日就痊愈，至慰至幸。惟弟服药过多，又坚嘱泽儿请医守治，余颇不以为然。吾祖星冈公在时，不信医药，不信僧巫，不信地仙，此三者弟必能一一记忆。今我辈兄弟亦宜略法此意，以绍①家风。今年做道场二次，祷祀之事闻亦常有，是不信僧巫一节，已失家风矣。买地至数千金之多，是不信地仙一节，又与家风相背。至医药则合家大小老幼，几于无人不药，无药不贵。迨至补药吃出毛病，则又服凉药以攻伐之；阳药吃出毛病，则又服阴药以清润之，辗转差误，不至大病大弱不止。弟今年春间多服补剂，夏末多服凉剂，冬间又多服清润之剂，余意欲劝弟少停药物，专用饮食调养。泽儿虽体弱，而保养之法，亦唯在慎饮食，节嗜欲，断不在多服药也。

洪家地契②，洪秋浦未到场押字，将来恐仍有口舌。地师、僧巫二者，弟向来不甚深信，近日亦不免为习俗所移，以后尚祈卓识坚定，略存祖父家风为要。天下信地、信僧之人，曾见有一家不败者乎？北果公屋，余无银可捐，己亥冬余登山踏勘，觉其渺茫也。

（咸丰十年十二月二十四日）

【注释】

①绍：继承。
②地契：旧时地租契约。

（31）断不可忘八字诀、三不信

【原文】

骄字之戒，余前两信已言其略矣。大约祖训考、宝、早、扫、书、蔬、鱼、猪八字及三不信，吾辈断不可一日忘之。忘则家或败矣。

（咸丰十一年二月十四日）

（32）教子侄谨记"八本"之说

【原文】

家中兄弟子侄，惟当记祖父之八个字，曰"考、宝、早、扫、书、蔬、鱼、猪"。又谨记祖父之三不信，曰："不信地仙，不信医药，不信僧巫。"余日记册中又有八本之说,曰:"读书以训诂为本,做诗文以声调为本,事亲以得欢心为本,养身以戒恼怒为本,立身以不妄语为本,居家以不晏起为本,做官以不要钱为本,行军以不扰民为本。"此八本者,皆余阅历而确有把握之论,弟亦当教诸子侄谨记之。无论世之治乱,家之贫富,但能守星冈公之八字与余之八本,总不失为上等人家。

(咸丰十一年二月二十四日)

（33） 家人总以勤谦为主

【原文】

所欲常常告诫诸弟与子侄者,唯星冈公之八字、三不信及余之八本、三致祥而已。八字曰考、宝、早、扫、书、蔬、鱼、猪也,三不信曰药医也,地仙也,僧巫也,八本曰读书以训诂为本,做诗文以声调为本,事亲以得欢心为本,养生以少恼怒为本,立身以不妄言为本,居家以不晏起为本,做官以不要钱为本,行军以不扰民为本,三致祥曰孝致祥,勤致祥,恕致祥。兹因军事日危,旦夕不测,又与诸弟重言以申明之。家中无论老少男妇,总以习勤劳为第一义,谦谨为第二义。劳则不佚,谦则不傲,万善皆从此生矣。

(咸丰十一年三月初四日)

（34） 傲、惰皆败家之道

【原文】

傲为凶德,惰为衰气,二者皆败家之道。戒惰莫如早起,戒傲莫如多走路、少坐轿,望弟留心儆戒[①]。如闻我有傲惰之处,亦写信来规劝。

(咸丰十一年七月十四日)

【注释】

①戒:警戒。

（35） 早起、务农、疏医、远巫

【原文】

吾辈仰法家训,惟早起、务农、疏医、远巫,四者尤为切要。

(同治元年七月二十五日)

（36） 盛时常作衰时想

【原文】

莫买田产,莫管公事,吾所嘱者,二语而已。"盛时常作衰时想,上

场当念下场时"，富贵人家，不可不牢记此二语也。

（同治元年闰八月初四日）

（37）师道以专勤为第一义

【原文】

大凡师道以专勤为第一义。香海近年亦办公事，未必能专；年逾六十，精力渐衰，未必能勤。且诸生①志在举业，香海本非举贡②出身，近于八股未免抛荒，恐不足以惬诸生之望。宜再酌之。罗老师不可兼书院之说，不知有专条定例否？余意中亦别无可请之人也。恽次山超擢湖南方伯，未知文式岩作何下落，尚无明文。李筱泉调广东粮道，王钤峰擢赣南道并闻。

（同治二年正月十四日）

【注释】

①生：明清时期经省各级考试入府州，县学的人，即生员。

②举贡：举人贡士。

（38）兄弟不和尽可不必拂郁

【原文】

"拂意之事接于耳目"，不知果指何事？若与阿兄间有不合，则尽可不必拂郁。弟有大功于家，有大功于国，余岂有不感激、不爱护之理？余待希、厚、雪、霆诸君，颇自觉仁让兼至，岂有待弟反薄之理？唯有时与弟意趣不合，弟之志事，颇近春夏发舒之气；余之志事，颇近秋冬收啬①之气。弟意以发舒而生机乃旺，余意以收啬而生机乃厚。平日最好昔人"花未全开月未圆"七字，以为惜福之道、保泰之法莫精于此，曾屡次以此七字教诫春霆，不知与弟道及否？星冈公昔年待人，无论贵贱老少，纯是一团和气，独对子孙诸侄则严肃异常，遇佳时令节，尤为凛凛不可犯，盖亦具一种收啬之气，不使家中欢乐过节，流于放肆也。余于弟营保举银钱军械等事，每每稍示节制，亦犹本"花未全开月未圆"之义，至危迫之际，则救焚拯溺，不复稍稍有所吝矣。弟意有不满处，皆在此等关头，故将余之襟怀揭出，俾②弟释其疑而豁其郁。此关一破，则余兄弟丝毫皆合矣。

（同治二年正月十八日）

【注释】

①收啬：敛收吝惜。

②俾：pǐ 使得。

（39）不失寒士之家

【原文】

余往年撰联赠弟，有"俭以养廉，直而能忍"二语。弟之直人人知之，其能忍则阿兄所独知；弟之廉人人料之，其不俭则阿兄所不及料也。以后望弟于俭字加一番工夫，用一番苦心，不特家常用度宜俭，即修造公费，周济人情，亦有一俭字的意思。总之，爱惜物力，不失寒士之家风而已，吾弟以为然否？

（同治二年十一月十四日）

（40）有福不可享尽

【原文】

弟家之渐趋奢华，闻因人客太多之故。此后总须步步收紧，切不可步步放松。禁坐四轿，姑从星冈公子孙做起，不过一二年，各房①亦可渐改。总之，家门太盛，有福不可享尽，有势不可使尽，人人须记此二语也。

（同治二年十一月二十四日）

【注释】

①各房：家族内各家各户。

（41）家道之兴在爱敬兼至

【原文】

余于家庭有一欣慰之端，闻姊娌及子侄辈和睦异常，有姜被同眠①之风，爱敬兼至，此足卜家道之兴；然亦全赖老弟分家时布置妥善，乃克臻②此。

（同治三年六月初一日）

【注释】

①同眠：汉代姜氏三兄弟友爱。各自成家后仍同床而眠。

②克臻：能够达到。

（42）儿女辈唯以勤俭谦三字为主

【原文】

门第太盛，余教儿女辈唯以勤俭谦三字为主。自安庆以至金陵，沿江六百里，大小城隘，皆沅弟之所攻取。余之幸得大名，皆沅弟之所赠送也，皆高曾祖父之所留贻也。余欲上不愧先人，下不愧沅弟，唯以力教家中勤俭为主。余于俭字做到六七分，勤字则尚无五分工夫。弟与沅弟于勤字做到六七分，俭字则尚欠工夫。以后各勉其所长，各戒其所短。弟每用一钱，均须三思，至嘱。

（同治三年八月初四日）

（43）专在做田上用工

【原文】

余与沅弟同时封爵开府，门庭可谓极盛，然非可常恃之道。记得己亥①正月，星冈公训竹亭公曰："宽一虽点翰林，我家仍靠作田为业，不可靠他吃饭。"此语最有道理，今亦当守此二语为命脉。

望吾弟专在做田上用工，辅之以"书蔬鱼猪，早扫考宝"八字。任凭家中如何贵盛，切莫全改道光初年之规模。凡家道所以可久者，不恃一时之官爵，而恃长远之家规；不恃一二人之骤发，而恃大众之维持。我若有福罢官回家，当与弟竭力维持。老亲旧眷、贫贱族党不可怠慢，待贫者亦与富者一般，当盛时预做衰时之想，自有深固之基矣。

（同治五年六月初五日）

【注释】

①己亥：即道光十九年（1839）

（44）八好六恼永为家训

【原文】

子弟之贤否，六分本天生，四分由于家教。吾家世代皆有世德明训，惟星冈公之教尤应谨守牢记。吾近将星冈公之家规编成八句云："书蔬鱼猪，考早扫宝，常设常行，八者都好。地命医理，僧巫祈祷，留客久住，六者俱恼。"盖星冈公于地、命、医、僧、巫五项人，进门便恼，即亲友远客久住亦恼。此八好六恼者，我家世世守之，永为家训。子孙虽愚，亦必略有范围也。

（同治五年十二月初六日）

（45）子弟力戒傲惰

【原文】

吾家现虽鼎盛，不可忘寒士家风味，子弟力戒傲惰。戒傲以不大声骂仆从为首，戒惰以不晏起为首。吾则不忘蒋市街卖菜篮情景，弟则不忘竹山坳拖碑车风景。

（同治六年正月初四日）

6. 与儿子谈治家

【题解】

曾国藩继承祖先的做法，为家里立下了规章，一条一条，清楚明确，值得细读。今天的家庭，目标和要求也许和他不同了，但不妨学习，这是一点也不丢人，一点也不好笑的。因为，得益的就是自己，就是自己的家。比较今天一个理，明天一个训，只怕要方便得多，实际效果也好得多。

（1）但愿为读书明理之君子

【原文】

凡人多望子孙为大官，余不愿为大官，但愿为读书明理之君子。勤俭自持，习劳习苦，可以处乐，可以处约，此君子也。余服官二十年，不敢稍染官宦气习，饮食起居，尚守寒素家风，极俭也可，略丰也可，太丰则吾不敢也。

凡仕宦之家，由俭入奢易，由奢返俭难。尔年尚幼，切不可贪爱奢华，不可惯习懒惰。无论大家小家、士家工商，勤苦俭约，未有不兴，骄奢倦怠，未有不败。尔读书写字不可间断，早晨要早起，莫坠高曾祖考以来相传之家风。吾父吾叔，皆黎明即起，尔之所知也。

（咸丰六年九月二十九日）

（2）星冈公治家之法

【原文】

昔吾祖星冈公最讲治家之法：第一起早；第二打扫洁净；第三诚修祭祀；第四善待亲族邻里，凡亲族邻里来家，无不恭敬款接[①]，有急必周济之，有讼必排解之，有喜庆必贺之，有疾必问，有丧必吊。此四事之外，于读书、种菜等事，尤为刻刻留心。故余近写家信，常常提及书、蔬、鱼、猪四端者，盖祖父相传之家法也。尔现因读书无暇，此八字纵不能一一亲自经理，而不可不识得此意，请朱运四先生细心经理，八者缺一不可。其诚修祭祀一端，则必须尔母随时留心，凡器皿第一等好者留作祭祀之用，饮食第一等好者亦备祭祀之需。凡人家不讲究祭祀，纵然兴旺，亦不久长，至要至要！

（咸丰十年闰三月初四日）

【注释】

①款接：款待接洽。

（3） 祖孙三代治家要诀

【原文】

吾教子弟不离八本、三致祥。八者曰：读古书以训诂为本，做诗文以声调为本，养亲以得欢心为本，养生以少恼怒为本，立身以不妄语为本，治家以不晏起为本，居官以不要钱为本，行军以不扰民为本。三者曰：孝致祥，勤致祥，恕致祥。吾父竹亭公之教人，则专重孝字。其少壮敬亲，暮年爱亲，出于至诚。故吾纂墓志，仅叙一事。吾祖星冈公之教人，则有八字、三不信：八者曰，考、宝、早、扫、书、蔬、鱼、猪；三者曰僧巫，曰地仙，曰医药，皆不信也。

（咸丰十一年三月十三日）

（4） 开荒以种百谷杂疏

【原文】

省雇园丁来家，宜废田一二丘，用为菜园。吾现在营课勇夫种菜，每块土约三丈长，五尺宽，窄者四尺余宽，务使芸草及摘蔬之时，人足行两边沟内，不践菜土之内。沟宽一尺六寸，足容便桶。大小横直，有沟有浍①，下雨则水有所归，不使积潦伤菜。四川菜园极大，沟浍终岁引水长流，颇得古人井田遗法。吾乡一家园土有限，断无横沟，而直沟则不可少。吾乡老农虽不甚精，犹颇认真，老圃则全不讲究。我家开此风气，将来荒山旷土，尽可开垦种百谷杂疏之类。如种茶，亦获利极大，吾乡无人试行，吾家若有山地，可试种之。

（咸丰十一年六月二十四日）

【注释】

①浍：kuài 田间排水之渠。

（5） 居家之道惟崇俭

【原文】

居家之道，惟崇俭可以长久，处乱世尤以戒奢侈为要义。衣服不宜多制，尤不宜大镶大缘，过于绚烂。尔教导诸妹，敬听父训，自有可久之理。

（咸丰十一年八月二十四日）

(6) 再谈勤俭

【原文】

遭此乱世，虽大富大贵，亦靠不住，惟勤俭二字可以持久。

（咸丰十一年九月二十四日）

(7) 世家子弟钱不可多，衣不可多

【原文】

尔信极以袁婿为虑，余亦不料其遽尔学坏至此。余即日当作信教之，尔等在家却不宜过露痕迹。人所以稍顾体面者，冀人之敬重也，若人之傲惰鄙弃业已露出，则索性荡然无耻，拼弃不顾，甘与正人为仇，而以后不可救药矣。我家内外大小，于袁婿处礼貌均不可疏忽，若久不悛改①，将来或接至皖营，延师教之亦可。大约世家子弟，钱不可多，衣不可多，事虽至小，所关颇大。

（同治元年五月二十四日）

【注释】

①改：改正。

(8) 再谈世家子弟

【原文】

凡世家子弟，衣食起居无一不与寒士相同，庶可以成大器；若沾染富贵气习，则难望有成。吾忝为将相，而所有衣服不值三百金；愿尔等常守此俭朴之风，亦惜福之道也。

（同治元年五月二十七日）

(9) 嫁女不能贪恋母家富贵

【原文】

余每见嫁女贪恋母家富贵而忘其翁姑①者，其后必无好处。余家诸女，当教之孝顺翁姑，敬事丈夫，慎无重母家而轻夫家，效浇俗小家之陋习也。

（同治二年八月初四日）

【注释】

①翁姑：公公婆婆。

（10）居家礼节要认真讲求

【原文】

吾家门第鼎盛，而居家规模礼节总未能认真讲求。历观古来世家久长者，男子须讲求耕、读二事，妇女须讲求纺绩、酒食二事。《斯干》①之诗，言帝王居室之事，而女子重在"酒食是议"。《家人》②卦以二爻为主，重在"中馈"。《内则》③一篇，言酒食者居半。故吾屡教儿妇诸女亲主中馈，后辈视之若不要紧。此后还乡居家，妇女纵不能精于烹调，必须常至厨房，必须讲求作酒作醯醢、小菜、换茶之类，尔

▲居家礼节图

等亦须留心于莳蔬④养鱼，此一家兴旺气象，断不可忽。纺绩虽不能多，亦不可间断。大房倡之，四房皆和之，家风自厚矣，至嘱至嘱。

（同治五年六月二十六日）

【注释】

① 《斯干》：《诗经·小雅》的一篇。
② 《家人》：《周易》六十四卦之一。
③ 《内则》：《礼记》的一篇。
④ 蔬：种菜。

（11）家中兴衰全系乎内政之整散

【原文】

家中兴衰，全系乎内政之整散。尔母率二妇诸女，于酒食纺绩二事，断不可不常常勤习。目下官虽无恙，须时时作罢官衰替之想。至嘱至嘱。

（同治五年十一月初三日）

（12）君子之道以知命为第一要务

【原文】

然吾观儿女多少成否，丝毫皆有前定，绝非人力所可强求。故君子之道，以知命为第一要务，不知命无以为君子也。尔之天分甚高，胸襟颇广，而于儿女一事不免沾滞之象。吾观乡里贫家儿女愈看得贱愈易长大；富户儿女愈看得娇愈难成器。尔夫妇视儿女过于娇贵。柳子厚《郭橐驼

传》所谓旦视而暮抚、爪肤而摇本者，爱之而反以害之。彼谓养树通于养民，吾谓养树通于养儿。尔与家妇宜深晓此意。庄子每说委心任运听其自然之道，当令人读之首肯，思之发聩。东坡①有目疾不肯医治，引《庄子》曰："闻在宥天下，不闻治天下也。"吾家自尔母以下皆好吃药，尔宜深明此理，而渐渐劝谏止之。

（同治八年二月十八日）

【注释】

①东坡：即苏轼。

（13）家国之兴皆由克勤克俭所致

【原文】

历览有国有家之兴，皆由克勤克俭所致，其衰敢则反是。余生平亦颇以勤字自励，而实不能勤，故读书无手钞之册，居官无可存之牍。生平亦好以俭字教人，而自问实不能俭，今署中内外服役之人，厨房日用之数，亦云奢矣。其故由于前在军营，规模宏阔，相没未改；近因多病，医药之资，漫无限制。由俭入奢，易于下水；由奢反俭，难于登天。在两江交卸①时，尚存养廉二万金，在余初意不料有此，然似此放手用去，转瞬即已立尽。尔辈以后居家，须学陆梭山之法，每月用银若干两，限一成数，另封秤出，本月用毕，只准盈余，不准亏欠。衙门奢侈之习，不能不彻底痛改。余初带兵之时，立志不取军营之钱以自肥其私，今日差幸不负始愿，然亦不愿子孙过于贫困，低颜求人，唯在尔辈力崇俭德，善持其后而已。

（同治九年六月初四日）

——《曾国藩全集·书信》

【注释】

①交卸：曾国藩卸任两江总督

（二）左宗棠

勤俭为宝

【题解】

勤俭二字，对现在很多人来说已很是隔膜了。左宗棠以清醒的态度，在下面这一系列信件中反复强调的，还是这两个字。为什么古往今来的哲人，无不要求家人勤俭？为什么勤俭是有识之士经常敲响的警钲？读了下面这些内容丰富的家书，也许我们的感受会深入一层。

（1）与孝威书

【原文】

孝威知悉：

三月廿六日书到，具知一切。四姊命运蹇薄①，早已虑之。今竟如此，殊为悲切。元伯出继之子如能读书，可望成立，亦足慰怀。庆生上年即有癫痫②之疾，是否以此毕命，来缄未详，何也？佑生夭折亦在意中③。尔外家家运不好，我曾与尔母言之。尔舅父母辈均本分人，唯义理不甚明晓，家运不济亦由于此。吾愿尔兄弟读书做人，宜常守我训。兄弟天亲，本无间隔，家人之离起于妇子。外面和好，中无实意，吾观世俗人家多由此而衰替也。我一介寒儒④人，忝窃方镇，功名事业兼而有之，岂不能增置田产以为子孙之计？然子弟欲其成人，总要从寒苦以艰难中做起，多酝酿一代多延久一代也。西事⑤艰阻万分，人人望而却步，我独一力承当，亦是欲受尽苦楚，留点福泽与儿孙，留点榜样在人世耳。尔为家督，须率诸弟及弟妇加意刻省，菲衣薄食，早做夜思，各勤职业。撙⑥节⑦有余，除奉母外润瞻宗党，再有余则济穷乏孤苦其自奉也至薄，其待人也必厚。兄弟之间情文交至，妯娌承风，毫无乖异，庶几能支门户矣。时时存一倾覆之想，或可保全；时时存一败裂之想，或免颠越。断不可恃乃父，乃父亦无可恃也。

四月廿四日乾州营次

【注释】

①薄：艰难。

②癫痫：疯癫。

③中：有无子嗣。

④寒儒：贫穷的读书。

⑤西事：新疆危机。

⑥撙：zǔn 节省。

⑦节：节省。

（2）与孝威孝宽等书

【原文】

孝子不俭其亲丧事，典礼攸关，自不可过于省约。然用费亦宜计算，不可铺张门面，忘却义理。人言家中光景如此，不能故作寒乞相①，此等话亦当留心。理所当用，稍多无碍；所不当用，即一文亦不可用。专讲体面，不讲道理，吾所耻也。

三月十二夜平凉营次

【注释】

①乞相：寒酸可怜的样子。

(3) 与孝威书

【原文】

孝威、孝宽览悉：

接尔等两次信，知尔母归葬有期，深为慰意。吾生平于风水、选择两事不甚信，然不谓其无是理，只是人家气运所致。当其将盛，自能遇着好地好日；当其将衰，自遇着凶地凶辰。此中自关天事，非人所及。至人子为其亲谋，总必求心之安而后止，固不可以亲之体魄为求荣市利计，然亦何忍以亲之体魄置诸凶砂恶水①中也。所卜地既称安善，尔等以为安善即安善矣。尔母之灵永妥于斯，将来亦即永憩于斯，三合土可筑周围，至棺底、棺盖可不必筑，总要筑得结实。三合以日久结成一片，不通天地之气，中含阴水，易朽坏也。此是尔等事，吾不必为尔等区画②，亦姑言其理而已。墓铭字字道实，可为家范。想已刻好，可拓廿套寄来，此间要者多也。尔信以汤子惠谓不必入土，或即留嵌祠壁亦可。将来吾百岁后不能不立庙，此志即嵌庙廊。唯须另刻贞石，埋之墓前三尺为合。葬之深浅，地师必自有说。然稍深以不及泉为度，过浅不可。古人云："葬之言藏，欲人弗得见也。"葬过浅，难保后此无浅露之虞③。墓前不宜多列贵官体式，唯华表④不可少，亦不宜高，出土四尺可也。墓田十余亩足矣，不可多，异日子孙难保无竞争之事。尔等所说狮子屋场庄田价亦非昂，吾意不欲买田宅为子孙计，可辞之。吾自少至壮，见亲友做官回乡便有富贵气，致子孙无甚长进，心不谓然，此非所以爱子孙也。今岁廉项，兰州书院费膏火千数百两，乡试每名八两，会试每名四十两，将及万两，而一切交际尚不在内。明春拟筹备万两为吾湘阴赈荒⑤之用，故不能私置田产耳。备荒谷本不宜即以买田，见买之四百石即留为族邻备荒用，但宜择经管任之，须稍筹经费加给经管。仁风团亦宜分给，以全义举，此吾当寒士时与尔母惨淡经营者也。尔母每念外家家业中落，尔姨母景况甚苦，虽未向我说过帮贴一字，而意中恒不自释，尔等须体此意，时思所以润之。孝宽能当家甚好昔人当家三年而学益进⑥，所谓"是亦为政"，即此是学也。人情世故皆须体贴，多一分体贴即多一分阅历，居家做官均是一般。孝威亦宜留意，勿以此为不足学也。

闰月十六夜

【注释】

①恶水：指肆虐的沙水中。

②区画：规划。

③虞：担心。

④华表：记功的石柱。

⑤赈荒：救济灾荒。

⑥益进：记是陆文安公语。

（4）与孝威书

【原文】

尔今日计可行抵静宁矣。今日鄂台递到孝宽书及与尔书，付尔一阅。家中加盖后栋已觉劳费，见又改作轿厅，合买地基及工料①等费，又须六百余两。孝宽竟不禀命，妄自举动，托言尔伯父所命。无论旧屋改作非宜，且当此西事未宁、廉项将竭之时，兴此可已不已之工，但求观美，不顾事理，殊非我意料所及。据称欲为我作六十生辰，似亦古人洗腆②，陈设丰盛饮食之义，但不知孝宽果能一日仰承亲训，默体亲心否。养口体不如养心志，况数千里外张筵受祝，亦忆及黄沙远塞、长征未归之苦况否。贫寒家儿忽染脑满肠肥③习气，令人笑骂，惹我恼恨。计尔到家，工已就矣。成事不说，可出此谕与尔诸弟共读之。今年满甲④之日，不准宴客开筵，亲好中有来祝者照常款以酒面，不准下帖，至要，至要。御书四字可恭悬住宅中间，轿厅则不宜也。孝宽费去之钱约二千有余两，亲友中分送各项及今岁家用合计总在三千数百，上年廉余恐将罄⑤矣。到陕局，可问沈观察开一细数来。

壬申二月十一日

【注释】

①工料：工程用料。

②洗腆：洗涤器皿。

③脑满肠肥：比喻富贵。

④满甲：六十年为一满甲。

⑤罄：尽也。

（5）与孝威孝宽等书

【原文】

威、宽、勋、同知之：

得威书，知四月朔已抵家，慰甚。腰痛、咳嗽已痊愈否？格外葆慎①，勿贻吾忧也。二伯病状，前得宽书已知大概，恐心疾不可愈矣。中年哀乐多端，足损怀抱，况老年多病，何以堪此？尔辈但常省视，凡可博老人欢者极力为之，或有时渐忘忧戚，亦未可知耳。家中土木之工计已完竣。宽书来，极知谬误，吾亦不深责。尔辈须时以老父为念，勿以庸妄时撄[2]，父怒。读书行己，刻求精进，兄弟相为师友，勿比匪人，吾之愿也。尔母三年终矣，此三年中家中一切能如尔母在时否？庶母已老，家事一切不必操劳，儿妇诸宜照管，"勤俭忠厚"四字时常在意，家门其有望乎！此间雨水应节，禾苗大好，可期丰稔[3]。民气渐苏，贼情无变，七月可进兰垣。吾腹泻如常，幸尚耐苦，活一日，办一日事，尽一日心而已。

五月十二夜安定大营

【注释】

①葆慎：保身慎重。

②撄：yīng 干扰。

③稔：rèn 丰收。

（6）与孝威书

【原文】

另禀廉项五千，既已拟作各项急需之费可取用之。吾初意拟作归时饮宴之资，乐吾余年，如二疏云云者。见又积有数月，除提兰州书院膏火并恤廉吏外，尚多余剩，此项即交尔用，无不可者。唯须谆告宽、勋、同，俾知愚而多财之义，晓然于不以多财贻子孙，为父母爱子之心其可也。

五月十七日

（7）与孝威孝宽等书

【原文】

尔等安居数千里外，何知西边远塞征战之苦哉！吴南屏、郭意城、罗研、孙曹镜初前有书来，欲辑《楚军纪事本末》为一书，意在表彰余烈，用心周至，陈义[1]甚高，实可佩慰。唯我所虑者，吾湘于咸丰初年首倡忠义，至今二十余载，流风未沫，诸英杰乘时树绩[2]，各有所成，为自来未有盛事。此时正宜韬光匿采[3]，加以蕴酿，冀后时俊民辈出，以护我梓桑[4]，为国干辅。不宜更事铺张，来谗慝之口而坏老辈朴愿之风也。至当时战迹事实，各行省章奏具在，新修方略国故昭章，纵有埋没，亦断不能划削[5]事实，并其人而去之者。陶士行得罪当时权贵，至身后惨遭诬谤，子孙冤累衰弱，数世不振。数千年后征文考献，尚有为其昭雪者。至史成[6]体例，不录各家议论、本人逸事，而唯取章奏为据依。譬犹画真家，但审形模部位，而神采意态不具，生气索然，移之他人，则亦未有宛肖者，以是胜于私家记载野史爱憎可矣。士君子立身行己，出而任事，但求无愧此心，不负所学。名之传不传，声称之美不美，何足计较？"吁嗟没世名，寂寞身后事"，古人盖见及矣。尔母在日曾言我"不喜华士，日后恐无人作佳传"，我笑答云："自有我在，求在我不求之人也。"前书及复吴、罗、郭、曹诸先生书已交差弁便带回湘，尔等见诸老及吾湘能读书者语及，则详告之可也。丁果臣先生两次书来，并寄示《秩老易学》《篁邨遗事》、意欲索三百金为刻书之资。此老志节甚高，读书有得，不尚声偶不求荣利，实亦当时所仅见到老穷窘可念，当划廉界之阆王壬秋⑦所为《篁邨传》，叙次尚不失实。唯但据丁氏见闻著论，未睹大局，将胡文忠说得极庸，李忠武说得大憨，颇于理欠安。即起篁邨问之，亦必有蹙然于中者。又云"三河以后，冲锋陷阵之事颇少"，尤觉失实。后此金陵、浙江、闽粤诸大捷及北剿捻、西剿回，如李忠武所部之整齐精锐、视死如归者岂少也哉！徇一家一时私言，乱天下古今视听，文士笔端，往往有此。吾所以不主《楚军纪事本末》者亦以此。吾族自南宋以来迁湘，历数百年来未建总祠，本是缺典⑧。新谱修后又三十年，亦宜续加纂辑。族众书来问我，答以身方在军，正国尔忘家之际，孝威等在长沙，可就近商之，需费则于我乎取。唯建祠不宜廓大，须先筹祭田，岁修之费，乃期经久，修谱须明体例，求精实，族众举公正者为首事，主笔则各房分任，择其笔下明白者掌稿可也。日升等三人徒步而来，共给五十两遣归。此两事交尔与癸叟办。尔外家衰替日甚，汝光舅丧其二子，暮景颓唐，念之心恻。尔姨母无复佳况，大舅母亦然，时当周恤，以慰尔母之意，能为代谋长久更佳。余三伯不能教子，诸子中闻其季尚可。秋间来甘觅其兄贡南，而贡南不知所往，给以五十两令归。恐其家亦难复振，或尚不如从前耐穷，可叹也。叔慈处光景想略好，孝威与媳妇处此事甚得。我意季和到后尚能相安，听之。我年逾六十，积劳之后，衰态日增。腹泻自吸饮河水稍减，然常患水泄，日或数遍，盖地气高寒，亦有以致之。腰脚则酸疼麻木，筋络不舒，心血耗散，时患健忘，断不能生出玉门矣，唯西陲之事不能不预筹大概。关内关外用兵虽有次第，然谋篇布局须一气为之。以大局论，关内肃清，总督应移驻肃州，调度军食以规乌鲁木齐。乌鲁克复⑨，总督应进驻巴里坤以规伊犁。使我如四十许时，尚可为国宣劳，一了此局，今老矣，无能为矣。不久当拜疏陈明病状，乞朝廷速觅替人。如一时不得其人，或先择可者作帮办；或留衰躯在此做帮办，俟布置周妥，任用得人，乃放令归，亦无不可。此时不求退，则恐误国事，急于求退，不顾后患，于义有所不可，于心亦有难安也。尔等试一思之。孝宽修屋之费用去若干？威前书来并不言及，自是为宽留地步，恐益触我怒。以我境地如此，浪费数百两亦可置之不论，况做屋尚非浪费乎。唯孝宽不能仰体我心，任意动作，与世俗子弟见解一般，我所不喜，且更有虑也。孝威可将用去实数开单寄来。

孝宽近日志趣有无长进？勋、同近日能发愤读书否？勋婚事可于期服后办理，同可迟一年。戴敬堂人固无取，然介慎不预外事，老且益笃，尚不失前数十年秀才风味。又祖父旧徒存者无几，必欲将房屋售我，言我不受则别无人买亦是实话。孝威归时，我曾吩咐俟冬间筹画。此后未接尔等信，不知如何办理。项复得敬堂信，又申前说，并诉近状之苦。却用外县官封寄来，似是疑尔辈不为寄信者，其憨⑩可念。尔辈可设法买其房屋，勿短所索之价，亦了一桩心愿。徐寿蘅书求为其父母做寿文，已倩子维代作寄来，孝威可写好送去。俞臣太翁本祖父旧徒，人素谨饬⑪，应送寿轴。且伊家待慧姑甚厚，亦欲稍慰慧姑也。孝威所拟二伯父哀词，以古文哀祭多用韵者，不知古文哀祭用韵岐之友戚皆然，唯骨肉则不可用韵，所谓"至亲无文"也。韩祭十二郎、熙甫志父母墓皆散行不韵，此可类推，楚辞哀些岂宜用之兄弟乎？入居节署后所作《澄清阁诗》，一时和者百数十人，多佳者。建忠义祠。祀明肃王幕客之同殉者（节署本肃府旧址，明李闯贼破兰州，肃世子识铉被执，寻殉，幕客二百余人均赴虐焰其遗骸两大冢在署后，二百余年无过问者，杨厚巷时标兵饥叛，戕幕客、勇丁、将弁百余人，皆毅魄也，亦合祀焉。）。修烈妃庙，肃王妃三人，嫔二人，宫女百余人。皆因历任游观之所更为之，烈妃庙即先日延绿亭（其遗阡即在庙前），忠义祠即先日环碧山庄也。所费不过千数百金，而忠魂烈魄与山河不朽。落成，或以文记之，或题联句，今录以示尔。

十一月二十二夜

【注释】

① 义：宣扬忠义。
② 树绩：树立功绩。
③ 匿采：比喻藏方不露。
④ 梓桑：借指家乡。
⑤ 削：削除。
⑥ 宬：chéng 藏帝王家录之地。
⑦ 王壬秋：清代湘潭学者王闿运。
⑧ 缺典：缺少典藏。
⑨ 复：收复。
⑩ 憨：hān 痴愚。
⑪ 谨饬：谨慎。

（8）与孝勋孝同书

【原文】

谕勋、同：

尔嫂积忧成疾，竟以不起，可胜悲痛。唯念生而忧，不如死之速，我亦无用其悲。只尔嫂淑慎，能得姑欢，抚育诸孙尚未成立，兹忽早死，实家门不幸，心中未能释然。宽在营侍我未归，尔兄弟在家料理丧事，当极求妥慎。谦、恂、慈年尚幼稚，早失怙恃①，极可怜念。尔兄弟及诸妇当体兄嫂意，抚之如子，冀将来成立，以解我忧。谦年稍大，尔生母尚能照料。恂、慈交诸妇抚育，饮食衣服起居一切视如所生一般，亦不必过于娇养，致生毛病。诸孙之贤不肖，则尔兄弟夫妇之贤不肖也，尚慎之哉！合葬非古，而古人即多遵行者。同穴之义，人情天理之至也。唯天鹅池兄茔佳否，未能悬揣，合葬之先须启土验视。葬期固宜慎择，即启土验视日时亦宜诹取干净，未可草草，验视而吉，固即营葬。倘见有水蚁之患，则尔兄尚宜改葬，岂可迁就。我不信风水之说，然必择地营葬，本是至理。贪吉谋吉固不可，非避水蚁凶恶又可乎哉？孝子孝妇宜得葬所，此理之常，要亦不可不慎。大约启土验视时日距合葬之期迟速均非所宜，先一二日其可也。嫂柩可先窨存本山（宜雇人看守），俟葬期定，则启土验视吉则合葬，否则一并改迁。尔兄弟自察酌之。圹志写就寄归，可请人镌②之，葬时可并尔兄志铭入土。南疆底定，恩晋二等候，拟于日内拜疏固辞。荣宠日增，门庭多故，非所望也。余均饬宽转谕。

戊寅二月三十日

【注释】

①怙恃：父母依靠。

②镌：juàn 镌刻。

(9) 与孝勋孝同书

【原文】

字谕勋、同阅悉：

尔大嫂出殡暂厝①日期均已得知，一切典礼有加，费用过耗，知尔等深念亡兄久逝，诸姑幼小，不得不从厚以求其心之所安。又以与兄异母，悠悠之口最易指摘生端，宁从其厚，俾免藉口。故虽多有所费，不得复吝，我亦能为尔等原之。唯心所谓非者究不可隐，姑为尔曹一言。丧葬从先祖，不使有加焉。经常之制与其奢，毋宁俭也；与其易，毋宁戚也。然三鼎五鼎先后各殊，葬以大夫，祭以士，权宜亦异，过犹不及，均之谬也。尔亡兄生前差足与上士等，则嫂之丧只可从其夫，不得逾越；况吾又健在，以古制言之，则不成丧也，所有典礼以薄为是。尔曹推爱兄之念以及其嫂，按五品命妇之礼行之犹无不可。若以多费为荣其兄嫂，此世俗之见，于礼为缪②。吾本寒生，骤致通显，四十年前艰苦窘迫之状今犹往来胸中。汝祖汝祖母病剧时，求珍药不得，购东洋参、高丽参数钱，蒸勺许以进。丧葬一切竭诚经理，不过二百数十两。而所举之债直至壬辰乡闱获隽乃克还款。今汝兄嫂医药丧葬之费不翅十倍过之，尔曹以为如此庶几理得而心安，自我视之，则昔时不得十一以奉吾亲者，今什倍以贻吾子若妇，于心何以为安？徒怛痛耳。自今以后均宜从俭，不得援照尔兄嫂往事为例。此纸可装订成册，以示后人。南疆底定，以事功论，原周秦汉唐所创见。盖此次师行顺迅，扫荡周万数千里，克名城百数十计，为时则未满两载也。而决机制胜全在"缓进急战"四字，细看事前各疏可知大概至其本原，则仁义节制颇有合于古者之用兵。理主于常而效见为奇，盖自度陇以来未有改也。贼以其暴，我以其仁；贼以其诈，我以其诚，不以多杀为功，而以妄杀为戒。故回部③安而贼党携，中国服而外夷畏耳。实则我行我法，无奇功之可言，在诸将士劳苦功高。朝廷论功行赏，礼亦宜之。至于锡封晋爵，则在我实有悚患难安之隐。其详已具复仲云书中，细阅数过，加封送去可也。老亲戚家宜赠廉余以尽情谊，余三伯处可即划致湘平（即用长沙市平可也）伍百两，交妥人送去为要。

天中前一日父书
——《左宗棠全集》

【注释】

①厝：葬也。

②缪：谬误。

③回部：新疆。

（三）胡林翼

"和"字最不易言

【题解】

胡林翼治家最重"和"字，和睦则家中父母兄弟子侄同乐，和睦则邻里朋友上下关系融洽。当然要做到"和"，需要自家俭朴、慎戒、少借债等等，所以贵和最不易说。

（1）致枫弟敏弟

【原文】

二弟在家，闻颇好舒服，兄闻之，以为非是。人生衣食住，诚为不可缺一者，然衣仅求其暖，食仅求其饱，住仅求其安，初不必衣罗绸，厌膏腴①，而处华美之室也。吾家素尚俭朴，祖父在时，年届古稀，而辄喜徒步，不甘坐肩舆②。父亲亦常劳筋骨，饿体肤，不自逸豫。吾兄弟数人，虽所禀不同，然体质均尚健硕，年又值盛壮，安可甘自暴弃，放荡形体？沃土之民不材，瘠土之民向义，如之何而可忘怀耶？幸勉思所以自立，晏安鸩毒③。戒之，戒之！

四月十四日

【注释】

①膏腴：比喻好的饭菜。

②肩舆：轿子。

③毒：毒害。

▲胡林翼像

（2）致枫弟

【原文】

保弟在此，极佳，每遇疑难事，辄相商酌，故不致闹出笑话。兄初到仕途，惧卤莽①足以偾事②，常小心翼翼，以"慎"字自勉。吾弟在家，主持一切，望以"俭"字示范子侄辈。吾家虽非富有，而子侄辈眼见繁华，难保不为习俗所移。若常常以奢侈相戒，庶不致吃惯、穿惯、用惯，养成惰民也。

十月初八日

【注释】

①卤莽：鲁莽。

②偾事：fèn 败事。

（3）致枫弟

【原文】

家人胡根来，读手书，知家中五宅平安，侄辈读书，亦能有恒为慰。吾弟因族人失和，调解无效，颇为忿忿，宣言不愿再预闻，此实大可不必。此事所争者，名为析产①不均，然不均之数，估计仅有百金，双方岂皆少此百金者，乃竟各不相下，至于无法调停？兄意此必有人从中作祟，向双方播弄唇舌，使堕入彀中，以便于中取利。夫使所争为利，则一经涉讼，所需岂止百金？倍之亦未可知。败者固无所取偿，胜者亦岂能入橐②？此其为计，殊属太左。若不为利而为意气，即不推一本之谊，而互相退让，而再度相争，岂非愈结愈深？辗转相报，又何时可了？吾弟既已预闻，望再明白症结所在，从事调处，即稍受委曲，亦属无妨。事了后，双方必皆感激不置。否则对簿公庭，弟亦不能不预，不能不闻也。

十二月二十三日

【注释】

①析产：分割家产。

②橐：tuó 口袋。

（4）致枫弟等

【原文】

治家贵和，固也，然"和"字最不易言。聚父子、母女、兄弟、姊妹于一室，其势必能和睦，何也？以其有天性存也。若聚婆媳、妯娌、姑嫂于一室，其势必不能和睦，何也？以其本无天性之亲也。其聚也，因其夫身所系，乃适然会合也。而又利害相冲突，旁人相构煽①，面亲而心远，欲求其和，谈何容易。故百忍成金，传为美事，以其不易也。吾家聚族而居，均无间言，骨肉和睦，至可欣喜。然吾弟从中维持之苦，亦从可知矣。兄客里岑寂，颇有感于家室之乐，而又联想及于同居之难。草草握管，专布胸臆，吾弟阅之，有同感否？

八月初六日

【注释】

①构煽：构陷煽动。

（5）致枫翼弟

【原文】

日来颇有人以嗣续①之说进者，兄自念年已四十有六，缓固无妨，立亦有见。查律凡无子者，应以最近昭穆相当者之子为嗣，不得紊乱。又查律凡无子者得于应嗣者外，别立钟爱者为嗣。是嗣子之身分，法律上固有规定，而嗣父亦有权审择。盖嗣子不仅以延一线之宗祧，且以承晚年膝下之欢心。倘所立者恃其法律上不可更易之理，而荒荡不务正业，嗣父母目击其不肖，而又格于定例，无力挥之之门外，另择贤爱之人，以娱暮年，则其悁②焉心伤为何如，反不如不立之为愈矣。兄尝见世俗之人，往往因觊觎③遗产，争立继嗣，甚至各纠同党，成对抗之局，虽至涉讼公庭，亦所不预。此其心思之卑劣，真不知人间有羞耻事者矣！夫男子之承继，犹女子之出嫁，设女子自欲嫁人，必为人所不齿，而独于争产扭嗣，则众咸漠然视之者，何欤？吾家财产不及中人，丁亦不旺，兄复健在，择爱择贤，若于昭穆伦序不失，宗族中当无人私议。兄意墨溪叔父之孙，斐翼之子子勋，性敦厚，于昭穆次序亦当，抚为子嗣，最为合宜，弟闻之，其有意见否？

十二月初六日

　　①嗣续：后嗣。

　　②慼：cù 忧愁。

　　③觊觎：jì yú 起非分之想。

(6) 致枫弟

【原文】

　　大凡亲戚友朋之间，最易发生龃龉①者，厥维债务一事。昔先君曾诏兄曰："汝能节衣缩食，常使手头有余，最佳。否则宁忍饥寒，勿举债。须知债务在身，若附骨疽②，实足以致汝命也。若亲友间有窘乏而来告贷者，力所能及，则慨予之。他日而能归赵，受之可。不还，亦不必索偿也。亲友之凶终隙末者，大半由于债务纠葛也。"兄常牢记而未敢渝。来信谓袁洪山与族弟安甫亦因索债而情感大伤，且有涉讼之风传，益征先君之识为远大矣。此事曲直，似洪山有负安甫。以洪山平日之挥霍，虽有铜山③，亦将难恃。当其窘迫万分之际，安甫顾念亲情，慨然借多金。原为周济其急，当时之所以不立债券者，亦以彼此相尚以信义，初不虞其竟尔负心也。五载以来，子母均无所着，一再逼索，竟反唇相讥，通财义举，反伤亲谊，宜乎安甫之忿忿也。兄昨日函致洪山，劝其顾全信义，偿还母金。倘因手头拮据，分拨亦可。安甫处，望弟亦善为排解，稍加通融，俾不致因此而涉讼公庭，伤两家和气为要。

　　五月十七日

——《胡林翼家书》

【注释】

　　①龃龉：jǔ yǔ 比喻意见不合。

　　②骨疽：骨上疽病。

　　③铜山：比喻家财万贯。

（四）彭玉麟

家书十四封

【题解】

　　在这十四封分别写给叔父、弟弟、儿子的信中，处处流露出彭玉麟身居高位、大富大贵而又如履薄冰、如临深渊的谨慎、戒惧的心态。他强调了子女的教育，强调了俭省的好处，对家族中不肖子孙在乡里作威作福深恶痛绝，指出父辈威严的重要等等。他把"勤敬"二字作为治家治国、立

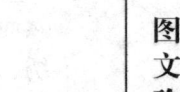

身处事的基本原则。勤是勤劳，敬则是恭敬，可以理解为敬业精神，理解为信仰、献身。

（1）禀叔

【原文】

前寄白银四千两，乃攻克田镇时，帅营所犒赏。侄思此银，都从头颅血肉丛中取得来，于心不安。想家乡多苦百姓、苦亲戚，正好将此银子行些方便，亦一乐也。彭城老伯母，苦节①五十年，族中无贤子侄，可以靠傍，侄意按月赡养之。五舅年老，穷守村塾，虽是乐天知命，无求于人，做小辈理宜孝敬。可惜守敬叔和王丁两家，遭匪难，路途杳远，音问莫从。侄意派人四处寻访，馈金酬报曩昔知遇之恩，省得来世变犬变马。其余可以偿清旧债，渠等见侄做官，不敢来索，适以增吾罪恶，吾必还清，便是夜来睡眠，也觉安宁。吾觉乡里间，唯侄显达，人皆穷苦，是天之待侄独厚；或者天非待侄独厚，把许多人福命②，完全归我，要我去代他方便。所以想村中塾师，多是冬烘③头脑，没个博学鸿儒来启蒙牖俗④，想请五舅屈尊，把一般孩子好好教导，替吾乡造就几个人才，便是替国家增若干元气⑤。可从四千两银子中，分拨若干，作为兴学之用。至于家祠春祀之奉，侄已着彭忠带呈。

【注释】

①苦节：苦守贞节。
②福命：福气好运。
③冬烘：糊涂，迂腐。
④启蒙牖俗：开启世人头脑，义近"启蒙"。
⑤元气：生气。

（2）致弟

【原文】

守财不施，谓之"钱奴"。为人一世中，不过衣食住三者最不可少。然而衣求温暖，食求果①腹，夜眠六尺地，入梦便似死人然，何必衣必锦绣，食必膏粱，起造高大房屋？美轮美奂②矣，亦享受微几。况夫"象以齿③焚，麝以香殒，多藏诲④盗"一语，切当之至。处兹乱世，钱愈多则患愈大。一年足敷⑤温饱，便是大福分，大富贵。要钱多何用？心劳日拙，最可鄙。从来富人有几辈留存齿颊，标名青史，倒不及穷酸力学，一篇文章，不覆瓿⑥，便笼纱，流传来得永久。即是要钱多，养得不肖子孙，狂嫖滥赌，挥霍无度，纵有铜山亦可倾。所以吾但望子孙贤能，不望金钱富饶。子孙不肖，积衣积谷、积银积钱、积产积书，都无用处。彼见钱多，不知艰难撙节，游荡骄轶，反而害渠一生。每见富家子弟读书，但求虚饰而不知实际，造就者少。唯贫窭者吃得苦中苦，孜孜⑦兀兀，反多成就。故对子弟，切戒奢侈，要钱用，必须自己筹划，勿为分利而为生利者。对于穷困之士，理宜周恤。余在军中，不茹荤，但嚼菜根，觉得甜蜜有谏果⑧回味之妙，力自节省。想朱轼尝云："省一酒食之费，可活几人；省一交际之费，可活几人；省一簪玉耳衣被之费，可活几人；省一布施僧道礼拜神像纸钱牲牢之费，可活几人。"当此世乱年荒，每思节用以利民生，俸禄所入，除奉甘旨外，每移赈民间，非如冯谖⑨市义，但求吾心所安而已。

【注释】

①果：饱满。

②美轮美奂：高大美观。

③齿：象牙。

④诲：引诱。

⑤敷：fū 够。

⑥覆瓿：bù 盖坛子，喻文章价值不高。

⑦孜孜：zī 勤勉不怠。

⑧谏果：橄榄。食之涩，食后回甘，有如忠言逆耳。

⑨冯谖：战国时期孟尝君的门客，曾为孟尝君收买民心，烧掉债券。

（3）禀叔

【原文】

闻不肖子在乡党间，作威作福，坏吾官声不少。渠本不识艰苦，生享父荫，眼孔大，口气大，安富尊荣，颐指气使，骄傲之心，入放膏肓而不可救药。尊长呼叱，不知改过趋善，自省自惕，吾深以为虑！这总是伊久离家庭，少教诲所致。近饬①彭忠奉上家书，并附白银百两，请以半数拨五舅塾中，作膏火之资；且恳五舅，将不肖子严加约束，吾心庶慰。若再怙恶不悛②，当调彼来营服务，使尝午夜星霜，五更刁斗之苦。

【注释】

①饬：令。

②怙恶不悛：坚持作恶，不肯改悔。

(4) 致弟

【原文】

　　治家贵严，严父常多孝子；不严则子弟之习气日就佚惰①，而流弊不可胜言矣。治军何独不然！威信不立，军心日弛；既弛矣，虽加鞭棰而不乐于就羁勒，必损其群。故严父之于子，慎始克终②；主将之于勇，杜微防渐③。其敬畏之道，又非以身作则不为功。余在九江，率水师剿匪，夜睡甚少而起独早，迨余起而全营皆先余起矣。询之，曰："将军治事烦剧，犹早起，勇可独晏乎？"自入安徽抚署后，犹不敢求怡悦，恐失其威信也。

【注释】

①佚：通"逸"。

②慎始克终：开头谨慎才能保持到最后。

③杜微防渐：有不良迹象、苗头即加以限制，不使扩大发展。

(5) 谕子

【原文】

　　闻家中修葺①补过斋旧屋，用钱共二十千串，不知何以浩费若斯？深为骇叹！余生平崇尚清廉慎勤，对于买山置屋，每大不为然。见名公钜宦之初，独惜一敝袍，而常御之，渠寻见余，辄骇叱何贫窭②如此？余非矫饰，特不敢于建功立业享受大名之外，一味求田间舍，私图家室之殷实。常思谦退，留些有余不尽之福分，待子孙享受，莫为我一人占尽耳。对于开支用度，亦不肯浪费多金，是以起屋买田，视作仕宦之恶习，已身誓不为之。不料汝并未请示于我，遽兴土木，既兴土木之后，又不料汝奢靡若此也。外人不知，谓吾反常，不能实践，则将何颜见人？令小民庐舍被焚，归无足蔽风雨者，都露宿郊原，卧草荐③上；官员亦多贫乏，兵丁久缺饷银；而吾居高位，食厚禄，乃就有余资以逞奢，是示人以盗廉俭之虚名，非所以同甘苦者矣。小子狂妄，使予赧④愧。窃念汝祖母在日，必不能任汝妄为！此亦汝母姑息之弊也。

【注释】

①葺：qì 修理房屋。

②贫窭：jù 贫困。

③草荐：草垫子。

④赧：nǎn 脸红。

(6) 致弟

【原文】

钊侄总是少年性情，好动而不好静。忆自九月间，荐渠至江南，习礼学诗之外，更可登临山水，凭吊陈迹。乃渠一至江南，遽觉倦游，归心如箭。想渠未至江南，辄生羡慕，已至江南，便想到家，席不暇温暖者何耶？岂此间同袍不足与共忧乐，抑区区职守、不足羁縻庞士元①耶？

【注释】

①士元：三国庞统，这里借指人才。

(7) 谕子

【原文】

种竹、栽蔬、养鱼、豢①猪，四者亦家事中不可忽。上可不忘祖风，有小村尚俭崇朴之美德；下以撙节靡费，可以生利，觉家庭间蔼然有旺气。即使种植豢牧无人，多雇几名帮庸，亦无妨碍。如能得有成效，不特朵颐②大快，亦足觇③人家兴衰气象也。

【注释】

①豢：huàn 养。
②朵颐：鼓动腮颊大嚼。
③觇：chān 窥视。

(8) 致弟

【原文】

人贵不忘其本：守先人之旧业使勿替庶可已，其享余荫者，更宜习劳崇俭；慎勿杂半点官家子弟习气。出门不许坐轿，不许呼奴喝婢。事事须躬亲，甚至拾柴收粪，甘为之，插田莳①禾等事，亦优为之，不忘吾世代半耕半读，能如是，渐务其本而不习于淫佚。

【注释】

①莳：shì 栽种。

(9) 致弟

【原文】

勤敬两字，为立身要道，为治家良法，甚至为国为民，莫不取是以作则。不分治乱，不分公私，其人能勤敬，则事业未有不兴者。不勤不敬，则人必唾弃之，天降以戾气，深致忏悔而譬之啮脐①。子侄辈有喻此意者否？若处处和两字作对，则其家必中落，而不能延富贵气象。祈刻刻留心！以是勖②勉之。

【注释】

①啮脐：nièjì 咬断脐带。

②勖：xù 勉励。

（10）谕子

【原文】

彭忠回，嘱带三百金，除百金为周济亲友之用外，余可交汝母存储。军中款竭，千万节省。余以山野而登廊庙，惜名独甚于其他，望汝亦珍重爱惜此虚声，知祖宗积德，子孙享受之不易。吾家素又俭约，汝祖母汝母均不愿以贵显，坐享尊荣，乃从廉俭处着想，对乡党叙齿①，从来不倚势骄人。望汝转语新妇，力以姑②及祖姑为模范。须知居高势危，盛极必衰，享大名者，或且得奇祸也。曾帅位出余上，贵无人及，乃伊家妇女大小，皆纺纱织布，闻已成六七机。以勤俭忠厚，承先而启后，何尝夸耀里井、养身奢而待人啬哉！以后亲戚，有穷因来归，宜留养之，勿违余之初衷。

【注释】

①叙齿：按年龄长幼定先后顺序。

②姑：婆婆。

（11）致弟

【原文】

家庭骨肉之亲，乐逾南面①。吾弟兄性格相近，亲爱亦逾常人，欢欣和畅，事事如阳春景象。乃不料小弟兄辈，动生嫌畔，此实荣儿性气桀傲，度量不闳②，辞意凌人，有以致之。吾愧教导无方，末由洗厥兽心。自前年来，我喜钊侄之进德修业，可以光大门楣，为祖宗争气。其言论风旨，洞达时势，综括机要，非徒于家务井然，若有条之不紊，尊亲而惠下，也具有实践功夫。以后与荣儿，可以远避，枭獍③实不足化耳。能可无躁无矜，互求和睦亦佳。嗣后④荣儿，将不令出仕，恐其无善终。弟家子媳，幸不趋奢华。吾尝作数语以勖后辈曰：

出门莫坐轿，居家勤洒扫。诸女学洗衣，早晚学烹调。老逸而少劳，事理多明晓。少甘而老苦，此事颠倒了。

词虽粗陋肤浅，能照此做去，也可成孝子贤媳，把持门户。

【注释】

①南面：做君王坐北面南。

②闳：hóng 宏大。

③枭獍：xiāo jìng 枭为恶鸟，生而食母；獍为恶兽，生而食父。

④后：此后。

（12）致弟

【原文】

　　家中一切，自经代谋，规模粗具矣。即宿志①如养鱼、种竹、栽蔬、牧畜等事，均达我意，可喜。侄女出阁，妆奁勿太过奢。盖仕宦之家，办喜事每不惜浪费，以示豪华，吾所不取，望弟亦慎重。于选弟之途，务必丰俭得中，唯于礼仪，则不可简率②也。

【注释】

①宿志：从前的理想。

②简率：简单草率。

（13）谕子

【原文】

　　湘乡位尊，犹不敢染仕宦之习气，其于饮食起居，日尚守寒素之家风：极俭，亦可也；略丰，亦可也，太丰，我不敢也。此等处可见其廉，可见其朴，有君子之风，为中兴时有数之人物。愿吾子孙规摩前哲之言行，习劳习苦，则家未有不兴者也。汝欲传吾之家风，亦当淡于仕禄，富贵功名，皆前定，在乎天，唯希①圣希贤，乃由自主也。

【注释】

①希：仰慕。

（14）致弟

【原文】

　　崇俭是我一生长处，非夸语；不贪亦是我一生长处，非夸语。忆余受不次之擢①，十余年来，任知府，擢巡抚，由提督补侍郎，未尝营一瓦之覆，一亩之殖。受伤积劳，未尝请一日之假。终年于风涛矢石之中，未尝移居岸上，以求一人之安。虽膺②荣赏，自顾才谫，未尝肯滥竽莅任。应领收之俸给及一切饷银，未尝侵蚀丝毫，未尝置一新袍，敝衣草履，御之而心气舒泰，中怀澄然无滓，可以明彻天地，俯仰无愧怍③。是以历劝家

中，幸以余为法，以戒奢侈，崇俭实，戒贪欲，崇廉义为要义，不可妄制一衣、妄用一钱也。

——《彭玉麟家书》

【注释】

①擢：提拔。

②膺：获得。

③愧怍：惭愧。

（五）吴汝纶

"窃"书

【题解】

吴汝纶在这封信中批评了孩子不打招呼擅自拿走他图书的行为。这种生活中的小事，不可放之任之，因为关系到良好习惯的形成。

【原文】

吾案头《十八家诗钞》①中，杜公②七律，汝曹何人携去？遍觅不得，可恶已极！此书有副本在汝曹手中，何以定须取吾手应用之本，又不告吾？前年王子翔持吾《汉书》半部南去，至今人在北方，书在南方，不能见。今年吾所用汲古阁《史记》，又被子翔取去，问之乃言，不问不告也。吾甚恨之！此风乃驹儿所开，时时将吾书乱抽乱架，又复持入私室中，使我遍觅不得。汝等应读之书不能读，乃往往与吾争书，此何意也？嗣后③凡吾书室中书，不许汝曹私持去，有欲览者，必先禀吾命，吾赐汝书，汝乃受而藏之，不得将吾书私为已有，此一家法也。若乃不问不请，见书辄持去，此是目无老夫，此风何可长也！前日驹儿来书云："《唐诗鼓吹》④携往获鹿"，至十八家中杜公七律，何以并未言及？应即回复，毋使余悬悬，并将此函转告子翔，吾急欲索《史》《汉》还也。并戒后勿复尔！六月十五日，父告两儿。

——《吴汝纶尺牍·谕儿书》

【注释】

①《十八家诗钞》：曾国藩选编。

②杜公：杜甫。

③嗣后：此后。

④《唐诗鼓吹》：唐人七律诗选集，旧题金元好问撰。

（六）甘树椿

勤俭论治家

【题解】

甘树椿，近代学者。他在《甘氏家训》中较多地谈到了治家问题，以其渊博的学识和丰富的阅历及深刻的人生感受，主张男女都应各自勤勉，崇尚节俭，只有这样家业才能兴旺，读来情真实切，诚挚感人。

（1）勤则兴，懒则衰

【原文】

居家之道，无论男女，均要各事其事，各勤其业。决不可惰，决不可闲，群居终日，言不及义，万恶之伥也。饱食终日，无所用心，败家之媒也。故公父文伯之母曰："民劳则思，思则善心生。逸则淫，淫则忘善，忘善则恶心生。"寤寐无为，泽陂之诗所以刺也，戒之戒之。家人之勤惰，家之兴衰系焉，不可忽也。

【译文】

处家的方法，不论是男是女，都要各自勤勉地做自己所应做的事。决不可以懒惰，不可以闲散，整天坐在一起闲扯，这是万恶之源。整天吃饱了没事做，这是败家的因由。所以文伯的母亲敬姜说："人们劳累，就会去思考，经常思考就会产生善心，无所事事就会放荡，放荡就会忘掉善心，恶念也就随之而生。"夜晚难以入睡而又无所事事，因此"泽陂"这首诗对此做了讽刺。要警戒啊。家里人的勤勉或懒惰，关系到家庭的兴衰大事，切不可忽略。

（2）教育孩子应防微杜渐

【原文】

比虽家计艰窘，处境至困，我固无所忧，所忧者特瑄孙耳。其天性至薄，不喜读书，好诳语，告以善言，充耳若不闻。初以其幼小不为意，及年渐长，顽梗如故，诳语如故，且益甚恶，乃知其性使然，不可以教诲也，将来恐为门户之玷，吾甚忧之。余生平颇主孟子性善之说，而深斥荀言性恶之非，以此子观之，荀子之说未可非也。此子我不能教，汝自教之可耳？果能稍稍变化其气质，则甘氏之幸也。

【译文】

尽管家境窘迫，我并不忧愁，令我忧烦的只是特瑄孙儿。他禀赋不

高，不愿读书，好口出诳言，并从不听善意规劝。以前认为他是孩子并没放在心上，后来看他逐渐长大，不仅那些坏习气未改，而且越来越厉害，才知这是天性使然，无法教诲，深恐将来玷污了我家的门风。我平生一直相信孟子的性善之说，而不信荀子的性恶之说，从特瑄孙儿身上，印证了荀子的学说是有道理的。这孩子我没法教育，你自己去管教吧。如真能稍微改变他的坏习气，则是甘氏家庭的大幸。

（3）院落要条理井然

【原文】

居家总以勤俭为主，所用物件均须有一定位置，条理秩然，检点自易。庭除务须时时洒扫，不可令污秽堆积。便所要洁净，阴沟要疏通，此盖卫生之要务，不可不留心者也。

【译文】

家庭生活要节俭，各类物品的放置应有一定的地方，要条理井然，以便于检点，庭院要时时洒扫，不能到处乱放，厕所要清洁干净，下水道要疏通，这些都关系到人的健康大事，不可不留心。

（4）量入为出

【原文】

崇节俭、戒奢侈，居家之道也。然人之贫富不必尽同，必节省至如何程度而后谓之俭乎？此有扼要一义，则量入为出而已。譬如我之入款，岁有五百金，支出之数只以十分之九为限，务节省十分之一。以备意外之需，是之谓量入为出。能量入为出是之谓俭。古人有言由俭入奢易，由奢返俭难。我祖我父常以此两言训迪家人，愿汝等聪听祖考之彝训，世世守之，毋忘也。

【译文】

崇尚节俭，力戒奢侈是居家之正确方法。然而各人贫富程度不尽相同，节俭的标准应当根据什么来确定呢？应以量入为出作为标准。比如我一年收入五百金，支出最多不超过十分之九，储蓄十分之一以备意外之需，这就叫量入为出。能够根据收入决定支出就叫节俭。古人说由节俭到奢靡容易，由奢靡再返回到节俭非常难。我祖父、父亲经常用这两句话来训导启发我们，希望你们世代相传，永不忘怀。

(5) 节俭有度

【原文】

我教汝等崇俭者非吝之谓。俭也吝有别，《颜氏家训》曰："俭者省约为礼之谓也，吝者究极不恤之谓也。"《秉烛斋随笔》曰："啬于己不啬于人谓之俭，啬于人不啬于己为之吝。"处己可啬也，而待人则不可啬。事亲也、事师也，祭祀祖先也，周恤穷困也，图谋公益也，此皆不可啬者。不可啬者而啬之则吝而已矣，非俭之谓也。

宋季元衡曰："贪饕以招辱，不若俭而守廉。干请以犯义，不若俭而全节。侵牟以聚仇，不若俭而养福。放肆以逐欲，不若俭而安性。"此名言也，兹为汝等说之。人之以贪墨败者，其初心不必即欲如此也，当穷居之时，未有不知廉之可贵，而贪之不可为者。迨出山以后，沾染宦气，好讲局面，遇事挥霍，而因度因之不能节省，加以奔走势要，广通声气，苞苴请竭，需费浩繁，势不能不变其初心，而施其侵渔之伎俩；不能不毁其廉隅肆其无厌之诛求。见利而忘义，黩货而不知止，遂骎骎焉入于贪人败类之一途而不自知矣，而其始皆自讲局面之一念误之也。因好讲局面以致亡廉耻、败行检、丧操守，为门户之玷，为祖宗之辱，为子孙之羞，岂不可悲？岂不可痛？汝等试思之，彼辈侵牟之所得能偿其所失耶？故吾尝谓士君子名节为重，利禄为轻，与其多取，不如节用。

【译文】

我告诫你们应崇尚节俭绝不是要你们吝啬，节俭与吝啬是有区别的。《颜氏家训》说："节俭是指合乎礼的节省，吝啬是指对极贫困的人也不肯接济。"《秉烛斋随笔》上对俭与吝啬的解释是："对自己吝啬对别人从不吝啬叫节俭，对别人吝啬而对自己铺张才叫吝啬。"对双亲、对老师、祭祀祖宗，周济穷苦的人，为公众的事情谋利益，都是不能吝啬的。不能吝啬的地方一概吝啬就不能称之为节俭。

宋代的季元衡说："贪得无厌而招来耻辱，不如节而保持廉洁的名声；有所求请托人而违反道义，不如节俭而保全节操；侵占掠夺而结下冤家仇人，不如节俭而坐享清福；恣肆放任地追逐欲望的满足，不如行为检点而安以养性。"这些都是至理名言。人的贪欲不是一开始就有的，在贫穷时都懂得廉洁的可贵、不能贪欲。然而一旦当了官，便沾染官宦之气，好讲排场，开始挥霍无度了。为了沟通权势，不惜花费重金用于行贿，久之必然要施展侵吞财物的伎俩，不能不败坏道德而最后走向绝路，及至贪利忘义，欲壑难填，成为罪人而不自知。可见逐渐的变坏均始于讲排场，因好讲排场而忘了廉耻，败坏了品行，丧失了操守，玷污了门风，使祖宗受辱，令子孙遭羞耻，难道不让人悲伤与痛心吗？请你们思量思量，那些人侵占掠夺得到的东西难道能补偿所丢失的东西吗？所以我曾说君子应以名节为重，以利禄为轻，与其多贪取，不如节约用度。

（6）早起洒扫，益于性情

【原文】

朱伯庐《治家格言》云："黎明即起，洒扫庭院。"要内外整洁，此有数义：一则，可养成子弟耐劳风气，不至习于逸惰。二则，有益卫生，尘浊尽去，不致发生微菌，传染病可以预防。三则，可使心地清明，外地洁则内地亦洁，外尘去则内尘亦去，是亦澄心之一助也。

【译文】

朱伯庐《治家格言》中说："天刚亮就要起床，打扫清洁家里家外。"这里有很多好处：一是可以使子弟养成勤劳吃苦的习惯，不至于养成安逸怠惰的恶习。二是有益于环境卫生，扫除灰尘和污浊的东西，不会产生细菌，可以预防传染病。三是可以使心绪清爽，室内室外的环境清洁也有助于人的心情舒畅。

（7）意外之财不可贪

【原文】

意外之财断不可贪，贪之必有祸。同治初年，家有佣郭某，锄菜后园中，得白金二镒，不敢隐持，归献之先太恭人。太恭人曰："我未埋此，此非我家物，汝即得知发归汝，我不取也。"家人颇以为言，谓此我园中所得，给以半可耳，悉与之胡为者。太恭人曰："我家自祖父以来，皆自食其力，非我力所辛苦拮据而得者，皆为意外之财，意外之财不可贪也，意外之财必有意外之祸。"卒予郭，郭大喜，遂怀金辞去。越年余，郭复来求为佣，问其金，则曰："自我归屡被盗，病几死，金垂尽。病始愈，命应佣，固应长佣耳。颇悔持金归也。"汝等但就此事观之，意外之财可贪乎？不可贪乎？先太恭人义不贪意外之财，可以垂为家范，故乐与汝等述之。凡我子孙，均当奉以为法。

【译文】

贪图意外之财必遭祸患。同治初年时，家中佣人郭某在后园锄菜捡到四十八两银子，不敢自己私留，回来交给先太恭人。太恭人说："这不是我家埋下的银子，是你拣的应当归你。"家人认为既然是在我们家园中拣的，可以各分一半，为什么都给他呢？太恭人说："我家从祖父以来，都靠自己的劳动生活，不是我们辛勤劳动所得都属意外之财，凡是意外之财不可贪图，否则必遭祸患。"终于将银子全部归郭某所有，郭某兴奋异常，拿着银子辞工回家。过了一年多，郭某又来请求当佣人。家人问他银子的事，他说："自从离开你们家，我几次被盗，几番患病濒临死亡边缘，银子花费殆尽，病才好，这是命中注定做佣人，所以回来了。现在真后悔当初不该拿着银子离开这里。"可见，意外之财不可贪。先太恭人节操高洁，不贪意外之财，可以立为我家学习的典范。凡我子孙都当以此为法规。

（8）黎明即起

【原文】

吾自少至第，皆黎明即起，无一日晏起者。晏起古人多戒之，故吾不敢也。偶阅王氏《困学纪闻》，有一条引古早起事略备，兹特书示汝等，愿汝远法古人，则近不坠家风也。成王、周公皆"坐以待旦"。康王晚朝，宣王晏起，则《关雎》作讽，姜后请愆，况朝而受业为士之职？《书》曰："夙夜浚明有家。"《孝经》言卿大夫之孝，引《诗》曰："夙夜匪懈"。言士之孝，引《诗》曰："夙兴夜寐"。三晨晏起，一朝科头管幼，安所以惧也。在家常早起，杜子美所谓质朴古人风者也。鸡鸣咸盥栉，问讯谨暄凉，朱子诏童蒙也。观起之早晏，知家之兴废，吕子之训门人也。起不待鸡鸣，陆务观示儿之诗也。鸡鸣率家人同起，不可早晏无常，叶少蕴与子之书也。鸡鸣而起，决择于善利之间，为舜而已矣。

——《甘氏家训》

【译文】

我从小到老，都是天刚亮就起床，没有一天晚起。古人多以晚起为戒，所以我不敢晚起。偶尔读王应麟《困学纪闻》一书，其中有一条摘引古人早起的事，比较完备，这时抄给你们，希望你们远学古人，而近不失家风。周成王、周公都坐以待旦，勤于德业。康王拖延上朝，宣王晚起床，于是被《诗经·关雎》所讥刺，姜后引为自己的过失，何况在朝为士的人。《尚书》说："早晚治理清明，可以保家。"《孝经》谈到卿大夫孝亲时，引用《诗经》中"早起晚睡，没有倦懈之时"一句。谈士人的孝时，引用《诗经》中"早起晚睡"的诗句。三天早晨晚起，就是管孩子也没有威信。在家要常早起，就是杜甫所说的古人质朴之风。鸡叫时全起来梳洗，互问冷暖，这是朱熹告诫儿童的话。看起床的早起，可知家道的兴衰，这是吕坤训诫学生的话。不要等鸡叫时才起床，这是陆游写给儿子的诗。鸡叫时带家人一同起床，不可早晚没有规律，这是叶少蕴给儿子的信。鸡叫时就起床，对人的好处是无穷的。

（七）严复

与夫人朱明丽书二封

【题解】

这两封信分别写于 1908 年与 1910 年，内容涉及如何治家的方面。第一封信中，严复劝告夫人要节制家用，省俭度日；第二封信中，严复告诫夫人对于犯了错误的孩子应加以惩罚，不要在孩子面前说长道短，以致后来失去威性，管教不住孩子。严复的这些治家言论看似平常，但很有道理，值得我们充分肯定。

其　一

【原文】

明丽如见：

前寄二缄①，想皆收到。惟未得汝信，实深挂怀。兹托麦加利送到洋四百元，系汝家用、房租、巡捐、车费。外交贰拾伍元与吴厝，以为普贤、香严点心并添补等费。现我不在家，用度自可省些，宜属两孩与大家一处吃饭，不必另起伙食，以节糜费。又姨太言，吴嬷及粗做工钱每月八元，汝处仅给年余，以后皆系由江姨自给。此节我亦不知，今后每月八元，仍望照旧章给发。我非与汝计较，实因两头家眷皆居于百物腾贵之地，实当不起。京中新宅初定，每月动用尚难定准，但迁居以来，房租、月五十两，小租、五十两。添设家具，四百余元。修裱房屋、整理马车并购马诸费已用千金左右，尚非十分舒服。又学部②系是苦部③，薪水恐难从丰，所以与汝商量省费之法，务须体会此意。今寄整数四百，搏节动用，如有实在短少，不妨来信言之，吾亦不肯使汝为难也。适才姨太要求我月寄五十元交吴嬷动用，吾亦未许之也。至吾体力，入京后尚可支撑，家中人毋庸悬挂。

八月廿六日　几道手泐

【注释】

①缄：jiān 书信的量词。

②学部：即后世教育部。

③苦部：清水衙门。

其　二

【原文】

旧的包车须要带京，培南要用，祈勿卖出，切切。余语前信已及，兹不复赘。学部榜发，肖鹤中一等第四名，勉生中一等十一名，恭喜恭喜！

老三与大小姐吵嘴，渠甚气恼，汝奈何不弹压他？孩子年纪小，不知轻重，汝做娘的必不可在渠面前说长道短，使他胆大，致难管教。汝尚明白，当不至此，吾不过叮咛嘱咐而已，外与老三手谕，可交与他看。吾此数日，甚忙碌也。

十四夕渤

——《严复集·书信卷》

（八）邹岐山

《启后留言》论治家

【题解】

邹岐山，清末民初人，祖辈务农，早年读私塾，即入商途，自立商号，起家贫困，他以谨慎勤俭为本，艰苦创业，产业逐渐扩大，成为原大连德兴大药房主人。

（1）心齐家兴

【原文】

人莫不愿足衣食，富赀财，家门显赫，事业兴盛的。然欲达到此目的，必须有个道理。要是人口众多，意见不同，各存各心，消亡立见，想要家门兴旺，是不可能的。要是一家之中，父母有事，子女服劳，哥哥倡率于前，兄弟随从于后。夫妻同心，妯娌和睦，一家上下，同心同德，无猜无嫌，家门还有不兴旺、不发达的，是决定没有道理啊。

【译文】

凡人没有不喜欢丰衣足食，资财充盈，家门显赫，事业兴旺的。要想达到这一目的，必须共同遵循一定的原则。如果家中人口众多，意见不同，各吹各的号，各打各的锣，要想使家门兴旺，是不可能的。如果一家之中，父母有事情，子女尽心竭力去做，哥哥首倡在前，兄弟紧紧相随，夫妻同心，妯娌和睦，一家上下，同心同德，互相既不猜忌又不嫌弃，家门怎能不兴旺，不发达呢？

（2）克勤克俭

【原文】

从古以来，凡是能治家的人，莫有不从勤俭二字上做工夫的。然勤俭二字，又是不能分离的。譬如早起是勤，将一天的事尽心去做，不敢浪费，这是勤之中却有俭道。又如，省费是俭，将一家的事，里里外外，竭力经营，无或疏忽，这是俭中又有勤道。一勤一俭，相需而行，小事如此，大事亦如此。一天如此，天天皆如此。在治家的，随时留心可也，何论多少呢？

【译文】

自古以来，凡是能治理家业的人，没有不是勤劳节俭的。勤劳和节俭密不可分，譬如早早起床是勤劳，再努力把一天的事快快做完，使不浪费灯油等不必要的花费，这就是在勤中有节俭。再如节省花费是俭约，再把家中内外大小事情努力做好，这又是节俭中有勤劳。勤劳和节俭交相互补，大事小事都这样做，而且要坚持长久。家长要时时注意，不必去论多少。

（3） 严守正规

【原文】

俗语说：居家无正规，父子无尊卑。是言治家之道，必须家规严肃。长幼内外，务安本分，家业方有发达的希望。若是毫无规矩，父子无尊卑，兄弟有怨谤，夫妇也是，喜则嬉戏，怒则詈骂。子弟非好酒则恋妓，非赌钱即贪玩。见劳则避，闻食则争，以公中为已有，私自积蓄不嫌多，视公中有无漠不关心，这都是居家无正规的毛病。长此以往，子弟中之精明者，必不图前进，怠惰者也就容易下流，尚谈什么兴家立业呢？

【译文】

俗话说：居家没有一定之规，那么父子也就不分长尊幼卑。这是说治家之道，家规必须要严肃。长幼之间，内外关系都要守本分有规矩。这样家业才能兴旺发达。如果既没有规矩，又不讲究尊卑，兄弟夫妇之间就会怨谤丛生，高兴时嬉戏逗趣，生气时恼怒漫骂。子弟不是好酒就是好色，不是赌钱就是贪玩，看到辛劳就躲开，见到好吃的就争抢。把家族中公众之物视为自己独有，私自积攒钱财永不满足。对家中的有无毫不关心，这一切都是家无规矩的弊病。长此以往，子弟中精明的人就会不求上进，怠惰的很容易走下坡路，还谈什么兴家立业？

（4） 预筹常费

【原文】

居家度日，无论为富为贵，都有一种经常的费用。这种费用，须是斟酌全年的入款，量入为出，制定预算，宁可谨慎节俭，稍留有余，以备不急之需。万不可毫无统计，任意花费，以致临时竭蹶，有束手无策之虞。

如此则富者可以长保其富，贫者亦不至觍颜向人摇尾乞怜，看人家的眉眼高低，使自己的人格卑鄙也。

【译文】

住家过日子，不论怎样富贵的人家，都有一种经常性的费用，这种日常开销的费用要根据全年的收入量入为出，制定一年的预算，必须遵循节俭的原则，留有余地，以备急用。绝不能没有计划，随意花费，一旦有事，就会束手无策。这样的话富贵的人家就能长久保持富贵，贫穷的也不至于低三下四向富人乞求。看人家眼色行事，使自己的人格受到损害。

(5) 慎防火盗

【原文】

居家之道，时刻最要留神防备的，就是火灾与盗贼两样。所以老人留下的俗话说：时时防火，夜夜防盗。要知火本无情，小则烧皮肤，大则焚房舍。盗不讲礼，不是抢钱财，就是害性命，倘不刻刻提防，不幸遇火焚，被盗害，既破财，又受惊，到那时喊邻求救，复何及乎？

【译文】

住家过日子，特别应警惕防备的就是火灾与盗贼两件事。因此老人留下这样的俗话：要时时防火，夜夜防盗。要懂得火最无情，小则灼伤皮肤，大则焚毁房屋。盗贼最不讲礼仪，不是抢人钱财，就是害人生命。如果不是时刻提防，不幸遭遇火灾，或被盗贼偷窃，既破了财，又受了惊吓，到那时呼唤邻居帮助救援，岂不晚了。

(6) 公平当家

【原文】

一家之中，常发生此吵彼闹，大概因当家的不公平而起者居多。究其原因，不是厚待自己，就是薄待旁人，擅作威福，酒食独享，全家焉有不反对的道理呢？要是能克勤克俭，不遗余力，内外应酬一身担任，论事则公平正直，待人则大公无私。若此，则其家必治，其业必兴，合家人等，尚有不心悦诚服的吗。

【译文】

家中经常发生矛盾纠葛，以至吵闹不休，大多是因为当家的不公平引起的。探究其中的原因，不是自己多占了便宜，就是薄待了别人，在家里作威作福，独享酒肉，全家老小怎么能没有意见，起来反对呢？所以当家的一定要真正勤俭节约，全心全意去担当起家里家外的一切事务，能公平处事待人，大公无私。能真做到这些才能治理好家业，家庭才能和睦兴

隆，全家老小才能心悦诚服。

（7）审慎办事

【原文】

世事变幻，最难预料，所以每当事临眼前，须是切实计划，虑其成，兼顾其败；审其始，复图其终，才不致发生错误。即或事与愿违，也可想转环的办法。若是鲁莽从事，始谋不藏，一旦事情决裂，既辱家声，兼败名誉。外人指摘交加，本身悔恨已晚。到那时，就是剖心沥胆，于事无济，太息痛恨，复何及哉？

【译文】

世事变幻莫测很难预料，所以凡事必须要计划在前，既要充满能成功的信心，也要顾及万一失败的可能。开始时要慎重，周到地处理每一个环节，再好好考虑事情的结果，才不会有错误发生，即使事与愿违，也可积极采取措施加以补救，仍可达到目标。如果鲁莽行事，一开始计划就不周到，一旦事情搞糟了，既辱没了家庭的声誉，又败坏了自己的名誉，被外人指谪斥骂，自身悔恨莫及。到那时，即使剖心沥胆，也于事无补，哀叹悲鸣又有什么用呢？

（8）尽心竭力

【原文】

大凡治家之道，一家之中，人口衣食，田地收获，俱要明白。出入之项，赢亏核算，亦要清楚。再加上勤俭耐劳，其家没有不兴旺的。治家如此，治商也如此。凡商号伙计薪金，公资得利，月期年底，俱要核算分明，再加以维持信用，其买卖也莫有不发达的。是治家治商，理原一贯，要在人之尽心竭力耳。

【译文】

治家之道，在于必须全面掌握人口衣食费用，田地收获情况，对出入钱财，盈亏核算，也都要一清二楚。再加上全家人都能勤俭耐劳，家庭不可能不兴旺。治家是这样，经商也是这样。凡是商行里伙计的薪水，到了月底年底，都要核算清楚，如果再加上守信用，买卖不可能不发展。治家经商，道理是一个，关键在人人尽心竭力。

（9）切戒恋债

【原文】

居家度日，无论穷富，俱不能无临时之债。但既有债，即须速偿，万不可恋之不还，致贻后日之忧。盖前债不还，则后债续集，用度不减，则积欠日增，驯至处处皆债，周转不灵。一旦债主群集，闭门追讨，家中所有，业不自主。是曩之借贷为生者，今则瓜分之不足，欲不受穷，岂可得乎。

【译文】

居家过日子，不管贫或者富贵，都不可能没有临时的债务，但是既然借了债，就应当尽早偿还，万万不可舍不得偿还，以导致日后不必要的忧愁。因为旧债不还，新债就会连起来，日常开销再不适当调整减少，就会越积越多，以致处处都是债务，陷入无法周转的程度。一旦债主都来要债，家里的物资和钱财你就无法自主了。以前是靠借贷为生的人，现在将他的财产瓜分了还不够偿还债务，想要不受穷，怎么可能呢？

（10）苦心经营

【原文】

尝谓人之所以称其为人者，在乎能用其心灵，以经营正业，竭尽其力，以勤俭治家也。若是游手好闲，荒淫无度，不肯用心，又不肯劳力，如何能望其治家创业呢？即使承受先业，温饱足给，亦将坐吃山空，入不出。旁人见之，早知其弓冶不振，箕裘将坠。其不飘荡而流为乞丐者，几希矣。

——《启后留言》

【译文】

人之所以能称为人，在于有思想，会思维，为经营正业，竭尽全力，并且能以勤俭来治理家业。如果游手好闲，荒淫无度，不肯用脑子，又不肯出体力，怎能期望他去治家创业呢？即使继承了祖辈的遗产，能过上温饱的日子，必将坐吃山空，入不敷出。旁人一眼就能看出这种家庭缺乏后劲，正在走下坡路，到头来难免四处漂泊沦为乞丐。

八、现当代篇

（一）胡　适

致江冬秀

【题解】

在这封给夫人江冬秀的信中，胡适先说了自己生病医疗费受朋友的关

▲胡适夫人江冬秀像

照，表示生活上要节俭度日；信的后半部分专门讨论了如何教育孩子的问题，胡适对平时教育孩子简单粗暴的态度进行了反省，劝告夫人应以朋友的态度与孩子相处，这样才能达到儿子成材、家庭昌盛的目的，这种认识对于家长们而言至今仍具有很大的启发作用。

该信写于1939年。

【原文】

冬秀：

昨天刚寄信给你，说你好久没有信了，今天就接到你的信了（八月十四的）。

谢谢你劝我的话。我可以对你说，那位徐小姐，我两年多只写过一封规劝他的信。你可以放心，我自问不做十分对不住你的事。

我从来没有对谁说过叫你不要问我要钱。这大概是朋友们知道我没有钱，才如此说。我这一次病了，单是医院七十七天，就是三千多美金（医院特别优待，给我打了六折）。医生是最有名的医生（他来看了我七十次），起码开账可以开五千元，但他只开了一千元的诊费。这两笔就是四千多元。我每月只有五百四十元美金，这一场病去了我八个月的俸金。但我从不对人叫穷。孔庸之先生好意汇了三千美金给李国钦兄，助我的医药费。国钦知道我不肯受，又不好就退回，所以等到我的医药费付清后，慢慢地把这三千元退还给孔先生了。我的危难都是陈光甫、李国钦两个好朋友帮忙的。我第一天病倒，全靠国钦与太平洋的卡德先生两个人做主，给我请医生，送医院。医药费是陈、李两人借的居多。他们都是好朋友，我借了他们的钱，慢慢地还他们不要紧。你也不必替我着急。

我是为国家的事来的，吃点苦不要紧。我屡次对你说过，"留得青山在，不怕没柴烧。"国家是青山，青山倒了，我们的子子孙孙都得做奴隶了。

我的日用不需多少钱，所以每月还可以余点钱买书。房子不用我出钱，汽车汽油都是公家开支，所以我可以供给儿子读书，还可以还一点账。

现在我汇三百美金给你，补上儿子拿的钱。

你给儿子的第一封信，我看了之后，仔细想想，没有转给他。冬秀，你对儿子总是责怪，这是错的。我现在老了，稍稍明白了，所以劝你以后不要总是骂他。你想想看，谁爱读这种责怪的信？所以我把你信上关于他的朋友李君的事告诉他了，原信留在我这里。

我和你两个人都对不住两个儿子。现在回想，真想补报，只怕来不及了。以后我和你都得改变态度，都应该把儿子看作朋友。他们都大了，不是骂得好的了。你想想看，我这话对不对？

高梦旦先生待他的儿女真像朋友一样。我现在想起来，真觉得惭愧。我真有点不配做老子。平时不同他们亲热，只晓得责怪他们功课不好，习气不好。

祖望你交给我，不要骂他，要同他做朋友。

你把这最后几段话给小三看看！

骈

廿八年九月廿一日夜

——《胡适家书》

（二）陶行知

致陶文澄夫人

【题解】

这是陶行知于 1933 年写给堂弟媳妇的一封信。陶行知在信中告诫弟媳对于其婆婆的丧事宜尽量节俭、从简，不要有任何铺张现象，并指出丧礼主要表现在对于死去亲人的哀思上，而不是外在形式方面。陶行知的见解、态度，至今值得人们学习与效法。

【原文】

文澄弟媳：

接奉手书，敬悉姊母灵柩将于三七后安葬。蒙嘱开具外间男丁八字，具见慎重之意。当将来信禀告老母，慈谕只求坟地干爽，有黄土，死者安则生者自安，八字可无庸开来。现在热河、榆关告急，战事旦夕发，人民

将益不聊生。来意要将祖母、叔父一同安葬，立意甚善，奈款不易筹措，只得先葬新丧，老丧缓至以后进行。吾家寒甚，有丧愿以穷人之礼治之。三年前吾妹亡于晓庄盛时，余亲为治丧，蔽以素衣，藏以松棺，祭以清水，哭以热泪，一切虚礼均废，亦甚悲哀。吾国婚丧喜庆，大率是做戏给人看，往往弄得破产。故婶母之丧，亦宜以穷人之礼奉治，虚礼可省即省。三日内当再汇四十元来，以应急需，尚望节哀珍重。

　　大伯手书
　　一月四日

　　　　　　　　　　　　　　　　　　　　——《陶行知家书》

（三）毛泽东

致毛宇居

【题解】

　　这是毛泽东写给他的堂兄兼私塾老师宇居的一封信。信中提到堂弟毛泽连家中困难一事，表示用自己的稿费资助他们，并特别叮嘱毛宇居要告诫堂弟节用，勤俭持家，毛泽东生活俭朴的作风于此可见一斑。

【原文】

宇居兄：

　　李邹二位来京，收到你的信，并承佳贶，甚为感谢。

　　毛泽连来信叫苦，母尚未葬，脚又未好，兹寄人民币三百万元，以一百万元为六婶葬费，二百万元为泽连治病之费。请告他不要来京，可到长沙湘雅医院诊治，如湘雅诊不好，北京也就诊不好了。

　　另寄二百万元给泽荣①助其家用。他有信来，我尚未复，请转告他，不另写信了。

　　以上均请费神转致为荷！顺问康吉

　　　　　　　　　　　　　　　　　　　　　　　　毛泽东
　　　　　　　　　　　　　　　　　　　　　一九五二年十月二日

　　这些钱均是我自己的稿费，请告他们节用。

　　　　　　　　　　　　　　　　　　　　——《毛泽东家世》

【注释】

　　①泽荣：逊五。

（四）徐志摩

致陆小曼（节录）

【题解】

徐志摩妻子陆小曼是二三十年代上海有名的交际花，平日出手大方，挥霍无度，徐志摩娶了她之后几乎总是债台高筑。徐志摩在这封信中恳切希望妻子为他们长期生活着想，节省开支，以求平安度日。徐志摩能放下自己的绅士面子如此要求妻子，也是不大容易的。

此信写于 1931 年 6 月 14 日。

【原文】

我至爱的老婆：

先说几件事，再报告来平后行踪等情。第一、文伯怎么样了？我盼着你来信，他三弟想已见过。病情究有甚关系否？店里有一种叫因陈，可煮当水喝，甚利于黄病。仲安确行，医治不少黄。他现在北平，伺候副帅。他回沪定为他调理如何？只是他是无家之人，吃中药极不便？梦绿家或我家能否代煎？盼即来信。

第二是钱的问题，我是焦急得睡不着。现在第一盼望节前发薪，但即节前有，寄到上海，定在节后。而二百六十元期转眼即到，家用开出支票，连两个月房钱亦在三百元以上，节还不算。我不知如何弥补得来？借钱又无处开口。我这里也有些书钱、车钱、赏钱，少不了一百元。真的踌躇极了。本想有外快来帮助，不幸目前无一事成功，一切飘在云中，如何是好？钱是真可恶，来时不易，去时太易。我自阳历三月起，自用不算，路费等等不算，单就付银行及你的家用，已用二千零五十元。节上如再寄四百五十元，正合二千五百元，而到六月底还只有四个月，如连公价果能抵得四百元，那就有三千元光景。按五百元一月，应该尽有付余，但内中不幸又夹有债项。你上节的三百元，我这节的二百六十元，就去了五百六十元，结果拮据得手足维艰。此后又已与老家说绝，缓急无可通融，我想想，我们夫妻俩真是醒起才是！若再因循，真不是道理。再说我原许你家用及特用每月以五百元为度。我本意教书而外，有翻译方面二百可恃，两样合起平均相近六百，总还易于维持。不想此半年各事颠倒，母亲去世，我奔波往返。如同风里篷帆。身不定，心亦不定，莎士比亚更如何译得？结果仅有学校方面五百多，而第一个月又被扣了一半。眉眉亲爱的，你想我在这情形下，张罗得苦不苦？同时你那里又似乎五百都还不够用似的，那叫我怎么办？我想好好和你商量，想一长久办法，省得拔脚窝脚，老是不得干净。家用方面，一是（屋子），二是（车子），三是（厨房）：这三样都可以节省。照我想一切家用此后非节（省）到每月四百，总是为难。眉眉，你如能真心帮助我，应得替我想法子，我反正如果有余钱，也决不自存。我靠薪水度日，当然梦想不到积钱，唯一希冀即是少债，债是一件 degrading andhumiliating thing。眉，你得知道有时竟连最好朋友都会因此伤到感情的，我怕极了的。

　　写至此，上沅夫妇来打了岔，一岔直岔到下午六时，时间真是不够支配。你我是天成的一对，都是不懂得经济，尤其是时间经济，关于家务的节省，你得好好想一想，总得根本解决车屋厨房才是。我是星期四午前到的，午后出门。第一看奚若，第二看丽琳叔华。叔华长胖了好些，说是个有孩子的母亲，可以相信了。孩子更胖，也好玩，不怕我，我抱她半天。我近来也颇爱孩子，有伶俐相的，我真爱。我们自家不知到哪天有那福气，做爷妈抱孩子的福气。听其自然是不成的，我们都得想法，我不知你肯不肯。我想你如果肯为孩子牺牲一些，努力戒了烟，省得下来的是大烟里。哪怕孩子长成到某种程度，你再吃。你想我们要有，也真是时候了。现在阿欢已完全与我不相干的了。至少我们女儿也得有一个，不是？这你也得想想。

——《徐志摩书信集》

（五）　闻一多

1. 致高孝贞书信二封

【题解】

　　两信均写于 1937 年，正值国难当头时期，国民生活普遍处于困窘状态。闻一多在这两封信中，除叮嘱夫人关照好孩子们及她自身以外，反复叮嘱她节省家用，精打细算，以度过艰难岁月，这种规劝是很值得赞赏的。

其　一

【原文】

贞：

　　两次信均已收到。十月份经费据说已来，但薪水尚未发下。一俟发下，定即寄归。我手中亦只有十余元。在长沙大陆银行存了五十元，不拟挪用，并且这里离长沙太远，也无法取出。细叔钱，如薪水不拖欠，每月至少还二十元，请你转告他。如果能多还点，我也想早些还清。大司夫处所存箱内有何急需之物，如有，可汇款去，令他寄归。如无急用之物，可暂不寄。金城银行所存五十元，想未取出。最好不要动用，以备万一。

鹤、湘二人病愈，我甚快乐，但雕功课不及格，则又令我忧愁。你务必时时劝诫他要用心些。你脚痛，想系过于劳苦。但多穿点衣服，想必有好处，因为热天未痛而冷天痛，必与受凉有关系。我年假当然要回。我这里一切都好，饮食近也改良了。自公超来，天天也有热茶喝，因他有一个洋油炉子。名女耳痛好否？劝雕用心，鹏、名放乖些，鹤多晒太阳。

多

十一月十六日

我们后天（十八）开始上课。

其 二

【原文】

贞：

前次告诉你们搬桂林的消息，使你和儿辈失望。今天再告诉你们一个搬进了的消息，你们应该高兴了。如果搬到长沙，再加上战事不太紧急，我拟先回家一看。同人们请假的颇多，所以我这时请一二星期的假，实际上也无大关系。这次所开两门功课，听讲的人数甚多，似乎是此间最大的班，我讲得也很起劲，可惜大局不定，学生不能真正安心听受耳。再报告你一件大事。纸烟寻常一天吃两包，现在改为两天吃一包。现在做到这一步，已经很不容易了，将来或者能完全戒断，等将来再说罢。十八日与二十日两信均已收到，我并不生气。但我仍旧是那一句话"用钱要力求撙节"。我并非空说，我戒烟便是以身作则。即使你已经撙节了，我再说一句"应当撙节"，那也无妨。我说这话也没有别的用意。你脚痛好些没有？如果家中有人做棉鞋，可着手做一双，以免我在市上花钱买。此间尚不冷，我目前仍穿单鞋。

劝赵妈安心，此刻回北平是不可能的，在这年头先求保性命，次求不饿死，其他一切都顾不到，等仗打完，大家（就）出头了。

2. 致闻立鹤

【题解】

这是1937年闻一多写给大儿子闻立鹤的一封信，闻一多在信中劝儿子携同其母早日离开武汉，回老家避难，并着重告诫儿子要做好吃苦准备，协助母亲节俭治家，不懂的事情向祖父请教，学会独立生活。

【原文】

鹤儿知悉：

汝母四日及汝三日所写之信，今已收到。我在此间有许久未见报纸，故武汉情形，完全不知。近数日来始稍得消息，闻武汉人心颇恐慌，政府

并且劝令人民搬下乡去。似此情形，则汝等自宜早些回乡为妙。伯伯、三伯叫你们回去，必因你们人口甚多，而且都是妇孺，万一时局更紧张起来，定难照顾。至于他们两房不但人少，而且差不多都是大人，所以比较不要紧。十月份薪水条子，昨日才寄到。但我又已经将图章交给叶先生，托他在长沙去领去了。我曾托叶先生代寄一百元回来，如果他能领得现款，想不久你们定可收到。这次仍旧是寄给三伯代收的，因为我不知道你已经刻了图章。这一百元中应给外祖母二十元，还细叔二十元，算起来所余并不多，汝可告汝母减省点用，因为这次发了薪水，下次不知道又要等到何时才能发下。近来我军战事不利，我们人民真正的难关快要来到，我们都应该准备吃苦才对。你同你母亲都不愿回乡，这是不对的。你们回乡，不但生命可以安全，使我放心，并且可以省些用度。我看，一等钱寄到，你们便应回去。目前不妨把东西陆续收拾起来。学校定明年一月三十一日起，放寒假一星期，届时我回来看你们，再请假一星期，在家中多住几天。雕儿功课太坏，我很担心。或者回乡去有祖父监督着，还可以多做点功课。总之回乡以后，你们不至有什么不方便，一切的事，你们可向祖父说，祖父自然会有安顿。至于我在这里生活现在很好，饮食及一切都改良了，现在我并不吃苦，你们可以放心。下回发薪水，我就寄到乡下去，外祖母的钱，我直接寄到他们家里去。他们的门牌我忘记了，下次你写信来，务必告诉我。汝母脚痛，至今未愈，我很忧虑，应找医生吃点药，千万不可大意。脚冻了，则最好天天用热水洗一次，棉鞋还要大些厚些，便自然会好。乡下空气较好，房屋较大，易得阳光，你们回乡身体应该好些。这也是我要你们回去的一种理由。你渐渐能懂事了，并能写信，我很快乐。从此你更应用心读书写字，并带领弟妹们用功。如此，你便真是我的好儿子。下次叫雕写信来，看他有进步否。

多示

十二月十一日

——《闻一多家书》

（六）老舍

致家人

【题解】

　　老舍原名舒庆春，是现代著名作家。这封家书写于1942年，老舍专门向家人提出把子女培养成什么样的人的严肃问题。老舍认为把子女培养成身体健康、能自食其力的有用之人即可，不必指望子女的飞黄腾达，并对一些夫妇为炫耀自身而强迫小孩学习、损害儿童身心健康的做法提出了批

▲老舍故居

评。老舍的教子思想可谓独具一格，其对一些夫妇教子弊端的意见至今仍值得我们借鉴。

【原文】

接到信，甚慰！济与乙都去上学，好极！唯儿女聪明不齐，不可勉强，致有损身心。我想，他们能粗识几个字，会点加减算法，知道一点历史，便已够了。只要身体强壮，将来能学一份手艺，即可谋生，不必非入大学不可。假若看到我的女儿跳舞演剧，有做明星的希望，我的男孩能体壮如牛，吃得苦，受得累，我必非常欢喜！我愿自己的儿女能以血汗挣饭吃，一个诚实的车夫或工人一定强于一个贪官污吏，你说是不是？教他们多游戏，不要紧逼他们读书写字：书呆子无机会腾达，则成为废物，有机会做官，则必贪污误国，甚为可怕。

至于小雨，更宜多多玩耍，不可教她识字；她才刚刚四岁呀！每见摩登夫妇，教三四岁小孩识字号，客来则表演一番，是以儿童为玩物，则忘了儿童身心发育甚慢，不可助长也。……

春来了，我的阴暗的卧室已有阳光，桌上还有一支桃花插在烧酒瓶中。

祝你健康，代我吻吻儿女们。

　　　　　　　　　　　　　　　舍上，三.十
　　　　　　　　　　　　　　——《古今家训新编》

（七）张兆和

致沈从文书信二封

【题解】

　　这两封信写于 1937 年 10 月、12 月，当时沈从文还在奔赴目的地云南昆明的途中。在这两封信中，张兆和针对沈从文铺张浪费、不思节用的绅士作风提出了批评，告诫丈夫在困难时期尤其要省吃俭用、精打细算，以求平安度日。张兆和对丈夫的批评与劝告既不留情面又言辞中肯，可谓分寸恰当。此外，张兆和在信中表明希望自己自力更生、勤俭治家的思想更是值得我们高度肯定。

其 一

【原文】

二哥：

　　一星期未见你信，今天才得你寄西城两信，廿二日平快和廿四日平信同时得到。这两封信算是你九月十五以来第一次来信，我猜想还有许多信存在鼓楼邮局，不久就会转来的。萧乾、之琳、曹禺他们全都到武昌。武汉的骤形热闹而成为朋友们聚会的中心，真是不可思议的。听说徽因一家人已到长沙，不知你们见过否？为什么你又得搬家？先住的房子是借住的吗？现在同萧乾夫妇同住外还有谁？为什么这时候还租那么大的房子？年内还有四个月，你想不想过怎么支持下去？就算年内挨过，明年你们的事情还能继续吗？我想着你那性格便十分担忧，你是到赤手空拳的时候还是十分爱好要面子的，不到最后一个铜子花掉后不肯安心做事。希望你现在生活能从简，一切无谓虚糜应酬更可省略，你无妨告诉人家，你现在不名一文，为什么还要打肿脸充胖子？我这三四年来就为你装胖子装得够苦了。你的面子糊好了，我的面子丢掉了，面子丢掉不要紧，反正里外不讨好，大家都难过。所要钱我已写信给大姐，她当会如数寄二百元给你，这边所剩无多不能寄你。在南边朋友多熟人多，有的是办法，我们这里朋友都走空了，不走的自己都顾不全，一旦经济断绝，叫我们怎么办？信写至此，接到你十七、十八、十九、廿各信，全是由国祥胡同转来，三婶在院子里嚷，"沈先生一天来六封信，真不得了！"朱干干连连为你快信、平快信的邮票可惜。按道理说，快信平快全然毫无用处，不比平常，现在反而比平信慢，每次如此。你要的小学课本已在两星期前分别包了三包用挂号寄来，封皮上写的是陈通伯收，此时想已收到，收不到你去陈家问问。我现在专等你收到包裹的回信到平，即刻为你寄丝绵袍厚呢裤，还有钢笔尖、袖扣、窗纱、写字的墨，不都是你要的？邮件全由陈小莹家转是不是太麻烦人家？可否直接寄三八三号，我怕你又搬了新住处，故此信仍由叔华转。小龙仍然瘦，精神可好。鱼肝油不是这非常时期的必需品，饮食间注意点就行了。小虎越发长得可爱，有小拜拜的样子。小龙太懂事，像个小大人，聪明但不如小虎好玩。徐妈厨子工钱才加了两个月，不便又减。你不在家，其实厨子此时可以不用，可是厨子人老实，徐妈主意多，然徐妈又最得用。将来到南边住家绝对自己操作，少用人少烦些。

又接到你寄中和明片同九妹的信。

兆

其 二

【原文】

二哥：

接到你七日来信，一礼拜过去，昨天又才收到你十日的信，我也许久不曾给你写信，这期间我曾病了几天，发一天烧，睡了一天，现在已全好了，孩子们都好，你可以放心。

杨家姊弟平安到了，真是谢天谢地！我真为他们捏一把汗。

十日信言月底以后你的住址应有变动，此信到时，你人应已不在山中，这个信不知什么时候才可以得到。我希望不久可以得到你信，告诉我一定行止，也好叫我定心一点。

来信说那种废话，什么自由不自由的，我不爱听，以后不许你讲。你又不同得余，脑筋里想那些，完全由于太优裕的缘故，此后再写那样话我不回你信了。

我现在焦灼的是我们以后的生活问题，我们已经负下了债，再下去还要负得更多，你好像有人能够给钱给我们用就很好了，我想起来却非常着急。"假如平时每月可以留下五十元，在这时候不会不无小补吧。"这样的话，你以前听着会嗤之以鼻的，现在也是，将来也还是。本来嘛，谁知道将来是个什么世界，这正是给大家一个反省的机会。我还恨我们的生活不够窘迫，不能身经目击那许多变乱，彻底改造我们的生活，扫除一切虚伪的绅士小姐习性！我们都自己觉得太聪明一点，觉得比人超过一等，因此平时总觉得这件事别人能做，我不能做，不屑做。这以后，不做，看大家怎么办！我希望战事不久可以告一段落，容我有机会用我自己的手来养我自己，养我孩子。我希望有这样训练的机会。你说译书，现在还说译书，完全是梦话。一来我自己无时间无闲情，再说译那东西给谁看。谁还看那个？文学也者，尤其是经过一道翻译的别人家的东西，这时候还是收敛了吧。

三

十二月廿九

——《从文家书》

（八）俞平伯

致俞润民（节录）

【题解】

俞平伯在这封写给儿子俞润民的信中，特别谈到了如何教育孙辈的问题。他告诫儿子俞润民：对于孩子不良的行为习惯应及时加以禁止和纠正，决不能有任何姑息举动，否则将贻误孩子的前途。俞老的告诫值得当今的家长们牢记在心。

【原文】

……来信说丙"动作太猛，有时要打人"，这很重要，诚宜注意。我已微所感，故说"此儿要改变门风"，非泛语也，前向李说，必须熟读《种树郭橐驼传》亦此意。种植须自然发展方能畅茂，但有些不适当的萌芽却宜早期摘去，俟长成后，便难改动了。如小手戏打人是很好玩的，却必须即时禁止，不可姑息，小孩长成是很快的，断不可溺爱，溺爱将误大事，故不恤再三言之，你和正华及时提出必深明此义。此书可给李、凤一阅……

父字

（一九八四年七月二十二日）

——《俞平伯书信集》

（九）傅 雷

致傅聪书信二封（节录）

【题解】

这两封信都是写于傅聪结婚之后。傅雷针对儿子只一心追求艺术，不关心自己的物质生活，不关心也不善于料理家务的现象提出了忠告。傅雷教导儿子作为一个艺术家绝对不能在理财、治家这些方面毫不关心，毫无能力，应该懂得节用、有计划安排，这样才能维持生存，于自己的艺术追求也很有好处。傅雷的这些忠告值得我们借鉴。

【原文】

　　亲爱的孩子，越知道你中文生疏，我越需要和你多写中文；同时免得弥拉和我们隔膜，也要尽量写英文。有时一些话不免在中英文信中重复，望勿误会是我老糊涂。从你婚后，我觉得对弥拉如同对你一样负有指导的责任：许多有关人生和家常琐事的经验，你不知道还不打紧，弥拉可不能不学习，否则如何能帮助你解决问题呢？既然她自幼的遭遇不很幸福，得到父母指点的地方不见得很充分，再加西方人总有许多观点与我们有距离，特别在人生的淡泊，起居享用的俭朴方面，我更认为应当逐渐把我们东方民族（虽然她也是东方血统，但她的东方只是徒有其名了！）的明智的传统灌输给她。前信问你有关她与生母的感情，务望来信告知。这是人伦至性，我们不能不关心弥拉在这方面的心情或苦闷。

　　不愿意把物质的事挂在嘴边是一件事，不糊里糊涂莫名其妙的丢失钱是另一件事！这是我与你大不相同之处。我也觉得提到阿堵物是俗气，可是我年轻时母亲（你的祖母）对我的零用抓得极紧，加上二十四岁独立当家，收入不丰；所以比你在经济上会计算，会筹划，尤其比你原则性强。当然，这些对你的艺术家气质不很调和，但也只是对像你这样的艺术家是如此；精明能干的艺术家也有的是。肖邦即是一个有名的例子：他从来不让出版商剥削，和他们谈判条件从不怕烦。你在金钱方面的洁癖，在我们眼中是高尚的节操，在西方拜金世界和吸血世界中却是任人鱼肉的好材料。我不和人争利，但也绝不肯被人剥削，遇到这种情形不能不争。——这也是我与你不同之处。但你也知道，我争的还是一个理而不是为钱，争的是一口气而不是为利。在这一点上你和我仍然相像。

　　总而言之，理财有方法，有系统，并不与重视物质有必然的联系，而只是为了不吃物质的亏而采取的预防措施；正如日常生活有规律，并非求生活刻板枯燥，而是为了争取更多的时间，节省更多的精力来做些有用的事，读些有益的书，总之是为了更完美的享受人生。

　　……

一九六一年五月二十三日

【原文】

　　"理财"，若作为"生财"解，固是一件难事，作为"不亏空而略有储蓄"解，却也容易做到。只要有意志，有决心，不跟自己妥协，有狠心压制自己的fancy一时的爱好！老话说得好：开源不如节流。我们的欲望无

穷，所谓"欲壑难填"，若一手来的一手去，有多少用多少，即使日进斗金也不会觉得宽裕的。既然要保持清白，保持人格独立，又要养家活口，防旦夕祸福，更只有自己紧缩，将"出口"的关口牢牢把住。"入口"操在人家手中，你不能也不愿奴颜婢膝的乞求；"出口"却完全操诸我手，由我做主。你该记得中国古代的所谓清流，有傲骨的人，都是自甘淡泊的清贫之士。清贫二字为何连在一起，值得我们深思。我的理解是，清则贫，亦维贫而后能请！我不是要你"贫"，仅仅是约制自己的欲望，做到量入为出，不能说要求太高吧！这些道理你全明白，毋须我啰口苏，问题是在于实践。你在艺术上想得到，做得到，所以成功；倘在人生大小事务上也能说能行，只要及至你艺术方面的一半，你的生活烦虑也就十分中去了八分。古往今来，艺术家多半不会生活，这不是他们的光荣，而是他们的失败。失败的原因并非真的对现实生活太笨拙，而是不去注意，不下决心。因为我所谓"会生活"不是指发财、剥削人或是啬刻，做守财奴，而是指生活有条理，收支相抵而略有剩余。要做到这两点，只消把对付艺术的注意力和决心拿出一小部分来应用一下就绰乎有余了！

……

一九六四年三月一日
——《傅雷家书》

第六编 为政

导　读

传授给子女为政做官之道，是历代家训的一大特色和重要内容。历代政治家在从政过程中，不断总结勤政的经验、荒政的教训，把勤政、廉政的意义、作用和认识上升到理论的高度，通过家言、家诫、家书等形式传授给子孙，告诫他们应当继承和发扬祖先的传统美德，教育他们明操守、知方略、懂用人、图革新，为国为民奉献自己的才智，从而留下了许多闪光的语言，甚至千古名言，至今脍炙人口。

勤政思想作为中华民族的传统美德，由于历代政治家的推崇、提倡和鼓励，已经形成了庞大的约束力，是中华民族宝贵的精神财富。其中艰苦创业是历史上开创基业者所共有的特点，"不遑暇食"的周文王，征战七年的唐太宗李世民，戎马一生的清太祖努尔哈赤，都是具有拼搏精神和顽强毅力的典范。"励精图治"是历代君臣使本朝得以兴盛的主要法宝。国事为先是历代勤政者共有的思想基础，范仲淹的千古名言"先天下之忧而忧，后天下之乐而乐"乃是这种思想境界的升华。他们事必躬亲、勤苦自励，反映了勤政者的实践与吃苦精神。

廉政思想也是古今贤明的政治家所重视提倡的，如汉文帝刘恒，隋文帝杨坚、唐太宗李世民、明太祖朱元璋、清代的康熙、雍正等。他们的廉政内容有两个方面：一是自身节俭，不妄兴土木，不搜敛民财；二是倡廉肃贪，清整吏治，改风易俗。这两者又往往是相辅相成的。因为只有"以俭正率下"，才可能收到"吏洁于上，俗移乎下"的效果。这种清官廉吏的思想根源同样来自儒家"修身、齐家、治国、平天下"的传统教育，其实施原则乃是"节用而爱人"（《论语·学而》）。具体说来，去奢崇俭是历代政治家自上而下推行的，侧重于对社会风气的改变。两袖清风、廉洁拒贿、清正为民是勤政的基本条件和基本内涵。东汉杨震不受故人暮夜所赠之金，对赠金人讲："天知，神知，我知，尔知，何谓无知？"他成为私下拒贿的典范，而这"四知"也成为后世廉吏的座右铭。

在历代家训中所表现出的为政思想除了勤政、廉政之外，还有治国为政的方略，用人的艺术、治军的策略及革新图强等思想。从历代的发展演变来看，虽然多个历史时期的政治、经济情况不同，各人所处的具体环境各异，每个人的家境、性格、教育等千差万别，但为政者只要勤政为民，廉洁清正，知治国方略，懂用人之道，善于变法图强，就一定能达到国富民安，社会经济发展，人民生活稳定的目标，而两袖清风、洁己奉公的清官也一定会受到百姓的称赞。

一、先秦篇

（一）姬 旦

1. 康 诰

【题解】

康叔姬封，是周武王的同母幼弟。姬旦（周公）东征后，把先前商纣王之子武庚所领殷民封给了他的异母弟弟康叔，即卫国国君。本篇就是这位周初摄政对康叔为政治国的告诫，其中特别强调以德化殷民的统治政策。

▲西周政治家周公姬旦

【原文】

王若曰："孟侯①，朕其弟，小子封。惟乃丕显考文王，克②明德慎罚；不敢侮鳏寡，庸庸③，祇祇，威威，显民，用肇④造我区夏，越我一、二邦以修我西土……。"

……

王曰："呜呼！封，汝念哉！今民将在⑤祇遹⑥乃文考，绍闻衣⑦德言。往敷求于殷先哲王用保乂民，汝丕远惟商耇⑧成人宅心知训。别求闻由古先哲王用康保民。宏于天，若德裕乃身，不废在⑨王命！"

王曰："呜呼！小子封，恫瘝⑩乃身，敬哉！天畏棐忱；民情大可见，小人难保。往尽乃心，无康好逸豫，乃其乂民。我闻曰：'怨不在大，亦不在小；惠不惠，懋⑪不懋。'已！汝惟小子，乃服惟宏王应保殷民，亦惟助王宅天命，作新民。"

王曰："呜呼！封，有叙⑫时，乃大明服，唯民其来力⑬懋和。若有疾，唯民其毕弃咎。若保赤子⑭，唯民其康乂。

"非汝封刑人杀人，无或刑人杀人。非汝封又曰劓⑮刵⑯人，无或劓刵人。"

王曰："外事，汝陈时臬⑰司师，兹殷罚有伦。"又曰："要囚⑱，服念五、六日至于旬时，丕蔽⑲要囚。"

王曰："汝陈时臬事罚。蔽殷彝，用其义刑义杀，勿庸⑳以次汝封。乃汝尽逊日时叙，惟曰未有逊事。已！汝惟小子，未其有若汝封之心。朕心朕德，惟乃知。

……

王曰："封，元恶大憝㉑，矧惟不孝不友。子弗祗㉒服厥父事，大伤厥考心；于父不能字厥子，乃疾厥子，于弟弗念天显㉓，乃弗克恭厥兄；兄亦不念鞠子哀，大不友于弟。惟吊兹，不于我政人得罪，天唯与我民彝大泯㉔乱。曰：乃其速由文王作罚，刑兹无赦。

"不率大戛㉕，矧惟外庶子、训人惟厥正人越小臣、诸节。乃别播敷造㉖民，大誉弗念弗庸，瘝厥君；时乃引恶，惟朕憝。已！汝乃其速由兹义率杀。

"亦惟君惟长，不能厥家人越厥小臣、外正；惟威惟虐，大放王命；乃非德用父。"

……

王曰："……无我殄享㉗，明乃服命，高乃听，用康父民。"

——《尚书·康诰》

【注释】

①孟侯：周公弟弟康叔的号。

②克：（能）。

③庸庸：用用。

④肇：zhào 始。

⑤在：察。

⑥遹：yù 遵循。

⑦衣：殷。

⑧耇：gǒu 老。

⑨在：完成。

⑩瘝：guān 病。

⑪懋：勉力。

⑫叙：顺从。

⑬力：chi 同敕，告诫。

⑭赤子：孩童。

⑮劓：yì 割鼻。

⑯刵：èr 剎耳。

⑰臬：niè 法律。

⑱要囚：幽囚。

⑲蔽：判断。

⑳勿庸：不用。

㉑憝：duì 怨恨。

㉒祗：恭敬。

㉓天显：天伦。

㉔泯：mǐn 混乱。

㉕夏：jiá 常法。

㉖造：通告。

㉗享：劝告。

【译文】

王这样说："康叔，我的弟弟，年轻的封啊！你的伟大光明的父亲文王，能够崇尚德教，慎用刑罚；不敢欺侮无依无靠的人，任用可任用的人，尊敬可以尊敬的人，威慑应当威慑的人，这些都显示于人民，因而开始造就了我们小夏，和我们的几个友邦共同治理我们西方……。"

……

王说："啊！封，你要考虑啊！现在殷民将观察你恭敬地追随文王，努力听取殷人的好意见。你去殷地，要遍求殷代圣明先王用来保养百姓的方法，你还要思考殷商长者揣度民心的明智教训。另外，你还要探求古时圣明帝王安定百姓的遗训。要比天还宏大，用和顺的美德指导自己，不停地去完成王命！"

王说："啊！年轻的封，治理国家应当苦身劳形，要谨慎啊！上天辅助诚信的人，民情大致可以看出，百姓难于安定。你去殷地要尽你的心意，不要苟安贪图逸乐，才能治理好百姓。我听说：'民怨不在于大，也不在于小。要使不顺从的顺从，不努力的努力。'啊！你这个年轻人，你的职责就是宽大的对待王家所接受保护的殷民，也是辅佐王家揣度天命，革新殷民。"

……

王说："啊！封。能够顺从这样去做，就大明上意心悦诚服；人民就会互相告诫，和顺相处。好像自己有病一样，看待臣民犯罪，臣民才会完全抛弃咎恶；好像保护小孩一样，保护臣民，臣民才会康乐安定。

"不是你姬封刑人杀人，没有人敢刑人杀人；不是你姬封有令要割鼻断耳，没有人敢施行割鼻断耳的刑罚。"

王说："判断案件，你要宣布这些法则管理狱官，这样，殷人的刑罚就会有条理。"王又说："囚禁的犯人，必须考虑五、六天，至于十天，才判决他们。"

王说："你宣布这些法律进行惩罚。判断案件，要依据殷人的常法，采用适宜的刑杀条律，不要顺从你的心意。假如完全顺从你的意志断案才叫顺当，应当说不会有顺当的事。唉！你是年轻人，不可顺从你姬封的心意。我的心意，你要理解。"

......

王说："封啊，首恶招人大怨，也有些是不孝顺不友爱的。儿子不认真治理他父亲的事，大伤他父亲的心；父亲不能爱怜他的儿子，反而厌恶儿子；弟弟不顾天伦，不尊敬他的哥哥；哥哥也不顾念小弟弟的痛苦，对小弟弟极不友爱。父子兄弟之间竟然到了这种地步，执政者不去惩罚他们，上帝赋予老百姓的常法就会大混乱。我说，就要赶快使用文王制定的刑罚，惩罚这些人，不要赦免。"

"不遵守国家大法的，也有诸侯国的庶子、训人和正人、小臣、诸节等官员。他们另外发布政令，告谕百姓，大大称誉不考虑不执行国家法令的人，危害国君；这就助长了恶人，我怨恨他们。唉！你就要迅速根据这些条例捕杀他们。

"也有这种情况，诸侯不能教育好他们的家人和内外官员，作威肆虐，完全放弃王命；这些人就不可用德去治理。"

......

王说："你要记住啊！不要抛弃我的忠告，要明确你的职责和使命，重视你的听闻，用来安治老百姓。"

2. 酒 诰

【题解】

殷商灭亡后，住在卫国的殷人酗酒成风，周公担心此种恶习将酿成大乱，于是命令康叔在卫国宣布禁酒令。该篇强调酗酒可以乱德，要想长治久安，戒酒十分重要。戒酒过程中，强制措施也必不可少。

【原文】

王曰："小子唯一妹土，嗣尔股肱，纯①其艺②黍稷，奔走事厥考厥长。肇③牵车牛，远服贾用，孝养厥父母；厥父母庆，自洗腆④，致用酒。

"庶士有正越庶伯君子，其尔典听朕教！尔大克羞耇⑤父惟君，尔乃饮食醉饱。丕惟曰尔克永观省，作稽中德，尔尚克羞馈祀。尔乃自介用逸，兹乃允惟王正事之臣。兹亦惟天若元德，永不忘在王家。"

......

王曰："封，予不惟若兹多诰。古人有言曰：'人无⑥于水监，当于民监。'今惟殷坠厥命，我其可不大监抚于时！予惟曰汝劼⑦毖殷献臣，侯甸男卫，矧又太史友、内史友、越献臣百宗工，矧唯尔事、服休服采，矧惟若畴⑧，圻父薄违、农夫若保、宏父定辟：'矧汝刚制于酒。'"

"厥或诰曰：'群饮。'汝勿佚⑨。尽执拘以归于周，予其杀。又惟殷之迪诸臣惟工，乃湎于酒，毋庸杀之，姑惟教之。有斯明享，乃不用我教辞，唯我一人弗恤弗蠲⑩，乃事时同于杀。"

王曰："封，汝典听朕毖，勿辩乃司民湎于酒。"

———《尚书·酒诰》

【注释】

①纯：专一。

②艺：种植。

③肇：敏。

④腆：清洁丰盛的佳肴。

⑤劼：进献。

⑥无：通"毋"。

⑦劼：jié 谨慎。

⑧畴：通"寿"。

⑨佚：放纵。

⑩蠲：免除。

【译文】

王说："殷民们，你们要专心住在卫国，用你们的手足力量，专心种植黍稷，勤勉地侍奉你们的父兄。农事做完以后，勉力牵牛赶车，到外地去做生意，孝顺地赡养父母；父母高兴，你们办了美好丰盛的佳肴，可以饮酒。"

"各级官员们，你们要经常听从我的教导！你们都能进献酒食给老人和君主，你们才能喝醉吃饱。我想，你们能够久久地观察自己，使自己的言行符合中庸的美德，你们还能够参加国君举行的祭祀典礼。你们如果自己限制行乐饮酒，这样就能长期成为王室的治事官员。这些是上帝所赞赏的大德，将永远不会被王室忘记。"

王说："封啊，我不想如此太多告诫了。古人有话说：'人不要只从水中察看，应当从民情上察看。'现在殷商已丧失了他的天命，我们难道可以不深切地省察这个事实！我想告诉你，你要慎重告诫殷国的贤臣，侯、甸、男、卫的诸侯，又朝中记事记言的史官，贤良的大臣和许多尊贵的官员，还有你的治事官员，管理游宴休闲和祭祀的近臣，还有你的三卿，讨伐叛乱的圻父，顺保百姓的农父，制定法度的宏父：'你们要强行断绝饮酒！'"

"假若有人报告说：'有人聚众饮酒。'你不要放纵他们，要全部逮捕起来关到周京，我将杀掉他们。再有，殷商的辅臣百官酖乐在酒中，用不着杀他们，暂且先教育他们。有这样明显的劝诫，如果还有人不遵从我的教令，我不会怜惜，不会赦免，处置这类人，同聚众饮酒者一样，要杀。"

王说："封啊，你要经常听从我的告诫，不要使你的官员酖乐在酒中。"

3. 无 逸

【题解】

　　成王姬诵是武王之子，周公的侄儿。武王驾崩后，周朝执政大臣一直是周公。后来成王长大了，周公还政于这位年轻的侄儿。但他又担心成王会贪图安逸，不思警戒，于是有了这番告诫。本篇最大的特点在于，周公把不贪图安逸享乐和人民的苦乐联系起来，意义深刻。

【原文】

　　周公曰："呜呼！君子所，其无逸。先知稼穑之艰难，乃逸，则知小人之依。相小人，厥父母勤劳稼穑，厥子乃不知稼穑之艰难，乃逸乃谚。既诞，否则侮厥父母曰：'昔之人无闻知。'"

　　周公曰："呜呼！我闻曰：昔在殷王中宗，严恭寅①畏，天命自度②，治民祗惧，不敢荒宁。肆③中宗之享国七十有五年。"

　　"其在高宗，时旧劳于外，爰④暨⑤小人。作其即位，乃或亮阴⑥，三年不言。其惟不言，言乃雍。不敢荒宁，嘉靖殷邦。至于小大，无时或怨。肆高宗之享国五十年有九年。"

　　……

　　周公曰："呜呼！厥亦唯我周太王、王季，克自抑畏。文王卑服，即康功⑦田功。徽柔懿恭，怀保小民，惠鲜⑧鳏寡。自朝至于日中昃，不遑暇食，用咸⑨和万民。文王不敢盘⑩于游田，以庶邦惟正之供⑪。文王受命惟中身，厥享国五十年。"

　　……

　　周公曰："呜呼！自殷王中宗及高宗及祖甲及我周文王，兹四人迪⑫哲。厥或告之曰：'小人怨汝詈⑬汝。'则皇自敬德。厥愆，曰：'朕之愆允若时。'不啻⑭不敢含怒。此厥不听，人乃或诪张为幻，曰小人怨汝詈汝，则信之，则若时；不永念厥辟，不宽绰厥心，乱罚无罪，杀无辜。怨有同，是丛⑮于厥身。"

　　　　　　　　　　　　　　　　　　　——《尚书·无逸》

【注释】

　　①寅：恭敬。

　　②度：duó 揣度。

　　③肆：所以。

　　④爰：于是。

　　⑤暨：爱护。

　　⑥阴：沉默。

⑦康功：安民之功。

⑧鲜：善。

⑨咸：通"诚"，和。

⑩盘：通"般"。

⑪供：进献。

⑫迪：导。

⑬詈：lì 骂。

⑭啻：chì 不仅。

⑮丛：聚集。

【译文】

周公说："啊！君子在位，切不可安逸享乐。先了解耕种收获的艰难，然后才处在逸乐的境地，这就会知道老百姓的痛苦。看那些老百姓，他们的父母勤劳地耕种收获，他们的儿子却不知道耕种收获的艰难，便安逸，便不恭。时间久了，于是就轻视侮慢他们的父母说：'老人们没有知识。'"

周公说："啊！我听说：过去殷王中宗，庄正敬畏，以天命作为自己的准则，治理百姓，敬慎恐惧，不敢荒废、安逸。所以中宗在位七十五年。"

"说到高宗，此人长期在外服役，惠爱老百姓。等到他即位，便又听从冢宰沉默不语，三年不轻易说话。因为他不轻易说话，有时说出来就能使人和悦。他不敢荒废、安逸，善于安定殷国。从老百姓到大臣们，没有怨恨他的，所以高宗在位五十九年。"

……

周公说："啊！只有我们周家的太王、王季能够谦让敬畏。文王安于卑下的工作，做安定民心，勤于耕作的事。他和蔼、仁慈、善良、恭敬，使百姓和睦、安定，爱护亲善孤苦无依的人。从早晨到中午，到下午，他没有闲暇吃饭，要使万民生活和谐。文王不敢乐于嬉游、田猎，不敢使众国只是进献赋税，供他享乐。文王中年受命为君，在位五十年。"

……

周公说："啊！从殷王中宗、到高宗、到祖甲、到我们的周文王，这四位君王领导得英明。有人告诉他们说：'老百姓在怨恨你咒骂你。'他们就更加敬慎自己的行为；有人举出他们的过失，他们就说：'我的过失确实像这样。'不但不生气，不依照这样，人们就会互相欺骗、互相诈惑。有人说老百姓在怨恨你，咒骂你，你就会相信，就会像这样：不能多从长远考虑国家的法度，不使自己胸襟宽广，乱罚没有过失的人，乱杀没有罪孽的人。老百姓的怨恨一旦汇合起来，就会集中到你的身上。"

4. 若作梓材

【题解】

周初统治者十分重视对殷商敌地的治理，本篇中周公便为自己的弟弟康叔制定了治理措施，希望他能努力完成先王的事业。文中"若作梓材"后来常用来比喻治国之道。

【原文】

王启监①，厥乱为民。曰："无胥戕，无胥虐，至于敬②寡，至于属妇，合由以容。"王其效③邦君越御事，厥命曷以？"引养引恬。"自古王若兹，监罔攸辟！

惟曰：若稽④田，既勤敷菑⑤，惟其陈修，为厥疆畎。若作室家，既勤垣⑥墉⑦，唯其涂墍⑧茨。若作梓材，既勤朴斲⑨，唯其涂丹雘⑩。

——《尚书·梓材》

【注释】

①监：诸侯。

②敬：通"矜"，鳏。

③效：教。

④稽：治。

⑤菑：zī 新开垦的土地。

⑥垣：yuán 矮墙。

⑦墉：yōng 高墙。

⑧墍：xì 涂泥巴。

⑨斲：zhuó 用斧砍。

⑩雘：huò 彩饰。

【译文】

王者建立诸侯，大在于教化人民。他说："不要互相残害，不要互相暴虐，至于鳏夫寡妇，至于孕妇，要同样教导和宽容。"王者教导诸侯和诸侯国的官员，用什么作他的诰命呢？"就是长养百姓，长安百姓。"自古君王都像这样监督，没有多少偏差。

我想：好像作田，既然已经勤劳地开垦、播种，就应考虑整治土地，修筑田界，开挖水沟。又好比造房子，既已勤劳地筑起墙壁，就应考虑完成涂泥盖瓦的工作。好比制作梓木器物，既已勤劳地剥皮砍伐，就应当考虑完成彩饰的工作。

5. 立政用吉士

【题解】

　　周公晚年总结了立政设官的经验，再三告诫自己的侄子成王千万不能用奸佞的小人，而要用善良贤德的君子。

【原文】

　　自古商人亦越我周文王立政，立事、牧夫、准人，则克宅之，克由绎①之，兹乃俾乂②，国则罔有。立政用憸③人，不训于德，是罔显在厥世。继自今立政，其勿以憸人，其惟吉士，用劢④相我国家。

　　　　　　　　　　　　　　　　　　　　——《尚书·立政》

【注释】

　　①绎：扶持。

　　②乂：治理。

　　③憸：xiān 奸佞。

　　④劢：mài 勉力。

【译文】

　　周公对成王说：从古时的商代先王到我们的周文王设立官职，设立事、牧夫、准人时要考察他们、扶持他们，才让他们治政，国事才没有失误。假如设立官员任用贪利奸邪的人，不依靠有德的人，于是君王终身会没有显赫的政绩。从今以后设立官员，一定不能任用贪利奸邪的小人，应当只用有德有能的君子，来努力治理我们的国家。

6. 桐叶封弟

【题解】

　　周成王拿一片桐叶比作封地，与弟弟开玩笑，周公却严肃地对待这件事情，促使成王实现自己封地给自己弟弟的诺言。这则家喻户晓的传说，传达了一个深刻的为政之道：当政者应言行一致，取信于人，才能达到国家昌盛，民心所向的目的。

【原文】

　　故成王与小弱弟立树下，取一桐叶以与之，曰："吾用封汝。"周公闻之，进见曰："天王封弟，甚善。"成王曰："吾直①与戏耳。"周公曰："人主无过②举，不当有戏言，言之必行之。"于是乃封小弟以应县。是後成王没齿③不敢有戏言，言必行之。

　　　　　　　　　　　　　　　　　　　——《史记·梁孝王世家》

【注释】

①直：只。

②过：过失，错误。

③没齿：终身。

【译文】

从前周成王与小弱弟站在树下，拿一片桐叶给他，对弟弟说道："我用它封你。"周公听说了，进见周成王说："天子分封弟弟，很好。"成王说："我只是跟他开玩笑罢了。"周公说："国君没有错误的行动，不应该有戏耍的话，说了就一定要做到。"周成王于是就把应国封给小弱弟。此后周成王一辈子不敢有戏言，说了就一定做到。

7. 周公诫子

【题解】

周公的长子伯禽要去鲁国做国君，周公对他说了下面一番话。周公的谆谆教诲既表明了他自己礼贤下士、广罗人才的一贯态度，也是他为儿子伯禽确立治理国家的最高准则。周公的这番言论，即使对于当今的从政者来说，也能够从中获得极大的教益。

【原文】

周公戒①伯禽曰："我文王之子，武王之弟，成王之叔父，我于天下亦不贱②矣。然我一沐③三捉④发，一饭三吐哺⑤，起以待士，犹恐失天下之贤人。子之鲁，慎无以国骄人。"

———《史记·鲁周公世家》

【注释】

①戒：告诫。

②贱：地位低下。

③沐：洗头发。

④捉：握住。

⑤吐哺：吐出口中咀嚼的食物。

【译文】

周公告戒伯禽说："我是文王的儿子，武王的弟弟，成王的叔父，我在天下的地位也不低了。然而我洗一次头就三次握住头发，吃一餐饭就三次吐出口中食物，起身去接待士人，还担心失去了天下的贤人。你到了鲁国，可千万不要凭着国君的身份看不起别人。"

1. 成王诫伯禽

【题解】

　　伯禽是周公姬旦的儿子，也是周成王姬诵的堂弟。成王封伯禽为鲁国国君，临行之前召见伯禽，就为政之道，对伯禽进行了一番语重心长的教导。在成王告诫伯禽的这番言论中，成王所推崇的"武功"思想并不足取，其精华部分当在"文治"，尤其是成王劝勉伯禽广开言论，明辨是非，任人唯贤，广罗人才，可以说对于历朝历代的从政者来讲，都是值得记取并应身体力行的金玉良言。

【原文】

　　成王封伯禽为鲁公，召而告①之曰："尔知为人上②之道乎？凡处尊位者，必以③敬下，顺听从德规谏④，必开不讳之门，蹲节⑤安静以藉之。谏者勿振以威，毋格⑥其言，博采其辞，乃择可观。夫有文无武，无以威下；有武无文，民畏不亲。文武俱行，威德乃成。既成威德，民亲以服，清白上通⑦，巧佞下塞，谏者得进，忠信乃畜。"伯禽再拜受命而辞。

　　　　　　　　　　　　　　　　——《说苑·君道》

【注释】

　　①告：告诫。

　　②上：君主。

　　③以：更加。

　　④规谏：正直的劝诫。

　　⑤节：节制。

　　⑥格：拒绝。

　　⑦上通：升迁。

【译文】

　　成王分封伯禽为鲁国国君，召见他并告诫说："你知道做君主的道理吗？凡是身居高位的人，一定要更加恭敬地对待下属，听从有德行的人的正言劝诫，必须大开毫不隐讳地进谏的大门，谦退克己、安恬宁静，使下面感到有所依凭。对于进谏的人，不要用威势震慑他们，也不要拒绝他们的进言，应广泛地吸收他们的意见，然后从中选择值得采纳的。作为君主，如果只懂文治而无武力，就没有什么可以用来威慑臣民；如果只有武力而不懂文治，臣民就会害怕而不亲近你。文治武力同时并用，威信与德政才会建立。威信和德政建立以后，臣民就会亲近你和服从你。正派高尚

的人就会顺利升迁上来，奸猾谄媚的人就会贬逐在下。这样，劝谏君主的人就能得到提拔，忠直诚信的人也就会聚集在你的身边。"伯禽向成王拜了两拜，接受封命后辞别而去。

2. 诚君陈

【题解】

君陈是周公之子，鲁公伯禽的弟弟。周公去世后，成王命令君陈接替周公治理成周（即今河南洛阳附近），并用策书教导君陈。成王告诫他的堂弟执行周公遗训，以德化民，使殷商旧民顺服周朝。本篇属伪《古文尚书》，这里摘引目的在于它对后世有影响。

【原文】

"王曰："我闻曰：至治馨香，感于神明。黍稷非馨，明德惟馨。尔尚式①时周公之猷训，唯日孜孜，无敢逸豫②。凡人未见圣，若不克见；既见圣，亦不克由圣，尔其戒哉！尔惟风，下民惟草。图厥政，莫或不艰，有废有兴，出入自尔师虞③，庶言同则绎④。尔有嘉谋嘉猷，则入告尔后于内，尔乃顺之于外，曰：'斯谋斯猷，唯我后之德。'呜呼！臣人咸若时，惟良显哉！"

王曰："君陈，尔惟弘周公丕训，无依势作威，无倚法以削，宽而有制，从容以和。殷民在辟，予曰辟⑤，尔惟勿辟；予曰宥，尔惟勿宥，惟厥中。有弗若于汝政，弗化于汝训，辟以止辟，乃辟。狃⑥于奸宄⑦，败常乱俗，三细不宥。尔无忿疾于顽，无求备于一夫。必有忍，其乃有济。有容，德乃大。简厥修，亦简其或不修；进厥良，以率其或不良。惟民生⑧厚，因物有迁。违上所命，从厥攸好。尔克敬典在德，时乃罔不变。允升于大猷，惟予一人膺⑨受多福，其尔之休，终有辞于永世。

——《尚书·君陈》

【注释】

①式：效法。

②逸豫：安闲悦乐。

③虞：商量。

④绎：深思。

⑤辟：bì 处罚。

⑥狃：习以为常。

⑦宄：guǐ 由外而引的坏人。

⑧生：同"性"。

⑨膺：yīng 受。

【译文】

成王说："我听说：最好的政治的馨香，可以感动神明；黍稷的香气，算不上能够远闻的香气，只有明德才是能够远闻的香气。你要履行这一周公的教训，每天都要孜孜不倦，不要安逸享乐！凡人没见到圣道，好像不能见到一样；已经见到圣道，又不能遵行圣人的教导。你要戒慎呀！你是风，百姓是草，草随风而动啊！治理殷民的政事，没有一件不艰难的；有废除，有兴办，要反复同大家商讨，大家议论相同，才能施行。你有好谋好言，就要进入宫内告诉你的君主，然后你又在外面顺从君主，并且说：'这样的好策，这样的好言，是我们君主的美德。'啊！臣下都像这样，就好了啊！"

成王说："君陈！你当弘扬周公的大训！不要依靠权势造作威恶，不要依靠法度侵害人民。要宽大而有法制，从容而又和谐。殷民有陷入刑法的，我说要处罚，你不要处罚；我说要赦免，你也不要赦免，而应公平合理地判决。有人不顺从你的政事，不接受你的教训，处罚他如果可以制止别人犯法，才处罚。习惯于做奸宄犯法的事，破坏常法，败坏风俗，这三项中的小罪，也不能宽宥。你不要愤恨愚钝无知的人，不要向一个人求全责备；人君一定要有所忍耐，凡事才能有所成就；有所宽容，德才算是宏大。鉴别善良的，也鉴别有不善良的；进用那些贤良的人，来勉励那些不贤良的人。

"民性敦厚，又总随外物而有所改变；往往违背上司的教命，顺从上司的喜好。你能够敬重常法和省察自己的德行，这些人就不会不转变。人民真的达到了非常顺从的地步，我将会享受大福，你的美名，也终将被人永远赞扬。"

3. 蔡仲之命

【题解】

蔡仲，即姬胡，周武王弟蔡叔的儿子。蔡叔因诽谤周公而遭终身监禁，其子蔡仲后被周成王命为蔡国国君。本篇是周成王告诫蔡仲施行德政的话，虽属伪《古文尚书》，其教育价值却很大。

【原文】

王若曰："小子胡，唯尔率德改行，克慎厥猷①，肆予命尔侯于东土。往即乃封，敬哉！

"尔尚盖前人之愆，惟忠惟孝，尔乃迈迹②自身，克勤无怠，以垂③宪乃后。率乃祖文王之彝训，无若尔考之违王命。皇天无亲，唯德是辅。民心无常④，惟惠之怀。为善不同，同归于治；为恶不同，同归于乱。尔其戒哉！"

"慎厥初，惟⑤厥终，终以不困。不惟厥终，终以困穷⑥。"

——《尚书·蔡仲之命》

▲蔡仲像

【注释】

①猷：道理。

②迈迹：迈步前进。

③垂：传下来。

④常：常主。

⑤惟：思念。

⑥困穷：处境艰难。

【译文】

成王这样说："年轻的姬胡！你遵循祖德改变你父亲那种行为，能够谨守臣子之道，所以我任命你到东土去做诸侯。你前往你的封地，要敬慎呀！你当掩盖前人的罪过，思忠思孝。你要使自己迈步前进，能够勤劳而不偷懒，用以留下模范给你的后代。你要遵循你祖父文王的常训，不要像你的父亲那样违背天命！

"皇天无亲无疏，只辅助有德的人；民心没有常主，只是怀念仁爱之主。做善事虽然各不相同，都会达到安治；做恶事虽然各不相同，都会走向动乱。你要警戒呀！"

"谨慎对待事物的开初，也要想到它的结局，结局因而才不会困窘；不考虑它的结局，终将举步维艰。"

（三）富　辰

劝伐兄弟之国

【题解】

本篇主要讲兄弟之国应"弃小怨置大德"，和睦互利。公元前806年，周宣王封其弟姬友为郑国国君，即郑桓公，所以周郑实为兄弟之国。既然兄弟要团结和睦，那么上升到兄弟之国更需要永保亲善，而内部协调，一致对外便是如此。

襄王十三年，郑人伐滑。王使游孙伯请滑，郑人执之。王怒，将以狄①伐郑。富辰谏曰："不可！古人有言曰：'兄弟谗阋②，侮人百里。'周文公之诗曰：'兄弟阋于墙，外御其侮。'若是则阋乃内侮，而虽阋不败亲也。郑在天子，兄弟也。郑武、庄有大勋力于平、桓；我周之东迁，晋、郑是依；子颓之乱，又郑之繇③定。今以小忿弃之，是以小怨置大德也，无乃不可乎！且夫兄弟之怨，不征于他，征于他，利乃外矣。章怨外利，不义；弃亲即狄，不祥；以怨报德，不仁。夫义所以生利也，祥所以事神也，仁所以保民也。不义则利不阜，不祥则福不降，不仁则民不至。古之明王不失此三德者，故能光有天下，而和宁百姓，令闻不忘。王其不可以弃之。"王不听。十七年，王降狄师以伐郑。

——《国语·周语中》

【注释】

①狄：北方少数民族的通称。

②阋：xì 不和。

③繇：yóu 由。

【译文】

襄王十三年（公元前639年），郑国军队伐滑。周襄王派大夫游孙伯赴郑，要郑撤兵。郑文公拒不受命，反将使者扣押。襄王大怒，准备借助狄师讨伐郑国。周大夫富辰劝阻道："不能这样做。古人有句名言：'兄弟之间互相诽谤、争斗，但对于欺己外敌，却同仇敌忾，共拒于百里之外。'周文公姬旦的诗说道：'兄弟在家不睦，对外侮却共同抵御。'如果这样，那么王室与郑君的不睦就属内部摩擦；即使不睦，也不会伤害亲情。郑君对天子而言，在宣王时代是兄弟。郑武公、郑庄公对平、桓二王功勋卓著；我周室东迁，依靠的主要是晋、郑两国之力；子颓之乱，又是由郑平定。如因小小私憾便不顾前功，就是出于小怨而废大德，恐怕不可以吧！再说兄弟之怨，不召唤他人插足；召他人介入，就会利在他人。求助他人，就会公开暴露内怨，使外人渔利，这是失宜之举；捐弃亲情，依靠狄人，是考虑不周；以怨报德是不仁。措施得宜才可生利，虑事周备方能侍奉神明，对人仁德方能养育万民。措施不当就会获利不丰，虑事不周上天就不会降福，待人不仁庶民就不会归附。古代英明天子不失此三德，所以能广有天下，使百姓安定，社会和谐，美好的声誉永垂后世。天子还是不要因小怨而弃绝郑国。"襄王不听，十七年，襄王调发狄师伐郑。

（四）咎 犯

晋文公问政

【题解】

咎犯是晋文公重耳的舅父，曾跟随重耳在外流亡十九年，后来终于帮助晋文公重耳建立霸业。在一次回答晋文公如何治理国家的问题中，咎犯高度强调当政者把土地分给老百姓的重要性。咎犯的这一为政见解可以说极端高明，常常为后世有所作为的统治者所借鉴。

【原文】

晋文侯问政于舅犯①，舅犯对曰："分熟不如分腥②，分腥不如分地。割以分民，而益③其爵禄，是以上得地而民富，上失地而民知贫。古之所谓致师④而战者，其此之谓也。"

——《说苑·政理》

【注释】

①舅犯：舅父咎犯。

②腥：生肉。

③益：增加。

④致师：单车冲入敌阵。

【译文】

晋文侯向咎犯问如何为政，咎犯回答说："分熟肉不如分生肉，分生肉不如分土地。把地分给百姓，并增加他们的爵禄，这样一来，君主获得土地，百姓就知道他们也能富足；君主丧失土地，百姓就知道他们会因此贫困。古人所谓单车攻人敌阵挑战的，讲的就是这种情况。"

（五）芈 侣

1. 茅门之令

【题解】

本篇为楚庄王芈侣教子守法的故事。庄王认为只有制定好国法并严格遵守才能保住国家，有父亲的国家才有儿子的国家。通过切身利益的关联，庄王终于说服太子自觉守法。应当说，这是一则为政做官的很好的训诫。

【原文】

荆庄王有茅门之法曰:"群臣大夫诸公子入朝,马蹄践溜①者,廷理斩其辀②,戮其御。"于是太子入朝,马蹄践溜,廷理斩其车舟,戮其御。太子怒,入为王泣曰:"为我诛戮廷理。"王曰:"法者所以敬宗庙,尊社稷③。故能立法从令尊敬社稷者,社稷之臣也,焉可诛也?夫犯法废令不尊敬社稷者,是臣乘君而下尚校也。臣乘君则主失威,下尚校则上位危。威失位危,社稷不守,吾将何以遗子孙?"于是太子乃还走,避舍露宿三日,北面再拜请死罪。

楚王急召太子。楚国之法,车不得至于茆门。天雨,廷中有潦,太子遂驱车至于茆门。廷理曰:"车不得至茆门,非法也。"太子曰:"王召急,不得须无潦。"遂驱之,廷理举殳④而击其马,败其驾。太子入为王泣曰:"廷中多潦,驱车至茆门,廷理曰非法也,举殳击臣马,败臣驾,王必诛之。"王曰:"前有老主而不逾,后有储主而不属,矜矣。是真吾守法之臣也。"乃益⑤爵二级,而开后门出太子。"勿复过。"

——《韩非子·外储说右下》

【注释】

①溜:liù 檐沟。

②辀:zhōu 车辕。

③社稷:代指国家。

④殳:有棱无刃的兵器。

⑤益:加增。

【译文】

楚庄王制定了关于茅门的法令:"群臣大夫、众公子入朝时,有马蹄践踏到檐沟的人,刑狱管就可以砍断他的车辕并杀死他的车夫。"太子入朝时,马蹄踩到了檐沟,刑狱官砍断了他的车辕并杀了他的车夫。太子大怒,入宫对庄王哭诉:"替我杀掉刑狱官吧。"楚庄王说:"国法是用来敬事宗庙,尊奉国家的。因此,如果能够立国法服从律令,尊敬国家的人。那就是国家的大臣,怎能对他加以诛杀呢?如果违犯国法废弃律令,不尊敬国家,这就是臣下背弃君主,以下犯上。臣子背弃君主就会使国君丧失威望,以下犯上就会使主上的地位危险。保不住国家,我将拿什么传给子孙呢?"于是太子立即往回走,退避三舍、露宿三日,面向北拜了两拜,请求给予自己死罪。

楚王急速召见太子。依楚国的法令,车马不能到茅门。天下起雨,朝廷里有水潦,太子于是赶车到了茅门。司法的廷理说道:"车马不能到茅门,否则不合法。"太子说道:"大王召见我很急,不能有一点点水潦。"

于是他就赶车，廷理举起刀而攻击他的马，把他的车驾打坏了。太子入朝为大王哭诉："朝廷里多水潦，我赶车到茅门，廷理说这非法，举起刀攻击微臣的马，打坏了我的车驾，大王一定要杀了他。"大王说道："眼前有多年的君主而不逾轨，以后有将继位的君主而不属于他，清高啊！这真是我守法的臣子。"于是再加爵位两级，而开后门让太子出去，并说："不要再犯错误了。"

2. 行法足以战民

【题解】

狐偃就是咎犯，作为文公的舅舅他经常教导或劝谏这位春秋霸主。本篇就是讲晋文公想使自己的老百姓都长于打仗，咎犯教他征法以获精良战斗之民。

【原文】

晋文公问於狐偃曰："寡人甘肥周於堂，卮酒豆肉集於宫，壶酒不清，生肉不布，杀一牛偏於国中，一岁之功尽以衣士卒，其足以战民乎？狐子曰："不足。"文公曰："吾弛关市之征而缓刑罚，其足以战民乎？"狐子曰："不足。"文公曰："吾民之有丧资者，寡人亲使郎中视事；有罪者赦之；贫穷不足者与之；其足以战民乎？"狐子对曰："不足。此皆所以慎产也。而战之者，杀之也。民之从公也，为慎产也，公因而迎杀之，失所以为从公矣。"曰："然则何如足以战民乎？"狐子对曰："令无得不战。"公曰："无得不战奈何？"狐子对曰："信赏必罚。其足以战。"公曰："刑罚之极安至？"对曰："不辟亲贵，法行所爱。"文公曰："善。"明日令田於圃陆，期以日中为期，後期者行军法焉。於是公有所爱者曰颠颉後期，吏请其罪，文公陨涕而忧。吏曰："请用事焉。"遂斩颠颉之脊，以徇百姓，以明法之信也。而後百姓皆惧曰："君於颠颉之贵重如彼甚也，而君犹行法焉，况於我则何有矣？"文公见民之可战也。

—— 《韩非子·外储说右上》

【译文】

晋文公到狐偃那儿去咨询道："寡人美味佳肴摆满厅堂，良酒豆肉齐集宫中，壶中的酒不清淡，生肉用不着去买，杀一头牛偏避于国都之内，一年的功夫可以全部让士卒有衣穿，这足以有战斗之民吗？"狐子说："不够。"文公说："我放松关卡的征税而减轻刑罚，这足以有战斗之民吗？"狐子说："不够。"文公说："我的百姓中有丧失生存凭借的，寡人亲自派郎中去实地考察；有罪的人赦免；贫穷不富足的人赐给东西；这足以有战斗之民吗？"狐子答道："不够。这都是用来从事生产必备的东西。而使百姓战斗，实际上是杀害他们。百姓跟随贤公，是因为从事生产，贤公凭此而当面杀害他们，失去了跟随贤公的理由。"文公说："这样那么怎么样才足以有战斗之民呢？"狐子答道："令行则没有不战斗的。"文公说："没有不去战斗的又怎样呢？"狐子答道："该赏则赏，该罚则罚，这样足以去打仗。"文公说："刑罚的最佳阶段要怎样达到呢？"狐子答道："不辟开亲戚显贵，法令在所宠爱的人中也施行。"文公说："好"。第二天便下令到囿陆田猎，以中午为期限，期限以后到的要由军法处罚。这时文公有位所宠爱的人叫颠颉在期限后才到，官吏请求治他的罪，文公即刻泣泪而忧虑。这位官吏说："请您执行法令吧。"于是砍断了颠颉的背脊，借以示众和显示法令的可信。这以后百姓都惶恐地说："君主对于颠颉的看重比他自己还要厉害，但他仍旧施行法治，那么，对我则怎样呢？"文公眼见百姓可以打仗了。

（六）敬姜

论劳逸

【题解】

公父文伯退朝回家，看见他母亲正在织麻，非常担心当鲁国权臣的侄子季孙的埋怨。但他的母亲却不以为然，用劳动重要的观念教导他。话虽平实无华，深意却含其中，这在当时贵族阶层里恐怕少见。当然，那种"劳心治人，劳力治于人"的想法应当加以批判。

【原文】

公父文伯退朝，朝其母，其母方绩。文伯曰："以歜之家而主犹绩，惧忓①季孙之怨也，其以歜为不能事主乎！"

其母叹曰："鲁其亡乎！使僮子备官而未之闻耶？居，吾语女。昔圣王之处民也，择瘠土而处之，劳其民而用之，故长王天下。夫民劳则思。思则善心生；逸则淫，淫则忘善，忘善则恶心生。沃土之民不材，淫也；瘠土之民莫不向义，劳也。是故天子大采朝日，与三公、九卿祖祸地德；日中考政，与百官之政事，师尹维旅、牧、相宣序民事；少采夕月，与大史、司载纠虔天刑；日入监九御，使洁奉禘、郊之粢盛，而后即安。诸侯朝修天子之业命，昼考其国职，夕省其典刑，夜儆百工，使无慆淫②，而后即安。卿大夫朝考其职，昼讲其庶政，夕序其业，夜庀其家事，而后即安。士朝受业，昼而讲贯，夕而习复，夜而计过无憾，而后即安。自庶人以下，明而动，晦而休，无日以怠。

"王后亲织玄紞③，公侯之夫人加以纮④、綖，卿之内子为大带，命妇成祭服，列士之妻加之以朝服，自庶士以下，皆衣其夫。社而赋事，蒸而献功，男女效绩，愆则有辟，古之制也。君子劳心，小人劳力，先王之训也。自上以下，谁敢淫心舍力？今我，寡也，尔又在下位。朝夕处事，犹恐忘⑤先人之业，况有怠惰，其何以避辟！吾冀而朝夕修我曰：'必无废先人。'尔今曰：'胡不自安？'以是承君之官，余惧穆伯之绝嗣也。"

——《国语·鲁语下》

【注释】

①忓：gān 触犯。
②淫：怠惰。
③统：dǎn 丝带。
④纮：hóng 古代帽子上的带子。
⑤忘：通"亡"。

【译文】

公父文伯退朝回家，去看望母亲。敬姜正在纺织麻布。文伯说道："凭我们这样的家庭，母亲还要亲自织布，恐怕要招致季孙发怒。他会怪我不能好好侍奉母亲呢？"

其母感叹道："鲁国将要灭亡了吧！为什么让你这种未成年的男子做官却不让你学习为政之道呢？坐下来，我来告诉你。古时圣贤君王治理百姓，选择那些贫瘠的土地，要他们住在那里，使唤他们并让他们感到劳苦，所以能够长久地统治天下。人民劳累，就会去思考，经常思考就会产生善心。无所事事就会放荡，放荡就会忘掉善心，忘掉善心，邪恶的念头也就随之而生。居住在肥沃土地上的人大多不成材，就是因为无所事事；贫瘠地区的人没有谁不向往道义的，就是由于太劳苦。因此天子在春分这一天早晨要穿着五彩衣服去祭祀太阳，并和三公、九卿一起熟悉认知大地生育万物的恩德。中午要处理朝廷大事和各个官府的政事，大夫官、众士、州牧、国相等各级官员，都要把所有的民事安排好。到了秋分这一天，天子就要穿上三彩衣服去祭祀月亮，并和太史及掌管天文的司载恭敬地观察上天显示的吉凶。到了晚上，要监督九嫔把大祭和祭天的祭品弄洁净，然后才可以就寝。诸侯早上要研究天子的命令和应办事务，白天要坚守他所担负的国家职位，傍晚要检查执法状况，夜里警诫百官，使他们不怠惰纵乐，然后才可以安歇。卿大夫早上要完成他的职责，白天要谋划各种政事，傍晚整理一天来所做的工作，夜里料理采邑的事，然后才可以休息。士子早晨接受政务，白天处理妥当，傍晚检查执行情况，夜里反思有无过失，觉得没有什么值得悔恨，然后才去休息。平民百姓们，天亮就起来劳作，直到夜里才能休息，没有一天敢懈怠。

王后要亲自编织用来系瑱的黑丝带，公侯夫人要加做系帽的纽带和帽上的装饰，卿的正妻要做大带，大夫的正妻要做祭服，列士的妻子要加做朝服。庶士以下的妻子，都要给丈夫做朝服。春天祭土地神的时候，向神灵祷告农事开始，冬天祭祀时向神灵禀告劳动成果。男女效力，有了过失就要受到责罚，这是古代的制度。统治者从事脑力劳动，被统治者从事体力劳动，这是先王的遗训。从上到下，谁敢心思放荡而不劳动？如今我是个寡妇，你又处在大夫的职位，即使早晚勤奋做事，也怕忘了先人的业绩，又何况有了怠惰之心，又凭什么逃避责罚呢？我希望你早晚都要勉励自己说："一定不要废弃了先人的业绩。"你现在却说："为什么不能自求安逸？"靠这种想法来担任国君的官职，我惧怕穆伯将要无后了。

（七）屈　建

祭父以礼

【题解】

屈氏是楚王族三姓之一，其中屈到曾执掌楚国政权多年。其子屈建不依父亲的遗言去祭祀，而是遵循祭礼的规定，可谓以身作则。一个人要施政于民，首先要施政于己，这是千古不易的道理。

【原文】

屈到嗜芰，有疾，召其宗老而属之，曰："祭我必以芰。"及祥，宗老将荐芰，屈建命去之。宗老曰："夫子属之。"子木曰："不然。夫子承楚国之政，其法刑在民心而藏在王府，上之可以比先王，下之可以训后世；虽微楚国，诸侯莫不誉。其《祭典》有之曰：'国君有牛享，大夫有羊馈①，士有豚犬之奠，庶人有鱼炙之荐，笾豆、脯醢则上下共之。'不羞珍异，不陈庶侈②。夫子不以其私欲干③国之典。"遂不用。

——《国语·楚语上》

【注释】

①馈：kuì 祭祀神灵。
②侈：多。
③干：违背。

【译文】

屈到喜吃芰角，身患重病之际，宣召家中主掌祭祀的宗人留下遗嘱，说道："我死之后，祭祀我时，供品中必须有芰角。"及屈到死后周年之祭，宗人正将陈祭芰角，屈建命宗人将芰角撤除。宗人讲道："老人家留下遗嘱，要我这样做。"屈说道："不要这样。老人家生前承继楚国大政，所执行的法律典章合于民心，藏在王府。这些法律典章上能与先代圣王的

法典比美，下可以垂训后世，不仅楚国的君臣，甚至各国的诸侯赞不绝口。《祭典》上讲：'国君祭祀用太牢之礼，大夫用少牢，士用特牲，庶人用鱼肉，至于笾豆果脯、肉酱之类，君臣上下都可供奠，只是多少之别。上自国君，下至臣民，祭祀不供珍异之物，不得陈列祭品太多。您老人家不能因一己嗜欲而破坏国家祭典。"祭祀终究还是没有用芰角。

（八）祁奚

择子莫若父

【题解】

作为晋国军尉的祁奚，不避亲嫌而推荐自己的儿子祁午接任自己的职务。在陈述理由时，他列举了祁午的贤德和学识，以为足以担当重任。像"好学而不戏""强志而用命""和安而好敬"等特点既是为人子的应有素质，又是为人臣的必备条件。

【原文】

祁奚辞於军尉，公问焉，曰："孰可?"对曰："臣之子午可。人有言曰：'择臣莫若君，择子莫若父。'午之少也，婉以从令，游有乡，处有所，好学而不戏。其壮也，强志①而用命，守业而不淫。其冠也，和安而好敬，柔惠小物而镇定大事，有直质而无流心，非义②不变，非上不举。若临大事，其可以贤於臣。臣请荐所能择而君比义焉。"公使祁午为军尉，殁平公，军无秕③政。

——《国语·晋语七》

【注释】

①志：识。

②义：通"仪"。

③秕：bǐ 坏。

【译文】

祁奚年老，要辞去军尉之职，悼公问道："谁可接任这个职务?"祁奚答道："我的儿子午可以担当。人们有这样的话：'挑选臣子谁都不比国君精明，识别子女贤愚谁都不比父亲目光锐利。'午年幼时，性情和顺，听从父亲的命令，行为举止正派，不和邪恶的人交往，志趣好学，严肃认真。年龄稍大以后，广求知识，听从教诲，恪守所学，德行端正。等到二十岁加冠之时，性情平和恭敬，爱抚小人，遇大事能镇定沉着，在纯正的本质而无邪恶、玩忽之心。除非他人意旨符合道义，否则不予接受；除非遵上所言所行，否则不会仿效。比如临军、政大事方面，他将会超过我。臣谨慎地推举可能的人选而供国君择任。"悼公任命祁午为军尉。及至晋平公一代，军中没有出现败政。

（九）勾 践

内政无出，外政无入

【题解】

勾践卧薪尝胆，已是尽人皆知。其实他的励精图治还表现在国事、家事分明，不让夫人干政。自古以来，夫人干政者不乏其人，勾践的告诫可以让从政者引以为戒。

【原文】

王乃入命夫人。王背屏而立，夫人向屏。王曰："自今日以后，内政无出，外政无入。内有辱，是子也；外有辱，是我也。吾见子於此止矣。"王遂出，夫人送王，不出屏，乃阖①左阖，填之以土，去笄侧席而坐，不扫。

——《国语·吴语》

【注释】

①阖：关门。

【译文】

勾践于是回到寝宫向夫人发布命令。勾践背对屏风而立，夫人面向屏风。勾践说道："自今日以后，宫廷内政完全由你做主，外部政务不准你干涉。宫内政务发生失误，罪责在你；外面政务有失，责由我负。我来见你，就此而止。"然后，勾践出宫，夫人相送，按礼规至屏风而止，关闭左扇宫门，用土堵塞牢固，再取掉头上的笄饰，侧席而坐，以示心中挂念不安，从此不再洒扫庭室。

（十）赵雍

请易胡服

【题解】

赵武灵王即赵雍胡服骑射的故事广为传诵，然而易服的艰难并不是常人所能想象的。公子成是赵肃侯之子，赵武灵王的弟弟，在朝中威望极高，也是反对易服的保守派。赵武灵王一席话，强调"制国有常，而利民为本；从政有经，而令行为上"，从国家利益和古今公行两方面陈述了"成胡服之功"的道理。

【原文】

王遂胡服①，使王孙缑②告公子成曰："寡人胡服，且将以朝，亦欲王叔之服之也。家听于亲，国听于君，古今之公行也。子不反亲，臣不逆主，先王之通谊也。今寡人作教易服而叔不服，吾恐天下议之也。夫制国有常，而利民为本；从政有经，而令行为上。胡明德在于论贱，行政在于信贵。今胡服之意，非以养欲而乐志也。事有所出，功有所止，事成功立，然后德且见也。今寡人恐叔逆从政之经，以辅公叔之议。且寡人闻之，'事利国者行无邪，因贵戚③者名不累'，故寡人愿募公叔之义，以成胡服之功。使缫谒之，叔请服焉！"

——《战国策·赵策二》

【注释】

　　①胡服：少数民族服装。

　　②缫：xí。

　　③贵戚：贵族亲戚。

【译文】

　　赵武灵王于是改穿胡人的服装，派王孙缫告诉公子成说："我已经改穿胡人的服装，并且将要穿着它上朝，希望王叔也改穿胡人的服装。在家中听命于父母，在朝廷听命于君王，这是古今公认的准则；子女不能违背父母，臣子不许抗拒君主，这是先王传下来的传统。现在我下令改换服装，而王叔却不穿它，我担心天下的人对此会有议论。治理国家有一定的原则，以有利于百姓为根本；处理政事有一定的法则，而政令得以施行是首要的。因此，要想修明朝廷的德政必须考虑人民的利益，要想执掌国家的政权要首先使贵族接受君命。现在我改穿胡人衣服的目的，不是想借此来放纵欲望，怡乐心志。凡事一开头，成功就有了基础。事业取得了成功，然后政绩才能被人们看到。现在我担心王叔违背了从政的原则，以至助长贵族们对我的非议。况且我还听说过，有利于国家的事情做起来就不会出偏颇；依靠贵族来办事，名声就不会受伤害。所以我希望仰仗王叔的威望，来促进改穿胡服的成功。我派王孙缫去拜访王叔，请王叔改穿胡服。"

（十一） 田 鲔

教子为臣

【题解】

　　田鲔为齐田氏宗室，精于为臣之道。他教导自己的儿子要处理好自身、自家与国君、国家的关系，指出只有真心利君、利国才能利身、利家，而且自己的本领是实现这个目的的最好途径。

【原文】

　　田鲔教其子田章曰："欲利而身，先利而君；欲富而家，先富而国。"

　　田鲔教其子田章曰："主卖官爵，臣卖智力，故自恃无恃人。"

——《韩非子·外储说右下》

【译文】

　　田鲔教导他的儿子田章说："若想有利于自身，先得有利于你的国君；若想使你的家庭富有，先得使你的国家富有。"

　　田鲔教导他的儿子田章说："君主出卖官爵，臣子出卖智力，所以要自己有本领而立功，不能依靠君主的赏赐。"

（十二）公仪休

嗜鱼而不受

【题解】

　　公仪休是个明晓事理的相国，他对受贿的看法的确是精辟的言论。做官想做久，所喜欢的东西想有机会享受。唯一的办法便是不受贿。凭着自己的本领获得所喜欢的东西，而不是凭借自己的官位收受贿赂。

【原文】

　　公仪休相鲁而嗜鱼，一国尽争买鱼而献之，公仪子不受，其弟谏曰："夫子嗜鱼而不受者何也？"对曰："夫唯嗜鱼，故不受也。夫即受鱼，必有下人之色，有下人之色，将枉於法，枉於法则免於相，虽嗜鱼，此不必能自给致我鱼，我又不能自给鱼。即无受鱼而不免於相，虽嗜鱼，我能长自给鱼。"

——《韩非子·外储说右下》

【译文】

　　公仪休做了鲁国的相国而又喜欢吃鱼，于是全国许多人争着买鱼贡献给他，但他却不接受。他的弟弟劝谏他说："您喜欢吃鱼却为何不接受鱼呢？"公仪休答道："正因为喜欢吃鱼，所以才不接受。如果我接受了鱼，一定会有卑劣小人的气色；有卑劣小人的气色，就会贪赃枉法；贪赃枉法就会罢免相国一职，这样即使喜欢吃鱼，不一定能自给得来我想吃的鱼，而我又不能自己供给鱼。如果不收受鱼而不被罢免相国一职，即使想吃鱼，我也能长久的自给自足。"

（十三）宋人

刺子唤母名

【题解】

宋国有位学生只会慕尧舜之名，却不能从实事做起，竟然在家中直呼母亲名字，实在是不近人事。他的母亲试图点醒他那狂妄无礼的行径，引导他为政从修身、齐家开始。

【原文】

宋人有学者，三年反①而名其母。其母曰："子学三年，反而名我者，何也。"其子曰："吾所贤者，无过尧、舜，尧、舜名；吾所大者，无大天地，天地名；今母贤不过尧、舜，母大不过天地，是以名母也。"其母曰："子之于学者，将尽行之乎？愿子之有以易名母也。子之于学也，将有所不行乎？愿子之且以名母为后也。"

————《战国策·魏策三》

【注释】

①反：通"返"。

【译文】

宋国有个人出外求学，三年后回家，就直呼他母亲的名字。他母亲说："你学习三年，回来后就叫起我的名字来了，为什么？"这个人说："我所认为贤明的，没有谁能超得过尧、舜，对尧、舜直接称呼他的名字；我所认为大的，没有什么东西能超过天地，对天地直接称呼它的名字。现在母亲的贤明超不过尧、舜，大超不过天地，因此称呼母亲的名字。"他母亲说："你对于所学的打算实行吗？那就希望你想办法改变直呼母亲名字的做法；你对于所学的不打算都实行吗？那么就希望你晚些称呼母亲的名字。"

二、秦汉篇

（一）项 伯

良言谏霸王

【题解】

楚、汉战争相持阶段，为摆脱不利处境，楚霸王项羽派人捉来刘邦父亲，企图作为人质逼迫刘邦投降。项羽达不到目的时，就准备杀害刘邦父亲，项羽的叔父项伯及时劝住了他。项伯的话虽然说得温和，然而委婉地指出了项羽的滥杀无辜将使他的统一大业失去牢固基础，其深层用意在于规劝项羽爱恤百姓，取信于民。项羽最后的失败从反面印证了这一点，不能不说是一种人为的悲剧。

【原文】

当此时，彭越数反梁地，绝楚粮食。项王患①之，为高俎，置太公其上，告汉王曰："今不急下②，吾烹太公。"汉王曰："吾与项羽俱北面受命怀王，曰'约为兄弟'，吾翁即若翁。必欲烹而翁，则幸分我一杯羹③。"项王怒，欲杀之。项伯曰："天下事未可知，且为天下者不顾家，虽杀之无益，只益祸耳。"项王从之。

——《史记·项羽本纪》

【注释】

①患：忧虑。

②下：投降。

③羹：肉汤。

【译文】

这时候，已归顺刘邦的秦国将领彭越多次在梁地反楚，截断楚军粮食，项王为这件事发愁。于是做了一张高几案，把已经捉来的刘邦的父亲刘太公放在上面，通告汉王说："如果不赶快投降，我就烹杀太公。"汉王说："我与项王一起面向北接受怀王的命令，说是'结为兄弟'，我的老爹就是你的老爹，定要烹杀你的老爹，那我盼你分给我一杯肉汤。"项王大怒，要杀太公。项伯说："天下大事不可预料，况且争夺天下的人不顾全家，即使杀了他也没有好处，只会添祸罢了。"项王听从他的话，没有杀刘太公。

（二）王陵母

督子随高祖

【题解】

王陵是西汉开国功臣，后被高祖刘邦封为"安国侯"。在历史上有名的楚、汉相争中，王陵的母亲成为政治与军事斗争的牺牲品。在这篇故事里，王陵母之所以选择悲壮的自杀方式督促儿子跟随刘邦，是因她亲身感受到了楚霸王项羽的残暴无道，不恤百姓，并在这一方面的对比中肯定了刘邦的厚道爱民，这应该说是王陵的母亲，用自己的鲜血与生命为历代的统治者敲响了"勿为暴政"的警钟！

【原文】

王陵者，故沛人，始为县豪。高祖微时①，兄事陵。陵少文，任气②，好直言。及高祖起沛，入至咸阳，陵亦自聚党数千人，居南阳，不肯从沛公。及汉王之还攻项籍，陵乃以后属③汉。项羽取陵母置军中，陵使至，则东乡④坐陵母，欲以招陵。陵母既私送使者，泣曰："为老妾语陵，谨事汉王。汉王，长者也，无以老妾故，持二心。妾以死送使者。"遂伏剑而死。项王怒，烹陵母。陵卒⑤从汉王定天下。

——《史记·陈丞相世家》

【注释】

①微时：微贱时，还没有出名的时候。

②任气：意气用事。

③属：归属。

④东乡：东向。

⑤卒：终于。

【译文】

王陵，原是沛县人，起初是县里的豪强，汉高祖刘邦还没出名的时候，像对待兄长一样侍奉王陵。王陵没有多少文化，感情用事，喜欢直言。等到刘邦起兵沛县，进入关中达到咸阳时，王陵也独自聚集党羽几千人，屯驻南阳，不肯跟随沛公。等到汉王回军进攻项羽时，王陵才带领人马隶属汉王。这时，项羽捉到王陵的母亲安置在军队中，王陵的使者来到，项羽就让王陵的母亲朝东坐着，想以此来招降王陵。王陵的母亲自己私自送走了使者，临别时哭泣着对使者说："替我告诉王陵，要他小心侍奉汉王。汉王是厚道长者，不要因为我的缘故，而持三心二意。我用死来送使者。"于是拔剑自杀。项王恼怒，烹煮王陵的母亲。王陵终于跟随汉王平定天下。

（三）刘邦父

迎子以臣礼

【题解】

太公即汉高祖刘邦的父亲，是当时人们对他的尊称。下面这则小故事反映了太公受封建礼教观念（所谓君臣有别）流毒影响之深，不足为训。不过，太公告子言论中所提出的当政者如何处理好公私之间关系的问题，却是值得当今的人们认真思考。

▲汉高祖刘邦像

【原文】

六年。高祖五日一朝太公，如家人父子礼。太公家令说太公曰："天无二日，土无二王。今高祖虽子，人主也；太公虽父，人臣也。奈何以人主拜人臣！如此，使威重不行。"后高祖朝，太公拥篲①，迎门却②行。高祖大惊，下扶太公。太公曰："帝，人主也，奈何以我乱天下法汉③！"

——《史记·高祖本纪》

【注释】

①篲：笤帚。
②却：倒着。
③法汉：法度。

【译文】

汉高祖六年，高祖刘邦每五天朝见太公一次，采用家里父子间相见的礼节。太公的家令劝太公说："天上没有两个太阳，地上没有两个君主。如今皇上虽然是您的儿子，却是天下人的君主；您太公虽然是皇上的父亲，却是他属下的臣子，怎么可以叫皇上拜见臣子呢！这样做，就会使皇帝失去威严。"后来高祖再朝见太公时，太公就抱着扫帚到门口迎接，一边倒退着走。高祖大吃一惊，赶紧下车来扶太公。太公说："皇帝是万民之主，怎么能因为我而乱了天下的法度呢！"

（四）严延年母

"屠伯"仁母

【题解】

严延年作为西汉大臣，他本人虽想在政治方面做出一番成绩，但并不采取仁厚安民的好措施，而是企图依靠严酷的刑罚来建立自己的威名。人称"屠伯"。严延年的母亲对儿子的这种行为非常反感，指责儿子多行暴政必自毙，劝他改行仁政。严母的思想可以说难能可贵，值得后世的为政者认真参考与借鉴。

国学经典文库

中华传世家训

第六编 为政

图文珍藏版

【原文】

幸得备郡守，专治千里，不闻仁爱教化，有以全安愚民，顾乘刑法多刑杀人，欲以立威，岂为民父母意哉！

天道神明，人不可独杀。我不意当老见壮子①被刑戮也！行矣！去女②东归，扫除墓地耳。

——《汉书·严延年传》

【注释】

①被：pī 遭受。

②女：通"汝"。

【译文】

你有幸能够做上郡守；一人单独治理范围千里的地域，没有听说你用仁爱来教化百姓，也没什么用来保全、安定人民的好措施，却凭借刑罚滥杀，想靠这来树立自己的威严，难道这是为民父母的本意吗！

天道无所不知，神灵明鉴，多杀人的人，自己也一定会死。我不愿意看到当自己年老时，年壮的儿子会被杀掉。我要走了！我要离开你回到东海去，天天打扫祖先的墓地。

（五）韦玄成

诫子孙诗

【题解】

韦玄成这首诗，可以说反映了封建时代一位典型的忠臣的思想。其中特别触动人的是韦玄成作丞相后那种不为人知、戒慎戒惧的复杂心态。

【原文】

于肃君子，既令厥德，仪服此恭，棣棣①其则。咨余小子，既德靡逮，曾是车服，荒嫚以队②。

明明天子，俊德烈烈，不遂我遗，恤我九列，我既兹恤，惟夙惟夜，畏忌是申，供事靡惰。天子我监，登我三事，顾我伤队，爵复我旧。

我既此登，望我旧阶，先后兹度，涟涟孔怀。司直御事，我熙我盛；群公百僚，我嘉③我庆。于异卿士，非我同心，三事惟艰，莫我肯矜。赫赫三事，力虽此毕，非我所度，退其闵日。昔我之队，畏不此居，今我度兹，戚戚其惧。

嗟我后人，命其靡常，靖享尔位，瞻仰靡荒。慎尔会同④，戒尔车服，无惰尔仪，以保尔域。尔无我视，不慎不整；我之此复，惟⑤禄之幸。于戏后人，惟肃帷栗。无忝⑥显祖，以蕃汉室。

——《汉书·韦贤传》

【注释】

①棣棣：dài dài 文雅安和的样子。

②队：通"坠"。

③嘉：称赞我。

④会同：诸侯大臣朝见皇帝。

⑤惟：只。

⑥忝：辱。

【译文】

啊！那高尚的君子，都肃敬以使自己的德行美善；他们的仪表容止和服饰是那样恭敬而雍容娴雅，足可为他人所仿效。唉！我这不中用的人，德行已是赶不上；还要荒嬉轻慢，竟然失去祖辈受赐的车服。

明智善察的天子，伟大的德行，多么威武；不追究我的过失，反而委任我少府一职。我既已担任了这个职务，只有早晚警戒，小心畏惧，自我约束，侍奉自己的职责，不敢懈惰。天子督察我的工作，把我升上三公之位；还顾念我曾因贬职而忧伤，恢复我的原有的爵位。

我已经登上三公之位，再瞻望我原有的爵阶，自己和父亲先后担任丞相职务，故不禁泪流不止，忧思满怀。司直和治事之人佐我兴盛，群公百僚都来相庆。但这些卿士并不和我心同，丞相的职事非常艰难，他们却不对我表示同情。

丞相的职事多么显耀盛大，我尽管尽力来做它，但仍不是我所能胜任的，只担心贬退无日。从前我失去官职，害怕的是不担任了丞相职务；今天我身居丞相，却战战兢兢，非常恐惧。

啊！我的子孙，天命无常，你们要考虑如何守好你们的职位，丝毫也不要荒怠。朝见天子时要小心谨慎，慎重你们的车服，不要懈惰你们的仪容，以保住你们的封邑。你们不要效法我，像我这样不谨慎，不严整；要知道，我之所以恢复了旧有的爵位，完全是幸运地得到了上天的恩赐。啊！我的子孙，你们一定要严肃戒慎，不要辱没了你们的祖先，要一心一意藩卫汉家王朝。

（六）尹　赏

诫诸子

【题解】

尹赏，西汉人，曾担任过长安令、江夏太守。尹赏执法甚严，常常把抓来的恶霸暴徒推入一个大坑中，用大石头将他们压死。临终之前告诫他的儿子们，一个人为官应执法严明，打击坏人坏事决不能心慈手软。这种动机是值得肯定的。当然其手段未免残忍了一些，今人不必效法。

【原文】

江湖中多盗贼，以赏为江夏太守，捕格江贼及所诛吏民甚多，坐①残贼免。南山群盗起，以赏为右辅都尉，迁执金吾，督大奸猾。三辅吏民甚畏之。

数年卒官。疾病且死，戒其诸子曰：

"丈夫为吏，正坐残贼免，追思其功效，则复进用矣。一坐软弱不胜任免，终身废弃无有赦时，其羞辱甚于贪污坐臧②。慎毋然。"

——《汉书·酷吏传》

【注释】

①坐：判……罪。

②臧：通"赃"。

【译文】

江湖间盗贼很多，朝廷派尹赏为江夏太守，捕获格杀水盗和诛杀的官民很多，被判残贼罪免官。南山群盗蜂拥而起，朝廷又派尹赏为右辅都尉，升为执金吾，专门督察大奸大猾。三辅一带，官民都很怕他。

过了几年卒于任上。生病快死时，告诉他的孩子说：

"大丈夫做官，纵使由于执法过于残忍而被治罪，后来朝廷追思他以前的功绩，仍有再被进用的一天。一旦由于软弱不能胜任而被免职，那么将终身被废弃而没有被免罪的一天，这种羞辱比起贪污坐赃还要厉害。你们千万不要这样！"

（七）陈 咸

诫子孙

【题解】

陈咸在西汉成帝、哀帝时代曾官至尚书，后又不满王莽篡权而辞官回家。陈咸为政仁厚，他在告诫子孙时反对严刑重法，意在主张以恩德感化百姓，陈咸的这种为政见识应该说是很有眼光的。

【原文】

为人议法，当依于轻，虽有百金之利，慎无与人重比。

——《后汉书·陈宠列传》

【译文】

替人议定法令，应当从轻出发，即使有百金的利益，也千万不要将人从重惩处。

（八）何 武

诫弟显

【题解】

何武是西汉名臣。弟弟何显不交租税，还准备报复执法人员，受到他的严厉批评。何寿是何武的恩人，到何武作刺史时，想通过何显的途径，委婉地告诉何武，他有一个侄儿想受到举荐。何武发表了一通慷慨之词，正气凛然。不过据史书记载，何武后来还是帮助了何寿的侄儿，可见做一个正直、守法的官员，非常困难，不可不严肃对待。

【原文】

武兄弟五人，皆为郡吏，郡县敬惮之。武弟显家有市籍，租常不入，县数负①其课②。市啬夫求商捕辱显家，显怒，欲以吏事中商。武曰：

"以吾家租赋徭役不为众先，奉公吏不亦宜乎！"

……

初，武为郡吏时，事太守何寿。寿知武有宰相器，以其同姓故厚③之。后寿为大司农，其兄子为庐江长史。时武奏事在邸，寿兄子适在长安，寿为具召武弟显及故人杨覆众等，酒酣，见其兄子，曰："此子扬州长史，材能驽下，未尝省见。"显等甚惭，退以谓武，武曰：

"刺史古之方伯，上所委任，一州表率也，职在进善退恶。吏治行有茂异，民有隐逸，乃当召见，不可有所私问。"

——《汉书·何武丹传》

【注释】

①负：承担。

②课：租税。

③厚：厚待。

【译文】

何武兄弟五个人，都作郡里的官员。郡县里的人都畏惧他们。何武的弟弟何显有公家户口，却常常不交租赋，县里多次替他承担。市啬夫求商拘捕并冒犯了何显家，何显大怒，准备凭着公事来打击求商。何武说：

"因为我们家不带头缴纳租赋，服徭役，官吏奉行公事，不也是应当的吗！"

……

当初，何武作郡里官员时，侍奉太守何寿。何寿知道何武有做宰相的才能，又因同姓，所以厚待他。后来何寿作了大司农，他的侄儿做庐江长史。当时何武上奏事务到京城官邸，正好碰上何寿侄儿也在长安。何寿摆下酒宴，请了何显和老友杨覆众等人，酒酣之际，让侄儿出来见大家，说："这人是扬州长史，才能很差，真不好意思叫出来见大家。"何显等人很惭愧，回来后告诉了何武，何武说：

"刺史就如同古代的方伯，皇上所委任、作为一州的表率，其职责就是进用好人，贬退坏人。官吏中有品行卓越的人才，百姓中有隐居的高士，就应当公开召见，而不应当私下有所聘问。"

（九）范迁

大臣不蓄财求利

【题解】

范迁因为清廉而做了司徒，却家无立锥之地。他留给后人的财产一点没有，却以清贫而垂范后世。

【原文】

迁字子庐，沛国人，初为渔阳太守，以智略安边，匈奴不敢入界。及在公辅，有宅数亩，田不过一顷，复推与兄子。其妻尝谓曰："君有四子而无立锥之地，可余俸禄，以为后世业。"迁曰："吾备位大臣而蓄财求利，何以示后世！"在位四年薨，家无担石焉。

——《后汉书·宣张二王杜郭吴承郑赵列传》

【译文】

范迁，字子庐，沛国人。开头任渔阳太守，凭着机智胆略安定边疆，匈奴人不敢越过边界。等他做了宰辅，总算有了几亩宅土，一顷私田，又推让给哥哥的儿子。他的妻子曾说："你有四个孩子，却连立锥之地也没有，应该留下一点俸禄，作为后世子孙的家业。"范迁说：

"我身居大臣之位却利用职权来积蓄钱财，贪求利益，又怎么给后人做出榜样！"

他在位四年逝世，家里没有一点储备。

（十）虞　诩

杀人后悔

【题解】

虞诩任朝歌长，为镇压"反贼"，错杀了一些无辜的人。这是历经厄难、刚正不阿的虞诩一生中最大的梦魇。临终前，他对儿子虞恭说了下面一番话。人口不增，哪里是得罪了老天？但天网恢恢，作恶的人必受惩罚。

【原文】

吾事君直道，行己无愧，所悔者为朝歌长时杀贼数百人，其中何能不有冤者？自此二十余年，家门不增一口，斯获罪于天也。

—— 《后汉书·虞诩列传》

【译文】

我为君王办事刚直公正，扪心自问一生行为，不感到愧恨。所悔的唯有做朝歌长的时候，杀掉贼盗数百人，其中哪里能没有被冤枉错杀的呢？从此二十多年，我们家没增一口人丁，这是得罪了老天的缘故啊！

（十一）羊　续

清廉大臣难养妻

【题解】

羊续是东汉灵帝时的一名大臣，为官清廉，生活极其俭朴，以致他的妻子与儿子来投奔他时，因无力供养而加以拒绝。妻儿临走前，羊续对儿子说了一句表示歉意的话，从中却含蓄而明确地表明了他自己为政廉洁的态度，以此诫子，可谓一身正气。

【原文】

时权豪之家多尚奢丽，续深疾之，常敝衣薄食，车马羸①败。府丞尝献其生鱼，续受而悬之于庭；丞后又进之，续乃出前所悬者以杜其意。续妻后与子秘俱往郡舍，续闭门不内②，妻自将秘行，其资藏唯有布衾、敝袛裯，盐、麦数斛而已，顾敕秘曰："吾自奉若此，何以资尔母乎？"使与母俱归。

—— 《后汉书·羊续传》

【注释】

①赢：病弱。

②内：通"纳"。

【译文】

当时有权势的人家大多崇尚奢华，羊续深感憎恶。他平时穿破衣吃粗食，乘坐瘦马拉的破车。有位府丞曾经送给他一些活鱼，羊续收下以后便挂在院子里。那位府丞后来又送鱼，羊续便拿出从前所挂的鱼给府丞看，使府丞断绝送礼的念头。后来，羊续的妻子与他的儿子羊秘一起到郡府驻地来，羊续关起门不让进，妻子自己带着羊秘走了。羊续的积蓄只有布被子、破短衣以及几斛盐、麦而已。妻儿走时他告诉羊秘："我用来养活自己的东西如此少，拿什么来供养你母亲呢？"让儿子与他母亲都回去。

（十二）乐　恢

不要尸位素餐

【题解】

乐恢作谏官，弹劾贵戚，身家性命处于危险当中。妻子从保全自身的角度劝他，亦属人之常情。但乐恢的回答，却表现出封建时代一位正直大臣的良心。今天的某些领导，也不妨学学乐恢的精神。

【原文】

妻每谏恢曰："昔人有容身避害，何必以言取怨？"恢叹曰："吾何忍素餐立人之朝乎！"

——《后汉书·乐恢列传》

【译文】

妻子常劝乐恢："过去的人有明哲保身，逃避祸害的，你何必因为诤言被人怨恨呢？"乐恢叹息道："我怎么忍心站在别人的朝堂上却尸位素餐啊！"

三、魏晋南北朝篇

（一）孙策母吴氏

舍过录功

【题解】

孙策是孙坚的长子，孙权的哥哥，死后追谥武烈皇帝。他的母亲吴夫人颇懂为政之道，对吴国政权的建立和巩固做出了巨大贡献。她教子优贤礼士，舍过录功，集天下之才安定江南，问鼎中原。

【原文】

策功曹魏腾，以迕意见谴，将杀之，士大夫忧恐，计无所出。夫人乃倚大井而谓策曰："汝新造江南，其事未集，方当优贤礼士，舍过录功。魏功曹在公尽规，汝今日杀之，则明日人皆叛汝。吾不忍见祸之及，当先投此井中耳。"策大惊，遽①释腾。

——《三国志·吴志·孙破虏吴夫人传》注引《会稽曲录》

【注释】

①遽：jù 赶快。

【译文】

孙策的功曹魏腾，因为不顺孙策的心意而被谴责。孙策要杀掉他，府下士大夫又担心又害怕，想不出什么计策。母亲吴夫人依靠着大井对孙策说："你新近造得江南，事功还没有齐集，应当礼贤下士，优待群贤，舍弃他们的过失，记录他们的功劳。魏功曹为官时能尽守规范，你今天要杀他，那么明天别人都会背叛你。我不忍心看见祸患的到来，应先投到这口井中自尽！"孙策大惊失色，很快释放了魏腾。

（二）钟会母

诫子行仁政

【题解】

钟会喜欢耍弄权术，为此在朝廷内外树敌颇多，钟会的母亲深明大义，她从君子修身的角度劝诫儿子多做善事，以道德感化百姓，成就一番事业。钟母的训诫对想真正有所作为的从政者提供了有益的劝告。

【原文】

正始八年，会为尚书郎，夫人执会手而诲之曰："汝弱冠见叙①，人情不能不自足，则损在其中矣，勉思其戒！"

……会历机密十余年，颇豫政谋。夫人谓曰："昔范氏少子为赵简子设伐邾之计，事从民悦，可谓功矣。然其母以为乘伪作诈，末业鄙事，必不能久。其识本深远，非近人所言，吾常乐②其为人。汝居心正，吾知免矣。但当修所志以辅益时化，不忝③先人耳。"常言"人谁能皆体自然，但力行不倦，抑亦其次。虽接鄙贱，必以言信。取与之间，分画分明。"或问："此无乃小乎？"答曰："君子之行，皆积小以致高大，若以小善为无

益而弗为，此乃小人之事耳。希通慕大者，吾所不好。"

——《三国志·魏书·钟会传》注

【注释】

①见叙：被提拔。

②乐：称赞。

③忝：辱。

【译文】

正始八年，钟会当上了尚书郎，钟夫人拉着钟会的手教导他说："你刚刚成年就被提拔做了官，如果不能做到满足的话，那么就会给自己带来损害，你应当三思而行啊！"……钟会在朝廷执掌大权达十多年，他很喜欢筹划政治方面的计谋。钟夫人告诫他说："以前范武子的儿子范文子替赵简子设计伐郑，事情成功了，老百姓也感到满意，可以说是建立了功业。然而范文子的母亲却认为这是虚伪、奸诈的行为，是没有出息并显得卑鄙的事情。范母的见识很深远，不是现在的人可以达到的，我常常赞赏范母的为人。你心地正直，我知道可以免除灾祸。然而你应该修身立志以辅助国家、教化百姓，不要给先人带来耻辱"。钟夫人常常说："人们很难做到品行达到自然纯真的境界，但努力奉行从不厌倦，也是可以接近的。即使与身份低贱的人接触，也应该讲究信用，取与给之间界线要分明。"有人便这样问她："这样做不就显得小家子气吗？"钟夫人回答说："君子的行为，总是从小处做起才能达到高远的境界，如果以为是小的善事而不去做，这才是小人的行为。总贪图去做大事情的人，我是不喜欢的。"

（三）张 纮

临困授子靖留笺

【题解】

张纮是三国时吴国的大臣，辅佐过孙策，孙权两代国君，精通治国之道。在患重病时，张纮给儿子留下一封书信，专门给儿子讲述治国的道理。张纮从君主身上着眼，指出历代君王普遍存在好同恶异、忠言不纳、忠奸不分等缺点，最后提出理想的君主所应具备的优良品质。张纮对于为政问题纵横洒脱的议论，包含了丰富的阅世经验和深刻的人生智慧，足以成为历朝历代从政者的醒世通言。

【原文】

自古有国有家者，咸欲修德政以比隆盛世。至于其治多不馨香①，非无忠臣贤佐暗于治体也，由主不胜其情弗能用耳。

夫人情惮难而趣②易，好同而恶异，与治道相返。传曰："从善如登，从恶如崩"，言善之难也。人君承奕世之基，据自然之势，操八柄之威，甘易同之欢，无假取于人，而忠臣挟难进之术，吐逆耳之言，其不合也，不亦宜乎？虽则有衅，巧辩缘闲，眩于小忠，恋于恩爱，贤愚杂错，长幼失序，其所由来，情乱之也。故明君悟之，求贤如饥渴，受谏而不厌，抑情损欲，以义割恩。上无偏谬之授，下无希冀之望。宜加三思。含垢藏疾，以成仁覆之大。

——《三国志·吴书·张纮传》

【注释】

①馨香：美好。

②趣：通"趋"。

【译文】

自古以来的国君人主，都想施行德政以达到太平盛世那样的兴隆。至于说他们的治国大多数没有留下流传久远的好名声，并不是忠臣贤士不善于治理国家，而是由于君主不了解实情不重用他们罢了。

人的本性是害怕困难而选择容易的，喜欢顺从而讨厌异议，这跟治理国家的道理正好相反。俗话说："学好如同登山，学坏如同山崩"，这是说学好非常困难。君主继承世代的基业，占据着先天优越的位置，掌握着至高无上的权威，陶醉于容易做的事情，喜欢别人的顺从，不采取别人的意见，而忠臣提出施行起来费力的计谋，说出很不顺耳的话语，由此受到君主的排斥，不是顺理成章的事情吗？即使发生了什么事端，君主也容易听信于花言巧语的辩解，被小的忠心所迷惑，迷恋小恩小惠，结果是贤明与愚蠢的混在一起，年长与年轻者之间也失去了秩序，产生这样的原因，都是由于屈从私情而导致混乱的缘故。因此贤明的君主明白这个道理，寻求贤明的人士如饥似渴，接受正直的劝谏从不厌倦，抑制自己的私情与欲望，以道义割断恩爱。君主任用起臣子来绝对公正贤明，下面一些善于钻营者就会死心。我所说的话希望你认真思考。你要忍辱负重，用以成全你的品德操行。

（四）曹操

1. 诫世子尊贤

【题解】

礼贤下士，从善如流，这是成就大业的人所必须拥有的美德，曹操不但自己在这方面做得很好，还让世子曹丕也注意学习，目光是十分深远的。

【原文】

太祖征伐，常令范及邴原留，与世子居守。太祖谓文帝："举动必谘①此二人。"世子执子孙礼。

——《三国志·魏书·袁张凉国田王邴管传》

【注释】

①谘：zī 询问。

【译文】

曹操出兵征伐时，经常命令张范和邴原留下，与世子曹丕一同居守京都。曹操对曹丕说："凡有举动你都必须先咨询这两个人后方可。"世子曹丕于是见张范和邴原都自执子孙礼。

2. 诸儿令

【题解】

曹操在提拔官员方面能够做到任人唯贤，而不是任人唯亲。这则意在从他的儿子们中间挑选三个人去担任地方长官的训令，典型地反映出曹操这一方面的可贵品质，值得当今的为政者效法。

【原文】

今寿春、汉中、长安，先欲使一儿各往督领之，欲择慈孝不违吾令，亦未知用谁也。儿虽小时见爱，而长大能善，必用之。吾非二言者，不但不私臣吏，儿子亦不欲有所私。

——《曹操集》

【译文】

现在寿春、汉中、长安三个地方，想先派三个人分别去统率和治理它们，我打算选用心地慈孝不违背我命令的人，目前还不知道要任用谁。你们小时候虽然都被我宠爱过，但是长大后能够做到德才兼备者，我一定任用他。我从来都说一不二，不但对于臣子不讲私情，你们虽然是我的儿子，我对你们也不想讲什么私情。

3. 诫子彰

【题解】

为人君者，不得以私情徇国事。"率土之滨，莫非王臣"，即使是自己的儿子也应与众臣一视同仁。曹操深明此义，所以在出征前才要叮嘱儿子遵守王法。

【原文】

　　二十三年，代郡乌丸反，以彰为北中郎将，行骁骑将军。临发，太祖戒彰曰："居家为父子，受事为君臣，动以王法从事，尔其戒之！"

　　　　　　　　　　　　——《三国志·魏书·任城陈萧王传》

【译文】

　　建安二十三年，代郡乌丸反叛，太祖令曹彰为北中郎将，代理骁将军前去镇压。临出发时，太祖告诫曹彰说："在家时我们是父子，你受命后我们就是君臣，行动要按王法办事，你要注意这点。"

（五）刘　备

遗　命

【题解】

　　刘禅兄弟无能，唯赖诸葛亮掌国。刘备知子不肖，临终前要他们完全依赖诸葛丞相，以父礼事之。

【原文】

　　临终时，呼鲁王①与语："吾亡之后，汝兄弟父事丞相，令卿与丞相共事而已。"

　　　　　　　　　　　　——《三国志·蜀书·后主传》注

【注释】

　　①呼鲁王：刘永。

【译文】

　　刘备临终时，喊鲁王刘近前，对他说："我死了以后，你们兄弟要像侍奉父亲一样侍奉丞相，令众卿与丞相共事就行了。"

（六）顾　雍

恭谨为节

【题解】

　　顾雍为相十九年，以克勤敬慎而著称。他的孙子顾谭曾为孙权太子的四友之一，后得宠于孙权，可是他不懂为臣之道。作为祖父的顾雍对此十分气恼，他摆事实讲道理并预言顾谭会是败家子。后来史栽顾谭因与权贵有摩擦而被贬交趾，终老在那里。

【原文】

权嫁从女，女顾氏甥，故请雍父子及孙谭，谭时为选曹尚书，见任贵重。是日，权极欢。谭醉酒，三起舞，舞不知止。雍内怒之。明日，召谭，苟责之曰："君王以含垢为德，臣下以恭谨为节。昔萧荷、吴汉并有大功，何每见高帝，似不能言；汉奉光武，亦信恪勤。汝之于国，宁有汗马之劳，可书之事耶？但阶①门户之资，遂见宠任耳，何有舞不复知止？虽为酒后，亦由恃恩忘敬，谦虚不足。损吾家者必尔也。"因背向壁卧，谭立过一时，乃见遣。

————《三国志·吴志·顾雍传》注引《江表传》

【注释】

①阶：凭借。

【译文】

孙权嫁侄女嫁给顾雍的外甥，于是邀请顾雍父子俩和孙儿顾谭，顾谭当时做了选曹尚书，受到重用。这一天，孙权很高兴。顾谭喝醉了酒，多次翩翩起舞，跳得忘乎所以。顾雍心中十分气恼。第二天，他召来顾谭，训斥他道："君主以容忍别人的缺点为美德，臣子以恭敬谨慎为节制。过去萧何，吴汉都有显赫功勋，萧何每次见到汉高祖，好像不能说话一样；吴汉侍奉汉光武帝，也崇信敬慎勤勉。你个人对于这个国家，有过汗马功劳，可以记录的事迹吗？仅仅以门弟的资格为阶梯，于是被宠信任用罢了，哪有跳舞不再知道住止的？即使在喝了酒以后，也还是依仗恩惠忘掉恭敬，谦虚方面远远不足。毁掉我家的一定是你。"于是背对着墙壁躺下，顾谭站着过了一个时辰，顾雍才让他走。

（七）卞皇后

不因爱子坏国法

【题解】

卞皇后是曹操的妻子，本来不能称皇后，因为曹操没有做皇帝。只是史书上这样称呼罢了。到曹丕做皇帝时，她就做了太后。在这则史实里，太后的爱子曹植——也是曹丕的弟弟犯了法，太后明确地说："不可因为我的缘故坏了国法"，思想境界是比较高的。

【原文】

后以国用不足，减损御食，诸金银器物皆去之。东阿王植，太后少子，最爱之。后植犯法，为有司所奏，文帝令太后弟子奉车都尉兰持公卿议白①太后，太后曰："不意此儿所作如是，汝还语帝，不可以我故坏国法。"及自见帝，不以为言。

——《三国志·魏书·后妃传》注引《魏书》

【注释】

①议白：禀告。

【译文】

卞太后因为国家的用费不足，减损了御食，各种金银器具都撤掉了。东阿王曹植，是太后的小儿子，最受宠爱。后来曹植犯了法，被官吏告了，文帝曹丕叫太后弟弟的儿子奉车都尉卞兰，将公卿们的议论禀告给太后，太后说："没想到这孩子干这样的事情。你回去对皇帝说，不可因为我的缘故坏了国法。"等到她自己见到皇帝时，还是不为曹植求情。

（八）曹　丕

内　诫

▲曹操像

【题解】

"内诫"是对妻室的告诫。曹丕有鉴于袁术，袁绍因宠信妻妾而灭亡，在这篇《内诫》里分析了恶妇祸国的问题。这自然是"红颜祸水"的老调。天下女子，哪里都是妒妇恶妇？但天下女子，干预丈夫政治，最终家破人亡，为千夫所指的情况又比比皆是。戒之戒之！

【原文】

三代之亡，由乎妇人。故《诗》刺艳妻，《书》诫哲妇，斯已著在篇籍①矣。近事之若此者众。或在布衣细人，其失不足以败政乱俗，至于二袁②，过窃声名，一世豪士，而术以之失，绍以之灭，斯有国者所宜慎也。是以录之，庶以为诫于后，做内诫。

古之有国有家者，无不患贵臣擅朝，宠妻专室。故女无美恶，入宫见被妒，士无贤愚，入朝见嫉。夫宠幸之欲专爱擅权，其来尚矣。然莫不恭慎于明世，而恣睢于闲时者，度主以行志也。故龙阳临钓而泣，以塞美人之路。郑袖伪隆其爱，以残魏女之貌。司隶冯方女，国色也，世乱避地扬州，袁术登城，见而悦之，遂纳焉，甚爱幸之。诸妇害③其宠，绐④言："将军以贵人有志节，但见时宜数涕泣，示忧愁也，若如此，必长见敬

国学经典文库

中华传世家训

第六编　为政

图文珍藏版

重。"冯氏女以为然，后每见术辄垂涕，术果以为有心志，益哀之。诸妇人因是共绞杀，悬之厕梁，言其哀怨自杀，术诚以为不得志而死，乃厚加殡敛。袁绍妻刘氏甚妒忌，绍死，僵尸未殡，宠妾五人，妻尽杀之。以为死者有知，当复见绍于地下，乃髡⑤头墨面以毁其形。追妒亡魂，戮及死人，恶妇之为，一至是哉。其少子尚，又为尽杀死者之家。嫔说恶母，蔑死先父，行暴逆，忘大义，灭其宜矣！绍听顺妻意，欲以尚为嗣，又不时决定，身死而二子争国，举宗涂地，社稷为墟。上定冀州屯邺，舍居住绍之第，余亲涉其庭，登其堂，游其阁，寝其房。栋宇未堕，陛除阶自若，忽然而他姓处之，绍虽蔽乎，亦由恶妇。

——《全三国文》辑《典论·内诫》佚文

【注释】

①篇籍：经典。

②二袁：袁绍，袁术。

③害：怨恨。

④绐：dài 欺骗。

⑤髡：kūn 剃发。

【译文】

夏商周三代的灭亡，都是由于妇人。因此《诗经》讽刺妖艳的妻子，《尚书》告诫自作聪明的女人，这些都已写在典籍上了。近来的事情，和这相似的有很多。如果是平民百姓，宠信女人的过失，尚不足以祸国殃民。至于袁绍、袁术，声名被妻妾之祸损害。他们都是一代英豪，而袁术因为女祸失去势力，袁绍因为女祸导致灭亡，这些都是拥有国家的人应该慎重的。因此我把这类事情记下来，希望作为将来的警诫，写了这篇《内诫》。

古代有国有家的人，都忧虑身居要位之臣在朝廷专权，宠爱的妻子在家中独断专行。因此凡是女人，不管美丑，入官之后，就会被其他女人忌恨；凡是士人，不管才能大小品德好坏，入朝之后，总要遭到其他官僚的嫉妒。受宠幸的人总想一人受宠，独霸权柄，其由来已很久远了。他们在圣明的时代都恭敬谨慎，在昏庸的朝廷都放纵恣肆，视君主的贤遇明暗，而有不同的行为。因此魏王的男宠龙阳君钓鱼时下泪，以此阻塞了美人的来路。郑袖假惺惺地表现对魏国美女的关怀，以此骗得她自残了形貌。司隶冯方的女儿，天姿国色，碰上战乱逃到扬州，袁术登上城楼看见了，很喜欢，于是纳为小妾，很受宠幸。袁术的妻妾们怨恨她受宠，哄她说："袁将军认为你有志气节操，只是见到他时最好多哭几次，显出你很忧愁，如能这样，一定会长期受敬重。"冯氏女信以为然，其后一见袁术就流泪，袁术果然觉得她有志气节操，更加爱怜。妻妾们于是合伙绞死了她，悬在厕所的屋梁上，谎称她悲哀过度，自杀身亡。袁术还真以为是她不得志而自杀，于是隆重地举行了葬礼。袁绍的妻子刘氏十分妒忌，袁绍死了，尸骨未寒，尚未下葬，五个宠妾，统统杀掉。又认为死者如有知，可能又到地下去见袁绍，于是剃了她们的头，用墨涂了脸来毁坏她们的形体。忌妒不放过亡魂，杀戮施之于死尸，恶妇的行为，至于此！她的小儿子袁尚，又替她杀光了死者的家人。取悦于恶母，不顾死去的先父，实行暴逆，忘记大义，他们的灭亡是当然的啊！袁绍听从妻子的意见，想要以袁尚为继承人，又举棋不定，身死之后，二子争国，宗族一败涂地，社稷化为丘墟。父亲（曹操）平定冀州，驻军于邺，住在袁绍的宅子里。我亲身走过庭院，进入大堂，游览楼阁，睡在屋里。袁家的屋栋未堕，袁家的台阶依旧，忽然之间，他姓的人却住了进来，袁绍虽然昏昧，他的失败也是因为那个恶妇啊。

（九）曹　睿

诫曹干书

【题解】

魏国的赵王曹干违反朝廷禁令，私自交结宾客，魏明帝曹睿写了一封玉玺书去警告他，仔细陈述禁结宾客的道理，历数对犯禁的人的严厉惩罚，责令他改正错误。

【原文】

青龙二年，私通宾客，为有司所奏，赐干玺书诫诲之，曰："《易》称'开国承家，小人勿用'，《诗》著'大车惟尘'之诫。自太祖受命创业，深睹治乱之源，鉴存亡之机，初封诸侯，训以恭慎之至言，辅以天下之端士，常称马援之遗诫，重诸侯宾客交通之禁，乃使与犯妖恶同。夫岂以此薄骨肉哉？徒欲使子弟无过失之愆，士民无伤害之悔耳。高祖践阼，祗慎万机，申著诸侯不朝之令。朕感诗人《常棣》①之作，嘉《采菽》②之义，亦缘诏文曰'若有诏得诣京都'，故命诸王以朝聘之礼。而楚、中山并犯交通之禁，赵宗、戴捷咸伏其辜。近东平王复使属官殴寿张吏，有司举奏，朕裁削县。［今］有司以曹篡、王乔等因九族时节，集会王家，或非其时，皆违禁防。朕惟王幼少有恭顺之素，加受先帝顾命，欲崇恩礼，延乎后嗣，况近在王之身乎？且自非圣人，孰能无过？已诏有司宥王之失。古人有言：'戒慎乎其所不睹，恐惧乎其所弗闻，莫见乎隐，莫显乎微，故君子慎其独焉。'叔父兹率先圣之典，以篡③乃先帝之遗命，战战兢兢，靖恭厥位，称朕意焉。"

　　　　　　　　　　　　——《三国志·魏书·武文世王公传》

【注释】

①《常棣》：《诗经》篇名。

②《采菽》：《诗经》篇名。

③纂：继承。

【译文】

青龙二年，曹干私自交结宾客，被主管官吏举奏，明帝赐曹干玺书教诲说："《易经》称'建立邦国，承继家业，不要任用小人'，《诗经》上记载着'大夫的车扬起灰尘污染了自己'的告诫。自从太祖接受天命、开创大业以来，深刻观察治乱的根源，明鉴存亡的关键，当初分封诸侯时，用恭顺谨慎的至理名言训诫他们，用天下的端正士人来辅佐他们，常称引马援的临别遗训，看重诸侯交结宾客的禁律，把这种行为和宣扬怪异邪恶定的罪相同。难道是用这种法律来淡薄骨肉，之情吗？这只不过是想让子弟们不犯过失、官民没有伤害的悔恨罢了。高祖登基以后，因忙于日常事务，申明诸侯不进京朝见的命令。我有感于诗人作《常棣》的用义，赞赏《采菽》的道理，也根据诏令说'如果有诏令可以进京'，所以命令诸王可以行朝觐的礼仪，而楚、中山王都因交结宾客而触犯了禁律，赵宗、戴捷都服法了。最近乐平王又派属官殴打寿张县官吏，主管官吏举奏他的罪过，我裁判削夺他的县邑。现在主管官吏因曹纂、王乔等沿袭九族依时行礼的习俗，在你家聚会，有的不合时节，都违反了禁令。我因为你年纪幼小，有恭顺的真心，加上接受了先帝的临终遗命，想要加倍宠遇你，一直延续到后代，更何况对你本身呢？况且人非圣贤，孰能无过！已经诏令主管官吏饶恕你的过失。古人有句话：'戒备你看不见的东西，警惧你没有听到的事，因为这些事情在隐蔽中还未表现出来，在细微中尚未显著起来。所以君子都慎重他的独特行为。'叔父，你要努力遵循先圣的法则遵守先帝的遗命，小心谨慎，恭恭敬敬地恪守王位，以称我的心意啊。"

（十）李衡妻习氏

出计活夫君

【题解】

为政要计谋，既不能遇事便逃，也不能硬拼硬闯。李衡贵为丹阳太守，得罪过吴景帝孙休。他的妻子给他分析形势，权衡利弊，最终使他在不利中获利，这需要多么惊人的智慧。

【原文】

时孙休在郡治，衡数以法绳①之。妻习氏每谏衡，衡不从。会休立，衡忧惧，谓妻曰："不用卿言，以至于此。"遂欲奔魏。妻曰："不可。君本庶民耳，先帝相拔过重，既数作无礼，而复逆②自猜嫌，逃叛求活，以

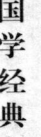

此北归，何面见中国人乎？"衡曰："计何所出？"妻曰："琅邪王素好善慕名，方欲自显于天下，终不以私嫌杀君明矣。可自囚诣狱，表列前失，显求受罪。如此，乃当逆见优饶，非但直活而已。"衡从之，果得无患，又加威远将军，授以棨戟。

——《三国志，吴志·孙休传》注引《襄阳记》

【注释】

　　①绳：纠正。

　　②逆：预先。

【译文】

　　当时孙休在丹阳郡所，李衡数次借法纠正他。李衡的妻子习氏每次都劝谏李衡，但他不听。正当孙休继立帝位，李衡又忧虑又害怕，对妻子说："由于不听你的话，以至于到这个地步。"于是想逃奔到魏国去。他的妻子说："不能这样。你原本是普通老百姓，先帝（即吴大帝孙权）提拔之恩太重，您已经数次表现出没有礼数，而今再由猜嫌而叛逆，叛逃以求得生路，因为这个而投归魏国，有什么脸面去见中原人士呢"？李衡说："能想出什么好计策？"他的妻子说："琅邪王孙休素来喜好善行仰慕名士，正想把自己的美德昭显于天下，最终还是不会因为私人恩怨斩杀您的。您可以自我囚禁归往监狱，表陈自己以前的过失，明求甘受罪罚。像这样才会反过来受的优待丰厚，不仅仅只是活命而已。"李衡听从她的计策，果真得以没有祸患，又被赐加威远将军，授予仪仗。

（十一） 潘　濬

责子交敌

【题解】

　　潘濬正领兵在外时，他的儿子竟和投降过来的敌首交往。这时，潘濬急书一封，晓之以理，告诉儿子亲善远恶，不然会做出有利于敌人的蠢事。这种为政之道和政治远见很有借鉴之处。

【原文】

　　归义隐蕃，以口辩为豪杰所善，濬子翥亦与周旋，馈饷之。濬闻大怒，疏责翥曰："吾受国厚恩，志报以命，尔辈在都，当念恭顺，亲贤慕善，何故与降虏交，以粮饷之？在远闻此，心震面热，惆怅累旬。疏到，急就往使受杖一百，促责所饷。"当时人咸怪濬，而蕃果图叛诛夷，众乃归服。

——《三国志·吴志·潘濬传》注引《吴书》

【译文】

归顺吴国的隐蕃，凭着他的辩才为豪杰所善待，潘濬的儿子潘翥也和他来往，并且送军饷给他。潘濬听了十分气恼，以书疏斥潘翥道："我接受国家厚重的恩德，立志用生命来报答，你在国都，应当念及恭敬忠顺，亲近贤士饮慕好人，有何道理和降敌交往，拿粮食给他呢？在远方听到这个，我心为之一震，脸为之一热，失落几十天。书疏一到，你要赶紧去受棍杖一百下，追回所给的粮食。"当时的人都责怪潘濬，而隐蕃果真企图反叛而被诛杀，大家于是服了他。

（十二）陶侃母

斥子损公

【题解】

陶侃为东晋名相，曾任寻阳县（今属江西九江）吏，主管鱼梁。他孝母心切，拿公家的食品给母亲吃，受到了母亲的批评。他母亲声明大义，教育儿子不要损公肥私，这样反倒增添做母亲的忧虑。

【原文】

陶公少时作鱼梁①吏，尝以坩②鱼鲝③饷母。母封鱼鲝付使，反书责侃曰："汝为吏，以官物见饷，非唯不益，乃增吾忧也。"

——《世说新诸·贤媛》

【注释】

①鱼梁：捕鱼的堰。
②坩：gān 陶瓦器。
③鱼鲝：zhǎ 鱼制品。

【译文】

陶侃年轻时做监管鱼梁的小吏，曾经送去一罐腌鱼给母亲。他母亲把腌鱼封好交给来人带回去，并且回封信责备陶侃说："你做官吏，拿公家的东西送给我，这不只没有好处，反而增加了我的忧虑。"

（十三）李 暠

手令诫诸子

【题解】

李暠，字玄盛，兵起北方，建国号为西凉。作为西凉开国君主，他从自己的亲身体会入手告诫儿子们要学会为政之道。为政首要的问题在于审慎，然后是赏罚分明，最后是顾及礼俗。所有这些素养都取决于"克己纂修"，培养自己的各种贤德。

【原文】

吾自立身，不营世利，经涉累朝，通否任时；初不役智，有所要求，今日之举①，非本愿也。然事会相驱，遂荷州土，忧责不轻，门户事重。虽详人事，未知天心，登车理辔，百虑填胸。后事付汝等，粗举旦夕近事数条，遭意②便言，不能次比。至于杜渐防萌③，深识情变，此当任汝所见深浅，非吾敕诫所盎也。汝等虽年未至大，若能克己纂④修，比之古人，亦可以当事业矣。苟其不然，虽至白首，亦复何成！汝等其戒之慎之。

节酒慎言，喜怒必思，爱而知恶，憎而知善，动念宽恕，实而后举。众之所恶，勿轻承信，详审人，核真伪，远佞谀，近忠正。蠲⑤刑狱，忍烦扰，存高年，恤丧病，勤省案，听讼诉。刑法所应，和颜任理，慎勿以情轻加声色。赏勿漏疏，罚勿容亲。耳目人间，知外患苦；禁御左右，无作威福。勿伐善⑥施劳，逆诈亿⑦必，以示己明。广加咨询，无自专用，从善如顺流，去恶如探汤。富贵而不骄者至难也，念此贯心，勿忘须臾。僚佐邑宿，尽礼承敬，宴飨馈食，事事留怀。古今成败，不可不知，退朝之暇，念观典籍，面墙而立⑧，不成人也。

此郡世笃忠厚，人物敦雅，天下全盛时，海内犹称之，况复今日，实是名邦。正为五百年乡党婚亲相连，至于公理，时有小小颇回⑨，为当随宜斟酌。吾临莅五年，兵难骚动，未得休众息役，惠康士庶。至于掩瑕藏疾，涤除疵垢，朝为寇仇，夕委心膂，虽未足希准古人，粗亦无负于新旧。事任公平，坦然无类，初不容怀，有所捐益，计近便为少，经远如有余，亦无愧于前志也。

——《晋书·凉武昭王李玄盛传》

【注释】

①举：称王之事。

②意：想到。

③杜渐防萌：防微杜渐。

④纂：继承。

⑤蠲：juān 免。

⑥伐善：自夸美好。

⑦亿：同"臆"。

⑧面墙而立：比喻一无所见。

⑨回：差错、波折。

【译文】

我靠自己立身成事，不贪图世俗利益；经历了几个皇帝，亨通霉运随时都有；起初不能运用自己的智慧，对别人有所求，现在的举动不是我本来的愿望。然而事情凑巧，不能自主，于是承担国家大任，忧患责任不轻松，门户之内事务繁重。虽然详知人事，却不懂得天的意志，上车扬鞭，数不清的忧虑填满了胸口。以后的事情嘱付给你们，粗略地举起早晚切近人事的几条，有想法便说出来，不能一一排比。至于防微杜渐，深知事情的变化，这当任凭你们见识的深浅程度，不是我的敕诫所能帮助的。你们虽然年纪不很大，假若能够战胜自我，继承前修，与古人相比美，那么也可以担当事业了。如果不这样的活，即使到老了，也还没有什么成就！你们还是戒惧敬慎吧。

节制酒事，谨慎说话，高兴愤怒时要思考，能爱才知道恶是什么，能恨方知道善为何物，一举一动要存着宽恕的念头，应当先考虑仔细了才行动。大家所厌恶的，不要轻易相信，详细地审视别人，核查真假，远离邪佞阿谀之人，亲近忠庄正直之人。免除刑狱，容忍烦扰，存养老人，休恤伤病，勤恳省察公文，倾听别人的诉讼。该动用刑法的要和颜悦色依靠道理，切切不要因为人情而不严厉训斥。奖赏不要疏漏了有功之人，惩罚不应容忍亲戚。要明察人事，知晓外来忧患的艰苦；严管左右诸臣，不要作威作福。不要自夸美好，让人劳苦，自认为料事如神，预知奸诈，以表明自己清明。广泛地咨询，不要师心自用，顺从善德要像顺流而下，去除恶习有如伸入热水中。有钱有势而不骄横自满太难了，要用心一贯，片刻不能忘记。同像在自己封地上住宿，要恭敬有礼，宴飨欢会，凡事要留心。古今成败的故事，不可以不了解，退朝的空闲观读典籍，面壁而立，一无所见，是未长大成人的表现。

此郡世代忠实厚道，人性、物产敦实雅正，天下太平之时，全国还称颂它，即使又到今天也实在是有名的地方。正因为五百年来乡村里因婚亲而联系紧密，至于公认的道理，有时出现小小的波折，也随时适当斟酌解决。我在位五年了，战乱骚动没法休养生息，使老百姓安宁受惠。至于掩饰缺点隐藏疾病，清除疵陋尘垢，早晨剿匪，晚上委任心腹，虽然不足以希望以古人为准绳，但大致也不辜负新臣旧故的要求。凡事凭借公道均平，坦坦荡荡，无偏无党，凡事皆不挂怀，如有增减变动，考虑到近处的便少一点，经略远大的便会多一些，这样就无愧于以前的志向了。

（十四）何叔度

非关何彦德

【题解】

何尚之，字彦德，曾任南朝宋吏部侍郎。他的父亲何叔度熟谙政坛沉

国学经典文库 图文珍藏版

中华传世家训

邹博◎主编

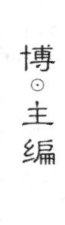

线装书局

（十七）颜之推

慕　贤

【题解】

颜之推在这里讲的"慕贤"不是指仰慕古代的圣人，而是指对当世贤才的仰慕。颜之推站在维护封建统治者的立场上，对于统治者往往忽略身边真正贤士的行为表示不满与指责，劝谏统治者应举贤授能，这样才能保证国家的长治久安。

【原文】

古人云："千载一圣，犹旦暮也；五百年一贤，犹比髆①也。"言圣贤之难得，疏阔如此。傥遭不世明达君子，安可不攀附景仰之乎？吾生于乱世，长于戎马，流离播越，闻见已多，所值②名贤，未尝不心醉魂迷向慕之也。人在年少，神情未定，所与款狎，熏渍陶染，言笑举动，无心于学，潜移暗化，自然似之；何况操履艺能，较明易习者也？是以与善人居，如入芝兰之室，久而自芳也；与恶人居，如入鲍鱼之肆，久而自臭也。墨子悲于染丝，是之谓矣。君子必慎交游焉。孔子曰："无友③不如己者。"颜、闵之徒，何可世得！但优于我，便足贵之。

世人多蔽，贵耳贱目，重遥轻近。少长周旋④，如有贤哲，每相狎侮，不加礼敬；他乡异县，微藉⑤风声，延颈企踵，甚于饥渴。校其长短，核其精粗，或彼不能如此矣。所以鲁人谓孔子为东家丘，昔虞国宫之奇，少长于君，君狎之，不纳其谏，以至亡国，不可不留心也。

用其言，弃其身，古人所耻。凡有一言一行，取于人者，皆显称之，不可窃人之美，以为己力；虽轻虽贱者，必归功焉。窃人之财，刑辟之所处；窃人之美，鬼神之所责。

梁孝元前在荆州，有丁觇者，洪亭民耳，颇善属文，殊工草隶；孝元书记，一皆使之。军府轻贱，多未之重，耻令子弟为楷法⑥，时云："丁君十纸，不敌王褒数字。"吾雅爱其手迹，常所宝持。孝元尝遣典签惠编送文章示萧祭酒⑦，祭酒问云："君王比⑧赐书翰，及写诗笔，殊为佳手，姓名为谁？那得都无声问？"编以实答。子云叹曰："此人后生无比，遂不为世所称，亦是奇事。"于是闻者稍复刮目。稍仕至尚书仪曹郎，末为晋安王侍读，随王东下。及西台陷殁，简牍湮散，丁亦寻卒于扬州；前所轻者，后思一纸，不可得矣。

侯景初入建业，台门虽闭，公私草扰，各不自全。太子左卫率羊侃坐东掖门，部分⑨经略，一宿皆办，遂得百余日抗拒凶逆。于时，城内四万

许人，王公朝士，不下一百，便是恃侃一人安之，其相去如此。古人云："巢父、许由，让于天下；市道小人，争一钱之利。"亦已悬矣。

齐文宣帝即位数年，便沉湎纵恣，略无纲纪；尚能委政尚书令杨遵彦，内外清谧，朝野晏如，各得其所，物无异议，终天保之朝。遵彦后为孝昭所戮，刑政于是衰矣。斛律明月，齐朝折冲⑩之臣，无罪被诛，将士解体，周人始有吞齐之志，关中至今誉之。此人用兵，岂止万夫之望而已哉！国之存亡，系其生死。

张延隽之为晋州行台左丞，匡维⑪主将，镇抚疆场，储积器用，爱活黎民，隐若敌国矣。群小不得行志，同力迁之；既代之后，公私扰乱，周师一举，此镇先平。齐亡之迹，启于是矣。

——《颜氏家训》

【注释】

①髆：bó 肩。

②值：碰到。

③友：交友。

④周旋：相处。

⑤藉：凭借。

⑥楷法：楷模法则。

⑦萧祭酒：萧子云。

⑧比：最近。

⑨分：部署。

⑩冲：冲锋陷阵。

⑪维：辅佐。

【译文】

古人说："一千年出一位圣人，还近得像旦暮之间；五百年出一位贤人，还密得像肩碰肩。"这是讲圣人，难得如此稀少。倘或遇上不明达的君子，怎能不攀附景仰啊！我出生在乱世，长成在兵马之间，流离播迁，见闻已多，遇上名流贤士，没有不心醉魂迷地向往仰慕。人在年少时候，精神意态还未定型，和人家交往亲密，受到熏渍陶染，人家的一言一笑一举一动，即使无心去学习，也会潜移默化，自然就相似了，何况人家的操行技能，是更为明显易于学习的东西啊！因此和善人在一起，如同进入养芝兰的房室，时间久了自然芬芳；和恶人在一起，如同进入卖鲍鱼的铺子，时间久了自然腥臭。墨子看到同样的丝，可以染黑，可以染白，因而感叹，就是这个缘故。所以君子在交游上必须谨慎。孔子说："不要和不如自己的人做朋友。"像颜回、闵损那样的人，哪能常有？只要有胜过我的地方，就很可贵了。

世上的人多有所蔽，重视耳闻而轻视目睹，重视远处的而轻视身边的。从小到大常往来的人中，如果有了贤士哲人，也往往轻慢，缺少礼貌尊敬。而对身居他乡别县的，稍稍有些名声，就会伸长了脖子，踮起了脚跟，如饥如渴地想见一见，其实比较二者的短长，审校二者的精粗，很可能远处的还不如身边的。此所以鲁人会把孔子称为"东家丘"。从前虞国的宫之奇从小生长在虞君身边，虞君对他很随便，听不进他的劝谏，终于落个亡国的结局，真不能不留心啊！

采纳人家的惠言，却对他本身不加尊重，古代的人对这种行为感到可耻。凡有一言一行，只要是从人家身上仿效得来的，都应该加以声明，不能掠人之美，作为自己的本事；即使这个人身份低微，也应该将功劳归集到他身上。偷盗人家的财产，就要遭受刑罚；掠人之美，就要遭受鬼神的谴责。

梁元帝从前在荆州时，有个叫丁觇的，只是洪亭地方的一个百姓，很会做文章，尤其擅长写草书、隶书。元帝的往来书信，都叫他代写。可军府里的人轻贱他，对他的书法不重视，不愿子弟模仿学习，一时有"丁君写的十张纸，比不上王褒几个字"的说法。我是一向喜爱丁的书法的，常加以珍藏把玩。后来元帝派典签叫惠编的送文章给祭酒萧子云看，萧子云问道："君王刚才所赐的书翰，还有所写的诗文，真出于好手，此人姓什么叫什么，怎么会毫无名声？"惠编如实回答，萧子云叹道："此人在后生中没有谁能比得上，却不为世人称道，也算是奇怪的事情！"从此听到这话的对丁稍稍刮目相看，丁也逐步做上尚书仪曹郎。最后做晋安王的侍读，随王东下。到江陵陷落，简牍散失埋没，丁不久也死于扬州。从前轻视丁的，此后想要丁的一纸书法也不可得了。

侯景刚进入建康时，台门虽已闭守，而官员百姓纷乱惊扰，人人不得自保。太子左卫率羊侃坐镇东掖门，部署安排，一夜齐备，好歹抗拒了凶逆一百多天。这时台城里有四万多人，王公朝官，不下一百，就是靠羊侃一个人才使大家安定，才能高下相差这样大。古人说："尧舜时期的隐士巢父、许由，整个天下都可以谦让；市井小人，却为一文钱的利益争执不休。"这两类人也称得上相差悬殊了。

齐文宣帝即位几年，就沉湎纵恣，全无法纪。但还能把政事委托给尚书令杨遵彦，才使内外清宁，朝野平静，大家各得其所，而无异议，天保一朝，始终都如此。杨遵彦后来被孝昭帝所杀，刑政于是败坏。斛律明月，是齐朝冲锋陷阵之臣，无罪被杀，将士离心，周人才有灭齐的打算，关中到现在还称颂这位斛律明月。这个人的用兵，何止是万夫仰望而已，国家的存亡，系着在他一人的生死之上。

张延隽担任晋州（今山西临汾）行台左丞的高官，辅助支持主将，镇守安定边疆，储积物资，爱护并救济百姓，他的威信比得上国君。一群朝廷里为官的小人受到压抑，于是向上进谗言使张延之被贬谪；张延之的职位被人取代以后，后任此职的官员徇私枉法，北周派军队攻打北齐，晋州首先被攻占。北齐被北周灭亡的迹象，从这里就显现出来了。

四、隋唐五代篇

（一）杨　坚

杨俊免官

【题解】

　　隋文帝杨坚是一朝开国之君，对自己的子女要求十分严格。他的第三个儿子杨俊非常奢侈。后来由此而罢官。杨坚特别强调创业来之不易，王子犯法与庶人同罪，所以一直没有原谅他的这个儿子。

【原文】

　　秦孝王俊字阿祇，高祖第三子也。

　　初，颇有令问，高祖闻而大悦，下书奖励焉。其后俊渐奢侈，违犯制度，出钱求息，民吏苦之。上遣使按其事，与相连坐者百余人。俊犹不悛，于是盛治宫室，穷极侈丽。俊有巧思，每亲运斤斧，工巧之器，饰以珠玉。为妃作七宝幂四離，又为水殿，香涂粉壁，玉砌金阶，梁柱楣栋之间，周以明镜，间以宝珠，极荣饰之美。每与宾客妓女，弦歌于其上。俊颇好内①，妃崔氏性妒，甚不平之，遂于瓜中进毒。俊由是遇疾，征还京师。上以其奢纵，免官，以王就喋。左武卫将军刘升谏曰：“秦王非有他过，但费官物营廨舍而已。臣谓可容。”上曰：“浤不可违。”升固谏，上忿然作色，升乃止。其后杨素复进谏曰：“秦王之过，不应至此，愿陛下详之。”上曰：“我是五儿之父，若如公意，何不别制天子儿律？以周公之为人，尚诛管、蔡，我诚不及周公远矣，安能亏法乎？”卒不许。

　　俊疾笃，未能起，遣使奉表陈谢。上谓其使曰：“我戮力②关塞，创兹大业，作训垂范，庶臣下守之而泊人。汝为吾子，而欲败之，不知何以责汝！”俊惭怖，疾甚。大都督皇甫统上表，请复王官。不许。岁余，以疾笃，复拜上柱国。二十年六月，薨于秦邸。上哭之数声而已。俊所为侈丽之物，悉命焚之，糊送终之具，务从俭约，以为后法也。王府僚佐请立碑，上曰：“欲求名，一卷史书足矣，何为碑为？若子孙不能保家，徒与人作镇石耳。”

——《隋书·杨俊传》

【注释】

①内：女色。

②戮力：勉力。

【译文】

秦孝王杨俊字阿祇，是高祖杨坚的三儿子。

起初，杨俊颇有美好名声，高祖听说以后大为高兴，赐信给杨俊，对他褒奖鼓励。后来杨俊渐渐奢侈起来，为了多聚敛钱财而违犯制度，放债求取利息，老百姓和下级官吏因此蒙受困苦。高祖派遣使臣调查这件事，受牵连而被治罪的多达百余人。可是杨俊还是不思悔改。他大修官室，极尽豪华之能。杨俊头脑灵活，经常产生奇巧的构思，往往亲自挥动斧斧，按照他巧妙的构思制造精致巧妙的器具，并且以珠玉加以装饰。他给妃子制作了七宝幂䍐，又建造了临水的殿堂。用香粉涂抹墙壁，用玉石砌成台阶，梁柱楣栋之间还安上了明镜，点缀了宝珠，极华饰之美。建成殿堂以后，经常与宾客、妓女等人，在殿上弹琴歌唱，悠哉游哉。杨俊很喜爱女色，生性忌妒的妃子崔氏非常不满，于是就在瓜中放上毒药。杨俊因而得病，被征召回到京城。高祖认为杨俊奢侈放纵，因而免去了他的官，让他以秦王的身份住在府第中。左武卫将军刘升向文帝进谏说："秦王并没有其他过错，只不过动用官家财物营建官署的房子罢了。为臣认为可以宽恕。"文帝说："法令不可违反。"刘升固执地继续进谏，惹得文帝生了气，怒形于色，他便只好不再进谏。后来，重臣杨素又为杨俊事向文帝进谏说："秦王的过失，不应当处罚到这么重的程度，愿陛下详细考虑考虑。"文帝说："我是五个儿子的父亲，如果像您的意思那样，为什么不另外专为天子的儿子制订特殊法律呢？以圣人周公姬旦那样的为人，尚且惩罚管叔、蔡叔，我确实赶不上周公，与他比相差很远，怎么能使法度受损呢？"终于不答应减轻对杨俊的处罚。

杨俊病重，行动不便，派遣使者奉上奏表，陈述认错的意思。文帝告诉秦王所派使者说："我尽力于关塞，才创建镇国大业，实在不容易！为了保住来之不易的大业，我必须制定准则，留下范例，以便能要求臣下遵守而不闪失。你是我的儿子，却要败坏我立的一些规矩准则，我真不知道该如何责备你！"杨俊感到惭愧而惶恐，病情更加严重。这时，大都督皇甫统上奏章，请求文帝恢复秦王俊的官职，文帝还是不答应。一年多之后。因秦王俊的病情严重，才又任命为上柱国。隋文帝二十年六月，秦王杨俊死在秦王府中。隋文帝虽然悲痛，却只哭了几声就算了。对于杨俊所置办的奢侈华丽的物品，命令全部烧掉。还命令所用送葬器具务必按照俭约的原则去治办，并且以此作为后来的法度。秦王府的幕僚请求替秦王立碑，文帝说："如果想留名，有一卷史书就足够了，为什么要立碑呢？假

如子孙不肖，不能护卫自家，所立石碑只不过被人拿去作为压东西的石块而已。"

（二）房玄龄

病中忧国事

【题解】

房玄龄是初唐有名的贤臣，忠君爱民，鞠躬尽瘁。他反对唐太宗进行不义的侵略战争，即使沉疴病危，也要犯颜直谏，其耿耿忠心，跃然纸上，只可惜他言传身教，却仍出了不肖的儿子，令人深为叹惜。

【原文】

房玄龄病笃，谓诸子曰："当今天下清谧①，咸得其宜，惟东讨高丽，方为国患，主上含怒意决，臣下莫敢犯颜。吾知而不言，则衔恨入地。"遂抗表切谏云："陛下决一死囚，必令三覆五奏，进素食，停音乐。今兵士之徒无罪，乃驱之行阵之间，委之锋镝之下，使肝脑涂地，魂魄无归，令其老父、孤儿、寡妻、慈母，望辇车而掩泣。抱枯骨以摧心。足以变动阴阳，感伤和气。且兵者凶器，不得已而用之。向使高丽违失臣节，诛之可也；侵扰百姓，灭之可也；久长能为国患，除之可也。今无此三者，乃坐敝中国，所存者小，所损者大。谨罄②残魂余息，预代结草之诚。"太宗省表，曰："此人危惙如此，尚能忧我国事。"

▲房玄龄像

——《续世说·直谏》

【注释】

①清谧：mì 宁静。
②罄：尽。

【译文】

房玄龄病重，对儿子们说："现在天下清静安宁，人民和万物都各得其年。只是皇上东征高丽，正是国家的一大忧患。皇上带着怒意做出了决定，臣下没有一个人敢冒犯龙颜去劝阻。我知道它的后果而不说，那就会带着遗憾死去。"于是抗颜上表激切劝谏说："陛下判决死刑犯，一定要下命令反复多次上奏，并且吃素食，停音乐。现在士兵们毫无罪过，却要驱赶他们到战场上去。置身于兵锋羽箭之下，使他们肝脑涂地，魂魄没有归宿之处，让他们的老父孤儿，寡妻慈母望着灵车掩面哭泣、抱着枯骨伤心裂肺。这样足以使阴阳失调，动摇和损伤天地间的和谐之气。况且兵器是凶器，在万不得已的情况下才使用它们。假使高丽违背了作臣下的礼节，陛下诛伐它是可以的；假使高丽侵害扰乱百姓，陛下消灭它是可以的；假使高丽在长时期内会成为中国的祸患，陛下铲除它也是可以的。现在没有这三条，却要大举干戈，劳民伤财，这样所得到的太少，所损失的太大。我在此竭尽最后一点心意，权且报答陛下的知遇之恩。"太宗看到表章后说："此人病危到这种地步，还能代我忧虑国事。"

（三）李世民

1. 帝 范

【题解】

《帝范》是唐太宗李世民晚年精心之作，用来训诫太子李治（即后来的唐高宗）。"范"字意思是规范，因此"帝范"主要是讲做皇帝的规范。

在《帝范序》里，李世民回顾了自己的戎马生涯，并对太子缺乏父训感到非常忧虑，因此要总结历史上兴亡成败的经验教训，写作《帝范》。这是交代《帝范》的写作背景。

从《君体》到《崇文》一共十二条，每条论述做帝王的一个原则，前后条之间，有内在的逻辑关系。

《帝范后序》又做了自我批评，并反复叮咛李治珍惜、谨慎。

《帝范》可以说是李世民一生经验的结晶，几乎每一条、每一句话、每一个字都经过了仔细斟酌。

对家庭而言，《帝范》的启示是相当丰富的，这一点用不着细说；读者自有所悟。关键还是怎么读、怎么用的问题。

李世民的辉煌帝业已是历史的陈迹，但留在《帝范》里的无穷的宝贵思想，怡人神智，发人深思。施之家，施之国，施之各行各业，施之为政、读书、经商等，可以说都能取得相当的效果，值得反复阅读揣摩。

【原文】

（1）帝范序

朕闻大德曰生，大宝曰位，辨其上下，树之君臣，所以抚育黎元[①]，钧陶庶类，自非克明克哲、允武允文。皇天眷命，历数在躬，安可以滥握灵图、叨临神器？是以翠妫荐唐尧之德，元圭锡夏禹之功。丹字呈祥，周开八百之祚；素灵表瑞，汉启重世之基。由此观之，帝王之业非可以力争者矣！昔隋季版荡，海内分崩，先皇以神武之姿，当经纶之会，斩灵蛇而定王业，启金镜而握天枢。然由五岳含气，三光戢[②]曜，豺狼尚梗，风尘未宁。朕以弱冠之年，怀慷慨之志，思靖大难以济苍生，躬擐[③]甲胄，亲当矢石。夕对鱼鳞之阵，朝临鹤翼之围。敌无大而不摧，兵何坚而不碎。剪长鲸而清四海，扫枪搀而廓八纮[④]。乘庆天潢，登晖璇极，袭重光之永业，继大宝之隆基。战战兢兢，若临深而御朽；日慎一日，思善始而令终。汝以幼年偏钟慈爱，义方多阙，庭训有乖。擢自维城之居，属以少阳之任，未辨君臣之礼节，不知稼穑之艰难。朕每思此为忧，未尝不废寝忘食。自轩昊已降迄至周隋，以经天纬地之君、纂业承基之主，兴亡治乱，其道焕焉。所以披镜前踪，博览史籍，聚其要言以为近诫云耳。

（2）君体第一

夫人者，国之先；国者，君之本。人主之体，如山岳焉，高峻而不动；如日月焉，贞明而普照，兆庶之所瞻仰，天下之所归往。宽大其志，足以兼包；平正其心，足以制断。非威德无以致远，非慈厚无以怀人。抚九族以仁，接大臣以礼。奉先思孝，处位思恭，倾己勤劳，以行德义，此乃君之体也。

（3）建亲第二

夫六合旷道，大宝重任。旷道不可偏制，故与人共理之；重任不可独居，故与人共守之。是以封建亲戚，以为藩卫，安危同力，盛衰一心。远近相持，亲疏两用，并兼路塞，逆节不生。昔周之兴也，割裂山河，分王宗族。内有晋郑之辅，外有鲁卫之虞。故卜祚灵长，历年数百。秦之季也，弃淳于之策，纳李斯之谋，不亲其亲，独智其智，颠覆莫恃二世而亡。斯岂非枝叶不疏，则根柢难拔；股肱既殒，则心腹无依者哉！汉初定关中，诚亡秦之失策，广封懿亲，过于古制。大则专[⑤]都偶[⑥]国，小则跨郡连州。末大则危，尾大难掉。六王怀叛逆之志，七国受铁钺[⑦]之诛。此皆地广兵强，积势之所致也。魏武创业，暗于远图。子弟无封户之人，宗室无立锥之地。外无维城以自固，内无磐石以为基。遂乃大器保于他人，社稷亡于异姓。语曰："流尽其源竭，条落则根枯。"此之谓也。夫封之太强，则为噬脐之患；致之太弱，则无固本之基。由此而言，莫若众建宗亲而少力，使轻重相镇，忧乐是同，则上无猜忌之心，下无侵冤之虑，此封建之鉴也。斯二者，安国之基。君德之宏，唯资博达，设分悬教，以术化人。应务适时，以道制物。术以神隐为妙，道以光大为功。括苍旻⑧以体心，则人仰之而不测；包厚地以为量，则人循之而无端。荡荡难名，宜其宏远。且敦穆九族，放勋流美于前；克谐烝父，重华垂誉于后。无以奸破义，无以疏间亲。察之以德，则邦家俱泰，骨肉无虞，良为美矣！

（4）求贤第三

夫国之匡辅，必待忠良。任使得人，天下自治。故尧命四岳，舜举八元，以成恭已之隆，用赞钦明之道。士之居世，贤之立身，莫不戢翼隐鳞，待风云之会。怀奇蕴异，思会遇之秋。是以明君旁求俊乂⑨，博访英贤，搜扬侧陋，不以卑而不用，不以辱而不尊。伊尹，有莘⑩之媵臣；吕望，渭滨之贱老。夷吾困于缧绁，韩信弊于逃亡。商汤不以鼎俎为羞，姬文不以屠钓为耻，终能献规景亳，光启殷朝；执旄牧野，会昌周室。齐成一匡之业，实资仲父⑪之谋。汉以六合为家，是赖淮阴⑫之策。故舟航之绝海也，必假楫棹之功；鸿鹄之凌云也，必因羽翮之用。帝王之为国也，必藉匡辅之资。故求之斯劳，任之斯逸。照车十二，黄金累千，岂如多士之隆，一贤之重！此乃求贤之贵也。

（5）审官第四

示设官分职，所以阐化宣风。故明主之任人，如巧匠之制木。直者以为辕，曲者以为轮；长者以为栋梁，短者以为栱角，无曲直长短，各有所施。明主之任人，亦由是也。智者取其谋，愚者取其力；勇者取其威，怯者取其慎，无智愚勇怯，兼而用之。故良匠无弃材，明主无弃士。不以一恶忘其善，勿以小瑕掩其功，割政分机，尽其所有。然则函⑬牛之鼎不可处以烹鸡，捕鼠之狸不可使以搏兽；一钧之器不能容以江汉之流，百石之车不可满以斗筲之粟。何则？大非小之量，轻非重之宜。今人智有短长，能有巨细，或蕴百而尚少，或统一而为多。有轻才者，不可委以重任；有小力者，不可赖以成职。委任责成，不劳而化。此设官之当也。斯二者，治乱之源。立国制人，资股肱以合德；宣风道⑭俗，俟明贤而寄心。列宿腾天，助阴光之夕照；百川决地，添溟渤之深源。海月之深朗，犹假物而为大。君人御下，统极理时，独运方寸之心，以括九区之内，不资众力，何以成功？必须明职审贤，择材分禄。得其人，则风行化洽；失其用，则亏教伤人。故云："则哲惟难。"良司慎也！

(6) 纳谏第五

夫王者高居深视，亏德阻明。恐有过而不闻，惧有阙而莫补。所以设鞀[15]树木[16]，思献替之谋；倾耳虚心，伫忠正之说。言之而是，虽在仆隶刍荛，犹不可弃也。言之而非，虽在王侯卿相，未必可容。其义可观，不责其辩；其理可用，不责其文。至若折槛怀疏，标之以作戒；引裾却坐，显之以自非。故云：忠者沥其心，智者尽其策。臣无隔情于上，君能遍照于下。昏主则不然，说者拒之以威，劝者穷之以罪，大臣惜禄而莫谏，小臣畏诛而不言。恣暴虐之心，极荒淫之志。其为壅塞，无由自知，以为德超三皇，材过五帝，至于身亡国灭，岂不悲哉！此拒谏之恶也。

(7) 去谗第六

夫谗佞之徒，国之蟊贼[17]也。争荣华于旦夕，竞势力于市朝。以其谄谀之姿，恶忠贤之在己上；奸邪之志，恐富贵不我先。朋党相持，无深而不入；比周相习，无高而不升。令言巧色，以亲于上；先意承旨，以悦于君。朝有千臣，昭公去国而不悟；弓无九石，宣王终身而不知。以疏间亲，宋有伊戾之祸；以邪败正，楚有郤宛之诛。斯乃暗主庸君之所迷惑，忠臣孝子之可泣冤。故丛兰欲茂，秋风败之；王者欲明，谗人蔽之。此奸佞之危也。斯二者，危国之本。砥躬砺行，莫尚于忠言；败德败正，莫逾于谗佞。今人颜貌同于目际，犹不自瞻，况是非在于无形，奚能自睹？何则？饰其容者，皆解窥于明镜；修其德者，不知访于哲人，讵自庸愚，何迷之甚！良由逆耳之辞难受，顺心之悦易从。彼难受者，药石之苦喉也；此易从者，鸩毒之甘口也。明王纳谏，病就苦而能消；暗主从谀，命而甘而致殒。可不诫哉！可不诫哉！

(8) 诫盈第七

夫君者，俭以养性，静以修身。俭则人不劳，静则下不扰。人劳则怨起，下扰则政乖。人主好奇技淫声，鸷鸟猛兽，游幸无度，田猎不时，如此则徭役烦，徭役烦则人力竭，人力竭则农桑废焉。人主好高台深池，雕琢刻镂，珠玉珍玩，黼黻[18]绮绣。如此则赋敛重，赋敛重则人才遗，人才遗则饥寒之患生焉。乱世之君，极其骄奢，恣其嗜欲。土木衣缇绣，而人裋褐[19]不全；犬马厌刍豢，而人糟糠不足。故人神怨愤，上下乖离。佚乐未终，倾危已至。此骄奢之忌也。

(9) 崇俭第八

夫圣世之君，存乎节俭；富贵广大，守之以约；睿智聪明，守之以愚。不以身尊而骄人，不以德厚而矜物。茅茨㉑不剪，采椽㉑不斲，舟车不饰，衣服无文，土阶不崇，大羹不和。非憎荣而恶味，乃处薄而行俭。故风淳俗朴，比屋可封。斯二者，荣辱之端。奢俭由人，安危在己。五关近闭，则嘉命远盈；千欲内攻，则凶源外发。是以丹桂抱蠹，终摧荣耀之芳；朱火含烟，遂郁凌云之焰。以是知骄出于志，不节则志倾；欲生于心，不遏则身丧。故桀肆情而祸结，尧舜约己而福延。可不务乎？

（10）赏罚第九

夫天之育物，犹君之御众。天以寒暑为德，君以仁爱为心。寒暑既调，则时无疾疫；风雨不节，则岁有饥寒。仁爱下施，人不凋弊；教令失度，则政有乖违。防其害源，开其利本。显罚以威之，明赏以化之。威立则恶者惧，化行则善者劝。适己而防于道，不加禄焉；逆己而便于国，不施刑焉。故赏者不德，君功之所致也；罚者不怨，上罪之所当也。故《书》㉒曰："无偏无党，王道荡荡。"此赏罚之权也。

（11）农务第十

夫食为人天，农为政本。仓廪实则知礼节，衣食足则志廉耻。故躬耕东郊，敬授人时。国无九岁之储，不足备水旱；家无一年之服，不足御寒暑。然而莫不带犊佩牛㉓，弃坚就伪，求什一之利，废农桑之基。以一人耕而百人食，其为害也，甚于秋螟。莫若禁浮华，劝课耕织，使人还其本俗，反其真，则竞怀仁义之心，永绝贪残之路，此务农之本也。

斯二者，制俗之机。子育黎黔，惟资威惠。惠可怀也，则殊俗归风，若披霜而照春日。威可惧也，则中华慑轵，如履刃而戴雷霆。必须威惠并驰，刚柔两用，画刑不犯，移木无欺。赏罚既明，则善恶斯别；仁信普著，则遐迩宅心；劝稼务农，则饥寒之患塞；遏奢禁丽，则丰厚之利兴。且君之化下，如风偃草。上下节心，则下多逸志。君不约己，而禁人为非，是犹恶火之燃，添薪望其止焰；忿池之浊，挠浪欲止其流，不可得也。莫若先正其身，则人不言而化矣！

（12）阅武第十一

夫兵甲者，国之凶器也。土地虽广，好战则人彫㉔；邦国虽安，亟战则人殆。彫非保全之术，殆非拟寇之方。不可以全除，不可以常用。故农隙讲武，习威仪也。是以勾践轼蛙，卒成霸业；徐偃弃武，遂以丧邦。何则？越习其威，徐忘其备。孔子曰："不教人以战，是谓弃之。"故知弧矢之威，以利天下。此用兵之机也。

（13）崇文第十二

夫功成设乐，治定制礼。礼乐之兴，以儒为本。宏风导俗，莫尚于文。敷教训人，莫善于学。因文而隆道，假学以光身。不临深谿，不知地之厚；不游文翰，不识智之源。然则质蕴吴竿[25]，非笃羽不美；性怀辨慧，非积学不成。是以建明堂，立辟雍，博览百家，精研六艺，端拱而知天下，无为而鉴古今。飞英声，腾茂实，光于不朽者，其唯学乎？此文术也。

斯二者，递为国用。至若长气亘地，成败定乎锋端；巨浪滔天，兴亡决乎一阵。当此之际，则贵干戈而贱庠序学校。及乎海岳既晏，波尘已清，偃七德之馀威，敷九功之大化。当此之际，则轻甲胄而重诗书。是知文武二途，舍一不可。与时优劣，各有其宜，武士儒人，焉可废也。

（14）帝范后序

此十二条者，帝王之大纲也，安危兴废，咸在兹焉。人有云："非知之难，惟行之不易。行之可勉，惟终实难。"是以暴乱之君，非独明于恶路；圣哲之主，非独见于善途，良由大道远而难遵，邪径近而易践。小人俯从其易，不得力行其难，故祸败及之。君子劳处其难，不能力居其易，故福庆流之。故知祸福无门，唯人所召。欲悔非于既往，唯慎祸于将来。当择哲主为师，毋以吾为前鉴。取法于上，仅得为中；取法于中，故为其下。自非上德，不可效焉。吾在位以来，所制多矣！奇丽服玩，锦绣珠玉，不绝于前，此非防欲也。雕楹刻桷，高台深池，每兴其役，此非俭志也。犬马鹰鹘，无远必致，此非节心也。数有行幸，以亟劳人，此非屈己也。斯事者，吾之深过，勿以兹为是，而后法焉。但我济育苍生，其益多；平定寰宇，其功大。益多损少人不怨，功大过微德未亏。然犹之尽美之踪，于焉多丑；尽善之道，顾此怀惭。汝无纤毫之功，直缘基而履庆，若崇善以广德，则业泰身安；若肆情以从非，则业倾身丧。且成迟败速者，国基也；失易得难者，天位也。可不惜哉！可不慎哉！

【注释】

①黎元：百姓。

②戢：jí 止。

③摄：guān 穿。

④八纮：八方。

⑤专：专治。

⑥偶：与……匹敌。

⑦铁钺：fū ruè 两种刑具。

⑧苍旻：苍天。

⑨俊乂：人才。

⑩莘：古国名。

⑪仲父：管仲。

⑫淮阴：韩信封淮阴王。

⑬函：容，盛。

⑭道：引导。

⑮鼗：táo 有柄小鼓。

⑯树木：谤木。

⑰蟊贼：害虫，喻贪官污吏。蟊音 máo。

⑱黼黻：fǔfú 绣着图案花纹的礼服。

⑲裋褐：裋音 shù 粗陋服装。

⑳茅茨：茅屋。

㉑采椽：粗朴的椽子，采通"栎"。

㉒《书》：《尚书》。

㉓带犊佩牛：不买牛，把牛钱用来买刀剑，带在身上。

㉔彫：通"凋"。

㉕吴竿：吴地竹子，是做箭的好材料。

【译文】

（1）帝范序

我听说上天的盛大功德在于化生万物，圣人最宝贵的东西就是地位。区别人的上下尊卑，置立君臣，是用来抚育百姓，造就万品。若不是既明且哲、能文能武、上天降下大任、历数转到自身，又怎么能滥握帝王的符应，忝承象征帝位的神器呢？因此有黄帝的大德，才会引出翠妫水里的河图；有夏禹的大功，才会有上帝赐给他的玄圭。红鸟衔书送来贞祥，周代从此创立了八百年的祚业；灵蛇当路表示福瑞，汉朝从此开启了累世的根基。从这些可看出，帝王的大业，不是可以凭强力而争得的！从前隋朝动荡，海内分崩，先皇（李渊）凭着神武的英姿，碰上世乱求治的机会，像刘邦那样斩白蛇而奠定了帝王基业，独得明道，握住了治乱的权柄。但五岳之间，还迷蒙着雾气，日月星三光，停止了照临，豺狼当道，战尘未息。我以弱冠之年，怀着慷慨的大志，想要平定大难，安济苍生，披甲上阵，亲冒矢石，晚上直对鱼鳞般的敌阵，早晨面临鹤翼般的围兵。敌人不管怎样强大，一定摧毁；兵器无论怎样坚固，必然粉碎！剪灭乱世长鲸，清宁四海；扫除不祥彗星，开拓八方。这才登上帝位，传下子孙相继的大业；上继先皇，接受最宝贵的根基。但我战战兢兢，如临深渊，如以朽索

驾驭奔马；一天比一天更慎重，想要善始令终。你从小就受偏爱，不知道什么才恰当正确，缺乏父训。自从被拔擢为王，接着又立为太子，却不能区别君臣的礼节，不知道播种收获的艰难。每当我想到这些，很为忧虑，常常睡不好觉，吃不下饭。从轩辕少昊以来，到北周隋朝，那些开创帝位，继承基业的君主，他们的兴亡，天下的治乱，道理是焕然明了的。因此我探索前代兴亡治乱的实迹，博采史籍中的记载，将重要的东西集中在这里，作为对你现在的告诫。

（2）君体第一

人是国家的基础，国家，是君主的根本。君主本身，像山岳一样，高峻而不动摇；像日月一样，纯洁光明普照万物，亿万人民瞻仰他，天下四方归向他。作为君主，应当使自己志向宽裕广大，足以兼收并蓄，涵容万物；使内心公平端正，足以裁断是非。没有威严和恩德，不能致远；没有慈爱和宽厚，不能安民。凭仁心来和抚亲族，用礼节来对待大臣。祭祀祖先，就要想到孝顺；对待臣下，就要想到谦恭。要竭尽全力，勤勉辛劳，来施行道德仁义。这些是做君王的基本法则。

（3）建亲第二

天地四方，道路辽阔；皇帝之位，责任重大。道路辽阔，不可能一个人治理，因此要和人共同治理它；责任重大，不可能一个人承担，因此要和人共同守护。因此要分封亲族，用来藩卫王室，安危之间，盛衰之际，同心协力，使远远近近相互支持，亲亲疏疏都得到任用，这样就堵塞了相互侵吞的途径，阻止反逆的事情发生。过去周朝建立时，分封了兄弟子孙，同姓异姓的诸侯，内有晋、郑兄弟之国的辅助，外有鲁卫贵戚之国的防卫，因此传下绵延久的基祚，经历了数十个帝王，几百个年头。秦朝末年，拒绝了淳于意有关分封的建议，接受了李斯建立郡县制度的谋划，对亲族不亲近（不加分封），只相信自己的智慧，因此在国家快被颠覆时没有依靠的力量，只传了两代就宣告灭亡。这难道不是说明，如果枝叶茂盛，那么树木的根本难以拨动；如果大腿和胳膊坠落，那么心脏和肚腹就没有依凭吗？汉高祖刘邦刚刚平定关中时，以秦朝灭亡于放弃分封而失策为警戒，广泛地分封至亲，数目超过了西周时的制度。但另一方面，如果诸侯大国权势过重，足以和朝廷匹敌，即便是小国，也跨州连郡。这样也不好。枝叶太大，树要较小，树木就危险易折；尾巴大，身子小，身躯转动就不灵活。因此，汉初六王，心怀叛逆的志向，接着又有七国诸侯，遭受镇压诛死的灾祸。这都是由诸侯国地广兵强、权势积聚所导致的。魏武帝曹操创下基业，却没有宏伟远大的蓝图，子弟们一个也不曾受封，宗室连立锥之地也无，外不能屏卫巩固国家，内没有懿亲贤臣作为磐石一样的根基。于是帝位由他人保护，天下最终由他人取代。因此谚语说："流尽则源竭，条落则根枯"。说的就是上面的情形啊。分封的诸侯太强大，就会后悔莫及；太弱小，对朝廷就不能起保卫作用。从这些可以看出，最好是多多分封亲族而又不使他们力量强大，让大大小小的侯国相互牵制，同甘共苦，这样就上无猜忌的心思，下无侵吞的忧虑。这些，便是封国建侯的明镜。

"建亲"和前面的"君体"两个问题，是安邦定国的根本。君王至德的发扬，全有赖于君王博闻通达，悬示教令，用法制来教化百姓，顺应事体，并选择恰当的时机，依着事物的道理来统治。法制以手段含蓄，令人莫测为妙，道理要光明正大才好。囊括苍天，统之于心，那么人民就会仰望着，却不知所以然；包容大地，作为肚量，那么人民就会依循着，却不知道你的端涯。这真是荡荡然，难以说出的道理，它真是高超远大。而且能使九族的亲戚敦厚和穆，在前已有了帝尧的美名；淳朴谐调，在后又有帝舜的高誉。不要因为诈伪而破坏了大义，不要由于外人而离间了亲人。应察之以明，抚之以德。这样，家国安宁，骨肉相亲，真是一件美事。

（4）求贤第三

匡正辅佐国家，必须依靠忠臣良士。任命使派的人很称职，天下自然就治理好了。因此尧曾经命令四岳的大臣，舜曾经推举八个才子，用来使自己垂拱而治，用来发扬敬事节用的大道。士人活在世上，贤人安身立命，收敛翅膀，隐藏鳞甲，等候风云变化，怀着卓异的才能，只待时机来临。因此贤明的君王广泛访求大贤大德之人，提拔有才无位的处士，不会因为他们地位卑贱而不任用，不会因为他们曾经有过失而不尊重。过去的伊尹只是有莘国陪嫁的大夫，姜太公只是渭水边的穷老头，管仲曾经受过囚禁，韩信还曾经因为贫困而四处逃亡。但是商汤不因为伊尹经管炊事而觉得羞愧，周文王不因为姜太公钓鱼而感到耻辱，最后，伊尹能够在商都景亳出谋划策，使商朝得以昌盛，姜太公能够建功于牧野之战，使周朝能够确立。齐桓公称霸天下的大业，实际上靠管仲的计谋；汉高祖能统一天地四方，靠的是韩信的策划。因此，船只渡过大海，必须借助长桨短桨的功用；鸿鹄冲天凌云，必须借助羽毛翅翼的功用；帝王治理国家，也必须凭借人才的匡正辅佐。因此，求贤的事情虽然困难，任用了他们以后却会使你轻松。即使是照耀十二辆车的珠宝，成千上万的黄金，又怎能比得上人才济济的盛况，甚至一位高人贤士的重要。这些，谈的是求贤的重要性。

（5）审官第四

设置官吏、分担职务，是用来阐扬德化，宣布风教，因此贤明的君主任用人才，好比能工巧匠处理木材，直的用作车辕，曲的用作车轮，长的用作栋梁，短的用作栱橑。不论曲直长短，各有所施。贤明的君主任用人才也应当这样。智者，取他的谋略；愚者，取他的力量；勇者，取他的威猛；怯者，取他的谨慎；不论智愚勇怯，兼而用之。因此能工巧匠没有被放弃的材料，贤明君主没有被闲置的才士。不要因为他们有一恶就忘掉了他们的善，不要因为小小的缺点就掩盖了功劳，设置官吏分担职务，要使下面的人各尽所能。但是能装下牛的大鼎，不能用来烹鸡；捕鼠的狸猫，不能用来与野兽相搏；只能容下三十斤的器具，不能容下长江汉江的流水；能装下一百石的车辆，不能只装上极少的米粟就满足。为什么呢？因为大小轻重，各有适宜的量度。人的智慧有长有短，能力有大有小，有的充任百职还嫌不够，有的管理一事已觉太多。因此轻才之人，不能派给他重任，智劣之士，不能期望他立大功。君主选择臣子，按才智能力授给他们官职；臣子估量自己的本事后再接受职务。这样就能分派任务，检查成效，就能自己不劳累而万事办好。这是设官分职得当的结果。

"审官"和上面所说的"求贤"，是治乱的本源。建立国家，统治人民需要借助股肱大臣，同心同德；宣扬风化，引导民俗，要依靠聪明才士，全心全意。所以说众星腾耀于天，可以助明月之光；百川决流于地，可以添大海之深。以如此深沉、明朗的海洋和月亮，尚且要借助他物才能增美，何况是总率臣下，循天道，顺四时的君王。独自运用方寸之心，来囊括九州的范围，不依靠众人的力量，又怎么能成功！因此，必须明确职守，审察贤能，选择才士，分给俸禄，得到他们的辅佐就能使人心如风吹草顺，教化周遍，失去他们的作用则会亏坏风教、灭伤人伦。《尚书》里说："有知人之明，很难。"实在是需要慎重啊。

（6）纳谏第五

帝王身居高处，只能远观，故损害，阻碍了耳聪目明。担心有了错误却不知道，有了过失却不能弥补，因此设下戒慎的鼗鼓，树置诽谤的木头，希望知道献可替否的计谋；洗耳恭听，虚心以待，希望得到忠正的劝说。进谏的话只要正确，即使是奴隶们、樵夫牧童说出的，也不可置之不理；进谏的话如果不对，即使是王侯卿相说的，也未必可以接受。说的内容可观，不必去要求说得雄辩；说的道理可用，不必去要求文采斐然。至于像朱云那样为进谏折坏了殿上的木槛、像师经那样为进谏用琴撞坏了窗户的人，应该标榜出来，作为自己纳谏的警戒；像辛毗那样为进谏拉住曹丕衣裾，像袁盎那样为进谏而冒犯帝妃的人，应该显扬出来，表明自己不纳谏的错误。这样，忠心的人能够尽心尽力，智慧的人能够殚精竭虑。臣子与君主没有隔阂，君主能普遍地了解众情。昏君则不是这样。对劝说他的人用帝王的威势加以拒绝，对进谏的人穷究罪过。大臣们都贪恋着禄位不再进谏，小臣们都害怕诛杀从此闭嘴。昏君放纵着他的暴虐之心，满足着他无尽的荒淫之志，以至于壅塞了进谏之路，却不能自知，还自以为德行超过了三皇，才能胜过了五帝，一至弄到身死国天。难道不是很可悲吗？这都是拒绝纳谏的恶果啊。

（7）去谗第六

善进谗言，花言巧语的人，是国家的大贼。他们一天到晚争夺的便是富贵荣华，不管在朝在野追逐的都是权势利益。凭着那副谄谀的媚态，厌恶忠良之士位置在自己上面；揣着奸邪不可告人的目的，怨恨富贵没有先落到自己头上。拉朋结党，相互排斥，无孔不入；朋比营私，风气败坏，无所不至。巧言令色，用来亲近主上；先意承旨，用来取悦君王。因此朝臣虽然上千，宋昭公亡国后才醒悟他们都在奉承自己；周宣王拉弓根本不能达到九石，群臣谄谀，以至于他终身不悟。伊戾以和君主疏远的身份离间君主和太子，宋国便发生了祸乱；费无忌以邪败正，楚国便诛杀了忠臣郤宛。这都是暗主庸君的昏愦迷惑所致，忠臣孝子却为此而痛哭衔冤。所以丛生的香兰想要茂盛，秋风却加以挫败；做帝王的人想要明察，谗人却加以壅蔽。这说明了奸佞进谗的危险。

是否纳谏、去谗，是衡量君主是昏是明的根本。磨炼自己，劝励行为，没有什么比得上忠言；毁掉德行，败坏心意，没有什么超得过谗言和巧佞。人们的脸面就在眼睛下面，自己尚且看不见样子，何况无声的是非正误，哪里能够自明！为什么呢？整饰自己容貌的人，都能到照见自己于明镜；修炼自己德行的人，反倒不知去请教哲人。拒绝善意，自陷愚昧，执迷太甚！都是因为逆耳的忠言难于接受，顺心的谗言易于听从啊。那难于接受的忠言，是苦口的良药；这易于听从的谗言，是美味的鸩毒啊。因此明主纳谏，疾病由于苦口的良药而消除；昏君从谀，生命却因甘美的鸩毒而丧失。难道可以不警惕吗？

（8）诫盈第七

做君主的人，应该以节俭来涵养性情，以平静来修炼身心。节俭，人民就不劳苦；平静，下面就不受干扰。人民劳苦，怨恨就产生，下面受干扰政治就出差错。人君喜好奇技淫曲，鸷鸟猛兽，游览幸御没有节制，打猎逐围不分时节，这样就会使徭役繁重。徭役繁重，则人力枯竭；人力枯竭，则农业废弃。人君喜好高台深池，极尽雕琢刻镂的能事，珠玉珍玩、彩布锦衣，铺张浪费，这样就会使赋敛沉重；赋敛沉重，人民的财产就会用尽；人民的财产用尽，饥寒的宠患就产生。乱世的君主，极其骄奢，恣其嗜欲，一土一木披采挂绣，而人民却连粗陋的短衣也没有；人君的一犬一马吃饱了谷物，而人民却连糟糠都不够。弄得个人神怨怒，上下离心，舒服娱乐还没有结束的时候，倾邦危国的事情已经降临。这说明骄奢是人君的大忌。

（9）崇俭第八

圣代的君主，应当志存乎节俭。虽然富有四海，贵为天子，但要以简朴处之；虽然聪明睿智，但要以愚拙处之。不以身份尊贵而骄人，不以恩德深厚而傲物。不修房屋，不雕屋椽，不饰舟车，不穿丽服，阶梯不高，饮食不精。这并不是憎恨荣华、厌恶美味，而是身甘淡薄，厉行节约因此风俗淳朴，人人皆贤，家家可封，这都是节俭的功德啊。

"诫盈"和"崇俭"两条，乃是趋荣避辱的关键。是奢是俭，是安是危，完全靠自己。五官的嗜欲关闭，美好的德操便遍流远方；千百种欲望焚心，凶危的祸源便向外而发。因此丹桂树上藏了蛀虫，终究会摧败耀日的芳花；红火里含着黑烟，迟早会笼罩凌云的光焰。由此可知骄奢出于心志，不节俭就会使心志倾斜；极欲生于自身，不遏止就会丧命。因此桀纣放纵情欲，祸患交结，尧舜约束自己，福祚绵延。难道可以不努力从事于节俭吗！

（10）赏罚第九

上天化育万物，好比君主抚御众生。上天以寒来暑往为功德，君主以仁义慈爱为本心。寒暑和调，就没有疾病灾疫；风雨不合时节，年岁就会歉收闹饥荒。仁义慈爱施于臣下，人民就不会凋散；命令不合法度，政治就会出差错。使民不犯法，各务其业，当众处罚，使之畏惧权威，公开奖赏，使之积极向上。权威确立了，邪恶的人就会害怕，政化施行了，善良的人会更积极。顺从君王却有悖于道理的人，不要给他增加禄位；违背自己却便于国家的人，不要对他施加刑罚。所以受赏的人不用感激君主，是他自己的功劳所得；受罚的人也不用怨恨君主，是他自己罪有应得。因此《尚书》里说："无偏无私，帝王的大道就会浩瀚无极。"这说明赏罚应力求公平。

（11）务农第十

民以食为天，农为政之本。仓库充实的人，就会知道讲礼节，衣食缺

乏的人，就会忘掉廉耻。因此君主每年要亲耕于东郊，恭敬地把年历授给人民。国家没有九年的储备，就不足以防备水灾旱灾；家里没有四季的衣服，就不足以抵御寒冷和炎热。但人们往往不务农业，放弃坚实的基础，趋向浇伪的产业，追求经商借贷等的利益，废弃了农桑这个根基。一个人耕种，一百个人以此为食，这个害处远远超过了蝗虫。因此，最好是禁绝浮华，劝励并监督人们耕田织布，使他们回到本业，使世俗归于真朴，这样人民就争着修养仁义之心，永远断绝贪残的路径了。这就是务农的本旨。

"赏罚"和"务农"两条，是制俗的关键。抚育子民，靠的是威严和恩惠。恩惠可以使人民归向，能让殊俗同风，就像拨开风霜，春日照临；威严可以使人民畏惧，能让牛马惧伏，就像脚下踩利刃，头上震雷霆。必须恩威并施，刚柔相济，减轻刑罚，立信于民。赏罚明确了，善与恶才能区别；仁爱普施了，远与近才会归心。使民务农，勤于种收，饥寒的祸患就给堵塞了；遏止奢侈，禁止华丽，丰厚的利益就会产生。而且君子感化下人，就像风吹草伏，上面的人不节制心意，那么下面的人就更加恣情纵意。君主不约束自己却不许别人做坏事，就好比讨厌火的燃烧，却添上一把柴，希望止住烈焰；也好比愤恨池水的浑浊，却掀起风浪，希望澄清源流。这是不可能的。最重要的是人君先正其身，这样才能达到不言而化的境地。

（12）阅武第十一

兵器盔甲，是国家的凶器。土地虽然广阔，好战的话，就会使民生凋敝；境内边疆虽然安宁，忘战的话，就会使人民懈怠。凋敝不是保国全家的办法，懈怠不是对付敌人的方式。武备不可以全部除掉，也不可以常常施用。应趁农事闲暇时练武，学习军队的威仪。因此越王勾践向武怒的青蛙表示敬意，终于成就了霸业；徐偃王不明武备，最后失掉了家邦。为什么呢？是因为越国练兵，徐国弃武啊。孔子说："不教导人民作战，这可以说是抛弃了人民。"因此可知厉兵秣马，树立军威是用来保卫天下。这就是用兵的机要。

（13）崇文第十二

大功告成，设置凯乐；政治安定，制定礼仪。礼乐的兴盛，以儒术为根本。弘扬风化，引导习俗，没有胜过文治的；宣传政教，训诲人民，没有比学习更好的了。通过文术，可以隆盛治国之道；假借学习，可以光显身名。不面临深溪，不知道大地之厚；不游览文章，不知道智慧的源泉。由此可见，即使是吴地的好竹，不凭借括翎，也成不了良箭；即使有明辨

是非的本性，不经过学习，也不能真正成功。因此国家建置宣扬政教的明堂，设立讲学攻书的辟雍，使士子博览诸子百家的书籍，钻研儒家的《诗经》《尚书》《二礼》《周易》《乐经》《春秋》。端身拱手，遍知天下之事；无为而有为，借鉴古今治国的经验。声名远扬，光辉后世，永垂不朽，这些都要靠学习啊！这是治国必须崇文的道理。

"阅武"和"崇文"二者，交替着为治国者运用。当战火纷飞之时，成败决定于兵刃的尖端，巨浪滔天，兴亡取决于一战。这个时候，贵于讲武，不重视学校教育。等到海内平定，战尘清止，就要停止武事的余威，施行文术的教化了。这个时候，就重视诗书，轻视甲胄。由此可知，文武二途，缺一不可；根据具体情况才能显出它们的优劣，各有各的用处。武士和儒人，怎能偏废！

（14）帝范后序

以上十二条，是帝王的大纲。天下的安危兴废，都在这里了吧！古人说过：知道并不难，实行不容易；实行尚可勉，最怕不做完。因此暴虐昏乱的君主，并不是只知道作恶；贤圣明哲的君主，哪里是只知道为善！都是因为大道遥远，很难遵循；邪径便捷，容易履践。小人都倾向于走便捷的邪径，不努力行走大道，因此遭受到灾祸失败。君子则勤劳地走上大道，不安逸地行走邪径，因此得到福禄和喜庆。由此可知，祸福无门，却都是人所自找。想要悔改过去的不对，只有慎重，力求在将来不犯错。你要选择从前的哲王为师，不要以我为标准。取法乎上，仅得乎中；取法乎中，仅得乎下。我本来不是上德之人，不可仿效。自从我登上帝位以来，所犯的错误已很多了。奇丽的衣服玩器，锦乡珠玉，不绝于前，不属禁欲之心，没能做到寡欲，雕饰房屋，建高台，挖深池，多次发起劳役，没能做到勤俭。犬马鹰鹘，不管多远都要弄来，没能做到节制。有过好几次行幸，使人民很辛劳，不属屈己伸民。这几件事，是我的大过。你不要以此为是，加以取法。但是我拯救抚育苍生，好处是很多的；平定天下，功劳也很大。好处多坏处少，人民不会怨恨我；功劳大过失小，德行不亏。但要讲到尽善尽美，我还是很惭愧。更何况你一点功劳也没有，只因为父祖的功业，将登上帝王之位，假如推崇仁善，发扬功德，尚且可以使基业和自身平安。如果放纵情欲，为非作歹，就会使基业倾覆，自身丧命。而且成功迟缓，失败迅速的，是国家的基业；失去容易，得到困难的，是天赐的帝位啊！可以不珍惜吗？可以不谨慎吗？

2. 废皇太子承乾为庶人诏

【题解】

李承乾是唐太宗李世民的嫡长子，太宗即位之后，立他为皇太子。他长大后作恶多端，骄奢淫逸，屡教不改。他因娈童之事遭太宗痛责，仍不思悔改，终于被废为庶人。唐太宗是一代英主，生子如此，实可叹息，但他为了江山社稷，毅然做出废黜之举，这种"大义灭亲"的勇气，直到今天仍令人叹服。太宗文武双全，才思横溢，这一篇诏书也写得雄浑激切，令人感心动耳。诏书历数承乾罪状，文气一贯而下，略无赘语，将自己痛切的心情展现无余。

【原文】

　　肇①有皇王，司牧黎庶，成立上嗣，以守宗祧。固本忘其私爱，继世存乎公道。故立季历②而树姬发③，隆周享七百之期；黜临江而罪戾园，炎汉定两京之业。是知储副之寄，社稷系以安危；废立之规，鼎命由其轻重。详观历代，安可非其人哉！皇太子承乾，地惟长嫡，位居明两，训以诗书，教以礼乐，庶宏日新之德，以永无疆之祚。而邪僻是蹈，仁义蔑闻，疏远正人，亲昵群小。善无微而不背，恶无大而不及，酒色极于沈荒，土木备于奢侈。倡优之技，昼夜不息；狗马之娱，盘游无度。金帛散于奸慝，捶楚遍于仆妾，前后愆过，日月滋甚。朕永鉴前载，无忘正嫡，恕其瑕衅，倍加训诱；选名德以为师保，择端士以任官僚。尤冀中人之性，可以上下；蟠木之质，可以为容。愚心不悛，凶德弥著，自以久婴沈④痼，心忧废黜，纳邪说而违朕命，怀异端而疑诸弟，恩宠虽厚，猜惧愈深，引奸回以为腹心，聚台隶而同游宴。郑声淫乐，好之不离左右；兵凶战危，习之以为戏乐。既怀残忍，遂行杀害。然其所爱小人，往者已从显戮，谓能因兹改悔，翻乃更有悲伤，行哭承华，制服博望。立遗形于高殿，日有祭祀；营窀穸⑤于禁苑，将议加崇。赠官以表愚情，勒碑以纪凶迹，既伤败于典礼，亦惊骇于视听。桀跖不足比其恶行，竹帛不能载其罪名，岂可守器纂⑥统，承七庙之重，入监出抚，当四海之寄？承乾宜废为庶人。朕受命上帝，为人父母，凡在苍生，皆存抚育，况乎冢嗣，宁不锺心！一旦至此，深增惭叹。

——《唐太宗集》

【注释】

　　①肇：自从。

　　②季历：周文王。

　　③姬发：周武王。

　　④沈：通"沉"。

　　⑤窀穸：zhūn xī 墓穴。

　　⑥纂：继承。

【译文】

　　自从有了伟大的君王，来统领天下的庶民苍生，都要策立王储嗣君，以守宗庙社稷。稳固根本，忘记其私心所爱；继承皇统，心中永存公道。所以太王策立季历、文王策立姬发为储君，大周朝因为他们的贤明而得以享有七百年的国祚；景帝将太子刘荣废为临江王，武帝降罪于戾太子刘据使之自杀，也奠定了炎汉西、东两京的强盛基业。由此可知储君身上所寄托的是关系到社稷安危的重任；而废立太子的法规，就像国运九鼎一样端严贵重。仔细地考察历代，哪里可以选错继承人呢？皇太子承乾，地位贵为嫡长子，被立作储君，我用《诗》《书》来训导他，用礼、乐来教诲他，希望能使他弘扬日日常新的美德，以继承我大唐无疆的国运。可是他却行为邪僻，不闻仁义，疏远正直的人，亲近一群小人。凡是良善美好的事物，无论多么微小，他都没有不背弃的；凡是丑恶卑劣的事情，不管多大，他都没有不干的。他对酒色极为沉迷，大兴土木过于奢侈。倡优的技芝，昼夜不息地享受；又耽于狗马之娱，四处游荡没有节度。把金帛散发给奸佞小人，把鞭笞的暴行无情地施于每一个仆人侍妾的身上。他前前后后犯了许多的错误，而且随着时间的推移越来越滋长。朕鉴于前代的历史记载，没有忘记他正嫡的身份，饶恕了他的过错，并加倍地训诱他；选高名大德之臣作他的师保，择取行为端正的士人作他的臣僚。我仍然希望他能以中等人的体性，努力向上等进取；以纠结弯曲的蟠木的姿质，仍然能够制成可以装容东西的有用之物。可是他愚蠢的心并不悔改，凶恶的德行更加显著，自己也因为作恶多端，堕落已久，而心中害怕被废黜，就听信邪说，违抗朕的命令，心怀异志而怀疑诸弟，虽然受到的恩宠很厚，猜疑畏惧却越来越深。他将奸人引为心腹。与小人聚在一起进行游宴。淫靡的音乐，他却十分爱好，时刻不离左右，兵凶战危，他却学习这些以为戏乐。他既心怀残忍，也就杀害无辜。他所宠爱的小人，早已明正典刑，处决示众。我以为他能因此改悔，不料他却为那小人而悲伤，在太子宫中行哭，在博望为他制作衣服。雕塑那人的形象，立于高殿之上，每天都有祭祀；还在禁苑为那人营造墓穴，想要议论给他加以尊号，追赠他官职以表示自己愚蠢的感情，刻碑记录下他们凶恶的事迹，不但坏败了典章礼制，更加惊骇于视听，造成不好的声名。夏桀、盗跖都不足以比拟承乾的恶行，竹简丝帛更载不完他的罪名，岂可让他卫国器，继承大统，承担七庙的重任，入朝监政，出巡抚民，承当四海的寄托？承乾应该废为庶人。朕受命于上帝，成为人民的父母，天下所有的苍生，我都存有抚育之心，何况是对自己的继嗣，哪有不钟心疼爱的！可是一旦走到了今天这一步，只能深深地增加朕的惭愧叹惋。

（四）长孙皇后

1. 巧谏唐太宗

【题解】

贤相魏徵直言敢谏，多次触犯龙颜，唐太宗恼羞成怒，几乎想杀了他。长孙皇后贤明练达，用很巧妙的方式将太宗点醒。这个故事非常出名，它告诉我们，明君若有贤后相助，朝政会更加清明，国家会治理得更好。

【原文】

太宗尝朝罢，怒曰："会须杀此田舍翁！"后问为谁。上曰："魏徵每廷辱我。"后退，具朝服立于庭，上惊问其故。后曰："主明臣直，由陛下之明故，妾敢不贺。"上乃悦。

——《续世说·直谏》

【译文】

有一次唐太宗罢朝，怒气冲冲地说："总有一天我要杀掉这个乡下佬！"皇后问是谁。唐太宗说："魏徵总是在朝廷上羞辱我。"皇后走开，穿上朝服立在庭中，唐太宗吃惊地问这是怎么回事。皇后说："君主英明，臣下就会正直，这都是陛下英明的缘故，我怎么敢不祝贺。"唐太宗这才转怒为喜。

2. 不闻政事

【题解】

长孙皇后自称不愿谈论政事，可实际上她却时常箴规太宗，维护贤臣。她在初唐政坛上所起的积极作用，是不可低估的。这个故事中所说的赏赐魏徵、撰文责备汉代马皇后等事，更是长孙皇后直接干预国政的实例。得国母如此，邦之大幸，万民之福也。

【原文】

太宗常与后论及赏罚之事。后曰："牝鸡之晨，惟家之索。妾以妇人，岂敢愿闻政事。"太宗固与之言，竟不答。后所生长乐公主，太宗特所钟爱。及将出降，敕所司资送倍于长公主。魏徵谏曰："昔汉明帝将封皇子，帝曰：'朕子安得同于先帝子乎！'若今公主之礼，则有过长公主者，理恐不可。"太宗以徵言告后。叹曰："能以义制主之情，可谓正直社稷之臣矣！"因请遣中使赍①帛五百匹，诣徵宅赐之。后尝著论诮汉马后，以为不能抑退外戚，令其贵盛，乃戒其车如流水马如龙，此乃开其祸端而防其事尔。

——《续世说·贤媛》

【注释】

①赉：jī 赠。

【译文】

唐太宗经常与皇后谈论赏罚之事，皇后说："母鸡报晓，这个家也就完了。我作为一个妇人，怎么敢听闻政事。"唐太宗坚持同她谈政事，皇后竟不回答。皇后所生女儿长乐公主，唐太宗特别钟爱。等到将要出嫁的时候，命令有关主管部门为她准备嫁妆，要比长公主多一倍。魏徵进谏道："过去汉明帝准备封赐他的儿子，他说'我的儿子怎么能同先帝的儿子一样呢！'如果现在让长乐公主出嫁时的礼物超过长公主，按道理恐怕是不可以的。"唐太宗将魏徵的话告诉皇后。皇后赞叹道："能以礼义制约皇帝的私情，真可称得上是一位正直的国家栋梁之臣啊！"皇后于是请求派宫中的太监带丝织物五百匹到魏徵的家里赐给他。皇后曾写文章责备汉代的马皇后，认为她不能抑制、贬退外戚，反而让他们在朝廷处于极其尊贵的地位，却又对他们车水马龙的奢侈生活发出警告，这是开通祸害之源，等祸害形成了却又去防备它。

（五）苏瑰

中枢龟镜

【题解】

唐代苏瑰、苏颋父子先后身居相位，本篇就是父亲在儿子任宰相时出示给他的一篇教导为政的家训。"中枢"就是中央的意思，龟壳可用来占卜吉凶，镜子能够鉴别美与恶，都是可用来借鉴，指导人行事的东西。

苏瑰强调为宰相者首先要有责任心，要上对皇上，下对万民负责，所以先要做到自身清廉端正，亲贤人，远小人，治理好家族中的事，不要让私心杂务影响到自己处理政事。为政要有权威，要守正道，要能决断，要能明察。要保持安定，制止战争，政令前后如一。

苏瑰此文，条理井然，论政肃然，为政相国者，不可不引以为龟镜。

【原文】

宰相者，上佐天子，下理阴阳，万物之间司命也。居司命之位，苟不以道应命，翱翔自处，上则阻天地之交泰，中则绝性命之至理，下则阻生物之阜植①。苟安一日，是稽②阴诛，况久之乎？

临大事，断大义，正道以当之。若不能，即速退。中枢③之地，非偷安之所。平心以应物，无生妄虑。似觉非正，则速回之，使久而不失正也。敷奏④宜直勿婉。应对无常，速机可以回小事，沉机可以成大计。

同列之间，随器⑤以应之，则彼自容矣。容则自峻其道以示之，无令庸者其来浼⑥我也。贤者，亲而狎之，无过狎而失敬，则事无不举矣。

举一官一职一将一帅，须其材德者，听众议以命公之，是非既无爽⑦矣。人不可尽贤尽愚，汝惟器之⑧。

与正人言，则其道坚实而不渝。材人可以责成办事，办事不可与议，与之议则失根本，归权道也。

常贡外妄进献者，小人也，抑之。审奸吏，辞烦而忘亲者去之。

崇儒则笃敬，侈靡之风不作；不作则平和，平和则自臻理道矣。

刺史、县令，久次⑨以居之，不能者立除之。无奸柄施恩，交驰道路，既失为官之意，受弊者随之矣。

欲庶而富，在乎久安。不教而战，是谓弃之。佐理在乎谨守制度，俾边将严兵修斥堠⑩，使封疆不侵。不必务广，徒费中国，事无益也。

古者用刑，轻中重之三典，各有攸⑪处。方今为政之道，在乎中典，谨而守之，勿为人之所贰⑫。无请数赦，以开倖门。勿畏强御，而损制度。教令少而确守之，则民情胶固矣。

毋太刚以临人，事虑不尽，臣不密则失身。非所议者，勿与之言。勤思臣，不以小事而忽机。管财无多蓄，计有三年之用外，散之亲族。多蓄甚害义，令人心不宁，不宁则理事不当矣。清身检下，无使邪隙微开而货流于外矣。

远妻族，无使扬私于外，仍须先自戒，谨俭子弟，无令开户牖⑬。毋以亲属挠有司，一挟私则无以提纲在上矣。子弟婿居官，随器自任，调之，勿过其器而居人之右⑭。子弟车马服用，无令越众，则保家，则能治国。居第在乎洁，不在华，无令稍过，以荒阙心。

——《全唐文》

【注释】

①阜植：旺盛地生长。

②稽：至。

③中枢：中央。

④奏：向皇帝启奏。

⑤器：才器，资质。

⑥浼：玷污。

⑦爽：差错。

⑧器之：量才而用。

⑨次：位次。

⑩堠：侦察，放哨。

⑪攸：所也。

⑫贰：猜贰，怀疑。

⑬户牖：自立门户。

⑭右：古时以右为上。

【译文】

宰相，上辅佐天子，下调理阴阳，是万事万物的司命之官。处于司命的职位。如果不能以正道顺应天命，而是自由行事，那么就会上阻碍天地之气融会贯通，中断绝人性天命的至上的道理，下阻碍生灵万物的旺盛生长。像这样苟安一天，暗中的惩罚都会到来，更何况久而久之呢？

面临大事，明断大义，应当用正道去担当，如果不能这样，则速速撤退。中央地方，不是偷安的处所。必平气和地应对事物，不要产生胡乱的猜虑。如果感觉到自己走的似乎不是正直之道，就马上往回走，这样久而久之，就会使自己不会偏离正道了。向皇上陈述奏言应该直说，不要太委婉。对答是没有常规的，迅速应答的素质可以回答圣上提出的小事情，而沉思熟虑的素质可以成就国家大计。

在同僚之间，随个人的才华资质而给相应的对待，那么他们都可以找到自容之地。他们能够自容了，我就向他们显示自己峻洁的道德行为，不让那样庸碌的人来玷污我。对于贤良的人，亲近他们，亲热他们，但不要过于亲热以至丧失了互相的尊敬之心。这样就没有办不成的事情。

举荐一官一职一将一帅，应该用那些有才干、有品德的人，听取众人的议论，然后用命令公布，这样在是非上就不会有差错。人不可能各方面都很贤能，也不可能各方面都很愚钝，你只要量才使用就可以了。

与正直的人说话，则所行之道坚稳实在而不改变。有才能的人，可以责成他去办事。办事不能和他们讨论，与他们讨论就会丧失自己的根本，把权力之道送了出去。

常常进献外来的虚妄之物的人，都是些小人，要抑制他们，审查那些奸诈的官吏，词语烦复而忘记他应亲临的政事的人，把他们革去。

崇尚儒学就会淳厚尊敬，淫靡奢侈之风不起；此风不起则万事平和，平和则自然到达了正理正道了。

州郡的刺史、县令，长久按爵次让他们担任，没有才能的人立即免除他们。不要让那些奸人利用权柄互施恩惠，交驰往来于道路之上。那样已经失去了为官之本意，而受到它的弊病，也就会随之而来。

想要人口稠密，国家富强，在于长治久安。不训练人民，就让他们去作战，就等于是抛弃他们。辅佐朝政和道理在于谨慎地守卫朝廷制度，让

边关将领严肃整兵，勤于放哨侦察，使国家疆土不受侵犯。不必追求拓宽国土，那样只能破费中国，劳民伤财，这事情是没有好处的。

古时候用刑罚，有轻、中、重三典，各有适合于它们的时候。当今为政之道，应该用太平时代的中典，谨慎地守护它，不要因为别人而改变。不要经常请求朝廷赦人之罪，以使罪犯产生侥幸之心。不要畏惧顽强的抵抗，因之而损坏朝廷制度。教令少而明确地坚守它们，就可以使民心团结巩固了。不要太刚硬地去对待别人，考虑事情不周密，做臣子的不能保守秘密就会丧失自身。不是可以议论的人，不要跟他们说话。勤于思虑，不要因为小事而忽略事物变化的征兆。管理家财，不要多多蓄积，计算好够自家三年之用的财物以外，都分散送给亲戚族人。蓄积过多损害道义，令人心神不宁，心神不宁，处理事情就会不恰当。清省自身，检察下人，不要使邪僻的缝隙有一点点的开启，使财货流入外人之手。

疏远妻子的亲族，不要让他们在外面宣扬家中的私事。仍带需要先自警戒，谨慎地检约子弟，不要让他们自立门户。不要因为亲属的关系去阻挠官府干事，一旦挟有私情，就没有办法在上位提挈朝纲了。子弟、女婿等人在朝中做官，随着他们各自的才质让他们自然地担任，如果要将他们调用，不要超过其才能使他们位居别人之上。子弟的车马衣服、用度，不要让它们超越众人之上。这样才能够保住家族，才能够治理国家。居住的府第在乎清洁，而不在于奢华，不要让它有一点点的过分，使人心荒殆。

（六）郑　氏

贤明和谏诤

【题解】

封建社会所讲的妇德也包括协助丈夫干事业，现在看来当然有它的局限性，但从一个侧面也反映了贤内助对政治、对社会的影响力。本篇是讲妇女能劝谏丈夫为政以德，不失去真正的贤人。这一点应当说可以为后人为政为人提供借鉴。

【原文】

诸女曰：敢问妇人之德，无以加于智乎？大家曰：人肖天地，负阴抱阳，有聪明贤哲之性，习之无不利，而况于用心乎？昔楚庄王晏朝，樊女进曰：“何罢朝之晚也，得无倦乎？”王曰：“今与贤者言，乐不觉日之晚也。”樊女曰：“敢问贤者谁与欠？”曰：“虞丘子。”樊女掩口而笑，王恠①问之，对曰：“虞丘子贤则贤矣，然未忠也。妾幸得充后宫，尚汤沐，执巾栉②，备扫除，十有一年矣。妾乃进九女。今贤于妾者二人，与妾同

列者七人，妾知妨妾之爱，夺妾之宠，然不敢以私蔽公，欲王多见博闻也。今虞丘子居相十年，年荐者，非其子孙，则宗族昆弟，未尝闻进贤而退不肖，可谓贤哉？"王以告之，虞丘子不知所为，乃避舍露寝，使人迎孙叔敖而进之，遂立为相。夫以一言之智，诸侯不敢窥兵，终霸其国，樊女之力也。《诗》云："得人者昌，失人者亡"。又曰："辞之辑矣，人之洽矣。"

诸女曰：若夫廉贞孝义，事如敬夫扬名，则闻命矣。敢问妇从夫之令，可谓贤乎？大家曰：是何言欤？是何言欤？昔者周宣王晚朝，姜后脱簪珥，待罪于永巷③，宣王为之夙兴。汉成帝命班婕妤同辇，婕妤辞曰："妾闻三代明王，皆有贤臣在侧，不闻与劈女同乘。"成帝为之旼④容。楚庄王耽于游畋，樊女乃不食野味，庄王感焉，为之罢猎。由是观之，天子有诤臣，虽无道，不失其天。诸侯有诤臣，虽无道，无失夫其国。大夫有诤臣，虽无道，不失其家。士有诤友，则不离于令名。父有诤子，则不陷于不义。夫有诤妻，则不入于非道。是以卫女矫，齐桓公不听淫乐，齐姜遣，晋文公而成霸业。故夫非道，则谏之。从夫之令，又焉得为贤乎？《诗》云"猷之未达，是用大谏。"

——《女孝经》

【注释】

①恈："怪"的异体字。

②巾栉：梳头用具。

③永巷：汉代特指宫中幽禁妃嫔的地方。

④旼：mín 忧戚。

【译文】

众位女子说：请问妇女的美德，不可以添加智慧吗？曹大家说：人像天地一样，背负阴怀抱阳，有聪明贤智的性情，学习就没有不利的，何况于专门去想呢？过去楚庄王退朝很迟，樊女上前问道："怎么退朝这么晚，难道不疲倦吗？"庄王答道。"今天和一位贤人谈话，高兴得不觉得天色已晚。"樊女问道："请问这位贤人是谁？"庄王答道："是虞丘子"。樊女于是用手遮口笑了起来，庄王奇怪地问她为什么笑，她答道："虞丘子贤当然是贤，然而并不忠心。我有幸得以来您的后宫，管理洗澡，执掌毛巾梳子，准备扫灰除尘，已经有十一年了，我才推荐进献了九个女子。如今比我要贤明的有两人，和我差不多并列的有七人。我知道这样妨碍了我被您宠爱，尽管掠走了我受宠，但是不敢由于个人的缘由坏了公事，想想大王您见识广博。现在虞丘子作丞相有十年了，他所推荐的不是他的子孙，便是他的宗族兄弟，不曾听说他进献贤人而斥退不贤的人，可以叫作贤吗？"大王把这事告诉了虞丘子，虞丘子一时不知所措，于是不回屋而在露天下睡觉，派人迎请孙叔敖来进献给楚庄王，大王于是拜他为丞相。凭借一句话的智慧，使诸侯不敢打主意用兵，最终称霸，这都得之于樊女的功劳。《诗经》说："获取了人心的人昌盛，失掉了人心的人衰亡。"又说："言辞和气，人就融洽"。

众位女子说：假使廉洁贞忠、孝顺取义，侍奉公婆、敬服丈夫而扬名，那么我已听说了。请问妇女顺从丈夫的指令，可以说是贤吗？曹大家说："这是什么话？这是什么话？"过去周宣王姬静很迟临朝，妃子姜氏脱下头叉耳环，在永巷等待治罪，宣王因此很早起来了。汉成帝刘骜下令要班婕妤和他同坐一轿，班婕妤推辞说："我听说夏商周三代贤明的君主，都有贤臣在旁边，没有听说有官女贵妃同乘。"成帝因此而红脸。楚庄王沉湎于悠游田猎，樊女于是不吃田猎的野味，庄王很感动，因此而停止了田猎。从这里可以看到，天子有诤谏的臣子，即使没有道义也不至于失去一国。大夫有诤谏的臣子，即使没有道义也不至于失去家室。士人有诤谏的朋友，就不至于远离好名声。父亲有诤谏的儿子，就不会陷入没有仁义。丈夫有诤谏的妻子，就不会误入邪道。所以卫女矫正，齐桓公就没有听淫乱的音乐。齐姜勉遣，晋文公就成就了霸业。所以没有道义，就劝谏他。顺从丈夫的指令，又怎么可以做贤妻呢？《诗经》说"谋划没有原则，就要大劝谏。"

五、宋辽金元篇

（一）贾昌朝

诫子孙

【题解】

贾昌朝有鉴于当时官场的黑暗，士大夫的贪婪卑鄙，对子孙提出了严正的告诫。这篇文字可以看成是当时社会的一面折光镜。

【原文】

今诲汝等，居家孝，事君忠，与人谦和，临下慈爱。众中语涉朝政得失，人事短长，慎勿容易开口。仕宦之法，清廉为最，听讼务在详审，用法必求宽恕。追呼决讯，不可不慎。吾少时见里巷中有一子弟，被官司呼召证人罥①语，其家父母妻子见吏持牒至门，涕泗不食，至暮放还乃已。是知当官莅事，凡小小追讯，犹使人恐惧若此；况刑戮所加，一有滥谬，伤和气、损阴德莫其焉。传曰：上失其道，民散久矣，如得其情，则哀矜而勿喜。此圣人深训，当书绅而志之。

吾见近世以苛剥为才，以守法奉公为不才；以激讦②为能，以寡辞慎重为不能。遂使后生辈为官治事，必尚苛暴，开口发言，必高诋訾。市怨贾祸，莫大于此。用是得进者有之矣，能善终其身，庆及其后者，未之闻也。

复有喜怒哀乐，专任己意。爱之者变黑为白，又欲置之于青云；恶之者以是为非，又欲挤之于沟壑。遂使小人奔走结附，避毁就誉。或为朋援，或为鹰犬，苟得禄利，略无愧耻。吁，可骇哉！吾愿汝等不厕③其间。

又见好奢侈者，服玩必华，饮食必珍，非有高资厚禄，则必巧为计划，规取货利，勉称其所欲。一旦以贪污获罪，取终身之耻，其可救哉！

——《戒子通录》

【注释】

①詈：hì 骂。
②激讦：发人阴私。
③厕：跻身参加。

【译文】

我如今教诲你们，你们在家里要孝顺，侍奉君主要忠心，待人要廉和，对下要慈爱。凡是众庭广座之中遇上言谈议论涉及朝廷政治得失、各种事情是好是歹时，千万要谨慎而不要随便开口。做官最重要的是清白廉洁，办案一定要仔细慎重，用法执法必求宽宥体谅。追呼传讯，不可不慎。我小的时候见里巷里有一子弟，被官司呼召证人时说了一些骂人的话，他家里的父母、妻子见吏持牒至门抓人，一把眼泪一把鼻涕，饭也吃不下，到晚上人放回来，才停止。由此可知当官临事，官府小小的传讯，还常使人害怕惊恐到这个地步；况且刑戮相加，如果有弄错了的，伤和气、损阴德没有比这更厉害的了。《左传》上就说过：在上者失其道，人民散逸很久了，如得其真实情况，则要多哀怜同情而不要高兴。这是古代圣人深刻的教训，一定要牢牢记住并把它写在绅带上。

我见近来人们往往以苛刻为有本事，以守法奉公为没有本事；以揭人短处和发人阴私为能干，以少言慎重为无能。致使一些年轻人当官治事，一定崇尚苛刻暴虐，开口说话，一定高声诋毁别人。招惹怨恨和招致灾祸，没有比这更有可能的了。以此而暂时升官发财者是有的，但是自己能有善终，其福庆能延及后代的，还没有听说过。

另外还有一种人，喜怒爱恶，专凭一己之私意。对所喜爱的人则黑白颠倒，尽量提拔；对所嫉恶的人则以是为非，排挤到沟壑之中。这样就使得一些无耻小人，奔走钻营，拉帮结派，避毁就誉。或为朋援，或为鹰犬。只要能得到富贵荣华，就什么廉耻也不顾了。啊，真可怕呀！我希望你们一定不要参加到这当中去啊！

又有一些爱豪华奢侈的人，衣服玩好必讲求华丽，饮食则讲究贵重珍奇。如果不是有高资厚禄，势必积心处累，规取钱财，尽力满足其欲望。一旦因贪污犯罪，招来终身之耻，这还有救吗？

（二）叶梦得

尽忠实

【题解】

为政在忠君，然而忠君还要有劝谏。由于封建社会忠君有时与忠于国家、严守指示休戚相关，所以叶梦得所说的尽忠现在仍旧有意义。忠于职守才能干好的工作，叶氏用自己的亲身经历告诉他的子弟。能谏是为政的另一原则，最能体现做官者的高尚情操和爱国精神。

【原文】

天下尽忠，淳化行也。君子尽忠则尽其心，小人尽忠则尽其力。尽力者则止其身，尽心者则洪于远。故明王之治也，务在任贤。臣尽忠则君德广矣，政教以之而美，刑罚以之为清，仁惠以之而布，四海之内，有太平之音。嘉祥既成，告于上下，是故播于雅颂，传于无穷。吾叨①第进士，自卑职即能抗言直议，以励劲节，屡历清要。而两人翰林时，注《忠经要义》一册，修纂《名贤宗德论》一册，修《陈匡君十要策》十道，纂《陈忠义录》十卷，《劝民务本论》二卷。转职户部，专司国课，而天下无田不税，无农不耕。遂请削陈恕，置营田，而贡敛有则，费出有经，上下宁有不足者乎？于是转职吏部，专司铨选。或以言扬，或以事举，度德擢任，量才授职。进退人才，合三科②之法，守虞书之训，绝无散主，不一更革，不常沽名。求进、报冤市恩者，而于是铨选之法定矣。法者一定，而不可易者也。神而明之，存乎其人焉耳。故又得加爵左丞，遂引例致仕。自初任逮致仕，兢兢以尽忠自持。凡吾宗族昆弟子孙，穷经出仕者，当以尽忠报国而冀名纪于史，彰昭于无穷也。

甚哉！臣之事君也，莫先于谏。下能言之，上能听之，则王道光矣。谏于未形者上也，谏于已彰者次也，谏于既行者下也。违而不谏，则非忠矣。夫谏始于顺辞，中于抗议，终于死节，以成君休③，以安社稷。《书》云："木从绳则正，后从谏则圣。"今吾子勿以出仕为悦，而从谏君为悦。勿以谏君为悦，而以忠谏为悦，庶免素餐怠事之殃。且程也径情直行，而病于委曲，模也有劲节而无要略。汝曹各宜勉励，毋忘临行告诫之训。

——《石林家训》

【注释】

①叨：谦词。

②三科：三代，即夏商周。

③君休：君王的美好。

【译文】

天下的人都竭尽忠心，可以纯化品行。君子竭尽忠心就会竭尽他的心智，小人竭尽忠心就会竭尽他的力气。竭尽力气的人就会中止于他自身，竭尽心智的人就会扩大到远方的人。所以圣明君王治理国家，务在任用贤人。大臣竭尽忠心那么君王之德便广大无边，政治教化因此而美溢，用刑惩罚因此而清明，仁慈恩惠因此而播布，天地之下便为太平盛世。嘉美吉祥已经成就，诏告于全国上下，于是传播于雅颂。流传到无穷。我中了进士，从卑下的职务到能直谏君王，以鞭策有节操的人，多次担任清廉政要。两次进入翰林院时注有《忠经要义》一册，编著有《名贤宗德论》一册，编有《陈匡君十要篇》十条，著有《陈忠义录》十卷、《劝民务本论》二卷。转职到户部，专管国家赋税，而天下没有田土不纳税，没有农民不耕作。于是请求削减赋税力陈宽恕，置立屯田，而贡献赋敛有规则，费用开支有常法，全国上下哪有不够的？又转职到吏部，专管量才授官。有人以其言论而举荐，有人以其事迹而举荐，衡量德行而选任，估计才能而封官。升迁罢免人才，符合夏、商、周三代的办法，拘守尚书的训示，绝没有闲散不为当世所用的人，不一一加以改变，不总求取虚名。谋求进仕、报复冤枉以买恩情，于是乎遴选的法律确定了。法律一确定下来，就不可更改。奉法为神而阐明它，使它为人所知。又得以加爵为左丞，于是援引先例而辞官返乡。自开始做官到辞官返乡，我都勤恳地竭尽忠心、自我持正。凡是我宗族中兄弟子孙，研习经书而外出做官的，应当以竭尽忠心报效国家来希望名垂青史，昭显于无穷后世。

臣子侍奉君王太繁多，没有不以进谏开始的。臣下能进言，君王能纳谏，那么仁治王道发扬光大了。对未然之事进谏为最好，对正在施行的事进谏为其次，对已经做完的事进谏为最下。违背君王而不进谏，那么不是忠心。进谏开始于好听的言辞，进行于对抗的议论，终结于以死殉臣节，以此来成就君王的美德，安定国家。《尚书》说："树木顺从绳墨就会正直，君王顺从谏言就会圣明。"现在你们不要把外出做官当作高兴，而要把进谏君王当作高兴；不要把进谏君王当作高兴，而要把忠心进谏当作高兴，这样大概可以不遭到无功受禄的祸殃。况且叶程的想法和行为都直爽，而不能委婉曲折，叶模有贤贞节操而没有谋略。你们各自应当勉励，不要忘了我临行告诫你们的训示。

六、明清篇

（一）傅　山

1. 仕　训

【题解】

在众多勉励孩子读好书、做高官的古代家训中，傅山的这两段"仕训"，算是泼了一盆冷水，翻了一回白眼。他对官场的复杂、黑暗，对君臣相处的困难，看得深，说得透，表现出他独立不羁的性格。

【原文】

仕不惟非其时不得轻出，即其时亦不得轻出。君臣僚友，那得皆其人也！仕本凭一"志"字，志不得行，身随以苟，苟岂可暂处哉！不得已而用气，到用气之时，于国事未必有济，而身死矣。死但云酬君之当然者，于仕之义，却不过临了一件耳。此中轻重经权，岂一轻生能了。吾尝笑僧家动言佛为众生，似矣，却不知佛为众生，众生全不为佛，教佛独自一个忙乱个整死，临了不知骂佛者尚有多多大少也。我此语近于沮溺①一流，背孔孟之教矣。当此时奔逐干进，泊天地下皆不屑为沮溺矣，岂如此即皆

▲傅山像

孔孟耶？但囫囵略道之。尔辈顾素闻大义明矣，何必我口一一诛求。运气当尔，若不达观，真正憋杀几个读书求志之人。须知志即在读书中寻之，不失为门庭萧瑟之风流也。

仕之一字，绝不可轻言。但看古来君臣之际，明良喜起，唐虞以后，可再有几个？无论不得君，即得君者，中间忌嫉谗间，能保终始乎？若裴晋公之遇唐宪宗，亦万一耳。

【注释】

①沮溺：古代隐士。

【译文】

　　做官的事，不只时机未到的时候不要轻易去做，即使时机来了，也不要轻易去做。君臣僚友，哪里能够都是合适的人选！做官本来凭的就是一个"志"字，志向不能够实现，自身却跟着苟且，苟且，岂是可以暂时实行的！不得已时，就会使气，到使气的时候，对国事未必有好处，而自己却死了。如果只是说为了报答君恩，死为当然，这对做官的本意，只不过完成了一件罢了。这做官里的轻重权衡，哪里是一次轻生就能了断的。我曾经笑佛家动辄就说佛为众生，好像对头，却不知佛为众生，众生却一点也不为佛，教佛独自一个忙乱个半死，临到末了，不知道骂佛的人还有多少。我这话接近《论语》里的隐士沮溺一类人，违背了孔子孟子的教义。现在这个时代大家都奔走钻营，天下的人，都已不屑于做沮溺了，难道这样就都不违背孔子孟子的话了吗？我只是大概地略略说说罢了。你们平素已深明此中大义，何必我口口声声、一点一点来刨根问底呢。运气本当如此，如果不达观，那就真会憋杀几个读书求志的人了。应该知道志向就在读书中去寻求实现，这才不失为我们这个萧瑟门庭的流风余韵。

　　"仕"这个字，绝不可轻言。但看自古以来君臣之间，求贤若渴、奖掖后进的，自尧舜以后，还能有几个？还别说圣主难得，即使有了圣主，中间又有人嫉妒离间，能够始终保全吗？像裴度受唐宪宗知遇那样的情况，也只是万中挑一罢了。

2. 安静和平

【题解】

　　"安静和平"四个字用来养老、养心，说来容易，做来却艰难。傅山于此，也只寥寥数语。需要的是体证、实行。

【原文】

　　"安静和平"，老人自图待终之道，不过此四字而已。儿孙所以养老者，亦唯此四字为承颜上尊。若论文事，则尽许发扬蹈厉。

　　　　　　　　　　　　　　　　——《霜红龛文·家训》

【译文】

　　"安静和平"——老年人想要自己得终天年，不过这四个字罢了。儿孙所用来奉养老人的，也只有这几个字最好。若要谈论文章的事，那就与此不同，尽允许发挥显扬，纵横驰骋了。

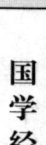
（二）爱新觉罗·玄烨

《庭训格言》论为政

【题解】

　　康熙大帝用儒家孔孟之道为理论指导来治理天下，政绩非凡。他所提倡的深思熟虑、集思广益、胸怀大局、勇于负责、自身做出表率等等为政的方法，都是非常精要，非常有益的，立论也非常明晰精审，颇能给我们以启发。但他又宣扬君权神授，看不起下层人民，这又都是需要批判对待的封建思想了。

【原文】

　　《训》曰："凡人有训人治人之职者，必身先之可也。《大学》有云：'君子有诸己而后求诸人，无诸己而后非诸人'。特为身先而言也。"

　　《训》曰："孔子云：'民可使由之，不可使知之'诚为政之至要。朕居位六十余年，何政未行？看来凡有益于人之事，我知之确，即当行之。在彼小人，唯知目前侥幸，而不念日后久远之计也。凡圣人一言一语，皆至道存焉。"

　　《训》曰："天下事固有一定之理。然有一等事，如此似乎可行，又有不可行之处；有一等事，如此似乎不可行，又有可行之处。若此等事，在以义理揆之，决不可豫定一必如此、必不如此之心。是故孔子云：'君子之于天下也，无适也，无莫也，义之与比①。'"

　　《训》曰："天下事物之来不同，而人之识见亦异。有事理当前，是非如睹，出平日学力之所至，不待拟议而后得之，此素定之识也。有事变倏来，一时未能骤断，必待深思而后得之，此徐出之识也。有虽深思而不能得，合众人之心思，其间必一一当者，择其是而用之，此取资之识也。此三者，虽圣人亦然。故周公有继日之思，而尧舜亦曰：'畴②咨稽众。'椎能竭其心思，能取于众，所以为圣人耳。"

　　《训》曰："凡理大小事务，皆当一体留心。古人所谓防微杜渐者。以事虽小而不防之，则必渐大。渐而不杜，必至于不可杜也。"

　　《训》曰："孟子曰：'或劳心，或劳力，劳心者治人，劳力者治于人。'朕即位多年，虽一时一刻，此心不放。为人君者，但能为天下民生忧心，则天自佑之。"

　　《训》曰："国家赏罚治理之柄，自上③操之。是故转移人心，维持风化，善者知劝，恶者知惩，所以代天宣教，时亮④天工也。故爵曰天职，刑曰天罚，明乎赏罚之事，皆奉天而行，非操柄者所得私也。韩非子曰：

'赏有功，罚有罪'而不失其当，乃能生功止过也。《书》曰：'天命有德，五服五章哉。天讨有罪，五刑五用哉。政事懋⑤哉！懋哉！'盖言爵赏刑罚，乃人君之政事，当公慎而不可忽者也。"

《训》曰："曩者三逆⑥未叛之先，朕与议政诸王、大臣议迁⑦藩之事。内中有言当迁者，有言不可迁者。然在当日之势，迁之亦叛，即不迁亦叛，遂定迁藩之议。三逆既叛，大学士索额图⑧奏曰：'前议三藩当迁者，皆宜正以国法。'朕曰：'不可。廷议之时，言三藩当迁者，朕实主之。今事至此，岂可归过于他人？'时在廷诸臣，一闻朕旨，莫不感激涕零，心悦诚服。朕从来诸事不肯委罪于人，矧军国大事，而肯卸过于诸大臣乎？"

《训》曰："孟子曰：'为政者，每人而悦之，日亦不足矣'是言也，诚得为政之要道。即如近河居民，地势洼下，阴雨稍多，即觉水涝。近山居民，地势高阜，数日不雨，即觉亢旱。天道尚然，何况人事？故为政者，应持大体。府事允治，自然万世永赖。久安长治之道，未有以政徇人者也。孟子此言，深切政体，特语尔等知之。"

《训》曰："人之才行，当辨其大小。在大位者，称其清廉可矣。若使役人等，亦可加以清廉之名乎？朕曾于护军骁骑中问其人如何？而侍卫有以端密对者。军卒人等，岂堪当此？端密乃居大位之美称，军卒止可言其朴实耳。"

——《庭训格言》

【注释】

①比：靠拢。

②畴：谁。

③上：指上天。

④亮：辅助。

⑤懋：勤勉。

⑥三逆：康熙时吴三桂、耿精忠、尚之信三个藩王先后发动叛乱，都被清政府所平定。

⑦迁：此处指贬谪、削去职务。

⑧索额图：满洲正黄旗人。

【译文】

《庭训格言》说："凡是有训导别人、治理别人的职责的人，必须自身先做出表率才行。《大学》里说：'君子自己拥有某种长处，然后才要求别人也要拥有；自己没有某种短处，然后才要求别人也不能。'这只是专门就做表率一事而说的。"

《庭训格言》说："孔子说：'人民，可以让他们依据你的要求去做，不可以让他们知道那是为什么。'这确实是治理政事的最高的精要。朕居帝位六十余年，什么政策没有得到很好的实行？看来凡是那些有益于人民的事情，我知道那是正确的，就应当实行它。而那些小人，只能看见眼前的利益，而不考虑日后的长久之计。凡是圣人的一言一语，都有至高无上的道理存在于其中。"

《庭训格言》说："天下的所有事情都有一个作为定准的道理。然而有一些事情，像这样做似乎是可行的，但又有不可行的地方；有一些事情，像这样做似乎是不可行的，但又有可行的地方。像这样一些事情，应该用正确的道理去权衡它，而决不可以预先订下一个必定是这样或必定不是这样的心思。所以孔子说：'君子对于天下的事情，没规定要怎样干，也没规定不要怎样干，只要怎样干合理恰当，便怎样干。'"

《庭训格言》说："天下的事情各有不同，而人的认识见解也不同。有些事情的道理就在眼前，是与非看得清清楚楚，根据自己平常的学力所能达到的程度，并不等到与众人讨论然后才得出结论，这就是平素练成的胆识。有时事变突如其来，一时之间不能够骤然下决断，必须经过深入的思考才能得出结论，这就是缓缓得出的认识。有时即使是经过了深思也仍然不能得出结论，于是会合众人的心思智慧，其中必然有一个是恰当的，选择它正确的地方去使用，这就是从旁人那里获取帮助的见识。以上说的这三种，即使是圣人也都是这样。所以周公有一连几天的苦苦思索，而尧舜也说：'谁能够考察听取众人的意见？'正因为他们能够竭尽自己的心思，能听取众人的意见，所以才能够成为圣人。"

《庭训格言》说："不管是处理大事务还是小事务，都应该一样地留心。这就是古人所说的于事物出现不良迹象之初，就加以限制，不使其扩大发展。因为事情即使很小，但如果不加以防范就一定会渐渐扩大。渐渐扩大而不加以杜绝，就一定会到不可杜绝的地步。"

《庭训格言》说："孟子说：'有的人进行脑力劳动，有的人进行体力劳动，进行脑力劳动的人治理别人，而进行体力劳动的人被别人治理。'朕即位多年，在每一时每一刻，这个心思都不敢放下。做君主的，只要能为天下的人民的生活担忧操心，那么上天就会保佑他。"

《庭训格言》说："国家赏罚治理的权柄，是由上天来操纵的。所以转移人心，维持风俗教化，使善良的人知道要继续劝勉，使凶恶的人知道什么是惩罚，这都是在代替上宣扬教化，是辅助上天的工作。所以爵位叫作天职，刑律叫作天罚，以说明赏罚这些事情，都是奉上天的命令而行的，不是手操权柄的人能够私自做的。韩非子说：'奖赏那些有功劳的人，惩罚那些有罪的人'。如果能够将赏罚的分寸保持得恰当，就能激发出更多的立功的行为，制止那些错误的行为。《尚书》说：'上天任命有德的人，用天子、诸侯、卿、大夫、士五等礼服表彰这五种人。上天惩罚有罪的人，用墨、劓、剕、宫、大辟五种刑罚处置犯了各种不同罪行的人。处理政事要勤勉啊，勤勉啊！'这就是说赐爵封赏，用刑责罚，是人君的政事，应当秉持公心，谨慎对待，不可忽视啊！"

《庭训格言》说："先前在吴三桂、耿精忠、尚之信三个逆贼还没有发动叛乱的时候，朕与议政的各位亲王、大臣讨论削去藩国的事。其中有的人说应当削藩，也有的人说不应当削藩。然而在那个时候的形势，削藩他们会叛乱，不削藩他们也会叛乱，所以就定下了削藩的计策。三个逆贼叛乱以后，大学士索额图上奏说：'以前那些主张三藩应该削去的人，都应该用国法处置。朕说：'不行。在朝廷讨论的时候，说三藩应当削去的，实在是朕的主张。现在事情已经到了这个地步，怎么可以把罪过推到别人身上呢？'当时在朝廷上的各大臣，一听到朕的旨意，没有不感激涕零，心悦诚服的。朕从来在各种事情上都不肯加罪于别人，更何况军国大事，难道还可以把过错推卸给诸位大臣吗？"

《庭训格言》说："孟子说：'搞政治的人，如果一个一个地去讨别人的欢心，时间也就会太不够用了。'这句话确实点出了搞政治的关键道理。就比如说，住得靠近江河的居民，那儿地势低洼，只要阴雨稍微多一点，他们就会觉得水涝。而住得靠近大山的居民，那儿地势很高，只要有几天不下雨，他们就会觉得干旱。天道尚且如此，更何况人事呢？所以搞政治的人，应该把持一个大局。政府的事情如果治理得好，自然万世万代都要依赖它的好处。长治久安的方法中，没有用政策去屈从某一部分人的。孟子这句话，深深地切合于政治的大体，所以我特别告诉你们知道。"

《庭训格言》说："人们的才能品行，应当分辨其中的大小。身居要职的人，称他清廉，这是可以的。但像那些仆役之类的人，难道也可以给他们加上清廉的名头吗？朕曾经在护卫军的骁骑兵中问某个人怎么样？而有个侍卫回答说那个人很端稳细密。像军卒这样一等人，怎么足以担当这样的词语？端稳细密是身居高位的人的美称，如果是一个普通军卒，那么最多也只能说他朴实罢了。"

（三）纪 昀

1. 寄族兄次辰

【题解】

做官审理案件，最重要的是要根据实际情况做出公正的判决。这封信讲到一些疑案，仅从情理上讲十分难解。遇到这种情况，就必须十二分的审慎，切不可感情用事。

孔子曰："听讼吾犹人也。必也使无讼。"旨哉言乎？盖牧民之官，据供词以分曲直，断生死，谁能保得百不失一，绝无冤抑。至于户婚田土之案，失出失入，只在金钱间，造孽尚微。唯有命案，最易造孽，最难审断。疑狱之离奇者，鬼神亦莫测其究竟。纵龙图再世，亦难得定谳也。客岁京师，曾出一疑狱，至今悬案未决。案为富室周姓娶媳，男女并韶秀，一对璧人。贺客皆称为神仙眷属，新夫妇亦甚相欢悦。及至次日，时已过午，洞房门犹未启。呼之不应，穴窗窥之，新夫妇已相对缢死矣。破门而入，视其衾已合欢矣，又俱身着盛服而死。异哉此狱，虽皋陶不能听断，宜其至今悬为疑案也。我哥位处繁剧，案牍劳神，倍形辛苦。而刘氏一案，既未损失金珠，自非盗劫。被戕主妇已年过五十，又不类奸情，诚属疑狱。而苦主不谅，迭向上司衙门禀催缉凶，太觉不近人情也。

【译文】

孔子说："做被告我和别人一样，但一定要使自己没有官司。"这话真好！大体司法官员，根据供词来分清是非曲直，判断生死，哪个能保证万无一失，绝对没有冤枉。至于各家婚姻、田产的案件，出入的损失，只在金钱之间，造成的冤孽还算轻微。唯有性命案件，最容易造成冤孽，最难以审清判断。疑案中离奇古怪的，鬼神也不能探测到究竟。纵使包龙图再度降世，也难以定奏。有一年客居京城，曾经出过一件疑案，至今悬而未决。案情是姓周的富贵人家娶媳妇，男女都很俊秀，一对佳人。来祝贺的客人都称赞为神仙夫妇，新婚夫妻也特别高兴。到第二天，时间正过中午，洞房门仍旧没有开。呼喊他们而没有反应，从洞窗窥探，新婚夫妻已经双双上吊而死。弄坏门进去，看他们的衣衾已经过了夫妻生活，再都穿着盛美的服装而死的。这种案件太奇异了，即使皋陶也不能裁断，到现在仍旧是疑案。我哥为官繁杂，工作劳神，倍形辛苦。而刘氏一案，既然没有损失金钱珠玉，自然不是盗窃抢劫。被害主妇已经五十多岁，又不像奸杀，的确属疑案。而原告不能谅解，多次向上级部门禀报催促缉拿凶手，我深感不近人情。

2. 禀胞叔仪南

【题解】

古代的谏官很不好做，"不言则溺职，言多则必败"。纪氏自己也因说漏了嘴而招致祸患，所以他很悔恨。

【原文】

侄德不修，学不进，而渥荷天恩，联捷成庶吉士，得列御史之班。自知日盈必昃，水满必溢，天将降罚，故使我身处招怨之地。凡道德高于我，学问胜于我者，当之尚难免咎，况侄德薄能鲜，自然更易取戾矣。今果然以漏言狱谴，下刑部狱。此次处分，侄固计之熟矣。盖身为言官，不言则溺职；言多则必败，绝无保全之法也。入狱以来，监视甚严，日以一董姓军官来伴守，与之说鬼谈狐，差堪解慰寂寥。侄居心坦白，自问无私，漏言乃有激而成，并无私通外藩之事。而朝官如此派员严守，能不令人悚然！董军官亦知我心无他，遂自陈能拆字，有奇验，请公随便书一字，以决休咎。侄遂就其姓书一"董"字请拆。董曰："是千里万里也，公将还戍矣。"请再书一字。以卜戍地之所。侄又书一"名"字。董曰："上为'夕'，加一'卜'字，便成'外'字。而'名'字下半为'口'，倒装之，便是'口外'"。侄又问将来可得归乎，董曰："字形绝肖'召'字，定有召还之望。"侄又书一"口"字，请卜遣戍若干年。董曰："'口'为四字之外腔，中缺两笔，戍期决不满四年也。"所言如是，未识应验否。侄恐妻子闻获谴系狱，惶急无惜，望叔父大人善言开导之。天恩高厚，万无性命之忧也。言不尽意，容待案定，再行禀闻。

【译文】

  侄儿德行没修养好，学问没多大进展，却偶得天子的恩赐，联捷成了庶吉士，得以列于御史之行。自己知道太阳圆满一定会缺，江水满河一定会溢出来，上天要降下惩罚，所以使我自身处于招来怨恨的地步。凡是道德比我高的，学问比我强的，担当这一职位尚且难以免掉过失，何况侄儿道德微薄能力少有，自然就更加容易受到暴戾。如今果然因为多嘴多舌而遭到惩罚，打到刑部牢狱。这次受此处置，侄儿本来想得多了。大体自己为谏官，不进言就渎职；说多了就一定败坏自身，绝对没有保全的方法。进监狱以来，监视非常严格，每天有一位姓董的军官来陪守，和他说鬼谈狐，勉强能够解慰寂寞。侄儿居心坦诚，自认没有私心，说漏嘴是激将而成，并没有私通外国的事。而朝廷官员像这样派军官严加看守，能够不让人恐惧！董军官也知道我没有其他想法，于是自己说会拆字，并有离奇的验证，请我随便写一个字，来决断好坏吉凶。侄儿就他的姓写一个"董"字请他拆。董军官说："这是千里万里，您将要去戍边。"他请我再写一个字。来占卜戍边远地方的名字。侄儿又写一个"名"字。董军官说："上部是'夕'，加上一个"卜"字，就成了"外"字。而'名'字下半部为'口'倒过来就是'口外'"。侄儿又问将来能够回来吗。董军官说："字形非常像"召"字，一定有召还的希望。"侄儿又写了一个"口"字，请他占卜被遣戍边有几年。董军官说："'口'字是四字的外部口腔，中间缺了两笔，戍边期限绝不会超过四年。"所说的就是这样，不知道能否应验。侄儿担心妻子儿女听说我遭到逮捕并打下牢狱，急得没有办法，希望叔父大人用好话开导他们。皇上恩德伟大厚重，万万没有性命的忧虑。

3. 寄内子

【题解】

为政慎言，这是纪氏从他的遭贬经历而得出的深刻教训。幸亏他本人聪明，不然将又遭祸患。今人为政也应当在说话方面小心谨慎。

【原文】

哈哈，余险乎又赴乌鲁木齐效力。盖因近日京中酷热，为历来所未有者。余素性畏热，而日须穿长袍，入值军机房，苦不堪言。昨日酷热更甚，诸大军机皆未入值，只有余与一朱姓章京。余便放浪形骸，除去长袍，高踞胡床，披襟执扇。正在独乐其乐，朱章京忽顾我低语曰："圣驾来矣！"余如闻晴天霹雳，惶遽无措，不及穿袍接驾，一跃而下，匿身炕后。久之，不闻声息，只道圣驾已去，探首谛视。奈余之眼镜，摘除在公案上，目光模糊。但见炕上坐一人，面朝外而背向内，只道是朱章京，问之曰："老头子去几时矣？尔奚不关切一言，免得余蜷伏在炕下。"讵知那人怒目返顾曰："派尔在此办公，谁教尔蜷伏炕下？"余闻口音，知是皇上，直吓得余屁滚尿流，势不能仍匿炕后，只得匍匐叩头请罪。皇上曰："擅敢称朕老头子，该当何罪？"余叩头强辩曰："此是臣下尊敬圣上之意。'老'犹言天下之大老，'头'即元首之义，'子'即子元元之意。宋儒尊称皆曰'子'，如孔子、孟子，皆是也。"皇上曰："尔自仗口才敏捷，还敢强辩饰非。今有一成句曰：'此地有崇山峻岭茂林修竹'，随口对来，恕尔无罪。"余应声对曰："若周之赤刀大训天球河图'。天颜始霁，挥令起去。圣驾仍由后轩还宫。余至下午退值还寓，即草此函，犹觉心头忐忑。幸遇圣上优容，未曾加罪，然而余胆几乎吓破也。此皆由于目光短视，素性畏热所致。古人云："慎言寡过"，洵不诬也。

【译文】

哈哈，我险些又到乌鲁木齐去效力了。因为近日京城特别热，为历来所没有过的。我向来本性怕热，而每天必须穿长袍，到军机处房中工作，痛苦得不忍心说。昨天酷热更厉害。各大军机都没有工作，只有我和一位姓朱的章京。我便放肆不羁，脱掉长袍子。高高地踞座在胡床上，披着衣襟摇着扇子。正在自得其乐时，朱章京忽然看着我低声说道："皇上来了。"我像是听到上天一声霹雳雷，惶恐而不知所措，来不及穿上袍子去迎接皇上，一跃而下床，藏身到炕床后面。过了很久，没有听到声响，只以为皇上已经离去，探出头又听又看。无奈我的眼镜，摘除在公案上面，目光模糊。只见炕上坐着一个人，脸朝外面而背朝里面，只以为是朱章京，问他道："老头子走了多久？你为何不说一句话，免得我蜷曲伏在炕下面。"哪知那个人眼珠一怒，回过头说："派你到这里办公，谁教你蜷曲伏在炕下的？"我听口音，知道是皇上，直吓得我屁滚尿流，情形不能仍旧藏在炕后，只好匍匐叩头请罪。皇上说："擅自敢称朕为老头子，应该定什么罪？"我叩头勉强辩护道："这是臣下尊敬圣上的意思。'老'好像说天下的大老，'头'就是无首的意思，'子'即统率老百姓的意思。宋代儒生尊称都说'子'，像孔子、孟子，都是的。"皇上说："你自己依仗口才敏捷，还敢来强辩饰过。现在有一成句说'此地有崇山峻岭茂林修竹'，随口对来，饶恕你没有罪过。"我回应对道："若周之赤力大训天球河图"。皇上龙颜才消气，挥令而走。皇上仍从后轩回官。我到下午下班回寓所，马上草写这封信，还觉得心头七上八下。幸好遭遇到皇上容颜优悠，不曾加罪，然而我的胆子几乎都吓破了。这都是由于目光短浅，素来本怕热所致。古人说："谨慎说话就会少犯错误"，确实不是骗人的。

4. 寄从兄旭升

【题解】

做官不仅自己廉洁奉公，而且还要善测人心，否则会遭人诋毁。纪氏认为这涉及一个用人的问题，一定要任用正直的人，不然会自毁其声名。

【原文】

居官廉洁自持，自省不取非义财，而悠悠众口，仍有诋毁其糊涂者。其故由于无知人之明，误用奸點之徒，招摇纳贿，累及主人，亦被恶名。同年陈半江官直隶时，其戚陆某为县令，廉介自持，而官声不振。半江告之曰："作宰贵廉明，能窥测人心之忠正奸邪，可博名誉隆然；否则纵尚廉介，必蒙昏庸之毁。"其戚不悟，卒被殃民之咎，被参撤任，岂不冤哉？

【译文】

做官要廉洁自持，自己省察不要求取不义之财，而众人之口，仍然会诋毁其中糊涂的人。其原因是由于没有知人之明，错误地任用奸狡的人，招摇受贿，累及主人，也披上了恶名。同年进士陈半江在直隶做官时，他的亲戚陆某为县令，廉洁忠介、自守清白而名声不振。陈半江告诉他说："做宰令贵在廉洁明理，能够窥测出人心的忠正、奸邪，可以博得大名声；否则即使还廉洁忠介，也一定会蒙受昏庸人的诋毁。"他的亲戚不能领悟，最后背上了害民的过失，被人参劾撤换，难道不冤枉吗？

5. 寄族弟次良

【题解】

考察官吏的政绩并不是吏治的最高境界，只有能训导官吏才能真正澄清政治，化恶为善。另外，用人不仅要用知识程度高的，还要注意有经验有阅历的军人、小吏，因为他们更加熟悉民间疾苦和治理办法。

【原文】

今之督抚道府，只知察吏，不知训吏。夫上司与下属，犹如父兄之与子弟。乌可不加训诲。盖察吏仅能分别善恶，训吏可以化恶为善，斯其成就者多，吏治有澄清之日。圣人云："己身正不令而行，己身不正虽令不从。"故督抚道府，必先以身作则，斯属吏尽尚廉明矣。盖中人之资，可与为善，可与为不善。上司好恶一端，纵有贪庸之猾吏，亦能渐移默化，一变而为廉干之员，粤省官吏庞杂，风俗颓靡久矣，吾弟既能洞见症瘕，不难对症施药，立除腹疾。且制军又极器重我弟，苟有嘉谋入告，自能立见施行，唯举措不宜过尚严峻，只需去贪鄙，以及昏庸太甚者，举其廉明干练者，不必追求既往，细按出身。进士做知县，未必人人廉干；军功捐职，岂尽个个贪庸。盖学术与治术，显分泾渭：学术从古纸堆中得来，只需读破万卷书，取青紫便如拾芥；治术全由经验阅历而得，凡属军功，必然久参戎幕，捐职又必听鼓有年，积有劳绩，始补实缺。其于民间疾苦，详悉靡遗，故听讼之才，较优于新进儒吏也。吾辈功名，虽亦从青灯黄卷中得来，而今反轻视儒吏，未免失之自轻。然因吾弟到省以来，所赏者都属儒吏，所黜者尽系军功捐职，胸中苟无偏见，绝无如斯之巧合也。殊不知军功捐职之得缺，难于考职何啻倍蓰。吾弟宜稍存矜全之意，对于某某当权时钻营之人，不当概加白眼。盖善钻营者，最工揣摩，苟上司清正，若辈亦能尚廉洁，断不敢复萌贪鄙之念，未识吾弟以斯言为然否？

——《纪文达公遗集》

【译文】

现在的督抚道府，只知道考察官吏，不知道训导官吏。上级与下级，就好像父母兄长和子女弟弟一样，哪里能不加训诲。考察官吏仅仅能分辨他们的善恶，训导官吏却可以教化恶行为善行，这样成就的多了，吏治就澄清有望。圣人说："自身端正那么用不着下命令而命令自然执行，自身不端正即使有命令也没人听从。"所以督抚道府，一定要先以身作则，其下属官吏就都会崇尚廉洁清明了。普通人的资质，可以使他做善事，也可以使他做坏事。上级的喜好厌恶一端正，即使有贪婪、庸碌的狡诈小吏，也能潜移默化，一变而成为廉洁、干练的官员。广东大小官员庞多复杂，风气颓废靡烂很久了，弟弟你既然能够洞察到症结缺陷，对症下药也不难，马上要去除心腹大患。况且制军又极为器重你，如果有好的计谋禀告，自然能够马上被执行，只是举措不应当太严峻，只要去除他们的贪婪可鄙，以及昏庸太过分的，举荐廉洁、清明、干练的，没必要追究已经过去了的事。仔细按察出身。进士做知县，不一定人人都廉洁干练；凭着军功而获得的职位，哪能个个都是贪婪、庸碌。学术和为政，显然泾渭分明；学术是从古纸堆中得来，只需要读破万卷书，取得成果就像捡草芥一样；为政全部要经由经验阅历而得。凡是属于军功的，必然要长期参加征战幕府，获职又必须带兵多年，积累了劳苦功绩，才可以填补实际的官缺。他对于民间的疾苦，都所知没有遗漏，所以裁断为官的才能。比新上来的书生官吏要优秀。我们这些人的功名，尽管也是从苦苦读书中得来的，如今反而轻视书生官吏，不免有点儿自己瞧不起自己。然而因为你到广东去以来，所奖赏的都是书生官吏，所罢黜的都是当兵出身的，胸中如果没有偏见，决不会像这样的巧合。殊不知当兵出身的补缺，比科举出身的何止难百倍。你应当稍微心存全盘顾及之意，对于某某当权时钻营的人，不应当一律看不惯。善于钻营的，最擅长揣摩，如果上级清明正直，他们也能崇尚廉洁，的确不敢再萌发贪婪可鄙的念头，不知你以为这些话对不对？

七、近代篇

（一）曾国藩

1. 与父母谈为政治军

【题解】

　　曾国藩从京城为官到镇压太平军，其父母经常告诫他必须注意的事情，这里是曾国藩四封回信。从信中可以看出，他认为为政当求谨慎而不急求名利，这种看法颇有远见。治军与为政在道理上应是一致的，只是要更加谨慎严格。

（1）杜门谢客以绝谗言

【原文】

　　前信言莫管闲事，非恐大人出入衙门①，盖以我邑书吏，欺人肥己，党邪②嫉正，设有公正之乡绅，取彼所鱼肉之善良而扶植之，取彼所朋比之狐鼠而锄抑之，则于彼大有不便，必且造作谣言，加我以不美之名，进谗于官，代我构③不解之怨。而官亦阴庇彼辈，外虽以好言待我，实则暗笑之而深斥之，甚且当面嘲讽。且此门一开，则求者踵④至，必将日不暇给，不如一切谢绝。今大人手示，亦云杜门谢客，此男所深为庆幸者也。

（道光二十六年正月初三日）

①衙门：官府。

②邪：结交。

③构：结下。

④踵：脚后跟

（2）考差并不重要

【原文】

考与不考，皆无关紧要。考而得之，不过多得钱耳，考而不得，与不考同，亦未必不可支持度日。每年考差①三百余人，而得差者通共不过七十余人。故终身翰林屡次考差而不得者，亦常有也，如我邑邓笔山、罗九峰是已。

（道光二十六年三月二十五日）

【注释】

①考差：进职加薪的考试

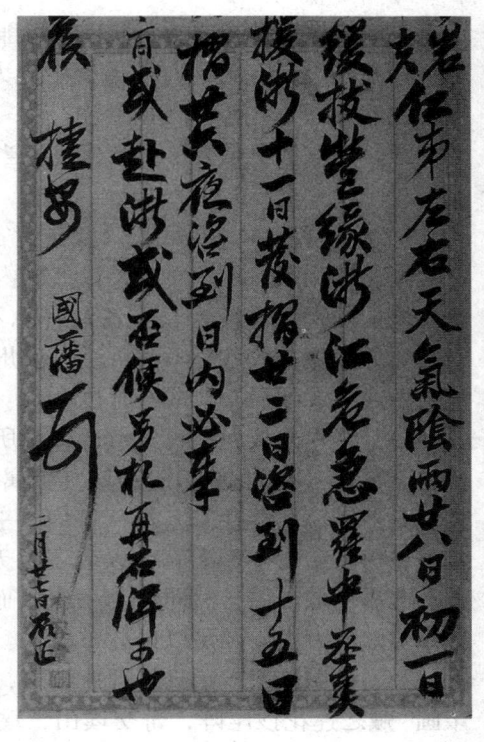

▲曾国藩手札

（3）不求非分之荣

【原文】

现在京官①翰林中无重庆下者，惟我家独享难得之福，是以男慄慄恐惧，不敢求非分之荣，但求堂上大人眠食②如常，阖家平安，即为至幸。万望祖父母、父母、叔父母无以男不得差、六弟不中为虑，则大慰矣。况男三次考差，两次已得；六弟初次下场，年纪尚轻，尤不必挂心也。

（道光二十六年九月十九日）

【注释】

①京官：在京城为官的。

②眠食：睡觉吃饭

（4）治军之要务

【原文】

训戒军中要务数条，谨一一禀复。

一、营中吃饭宜早，此一定不易之理。本朝圣圣相承，神明寿考①，

即系早起能振刷精神之故。即现在粤匪②暴乱，为神人所共怒，而其行军，亦系四更吃饭，五更起行。男营中起太晏③，吃饭太晏，是大坏事；营规振刷不起，即是此咎。自接慈谕④后，男每日于放明炮时起来，黎明看各营操演。而吃饭仍是晏，实难骤改，当徐徐改作天明吃饭，未知能做得到否？

一、扎营一事，男每苦口教各营官，又下札教之，言筑墙须八尺高、三尺厚，壕沟须八尺宽、六尺深，墙内有内濠一道，墙外有外壕二道或三道，壕内须密钉竹签云云。各营官总不能遵行，季弟于此等事尤不肯认真。男亦太宽，故各营不甚听话。岳州（今湖南岳阳）之溃败，即系因未能扎营之故，嗣后当严戒各营也。

一、调军出战，不可太散，慈谕所戒，极为详明。昨在岳州，胡林翼已先至平江（今属湖南）、通城（今属湖北），屡禀来岳请兵救援，是以于初五日遣塔、周继往。其岳州城内，王璞山有勇⑤二千四百，朱石樵有勇六百，男三营有一千七百，以为可保无虞矣。而贼⑥至三万之多，是以致败。此后不敢分散，然即合为一气，而我军仅五千人，贼尚多至六七倍，拟添募陆勇万人，乃足以供分布耳。

一、破贼阵法，平日男训戒极多，兼画图训诸营官。二月十三日，男亲画⑦贼之莲花抄尾阵，寄交璞山，璞山并不回信；寄交季弟，季弟回信言贼了无伎俩⑧，并无所谓抄尾阵；寄交杨名声、邹寿璋等，回信言当留心。慈训言当用常山蛇阵法，必须极熟极精之兵勇，乃能如此。昨日岳州之败，贼并未用抄尾法，交手不过一个时辰，即纷纷奔退，若使贼用抄尾法，则我兵更胆怯矣。若兵勇无胆无艺，任凭好阵法，他也不管，临阵总是奔回，实可痛恨。

一、拿获形迹可疑之人。以后必严办之，断不姑息。

（咸丰四年三月二十五日）

【注释】

①寿考：时间长久。

②粤匪：指洪秀全的太平军。

③晏：迟也。

④慈谕：父亲的信后。

⑤勇：兵勇。

⑥贼：对太平军的蔑称。

⑦画：谋划。

⑧伎俩：技能。

2. 与弟谈为政治军

【题解】

曾氏兄弟在有清中兴时期辉煌一时，正如曾国藩自己所言：近世能有几家？所以，作为兄长的他非常重视弟弟们为政事宜，经常指导和告诫他们，无论在居官的应酬还是在用人方面，无论在勤政爱民还是在公文的行文方面。他认为，居官应当不能长傲、多言，用人应当博采众议，勤政应当尽心，公文应当以能读懂为要务。

（1）置义田以救民

【原文】

乡间之谷贵至三千五百，此亘古未有者，小民何以聊生！吾自入官以来，即思为曾氏置一义田①，以赡救孟学公以下贫民；为本境置义田，以赡救廿四都贫民。不料世道日苦，予之处境未裕②。无论为京官者自治不暇，即使外放，或为学政，或为督抚，而如今年三江两湖之大水灾，几于鸿嗷③半天下，为大官者，更何忍于廉俸之外多取半文乎！是义田之愿，恐终不能偿。然予之定计，苟仕宦所入，每年除供奉堂上甘旨外，或稍有盈余，吾断不肯买一亩田积一文钱，必皆留为义田之用。此我之定计，望诸弟皆体谅之。

（道光二十九年七月十五日）

【注释】

①义田：为救济穷人而设置。

②裕：宽裕。

③鸿嗷：鸿雁哀号。

（2）颇厌官物繁俗

【原文】

吾近于宦场，颇厌其繁俗①而无补于国计民生，惟势之所处，求退不能。

（道光二十九年十月初四日）

【注释】

①繁俗：繁杂俗气。

（3）一心以国事为主

【原文】

父亲每次家书，皆教我尽忠图报，不必系念家事。余敬体吾父之教训，是以公而忘私，国而忘家。计此后但略寄数百金偿家中旧债，即一心以国事为主，一切升官得差之念，毫不挂于意中。

（咸丰元年五月十四日）

（4）劝捐不可摊派

【原文】

邑中劝捐弥补亏空之事，余前已有信言之，万不可勉强^①勒派。我县之亏，亏于官者半，亏于书吏者半，而民则无辜也。向来书吏之中饱，上则吃官，下则吃民。名为包征包解，其实当征之时，则百姓为鱼肉而吞噬之；当解之时，则以官为雌媒而播弄之。官索钱粮于书吏之手，犹索食于虎狼之口，再四求之，而终不肯吐，所以积成巨亏，并非实欠在民，亦非官之侵蚀入己也。今年父亲大人议定粮饷之事，一破从前包征包解之陋风，实为官民两利，所不利者仅书吏耳。即见制台^②留朱公，亦造福一邑不小。诸弟皆宜极力助父大人办成此事。惟捐银弥亏则不宜操之太急，须人人愿捐乃可。若稍有勒派，则好义之事反为厉民之举。将来或翻为书吏所借口，必且串通劣绅，仍还包征包解之故智，万不可不预防也。

（咸丰元年九月初五日）

【注释】

①勉强：摊派。
②制台：明清对总督的称呼。

（5）任用地方绅士之道

【原文】

用绅士不比用官，彼本无任事之责，又有避嫌之念，谁肯挺身出力以急公者？贵在奖之以好言，优之以廪给，见一善者则痛誉之，见一不善者则浑藏而不露一字，久久善者劝，而不善者亦潜移而默转矣。吾弟初出办事，而遽扬绅士之短，且以周梧冈之阅历精明为可佩，是大失用绅士之道也，戒之慎之。

（咸丰七年正月二十六日）

（6）爱民、接官、联绅三事

【原文】

余前在江西，所以郁郁不得意者：第一不能干预民事，有剥民之权，无泽民之位，满腹诚心无处施展；第二不能接见官员，凡省中文武官僚，晋接有稽①，语言有察；第三不能联络绅士，凡绅士与我营款惬，则或因吃醋而获咎②。坐是数者，方寸郁郁，无以自伸。然此只坐不应驻扎省垣③，故生出许多烦恼耳。弟今不驻省城，除接见官员一事无庸议外，至爱民、联绅二端皆可实心求之。现在饷项④颇充，凡抽厘劝捐，决计停之；兵勇扰民，严行禁之。则吾凤昔爱民之诚心，弟可为我宣达一二矣。吾在江西，各绅士为我劝捐八九十万，未能为江西除贼安民。今年丁忧奔丧太快，若怂然弃去，置绅士于不顾者，此余之所悔也⑤。弟当为余弥缝此阙⑥。

（咸丰七年十二月二十一日）

【注释】

①稽：稽查。

②咎：万篪轩是也。

③垣：城墙。

④饷项：军饷项目。

⑤余之所悔也：若少迟数日，与诸绅往复书问乃妥。

⑥阙：缺漏。

（7）居官以耐烦为第一要义

【原文】

昔耿恭简公谓居官以耐烦为第一要义，带勇亦然。兄之短处在此，屡次谆谆①教弟亦在此。二十七日来书有云："仰鼻息于傀儡粒腥②之辈，又岂吾心之所乐"，此已露出不耐烦之端倪③，将来恐不免于龃龉④。去岁握别时，曾以惩余之短相箴，乞无忘也。

（咸丰八年二月十七日）

【注释】

①谆谆：教诲不倦的样子。

②粒腥：羊臭臊味。

③端倪：苗头。

④龃龉：小摩擦。

（8）长傲、多言之弊

【原文】

古来言凶德致败者约有二端：曰长傲，曰多言。丹朱①之不肖，曰傲，曰嚚讼②，即多言也。历观名公巨卿，多以此二端败家丧生。余生平颇病执拗③，德这傲也；不甚多方，而笔下亦略近乎嚚讼。静中默省愆尤，我之处处获戾④，其源不外此二者。温弟性格略与我相似，而发言尤为尖刻。凡傲之凌物，不必定以言语加人，有以神气凌之者矣，有以面色凌之者矣。温弟之神气稍有英发之姿，面色间有蛮很之象，最易凌人。凡中心不可有所恃，心有所恃则达乎面貌。以门第言，我之物望大减，方且恐为子弟之累；以才识言，近今军中炼出人才颇多，弟等亦无过人之处，皆不可恃。只宜抑然自下，一味言忠信行笃敬，庶几可以遮护旧失、整顿新气，否则人皆厌薄之矣。

沅弟持躬涉世，差为妥叶。温弟则谈笑讥讽，要强充老手，犹不免有旧习，不可不猛醒，不可不痛改。余在军多年，岂无一节可取？只因傲之一字，百无一成，故谆谆教诸弟以为戒也。

（咸丰八年三月初六日）

【注释】

①丹朱：帝尧之子。

②嚚讼：不忠信却好争讼。

③执拗：性情固执。

④戾：罪也。

（9）再谈长傲、多言之弊

【原文】

长傲、多言二弊，历观前世卿大夫兴衰，及近日官场所以致祸福之由，未尝不视此二者为枢机①，故愿与诸弟共相鉴诫。弟能惩此二者，而不能勤奋以图自立，则仍无以兴家而立业；故又在乎振刷精神，力求有恒，以改我之旧辙，而振家之丕基。弟在外数月，声望颇隆，总须始终如一，毋怠毋荒，庶几于弟为初旭②之升，而于兄亦代为桑榆③之补，至嘱至嘱。

（咸丰八年三月二十四日）

【注释】

①枢机：主要事情。

②初旭：初升的太阳。

③桑榆：比喻晚年。

（10）力持不懈和求人自辅

【原文】

第声闻之美，可恃①而不可恃。兄昔在京中，颇著清望，近在军营，亦获虚誉；善始者不必善终，行百里者半九十里，誉望一损，远近滋疑。弟目下名望正隆，务宜力持不懈，有始有卒。

求人自辅，时时不可忘此意。人才至难，往时在余幕府者，余亦平等相看，不甚钦敬，洎今思之，何可多得！弟当常以求才为急，其阘冗②者，虽至亲密友，不宜久留，恐贤者不愿共事一方也。

（咸丰八年四月初九日）

【注释】

①恃：依仗。
②冗：拖沓。

（11）总宜平心静气

【原文】

他郡易而吉州①难，余固恐弟之焦灼也。一经焦躁，则心绪少佳，办事不能妥善。会前年所以废弛，亦以焦躁故尔。总宜平心静气，稳稳办去。

余前言弟之职，以能战为第一义，爱民第二，联络各营将士各省官绅为第三。今此天暑困人，弟体素弱，如不能兼顾，则将联络一层少为放松，即第二层亦可不必认真，惟能战一层则刻不可懈。目下壕沟究有几道？其不甚可靠者尚有几段？下次详细见告。九江②修壕六道，宽深各二丈，吉安可仿为之否？

（咸丰八年五月初六日）

【注释】

①吉州：治所在今江西吉安市。
②九江：今属江西。

（12）敬恕都须用功

【原文】

人生适意之时不可多得。弟现在上下交誉，军民咸服，颇称适意。不可错过时会，当尽心竭力，做成一个局面。圣门①教人不外敬恕二字。天

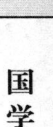

德王道，彻始彻终，性功②事功③，俱可包括。余生平于敬字无工夫，是以五十而无所成。至于恕字，在京时亦曾讲求及之。近岁在外，恶人以白眼藐视京官。又因本性倔强，渐近于愎④。不知不觉做出许多不恕之事，说出许多不恕之话，至今愧耻无已。弟于恕字颇有工夫，天质胜于大哥一筹。至于敬字，则亦未尝用力。宜从此日致其功，于《论语》之九思，《玉藻》⑤之九容，勉强行之。临之以庄，则下自加敬。习惯自然，久久遂成德器。庶不至徒做一场话说，四十五十而无闻也。

（咸丰八年五月十六日）

【注释】

①圣门：圣人们。

②性功：修养心性。

③事功：经国治学。

④愎：执拗。

⑤《玉藻》：《礼记》中的一篇。

（13）做事须无官气

【原文】

文辅卿办厘金①甚好。现在江西厘务经手者，皆不免官气太重，此外则不知谁何之人。如辅卿者能多得几人，则厘务必有起色。吾批二李详文云："须冗员少而能事者多，入款多而坐支者少"，又批云："力除官气，严裁浮费"。弟须嘱辅卿二语：无官气，有条理。守此行之，虽至封疆不可改也。有似辅卿其人者，弟多荐几人更好。

（咸丰十年六月二十八日）

【注释】

①厘金：关税。

（14）官应爱民

【原文】

长濠用民夫，断非陈米千石所可了，必须费银数千。此等大处，兄却不肯吝惜。有人言莫善征声名狼藉，既酷且贪，弟细细查明。凡养民以为民，设官亦为民也。官不爱民，余所痛恨。

（咸丰十年七月初三日）

（15）守勤爱民

【原文】

吾唯以一勤字报吾君，以爱民二字报吾亲。才识平常，断难立功，但守一勤字，终日劳苦，以少分宵旰^①之忧；行军本扰民之事，但刻刻存爱民之心，不使先人之积累自我一人耗尽：此兄之所自矢者，不知两弟以为然否？愿我两弟常常存此念也。

（咸丰十年七月十二日）

【注释】

①旰：gàn 宵夜。

（16）不轻进人，不妄亲人

【原文】

希庵于此等处界限极清，人颇嫌其疏冷。然不轻进^①人，即异日不轻退人之本；不妄亲人，即异日不妄疏人之本。处弟之位，行希之法，似尚妥叶。

（咸丰十年七月十五日）

【注释】

①进：举荐进献。

（17）不宜宽彼偏此

【原文】

文士之自命过高，立论过亢^①，几成通病。吾所批其硬在嘴、其劲在笔，此也。然天分高者，亦可引之一变而至道。如罗山、璞山、希庵皆极高亢后乃渐归平实。即余昔年亦失之高亢，近日稍就平实。周之翰、吴退庵，其弊亦在高亢，然品行究不卑污^②。如此次南坡禀中胡镛、彭汝琮等，则更有难言者。余虽不愿，而不能不给札^③。以此衡之，亦未宜待彼太宽而待此太偏。大抵天下无完全无间之人才，亦无完全无隙之交情。大者得正，而小者包荒，斯可耳。

（咸丰十年八月十二日）

【注释】

①亢：高。
②卑污：卑下污贱。
③札：札子。

（18）凡事当无骄矜之气

【原文】

初九夜所接弟信，满纸骄矜之气，且多悖谬^①之语。天下之事变多矣，义理亦深矣，人情难知，天道亦难测。而吾弟为此一手遮天之辞、狂妄无

稽之语，不知果何所本？恭亲王之贤，吾亦屡见之而熟闻之；然其举上轻浮，聪明太露，多谋多改。若驻京太久，圣驾②无离，恐日久亦难尽惬人心。僧王所带蒙古诸部在天津、通州各仗，盖已挟全力与逆夷死战，岂尚留其有余而不肯尽力耶？皇上又岂禁制之而故令其不尽力耶？力已尽而不胜，皇上与僧邸皆浩叹而莫可如何。而弟屡次信来，皆言宜重用僧邸，不知弟接何处消息，谓僧邸见疏见轻③，敝处并未闻此耗也。分兵北援以应诏，此乃臣子必尽之分。吾辈所以忝窃虚名，为众所附者，全凭忠义二字。不忘君，谓之忠；不失信于友，谓之义。令銮舆④播迁，而臣子付之不闻不问，可谓忠乎？万一京城或有疏失，热河⑤本无银米，从驾之兵难保其不哗溃。根本倘拔，则南服如江西、两湖三省又岂能支持不败？庶民岂肯完粮？商旅岂肯抽厘？州县将士岂肯听号令？与其不入援而同归于尽，先后不过数月之间，孰若入援而以正纲常以笃忠义？纵使百无一成，而死后不自悔于九泉，不诒讥于百世。弟谓切不可听书生议论，兄所见即书生迂腐之见也。至安庆之围不可撤，兄与希庵之意皆是如此。弟只管安庆战守事宜，外间之事不可放言高论毫无忌惮。孔子曰："多闻阙疑，慎言其余。"弟之闻本不多，而疑则全不阙，言则尤不慎。捕风捉影，扣槃扪烛⑥，遂欲硬断天下之事。天下事果如是之易了乎？大抵欲言兵事者，须默揣本军之人才：能坚守者几人，能陷阵者几人。欲言经济，须默揣天下之人才：可保为督抚者几人，可保为将帅者几人。试令弟开一保单，未必不窘也。弟如此骄以矜，深恐援贼来扑或有疏失。此次复信，责弟甚切。嗣后若再有荒唐之信如初五者，兄即不复信耳。

（咸丰十年九月初十日）

【注释】

①悖谬：悖理错误。

②圣驾：皇上。

③见疏见轻：被疏远轻视。

④銮舆：皇帝的车驾，借指皇帝。

⑤热河：今河北、辽宁、内蒙古一带。

⑥扣槃扪烛：比喻没有实践。

（19）再谈骄气

【原文】

弟军中诸将有骄气否？弟日内默省①傲气少平得几分否？天下古今之庸人，皆以一惰字致败；天下古今之才人，皆以一傲字致败。吾因军事而推之，凡事皆然。愿与诸弟交勉之。

（咸丰十年九月初二十三日）

（20）力戒傲与惰

【原文】

沅弟以我切责之缄①，痛自引咎，惧蹈危机而思自进于谨言慎行之路，能如是，是弟终身载福之道，而吾家之幸也。季弟信亦平和温雅，远胜往年傲岸②气象。

吾于道光十九年十一月初二日进京散馆，十月二十八早侍祖父星冈公于阶前，请曰："此次进京，求公教训。"星冈公曰："尔之官是做不尽的，尔之才是好的，但不可傲。满招损③，谦受益，尔若不傲，更好全了。"遗训不远，至今尚如耳提面命。今吾谨述此误告诫两弟，总以除傲字为第一义。唐虞之恶人曰"丹朱傲"，曰"象傲"；桀纣之无道，曰"强足以拒谏，辩足以饰非"，曰"谓己有天命，谓敬不足行"，皆傲也。

吾自八年六月再出，即力戒惰字，以傲④无恒之弊，近来又力戒傲字。昨日徽州未败之前，次青心中不免有自是之见，既败之后，余益加猛醒。大约军事之败，非傲即惰，二者必居其一；巨室之败，非傲即惰，二者必居其一。

余于初六所发之摺⑤，十月初可奉谕旨。余若奉旨派出，十日即须成行，兄弟远别，未知相见何日。唯愿两弟戒此二字，并戒各后辈常守家规，则余心大慰耳。

（咸丰十年九月二十四日）

【注释】

①缄：jiān 书信一封为一缄。
②傲岸：高傲。
③损：损害。
④傲：jǐng 警戒。
⑤摺：zhé 指书信。

（21）进规而不使我陷入不义

【原文】

余忝居高位，凡有应尽之职，应办之事，弟等当随时进规①，无使我陷于不义。

（咸丰十年九月二十六日）

国学经典文库

中华传世家训

第六编 为政

图文珍藏版

【注释】

①规：规箴。

（22）带兵当寓止暴之意

【原文】

吾家兄弟带兵，以杀人为业，择术已自不慎，唯于禁止扰民、解散胁从、保全乡官三端痛下功夫，庶几于杀人之中寓止暴之意。

（咸丰十一年正月二十四日）

（23）凡办大事人力、天事参半

【原文】

凡办大事，半由人力，半由天事。如此次安庆（今属安徽）之守，壕深而墙坚，稳静而不懈，此人力也；其是否不至以一蚁溃堤，以一蝇玷圭，则天事也。各路之赴援，以多、鲍为正援集贤之师，以成、胡为后路缠护之兵，以朱、韦为助守墙壕之军，此人事也；其临阵果否得手，能否不为狗酋所算，能否不令狗酋逃遁，此天事也。吾辈但当尽人力之所能为，而天事则听之彼苍，而无所容心。弟于人力颇能尽职，而每称擒杀狗贼云云，则好代天作主张矣。

（咸丰十一年四月初三日）

（24）呈词公文不必用骈文

【原文】

初七夜连接二信并呈稿。此呈词不必用四六①。弟之呈词，宫保不过据呈转奏，奏稿即全录呈词，一字不改矣。皇上每日阅数十折，于四六折，例不甚过目，即散行折之长者，亦不全看，仅看首数行及末一段，有无请旨奖恤及放缺事件而已。此呈弟求之太深，弄巧反拙，不始即令彭次卿作一寻常呈词，不准过三百字，以明白为主，以弟克②安庆应得奖叙让与温甫，请谥犹请封者，愿以本身诰封貤③封胞兄而已。

（咸丰十一年四月初八日）

【注释】

①四六：即骈文。

②克：攻克。

③貤：yì 通"移"，转移。

（25）拜帖、文牍均恭敬

【原文】

拜夷酋①帖式阅过，尽可往见。无论中国外国之人，无不好恭维者，弟之拜帖、文牍均恭敬。即有事干求于彼，应不至以无礼相向。

（咸丰十一年四月二十八日）

【注释】

①酋：外国首领。

（26）观人论事亦须博采众论

【原文】

观人论事，因勋名①已立而信之，诚所不免，然亦未尝不博采众论。如韦之为人，水师各营官赞之，祁门林令赞之，余俱未动心。至弟十六日信言韦力劝和大宪谋攻安庆，赞其心地之好，余遂动心用之。将用之，而弟此信乃说出韦之坏处。自去年以来，弟信亦未说过韦营半个坏字。目下弟极赞多公之贤，将来余若设法请重用多公，弟莫又改口也。

（咸丰十一年五月初六日）

用人太滥，用财太侈，是余所切戒阿弟之大端。李、黄、金本属拟于不伦，黄君心地宽厚，好处甚多，而此二者，弟亦当爱而知其恶也。在安庆未虐使军士，未得罪百姓，此二语，兄可信之。拼命报国，侧身修行，此二语，弟亦当记之。

（同治元年正月十四日）

【注释】

①名：功名。

（27）办大事者以多选替手为第一义

【原文】

办大事者，以多选替手为第一义。满意之选不可得，姑①节取其次，以待徐徐教育可也。

（同治元年四月十二日）

【注释】

①姑：姑且。

（28）以危词苦语互相劝诫

【原文】

至阿兄忝窃高位，又窃虚名，时时有颠坠之虞①。吾通阅古今人物，似此名位权势，能保全善终者极少。深恐吾全盛之时，不克庇荫弟等；吾颠坠之际，或致连累弟等。惟于无事时，常以危词苦语，互相劝诫，庶几免于大戾②耳。

（同治元年六月二十日）

【注释】

①虞：担心。

②戾：lì 罪也。

（29）谈太平和乱离之世

【原文】

太平之世两语，曰出处防偷漏，售处防侵占。乱离之世两语，曰暗贩抽散厘①，明贩收总税。何谓出处防偷漏？盐出于海滨场灶，商贩赴场买盐，每斤完盐价二三文，交灶丁收，纳官课五六文，交院司收，其有专完灶丁盐价，不纳院司之官课者，谓之私盐，即偷漏也。何谓售处防侵占？如两湖江西均系应销淮盐之引地，主持淮政者，即须霸住三省之地，只许民食淮盐，不许鄂民食川私，湘民食粤私，江民食闽私，亦不许川粤闽各贩侵我淮地，此所谓防侵占也。何谓暗贩抽散厘？军兴以来，细民在下游贩盐，经过贼中金陵、安庆等处，售于上游华阳、吴城、武穴等处，无引无票无照，是谓暗贩。无论贼卡官卡，到处完厘，是谓抽散厘也。何谓明贩收总税？去年官帅给票与商人和意诚号，本年乔公给票与商人和骏发号，目下余亦给票与和骏发，皆令其在泰州运盐，在运司纳课，用洋船拖过九洮洲，在于上游售卖。售于湖北者，在安庆收税，每年十文半，在武昌收九文半。售于江西者，在安庆每斤收十四文，在吴城收八文，此所谓明贩收总税也。

（同治元年六月二十三日）

【注释】

①散厘：零散的税收。

（30）善将兵与不善将兵之别

【原文】

凡善将兵者，日日申诫将领，训练士卒。遇有战阵小挫，则于其将领责之戒之，甚者或杀之，或且泣且教，终日絮聒①不休，正所以爱其部曲②，保其本营之门面声名也。不善将兵者，不责本营之将弁，而妒他军之胜己，不求部下之自强，而但恭维上司，应酬朋辈，以要求名誉，则计更左矣。

（同治元年七月初一日）

【注释】

①絮聒：叨絮妙耳。

②部曲：部下。

（31）领兵须先贵审力

【原文】

然吾兄弟既誓拼命报国，无论如何劳苦，如何有功，约定终始不提一字，不夸一句。知不知，一听之人；顺不顺，一听之天而已。审机审势，犹在其后，第一先贵审力。审力者，知己知彼之切实工夫也。弟当初以孤军进雨花台（今在江苏、南京市内），于审力工夫微欠。自贱到后，一意苦守，其好处又全在审力二字。更望将此二字直做到底。古人云：骄兵必败。老子云：两军相对，哀者胜矣。不审力，则所谓骄也；审力而自足，即老子之所谓哀也。

（同治元年九月二十四日）

（32）练兵如八股家之揣摩

【原文】

练兵如八股家之揣摩，只要有百篇烂熟之文，则布局立意，常有熟径可寻，而腔调亦左右逢源。凡读文太多，而实无心得者，必不能文者也。用兵亦宜有简练之营，有纯熟之将领，阵法不可贪多而无实。

（同治元年十月十七日）

（33）报国之道在实、劳、才

【原文】

吾兄弟报国之道，总求实浮①于名，劳浮于赏，才浮于事。从此三句切切实实做去，或者免于大戾。

（同治二年正月初三日）

【注释】

①浮：超过。

（34）权位须推让少许

【原文】

然处大位大权而兼享大名，自古曾有几人？能善其末路者，总须设法将权位二字推让少许，减去几成，则晚节渐渐可以收场耳。

（同治二年正月初七日）

（35）劳谦君子

【原文】

吾辈现办军务，系处功利场中，宜刻刻勤劳，如农之力穑，如贾之趋利，如篙工①之上滩，早做夜思，以求有济。而治事之外，此中却须有一段豁达冲融气象，二者并进，则勤劳而以恬淡出之，最有意味。余所以令刻"劳谦君子"印章与弟者，此也。

（同治二年三月二十四日）

【注释】

①篙工：船工

（36）最应畏惧敬慎者

【原文】

吾辈所最宜畏惧敬慎者，第一则以方寸为严师，其次则左右近习之人，如巡捕戈什幕府文案及部下营哨官之属，又其次乃畏清议。

（同治二年四月十六日）

（37）乱世功名之际颇为难处

【原文】

来信"乱世功名之际颇为难处"十字，实获我心。本日余有一片，亦请将钦篆、督篆二者分出一席，另简大员。吾兄弟常存此兢兢业业之心，将来遇有机缘，即便抽身引退，庶几善始善终，免蹈大戾乎？

至于担当大事，全在明强二字。《中庸》学、问、思、辨、行五者，其要归于愚必明，柔必强。弟向来倔强之气，却不可因位高而顿改。凡事非气不举，非刚不济，即修身齐家，亦须以明强为本。

（同治二年四月二十七日）

（38）常存畏天之念

【原文】

凡办大事，以识为主，以才为辅；凡成大事，人谋居半，天意居半。往年攻安庆时，余告弟不必代天作主张。墙濠之坚，军心之固，严断接济，痛剿援贼，此可以人谋主张者也。克城之迟速，杀贼之多寡，我军士卒之病否，良将之有无损折，或添他军来助围师，或减围师分援他处，或功隳于垂成，或无心而奏捷，此皆由天意主张者也。譬之场屋考试，文有理法才气，诗不错平仄抬头，此人谋主张者也。主司之取舍，科名之迟早，此天意主张者也。若恐天意难凭，而必广许神愿，行贿请枪；若恐人谋未臧，而更多方设法，或作板绫衣以抄夹带，或蒸高丽参以磨墨。合是皆无识者之所为。弟现急求克城，颇有代天主张之意。若令丁道在营铸炮，则尤近于无识矣。愿弟常存畏天之念，而慎静以缓图之，则善耳。

（同治二年七月二十一日）

（39）荐贤应多顾忌

【原文】

弟所保各员，均奉允准。唯金安清明谕不准调营，寄谕恐弟为人耸动。盖因金君经余两次纠参，朝迁恐余兄弟意见不合也。大抵清议所不容者，断非一口一疏所能挽回，只好徐徐以待其自定。又近世保人，亦有多少为难之处。有保之而旁人不以为然，反累斯人者；有保之而本人不以为德，反成仇隙①者。余阅世已深，即荐贤亦多顾忌，非昔厚而今薄也。

（同治二年八月初二日）

【注释】

①仇隙：仇恨裂痕。

（40）于畏慎中养出刚气

【原文】

余自经咸丰八年一番磨炼，始知畏天命、畏人言、畏君父之训诫，始知自己本领平常之至。昔年之倔强，不免客气用事。近岁思于畏慎二字之中养出一种刚气来，惜或作或辍①，均做不到。然自信此六年工夫，较之咸丰七年以前已大进矣。不知弟意中见得何如？弟经此番裁抑磨炼，亦宜从畏慎二字痛下功夫。畏天命，则于金陵之克复付诸可必不可必之数，不敢丝毫代天主张。且常觉我兄弟菲材薄德②，不配成此大功。畏人言，则不敢稍拂舆论。畏训诫，则转以小惩为进德之基。余不能与弟相见，托黄南翁面语一切，冀弟勿动肝气，至嘱至嘱。

（同治二年九月十一日）

【注释】

①辍：中止。
②菲材薄德：谦称才德微浅。

（41）人言可畏

【原文】

南坡翁至弟处，吾意必盘桓终旬，何以仅住一日即行，岂议论偶有不合邪？吾十二日奏留南翁一片，措语极为平淡，不知何以上干谴责？南翁声名之坏，在浙江夷务、吉安军务之时，其在江苏州县则并无所谓狼藉①，而近日亦无所谓贪横。人言可畏，动彻天听。乃不发于寄云保三品卿之时，而发于余奏留之时，颇不可解。古诗云："美服患人指，高明逼神怒。"吾兄弟皆处高明之地，此后唯倍增敬慎而已。

（同治二年十月十三日）

【注释】

①狼藉：行为不法。

（42）但在积劳二字上着力

【原文】

古来大战争、大事业，人谋仅占十分之三，天意恒居十分之七，往往积劳之人非即成名之人，成名之人非即享福之人。此次军务，如克复武汉、九江、安庆，积劳者即是成名之人，在天意已算十分公道，然而不可恃也。吾兄弟但在积劳二字上着力，成名二字则不必问及，享福二字则更不必问矣。

（同治二年十一月十二日）

（43）总须守定畏天知命

【原文】

事事落人后着，不必追悔，不必怨人，此等处总须守定畏天知命四字。金陵之克，亦本朝之大勋，千古之大名，全凭天意主张，岂尽关乎人力？天于大名，啬之惜之，千磨百折，艰难拂乱而后予之。老氏所谓"不敢为天下先"者，即不敢居第一等大名之意。弟前岁初进金陵，余屡信多危悚儆戒之辞，亦深知大名之不可强求。今少荃二年以来屡立奇功，肃清全苏①，吾兄弟名望虽减，尚不致身败名裂，便是家门之福。老师虽久而朝廷无贬辞，大局无他变，即是吾兄弟之幸。只可畏天知命，不可怨天尤人。

（同治三年四月二十日）

【注释】

①苏：即江苏。

（44）各怀鞠躬尽瘁死而后已之志

【原文】

余十五之信，四分劝行，六分劝藏，细思仍是未妥。不如兄弟尽力王事，各怀鞠躬尽瘁死而后已之志，终不失为上策。沅信于毁誉祸福置之度外，此是根本第一层工夫。此处有定力，到处皆坦途矣。

（同治四年十二月二十五日）

（45）用人不率冗，存心不自满

【原文】

督抚本不易做，近则多事之秋，必须筹兵筹饷。筹兵，则恐以败挫而致谤；筹饷，则恐以搜括而致怨。二者皆易坏声名。而其物议沸腾、被人参劾者，每在于用人之不当。沅弟爱博而面软，向来用人失之于率，失之于冗。以后宜慎选贤员，以救率字之弊；少用数员，以救冗字之弊。位高而资浅，貌贵温恭，心贵谦下。天下之事理人才，为吾辈所不深知、不及料者多矣，切弗存一自是之见。用人不率冗，存心不自满，二者本末俱到，必可免于咎戾，不坠令名。至嘱至嘱，幸勿以为泛常之语而忽视之。

（同治四年三月二十六日）

（46）不要临时抱佛脚

【原文】

星冈公教人常言："晓得下塘，须要晓得上岸。"又云："怕临老打扫脚棍。"兄衰年多病，位高名重，深虑打扫脚棍，蹈陆、叶、何、黄之复辙。

（同治五年八月二十四日）

（47）长进全在受挫受辱之时

【原文】

袁了凡所谓从前种种譬如昨日死，从后种种譬如今日生，另起炉灶，重开世界，安知此两番之大败，非天之磨炼英雄，使弟大有长进乎？谚云："吃一堑长一智。"吾生平长进全在受挫受辱之时。务须咬交后志，蓄其气而长其智，切不可恭然自馁也。

（同治六年二月二十九日）

（48）总须于奏疏中加意检点

【原文】

余观军务日形吃紧，朝廷必不允弟告病之请，而弟之中怀郁郁，勉强久留，恐致生病，兄亦踌躇不能代决，弟之主意定后，如决志告病，望派专弁搭轮船前来，将折稿送兄斟酌商定再发。盖世局日变，物论日淆，吾兄弟高爵显官，为天下第一指目之家，总须于奏疏中加意检点，不求获福，但求免祸。

（同治六年五月十七日）

（49）吏治最忌不分青红皂白

【原文】

凡吏治之最忌者，在不分皂白，使贤者寒心，不肖者无忌惮。若犯此症，则百病丛生，不可救药。

（同治十年六月二十七日）

——《曾国藩全集·家书》

（二）彭玉麟

家书三十六通

【题解】

彭玉麟在为官从政、带兵打仗的生涯中，积累了丰富的政治、军事经验。下面的三十六封信，是家书中这一部分的精选，可以说条条精到。他镇压人民起义的罪恶固然不可掩盖，但他的思想中有价值的部分我们也应该吸收。他所说的为官去得一个"私"字便是好官宰。"不扰民、临政勤"、杜绝请托、不任用亲戚、不可媚洋人和压华人等等，都可借鉴。彭玉麟的为政思想深受曾国藩影响，可将两人的言论相互参看，必有收获。

（1）禀 叔

【原文】

人民遭疮痛之深，归无庐舍，食无糗粮①，衣薄而天寒。鸿嗷②遍野，触景生悲。朝廷虽有赈恤，然远水不救近火，待受皇恩，民早冻馁毙沟壑中矣。侄尝闻仁者言："济急须济急时无"，所以将官囊所得，随缘先行布施。见一家之中，被匪杀害数口者，或流离转徙归来房屋被焚者，或房屋尚存、无衣无食者，概畀数金，俾得苟延残喘。其余造册散赈诸事，深恐挂一漏万，常督率属吏，谨慎将事。如此办理，于心稍觉安泰。然独恨吾非豪富，倾家以泛爱博施，拯民水

▲彭玉麟画像

火，登诸衽③席④也。

【注释】

①糗粮：qiǔ 粮食。

②鸿嗷：哀鸿鸣叫着。

③衽：rèn 睡觉用的席子。

④席：卧席，住处。

（2） 禀 叔

【原文】

从来带兵之官，辄多克扣军粮，私肥囊橐①，近世何尝免得？侄深愧不能禁人之不取，但求我身勿犯。部下虽皆听命，一军欢洽，奈僚属中似不少内疚者，辄以意风示之，谓仰答圣恩，俯蓄士勇，要本良心做事。军中有时因官俸艰窘者，焦思苦虑，形槁神瘁，辄怒②焉③忧之，僭以私禄瞻彼家中。若向民间筹饷，当大乱后疮痍未平，怎能说得出口，以重苦百姓。有丝毫妄取，便增极大罪过。近来不寄家用，即为此故。

【注释】

①橐：gáo 袋子。

②怒：nì 忧思。

③焉：忧愁的样子。

（3） 禀 叔

【原文】

吾初入营，性气自觉刚暴，少涵养，杀敌直前。勇则勇矣，较今多挫折。近乃悟木坚则摧，水柔可容，每出师力求稳当和变化，佐之以精到简捷，便觉破敌如拉朽。对僚属强制其锋芒，而示谦退，如服平肝降气散一剂。唯于统率各军，示以威信，不稍懈，盖军人如马，断驰而民受其殃。当兹饷需匮乏，更注意裁汰冗员，免得虚糜国库，一一甄别①，资遣归故里。日事操练，恐师老则疲，玩久生偷，损江南水师昔日之威名也。

【注释】

①甄别：辨别。

（4） 致蛰蛟弟

【原文】

近办军务，双肩担当多少力量？尽得多少责任？每闻天恩远颁，徒觉愧悚万状。升官可嘉，扪心无疚则难。盖军务处乱世，治之非易，刻刻宜

防傲与惰，时时不忘勤与劳。如力穑①之农，不薙②则草长；如趋利之贾③，不速则机失，匪势莫遏则焰炽，稽时则厚防也。何况傲以逞骄，惰以玩忽；逞骄玩忽，取败之道也。

【注释】

①力穑：用力耕种。

②薙：tì 除草。

③贾：gǔ 商人

（5）致 弟

【原文】

曾帅尝以居官四败、居家四败垂示于僚属。其居官四败曰：昏惰任下者败，傲很①妄为者败，贪鄙无忌者败，反复多诈者败。居家四败曰：妇女奢淫者败，子弟骄怠者败，兄弟不和者败，侮师慢客者败。余得之，书绅②铭座，藉以自懲③惕，时时且劝导同曹。亦吾望弟于听讼理案牍之时，刻刻凛之。钊侄现奉抚署委赴安徽赈荒，救急而有疏漏，造恶更多，可命慎于从事。至念。

【注释】

①很：通“狠”。

②绅：带子。

③懲：通“警”。

（6）致 弟

【原文】

天无私覆，地无私载，日月无私照。为官去得一“私”字，便是好官宰。

（7）致 弟

【原文】

缙绅入官，便存矜夸里井之心，有枉法请求之念。弟到任所，幸勿与渠等太疏，而启怨隙；幸勿与渠等太密，而生玩忽。渠等非无集思广益之助，其肯挺身急公好义者，优奖之。进掖文人，造就才智，见喜而劝，见不喜而感化之。处事精密，思虑周到，则邪说无由入，缙绅见之，亦不敢欺矣。

【原文】

　　唯乱世之官吏，当爱民以柔抚。疮巨痛深，而得父母官和煦，其感也必深。侄自临政，思何以报吾君，则勤无怠；思何以报吾亲，则爱民若己子，而不忘母之慈。勤则分宵旰①之忧，慈则秉恺②悌之训。况行军江道，沿途都流离转徙之哀鸿。勇多不学，顽嚚难化，或以保境者扰境，爱民者殃民，则何以谢罪，不使祖宗积惠，自吾一人而夭丧。是以侄之自矢"不扰民，临政勤"，此六字，未知有当否？

【注释】

　　①旰：gàn 早晚。
　　②恺：kǎi 和乐简易。

（9）禀　叔

【原文】

　　自统率水师，沿江剿贼，中心辄不宁。以不幸生逢乱世，而以杀人为事，恐诛戮无辜，则"爱民"两字，不将等若狂吠乎！是以每擒一匪，必令军法处慎重鞫讯，且可察其状貌奸险良善，定主从之判，轻重有别。可以抚者，则编之入伍，听候训练。刻刻存爱民若子之念，刻刻惧屈杀无辜之人，庶几枉死城中少个冤鬼，而自己名下，少些罪戾也。言之寒心！

（10）致　弟

【原文】

　　悍将骄卒，辄难驯驭，受编入伍之后，犹思谋为不轨，所谓贼性未除也。前擒巨魁，本拟依法斩决，乃某畏死哀求，愿输忠悃①。投诚数载，已得高官，而部曲尚不能脱却盗贼行径，一味扰民，兄乃派兵悉围其众，此时不得不忍心暴戾，尽行歼戮，杀后犹有余怒。终是为百姓除凶，何惜因杀戒而促寿命哉？兄于扰民者，痛恨最深，即亲如子弟，亦必以军法从事。噫！此语实伤吾心，不忍言之矣。

【注释】

　　①悃：kǔn 忠心。

（11）致　弟

【原文】

　　一旦握政柄，请托之函牍①盈数尺，最足可叹可怜事。用之，则引私人，结朋党，无补于国事，从糜国库。且有借势横行乡间，擅作威福，害及官声，此事余所切戒。是以余之戎幕，不容有一亲故，恐其违法，而有私情屈逆吾心，不能正法。

【注释】

①函牍：书信。

（12）致 弟

【原文】

为官视民若鱼肉，而吾为刀俎①者，直可杀。余巡查江南，必廉访吏治，有贪婪枉法者，未尝肯稍事姑息。黜者应黜，诛者应诛，自问不为包孝肃②，亦当为李清献。

【注释】

①刀俎：zǔ 菜刀菜板。

②包孝肃：即包拯。

（13）致 弟

【原文】

余不敢轻于任用，恐保举太滥，因余一人而乱政也。然不轻用人，甄别必严，亲故之不明事理者，或恐背后怨尤。但想及保举时欢笑，一旦辞退，何尝不要怨尤。同此怨尤，宁不任用而怨尤，怨只一人，及一身；或所举徇①一时之私情，而害及万民，则怨尤且出万民之口，丛集于一身，此罪不亦大矣夫。曾帅亦言：不轻进人，即异日不轻退人之本；不妄亲人，即异日不妄疏人之本。有同心哉！有同心哉！

【注释】

①举徇：曲从。

（14）致 弟

【原文】

位高望重，当常存临渊履冰之念，战兢默察，总冀无负于人民。苟有嫌怨，当思所以致嫌怨之故，而弥补之，大抵一二人之谤毁不足忧，千万人民之清议良可畏。清议所不容，虽鼓如簧之舌，烂生花之管①，一口一疏，必不能挽回之矣。

【注释】

①管：笔。

（15）致 弟

【原文】

太史公所谓"循吏"者，法立令行，能识大体而已。后世之所谓"循吏"者，专示煦煦①为仁之义，而尚悲惠。顽懦悬殊，贪廉界判，但有骄犷，必失其驾驭之方矣。余治军者也，更以法立令行、整齐严肃为先，不贵煦妪②也。然而与士卒同甘苦者，当别论。

【注释】

①煦煦：和穆。
②煦妪：抚育。

（16）致 弟

【原文】

李次青赴徽州，帅尝与之约法五章：曰戒浮，谓不用文人之大言者；曰戒谦，谓退让逾恒，恐启宠纳侮也；曰戒滥，谓银钱保举，宜有限制也；曰戒反复，谓朝令暮更之可鄙也；曰戒私，谓用人当为官择人，不为人择官也。吾弟荣膺宰令，无所赠予，即借兹"五约"用作官箴。

（17）致 弟

【原文】

夷夏①交通②，治外者苦民间隔阂，每多衅隙，制之无方。但为官吏者，切不可处处媚夷而压华，人民亦不可艳夷而鄙华。国家元气，为外夷所摧伤者多矣！耻辱亦层见叠出。忆我皇十年八月，洋兵入京，尚不毁宗庙社稷，是其好处。现在上海、宁波等处，助我攻剿发匪，尚有功劳，非甘借外人势力以戕贼，终是保境安民不少。我谓对待外人，不宜生怨，当怨自己之政治不修，制造不良，以求贤才谋修政为急务，以学制枪炮学造轮舰为抵抗。取彼之所长而皆有之，即以彼之利器制彼可已。若两者无所得，则曲固罪也，直亦罪也，怨之罪也，德之亦罪也。其官民之媚夷，吾固无能制之，而仇夷亦非所愿闻也。

【注释】

①夷夏：外国与中国。
②交通：交往。

（18）致 弟

【原文】

余自治兵，未虐使军士，未得罪百姓，此二语可自信之。盖养兵为民能卫民者，讵①忍虐使之！设官亦为民，其不爱民者，何以食禄报君恩、且慰黎民之感戴也耶？

【注释】

①讵：jù 怎么。

国学经典文库

中华传世家训

第六编 为政

图文珍藏版

（19）致 弟

【原文】

委员所以代吾之劳，衔命视民，实同亲临。委员而不贤不能，是授以刃而戕民，罪不在委员，而在吾简贤不贤，任能不能，无遴选甄别之才也。是以委员之时，须加审慎，委员之道，以四者为最要：一曰习劳苦以尽职，一曰崇俭约而养廉，一曰勤学问以广才，一曰戒傲惰以正俗。有此四德，可以膺①重任。为政而得人，乐在其中矣。

【注释】

①膺：yīng 担当。

（20）致 弟

【原文】

静极思动，潜久思飞，吾弟出山，蓄心本已数年，乃近得一官，得官不足为弟荣，治民无忤乃足庆耳。今弟位处高卑之间，有滕薛①之厄，总祈不激不随，使上下无不翕然而悦服，则前数年郁结抑塞之气，将畅然大舒，不为阴霾，而化甘霖，慰万民之渴望者矣。《易》曰："天之所助，顺也；人之所助，信也。"弟能得天之顺，履人之信，则士元非百里才，蛟龙非池中物也。

【注释】

①滕薛：夹在中间，难以相处。

（21）致 弟

【原文】

做武官难，做文官更难！当兹乱世，草莽①崛兴，彼恃勇力奔走，本有耐劳茹苦之能，而县宰邑令，辄多文弱书生，未经戎马，临难则多仓皇失措者矣。唯为将不在勇而在智，务求讲将略，于讲求品行、讲求学术之外，练围卫保丁，练体格胆力。治政之暇，亦上场躬与点名看操等粗浅之事，然后施料敌如神等精微之技。湘乡亦从此出身，为湖南出色之人。弟能鉴于兵戈扰攘之世，以治虐救民为念者，不当于武事②藐视之。拼命报国即在此，练胆安民亦在此。

【注释】

①草莽：绿林好汉。

②武事：打仗。

（22）谕 侄

【原文】

居官须时时兢惕，若己不终，若己不终。古人所谓懔乎若朽索之驭六马，慄慄危惧，若将陨^①于深渊，此皆唯恐其不胜任也。鼎折足，覆公㻛，其形渥凶，则吐哺握发之勤，可以免矣夫。汉文帝为君，时时有谦让若不克居之意，其有感于不胜之义者乎？其于崄𡾾^②之宦途，能渡险要之风波，而安然登岸者，鲜矣。是以古人乃所谓日慎一日，而恐其不终，居高思危，垂戒深切。孟子谓周公有不合者，抑而思之，夜以继日，其有得于唯恐不终之义者乎？其义可长体会。

【注释】

①陨：yǔn 掉下。

②崄𡾾：xiǎn xī 不平坦。

（23）禀 叔

【原文】

治军之道，以善战为第一，以爱民为第二，以和协上下官绅为第三，此语帅营常以垂示于僚属。侄近在军营，获得善战之虚誉，羊楼司、崇阳县、咸宁等处，所向克敌如破竹。然不敢以是骄矜，盖七十二战，战无不胜如项王^①，一朝被困，便隳其伟业。可见武功之难，须有到底不懈之心，始可免誉望一损，今古滋疑之憾。

【注释】

①项王：项羽。

（24）致 弟

【原文】

天下有才智者，每不甘雌伏，必思有所表见于世，此即好胜好名，未能打破庸俗之见也。同一兵勇也，有思从兵勇中翘然脱颖者矣；同一将弁^①也，有思从将弁中翘然脱颖者矣。推而至于主帅，何尝无出类拔萃之想？唯才智有异同，不知足，不安分，则未有成功者也。

【注释】

①弁：biàn 低级武官。

（25）致 弟

【原文】

用兵之道，千变万化，然必训练有素，有悍鸷之风而不骄，有安详之气而不惰，庶可应敌。应敌之时，则须动静得宜，半以迎战，半以扼守。动如水，静如山，则气不夺而威常存。其本强而故示敌以弱者多胜，敌加于我，审量而后应之者多胜，或本弱而故示敌以强者多败，敌加于我，漫无审量而应之者多败。明于此，可以言用兵。至于行阵，当修碉垒，以濠深为妙。择地有两法：自固者，则择高山，择险隘，扼贼者，则择平坦必经

之路，择浅水津渡之处。嗣后每立一军，则修碉二十座，以为老营，于是环老营之四面，方三百里，皆可往来梭剿。言战，则左右前后相呼应，可以分贼之势；言守，则深壕坚垒以静守，可以待贼之疲。出正兵亦可，出奇兵亦可，有回翔之余地，而无盘旋之困厄也。

（26）致 弟

【原文】

战争危道也，胜勿足喜，败勿足忧。或以小胜而遭大挫者，病在骄；或以小败而获大捷者，功在励。其间人谋与天意，又维系参化之。或曰：天意恒居十之七，人谋仅占十之三。

（27）致 弟

【原文】

勤恕廉明①四字，乃带勇者须知。黎明即起，集军点卯，或操练，或查营，此则勤矣，勤能造就精练之军。待弁勇如待亲弟然，持之以敬，临之以庄，未之以恩，体恤周，给钱均，小挫而薄责之，于恕亦近矣。不虚糜朝迁之粮米银钱，不侵蚀弁勇之犒金恩饷，甘苦与同，取与必慎，廉则得之矣。于是而赏罚必行，进退有节，攻守有方，握胜算多者，明也。带勇而能勤恕廉明，字字做得到，其为名将可知矣。

【注释】

①廉明：勤劳，宽容，廉洁，清明。

（28）致 弟

【原文】

领兵数年，经大小战争者百余次，每逢军情危急之际，唯有立定意思，专靠自己，不靠他人。靠自己，则平日必审度吾军之缺点而补救之，训练之，无懈无弛，而操胜利必矣。若心中常存一自己受挫，仰助他人之念，则军心必懈弛而少训练，一旦危急，援军不至，或援军至而路途中梗，将奈之何哉？所以练军带勇之人，不论攻守，总须以自己所领者主，不容稍存依靠盼援之心也。

（29）致 弟

【原文】

驭将之法，失之宽厚则逸弛，失之严厉则逆勃，故《兵法》云：用恩莫如用仁，用威莫如用礼。

（30）致 弟

【原文】

带勇者，当以禁止骚扰良民为第一义。王者之师，壶浆箪食①以迎，乃以能行其仁，而万民归仁也。乃吾观近年军行之地，大无论城邑，小无论村舍，几无不毁之屋，不伐之树，富者箱箧倾之空，贫者环堵，犹不免亡其破褐败屦，掘地将三尺，此其受害于匪者十之七八，受害于兵者，未尝无二三。民遭大劫，元气伤尽，行军之官，安可不力加申诫、严饬②其部属之骚扰也耶？

【注释】

①箪食：用壶装粥，用篮提饭，踊跃犒劳军队。

②饬：令。

(31) 致 弟

【原文】

出师有奇正：正面迎敌者，曰正兵；分左右翼以包抄者，曰奇兵。坚其营垒，屯宿粮糗，与贼相持者，曰正兵；飘忽无常，伺隙狙击，使贼疑骇者，曰奇兵。鲜明其旌旐，严其刁斗，使贼不敢犯者，曰正兵，佯陈羸疲，偃旗息鼓，诱之以陷阵者，曰奇兵。其进退开合，变化不测，运用之妙，在乎一心。兄于军法，闲常致意，练水军以后，乃躬亲探察营在之支流汊港，绘成地图，移军乙地，则再探地势以成图。沿江一带，虽不能云完备，而大体无缺矣。攻守行军之时，随意出图，索骥①者十得八九，设伏应敌，了如指掌，此亦在平日之留心，非一朝一夕之功也。

【注释】

①索骥：本指按图索骥，此处指找准地方。

(32) 致 弟

【原文】

屠狗卖浆都英雄，唯在指挥之得当耳。孙昌凯，一铁工也，余异其状貌，劝入营伍随余一年余，每善遇之。彼乃感激，愿效忠左右以随侍余身。彼之膂力，本异于常人，挥椎有魏禧①谈宋将军座下客之风，特攻战少韬略耳。方忧其埋没而名不彰？讵料截断江中铁锁事，冒炮火之险，破发逆之筏，卒藉以破田家镇数万之众，付之一炬，此其功不在小也。人有一技之能，何愁无风云际会时耶？近常面誉之，冀其从此发奋，为国家之梁栋也。

【注释】

①禧：魏禧《大铁椎传》。

(33) 致 弟

【原文】

士大夫进无礼，退无义，即国乱之源。结党攀附，冗员尸位①，则贫

其国。当兹乱世，但觉人才之难得，戎幕中，更易养庸俗，浮縻饷给，以兵事之凶而植其势，盛气凌懦怯，乃伤军名。故吾于操守不坚、修养不力、气盛而浮躁者，每辞之。

【注释】

①冗员尸位：白白地占据官位。

（34）致 弟

【原文】

余恐用人之不当，而害我官声也，乃慎于选择。选择即苛，不免遭人怨尤；更进一层说，非恐害我官声，恐虚縻俸给①也。故不肯失之于率，失之于冗，宁受唾骂耳。

【注释】

①俸给：官俸。

（35）致 弟

【原文】

刁民可恶，劣绅更可恶。刁民之害小而劣绅之害大，纵之则政乱刑弛。弟初临政，当调理分明，必廉访事实，勿轻信左右之言，恐其为虎伥也。忆我从戎，杀人为本业，虚领知府及后擢巡抚，从未一日居其任，乃以戎马仓皇，不愿享皋皮之乐。然于军行所过，凡遇莠顽①，如土豪、恶霸、淫棍、劣绅，未尝肯示以善颜，出之姑息，一本真实爱民之心，于渠等诚无所用其顾忌也，弟熟筹之。

【注释】

①莠顽：恶劣顽固者。

（36）致 弟

【原文】

治军者而欲上下交誉，军民咸服，颇不易，必树恩信，修敬恕。恩则愿为之用，信则有所畏，法令之必行，爱民本于诚。若敬恕者，则天德、王道、人功、事业，都可守之以彻始彻终。圣贤教人，亦不外此。余于恩、信、敬、恕，独于"恕"安未做到，老怀多忤①，或出之本性倔强，不知不觉以盛气向人者耶？吾实愧赧！

—— 《彭玉麟家书》

【注释】

①忤：wǔ 抵触。

（三）李鸿章

示文儿

【题解】

李鸿章是洋务运动的代表人物之一。在十九世纪末的清朝大臣中，得风气之先，深信西方科技的力量，欲提倡出国留学，师夷长技。这封信便反映了他那种急迫而又清醒的意识。洋务运动失败了，但中西交流、学习外国先进的科学技术、寻求切实有用的学问等等思想，仍然可供参考。

【原文】

▲李鸿章像

年来国势日非，吾等执政，虽竭力谋强盛，然未见效，深为可叹！国人思想，受毒根深，忽然一旦变化，固非易事，然受外人之凌辱，国人未能反省，非遇且钝乎？受人凌辱之原因，莫外乎不谙①世事，默守陈法，藏身于文字之间，而卑视工商。岂知世界文明，工商业较重于文字，窥东西各国之强盛，无独不然。今当局者渐醒，于是有遣使出洋考察之议。然考察而未能仿行，等于不察。欲仿行而仍假手②于外人，等于不仿。故曾夫子涤笙③等有上疏拟选聪颖子弟出洋习艺事④，各专所学，报效于国家也。或谓天津、上海、福州等处已设局仿造轮船、枪炮、军火；京师设同文馆，选满汉子弟，延请学者教授；又上海开广方言馆，选文童⑤肄业；似中国已有基绪，无须远涉重洋。不知设局制造开馆，所以图振奋之基也；远适肄业，集思广益，所以收远大之效也。西人学求实济⑥，无论为士、为工、为兵，无不入塾读书，其明其理，飞见其器，躬亲其事，各致其心思巧力，递相师授，期于月异而岁不同。中国欲取其长，一旦递图尽购其器，不惟力有不逮，且此中奥窔⑦，苟非遍览久习，则本原无由洞澈，曲折无以自明。古人谓学齐语者，须引而置之庄岳之间。又曰："百闻不如一见。"此物此志也。况诚得其法，归而触类引申，今日所为孜孜以求者，不更扩充于无穷耶？余然曾夫子之说，附其后，因疏圣上，并筹办法。吾儿身体不佳，宜自保重。每日工作，宜有定时，弗过度。余年老力衰，耳眼不灵，疏忽之处颇多，可恨可恨！

——《清代四名人家书·李鸿章家书》

【注释】

①谙：ān 熟悉。

②假手：借用他人。

③涤笙：曾国藩。

④艺事：技术。

⑤文童：明清科学缺席中的童生。

⑥实济：切实有用。

⑦奥窔：yào 屋中西南隅曰奥，东南隅曰窔，此喻精妙细微处。

（四）林纾

示儿书

【题解】

林纾在这封信中对作县官的儿子林珪提出了种种忠告，进行了谆谆教诲。核心的几点是：平心静气、洞察民情、爱民亲民。他对孩子说："汝能心心爱国，心心爱民，即属行孝于我。"此言感人至深。

【原文】

谕珪子：汝自瘠区，量以繁剧，凡贪墨狂谬①之举，汝能自爱，余不汝忧。然所念念者，患汝自恃吏才，遇事以盛满之气出之，此至不可。凡人一为盛满之气所中，临大事，行以简易；处小事，视犹弁髦人②；遗不经心之罅③，结不留意之仇。此其尤小者也。有司为生死人④之衙门，偶凭意气用事，至于沉冤莫雪，牵连破产者，往往而有。此不可不慎。故欲平盛气，当先近情。近情者，洞民情也。胥役⑤之不可寄以耳目，以能变乱黑白，察官意之所不可，即以是为非；察官意之所可，复以非为是，故明者恒轻而托之绅士。然吾意绅士不如士，士不如耆⑥。绅更事多，贤不肖半之，士得官府询问，亦有尽言者，然讼师⑦亦多出于士流中，无足深恃。惟耆民之纯厚者，终身不见官府。尔下乡时，择其谨愿者加以礼意，与之作家常语，或能倾吐俗之良楛⑧，人之正邪。且乡老有涉讼应质之事，尔可令之坐语，不俾长跽，足使村氓悉敬长之道。死囚对簿，已万无生理，得情以后，当加和平之色。词气间，悯其无知见戮，不教受诛，此即夫子所谓"哀矜勿喜"者也。监狱五日必一临视，四周洒扫粪除，必务严洁，庶可辟袪疫气。司监之丁，必慎其人，黠者可以卖放，愿者或致弛防。此际用人宜慎，宽严均不可过则，衙役既无工薪，却有妻子，一味与之为

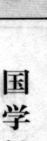

难，既不得食，何能为官效力？此当明其赏罚，列表于书室中。夫廉洁不能责诸彼辈，止能录其勤惰，加以标识。其趋公迅捷者，则多标以事；凡迁延迟久，不能速两造到案者，必有贿托情事，则当加以重罚，不必另标他役；一改差，则民转多一改差之费矣。胥役之外，家丁之约束最难。荐者或出上官，或出势要，因荐主之有力，曲加徇隐，则渐生跋扈；严加裁抑，则转滋谗毁。要当临之以庄，语之以简，喜愠不形，彼便不能测我之深浅，当留者留之，宜遣者以温言遣之足矣。教民健讼，务在必胜。轻躁之官恒左教而右民，庸碌之官又左民而右教，实则皆非也。士大夫惟不与教士往来，故无籍之民，恃教为符，因而鱼肉乡里。若有司与主教联络，剖析以民情之曲直。教中宗旨，博爱而信天，吾即以天动之；彼迷信久，或可少就吾之范围。吾有《新旧约全书》⑨一部，尔暇时翻阅，择书中语可备驳诘耶稣教之犯律违例者，类抄而熟记之。彼为教中人，乃不省教书，即以矛攻盾之意，庶免与教焰所慑。且判决教案，以迅捷为上；有司往往以延宕为得计，久乃被其口实，至不可也。下乡检验，务随报即行，迟则尸变，且防两造久而生心，故不若立时遣发之为愈。尸场以不多言为上，彼围观者，恃人多口众，最易招侮。此等事，尔已经过，可毋嘱。披阅卷宗，宜在人不经意处留心，凡情虚之人，弥纶必不周备，仔细推求，自得罅隙，更与刑幕商之，亦不可师心自用。凡事经两人商榷，虽不精审，亦必不至模糊。其余行事，处处出以小心，时时葆我忠厚。谨慎须到底，不可于不经意事掉以轻心；慈祥亦须到底，不能于不惬意人出以辣手。

吾家累世农夫，尔曾祖及祖，皆浑厚忠信，为乡里善人，余泽及汝之身，职分虽小，然实亲民之官。方今新政未行，判鞫仍归县官。余故凛凛戒惧，敬以告汝。不特驾驭隶役丁胥，一须小心，即妻妾之间，亦切勿沾染官眷习气。凡事须可进可退，一日在官，恣吾所欲，设闲居后何以自聊？余年六十矣。自五岁后，每月不举火⑩者可五六日。十九岁，尔祖父见背，苦更不翅。己亥，客杭州陈吉士大令署中，见长官之督责吮吸属僚，弥复可笑。余宦情已扫地而尽，汝又不能为学生，做此粗官，余心胆悬悬，无一日宁贴。汝能心心爱国，心心爱民，即属行孝于我。尔曾祖父母以下至尔嗣父及尔生母，凡六大忌，用银十二两，余欲以汝所得者市鱼肉报飨。

余随时尚有训迪。此书可装潢，悬之书室，用为格言。

——《畏庐文集》

【注释】

①狂谬：贪赃枉法。

②弁髦人：长大后，去掉弁帽，剪掉髦发，因此用弁髦比喻弃置不用之物。

③罅：缝隙。

④生死人：使人活，使人死。

⑤胥役：小官吏。

⑥耆：老人。

⑦讼师：旧时帮人打官司、写状纸的人。

⑧楛：kǔ 粗劣。

⑨《新旧约全书》：《圣经》。

⑩举火：生火做饭。

（五）严复

与四弟观澜书

【题解】

　　这是严复于1898年写给四弟严观澜的一封书信。当时严复在海军处任一官职，他的四弟来信要求兄长为他谋一份差事，严复便写了这封回信。严复在信中分析了他不能答应四弟所提要求的原因，认为若任用亲戚，将带来严重的不良影响。严复在官场腐败的晚清能做到洁身自好，不徇私情，这种为政作风至今仍值得人们学习。

【原文】

　　启者：兄近极忙，顷得弟书，因明日即须晋京，预备召见，本属无闲作答，继念事有关系，此时若不直告尽言，日后必为吾弟所怪怨，故不得已而百忙中做此回信，句句是真，惟吾弟亮察而已。书中所言数年家境，兄所早悉，如能相助，兄不念吾弟，亦念先人，断无不代出力之理。但须知兄在此间，所办者系属公事，近又蒙荣中堂添委海军处一差，再三嘱饬秉公剔弊。前末委此差时，口中言论，常以各管驾，任用亲戚为非。岂可一旦操权，躬自为此？如人言何？且潘子静尚在营务处，与兄乃是对头，见兄所为，定必布散谣言，密禀荣相，于兄有大损。（潘家并无吃海饭之人，故船中无甚所荐者）于弟无所益，智者行事，岂宜如此？且萨鼎兄亦非瞻徇情面之人，兄虽荐，恐未必收也。总之，北洋海军，果其认真重整，则后此管轮诸要差，须经洋总车考验，方得札委。兄在此任事，弟理应回避，无能为力。若欲想法，尚是南洋，如有缺眼，弟欲得者，兄不妨为作一书讨情也。千万不可贸贸来此，诸多不便。后来空出空返，兄有言在先，弟勿怪也。

　　廉叔初得一差，亦不宜在家延宕，有碍声名。闽人势绌力薄，凡事总在自己小心，方可长保耳。

——《严复集·书信卷》

八、现当代篇

（一）文七妹

训 儿

【题解】

毛泽东父亲毛顺生的脾气暴躁，毛泽东少年时代常常与父亲闹矛盾。母亲文七妹便常常开导儿子，要求儿子孝敬家长，并说如果儿子顶撞老子，她心里也会很生气的。文七妹告诫儿子毛泽东的这番话可谓动情入理，很具说服力，值得当今的许多家长从中得到启迪。

【原文】

平时，文七妹私下里也常常开导儿子，教育儿子要孝顺父亲。她叮嘱儿子："你爹的爆竹子脾气你是晓得的，不管是做什么事情，只要是他定了的，就是几头牛拉也拉不回的。往后，不要犟了，即使是你爹不慈，你也不应该不孝嘛。其实，他常常当面骂你，背后又在夸你。你去跟他顶撞，我做妈的心里不高兴，连那个佛爷菩萨也会不喜欢的。"关于这方面的事情，毛泽东1936年跟斯诺谈话时也有所回忆。他说："我母亲主张间接打击的政策，凡是明显的感情流露或公开反对执政党（指他的父亲）的企图，她都批评，说这不是中国人的做法。"

——《毛泽东家世》

（二）毛泽东

1. 致文运昌

【题解】

这是毛泽东于1937年写给童年好友、表兄文运昌的一封信，当时的文运昌以为在延安可以谋到一份有薪水的好职位，故而写信要求毛泽东帮忙。毛泽东以这封信作为答复，他在信中介绍了延安各方面的情况，阐述了共产党当前所担负的驱逐日本帝国主义的伟大而又艰巨的任务，劝表兄对延安不要抱着私念。这封信写得动情入理，充分显示了一代革命领袖抱负远大、光明磊落的超人胸怀。

【原文】

远昌吾兄：

莫立本到，接获手书，本日又接十一月十六日详示，快慰莫名。八舅

父母仙逝，至深痛惜。诸表兄嫂幸都健在，又是快事。家境艰难，此非一家一人情况，全国大多数皆然，唯有合群奋斗，驱除日本帝国主义，才有生路。吾兄想来工作甚好，唯我们这里仅有穿衣吃饭，上自总司令下至伙夫，待遇相同，因为我们的党专为国家民族劳苦民众做事，牺牲个人私利，故人人平等，并无薪水。如兄家累甚重，宜在外面谋一大小差事俾资接济，故不宜来此。道路甚远，我亦不能寄旅费。在湘开办军校，计划甚善，亦暂难实行，私心虽想助兄，事实难于做到。前由公家寄了二十元旅费给周润芳，因她系毛泽覃死难烈士（泽覃前年被杀于江西）之妻，故公家出此，亦非我私人的缘故，敬祈谅之。我为全社会出一些力，是把我十分敬爱的外家及我家乡一切穷苦人包括在内的，我十分眷念我外家诸兄弟子侄，及一切穷苦同乡，但我只能用这种方法帮助你们，大概你们也是已经了解了的。

虽然如此，但我想和兄及诸表兄弟子侄们常通书信，我得你们片纸只字都是欢喜的。

不知你知道韶山情形否？有便请通知我乡下亲友，如他们愿意和我通信，我是很欢喜的。但请转知他们不要来此谋事，因为此处并无薪水。

刘霖生先生还健在吗？请搭信慰问他老先生。

日本帝国主义正在大举进攻，我们的工作是很紧张的，但我们都很快乐健康，我的身体比前两年更好了些，请告慰唐家圫诸位兄嫂侄子儿女们。并告他们八路军的胜利就是他们大家的胜利，用以安慰大家的困苦与艰难。

谨祝兄及表嫂的健康！

毛泽东

十一月二十七日

——《毛泽东家书》

2. 致文涧泉书信二封

【题解】

这是新中国成立后毛泽东给表兄文涧泉回复的两封信，前一封信让文涧泉转告其他表兄，委婉地表示自己不便给自己的亲戚介绍工作；后一封信则针对文涧泉本人要求来北京、上海等地旅游及介绍其他亲戚入学一事，进行了直接而有礼貌的拒绝。

其　一

【原文】

涧泉表兄大鉴：

一月十六日来信收到，甚以为慰。唐家圫现尚在有多少人，有饭吃否，十哥、十七哥还健在否，便时请你告我。文凯先生宜在湖南就近解决工作问题，不宜远游，弟亦未便直接为他做介绍，尚乞谅之。远昌兄连来数信，已复一信寄白蚌口，不知他接到否？南松兄第二次来信已收到，感谢他的好意。此复，顺祝

健康！

毛泽东

一九五〇年五月七日

其　二

【原文】

涧泉兄：

惠书收到

承告乡情甚谢。

来京及去上海等地游览事，今年有所不便，请不要来。赵某求学事，我不便介绍，应另想办法。

此复，顺祝

康吉，并祝各戚友安好！

毛泽东

一九五三年九月八日

——《毛泽东家世》

3. 致文南松

【题解】

文南松是文运昌的胞弟，也是毛泽东的表兄。新中国成立后文运昌尚没有找到固定工作，内心希望把自己的才学为国家做些贡献，弟弟文南松了解哥哥的这一心愿，便代他向毛泽东写了一封信，要求毛泽东替文运昌推荐一份工作，毛泽东在这封回信中明确表示不适合由他出面推荐工作，充分显示了毛泽东不徇私情的思想作风。

【原文】

南松表兄：

正月来信收到了，感谢你的好意。运昌兄给我多次信，我回了一信，寄南县白蚌口，不知他收到没有？运昌兄的工作，不宜由我推荐，宜由他自己在人民中有所表现，取得信任，便有机会参加工作。十哥、十七哥还在否？十一哥健在甚慰，他有信来，我已回了一信，不知他收到否？你说乡里缺粮，政府不发，不知现在怎么样？还是缺粮吗？政府一点办法也没想吗？来信时请详为告我。

此复，即问

近安

国学经典文库

中华传世家训

第六编　为政

图文珍藏版

毛泽东
一九五〇年五月十二日

4. 致杨开智

【题解】

新中国成立后，杨开智凭着自己的身份要求毛泽东在湖南省委安排一个他认为合适的职位，毛泽东在回信中断然拒绝了内兄的这个要求，并简单地陈述了理由，显示了毛泽东按原则办事的政治作风。

【原文】

杨开智先生：

希望你在湘听候中共湖南省委分配合乎你能力的工作，不要有任何奢望，不要来京。湖南省委派你什么工作就做什么工作，一切按正常规矩办理，不要使政府为难。

毛泽东
十月九日

——《毛泽东家书》

5. 致毛远悌

【题解】

毛远悌是毛泽东的堂侄。毛泽东在这封回信中拒绝了由他推荐上学的事情，鼓励堂侄安心于本职工作。

【原文】

远悌贤侄：

再次来信收到了，很高兴，你做印厂工作很好，应将此项工作做好，不要来北京。学习事将来有机会再说。远翔是否尚在革大学习，有信请转交。远翔略历我忘记了，务请告我。

此祝
进步！
毛泽东
一九五〇年五月十二日

6. 致毛远翔

【题解】

毛远翔也是毛泽东的堂侄，曾写信要求毛泽东替他在北京找一份工作，毛泽东在这封复信中没有答应他的要求，鼓励堂侄自我奋斗。

【原文】

远翔贤侄：

两次来信收到，甚为高兴。你应在湖南设法求得工作，不要来京，这里人浮于事，不好安置。你的文字已通顺，用力学习，当会有更大的进益，此复。

即问近佳！

毛泽东

一九五〇年五月十二日

你父母相片收到，请你代我问候他们。

7. 致姻兄赵浦珠

【题解】

赵浦珠的堂妹赵先桂与毛泽东的小弟弟毛泽覃指腹为婚，他本人又一度与毛泽东成为战友，关系非同一般。1950 年，赵浦珠对于政府给他划成地主成分有意见，便写信给毛泽东请求出面解决。毛泽东在这封信中表示自己不便出面干涉此事，认为应公事公办，还是由当地政府妥善解决，此信充分表现了毛泽东不搞"裙带风"的过硬的思想作风。

【原文】

浦珠先生姻兄左右：

惠书及大作收到敬悉，甚为感谢。乡间减租土改等事，弟因不悉具体情形，未便直接干与（预），请与当地人民政府诸同志妥为接洽，期得持平解决。风便尚祈时示周行。唐家圫诸亲友并致问候之意。此复，顺颂

健吉

毛泽东

一九五〇年五月七日

——《毛泽东家世》

8. 致文九明

【题解】

在 1953 年毛泽东写给他表侄文九明的一封信，当时，毛泽东为了及时听取农民对于中央所制定的农村工作路线、方针等问题的意见，同意文九明携同他的同族兄弟毛泽荣上北京与他会面。他在信中叮嘱文九明与毛泽荣自备路费（声明路费事后由他补发），并且特别叮嘱他们不要给他捎带任何礼物，这一切，充分显示了他廉洁奉公、不徇私情的高尚品质，堪称后世为政者的行动楷模。

【原文】

九明同志：

十月二日的信收到。你有关于乡间的意见告我，可以来京一行。自备路费，由我补发。毛泽荣，小名宋五，是我的兄弟，住在限门前，他多次

来信想来京一行，请你找他一路同来。他没有出过门，请你帮忙他。他的路费亦由自备，由我补发。你们来时如可以不找省委统战部则不找，如无路费，可以持此信找统战部同志帮忙。路上冷，每人要带一条薄棉被。不要带任何礼物，至嘱。其他的人不要来。

毛泽东

十月二十五日

能于十一月上旬到京为好。

——《毛泽东书信集》

9. 致毛岸英、毛岸青

【题解】

该信写于 1938 年初，当时毛泽东刚刚获知儿子毛岸英、毛岸青苏联的有关消息，心情十分喜悦。不久有人要去苏联，毛泽东便写上这封信托人带去。在这封信中毛泽东倾诉了对儿子们的思念之情，并嘱咐儿子们常来信，表现了父子之间的骨肉情深。

【原文】

亲爱的岸英、岸青：

时常想念你们，知道你们的情形尚好，有进步，并接到了你们的照片，十分的欢喜。现因有便，托致此信，也希望你们写信给我，我是盼望你们来信啊！我的情形还好。以后有机会再写信给你们。祝你们

健康，愉快，进步！

毛泽东

三月四日

10. 致刘松林

【题解】

刘松林在丈夫毛岸英牺牲后的好长一段时间里，情绪都处于极端抑郁状态，身体状况也越来越糟，为了改换环境，刘松林于 1955 年 9 月至 1957 年 9 月去苏联留学。毛泽东这封信写于松林留学苏联期间，在信中他关切地询问儿媳的身体和学习情况，同时还叮嘱她平时要关心国内消息，体现了毛泽东对后辈健康成长的深切期望。

【原文】

亲爱的思齐儿：

给我的信都收到了，很高兴。希望你注意身体，不使生病，好好学习。我们都好，勿以为念。国内社会主义高涨，你那里有国内报纸否？应当找到报纸，看些国内消息，不要和国内情况太隔绝了。

祝好！

得胜

一九五六年二月十四日

11. 致毛岸青

【题解】

这是毛泽东于1960年暑假写给儿子毛岸青的信，信中嘱咐毛岸青好好养病，并关切询问儿子的婚事，还告诫儿子如何待人接物，充分显示出了毛泽东的慈父情怀。

【原文】

岸青我儿：

前复一封信，谅收到了。甚念。听说你的病体好了很多，极为高兴。仍要听大夫同志和帮助你的其他同志们的意见，好生静养，必求全愈。千万不要性急。你们嫂嫂思齐和她的妹妹少华来看你，她们十分关心你的病情，你应好好接待她们。听说你同少华通了许多信，是不是？你们是否有做朋友的意思？少华是个好孩子，你可以好好同她谈一谈。有信，交思齐、少华带回。以后时时如此，不要别人转。此外娇娇也可以转。对于帮助你的大连市委同志，医疗组织各位同志们，一定要表示谢意，他们对你是很关心的，很尽力的。此信给他们看一看，我向他们表示真诚的谢意。

祝愉快！

父　亲

（三）陈毅

致家人

【题解】

1963年，陈毅担任国务院副总理兼外交部长。这一年他的母亲去世，陈毅给家人写了这封信，希望家人从简治丧，并表示希望家人不再领受政府补贴，不为国家增加负担。这种公而无私的精神是令人钦佩的。

【原文】

孟熙大哥，季让、三姐、漱秋均鉴：

前访印尼缅甸归，得讯知母亲去世。

寄六十元给父亲作开销，全国仍再（在）克服困难中，希本此精神不再要省方补贴，至要至要。否则蒙格外照顾，于心不安，且难逃五反，希大哥、三弟、三姐、漱秋不要怪我。我一生都想努力克己、守纪律，不愿累公家，此是实言语也！能否做到多少，当待努力，不能以此自满也！

匆匆写此信，释念，并祝健康！

父亲面前并代问安好致慰！

仲弘手上
五月九日

——《万金家书》

（四）张鼎丞

和女儿女婿的谈话

【题解】

1974 年，张鼎丞的女儿女婿以照顾年老多病的婆婆（母亲）为理由，要求调回北京工作。张鼎丞没有答应这个要求，反而耐心劝导女儿女婿要遵守组织纪律，以身作则，不走后门，这种思想境界是极难能可贵的。

【原文】

好儿女要志在四方。为了照顾妈妈，怎么连工作都不顾呢？你们的妈妈，党和组织上会照顾的。再说，现在有很多在外地工作的孩子，也有家中有困难的，如果都要求调回北京，能办得到吗？当年，你祖母和我在闽西革命根据地打游击，后来你祖母被国民党抓进了监狱，直到国共第二次合作时才被放出来。那时，你祖母已身染重病。但革命形势发展很快，我所在的部队立即开拔。当时组织照顾我，让我去看望你祖母，可是，我带了几千人队伍，条件不允许我回去；再说，有的战士的亲属也有这样那样的困难，我作为领导干部，决不能带这个头。后来，你祖母去世了，我心里非常难过。但是我相信你的祖母是不会怪罪我的。她老人家知道，我是出名的孝子，她病重时我没有回去看她，是为了革命，为了千千万万穷苦老百姓的解放。我们共产党员的心也是肉长的，并不是不要家庭和父母儿女的感情。我们牺牲一家的儿女情长，正是为了广大人民的家庭幸福。

——《万金家书》

第七编　慈孝

导　读

　　"慈"是指长者对晚辈的抚爱；"孝"是指晚辈对长辈的赡养和尊敬。"慈"与"孝"构成了中国传统文化最重要的文化背景，同时也反映了中国传统文化中的重要道德标准和家庭教育的基础。只要家庭存在，"慈孝"这一基本的人伦道德便有其不可替代的价值。

　　古人认为，父母对子女的慈爱纯粹出于一种无私的天性，"慈父之爱子，非为报也，不可内解于心……三月婴儿，未知利害也，而慈母之爱谕焉者，情也"（《淮南子·缪称训》）。孟子曰："丈夫〔男孩〕生而愿为之有室，女子生而愿之有家。父母之心，人皆有之。"（《孟子·滕文公下》）但是，古人同时强调，父母对子女应爱之有道，如果一味地溺爱，便不是真正的爱子女，而是害子女了。司马光说："夫爱之，当教之以成人，爱之而使陷于危辱乱亡，乌在其能爱子也？""爱而不教，适所以害之也。"（《温公家范》）因此，溺爱并不是真正的慈，"慈者非违理之谓也，必也尽教训之道乎"，正确的爱子之道，应该是"导之以德义，养之以廉逊，率之以勤俭，本之以慈爱，临之以严恪，以立其身，以成其德"（《内训》）。同时"要须长其忠厚之情，驱其残恶之性，不得以为犹子而姑纵惜也"（《板桥家书》）。这些金玉良言，足应为今之为父母者深省之。

　　"孝道"与"慈爱"不可分割。父母抚育子女，子女理所当然应对父母尽到赡养的义务。然而有人却简单地把"孝"理解为一日三餐的供养，孔子说："至于犬马，皆能有养；不敬，何以别乎？"（《论语·为政篇》）可见，对父母，敬比养更为重要。《孝经》说："君子之事亲也，居则致其敬，养则致其乐，病则致其忧，丧则致其严。"这是对"孝"较好的解释。

　　作为一个以孝著称的国家，我国古代对孝的意义的认识，远远超出了"事亲"本身，而将它提到了立邦治国的高度。孟子认为："不得乎亲，不可以为人。"（《孟子·离娄（下）》）这种见解颇有道理，在大家族盛行的中国古代，一个家庭实际上就是一个小社会，连家人都不喜欢的人，又怎么能指望得到大社会的欢迎和尊重？连骨肉之亲都不孝顺的人，又焉能忠于国家和社会？所以叶梦得说："……一个'孝'字，无所不到。故曰：求忠臣必于孝子之门。"这种孝行观，可谓慧眼独具，意境深远。

　　在今天，慈孝观念仍有其重要的现实意义。家庭的稳定是社会稳定的基础，而"父慈子孝，兄友弟悌"的传统道德观念，正是维护现代家庭关系的一剂良药；"老吾老，以及人之老；幼吾幼，以及人之幼"，大力弘扬慈孝道德观念，有利于形成一种尊老爱幼的良好社会风尚。因此，弘扬慈孝道德，实际上是社会主义精神文明建设的基本要求。

一、先秦篇

（一）姬旦

周公劝礼

【题解】

　　周公知礼明理，但他的儿子伯禽与弟弟姬封（又叫康叔封）却存在很大欠缺，因此伯禽和姬封三次拜见周公三次都遭到周公鞭打。这迫使伯禽、姬封两人反思自己的行为，后来在贤者的教导下终于认识到自己对于长辈在礼仪上缺少恭敬，于是立即改正错误。本篇故事趣味盎然，篇中周公虽然没有直接告诫晚辈尊敬长辈的言论，然而周公的举动比用话语教育更为有力，堪称一篇形式独特的出色家训。

【原文】

　　伯禽与康叔封朝于成王，见周公，三见而三笞①。康叔有骇②色，谓伯禽曰："有商子者，贤人也，与子见之。"康叔封与伯禽见商子，曰："某某也，日吾二子朝乎成王，见周公，三见而三笞，其说③何

▲周公像

也？"商子曰："二子盍④相与观乎南山之阳⑤？有木焉名曰桥。"二子者往观乎南山之阳，见桥竦⑥焉实而仰⑦，反以告乎商子，商子曰："桥者父道也。"商子曰："二子者盍相与观乎南山之阴⑧？有木焉名曰梓。"二子者往观乎南山之阴，见梓勃焉实而俯⑨，反以告商子，商子曰："梓者子道也。"二子者明日见乎周公，入门而趋⑩，登堂而跪。周公拂其首，劳而食⑪之，曰："安见君子？"二子对曰："见商子。"周公曰："君子哉商子也。"

——《说苑·建本》

【注释】

　　①笞：鞭打。

　　②骇：害怕。

　　③说：原因。

　　④盍：为什么。

⑤阳：南面。

⑥竦：耸立。

⑦仰：高大。

⑧阴：北面。

⑨俯：低矮。

⑩趋：小步快走。

⑪食：让……吃东西。

【译文】

伯禽与康叔封去朝拜成王，叩见周公，三次见到周公，就被周公竹鞭抽打了三次。康叔封面带惧色，对伯禽说："有个叫商子的人，是个贤人，我与你去拜见他吧。"康叔封便与伯禽前去拜见商子，说："我们是姬封和伯禽，有一天我二人去朝拜成王，叩见周公，三次见到周公，便被鞭打了三次，这是什么缘故呢？"商子说："你二人为什么不一起去终南山的南边看看？那里有种树木名叫桥。"他二人便前往终南山的南边去察看，看见桥树巍然耸立而结实高大，回去后便将所看到的告诉了商子，商子说："桥树表现的就是做父亲的道理啊。"商子又说："你二人为什么不一起去看看终南山的北边？那里有种树木名叫梓。"他二人便前往终南山的北边去观看，看见梓树生机勃勃而结实低矮，回去后两人便将所看到的告诉商子，商子说："梓树表现的就是做人子的道理啊。"他二人第二天便又去拜见周公，进门后就小步疾走，上堂后就跪拜。周公抚摸着他们的头，慰劳并表扬了他们，让他们吃东西，然后问道："你们见到了哪一位品德高尚的人？"他二人回答说："见到了商子。"周公赞叹说："商子真是品德高尚的人啊！"

（二）姬寤生

凿隧见母

【题解】

郑庄公姬寤生自小不为母亲姜氏所喜欢，到他的弟弟共叔段袭击郑国国都时这位母亲又袒护小儿子的叛乱行为。这样庄公不能容忍母亲的偏心和私意，发誓不再与她相见。但母子之情岂能就此割舍，于是在颍考叔的点拨之下，凿隧见母。这是个有名的孝母故事，影响极大。

【原文】

遂置姜氏于城颍①，而誓之曰："不及黄泉②，无相见也。"既而悔之。颍考叔为颍谷封人③，闻之，有献于公，公赐之食，食舍肉。公问之，对曰："小人有母，皆尝小人之食矣，未尝君之羹④，请以遗之。"公曰："尔有母遗，医我独无！"颍考叔曰：
"敢问何谓也？"公语之故，且告之
悔。对曰："君何患焉？若阙⑤地
及泉，隧而相见，其谁曰不然？"
公从之。公入而赋："大隧之中，
其乐也融融！"姜出而赋："大隧之
外，其乐也洩洩！"遂为母子如初。

君子曰："颍考叔，纯孝也，
爱其母，施及庄公。《诗》曰：
'孝子不匮，永锡尔类。'其是之谓乎。"

▲郑庄公黄泉认母

——《左传·隐公元年》

【注释】

①城颍：今河南临颍县西北。

②黄泉：后世的冥间。

③封人：小边吏。

④羹：汤。

⑤阙：通"掘"。

【译文】

于是郑庄公把武姜送到城颍，而且对她发誓道："如果不到黄泉，决
不和母亲相见。"可是不久郑庄公就后悔自己所说的话。颍考叔是镇守颍
谷的一名边吏，他知道郑庄公的事后，就借进贡的机会来拜见庄公。庄公
赐宴款待他，但他却把肉留起来不吃，庄公问他什么原因？他回答道：
"小臣家有老母，母亲只吃过小臣奉养的食物，却从未吃过君主所赏赐的
佳肴，因此请贤公准许小臣把肉带回去给她老人家吃。"郑庄公说："贤卿
有母亲让你奉养，可惜寡人却没有母亲！"颍考叔说："请问贤公，您这话
指的是什么呢？"于是郑庄公就把事情的经过告诉了颍考叔，并且表示自
己很后悔。这时颍考叔回答道："贤公何必为这件事而忧虑呢？如果你把
地挖个大穴一直挖到见泉水，然后在地道中和母亲相见，又有谁敢说这不
是'黄泉相见'呢？"庄公照着他的话去做了。当庄公走进地道后赋诗说：
"寡人虽然身在大地道之中，却觉得非常快乐。"武姜走出地道后也赋诗
说："我虽然在大地道的外面，但觉其乐无穷。"于是母子二人恢复昔日的
感情。

有贤人说："颍考叔真是个大孝子，他不但能孝顺自己的母亲，而且
能把这种孝心推广到郑庄公身上。《诗经》上说：'孝子的心是广大无边
的，甚至于把这种孝心推广到全民族。'这就是说颍考叔吧！"

（三）季 札

责侄行不义

【题解】

季札号为延陵季子，是春秋时代吴国国君寿梦的四公子，因为恪守孝悌之道而不肯取代兄长做国王。后来他的庶兄僚篡夺了王位，他也毫不计较，当他的侄子公子光派人杀死吴王僚后，季札认为公子光的行为不仁不义，当面斥责了公子光一番。季札对待吴王僚的态度尽管带有愚忠的成分，但他教训侄子兄弟勿自相残杀，应珍视骨肉之情，这种观念还是值得我们充分肯定的。

【原文】

吴王寿梦有四子：长曰谒；次曰余祭；次曰夷眛；次曰季札，号曰延陵季子，最贤，三兄皆知之。于是王寿梦薨①，谒以位让季子，季子终不肯当。谒乃为约曰："季子贤，使国及季子，则吴可以兴。乃兄弟相继。"饮食必祝②曰："使吾早死，令国及季子。"谒死，余祭立；余祭死，夷眛立；夷眛死，次及季子。季子时使行，不在。庶兄僚曰："我亦兄也。"乃自立为吴王。季子使还，复事如故。谒子光曰："以吾父之意，则国当归季子；以继嗣之法，则我适也，当代之君。僚何为也！"于是乃使专诸刺僚，杀之，以位让季子。季子曰："尔杀吾君，吾受尔国，则吾与尔为其篡也。尔杀吾兄，吾又杀汝，则是昆③弟父子相杀无已时也。"卒去之延陵，终身不入吴。君子以其不杀为仁，以其不取国为义。夫不以国私身，捐④千乘而不恨⑤，弃尊位而无忿⑥，可以庶几矣。

——《说苑·至公》

【注释】

①薨：hōng 死。

②祝：祈祷。

③昆：兄。

④捐：抛弃。

⑤恨：遗憾。

⑥忿：愤恨。

【译文】

吴王寿梦有四个儿子：长子叫谒；次子叫余祭；三子叫夷眛；少子叫季札，号为延陵季子，在兄弟四人中数他最贤，三个兄长都知道这一点。在吴王寿梦死后，长子谒要将王位让给季子，季子终不肯承受。谒便作誓约说："季子贤能，让国君之位传到季子，那么吴国就能够兴盛。我们就

按兄弟次序继承王位。"他每当吃饭时便祈祷说:"但愿我能早死,让国君之位传到季子。"谒死后,余祭继位;余祭死后,夷昧继位;夷昧死后,就轮到季子。季子当时正出使在外,不在国内。他的庶兄僚说:"我也是兄长。"于是自立为吴王。季子出使回国。侍奉吴王僚跟侍奉从前的吴王一样。谒的儿子公子光说:"按照我父亲的意愿,国家应当属于季子;按照继承王位的礼法,我是嫡子,应是这一代国君。僚为什么这样呢?"于是指使专诸刺杀吴王僚,杀死吴王僚之后,将王位让与季子。季子对公子光说:"你杀死我的国君,我再接受你的国家,那么我就是与你共谋篡夺的人。你杀死我的兄长,我又杀死你,那么兄弟父子就会互相残杀没有罢休的时候。"他最后离开吴国去到延陵,终身不再进入吴国。君子认为他不行杀戮是仁慈,不获取国家权力是正义。季札不把国家作为自身的私产,抛弃千乘君主之位毫不遗憾,放弃君王的高位毫不愤恨,可说是已接近大公无私的境界了!

(四)伍　尚

为父赴难

【题解】

伍子胥(伍员)父子为楚王及楚王手下奸臣所迫害的故事可谓家喻户晓,广为人传。本篇故事中,伍子胥的哥哥伍尚明知救父无望,却出于人伦大义,态度从容地为父赴难,这种行为在今天看来虽然可持保留意见,但这种行为所包含的道德价值我们还是应该给予肯定的。

【原文】

楚平王有太子名曰建,使伍奢为太傅,费无忌为少傅。无忌不忠于太子建。平王使无忌为太子娶妇于秦,秦女好,无忌驰归报平王曰:"秦女绝美,王可自取,而更为太子取。"平王遂自取秦女而绝爱幸之,生子轸。更为太子取妇。

无忌既以秦女自媚于平王,因去太子而事平王。恐一旦平王卒而太子立,杀己,乃因谗太子建。建母,蔡女也,无宠于平王。平王稍益疏建,使建守城父,备[1]边兵。

顷之,无忌又日夜言太子短于王曰:"太子以秦女之故,不能无怨望[2],愿王少自备也。自太子居城父,将兵,外交诸侯,且欲入为乱矣。"平王乃召其太傅伍奢考问之。伍奢知无忌谗太子于平王,因曰:"王独奈何以谗贼小臣疏骨肉之亲乎?"无忌曰:"王今不制,其事成矣。王且见禽[3]。"于是平王怒,囚伍奢,而使城父司马奋扬往杀太子。行未至,奋扬使人先告太子:"太子急去,不然将诛。"太子建亡奔宋。

无忌言于平王曰:"伍奢有二子,皆贤,不诛且为楚忧。可以其父质而召之,不然且为楚患。"王使使谓伍奢曰:"能致汝二子则生,不能则死。"伍奢曰:"尚为人仁,呼必来。员为人刚戾④忍诟,能成大事,彼见来之并禽,其势必不来。"王不听,使人召二子曰:"来,吾生汝父;不来,今杀奢也。"伍尚欲往,员曰:"楚之召我兄弟,非欲以生我父也,恐有脱者后生患,故以父为质,诈召二子。二子到,则父子俱死。何益父之死?往而令仇不得报耳。不如奔他国,借力以雪父之耻。俱灭,无为也。"伍尚曰:"我知往终不能全父命。然恨父召我以求生而不往,后不能雪耻,终为天下笑耳。"谓员:"可去矣!汝能报杀父之仇,我将归死。"

——《史记·伍子胥列传》

【注释】

①备:守备。

②怨望:怨恨。

③禽:通"擒"。

④戾:桀骜不驯。

【译文】

楚平王的太子名叫建,平王派伍奢做太子太傅,费无忌做太子少傅。费无忌对太子建没有忠心。平王派费无忌到秦国去给太子娶亲。这个秦国姑娘长得漂亮,费无忌迅速跑回来报告平王说:"这个秦国姑娘美极了,大王可以自己娶了她,另外再给太子娶个媳妇。"平王就自己娶了这个秦国姑娘,而且十分宠爱她,后来生了个儿子名叫轸。楚平王另外给太子娶了媳妇。

费无忌既然用这个秦国姑娘讨好了平王,就离开太子去侍奉平王。他担心有朝一日平王死了,太子继位,会杀自己,于是在平王面前说太子建的坏话。太子建的母亲是蔡国女子,得不到平王宠爱。因此,平王越来越疏远太子建,派建去驻守城父,负责边防。

不久,费无忌又日夜在平王面前讲太子建的坏话。他说:"太子因为那个秦国姑娘的缘故,不可能没有埋怨情绪,希望大王自己稍微有所防备。自从太子驻守城父以来,统领部队,对外和各国诸侯交往,将要进入京城来作乱了!"平王就把太子太傅伍奢召来审问。伍奢知道费无忌在平王面前说了太子的坏话,趁势说:"大王为什么竟凭借拨弄是非的小臣的坏话,疏远了父子骨肉亲情呢?"费无忌说:"如果大王现在不制止,他的阴谋就要得逞了,大王将会被逮捕!"于是平王发怒,把伍奢关进监牢,同时派城父司马奋扬去杀太子。奋扬还没达到城父,派人先告知太子:"太子赶快离开!要不然,将会被杀死!"太子建逃到宋国去了。

费无忌对平王说:"伍奢有两个儿子,都有本领,不杀掉将成为楚国的祸害。可以用他们的父亲作人质，把他们召来。不这样，将成为楚国的后患！"平王派人对伍奢说："能够招来你的两个儿子，就能活命；要是不能，就是死路一条。"伍奢说："伍尚为人仁慈，我叫他，一定来。伍员为人桀骜不驯，忍辱负重，能干大事，他知道来了一并被捉，势必不来。"平王不听，派人去召伍奢的两个儿子，说："你们来了，我饶你们的父亲不死；不来，现在就杀死伍奢。"伍尚打算前往，伍员说："楚王叫我们兄弟去，并不是想保全我们父亲的生命，而是担心有逃脱的，要生后患，所以拿父亲作为人质，用欺骗的办法来叫我们。两个儿子一到，就会父子一同处死。对于父亲的死，有什么好处？去了，就使仇报不成了！不如逃奔他国，借兵力来洗雪父亲的耻辱；一道被消灭，没有意义。"伍尚说："我知道去了终究不能保全父亲的性命，但是，这是一件恨事啊：父亲因为保全性命叫我去，我不去，以后又不能报仇雪恨，终究被天下人所耻笑。"他对伍员说："你走吧！你能够报杀父之仇，我将去投身就死。"

（五）申鸣父

督子尽孝

【题解】

申鸣是春秋时代楚国人士，曾担任过左司马的官职，他的事迹被收入《韩诗外传》一书，据传，申鸣极其孝敬父亲，本无心从政，他的父亲却赞同他去朝廷做官，当申鸣陷入忠、孝不能两全的处境时，他的父亲却训诫儿子奉行孝道，申鸣最终违背了父命。下面引述的这则故事非常生动地反映了申鸣在忠君与尽孝之间的巨大矛盾冲突，包括申鸣最后的悲剧结局，极具典型意义，为后世的父母对从政的子女制订合适的家训提供了很好的借鉴。

【原文】

楚有士申鸣者，在家而养其父，孝闻①于楚国。王欲授之相，申鸣辞不受。其父曰："王欲相汝，汝何不受乎？"申鸣对曰："舍父之孝子而为王之忠臣，何也？"其父曰："使有禄②于国，立义于庭③，汝乐吾无忧矣。吾欲汝之相也。"申鸣曰："诺。"遂入朝，楚王因授之相。居三年，白公为乱，杀司马子期，申鸣将往死之，父止之，曰："弃④父而死，其可乎？"申鸣曰："闻夫仕者身归于君，而禄归于亲。今既去父事君，得无死其难乎？"遂辞而往，因此兵围之。白公谓石乞曰："申鸣者，天下之勇士也，今以兵围我，吾为之奈何？"石乞曰："申鸣者，天下之孝子也，往劫其父以兵，申鸣闻之必来，因与之语。"白公曰："善。"则往取其父，持之以兵，告申鸣曰："子与吾，吾与子分楚国。子不与吾，子父则死矣。"申鸣

流涕而应之曰:"始吾父之孝子也,今吾君之忠臣也。吾闻之也,食其食者死其事,受其禄者毕⑤其能。今吾已不得为父之孝子矣,乃君之忠臣也,吾何得以全身?"援⑥枹⑦鼓之,遂杀白公,其父亦死。王赏之金百斤。申鸣曰:"食君之食,避君之难,非忠臣也。定君之国,杀臣之父,非孝子也。名不可两位,行不可两全也。如是而生,何面目立于天下?"遂自杀也。

——《说苑·立节》

【注释】

①闻:闻名。

②禄:俸禄。

③庭:朝廷。

④弃:抛弃。

⑤毕:竭尽。

⑥援:拿起。

⑦枹:鼓槌。

【译文】

　　楚国有个名叫申鸣的人,在家奉养他的父亲,孝行闻名于整个楚国。楚王想要授给他国相的职位,申鸣推辞不接受。他的父亲说:"楚王想要任你为相,你为何不接受呢?"申鸣回答说:"不做父亲的孝子,却去做君王的忠臣,那是为什么呢?"他父亲说:"如果在国家享有俸禄,在朝廷有地位,你也高兴我也就没有担忧的了。我希望你能去做国相。"申鸣说:"好吧。"于是就入朝,楚王便授他国相的职位。过了三年,白公胜作乱,杀了司马子期。申鸣准备为国赴难,他的父亲制止他,责备他说:"抛弃父亲去死,这样做难道可以吗?"申鸣说:"我听说做官的人性命属于君王,俸禄属于亲人。现在我已离开父亲去侍奉君王,难道能不为国难而死吗?"于是辞别父亲前往,领兵围攻白公胜。白公胜对石乞说:"申鸣这个人,是天下的勇士,现在用兵包围我,我该怎么对付他?"石乞说:"申鸣这个人,是天下的孝子,派兵前去劫持他的父亲,申鸣听到消息必定前来,便可与他当面交涉。"白公胜说:"好主意。"就前往劫取申鸣的父亲,用兵器架在他父亲的头上,派人告诉申鸣说:"你顺从我,我同你瓜分楚国。你不顺从我,你的父亲就会被杀死。"申鸣流着眼泪回答说:"当初我是父亲的孝子,今天我是君王的忠臣。我听说:吃别人的饭就要为别人的事而死,接受别人的俸禄就要为别人竭尽自己全部力量。现在我已不能做父亲的孝子了,只能做君王的忠臣,我岂能保全自身!"于是拿起鼓槌击鼓进兵,终于杀死了白公胜,他的父亲也因此死去。楚王赏给他黄金百斤。申鸣说:"吃君王的饭,逃避君王的灾难,不是忠臣。使君王的国家安定，自己的父亲却被杀死，不是孝子。忠、孝之名不能两立，忠、孝之行不能两全，像这样活着，我还有什么脸面在天下立身呢？"于是自杀而死。

（六）孔丘

论　孝

【题解】

孔子作为先秦儒家集大成者，对于礼乐仁义有深刻的论述。孝道是仁义思想的重要组成部分，孔子对此是热心宣传与讲解的，下面辑录的几个言论片段绝大多数是孔子在别人提问时所做的答复。孔子对于孝道的见解颇多深刻、合理之处，至今仍值得我们借鉴与遵行。

其　一

【原文】

子曰："父在观其志，父没观其行。三年无改於父之道，可谓孝矣。"

——《论语·学而篇》

【译文】

孔子说："当他父亲在世时，要看他本人的志向；他父亲去世后，就要考察他本人的具体行为了。三年之内，坚持他父亲生前那些原则，就可以认为他是孝子了。"

其　二

【原文】

孟懿子问孝，子曰："无违。"樊迟御，子告之曰："孟孙问孝於我，我对曰：'无违'。"樊迟曰："何谓也？"子曰："生，事之以礼；死，葬之以礼，祭之以礼。"

孟武伯问孝，子曰："父母，唯其疾之忧。"

子游问孝，子曰："今之孝者，是谓能养。至於犬马，皆能有养；不敬，何以别乎？"

——《论语·为政篇》

【译文】

孟懿子向孔子请教孝道，孔子说："不要违背礼节。"樊迟为孔子赶车，孔子对他说："孟孙向我请教孝道，我对他说：'不要违背礼节。'"樊迟说："这句话什么意思呢？"孔子说："父母在世时，按照礼节侍奉他们；去世后，按照礼节殡葬他们，并按照礼节祭祀他们。"

孟武伯请教孝道，孔子说："对于父母，只有他们的疾病最令孝子忧愁。"

子游请教孝道，孔子说："现在所说的孝，指的是能养活父母。即使狗和马，也要有人饲养；对父母如果不恭敬顺从，那和饲养狗马有什么不同呢？"

其 三

【原文】

子曰："事父母几谏，见志不从，又敬不违，劳而不怨。"

子曰："父母在，不远游，游必有方。"

子曰："父母之年不可不知也，一则以喜，一则以惧。"

——《论语·里仁篇》

【译文】

孔子说："侍奉父母应该委婉地表达自己的不同意见，即使自己的心意没有被采纳，还是应该尊敬他们，不要触犯他们，虽然忧愁，但却不怨恨。"

孔子说："父母在世时，不要出远门，即使出远门，也一定要告知他们确实的去处。"

孔子说："父母的年纪不能不时时记在心中，一方面因其长寿而高兴，一方面又因其年迈而担心害怕。"

（七）曾参母

慈母疑子

【题解】

曾参是个大贤人，这一点其母深信不疑。然而三口铄金，最终还是改变了慈母对贤子的看法。知子莫若父母，信任是最为重要的，父母当以此为鉴。

【原文】

昔者，曾子处费，费人有与曾子同名族①者而杀人。人告曾子母曰："曾参杀人。"曾子之母曰："吾子不杀人！"织自若。有顷焉，人又曰："曾参杀人！"其母尚织自若也。顷之，一人又告之曰："曾参杀人！"其母惧，投杼②逾墙而走。夫以曾参之贤与母之信也，而三人疑之，则慈母不能信也。

——《战国策·秦策二》

【注释】

①族：姓。

②杼：zhù 梭子。

【译文】

　　从前，曾子住在费邑，费邑有一个和曾子同姓同名的人杀了人。有人去告诉曾子的母亲，说："曾参杀了人。"曾子的母亲说："我的儿子不会杀人。"曾母仍然自在地织布。过了一会儿，又有人来告诉曾母说："曾参杀了人。"曾母仍然照样织布。过了一会儿，又有人来告诉曾母说："曾参杀了人。"曾母就害怕起来，扔下梭子，跳墙逃走了。像曾参这样有德行的人，母亲又对他十分信任，可是因为有三个人来迷惑他母亲，结果连这位慈母也不敢给他打保票了。

　　▲曾参至孝母子连心

（八）曾　点

"蛮言"遥诫子

【题解】

　　曾点是曾子的父亲，孔子门下的大弟子，是早期儒家学派的重要人物。曾点恪守儒家礼教，下面的这一则小故事生动形象地揭示出了这一点。曾点间接诫子的话语表面看上去毫不"讲理"，但从这"无理"之言背后透出的一片亲情还是很能感动人心的。

【原文】

　　曾点使曾参，过期而不至。人皆见曾点曰："无乃畏①邪？"曾点曰："彼虽畏，我存，夫安敢畏？"

　　　　　　　　　　——《吕氏春秋·孟夏纪》

【注释】

　　①畏：遭难。

【译文】

　　曾点派他的儿子曾参外出，过了约定的日期却没有回来。人们都来看望曾点，说："恐怕是遇难了吧？"曾点回答道："即使他遇难要死，我还活着，他小子怎么敢自己遭难（先我）而死呢？"

（九）曾 参

论 孝

【题解】

　　曾参与他的父亲同为孔子的学生，父子两人在孝道方面的见解都如出一辙。他们强调子女对父母应该尽孝顺的道理，有时说得未免过分，但可以使人确知真正的孝与愚孝的区别。曾参下面所说的两段话就是具体例证。

其 一

【原文】

　　父母生之①，子弗敢杀②；父母置之，子弗敢废；父母全之，子弗敢阙③。故舟而不游，道④而不径⑤，能全支体，以守宗庙，可谓孝矣。

【注释】

　　①之：指子女的身体。

　　②杀：毁坏。

　　③阙：损坏。

　　④道：大路。

　　⑤径：小路。

【译文】

　　父母生下了自身，做子女的就不敢毁坏；父母养育了自身，做子女的就不敢废弃；父母保全了自身，做子女的就不敢损伤。所以渡水时乘船而不游泳渡河，走路时走大路而不走小路。能保全四肢身体，以便守住祖庙，这就可以叫作孝顺了。

其 二

【原文】

　　养可能也，敬为难；敬可能也，安为难；安可能也，卒①为难。父母既没，敬行其身，无遗②父母恶名，可谓能终矣。

　　　　　　　　　　　　　　　　——《吕氏春秋·孝行览》

【注释】

　　①卒：终，始终如一。

　　②遗：留给。

【译文】

　　奉养父母，这是可以做到的，要做到对父母恭敬这就比较困难了；做到了恭敬父母，要做到让父母安宁（无忧），这又比较困难了；做到让父母安宁（无忧）也还是可以的，（然而）要做到始终如一就更困难了。父母去世以后，自己的行为谨慎有礼，不要带给父母坏名声，（如果能做到这一切），这就可以说是善始善终了。

（十）田完子

代弟之过赴死难

【题解】

　　田成子是春秋末齐国大夫，因为杀掉了齐简公夺取了齐国政权而招来越国的兴兵讨伐。田成子的哥哥完子为稳定齐国局势，主动请战，代替弟弟田成子以死谢罪于天下。完子的计谋和行为虽然可持保留意见，但是他告诫弟弟应宽厚爱民以保自身的一片真挚亲情还是令人感佩的。

【原文】

　　田成子之所以得有国至今者，有兄曰完子，仁且有勇。越人兴师诛①田成子曰："奚故②杀君而取③国？"田成子患④之。完子请率士大夫以逆⑤越师，请必战，战请必败，败请必死。田成子曰："夫必与越战可也。战必败，败必死，寡人疑⑥焉。"完子曰："君之有国也，百姓怨上，贤良又有死之臣蒙耻。以完观之也，国已惧⑦矣。今越人起师，臣与之战，战而败，贤良尽死，不死者不敢入于国。君与诸孤处于国，以臣观之，国必安矣。"完子行，田成子泣而遣⑧之。

　　　　　　　　　　　　　　　　——《吕氏春秋·似顺论》

【注释】

　　①诛：讨伐。

　　②故：凭什么。

　　③取：夺取。

　　④患：忧虑。

　　⑤逆：迎击。

　　⑥疑：困惑。

　　⑦惧：令人担心。

　　⑧遣：送别。

【译文】

　　田成子所以能够享有齐国直至今天，原因是这样的。他有个哥哥叫完子，仁爱而且勇敢。越国起兵讨伐田成子，指责田成子说："你为什么杀死齐国国君而夺取他的国家？"田成子对此很忧虑。完子请求率领士大夫迎击越军。并且要求准许自己一定同越军交战，交战还要一定战败，战败还要一定战死。田成子说："一定同越国交战是可以的，交战一定要战败，战败还要一定战死，这我就不明白了。"完子说："你据有齐国，百姓怨恨你，贤良之中又有敢死之臣认为蒙受了耻辱。据我看来，国家的局势已经令人忧惧了。如今越国起兵，我去同他们交战，如果交战失败，随我去的贤良之人就会全部死掉，即使不死的人也不敢回到齐国来。你和他们的遗孤居于齐国，据我看来，国家一定会安定了。"完子出发时，田成子哭着为他送别。

（十一）乐正子春

论 孝

【题解】

乐正子春是曾子的弟子，他特别强调孝父母与全己身的一致性。自古以来对孝道有各种理解，儒家本来就反对以亏损自身而来孝顺父母，但世俗却走了极端。乐正子春针对这种情况进一步阐述了二者可以并行不悖。

【原文】

吾闻诸①曾子，曾子闻诸夫子，曰："天之所生，地之所养，无人为大。父母全而生之，子全而归之，可谓孝矣。不亏其体，不辱其身，可谓全矣。故君子顷②步而弗敢忘孝也。"……壹举足而不敢忘父母，壹出言而不敢忘父母。壹举足而不敢忘父母，是故道而不径，舟而不游，不敢以先父母之遗体行殆。壹出言而不敢忘父母，是故恶言不出于口，忿言不反于身。不辱其身，不羞其亲，可谓孝矣！

——《礼记·祭义》

【注释】

①诸："之于"的合音。

②顷：短时间。

【译文】

我从曾子那里听到，曾子从孔夫子那里听到："上天所降生的，大地所供养的，没有什么人是大得不得了的。父母全身心地生子，子女全身心地回报父母，这可以说是孝。不亏损自己的身体，不侮辱自己的身体，这可以说是全身心。所以君子走一步都不敢忘记孝顺。"……一旦提脚就不敢忘记父母，一旦说话就不敢忘记父母。一旦提脚就不敢忘记父母，所以取正道而不走小路，乘船而不浮游，不敢拿先父母的遗体来做危险的事。一旦说话就不敢忘记父母，所以丑话出不了口，怒语不会反弹到自身。不侮辱自身，不羞辱自己的父母，这可以说是孝。

（十二）聂政姊

姐弟情深

【题解】

聂政是历史上著名的刺客，他受韩国重臣严遂之托于前397年去刺杀韩国丞相韩傀，不幸被抓而处死。为了让他威名远播，他的姐姐冒着生命危险认其尸扬其名，难怪当时各国民众称她为烈女。这个故事很感人，字里行间透出一种姐弟深情。

【原文】

韩取聂政尸暴于市，县①购之千金。久之，莫知谁子。

政姊闻之，曰："弟至贤，不可爱妾②之躯，灭吾弟之名。非弟意也。"乃之韩，视之，曰："勇哉，气矜之降！是其轶③贲、育而高成荆矣！今死而无名，父母既殁矣，兄弟无有，此为我故也。夫爱身不扬弟之名，吾不忍也！"乃抱尸而哭之，曰："此吾弟轵④深井里⑤聂政也！"亦自杀于尸下。

晋、楚、齐、卫闻之，曰："非独政之能，乃其姊者亦列女也！"聂政之所以名施于后世者，其姊不避菹醢⑥之诛以扬其名也。

——《战国策·韩策二》

【注释】

①县：悬赏。

②妾：古代女子谦称。

③轶：超过。

④轵：今河南济源市南。

⑤深井里：里邑名。

⑥菹醢：肉酱。

【译文】

韩国把聂政的尸体横陈在街市上，用千金重赏征求他的姓名。过了很久，没有人知道他究竟是谁。聂政的姐姐听说后，说道："我弟弟是个非常贤良的人，我不能吝惜自己的生命，而埋没弟弟的名声；埋没他的声名，这也不是弟弟的本意。"于是她就到了韩国，她指着聂政的尸体说："英勇啊！豪气壮烈！你的行为简直超过了孟贲和夏育，盖过了成荆。现在你死了却不让人知道你的姓名，父母已不在世，又没有兄弟，你这样做都是为了不牵连我啊。吝惜自己的生命而不去显扬你的名声，我不忍心这样做啊！"于是就抱着聂政的尸体痛哭道："这是我弟弟轵邑深井里的聂政啊！"于是也在聂政的尸体旁自杀身亡。

晋、楚、齐、卫等国的人听说了这件事，都赞叹道："不仅聂政勇武，就是他的姐姐也是个重义轻生有节操的女子啊。"聂政之所以能名垂后世，就是因为他姐姐不怕自己被剁成肉酱来显扬他的名声。

（十三）孟轲

1. 论 慈
其 一

【题解】

孟子从个人的细致观察和深切体验出发，说明了天下父母都对儿女着想的普遍真理，时至今日，仍然具有极大的思想启发意义与道德感染作用。

【原文】

丈夫①生而愿为之有室②，女子生而愿之有家；父母之心，人皆有之。

——《孟子·滕文公下》

【注释】

①丈夫：指男孩。

②室：妻室。

【译文】

男孩子一出生父母便希望（将来）为他找个好妻子，女孩子一出生父母便希望（将来）替她找个好婆家。做父母的（这种美好）心愿可以说存在于每个人的身上。

其 二

【题解】

这是孟子主张的做哥哥的对弟弟的态度，着重强调为兄者的宽厚、友爱，值得我们借鉴并身体力行。

【原文】

仁人之于弟也，不藏①怒焉，不宿②怨焉，亲爱之而已矣。

——《孟子·万章（上）》

【注释】

①藏：埋藏。

②宿：存留。

【译文】

仁德的人对于弟弟，不把愤怒压在胸中，不把怨恨埋在心里，只有亲近爱护他罢了。

2. 论 孝

【题解】

　　这是孟子与他同时代的人在讨论问题时所发表的对于"孝道"的见解，言语朴实，道理却很深刻。一方面，他强调"顺于父母可以解忧"，否则子女就不能心安，另一方面他又举出几种不孝的例子，阐明了子女不修身齐家是造成不孝的根源。这些言论足可让所有为人子女者从中受到教育，并由此端正自己错误的思想行为。

其 一

【原文】

　　世俗所谓不孝者五，惰^①其四支，不顾^②父母之养，一不孝也；博弈^③好饮酒，不顾父母之养，二不孝也；好货财，私^④妻子，不顾父母之养，三不孝也；从^⑤耳目之欲，以为父母戮^⑥，四不孝也；好勇斗狠，以危父母，五不孝也。

【注释】

　　①惰：懒惰。

　　②顾：照顾，关心。

　　③弈：下棋。

　　④私：偏袒。

　　⑤从：放纵。

　　⑥戮：羞辱。

【译文】

　　一般人认为不守孝道的表现有五种：身体懒惰，不照顾父母生活是第一种不孝；赌博下棋爱喝酒，不照顾父母的生活是第二种不孝；贪求钱财，偏袒妻子儿女，不照顾父母生活是第三种不孝；放纵耳目的欲望（不务正业）而使父母感到羞耻，是第四种不孝；逞强好斗而给父母带来危害，是第五种不孝。

其 二

【原文】

　　不得乎亲^①，不可以为人；不顺^②乎亲，不可以为子。

　　　　　　　　　　　　　　　　　　——《孟子·离娄（下）》

【注释】

　　①亲：双亲。

　　②顺：顺从。

【译文】

　　一个人如果得不到父母的喜欢与满意，那么就很难成为一个在社会上受人欢迎和尊敬的人；一个人如果不顺从父母的心愿，那么就很难成为一个好儿子。

<h3 style="text-align:center">其　三</h3>

【原文】

　　人悦之、好色、富贵，无足以解忧者，惟顺于父母可以解忧。人少，则慕①父母；知好色，则慕少艾②；有妻子，则慕妻子……大孝终身慕父母。

——《孟子·万章（上）》

【注释】

　　①慕：依恋。
　　②少艾：年轻美貌的人。

【译文】

　　能够被人喜欢，拥有美丽的姑娘、财富与地位，所有这一切都不能消除他的忧愁，只有得到父母的欢心才可以消除他的忧愁。人在年纪小的时候，就依恋父母；到懂得欣赏美貌的时候，就迷恋年轻而漂亮的人；有了妻子与孩子的时候，就常常思想自己的妻子与孩子……只有最孝顺的人才终身怀恋自己的父母。

<h3 style="text-align:center">其　四</h3>

【原文】

　　亲之过①大而不怨，是愈②疏也；亲之过小而怨，是不可叽③也。愈疏，不孝也；不可叽，亦不孝也。

——《孟子·告子（下）》

【注释】

　　①过：过失。
　　②愈：更加。
　　③叽：激怒。

【译文】

　　父母亲的过错大却毫无怨言，这就愈显得与父母疏远；父母亲的过错小却一味抱怨，这就说明做儿子的一点小小刺激也受不了。过分疏远自己的父母，固然是不孝，受不了一点小刺激，也可以说是不孝。

（十四）陈 翠

爱子何为

【题解】

燕昭王知道母亲很疼自己的儿子（燕王的弟弟），决不乐意为了齐燕联盟而送他到齐国当人质。陈翠为燕臣，在太后面前陈述爱子之道，认为公子应当先立功方能立足于燕国。所以，爱子的关键在于给予他立功行事的机会，而不是过分的溺爱。

【原文】

陈翠合齐、燕，将令燕王之弟为质于齐，燕王许诺。太后闻之，大怒，曰："陈公不能为人之国，亦则已矣！焉有离人子母者？老妇欲得志焉！"

陈翠欲见太后，王曰："太后方①，刚才怒子，子其待之。"陈翠曰："无害也。"遂入见太后，曰："何臞也？"太后曰："赖得先王雁鹜之余食，不宜臞。臞者，忧公子之且为质于齐也。"陈翠曰："人主之爱子也，不如布衣之甚也。非徒不爱子也，又不爱丈夫子独甚！"太后曰："何也？"对曰："太后嫁女诸侯，奉以千金，赍②地百里，以为人之终也。今王愿封公子，百官持职，群臣效忠。曰：'公子无功不当封。'今王之以公子为质也，且以为公子功而封之也。太后弗听。臣是以知人主之不爱丈夫子独甚也。且太后与王幸而在，故公子贵。太后千秋之后，王弃国家，而太子即位，公子贱于布衣③。故非及太后与王封公子，则公子终身不封矣！"

太后曰："老妇不知长者④之计。"乃命公子束车制衣为行具。

——《战国策·燕策二》

【注释】

①方：正。

②赍：赏赐。

③布衣：老百姓。

④长者：老人家。

【译文】

陈翠为了让齐国和燕国联合，准备让燕昭王的弟弟到齐国去做人质，燕昭王答应了。燕太后听说后很气愤，她说："陈翠如果不能替国君治理燕国，也就算了，哪有让人家母子分离的道理呢？我一定要杀了他才甘心。"陈翠想去拜见太后，燕昭王说："太后正在生您的气，您再等一等吧。"陈翠说："没关系。"于是就去拜见太后，说："您怎么瘦了？"太后说："我还能吃到先王鹅、鸭剩下的食物，不会瘦的。如果真瘦了，那正

是因为忧虑公子将要到齐国去做人质。"陈翠说："太后爱子女，不如平民百姓爱得深；不但不爱子女，而且特别不爱儿子。"太后说："为什么？"陈翠答道："太后把女儿嫁给诸侯，送给他一千斤金，一百亩地，认为这是了却了做父母的一桩心事。现在大王想要加封公子，大臣们都坚守职分，进献忠心，说：'公子没有功劳，不应当受封。'现在大王要派公子去做人质，是想以此作为公子的功劳，然后再加封他。太后不同意，我因此知道您特别不爱儿子。再说太后和大王如今还健在，所以公子才显贵；假如太后千秋之后，大王弃国而去，太子即位，公子将会比平民百姓还卑贱。所以不趁着太后和大王健在而加封公子，那么公子将终生没有受封的机会了。"太后说："我不了解您的打算啊！"于是让公子准备车马，备办行装等出行的用具。

（十五）无名氏

为人子之礼

【题解】

上古礼制繁多，为人子之礼是其中重要一项。为人子之礼谈的是子女如何对待自己的父母，具体的规定虽然很多却集中体现了一个"孝"字，孝顺的现代理解可以让千百万家庭受益，甚至某些具体规定仍可以作为我国传统道德的优秀成分加以继承。

【原文】

凡为人子之礼，冬温而夏清，昏定而晨省，在丑夷①不争。

夫为人子者，三赐不及车马，故州闾乡党称其孝也，兄弟亲戚称其慈也，僚友称其弟也，执②者称其仁也，交游称其信也。见父之执，不谓之进不敢进，不谓之退不敢退，不问不敢对，此孝子之行也。

夫为人子者，出必告，反必面；所游必有常，所习必有业；恒言不称老。年长以倍，则父事之，十年以长，则兄事之。五年以长，则肩随之。群居五人，则长者必异席。

为人子者，居不主奥，坐不中席，行不中道，立不中门；食飨不为概，祭祀不为尸③；听于无声，视于无形；不登高，不临深；不苟訾④，不苟笑。

孝子不服暗，不登危，惧辱亲也。父母存，不许友以死；不有私才。

为人子者，父母存，冠衣不纯素。

——《礼记·曲礼上第一》

【注释】

①夷：众人。

②执：同德。

③尸：古代祭祀中的尸主，多由孙辈充任。

④訾：诋毁。

【译文】

　　大凡做人子女的礼仪规定是冬天替父母温热，夏天替父母清凉，黄昏要为父母安顿铺盖，早上要给父母请安，在很多人面前不要和父母争执。

　　大凡做人子女的，重赐到车马之器而不敢受。所以州里乡党的人称颂他的孝行，兄弟亲族称他的慈爱，同僚朋友称颂他的谦让，以德而交的好友称颂他的仁义，与他交往的人称颂他的信誉。拜见父亲的挚友时，不叫他进去就不敢进去，不叫他退出便不敢退出，不问他就不敢应对，这就是孝子的德行。

　　大凡做人子女的，外出一定要告知父母，返家一定要面见父母，去的地方一定是很固定的场所，学的东西一定是正当的职业，经常挂在嘴边的话中应当不唤"老"字。年长自己一倍的人，就应当像对待父亲一样对待他；年长自己十岁的人，就应当像对待兄长一样对待他；年长自己五岁的人，就应当并行而动。有五个人同往，年长的人一定要不同席。

　　做人子女的，起居不在里屋，坐下来不在中席之位，走路时不走中间，站着时不在大门中央，设飨食时不制作客用餐具，祭祀时不充任尸主，父母之教没有传话也能听到，没有亲见也能看到，不攀登高处，不濒临深处，不轻易中伤别人，不轻易露笑。

　　孝子不在黑暗中做事，不攀登危险的地方，恐怕使父母受辱。父母在世，不允许为友报仇而死，不专有私人财物。

　　做人子女的，父母在世，戴帽穿衣都不得用纯白色。

（十六）吕不韦

妙论骨肉情

【题解】

　　吕不韦是战国时秦国丞相，他的门客们以他的名义撰写了《吕氏春秋》。该书关于人间亲情，有过不少精辟议论，下面这段文字即体现了这种风格。

【原文】

　　周有申喜者，亡①其母，闻乞人歌于门下而悲之，动于颜色②，谓门者内③乞人之歌者，自而问焉，曰："何故而乞?"与之语，盖其母也。故父母之于子也，子之于父母也，一体而两分，同气而异息④。若草莽之有华实也，若树木之有根心也，虽异处而相通，隐⑤志相及，痛疾相救，忧思相感，生则相欢，死则相哀，此之谓骨肉之亲。神出于忠，而应乎心，两精相得，岂待⑥言哉？

——《吕氏春秋·季秋纪》

【注释】

①亡：失散。

②颜色：脸色。

③内：通"纳"。

④息：呼吸。

⑤隐：隐藏。

⑥待：依靠。

【译文】

周朝有个叫申喜的人，他的母亲失散了。一天，他听到一个乞丐在门前唱歌，感到非常悲哀，脸色都变了。他告诉守门人让唱歌的乞丐进来，亲自见她，并询问说："什么原因使你落到求乞的地步？"跟她交谈才知道，那乞丐原来就是他的母亲。所以，无论父母对于子女来说，还是子女对于父母来说，实际都是一个身体而分为两处，精气相同而呼吸各异，就像草莽有花有果，树木有根有心一样。虽在异处却能够相互感应，心中志向互相连系，有病痛互相救护，有忧思互相感动，对方活着心里就高兴，对方死了心里就悲哀，这就叫作骨肉之亲。这种天性出于至诚，而彼此心中互相应和，双方精神相通，难道还要靠言语吗？

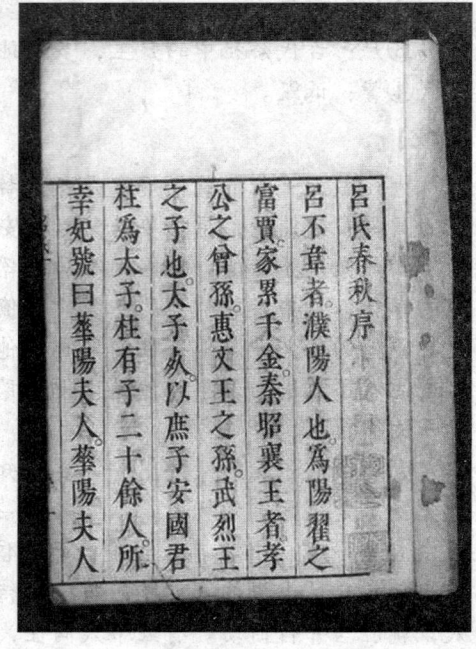

▲ 《吕氏春秋》书影

二、秦汉篇

（一）李斯

临刑悲言亲子情

【题解】

李斯在秦始皇当政时期曾官至丞相，到了秦二世时却被奸臣赵高诬害，不仅自身难保，而且祸及儿辈。下面这则小故事通过李斯临刑前对二儿子说的一句话，透露了乱世社会的险恶无常，更反映出骨肉亲情的可贵美好，可以说既感动人心，又引人深思。

【原文】

二世二年七月，具斯五刑论，腰斩咸阳市。斯出狱，与其中子俱执①，顾②谓其中子曰："吾欲与若③复牵黄犬俱出上蔡东门逐狡兔，岂可得乎！"遂父子相哭，而夷三族。

——《史记·李斯列传》

【注释】

①执：被押解。

②顾：回头。

③若：你。

【译文】

秦二世二年七月，赵高一伙判处李斯五种酷刑，决定把李斯押到咸阳市腰斩。李斯提出监狱的时候，跟他的次子一同被押解，李斯回头对他的次子说："我想跟你再牵了黄狗一同出上蔡东门去打猎追逐狡兔，还办得到吗！"于是父子相对而哭，三族的人都被处死。

（二）陆　贾

训　子

【题解】

陆贾是汉高祖手下很受器重的一位大臣，吕太后当权的时候，陆贾为了逃避祸害而称病辞职回家，并为自己的几个儿子购置了产业。下面这则故事中陆贾训诫儿子们的一段话，就要求儿辈们赡养父母以尽孝道这种观点来看无疑值得充分肯定。当然，对陆贾讲究排场、生活奢侈的不良作风则完全应持摈弃与批评的态度。

【原文】

孝惠帝时，吕太后用事，欲王诸吕①，畏大臣有口者，陆生自度②不能争之，乃病免家居。以好畤③田地善，可以家焉。有五男，乃出所使越得囊中装卖千金，分其子，子二百金，令为生产。陆生常安车驷马，从歌舞鼓琴瑟侍者十人，宝剑直④百金，谓其子曰："与汝约：过汝，汝给吾人马酒食，极欲，十日而更。所死家，得宝剑车骑侍从者。一岁中往来过他客，率不过再⑤，三过，数见不鲜。无久恩⑥公为也。"

——《史记·郦生陆贾列传》

【注释】

①吕：吕家亲戚。

②度：推测。

③畤：古代祭天地的祭坛。

④直：价值。

⑤再：两次。

⑥愚：怠慢，嫌弃。

【译文】

汉惠帝时期，吕太后当权，想要封诸吕为王，害怕直言进谏的大臣。陆贾自料不能争辩，于是称病辞职回家。他认为好畤的田地肥沃，可以在那里安家。他有五个儿子，就拿出出使越国时所得到的包裹中的东西，卖得了一千斤黄金，分给他的儿子们，每个儿子二百斤黄金，让他们购置产业。用四匹马拉着的舒适豪华的车子，陆贾常常乘坐着车子，带着唱歌跳舞奏乐的侍从者千人，陆贾腰间佩着的宝剑价值百斤黄金，他对他的儿子们说："跟你们约定：到了你们家里，你们要供给我的人马酒食，尽量满足我们的要求，每隔十天换一家。我死在谁家，谁就得到我的宝剑、车马和侍从者。一年之中我去别人家做客，大概也就是两三次而已，去多了人家就不大欢迎了。（所以在你们家吃喝的时间长），你们用不着长久嫌弃我。"

（三）王 弘

五月生子非不祥

【题解】

古人对孩子出生的月日有很多禁忌。王弘引用孟尝君的故事来劝告他的哥哥王禁，不要放弃出生日子"不吉祥"的王凤，体现了一定的科学精神。

【原文】

王凤以五月五日生，其父欲不举①，曰："俗谚：'举五日子，长及户则自害，不②则害其父母。'"其叔父曰："昔田文以此日生，其父婴敕其母曰：'勿举。'其母窃举之。后为孟尝君，号其母为薛公大家。以古事推之，非不祥也。"遂举之。

——《西京杂记》

【注释】

①举：抚育。

②不：通"否"。

【译文】

王凤生于五月五日，他的父亲不想抚养他，说："谚语曾说：'五月五日生下来的孩子，长到房门那么高时就会害了自己，否则就会害他的父母。'"他的叔父说:"当年田文便是在这一天降生,他的父亲田婴告诫他母亲说:'不要抚养这孩子!'他的母亲却偷偷把田文养大了。后来田文成了孟尝君,尊称他母亲为'薛公大家'。根据这件旧事来推断,五月五日生子并非不吉利。"于是,王凤的父母就把王凤养起来了。

(四) 窦太后

景帝孝母释弟罪

【题解】

窦太后疼爱自己的小儿子梁孝王,欲让汉景帝将来把帝位传给弟弟,这就致使后来梁孝王出于忌恨景帝身边的正直大臣而萌生出谋反的心理。按照常理,出于政治利益,景帝与梁孝王之间肯定是会发生一场兄弟残杀的惨剧,然而令人叹服的是,景帝出于极其孝顺母亲的情感,对弟弟梁孝王的谋反之罪不加以计较,而宽大处理,这对于古代的一个位尊至上的皇帝来说,是相当的难能可贵了。

【原文】

梁王西入朝,谒窦太后,燕见,与景帝俱侍坐于太后前,语言私说。太后谓帝曰:"吾闻殷道亲亲,周道尊尊,其义一也。安车大驾,用梁孝王为寄。"景帝跪席举身曰:"诺。"罢酒出,帝召袁盎诸大臣通经术者曰:"太后言如是,何谓也?"皆对曰:"太后意欲立梁王为帝太子。"帝问其状①,袁盎等曰:"殷道亲亲者,立弟,周道尊尊者,立子。殷道质,质者法天,亲其所亲,故立弟。周道文,文者法地,尊者敬也,敬其本始,故立长子。周道,太子死,立嫡孙。殷道,太子死,立其弟。"帝曰:"于公何知?"皆对曰:"方今汉家法周,周道②不得立弟,当立子。故《春秋》所以非宋宣公。宋宣公死,不立子而与弟。弟受国死,复反之与兄之子。弟之子争之,以为我当代父后,即刺杀兄子。以故国乱,祸不绝。故《春秋》曰:'君子大居正,宋之祸宣公为之。'臣请见太后白之。"袁盎等入见太后:"太后言欲立梁王,梁王即终,欲谁立?"太后曰:"吾复立帝子。"袁盎等以宋宣公不立正,生祸,祸乱后五世不绝,小不忍害大义状报太后。太后乃解说③,即使梁王归就④国。而梁王闻其义⑤出于袁盎诸大臣所,怨望,使人来杀袁盎。袁盎顾之曰:"我所谓袁将军者也,公得毋误乎?"刺者曰:"是矣!"刺之,置其剑。剑著身。视其剑,新治。问长安中削厉工,工曰:"梁郎某子来治此剑。"以此知而发觉之,发使者捕逐之。独梁王所欲杀大臣十余人,文吏穷追查本之,谋反端⑥颇见。太后不食,日夜泣不止。景帝甚忧之,问公卿大臣,大臣以为遣经术吏往治之,乃可解。于是遣田叔、吕季主往治之。此二人皆通经术,知大礼。来还,至霸昌厩，取火悉烧梁之反辞，但空手来对景帝。景帝曰："何如?"对曰："言梁王不知也。造为之者，独其幸臣羊胜、公孙诡之属为之耳。谨以伏诛死，梁王无恙也。"景帝喜说，曰："急趋谒太后。"太后闻之，立起坐，餐，气平复。

——《史记·梁孝王世家》

【注释】

　　①状：缘故。

　　②道：规矩。

　　③说：通"悦"，高兴。

　　④就：返回。

　　⑤义：主意。

　　⑥端：迹象。

【译文】

　　梁孝王两次入京师朝见，拜见窦太后，与景帝都陪坐在太后的面前，说话亲热、快乐。窦太后对景帝说："我听说殷朝的原则是亲爱自己的兄弟，周朝的原则是尊重祖宗正统。他们的道理都是一致的。我去世后，把梁孝王委托给你。"景帝跪在席上挺直身子说："是。"吃完酒宴出来以后，景帝召集通晓经书的袁盎等大臣问道："太后这样说话，究竟是什么意思呢?"大家都回答说："太后的意思是想要立梁王为皇上的太子。"景帝问其中的道理，袁盎等说："殷道亲亲的意思是让弟弟继位。周道尊尊的意思是让儿子继位。殷朝的原则是崇尚质朴，质朴就是效法上天，亲近他所亲近的，所以立弟。周朝的原则崇尚文采，文采就是效法大地，尊就是敬的意思，敬重他的本源，所以立长子。周朝的原则是太子死了，立嫡长孙。殷朝的原则是太子死了，立他的弟弟。"景帝说："你们认为怎么样?"都回答说："当今汉朝是效法周朝，周朝的原则不能立弟弟，应当立儿子。所以《春秋》因此责备宋宣公。宋宣公死后，不立儿子而把君位传给弟弟。弟弟接受了国家权力，后来死了，又把君位归还宣公的儿子。弟弟的儿子又去争夺，认为自己应当接替父亲的君位，就刺杀宣公的儿子。因为这个缘故，国家发生混乱，祸患不绝。所以《春秋》说：'君子崇尚遵守常道，宋国的祸患是宣公造成的。'我们请求进见太后说明这些道理。"袁盎等人进宫谒见窦太后说："太后说要立梁王，梁王如果死了，想立谁?"太后说："我再立皇帝的儿子。"袁盎等把宋宣公不立嫡长子，生出祸乱，祸乱遗留五代没有断绝，小处不忍因而伤害了大义的情形报告太后。太后才明白并高兴起来，当即让梁孝王回到封国去。但梁孝王听说那主意出于袁盎和大臣们那里，十分怨恨，派人来杀袁盎。袁盎回头望着刺客说："我是人们所说的袁将军呢，您莫不是弄错了吧?"刺客说："对啦!"一剑刺下去，扔下剑，剑刺在袁盎身上。看那把剑，是新铸造的。袁盎派人去审问长安城中制作刀剑的工人，工人说："有一个梁国的郎官来铸造这把剑。"因此了解并发现了刺客。派遣使者追捕刺客。被害者是梁孝王所要杀的十多个大臣，审案官吏穷本究源，梁王谋反的迹象看得很清楚。窦太后不吃不喝，日夜哭泣不止。景帝很是忧虑，询问公卿大臣，大臣们认为要派遣精通经书的官吏去处治，才可妥善了结。于是派遣田叔、吕季主去处治。这两个人都通晓经书，懂得大礼。两人办事回来，到达霸昌厩，用火全部烧毁了有关梁王谋反的供词，只空手回来向景帝汇报。景帝说："怎么样？"回答说："梁孝王不知道这件事。发起干这件事的只有梁王的宠臣羊胜、公孙诡之流，他们已经伏法受诛，梁王平安无事。"景帝大喜，说道："赶快去拜见太后。"太后听说梁王已经没事了，立即坐起来吃了一顿饭，心情恢复了平静。

（五）刘 安

论 慈

【题解】

西汉淮南王刘安（组织）撰写了一部对后世产生不小影响的著作，名为《淮南子》，又称《淮南鸿烈》。书中有些地方议论父亲与子女之间的亲情关系，虽然议论不多，但是见解深刻，无论对于为人父母者还是对于为人子女者，都有很好的启发与教育意义。

【原文】

慈父之爱子，非为报也，不可内解于心……三月婴儿，未知利害也，而慈母之爱谕①焉者，情也。故言之用者，昭昭②乎小哉；不言之用者，旷旷③乎大哉！

——《淮南子·缪称训》

【注释】

①谕：知道。

②昭昭：宣扬。

③旷旷：宽广。

【译文】

慈父疼爱自己的子女，并不是谋图将来子女对他的回报，而是内心无法割舍自己疼爱子女之情……刚出生几个月的婴孩，不懂得世间的利害关系，却懂得慈母对他（她）的一片爱心，那是婴孩与母亲之间情感相通的缘故。因此话语的作用，说出来反而显得有限，没有说出来才显得广阔无尽！

（六）顾翱

母嗜雕胡

【题解】

顾翱孝母的一片赤诚，感动得太湖都生长出雕胡，这个故事有些离奇。不过，巧合之中，是不是也说明了"精诚所至，金石为开"的道理？

【原文】

会稽人顾翱，少失父，事母至孝。母好食雕胡饭，常帅子女躬自采撷。还家，导水凿川，自种供养，每有赢储。家亦近太湖，湖中后自生雕胡，无复余草，虫鸟不敢至焉，遂得以为养。郡县表其闾舍。

——《西京杂记》

【译文】

会稽人顾翱，少年时失去父亲，侍奉母亲极是孝顺。他的母亲喜欢吃菰米饭，顾翱就经常带领着子女亲自去摘采。回到家里，引水挖河沟，自己种植菰米以奉养母亲，还常常有盈余。他的家离太湖很近，后来湖中自然生长出了菰米，没有其他杂草，鸟虫也不敢飞来，于是就以湖中菰米奉养母亲。后来，郡、县在他的住处作了标记来表扬他。

（七）刘 向

诚言劝孝

【题解】

刘向是西汉继董仲舒和司马迁之后一位著名的大学者，一生著述颇丰。由他辑录、整理的著作《说苑》思想内容极其丰富。书中以宣扬儒家思想为主，有许多可取之处。刘向本人重视孝道，并擅长用讲述前人的事迹来表达自己的见解，很富有感染作用。下面引述刘向劝孝的一段言论便具备这种特点。刘向关于晚辈孝敬父母的见解至今仍值得我们借鉴。

【原文】

伯俞有过①，其母笞之，泣。其母曰："他日笞子，未尝见泣，今泣何也？"对曰："他日俞得罪，笞尝痛；今母之力衰，不能使痛，是以泣也。"故曰：父母怒之，不作②于意，不见③于色④，深受⑤其罪⑥，使可哀怜，上也；父母怒之，不作于意，不见于色，其次也；父母怒之，作于意，见于色，下也。

——《说苑·建本》

【注释】

①过：过失。
②作：记挂。
③见：流露。
④色：神色。
⑤受：承认。
⑥罪：过错。

【译文】

韩伯俞有了过错，他的母亲鞭打他，他默默地流泪。他的母亲问："以前打你的时候，没有见你流过泪，现在你流泪是为什么呢?"伯俞回答说："以前我有了罪过，挨打时都感觉到痛，现在母亲年老力衰，打起来不感到痛，因此流泪。"所以说，父母对你生气，你不要记挂在心上，不要流露出不满的神色，深刻地承认自己的过失，使父母哀怜你，这是最好的态度；父母对你生气，你不记挂在心上，不流露出怨恨的神色，这也是较好的态度；父母对你生气，你记挂在心上，脸上显现出怨恨的神色，这就是最糟糕的态度。

（八）丁 鸿

与弟盛书

【题解】

丁鸿身为东汉高官，并没有像许多官吏那样只求自己升官发财，而淡薄兄弟情谊。在这封写给弟弟丁盛的书信中，丁鸿表明自己不愿承袭父亲的封爵，愿意让给弟弟。该信言辞诚恳，充满了对弟弟的关切与爱护之情，很有感染作用与教育意义。

【原文】

鸿贪经书，不顾恩义，弱而随师，生不供养，死不饭唅①，皇天先祖，并不祐助，身被大病，不任茅土。前上疾状，愿辞爵仲公，章寝不报，迫且当袭封。谨自放弃，逐求良医。如遂不瘳②，永归沟壑。

——《后汉书·丁鸿传》

【注释】

①唅：以珠玉等纳入死者口中。
②瘳：chōu 病愈。

【译文】

我丁鸿贪恋经书，不顾念恩义，从小就跟随老师学习，在父母活着的时候不能尽到供养的责任，他们死了也不能为他们提供饭唅的物品，皇天先祖，都不祐助，以致身染大病，担当不了受封的恩德。前不久我呈上自己染疾的奏章，希望把爵位辞让给你，不料奏章没有得到答复，朝廷逼着我承袭父亲的封爵。我自己想谨慎地放弃受封，逐个去寻求良医。如果疾病不能痊愈，从此就永辞人世。

（九）延 笃

仁孝论

【题解】

延笃在这篇论文里，深刻地辨析了仁和孝的关系和特点。这是为了化解当时仁、孝谁优谁劣的争论。他提出的观点，是孝为根本，仁为枝叶也。根本不可少，枝叶也不可少。根本少而精，枝叶多而用处广。这样，就把似乎水火不相容的问题，推到了两个不同的层次上，怡然理顺，涣然冰释，很有哲理，启人深思。

【原文】

观夫仁孝之辩，纷然异端①，互引典文，代取事据，可谓笃论矣。夫人二致同源，总率百行，非复铢两轻重，必定前后之数也。而如欲分其大较，体而名之，则孝在事亲，仁施品物。施物则功济于时，事新则德归于己。于己则事寡，济时则功多。推此以言，仁则远矣。然物有出微雨著，事有由隐而章。近取诸身，则耳有听受之用，目有察见之明，足有致远之劳，手有饰卫之功，功虽显外，本之者心也。远取诸物，则草木之生，始于萌牙②，终于弥蔓，枝叶扶疏，荣华纷缛，末虽繁蔚，致之者根也。夫仁人之有孝，犹四体之有心腹，枝叶之有本根也。圣人知之，故曰："夫孝，天之轻也，地之义也，人之行也。""君子务本，本立而道生，孝悌也者，其为仁之本与！"然体大难备，物性好偏，故所施不同，事少两兼者也。如必对其优劣，则仁以枝叶扶疏为大，孝以心体本根为先，可无讼也。

——《后汉书·延笃列传》

【注释】

①异端：见解不同。

②牙：通"芽"。

【译文】

我看关于仁与孝谁先谁后的争辩，纷纷然各持异议，都引经据典，征取事实依据，可以说论述得相当深入了。对人而言，仁、孝同为本源，用来指导各种行为，并不是像铢两轻重的差别，一定要分出个谁前谁后。可是，如果要区分它们大致的区别，就其特点而加以说明，那么孝主要是用于侍奉双亲，而仁则施于事物。施于事物，则功用成就于当时；侍奉双亲，则功德归于自己。归于自己，事功就比较少；成就于当时，事功就多。由此推论，仁的用处就远大了。但是物有出自微细最终显著，事有经过隐秘最终彰明的。近以身体为证，则耳朵有听取的用处，眼睛有察见的功效，脚有走到远处的功劳，手有修饰防卫的功能。功用虽然表现在外，却都靠人心作根本。远以各种物品为证，则草木的生长，始于萌芽，终于蔓延，直到枝叶扶疏，繁花似锦，这些末节虽然繁盛，都以根为本。仁人之有孝，就好比四体有心腹、枝叶有本根啊。圣人知道这个道理，因此说："孝，是天之经，地之义，人之行。""君子重视根本，根本立住，大道由此而生。孝悌，就是仁的根本啊！"但是万物多种多样，难于周备，物性又往往有自己的偏向，因此所施行的，往往不用，事情是很少二者得兼的。假如一定要回答仁与孝的优劣，那么仁是凭着枝叶扶疏为好，孝是凭着心体本根占先。可以不加以辩论了。

（十）郦炎

遗令书

【题解】

　　写这封《遗令书》的时候，郦炎二十八岁，可能是在监狱中。信中对未满两旬的儿子止戈说出了一大堆情深意长的叮嘱，显露出郦炎的文人本色。其中对儿子处世态度的要求、对师长朋友的怀念，都融入痴情之中，读来催人泪下。止戈长大以后怎样了呢？可惜史书上没有记载。

【原文】

　　嗟哉邈之！遗孤。其名曰止戈。汝长自为之。宁①咨②尔止戈，汝未有所识，吾谓汝有所识，其先见汝耳。汝未有所闻，吾犹谓汝耳有所闻而告汝。人之丧也，非父则母，非昆则弟，非姊则妹。人之孤也，龀齿③其少矣；汝之孤也，曾未满两旬。汝无自以为微弱，物有微弱于汝者，乃其长而繁焉。后稷弃之寒冰隘巷矣，汝比之犹逸焉。於菟之在虎乳极矣，汝比之犹易焉。……咨嗟止戈，汝能言，则谗之顾言。汝能行，则履我之所训。刚焉柔焉，弱焉强焉，学焉愚焉，仕焉隐焉。惧汝身之柔，可不励汝以刚乎？惧汝之刚，可不励以柔乎？惧汝之弱，可不训汝以强？惧汝之愚，可不勖汝以学？惧汝之隐，可不敕汝以仕乎？消息汝躬，调和汝体，思乃考言，念乃考训。必博学以著书，以续受父母久业。我十七而作《郦篇》，二十四而《州书》矣，二十七而作《七平》矣。其赋诵诔，自少为之。苟吾戒④汝克⑤从，祭为甘。苟吾戒汝克违，梁奠为苦。汝无逸于丘，无湎于酒，无安于忍。事君莫如忠，事亲莫如孝，朋友莫如信，修身莫如礼。汝哉其勉之。下邳卫府君，我之诸曹掾。督邮济北宁府君，我由此成就。陈留韩府君，察我孝廉。陈留杨君，辟我右北平从事祭酒。今我溺于地下，思恩则孤而靡报。汝有可以倒戟背戈，无孤之矣。陈留蔡伯喈，与我初不相见，吾仰之犹父，不敢以为兄。彼必爱以为弟。九江卢府君，吾父事之。张公衷张子传幼业，王延寿、王子衍，我之朋友也。鲜于中优，吾先姑之所出也。若不足焉，汝苟足，往而朝觐之。汝不敏，往从之学焉。……咨尔止戈，吾蔑⑥复有言焉。其永览下此。

——《全后汉文》录自《古文苑》

【注释】

①宁：安静。

②咨：告诉。

③龀齿：儿童。

④戒：通"诫"。

⑤克：能。

⑥蔑：没有。

【译文】

唉！永别了，我的遗子。你的名字叫止戈。长大后，你要好自为之。不要哭，告诉你止戈，你还不能认出我，我却以为你能够，这是我提前的想象罢了。你还不能听懂话，我固执地以为你能听懂，所以要告诉你这些。人们失去亲人，不是父亲就是母亲，不是哥哥就是弟弟，不是姐姐就是妹妹。别人成为孤儿，在儿童时就算小的了，你成为孤儿，还没有满两旬！你不要自以为微弱，还比你更微弱的东西，后来都长成了，繁盛了。后稷被丢弃在寒冰之上、隘巷之中，你比起来算舒服的了。於菟由虎乳大，艰难到了极点，你比起来算容易的了。……告诉你啊，止戈，等你能说话，就要诵习我的遗言；等你能走路，就要履行我的遗训：刚与柔相济，弱与强相成，学与愚相较，仕与隐相配。担心你的柔和，怎可不鼓励你刚强？担心你刚强过分，怎可不鼓励你柔和一些？担心你的软弱，怎可不鼓励你强硬？担心你的愚昧，怎可不劝勉你的勤学？担心你辞世隐遁，怎可不敕令你济民出仕？休养调和好你的身体，思考先父的话语，记住先父的训诫。一定要博学著书，来继承发扬父母的长久事业。我十七岁就写下了《郦篇》，二十四岁就写出了《州书》，二十七岁，就写出了《七平》。其他赋、诵、诔等文体，从小就开始写作了。假如你能听从我的遗诫，你的祭品，我会食之为甘。假如你要违背，即使奉来嘉奠，我也会吃出苦味。你不要在丘山上放浪，不要在酒水中沉湎，不要忍着心安乐。侍奉君上，没有什么比得上忠；侍奉亲人，没有什么比得上孝；和朋友交往，没有什么比得上信；修养身心，没有什么比得上礼。你努力吧。下邳的卫府君，是我做曹掾时的同僚。督邮济北的宁府君，我是通过他才成才的。陈留韩府君，察举我为孝廉。陈留杨君，辟我为右北平从事祭酒。现在我沉溺在地下，想起恩情却无从相报。你如果有了倒戟背戈的本事，就替我完成心愿。陈留蔡邕，和我素未谋面，我敬仰他像敬仰父亲，不敢与他以兄弟相称。我死之后，他一定当你是弟弟的孩子。九江卢府君，我像对待父亲一样待奉他。张公哀张子传授我事业，王延寿、王子衍，是我的朋友。鲜于中优，是我死去姑母的儿子。如果你将来不成器也就罢了，假如成器，去拜见拜见他。尔如果不聪敏，可以去跟从他学习。……告诉你止戈，我再没有别的好说了。希望你永远记着这些话。

（十一）仲长统

孝的真义

【题解】

孝心的一个重要方面，就是如何对待父母的吩咐，实现父母的愿望。听话和不听话之间，往往存在矛盾。仲长统在这篇论文里，排比"事亲""事君""交士"（交友）三个问题，以"事亲"为核心，先指出侍奉父母，应当全副心肠、孜孜不倦，才会被父母理解。然后笔锋一转，万一父母的要求并不正确，又必须违背。这个矛盾的解决就有待于理解孝的真义。

【原文】

人之事①亲也，不去乎父母之侧，不倦乎劳辱之事。唯父母之所言也。唯父母之所欲也。于其体之不安，则不能寝；于其餐之不饱，则不能食。孜孜为此，以没其身。恶有为此人父母，而憎之者也。人之事君也，言无大小，无所悆②也。事无劳逸，无所避也。其见识知也，则不恃恩宠而加敬。其见遗忘也，则不怀怨恨而加劝③。安危不贰④其志，险易不革其心，孜孜为此，以没其身。恶有为此人君长，而憎之者也。人之交士也，仁爱笃恕，谦逊敬怀，忠诚发乎内，信效著乎外。流言无所受，爱憎无所谝。幽暗则攻己之所短，会同则述人之所长。有负我者，我又加厚焉。有疑我者，我又加信焉。患难必相恤，利必相及。行潜德而不有，立潜功而不名。孜孜子片，以汲其身。恶有与民人交，而憎之者也，故事亲而不为亲所知，是孝未至者也；事君而不为君所知，是忠未至也；与人交而不为人所知，是信义未至者也。父母怨咎人不以正，以审其不然，可违而不报也；父母欲与人以官位爵禄，而才实不可，可违而不从也；父母欲为奢泰侈靡，以适心快意，可违而不许也；父母不好学问，疾子孙之为之，可违

而学也；父母不好善士，恶子孙交之，可违而友也；士交有患故待己而济，父母不欲其行，可违而往也，故不可违而违，非孝也；可违而不违，亦非孝也。好不违，非孝也；好违，亦非孝也。其得义而已也。

——《全后汉文》辑《昌言》

【注释】

①事：侍奉。

②愆：错失。

③劝：勤勉。

④贰：动摇，生二心。

【译文】

人们侍奉双亲，不离开父母的身旁，不厌倦劳苦屈辱的事情。父母所说的都去做，父母所要的都去办。父母身体有所不安，连觉也睡不好；父母吃得不饱，连筷子也不能下。孜孜不倦，一直到死。哪有做这种人的父母，还会憎恨他们呢。人们侍奉君长，大大小小的吩咐，一个也不搞错。不管艰难还是容易的事情，一个也不逃避。他们被君长看重，却并不仗着恩宠使坏，反而更加恭敬。他们被君长遗忘，却并不怀恨在心反而更加勤勉积极。安危不能动摇他们的志向，险易不能改变他们的忠心，孜孜不倦，一直到死。哪有做这种人的君长，还会憎恨他们呢。人们结交朋友，讲究仁爱笃恕、谦逊敬怀，忠诚发自内心，信誉流布于外。流言不往耳朵里去，爱憎分明没有偏心。独处幽室就检讨自己的缺点，会同朋友就称述别人的长处。有辜负我的人，我却对他更加宽厚。有怀疑我的人，我却对他更加相信。患难之际，一定伸手救援；成功之时，一定相互分享。暗地里做了好事却不自居，暗地里立了大功却不张扬。孜孜不倦一直到死。哪有做这种人的朋友，还会憎厌他们呢。因此，侍奉双亲却不被父母理解，是孝心还没到家；侍奉君长却不被君长理解，是忠心还没到家；与朋友交往却不被朋友理解，是信义还没到家。父母埋怨别人却不讲道理，自己已明知那不对，可以违背而不用实行；父母想给人官位爵禄，而那人又没才能，可以违背而不依从；父母想要奢侈费靡来称心如意，可以违背而不答应；父母不喜欢学问，并且不喜欢子孙求学，可以违背而去进行；父母不喜欢善人，又讨厌子孙去交往，可以违背而去结交；朋友有患难等待自己的帮助，父母又不同意，可以违背而奔赴。因此，不可违背的却违背了，这不是孝；本该违背却不违背，也不是孝。喜欢不违背，不是孝；喜欢违背，也不是孝。那么，只好把握住孝的真义了。

（十二）穆姜

真情感动前妻子

【题解】

　　继母和前妻的孩子如何相处？这在今天仍是一个重要的问题。穆姜不因为孩子的憎恨而放弃抚育，对前妻的孩子流露出天性中的爱护，终于感动了他们。可是现实生活中的这类问题，一次"亲调药膳"或许是远远不够的。但真心换来真情，应该是颠扑不破的道理。此外，穆姜希望薄葬，也可资借鉴。

【原文】

　　汉中程文矩妻者，同郡李法之姊也，字穆姜。有二男，而前妻四子。文矩为安众令，丧于官。四子以母非所生，憎恨日积，而穆姜慈爱温仁，抚字①益隆，衣食资供皆兼倍所生。或谓母曰："四子不孝甚矣，何不别居以远之？"对曰："吾方以义相导，使其自迁善也。"及前妻长子与兴遇疾困笃，母恻隐自然，亲调药膳，恩情笃密。兴疾久乃瘳，於是呼三弟谓曰："继母慈仁，出自天受。吾兄弟不识恩养，禽兽其心。虽母道益隆，我曹过恶亦已深矣！"遂将三弟诣南郑狱，陈母之德，状己之过，乞就刑辟。县言之於郡，郡守表异其母，蠲②除家徭，遣散四子，许以脩革，自后训导愈明，并为良士。

　　穆姜年八十余卒。临终劝诸子曰："吾弟伯度，智达士也。所论薄葬，其义至矣。又临亡遗令，贤圣法也。令汝曹遵承，勿与俗同，增吾之累。"诸子奉行焉。

　　　　　　　　　　　　　　　　——《后汉书·列女传》

【注释】

　　①字：养。

　　②蠲：juān 免。

【译文】

　　汉中程文矩的妻子，是同郡李法的姐姐，字穆姜。穆姜生了两个儿子，文矩的前妻留下四个。文矩做安众令，死于任上。前妻的四个孩子因为穆姜不是生母，憎恨逐日加深。但穆姜慈祥怜爱，温和宽仁，对孩子的抚养更加用心。衣食花费，是给亲生儿子的两倍。有一个亲生子对穆姜说："这四个家伙不孝到了极点，为什么不让他们分出去住，远离他们？"穆姜回答说："我正在想用恩义引导他们，使他们自己向善。"等到前妻的长子程兴生病差点死去，穆姜恻隐怜悯，发于自然，亲自调和药膳，恩情更加深厚。程兴久病方愈，这时叫拢三个弟弟说："继母慈爱仁厚，天性就是那样（并非伪装），我们兄弟几个不知继母的恩情仁义，跟禽兽的心肠有什么两样！虽然继母的道义更加隆盛，可我们的罪过也更深重了！"于是带着三个弟弟到南郑法庭，陈述继母的大德，说明自己的罪过，恳求治罪。县里向郡里汇报，君守表彰了穆姜，免掉了程家的徭役，并遣散四个孩子，期望他们洗心革面。从此穆姜的训诫教导发扬光大，四个孩子都成为有才德的士人。

穆姜八十多岁去世。归终时遗令孩子们："我弟弟李伯度，是个有智慧通达的人。他曾提倡薄葬，道理很正确。况且临死留下命令，是圣贤传下的规矩。我要你们遵守，不要和世俗相同，增加我的牵累。"孩子们都遵命而行。

三、魏晋南北朝篇

（一）曹 操

遗命托爱子

【题解】

遗命托子，人之常情；而托小子于太子，则不多见，曹操有之。

【原文】

干一名良。良本陈妾子，良生而陈氏死，太祖令王夫人养之。良年五岁而太祖疾困，遗令语太子曰："此儿三岁亡母，五岁失父，以累汝也。"太子由是亲待，隆于诸弟。

——《三国志·魏书·武文世王公传》注

【译文】

曹干还有一个名字叫曹良。他本是一个姓陈的小妾生的儿子，他出生不久陈氏就死了。曹操令王夫人抚养他。曹良五岁那年曹操得了重病，遗令太子说："这个孩子三岁死了母亲，五岁又失去了父亲，看来要拖累你了。"太子因此亲自照顾他，比其他诸弟礼遇更隆。

（二）刘 备

与阿斗遗嘱

【题解】

阿斗即刘备长子刘禅的小名。刘备担心阿斗在德才方面不能深孚众望，于是在临终之前给阿斗写下了一篇遗嘱。刘备谆谆教导阿斗注意修身、刻苦求学，意在勉励他做到德才兼备，成就恢复汉室统一之大业，可谓用心良苦，其意可嘉！对于今日不甘于平庸无为的人来说，从中也可获得不少教益。

【原文】

朕初疾但下痢耳，后转杂他病，殆不自济。人五十不称夭，年已六十有余，何所复恨，不复自伤，但以卿兄弟为念。射君到，说丞相①叹卿智量甚大，增修过于所望，审②能如此，吾复何忧！勉之，勉之！勿以恶小而为之，勿以善小而不为。惟贤惟德，能服于人。汝父德薄，勿效之。可读《汉书》《礼记》，闲暇历观诸子及《六韬》《商君书》，益人意智。闻丞相为写《申》《韩》《管子》《六韬》一通已毕，未送，道③亡，可自更求闻达。

▲刘禅像

——《三国志·蜀书·先主传》注

【注释】

①丞相：诸葛亮。
②审：果真。
③道：路上。

【译文】

我刚生病时，只是有些泻痢，后来转而夹杂了其他病症，恐怕是活不了啦。人活到五十岁，谈不上夭折，我已活到六十几岁，还有什么好遗憾的。我不再自己伤感，只是顾念你们兄弟几个。射君来后，说诸葛丞相感叹你的智慧肚量颇大，进步远远超过了他的期望，假如真能这样，我还有什么好担忧的！努力吧！努力吧！不要因为恶事较小，就去做；不要因为善事较小，就不去做。只有才德兼备，才能安服众人。你父亲德行浅薄，不要仿效。你可以读《汉书》和《礼记》，有空闲的时候多看看诸子百家的书以及《六韬》《商君书》，这些都益人神智。听说诸葛丞相为你手抄《申子》《韩非子》《管子》《六韬》各一份，已经完成，还没送到，在路上丢了。（我和丞相待你如此）你可要自己更加努力，以求闻达。

（三）诸葛亮

与兄瑾书

【题解】

诸葛亮在这封写给兄长的信中谈到了他对儿子诸葛瞻的看法：一方面为儿子聪明可爱而感到高兴，一方面又担心儿子早熟长大后恐出息不大。这种矛盾的心情非常生动地反映了诸葛亮对子女前途的关心，充溢着父子亲情。

【原文】

瞻今已八岁，聪慧可爱，嫌其早成，恐不为重器耳。

——《诸葛亮集》

【译文】

瞻儿今年已经八岁，长得聪慧可爱，只是嫌他成熟过早，恐怕不能成为大器。

（四）王　祥

跪前请死

【题解】

王祥是当时有名的孝子，因为侍奉后母，直到年纪大了才入仕途。起先他的后母对他不好，甚至还要砍死他。他知道这事后并不逃跑，而是跪前请死。他的后母因此而大受感动，从此母子感情十分融洽。

【原文】

王祥事后母朱夫人甚谨。家有一李树，结子殊好，母恒使守之。时风雨忽至，祥抱树而泣。祥尝在别床眠，母自往暗斫①之；值祥私②起，空斫得被。既还，知母憾之不已，因跪前请死。母于是感悟，爱之如己子。

——《世说新语·德行》

【注释】

①斫：zhuó 暗地里砍杀。

②私：小便。

【译文】

王祥侍奉后母朱夫人非常小心。他家有一棵李树，结的李子特别好，后母一直派他看管着。有时风雨忽然来临，王祥就抱着树哭泣。有一次，王祥在另一张床上睡觉，后母亲自去暗杀他；正好碰上王祥起夜出去了，只砍着空被子。王祥回来后，知道后母为这事遗憾不止，便跪在后母面前求死。后母因此受到感动而醒悟过来，从此像对亲生儿子那样爱他。

（五）王　戎

我辈钟情

【题解】

　　王戎的儿子早年夭折，为此他非常悲痛。回答山简提问时，他区别了圣人、最下等人与我辈对于情感的态度，认为身为常人自然会为此而伤心。

【原文】

　　王戎丧儿万子，山简往省之，王悲不自胜。简曰："孩抱中物，何至于此！"王曰："圣人忘情，最下不及情；情之所钟，正在我辈。"简服其言，更为之恸。

——《世说新语·伤逝》

【译文】

　　王戎死了儿子万子，山简去探望他，王戎悲伤得不能自制。山简说："不过是一个怀抱中的婴儿罢了，怎么能悲痛到这个地步！"王戎说："圣人不动情思，最下等的人谈不上有感情；感情最专注的，正是我们这一类人。"山简很敬服他的话，更加为他悲痛。

（六）郗　鉴

含饭喂侄甥

【题解】

　　永嘉五年（公元311年），北汉刘聪派兵攻破洛阳，俘虏了晋怀帝，史称永嘉之乱。当时郗鉴为生活所迫，携带自己的侄儿、外甥外出乞讨。后来乡人只能供给他一人的饭食，郗鉴只得独自含饭，以喂侄甥，其言行体现了一种无价的亲情，很令人感动。

【原文】

　　郗公值永嘉丧乱，在乡里，甚穷馁①。乡人以公名德，传共饴②之。公常携兄子迈及外生周翼二小儿往食。乡人曰："各自饥困，以君之贤，欲共济君耳，恐不能兼有所存。"公于是独往食，辄含饭著两颊边，还吐与二儿。后并得存，同过江。郗公亡，翼为剡③县，解职归，席苫于公灵床头，心丧终三年。

——《世说新语·德行》

【注释】

①馁：饥饿。

②饴：通"饲"，给人吃。

③剡：shàn 地名。

【译文】

郗鉴在永嘉丧乱时期，住在家乡，生活很困苦，经常挨饿。乡里因为他德高望重，便轮流供他饭吃。郗鉴经常带着哥哥的儿子郗迈和外甥周翼两个小孩去吃。乡里人说："各家自己也穷困挨饿，只是因为您的贤德，想合伙接济您就是了，恐怕不能兼顾两个小孩。"郗鉴于是便单独去吃，吃完后总是两个腮帮子含满了饭，回来便吐出来给两个小孩吃。他俩后来都活了下来，一起到了江南。郗鉴死时，周翼正任剡县县令，他辞职回去，在郗鉴灵床前尽孝子礼，寝苫枕块，守孝足足三年。

（七）刘 毅

生孝和死孝

【题解】

王戎字濬冲，曾封晋安丰侯，为母服丧却不拘礼节，不过面容却十分憔悴。和峤字长舆，做过中书令，为母服丧严守礼法，反而不如王戎憔悴。刘毅为此认为和峤的孝和王戎的孝有本质区别，前者为生孝即所谓孝而不过度，后者为死孝即孝而过度。

【原文】

王戎、和峤同时遭大丧，俱以孝称。王鸡骨支床，和哭泣备礼。武帝谓刘仲雄曰："卿数省王、和不？闻和哀苦过礼，使人忧之。"仲雄曰："和峤虽备礼，神气不损；王戎虽不备礼，而哀毁骨立。臣以和峤生孝①，王戎死孝②。陛下不应忧峤，而应忧戎。"

——《世说新语·德行》

【注释】

①生存：严守丧礼而注意不伤身的孝行。

②死孝：对父母的哀悼强烈到要死的孝行。

【译文】

王戎和和峤同时丧母，都由于尽孝而为人称道。王戎骨瘦如柴，和峤哀痛哭泣，礼仪周到。晋武帝对刘仲雄说道："你经常去探望王戎、和峤吗？听说和峤悲痛过度，超出了礼法常规，真令人担忧。"仲雄说："和峤虽然礼仪周到，精神状态没有受到损伤；王戎虽然礼仪不周，可是伤心过度，变得骨瘦如柴。臣认为和峤是生孝，王戎是死孝。陛下不应为和峤担忧，而应该为王戎担忧。"

（八）孟陋

兄　弟

【题解】

孟陋和他哥哥孟嘉（字万年）都很有名望，但孟陋却没有外出为官。有人假传消息，说孟陋的哥哥病重得厉害，孟陋极重兄弟情谊而来京城，为人所称道。

【原文】

孟万年及弟少孤，居武昌阳新县。万年游宦①，有盛名当世。少孤未尝出，京邑人士思欲见之，乃遣信报少孤云："兄病笃。"狼狈至都，时贤见之者，莫不嗟重。因相谓曰："少孤如此，万年可死。"

——《世说新语·栖逸》

【注释】

①游宦：离家做官。

【译文】

孟万年和他弟弟孟少孤，住在武昌郡阳新县。万年外出做官，在当时享有盛名。孟少孤没有外出求过官，京都知名人士很想见见他，于是便派信使给少孤报信说："你哥哥病重。"少孤急急忙忙地赶到京都。见到他的当代贤达，没有谁不赞叹、敬重他。于是他们评论道："少孤既是这样，万年也就可以死而无憾了。"

（九）张　融

诫　子

【题解】

张融是一名士，善于谈玄，行事每不拘于俗。他在临死时还反对不读父书的时风，告诫儿子要仔细阅读自己的著作。张融的风流自赏，也由此可见一斑。

【原文】

手泽①存焉，父书不读！况父音情，婉在其韵。吾意不然，别遗尔音。吾文体英绝，变而屡奇，既不能远至汉魏，故无取嗟晋宋。岂吾天挺，盖不隤②家声。汝若不看，父祖之意欲汝见也。可号哭而看之。

——《南齐书·张融传》

【注释】

　　①泽：痕迹。

　　②隤：tuí 倒塌。

【译文】

　　父亲的书不要去读，因为他的手泽还停留在上面。况且父亲的音容情状，还宛然浮现于字里行间。我的意思却和上述这种通行的说法不一样，而要另外送你几句话。我文章的体制英华超绝。每每变化，屡屡超奇。虽说已经不能够远远地达到汉、魏时代的水平，但放在晋、宋这样的朝代，还是不会招来责骂的。难道是我天生秀拔吗？只不过是刚好保住了家族的声望，使其不至于毁坏罢了。你如果不看，父亲、祖父的遗意希望你能见到。你可以号哭着看我的书。

（十）阎　姬

与子宇文护书

【题解】

　　北魏分裂为东、西魏之后，又演变成东边北齐、西边北周互相对峙的局面，战乱频仍。北周权臣宇文护的母亲阎姬，被东魏俘虏，幽禁了三十多年，到了北齐时期。出于外交需要，北齐准备遣返阎姬，同时想从中获得政治利益。阎姬的这封给儿子的信，就是在回国前写的。

　　据史书记载，这封信不是阎姬亲笔，掺杂了北齐文人为粉饰本国太平强盛的矫伪之词。但从母亲思念儿子的深切中，也可看出这封信基本上代表了三十多年母子隔绝的真情。

　　宇文护接到信后，竟然延缓了对北齐的进攻，使北周军队蒙受了巨大损失。这一番孝心的是非好歹，后人自可评说。

【原文】

　　天地隔塞，子母异所，三十余年，存亡断绝，肝肠之痛，不能自胜。想汝悲思之怀，复何可处。吾自念十九入汝家，今已八十矣。既逢丧乱，借尝艰阻。恒冀汝等长成，得见一日安乐。何期罪衅①深重，存没分离。吾凡生汝辈三男三女，今日目下，不见一人。兴言及此，悲缠肌骨。赖皇齐恩恤，差安衰暮。又得汝杨氏姑及汝叔母纥干、汝嫂刘新妇等同居，颇亦自适。但为微有耳疾，大语方闻。行动饮食，幸无多恙。今大齐圣德远被，特降鸿慈，既许归吾于汝，又听先致音耗。积稔②长悲，豁然获展。此乃仁侔造化，将何报德！

汝兴吾别之时，年尚幼小，以前家事，或不委曲③。昔在武川镇生汝兄弟，大者属鼠，次者属兔，汝身属蛇。鲜于修礼起日，吾之阖家大小，先在博陵住。相将欲向左人城，行至唐河之北，被定州官军打败。汝祖及二叔，时俱战亡。汝叔母贺拔及儿元宝，汝叔母纥干及儿菩提，并吾与汝六人，同被擒捉入定州城。未几间，将吾及汝送与元宝掌。贺拔、纥干，各别分散。宝掌见汝云："我识其祖翁，形状相似。"时宝掌营在唐城内。经停三日，宝掌所掠得男夫、妇女，可④六七十人，悉送向京。吾时与汝同被送限。至定州城南，夜宿同乡人姬库根家。茹茹奴望见鲜于修礼营火，语吾云："我今走向本军。"既至营，遂告吾辈在此。明旦日出，汝叔将兵邀截，吾及汝等，还得向营。汝时年十二，共吾并乘马随军，可不记此事缘由也？于后，吾共汝在受阳住。时元宝、菩提及汝姑儿贺兰盛洛，并汝身四人同学。博士姓成，为人严恶，汝等四人谋欲加害。吾共汝叔母等闻之，各捉其儿打之。唯盛洛无母，独不被打。其后尔朱天柱亡岁，贺拔阿斗泥在关西，遣人迎家累。时汝叔亦遣奴来富迎汝及盛洛等。汝时著绯绫袍、银装带，盛洛著紫织成结通身袍、黄绫裹，并乘骡同去。盛洛小于汝，汝等三人并呼吾作'阿摩敦'。如此之事，当分明记之耳。今又寄汝小时所著锦袍表一领件，至宜检看，知吾含悲戚多历年祀。

属千载之运，逢大齐之德，矜老开恩，许得相见。一闻此言，死犹不朽，况如今者，势必聚集。禽兽草木，母子相依，吾有何罪，与汝分离，今复何福，还望见汝。言此悲喜，死而更苏⑤。世间所有，求皆可得，母子异国，何处可求。假汝贵极王公，富过山海；有一老母，八十之年，飘然千里，死亡旦夕，不得一朝暂见，不得一日同处，寒不得汝衣，饥不得汝食，汝虽穷荣极盛，光耀世间，汝何用焉？于吾何益？吾今日之前，汝既不得申其供养，事往何论。今日以后，吾之残命，唯系于汝，尔戴天履地，中有鬼神，勿云冥昧而可欺负。

汝杨氏姑，今虽炎暑，犹能先发。关河阻远，隔绝多年，书⑥依常体，虑汝致惑，是以每存款质⑦，兼亦载吾姓名。当识此理，不以为怪。

——《周书·晋荡公护列传》

【注释】

①罪衅：xìn 罪恶。

②稔：rěn 年。

③委曲：详细知晓。

④可：约。

⑤苏：苏醒。

⑥书：信。

⑦质：实情。

【译文】

　　天地隔离壅塞，母子天各一方。三十多年了，死活的消息都不知道。伤心断肠的痛苦，不能忍受。想到你也会悲哀地思念，我更是难以平静。我想起自己十九岁就进你们宇文家门，到今天已八十岁了。既碰上乱世，真是尝尽了艰辛险阻。总是希望你们长大后，能够获得哪怕只是一天的安乐。哪料到罪孽深重，死者从此永去，生者又被分离。我一共生了你们兄弟姐妹三男三女，今天眼前，却看不到一个孩子。说到这里，悲哀绞缠着我的肌肤骨髓。靠着齐国施恩体恤，在我衰暮之年，稍得安宁。又和你的姑姑杨氏、叔母纥干、嫂子刘氏等人住在一起，也还有些宽慰。但耳朵有了点小毛病，要人大声说话才能听清。起居饮食，幸好还没多大问题。现在齐国圣德远布，特降大恩，既同意让我回到你那里，又允许我先通音信。几十年堆积的长长的悲思，豁然舒展。这真是能和上天相比的仁爱，不知道该如何报德。

　　你和我分别的时候，年纪还小，从前家里的事情，也许知道得不很详细。过去我在武川镇生下了你们兄弟，老大属鼠，老二属兔，你自己属蛇。鲜于修礼起兵的时候，我们阖家大小，本来住在博陵郡，相互扶持，准备到左人城去。走到唐河北边，被定州官军打败。你爷爷和两个叔叔，同时阵亡。你叔母贺拔和她的孩子元宝，叔母纥干和她的孩子菩提，加上我和你，一共六个人，同时被提人定州城。过了不久，定州把我和你送到元宝掌那里。贺拔与纥干，从此分散。宝掌见到你之后，说："我认得这孩子的爷爷爸爸，样子很像。"当时宝掌的军营在唐城里面。停留了几天，宝掌将所掳掠了男夫、妇女大约六七十人，都送到京城去。那时候我和你都在送走的范围内。到了定州城南边，晚上住在同乡姬库根家里。小奴茹茹望见了鲜于修礼军营的火光，告诉我说："那是我们的军队，我先回去。"他到了军营，告诉说我们在这里。第二天早晨，你叔叔带兵拦截，我和你等人才回到我们的营寨。你那时十二岁，和我共骑一匹马随军，你还记不记得这件事情的来龙去脉？后来，我和你一起住在受阳。当时元宝、菩提和你姑姑的孩子贺兰盛洛，加上你一共四个人，一块学书。博士先生姓成，为人严肃凶恶，你们四个商量着要让他吃点苦头。我和你叔母等知道后，各自捉住自己的孩子痛打。只有贺拔盛洛母亲不在，没有挨打。后来，尔朱天柱灭亡的那年，贺拔阿斗泥在关西，派人来接家人。当时你叔叔也派奴才来富前来接你和贺拔盛洛等。那时候你穿着绯绫袍、银装带，贺拔盛洛穿着紫袍、黄里子，一块乘骡子去了。盛洛比你小，你们三个孩子把我叫作'阿摩敦'。这些事情，你应该清清楚楚地记得吧。现在又把你小时候穿的一件锦袍寄给你，寄到后，你可以仔细看看，知道我含悲茹戚，经历了这么长的岁月。

正值千载难逢的好运，碰上齐国的恩德，怜老开恩，答应我们相见。一听到这个，我感到死了也甘心，何况不久我们势必团聚。禽兽草木，尚知道母子相亲相依。我有何罪？却和你分离。现在又是从哪里修来的福气？总算有希望见到你。说到这里，又悲又喜，死去活来。世间所有的东西，努力寻求总可获得；母子分居异国，却到哪里去寻求相聚？就算你贵极人臣，富过山海，有一位老母亲，八十多岁，飘零千里之外，死亡旦夕之间，一天也不能暂时相见，一天也不能同在一处，冷了，得不到你的衣穿，饿了，得不到你的饭吃，你虽然大富大贵、大红大紫，光芒照耀世间，你还有什么用？对我又有何益！今日以前，你不能够供我养我，事已过去，多说无益。从今以后，我的衰朽残年，都寄托到你的身上。你的头上是苍天，脚下是土地，中间有鬼神，不要说它们都冥昧无知，愚蠢可欺！

虽然现在炎热，你的姑姑杨氏先行还归。函谷关阴塞，黄河遥远，隔绝了多年，写信按照我们从前的方式，担心你疑惑，所以写了些只有我们知道的情况，而且还写上我的姓名。你应该明白这个道理，不必奇怪。

（十一）颜之推

1. 兄　弟

【题解】

兄弟关系是《颜氏家训》中专门讨论的一个问题。颜之推非常重视兄弟之间的骨肉亲情，他从兄弟关系在整个家庭关系中所处的重要地位着眼，劝告儿子们一定要保持兄弟之间的团结、友爱、互相关心，末尾用三兄弟同生共死的感人事迹再次对儿子们给予勉励。

【原文】

夫有人民而后有夫妇，有夫妇而后有父子，有父子而后有兄弟：一家之亲，此三而已矣。自兹以往，至于九族，皆本于三亲焉，故于人伦为重者也，不可不笃。

兄弟者，分形连气之人也。方其幼也，父母左提右挈，前襟后裾，食则同案，衣则传服，学则连业，游则共方，虽有悖乱之人，不能不相爱也。及其壮也，各妻其妻，各子其子，虽有笃厚之人，不能不少衰也，娣姒①之比兄弟，则疏薄矣；今使疏薄之人，而节量亲厚之恩，犹方底而圆盖，必不合矣。惟友悌深至，不为旁人之所移者，免夫！

二亲既殁，兄弟相顾，当如形之与影，声之与响；爱先人之遗体，惜己身之分气，非兄弟何念哉？兄弟之际，异于他人，望深则易怨，地亲则易弭。譬犹居室，一穴则塞之，一隙则涂之，则无颓毁之虑；如雀鼠之不恤②，风雨之不防，壁陷楹沦，无可救矣。仆妾之为雀鼠，妻子之为风雨，甚哉！

兄弟不睦，则子侄不爱；子侄不爱，则群从疏薄；群从疏薄，则僮仆为仇敌矣。如此，则行路皆踏③其面而蹈其心，谁救之哉？人或交天下之士，皆有欢爱，而失敬于兄弟者，何其能多而不能少也！人或将数万之师，得其死力，而换恩于弟者，何其能疏而不能亲也！

娣姒者，多争之地也，使骨肉居之，亦不若各归四海，感霜露而相思，伫日月之相望也。况以行路之人，处多争之地，能无间④者，鲜矣。所以然者，以其当公务而执私情，处重责而怀薄义也；若能恕己而行，换子而抚，则此患不生矣。

人之事兄弟，不可同于事父，何怨爱弟不及爱子乎？是反照⑤而不明也，沛国刘琎，尝与兄弟瓛连栋隔壁，瓛呼之数声不应，良久方答；瓛怪问之，乃曰："向来未着衣帽故也。"以此事兄弟，可以免矣。

江陵王玄绍，弟孝英、子敏，兄弟三人，特相友爱，所得甘旨新异，非共聚食，必不先尝，孜孜色貌，相见如不足者。及西台⑥陷没，玄绍以形体魁梧，为兵所围；二弟争共抱持，各求代死，终不得解，遂并命尔。

【注释】

①娣姒：dì sì 兄、弟之妻互称。

②恤：顾虑。

③踏：jí 踏。

④间：嫌隙。

⑤反照：反思。

⑥西台：江陵。

【译文】

有了人类后才有了夫妇，有了夫妇后才有了父子，有了父子后才有了兄弟。所谓一家的亲缘，就这三个关系罢了。从这种关系推开，直到九族，都以这三种情况为本。所以三亲在人的各种关系中是最重要的，感情不可以不深厚。

兄弟，是同一父母所生的人。在他们幼小的时候，父母左手抱，右手牵，哥哥挽着父母衣襟，弟弟拉着父母衣裙，大家都同在一个桌子上吃饭，衣服传递着穿，读书时同学一本书，旅行也去同一个地方，即使兄弟之间意见行为相违背，也不会不互相友爱。到了成年以后，各人有以自己的妻子儿女，即使是很重感情的人，对兄弟的感情也不能不受其影响。娣姒与兄弟比起来，关系要疏远得多，由关系疏远的人来控制关系亲厚的人的感情，就像方形的容器加圆形的盖一样，必定不能相吻合。只有友爱之情特别深厚的人，才不会受到影响。

父母亡故之后，兄弟之间相互关照应当像形影相随，声响相应一样。爱护同胞骨肉，除了兄弟还有谁会挂念呢？兄弟之间，与别人不一样，因为相互间的期望太深，就容易产生埋怨的情绪；却因为住在一起，有了隔阂也容易弥合。譬如房屋一样，有一个洞就必须塞住它，有一条缝就必须填平它，这样才不会担心它倒塌下来。如果麻雀老鼠在穿墙作穴，也不加留意；风雨侵蚀，也不作防备，一旦墙倒了，就没法补救了。奴仆侍妾就像雀鼠一样，妻子儿女就像风雨一样，甚至更加厉害。

兄弟之间不和睦，侄子侄女就不会亲近；侄子侄女不亲近，那么同族的人就关系疏远，感情淡薄；关系疏远，感情淡薄，那么家中的奴仆之间也都像仇敌一样了。如果这样，外人就会任意欺侮你，到那时又有谁会来救助你呢？有的人在社会上能够广交朋友且情深谊厚，而偏偏对兄弟不敬重，他为什么能够对多数人友爱而不能够对少数亲人友爱呢？有的人能统率千军万马并且爱护部属，使他们为自己尽忠效力，而唯独对自己的兄弟缺乏恩爱之情，他为什么能够对疏者友爱而不能对亲者友爱呢？

姒娌是产生各种矛盾的根源。使同胞兄弟居住一起，还不如异地分居、互相怀念的好。姒娌本是陌生疏远的人，处于这种矛盾是非之中，能够相互不产生隔阂那是很少见的。之所以这样，是因为应当秉公时却各自怀着私情，肩负重大的责任而胸怀薄义。如果能够将对自己的宽容之于他人，把兄弟的子女看作自己的子女，就不会产生这样不好的情况了。

有的人不愿意像对待父亲那样去敬重兄长，怎么能抱怨兄长不肯像爱护儿子那样去爱护自己呢？因此，兄弟之间的情谊应当是相辅相成的。沛国的刘琎曾与哥哥刘瓛住在同一栋房子里相邻的两间，一次，刘瓛呼唤刘琎好几声没有回音，过了好久才听到回答。刘瓛感到很奇怪问刘琎为什么这样，刘琎回答说，刚才自己还没有穿戴好衣帽。像刘琎这样有礼貌地敬重兄长，世上就不会出现兄弟不和的情况了。

江陵的王玄绍和弟弟王孝英、王子敏，弟兄三人特别友爱，如果得到什么美味和新鲜的食物，三人不到齐，就没有一个人会先吃。那一幅殷切盼望的样子，好像相聚得不够似的。到了江陵城陷落时，因为哥哥玄绍的身体非常魁梧，被西魏的兵士包围，两个弟弟争着一起抱住他，都要求代他而死，结果未能解救，于是兄弟三人同日而死。

2. 风　操

【题解】

所谓风操，是指士大夫阶层的风度节操，颜之推本人属于士大夫阶层，因此很重视风操问题。这篇家训包括三方面的内容，即避讳问题、称谓问题以及如何对待丧事的问题。实际上颜之推在里面并没有渲染所谓的士大夫风度，更多的反而宣扬了后辈如何尊敬先辈以及如何为父母尽孝道的道理，不能简单地把颜之推的这些言论看作是替封建礼教辩护，它对于教育当今社会年青一代应是尊重父母无疑是有积极意义的。

【原文】

凡亲属名称，皆须粉墨①，不可滥也。无风教者，其父已孤，呼外祖父母与祖父母同，使人为其不喜闻也。虽质于面，皆当加外以别之；父母之世叔父，皆当加其次第以别之；父母之世叔母，皆当加其姓以别之；父母之群从世叔父母及从祖父母，皆当加其爵位若姓以别之。河北士人，皆呼外祖父母为家公家母；江南田里间亦言之。以家代外，非吾所识。

……二亲既没，所居斋寝②，子与妇弗忍入焉。北朝顿丘李构，母刘氏，夫人亡后，所住之，堂，终身锁闭，弗忍开入也。夫人，宋广州刺史纂之孙女，故构犹染江南风教。其父奖，为扬州刺史，镇③寿春，遇害。构尝与王松年、祖孝征数人同集谈宴。孝征善画，遇有纸笔，图写为人。顷之，因割鹿尾，戏截画人以示构，而无他意。构怆然动色，便起就马而去。举座惊骇，莫测其情。祖君寻不久悟，方深反侧，当时罕有能感此者。吴郡陆襄，父闲被刑，襄终身布衣蔬饭，虽姜菜有切割，皆不忍食，居家唯以掐摘供厨。江宁姚子笃，母以烧死，终身不忍啖灸。豫章熊康父以醉而为奴所杀，终身不复尝酒。然礼缘④人情，恩由义断，亲以噎死，亦当不可绝食也。

《礼经》：父之遗书，母之杯圈，感其手口之泽，不忍读用。政⑤为常所讲习，雠校⑥缮写，及偏加服⑦用，有迹可思者耳。若寻常坟典⑧，为生什物，安可悉废之乎？既不读用，无容散逸，惟当缄封保，以留后世耳。

思鲁等第四舅母，亲吴郡张建女也，有第五妹，三岁丧母。灵床上屏风，平生旧物，屋漏沾湿，出曝晒之，女子一见，伏床流涕。家人怪其不起，乃往抱持；荐席淹渍⑨，精神伤怛，不能饮食。将以问医，医诊脉云："肠断矣！"因尔便吐血，数日而亡。中外怜之，莫不悲叹。

《礼》云："忌日不乐。"正以感慕罔极，恻怆无聊，故不接外宾，不理众务耳。必能悲惨自居，何限于深藏⑩也？世人或端坐奥⑪室，不妨言笑，盛营甘美，厚供斋食；迫有急卒，密戚至交，尽无相见之礼：盖不知礼意乎！

【注释】

①粉墨：分别。

②斋寝：斋戒时所居之旁屋。

③镇：镇守。

④缘：根据，遵循。

⑤政：通"正"。

⑥雠校：chóu jiào 校对。

⑦服：用。

⑧典：典籍。

⑨淹渍：湿透。

⑩深藏：深居简出。

⑪奥：深，隐。

【译文】

　　凡是对于亲属的称呼，都应该严格地加以区分斟酌，不要乱用。没有教养的人，他父亲失去了父母，他便把外祖父、外祖母称作祖父、祖母，使人听到这样的称呼心中不高兴。即使当面称呼，都应该在"祖父""祖母"前加一个"外"字以示区别。父母的亲叔母，都应当在面前加上她的姓以示区别。父母的堂叔父、堂叔母以及堂祖父、堂祖母，都应当在前面加上他们（她们）的爵位和姓氏以示区别。河北一带的人士都把外祖父、外祖母称作祖父、祖母，江南一带的农村也是这样。用祖父祖母的称呼来指代外祖父、外祖母，这种做法我是不赞同的。

　　……双亲去世后，他们斋戒时所居住的房屋，儿子与媳妇不忍心进入。北朝顿丘（今河南清丰西南）人李构，在他母亲刘氏去世后，母亲生前所住的堂屋，终身锁闭，不忍心打开并进入里面。李构的母亲是南朝宋时期广州刺史刘篡的孙女，因此李构受到江南风俗礼教的熏陶。李构的父亲李奖，担任扬州刺史，镇守寿春（今安徽寿阳），遇害身亡。李构曾经与王松年、祖孝征等几个朋友聚会谈笑。孝征擅长画画，碰到有纸和笔，便在纸上画上人像，不久，便用鹿尾这种装饰品把这幅画从中间割断，然后开玩笑地把这幅被截断的画中人像拿给李构看，并没有什么别的意思。李构的脸色却变了，神情伤感，当即骑马离开了现场。座中的客人都非常吃惊，弄不清楚李构是怎么回事。祖孝征不久就醒悟过来，夜深了还在床上辗转反侧，为自己刚才的行为不安，当时很少有人能够感受到这一点。吴郡（今江苏苏州市）人陆襄，他父亲陆闲被朝廷杀害后，终身穿布衣服，吃蔬菜，遇上姜菜被刀切割过的，就不忍心吃下，平时用手掐断蔬菜代替刀切来做饭菜。江宁人姚子笃，他母亲被火烧死，便终身不忍心吃下用火烤熟的食品。豫章（古属扬州、江南一带）人熊康的父亲，因喝醉酒而被奴仆所杀，从此他终身不再喝酒。然而礼节是因体现人的感情之需要而产生的，恩情也是以是否合乎仁义作为评判标准，只要一个人的行为合乎礼节与仁义也就可以了。假如双亲因吃东西噎死了，作为子女也不应该因此而绝食。

　　《礼经》上说："父亲留下的书籍，母亲用过的杯子，感到上面有手泽、口泽，就不忍心再阅读和使用"，这正是因为父亲经常讲习，校勘抄写，以及母亲个人使用，有遗迹可供人思念的原因。如果是普遍的书籍，

国学经典文库

中华传世家训

第七编　慈孝

图文珍藏版

营生的器物，怎么敢统统废弃不用呢？既然不读不用，那也不该分散丢失，而应该封存保留以传给后代。

我长子思鲁等人的四舅母，母亲是吴郡人张建之女，手下第五个妹妹，三岁的时候母亲就去世了，母亲灵床上的屏风，生前使用过的东西，遇上屋漏被沾湿的时候，便由家人抱到屋外晒太阳。这个小女儿，一看见母亲生前用过的东西，就伏在床上痛哭流泪。家人奇怪她不起来，便走过去从床上把她抱起来，床上垫席已被泪水湿透，她本人心情过度悲伤，不能吃喝东西了。家里人要给她请医生，医生诊脉后告诉她家里人说："她的肠已经断了！"不久她就开始吐血，几天后便夭折而死。家人邻居都为她感到伤心，没有谁不悲叹。

《礼经》上说："亲人忌日不准饮酒作乐。"正是因为活着的人对死去的亲人无限思念，心情伤感，提不起兴致，所以不接待客人，不治理家里家外的事务。如果心中能怀着伤感之情思念死去的亲人，何必一定要躲在屋子里深藏起来呢？如果端坐在隐秘的房屋中，不妨也有说笑，用甘美丰盛的食品，为死者献上斋食；遇上有家人突然病亡的情况，对于亲戚和至交，就拒绝会见：这种行为就是不知礼的真正含义啊！

3. 后 娶

【题解】

在古代社会，男子娶后妻的现象比较普遍，这个问题引起颜之推的高度重视。颜之推分析了后母与前妻所生子女发生矛盾的主观及客观条件，至今具有现实的针对性。难能可贵的是，颜之推并没有因此否定"后娶"这种社会现象，而是强调前妻所生子女应用自己的行为，感化后母，使得整个家庭重新变得和睦团结，这种态度值得提倡。

【原文】

吉甫，贤父也，伯奇，孝子也，以贤父御孝子，合得终于天性，而后妻间①之，伯奇遂放②。曾参妇死，谓其子曰："吾不及吉甫，汝不及伯奇。"王骏丧妻，亦谓人曰："我不及曾参，子不如华、元。"并终身不娶，此等足以为诫。其后，假继惨虐孤遗，离间骨肉，伤心断肠者，何可胜数。慎之哉！慎之哉！

江左不讳庶孽③，丧室之后，多以妾媵终家事；疥癣蚊虻④，或未能免，限以大分，故稀斗阋之耻。河北鄙于侧出，不预人流，是以必须重娶，至于三四，母年有少于子者。后母之弟与前妇之兄，衣服饮食，爱及婚宦，至于士庶贵贱之隔，俗以为常。身没之后，辞讼盈公门，谤辱彰道路，子诬母为妾，弟黜兄为佣，播扬先人之辞迹，暴露祖考⑤之长短，以求直己者，往往而有。悲夫！自古奸臣佞妾，以一言陷人者众矣！况夫妇之义，晓夕移之，婢仆求容，助相说引⑥，积年累月，安有孝子乎？此不可不畏。

凡庸之性，后夫多宠前夫之孤，后妻必虐前妻之子；非唯妇人怀嫉妒之情，丈夫有沉惑之僻，亦事势使之然也。前夫之孤，不敢与我子争家，提携鞠养，积习生爱，故宠之；前妻之子，每居己生之上，宦学婚嫁，莫不为防焉，故虐之。异姓宠则父母被怨，继亲虐则兄弟为仇，家有此者，皆门户之祸也。

思鲁等从舅殷外臣，博达之士也。有子基、谌，皆已成立，而再娶王氏。基每拜见后母，感慕呜咽，不能自持，家人莫忍仰视。王亦悽怆，不知所容，旬月求退，便以礼遣，此亦悔事也。

《后汉书》曰："安帝时，汝南薛包字孟尝，好学笃行，丧母，以至孝闻。及父娶后妻而憎包，分出之。包日夜号泣，不能去，至被殴杖。不得已，庐于舍外，旦入而洒扫。父怒，又逐之，乃庐于里门，昏晨不废。积岁余，父母惭而还之。后行六年服，丧过乎哀⑦。既而弟子求分财异居，包不能止，乃中分其财：奴婢引其老者，曰：'与我共事久，若不能使也。'田庐取其荒顿者，曰：'吾少时所理，意所恋也。'器物取其朽败者，曰：'我素所服食，身口所安也。'弟子数破其产，还复赈给。建光中，公车特⑧征，至拜侍中。包性恬虚，称疾不起，以死自乞。有诏赐告归也。"

——《颜氏家训》

【注释】

①间：离间，吉甫后妻潜伯奇，说伯奇见她美貌，有邪念。

②放：放逐。

③庶孽：封建时代称妾所生子为庶孽。

④疥癣蚊虻：喻小病小害。

⑤祖考：祖先。

⑥引：诱引。

⑦丧：按礼制，父母死子服三年丧。

⑧特：独。

【译文】

吉甫，是位贤父。伯奇，是个孝子。以贤父来对待孝子，应该能够一直保有父子慈孝的天性，可是后妻离间，伯奇就被放逐。曾参在妻死去后，对儿子说："我比不上吉甫，你也比不上伯奇"。王骏在妻死去后，也对人说："我比不上曾参，我的儿子也比不上曾华、曾元。"两位后来都终身没有再娶。这些都足以引为鉴诫。后世那些做后母的虐待遗孤，离间骨肉，弄得伤心断肠的多得数不清。对此要小心啊！一定要小心！

江左不避忌庶孽，妻子死了以后，多由妾媵把家事管理下去。细小的纠纷，有时虽未能免除，但限于名分，斗殴争吵等事情就很少见了。北方人鄙视庶出，不让庶出进入有身份的人的行列，所以正室死了以后必须重娶，甚至重娶三四次，后母年龄有时比儿子还小的。后母生的弟弟和前妻生的兄长，在衣服饮食以及婚姻仕宦上的差别，甚至像士庶贵贱之间隔，而世俗对此习以为常。本人死亡以后，家里的人为诉讼跑穿了公门，诽谤污辱的话，路人都知道，前妻的儿子诬蔑后母为妾，后母的儿子贬斥前妻的儿子为佣，传扬先人的言语字迹，暴露了祖先的是非好坏，来使自己变得很有理，这种事情常常可以见到，真可悲啊！从古以来的奸臣佞妾，用一句话来陷害人的多得很呢。何况凭夫妇之间的情义，早晚想出各种办法来改变男人的心意，而婢仆为了讨主子的欢心，再帮着劝说引诱，积年累月，怎么还有孝子呢？对此不可以不畏惧了。

以凡人的习性，后夫多宠爱前夫的孤儿，后妻必虐待前妻的孩子。这不仅由于妇人心怀妒忌，丈夫沉迷女色；也是事势促使如此。前夫的孤儿，不敢和我的孩子争夺家业，我把他提携抚养，日久习惯生爱，因而宠他；前妻的孩子，常常处在自己所生孩子之上，无论仕宦学业婚姻嫁娶，都需要防范，因而虐待他。异姓之子受宠则父母遭怨恨，后母虐待前妻之子则兄弟成仇敌，家里有这类事情，都是门户的祸害啊。

我儿子思鲁等人的堂舅殷外臣，是一个博识通达的人，儿子殷基、殷谌都已经长大成人，可以自立了，他又娶了一位姓王的妇女来做妻子。殷基每次在拜见后母的时候，想起自己的生母就忍不住呜咽起来，不能控制住自己感情，家里的人都不忍心看着他成为这个样子。而王氏也觉得很伤感，脸色很不自然，一个月以后她便请求离开，于是，殷家便按礼节把王氏送回娘家，这的确也是一件令人懊悔的事情。

《后汉书》上记载了这么一个故事："东汉安帝年间，汝南（今河南上蔡一带）人薛包，字孟尝，为人好学，品德忠厚，母亲已经去世，薛包本人以孝敬父母而闻名远近。等到他父亲娶了后妻以后就讨厌薛包了，让薛包分家另外过日子。薛包日夜哭叫，不愿离开，以致被父亲用棍棒殴打了一通。薛包没办法，只好居住在屋外，清早起来便进入庭院、堂屋洒水扫地。薛包父亲非常生气，又把他赶出去，于是薛包只得住到附近的里巷中去，早晚仍不停止给父母亲请安问候的礼节。这样，过了一年多的时间，父母亲感到非常的惭愧，就让薛包搬回家里来住。后来薛包为去世的父母穿了六年丧服以尽孝，悲哀的程度超过了丧制。不久薛包的弟弟、侄子要求瓜分父母遗留下来的财产而分家过日子，薛包规劝不住，只好与弟弟平分财产：薛包把年老的奴婢自己主动要过来，说：'她们侍候我很久了，你不能使用。'薛包把荒废的田地和房屋要下，说：'我少年时曾经营过它们，心里放不下呢。'薛包把那些快用坏了的用器与物品归自己所有，说：'我一贯使用它们，用着舒服呢。'他的弟弟屡次败家破产，薛包总是救济和援助他。汉安帝建光年间，朝廷派公车来召他，授给他侍中的官职。薛包性情恬淡，借口有病拒绝做官，用愿老死在家的理由请求朝廷满足他的心愿。后来皇帝下诏让薛包带着官职在家养病。"

四、隋唐五代篇

宋若莘

事父母

【题解】

　　这是一篇论述女子的孝道的文章。父母养育孩子，千辛万苦，孩子对父母尽孝顺之心，是天经地义的。即使是努力侍奉父母，也难以报答父母的恩情。唐诗所谓"谁言寸草心，报得三春晖"是也。文中还抨击了那些不孝的子女的丑恶行为，为他们画像，活灵活现。我们由此很容易联想到今天，这种人至今还为数不少。提倡孝道，是中华民族的传统美德，我们应该在新的世纪里继续将它弘扬光大。

【原文】

　　女子在堂，敬重爹娘。每朝早起，先问安康，寒则烘火，热则扇凉。饥则进食，渴则进汤。父母检责，不得慌忙。近前听取，早夜思量，若有不是，改过从长。父母言语，莫作寻常，遵依教训，不可强梁①。若有不谙，细问无防。父母年老，朝夕忧惶。补联鞋袜，做造衣裳。四时八节，孝养相当。父母有疾，身莫离床。衣不解带，汤药亲尝。祷造神祇，保佑安康。设有不幸，大数身亡。痛入骨髓，哭断肝肠。劬劳罔极②，恩德难忘。衣裳装殓，持服居丧。安埋设祭，礼拜家堂。逢周遇忌，血泪汪汪。莫学忤逆，不敬爹娘。才出一语，使气昂昂。需索陪送，争竞衣装。父母不幸，说短论长。搜求财帛，不顾哀丧。如此妇人，狗彘③豺狼。

　　　　　　　　　　　　　　　　　　　　——《女论语》

【注释】

　　①强梁：强横。

　　②劬劳罔极：辛勤劳苦没有尽头。

　　③彘：猪。

【译文】

　　女子在家里的时候，一定要敬重爹娘。每天早上早早起床，先问候父母是否安康。如果他们感到寒冷，就让他们烤火；如果他们感到炎热，就为他们打扇，让他们凉快。如果他们感到饥饿，就奉进食物给他们吃；如果他们感到口渴了，就奉上热水给他们喝。父母对自己进行责备，不要慌张忙乱，走近前去，仔细听取，从早到晚都细细思量。若果自己确实有什么做得不对的地方，就赶紧改错。父母说的话，不要当作是普通平常的话语，应遵行依照他们的教训，不可强横地顶撞他们。如果有什么没弄清楚的地方，不妨再细细地向父母询问。父母年纪老了，应该时时感到忧急惶恐。为他们修鞋补袜，制作衣裳。在一年四季各种节气中，都孝顺地奉养他们。父母如果患病在床，应该殷勤侍候，一步也不离开。不解开衣带休息，送汤送药都要自己亲口先尝。虔诚地向神明祷告，希望神明保佑父母安康。万一发生了不幸，父母寿限已到，病重身亡，孝女必然会痛入骨髓，哭断肝肠。父母为了抚养子女，辛苦劳顿是难以限量的，他们的大恩大德是难以忘怀的。孝女应为他们装殓衣裳，穿上丧服守孝。把父母安埋好，摆设祭品，在家里灵堂中按礼节跪拜。每当逢上双亲的周年，忌日，不禁血泪汪汪。不要去学忤逆，对爹娘不孝敬。父母才说了她一句，她便生气发威，盛气昂昂。向父母索要陪嫁送亲的财物，在衣装上与人争竞。父母发生了不幸，还要在一旁冷言冷语，说短论长。拼命地去搜求父母遗留下来的钱财衣帛，丝毫不顾悲哀治丧。像这样的妇人，就像猪狗豺狼一样。

五、宋辽金元篇

（一）述律平

教子李胡

【题解】

述律平是辽太祖耶律阿保机的皇后，是一个很有才干的女政治家，辽太宗耶律德光死后，她想立自己疼爱的少子耶律李胡为帝，引起统治阶级内部的争战，述律平兵败屈服。她深悔平日对李胡宠爱过度，致使他成了一个极端无能的人。这是一个现实的教训，再一次说明对子女光有怜爱是不够的，更要磨炼他的能力与意志，这样他长大以后才能自立，才能成器。

【原文】

昔我与太祖爱汝异于诸子。谚云："偏怜①之子不保业，难得之妇不主家。"我非不欲汝立，汝自不能矣。

——《辽史·耶律李胡列传》

　　①偏怜：偏爱。

【译文】

　　当年我与太祖爱你不同于其他的儿子。谚语说："偏爱的儿子不能保守家业，难得的媳妇不会主理家务。"并非是我不想立你做皇帝，是你自己不能自立啊！

（二）司马光

1. 父

【题解】

　　司马光这篇文章专论为父之道。他列举古代和当时的圣贤疼爱、教育子女的故事和名言，也举出一些教养失败的例子来与之比照，从而得出结论：父母对子女不慈爱，是有罪过的，但是慈爱又要注意方法，要注意既疼爱子女，又要严格地教育他们。一味地溺爱和放纵孩子，不忍心惩罚他们，最终会使他们养成骄纵的坏毛病，长大后在社会上就会吃亏，这样其实是害了孩子。所以，在教养的过程中，要适当地使用斥责，甚至体罚的方法，以此来惩戒、规范孩子的言行。掌握好这个度是很重要的。孩子的教育要从小抓起，要防患于未然，在长期的生活中熏陶孩子，导引他向善。司马光还特别指出：后母往往会对儿子不利，做父亲的一定要谨慎，不要因为后妻进谗而厌恶，甚至伤害儿子。

▲ 司马光碑楼

【原文】

　　陈亢①问于伯鱼②曰："子亦有异闻乎？"对曰："未也。尝独立，鲤趋③而过庭。曰：'学《诗》乎？'对曰：'未也。''不学《诗》，无以言'。鲤退而学《诗》。他日又独立，鲤趋而过庭。曰：'学《礼》乎？'对曰：'未也。''不学《礼》，无以立。'鲤退而学《礼》。闻斯二者。"陈亢退而喜曰："问一得三：闻《诗》，闻《礼》，又闻君子之远其子也。"

　　曾子曰："君子之于子，爱之而勿面，使之而勿貌，遵之以道而勿强言；心虽爱之，不形于外，常以严庄莅之，不以辞色悦之也。不遵之以道，是弃之也。然强之或伤恩，故日月渐磨之也。"

　　北齐黄门侍郎颜之推《家训》曰："父子之严，不可以狎；骨肉之爱，不可以简。简则慈孝不接，狎则怠慢生焉。由命士以上，父子异宫，此不狎之道也。抑搔痒痛，悬衾箧枕，此不简之教也。"

　　石碏谏卫庄公曰："臣闻爱子，教之以义方，弗纳于邪。骄奢淫逸，所自邪也。四者之来，宠禄过也。"自古知爱子不知教，使至于危辱乱亡者，可胜数哉！夫爱之，当教之使成人；爱之而使陷于危辱乱亡，乌在其能爱子也？人之爱其子者，多曰："儿幼未有知耳，俟其长而教之。"是犹养恶木萌芽，曰"俟其合抱而伐之"，其用力顾不多哉！又如开笼放鸟而捕之，解缰放马而逐之；曷若勿纵勿解之为易也。

　　《曲礼》：幼子常视母诳。

　　立必方正，不倾听。长者与之提携，则两手奉长者之手，负剑辟咡诏之，则掩口而对。

　　《内则》：子能食食，教以右手。能言，男唯女俞。男鞶革。女鞶丝。六年，教之数与方名。七年男女不同席，不共食。八年，出入门户及即席饮食，必后长者，始教不让。九年，教之数日。十年，出就外傅，居宿于外，学书计。十有三年，学《乐》，诵《诗》，舞勺。成童舞象，学射御。

　　曾子之妻出外。儿随而啼。妻曰："勿啼，吾归为尔杀豕④。"妻归以语曾子。曾子即烹豕以食儿，曰："母教儿欺也。"

　　贾谊言："古之王者，太子始生，固举以礼。使士负之，过阙则下，过庙则趋，孝子之道也。故自为赤子而孝固已行矣。提孩有识。三公三少，固明孝、仁、礼、义，以道习之；逐去邪人，不使见恶行。于是皆选天下之端士，孝弟博闻有道术者，以卫翼之，使与太子居处出入。故太子乃生而见正事，闻正言，行正道。左右前后，皆正人也。夫习与正人居之，不能母正。犹生长于齐，不能不齐言也。习与不正人居之，不能母不正，犹生长于楚，不能不楚言也。"

　　《颜氏家训》曰：古者圣王子生孩提，师保固明仁、孝、礼、义道习之矣。凡庶纵不能尔，当及婴稚，识人颜色，知人喜怒，便加教诲，使为则为，使止则止。比及数岁，可省⑤笞罚。父母威严而有慈，则子女畏慎而生孝矣。吾见世间，无教而有爱，每不能然。饮食运为，恣其所欲，宜诫翻奖，应呵反笑，至有识知，谓法当尔。骄慢已习，方乃制之，捶挞至死而无威，愤怒日隆而增怨。逮于长成，终为败德。孔子云，"少成若天性，习惯成自然"是也。谚云："教妇初来，教儿婴孩。"诚哉斯语。

　　凡人不能教子女者，亦非欲陷其罪恶。但重于呵怒，伤其颜色，不忍

楚挞，惨其肌肤尔。当以疾病为喻：安得不用汤药针艾救之哉。又宜思勤督训者，岂愿苟虐于骨肉乎？诚不得已也。

王大司马母卫夫人，性甚严正。王在湓城为三千人将，年逾四十，少不如意，犹捶挞之。故能成其勋业。

梁元帝时，有一学士，聪敏有才，少为父所宠，失于教义。一言之是，遍于行路，终年誉之；一行之非，掩藏文饰，冀其自改。年登婚宦，暴慢日滋，竟以语言不择，为周逖抽肠衅鼓云。

然则爱而不教，适所以害之也。传称鸤鸠之养其子，朝从上下，暮从下上，平均如一。至于人或不能然。记曰：父之于子也，亲贤而下无能。使其所亲果贤也，所下果无能也，则善矣。其溺于私爱者，往往亲其无能而下其贤。而祸乱由此而兴矣。

《颜氏家训》曰："人之爱子，罕亦能均，自古及今，此弊多矣。贤俊者自可赏爱，顽鲁者亦当矜怜。有偏宠者，虽欲以厚之，更所以祸之。其叔之死，母实为之。赵王之戮，父实使之。刘表之倾宗覆族，袁绍之地裂兵亡，可谓灵龟明鉴。"此通论也。

曾子出其妻，终身不娶妻。其子元请焉。曾子告其子曰："高宗以后妻杀孝己，尹吉甫以后妻放伯奇。吾上不及高宗，中不比吉甫，庸知其后免于非乎？"

后汉尚书令朱晖，年五十失妻，昆弟欲为继室。晖叹曰："时俗希不以后妻败家者。"遂不娶。今之人，年长而子孙具者，得不以先贤为鉴乎？

《内则》曰："子妇未孝未敬，勿庸疾怨，姑教之。若不可教，而后怒之；不可怒，子放妇出，而不表礼焉。"

君子之所以治其子妇，尽于是而已矣。今世俗之人，其柔懦者，子女之过尚小，则不能教而嘿藏之；及其稍著，又不能怒而心恨之；至于恶积罪大，不可禁遏，则暗鸣郁悒，至有成疾而终者。如此有子不如无子之愈也。其不仁者，则纵其情性残忍暴戾，或听后妻之谗，或用嬖宠之计，捶扑过分，弃逐冻馁，必欲置之死地而后已。《康诰》称："子弗祗⑥服厥⑦父事，大伤厥考心，于父不能字厥子，乃疾厥子"，谓之元恶，大憝⑧。盖言不孝不慈，其罪均也。

【注释】

①陈亢：孔子弟子。

②伯鱼：孔子子孔鲤。

③趋：小步快走。

④豕：shǐ 猪。

⑤省：减少。

⑥祗：敬。

⑦厥：其。

⑧憝：duì 罪。

【译文】

　　陈亢问孔子的儿子孔鲤说："你应该能听到别人不能听到的道理吧？"孔鲤回答说："没有。我父亲曾经独自站着，我小步从厅堂走过。父亲问我：'你学了《诗》吗？'我说：'没有。''不学《诗》，就没有办法言语。'于是我退下去学《诗》。过了些日子，我父亲又独自站着，我小步从厅堂走过。父亲问我：'你学了《礼》吗?，我回答说：'没有。''不学《礼》，没有办法立身。'于是我退下去学《礼》。我就从父亲那儿学到了这两个道理。"陈亢回去，高兴地说："我问了一个问题，却明白了三个道理：听说了《诗》，听说了《礼》，又知道了君子对他儿子的严肃态度。"

　　曾子说："君子对于他的儿子，怜惜他却不要当着他的面表现出来，支使他而不要表现在外，让他遵行道理，不要对他强辩。心里虽然喜爱他，却不在外面表现出来，对他端庄严肃，不要在言辞脸色上让他高兴。不让他遵循道理，就是遗弃他。然而强迫他有时又会伤害父子的感情，所以应该在漫长的岁月中慢慢感化教育他。"

　　北齐的黄门侍郎颜之推在他的《颜氏家训》中说："父子之间的尊严，是不可以用过分亲热去损坏的。骨肉之间的疼爱，又不可以简慢。简慢就会使孝慈之心不能接续，过分亲热又会造成怠慢不敬。从有官爵的士以上，父子不住在同一间屋子里，这就是不造成过分亲热的方法。子女为父母搔痒抚痛，叠被收枕，这就是不简慢的教育。"

　　石碏向卫庄公进谏说："臣听说爱惜自己的儿子，要教他正义的规矩，不要让他走进邪路。骄横、奢侈、放荡、安逸，这是来源于邪恶的东西。这四种东西一到来，就骄宠过分了。"自古以来，知道疼爱儿子却不知道教诲他，以致使他到了危险、耻辱、祸乱甚至灭亡的地步的例子，难道还少吗？爱惜他，就应该教导他使他成人；疼爱他却使他陷入危险的耻辱，祸乱灭亡的境地，哪里是善于疼爱儿子？人们爱护他们的儿子，常常说："孩子年幼，不懂事，等他长大以后我再教育他。"这样做就像栽种一种品质恶劣的树木，让它发了芽，却说"等它长到合抱那么粗的时候，我就把它砍下来。"这样花的冤枉力气岂不是太多了吗？又比如打开笼子将鸟放出去，然后又去捕捉它；解开缰绳把马放跑，然后又去追逐它。这哪里比得上不放纵、不解开那么容易呢？

　　《礼记·曲礼》说："小孩子不懂事的时候，就应该常常向他展示正确的行为和道理，不要欺骗他们。"

　　站立的姿势一定要端方正直，不侧耳而听。搀扶长者的时候，应该用两只手捧着长者的手。抱着小孩侧过头与人谈话，就应该掩住嘴巴回答。

《礼记·内则》说："孩子能吃饭的时候，教他用右手夹筷子。在孩子会说话了时，教他们在回答问题时，男孩说'唯'，女孩说'俞'。装佩巾的囊袋，男孩用皮革的，女孩用丝织的。在孩子六岁的时候，教他数数和方向的名称。孩子七岁的时候，男女不同坐在一块席上，不在一起吃饭。八岁的时候，在他们出入家门和就坐饮食的时候，都一定要在长者之后，开始教他们谦让。九岁的时候，教他们计算日期。十岁的时候，让他们跟从外面的老师，住宿也在外面，学习文字和算术。十三岁的时候，学习《乐》，诵读《诗》，学跳勺舞。十五岁的成童跳象舞，学习射箭和驾车。"

曾子的妻子外出，儿子随之就啼哭。她对儿子说："你不要哭，我回来杀猪给你吃。"妻子回来后，把这样事情告诉了曾子。曾子当即杀猪弄熟给儿子吃，说："不要教儿子学会欺骗。"

贾谊说："古代做君王的，太子刚生下来，一定要行把他举起来的礼节。让士背负着，经过宫阙就从下面走过，经过庙宇就小步走过，这是孝子之道。所以从婴儿刚刚出生，教育就已经开始施行了。小孩子是有一定智识的。太师、太傅、太保这"三公"和少师、少傅、少保这"三少"，就已阐明孝、仁、礼、义，用它们来引导太子，让他学习。驱逐开邪僻之人，不让太子看到邪恶的行为。于是选择天下端方正直之士，有孝悌之德，见闻广博有学问的人，来辅佐太子，让他们与太子一齐起居，相随出入。所以太子一生下来就看见正确的事情，听到正当的言语，走正直的道路。在他的左右前后，都是正人君子。长期与正人君子生活在一起，也就不可能不正直。也就像生长于齐国，不可能不说齐国话。长期与不正经的人生活在一起，也就不可能会正经，就像生长于楚国，不可能不说楚国话一样。"

《颜氏家训》说："古代圣王在出生后的孩提时代，三公三少便已经阐明仁、孝、礼、义以引导他学习了。平常百姓纵使不能这样，也应该在孩子的婴儿和幼稚时代，在他能够看到别人的脸色，就知道别人的喜怒的时候，就开始对他加以教诲，让他做就做，让他停就停。到了几岁的时候，就可以让他们领略责打惩罚的滋味。父母威严而有慈爱，则子女畏惧谨慎而产生了孝心。我看那世间，没有教诲，只有溺爱，常常不能像我上面所说的那样。喝水吃饭，运动作为，都放纵孩子的欲望，本来应该警告的却反而奖励，本来应该呵责的却反而一笑了之。等孩子开始懂事的时候，便会以为行为的方法本来就该是那样。骄纵怠慢已经成为习惯，才开始去制止他，就是把他痛打至死也显不出威严，只能使他对父母的愤怒日益深重，逐渐增长怨恨之心。到他长大成人，最终会成为品德败坏的人。孩子说：'少小的时候形成的，就像天性一样；久已习惯的事情，也就成为自然而然的了。'就是说的这个。谚语说：'教导儿媳，要从她刚嫁到家里来

的时候就开始；而教育子女，就要从他们还是婴孩的时候就开始。'这话确实说得对啊！"

"大凡人们不能教育子女的，也并不是想要让他们陷入罪恶。但是在呵斥怒责的使用上非常慎重，因为心疼看到他们的脸色；更加不忍心用木杖去责打他们，因为害怕他们受皮肉之苦。我们可以用疾病来做一个比喻：哪里能不用汤药、针灸就能治好病的呢？又应该想想那些勤于督导教训孩子的人，哪里会愿意苛刻虐待自己的亲生骨肉呢？实在是不得已啊"。

"大司马王僧辩的母亲卫夫人，性格十分严正。王僧辩在溢城时是三千人的统帅，年纪已到四十多岁，可是卫夫人对他稍不满意，还是责打他。所以王僧辩能够成就他的功业"。

"梁元帝时，有一个学士，聪敏有才，但从小为父亲所宠爱，失于教义。他说了一句正确的话，他的父亲便遍告行路之人，终年对此赞不绝口。而他如做了一件错事，他的父亲却又为他遮藏掩饰，仅仅希望他自己改正。他到了结婚和做官的年龄，他的凶暴苛慢日益滋长，竟然因为口不择言，被周逖开肠破肚来衅鼓。"

所以溺爱而不教育孩子，恰恰足以害了他。相传布谷鸟喂养它的孩子，早上从上喂到下，晚上从下喂到上，平均如一。至于人，却有的不是这样。《礼记》说：父亲对于儿子，亲爱贤良的而轻视无能的，如果他所亲爱的儿子确实贤良，所轻视的儿子确实无能，那就好了。那些过分地以个人好恶疼爱孩子的人，往往亲爱无能的孩子而轻视贤良的孩子。那么祸乱也就由此而兴起了。

《颜氏家训》说："人们疼爱子女，很少有能够平均的，自古及今，这个弊病太多了。贤明俊达的孩子自然可以欣赏疼爱，顽劣鲁钝的孩子也应该怜悯爱惜。如果偏于宠爱某一个，虽然是想厚待他，其实更是祸害他。春秋时郑国共叔段之死，其实是他母亲造成的。西汉初年赵王如意被吕后杀死，其实也是他的父亲汉高祖刘邦造成的。三国时刘表死后宗族倾覆，袁绍死后地方分裂，军队败亡，都是因为宠子作乱，这可以说是历史的明鉴了。"这是很通达正确的议论啊。

曾子将妻子休弃后，终身不再娶妻。他的儿子曾元请求他续娶。曾子告诉他说："殷高宗因为听信后妻之言而杀了自己的好儿子孝己，尹吉甫也因为后妻的缘故流放了儿子伯奇。我上比不了高宗，中比不了尹吉甫，哪里知道续娶之后能免于犯错误呢？"

后汉的尚书令朱晖，五十岁的时候死了妻子。他的兄弟想为他续娶一个。朱晖叹息着说："当今世上，很少有不因为娶了后妻而败家的。"所以就不再娶妻。今天的人们，年纪大了而已有了子孙的，难道不应该以这些先代的贤人为借鉴吗？

《礼记·内则》说："儿子不孝，媳妇不敬，用不着怨恨他们，姑且教导他们。如果教不过来，然后就责怒他们。责怒后却仍不悔改的，是儿子就把他驱逐出家，是媳妇就把她休掉，但仍然不张扬他们犯礼的过错。"

君子对待他的儿子、媳妇的态度方法，都已经在这里了。今天世俗上的人，其中有些柔弱怯懦的，在儿子、媳妇的过错还很小的时候，不能教诲他们，而只是把这些事悄悄地隐藏起来；到了他们的过错逐渐显著的时候，又不能责怒他们，只是在心中怨恨；等到他们的罪恶积得很大了的时候，他已经没有办法去禁遏阻止了，于是悲咽忧郁，甚至有因此告病而死的。像这样有儿子就还不如没儿子好一些。而有些不仁之人，又放纵自己的性情，残忍暴戾，或者听信后妻的谗言，或者用自己宠爱的人的计策，对儿子毒打过分，把他赶出家门，让他受饥挨饿，必欲将他置于死地，才停止下来。《康诰》说："做儿子的不恭敬地按照他父亲的要求做事，就会大伤他父亲的心；做父亲的不能爱怜儿子，反而痛恨儿子"，把这两种情况都称作是"罪大恶极"。也就是说对父母不孝和对子女不慈，罪过是一样的。

2. 母

【题解】

司马光以其渊博的历史知识，从史传材料中摘取精当、可靠的内容，比较全面地分析了做母亲的规范。有少量内容，在本书前面已涉及。但司马光的每一个例子都有他的用意，编者为让读者得窥全貌，没有对这些内容加以删节。对司马光因为历史局限而采用的、在今天看来已不合适的材料和观点，也予以保留。

讲母亲实际上也就是讲如何爱护和教育孩子。因此，司马光首先反对溺爱孩子，这是他的一个基本出发点。然后讲胎教；讲孟母三迁——注意孩子的习染；讲到母亲对后来功成名就的孩子各个方面的教育、鼓励、爱护。最后讲到继母问题，讲到如何教育女儿的问题。这一篇内容丰富，形象生动，很富有感染力。

【原文】

为人母者，不患不慈，患于知爱而不知教也。古人有言曰："慈母败子。"爱而不教，使沦于不肖，陷于大恶，入于刑辟，归于乱亡。非他人败之也，母败之也。自古及今，若是者多矣，不可悉数。

周大任之娠文王也，目不视恶色，耳不听淫声，口不出傲言。文王生而明圣，卒为周宗。君子谓大任能胎教。古者妇人任子，寝不侧，坐不边，立不跸①，食不邪味，割不正不食，席不正不坐，目不视邪色，耳不听淫声，夜则令瞽②诵诗道正事。如此，则生子形容端正，才艺博通矣。彼子尚未生也，固已教之，况已生乎？

孟轲之母，其舍近墓。孟子之少也，嬉戏为墓间之事，踊跃筑埋。孟母曰："此非所以居之也。"乃去。舍市傍，其嬉戏为衒卖之事。孟母又曰："此非所以居之也。"乃徙舍学宫之傍，其戏乃设俎豆，揖让进退。孟母曰："此真可以居子矣。"遂居之。孟子幼时，问东家杀猪何为？母曰："欲啖③汝。"既而悔曰："吾闻古有胎教，今适有知而欺之，是教之不信。"乃买猪肉食。既长就学，遂成大儒。彼其子尚幼也，固已慎其所习，况已长乎？

汉丞相翟方进继母，随方进之长安，织履以资方进游学。

晋太尉陶侃，早孤，贫，为县吏。番阳孝廉范逵常过侃。时仓卒无以待宾，其母乃截发，得双髲④以易酒肴。逵荐侃于庐江太守，召为督邮，由此得仕进。

后魏钜鹿魏缉母房氏，缉生未十旬，父溥卒，母鞠育不嫁，训导有母仪法度。缉所交游有名胜者，则身具酒馔；有不及己者，辄屏卧不餐，须其悔谢，乃食。

唐侍御史赵武孟，少好田猎，尝获肥鲜以遗母。母泣曰："汝不读书而田猎，如是，吾无望矣。"竟不食其膳，武孟感激勤学，遂博通经史，举进士，至美官。

天平节度使柳仲郢母韩氏，常粉苦参黄连，和以熊胆，以授诸子。每夜读书，使噙之以止睡。

太子少保李景让，母郑氏性严明，早寡，家贫，亲教诸子。久雨，宅后古墙颓陷，得钱满缸。奴婢喜，走告郑。郑焚香祝曰："天盖以先君余庆，愍妾母子孤贫，赐以此钱。然妾所愿者，诸子学业有成，他日受俸，此钱非所欲也。"亟⑤命掩之。此唯患其子名不立也。

齐相田稷子，受下吏钱百镒，以遗其母。母曰："夫为人臣不忠，是为人子不孝也。不义之财，非吾有也；不教之子，非吾子也。子起矣。"稷子遂惭而出，反其金，而自归于宣王请就诉。宣王悦其母之义，遂赦稷子之罪，复其位，而以公金赐母。

汉京兆尹隽不疑，每行县录囚徒还，其母辄问不疑有所平反，活⑥几人耶？不疑多有所平反，母喜笑，为饮食，言语异于它时。或亡所出，母怒为不食。故不疑为吏，严而不残。

吴司空孟仁，尝为监鱼池官，自结网捕鱼，作鲊寄母。母还之曰："汝为鱼官，以鲊寄母，非避嫌也！"

晋陶侃为县吏，尝监鱼池。以一坩⑦鲊遗母，母封鲊责曰："尔以官物遗我，不能益我，乃增吾忧耳。"

隋大理寺卿郑善果母翟氏，夫郑诚讨尉迟迥战死，母年二十而寡，父欲夺其志。母抱善果曰："郑君虽死，幸有此儿。弃儿为不慈，背死夫为无礼。"遂不嫁。善果以父死王事，年数岁，拜持节大将军。袭爵开封县公。年四十，授沂州刺史，寻为鲁郡太守。母性贤明，有节操，博涉书史，通晓政事。每善果出听事，母辄坐胡床于郭后察之。闻其剖断合理，归则大悦，即赐之坐，相对谈笑；若行事不允，或妄嗔怒，母乃还堂蒙袂而泣，终日不食。善果伏于床前，不敢起。母方起，谓之曰："吾非怒汝，乃渐汝家耳。吾为汝家妇，获奉洒扫，知汝先君忠勤之士也，守官清恪，未尝问私，以身殉国，继之以死，吾亦望汝副其此心。汝既年小而孤，吾寡耳，有慈无威，使汝不知礼训，何可负荷忠臣业乎？汝自童稚袭茅土，汝今位至方岳，岂汝身致之邪？不思此事，而妄加嗔怒，心缘骄乐，堕于公政，内则坠尔家风，或失亡官爵，外则亏天子之法，以取辜戾。吾死日，何面目见汝先人于地下乎？"母恒自纺绩，每至夜分而寝。善果曰："儿封侯开国，位居三品秩奉幸足，母何自勤如此？"答曰："吁，汝年已长，吾谓汝知天下理。今闻此言，故犹未也。至于公事，何由济乎？今此秩俸，乃天子报汝先人之殉命也，当散赡六姻，为先君之惠，奈何独擅其利，以为富贵乎？又丝枲纺绩，妇人之务。上自王后，下及大夫士妻，各有所制。若堕业者，是为骄逸。吾虽不知礼，其可自败名乎？"自初寡，便不御脂粉，常服大练。性又节俭，非祭祀宾客之事，酒肉不妄陈其前。静室端居，未尝辄出门阁。内外姻戚有吉凶事，但厚加赠遗，皆不诣其门。非自手作及庄园禄赐所得，虽亲族礼遗，悉不许入门。善果历任州郡，内自出馔于衙中食之。公廨所供，皆不许受，悉用修理公宇及公僚佐。善果亦由此克己，号为清吏，考为天下最。

唐中书令崔玄暐，初为库部员外郎。母卢氏尝戒之曰："吾尝闻姨兄辛玄驭云：'儿子从官于外，有人来言其贫窭⑧不能自存，此吉语也；言其富足，国马轻肥，此恶语也。'吾尝重其言。比见中表仕宦者，多以金帛献遗其父母。父母但知忻悦，不问金帛所从来。若以非道得之，此乃为盗而未发者耳，安得不忧而更喜乎？汝今坐食俸禄，苟不能忠清，虽日杀三牲，吾犹食之不下咽也。"玄暐由是以廉谨著名。

李景让宦已达，发班白，小有过，其母犹挞之。景让事之，终日常兢兢。及为浙西观察史，有左右都押牙忤景让意，景让杖之而毙。军中愤怒，将为变。母闻之。景让方视事，母出，坐厅事，立景让于庭下而责之曰："天子付汝以方面，国家刑法，岂得以为汝喜怒之资，妄杀无辜之人乎？万一致一方不宁，岂唯上负朝廷，使垂老之母衔羞入地，何以见汝先人乎？"命左右褫⑨其衣，坐之，将挞其背。将佐皆至，为之请。不许。将佐拜且泣，久乃释之。军中由是遂安。此唯恐其子之入于不善也。

汉汝南功曹范滂，坐党人，被收。其母就与诀曰："汝今得与李杜齐名，死亦何恨？既有令名，复求寿考，可兼得乎？"滂跪受教，再拜而辞。

魏高贵乡公将讨司马文王,以告侍中王沈、尚书王经、散骑常侍王业,沈、业出走告文王,经独不住。高贵乡公既薨,经被收,辞母。母颜色不变,笑而应曰:"人谁不死,但恐不得死所。以此并命,何恨之有?"

唐相李义甫声横,侍御史王义方欲奏弹之,先白其母曰:"义方为御史,视奸臣不纠则不忠,纠之则身危而忧及于亲,为不孝。二者不能自决,奈何?"母曰:"昔王陵之母,杀身以成子之名。汝能尽忠以事君,吾死不恨。"此非不爱其子,唯恐其子为善之不终也。然则为人母者,非徒鞠育其身,使不罹⑩水火,又当养其备,使不入于邪恶,乃可谓之慈矣。

汉明德马皇后无子,贾贵人生肃宗。显宗命后母养之,谓曰:"人未必当自生子,但患爱养不至耳。"后于是尽心抚育,劳瘁过于所生。肃宗亦孝,性淳笃。恩性天至,母子慈爱,始终无纤价之间⑪。古今称之,以为美谈。

隋番州刺史陆让母冯氏,性仁爱,有母仪。让即其孽子⑫也。坐赃当死,将就刑,冯氏蓬头垢面,诣朝堂数让罪。于是流涕呜咽,亲持杯粥劝让食。继而上表求哀,词、情甚切。上愍然为之改容。于是集京城士庶于朱雀门,遣舍人宣诏曰:"冯氏以嫡母之德,足以世范。慈爱之道,义感人神,特宜矜免,用奖风俗;让可减死,除名。"复下诏褒美之,赐物五百假,集命妇与冯相识,以旌宠异。

齐宣王时,有人斗死于道,吏讯之。有兄弟二人立其旁,吏问之。兄曰:"我杀之。"弟曰:"非兄也,乃我杀之。"期年,吏不能决。言之于相,相不能决。言之于王,王曰:"今皆舍之,是纵有罪也;皆杀之,是诛无辜也。寡人度其母能知善恶,试问其母,听其所欲杀活。"相受命,召其母问曰:"母之子杀人,兄弟欲相代死,吏不能决,言之于王,王有仁惠,故问母,何所欲杀活?"母泣而对曰:"杀其少者。"相受其言,因而问之曰:"夫少子者,人之所爱。今欲杀,何也?"其母曰:"少者,妾之子也。长者,前妻之子也。其父疾且死之时属⑬于妾:'善养视之。'妾曰:'诺。'今既受人之托,许人以诺,岂可忘人之托而不信其诺耶?且杀兄活弟,是以私爱废公义也。背言忘信,是欺死者也。失言忘约,已诺不信,何以居于世哉!予虽痛子,独谓行何?"泣下沾襟。相入,言之于王。王美其义高其行,皆赦,不杀其子,而尊其母,号曰"义母"。

魏芒慈母者,孟杨氏之女,芒卯之后妻也,有三子。前妻之子有五人,皆不爱慈母。遇之甚异犹不爱慈母。乃令其三子,不得与前妻之子齐,衣服饮食进退起居甚相远,前妻之子犹不爱。于是,前妻中子犯魏王令当死。慈母忧戚悲哀,带围减尺,朝夕勤劳以救其罪。有人谓慈母曰:"子不爱母至甚矣,何为忧惧勤劳如此?"慈母曰:"如妾亲子虽不爱妾,妾犹救其祸而除其害,独假子而不为,何以异于凡人?且其父为其孤也,使妾而继母。继母知母，为人母而不能爱其子，可谓慈乎？亲其亲而偏其假，可谓义乎？不慈且无义，何以立于世？彼虽不爱妾，妾何以忘义乎？"遂讼之。魏安厘王闻之，高其义。曰："慈母如此，可不赦其子乎？"乃赦其子而复其家。自此之后，五子亲慈母，雍雍若一。慈母以礼义渐之，率导八子，咸为魏大夫卿士。

汉安众令汉中程文矩妻李穆姜，有二男，而前妻四子，以母非所生，憎毁日积。而穆姜慈爱温仁，抚字益隆，衣食资供，皆兼倍所生。或谓母曰："四子不孝甚矣，何不别居以远之？"对曰："吾方以义相导，使其自迁善也。"及前妻长子兴疾困笃，母侧隐，亲自为调药膳，恩情笃，兴疾久乃瘳⑭。于是呼三弟谓曰："继母慈仁，出自爱。吾兄弟不识恩养，禽兽其心，虽母道益隆，我遭过恶亦已深矣。"遂将三弟诣南郑狱，陈母之德，状己之过，乞就刑辟。县言之于郡，郡守表异其母，蠲除家徭，遣散四子，许以修革。自后训导愈明，并为良士。

今之人，为人嫡母而疾其孽子，为人继母，而疾其前妻之子者，闻此四母之风，亦可以少愧矣。

鲁师春姜嫁其女，三往而三逐。春姜问其故，以轻侮其室人也，春姜召其女而答之曰："夫妇人以顺从为务。贞悫⑮为首。今尔骄溢不逊以见逐，曾不悔前过，吾告汝数矣，而不吾用，尔非吾子也。"答之百而留之。三年，乃复嫁之。女奉守节义，终知为妇人之道。今之为母者，女未嫁不能诲也；既嫁为之援，使挟己以凌其婿家；及见弃逐，则与婿家斗讼，终不自责其女之不令也。如师春姜者，岂非贤母乎？

【注释】

①跸：bì 单足站立。

②瞽：瞎子。

③啖：dàn 让……吃。

④髲：bì 假发。

⑤亟：急。

⑥活：救活。

⑦坩：gān 盛物器皿。

⑧贫窭：jù 缺乏。

⑨裼：chǐ 剥掉衣服。

⑩罹：lí 遭受。

⑪间：jiàn 嫌隙。

⑫孽子：妾所生之子。

⑬属：通'嘱'。

⑭瘳：chōu 病好了。

⑮贞悫：què 诚实，谨慎

【译文】

做人母亲的，不怕她不慈爱，而是怕她只知慈爱而不知教育。古人有言："慈母使儿子败坏。"溺爱孩子而不教育，使他最后沦落于不孝，陷入于大罪大恶，遭到刑法的惩罚，最后归于祸乱灭亡。并不是别人败坏了孩子，而正是母亲自己败坏了他啊！从古到今，这样的情况太多了，数不胜数。

周族的太任在怀上了周文王的时候，眼睛不看丑恶的颜色，耳朵不听淫靡的声音，口中不说不严肃的话。周文王一生出来就聪颖圣明，终于成了周朝的创建者。君子们认为太任善于胎教。古时妇人怀了孩子，不侧着身体寝卧，也不侧着身体坐，不用单脚站立，不吃邪异的味道，连形状切割得不方正的菜肴都不吃，席子没摆正，不坐在上面，眼睛不看邪恶的颜色，耳朵不听淫靡的声音，晚上则让乐官诵《诗》，谈论正事。像这样做，生下的孩子形体容貌都是端正，长大后能够多才多艺，见闻广博。那孩子还没生出来，就已经开始教他了，何况已经生出来之后呢？

孟轲和母亲，住的地方靠近墓地。孟子小的时候，嬉戏玩耍的事情，多和墓地有关，争先恐后地做筑坟埋人的游戏。孟母说："这地方不能居住。"于是迁走。第二次住的地方在市场附近，孟子嬉戏玩耍，就做衒耀货物买卖商品的游戏。孟母说："这地方不能居住。"于是把家搬到学校附近。孟子嬉戏玩耍，就做摆设祭物祭品学做种种礼节的游戏。孟母说："这个地方才可以让我孩子居住。"于是在那里定居下来。孟子小的时候，问"东边邻居家在杀猪，要做什么？"孟母说："要给你吃。"说完就后悔了，说："我听说古代怀孕时就有胎教了，现在孩子刚刚懂事，如果我欺骗他，就是教他不守信用。"于是买来猪肉让孟子吃。孟子长大后读书，终于成为一代大儒。孟母在孩子尚小时，就已经很慎重地对待孩子的习染，何况孩子长大后呢？

汉朝丞相翟方进的继母，随翟方进到长安，靠编织鞋子来资助翟方进四处求学。

东晋太尉陶侃，很早就成为孤儿，家里贫困，做县里的小吏。番阳孝廉范逵曾经去拜访他。当时家里仓促之间没有东西招待客人，陶侃母亲于是剪下头发，可做成两套假发，拿去交换了酒肴。范逵向庐江太守推荐了陶侃，太守召陶侃做了督邮，从此登上了仕途。

北魏时期钜鹿人魏缉的母亲房氏，在魏缉生下来未满十旬时，丈夫魏溥就死了。房氏抚养魏缉，没有再嫁，她训诫教导魏缉，很有母亲的风范，讲究方法。魏缉交结的朋友如果是名流才士，她就亲自准备酒饭；如果魏缉结交了大不如己的朋友，房氏就避开睡觉，一定要魏缉悔恨谢罪，才吃饭。

唐朝侍御史赵武孟，小时候喜欢打猎，有一回打到了肥美鲜活的猎物送给母亲。母亲哭着说："你不读书却去打猎，要这样的话，我就没有指望了。"终究不吃猎物做的食品。赵武孟感愧激动，发奋读书，终于在经史方面博学贯通，考上进士，做了高官。

天平节度使柳仲郢的母亲韩氏，常常把苦参黄连捣成粉，掺和了熊胆，拿给孩子们吃。孩子们每夜读书，韩氏叫他们嚼在嘴里来防止打瞌睡。

太子少保李景让的母亲郑氏，性情严肃、明白事理，很早就守寡，家里又贫穷，她亲自教育孩子们。有次下了很久的雨，住宅后面的古墙倒了，得到了满满一缸子的钱。奴婢们大喜，跑来告诉郑氏。郑氏焚香祷祝道："大概是上天因为先夫留下的恩泽，可怜我母子孤单贫困，赐给我们这些钱。但是我所盼望的，是孩子们学业有成，将来得到俸禄。这些钱，我不想要。"说完赶紧叫人把钱埋了。她担心的只是自己孩子的功名不成就啊。

齐国的宰相田稷子，接受了手下人送的一百镒钱，拿来给母亲。母亲说："做人的臣子不忠，就是做人的儿子不孝。不义之财，不属于我；不孝之子，不是我的儿子。你走吧。"田稷子于是惭愧退出，把钱还给了手下人，而自己到齐宣王那里投案自首，请求受诛。齐宣王对田母的大义感到很高兴，于是赦免了田稷子的罪，恢复了他的职位，并且拿官府的钱赏赐田母。

汉朝京兆尹隽不疑，每次到县里审查囚徒冤否后回来，他母亲就会问是否为人平了反，救活了几个人？不疑平反的人多，母亲就喜笑颜开，吃饭、说话，和平时大不相同。如果没有为人平反开脱，母亲就怒而不食。因此隽不疑做官严厉却不凶残。

吴国司空孟仁，曾经做监管鱼池的官，自己结网捕了鱼，做成腌鱼寄给母亲。母亲退还给了他，说："你做鱼官，却寄腌鱼给我，这不是避嫌的办法。"

东晋陶侃做县里的小吏时，曾经监管鱼池。他把一罐子腌鱼送给母亲。母亲封闭了罐子不动，责备陶侃说："你把公家的东西送给我，对我没有什么好处，只是增加我的忧虑罢了。"

隋代大理寺卿郑善果的母亲翟氏，丈夫郑诚在讨伐尉迟迥时战死，才二十岁就守了寡。翟父想要她改嫁。翟氏抱着郑善果说："夫君虽然死了，幸亏我还有这孩子。丢掉孩儿就是不慈，背弃死了的夫君就是无礼。"于是不改嫁。善果由于父亲是为国事而死，才几岁就被拜为持节大将军，承袭了开封县公爵位。四十岁时，被任命为沂州刺史，不久转为鲁郡太守。

母亲贤淑，明白事理，广博地涉猎了经史书籍，通晓政事。每次郑善果在公堂上审理事情，母亲就坐在屏障背后的胡床上听。听到善果分析判断合理，回家后便大喜，赏善果坐下，母子相对谈笑；如果善果处理公事不恰当，或者无端对人发怒，回到家里，母亲就用袖子蒙脸而哭，整天不吃饭。善果跪伏在床前，不敢起来。母亲起床对善果说："我不是恨你，只是为你家惭愧罢了。我做你家的媳妇，能够做一些家事，知道你先父是一个忠诚勤劳的人，做官清正谨慎，不曾顾私人利益，全身心忠于国事，最后为国而事。我也希望你不辜负他的这片心意。你小小年纪就失去父亲，我一个寡妇人家，只有慈爱，没有威严，使得你不知道礼义方面的训诫。你怎么能肩负起忠臣的事业？你从小就继承了父亲的爵位，现在做独镇一方的大臣，哪里是你自己获得的？不想想这些，却无端对人发怒，只是由于内心骄傲，只图快意，公家的政事都搞坏了。于内败坏了你的家风，或者有可能失去官爵，于外亏蔽了天子的法令，将会自取罪责。我死的那天，有什么脸到地下去见你的父亲？"翟氏还长期自己纺织，常常到了深夜才就寝。善果说："孩儿我开国封侯，爵位已至三品，俸禄幸好还充足，母亲何必自己如此劳累？"翟氏回答说："唉！你已长大了，我还以为你懂得了天下的事理。现在听你说这话，才知道你还没有。联想到公事，你怎么能做好？你现在的俸禄，是天子因你先父为国殉命给的报酬，本当散发了给亲戚们，作为你先父给大家的好处。为什么你独自占有了，还要以为自己富贵？而且纺织丝麻，是妇女的本职。上自王后，下至大夫和士的妻子，各有一个制度。如果放弃了本职，就是骄奢逸乐。我虽然不知礼，难道会自败名声吗？"翟氏从初寡开始，就不再用脂粉，常常穿着白衣。生性又节俭，如果不是祭祀祖先、宴聚宾客，酒肉之类是不随意设置的。在静室里端坐，不曾轻易出过家门。内外亲戚有吉凶事情，只是多多加以赠送，一概不登门。不是自己做的、庄园里收获的、朝廷给的俸禄赏赐，一概不许拿入家门，即使是亲戚送礼也不行。郑善果历任州郡大官，都是从家里带饭到官衙去吃。官署提供的东西，母亲都不让接受。全部用来修理公家房屋和分给同事。善果也因为母亲的教导，克己奉公，人称清吏。朝廷考查，评为天下之最。

唐代中书令崔玄暐，最初做库部员外郎。母亲卢氏曾告诫他说："我曾经听表兄辛玄驭说过：'儿子在外做官，如果有人来说他穷得不能生存了，这是好话。如果说他富裕丰足，轻车肥马，这反是不吉利的话。'我很看重辛玄驭的这句话。最近看到亲戚中做官的人，把很多金帛呈奉给父母。父母只知道高兴，也不问问金帛从何而来。如果是用不正当的手段得到的，就只不过是做了强盗，还没被发现罢了，怎能不忧虑反而却高兴呢？你现在坐吃朝廷俸禄，假如不能忠心、清廉，你就是每天杀了三牲给我吃，我也会哽在喉生，吞不下去！”崔玄晔因为母亲的劝导，以清廉谨慎闻名天下。

李景让官已做大了，头发都斑白了，有点小小过失，母亲还要打他。景让侍奉母亲，整天总是战战兢兢。等他做浙西观察使时，有左右都押牙违反了他的意旨，被景让用杖打死。士兵们很愤怒，将要发起兵变。母亲听说了这件事情。正当景让处理公务的时候，母亲走出来，坐在厅堂上，让景让站到庭下，责备他说：“天子把一方的权力交给你，国家的刑法，怎能被你用来发泄个人的喜怒、妄杀无辜的人？万一致使一方不安宁，哪里只是上负朝廷？你让我这垂死之人蒙羞到地下，哪里有脸见你先父？”母亲命令左右的人脱掉景让的衣服，判了他的罪，要打他的背。将佐们都来了，为景让求情。母亲不答应。将佐们下拜，哭泣，过了很久才放掉景让。军队于是安定下来。这是做母亲的，唯恐孩子陷入不善啊。

东汉汝南功曹范滂，因被列入党人集团获罪，被逮捕。他母亲和他告别时说：“你现在能和李膺、杜密这样的人齐名，死了还有什么遗憾？既有美好的名声，又追求长寿，哪能兼得呢？”范滂跪下来接受母亲的教诲，拜了两拜，辞别而去。

魏高贵乡公曹髦将要讨伐司马昭，把这个消息告诉了侍中王沈、尚书王经、散骑常侍王业。王沈和王业出来后，跑去告诉了司马昭。只有王经不去。高贵乡公死后，王经被逮捕，向母亲告辞。母亲脸色不变，笑着回答说：“人谁不死，只担心死不得其所。你现在因为不肯帮助篡位而与曹家的人一起丧命，还有什么好遗憾呢？”

唐朝宰相李义甫专横，侍御史王义方准备上奏弹劾他。预先禀告母亲说：“义方做御史，看见了奸臣不加以纠缠就是不忠，纠缠他又危及身家性命，会使母亲担忧，这是不孝。二者之间，我不能决断，怎么办呢？”母亲说：“过去王陵的母亲，自杀身亡，来成就孩子的大名。你能够竭尽忠心来侍奉君主，我死了也不遗憾。”这就是做母亲的并非不爱自己的孩子，而是唯恐他为善却不能始终如一。这么说为人母亲的，不只应该抚育孩子的身体，使孩子不遭受水火等伤害，还应该培养他的道德观念，使他们不陷入邪恶。这才称得上慈爱。

东汉明德马皇后没有亲生儿子，贾贵人生了章帝刘炟，明帝叫马皇后母养他，说：“人未必能够自己生孩子，担心的只是爱抚、教育孩子做得不够罢了。”马皇后于是尽心抚育刘炟，劳累辛苦的程度，超过对亲生孩子的抚育。刘炟也很孝顺，性情淳朴笃厚。恩情似乎是天性所致，母子爱，始终没有一点嫌隙。古今称赞，以为美谈。

隋朝番州刺史陆让的母亲冯氏，天性仁爱，有为母的风范。陆让是她的庶子。犯了贪赃罪被判死刑，即将就刑时，冯氏蓬头垢面地到朝堂上去

数落陆让的罪过。然后泪流满面，呜咽不已，亲自端着一杯粥劝陆让吃。接着向天子上表求情，文辞和情感很痛切。皇上看了很同情，为之改容。于是在朱雀门聚集京城官民，派遣舍人宣布诏书，说："冯氏以她作为嫡母对庶子的恩德，足可成为世人的模范。慈爱的母道，感动人神，应该特别加以同情赦免，用以激励风俗。陆让可以减除死罪，除去名籍。"又下诏褒美冯氏，赐五百亩田的租税，召集有封号的妇女和冯氏相识，来表彰她，给她特别的优待。

战国齐宣王时，有人在路上被殴打致死。官吏追查此事。有兄弟两人当时站在死者旁边。官吏审问他们。哥哥说："我杀了那人。"弟弟说："不是哥哥，是我杀的。"整整一年，官吏不能判决。便对齐国的相说了此事，相也不能判决。于是向宣王汇报。宣王说："现在如果把他们都放了，就是放纵有罪的人；都杀了，又会诛杀无辜。寡人猜想他们的母亲能够知道善恶，试着问问他们母亲，听听想谁该死，谁该活。"相接受了命令，召来他们的母亲问道："你的儿子杀了人，兄弟便都想代对方死，官吏不能判决，报告给了君王，君王心怀仁爱恩惠，因此要问问老母亲，想要谁死，想要谁活？"母亲哭着回答说："杀掉弟弟吧。"相听了她的话，趁机问她："小的儿子，人们都很喜爱。现在却想让小儿子死，为什么？"母亲回答说："小儿子，是我的亲生子。大的那个，是前妻的孩子。他父亲生病快死时嘱托给我，说：'好好地养育他，对他好一点。'我说：'好。'现在既已受人之托，向人许诺，怎么能够忘掉重托而且不守诺言？况且杀兄活弟，就是因为私心之爱而废弃公正之理。违背遗言忘掉诺言，就是欺骗死者。忘掉先夫的话，忘掉自己的誓约，许了诺言却不讲信用，我凭什么活在世上！我虽然痛惜亲生儿子，可我对此又有什么办法？"泪流下来，沾满了衣襟。相到朝堂上，对王说了这些情况。王嘉美她的大义灭亲，认为她的行为很高尚，于是赦免了兄弟俩，不杀老母的儿子。为了表示对老母的尊重，称她为"义母。"

战国时魏国姓芒的一家有位继母，是孟杨家的女儿，芒卯的后妻，有三个儿子。前妻留下五个儿子，都不爱这位继母。继母对他们好得异乎寻常，他们还是不爱。于是继母命令自己的三个儿子，不许和前妻的儿子们平等，穿、吃、住、行的待遇相差很远，前妻的孩子还是不爱她。这时候，前妻的中子违犯了魏王的命令，被判死罪。继母忧戚悲哀，腰围减短了一尺，早晚勤劳，想办法免除孩子的罪。有人对这位继母说："这些孩子不爱你，已太过分了，为什么要为他们的事这样忧惧勤劳？"继母说："如果是我的亲生子不爱我，我还是会挽救他们的祸事，为他们除去灾害。如果唯独对前妻的孩子不这样做，那我和普通人有什么不同？况且他们父亲因为他们失去了亲生母亲，叫我做他们的继母。继母就像亲母，为人母却不能爱自己的孩子，可以说是慈吗？亲近自己的亲生子，却不公正地对待前妻的孩子，可以说是义吗？不慈又无义，怎么立在这个世上？他们虽然不爱我，我又怎么会忘掉义呢？"于是为犯罪的孩子争辩。魏安厘王听说后，对她的义气很赞赏。说："有这样的继母，不赦免她的孩子行吗？"于是赦免了孩子，并免掉了这家的赋税。从此以后，前妻五子亲近继母，和谐相处，宛若亲母。继母用礼义渐渐地感染他们，率领教导八个孩子。最后他们都成了魏国的大夫卿士。

东汉安众县县令程文矩的妻子李穆姜，有两个亲生儿子。前妻有四个儿子，因为穆姜不是亲生母亲，对她的憎恨谤毁与日俱增。而穆姜慈爱温仁，对他们的抚养日益深厚，衣食供给，都是给亲生儿子的两倍。有人对穆姜说："这四个孩子不孝已甚，为什么不把他们分出去，远离他们？"穆姜回答说："我正用大义来引导他们，让他们自己向善转变。"等到前妻的长子程兴生病严重，穆姜心疼他，亲自为他调药膳，对他的恩情深厚细致。程兴病了很久才好。于是叫来三个弟弟，说："继母慈爱仁义，对我们是发自内心的爱护。我们兄弟几个不知道她的恩情呵养，心跟禽兽一样。虽然为母之道日益深厚，可我们的罪过也已经很重了。"于是带着三个弟弟到南郑县去投案自首，陈述姜的大恩大德，揭露自己的罪过，请求受刑罚惩治。县里报告给了郡里，郡里表彰了他们母亲，免除了家里的徭役，遣散四个孩子，希望他们修身革面。从此以后，穆姜对他们的训导更加成效显著，孩子们都成为良士。

现在的人，为人的嫡母就恨庶子，为人的继母就恨前妻之子，听说这四位母亲的风范后，也该有一点惭愧了。

鲁国的乐师春姜嫁女儿，嫁出去三回，三回都被驱逐。春姜问婿家什么缘故。回答说是因为轻慢欺负夫家的妇女。春姜召来自己的女儿，答打她，说："妇人以顺从为本分，以贤贞谨慎为首要的事情。现在你骄傲、自满、不逊被驱逐，却不后悔以前的过失。我告诉过你几次了，你却不听我的话，你不是我的女儿。"打了她一百下，留她在家里。过了三年，又嫁了出去。女儿奉节守义，终于知道了为妇之道。现在做母亲的人，女儿没嫁时不能教诲；嫁了以后又做她的声援，使她杖着娘家的势力欺凌夫婿家人；等到女儿被驱逐，就和女婿家争执，始终不责备自己女儿的不善。象春姜这样的人，难道不是一位贤良的母亲吗？

3. 子

【题解】

怎样才算一个孝子？对这个古老而又常新的话题，可以说每个人都有自己的见解。司马光在这篇分上下两部分的长文中，列举了大量经典方面和事实方面的例证，系统全面地阐述了自己的观点，可以看成是封建时代论述同一问题的一个代表。

司马光特别强调的是孝子的诚心。离开了这一点，封建伦理大厦中的苦孝、死孝等，都有流于虚假作伪的危险。离开了这一点，孝就有可能变成一种单纯的形式上的东西。

鲁迅先生在《二十四孝图》中曾发表过对古代的"孝"的一些精辟见解，可以参看。由此，我们可对司马光津津乐道的孝子们的行为，采取一种批判的立场。不过，传统思想的积极方面，是我们割不掉也不应该割掉的。

上

【原文】

《孝经》曰："夫孝，天之经也，地之义也，民之行也。天地之经而民是则之。"又曰："不爱其亲而爱他人者，谓之悖德；不敬其亲而敬他人者，谓之悖礼。以顺则逆，民无则焉。不在于善，而皆在于凶德，虽得之，君子不贵也。"又曰："五刑一般指墨、劓、刖、宫、大辟五种刑罚。墨是刺面额后，涂上黑色；劓是割掉鼻子；刖是割掉膝盖；宫是割掉生殖器；大辟是死刑之属三千，而罪莫大于不孝。"孟子曰："不孝有五：惰其四支①，不顾父母之养，一不孝也；博奕好饮酒，不顾父母之养，二不孝也；好财货私妻子，不顾父母之养，三不孝也；从②耳目之欲，以为父母戮，四不孝也；好勇斗狠，以危父母，五不孝也。"夫为人子而事亲或有亏，虽有他善累百，不能掩也。可不慎乎！

《经》曰："君子之事亲也。居则致其敬，养则致其乐，病则致其忧，丧则致其哀，祭则致其严。"

孔子曰："今之孝者，是谓能养。至于犬马，皆能有养。不敬，何以别乎？"《礼》：子事父母，鸡初鸣，咸盥漱，盛容饰，以适父母之所。父母之衣、衾、簟、席、枕、几不传③；杖、履祇敬之，勿敢近；敦、牟、卮、匜，非馂④莫敢用。在父母之所，有命之，应唯敬对；进退周旋慎齐；

▲《孝经》书影

升降、出入、揖逊。不敢哕噫⑤，嚏咳、欠伸、跛倚、睇视；不敢唾洟⑥。寒不敢袭⑦，痒不敢搔；不有敬事，不敢袒裼；不涉不撅⑧。

为人子者，出必告，反必面。所游必有常，所习必有业，恒言不称老。

又，为人子者，居不主奥⑨，坐不中席，行不中道，立不中门，食飨不为概⑩，祭祀不为尸，听于无声，视于无形。不登高，不临深，不苟訾，不苟笑。孝子不服闇⑪，不登危，惧辱亲也。

宋武帝继大位，春秋已高，每旦朝继母萧太后，未尝失时刻。彼为帝王尚如是，况士民乎？

梁临川静惠王宏，兄懿为齐中书令，为东昏侯所杀，诸弟皆被收，僧慧思藏宏得免。宏避难潜伏，与太妃异处，每遣使参问起居。或谓逃难须密，不宜往来。宏衔泪答曰："乃可无我，此事不容暂废。"彼在危难尚如是，况平时乎？

为子者，不敢自高贵。故在礼，三赐不及车马。不敢以富贵加于父兄。

国初平章事王溥，父祚有宾客，溥常朝服侍立。客坐不安席。祚曰："豚犬不足为之起。"此可谓居则致其敬矣。

《礼》：子事父母，鸡初鸣而起，左右佩服，以适父母之所。及所，下气怡声，问衣燠⑫寒，疾痛苛痒，而敬抑搔之。出入则或先或后，而敬扶持之。进盥⑬，少者奉盘。长者奉水，请沃盥，卒，受巾。问所欲而敬进之，柔色以温之。父母之命，勿逆勿怠。若饮之食之，虽之嗜，必尝而待；加之衣服，虽不欲，必服而待。

又，子妇无私货，无私畜，无私器，不敢私假，不敢私与。

又，为人子之礼，冬温而夏清，昏定而晨省，在丑夷不争。

孟子曰："曾子养曾皙，必有酒肉；将彻，必清所与；问有余，必曰：'有。'曾皙死，曾元养曾子，必有酒肉；将彻，不请所与；问有余，曰：'亡⑭矣。'将以复进也。此所谓养口体者也。若曾子，则可谓养志也。事亲若曾子者，可也。"

老莱子孝奉二亲，行年七十，作婴儿戏，身服五彩斑斓之衣。尝取水上堂，诈跌仆卧地，为小儿啼，弄雏于亲侧，欲亲之喜。

汉谏议大夫江革，少失父，独与母居，遭天下乱，盗贼并起，革负母逃难，备经险阻，常采拾以为养，遂得俱全于难。革转客下邳，贫穷裸跣⑮，行佣以供母。便身之物，莫不毕给。建武末年，与母归乡里，每至岁时，县当案比，革以老母不欲摇动，自在辕中挽车，不用牛马，由是乡里称之曰"江巨孝"。

晋西河人王延，事亲色养，夏则扇枕席，冬则以身温被，隆冬盛寒，

体无全衣，而亲极滋味。

宋会稽何子平，为扬州从事吏。月俸得白米，辄货市粟麦。人曰："所利无几，何足为烦？"子平曰："尊老在东，不办得米，何心独飧白粲⑯！"每有赠鲜肴者，若不可寄至家，则不肯受。后为海虞令，县禄唯供养母一身，不以及妻子。人疑其俭薄，子平曰："希禄本在养亲，不在为己。"问者惭而退。

同郡郭原平，养亲必以己力，佣赁以给供养。性甚巧，每人为佣作，止取散夫价，主人设食，原平自以家贫，父母不办有肴味，唯食盐饭而已。若家或无食，则虚中竟日，义不独饱。须日暮作毕，受直归家，于是籴买，然后举爨⑰。

唐曹成王皋，为衡州刺史，遭诬在治。念太妃老，将惊而戚，出则囚服就辟，入则拥笏垂鱼，坦坦施施。贬潮州刺史，以迁入贺。既而事得直，复还衡州，然后跪谢告实，此可谓养则致其乐矣。

《礼》：父母有疾，冠者不栉⑱，行不翔⑲，言不惰，琴瑟不御，食肉不至变味，饮酒不至变貌，笑不至矧，怒不至詈。疾止复故。

文王之为世子，朝于王季日三。鸡初鸣而衣服，至于寝门外，问内竖之御者曰："今日安否如何？"内竖曰："安。"文王乃喜。及日中又至，亦如之。及莫⑳又至，亦如之。其有不安节，则内竖以告文王，文王色忧，行不能正履。戈际复膳，然后亦复初。武王帅而行之，不敢有加焉。文王有疾，武王不脱冠带而养。文王一饭亦一饭，文王再饭亦再饭，旬又二日乃间。

汉文帝为代王时，薄太后常病三年，文帝目不交睫，衣不解带，汤药非口所尝弗进。

晋范乔父粲，仕魏为太宰中郎。齐王芳被废，粲遂称疾，阖门不出。阳狂㉑不言，寝所乘车，足不履地，子孙常侍左右，候其颜色，以知其旨。如此三十六年，终于所寝之车。乔与二弟并弃学业，绝人事，侍疾家庭。至粲没，不出里邑。

南齐庾黔娄为孱陵令，到县未旬，父易在家遘㉒疾，黔娄忽心惊，举身流汗，即日弃官归家，家人悉惊其忽至。时易病始二日。医云："欲知差剧，但尝粪甜苦。"易泄利，黔辄取尝之。味转甜滑，心愈忧苦。至夕，每稽颡㉓北辰，求以身代，俄闻空中有声，曰："征君寿命尽，不可延。汝诚祷既至，改得至月末。"晦㉔而易亡。

后魏孝文帝，幼有至性，年四岁时，献文患痈，帝亲口吮脓。

北齐孝昭帝，性至孝。太后不豫，出居南宫。帝行不正履，容色眊悴，衣不解带，殆将旬。殿去南宫五百余步，鸡鸣而出，辰时方还。来去徒行，不乘舆辇。太后所苦小增，便即寝伏阁外，食饮药物，尽皆躬亲。

太后惟常心痛，不自堪忍，帝立侍帷前，以爪掐手心，血流出袖。此可谓病则致其忧矣。

《经》曰：孝子之丧亲也，哭不哀，礼无容，言不文，服美不安，闻乐不乐，食旨不甘，此哀戚之情也。三日而食，教民无以死伤生，毁瘠不灭性，此圣人之政也。丧不过三年，示民有终也。为之棺、椁、衣衾而举之；陈其簠簋而哀戚之；擗踊哭泣，哀以送之；卜其宅兆㉕，而安厝之；为之宗庙，以鬼享之；春秋祭祀，以时思之。生事爱敬，死事哀戚，生民之本尽矣，死生之义备矣，孝子之事亲终矣。君子之于亲丧，固所以自尽也，不可不勉。丧礼备在方册㉖，不可悉载。

孔子曰："少连、大连善居丧，三日不怠，三月不解，期㉗悲哀，三年忧，东夷之子也。"高子皋执亲之丧也，泣血三年，未尝见齿，君子以为难。

颜丁善居丧：始死，皇皇焉，如有求而弗得；及殡，望望焉，如有从而弗及；既葬，慨焉，如不及其反而息。

唐太常少卿苏颋，遭父丧。睿察起复为工部侍郎，颋固辞。上使李日知谕旨，日知终坐不言而还，奏曰："臣见其哀毁，不忍发言，恐其殒绝㉘。"上乃听其终制。

左庶子李涵为河北宣慰使，会㉙丁母忧，起复本官而行，每州县邮驿，公事之外，未尝启口。蔬饭饮水，席地而息。使还，请罢官，终丧制，代宗以其毁瘠，许之。自余能尽哀竭力，以丧其亲，孝感当时，名光后来者，世不乏人。此可谓丧则致其哀矣。

古之祭礼详矣，不可遍举。孔子曰：祭如在。君子事死如事生，事亡如事存。斋三日，乃见其所为斋者。祭之日，乐与哀半：飨之必乐，已至必哀，外尽物，内尽志。入室僾然必有见乎其位；周还出户，肃然必有闻乎其容声；出户而听，忾然必有闻乎其叹息之声。是故先生之孝也，色不忘乎目，声不绝乎耳，心志嗜欲不忘乎心。致爱则存，至悫㉚则著，著存不忘乎心，夫安得不敬乎？齐齐乎其敬也，愉愉乎其忠也，勿勿诸其欲其飨之也。《诗》曰："神之格思，不可度思，矧可射思。"此其大略也。

孟蜀太子宾客李郸，年七十余，享祖考，犹亲涤㉛器。人或代之，不从，以为无以达追慕之意。此可谓祭则致其严矣。

《经》曰：身体发肤，受之父母，不敢毁伤，孝之始也。

曾子有疾，召门弟子曰："启㉜予足！启予手！《诗》云：'战战兢兢，如临深渊，如履薄冰。'而今而后，吾知免夫！小子！"

乐正子春下堂而伤足，数月不出，犹有忧色。门弟子曰："夫子之足瘳矣，数月不出，犹有忧色，何也？"乐正子春曰："善！如尔之问也。善！如尔之问也。吾闻诸曾子，曾子闻诸夫子曰：'天之所生，地之所养，惟人为大。父母全而生之，子全而归之，可谓孝矣。不亏其体，不辱其身，可谓全矣。'故君子顷^㉝步而弗敢忘孝也。今予忘孝之道，予是以有忧色也。一举足而不敢忘父母，一出言而不敢忘父母。一举足而不敢忘父母，是故道而不径，舟而不游，不敢以先父母之遗体行殆^㉞。一出言而不敢忘父母，是故恶言不出于口，忿言不反于身。不辱其身，不羞其亲，可谓孝矣。"

或曰：亲有危难，则如之何？亦忧身而不救乎？曰：非谓其然也。孝子奉父母之遗体，平居一毫不敢伤也。及其徇仁蹈义，虽赴汤火，无所辞。况救亲于危难乎？古以身徇其亲者多矣。

晋末乌程人潘综遭孙恩乱，攻破村邑。综与父骠，共走避贼。骠年老行迟，贼转逼。骠语综："我不能去，汝走可脱，幸勿俱死。"骠困乏坐地，综迎贼叩头曰："父年老，乞赐生命。"贼至，骠亦请贼曰："儿少，自能走，今为老子不去。孝子不惜死，可活此儿。"贼因斫骠，综乃抱父于腹下。贼斫综头面，凡四创，综当时闷绝^㉟。有一贼从旁来会，曰："卿举大事，此儿以死救父，云何可杀。杀孝子不祥。"贼乃止。父子并得免。

齐射声校尉庾道愍，所生母漂流交州，道愍尚在襁褓。及长，知之，求为广州绥宁府佐。至府，而去交州尚远，乃自负担，冒险自达。及至州，寻求母，经年不获，日夜悲泣。尝入村，日暮雨骤，乃寄止一家，有姬负薪自外还，道愍心动，因访之，乃其母也。于是俯伏号泣，远近赴之，莫不挥泪。

梁湘州主簿吉翂^㊱父，天监初为原乡令，为吏所诬，逮诣廷尉。翂年十五，号泣衢路，祈请公卿，行人见者，皆为陨涕，其父理虽清白，而耻为吏讯。乃虚自引咎，罪当大辟，翂乃挝登闻鼓，乞代父命。武帝嘉异之，尚以其童稚，疑受教于人，敕廷尉蔡法度严加胁诱，取其款实。法度乃还寺，盛陈徽纆，厉色问之曰："尔求代父死，敕已相许，便应伏法。然刀锯至剧，审能死不？且尔童孺，志不及此，必人所教，姓名是谁？若有悔异，亦相听许。"对曰："囚虽蒙弱，岂不知死可畏惮？顾诸弟幼藐，唯囚为长，不忍见父极刑，自延视息，所以内断胸臆，上千万乘，今欲殉身不测，委骨泉壤，此非细故，奈何受人教耶？"法度知不可屈挠，乃更和颜，诱语之曰："主上知尊侯无罪，行当释亮。观君神仪明秀，足称佳童，今若转辞，幸父子同济。奚以此妙年，苦求汤镬^㊲？"翂曰："凡鲲鲕蝼蚁，尚惜其生，况在人斯，岂愿薾粉？但父挂深劾，必正刑书。故思殒仆，冀延父命。"翂初见囚，狱掾^㊳依法倍加桎梏，法度矜之，命脱其二械，更令着一小者。翂弗听，曰："翂求代父死，死囚岂可减乎？"竟不脱械。法度以闻，帝乃宥其父子。丹阳尹王志，求其在廷尉故事，并诸乡居，欲于岁首举充纯孝。翂曰："异哉，王尹。何量翂之薄也！夫父辱子死，斯道固然，若盼有覥面目，当其此举，则是因父买名，一何甚辱。"拒之而止。此其章章尤著者也。

【注释】

①支：通"肢"。

②从：同"纵"。

③传：chuán 移动。

④馂：剩饭菜。

⑤哕噫：yuěài 哕是打呃，噫是嘘气。

⑥洟：指鼻涕。

⑦袭：重衣。

⑧撅：揭衣。

⑨奥：西南角，古代尊贵者坐立的地方。

⑩概：量米麦时的刮平器。

⑪闇：通"暗"。

⑫燠：yù 热暖。

⑬盥：guàn 浇水洗手。

⑭亡：wú 通"无"。

⑮裸跣：luǒ xiǎn 坦露无鞋。

⑯粲：càn 洁白的米。

⑰爨：cuàn 烧火做饭。

⑱栉：zhì 梳头。

⑲翔：张臂像鸟飞。

⑳莫：同"暮"。

㉑阳狂：即"佯狂"。

㉒逅：gòu 染上。

㉓颡：磕头。

㉔晦：每月的最后一天。

㉕兆：墓地。

㉖册：典籍。

㉗期：一年。

㉘殒绝：昏厥。

㉙会：碰巧。

㉚悫：què 诚恳。

㉛涤：洗。

㉜启：看。

㉝顷：同"跬"，一举足为跬。

㉞殆：危险。

㉟闷绝：休克。

㊱翂：fēn 飞行迟钝缓慢的样子。

㊲汤镬：滚开水和大鼎，用以施刑，将人煮死。

㊳掾：yuàn 吏。

【译文】

《孝经》里说："孝道，犹如天的规律，犹如地的规律，是人民行为的准则。孝道作为天地规律一样的东西，人民把它作为准则来遵守。"又说："如果做儿子的不爱自己的双亲却去爱他人，这叫作违背道德；如果不尊敬自己的双亲却去尊敬他人，这叫作违背礼法。如果自己违背道德礼法却要让人民顺从，那就颠倒了是非，人民就不知道该效法什么。如果不按照孝道来行善，而用违背道德的手段来统治，那么即便得逞，君子也不会赞同。"还说："用墨、劓、剕、宫、大辟五种刑罚来处理的罪行有三千种之多，但是这些罪行中最严重的莫过于不孝。"孟子说："不孝有五种：四体不勤，不管父母的生活，一不孝；好赌博喝酒，不管父母的生活，二不孝；好钱财，偏爱妻室儿女，不爱父母的生活，三不孝；放纵耳目的欲望，使父母因此蒙受羞辱，四不孝；逞勇敢好斗殴，危及父母，五不孝。"为人儿子的，侍奉父母如果有欠缺，即使有其他上百种善行，也不能弥补掩盖。可以不慎重吗？

《孝经》里说："君子侍奉双亲，日常家居，要充分地表达出对父母的恭敬；供奉饮食，要充分地表达出能够照顾父母的快乐；父母生病了，要充分地表达出对父母健康的忧虑关切；父母去世后，要充分地表达出悲哀痛苦；祭祀时，要充分地表达出敬仰肃穆。"

孔子说："现在有些人对于孝，以为就是饮食方面对父母的供养。其实犬马禽兽之类，都能做到供养。如果不能恭敬，那人和犬马禽兽怎么来区别呢？"

《礼记·内则》说：孝子侍奉父母，鸡刚鸣叫，就洗漱好了，整理好衣着，到父母住的地方请安。父母的衣、衾、簟、席、枕、几不能移动；对拐杖、鞋子要恭敬，不能接近；敦、牟、卮、匜里的食物，如不是父母吃剩的，不能吃。在父母那里，如果父母有吩咐，听和回答的时候要恭恭敬敬；进退周旋的各种礼节要谨慎恭敬；升降、出入、揖逊，都应合乎礼节。不能打呃、嘘气、打喷嚏、咳嗽、打呵欠、伸懒腰、单脚站、靠着站、斜视；不能吐唾液、揩鼻涕。寒冷不能穿重衣，痒了不能用手刨；没有庄重肃穆的事情，不能脱去外衣露出内衣；不是渡水不揭衣。做人儿子的，出家必须禀告，回家必须面见双亲。交游的朋友一定要稳定，学习的东西一定是一番事业，平时说话不要以老自居。此外，做人儿子的，居处不应在尊贵者才合适的地方；坐不能在席桌的中心；走路不能走中间，站立不能在门中央，吃饭的时候不做概，祭祀的时候不做代替死者受祭的"尸"，在父母无声之中听出有声，无形之中看出有形，细心体会。不登高危之处，不临深险之处，不随便骂，不随便笑。孝子不做暗事，不登危险的地方，只为担心出了事有辱双亲。

南朝宋武帝登上大位时，年岁已高，每天清晨朝拜继母萧太后，从来不误时。他做帝王的尚且如此，何况平民呢？

梁朝临川静惠王萧宏，哥哥萧懿做齐朝的中书令，被东昏侯萧宝卷杀了。弟弟们都被逮捕，慧思和尚把萧宏藏起来，免脱了灾祸。萧宏避难躲藏，与母亲分开了，他常常派使者去问候平安。有人说逃难必须隐秘，不应当与家人往来。萧宏含着泪说："可以没有我萧宏，但这件事情不能废弃。"萧宏在危难之中尚且如此，何况平时呢？

做人儿子的，不能自以为高贵。所以根据礼义，出仕受三命不能在车马方面超过父亲。富贵不能凌驾父兄之上。

本朝初年，平章事王溥的父亲王祚宴请宾客，王溥穿着朝服在一旁侍立。客人们坐不安席。王祚说："犬子而已，不值得为他起立。"这可以称得上日常家居对父母恭敬了。

《礼记》上说：儿子侍奉父母，鸡刚鸣叫就起来，穿戴好服饰，到父母所居之处。到了后，声色和悦，问寒问暖。父母病痛发痒，就恭敬地为他们按摩、抓搔。父母进出，孩子们则或先或后，恭敬地搀扶。呈进用水，小的举着盘子，大的端上水，请父母洗手，完了后，送上毛巾。问父母想要什么，并恭敬地送上，脸色柔和，使父母感到温暖。对父母的吩咐，不违背，不懈怠。如果父母让喝什么吃什么，即使自己不喜欢，也要尝一尝再待父母之命；给衣服穿，虽然不想穿，也一定要穿上再待命。

此外，儿子、妇人不能有私货，不能有私蓄，不能有私器，不能私自借钱，也不应自己放贷。

此外，做儿子的在礼节上面：冬天应让父母温暖，夏天让父母清凉，晚上应让父母安睡，早晨应去问候父母平安。同辈之间不要争执。

孟子讲过："曾子奉养他的父亲曾皙，每顿饭一定都有酒肉；饭后酒席将要撤出时，一定要问父亲余下的给谁；父亲问是否还有剩余，一定回答：'有。'曾皙死后，曾元奉养父母曾子，每顿饭也一定都有酒肉；饭后酒席将撤出时，不问父亲余下的给谁；父亲问是否还有剩余，便说：'没有了。'是想留下预备以后进用。这叫作口休之养。象曾子那样，才可以叫作顺从亲意之养。侍奉父母能像曾子那样，就可以了。"

老莱子孝顺地奉养双亲，自己都七十岁了，还扮着婴儿游戏，身穿五彩斑斓的衣服。他曾经担着水到堂上，假装跌倒卧地，像小儿一样哭啼，在双亲旁扮孩子，只希望双亲欢喜。

东汉谏议大夫江革，从小就失去了父亲，孤儿寡母相依为命。遇上天下大乱，处处都是盗贼。江革背着母亲逃难，经历了各种艰难险阻。常常采摘拾取野果野菜来养活母亲，娘儿俩好歹在灾难中活了出来。江革后来辗转到下邳客居，贫穷得没有衣穿，打着赤脚，做雇工来供养母亲。凡是母亲需要的东西，都想办法供给。建武末年，江革和母亲回到故乡。每到县里清查户籍的时候，江革因为老母亲不堪摇动，于是不用牛马拉车，而是自己在车辕中挽车。于是乡里的人称他为"江巨孝"。

晋代西河人王延，侍奉双亲，颜色和悦亲近，夏天便给双亲扇枕席取凉，冬天则先用身子把双亲的被子捂暖。隆冬盛寒时节，王延身上没有一件完整的衣服，而双亲却想吃什么就有什么。

南朝宋会稽郡的何子平，做扬州从事史。月俸领到白米，就用以交换粟麦。别人说："从交换中所得的利益并没多少，为什么做这种麻烦事？"何子平回答说："双亲在东边，不给他们备办一点粮食，我哪有心思一个人吃白米！"每次别人赠给他鲜美菜肴，如果来不及寄回家里，子平就不接受。后来子平做海虞令，得的俸禄只够供养母亲一人，他就不供给妻子儿女。有人怀疑他俭吝刻薄，子平说："我希望得到俸禄，本是想回来养亲，并不是为了自己。"问的人惭愧而退。

同郡的郭原平，奉养双亲坚持靠自己的力量，做雇工挣钱来供给。原平生性很巧慧，每次给人当雇工时，只取零工的工资，主人给吃的，原平因为家里穷，父母都没有吃好的，自己就只吃盐饭（这样省出钱来拿回家）。如果家里没有吃的，原平就整天空着肚子，坚决不一个人吃饱。一直等到日暮活干完了，领了钱回家，在乡里买到米，然后才烧火做饭。

唐代曹成王李皋，做衡州刺史，遭到诬陷，正接受处罚。他担心母亲老了，知道后会大惊而且悲伤，于是出家门就穿上囚服服刑，回到家中就拿着笏板、佩上鱼饰，坦坦然然，从从容容。后来被贬谪为潮州刺史，却假称升官，回家表示庆贺。不久他的事情澄清，又迁回衡州，这才向母亲跪下谢罪，说出实情。这可以称得上是供养父母能够保持欢乐，以使父母安心。

《礼记》上说：父母有了病，二十岁以上要梳头戴冠的人不再梳头，走路时不得像鸟一样张开双手，说话不得乱说，不听琴瑟，不吃变味的肉，喝酒不得忘形，笑不得露出齿根，怒不得谩骂。父母病好了后才恢复平常。

周文王做世子时，每天朝见父亲季历三次。鸣鸡叫时，穿好衣服，到季历寝室门外，问当值的内臣："今天我父亲平安吗？"内臣说："平安。"

文王才高兴起来。到中午时又去问候季历，也像早晨一样。到晚上又去，也像早晨一样。碰上季历身体不适，内臣告诉了文王，文王神色忧虑，走路都歪歪倒倒。季历身体转好又能吃饭了，文王这才恢复平常。后来，武王完全照着他做，不敢增损什么。文王生了病，武王不脱衣帽护理。文王吃一顿，他才吃一顿，文王吃两顿他才吃两顿，过有十二天，病才好了。

汉文帝做代王时，母亲薄太后曾经生病三年。文帝睡不好觉，衣不解带，汤药不亲口尝尝，就不送到太后那里去。

西晋范乔的父亲范粲，在魏朝时出任太宰中郎。齐王芳被司马氏废掉，范粲于是称病辞官，闭门不出。假装癫狂，不说话，睡在自己所乘的车上，脚不落地。子孙们长期在他左右侍候，看他的脸色，来揣知他的意图。这样过了三十六年，范粲才在睡觉的车上逝世。在这期间范乔和两个弟弟放弃了学业，断绝了与他人的交往，在家里专心侍奉父亲疾病。一直到范粲死去，他们都没有出过乡里。

南齐庾黔娄做孱陵县令，到孱陵不满十天，父亲庾易在家中生了病。庾黔娄突然心惊，全身流汗，当天就弃官回家，家里人对他忽然回来都很惊讶。当时庾易生病才两天。医生说："要想知道病情转好转坏，只要尝尝病人粪便是甜是苦就行了。"庾易泻肚子，黔娄就取来尝。便味又甜又滑，黔娄的心愈来愈忧苦。每到晚上，黔娄就向北极星磕头，请求以自身代替父亲生病。有天突然听到空中传来声响，说："庾易寿命已尽，不能再延长了。你的诚恳祈祷我已听到，因此将你父亲的死期改到月末。"这一月的最后一天，庾易死了。

北魏孝文帝，人小就很孝顺。四岁时，父亲献文帝生了毒疮，孝文帝亲口为他吸吮疮里的脓。

北齐孝昭帝高演，生性极为孝顺。有次太后生了病，搬出去住在南宫。高演为此走路都歪歪斜斜，颜色憔悴，衣不解带，历时差不多有十天。他住的宫殿距离南宫有五百多步，鸡刚叫他就去母亲那儿，上午辰时才回。来去步行，不乘车轿。太后的病情略为转坏，高演就趴着睡在母亲房外。太后服药、吃喝，高演都亲自服侍。太后常常心里发痛，自己难以忍受，高演侍立在床帷前，以指爪掐自己的手心，希望以此来代母亲心痛，鲜血流出了袖子。这真可谓侍奉父母的疾病，极尽忧虑之能事了。

《孝经》上说："孝子在父母去世时，哀痛地哭得像是要断了气；礼仪上不再讲究形式；言谈时不再考虑华丽文采；穿了漂亮艳丽的衣服，心中会不安；听到音乐，也不会快乐；吃到美味的食物，也不会觉得可口，这就是对父母亡故的悲痛哀伤的感情。父母死后三天，孝子应当吃东西，这是教导人民不要因为哀悼死者而伤害了生者的身体。哀伤虽然使孝子消瘦羸弱，但是绝不能危及孝子的性命，这是圣人的政教。为父母服丧不超过

三年，这是为了告诉人民丧事总有一个终结。父母死后，为他们准备好棺、椁、衣裳、被褥，将遗体装敛好；陈设好祭祀用的器具，（盛放祭物）来寄托哀愁和忧思；然后捶胸顿足，悲痛地送葬；占卜选择好墓地，妥善地加以安葬；还要建立宗庙，让亡灵能够享用祭品；春夏秋冬，按照时令加以祭祀，以表达哀思和回忆。父母活着的时候，以爱敬之心奉养父母；父母去世以后，以哀痛之情料理后事，能够这样做，人就算尽到了孝道，完成了对父母生前与死后应尽的义务，孝子侍奉父母，到这里就算圆满结束了。"君子对于父母的丧事，本来就该尽心尽力，不可不自勉。丧礼都完整的记载在经典中，不可能都记在这里了。

孔子说："少连、大连善于处理父母的丧事，三天没功夫吃饭，三天没功夫休息，一年中保持悲哀，三年内保持忧伤。东夷人的子女都能这样。"春秋时高子羔办理父母的丧事，三年内哭泣出血，笑不露齿，君子都认为这是很难达到的。

春秋时颜丁善于处理父母丧事：父母刚去世时，他惶惶然，像是寻找什么，却找不到；到送殡时，他望了又望，像是要追随而去却没有赶上；已经下葬了，他疲惫不堪，像是没赶上后无可奈何地停了下来。

唐代太常少卿苏颋，遇上父亲的丧事。睿宗皇帝让他不再服丧，命他为工部侍郎，苏颋坚决推辞。皇上派李日知去向他口宣圣旨，李日知在苏颋家从头到尾坐着没说话就回来报告皇帝说："我看到苏颋悲哀毁形，不忍心说话，害怕他听了后昏倒过去。"皇上于是听凭苏颋服满父丧。

左庶子李涵做河北宣慰使，恰巧碰上了母丧，服丧未满，被朝廷恢复了他的职务，要他行使河北。李涵每到一州一县邮站驿站，除了办理公事外，不再说话。吃素食，饮水，席地而坐，坐着睡觉。完成使命回来后，请求罢官，以服完丧。代宗皇帝因为他悲哀毁形，就答应了他。其他在双亲丧事中尽心尽力、极度悲伤、因为孝心感动了当代、而名垂于后世的人还有很多。这些可以称得上在父母的丧事中能够表达悲伤的人了。

古代的祭礼很详备，不能遍举。孔子说：祭礼祖先，就像祖先还在一样。君子侍奉死了的双亲就像他们还活着一样，侍奉看不见的亲人，就像看得见一样。斋戒了三天，才能见到为之斋戒的对象。祭祀的日子，欢乐与悲哀参半：祖先的魂灵来享用祭品，为子孙的很高兴，已经来了，为子孙的很悲哀。在外呢，要尽力搞好祭品；在内呢，要表达悲哀和思念的心志。刚进宗庙时，孝子应当想象先人就在神位上；转身出去，肃然地就像听见和看见了父母的音容笑貌；出门后仔细听，仿佛听见了父母为孩子教育发出的叹息声。因此先王尽孝，眼睛里总觉得还有父母的形象；耳朵里总觉得还有父母的声音，父母的心情，愿望总还保留在自己心里。极端的敬爱，父母的一切就保存；极端的诚恳，父母的一切就更显著，显著，保存都在心里，念念不忘，又怎么对父母不敬爱呢？恭敬的样子是那么严整，忠诚的样子是那么和悦，子孙们尽心尽力，父母的亡魂一定想来享用祭品。《诗经》里说："神的来临啊，不可猜度啊，哪里还敢厌恶呢。"这就是祭礼先人的大概原则。

五代十国时后蜀的太子宾客李郸，七十多岁了，祭献祖先时，还亲自洗涤祭器。有人想帮他洗，他不听从，认为自己不做就无法表达对父母追念思慕的心意。这可说是祭祀时充分表达恭敬肃穆了。

《孝经》里说：一个人的身体、四肢、毛发、皮肤，都是从父母哪里得来的，不敢损坏伤残，这是孝的开始。

曾子病了，召来门人弟子，说："看我的脚！看我的手！（它们都还完好。）《诗经》里说：'战战兢兢，象临着深渊，象脚踏着薄薄的冰。'（我就这样对自己的身体发肤加以保护。）从今以后，我知道自己免于毁伤它们了！小子们！"

乐正子春下堂时伤了脚，几个月不出门，脸上还有忧色。门人弟子说："您的脚已经好了，几个月不出门，脸上还有忧色，为什么？"乐正子春说："很好，你这样提问。很好，你这样提问。我在曾子那里听说，他曾听孔子说：'上天所生成、大地所养育的事物中，人是最好的。父母完整地生下孩子，孩子完完整整地把身体还给父母，还给天地，可以称得上孝。不使身体损伤，不使身体受辱，就称得上完完整整了。因此君子举手投足之间，也不敢忘记对父母的孝敬。现在我不慎伤脚，是忘掉了对父母的孝敬，因此我面有忧色。一举足之间不敢忘却父母，一出言之间不敢忘却父母。一举足之间不敢忘却父母，所以走路时不抄小路险径，渡水时乘舟而不游泳，不敢用先父先母留给我的这个身体拿去冒险。一出言之间不敢忘却父母，因此恶言不会从口中溜出，别人的愤怒之言也不会回击我。不使自身受污辱，不使双亲受羞辱，这可称得上是孝了。"

有人问：双亲有危难时，那该怎么办呢？难道也担忧身体受损伤而不去救吗？回答是：不是这样的。孝子保护着父母赐给自己的身体，平时不敢有一丝一毫损伤。等到需要为仁义徇身时，即使赴汤蹈火，也在所不辞。何况是挽救处于危难之中的双亲呢？从古至今，为双亲殉身的人有很多。

东晋末年，乌程人潘综遭逢孙恩起兵，所住的村庄被攻破了。潘综和父亲潘骠，一同逃走避贼。潘骠年老了，走得很慢，敌军转而来追逼他们。潘骠对潘综说："我是不能走了，你快跑，可以脱身，千万不要同归于尽。"他累了，坐在地上，潘综迎着敌兵，叩头说："父亲年老了，请求你们赐他活命。"敌兵到身边的时候，潘骠也向他们请求："孩子年轻，本来自己能跑掉，现在却为我这老头留下。孝子不顾惜生命，你们让他活命吧。”敌兵于是刀砍潘骠，潘综把父亲抱在自己腹下。敌兵砍中了潘综的头和脸，一共砍了四刀，当时潘综就昏倒了。有一个敌兵从附近赶来，碰上了，说：“你举大事起义，这个孩子能够以死救父，怎么可以杀掉他？杀掉孝子，不吉祥。”敌兵才停止了。父子俩都幸免于难。

南齐射声校尉庾道愍，亲生母亲漂泊流浪到了交州，那时道愍还在襁褓中，长大后，道愍知道了，请求朝廷派自己做广州绥宁府佐。至了绥宁府，离交州还很远，于是自己背着东西，冒险找去。到了交州，寻找母亲，过一年了还没找到，道愍日夜悲哭。曾到一个村子里去，天晚了，雨下得很大，于是寄宿在一个家里。有一老妇背着柴从外面回来，道愍心动，于是就去问她。原来就是他的母亲！这时道愍俯伏在地，号哭起来。远远近近的人都来看，莫不为之挥泪。

梁朝湘州主簿吉翂的父亲，天监初年做原乡县令，被县吏诬陷，逮捕到廷尉那里。吉翂才十五岁，在大路边号哭，请求过往公卿。路上行人见到他，都为他掉泪。吉翂的父亲虽然清白无辜，却耻于被小吏审讯，于是假称自己真的犯罪，被判了死刑。吉翂赶紧去捶击申冤上诉的“登闻鼓”，请求代父而死。梁武帝很赞赏他，不过还以为他太小，怀疑他是受人教唆。于是下令廷尉蔡法度严加威胁利诱，取得翔实的内情。蔡法度回到大理寺，在法堂上摆满了捆人的绳子，虎着脸问吉翂道：“你请求代父而死，皇上已下令同意了，马上就要行刑。刀锯是很锋利的，你慎重地想想，到底想不想死？况且你还小，哪里想到这么多，一定是有人教唆，这人姓什名谁？如果你后悔了，我还是会答应你的。”吉翂回答说；“我虽然幼稚，但怎会不知道死的可怕！可想想我的弟弟们还那么小，只有我最大，我不忍心见到父亲受死刑而自己却苟活着，所以我下定决心，上请天子，想要现在殉身于不测之罪，委身于地下，这不是一件小事，我怎么会听别人的教使？”蔡法度知道他不会屈服，于是更加和颜悦色，引诱他说：“主上知道你父亲没有罪，马上就要释放饶恕他了。我看你神采明秀，真称是得上是个好孩子，如果你现在改变以前的说法，就可能你父子俩都得保全。为什么以这样美好的年龄，却苦苦哀求送死？”吉翂说：“小小虫蚁，尚且爱惜生命，何况是人，谁愿粉身碎骨？但是父亲已被追究出罪过，将要按刑法执行。因此我想以自己的死，来延长父亲的寿命。”吉翂刚被囚时，狱吏依法给他加上了枷锁，蔡法度很可怜他，命令脱掉枷锁，再叫换上一副小的。吉翂不听从，说：“我吉翂请求代父而死，死囚的刑具，岂可减轻”终究还是没有脱掉刑具。蔡法度把这些报告给梁武帝，武帝宽恕了他们父子。丹阳尹王志，把吉翂在廷尉那里的事迹，归并到在乡里居住所作这一类中，想在年初举荐吉翂纯孝”，（可凭此出仕。）吉翂说：“王尹真是奇怪啊！为什么这样轻视我吉翂！父亲受辱，儿子代死，这本是理所当然。如果我吉盼厚着脸皮接受了你的举荐，那就是靠了父亲的事情沽名钓誉，不知有多丢脸。"于是拒绝了王志，王志也作罢了。这些都是明显的例证啊。

下

【原文】

《书》称舜：烝烝父^③，不格奸。何谓也？曰：言能以至孝和顽嚚、昏傲，使进以善自治，不至于大恶也。

曾子耘瓜误斩其根。晳怒，建举大杖以击其背。曾子仆地而不知人。久之乃苏，欣然而起，进于曾晳曰："向也，参得罪于大人，用力教参，得无疾乎？"退而就房，援琴而歌，欲令曾晳闻之，知其体康也。孔子闻之而怒，告弟子曰："参来勿内！"曾参自以为无罪，使人请于孔子，孔子曰："汝不闻乎？昔舜之事瞽瞍，欲使之，未尝不在于侧；索而杀之，未尝可得。小捶则待过，大杖则逃走。故瞽瞍不犯不父之罪，而舜不失烝烝之孝。今参事父，委身以待暴怒，殪^④而不避，身既死而陷父于不义，其不孝孰大焉？汝非天子之民乎？杀天子之民，其罪奚若？"曾参闻之曰："参罪大矣。"遂造孔子而谢过。此之谓也。

或曰：孔子称"色难"。"色难"者，观父母之志趣，不待发言而后顺之者也。然则《经》何以贵于谏争^④乎？曰：谏者，为救过也。亲之命可从而不从，是悖戾也；不可从而从之，则陷亲于大恶。然而不谏，是路人。故当不义则不可不争也。或曰：然则争之，能无咈亲意乎？曰：所谓"争"者，顺而止之，志在必于从也。孔子曰："事父母几^④谏，见志不从，又敬不违，劳而不怨。"《礼》：父母有过，下气怡色，柔声以谏。谏若不入，起敬起孝。说则复谏；不说，则与其得罪于乡党州间，宁孰谏。父母怒，不说，而挞之流血，不敢疾怨，起敬起孝。又曰：事亲有隐而无犯。又曰：父母有过，谏而不逆。又曰：三谏而不听，则号泣而随之。言穷无所之也。或曰：谏则彰亲之过，奈何？曰：谏诸内隐诸外者也。谏诸内，则亲过不远；隐诸外，故人莫得而闻也。且孝子善则称亲，过则归己。《凯风》曰："母氏圣善，我无令人。"其心如是，夫又何过之彰乎？

或曰：子孝矣，而父母不爱，如之何？曰：责己而已。昔舜父顽、母嚚、象傲，日以杀舜为事，舜往于田，日号泣于旻天，于父母负罪引慝^④，祇^④载见瞽瞍，夔夔斋栗，瞽瞍亦允若，诚之至也。如瞽瞍者，犹信而顺之，况不至是者乎？

曾子曰："父母爱之，喜而不忌；父母恶之，惧而弗怨。"

汉侍中薛包，好学笃行。丧母，以至孝闻。及父娶后妻而憎包，分出之。包日夜号泣，不能去，至被殴杖。不得已，庐于舍外，且入而洒扫。父怒，又逐之，乃庐于里门，昏晨不废。积岁余，父母惭而还之。

晋太保王祥，至孝。早丧亲，继母朱氏不慈，数谮之。由是失爱于

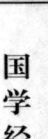

父。每使扫除牛下，祥愈恭谨。父母有疾，衣不解带，汤药必亲尝。有丹柰结实，母命守之，每风雨，祥辄抱树而泣。其笃孝纯至如此。母终，居丧毁悴，杖而后起。

西河人王延，九岁丧母，泣血三年，几至灭性。每至忌月，则悲泣三旬。继母卜氏，遇之无道，恒以薄穰及败麻头与延贮衣。其姑闻而问之，延知而不言，事母弥谨。卜氏尝盛冬思生鱼，敕延求而不获，杖之流血。延寻⁴⁵汾凌而哭，忽有一鱼长五尺，踊出冰上，延取以进母。卜氏心悟，抚延如己生。

齐始安王咨议刘沨，父绍，仕宋位中书郎。沨母早亡，绍被敕纳路太后兄女为继室。沨年数岁，路氏不以为子，奴婢辈捶打之，无期度。沨母亡日，辄悲啼不食。弥为婢辈所苦。路氏生谦，沨怜爱之，不忍舍，常在床帐侧，辄被驱捶，终不肯去。路氏病经年，沨昼夜不离左右，每有增加，辄流涕不食。路氏病瘥，感其意，慈爱遂隆。路氏富盛，一旦，为沨立斋宇筵席，不减王侯。

唐宣歙观察史崔衍父伦为左丞，继母李氏，不慈于衍。衍时为富平尉，伦使于吐番。久方归，李氏衣敝衣以见伦，伦问其故，李氏称伦使于蕃中，衍不给衣食。伦大怒，召衍责诟，命仆隶拉于地，袒其背，将鞭之。衍泣涕终不自陈。伦弟殷闻之，趋往以身蔽衍，杖不得下。因大言⁴⁶曰："衍每月俸钱，皆送嫂处，殷所具知，何忍乃言衍不给衣食？"伦怒乃解。由是伦遂不听李氏之谮。及伦卒，衍事李氏益谨。李氏所生次子郜，每多取母钱，使其主以书契征负于衍。衍岁为偿之。故衍官至江州刺史，而妻子衣食无所余。子诚孝而父母不爱，则孝益彰矣。何患乎？

或曰："妻子失亲之意，则如之何？"曰：《礼》，子甚宜其妻，父母不说，出；子不宜其妻，父母曰"是善事我"，子行夫妇之礼焉，没身不衰。

汉司隶校尉鲍永，事后母至孝。妻尝于母前叱狗，永去之。

齐征北司徒记室刘瓛，母孔氏，甚严明。瓛年四十余，未有婚对。建元中，高帝与司徒褚彦回为瓛娶王氏女。王氏穿壁挂履，土落孔氏床上，孔氏不悦，瓛即出其妻。

唐凤阁舍人李迥秀母氏庶贱。其妻崔氏尝叱媵⁴⁷婢，母闻之不悦，迥秀即时出其妻。或止之曰："贤室虽不避嫌疑，然过非出状，何遽如此？"迥秀曰："娶妻本以养亲，今违忤颜色，何敢留也？"竟不从。

后汉郭巨家贫，养老母。妻生一子，三岁，母常减食与之。巨谓妻曰："贫乏不能供给，共汝埋子。子可再有，母不可再得。"妻不敢违，巨掘坑二尺余，勿黄金一釜。或曰：郭巨非中道。曰：然以此教民，民犹厚于慈而薄于孝。

梁中军田曹行参军庚沙弥嫡母⁴⁸刘氏，寝疾，沙弥晨昏侍侧，衣不解。

或应针灸，辄以身先试。及母亡，水浆不入口累日。初进大麦薄饮，经十旬，方为薄粥。终丧不食盐酱。冬日不依绵纩，夏日不解衰绖，不出庐户，昼夜号恸，邻人不忍闻。所坐荐，泪沾为烂。墓在新林，勿有旅松百许株，枝叶郁茂，有异常松。刘好啖甘蔗，沙弥遂不复食之。

汉丞相翟方进，既富贵，后母犹在，进供养甚笃。

太尉胡广，年八十，继母在堂，朝夕赡省，旁无几杖，言不称老。

汉显宗命马皇后母养肃宗，肃宗孝性纯笃，母子慈爱，始终无纤介之间。帝既专以马氏为外家，故所生贾贵人，不登极位。贾氏亲宗无受宠荣者。及太后崩，乃策书加贵人玉，赤绶而已。

古人有丁兰者，母早亡，不及养，乃刻木而事之。彼贤者孝爱之心，发于天性，失其亲而无所施，至于刻木，犹可事也，况嫡、继、慈、养之存乎？圣人顺贤者之心而为之礼，敢有圣人而教人为伪者乎？

葬者，人子之大事。死者以窀穸㊽为安，宅兆而未葬，犹行而未有归也。是以孝子虽爱亲，留之不敢久也。古者，天子七月，诸侯五月，大夫三月，士逾月。诚由礼物有厚薄，奔赴有远近，不如是不能集也。国家诸令，王公以下皆三月而葬，盖以待同位外姻之会葬者适时之宜，更为中制也。《礼》，未葬不变服，啜粥，居倚庐，寝苫枕块，既虞而后有所变。盖孝子之心，以为亲未获所安，己不敢即安也。

汉蜀郡太守廉范，王莽大司徒丹之孙也。父遭丧乱，客死于蜀汉，范遂流寓西州。西州平，归乡里。年五十，辞母西迎父丧。蜀郡太守张穆，丹之故吏，重资送范，范无所受，与客步负丧归葭萌。载船触石破没，范抱持棺柩㊿，遂俱沉溺。众伤其义，钩求得之，疗救仅免于死，卒得归葬。

宋会稽贾恩，母亡未葬，为邻火所逼，恩及妻柏氏，号哭奔救，邻近赴县，棺椁得免，恩及柏氏俱烧死。有司奏改其里为孝义里，蠲㉛租布三世，追赠恩显亲左尉。

会稽郭原平，父亡。为茔圹㉜，凶功不欲假人。己虽巧而不解作墓，乃坊邑中有茔墓者，助之运力，经时展勤，久乃闲练。又自卖丁夫以供众费。窀穸之事，俭而当㉝礼，性无术学，因心自然。葬毕，诣所买主执役，无懈。与诸奴分务，让逸取劳。主人不忍使，每遣之，原平服勤未尝暂替。佣赁养母。有余，聚以自赎。

海虞令何子平，母丧去官，哀毁逾礼，每至哭踊，顿绝方苏。属㉞大明末，东土饥荒，继以师旅，八年不得营葬，昼夜号哭，常如袒括之日。冬不衣絮，暑不就清凉，一日以数合㉟米为粥，不进盐菜。所居屋败，不蔽风日。兄子伯兴欲为葺理，子平不肯曰："我情事未伸，天地一罪人耳。屋何宜覆？"蔡兴宗为会稽太守，甚加矜赏为营家圹。

新野庾震丧父母，居贫无以葬，赁书以营事，至手掌穿，然后成葬贤者如葬，何如其汲汲也。今世俗信术者妄言，以为葬不择地及岁月日时，则子孙不利，祸殃总至，乃至终丧除服，或十年，或二十年，或终身，或累世犹不葬。至为水火所漂焚，他人所投弃，失亡尸柩不知所之者，岂不哀哉！人所贵有子孙者，为死而形体有所付也。而既不葬，则与无子孙而死道路者奚以异乎？《诗》云："行有死人，尚或殣⑤之。"况为人子孙，乃忍弃其亲而不葬哉！

唐太常博士吕才叙《葬书》曰："《孝经》云：'卜其宅兆，而安厝⑦之。'盖以窀穸既终，永安体魄。而朝市迁变，泉石交侵，不可前知，故谋之龟筮⑧。近代或选年月，或相墓田，以为一事失所，祸及死生。按《礼》：天子、诸侯、大夫，葬皆有月数，则是古人不择年月也。《春秋》，九月丁巳葬定公，雨，不克葬；戊午日中乃克葬，是不择日也。郑简公司墓之室当道，毁之，则朝而窆；不毁则日中而窆。子产不毁，是不泽时也。古之葬者皆于国都之北，域有常处，是不择地也。今葬者以为，子孙富贵贱夭寿，皆因卜所致。夫子文为令尹而三已，柳下惠为士师而三黜，讨其丘垄，未尝改移。而野俗无识，妖巫妄言，遂于擗踊之际，择葬地而希官爵，荼毒之秋，选葬时而规财利。"斯言至矣。夫"死生有命，富贵在天"，固非葬所能移。就使能移，孝子何忍委其亲不葬，而求利于己哉！世又有用羌胡法，自焚其柩，收烬骨而葬之者，人习为常，恬莫之怪。呜呼！讹俗悖戾，乃至此乎！或曰：旅宦远方，贫不能致其柩，不焚之何以致其就葬？曰：如廉范辈，岂其家富也？延陵季子有言："骨肉归复于土，命也。魂气则无不至也。"舜为天子，巡狩至苍梧而殂，葬于其野。彼天子犹然，况士民乎？必也无力不能归其柩，即所亡之地而葬之，不犹愈于毁焚乎？或曰：生事之以礼，死葬之以礼、祭之以礼，具此数者，可以为大孝乎？曰：未也。天子以德教加于百姓、刑于四海为孝；诸侯以保社稷为孝；卿大夫以守其宗庙为孝；士以保其禄位为孝。皆谓能成其先人之志，不坠其业者也。

晋庾衮父戒衮以酒，衮尝醉，自责曰"余废先人之戒，其何以训人？"乃于父墓前，自杖三十。可谓不能忘训辞矣。

《诗》云：题⑨彼鹡鸰⑩载飞载鸣。我日斯迈，而月斯征。夙兴夜寐，无忝⑪尔所生。

《经》曰：立身行道，扬名于后世，以显父母，孝之终也。又曰：事亲者，居上不骄，为下不乱，在丑不争。居上而骄则亡，为下而乱则刑，在丑而争则兵。三者不除，虽日用三牲之养，犹为不孝也。

《内则》曰：父母虽没，将为善，思贻父母令名，必果；将为不善，思贻父母羞辱，必不果。

公明仪问于曾子曰："夫子可以为孝乎?"曾子曰："是何言欤?是何言欤?君子之所谓孝者，先意承志，谕父母于道。参直养者也，安能为孝乎?"

曾子曰："身也者，父母之遗体也。行父母之遗体，敢不敬乎?居人不庄，非孝也；事君不忠，非孝也；莅官不敬，非孝也；朋友不信，非孝也；战陈无勇，非孝也。五者不备，灾及其亲，敢不敬乎?亨熟膻芗(62)，尝而荐之，非孝也。君子之所谓孝也，国人称愿然曰：'幸哉!有子如此!'所谓孝也已。"为人子能如是，可谓之孝有终矣。

【注释】

㊴乂：yì 治理。

㊵殪：yī 死。

㊶争：通"诤"。

㊷几：委婉。

㊸慝：tè 罪恶。

㊹祇：恭敬。

㊺寻：通"循"。

㊻大言：大声地说。

㊼媵：yìng 随嫁的人。

㊽嫡母：妾的子女称丈夫正妻为嫡母。

㊾窀穸：zhūn xī 墓穴。

㊿柩：jiù 棺材。

(51)蠲：通"捐"，免去。

(52)茔圹：墓地。

(53)当：dàng 符合。

(54)属：正值。

(55)合：gě 十分之一升。

(56)殣：jìn 埋。

(57)厝：通"措"。

(58)龟筮：龟指龟甲，筮用蓍草，用来占卜。

(59)题：看。

(60)鹡鸰：jílíng 鸟名。

(61)忝：tiǎn 有愧于。

(62)膻芗：shānxiāng 牛羊肉。

【译文】

《尚书》里说到舜："以孝道美德来治理家庭关系，使家里人不流于奸邪。"这说的是什么?回答是：说的是舜能以至孝之情来使品行不好的父母、弟弟和睦相处，使大家不断进步，以善良来规范自己，不至于成为大恶。

　　曾子耕耘瓜地时失误而锄断了瓜根。父亲曾皙发怒了，举起大棍子打曾子的背。曾子倒在地上，不省人事。过了很久才苏醒过来，高兴地站起身，到曾皙面前说："刚才啊，我从父亲那里获罪，父亲用力教育我，没有因此生病吧？"回到自己房中，拿下琴来弹唱，想叫曾皙听见，知道他身体还好。孔子听说后大怒，告诉弟子们说："曾参来了后，不许他进来！"曾参自认为没有罪，派人去请教孔子，孔子说："你没有听说过吗？过去舜侍奉父亲，父亲想要指使他，他总在父亲身旁；父亲追着要杀他，却找不到人。父亲小打一通，舜就待在旁边由他打；如果用大棍子，舜就逃走。因此舜的父亲不犯没有父慈的罪，而舜也不失去美好的孝道。现在曾参侍奉父亲，送出身体，等待父亲的暴露，即使死了也不回避。自己死了，却陷父亲于不义，这种不孝，与跑掉相比，哪个更严重？难道你不是天子的臣民吗？杀掉天子的臣民，这个罪过又该怎么说？"曾参听到后说："我的罪很大。"于是到孔子那里谢罪。这证明《尚书》讲的道理。

　　有人说：孔子称"奉养父母时保持颜色和悦很困难"。要做到颜色和悦，就要善于观察父母的想法和兴趣，不等他们说出来，就预先顺从执行了。这样的话，为什么《孝经》还要以向父母谏诤为贵呢？回答是：之所以要向父母"谏"，是为了挽救父母的过失。如果双亲的命令本可依从却不依从，那就是悖逆乖戾；如果双亲的命令不能依从却依从了，那就是使双亲陷入严重错误。这样还不"谏"，那孩子对父母，简直就是陌路人了。因此遇上父母的命令不正确，就不能不直规劝。有人要说："如果父母的命令不正确就直言规劝，那么能做到不违背父母的心意吗？"回答是：所谓"直言规劝"，是既要孝顺父母又要制止他们的不对，内心的想法却是一定要父母听从。孔子说过："侍奉父母，如果他们有不对的地方，得轻微婉转地劝谏，看到自己的想法没有被依从，仍然恭敬地不触犯他们，虽然忧愁，但不怨恨。"《礼记·内则》上说：父母有了过失，孩子应该和颜悦色，声音柔和地劝谏。如果劝谏没有被采纳，那就更要表现出恭敬、孝顺。等父母高兴了，便又劝谏；如果父母不高兴，那就与其让他们得罪乡里的人，不如坚持着反复劝谏。如果父母因此大怒，很不高兴，甚至把孩子打得流了血，孩子也不能怨恨父母，而要更加恭敬更加孝顺。又说：侍奉双亲可以悄悄地劝谏，却不能冒犯冲撞父母。还说：父母有了过失，孩子要劝谏，却不能违背父母。还说：劝谏了多次，父母仍然不听从，那样孩子就只能哭号着听从他们了。这是说无可奈何。有人问：劝谏父母的话，就暴露了父母的过失，该怎么办呢？回答是：劝谏是在家里进行，对外面是隐蔽的。在家里进行劝谏，父母的过失就不会传远。对外面隐蔽，那么外人就无法知道。而且孝子总是把善言善事归功于父母，有什么过失，则由自己承担。《诗经·邶风·凯风》里写道："母亲是那样的善良，我们兄弟却不好。"孝子的心思能够这样，父母的过失又怎么会张扬出去呢？

有人问：孩子是孝顺了，可父母却不爱他们，该怎么办呢？答曰：那就只有更加严格地要求自己了。过去舜的父亲凶暴、母亲顽固、弟弟傲慢，每天都想杀掉舜，舜到历山去耕种时，每天都对着上天哭号，父母不对，他却引咎自责。他恭恭敬敬侍奉父亲瞽瞍，战战栗栗，瞽瞍也就待他和气了。这是精诚所至啊。象瞽瞍这样的人，尚且信任了舜，待他和气，何况还没有瞽瞍这个地步的人呢？

曾子说："父母如果爱孩子，孩子就高兴、不畏惧了。父母如果不爱孩子，那么孩子虽然畏惧，也不能怨恨父母。"

东汉侍中薛包，学习勤奋，行为笃诚。母亲去世了，他以极致的孝顺闻名于世。等到父亲娶了一个后妻，就厌憎薛包了，要把他分出去。薛包日夜哭号，舍不得离开，以至于父亲用棍子打他。他没有办法，就在家旁搭了一个棚子住下，又回家做家务。父亲大怒，再次驱逐他。薛包于是在里巷的入口处搭了个棚子。早晚向父母请安，从不停止。过了一年多，父母非常惭愧，让他回到了家里。

西晋太保王祥，十分孝顺。很早就没了母亲，继母朱氏不慈爱，多次在父亲面前说他坏话。因此王祥渐渐失去了父亲对他的爱。父亲常常叫王祥去扫牛粪，王祥却愈来愈恭敬谨慎。父母有了病，王祥衣不解带地侍候，端汤送药，一定要亲尝冷烫苦甜。家里有一株丹奈树结了果子，继母命令他守着。每当刮风下雨，果子很容易掉落，王祥就抱着树哭泣。他的孝顺，纯笃到了如此地步。继母去世后，王祥守孝时憔悴不堪，需要扶着拐杖才能站起。

西河人王延，九岁就死了母亲，在守孝三年的过程中，泪尽泣血，差点死去。其后每到母亲的忘月，就悲哀地哭上三十天。继母十氏待他不好，总是拿些破蒲絮、烂麻头给王延做衣穿。姑姑听说后问王延，王延明知继母的行为，却不告诉姑姑，侍奉继母倒更加谨慎了。十氏曾有一次在寒冬腊月想吃鲜鱼，命王延去找，找不到，用棍子打得王延流血。王延沿着结冰的汾河边走边哭，忽然有一条五尺长的鱼跳到了河冰上。王延捉住它，拿出献给继母。十氏心里感动，从此像抚养亲生子一样爱护王延了。

南朝齐始安王咨议刘沨是南朝宋中书郎刘绍的儿子。刘沨的母亲很早就死了，皇上敕令刘绍娶路太后哥哥的女儿作继室。刘沨才几岁，继母路氏不把他当儿子来爱护，连奴婢们也要捶打他，无休无止，没有个分寸。刘沨每到生母的忌日，就悲啼不吃饭。这就更要受奴婢们的折磨了。路氏发寒病，刘沨可怜她，不忍心走开，常常在路氏病床边候着，于是又常常

挨打、被驱逐。可他始终不肯离去。路氏病了一年多，刘沨昼夜不离左右，一旦病情加剧，他就流泪不吃饭。路氏病好了，对刘沨的这番孝心很感动，于是对他的慈爱也逐渐加深。路氏很富有，有一天，为刘沨盖了房，摆下宴席，其规模不减王侯。

唐宣歙观察史崔衍的父亲崔伦做左丞，继母李氏，对崔衍不慈爱。崔衍做富平尉时，父亲出使吐蕃，过了很久才回家。李氏穿上破衣服出来见崔伦，崔伦问怎么回事，李氏就说崔伦出使吐蕃期间，崔衍饭也不给她吃，衣也不给他穿。崔伦大怒，召来崔衍，一顿痛骂，并叫奴仆将崔衍拉倒在地，露出光背，就要用鞭子抽打。崔衍流着泪，始终不陈述实情。崔伦的弟弟崔殷听说后，赶来用身子庶住崔衍，棍子、鞭子就打不下去。崔殷这时大声说："崔衍把每个月的俸钱都送了嫂子那里，这是我知道得清清楚楚的，嫂子怎么忍心说出崔衍不给吃穿的话来？"崔伦听说后，愤怒才平息。从此崔伦不再听李氏对孩子的谮言。等到崔伦去世后，崔衍侍奉李氏更加谨慎了。李氏所生的次子崔郃，经常去借很多高利贷，并让贷方拿着契约去找崔衍还钱。崔衍每年都要替他偿还。因而崔衍虽然做了江州刺史，自己的妻室儿女却仅够吃穿。孩子确实是孝顺，即使父母不爱他，他的孝行也会更加闻名，那又有什么值得担心的呢？

有人问：妻子不合父母的心意，该怎么办呢？答曰：《礼记·内则》上说，即使做儿子的很爱自己的妻子，如果父母不喜欢，那也要将妻子休掉。儿子不爱自己的妻子，可父母说："她对我们很好"，那么儿子也要对妻子尽到做丈夫的责任，一直到死也不冷淡妻子。

东汉司隶校尉鲍永，侍奉后母十分孝顺。妻子曾经在后母面前呵斥狗，鲍永就把妻子休掉了。

南齐征北司徒记室刘瓛的母亲孔氏，很严厉，又很明白事理。刘瓛四十多岁，还没有结婚。建元年间，齐高帝萧道成和司徒褚渊主持给刘瓛娶了当时豪门王家的女儿。王家的女儿为挂鞋子，在墙上打孔，土屑落到了孔氏的床上，孔氏有些不高兴，刘瓛当即就休掉了王家女儿。

唐朝凤阁舍人李迥秀的母亲出身微贱。迥秀的妻子崔氏曾经呵斥小妾和婢女，母亲听到后很不高兴，迥秀赶紧把崔氏休掉了。有人劝阻他说："尊夫人虽然骂人时不避嫌疑，但是这点差错并不过分，为什么匆匆忙忙就把她休掉了？"迥透说："娶妻本来是为了一起奉养父母，现在她违忤了母亲，哪里还敢留下她？"竟不听从。

东汉郭巨家里很穷，又奉养着老母亲。妻子生的一个儿子，才三岁。老母亲常常减损自己的饮食，给孩子吃。郭巨对妻子说："家里穷，养不起母亲，我想和你一起把孩子埋了。孩子还可以再有，母亲饿死了，就没有了。"妻子不敢违背。于是郭巨开始挖坑，挖了二尺多，忽然看到一罐子黄金。有人说：郭巨不能在慈孝间守中道。我认为：尽管如此，但拿这个来教导人民，人民还是对孩子慈爱多一些，孝顺方面淡薄一些。

……

梁朝中军田曹行参军庾沙弥的嫡母刘氏，卧病在床，沙弥早晚侍奉在旁边，衣不解带。有时候需要针灸，沙弥就用自己的身子先试试。一直到母亲去世，有好几天，沙弥一点东西都没吃。服丧期间，开头只喝大麦熬的清汤，过了一白天，才喝稀粥。一直到服满，没有吃过盐酱，冬天不穿丝棉袄，夏天不脱厚丧服，足不出灵棚，昼夜恸哭，邻居们听着都不忍心。他所坐的草席，都给落下的泪浸渍烂了。母亲的墓在新林，突然长出一百多株松树，枝叶繁茂，和一般的松树大不相同。母亲喜欢吃甘蔗，沙弥从此不再吃甘蔗。

西汉丞相翟方进，大富大贵之后，继母还健在，翟方进对她的奉养仍然很诚笃。

东汉太尉胡广，八十岁了，继母还活着。胡广早晚请安，不拄拐杖，说话时绝不言老。

汉显帝叫马皇后母养汉肃帝。肃帝对马皇后的孝敬发自天性，十分深厚。母子慈爱，始终没有一点嫌隙。他既已把马家当成嫡亲的外戚，因此自己的亲生母亲贾贵人，没能做上皇太后。贾家的亲戚也没有受到特殊宠幸。马太后去世后，也不过才下一道策命，加给贾贵人玉玺、赤绶而已。

古代有一个叫丁兰的人，母亲很早就去世了，还来不及奉养她。于是丁兰用木头刻了母亲的像来供奉着。这样的贤人，一番孝顺敬爱的心意，发自天性，失掉父母后没有地方施用，乃至于刻了木像——这样都还要供奉着，何况是嫡母、继母、慈母、养母还活着呢？圣人顺着贤者的心意定下了为五母——嫡、继、慈、养、生——服丧等级相同的礼制，哪能说圣人反而还要教人们作伪！

埋葬父母，是为人子者的大事。死者被埋到了墓穴中才算安定，假如只是修好了墓地还没有下葬，这时父母还犹如出去了还没有回来。因此孝子虽然敬爱父母，却不敢将父母的尸身停留太久。古代的办法，天子为父母停丧七个月，诸侯五个月，大夫三个月，一般士人一个月多一点。实在是由于各等级的人给亡父亡母送丧的礼节、物事有多有少，来奔赴丧事的人有远有近，不这样分出长短的等级，就不能会集该来的人。现在国家的法令，王公以下的人都三个月下葬，主要是等待同等地位的人、外亲等来会葬，这个时间长度比较合适，比起古代制度，更为允当。按照《礼记》上的说法，亡父亡母还未下葬时，不能改变丧服，只能喝一点粥，住在灵棚里，睡在草上，枕着土块。下葬后祭祀时，上面一套礼仪才能有所变动。是因为以孝子的心意，在亡父亡母没有得到安宁前，自己不敢就图舒服了。

汉代蜀郡太守廉范，是王莽时大司徒廉丹的孙子。父亲在兵荒马乱中，客死于四川广汉。廉范于是流浪、寄住在西州。西州平定后才回到家乡，这时他已五十岁了。辞别母亲，往西边去迎回父亲的棺柩。蜀郡太守张穆，是廉丹的老部下，拿出很多钱送给廉范，廉范一无所受。他与雇客徒步扛着棺柩，到了葭萌。载棺柩的船触礁沉了，廉范抱着棺柩不肯松手，于是一同沉没。人们为他这番孝顺感动，用钩子在水里将他钩起。经过治疗，好歹活命，终于将父亲归葬家乡。

南朝宋会稽郡的贾恩，母亲死了还没安葬。邻居家起火，烧了过来，贾恩和妻子柏氏，哭号着奔跑救护装殓着母亲尸身的棺材。邻居们赶来相助，才使棺材免于烧掉，可贾恩和柏氏都给烧死了。有关官员上奏皇上，将贾恩所在的里改为孝义里，免除他家三代的租税，追赠贾恩显亲左尉的官职。

会稽郡的郭原平，父亲去世了。修墓穴等有关丧事的工作，他不想请人帮忙。可自己虽然手巧，却不懂得怎样造墓穴，于是去拜访乡里为人造墓的，为他们出力，经过很长时间勤苦的劳动，才熟练地学到了技术。又自己出卖劳力，挣钱来供办丧事的各种消费。埋葬这方面的事情，他做得俭朴却符合礼节。生来又不懂术数方面的学问，完全凭着自己的心意自然地去做。埋葬父亲后，又到雇主家去劳动，毫不懈怠。与雇主家的奴仆分担任务时，让出轻松活，自己干重活。主人不忍心支派他，常常叫他走，他却勤苦劳作，一点也不曾松懈，靠这样来养活母亲。有余钱时，就攒起来，准备赎出自己。

海虞令何子平，母亲去世后辞掉官职，哀伤毁形超过了礼制规定的限度。每到按礼制跳着哭，总是昏过去再醒来。适值南朝宋大明末年，东部地区闹饥荒，接着又是兵乱，母死八年，还不能埋葬。何子平昼夜哭号，就像初为婴儿时一样。冬天不穿棉衣，夏天不图清凉，每天用一点点米做粥喝，不吃盐和菜。住的屋子破了，挡不住风和太阳。他哥哥的儿子何伯兴想给他修修，子平不答应，说："我想埋葬母亲的心愿尚未了解，只是天地间一个罪人罢了。这房子哪里值得为我修好？"蔡兴宗当时为会稽太守，甚同情赞赏他的行为，为他母亲造了墓穴。

新野庾震死了父母，家里穷没办法安葬，便靠替人沙抄写写来经办丧事，以至于手掌都磨穿了，才将父母安葬下去。

贤人安葬父母，是怎样一种急迫的心情啊。现在世俗中有信方士胡说的，认为安葬不选好地方、不算好岁月日时，就会对子孙不利，祸殃会一股脑跑来，以至于有丧事办完、孝服除下，或者十年，或者二十年，或者终身，甚至过了几代人，还不将父母安葬的。弄到有被水漂火焚，或者被后人弃掉，丢失了灵柩不知到哪儿去了的，岂不哀哉！人们之所以贵有子孙，是为了死了后形体有人安排。死了后子孙却不安葬，那跟没有子孙，死在路边有什么区别呢？《诗经·小雅·节南山之什·小弁》里说："路边有死人，尚还有人埋葬他。"何况做人子孙，难道忍心放着亡父亡母却不安葬吗？

唐代太常博士吕才叙述《葬书》的思想，这样说过："《孝经》里讲'占卜好墓穴，然后安葬。'大概是因为一旦埋葬完毕，亡父亡母就永远在那里安息了。而时代变迁，泉石交相侵蚀，这些可能导致墓穴损坏的事情不可预知，因此要靠占卜来策划。近代以来，有人选择年月，有人占相墓地，认为如果有一点错误，死人活人都会有灾祸。按照《礼记》上所说，天子、诸侯、大夫，在安葬时都有一定月份，可证明古人并不挑选哪年哪月下葬。《春秋》中记载：九月丁巳这天埋葬鲁定公，下雨，没能下葬；戊午那天中午才下葬了。这可见古人葬并不选定日子。此外，郑简公快下葬时，守墓人的房子挡住了直通的墓道。如果毁掉守墓人的房子，早晨就可以下葬了；如果不毁而另外挖墓道，就要到中午才能下葬。子产决定不毁房子，这可证明古人下葬，并不择定一个时辰。而且，古人的墓地，都在国都的北面，地方是固定的，这可证明古人下葬并不选择地方。现在有丧葬事情的人却认为，子孙的富贵贫贱寿夭，全靠对下葬时间、地点占卜的好坏。春秋时楚国子文做令尹，多次被罢免复被任用；鲁国柳下惠任士师，也多次被贬斥又被任用，（按好占卜的人的说法，他们祖先的坟墓该移动多次了，）可是研究他们祖先的坟墓，却不曾动过。而庸俗的人不明此事，妖人巫师又胡说八道，于是当孝子孝孙们哭得死去活来之时，选择墓地，希望升官；痛失父母之际，选择葬时，希望发财。"这番话说得极好。"死生有命，富贵在天"，本来就不是葬地葬时所能改变的。即使能够改变，孝子又怎么忍心放着亡父亡母不葬，却挑时间挑地方，来为自己谋利呢？世上又有采用羌人胡人的办法，自己烧掉亲人棺柩，收回骨灰来加以安葬的，人们习以为常，心安意得，不以为怪。呜呼！讹谬的风俗已到了如此悖乱的地步！有人说：在他乡旅行做官，穷得没办法归葬故乡，不烧掉，又怎么安葬？答曰：像廉范那样的人，难道他家里富有吗？春秋时吴国的季札说过："死后骨肉回到泥土中，这是人的命运。至于人的灵魂则无所不至，没有定所。"舜做天子，巡狩到南方的苍梧时死去，就埋葬在苍梧之野。他做天子的尚且如此，何况普通人呢？如果真是无力让灵柩归乡，那就在死的地方安葬好，不也比烧掉好吗？有人问：父母活着时，按照礼节来侍奉他们；死了，按照礼节来埋葬他们、祭祀他们，这些都做到了，可以算作大孝了吗？答：还不算。天子以对人民施行恩德教化、能做天下的表率为大孝；诸侯以保卫国家为大孝；卿大夫以守住祖先宗庙为

大孝；士人以保住先人的俸禄地位为大孝。这都是说能够完成先人的志向，不败坏祖宗的事业。

晋代庾衮的父亲生前曾戒止庾衮喝酒。庾衮有一次喝醉了，自责道："我破先人对我的戒止，这样我还凭什么来教训后人？"于是在父亲墓前，自己打自己三十杖。这可以称得上是不忘先人训辞。

《诗经》里写道：看到小鹡鸰，边飞又边鸣。天天我奔波，月月你出行。早起晚睡忙不停，不要辱没父母名。

《孝经》上说：建立功业，遵循天道，扬名于后世，来使父母荣耀，这是孝最终的目标。又说：侍奉双亲，即使身居高位也不能骄傲；为人臣下，也不犯上作乱；地位卑贱，也不相互争斗。身居高位而骄傲，就会灭亡；为人臣下而犯上作乱，就会遭到刑罚；地位卑贱而互相争斗，就会动起兵器。这三种行为不除掉，即使每天用猪牛羊之牲去奉养双亲，也不能算是孝。

《礼记·内则》上说：父母虽然死去了，将要做善事时，想到会给父母带来美名，事情一定成功；将要干坏事时，想到会使父母蒙受羞辱，坏事一定不会成。

公明仪问曾子："你可以称得上孝了吧？"曾子说："你这是什么话？这是什么话？君子之所谓孝者，是指能在父母想到未说时便先想到，并能在父母不对时按照道理委婉地说服他们。我只不过能奉养父母罢了，哪里称得上是孝？"

曾子说："孩子的身体，是父母遗留的。这个遗留的身体的行为，敢不恭敬吗？平时不庄重，就算不了孝。侍奉君王不忠心，也算不了孝。做官不恭敬，也算不了孝。对朋友不守信用，也算不了孝。在战场上不勇敢，也算不了孝。这五方面不具备，灾祸就会连累到父母，难道还敢不恭敬行事吗？烹煮好了祭品，在进献给父母之前倒要先尝尝，这不是孝。君子所说的孝，举国的人都称赞、倾慕说：'真幸运啊，有这样的儿子！'这便是孝子了。"做人儿子的能像这样，可是称得上是善始善终的孝子了。

4. 弟

【题解】

这一篇是讲兄弟友爱的。从司马光的出发点看，强调的仅仅是弟弟应该如何做——这正是封建时代伦常关系的一个不合理处。但司马光广征博引，十分生动透辟地论述了兄弟之间的理想关系，很多事例感人至深。在他看来，只要心里有真正的亲情，那么为兄长干任何艰难的事情都会心甘情愿，在所不辞。

【原文】

弟之事兄，主于敬爱。齐射声校尉刘玉琎，兄瓛夜隔壁呼琎，琎不答。方下床着衣，立，然后应。瓛怪其久，玭曰："向束带未竟。"

梁安成康王秀，于武帝布衣昆弟，及为君臣，小心畏敬，过于疏贱[①]者。帝益以此贤之。若此，可谓能敬矣。

后汉议郎郑均，兄为县吏，颇受礼馈，均数[②]谏止，不听，即脱身为佣。岁余，得钱帛归以与兄，曰："物尽可复得。为吏坐脏，终身捐弃。"兄感其言，遂为廉洁。均好义笃实，养寡嫂孤兄，恩礼甚至。

晋咸宁中疫颍川，庾衮二兄俱亡，次兄毗复危殆，厉气方炽，父母诸弟，皆出次于外，衮独留不去。诸父兄强之，乃曰："衮性不畏病。"遂亲自扶持，昼夜不眠。其间，复抚柩哀临不辍。如此，十有余旬，疫势既歇，家人乃反。毗病得差，衮亦无恙。父老咸曰："异哉！此子。守人所不能守，行人所不能行，岁寒然后知松柏之后凋，始知疫疠之不相染也。"

右光禄大夫颜含，史畿，咸宁中得疾，就医自疗，遂死于医家。家人迎丧，旐[③]每绕树而不可解。引丧者颠仆，称畿言曰："我寿命未死，但服药太多，伤我五脏耳。今当复活，慎无葬也。"其兄祝之，曰："若尔有命复生，岂非骨肉所愿？今但欲还家，不尔葬也。"旐乃解。及还，其妇梦之曰："吾当复生，可急开棺。"妇颇说之。其夕，母及家人又梦之，即欲开棺，而父不听。含时尚少，乃慨然曰："非常之事，古则有之。今灵异如此，开棺之痛，孰与不开相负？"父母从之。乃共发棺，有生验：以手刮棺，指爪尽伤。气息甚微，存亡不分矣。饮哺将护累月，犹不能语。饮食所须，托之以梦。阖[④]家营视，顿废生业，虽在母妻，不能无倦矣。含乃绝弃人事，躬亲侍养，足不出户者，十有三年。石崇重含淳行，赠以甘旨，含谢而不受。或问其故，答曰："病者绵昧，生理未全，既不能进啖，又未识人惠，若当谬留，岂施惠者之意也。"畿竟不起。含二亲既终，两兄既没，次嫂樊氏，因疾失明。含课励家人，尽心奉养。日自尝省药馔，察问息耗，必簪屦束带，以至病愈。

后魏王平太守陆凯，兄琇，坐咸阳王禧谋反事被收，卒于狱。凯痛兄之死，哭无时节，目几失明，诉冤不已，备尽人事。至正始初，世宗复琇官爵。凯大喜，置酒集诸亲曰："吾所以数年之中抱病忍死者，顾门户计尔。逝者不追，今愿毕矣。"遂以其年卒。

夫兄弟至亲，一体而分，同气异息。《诗》云："凡今之人，莫如兄弟。"又云："兄弟阋[⑤]于墙，外御其侮。"言兄弟同休戚，不可与他人议之也。若己之兄弟且不能爱，何况他人？己不爱人，人谁爱己？人皆莫之爱，而患难不至者，未之有也。《诗》云，"毋独斯畏，此之谓也。兄弟，手足也。今有人断其左足以益右手，庸何利乎？囮[⑥]一身两口，争食相龁，遂相杀也。争利而相害，何异于囮乎？

吴太伯及弟仲雍，皆周太王之子，而王季历之兄也。季历贤而有圣子昌，太王欲立季历以及昌，于是太伯、仲雍二人乃奔荆蛮，文身断发，示不可用，以迎季历。季历果立，是为王季，而昌为文王。太伯之奔荆蛮，自号句吴。荆蛮义之，从而归之千余家，立为吴太伯。子曰："太伯，其可谓至德也已矣。三以天下让，民无得而称⑦焉。"

伯夷、叔齐，孤竹君之二子也。父欲立叔齐，及父卒，叔齐让伯夷。伯夷曰："父命也。"遂逃去。叔齐亦不肯立而逃之。国人立其中子。

宋宣公舍其子与夷而立穆公。穆公疾，复舍其子冯而立与夷。君子曰："宣公可谓知人矣，立穆公，其子飨之。"命以义夫。

吴王寿梦卒，有子四人，长曰诸樊，次曰余祭，次曰夷昧，次曰季札。季札贤，而寿梦欲立之。季札让，不可，于是乃立长子诸樊。诸樊卒，有命授弟余祭，欲传以次，必致国子季札而止。季札终逃去不受。

汉扶阳侯韦贤病笃，长子太常丞弘坐宗庙事系狱，罪未决，室家问贤当为后者，贤恚恨不肯言。于是贤门下生博士义倩等与室家计，其矫贤令，使家丞上书，言大行以大河都尉玄成为后。贤薨，玄成在官闻丧，又言当为嗣，玄成深知其非贤雅意，即阳⑧为病狂，卧便利中，笑语昏乱。征至长安，既葬，当袭爵，以狂不应召。大鸿胪奏状章下丞相御史案验，遂以玄成实不病劾奏之。有诏勿劾，引拜，玄成不得已受爵。宣帝高其节。时上欲淮阳宪王为嗣，然因太子起于细微，又早失母，故不忍也。久之，上欲感风宪王，辅以礼让之臣，乃召拜玄成为淮阳中尉。

陵阳侯丁綝卒，子鸿当袭封，上书让国于弟成。不报既葬，挂衰经于冢庐而逃去，鸿与九江人鲍骏相友善，及鸿亡封，与骏遇于东海，阳狂不识骏。骏乃止而让之曰："《春秋》之义，不以家事废王事。今子以兄弟私恩，而绝父不灭之基，可谓智乎?"鸿感语垂涕，乃还就国。

居巢侯刘般卒，子恺当袭爵，让于弟宪，遁逃避封久之。章和中，有司奏请绝恺国，肃宗美其义，将优假之，恺犹不出。积十余岁，至永元十年，有司复奏之，侍中贾逵上书，称："恺有伯夷之节，宜蒙矜宥，全其先公，以增圣朝尚德之美。"和帝纳之，下诏曰："王法崇善，成人之美，其听宪嗣爵，遭事之宜，后不得以为比。"乃征恺，拜为郎。

后魏高凉王孤平，文皇帝之第四子也。多才气，有志略。烈帝之前元年，国有内难，昭成为质于后赵，烈帝临崩，顾命迎立昭成。及崩，群臣咸以新有大故，昭成来未可果，宜立长君。次弟屈，刚猛多变，不如孤之宽和柔顺，于是大人梁盖等杀屈，共推孤为嗣。孤不肯，乃自诣邺奉迎，请身留为质，石季龙义而从之。昭成即王位，乃分国半部以与之。然兄弟之际，宜相与尽诚。若徒事形迹，则外虽友爱，而内实乖离矣。

宋祠部尚书蔡廓，奉兄轨如父。家事大小，皆咨而后行。公禄赏赐，一皆入轨。有所资须，悉就典者请焉。从武帝在彭城，妻郗氏，书⑨求夏

服，时轨为给事中，廓答书曰："知须夏服，计给事自应相供，无容别寄。"向使廓从妻言，乃乖离之渐也。

梁安成康王秀与弟始兴王憺，友爱尤笃。憺久为荆州刺史，常以所得中分秀。秀称心受之，不辞多也。若此，可谓能尽诚矣。

王莽末，天下乱，人相食。沛国赵孝，弟礼为饿贼所得，孝闻之，即自缚诣贼曰："礼久饿羸瘦，不如孝肥。"饿贼大惊，并放之曰："且可归，更持米糒⑩来。"孝求不能得，复往报贼，愿就烹。众异之，遂不害。乡党服其义。

北汉淳于恭，兄崇，将为盗所烹。恭请自代，得俱免。

又，齐国儿萌，梁郡车成二人，兄弟并见执于赤眉，将食之。萌、成叩头，乞以身代，贼亦哀而两释焉。

宋大明五年，发三五丁，彭城孙棘弟萨应充行，坐违期不至。棘诣郡辞列："棘为家长，令弟不行，罪应百死，乞以身代萨。"萨又辞列自引。太守张岱，疑其不实，以棘、萨各置一处。报云："听其相代，颜色并悦，甘心赴死。"棘妻许，又寄语属棘："君当门户，岂可委罪小郎？且大家临亡，以小郎属君，竟未娶妻，家道不立。君已有二儿，死复何恨？"贷依事表上。孝武诏特原罪。州加辟命，并赐帛二十匹。

梁江陵王玄绍、孝英、子敏兄弟三人，特相爱友，所得甘旨新异，非共俱食，必不先尝。孜防御色貌，相见如不足者。及西台陷没，玄绍以须面魁梧，为兵所围，二弟共抱，各求代死，解不可得，遂并命云。

贤者之于兄弟，或以天下国邑让之，或争相为死；而遇者急锱铢之利，一朝之忿，或斗讼不已，或干戈相攻，至于破国灭家，为他人所有，乌在其能利也哉！正由智识褊浅，见近小而遗远大故耳，岂不哀哉！《诗》云："彼令兄弟，绰绰有裕。不令兄弟，交相为瘉⑪。"其是之谓欤！子产曰："直钧，幼贱有罪，然则兄弟而及于争，虽俱有罪，弟为甚矣。世之兄弟不睦者，多由异母，或前后嫡庶更相憎嫉。母既殊情，子亦异党。"

后魏仆射李冲，兄弟六人四母所生，颇相贫阅。及冲之贵，封禄恩赐，皆与共之，内外辑睦。父亡后，同居二十余年，更相友爱，久无间然，皆冲之德也。

唐中书令韦嗣立，黄门侍郎承庆异母弟也。母王氏遇承庆甚严，每有杖罚，嗣立必解衣请代，母不听，辄私自杖。母察知之，渐加恩贷。兄弟苟能如此，奚异母之足患哉！

——《温公家范》

【注释】

①疏贱：疏远贫贱。

②数：shuò 多次。

③旐：zhào 魂幡。

④阖：通"合"。

⑤阋：xì 争斗。

⑥虺：huǐ 毒蛇。

⑦称：称赞。

⑧阳：通"佯"。

⑨书：写信。

⑩糒：bèi 饭。

⑪瘉：yù 病。

【译文】

弟弟侍奉哥哥，以尊敬爱慕为主。南朝齐射声校尉刘琎，他的哥哥刘瓛晚上在隔壁喊他，刘琎不回答，当时正下床穿衣服，站立好了然后才答应。刘瓛奇怪他这么久才回答，琎说："当时还没有穿戴完毕的缘故。"

梁安成康王秀，和武帝开始是布衣兄弟。等到和武帝成了君臣关系，他总是小心谨慎，敬长不已，超过了一般隔得远和贫贱的亲戚，武帝因此更加认为他贤明。像这样的人，可以说是能敬事兄长了。

后汉议郎郑均，哥哥在县里做官，接受了别人所赠的很多礼物。郑均多次劝他不要再受贿赂。哥哥不听从，他就出去给别人帮工。过了一年多，赚了钱和丝帛回来，把它们交给哥哥，说："物质东西用完了可以重新得到，做官吏如果犯了受贿罪，一辈子就算完了。"哥哥被他的话所感动，于是廉洁起来。均为人喜欢讲节义，厚道踏实，奉养寡嫂孤兄，恩情礼节都十分隆厚。

晋咸宁年间，颍州地方发生瘟疫，庚衮有两个哥哥都染病而死，第三个哥哥庚毗又生命垂危，当时瘟疫正十分厉害，父母亲和几个弟弟都到外面去居住去了。庚衮一个人独独留下来不离去。几个叔伯兄弟都强迫他走。他说："我天生不怕病。"于是亲自服侍庚毗，白天黑夜都没法入睡。并且还扶着棺柩哭泣，悲哀不断。这样地过了百来天，瘟疫终于退了，一家人才返回家乡。庚毗的病差不多好了，庚衮也没染什么病，身体很好。家乡父老都说："真是奇怪啊！这个孩子能守护别人所不能守护的人，能做别人所不能做的事。天寒冷了才知道松柏是不会凋落的，这才知道瘟疫是不会侵染他这样的人。"

右光禄大夫颜含的哥哥颜畿，咸宁年间得了疾病，到医生那儿去看病治疗，但最后死在医生家里。家里人去迎接丧事，出丧前引路的魂幡总是缠到树上，解不下来。突然引丧的人跌倒了，用颜畿的声音说："我的寿命没有尽，只不过是吃药吃得太多了，伤了我的五脏罢了，现在将重新活过来，千万不要把我埋葬了。"他的哥哥祈祷说："假如你仍有生命可以复生，难道不正是骨肉同胞所期待的吗？现在不过是把你接回家去，不会把你埋了的。"魂幡才解开来了。等到回家了，他的妻子梦见他说："我会复生，要赶快打开棺材。"妻子十分高兴。当天晚上他的母亲及家里人又梦见他，当即就想打开棺材。父亲不同意。颜含当时年纪很小，于是感叹地说："这是一件奇怪的事情，古代已有了，现有灵异到这个地步，打开棺材的悲痛和不打开棺材而有负于哥哥，哪二个更严重？"听了这话，他的父母亲都同意了，一起把棺材打开，发现尚有活着的证据，用手指在棺材的里面乱刮物，指甲全都受伤了，呼吸非常微弱是活是死，已分不清楚。让他吃喝、精心调理，几个月了，仍然不能说话，需要吃什么，就托梦给家人，全家人都照顾他，连其他生业都废弃了。虽然是做母亲妻子都不能不感到疲倦。颜含于是抛开一切人事，亲自侍养颜畿，脚没有离开家里达十三年之久。石崇十分钦重颜含的淳厚的品行，送给他好味道的食品，颜含表示感谢但不接受。有人问其中缘故，回答说："生病的人延续着生命，生理与正常人相比不一样，既不能吃这些东西，又不知道别人的恩惠，假若随便留下来，难道是送礼的人意思吗？"后来颜畿病故了。后来颜含父母去世，哥哥又没了，第二个嫂嫂樊氏还因为得病失明。颜含鼓励奖勉家里的人，尽心尽意奉养，每天亲自尝药和备饭菜，观察问候了解病人情况的好坏。一定穿好整齐，插簪束带，一直到了病人恢复。

后魏正平太守陆凯，哥哥陆琇，因咸阳王禧谋反之事受到牵连，被逮捕了，死在监狱里。陆凯悲痛哥哥的死，经常哭泣，眼睛差不多失明了，不断地上诉鸣冤，尽心尽意做一个人所能做的一切。至正始初年，世宗又恢复陆琇的官爵，陆凯十分高兴，置办酒席对众亲人说："我几年之中，所以抱着病躯，不忍去死，只不过为家门考虑吧了。死去的人不可以回来，现在我的心愿了了。"就在这一年他去世了。

兄弟之间是最为亲爱的，从一个身体分下来，共同呼气而气息不同罢了。《诗经》上讲："凡是现在的人，没有比兄弟更亲近的。"又说："兄弟之间在家门里相斗，对外来的侮辱、侵略却共同抵御。"这些讲的都是兄弟之间命运相关联，很难和其他的人相提并论。假若自己的兄弟都不能去爱，更何况去爱别的人？自己不爱别人，又有谁爱你？没有人爱你，灾祸还不来，是从来没有的事情。《诗经》上又说："不要一个人，这是令人可怕的事情。"讲的就是这件事。兄弟之间好比就是手和脚，现在有人把他的左脚砍断用来补全他的右手，又有什么好处呢？虺是一个身子两张嘴，两张嘴互相争着吃东西而相互咬着，最后就杀死了自己。争夺利益因而伤害兄弟的人，与虺又有什么差别呢？

吴大伯和他的弟弟仲雍，都是周太王的儿子，也是太伯季历的哥哥。季历贤明并且有一位圣明的儿子姬昌，太王想立季历以及姬昌为继承人。

于是太伯和仲雍避到了荆蛮之地，纹了身，把头发也剪掉了，表示自己是不可以重用了，来迎立季历。后来季历果然被立为王，就叫王季，而姬昌就是后来的周文王。太伯逃走到荆蛮后，自己号称为句吴。荆蛮地方的人认为他们十分讲义气，跟着他和他们聚在一起的有千多家。孔子说："吴大伯真可以称得上是最好品德的人了。三次把天下让出来，人民却不知道该怎样称颂他。"

伯夷叔齐，是孤竹君的二个儿子。父亲想立叔齐为继承人。等到父亲死后，叔齐把位置让给伯夷。伯夷说："这是父亲的安排。"于是他就逃走了。叔齐不愿意即位，也逃走了。国人只好立中子为王。

宋宣公舍弃他的儿子与夷，却确立穆公为继承人，穆公生病后，又舍弃自己的儿子冯而确立与夷为继承人。君子评价这件事情说："宋宣公可以说是善于了解人。确立穆公，后来他儿子又继承穆公。"于是用"义"来称赞宣公。

吴王寿梦死了，有四个儿子，大的名诸樊，第二个名余祭，第三个叫夷昧，最少的名季札。季札贤明，寿梦想立为继承人，季札谦让，认为自己不可以为王。于是就立长子诸樊为王。诸樊死了以后，有命令把王位传给余祭，想依次传下去，一定要把国家传给季札才罢休。季札最终还是逃走了，不接受。

汉代扶阳侯韦贤病得很厉害。长子太常丞韦弘因宗庙里的事犯了错误而被关在监狱里，罪行还没有判决，家里的人向韦贤询问谁可以做继承人。韦贤十分愤怒，不愿意讲出来。于是韦贤门下的一位博士叫义倩的人与韦贤的妻子合计商量，一起矫造韦贤的命令。让家中管事的人上书说：韦贤一旦死了，就让大河都尉韦玄成为继承。韦贤死后，玄成在官知道了丧事，又知道被选为继承人。玄成深知这不是父亲韦贤的心意。于是假装有病，发疯了的样子，睡在大便上，胡乱言笑。家人把他接至长安，埋葬韦贤以后，本应当继承爵位了。却因发狂了不能接皇帝的诏命。大鸿胪上奏，奏章下到丞相御史那儿，他们核验后认为玄成实际上没有狂病，于是就弹劾他。皇帝下诏命令不许弹劾他，让他授爵袭位。韦玄成在没有办法的情况下接受了爵位。宣帝认为韦玄成的节气品行高尚。当时皇帝想让淮阳宪王为继承人，但由于太子是从卑微的身位出来的，又很早就没有了母亲，不忍心废黜他。过了许久，皇帝想从旁劝导淮阳宪王，想让一位礼让的臣子去辅佐他，于是就召拜韦玄成为淮阳宪王中尉。

陵阳侯丁綝死了，儿子丁鸿应当继承爵位。丁鸿上书把侯国封爵让给弟弟丁成，但是上面不同意。等到埋了父亲，他把丧服挂在坟墓边的灵棚上就逃走了。丁鸿和九州人鲍骏十分要好，等到丁鸿逃走不接受封爵，和鲍骏在东海相遇，他假装不认识鲍骏。鲍骏于是停下来责怪他说："按照

春秋时代的道义，不因为家里的事情而荒废君王的事情。现在你因为兄弟之间的私人恩情却断绝了父亲久传的基业，这可以称得上是聪明吗？"丁鸿听了他的话，感动醒悟过来了，低下头来流泪叹息，于是就回家接受封爵去了。

居巢侯刘般死了以后，儿子刘恺应该袭封爵位，他把爵位让给弟弟刘宪之后，自己逃走了，躲避封爵躲了很久。章和年间，有司上奏请求断绝刘恺的封国肃宗认为他的节义很好，于是特别优待他不绝其国。刘恺仍然不出来。过了十多年，到了永元十年，有司又上奏请求断绝他的封国，侍中贾逵上书称赞刘恺有伯夷一样的节操，应该受到顾恤，以保全他父亲的基业，来增添圣朝崇尚道德的美名。和帝采纳了他的建议，下诏书说："王法推崇好的事情，成全别人的美事，应听从刘宪继承爵位，这是碰上了特殊事情特殊处理。以后不应该拿这事来作为类比。"于是征召刘恺，并拜他为郎中。

后魏高凉王孤平，是文皇帝的第四个儿子，多才多艺，具有大志雄略。烈帝的前元年，国内有战事，昭成王被送到后赵，当人质。烈帝快要死的时候，辅佐大臣迎接昭成想立为新王。等到烈帝死了，众大臣都认为新发生这么一件大事，昭成回来不一定适应于立为君王。第二个弟弟屈十分刚强猛狠又多变诈，不如孤平那样宽厚和顺柔。于是大人梁盖把屈杀了，共同推举孤平为继承人。孤平不肯接受，却自己到邺地去，奉请迎接昭成，并愿意自己留下替换昭成当人质。石季龙认为孤平十分仗义，就听从了。昭成即位以后，就把国家的一半给了孤平。然而兄弟之间应该是相互尽到自己的诚心。假若仅仅是表面上的形式，那么外表看起虽然有爱心，而心理实际上是相差很远的。

南朝宋祠部尚蔡廓，侍奉哥哥蔡轨像对父亲一样，家里的大小事情，都征求意见然后才去做。他的俸禄及获得的奖赏、封赐，都交给蔡轨。有什么需要的都从管理之人那里去请求。蔡廓跟从武帝在彭城，他的妻子郤氏来信请求夏天的衣服，当时蔡轨做给事中，蔡廓回信说："知道你需要置办夏天的衣服，估计给事中（蔡轨）会为你置办的，不需要我另外寄给你。"假使蔡廓听从妻子的要求，就会为兄弟乖离开启事端。

梁安成康王秀和弟弟始兴王憺，互相友爱非常笃实，憺作了很久的荆州刺史，经常把所得到的东西分一半给他哥哥，秀也高兴满意地接受，并不嫌多。像这样真可以说称得上是真心实意了。

王莽末年，天下大乱，人和人相食。沛国有个人叫张孝，他弟弟叫张礼，张礼被饿贼抓走了。张孝知道后，就自己绑着自己到饿贼那儿去，说："张礼饿了很久，特别瘦弱，没有我这么肥胖好吃。"饿贼非常惊讶，把兄弟俩都放了，说："暂且回去吧，弄些粮食来。"张孝找不到粮食，又

再到饿贼那儿去回报，愿意拿自己身体去给他们煮来吃。贼人感到惊异，就不再加害他们。一乡的人都叹服他的义举。

北汉淳于恭，哥哥淳于崇快要被盗贼烹食了，淳于恭请求代替哥哥，结果两兄弟都获得了释放。又有齐国儿萌、梁郡茂成两个人的兄弟，被赤眉军抓来了，就要拿去吃掉，儿萌、茂成叩头，请求用自己代替，乱贼也哀怜他们，就把他们释放了。

宋大明五年，征发十五岁的男丁服役，彭城孙棘的弟弟孙萨应当服役，犯了违期不到的罪。孙棘自己即到郡里去说："我是一家之长，让弟弟不去，罪该万死，我愿用自己的身体代替。"孙萨也说是自己的责任。太守张岱怀疑其中有诈，把棘、萨各关在一个地方，分别对他们说："让你们自己愿意怎么代替就怎么代替吧！"听了这话，兄弟脸上都十分高兴，心甘情愿地去死。孙棘的妻子不久也给孙棘捎语带信说："你是一家的当家人，怎么可以把罪推到小弟弟身上？况且父母快死的时候，把小弟托付给你，弟弟还没有娶亲成家，家也没有立起来。你已有两个儿子了，死了又有什么遗恨？"张岱根据事实奏上皇帝，孝武帝下命令特别原谅他们的罪责，不再惩罚。州里召他们做官，并且赏赐给他们二十匹丝帛。

梁江陵王玄绍、孝英、子敏兄弟三人，特别互相亲爱。凡是得到了新奇好吃东西，不共聚在一块，一定没有谁先吃。诚实认真友爱的样子，在一起也像是没见够似的。等到西台被敌人侵占，玄绍因为长相魁梧高大，被兵所包围，两个弟弟都抱着他，各自恳求代替玄绍去死，把他们分开来都没有成功，于是三个人都被杀害了。

那些贤明的人对于兄弟，有的把封国采邑推让，有的争着去为对方死难；但愚蠢的人却为一点点小小利益而争斗，因一时的愤恨，有的争斗无休无止，有的挥舞干戈相互攻打，以至于国家破坏，家庭毁灭，最终被他人所拥有，这又有什么利可得？这是由于智力愚蠢，眼光短浅，只看到小处近处而把大利与远景忘了。难道不是可悲哀的事情吗？《诗经》上说："那些和善友爱的兄弟，家庭富有且发达，那些相处不善的兄弟，互相都对对方是一个伤害。"讲的就是这个意思吧？子产说："对小的和年幼者讲求平均化与直率是有罪的，然而兄弟之间弄到争斗地步，虽然都有罪，但其中弟弟的罪责更重。"世上不和睦的兄弟很多，由于不是同一个母亲，或者是嫡母庶母所生不同，就更会互相憎恶仇恨。母亲既然感情不同，儿子自然也就分成几派。

后魏仆射李冲，兄弟有六个，分别是四个母亲所生。互相之间颇生怨恨。等到李冲显贵被封赐俸禄后，所受恩礼及封赐都与兄弟一块分享，里里外外都十分和睦。父亲死了以后，兄弟一块住了二十多年，更是相互友爱，长期没有什么隔阂，这都是李冲的高尚品德感化的原因。

唐代中书令韦嗣立，黄门侍郎韦承庆，是异母兄弟。母亲王氏对韦承庆非常严格，每次用棍杖惩罚承庆，韦嗣立一定脱了衣服请求代替承庆受杖。母亲不听从，他就自己用棍杖打自己，母亲知道了这件事，慢慢地对承庆增加恩情。兄弟之间假若能这样相处，哪里用得着担心异母不异母？

（三）袁 采

《袁氏世范》论慈孝友悌

【题解】

以下各条，主要选自《袁氏世范》上卷之《睦亲》，基本上包括了《睦亲》的主要内容。

从袁采对慈孝友悌的论述来看，贯穿始终的是"反思"两字。在亲戚方方面面的关系中，一些社会公认、传统留下来的美德，说穿了还是需要人自觉地履行。这当中外在的力量固然强大，但并不具备约束、强制的力量，因此需要从人心抓起，从反思着手。

袁采的言论涉及面极广，因此在每一节的题目下，做了必要的解说。读者可由此去领会他的比较系统的看法。

（1）性不可以强合

【题解】

袁氏提倡父子兄弟间的和睦相处。在这里，袁氏从顺合个人的性情、尊重人的个性的角度，提出了使家庭成员之间达到互敬互爱的方法与途径，确实是见识高明，值得后人效法。

【原文】

人之至亲，莫过于父子兄弟。而父子兄弟有不和者，父子或因于责善，兄弟或因于争财。有不因责善、争财而不和者，世人见其不和，或就其中分别是非而莫名其由。盖人之性，或宽缓，或褊①急，或刚暴，或柔懦，或严重，或轻薄，或持检，或放纵，或喜闲静，或喜纷挐②，或所见者小，或所见者大，所禀自是不同。父必欲子之性合于己，子之性未必然；兄必欲弟之性合于己，弟之性未必然。其性不可得而合，则其言行亦不可得而合。此父子兄弟不和之根源也。况凡临事之际，一以为是，一以为非，一以为当先，一以为当后，一以为宜急，一以为宜缓，其不齐如此，若互欲则于己，必致于争论，争论不胜，至于再三，至于十数，则不和之情自兹而启，或至于终身失欢。若悉悟此理，为父兄者，通情于子弟，而不责子弟之同于己；为子弟者，仰承于父兄，而不望父兄惟己之听，则处事之际，必相和协，无乖争之患。孔子曰："事父母，几谏，见志不从，不敬不违，劳而不怨。此圣人教人和家之要术也，宜孰③思之。"

【注释】

①褊：biǎn 气量狭小，性情急躁。

②纷挐：杂乱。

③孰：同"熟"。

【译文】

　　人的至亲，莫过于父子兄弟。但父子兄弟也有不和睦的。父子之间的不和睦，可能由于强求为善；兄弟之间的不和睦，可能由于争夺财产。也有的不和睦并不因为强求为善、争夺财产。人们看见了这种不和睦，便想分辨其中的是非非，但又说不出到底为什么。大概人的性格，有的宽缓，有的褊急，有的刚强粗暴，有的温柔懦弱，有的严肃持重，有的轻浮浅薄，有的自持检点，有的放纵。有的人喜欢娴静，有的人喜欢多事，有的见识短浅，有的见识广博。所禀受的天赋，个个不同。父亲一定要孩子的性格符合自己的性格，孩子的性格却未必这样；哥哥一定要弟弟符合自己，弟弟却未必这样。他们的性格没办法相符合，那么他们的言行也没办法相符合。这就是父子兄弟不和睦的根源。何况一旦遇上事情，一人以为是，一个以为非；一个以为应该争先，一个以为应该处后；一个以为应该快，一个以为应该慢，大家已是这样不统一，假如各自都还想对方和自己相同，那一定会导致争论。争论不休，以至于一而再，再而三，以至于十几回，那么不和睦的情绪就从这里开始产生，甚至于弄到终身不和。如果完全领悟了这个道理，做父兄的人，与孩子、弟弟沟通感情，而不要求孩子、弟弟和自己相同；做子女弟弟的人，敬听父兄的意见，而不希望父兄完全听从自己，那么，在处理事情的时候，一定会相互和睦协调，没有争执不下的忧患。孔子说："侍奉父母，要委婉地劝谏，如果发现自己的心意没有被听从，仍然恭敬地不触犯他们，虽然忧愁，但不怨恨。"这是圣人教人和睦家庭的重要方法，应该仔细地体会思考。

（2）人必贵于反思

【题解】

　　袁氏在这里提出了一个使父慈子孝得以维持的重要原则：自我反省。通过自我反省，父子才能各自认识到自己言行方面的过失，进而改正，达到父子间的重新和睦。

【原文】

　　人之父子，或不思各尽其道，而互相责备者，尤启不和之渐也。若各能反思，则无事矣。为父者："吾今日为人之父，盖前日尝为人之子矣。凡吾前日事亲之道，每事尽善，则为子者得于见闻，不待教诏而知效。倘吾前日事亲之道有所未善。将以责其子，得不有愧于心！"为子者曰："吾今日为人之子，则他日亦当为人之父。今吾父之抚育我者如此，畀①付我者如此，亦云厚矣。他日吾之待其子，不异于吾之父，则可俯仰无愧。若或不及，非唯有负于其子，亦何颜以见其父？"然世之善为人子者，常善为人父。不能孝其亲者，常欲虐其子。此无他，贤者能自反，则无往而不善；不贤者不能自反，为人子则多怨，为人父则多暴。然则自反之说，唯贤者可以语此。

【注释】

　　①畀 bì 给予，付与。

【译文】

　　为人父子，有的人不想想该怎样按道理尽自己的义务，却互相责备，这是尤其容易开启不和睦苗头的。如果各自都能反思，就不会有事了。做父亲的人说："我现在做了人的父亲，以前却曾经做过人的儿子。凡是我从前侍奉父母的方法，使每件事情都尽善尽美，那么做儿子的都看到了听到了，不须教诲就知道仿效。假如我以前侍奉双亲的方法并不都好，又用它来要求孩子，岂不于心有愧！"做儿子的人说："我现在做人的儿子，那么将来会为人之父。现在我父亲这样抚育我，给予我这么多东西，也算得上优厚了。将来我对待孩子，如果和我父亲对我一个样，就可以对天对地、对人对己问心无愧了。如果有什么比不上父亲的，那就不只有负于孩子，而且还有什么脸面去见父亲？"这样的话，世上善为人子者，往往善为人父。不能对双亲孝敬的人，往往想虐待孩子。这没有别的原因，贤者能够自我反思，就能无往而不善；不贤者不能自我反思，为人子则多怨恨，为人父则多暴虐。这么说来，自我反思的提法，只有贤者才谈得上。

（3）父子贵慈孝

【题解】

　　袁氏在这一段论述中提出了一个让父子、兄弟、夫妇保持孝敬友爱的处世秘诀：即每一位家庭成员需要搞好自我修养，同时善于发现对方的缺点，并努力加以劝勉，这样才能保证家庭成员间的良好关系。

【原文】

　　慈父固多败子，子孝而父或不察。盖中人之性，遇强则避，遇弱则肆。父严而子知所畏，则不敢为非；父宽则子玩易，而恣其所行矣。子之不肖，父多优容；子之愿悫①，父或责备之无已②。唯贤知之人即无此患。至于兄友而弟或不恭，弟恭而兄或不友；夫正而妇或不顺，妇顺而夫或不正，亦由"此强即彼弱，此弱即彼强"积渐而致之。为人父者，能以他人之不肖子喻己子，为人子者，能以他人之不贤父喻己父，则父慈而子愈孝，子孝而父益慈，无偏胜之患矣。至于兄弟、夫妇，亦各能以他人之不及者喻之，则何患不友、恭、正、顺者哉！

【注释】

　　①悫：què 老实谨慎。

　　②已：停止。

【译文】

　　慈父往往多败家子，孩子孝顺呢，父亲也许不觉察。大概一般人的天性，碰上强硬的就会躲避，碰上软弱的就会放肆。父亲严厉，孩子就知道畏惧，不敢为非作歹；父亲宽容，孩子就满不在乎，恣意妄为。孩子不成器，父亲往往优待宽容；孩子忠厚老实，父亲倒有可能不停责备。只有贤明智慧的人，才没有这种忧患。至于哥哥友爱，弟弟却不恭敬，或弟弟恭敬，哥哥却不友爱；丈夫正派，妻子却不顺从或妻子顺从，丈夫却不正派，也由于"你强他就弱，你弱他就强"，逐渐积累所致。为人父者，能够用别人的不肖子来劝谕自己的孩子，为人子者，能够用别人的不贤父来劝谕自己的父亲，那就会父亲慈爱，儿子愈发孝顺，而儿子孝顺，父亲又愈发慈爱，这样，就没有一方胜过一方、不平衡的忧虑了。至于兄和弟、夫和妻，如果各自也能用别人做得不好的，来劝谕对方，那么哪还用担心不友爱、不恭敬、不正派、不顺从的产生呢？

（4）父兄不可辩曲直

【题解】

　　袁氏认为在发生争执时，晚辈应充分尊重长辈的意见并忍受一些委屈，这种意见是可取的。但他所强调无条件孝敬父兄的见解，我们可以持异议态度。

【原文】

　　子之于父，弟之于兄，犹卒伍之于将帅，胥吏之于官曹，奴婢之于雇主，不可相视如朋辈，事事欲论曲直。若父兄言行之失，显然不可掩，子弟止可和言几谏①。若以曲理而加之，子弟尤当顺受，而不当辩。为父兄者又当自省。

【注释】

　　①几谏：柔声细语地劝谏。

【译文】

　　孩子和父亲、弟弟和哥哥的关系，好比士兵和将帅、小吏和主管、奴婢和雇主，不可当成朋友、平辈来看待，事事都要争一个是非曲直。如果父亲、哥哥的言行有过失，明明白白，不可掩盖，作孩子做弟弟的，只可以和颜悦色，委婉地劝谏。如果父亲、哥哥凭着歪道理来加罪，作孩子、弟弟的，还是应当顺受，而不应当辩解。为人父兄者，也应该自我反省。

（5）家长尤当奉承

【题解】

袁氏认为，贫困人家的妻子儿女对于家长的发怒应该加以忍耐，并可曲意奉承，目的还是为了家庭的和睦，这种见解比较可取。

【原文】

兴盛之家，长幼多和协，盖所求皆遂，无所争也。破荡之家，妻孥①未尝有过，而家长每多责骂者，衣食不给，触事不谐，积忿无所发，唯可施于妻孥之前而已。妻孥能知此，则尤以奉承。

【注释】

①孥：nú 儿女。

【译文】

兴盛的家庭，长幼之间往往和睦协调，大概是因为所追求的事情都如意了，没有什么好争夺的。破败的家庭，妻子儿女不曾有过失，而家长却常常责骂，原因是衣食不足，事事不称心，积忿没有地方发泄，只能在妻子儿女面前施展罢了。妻子儿女能够知道这点，就尤其应该顺着家长的心意。

（6）顺适老人意

【题解】

袁氏根据老年人的心理及性格特点，提出作子弟者应顺从老人的心意，以博得老人的欢心，这种劝导至今仍具非常积极的意义。

【原文】

年高之人，做事有如婴孺，喜得钱财微利，喜爱饮食、果食小惠，喜与孩童玩狎。为子弟者，能知此而顺适其意，则尽其欢矣。

【译文】

年老的人，做事情就跟小孩一样，喜欢得到钱财小利，喜欢受饮食、果品的小惠，喜欢和孩子们玩耍。为子弟者，能够知道这点而顺从适合他的心意，那就能使他极其欢乐了。

（7）孝行贵诚笃

【题解】

袁氏在这里提出了一个衡量子弟对于父母孝心的标准问题，即根据一个人对待父母是否忠诚笃实来作判断，而不是凭表面现象。这个标准可以说是见解深刻，醒人心智。

【原文】

人之孝行，根于诚笃，虽繁文末节不至，亦可以动天地、感鬼神。尝见世人有事亲不务诚笃，乃以声音笑貌缪为恭敬者，其不为天地鬼神所诛则幸矣，况望其世世笃孝而门户昌隆者乎！苟能知此，则自此而往，与物应接①，皆不可不诚。有识君子，试以诚与不诚者较其久远，效验孰多？

【注释】

①应接：打交道。

【译文】

人们的孝行，根源于忠诚笃实。即使繁琐的仪式和细小的礼节没有做到，也可以动天地感鬼神。曾经见到世上有人侍奉双亲不致力于忠诚笃实，而是花言巧语，假装恭敬，他们不被天地鬼神诛杀就算幸运的了，哪里还能指望他们代代孝顺、门户昌盛呢？假如能知道这点，从此以后，和别人交往，就不可不忠诚。有识君子，请比较忠诚和不忠诚哪个能保持久远，哪一个效果更好？

（8）人不可不孝

【题解】

袁氏在这一段家训中从一个人出生时期受到父母百般抚爱的情景谈起，意在告诫所有为人子弟者不要辜负父母的养育之恩，规劝人们孝敬父母，可谓动之以情、晓之以理，至今仍具有很大的教育意义。

【原文】

人当婴孺之时，爱恋父母至切。父母于其子婴孺之时，爱念尤厚，抚育无所不至。盖由气血初分，相去未远，而婴孺声音笑貌自能取爱于人。亦造物者设为自然之理，使之生生不穷。虽飞走微物亦然，方其子初脱胎卵之际，乳饮哺啄必极其爱。有伤其子，则护之不顾其身。然人于既长之后，分稍严而情稍疏。父母方求尽其慈，子方求尽其孝。飞走之属稍长则母子不相识认，此人之所以异于飞走也。然父母于其子幼之时，爱念抚育，有不可以言尽者。子虽终身承颜致养，极尽孝道，终不能报其少小爱念抚育之恩，况孝道有不尽者。凡人之不能尽孝道者，请观人之抚育婴孺，其情爱如何，终当自悟。亦犹天地生育之道，所以及人者至广至大，而人之报天地者何在？有对虚空焚香跪拜，或召羽流道士斋醮上帝，则以为能报天地，果足以报其万分之一乎？况又有怨咨①乎天地者，皆不能反思之罪也。

【注释】

①怨咨：叹气。

【译文】

人还是小孩的时候，对父母的爱恋十分深切。父母在孩子还小的时候，爱护顾念尤其深厚，为抚育好孩子，什么都做得出。大概是由于父母与孩子气血初分，相去不远，而且小孩的声音笑貌自然能够讨人喜爱。也算是造物主创设的自然之理，使一代一代永不终结。即使是飞禽走兽也是这样，当幼子刚刚脱胎出卵的时候，喂乳喂水、啄食哺育，总是极尽疼爱之事。有谁伤害它的幼子，父母为保护幼子总是奋不顾身。但人长大以后，各自的名分稍为严格，两代的感情稍微疏远。父母才开始力求尽到慈爱的职责，孩子才开始力求尽到孝顺的职责。飞禽走兽之类，稍稍长大，母子之间就互不相认，这是人和它们相异的地方。但是父母在孩子幼年的时候，爱护顾念抚育的心血，真是说也说不完。孩子即使终身顺从双亲的意欲、厚加奉养、极尽孝道，终究还是不能报答小时候所受的恩怀，更何况按孝的道理，本是无穷尽的。凡是有人不能尽孝道，请看看别人如何抚育小孩，他们的情爱如何，终究会自我醒悟。也就像天地生育万物之道，施及到人身上的，可以说是极广极大了，而人又是怎样报答天地的呢？有对着虚空，焚香跪拜的，有请和尚道士设法坛向上苍祈祷的，以为这就能报答天地了，这果真能够报答天地的大恩大德哪怕只是万分之一吗？何况还有些人对天地埋怨叹气，这都是不能反思的罪过啊。

（9）父母爱子贵均

【题解】

袁氏在这里提出了父母在情感上如何对待子女的问题，他主张父母对于自己的每一个孩子都应持有同样的爱心，不要偏心，这样就能保持家庭的团结与和睦。袁氏的这种见解至今仍具有很强的现实针对性。

【原文】

人之兄弟不和而至于破家者，或由于父母憎爱之偏，衣服饮食，言语动静，必厚于所爱而薄于所憎。见爱者意气日横，见憎者心不能平。积久之后，遂成深仇。所谓爱之，适①所以害之也。苟父母均其所爱，兄弟自相和睦，可以两全，岂不甚善！

【注释】

①适：恰好。

【译文】

兄弟不和睦而导致家破人亡的，有时是由于父母爱憎的偏心。穿衣吃饭，一言一笑、一举一动，总是对所爱的孩子厚待，对所憎的孩子淡薄。受宠爱的孩子一天天横行霸道，颐指气使，被憎的孩子心不能平。长久的积累之后，于是就结下了深仇。所谓爱孩子，恰恰成了害孩子的原因。假如父母能够公平地爱护每个孩子，兄弟之间，自然相互和睦，就可以两相保全，这岂不是很好！

（10） 父母常念子贫

【题解】

父母对于家庭贫困的孩子自然怀有接济的心意，这是父母对子女爱心均齐的表现。袁氏以此委婉地告诫家庭富裕的子弟不要对父母接济贫困兄弟的行为表示不满，可谓用心良苦，值得听取。

【原文】

父母见诸子中有独贫者，往往念之，常加怜恤，饮食衣服之分或有所偏私，子之富者或有所献，则转以与之。此乃父母均一之心。而子之富者或以为怨，此殆①未之思也，若使我贫，父母必移此心于我矣。

【注释】

①殆：大概。

【译文】

父母看见孩子中有一位贫困，往往牵挂他，常常加以怜悯救济。吃穿上的分配，也许会有些偏心。富裕的孩子有时候奉献给父母东西，父母就转而用来给予贫困的孩子。这乃是父母想要平均的心思。但是富裕的孩子可能因此有怨言，这大概是没有深思吧。（要想想）：如果是我贫困，父母一定也会把这番心意转移到我身上。

（11） 子孙当爱惜

【题解】

袁氏以身后之事顺由子孙办理为根据，劝告祖父辈对于自己的所有子孙应一视同仁，不能有偏爱之心，既显示了亲情，也包含了人生的哲理。

【原文】

人于子孙，虽见其做事多拂①己意，亦不可深憎之。大抵所爱之子孙未必孝，或早夭，而暮年依托及身后葬、祭，多是所憎之子孙。其他骨肉皆然，请以他人已验之事观之。

【注释】

①拂：违背。

【译文】

人们对待自己的子孙，即使他们的所作所为常常违背自己的意愿，也不能太厌憎他们。一般是所爱的子孙未必孝顺，或者孝顺的子孙过早夭折，而晚年的依靠和死后的埋葬、祭祀，出力的往往是所厌憎的子孙。别人的子孙骨肉都是这样，请通过别人已被证实的事情来衡量衡量自家吧。

（12）父母多爱幼子

【题解】

父母怎样对待自己的小儿子小女儿，这确是一个具有普遍意义的问题，很多家长在这一问题上由于处理不妥当，而导致不良的后果。袁氏认为，做父母的对于幼子不要偏爱，更不能放纵。否则后果不堪设想。袁氏的劝诫至今仍值得许多家长吸取。

【原文】

同母之子而长者或为父母所憎，幼者或为父母所爱，此理殆不可晓。窃尝细思其由，盖人生一二岁，举动笑语自得人怜，虽他人犹爱之，况父母乎！才三四岁至五六岁，恣性啼号，多端乖劣，或损动器用，冒犯危险。凡举动言语皆人之所恶。又多痴顽，不受训戒，故虽父母亦深恶之。方其长者可恶之时，正值幼者可爱之日，父母移其爱长者之心而更爱幼者。其憎爱之心，从此而分，遂成迤逦①。最幼者当可恶之时，下无可爱之者，父母爱无所移，遂终爱之。其势或如此，为人子者，当知父母爱之所在。长者宜少让，幼者宜自抑。为父母者又须觉悟稍稍②回转，不可任意而行，使长者怀怨而幼者纵欲，以致破家可也。

【注释】

①迤逦：yǐ lǐ 曲折连绵，这里指没完没了。

②稍稍：渐渐。

【译文】

同母之子，年纪大的有时被父母厌憎，年纪小的有时受父母宠爱，这里面的道理恐怕很难知晓。我私下曾细细思考其中的原因，大概是人生下来才一岁两岁时，一举一动，一言一笑自然就受人喜爱，别人尚且很喜欢，何况是父母呢！到了三四岁、五六岁，任性哭闹，淘气万般，有时还损坏移动器物，捣乱冒险。这时的言语举动都是人们讨厌的。又往往愚顽，不接受训诫。因此即使是父母也很讨厌他。当年纪大的孩子令人讨厌之时，正值年纪小的孩子可爱之日，父母转移了喜爱大孩子的心意，更加宠爱小孩子。他们的爱憎之心，从此就有所区别，于是连绵不绝，无休无止。等到最小的孩子也可恶了的时候，下面再没有可爱的孩子了，父母的爱就不再转移，于是最终还是爱最小的孩子。形势往往如此，为人子者，应当知道父母爱的是什么。年纪大的不妨稍微谦让，年纪小的不妨自我克制。为人父母的，又必须觉悟此点，渐渐将偏爱回转过来，不要任意行事，致使年纪大的孩子怀怨，年纪小的孩子放纵欲望，以至于家破人亡。

（13）祖父母多爱长孙

【题解】

袁氏以为父母不爱长子却爱长孙是出于他们喜爱孩子的缘故。虽出于猜测，但也可以现出父母对于儿孙的亲情总是绵延不绝的。

【原文】

父母于长子多不之爱，而祖父母于长孙多极其爱。此理亦不可晓。岂亦由爱少子而迁及之耶？

【译文】

父母对长子往往不爱，而祖父母对长孙往往极爱。这个道理也很难知晓。是不是也由于喜爱小孩子，却将这番心意转移到孙儿这辈身上了呢？

（14）舅姑当奉承

【题解】

媳妇与公公、婆婆的关系历来都是一大难题。袁氏认为尽管公公婆婆偏心于自己的女儿，但他主张媳妇长期顺承公公婆婆的心意，主动改善关系，做到以情动人，最终感化公公婆婆，这种主张值得赞赏。

【原文】

凡人之子，性行不相远，而有后母者，独不为父所喜。父无正室而有宠婢者亦然。此固父之昵于私爱，然为子者要当一意承顺，则天理久而自协。凡人之妇，性行不相远，而有小姑者独不为舅姑①所喜。此固舅姑之爱偏，然为儿妇者要当一意承顺，则尊长久而自悟。或父或舅姑终于不察，则为子为妇无可奈何，加敬之外，任之而已。

【注释】

①舅姑：丈夫的父母。

【译文】

普通人的孩子，性格行为差别不大，但是有后母的孩子，偏偏不受父亲喜爱。父亲没有正妻而又有受宠的婢妾的，也是这样。这固然是由于父亲亲近私心所爱的人，但为人子者，也应当一心一意尊敬顺从。依照天理，时间久了，自然会协调。普通人家的媳妇，性格行为差别不大，但有小姑子的媳妇，偏偏就不受公公婆婆的喜爱。这固然是公公婆婆爱有偏心，但做人媳妇的，应当一心一意尊敬顺从。公公婆婆天长日久之后，也会醒悟。如果父亲、公公婆婆始终不能察觉，那么为子为媳妇的，也无可奈何，除了更加恭敬以后，就听任长辈算了。

（15）兄弟贵相爱

【题解】

世人常因情感与财产纠纷问题发生兄弟之间互相争斗的可憎现象。袁氏极力主张兄弟应以骨肉亲情为重，避免上述纠纷，可谓语重心长。深明大义，后人当以之自勉。

【原文】

兄弟义居①，固世之美事。然其间有一人早亡，诸父与子侄其爱稍疏，其心未必均齐。为长而欺瞒其幼者有之，为幼而悖慢其长者有之。顾见义居而交争者，其相疾有甚于路人。前日之美事，乃甚不美矣。故兄弟当分，宜早有所定。兄弟相爱，虽异居异财，亦不害为孝义。一有交争，则孝义何在？

【注释】

①义居：旧指孝义之家世代同居。

【译文】

兄弟按孝义之道同住一起，本来是世上的美事。但其中有一人早早死去，叔伯与子侄之间的感情渐渐疏远，大家的心未必一样。有长者欺负瞒骗幼者的，有幼者悖逆怠慢长者的。回头看为孝义同住一处却相互争执的人，他们之间的仇恨往往超过陌生人。以前（兄弟义居）是美事，到这时就很不美了。因此如果兄弟应当分家，就应当早做决定。如果兄弟真正相爱，即使分家分财，也不应影响大家遵循孝义。一旦有了互相之间的争执，那么孝义又在哪里？

（16）同居相处贵爱

【题解】

人们相处在一起的时候难免产生各种冲突，无论亲人或者外人均是如此。袁氏主张宽容待人，不加计较，这种为人处世的态度值得高度肯定。

【原文】

同居之人，有不贤者非理以相扰，若间或一再，尚可与辩。至于百无一是，且朝夕以此相临，极为难处。同乡及同官抑或有此，当宽其怀抱①，以无可奈何处之。

【注释】

①怀抱：胸怀。

【译文】

同住一处的亲人，有不贤者无理取闹，假如偶尔一次两次，还可以和他争辩。如果他以至于百无是处，而且朝夕和他相对，极为难处。同乡和

同僚中也有这样的人。那就只好放宽胸怀，以无可奈何的态度来对待他了。

（17） 友爱弟侄

【题解】

袁氏在这里提出了叔伯婶母如何对待侄辈问题。袁氏肯定叔伯婶母对于父母双亡的侄子应尽抚养义务，并告诫他们不能吞并侄子继承的家产，否则就违背了亲情人伦。这是人们当引以为戒的。

【原文】

父之兄弟，谓之伯父、叔父，其妻，谓之伯母、叔母。服制①减于父母一等者，盖谓其抚字②教育有父母之道，与亲父母不相远。而兄弟之子谓之犹子，亦谓其奉承报孝，有子之道，与亲子不相远。故幼而无父母者，苟有伯叔父母，则不至无所养；老而无子孙者，苟有犹子，则不至无所归。此圣王制礼立法之本意。今人或不然，自爱其子，而不顾兄弟之子。又有因其无父母，欲兼其财，百端以扰害之，何以责其犹子之孝！故犹子亦视其伯叔父母如仇雠③矣。

【注释】

①服制：旧时丧服制度。

②抚字：抚养。

③雠：chóu 仇人。

【译文】

父亲的兄弟，称为伯父、叔父，他们的妻子，称为伯母、叔母。为他们服丧只比为父母服丧低一个等次的原因，是说他们对自己的抚养教育有为父母之道，和亲生父母相差不远。而兄弟的孩子称为犹子，也是说他们对自己的恭敬顺从报答，有为子之道，和亲生孩子相差不远。因此从小就没了父母的人，假如有伯父叔父伯母叔母，就不至于没有人抚养；年老无子孙的人，假如有犹子，则不至于没有归宿。这是圣哲明王制定礼仪、建立法制的本意。现在有的人却不是这样，自己爱自己的孩子，却不顾念兄弟的孩子。还有因为侄子没了父母，想要并吞他的财产，变着法子来干扰谋害，这种人凭什么来要求犹子的孝顺？因此犹子也把他的伯叔父母看成像仇人一样了。

（18） 和兄弟教子善

【题解】

许多人爱自己的子女，却对自己的兄弟无情无义。袁氏认为这是做父亲很不明智的行为，他劝诫为人父者应亲近自己的兄弟，为子女树立一个好榜样，达到父子、兄弟关系融洽的目的。

【原文】

　　人有数子，无所不爱，而于兄弟则相视如仇雠。往往其子因父之意遂不礼于伯父、叔父者，殊不知己之兄弟即父之诸子，己之诸子，即他日之兄弟。我于兄弟不和，则我之诸子更相视效，能禁其不乖戾①否？子不礼于伯叔父，则不孝于父亦其渐也。故欲吾之诸子和同，须以吾之处兄弟者示之。欲吾子之孝于己，须以其善事伯叔父者先之。

【注释】

　　①戾：抵触。

【译文】

　　一个人有几个孩子，个个都爱，而对兄弟却相视如仇人。自己的孩子就往往因为父亲的心意于是对伯父、叔父无礼。殊不知自己和兄弟共有同一个父亲，自己的孩子们，即是将来的兄弟。我对兄弟不和，那么我的孩子们更是加以仿效，能够禁止他们不相互抵触吗？孩子对伯父叔父无礼，那么对父亲不孝也会逐渐产生。因此想让自己的孩子们和睦同心，必须把自己对待兄弟的和睦同心显示给他们看。想让自己的孩子对自己孝顺，必须把让他们好好侍奉伯父叔父作为前提。

（19）背后之言不可听

【题解】

　　许多人都有背后议人长短的毛病，由此导致家庭及邻里关系的不和，袁氏分析了其中的利害关系，告诫人们不要听背后议论别人的闲言碎语，确是为人处世的金玉良言。

【原文】

　　凡人之家有子弟及妇女好传递言语，则虽圣贤同居，亦不能不争。且人之做事不能皆是，不能皆合他人之意。宁①免其背后评议？背后之言，人不传递，则彼不闻知，宁有忿争？唯此言彼闻，则积成怨恨。况两递其言，又从而增易之，两家之怨至于牢不可解。惟高明之人有言不听，则此辈自不能离间其所亲。

【注释】

　　①宁：岂能。

【译文】

　　普通人家，如有子弟和妇女喜欢在背后传言递语，说长道短的，那么即使是跟圣贤同住在一起，也不能不发生争执。况且人做事情不可能都是对的，不可能都符合他人的心意，怎能避免他人在背后议论？背后的议论，如果没有人传来递去，那么本人也不会知道，怎会有怨忿争执呢？这里说，那里听，就积成了怨恨。何况同一句话，一传再传，其间还要添油加醋，致使双方的怨恨牢不可解。只有高明的人，有什么闲言碎语，一概不听。那么这类传递言语的人就不能够挑拨离间亲情了。

（20）同居不可相讥议

【题解】

喜欢背后议论别人的人，难免被人发现他不光彩的行径。鉴于此，袁氏告诫人们要养成不议论别人短长的不良习惯，以免惹生祸端。

【原文】

同居之人或相往来，须扬声曳履使人知之，不可默造①。虑其适议及我，则彼此愧惭，进退不可。况其间有不晓事之人，好伏于幽暗之处，以伺人之言语。此生事兴争之端，岂可久与同居！然人之居处，不可谓僻静无人，而辄讥议人，必虑或有闻之者。欲谓："墙壁有耳。"又曰："日不可说人，夜不可说鬼。"

【注释】

①造：造访。

【译文】

同住一起的人，有时相互往来，必须提高声音、拖响鞋子使人知道，不可默不作声去造访。担心的是别人正议论到我，就会彼此惭愧，进退两难。何况这中间往往有不懂事的人，喜欢藏在幽暗的地方，来探听别人的谈话。这些都是生事兴争的开头，哪里能够长期与之同住！这样，人在闲着的时候，不要认为僻静无人，就讥讽议论别人，一定要想到可能有人听到。俗话说："隔墙有耳。"又说："白天不可说人，晚上不可说鬼。"

（21）女子可怜宜加爱

【题解】

袁氏在这里提出了父母、丈夫与子女如何对待自己的女儿、妻子与母亲的问题。女儿、妻子、母亲是一个女子不同人生阶段的身份属性，袁氏着重分析了女子取富济贫的心理特征，劝告其父母、丈夫、子女理解她的一片苦心。

【原文】

嫁女须随家力，不可勉强。然或财产宽余，亦不可视为他人，不以分给。今世固有生男不得力而依托女家，及身后葬祭皆由女子者，岂可谓生女不如男也！大抵女子之心最为可怜，母家富而夫家贫，则欲得母家之财以与夫家；夫家富而母家贫，则欲得夫家之财以与母家。为父母及夫者，宜怜而稍从之。及其有男女嫁娶之后，男家富而女家贫，则欲得男家之财以与女家；女家富而男家贫，则欲得女家之财以与男家。为男女者，亦宜怜而稍从之。若或割贫益富，此为非宜①，不从可也。

【注释】

①宜：应该。

【译文】

嫁女儿时的陪嫁要根据自家的财力，不可勉强。但如果家里财产有余，也不要把女儿看成别人家的人，就不分给她。现在世上本来就有生儿不得力反而依靠女家，以及死后的埋葬祭祀都靠女儿的，怎能说生女不如男呢！大抵女儿的心最是可怜，娘家富呢或许婆家贫，于是想得到娘家的财产来拿给婆家；婆家富呢或许娘家贫，于是想得到婆家的财产来拿给娘家。做父母和做丈夫的，应该同情她，稍稍地依从她。等她有了儿女，婆亲出嫁之后，儿子家富而女儿家贫，就想得到儿子这边的财产来拿给女儿家；女儿家富而儿子家贫，就想得到女儿家的财产来拿给儿子家。做人儿女的，也应体谅母亲，稍稍地依从她。如果她要拿走贫家的财产，增益富家的财产，这是不应该的，可以不依从。

（22）妇人年老尤难处

【题解】

妇人到了晚年，往往出现无依无靠的局面。袁氏分析了妇女晚年的困难处境，劝告其亲戚对她多加体恤与关照，使年老妇女享受到人间亲情，袁氏的心意的确难能可贵。

【原文】

人言"光景百年，七十者稀"，为其倏忽易过。而命穷之人晚景最不易过，大率五十岁前过二十年如十年，五十岁后过十年不啻①二十年。而妇人之享高年者，尤为难过。大率妇人依人而立，其未嫁之前，有好祖不如有好父。有好父不如有好兄弟，有好兄弟不如有好侄；其既嫁之后，有好翁不如有好夫，有好夫不如有好子，有好子不如有好孙。故妇人多有少壮享富贵而暮年无聊者，盖由此也，凡其亲戚，所宜矜念。

——《袁氏世范》

【注释】

①啻：chì 只。

【译文】

人们说："人生百年，七十者稀"，是因为人生苦短，倏然便过。而命运困窘的人，晚年光景，最不容易度过。大概五十岁以前，过二十年，就像只过了十年；五十岁以后，过十年，感觉不只二十年。而妇女得享高寿的，晚年日子尤其难过。大概妇女是依靠人而立足，在她未嫁以前，有好祖父不如有好父亲，有好父亲不如有好兄弟，有好兄弟不如有好侄子；等她出嫁以后，有好公公不如有好丈夫，有好丈夫不如有好儿子，有好儿子不如有好孙子。因此，妇女当中有很多年轻时享受荣华富贵，暮年却没有依靠，却是由于上述原因。只要是她的亲戚，都要怜悯同情她。

（四）叶梦得

保孝行

【题解】

古人忠孝并称并不是偶然的。除去封建糟粕，那种对父母的孝顺和对事业的忠诚无疑是相辅相成的。叶梦得告诫他的子弟，忠孝互为一因果；而且孝的含义又在于立身扬名，颇含有进取奋斗之意。事实上，有孝子的人家才会有忠于事业的人才。

【原文】

夫孝者，天之经也，地之义也，故孝必贵于忠。忠敬不存，所率皆非其道。是以忠不及而失其守，非惟危身，而辱必及其亲也。故君子行其孝，必先以忠。竭其忠则禄至矣，故得尽爱敬之心，以养其亲，施及于人。《诗》云："孝子不匮，永锡①尔类"。汝等读书，独不观圣人之言浑是教人一个孝悌忠信，且只是一个"孝"字，无处不到。故曰：求忠臣必于孝子之门。汝等能孝于亲，然后能忠于君，忠孝不失，庶克尽臣子之职矣。

马司温公作《迂说》，其一章云："迂叟之事君无他长，能勿欺而已矣。其事亲亦然。"此天下名言也。事君之道，汝曹未易言，且言事亲。吾见世人，未尝能免于欺。受教训，面从而不行，欺也；已有过失，隐蔽使不闻，欺也；有怀于中，避就不敢尽言，欺也；佯为美观之事，未必出于情，欺也。曾子丧其亲，水浆不入口者七日，而于吾亲无所用其情，吾无所用之情也，曾子之孝则至矣。至于难能不可继之行，欲以孝闻，则未必尽其情也，然且自以为过。夫死而过于难，犹且不敢，况生而欺之乎？今但能闻教训，一一遵行，不敢失坠，有过失，改悔不敢复为，不求不闻，凡有所怀，必尽告之，秋毫不敢隐，为人子所当为，不为人子所不当为，文饰以掠美，如是亦可以言孝，则勿欺而已。推是心以施之君，安有二道哉？赵中丞无愧，丧母，多侍妾，每抱其父足以寝，不敢去跬步。设心如此，其谁曰不然。而或者父母年高，夜率三起，扣请门问安，至增损依衾，以时候其寒，亲反厌烦，不能得安，而人以为贤。若是者，以为情可乎？汝曹愿为无愧。不愿为或者。古之人以立身扬名为孝，而口体之奉不为焉。推此非特为天下孝子，亦当为天下忠臣也。

——《石林家训》

【注释】

　　①锡：赐。

【译文】

　　孝顺，是上天的常法，大地的道义，所以孝顺一定比忠心更可贵。如果没有忠诚恭敬之心，那么所遵循的都不是正道。所以缺乏忠心而玩忽职守，不只是危害自身，而且一定会辱及双亲。所以君子施行他的孝顺，一定先要有忠心。竭尽忠心那么福禄就会来，因此得以竭尽仁爱恭敬之心。来奉养双亲，施及于别人。《诗经》说："孝子不会匮乏，永远会赐恩惠于你们家族。"你们读书，独独不看圣人的言论总是教人一个孝悌忠信，而且只是一个"孝"字，没有什么地方不能涉及。所以说：求取忠臣一定在有孝子的人家。你们能对父母孝顺，这样然后能够对君王忠心。忠和孝都不失掉，大概能够竭尽做臣子的职责了。

　　司马光做《迂说》，其中一章说："迂阔老人来奉君主没有其他长处，能够不欺骗罢了。他侍奉父母也是这样。"这是天下有名的言论。侍奉君主的规范，你们不容易说，还是说说侍奉父母吧。我看世上的人，没有曾经可以免于欺骗的。接受教育训导，表面顺从而实际上不执行，是欺骗；自己有过失，隐瞒遮蔽而使别人不知道，是欺骗；有想法在心中，避开不敢全部说出，是欺骗；假装做好事，不一定出自真心，是欺骗。曾参死了父母，七天不喝水不喝汤，而对于我父母不能用真情，对于我不能用真情，曾参的孝行可以说到了极限。最难的是能以不继续施行，想要以孝闻名于世，那么未必能竭尽真情，这样还认为自己错了。死而超越祸难，还会不敢，何况活着而欺骗呢？现在只能听到教育训导，一一地遵守执行，不敢漏掉。有了过失，改换后悔而不敢再做，不求得不听取，凡是所想的，一定尽量告诉，一点也不也隐瞒，做子女应该做的，不做子女不应该做的，通过改正缺点来获得美名，像这样也可以说是孝顺，则仅仅是没有欺骗罢了。推广这种想法来施行到君主，哪有两种规范呢？赵中丞没有愧疚，死了母亲，增加了侍妾，每每抱着父亲的脚去睡，不敢离开半步。假设心思像这样，哪个会说不对呢？然而如或父母年龄大了，却每晚都多次起来，去叩门请安，到增减衣服，在适当时候侍候他们的冷暖，这样使父母不得安宁，反而令父母厌恶，而有人认为是贤德。像这样的人，说是真情可以吗？但愿你们做到问心无愧就可以了，而不要做这样的一种人。古人把立身扬名作为孝顺，而不愿去侍奉父母的生活。推广这个不只是天下的孝子，也应当是天下的忠臣。

中华传世家训

图文珍藏版

（五）韩 玉

临终遗子书

【题解】

　　韩玉是金国的忠臣，文武全才，曾大败西夏于北原。他也由此遭到猜忌，后来因在蒙古军围攻中都时传檄勤王而被诬谋反，冤死狱中。他在临终前对自己的忠诚问心无愧，一股正气浩然。他只是对儿子的牵挂依然难于割舍，嘱咐他要在乱世之中擅自珍重，自己在冥冥之中也会为他祝福。感情浓郁深长，催人泪下。

【原文】

　　此去冥路，吾心皓然，刚直之气，必不下沉，儿可无虑。世乱时艰，努力自护。幽明虽异，宁不见尔？

——《金史·韩玉传》

【译文】

　　这次走上通往冥界的道路，我的心一片皓然洁白，我心中那一股刚直之气，必定不会同生命一起下沉。儿子你可以不必忧虑悲伤。天下方乱，时运惟艰，你应该努力保护好自己。我们父子俩虽然幽明相隔，我难道看不见你吗？

六、明清篇

（一）徐皇后

《内训》论慈孝

【题解】

　　孝敬父母、慈爱子女，这是亲情中最主要的部分。这篇内训在这方面很有特点。它着眼于子女，以儒家推己及人的仁爱来讲对公婆的孝顺。至于慈爱子女，需要的是有严有松，毫不姑息又能引入正路，的确有价值。

（1）事父母

【原文】

　　孝敬者，事亲之本也。养，非难也，敬为难。以饮食供奉为孝，斯末矣！孔子曰："孝者，人道之至德。夫通于神明，感于四海，孝之至也。"昔者虞舜善事其亲，终身而慕；文王善事其亲，色忧满容。或曰："此圣人之孝也，非妇人之所宜也。"是不然。孝弟，天性也，岂有问于男女乎？

事亲者以圣人为至。

若夫以声音笑貌为乐者，不善事其亲也。诚孝爱敬无所违者，斯善事其亲者也。县衾敛簟，节文之末；纫箴补缀，帅事之微。必也悛勤，朝夕无怠逆于所命，祗敬尤严于杖屦，旨甘必谨于馂余，而况大于此者乎？是故不辱其身，不违其亲，斯事亲之大者也。

夫自幼而笄，既笄而有室家之望焉，推事父母之道于舅姑，无以复加损矣。故仁人之事亲也，不以既贵而移其孝，不以既富而改其心，故曰："事亲如事天。"又曰："孝莫大于宁亲，可不敬乎？"《诗》云："害浣害否，归宁父母。"此后妃之谓也。

【译文】

孝敬，是侍奉父母的根本。供养父母并不难，难的是尊敬父母。那种以吃喝供奉父母的称之为孝顺，是最末流的了。孔子说："孝，是做人的道义中最高的品德。那些能通达神明、感动天下的，都是由于孝敬所致。"过去虞舜善于侍奉他的父母，终身都惦记他们；周文王善于侍奉他的父母，如果父母不安他就满脸都是忧虑之色。有的人说："这是圣人的孝行，不是妇人所适宜的。"这并不对。孝顺父母、尊敬兄长，是人的天性，难道还有男人和女人之别吗？侍奉父母应当要以圣人的孝行为最高目标。

至于以动听的声音、动人的笑容去取悦父母，是不善于侍奉其父母。诚心诚意地去孝顺、爱戴、尊敬父母，不违背他们的意愿，这才是善于侍奉其父母。折叠被子，收起竹席，只是节制修饰的小事；穿针引线，缝缝补补，只是所有事情之中最微小的。一定要恭敬勤恳，早晚都不要懈怠或违抗父母之命，面对父母的手杖、鞋子尤其要恭敬，吃完饭之后也要严加谨慎，更何况那些比这更大些的事情呢？因此不侮辱自己的身体，不违背父母的意愿，是侍奉父母的大事。

女子从小就盘头插簪，成年了就有出嫁成家的期待，把侍奉父母的道义推广到侍奉公婆上，不能再有所减少了。因此仁义之人侍奉父母，不会因为地位尊贵而改变他的孝顺，不会因为已经富裕而改变他的孝心。所以有一种说法："侍奉父母就是像侍奉上天一样。"还有一种说法："孝顺，没有比使父母安宁更重要的，能不尊敬吗？"《诗经》上说："洗哪些衣服不洗哪些衣服，我将穿着回家探望父母。"这是说文王后妃啊。

（2）慈 幼

【原文】

慈者，上之所以抚下也。上慈而不懈，则下顺而益亲。是故乔木竦而枝不附焉，渊水涸而鱼不藏焉。故甘瓠累于樛木，庶草繁于深泽，则子妇顺于慈仁，理也。

若夫待之不以慈，而欲则之以孝，则下必不安。下不安则心离，心离则忮，忮则不祥莫大焉。为人父母者，其慈乎？其慈乎？

　　然有姑息以为慈，溺爱以为德，是自敝其下也。故慈者非违理之谓也，必也尽教训之道乎！亦有不慈者，则下岂可以不孝也？必也勇于顺令，如伯奇者也。

【译文】

　　慈爱，就是指的长辈爱抚晚辈。长辈慈爱而不松懈，那么晚辈就会顺从且更加亲近。因此高大的乔木一上耸，旁枝就不会附在主干上了；深潭的水一干涸，大鱼就不能躲藏了。所以檕木下垂，会结有许多好吃的瓠瓜；深泽宽广，众多的草便在此繁茂成长。做父母的慈爱仁和，则儿子儿媳就会顺从，这是同样的道理。

　　如果对待晚辈不仁慈，却想要他们孝顺，那么晚辈一定会不安心。有所不安内心就会貌合神离，内心离异就会有所忌恨，有所忌恨就没有比这更大的不祥了。做父母的人，你仁慈吗？仁慈吗？

　　但是，也有人把姑息迁就当作慈爱，把溺爱娇惯，当作品德，这样会自己害自己的子女。因此慈爱并不违背常理，但也一定要尽教育训导的责任啊！也有不慈爱的父母，那么子女难道就可以不孝顺吗？一定要勇敢地顺从父母之命，就像伯奇一样。

（3）母　仪

【原文】

　　教之者，导之以德义，养之以廉逊，率之以勤俭，本之以慈爱，临之以严恪，以立其身，以成其德。慈爱不至于姑息，严恪不至于伤恩。伤恩则离，姑息则纵，而教不行矣。

——《内训》

【译文】

　　教育子女时，要用德行、道义去引导，用廉洁、谦逊去培养，要用勤恳、俭约去循诱，以慈爱存于心，以严格、谨慎来约束，这样才能帮助他们修养自身，养成良好的品德。给予仁慈爱护时要做到不放纵，要求严格谨慎时要做到不有损亲恩。有损亲恩会使子女产生离异之心，放纵则会使子女放荡不羁，那么教育也就行不通了。

（二）姚舜牧

《药言》论慈孝

【题解】

　　姚氏把孝父尊兄当作做人的根本，虽不免旧时思想的局限，但却说中了家庭生活的一个基本范式。尤其他针对当时迁葬以为己用的恶习而斥责这是一种大不孝，很有见地。

【原文】

圣贤开口便说孝弟。孝弟是人之本，不孝不弟，便不成人了。孩提知爱，稍长知敬，奈何自失其初，不齿于人类也。

《戴记》载小孝、中孝、大孝，《孝经》载孝之始、孝之中、孝之终，统是教人做人，无忝尔所生。一孝立，万善从，是为肖子，是为完人。

贤不肖皆吾子，为父母者切不可毫发偏爱。偏爱日久，兄弟间不觉怨愤之积，往往一待亲殁而争讼因之。创业思垂永久，全要此处见得明，不贻后日之祸可也。今人但为子孙作牛马计，后人竟不念父母天高地厚之恩，诚一衣一食，无不念及言及，儿曹数数闻之，必能自立自守。久长之计，不过如是矣。

《斯干》之诗，说到鸟革、翚飞、弄璋、弄瓦盛矣，然开首却云"兄及弟矣，式相好矣，无相犹矣"。未有不相好而相犹，能守其基业，克开其子孙者。

兄弟间偶有不相惬处，即宜明白说破，随时消释，无伤亲爱。看大舜待傲象①，未尝无怨无怒也，只是个不藏不宿，所以为圣人。今人外假怡怡之名，而中怀仇隙，至有阴妒仇结而不可解，吾不知其何心也。

兄弟虽当亲殁时，宜常若亲在时。凡一切交接礼仪，门户差役，及他有急难，皆当出身力为之，不可彼此推诿。

姊娌间易生嫌隙。乃嫌隙之生，尝起于舅姑之偏私，成于女奴之谗构。家人之睽②多坐此，是不可不深虑者。然大要在为丈夫者，见得财帛轻，恩义重，时以此开晓妇人，使不惑于私构而成隙，则家可常合而不睽矣。夫为妻纲一语极吃紧。

……

今人酷信风水，将祖先坟茔迁移改葬，以求福泽之速效，不知富贵利达，自有天数。生者不努力进修，而崇③责死人之荫庇，理有是乎？甚有贪图风水，至倾其身家者，曷不反而求之天理也？可谓惑己。

看上世尝有不葬其亲者节，说到孝子仁人之掩其亲，亦必有道矣，安可不觅善地以比化者？但善地是藏风敛气，可荫庇后人耳。必觅发达之地，多费心力以求谋，甚至损人而利己，此最是伤天理事，切不可为。若所葬埋处，苟无水无蚁，亦可自惬矣。或听堪舆家④言，别迁移以求利达，是大不孝事。天未有肯佑之者，尤切戒不可，切戒不可！

——《药言》

【注释】

①傲象：舜弟。

②睽：不合。

③耑：同"专"。

④舆家：看风水的人。

【译文】

圣贤开口就说孝顺父母尊敬兄长。孝父尊兄是做人的根本，不孝父不尊兄，就不成其为人了。小的时候知道仁爱，到稍微大一点的时候就知道恭敬，为什么要自己丧失做人的第一步，不同于人类呢。

《大戴礼记》记载有低等的孝顺、中等的孝顺、高等的孝顺，《孝经》记载有孝顺的开始、孝顺的中途、孝顺的终结，全是教人如何做人，不要辱没了你的产生。一种孝顺确立了，各种善行就会随之而来，这是贤德的子女，这是完善的人。

贤德和不贤德都是我的子女，做父母的绝不能有丝毫的偏爱。偏爱一个，日子久了，兄弟之间不知不觉怨恨愤怒在积累，经常一等到父母去世，争吵打官司也随之而来。开创家业要想传之久远，全要在这个问题上看得清楚，不留下以后的祸患才行。现在的人只替子孙打算而勤劳苦干，他的后人竟不念及父母比天高比地厚的恩情，果真一件衣服一餐饭没有不想到说到，儿子们经常听闻，一定能够自己立身自己守业。久远的算计，不过就像这样的了。

《斯干》这首诗，谈到飞鸟展翼、野鸡飞走、玩弄玉璋、玩弄瓦锤很多，然而开头却说"兄弟同住多和睦，相亲相爱心相关，胸襟坦白不欺瞒。"没有不相友好而相互不欺骗，能够守护他的基业，开启他的子孙的。

兄弟之间偶尔有互相不满意的地方，立即应当明明白白说出来，随时消解掉，不伤害相亲相爱。看看帝舜对待傲象，不曾没有怨恨没有愤怒，只是不藏不留于心，所以才成其为圣明的人。现在的人对外给人以相处融洽的名分，而心中怀有仇恨纷争，到了有了暗恨仇结而不能消解的程度，我不知道他们怀什么心。

兄弟即使在父母去世时，也应经常像父母在的时候一样。大凡一切交往接洽的礼节，各家的差役，以及其他兄弟的急务困难，都应当付出全身的力量来做，不能彼此推诿。

妯娌之间容易产生嫌疑纷争。嫌疑纷争的产生，时常开始于公婆的偏爱私心，形成于女仆的逸言勾结。家里人的不合多由于这个原因，这是不能不深思熟虑的。然而极大的要害在于做丈夫的，把财物看轻点，把恩义看重点，经常用这一点来开导妇女，使她们不至于迷惑于私下设陷而形成纷争，那么家庭可以经常和合而不至于不合了。

……

现在的人特别相信风水，把祖先坟墓迁移改葬，来求得祖坟带来的福泽快点起作用，不知道富有、尊贵、顺利、腾达，本有命数。在世的人不努力进一步修养，而单单要求死去的人的庇护，有这样的道理吗？更有甚者贪图风水，以至于倾家荡产，何不反过来求助于天理呢？这叫迷惑自己。

看看上古曾有不埋葬父母的礼节，说到孝子仁人掩埋父母，也一定有正道，哪里可以不找好地来比化的呢？只是好地是藏有风收有气的地方，可以庇护后人。一定要寻觅发达之地，多费心思去谋求，甚至损人利己，这最是伤天害理的事，绝不能做。假使埋葬的地方，如果没有水浸没有蚁爬，也可以自我满意了。如或听信风水先生的话，另外迁移以求顺利腾达，这是大不孝的事。上天是不会保佑他的，千万不要那样做！

（三）何　伦

孝亲敬长

【题解】

"孝弟"是古代道德观念的核心，何伦以为能养不算孝。在本家规中，他把顺亲列为孝之先，而把扬名列为孝之终。从现在看来，尊敬父母和立志成事都是对父母的最好报答。

【原文】

今之人以能养为孝者何？盖缘不顾父母而私妻子，倒行逆施者众，彼善于此，故与之耳。殊不知孝之道，岂养之一事所能尽哉？要有深爱婉容，而承颜顺志，尊敬谨畏，而唯命是从。稍有斯须[1]欺慢违忤，或伤教败礼，取辱贻忧，虽日用三牲之养，犹为不孝也。蓝田吕氏曰："孝莫大乎顺亲？"司马温公曰："吾事亲无以逾于人，能不欺而已矣。"其事君亦然。

人家子弟，有父母兄长慈爱，又得教以诗书，授以生业[2]，而能显亲扬名，以尽孝敬之道者，乃常分耳。乌足言要在困苦艰难、流离颠沛之际，竭力尽心，周全委曲，消患弥变，特力独行，而不失其度者，方为孝敬？

——《何氏家规》

【注释】

①须：暂时。

②生业：维持生计的业务。

【译文】

现在的人把能奉养当作孝，为什么？大体缘于不顾父母而对妻子儿女有偏私，倒行逆施的人很多，他们善于这种孝，所以同意这种孝。殊不知孝顺父母之道，难道是奉养一件事可以穷尽的吗？要能有深长的敬爱和顺

的脸色，又能看父母脸色顺从他们的意思，尊重恭敬，谨慎敬畏，又能只听从他们的指令。稍微有一点轻慢违背，或者伤风败俗，不仅自取侮辱也增加他们的忧虑，即使每天拿马牛羊来奉养他们，也还是不孝顺。蓝田吕大忠说："孝顺没有比顺从父母更大的了。"司马光说："我侍奉父母没有什么可以超过别人的，能够不欺瞒他们罢了。"侍奉君王也是这样。

别人家的孩子，有父母兄长的慈爱，又得以受教诗书，授予职业，而能昭显父母播扬名声，来竭尽孝敬之道的人，是常见的本分。哪里足够说要在困苦艰难、颠沛流离之际，竭力尽心，委曲求全，消除祸患和变乱，独自施行而不失去限度的，才是孝敬呢？

（四）孙奇逢

真孝不伪

【题解】

孝的关键在于心孝，孙氏反对那种只会供养父母，不能诚心待亲的虚伪做法，令人深思。

【原文】

色难[①]，服劳奉养，曾是以为孝乎？夫敬，不在养之外也；色，不在服劳奉养之外也。曾子养曾皙，必有酒肉，必请所与，必曰有，则其敬与色可知已。三必字，亦要看的活，孔子疏水曲肱，颜子箪瓢陋巷，亦有行不去时。故余尝谓养口体，未尝非养志也。矫而行之，则伪矣。此处岂容得一毫伪为哉？

——《孝友堂家训》

【注释】

①色难：奉养父母颜色和悦很难。

【译文】

脸色愉悦地服侍父母奉养父母，这些曾经被认为是孝顺吗？态度恭敬，不在奉养之外；面色愉悦，不在勤劳服侍之外。曾参奉养曾皙时，吃饭必定有酒有肉，外出必定有车，无论曾皙要什么必定说有，那么他的态度恭敬和脸色愉悦就可以知道了。这三个"必"字，也要灵活地看，孔子吃粗食饮清水，弯着胳膊作枕头，颜回吃一箪饭，喝一瓢水，住在简陋的巷子里，也有路走不通的时候。因此我曾经说过奉养身体，这未尝不是养其心志。矫情地做，就虚伪了。在这个问题上怎么能容得一点点虚伪的行为呢？

（五）张　英

1. 兄弟相处日最长

【题解】

这是张英名作《聪训斋语》中的一则，题目为编者所加。谈的是老问题，但谈出了新意。

【原文】

法昭禅师偈云："同气连枝各自荣，些些言语莫伤情，一回相见一回老，能得几时为弟兄？"词意蔼然，足以启人友于之爱。然予尝谓伤伦有五，而兄弟相处之日最长，君臣之遇合，朋友之会聚，久速固难必也。父之生子，妻之配夫，其早者皆以二十岁为率，唯兄弟或一二年，或三四年相继而生，自竹马游戏，以至鲐背鹤发，其相与周旋，多者至七八十年之久，若恩意浃洽，猜间①不生，其乐岂有崖哉。近时有周益公，以太傅退休，其兄乘成先生，以将作监丞②退休，年皆八十，诗酒相娱者终其身。章泉赵昌甫兄弟，亦俱隐于玉山之下，苍颜华发，相从于泉石之间，皆年近九十，真人间至乐之事，亦人间杀有之事也。

【注释】

①间：嫌隙。

②监丞：官名。

【译文】

法昭禅师在佛经中的颂词中说道："兄弟就像气质相同连在一起的树，各自枝繁叶茂，不要因为些许言语就伤了感情，相见一次就觉得老了一分，能够做得几时的兄弟？"其词意和蔼可亲，足以启发人们的兄弟之爱。然而我曾说过，现在人们的关系有五种，但兄弟相处的时间最长久。君主与臣子的遇合，朋友之间的聚合，长久或短暂是很难说的。就是父亲生养子女、妻子婚配丈夫，早一点的通常也得二十来岁。只有兄弟，或者一二年，或者三四年就相继出生，从童年时代在一起戏耍，直到老年，相互打交道，时间长的有七八十年之久。如果兄弟情谊融洽，不产生猜疑，乐趣哪会有边际呢？近代有周益公，作太傅退休，他的哥哥乘成先生，以将作监丞而退休，年纪都八十岁了，和诗饮酒在一起消遣终身。章泉的赵昌甫兄弟，也都隐居在玉山下面，容颜苍老，头发花白，相互伴随在泉水和山石之间，都年近九十岁，真是人间最快乐的事情，也是人间少有的事情。

（六）张廷玉

《澄怀园语》论慈孝

【题解】

张廷玉，清代重臣，文学家，张英之子，他的《澄怀园语》是一篇训诫家庭子侄的家训，作者虽是清雍正年间的军机大臣，政务繁忙，但仍在余暇不忘给子侄有价值的教导，对家庭教育的重视，很值得现代父母仔细玩味。

（1）教子五方

【原文】

古人云：教子之道有五，静其性，广其志，养其材，鼓其气，攻其病，废一不可。

【译文】

古人说，教育子弟有五个方面：使其性格沉静，帮助他树立远大的志向，培养他的才能，鼓足他的勇气，纠正他的毛病。这五个方面缺一不可。

（2）安葬祖先

【原文】

人之葬坟所以安先人也，葬后子孙昌盛，可以卜先人坟地之吉祥。若先存发福之心，以求吉地，则不可。

——《澄怀园语》

【译文】

坟墓是用来安葬祖先的，如果安葬后子孙后代兴旺，说明祖先的坟地吉祥。但如果事先就存有求福之心，并为此而到处寻吉地，这就不可以了。

（七）唐 彪

《人生必读书》论慈孝

【题解】

唐彪，清初学者，在《人生必读书》中，唐彪认为儿女应当孝敬父母，不忘父母养育之恩德；做父母的也应该教育儿女从小形成这种观念，使之长大后通达事理。

（1） 勿听枕边风

【原文】

我初生时，不带一钱来。自孩提以至成人，百事费用，无非父母之财也。无奈世人一至长大，各听妻子、婢仆之言，兄弟分析，争多竞少，彼此皆谓父母有偏。似乎一切家财皆当我所独得，而兄弟不当有，并父母亦不当有者。噫，何其愚也。人苟听妻子、婢仆之言，不孝于亲，纵使父母亿万家财，尽归于我，未有不速败者。惟平心让财，敦孝之人，天必佑其子孙，得常享富厚，断无爽也。吾愿世人凡妻子有急较财物之言，入于我耳，不唯不当听，且当即时训诫，勿使再言。至于婢仆，离间耸谤之言，当训诲妻子，不可听信，甚则挞之。则离间之言，自不敢再行，而孝行可完矣。

【译文】

我初生时，没带一分钱到这世上来，自孩提到长大，百事费用，无一不是父母之财。可是世人一旦成家，都为争多竞少各听妻子、婢仆之言，认为父母偏袒兄妹。自认一切家财都应独享，不仅兄弟不该沾，父母亦不该享用。这是多么愚蠢的想法。如果世人都听妻子、婢仆的话，不孝父母，即使获得父母亿万家财，也难免败家。只有善良、敦厚、不贪财，才能得到老天保佑，一生富有。我希望世人，对待妻子计较财物的枕边风，不仅不能听，而且应及时教训，不让其继续说下去；对待婢仆的挑拨离间，应当告诫妻子不可听信。这样离间的话就不敢继续说下去，而孝道就可以尽了。

（2） 向父母请安

【原文】

或问：古有晨昏定省之礼，安能事事如仪也。曰：此非板定，有易行之理焉。或父母有事过劳，恐其睡卧不宁，次日清晨，宜，问向安也。或有拂意之事，恐其怀抱不舒，当问安以宽慰其心也。大寒大热，难于调养，问安自不容己。或身体倦怠，或冒风寒，宜时时问安，不必拘晨昏也。至于事当远出，则宜叮咛嘱咐兄弟妻妾，代己尽心。定省之事，固不可懈，温清之事，尤所当谨。父母年高畏寒，贴体里衣，最有关系。紧小则暖，短则可眠。背棉宜厚，臂棉稍薄，则不虑臃肿。眠不脱衣，则不畏衾冷，起不畏衣寒。调养亲体，此为要也。又年高体弱之人，足尤畏冷，不问男女，睡宜穿袜，装棉宜厚。若当仲冬极寒，宜加其棉衣，厚其衾絮。炉炭时加，毋令缺火，此冬温实际也。

【译文】

有人问：古有早晚向父母请安的礼仪，但怎么能事事都按古礼仪去做。回答说：这不是死规定，可根据具体情况去做。比如父母有事过分劳累，担心其睡不安稳，第二天早晨应前去问安。或者父母有不顺心的事，担心其心里烦闷，应当去问安以宽慰他们。天气过寒或者过热，身心自然难于调养，问安更是不可少的。如父母身体倦怠，或伤风感冒，应时时去问安，不必拘泥早晨或晚上。至于有事要出远门，就要叮嘱兄弟及妻妾，代替自己尽孝心。早晨请安固然不可怠慢，问寒问暖更要恭谨。父母年高怕冷，贴身内衣很重要。紧小就暖，短的可穿着睡觉。背部要厚，胳膊可稍薄。睡觉不脱衣服，就不怕被子薄，起来也不怕寒冷。调养父母身体，这是很重要的方面。另外上了年纪体弱的人，脚尤其怕冷，不论男女，睡觉应穿袜子，而且棉花要装得厚。如果在三九严寒天里，更要增加棉衣，棉被要厚。时时往炉中加炭，不让炉中缺火。

（3）送终尽孝

【原文】

人子一生大事，莫如送终，于此而不尽心，则无复可尽之心矣。奈何以兄弟众多，彼此推诿，使日久暴露，或草草完事，致有日后之悔。窃以为诸子中，饶裕者宜争先费用，不必与众较量。即力不及者，亦须勉强支持，不宜推诿，偏累一人。岂不闻古之孝子，遇亲之难，争先赴死，以求相代者乎？彼于生命尚可舍，何区区财物之足云也。

【译文】

作为子女一生中最大的事，莫过于为老人料理好丧葬之事。如果在这件事上都不能尽心尽力，那么也就再没有什么可尽心的了。怎能因兄弟众多而彼此推诿，草率办理，以致日后懊悔。我私下认为众兄弟中有富裕的，应争先出费用，不必与其他人计较。如有财力不济的，也应勉强支持，不应推诿，让一人承担。你们没听说古时的孝子，当父亲有难时，都争先替父亲去死的故事吗？古人生命都可舍，区区财物小事，又算得了什么呢？

（4）不孝之举

【原文】

颜光衷曰："人子有大不孝，而竟忘其为不孝者有八焉。父母爱惜之过甚，常顺适其性，骤而拂之，便违拗不从，甚或抵忤，一也。常先事勤劳，听子安佚，遂谓父母宜勤劳，己宜安兔逸，偶令代劳作事，便多方推诿，二也。父母常为儿减口，遂谓父母当少食，己宜多食，三也。语言粗率惯，父母前亦直戆冲突，行动无礼惯，父母前亦傲慢放弛，四也。见同辈则礼貌委和，对双亲则颜色阻滞，待妻子则情意蔼然，伴二尊则胸怀郁闷，有美食反食妻子，而不以养亲，有好衣则反衣妻子，而不奉亲，五也。财入吾手，便为己财，而在父母者，又谓吾当有之也，财足则忘亲，财乏则强求，窃取于亲，不得遂意则怨亲。亲老不能自养，而寄食于吾，则又厌亲。甚切单父双子，而争财者有矣。少长互推，而弃亲不养者有矣。不知身乃谁之身，财乃谁之财，我乳哺无缺，衣食无缺，以至今日，谁之恩乎？六也。恣情声色，外诱日浓，二更三鼓，挑灯望归不顾也。游戏赌钱，破荡财产，双亲忧郁成疾，不顾也，七也。父母于兄弟姊妹，或有私与，乃怨亲偏袒，关防争论，无所不至，甚且成仇，入也。以上数者，皆习成不孝，竟尔相忘，苟不细思猛改，则天地鬼神，谴责之加，必不能免矣。"

【译文】

颜光衷说："作为儿女不孝父母，而自己又不以为然的，主要表现为以下八个方面。其一，因父母过于溺爱，一任其性，习性已养成，再管就不依父母之意了。其二，父母一切代劳，以致子女养成好逸恶劳的恶习，偶尔令其做事，便寻找各种借口不做。其三，父母为子女省吃俭用，反使子女以为父母应节俭，而自己应铺张。其四，在父母面前言语粗野，行为放肆，日久成性。其五，对待有地位的人和颜悦色，待父母却表情冷漠；待妻子热情洋溢，陪伴二老却满腹心思；有好吃好穿的都给老婆孩子，不给父母。其六，家中钱财，一旦到手，攫为己有，有了钱便忘了父母，没有钱又跟父母强要，不如意便怨恨父母。一旦父母失去生活能力又不愿赡养。尤其是同父异母的子女，只争财产，赡养父母之事却互相推诿，完全忘了父母生我养我的恩德。其七，沉湎声色，夜半不归，不顾双亲挑灯望归；赌博成瘾，荡尽家产，而不顾父母为之忧郁成疾。其八，因父母私下给兄弟姊妹钱财，便怨愤父母偏袒，于是争吵不休以至反目为仇。上述八个方面，均由习久成性反忘了是不孝之举，如不细心反思，彻底改正，则天地不容。"

(5) 尽孝则兴旺

【原文】

凡贤达子孙，每从父母祖宗起见，视公众之事、公众之室产。必胜于己事、己产也。无良之子孙，止知自为自利，公众之事、公众之室产，毫不经营，全不爱惜。其存心既私，必无善报，后日子孙盛衰可预卜也。

【译文】

通达事理的子孙，常常从祖宗大业着眼，把公众的事、公众的产业看得比自己的事、自己的产业更重。不孝的子孙，只知自私自利，对公众的事、财产毫不上心经营，也不知爱惜。其既存私心，一定没有善报。从这里可以推测出子孙未来的盛衰。

（6）慈孝则家和

【原文】

尝见再醮之妇，不能育子者，薄视夫家，而一心专厚兄弟，暗以夫家财物厚遗之。夫不及禁，子不敢问，家计因此而坏者多矣。此当有法以驭之，察其兄弟果贫也，宜显然与之，以资日用。如此权出自我，妇无权焉。所费之财有数也，与妇人之暗与不同也。非特此也，妇人无子而专厚其婿者，丈夫亦当以此法处之。凡人不幸而中年弦绝，则后妻与前妻之子，其中有甚难处者，妻非必不贤，子非必不孝也。尔我猜疑之心一生，一言也，言之者无心，听之者有意。一礼也，失之者无意，见之者有心。渐至失欢，终成大恨。为父者岂可听不明之妇与童稚之子，而不预为之地乎？平居必早教其子曰：言不可直遂也，必以委婉出之，事不可草率也，必以周旋行之。声音笑貌，贵有弥缝补救之意行于其间，庶可得继母之无怒。又必早训其妻曰：己所亲生，尚多不孝，况非己出者乎？己之所生，虽忤逆犹加慈爱，非己子一言稍失，便加弃绝，亦非人情。况子我之子也，爱我子即是爱我，不爱我子，即是弃我矣。如果开诚训诲，庶可令子母和好。不然，未有不相疾、相残者也。

【译文】

曾看到有些再婚妇女，因不能生儿子而对丈夫家感情不深，背地拿夫家的财物给自己的兄弟，丈夫未能阻止，儿子不敢问津，家计由此衰败的很多。处理这类事的正确方法是，看看自己妻子的兄弟家计是否确实贫寒，如贫寒就在明里资助他们，如此支出的钱财有数，与妻子暗中拿走的不同。倘若那妇女没有儿子，而专拿夫家的东西给女婿，也可照此办理。有的人不幸中年丧妻，再婚后因后妻与前妻孩子的关系，矛盾纠葛颇多，极难处理。并非妻子不贤，儿子不孝，如互相萌生猜疑之心，为一句话，言者无心，听者有意；为一个礼节，不慎失礼者无意，对方却记恨在心，逐渐感情破裂，终成大恨。作为男子怎能听不明白事理的妻子、孩童的话，而不事先考虑到这类矛盾纠葛并采取相应的措施呢？平时应及早教育孩子，言语不能唐突，一定要委婉礼貌；办事不可马虎，一定要认真周全。恭敬的态度，可以消除继母的恼怒。还应及早诱导妻子：许多亲生儿女，尚且不孝顺，何况不是亲生的。对亲生儿女，尽管并不孝顺仍喜欢他们，面对非亲生的，因一句话的过失，就不能容忍，这也不合乎情理吧。何况儿女是我的，爱我儿女是为爱我，不爱我儿女，等于不爱我。像这样开诚布公，循循善诱，或许可以使儿女与继母和好。否则，只能使矛盾愈演愈烈！

（7）教化子女

【原文】

张安世家童数十人，皆有技业。虞悰治家，亦使奴仆无游手，此绅宦之最有家法者也。至于邓禹，身为帝师，位居侯王，富贵极矣，有子十三人，读书之外，皆令各习二艺。推邓禹之心，盖欲拘束子孙身心，不使其空闲放荡。即或爵除禄去，子孙亦有以资身，不至饥寒潦倒。其为子孙谋，何深远也。

——《人生必读书》

【译文】

张安世有家童数十人，均有一技之长，虞悰治理家业，也使奴仆没有游手好闲之人，这是绅士官宦之中最懂家法的。至于邓禹，虽是帝师，位居王侯，极其富贵，他的十三个儿子除读书之外，都让他们掌握一种技艺。推测邓禹的用心，是以学习技艺来约束子孙，以防他们空闲放荡，日后即使去官为民，也能自食其力，不至于饥寒潦倒。

（八）史典

《愿体集》论慈孝

【题解】

史典的家训《愿体集》认为，"父慈子孝、兄友弟恭"无论做得怎样好，都不可有丝毫居功念头。教诲孩子重要的是"有礼貌、懂礼义""不违背诺言，不苟言笑"。兄弟面临祖上的遗产，要能"体谅父母、重义轻财、相互谦让"。

（1）父慈子孝，理所当然

【原文】

父慈子孝，兄友弟恭，纵到极尽处，只是合当如此，著不得一毫感激居功念头。如施者视为德，受者视为恩，便是路人，便成市道矣。

事亲者，虽菽水当尽承欢。若到子欲养亲而亲不在，即椎牛以祭，不如鸡豚之逮亲存也。

继嗣一节，多有不肯早立，以致身后争继，祸起萧墙。且争继者何心，原图继产，非为继嗣也。及至纷争，家产荡废，应继者反不愿继。何如身在之日，于应继之中，择其善者而早继之。加意抚养，令其感恩深重，不独无身后争端，且顶戴过于亲生矣。

【译文】

父慈子孝，兄友弟恭，理所当然，在这一点上不能有丝毫感激和居功

的念头。比如兄弟之间给予帮助的一方自认有德，接受帮助的一方将此当作恩情，那么兄弟岂不就成了陌生人了？

待奉父母，尽管贫穷也要令双亲愉悦。如果到了做儿女的要尽孝心而双亲已不在人世之时，即使杀牛作为祭品，也不如父母活着时用鸡和猪奉养。

关于继嗣的问题，多有因不能早立继承人而引起纠纷，导致灾祸的。争夺继嗣的人是为图财产，而不是为承继宗嗣。及至引起纷争，家产荡尽，真心的继承人反而不愿做继承人了。所以活着时要选贤德的人作继承人，格外加以培养，以使他感觉到恩德的深重，这样不仅不会在死后引起继嗣的纷争，而且使继承人比亲生子女还要孝敬。

（2）及早教化子女

【原文】

父母教子，当于稍有知识时。见生动之物，即昆虫草木，必教勿伤，以养其仁。尊长亲朋必教恭敬，以养其礼。然诺不爽，言笑不苟，以养其信。稍有不合，即正言厉色以谕之，不必暴戾鞭扑，以伤其忍。

【译文】

父母教育子女，在其稍有知识之时就应及时给予细心引导，如看到草木昆虫等生物，应教导孩子不要伤害他们，以培养孩子仁慈之心。对于尊长亲朋要教孩子恭敬，以培养孩子有礼貌，懂礼仪。教他们不违背诺言，不苟言笑，以培养孩子诚信的品格。如果稍有不合乎要求之处，即当严厉地加以教训，但不必粗暴地鞭打，以免伤了孩子的自尊心。

（3）兄友弟恭，患难知亲

【原文】

父母而下，唯有兄弟，孩提时无刻不追随相好。长各有室。或听妻子言语，或因财帛交易，多致参商。有余则妒忌。不足则较量。及患难相临，虽至厚之亲朋，终不若至薄之兄弟。若能同居共爨为妙，然有势不能不分者，如食指多寡不同，人事厚薄不一，各有亲戚，各有交游，好尚不齐，难称众心，易生水火。各行其志则事无条理，况妯娌和睦者少，米盐口语，易致争端。分爨而不分居者为上，甚至分居，兄友弟恭当愈加和了。

【译文】

除父母之外，只有兄弟自孩提时就形影不离，感情最深。及至长大后各自成家，有的受妻子挑唆，有的因财物造成分岐，或产生嫉妒之心，或斤斤计较，往往导致兄弟之间关系冷淡，互不往来。然而遇有患难之事，再好的亲朋也不如关系淡薄的兄弟。所以兄弟之间能同吃共居自然最好，但也有不得不分家的。比如由于食物的用量多少不一，对人事的厚薄也不一样，各有各的杀戚朋友，各有各的兴趣爱好，很难互相称心如意，往往容易产生矛盾纠葛。如果吃在一起，大家又各行其是就容易乱套。况且姗娌之间和睦的很少。甚至为油盐酱醋小事，也会产生口角争斗。所以说分伙而不分居比较理想，甚至既分伙又分居，兄弟间反而会更加友好。

（4）正子必先正妻

【原文】

人之于妻也，宜防其蔽子之过。于后妻也。宜防其诬子之过。天下未有不正其妻，而能正其子者。故曰："刑于寡妻。"

合婚一事古所无，今时惑于星家，动称合犯，铁帚狼藉退财等，煞为不宜，因而破婚者甚多。只知古来雀屏中目，坦腹择婿，未闻有合婚之说。止宜男择女之德，女择男之行，门户相当，年齿相等。此即合婚之道。选吉月日合卺而已，何必好从俗说，致有衍期哉。

——《愿体集》

【译文】

丈夫要防止妻子包庇孩子，但对后妻要防止她冤枉孩子。要想教育好孩子首先要正妻子。所以说："家风正不正在于有没有贤妻。"

结婚要看生辰八字，古时并没有这种说法。现在的人受星相家的迷惑，动不动就讲男女相合或相克之类的话，结果导致婚姻破裂的不少。只知道古时有"雀屏中目""坦腹择婿"的趣谈，却没听过有什么合婚之说。只要男择女子的德行，女择男子的行为，门户相当，年龄相称，便是合婚的标准，何必为了随俗而拖延婚事呢？

（九）姚延杰

《教孝篇》论慈孝

【题解】

姚延杰，清代著名的诗人、学者，钱塘人，著有《教孝篇》，全篇共十四段，开宗明义谆谆告诫天底下的儿女们应该恢复和完善自己的固有天性——孝顺之心。作者认为孝为"天性所素具"，如果儿女们都能真正的尽孝，"则父母自有人生之乐，而无悒郁之伤矣。"然后引出主题："人谓天下唯孝至难，予谓天下唯孝至易也"。

《教孝篇》深入浅出地分析了作为人子之所以不孝的原因、不孝的种种表现以及如何尽孝的努力方向和行为准则。作者悲愤地设问：究竟是什么时候人们不以奉养双亲为乐事？孝顺的念头日益减退，原因何在呢？他的结论是，一半是出于自己的意思，一半是听信了妻子的话。有的子孙在

未结婚前多少还有一点孝心，一旦成婚就只知溺爱妻子，忘了孝敬老人，把妻子的话当作金石之言，把双亲的话当作草芥那样没有价值；父母在堂上的千言万语，不如妻子在枕边吹一阵风。有的不孝之子与兄弟轮流分养双亲，不肯多给父母吃一顿饭，多让父母住一刻钟。有好吃的食物自己吃、妻子吃、儿子吃、岳父岳母吃，唯独不给父母吃。作者批评了那种认为供奉双亲一定要等到富贵之后的托辞；认为尽孝的责任主要在儿子的身上，孝顺一事应该以开导妻子为关键。丈夫应根据具体的情况随时对缺乏修养、粗俗暴戾的妻子进行训导教诲，用真诚去感化他们。作者进一步分析了兄弟不和往往源于姒娌不睦，而兄弟不和定伤父母之心，因此不友即不孝。

另外，尽孝道还应慎审交友，因交友不慎，与坏朋友往来，每罹不测之祸，是不孝之由。孝顺父母最难做到"动婉容以得其欢"，不少儿女在父母面前呈现出愁容、怒容、德色、傲色、狂态、鄙态、顽状、蠢状以及唐突抵触等神态，这种神态不可能使双亲心情舒畅生活愉快。那么究竟应当怎样做才称得上是孝子呢？《教孝篇》中做了详尽全面地阐述。

（1）全天性以乐其生

【原文】

人谓天下唯孝至难，予谓天下唯孝至易。何以云然？天下事有我本不能、本不知，而学能学知则难。若孝，则天性所素具，良知良能，孩提之童所同也，夫岂不易？天下事有与我疏者，而欲我亲之；卑于我者，而欲我尊之；无德于我者，而欲我酬之以恩德则难。若父母则本亲而亲之，本尊而尊之，本有恩德而恩德之，有何难？天下事，有我竭我之力，我尽我之心；而人曰是彼之所应为也，不足称也，则欲人鼓舞而兴起为难。若孝，则我竭力尽心，而天下之人，皆敬之仰之，爱之慕之，感激而称叹之曰：是不可及也。于是乡党效之、朝廷微之，自尽于己而食报于人。其鼓舞兴起，抑何易也。而况乎天性之间，本有不求人知，而切切焉，唯自尽之为慊者乎？然则人之不孝，因自失其本心耳，岂尝有生而不孝者？如果能自全其固有之天性，而实尽其孝，则父母自有生人之乐，而无悒郁之伤矣。故人谓天下唯孝至难，予谓天下唯孝至易也。

【译文】

人说孝敬父母最难，我却认为最容易。为什么这样说呢？有许多事是人们原来不懂、不会，必须通过后天学习才能掌握的，所以说有难度。然而孝，是属天性中原本就有的，不管是有学问的人还是孩子都一样，所以说又有什么难的呢？就人与人的关系而言，明明是疏远我的人想让我亲近他；明明是卑俗不堪的小人想让我尊敬他；明明对我没有丝毫帮助，却想让我将他当作恩人来酬谢他，这类事当然是难以做到的。而父母对于自己而言，是最亲近的，最尊贵的，又是最有恩德的。孝敬父母理所当然，有什么可难的？还有些事，我竭尽全力，尽心尽意去做了，而在别人的眼里则认为不足称道，本来就应该这样做的。这样，想要鼓舞大家竭尽全力去做，尽心尽力去做就难了。然而孝敬父母，在我如尽心竭力，而社会上的人们因此而敬仰我，称赞我，甚至感叹地说：实在是做到了让人不可企及的程度。于是乡里的人学习效仿我，朝廷表彰我，而我则尽最大的努力去回报父母的养育之恩。要想使孝敬父母成为风气，有什么难的呢？何况说这是人的天性，是应该做到的，许多人努力去尽孝道，仍觉得自己做得不够。作为人不孝敬父母，是因为失掉了人的本性，世上哪有生来就不孝的人呢？只要能保全人的本性，努力去尽孝道，那么父母的生活就会愉快，就没有忧郁苦恼。所以说别人认为天下的事情唯有尽孝最难，而我认为最容易。

（2）和兄弟以慰其心

【原文】

兄弟之间，多因财帛争竞，而致伤残。或缘妯娌不睦，而生愤怒。兄弟不和，亲怀慈戚，君子当以物利为轻，以人伦为重，尤不宜偏听枕席之鄙言，而伤手足之至性。友恭各尽，怡然蔼然，父母顾之，喜可知也。若阋墙有变，定伤庭帏之心，是不友即不孝矣。或不幸父母见背，益当互相爱敬，以慰亲于九泉。乃世有见兄弟之富贵而忌，见兄弟之贫困而喜者：有各立门户，乘其隙而讦发者；有各立党羽，乘其危而攻击者；有宁曲护其奴隶而贾怨于同胞者。以他人为密友，视兄弟如寇仇，而散流言，操戈同室。嗟乎！父母之心，能无恫乎。故尽孝者，必当和兄弟。

【译文】

兄弟之间往往因争钱财而翻脸，甚至互相伤害。有的因妯娌不和而引起纷争。兄弟之间不和睦，父母的心里会非常难过，有道德的人应当以人伦为重，以物质利益为轻，尤其不能偏听偏信枕边妇人的话语，伤了兄弟之间的和气。兄弟间互相尊敬和睦友爱，父母心里有多欢喜。如果兄弟不和，多伤父母心，所以说兄弟不友善就等于不孝顺。倘若父母辞世，兄弟之间应更加尊敬，以告慰九泉之下的双亲。社会上确有兄弟间因兄或弟富贵而忌妒的，因兄或弟穷困而幸灾乐祸的。有的各立门户，互相揭露隐私、短处；有的各立党羽，互相乘危攻击；有的想方设法包庇自己的奴仆而使自己的同胞遭殃。把他人当作亲密的朋友，而将自己的兄弟当作仇敌，散布流言蜚语，同室操戈，自相残杀。唉！作为父母，看到自己的孩子这样，能不痛心吗？所以说尽孝必须要和睦兄弟。

（3）训妻子以解其忧

【原文】

夫妇相爱，人之常情。乃世有不孝者，当其未娶，犹稍具人心，一旦成婚，遂致昏迷溺爱。妻之言，金石也；亲之言，草芥也。其视妻也，锦绣珠玉之足珍也；其视亲也，豺狼虎豹之足畏也。其视妻也，天地菩萨之足敬也；其视亲也，奴隶犬马之足贱也。妻所爱即爱之，妻所憎即憎之。妻以为乐者，急思所以曲全其乐。妻以为忧者，急思所以曲解其忧。不独不惜己之身躯，而唯求妻之快意，兼借父母之身躯，而欲得妻之欢心。其或妻与父母不合，则必是妻而非父母。即妻显露其非，而明悖于礼，犹必信妻为无心之过，而怨亲之过入其罪焉。堂上之言千言，不如枕边之一诉。嗟乎！人虽不愚，即以身殉妻，而并以父母殉妻，是何心哉。于是父母忧郁而不顾，父母愤怒而不顾，父母疾病而亦不顾。设其妻有一于是，则疾首蹙额，彷徨无措矣。嗟嗟，衾枕之爱，其夺人天性之爱何若是，其易易而残酷竟至于斯乎？

试思身从何来，由怀胎乳哺，以迄长大，父母鞠育教训之恩，数发难尽。在父母为子娶媳，无非为上接宗传，下延支脉，兼之待孝养于暮年，留悲思于身后耳。若为子媳者，唯自图私匿，不顾伦常，是狼虎其心，而蛇蝎其性也。今执不孝者而与语曰：汝夫妇之爱汝子也甚矣，汝冀其成立而爱之耶？抑不冀其成立而爱之耶？汝望其为孝子而爱之耶，抑不望其为孝子而爱之耶。如望其成立，望其为孝子而爱之，而汝子异日设大不孝，汝之心能无恨乎。故凡人知我今日之爱子如是，即知父母昔日之爱我亦如是。知我今日惧子异日之不孝，即知父母昔日惧我今日之不孝。以情揆情，天良未有不发见者。夫父母恩并天地，然予以为天地逸而父母劳，天地泛而父母切，其恩德尤为过之。

更有孀母，青年守节，皓首全贞，抚遗孤而历尽艰辛，受千磨而矢无他志，止期子得长成，使彼可娱老景，子如不孝，益切痛心。吾愿天下之为子媳者，夫劝其妇，妇劝其夫，互相勉励，以全孝道，而其责尤重于男子。盖如女未尝读书，所为暴戾矜躁、鄙吝窒滞之气，或一日而数见。唯男子因机训诲，使知大体，有正气以消磨其戾，有至诚以感动其心。虽遇悍妇，亦当渐归于孝矣。予故曰：孝当以训妻子为急。

【译文】

夫妻相爱是人之常情的事，有些不孝的人，在没结婚之前还多少有一点孝心，一旦结了婚以后，就只知道溺爱妻子，而忘了孝敬老人。把妻子的话当作金石之言，把双亲的话当作草芥那样没有价值。把妻子看作是锦绣珠玉那样珍爱，把父母却当作豺狼虎豹那样不肯接近。把妻子当成菩萨一样供奉起来，把父母当成奴隶犬马那样驱使。只要妻子喜欢的东西，他就喜欢，妻子憎恶的他就憎恶。只要能讨妻子的欢心，千方百计，委曲求全满足妻子的欲望，见到妻子忧郁持寡欢，就会竭尽全力为妻子解忧排难。不仅不顾惜自己的身体，而且还要牺牲父母的身体，只为讨得妻子的欢心。一旦当妻子与父母发生意见分歧，矛盾纠葛时，不用说必定是妻子正确而父母不对。即使明显是妻子的过错，也深信只是妻子无意中的过失，相反的认为父母夸大了妻子的过错。父母的千言万语，不如妻子在枕边吹一阵风。不仅以身殉妻，兼以父母殉妻，这究竟安的是什么心呢？对父母的忧郁、愤怒、疾病一概不顾，而妻子稍有一点不舒服，便颦额疾首，急得团团转，实在令人难以置信的是，夫妻之间的爱，竟能夺人的天性之爱，并如此残酷，实在令人吃惊。

试问人的身躯从何处而来，是由母亲十月怀胎，精心哺育，逐渐长大成人的。子女接受父母抚养教育之恩，这些说也说不尽。父母为儿子娶媳妇是为了传宗接代，并希望儿孙孝养其暮年，死后加以祭奠。如果作为小辈的，儿子媳妇都只顾自己，不讲伦常，就是虎狼之心，蛇蝎之性。那么请问不孝的子媳：你们夫妻疼爱你们的儿子，是希望儿子长大后能成为孝子呢，还是成为逆子？如果希望儿子能孝敬，但是待将来儿子长大以后却成了不孝之子，你们能不遗憾吗？所以说，只要体会一下现你们在是怎样喜欢子女的，就能推知以前自己的父母是怎样喜欢你们的了。懂得了现在担心将来儿子不孝顺自己，就明白了父母以前是怎样担心你们现在的不孝敬的。用自己的心情来揣度别人的心理，这样，就会有良心的发现。人们都说父母的恩德大如天地，可是我却认为父母的恩德比天地更大。

有的寡母，年轻时就守节，直到老年不失节操，为了抚养孤儿历尽了千辛万苦。只是期望儿子长大成人，而自己能享受到欢娱的晚年生活。如果儿子不孝顺，做母亲的是怎样的痛心啊！我衷心希望天底下的儿子媳妇，丈夫应劝导妻子，妻子应劝导丈夫，互相勉励，以尽孝道，这里主要的责任在于男的身上。妇女因读书少或者未读书，而缺乏修养，粗俗暴戾狭隘的行为举止一天当中可以见到很多次。所以，只有靠男子根据具体的情况随时进行训导教诲，使妻子识大体，用高尚的情操与品行逐渐去代替粗俗的举止，用真诚的心去感化她们。如真的能做到这样，即使是十分凶狠的妇人，也会逐渐变得孝顺起来的。所以我说：孝顺一事应以训导妻子为关键。

（4）慎交游以免其虑

【原文】

交游者，所以收丽泽之益，而在防比匪之伤。与善人居，则子与子言孝，弟与弟言悌，有善相劝，有过相规。与恶人居，则败检逾闲，蔑伦丧节之事，罔不为矣。故朋友者，所以讲习伦常也。近世严惮正人，乐交邪妄，类聚成群，无非博弈饮酒，迷恋烟花。或作为无益，专务侈靡，耗其财帛，败其身家。父母训之而不从，责之而不改，以致暮景萧条，含戚莫释。且与匪类往来，每罹不测之祸，是不孝之由，多因择交不慎也。予故曰：欲尽孝思，当慎交友。

【译文】

交游交友，得以互相受益多方受益，以防备交坏朋友的伤害。与善良的人在一起，当儿子的就会谈论孝道，做兄弟的就会谈友悌，互相劝善，规劝改过。与品德恶劣的人在一起，行为就会出轨，不守法度，做出违背伦理丧失节操的事来。近世嫉忌正人君子，乐于交邪妄的恶友，凑在一起赌博饮酒，寻花问柳，或不务正业，专讲奢侈排场，耗尽钱财，败家败身。不理父母的规劝，弄得晚年凄惨，悲哀无法排解。况且与坏朋友交往，往往会遭意想不到的灾祸。之所以这样不孝顺父母，多是交友不慎的缘故。我认为：想尽孝道，应当慎择朋友。

（5）动婉容以得其欢

【原文】

为人子者，岂唯功名富贵之气，不可加诸其亲，即道德文章之概，亦难形之于己。盖父母之前，宜厪孺慕，是即赤子之心也。朱子注"色难"曰："孝子有深爱者，必有和气。有和气者，必有愉色。有愉色者，必有婉容。事亲之际，惟色为难也。"今人愁容、怒容，德色、傲色，狂态、鄙态，顽状、蠢状，唐突抵触，各以其时纷形于父母之侧。而一见其妻妾子女，转瞬之间，如拨云雾而睹青天，不觉其和而自和，不觉其愉而自愉，不觉其婉而自婉。噫嘻，异哉！此岂赋性之恶，其咎在天与？抑习俗之漓，人心日丧耶？

夫父母受之，非不伤之，但暗忍而容之耳。伤之者何，情之难堪者，受之他人且不甘焉，矧其子也。忍之而容之者何？盖彼既己生之，亦事之，莫可如何者矣。于是，或顾影而兴嗟，或临风而洒泪。忧怀莫解，病即随之。嗟乎！人未生子，期子之心日切，子既生矣，抑又长矣，百年岁月无多，而以有限之精神，耗于无穷之郁抑。劬劳既竭之于前，愁苦又续之于后，是生子适足以为累也乎？

【译文】

做儿子的即使是功名富贵，也不能在父母面前显示傲气，即使道德文章气度不凡，也不能形之于色。在父母面前应总像幼儿思慕父母，表现为极其敬爱仰慕的赤子之心才行。朱熹对"色难"一词的注释是："孝子爱父母深切，神情态度必然和气，态度和气，神态必然愉悦，而神态愉悦，必然和顺。侍奉双亲的时候，做到神情和顺最难。"现在不少人在父母左右显现出愁容、怒容、德色、（自以为对别人有恩德而表现出来的神色）傲色、狂态、鄙态、顽状、蠢状，唐突抵触等神态。而一见到他的妻妾儿女，脸上顿时像拨开乌云而见到了青天一样。神情自然和顺愉悦起来。怪哉，难道这是天性的恶劣，罪孽在天吗？还是世风日下，人心日丧呢？

父母容忍了儿子的无礼或过失，并非不为此悲伤，只是暗自忍受罢了。受外人的气都不甘情愿，何况是受自己孩子的气。为什么能忍受儿子的无礼或过错呢？因为是自己身上掉下来的血肉，对他没有办法。于是只好孤独地哀叹，或临风洒泪，忧愁烦恼，以至生出各种疾病来。真是没生孩子时，日夜盼望着早生贵子，儿子降生后，却又增添了无穷的烦恼和忧愁。人生短暂，活在世上的岁月并不多，以有限的精力为无穷无尽的郁抑所折磨耗费，先是竭尽劳累，后又受够愁苦烦恼，生儿子实在够遭罪的了。

（6）善奉养以安其身

【原文】

人子之身，皆父母之遗体，岂财利为囊中之私物。若徒惜费而甘旨有违，使亲颜憔悴，于心忍乎？故不特自奉丰而奉亲俭为不孝，即自奉俭而奉亲亦俭，均不孝也。富贵者，宜躬亲侍奉，不可专委臧获。贫贱者，亦宜竭力供职，岂容漠不相关。然天下富贵者少，而不甚富贵者多。试思桑榆晚景，光阴几何？若必俟富贵而后丰焉，恐老亲不及待矣。虽菽水亦可承欢，然心中卒多抱憾。世人独此一节，每多饰词。不曰吾家贫乏，即云孝养有期。及至树欲静而风不宁，子欲养而亲不在，良心虽动，悔之晚矣。终天之恨，宁自释乎？

亲容既邈，墓有宿草，杯酒残羹，仅存故事。一滴何曾到九泉。此言良可味也。何世人不以得养父母为幸，而反以为苦。财利则望其日增，赡亲则惟思渐减。半出己意，半听妻言，声音颜色之间，有似不厌而厌，似不怒而怒，不怨而怨者，其亲所难堪也。在父母有不屑与子媳较者，其心曰：孝不可强也，吾老人宁以口腹之故，琐琐然如乞食于东郭乎？有不敢与子媳较者，其心曰：吾老人龙钟朽物矣，较之而彼勉从焉，意且含慈，较之而彼不从焉，又增其愠，宁勿较。呜呼！人子使父母不屑与较，已入禽兽中矣，至不敢与较，非禽兽不若者哉。尤有不孝者，或与兄弟分养，竟以加一餐为贪婪，多一刻为逾限。有嘉肴焉。有珍贵焉，己食之、妻食之、子食之，而独父母不得食。更有己宁不食，尽使妻子食之，而父母不得食。甚至己食之、妻与子食之，妻之父母食之，而犹有余者，宁邀其狎朋昵友食之，而父母竟不得食。嗟呼！嗟乎！人心丧灭尽矣。或疑予言之已甚，而不知其为予之所目击而心伤，旁观而发指者也。予岂寓谤于规哉。

【译文】

父母给了孩子生命，孩儿怎能自私自利、忘恩负义。如果为了省钱而不能为父母供奉味美的食物，眼见父母日益憔悴，作为儿子于心能忍吗？所以说不仅自己的日常生活享用丰厚而供奉双亲的食物俭吝为不孝，即使自己日常生活享用节俭，侍奉双亲的食物也节俭，也属不孝的范畴。富贵人家，做儿子的要亲自侍奉，不能只是委派奴婢代劳。贫贱人家，作为儿子应尽职尽责，怎能漠不关心。然而天下富贵人家少，并不富贵的人家多。试想一下人到暮年晚景不长，光阴还剩几何？如果供奉双亲一定要等到富贵之后食物才能丰厚的话，那么恐怕双亲因年迈而等不及了。尽管粗茶淡饭也可以使父母高兴，但心中毕竟深抱遗憾。世人在这一问题上，总是用托词搪塞；不是说我家贫乏，就说等我们富了一定奉养。等到孝心萌动，想奉养父母而父母却已不在人世，这时再后悔就太尽了。终身的悔恨，还能排解得了吧？

双亲的音容笑貌已以渐渐的远去了，坟墓上已长满了青草，虽然有时祭扫，但浮现在眼前的却只是历历往事。洒向坟头的酒，九泉之下的亲人是享受不到的。这句话意味深长。究竟为什么人们不以奉养双亲为幸福快乐的事，反而认为是一件苦事呢？人们奢望财富日益增多，而奉养双亲的念头却日益减退。原因何在呢？一半是出于自己的意思，一半是听信了妻子的谗言，在日常生活当中，表现出似乎厌烦又不厌烦，似乎恼怒又不恼怒，似乎怨愤又不怨愤的神情态度，实在叫父母难以忍受。对父母来说，有的不屑与儿子媳妇去计较，心中嘀咕道：孝顺是不可以强求的，难道我老人为了一张嘴和肚子，而像乞丐一样低三下四地去向主人乞食吗？还有的老人不敢与儿女媳妇计较，心想：我人已老态龙钟形同朽木，我与他计较，他勉强顺从我，但心里会不高兴的；如果他不顺从我，又增加气恼，所以宁可不去计较。啊！作为儿子的已达到了使他的父母不值得与他计较的程度，这实在与禽兽没有什么差异了。达到了连父母都不敢与他计较的程度的，更是连禽兽也不如了。另有一种不孝的人，与兄弟轮流分养双亲，不肯多给父母吃一顿饭、多让父母住一刻钟。有好吃的菜肴食物，自己吃，妻子吃，儿子吃，唯独不给父母吃。有的宁可自己不吃，都给老婆孩子吃，就是不给父母吃，老婆孩子吃，剩下的给妻子的父母吃，也不给自己的父母吃。更有甚者，自己吃，孩子老婆吃，岳父岳母吃，剩下的宁可邀来狐朋狗友吃，也不给自己的父母吃。啊，啊！这真是丧尽天良哪。有的人怀疑上述我说的话言过其实了，岂不知我所说的这些令人伤感、令人发指的事都是我目睹旁观的。我岂能通过诽谤来规劝别人呢？

（7）勤服劳以适身体

【原文】

凡人少壮，未有不劳而能成业者。老则倦勤，人老乏嗣而劳焉，路人且怜之矣。若父母既生有子，而犹令其劳，其与无子也等。为人子者，必先逸其心而后可逸其体。事无巨细，预为经营而布置焉。使吾亲无所用其心，而并不及用其力。问一事而一事已成，问数事而数事悉备。即父母好为早起，好为迟眠，无非月夕花朝，陶情诗酒而已。乃不孝之徒，只图己逸，罔惜亲劳，亲之深忧。夏则衣葛，潇洒园林；冬则披裘，拥护香阁，而使其亲风餐露宿，跋涉山川，是可忍耶？

人养鸡豕，待其肥犹可烹。若是子，则不父其父，而奴其父。奴其父，而子犹不若鸡豕之足供口腹也，则亦何贵乎生之而养之也。嗟乎！予尝见世德之家有老仆焉，不仆视之也。曰：尔吾父之旧人也，尔勿以冗食自嫌，而同诸仆之役役。尔其安食，而终尔余年。嗟乎！嗟乎！父之仆，犹推父恩而轸恤之。生我之父，而使其劳勤不安，不得如德门之老仆焉，则诚人世之异变矣。为人子者，盍一思之。

【译文】

人在少壮时没有不付出艰辛的劳动而能成就事业的。一旦人老了便懒于劳作，没有后代的老人不得不操老终生，路人见了无不怜悯。如果父母明明有儿子，老了同样要操劳，与没有儿子又有什么区别呢？儿子待老人，首先要让双亲少操心，然后才能使父母身体安逸。事无巨细，应事先为双亲考虑安排周到，让父母无须操一点儿心，用一点儿力。父母问及一事，一事已办成，问其他若干事，也都事事周全。满足父母诸如早起、晚睡，赏月观花，陶情诗酒的爱好与习惯。有的不孝子孙，只顾自己安逸，不惜双亲日夜牵挂，自己在外终日嬉游，不顾家事，沉湎于宴乐。荒废了学业和事业，使双亲忧郁苦闷。夏天穿着印花的丝绸，在园林里潇洒玩耍；冬天穿着皮衣，围着火炉在香阁聊天，而让自己的双亲风餐露宿，跋山涉水，这能让人容忍吗？

人们饲养鸡猪，为的是等到养肥杀了吃。有的儿子，不把父亲当作父亲来抚养，而是奴役父亲；像使用奴隶一样使用父亲，还不像对鸡猪那样给顿饱饭吃。我曾见到有德望的人家对待老仆人，不把他当作仆人，而对他说：你是我父亲的老朋友，不要总是嫌自己吃闲饭，而与其他的仆人一样劳作。你安心过日子，好好度过您的晚年。啊，啊！父亲的奴仆，尚且能以曾经对父亲有过恩德而怜悯他，赡养他。而生身父亲，却使他终年操劳，忧烦神伤，还不如名门人家的老仆人。作为儿子的，不应当好好深思吗？

(8) 审寒燠以防其疾

【原文】

　　父治外，筹画艰辛；母治内，生育繁苦。年日老而血气惫，血气惫而身躯弱，身躯弱而疾病多，疾病多而药饵需焉。然予谓与其有病而药饵，不若未病而药饵。与其用药饵以治病之发，又不若慎寒暑以杜病之源。古之孝子，视无形、听无声，若夫寒燠，犹为易察。为人子者，知亲老矣，老则性易执而思忽迷，其于寒燠之节，饮食之宜，老人仅可自主一二。子若媳宜提携之，珍惜之，察其情形而哀益之，以待赤子者待老人，则老人安。若徒任之而不经意，鲜有不疏虞者矣。故审寒燠，在审病审药之先焉。

【译文】

　　父亲主外，挣钱养家糊口，十分艰辛；母亲管家，养育子女，异常劳苦。随着年纪日增，气血渐亏，身体衰弱，疾病丛生，便经常需要医药。对于这种情况，我认为与其等到有病用药不如未得病前用药加以预防，与其用药物预防疾病不如注意生活起居寒暑冷暖，以减少疾病的发生。古时候的孝子，十分细心，能看到人们难以看到的细微之处，对父母的冷暖，体贴入微。做儿子的，知道双亲老了，性情容易固执，思维陷于迟钝，穿着饮食不能全靠老人自己调理。做儿子、媳妇的要经常提醒，注意观察，悉心照料，要用待孩子之心侍奉老人，就能使老人安度晚年。如果粗心大意，对老人的生活不放在心上，必然会有许多照顾不到的地方。所以说关心父母的饮食冷暖，应在买药治病之前。

(9) 存人心以酬其德

【原文】

　　世有独传之子，恃爱而故挟制其父母。有怯弱之子，倚病而偏磨折其父母。在亲之溺爱者，未有不受其愚，而其子益百计以难之。嗟乎！残忍已甚；人心安在哉。盍思父母止汝一子，汝又何曾有几父母耶？父母既以独子为怜，岂人子反不以双亲为念。抑思父母忧汝之病，汝何独不顾父母之病耶？投桃尚须报李，岂受恩反以仇酬？大道本是庸常，告诫并无深刻，苟存人心，自不至此。

【译文】

　　有的独生子，依仗父母对自己的疼爱而强使父母顺从他，以满足他的私欲。还有一种丑懦弱的孩子，依仗自己有病痛百般折磨他的父母。做父母的溺爱孩子，没有不被孩子所愚弄的，而孩子更千方百计难为父母。啊啊！这是多么残忍啊，人的良心在哪里呢？为何不想想父母只有你一个儿子，你不也就一父一母吗！父母既然能因你是独子而怜爱你，那么你怎么反而不顾念父母呢？父母为你的病痛忧心如煎，你怎么反而不顾父母病弱的身体呢？俗话说，投之以桃，报之以李，你怎能受到恩惠反而以仇怨相报呢？大道理本来是极为平易易懂的，说出来也无须特别深刻，只要人的良心还在，就不会做到这般地步。

（10）受偏憎以隐其过

【原文】

憎而日偏，似属父母之过，虽然宜反诸躬焉。君子于横逆之来，犹三自反，况亲为生我者哉。竭其力者，益竭其力，尽其心者，益尽其心。不疑憎之日偏，只悔孝之未至，亲之心必有幡然者矣。仍或未能，又当自安于命焉。夫天何私之有，天无私而人何以有寿夭之不一，穷通之不等耶。岂天亦为偏爱偏憎耶？

故父母之爱我憎我，皆由于我之命，而非关父母之偏。犹夫人之受眷祐者，当思答天之贶。人之遭谴罚得，当思回天之怒，如是则无不平之鸣矣。世人一见憎于父母，其心即生怨怼。夫父母憎子而子即怨之，是子之存心已极不肖，而父母之增，乃先见之明，其憎不为偏矣。且怨与憎相犄角，已同枭獍之残，又何暇问亲憎之偏与否也。

尤足异者，每见憎于父母，不特怨之于心，且遍诉于人焉。怨之于心，心已当诛，诉之于人，罪尤不赦。为父母者，不逐之于乡党之外，不惩之以三尺之法，犹是溺爱之余地。仅仅憎之，亦已宽矣。君子知之，于父母之偏憎也，顺而爱之而已矣，顺以受之者，不第冀其亲之悟也，亦恐彰其过，而其亲怀惭也。夫孝之犹恐其亲之怀渐。而不孝者，怨之诉之，欲得他人尽斥责父母之过，而后快焉。且有倚妻家之势力，而与父母树敌焉。嗟乎！人兽之分，相去抑何远哉。

【译文】

父母对子女的疼爱不均叫偏心，似乎是属于父母的过错，但也应当反躬自问，自己有哪些方面不足。君子面对强暴横逆，尚且再三反省自己，何况是对待生我养我的双亲呢。原来对父母尽心竭力，现在更应尽心竭办。不要总疑心父母有偏心，嫌弃我，应当懊悔自己孝敬父母做得还很不够。如果这样的话，父母总会幡然省悟的。倘若仍未能省悟，也只能安于命份。老天是不会有私心的，老天既然无私，那么人为什么还会有寿命的长短，贫富的差异呢？难道是老天也有偏爱偏憎吗？

无论父母喜欢我还是憎恶我，都是由我的命运决定的，绝非父母的偏心所至。就好比人受到关怀佑助，应当想到去回报老天的恩赐；人遭到谴责斥罚，应当想到设法平息老天的愤怒，这样就不会满腹牢骚，大叫不平了。有的人一发现父母嫌弃自己，立即就会产生怨愤之情。正说明这类子女早就存心不孝；说明父母的厌恶是有先见之明，并不是什么偏心。何况

怨恨与厌恶互为作用、互相牵制，已如同枭与獍（恶鸟、恶兽），有着天生的残害父母的恶性，哪里谈得上父母是否偏心的问题。

尤其难以理解的是，有的人一见父母嫌弃自己，不仅怨愤在心，而且向外面的亲友谴责自己的父母。怨愤在心，心当受惩罚，向外人控诉，其罪更不能饶恕。作为父母，不把你逐出乡里，不用家法对你加以惩罚，说明还是在溺爱你。只是嫌弃你，说明对你很宽厚了。作为君子，懂得这个道理，对父母的偏心（厌恶、嫌弃）顺受就行了。之所以顺受，不仅仅希望双亲省悟，也是担心张扬双亲的过失，使父母因怀惭而难堪。不孝之子，却到处诉说父母的不是，以别人都来谴责自己父母为快事。甚至有依仗老婆家的势力，而与自己的父母为敌的。人和禽兽的分别，相差有多远啊！

（11）用几谏以冀其悟

【原文】

父母之待子也，不当见其过；父母之待人也，当微审其过。何也？令名不可失也，怨尤不可招也。亲倘有无心之失，倘有执性之愆，知而不言，使亲之名有玷，亲之身有伤，子心其能安乎？故几谏者，朱子所云"下气怡色，柔声以谏也"。然或省悟之迟，亦有善全之法。亲之加怒于人，不称其罪，子从而慰之焉。或取于人者，不应多而多之；与人者，不应少而少之，子从而增之、减之焉。有力不能自主者，曲为善言以喻之焉。是岂厚其所薄，而以此示恩哉。盖恐人有害吾父母之心，吾弥缝其所不逮，不必转而思之，虑害其亲以伤其子，因念其子而释其亲。故孝子之所以输诚乎人者，非为人也，仍为其父母也。

【译文】

父母在孩子面前，不应当表现自己的过错，父母在别人面前，应当认真审视自己微小的过失。这是为什么呢？为了不丢失好名声，避免招来怨恨。如果对父母无意中的过失或性格固执、偏激引起的过错明明看到了也不指出来，以致使双亲名声受到玷污，身体受到伤害，作为儿子于心能忍吗？所以对父母应和婉的规劝，如朱熹所说的"下气怡色，柔声以谏也"。即使父母一时未能省悟，也有补救的办法。如双亲气恼中得罪了人，不怪罪父母，去向别人赔礼道歉。或者父母从别人那里取东西时，不应多拿而多拿了；给人东西时，不应少给而少给了，儿子要补还给人家。如果自己的力量做不到这些，应委婉地用好话加以规劝。这并不是厚待父母所薄的人，以此让别人领自己的情，而是担心有人存害父母之心，我事先做了弥补，人家会转而去想：伤害其父母就会伤害他的儿子，因此看在他儿子的份上原谅了其父母。所以孝子待人诚厚的原因，并不是为了他人，而是为了自己的父母。

（12）慎殡殓以保其肤

【原文】

殡殓大事，疏忽者谓之不孝，吝费者亦谓之不孝。然即孝者，其时擗踊哀号，荒迷不知所措，宜托戚友之老成练达者代为主持焉。其措办诸物，宜托诚实之人专司焉，庶几实得其益。总之老亲多病，切须早为留心，不致临期仓卒。棺木衣衾，俱当从厚，而制度尤必精详。虽云称家之有无，然佛事可以不做，虚文可以尽捐。省其无益之费，而用于有益之事，所全不已多乎？若徒饰外观，反将大事草率，罪莫大焉。至于力之优为者，益当纤毫无憾，而后为孝。凡人于父母生辰，四十而后有五十，五十而后有六、七十，犹可前啬而后丰。若此事则一生唯一日也，嗟乎，此事而不尽心竭力，尚待何事；此时而不尽心竭力，尚等何时？稍有失焉，悔无及矣，慎之慎之。

【译文】

忽视殡葬大事和在办丧事上舍不得花钱的，都是不孝。孝子在为父母办丧事时，必然异常悲痛，不能自主。所以应委托亲戚朋友中富有经验、老成练达的人代为主持。购买各种物品，应委托诚实厚道的人专管，才能确实办到好处。总之，双亲年迈体弱多病，一定要及早留心准备，才不至于事到临头仓促行事。棺木衣物，都应尽可能丰厚，而对葬亲的安排，更应当详细。虽然说办丧事要看家中的经济状况，但不可请和尚念经等，一切徒具形式的仪式都不要搞。节省没有必要的花费，把钱用在有益的事上。如只图形式讲排场，反而把大事办得草率，这是最大的罪过。只要竭尽心力，在大小事情上办得都没有遗憾之处，就能称得上是孝子。对待父母的诞辰日，四十岁以后有五十，五十岁以后有六十、七十，在生日上还可以前边置办得简单些，越往后越丰盛些。而办丧事，人一生中只有一次，对这事如不尽心竭力，还有什么可尽心竭力的事？此时不尽心，还等到什么时候去尽心竭力呢？如果稍有闪失，将后悔莫及。

（13）急营葬以妥其灵

【原文】

停枢不葬，非贫乏无资，即因惑于堪舆，希图福地。遂有滞至数十年者，又有历年久远，子孙互相推诿，遂至不得葬者。久而不葬，自有暴露之惨。夫为子者，身稍饥寒，百计求觅衣食，而使其亲之骸骨暴露，雪压雨漂，漠然不顾，抑何残忍至此也。即饶裕之家，久厝浅土，岂无水火不测之患。每见荒郊旷野，遍地横棺，月暗风凄，磷火四起，路上行人，尚欲断魂，亲遗骨肉，竟置不问，岂人也哉。即世人亦有勤勤觅地者，推其心，多自望其身家之富贵，子孙之繁衍，而徒以亲尸为邀福之具。若不信

形家之说，则益将怠缓，不知所止矣。又岂知急营葬者，原所以妥其灵耶？然予更有恨焉。尝见贫窘无藉之徒，伐荫木而求售他家，发祖茔而转授别姓。此其人诛之犹不足以尽其辜，断难一日容于尧舜之世者也。凡乡党设有此事，宜协力共锄孽类，鸣官置之重典，以为不孝之戒。儆一人而众人惧，所全实多，所关甚大，此诚足以广孝思于无已也。予尤望主持名教之君子，为斯民厉风化焉。

【译文】

停放灵柩不下葬，不是因为贫困到了极点，就是被风水之说所迷惑，希望找到风水宝地。于是有的竟拖到数十年不葬，还有的因年代久远，子孙互相推诿，以致使已故先辈得不到下葬的。年久不下葬，自然会使尸骨暴露在野外。作为子孙的，身体稍稍受到饥饿寒冷，就会千方百计去寻找衣食，但却让其亲人的尸骨暴露在外，受雨雪的冲压，竟漠然置之，为什么会残忍到这种地步！有的富贵人家，长时间浅埋棺椁，难道不怕遭到水火等意外灾患吗？常常看到荒郊野外，横棺遍地，月暗风起之时，磷火四处飞舞，路上行人尚且为之断魂，而死者的后代，竟然不闻不问，还算是人吗？世上确实有辛辛苦苦寻找吉地的人，考察其用心，竟是为了自己繁荣富贵，子孙兴隆，把亲人的尸体当作求福的工具。假如不信星象家的学说，就会把时间拖得更长，不知要拖到何日为止。又哪里懂得急于下葬，是为及早安置父母灵魂的道理。最可恨的是，有些贫穷潦倒的人家，砍伐祖宗坟旁的树木卖给别人，甚至把自己祖坟的地皮转卖给别姓人家。这种人实在死有余辜，王道社会一天也不能容许这种人存在。各乡里如有这种事，应当协力共同铲锄败类，提到官府重刑处罚，以此作为不孝之子的警戒。惩一儆百，收效大，意义重大，这足以使更多的人懂得孝亲。我更希望主持名教的人，为老百姓淳化风俗。

（14）全节义以显其名

【原文】

为子者，奋志读书，功名赫奕，使父母享朝廷之貤封，受乡里之钦仰，固足为孝，然能为忠臣，而使吾亲为忠臣之父母；能为豪杰，而使吾亲为豪杰之父母；等而上之，能为圣贤，而使吾亲为圣贤之父母，流芳奕禩，垂不朽之大名。血食千秋，享俎豆于勿替，岂非孝之至大，而子道之极隆者哉。即或自守愚拙者，谨饬存心，虽无显扬，亦鲜玷辱。乃有不孝之徒，寡廉鲜耻，败坏名节。或身受重戮，或显被恶名，人皆曰：此其父母不德也。即稍为之宽者，亦必曰：是无义之训也。方且有取怨于人，而使其亲受詈者。更有不忠不义，而祸及于亲者。嗟乎！身作身受，在己自不足惜，父母何幸，亦受非常之辱焉，其罪上通于天矣。夫有德之士，族党友朋，且沐其光而被其惠。若此孽类，不能报父母之德，而重伤父母之名，泉台有灵，能不切齿，天道昭然，断无轻赦。为人子者，当以为戒焉。

——《教孝篇》

【译文】

作为人之子，奋发读书，功名显赫，使父母享受到朝廷加封的喜悦，受到乡里人的景仰，固然可称为孝子。然而能做忠臣，而使自己父母成为忠臣的父母；能成为豪杰之士，而使父母成为豪杰之士的父母；更高一层，是自己能成为圣贤，而使父母成为圣贤的父母，流芳百世，永垂不朽之名，千秋万代，永享祭奠，难道不是最大的孝吗？有的以愚拙自守的人，谨慎小心，虽然没有扬名声显父母，但也没有玷污父母的名声。还有一种不孝的人，不知羞耻，尽做一些伤风败俗的事，使自己身受重刑，臭名昭著。人们会说：这都是他父母无德造成的。即使为他解脱的人，也会说：这是没有家教啊。也有的遭人怨恨，而使父母挨骂的。更有人不忠不义，而连累父母遭灾祸的。唉！自作自受，对他个人不足惋惜，但父母有什么罪，也跟着遭受这污辱，实在是罪大恶极。有道德的人，就是亲戚朋友尚且会跟他沾光受益。像这种败类，不能报答父母的养育之恩，却严重地伤害父母的名声，父母的在天之灵，能不切齿痛恨？老天有眼，决不会饶恕这种人。作为人子的人，应当以此为戒。

（十）郑　燮

潍县署中与舍弟墨第二书

【题解】

在这封信中，郑板桥谈了自己的教子思想。他要用"仁"来作为教子的重要原则。他的仁和孔孟的"仁"不同，是要容纳、爱惜一切。这种思想，受到佛教的影响，可以商讨。但让孩子多一分忠厚，少一分残忍，却有积极意义。

【原文】

余五十二岁始得一子，岂有不爱之理！然爱之必以其道，虽嬉戏玩耍，务令忠厚悱恻，毋为刻急也。平生最不喜笼中养鸟，我图娱悦，彼在囚牢，何情何理，而必屈物之性以适吾性乎！至于发系蜻蜓，线缚螃蟹，为小儿顽具，不过一时片刻便折拉而死。夫天地生物，化育劬劳，一蚁一虫，皆本阴阳五行之气絪缊而出，上帝亦心心爱念。而万物之性人为贵，吾辈竟不能体天之心以为心，万物将何所托命乎？蛇蚖蜈蚣豺狼虎豹，虫之最毒者也，然天既生之，我何得而杀之？若必欲尽杀，天地又何必生？亦惟驱之使远，避之使不相害而已。蜘蛛结网，于人何罪，或谓其夜间咒月，令人墙倾壁倒，遂击杀无遗。此等说话，出于何经何典，而遂以此残物之命，可乎哉？可乎哉？

我不在家，儿子便是你管束。要须长其忠厚之情，驱其残忍之性，不得以为犹子而姑纵惜也。家人儿女，总是天地间一般人，当一般爱惜，不可使吾儿凌虐他。凡鱼飧果饼，宜均分散给，大家欢嬉跳

▲落霞亭"聊避风雨"为郑板桥手笔

跃。若吾儿坐食好物，令家人子远立而望，不得一沾唇齿；其父母见而怜之，无可如何，呼之使去，岂非割心剜肉乎！夫读书中举中进士做官，此是小事，第一要明理做个好人。可将此书读与郭嫂、饶嫂听，使二妇人知爱子之道在此不在彼也。

书后又一纸

所云不得笼中养鸟，而予又未尝不爱鸟，但养之有道耳。欲养鸟莫如多种树，使绕屋数百株，扶疏茂密，为鸟国鸟家。将旦时，睡梦初醒，尚辗转在被，听一片啁啾，如《云门》《咸池》①之奏；及披衣而起，颒面漱口啜茗，见其扬翚振彩，倏往倏来，目不暇接，固非一笼一羽之乐而已。大率平生乐处，欲以天地为囿，江汉为池，各适其天，斯为大快。比之盆鱼笼鸟，其钜细仁忍何如也！

书后又一纸

尝论尧舜不是一样，尧为最，舜次之。人咸惊讶。其实有至理焉。

孔子曰："大哉尧之为君，唯天为大，惟尧则之。"孔子从未尝以天许人，亦未尝以大许人，惟称尧不遗余力，意中口中，却是有一无二之象。夫雨旸寒燠时若者，天也。亦有时狂风淫雨，兼旬累月，伤禾败稼而不可救；或赤旱数千里，蝗螽螣特肆生，致草黄而木死，而亦不害其为天之大。天既生有麒麟、凤凰、灵芝、仙草、五谷、花实矣，而蛇、虎、蜂虿、蒺藜、稂莠、萧艾之属，即与之俱生而并茂，而亦不害其为天之仁。尧为天子，既已钦明文思，光四表而格上下矣，而共工、驩兜尚列于朝，又有九载绩用弗成之鲧，而亦不害其为尧之大。浑浑乎一天也！

若舜则不然，流共工、放驩兜、杀三苗、殛鲧，罪人斯当矣。命伯禹作司空、契为司徒、稷教稼、皋陶掌刑、伯益掌火、伯夷典礼、后夔典乐、倕工鸠工，以及殳戕、朱虎、熊罴之属，无不各得其职，用人又得矣。为君之道，至毫发无遗憾。故曰："君哉舜也！"又曰："舜其大知也！"夫彰善瘅恶者，人道也；善恶无所不容纳者，天道也。尧乎，尧乎！此其所以为天也乎！

厥后舜之子孙，宾诸陈，无一达人。后代有齐国，亦无一达人。惟田横之率，五百人从之，斯不愧祖宗风烈。非天之薄于大舜而不予以后也，其道已尽，其数已穷，更无从蕴而再发耳。若尧之后，至迂且远也。豢龙御龙而有中山刘累，至汉高而光有天下。既二百年矣，而又光武中兴。又二百年矣，而又先帝入蜀，以诸葛为之相，以关、张为之将；忠义满千古，道德继贤圣。岂非尧之留余不尽，而后有此发泄也哉！

夫舜与尧同心同德同圣，而吾为是言者，以为作圣且有太尽之累，则何事而可尽也？留得一分做不到处，便是一分蓄积，天道其信然矣。且天亦有过尽之弊。天生圣人亦屡矣，未尝生孔子也。及生孔子，天地亦气为之竭而力为之衰，更不复能生圣人。天受其弊，而况人乎！昨在范县与进士田种玉、孝廉宋纬言之，及来潍县，与诸生郭伟勣谈论，咸鼓舞震动，以为得未曾有。并书以寄老弟，且藏之匣中，待吾儿少长，然后讲与他听，与书中之意互相发明也。

——《板桥家书》

【注释】

①《云门》《咸池》：都是上古雅乐。

【译文】

我到五十二岁才得了一个儿子，岂有不爱之理！可是疼爱他必须有正确的方法，即使游戏玩耍，也一定要教他忠实厚道、富有同情心，不要让他刻薄刁钻呵。我一生最讨厌在笼子里养鸟，我寻求快乐，而把它拘在牢笼里，这是什么样的情理，为什么一定要摧残生物的天性来投合我的情趣呢？至于用头发系住蜻蜓，用线捆住螃蟹，来作为小孩子的玩具，要不了一会儿就会被折腾而死。天地生成万物，生成养育非常辛劳，一只蚂蚁，一条小虫，都是由阴阳五行的元气交结产生，上天也心心念念地加以爱护。可是万物的本性以人最可贵，我们作为人却不能体会上天的心情作为自己的心情，那么万物将怎么能活下去呢？毒蛇、蜈蚣、豺狼虎豹，是最凶恶的动物，可是上天既然生育它们，我们又怎么能杀害它们？假如一定要全部杀死，天地当初又何必生育它们？也只有驱赶它们离远些，避开它们不让它为害自己就行了。蜘蛛结网，对人有什么罪过？有人却说蜘蛛夜里对着月亮诅咒，使人家墙倒壁塌，就全部把它们打死一个不留。这种说法，究竟出于什么经书典籍，而根据它残害生物和性命，可以吗？可以吗？

我不在家里，儿子就是由你管教约束。一定要培养他忠实厚道，除去他残忍的性情，不能认为是侄子就对他放纵姑息。仆人的子女，也是世界上一样的人，应该同样爱惜，不能让我的儿子欺凌虐待他们。一切饭食果饼，应该平分散发给小孩子们，让大家都高兴地跳跳蹦蹦。如果我的儿子坐着吃好东西，而让仆人的子女远远地站着看，不能尝到一口；他们的父母见到后心里可怜他，没有什么办法，呼唤他们走开，难道不是像割心剜肉一样痛苦吗？说到读书中举人中进士做官，这些都是小事，最首要的是要让他明白道理做一个好人。你可以把这封信读给郭嫂、饶嫂听，让这两个妇女懂得疼爱儿子应该用这样的方法，而不是与此相反。

书后又一纸

信上说的不能在笼子里养鸟，可是我并不是不爱鸟，不过养鸟有养鸟的方法罢了。要想养鸟不如多多种树，让围绕着屋子有几百棵树，枝叶茂密，成为鸟的乐园。这样快要天亮时，人刚从睡梦中醒来，还在被窝中翻身舒体，听到一片叽叽喳喳的鸟声，如同《云门》《咸池》的大合奏；等到穿衣起身，洗脸，漱口，喝茶，就会看到鸟儿舞动五彩的翅膀，飞去飞来，令人目不暇接，这完全不是一只笼子一只鸟的乐趣啊。大致说来我平生以为乐事的，是想把天地作为园林，长江、汉水作为池塘，各种生物都能适应它们的天性，自得其乐，这才是巨大的乐趣。把它和盆中养鱼、笼中育鸟相比较，两者的宏大与微小、仁爱与残忍究竟怎么样啊！

书后又一纸

我曾经谈论过唐尧和虞舜并不一样，唐尧是最伟大的，虞舜就差一点。人们听了都很惊讶。其实，这里面包含着极深刻的道理。

孔子说："伟大啊，唐尧这位君主，只有天是最伟大的，只有唐尧才能效法他。"孔子从来没有用天来称赞过人，也从来没有用伟大来称赞过人，只有赞颂唐尧他在言辞上才毫无保留，心中口中，倒是绝无仅有的现象。说到风调雨顺，寒暖适时，这是上天的安排。可有时也有狂风暴雨，几十天几个月不停，毁掉庄稼，使之无法挽救；有时几千里方圆久旱不雨，蝗虫、螟虫大量滋生，使得草木枯萎死亡，但这也并不妨害上天的伟大。上天既然生长有麒麟、凤凰、灵芝、仙草、五谷、花果了，而毒蛇、猛虎、黄蜂、蝎子、荆棘、稗子、杂草等等，也和麒麟等一起生长并且共同繁盛，这也并不妨害上天的仁爱。唐尧做天子，完美盛大的文明道德，既然已经遍及四方、充满天地之间了，可是共工、驩兜仍然被任用，还有治水九年没有功成的鲧，但这也并不妨害唐尧的伟大。其浑厚质朴却如同上天一样啊！

至于虞舜就不会是这样了，流放共工到幽州，发配驩兜到崇山，驱逐三苗到三危，把鲧充军到羽山，惩治有罪的人是很恰当的。任命伯禹做负责治理水土的司法、契做教化百姓的司徒、稷指导百姓种庄稼、皋陶掌管司法、伯益掌管火政、伯夷主管礼仪、后夔主管音乐、倕工领导工匠，还有父戜、朱虎、熊罴这一批人，各得其所，没有一个用得不合适，任用人才也很是恰当。为君之道，已到了没有丝毫欠缺的地步。所以孟子说：

"虞舜是出色的君主啊!"又说:"虞舜是真正有智慧的人。"表彰良善惩罚罪恶,这是人世行事的规律;而善恶兼收并蓄,又是上天行事的规律。唐尧啊!唐尧啊!这就是他被赞为上天一样伟大的原因吧!

后来舜的子孙在陈国受封,没有一个是名望显贵的。以后田陈子据有齐国,也没有一个是名望显贵的。只有田横死亡,有五百个人追随而死,这才没有辱没祖先的遗风。不是上天薄待大舜不给他有德的后代,而是因为他的道德已经枯竭,运数已经穷尽了,再也不能从中重新萌发了。至于唐尧的后代,就十分悠久而且长远了。跟着豢龙氏学驯龙的有中山刘累,其子孙到汉高祖就据有了天下。已历经二百年了,又有光武帝中兴。又过了二百年,又有先帝刘备进入蜀地,任用诸葛亮做他的丞相,任用关羽、张飞做他的大将;其忠肝义胆流传史册,其治道德行承继圣贤。这些难道不是唐尧流传的德业尚未枯竭,然后便有这样的发展的吗!

虞舜和唐尧同心同德同圣,可是我说这些话的原因,是认为作为圣人尚且不留余地的过失,那么什么事情可以做尽做绝呢?留下一分做不到的地方,就是一分蓄积,上天的规律确实是这样的啊。就是上天也有过分做尽的弊病。上天降生圣人也有好几次了,因为在这之前还不曾诞生孔子啊。等到生了孔子,大地的元气因此枯竭,力量因此衰退,再也不能产生圣人了。上天都要受到做事过分的弊害,何况是人呢!以前在范县与进士田种玉、举人宋纬讲到过这一点,这次来到潍县,和秀才郭伟勣等谈论,他们全都为此欢欣鼓舞感动,认为从来没有听到过。所以一起写下来寄给兄弟,暂且把它藏在匣子里,等我的儿子稍为长大,然后讲给他听,同信中的意思相互启发好了。

(十一) 白云上

尽 孝

【题解】

白云上,清乾隆武进士,幼年父母做官两袖清风,家境并不宽余,也许这样的环境激励白云上奋发向上,"昼夜苦读寒暑不懈"终于成就了功业。作为人生经验的总结,这篇家训可以说写得中肯入理。

【原文】

孝悌通神明,言行动天地,宜诵之有之。

事君以忠,莫务便已。心事益于国,不欺心,不沽名,则不愧于事君矣。

事亲以孝,孝之端多矣,总在体字上用心。亲言当始终遵守,亲在堂时,竭力善事,如已辞世,又当想象亲心未毕之事而续成之。既无愧于生

国学经典文库

中华传世家训

第七编 慈孝

图文珍藏版

前，又无悔于身后。尽力勉强，问心若安，则孝近矣。莫谓大孝完人，非圣人不能也。

——《白公家训》

【译文】

"孝悌能上通神明，言行可感动天地。"这句话应天天背诵，以对照检查自己。

侍奉君主要忠诚，做事首先要想到对国家有利。不违背良心，不沽名钓誉，在侍奉君主方面就不会有惭愧的事。

侍奉父母要孝敬，孝敬的方法很多，要在体念父母上下功夫。父母的话要遵守奉行，父母活着时，要尽力好好侍奉，如已死去，应努力去完成父母未做完的事。这样才能对在世时的父母不惭愧，父母故去后也不后悔。对父母只要做到了尽心尽力，扪心自问没有缺憾就接近了孝道。不能说完美的大孝子，不是圣人谁也做不到。

（十二）汪辉祖

孝与友

【题解】

父母子女间为慈孝，兄弟姐妹间为友恭。本篇所选主要是从子女、从弟妹的角度来说孝与友的。其中尤以"事后母""事鳏父寡母""友难于孝"三条极富特色，既是对世人的警醒，又是对孝与友理解的深化。

（1）孝以顺为先

【题解】

"孝顺"常并称，其实顺却是孝的前提。我们对愚顺批判的同时，必须肯定尊重父母方面的顺从。

【原文】

"顺亲"二字，见于《中庸》。谚云："孝不如顺"。盖孝无形而顺有迹。顺之未能，孝于何有？如谓父母亦有万不当顺之故，则几谏一章自有可措手处。玩紫阳"愉色婉容"四字，何等委折？天下无不是之父母，必先引咎①于己，方能归善于亲。一味戆直，激成父母于过，即所谓不顺也。若欲与父母平分曲直，以己之是，形亲之非，不孝由于不顺，罪莫大焉。

【注释】

①咎：过失。

【译文】

"顺亲"二字，见于《中庸》一文。谚语说："孝不如顺从"。大概孝没有形状而顺从却有痕迹。顺从不能，哪里还有孝呢？如果说父母也有万万不应当顺从的原因，那么《论语·里仁》中几谏一章自有可以入手的地方。玩味朱熹"愉色婉容"四个字，何等的委婉曲折？天下没有不正确的父母，一定要先承认过失在自己，才能对父母亲善。一味地迂愚直率，刺激出父母的过失，就是叫不顺从。假使想和父母平分是非曲直，凭借自己的正确，来对照父母的过失，不孝由于不顺从，没有比这更大的罪了。

（2）后 母

【题解】

历来子女与后母的关系都是一些家庭的难题。其实事后母最关键处在于不为挑拨离间者蒙蔽，这样便可以互相信赖、和睦家庭。

【原文】

后母难事尚宜事之以礼，况易事者乎？然往往遇易事之母，而被以难事之名，使母称不义，父号不慈。是诚何心？或曰"是有间之者"。贤如吾母王太宜人，蔑以加矣。然余年十三岁，太宜人约饬①素严，族叔某私语余曰："若母慈汝，固万不如慈汝妹也。"余大以为不然，奉太宜人教益谨。不四年，某子死；又十余年，某死，今为之后者亦死。向使余惑某言，其能有今日乎？人在自为耳，为子而以人言，即于不孝人。果任其咎钦？否钦？

【注释】

①约饬：约束整饬。

【译文】

后母难以侍奉尚且应当拿礼法来侍奉，何况容易侍奉的？然而常常遇到容易侍奉的后母，而蒙受难以侍奉的名声，致使母亲以不义见称，父亲以不慈见称。这到底是何心思呢？有人说："这是有挑拨离间的人。"贤德像我母王太宜人，被人加以诬蔑。然而我十三岁那年，太宜人约束教导历来严格，某位族叔私下里告诉我说："你母亲爱你，本来一点不如爱你的妹妹。"我很不以为然，尊奉太宜的教导更加严格。不到四年，某子死了；又过十来年，某又死，如今他的后人也死了。假使我为族叔的话所诱惑，难道有今天吗？一个人要有自己的主见，做子女的如果听信别人的话去行事，就是不孝父母的人了。果真任凭犯错误吗？不这样行吗？

（3）事鳏父寡母更宜曲体

【题解】

父母丧偶，即使有儿子服侍也难以摆脱孤独。所以在侍奉他（她）时一定要尽心尽力，不致使他（她）感到无依无靠。

【原文】

寡居之母，虽有妇可依，有女可侍，然妇有子女，女有夫婿，不能专依膝下。疾病饮食，苦有不能言者。至于父老鳏①居，真茕茕矣。向见吾族某翁，中年丧耦，到八十余岁，寝食孑然。尝语余曰："吾拭面巾久如败丝瓜，求换一方不可得"，言已泣下。余盬②焉伤之。曾告其诸子，皆弗顾也。未几，子亦身历其境，穷且过之。天鉴不远，可不畏哉！

【注释】

①鳏：guān 老而无妻。

②盬：xì 伤痛的一样子。

【译文】

丧失独居的母亲，即使有儿媳妇可以依赖，有女儿可以侍候，然而儿媳有子女，女儿有夫婿，不能专门依偎她的膝下。疾病饮食，困苦而没地方说。至于父亲老而丧妻，真是孤独无依。过去我见到我家族某位老人，中年死了妻子，到八十多岁，睡觉吃饭单独一人。他曾经对我说："我擦拭的洗脸巾用久了像烂丝瓜，求换一条都不能得到"，说完就流下了眼泪。我非常悲痛地为之伤怀。曾经告诉过他的子女，都不顾及他。没多久，他的子女也沦落到像他一样的境地，甚至比他还穷困。天道报应并不遥远，能不害怕吗？

（4）友难于孝

【题解】

兄弟是同辈，比父母当然要容易交流些。但正因为这一点，完全做到友爱却比孝顺父母要困难。

【原文】

人于父母，容有不敢直言之隐。若兄弟，则事事可以推诚共白，其势比事父母较易，而往往难尽其道者，盖家庭龃龉多起妇言。父子天性，谗不能行。妇非甚不孝，尚不敢肆论舅姑，子稍有天良，必无徇妇忤①亲之事。至妯娌相猜，谗言易入，起于芥蒂，酿为参商②。不知自父母视之，毫无区别，不能友爱，即非孝顺。故先圣引《书》云："惟孝，友于兄弟"也。历来手足不和，多从利起。昔人有言："父母有事，譬如少生兄弟一人；父母分财，譬如多生兄弟一人。"能三复此言，妇言又何自而生。

【注释】

①忤：wù 违反。

②参商：参星和商星。

【译文】

一个人对于父母，容许有不敢直说的隐讳。如果是兄弟，那么事事都能够推心置腹，诚意叙谈，其情况比侍奉父母较容易，而往往难以竭尽兄弟之道的，大概家庭矛盾大多起于女人的话。父子先天的性情，谗言行不通。儿媳若非太孝顺，尚且不敢乱谈公婆，儿子稍微有天良，一定没有顺从媳妇、抵触父母的事。至于姑娌相互猜忌，谗言容易侵入，开始于细枝末节，酿成了互不往来。不知道从父母看来，没有一点区别，不能友爱，就不是孝顺。所以先圣引《尚书》说："只有孝顺父母，才能友爱兄弟。"历来兄弟不和睦，大多从利益开始。过去有人说："父母发生事故，就好像少生一个兄弟；父母要分财产，就好像多生一个兄弟。"能够反复记住这句话，女人的话又从哪里产生。

（5）弟当敬奉兄长

【题解】

"长兄如父"虽带有封建家长制的烙印，但弟敬兄长却是兄弟亲情的一种体现。

【原文】

父兄并称，故谚云："长兄如父。"其年龄既长，其阅历必多。为之弟者，自应受其训诫，敬而事之。凡事禀承，自有裨益。若俨然抗行，是谓不弟，必非福器。

——《双节常庸训》

【译文】

父兄并称，所以谚语说："长兄像父亲。"长兄的年龄既然大些，那么他的阅历一定多。做他弟弟的，自然应当接受他的训诫，恭敬地侍奉他。凡事听命，自然有好处。假若真的与兄长抗衡，这叫不敬兄长，一定不是有福气的人。

（十三）刘 沅

《寻常语》论慈孝

【题解】

清代学者，他的《寻常语》关于家庭教育问题，强调做父母的必须严于律己，要行为端庄，为子弟树立榜样是教育子弟的重要环节。

（1）胎 教

【原文】

祖宗父母皆本源，而父母尤要。若周家后稷，粒食生民，功配彼天，其源深矣。然若非世有贤人，修德传家，安能圣德相承，久而光大。且人之生也，受气于天、成形于地。天地即父母，父母一天地，形气具而有

身。所以宰神气者,理耳。理者何在?天曰太极一元之气,浑然粹然,无一毫偏倚驳杂,是气即是理。理气之灵,其名曰神心,即神明也。但有先天后天之分,先天未生以前得于天者,无不全,故人性皆善。即生以后,七性扰而知识纷,乃失其本来,故曰:性相近。人之异于禽兽者,全恃此天理。以其独得于天故曰德,生后能反身而诚,亦曰德,此理含于心而通乎天地,著为万事万物。语其要止,天理良心四字尽之。性也,仁也、诚也、德也,仁义也,皆此四字,愚夫妻可知可能,圣贤亦不外此。但不实心检点,实力奉行,则失其所以为人,又安能修身齐家。故为父母者,念念事事能不昧良心,不悖天理,则必日日知非,日日改过,而德日以积。源远者流长,庆流子孙。固自然之理。此胎教之源,父母同一当行也。尤有至要者,则保养作善,二事详后。何为保养?人之生者,精气神。元精、元气、元神,得于天之理也。凡精、凡气、凡神,具于身之干也。男女夫妇、阴阳之大义,而最易纵性灭理。凡男女十五六,父母善教防闲,第一勿犯淫欲。非夫妇者,皆为邪淫。夫妇无节,亦为纵欲。戒淫寡欲,在家则夫妇分房,在外则非礼勿视。

【译文】

祖宗和父母都是人的本源,而父母更为重要。如周朝宗室的祖先后稷,以种粮食使百姓得以生存,功比天高,其德行源远流长。然而如果先辈没有贤人,积善修德传之后世,后辈又怎能继承先人的美德,并发扬光大呢?况且人秉受天地之气而生,而主宰这气的就是理,理在太极一元之气中,它精粹纯洁,这个气就是所谓"天理",也就是神明。这有先天和后天得到之分。如果是先天所得,人性都是善良美好的。人生出以后,受七情六欲和各种知识的干扰,就会失去善良的本性。人和禽兽的区别,也全在于有还是没有天理。先天得到的叫作德,后天修养得到的也叫德,这天理存于人的心中但与天地万物相通。人的道德仁义等一切品德都可用"天理良心"这四个字加以概括。无论是夫妻还是圣贤,都不例外。但是如果不真心检查自己,努力依照这四个字去做,就失去了作为人的根本,又怎能谈得上修身治家。所以做父母的,在任何事上都不能违背天理良心。必须时时纠正自己的错识,才会不断积德。源远才能流长,福及子孙便是很自然的道理。这也是胎教的基础,父母都要做好。更重要的是懂得保养。人的精气神,是人体的主干,得之于天理,而男女夫妻最容易纵情欲而灭天理。凡是男女在十五六岁时,父母首先要教育防范孩子不做淫欲之事。不是夫妻而有性行为,都是邪淫。如果夫妻性生活没有节制,也是放纵淫欲。戒除邪淫而减少欲望的办法是,在家中夫妻分室而居,在外面不做做不看不合乎礼的事。

【原文】

孝字难言，只把父母刻刻放在心上，怕父母不安、怕做事不好带累父母。劝父母多存善心，多做好事，如小孩一般，心中不肯离父母一刻便好。

【译文】

孝字是语言所难以表达的，只要时刻想着父母，怕父母担心，怕做错了事连累父母，规劝父母多存善心，多做些好事，像小孩子一样，心中一刻也离不开父母，这才是孝敬父母。

（3）正道劝谏

【原文】

父母有过，阿意曲从，反为不大孝。若有大过，必委曲解救，毋使其事毁德。若不幸而至于殒身，己亦不独生也。但父母之过，不惟不可出诸口，亦不可存诸心。负罪引慝，常以渝亲于道为务，至诚而不动者，未之有也。

【译文】

父母有过失，曲意顺从是大不孝。父母如有大错，一定要委婉地加以弥补，不使父母所做的事有毁德行。如父母不幸身死，自己也应随之而死。但是父母的过失，不仅不能说，也不可放在心上。常把用正道劝谏父母作为重要的事，没有不动心改过的。

（4）孝终其身

【原文】

世俗之所谓孝，往往非孝。一毫不合乎天理，而亲之德损，己之职亏矣。故夫子推广其义而曰："伐一树、杀一兽，不以其时非孝。"亲在则必渝亲于道，致其亲于圣人，而尽诚尽敬之仪必周。亲没则视于无形，听于无声，而一言一动之非必绝。故曰：孝子者非终父母之身，终其身也。

——《寻常语》

【译文】

世俗所说的孝，往往不是真正的孝。人的行为如果有一点不合乎天理，既有损于父德，又使自己的行为有亏。所以孔子推广其义说："随便乱砍一株树、乱杀一只牲畜，就是不孝。"父母在时要用正道规劝父母，使父母达到圣人的境地，而诚敬的礼仪要完备。父母去世后也要像父母活着时一样，那么言行中的错误就会去掉。因此说：孝子并不是父母去世后就不必再尽孝心，而是到自己死去，尽孝才会完结。

国学经典文库

中华传世家训

第七编 慈孝

图文珍藏版

（十四）邓 淳

崇尚孝弟（"悌"）

【题解】

这是邓淳《家范辑要》的第二部分。编者为其中的每一则都加了小标题。从邓淳编选的言论中，我们可以看到宋以来人们对孝悌问题的一些具有代表性的看法。其中大部分亲切有味，发人深思。

（1）孝悌是基本

【原文】

尧舜之道，基于孝弟，凡今之人，胡①为作伪，得亲顺亲，埙②篪③并契④，孰令致之，天性所系。

【注释】

①胡：何。

②埙：土鼓。

③篪：chí 古代管乐器，象箫。

④契：合。

【译文】

尧舜之道，是以孝顺父母、尊敬兄长、爱护弟弟为根本的，而现在的人，为什么要行伪为恶（胡作非为）？得到亲人就应顺从亲人，就如乐器上的埙和篪一样互相配合，是什么导致如此？这是人的天性在维系它。

（2）生时尽力，死后思念

【原文】

子路见于孔子曰："负重涉远，不择地而休，家贫亲老，不择禄而仕，昔者由①也，事二亲之时，尝食藜藿②之实，为亲负米百里之外。亲没之后，南游于楚，从车百乘，积粟万钟，累茵③而坐，列鼎而食，愿欲食藜藿，为亲负米，不可复得也。"孔子曰："由也事亲，可谓生事尽力，死事尽思者也。"（《家语》）

【注释】

①由：子路叫仲由。

②藜藿：lí huò 野菜。

③茵：坐垫。

【译文】

子路见到孔子，说："背负着重担，人不择地方就会休息；家里贫困，亲人年迈，人不择仕禄就去做官。从前子由侍奉自己的双亲时，曾经尝过藜藿一类的野菜，为养活双亲到百里以外去背米。父母亲死了以后，到南方楚国去出游，跟从的车有一百辆之多，积聚的粮食有万钟之多，坐的垫子重叠几层，吃饭时摆上许多大鼎。此时希望尝一尝野味粮食，替父母到百里外背米，然而已不可能再得到了。"孔子说："子由侍奉亲人，可以称得上是在生时尽力，死后还不断思念了。"

（3）及时尽孝心

【原文】

曾子曰："往而不返者亲，子欲养而亲不待。是放椎①牛而祭墓，不如鸡豚逮及亲存也。故吾尝仕齐为吏，禄不过钟釜，尚犹欣欣而喜者，非以为多也，乐逮其亲也。既没之后，吾尝南游于楚，得尊官焉。堂高九仞，榱题②三尺，转毂③百乘，犹北乡而泣涕者，非为贱也，悲不逮吾亲也。"（《韩诗外传》）

【注释】

①椎：cuí 杀。

②榱题：出檐。榱音 cuī。

③毂：gǔ 车轮中间贯入车轴的圆木。

【译文】

曾子说："离去了不再回来的是亲人，子女想赡养但父母等待不了很长时间。所以与其杀牛来祭祀父母坟墓，还不如在他们生前送上鸡、猪一类作为孝敬之物更为实际。所以我从前出仕齐国做过官吏，俸禄不过一点点，但十分高兴愉快，并不是认为俸禄很多，高兴的是能用在供养父母身上。父母死后，我曾经南游到楚国，做了一个尊贵的大官，堂屋高达二丈七，椽木有三尺粗，出游使用的车子上百辆，但仍然面朝北方哭泣，并不是因为自己官位卑贱，而是悲叹不能用这些去侍奉我的亲人了。"

（4）讲规矩

【原文】

凡为人子者，出必告，反必面，有宾客不敢坐于正厅，升降不敢由东阶，上下马不敢当厅，凡事不敢自拟其父。

凡父母舅姑有疾，子妇无故不离侧，亲调尝药饵而供之。父母有疾，子色不满容，不嬉笑，不宴游。舍置余事，专以迎医检方合药为务，疾已复初。

凡子受父母之命，必藉记而佩①之，时省而速行之，事毕，则反命焉。或所命有不可行者，则和色柔声，具是非利害而白之，待父母之许，然后改之；或不许，苟于事无大害者，亦当曲从。若以父母之命为非，而直行己志，虽所执皆是，犹为不顺之子，况未必是乎？

凡子之事父母，父母所爱，亦当爱之，所敬亦当敬之，至于犬马尽然，况于人乎？（《居家杂议》）

【注释】

①佩：牢记在心。

【译文】

凡是作为儿子的，出门前一定要告诉父母自己去哪儿，回来的时候一定要打招呼，家里有宾客则不敢坐在正厅之中，进门或出门都不敢走东边的台阶，上马下马不敢对着厅堂。凡做事情不敢同父亲相比拟。

凡是父母公公婆婆有疾病，儿子媳妇没有什么事情就不要离开他们身边，应亲自调制好药，品尝后供给父母。父母亲身体有病，儿子的脸色应不愉快，不嬉笑，不参加玩游享乐之事。应把其他事情都放在一边，而专门以迎请医生检查药方、调和药剂为事。待父母病好了以后再回复到原来的工作上去。

凡是子女受父母之命，一定要用心记住，并把它写在物品上佩带在身，时时刻刻注意并尽快去做，做完以后，就回来报告。有时所命令的事是不能做的，那么就和和气气，声音柔婉，对父母明白地讲述利益是非之处，等到他们同意了，然后才改正。假若不答应，而又对父母没有太大的害处，也可以顺从。假若认为父母的命令是错的，而只顾按自己的想法去做，即使所做的都对，仍然是一个不孝顺的儿子，更何况自己的意见不一定全对？

凡是儿子侍奉父母，父母所喜爱的，自己也应当去喜爱，父母所尊敬的，自己也应该去尊敬。以至手对狗马都要这样，更何况是对人呢？

(5) 孝心不动摇

【原文】

圣人一身，浑①是天理，故极天下之乐，不足以动其事亲之心。极天下之苦，不足以害其事亲之心。一心所慕，唯知有亲，看是什么物事，皆是至轻，施于兄弟亦然。但知是我弟，便当恭敬其兄；我是兄，便当友爱其弟，更不问如何。舜诚信而喜象，周公诚信而任管叔，此天理人情之至，其用心一也。（《朱子全书》）

【注释】

①浑：都，全。

【译文】

圣人的一身，都是天理，所以极尽天下快乐之事，也不能够改变他侍奉父母亲的孝心。极尽天下的苦事，也不可能伤害他侍奉父母的孝心。全心全意所敬慕，只知道有父母亲，对任何物事都看得很轻淡。把这种态度推及至兄弟身上也是一样。心中只知道我是弟弟，就要恭敬兄长。我是做哥哥的，就应当友爱自己的弟弟，而不问其他。舜帝用诚实忠信之心喜欢弟弟象。周公以诚实忠信之心而任用弟弟管叔，这些都是天理人情最好的表现，他们的用心都是一样的。

（6）体贴父母心

【原文】

孝子事亲，不可使亲有冷淡心，不可使亲有烦恼心，不可使亲有惊怖心，不可使亲有愁闷心，不可使亲有怨恨心，不可使亲有愧悔心，不可使亲有缺少心，不可使亲有难言心。先意承志，尽力服劳，此之谓悦亲，此之谓色养，此之谓顺德。世人无所不爱，而爱儿女之心最真。吾谓为人子者，不必他求，只以体帖①儿女之心，体帖父母，便是至孝。（《罗氏世编》）

【注释】

①帖：通"贴"。

【译文】

孝子侍奉父母，不让父母心冷，不使父母烦恼，不使父母惊慌恐怖，不使父母忧愁烦闷，不使父母怨恨，不使父母惭愧后悔，不使父母感到缺少什么，不使父母难以启口。各种想法应先于父母考虑到并顺承他们的意思，尽力地服务并劳作。这叫作让父母高兴，这叫作从脸色上奉养父母，这叫作顺从品德。一个人虽无所不爱，但爱儿女的心最为真切。我说做人之子的人，没有必要追求别的，只要把自己体贴儿女的心，反过来用来体贴父母，就是最为孝顺了。

（7）父母一去不复回

【原文】

父母生子极早，必待二三十岁，子能成家自立，手挣钱财，身登贵显，极早亦必待二三十岁；然则为人父母者，等得子能养时，年已近五、六十岁，譬如持短烛行长路，奔趋投店，尚恐烛灭，况敢逍遥于中路哉！为人子者拥妻抱子，饱食安眠，岂知堂上发白齿落之人，又复芟除①一日耶？妻子之年方少，享用之日甚长，况妻可再续，子可再生，而生身父母，一去不复，上天下地，寻觅无门，言念及此，速宜孝养。（《姚弱侯集》）

【注释】

①芟除：去掉，芟音shān。

【译文】

父母亲生养孩子最早的，也一定要等到二、三十岁。儿子能成家立业，自立门户，用自己的手去挣得钱财，并登上贵显的位置，最早也得二、三十岁。然而做为人父母的，等到儿子能奉养时，年纪已经五、六十岁，这就如同人拿着短短的蜡烛要走长长的夜路，奔走着去投宿店家，一路急奔尚恐蜡烛熄灭，又怎么敢在途中悠哉游哉？做为人子拥着娇妻抱着孩子，吃得饱，睡得香，怎么知道堂上头发白、牙齿松动的人，是如何打发一天的光阴的？妻子还很年轻，享受的日子还很长，况且妻子可以再续娶，儿子可以再生，但生身父母，一去就不可复返，上天入地，寻找无门，想到这些，应该尽快孝敬赡养。

（8）不孝的成因

【原文】

小不孝之所以习成者有四：一曰骄宠，二曰习惯，三曰乐纵，四忘恩记怨。大不孝之所以习成者有四：一私财，二恋妻子，三嫖荡，四争妒。此数者常人之习情，然亦未尝无真性，但积久不知其渝耳。是宜急急唤醒，早早克治，时时思量，勿谓亲心之慈，我可以自恕①；勿谓世道之薄，我犹胜人。（《吉迪录》）

【注释】

①恕：原谅。

【译文】

小时候不孝顺的习惯形成的原因有四个方面：一是骄傲宠幸，二是习惯所致，三是享乐骄纵，四是忘记恩情，记恨怨言。大了以后不孝顺之所以养成有四方面的原因，一是私积财产，二是爱恋妻子，三是嫖娼放荡，四是争宠嫉妒。这几个方面，都是普通人的习惯性情，然而也未必没有真情性，但是积习太久，反而不知道其变坏了。所以应该赶忙清醒，早早克服坏习惯，时时刻刻思考掂量，不要说亲人对你慈祥，自己可宽恕自己，不要说世道人情淡薄，我还比别人强。

（9）孝之大纲

【原文】

孝之大纲有四：一曰立德，二曰承家，三曰保身，四曰养志。其间遇①有不齐，才有各异，要在随分随力，尽其所当尽，实有一段至诚之间行乎其中，终其身至于瞑目，无毫发之遗憾，其于孝也庶几乎？（《劝孝集说》）

【注释】

①遇：遭遇。

【译文】

孝道的大纲有四个方面：一叫作树立德行，二叫作继承家业，三叫作保全身体，四叫作培养志向。其间有的人遭遇不一样，才华也有不同，关键在于根据情况和能力，尽心尽意，尽力而为。只要有一段至为真诚之心存在其中，那么一直到死时瞑目，也就没有一点点遗憾，其做人的孝道也就差不多了。

（10）似孝非孝

【原文】

有似孝而非孝者。父母有过当几谏，若但知顺亲于情，而不知顺亲于理，或有任其偏僻，而致戾于一家，取憎于乡里，得罪于鬼神，此成亲之恶者，恶得为孝？有自谓孝，而实非孝者，能服劳，能奉养，而有德色，其于父母，或嫌其老，而称逸以安置之；或惮①其腐，而托故以违离之，意色冷淡，尊而不亲；更有一种好游者，舍堂上之乐，结朋友之欢，异乡远省，累月穷年，乌得为孝？又有人见为孝，而神见非孝者，生亦尽养，事亦承欢，而备物鲜情，绝无真乐，及殁②之日，衾棺尽美，哭踊随常，亦无真哀，此鬼神视之甚明者也。又有一时称孝，而不能高千古，不能满一心者，其人于前弊一无所犯，而未闻大道，修身尽性之事，尚有缺陷，终是堕落遗体，莫报亲恩，为人子者急宜自省。（《劝孝集说》）

【注释】

①惮：dàn 害怕。

②殁：mò 死去。

【译文】

有一种孝道看似孝道而并非真正的孝道，父母亲有过错本应当婉转劝谏，假若只知道从情感上顺从亲人，却不知道从理义上去顺从亲人，有的听任父母的偏颇，以至于一家人都遭殃，被同乡人所憎恶，还得罪了鬼神，这是让亲人在作恶事，怎么能称为是真正的孝道？也有的人自称是孝子，而其实不是孝子，虽然能够干点活，能够侍奉父母，并且品德气色都不错，但对于父母亲，有的嫌他们年老，却以安逸的名义，把父母安置起来；有的害怕父母的腐朽，却借故和父母分离开来，意气脸色都十分冷淡，对父母尊敬却不亲爱；更有另一种人，他们喜欢游玩，舍弃和在父母一起的天伦之乐，而结交朋友一起寻欢。离开家乡到外省外地，成年累月不回家，这怎么又称得上是孝道？又有一种人在别人看来是孝顺，但在神明眼中却不是孝顺，在父母活着的时候虽能尽心奉养，做事也能博得父母的欢心，但是做这些事、置办那些侍奉物，却一点也不带感情，绝对没有欢心。等到父母死之日，棺材装殓都十分漂亮，哭泣伤感也和常人一样，但没有一点是真正的哀情，这种人鬼神看得是十分清楚的。还有一种人一时号称孝者，却不能高过千秋，更不能满足人心。这种人对前人的缺失一点也不会再犯，却没有听说过什么大道，对于自己修身养性之事都还有缺陷，其结果最终还是自己伤害自己，不能报答父母之恩。以上这些为人子者都应赶紧加以自我反省。

（11）侍奉老人莫生厌

【原文】

老年人大都迂阔惜财，尪①弱昏耆②偏爱，为子孙者，倘于此起一厌心，入不孝而自知，急宜回省。（《劝孝集说》）

【注释】

①尪：wāng 瘦。

②耆：zhǐ 年寿高。

【译文】

老年人大多数都迂阔，爱惜财产，体弱多病，年昏眼花，又有偏爱。作为子孙，倘若对这些产生一种厌烦之心，就会变为不孝，这种道理容易自知，应该赶紧加以自我省察。

（12）五种情况

【原文】

又有父母恃孝尤切者，一曰老，二曰病，三曰鳏寡，四曰贫乏，以及婢妾而为生母。凡此愁苦倍甚，为子孙者，益当孝倍常儿。（《劝孝集说》）

【译文】

又有几种情形下父母最需要孝顺，一是年老之时，二是生病之日，三是孤寡之年，四是生活贫乏，以及身为奴婢从妾却是孩子的生身母亲。遇上这种种情况，父母的忧愁和痛苦更多于平常。作为子孙的，应当比普通的人更为尽孝。

（13）逆子生逆儿

【原文】

谚云："檐头滴水从高下，逆子还生忤逆儿。"此两语可寒逆子之胆，常见人之不孝父母者，所生之子，其忤逆更甚于己，此乃己身为之则效①，亦是造物为之报施。（《劝孝集说》）

【注释】

①效：学习对象。

【译文】

谚语说："瓦檐上滴水从高往下，逆子还会再生下逆儿。"这两句话可让逆子的胆心寒彻。经常看见那些不孝顺父母的人，他们自己的儿子，对他们的违背叛逆比他们自己对待父母更为过分。这就是自己为儿子做出了榜样，也是上天造物给他的报应。

（14）如何辩解

【原文】

凡为人子者，须要低声下气，语气详缓，不可高言喧哄，浮言嬉笑，父兄长上有所教督，当低首听受，不可妄自议论。长上检责，或有过误，不可便自分解，姑且隐嘿①，久却徐徐条陈。（《训学斋规》）

【注释】

①隐嘿：隐忍沉默。

【译文】

凡是作为人的儿子，说话应该低声下气，语气要安详和缓，不应该高声喧闹，轻浮嬉笑。父母、兄长、长辈有什么训导之言，应当低着头听着接受，不应该妄加议论。长辈检查责怪，有时有些失误，也不应该为自己进行分辨解脱，姑且隐藏在心中，过了很久以后才慢慢地对父母一条条地进行陈述。

（15）教好妻子儿女

【原文】

烹庖得法，即蔬菜亦若肥甘；制治失宜，虽良肉犹如嚼蜡。养亲者①倘不能躬亲，务必教训妻孥婢子，知此意也。（《人生必读书》）

【注释】

①养亲者：奉养双亲的人。

【译文】

烹调办法得当，即使是蔬菜吃起来也像肥美甘甜之物；烹调方法不好，即使好肉吃起来也就同嚼蜡一样无味。侍奉双亲的人倘若不能亲自去做，便一定要教育培养妻儿子女及仆人，让他们懂得你的孝心之意。

（16）媳妇和孙孙

【原文】

子之孝，不如率①妇以为孝，妇能养亲者也，朝夕不离，洁奉甘旨，而亲心悦。故公姑得一孝妇，胜得一孝子。妇能孝，又须导孙以为孝，孙能娱亲者也。依依膝下，顺承靡违，而亲心悦，故祖父添一孝孙，又增一辈孝子。（《诱善录》）

【注释】

①率：带着。

【译文】

儿子做到孝顺父母，不如带领媳妇也尽孝道，妇人能奉养双亲的，会从早到晚不离开父母身旁，并干干净净地供奉美味，那样父母心里就会十分高兴，所以公公婆婆得到一位孝妇，比得到一位孝子更好。媳妇能守孝道，又应该教导孙辈也行孝。孙辈能让父母高兴快乐的，会娇娇地依顺在祖父母膝下顺从其意，从不违背，那样父母亲就会十分高兴。所以祖父增添了一个孝孙，又等于增添了一代孝子。

（17）关心父母的心事

【原文】

父母有心事萦绕于中，子当代之筹画，代之处置，必须解释其事而后已，莫漠外视之，绝不动念，听其忧煎①，是直尔为尔，我为我，何异路人相视乎？亲之郁结从此益增，子之忍心于斯可见。休戚不关，后将有不可忍者而亦忍之矣。更有于父母之饮食居处，疾病疴养，绝不究心，不知定省为何事，毛裹之爱，斯人尚有存焉否耶。昔在任尽言至孝，母老多病，未尝离左右，其母得疾之由，或以饮食，或以燥湿，或语言稍多，或忧喜稍过，尽言皆朝暮侯之，五脏六腑中事，洞见曲折，不待切脉而后知，不待延医而自治，此真能悉父母之隐微者也。为人子者，当则效之。（《诱善录》）

【注释】

①忧煎：忧虑煎熬。

【译文】

父母亲有心事挂在心头，儿子就应当替父母打算安排，为父母帮忙处置。一定要解释清楚事情才甘休，不要漠然置之，一点也不动心，听任父母心中受着煎熬，简直等于你就是你，我就是我，这和路人又有什么差别？这样，亲人心中的烦闷更加增加，子辈的残忍之心从中得以暴露。好坏都不关心，以后将会有不可忍受的事情也能忍受下来。甚至有的对父母的饮食、住处、疾病及痛苦，也一点不放在心上，都不知道早晚问候是怎么回事。血肉之爱，在这种人身上哪里还存在半点？从前任尽言最为孝顺，母亲年老多病，他就从来没有离开过她的身边，他的母亲得病，有时是因为饮食，有时是因为干燥或潮湿，有时是因为说话太多，有的是因为忧伤或喜悦过分，任尽言从早到晚都守候着，对他母亲五脏六腑中的情况，看得很清楚明白，不必等到医生握脉才会明白，也不必等到请来医生就自己治好了。这真是那种能清楚地了解父母亲最深最细微之处的人。做为人子，应当效仿学习他。

（18）劝父子

【原文】

　　父母生我身，罔极①思难酬。欲报罔极恩，立德为最优，下至世俗孝，服劳供馔馐。岂有劳父力，为我效马牛。世乃有愚父，㧖㧖②图财赇③。吾生需几何？祇④为儿孙谋。更有世人要，身居得为秋。剥吸不知厌，作孽齐山邱。趋庭数纨裤，攫攘无惭羞。助亲陷不义，翻谓堪箕裘。吾今劝人子，而父如堕沟。何不跪泣谏，大人其少休。积金贻我曹，欲为箧中留，不知悖入货，召害同戈矛。儿今愿不受，弃去同遗溲。称家具菽水，不至遗亲忧。子能贱财贿，亲惑其少瘳。终将至允若，舜孝良其俦。（《七劝》）

【注释】

　　①极：无边。

　　②㧖㧖：húhú用力的样子。

　　③赇：qiú财货。

　　④祇：通"只"。

【译文】

　　父母亲生下我这身体，其无尽的恩德无以酬报。想要报答这无尽的恩德，建立美德是最好的。世俗之间的孝道，不过是服侍侍奉，供应美味而已，哪里有辛苦父母，为我像牛马一样地效力的？世界上就是有一些愚蠢的父亲，辛辛苦苦地去追求钱财，其实我们的一生对钱财又需要得了多少？只不过都是在为儿孙打算，此外还有强势之人贪婪索求，于是为父者身体就像秋天的干柴了。有些父母剥夺别人不知厌烦，作的孽害和山那么高。有些父母身前不过是几个纨绔子弟，可搜刮起来没有一点惭愧之心。帮助亲人行不义之事，反而还说自己应该吃好穿好。我现在奉劝告这些做儿子的，你的父亲已经沦陷于沟壑之中，你们怎么不跪下来哭着进谏？让父母亲好好休息休息。积聚钱财留下来给我，想作为财产传下来，但难道不懂得这些不是正常得来的东西，它招致的祸害会同枪矛一样危险。我做儿子的现在不愿接受，抛弃钱财就同抛弃屎尿一样。并声称家里备有一点生活品，不至于给父母带来什么担忧。儿子能看淡钱财货物，父亲心中的担忧就会减少，一直等到父亲答应，那自己的孝道是和舜一样的相同。

（19）赤子之心

【原文】

　　为人子者，岂唯功名富贵之气，不可加诸其亲，即道德文章之概，亦难形之于己。盖父母之前，宜孺慕^①是即赤子之心也。朱子注"色难"曰：孝子有深爱者，必有和气，有和气者，必有愉色；有愉色者，必有惋容。事亲之际，惟色为难也。今人愁容、怒容、德容、傲色、狂态、鄙态、玩状、蠢状，唐突抵触，各以其时纷形于父母之侧，而一见其妻妾子女，转眼之间，如拨云雾，如睹青天、不觉其和而自和，不觉其愉而自愉，不觉其婉而自婉。噫嘻异哉！此岂赋性之恶，其咎在天与？抑习俗之漓，人心日丧也。夫父母受之，非不伤也，但暗忍而容之耳。伤之者何？情之难堪者，受之他人，且不甘焉。矧其子也，忍之而容之者何？盖彼既已生之，亦事之莫可如何者矣。于是或顾影而兴嗟，或怡风而洒泪，忧怀莫解，病即随之。嗟乎！人未生子，期子之心日切。子既生矣，抑又长矣。百年岁月无多，而以有限之精神，耗于无穷之郁抑，劬劳^②既竭之于前，愁苦又续之于后，是生子适足以为累也。（《教孝编》）

【注释】

①慕：仰望敬爱，象幼童时对父母一样。

②劳：劳累。

【译文】

为人之子，难道只有功名富贵之气，不可以加于父母，即使道德文章一类的，也难以给自己带来什么。大致在父母面前，应该恭敬虔诚爱慕，这就是赤子之心。朱熹注释"色难"二字时说："孝子心中埋藏着深深的爱意，一定会很和蔼，有和蔼之心，一定会表现出愉快的样子，样子愉快，一定会有动人的脸色。侍奉亲人的时候，只有脸色是最难做好的。"现在的人，愁苦、愤怒、自满、骄傲、狂妄、卑鄙、贪玩、愚蠢、冒昧、冲撞，各种各样的脸色总是不断地在父母面前表现出来。但一旦见到他的妻子、小妾或子女，转眼之间，就像拨开浓雾见太阳，不觉得心和而自露和颜悦色，不觉得高兴而自露高兴轻松之状，不觉得柔顺而自露柔顺之状。嗨呀！真是令人奇怪！这难道是秉性很恶，其缺点是天生的吗？可能是习俗所形成，人心一天天地丧失了吧。父母亲接受这些不好的脸色，并不是没有受到伤害，只不过暗地里忍受着并容忍在心头。伤害的又是什么？是情感上的难以忍受。来自他人的伤害，尚且心头不悦，更何况来自自己的儿子？为什么能忍让宽容？大概是儿子是自己所生下来的，事情也是无可奈何吧。于是有时就只好看着自己的影子而感叹，有时则迎风洒泪，忧心忡忡，无法遣散，疾病也就随之而生。可叹呀！一个人没生儿子，盼子的心情十分急切。儿子既生下来后，只是又逐渐长大了。一生没有多少时间，却以有限的精神，消耗在无穷的忧郁之中，先前的辛苦勤劳已经够了，愁痛悲苦还又接着而来，那样生下儿子不过是给父母带来拖累啊！

（20）父母之腹非盗囊

【原文】

《韩诗外传》皋鱼泣曰：树欲静而风不止，子欲养而亲不在。凡人读此，莫不呕思谋养矣。然古语有云：老亲之腹，非盗囊也，何故常盛不义之物。故《诗序》曰：白华，孝子之洁白也，可见不洁白，不可以为孝子。此又谋养亲者之所当知也。（《人生必读书择要》）

【译文】

《韩诗外传》上有，皋鱼哭泣着说道："树想静下来而风却吹个没完没了，儿子想赡养父母而父母已不在人世了。"一般的人读到这两句话，没有不急忙想着去奉养父母的。古语说：父母的肚子，并不是盗贼之包，为什么总是有不义之物？民以《诗序》上说：白花，是代表孝子的洁白，可见不纯洁的人不可当孝子。这又是考虑奉养父母的人所应当知道的。

（21）鳏父寡母最可怜

【原文】

父母万有一先去世的，单留鳏①父寡②母，最为苦楚，全要你为子者加倍体贴，不敢寂寞孤凄，才是好子。我看今人只知携自己妻子入房，团聚欢乐，全不念老亲一人，凄惨苦楚，若在风雨寒暑，过时过节，更是难堪。为子者若不存心照管，试问生子何用？（《传家宝》）

【注释】

①鳏：guān 无妻。
②寡：guǎ 无夫。

【译文】

父亲、母亲万一有一个先去世了，只留下一个鳏父寡母，这是最为痛苦的事情。全靠你当儿子的加倍地体贴，不要使其寂寞孤苦凄冷，这样才是好儿子，我看现在的人只知道带着妻子回自己房内，相聚作乐，一点也不顾念老父或老母一个人的凄惨苦楚。假若在刮风下雨寒冷或暑热之日，过年过节，更是不堪忍受。做儿子的，假若不用心去照顾看护，试问父母生下儿子又有什么用？

（22）对祖父祖母尽孝

【原文】

祖父母与父母服，虽有三年、期服之别，然当尽孝则一。盖父母为吾身所自出，而祖父母又亲身所自出也。吾欲孝吾亲，而不能体吾亲之心，以孝祖父母，尚可谓之孝乎？况祖父母之年必高，高年之人，苟无人尽心服事，诸苦毕集，无处可告，故其罪与不孝父母同。若少孤而受教养之

恩，长孙有承重之责者，其当竭力供职，尤毋容以孙自诿①矣。（《梁氏家范》）

【注释】

①诿：推诿。

【译文】

祖父祖母和父母的丧服，虽然有三年和一年的差别，然应当尽孝的原则是一样。父母是生我之人，而祖父母则又是生父母之人。我想对父母孝顺，却不能体察父母的心意，来孝顺祖父母，如此哪里能称得上是孝顺？况且祖父母的年龄一定会很高，高龄之人，假若没有人尽心尽意地服侍，那各种各样的苦难都会落在身上，没地方可以诉说。故所犯的罪和不孝顺父母是一样的。如果从小死了父母而受祖父母教育培养的恩情，长孙便有承担关照祖父母的重大责任，应当竭力去完成服侍祖父母的这种责任，不可因为自己是孙辈而推却、拒绝。

（23）罗威之孝

【原文】

罗威字德仁，番禺人，禀性淳悫①，幼知礼让，八岁丧父，哀如成人。事母至孝，服勤奉养，寒夜身先温席，母乃寝，制行高雅，口无俚言，不迹权门，待妻孥如宾客，耕先世遗田以自给。邻家牛数犯其稼，威屡刈刍②潜纳其门。牛主怪之，已乃知其威，感其长者，自是不忍犯。出遇老稚负戴于涂，辄代其任。邑人化之，孝慈成俗。令异其行，辟召署门下史，威辞不就，强之，则偕母遁于增城；令去，复还。后居母丧，积毁骨立，蔬食三年，既葬庐墓，朝夕哀泣，鹿止其旁，驯扰③如家畜。世以为孝感所致。（《广州先贤传》）

【注释】

①悫：què 朴实。

②刍：chú 喂牲口的草。

③驯扰：驯服。

【译文】

罗威字德仁，番禺人，禀性淳朴诚实，从小知道礼让。八岁死了父亲，他悲哀的样子像大人一样。侍奉母亲十分孝道，也很勤快。寒冷天先用身体暖和被窝，才让母亲去睡，动作行为十分高雅，嘴里不讲什么俗语，不奔走于权贵之门，对待妻子奴仆就像宾客一样，耕种着先辈遗留下来的田地，自己养活自己。邻居家的牛多次损坏他的庄稼，罗威就割了草偷偷地放到邻居家的牛面前，牛的主人感到十分奇怪，不久就知道是罗威所为，为其长者风度所感化，从此不忍心侵犯。罗威出门碰上老人或小孩背着东西在路上行走，总是替他们去背。同乡的人都受了他的感化，于是孝顺慈爱成了习俗。邑令很欣赏他的行为，下令召他为门下史，罗威推辞不干，被逼无奈，结果陪着母亲一起逃到增城去了。邑令调走后，才回到家来。后来为母亲服丧，哀痛得来只剩下骨头了。吃着蔬食淡饭过了三年，埋藏母亲后在墓旁盖一个小庐，从早到晚哭泣。一头鹿停在他的身旁，驯顺地围着他转，像家禽一样，世人认为是为他的孝道所感化。

（24）孝悌不可或缺

【原文】

古人之言孝必兼悌。孔子曰："弟子入则孝，出则弟。"《书》云："惟孝友于兄弟。"明乎能孝者必能悌，而不悌者必不可称孝者何也？父母犹身心也，兄弟犹手足也，未有手足伤，而身心不痛者，亦未有兄弟不和，而父母能安者。故亲在而不和，而父母之心不安，亲殁而不和，则父母之神不安，岂有令父母之心神不安，而可为孝子乎？是不和兄弟，即不孝父母也。故不悌之罪，等于不孝。（《人生必读书》）

【译文】

古代的人讲到孝顺一定会连带讲到尊敬兄长。孔子说："弟子们在家里要孝顺，出外要尊敬兄长。"《书经》上讲："只有孝顺之人和兄弟相友善。"从这里就可以明白能孝顺父母的人，必定能尊敬兄长，不尊敬兄长的同样也不可能称为是孝顺之人，为什么？这是因为父母亲就像是身体心性，兄弟就像是人的手足，没有手足受到伤害而人身体心性不痛苦的，就意味着也没有兄弟不和睦，而父母能获得安宁的。所以父母亲在世而兄弟不和睦，那么父母之心就会不安宁，父母亲去世后不和睦，那么父母的神灵也会不安宁。哪里有让父母的心神不安，却可以称得上是孝子的？所以说兄弟不和之人，就是对父母不孝。所以不尊敬兄长的罪责，和不孝顺父母是一样的。

（25）兄弟情深

【原文】

父母而下，唯有兄弟，孩提时无刻不追随相好，兄长而弟幼，无日不提携怀抱，长各有室，或听妻子言语，或因财帛交易，多致参商①。有余则妒忌，不足则较量，及患难相临，虽至厚之亲朋，终不若至薄之兄弟，若能同居共灶为妙。然势有不得不分者，如食指多寡不同，人事厚薄不一，各有亲戚交游，各有好尚不齐，然难称众心，易生水火，各行其志，则事无条理，况妯娌和睦者少，米盐口语，易致争端，分灶而不分居为上。甚至分居，兄友弟恭，当愈加和好，不然外患将至，身家难保矣。语云："兄弟同居忍便安，莫因毫末起争端。眼前生子又兄弟，留与儿孙作样看。"念之哉。

——《家范辑要》

【注释】

①参商：参星和商星，一西一东，喻双方隔绝。

【译文】

父母以下，只有兄弟最亲，孩提时，兄弟们无时无刻不在一块玩耍相好。哥哥长而弟弟幼，没有一天不带着抱着，只是长大以后兄弟各有家室，有的听妻子的话，有的因为钱财物质交易，往往相互变得很陌生。物质丰富则产生嫉妒，不丰足则互相计较。但等到灾祸来临，即使再好的亲戚朋友，也还是比不上最差的兄弟。假若兄弟能合住吃一锅饭为最好，但有些为形势所迫不得不分家的，如人多人少不一样，人情的厚薄不一样，各有各的亲戚往来交际，各有各的喜好追求，若同住一处，难以让众人满意，容易产生水火之灾。各自按自己的旨意去办，则事情就会没有条理。更何况妯娌之间和睦相处的人很少，柴米油盐及说活不当，都容易招致争吵。分开吃饭而不分开住最好，即使分居，也应恭敬兄长友家弟弟、弟弟尊敬兄长，使相互关系更加友好。不然的话，外来的祸患就会降临，身体家庭都难以保全了。有话说是："兄弟同住忍让便相安，不要因为毫发之事而起争端，眼前生下儿子来又都是兄弟，做出榜样来给儿子看。"好好想想吧！

七、近代篇

（一）曾国藩

1. 与父母谈兄弟关系

【题解】

双亲在堂，下有弟弟，既要教好弟弟，又要体念父母的爱心，在这种情况下，曾国藩的做法是勇于自责，并激发弟弟的孝心，巧妙地将单方面的教训和弟弟的自觉结合起来。

（1）不让外人怀疑兄弟不和

【原文】

男现在若留九弟在此。弟若婉从，则读书如故，半月内男又有禀呈。弟若执拗不从，则男当责以大义①，必不令其独行。自从闰三月以来，弟未尝片语违忤②，男亦从未加以词色，兄弟极为湛乐③。兹忽欲归，男寝馈④难安，辗转思维，不解何故，男万难辞咎。父亲寄谕⑤来京，先责男教书不尽职，待弟不友爱之罪，后责弟少年无知之罪，弟当幡然改寤。男教训不先，鞠爱不切，不胜战慄待罪之至。伏望父母亲俯赐惩责，俾知悛悔⑥遵守，断不敢怙过饰非，致兄弟仍稍有嫌隙。男谨禀告家中，望无使外人闻知，疑男兄弟不睦。盖九弟不过坚执，实无丝毫怨男也。

（道光二十一年九月十五日）

▲曾国藩画像

【注释】

①大义：大道理。

②违忤：违逆。

③湛乐：心满意足。

④馈：吃饭。

⑤谕：上对下的信。

⑥悛悔：改悔。

（2）兄弟当无猜

【原文】

男告弟云，"凡兄弟有不是处，必须明言，万不可蓄疑于心。如我有不是，弟当明争婉讽①；我若不听，弟当写信禀告堂上②。今欲一人独归，浪用途费，错过光阴，道路艰险，尔又年少无知，祖父母、父母闻之，必且食不甘味，寝不安枕，我又安能放心？是万不可也"等语。又写信一封，详言不可归之故，共二千余字。又作诗一首示弟，弟微有悔意，而尚不读书。

……

又呈附录诗一首云：

松柏翳危岩，葛藟③相钩带。兄弟匪他人，患难亦相赖。行酒烹肥羊，嘉宾填门外。丧乱一以闻，寂寞何人会？维鸟有鶺鴒④，维兽有狼狈⑤。兄弟审无猜，外侮将予奈。愿为同岑石，无为水下濑。水急不可矶，石坚犹可磕。谁谓百年长，仓皇已老大。我迈而斯征，辛勤共粗粝。来世安可期，今生勿玩愒⑥！

（道光二十一年十月十九日）

【注释】

①婉讽：婉转劝谏。

②堂上：父母。

③葛藟：lěi 葛草，纤维可供编织。

④鹣鹣：比翼鸟。

⑤狼狈：两种互相依从的野兽。

⑥愒：kǎi 荒废。

2. 与弟谈兄弟关系

【题解】

常言道：长兄如父。曾国藩兄弟五人，要平衡内外关系，协调相互感情，实属难事。曾国藩的根本办法，是以身作则，敢于自我批评，也对弟弟们的不对之处直言相劝，并将兄弟之间的"友悌"置于核心，与对父母之孝相提并论。也只有这样，才能使几兄弟目标一致，在异中求同，共守家业，传之后世。细观曾国藩的论述，时而严若秋霜，时而如沐春风，时而痛陈弊端，时而情深意切，可谓处处合宜，声声入耳。

（1）教弟有愧

【原文】

予生平于伦常中，唯兄弟一伦，抱愧尤深。盖父亲以其所知者尽以教我，而我不能以我所知者尽教诸弟，是不孝之大者也。

（道光二十二年九月十八日）

（2）再谈教弟有愧

【原文】

余尝语岱云曰："余欲尽孝道，更无他事，我能教诸弟进德业一分，则我之孝有一分；能教诸弟进十分，则我孝有十分；若全不能教弟成名，则我大不孝矣。"九弟之无所进，是我之大不孝也。唯愿诸弟发奋立志，念念有恒，以补我不孝之罪，幸甚幸甚。

（道光二十二年十一月十七日）

（3）谈孝弟

【原文】

我去年曾与九弟闲谈云：为人子者，若使父母见得我好些，谓诸兄弟俱不及我，这便是不孝；若使族党称道我好些，谓诸兄弟俱不如我，这便是不弟。何也？盖使父母心中有贤愚之分，使族党①口中有贤愚之分，则必其平日有讨好底②意思，暗用机计，使自己得好名声，而使其兄弟得坏名声，必其后日之嫌隙，由此而生也。刘大爷、刘三爷兄弟皆想做好人，卒至视如仇雠。因刘三爷得好名声于父母族党之间，而刘大爷得坏名声故也。今四弟之所责我者，正是此道理，我所以读之汗下。但愿兄弟五人，个个明白这道理，彼此互相原谅，兄以弟得坏名为忧，弟以名兄得好名为快③。兄不能使弟尽道得令名，是兄之罪；弟不能使兄尽道得令名，是弟之罪。若各各如此存心，则亿万年无纤芥④之嫌矣。

（道光二十三年正月十七日）

【注释】

①族党：宗族。

②底：相当于"的"。

③快：快慰。

④芥：小草。

（4）在孝弟上用功

【原文】

今人都将学字看错了，若细读"贤贤易色"一章，则绝大学问即在家庭日用之间，于孝弟两字上尽一分便是一分学，尽十分便是十分学。今人读书皆为科名①起见，于孝弟伦纪之大，反似与书不相关。殊不知书上所载的，作文时所代圣贤说的，无非要明白这个道理。若果事事做得，即笔下说不出何妨。若事事不能做，并有亏于伦纪之大，即文章说得好，亦只算个名教②中之罪人。

贤弟性情真挚，而短于诗文，何不日日在孝弟两字上用功？《曲礼·内则》所说的，句句依他做出，务使祖父母、父母、叔父母无一时不安乐，无一时不顺适，下而兄弟妻子皆蔼然③有恩，秩然有序，此真大学问也。若诗文不好，此小事不足计，即好极亦不值一钱，不知贤弟肯听此语否？科名之所以可贵者，谓其足以承堂上之欢也，谓禄仕④可以养亲也。今吾已得之矣，即使诸弟不得，亦可以承欢，可以养亲，何必兄弟尽得哉？贤弟若细思此理，但于孝弟上用功，不于诗文上用功，则诗文不期进而自进矣。

（道光二十三年六月初六日）

【注释】

①科名：科举功名。

②敬：礼义规范。

③蔼然：和气的样子。

④仕：做官。

（5）无愧于兄弟

【原文】

温弟在省所发书，因闻澄弟之计，而我不为揭破，一时气愤，故语多激切不平之词。予正月复温弟一书，将前后所闻温弟之行不得已禀告堂上，及澄弟、植弟不敢禀告而误用诡计之故一概揭破。温弟骤看此书，未免恨我，然兄弟之间，一言欺诈，终不可久，尽行揭破，虽目前嫌其太直，而日久终能相谅。现在澄弟书来，言温弟鼎力①办事，甚至一夜不寐，又不辞劳，又耐得烦云云。我闻之欢喜之至，感激之至，温弟天分本高，若能改去荡佚②一路，归入勤俭一边，则兄弟之幸也，合家之福也。我待温弟似乎近于严刻，然我自问此心，尚觉无愧于兄弟者，盖有说焉。大凡做官的人，往往厚于妻子而薄于兄弟，私肥于一家而刻薄于亲戚族党。予自三十岁以来，即以做官发财为可耻，以官囊积金遗子孙为可羞可恨，故私心立誓，总不靠做官发财以遗后人。神明鉴临，予不食言。此时侍奉高堂，每年仅寄些须③，以为甘旨之佐，族戚中之穷者，亦即每年各分少许，以尽吾区区之意。盖即多寄家中，而堂上所食所衣亦不能因而加丰，与其独肥一家，使戚族因怨我而并恨堂上，何如分润戚族，使戚族戴④我堂上之德而更加一番钦敬乎？将来若作外官，禄入较丰，自誓除俸之外不取一钱，廉俸若日多，则周济亲戚族党者日广，断不畜积银钱为儿子衣食之需。盖儿子若贤，则不靠宦囊亦能自觅衣饭；儿子若不肖，则多积一钱，渠⑤将多造一孽，后来淫佚作恶，必且大玷⑥家声。故立定此志，决不肯以做官发财，决不肯留银钱与后人。若禄入较丰，除堂上甘旨之外，尽以周济亲戚族党之穷者，此我之素志也，至于兄弟之际，吾亦唯爱之以德，不欲爱之以姑息。教之以勤俭，劝之以习劳守朴，爱兄弟以德也，丰衣美食，俯仰如意，爱兄弟以姑息也。姑息之爱，使兄弟惰肢体，长骄气，将来丧德亏行，是即我率兄弟以不孝也，吾不敢也。我仕宦十余年，现在京寓所有，唯书籍衣服二者。衣服则当差者必不可少，书籍则我生平嗜好在此，是以二物略多。将来我罢官归家，我夫妇所有之衣服，则与五兄弟拈阄均分；我所办之书籍，则存贮利见斋⑦中，兄弟及后辈皆不得私取一本。除此二者，予断不别存一物以为宦囊，一丝一粟不以自私，此又我待兄弟之素志也。恐温弟不能谅我之心，故将我终身大规模告与诸弟，唯诸弟体察而深思焉。

（道光二十九年三月二十一日）

【注释】

①鼎力：全力。

②荡佚：放荡安逸。

③些须：一点点。

④戴：蒙受。

⑤渠：他。

⑥玷：玷污。

⑦利见斋：斋名。

（6）兄弟当互劝互勖

【原文】

弟军今年饷项之少为历年所无，余岂忍更有挑剔？况近来外侮纷至迭乘，余日夜战兢恐惧，若有大祸即临眉睫者。即兄弟同心御侮，尚恐众推墙倒，岂肯微生芥蒂①？又岂肯因弟词气稍戆藏诸胸臆？又岂肯受他人千言万恓遂不容胞弟片语乎？老弟千万放心，千万保养。此时之兄弟，实患难风波之兄弟，唯有互劝互勖②互恭维而已。

（同治三年四月初三日）

【注释】

①芥蒂：小草和蒂根，喻不合。

②勖：xù 勉励。

（7）看破忌我、忌弟

【原文】

人之忌我者，唯愿弟做错事，唯愿弟之不恭。人之忌弟者，唯愿兄做错事，唯愿兄之不友。弟看破此等物情①，则知世路之艰险，而心愈抑畏，气反愈和平矣。

（同治三年五月二十三日）

【注释】

①情：情形。

（8）诸弟当以箴规诫我

【原文】

诸弟仰观父叔纯孝①之行，能人人竭力尽劳，服侍堂上，此我家第一吉祥事。我在京寓，食膏粱而衣锦绣，竟不能效半点孙子之职；妻子皆安全享用，不能分母亲之劳；每一念及，不觉汗下。吾细思凡天下官宦之家，多只一代享用便尽，其子孙始而骄佚②，继而流荡，终而沟壑，能庆延一二代者鲜矣。商贾之家，勤俭者能延三四代；耕读之家，谨朴者能延五六代；孝友之家，则可以绵延十代八代。我今赖祖宗之积累，少年早达，深恐其以一身享用殆尽，故教诸弟及儿辈，但愿其为耕读孝友之家，不愿其为仕宦之家。诸弟读书不可不多，用功不可不勤，切不可时时为科第③仕宦起见。若不能看透此层道理，则虽魏科④显宦，终算不得祖父之贤肖，我家之功臣，若能看透此道理，则我钦佩之至。澄弟每以我升官得差，便谓我是肖子贤孙，殊不知此非贤肖也。如以此为贤肖，则李林甫、卢怀慎辈，何尝不位极人臣，鸟弈一时，讵⑤得谓之贤肖哉？予自问学浅识薄，谬膺⑥高位，然所刻刻留心者，此时虽在宦海之中，却时作上岸之计。要令罢官家居之日，已身可以淡泊，妻子可以服劳，可以对祖父兄弟，可以对宗族乡党，如是而已。诸弟见我之立心制行与我所言有不符处，望时时切实箴规。至要至要。

（道光二十九年四月十六日）

【注释】

①纯孝：至纯之孝。

②骄佚：骄纵安逸。

③科第：科举中第。

④科：科举甲第。

⑤讵：岂，难道。

⑥谬膺：错误地服居。

（9）兄弟勉求为善之实

【原文】

凡人一身，只有迁善改过四字可靠；凡人一家，只有修德读书四字可靠。此八字者，能尽一分，必有一分之庆；不尽一分，必有一分之殃。其或休咎①相反，必其中有不诚，而所谓改过修德者，不足以质诸鬼神也。吾与诸弟勉之又勉，务求有为善之实，不使我家高曾祖父之积累自我兄弟而剥丧，此则余家之幸也。

（咸丰元年七月初八日）

【注释】

①休咎：好处过失。

（10）守先人之旧

【原文】

吾家子侄半耕半读，以守先人之旧，慎无存半点官气。不许坐轿，不许唤人取水添茶等事，其拾柴收粪等事，须一一为之，插田莳禾等事，亦时时学之，庶渐渐务本而不习于淫佚矣。至要至要，千嘱万嘱。

（咸丰四年四月十四日）

（11）教子侄总须勤敬二字

【原文】

诸弟在家教子侄，总须有勤敬二字。无论治世乱世，凡一家之中能勤能敬，未有不兴者，不勤不敬，未有不败者，至切至切。余深悔往日未能实行此二字也，千万叮嘱。澄弟向来本勤，但敬不足耳；阅历之后，应知此二字之不可须臾离也。

（咸丰四年六月十八日）

3. 与儿子谈慈孝

【题解】

以下三封家书，重在从真诚、切实的态度出发，处理好父母和子女、兄弟之间的关系。细读下去，可以看到曾国藩力戒空谈，重在自觉的一贯主张。

（1）存个乐育诸弟之念

【原文】

尔①为下辈之长，须常常存个乐育诸弟之念。君子之道，莫大乎与人为善，况兄弟乎？临三、昆八系亲表兄弟，尔须与之互相劝勉。尔有所知者，常常与之讲论，则彼此并进矣，此谕。

（咸丰八年十月二十五日）

【注释】

①尔：指曾纪泽。

（2）常存休戚一体之念

【原文】

余因去年在家，争辨细事，与乡里鄙人无异，至今抱憾，故虽在外，亦恻然①寡欢。尔当体我此意，于叔祖各叔父母前尽些爱敬之心，常存休戚一体之念，无怀彼此歧视之见，则老辈内外必器爱尔，后辈兄弟姊妹必以尔为榜样。日处日亲，愈久愈敬，若使宗族乡党皆曰纪泽之量②大于其父之量，则余欣然矣。

（咸丰八年十二月三十日）

【注释】

①恻然：悲忧。
②量：度量。

（3）从孝友二字切实讲求

【原文】

孝友为家庭之祥瑞，凡所称因果报应，他事或不尽验，独孝友则立获吉庆，反是则立获殃祸，无不验者。吾早岁久宦京师，于孝养之道多疏，后来展转兵间①，多获诸弟之助，而吾毫无裨益于诸弟。余兄弟姊妹各家，均有田宅之安，大抵皆九弟扶助之力。我身殁之后，尔等视两叔如父，事叔母如母，视堂兄弟如手足。凡事皆从省啬②，独待诸叔之家则处处从厚，待堂兄弟以德业相劝、过失相规，期于彼此有成，为第一要义。其次则亲之欲其贵，爱之欲其富，常常以吉祥善事代诸昆季③默为祷祝，自当神人共钦。温甫、季洪两弟之死，余内省觉有惭德。澄侯、沅甫两弟渐老，余此生不审能否相见。尔辈若能从孝友二字切实讲求，亦足为我弥缝缺憾耳。

——《曾国藩全集·书信》

【注释】

①兵间：战争。

②省啬：节省俭约。

③季：兄弟。

（二）金子升

《金氏家训》论慈孝

【题解】

《金氏家训》采用四言形式，目的在便于子孙们记诵，读来朗朗上口。家训的篇幅不大，把孝敬父母、尊师睦友、治家修身等内容加以概括，很适合日常诵读。如"有德必酬，有怨必忘，已善不夸，人丑不扬"，言简意赅，浅显易懂。他还告诫子孙，"帛财取义，俭乃久长"，"纵欲酗饮，性戕命丧"。语气直率，促人猛醒。为保持其完整性，这里全收入在"慈孝"中。

【原文】

善则降祥，恶则致殃。 萃履宵小，和平端庄。
咸系自取，戒惧须防。 遭逢患难，忍耐韬藏。
天地祖宗，恩德难量。 慈惠卑下，拯济穷凉。
敬孝诚笃，祀祭馨香。 有德必酬，有怨必忘。
先圣先贤，效法维详。 已善不伐，人丑不扬。
心存九思，行敦五常。 勉执厥中，慎彼微铓。
修正齐家，克柔克刚。 稼穑来艰，餐休过望。
雍和九族，扶掖匡襄。 帛财取义，俭乃久长。
由迩及远，宏度包荒。 纵欲酗饮，性戕命丧。
舌为祸本，宜缄宜臧。 勤身息虑，筋壮体良。
信以践言，勿诳勿猖。 维持寒暑，宽裕胃肠。
虚怀谦损，卑必有光。 后天培植，精气汪洋。
持盈安逆，屈而始康。 弗听邪说，紊乱纪纲。
尊师敬长，无耻问商。 读书躬行，人之表章。
择交友益，罔比狡狂。 遵莫怠逸，寿福无疆。

——《金氏家训》

为善得吉祥，做恶遭祸殃。　　　　不学坏人样，端庄心平和。
咎由皆自取，戒备设堤防。　　　　如遭危难时，忍耐收锋芒。
天地祖宗恩，大德难测量。　　　　对下应慈爱，贫穷要周济。
孝敬心笃诚，祭祀香火长。　　　　有德当相报，有怨早相忘。
先圣前贤言，事事效法行。　　　　己善不必夸，人丑不可扬。
用凡但存厚，仁义礼智信。　　　　自勉于事中，小心人中伤。
修身能齐家，刚柔兼相济。　　　　耕种实艰苦，用餐不靡费。
和睦亲九族，相帮还相助。　　　　钱财正道取，节俭方久长。
由近以及远，宽宏大度量。　　　　纵欲狂酗酒，自伤把命丧。
话多是祸根，收敛保平安。　　　　身勤息思虑，筋强体更壮。
诺言要信守，不可行诳骗。　　　　寒暑能持守，宽裕健胃肠。
虚怀益处多，谦卑有荣光。　　　　后天重保养，精气常充沛。
逆来能顺受，屈己始安康。　　　　不受邪说迷，不会乱纪纲。
尊师敬长辈，下问不为耻。　　　　读书能实践，为人做榜样。
择交亲益友，不近狡狂人。　　　　谨遵不怠惰，福寿必绵长。

（三）甘树椿

《甘氏家训》训慈孝

【题解】

甘树椿，近代学者，其作《甘氏家训》论及慈孝，首先注重对子弟的《孝经》教育，而后深刻地阐述了尽孝道理所当然，以及最难得的兄弟关系等。

（1）《孝经》为先

【原文】

我家子弟，无论资性若何，入学之初，均不可不读《孝经》。盖《孝经》一书，文字不多，容易卒业，童幼之子不至苦难，且立身治国之道尽在其中。"庶人"一章于人，尤切幼时能将此经讲解明白，大本立矣，进而益上，非所难也。万一资性鲁钝，读书无成，另图他业，而此经既熟，但将"庶人"一章，逐日持诵，常切遵循，亦可保家。"庶人"章有云："用天之道，分地之利，谨身节用，以养父母，庶人之孝也。"人果能依此五句行去，竭力耕田，不作非为，不妄耗费，以奉养其父母，岂尚有不能保守父母之产业，而贻父母之忧辱者乎？

我以《孝经》一卷教子弟，此非我一人之说，乃古人之说也。荀慈明云："汉制使天下诵《孝经》。"苏威尝言于上，曰："臣先人每戒臣云，惟读《孝经》一卷，可以立身经国，何用多为?"司马温公云:"若使之尽通诗书礼乐，则中材以下或有所不及，今但使之习《孝经》《论语》，倘能尽期年之功，则无不精熟矣。"朱子知南康时亦拈出《孝经·庶人》章正文五句，劝民间逐日持诵，不须更念佛号、佛经。古人上告君、下教民，皆以《孝经》，可见《孝经》为人生不可不读之书也。

【译文】

凡我家子弟，不管天资如何，一入学必须读《孝经》，因《孝经》浅显易懂，文字不多，适宜儿童阅读，何况书中包含着深刻的立身治国的道理。特别是幼时如能读通"庶人"这一章，就为一生打下了良好的基础。即使禀赋不高，读书无成，另图他业，能经常诵读《庶人》一章，并尽力践行，也可治理好家业。《庶人》一章中写道:"种田要遵循四季生成之道，并应根据不同的土质栽种不同的植物。谨慎持身勤俭持家，赡养父母，以尽平民百姓的孝道。"如真能依照这些话去做，尽力耕田，不做不该做的事，不挥霍浪费，悉心侍奉父母，难道还会有不能继承父母家业，而给父母带来忧愁烦恼的事吗?

我用《孝经》一书教诲子弟，但这并不是我一个人的主张，而是古人所倡导的。荀慈明说:"汉代规定让天下人都读《孝经》。"苏威曾对皇上说:"我的父亲常告诫我说，只要读《孝经》就可以立身治国，用不着太多的书。"司马光说:"一般人要让他们通晓诗书礼乐，这是不可能的，现在只让他们学习《孝经》和《论语》，假如能读上一年，就没有读不熟的。"朱熹在南康当官时，也摘出《孝经·庶人》中的五句话，劝人们天天诵读，不要去念佛诵经。古人在上劝谏君王，在下教育百姓，都用《孝经》，因此《孝经》可以说是每个人一生中不可不读的书。

（2）父母恩重如山

【原文】

《韩诗外传》云:"树欲静而风不止，子欲养而亲不待。"谚云:"与其死后祭我头，不若生前祭我喉。"吾每诵其语而悲之。我六岁而孤，赖我母鞠育训诲，以至于成人，我母之恩真昊天罔极矣。遭家贫困，无以供甘旨，深以为恨。有志图显扬，觅升斗以养母，愿未及遂而我母已于乙亥春弃养矣。此后，我之穷通显晦不可知，纵使虚愿得酬，而我母已何往耶?每一念及，痛彻五中，此我生平极伤心之事，特与汝辈言之，知我为天地间至不幸之人也。

【译文】

《韩诗外传》说:"树想要静下来但风却不停;儿子想要奉养父母，但父母已经故去了。"谚语说:"与其死后祭祀我的头像，不如我生前给我吃饱。"每读以上数语顿生悲伤之情，我六岁丧父，由母亲一手抚养教育长大成人，母亲待我恩重如山。然而家境贫困，不能以美食佳肴奉养老母，感到十分痛心。有心追求事业有成，赚钱以养老母，但愿望没实现，老母已于乙亥年春离开人世。此后，一段时期我的境遇荣辱升沉变幻不定，纵使实现了自己的愿望，也实现不了赡养母亲、孝敬母亲的凤愿。每每想到这里，心痛欲裂，这是我一生中最大的伤心事，特地告诉你们，让你们知道我是天底下最不幸的人。

（3）"世上最难得的是兄弟"

【原文】

谚云："世间最难得者，兄弟。"初诵其语，漠然不以为意，今乃知其有味也。吾兄弟虽各爨，然手足之情至笃。每远馆归来，辄相欢聚，清谈竟日。或谈学业，或谈立身制行，或谈齐家之道，或谈教子之方，兄弟之间，怡怡如也。榜读书之室曰：怡怡轩者，以此方冀此乐，可以长享。岂料不及数年，叔兄逝世，仲兄、伯兄相继作古，雁影分飞，孤另谁告。回忆怡怡轩欢聚之乐，渺如天上鸰原之痛，其能已乎？

【译文】

谚语说："世上最难得的是兄弟。"初读这句话时不以为然，现在才悟出其深刻含义。我们兄弟之间尽管各起炉灶，但手足之情至深。每次从远处书馆回来，都欢聚一堂，整日畅谈。互相交换对学业、立身行事、治家方法及教子等各种问题的体会与看法。兄弟之间感情融洽和睦。读书室挂有匾额，题名为怡怡轩，用这种方法，期望这种欢乐可以长享不衰。哪料没过几年，三哥、二哥、大哥相继离世，剩我孤独一人。回想起兄弟间和睦相处的欢乐，悲哀的情丝绵延不绝。

（4）子女尽孝是福分

【原文】

汝由龙江寄我鹿茸一架，闻费朱提两百，价贵若此，殊觉非计。爱惜物力，是我素心，此等贵重物品，此后毋庸再寄，不特惜有时之钱，亦且惜将来之福。亲友中贫困者不少，吾甚怜之，与其以贵重物品奉我，不如将所得廉俸极力节存，以备分润贫穷戚族之用，较有裨益也。

——《甘氏家训》

【译文】

你从黑龙江寄给我一架鹿茸，听说花了二百两银子，价格如此昂贵，总觉得不妥。爱惜物产、资财，是我一贯的心愿，所以像这种贵重的物品，以后不要再寄。这不仅是珍惜现在的钱财，也是珍惜将来的福分。亲戚朋友中有不少贫困的人，我非常同情他们，与其拿这么贵重的东西送给

我，不如把你所得到的薪俸努力积存下来，留作周济贫穷亲戚用，这样更有意义。

（四）严　复

与四女严璸书

【题解】

这是1919年严复写给四女儿严璸的信，当时严复身体状况不好，在医院疗养。在这封家书中，严复表达了思念女儿的心情，并写作一首古体诗，教导女儿勤读书、学诗，并嘱女儿多给他来信，父女深情，跃然纸上。

【原文】

多日不见儿信，甚深悬盼。此番信嘱两姊来南，未及吾儿者，乃因五弟无人伴读之故，想不至为此不乐也。吾入院已十余日，病体稍有进步，唯收效甚缓。房子颇佳，而夜间蚊虫极多，四野蛙声彻晓阁阁，此境真是北方所无。晨起吟得五绝四首，兹特写寄，吾儿得书，想一笑也。诗曰：

▲严复像

老去怜娇小，真同掌上珍。昨宵羁旅梦，见汝最长身。

已作还乡计，如何更远游？当年杜陵叟，月色重鄜州。

笔底沧洲趣，应夸两女兄。何当学吟咏，冰雪斗聪明。

别后勤相忆，能忘数寄书？无将小年日，辛苦读《虞初》。

此四诗吾颇得意，但不知儿能解说与否？第一首好解。第二言吾本拟还乡，所以复出者，如杜甫之爱儿女故耳：杜原诗可检看也。第三言二、三姊能画，汝可学作诗，与之斗胜。第四言当常寄信与我，不必拼命尽看小说也。正作书间，接到二姊六月十六及四哥同日信，俟有精神再复。

——《严复集·书信卷》

（五）邹岐山

《启后留言》论慈孝

【题解】

清末民初商人邹岐山的家训《启后留言》论及慈孝，主题鲜明，内容细致入微，意味深长，读来启发至深。

（1）恩德父子，父作子述

【原文】

为人父母的，一年到头不惮劳苦，积分成寸，积寸成尺，兢兢业业，创造家产，全凭他的儿子善于继续，才能成功，方能永久哇！要是不然，老者自劳，少者自逸，为父的年力有限，为儿的耗费无算，要想家业长久，恐怕是不可能的。况且父子之间，最讲恩德，父既以恩待其子，子更当以德报其父。《诗经》上说："哀哀父母，生我劬劳，欲报之德，昊天罔极。"这一章诗，为人子的，总应当念念不忘。

【译文】

做父母的，成年累月不怕辛劳，一点一滴创成家业，全靠儿孙们不断努力，才能永远发展下去。不然的话，父亲劳苦创业，儿子安闲奢侈，家业是不可能长久的。更何况父子之间更应以恩情为重。做父亲的既然对儿子恩重如山，那么做儿子的更当以德相报。如《诗经》所说："可怜我的父母，生我养我历尽劳苦。想要报答父母的恩情，老天却不公平降下灾祸。"这首诗，做儿子的应念念不忘。

（2）义气兄弟，兄倡弟随

【原文】

兄弟如手足这句话，是最亲切的。盖兄弟之间，同胞共乳，天性相关，自然是义气相连。譬如人欲作一事，手既操作如前，足必趋赴于后，手藉足行，百事没有不成的。要不然，手不顾足，足不顾手，四肢不仁，浑身麻木，坐立尚且不能，还讲什么做事呢？所以兄弟之间，要能相亲相爱，一倡一随，如同手足一样，事业断没有不成功的。

【译文】

"兄弟之间就像手和脚的关系一样"，这话很有意味。因为兄弟是一奶同胞，性情各方面都相关相连。犹如人要想做一件事，手在前面操作，脚必须紧跟其后，手和脚协调配合，什么事情都能做成。否则，手脚不相顾及，四肢不能协调，这样什么事也不能做。所以作为兄弟，要互相友爱，互相配合，就像手和脚那样协调，事业必然成功。

(3) 待双亲宜尊宜敬

【原文】

父母当年富力强的时候，终日操心劳力，受尽了千辛万苦，无非为他的儿女打算，恐其将来受冻挨。到了老年，已经筋疲力尽，动作不灵，为儿女的总当尊之敬之，奉养无亏，才是正理。就是仅能衣食不缺，而尊敬上有差池，仍不得为孝。岂不闻圣人有云："今之孝者，是谓能养，至于犬马，皆能有养，不敬何以别乎？"

【译文】

父母在年轻力壮时，整天操劳，历尽艰辛，都是为了不使儿女将来受苦。父母晚年时，精力耗尽，做儿女的应当尊敬他们，悉心加以奉养才对。即使是在衣食上不亏待父母，但不尊敬父母，也不能说做到了孝。难道没听孔子说过："现在所谓的孝，只是指能赡养父母，像狗和马也都能做到奉养，如果不尊敬父母，人和畜牲的孝又怎样去区别呢？"

(4) 待晚辈半慈半严

【原文】

人到中年以后，晚辈迭生，必须教养有方，才能望其成立。但是一般后辈，方在青年时代，知识过浅，性情不定，要是待之过严，恐其因严生畏，畏则离，离则不祥。要是待之过慈，又恐其因慈生狎，狎则戏，戏则不受约束。所以必须斟酌适当，待之以恩，教之以正，半慈半严，量材酌用，庶几循规蹈矩，各守其事，不至流于非类矣。

【译文】

人到了中年以后，儿女多起来，必须教育引导得法，才能使子女长大成人事业有望。然而大凡晚辈在青年时代，阅历太少，知识很浅，性情不稳定，如对他们要求过于严格，唯恐他们因严而产生惧怕心理，有了畏惧心就会避开父母，这是不祥之兆。如果待儿女过于慈爱，又怕他们因慈爱而产生轻漫心理，轻漫就会戏谑而不庄重，行为就会无拘无束。所以父母对待儿女态度要恰当，用恩义去对待儿女，用正道去教导儿女，慈爱和严格并用，根据不同情况采用不同方法，或许能使儿女的行为遵守规矩，各自从事自己的职业，不至于成为庸俗的市井小人。

(5) 能顺父母心，可全孝道

【原文】

父母爱子之心无所不至，当他幼稚时期，昼则怀抱乳哺，夜则移湿就干，食之恐其过饱，衣之恐其单寒。叫他做事，又怕他劳苦受累，一旦偶有疾病，更是提心吊胆，唯恐其夭折天年。稍长为之延师教读，更为之纳聘订婚。为父母的不知费了多少心血，才将儿子教养成人。待至男婚女嫁，父母之心力已疲。为子女的那好不力奉养，尽心孝敬，诸凡事务，务从其心所欲。

【译文】

　　父母爱子之心无微不至，当孩子小的时候，白天抱在怀里乳哺，夜间细心给孩子换尿布，哺饭唯恐孩子饥了饱了，衣着唯恐孩子暖了凉了。让他做事情，又怕他吃苦受累，一旦得病，又担心他会不会夭折。等到孩子稍稍长大便请老师教他读书，及至婚嫁年龄又忙着为孩子纳聘订婚。做父母的为了儿女不知耗费了多少心血，才把孩子抚养成人。等到孩子结婚以后，父母已经耗尽心力。做子女的怎能不竭力奉养，全心全意去尽孝心。无论遇到什么事，都要努力满足父母的心愿，以获得父母的欢心为目的。

<h3 style="text-align:center">（6）能教儿曹善，即是义务</h3>

【原文】

　　父母爱子，教之以义方，是古今不易之理，但是，什么叫作义方呢？盖父母于子，无不望其为善，其或流于不善，非尽其子之过，多由于父母教导之不严。盖教子之法，最怕是溺爱不明，所以宁可略严，切勿过宽。诚能教之以善，督之以严，令其守忠信，重廉耻，学孝悌，讲礼义，安详恭敬，谨守规矩，这便是真正的义方。那有令其后辈，纵情任性，为非作歹，而有身败名裂之消呢？

【译文】

　　父母爱护儿子，就要有正确家教规矩法度，这是古今不变的真理。因为作为父母没有不希望子女品行端正的，如果子女行为不端，并不都是子女的过错，追根溯源，大多是由于父母教育不严。所以说教子之法，最怕一味溺爱，宁可略微严一些，切不可过于撒手。如真能用美好的品德，去教育孩子，严格加以督促，使子女持守忠信，注重廉耻，学习孝悌，讲究礼仪，安稳恭敬，谨守法规，这就是真正正确的家教。世上哪有喜欢子女纵情任性，为非作歹，以致使子女身败名裂的父母呢？

<h3 style="text-align:center">（7）婴孩渐能言语，先赖母教</h3>

【原文】

　　俗语说教子婴孩，为什么要教子婴孩呢？因为婴孩时代，天真烂漫，毫未渐染恶习。这时的教育，便先入为主，作将来家庭教育之基础。但是小儿当婴孩时期，在他父亲面前的时候很少，跟随他母亲的时间最多。所以当他能言语的时候，全凭他母亲揣情度理，诱之以器具食物，教之以名称数目。以及伯叔兄弟姐妹之称呼，亲戚尊长之问好。稍长更教之以爱亲敬兄，安详诚实；种种美德，根基确立，这不是母教之功吗？

【译文】

俗话说教子要从婴儿时期开始，这是为什么呢？因为婴孩小的时候，纯真无邪，这时便着手教育，能起到先入为主的教育效果，为日后的家庭教育打下坚实的基础。孩子小的时候，跟母亲在一起的时间最多，孩子学说话的时候，全靠母亲教孩子辨识食物器具，名称数目，以及向尊长问好，称呼伯叔兄弟与姐妹等；稍微长大一点再教孩子懂得热爱父母，尊敬兄长，诚实安稳，培养孩子种种美德，由此为孩子将来立身处世打下根基。这些不都是母亲的功劳吗？

（8）兄弟如夫妇，有隙则忘

【原文】

夫妇无宿仇，兄弟有参商，这种人世上很多。为什么同胞弟兄，反不如异性夫妇呢？况且兄弟之间，各种夫妇，莫不相亲相爱，情投意合。何独兄弟相处，反嫌隙易生呢？人若能将夫妇的爱情，挪到兄弟身上，有齐心，无异志，式相好，无相尤。就是有点小嫌小怨，也是过而辄忘，其家还有不兴旺的吗。

【译文】

夫妇之间没有隔夜的怨仇，而兄弟之间却不和睦，这类人社会上很多。为什么同胞兄弟反而会不如异姓夫妇感情更密切呢？况且兄弟们在各自的夫妇之间无不相亲相爱、情投意合。为什么唯独兄弟相处反而会产生矛盾纠葛呢？人们如能把夫妇之间的感情移到兄弟之间，能同心协力，患难与共，即使平时有点小小的摩擦，也是事过即忘，这样家庭还能不兴旺吗？

（9）最忌者妇有长舌

【原文】

合家度日，衣食相安，实是家庭的乐趣。无旦起了争吵，此怨彼怒，乖戾丛生。细细考察，必有长舌妇人，暗中挑唆，才发生这种现象。起初不过姑娌斗嘴，渐渐就婆媳辨舌。继且弟兄间朝夕吵闹，积怨成仇。好家风自此息，坏家风自此起。不管三从四德，专会播弄是非。长舌之害，岂不重且大吗。有妇如此，应当及早设法规劝可也。

【译文】

住家过日子，衣食不缺安安稳稳，实在是家庭的欢乐。无端引起争吵，互相怨恨，矛盾丛生，细加考察，肯定是由于多嘴多舌的妇人，暗中挑拨，才引起这种风波。开始时只是姑娌之间斗嘴，慢慢地是婆媳争执，接着是兄弟间吵闹不休，甚至积怨成仇。好端端的家风从此终止。可见长舌的危害有多大啊。如有这样的妇人，应当及早想办法规劝才好。

（10）教子原为治家之地

【原文】

养不教，父之过，古人垂训，原非虚语。盖父于子，当其婴孩之时，教之以正，诸事认真，时时告诫以度日之艰难，刻刻嘱咐以人情世事之处理，兴家之法，创业之方，耳提面命，令其输入脑髓。须知在今日是受教耐苦的人，正是后来治家立业之主。倘少时有失教育，转眼即成老大，趋于下流。坏自己的品行，丢父母的脸面，追悔无及，伊谁之咎。

【译文】

生养了孩子而不教导，这是做父亲的过错，这一古人的训诫，绝不是虚妄的话。父亲应在孩子很小的时候便教他行正事，做任何事都认真扎实，并时时告诫孩子生活的艰辛的道理，刻刻嘱咐孩子应怎样处理人情世事，教给孩子兴家的办法、创业的途径，时常加以提醒，给孩子打下深深地印记。必须懂得现在受教育吃苦耐劳的孩子，正是将来治家立业的主人。倘若小时候失之教育，转眼长大成人便会成庸俗下流之辈，不仅毁坏自己的品行，而且丢了父母的脸面，到那时真是追悔莫及，又是谁的过错呢？

（11）远游本是男儿志，务课正业报答家庭

【原文】

古人说：男子有四方之志，又说父母在不远游。这两句话意似乎相反，而其中却各有至理。盖人家当年力精壮之时，往往孤蓬万里，音信断绝，徒作荡子远游异地，致使父母倚闾而望，撰诸孝行，诚为有愧。若果为求学做事，远游异乡，虽眼前定省之礼有亏，而甘旨之奉，却未尝敢忘，劬劳之恩，尚可图报于后日。如此而远游，为谋正业，报答家庭，正以见男子之志，远游亦何尝不可呢？

【译文】

古人说：好男儿志在四方，同时又说父母在不远游。这两句话似乎含义相反，而实质上两句话各有各的道理。一方面作为儿子在年富力强时远离父母，甚至音信皆然，只身在外闯荡，令父母担忧，做父母的常常倚门而望，做儿子的不能尽孝顺之心，实在觉得有愧。然而远游异乡真是为了求学做事，尽管不能在父母身边侍奉，但并没有忘记父母养育之恩，时刻思念着早日报益。这样远游是为了谋求正业，也是为了家庭的昌隆，体现了男儿的豪情壮志，即使暂时远离父母又有什么不可以的呢？

（12）男女俱是父母生，莫因吃穿有恶姐妹

【原文】

父母生男育女，有兄弟即有姐妹。当男女年幼之时，浑然天性，日相

嬉戏，姐也无不爱其弟，妹也无不从其兄，两无猜易，总说男子可继续香烟，女子终归外姓。乃吃穿用度的消耗，反嫌恶姐妹，视同路人。亦曾回想当父母提抱之时，相亲相爱情形否？

【译文】

父母生儿育女，所以人有兄弟就有姐妹。兄弟姐妹小的时候，纯正无邪，追逐嬉戏，当姐姐的没有不爱惜弟弟的，作妹妹的没有不遵从哥哥的，互相没有猜忌，家中一团和气。等到稍微长大之后，知识逐渐增加了，从前的感情发生了变化，受社会习俗的影响，总认为男孩子可以传宗接代，而女子终归属于外姓人家。所以家中男的在吃穿用度方面就会嫌弃姐妹，把她们视为路人。这时候你们是否回想起在孩提时代，兄弟姐妹之间相亲相爱的情景呢？

（13）婆媳相待以情，感情能皆善始相得

【原文】

家庭之间，有父子，即有婆媳，这是天演的公理。但是父子之间，骨肉相亲，天性相关，尽慈尽孝，理之当然。至于婆媳，论血统不相关联，论骨肉不相亲密，不过以母子分上，定尊卑次序而已。须是以情相感，方能和好无间。若互相猜忌，哪能不妇姑勃，此争彼斗呢？

【译文】

家庭之中只要有父子，必然有婆媳，这是自然人伦的法则。但是父子之间具有骨肉之情，那么父亲慈儿子，儿子孝敬父亲，这是理所当然的。而婆媳之间，不仅血缘上没有关系，更没有骨肉之情，只不过因其母亲与其儿子的关系，而定出的一种尊长的卑幼的次序。只有用感情去互相沟通，才可能和好无间。如果互相猜忌，婆媳之间就会互相争吵，你争我斗。

（14）姑嫂相交以意，联意能尽善即相和

【原文】

爱女嫌媳，世人通病。但是默察人情，婆母之与儿媳，其虐待与否，往往视其姑嫂间之感情而定。盖姑嫂相交，最要相亲相爱。要是小姑以美意待其嫂，其母亲见之，或可因女之意，将其嫌媳之心，无形消灭。要是其嫂以美意待小姑，其婆母见之，则感谢不尽，亦可将其爱女之情，转移于儿媳身上，则嫌念顿减。是固姑嫂之情，而增婆媳之爱，家庭间不益增和气吗？

——《启后留言》

【译文】

喜欢自己的女儿，嫌弃媳妇，是世人的通病。但是细细地考察一下其

间的人情关系，婆婆与儿媳，母亲与儿子的感情是否融洽，往往是由小姑子、大姑姐与嫂嫂、弟妹的感情而定。因此姑嫂之间应当相亲相爱。如果小姑子待嫂嫂分外亲近，做母亲的见了，会化解嫌弃媳妇的心；同样如果嫂嫂待小姑子特别亲近，作婆婆的见了，就会感激不尽，又可把对自己女儿的怜爱之情转移到儿媳身上，自然对媳妇的嫌弃之念顿时化为乌有。所以说姑嫂之间的感情交融可以增进婆媳之间的亲近程度，这样家庭之中不就增加了和气吗？

八、现当代篇

（一）何叔衡

给儿子的信

【题解】

何叔衡是早期中共党员，1935年在一次战斗中不幸牺牲。此信写于1929年。何叔衡在信中对儿子如何做人、治家、种田、畜牧、孝母、教子等问题都提出了具体指导意见，体现了何叔衡对于后代的殷切关怀。

【原文】

新九阅悉：

接十一月祖父冥寿期由葆代笔之信，甚为感慰。我承你祖父之命，抚你为嗣，其中情节，谁也难得揣料。惟至此时，或者也有人料得到了！现在我不妨说一说给你听：一、因你身瘠弱，将来只可作轻松一点的工作；二、将桃媳早收进来；三、你只能过乡村永久的生活，可待你母亲终老。至于我本身，当你过继结婚时，即已当亲友声明，我是绝对不靠你给养的，且我绝对不是一家一乡的人，我的人生观，

▲何叔衡像

绝不是想安居乡里以善终的，绝对不能为一身一家谋升官发财以愚懦子孙的。此数言请你注意。我挂念你母亲，并非怕她饿死、冻死、惨死，只怕她不得一点精神上的安慰，而不生不死的乞人怜悯，只知泣涕。我现在不说高深的理论，只说一点可做的事实罢了。1、深耕易耨地做一点田土；2、每日总要有点蔬菜吃；3、打长要准备三个月的柴禾；4、打长要喂一个猪；

5、看相、算命、求神、问卦，及一切用香烛纸钱的事（敬祖亦在内），一切废除；6、凡亲戚朋友，站在帮助解救疾病死亡、非难横祸的观点上去行动，绝对不要做些虚伪的应酬；7、凡你耳目所能听见的，手足所能行动的，你就应当不延挨、不畏难的去做，如我及芳宾等你不能顾及的，就不要操空心了；8、绝对不要向人乞怜、诉苦；9、凡一次遇见你大伯、三伯、周姑丈、袁姊夫、陈一哥等，要就如何做人、持家、待友、耕种、畜牧、事母、教子诸法，每一月要到周姑丈处走问一次，每半月到大伯、七婶处走一次，每一次到你七婶处，就要替她担水、提柴、买零碎东西才走，十九女可常请你母亲带了，你三伯发火时，你不要怕，要近前去解释、去慰问；10、你自己要学算、写字、看书、打拳、打鸟枪、吹笛、扯琴、唱歌。够了！不要忘记呀！我［你］接此信后，要请葆华来（要你母亲自己讲，她的口气，我认得的），请她写一些零碎的事给我。

父
二月三日（十二月二十日）笔

（二）徐特立

致徐禹强

【题解】

徐禹强是徐特立的孙女。徐特立在这封信中对孙女的学习、生活都提出了很好的指导意见，表现了徐老对下一代的殷切关怀。

【原文】

禹强孙儿：

去年十一月收到你写的信，信上的字写得很端正，文章也写得清楚。小孩子要规矩还要活泼。你这样规矩是很好的，但需要唱和跳，需要做学校和家庭中能做的整理清洁工作。念书不要过劳。我家还是穷苦，饮食恐有营养不良。希望节省一切别的费用。你和你的祖母的饮食我很关心，目前时局没有安定，我不能回家，寄钱也困难。时局好转的时候或者你们到我这里来，或者我回家，到那时再看。

我今年七十一岁，你的祖母已七十岁，你的父母也不在家，都是由于时局不好不能住在一起。希望你对你祖母多亲近一些。我只能写一空信给你，没有办法寄东西，但时刻念着你们。完了。

特立
1948 年
——《万金家书》

（三）谢觉哉

给子女的信

【题解】

谢觉哉不仅对于自己严格要求，追求进步，对自己的子女的健康成长也十分关心。这里辑录谢老教育子女的两封书信。谢老在这两封信中教育子女做事要善始善终，爱惜东西，勤做家务，体贴父母，学习用功，思想进步，方方面面都关照到了，充分体现了谢老对子女的殷切关怀。

其 一

【原文】

××、××、××等：

我一月二十二日出去，三月二十五日回京，一共六十二天。在途中接到你们的信，我都看了，现综合答复你们几句。

"做事，不只是人家要我做才做，而是人家没要我做也争着去做。这样，才做得有趣味，也就会有收获。"——这是我前信上的话。举个例子：去年飞飞和同学在我们院内种了一块油料作物——蓖麻子，接着桂芳也种了一行。种过以后，没看见你们管理，也没见你们收获。只耕种，不收获，这样的农民，天下怕少有吧！为什么这样？估计是你们学校只布置你们种，没有要你们管理，最后也没检查你们有无收获。而你们呢，推一下，动一下，并没有想到管理和收获。总之是"事不关己"。这很要不得。从这一件事，看出你们还不知道我上面信上说的道理。一定要以此为戒。凡学习或工作，都要自己负责，做不好或做得好，都要自己检查，记住，作为下次做的教育。不要再重复去年种蓖麻子的笑话。

自己的东西，要自己清理保存。衣服书籍是自己要用的。教科书、作业本、学校给的记分簿、奖状、证书等，是自己用过功得到的。别人拿了没用，在你们自己则是宝贝。常见你们对这些宝贝不大爱惜。你们自己可检查一下，看还保存有多少？去年七七为找不到小学证书哭了几次，哭得很伤心。是中学要检查你小学毕业证书哭，还是因失去了证书哭？大概是为了前者。你们平常失掉东西，也许只急一下，没有哭；也许哭了。哭是好的，但要在哭里得到教训。以后不要乱丢东西，要好好收起。你们都有桌子、抽屉或小箱子可以收。看了别人的东西不可乱拿，要放在原处，不要使别人难找。几年前我写过一张要孩子们爱惜书报的信，贴在书架上，不知你们还记得不？那时你们都小，现在好几个是大人了，不应该再不记在心上了。

哭了，如果还像以前一样懒散，那流的眼泪就一钱不值。

听说某学院送给某部门两个毕业生被退回去了，理由是"语文不好"。

语文是学习、工作的工具，文字不通顺的人，学习有困难，工作也一定有困难。桂芳、飞飞的信写得好一点，但也仅仅好一点，定定、飘飘在中学时的作文还比较好，记得定定五、六岁时写过两段文章，我颇赞赏她的聪明，把它抄在本子上。写过"学语涌如三迭水，抽思努似六时春"的句子。飘飘也不差，我写过"八月知行礼，两岁能念诗"的句子，为什么上了大学，反而写不好了？没有别的原因：一是没有练习，二是写的时候不用心。

要文理通顺、词能达意，不是一件很容易的事，当然也不很难。不管写什么东西，要想想写通了没有？人家看得懂不？如有毛病，就得修改。看书报也是一样，对于好的文章，不只要了解它的内容，还要欣赏它的写法。比如《毛泽东选集》里的文章，都是明白如水，容易懂，也容易记。我们要用心学。

字要写得清楚，容易看。不要使人猜，甚至还猜不出，那是很坏的习气。去年给飘飘信，批评他来信的字写得不清楚，可能这封信飘飘没接到，因而他也没有改。字要写大一点，老年人眼睛不尖了，看不清。我有句诗"大儿远来书，字小如蚁挤"，是说飘飘的。

桂芳说要习毛笔字，很好。不过写毛笔字要砚池，要磨墨用墨汁，比写钢笔字麻烦。其实钢笔字也是一样，林准同志的钢笔字写得清楚大方，你们应向他学。可能你们写滑了手，有些字的形象忘记了，那就翻翻字典。用心练习，个把两个月，就会好。不要舍不得下这一点点功夫，致将来工作上不方便，甚至有被用人机关以"语文不好"四字考语退回来的危险。

我只在看你们的来信时考你们！

飞飞说："学习导演，对我来说是复杂、困难的，它需要丰富的经验和广博的知识，而这些，我经验了解思考都很少"。（你这句话的写法有语病，可自己审查。）这话很不对。经验知识是无穷尽的，只要用心，随时随地都可学到东西，只要虚心，别人的、书本上的经验知识，都可变为自己的经验知识。

大孩子——15岁以上到30岁以下是黄金时代（前信说20岁到30岁是黄金时代，是指已满20岁的人说的。实际上会学的人十几岁就可以学得比较好），要用心；小孩子也要用心。不是说不要你们玩。会玩的人也许是会学的人。当然专门玩是不可以的。

今天是星期日，下午四时，定定、利利、亚霞都走了，接到瑷儿信及戴大帽子的照片。不免吟诗一首：

欣看雏凤向空飞，面目依然毛羽非；

好似排风初上阵，翩翩小女戴金盔。

（京剧"雏凤凌空"演杨排风的是个女孩子。瑷儿可能看过。）

——《万金家书》

其　二

【原文】

定定、飘飘、瑗瑗、飞飞、列列、

七七、亚霞、培新、莉莉、星明：

名字一大堆，信也是一大堆，我总的回你们几句话。

没有列列和亚霞的信，应该补起来。不是凑多，而是应该写。

定定、桂芳、飞飞信，说这一向"妈妈也够累了"，能认识这一点，是进步，但应更进一步怎样使你妈妈不这样累？

你妈妈累的事，很多你们能帮助做或代替做。不要等人叫你做才做，而是人不要你做也争着做。这样做才有趣味，才能学到知识。我几岁的时候，见到你祖母煮饭、切菜、炒菜、洗衣，总要去动手，有时你祖母要我走开，我还是站在旁边，等她一歇手，我又动手了。我知一点做饭菜的知识是那时学的。洗衣只知踩，不会搓，那时候没有肥皂，洗衣是相当费力的。十几岁的时候，就帮助你祖父写帐、算数，"数钱"（那时用穿眼钱，要个个数）等等。我的珠算是那时学的，打珠算可以眼睛不看也不会大错。我没做过庄稼，但也知道一点，是小时候跟农民在一起学的。

你们可以替妈妈做些事。有些要问问妈妈，教示你们怎样做才去做，有些不要问就自动去做：如打扫房室、洗衣服、帮助做饭菜，春天到了，还要种菜等。做些针线活，尤其是女孩子。还有，大孩子照顾小孩子，替小的孩子收拾衣服、书籍、洗洗等。还有收拾书报等。我曾经写过一张字条贴在柜子上，不知你们还记得不？

这样，你妈妈不就会不太累了吗？对你们自己也有好处。

定定、飘飘、桂芳、飞飞，都想争取入党！使我听了高兴。入党不只是组织上批准你入党，而是要你自己思想、行动像个具有共产主义品质的人，你们已读过不少关于共产党典型事迹的书籍或戏剧，你们可自己检查一下，如果有只顾自己不顾别人、不无私地帮助人、团结人，学习、劳动、工作上有缺点，不能艰苦朴素……等，就要下决心改正，因为这是和共产党员不相容的。望你们依照你们自己定的志愿好好去做。

你母亲听到你们进步的消息，心中就愉快了，我也能多活几年，你妈妈也会不觉得累。

培新、七七、亚霞、星明、莉莉等年龄还小，但一天天在长大，也要一天天进步。

莉莉叫我爸爸，恐怕这个老爸爸难得抚育你这个小女儿，哈哈。

到福建休息了一个月，明天将要离此，不要好久就会回来。

此信定定等看后可转寄飘飘。

定定给桂芳信，可抄寄或摘抄一些给他。

父（姑父）

二月二八日［一九六一年］

——《古今家训新编》

（四）柳亚子

致无垢

【题解】

这是柳亚子先生于1923年写给小女儿柳无垢的一封信，他在信中要求女儿把学校里的事情写信告诉他，还给女儿讲述了他当天的一些见闻。信中语气十分亲近，体现了柳亚子的慈父情怀。

【原文】

无垢——我亲爱的女儿：

我前天给你的信，还有手巾、围巾、信封等等，你都收到了吗？为什么没有还信给我？我很挂念呀！

你们学堂里开会怎么样？看的人多吗？你总司令做不做？请你详细告诉我。

我今天到梵王渡，先看大哥，再到二姐那里，二姐不出来，大哥同我出来，到你母亲那里。吃了一顿面，半只文旦，一包良乡栗子，一个香蕉，就回去了。我送他到静安寺路，看他上了黄包车才回来，已经六点四十分了。

这封信到了，无论如何你要还我一封信，不然我要动气了，哈哈！

一二、一一、一〇夜

你的父亲

——《柳亚子文集·书信辑录》

（五）向警予

1. 给二嫂的信（节录）

【题解】

向警予是早期的无产阶级女革命家，为了革命事业常常顾不上关照亲人。在这封信中，向警予对二哥的去世深表难过，安慰二嫂振作起来，好好抚养子女，并表示她将尽力帮助嫂子去培养他们，骨肉亲情洋溢于字里行间。

【原文】

二嫂：

……但这也是无法的事。他的病况既弄到无可救药，你便同他死，或哭死，都是无益的。

二哥的病来源很长。为他的病我也进了不少的忠告，无奈他不肯听从，迁延复迁延，竟弄到这步田地，真是悔之不及了！你的身体也差极了，如不节哀顺变，勉强达观，恐将来也要害与二哥同样的病，那时真不得了呵！你现在千万达观，莫做绝想，如到无路的时候，对你两个小孩想，这两个小孩是我二哥的亲骨血，是你的宝贝，你的第二生命。你此后的生趣希望，全要安顿寄托在这两个小孩身上，千万别把自己弄病了！二嫂，你以我话为然吗？

我此次出来，对于我最可怜的二哥，在我脑海里留下了最凄惨的影子，这个影子会永远在我脑海里映来映去的！我如有能力，我二哥的小孩我尽我做妹妹的力，帮着我可怜的嫂嫂去造就他们。如果此事办到了，那么我脑海里那个凄惨影子也许稍微淡一点！

二嫂！我很希望你常常写信给我！你能够吗？信要菊生写，他照你口内所说的写，字白了也不要紧。常时操习，久而久之，自然惯了。菊生国文也可借此讨点长进。二嫂，你说是不是呢？以后我写给你的信，安顿正写，不然菊生认不得。祝你保养！

九妹　二十日午前

（阴历 1992. 11. 20，即阳历 1923. 1. 6）

2. 给大嫂信

【题解】

这封信是向警予得知二哥去世的消息后写给大嫂的，由于工作缠身，向警予无法回家，她在信中恳切嘱托大嫂替她在老父及二嫂面前好言安慰，以尽晚辈的一份孝心，真情深意，颇动人心。

【原文】

大嫂——我最亲爱的嫂嫂：

我昨日晚边到省，知道了家中的惨变，看见了你给我的信。一个时候我心里硬说不出的难过，幸而你肯听老人言，有你在家。不知家中现在如何凄惨痛楚?! 八十老人如何能经这样的大变?! 二嫂痛苦什么田地?! 你一定也同着忧，累，弄个不能清场啊！爹爹、二嫂面前，还望你大嫂多多劝慰！你的三个孩子听说都好，此刻我还没有见着他们。你尽可放心。

余事后告，望你好好保养自己！

九妹　二十日午前

（阴历 1922. 11. 20，即阳历 1923. 1. 6）

——《向警予文集》

（六）吉鸿昌

就义前给妻子的遗书

【题解】

　　吉鸿昌是著名的抗日英雄，1934 年 11 月 9 日在天津法租界被捕，11 月 20 日在北平（北京）英勇就义，这封遗书写于就义当天。吉鸿昌在信中特别叮嘱妻子要好好抚养子女，使他们将来成为有用之才，显示了吉鸿昌关心后代成长的慈父情怀。

【原文】

红霞吾妻鉴：

　　夫今死矣！是为时代而牺牲。人终有死，我死您也不必过伤悲，因还有儿女得您照应。家中余产不可分给别人，留作教养子女等用。我笔嘱矣，小儿还是在天津托喻先生照料上学以成有用之才也。家中继母已托二、三、四弟照应，你不必回家孝敬可也。

——《革命烈士书信集》

（七）刘伯坚

就义前给兄嫂的遗书（节录）

【题解】

　　刘伯坚，四川平昌人，1922 年在法国加入中国共产党，长期担任党的高级干部，1935 年初在一次作战中因负伤而被捕，这封遗书写于就义前一天。刘伯坚在信中委托兄嫂替他收养分散在各地的几个孩子，要求他们早受教育、晚婚、自食其力，将来做出一番事业，反映了革命者对于后代的殷切关怀与期望。

【原文】

　　凤笙大嫂并传五六诸兄嫂：

　　弟于三月四日在江西丰县唐村被粤军俘虏，押解大庾粤军第一军部，三月二十二日要在大庾被牺牲了。

　　弟在唐村被俘时，就决定一死以殉主义，并为中国民〔族〕解放流血，曾有遗嘱及绝命词寄给你们，不知收到没有？

　　弟为中国革命牺牲毫无遗恨，不久的将来，中国民族必能得到解放，弟的鲜血不是空流了的。

　　虎、豹、熊三幼儿将来的教养，全赖诸兄嫂。豹儿在江西，今年阳历二月间寄养到江西瑞金武阳围的船户。赖宏达（四五十岁）老板，他的船经常往来于瑞金、会昌、雩都、赣州之间。另有吉安人罗高，二十四五岁，随行，是个裁缝。罗高很忠实很爱豹儿，他无论如何都同豹儿一起。你们在今年内可派人去找，伙食费只能维持四五个月。

熊儿生后一月即寄养福建连城属之新泉区芷溪乡黄荫胡家中，黄业中药铺，其弟已为革命牺牲，弟媳名满菊，扶养熊儿，称熊儿为子，爱如己出，因她无子。

熊豹两儿均请设法收回教养。

诸幼儿在十八岁前可受学校教育，十八岁后即入工厂做工为工人。他们结婚更不要早，迟至三十岁左右再结婚亦不为迟，以免早婚多儿女累，不能成就事业。

最重要的，诸儿要继续我的志向，为中国民族的解放努力流血，继续我未完成的光荣事业。

这封信需要给叔振同志一阅。她可能已到沪了。

此致

最后的亲爱的敬礼

弟　刘伯坚

三月廿日于大庾

——《革命烈士书信集》

（八）郁达夫

致郁曼陀

【题解】

这是郁达夫于 1917 年写给他哥哥的一封信，当时郁达夫在日本留学。他在信中对哥哥不资助他学费、不关心他的学习的行为表示了委婉的批评，并表示自己处境困难，多次有自杀念头，但因为念及有父母在而不敢做出违背孝道的事情，以此含蓄而沉痛地告诫兄长体恤、关照他，珍惜手足之情。郁达夫对于兄长的这番告诫值得人们引以为鉴。

【原文】

久不做书矣，想亦时念及也。去秋因学费不敷，欲乞补助，书发半月，不得回札。是以只能泣血陈情，求留学生监督为改入第一部。未改先，曾具书相告，以为吾兄爱弟情深，必能明以教我，不致使枉费一年辛苦。孰知企候一月，杳不见覆，及改入第一部后月余，始得兄书。谓"属望过殷，故有前此之行。汝既欲改，势亦难已。惧不足以对亡父于地下也。故作是书以相劝。若能不改者以不改为佳，学费果有不足者自当稍图补助"云云。尔时改入已久，吾兄知势已难挽，故作是书以塞责。且又引亡父为前词，欲以鸣弟之不弟。见书之日，怒愤奚似，吾兄非弟，断不能推知当日之情景也！自后每夜就眠，泪流盈席。或霜天将晓，怨画角之无情；或寒月初沉，痛前人之已逝。心伤肠断，片刻无安，出则不知其所至，处则恍恍其若失，虽怀沙逐落入海孤臣亦有难与比拟者矣。尔时诚欲跃身入海，寻葬地于鱼鳖肠中。然白发高堂，犹思游子，弟朝死则二老夕亡。以弟庸陋无用之身，致二老失明刻肉之痛，非徒将见诮于旁人，抑亦恐遗讥于万世。是以忍泣吞声，劬图苟活，

▲郁达夫像

自去年十一月至今，实无一日得宁处也。今年正月得长嫂书，临风读罢，涕泗交流。尔时予犹在校，恐为同辈所笑，故休课一日。翌日往校，则目瞳声喑，发星星白矣！自去年十月来，弟以近时否运，必遗祖母、母亲之忧，故四五月中未修家报。一则因二人龃龉，不欲使长者闻知；一则实欲觇弟若客死，两老果将作何状耳！今年三月，连得家中飞函，谓祖母哭弟，夜不安眠；母氏伤心，食难知味。弟闻讯之余，痛难自抑。因感父母之心亲，益觉弟兄之情伪。所谓空谷跫音，声入肺腑，使茅庵静伏者，闻之益足以增孤寂之感也。因即致书二老，告以无事。呜呼，不知我者谓我何求？所谓无事者，乃万种悲哀不解从何说起耳！夫明达如兄，犹不能察弟平素情性，则能识弟者，更有何人？弟诚知必不能免于死，然二老在日，当勉强偷生，以图报恩于万一，此外则富贵贫贱，俱非所问也。

文谨叩

三月四日

——《郁达夫全集·书信卷》

（九）贺锦斋

给弟弟的信

【题解】

贺锦斋是湖南桑植县人，1928 年在湖南石门泥沙战斗中不幸牺牲。这封信写于他牺牲前两天。在信中他嘱咐弟弟要代他孝养双亲，同时又告诫弟弟要万事当心、免遭祸害。敬老爱幼之情溢于字里行间。

吾弟手足：

我承党殷勤的培养，常哥多年的教育以至今日。我决心向培养者教育者贡献全部力量，虽赴汤蹈火而不辞，刀锯鼎镬而不惧。前途怎样，不能预知，总之死不足惜也。家中之事我不能兼顾，堂上双亲希吾弟好好孝养，以一身而兼二子职，使父母安心以增加寿考，则兄感谢多矣。当此虎豹当途、荆棘遍地，吾弟当随时注意，善加防患，苟一不慎，即遭灾难。切切，切切。言尽于此，余容后及。

兄　绣

一九二八年九月七日于泥沙

——《革命烈士书信集》

（十）陈潭秋

给哥哥的信

【题解】

陈潭秋，名澄，湖北黄冈人。中国共产党创始人之一。1943 年为新疆军阀盛世才所杀害，为革命奉献了毕生精力。在这封给三哥、六哥的信中，陈潭秋对自己忙碌于革命工作而顾不上自己的孩子深感不安，恳求二位兄长有空去看望他的两个孩子，并在物质上给予帮助，表现了一位革命家对子女的关切之情。

【原文】

三哥

六哥：

流落了七八年的我，今天还能和你们通信，总算是万幸了。诸兄的情况我间接又间接的知道一点，可是知道有什么用呢！老母去世的消息，我也早已听得，也不怎样哀伤，更可怜老人去世迟了几年，如果早几年，免受许多苦难呵！

我始终是萍踪浪迹、行止不定的人，几年来为生活南北奔驰，今天不知明天在那（哪）里。这样的生活，小孩子终成大累，所以决心将两个孩子送托外家抚养去了。两孩都活泼育爱，直妹本不舍离开他们，但又没有办法。直妹连年孕，产，乳，哺，也受累够了。十九年曾小产了一男孩，二十年又产一男孩，养到八个月又夭折了，现在又快要生产了。这次生产以后，我们也决定不养，准备送托人，不知六嫂添过孩子没有？如没有的话，是不是能接回去养？均望告知徐家三妹（经过龚表弟媳可以找到）。

再者我们希望诸兄及侄辈，如有机会到武汉的话可以不时去看望两个可怜的孩子，虽然外家对他们痛爱无以复加，可是童年就远离父母，终究是不幸啊！外家人口也重，经济也不充裕，又以两孩相累，我们殊感不安，所以希望两兄能不时地帮助一点布匹给两孩做单夹衣服（就是自己家里织的洋布或胶布好了）。我们这种无情的请求，望两兄能允许。

家中情形请写［信］告我，经徐家三妹转来。八娘子及孩子们生活情况怎样？诸兄嫂侄辈情形如何？明格听说已搬回乡了，生活当然也很困苦的，但现在生活困苦，绝不是一人一家的问题，已经成为最大多数人类的问题（除极少数人以外）了。

（我的状况可问徐家三妹）

澄上

二月二十二日

——《革命烈士书信集》

（十一）闻一多

1. 致父母

【题解】

这封信写于 1923 年 2 月 10 日，那时闻一多夫人生下一个女儿，宥于封建观念，闻一多父母内心对此很不满意，闻一多却表示他很喜欢女孩子，并且打算将来好好培养她，这一方面显示出闻一多思想的先进，更反映出他的慈父情怀。

【原文】

父母亲大人暨全家合鉴：

又久未接家信，家中均好否？前上诸函谅都收到。近来身体甚佳，功课成绩亦有进步。人体写生从来只得上等，这回得了超等了。所以现在的分数是青一色的超了。我来此半年多，所学的实在不少，但是越学得多，越觉得那些东西不值得一学。我很惭愧我不能画我们本国的画，反而乞怜于不如己的邻人。我知道西洋画在中国一定可以值钱，但是论道理我不应拿新奇的东西冒了美术的名字来骗国人的钱。因此，我将来回国当文学教员之志乃益坚。

家中望远人的信，却总不写信来，这亦不可解。十四、十六两妹及孝贞为何亦不写信来？难道我没有写信给她们，她们就不该写信给我吗？我有功课及自修，日夜忙碌，不能写信，犹可原谅。你们有何道理不写信来呢？你们读书间断否？孝贞分娩，家中也无信来，只到上回，父亲才在信纸角上缀了几个小字说我女名某，这就完了。大约要是生了一个男孩，便是打电报来也值得罢？我老实讲。我得一女，正如我愿，我很得意。我将来要将我的女儿教育出来给大家做个榜样。我从前要雇乳母以免分孝贞读书之时。现在不以为然。孝贞当尽心鞠育她，同时也要用心读书。我的希望与快乐将来就在此女身上。

《红烛》底交涉实秋有信来否？钱若不够，请诸兄等暂筹垫还，我以后每月节省陆续寄回。我想到头总不会赔本。此上顺问全安！

2. 致高孝贞

【题解】

此信写于 1937 年，当时闻一多夫妇的大女儿闻立瑛生了重病，闻一多在外地教书，十分牵挂女儿病情，他在信中表示希望夫人能体会他的心情。

信中所称的"湘女"即指他们的女儿闻立瑛。

【原文】

贞：

除由恕侄带一信来外我到此从未接到一信，这未免太残忍了吗？湘女病状如何，我实在担心。不是为省钱起见，我定已回来了一躺。我现在哀求你速来一信。请你可怜我的心并非铁打的。这里今天已上课，但文学院同人要后天才搬到南岳，一星期后才上课。听说山上很冷，皮袍请仍旧取出，上次信上忘记说。长沙住家并不很贵。我想开春你们还是到这里来吧。上次领到的薪水，后来才知道有五十元是十月份的。薪水本可以领到七成，合得实数二百八十元，但九、十两月扣救国公债四十元，所以只能得二百四十元。现在我手头有二十余元，银行存八十元。

来信寄：湖南南岳市临时大学

多

十一月一日

3. 致立鹤、立雕

【题解】

这是给大儿子、二儿子的一封信，写于 1937 年，当时正值抗战期间，人民生命无安全保障，闻一多在信中告诫两儿要听妈妈的话，千万注意安全，显示出爱子情切。

【原文】

鹤、雕两儿：

昨天寄回一信，想已收到。盼望你们来信，到现在还是没有。小小妹病究竟好了没有？小弟大妹好否？鹤儿身体有进步否？雕儿读书用心否？我无时不在挂念。我明天搬到衡山上去。衡山又名南岳，所以那边有一镇市名曰南岳市。你们写信可以写"湖南南岳市临时大学文学院。"昨天这里有过一次警报，但敌机并未来。南岳离长沙一百余里，汽车行三四小时。那边绝无空袭的危险。你们都要听妈妈的话，千万千万。

父字

十一月二日

——《闻一多家书》

（十二）丁玲

给蒋祖林的一封信

【题解】

　　这封信是丁玲于1946年写的。在这封信中，丁玲以非常恳切的口气与态度指出儿子身上存在的缺点与优点，希望儿子扬长弃短，并对儿子的工作、学习、生活、思想各方面都提出了中肯的建议，鼓励儿子健康成长，充分显示了一位母亲，对于子女的无比关切之情。

【原文】

祖林：

　　你到建平后来的两封短信我都收到了。恰巧那时谢克宁（萧昆的儿子）路过我们这里，我匆忙中写了一个短信托他带给你，并附五千元。此信此款不知收到否？如未收到，你去找他一次，或写信问他。他在市中。

　　最近我因忙于写文章，又加以要替妹妹做棉鞋等，故未给你写信，但常常是很挂念你的。虽然你从小就住在学校，过集体生活，也知道自己用功了，只是以前我们还能常常见面，你年纪也还小，只要不生病，我就觉得可以放心了。现在大了，大了懂事得多，我是应该相信你的。你有勇气，也有毅力独立生活，不过我却要为你想得太多。父母待儿女常常是不公平的，有时候会夸大他的长处，自己就被安慰了；有时也会忽略他的长处，杞人忧天。我愿意我是最了解你的。我常常觉到你有某一缺点时，我都愿意装作不知道，因为我怕损害你的自尊，我以为你是了解你自己的，而且你会去改正的。我也常常想着儿子不是父母私有的，因此他没有义务生活得完全像父母所想象，所以我对你也总常常有某种程度的放任。现在呢，我觉得你已经、事实上是这样，你的前途全靠在你自己身上了。我只能起一个朋友、顾问的作用。我曾经希望过你强项起来，可是我却又更担心你，所以我常常就要你多来信，告诉我你的情形，你的学习，你的兴趣，你的朋友。我希望你是喜欢同我谈天的，喜欢把一切告诉我，只有这样，我们才不会生疏下去；只有这样，我才知道我将同你讲些什么才对你更有益处。你有很好的天性，你很聪明，也很知道用功，我常常以你为骄傲，但我对你的希望是更大的，我希望你不是一个平凡的人。人不要有个人英雄主义，人却要对事业对学习有野心，有抱负，人要有本领向自己最弱的一环去克服，譬如你是对政治的兴趣比较淡薄，那么，就偏要去钻，使自己有头脑，对时事有综合、有分析、有判断。这些话也许我说得过早了，但，麟儿，我想着当你才四五岁，我一有心情不愉快时，我就向你说："麟儿，你快长大吧，长大了做我一个朋友，让我们什么话都可以谈吧！"现在呢，你已经长大了，你懂得我的话吗？懂得我是如何的爱你和希望你吗？好好的学习功课、学习做人。你的一切，是我个人生活中最大的安慰！

祝好！

丁玲　十二月六号

又：信刚写好，又接到你的来信。你先去市中找克宁要钱。你须要的东西，我慢慢替你设法。我们仍住红土山，来信直寄此处也可以，寄区党委转也可以。

丁玲
——《丁玲文集》（第十卷）

（十三）巴金

复旸之

【题解】

这是巴金于八十年代写给孙女小旸旸的一封信。巴金在信中诉说了对小孙女的思念之情，又告诫小孙女不会学会了外语而忘掉了祖国的语言，表现了巴金对后代的亲切关怀。

【原文】

我的小旸旸：

你好！收到你的信，好像见到你本人。我跟你分别一年了。老爷爷多么想念你！这一年来我什么地方都没有去，因为腿痛，行动不便，除了华东医院外，什么地方也去不了。这样一个大上海这几年变化很大，可是老爷爷一点也没看见，一点也不知道。你看老爷爷多可怜。旸旸可以到处跑，老爷爷只好坐在小桌前面。

老爷爷真想念旸旸。照片看到，可是不像老巴金看惯了的小宝贝了。这个美丽的"西方化"小姑娘老爷爷还不熟习，你得让我多见见你，看看你的笑容。你在信上说你会说英文，老爷爷很高兴。可是我下次同你见面时希望你不忘记说中国话。老爷爷爱你，我的好旸旸，我相信还可以见到你，我给你留着两件礼物：一，来回飞机票一张；二，我的《全集》一部，希望你有机会读它。

问候你妈咪。祝你好！

老巴金

八月四日

——《巴金书信集》

（十四）罗瑞卿

给女儿玉华的信

【题解】

罗瑞卿是新中国成立后党的高级领导干部。在写给大女儿玉华的这封信中，罗瑞卿要求女儿做出大姐的榜样，在生活上关照弟妹，在思想品质上帮助弟妹进步，不要染上干部子弟的坏习气，反映了老一辈革命家对于后代的殷切关怀之情。

该信未署明具体年份。

【原文】

玉华儿：

来信收到了，坚坚的事，你既已知道你处理不妥，事情已成过去，就不再提了。田儿来信，除向爸爸做了很好的自我批评外，并说坚坚已处理好，坚坚长得比过去更乖，已会说简单的话，只是生活条件比北京差一点，没牛奶吃。妈妈估计：可能田儿也有点舍不得，田儿来信又要求爸爸妈妈放心，让她（他）们自己锻炼锻炼，既然如此，你就不必去通辽接坚坚了。但可写信去问田儿，坚坚必须要点什么，例如奶粉，你们可从北京买点寄去。

你是我们家大姐姐，爸爸妈妈远在外地，你应尽自己可能经常回家看看，帮助弟妹办一点可能办到的事，目前是点儿病退的事，一定力争，迅速落实。这个孩子我们是想让她在农村继续锻炼，她自己也有此决心，只是身体确实不好，两次肝炎病，又是我们家唯一的早产儿，先天不足，把身体拖垮了怎么办？而且还这样年轻。所以盼你一定要把此事力争迅速帮她办好。还有，弟妹们如有缺点，你看到了就要耐心批评教育，如果你的意见是正确的，他（她）们不听，你可写信给爸爸妈妈，不过我们想他（她）们大概还不会这样。

兵兵又有进步，很好！不过你们还是不应该放松对他的教育，要切实防范他沾染上一些干部子弟的坏习气。如某些人那样，总是爱说这个官大，那个官小，这个坐红旗牌，那个坐吉普车……告诉兵兵，外公姥姥看到他写的信，很高兴！望他努力学习，天天向上，热爱毛主席！热爱党！热爱普通的工农兵，分得清什么人是好人，什么是坏人。记得他现在的年龄，已同潘冬子差不多，要他好好学习冬子，真能这样，才能够把自己培养成一个好的接班人。

你和常平都在为党工作，力争多做一点，做好一点，同时要注意身体。

常平统此不另，祝他好！

爸爸　妈妈
一月十八日在外地

附：了儿已穿上军装去报到入伍了。他可能当一名炮兵，他的志愿也想这样。知注转告。另寄上爸爸妈妈给他的临别赠言共六首，给你们一阅。但不准外传。

又及

——《万金家书》

（十五）傅雷

致傅聪书信二封

【题解】

这是傅雷在傅聪获准留学波兰时写下的两封信，傅雷在信中对自己以前过分严苛的教管向儿子表示歉意，同时解释自己望子成龙的良苦用心，并真诚地为儿子未来的前途祝福。书信言辞恳切、热烈，爱子之情溢于字面。

其　一

【原文】

昨夜一上床，又把你的童年温了一遍。可怜的孩子，怎么你的童年会跟我的那么相似呢？我也知道你从小受的挫折对于你今日的成就并非没有帮助；但我做爸爸的总是犯了很多很重大的错误。自问一生对朋友对社会没有做什么对不起的事，就是在家里，对你和你妈妈作了不少有亏良心的事。——这些都是近一年中常常想到的，不过这几天特别在脑海中盘旋不去，像噩梦一般。可怜过了四五十岁，父性才真正觉醒！

今儿一天精神仍未恢复。人生的关是过不完的，等到过得并不多的时候，又要离开世界了。分析这两天来精神的波动，大半是因为：我从来没爱你像现在这样爱得深切，而正在这爱得最深切的关头，偏偏来了离别！这一关对我，对你妈妈都是从未有过的考验。别忘了妈妈之于你不仅仅是一般的母爱，而尤其因为她为了你花的心血最多，为你受的委屈——当然是我的过失——最多而且最深最痛苦。园丁以血泪灌溉出来的花果迟早得送到人间去让别人享受，可是在离别的关头怎么免得了割舍不得的情绪呢？

跟着你痛苦的童年一齐过去的，是我不懂做爸爸的艺术的壮年。幸亏你得天独厚，任凭如何打击都摧毁不了你，因而减少了我一部分罪过。可是结果是一回事，当年的事实又是一回事；尽管我埋葬了自己的过去，却始终埋葬不了自己的错误。孩子，孩子！孩子！我要怎样的拥抱你才能表示我的悔恨与热爱呢！

一九五四年一月十九日晚

其　二

【原文】

亲爱的孩子，你走后第二天，就想写信，怕你嫌烦，也就罢了。可是没一天不想着你，每天清早六七点就醒，翻来覆去的睡不着，也说不出为什么。好像克利斯朵夫的母亲独自守在家里，想起孩子童年一幕幕的形象一样，我和你妈妈老是想着你二三岁到六七岁间的小故事。这一类的话我们不知有多少可以和你说，可是不敢说，你这个年纪是一切向前往的，不愿意回顾的；我们噜哩噜苏的抖出你尿布时代的往事，会引起你的憎厌。孩子，这些我都很懂得，妈妈也懂得。只是你的一切终身会印在我们脑海中，随时随地会浮起来，像一幅幅的小品图画，使我们又快乐又惆怅。

真的，你这次在家一个半月，是我们一生最愉快的时期；这幸福不知应当向谁感谢，即使我没宗教信仰，至此也不由得要谢谢上帝了！我高兴的是我又多了一个朋友；儿子变了朋友，世界上有什么事可以和这种幸福相比的！尽管将来你我之间离多别少，但我精神上至少是温暖的，不孤独的。我相信我一定会做到不太落伍，不太冬烘，不至于惹你厌烦。也希望你不要以为我在高峰的顶尖上所想的，所见到的，比你们的不真实。年纪大的人终是往更远的前途看，许多事你们一时觉得我看得不对，日子久了，现实却给你证明我并没大错。

孩子，我从你身上得到的教训，恐怕不比你从我得到的少。尤其是近三年来，你不知使我对人生增了几许深刻的体验，我从与你相处的过程中学得了忍耐，学到了说话的技巧，学到了把感情升华！

你走后第二天，妈妈哭了，眼睛肿了两天：这叫作悲喜交集的眼泪。我们可以不用怕羞的这样告诉你，也可以不担心你憎厌而这样告诉你。人毕竟是感情的动物。偶然流露也不是可耻的事。何况母亲的眼睛永远是圣洁的，慈爱的！

一九五四年一月三十日晚

——《傅雷家书》

（十六）朱梅馥

致傅聪

【题解】

六十年代初期，国家遭受自然灾害，人民普遍生活困难，傅雷家也不例外。在给儿子的这封信中，朱梅馥叙说了家里经济困顿的状态，并把傅雷出于自尊不愿开口请求儿子援助的真实情况坦白相告，委婉地对儿子不体恤父母困难的行为给予了批评。这对当今的青年人来说也不无教益作用。

【原文】

亲爱的聪，接到你南非归途中的长信，我一边读一边激动得连心都跳起来了。爸爸没念完就说了几次 Wonderful! Wonderful!（好极了！好极了！），孩子，你不知给了我们多少安慰和快乐！从各方面看，你的立身处世都有原则性，可以说完全跟爸爸一模一样。对黑人的同情，恨殖民主义者欺凌弱小，对世界上一切丑恶的愤懑，原是一个充满热情，充满爱，有正义感的青年应有的反响。你的民族傲气，爱祖国爱事业的热忱，态度的严肃，也是你爸爸多少年来从头至尾感染你的；我想你自己也感觉到。孩子，看到你们父子气质如此相同，正直的行事如此一致，心中真是说不出的高兴。你们谈艺术、谈哲学、谈人生、上下古今所不包，一言半语就互相默契，彻底了解；在父子两代中能够有这种情形，实在难得。我更回想到五六、五七两年你回家的时期，没有一天不谈到深更半夜，当时我就觉得你爸爸早已把你当作朋友看待了。

但你成长以后和我们相处的日子太少，还有一个方面你没有懂得爸爸。他有极 delicate（细致）极 COmplex（复杂）的一面，就是对钱的看法。你知道他一生清白，公私分明，严格到极点。他帮助人也有极强的原则性，凡是不正当的用途，便是知己的朋友也不肯通融（我亲眼见过这种例子）。凡是人家真有为难而且是正当用途，就是素不相识的也肯慨然相助。就是说，他对什么事都严肃看待，理智强得不得了。不像我是无原则的人道主义者，有求必应。你在金钱方面只承继了妈妈的缺点，一些也没学到爸爸的好处。爸爸从来不肯有求于人。这二年来营养之缺乏，非你所能想象，因此百病丛生，神经衰弱、视神经衰退、关节炎、三叉神经痛，各种慢性病接踵而来。他虽然一向体弱，可也不至于此伏彼起的受这么多的折磨。他自己常叹衰老得快，不中用了。我看着心里干着急。有几个知己朋友也为之担心，但是有什么办法呢？大家都一样。人家提议："为什么不上饭店去吃几顿呢"？"为什么不叫儿子寄些食物来呢？"他却始终硬

挺，既不愿出门，也不肯向你开口；始终抱着置生命于度外的态度。（我不知道你有没有体会到爸爸这几年来的心情？他不愿，我也不愿与你提，怕影响你的情绪。）后来我实在看不下去，便在去年十一月二十六日的信末向你表示。……你来信对此不提及。今年一月五日你从 Malta（马耳他）来信还是只字不提，于是我不得不在一月六日给你的信上明明白白告诉你："像我们这样的父母，向儿子开口要东西是出于不得已，这一点你应该理解到。爸爸说不是非寄不可，只要回报一声就行，免得人伸着脖子等。"二月九日我又写道："我看他思想和心理活动都很复杂，每次要你寄食物的单子，他都一再踌躇，仿佛向儿子开口要东西也顾虑重重，并且也怕增加你的负担。你若真有困难，应当来信说明，免得他心中七上八下。否则也该来信安慰安慰他。每次单子都是我从旁做主的。"的确，他自己也承认这一方面有复杂的心理（complex），有疙瘩存在，因为他觉得有求于人，即使在骨肉之间也有屈辱之感。你是非常敏感的人，但是对你爸爸妈妈这方面的领会还不够深切和细腻。我一再表示，你好像都没有感觉，从来没有正面安慰爸爸。

他不但为了自尊心有疙瘩，还老是担心增加你的支出，每次 order（嘱寄）食物，心里矛盾百出，屈辱感、自卑感，一股脑儿都会冒出来，甚至信也写不下去了……他有他的隐痛：一方面觉得你粗心大意，对我们的实际生活不够体贴，同时也原谅你事情忙，对我们实际生活不加推敲，而且他也说艺术家在这方面总是不注意的，太懂实际生活，艺术也不会高明。从这几句话你可想象出他一会儿烦恼一会儿譬解的心理与情绪的波动。此外他再三劝你跟弥拉每月要 save money（节省金钱），要做预算，要有计划，而自己却要你寄这寄那，多花你们的钱，他认为自相矛盾。尤其你现在成了家，开支浩大，不像单身的时候没有顾忌。弥拉固然体贴可爱，毫无隔膜，但是我们做公公婆婆的在媳妇面前总觉脸上不光彩。中国旧社会对儿女有特别的看法，说什么"养子防老"等等；甚至有些父母还嫌儿子媳妇不孝顺，这样不称心，那样不满意，以致引起家庭纠纷。我们从来不曾有过老派人依靠儿女的念头，所以对你的教育也从来没有接触到这个方面。正是相反，我们是走的另一极端：只知道抚育儿女，教育儿女，尽量满足儿女的希望是我们的责任和快慰。从来不想到要儿女报答。谁料到一朝竟会真的需要儿子依靠儿子呢？因为与一生的原则抵触，所以对你有所要求时总要感到委屈，心理大大不舒服，烦恼得无法解脱。

……他想到你为了多挣钱，势必要多开音乐会，以致疲于奔命，有伤身体，因此心里老是忐忑不安，说不出的内疚！既然你没有明白表示，有时爸爸甚至后悔 order（嘱寄）食物，想还是不要你们寄的好。此中痛苦，此中顾虑，你万万想不到。我没有他那样执着，常常从旁劝慰。……不论在哪一方面，你很懂得爸爸，但这方面的疙瘩，恐怕你连做梦也没想到过；我久已埋在心里，没有和你细谈。为了让你更进一步，更全面的了解他，我觉得责任难逃，应当告诉你。

我的身体也不算好，心脏衰弱，心跳不正常，累了就浮肿，营养更谈不上。因为我是一家中最不重要的人，还自认为身体最棒，能省下来给你爸爸与弟弟吃是我的乐处（他们又硬要我吃，你推我让，常常为此争执），我这个作风，你在家也看惯的。这二年多来瘦了二十榜，一有心事就失眠，说明我已神经衰弱，眼睛老花，看书写字非戴眼镜不可。以上所说，想你不会误解，我绝不是念苦经，只是让你知道人生的苦乐。趁我现在还有精力，我要尽情倾吐，使我们一家人，虽然一东一西分隔遥远，还是能够融融洽洽，无话不谈，精神互相贯通，好像生活在一起。同时也使你多知道一些实际的人生和人情。以上说的一些家常琐碎和生活情形，你在外边的人也当知道一个大概，免得与现实过分脱节。你是聪明人，一定会想法安慰爸爸，消除他心中的 complex（矛盾）！

……我们过的生活比大众还好得多。我们的享受已经远过于别人。我天性是最容易满足的，你爸爸也守着"知足常乐"的教育，总的说来，心情仍然愉快开朗；何况我们还有音乐、书法、图画……的精神享受以及工作方面得来的安慰！虽然客观形势困难，连着二年受到自然灾害，但在上下一致的努力之下，一定会慢慢好转。前途仍然是乐观的。所以爸爸照样积极，对大局的信心照样很坚定。虽然带病工作，对事业的那股欲罢不能的劲儿，与以前毫无分别。敏每次来信总劝爸爸多休息少工作，我也常常劝说。但是他不做这样就做那样，脑子不能空闲成了习惯，他自己也无法控制。

一九六一年四月二十日

——《傅雷家书》

（十七）许晓轩

狱中给哥哥的信

【题解】

许晓轩，江苏无锡人。1938 年加入中国共产党，1940 年被捕，囚于重庆"中美合作所"白公馆监狱，是狱中党支部著名的领导人之一。1949 年 11 月 27 日英勇起义，这封信写于他牺牲之前，具体日期不详。他在信中请求哥哥代他在父母面前尽孝，同时希望他的爱人自谋生路，并重建家庭，还托付哥哥好好教管他的孩子，对于侄儿们也提出了很好的参考意见，家中的各位亲人都牵挂在他心头，表现了一位革命者对血肉亲情的重视与珍惜之情。

【原文】

半月前曾分别寄渝申新章剑慧先生转施之铨先生转锡铁樵兄及京张、震国先生处三信，不知收到否？信内曾分别请寄款及留交款；现在如还未办，都请不必办吧，因为人事又有变动了。

几年来想到你的时候，总觉你是一个善良的兄长，虽则我们之间隔着一段距离，但只是另一方面的事，就手足之谊来说，我是很觉内疚的。记得逃警报的时候你的两句诗是"货殖为求慈母喜，时难倍觉弟兄亲"，当时我读完了竟仍懵然，现在才体会到你的心情，也才了解到自己的稚气。

想到母亲，我也很觉有罪，当时我偶尔回家，总是淡然的，记得母亲说过我是"哑吧（巴）"，真是的，为什么我不能体念到老人家的心情呢？这自然是时代的距离，可是对于伟大的母爱，竟能这样淡然忘之吗？想来想去，我觉这仍是由于稚气所致（这绝非想掩饰，确系实情，至少是此时作如此想法）。此外我还检讨出我从父母继承到的性格。从父亲那里继承到了淡泊和大度，从母亲那里继承到了扶弱抗强，这些在后来我走的道路上都曾起过积极作用的，也可说是二老给我的宝贵产业，我会好好保存和发扬它的。

现在我没有什么可以安慰母亲了，说我还活着吗？然而何时可以回家呢？想来还不如不提起，也许可以省掉一番伤心吧。今后还请你继续为我多尽一些责任，衷心感谢你！

我和华相处几年，始终未能好好体谅她过，没有帮助她，慰藉她，而总是冰冷和又有不决绝的样子，虽则基本的成因不在我（当然更不能责她），但以我们之间的地位处境、学力，等等来说，我也应该负起没有积极主动地设法改善我们的生活的责任来，从而我也应对她致衷心的歉意。

现在我有三点意见要对她说——这是几年来的私心，总没有机会吐露出来，现在所以写了一封信，又写一封，也是恐怕信有遗失，不易达到她手的原（缘）故。我的意见是这样的：（一）我无归期，请她早做打算，不必呆等。说起来似乎很不适合，其实是很合理的，像这样等下去，到何时是了呢？固然办起来是不容易的，所以我又想到第（二）希望她能找点无论什么事做做，以此走出家庭，并谋自立。（孩子请嫂嫂或诚姊代照顾一下。）如果她愿意而又能够设法到我的老友们那里找事做去，那就更好了。（三）新（馨）儿长大务必送到我的老友们处去教育。这三点希望全家人帮助她，说服和开导她，我衷心感激你们！

清姊的婚事后来如何解决的呢？提起这事我就很难受，我愿这事已经完满解决，那么就可减低我的"遗憾"了。

家里其他人的情形不明了，也无话可说，只望大家生活得好，有发展，不必记挂我。我已经历得多，什么都无所谓了。侄儿们有书可读固好，否则也应早点各自奔前程。

——《革命烈士书集》

（十八）江竹筠

狱中给亲友的信

【题解】

　　江竹筠，原名竹君，四川自贡人。1948 年被关押在重庆"中美合作所"渣滓洞监狱，1949 年 11 月 14 日英勇就义。著名小说《红岩》中的女主人公江姐就是以她为原型的。这封信写于 1948 年，收信人谭竹安是她的亲友。江竹筠在这封信中表示自己为革命而死毫不足惜，但她把她的孩子托付给谭竹安，请求他代为抚养，使孩子将来成为新中国的有用之才，慈母情怀，跃然于字里行间。

▲江竹筠像

【原文】

竹安弟：

　　友人告知我你的近况，我感到非常难受。么姐及两个孩子给你的负担的确是太重了，尤其是现在的物价情况下，以你仅有的收入，不知把你拖成什么个样子。除了伤心而外，就只有恨了……我想你决不会抱怨孩子的爸爸和我吧？苦难的日子快完了，除了这希望的日子快点到来而外，我什么都不能兑现。安弟！的确太辛苦你了。

　　我有必胜和必活的信心，自入狱日起（去年六月被捕）我就下了两年坐牢的决心。现在时局变化的情况，年底有出牢的可能。蒋王八的来渝固然不是一件好事，但是不管他若何顽固，现在战事已近川边，这是事实，重庆在（再）强也不可能和平、京、穗相比，因此大方的给它三、四月的命运就会完蛋的。我们在牢里也不白坐，我们一直是不断地在学习，希望我俩见面时你更有惊人的进步。这点我们当然及不上外面的朋友。话又得说回来，我们到底还是虎口里的人，生死未定，万一他作破坏到底的孤注一掷，一个炸弹两三百人的看守所就完了。这可能我们估计的确很少，但是并不等于没有。假若不幸的话，云儿就送你了。盼教以踏着父母之足

迹，以建设新中国为志，为共产主义革命事业奋[斗]到底。

孩子们决不要骄（娇）养，粗服淡饭足矣。么姐是否仍在重庆？若在，云儿可以不必送托儿所，可节省一笔费用。你以为如何？就这样吧。愿我们早日见面。握别。愿你们都健康。

竹姐　八月二十七日

来友是我很好的朋友，不用怕，盼能坦白相谈。

——《革命烈士书信集》

第八编　婚恋

导　读

　　所谓"婚恋"，即"婚姻"与"恋爱"之谓。《周易·归妹》有云："归妹（男女婚配），天地之大义也。天地不交，而万物不兴。归妹，人之终始也。"俗话也说："男大当婚，女大当嫁。"可见，男婚女嫁乃天经地义之事，古往今来都是如此。

　　在封建社会，有不少明智贤达之士，对婚恋有着超越时代局限、追求人伦幸福的可取观点。本编所辑的婚恋古训，就是我们在本着"去其糟粕，取其精华"原则的基础上整理而成的，其中不乏有许多精辟的见解，至今仍有着积极的现实意义。春秋时期叔向的母亲劝阻叔向娶美女时，认为"夫有尤物，足以移人，苟非德义，则必有祸。"（《左传·昭公二十八年》）袁采在训导子孙时也认为"男女议亲，不可贪其阀阅之高，资产之厚。苟人物不相当，则子女终身抱恨。"《袁氏世范》汪辉祖也说："残刻之家，贵亦难持。目前荣辱，转睫雕零。惟恭俭孝友，家风醇谨者，其子女耳濡目染，无浇薄之气，可以为婿，可以为妇。虽境地平常，余庆所钟，必有承其采泽者。"（《双节堂庸训》）这些以"德义"为先、"议亲贵人物相当"、择婿择妇当求"家风醇谨者"的婚恋观，无疑是对传统的"门当户对"婚恋观的否定，在当时的社会背景下，应该说是难能可贵的。

　　再如，"媒"是古代在缔结婚姻过程中不可缺少的重要人物，所谓"匪媒不得"（《白虎通义·嫁娶》）。"媒妁之言"可以说是素昧平生的青年男女得以互相了解的唯一途径。但袁采却认为媒妁之言反复无常不可轻信，"若轻信其言而成婚，则责恨见欺，夫妻反目，至于仳离者有之。大抵嫁娶固不可无媒，而媒者之言不可尽信。"（《袁氏世范》）虽未对媒人的作用进行彻底的否定，但"媒者之言不可尽信"的观点，亦可谓是眼光独到的了。袁采还对当时盛行的娃娃亲现象进行了批评，认为"人之男女，不可于幼小之时便议婚姻。大抵女得托，男欲得偶，若论目前，悔必在后。"（《袁氏世范》）此等警世良言，足以促人深省。

　　及至近现代以来，随着一批批留洋学者的归国，西风东渐，中国传统婚姻始渐开自由恋爱之风气。许多人在追求纯真爱情和幸福生活的生活中，留下了不少文采飞扬而情感真挚的爱情家书，至今读来，仍觉荡气回肠，感人至深。

一、先秦篇

（一）富辰

谏娶狄女

【题解】

富辰是周大夫，为周襄王的谏臣。本篇主要讲"外利""离亲"是导致祸患的重要因素。周代特别重视"华夷之辨"与"同姓不婚"两种礼俗。富辰之说在现在看来当然不可全信，但"夫婚姻，祸福之阶也"一句却是千古良言。

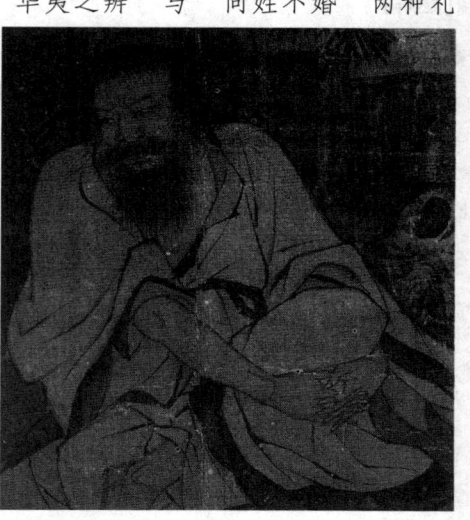
▲周襄王像

【原文】

王德狄人①，将以其女为后，富辰谏曰："不可。夫婚姻，祸福之阶也。由之利内则福，利外则取祸。今王外利矣，其无乃阶祸乎？昔挚、畴之国也由大任，杞、鄫由大姒，齐、许、申、吕由大姜，陈由大姬，是皆能内利亲亲者也。昔鄢之亡也由仲任②，密须由伯姞，郐由叔妘，聃由郑姬，息由陈妫，邓由楚曼，罗由季姬，卢由荆妫，是皆外利离亲者也。"

——《国语·周语中》

【注释】

①王德狄人：上古时期北方少数民族的一支。

②仲任：任姓之第二女。

【译文】

周襄王非常感激狄人，准备迎娶狄君之女为王后。富辰劝谏道："不可以。婚姻是导致祸福的阶梯。因此，从华夏族内部求利，福才会产生；从外部夷狄求利，就是自取其祸。今天子求利于外，恐怕将是导致祸害吧！从前挚、畴二国的振兴是由于王季娶大任为妃，杞、鄫的振兴是由于周文王娶大姒为妃，齐、许、申、吕的振兴是由于太王娶大姜为妃，陈国的振兴是由于舜后胡公满娶周武王长女大姬为夫人，这些都是能够求利于

华夏内部、亲其当亲的典范。从前鄘国的灭亡是因为仲任所致，密须灭亡是因为伯姞，邶国灭亡是由于叔妘，聃国灭亡是由于郑姬，息国灭亡是由于陈妫，邓国亡于楚曼，罗亡于季姬，卢亡于荆妫，这些都是求利于外或因践踏同姓不婚的礼制而使亲者离心的事例。"

（二）郤 缺

相待如宾

【题解】

郤缺即冀缺，世代为晋大夫。本篇讲冀缺和其妻相敬如宾而被举荐为官的故事。夫妻之间应当互敬互爱，这样才能做到处事讲"敬"。"敬"是美德的准则，凡事都要从这里开始。

【原文】

　　臼季使，舍於冀野。冀缺薅①，其妻馌之，敬，相待如宾。从而问之，冀芮之子也，与之归。既复命，而进之曰："臣得贤人，敢以告。"文公曰："其父有罪，可乎？"对曰："国之良也，灭其前恶，是故舜之刑也殛②鲧，其举也兴禹。今君之所闻也。齐桓公亲举管敬子，其贼也。"公曰："子何以知其贤也？"对曰："臣见其不忘敬也。夫敬，德之恪也。恪於德以临时，其何不济！"公见之，使为下军大夫。

　　　　　　　　　　　　　　　　——《国语·晋语五》

【注释】

　　①薅：hāo 除草。

　　②殛：jí 流放。

【译文】

　　胥臣出使返晋，途经冀野小憩。时值郤缺在田间除草，妻子送饭来到田间，两人相敬如宾。胥臣问他的身世，方知原是郤芮之子，便携他返回晋都。胥臣向晋文公汇报出使情况之后，便向文公推荐郤缺，说道："臣得到一位贤人，冒昧地推荐给您。"文公说道："郤缺的父亲有罪被杀，能任用他吗？"胥臣答道："对于国家良才，要不计前嫌而重用。因此舜帝依法惩罚罪臣时将鲧流放，而举用贤良时起用他的儿子大禹。这是国君所应知道的先例。齐桓公亲自举用管仲，而管仲本是企图将他射杀的凶手。"文公问道："您怎么知道他的贤能呢？"胥臣说道："臣亲眼目睹他言行不忘恭敬。恭敬是美德的升华，处事恭敬地恪守这一美德，还有什么做不好的呢？"晋文公召见郤缺之后，就任命他为下军大夫。

（三）叔向母

甚美必有甚恶

【题解】

　　叔向即羊舌肸，世代为晋大夫。叔向本想娶一位美女为妻，但他的母亲反对这门亲事。她列举了这个女人的险恶之处，认为自己的儿子如果娶了她会招来祸害。最可贵的是，他的母亲并非千篇一律地反对娶美女，而是强调美女如果没有美德就会给人带来不幸。

【原文】

　　初，叔向欲娶于申公巫臣氏，其母欲娶其党。叔向曰："吾母多而庶鲜，吾惩舅氏矣。"其母曰："子灵①之妻②杀三夫，一君，一子，而亡一国、两卿矣。可无惩乎？吾闻之，甚美必有甚恶，是郑穆少妃姚子之子，子貉之妹也。子貉早死，无后，而天钟③美于是，将必以是大有败也。昔有仍氏④生女，鬒黑而甚美，光可以鉴，名曰玄妻。乐正后夔取之，生伯封，实有豕心，贪惏无餍，忿颣⑤无期，谓之封豕。有穷后羿灭之，夔是以不祀。且三代之亡，共子之废，皆是物也。女何以为哉？夫有尤物，足以移人。苟非德义，则必有祸。"

　　　　　　　　　　　　　——《左传·昭公二十八年》

【注释】

　　①子灵：即夏姬。
　　②妻：即巫臣。
　　③天钟：集聚。
　　④仍氏：上古部落。
　　⑤颣：戾也。

【译文】

　　早年，叔向想娶申公巫臣的女儿为妻，可是叔向的母亲却想娶她自己的娘家人。这时叔向就说："我的庶母虽多，但是庶兄弟却很少，我讨厌亲上加亲。"叔向的母亲说："子灵的妻子害死三个丈夫、一个国君、一个儿子，同时又灭亡一个国家和两个卿，这还不够可怕吗？据说：'美丽的女人，心地都很险恶。'子灵妻是郑穆公少妃姚子的女儿，也就是郑灵公的妹妹。郑灵公早死无后，而上天竟集美貌于此女一身，准备用她的美引起大的灾殃。古时的有仍氏生了个女儿，头发既黑又特别美，光泽照人，因此就给他取名为'玄妻'。后来乐正夏夔氏娶她为妻，生了个儿子名叫'伯封'。此子的性情有如猪一般贪得无厌，凶狠无度，所以人们就给他取外号叫'封豕'。不久有穷国的后羿把伯封灭亡，从此乐正夏夔氏就断了香烟。而且三代的灭亡，和晋太子申生的废立，都是由美女所致，你为什么要娶她呢？她是一个天生尤物，足以眩惑人，假如没有完美的品德，势必会带来灾祸。"

（四）孔 丘

论婚嫁

【题解】

孔子学识渊博，他对于婚嫁问题也有许多精辟的见解，下面两段关于婚嫁的言论是孔子对鲁哀公的提问所做的答复。孔子从男女发育成长的不同特点说起，再谈到婚龄及婚嫁的合适时节，然后再谈论作为丈夫的男子应具备的品质与能力，以及作为妻子的女子应遵守的行为规范（即妇道），可以说内容详尽而全面。不过，孔子是从儒家礼教的原则与立场来阐述夫妇之道的，因此，不少思想是束缚人性的，比如孔子对妇女提倡的三从四德，就是不足为训的。对此，我们要持批判的态度，取其精华，弃其糟粕。

【原文】

男子二十而冠①，有为人父之端②。女子十五许嫁，有适人③之道。于此而往，则自婚矣。群生闭藏乎阴，而为化育之始。故圣人因时以合偶男女，穷④天数之极。霜降而妇功成，嫁娶者行焉。冰泮而农桑起，婚礼而杀⑤于此。男子者，任⑥天道而长万物者也。知可为，知不可为；知可言，知不可言；知可行，知不可行者。是故审⑦其能而明其别，谓之知，所以效⑧匹夫之德也。女子者，顺男子之教而长其理者也。是故无专制之义，而有三从之道。幼从父兄，既嫁从夫，夫死从子，言无再醮⑨之端。教令不出于闺门，事在供酒食而已。无阃⑩外之非仪也，不越境而奔丧。事无擅为，行无独成，参知而后动，可验而后言，昼不游庭，夜行以火，所以效匹妇之德也。

【注释】

①冠：戴冠举行成年礼。

②端：开头。

③适人：嫁人。

④穷：遵循。

⑤杀：停止。

⑥任：承担。

⑦审：判断。

⑧效：验证。

⑨醮：改嫁。

⑩阃：kǔn 门槛。

【译文】

其　一

男子到了二十岁戴冠举行成年礼，就可以开始做父亲了，女子到了十五岁允许出嫁，（因为）具备了嫁人的条件。男女双方超过了这种规定的年龄，就可以结婚了。寒冷季节，生命处于休眠、积聚状态，成为转化、孕育的开始。圣人根据合适的时机让男女结合成对，遵循天地的自然规律。（初冬）霜降时节，待嫁女子的身心状况达到调节良好的境地，（这时候）就可以举行男婚女嫁的仪式了。（初春）冰雪融化，到了农耕时节，结婚礼仪就该停止了。男子，担当天道而使万物生长。知道什么可以做，知道什么不能做；知道什么可以说，知道什么不可以说；知道做什么行得通，知道做什么行不通。因此判断出事情的可行性并且明白事物间的差别，就称得上智慧，这是用来验证男子的品质与能力。女子（就应该）顺从男子的训诫而使它的规范进一步完善，因此，女子在观念上不要偏执独立，而应该服从这三种礼教规范：未成年时顺从父亲兄长，出嫁以后顺从丈夫，丈夫死后则顺从儿子，没有再改嫁的理由。所接受的教导和训诫不应超出闺房范围，平时所做的主要是供应酒食之类的家务活儿。女子在外应该没有不合礼仪的行为，不超出国境去为亲人奔丧。做事、行动不要擅作主张，把事情弄明白了而后才行动，（发表意见）有根据能验证才可开口说话，白天不在庭院游逛，晚上走路要举灯火，凭借这些才能验证妇女的德行。

其　二

【原文】

女有五不取①：逆②家子者，乱家子者，世有刑人，子者，有恶疾子者，丧父长子者。妇有七出，三不出。七出者：不顺父母者，无子者，淫僻者，嫉妒者，恶疾者，多口舌者，窃盗者。三不去者：谓有所取无所归，与共更三年之丧，先贫贱后富贵。

——《孔子家语》

【注释】

①取：娶。

②逆：叛逆。

【译文】

有这五种情况的女子，（男子）不娶她：叛逆朝廷人家的女子，家庭内部关系混乱不和的人家的女子，有犯罪分子人家的女子，家里有人患有怪病的人家的女子，父亲兄长死去了的人家的女子（都不要娶过来）。对于妇女来说，有七种情况可以休掉她，有三种情况不应休掉。可以被休掉的七种情况是：不孝顺父母，不生养孩子，为人淫荡且性格怪僻，嫉妒别人，患上怪病，爱搬弄口舌，喜欢偷盗。这样三种情况不应休掉：女方家里没有亲人，（休掉了）没有回归的地方，与丈夫一起守过公公三年丧期，嫁过来（丈夫）贫贱后来又富贵起来了。

（五）太史敫女

不失人子之礼

【题解】

太史敫不能容忍其女自嫁齐襄王，于是决心父女再不相见。然而其女不因为这个而不恭不敬，一点都不失人子之礼。

【原文】

齐闵王之遇杀，其子法章，变姓名，为莒太史家庸夫。太史敫女奇法章之状貌，以为非常人，怜而常窃衣食之，与私焉。莒中及齐亡臣相聚，求闵王子，欲立之。法章乃自言于莒，共立法章为襄王。襄王立，以太史氏女为王后，生子建。太史敫曰："女无媒而嫁者，非吾种也。污吾世①矣！"终身不睹。君王后贤，不以不睹之故失人子之礼也。

——《战国策·齐策六》

【注释】

①世：世代。

【译文】

齐闵王遭到杀害以后，他的儿子法章改名换姓，做了莒邑太史敫的佣人。太史敫的女儿认为法章的相貌奇特，觉得他不是个普通人，因而怜爱他，常常暗中给他衣服穿和东西吃，并和他私通。莒邑的人们和临淄逃亡的臣子们就合起来寻找闵王的儿子，想要立他为齐王。法章这才向莒邑的人说明自己的身份，莒邑的人共同拥立法章，这就是齐襄王。襄王即位以后，立太史敫的女儿为王后，生了一个儿子名叫建。太史敫说："女儿不用媒人就自己出嫁，我不承认她是我家的人，她玷污了我的名声。"太史敫终身不见君王后。君王后很贤德，不因为父亲不见自己就丢掉做子女的礼节。

（六）无名氏

婚嫁之义

【题解】

《归妹卦》多讲婚配之事。男婚女嫁，自古便是如此。另外，此卦象辞对超龄不嫁的理解也是很有意义的。

【原文】

《象》曰：归妹，天地之大义也。天地不交，而万物不兴。归妹，人之终始也。

……

九四：归妹愆期，迟归有时。

《象》曰：愆期之志，有待而行也。

——《周易·归妹》

【译文】

《象辞》说：归妹，即男女婚配，这是天地间的大义。天地不相交，则万物不生育。男女婚配，是人类自身繁衍的起点。

……

九四：出嫁时超过了婚龄，迟迟不嫁是因为有所等待。

《象辞》说：超龄而不嫁，因为她决意找到合意的郎君。

（七）无名氏

死则同穴

【题解】

古代女子多以含蓄的方式表达自己的爱情，而本篇却以大胆而热情的口吻反映了一种坚贞不渝的狂恋，对后世封建礼教而言可以说是巨大的反差。忠贞是夫妻恩爱的最大动力。

【原文】

穀①则异室，死则同穴。

谓予不信，有如皦②日！

——《诗经·王风·大车》

【注释】

①穀：活着。

②皦：同"皎"，光明。

【译文】

活着各住各的房，死后同埋一个圹。

别说我话难凭信，天上见证是太阳！

（八）无名氏

永结同心

【题解】

这是夫将别妻的临行嘱咐，委婉地表达了永结同心的愿望。自古以来都讲"白头偕老"，夫妻闹别扭也应以信任为重。

【原文】

扬之水，不流束楚①。

终②鲜兄弟，维予与女③。

无信人之言，人实迋④女。

扬之水，不流束薪。

终鲜兄弟，维予二人。

无信人之言，人实不信⑤。

——《诗经·郑风·扬之水》

【注释】

①楚：荆条。

②终：既已。

③女：通"汝"。

④迋：通"诳"。

⑤不信：不可靠。

【译文】

河水悠悠没有劲，哪能漂散一捆荆。

我家兄弟本很少，只有你我结同心。

不要轻听别人话，人家骗你你别信。

河水悠悠流过来，哪能漂散一捆柴。

我家兄弟本很少，你我两人最关怀。

不要轻信别人话，人家挑拨你别睬。

（九）无名氏

与子偕老

【题解】

夫妻需要情投意合，这首诗很能体现这种情感。月下对饮，知己知彼，尤其"与子偕老"一句仍旧为人所称道。

【原文】

女曰："鸡鸣。"

士曰："昧①旦。"

"子兴视夜，明星有烂。"

"将翱将翔，弋凫与雁。"

"弋言②加之，与子宜之。

宜言饮酒，与子偕老。

琴瑟在御，莫不静好。"

"知子③之来之，杂佩以赠之！

知子之顺之，杂佩以问④之！

知子之好之，杂佩以报之！"

——《诗经·郑风·女曰鸡鸣》

【注释】

①昧：黑。

②言：助词。

③子：妻。

④问：赠送。

【译文】

女说："雄鸡叫得欢。"

男说："黎明天还暗。"

"你快起来看夜色，启明星儿光闪闪。"

"我要出去走一转，射点野鸭和飞雁。"

"射中鸭雁野味香，为你做菜给你尝。

就菜下酒相对饮，白头到老百年长。

你弹琴来我鼓瑟，美满和好心欢畅！"

"你的体贴我知道，送你杂佩志不忘！

你的温顺我知道，送你杂佩慰情长！

你的爱恋我知道，送你杂佩表衷肠！"

二、秦汉篇

（一）陈 平

陈平娶亲

【题解】

陈平是西汉一代名臣，官至丞相，可谓富贵至极。当他年轻时未成功名之前，因家穷竟娶不起亲，然而一位同乡前辈却看中了陈平身上的才华与发展前途，自作主张将其孙女许配给他，使陈平终于成就一番非凡业绩。本篇故事中张姓老头不以财取人的婚姻观念十分难能可贵，值得当今的人们深长思之！

【原文】

及平长，可娶妻，富人莫肯与者，贫者平亦耻之。久之，户牖富人有张负，张负女孙五嫁而夫辄死，人莫敢娶。平欲得之。邑中有丧，平贫，侍①丧，以先往后罢为助。张负既见之丧所，独视伟平，平亦以故后去。负随平至其家，家乃负郭②穷巷，以弊席为门，然门外多有长者车辙。张负归，谓其子仲曰："吾欲以女孙予陈平。"张仲曰："平贫不事事，一县中尽笑其所为，独奈何予女乎？"负曰："人固有好美如陈平而长贫贱者乎？"卒与女。为平贫，乃假贷币为聘，予酒肉之资以内③妇。负诫其孙曰："毋以贫故，事人不谨④。事兄伯如事父，事嫂如母。"平既娶张氏女，赍用⑤益饶⑥，游道⑦日广。

——《史记·陈丞相世家》

【注释】

①侍：服侍。

②负郭：靠近城墙。

③内：nà 娶进。

④谨：恭敬。

⑤赍用：钱财费用。

⑥饶：富裕。

⑦游道：交游。

【译文】

等到陈平成年，应该娶亲了，富人没有肯把女儿嫁给他的，娶贫穷人家的女子陈平又感到羞耻。过了很久，户牖有个富人叫张负；张负的孙女儿五次嫁人丈夫都死了，人们没有谁敢再娶。陈平想要娶她。一次，乡邑中有丧事，陈平因为家穷，就去为人家的丧事帮忙干活，他去得早，回得晚，希望多得些报酬作为生活的补助。张负在丧所见到了他，唯独看中了魁梧美貌的陈平，陈平也因为想试探一下张负的缘故而最后离开丧所。张负跟随陈平到了他的家。陈平的家竟在靠近城墙的偏僻小巷里，用烂席子作门，然而门外留下了许多贵人停车的轮迹。张负回到家里，对他的儿子张仲说："我想把孙女儿嫁给陈平。"张仲说："陈平家穷，又不从事生产，全县的人都笑他游手好闲，怎么偏偏把女儿嫁给他呢？"张负说："像陈平这样俊美有才的人会长久贫穷卑贱吗？"张负终于自作主张把孙女儿嫁给了陈平。因为陈平贫苦，张负便借给他财礼，好让他行聘；又给他购买酒肉的钱，好让他娶亲过门。张负告诫他的孙女儿说："不要因为陈平贫寒的缘故，服侍人家就不恭敬。服侍兄长陈伯要像服侍父亲一样，服侍嫂子要像服侍母亲一样。"陈平娶了张家女儿以后，手头越来越宽裕，交游也越来越广了。

（二）司马相如

报卓文君书

【题解】

司马相如和卓文君的故事，千百年来一直为人们津津乐道。这封信相传是司马相如写的。大约是两人闹了矛盾，卓文君修书致意，相如回信表示后悔。深情厚谊，令人一唱三叹。

【原文】

五味虽甘，宁先稻黍。五色有灿，而不掩韦布。唯此绿衣，将执子之釜。锦水有鸳，汉宫有木。诵子嘉吟，而回予故步，当不令负丹①青②、感白头也。

——《汉魏六朝百三名家集·司马文园集》

【注释】

①丹：红颜。

②青：黑发。

【译文】

五味虽然甘美，宁肯先吃稻黍。五色虽然灿烂，但掩不住韦带布衣的本色。真希望绿衣佳人，与我共同生活。锦水里宿着鸳鸯，汉宫中长着嘉树。吟诵着美好的来信，使我想起了以前的事情。红颜黑发时，绝不相负；白发苍苍时，莫生感慨。

（三）班 固

论嫁娶

【题解】

班固是东汉著名史学家，博学多才，除著有不朽的断代史书《汉书》外，还著有对后世产生很大影响的典籍《白虎通义》。《白虎通义》实际上是东汉一批知名的儒家学者的言论汇编，因为班固是此书的编撰者，所以后世的人们就把班固看成《白虎通义》的作者。在《白虎通义》中，有专门章节讨论男女嫁娶问题，多有精辟见解。下面摘录一小节，是讲男女婚嫁须经过父母同意且明媒正娶，这在今天看来似乎过于迂腐了，然而从教育年轻人尊重父母、严肃对待婚姻的角度来说，不也有很好的告诫作用吗？

【原文】

男不自专①娶，女不自专嫁，必由父母，须媒妁何？远耻防淫泆②也。诗③云："娶妻如之何？必告父母。"又曰："娶妻如之何？匪④媒不得⑤。"

——《白虎通义·嫁娶》

【注释】

①专：擅自作主张。

②泆：通"逸"。

③诗：《诗经》。

④匪：同"非"。

⑤得：得到，达到目的。

【译文】

男子不自作主张娶妻，女子不自作主张嫁人。那么为什么须经过父母同意并请媒人出面提亲呢？是为了避免子女的擅作主张而给双亲带来的耻辱，并且也防止不合礼仪的淫乱之事发生。《诗经》上说："要娶妻子该怎么做？一定要先告诉父母（以征求意见）。"《诗经》上还说："要娶妻该怎么做？没有媒人就不能达到目的。"

（四）班 昭

夫 妇

【题解】

这是班昭《女诫》的第二篇。在中国历史上，影响较大。从今天的眼光来看，班昭的很多说法都应受批判了。但处理好夫妇之间的关系，却又是今天仍然必须思考的问题。因此，中国妇女挣脱枷锁以后，对戴着枷锁的过去时代的女性地位，不妨加以审视。

【原文】

夫妇之道，参配阴阳，通达神明。信天地之弘义，人伦之大节也。是以《礼》贵男女之际，《诗》著《关雎》之义。由斯言之，不可不重也。夫不贤，则无以御妇；妇不贤，则无以事夫。夫不御妇，则威仪废缺；妇不事夫，则义理堕阙。方斯二事，其用一也。察今之君子，徒知妻妇之不可不

▲ 班昭像

御，威仪之不可不整，故训其男，检以书传，殊不知夫主之不可不事，礼义之不可不存也。但教男而下教女，不亦蔽于彼此之数乎！《礼》，八岁始教之书，十五而至于学矣。独不可依此以为则哉！

——《女诫》

【译文】

夫妇的大道，可以和阴阳参立配合，能够与神明相通。它实在是天地间的大义，人伦中的大节。因此《礼》看重男女之间的交往，《诗经》张扬《关雎》诗篇中男女互相恋慕的内容。由此而言，（夫妇之道）不可以不高度重视了。丈夫如果不贤明，就不能管住妻子；妻子如果不贤明，就不能很好侍奉丈夫。丈夫管不住妻子，那么威仪就受到损害；妻子不侍奉丈夫，那么道德规范就受到破坏。比较这两种情况，它们的作用实际是一致的。观察当今有贤德的男子，只知道妻子不能不管住，威仪不可不整治，因此告诫他的儿子，用书、传加以验证，却不知道本来丈夫不可不侍奉，礼节、道德不可以不存在。只教男而不教女，不也是不懂得彼此之间的礼数吗？《礼》，这本书，人满八岁就可以教，十五岁就可以自己学习它了。难道不可以就用它作为行为准则吗？

（五）冯 衍

与妇弟武达书

【题解】

冯衍的妻子，是北地任家的女儿，过门后又凶又恶，嫉妒成性，对孩

子丝毫没有感情，是一位有名的泼妇。冯衍被折磨得痛不欲生，写了这封信给妻子的弟弟任武达，描述了她的种种丑态恶事，并表明了离异的决心。这桩不幸的婚姻，也是大千世界不少家庭的缩影。谁不希望家庭幸福和睦？这场东汉时期的闹剧被写得生动如在目前，让人在笑声之中品出苦涩。

【原文】

天地之性，人有喜怒，夫妇之道，义有离合。先圣之礼，士有妻妾，虽宗之眇微，尚欲逾①制。年衰岁暮，恨入黄泉②，遭遇嫉妒，家道崩坏，五子之母，足尚在门。五年已来，日甚岁剧，以白为黑，以非为是，造作端末，妄生首尾，无罪无辜，谗口嗷嗷。乱匪③降天，生自妇人。青蝇之心，不重破国，妒嫉之情，不惮丧身。牝鸡之晨，唯家之索，古之大患，今始于衍。醉饱过差，辄为桀纣，房中调戏，布散海外，张目抵掌，以有为无。痛彻仓④天，毒流五臧⑤，愁令人不赖生，忿令人不顾祸。入门著床，继嗣不育，纺绩织纴，了无女工，家贫无僮，贱为匹夫，故旧见之，莫不悽怆，曾无悯惜之恩。唯一婢，武达所见，头无钗泽，面无脂粉，形骸不蔽，手足抱土。不原其穷，不揆其情，跳梁大叫，呼若入冥，贩糖之妾，不忍其态。计妇当去久矣，念儿曹小，家无它使，哀怜姜、豹，当为奴婢。恻恻焦心，事事腐赐，讻讻籍籍，不可听闻。暴虐此婢，不死如发，半年之间，脓血横流。婢病之后，姜竟春炊，豹又触冒泥涂，心为怆然⑥。缣谷放散，冬衣不补，端坐化乱，一缕不贯。既无妇道，又无母仪。……举宗达人解说，词如循环，口如布谷，县⑦幡竟天，击鼓动地，心不为恶，身不为摇。宜详居错⑧，且自为计，无以上书告诉相恐。狗吠不惊，自信其情。不去此妇，则家不宁；不去此妇，则家不清；不去此妇，则福不生；不去此妇，则事不成。自恨以华盛时不早自定，至于垂自家贫身贱之日，养痈长疽，自生祸殃。衍以室家纷然之故，捐弃衣冠，侧身山野，绝交游之路，杜仕宦之门，阖门⑨不出，心专耕耘，以求衣食，何敢有功名之路哉！

——《后汉书·冯衍传》注引《冯衍集》

【注释】

①逾：超过。

②黄泉：地下，指死人居住的地方。

③匪：同"非"。

④仓：通"苍"。

⑤臧：通"藏"，五脏。

⑥然：jiān 细绢。

⑦县：通"悬"。

⑧错：通"措"，外置。

⑨阖门：闭门。

【译文】

　　天地生成的本性，人有喜便有怒。夫妇之间的大道，本来有合便有离。按照先圣制定的礼制，士大夫有了妻还需要有妾，即使宗族微不足道，一般还是想超过限制。我已年衰岁暮，即将抱恨归入黄泉，哪知碰到妒妇，使家庭败落。她已是五个孩子的母亲，想赶走她，可她还赖在家门！五年以来，一天比一天悍嫉，以白为黑，以非为是，惹是生非，无中生有，对无罪无辜的人，嗷嗷进谗。祸乱哪里是从天而降，纯粹是这泼妇一手造成。她有青蝇玷白为黑的心思，即使破国也不以为怀；她的嫉妒之情，即使丧身也无所忌惮。母鸡妄图晨鸣，家庭快要萧索，这是自古以来的大患，现在发生在我冯衍身边。喝酒吃饭稍不顺意，她就露出夏桀商纣一般的凶相；屋里的戏言亵事，她恨不得发布天下。还睁眼摆手，拒不承认。我的悲痛真要上达苍天，毒恨已经流入五脏，哀愁使我不想再活，愤怒使我顿生恶心！她进入我家，安坐不动，孩子不养育，织布做衣，半点不会。家里贫困，没有僮仆，孩子们给弄来做卑贱的粗活。朋友们见了，没有人不悽然感怆，可她竟无一点怜悯痛惜的心情！只有一个婢女，是武达你见过的，头上没有钗饰的光泽，脸上没有脂粉，衣不蔽体，手脚上沾满泥灰。悍妇不体谅她的困境，不考虑她的实情，却一跳三丈，大喊大叫，声音只怕连阎王爷都听见了。即使卖糖人的妾妇，也不忍看见她那丑态！考虑应当离掉这个妇人已很久了，又转念孩子们幼小，家里又没其他人可照顾他们；可是我又哀怜姜、豹两个孩子，他们快成奴婢了。焦虑的心凄凄恻恻，件件事情腐心断肠，她气势汹汹，弄得满地狼藉，使人不忍目睹耳听。她又残暴地虐待那个婢女，搞得半死不活命如发丝，半年不到，身上的伤口脓血横流。婢女病后，冯姜竟被弄来春米做饭，冯豹触冒了虎威，罚跪泥中，我见了心里悲怆。家里的布、谷乱七八糟，冬夏的衣服坏了不补，放在那里风化腐烂，拎起来时已经寸断。既没有妇道，又没有母仪……宗族里的所有达人都来劝解化说，说的话反反复复都是至理名言，张开的口一个一个都像勤勉的布谷，高悬的旗幡上摩苍天，咚咚的战鼓撼山动地，这妇人却丝毫心不为动，肖然难摇。她应该知道受怎样处置，看来也在自做准备了。你不要因为我写信相告而惊恐。不论狗怎么叫，我都不在乎，因为我已坚定了主张。不离掉这个妇人，家里不得安宁；不离掉这个妇人，家里不得清静；不离掉这个妇人，福禄不会再生；不离掉这个妇人，万事不成！我很后悔盛年时没有早做决定，以至于垂垂老矣，家里贫寒，身为卑贱的日子里，却养脓疮、长坏疽，自家里产生了祸殃。我冯衍因为家里闹翻了天，辞掉官职，藏身在山野，断绝了朋友交往，辞谢了官员招请，闭门不出，专心农活，只求吃饱穿暖，哪里还敢希望功名利禄！

（六）徐淑

为誓书与兄弟

【题解】

徐淑与秦嘉，是东汉时有名的贤伉俪。夫妻都能属文，时常书信往来，秦嘉死后，徐淑哀恸欲绝。兄弟想叫她改嫁，她就写了这封信表白心迹。从一而终的观点在今天似不合宜，但坚贞的爱情，抚养遗孤的厚意却永不褪色。

【原文】

盖闻君子导人以德，矫俗以礼，是以烈士有不移之志，贞女无回二之行。淑虽妇人，窃慕杀身成义，死而后已。凤遭祸罚，丧其所天，男弱未冠，女幼未笄，是以偄俛求生，将欲长育二子，上奉祖宗之嗣，下继祖祢之礼，然后观觐于黄泉，永无愧色。

仁兄德弟，既不能厉高节于弱志，发明德于暗昧，许我从人，逼我干上，乃至官人，讼之简书。

夫智者不可惑以事，仁者不可胁以死。晏婴不以白刃临颈，致正直之辞；梁寡不以毁形之痛，忘执节之义。高山美行，岂不知思齐，计兄弟备托学门，不能匡我以道，博我以文，虽曰既学，吾谓之未也。

——《全后汉文》

【译文】

我听说君子用德来引导人，用礼来矫正世俗，因此壮烈之士有不能动摇的志向，贞节之女没有三心二意的行为。我虽是妇人，私下里却仰慕杀身取义，死而后已的节操。过去遭受祸罚，失去丈夫，儿子未满弱冠，女儿没到及笄，因此含辛茹苦，勉力求生，想要养育两个孩子，上奉祖宗的嗣传，下继祖传的礼仪，然后到黄泉去见丈夫，永无愧色。

仁兄德弟，既不能用高尚的节操来激励我卑弱的志向，用光明的德行来启发我的暗昧，却答应将我重新许人，逼着我冒犯先夫，乃至闹到官府，写下诉讼的简书。

智者不可用事情迷惑，仁者不可用死威胁。晏婴并不因白刃加颈，放弃正直的言辞；梁寡也不因将受毁坏形体的痛苦，忘掉坚持节操的大义。高山美行。岂能不见贤思齐。想哥哥弟弟都托身学问之门，却不能用大道来匡正我，以文章来使我见闻广博，虽然说是已经学了，我却要说一点没学！

三、魏晋南北朝篇

（一）郭皇后

论婚嫁

【题解】

魏国郭皇后十分贤明，能够规正自己娘家一族人们的行为，她心怀天下大势，明察祸患之端，能够居安思危，防患于未然。母仪天下者，当如郭皇后。

【原文】

后早丧兄弟，以从兄表继永后，拜奉车都尉。后外亲刘斐与他国为婚，后闻之，敕曰："诸亲戚嫁娶，自当与乡里门户匹敌者，不得因①势强与他方人婚也。"后姊子孟武还乡里，求小妻，后止之。遂敕诸家曰："今世妇女少，当配将士，不得因缘取以为妾也。宜各自慎，无为罚首。"

——《三国志·魏书·后妃传》

【注释】

①因：凭借。

【译文】

郭后早年没了兄弟，文帝曹丕让郭后的从兄郭表作了郭后父亲郭永的后嗣，并拜他作了奉车都尉。郭后外家的姻亲刘斐与所封之国以外的人联姻，郭后听说这件事后，敕令刘斐说："诸位亲戚今后若有嫁娶这类事，自然应当与乡里中门当户对的人家接洽，不允许由于势力强盛就与外方人论婚。"郭后姐姐的儿子孟武回到乡里求娶小妾，郭后制止了这事。还就此敕令诸家亲属说："如今之世妇女少，应当尽量将她们配给前方将士。你们今后不得假借因由将她们取来做妾。大家都要各自谨慎，不要充当挨罚的祸首。"

（二）许允妻阮氏

谏以好德

【题解】

人们常说：心灵美比外表美更重要。许允的妻子阮氏长得丑却知书达礼，她对丈夫劝谏的话应当是夫妻间最好的借鉴。美德是根本，外貌并不涉及品行。妇有妇德，夫有夫德，双方都做到爱德不爱色，夫妻间才会倍加尊重，相敬如宾。

【原文】

　　许允妇是阮卫尉女，德如妹，奇丑。交礼竟，允无复入理，家人深以为忧。会①允有客至，妇令婢视之，还答曰："是桓郎。"桓郎者，桓范也。妇云："无忧，桓必劝入。"桓果语许云："阮家既嫁丑女与卿，故当有意，卿宜察之。"许便回入内，既见妇，即欲出。妇料其此出无复入理，便捉裾停之。许因谓曰："妇有四德，卿有其几？"妇曰："新妇所乏唯容尔。然士有百行，君有几？"许云："皆备。"妇曰："夫百行以德为首，君好色不好德，何谓皆备？"允有惭色，遂相敬重。

——《世事兑新语·贤媛》

【注释】

　　①会：碰上。

【译文】

　　许允的妻子是卫尉阮共的女儿，阮德如的妹妹，长相特别丑陋。新婚行完交拜礼后，许允不再进新房，家里人都十分忧虑。正好许允有客人来，新娘便叫婢女去看看是谁，婢女回报说："是桓郎。"桓郎就是桓范。新娘说："用不着忧虑，桓氏一定会劝他进来的。"桓范果然劝许允说："阮家既然嫁个丑女给你，想必是有一定想法，你应该体察明白。"许允便转身进入新房，见了新娘后，立刻想退出。新娘料定他这一走再也不可能进来了，就拉住他的衣襟让他留下。许允便问她说："妇女应该有四种美德，你有其中的哪几种？"新娘说："新妇所缺少的只是容貌罢了。可是士大夫应该有各种好品行，您有几种？"许允说："样样都有。"新娘说："各种好品行里头首要的就是德，可是您爱色不爱德，怎么能说样样都有呢？"许允听了，面露愧色，从此夫妇俩便互相敬重。

（三）王　湛

自求女

【题解】

　　王湛虽然少时不好言谈，却能慧眼识贤妻。他有一个择妻的参考意见，那就是观察她日常生活的举止。提亲时双方当然有礼有节，但平常就难说了。在当时，通过日常生活了解求娶对象，是王湛最与众不同的地方。

【原文】

　　王汝南少无婚，自求郝普女。司空以其痴，会无婚处，任其意，便许之。既婚，果有令姿淑德。生东海，遂为王氏母仪。或问汝南何以知之，曰："尝见井上取水，举动容止不失常，未尝忤观，以此知之。"

——《世说新语·贤媛》

【译文】

　　汝南内史王湛年轻时没人提亲，便自己提出向郝普的女儿求婚。他父亲王昶因他愚痴，正好又没人提亲，于是随他的心意，答应了他。婚后，郝氏果真美貌贤淑。后来生了王承，终于成了王家母亲们的典范。有人问王湛怎么了解她的，王湛说："我曾经看见她上水井打水，举止仪容不失常态，也没有不顺眼的地方，因此知道她不错。"

（四）郗超妻

生死相随

【题解】

　　郗超曾为中书郎，死时年仅四十二岁。郗超夫妻感情很好，他的妻子不肯回娘家度日，而发出"死宁不同穴"的真挚誓言。夫妻感情到这个地步，真不容易。

【原文】

　　郗嘉宾丧，妇兄弟欲迎妹还，终不肯归。曰："生纵不得与郗郎同室，死宁①不同穴！"

——《世说新语·贤媛》

【注释】

　　①宁：难道。

【译文】

　　郗嘉宾死了，他妻子的兄弟想把妹妹接回去，她却始终不肯回娘家。说："活着纵然不能和郗郎同居一室了，死了难道可不和他同葬一坑！"

四、隋唐五代篇

长孙皇后

义不独生

【题解】

　　唐太宗与长孙皇后鸾凤和谐，恩爱甚笃，直至以生死相许。在帝王之家能有这样的爱情，实属不易。这个故事远远没有明皇杨妃之事那样香艳，却更为纯洁深挚，感人肺腑。长孙皇后的品行德操，则更远非杨玉环所能比拟的了。

【原文】

长孙皇后侍太宗疾，累年昼夜不离侧。常系毒药于衣带，曰："若有不讳，义不独生。"贞观十年，皇后疾笃，因取衣带之药以示上曰："妾于陛下不豫①之日，誓以死从乘舆，不能当吕后之地尔。"

——《续世说·贤媛》

【注释】

①豫：生病。

【译文】

唐太宗身患疾病，长孙皇后长年累月地精心侍候，昼夜都不离开他的旁侧。长孙皇后经常将毒药系

▲长孙皇后像

在衣带上，说："皇上如有不测，我决不一个人活下去。"贞观十年（636），长孙皇后病重就取出衣带上的毒药给唐太宗看，说："我在陛下生病的日子里，曾发誓不惜一死，跟随你到阴间去，决不能处于吕后那样的地位。"

五、宋辽金元篇

袁 采

1. 再娶宜择贤妇

【题解】

男子中年丧妻是人生的大不幸，但续娶又很难找到满意的。所以，袁氏主张男子再娶要慎重从事，尽量选择贤惠的妇女作为后妻。

【原文】

中年以后丧妻乃人之大不幸。幼子稚女无与之抚存，饮食衣服，凡闺门之事无与之料理，则难于不娶。娶在室之人①，则少艾之心，非中年以后之人所能御。娶寡居之人，或是不能安其室者，亦不易制。兼有前夫之

子，不能忘情，或有亲生之子，岂免二心！故中年再娶为尤难。然妇人贤淑自守，和睦如一者不为无人，特难值②耳。

【注释】

①在室之人：即未婚女子。

②值：逢。

【译文】

中年以后丧妻，是人生的大不幸。年幼的子女，没有人一同抚养安慰，吃饭穿衣，大凡家里的事，没有人一同料理，那就很难不再娶。娶一个未婚的女子，则以她青年女子的心思，非中年以后的人未必能驾驭得了。娶一个寡妇，有可能是不能待在室里安分守己的，也不容易控制。再加上带着前夫的孩子，不能忘掉前夫的恩情，或者再嫁后又有了亲生孩子，哪能避免怀有二心！因此中年以后再娶尤其为难。但是妇人中能贤淑安分、和睦不生二心的并不是没有，只是难于碰到罢了。

2. 男女不可幼议婚

【题解】

订娃娃亲的现象在旧社会十分盛行，人们对之习以为常，袁氏却大反其道，指出订娃娃亲带来的不良后果，劝诫家长们杜绝此事，可谓目光长远，洞明世事，对当今的人们也有不少启迪。

【原文】

人之男女，不可于幼小之时便议婚姻。大抵女欲得托，男欲得偶，若论目前，悔必在后。盖富贵盛衰，更迭不常；男女之贤否，须年长乃可见。若早议婚姻，事无变易固为甚善，或昔富而今贫，或昔贵而今贱，或所议之婿流荡不肖，或所议之女狠戾不检。从其前约则难保家，背其前约则为薄义，而争讼由之以兴，可不戒哉！

【译文】

世人有了儿子女儿，不要在他们还幼小的时候便议定婚姻。一般女子呢要找一个依托，男子呢要找一个配偶，如果在小时候就议定了婚姻，将来一定会后悔。因为富贵盛衰，轮流更替，没有一个常规；男子女子是否贤能，须长大后才能见出。如果早早议定婚姻，事情没有变化固然很好，一旦过去的富家现在变穷，或者过去的尊贵现在沦为卑贱，或者所议定的夫婿放荡无行，不成人样，或者所议定的媳妇狠毒暴戾，行为不检，这时依从以前的婚约则家业难保，背弃婚姻又显得薄情寡义，争执诉讼的事情，由此产生。可以不警戒吗？

3. 议亲贵人物相当

【题解】

古时男女通婚讲究门当户对，且很看重对方的家产，袁氏却主张男女定亲时将对方的人品摆在第一位。这种婚姻观在当时来说是十分难得的，至今仍具有极大的借鉴意义。

【原文】

男女议亲，不可贪其阀阅①之高，资产之厚。苟人物不相当，则子女终身抱恨，况又不和而生他事者乎！

【注释】

①阀阅：指门弟家世。

【译文】

父母为儿女议定婚事，不要贪图对方门第家世的高贵、资产的富厚。假如两个人本身不相匹配，那么儿女会抱恨终身，何况还会因为不和睦而生出其他的事情来呢。

4. 媒妁之言不可信

【题解】

古时人们在婚姻问题上普遍信奉媒妁之言，袁氏却看出了媒妁之言的虚假与危害，主张青年男女不可妄信媒妁之言，应自己对对方慎重考察，这种婚姻见解至今仍具参考价值。

【原文】

古人谓"周人恶媒"，以其言语反复。绐①女家则曰："男富。"给男家则曰："女美。"近世尤甚。绐女家则曰："男家不求备礼，且助出嫁遣之资。"给男家则厚许其所迁之贿，且虚指数目。若轻信其言而成婚，则责恨见欺，夫妻反目，至于仳离②者有之。大抵嫁娶固不可无媒，而媒者之言不可尽信。如此，宜谨察于始。

——《袁氏世范》

【注释】

①绐：dài 哄骗。

②仳离：pǐ lí 旧指妇女被遗弃而离去。

【译文】

古人说："思虑周到的人厌恶媒人，"主要是因为他们言语反复无常。骗女方家就说："男方家很富裕。"骗男方家就说："女方很美丽。"这种风气近来尤其厉害。骗女方家就说："男方家不要求礼仪周备，而且帮助出陪嫁的资财。"骗男方家就说女方的陪送很丰厚，而且夸张地说一个数目。如果轻信媒人的话就结成婚姻，会出现责怪怨恨被欺骗，夫妻反目成仇，以至离婚的情况。大致上婚嫁本来不能没有媒人，但媒人的话又不可尽信。这样，就应该从开始就谨慎地考察。

六、明清篇

（一）纪　昀

1. 寄内子

【题解】

流言可以杀人，但这和你本人的态度和做法有关。面对好色之徒的诽谤，玉姑不去细想却以死了之，在纪氏看来非常愚昧。他认为应该像玉娥一样理直气壮地为自己辩护，从而维护自己的名誉、幸福乃至生命。

【原文】

宗兄桂山之长女玉姑，竟因受人蜚语，愤极自缢，何其愚耶！彼固白璧无瑕。登徒子涎其色，知已许字谢门，难遂好逑之愿，遂造作蜚语，传播乡里。谢氏颟顸①，竟中其奸谋，央媒提议离婚未遂，诉诸有司。赵令亦太觉糊涂，闺女贞节，何等重大，岂可凭茶寮酒肆中之蜚言，作为解散婚约之证据，致玉姑白圭遗玷，愤极投环，以为一死，可以表明心迹。而谢氏反谓其难掩丑行，以死了之。冤矣哉！玉姑之贞烈，唯我夫妇信之。誓为之作墓志，勒石表明其冤死，以慰贞魂。夫人寿修短，本有定数。当玉姑离婚时，苟遇我在家乡，必能为之设法转圜。盖余少时，我郡有贫家女焦玉娥者，秀外慧中，又多急智。有土豪见而艳羡之，谋为籧室。而玉娥早与姑表弟王桐生订姻。土豪有欲不遂，亦如登徒子之对付玉姑，妄造蜚语，以破其婚姻。胥家果受愚，欲求离婚，讼于官。犹恐理曲不得直，遂捏造佐证，与原媒设就陷阱。将开审矣，玉娥探悉其事，知见官，必蒙羞而遭遗弃，亟偕母同往胥家，见姑自陈曰："闺女之贞不贞，容易证明。儿不愿献丑于官媒，而为谋媵我者所诬陷，自愿献丑于姑前，请即仔细验明。"遂屏人合户，弛服露体。姑验讫，知系无瑕白璧。讼案投销，即日择吉行亲迎礼。玉娥之急智，诚不可及也。我若以此法教导玉姑，则婚约不解，性命亦可保存也。

【注释】

①mān hān 糊涂，不明事理。

【译文】

同宗兄长纪桂山的大女儿玉姑，竟然因为受人流言蜚语，悲愤到极点而上吊身亡，太愚昧了！她本来就冰清玉洁，好色之徒垂涎于她的美色，知道她已许配给谢家，难以了却匹配的心愿，于是制造流言，在乡里传播。谢家糊里糊涂，竟然中了他们的奸佞计谋，央求媒婆提议离婚没有得逞，便上诉到有关官吏。赵县令也太让人觉得糊涂，女孩子的贞节，太重大了，岂能凭借茶馆酒店里的流言，作为解除婚约的证据，致使玉姑身背不贞之名，悲愤到极点而上吊，以此作为死节，可以表明心迹。而谢家反而说她难以掩饰丑行，以死来了结。冤枉啊！玉姑的贞洁节烈，唯有我们夫妻相信。发誓为她作墓志铭，铭刻石碑上表明她的冤死，来告慰她的贞节灵魂。一个人寿命的长短，本来就有定数。当时玉姑离婚的时候，如果碰到我在家乡，一定能够为她想办法周旋。我小的时候，我郡有个叫焦玉娥的贫家女，柔秀在外聪慧在内，又能急中生智。有个地主看了就艳羡她，打算把她当作填房。但玉娥早已和姑表弟弟王桐生订了婚约。这个地主的想法得不到满足，也像好色之徒对付玉姑一样，凭空制造流言，来破坏她的婚姻。夫婿家果然受到愚弄，想要离婚，上诉到官府。还怕理由不正当，于是捏造佐证，和原来的媒妁方设计陷阱。将开庭审理，玉娥探听到这件事，知道见官后一定会蒙受耻辱而遭到遗弃。急忙和母亲一起去夫婿家，见到姑母自己陈述道："女孩贞洁不贞洁，容易证明。儿媳不愿意在官府媒婆前献丑，而被图谋纳我做填房的人所诬告陷害，自愿在姑姑面前献丑，请您立即仔细验明。"于是设屏关门，脱下衣服赤身露体。姑姑验明完毕，知道是冰清玉洁。诉讼案注销，当天选择吉日良辰施行亲迎礼。玉娥的急中生智，玉姑的确赶不上。我假使用这种方法教导玉姑，那么婚约不会解除，性命也可以保存。

2. 寄族弟次良

【题解】

古礼所规定的表亲不能通婚，在现在看来是有其客观的科学基础的。但过去单凭这一点而拆散鸳鸯，致使人家双双殉情而死却是惨无人道的。纪氏讲述的故事告诫族弟不能食古不化，还是要有人情味。

【原文】

中表为婚，古礼所禁。法律虽亦不许，却无犯罪专条。弟妇之侄，既在襁褓中与姑表妹订婚。时越十八年，令舅忽听辰哥之言，竟欲退婚。幸得我弟一言，始行合卺。礼当亲戚见礼时，新夫妇必向我弟九顿首以谢玉成之德也。吾不知讲学之士，何故食古不化，都喜离人婚姻。昔有农人丁三宝者，亦自幼与姑表妹曾四宝订婚。旋因岁饥，皆被父母质于京师郑郎中家为仆婢，而讳言为未婚夫妇。郎中家法严峻，每笞三宝，四宝必从旁暗泣。郎中疑之，转质四宝于陈氏。旋三宝亦被逐，百计图谋，亦入陈氏为仆，得遇四宝，相持痛哭，时已十五六矣。陈氏怪问之，则诡以兄妹对。陈氏以其名行相连，深信不疑。后连年岁稔，两家父母同入京赎子女。转辗寻至陈氏，而告以始末，主人始知二人为未婚夫妇，甚悯恻之，拟助人合卺，而仍留服役。不料其馆师严子青，不知古今事异，昌言排斥，谓"中表为婚，不独礼法所不容，并且成婚后，两家祖宗俱要受阴谴，父母同受天诛。主人意虽善，我辈读书人，当以风化为己任，见悖理乱伦之事而不阻，非君子也。"遂向主人及两家父母力陈利害，乡愚信以为真，两愿离异。未几四宝鬻为选人妾，不数月忧郁死。三宝发狂走出，自沉于河，未几子青亦疽发背死。无端饶舌，害人即以自害。后世讲学家，当亦知所儆惕矣。

——《纪文达公遗集》

【译文】

　　表亲结婚，是古礼所禁止的。法律虽然不允许，却没有犯罪的专门条例。你妻子的侄儿，还在襁褓中就和姑表妹订了婚。时过十八年，你舅舅听了辰哥的话，竟然想退婚。幸而得了我弟弟一句话，才举行了婚礼。行礼应当到亲戚相见时，新夫妇一定要向你磕九次头来感谢合婚之德。我不知道有知识的人，为什么食古不化，都喜欢分离别人的婚姻。过去有个叫丁三宝的农民，也自幼和姑表妹曾四宝订下婚约。不久由于当年闹饥荒，都被父母抵押到京城郑郎中家当奴仆，而隐瞒说是未婚夫妇。郑郎中家法严厉，每一次鞭打三宝，四宝一定在旁边暗暗落泪。郎中怀疑这事，转而把四宝卖给陈家。不久三宝也被赶出去，经过千方百计地谋划也到了陈家当仆人，与四宝相逢，抱住痛哭，那时已经十五六岁了。陈家很奇怪地问他们，他们就假称是兄妹。陈家因为他们的名字排行相连，深信不疑。后来连年丰收，两家父母同时到京城赎回自己的子女。转辗找到陈家，告诉他们情况，主人才知道两个人是未婚夫妇，很怜悯他们，打算帮助他们完婚，而且仍旧留他们做事。没料到学馆老师严子青，不懂得古今的情况不同，大肆排斥说"表亲结婚，不单单礼法不容许，并且成婚以后两家祖宗都要遭受阴间惩罚，父母一同遭受上天诛罚。主人本意尽管是好的，我们读书人应当以崇高的风范影响别人，并以此作为自己的责任，见到违背常理、破坏人伦的事而不阻拦，就不是君子。"于是就向主人和两家父母竭力陈说利害关系，乡下俗人信以为真，两家都愿意离异。不久四宝卖给别人做小妾，不到几个月就忧郁而死。三宝发疯出走，自己跳了河，不久严子青也背部发疽而死。没有缘由的多嘴多舌，害别人也就害自己。后世知识分子，应当也知道警惕了。

（二）汪辉祖

嫁娶之事

【题解】

古代当然很少有自由恋爱，"嫁娶之事"都与父母、家庭亲戚相关，所以从客观上也为后世婚姻观的发展提供了前鉴。本篇所选四条，原各有一题目即"婚嫁宜量力""相子择妇""攀高亲无益""缔姻宜取厚德之家"。这几条可以说简略地概括了婚姻幸福和长久的主要因素。

【原文】

嫁娶之事，动曰颜面攸关。千方百计，典借饰观。无本之流，涸可立待。成婚后，稍不周到，徒费口舌，有因而龃龉者。订姻之初，宜从朴实；勿为媒妁所诳①，作重聘厚奁之想，庶无后悔。

相女配夫，古人言之。不知聘妇尤当相子。若子不才而徒希门阀，女子甚贤，自安义命。非然者，天壤之间，乃有王郎②。必将薄视其夫，酿为家门之祸。礼聘之始，何可不慎？

嫁女胜吾家，娶妇不如吾家，则女子能执妇道。前贤虑事极周。世俗多援系之见，无论嫁娶，总惟胜己者是求。夫富与富接，贵与贵比，人情也。两家地位相当，自尔往来稠密。稍分高下，渐判亲疏，势实使然，贤者不免。故五伦③之内，不缀姻亲，气谊浃洽，即为朋友。如不相孚，虽姻何益。

子孙繁昌，类皆先世积善所致。择婿聘妇，俱望其裕后兴宗。残刻之家，富不可保，贵亦难恃。目前荣盛，转睫雕零。惟恭俭孝友，家风醇谨者，其子女目濡耳染，无浇薄习气，可以为婿，可以为妇。虽境地平常，余庆所钟④也，必有承其流泽者。

——《双节堂庸训》

【注释】

①诳：欺骗。

②王郎：东晋才女谢道韫的丈夫。

③五伦：君臣、父子、夫妇、兄弟、朋友五种关系。

④钟：聚。

【译文】

嫁女娶妇的事情，动辄脸面相关。想尽一切办法，典当借贷、装饰观察。没有本原的分支，干涸就只能等待。结婚以后，稍微有不周到的，白白地多费口舌，有些因此而矛盾重重的。约定姻亲之始，应当倾向朴实，不要被媒人所哄骗，做出重金聘亲、厚妆陪嫁的打算，希望不要后悔。

看女子具体情况来挑选配偶，古人就说过了。不知道嫁女尤其应当考察男子品貌。假使男子没有才能而只希冀世代富贵之家，女子还贤惠，自己安于道义天命。不这样的，天地之间还有王郎这样不称意的丈夫。一定会瞧不起丈夫，酿成家门祸患。礼聘嫁娶之始，哪有不慎重的呢？

嫁女要嫁到超过我家的，娶妇要娶比不上我家的，这样女子才能执守妇道。以前的贤人考虑事情极为周到。世俗多攀附的见解，不论嫁女娶妇，总只求超过自己的。富有与富有相接，尊贵与尊贵相亲近，这是人之常情。两家地位相当，从此来往密切。稍微分个高下，就渐渐可以分辨亲疏，形势实际上促使这样，贤人也不能逃脱。所以五常之中，不连接姻亲关系，心气友谊融洽就可以成为朋友。如果不相符合，即使姻亲又有什么好处呢。

子孙繁荣昌盛，大体都是先世积累善行所得来的。选择女婿、礼聘媳妇，都希望为后人造福、为宗族兴旺发达。凶暴刻薄的家庭，富有不能保持，尊贵也难以依凭。眼前的荣华繁盛，转眼间就败落了。唯有恭敬俭约、孝顺友爱、家风淳朴严谨的，其子女耳濡目染，没有浮薄习气，可以做女婿，可以做媳妇。虽然家境平常，余福聚集，一定有承继传世恩泽的。

七、近代篇

（一）曾国藩

1. 与父母谈儿女婚姻

【题解】

曾国藩在儿女婚姻方面有个基本思想，即选择勤俭孝友之家。他认为如果富贵气太浓，将会影响家中子弟，甚至有毁家之嫌。

（1）联姻但求勤俭孝友之家

【原文】

常南陔之世兄，闻其宦家习气太重。孙男孙女尚幼，不必急于联婚。且男之意，儿女联姻，但求勤俭孝友之家，不愿与宦家结契联婚，不使子弟长奢惰之习。不知大人意见何如？望即日将常家女庚退去，托阳九婉言以谢。

（道光二十四年五月十二日）

（2）姻亲总以无富贵气习者为主

【原文】

李家亲事，男因桂阳州往来太不便，已在媒人唐鹤九处回信不对。常

家亲事，男因其女系妾所生，且闻其嫡庶不甚和睦，又闻其世兄不甚守俭敦朴，亦不愿对。纪泽儿之姻事，屡次不就，男当年亦十五岁始订婚，则纪泽再缓一二年，亦无不可。或求大人即在乡间选一耕读人家之女，或男在京自定，总以无富贵气习者为主。

（道光二十九年四月十六日）

2. 与弟弟谈儿女婚姻

【题解】

曾国藩除欲择"俭朴耕读之家"以外，还对自己儿女和儿媳女婿有具体的要求。他反对表亲结婚，不嫌儿媳是否为庶出，这些都很有见地。对儿子强调要遵循岳家规矩，对儿媳强调有劳苦之德，这样才能持家有道，为子弟榜样。

（1）宦家骄奢之气

【原文】

常家欲与我结婚，我所以不愿者，因闻常世兄最好恃父势作威福，衣服鲜明，仆从烜赫，恐其家女子有宦家骄奢习气，乱我家规，诱我子弟好佚耳。今渠再三要结婚，发甲五八字去，恐渠是要与我为亲家，非欲与弟为亲家，此语不可不明告之。

贤弟婚事，我不敢做主，但亲家为人何如，亦须向汪三处查明。若吃鸦片烟，则万不可对；若无此事，则听堂上各大人与弟自主之可也。所谓翰堂秀才者，其父子皆不宜亲近，我曾见过，想衡阳人亦有知之者。若要对亲，或另请媒人亦可。

（道光二十四年十二月十八日）

（2）中表为婚是俗礼之大失

【原文】

欧阳牧云①要与我重订婚姻，我非不愿，但渠与其妹是同胞所生，兄妹之子女，犹然骨肉也。古者婚姻之道，所以厚别也，故同姓不婚，中表②为婚，此俗礼之大失。譬如嫁女而号泣，奠礼而三献，丧事而用乐，此皆俗礼之失，我辈不可不力辨之。四弟以此义告牧云，吾徐当作信覆告也。

（道光二十五年三月初五日）

惟婚姻百年之事，必先求姑媳夫妇相安。（咸丰元年十月十二日）

【注释】

①欧阳牧云：曾国藩的内兄。

②中表：表亲。

（3）勿嫌女家庶出

【原文】

纪泽儿订婚之事，予于十二月连发二信，皆言十月十二所发之信，言嫌贺女庶出①之说，系一时谬误，自知悔过，求诸弟为我敬告父亲大人，仍求做主，决意对成，以谐佳偶，不知此二书俱已到家否？细思贺家簪缨门第②，恐闻有前一说，惧其女将来过门受气，或因此不愿对，亦未可知。果尔，则澄弟设法往省城，坚托罗罗山刘霞仙二君，将内人性情细告贺家，务祈成此亲事，不致陷我于不孝之咎。

（咸丰二年正月初九日）

【注释】

①庶出：旧时非正妻所生。

②簪缨门第：显贵官宦之家。

（4）去女家须行仪节

【原文】

纪泽儿定三月廿一日成婚，七日即回湘乡，尚不为久。诸事总须节省，新妇入门之日，请客亦不宜多。何者宜丰，何者宜俭，总求父大人酌定之。纪泽儿授室①太早，经书尚未读毕。上溯江太夫人来嫔之年，吾父亦系十八岁，然常就外傅读书，未久耽搁。纪泽上绳祖武，亦宜速就外傅，慎无虚度光阴。闻贺夫人博通经史，深明礼法，纪泽儿至岳家，须缄默寡言，循循规矩，其应行仪节，宜详问谙习，无临时忙乱，为岳母所鄙笑。少庚处以兄礼事之，此外若见各家同辈，宜格外谦谨，如见尊长之礼。

（咸丰六年正月二十日）

【注释】

①授室：结婚。

（5）新妇当教以勤俭

【原文】

新妇始至吾家，教以勤俭。纺绩以事缝纫，下厨以议酒食，此二者，妇职之最要者也。孝敬以奉长上，温和以待同辈，此二者，妇道之最要者也，但须教之以渐。渠①系富贵子女，未习劳苦，由渐而习，则日变月化，而迁善不知，若改之太骤，则难期有恒，凡此祈诸弟一一告之。

（咸丰六年二月初八日）

【注释】

①渠：他。

（6）姻事应择俭朴耕读之家

【原文】

罗家姻事，暂可缓议。近世人家，一入宦途，即习于骄奢，吾深以为戒。三女许字，意欲择一俭朴耕读之家，不必定富室名门也。

（咸丰六年十一月初七日）

（二）左宗棠

相敬如宾，有礼有情

【题解】

在给侄子和儿子的信中，左宗棠对青年人的婚姻生活提出了作为一个长者的建议。除了标题上的内容外，他还强调做丈夫的，一定要自身行得正，这也是一针见血的话。

（1）与癸叟侄书

【原文】

癸叟侄览之：

郭意翁来，询悉二十四日嘉礼①告成，凡百顺吉，我为欣然。尔今已冠，且授室矣，当立志学做好人，苦心读书，以荷世业。吾与尔父渐老矣，尔于诸子中，年稍长，姿性近于善良，故我之望尔成立尤切。为家门计，亦所以为尔计也，尔其敬听之。读书非为科名②计，然非科名不能自养，则其为科名而读书，亦人情也。但既读圣贤书，必先求识字。所谓识字者，非仅如近世汉学云云也。识得一字，即行一字，方是善学。终日读书，而所行不逮③一村农野夫，乃能言之鹦鹉耳。纵能掇巍科，跻通显，于世何益？于家何益？非唯无益，且有害也！冯钝吟云："子弟得一文人，不如得一长者；得一贵仕，不如得一良农。"文人得一时之浮名，长者培数世之元气。贵仕不及三世，良农可及百年。务实学之君子，必敦实行，此等字识得数个足矣。科名亦有定数，能文章者得之，不能文章者亦得之；有道德者得之，无行谊者亦得之。均可得也，则盍期蓄道德而能文章乎？此志当立。尔气质颇近于温良，此可爱也。然丈夫事业，非刚莫济。所谓刚者，非气矜之谓，色厉④之谓。任人所不能任，为人所不能为，忍人所不能忍，志向一定，并力赴之，无少夹杂，无稍游移，必有所就。以柔德而成者，吾见罕矣。盍勉⑤诸！家世寒素，科名不过乡举，生产不及一顷，故子弟多朴拙之风，少华靡佻达之习，世泽之赖以稍存者此也。近颇联姻官族，数年以后，所往来者恐多贵游气习。子弟脚跟不定，往往欣厌失所，外诱乘之矣。唯能真读书则趋向正，识力定，可无忧耳。盍慎诸！一国有一国之习气，一乡有一乡之习气，一家有一家之习气，有可法者，有足为戒者，心识其是非而去其疵以成其醇，则为一国一乡之善士，一家不可少之人矣。家庭之间，以和顺为贵。严急烦细者，肃杀之气，非长养气也。和而有节，顺而不失其真，其庶乎？用财有道，自奉宁过于俭，待人宁过于厚，寻常酬应则酌于施报可也。济人之道，先其亲者，后其疏者，先其急者，次其缓者。待工作力役之人，宜从厚偿其劳，悯其微也。广惠之道，亦远怨之道也。人生读书，得力只有数年。十六以前，知识未开，二十五六以后，人事渐杂，此数年中放过，则无成矣。勉之！新妇名家子，性行之淑可知。妃匹之际，爱之如兄弟，而敬之如宾，联之以情，接之以礼，长久之道也。始之以狎昵⑥者，其末必暌⑦。待之以傲慢者，其交不固。知义与顺之理，得肃与雍之意，室家之福永矣。妇女之志向习气，皆随其夫为转移，所谓"一床无两人"也。身出于正而后能教之以正，此正可自验其得失，勿遽以相责也。孟子曰："身不行，通不行于妻子"，胡云阁先生乃吾父挚友，曾共麓山研席者数年。咏芝与吾齐年生，相好者二十余年。吾之立身行事，咏老知之最详，其重我非他人比也。尔今婿其妹，仍不可当钧敌之礼。无论年长以倍，且两世朋旧之分，重于姻娅也，尊之曰先生可矣。尔婚时吾未在家，日间文书纷至，不及作字，暇间为此寄尔。自附于古人醮⑧教子之义，不知尔亦谓然否？如以为然，或所见各别，可一一疏陈之，以觇所诣也。

正月二十七夜四鼓季父字

【注释】

①嘉礼：此处指婚礼。

②科名：科举功名。

③不逮：不及。

④色厉：神情严肃。

⑤盍勉：共勉。

⑥狎昵：轻慢。

⑦暌：不合。

⑧醮：jiào 酌酒给对方。

（2）与霖儿书

【原文】

霖儿知之：

新妇名家子，性情气质既佳，自易教诲。但尔幼年授室，于处室①之道，毫无所知，恐未知所以教也。孟子曰："身不行，道不行于妻子。"修身为齐家之本，可不勉哉！读书先须明理，非循序渐进，熟读深思，不能有所开悟。尔从前读书，只是一味草率，故穷年伏案，而进境殊少。即如写字，下笔时要如何详审，方免谬误。昨来字，醴陵之"醴"写作"澧"，何必之"必"写作"心",岂不可笑？年已十六，所诣如此，吾为尔惭。行书点画，不可信手乱来，既未学写，则端正作楷，亦是藏拙②之道，何为如此潦草取厌？尔笔资原不差，从前写九宫格，亦颇端秀。乃小楷全无长进，间架笔法，全似未曾学书之人，殊可怪也！直行要整，横行要密，今后切宜留心。每日取小楷帖摹写三百字，一字要看清点画、间架，务求宛肖乃止。如果百日不间断，必有可观。程子作字最详审，云"即此是敬"，是一艺之微，亦未可忽也。潦草即是不敬，虽小节必宜慎之。

——《左宗棠全集》

【注释】

①处室：居处同室。

②藏拙：隐藏拙劣。

（三）胡林翼

谈婚嫁

【题解】

在婚嫁方面，胡林翼有一个独特的意见，那就是晚婚。尽管他的理由在现在看来似乎已有点迂腐，但在当时对早婚风气却有冲击。不仅如此，他的婚嫁观很全面地提出了对娶媳、择婿的明确要求，其中品德为首选标准，应当说这种想法到现在仍旧有意义。

（1）致墨溪公

【原文】

侄自接大人来谕，始悉姻事。思维再四，觉有未能已于言者。男大须婚，女大须嫁，此语诚是。然礼不云乎，男子三十而娶，盖亦有鉴于早婚之有害于学业身体，而兼足以颓丧人进取之心，故必俟血气稍定，学业有成，而后始许以享室家之好也。侄前蒙陶丈赏识于孩提之时，一见即以爱女相许，知己之恩，拳拳①曷已。然年将弱冠，一事未成。问学则之无仅识，言名则一衿未青。遽尔成婚，殊深愧恧②。此事已向堂上委婉陈辞，唯闻堂上之意，颇主明夏择期完姻。为特禀恳大人，希将侄意，函请堂上决从缓议。姑俟稍有成就，再行亲迎之礼。至所感盼。

九月十六日

【注释】

①拳拳：诚心的样子。

②愧恧：惭愧。

（2）致枫弟

【原文】

吾弟言择婿一事，碻①非容易，娶媳须知其品性是否优美足矣。媳家之贫富，可不问也。择婿则当略稔②其人之产业，能否温饱，是亦含有经验之谈。兄则谓择婿第一先审其德，第二须知其才，第三须视其门第，最后乃涉及家私。承平之世，其人拥有遗产，苟不荒荡，似已可称为佳子弟。唯今日世变愈亟，非有真实本领，万难图存，更安论顾及妻子？有才无行，亦殊危险。即如此次吾弟意中所认为可当东床③之选之邹绍刘，其人兄曾见之于志俊处，口才极佳，酬对尤周到，唯微嫌其佻达④耳，不若兆兰子之勤朴可爱，即就先德论，邹似已畅泄，而胡则颇厚积未露。质之吾弟，以为当否？

三月十九日
——《胡林翼家书》

【注释】

①碻：同"确"。

②稔：rěn 熟知。

③东床：指女婿。

④佻达：tiāo dá 轻薄。

八、现当代篇

（一）冯顺弟

与儿书

【题解】

冯顺弟即胡适生母。她在胡适 17 岁时就自作主张替儿子与村姑江冬秀定亲，然而不久胡适即赴美留学，与江冬秀的婚事一拖就是十年时间。

此信写于 1916 年 8 月 22 日，正值胡适归国前夕。胡母在信中对儿子把婚期一拖再拖表示不满，指出未过门儿媳与她一家相处和谐，且儿媳刚失去母亲，催促儿子早日归来与江冬秀完婚。胡母担心儿子成为"陈世美"，思想上虽显得保守，但她要求儿子注重道德和良心仍有值得肯定的地方。

【原文】

糜儿知悉：

迭于新历六月廿六日，七月初十、廿三、二十四等日，接尔第五、

六、七、八号安禀，次第披阅，欣悉种种。所附影片，亦极明了。思明之信，当觅便即行寄去不误。仙舫之信，刻已致彼岸。

冬秀前于六月九日来吾家，刻尚在此，拟俟下月中旬回旌。其姑嫂间感情尚佳。至于尔久客不归，伊之闺怨，虽未流露，但摽梅之思，人皆有之。伊又新失慈母之爱，独居深念，其情可知，是以近来颇觉清减，然亦毋怪其然也。即余而论，余自从前聆尔丙辰赋归之说，所以虽阻越万里，尚不甚作倚闾之念。即尔去年来信，亦云今年秋季可归，不料睁睁望到今年，而来禀又复展至明年，其中展期之理由又未说明，令予骤聆之，陡觉遍身冷水浇灌，不知所措。况外间屡有人传尔另婚不归云云，虽此等无据之谈，予皆当作过耳风，但尔屡稽归期之故，实令予无从捉摸。予自近年疾病缠身，虽行年尚未笃老，而情景已类风烛，春冬之时，困顿尤甚。中夜自思，所欿^①然不足者，系尔等婚事未完耳。尔何不善体予志，令予望眼几穿耶？今与尔约，尔能尽早年内赋归，自属最妙；万一不能，亦望明年趁春季归来，万万不可再延。此信到后，务须先具一切实之回禀，以免予心内烦冤，至嘱至盼！

韦莲夫人、维廉姑娘既承垂意，嗣后便中具信时即代予向伊等道候可也。毛峰茶因今年买迟，不能多得。顷属近仁处代为购办，当必有以报命也。尔之相片如能多印，可再寄数张，因各亲友多有索者。

冬秀或令常住吾家，或听自便，下次亦望叙明为要。

家内人口均好。刻粮价颇贱，每洋四十余升，数年来无此价值矣。匆此复谕，余俟续详。

闻洪安孙婿并茂光甥有信致尔，不知尔有复函否？如未复，可拨冗一复为要。

母字

七月廿四日

——《胡适家书》

【注释】

①欿：kǎn 愁苦貌。

（二）胡　适

致江冬秀

【题解】

这封信写于 1914 年，当时胡适本应遵母命回国与江冬秀完婚，但他出于学业方面的考虑，希望继续留美求学，因此又要推迟婚期。胡适在这封信中以西方人婚姻观为榜样，鼓励江冬秀晚婚，不管胡适的真正动机如何，在提倡晚婚这一点上，胡适的主张是值得今天的人们肯定的。

【原文】

冬秀贤姊如见：

夏天得家慈寄来小影一幅，得之如晤对一室，欢喜感谢之至。适去国四载又半，今尚须再留此一年半，约民国五年之秋，可以归国。每念去国日久，归娶之约一再延误，何以对卿？然适今年恰满二十三岁（以足年计），卿大于适一岁。再过二年，卿二十六岁，而适二十五岁，于婚嫁之期，未为晚也。西方男女嫁娶都迟，男子三十、四十始婚者甚多。以彼例此，则吾人尚为早婚耳。

岳母大人近想康健如常，乞时代适问安为盼。令兄嫂处亦乞致意问好。适前有书嘱卿放足，不知已放大否？如未实行，望速放之，勿畏人言，胡适之之妇，不当畏旁人之言也。

适之

十二月十二日

——《胡适家书》

（三）毛泽东

致刘松林

【题解】

毛岸英牺牲在朝鲜战场上之后，在长达十余年时间里，刘松林都没有改嫁他人的意思。毛泽东多次建议刘松林重建家庭，但收效甚微。在这封信中，毛泽东力劝刘松林下决心结婚，并指出刘松林对于婚姻过于挑剔的心态不可取，由此看出毛泽东对于后辈婚姻方面的务实态度，也体现出毛泽东对后辈生活上的关切之情。

该信写于1961年。

▲《毛氏族谱》

【原文】

女儿：

你好！哪有忘记的道理？你要听劝，下决心结婚吧，是时候了。五心不定输得干干净净。高不成低不就，是你们这一类女孩子的通病。是不是呢？信到，回信给我为盼！

问好。

父亲

六月十三日

——《毛泽东家世》

（四）高君宇

致石评梅

【题解】

　　高君宇是二十年代的进步青年，深深热爱着当时的进步青年、一代才女石评梅，最后两人建立起了崇高的爱情，但当初的恋爱过程颇费周折。这封信写于1923年，当时石评梅还没有完全接受高君宇的爱情，高君宇在此信中坦率地表示自己充分尊重石评梅的选择，决不勉为其难，指出如果无爱情而勉强结合只会给双方带来痛苦，并希望两人能把爱情建立在共同志趣上，这种思想境界令人钦佩。

【原文】

评梅：

　　蒙你竭诚劝说，我当深深地为伊感谢。惟爱情胡可勉强者？——无爱情而勉强结合，是轻爱情而重伦道，且必增益伊之痛苦；我心今日固空洞无依，然觉此痛苦犹小于与一不爱之人相处；若设身处地，伊又何能不感如此？君亦何不为我设想者？

　　若谓此为残忍不人道，诚为人间一种极可抱憾之事。唯此当罪制度，问彼何为要干预人间结合；若责我，则我亦啮残下之牺牲者，又当向何处诉说？自然我也极对不起伊，唯其感觉如此，故常思解伊出我们之束缚；数月来更决念："若我心得回应者，伊我桎梏必须破除"。在我则觉如是方对得起伊，在君不将以之为更不人道耶？

　　吾们处此过渡时代，哪能不有痛苦？不使痛苦增加扩大，我们的能力恐怕就够做了；哪能使痛苦免除净尽呢！在今日"说不觉悟却又似明了，说觉悟却又不彻底"的思想进程之下，究还有几多人能安心于纯制度的生活，而不感觉性的关系之外还有爱情之需要？究能有几多人能放弃制度地位于不顾，而只以得到爱情生活为满足？评梅，陷入此两种痛苦者多矣，吾人虽欲救之，又胡能救之？

　　若君之劝说，在恐我将来又不免纠缠，故急切为自己摆脱，此则大可不必。我心中如何是一事，我要求与否又是一事；我前已讲得很明白，请放心好了！

　　我当为己计者少，为君计者多，近日精神虽不振如极倦，知君已恢复平静无恐怖之情景，则不禁雀跃喜欣为君祝贺。

人生悲欢，梦里云烟耳，心衣血痕何妨洗却？吾心已为 Venus 之利箭穿贯了，然我决不伏泣于此利箭，将努力去开辟一新生命。唯我两人所希望之新生命是否相同？我愿君告我君信所指之"新生命"之计划，许否？

我现在心中无烦念，更无痛苦，望勿以为念；但愿你无痛苦！

我们隔膜完全去了，世界平静了，人间公正之心应当笑了。

K，J，

十二月二十三日夜

温家夫妇南行，我抑或去送行。

写完信忽忆起一事，在我历史上乃有三个"梅"字，不妨写来博君一笑，即

梅——梅园——评梅

——转引自《高君宇·石评梅》

（五）郁达夫

致王映霞

【题解】

王映霞是郁达夫自由恋爱的对象，但他们之间的恋爱过程是非常曲折的。这封信写于 1927 年 3 月 4 日，当时王映霞在对待郁达夫的求爱这件事情上正处于犹豫不定的阶段。郁达夫在这封信中勇敢地剖析自己的心迹，表明自己是出于一片真心恋爱她的，并劝告王映霞抛弃一切陈规陋见，接受这种纯洁的爱情。郁达夫在封建观念尚很顽固的旧中国对于婚恋能够且敢于发表这样的见解与主张，是很难能可贵的。

【原文】

映霞：

这一封信，希望你保存着，可以做我们两人这一次交游的纪念。

两月以来，我把什么都忘掉。为了你我情愿把家庭，名誉，地位，甚而至于生命，也可以丢弃，我的爱你，总算是切而且挚了。我几次对你说，我从没有这样的爱过人，我的爱是无条件的，是可以牺牲一切的，是如猛火电光，非烧尽社会，烧尽己身不可的。内心既感到了这样热烈的爱，你试想想看外面可不可以和你同路人一样，长不相见的？因此我几次的要求你，要求你不要疑我的卑污，不要远避开我，不要于见我的时候要拉一个第三者在内。好容易你答应了我一次，前礼拜日，总算和你谈了半天。第二天一早起来，我又觉得非见你不可，所以又匆匆地跑上尚贤坊去。谁知事不凑巧，却遇到了孙夫人的骤病，和一位不相识的生客的到

来，所以那一天我终于很懊恼地走了。那一夜回家，仍旧是没有睡着，早晨起来，就接到了你一封信，——在那一天早晨的前夜，我曾有一封信发出，约你今天到先施前面来会——你的信里依旧是说，我们两人在这一期间内，还是少见面的好。你的苦衷，我未始不晓得。因为你还是一个无瑕的闺女，和男子来往交游，于名誉上有绝大的损失，并且我是一个已婚之人，尤其容易使人家误会。所以你就用拒绝我见面的方法，来防止这一层。第二，你年纪还轻，将来总是要结婚的，所以你所希望于我的，就是赶快把我的身子弄得清清爽爽，可以正式的和你举行婚礼。由这两层原因看来，可以知道你所最重视的是名誉，其次是结婚，又其次才是两人中间的爱情。不消说这一次我见到了你，是很热烈的爱你的。正因为我很热烈的爱你，所以一时一刻都不愿意离开你。又因为我很热烈的爱你，所以我可以丢生命，丢家庭，丢名誉，以及一切社会上的地位和金钱。所以由我来讲，现在我所最重视的，是热烈的爱，是盲目的爱，是可以牺牲一切，朝不能待夕的爱。此外的一切，在爱的面前，都只有和尘沙一样的价值。真正的爱，是不容利害打算的念头存在于其间的。所以我觉得这一次我对你感到的，的确是很纯正，很热烈的爱情。这一种爱情的保持，是要日日见面，日日谈心，才可以使它长成，使它洁化，使它长存于天地之间。而你对我的要求，第一就是不要我和你见面。我起初还以为这是你慎重将事的美德，心里很感激你，然而以我这几天自己的心境来一推想，觉得真正地感到热烈的爱情的时候，两人的不见面，是绝对的不可能的。若两个人既感到了爱情，而还可以长久不见面的说话，那么结婚和同居的那些事情，简直可以不要。尤其是可以使我得到实证的，就是我自家的经验。我和我女人的订婚，是完全由父母做主，在我三岁的时候定下的。后来我长大了，有了知识，觉得两人中间，终不能发生出情爱来，所以几次想离婚，几次受了家庭的责备，结果我的对抗方法，就只是长年的避居在日本，无论如何，总不愿意回国。后来因为祖母的病，我于暑假中回来了一次——那一年我已经有二十五岁了——殊不知母亲、祖母及女家的长者，硬的把我捉住，要我结婚。我逃得无可再逃，避得无可再避，就只好想了一个恶毒法子出来刁难女家，就是不要行结婚礼，不要用花轿，不要种种仪式。我以为对于头脑很旧的人，这一个法子是很有效力的。哪里知道女家竟承认了我，还是要我结婚，到了七十二变变完的时候，我才走投无路，只能由他们摆布了，所以就糊里糊涂的结了婚。但我对于我的女人，终是没有热烈的爱情的，所以结婚之后，到如今将满六载，而我和她同住的时候，积起来还不上半年。因为我对我的女人，终是没有热烈的爱情的，所以长年的漂流在外，很久很久不见面，我也觉得一点儿也没有什么。从我这自己的经验推想起来，我今天才得到了一个确实的结论，就是现在你对我所感到的情爱，等于我对于我自己的女人所感到的情爱一样。由你看起来，和我长年不见，也是没有什么的。既然是如此，那么映霞，我真真对你不起了，因为我爱你的热度愈高，使你所受的困惑也愈甚，而我现在爱你的热度，已将超过沸点，那么你现在所受的痛苦，也一定是达到了极点了。爱情本来要两人同等的感到，同样的表示，才能圆满的成立，才能有好好的结果，才能使两方感到一样的愉快，像现在我们这样的爱情，我觉得只是我一面的庸人自扰，并不是真正合乎爱情的原则的。所以这一次因为我起了这盲目的热情之后，我自己倒还是自作自受，吃吃苦是应该的，目下且将连累及你也吃起苦来了。我苦是有良心的人，我若不是一个利己者，那么第一我现在就要先解除你的痛苦。你的爱我，并不是真正的由你本心而发的，不过是我的热情的反响。我这里燃烧得愈烈，你那里也痛苦得愈深，因为你一边本不在爱我，一边又不得不聊尽你的对人的礼节，勉强的与我来酬酢。我觉得这样的过去，我的苦楚倒还有限，你的苦楚，未免太大了。今天想了一个下午，晚上又想了半夜，我才达到了这一结论。由这一结论再演想开来，我又发现了几个原因。第一我们的年龄相差太远，相互的情感是当然不能发生的。第二我自己的丰采不扬，——这是我平生最大的恨事——不能引起你内部的燃烧。第三我的羽翼不丰，没有千万的家财，没有盖世的声誉，所以不能使你五体投地的受我的催眠暗示。

说到了这里，我怕你要骂我，骂我在说俏皮话讥讽你，或者你至少也要说我在无理取闹，无理生气，气你不肯和我相见，但是映霞，我很诚恳地对你说，这一种浅薄的心思，我是丝毫没有的。我从前虽则因为你不愿和我见面而曾经发过气，但到了现在——已经想前思后的想破了的现在，我是丝毫也没有怨你的心思，丝毫也没有讥骂你的心思了。我非但没有怨你讥诮你的心思，就是现在我也还在爱你。正因为爱你的原因，所以我想解除你现，在的苦痛——心不由主，不得不勉强应酬的苦痛。我非但衷心还在爱你，我并且也非常的在感激你。因为我这一次见了你，才经验到了情爱的本质，才晓得很热烈的想爱人的时候的心境是如何的紧张的。我此后想遵守你所望于我的话，我此后想永远地将你留置在我的心灵上膜拜。我这一回只觉得对你不起，因为我一个人的热爱而致累及了你，累你也受了一个多月的苦。我对于自己所犯的这一点罪恶，认识得很清，所以今后我对于你的报答，也仍旧是和从前一样，你要我怎么样，我就可以怎么样。你……

映霞，这一回我真觉得对你不起，我真累及了你了。

映霞，你这一回也算是受了一回骗，把我之致累于你的事情，想得轻一点，想得开一点吧！

我还希望你不要因此而断绝了我们的友谊，不要因此而混骂一班具有爱人的资格的男人。

这一回的事情，完全是我不好，完全是我一个人自不量力的瞎闯的结果。我这一封信，可以证明你的洁白，证明你的高尚，你不过是一个被难者，一个被疯犬咬了的人。你对我本来并没有什么好恶之感，并没有什么男女的私情的。万一你要证明你的洁白，证明你的高尚，有将这一封信发表的必要的时候，我也没有什么反对的抗议。不过若没有这一种必要的事情发生的时候，我还是希望你保存着，保存到我的死后再发表。

最后我还要重说一句，你所希望我的，规劝我的话，我以后一定牢牢地记着。假使我将来若有一点成就的时候，那么我的这一点成就的荣耀，愿意全部归赠给你。

映霞，映霞，我写完了这一封信，眼泪就忍不住地往下掉了，我我……

——《郁达夫全集·书信卷》

（六）徐志摩

1. 致陆小曼书信二封

【题解】

徐志摩对妻子陆小曼是一片真情痴意，但陆小曼在徐志摩生前却对此不加珍惜。这两封信写于1931年3月19日与1931年5月12日，当时，徐志摩在北京名牌大学教书，陆小曼一人留在上海。在第一封信中，徐志摩倾诉了对陆小曼的忠贞爱情，指出陆小曼身上存在的缺点，以及平日陆小曼在情感生活方面对徐志摩的怠慢与冷落，委婉而又恳切地希望陆小曼珍重夫妻情意；第二封信里，徐志摩对陆小曼不顾恤他的辛苦，只顾自己在家吃喝玩乐的行径甚为抱怨，强烈要求陆小曼对他表示体贴。徐志摩的这些要求是非常合理的，从陆小曼对待婚姻的态度而言，人们当引以为戒。

其 一

【原文】

爱眉亲亲：

今天星四，本是功课最忙的一天，从早起直到五时半才完。又有沙菲茶会。接着Swan请吃饭，回家已十一时半，真累。你的快信在案上；你心里不快，又兼身体不争气，我看信后，十分难受。我前天那信也说起老母，我未尝不知情理。但上海的环境我实在不能再受。再窝下去我一定毁；我毁，于别人亦无好处，于你更无光鲜。因为忍痛离开；母病妻弱，

▲徐志摩像

我岂无心？所望你能明白，能助我自救；同时你亦从此振拔，脱离痼疾；彼此回复健康活泼。相爱互助，真是海阔天空，何求不得？至于我母，她固然不愿我远离，但同时她亦知道上海生活于我无益，故闻我北行，绝不阻拦。我父亦同此态度；这更使我感念不置。你能明白我的苦衷，放我北来，不为浮言所惑；亦使我对你益加敬爱。但你来信总似不肯舍去南力。硖石是我的问题，你反正不回去。在上海与否，无甚关系。至于娘，我并不曾要你离开她。如果我北京有家，我当然要请她来同住。好在此地房舍宽敞，决不至如上海寓处的局促，我想只要你肯来，娘为你我同居幸福，绝无不愿同来之理。你的困难，由我看来，决不在尊长方面，而完全是在积习方面。积重难返，恋土重迁是真的。（说起报载法界已开始搜烟，那不是玩！万一闹出笑话来，如何是好？这真是仔细打点的时机了。）我对你的爱，只有你自己最知道。前三年你初沾上习的时候，我心里不知有几百个早晚，像有蟹在横爬，不提多么难受。但因你身体太坏，竟连话都不能说。我又是好面子，要做西式绅士的。所以至多只是短时间绷长一个脸，一切都埋在心里。如果不是我身体苗壮，我一定早得神经衰弱。我决意去外国时是我最难受的表示。但那时万一希冀是你能明白我的苦衷，提起勇气做人。我那时寄回的一百封信，确是心血的结晶，也是漫游的成绩。但在我归时，依然是照旧未改；并且招恋了不少浮言。我亦未尝不私自难受，但实因爱你过深，不惜处处顺从着你。也怪我自己意志不强，不能在不良环境中挣出独立精神来。在这最近二年，多因循复因循。我可说是完全同化了。但这终究不是道理！因为我是我，不是洋场人物。于我固然有损，于你亦无是处。幸而还有几个朋友肯关切你我的健康和荣誉，为你我另辟生路。固然事实上似乎有不少不便，但只要你这次能信从你爱摩的话，就算是你牺牲，为我牺牲。就算你和一个地方要好，我想也不至于要好得连一天都分离不开。况且北京实在是好地方。你实在是过于执一不化，就算你这一次迁就，到北方来游玩一趟：不合意时尽可回去。难道这点面子都没有了吗？我们这对夫妻，说来也真是特别：一方面说，你我彼此相互的受苦与牺牲，不能说是不大。很少夫妇有我们这样的脚根。但另一方面说，既然如此相爱，何以又一再舍得相离？你是大方，固然不错。但事情总也有个常理。前几年，想起真可笑。我是个痴子，你素来知道的。你真的不知道我曾经怎样渴望和你两人并肩散一次步，或同出去吃一餐饭，或同看一次电影，也叫别人看了羡慕。但说也奇怪，我守了几年，竟然守不着一个单个的机会，你没有一天不是 engaged 的，我们从没有 privacy 过。到最近，我已然部分麻木，也不想望那种世俗幸福。即如我行前，我过生日，你也不知道。我本想和你吃一餐饭，玩玩。临别前，又说了几次，想要实行至"少"一次的约会，但结果我还是脱然远走，一单次的约会都不得实现。你说可笑不？这些且不说他，目前的问题：第一还是你的身体。你说我在家，你的身体不易见好。现在我不在家了，不正是你加倍养息的机会？所以你爱我，第一就得咬紧牙根，养好身体；其次想法脱离习惯，再来开始我们美满的结婚幸福。我只要好好下去，做上三两年工，在社会上不怕没有地位，不怕没有高尚的名誉。虽则不敢担保有钱，但饱暖以及适度的舒服总可以有。你何至于遽尔悲观？要知道，我亲亲至爱的眉眉，我与你是一体的，情感思想是完全相通的；你那里一愉快，我这里立即感到。心上一不舒适，如何还有勇气做事？要知道我在这里确有些做苦工的情形。为的无非是名气，为的是有荣誉的地位，为的是要得朋友们的敬爱，方便尤在你。我是本有颇高的地位，用不着从平地筑起，江山不难取得，何不勇猛向前？现在我需要我缺少的只是你的帮助与根据于真爱的合作。眉眉！大好的机会为你我开着，再不可错过了。时候已不早（二时半），明日七时半即须起身。我写得手也成冰，脚也成冰。一颗心无非为你。聪明可爱的眉眉，你能不为我想想吗？

北大经过适之再三去说，已领得三百元。昨交兴业汇沪收账。女大无望，须到下月十日左右再能领钱，我又豁边了，怎好？南京日内或有钱，如到，来函提及。

祝你安好，孩子！上沅想已到，一百元当已交到。陈图南不日去申，要甚东西，速来函知。

你的摩摩　三月十九日星四

其　二

【原文】

眉眉我爱：

　　你又犯老毛病了，不写信。现在北京上海之间有飞机信，当天可到。我离家已一星期，你如何一字未来，你难道不知道我出门人无时不惦着家念着你吗？我这几日苦极了，忙是一件事，身体又不大好。一路来受了凉，就此咳嗽，出痰甚多。前两晚简直呛得不停，不能睡；胡家一家子都让我咳醒了。我吃很多梨，胡太太又做金银花、贝母等药给我吃，昨晚稍好些。今日天雨，忽然变凉。我出门时是大太阳，北大下课到奚若家中饭时，冻得直抖。恐怕今晚又不得安宁。我那封英文信好像寄航空的。到了没有？那一晚我有些发疯。所以写信也有些疯头疯脑的。你可不许把信随手丢。我想到你那乱，我就没有勇气写好信给你。前三年我去欧美印度时，那九十多封信都到哪里去了？那是我周游的唯一成绩，如今亦散失无存，你总得改良改良脾气才好。我的太太，否则将来竟许连老爷都会被你放丢了的。你难道我走了一点也不想我？现在弄到我和你在一起倒是例外，你一天就是吃，从起身到上床，到合眼，就是吃，也许你想芒果或是想外国白果倒要比想老爷更亲热更急。老爷是一只牛，他的唯一用处做工赚钱，——也有些可怜：这两星期不但要上课还得补课，夜晚又不得睡！心里也不舒泰。天时再一坏，竟是一肚子的灰了！太太！你忍心字儿都不寄一个来？大概你们到杭州去了，恕我不能奉陪，希望天时好，但终得早起一些才赶得上阳光。北京花事极阑珊，明后天许陪歆海他们去明陵长城，但也许不去。娘身体可好？甚念！这回要等你来信再写了。

　　照片一包，已找到，在小箱。

摩　星四

2. 致张幼仪（片段）

【题解】

　　这封信是徐志摩于 1922 年 3 月间写给他的结发妻子张幼仪的，当时徐志摩爱上了新月派才女林徽因，便按林徽因的意愿写信给张幼仪要求解除婚姻关系。我们对徐志摩在婚恋方面的实际遭遇避而不论，他在此信中主张婚恋自由、尊重个人人格的思想还是值得充分肯定的。

【原文】

　　故转夜为日，转地狱为天堂，直指顾间事矣。……真生命必自奋斗自求得来，真幸福亦必自奋斗自求得来，真恋爱亦必自奋斗自求得来！彼此前途无限，……彼此有改良社会之心，彼此有造福人类之心，其先自做榜样，勇决智断，彼此尊重人格，自由离婚，止绝苦痛，始兆幸福，皆在此矣。

——《徐志摩书信集》

（七）闻一多

致高孝贞书信二封

【题解】

  1937 年下半年至 1938 年初，闻一多随西南联合大学师生辗转奔走于赴云南昆明的途中。这两封信即写于这一时期。当时闻一多夫人高孝贞因为赌气，在闻一多离家出门的时候没有送他，显得很冷淡，闻一多对此进行了合情合理的批评，希望与妻子言归于好，这是第一封书信的大致内容；第二封信里，闻一多给妻子通报了学校迁往昆明的行程安排，表示希望妻子带着孩子一道来云南，他愿意与妻子同甘共苦。闻一多对待妻子的这种心意与心态是值得今天的人们学习的。

其 一

【原文】

贞：

  此次出门来，本不同平常，你们一切都时时在我挂念之中，因此盼望家信之切，自亦与平常不同。然而除三哥为立恕的事，来过两封信外，离家将近一月，未接家中一字。这是什么缘故？出门以前，曾经跟你说过许多话，你难道还没有了解我的苦衷吗？出这样的远门，谁情愿，尤其在这种时候？一个男人在外边奔走，千辛万苦，不外是名与利。名也许是我个人的事，但名是我已经有了的，并且在家里反正有书可读，所以在家里并不妨害我得名。这回出来唯一目的，当然为的是利。讲到利，却不是我个人的事，而是为你我，和你我的儿女。何况所谓利，也并不是什么分外的利，只是求将来得一温饱，和儿女的教育费而已。这道理很简单，如果你还不了解我，那也太不近人情了！这里清华北大南开三个学校的教职员，不下数百人，谁不抛开妻子跟着学校跑？连以前打算离校，或已经离校了的，现在也回来一齐去了。你或者怪了我没有就汉口的事，但是我一生不愿做官，也实在不是做官的人，你不应勉强一个人做他不能做不愿做的事。我不知道这封信写给你，有用没有。如果你真是不能回心转意，我又有什么办法？儿女们又小，他们不懂，我有苦向谁诉去？那天动身的时候，他们都睡着了，我想如果不叫醒他们，说我走了，恐怕第二天他们起来，不看见我，心里失望，所以我把他们一个个叫醒，跟他说我走了，叫他再睡。但是叫到小弟，话没有说完，喉咙管哽了，说不出来，所以大妹我没有叫，实在是不能叫。本来还想嘱咐赵妈几句，索性也不说了。我到母亲那里去的时候，不记得说了些什么话，我难过极了。出了一生的门，现在更不是小孩子，然而一上轿子，我就哭了。母亲这大年纪，披着衣裳坐在床边，父亲和驷弟半夜三更送我出大门，那时你不知道是在睡觉呢还是生气。现在这样久了，自己没有一封信来，也没有叫鹤、雕随便画几个字来。我也常想到，四十岁的人，何以这样心软。但是出门的人盼望家信，你能说是过分吗？到昆明须四十余日，那么这四十余日中是无法接到你的信的。如果你马上就发信到昆明，那样我一到昆明，就可以看到你的信，不然，你就当我已经死了，以后也永远不必写信来。

多
二月十五日

其　二

【原文】

贞：

　　盼了两星期多，到今天才接到大舅一信，并且寥寥数语，殊令我失望。你答应我每星期有一封信来。虽说忙于动身，也不应连写信的工夫都没有。在你没来到以前，信还是要写的。天气热，怕你生病或孩子病了，不得你的信，我如何不着急呢？好了，到咸宁张府暂住，是一妙法。但报载武汉情形渐趋和缓。也许你们还是在省寓住些时较方便些。今日校中得到确实消息，军事当局令联大文法学院让出校舍，因柳州航空学校需用此地，这来我们又要搬家。搬到什么地方，现尚未定，大概在昆明附近。昆明城内绝无地方，昆明南二十里有地方名宜良，当局去看过了，似乎房屋不够。不知还有什么地方可去，总之蒙自是非离开不可的。在先我以为你们若来得早，蒙自还有地方可住。现在则非住昆明不可了。但昆明找房甚难，并且非我自己去不可。现在学校已决定七月二十三日结束功课。我候功课结束，即刻到昆明，至少一星期才能把房子找定。所以你们非等七月底来不可。只要武汉可住，不妨暂住些时，从容准备来的手续。武汉不能住，则住咸宁亦可。与驷弟同来，自不成问题。但大舅恐怕还要送到长沙打转，因事多，恐驷弟忙不过来，后寄三百元收到否？前后共寄六百元，除前函嘱你给一百元与驷弟或父亲之外，其余五百元想在动身前还要用去一些，但事先总应有一预算；请把这预算告诉我。能节省的就节省。昆明房租甚贵，置家具又要一笔大款。我手上现无存款，故颇着急。自然我日夜在盼望你来，我也愿你们来，与你同一吃苦，但手中若略有积蓄，能不吃苦岂不更好？快一个月了，没有吃茶，只吃白开水，今天到梦家那里去，承他把吃得不要的茶叶送给我，回来在饭后泡了一碗，总算开了荤。

本来应该戒烟，但因烟不如茶好戒，所以先从茶戒起，你将来来了，如果要我戒烟，我想，为你的缘故，烟也未尝不能戒。前些时，为你们着急，过的不是日子，两个星期没有你的信，心里不免疑神疑鬼，今天大舅信来，稍稍放心了。但未看见你的笔迹，还是不痛快，你明白吗？鹤、雕为何也不写信来？此问安好。

多

六月廿七日

——《闻一多家书》

（八）沈从文

致张兆和

【题解】

这封信写于1938年8月，当时沈从文到达昆明已有大半年时间了，他多次写信催留在北平（北京）的夫人张兆和携孩子前来昆明与他一起生活，张兆和出于各种原因，没有及时答应丈夫的要求，致使沈从文疑心张兆和移情别恋。在这封信中，沈从文发泄了他对夫人不来昆明的不满情绪，同时表明了他对婚姻的观点与态度。尽管事实证明这主要出自沈从文的误解和一时的多疑，但沈从文在婚姻关系上主张充分尊重配偶一方情感的要求和选择，这一点对于当今的青年人来说还是很值得借鉴的。

【原文】

三姐：

这信是托一个人带来的。我为给你写信，脑子全搅乱了，不知要如何写下去好。我很希望依然能够从从容容同你谈点人事天气，我写来快乐点，你看来也舒服点，但是办不到。一写总像同你生气似的。我为你前一来信工作又搁了一礼拜。心里很乱，头很乱，信写来写去老是换纸。写到后来总不知不觉要问到你究竟是什么意思，是打算来，打算不来？是要我，是不要我？因为到了应当上路时节还不上路，你不能不使人惑疑有点别的原因。你从前说的对我已"无所谓"，即或是一句"牢骚"，但事实上你对于上路的态度，却证明真有点无所谓。我所有来信说的话，在你看来都无所谓。

你的迁延游移，对我这里所有的影响是什么事也不能作，纵作也不会好。这样下去自然受不了。

所以我现在同你来商量，你想来，就上路，不愿意来，就说"不来"（不必说什么理由，我明白理由）。从你信上说准了不来，我心定了，不必老担着一分心，我就要他们把护照寄回缴销，了一件事，如此一来，你不会再接我这种无理催促的信，过日子或安静一点，我不会巴巴白盼望，脑子会好一点。

决定不来后，这半年还要多少钱，可来信告我一声，当为筹措拨来。我这里一切情形，你无兴味，我将不至于再来连篇累牍烦你了（你只说是为孩子，爱他，怕他们上路受苦所以不来，不以为是变相分离，这一切都由你）。我这里得到你决定不来信息后，心一定，将重新起始好好地过日子下去。再不做等待的梦，会从实际上另外找出点工作去做。

我们这里事务年底结束一部分，明年重新另作。你们来，我自然留下不动，若不来，或到那时我就换个地方。有好些地方我都可去，同小龙三叔一处，就是种很好的生活。虽危险点，意义也好点。

给我来信时说老实话，不要用什么不必要的理由，表示你"预备来，只是得等等"，如此等下去。这么等下去是毫无意义的，费钱，费事，费精神的。时移世变，人寿几何？共同过日子，若不能令你满意，感到麻烦和委屈，我为爱你，自然不应当迫促你来受麻烦受委屈。只要你住下来心安理得，我为忏悔数年来共同生活种种对不起你处，应尽的责任必尽。为了种种不得已原因，我此后的信或者不能照往常那么多了，还望你明白这时是战争，话不好说，也无什么可说，加以原谅。你只好好照料孩子，不必以远人为念。我自己会保重，因为物质上接济，对孩子们责任，我不至于因你任何情形，我就不肯负责。凡是我对你们应尽的责任，永远不会推辞。

我心乱也只是很短期间的事，痛苦也不久长，过不多久就会为"职务"或"责任"上的各种工作，来代替转移了。我很愿意你和孩子幸福而快乐。很愿意你觉得所有的打算，的确使你少些麻烦，忘掉委屈。单独住下来比同我在一处，有意思些，安静些，合乎理想些。

我写到这里时心很静，不生气，不失望。我依然爱你和孩子，虽然你们对于我即或可有可无，我也不在意。这里天气热时，可以穿夹衣，今天天气又冷一点，我的厚驼绒袍又上身了。桌上有两个孩子的相片，很乖很可爱。我看了许多书，看书的结果，使我好像明白了些过去不明白的事情。看苏格拉底，那种做人的派头，很有意思。看……写这个信时，竟似乎把六七年写信的情绪完全恢复过来了。你还年轻，不大明白我，我也不需要你明白。你尽管照你打算去生活吧。

我很想用最公平的态度，最温和的态度，向你说，倘若你真认为我们的共同生活，很委屈了你，对你毫无好处，同在一处只麻烦，无趣味，你无妨住下不动。倘若你认为过去生活是一种错误，要改正，你有你的前途，同我在一处毁了你的前途，要重造生活，要离开我重新取得另外一份生活，只为的是恐社会不谅，社会将事实颠倒，不责备我却反而责备你，因此两难，那么，我们来想方设法，造成我一种过失（故意造成我一种过失），好让你得到一个理由取得你的自由，你的幸福。总之在共同生活上若不能给你以幸福，就用一别的方法换你所需要幸福，凡事好办。我在小问题上也许好像是个难说话的人，在这些大处却从无损人利己企图，还知所以成人之美，还能忍受，还会做人，我很希望你处置这类事，能用理智，不用情感。不必为我设想，我到底是一个男子，如果受点打击为的是不善待你而起，这打击是应当忍受的。我已经是个从世界上各种生活里生活过来的人，过去的生活上的变动太大，使我精神在某方面总好像有点未老先衰的神气，在某方面又不大合乎常态，在某方面总不会使近在身边的人感到满意，都是很自然的，不足为奇的。我也可以说已经老了。你呢，几年来同我在一处过日子，虽事事委屈你受挫折麻烦，一言难尽。孩子更牵绊身边，拘束累赘消磨了少年飞扬之气不少。但终究还年青得很，前途无限。在情感上我不绊着你，在行为上孩子不绊住你，你的生活还可以同许多女孩子一样，正可在社会上享受各种的殷勤，自由选择未来的生活。要变更生活，重造生活，只要你愿意，大致是非常便利的！不用为我设想，去做你所要做的事情罢。倘若我们生活在委屈你外一无所得，我决不用过去拘束你的未来行为。你即或同我在一处，你还有权利去选择你认为是好的生活。你永远是一个自由人。

我把住处已整理得很好了，窄而小，可是来个客坐下时很舒适。两个长篇已开始载出，一个八月十三起始，一个八月七号起始。我想想，我这个人在生活上恐怕得永远失败了，弄不出什么好成绩了，对家人，朋友，都不容易令人如何满意（即或我对此十分努力也是徒然），我的唯一成就，或者还是一些篇幅不大的小册子。我的理想，我的友谊，我的热情，我的智慧，也只能用在这一堆小册子上。即如这些作品，所谓最好的读者，也不会对之有多少认识，不过见着它在社会上存在，俨然特殊的存在，就发生一点兴味罢了。真正说来倒是孑然孤立存在到这个世界上，倏然而来悠然而去，对这个流俗趣味支配一切的世界是不生多大影响的。想到这里，我毫无悲伤情绪。我正在学习古来所谓哲人，虽活在世界上，却如何将精神加以培养，爱憎与世俗分离，独立阅世处世的态度。学认识自己，控制自己，为的是便于观察人生，了解人生。自己做到不忧，不乐，不惧，不私地步，看一切就清楚许多。目前还不免常有所蔽，学养不到家，因此易为物囿。在作品上能表现"明察"，还不能表现"伟大"，再经过一些试练——一些痛苦的教训，一种努力，会不同点，间或也不免为一些人事上的幻念所苦，似乎忍受不来，驾驭不住，可是一切慢慢地都会弄好的。譬如你即或要离我他去，我也会用理性管制自己，依然好好地作事做人，且继续我对孩子应负的责任。在任何情绪下我将学习"不责人"的生活观。不轻于责人，却严以律己，将自己生活情感合理化，如此活在这个社会中，对于个人虽很容易吃亏，对于人类说不定可望有一点不大不小的贡献。

不要以为我说的是气话，我无理由生你的气。我告你的是你应当明白的。至于你自己呢，你似乎还不大明白你自己，因此对我竟好像仅仅为迁就事实，所以支吾游移。对共同过日子似乎并无多大兴味，因此正当兵荒马乱年头，他人求在一处生活还不可得，你却在能够聚首机会中，轻轻地放过许多机会。说老实话，你爱我，与其说爱我为人，还不如说爱我写信。总乐于离得远远的，宁让我着急，生气，不受用，可不大愿意同来过一点平静的生活。你认为平静是对你的疏忽，全不料到平静等于我的休息，可以准备精力做一点永久事业。你有时说不定真也会感到对我"无所谓"，以为许多远近生熟他人，对你的尊敬与爱重，都比我高过许多，而你假若同其中一个生活，全会比同我在一处更合宜，更容易发展所长。换言之，就是假若和这些人过日子，一定不至于有遇人不淑之感。可是你却无勇气去试验，去改造。这有感想难实现的种种，很显然只能更增加你对事实上的我日觉得平凡，而对于抽象中的他人觉得完美。我很盼望你有机会证实一下你的想象，不必为我设想，去试验另一种人生。如果能得到幸福，那是你应当得到的幸福，如果结果失望，那你还不妨回头，去掉那点遇人不淑之感，我们还可把生活过得上好！你既不能如此，也不肯如彼，所以弄得成现在情形。你要怎么办（爱我或不爱我），我就不大明白，你自己也仿佛不十分明白。（正因为如果自己很明白，就不至于对行止游移，且在游移中迁延时日了。）不相信试去想想，分析一下自己，追究一下自己，看看这种游移是不是恰恰表现你的主意不定的情状。（表示你不愿来，不能去，以如此分开权为得计的情状。）这么分开两地，原来只是不得已而如此，你却转以为好，有办法和机会带孩子来，尚不自觉见出你乐于分居的态度。我说的不自知，正即谓此。你还不大知道这么办对目前为得计，对长久如何失计。因为如此下去，在你感觉中对我的遇人不淑之感，即或因"眼不见心不烦"可以减少一些，对人的证实幻想机会却极多，又永不去完全证实一下，情形就很容易成为对我的好意的忽略，对自己无决断无判断力的继续，你想想，这于你有什么好处？孩子有什么好处？你对南行的态度就恰恰看出你对生活的态度。你若自己知道的多一点时，行或止都会有更确定的主张，拿得出这种主张。

在来信上我老爱问你："究竟意思是怎么样？"因为你处处见出模糊。我还要说"一切由你"，免得你觉得我对你有所拘束，行动不能自由，无从自主。我很需要你在一切自由情形下说明你的意思。要甘苦与共的同过患难日子？要生活重造不再受我的委屈？要不即不离维持当前形势？不妨在来信中说个明白。我可以告你的是：我决不利用我的地位，我的别的拘

束你，限制你，缠缚你。你过去当前未来永远是个自由人。你倘若有什么理想，我乐于受点损害完成你的理想。你要飞，尽可飞。你如果一面要迁就事实，一面又要违反事实，只想两人生活照常分得远远的，用读读来信打发日子，我只怕在短期中你会失望，这种信写得来也寄不来，因为这时代是"战争时代"！看看这一天又过去了，什么事也不能作，写了那么多"老话"。斜阳在窗间划出一条长线，想起自己的命运，转觉好笑。我自己原来处处还是一个"乡下人"，所有意见与计算，说来都充满呆气，行不通的。家庭生活不能令你发生兴趣，如此时代，还认为在一处只有麻烦，离得远远的反而受用，你自然是有理由的。我的生活表面上好像已经很安定了，精神上总是老江湖飘飘荡荡。情绪上充满了悲剧性，都是我自己编排成的，他人无须负责也不必给予同情的。我觉得好笑，为什么当时不做警察，倒使我现在还愿意做一警察。

四弟兆顿首

八月十九日

——《从文家书》

（九）丁　玲

致陈明书信二封

【题解】

　　丁玲与陈明于 1942 年结婚，婚后两人感情一直很好，但也有缺乏了解与彼此高度契合的时候。在丁玲给陈明的这两封信中，丁玲勉励对方做好工作，把爱情建立在共同的事业追求中，同时希望爱人能够原谅自己性格上的缺点，做到互体互谅，亲密恩爱。应该说，丁玲的这种婚姻见解是很可取的。

　　第一封信（节录）的写作时间是 1948 年 6 月，第二封信的写作时间是 1949 年 10 月。

其　一

【原文】

伯夏：

　　……妹妹为什么我走时又哭呢。我心里很难受，我的小孩都不是最愉快的孩子似的，都太多顾虑了。你多爱些她，生活上放纵她一些，学习上抓紧一些。假期怎么样也接她回来住。还教她一些礼貌才好。她在你那里也会给你一些安慰的，你会因为她而想到我，会因为从她身上感到有我的愉快，你说是吗？昨天我在车上想：我对伯夏有什么要求呢？好像不要求什么，真有什么生活的必需吗，好像也没有什么。我萦回在心中的只是他如何工作得有成绩，那么，难道爱人就只有这些东西吗？我又想伯夏，好像也是一样，伯夏只希望我能写东西，如何写好东西，这真是奇怪了。假如我们两人工作都不好，我们住在一起，一定是住不下去的，我们之中主要就这么一点点，当然也还有些次要的，但却很不占重要位置，一切的幸福都是建筑在这一点上的。不过我们都明白，好像我们这种关系非常牢固，并不浓，很少卿卿我我，也不细致，也不豪迈，都朴素而结实，深沉而有力，这是我喜欢的作风，我们怎么会这样的呢？

以后的信要慢慢少起来了，所以总想多给你几封，但我今天要补些日记，所以不多写了，谈不完的就写在日记上，将来回时再谈。

好，再见，亲你，紧紧的。

丁玲 二十七日

其 二

【原文】

伯夏：

今天收到你的信，但我屈指一算，我如要复信，你是收不到的，但我心里总觉得要给你写一信才好，那么我为安慰我自己而写吧！

你走后我以为日子可以过得好的，谁知不然。头两天因为忙，还不觉什么，这几天一空闲下来，一点事也不能做，如丧魂失魄一样，沙可夫常邀去看电影我也拒绝了，我喜欢一人痴坐在家中暝想些什么，有时想想你，有时想想孩子。我觉得我很软弱，我是外强中干。我须要你，须要你和我一起，一同下乡，一同写作。这几年，我有些成绩，实际是你给我的！你今天一定到长沙了，也许从长沙动身回来了，你见到妈妈吗？我觉得你真好呵！今晚我整整凝视你我的照片一整晚。你知道我在想你吗？你总是想我太少，想杂事太多。你替我写了两张纸，一句也没有说到想我，你告我一些琐事，你怕我担心你，这是对的。但你为什么没有想到我做些什么，也看到你在想我呢！总之，我是一个没有用的人，你清楚我，你虽讨厌我，有时恨我，说我脾气不好，可是你知道我，所以你就百事马马虎虎，老不改脾气，我想起可真恨你呢！唉！都是重复的话！我只说：快回来吧，伯夏！

小菡 十九日晚

——《丁玲文集》（第十卷）

（十）陈毅安

给未婚妻的信（节录）

【题解】

陈毅安是早期的中国共产党党员，他把一生献给了革命事业。在该书

信中，陈毅安勉励未婚妻与他一起加入反帝反封建斗争的行列中来，使他们的爱情建立在高尚的革命理想上。陈毅安这种先进的婚恋观至今仍值得人们参考与借鉴。

【原文】

我最亲爱的志强妹：

我们是有阶级觉悟的青年，担负了中国革命与世界革命的神圣使命，我们难道恋恋于儿女深情吗？没有一点牺牲的精神吗？我们绝对不是这样！我们是受了马克思主义深刻的训练的，他早已告诉了我们："资产阶级已将家庭面帕扯碎了，家庭关系变成了单纯的金钱关系"；"儿女的深情早已在利害计较的冰水中淹死了"。在私有制未打破以前，一切关系都是经济的关系。我们虽有许多恋爱的关系，但总脱离不掉这个刻薄寡情的现金主义社会的影响。……思前思后，除了我们努力革命以外，再没有别的出路。把一切旧势力铲除，建设我们的新社会，到了那个时候，才能实现我们真正的恋爱，才不是单纯的经济关系了。最亲爱的妹妹，你不要畏难吧，十八层地狱底下的中国，今日也得见光明了。眼看帝国主义军阀及一切反动势力都快要到坟墓里去，一钱不值的我们也要做起天下的主人，努力！努力！前进！前进！我们的目的地终究会要达到啊！

革命敬礼！

毅安于衡州舟次

一九二七年五月二九日

——《革命烈士书信集》

（十一）彭雪枫

给林颖的三封信

【题解】

林颖是彭雪枫同志的爱人，他们于 1941 年结婚。第一、二封信写于他们新婚前后。彭雪枫从工作、学习、生活、思想等各个方面对爱人提出了恳切的要求，指出他与她的爱情是建立在志同道合的人生理想和事业追求中，这种恋爱观值得当代青年学习。第三封则写于 1944 年，林颖由于自己的家庭出身以及在实际工作中所遇到的困难，表现出不少弱点，彭雪枫对于爱人的思想困惑作了细致剖析，劝告妻子夫妻之间应经常互相沟通，加深理解，勇于改正自己的缺点与不足，两人亲密携手地奔向理想的目标，这对当代青年如何对待婚姻关系不无启迪意义。

下面三信中的称呼"楠""林""群"均指林颖。

▲彭雪枫像

其　一

【原文】

楠：

　　决心是果断的具体表现，我俩应为我们的前途庆幸！方式虽由于"介绍"，然而"爱"乃是由同志关系，政治条件，工作利益，双方前途，特别是性格与品质、相互印象诸复杂因素而自然促成的，而逐渐浓厚起来的。尤其是在击破困难，排除波折之过程中而更会浓厚起来的！倘若"轻易"而成，当不会事后回味之深长吧？比如我们的事业，要不经过艰难缔造的奋斗过程，那么巩固和壮大的程度当不如我们愿望的那样伟大吧。当然，一种小资产阶级的恋爱观，是另一种——花前月下卿卿我我，这究竟是小资产阶级的呀！无产阶级先锋队则不然，这首先建立在政治上，工作上，性情上和品格上，自然同样也有花前月下，然而已经不是卿卿我我了，而是花前谈心，月下互勉，为了工作，为了事业，为了双方的前途！你同意我的话吗？我想同意的吧？因为你已经在做着了。

　　我郑重提出：双方对对方的希望上，千万不要"过奢"，尤其是在今天，在初恋、在恋爱定局之初期，俗话说："情人眼里出西施"，一般人对他的爱人，是不容易看到缺点的，所以在起初，感情无限好，但日久天长，弱点逐渐暴露，情感就会淡了，因为这里头没有辩证的观察问题，更没有辩证的认识问题，当然也不会有正确的方法去解决问题了。人都有其优良的一面和缺陷的一面的，两面相照，发展其优良的一面，同时又要扬弃其缺陷的一面，主要靠自己，同时靠他人，只要对方在基本上是可爱的，是值得可爱的，那就够了，把功夫用在相互帮助，相互教育，相互鼓励上，这是我党对待同志的态度，也是恋爱双方互相对待的态度。倘若能够这样，则双方情感不仅不会越来越淡，相反必会越来越浓，以至白头偕老的。古人说：君子之交淡如水，然后才能永才能长，夫妇相敬如宾，然后也才能永才能长！这里头包含着"哲理"的，你品品它的滋味。

在上述基本观点和基本态度之下，我们相爱了，这种爱才是最正当最伟大的，最神圣的！同时也必能是最坚持，最永久的！

所以，你对我的认识和了解，我知道乃是基于政治党性品格，而不是什么地位，地位算什么东西呢？同时，要求你，你必须还要了解我的另一面，急躁，激动，工作方式方法上之不够老练，对人对物有时过于尖锐，使人难堪，对干部有时态度过于严肃，加上某些场合下的不耐烦，使人拘束，涵养不到家，这一切都是我自己实行自我批判自我斗争，而同时请求你在更接近更了解的情况下帮助我去纠正的。对于你，聪明，豪爽，忠诚，多情，不怕危险困难而忠于党，这是好的一面，优良的一面，可是在另外的一面，高傲，虚荣心，——像你所说的，再加上还欠切实，正是你的缺点，却需要你来努力克服的，倘若有了彻底认识，克服虽然必须一个过程，相信是会收到完满成果的。

我希望你的（虽然你已经在作着）是：

（一）加强自己思想意识上的锻炼，你的家庭生活环境熏陶着你，带来了非无产阶级的某些意识，在党对你不断地教育中，特别是在敌后两年烽火的斗争中，已经锻炼的使你更坚强起来了，然而进步是无止境的，还需要加倍努力！最近党中央关于增强党性的指示，是我党自有历史以来最有意义最有教育价值的文献之一，你必熟读，妥为笔记，而主要还依靠于左右同志们的相互坦白检讨，区党委会有具体指示，如何去检讨的，特别应当参考着洛甫的《论待人接物》那篇文章，胡服同志《论共产党员修养》小册子，这对于我辈为人为党员为一个革命家，有着决定的作用的。

（二）留心政治，养成对政治的浓厚兴趣，一切应由政治观点上去观察问题，政治是任何一种工作职业的同志所必须具备的，理论修养之外，尤须注意政治形势，根据形势布置工作，分析形势推动形势改变形势，要多多的经常的在这方面用心下功夫啊！报纸电讯不应该放过一个字，一条新闻不能单纯看作一件新闻，而应分析他的实质。先从近处作起，渐而至于国际形势，抱定志向，做一个最实际的政治工作者，有修养的政治工作者。

（三）待人接物上，不要过于锋芒外露，大方之中含有腼腆，我始终没有忘记过一次毛主席在我外出进行统战工作时临别叮嘱的一句话："对人诚恳是不会失败的！"这句话今天拿来送给你，共同勉励吧。我总在惦记着×和×，特别是×，你今后对他的态度应该格外慎重，保持着同志的友谊，丝毫显不出所谓"裂痕"，使对方自觉的了解这是不得已的不得已，没有法子的事呀！应当不要忘记对他的安慰。同时又必须估计到，他是不会马上对你完全谅解的。即如一般女同志，特别是那些对你有了成见的人，在她们一闻风声之后，必有一番冷言冷语，一定有的，比如什么首长路线，诸如此类，你必须格外冷静，特别持重，不动声色，若无事然。即便是我，难道就保证无人说闲话吗？不会的，我已经准备着"以不变应万变"了！凡是这样的事，首先还是决定于自己，像瑞龙同志所说的。忍耐些吧，一个风潮之后，就会逐渐平患的，注意我们的态度，我们的语言，我们的待人接物。更谦逊些，更诚恳些，更大方些，更刻苦努力些！

（四）工作，越下层越好锻炼，越深入越能具体了解，也就越能正确解决问题，越能建立信仰，女子生下来长大了是革命的，是工作的，是为大众谋利益的，而不是为的什么单纯性的问题，女子应有其独立的人格，更应有其培养独立人格的场合和环境，即便结婚了之后，我还是主张你应有你的独立的工作环境，我无权干涉你，也不会干涉你。

（五）你写得很好，你应该努力学习写作，记日记，写文章，把材料系统的组织起来写在纸上，这就是文章，要具体材料，不要空洞说理，要提高文化水平，要加强理论修养，你还年轻，我希望你工作之外，又是作家，必会有一天，你是一个帮助写作有力助手！

亲爱的同志！一切美满的愿望，都是建立在政治理智情感热心努力互助互谅之上的！

保重你的身体！

送上社会科学基础教程一本

枫 9月14日

其 二

【原文】

林：

你8号上午的长信，不知为什么今天才收到？读了好几遍，十分欣喜。前天给你的信，因为没有便，所以尚未发。

几乎每一封信上，都说到你的"顾虑"，可想而知，对此事你是如何焦虑了，我认为这是多余的，因为我已有数次的申述了，我希望这一顾虑在你，能够立即冰消云散，因为你早已经信任我了。

你给刘邓的信，赶上我不在家，直接送给他们又转给我了，他们是在

征求我的意见，没有问题，我已依照着前信所说，"婉言谢却"了。我万分感佩你的决心，你的与人不同的志趣，你所做的也就是我所想的，否则我不配做你的终身伴侣，倘若你不是这样豪爽的女子，相信，我今年也不会结婚，要是那样"随便"的话，恐怕我已经有了几个孩子了！然而那有什么意思呢？"把两个情志不投的人弄在一起，那正是制造痛苦！反而看我们，我们是愈久愈了解，愈了解愈相互敬佩，愈敬佩而情爱愈浓厚！

四军成立四周年，师东征三周年纪念节，前天开了纪念大会，人很多，尤其是地方上和老百姓，我很兴奋，讲话也特别起劲！第一天抗大的"自由万岁"演得特别好——划时期的好，第二天拂晓的"棺中女郎"同样很好，都是外国剧，道具布景，都使人耳目为之一新！可惜你没有眼福！

也许日内我要到泗阳前方去指挥作战，协同着运北淮海部队。不管在家不在家，我总希望在我回来的时候能读到你很多的信。倘若有可能，我或者会转赴淮宝一行，看情势可能性恐怕不大。

晒相纸还没买来，一时不能洗。

背上的小疮，好些否？必要时可到卫生部去请叶果部长为你看看，特写封介绍信给你预备着。

生活情况和工作情况，我总是迫切地盼望着知道。

夜安！

雪枫　10月15日夜1时40分

其　三

【原文】

群：

你的回信我读了好几遍，你的个性及其历史传统，我也深为体谅，你的"内疚"我也深为了解，可以说这是我们将近三年得以和谐下去并且将继续和谐下去的基础，否则两个阳刚性格的人，而又各自相持不下，则所造成的局面实在不堪设想！我之所以能于"体谅"和"了解"也由于我的年岁比你大了许多，阅历比你多了一些，涵养功夫虽不能令人以至于连我自己满意，但自仁和集会议之后以及整风以来我是努力在学习着"忍耐"，这一忍耐的目标，是要做到对人对事的恢宏大度。我常常在你我相处之中每一发生了缝子的时候，总做着这样一个结论：倘若是在十年或者七年以前的我，以热情获淡漠，以体贴获不体贴，则决然走向破裂之余，决然不去自找没趣，就是说决不会忍耐下去了！决不会维持至三年之久而且还要和谐下去！这一点，你从我之今日看我过去，也会料得到的。然而今年今日的我，便不会一如往昔之大刀阔斧，斩钉截铁了，这一方面是由于我的过去看我现在，而另一方面也是由于我从你的现在看你的过去，家庭环境，教养，自幼以来的个性等的理由，所以能够体贴得出来。因此，我采取的方针是潜移默化，以我对你的热爱，来换得你对我的慰温，然而许多次我失望了！故不免也有使你难堪之处，但不断又乘机提醒你，又不惜以他人对你品评和对我俩之间的舆论来警觉你，你在这方面的进步是有的，然而太不大了，使我不免又于大失望中之希望又失去了，于是一切苦闷、乏味、冷淡便由此而生，当然有时又很后悔，但是单方面又能如何将这矛盾统一起来呢？夫妇关系难道单单是为的生孩子吗？即共产党人如你我，也不会做如是之庸俗想吧？你也有自知之明，承认你的"麻木"，是的，在这一点上说，你的确是不聪明的。但不断地听到麻木，而又不断的麻木下去，所以才逼出我那时的"只听好话不见事实等于欺骗"的愤激之词。从此之后，我益发的不安起来，加以你临回泗南的那场辩论，谁知我以为你回到泗南了，而又并未回到泗南，原来在距大王庄仅十余里的张塘，但凡稍为关怀，总不至于不来作别吧？这又给我那个越离得远离得久便似乎越是女子的光荣的论据，又加上了一仓证据，不得不使我想：一个男子已经死求白赖的将近三年了，还要继续死求白赖下去吗？可谓无骨气之甚矣了！英雄主义者是只知有自己的自尊心，而不知别人亦有自尊心的！你的来信也自认了。

由于这，再加上其他在工作人事上的几件不顺心的事，杂七杂八，便产生了半月来的无限寂寞！给谁诉呢？只有读小说遣闷，所以重读《儿女英雄传》了。因之，近来稍为好了一些，待读到你的来信，当然又好了一些。

我盼望你于内疚之余要深自反省，至于我当然也一样。只要你一有转机，那便会使我喜出望外了。总之一句话，我对你，仍然像 1941 年 9 月 24 日前后一样！盼望你安心做你的工作，不必再胡思乱想了，一如你来信中的誓言做下去，我自然会像 9 月 24 日前后那样加倍的待你的。感伤可以勿需了，也如我之寂寞可以勿需一样。

昨与江彤（她近来好些了）闲话，她嘱咐你，打胎之后再怀胎如不注意节劳是容易流产的，望你珍重。

红叶　6 月 1 日

附来淮南日报中之《关于军队政治工作问题》一文十分重要，前曾记得寄给你了，如未看，则必须细读。

——《彭雪枫家书》

（十二）裘古怀

就义前给妻子的遗书

【题解】

　　裘古怀是浙江宁波人，1924 年加入中国共产党，1930 年英勇牺牲。在这封遗书中，裘古怀叮嘱妻子在他死后应重建家庭，打破封建礼教观念，这种叮嘱显示了一个革命者的高尚情怀。

【原文】

　　桂芬！今天我就要被万恶的国民党迫害了！请你不要悲痛，你要勇敢些。共产党员是杀不完的，将来一定会有人替我报仇！我死后，希望你不要太封建，你应当重建你的家庭，找一个情投意合的正派人（虽然我不愿意说这句话，但现在我想我应该说出来），如果你还纪念我的话，希望你以后生下的第一个孩子就叫他"念怀"。

　　桂芬！你晓得现在我是多么地想念你啊！

　　请你代我向一切亲戚、朋友们致意。

古　怀

八月二十七日

——《革命烈士书信集》

（十三）傅雷

1. 致傅聪书信二封

【题解】

　　这是傅雷指导傅聪婚恋方面的两封信。在第一封信中，傅雷告诫儿子对待婚恋问题要慎重、有毅力、有恒心，对于对方不要过分挑剔，应注重对方的人品，同时要把爱情建立在共同的志趣上。在第二封信中，傅雷对于傅聪结婚后忽视与妻子弥拉进行日常交流的现象提出了批评，以他和他夫人作例子，告诫儿子应经常和妻子交流，以便增进彼此理解，加深彼此的感情，保证婚姻生活的和谐、幸福和充实。傅雷在这一方面对于儿子的教育可谓见识深刻，值得人们学习、借鉴。

【原文】

　　亲爱的孩子，八月二十日报告的喜讯使我们心中说不出的欢喜和兴奋。你在人生的旅途中踏上了一个新的阶段，开始负起新的责任来，我们要祝贺你，祝福你，鼓励你。希望你拿出像对待音乐艺术一样的毅力、信心、虔诚，来学习人生艺术中最高深的一课。但愿你将来在这一门艺术中得到像你在音乐艺术中一样的成功！发生什么疑难或苦闷，随时向一两个正直而有经验的中、老年人讨教，（你在伦敦已有一年八个月，也该有这样的老成的朋友吧？）深思熟虑，然后决定，切勿单凭一时冲动：只要你能做到这几点，我们也就放心了。

　　对终身伴侣的要求，正如对人生一切的要求一样不能太苛。事情总有正反两面：追得你太迫切了，你觉得负担重；追得不紧了，又觉得不够热烈。温柔的人有时会显得懦弱，刚强了又近乎专制。幻想多了未免不切实际，能干的管家太太又觉得俗气。只有长处没有短处的人在哪儿呢？世界上究竟有没有十全十美的人或事物呢？抚躬自问，自己又完美到什么程度呢？这一类的问题想必你考虑过不止一次。我觉得最主要的还是本质的善良，天性的温厚，开阔的胸襟。有了这三样，其他都可以逐渐培养；而且有了这三样，将来即使遇到大大小小的风波也不致变成悲剧。做艺术家的妻子比做任何人的妻子都难；你要不预先明白这一点，即使你知道"责人太严，责己太宽"，也不容易学会明哲、体贴、容忍。只要能代你解决生活琐事，同时对你的事业感兴趣就行，对学问的钻研等等暂时不必期望过奢，还得看你们婚后的生活如何。眼前双方先学习相互的尊重、谅解、宽容。

　　对方把你作为她整个的世界固然很危险，但也很宝贵！你既已发觉，一定会慢慢点醒她；最好旁敲侧击而勿正面提出，还要使她感到那是为了维护她的人格独立，扩大她的世界观。倘若你已经想到奥里维的故事，不妨就把那部书叫她细读一二遍，特别要她注意那一段插曲。像雅葛丽纳那样只知道 love，love！［爱，爱！］的人只是童话中人物，在现实世界中非但得不到 love，连日子都会过不下去，因为她除了 love 一无所知，一无所有，一无所爱。这样狭窄的天地哪像一个天地！这样片面的人生观哪会得到幸福！无论男女，只有把兴趣集中在事业上，学问上，艺术上，尽量抛开渺小的自我（ego），才有快活的可能，才觉得活得有意义。未经世事的少女往往会存一个荒诞的梦想，以为恋爱时期的感情的高潮也能在婚后维持下去。这是违反自然规律的妄想。古语说，"君子之交淡如水"；又有一句话说，"夫妇相敬如宾"。可见只有平静、含蓄、温和的感情方能持久；

另外一句的意义是说，夫妇到后来完全是一种知己朋友的关系，也即是我们所谓的终身伴侣。未婚之前双方能深切领会到这一点，就为将来打定了最可靠的基础，免除了多少不必要的误会与痛苦。

你是以艺术为生命的人，也是把真理、正义、人格等等看作高于一切的人，也是以工作为乐生的人；我用不着唠叨，想你早已把这些信念表白过，而且竭力灌输给对方的了。我只想提醒你几点：——第一，世界上最有力的论证莫如实际行动，最有效的教育莫如以身作则；自己做不到的事千万勿要求别人；自己也要犯的毛病先批评自己，先改自己的。——第二，永远不要忘了我教育你的时候犯的许多过严的毛病。我过去的错误要是能使你避免同样的错误，我的罪过也可以减轻几分；你受过的痛苦不再施之于他人，你也不算白白吃苦。总的来说，尽管指点别人，可不要给人"好为人师"的感觉。奥诺丽纳（你还记得巴尔扎克那个中篇吗？）的不幸一大半是咎由自取，一小部分也因为丈夫教育她的态度伤了她的自尊心。凡是童年不快乐的人都特别脆弱（也有训练得格外坚强的，但只是少数），特别敏感，你回想一下自己，就会知道对付你的爱人要如何 delicate ［温柔］，如何 discreet ［谨慎］了。

我相信你对爱情问题看得比以前更郑重更严肃了；就在这考验时期，希望你更加用严肃的态度对待一切，尤其要对婚后的责任先培养一种忠诚、庄严、虔敬的心情！

一九六〇年八月二十九日

其 二

【原文】

你工作那么紧张，不知还有时间和弥拉谈天吗？我无论如何忙，要是一天之内不与你妈谈上一刻钟十分钟，就像漏了什么功课似的。时事感想，人生或大或小的事务的感想，文学艺术的观感，读书的心得，翻译方面的问题，你们的来信，你的行踪……上下古今，无所不谈，拉拉扯扯，不一定有系统，可是一边谈一边自己的思想也会整理出一个头绪来，变得明确；而妈妈今日所达到的文化、艺术与人生哲学的水平，不能不说一部分是这种长年的闲谈熏陶出来的。去秋你信中说到培养弥拉，不知事实上如何作？也许你父母数十年的经历和生活方式还有值得你参考的地方。以上所提的日常闲聊便是熏陶人最好的一种方法。或是饭前饭后或是下午喝茶（想你们也有英国人喝 tea 的习惯吧？）的时候，随便交换交换意见，无形中彼此都得到不少好处：启发，批评，不知不觉地提高自己，提高对方。总不能因为忙，各人独自生活在一个小圈子里。少女少妇更忌精神上的孤独。共同的理想，热情，需要长期不断的灌溉栽培，不是光靠兴奋时说几句空话所能支持的。而一本正经地说大道理，远不如日常生活中琐琐碎碎的一言半语来得有效，——只要一言半语中处处贯彻你的做人之道和处世的原则。孩子，别因为埋头于业务而忘记了你自己定下的目标，别为了音乐的艺术而抛荒生活的艺术。弥拉年轻，根基未固，你得耐性细致，孜孜不倦的关怀她，在人生琐事方面，读书修养方面，感情方面，处处观察，分析，思索，以诚挚深厚的爱作原动力，以冷静的理智作行动的指针，加以教导，加以诱引，和她一同进步！倘或做这些工作的时候有什么困难，千万告诉我们，可帮你出主意解决。你在音乐艺术中固然只许成功，不许失败；在人生艺术中，婚姻艺术中也只许成功，不许失败！这是你爸爸妈妈最关心的，也是你一生幸福所系。而且你很明白，像你这种性格的人，人生没法与艺术分离，所以要对你的艺术有所贡献，家庭生活与夫妇生活更需要安排得美满。——语重心长，但愿你深深体会我们爱你和爱你的艺术的热诚，从而在行动上彻底实践！

我老想帮助弥拉，但自知手段笨拙，生怕信中处处流露出说教口吻和家长面孔。青年人对中年老年人另有一套看法，尤其西方少妇。你该留意我的信对弥拉起什么作用：要是她觉得我太古板，太迂等等，得赶快告诉我，让我以后对信中的措辞多加修饰。我决不嗔怪她，可是我极需要知道她的反应来调节我教导的方式方法。你务须实事求是，切勿粉饰太平，歪曲真相：日子久了，这个办法只能产生极大的弊害。你与她有什么不协和，我们就来解释，劝说；她与我们之间有什么不协和，你就来解释，劝说：这样才能做到所谓"同舟共济"。我在中文信中谈的问题，你都可挑出一二题目与她讨论；我说到敏的情形也好告诉她：这叫作旁敲侧击，使她更了解我们。我知道她家务杂务，里里外外忙得不可开交，故至今不敢在读书方面督促她。我屡屡希望你经济稳定，早日打定基础，酌量减少演出，使家庭中多些闲暇，一方面也是为了弥拉的晋修。（要人晋修，非给他相当时间不可。）我一再提议你去森林或郊外散步，去博物馆欣赏名作，大半为了你，一小半也是为了弥拉。多和大自然与造型艺术接触，无形中能使人恬静旷达（古人所云"荡涤胸中尘俗"，大概即是此意），维持精神与心理的健康。在众生万物前面不自居为"万物之灵"，方能祛除我们的狂妄，打破纸醉金迷的俗梦，养成淡泊洒脱的胸怀，同时扩大我们的同情心。欣赏前人的剧迹，看到人类伟大的创造，才能不使自己被眼前的局势弄得悲观，从而鞭策自己，竭尽所能的在尘世留下些少成绩。以上不过是与大自然及造型艺术接触的好处的一部分；其余你们自能体会。

一九六一年九月十四日晨

2. 致傅敏

【题解】

这是傅雷指导小儿子傅敏择偶的一封信。傅雷在信中主要为儿子提供了几条重要的择偶标准、原则和方法问题，告诫儿子对待婚恋要冷静、从容、仔细考察、从长考虑，注重双方的性格、人生观是否相符，然后做出慎重而积极的选择。这些指导意见对于今天的青年人来说仍然具有极大的参考价值。

【原文】

亲爱的孩子，……对恋爱的经验和文学艺术的研究，朋友中数十年悲欢离合的事迹和平时的观察思考，使我们在儿女的终身大事上能比别的父母更有参加意见的条件。……

首先态度和心情都要尽可能地冷静。否则观察不会准确。初期交往容易感情冲动，单凭印象，只看见对方的优点，看不出缺点，甚至夸大优点，美化缺点。便是与同性朋友相交也不免如此，对异性更是常有的事。许多青年男女婚前极好，而婚后逐渐相左，甚至反目，往往是这个原因。感情激动时期不仅会耳不聪，目不明，看不清对方；自己也会无意识的只表现好的方面，把缺点隐藏起来。保持冷静还有一个好处，就是不至于为了谈恋爱而荒废正业，或是影响功课或是浪费时间或是损害健康，或是遇到或大或小的波折时扰乱心情。

所谓冷静，不但是表面的行动，尤其内心和思想都要做到。当然这一点是很难。人总是人，感情上来，不容易控制，年轻人没有恋爱经验更难维持身心的平衡，同时与各人的气质有关。我生平总不能临事沉着，极容易激动，这是我的大缺点。幸而事后还能客观分析，周密思考，才不至于使当场的意气继续发展，闹得不可收拾。我告诉你这一点，让你知道如临时不能克制，过后必须由理智来控制大局：该纠正的就纠正，该向人道歉的就道歉，该收篷时就收篷，总而言之，以上二点归纳起来只是：感情必须由理智控制。要做到，必须下一番苦功在实际生活中长期锻炼。

我一生从来不曾有过"恋爱至上"的看法。"真理至上""道德至上""正义至上"这种种都应当作为立身的原则。恋爱不论在如何狂热的高潮阶段也不能侵犯这些原则。朋友也好，妻子也好，爱人也好，一遇到重大关头，与真理、道德、正义……等等有关的问题，决不让步。

其次，人是最复杂的动物，观察决不可简单化，而要耐心、细致、深入，经过相当的时间，各种不同的事故和场合。处处要把科学的客观精神和大慈大悲的同情心结合起来。对方的优点，要认清是不是真实可靠的，是不是你自己想象出来的，或者是夸大的。对方的缺点，要分出是否与本质有关。与本质有关的缺点，不能因为其他次要的优点而加以忽视。次要的缺点也得辨别是否能改，是否发展下去会影响品性或日常生活。人人都有缺点，谈恋爱的男女双方都是如此。问题不在于找一个全无缺点的对象，而是要找一个双方缺点都能各自认识，各自承认，愿意逐渐改，同时能彼此容忍的伴侣。（此点很重要，有些缺点双方都能容忍；有些则不能容忍，日子一久即造成裂痕。）最好双方尽量自然，不要做作，各人都拿出真面目来，优缺点一齐让对方看到。必须彼此看到了优点，也看到了缺点，觉得都可以相忍相让，不会影响大局的时候，才谈得上进一步的了解；否则只能做一个普通的朋友。可是要完全看出彼此的优缺点，需要相当时间，也需要各种大大小小的事故来考验；绝对急不来！更不能轻易下结论（不论是好的结论或坏的结论）！唯有极坦白，才能暴露自己；而暴露自己的缺点总是越早越好，越晚越糟！为了求恋爱成功而尽量隐藏自己的缺点的人其实是愚蠢的。当然，在恋爱中不知不觉表现出自己的光明面，不知不觉隐藏自己的缺点，不在此例。因为这是人的本能，而且也证明爱情能促使我们进步，往善与美的方向发展，正是爱情的伟大之处，也是古往今来的诗人歌颂爱情的主要原因。小说家常常提到，我们在生活中也一再经历：恋爱中的男女往往比平时聪明；读起书来也理解得快；心地也往往格外善良，为了自己幸福而也想使别人幸福，或者减少别人的苦难；同情心扩大就是爱情可贵的具体表现。

事情主观上固盼望必成，客观方面仍须有万一不成的思想准备。为了避免失恋等等的痛苦，这一点"明智"我觉得一开头就应当充分掌握。最好勿把对方作过于肯定的想法，一切听凭自然演变。

总之，一切不能急，越是事关重要，越要心平气和，态度安详，从长考虑，细细观察，力求客观！感情冲上高峰很容易，无奈任何事物的高峰（或高潮）都只能维持一个短时间，要久而弥笃的维持长久的友谊可很难了。……

除了优缺点，俩人性格脾气是否相投也是重要因素。刚柔、软硬、缓急的差别要能相互适应调剂。还有许多表现在举动、态度、言笑、声音……之间说不出也数不清的小习惯，在男女之间也有很大作用，要弄清这些就得冷眼旁观慢慢咂摸。所谓经得起考验乃是指有形无形的许许多多批评与自我批评（对人家一举一动所引起的反应即是无形的批评）。诗人常说爱情是盲目的，但不盲目的爱毕竟更健全更可靠。

人生观世界观问题你都知道，不用我谈了。人的雅俗和胸襟气量倒是要非常注意的。据我的经验：雅俗与胸襟往往带先天性的，后天改造很少能把低的往高的水平上提；故交往期间应该注意对方是否有胜于自己的地方，将来可帮助我进步，而不至于反过来使我往后退。你自幼看惯家里的

作风，想必不会忍受量窄心浅的性格。

以上谈的全是笼笼统统的原则问题。……

长相身材虽不是主要考虑点，但在一个爱美的人也不能过于忽视。

交友期间，尽量少送礼物，少花钱：一方面表明你的恋爱观念与物质关系极少牵连；另一方面也是考验对方。

一九六二年三月八日

——《傅雷家书》

第九编　养生

导　读

　　中华民族是一个注重养生的民族，对养生之道的研究可谓源远流长。早在先秦时期，人们就开始了对养生理论和方法的广泛探讨。先秦诸子的著作中，几乎都有关于养生的精辟论述，而在众多的养生学说中，尤以道家的养生理论影响最大。

　　以老子、庄子为代表的道家，秉承其"物极必反""无为而治"的思想，认为"甚爱必大费，多藏必厚亡。知足不辱，知止不殆"（《老子》四十四章），过分追求养生实际上并不能达到养生的目的，因此主张"静以养生"，认为只有心无所羁，顺其自然，才是真正的养生之道。

　　传统养生学除以静养为主的道家养生理论外，还有一种以动养为主的养生理论，这种养生理论以《吕氏春秋》为代表。认为"流水不腐，户枢不蠹，动也。形气亦然，形不动则精不流，精不流则气郁，"（《吕氏春秋·尽数》）。后世的养生学在融合动、静两种养生理论的基础上有所发展，提出了"动以养形，静以养心"的新见解，使传统养生学更加具有了科学性与实用性。

　　除精神的静养和形体的动养外，后世养生学还把人与环境作为一个整体结合起来，提出"调气""固精""食养""药补"等重要的养生理论和方法，涉及饮食、起居、性情、导引、应时、色欲、疾病、劳作等生活的各个方面，至今具有广泛的指导意义。

　　"适中"观是我国传统养生理论的一个重要特点和共同的倾向，认为凡事太过或不及都会对身体产生不利的影响，认为"久视伤血、久立伤骨、久行伤筋、久卧伤气、久坐伤肉"（《素问·宣明五气篇》）。这些都是养生的大忌。因此，传统养生理论强调要维持人体的正常生活节律，反对任何不及或太过的行为。曾国藩也说："养生之法约有五事：一曰眠食有恒，二曰惩忿，三曰节欲，四曰每夜临睡洗脚，五曰每日两饭后各行三千步。"都可谓深得中华传统养生法之精髓。

　　在现代社会中，科学技术的发展不仅带来了社会的繁荣，同时也给人类生活带来了许多不良的后果。随着机械化、信息化程度的不断提高，人们的生活节奏也不断加快，这种快节奏的生活在精神上和身体上给人们所带来的压力和损害是多种多样的。在这种背景下，学会科学养生，不仅有利于身体素质的强化与提高，而且更有利于追求幸福、追求理想目标的实现。这里专辑一编谈论养生，也是为推动古老的中华传统养生学为现代生活服务。《中华传世家训》中有关养生的论述，虽只是中华传统养生学沧海中之一粟，但也足可以给我们诸多启发，读者自可详为参省之。

一、先秦篇

(一) 老聃

知足不辱

【题解】

欲望催促着人向外寻求，功名利禄之心。很难遏止。老子提出的"知足"思想，无疑是一剂清醒药，显示出很高的智慧。

【原文】

名与身孰亲？身与货孰多？得与亡孰病？甚爱必大费，多藏必厚亡。知足不辱，知止不殆，可以长久。

——《老子》四十四章

【译文】

荣誉和生命哪个可爱？生命和财物哪个重要？获得和丢失哪个有害？过分的吝惜必定会造成大的耗费，过多的收藏必定会造成严重的损失。知道满足才不会遭到侮辱，知道休止才不会遇到危险，你所想要的才能长久保持下去。

(二) 庄周

妻死不哭，箕踞鼓盆而歌

【题解】

妻死岂无悲伤？但死者已去，通达的人，虽不必像庄子那样敲着瓦缶唱歌，也可以从庄子的态度中领悟一些人生的真谛。哭泣和悲伤并不一定是真正的怀念。

▲老子行教像

【原文】

庄子妻死，惠子吊之，庄子则方箕踞鼓盆而歌。惠子曰："与人居，

国学经典文库

中华传世家训

第九编 养生

图文珍藏版

长子老身，死不哭亦足矣，又鼓盆而歌，不亦甚乎！"

　　庄子曰："不然。是其始死也，我独何能无概然！察其始而本无生，非徒无生也而本无形，非徒无形也而本无气。杂乎芒芴①之间，变而有气，气变而有形，形变而有生，今又变而之死，是相与为春秋冬夏四时行也。人且偃然寝于巨室，而我嗷嗷然随而哭之，自以为不通乎命，故止也。"

——《庄子·至乐》

【注释】

　　①芒芴：同"恍惚"。

【译文】

　　庄子的妻子死了，惠子前往吊唁，却见庄子正分开双腿像簸箕一样坐着，一边敲打着瓦缶一边唱歌。惠子说："你跟妻子生活了一辈子，生儿育女直至她衰老而死，人死了不伤心哭泣也就算了，又敲着瓦缶唱起歌来，不也太过分了吧！"

　　庄子说："不是这样的。这个人初死之时，我怎么能不感慨伤心呢！然而仔细考察她开始原本就不曾出生，不只是不曾出生，而且本来就不曾具有形体，不只是不曾具有形体，而且原本就不曾形成元气。夹杂在恍恍惚惚的境域之中，变化而有了气，气变化而有了形体，形体变化而有了生命，如今变化又回到死亡，这就跟春夏秋冬四季运行一样。死去的那个人将安然寝卧在天地之间，而我却呜呜地围着她啼哭，我认为这是不能通晓于天命，所以也就停止了哭泣。"

（三）东门吴

丧子不忧

【题解】

　　家庭成员的意外伤亡是每一个家庭需要面对的事，东门吴失去儿子而不忧虑可以提供一种处理的办法。不忧并非真不忧，而是有所节制、有益于生者而已。

【原文】

　　梁人有东门吴者，其子死而不忧。其相室曰："公之爱子也，天下无有，今子死而不忧，何也？"东门吴曰："吾尝无子，无子之时不忧；今子死，乃即与无子时同也，吾奚忧焉？"

——《战国策·秦策三》

【译文】

　　庄子的妻子死了，惠子前往吊唁，却见庄子正分开双腿像簸箕一样坐着，一边敲打着瓦缶一边唱歌。惠子说："你跟妻子生活了一辈子，生儿育女直至她衰老而死，人死了不伤心哭泣也就算了，又敲着瓦缶唱起歌来，不也太过分了吧！"

庄子说："不是这样的。这个人初死之时，我怎么能不感慨伤心呢！然而仔细考察她开始原本就不曾出生，不只是不曾出生，而且本来就不曾具有形体，不只是不曾具有形体，而且原本就不曾形成元气。夹杂在恍恍惚惚的境域之中，变化而有了气，气变化而有了形体，形体变化而有了生命，如今变化又回到死亡，这就跟春夏秋冬四季运行一样。死去的那个人将安然寝卧在天地之间，而我却呜呜地围着她啼哭，我认为这是不能通晓于天命，所以也就停止了哭泣。"

三、魏晋南北朝篇

（一）王　肃

酒　诫

【题解】

历代酗酒亡国害事的教训比比皆是，本篇就是王肃对家人饮酒的劝诫。饮酒在于礼用、养生，以不喝醉为宜，这种训诫对于今人仍旧具有借鉴意义。

【原文】

夫酒，所以行礼养性命欢乐也。过则为患，不可不慎。是故宾主百拜，终日饮酒，而不得醉，先王所以备酒祸也。凡为主人饮客，使有酒色而已，无使至醉。若为人所强，必退席长跪，称父戒以辞之。敬仲辞君，而况于人乎？为客又不得唱造酒史也。若为人所属，下坐行酒，随其多少，犯令行罚，示有酒而已，无使多也。祸变之兴，常于此作，所宜深慎。

——《全三国文》录《艺文类聚》卷二三

【译文】

酒，是用来举行礼仪、保养性命、进行娱乐的东西。超过限度就会祸患无穷，不可以不谨慎。所以宾主双方互行拜礼，终日饮酒而不得醉，先王这样规定是为了防备酒祸。凡做主人的向客人们敬酒，让大家微有酒意就行了，不要把大家灌醉。如果为别人所强迫，一定要退席长拜，声明父亲的训诫来辞谢别人。田敬仲可以辞谢于他的君主，何况普通人呢？做客的又不能带头做酒史。假若是别人的属下，那么下座行酒令随便多少，触

犯酒令就罚酒，表示自己有酒而已，不要使自己喝得太多。祸患变乱的产生，常常源于喝酒，应该尤为谨慎。

（二）陶渊明

1. 夫耕于前，妻耘于后

【题解】

陶渊明是东晋、刘宋之际的大隐士、大诗人。他不愿为五斗米折腰，毅然辞官归家。他的妻子与他志同道合，夫唱妇随，一同耕种田地，其高情逸致，令人悠然神往。

【原文】

陶渊明赋《归去来》以遂志，其妻翟氏，志趣亦同，能安苦节。为夫耕于前，妻耘于后云。

——《续世说·贤媛》

【译文】

陶渊明作《归去来兮辞》以表明自己的心志，他的妻子翟氏，与他志趣相同，能够安于清贫生活，而不丧失节操。翟氏跟随丈夫下田干活，丈夫在前面耕地，妻子在后面锄草。

2. 责子诗

【题解】

写这首诗的时候，陶渊明约四十四岁。古人在这个年龄，已觉得自己衰老了。陶渊明虽然素以淡泊处世闻名，但从这首诗中，可以读出身为人父、望子成才的渴望，以及对孩子调皮、厌学的无奈与失望。但陶渊明终究是陶渊明，他自有办法：天命苟如此，且进杯中物。一杯酒哪能冲淡人生的不如意？但有些事情，既已如此，无可奈何，也就随它去吧。

【原文】

白发被两鬓，肌肤不复实[1]。
虽有五男儿，总不好纸笔。
阿舒已二八，懒惰故无匹。
阿宣行志学，而不爱文术。
雍端年十三，不识六与七。
通子垂九龄，但觅梨与栗。
天运苟如此，且进杯中物。

【注释】

①复实：充实。

【译文】

白发覆盖了两鬓，肌肤也不再充盈。

虽然有五个儿子，却都对纸笔无情。

阿舒已十六，懒惰无比，让人吃惊。

阿宣也将到十五志学的年纪，却不喜欢读书作文。

雍、端都已十三岁，六和七还难分。

通子眼看到九岁，还只会将梨子毛栗找寻。

天命假如真是如此，我还是将此杯中物痛饮。

3. 与子俨等疏

【题解】

陶俨是陶渊明的长子。这篇文章表现了陶渊明自然、愉悦、洒脱的人生境界，流露出眷眷父子深情，对孩子提出了殷切希望。

【原文】

告俨、俟、份、佚、佟：

天地赋①命，生必有死。自古圣贤，谁独能免。子夏有言曰："死生有命，富贵在天。"四友②之人，亲受音旨。发斯谈者，岂非穷达不可妄求，寿夭永无外请③故耶？

吾年过五十，少而穷苦，每以家弊，东西游走。性刚才拙，与物多忤。自量为己，必贻俗患。僶④勉辞世，使汝等幼而饥寒。余尝感孺仲⑤贤妻之言，败絮自拥，何惭儿子，此既一事矣。

但恨邻靡二仲，室无莱妇⑥，抱兹苦心，良独内愧。少学琴书，偶家闲静，开卷有得，便欣然忘食。见树木交荫，时鸟变声，亦复欢然有喜。常言：五六月中，北窗下卧，遇凉风暂至，自谓羲皇上人。意浅识罕，谓斯言可保；日月遂往，机巧好疏。缅求在昔，眇然如何。疾患以来，渐就衰损。亲旧不遗，每以药石见救，自恐大分将有限也。

汝辈稚小家贫，每役柴米之劳。何时可免？念之在心，若何可言。然汝等虽不同生，当思四海皆兄弟⑦之义。鲍叔、管仲，分财无猜；归生、伍举，班荆道旧。遂能以败为成，因丧立功。他人尚尔，况同父之人哉。

颍川韩元长，汉末名士。身处卿佐，八十而终。兄弟同居，至于没齿。济北氾稚春，晋时操行人也。七世同财，家人无怨色。《诗》曰："高山仰止，景行行止。"虽不能尔，至心尚之。汝其慎哉！吾复何言。

——《陶渊明集》

【注释】

①赋：赋予。

②四友：颜回、子贡、子张、子路。

③外请：分外期求。

④僶：音 mǐn 努力。

⑤孺仲：东汉王霸。

⑥莱妇：老莱子妻，劝夫退隐。

⑦四海皆兄弟：见《论语，颜渊篇》。

【译文】

告诫陶俨、陶俟、陶份、陶佚、陶佟诸儿：

天地赋予人以生命，有生必有死。自古以来的圣贤们，谁又能逃避。子夏说："死生有命，富贵在天。"子夏是孔子四友一般的人，他必定亲自受到教诲。发表这种言论，难道不是因为富贵贫穷不可妄求，长寿夭折永远不可分外祈请吗？

我现在已经五十多岁了，自小便困窘受苦，常因家贫而东奔西走。我性情刚直而才学愚拙，与世事多有抵触。自己替自己掂量一下，做官将来必留后患。所以勉力辞世隐遁，而致使你们自幼便受饥寒所迫。我尝有感于王霸贤妻的话：既然自己都裹着破棉絮御寒，又有什么愧对子女的地方呢？这是同一性质的事情。

我只遗憾自己没有像求仲、羊仲那样的邻居，没有像老莱子妻那样劝我忘名忘利的妻室。独自抱有隐遁忘世的苦心，实在觉得内心有愧。我很小就学习抚琴读书，偏爱娴静，读书有所心得，就欣欣然忘食。看见树木交错，繁枝成荫，四时鸟声交替鸣响，我也欢呼高兴，常常说，在五、六月的时候，在北窗底下躺着，偶尔凉风吹来，便自以为是上古之民了。我思想浅陋，见识短少，以为这样的生活可以一直保持下去。岁月流逝，从前的机心巧思逐渐淡去，再追念昔日情形，却已渺茫无可如何了。自从生病以来，我渐渐衰弱，亲朋故旧，没有嫌弃我，常常送药给我，可我自己觉得将不久于世了。

你们从小就生活在贫寒之家，被柴米之劳所累，也不知什么时候才是个尽头。我挂念在心，又有什么可说的呢？你们虽然不是同母所生，但应该想起"四海之内皆兄弟"这句话的大义。管仲、鲍叔分财时毫无猜忌，归生、伍举相遇道中铺荆叙旧，因此他们都能反败为胜，因失立功。异姓的人都能如此，何况你们是同父兄弟呢？

颍川的韩元长，是汉末名士，身居卿相，八十岁才死。他与兄弟同居一屋不分家，一直到死。济北的氾稚春，是晋代有操行的人，他家七世同财，家人都没有怨色。《诗经》说："像仰望高山，像行走在光明大道上"，虽然我们没达到那样的高度，也应诚心崇尚他们。你们如能慎重行事，我就没什么话好说了。

（三）颜延之

庭诰

【题解】

这篇家训是可以和《颜氏家训》相媲美的早期成熟的家训作品。颜延之以养生修身为主体，全面而深刻地论述了生命、道和理，同时就家人该注意的为人处世、治理家庭等问题也有告诫。人的生命需要在天道人理中得以怡养，既不是儒家的又不是道家的，既是儒家的又是道家的。儒道合一的玄思在这篇家训中比比皆是。一言以蔽之，该文超越了一般的性命双修，许多观点都可备借鉴。

【原文】

庭诰者，施于闺庭之内，谓不远也。吾年居秋方，虑先草木，故遽以未闻，诰尔在庭。若立履之方，规鉴之明，已列通人之规，不复续论。今所载咸其素蓄，本乎性灵，而致之心用。夫选言务一，不尚烦密，而至于备议者，盖以网诸情非①。古语曰得鸟者罗②之一目③，而一目之罗，无时得鸟矣。此其积意之方。

道者识之公，情者德之私。公通，可以使神明加向；私塞，不能令妻子移心。是以昔之善为士者，必捐情反道，合公屏私。

寻尺之身，而以天地为心；数纪④之寿，常以金石为量。观夫古先垂戒，长者余论，虽用细制，每以不朽见铭；缮筑末迹，咸以可久承志。况树德立义，收族长家，而不思经远乎。

曰身行不足遗之后人。欲求子孝必先慈，将责弟悌务为友。虽孝不待慈，而慈固植孝；悌非期友，而友亦立悌。

夫和之不备，或应以不和；犹信不足焉，必有不信。倘知恩意相生，情理相出，可使家有参、柴，不皆由、损。

夫内居德本，外夷民誉，言高一世，处之逾默，器⑤重一时，体之滋冲，不以所能干众，不以所长议物，渊泰入道，兴天为人者，士之上也。若不能遗声，欲人出⑥己，知柄在虚求，不可校得，敬慕谦通，畏避矜踞，思广监择，从其远猷，文理精出，而言称未达，论问宣茂，而不以居身，此其亚也。若乃闻实之为贵，以辩书所克，见声之取荣，谓争夺可获，言不出于户牖，自以为道义久立，才未信于仆妾，而曰我有以过人，于是感苟锐之志，驰倾解之望，岂悟已挂有识之裁，入修家之诫乎。记所云"千人所指，无病自死"者也。行近于此者，吾不愿闻之矣。

凡有知能，预有交论，若不练之庶士，校之群言，通才所归，前流所与，焉得以成名乎。若呻吟于墙室之内，喧嚣于党辈之间，窃议以迷寡闻，姐语以敌要说，是短算所出，而非长见所上。适值尊朋临座，稠览博论，而言不入于高听，人见弃于众视，则慌若迷涂失偶，黡⑦如深夜撤烛，衔声茹气，腆默而归，岂识向之夸慢，祗足以成今之沮丧邪。此固少壮之废，尔其戒之。

夫以怨诽为心者，未有达无心救得丧，多见诮耳。此盖臧获⑧之为，岂识量之为事哉。是以德声令气，愈上每高，忿言怼议，每下愈发。有尚于君子者，宁可不务勉邪。虽曰恒人，情不能素尽，故当以远理胜之，么算除之，岂可不务自异，而取陷庸品乎。

富厚贫薄，事之悬也。以富厚之身，亲贫薄之人，非可一时同处。然昔有守之无怨，安之不闷者，盖有理存焉。夫既有富厚，必有贫薄，岂其证然，时乃天道。若人皆厚富，是理无贫薄。然乎？必有不然也。若谓富厚在我，则宜贫薄在人。可乎？又不可矣。道在不然，义在不可，而横意去就，谬生希幸，以为未达至分。

蚕温农饱，民生之本，躬稼难就，止以仆役为资，当施其情愿，庀⑨其衣食，定其当治，递其优剧，出之休餧，后之捶责，虽有劝恤之勤，而无沾曝之苦。

务前公税，以远吏让⑩，无急傍费，以息流议，量时发敛，视岁穰⑪俭，省赡以奉己，损散以及人，此用天之善，御生之得也。

率下多方，见情为上，立长多术，晦明为懿。虽及仆妾，情见则事通；虽在畎亩，明晦则功博。若夺其常然，役其烦务，使威烈雷霆，犹不禁其欲；虽弃其大用，穷其细瑕，或明灼日月，将不胜其邪。故曰："屡焉则差，的⑫焉则阇。"是以礼道尚优，法意从刻。优则人自为厚，刻则物相为薄。耕收诚鄙，此用不忒，所谓野陋而不以居心也。

含生之氓人，同祖一气，等级相倾，遂成差品，遂使业习移其天识，世服没其性灵。至夫愿欲情嗜，宜无间殊，或役人而养给，然是非大意，不可侮也。隅奥有灶，齐侯葭寒，犬马有秩，管、燕轻饥。若能服温厚而知穿弊之苦，明周之德；厌滋旨而识寡嗛之急，仁恕之功。岂与夫比肌肤于草石方手足於飞走者同其意用哉。罚慎其滥，惠戒其偏。罚滥则无以为罚，惠偏则不如无惠。虽尔眇末，犹扁庸保之上，事思反己，动类念物，则其情得，而人心塞矣。

扗博蒲塞，会众之事，谐调哂谑，适坐之方，然失敬致侮，皆此之由。方其克瞻，弥丧端俨，况遭非鄙，虑将丑折。岂若拒其容而简其事，静其气而远其意，使言必诤厌，宾友清耳，笑不倾抚，左右悦目。非鄙无因而生，侵侮何从而入，此亦持德之管签，尔其谨哉。

嫌惑疑心，诚亦难分，岂唯厚貌藏智之明，深情怯刚之断而已哉。必使猜怨愚贤，则啁笑入戾，期变犬马，则步顾成妖。况动容窃斧，束装滥金，又何足论。是以前王作典，明慎议狱，而僭滥易意；失公论璧，光泽相如，而倍薄异价。此言虽大，可以戒小。

游道虽广，交义为长。得在可久，失在轻绝。久由相敬，绝由相狎。爱之勿劳，当扶其正性，忠而勿诲，必藏其枉情。辅以艺业，会以文辞，使亲不可亵，疏不可间，每存大德，无挟小怨。率此往也，足以相终。

酒酌之设，可乐而不可嗜，嗜而非病者希，病而遂眚⑬者几。既眚既病，将蔑其正。若存其正性，纾其妄发，其唯善戒乎。声尔之会，可简而不可违，违而不背者鲜矣，背而非弊者反矣。既弊既背，将受其毁。必能通其而节其流，意可为和中矣。

善施者岂唯发自人心，乃出天则。与不待积，取无谋实，并散千金，诚不可能。赡人之急，虽乏必先，使施如王丹，受如杜林，亦可与言交矣。

浮华怪饰，灭质之具；奇服丽食，弃素之方。动人劝慕，倾人顾盼，可以远识夺，难用近欲从。若觌其淫怪，知生之无心，为见奇丽，能致诸非务，则不抑自贵，不禁自止。

夫数相者，必有之徵，既闻之术人，又验之吾身，理可得而论也。人者兆气二德，禀体五常。二德有奇偶，五常有胜杀，及其为人，宁无叶渗⑭。亦犹生有好丑，死有夭寿，人皆知其悬天；至於丁年乘遇，中身迁合者，岂可易地哉。是以君子道命愈难，识道愈坚。

古人耻以身为溪壑者，屏欲之谓也。欲者，性之烦浊，气之蒿蒸，故其为害，则熏心智，耗真情，伤人和，犯天性。虽生必有之，而生之德，犹火含烟而烟妨火，桂怀蠹而蠹残桂，然则火胜则烟灭，蠹壮则桂折。故性明者欲简，嗜繁者气惛，去明即惛，难以生矣。是以中外群圣，建言所黜，儒道众智，发论是除。然有之者不患误深，故药之者恒苦术浅，所以毁道多而於义寡。顿尽诚难，每指可易，能易每指，亦明之末。

廉嗜之性不同，故畏慕之情或异，从事於人者，无一人我之心，不以己之所善谋人，为有明矣。不以人之所务失我，能有守矣。已所谓然，而彼定不然，弈棋之蔽；悦彼之可，而忘我不可，学嚬⑮之蔽。将求去蔽者，念通作介而已。

流言谤议，有道所不免，况在阙薄⑯，难用算防。接应之方，言必出己。或信不素积，嫌间所袭，或性不和物，尤怨所聚，有一于此，何处逃毁。苟能反悔在我，而无责於人，必有达鉴，昭其情远，识迹其事。日省吾躬，月料吾志，宽默以居，洁静以期，神道必在，何恤⑰人言。

谚曰，富则盛，贫则病矣。贫之病也，不唯形色粗厉，或亦神心沮废；岂但交友疏弃，必有家人诮让。非廉深识远者，何能不移其植。故欲蠲⑱尤患，莫若怀古。怀古之志，当自同古人，见通则忧浅，意远则怨浮，昔有琴歌於编蓬之中者，用此道也。

夫信不逆彰，义必幽隐，交赖相尽，明有相照。一面见旨，则情固丘岳，一言中志，则意人渊泉。以此事上，水火可蹈，以此托友，金石可弊，岂待充其荣实，乃将议[19]报，厚之筐筐，然后图终。如或与立，茂思无忽。

禄利者受之易，易则人之所荣；蚕稽者就之艰，艰则物之所鄙。艰易既有勤倦之情，荣鄙又间向背之意，此二涂所为反也。以劳定国，以功施人，则役徒属而擅丰丽；自埋於民，自事其生，则督妻子而趋耕织。必使陵侮不作，悬企[20]不萌，所谓贤鄙处宜，华野同泰。

人以有惜为质，非假严刑；有恒为德，不慕厚贵。有惜者，以理葬；有恒者，与物终。世有位去则情尽，斯无惜矣。又有务谢则心移，斯不恒矣。又非徒若此而已，或见人休事，则勤薪[21]求结纳，及闻否论，则处彰离二，附会以从风，隐窃以成岼[22]，朝吐面誉，暮行背毁，昔同稽款，今犹叛泪，斯为甚矣。又非唯若此而已，或凭人惠训，藉人成立，与人馀论，依人扬声，曲存禀仰，甘赴尘轨。衰没畏远，忌闻影迹，又蒙蔽其善，毁之无度，心短彼能，私树己拙，自崇恒辈[23]，罔顾高识，有人至此，实蠹大伦。每思防避，无通间伍。

睹惊异之事，或涉流传，遭卒迫之变，反思安顺。若异从己发，将尸谤人，迫而又迁，愈使失度。能夷异如裴楷，处逼如裴遐，可称深士乎。

喜怒者有性所不能无，常起于褊量，而止于弘识。然喜过则不重，怒过则不威，能以恬漠为体，宽愉为器，则为美矣。大喜荡心，微抑则定，甚怒烦性，小忍即歇。故动无怨容，举无失度，则物将自悬，人将自止。

习之所变亦大矣，岂唯蒸性染身，乃将移智易虑。故曰：与善人居，如入芷[24]澜之室，久而不知其芬。"与之化矣。与不善人居，如入鲍鱼之肆，久而不知其臭。"与之变矣。是以古人慎所与处[25]。唯夫金真玉粹者，乃能尽而不汙尔。故曰：丹可灭而不能使无赤，石可毁而不可使无坚。苟无丹石之性，必慎浸染之由。能以怀道为念，必存从理之心。道可怀而理可从，则不议贫，议所乐尔。或云：贫何由乐？此未求道意。道者，瞻富贵同贫贱，理固得而齐。自我丧之，未为通议，苟议不丧，夫何不乐。

或曰，温饱之贵，所以荣生，饥寒在躬，空曰从道，取诸其身，将非笃论，此又通理所用。凡养生之具，岂间定实，或以膏腴夭性，有以菽藿[26]登年。中散云，所足在内，不由于外。是以称体而食，贫岁愈嗛，量腹而炊，丰家余食。非粒实息耗，意有盈虚尔。况心得优劣，身获仁富，明白人素，所志如神，虽十旬九饭，不能令饥，业席三属，不能为寒。岂不信然。

且以己为度者，无以自通彼量。浑四游而斡[27]五纬，天道弘也。振河海而载山川，地道厚也。一情纪而合流贯，人灵茂也。昔之通乎此数者，不为剖判之行，必广其风度，无挟私殊，博其交道，靡怀曲异^㉓。故望尘请友，则义士轻身，一遇拜亲，则仁人投分。此伦序通充，礼俗平一，上获其用，下得其和。

世务虽移，前休未远，人之适主，吾将反本。夫人之生，暂有心识，幼壮骤过，衰耗鹜^㉔及。其间夭郁，既难胜言，假获存遂，又云无几。柔丽之身，亟委土木，刚清之才，遽为丘壤，回遑顾慕，虽数纪之中尔。以此持荣，曾不可留，以此服道，亦何能平。进退我生，游观所达，得贵为人，将在合理。含理之贵，惟神与交，幸有心灵，义无自恶，偶信天德，逝不上惭。欲使人沈来化，志符往哲，勿谓是赊，日鉴斯密。著通此意，吾将忘老，如曰不然，其谁与归。偶怀所撰，略布众条，若备举情见，顾未书一。赡身之经，别在田家节政；奉终之纪，自著燕居毕义。

——《宋书·颜延之传》

【注释】

① 非：过失。

② 罗：网。

③ 目：网眼。

④ 数纪：十年。

⑤ 器：才干。

⑥ 出：推崇。

⑦ 黡：yǎn 暗黑。

⑧ 臧获：奴隶，下人。

⑨ 庀：pǐ 备具。

⑩ 让：责求。

⑪ 穰：丰收。

⑫ 的：明白。

⑬ 眚：shěng 灾。

⑭ 叶沴：xiélì 和谐与反常。

⑮ 矉：东施学西施皱眉。

⑯ 阙薄：欠缺、浅薄。

⑰ 恤：介意。

⑱ 蠲：免除。

⑲ 议：考虑。

⑳ 企：美慕，企求。

㉑ 蕲：qí 通"祈"。

㉒ 衅：xìn 罪。

国学经典文库

中华传世家训

第九编 养生

图文珍藏版

㉓恒辈：普通人。

㉔芷：通"芝"，兰。

㉕处：结交朋友。

㉖菽藿：野菜。

㉗斡：wò 施。

㉘曲异：私心杂念。

㉙鹜：wù 急速。

【译文】

　　这篇《庭诰》，要在家门里施行。（称它"诰"又加个"庭"字的原因，）是说它的影响不出家门。我的年纪正值人生的秋天，担心比草木更早凋落，因此想把我这点微末的见闻，赶紧告知你们这些在家的人。至于像立身行事的方法，规劝借鉴的明白道理，已经列入通达之人的定论当中，我就不接着谈论了。现在所记下的，都是我长期的积累，本原于我的性灵，而且颇用了一番心思才获得。选择言辞本应一贯，不崇尚烦多细密，可我却几乎做了全面的议论，主要是用来网罗各种各样的错误想法。古话说捕到鸟的只是网子的一孔，但只有一孔的网子，却不可能捕到鸟。

　　道是智识的公理，情是德行的私欲。公理通畅，可以使神明更加向着你；私欲阻塞，连妻儿的心意也不能转移。因此过去那些善做士人的，都坚定地捐弃私情而反于大道，屏弃私欲，合于公理。

　　几尺长的躯体，却以天地为心；几十年的寿命，往往想和金石较量。看那些古代先哲留下的训诫，年长者传下的议论，虽然篇幅短小，常常因为不朽而被铭刻；即使小小事迹，都由于永恒而被记录。何况树植德行、建立仁义、团结宗族、掌管家庭这些事情，难道不更应该考虑使它长久有效吗？

　　有一句话：自身行为不好，将要贻害后人。想要孩子孝顺，自己必须慈爱。想让弟弟做到对兄长的敬重，哥哥必须做到友爱。虽然孝顺并不有待于慈爱，但慈爱却能培养出孝顺；虽然敬爱并不有待于友爱，但友爱却能培养出敬爱来。

　　不具备和气，就会有人用不和气来回应；好比不讲信誉，别人也一定报以不信。假如知道恩情和回报之意是相互生成的、私情和公理是相互背反的，那就能家家有顺儿，人人成孝子了。

　　那些内心里守护着道德根本的人，在外众口同声称誉。言谈高出一世的人不夸夸其谈。才能出众的人，更加谦逊。不凭着自己的能力去触犯大众，不凭着自己的所长去讥议别人，深沉舒泰，进入道境，与天并立而忘己的人，是士人中的高人。假若既不能够放弃声名，又想要别人抬举自己，又知道关键在于不求而求，凡事不能够勉强获得，于是恭敬、倾慕、

谦虚、通达，知所畏避，有所不为，思虑深广，慎于所择，追随那些大德高人，又有文采、又通理义，却口称不行；议论提问超远、茂密，却不自以为是。这种人，算得上仅次于前一种人了。假如是听说有利可图，便以为指手画脚就可得到；看见声名能带来荣耀，便以为强争硬夺就可收获；说话的影响连家门都出不了，却自以为真理早就在手中；才能连仆妾都不相信，反而说"我有过人的本事"，于是锐意、苟且之志蠢蠢欲动，患得愚失之心无休无止。他哪里领悟到，自己早就为有识之士不齿，成为家庭训诫的坏典型了。这就是经书传记上所说的"千人所指，无病自死"的人。行为和这种人相近的，我听都不愿听到。

凡是有点智识的，总想作文立论。如果普通的才能不加以练习的话，（那么所写所说）用公认的好作品来比较，不受通才的赞许，没有前辈的点头，又怎么能够成名呢？假如关在屋里无病呻吟，在同伴平辈中间妄意喧嚣，偷窃别人的议论，来迷惑孤陋寡闻的人，胡言乱语，来抵挡精要的说法，这就只能在庸人中出息，不被有识之士推崇。如果正好碰上尊朋满座，大家都是博学多识之士，而自己的话不堪入耳，就成了人人摒弃的人了。慌慌张张，像迷途失偶；脸上无光，像深夜撤烛。不敢出声，屏息吞气，腆着脸、默默然、回到家中。哪里料到从前的自夸骄慢，只足以导致今天的沮丧啊！这都是因为少壮不努力，你们可要警戒啊。

那些心存怨恨诽谤的人，不能达到无心患得患失的（境界），往往受到嘲笑。这简直是奴婢的行为，哪里有一点器识度量。因此和颜悦色的人能越来越超脱，粗声恶气的人，总是每况愈下。想要成为君子的人，怎可不勉力呢。即使是普通人，私情不能一下除尽，那就应当用高明的道理来战胜，用么算来渐渐根除，不可以不努力超越自己，而沉沦到庸人当中。

富贵与贫穷，福厚与福薄，是相差悬殊的事情。以富贵福厚的身份，去和贫穷福薄的人亲近，即使同处片刻也很困难。但过去人们也有相守无怨、安之不闷的，这里面大概是有道理的。因为既有富贵福厚，必有贫穷福薄。哪里是有证明才这么说呢，这是天道啊。假如人人都富贵福厚，这样从道理上讲就没有贫穷福薄了。真是这样的吗？绝对不是的。假如说富贵福厚专门属于我，那么别人就理所当然该贫穷福薄了。行吗？又绝对不行。天道不如此，人义又不可，却硬要离开贫穷福薄、追逐富贵福厚，荒谬地产生欲望侥幸，我认为这是没有明白自己的本分。

养蚕农耕而温饱，是民生的大本。自己难于躬耕，只好借助仆人役夫，那就应当根据他们的愿望而施与，庇护他们的衣食，确定他们只该做什么，替换着干轻活重活，出众的可得休息好吃好，落后的要加以捶楚责备。这样，即使有督劝、振恤的勤劳，也不会吃雨打日晒的苦头了。

一定要争先恐后交公家的租税，避免官吏的责备。不要忙着无谓的花

费，以平息流言议论。估量时节发放、收敛，主要根据年岁的丰歉。奉己用节省的态度，不惜损失耗散来顾及他人，这才是能用好上天的赐予，和个人生命之所得。

统率下人有很多方法，以情感流露为上策；树立威严有很多方法，以半明半暗为妙。即使推广到仆隶，情感流露也会遇事通畅；即使推广到田间，半明半暗也会收成丰隆。假若侵夺他们的日常生活，役使他们做烦人的事情，即使你威严如雷打，也还不能禁止他们的私欲；即使舍弃他们的大有作为，穷尽他们的小缺点，你就是像日月一样的清明，也将不能压过他们的邪气。所以说："谨小慎微就会差之千里，过分鲜明耀人就会昏暗无光"。因而礼制之道崇尚优待，刑法之意归于苛刻。优待就使人人各自厚道，苛刻就使物物相互薄情。耕作收成的确是鄙事，这样做而不变更，就能做到不把粗野、鄙陋的事情挂怀。

生在世上的老百姓，有同样的祖先、同样的血气，不同的智识等级从高到下排列就形成了不同的品第，就使所从事的职业、所养成的习性改变了他们的自然禀赋，世间所做的埋没了他们的性灵。至于愿望和情嗜，大概没有距离和差别，有的役使别人而得到供养，即使这样也要讲个是非对错，不可轻易侮辱人。角落深洞里有大灶，齐侯就会轻视寒冷；狗、马都有了俸禄，管仲、晏婴就会轻视饥饿。假若能够穿着温暖厚实的衣裳而知道衣不蔽体的困苦，可以显明周礼之德；吃厌了这种美味而认识到少食无味的紧迫，可以说是仁义宽恕的功劳。难道与把肌肤当作草石药方、把手足当作飞行走步的工具同一个意思吗？惩罚要谨慎它的泛滥，恩惠要戒备它的偏颇。如果惩罚泛滥那么没有什么可以作为惩罚，如果恩惠偏颇那么不如没有恩惠。即使你放远目光，也还只遍及于仆役之上。由事情想到反求之于自己，由触动同类而想到各种东西，那么其情可得而人心不乱了。

推拉赌博，嬉笑戏谑，是大庭广众时的常事，但失去敬意，招来侮辱，也由于此。正当兴致勃勃时，越发失掉端庄严肃，等到遭受非难鄙薄，恐怕将会丢丑挫折。哪如拉下脸面，不加参予，平心静气，疏远"盛情"，说话直来直去，切理厌心，使宾客朋友听了清新；笑容不诌不媚，使左右的人看了高兴。非难鄙薄无从而起，凌侵侮辱何由而生？这也是保持德行的关键，你们应该谨慎啊。

交游之道虽多，以义相交为好。交之得在于能够持久，交之失在于轻易断绝。持久是由于相互尊敬，断绝则由于相互戏狎。爱朋友不要过分，应该扶持他的端正的品性；忠心而不要教导，一定要收起虚情假意。再用技艺学业相辅，用诗文言辞相会，使亲近而不狎亵，疏淡却不可离间。大德长存，小怨不挟。依着这些去郊游，足以善始善终。

杯酒之间，可以欢乐却不可贪嗜。嗜酒不病者极少，病而生灾就危险了。又病又生灾，将会失掉正性。如果保持正性，缓解妄性的发作，那就只有善戒才能做到了吧！歌舞宴乐的聚会，可以少参加，却又不可不参加。不参加而又不背众人之意的，太少了。背众人之意，而又不产生弊病，是不可能的。又背众意又生弊病，将会受到毁坏。只有能消除心理的障碍又能控制心性的妄发，才算得上是走中和的道路。

喜欢施与岂只是发自人心的善良，乃是出白天道的原则。给予而不等到有积蓄，获取而不考虑别人的实情，千金同时散尽，这实在是不可能的。但救济别人的急需，即使自己缺乏也一定要赶快，使施与的人像王丹，接受的人像杜林那样，这样的人才可以和他谈交友的事。

浮华怪饰，是灭掉真质的器具；奇服丽食，是抛弃朴素的方式。动心动意，倾耳倾目的东西，可以让人远离识断定夺，难以接近所想所从。假若看到它们的淫艳怪异，便能知道生之本无他，假如见到奇丽之物，即使得到，也并非专门寻求，那么不抑制也会自以为贵，不禁止也会自己停止。

数术和相术，一定有它们的证验。既从操术者听到，又验证到了自身，于是其中道理可以获得而谈论了。一个人所得的气有阴阳二种，所赋的体为金木水火土五行。阴阳二德有奇有偶，五行有相克相生，等到它们形成了人，哪会没有和谐与错乱。也像生来就有美丑、死期有夭折长寿，人人都知道自己命悬上天；至于壮年遭遇不好，终身生活曲折的人，难道可以改换天地吗？所以君子天命越是艰难，认知的道理就越是坚不可摧。

身体为各种欲望所归，就像溪水归于大壑，上古人把这当作耻辱，这是屏弃欲望。欲望，是天性的烦恼和浑浊，命气的蒸发。所以它要为害于人，那么就会熏迷心智，耗费真情，伤害人和，侵犯天性。虽然生下来一定有欲望，但生命的德气，好比火中有烟而烟妨碍火势，桂树有害虫而害虫摧残桂树，这样就会火势胜而烟气灭，害虫肥壮而桂树夭折。所以天性明畅的人就会力求简朴，嗜好太多的人就会德气不明，抛开明畅就会昏晦，难以成长下去。所以儒家之中，儒家之外各位圣贤提出言论，排斥这些东西。然而有这种言论和想法的人不担心误解很深，所以医治这种东西的人常常苦于所持的术业太浅，这就是破坏道术多而很少有什么收获。一下子消除的确很难，每每屈指可以改换，可以改换的每每屈指，这也是明畅的末流。

廉洁嗜好的本性不同，所以敬畏仰慕的心情也不同，做人的工作的人，不把别人和自己的心思混为一体，不以自己所好来猜测别人，这样才是真正明晓事理。不以别人所从事的来迷失自己，这样才能够有所守护。自己所认为是的，而别人认定不是这样，下棋的弊病就是这样；喜欢别人做得好，却忘掉自己做不到，这是东施效颦的弊病。要求得除去弊端的

人，只要想着该贯通惭愧与耿介罢了。

流言蜚语的诽谤、议论，有道之人尚且不免，何况自己浅薄，难以算计防范。应接的办法是话一定要出自自己。有的人信义并非平时积累，于是嫌疑、离间便侵袭过来。有的本性不能与物融合，于是埋怨便集中起来，只要有与这种情况相同的，没有地方可以逃避毁誉。如果能对自己进行反思，而不对别人求全责备，一定是通达明鉴，昭显他的情性远见，识别他成事的痕迹。天天反省自身，月月忖度自己的志趣，宽厚默静以居住，洁雅静身作期望，神圣的天道应该还在，哪里还用得管别人说什么。

谚语说："富裕则身强体壮，贫富则孱弱多病。"贫穷的病症，不只是形体粗糙、脸色灰黑，而且也神心沮丧颓废；不只是交友疏淡离弃，还有家人的讥笑责备。不是查访深入、见识卓远的人，哪能不转移目标。所以想消除忧患，不如怀想古人的做法。怀想古人的目的，应当自身与古人一致，见识通达则忧患就少了，意味深长则怨恨如过眼云烟，过去在自造蓬屋陋室中弹唱琴歌的人，便是运用这种办法。

守信不需当众彰明，天道一定要幽远隐蔽，交友靠的是相互尽心，明畅靠的是相互照应。一见如故那么交情就坚固如山岭，一句话点到志趣那么情意便陶醉于深泉之中。用这种境界侍奉上级，赴汤蹈火都行；用这种境界可以嘱托朋友，金石都可以毁坏，哪里还等待名利双收，还要议论回报，收获满筐满囊，然后才和人永远交往。假若能够同时都成立，那么将精思而没有疏忽。

福禄利益接受很容易，容易则人人以它为光荣；养蚕耕田接受很艰难，艰难则人人以它为鄙陋。艰难轻易当有勤奋和厌倦的分别，光荣鄙陋又有相反的意思，这是两种途径的相反之处。凭借勤劳来安定国家，凭借功德来施及他人，那么仆役会跟从而且保持丰厚华丽；自己埋没名字于老百姓中间，自己侍奉自己的生活，那么会督促妻子儿女去参加耕田织布。总之一定要使凌辱不产生，羡慕不萌生，就能做到贤士鄙人相处很适宜，繁华野鄙都很好。

一个人以舍不得为其本质，不用假借于严酷的刑法；以恒心为其美德，不用羡慕别人的丰厚和尊贵。舍不得，于是依照道理来埋葬；有恒心，那么可以与物相始终。世间有那种官位离去则情意竭尽，这没什么舍不得的。又有业务辞去则心思转移，这是没有恒心。又不只像这样，有些人看到别人蒸蒸日上，就殷勤地求得结交；等到听到反对意见，就经常彰明不同，牵强附会来顺从风气，隐藏私下里来构成罪过。早上说话还当面赞誉，晚上行动则背地里诋毁，以前一起吐露心声，现在如同叛逆，这太过分了。又不只像这样，有些人凭借别人得以仁爱教导，得以立身成事，得以拾人牙慧，得以扬名播芳，隐蔽之处存有敬仰，甘心为人赴汤蹈火。

衰亡没落而害怕被疏远，忌妒之心略闻其痕迹。又掩盖了他的喜好，毁坏得没有限度。心里对别人的能力吹毛求疵，私下里标树起自己的小才，自己推崇平常亲近的人，却不顾别人的高见，有到这种地步的人，实在是有害于人伦道德。要每每想到防备躲避，不要和这种人为伍。

看到令人惊异的事，便去参与它的传播；遭遇到仓促即发的变乱，便反思如何才能安定顺利。假若各种异闻都从自己口中出，诽谤别人，就会陷入困境而又成众人的叛逆，越来越使自己失去限度。能够平息异闻像裴楷，在困境中安处像裴遐，可以称得上是有深厚修养的士大夫了吧？

喜怒是有生之人不可避免的，往往产生于褊袒度量，而终结于恢宏的见识。然而高兴过度便会不庄重，愤怒过度便会无威严，如能以恬静淡漠为本，宽厚愉悦为体，那就太好了。过度的高兴使心情溢荡，稍微有所抑制就能定下心来；过度的愤怒使性情烦躁，稍微有所忍耐就能暂停下来。所以举止不会有失态，不会失去限度，那么事物将自己停下，人将自己适可而止。

习性的变化也很大，岂止沾染身性，甚至会改变心智与思虑。所以说："和美善的人居住，就像进入香草丛生的房间，久而久之不知道它的芬芳"和它同化了。"和不美不善的人居住，就像到了鲍鱼的集市，久而久之不知道它的臭气"，和它同化了。因此古人谨慎地与人同处。只有纯之又纯的金玉，才能穷尽而不污浊。所以说："朱砂可以毁灭但不可能使它失去红色，石子可以毁灭但不可能使它失去坚硬"，如果没有砂石的本性，一定要谨慎地对待所染的来由。能够以心怀天道为念，一定会有顺从道理的心思。天道能够心怀而道理能够顺从，那么就不会谈论贫穷，而谈论所快乐的东西。有人会问："贫穷哪来快乐呢"？这是没有求得道义的真意。道义，视富贵与贫贱同一，道理上讲可以同一视之。自我已经丧失，并不是共通的说法，如果谈论不丧失，哪来的不快乐。

有人说：丰衣足食的珍贵之处在于可以使生命欣欣向荣，饥饿寒冷存在于人身上，徒然地说顺从道义，从自身来看，恐怕不合道理，这是大家普遍所持的观点。大凡养生的器具，哪能确定何者有利，有的任佳肴而夭折天性，有的凭素菜而颐养天年。嵇康这样说，足实的东西在体内，不能从体外摄入。所以放开肚皮来吃东西，清贫时节更加不足；衡量体腹来煮东西，就会丰衣足食。并非饭粒不再消耗，是想吃的有多有少。况且心智有优有劣，身体有仁有富，明畅可以为纯粹，气势志趣可以像神奇。即使一百天只吃九餐饭，也不能使他饥饿；拥有床席三张，也不能使他寒冷。难道这是不可信的吗？

以自己为限度的人，不能凭借自身和别人的限度相通。浑同四方游物而旋转五极空间，这是天道的恢宏。振动河海而覆载山川，这是地道的厚

重。统一情性的规纪而弥合贯通各种邪流，这是人道的茂发。以前通晓这种术数的，不做割裂的事，使他广博的风度，不挟携自身的特殊利益，拓宽他的交友之道，不怀隐晦与特异。所以远远地为朋友帮忙则信义之士会轻身，一见面便结拜兄弟，是因为仁人们情投意合。这就会使人轮秩序通达适宜，礼别风俗平和一致，执政者可以从中获益，老百姓可以和睦安乐。

世间所做虽然不断改变，以前的美善并不远，人人跟从自己的主人，我却反过来求本性。人生下来，暂时具有心智认知，少年壮年很快流逝，衰老一下来到。这中间的夭折郁长，难以说尽；得失成败，也寥寥无几。柔顺丰丽的身体，很快将委托于泥土木棺，刚健轻盈的身体，很快化成土壤，回过头来顾恋羡慕，却只不过几十年罢了。凭借这个保持光荣，还是不可能留住；凭借这个顺从天道，也哪里能够平衡。进退荣辱这一生，游谈观察所臻达的，得以珍贵为人，将存有应含的道理。应含道理的珍贵，只有与神灵交往，人幸而有思想感情，从大义上不能厌恶自己，偶然地信奉上天之德化，死去了也没有对不起上天的。想使人死后生化，心志与过去的哲人相符合，不要说是奢望，天天勤修苦练就可以了。等到大大明白这个意思，我也将忘掉衰老，如果说不这样，那么我将和谁同归天道呢？偶尔想起自己所写的，粗略地陈说这些条目；假若详细地举出我之所惑，却不曾写出十分之一。看看自身的经历，分别在耕田为政；侍奉终生的纲纪，自显于闲居所著的大义。

（四）雷次宗

与子侄书

【题解】

雷次宗由于对儒家学说的精湛研究，成为南朝宋代士人景仰的人物。他五十多岁时写的这篇《与子侄书》，表明了他想隐退、不交接世务的素质，并对少年时期的好学与苦难作了回忆。从文字中还可以读出雷次宗善于以一种平实的态度养生。

正当雷次宗实践自己的想法时，皇帝的诏书，打断了他的静休颐养。他只好出山，担当了儒学领袖的重任。他的这一时期，也正是刘宋王朝比较兴盛的阶段。可他最终还是挣脱俗务，回到了他青少年时期居住、学习的庐山。

【原文】

夫生之修短，咸有定分，定分之外，不可以智力求，但当於所禀①之中，顺而勿率耳。吾少婴②羸患，事钟养疾，为性好闲，志棲物表，故虽在童稚之年，已怀远迹之意。暨于弱冠，遂托业③庐山，逮事释和尚。于时师友渊源，务训弘道，外慕等夷，内怀悱发，于是洗气神明，玩心坟典，勉志勤躬，夜以继日。爰有山水之好，悟言之欢，实足以通理辅性，成夫亹亹④之业，乐以忘忧，不知朝日之晏⑤矣。自游道餐风，二十余载，渊匠既倾，良朋凋索，绩以衅逆⑥违天，备尝荼蓼，畴昔诚愿，顿尽一朝，心虑荒散，情意衰损，故遂与汝曹归耕垄畔，山居谷饮，人理久绝。

日月不处，忽复十年，犬马之齿，已逾知命⑦。崦嵫⑧将迫，前涂几何，实远想尚子五岳之举，近谢居室琐琐之勤。及今耄未至惽，衰不及顿，尚可厉志于所期，纵心于所托，栖诚来生之津梁，导气莫年之摄养，玩岁日于良辰，偷余乐于将除，在心所期，尽于此矣。汝等年各成长，冠娶已毕，修惜衡泌，吾复何忧。但愿守全所志，以保令终耳。自今以往，家事大小，一勿见关，子平之言，可以为法。

——《宋书·隐逸列传》

【注释】

①禀：天赋。

②婴：害。

③托业：居住。

④亹亹：wěiwěi 勤勉不倦。

⑤晏：晚。

⑥逆：罪过。

⑦知命：五十岁为知命之年。

⑧崦嵫：yān zī 日落处。

【译文】

生命的长短，都有一个定分。定分以外的事情，不可凭着智力去追求。只应当在天赋所禀的范围内，顺应而不轻率。我从少就瘦弱，多数时候都在养病。由于天性喜好娴静，志向专注于世外，因此虽然还在童稚之年，就已经抱着远离人间的想法。等到二十岁，就寄身于庐山，追随和尚。当时师友之间，传授有渊源，专门训示佛教大道，因此我表面上虽然羡慕与他们平等，内心却有所不通，有待于启发。于是在神明面前洗涤性气，在典籍之中愉悦心情，励志勤奋，夜以继日，这才有了对山水的赏好，有了和人相遇交谈的欢乐。这就足以贯通道理、辅养本性了，成就绵绵不绝的事业，乐以忘忧，不知道朝日已暮了。自从游大道，餐风露以来，二十余年了。渊匠已倾，良朋凋零将尽，接着又因反贼逆天，尝尽了困苦艰难。昔日的一番赤诚心愿，一朝顿尽。心思恍惚萧散，情意消损衰减。因此就和你们归耕土垄田野之中，靠山而居，汲谷而饮，交往久已断绝。

日月流逝不舍，忽然已有十年，我的年龄已超过五十。人生的夕照即将迫近，前面的路程还有多远？真想如尚子平那样登上五岳，谢绝居室里琐屑的事情。趁着虽然老耄，还未昏愦，虽然衰颓尚未断气，还可以对期望的事情激发志向，对寄托的东西放纵心意。保持诚心，是来生渡难的津梁；专一守气，是暮年长寿的护养。良辰佳节，娱神游心，趁着没死，偷得余生之乐。我心里所期望的都在这里了。你们都已成人，冠礼婚礼都办完了，我还有什么好忧虑的呢？但愿能使我的志向圆满实现，保证有一个好的结束。从今以后，家事不论大小，一概与我无关。尚子平的话，可以作为法则。

（五）颜之推

养 生

【题解】

南北朝时期道教非常流行，颜之推也受了这种风气的影响。该篇内容所宣传的迷信思想是不足取的，不过颜之推没有主张人们都去炼丹求神仙药，而是强调自我修身。此外，他主张保养身体，爱惜生命，且鼓励子女们为坚持仁义而勇敢献身，这些思想都是比较难能可贵的。

【原文】

神仙之事，未可全诬；但性命在天，或难钟值①。人生居世，触途牵絷②；幼少之日，既有供养之勤；成立之年，便增妻孥之累。衣食资须，公私驱役，而望遁迹山林，超然尘滓，千万不遇一尔。加

▲古代文人养生八法

以金玉之费，铲器所须，益非贫士所办。学如牛毛，成如麟角。华山③之下，白骨如莽。何有可遂④之理？

考之内教，纵使得侧，终当有死，不能出世，不愿汝曹专精于此。若其爱养神明，调护气息，慎节起卧，均适寒暄，禁忌食饮，将饵药物，遂其所禀，不为夭折者，吾无间⑤然。诸药饵法，不废世务也，庾肩吾常服槐实，年七十余，目看细字，须发犹黑。邺中朝士，有单服杏仁、枸杞、黄精、术、车前得益者甚多，不能一一说尔。吾尝患齿，摇动欲落，饮食热冷，皆苦疼痛。见《抱朴子》⑥牢齿之法，早朝叩齿三百下为良。行之数日，即便平愈，今恒持之。此辈小术，无损于事，亦可修也。凡欲饵药，

陶隐居⑦《太清方》中总录甚备，但须精审，不可轻服。近有王爱州在邺学服松脂，不得节度，肠塞而死，为药所误者甚多。

夫养生者先须虑祸，全身保性，有此生然后养之，勿徒养其无生也。单豹养于内而丧外，张毅养于外而丧内，前贤所戒也。嵇康著《养生》之论，而以傲物受刑；石崇冀服饵之征，而以贪溺取祸，往世之所迷也。

夫生不可不惜，不可苟惜。涉险畏之途，干祸难之事，贪欲以伤生，谗慝而致死，此君子之所惜哉；行诚孝而见贼⑧，履仁义而得罪，丧身以全家，泯躯而济国，君子不咎也。自乱离已来，吾见名臣贤士，临难求生，终为不救，徒取窘辱，令人愤懑。侯景之乱，王公将相，多被戮辱，妃主姬妾，略无全者。唯吴郡太守。张嵊，建义不捷，为贼所害，辞色不挠。及鄱阳王世子谢夫人，登屋诟怒，见射而毙。夫人，谢遵女也。何贤智操行若此之难？婢妾引决⑨若此之易？悲夫！

——《颜氏家训》

【注释】

①值：碰上。

②絷：zhì 牵线。

③华山：传说中仙人所居。

④遂：实现。

⑤间：反对。

⑥《抱朴子》：东晋葛洪著。

⑦陶隐居：刘宋时隐士陶弘景。

⑧见贼：被杀。

⑨引决：自杀。

【译文】

神仙之事，不能说全是骗人的东西，只是人的性命在天，是很难碰上的。人生在世，各种坎坷与牵累比比皆是：年轻的时候，要忙于供养父母；成年之后，又加上了妻子儿女的负担。面对一大家人的衣食所需和公私之事，便想遁迹山林，超然尘世，不过这是千万人中也难遇一个的。除此之外，奢侈品的费用、盛火之器的需要，就更是贫贱之士所能拥有的。因此，学仙的人多如牛毛，但学成的则凤毛麟角。传说中神仙居住的华山之下，求仙人的白骨如同杂草，哪有想干什么都能如愿以偿的道理？遍查道教之书，修身成仙的例子并不很多，即使有成仙的，最终仍然难免一死，并不能超出世间，所以我不愿你们专门做这种事情。只要你们保养精神、调理呼吸、注意起居、适应冷暖变化、禁忌饮食、合理用药，实现天赋所予的寿命，没有未老先亡，我也就无话可说了。另外，吃药之事，也应不废于时务。庾肩吾经常服用槐实，故七十多岁时，眼睛还可以看很小的字，头发胡须也全是黑的。邺下的士大夫们，有的单单服用杏仁、枸杞、黄精、术草、车前草等，因此获益的还为数不少，在此就不一一列举了。我曾患过牙疾，牙齿松动，吃饭时遇到冷热都痛得厉害。后在《抱朴子》中见到一个固齿的方子，每天早晨都叩齿三百下，几天后，疼痛消失，所以到现在我还在坚持这么做。像这种雕虫小技，做起来不耽误事情，自己就可以做到。你们如果想要用药，陶弘景的《太清方》中记录草药非常详尽完备，但服用时一定要认真细心地看清楚，不可轻易乱用。近来有一位爱州王先生在邺下学着服用松脂，不知节制，反因吃得过多而肠阻身死，像这样被药物耽误的事情还有很多。

养生之前先要考虑到可能的祸患，来保全身体与性命，有了性命才谈得上保养，不要白白保养没有性命的身体。单豹性情保养得不错身体却被老虎所食，张毅只保养身体而被内病所毁，都是前车之鉴。嵇康专门写了《养生》的大论，却因拒绝司马氏之召而被害；石崇吃遍草药以求长生，却因贪欲而招来杀身之祸，这些都是以前这些人心中糊涂的例子。

生命不能不珍惜，但不能太珍惜。置身于危险之中，纠缠于祸乱之事，因贪婪而丧生，因谗言而被害，令君子遗憾不已；如果是因为忠诚和孝顺而被害，因履行仁义而得罪别人，为保全家人而丧生，为国家而捐躯，君子就不会对此有所责备了。自发生变乱以来，我见过许多名臣贤士，在危难之时求生，最终仍难保全生命，白白地受人侮辱，这些事真是令人愤懑。侯景之乱当中，许多王公将相都遭杀戮凌辱，嫔妃姬妾尽遭污辱之祸。只有吴郡的太守张嵊，独树旗帜未能成事，而被叛贼所杀，临死之际义正辞严、不屈不挠。另有鄱阳王太子之妻谢夫人，在侯景之乱中登上高屋大骂叛逆，被箭射死。谢夫人是谢遘的女儿。为何贤智之士谨守操行如此之难，而婢妾之辈自杀却如此容易？真令人伤心啊！

四、隋唐五代篇

（一）阳 城

阳城醉酒

【题解】

阳城是一狂生，颇有名士风范。他对朝中那种流于形式，不务实际的虚浮之风十分厌倦，便用自己的疏放行为来嘲笑那些庸碌卑琐的同事。他不营产业，嗜酒如命，是一个不为俗务缠身的通达之士。

【原文】

阳城召为谏议大夫，见诸谏官纷纭言事细碎，无不闻达，天子厌苦之。而城方与二弟痛饮，人莫窥其涯际^①。有谒城者，城引之与坐，辄强以酒，客辞，城辄自饮，客不得已，乃与城酬酢。或客先醉，仆于席上，或城先醉，卧客怀中，竟不能听客语。城约其二弟云："吾所得月俸，汝可度吾家有几口，月食米当何，贸薪菜盐凡用几钱，先具之，余悉以送酒家，无留也。"

——《续世说·任诞》

【注释】

①际：边际，宗旨。

【译文】

阳城被征召为谏议大夫后，各谏官纷纷讲些细小琐碎的事情，且都上奏，唐德宗对此感到厌烦苦恼。而阳城却与自己的两个弟弟开怀饮酒，人们对他摸不着边际。有人来拜访阳城，阳城请他同坐，强劝来客饮酒，客人推辞，他就只顾自己饮酒，客人不得已，就与他对饮起来。有时是客人先醉，倒在座席上，有时是阳城先醉，躺在客人怀中，竟不能听客人讲话了。阳城与其两个弟弟约定说："我每月所得的俸禄，你们可预算我们家有几口人，每月要吃多少米、买柴、菜、盐共用多少钱，先开列出来，剩下来的钱全都在酒家用掉，不要再留下来。"

（二）白居易

知足常乐

【题解】

白居易是唐代著名诗人。官至左拾遗和左赞善大夫、刺史、刑部尚书。曾因得罪权贵，被贬为江州司马。自遭贬谪以后，思想逐渐消沉，晚年尤甚。"知足常乐"可谓是他这段心态的生动反映。

【原文】

世欺不识字，我忝^①攻文笔。世欺不得官，我忝居班秩^②。人老多病苦，我今幸无疾。人老多忧虑，我今婚嫁毕。心安不移转，身泰无牵率^③。所以十年来，形神闲且逸。况当垂老岁，所要无他物。一裘暖过冬，一饭饱终日。勿言宅舍小，不过寝一室。何用鞍马多，不能骑两匹。如我优幸身^④，人中十有七；如我知足心，人中百无一。傍观愚亦见，当^⑤已贤多失。不敢论他人，狂言示诸侄。

——《白香山集》

【注释】

①忝：tiǎn 自谦之词。

▲白居易

②班秩：官位的品级。

③牵率：牵挂。

④优幸身：优良幸运的出身。

⑤当：值，遇到。

【译文】

世人欺我不认字，我却有愧于文章的笔法和写作技巧的钻研；世人欺我得不到官位，我却有愧于做了一个有官位的人。人家年纪大了多一些病痛苦难，我却庆幸自己至今也没病痛；人家年纪老了多一些忧虑，我的儿女婚嫁如今已处理完毕。因此我的心情和身体也平平安安没什么可牵挂的。因此近十年来，我的容貌和精神都较安闲而无所用心。何况我早已进入了老年，所需物品并不太多：一件皮衣服就能温暖地过冬，一顿饭吃下去整天都是饱的。不要说自家的宅舍小了，每晚也不过只睡一间房屋。哪用得上那么多的马鞍，一个人又不能骑两匹马。像我这样良好幸运的身体状况，在十个人当中有七个；像我这样知足的心理状态，在一百人当中也没有一个。若作为旁观者，就算是愚蠢的人也会看到我这一点；如果轮到要自己做到知足常乐，即使是贤能的也会有过失、也是不容易做到的。我不敢随便去议论他人，我这些狂妄之言只是想告诉你们这些侄儿们。

五、宋辽金元篇

王禹偁

蔬食示舍弟禹圭并嘉祐

【题解】

王禹偁是北宋初年著名诗人。在一个饥荒之年，他给弟弟禹圭一家送去了菜蔬周济他们，并写了这首诗对他们进行勉励，希望他们勤俭节约，知足常乐，努力度过荒年。王禹偁还解释自己官位不高，俸禄不足，所以不能更多地周济他们。

【原文】

吾为士大夫，汝为隶子弟。身未列官常①，庶人亦何异！无故不食珍，礼文明所记。况非膏粱家，左宦②乏资费。商山水复旱，谷价方腾贵。更恐到前春，藜藿亦不继。吾闻柳公绰，近代居贵位。每逢水旱年，所食唯一器。丰稔③即加笾，列鼎又何愧。且吾官冗散，适为时所弃。汝家本寒贱，自昔无生计。菜茹各须甘，努力度凶岁。

——《小畜集抄》

【注释】

①宦常：做官的职位。

②左官：小官。

③丰稔：丰收。

【译文】

我身为士大夫，你们是我的子弟。你们自身没有列入做官的一类，又与庶民百姓有什么差异！没有特别的原因，不吃珍贵的食物，这是《礼》上有明文记载的。何况我们并不是那种富贵有钱人家，像我这样一个小官也是缺乏资产费用的。商山地方又正大旱缺水，米价猛涨，十分昂贵。我更怕等到明年春天，连野菜地供应不上了。我听说唐代的柳公绰，身居在高贵的官位上。但他每逢到水旱灾荒的年月，每餐只吃一个菜。到了丰收的年份，他才加点饭菜，其实排列出丰盛的菜肴又有什么愧疚呢？而且我做官平庸散漫，现在正为时局所遗弃。你们家本来就贫寒卑贱，从以前就没有生计过活，这些菜蔬也应该珍惜，甘美地食用，努力度过这个灾荒之年。

六、明清篇

（一）姚舜牧

养生之法

【题解】

古人养生实际上与方术密切相关，姚氏谈到戒房事以养生可以说是慎用方术的一种表现，而且这种杜绝是和我国时令传统相辅相成。

【原文】

丙午觐①行，遇萍乡尹韩眉山丈，说曾见一百五岁者，问有养生之法否，回言未尝有之。唯少年见人说夏冬二至，宜绝房事，因于每至前后共戒一月。此本载在《月令》者，伊偶闻诚信而行之，多历年所，是所谓修养之要诀也。恨知读书者反不能行，而自促其亡耳。余老矣，悔不早闻此言，后来少年，宜因此言慎戒以遐享焉。

——《药言》

【注释】

①觐：朝见君王。

【译文】

丙午之日去朝见皇帝，遇到萍乡尹韩眉山老人，说曾经见到一位一百零五岁的人，问他有养生之法没有，回答说不曾有过。只在少年时听人说夏至、冬至应当杜绝房事，因此在每到这时前后共戒掉一个月。这原本载在《月令》里，他偶尔听到便虔诚相信而照着做，已经很多年了，这就是修养的要诀。遗憾的是，知道读书的人反而不能照着做，以至于自己促使自己死亡。我老了，后悔没有早听这句话，后来的少年人，应当就这句话而慎戒以享乐无穷。

（二）陈其德

1. 养心十八则

【题解】

这篇文章列举了十八条修身养性之道，以读书人为讲解的对象。作者指出读书依赖于长期良好的精神和心境，而这些又是需要细心地修养的。至于具体的养心方法，作者强调淡泊守拙，清心寡欲，强调退让，强调反省自身。反对追逐名利，反对不守节操。作者认为，多多读书，控制欲望，遵循天理，持之以恒，就可以达到修身养性的目的。

【原文】

学者无事养之，全于有事验之；有心操之，全于无心察之。否则守于平时，露于仓卒，气至而坚，气馁而弛，总见功夫未真，学问方浅。

夫天理常存于寂静，故天下之福亦常聚于安贞。是以浑朴退让正天之所以福我，而巧捷矜骄乃天之所以祸我也。通乎巧、拙之说者，而吉凶在手矣。

"利欲"二字如弥天网，"贪求"一途如铁门关。在网中能轻身跃出，在关中能劈头打开，非有真精神、大力量者，不能也。宜以此自奋。

吾人凡著己①处，常念其失，毋矜其得；凡著人处，常念其得，毋幸其失。则不欲勿施，渐臻上达矣。

人之一心，只可检点一身。身以外多周旋一分，身以内便疏漏一分。

故修己以敬，真彻上彻下语。

学者未遇时，当养我浩然之气，不可琐屑襟期以伤大受[2]；既遇时，当达我不忍之心，不可眷恋家室以负舆情[3]。

心知天地鬼神，不离左右，自然常存敬畏；心念祖孙父子，相关一体，自然能爱身名。

人能养心定气，淡欲安神，不论读书时不读书时，时时定有长进。

当顺境则以节操为坊表[4]，当逆境则以廉隅为砥砺[5]，方不为境转而能转境。

凡遇不平难处之事，只有自反一着，便觉天宽地阔；当情欲纵肆之时，只想生死二字，便觉瓦解冰消。

时时在心性上斟酌，则学业人品俱有把柄；若在世事上周旋，则异乎此矣。

身垢易涤，心垢难除。日新又新，永钦[6]厥止[7]。千古真传，亶[8]其在兹。操舍存亡，执玉是持。

一时得意便似立身九天，一时失意便似置身九渊，甚见其中无特操[9]也。

养心之法，不必过为有心，不必过为无心，惟迫而后动，不得已而后起，使无事不可入吾身内，无处不可超然事外，则静固静，动亦静矣。

学者惟是放心[10]难收。然收放心不贵黜聪堕明，惟念念在天理上发脉，事事从性体内扩充，自然游思妄想不得关其虑矣。

吾人手中空乏曰手穷，目不接诗书曰眼穷，心好刻薄险仄曰心穷。手穷者可委之命，眼穷心穷，咎将谁归？

尝见庭草青青，元霜[11]适集，私揣惟烈日或可起之。不数日而被暄者先枯，居阴者自若也。因指谓同事者曰：今之贫儿骤富，正犹浓霜、烈日之喻。

大凡摄生[12]之术，第一戒色欲，第二除烦恼，第三节饮食，第四慎寒暑，第五均劳逸。能此五者，何必勤引导、问吐纳、饵[13]芝服术而后延年却病哉？

【注释】

①著己：对待自己。

②大受：担当重任。

③舆情：民众的意愿。

④坊表：旧时用以表彰功德的牌坊。

⑤砥砺：磨刀石。

⑥钦：敬也。

⑦厥止：行动容止。

⑧亶：诚然。

⑨特操：独特的操守。

⑩放心：放纵之心。

⑪元霜：早霜。

⑫摄生：养生。

⑬饵：服食。

【译文】

做学问的人在没有事情的时候修养身心，在有事情的时候就可以检验出来；有心操持这种修养，其方法都是在无心之时觉察出来的。否则在平时很肤浅地操守它，一旦要显露出来就会很仓促。心气到了的时候就会很坚强，心气衰馁的时候就会松弛下来，总能看得出工夫还没有做到家，学问也还正浅薄。

天理常存在于寂静之中，所以天下的福气也常常聚集于安详贞静的人身上。所以浑厚、朴拙、退让，正是上天用来给我降福的东西，而佻巧、敏捷、骄矜，正是上天用来给我灾祸的东西。通晓了巧、拙之间的这种关系，就可以把吉凶都掌握在手中了。

"利欲"两个字像弥天的巨网一般，"贪求"这条路就像一道铁门关。在网中能够轻身跃出，在关中能把铁门劈头打开，如果没有真精神、大力量，是做不到的，应该以此自我奋发。

我们凡是对待自己，应该常常看到自己的过失，不要矜夸自己的所得；凡是对待别人，应该常常顾念到他们的所得，不要对他们的过失幸灾乐祸。这样就可以"己所不欲，勿施于人"，渐渐地达到上进了。

人的一颗心，只可以检点自己的一身。在自身以外的社会上多去周旋驰骛一分，在自身内的修养便更空疏泄露一分。所以修炼自己以保持钦敬，真是大彻大悟的话啊！

读书人在还没有得到朝廷赏识时，应该修养自己正大刚直的浩然之气，不可胸怀卑微，心无大志，那样就难以担当重任。已经受到赏识之后，应该广达自己的不忍之心，不可因为眷恋家室而辜负了民众的意愿。

心里知道天地鬼神，从不曾离开自己的身边左右，自然也就会常常存着恭敬畏惧之意；心里念叨着祖孙父子，都是相关一体的，自然也就能够爱惜自己的声名。

人如果能够修养心灵，安定神气，冲淡欲望，安稳精神，那么不论在读书的时候还是不读书的时候，都一定会时时有长进。

在顺境中以节操为功德牌坊自我勉励，在逆境中以端方棱角为磨石自我磨炼，这样才能不为环境所改变而能改变环境。

凡是遇到了不平的，难于处理的事情，只有自己反省这一个方法，用了便觉得天宽地阔；当情欲放纵恣肆之时，只要想到"生死"二字，便会觉得一切都已瓦解冰消。

如果时时在心性上下功夫，努力修炼，那么对学业人品便都会有把握；如果在世上的杂事中周旋驰逐，情况就与此大不相同了。

身上的污垢容易洗净，但心上的污垢难以消除。每天更新了又更新，永远地小心对待自己的行为容止。千古传下来的最真的道理，诚然全都在这里，操守它就能生存，舍弃它就会灭亡，要像执着一块美玉一样紧紧地操持着这个真理。

一时得意便感觉到自己像站在九天之上那么伟大，一时失意又感觉到自己像置身于深渊那么沉沦，这样的人可以很清楚地看出是没有独特的操守的。

养心的方法，不必过于有心，也不必过于无心。只是受到了压迫而后行动，不得已而后兴起，这样就使得没有什么事情不可以纳入我的身体之内，没有哪一个地方不可以超然于事外，这样静固然还是静，连动也是静了。

读书人只有放纵的心最难收拢。然而收拢放纵的心并不以毁坏人的聪明为贵，而在于每一个念头都遵循着天理发出，每一件事情都从性体内部扩充，这样自然那些游荡的思绪、虚妄的想法就不能够妨碍正常的思虑了。

我们手中空乏，没有财物，这就叫手穷；眼睛不接触诗书，这就叫眼穷，心中喜欢刻薄邪恶，这就叫心穷。手穷可以委之于天命，那么眼穷和心穷，这个过失将由谁来负责呢？

我曾经看见庭中的草青青的，早霜正好凝集在上面。我私下里揣测只有烈日可将那霜发散掉。没有过几天，那被太阳晒着的草竟先枯萎了，而处在阴凉之处的草还是老样子没有改变。我于是就指着这些草对同事们说："今天那些由贫儿暴富起来的人，正好比这浓霜、烈日的例子啊！"

大凡养生的方法，第一是要戒掉色欲，第二是要解除烦恼，第三是要节制饮食，第四是要谨慎对待寒暑变化，第五是要劳逸结合。能做到这五点，又何必去勤于引导血脉、吐纳气息、服食灵芝、白术之类的补药，而后求得延年益寿、祛病强身呢？

2. 睡 引

【题解】

这首诗专写睡觉对养生的益处。先描述了睡觉充足给人带来气爽神清的感觉，能提高人的办事效率，然后强调睡眠与心境的修养互为补充，缺一不可，在介绍了正确睡觉姿势——睡如弓之后，作者结句说：善于睡眠可以让人长生不老呢！

【原文】

初睡足，日间应酬风过竹。

再睡足，午夜元神暂亭毒①。

再睡足，平旦几希早已续。

此时栩栩与天游，殊觉清虚满怀腹。

可怜愚蠢昏浊徒，睡倒不知南与北。

可怜妄想纷纭子，终宵劳攘②神先梏。

我有睡诀报君知，侧眠曲膝心先卧。

君不见希夷先生③只爱眠，何须此外觅仙箓。

——《垂训朴语》

【注释】

①亭毒：化育，养育。

②攘：争夺。

③希夷先生：指陈抟，五代时道士。

【译文】

睡眠如果稍充足，白天进行各种应酬就会像微风吹过竹子一般潇洒自如。

睡眠如果再充足，午夜里人的精气神志都会得到重新化育。

睡眠如果更充足，清晨起来新的一天又要继续。

这个时候人会觉得飘飘然，就像是在天上游玩；只觉得那清虚之气，充满了自己的怀腹。

可怜那些愚蠢无知的昏浊之徒，一睡倒在床便不知东南西北。

可怜那些痴心妄想、杂念纷纭的庸俗之辈，整日整夜你争我夺，早把自己元神禁拘。

我有睡觉的秘诀告诉与你知晓，侧身曲膝，先让心灵安卧。

君不见那陈抟先生只爱睡眠，何须用此外的方法去追寻仙人的名录？

（三）孙奇逢

息 心

【题解】

人们每天有许多问题要去想，孙氏却提出去除邪恶而只务正道，这样便没有胡思乱想了。

【原文】

近日饮食如何？能终夜熟睡乎？不能睡，由平日思虑过耗。欲禁之以勿思，不得也。当就所思之事，穷其为真为妄，为正为邪，必有爽然自失者。圣人无思，贤人无邪思，中人以下，憧憧[1]往来，无所不思。能猛然提醒，破除邪思，思虑渐少，便是超凡入圣之路。善念只在当境，过去留滞，与未来参详，总之耗我心神耳。慎思近思与何思，止争安勉。

——《孝友堂家训》

【注释】

①憧憧：chōng chōng 往来不绝的样子。

【译文】

近日来吃喝方面怎样？能够整夜熟睡吗？不能熟睡，是由于平日思虑太多过于损耗大脑。想要禁止大脑不思考是不可能的。应当就所思考的事情，分析哪些是真实的，哪些是虚妄的，哪些是正确的，哪些是不正当的，这样必定会怅然若失，若有所悟。圣人没有思虑，贤人没有不正当的想法，平常以下的人，心旌摇曳飘浮，没有什么不思虑的。能够猛然提醒自己，破除不正当的想法，思虑渐渐减少，就是超凡入圣的道路了。善良的想法只是在当时的环境中，过去留滞下来的思虑，对未来参详，总之都损耗我的心神啊。谨慎思考，思虑最近的事情以及有些什么思虑，都只是为了争取安逸并勉励自己。

（四）张　英

1. 读书养心

【题解】

这是张英《聪训斋语》里的第一则，题目为编者所加。把读书和养心结合起来，摆脱对功名利禄的追求，实为人生一大乐事。这一番功夫，用处只在养心吗？请看张英的议论。

【原文】

圣贤领要之语曰，人心惟危，道心惟微。危者，嗜欲之心，如堤之束水，其溃甚易，一溃则不复收也。微者，理义之心，如帷之映灯，若隐若现，见之难而晦之易也。人心至灵至动，不可过劳，亦不可过逸，唯读书可以养之。每见堪舆家[1]，平日用磁石养针，书卷乃养心第一妙物。闲适无事之人，镇日不观书，则起居出入，身心无所栖泊耳。目无所安顿，势必心意颠倒，妄想生嗔，处逆境不乐，处顺境亦不乐。每见人栖栖皇皇，觉举动无不碍者，此必不读书人也。古人有言，扫地焚香，清福已具。且有福者，佐以读书，其无福者，便生他想。旨哉斯言，予所深赏。且从来拂意之事，自不读书者见之，似为我所独遭，极其难堪。不知古人拂意之事，有百倍于此者，特不细心体验耳。即如东坡先生殁后遭逢高孝，文字

始出，名震千古。而当时之忧谗畏讥，困顿转徙潮惠之间，苏过②跣足涉水，居近牛栏，是何如境界。又如白香山之无嗣，陆放翁之忍饥，皆载在书卷。彼独非千载闻人，而所遇皆如此，诚一平心静观，则人间拂意之事，可以涣然冰释。若不读书，则但见我所遭甚苦，而无穷怨尤嗔忿之心，烧灼不宁，其若为何如耶。有富盛之事，古亦有之，炙手可热，转眼皆空。故读书可以增长道心，为颐养一事也。记诵纂集，期以争长应世则多苦，若涉览则何至劳心疲神，但当冷眼于闲中窥破古人筋节处耳。予

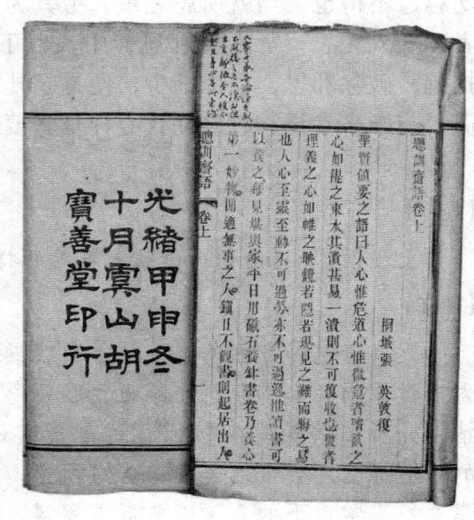

▲张英《聪训斋语》书影

于白、陆诗，皆细注其年月，知彼于何年引退，其衰健之迹皆可指，斯不梦梦耳。

【注释】

①舆家：风水先生。
②苏边：东坡子。

【译文】

圣贤有一句话算是要领：人心很危险，道心很精微。"危"指的是追求欲望之心，好像大堤约束水，堤围崩溃是容易的事，一旦溃决就会一发不可收拾。"微"指的是理义伦常之心，好像帐子映灯火，若隐若现。见到它很难，遮蔽它很易。人的胸心至灵至动，不可过分劳累，亦不可过分安逸，只有读书学习才可以保养它劳逸适中。常常见到风水先生平时用磁石养护指南针，书籍才是保养身心的最好的东西。安闲逸乐无事可做的人，整天不看书，那么他的起居出入，身体心灵没有栖止停泊的地方。眼睛没有安顿的时刻，一定会精神涣散、杂乱颠倒，妄想而生出不满，处于逆境感到不高兴，处于顺境也会感到不高兴。常常见到有人惊慌烦恼，觉得一举一动碍手碍脚，这样的人必定是一个不读书学习的人。古人说过，扫地焚香、清福已经具有了。有福气的人，在享福的同时也读点书，没有福气的人，心中便产生其他的念头。这些话真是讲到了最重要之处，我对此赞赏不已。而且从来那些违背意愿的事，从不读书的人看来，似乎被自己一人碰到了，感到极其难以忍受。这样的人由于不读书，所以他不知道古人碰到的违背自己意愿的事，有些超过自己的一百倍，只是没有细心体

验罢了。比如宋代苏东坡先生，死后遇到高孝，文章才刊印出来，名声震惊千古后世。而他在世之时忧虑别人说坏话、害怕别人讥笑毁谤，困苦艰难，往复迁移于潮州、惠州之间，他的儿子光着脚过河，睡在牛栏边上，这是一种什么样的境况啊！又如唐代诗人白居易没有后代，宋代文学家陆游忍饥挨饿，都记载在古书里面。他们难道不是名留千古的人，而所经历的事情都如此不尽如人意，如果平心静气地观察他们的经历，那么人世间所碰到的不如意的事情，就可以豁然开朗。一个人如果不读书，那么就会只看到自己的经历很苦，而产生无穷无尽的怨恨愤懑之心，忧郁烦躁不安，为什么要弄到如此地步呢？况且富裕兴盛的事情，古人也会碰到，一时的炙手可热，转眼也都会没有了。所以读书可以增长道义之心，是保养身体首要的事情。读书时死记硬背大部头的文集，用以争长短胜负、名声利禄那么是很辛苦的，如果粗略涉览一遍，就不会弄到劳心疲神的境地，只当冷眼于自由自在之中看出古人文章里面关键的地方就行了。我对于白居易、陆游的诗作，都仔细注明时间，了解他们在何时辞去官职，其生命健旺、衰落的痕迹都可以指出来，这就不会昏乱不清了。

2. 乐在其中

【题解】

这一则论当学习圣贤仙佛的欢乐，不必一生忧戚，很有境界。

【原文】

圣贤仙佛，皆无不乐之理。彼世之终身忧戚，忽忽不乐者，决然无道气无意趣之人。孔子曰："乐在其中"。颜子不改其乐。孟子以不愧不怍为乐，《论语》开首说悦乐，《中庸》言无人而不自得，程朱教尊孔颜乐处，皆是此意。若庸人多求多欲，不循理，不安命。多求而不得皆苦，多欲而不遂则苦，不循理则行多窒碍而苦，不安命则意多怨望而苦，是局天蹐①地，行险侥幸，如衣敝②絮行荆棘中，安知有康衢坦途之乐？唯圣贤仙佛无世俗数者之病，是以常全乐体。香山字乐天，予窃慕之，因号曰乐圃。圣贤仙佛之乐，予何敢望，窃欲营履道一邱一壑、仿白傅之有叟在中，白须飘然、妻孥熙熙，鸡犬闲闲之乐云耳。

【注释】

①蹐：jí。

②衣敝：破烂。

【译文】

圣贤仙佛，都没有不快乐的道理。那些一生忧伤惨戚，精神恍惚老是闷闷不乐的人，一定是一个没有得道之气、没有意味趣旨的人。孔子说："乐在其中"。他的弟子颜回虽然生活艰难，但不改变愉快轻松的心态。孟子以没有惭愧心情为乐，《论语》一开头就说愉快欢乐的事，《中庸》说没有一个人不自得其乐，程颢、程颐和朱熹等理学家教人遵循孔子和颜回的乐处，都是这个意思。至于碌碌无为的人多要求多欲望，不遵循理义，不安于命运。多要求而不能得到就会感到痛苦，多欲望而不能满足就会感到痛苦，不遵循理义那么行动时多有阻碍而感到痛苦，不安于命运那么心中多抱怨而感到痛苦，于是谨慎有余而恐惧过多，或者冒险求侥幸，像穿着破烂的棉絮的衣服行走在荆棘之中，哪里知道在平坦的康庄大道行走的乐趣呢？只有圣贤仙佛，没有流俗的各种痛苦，这样就能够做到常常保持一生身心愉快。唐代诗人白居易取字号为乐天，我私下仰慕他，因而自己取号为乐圃。圣贤仙佛的乐趣，我怎么敢奢望？私下盘算要谋求遵行正道，在一丘一壑之中，仿照白居易待年老时在乐圃之中，花白的胡子迎风飘摇、妻子儿女和和乐乐，鸡犬悠闲自在的那一番欢乐。

3. 诗与琴

【题解】

诗中写琴声，琴中含诗心。这一则显示了张英高雅的艺术品位。

【原文】

昌黎①《听颖师琴诗》有云："呢呢儿女语，思怨相尔汝，忽然势轩昂，猛士赴战场。……"欧阳公以为琵琶诗，信然。子细味琴音，如微风入深松，寒泉滴幽涧，静永古淡，其上下十三徽，出入一弦至七弦，皆有次第。大约由缓而急，由大而细，极于和平冲夷为主，安有呢呢儿女，忽变为金戈铁马之声？常建《琴诗》，"江上调玉琴，一弦清一心。泠泠七弦遍，万木沉秋阴。能令江月自，又令江水深。始知枯桐枝，可以徽黄金。"真可谓字字入妙，得琴之三昧者。味此，则与昌黎之言迥别矣。古来士大夫学琴，类不能学多操。白香山②止《秋思》一曲，范文正公③止《履霜》一曲。高人抚弦动操，自有夷旷冲淡之趣，不在多也。古人制琴一曲，调适宫商，但传指法，后人强被以语言文字，失之远矣。甚至俗谱用《大学》，及《归去来辞》《赤壁赋》，强配七弦，一字予以一音，且有以山歌小曲溷之者，其为唐突古乐甚矣，宜为雅人之所深戒也。大抵琴音以古淡为宗，非在悦耳。心境微有不清，指下便尔荆棘。清风朗月之时，心无机事，旷然天真，时鼓一曲，不躁不懒，则缓急轻重，合宜自然。正音出于腕下，清风超于物表。放翁诗曰："琴到无人处听工。"未深领斯妙者，自然闻古乐而欲卧，未足深论也。

【注释】

①昌黎：即韩愈，字昌黎。

②白香山：即白居易。

③范文正公：即范仲淹。

【译文】

唐代文学家韩愈在他所写的《听颖师琴诗》中说："呢呢儿女话，思怨相尔你，忽然势轩昂，猛士赴战场。……"宋代文学家欧阳修认为这是琵琶诗，很有道理。仔细品味琴音，像微风吹入幽深的松林，像寒冷的山泉滴落在幽静的山涧，安静久远而又古朴淡雅，琴弦上指示音节的上下十三个标志，出入一弦至七弦，都有先后次序。大概由缓而急，由大而细，最终以和平冲淡为主，哪有亲亲儿女情，忽然间变为气势宏大的战争之声？常建《琴诗》说："在江河上调弹玉琴，一弦清一心。声音清越的七弦调弹过一遍，把秋天都变得深沉而阴凉。能够使江中的月亮呈现白色，又能够使江中水看起来更深。于是才知道枯萎的梧桐树枝，可以与黄金比美。"真可以说字字入胜，获得琴弦的奥妙之情。体会这种观点，与韩愈的话迥然不同了。自古以来读书人学琴，一般都不能学多种琴曲。唐代诗人白居易只学《秋思》一曲，宋代文学家范仲淹只学《履霜》一曲。高超的人抚弦奏曲，自然有一种平安开阔而又和煦淡泊的趣味，不在于多也。古人调琴一曲，调到宫商两个音级适应之处，只传指法，后人强加上语言文字，失去本意就很远了。甚至民间乐谱用古代经书《大学》的内容，以及对《归去来辞》《赤壁赋》等文学名篇，强配以七弦，一字加上一音，而且有用山歌小曲来混乱真谛的人，他们败坏古乐也太过分了，这一点应当为高雅之人引以为戒。一般来说琴音以古朴淡雅为主，不在于悦耳动听。弹琴的人如果心境略微有一点不清净，那么手指下就会像碰到荆棘一样难以发挥作用。如果清风朗月，心无挂牵，心胸宽阔，一派天真，这时鼓动一曲，不急躁，不懒怠，那么就会做到缓急轻重，合宜自然。和正的音符出于腕下，清净的兴趣超越于事物之外。宋代诗人陆游说："琴到无人处，方才显功夫。"没有深刻领会这其中妙趣的人，自然一听到古乐之声就想睡觉，这就不值得同他深论了。

4. 眠食养生

【题解】

吃饭睡觉人生大事。张英论述了这两方面如何养生的问题。

【原文】

古人以眠食二者，为养生之要务。脏腑肠胃，常令宽舒有余地，则真气得以行，而疾病少。吾乡吴友季善医，每赤日寒风，行长安道上不倦。人问之，曰："予从不饱食，病安得入？"此食忌过饱之明征也。燔炙熬煎，香甘肥腻之物，最悦口而不宜于肠胃。彼肥腻易于粘滞，积久则腹痛气寒，寒暑偶侵则疾作怪矣。放翁诗云："倩盼①作妖狐未惨，肥甘②藏毒鸩犹以"。此老知摄生哉。炊饭极软熟；鸡肉之类，只淡煮；菜羹清芬鲜洁渥之，只食八分；饱后饮六安苦茗一杯，若劳顿饥饿归，先饮醇醪一二杯，以开胸胃。陶③诗云，"浊醪解劬饥"，盖籍之以开胃气也。如此，焉有不益人者乎？且食忌多品，一席之间，遍食之陆，浓淡杂进，自然损脾。予谓或鸡鱼兔独之类，只一二种，饱食良为有益，此未尝闻之古昔，而以予意揣当如此。安寝乃人生最乐，古人有言，"不觅仙方觅睡方。"冬夜以二鼓为度，暑月以一更为度。每笑人晨夜酣饮不休，谓之消夜。夫人终日劳劳，夜则宴息，是极有味，何以消遣为？冬夏皆当以日出而起，于夏尤宜。天地清旭之气，最为爽神，失之甚为可惜。予山居颇闲，暑月日出则起，收水草清香之味，莲方敛而未开，竹含露而犹滴，可谓至快。日长漏永④，不妨午睡数刻，焚香垂幕，净展桃笙，睡足而起，神清气爽，真不音天际真人。况居家最宜早起，倘日高客至，僮则垢面，婢且蓬头，庭除未扫，灶突犹寒，大非雅事。昔何文端公居京师，同年诣之，日宴未起，久之方出。客问曰："尊夫人亦未起耶？"答曰："然。"客曰："日高如此，内外家长皆未起，一家奴仆，其为奸盗诈伪，何所不至耶？"公瞿然，自此至老不晏起。此太守公亲为予言者。

【注释】

①倩盼：美人顾盼。

②肥甘：肥而美味。

③陶：陶渊明。

④白长漏永：白日很长，漏斗悠永。

【译文】

　　古人把睡觉饮食两方面，当作养护生命的重要任务。人的脏腑肠胃，经常使它宽怀舒畅而有余地，这样体内的元气得以运行，疾病就会减少。我们家乡的吴友季先生善于医道，常常在烈日下寒风中，行走在长安的路上不感到疲倦。有人向他问及能够不怕炎热和寒冷的原因，他回答说："我从来不吃得很饱，病从何人？"这就是饮食切忌过饱的明证。烧烤熬煎，香甜美味和脂油较多的食物，吃起来最合口味但不宜于肠胃消化。那些肥腻的食物吃在肚子里容易粘连积滞，积存太久就会引起腹痛气寒，如果冷热偶然侵袭身体就会引发疾病。宋代诗人陆游的诗说："倩盼作妖狐未惨，肥甘藏毒鸩犹轻。"陆游是知道怎样养生的。煮饭极其软熟，鸡肉之类，只清淡煮成就行了；蔬菜和用蒸煮等方法做成的糊状食物清淡芬芳而又鲜嫩洁净，只吃八成饱就够了；吃饱后饮六安苦茶一杯，如果疲劳饥饿回到家里，首先喝醇和的美酒一二杯，可以开胃。陶诗说，"浓浊的酒可以解劳累之后的饥渴"，指的是借酒开胃气。这样做，哪有不对人的身体有益处呢？而且饮食还要注意不能吃多种食物，一次宴席之间，遍吃水

里和陆地上生长的东西，浓味淡味都进食，自然有损于脾胃。我认为鸡鱼野鸭小猪之类，只吃其中一、二样，多吃点还是有好处的。这当然未曾听到古人有这种法子，而是我琢磨着应当如此。安然睡觉是人生最快乐的事情，古人曾经说过，"不去寻求成神仙的方法而寻求睡觉的方法。"冬天的夜里以二鼓为躺下睡觉的限度，夏天的夜晚以一更为躺下睡觉的限度。我常笑人早晚畅饮不休，称之为消夜。人们整天惆怅忧伤，晚上休息得较迟，睡下去是很有味的，怎么还谈得上去消遣呢？冬天和夏天都应当在太阳升起时起床，在夏天尤其应当这样。这时大自然伴旭日升起的清和之气，最能爽神，丢失了这宝贵的机会是很可惜的。我在山中居住时颇感清闲，夏天太阳出来就起床，吸收水草清香的气味，这时莲花含苞还没有开放，竹子含着露水像要滴落，可以说这是最快乐的时光。夏日很长，不妨午睡一会儿，点燃线香放于帐子，展开桃枝竹席，睡够了起床，就会神志清醒气色爽快，无异于天上修行得道的人。况且居家最宜早起，假如太阳升高客人来到，男仆没有洗脸，女婢没有梳妆，庭院没有清扫，灶上烟囱还是冷的，这是很不体面的事。从前何文端公居住京城的时候，他的同榜同学来拜访他，太阳升得很高了他还未起床，很长时间才出来会客。客人问他："尊夫人也没有起床吗？"他回答说："是的。"客人又对他说："太阳升起这么高了，你和你的夫人都没有起床，一家奴仆，干那些通奸偷盗的坏事，怎么不会发生呢？"何文端公听了客人这些话猛然一惊，从此到老不再晚起。这是一个知府大人亲自告诉我的。

5. 长寿的四个方子

【题解】

张英把慈爱之心、节俭之心、平和之心、清静之心作为养生长寿的四个方子。细细体会，也是做人的方法。

【原文】

昔人论致寿之道有四：曰慈、曰俭、曰和、曰静。人能慈心一物，不为一切害人之事，即一言有损于人，亦不轻发，推之戒杀生以惜物命，慎翦伐以养天和。无论冥报不爽，即胸一段吉祥恺悌之气，自然灾诊不干，而可以长龄矣。人生享福，皆有分数，惜福之人，福尝有余，暴殄之人，易至罄竭，故老氏以俭为宝。不止财用当俭而已，一切事常思节啬之义，方有余地。俭于饮食，可以养脾胃；俭于嗜欲，可以聚精神；俭于言语，可以养气息非；俭于交游，可以择友寡过；俭于酬酢，可以养身息劳；俭于夜坐，可以安神舒体；俭于饮酒，可以清心养德；俭于思虑，可以蠲烦去忧，凡事省得一分，即受一分之益。大约天下事，万不得已者，不过十之一二，初见以为不可已，细算之，亦非万不可已，如此逐渐省去，但日见事之少。白香山诗云："我有一言君记取，世间自取苦人多。"今试问劳

扰烦苦之人，此事亦尽可已，果属万不可已者乎？当必怳然自失矣。人常和悦，则心气冲而五脏安，昔人所谓养欢喜神。真定梁公每语人，日间办理公事，每晚家居，必寻可喜笑之事；与客纵谈，掀髯大笑，以发舒一日劳顿郁结之气，此真得养生要诀。何文端公时，曾有乡人过百岁，公叩其术，答曰："予乡村人无所知，但一生只是喜欢，从不知忧恼。"噫，此岂名利中人所能哉？《传》曰："仁者静。"又曰："知者动。"每见气躁之人，举动轻佻，多不得寿。古人谓砚以世计，墨以时计，笔以日计，动静之分也。静之义有二：一则身不过劳，一则心不轻动。凡遇一切劳顿忧惶喜乐恐惧之事，外则顺以应之，此心凝然不动，如澄潭，如古井，则志一动气，外间之纷扰皆退听矣。此四者，于养生之理极为切实，较之服药引导，奚啻万倍哉。若服药则物性易偏，或多燥滞。引导吐纳，则易至作辍。必以四者为根本，不可舍本而务末也。《道德经》五千言，其要旨不外于此，铭之座右，时时体察，当有稗益耳。

【译文】

　　过去的人论一个人长寿之道有四个方面：即慈祥、节俭、平和、清静。一个人如果能做到对每一物都有慈心，不做一切损害别人利益的事情，即使一句话有损于别人，也不会轻易发出，由此推及力戒杀生以爱惜一切人和物，谨慎翦灭诛伐以养自然之和气。尚不论死后在阴间报答没有差失，就是自己胸中也有一段吉祥和易之气，自然阴阳不和之气不会冲犯，而可以长寿。人生享受幸福之事，都有分数，爱惜福分的人，得到的幸福很多，而任意糟蹋福分的人，容易发展到没有一点剩余的地步，所以春秋战国时思想家老子主张以"俭"字为珍贵。不只是在财物用费方面应当节俭，一切事情都应当常常考虑简约、爱惜的意义所在，这才会留有余地。在饮食方面节俭，就可以保养脾胃；在喜好欲望方面节俭，就可以聚集精神；在言语方面节俭，就可以养气血息是非；在结交朋友方面节俭，就可以选择好的朋友减少过错；在交际往来方面节俭，就可以养护身心防止过度劳累；在夜坐方面节俭，就可以安神舒体；在饮酒方面节俭，就可以使心纯净养成好的品性；在思虑方面节俭，就可以免除烦恼去掉纷扰。一切事情省却一分，就会有一分的收益。大约天下的事，万不得已的，不过十件中有一两件，一开始看到以为这件事是不可以成功的，仔细推算筹划，也不是万不能去做的，这样就会逐渐省去许多烦恼，看到难做的事便日渐少了。唐代诗人白居易的诗句说："我有一句话请你记住，人世间自取苦恼的人很多。"现在试问那些劳扰烦苦的人，这件事情是可做可不做，还是非做不可的呢？想到上述这层道理，就一定会怳然若有所失。一个人如果常常存有一种平和愉快的心情，那么就会心气畅通而五脏安然，这就是过去的人所说的蓄养精神。真定人梁先生常常对人说，白天办理公事，每晚回家休息，必须尽可能去找些高兴的事。与客人纵情畅谈，掀起胡须开怀大笑，用来吐出一天劳顿郁结在心中的浊气，这才是真正获得了养生的要诀。何文端公在世的时候，曾经有乡下人做百岁寿辰，何公向这位老人询问养生之道，老人答道："我们乡村的人不知道什么养身法，但一生只晓得喜悦欢乐，从来不知道有烦恼。"唉，这难道是追求功名利禄的人能够做得到吗？《左传》一书中说："仁义之人心静。"又说："知识之人日求进取而动。"常常见到气躁的人举动轻浮不严肃，所以大多不能高寿。古人说砚的生命用世纪来计算，墨的生命用时辰计算，笔的生命用天计算，这就是指的动静的区别。静字的意义有两个方面：一是身体不过于劳累，一是心情不轻易波动。凡是遇到一切劳顿忧惧喜乐悲哀的事，外表按常规对付，心中凝静不动摇，如清澈深潭，如古井之水，那么用自己的心志指挥言行，外界的纷扰都不能发生作用而被战胜了。"慈、俭、和、静"这四个方面，对于养生道理是很切实的，比起吃药治病何止胜过万倍。如果吃药就会出现物性容易干偏失的问题，有的还燥热滞积。而正确引导吐纳胸中之气，就易于中止病情的发展。因此，要延年益寿就必须以这四个方面的为根本，不可以抛弃这个根本而去求取其他不重要的方法。老子所写的《道德经》总计五千多字，主要的内容不超出这四个方面，如果把这四个方面的内容作为座右铭看待，时时对照加以体察，当会很有好处的。

6. 天地万物，圆转往复

【题解】

天地万物，循环圆转。日、月、星辰和草木，无不遵循此理。但桃李明年能再发，人生一去却不回头，这里面就隐藏着悲哀。但跳出个人生死来看这问题，则人只不过是自然中的一分子罢了。

【原文】

余尝观四时之旋运，寒暑之循环，生息之相因，无非圆转。人之一身，与天时相应，大约三四十以前，是夏至前，凡事渐长；三四十以后，是夏至后，凡事渐衰，中间无一刻停留。中间盛衰关头，无一定时候，大概在三四十之间，观于须发可见。其衰缓者，其寿多；其衰急者，其寿寡。人身不能不衰，先从上而下者多寿，故古人以早脱顶为寿征。先从下而上者多不寿，故须发如故，而脚软者难治。凡人家道亦然，盛衰增减，绝无中立之理。如一树之花，开到极盛，便是摇落之期，多方保护，顺其自然，犹恐其速开，况敢以火气催逼之乎……尝观草木之性，亦随天地为圆转，梅以深冬为春，桃李以春为春，榴荷以夏为春，菊桂芙蓉以秋为春。观其枝节含苞之处，浑然天地造化之理。故曰，复其见天地之心乎？

【译文】

我曾观察春夏秋冬的回旋运转，寒冷炎热的循环，生长止息的相辅相成，无不体现了大自然运转的规律。一个人的一生，与天时相适应，大约在三四十岁以前，像一年中夏天来到以前，什么事情都渐渐增长；在三四十岁以后，像一年中夏天到来之后，什么事情都渐渐衰败，中间没有一点停留而不断地变化着。这中间在兴盛衰败的关头，没有一个确定的时间，大概在三四十岁这段时间里，观察于胡须头发可以发现。如果衰老迟缓，那么寿命就长；如果衰老急速，那么寿命就短。一个人的身体不可能不衰老，衰老先从上身而到下身的寿命一般就长一所以古人以早脱头顶毛发为寿命长的征状。衰老先从下身而往上身的寿命一般就短，所以胡须头发依然如故，而腿脚虚软的人难以医治。大凡人们的家境兴衰也是这样。其家境兴衰增减，一定没有不偏不倚、不盛不衰的道理。如同一棵树上所开的花，开到极盛的时候，便是摇落枯竭的时候，于是人们对它加以多方面的保护，让树顺其自然生长，特别担忧它迅速开放，哪里敢提高温度催长，逼迫它迅速开花的呢？……我曾经观察草木生长的习性，了解到它们也是符合自然运转的规律的，梅树深冬开花，深冬便是它的春天；桃李春天开花，即以春为春；石榴、荷花夏天开花，夏天便是它们的春季；菊花、桂花、芙蓉花则在秋天开花，秋天便是它们的春季。观察它们的枝节含苞待放的地方，与自然的创造化育之理完全相符合。所以说，循环往复，真正体现了天地万物的本性吧！

7. 古人片纸只字，不如古人文集

【题解】

张英对白居易、苏东坡、陆游的诗推崇备至。对有人爱古人书法却不知到文集里去读古人的精神识见大不以为然。可谓深得读书养性之乐。

【原文】

人往往于古人片纸只字，珍如拱璧，其好之者，索价千金。观其落笔神采，洵可宝矣。然自予观之，此特一时笔墨之趣所寄耳。若古人终身精神识见，尽在其文集中，乃其呕心刿肺而出之者。如白香山、苏长公之诗数千首，陆放翁之诗八十五卷，其人自少至老，仕宦之所历，游迹之所至，悲喜之情，怫愉之色，以至容貌謦咳，饮食起居，交游酬酢，无一不寓其中，较之偶尔落笔，其可宝不且万倍哉？予怪世人于古人诗文集不知爱，而宝其片纸只字，为大惑也。余昔在龙眠，苦于无客为伴，日则步屦①于空潭碧涧，长松茂竹之侧，夕则掩关读苏陆诗，以二鼓为度，烧烛焚香煮茶，延②两君子于坐，与之相对，如见其容貌须眉然。诗云："架头苏陆有遗书，特地携来共索居，日与两君同卧起，人间何容得胜渠？"良非解嘲语也。

【注释】

①步屦：漫步。

②延：邀。

【译文】

　　人们往往把古人的片纸只字看作珍贵物品，那些喜好的人前往购买时，卖主要价千金之多。观察字的落笔神采，实在可以看作为珍贵物品。然而在我看来，这只是作者一时笔墨的兴趣所寄托的物品。如果古人终身精神识见完全融合于文集之中，才算得上是作者呕心沥血而写出来的东西。例如唐代诗人白居易和宋代诗人苏轼的诗数千首，宋代诗人陆游的诗八十五卷，他们从少到老，读书做官所经历的，足迹所到的地方，悲喜之情，不悦的神色，以至于容貌咳嗽，饮食起居，交际往来，无一不包含这里面，比起那些偶尔落笔的片纸只字，它的价值，难道不胜过万倍吗？我奇怪世上的人对于古人诗文集子不知爱惜，而去珍重那些片纸只字，这是很让人费解的事情。我从前在龙眠地方时，苦于没有客人做伴，白天就步行于空潭碧涧、长松茂竹的旁边，晚上就关起门阅读苏轼和陆游的诗文到二更为止，点着蜡烛、焚着线香、煮着茶叶，仿佛邀来苏、陆二人坐下，与他们相对，如见到了他们的容貌表情一般。从而作诗说："我的书架上头存有苏轼和陆游的遗书，特地请他们二人来到我这里共同居住，整天与他们同睡同起，人世间怎么会有胜过此事的？"这的确不是自我解嘲的话。

8. 享受山林之乐，必具四个条件

【题解】

　　享受山林中的欢乐，是人生世上的一大愿望。但在张英看来，置身山林之中，还不能说就得到了欢乐；即使有，也未必长久。他认为应具备如下四个条件。

【原文】

　　予尝言享山林之乐者，必具四者，而后能长享其乐，实有其乐，是以古今来不易见也。四者维何？曰道德、曰文章、曰经济、曰福命。所谓道德者，性情不乖戾，不忮刻，不偏狭，不暴躁，不移情于纷华，不生嗔于冷暖。居家则肃雍简静，足以见信于妻孥；居乡则厚重谦和，足以取重于邻里；居身则恬淡寡营，足以不愧于衾影。无怍于

▲山水图

人，无羡于世，无争于人，无憾于己，然后天地容其隐逸，鬼神许其安享，无心意颠倒之病，无取舍转徙之烦，此非道德而何哉？佳山胜水，茂林修竹，全恃我之情性识见取之。不

然，一见而悦，数见而厌心生矣。或吟咏古人之篇章，或抒写性灵之所见，一字一句可千秋。相契无言，亦成妙谛。古人所谓"行到水穷处，坐看云起时"①，又云"登车皋，以舒啸，临清流而赋诗"②，非不解笔墨人所能领略。此非文章而何哉？夫茅亭草舍，皆有经纶；菜陇瓜畦，具见规画；一草一木，其布置亦见法度。淡泊而可免饥寒，徒步而不致委顿。良辰美景，而匏樽不空；岁时优腊，而鸡豚可办。分花乞竹，不须多费，而自有雅人深致。疏池结篱，不烦华侈，而皆能天然入画。此非经济而何哉？从来爱闲之人类不得闲，得闲之人类不爱闲。公卿将相，时至则为之，独是山林清福，为造物之所深吝。试观宇宙间，几人解脱？书卷之中，亦不多得。置身在穷达毁誉之外，名利之所不能奔走，世味之所不能缚束。室有莱妻，而无交谪之言：田右伏腊，而无乞米之苦，白香山所谓事了心了，此非福命而可哉？四者有一不具，不足以享山林清福。故举世聪明才智之士，非无一知半见；略知山林趣味，而究竟不能身入其中，职此之故也。

【注释】

①行到水穷处，坐看云起时：王维诗句。

②登车皋，以舒啸，临清流而赋诗：陶渊明《归去来兮辞》句。

【译文】

我曾说享受山林之乐的人，必须具备四个条件，然后才能长时间享受其中的快乐，实实在在享受快乐，这是古往今来不容易见到的。这四个方面指的是什么？即道德、文章、经济、福分。什么叫道德？指的就是性情不乖戾，不嫉妒刻薄，不偏激不狭窄，不暴躁，不移情于繁华富丽，不生气于贫富冷暖饥饱。居住生活做到肃雍简静，足以受妻子儿女的信赖；居住乡里做到厚重谦和，完全可以在邻里乡亲间受到尊重；自身处世做到恬静淡泊不去钻营，完全可以在私生活方面做到无丧德败行的事。无愧于别人，无羡慕于当世，不与别人相争，对自己不遗憾，天地也容其隐居安逸，鬼神也允许平安享乐，没有心意颠倒错乱的毛病，没有取舍转离迁移的烦恼，这不是道德还是什么？佳山胜水，茂林修竹，全凭自己的情感兴趣、知识见解而汲取。否则，一次见到心里欣喜，见的次数多了就会产生厌恶之心。或者吟咏古人书籍中的篇章，或者抒写性情灵感所见所闻的东西，一字一句可以流芳百世，千秋不朽。与古人相契无言，有真意存于其间。古人所谓"船行到水流的尽头，坐着看白云的升起"，又说"登上车边的山皋长啸，俯临清澈的溪流赋诗"，这绝非不懂诗文的人所能领略到的，这不是文章又是什么呢？一座茅亭，一间草舍，都有经纬的才情；菜陇瓜畦，都见出规划；一草一木，布置中都有法度。淡泊名利而可以避免饥寒之苦，徒步行走而不至于枯萎停顿。良辰美景而饮器不空，每逢夏天的伏日和冬天的腊日，可以随时置办鸡和小猪。到友人处分花乞竹，不需破费，而其中自有雅人深致。梳理池塘，结扎篱笆，不需华丽、奢侈，而都能天然入画。这不是经邦济国的道理吗？从来爱清闲的人，一般都得不到清闲；获得清闲的人，一般都不喜欢清闲。公卿将相这类官位时候到了可以得到，唯独山林清福，为大自然所深刻吝惜的。试看宇宙间，有几人能够解脱的？在书卷之中，也是不多得的。如果一个人置身于穷达毁誉之外，那么对于名利就不会去奔走钻营，对于世情也不会受到束缚。家有贤妻而无互相埋怨责难，田有四时八节的辛勤耕耘而没有向人乞借之苦，唐代诗人白居易所说的事了心了，这不是一个人的福命又是什么？这四个方面的条件如果有一个方面不具备，就不足以享受山林清福。所以世上有聪明才智的人，并不是没有一知半见，稍知山林趣味而最终不能置身其中，就是这个原因。

9. 从文章佳句中悟养生之理

【题解】

张英从《昭明文选》中的两句话，悟出了养生之理。当然这并不一定科学，不过，善于体悟诗文，善于观察万物，这个认识的过程是审美的，充满了诗情与禅机。

【原文】

古人读《文选》，而悟养生之理，得力于两句，曰："石蕴玉而山辉，水怀珠而川媚。"此真是至言。尝见兰蕙芍药之蒂间，必有露珠一点，为蚁虫所食，则花萎矣。又见笋初出当晓，则必露珠数颗在其末，日出则露复敛而归根，夕则复上。田间有诗云"夕看露珠上梢行"是也。若侵晓入园，笋上无露珠，则不成竹，遂取而食之。稻上亦有露，夕现而朝敛。人之元气，全在于此。故《文选》一语，不可不时时体察，得诀固不在多也。

——《聪训斋语》

【译文】

古代的人阅读《文选》，而悟出养生的道理，得力于其中的两句话，就是："石头蕴含了宝玉，山上都放出光辉；水中有了珍珠，河川就显得妩媚。"这真是极精辟的话。我曾经看到兰蕙和芍药的花蒂中间，必定有一点露珠，被蚂蚁和小虫吸食了以后花就枯萎了。又看到笋子刚刚长出来的早上，就必定有好几颗露在它的末梢，太阳一出来露珠就收敛归到了根部，傍晚又上来。农民们有句诗说"傍晚看着露珠往末梢上走"就是说的这件事。天快亮的时候到园子里去，看到笋子上没有露珠，就知道这笋长不成竹子，于是就把它挖了吃掉。稻子上也有露珠，傍晚出现，早上收

敛。人的元气全在于这里。所以《文选》的两句话，不可不时时亲身去体验观察，得到诀窍，一两句话足矣，不在乎很多。

（五）郑 燮

范县署中寄舍弟墨第二书

【题解】

郑板桥很推崇那种清贫乐道、清茶淡饭的生活。这封信描绘的景致，虽是郑氏家乡，实际上却是田园生活的一个理想。

【原文】

吾弟所买宅，严紧密栗，处家最宜，只是天井太小，见天不大。愚兄心思旷远，不乐居耳。是宅北至鹦鹉桥不过百步，鹦鹉桥至杏花楼不过三十步，其左右颇多隙地。幼时饮酒其旁，见一片荒城，半堤衰柳，断桥流水，破屋丛花，心窃乐之。若得制钱①五十千，便可买地一大段，他日结茅有在矣。吾意欲筑一土墙院子，门内多栽竹树草花，用碎砖铺曲径一条，以达二门。其内茅屋二间，一间坐客，一间作房，贮图书史籍笔墨砚瓦酒董茶具其中，为良朋友好后生小子论文赋诗之所。其后住家，主屋三间，厨屋二间，奴子屋一间，共八间。俱用草苫，如此足矣。清晨日尚未出，望东海一片红霞，薄暮斜阳满树，立院中高处，便见烟水平桥。家中宴客，墙外人亦望见灯火。南至汝家百三十步，东至小园仅一水，实为恒便。或曰：此等宅居甚适，只是怕盗贼。不知盗贼亦穷民耳，开门延入，商量分惠，有什么便拿什么去；若一无所有，便王献之青毡，亦可携取质百钱救急也。吾弟当留心此地，为狂兄娱老之资，不知可能遂愿否？

——《板桥家书》

【注释】

①制钱：圆形方孔铜钱。

【译文】

你买下的住宅，严密坚固，住家最合适，只不过天井太小，从中看到的天空不大。我做哥哥的胸怀开阔远大，不喜欢居住封闭家室之中！这所宅子向北到鹦鹉桥不超过一百步，鹦鹉桥到杏花楼不超过三十步，那里周围有很多空地。我年少时曾在桥边喝酒，看到那儿一片荒芜的城墙，半堤衰老的柳树，还有断裂的桥梁，潺潺的流水，破败的房屋，丛丛的野花，心里便暗暗地喜欢上它。如果有五十贯制钱，就可以买到一大片土地，以后建造退隐的茅屋就有地方了。我的意思是想要造一所围着土墙的院子，里面多栽种些竹树花草，并用碎砖头铺一条弯曲的小路，通到第二重门。二门内建两间茅屋，一间用于招待客人，一间作为书房，安放各种图书、史书、笔墨、瓦砚、酒器、茶具等在里面，用作良朋好友和年轻子弟谈论文章、吟咏诗词的场所。这后面是住所，正房三间，厨房两间，仆人的房屋一间，总共八间。都用茅草盖顶，这样就足够了。清晨在太阳还没有出来时，遥望东海上空一片红霞；傍晚斜阳洒满树木，立在院内高处，就能看到烟雾迷茫的水面和平卧着的板桥。家中宴请客人，院墙外的人也能看得见灯光。向南到你家一百三十步左右，往东面到小园只隔一条小河，来往实在很方便。有人会说：这样的宅子居住很舒适，只不过担心强盗小偷光顾。这是不知强盗小偷也是穷百姓而已，开了门请他们进来，商量分点好处，有什么就拿什么去；如果一无所有，就是像王献之家传的青毡，也可以让他们拿去典当百把个铜钱救救急。你要随时留心这地方，以便为我这个狂放的哥哥，欢度晚年准备一个处所，不知道能不能如愿呢？

（六）纪 昀

1. 禀 母

【题解】

人参是一般人都知道的补品，然而并不是对每种病都能有效果。纪氏针对其母病后的虚弱，一个说明人参的功效是有限的；二个说明人参的用法是有讲究的，千万不能随便服用。

【原文】

病后虚弱，本属恒情；而老年病后，尤较少壮者更弱。母亲因久泄体虚，主张服独参汤，而方医进以加减十全大补方。母亲因服药已久，不耐苦味，弗愿再服煎药。男本不知药理，却闻太原刘季箴医士补虚惯用参，获益者固多，受损者亦不少，用是怀疑。求教其师王华峰，王曰："病原种种不同，病后虚弱亦因而各异。人参专有所主，不通补诸虚。参力至脏腑，只达上焦，中焦以下不至焉。参力至营卫，只达气分，血分不至焉。若系肝肾及阴分虚者，服参非但无效，反足以助长亢阳，而煎烁真阴，岂不殆哉！古者参出上党，秉中央土气，故其性温厚，而先入中宫。今上党参已气竭失效，改用辽参，秉东方春气，故其性发生，先升上部。盖药性已因气运而变易，补虚岂能依古言而收效。"王公论理精湛，不愧为良医。季箴犹不以其言为然，男却深以为是，愿慈亲母果信参，宜服方医药为是。医家有割股之心，所言定有见地；且古方所载，补虚宜食生参，则本性未失，效力伟大。而今世采参者，得即蒸之，缘生参无色相，难售善价；蒸后色泽莹然，易容脱售。殊不知参性已走失多矣，反不如寻常草药之补力巨焉。

【译文】

病后虚弱，本来是常有的事；但老年人病后，尤其比少年、壮年人更加虚弱。母亲由于腹泻很久而身体虚弱，主张只服用人参汤，而医方中再加减十全大补方。母亲由于服用药物已经很久了，不能忍受苦味，不愿再服用煎药。我原本不懂药理，但听说太原刘季箴医生补虚弱时习惯用人参，受益者固然多，受害者也不少，因此很怀疑。向他的老师王华峰求教，他说："疾病原本每一种都不同，病后虚弱也因而各个不同。人参专门有主治的，不能通补各种虚弱。人参功力到内脏，只能达到上焦、中焦以下不能到达了。人参功力到营卫，只能达到气分，血分不能达到了。假使属肝肾及阴虚的人，服用人参不但没有效果，反而足以助长阳气高亢，而煎烁真阴，难道不危险吗？古代人参出自上党，秉承中央土气，所以气性温和厚实，而先入中宫。现在上党参已气分竭尽而失去效力，改用辽宁人参，秉承东方春气，所以气性发生，先升上部。大体药性已经由于气的运道而改换变化，补助虚弱难道能依照古代的话而收到效果。"王公所论之理精湛不凡，称得上是良医。季箴还不以这些话为对，我却完全认为对了，希望母亲您真的相信人参，应当服用药方为对。医家有割大腿的想法，所说的一定有道理；而且古代医方所记载，补助虚弱应当吃生参。那么本性没有失掉、效力也很大。而现在采集人参的，得到了就蒸，缘生人参无色无形，难以卖好价；蒸了以后色泽莹亮，容易卖掉。殊不知人参气性已经失掉很多，反而不如平常草药的补助力那么大了。

2. 寄晰姊

【题解】

过于相信药物，实际上是违背传统医学的。纪氏举出几种情况如药不对症、乱服药物、"神"药治病等不仅对疾病没有好处，甚至危及生命，所以应当以不服药为正道。

【原文】

凡物有利必有弊。故药能生人，亦能死人。有病时尚以不服药为中医，盖恐庸医药不对症，速人死亡耳。我姊因膝下无儿，请医服药罔效，舍而他求必孕秘方。孰知效未见而害先形，双目红肿，鼻血时流，此系多服热药之害。盖世间流传之种子秘方，都系热药，服之侥幸有效，生子亦难期长寿也。犹记先姚安公言：有一士人妻，多年不孕。闻当地仙坛中扶乱治病有神效，遂往乞种子方。仙判曰："种子有方，并能神效。然有方与无方同，神效亦与不效同。夫天然精血化生者，尚有因所含胎热未清，毒发为痘，十死其半。若助以热药，搏结成胎，其蕴毒必更甚。每逢生痘，十死八九矣。世人徒于痘殇之时，惜其不寿，讵知未生之日，已先伏夭折之机。生如不生，岂非有方同于无方，神效同于不效耶。"其说中理，皆为医家所不肯言者。宜乎世之求孕者，犹汲汲焉自寻烦恼，徒吃怀胎坐草之苦，空贻摧兰折玉之伤。我姊何亦甘效愚妇之所为！盖人之有后与否，上承祖宗之积福，下关本人之修德。是非等闲，同草根树皮能奏效。我姊体质素健，迩时诸病百出，此系方药杂投所致。虽非膏肓之疾，殊碍生育之机。而我姊犹以服药为求子之谋，无怪愈求而愈不可得也。谊属同胞，故敢率直上言。

【译文】

大凡事物有利就有弊。所以药物能救活人，也能够治死人。有病的时候，尚且以不服药为中正的医道，大体担心庸医开药不能开中疾病，致使病人死亡。我姐由于没有子女，延请医生服用药物没有效果，于是舍弃而到别的地方求得必定怀孕的秘方。谁知道效果没有见到反而伤害了身体，双眼红肿，鼻血时常下流，这属服用热药服得多的害处。大体民间流传的孕子秘方，都是热药，服用它有时侥幸有效，生了子女也难以期待生活得长。还记得先人姚安公说过：有一个读书人的妻子，多年没有怀孕。听说当地仙坛中求神治病有神奇的效果，于是去乞求孕子的秘方。仙判说："孕子有秘方，并且能有神奇的效果。然而有秘方和没秘方一样，神奇效果和没有效果一样。天然精液和血气化育生命的，还有因为所含胎热没有清散，热毒萌发为痘，十个有五个要死。假若补助以热药，搏结成胎，所蕴含的热毒一定更强。每每碰到萌生痘，十有八九要死。人们白白地到出痘死的时候，惋惜自己不能长寿，却哪里知道在没有出生的时候，已经先隐伏了短命的凶机。出生就像没出生，难道不是有秘方如同没有秘方，神奇效果如同没有效果吗。"他的说法切中医理，都是医家不肯说的。大体社会上求得孕子的，急急忙忙地自寻烦恼，白白地吃怀胎坐草的苦头，留下糟蹋身体的损伤。我姐为何也甘心仿效愚昧妇女的行为呢！一个人有没有后嗣，在上秉承祖宗所积累的福气，在下和自身德行的修养相关联。这并不是一般的事，哪有草根树皮能起作用的。我姐体质向来健康，近来多病缠身。这是医方药物杂用所造成的。即使不是有伤性命的病，也会妨碍生育的契机。而我姐还以服用药物作为乞求孕子的手段，难怪愈求愈不可得。你我是同胞姐弟，所以才敢直截了当地进言。

3. 禀仪南叔

【题解】

古人很相信方术，所以治病常常去请山僧野道、巫婆神汉之类。而纪氏认为不如药铺里的药物，因为这些药多符合药理，或者能有功效。如果相信方术家的那一套，不仅不合理反而伤神害性命。当然，想要养生还得靠吐纳导行，而不是药物。

【原文】

药肆中之丸散膏丹，服之其害犹浅；山僧野道所售之药丸，服之其害剧烈。盖药肆中都依古方配合，悉合药理；而山僧野道，脉理药性，茫然不解，妄取热烈之药草，制成药丸，热体服之，祸不旋踵矣。叔父大人素无血症，而今忽然充血，显系误服蜀僧药丸所致。现得朱医诊治，病势虽轻，唯脏腑中受何种热药克伐，尚未明晰。宜将食余之药丸，请其辨验。虽则形质无存，而朱医为当世名医，必有明辨之法，然后再服中毒之剂，则事半而功倍矣。以后吾叔苟有小恙，宁以不服药为中医，盖药料不外草木金石，而草木不能免朽腐，金石不能免消化。自身尚不能自存，而谓借其余气，可以祛病长生，侄未之信焉。吾叔素重服药，爰举证以明丹方之不足恃：昔时赤城山中有一老翁，相传为元代人。冯巨源教谕往见，呼为"仙人"。翁曰："吾非仙，但能吐纳引导，得不死耳。"叩其术，："不离乎丹经，然非丹经所能尽。其分寸节度，妙极微茫。苟无口诀真传，但依法运用，如拘方治病病必殆。缓急先后，稍一失调，或结为痈疽，或滞为拘挛，甚或精气瞀乱，神不归舍，竟至于癫痫。"又问："服药可得延年乎？"曰："药以攻伐疾病，调补气血，非所以养生。用药不得法，反足以戕生"。巨源请执弟子礼，勿许，怅然而返。夫老翁议论笃实，不类方士之炫惑。巨源又属笃信君子，是侄之乡傍同年，从来不说诳言，用是侄敢举其言以上闻。

【译文】

药铺里的药丸补膏，服用的危害还浅；山僧野道所卖的药丸，服用的危害就更加厉害。大体药铺里都依据古代医方配备合成，都符合药理；而山僧野道，脉理药性，茫茫然不理解，乱拿火热的药草，制成药丸，热身服用，祸患接踵而来。叔父大人素来没有血症，如今忽然冲血，显然是错误地服用了那四川和尚的药丸所造成的。现在得到朱医生诊治，病势尽管轻了些，但唯有心脏中受到哪一种热药冲击，还不明晰。应当将吃剩的药丸，请他辨别验明。即便形质不存在了，朱医生是当今名医，也一定会有明辨的办法，然后再服用解毒的药剂，那么事半功倍了。以后叔叔您如果有小病，宁可以不服药为中正的医道，大体药材不外乎草木金石，而草木不能避免腐朽，金石不能避免消化。自身尚且不能自己存养，而说凭借药物的余气，可以祛病长生，侄儿不相信。叔叔您素来重视服用药物，现举例证明丹药不足以依靠：过去赤城山中有一位老人，相传是元代人。冯巨源教谕去见他，称他为"仙人"。老人说："我不是仙人，只是能够吐纳导引，得以不死罢了。"叩问他的办法，他说："不外乎丹经，但不是丹经所能说尽。其分寸限度，微妙茫然。如果没有口诀真传，只是依照方法运用，就像拘泥医方治病那么疾病一定危险。快慢先后，稍微一失调，或会结为疽疮，或会带于经挛，甚至会精气紊乱，精神不能回归体内，竟然到癫狂的地步。"又问："服用药物可以延年益寿吗?"他说："药物是用来攻治疾病，调补气血，不是用来养生的。用药物不得法，反而足以杀生。"冯巨源请求作他弟子，他不答应，于是只好失意而回。老人家的说法忠实，不像方术家那样炫目迷惑。冯巨源又是忠信君子，是侄儿乡榜时的同年兄，从来不说假话，因此侄儿方敢列举他的话来给您听。

4. 寄内子

【题解】

蛇胆治眼病，本来有效果，但并不是所有眼病都适用。纪氏劝诫夫人鉴别常人所说的药物，而且最好以清心少怒为主，不能只靠服药。

【原文】

尔左曰常赤，乃系肝火炽旺之故，当服平肝降火之剂，不宜信佣妇之言，食蛇胆以求明目。虽则蛇亦采列《本草》，究非宜食之品，况服鲜蛇胆三颗，必须杀害三条蛇命，虽系卵生物，却能知冤必报。凡遇毒蛇，人无杀害心，则终不遭害；苟有见必杀，终有受毒之日。此说验之颇信。是非毒蛇之有性灵而知报，气机相感耳。所以狗见屠狗者必狂吠，非识其人，亦感其气也。尔欲目疾告痊，只需清心蠲怒，戒杀放生，较之服蛇胆，有效多多矣。

【译文】

你的左眼睛经常是红色，这是肝火炽热旺盛的缘故，应当服用平降肝火的药剂，不应当听从仆妇的话，吃蛇胆来求明目。尽管蛇也被采列于《本草》，但终究不是应当服食的药品，况且服用鲜蛇胆三颗，必须杀害三条蛇命，即使是卵生动物，却也能知冤必报。凡是遭遇到毒蛇，人没有杀害他的想法，就最终不会遇害；如果见蛇必杀，终究有受毒的那一天。这种说法验证可信。这不是毒蛇有性灵而知道报应，气机相互感应罢了。所以狗看到杀狗的一定猛叫，不是认识这人，而是感受到他的气机。你想眼病痊愈，只需要清静心思、去除怒气，慎戒杀生、放还生命，比服用蛇胆有效得多了。

5. 寄从兄旭升

【题解】

纪氏跟他的堂兄谈佛道之事目的并不在此，他是希望堂兄能摈弃声色、货利的引诱，修养心性，从而修道成功。

【原文】

释家能夺舍，道家能换形。夺舍者，托孕妇固有之胎儿而转生；换形者，血气已衰、大丹未成，则借一壮盛之躯，与之互易。此唯有德行之释

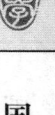

国学经典文库

中华传世家训

第九编 养生

图文珍藏版

1741

道，始能夺舍换形，尚不能终成正果，至于常人，六根未净，嗜欲多端。更不知去修道之途几千万里矣。世间唯狐修道最易，次辰哥常言：有张仲深者，交一狐友，偶问其修道之术，狐言吾族修道，先炼幻形，道渐深则炼脱形。脱形之后，可以换形。狐之换形，与道家之换形相同。故凡痴人忽黠，黠者忽痴，与初不喜学仙，而忽好服饵导引，人怪其性情倏变，实因魂气已离，狐附其体而生也。然既换人形，即受人道之拘束，不复能幻化。亦有如人之惑溺于声色货利嗜欲，同堕轮回，故非道力坚定，都不敢轻涉世缘，恐浸淫而不能自觉耳。故能幻人形之狐，往往崇人，即道力不坚定也，其言颇近理。于是知人欲修仙，必须摒绝声色货利嗜欲，始有精进成功之望耳。

【译文】

佛家能够去掉魂舍，道家可以改换形体。去掉魂舍的，依托孕妇本来有的胎儿来转生；改换形体的，血气已经衰竭，大丹没有炼成，那么假借一张强壮的身躯和它互换。这只有德行的佛道，才能去掉魂舍、改换形体，尚且不能最终成正果，至于普通人，六根不能清净，嗜好欲望太多，更加不知道离修成正果之路差几千万里了。世界上只有狐狸修成正果最容易，次辰哥常常说：有个叫张仲深的人，交了一个狐狸朋友，偶尔问它修道的办法，狐狸说我们这类修道，先炼变幻形体，道术慢慢深了就炼脱解形体。脱解形体以后，就可以改换形体。狐狸的改换形体，和道家改换形体一样。所以凡是痴迷的人忽而狡黠，狡黠的人忽而痴迷，和开始不喜欢学修成仙，而忽然喜欢服药丹导引，人家奇怪他们的性情突变，实在是由于魂魄已离开身躯，狐狸依附其身体而产生的。然而既然已换了人形，随即受为人之道的拘束，不再能幻化。也有像人一样沉溺于好乐、美色、钱财、利益的嗜欲，一齐堕入轮回，所以不是道力坚定，都不敢轻易涉足世上，担心浸没而不能自己觉悟了。所以能够变幻人形的狐狸，往往作祟，就是道力不坚实，他的话很接近情理。从此知道一个人想修炼成仙，必须摒弃杜绝好乐、美色、钱财、利益的嗜欲，才有精进成功的希望了。

6. 寄内子

【题解】

纪氏谈鬼神，却不信什么仙笔题诗。民间喜欢故弄玄虚，他希望自己的妻儿不要信那一套，因为那些东西都是不明真相的人所假托的。尤其治病更不能信这些，否将则误及生命。

【原文】

淑儿产后虚弱，病久不愈，药饵遍尝，如汤沃石。尔闻人言吕祖殿仙笔题诗，灵迹昭然，求方问病者，户限为穿，尔亦为淑儿代求仙方，迭服

三剂，而病转增剧。余以为还是不服药为中医，死生有命，反得痊愈，亦未可知。若再方药杂投，爱之适以害之也，至于仙笔题诗，更不足凭。犹记余从军西域时，偶为毛功加副戎赋一绝句曰："雄心老去渐颓唐，醉卧将军古战场。半夜醒来吹铁笛，满天明月满林霜。"余未存稿，后同年杨君逢元过访，偶话及之，不知杨君于何时登城北关帝祠，以此诗戏题于壁，未署姓名，旋为祠中道士所睹，遂传为仙笔。余畏人乞诗，未敢自言。杨君已他去，毛副戎亦调赴伊犁，竟无人说破，而关帝祠香烟因之大盛。然则吕祖殿之仙诗，安知不是游人题壁，亦如余之忘题姓名耶？乌可信为仙迹，而以儿女性命付之欤！

——《纪文达公遗集》

【译文】

淑儿生小孩后身体虚弱，病了很久而不能治好，药物都吃遍了，就像热水浇灌石头一样。你听别人说吕祖殿仙笔题诗，神迹明显，求取药方、咨询疾病的，门槛都穿破，你也替淑儿代求神仙药方，反复服用三剂，而病却转为加剧。我认为还是不服药为中正的医方，生死有命数，反过来求得病好，也是不可知的。假使再让方药杂用，爱她却恰好是害她。至于仙笔题诗，更是不足作凭据。还记得我征战西域时，偶尔替毛功加副戎便作一首绝句说："雄心老去渐颓唐，醉卧将军古战场。半夜醒来吹铁笛，满天明月满林霜。"我没有留下诗稿，后来同年进士杨逢元来访，偶尔谈到这个，不知道杨君在什么时候登上城北关帝庙，拿这首诗戏题墙壁上，没有署上姓名。不久被庙中道士见到，于是传为仙笔。我怕别人来讨诗，不敢自己说。杨君已到别的地方去了，毛副戎也调到伊犁，竟然没有人说破，而关帝庙香火因此而极为繁盛，然而吕祖殿的仙诗，怎么知道不是游人题壁，也像我一样忘了题写姓名呢？哪能相信是仙迹，而拿儿女的性命托付给它呢？

（七）汪辉祖

疾病宜速治

【题解】

远在东周时代，就有"扁鹊见蔡桓公"，劝其早早治病的故事。讳疾忌医，或吝惜医药费而硬挺着不去治病，将带来严重的后果，轻则留下病根，重则丧命。生病宜速治，万不可拿自己的生命开玩笑。

【原文】

疾起即药，易于见效；因循①不治，医师束手。俭啬之人靳于医药，猥②曰："死生有命。"夫疾即不死，而抱疾以生，何累如之。治家以勤，勤非康宁不可。故疾病以速治为贵。

——《双节堂庸训·治家》

【注释】

①因循：迟延拖拉。

②猥：苟且。

【译文】

一生了病就应该用药治疗，这样易于见效；如果延迟拖拉，不去治疗，那么病重了以后医治也会束手无策，俭啬的人舍不得求医问

▲扁鹊见蔡桓公

药，苟且地说："死生是由命运来决定的。"得了病不治，即使不死，而带着病根子继续活着，是多么地受拖累啊！治家要靠勤劳，而勤劳又非得有一个健康安宁的身体不可。所以生了疾病以速速治疗为贵。

七、近代篇

（一）曾国藩

1. 与父母谈养生

【题解】

曾国藩很重孝道也重为兄之道，所以很关心父母和弟妹的身体。这里选了两封写给他父母的信，谈到了医治父母失眠和妹妹生子应和气的事，很切实也很有价值。

（1）生子须平心和气

【原文】

芝妹又小产，男恐其气性太躁，有伤天和，亦于生产有碍，以后须平心和气，伏望大人教之。

（道光二十二年十二月二十日）

（2）以乡间鸡肉猪肉治失眠

【原文】

九弟信言母亲常睡不着，男妇亦患此病，用熟地、当归蒸母鸡食之，大有效验，九弟可常办与母亲吃。乡间鸡肉猪肉最为养人，若常用黄芪、当归等类蒸之，略带药性而无药气，堂上五位老人食之，甚有益也，望诸

弟时时留心办之。

（道光二十七年十二月初六日）

2. 与弟谈养生

【题解】

　　曾国藩及其弟妹都身体不好，所以曾氏极重养生之道。他的养生术以和气、不服药和早起最有特点，这些都很实在，也比较容易遵循去做。养生在治身与治心两方面都不偏废，曾氏的方法往往能身心兼治，所以很有价值。

（1）养身要言（癸卯入蜀道中作）

【原文】

　　一阳初动处，万物始生时。不藏怒焉，不宿①怨焉。——以上仁，所以养肝也。

　　内而整齐思虑，外而敬慎威仪。泰②而不骄，威而不猛。——以上礼，所以养心也。

　　饮食有节，起居有常。做事有恒，容止有定。——以上信，所以养脾也。

　　扩然而大公，物来而顺应。裁之吾心而安，揆③之天理而顺。——以上义，所以养肺也。

　　心欲其定，气欲其定，神欲其定，体欲其定。——以上智，所以养肾也。

（道光二十四年三月初十日）

【注释】

　　①宿：积宿。

　　②泰：心定。

　　③揆：kuí 揣度。

（2）读文集足以养病

【原文】

　　体气多病，得名人文集静心读之，亦自足以养病。

（咸丰五年五月二十六日）

（3）以平和二字相勖

【原文】

　　温弟丰神较峻，与兄之伉直①简僄虽微有不同，而其难于谐世，则殊途而同归，余常用为虑。大抵胸多抑郁，怨天尤人，不特不可以涉世，亦非所以养德；不特无以养德，亦非所以保身，中年以后，则肝肾交受其

病。盖郁而不畅则伤木，心火上烁[2]则伤水，余今日之目疾及夜不成寐，其由来不外乎此。故于两弟时时以平和二字相勖[3]，幸勿视为老生常谈，至要至嘱。

（咸丰八年三月三十日）

【注释】

①伉直：刚直。

②烁：闪烁。

③勖：xù 勉力。

（4）学射和起早

【原文】

吾生平颇讲求惜福二字之义，近来补药不断，且菜蔬亦较奢，自愧享用太过，然亦体气太弱，不得不尔。胡润帅、李希庵常服辽参，则其享受更有过于余者。家中后辈子弟体弱，学射最足保养，起早尤千金妙方、长寿金丹也。

（咸丰十年三月二十四日）

（5）戒酒、起早和勤洗脚

【原文】

澄弟之病日好，大慰，大慰！此后总以戒酒为第一义。起早亦养身之法，且系保家之道。从来起早之人，无不寿高者。吾近有二事效法祖父，一曰起早，二曰勤洗脚，似于身体大有裨益。望澄弟于戒酒之外，添此二事。至嘱，至嘱。

（咸丰十年闰三月初四日）

（6）当清致疟之原

【原文】

沅弟腹泻，何以至今不愈？若云脾虚发泻，则八九月在此办事，宏毅周到，断非元气亏损之象。即到家后，寄来各信字迹精光圆湛，亦殊非积弱者所能为。弟平日服药太多，余心以为非。此次久泻，不知所服者系属何方。恐一味偏补，而于所以致泻之原未能清其根。万簇轩病疟五年，多服补剂，现在娇养太惯，动辄生疾，亦由当日致疟之原未清其根也。

（同治元年正月初四日）

（7）治身以不药二字为药

【原文】

季弟病似疟疾，近已痊愈否？吾不以委弟病之易发之虑，而以季好轻下药为虑。吾在外日久，阅事日多，每劝人以不服药为上策。吴彤云近病极重，水米不进已十四日矣，十六夜四更已将后事料理手函托我，余一概应允，而始终劝其不服药。自初十日起，至今不服药十一天，昨日竟大有转机，疟疾减去十之四，呃逆各症减去十之七八，大约保无他变。希庵五月之杪病势极重，余缄告之云，治心以广大二字为药，治身以不药二字为药，并言作梅医道不可恃。希乃断药月余，近日病已痊愈，咳嗽亦止。是二人者，皆不服药之明效大验。季弟信药太过，自信亦太深，故余所虑不在于病，而在于服药，兹谆谆以不服药为戒，望季曲从之，沆力劝之，至要至嘱。

（同治元年七月二十日）

（8）去忿养体、倔强励志

【原文】

肝气发时，不唯不和平，并不恐惧，确有此境。不特弟之盛年为然，即余渐衰老，亦常有勃不可遏①之候②。但强自禁制，降伏此心。释氏所谓降龙伏虎，龙即相火也。虎即肝气也。多少英雄豪杰打此两关不过，亦不仅余与弟为然。要在稍稍遏抑，不令过炽。降龙以养水，伏虎以养火。古圣所谓窒欲③，即降龙也；所谓惩忿④，即伏虎也。儒释之道不同，而其节制血气，未尝不同。总不使吾之嗜欲戕害吾之躯命而已。至于倔强二字，却不可少。功业文章，皆须有此二字贯注其中，否则柔靡不能成一事。孟子所谓至刚，孔子所谓贞固，皆从倔强二字做出。吾兄弟皆禀母德居多，其好处亦正在倔强。若能去忿欲以养体，存倔强以励志，则日进无疆矣。

（同治二年正月二十日）

【注释】

①遏：遏制。
②候：症状。
③窒欲：阻塞欲望。
④忿：愤激。

（9）毋恼毋怒方可治肝病

【原文】

余自春来，常恐弟发肝病。而弟信每含糊言之，此四句乃露实情。此病非药饵所能为力，必须将万事看空，毋恼毋怒，乃可渐渐减轻。蝮蛇螫手，则壮士断其手，所以全生也。吾兄弟欲全其生，亦当视恼怒如蝮蛇，去之不可不勇，至嘱至嘱。

（同治三年四月十三日）

（10）心肝之病以自养自医为主

【原文】

弟病今日少愈否？肝病余所深知，腹疼则不知何症。屡观朗山脉案，以扶脾为主，不求速效，余深以为然。然心肝两家之病，究以自养自医为主，非药物所能为力。今日偶过裱画①店，见弟所写对联，光彩焕发，精力似甚完足，若能认真调养，不过焦灼，必可渐渐复原。

（同治三年五月初十日）

【注释】

①裱画：装裱图画。

（11）养生以少恼怒为本

【原文】

弟所统诸将，皆劳苦佳文之生徒也。余中厅悬八本堂匾，跋云：养生以少恼怒为本，事亲以得欢心为本。弟久劳之躯，当极力求少恼怒。纪泽事叔如事父，当极力求得欢心也。

（同治三年五月二十五日）

（12）心肝血亏以不看书不用心为良方

【原文】

弟病以怔忡①不寐为最要之症。外毒及善忘多感伤皆不甚要紧，开卷心疼，总由于心肝血亏之故。治之之道，非药力所能遽效，自以不看书不用心为良方。

（同治四年四月二十四日）

【注释】

①怔忡：惊惧。

（13）养脾重在饮食

【原文】

凡后天以脾为主。脾以谷气为本，以有信为用。望两弟常告鼎三，每日多吃饭粥，少吃杂物；无论正餐及点心，守定一个时辰，日日不差；若有小小病症，坚守星冈公之教，不轻服药。至要至要。

（同治四年十二月初六日）

（14）养生之法有五事

【原文】

养生之法约有五事：一曰眠食有恒，二曰惩忿，三曰节欲，四曰每夜临睡洗脚，五曰每日两饭后各行三千步。惩忿，即余匾中所谓"养生以少恼怒为本"也。眠食有恒及洗脚二事，星冈公行之四十年，余亦学行七年矣。饭后三千步近日试行，自矢永不间断。弟从前劳苦太久，年近五十，愿将此五事立志行之，并劝沅弟与诸子侄行之。

（同治五年六月初五日）

（15）再示养生五诀

【原文】

闻弟近甚辛苦，前示养生五诀：一眠食有恒，一饭后散步，一惩忿，一节欲，一洗脚。曾行之否？老年兄弟，相勉唯此而已。

（同治五年七月初三日）

（16）调养之法

【原文】

服药之事，余阅历极久，不特标病服表剂最易错误，利害参半，即本病服参茸等味亦鲜实效。如胡文忠公、李勇毅公（希庵）以参茸燕菜作家常酒饭，亦终无所补救。余现在调养之法，饭必精凿，蔬菜以肉汤煮之，鸡鸭鱼羊豕炖得极烂，又多办酱菜腌菜之属，以为天下之至味，大补莫过于此。孟子及《礼记》所载养老之法、事亲之道皆不出乎此。岂古之圣贤皆愚，必如后世之好服参茸燕菜鱼翅海参而后为智耶？星冈公之家法，后世当守者极多，而其不信巫医地仙和尚，吾兄弟尤当竭力守之。

（同治五年十月初六日）

（17）老年人多血虚

【原文】

大抵老年之人，血虚则气断难振。兄近来所以日见日衰，志欲强而气不能副[1]者，亦由血虚之故。

（同治十年八月初十日）

【注释】

①副：相符。

3. 与儿子谈养生

【题解】

曾国藩与儿子谈养生最重视睡眠与饮食，这与子侄辈开始享用福贵有关。同时他还强调恼怒和节俭也是养生之道。饭后千步，又是他通过亲身体会而获得的养生经验。

（1）饭后千步是养生家第一秘诀

【原文】

尔体甚弱，咳吐碱①痰，吾尤以为虑，然总不宜服药。药能活人，亦能害人。良医则活人者十之七，害人者十之三；庸医则害人者十之七，活人者十之三。余在乡在外，凡目所见者，皆庸医也。余深恐其害人，故近三年来，决计不服医生所开之方药，亦不令尔服乡医所开之方药。见理极明，故言之极切，尔其敬听而遵行之。

每日饭后走数千步，是养生家第一秘诀。尔每餐食毕，可至唐家铺一行，或至澄叔家一行，归来大约可三千余步。三个月后，必有大效矣。

（咸丰十年十二月二十四日）

【注释】

①鹹：xián 盐味。

（2）专食蔬菜亦养生之宜

【原文】

吾近夜饭不用荤菜，以肉汤炖蔬菜一二种，令极烂如蕌，味美无比，必可以资培养（菜不必贵，适口则足养人），试炖与尔母食之。（星冈公好于日入时手摘鲜蔬，以供夜餐。吾当时侍食，实觉津津有味。今则加以肉汤，而味尚不逮于昔时。）后辈则夜饭不荤，专食蔬而不用肉汤，亦养生之宜，崇俭之道也。

（同治四年闰五月十九日）

（3）老米稀饭可治脾亏

【原文】

福秀之病，全在脾亏，今闻晓岑先生峻补脾胃，似亦不甚相宜，凡五脏极亏者，皆不受峻补①也。尔少时亦极脾亏，后用老米炒黄，熬成极酽之稀饭，服之半年，乃有转机，尔母当尚能记忆。金陵可觅得老米否？试为福秀一服此方。

（同治四年七月十三日）

【注释】

①峻补：大补。

（4）既戒恼怒又知节啬方是养生之道

【原文】

吾于凡事皆守"尽其在我，听其在天"二语，即养生之道亦然。体强者，如富人因戒奢而益富；体弱者，如贫人因节啬而自全。节啬非独食色之性也，即读书用心，亦宜俭约，不使太过。

余"八本匾"中，言养生以少恼怒为本，又尝教尔胸中不宜太苦，须活泼泼地，养得一段生机，亦去恼怒之道也。既戒恼怒，又知节啬，养生之道，已尽其在我者矣。

此外寿之长短，病之有无，一概听其在天，不必多生妄想去计较他。凡多服药饵，求祷神祗①，皆妄想也。吾于医药、祷祀等事，皆记星冈公之遗训，而稍加推阐，教尔后辈。尔可常常与家中内外言之。

（同治四年九月初一日）

【注释】

①神祇：神灵的总称。

（5） 养生从眠食二端用功

【原文】

接纪泽在清江浦、金陵所发之信，舟行甚速，病亦大愈为慰。老年来，始知圣人教孟武伯①问孝一节之真切。尔虽体弱多病，然只宜清净调养，不宜妄施攻治。庄生云，闻在宥天下，不闻治天下也。东坡取此二语，以为养生之法。尔熟于小学，试取"在宥"二字之训诂体味一番，则知庄、苏皆有顺其自然之意。养生亦然，治天下亦然。若服药而日更数方，无故而终年峻补，疾轻而妄施攻伐，强求发汗，则如商君②治秦、荆公③治宋，全失自然之妙。柳子厚④所谓，名为爱之，其实害之；陆务观⑤所谓，天下本无事，庸人自扰之，皆此义也。东坡游罗浮诗云，小儿少年有奇志，中宵起坐存黄庭，下一存字，正合庄子"在宥"二字之意。盖苏氏兄弟父子皆讲养生，窃取黄老⑥微旨，故称其子为有奇志。以尔之聪明，岂不能窥透此旨？余教尔从眠食二端用功，看似粗浅，却得自然之妙。尔以后不轻服药，自然日就壮健矣。

（同治五年二月二十五日）

▲曾纪泽

【注释】

①孟武伯：春秋鲁国大夫。

②商君：商鞅。

③荆公：王安石。

④柳子厚：名宗元。

⑤陆务观：名游。

⑥黄老：黄帝与老子。

(6) 出汗有伤元气

【原文】

纪泽于看书等事似有过人之聪明，而于医药等事似又有过人之愚蠢。即如汗者，心之精液，古人以与精血并重。养生家唯恐出汗，有伤元气。泽儿则伤风初至即求发汗，伤风将愈尚求大汗。屡汗元气焉得不伤？腠理焉得不疏？又如服药以达荣卫，有似送信以达军营。治标病者似送百里之信，隔日乃有回信；治本病者似达三百里之信，经旬乃有回信。

（同治五年五月二十五日）

(7) 不轻易服药

【原文】

尔等身体皆弱，前所示养生五诀，已行之否？泽儿当添不轻服药一层，共六诀矣。既知保养，却宜勤劳。家之兴衰，人之穷通，皆于勤惰卜之。泽儿习勤有恒，则诸弟七八人皆学样矣。鸿儿来禀太多，以后半月写禀一次。泽儿禀亦嫌太短，以后可泛论时事，或论学业也。此谕。

（同治五年七月二十日）

(8) 善睡安眠可治阴亏

【原文】

尔胆怯等症，由于阴亏，朱子所谓气清者魄恒弱，若能善睡酣眠，则此症自去矣。

（同治五年十一月十八日）

(9) 养生五事胜于吃药

【原文】

养生无甚可恃之法，其确有益者：曰每夜洗脚，曰饭后千步，曰黎明吃白饭一碗不沾点菜，曰射有常时，曰静坐有常时，纪泽脾不消化，此五事中能做得三四事，即胜于吃药。纪鸿及杏生等亦可酌做一二事。余仅洗脚一事，已觉大有裨益。

（同治十年八月二十五日）
——《曾国藩全集·家书》

（二）左宗棠

与孝威书

【题解】

在这封信中，左宗棠说保养的办法，最重要的是减少节制思虑，谨慎起居；其次注意饮食、冷热。平实的话中，富含经验。

【原文】

孝威知悉：

前闻尔上年八、九月病状，至十月以后始渐就痊可，心常悬悬。未知腊月初旬后复又何如，尔不以病状及所服药方实告我，虽是欲纾①我忧，然我不得尔病状真实光景，翻多忧疑，并所云"渐就痊可"亦未能信。此后可将实在光景告知，切要，切要。柳葆元告假回湘，曾附去燕窝、肉桂、阿胶、田州山漆数种，计到家当在二月中，此间别无佳药可寄。吐血亦是常有之证，大约由热燥得者易治，由气分虚者次之，至禀赋不足，由阴虚得此者，非自己加意保养不能复原。保养之方，以节思虑慎起居为最要，饮食寒暑又其次也。读书静坐，养气凝神，延年却病，无过此者。

癸酉二月朔兰州节署

——《左宗棠全集》

【注释】

①纾：解除。

（三）胡林翼

有十分精神才能办十分事业

【题解】

光有志向，光有学问，精神不济，身体不佳也是枉然。这封家书提出的问题普遍存在，却不知人们为何忽视？

致保弟

【原文】

枫弟有信来，谓吾弟近日身体不甚健旺，以意揣度①，或者用功过度所致，兄殊为焦虑。吾人做事，第一须赖学问，第二须靠精神。有学问而无精神以济之，则办事过久过多，均有不能支持之苦痛。语曰："有十分精神，方能办十分事业。"此诚阅历有得之言也。吾国人士，向不肯注意于身体之健康，而又心思过用，以致年未四十，而视茫茫，而发苍苍，而齿牙动摇者，滔滔②皆是。当强仕之年，而已衰颓若是，则一旦畀③以斧柯，又将何以肩负耶？兄现颇注重卫生，而其入手方法，则维一"动"字。早起勘，则精神爽，运动勤，则筋骨坚。吾弟身既孱弱④，不必专乞灵于药饵也。幸注意早起及习劳二事，伏案工夫，须稍稍放宽，是所至要。

四月十七日

——《胡林翼家书》

【注释】

①揣度：揣测。

②滔滔：比喻处处。

③畀：bì 付与。

④孱弱：chán 柔弱。

（四）彭玉麟

家书四通

【题解】

这四封信，重点是谈养生。良好的身心状态是干好一切事情的基础，生命的珍贵也勿用多言。彭玉麟在养生方面的见解，着重于养心。他还指出，光知道不行，还必须实践，否则就是明知故犯（第三封《谕子》），这一点是比较恳切的。

（1）致 弟

【原文】

知患目病甚剧，念念！夫目病之源在肝，肝火勃①不可遏②，必中心有所忿忿③者矣。抑亦忮④心名心不能克尽之故耶？余尝患肝旺，待其勃不可遏之候，必平心静气，学苦行头陀，趺⑤坐⑥净室中，焚香涤虑，反复自讼。此亦强制之法，用以降伏其心。佛家言降龙伏虎，龙即相火也，虎即肝气也。吾弟能如吾秘方参酌之，遏抑其隐忿，不令过炽，则目疾易愈矣。古来英雄豪杰，能降龙，即窒欲而已；能伏虎，即惩忿而已。能窒欲惩忿，则气自平，遇事冲淡豫如，不肯悻悻然⑦孤行；养其气体而疾病不生，况区区目病云何哉！

【注释】

①勃：旺盛。

②遏：止。

③忿忿：不平。

④忮：zhì 猜忌之心。

⑤趺：fū 佛教徒盘腿端坐。

⑥坐：两足交叠而坐。

⑦悻悻然：愤恨不平的样子。

（2）致 弟

【原文】

将尽之膏①，不可速以风；萌蘖②之木，不可牧以牛羊，所以防卫者

国学经典文库

中华传世家训

第九编 养生

图文珍藏版

殷③也。余近来以军务繁剧，匪类未除，怨饷糈之虚糜，对皇恩而负重罪，略冒风邪，竟而咯血，神形日瘠④，伤及父母之遗体，不孝甚矣。不忠不孝，汇集一身，兢惕⑤吾心，薄冰⑥念切。弟能进吾以针砭，以药石，而治厥疾者乎？窃叹部曹，兢⑦进补剂，以为劳剧烦心，而致神疲精竭，必也补其虚。乃吾窥胡文忠公、李勇毅公，年暮力衰，日进燕窝人参而无所效，不敢自养太丰，而无实益也，乃一概辞谢之。先从节嗜欲、节饮食、节劳神入手，稍觉体泰。日唯采取鸡鸭猪羊诸味，炖之极熟成糜，而啜其羹汁，觉此等享用，已伤我俭，乃犹不致过奢以违心。论其效用，则比燕窝人参为多矣。是以近日略见告愈，所以治疗者，不烦司寸脉之际。除上法外，唯养心耳。弟闻之，谅亦赞成。能有较此法为优者，慨然怡赠，则受惠多矣。

【注释】

①膏：油脂，用来照明。

②蘖：niè 老树枝上长出的嫩芽。

③殷：勤。

④瘠：瘦削。

⑤惕：恐惧警惕。

⑥薄冰：像踩在薄冰上。

⑦兢：通"竞"。

（3）谕 子

【原文】

知好生而不知有养生之道；知饮食过度之畜①疾病，而不能节肥甘于其口也；知极情纵欲之致枯损，而不知割怀于所欲也：此之谓明知故犯。父母之责罚，乃从爱中生出；唯其爱之至，乃不惜督过之。为之子者，那得逢良父母之教训，理宜战栗从命，知所悛悔遵守，断不敢怙过饰非，方尽子道。乃今以知药石之言，而故生顽抗，非所以安亲心也。

【注释】

①畜：通"蓄"。

（4）致 弟

【原文】

年渐衰老，窃有志于养生之道，凝心、练气、节食、恬眠，虽无医药之妙诀，而疾病不生。黄静轩有《凝心诀》曰："但凝空心①，不凝住心②；但灭动心③，不灭照心④。"练气则戒忿、戒郁、戒暴、戒侈。老人之食，不在浸燕耳术，而在肥甘之有常，睡则心虚而无营，恬淡之趣生。

——《彭玉麟家书》

【注释】

①空心：空旷之心。

②信心：胶滞之心。

③动心：妄动之心。

④照心：空明之心。

（五）吴汝纶

养生十一则

【题解】

这是将吴汝纶给孩子写的十一封长长短短的信汇在一处，内容是教生了病的孩子如何保养好身体，又如何锻炼身体。在他那个时代，提出像"读好书不如有一个好身体""卫生之学，万不可不讲"等观点，是难能可贵的。他还提倡户外活动，注重呼吸山里的新鲜空气，认为学习不可过度疲劳等等，都说得亲切有味，绝不刻板教条。这些，对读书人是非常重要的。

其 一

【原文】

两儿览：

二十八日接汝曹初到一函，至慰至慰！昨又接二十七日来书，知山居颇适。西人①以夜为一日安息之期，以夏为一岁安息之期。汝曹此行，吾意正令汝安息，无庸②勤苦读书，亦勿时时课诗文。驹儿病在拘谨，当稍稍放旷；启儿肺疾未愈，尤以闲适为要。有暇在山中阴凉处游行最佳，或借马还署中，与笃良诸公轰谈，藉侍姻伯，不必日手一编，日课一诗也。能早晚时时骑马尤佳，但步行骑行，均勿劳乏。食不必勉强求多，要令易消化。至夜，则慎勿受寒。启儿则医生尤戒勿受寒。驹函③谓寺在四山之中，启函谓多蝇，吾疑其地亦尚郁热。然汝两人皆言其清凉可乐，想自是胜地。有暇可访西人，闻清牧师现亦移居山上也。启儿鱼油每月服若干瓶？现存若干瓶？牛奶牛肉汁每月服若干瓶？现存若干？后涵详悉告我。汝等函感姻伯笃爱，照应至周至厚，又感良先生照应，便当时时亲近，但避热时耳。汝等来诗皆阅过。启儿求黄诗选目，兹附去。但止可自适，勿颟④颟以此为事。

六月朔日，乃翁白

【注释】

①西人：洋人。

②庸：用。

④颛：zhuān 通"专"。

其　二

【原文】

　　接汝二人来书，具悉一一。相距不远，无庸过相念。十日八日无书，寻常事耳，何用忧悬乎！山居最能益人，不惟启儿宿疾望瘳①，即驹儿亦当加健。闻之西人谓获鹿秋后最能养人，若尔等在彼苗壮，可至八九月再还保定，想姚姻伯不汝嫌也。他处有山，无人为主，此是汝等之福。若启儿肺疾大愈，可以解吾深忧。西人谓山居三四月，可良已也。启儿书中述山行之乐，令我欲弃人事往游，抱犊绝顶。自灵岩至彼，往返垂卅里，闻山中有驴可骑行，能步游自善，以勿劳乏为度。早晚在近山恣意游行，上下山能健筋骨、益肺气也。西书论面之养人，过于大米，以其质有戈路登；戈路登者，麦之粘性也。能食面最佳，发面尤善，可半面半米，胃既强，自无物不能入口，勿忧常食面后便不愿食米也。青道人既知医，起居动静可时时咨询之。与西人言论往来，最增长识见。男儿当志在四方，顾父母、念亲戚，乡曲小行耳。太史公父在时，周游天下名山大川，若恋恋膝前，安有此壮志哉？身体宜修洁，汝等不自整理。此所谓囚首丧面而谈诗书者也。一身不自理，尚能理他事哉！吾为汝曹忧之。后八日一剃发，三日一澡身，勿违吾诫。汉郎中令周文期为不洁清，史公讥其处谄，何为效之！但勿过事修饰边幅②耳。诗不必多作，小楷宜学。

父手告（十三日）

【注释】

　　①瘳：chōu 病愈。
　　②边幅：仪表，衣着。

其　三

【原文】

　　姚姻伯来书，伯留汝曹不放归。吾以山居最不易得，欲汝曹多得山中养气，罗大夫亦言须多在山数月，今纵不能数月，独不可俟①八月秋清再行来还乎？驹儿似尚不甚思归，启儿似已不可耐。汝性如此急迫，宜渐学宽闲，于养身养德皆有益也。所寄诗皆阅过，附还。吾体甚安适，勿为念。

七月初六日，乃翁言

【注释】

　　①俟：sì 等待。

其 四

【原文】

吾前书欲汝曹八月再归，今两人皆言十五前后定即还省。吾读驹儿书尚不甚著急，独启儿似已寝食难安。不知我及汝母皆安适，家无要事，何为如此悬系？此等骗①衷，若不改从宽缓，将来能干何事乎！肺之为物最脆，既有病兆，即宜销患无形，此大事也。今在山未久，虽若小愈，一入城郭；与炭气②为缘，仍可立反旧恙。往年无病，今年尚忽得肺疾，现已曾受病，安能保其一愈不复反乎！故必在山稍久，得养气稍多，肺渐结实，乃望不反。此吾日夜深忧，欲启儿在山多住一日多得一日之益也。今既下山，自难再行入山，但在获鹿城中多住数日，藉可久侍姻伯。每日早晚借马或驴出城，至山外一游，亦较保定为胜。汝早归是不遵吾教，吾心不乐也。汝迟归是能顺亲旨，吾心安矣。何去何从？汝言寂寞，山中不知家中景况，此心焦燥。十日五日一信，何为不知！吾等平安，何用焦燥！

初八日，翁白

【注释】

①骗：疑作"褊"，小气量，急躁。

②炭气：二氧化碳。

其 五

【原文】

姻伯及汝曹信，皆言汝等近日健王①，为山居之益，能使启儿肺疾去根，则大善矣。但健王亦不足恃，要时时善自将养，身固宜珍摄②，心尤要宽缓和平，乃不生疾也。用功不必汲汲，身强则一日有兼人之功，弱则反是。慎之！

七月十二日

【注释】

①王：通"旺"。

②摄：养。

其 六

【原文】

汝每日清晨仍宜出城一游，每日功课必应有休息时，勿令头晕再歇，有伤身体。读功仍宜稍加，泛览之功稍减，字亦宜习。

初七夜，挚翁告儿（戊戌八月）

其 七

【原文】

汝病总以不再见血为佳，若见血，亦不必瞒我。肺病宜防感冒，一感冒则病归于肺。廉氏姊多年咯血，近年已愈，昨感冒，又复见血；惠卿吾去冬相见，谓其渐肥，肺病已愈，昨感冒发咳，数日又复瘦削，皆由肺弱易病。闻无锡有丁福保者，前因用心过度，得咯血症，众以为必死，丁竟以善自调摄而愈。吾昨请惠卿致书丁君，问其如何调养，详晰见示，此汝与惠卿夫妇之师也。大约养肺以常得空中清气为要，故每晨出游，为养生第一义。次则饮食宜得易消化者；又次则运动以不受累为要；次则信医生之戒，勿读书，勿做诗文。其他起居一一自加慎重，勿著急，勿恼怒，勿愁，勿作损身之事，大风大雾勿出。张荫千前曾咯血，将成劳瘵，竟以调息养好。汝能师张师丁，必可复壮。但丁、张二公，皆废弃百事，一意养疾。张告其母曰：母无以几为尚存也，直以为已死，诸事不复关白，儿自饮食、便溺外，一概不与闻。云云。此其破釜沉舟之志，足以生矣。汝北来似即不绕道亦当不妨。

挚翁初四日书（三月）

其　八

【原文】

吾五月十五日以后，至六月十三日记，前已寄汝，未识何时达览。今荒川归国，将六月十四以后至二十七日记托荒公寄汝。吾近十余日之事，得此可以览知大略也。汝性褊狭，事有不如意者辄缭绕不去怀，不然则与人不平，见于辞色，此皆病痛，宜自检点改过。古人言诗书变化气质，若气质不变，诗书何益乎？此次东文社师生同行，尤勿与人稍存意见也。吾令汝东游，专以养身为宗旨，汝万勿大意。鱼油不可间断，每日伸手向空，不可间断。中学[①]可姑置之，东语欲学，亦勿累心累神为要。东京若人烟稠密，便不相宜，以时出郊游为善。住房必通空气，饮食不合宜者勿食，夜勿受寒，白日勿偃卧，卧必引被自覆。东京有高医必应往问，起居衣食，唯医生之言是听。肺家既弱，时时防其受病，勿自谓无病而生忽略。汝欲换西装，亦无不可，但倭人[②]宴居，亦仍服旧装。入冬易寒，兹请荒川携去皮衣二件，宴居时可服之，较西装为暖也。不具。

挚翁跋日记后，十八日

【注释】

①是学：中国传统学术。

②倭人：即日本人。

其　九

【原文】

汝日记夜不成寐，此由用心过度所致。古人论学，藏、修、息、游，四事并列。今知藏修，不知息游，易致生病。刘宗尧昨来一书，言脑病甚

苦，自料不起。吾寄书劝来保定就医，若不能来，则此人休矣。勤学伤身。究有何用！汝曹年甚富，但得身健，不愁学问不成。若学成而身亡，已为不值，况学未必成耶？吾屡书皆诫汝养身，谓身较学尤重也。观汝所译书，数日中即成一册，用功过猛，若再不休息，将来恐不止不寐，又且现他弱象；且不寐亦正非小故也，后当切诫，勿狃①于积习，视吾言如秋风过耳，为要！

三月初九日，挚翁言

【注释】

①狃：niǔ 习惯。

其 十

【原文】

吾抵皖①一月，尚未入家门。今日可到家。汝用功，吾不忧汝懈惰，但忧汝不知休息，脑力用过，当时不自知，后一得病，便难收拾。故卫生之学，万不可不讲。西人无论为学办事，每日不过四小时用心，余皆休息时，此最宜学。又体育为学校中一要义，各国皆讲求此事，汝独不能，是仍中国旧见。但似汝等，只可软操，其兵式操，自可不必。若并软者不为，则气体无由结实也。汝欲买自行车，甚合吾意，常乘此车甚有益。吾《易》②《书》③一经，不过一人私说，不足问世，万勿付印。余俟到家后再作书告汝。

十一月初九日，枞阳作

【注释】

①皖：安徽。

②《易》：即《易经》。

③《书》：即《尚书》。

其十一

【原文】

汝十一月六日来书，知所译讲义，年内当成三数种，又以日短不能多译为歉。吾甚不愿汝过劳。吾乡好学之士，多得风颠疾，少年则咳血而死，此非细故。汝不信吾言，吾甚忧之。西人以体育为最要，其办事为学，每日不过两小时用心，诚以身为重，无身则学无处安置也。自行体操甚善，望行之有恒。尤要在每日不多用心，下晡①必宜休息，夜勿久坐用功。

挚翁 腊朔
——《吴汝纶尺牍·谕儿书》

【注释】

①下晡：bū 下午三点至五点。

（六）严　复

1. 与甥女何纫兰书

【题解】

严复外甥女何纫兰因工作过度劳累，导致身患疾病。严复在这封信中告诫外甥女不要仅靠医药治疗，更重要的是要养成良好的饮食习惯，节制欲望，起居有常，慢慢求得身体健康的恢复。严复的此番言论堪称养生的秘诀，值得我们效法行事。

此信写于 1912 年 8 月 15 日。

【原文】

日来急欲到津，一视吾儿开刮后体中何苦，不幸因校中借款未定，不能成行。明日英公使约午餐晤谈，成否在此一举。若仍不成，则止能咨呈政府，请其另筹矣。舅决计星期六，即后日早车赴津，作

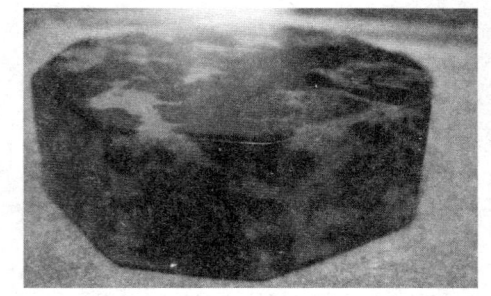

▲严复的鼻烟壶

一两日勾留也。昨戈升归，言儿精神尚是疲惫，未能起坐，吾心极悬悬，不知这两日可觉健朗①。吾儿此番可谓冒险求医，所愿一刮之后，化病体为康强②，使吾稍释悬系。惟是体气之事，不宜仅恃医药，恃医药者，医药将有时而穷。惟此后谨于起居饮食之间，期之以渐，勿谓害小而为之，害不积不足以伤生；勿谓益小而不为，益不集无由以致健；勿嗜爽口之食，必节必精；勿从目前之欲，而贻来日之病。卫生之道，如是而已。吾儿颇乏纳谏之度，故舅不以口而以书，想吾儿能察其诚而稍回慧听也。嗟乎！一女子天资容表若儿者盖稀，理应略存省察，去其瑕疵，勿忽焉而致一身之苦痛，縻③财伤躯，当亦聪明人所急需猛醒者耳。

民国元年壬子旧历七月三日

【注释】

①健朗：强健硬朗。

②康强：健康强壮。

③縻：糜。

2. 与四女严顼书

【题解】

这封信写于 1919 年 8 月 27 日。严复在信中对严顼四哥因学习过分用

功而导致身体健康受到损害一事十分痛心，以此为教训，他劝诫自己的女儿严璿务必注重保重身体，认为身体是学习的本钱，这种见解对我们仍有很大的启发意义。

【原文】

本早得儿信，言四哥近状，为父甚为挂心。四哥年来用功太过。须知少年用功本甚佳事，但若为此转致体力受伤，便是愚事。古人有言："皮之不存，毛将焉附？"夫学所以饰躬①，使身体受伤，学何用耶？此后四哥宜优游暇豫，即堂课亦不必过于认真，俟数个月后身体转机，再行用功，尽来得及也。吾颇悔此次不任其与二、三姊一同来沪也。

一九一九年八月二十七日

——《严复集·书信卷》

【注释】

①饰躬：装饰身体。

特别提示：

本书在编写过程中，参阅和使用了一些报刊、著述和图片。由于联系上的困难，和部分作品的作者（或译者）未能取得联系，对此谨致深深的歉意。敬请原作者（或译者）见到本书后，及时与本书编者联系，以便我们按照国家有关规定支付稿酬并赠送样书。

联系电话：010-80776121　联系人：马老师